Biophysik

Ein Lehrbuch

Herausgegeben von
Walter Hoppe · Wolfgang Lohmann
Hubert Markl · Hubert Ziegler

Mit Beiträgen von

R. D. Bauer · H. Brunner · O. D. Creutzfeldt · U. Deffner · F. Dörr
K. Dransfeld · J. Dudel · K. A. Fisher · E. Frömter · K. M. Hartmann
W. Haupt · G. L. Hofacker · K. C. Holmes · W. Hoppe · R. Huber
H. Hutten · A. Johnsson · K.-E. Kaißling · G. M. Kalvius · H. Kuhn
J. Ladik · W. Lohmann · H. G. Mannherz · H. Markl · H. Marko
R. Menzel · W. Nachtigall · H. Neubacher · G. Neuweiler
E.-G. Niemann · F. Parak · T. Pasch · V. Penka · W. Reichardt
G. Renger · H. Rüppel · E. Sackmann · E. Schnepf · P. Schuster
H. Simon · A. W. Snyder · H. Stieve · W. Stoeckenius · T. Szabo
G. Thews · U. Thurm · H. Tschesche · E. Wetterer · H. Ziegler
W. Zillig · G. Zundel · E. Zwicker

Mit 604 Abbildungen

Springer-Verlag
Berlin Heidelberg New York 1977

Professor Dr. WALTER HOPPE, Max-Planck-Institut für Biochemie, Am Klopferspitz, 8033 Martinsried

Professor Dr. WOLFGANG LOHMANN, Institut für Biophysik der Universität, Strahlenzentrum, Leihgesterner Weg 217, 6300 Gießen

Professor Dr. HUBERT MARKL, Fachbereich Biologie der Universität Konstanz, Postfach 7733, 7750 Konstanz

Professor Dr. HUBERT ZIEGLER, Lehrstuhl für Botanik, Institut für Botanik und Mikrobiologie der Technischen Universität, Arcisstr. 21, 8000 München 2

ISBN-13: 978-3-642-96299-8   e-ISBN-13: 978-3-642-96298-1
DOI: 10.1007/978-3-642-96298-1

Library of Congress Cataloging in Publication Data. Main entry under title: Biophysik: Ein Lehrbuch. Includes bibliographies and index. 1. Biological physics. I. Hoppe, Walter, 1917—. QH 505.B476. 574.1'91.76—49876.
Das Werk ist urheberrechtlich geschützt. Die dadurch begründeten Rechte, insbesondere die der Übersetzung, des Nachdrucks, der Entnahme von Abbildungen, der Funksendung, der Wiedergabe auf photomechanischem oder ähnlichem Wege und der Speicherung in Datenverarbeitungsanlagen bleiben, auch bei nur auszugsweiser Verwertung, vorbehalten.
Bei der Vervielfältigung für gewerbliche Zwecke ist gemäß § 54 UrhG eine Vergütung an den Verlag zu zahlen, deren Höhe mit dem Verlag zu vereinbaren ist.

© by Springer-Verlag Berlin Heidelberg 1977.
Softcover reprint of the hardcover 1st edition 1977

Die Wiedergabe von Gebrauchsnamen, Handelsnamen, Warenbezeichnungen usw. in diesem Werk berechtigt auch ohne besondere Kennzeichnung nicht zu der Annahme, daß solche Namen im Sinne der Warenzeichen- und Markenschutz-Gesetzgebung als frei zu betrachten wären und daher von jedermann benutzt werden dürften.

Vorwort

Es ist meistens ein zufälliger Anlaß, der zu dem Entstehen eines Werkes dieser Art führt: Vor mehreren Jahren hatten einige Kollegen an der Technischen Universität München eine Ringvorlesung über Biophysik durchgeführt, in welcher nicht nur Physiker sondern auch Chemiker, Biochemiker und Biologen zu Worte kamen, mit dem Wunsch, die physikalisch orientierten Prinzipien ihrer Disziplinen darzustellen. Aus dieser Vorlesung ist dieses Buch hervorgegangen — allerdings in nicht unbeträchtlich erweiterter Form und mit z. T. neuen Autoren.

Was ist Biophysik? Wie immer bei Grenzgebieten fällt es schwer, präzise Definitionen zu finden. Es ist ferner unmöglich, Biophysik zu betreiben, wenn man nicht gewisse Grundkenntnisse der Biologie, der Physik, der physikalischen Chemie, der Chemie und der Biochemie besitzt. Für den Entwurf eines biophysikalischen Lehrbuches ergibt sich damit sofort die Frage, ob man den Studenten auf die Literatur dieser Nachbargebiete verweisen soll, wobei ihm dann die Auswahl des notwendigen Wissensstoffes überlassen wäre. Wir waren der Meinung, daß es nützlicher und zeitsparender ist, wenn er den ausgewählten „Zusatzwissensstoff" in konzentrierter Form im Rahmen der Biophysik-Vorlesung geboten bekommt. Auch in diesem Buch wird man daher Beiträge über die Struktur und Funktion der Zelle, über den chemischen Bau von biogenen Makromolekülen, aber auch über theoretische Chemie usw. finden.

Wiederholen wir die Frage, was ist Biophysik? Muß man Physiologie, Elektromedizin, Strahlenmedizin usw. auch hinzurechnen? Das Bild der Biophysik hat sich in den letzten Jahren sehr gewandelt. In immer stärkerem Maße steht das molekulare Verständnis der Lebensvorgänge im Vordergrund. Ähnlich wie es eine molekulare Chemie und eine molekulare Physik in der nichtbelebten Natur gibt, entwickelt sich eine molekulare Biochemie und eine molekulare Biophysik. An die Stelle der kleinen Moleküle treten die biogenen Makromoleküle, wobei deren Funktion nicht nur von dem chemischen Aufbau aus dem überraschend beschränkten Bausteinvorrat sondern auch von ihrer räumlichen Anordnung — ihrer Struktur — abhängig ist. Der außerordentlichen Differenziertheit in diesem Gebiet können nur Methoden entsprechen, welche ebenfalls differenzierte Aussagen gestatten. Hier nehmen die Beugungsmethoden eine besondere Stellung ein. Mit der molekularen Kenntnis der Struktur können nun die anderen Methoden der physikalischen Chemie an die Aufklärung der dynamischen Zusammenhänge schreiten, wobei insbesondere die Aufschlüsselung der Kinetik nach der Zeitkoordinate (Sprungmethoden usw.) besonders wertvolle Beiträge leistet.

Aber es wäre falsch, die Biophysik nur als molekulare Biophysik zu verstehen. Die Makromoleküle, Zellorganellen und Zellen bilden hochorganisierte Systeme, welche über komplexe Steuersysteme zusammenarbeiten. Kybernetik in der Biologie ist ein Gebiet, welches wohl erst am Anfang steht — wenn auch an gewissen Spezialsystemen schon tiefgreifendes Verständnis erzielt werden konnte.

Nun ist aber jedes Lebewesen auch eine „Maschine" im klassisch mechanischen, klassisch elektrischen, klassisch akustischen und klassisch optischen Sinn. Ein mehr molekular orientierter Biophysiker ist gerne geneigt, diese Aspekte der „Biophysik" zu vergessen. Das wäre aber schade, lehren sie uns doch, in welch vielfältiger und bunter Weise die Natur Physik betreibt. Der Leser wird hierüber viel Bemerkenswertes in diesem Buche finden.

Nach einer alten Klassifikation wurde die Physik als die Wissenschaft der Methoden, die Chemie als die Wissenschaft der Stoffe bezeichnet. Diese Einteilung ist heute längst überholt, doch läßt sich die stark methodisch orientierte Zielsetzung der physikalischen Disziplinen sicherlich nicht leugnen. Dem entspricht, daß in diesem Buch den Methoden ein breiter Raum eingeräumt wird. Hierbei wird durchaus auch versucht, dem Studenten ein mehr als nur oberflächliches Verständnis nahezubringen.

Nun noch ein Wort zur Zusammensetzung des Buches aus vielen Einzelbeiträgen verschiedenster Autoren. Es gibt grundsätzlich zwei Möglichkeiten, ein solches Gebiet zu behandeln. Ein von einem einzigen Autor geschriebenes Lehrbuch ist (wenn der Autor gut ist) ein in sich geschlossenes Werk. Aber gerade auf Grenzgebieten findet man immer wieder, daß die Kapitel über das eigene Spezialgebiet vorzüglich sind, während die Nachbargebiete schlechter dargestellt, z. T. manchmal sogar irreführend „abgeschrieben", sind. Setzt man hingegen das Buch aus Artikeln der zuständigen Wissenschaftler zusammen, so ist die Chance groß, daß die Beiträge nicht nur den neuesten Stand wiedergeben, sondern auch die wesentlichen und entscheidenden Punkte herausheben. Freilich hängt das sehr stark vom Einzelautor, seiner Darstellungskunst usw. ab. Außerdem ist immer die Gefahr vorhanden, daß Gleiches oder Ähnliches von mehreren Autoren behandelt wird und daß einzelne Autoren, verliebt in ihr Arbeitsgebiet, etwas zu ausführlich werden. Der Umfang eines Vielautorenlehrbuches ist zwangsläufig immer größer als der Umfang eines Einzelautorenlehrbuches. Aber ist das nicht auch ein Vorteil? Ein Buch dieser Art ist für den fortgeschrittenen Studenten gedacht, der durchaus kritisch und auswählend lesen soll. Die Herausgeber haben sich bemüht, in die Redaktion der Einzelbeiträge möglichst wenig einzugreifen.

Zum Schluß möchten Autoren und Herausgeber dem Verlag für die Sorgfalt danken, mit der er sich den in diesem Fall besonders komplizierten verlegerischen Aufgaben gewidmet hat. Ein Lehrbuch aus der Feder von vielen Autoren macht sehr viel Mühe — allein schon die drucktechnische Koordinierung der Beiträge der natürlich immer zeitlich überlasteten Autoren ist ein Geduldspiel ersten Ranges.

Winter 1976/77   Die Herausgeber

Inhaltsverzeichnis

1. **Bau der Zelle (Prokaryonten, Eukaryonten).** EBERHARD SCHNEPF.
   (Mit 10 Abbildungen) 1

    1.1. Eigenschaften der Zelle 1
        1.1.1. Molekül — Organelle — Zelle — Organismus 1
        1.1.2. Die Zelle als Grundeinheit des Lebens 1
        1.1.3. Die Größe der Zelle 2
        1.1.4. Protozyte und Euzyte 2
    1.2. Zellorganellen 6
        1.2.1. Membranen 6
        1.2.2. Zellkern 7
        1.2.3. Grundplasma 12
        1.2.4. Organellen aus einem Kompartiment 14
        1.2.5. Zusammengesetzte Organellen 16
        1.2.6. Zellhüllen und Zellverbindungen 19
    1.3. Zellteilung 20
    1.4. Evolution der Euzyte 20
    1.5. Viren und Bakteriophagen 21
        Literaturauswahl 22

2. **Der chemische Bau biologisch wichtiger Makromoleküle.**
   HARALD TSCHESCHE. (Mit 32 Abbildungen) 23

    2.1. Einleitung 23
    2.2. Nucleinsäuren und ihre Bausteine 24
        2.2.1. Nucleotide als Bausteine 24
        2.2.2. Die kovalente Polynucleotid-Struktur 25
        2.2.3. Das Prinzip der Basenpaarung 26
        2.2.4. Die Doppelhelix der DNA 27
        2.2.5. Eigenschaften der DNA 29
    2.3. Proteine und ihre Bausteine 29
        2.3.1. Aminosäuren als Bausteine 29
        2.3.2. Das Prinzip der Verknüpfung 32
        2.3.3. Eigenschaften der Aminosäuren 32
        2.3.4. Die kovalente Struktur von Proteinen 34
        2.3.5. Die Stabilisierung der Strukturelemente durch Wasserstoffbrücken
               (Sekundärstruktur) 36
        2.3.6. Die Raumstruktur 38
        Literaturauswahl 42

3. **Physikalische Methoden zur Bestimmung der strukturellen Eigenschaften
   von Biomolekülen** 43

    3.1. Äußere Struktur. FRIEDRICH DÖRR. (Mit 10 Abbildungen) 43
        3.1.1. Allgemeines 43
        3.1.2. Experimentelle Methoden 43
        Literaturauswahl 51

3.2. Innere Struktur 51
    3.2.1. Strukturanalyse mit Röntgenstrahlen. WALTER HOPPE. (Mit 13 Abbildungen) 51
        Literaturauswahl 67
    3.2.2. Strukturanalyse mit Elektronenstrahlen (Elektronenmikroskopie). WALTER HOPPE. (Mit 16 Abbildungen) 67
        Literaturauswahl 87
    3.2.3. Lichtstreuung an Makromolekülen. HORST BRUNNER und KLAUS DRANSFELD. (Mit 10 Abbildungen) 87
        Literaturauswahl 95
    3.2.4. Anwendung der Spektralphotometrie im UV- und sichtbaren Bereich. HARALD NEUBACHER und WOLFGANG LOHMANN. (Mit 7 Abbildungen) 95
        Literaturauswahl 103
    3.2.5. Anwendung der Infrarotspektroskopie. GEORG ZUNDEL. (Mit 6 Abbildungen) 103
        Literaturauswahl 108
    3.2.6. Anwendung der ORD- und CD-Spektroskopie. GEORG ZUNDEL. (Mit 3 Abbildungen) 108
        Literaturauswahl 112
    3.2.7. Anwendung des Mößbauereffektes auf Probleme der Biophysik. G. MICHAEL KALVIUS und FRITZ PARAK. (Mit 17 Abbildungen) . . 112
        Literaturauswahl 126
3.3. Elektronenspin-Resonanz-Spektroskopie. ULRICH DEFFNER und WOLFGANG LOHMANN. (Mit 7 Abbildungen) 127
    3.3.1. Allgemeine Grundlagen 127
    3.3.2. Einige Anwendungen der ESR in der Biologie 130
        Literaturauswahl 133
3.4. Kernmagnetische Resonanz-Spektroskopie. VOLKER PENKA und WOLFGANG LOHMANN. (Mit 2 Abbildungen) 134
    3.4.1. Einleitung 134
    3.4.2. Theorie 134
    3.4.3. Experimentelle Technik 136
    3.4.4. Anwendungen 137
        Literaturauswahl 140

4. Intra- und Intermolekulare Wechselwirkungen 141

4.1. Einleitung. G. LUDWIG HOFACKER 141
4.2. Primärstruktur. G. LUDWIG HOFACKER. (Mit 7 Abbildungen) 141
    4.2.1. Teilchen 141
    4.2.2. Atome 142
    4.2.3. Bindungen 148
4.3. Wechselwirkungen zwischen Strukturbausteinen. G. LUDWIG HOFACKER. (Mit 1 Abbildung) 158
    4.3.1. Die Abstoßung von Elektronenpaaren 158
    4.3.2. Elektrostatische Kräfte 159
    4.3.3. Dispersionskräfte 161
    4.3.4. Wasserstoffbrücken 161
        Literaturauswahl 166
4.4. Charge-Transfer-Reaktionen in Biomolekülen. JANOS LADIK. (Mit 2 Abbildungen) 166
        Literaturauswahl 170
4.5. Debye-Hückel-Theorie (Kräfte zwischen Molekülen in Lösung). JANOS LADIK. 170
    4.5.1. Debye-Hückel-Theorie 170
    4.5.2. Quantenmechanische Diskussion 172
        Literaturauswahl 173

5. Energieübertragungsmechanismen 174

5.1. Allgemeine Grundlagen der Photophysik und Photochemie. FRIEDRICH DÖRR. (Mit 12 Abbildungen) 174
    5.1.1. Stationäre Zustände von Molekülen 174
    5.1.2. Theoretische Grundlagen zur Beschreibung von Molekülzuständen. 176
    5.1.3. Übersicht über wichtige photophysikalische Prozesse 178
    5.1.4. Mechanismen ausgewählter photophysikalischer Prozesse . . . 179
    5.1.5. Einige Anwendungen der Absorptions- und Fluoreszenzspektroskopie 181
    5.1.6. Änderung der Basizität bzw. Acidität mit der Elektronenanregung 182
    5.1.7. Fluoreszenzlöschung 183
    5.1.8. Energiewanderung 183
    5.1.9. Verzögerte Fluoreszenz 185
    5.1.10. Photochemische Primärreaktionen 185
    Literaturauswahl 187

5.2. Energieübertragungsmechanismen. HANS KUHN. (Mit 10 Abbildungen) 187
    5.2.1. Klassische Betrachtung 187
    5.2.2. Emittermolekül nahe an Absorberschicht 190
    5.2.3. Energieübertragung in monomolekularen Schichtsystemen . . . 191
    5.2.4. Rückwirkung des Empfängermoleküls 2 auf das Sendermolekül 1 . 194
    5.2.5. Emittermolekül im Echo eines Metallspiegels 195
    5.2.6. Energieübertragung in kooperativen Systemen von Farbstoffmolekülen 196
    Literaturauswahl 197

5.3. Aktionsspektrometrie. KARL M. HARTMANN. (Mit 15 Abbildungen) . . 197
    5.3.1. Was ist Aktionsspektrometrie? 197
    5.3.2. Das Prinzip der Methode 198
    5.3.3. Das Erzeugen monochromatischer Photonenflüsse 199
    5.3.4. Strahlungsmessung 202
    5.3.5. Der Photonenfluß in den Proben 207
    5.3.6. Pigmentparameter 208
    5.3.7. Aktionsspektren und ihre Bedeutung 209
    5.3.8. Kinetische Modellbetrachtungen 211
    Literaturauswahl 222

6. Strahlenbiophysik. ERNST-GEORG NIEMANN. (Mit 6 Abbildungen) . . 223

6.1. Einleitung 223
6.2. Die Strahlung und ihre Messung 223
    6.2.1. Strahlenarten 223
    6.2.2. Wechselwirkung Strahlung-Materie 223
    6.2.3. Dosis und Dosisleistung 225
    6.2.4. Dosimetrie 226
6.3. Beschreibung und Deutung der Strahlenwirkung 227
    6.3.1. Dosiseffektkurven und Treffertheorie 227
    6.3.2. Direkte und indirekte Strahlenwirkung 228
    6.3.3. Energieübertragungsprozesse, Reaktionsgeschwindigkeiten, Impulsphoto- und -radiolyse 228
6.4. Molekulare Straßeneffekte 229
    6.4.1. Strahlenchemie des Wassers 229
    6.4.2. Radikale und Molekularprodukte 230
    6.4.3. Modifizierung der Strahlenwirkung 230
6.5. Strahlenwirkung auf Biomoleküle und molekulare Strukturen 231
    6.5.1. Strahlenwirkung auf Proteine 231
    6.5.2. Strahlenwirkung auf Nucleinsäuren 231
    6.5.3. Strahlenwirkung auf Membranstrukturen 232

6.6. Strahlenwirkung auf Zellen und Organismen 232
    6.6.1. Strahlenwirkung auf die Zelle 232
    6.6.2. Genetische Strahlenwirkungen 233
    6.6.3. Strahlenstimulation 233
6.7. Strahlengefährdung und Strahlenschutz 233
    6.7.1. Natürliche und zivilisatorische Strahlenbelastung 233
    6.7.2. Strahlenschutz 234
          Literaturauswahl 234

7. Tracer-Methoden in der Biologie. HELMUT SIMON. (Mit 4 Abbildungen) 235

7.1. Einleitung 235
7.2. Stabile und radioaktive Isotope 235
    7.2.1. Vergleichende Betrachtung 235
    7.2.2. Stabile Isotope und die Prinzipien ihrer Messung 236
    7.2.3. Radioaktive Isotope 237
    7.2.4. Die wichtigsten Meßmethoden für radioaktive Isotope 238
7.3. Isotopeneffekte 240
    7.3.1. Hauptursachen von Isotopeneffekten 240
    7.3.2. Kinetische Isotopeneffekte und ihre Bestimmung 241
7.4. Analytische Isotopenanwendung 242
    7.4.1. Aktivierungsanalyse 242
    7.4.2. Isotopen-Verdünnungsanalysen 242
    7.4.3. Radioimmunologische Analyse 243
7.5. Beispiele für Isotopenanwendungen 243
    7.5.1. Verteilungsstudien 243
    7.5.2. Stoffwechsel und Transport 244
    7.5.3. Sterischer Verlauf von Enzymreaktionen an prochiralen Systemen 247
    7.5.4. Isotopenaustauschstudien 248
          Literaturauswahl 249

8. Energetische und statistische Beziehungen 250

8.1. Allgemeines. FRIEDRICH DÖRR 250
8.2. Grundbegriffe der Gleichgewichtsthermodynamik. FRIEDRICH DÖRR. (Mit 2 Abbildungen) 250
    8.2.1. Erster Hauptsatz, Enthalpie 251
    8.2.2. Zweiter Hauptsatz, Entropie, Freie Enthalpie, Gleichgewicht, maximale Nutzbarkeit 252
    8.2.3. Standardwerte der Zustandsgrößen 253
    8.2.4. Grundreaktionsarbeit und Gleichgewichtskonstante 254
    8.2.5. Chemisches Potential, Aktivität, Standardzustand 255
    8.2.6. Phasengleichgewicht, Phasenregel 256
8.3. Interpretation thermodynamischer Größen durch die Molekularstatistik. FRIEDRICH DÖRR. (Mit 1 Abbildung) 257
    8.3.1. Energieeigenwerte, Maxwell-Boltzmann-Verteilung, Zustandssummen 257
    8.3.2. Zustandssumme und thermodynamische Funktionen, dritter Hauptsatz 259
    8.3.3. Statistische Beschreibung des Gleichgewichts 259
8.4. Grenzen der Gleichgewichtsthermodynamik. FRIEDRICH DÖRR. (Mit 1 Abbildung) 260
    8.4.1. Schwankungen bei kleiner Teilchenzahl 260
    8.4.2. Irreversible Prozesse und Fließgleichgewicht 260
8.5. Energiefluß in der belebten Welt, ATP, Übertragungspotential. FRIEDRICH DÖRR. (Mit 1 Abbildung) 261

8.6. Theorie der absoluten Reaktionsgeschwindigkeiten nach Eyring. Friedrich Dörr. (Mit 1 Abbildung) 263
    8.6.1. Definition kinetischer Parameter 263
    8.6.2. Theorie des Übergangszustands 264
    Literaturauswahl 265
8.7. Methoden zur Bestimmung schneller Reaktionen. Hartmann Rüppel. (Mit 11 Abbildungen) 265
    8.7.1. Das Prinzip der physikalischen Reaktionsanregung und der chemischen Relaxation 265
    8.7.2. Anregungsverfahren 267
    8.7.3. Optische Meßverfahren 271
    8.7.4. Elektrische Meßverfahren 273
    8.7.5. Dispersionsverfahren 275
    8.7.6. Verbesserung von Zeitauflösung und Meßempfindlichkeit durch repetierende Meßverfahren 276
    Literaturauswahl 277

9. Enzyme als Biokatalysatoren. Robert Huber. (Mit 19 Abbildungen) 278
9.1. Einleitung 278
9.2. Wie wirken Enzyme? 278
9.3. Wie werden Enzyme reguliert? 279
9.4. Protein-Struktur (Globuläre Proteine) 280
    9.4.1. Wie falten sich Proteine? 280
    9.4.2. Bausteine 281
    9.4.3. Konstruktions-(Sekundärstruktur-) elemente 282
    9.4.4. Dreidimensionale Struktur 282
9.5. Beispiele 284
    9.5.1. Proteasen 284
    9.5.2. Immunglobuline 286
    Literaturauswahl 288

10. Die biologische Funktion der Nucleinsäuren. Wolfram Zillig. (Mit 13 Abbildungen) 289
10.1. Einleitung 289
    10.1.1. Allgemeines 289
    10.1.2. Vorkommen und Struktur von Nucleinsäuren 289
10.2. Die Replikation der DNA 290
    10.2.1. Organisation der DNA in der Zelle 290
    10.2.2. Prinzipien der DNA-Replikation 291
    10.2.3. Replikationsmodelle 293
    10.2.4. Der Replikationsapparat 293
    10.2.5. Reverse Transcriptase 294
10.3. Genexpression 294
    10.3.1. Transcription 294
    10.3.2. Prozessierung von RNA-Vorstufen 297
    10.3.3. Die Translation 298
10.4. Regulation der Genexpression 301
    10.4.1. Regulation und Programmierung der Transcription 301
    10.4.2. Kontrolle anderer Schritte der Genexpression 302
    Literaturauswahl 302

11. Membranen 303
11.1. Membran-Modelle. Knute A. Fisher und Walther Stoeckenius. (Mit 5 Abbildungen) 303
    11.1.1. Einleitung: Vorkommen und Zusammensetzung von Biomembranen 303

11.1.2. Das Doppelschicht-Modell der Lipid-Anordnung in Biomembranen 303
11.1.3. Modelle der Protein-Anordnung in Biomembranen 309
11.1.4. Die Kohlenhydrat-Anordnung in Biomembranen 315
11.1.5. Zusammenfassung und Ausblick 315
Literaturauswahl 316
11.2. Dynamische Struktur von Lipid-Doppelschichten und biologischen Membranen: Untersuchung mit Radikalsonden. ERICH SACKMANN. (Mit 12 Abbildungen) 316
11.2.1. Einleitung 316
11.2.2. Grundlegende Eigenschaften der Membranen 316
11.2.3. Radikalsonden (Spin-Label) 319
11.2.4. Anwendungsbeispiele 321
11.2.5. Anwendung der Spin-Sonden-Methode auf biologische Membranen 326
Literaturauswahl 328
11.3. Stofftransport durch biologische Membranen. EBERHARD FRÖMTER. (Mit 21 Abbildungen) 328
11.3.1. Zusammensetzung und Struktur der Zellmembran 328
11.3.2. Phänomenologische Theorie des Membrantransports 331
11.3.3. Transport durch Diffusion 344
11.3.4. Flußkopplungsphänomene 351
11.3.5. Aktiver Transport 353
11.3.6. Transport durch Bläschenbildung 360
Literaturauswahl 361
11.4. Elektrische Potentiale. JOSEF DUDEL. (Mit 23 Abbildungen) 361
11.4.1. Messung von Membranpotential und Membranstrom 361
11.4.2. Das Ruhepotential 362
11.4.3. Erregung und Membranpotential 363
11.4.4. Elektrotonus und Fortleitung des Aktionspotentials 368
11.4.5. Rezeptorpotentiale 370
11.4.6. Chemische synaptische Übertragung 371
11.4.7. Elektrische synaptische Übertragung 377
Literaturauswahl 378
11.5. Biophysik des Atemgastransportes. GERHARD THEWS und HELMUT HUTTEN. (Mit 10 Abbildungen) 378
11.5.1. Teilprozesse des Atemgastransportes beim Menschen 378
11.5.2. Physikalische Grundlagen 379
11.5.3. Der Atemgastransport im Blut 381
11.5.4. Der Gasaustausch in der Lunge 384
11.5.5. Der Gasaustausch im Gewebe 386
Literaturauswahl 390

12. Sensorische Transduktionsprozesse 391

12.1. Grundzüge der Transduktionsmechanismen in Sinneszellen. ULRICH THURM. (Mit 9 Abbildungen) 391
12.1.1. Sensorische Transduktion — ein Steuerungsprozeß 391
12.1.2. Übersicht über die Teilmechanismen der Transduktion und ihre Funktionsbeziehungen 392
12.1.3. Die räumliche Anordnung der Teilmechanismen der Transduktion 394
12.1.4. Rezeptoren für verschiedene Reizmodalitäten: die Varianz der Sensorregion und die Invarianz der energieliefernden Strukturen . 396
12.1.5. Funktionelle Folgen des epithelialen Aufbaus von Sinnesorganen 398
12.1.6. Integration der Teilmechanismen: der Rezeptorstromkreis . . . 401
Literaturauswahl 402

12.2. Molekulares Erkennen. KARL-ERNST KAISSLING. (Mit 15 Abbildungen) 402
 12.2.1. Einleitung: Chemische Signale 402
 12.2.2. Signalstoffaufnahme und -weiterleitung 403
 12.2.3. Signalwandlung 406
 12.2.4. Desaktivierung von Signalstoffen 408
 12.2.5. Eingangs-Ausgangsbeziehungen bei Empfängern chemischer Signale 408
 12.2.6. Die Spezifität chemischer Signalempfänger 410
 Literaturauswahl 414

13. Photobiophysik 415

13.1. Photosynthese. GERNOT RENGER. (Mit 15 Abbildungen) 415
 13.1.1. Einleitung 415
 13.1.2. Energieleitungsprozesse 418
 13.1.3. Photochemische Prozesse an den Reaktionszentren 423
 13.1.4. Elektronentransferprozesse 427
 13.1.5. Erzeugung elektrochemischer Potentiale durch vektoriellen Ladungstransport 431
 13.1.6. Phosphorylierung 436
 13.1.7. Zur Struktur der Thylakoidmembran 440
 13.1.8. Schlußbetrachtungen 440
 Literaturauswahl 441

13.2. Zur Biophysik biologischer Oszillatoren. ANDERS JOHNSSON. (Mit 5 Abbildungen) 441
 13.2.1. Einführung 441
 13.2.2. Harmonische Schwingungen, Van der Pol'scher Oszillator . . . 441
 13.2.3. Störungen von Oszillatoren, Phasen-Response-Kurven 443
 13.2.4. Ein anderer Blickpunkt: Rückkopplung 445
 13.2.5. Kopplung mehrerer Oszillatoren 448
 Literaturauswahl 449

13.3. Photomorphogenese. KARL M. HARTMANN und WOLFGANG HAUPT. (Mit 28 Abbildungen) 449
 13.3.1. Was ist Photomorphogenese? 449
 13.3.2. Charakterisierung des Phytochroms *in vivo*. 452
 13.3.3. Lokalisation des funktionellen Phytochroms 456
 13.3.4. Charakterisierung des Phytochroms *in vitro* 458
 13.3.5. Regulation durch Phytochrom 460
 Literaturauswahl 468

13.4. Photorezeptor-Optik — Struktur und Funktion von Photorezeptoren. RANDOLF MENZEL und ALLAN W. SNYDER. (Mit 11 Abbildungen) . . 468
 13.4.1. Einführung 468
 13.4.2. Strukturelle Organisation der Photorezeptoren 469
 13.4.3. Funktionelle Organisation der Photorezeptoren 469
 13.4.4. Photorezeptor-Optik und Struktur der photorezeptiven Membran 480
 13.4.5. Schlußfolgerung und Ausblick 482
 Literaturauswahl 482

13.5. Photorezeption und ihre molekularen Grundlagen. HENNIG STIEVE. (Mit 26 Abbildungen) 482
 13.5.1. Einführung 482
 13.5.2. Der Aufbau der Sehzellmembran 485
 13.5.3. Die Reaktionen des Rhodopsins 489
 13.5.4. Elektrochemie der Sehzellmembran 491
 13.5.5. Die Veränderung der Empfindlichkeit der Sehzelle — Adaptation 498
 13.5.6. Ausblick 501
 Literaturauswahl 501

14. Biomechanik ... 502

14.1. Die molekulare Physiologie der Muskelkontraktion. HANS GEORG MANNHERZ und KENNETH CHARLES HOLMES. (Mit 12 Abbildungen) . 502
- 14.1.1. Einleitung ... 502
- 14.1.2. Muskelphysiologie ... 502
- 14.1.3. Muskelmechanik und -energetik ... 503
- 14.1.4. Struktur des Skeletmuskels ... 503
- 14.1.5. Der Mechanismus der Verkürzung ... 503
- 14.1.6. Die Proteine des kontraktilen Apparates und ihre enzymatische Aktivität ... 506
- 14.1.7. Der Aufbau der Myofilamente ... 507
- 14.1.8. Die Anordnung der Filamente in der Überlappungszone ... 508
- 14.1.9. Die Regulation der Muskelaktivität ... 509
- 14.1.10. Die enzymatische Aktivität von Myosin und der Mechanismus der ATP-Hydrolyse ... 510
- 14.1.11. Versuch der Korrelation von Querbrückenzyklus und ATP-Hydrolyse ... 511
- 14.1.12. Kinetik der Querbrückenmechanik ... 512
- 14.1.13. Zukünftige Entwicklungen ... 513
- Literaturauswahl ... 513

14.2. Biostatik. WERNER NACHTIGALL. (Mit 11 Abbildungen) ... 514
- 14.2.1. Definition ... 514
- 14.2.2. Dimensionsbetrachtung; biomechanische Konsequenzen der Absolutgrößen ... 514
- 14.2.3. Statische Systeme hoher Schlankheitsgrade ... 514
- 14.2.4. Pflanzenwachstum und Optimalkonstruktion ... 515
- 14.2.5. Kräfte und Momente ... 515
- 14.2.6. Biegebeanspruchung und Biegefestigkeit ... 515
- 14.2.7. Körper gleicher Festigkeit ... 521
- Literaturauswahl ... 525

14.3. Biophysik des Schwimmens. WERNER NACHTIGALL. (Mit 12 Abbildungen) ... 525
- 14.3.1. Grundlegende strömungsmechanische Kenngrößen ... 525
- 14.3.2. Strömungsanpassung von Rümpfen schwimmender Tiere ... 528
- 14.3.3. Vortriebserzeugung bei schwimmenden Tieren ... 531
- Literaturauswahl ... 537

14.4. Biophysik des Fliegens. WERNER NACHTIGALL. (Mit 10 Abbildungen) 537
- 14.4.1. Definition ... 537
- 14.4.2. Umfang und Problematik des Fachgebiets ... 537
- 14.4.3. Kinematik der Schlagflügel ... 537
- 14.4.4. Aerodynamik ... 544
- 14.4.5. Energetik ... 548
- Literaturauswahl ... 550

14.5. Biomechanik des Blutkreislaufs. RUDOLF DIETRICH BAUER, THOMAS PASCH und ERIK WETTERER. (Mit 12 Abbildungen) ... 551
- 14.5.1. Vorbemerkung ... 551
- 14.5.2. Das Herz als Pumpe ... 551
- 14.5.3. Das Arteriensystem ... 553
- 14.5.4. Periphere Widerstandsgefäße (Mikrozirkulation) ... 558
- 14.5.5. Das Venensystem ... 559
- 14.5.6. Einstellung und Regelung der Kreislaufgrößen ... 559
- Literaturauswahl ... 561

14.6. Flüssigkeitsströme in Pflanzen. HUBERT ZIEGLER. (Mit 21 Abbildungen) 561
- 14.6.1. Einführung ... 561

14.6.2. Der Xylemtransport 562
14.6.3. Der Phloemtransport 570
Literaturauswahl 577
14.7. Schallrezeption am Beispiel höherer Säugetiere und des Menschen.
EBERHARD ZWICKER. (Mit 18 Abbildungen) 577
14.7.1. Einleitung 577
14.7.2. Gehörorgan 577
14.7.3. Frequenzauflösungsvermögen 582
14.7.4. Zeitauflösungsvermögen 583
14.7.5. Funktionsschemata und Funktionsmodelle 584
Literaturauswahl 585
14.8. Echoortung. GERHARD NEUWEILER. (Mit 20 Abbildungen) 585
14.8.1. Einleitung 585
14.8.2. Die Ortungsleistungen der Fledermäuse 585
14.8.3. Gibt es eine Theorie der Echoortung? 589
14.8.4. Die Ortungslaute der Fledermäuse 591
14.8.5. Hörleistungen bei der Echoortung 592
Literaturauswahl 600

15. Elektrorezeption und Ortung im elektrischen Feld. THOMAS SZABO.
(Mit 10 Abbildungen) 601
15.1. Einleitung 601
15.2. Natürliche Quellen für eine bioelektrische Reizmodalität 601
15.2.1. Quellen physikalischer Herkunft 601
15.2.2. Quellen biologischer Herkunft 603
15.3. Elektrorezeptoren und Elektrorezeption 605
15.4. Ortungsmechanismen und ihre neuronalen Grundlagen 606
15.4.1. Elektroortung mittels tonischer Elektrorezeptoren 606
15.4.2. Elektroortung mittels phasischer Elektrorezeptoren 606
Literaturauswahl 608

16. Geo-Biophysik: Schwerefeld, Magnetfeld und Organismen. HUBERT
MARKL. (Mit 7 Abbildungen) 609
16.1. Einleitung 609
16.2. Die Wirkung der Schwerkraft auf Organismen 609
16.2.1. Morphogenetische Wirkungen (Gravimorphismus) 610
16.2.2. Orientierungswirkung der Schwerkraft auf frei bewegliche Organismen 612
16.2.3. Die Schwerkraftrichtung als Referenz zur Beurteilung von Richtungen mit anderen Sinnessystemen 613
16.3. Die Wirkung des Erdmagnetfeldes auf Organismen 613
16.3.1. Orientierung von Vögeln im Magnetfeld 616
16.3.2. Orientierung von Bienen im Magnetfeld 617
16.3.3. Mögliche Wirkungen des Erdmagnetfeldes auf Organismen . . 617
Literaturauswahl 619

17. Kybernetik 620
17.1. Methoden der Kybernetik (Kommunikationstheorie, Systemtheorie
homogener Schichten und Mustererkennung). HANS MARKO. (Mit
14 Abbildungen) 620
17.1.1. Einleitung 620
17.1.2. Die Kommunikationstheorie 621
17.1.3. Die Systemtheorie homogener Schichten 623
Literaturauswahl 629

17.2. Informationsübertragung und -verarbeitung im Nervensystem, dargestellt am Beispiel der neurophysiologischen Grundlagen des Sehens. OTTO D. CREUTZFELDT. (Mit 14 Abbildungen) 629
    17.2.1. Einleitung 629
    17.2.2. Die Netzhaut (Retina) 629
    17.2.3. Die Fortleitung der Information von der Retina in das Gehirn . 642
    17.2.4. Kurze Schlußbemerkung über Wahrnehmung 651
    Literaturauswahl 652
17.3. Systemanalytische Verhaltensforschung am Beispiel der Fliege. WERNER REICHARDT. (Mit 3 Abbildungen) 652
    17.3.1. Einleitung 652
    17.3.2. Systemanalyse der musterinduzierten Flugorientierung von Insekten 653
    17.3.3. Orientierungsverhalten gegenüber einer komplexen Umwelt . . 656
    17.3.4. Nichtlineare Systemtheorie der musterinduzierten Flugorientierung 657
    17.3.5. Von der makroskopischen zur mikroskopischen Beschreibung . 657
    17.3.6. Résumé und Ausblick 660
    Literaturauswahl 661

18. Evolution 662
18.1. Modell der Selbstorganisation und präbiotischen Evolution. HANS KUHN. (Mit 11 Abbildungen) 662
    18.1.1. Einführung 662
    18.1.2. Allgemeines über Denkmodelle 663
    18.1.3. Prinzip des Modellansatzes 664
    18.1.4. Periodizität in der Umgebungsstruktur. Auslösung eines Vervielfältigungs-Mutations-Selektionszyklus 665
    18.1.5. Reichtum in Umgebungsbedingungen als Antrieb in Richtung höherer Organisation. Verlassen des überfüllten Bereichs durch geeignete Systeme führt zur Erweiterung des Lebensraumes . . 666
    18.1.6. Zufall und zweckgerichtetes Verhalten 666
    18.1.7. Kenntnis K als Wertmaß eines durch Selbstorganisation von Materie entstandenen Systems 667
    18.1.8. Hauptaspekte des speziellen Modells. Zunahme des Organisationsgrades durch Loslösung von eng umgrenzten Umgebungsbedingungen (Feinporosität, Milieuspezifität, zeitliche Periodizität) 671
    18.1.9. Diskussion wichtiger Teilschritte 674
    Literaturauswahl 688
18.2. Vom Makromolekül zur primitiven Zelle — die Entstehung biologischer Funktion. PETER SCHUSTER. (Mit 10 Abbildungen) 688
    18.2.1. Was ist Evolution? 689
    18.2.2. Thermodynamische Grundlagen der Evolutionstheorie 690
    18.2.3. Einige Grundbegriffe 691
    18.2.4. Information und Funktion 692
    18.2.5. Die statistische Phase der Evolution 692
    18.2.6. Die phänomenologischen Gleichungen der Evolution 697
    18.2.7. Ergebnisse der Evolutionstheorie 700
    18.2.8. Schlußfolgerungen 702
    18.2.9. Anhang: Katalytische Kreise 703
    18.2.10. Zusammenstellung der Symbole 705
    Literaturauswahl 705

Sachverzeichnis 707

Mitarbeiterverzeichnis

Dr. R. D. BAUER
 Institut für Physiologie und Kardiologie der Universität Erlangen-Nürnberg, Waldstr. 6, 8520 Erlangen
Dr. H. BRUNNER
 Denninger Str. 200, 8000 München 81
Professor Dr. O. D. CREUTZFELDT
 Max-Planck-Institut für Biophysikalische Chemie, Am Faßberg, 3400 Göttingen
Dr. U. DEFFNER
 Gesellschaft für Strahlen- und Umweltforschung mbH München, Ingolstädter Landstr. 1, 8042 Neuherberg
Professor Dr. F. DÖRR
 Institut für Physikalische und Theoretische Chemie der Technischen Universität München, Arcisstr. 21, 8000 München 2
Professor Dr. K. DRANSFELD
 Max-Planck-Institut für Festkörperforschung, Boite Postale 166, F 38042 Grenoble-Cedex
Professor Dr. J. DUDEL
 Physiologisches Institut der Technischen Universität München, Biedersteiner Str. 29, 8000 München 40
Dr. K. A. FISHER
 University of California, School of Medicine, Cardiovascular Research Institute, San Francisco, CA 94143/USA
Professor Dr. E. FRÖMTER
 Max-Planck-Institut für Biophysik, Kennedy-Allee 70, 6000 Frankfurt 70
PD Dr. K. M. HARTMANN
 Botanisches Institut der Universität Erlangen-Nürnberg, Schloßgarten 4, 8520 Erlangen
Professor Dr. W. HAUPT
 Botanisches Institut der Universität Erlangen-Nürnberg, Schloßgarten 4, 8520 Erlangen
Professor Dr. G. L. HOFACKER
 Institut für Physikalische und Theoretische Chemie, Technische Universität München, Arcisstr. 21, 8000 München 2
Professor Dr. K. C. HOLMES
 Max-Planck-Institut für Medizinische Forschung, Abteilung Biophysik, Jahnstr. 29, 6900 Heidelberg 1
Professor Dr. W. HOPPE
 Max-Planck-Institut für Biochemie, Am Klopferspitz, 8033 Martinsried
Professor Dr. R. HUBER
 Max-Planck-Institut für Biochemie, Am Klopferspitz, 8033 Martinsried
Professor Dr. H. HUTTEN
 Physiologisches Institut der Universität, Saarstr. 21, 6500 Mainz
Professor A. JOHNSSON
 Institute of Physics NLHT, Universität of Trondheim, N 7000 Trondheim
PD Dr. K.-E. KAISSLING
 Max-Planck-Institut für Verhaltensphysiologie, 8131 Seewiesen
Professor Dr. G. M. KALVIUS
 Physik-Department E 15 der Technischen Universität München, James Franck Str., 8046 Garching
Professor Dr. H. KUHN
 Max-Planck-Institut für Biophysikalische Chemie, Am Faßberg, 3400 Göttingen
Professor Dr. J. LADIK
 Institut für Theoretische Chemie, Universität Erlangen-Nürnberg, Egerlandstr. 3, 8520 Erlangen
Professor Dr. W. LOHMANN
 Institut für Biophysik der Universität, Strahlenzentrum, Leihgesterner Weg 217, 6300 Gießen
Dr. H. G. MANNHERZ
 Max-Planck-Institut für Medizinische Forschung, Abteilung Biophysik, Jahnstr. 29, 6900 Heidelberg 1
Professor Dr. H. MARKL
 Fachbereich Biologie, Universität Konstanz, Postfach 7733, 7750 Konstanz
Professor Dr. H. MARKO
 Institut für Informationstechnik der Technischen Universität München, Arcisstr. 21, 8000 München 2
Professor Dr. R. MENZEL
 Freie Universität Berlin, Fachbereich 23, Tierphysiologie, Grunewaldstr. 34, 1000 Berlin 41
Professor Dr. W. NACHTIGALL
 Zoologisches Institut der Universität des Saarlandes, 6600 Saarbrücken
Dr. H. NEUBACHER
 Institut für Biophysik der Universität, Strahlenzentrum, Leihgesterner Weg 217, 6300 Gießen
Professor Dr. G. NEUWEILER
 Zoologisches Institut der Universität Frankfurt, Siesmayerstr. 70, 6000 Frankfurt
Professor Dr. E.-G. NIEMANN
 Institut für Strahlenbotanik, GSF, und Institut für Biophysik der Technischen Universität Hannover, Herrenhäuser Str. 2, 3000 Hannover-Herrenhausen
Dr. F. PARAK
 Physik-Department E 15 der Technischen Universität München, James Franck Str., 8046 Garching
PD Dr. T. PASCH
 Institut für Anaesthesiologie, Universität Erlangen-Nürnberg, Maximiliansplatz, 8520 Erlangen
Dr. V. PENKA
 Institut für Biophysik der Universität, Strahlenzentrum, Leihgesterner Weg 217, 6300 Gießen

Professor Dr. W. REICHARDT
Max-Planck-Institut für Biologische Kybernetik, Spemannstr. 38, 7400 Tübingen

Dr. G. RENGER
Max-Volmer-Institut für Physikalische Chemie und Molekularbiologie, Technische Universität Berlin, Straße des 17. Juni 135, 1000 Berlin 12

Professor Dr. H. RÜPPEL
Max-Volmer-Institut für Physikalische Chemie und Molekularbiologie, Technische Universität Berlin, Straße des 17. Juni 135, 1000 Berlin 12

Professor Dr. E. SACKMANN
Universität Ulm (MNH), Abteilung für Experimentelle Physik III, Postfach 1130, 7900 Ulm

Professor Dr. E. SCHNEPF
Institut für Zellenlehre der Universität Heidelberg, Im Neuenheimer Feld 230, 6900 Heidelberg

Professor Dr. P. SCHUSTER
Institut für Theoretische Chemie der Universität Wien, Währingerstr. 42, A 1090 Wien

Professor Dr. H. SIMON
Institut für Organische Chemie und Biochemie, Technische Universität München, Arcisstr. 21, 8000 München 2

Professor Dr. A. W. SNYDER
Australian National University, Department of Applied Mathematics, Canberra A.C.T. 2600/Australien

Professor Dr. H. STIEVE
Institut für Neurobiologie der Kernforschungsanlage Jülich GmbH, Postfach 1913, 5170 Jülich 1

Dr. W. STOECKENIUS
University of California, School of Medicine, Cardiovascular Research Institute, San Francisco, CA 94143/USA

Dr. T. SZABO
Département de Neurophysiologie Sensorielle, Laboratoire de Physiologie Nerveuse, CNRS, F 91190 Gif sur Yvette

Professor Dr. Dr. G. THEWS
Physiologisches Institut der Universität, Saarstr. 21, 6500 Mainz

Professor Dr. U. THURM
Zoologisches Institut der Universität, Hüfferstr. 1, 4400 Münster

Professor Dr. H. TSCHESCHE
Institut für Organische Chemie und Biochemie, Technische Universität München, Arcisstr. 21, 8000 München 2

Professor Dr. E. WETTERER
Institut für Physiologie und Kardiologie der Universität Erlangen-Nürnberg, Waldstr. 6, 8520 Erlangen

Professor Dr. H. ZIEGLER
Institut für Botanik und Mikrobiologie der Technischen Universität München, Arcisstr. 21, 8000 München 2

Professor Dr. W. ZILLIG
Max-Planck-Institut für Biochemie, 8033 Martinsried

Professor Dr. G. ZUNDEL
Physikalisch-Chemisches Institut, Universität München, Theresienstr. 41, 8000 München 2

Professor Dr. E. ZWICKER
Institut für Elektroakustik der Technischen Universität München, Arcisstr. 21, 8000 München 2

1. Bau der Zelle (Prokaryonten, Eukaryonten)

Eberhard Schnepf

1.1. Eigenschaften der Zelle

1.1.1. Molekül — Organelle — Zelle — Organismus

Das Phänomen »Leben« manifestiert sich in *Organismen*. In ihnen finden alle die Reaktionen statt, die in ihrer Gesamtheit für das Leben charakteristisch sind. Die einzelnen Reaktionen lassen sich heute schon fast alle auch außerhalb der Organismen, in vitro, experimentell durchführen. Sie werden in der Regel durch Enzyme katalysiert und kontrolliert (vgl. Kapitel 9). Übermolekulare Funktionseinheiten, in denen Enzyme und andere Moleküle vereinigt sind und an oder in denen bestimmte Reaktionsketten ablaufen, sind die *Organellen*. Eine solche Reaktionskette wird durch die räumliche Ordnung der Enzyme gesteuert; dabei kontrollieren in vielen Fällen Membranen den Zutritt der Substrate zu den Enzymen. In manchen Organellen sind viele Reaktionsketten lokalisiert und aufeinander abgestimmt; sie sind dann dementsprechend kompliziert aufgebaut, haben aber auch dann nur gewisse Teilfunktionen innerhalb des Organismus.

Die erste Integrationsstufe, die *alle* für das Leben charakteristischen Prozesse koordiniert durchführt, also die kleinste Einheit des Lebens, die zu Stoffwechsel, Selbstreproduktion und Mutabilität fähig ist, ist die *Zelle*. In manchen Fällen, bei Einzellern, ist die Zelle mit dem Organismus identisch. Höher entwickelte Organismen bestehen jedoch aus vielen Einzelzellen, deren Aktivität ebenfalls einer Kontrolle — auf überzellulärer Ebene — unterliegt. Wenn diese Regulation versagt, wie z.B. bei Krebserkrankung, wird der Organismus geschädigt. Auch ein Zusammenleben von Organismen ist nicht ohne Koordination möglich; jede Organisationsstufe hat ihre Regulationssysteme.

1.1.2. Die Zelle als Grundeinheit des Lebens

1.1.2.1. Die Zelle als Grundeinheit der Struktur

Alle höheren Organismen durchlaufen bei ihrer Entwicklung in der Regel ein Stadium, in dem sie nur aus einer einzigen Zelle bestehen. Viele mehrzellige Organismen, sogar die höchst entwickelten Pflanzen, kann man in Einzelzellen zerteilen, die sich unter bestimmten Bedingungen wieder zu einem vollständigen Organismus entwickeln. Hingegen ist es nicht möglich, eine echte Zelle in mehrere entwicklungsfähige Teile zu zerlegen; sie stellt ein *Individuum* dar (vgl. jedoch 1.3).

Damit ist bereits gesagt, daß alle Lebewesen aus Zellen bestehen und daß diese gegen die unbelebte Umgebung wie gegen Nachbarzellen abgegrenzt sind. Die Grenze wird durch die Plasmamembran, das *Plasmalemma*, gebildet. Biosubstanzen der verschiedensten Art, sogar Enzyme (*Exoenzyme*), kommen auch außerhalb des Plasmalemmas vor, sie werden ausgeschieden. In vielen Fällen umgibt sich die Zelle mit einer festen Hülle aus sezerniertem Material. Besonders Pflanzenzellen haben meist mächtige *Zellwände*. Diese sind ein Teil der Zelle, obwohl sie nicht zum eigentlichen lebenden Zellkörper, dem *Protoplasten*, gehören. Sie haben der Zelle sogar den Namen gegeben, denn was Hooke vor mehr als 300 Jahren im Flaschenkork beobachtete und »cellulae« nannte, waren die Wände und nicht der lebende Inhalt; der war längst abgestorben und verschwunden.

1.1.2.2. Die Zelle als Grundeinheit der Vermehrung

Die *Zelltheorie*, nach der alle Lebewesen aus Zellen bestehen, wurde 1838 von Schwann und Schleiden aufgestellt und ist eine der fundamentalen Aussagen der Biologie. Sie beinhaltet auch, daß Zellen nur aus Zellen entstehen, was allerdings erst von Virchow 1855 klar formuliert wurde. Dabei teilt sich meistens eine Zelle in zwei Tochterzellen, wobei die die Zellentwicklung steuernde genetische Information gleichmäßig verteilt wird. Die Tochterzellen können zusammenbleiben und einen mehrzelligen Organismus bilden oder sich trennen und jeweils ein selbständiges Leben führen.

Neue Zellen können aber auch durch die Verschmelzung von zwei Zellen entstehen. Das findet regelmäßig bei einer geschlechtlichen Fortpflanzung statt.

Die Zelltheorie schließt natürlich nicht aus, daß sich während der Entstehung des Lebens die ersten Zellen aus Gebilden entwickelt haben, die man heute nicht als Zellen ansprechen würde (vgl. Kapitel 18).

1.1.2.3. Die Zelle als Grundeinheit der Funktion

Die Zelle ist ein *offenes System*. Sie steht in ständigem Stoffaustausch mit ihrer Umgebung, wobei die Abgrenzung durch das Plasmalemma notwendig ist, um Stoffe im Zellinneren anzureichern und unbeeinflußt vom umgebenden Milieu umzusetzen. Manche Zellen nehmen außer Energie nur einfache anorganische Moleküle oder Ionen auf und formen diese zu den verschiedensten Biosubstanzen um; sie sind *autotroph*. Andere sind auf die Zufuhr von organischen Stoffen angewiesen, also auf die Tätigkeit anderer Zellen; sie sind *heterotroph*. Aber immer kann eine Zelle in einer Umgebung wachsen und sich vermehren, die weniger komplex als sie selbst ist. Das unterscheidet sie von *Viren* und *Bakteriophagen* (vgl. 1.5). Diese haben zwar die für die Informationsweitergabe notwendigen Moleküle, DNA oder RNA, jedoch, von wenigen Ausnahmen abgesehen, nicht beide Nucleinsäuren gemeinsam; sie müssen also zur Ausprägung der Information (vgl. Kapitel 10) den Syntheseapparat einer echten Zelle benutzen. Eine Zelle mag zwar im Einzelfall stark reduziert sein und beispielsweise, wie bei den *Rickettsien* und den *Psittakosis*-Organismen (intrazelluläre Parasiten, die Krankheiten wie Fleckfieber und die Papageienkrankheit hervorrufen), nicht einmal befähigt sein, die für ihre Lebensprozesse notwendige Energie (in Form von ATP) sowie Redox-Substanzen (NAD) zu produzieren, sie hat jedoch stets einen vollständigen Apparat zur Proteinsynthese, mit DNA und RNA.

1.1.3. Die Größe der Zelle

Bei der Vergrößerung einer Zelle wird das Verhältnis von Volumen zu Oberfläche immer ungünstiger. Dadurch entstehen Schwierigkeiten in der Stoffaufnahme und -abgabe. Außerdem wird Stoff- und Informationsfluß innerhalb der Zelle erschwert (vgl. aber 1.3).

Gelegentlich, als Extrem im Ei der Vögel und Reptilien, gibt es jedoch Zellen, deren Größe weit über das normale Maß hinausgeht. Sie enthalten außer den für die einzelnen Lebensprozesse notwendigen Stoffen und Strukturen einen großen Vorrat von Reservesubstanzen; dieser läßt sie so voluminös werden. Er ermöglicht die Entwicklung des Embryos ohne Stoffzufuhr von außen.

Abgesehen von Sonderfällen, wie sie z.B. in den Nervenzellen vorliegen, die sehr lang (bis in den Bereich von Metern) werden, ist eine Zelle selten größer als etwa 100 µm und kleiner als 1 µm im Durchmesser, wobei sich zwei Typen unterscheiden lassen, die *Protozyte* (die Zelle der *Prokaryonten*, nämlich der Bakterien im weiteren Sinne und der Blaualgen, vgl. 1.1.4.1.) mit einer Größe von etwa 1 µm und die *Euzyte* (die Zelle der höheren Organismen, der *Eukaryonten*, vgl. 1.1.4.2) von etwa 10—50 µm.

Die untere Grenze der Zellgröße ist bedingt durch die kleinstmögliche Anzahl der Komponenten, die für eine selbständige Existenz notwendig sind, und durch deren Größe. Man hat geschätzt, daß zur Autonomie einer Zelle etwa 100 Stoffwechselreaktionen im Minimum gehören. Es müssen also dafür wenigstens 100 verschiedene Enzyme und eine entsprechende Menge von Substratmolekülen vorliegen, außerdem eine lange DNA-Doppelhelix, verschiedene RNA-Moleküle und Ribosomen, um diese Enzyme zu synthetisieren. Wenn man das Volumen dieser Moleküle berechnet, den Wassergehalt und das Plasmalemma in die Kalkulation mit einbezieht, resultiert ein Minimalorganismus von etwa 70 nm Durchmesser. Es muß jedoch noch berücksichtigt werden, daß zum geregelten Ablauf der Lebensprozesse zahlreiche Moleküle vielfach vorkommen müssen, denn die Ordnung ist eine statistische und die Reaktionen setzen die thermische Bewegung der Reaktionspartner voraus.

Die kleinsten bekannten Zellen, *Rickettsien* und *Mycoplasmen*, haben einen Durchmesser von etwa 100 nm; es ist also unwahrscheinlich, daß es wesentlich kleinere Lebewesen gibt.

1.1.4. Protozyte und Euzyte

1.1.4.1. Organisation der Protozyte

Solche »Minimalzellen« müssen aus wenigstens zwei Strukturelementen zusammengesetzt sein. Das eine ist das *Plasmalemma* (Hauptbestandteile: Lipide und Proteine) als morphologische und physiologische Abgrenzung gegen die Umgebung, das andere das *Grundplasma*, die *nucleozytoplasmatische Matrix*. Im Grundplasma ist der Apparat der Proteinsynthese lokalisiert. Es besteht aus *DNA-Molekülen*, *Ribosomen* als mikroskopisch definierbaren Strukturen und aus dem mehr oder weniger strukturlos erscheinenden *Hyaloplasma* (mit niedermolekularen Bestandteilen und gelösten Enzymen).

Solche extrem einfach gebauten Zellen werden durch die *Mycoplasmen* repräsentiert, intrazelluläre Parasiten, die Erreger von Infektionskrankheiten bei Tieren und Pflanzen sind. Nur wenig komplizierter aufgebaut (Abb. 1.1—1.3) sind die echten *Bakterien* und die *Blaualgen (Cyanophyceen)*. Sie haben im Gegensatz zu den nackten Mycoplasmen eine feste, extraplasmatische Zellwand und dadurch eine definierte Gestalt (Kugel, Stäbchen usw.). Andere extraplasmatische Strukturen bei Bakterien sind die Bakteriengeißeln und die Fimbrien.

Bei vielen Bakterien stülpt sich das Plasmalemma nach innen ein. Die Oberflächenvergrößerung hat nicht nur einen Einfluß auf den Stoffaustausch, sondern auch auf Stoffwechselprozesse, an denen membrangebundene Enzyme beteiligt sind. Solche Einstülpungen können sich vom Plasmalemma ablösen; es entstehen dann membranumschlossene Räume, *Kompartimente*, im Grundplasma; sie werden *Thylakoide* genannt, wenn ihre Membran wie bei Blaualgen und photosynthetisch aktiven Bakterien Chlorophyll enthält. Bei allen diesen Organismen, den *Prokaryonten*,

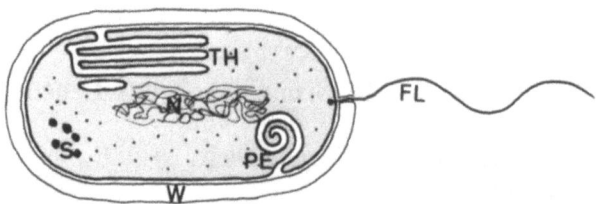

Abb. 1.1. Organisation einer Protocyte, schematisch. *FL* Bakteriengeißel; *N* Nukleoid; *PE* Plasmalemma-Einstülpung = Mesosom; *S* Speicherstoffgranula (z.B. aus Glycogen oder Poly-β-hydroxybuttersäure); *TH* Thylakoide; *W* Zellwand. Nucleocytoplasmatische Matrix gerastert

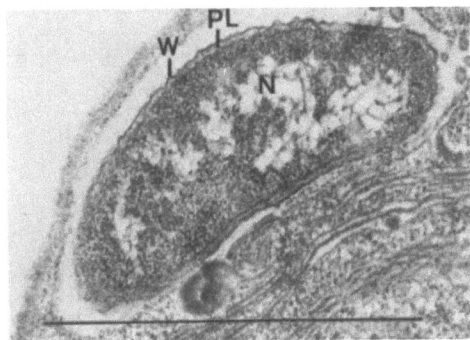

Abb. 1.2. Einfach organisiertes Bakterium, das in einer Grünalge parasitiert. *N* Nucleoid; *PL* Plasmalemma; *W* Zellwand. Marke: 1 µm; Fixierung: Glutaraldehyd-OsO$_4$

besteht die Zelle meist nur aus *einem* Kompartiment, der nukleozytoplasmatischen Matrix, in der die DNA-haltigen Bereiche *(Nukleoide)* nicht scharf vom übrigen Grundzytoplasma abgetrennt sind. Dieses plasmatische Kompartiment wird zur nichtplasmatischen Umgebung (einschließlich Zellwand) hin durch das Plasmalemma umgrenzt. Es können, wie wir sahen, aber auch zusätzlich innere Kompartimente gebildet werden, die sich von Einstülpungen des Plasmalemmas ableiten lassen. Sie enthalten demzufolge nichtplasmatisches Material. Protozyten haben, wenn überhaupt, fast ausschließlich nur je eine Art von nichtplasmatischen Kompartimenten. Dadurch unterscheiden sie sich grundsätzlich von der *Euzyte*, der Zelle der Eukaryonten, zu denen alle anderen Einzeller und Höheren Tiere und Pflanzen gehören (vgl. Abb. 1.1 und 1.4). Protozyte und Euzyte unterscheiden sich außerdem z. B. noch durch die Ribosomen, deren Größe 70 S bzw. 80 S beträgt und deren Empfindlichkeit gegenüber einigen Antibiotika verschieden ist. Die Protozyte hat also einen nur wenig gegliederten Protoplasten, ihre Membranen sind nicht oder nur wenig spezialisiert. Vermutlich sind das Gründe dafür, daß sie in der Regel sehr klein ist und daß sich auf der Stufe der Prokaryonten keine echten Vielzeller mit Zellverbänden aus unterschiedlichen Zelltypen entwickelt haben; nur bei Blaualgen gibt es fädige, aus Zellreihen bestehende Organismen, bei denen bis zu drei verschiedene Zellarten unterschieden werden können.

1.1.4.2. Organisation der Euzyte

Die *Euzyte* ist hingegen viel komplexer aufgebaut, was wohl mit einer besseren Regulation und Koordination in Zusammenhang steht und damit eine höhere Entwicklung erlaubt hat. Der wesentlichste Unterschied zur Protozyte besteht, außer in der Größe, in einer vielfältigeren *Kompartimentierung*, die durch eine Differenzierung der endoplasmatischen Membranen zustande kommt. Dabei findet man in allen Euzyten, von wenigen Ausnahmen abgesehen, die gleichen Organellen. Auch Pflanzen- und Tierzellen unterscheiden sich nur in wenigen Details (vgl. Abb. 1.5, 1.6 und 1.7). Die Mannigfaltigkeit in der Organisation bei den Eukaryonten beruht also auf Variationen in der Zellstruktur, die in erster Linie aus quantitativen Unterschieden bestehen. Die Zahl der Organelltypen ist nicht sehr groß.

In Abb. 1.4 ist schematisch die Organisation einer Euzyte dargestellt, wobei auch die wenigen jeweils für Tier- und Pflanzenzellen spezifischen Elemente mit berücksichtigt sind. Der Protoplast wird vom *Plasmalemma* umgrenzt, welches wiederum von der *Zellwand* (bei Pflanzen) oder der *Glykocalyx* oder Zwischenzellmaterial (bei Tieren) umhüllt wird.

Wenn man das Plasmalemma, von außen kommend, durchquert, gelangt man in das *Grundplasma* (die *zytoplasmatische Matrix*) mit dem Hyaloplasma, in dem als wichtigste Organellen die *Ribosomen* lokalisiert sind. Außerdem findet man hier die *Mikrotubuli* und *Mikrofilamente*. Die *Geißeln* und *Zilien* sind vom Plasmalemma umschlossene Ausstülpungen des Grundplasmas, die von Mikrotubuli durchzogen werden. Im Grundplasma können weiterhin geformte Ablagerungen von *Reservestoffen* (Glykogen, Proteine, Lipoidtropfen) vorkommen. Im *Nukleo-* oder *Karyoplasma* liegt die DNA, anders als bei Protocyten, als *Chromatin* vor, das im Zellkern organisiert und durch die *Kernhülle* vom Grundplasma ab-

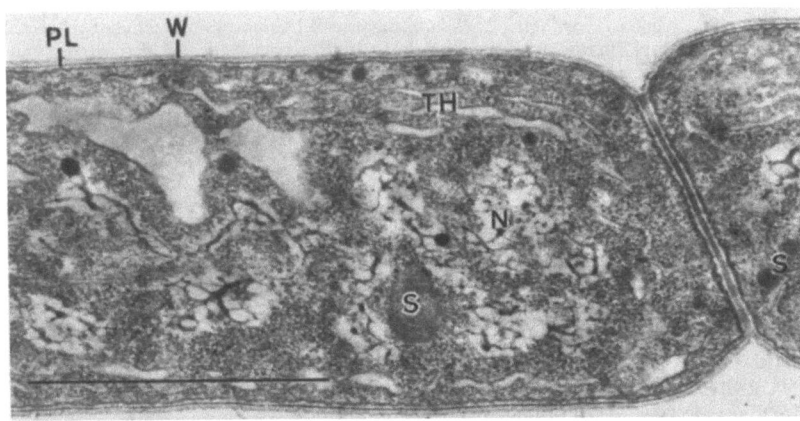

Abb. 1.3. Teil einer fädigen Blaualge (Cyanophycee) mit Kompartimentierung durch Thylakoide, die z.T. angeschwollen sind. *N* Nucleoid; *PL* Plasmalemma; *S* Granula aus Reservesubstanzen; *TH* Thylakoide; *W* Zellwand. Marke: 1 µm; Fixierung: Glutaraldehyd-OsO$_4$

Bau der Zelle (Prokaryonten, Eukaryonten)

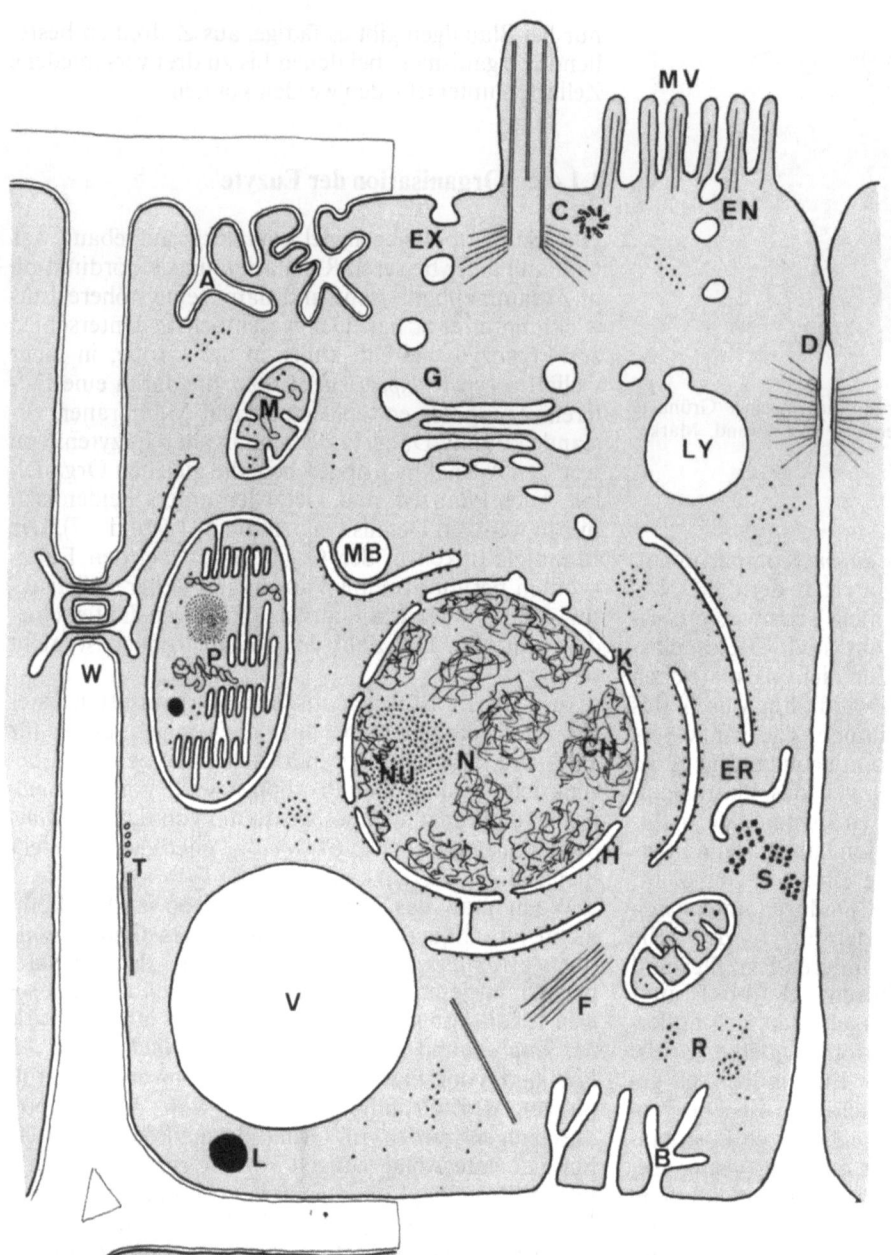

Abb. 1.4. Organisation der Eucyte, schematisch. In der linken Bildhälfte ist eine pflanzliche, in der rechten eine tierische Zelle dargestellt. Die nucleocytoplasmatische Matrix ist gerastert. *A* apikale Zellwandprotuberanzen (Wandlabyrinth); *B* basales Labyrinth; *C* Cilie, links im Längsschnitt mit Cilienwurzel, rechts Querschnitt durch eine Cilienbasis ($\approx$ Centriol); *CH* Chromatin; *D* Desmosom mit zonula occludens (oben) und zonula adhaerens (unten); *EN* Endocytose; *ER* endoplasmatisches Reticulum, links rauh, rechts glatt; *EX* Exocytose (von Golgivesikeln); *F* Mikrofibrillen; *G* Dictyosom mit Golgi-Vesikeln; *H* Kernhülle mit K Poren; *L* Lipoidtropfen; *LY* Lysosom; *M* Mitochondrium mit DNA und Ribosomen in der Matrix; *MB* Microbody; *MV* Microvilli; *N* Zellkern mit *NU* Nukleolus; *P* Plastide (Chloroplast) mit Thylakoiden, Stärkekorn, DNA, Ribosomen und Plastoglobulus; *R* freie Polyribosomen; *S* Speicherstoff-(Glykogen-)Granula; *T* Mikrotubuli, oben quer, unten längs; *V* Vakuole; *W* Zellwand, von Plasmodesmen durchzogen

getrennt ist. Es steht jedoch mit ihm durch Poren in der Kernhülle in Verbindung, gehört also auch hier demselben morphologischen Kompartiment, der *nukleozytoplasmatischen Matrix*, an. Der *Nukleolus* ist eine charakteristische Differenzierung des echten Kernes, die den Nukleoiden der Protozyten fehlt.

In der nukleozytoplasmatischen Matrix gibt es außerdem die verschiedenen, für die Eucyte charakteristischen, aus Kompartimenten bestehenden Organellen. Sie lassen sich in zwei Gruppen einteilen. Die aus *einem* Kompartiment bestehenden Organellen haben nur eine Membran und treten in Form von etwa kugeligen Gebilden (Vesikel, Vakuolen), von flachen Säckchen (Zisternen) und von Röhren (Tubuli) auf: *endoplasmatisches Reticulum*, *Golgi-Apparat*, *Lysosomen*, *Vakuolen* und *Microbodies*.

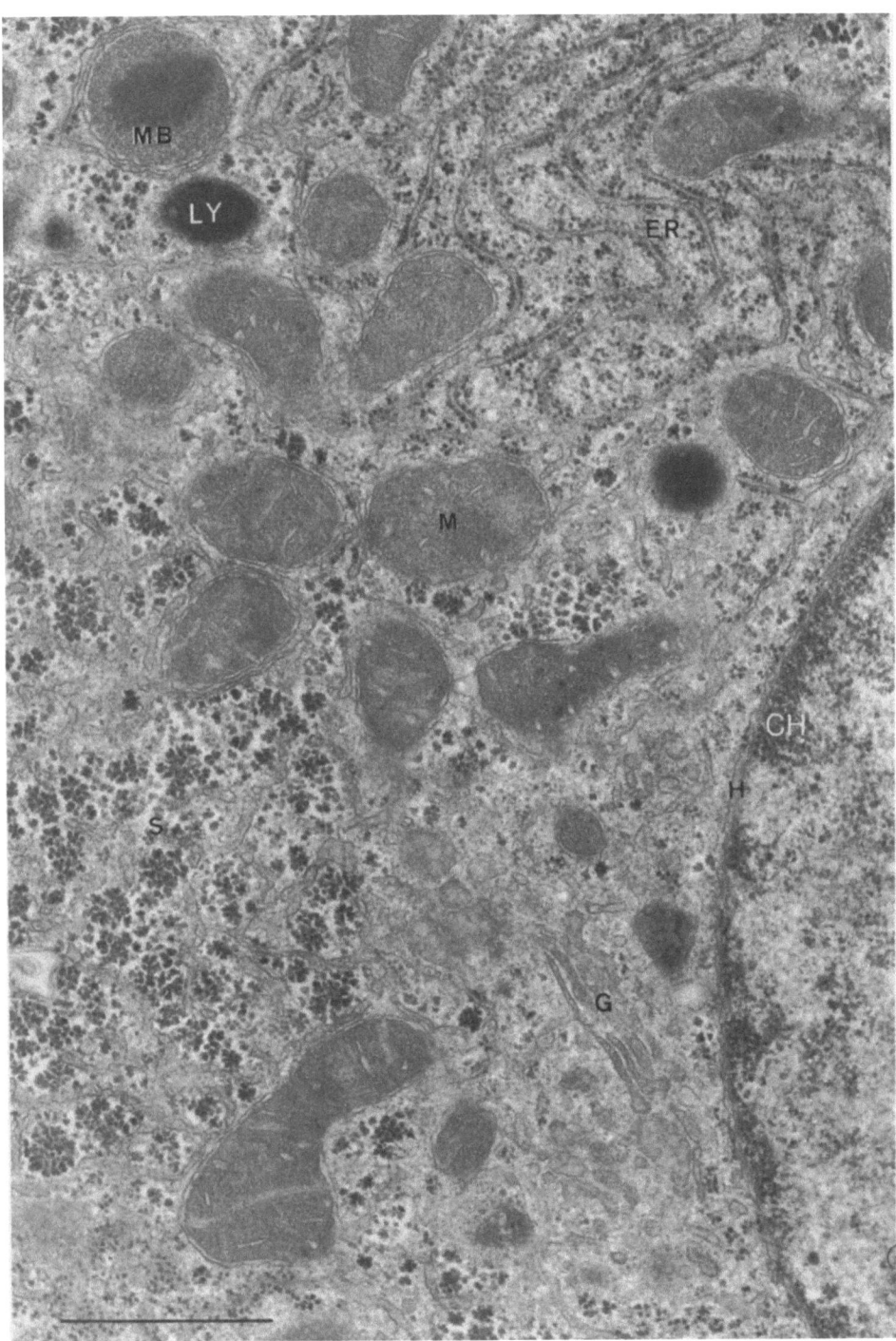

Abb. 1.5. Teil einer Leberzelle der Ratte; rechts unten Abschnitt des Zellkerns mit Chromatin *(CH)* und Kernhülle *(H)*; oben rauhes endoplasmatisches Retikulum *(ER)*; in der unteren Bildhälfte umgibt glattes *ER* die Ansammlungen von Glykogen *(S)*; *G* Diktyosom; *LY* Lysosom; *M* Mitochondrium; *MB* Microbody mit kristalloidem Einschluß. Marke: 1 µm; Fixierung: Glutaraldehyd-OsO$_4$. Aufnahme: Dr. H. Falk

Die *zusammengesetzten Organellen* (*Mitochondrien* und *Plastiden*) werden von zwei verschiedenen Membranen umhüllt. Eine Membran trennt die Organelle vom Grundplasma, die andere liegt ihr dicht an und umschließt einen Raum, der wie die nukleozytoplasmatische Matrix der Protozyten DNA-Moleküle und Ribosomen (Größe ebenfalls 70 S) enthält, also ebenfalls als *Matrix* bezeichnet werden kann.

Bei den Mitochondrien, die bei Tieren wie Pflanzen auftreten, bildet die innere Membran Vorstülpungen in die Matrix hinein (Cristae oder Tubuli), sie ist dadurch stark vergrößert. Im Prinzip ähnlich sind die Plastiden gebaut; sie treten nur bei Pflanzen auf. Sie enthalten geschlossene, meist flache, sackartige Innenkompartimente, die *Thylakoide*. In ihren Membranen ist das Chlorophyll lokalisiert. Die Thylakoide lassen sich von Einstülpungen der inneren Plastidenmembran ableiten. In der Plastidenmatrix werden Stärkekörner abgelagert. Außerdem findet man hier häufig Lipoidtropfen (Plastoglobuli). Auf weitere in Abb. 1.4 dargestellte Einzelheiten wird in den nächsten Abschnitten näher eingegangen.

Aus Abb. 1.1 und 1.4 wird das Organisationsprinzip der Zelle klar: *Eine Membran grenzt immer ein nukleozytoplasmatisches Kompartiment (mit DNA und Ribosomen) von einem nichtplasmatischen Kompartiment ab.* Sie ist damit funktionell asymmetrisch.

1.2. Zellorganellen

1.2.1. Membranen

1.2.1.1. Allgemeines

Die Membranen sind also Bestandteil der verschiedensten Zellorganellen und haben dort jeweils unterschiedliche Zusammensetzungen und Funktionen. Dennoch sind alle Biomembranen prinzipiell ähnlich; sie haben etwa die gleiche Dicke (6—10 nm), bestehen vorwiegend aus polaren Lipiden (besonders Phospholipiden) und Proteinen (vgl. Kapitel 2) und werden elektronenmikroskopisch im Querschnitt dreischichtig (dunkel-hell-dunkel) abgebildet (Abb. 1.8 und 1.9). Hinzu kommen die gleichartigen Eigenschaften und Funktionen: *Diffusionsbarriere, selektive Permeabilität*, Fähigkeit zum *spezifischen Transport*. In den Abschnitten von Kapitel 11 wird darauf näher eingegangen.

Dieser prinzipiellen Gleichartigkeit wegen nennt man die Biomembranen auch *Elementarmembranen*, in Anlehnung an den Begriff "unit membrane", der von Robertson eingeführt wurde. Robertson verband damit auch die Vorstellung von einer grundsätzlich gleichen molekularen Architektur, dem *Danielli-Modell*. Heute ist man eher geneigt, im Danielli-Modell nur *ein* mögliches Bauprinzip zu sehen. Es ist daher sinnvoll, mit dem Elementarmembrankonzept nicht auch ein bestimmtes molekulares Membranmodell zu verbinden.

Nach Danielli besteht eine Biomembran aus einer Doppellage von polaren Lipoidmolekülen, die die hydrophilen Pole nach außen, die hydrophoben Teile gegeneinander gekehrt haben. Auf beiden Seiten ist eine Proteinschicht aufgelagert. So gebaute Membranen kommen vermutlich in der *Myelinscheide* von Nerven vor; sie haben hier die Funktion eines Isolators. In den Membranen, in denen molekülspezifische Transporte, besonders »aktive« Transporte, eine größere Rolle spielen, gibt es offenbar *Tunnelproteine*, die die Lipoiddoppellage durchsetzen. Andere Proteine sind mehr oder weniger tief in eine Lipoidlage eingetaucht, sie stehen mit den hydrophoben Teilen der Membranlipoide durch lipophile Seitengruppen ihrer Aminosäuren in Kontakt. Solche Membranen bestehen eher aus einem *Lipoid-Protein-Mosaik*, wobei damit gerechnet werden muß, daß einzelne Moleküle leicht lateral gegeneinander verschiebbar sind, sich also in der »flüssig« erscheinenden Lipoiddoppellage wie schwimmend bewegen. Im einzelnen ist die Zusammensetzung und der Aufbau von funktionell verschiedenen Membranen sehr variabel.

Der funktionellen Asymmetrie entsprechend (1.1.4.2) ist die Membranstruktur asymmetrisch. Das äußert sich u. a. darin, daß auf den beiden Oberflächen einer Membran verschiedene Enzyme sitzen. Viele Membranenzyme dienen primär nicht dem Transport, sondern katalysieren Stoffwechselschritte; sie sind, dem Charakter der Membran gemäß, häufig relativ lipophil, vor allem, wenn sie nicht einfach der Membran außen ansitzen, sondern integrierte Bestandteile sind.

1.2.1.2. Plasmalemma

Viele der allgemeinen Kenntnisse über Membranbau und -funktion stammen von Untersuchungen am Plasmalemma. Es grenzt den Protoplasten nach außen hin ab und kontrolliert damit den Stoffaustausch mit der Umgebung. Dabei sind Enzyme, *Permeasen*, beteiligt, die am oder im Plasmalemma lokalisiert sind, so die Galaktosidpermease von *Escherichia coli*, ein Protein mit einem Molekulargewicht von 31 000. Das Bakterium kann Milchzucker erst dann aufnehmen und akkumulieren, wenn die Bildung dieses Proteins durch β-Galaktoside im Nährmedium induziert wurde. Eine wichtige Rolle beim Aufbau von Membranpotentialen und bei der Erregungsleitung in Nerven spielt eine K^+, Na^+-aktivierbare ATPase. Im Plasmalemma wurden ferner u. a. weitere Transportproteine, z.T. mit ATPase-Charakter, aber auch Enzyme, die metabolisch aktiv sind, nachgewiesen.

An der Außenseite trägt das Plasmalemma oft Kohlenhydrate, die zum Teil an Membranlipoide gebunden sind, so Sialinsäure und Neuraminsäure in Gangliosiden. Nach einer Behandlung mit Neuramidase werden die Oberflächeneigenschaften von vielen tierischen Zellen stark verändert; die Adsorption von Stoffen, die die Voraussetzung für die Aufnahme durch Pinozytose (s. u.) ist, ist dann gestört. Kohlenhydrate treten aber hier auch in Form von Glykoproteiden oder Polysacchariden auf. Diese Substanzen leiten über zu den Zwischenzellsubstanzen bei Tieren (vgl. 1.2.6.1) und Zellwänden bei Pflanzen (vgl. 1.2.6.2).

Der Stoffein- und -austritt bei einer Zelle wird u. a. durch die Oberfläche des zu passierenden Plasmalemmas begrenzt. Deshalb ist diese in vielen transportaktiven Zellen durch Einfaltungen oder Ausstülpungen des Protoplasten vergrößert (Abb. 1.4). Dabei lassen sich bei Euzyten drei Typen unterscheiden (wenn man von der Bildung von unregelmäßigen, transitorischen Plasmafortsätzen, *Pseudopodien*, absieht).

Das *basale Labyrinth* besteht aus Einfaltungen des Plasmalemmas im basalen Teil von tierischen Epithelzellen, also auf der Seite, die z. B. zu einem Blutgefäß hin gerichtet ist.

Das basale Labyrinth ist keine starre Struktur, sondern verändert sich mit dem Funktionszustand der Zelle. Das haben Untersuchungen an Salzdrüsen von Möwen gezeigt. Wenn die Vögel nur mit stark salzhaltigem Wasser versorgt werden, die Salzdrüsen also sehr aktiv sein müssen, sind die Plasmalemma-Einfaltungen sehr viel zahlreicher und tiefer als bei einer salzarmen Ernährung. Die Bedeutung des basalen Labyrinthes für den aktiven Transport zeigt sich auch darin, daß hier häufig die ATP-liefernden Mitochondrien angereichert sind.

An der freien Apikalseite von resorbierenden oder sezernierenden Zellen von Tieren vergrößern *Mikrovilli* die Oberfläche, fingerförmige Ausstülpungen von etwa 0,1 μm Durchmesser, die meistens von Mikrofibrillen ausgesteift sind. Das Plasmalemma, das sie umhüllt, ist oft etwas dicker als an der Seite oder der Basis der Zelle und enthält z.T. andere Enzyme.

Eine entsprechende Plasmalemmavergrößerung gibt es bei höheren Pflanzen in den *Transferzellen*. Auch diese sind für Transportprozesse spezialisiert. Hier bildet das Plasmalemma auf der sezernierenden oder resorbierenden Seite der Zelle Einfaltungen; diese sind mit Zellwandmaterial ausgefüllt, wodurch unregelmäßige Wandprotuberanzen entstehen. In manchen Nektar-ausscheidenden Drüsenzellen bilden sich diese Wandfortsätze zu Beginn der Sekretionsphase und werden nach ihrem Ende wieder abgebaut.

In allen diesen Fällen wird die direkte Membranpassage von Molekülen oder Ionen erleichtert, sei es durch die Vermehrung von Orten mit transportierenden »Permeasen«, sei es durch die Vergrößerung der passiv zu durchquerenden Membran.

Bei der Stoffaufnahme wird das Plasmalemma entweder direkt durchquert, oder es stülpen sich kleine Membranbezirke ein und schnüren sich schließlich als Vesikel ab (Abb. 1.4), wodurch die an der Membran adsorbierten Moleküle oder Partikel und das von ihr umschlossene Material in das Innere des Protoplasten (aber nicht in das Grundplasma) gelangen *(Endozytose)*. Auf diese Weise werden durch *Phagozytose* größere, geformte Nahrungsteilchen, z.B. Bakterien, von Amöben oder Leukozyten aufgenommen. Bei der *Pinozytose* haben die Teilchen allenfalls makromolekulare Dimensionen; sie adsorbieren vor der Aufnahme am Plasmalemma. Die aufgenommenen Substanzen werden in Lysosomen verdaut (vgl. 1.2.4.3). Die nicht abgebauten Reste werden durch *Exozytose* wieder ausgestoßen. Dabei fusioniert die Membran des Vesikels mit dem Plasmalemma, es öffnet sich dabei wieder nach außen. Durch Exozytose gelangen auch Substanzen nach außen, die in Vesikeln im Inneren der Zelle synthetisiert worden sind.

Das Plasmalemma umschließt die nukleozytoplasmatische Matrix mit Zellkern und Grundzytoplasma, die beide demselben Kompartiment angehören.

1.2.2. Zellkern

Der Zellkern enthält die Hauptmenge der DNA in der Zelle und kontrolliert damit alle Lebensprozesse.

Nur in wenigen Ausnahmen gibt es kernlose Zellen; sie haben den Kern während ihrer Differenzierung verloren. Es handelt sich um stark spezialisierte Zellen, wie die roten Blutkörperchen der Säuger und die assimilatleitenden Siebzellen der höheren Pflanzen, die sich auch nicht mehr teilen können. Eine Zelle, der man den Kern entnimmt, geht über kurz oder lang zu Grunde; sie kann keine mRNA mehr bilden, und damit hört die Proteinsynthese auf. Eine kernlos gemachte Amöbe verhungert, obwohl sie Nahrung aufnehmen kann, weil ihr die Verdauungsenzyme fehlen.

An der mehrere Zentimeter großen, einzelligen und einkernigen Grünalge *Acetabularia* hat man schon lange vor den Befunden der Molekularbiologie über die Realisierung der genetischen Information zeigen können, daß die Morphologie und die Leistung der Zelle vom Kern abhängt. Wenn man bei einer noch nicht ausgewachsenen *Acetabularia*-Zelle den Kern entfernt und ihn durch den einer verwandten Art mit anderen Merkmalen ersetzt, so entwickelt sie sich wie die Art, von der der Kern stammt.

1.2.2.1. Karyoplasma

Im Zellkern (Abb. 1.6) ist die DNA, im Gegensatz zum Kernäquivalent der Prokaryonten, mit bestimmten Proteinen vergesellschaftet und liegt damit als *Chromatin* vor. Die Kernproteine machen oft etwa 80% des Trockengewichts aus, etwa 10—15% kommen auf die DNA, etwa 5% auf RNA, etwa 3% auf Lipide. Die Proteine sind zum Teil, wie die *Histone* und *Protamine*, wegen ihres hohen Gehaltes an Lysin, Arginin und Histidin stark basisch und dann eng an die sauren Gruppen der DNA gebunden. Ein Teil dieser Proteine dient vermutlich der Genregulation. Andere Proteine haben Enzymcharakter.

Das Chromatin ist in morphologisch distinkten Einheiten organisiert, den *Chromosomen*, die allerdings nur während der Kernteilung deutlich erscheinen. Im metabolisch aktiven Kern, während der *Interphase* (der Phase zwischen zwei Kernteilungen), sind sie so fein dispergiert, daß sie nicht individuell erkennbar sind. Die *Chromonemata*, die die Chromosomen aufbauen, verlaufen so unregelmäßig, daß es nicht möglich ist, sie einzeln zu verfolgen. Das stark aufgelockerte *Euchromatin* ist das eigentlich aktive. Daneben gibt es in vielen Kernen einzelne Chromosomenabschnitte mit stärker kondensiertem Chromatin, dem inaktiven *Heterochromatin;* sie bilden die *Chromozentren*. Auch ganze Chromosomen können heterochromatisch werden.

Das ist vor allem dann der Fall, wenn zwei gleiche Geschlechtschromosomen (s. 1.2.2.2) (X-Chromosomen) vorliegen, wie bei weiblichen Säugern, auch beim Menschen. Das eine, stark heterochromatische X-Chromosom ist als *Barr-Körper* in vielen Kernen leicht zu erkennen und bildet neuerdings die Grundlage für die Geschlechtsbestimmung bei Sportwettbewerben.

Während der DNA-Synthese lockert sich das Heterochromatin meistens auf (Zerstäubungsphase); es wird meist am Ende der S-(Synthese-)Phase (ein Stadium der Interphase), also nach dem Euchromatin, repliziert.

Das Chromatin ist in die eher flüssige *Karyolymphe* eingebettet. Die Karyolymphe enthält vor allem Enzymproteine, aber auch RNA.

1.2.2.2. Chromosomen

Während der Kernteilung sind dagegen die Chromosomen in ihrer Individualität erkennbar. Sie unterscheiden sich untereinander durch ihre Größe und

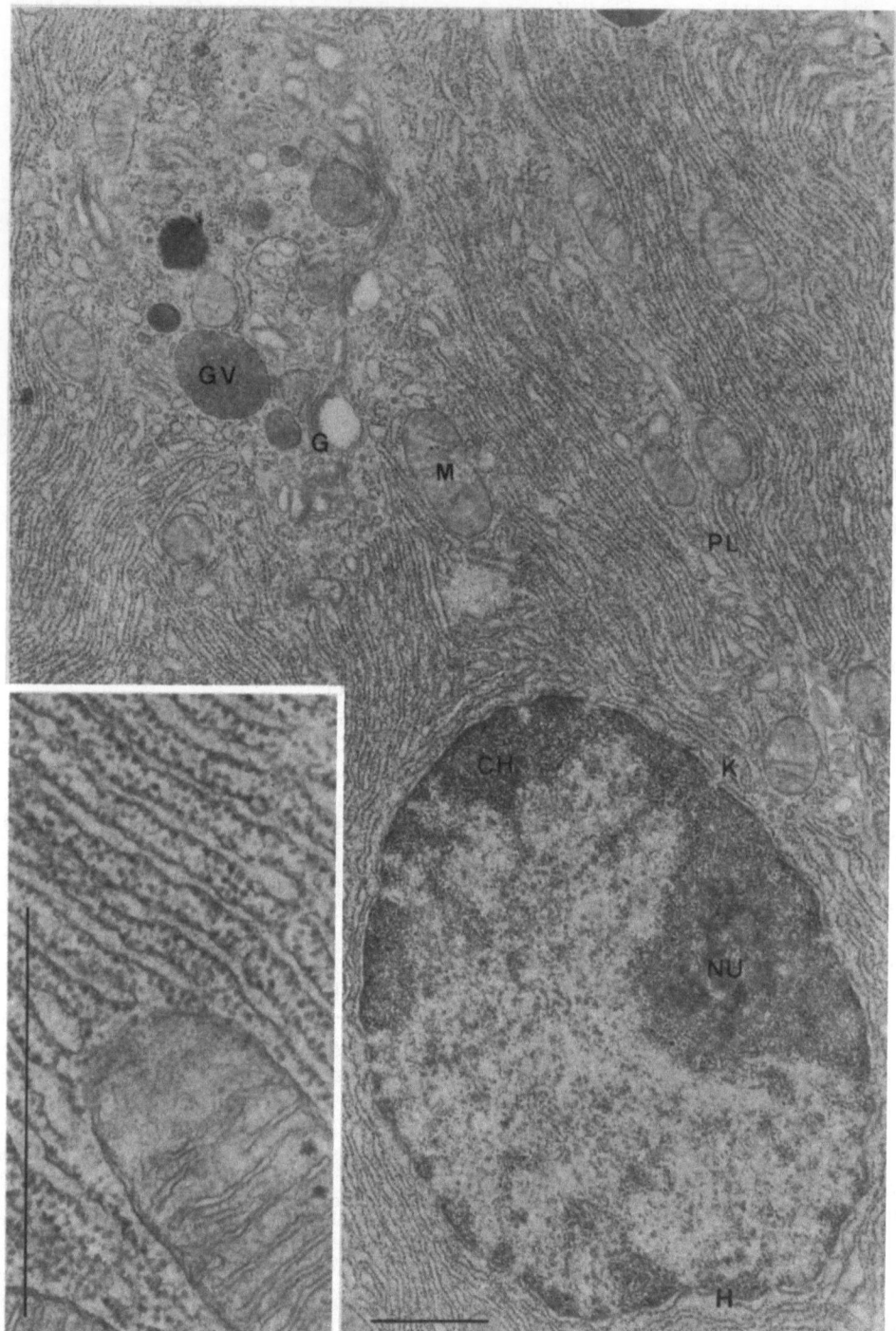

Abb. 1.6. Exokrine Pankreaszelle der Maus mit stark entwickeltem rauhem endoplasmatischem Retikulum, Golgi-Apparat (*G* Diktyosom; *GV* sekretorisches Golgi-Vesikel = Zymogengranulum) und Zellkern (*CH* Chromatin; *H* Kernhülle mit *K* Poren; *NU* Nukleolus). *M* Mitochondrium; *PL* Plasmalemmen (Zellgrenzen); Einsatz: stärkere Vergrößerung mit rauhem *ER* und Mitochondrium: Marke: 1 µm; Fixierung: Glutaraldehyd-OsO$_4$

durch die Lage des *Kinetochors*, einer Einschnürung, an der die Spindelfasern in der Mitose ansetzen (vgl. 1.2.2.5). Auch weitere, *sekundäre Einschnürungen* können vorkommen. In solchen sekundären Einschnürungen sind oft die *Nukleolus-Organisatoren* lokalisiert (vgl. 1.2.2.3).

In den Körperzellen der höheren Tiere und Pflanzen treten jeweils 2 *homologe Chromosomen* auf, von denen eines von der Mutter, das andere vom Vater stammt (*diploider* Satz). Nur wenn Geschlechtschromosomen auftreten, die u.a. die Gene enthalten, welche die Geschlechtsmerkmale bestimmen, können sie verschieden sein (X, Y), was mitunter so weit geht, daß der eine Paarling ganz fehlt (X, 0). Die Geschlechtszellen sind hingegen *haploid*, d. h. sie enthalten nur jeweils eins der beiden Homologen.

Die Zahl der Chromosomen ist für jede Art charakteristisch; sie liegt im diploiden Satz meist zwischen 6 und 60 und beträgt beim Menschen 46. Abweichungen von der Norm können gelegentlich bei einzelnen Individuen auftreten und sind meist letal oder stark schädigend und eine Ursache für verschiedene genetisch bedingte Krankheiten, z.B. den Mongolismus, bei dem ein Chromosom dreifach vorhanden ist (»Trisomie 21«).

Durch zytomorphologische Untersuchungen in Verbindung mit genetischen Analysen ist es bei verschiedenen Objekten gelungen, einzelne Gene auf bestimmten Chromosomen zu lokalisieren.

Auf der Ebene der DNA und auch im lichtmikroskopischen Bereich bestehen gut fundierte Vorstellungen über den Bau der Chromosomen. Bereits vor der Teilung bestehen sie aus zwei identischen Längshälften, den *Chromatiden*. Es ist aber bislang noch nicht ganz klar, wie die DNA mit dem dazugehörigen Proteinmantel von einer Gesamtlänge von einigen Millimetern oder Zentimetern in einem Chromosom von einigen Mikrometern Länge und 1 µm Dicke untergebracht ist. Dabei ist erst kürzlich nachgewiesen, daß es sich um ein einheitliches, durchgehendes DNA-Doppelmolekül handelt.

Durch Versuche, in denen man Zellen in einem Medium mit Tritium-markiertem Thymidin als DNA-Vorstufe wachsen ließ und dann wieder in ein Medium mit nichtmarkiertem Thymidin übertrug, ist bewiesen worden, daß sich die DNA in einem Chromosom gewöhnlich so verhält, als ob eine Chromatide nur eine durchgehende DNA-Doppel-Helix enthält. Autoradiographische Analysen nach solchen Markierungen haben ergeben, daß in der ersten Mitose nach der Synthese von radioaktiver DNA beide Chromatiden radioaktiv waren. Das entspricht der semikonservativen Reduplikation der DNA (vgl. Kapitel 10); beide neuentstandenen Doppelhelices enthalten jeweils ein radioaktives Molekül. In der zweiten Mitose nach der Markierung ist hingegen nur eine Chromatide je Chromosom radioaktiv. Die Chromosomenverdopplung ist also auch »*semikonservativ*«. Bei einer *polytänen* Organisation des Chromosoms, d. h. wenn mehr als zwei DNA-Stränge vorliegen, müßten in der 2. Mitose beide Chromatiden radioaktiv sein.

Damit ist aber noch nicht sicher bewiesen, daß ein „DNA-Strang" wirklich durch eine Doppelhelix repräsentiert wird. Es wurden auch Modelle diskutiert, bei denen kürzere DNA-Moleküle untereinander durch Proteine verbunden sind. Ergebnisse von Versuchen, mit DNAase und Proteinasen die sogenannten *Lampenbürstenchromosomen* abzubauen, deuten jedoch eher auf eine durchgehende Doppelhelix. Lampenbürstenchromosomen kommen u.a. bei der Eizellenentwicklung von manchen Tieren, z.B. Fröschen, vor. Sie sind 1 mm lang und wenig aufgeschraubt, aber der Chromatinstrang ist dennoch durch anhängende RNA im Lichtmikroskop sichtbar. Die letzten Beweise zugunsten der *Einstrang-Hypothese* lieferten Experimente, bei denen das Molekulargewicht und damit die Länge des DNA-Doppelfadens im Chromosom bestimmt wurde. Bei *Drosophila* ergab sich dabei ein Molekular-Gewicht von $80 \cdot 10^9$, d.h. eine Länge von über 4 cm, bei Hefe eine Länge von unter 0,5 mm pro Chromosom. Diese Werte, multipliziert mit der Chromosomenzahl pro Kern, entsprechen den mit anderen Methoden ermittelten DNA-Mengen von ganzen Kernen.

Die Elektronenmikroskopie hat bislang nur wenig Entscheidendes zur Aufklärung der Chromosomenstruktur beigetragen. Wahrscheinlich ist die Grundeinheit eine etwa 10 nm dicke Fibrille, die aus einer 2 nm dicken DNA-Doppelhelix und einem Proteinmantel besteht. Diese Fibrillen scheinen zu 20–30 nm dicken Fäden aufgeschraubt zu sein.

1.2.2.3. Nukleolus

In metabolisch aktiven Kernen gibt es ein bis mehrere Nukleolen, dichte und daher stärker lichtbrechende, meist etwa kugelige Einschlüsse im Karyoplasma mit relativ hohem RNA-Gehalt. Während der Kernteilung, in der keine Nucleinsäuren gebildet werden, und in inaktiven Kernen, wie in denen von Spermatozoen (männlichen Geschlechtszellen), fehlt er. Im Bereich der Nukleolen wird die *ribosomale RNA* (rRNA) synthetisiert. Die dabei verwendeten DNA-Abschnitte *(Cistrons)* liegen oft in vielhundertfacher Kopie vor; sie sind *redundant*. Die entsprechenden Chromosomenbereiche, die *Nukleolus-Organisatoren*, sind mit den Nukleolen eng verbunden.

Durch Kreuzungsexperimente hat man bei Fröschen und Zuckmücken Embryonen erzeugt, in denen die Nukleolus-Organisatoren fehlten. Die Embryonen können sich zwar noch eine gewisse Zeit lang weiterentwickeln, so lange, wie die von der Eizelle mitgebrachten Ribosomen ausreichen, gehen aber dann zu Grunde, wenn sie zur Fortsetzung ihres Wachstums selbst Ribosomen synthetisieren müssen.

Strukturell läßt sich in den Nukleolen außer dem Nukleolus-Chromatin meistens ein mehr zentraler Bereich aus feinem, fibrillärem Material und periphere Bezirke mit eher granulärer Struktur unterscheiden.

1.2.2.4. Kernhülle

Das Karyoplasma wird vom Grundcytoplasma durch die Kernhülle getrennt. Diese Trennung ist unvollständig, die Hülle ist von *Poren* durchbrochen (Abb. 1.6) und zerfällt außerdem bei der Kernteilung. Die Kernhülle ist eine besondere *Zisterne des ER* (s. 1.2.4.1); sie trägt oft auf der dem Grundplasma zugekehrten Membran Ribosomen (Abb. 1.6) und kann mit zytoplasmatischen Zisternen in Verbindung kommen.

Die Membran auf der Kernseite ist meist eng mit Chromatin assoziiert (Abb. 1.5 und 1.6). In den Kernporen verbinden sich die beiden Membranen der Zisterne, sie dienen dem Austausch von Stoffen, besonders von Makromolekülen, zwischen Karyo- und Zytoplasma. Man hat nachgewiesen, daß Goldpartikel mit einem Durchmesser von knapp 10 nm die Poren gerade noch passieren können. Der von den Membranen gebildete Kanal hat jedoch einen Durchmesser von 30–80 nm. Sein Lumen wird eingeschränkt durch eine ringförmige Struktur aus 8 Untereinheiten, dem *Anulus*. Der Anulus kontrolliert offenbar den Stoffdurchtritt durch die Poren.

Die Zahl der Poren pro μm^2 Kernoberfläche schwankt stark und hängt u.a. von der Aktivität des Kernes ab; sie beträgt im Durchschnitt etwa 50. Bei manchen Kernen wird über 15% der Kernoberfläche von Kernporen eingenommen. Berechnungen haben ergeben, daß bei aktiven Kernen etwa 10 RNA-Moleküle pro Minute eine Pore passieren.

1.2.2.5. Mitose

In der Mitose teilt sich der Zellkern, wobei dafür gesorgt wird, daß das genetische Material gleichmäßig auf die Tochterkerne verteilt wird. Die Chromosomen gehen dabei von ihrer metabolischen Interphase-Form, dem dispergierten Zustand, in dem sie einzeln nicht erkennbar sind, in die Transportform, den kondensierten Zustand, über.

Die Mitose wird in verschiedene Phasen eingeteilt. In der *Prophase* werden die Chromosomen kompakter; die Chromonemata rollen sich, beginnend bei den Chromozentren, schraubig auf. Dadurch werden die Chromosomen allmählich einzeln erkennbar. Gegen Ende der Prophase verschwindet der Nukleolus. Auch die Kernhülle löst sich auf, d.h. sie zerfällt in einzelne Zisternen, die sich mit den cytoplasmatischen Zisternen vermischen; bei niederen Eukaryonten bleibt die Kernhülle während der Mitose ganz oder teilweise erhalten. Gleichzeitig bildet sich die *Spindel* aus. Die lichtmikroskopisch erkennbaren Spindelfasern bestehen aus Bündeln von Mikrotubuli (s. 1.2.3.4). Ihre Bildung beginnt in der Nähe der Zentriolen (s. 1.2.3.5), die vorher an die beiden Zellpole gewandert sind und sich mit einer strahligen Sphäre umgeben haben. Später entstehen Mikrotubuli auch an den Kinetochoren. Bei Höheren Pflanzen fehlen die Zentriolen; hier konvergieren die Mikrotubuli in den Polkappen, organellenfreien Bezirken über dem Kern (Abb. 1.7).

Man unterscheidet in der fertigen Spindel meistens Chromosomenfasern, die von den Zentriolen zu den Chromosomen laufen, und durchgehende Fasern, die von Zentriol zu Zentriol reichen. Neuere Untersuchungen haben aber gezeigt, daß nicht alle Spindel-Mikrotubuli diesen beiden Faser-Typen zuzuordnen sind. Zur Bildung der Spindel-Mikrotubuli wird häufig das Material von zytoplasmatischen Mikrotubuli mit verwendet.

Die Prophase geht in die *Metaphase* über, wenn sich die schraubige Aufrollung der Chromosomen vollendet. Der Mechanismus dieses Prozesses ist unbekannt. Die Chromatiden werden im Kinetochor zusammengehalten.

In der Metaphase arrangieren sich die Chromosomen in der *Äquatorialplatte* (Abb. 1.7). Diese steht quer zur Spindel und damit quer zur Teilungsachse. Auch hierbei weiß man über die ordnenden Prinzipien und die bewegenden Kräfte nichts. Die Metaphase geht in die *Anaphase* über, wenn die Chromatiden auseinander weichen. Dabei wandern die Kinetochoren voran und ziehen die Schenkel hinter sich her, Chromosomenbruchstücke ohne Kinetochoren bleiben in der Äquatorialplatte liegen.

Gifte wie Colchicin (aus der Herbstzeitlose), die die Bildung der Mikrotubuli stören, verhindern die Bewegung der Chromatiden und damit die Kernteilung, nicht aber die Chromatidenteilung. Es entsteht so ein Kern mit verdoppeltem Chromosomensatz, bei einem diploiden Organismus ein tetraploider Kern. Mit dem Grad der Ploidie steigt, natürlich nicht unbegrenzt, die Zellgröße, bei Pflanzen damit oft auch die Größe des Organs und des Individuums. Viele Kulturpflanzen sind natürlich oder künstlich polyploid.

Die Rolle der Mikrotubuli bei der *Chromosomenbewegung* ist noch umstritten. Sicher ist, daß sie sich nicht unter Verdickung kontrahieren. Wahrscheinlich handelt es sich um Gleitmechanismen, durch die sich, ähnlich wie in der Geißel (s. 1.2.3.5), die Mikrotubuli aneinander vorbeischieben, wobei Wechselwirkungen zwischen durchgehenden Fasern und Chromosomenfasern im Spiele sein könnten. Die dafür zu postulierende ATPase ist aber bislang nicht sicher nachgewiesen und jedenfalls kein integrierter Bestandteil der Spindel-Mikrotubuli selbst. Vermutlich erzeugen Nicht-Mikrotubulus-Proteine, die in der Spindel gefunden wurden, die bewegende mechanische Kraft, und die Mikrotubuli selbst dienen nur als die Überträger der Kraft auf die Chromosomen. Aber auch ein partieller Auf- und Abbau der Mikrotubuli ist sicher beteiligt; oft verlängert sich die Spindel in der Mitose. Zur Zeit werden verschiedene Mitose-Modelle diskutiert, die aber alle noch nicht voll befriedigen können. Vollkommen ungeklärt ist die Frage nach der Richtungsgebung und damit nach der Polarität der Zelle.

In der *Telophase* entschrauben sich die Chromosomen wieder. Der Nukleolus bildet sich wieder. Die Kernhülle wird restituiert, indem ER-Zisternen miteinander fusionieren. Vorübergehend umgeben sie dabei manchmal teilweise die einzelnen Chromosomen.

Die Mitose dauert meistens etwa $\frac{1}{2}$–2 Std, wobei die Prophase und die Telophase die längste Zeit beanspruchen, die Interphase etwa 15–30 Std. Alle diese Werte hängen jedoch stark vom Organismus, vom Zelltyp und von den Entwicklungsbedingungen ab.

Manchmal, besonders bei der Differenzierung von stark spezialisierten Pflanzenzellen, ist die Mitose unvollständig. Die Chromosomen teilen sich, aber eine Spindel wird nicht gebildet *(Endomitose)*. Durch mehrfache Endomitosen können die Kerne stark polyploid werden (in den Brennhaaren von Brennesseln bis 256-ploid). Oft werden bei der Endomitose nicht einmal die Chromosomen deutlich ausgebildet; dann zeigt nur die Chromozentren-Zerstäubung (s. 1.2.2.1) die DNA-Vermehrung an. In extremen Fällen bleiben die Chromosomen nach der DNA-Replikation parallel nebeneinander liegen. Es entstehen dadurch, wie z.B. in den Speicheldrüsen von Insekten, *polytäne* Riesenchromosomen, die auch im Arbeitskern deutlich lichtmikroskopisch sichtbar sind. Sie zeigen ein Muster von Querbanden, in denen man durch genetische

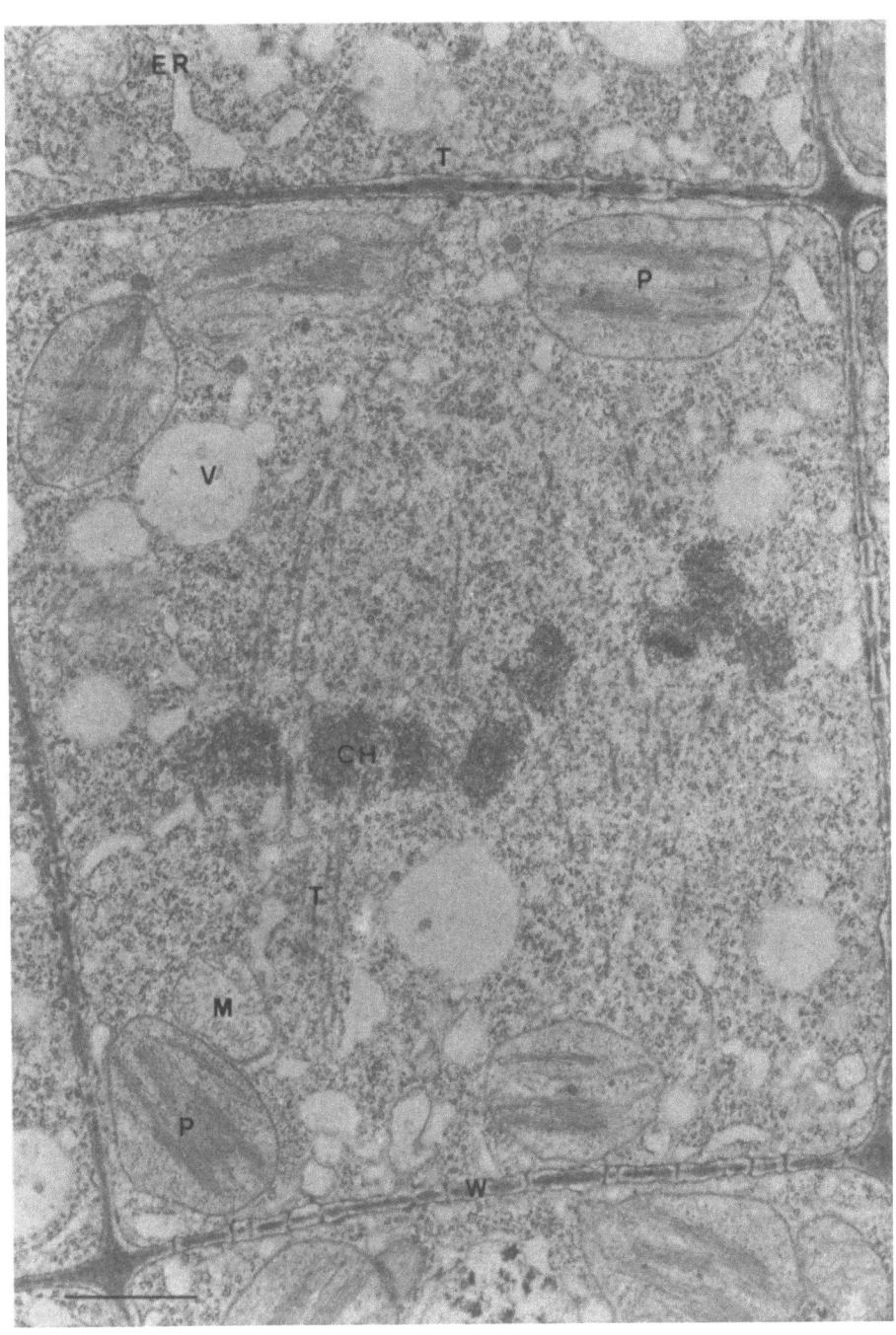

Abb. 1.7. Zelle aus dem Blättchen eines Mooses *(Sphagnum)* in Mitose (Metaphase). Die Chromosomen *CH* sind in der Äquatorialplatte geordnet. Im Grundplasma viele freie Ribosomen. *ER* endoplasmatisches Retikulum, z. T. etwas aufgebläht; *M* Mitochondrium; *P* Chloroplasten; *T* Mikrotubuli (in der Spindel längs, an der Zellwand quer getroffen); *W* Zellwand mit zahlreichen Plasmodesmen. Marke: 1 µm; Fixierung: Glutaraldehyd-OsO$_4$

und entwicklungsphysiologische Untersuchungen bestimmte Gene lokalisieren konnte. Stark aufgeblähte Querbanden, *Puffs*, zeigen eine besonders intensive RNA-Synthese in diesem Bereich an. Der Nukleolus erweist sich als ein spezieller Puff. Die Riesenchromosomen der *Drosophila*-Speicheldrüsen, die sich aus den gepaarten Homologen bilden, haben den 1024fachen DNA-Gehalt.

1.2.2.6. Meiose

Bei jeder sexuellen Fortpflanzung fusionieren Zellkerne (Karyogamie), wobei die Chromosomen selbständig bleiben. Damit verdoppelt sich der Chromosomensatz. Daher wird zwischen zwei Karyogamien durch die *Meiose* die Zahl der Chromosomen vom diploiden auf den haploiden Satz reduziert. Die Meiose setzt sich aus zwei unmittelbar aufeinander folgenden Teilungen, einer *Reduktionsteilung* und einer *Äquationsteilung*, zusammen. Dabei wird eine einmalige Chromosomenteilung mit einer zweimaligen Spindelbildung gekoppelt. Aus einem diploiden Kern entstehen vier haploide.

In der Meiose kommt es zu einer Durchmischung des genetischen Materials, das von der Mutter und vom Vater geliefert wurde, was zweifellos evolutionär von Vorteil ist. Dabei werden 1. mütterliche und väterliche Chromosomen zufallsgemäß auf die Tochterkerne verteilt und 2. außerdem Segmente zwischen den Homologen ausgetauscht.

Charakteristisch für die Meiose ist eine sehr ausgedehnte Prophase; sie kann im Extrem, z.B. bei der Eizellenentwicklung des Menschen, arretiert werden und sich dadurch über mehrere Jahrzehnte hinziehen. Sie wird in verschiedene Stadien eingeteilt. Der prämeiotische Kern ist meistens größer als ein normaler Kern, das Chromatin ist sehr locker. Im *Leptotän* beginnt die Aufschraubung der Chromosomen; es erscheinen feine, lichtmikroskopisch sichtbare Fäden, die sich zunehmend verkürzen. Im *Zygotän* wird erkennbar, daß sich die homologen Chromosomen paaren; sie bilden Bivalente. Sie verkürzen und verdicken sich im *Pachytän* weiter, wobei die Parallelisierung deutlicher wird: Kinetochor liegt neben Kinetochor, Heterochromatin neben Heterochromatin. Da jeder der beiden Paarlinge dabei, wie schon jetzt erkennbar wird, aus 2 Chromatiden besteht, wird eine *Chromatidentetrade* gebildet. Im *Diplotän* streben die Chromosomen wieder auseinander. Sie hängen schließlich nur noch an einzelnen Haftpunkten, den *Chiasmata*, zusammen. Diese Haftpunkte sind Ausdruck des *Crossing over*, des Segment- und damit Genaustauschs zwischen mütterlichen und väterlichen Chromosomen. Das wird bei Eukaryonten vermutlich durch Brüche und Verheilung zwischen den 4 Chromatiden der beiden Homologen verursacht; jedenfalls paaren sich hier die Chromosomen in der Regel erst nach der DNA-Replikation, jedoch wohl schon in einem sehr frühen Prophase-Stadium. Das zeigt die Verteilung von Mutationen, die man zu verschiedenen Zeiten vor der Meiose induziert, auf die 4 entstehenden Zellen *(Gonen)*.

Die Frage, wie sich die homologen Chromosomen finden und paarweise zusammenlegen, ist noch nicht zu beantworten. Morphologisch wird dieser Prozeß durch den *synaptonematischen Komplex* manifestiert, eine kompliziert gebaute, vorwiegend aus Proteinen bestehende, mehrschichtige Struktur, die sich zwischen den Homologen ausbildet und einen konstanten Abstand von 100 nm gewährleistet. Das schließt nicht aus, daß DNA-Stränge durch sie hindurchtreten und in direkten Kontakt kommen, was zum Zustandekommen des Crossing over notwendig ist. Jedes Chromosomenpaar hat einen synaptonematischen Komplex, der an der Kernhülle ansetzt.

Im *Diplotän* setzt sich die Aufschraubung der Chromosomen weiter fort und erreicht in der *Diakinese* ihren Höhepunkt. Dabei lösen sich die Chiasmata, von den Kinetochoren her beginnend, so daß die Chromosomen nur noch an den Enden zusammenhängen.

In der 1. Metaphase ordnen sich diese Bivalenten in der Äquatorialplatte; die Spindel ist nun ausgebildet. Nukleolus und Kernhülle sind zu dieser Zeit schon aufgelöst. In der 1. Anaphase werden die Chromosomen getrennt, ganze homologe Chromosomen wandern zu den entgegengesetzten Zellpolen (Reduktionsteilung). Es folgt die 1. Telophase, manchmal noch eine kurze Interphase, und dann die Pro-, Meta-, Ana- und Telophase der 2. Reifungsteilung, bei der die Chromatiden getrennt werden (Äquationsteilung).

1.2.3. Grundplasma

1.2.3.1. Hyaloplasma

Das *Hyaloplasma* (das *Zytosol* der Biochemiker) ist der Bestandteil des Grundplasmas, in dem mit den üblichen licht- und elektronenmikroskopischen Methoden keine distinkten Strukturen auszumachen sind. Es ist ein Sol mit hohem Wassergehalt. Dementsprechend enthält es Enzyme, die zytochemisch als „gelöst" charakterisiert werden, d.h. die nicht an irgendwelche Strukturen gebunden zu sein scheinen. Im Hyaloplasma laufen viele wichtige Stoffwechselketten ab, so z.B. die Glykolyse und die Gärung, der oxidative Pentosephosphatzyklus, die Glykogensynthese und Teilprozesse der Proteinsynthese wie die Aktivierung der Aminosäuren und ihre Bindung an die tRNA. In ihm können Aggregate von Reservestoffen, z.B. Glykogengranula (Abb. 1.5), Proteine (gelegentlich sogar in Form von Kristallen) und Lipoide (z.T. in mehr oder weniger großen Tropfen) liegen. Im Falle der Lipoidtropfen (in Pflanzenzellen oft als *Sphärosomen* bezeichnet) ist es allerdings umstritten, ob diese nicht durch eine Biomembran (oder vielleicht nur durch eine „halbe" Membran) vom Hyaloplasma getrennt werden. Zweifellos sind an der Grenze zwischen dem hydrophoben Lipoidtropfen und dem mehr hydrophilen Hyaloplasma besondere, vielleicht membranähnliche Molekülanordnungen zu erwarten.

1.2.3.2. Ribosomen

Ribosomen haben einen Durchmesser von 15–25 nm; sie bestehen aus RNA (60% bei Protozyten, 40% bei Euzyten) und Protein (40% bzw. 60%). Sie werden im allgemeinen durch ihre Sedimentationsgeschwindigkeit in der Ultrazentrifuge charakterisiert. Protozyten haben Ribosomen von 70 S, im Grundplasma der Euzyten kommen 80 S-Ribosomen vor. Beide Ribosomentypen sind aus einer größeren (50 S bzw. 60 S) und einer kleineren Untereinheit (30 S bzw. 40 S) zusammengesetzt, welche durch Mg^{++}-Ionen zusammengehalten werden. Die größere Untereinheit enthält 2 RNA-Moleküle (23 S und 5 S, bzw. 28 S und 5 S) sowie etwa 50 verschiedene Proteine, die kleinere ein

RNA-Molekül (von 16 S bzw. 18 S) und etwa 30 Proteine.

Ribosomen selbst kommen in den meisten Zellen nur in relativ geringer Zahl vor, häufiger sind sie zu *Polysomen* aggregiert. Dabei sind einige bis viele „Monosomen" an einem meist etwas spiralig gewundenen mRNA-Molekül aufgereiht. Das mRNA-Molekül befindet sich dabei zwischen den beiden Untereinheiten. Der Abstand der Monosomen im Polysom (von Mitte zu Mitte) beträgt etwa 30 nm. Außer Poly- und Monosomen existieren auch die freien Untereinheiten in der Zelle. Die Polysomen treten frei im Grundplasma auf oder sind an Zisternen des ER („rauhes ER") angeheftet (Abb. 1.6). Dabei liegt die größere Untereinheit der Membran an und ist relativ fest an sie gebunden, während die kleinere nur indirekt, über die größere, fixiert ist.

Die Polysomen sind die Orte der *Proteinsynthese* (vgl. Kapitel 10). An der kleinen Untereinheit treten die mit aktivierter Aminosäure beladenen tRNA's in der Reihenfolge, die durch die mRNA vorgegeben ist, zusammen, an der großen Untereinheit werden die Peptidbindungen geknüpft. Wenn die Ribosomen am ER sitzen, schiebt sich die entstehende Polypeptidkette durch die Membran hindurch in die Kaverne hinein; bei freien Polysomen gelangt sie ins Grundplasma. Demzufolge findet man freie Polysomen vor allem in solchen Zellen, die viel Protein im Hyaloplasma für ihr eigenes Wachstum benötigen, wie embryonale oder Krebszellen; an das ER gebundene Ribosomen produzieren hingegen hauptsächlich Export- und Membran-Proteine und sind deshalb besonders in Zellen häufig, die Proteine sezernieren (vgl. Abb. 1.5, 1.6 und 1.7).

Bei der Bildung der Ribosomen wird zunächst im Nukleolus ribosomale RNA synthetisiert, wobei die Länge der Moleküle anfangs größer als im fertigen Ribosom ist. In mehreren Schritten werden die Moleküle verkürzt. Sie treten in der Euzyte durch die Poren in der Kernhülle in das Grundplasma. Vermutlich ist dabei die kleinere Untereinheit an mRNA gebunden. Die ribosomalen Proteine entstehen im Grundplasma.

1.2.3.3. Mikrofilamente und Myofilamente

Im Grundplasma kommen verschiedenartige fadenförmige Proteinstrukturen vor. Sie sind z.T. wie die die Mikrovilli aussteifenden *Mikrofilamente* (Dicke etwa 4–5 nm) oder die *Tonofibrillen*, die z.B. an den Desmosomen vorkommen, s. Abb. 1.4 und 1.2.6.2 (Durchmesser etwa 8–10 nm), Stütz- oder Halteelemente. Die *Myofilamente* dienen hingegen der Bewegung, durch sie wird chemische in mechanische Energie umgesetzt. Sie treten in zwei Arten auf. Die dünnen Myofilamente haben einen Durchmesser von etwa 5–6 nm, sie bestehen aus *Actin*. Die dicken Myofilamente sind im typischen Fall etwa 10–12 nm dick und bestehen aus *Myosin*. Dicke und dünne Filamente sind stets miteinander vergesellschaftet. In den Zellen der quergestreiften Muskulatur sind sie sehr regelmäßig angeordnet. Sie sind durch Brücken miteinander verbunden, durch die bei der Kontraktion, die auf einem Ineinandergleiten der beiden Filamentarten beruht, die motorische Kraft erzeugt wird, wie in Kapitel 14.1 näher ausgeführt wird. Durch Myofilamente werden auch die Plasmaströmung (in pflanzlichen Zellen) und die amöboide Bewegung, eine auf einer Art Fließprozeß beruhende Kriechbewegung von nackten Einzelzellen wie Amöben und Leukozyten, verursacht.

1.2.3.4. Mikrotubuli

Mikrotubuli bestehen aus einem Protein, dem *Tubulin* (MG 55000), das in zwei ähnlichen Modifikationen auftritt. Diese bilden Dimere, welche durch H-Brücken zusammengehalten werden. Die Dimere fügen sich zu Protofilamenten zusammen; meistens 13 parallele Protofilamente bilden eine Röhre mit einem Durchmesser von etwa 15–25 nm, den Mikrotubulus (Abb. 1.9). Mikrotubuli sind sehr labile Strukturen und zerfallen leicht in die Untereinheiten, können aber auch schnell aus diesen wieder aufgebaut werden. Die Untereinheiten aggregieren unter geeigneten Bedingungen auch *in vitro*, wenn Mikrotubulus-Teile als Starter zugegen sind *("self assembly")*. Dabei können die Aggregationskeime von ganz anderen Organismen stammen als das an ihnen sich ansetzende Tubulin, was zeigt, wie wenig das Tubulin in der Evolution verändert wurde. Das wird auch durch biochemische Analysen bestätigt. In der Zelle wird die Bildung und Orientierung der Mikrotubuli durch verschiedenartige „Zentren" in noch unbekannter Weise gesteuert.

Durch Kälte oder hydrostatischen Druck wird die Disaggregation, durch Wärme oder schweres Wasser die Aggregation gefördert. Bestimmte Drogen wie das Alkaloid *Colchicin* verbinden sich sehr spezifisch mit

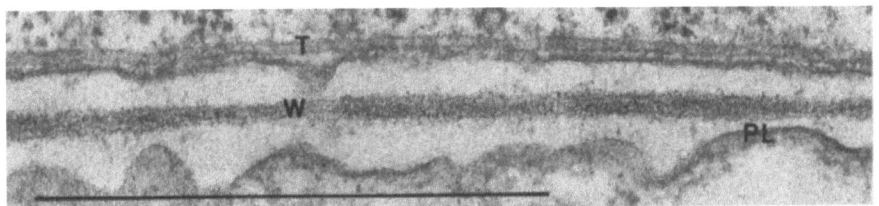

Abb. 1.8. Blättchen eines Mooses *(Sphagnum)*. Ein längs getroffener Mikrotubulus *T* fixiert das Plasmalemma *PL*; *W* Zellwand. Marke: 1 μm; Fixierung: Glutaraldehyd-OsO$_4$

einer der beiden Tubulin-Arten und verhindern dadurch das Zusammentreten der Untereinheiten. Mikrotubuli kommen häufig als Elemente eines plasmatischen Innenskelettes vor und steifen Plasmafortsätze, aber auch Plasmaeinbuchtungen aus, was durch Brückenbildung mit dem Plasmalemma (Abb. 1.8), aber auch mit anderen Membranen und untereinander ermöglicht wird. Sie spielen außerdem eine Rolle bei manchen Bewegungsprozessen, besonders in der Kernteilung (Abb. 1.7, vgl. 1.2.2.5) und in Geißeln und Zilien (Abb. 1.9). Sie sind selbst aber nicht kontraktil und haben dementsprechend selbst keine ATPase-Aktivität. In Geißeln und Zilien werden sie durch eine ihnen ansitzende ATPase, *Dynein* (Abb. 1.9), in einem Gleitmechanismus bewegt.

1.2.3.5. Geißeln, Zilien, Zentriolen

Geißeln und Zilien sind Ausstülpungen des Protoplasten, also vom Plasmalemma überzogen und enthalten Mikrotubuli in charakteristischer Anordnung. *Geißeln* sind lang (etwa 10–200 µm) und kommen meist nur einzeln oder zu zweit vor, hingegen sind *Zilien* kurz (1–5 µm) und treten in Vielzahl auf. Beide Organellen dienen der Bewegung, so bei männlichen Geschlechtszellen und bei Einzellern der Fortbewegung; bei manchen Epithelzellen erzeugen Zilien durch ihren Schlag einen Flüssigkeitsstrom.

Geißeln vollführen meistens schrauben- oder wellenförmige Bewegungen. Zilien schlagen nur in einer Ebene, wobei der Anschlag, bei gestreckter Zilie, den Antrieb erzeugt; zur Aufrichtung krümmt sie sich bogenartig zurück. Die Zilien einer Zelle schlagen metachron in koordinierten Wellen.

Geißeln und Zilien enthalten zwei einzelne, zentrale Mikrotubuli, die von 9 „doppelten" Mikrotubuli umgeben werden (Abb. 1.9), oft in Form einer sehr steilen Schraube. Genau genommen sind die peripheren Dubletts nicht doppelt, da sie 3 von den 13 Protofilamenten, aus denen jedes der beiden Subfilamente (Mikrotubuli) (A und B) besteht, gemeinsam haben. Das Subfilament A trägt in 2 Reihen von Fortsätzen das *Dynein* (s. 1.2.3.4). Außerdem sind die beiden Dubletts, zwischen denen die durch die zentralen Singletts gegebene Symmetrieebene hindurchläuft, oft durch Brücken verbunden. Bei Zilien erfolgt der Schlag in dieser Ebene.

Fast alle Eukaryonten haben wenigstens in den männlichen Geschlechtszellen Geißeln oder Zilien; sie fehlen, außer bei gewissen Algengruppen, den Höheren Pilzen und den Höheren Samenpflanzen, wo sie sicherlich im Verlauf der Evolution verloren gegangen sind. Sie sind, von wenigen Ausnahmen abgesehen, überall gleich aufgebaut. Das hat man oft als Argument für die monophyletische Entstehung der Eukaryonten angeführt und einen begeißelten Einzeller als Ur- und Stammform aller Eukaryonten postuliert. Bei solchen Überlegungen muß man jedoch berücksichtigen, daß das 9+2-Muster vielleicht auch sterisch bedingt ist. Modifizierte, bewegungsunfähige Geißeln sind Bestandteil vieler Rezeptorzellen.

Die beiden zentralen Tubuli der Geißeln und Zilien beginnen etwa in der Höhe des Übergangs in den Protoplasten, während die peripheren Dubletts weiter in den Protoplasten hineinreichen und den Basalkörper *(Kinetosom)* bilden. Sie werden hier zu Tripletts, indem sich an das Subfilament B (s. o.) ein weiteres Subfilament (C) anlegt. Die 9 Tripletts stehen untereinander durch seitliche Brücken und an der Basis des Kinetosoms durch radial verlaufende Speichen in Verbindung. Am Kinetosom sitzen häufig Mikrofibrillen und Mikrotubuli an, die zum Teil sehr komplizierte *Geißelwurzeln* bilden und offenbar zur Verankerung dienen. Die Geißeln und Zilien entstehen durch das Auswachsen der Kinetosomen, wobei sich die Mikrotubuli stets nur distal verlängern.

Eine Struktur, die morphologisch, manchmal auch funktionell dem Kinetosom gleicht, ist das *Zentriol*. Zentriolen werden bei der Geißelbildung zu Basalkörpern. Zentriolen entstehen entgegen früheren Vermutungen nicht durch Teilung; sie haben offenbar auch nicht, wie lange angenommen, eine eigene DNA. Ein neues Zentriol bildet sich meistens nahe der Basis eines alten, rechtwinklig zu diesem. Diese Konfiguration *(Diplosom)* bleibt oft noch längere Zeit erhalten. Es gibt aber auch viele Zellen, in denen Zentriolen entstehen, ohne daß morphologisch distinkte Zentriolen vorher erkennbar waren.

Außer bei der Geißelbildung scheinen die Zentriolen in vielen Zellen, besonders bei Tieren, eine Rolle bei der Kernteilung zu spielen (vgl. 1.2.2.5), möglicherweise dadurch, daß in ihrer Nähe, durch sogenannte Satelliten, die Mikrotubuli gebildet und orientiert werden.

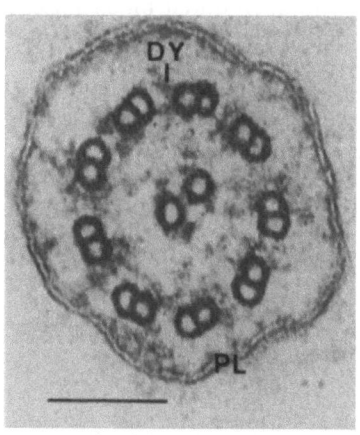

Abb. 1.9. *Acetabularia*-Gamet, Querschnitt durch die Geißel; die Mikrotubuli lassen ihren Aufbau aus Untereinheiten erkennen. *DY* Dynein; *PL* Plasmalemma. Marke: 0,1 µm. Fixierung: Glutaraldehyd-OsO$_4$. Aufnahme: Dr. W. Herth

1.2.4. Organellen aus einem Kompartiment

1.2.4.1. Endoplasmatisches Retikulum

Das endoplasmatische Retikulum (ER) ist ein System von meist englumigen Zisternen, Tubuli und kleinen Vesikeln, die miteinander verbunden sein können, teilweise aber auch nur vorübergehend kommunizieren oder auseinander hervorgehen. Die Membranen sind mit Ribosomen besetzt (rauh, Abb. 1.5, 1.6) oder ribosomenfrei (glatt, Abb. 1.5). Aggregate von rauhem ER waren schon lichtmikroskopisch als *Ergastoplasma* (in Nervenzellen als *Nissl-Schollen*) bekannt; das eigentliche ER wurde aber erst mit Hilfe des Elektronenmikroskopes entdeckt. Bei der Zellhomogenisation werden die Zisternen des rauhen ER zerschlagen und in geschlossene Vesikel umgewandelt, die die *Mikrosomen*-Fraktion der Biochemiker bilden.

Das rauhe ER (vgl. 1.2.3.2) synthetisiert Proteine, die wie z. B. Exoenzyme oder Antikörper sezerniert werden oder die zum Aufbau anderer Kompartimente dienen. Dabei kann es sich um Membranproteine handeln, aber auch um solche, die im Kompartimentinneren vorkommen. Auch Triglyceride, Phospholipide und Steroide und damit Membranlipoide werden am ER synthetisiert. In Steroidhormon-Drüsen von Tieren und in vielen pflanzlichen Drüsen mit lipophilen Exkreten ist daher das ER und zwar in der glatten, tubulären Modifikation, die dominierende Zellkomponente. In der Leber werden mit Hilfe von Enzymen des ER Drogen wie Phenobarbital chemisch verändert und dadurch in eine unschädliche Form übergeführt; es tritt deshalb nach der Applikation von solchen Substanzen vermehrt auf. Außerdem ist es hier an der Bildung des Blutzuckers beteiligt; die Glukose-6-Phosphatase ist ein ER-Enzym.

Neben seiner Funktion im Stoffwechsel und als Membranbildungszentrum spielt das ER eine wichtige Rolle beim intrazellulären Stofftransport. Ein besonders gut bekanntes Beispiel ist das sarkoplasmatische Retikulum in Muskelzellen; es steht mit dem Plasmalemma in Kontakt (ohne mit ihm zu fusionieren) und umhüllt in regelmäßiger Anordnung die Myofibrillen. Es reguliert hier, gesteuert durch Vorgänge am Plasmalemma, durch Permeabilitätsveränderungen und durch aktives Pumpen die Ca^{++}-Konzentration im Bereich der Myofibrillen und damit die Kontraktion (vgl. Kapitel 14.1). In Pflanzenzellen gibt es durch die Plasmodesmen hindurch interzelluläre Verbindungen des ER (Abb. 1.4), ein deutliches Zeichen für seine Bedeutung für den Stofftransport.

1.2.4.2. Golgi-Apparat

In tierischen Zellen sind die Elemente des Golgi-Apparates häufig zwischen Zellkern und Zentriol konzentriert. Oft aber, besonders bei Pflanzen, sind die *Diktyosomen* in der ganzen Zelle zerstreut; der Golgi-Apparat ist dann ein morphologisch nicht gut zu definierender Zellbereich. Ein Diktyosom besteht im typischen Fall aus einem Stapel von etwa 3–8 glatten, flachen Zisternen mit einem Durchmesser von etwa 1 µm. Im Extrem, z. B. bei Pilzen, liegen nur einzelne Golgi-Zisternen vor. Am Rande der Diktyosomen sind die Golgi-Zisternen meist netzartig durchbrochen und laufen in Tubuli aus, die stellenweise zu Vesikeln erweitert sind. Gewöhnlich unterscheiden sich die Zisternen innerhalb eines Stapels, so daß ein Diktyosom polar gebaut ist (Abb. 1.6). Auf der einen Seite bilden sich neue Golgi-Zisternen, oft durch die Fusion von kleinen Vesikeln, die von glatten Bereichen von ER-Zisternen abgeschnürt werden. Sie führen Exportproteine herbei. Die Golgi-Zisternen dieser Seite, der *Regenerationsseite*, sind oft relativ weitlumig, die peripheren Vesikel klein, ihr Inhalt wenig dicht. Auf der anderen Seite, der *Sekretionsseite*, lösen sich Sekretvesikel ab, ihr Inhalt ist infolge der Sekretumwandlung und -kondensierung dichter (Abb. 1.6). Hier sind die Zisternen oft englumig; die oberste Zisterne bläht sich allerdings oft auch auf und wandelt sich direkt in ein Sekretvesikel um, wenn sie nicht nach Abschnürung der Sekretvesikel zerfällt.

Die Golgi-Zisternen werden also auf der einen Diktyosomenseite gebildet und auf der anderen wieder aufgelöst, wandern also durch den Stapel hindurch. Das läßt sich besonders gut dann erkennen, wenn sie geformte Sekrete enthalten. Ein Diktyosom ist daher eine Fließgleichgewichts-Struktur, wie ein Strudel im Strom. Im Golgi-Apparat werden die im ER synthetisierten Export-Proteine in der Regel mit Kohlenhydraten gekoppelt und in Glykoproteide umgewandelt. Außerdem werden hier manchmal noch SO_4^{--}-Gruppen an die Glykoproteide (z. B. im Chondroitinsulfat des Knorpels) angehängt. In Pflanzen tritt die Proteinkomponente zurück oder fehlt ganz, es werden dann Polysaccharide, besonders saure Polysaccharide (in der Regel wohl keine Cellulose), synthetisiert, die zum Aufbau der Zellwand dienen oder als Schleim ausgeschieden werden. Hier sind dann die Übergangsvesikel zwischen dem ER und den Diktyosomen weniger auffällig oder fehlen ganz.

In den abgelösten sekretorischen Golgi-Vesikeln wird die Synthese und Kondensation des Sekretes oft weiter fortgesetzt. Ihre Entleerung erfolgt *exozytotisch*: das Vesikel öffnet sich, indem seine Membran mit dem Plasmalemma fusioniert (Abb. 1.4). Die Vesikelmembran wird dabei in das Plasmalemma eingebaut. In wachsenden oder sich teilenden Zellen kann auf diese Weise das Plasmalemma vergrößert werden. Wenn aber, wie in Drüsenzellen, die Zell- und damit die Plasmalemma-Größe konstant bleibt, muß entsprechend dem Einbau von Membranmaterial auch wieder solches resorbiert werden. Das geschieht vermutlich vorwiegend in Form von einzelnen Molekülen oder Molekülaggregaten. Diese scheinen z. T. wieder direkt, z. T. erst nach einer Umformung, zum Einbau in das ER oder auch direkt in den Golgi-Apparat zur Verfügung zu stehen.

Versuche mit radioaktiv markierten Substanzen haben gezeigt, daß in tierischen Drüsen, wie z. B. im Pankreas, von der Applikation einer Aminosäure bis zu ihrer Sekretion in Form eines Glykoproteids etwa 1 Stunde vergeht, wobei die Passage durch den Golgi-Apparat die längste Zeit beansprucht. Bei manchen Pflanzenzellen, bei denen Polysaccharide ausgeschieden werden, dauert es hingegen manchmal nur wenige Minuten von der Bildung eines Sekretvesikels bis zu seiner Extrusion.

Bei der Sekretion durch den Golgi-Apparat ist der Export des Sekretes mit einem Membranfluß und einem Kreislauf von Membranbausteinen verbunden. Die beteiligten Membranen, die im ER entstehen, die

Diktyosomen passieren, zu Sekretvesikeln werden und schließlich in das Plasmalemma eingebaut werden, verändern in den einzelnen Stufen ihre Zusammensetzung, in den Lipoiden wie in den Proteinen, sowie ihre Struktur. Eine ER-Membran ist etwa 6 nm dick, das Plasmalemma 9 nm, die Golgi-Membranen nehmen eine Zwischenstellung ein. Als Vermittler zwischen verschiedenen Kompartimenten treten häufig kleine Vesikel (*Akanthosomen, coated vesicles*) mit einem Belag auf der Plasmaseite der Membran auf.

1.2.4.3. Lysosomen und Microbodies

Die Lysosomen und Microbodies (Abb.1.4, 1.5) sind eher biochemisch als morphologisch zu charakterisieren. Die *Lysosomen* sind reich an lytischen Enzymen, Hydrolasen mit einem Reaktionsoptimum im sauren Bereich, wie saure Phosphatase (das Leitenzym für Lysosomen), Proteasen, Nucleasen, Arylsulfatasen, Lipasen usw. Sie entstehen als *primäre Lysosomen* direkt aus dem Golgi-Apparat und fusionieren häufig mit endozytotischen Vesikeln, in die hinein sie ihre Enzyme entleeren und sie dadurch zu *sekundären Lysosomen* umformen. In diesen wird die endozytotisch aufgenommene Nahrung (vgl. 1.2.1.2) verdaut. Außerdem gibt es *Autolysosomen*, die zelleigenes Material, meist ganze Organellen, abbauen, vor allem dann, wenn sich die Zellfunktion ändert und dadurch manche Strukturen überflüssig werden. Sie ermöglichen damit aber auch eine ständige Erneuerung der Organellen. (In der Leberzelle beträgt die „Lebensdauer" eines Mitochondriums durchschnittlich etwa 10 Tage.)

Der Angriff der lysosomalen Enzyme bleibt bei den Autolysosomen dadurch lokal beschränkt, daß ganze Plasmabezirke von ER-Zisternen umhüllt und vom übrigen Plasma abgetrennt werden, oder dadurch, daß sich eine Plasmaportion in ein Lysosom hinein vorstülpt und dann abgetrennt wird. Die Semipermeabilität der Lysosomenmembran verhindert, daß die Hydrolasen die übrigen Plasmastrukturen angreifen. Erst beim Zelltod wird die Membran durchlässig, die Enzyme treten aus und beteiligen sich am Abbau der Zelle.

Die *Microbodies* sind an verschiedenen Stoffwechselreaktionen beteiligt (Purinabbau, Umwandlung von Fett in Zucker bei der Samenkeimung, Glycolatoxidation in grünen Blättern), bei denen H_2O_2 entsteht. Dieses wird durch Katalase wieder abgebaut. Katalase ist ein Leitenzym für die Microbodies; sie kann, wie auch die Uricase, kristalloide Einschlüsse in den Microbodies bilden (Abb. 1.5).

1.2.4.4. Vakuolen

Die Vakuolen sind große Kompartimente, die sich in typischer Form nur bei Pflanzen finden (Abb.1.7) und manchmal fast die ganze Zelle ausfüllen. Sie entwickeln sich z.T. durch Teilung von vorhandenen Vakuolen, z.T. aus Elementen des ER; vermutlich können aber auch Golgi-Vesikel zu ihrer Bildung beitragen. Beim Wachstum einer Zelle vergrößern sich die Vakuolen und verschmelzen schließlich oft zu einer großen Zentralvakuole. Dadurch wird das Zellvolumen stark vergrößert, ohne daß die Protein- und Nucleinsäuremenge zunehmen muß. Das ist für das Wachstum der Pflanze von großer Bedeutung. Außerdem bildet die Zelle mit Hilfe der Vakuole und der in ihrem Inhalt (Zellsaft) gelösten Stoffe ein osmotisches System, das durch seinen Druck auf die Zellwände der Pflanze auch dann eine gewisse Festigkeit verleiht, wenn die Wände selbst nicht fest sind. Ein Verlust dieses Binnendruckes führt zum Welken.

Im Zellsaft sind zahlreiche Substanzen des primären (Zucker, organische Säuren) und des sekundären Stoffwechsels (Gerbstoffe, wasserlösliche Farbstoffe, Alkaloide usw.) gelöst, so daß die Vakuole sowohl eine Speicherorganelle wie eine Organelle zur Aufnahme von Stoffwechselschlacken ist. Besonders charakteristisch sind die Kristalle aus Calciumoxalat, die in manchen Vakuolen vorkommen.

1.2.5. Zusammengesetzte Organellen

1.2.5.1. Mitochondrien

Die Mitochondrien (Abb. 1.4, 1.5, 1.6, 1.10) sind Träger der *Atmung* und damit die wichtigsten Energielieferanten der Zelle. In ihnen sind der Citratcyklus, die Atmungskette und die oxidative Phosphorylierung sowie der Fettsäureabbau lokalisiert. Sie sind kugelig bis länglich, haben einen Durchmesser von etwa 1 μm und erreichen Längen von mehreren Mikrometern. Kleine Einzeller haben oft nur ein, normale Zellen oft mehrere hundert Mitochondrien. In Leberparenchymzellen machen sie etwa 20% des Volumens aus. Sie kommen fast ausnahmslos bei allen Eukaryonten vor und fehlen nur bei manchen stets anaerob lebenden Organismen.

Die Mitochondrien bestehen aus zwei Kompartimenten und damit aus zwei Membranen. Die *äußere* Membran grenzt sie gegen das Grundplasma ab. Sie ist relativ permeabel und ähnelt in ihrer Zusammensetzung den Membranen des ER, mit dem sie gelegentlich zu fusionieren scheint. Das Kompartiment zwischen äußerer und innerer Mitochondrienmembran erscheint meistens leer.

Die *innere* Mitochondrienmembran liegt der äußeren dicht an, stülpt sich aber an verschiedenen Stellen platten-, sack- oder röhrenförmig in die Matrix ein und bildet so Cristae, Sacculi oder Tubuli. Flavoproteine, Cytochrome und Ubichinon, also wichtige Faktoren der Atmungskette, sind in Multienzymkomplexen integrierte Bestandteile dieser Membran. Außerdem sitzen an ihrer der Matrix zugekehrten Seite Partikel (*Elementarpartikel*) mit einem Durchmesser von etwa 8 nm, die mit einem Stiel von etwa 4 nm mit der Membran verbunden sind. Sie haben ein Molekulargewicht von knapp 300000 und repräsentieren eine als F_1 bekannte ATPase, die die ATP-Bildung an die Atmungskette koppelt. Wenn diese früher als Oxisomen bezeichneten Partikel experimentell abgelöst werden oder natürlich fehlen (wie im braunen Fettgewebe von Winterschläfern), läuft die Elektronentransportkette, ohne daß ATP gebildet wird; dafür entsteht Wärme.

Mitochondrien in Zellen mit hoher respiratorischer Aktivität enthalten besonders viele Cristae, wie z.B. solche in Muskeln oder in Nierentubuli.

Über den molekularen Aufbau der inneren Mitochondrienmembran gibt es verschiedene Modelle, die sich aber noch stark widersprechen.

Sicher ist nur, daß er vom Danielli-Modell (vgl. 1.2.1.1) stark abweicht. Interessant ist das Vorkommen von Cardiolipin, einem Lipid, das sonst nur bei Prokaryonten auftritt.

Die *Matrix* enthält neben Enzymen, vor allem solchen des Citratzyklus, DNA und Ribosomen. Die *mitochondriale DNA* (mit-DNA) der Höheren Tiere ist ein etwa 5 µm langer Ring. Bei Pflanzen hat man auch größere Längen gefunden. Sie ist nicht von Protein umhüllt und leitet sich nicht von der Kern-DNA ab. Die *Ribosomen* gleichen in ihrer Größe (70 S), ihrem Aufbau und ihrer Empfindlichkeit gegenüber gewissen Antibiotika eher den Ribosomen von Prokaryonten als den Zytoplasma-Ribosomen der Eukaryonten.

Ein Mitochondrium enthält meistens etwa 3—6 identische DNA-Ringe. Die Informationsmenge, die in einem DNA-Molekül von 5 µm Länge enthalten ist, reicht nicht aus, um alle mitochondrialen Proteine zu kodieren. Die Mitochondrien sind also *semiautonom*, d.h. sie bilden einen Teil ihrer Nucleinsäuren und Proteine selbst, die Mehrzahl der Enzyme wird jedoch vom Kern-Zytoplasma-System synthetisiert, z.B. die Malatdehydrogenase und Cytochrom c. Beispiele für Produkte der mit-DNA sind die mitochondrialen rRNA's und tRNA's sowie vermutlich einige schlecht definierte „Strukturproteine" der inneren Mitochondrienmembran. Die Kooperation beider Systeme geht so weit, daß das Cytochrom b teilweise im Zytoplasma und teilweise im Mitochondrium synthetisiert wird.

Die mit-DNA repliziert sich selbst, wobei die Polymerase jedoch vom Kern-Zytoplasma-System gebildet wird. Mitochondrien können sich daher nur durch Teilung vermehren. Das wird durch viele direkte oder indirekte Befunde untermauert. In wenigen Fällen, wie z.B. bei manchen Hefen, können sie sich aus sogenannten *Promitochondrien* entwickeln, reduzierten Organellen, die sich infolge einer Anaerobiose bilden und keine Atmungsenzyme, wohl aber den Proteinsyntheseapparat enthalten. Sie haben keine Cristae, bestehen aber aus zwei Kompartimenten und entwickeln sich bei Gegenwart von Sauerstoff schnell zu voll funktionstüchtigen Mitochondrien.

1.2.5.2. Plastiden

Die Plastiden (Abb. 1.7, 1.10) sind die Organellen der *Photosynthese;* sie wandeln als *Chloroplasten* die physikalische Energie des Sonnenlichtes mit Hilfe des Chlorophylls in chemische Energie um (vgl. Kapitel 13.1).

Damit sind sie die weitaus wichtigsten Produzenten des organischen Materials auf der Erde. Plastiden kommen bei allen Pflanzen (mit Ausnahme der Pilze) vor, auch in nichtgrünen Geweben oder in Pflanzen, die sich als Parasiten oder Saprophyten rein heterotroph ernähren und chlorophyllfrei sind. Hier liegen die Plastiden als farblose *Leukoplasten* oder als gelblich oder rötlich durch Carotinoide gefärbte *Chromoplasten* vor. Prokaryonten haben auch dann keine Plastiden, wenn sie Chlorophyll besitzen (vgl. 1.1.4.1).

Bei manchen Algen kommt nur ein großer, oft bizarr geformter Chloroplast in jeder Zelle vor. Andere Zellen, und vor allem auch die der Höheren Pflanzen, enthalten mehr und kleinere, linsenförmige Plastiden; bei den letzten sind es meist etwa 20—50 mit einem Durchmesser von 4-8 µm. Die farblosen Leukoplasten kommen z.B. in Meristemen, Wurzeln, Speicherorganen, weißen Blütenblättern usw. vor, Chromoplasten in Blütenblättern und Früchten sowie in alternden Laubblättern, wo sie sich meistens aus Chloroplasten entwickeln.

Wenn man die Plastiden nicht nach ihrer Färbung, sondern nach ihrer Entwicklungspotenz und ihrer Funktion einteilt, muß man als wichtige Gruppe die noch nicht differenzierten, farblosen *Proplastiden* in embryonalen und meristematischen Zellen herausheben. Aus ihnen entwickeln sich im Zuge der Zelldifferenzierung die verschiedenen Funktionstypen, wie Assimilationsplastiden, (Stärke-)Speicherplastiden usw. Die Proplastiden entstehen durch Teilung auseinander. Mitunter, bei einer „Rückdifferenzierung" von Zellen, bilden sich Proplastiden auch aus anderen Leukoplasten oder aus Chloroplasten.

Die Plastiden bestehen wie die Mitochondrien aus zwei Membransystemen (Abb. 1.4, 1.10). Die äußere Membran trennt sie vom Grundplasma. Die innere Membran umhüllt die *Matrix (Stroma)*. In der Matrix enthalten die Chloroplasten zahlreiche flache, membranumgrenzte Säckchen, die *Thylakoide*. Diese entwickeln sich direkt oder indirekt aus Einstülpungen der inneren Plastidenmembran. Der Thylakoidbinnenraum ist damit dem Kompartiment zwischen den beiden Plastidenmembranen homolog (vgl. die Organisation der Mitochondrien, 1.2.5.1).

Die Thylakoide in den Chloroplasten der höheren Pflanzen haben scheibenförmige Bezirke (Durchmesser meist etwa 0,3–0,5 µm), die wie die Münzen einer Geldrolle gestapelt sind (Abb. 1.7, 1.10) und so die lichtmikroskopisch erkennbaren *Grana* bilden (Granumthylakoide). Von den Granumthylakoiden aus erstrecken sich röhrenförmige oder flache unregelmäßige Thylakoidabschnitte (Stromathylakoide) in das Stroma. Sie verbinden die verschiedenen Grana miteinander und sind nicht gestapelt, bilden aber häufig Ausstülpungen, durch die auch die Thylakoide innerhalb eines Granums zum Teil verbunden sein können. Vielleicht ist der Thylakoidbinnenraum manchmal ein einziges Kontinuum. Bei Algen kommen teilweise andere Thylakoidanordnungen vor.

Die *Thylakoidmembranen* enthalten das Chlorophyll (bzw. die verschiedenen Chlorophylle), Carotinoide

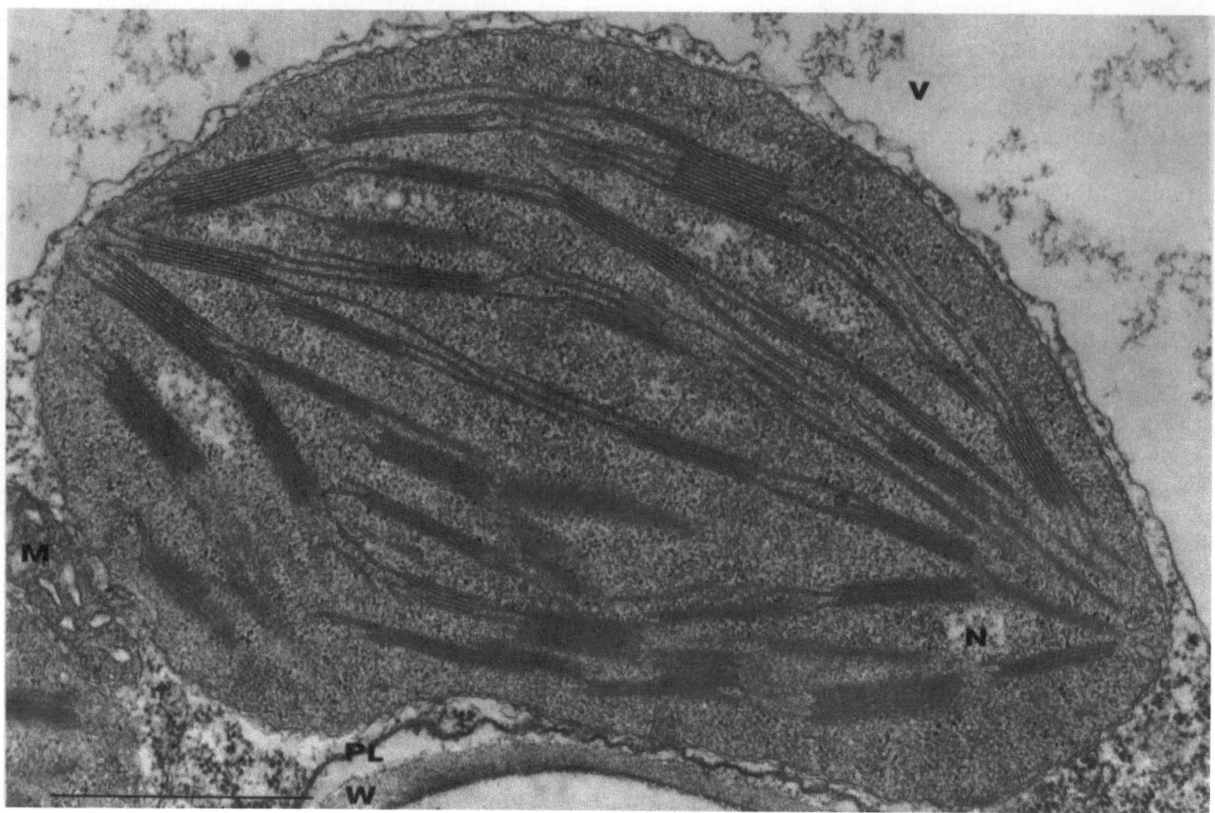

Abb. 1.10. Chloroplast der Bohne *(Phaseolus vulgaris)*. In der Matrix sind DNA-Regionen *N* und Ribosomen zu erkennen. *M* Mitochondrium; *PL* Plasmalemma; *V* Vakuole; *W* Zellwand. Marke: 1 µm; Fixierung: Glutaraldehyd-OsO$_4$. Aufnahme: Dr. H. Falk

und eine Reihe von weiteren Photosynthese-Faktoren. Über die Anordnung dieser Komponenten gibt es verschiedene, z. T. stark differierende Vorstellungen. Nach Röntgenanalysen scheint die Membran stark asymmetrisch zu sein: Zum Thylakoidbinnenraum hin liegt eine Lage von Kohlenwasserstoffketten, die zu Lipidmolekülen gehören, welche senkrecht zur Oberfläche stehen; der hydrophile Pol zeigt zum Binnenraum hin. Außerdem liegen hier die Phytolketten der Chlorophyllmoleküle; die in verschiedenen Richtungen stehenden Porphyrinringe zeigen zu einer Proteinlage hin, die den Teil der Thylakoidmembran bildet, der der Matrix oder, im Granum, einem anderen Thylakoid zugekehrt ist.

Durch elektronenmikroskopische Untersuchungen mit Hilfe der Gefrierätztechnik wurden Partikel in und auf der Matrixseite der Membran nachgewiesen. Mit dieser Methode gelingt es, Aufsichten auf die Membranaußenseiten, vor allem aber auch auf Membraninnenflächen zu erhalten, da die Membranen bevorzugt in der Mitte aufspalten. Bei den Partikeln auf der Matrixseite handelt es sich wahrscheinlich um Ribulosediphosphat-Carboxylase und um eine Phosphorylase. Die Partikel in der Membran (Durchmesser 17,5 bzw. 11 nm) repräsentieren das Photosystem II bzw. I (vgl. Kapitel 13.1). Im Bereich der Kontaktflächen der Thylakoide innerhalb eines Granums kommen beide Partikelsorten vor, und zwar die 17,5 nm großen Partikel in der dem Thylakoidbinnenraum zugekehrten Membranhälfte und die 11 nm großen Partikel in der dem Nachbarthylakoid zugekehrten Membranhälfte. Hier sind beide Photosysteme lokalisiert. Stromabereiche von Thylakoiden, wozu auch die begrenzenden Membranen eines Granums gehören, enthalten nur die 11 nm großen Partikel und nur Photosystem I. Hier ist auch das Chlorophyll a:b-Verhältnis größer als in den Membranabschnitten innerhalb eines Granums.

Die *Matrix* ist Sitz des plastidären Proteinsynthese-Apparates mit DNA und Ribosomen (Abb. 10). In ihr bildet sich die Stärke, hier befinden sich die Enzyme des Calvinzyklus. Außerdem findet man in der Matrix häufig Lipoidtropfen *(Plastoglobuli)*; besonders bei alternden Chromoplasten sind die Plastoglobuli reich an Carotinoiden. Die „*Augenflecke*" grüner Flagellaten, die bei der Wahrnehmung der Lichtrichtung eine Rolle spielen, sind oft Ansammlungen von Plastoglobuli in einem besonderen Plastidenabschnitt. Die Carotinoide von Chromoplasten können aber auch in Tubuli oder Fibrillen lokalisiert oder sogar, wie bei der Möhre, in Form von Platten auskristallisiert sein.

Die Proplastiden und die meisten anderen Leukoplasten haben meist nur einzelne, kleine Thylakoide, die oft mit der inneren Plastidenmembran in Kontakt stehen. Thylakoidstapel fehlen hier; sie sind an das Auftreten von Chlorophyll gebunden.

Die *plastidäre DNA* (plast-DNA) ist von der Kern- und der Mitochondrien-DNA verschieden. Sie ist zwar länger als die mit-DNA (*Euglena*: 40 µm), enthält aber ebenfalls nicht genug Information, um alle Plastiden-Proteine zu codieren. Die *plastidären Ribosomen* haben eine Größe von 70 S und ähneln damit, wie auch in ihren Eigenschaften, eher Ribosomen von Prokaryonten als den Zytoplasma-Ribosomen. Die Plastiden sind also wie die Mitochondrien *semiautonom*. Von der plast-DNA wird z. B. die plast-rRNA und die plast-tRNA (alle?) codiert, sowie eine mRNA, die an den plastidären Ribosomen u. a. wahrscheinlich den „Chlorophyll-Proteinkomplex I" sowie die größere Untereinheit der Ribulosediphosphatcarboxylase bildet. Die kleinere Untereinheit dieses Enzyms wird hingegen vom Kern-DNA/Zytoplasma-Ribosomen-System gebildet, ebenso wie die plast-DNA-Polymerase und Photosyntheseenzyme wie z. B. Aldolase, Ferredoxin. Andere Proteine werden möglicherweise an den plastidären Ribosomen synthetisiert, aber durch eine von der Kern-DNA gebildete mRNA codiert.

Die enge Verflechtung der Systeme zeigt sich auch darin, daß bei *Euglena* die plastidäre Isoleucin-tRNA-Synthetase in den Plastiden, die plastidäre Phenylalanin-tRNA-Synthetase aber im Plasma gebildet wird.

Die molekularbiologischen Befunde bestätigen damit, was schon vorher durch direkte Beobachtungen und vor allem durch genetische Experimente mit *Plastidenmutanten* (Mutationen in der Kern- wie in der plast-DNA) bewiesen war: Die Plastiden können sich nur durch Teilung vermehren, diese wird vom Kern/Zytoplasma kontrolliert. Ein wichtiges Indiz für die (partielle) Autonomie der Plastiden war das gelegentliche Vorkommen von Mischzellen, d.h. von Zellen mit zwei oder mehr verschiedenen Plastidentypen; sie können schwerlich anders als durch die Annahme von genetischen Unterschieden in den Plastiden erklärt werden.

Im Verlauf der Zelldifferenzierung entwickeln sich in den Mesophyllzellen von Blättern Chloroplasten aus Proplastiden. Dabei ist bei den meisten höheren Pflanzen Licht erforderlich. Fehlt dieses, so entstehen *Etioplasten*, sie enthalten Protochlorophyll und, als *Prolamellarkörper* (Plastidenzentren), kristallartig angeordnetes Membranmaterial in Form von untereinander verbundenen Tubuli; bei einer Belichtung entwickeln sich daraus schnell chlorophylltragende Thylakoide.

Bei Niederen Pflanzen mit weniger verschiedenen Zelltypen gibt es auch weniger Plastidentypen. Hier fehlen Proplastiden, es teilen sich die Chloroplasten. Bei *Chlamydomonas*, einem grünen Flagellaten, verschmelzen bei einer Befruchtung nicht nur die Kerne, sondern auch die Plastiden. Bei der Befruchtung in Höheren Pflanzen werden Plastiden hauptsächlich, manchmal auch ausschließlich, über die Eizelle auf die nächste Generation weitergegeben, denn die männlichen Geschlechtszellen bringen wenig oder keine Plastiden mit.

1.2.6. Zellhüllen und Zellverbindungen

1.2.6.1. Glykocalyx

Fast alle Zellen sind von einer extraplasmatischen Hülle umgeben. Bei einigen Protisten sind die Zellen zwar nackt, enthalten aber dicht unter dem Plasmalemma festigende Strukturen, die die *Pellicula* bilden. Die Skelettelemente können aus Einschlüssen im Zytoplasma in Form von Proteinplatten bestehen, wie z. B. bei *Euglena*, (auch Mikrotubuli können solche Stützfunktion haben), oder durch Einschlüsse in flachen, peripheren Vesikeln (z. B. bei Dinoflagellaten in Form von Cellulose-Platten) gebildet werden.

Bei vielen „nackten" Zellen ist das Plasmalemma mit einer dünnen Lage aus Glykoproteiden und Glykolipiden überzogen, der *Glykocalyx*. In diesem Belag sind z. B. bei roten Blutkörperchen die Blutgruppenantigene lokalisiert, außerdem Virusrezeptoren sowie die Faktoren, an denen sich tierische Zellen „erkennen", wodurch eine Gewebebildung ermöglicht wird; nach einer Isolation finden sich die Zellen auch dann organspezifisch wieder zusammen, wenn sie mit Zellen aus anderen Organen gemischt werden.

Die Grenze der Glykocalyx ist zum Plasmalemma ebenso fließend wie nach außen hin, wo sie oft in eine stark hydratisierte Schleimhülle übergeht. Diese besteht vorwiegend aus Mucopolysacchariden. Im Zwischenzellraum können bei Tieren aber auch spezielle Strukturen liegen, z. B. das *Kollagen*. Es handelt sich dabei um ein Protein, das zu 50% aus Prolin und Hydroxyprolin besteht und Fäden von 1,4 nm Durchmesser und 300 nm Länge (Tropokollageneinheiten) bildet. Drei solcher (nicht identischer) Ketten bilden eine Helix; die Helices lagern sich zu größeren Fibrillen zusammen, die eine komplizierte Superstruktur in Form eines Querbandenmusters haben. Besonders das Bindegewebe enthält viel Kollagen.

In den Zwischenzellräumen des Knochens kristallisiert an und zwischen solchen Kollagenfibrillen Hydroxylapatit und, später, Calciumcarbonat aus und bildet die Substanz, die dem Knochen die Festigkeit verleiht. Abgesehen von solchen Sonderfällen sind jedoch die Zwischenzellstrukturen und Zellhüllen bei Tieren nur schwach entwickelt.

1.2.6.2. Zellwand

Bei Pflanzen ist die „Glykocalyx" als *Zellwand* besonders stark ausgebildet und stellt ein charakteristisches und auffälliges Zellelement dar. Sie bildet eine feste, geschlossene Hülle (Abb. 1.7). Bei manchen pflanzlichen Einzellern ist diese Hülle allerdings offen oder besteht aus einzelnen Platten oder Schuppen, oft aus zwei ineinander gefügten Schalen, wie z. B. bei den Diatomeen, wo sie hauptsächlich aus Kieselsäure aufgebaut sind und eine artspezifische, sehr feine Struktur haben.

Die echten Zellwände bestehen aus *Gerüstsubstanzen* (Cellulose, bei Pilzen auch Chitin), die in eine *Matrix* aus Pectinen und sogenannten Hemicellulosen (Xylane, Arabane und Mischpolysaccharide) eingelagert sind. Manche Hemicellulosen haben jedoch eher den Charakter von Gerüstsubstanzen. Die Gerüstsubstanzen geben der Zellwand Festigkeit und Elastizität. Die Festigkeit, vor allem die Druckfestigkeit, wird größer, wenn Lignin eingelagert ist (*Inkrustation*).

Diese Verholzung erfolgt vor allem bei den Zellen des Wassertransportsystems und in Stützgeweben und war eine Voraussetzung für die Erschließung des Landes durch die Pflanzen in der Evolution. Auch Mineralstoffe, Gerbstoffe usw. können als Inkrusten vorkommen. Bei Zellen in Abschlußgeweben liegen außen auf der Zellwand (Cuticula) oder an ihrer Innenseite (Kork) Schichten aus Cutin bzw. Suberin. Diese *Akkrusten* sind Polymere aus Hydroxyfettsäuren, zwischen denen Wachse eingelagert sind. Sie setzen den Wasserverlust durch die Transpiration bei oberirdischen Organen herab.

Eine Zellwand besteht in der Regel aus der *Mittellamelle*, auf der beiderseits eine *Primärwand* und oft auch eine *Sekundärwand* aufgelagert ist. Die Mittellamelle besteht vorwiegend aus Pectinen und enthält keine Cellulose. In der Primärwand ist der Celluloseanteil meist relativ gering; die Cellulosefibrillen sind in Streutextur angeordnet, d. h. sie liegen flächenparallel, aber nicht untereinander parallel. Die Sekundärwand hat den höchsten Cellulosegehalt; sie besteht meistens aus mehreren Schichten von Cellulosefibrillen, die in einer Schicht jeweils parallel sind, deren Richtung aber in den verschiedenen Schichten wechselt. Dadurch wird, wie beim Sperrholz, die Festigkeit erhöht.

Die *Cellulose* tritt in Form von *Elementarfibrillen* auf; diese sind meistens etwa 3,5 nm dick und bestehen dann aus etwa 30 längs verlaufenden Cellulosemakromolekülen, die kristallartig geordnet sind. Solche Elementarfibrillen verbändern sich zu den Cellulosefibrillen. Die Cellulosefibrillen entstehen in der Regel vermutlich an der Außenseite des Plasmalemmas. Dabei wird also eine Celluloselage an die andere gepackt (*Appositionswachstum*). Die Pectine werden wohl vorwiegend durch den Golgi-Apparat sezerniert.

Wenn die Zellwände nicht verholzt sind, können sie beim Streckungswachstum der Zellen auch in der Fläche vergrößert werden. Dabei spielen möglicherweise Proteine eine Rolle, die in der Wand nachgewiesen wurden und die z.T. auch kovalent an die Polysaccharide gebunden zu sein scheinen, so daß das Zwischenzellmaterial sich bei Tier und Pflanze im Prinzip gleicht; nur überwiegt beim Tier der Protein-, bei der Pflanze der Polysaccharidanteil.

Tierische Zellen hängen nicht durch Plasmabrücken zusammen, sind aber oft durch Kontaktzonen, *Desmosomen*, verbunden (Abb. 1.4). In Epithelien gibt es im Bereich eines Desmosoms einen Bezirk, in dem sich die Plasmalemmen benachbarter Zellen ganz eng aneinander legen (*Zonula occludens*) und dadurch eine Sperre bilden, die eine Diffusion zwischen dem extrazellulären Raum im Gewebe und der vom Epithel begrenzten Körperhöhle verhindert. Der Stofftransport zwischen den Zellen ist hingegen an solchen Stellen durch besondere Membranstrukturen erleichtert. Außerdem setzen an den Desmosomen Tonofilamente (s. 1.2.3.3) am Plasmalemma an (*Zonula adhaerens*), die den mechanischen Zusammenhalt zwischen den Zellen oder, bei Halbdesmosomen, zwischen Zelle und festen, extraplasmatischen Strukturen gewährleisten.

1.3. Zellteilung

Bei den höheren Eukaryonten folgt in der Regel unmittelbar auf die Kernteilung (Karyokinese) die Zellteilung (*Zytokinese*). Die Zellen sind also dann stets einkernig. Kern- und Zellteilung sind aber grundsätzlich nicht notwendig aneinander gekoppelt. Bei den siphonalen Algen z.B. treten Zellteilungen erst am Ende der Entwicklung auf, nachdem viele Mitosen stattgefunden haben und eine große Zahl von Kernen gebildet wurde, die alle in einer gemeinsamen, nicht durch Plasmalemmen in einzelne Portionen zerlegten zytoplasmatischen Matrix liegen.

Solche vielkernigen Organismen, zu denen z.B. auch noch die Plasmodien der Schleimpilze gehören, lassen sich ohne weiteres in Teile zerlegen, die wieder zu vollständigen Organismen heranwachsen können, wenn sie mindestens einen Zellkern und je eine der autoreduplikativen Organellen enthalten. Für diese *polyenergiden* Organismen (eine *Energide* besteht aus einem Zellkern und der physiologisch dazugehörenden, aber nicht morphologisch abgegrenzten Plasmaportion) trifft also die in 1.1.2.1 gegebene Definition der Zelle nicht zu. Die siphonalen Algen können trotz ihrer nichtzelligen Organisation oder, anders ausgedrückt, obwohl sie nur aus einer „Zelle" bestehen, einen mehrere dm großen, in wurzel-, stengel- und blattähnliche Abschnitte gegliederten Körper bilden. Manche andere Algen bestehen aus Fäden, die durch Querwände in einzelne mehrkernige Zellen unterteilt sind. Auch hier sind also Zellteilung und Kernteilung voneinander unabhängig. Die Geschlechtszellen polyenergider Organismen sind hingegen einkernig; sie entstehen durch *Vielzellbildung*, d.h. die Energiden trennen sich in einem Teil des Körpers auch morphologisch. Aber dabei gibt es ebenfalls Ausnahmen, denn bei manchen Pilzen fungieren mehrkernige Zellen als Geschlechtszellen.

Im Normalfall teilt sich jedoch die Zelle unmittelbar nach dem Kern. Dies geschieht bei Tieren und Niederen Pflanzen gewöhnlich dadurch, daß die Zelle im Bereich zwischen den zwei Tochterkernen einfach durchgeschnürt wird, wobei oft ein sich kontrahierender Ring aus Fibrillen bzw. die zentripetal nach innen wachsende neue Zellwand beteiligt ist.

Im Gegensatz dazu entwickelt sich bei Höheren Pflanzen durch die Fusion von pectinhaltigen Vesikeln und Akanthosomen aus dem Golgi-Apparat (vielleicht sind auch ER-Elemente daran beteiligt) eine *Zellplatte*, die quer zur Spindelachse steht und sich zentrifugal durch die Verschmelzung mit weiteren Vesikeln vergrößert, wobei in der Fusionsregion senkrecht zur Zellplatte stehende Mikrotubuli, den *Phragmoplast* bildend, möglicherweise als Leitstrukturen dienen. Wenn die Zellplatte die bestehende Wand erreicht, wird ihre Membran zum Plasmalemma und die Pectinschicht zur Mittellamelle.

1.4. Evolution der Euzyte

Von der Evolution wird ausführlich in Kapitel 18 die Rede sein. Hier soll deshalb nur die Evolution der Euzyte kurz diskutiert werden.

Die Euzyte unterscheidet sich, wie in den vorstehenden Abschnitten gezeigt wurde, von der Protozyte nicht allein durch ihre Größe, eine komplizierte Kompartimentierung, den Besitz von echten Geißeln oder

Zilien und die Organisation des genetischen Materials in einem Zellkern anstatt in einem Nukleoid, sondern vor allem dadurch, daß sie in den Mitochondrien und, gegebenenfalls, in den Plastiden autoreduplikative Organellen mit partieller Autonomie enthält. Es ist unzweifelhaft, daß Protozyten-ähnliche Organismen primitiver als Euzyten und daher als ursprünglicher anzusehen sind. Zwei Hypothesen versuchen den Übergang von der Protozyte zur Euzyte zu erklären; eine sichere Entscheidung wird wahrscheinlich mangels Fossilien mit ausreichendem Erhaltungszustand niemals möglich sein.

Die eine Hypothese sagt aus, daß es im Verlauf der Evolution in „Protozyten" zu einer Trennung des genetischen Materials, u. U. nach einer Genreduplikation, kam. Daß so etwas möglich ist, zeigen die „Plasmide", extrachromosomale Gene, die bei manchen Prokaryonten auftreten. Ein Teil des genetischen Materials trennte sich dann zusammen mit einer Portion Grundplasma durch zwei Membranen (beispielsweise durch eine völlige Umhüllung durch eine ER-Zisterne) innerhalb des Protoplasten ab und bildete so ein „Urmitochondrium" bzw. eine „Urplastide", d.h. es kam auch zu einer funktionellen Trennung zwischen Restzelle und abgetrennter „Organelle"; im Verlauf der Evolution wurden die Unterschiede zwischen beiden immer größer.

Die andere Hypothese geht u. a. von der Ähnlichkeit der Mitochondrien und Plastiden mit einer Protozyte aus und postuliert, daß diese zusammengesetzten Organellen ursprünglich freilebende Prokaryonten waren, die von einer anderen Zelle phagozytotisch aufgenommen, aber nicht verdaut wurden, sondern mit der „Wirtszelle" ein symbiontisches Verhältnis eingingen. Die Wirtszelle ging danach vermutlich aus einem heterotrophen, sich phagozytotisch ernährenden Organismus hervor, der deshalb größer sein mußte als seine „Beute-Organismen" und, damit im Zusammenhang, auch neue Bewegungsorganellen (Geißeln) und eine kompliziertere Kompartimentierung (u. a. Bildung von Heterolysosomen) ausgebildet hatte. Die aufgenommenen Symbionten waren Atmungs- bzw. Photosynthese-Spezialisten. Da sich eine solche Symbiose nur dann in der Evolution als vorteilhaft erweist, wenn das Wachstum und die Vermehrung der Partner aufeinander abgestimmt sind, mußte sich eine starke gegenseitige Abhängigkeit entwickeln, die schließlich in der nur noch partiellen Autonomie der Organellen resultierte.

Eine wesentliche Stütze findet diese Hypothese darin, daß solche Experimente der Evolution auch heute noch wiederholt werden; es gibt z. B. verschiedene rezente Endosymbiosen zwischen nichtgrünen Euzyten und Blaualgen, wobei der Prokaryont als Photosyntheseorganelle dient und in verschiedenem Maße reduziert und z. T. auch nicht mehr voll autonom ist, denn er konnte bei manchen Endosymbiosen bislang außerhalb der Wirtszelle noch nicht kultiviert werden.

In jedem Falle ist bei einer Euzyte eine viel höhere Regulation nötig als bei einer Protozyte. Dementsprechend ist auch der Informationsgehalt, die Menge der DNA pro Zelle, bei Euzyten viel größer als bei Protozyten. Eine weitere Zunahme der DNA-Menge findet dann in der Evolution beim Übergang vom Einzeller zum differenzierten Vielzeller statt; auch dies ist sicher durch die erhöhte Anforderung an die Regulation bedingt.

1.5. Viren und Bakteriophagen

Viren und Bakteriophagen sind etwa 20–300 nm groß, also z. T. größer als kleine Protozyten. Sie haben oft die Form von Stäbchen oder Polyedern und bestehen aus einem Nucleinsäurestrang (oder Doppelstrang) aus RNA oder aus DNA und einer mehr oder weniger kompliziert gebauten Hülle *(Kapsid)*. Im einfachsten Fall, so z. B. beim Tabakmosaikvirus (TMV), wird das Kapsid aus nur einem Protein gebildet; hier sind es etwa 2200 Untereinheiten, Moleküle aus je 158 Aminosäuren, deren Sequenz bekannt ist. Diese Untereinheiten lagern sich in helikaler Anordnung zu einem zylindrischen Röhrchen zusammen und schließen den ebenfalls helikal gewundenen RNA-Faden ein.

Andere Kapside, besonders die von polyedrischen Viren, bestehen aus mehreren Proteinen. Außerdem gibt es Viren, z. B. die Influenza-Viren, die eine noch kompliziertere Hülle haben. Diese leitet sich zum Teil vom Plasmalemma der Wirtszelle her, in der die Viren entstanden sind und enthält dementsprechend nicht nur Proteine, sondern auch Lipide und Glykoproteide. Diese Struktur kann nur im Zusammenhang mit der Virusbildung verstanden werden.

Die Viruspartikel, *Virionen*, heften sich an das Plasmalemma einer Wirtszelle an, wobei in vielen Fällen die in 1.2.6.1 erwähnten Rezeptoren eine Rolle spielen, und dringen in noch nicht ganz geklärter Weise in die Zelle ein. Schließlich liegt die Virus-Nucleinsäure frei in der nukleozytoplasmatischen Matrix. Dann wird, bei verschiedenen Viren in verschieden hohem Maße, der Stoffwechsel der Zelle so verändert, daß vorwiegend oder ausschließlich virusspezifische Proteine (Enzymproteine, die bei der Virussynthese mitwirken, und Proteine des Kapsids) an den wirtseigenen Ribosomen, unter Verwendung des wirtseigenen Syntheseapparates, synthetisiert werden. Außerdem wird die Virus-Nucleinsäure vielfach repliziert.

Die Nucleinsäuremoleküle fügen sich dann mit den Untereinheiten des Kapsids zusammen. Dieser Prozeß hängt nicht direkt von der Zellaktivität ab, sondern läßt sich, zumindest bei einfachen Viren, auch *in vitro* durchführen, indem sich die Teilchen auf Grund ihrer Struktur und ihres Ladungsmusters ohne Zufuhr von Energie (in Form von ATP) zusammenfügen *(self assembly)*. Viren sind deshalb und wegen ihres hoch geordneten Baues günstige Objekte zum Studium der Eigenschaften von Makromolekülen und Modelle für Morphogenesen.

In manchen Fällen werden die Virionen durch die Auflösung der Wirtszelle frei. In anderen Fällen wandern Nukleokapside an das Plasmalemma und lagern sich diesem an, worauf es sich in diesem Bereich in spezifischer Weise verändert. Es bildet eine Vorwölbung nach außen, in der das Nukleokapsid eingeschlossen wird. Schließlich schnürt sich die Virusknospe von der Zelle ab. Das — stofflich veränderte — Wirtsplasmalemma umhüllt dann das Nukleokapsid.

Viele *Bakteriophagen* haben ein besonders kompliziert gebautes Kapsid. Es kann z.B. in „Kopf" und „Schwanz" gegliedert sein. Im Kopf ist die DNA eingeschlossen, der Schwanz ist eine Röhre, deren Mantel aus zwei Proteinlagen gebildet wird. An seinem Ende sitzen eine Platte und Fäden, mit deren Hilfe das Virion den spezifischen Wirt am Ladungsmuster der Zellwand erkennt und sich dann anheftet. Das löst die enzymatische Durchbohrung der Zellwand aus, was wiederum ein Signal für die Kontraktion des Schwanzes (der äußeren Hülle) ist, Prozesse, die einer Reizreaktion vergleichbar sind und die zur Injektion der DNA in das Bakterienplasma führen. Bei der Kontraktion wird die mechanische Energie aus ATP gewonnen, die im Phagenschwanz enthalten ist. Nach der Vermehrung der Phagen in der Bakterienzelle wird die Zellwand durch ein phageneigenes Enzym (Lysozym) aufgelöst und die Phagen werden frei.

Viren und vor allem Bakteriophagen haben also einzelne Eigenschaften, die für Organismen charakteristisch sind: Vererbung und Mutation, Andeutung eines „Stoffwechsels" (z.B. die enzymatische Auflösung der Wirtszellwand, die einem Verdauungsprozeß vergleichbar ist); außerdem kann es bei der Anheftung von Phagen an die Wirtszelle zu Reaktionen kommen, die Reizreaktionen und Bewegungen ähnlich sind (Kontraktion des Schwanzes und ihre Auslösung). Aber sie reproduzieren sich nicht selbst, sondern sie werden von der Wirtszelle reproduziert, wie auch ihre Enzyme von der Wirtszelle synthetisiert werden, denn sie haben keine eigenen Ribosomen (möglicherweise haben jedoch einige Viren eigene RNA). Sie borgen sich also das Leben (Weidel). Ferner fehlt ihnen ein eigenes Plasmalemma. Sie sind also zu ihrer Vermehrung auf ein „Medium" (die lebende Zelle) angewiesen, das komplizierter ist als sie selbst (vgl. 1.1.2.3). Auch hochentwickelte Viren und Phagen lassen sich demnach klar gegen primitive Zellen abgrenzen.

Literaturauswahl

Bielka, H. (Hrsg.): Molekulare Biologie der Zelle, 2. Aufl. Stuttgart: G. Fischer 1973.
Brown, W. V., Bertke, E. M.: Textbook of cytology. Saint Louis: Mosby 1969.
Clowes, F. A. L., Juniper, B. E.: Plant cells. Oxford-Edinburgh: Blackwell 1968.
Fawcett, D. W.: An atlas of fine structure. The cell. Philadelphia-London: Saunders 1966.
Hirsch, G. C., Ruska, H., Sitte, P. (Hrsg.): Grundlagen der Cytologie. Jena: G. Fischer 1973.
Ledbetter, M. C., Porter, K. R.: Introduction to the fine structure of plant cells. Berlin-Heidelberg-New York: Springer 1970.
Lima-de-Faria, A. (Ed.): Handbook of molecular cytology. Amsterdam-London: North-Holland Publishers 1969.
Metzner, H. (Hrsg.): Die Zelle, 2. Aufl. Stuttgart: Wissenschaftliche Verlagsgesellschaft 1972.
Nagl, W.: Chromosomen. Struktur, Funktion, Evolution. München: Goldmann 1972.
Novikoff, A. B., Holtzman, E.: Zellen und Organellen. München-Bern-Wien: BLV 1973.
Porter, K. R., Bonneville, M. A.: Einführung in die Feinstruktur von Zellen und Geweben. Berlin-Heidelberg-New York: Springer 1965.
Reinert, J., Ursprung, H. (Eds.): Origin and continuity of cell organelles. Berlin-Heidelberg-New York: Springer 1971.
Robards, A. W.: Ultrastruktur der pflanzlichen Zelle. Stuttgart: Thieme 1974.
Robards, A. W. (Ed.): Dynamic aspects of plant ultrastructure. Maidenhead: McGraw-Hill 1974.
Schlegel, H. G.: Allgemeine Mikrobiologie, 3. Aufl. Stuttgart: Thieme 1974.
Wallach, D. F. H., Knüfermann, H. G.: Plasmamembranen. Chemie, Biologie und Pathologie. Berlin-Heidelberg-New York: Springer 1973.

2. Der chemische Bau biologisch wichtiger Makromoleküle

Harald Tschesche

2.1. Einleitung

Biologische Makromoleküle sind eine Voraussetzung für alle Lebensvorgänge. Die folgenden wichtigen Stoffe gehören hierzu:
- das genetische Material: Desoxyribonucleinsäuren und Ribonucleinsäuren,
- die Gerüstsubstanzen: Cellulose, Lignin, Chitin, Murein, Collagen, Elastin, Keratin, Seide, Membranproteine u.a.,
- die Transport- u. Bewegungsproteine: Hämoglobine, Flagellin, Muskelmyosin und -actin,
- die Biokatalysatoren: alle Enzymproteine und
- die Reservestoffe: Amylose, Glykogen,

um nur die wichtigsten zu nennen. Ihre Moleculargewichte variieren von wenigen Zehntausend bis zu Werten von mehreren Millionen.

Der biosynthetische Aufbau solcher Riesenmoleküle erfolgt stets durch Enzyme aus kleineren Biosynthese-Einheiten. Diese bilden die monomeren Baustein-Moleküle (Nucleotide, Monosaccharide, aromatische Alkohole, Aminosäuren), die in der Regel unter Wasserabspaltung (Polykondensation) über zwei (oder mehr) Verknüpfungsstellen zu langkettigen Makromolekülen verbunden werden. Der Vorgang der Polykondensation verläuft dabei unter exakter Einhaltung des durch die beteiligten Enzyme bestimmten Aufbauprinzips zu:
1. Makromolekülen mit statistischer Größe aus gleichartigen Monomeren in unverzweigter Anordnung (Beispiele: Amylose, Cellulose) oder verzweigter Anordnung (Beispiele: Glykogen, Murein) oder zu
2. Makromolekülen mit definierter Bausteinzahl und geordneter unverzweigter Anordnung von mehreren unterschiedlichen Monomeren (Beispiele: Nucleinsäuren und Proteine).

Nur die zweite Gruppe biogener Makromoleküle kann aufgrund der im Molekülaufbau niedergelegten Ordnung weitere inhärente Information tragen. Die in der Bausteinart und -reihenfolge niedergelegte Information (Primärstruktur) bestimmt sowohl die Festlegung der Spezies-spezifischen Merkmale (z. B. Charakterisierung der Art, Gattung, Familie) wie auch die spezielle Funktion (z. B. m-RNA oder t-RNA[1], Faseroder globuläres Protein, Muskelsauerstoff-, Speicher- oder Blutsauerstoff-Transportprotein). Durch die Art der Monomerenreste und ihre Abfolge werden nicht nur die Spezies-Eigenart und die Funktion festgelegt, sondern auch die räumliche Struktur der Makromoleküle in ihrer natürlichen wäßrigen Umgebung unter physiologischen Bedingungen (pH 6,5—7, 25—40° C, schwache Ionenkonzentration, 760 mbar usw.) determiniert. Die Funktion ist dabei eindeutig abhängig und bestimmt von der Ausbildung der einzigartigen und richtigen räumlichen Anordnung der Reste zueinander (Sekundärstrukturelemente und Tertiärstruktur).

Es ist klar, daß uns wegen ihrer Bedeutung für das molekulare, biologische Geschehen hier in erster Linie die biogenen Makromoleküle determinierter Struktur (2. Gruppe) interessieren werden. Um ihren Aufbau und ihre Wirkungsweise verstehen zu können, müssen jedoch neben der kovalenten Struktur der monomeren Bausteineinheiten und ihrer Verknüpfung zu Makromolekülen auch die sog. „schwachen Wechselwirkungen" zwischen den Bausteinen besprochen werden. Zu den wichtigen, schwachen chemischen Bindungen gehören die Wasserstoffbrücken, die ionische Bindung, sowie die Van der Waals-Kräfte und die hydrophobe Wechselwirkung, denen im Rahmen dieses Buches eigene Kapitel gewidmet sind, und die daher hier nur kurz behandelt werden.

Wasserstoffbrücken bilden sich zwischen einem kovalent gebundenen, dissoziierbaren H-Atom, das in der Regel an O oder N gebunden ist, und einem elektronegativen Akzeptoratom, das wie O oder N freie Elektronenpaare aufweist. Sie beruhen auf der elektrostatischen Anziehung zwischen dem negativen Akzeptoratom und dem positiv polarisierten H-Atom. Wasserstoffbrücken sind stets richtungsorientiert. Die Bindungsenergie macht etwa 3—7 kcal/mol aus.

Ionische Bindungen beruhen auf elektrostatischen Kräften, welche zwischen zwei entgegengesetzt geladenen Gruppen auftreten. Ihre Bindungsenergie liegt in wäßriger Umgebung ebenfalls bei 3—7 kcal/mol, kann aber in hydrophober Umgebung, d.h. bei wesentlich kleinerer Dielektrizitätskonstante ($\varepsilon_{H_2O} = 81$), wesentlich größere Werte annehmen.

Van der Waals-Kräfte beruhen auf den Wechselwirkungen zwischen den vorhandenen, induzierten und momentanen Dipolen der Moleküle. Die Wechselwirkungsenergien sind mit 1—2 kcal/mol relativ schwach.

„Hydrophobe Wechselwirkungen" ist eine irreführende Bezeichnung. Ihr Energiebeitrag bei der Zusammenlagerung von unpolaren (hydrophoben) Molekülgruppen beruht auf der Freisetzung von Wassermole-

---
[1] Das Präfix m- bezeichnet in der m-RNA die Funktion der Ribonucleinsäure als "messenger" (Bote), das Präfix t- in t-RNA die Funktion des "transfers" bei der Anknüpfung der Aminosäuren während der Proteinbiosynthese.

külen, die an den unpolaren Seitenketten in geordneter Struktur fixiert sind (Entropiegewinn).

Die Summation aller schwachen Wechselwirkungen liefert die Stabilisierungsenergie für die Sekundär- und Tertiärstruktur biologisch aktiver Makromoleküle.

2.2. Nucleinsäuren und ihre Bausteine

2.2.1. Nucleotide als Bausteine

Desoxyribonucleinsäure (DNA[2]) und Ribonucleinsäure (RNA[2]) sind kettenförmige Makromoleküle, deren Funktion in der Speicherung und Übertragung genetischer Information besteht. Diese Nucleinsäuren sind wesentliche Komponenten aller Zellen. Ihr Anteil an der Trockenmasse macht ca. 5—15% aus. Die monomeren Bausteine der Nucleinsäure, die sich durch chemische oder enzymatische Hydrolyse erhalten lassen, sind die Desoxyribonucleotide bzw. Ribonucleotide, die auch kurz als Nucleotide bezeichnet werden. Jedes Nucleotid setzt sich zusammen aus einer heterozyklischen Stickstoffbase der Pyrimidin- oder Purinreihe, einem Zucker der Pentosereihe, und zwar entweder D-Ribose oder 2-Desoxy-D-ribose und Phosphorsäure (Abb. 2.1). Jede Nucleinsäure enthält nur

Nucleotid
Base-Pentose-Phosphorsäure
Nucleosid

Abb. 2.1

jeweils einen der beiden Zucker. Die Aldopentosen liegen in der zyklischen Halbacetalform als Furanosen vor. Die Konfiguration am anomeren C-Atom 1 entspricht der β-Form. In den Ribonucleinsäuren (RNA) enthalten alle Nucleotide nur D-Ribose, sind also Ribotide. In den Desoxyribonucleinsäuren (DNA) kommen nur Nucleotide mit 2-Desoxy-D-ribose vor, d.h. Desoxyribotide (Abb. 2.2). Beide Nuclein-

Ribosid   Desoxyribosid

Abb. 2.2

---

[2] Die angelsächsischen Abkürzungen (Ribo-Nucleic Acid) RNA bzw. (Desoxyribo-Nucleic Acid) DNA entsprechen den heute weniger gebräuchlichen deutschsprachigen Abkürzungen RNS (Ribo-Nuclein-Säure) und DNS (Desoxyribo-Nuclein-Säure).

säuren haben unterschiedliche biologische Funktionen. Die RNA ist unmittelbar als Matrize oder Adapter an der Proteinbiosynthese beteiligt. Die DNA stellt das genetische Material in den Zellchromosomen (und meisten Viren) dar.

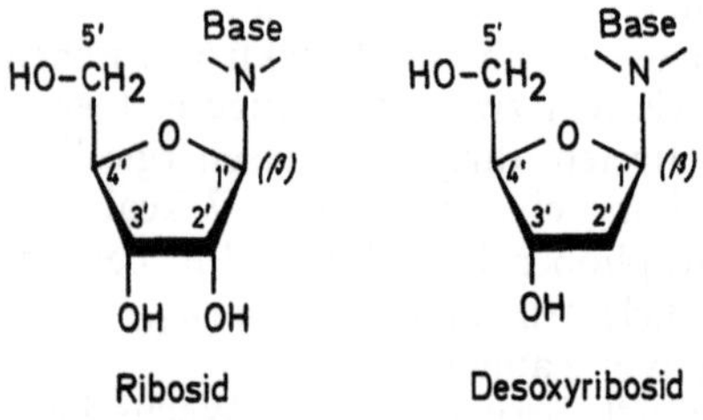

Nucleotide sind die Phosphorsäureester der Nucleoside. Jedes Nucleosid enthält N-glykosidisch an die Pentose gebunden entweder eine der Pyrimidinbasen Cytosin, Uracil, Thymin, bzw. einen der selteneren methylierten Abkömmlinge wie 5-Methylcytosin, oder eine der Purinbasen Adenin, Guanin, und seltener Xanthin, bzw. Hypoxanthin (Abb. 2.3). DNA und RNA unterscheiden sich hierbei nicht nur in der Art der Pentose, 2-Desoxy-D-ribose bzw. D-Ribose, sondern auch in der Art der Basenzusammensetzung. Thymin kommt nur in der DNA vor, die RNA enthält stattdessen Uracil (Abb. 2.3).

Details der Strukturen von Pyrimidin- und Purinbasen wurden durch Röntgenstrukturanalyse aufgeklärt

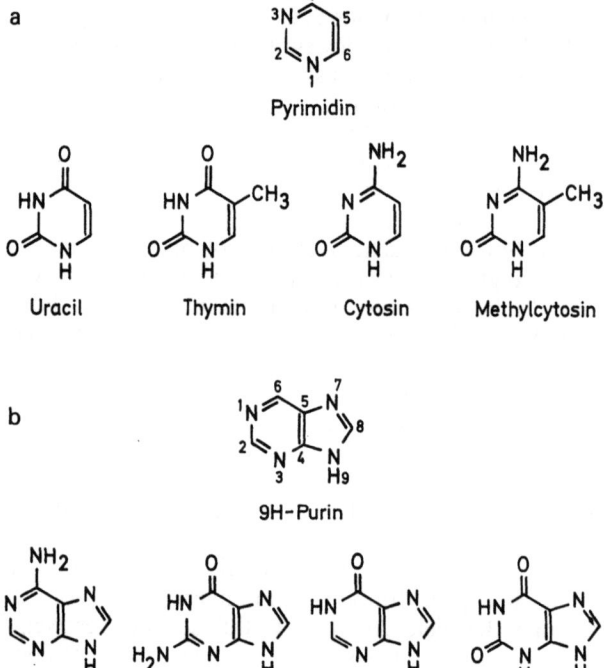

Abb. 2.3 a und b. Strukturen der wichtigsten Pyrimidin- und Purinbasen. Wiedergegeben sind die in wäßriger Lösung bei pH~7 vorliegenden Tautomeren

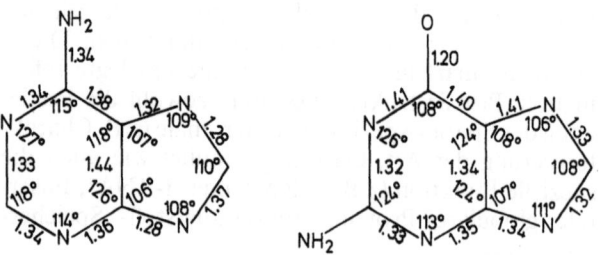

Abb. 2.4. Molekulare Parameter der Purinbasen Adenin und Guanin

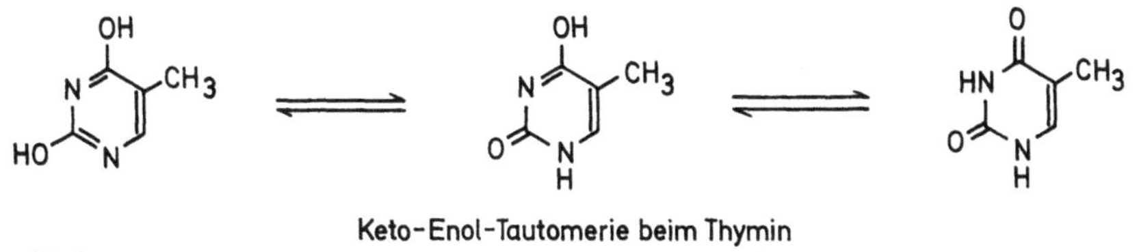

Keto-Enol-Tautomerie beim Thymin

Abb. 2.5

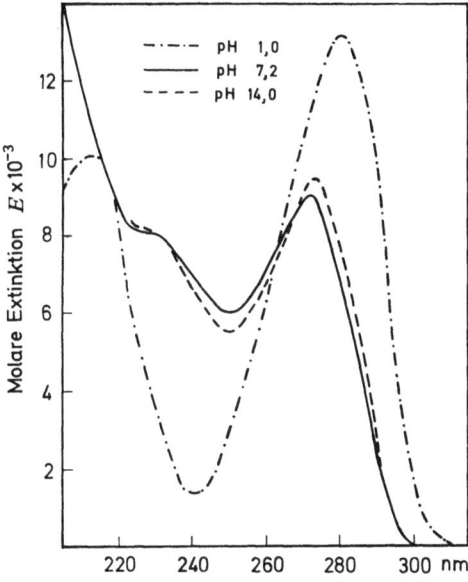

Abb. 2.6. Ultraviolett-Absorptionsspektren von Desoxycytidin bei saurem, neutralem und alkalischem pH-Wert

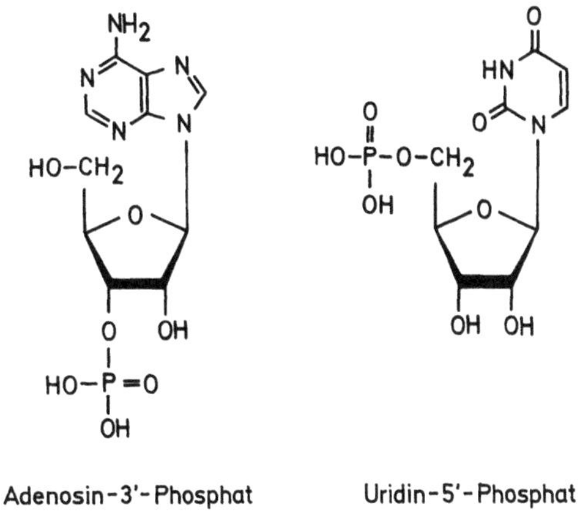

Adenosin-3'-Phosphat   Uridin-5'-Phosphat

Abb. 2.7. Adenosin-3'-phosphat (3'-AMP), Uridin-5'-phosphat (5'-UMP)

(Abb. 2.4). Der Pyrimidinring ist eben und aus den C–N- und C–C-Bindungsabständen geht ein etwa 50%iger Doppelbindungscharakter hervor, wie er für ein sechsgliedriges Ringsystem mit benzolähnlicher Resonanzstruktur zu erwarten ist. Inwieweit eine Resonanzstruktur in den substituierten Basen der Nucleinsäuren maximal auftritt, hängt davon ab, ob die Amino- und Ketogruppen als solche oder in der tautomeren Form als Imino- und Enolgruppe vorliegen. Bei Pyrimidinen und Purinen besteht eine pH-abhängige Keto-Enol-Tautomerie, bei der durch Protonenwanderung die Laktamformen -(CO-NH-) in zwei oder mehrere Laktimformen (-COH=N-) übergehen können (Abb. 2.5). Aus den UV-Absorptionsspektren geht hervor, daß die in 2- und 4(6)-Stellung O-substituierten Pyrimidine in der Ketoform vorliegen, also Pyrimidone sind. Uracil kann also auch als 2,4(6)-Pyrimidindion bezeichnet werden. Auch für die Purinbasen ergibt sich aus den Bindungslängen zwischen den Ringatomen ein erheblicher Resonanzcharakter. Die Strukturen von Adenin und Guanin sind sehr ähnlich. Der Hauptunterschied liegt darin, daß der Aminostickstoff (N_{10}) im Guanin um 0,11 nm aus der Ringebene der übrigen Atome herausgehoben und die C_4–C_5-Bindung im Adenin um 0,10 nm länger ist. Das ist in Übereinstimmung mit den unterschiedlichen Säure-Basen-Eigenschaften von Adenin und Guanin. Die kurze Länge der C_6–N_{10}-Bindung (1,34 nm anstelle von 1,47 nm für eine Einfachbindung) im kristallisierten Adeninhydrochlorid spricht jedoch auch für Anteile von Resonanzstrukturen mit positiver Ladung am N_{10} und einer C_6–N_{10}-Doppelbindung.

Die Resonanzstrukturen der Pyrimidin- und Purinbasen sind verantwortlich für eine hohe Absorption von UV-Licht mit Absorptionsmaxima im Bereich von 260—280 nm. Der Verlauf der Absorptionsspektren der Nucleinsäurebasen, bzw. der Nucleoside und Nucleotide, ist stark pH-abhängig, da der Ionisierungszustand der Basen hiervon abhängt (Abb. 2.6). Das Ausmaß der UV-Absorption hängt außerdem wesentlich von der Sekundärstruktur ab (s. dort).

2.2.2. Die kovalente Polynucleotid-Struktur

Nucleinsäuren sind Polykondensate, bei denen die einzelnen Mononucleotide kovalent durch Phosphodiesterbrücken von dem 3'-Hydroxyl des einen Nucleotids zu dem 5'-Hydroxyl des benachbarten Nucleotids verknüpft sind (Abb. 2.7). Das eigentliche polymere „Rückgrat" der Nucleinsäuren wird also von der monotonen Zucker-Phosphat-Zucker-Kette gebildet (Abb. 2.8). An dieser Kette hängen an jedem Zucker am 1'-C-Atom[3] β-glycosidisch verknüpft die verschiedenen heterozyklischen Stickstoffbasen, deren Art und Reihenfolge den eigentlichen Informationsgehalt der Nucleinsäuren ausmachen. Es sei an dieser

---

[3] Die Zählung der Zucker-Ringatome erfolgt vom anomeren 1'-C-Atom entlang der Kohlenstoffatome von 1' bis zum exozyklischen 5'-C-Atom.

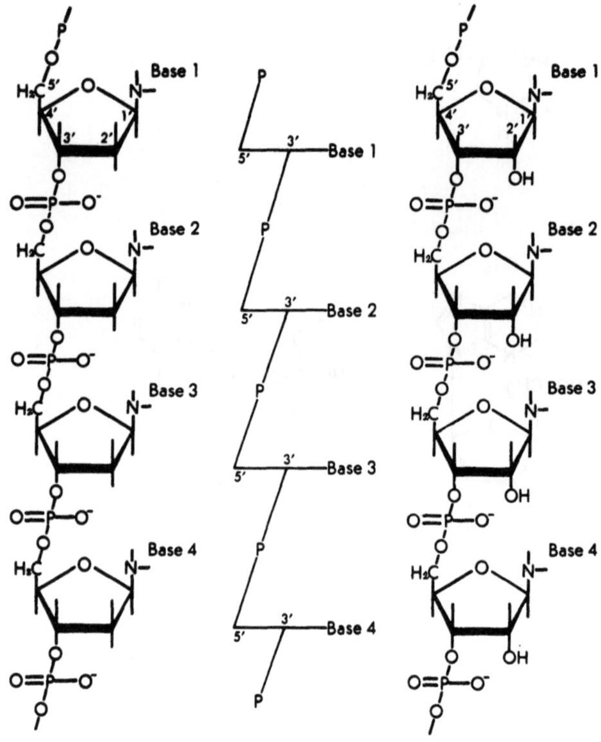

Abb. 2.8. Aufbau der Polynucleotid-Ketten der Ribonucleinsäure und Desxoxyribonucleinsäure

Stelle nur darauf hingewiesen, daß jeweils drei aufeinanderfolgende Basen ein sog. Triplett bilden. Die Zusammensetzung dieser Basen-Tripletts im genetischen Material der DNA und in der danach synthetisierten m-RNA, der unmittelbaren Proteinbiosynthese-Matrize, bestimmt die Art eines Aminosäurerestes im entsprechenden Protein. Der linearen Folge der Nucleotide in den Nucleinsäuren entspricht die lineare Sequenz der Aminosäuren im Protein (DNA→RNA→Protein).

Die Raumstruktur der Nucleinsäuren und ihr chemischer Charakter werden wesentlich durch die Bausteinzusammensetzung bestimmt. Das lineare und alternierende Zucker-Phosphat-Skelett hat aufgrund der sekundären Phosphatreste sauren Charakter (Nucleotid mit primärem Phosphat $pK_a \sim 0{,}8$—1; Nucleinsäuren mit sekundärem Phosphat $pK_a \sim 6$). Alle Phosphatgruppen tragen eine negative Ladung, deren Neutralisation durch eine ausreichende Konzentration an Magnesiumionen für den Ablauf vieler biologischer Prozesse notwendig erscheint. Nucleinsäuren sind jedoch wie Proteine Polyelectrolyte, da die organischen Stickstoffbasen Träger positiver Ladungen sind ($-N_{(1)}H-C_{(6)}O-$, $pK_a \sim 8$—10; $-N_{(3)}H-C_{(2)}O-$, $pK_a \sim 12$—12,5; $-NH_3^{\oplus}$, $pK_a \sim 2{,}4$—4,5). Nucleinsäuren zeigen daher gute Wasserslöslichkeit, während die freien Pyrimidin- und Purinbasen schwer löslich im Wasser sind. Veränderungen im pH und der Ionenstärke können die Dimensionen solcher Makromoleküle drastisch beeinflussen.

2.2.3. Das Prinzip der Basenpaarung

Die dreidimensionale Struktur der strangförmigen Makromoleküle wird wesentlich durch intra- und intermolekulare Wechselwirkungen zwischen den einzelnen heterozyklischen Stickstoffbasen bestimmt. Pyrimidine sind planare Moleküle, Purine sind nahezu ebene Moleküle mit einzelnen Auslenkungen. Die exakten Dimensionen sind der Abb. 2.4 zu entnehmen. Aber nicht nur die Dimensionen der Basen, sondern ihr Vermögen, Wasserstoffbrücken auszubilden, ist entscheidend für die Struktur und Funktion der Nucleinsäuren. An der Ausbildung der Wasserstoffbrücken sind beteiligt die Aminogruppen von Adenin, Guanin und Cytosin, die Ring-NH-Gruppen in der Position 1 von Adenin und Guanin und in Position 3 der Pyrimidinbasen sowie die stark elektronegativen Sauerstoffatome der Carbonylgruppen in Position 6 der Purine und in Position 2 der Pyrimidine (Abb. 2.9). Als Protonendonatoren fungieren die labilen Protonen der Aminogruppen, als Protonenakzeptoren die Sauerstoffatome der Carbonylgruppen bzw. die Stickstoffatome in Position 1 bzw. 3 der heterozyklischen Ringsysteme von Cytosin bzw. Adenin.

In der *Desoxyribonucleinsäure* können zwischen Adenin und Thymin zwei und zwischen Guanin und Cytosin drei Wasserstoffbrücken ausgebildet werden, Abb. 2.9. Die Basenpaarung erfolgt hierbei in der Regel zwischen Nucleotiden zweier verschiedener DNA-Stränge. Als Ergebnis werden zwei komplementäre Stränge in antiparalleler Anordnung aneinander gebunden. Jeder Purinbase entspricht eine Pyrimidinbase im komplementären Strang ($A+G=C+T$). Die Zahl der Adeninreste entspricht der der Thyminreste ($A=T$) und die der Guaninreste ist gleich der Anzahl der Cytosinreste ($G=C$). Hierdurch entsteht eine strenge Basenäquivalenz, die zuerst von Chargaff (1952) entdeckt wurde. Die Basenäquivalenz in beiden antiparallelen Strängen beinhaltet aber nicht, daß die Basenzusammensetzung und Sequenz in gleicher Richtung von 5' nach 3' betrachtet identisch ist. Das molare Verhältnis der beiden gepaarten Basengruppen $A+T/G+C$ ist nicht einheitlich. Es ist charakteristisch für die jeweilige Species. Innerhalb einer Species ist die Basenzusammensetzung unabhängig von der Art, dem Alter oder dem Ernährungszustand der Zellen.

Die *Ribonucleinsäuren* liegen meist als Einzelstränge vor, in denen Basenpaarungen intramolekular erfolgen, so daß keine entsprechenden Regeln für die Basenzusammensetzung gelten.

Aus der exakten Basenpaarung in der Desoxyribonucleinsäure folgt, daß die Basenfolge in einem Strang die Sequenz im komplementären Strang bestimmt. Durch Öffnen der Wasserstoffbrücken zwischen den Basenpaaren der beiden Polynucleotidketten und Anbau je eines neuen komplementären DNA-Stranges an jeden alten Einzelstrang kann das genetische Material exakt verdoppelt werden (Reduplikation). Voraussetzung für das genaue Kopieren der Nucleinsäurematri-

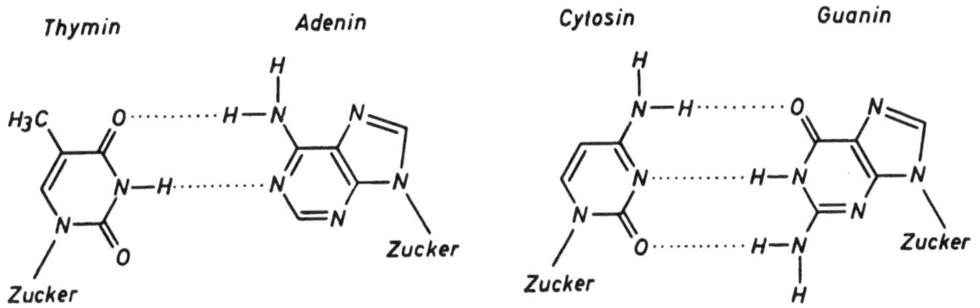

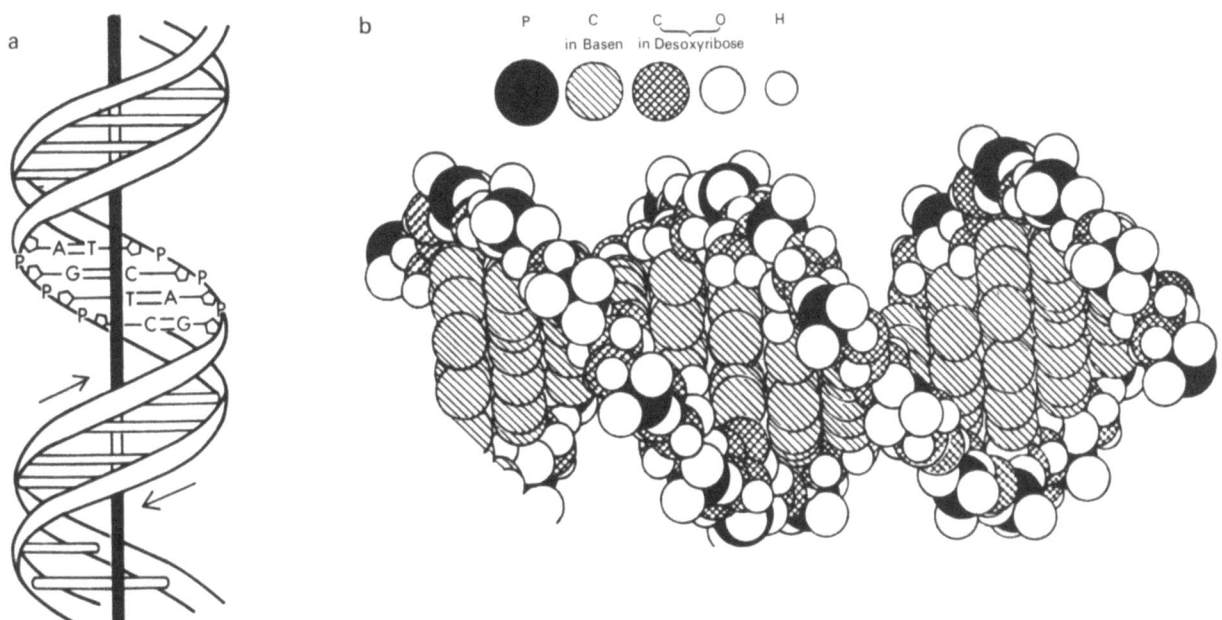

Abb. 2.9. Formelbilder der über Wasserstoffbrücken gebundenen heterozyklischen Stickstoffbasen der DNA. Zwischen Thymin und Adenin liegen zwei, zwischen Cytosin und Guanin drei Wasserstoffbrücken [nach Pauling, L., Corey, R.B.: Arch. Biochem. Biophys. **65**, 164 (1956)]

Abb. 2.10. (a) Schematische Darstellung der DNA-Doppelhelixstruktur (Typ B) mit antiparallelem Verlauf der komplementären 3'-P-5'-Phosphodiesterbindungen enthaltenden Polynucleotidstränge. (b) Kalotten-Modell der DNA-Struktur (Typ B) [nach Feugelman, M. et al.: Nature, Lond. **175**, 834 (1955)]

zen im Verlauf der biosynthetischen Reduplikation ist das Vorliegen der unveränderten Ketoform der Stickstoffbasen, die bei neutralem, physiologischem pH die tautomeren Laktim-Enol-Formen überwiegen. Das ungewöhnliche Vorliegen der Enolform beim Thymin kann zu einer Paarung mit Guanin, das beim Cytosin zu einer mit Adenin führen. Solche seltenen Fehler in der „Ablesegenauigkeit" können offenbar Anlaß zu spontanen Mutationen sein.

2.2.4. Die Doppelhelix-Struktur der DNA

Die Sekundärstruktur der Desoxyribonucleinsäure wird nach den grundlegenden Arbeiten von Watson und Crick durch zwei antiparallele, wasserstoffverbrückte Polynucleotidketten gebildet, die in helikaler Anordnung gemeinsam um die gleiche Helixachse gewunden sind (Abb. 2.10). Dabei entsteht eine Doppelschraube mit wechselseitig aufeinanderfolgenden breiten und schmalen Rillen. Beide Ketten bilden rechtsgängige Helices. Die planar angeordneten Basenpaare sind innen von der Helix lokalisiert. Die Phosphatgruppen liegen außen an der Peripherie und sind für Kationen leicht zugänglich. Der Abstand der Phosphoratome von der Helixachse beträgt 10 nm. Die C_1', O_1', C_2' und C_4'-Atome des β-D-Desoxyfuranoseringes liegen fast in einer Ebene, nur das C_3'-Atom liegt etwas außerhalb. Zwischen der Ringebene der heterozyklischen Basen und dem Zucker wird ein nahezu rechter Winkel gebildet. Die Ebene der Basen liegt senkrecht zur Helixachse. Der Abstand zwischen den aufgestockten Basen beträgt 0,34 nm. Zwischen benachbarten Nucleotiden der selben Kette wird ein Winkel von 36° gebildet, so daß sich die Struktur nach jeweils 10 Resten einer Kette wiederholt. Die Identitätsperiode nach einer vollen Umdrehung beträgt also 3,4 nm. Es ist praktisch unmöglich, diese Struktur mit D-Ribose als Zucker anstelle von 2-Desoxy-D-ribose aufzu-

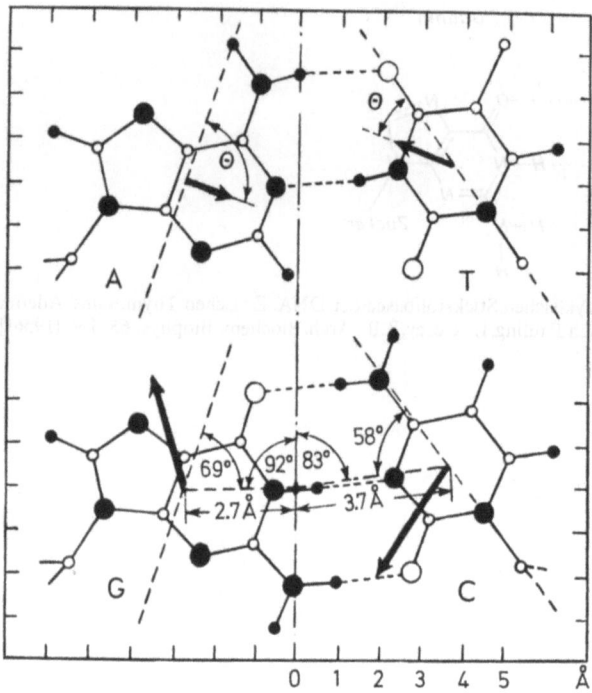

Abb. 2.11. Dipolmomente der Paare von Stickstoffbasen: $A+T$ und $G+C$ [nach Vol'kenshtein, M. V.: Molecules and Life, New York-London: Plenum Press]

Tabelle 2.1. Energien der Basen-Wechselwirkungen (in kcal/mol)

Basenpaar	Summe
G+C	−3,9
A+T	0,2

Tabelle 2.2. Halbe Summe der Wechselwirkungen zwischen gepaarten, gestapelten Basen (in kcal/2 mol von Basen)

Benachbarte Paare	Summe
↑CG↓ GC	−19,8
GC GC	−11,9
TA CG	−11,2
AT CG	− 7,8
AT GC	− 7,4
TA GC	− 7,2
GC CG	− 5,7
TA AT	− 5,2
AT AT	− 5,0
AT ↑TA↓	− 1,6

bauen, da das zusätzliche Sauerstoffatom einen zu engen Van der Waals-Kontakt machen würde.

Die Wasserstoffbrücken sind jedoch nicht die einzigen Wechselwirkungen zwischen den heterozyklischen Basen. Hinzu kommen Dipol-Dipolwechselwirkungen der vorhandenen und der induzierten Dipolmomente und die Dispersions- oder Londonkräfte momentaner Dipole, die von der Bewegung der Elektronen innerhalb der Atome und Moleküle herrühren. Aus den berechneten Dipolmomenten ergibt sich, daß diese für die $A+T$-Paare klein und auf Abstoßung und in den $G+C$-Paaren groß und auf Anziehung ausgerichtet sind (Abb. 2.11). Guanin wird von Cytosin angezogen, während Adenin von Thymin abgestoßen wird (Tab. 2.1). Die Energiebeträge dieser Wechselwirkungen sind denen der Wasserstoffbrücken hinzuzuzählen. DNA-Bereiche mit A-T-Paarungen (nur 2 H-Brücken) sind daher von geringer Stabilität und denaturieren leichter als Bereiche mit G-C-Paarungen. Innerhalb einer Doppelhelix wirken jedoch Dipol-Dipolkräfte nicht nur zwischen den gepaarten, sondern auch zwischen den planar übereinandergestapelten Basen. Die unter der Bezeichnung „Van der Waals-Wechselwirkung" zusammengefaßten Wechselwirkungen sind recht erheblich (Tab. 2.2). Die quantenmechanische Berechnung genauer Energiebeträge leidet unter der Tatsache, daß die lokalen Werte der Dielektrizitätskonstanten ε nicht bekannt sind ($\varepsilon \sim 2$—5, für H_2O bei 25° C $\varepsilon = 81$). Die Gesamtenergie der Wechselwirkung zwischen zwei Basenpaaren ergibt sich also als Summe der Energien aus Tabellen 2.1 und 2.2. Für die Paarung ↑AT, GC↓ erhält man: $-7,4 + 0,2 - 3,9 = -11,1$ kcal/mol.

Bei dieser Betrachtung der Van der Waals-Wechselwirkungen blieb die Rolle des Wassers unberücksichtigt, die nicht nur auf den Beitrag zur Dielektrizitätskonstante reduziert werden kann. Es ist vielmehr notwendig, den Energiebeitrag mit zu berücksichtigen, der aus der Wechselwirkung mit Wassermolekülen resultiert, wenn diese bei der Ausbildung der Doppelhelix ausgeschlossen werden. Diese als hydrophobe Wechselwirkung bekannte Erscheinung enthält einen wesentlichen Entropieanteil, da hydrophobe Moleküle von einer geordneten Wasserstruktur umgeben sind. Die Freisetzung dieser Wassermoleküle bei Zusammenlagerung der überwiegend hydrophoben Basen unter Ausschluß von Wasser liefert eine Zunahme der Entropie (s. S. 23).

Die Struktur der Doppelhelix erscheint heute, insbesondere durch Auswertungen von Röntgenfaserdiagrammen der DNA-Natrium- oder Lithiumsalze, gut gesichert. Man sollte jedoch bei diesen statischen Betrachtungen nicht vergessen, daß auch in diesen biologischen Makromolekülen die einzelnen Atome und Moleküle ihre normalen Wärmeschwingungen ausführen. Es handelt sich also nicht um starre Anordnungen. Die gesamte Struktur ist außerdem offen, und der intramolekulare Wassergehalt ist relativ hoch. Bei geringerem Wassergehalt ließe sich sogar erwarten, daß die Basen leicht winklig angeordnet werden, so daß eine mehr kompakte Struktur resultiert.

2.2.5. Eigenschaften der DNA

Temperaturerhöhung führt zu einer thermischen Denaturierung der DNA. Bei Erreichen eines sog. T_m-Wertes (T_m = Temperature of melting) kommt es zu einer Trennung der beiden DNA-Einzelstränge, die als Schmelzen bezeichnet wird (Abb. 2.12). Langsame Abkühlung kann zu weitgehender Renaturierung führen, während rasche Abkühlung zu bleibender Denaturierung führt, d.h., die Helix wandelt sich in ein statistisches Knäul um (Helix-Knäul-Übergang). Die Strukturumwandlung ist mit einer drastischen Viskositätsminderung, Änderung der optischen Drehung und einer Dichteerhöhung verbunden. Ferner kommt es zu einem Anstieg der UV-Absorption (Hyperchromie), da die Aufstockung der Basen in der DNA-Doppelhelix eine Absorptionssenkung (Hypochromie) zur Folge hat. Die der DNA-Doppelhelix entsprechenden Sekundärstrukturelemente finden sich bei der überwiegend einsträngig vorkommenden RNA nur in Bereichen, wo komplementäre Basenanordnungen eine intramolekulare Wasserstoffbrückenbildung zwischen den Stickstoffbasen erlauben. Hierüber ist noch wenig bekannt. Erste Raumstrukturdaten der t-RNA-Moleküle sind aus Röntgenkristalluntersuchungen erarbeitet worden, Abb. 2.13.

Die Desoxyribonucleinsäure liegt in der Bakterienzelle und im Zellkern von Eukaryonten in kompakter Form vor, muß also eine weitere „Überstruktur" aufweisen. Vom Bakterienchromosom aus E. coli weiß man, daß die DNA (4 Millionen Nucleotide) einen einzigen großen Ring bildet. Aufgrund experimenteller Befunde nimmt man an, daß die chromosomale DNA in 50 oder mehr Schleifen vorliegt, die in sich noch eine etwa 200fach verdrillte Superhelix bilden (Abb. 2.14a, b). Auch für die Eukaryonten-DNA des Zellkerns nimmt man die Verdrillung zu partiellen Superhelices an. Für die Stabilisierung der Superhelix macht man stark basische Proteine, die Histone, verantwortlich, die in nahezu äquimolarer Menge im Chromatinfaden von somatischen Zellen vorkommen. Man nimmt an, daß sich die Histone in der großen Rille der DNA anlagern, indem elektrostatische Wechselwirkungen (Salzbrücken) zwischen den positiven Ladungen der basischen Aminosäureseitenketten der Histone und den negativ geladenen Phosphatresten der DNA gebildet werden.

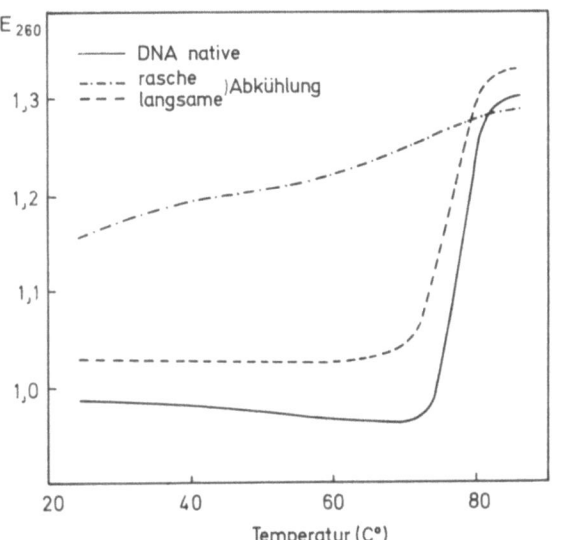

Abb. 2.12. UV-Absorption (260 nm) von T_2-Bakteriophagen-DNA bei thermischer Denaturierung [nach Marmur, J., Doty, P.: Nature (Lond.) **183**, 1427 (1959)]

2.3. Proteine und ihre Bausteine

2.3.1. Aminosäuren als Bausteine

Die monomeren Bausteine der Proteine sind die 20 natürlichen α-L-Aminosäuren, für die eine Information

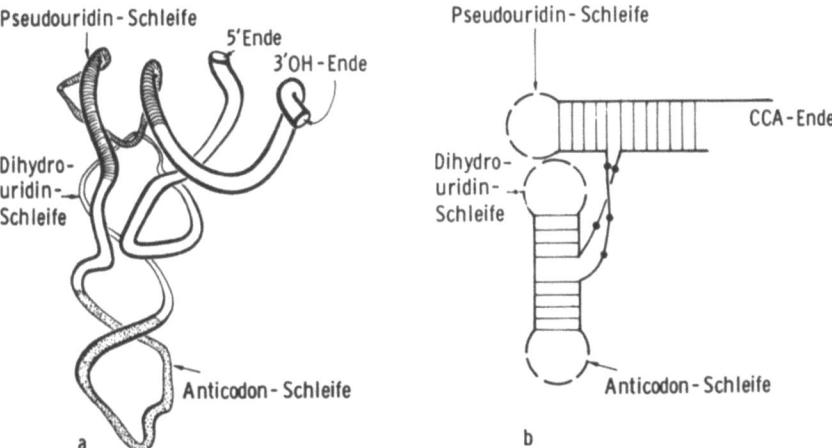

Abb. 2.13 a und b. Schematische Zeichnung (a) der Kettenkonformation der Phenylalanin-t-RNA aus Hefe und (b) der intramolekularen Anordnung der Wasserstoffbrücken [aus Kim, S.H. et al.: Science **179**, 285 (1973)]

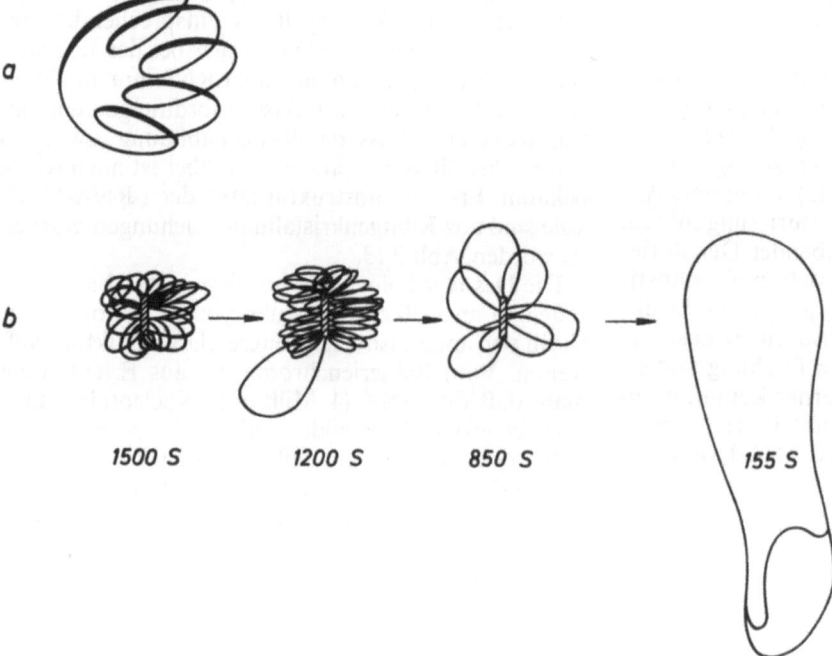

Abb. 2.14 a und b. Schematische Darstellung (a) der Superstruktur der ringförmigen E. coli DNA, (b) Auflösung der kompakten Anordnung des E. coli-Chromosoms nach Behandlung mit Desoxyribonuclease [nach Worcel, A., Burgi, E.: J. mol. Biol. 71, 127 (1972)]

(DNA-Basentriplett) im genetischen Material existiert (Tab. 2.3). Alle übrigen, aus natürlichem Material durch enzymatische, saure oder alkalische Hydrolyse isolierten Aminosäuren (ca. 150) werden durch nachträgliche Umsetzung aus diesen aufgebaut. Als gemeinsames Strukturmerkmal tragen sie am α-C-Atom eine Carboxyl- und eine Aminogruppe sowie, bis auf die α-Iminosäure Prolin, alle ein H-Atom. Die Unterschiede der einzelnen Aminosäuren beruhen auf der charakteristischen Seitenkette R, die aliphatischer, aromatischer oder heterozyklischer Natur sein kann und die vierte Valenz am α-C-Atom absättigt:

$$H_2N-CH-COOH$$
$$\quad\quad\quad | $$
$$\quad\quad\quad R$$

Nur der einfachste Vertreter der Reihe, Glycin, trägt anstelle der Seitenkette R ein weiteres H-Atom. Außer Glycin sind damit alle übrigen Aminosäuren asymmetrisch aufgebaut und kommen in zwei Stereoisomeren vor, den optischen Antipoden der L- und D-Reihe. Alle aus Proteinen isolierten Aminosäuren weisen, unabhängig von ihrem Drehungssinn für linear polarisiertes Licht [Präfix für Rechtsdrehung: (+), für Linksdrehung: (−)], die natürliche L-Konfiguration auf. Die absoluten Konfigurationen können nach dem R,S-System von Kahn und Ingold dokumentiert oder nach Übereinkunft in den vereinfachten Fischer-Projektionsformeln angegeben werden. Hierbei ist die Carboxylgruppe am α-C-Atom definitionsgemäß nach oben zu schreiben (Abb. 2.15).

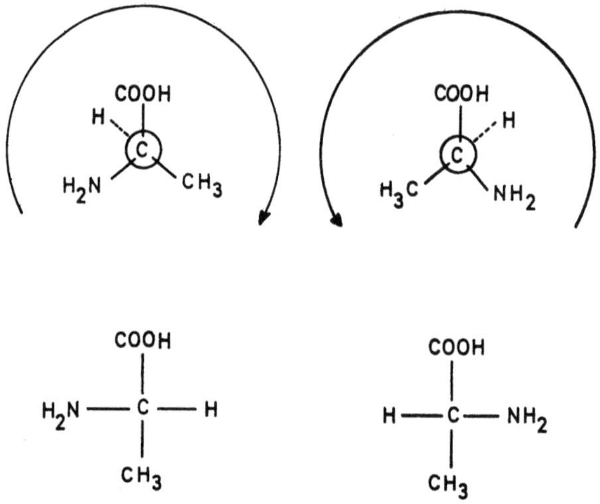

R-Alanin ≡ L(+)Alanin   S-Alanin ≡ D(−)Alanin

Abb. 2.15. Formelbilder der optischen Antipoden der Aminosäure Alanin. Oben: Anordnung nach dem RS-System von Khan und Ingold zur Bezeichnung der absoluten Konfiguration; unten: in Fischer-Projektion

Zur Bezeichnung der natürlichen L-Aminosäuren werden in der Regel nur die ersten drei Buchstaben des Trivialnamens verwendet, der sich historisch von der Herkunft oder besonderen Eigenschaften ableitet (leucos = weiß, tyros = Käse), oder die Einbuchstaben-Symbole (Tab. 2.3). Sollen die optischen Antipoden bezeichnet werden, wird das Symbol D der Reihe vorgesetzt, z. B. D-Alanin.

Tabelle 2.3. Die natürlichen Protein-Aminosäuren[a]

Name Molgewicht	3-Buchst.-Abkürzung	Buchst.-Symbol.	Seitenkette	Charakter
Asparaginsäure 174	Asp	D	HOOC—CH$_2$—CH(COO$^-$)(NH$_3^+$)	sauer
Glutaminsäure 147	Glu	E	HOOC—CH$_2$—CH$_2$—CH(COO$^-$)(NH$_3^+$)	sauer
Tyrosin 181	Tyr	Y	H—O—C$_6$H$_4$—CH$_2$—CH(COO$^-$)(NH$_3^+$)	sauer / neutral
Alanin 89	Ala	A	CH$_3$—CH(COO$^-$)(NH$_3^+$)	neutral
Asparagin 132	Asn	N	H$_2$N—CO—CH$_2$—CH(COO$^-$)(NH$_3^+$)	neutral
Cystein 121	Cys	C	HS—CH$_2$—CH(COO$^-$)(NH$_3^+$)	neutral
Glutamin 146	Gln	Q	H$_2$N—CO—CH$_2$—CH$_2$—CH(COO$^-$)(NH$_3^+$)	neutral
Serin 105	Ser	S	HO—CH$_2$—CH(COO$^-$)(NH$_3^+$)	neutral
Threonin 119	Thr	T	CH$_3$—CH(OH)—CH(COO$^-$)(NH$_3^+$)	neutral
Histidin 155	His	H	Imidazol-CH$_2$—CH(COO$^-$)(NH$_3^+$)	neutral / basisch
Arginin 174	Arg	R	H$_2$N—C(NH$_2$)—NH—CH$_2$—CH$_2$—CH$_2$—CH(COO$^-$)(NH$_3^+$)	basisch
Lysin 146	Lys	K	CH$_2$—CH$_2$—CH$_2$—CH$_2$—CH(COO$^-$)(NH$_3^+$)	basisch
Glycin 75	Gly	G	H—CH(COO$^-$)(NH$_3^+$)	unpolar hydrophob
Isoleucin 131	Ile	I	CH$_3$—CH$_2$—CH(CH$_3$)—CH(COO$^-$)(NH$_3^+$)	unpolar hydrophob
Leucin 131	Leu	L	(CH$_3$)$_2$CH—CH$_2$—CH(COO$^-$)(NH$_3^+$)	unpolar hydrophob
Methionin 149	Met	M	CH$_3$—S—CH$_2$—CH$_2$—CH(COO$^-$)(NH$_3^+$)	unpolar hydrophob

Tabelle 2.3.

Name Molgewicht	3-Buchst.-Abkürzung	Buchst.-Symbol.	Seitenkette	Charakter
Phenylalanin 165	Phe	F	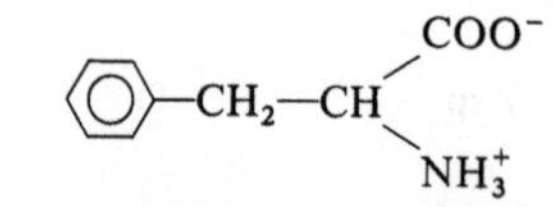 (Phenyl)–CH$_2$–CH(COO$^-$)(NH$_3^+$)	unpolar hydrophob
Prolin 115	Pro	P	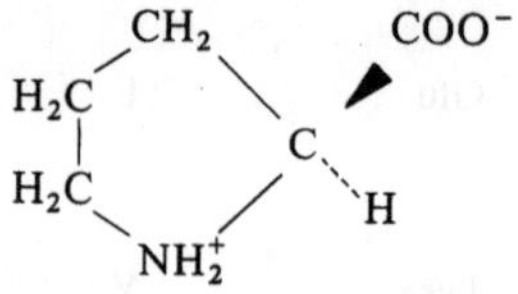 Pyrrolidin-Ring mit COO$^-$ und H	unpolar hydrophob
Tryptophan 204	Trp	W	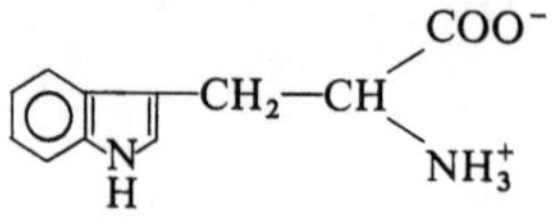 (Indol)–CH$_2$–CH(COO$^-$)(NH$_3^+$)	unpolar hydrophob
Valin 117	Val	V	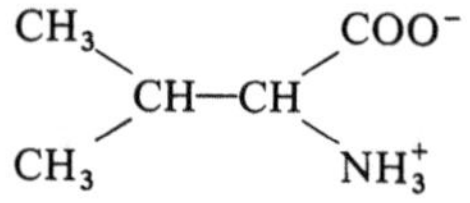 (CH$_3$)$_2$CH–CH(COO$^-$)(NH$_3^+$)	unpolar hydrophob

[a] Wiedergegeben sind die ionischen Formen, die unter physiologischen Bedingungen bei pH 6–7 überwiegen.

2.3.2. Das Prinzip der Verknüpfung

Proteine bestehen aus den 20 natürlichen (s.o.) L-Aminosäuren, die in wechselnder Gesamtzahl und Folge (Sequenz) zu langen unverzweigten Ketten polykondensiert werden. Unter Wasseraustritt zwischen einer α-Carboxyl- und einer α-Aminogruppe von zwei Aminosäuren entsteht eine Peptidbindung (eingerahmt, s.u.), durch die beide Aminosäuren über eine Säureamidgruppe zu einem Dipeptid verknüpft werden. Die Verknüpfung von drei Aminosäuren führt zum Tripeptid und so fort. Peptide und Proteine bestehen also aus monotonen Folgen von Peptidbindungen und α-C-Atomen, wobei jedes α-C-Atom eine charakteristische Aminosäure-Seitenkette R trägt:

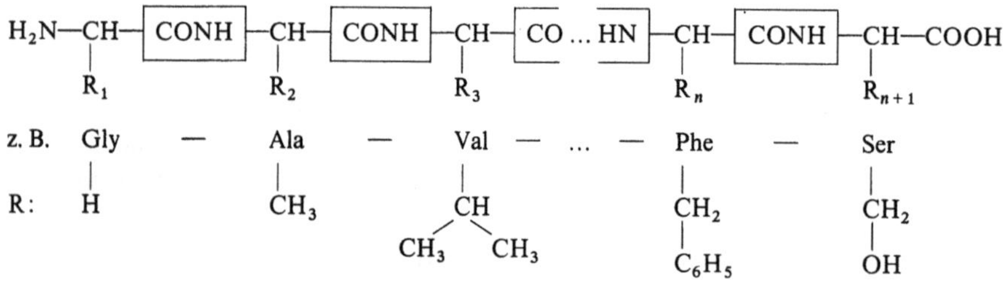

2.3.3. Eigenschaften der Aminosäuren

Das proteinchemische Verhalten, die Kettenkonformation (Sekundär-, Tertiär- und Quartärstruktur, s.u.), die Funktion der Proteine und ihre Speziesspezifität werden durch die Art und Reihenfolge der Seitenketten, d.h. durch die in der Aminosäuresequenz niedergelegte „Information", bestimmt. Es ist daher notwendig, kurz die Eigenschaften der Aminosäure-Bausteine zu besprechen. Eine Einteilung kann nach der Polarität der Seitenkette R bei physiologischem pH-Wert vorgenommen werden. Man unterscheidet folgende vier Hauptgruppen: Aminosäuren mit (1) unpolarer oder hydrophober, (2) neutraler und ungeladener, (3) positiv geladener (basischer), oder (4)

```
H₂N—CH—|CONH|—CH—|CONH|—CH—|CO...HN|—CH—|CONH|—CH—COOH
       |               |              |                |                  |
       R₁              R₂             R₃               Rₙ                 Rₙ₊₁

z.B.   Gly    —        Ala    —       Val    —  ...  — Phe     —         Ser
       |               |              |                |                  |
R:     H               CH₃            CH               CH₂                CH₂
                                     / \               |                  |
                                  CH₃  CH₃            C₆H₅               OH
```

Es entspricht einer Übereinkunft, den N-Terminus, d.h. die freie α-Aminogruppe der Peptidkette, nach links zu schreiben, den C-Terminus, die α-Carboxylgruppe, nach rechts. Damit ist die Aminosäuresequenz auch bei Verwendung der Dreibuchstaben-Symbole, wie oben, eindeutig festgelegt.

negativ geladener (saurer) Seitenkette, Tab. 2.3. Innerhalb einer solchen Gruppe kann z.B. der hydrophobe Charakter erheblich variieren: Gly < Ala < Val < Ile.

Die Säure-Base-Eigenschaften von Aminosäuren sind für das Verständnis der Funktionen von Proteinen von besonderer Bedeutung. Sie spielen auch

Proteine und ihre Bausteine   33

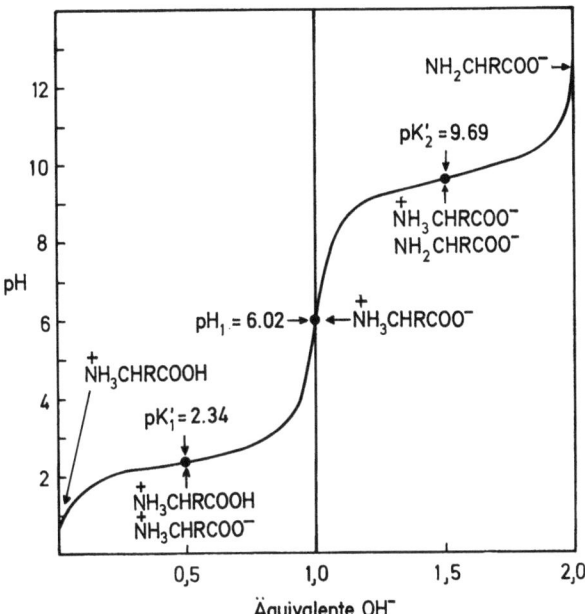

Abb. 2.16. Titrationskurve von Alanin (R = CH$_3$). An den Wendepunkten sind die überwiegenden, ionischen Formen angegeben

Tabelle 2.4. pK'Werte (25° C) einiger wichtiger Aminosäuren

	pK$_1'$ α-COOH	pK$_2'$ α-NH$_3^+$	pK$_R'$ R-Gruppe
Glycin	2,34	9,6	
Alanin	2,34	9,69	
Leucin	2,36	9,60	
Serin	2,21	9,15	
Threonin	2,63	10,43	
Glutamin	2,17	9,13	
Asparaginsäure	2,09	9,82	3,86
Glutaminsäure	2,19	9,67	4,25
Histidin	1,82	9,17	6,0
Cystein	1,71	10,78	8,33
Tyrosin	2,20	9,11	10,07
Lysin	2,18	8,95	10,53
Arginin	2,17	9,04	12,48

Das Säure-Base-Verhalten von Ampholyten läßt sich durch den Formalismus der Brönsted-Lowryschen Theorie konjugierter Säure-Basen-Paare beschreiben, wonach Säuren als Protonendonatoren und Basen als Protonenakzeptoren wirken. Die zweiphasige Titrationskurve der „monofunktionellen" Aminosäure Alanin ist wiedergegeben in Abb. 2.16. Die jeweiligen Mittelpunkte der Kurve (Pufferbereiche), bei denen nach Zugabe eines halben bzw. von anderthalb Basenäquivalenten gerade die Hälfte der Protonen der jeweils konjugierten Säure abgegeben wurde, werden als pK'-Werte definiert. Man unterscheidet den pK$_1'$-Wert für die Dissoziation der Carboxylatgruppe im sauren pH-Bereich und den pK$_2'$-Wert für die Dissoziation der α-Aminogruppe im basischen pH-Bereich. Für die zusätzlichen sauren bzw. basischen Gruppen der „bifunktionellen" Aminosäuren läßt sich ein weiterer pK$_R'$-Wert für die Seitenkettengruppe bestimmen. Die pK'-Werte für die wichtigsten Aminosäuren sind in Tab. 2.4 wiedergegeben. Der Verlauf der Titrationskurven einer sauren, neutralen und basischen bifunktionellen Aminosäure ist in Abb. 2.17 gezeigt. Nur Histidin hat als einzige Aminosäure eine Seitenkette, deren pK$_R'$-Wert im physiologischen pH-Bereich (pH 6,0–7,5) liegt. Es nimmt damit eine Sonderstellung ein, die sich in der Beteiligung an vielen wichtigen biologischen Reaktionen ausdrückt.

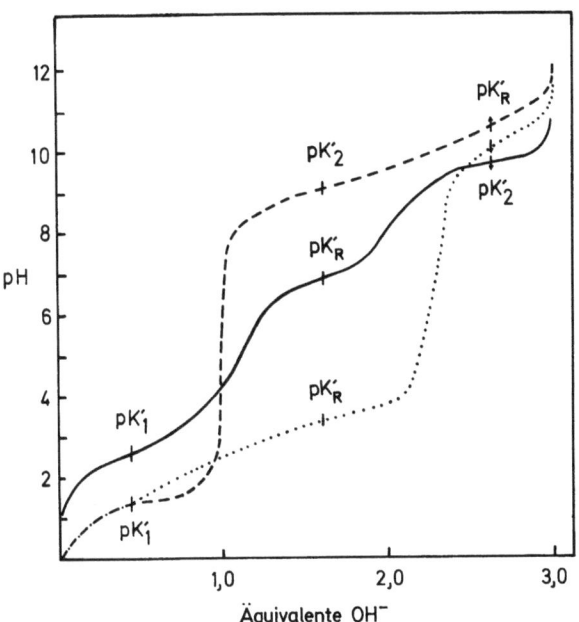

Abb. 2.17. Titrationskurven von Glutaminsäure (·····), von Histidin (———) und Lysin (------)

Die Histidinseitenkette dient z. B. als wechselseitiger Protonen-Akzeptor und Protonendonator (charge-relais system) bei den Serin-Peptidpeptidhydrolasen. Hiermit wird eine Gruppe von proteolytischen Enzymen bezeichnet, die Peptidbindungen innerhalb einer Peptidkette hydrolysieren (Endopeptidasen). Die Spezifität solcher Enzyme (s. gesondertes Kapitel), die Peptidketten selektiv nur an bestimmten Aminosäuren — und dort wiederum zum Teil nur bei Vorliegen bestimmter Sequenzen — hydrolysieren (z. B. an Lys oder Arg durch Trypsin, Plasmin, Thrombin, Kallikrein, Akrosin u.a.), ist eine Voraussetzung für die Steuerung vieler biologischer Vorgänge. Hierbei wird

die Hauptrolle bei der analytischen Trennung und Identifizierung verschiedener Aminosäuren, z. B. im Rahmen von Strukturaufklärungen. Die freien Aminosäuren liegen in neutraler wäßriger Lösung in dipolarer Form als Zwitterionen vor, sind also amphotere Elektrolyte (Ampholyte), Abb. 2.16, 2.17:

$$H_3\overset{+}{N}-CHR-COOH + H_2O \underset{pH\,4-8}{\overset{pH<2}{\rightleftharpoons}} H_3\overset{+}{N}-CHR-COO^- + H_3\overset{+}{O}$$

$$H_3\overset{+}{N}-CHR-COO^- + H_2O \underset{pH>10}{\overset{pH\,4-8}{\rightleftharpoons}} H_2N-CHR-COO^- + H_3\overset{+}{O}.$$

die Enzym-Spezifität durch Art, Raumerfüllung und stereochemische Anordnung der Aminosäure-Seitenketten bestimmt, die am Aufbau der Substratbindungsstelle und insbesondere der sog. Spezifitätstasche beteiligt sind (Abb. 2.18).

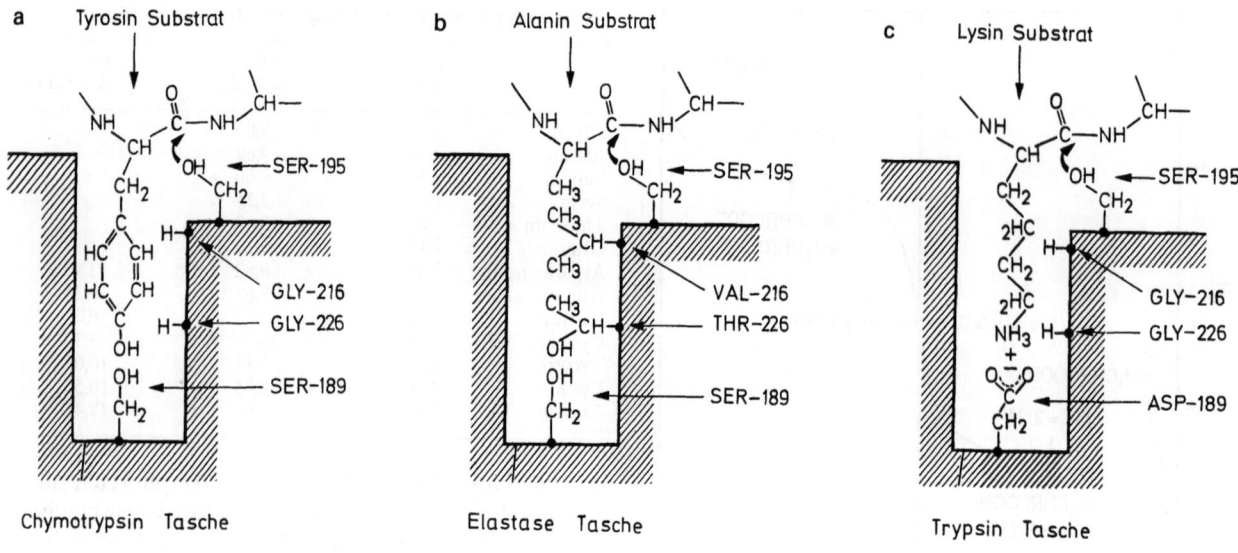

Abb. 2.18 a—c. Schematische Darstellung der Substrat-Bindungstaschen (Spezifitätstaschen) der proteolytischen Enzyme (a) Chymotrypsin, (b) Elastase und (c) Trypsin mit den eingelagerten Peptidsubstraten. Eingezeichnet sind die entsprechenden Aminosäureseitenketten der Enzyme, die für die Dimensionen der Tasche maßgebend sind [nach Shotton, D.: Proceedings Internat. Res. Conf. Proteinase Inhibitors, Berlin-New York: de Gruyter 1971]

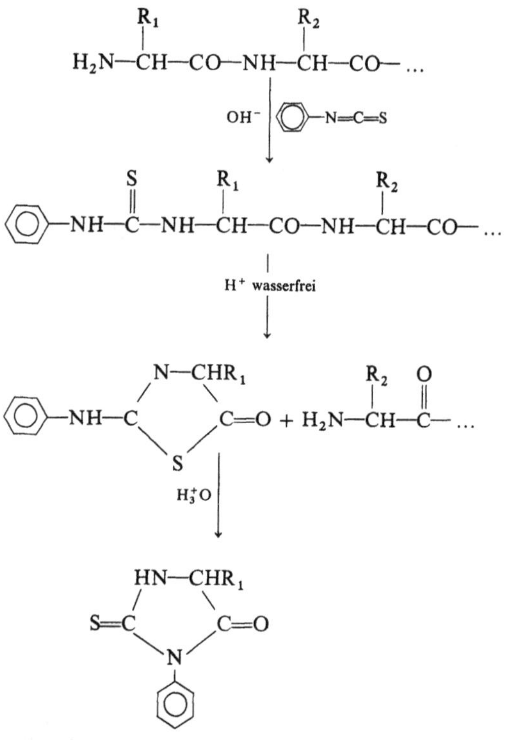

2.3.4. Die kovalente Struktur von Proteinen

2.3.4.1. Aufklärung der Aminosäure-Sequenz

Spezifische, proteolytische Enzyme werden auch bei der Aufklärung der Aminosäure-Sequenz (Protein-Primärstruktur) zur Darstellung einer Serie kleinerer Partialpeptide aus der Peptidkette denaturierter Proteine benutzt. Die Aufklärung der Partialsequenz erfolgt nach Baustein-Analyse durch weiteren Abbau vom C- und/oder N-Terminus mit Hilfe von sog. Carboxy- und Aminopeptidasen (Exopeptidasen) und durch chemischen Abbau. Bei dem schrittweisen, chemischen Abbau wird in der Regel das Verfahren nach Edman verwendet, bei dem die endständige, N-terminale Aminosäure als Phenylthiohydantoin abgespalten, extrahiert und identifiziert wird (s. Abb. 2.19). Die vollständige Aminosäure-Sequenz ergibt sich aus den Partialsequenzen zweier oder mehrerer Serien von Partialpeptiden, die durch Spaltung mit Enzymen unterschiedlicher Spaltungs-Spezifität aus der Ausgangsproteinkette erhalten wurden. Die Partialpeptide einer Serie enthalten dann Sequenzen, die die Spaltungsstellen der anderen Serie aufweisen (Überlappungspeptide), so daß eine Anordnung aller Partialpeptide in korrekter Reihenfolge, entsprechend Schema 1, möglich wird:

Abb. 2.19. Schema des chemischen Peptid-Abbaues vom N-Terminus nach Edman

H-Gly-Ile-Val-Glu-Gln-CySO$_3$H-CySO$_3$H-Ala-Ser-Val-CySO$_3$H-Ser-Leu-Tyr-Gln-Leu-Glu-Asn-Tyr-CySO$_3$H-Asn-OH

Elastase Elastase Chymotrypsin A Chymotrypsin B

Wechselseitige Spaltung der oxidierten Insulin-A-Kette (Rind) mit Elastase aus Schweinepankreas und Chymotrypsin A vom Rind.

Schema 1

Mensch	H-Gly-Ile-Val-Glu-Gln-Cys-Cys-Thr-Ser- Ile- Cys-Ser- Leu-Tyr-Gln-Leu-Glu-Asn-Tyr-Cys-Asn-OH
Pferd	H-Gly-Ile-Val-Glu-Gln-Cys-Cys-Thr-*Gly*- Ile- Cys-Ser- Leu-Tyr-Gln-Leu-Glu-Asn-Tyr-Cys-Asn-OH
Rind	H-Gly-Ile-Val-Glu-Gln-Cys-Cys-Thr-*Ala*- Ser- *Val*- Cys-Ser- Leu-Tyr-Gln-Leu-Glu-Asn-Tyr-Cys-Asn-OH
Elefant	H-Gly-Ile-Val-Glu-Gln-Cys-Cys-Thr-*Gly*- *Val*- Cys-Ser- Leu-Tyr-Gln-Leu-Glu-Asn-Tyr-Cys-Asn-OH
Ratte 1 und 2	H-Gly-Ile-Val-*Asp*-Gln-Cys-Cys-Thr-Ser- Ile- Cys-Ser- Leu-Tyr-Gln-Leu-Glu-Asn-Tyr-Cys-Asn-OH
Meerschweinchen	H-Gly-Ile-Val-*Asp*-Gln-Cys-Cys-Thr-*Gly*- *Thr*-Cys-*Thr*- *Arg*-*His*- Gln-Leu-Glu-*Ser*- Tyr-Cys-Asn-OH
Huhn, Truthahn	H-Gly-Ile-Val-Glu-Gln-Cys-Cys-*His*- *Asp*-*Thr*-Cys-Ser- Leu-Tyr-Gln-Leu-Glu-Asn-Tyr-Cys-Asn-OH
Kabeljau	H-Gly-Ile-Val-*Asp*-Gln-Cys-Cys-*His*- *Arg*-*Pro*-Cys-*Asp*-*Ile*- *Phe*-*Asp*-Leu-*Gln*- Asn-Tyr-Cys-Asn-OH
Angler-Fisch	H-Gly-Ile-Val-Glu-Gln-Cys-Cys-*His*- *Arg*-*Pro*-Cys-*Asn*-*Ile*- *Phe*-*Asp*-Leu-*Gln*- Asn-Tyr-Cys-Asn-OH
Krötenfisch I	H-Gly-Ile-Val-Glu-Gln-Cys-Cys-*His*- *Arg*-*Pro*-Cys-*Asp*-*Ile*- *Phe*-*Asp*-Leu-Glu-*Ser*- Tyr-Cys-Asn-OH

Abb. 2.20. Homologie und Speziesunterschiede der Aminosäure-Sequenzen der Insulin A-Kette. *Kursiv* sind die gegenüber dem Menschen unterschiedlichen Aminosäurereste

2.3.4.2. Species-Spezifität von Aminosäure-Sequenzen

Proteine gleicher Funktion besitzen homologe Aminosäure-Sequenzen, Abb. 2.20. Je enger der phylogenetische Verwandtschaftsgrad ist, um so ähnlicher sind die Sequenzen. Die β-Ketten des Hämoglobins von Mensch und Gorilla weisen beispielsweise nur einen einzigen Unterschied in der Position 104 (Leu bzw. Arg) auf, während zwischen Mensch und Pferd 26 unterschiedliche Reste in der β-Kette gefunden werden. Die Unterschiede in den Aminosäure-Sequenzen gestatten, für jede Proteinklasse einen Stammbaum der Evolution zu entwickeln. Einzelheiten der phylogenetischen Entwicklung lassen sich daraus oft genauer ableiten als aus morphologisch gewonnenen Stammbäumen. Die Korrelation von Aminosäure-Mutationen mit der Zeitskala aus Fossilienfunden gestattet, einen Durchschnittswert der Mutationsrate für jedes Protein anzugeben. Die Häufigkeit von Aminosäureaustauschen innerhalb einer Klasse von Proteinen (z. B. Hämoglobin, Cytochrom, Trypsin usw.) ist abhängig davon, inwieweit solche Mutationen tolerierbar sind, d. h. die Kettenkonformation und die davon abhängige biologische Aktivität nicht maßgeblich verändert werden. Oft sind innerhalb einer Proteinklasse nur wenige Aminosäurereste als „invariant" zu bezeichnen. Eine denkbare Substitution solcher invarianter Reste würde die biologische Aktivität und Funktion zerstören (z. B. Letal-Mutation). Eine Folge der unterschiedlichen Aminosäure-Sequenzen funktionell gleichartiger Proteine ist ihre immunologische Verschiedenheit, die Spezies-Spezifität.

2.3.4.3. Cystein als funktionelle Aminosäure und Brückenbildner

Die SH-Gruppe der Seitenkette von Cystein kann in mehrfacher Weise funktionelle Aufgaben erfüllen:

a) Anstelle von Serin im reaktiven Zentrum von Serin-Proteasen kann Cystein die Stelle der nucleophil wirksamen Seitenkette übernehmen (Beispiele für SH-Enzyme: Papain, Bromelain, Cathepsine).

b) Durch Addition der SH-Gruppe an Doppelbindungen können Cofermente über eine Thioätherbrücke kovalent an das Proteinskelett gebunden werden (Beispiel: Cytochrom C):

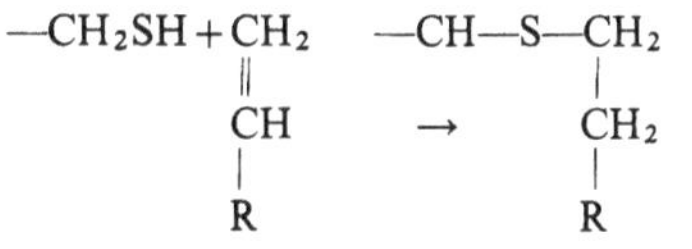

$$\begin{array}{c}-CH_2SH + CH_2 \\ \quad\quad\quad\quad\quad \| \\ \quad\quad\quad\quad\quad CH \\ \quad\quad\quad\quad\quad | \\ \quad\quad\quad\quad\quad R\end{array} \rightarrow \begin{array}{c}-CH-S-CH_2 \\ \quad\quad\quad\quad\quad | \\ \quad\quad\quad\quad\quad CH_2 \\ \quad\quad\quad\quad\quad | \\ \quad\quad\quad\quad\quad R\end{array}$$

c) Durch milde Oxidation, z. B. an der Luft, lassen sich zwei Cysteinseitenketten (oder Halb-Cysteinreste) unter Ausbildung einer Disulfidbrücke kovalent verbinden. Derart können inter- und intra-molekulare Vernetzungen zwischen Polypeptidketten gebildet werden. Disulfidbrücken stabilisieren bei den meisten globulären Proteinen die native Konformation oder bei Faserstrukturen die gegenseitige Verankerung der fibrillären Bauelemente.

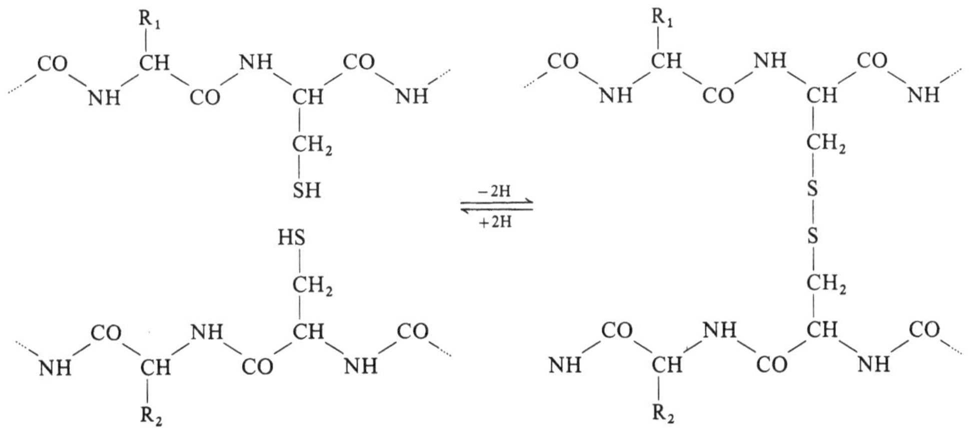

2.3.4.4. Die Peptidbindung und Kettenkonformation

Die Peptidbindung stellt eine zur Resonanz fähige Struktur dar. Eine Grenzstruktur ist die Form mit einer C=O-Doppelbindung und einer C—N-Einfachbindung, bei der das freie Elektronenpaar am Stickstoff ein nicht hybridisiertes 2p-Orbital besetzt. Die andere Grenzstruktur enthält eine Doppelbindung zwischen Kohlenstoff und Stickstoff, mit einer C—O-Einfachbindung und dem einsamen Elektronenpaar am Sauerstoff in einem 2p-Orbital. In dieser Struktur treten wegen der Elektronenverschiebung von Stickstoff zum Sauerstoff eine positive Ladung am Stickstoff und eine negative Ladung am Sauerstoff auf:

Die Resonanzstruktur führt zu delokalisierten π-Elektronen, wobei sich das Molekülorbital über alle drei Atome O, C und N erstreckt. Die CO-Bindung verliert ihren reinen Doppelbindungscharakter (verlängerter C—O-Bindungsabstand), während die CN-Bindung partiellen Doppelbindungscharakter (verkürzter

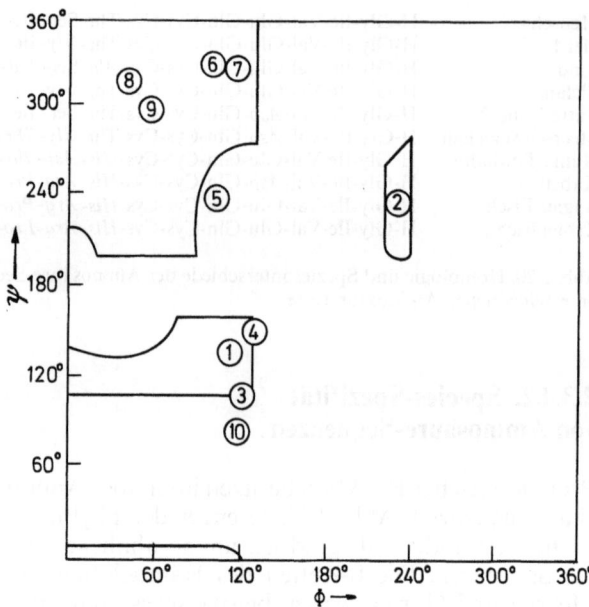

Abb. 2.22. Ramachandran Diagramm mit den sterisch tolerierbaren Winkelkombinationen für die wichtigsten Sekundärstrukturen von Peptidketten: ① Rechtsgängige α-Helix, ② Linksgängige α-Helix, ③ π-Helix (auch 4_{16}-Helix genannt), ④ 3_{10}-Helix, ⑤ flache $2,2_7$-Helix, ⑥ Polyprolin-Helix, ⑦ Kollagen-Helix, ⑧ antiparallele und ⑨ parallele β-Faltblatt-Struktur, ⑩ ebener Cyclopentapeptidring, eingerahmt die generell „erlaubten" Bereiche [nach Ramachandran, G. N., Sasisekharan, V.: Adv. Protein Chem. **23**, 283 (1968)]

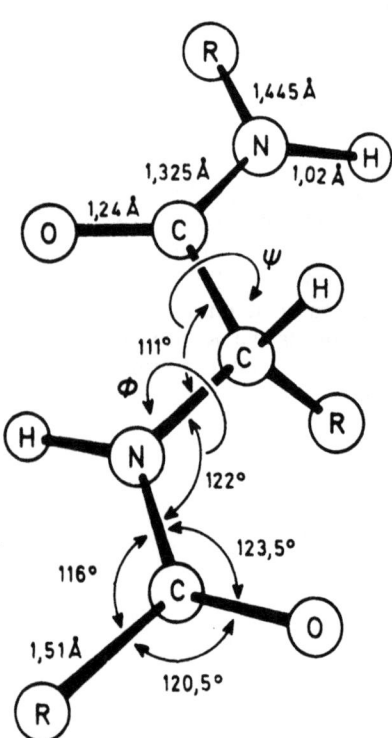

Abb. 2.21. Dimensionen der Peptidbindung. Die sechs Atome C_α—CONH—C_α liegen in einer Ebene. Die Kette besitzt „freie" Drehbarkeit nur an den C_α-Atomen um die Winkel Φ (N—C_α) und Ψ (C_α—C')

C—N-Bindungsabstand) gewinnt. Der Gewinn an Resonanzenergie liegt bei etwa 21 kcal/mol. Das Ergebnis der Ausbildung der Resonanzstruktur ist die Anordnung aller sechs Atome in einer Ebene. Tordierungen um die C—N-Einfachbindung erfordern Energie. Die Grundabmessungen der Peptidbindung gehen aus der Abb. 2.21 hervor.

Die Anordnung der C-Atome in der Ebene ist trans zu einander. Die cis-Anordnung ist aus sterischen Gründen weniger günstig und wird nur gelegentlich bei Prolin-Resten gefunden[4].

2.3.5. Die Stabilisierung der Strukturelemente durch Wasserstoffbrücken (Sekundärstruktur)

Eine Polypeptidkette weist aufgrund der Resonanzstruktur der planaren Peptidbindungen Freiheitsgrade der Rotation nur an den zwei Einfachbindungen N—C_α und C_α—C' auf, an denen die Bindungsebenen über die C_α-Atome miteinander verknüpft sind. Die dihedralen Winkel werden mit Φ (N—C_α) und Ψ (C_α-C') bezeichnet.

---

[4] Die trans-Konfiguration der C_α-Atome in Bezug auf die partiellen Doppelbindungscharakter aufweisende CO—NH-Bindung ist oben wiedergegeben. Die C_α-Atome weisen dabei den größtmöglichen Abstand voneinander auf (energieärmere Form). Bei der cis-Konfiguration liegen beide C_α-Atome auf derselben Seite der CO—NH-Bindung (energiereichere Form, größeres Dipolmoment).

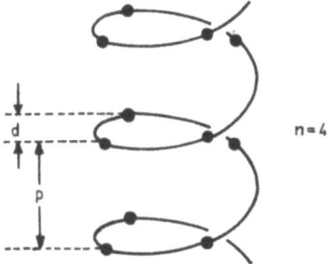

Abb. 2.23. Strukturparameter einer Helix. Für die stabilen Helices sind die Parameter in Tab. 2.5 wiedergegeben

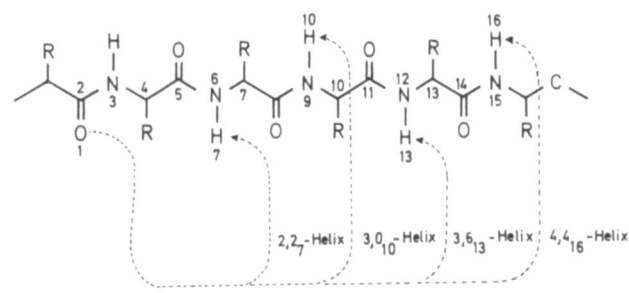

Abb. 2.24. Anordnung der Wasserstoffbrücken von einer Helixwindung zur nächsten innerhalb des 2_7-Bandes, der $3,0_{10}$, α- und $4,4_{16}$- (bzw. π-) Helix. Die tiefgestellte Zahl gibt die Anzahl der Atome pro Helixwindung an

Tabelle 2.5. Strukturparameter wichtiger Peptidkonformationen

	α-Helix	3_{10}-Helix	2_7-Band	Polyprolin-Helix	Antiparalleles β-Faltblatt
	132° (113°)	131° (106°)	105°	103°	40°
	123° (136°)	154° (176°)	250°	326°	215°
n	3,61	3,0	2,00	−3,00	2,00
d [nm]	1,50	2,00	2,80	3,12	3,47
p [nm]	5,41	6,00	5,60	9,36	6,95

n = Anzahl der Aminosäuren (C_α-Atome) pro Helixwindung.
d = Ganghöhe parallel zur Helixachse pro Aminosäure-Rest.
p = Ganghöhe einer Windung: $d = p/n$.

Die Konformation einer Polypeptidkette läßt sich damit vollständig durch Angabe der Winkel Φ und Ψ beschreiben. Nur die Winkel Φ und Ψ sind jedoch energetisch günstig, die eine zu große gegenseitige Annäherung der O-Atome der Carbonylgruppen bzw. der H-Atome der N—H-Gruppen vermeiden. Die Bereiche der günstigen Winkel Φ und Ψ für Paare von Peptidbindungen wurden von Ramachandran ermittelt. Tatsächlich fallen fast alle an Proteinen ermittelten Φ- und Ψ-Werte in die „erlaubten" Bereiche des Ramachandran-Diagrammes, Abb. 2.22. Nur Glycin macht hier als nicht asymmetrische Aminosäure ohne raumerfüllende Seitenkette eine Ausnahme.

Bei immer gleichen Winkeln Φ und Ψ ergeben sich Sekundärstrukturen, die bis auf die ebene geordnete Anordnung des sog. 2_7-Bandes ($\Phi = 105°$, $\Psi = 250°$) alle Helices ergeben (Abb. 2.23)[5]. Einige dieser Helices können intramolekular durch die Ausbildung einer maximalen Zahl von Wasserstoffbrücken stabilisiert werden, wie die 3_{10}-, α- und π-Helix. Hierbei bildet jedes Carbonylsauerstoffatom mit dem NH-Atom einer übernächsten oder weiter entfernten Peptidbindung eine Wasserstoffbrücke aus, die annähernd parallel zur Helixachse verläuft (Abb. 2.24). Besonders stabil ist die α-Helix, da die Wasserstoffbrücken nahezu spannungsfrei hergestellt werden können.

[5] Die große Hauptzahl in der Helix-Bezeichnung gibt die Anzahl der Aminosäure-Reste pro Helixwindung an, während die kleine Indexzahl die Anzahl der Atome im Ring bezeichnet, der durch die H-Brücke geschlossen wird. Die α-Helix ist damit eine $3,6_{13}$-Helix, s. Abb. 2.24.

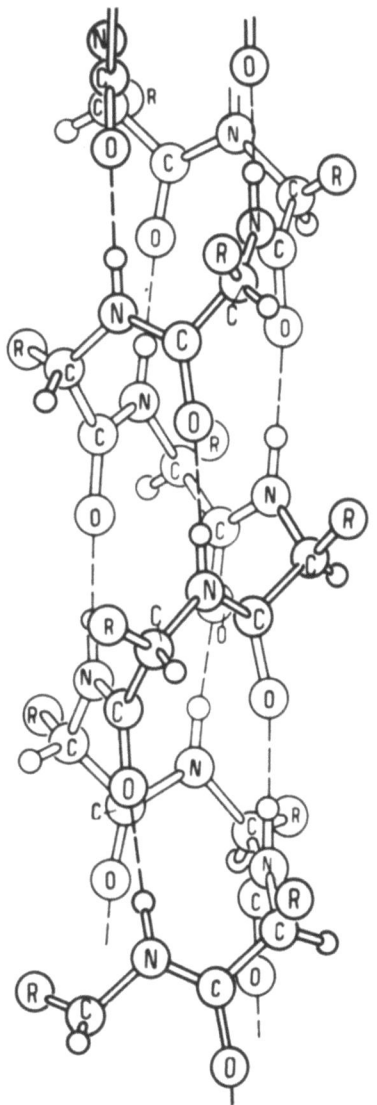

Abb. 2.25. Modell einer α-Helix mit der Anordnung der intramolekularen Wasserstoffbrücken parallel zur Helixachse

Die drei genannten Helices 3_{10}, α, und π sind rechtsgängige Helices (Abb. 2.25). Bei Ψ-Winkeln unter 85° und über 234° werden mit $\Phi \sim 120°$ linksgängige Helices gebildet, bei denen die Carbonylsauerstoff-

38 Der chemische Bau biologisch wichtiger Makromoleküle

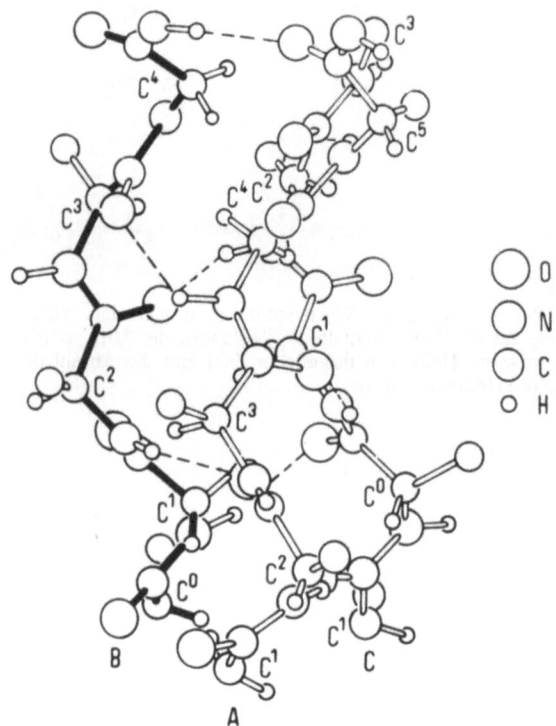

Abb. 2.26. Modell der Kollagen-Tripel-Helix mit der Anordnung der intermolekularen Wasserstoffbrücken. Drei linksgängige, einsträngige Stränge winden sich rechtsgängig umeinander. Jeder dritte Rest muß aus sterischen Gründen Glycin sein

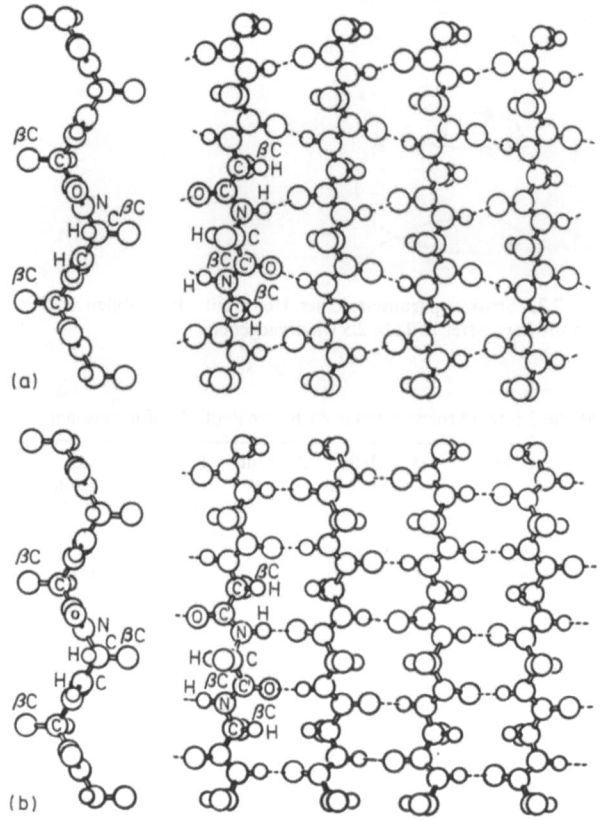

Abb. 2.27a und b. Darstellung der (a) parallelen und (b) antiparallelen Faltblatt-Struktur [nach Pauling, L. u. Corey, R. B.: Proc. Natl. Acad. Sci. U.S., *37*, 729 (1951)]

atome und die NH-Atome von der Helixachse wegweisen. Damit werden nur noch intermolekulare Wasserstoffbrücken-Bindungen möglich, die bei der Polyprolin-Helix und der Kollagen-Tripelhelix wieder zu einer günstigen, stabilisierten Struktur führen. Drei linksgängige, einsträngige Helices winden sich in der Kollagen-Helix rechtsgängig umeinander und werden durch intermolekulare Wasserstoffbrücken zusammengehalten (Abb. 2.26).

Eine weitere wichtige Sekundärstruktur ist das β-Faltblatt. Parallel oder antiparallel verlaufende Peptidketten können durch Wasserstoffbrücken zwischen den Ketten stabilisiert werden. Die gestreckte antiparallele Faltblattstruktur mit paralleler Anordnung der Wasserstoffbrücken findet sich oft auch als partielles Strukturelement in globulären Proteinen (Abb. 2.27).

2.3.6. Die Raumstruktur

Die räumliche Anordnung einer Peptidkette in einem globulären oder faserförmigen Protein wird durch die

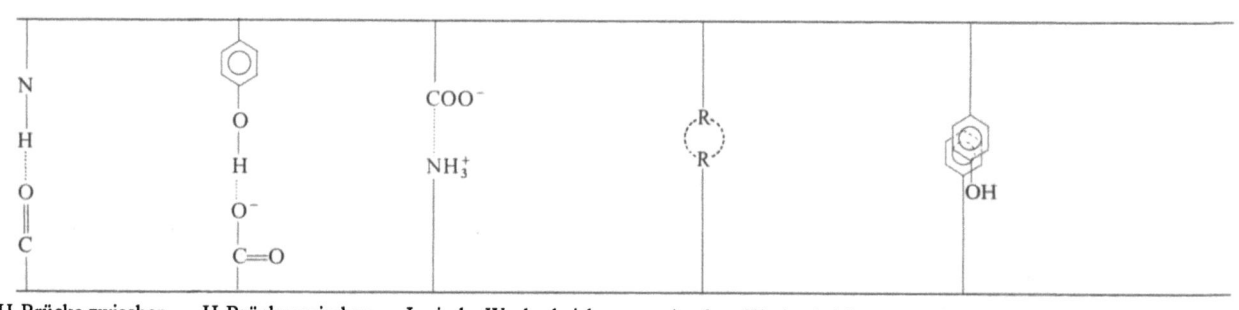

| H-Brücke zwischen Peptidbindungen der Hauptkette | H-Brücke zwischen Aminosäure-Seitenketten | Ionische Wechselwirkung zwischen Seitenketten und Kettenenden | Apolare Wechselwirkung hydrophober Seitenketten | Charge-Transfer-Wechselwirkung von Seitenketten |

Schema 2

Aminosäure-Sequenz bestimmt. Sie kann mit Hilfe der Röntgenkristall-Strukturanalyse ermittelt werden. Es zeigte sich, daß alle Proteine mehr oder weniger große Anteile an Sekundärstrukturelementen (α-Helix, Polyprolinhelix, β-Faltblatt, Tripelhelix) enthalten, aber auch Bereiche ohne „erkennbare" Struktur. In diesen Bereichen sind die eingangs erwähnten schwachen Wechselwirkungen, insbesondere die hydrophoben Wechselwirkungen, als ordnende Kräfte wirksam (Schema 2). Hydrophobe Seitenketten haben die Tendenz, sich zusammenzulagern und die käfigartig um diese Seitenketten fixierten Wassermoleküle (Clathratstrukturen) freizusetzen. Die Überführung jeder unpolaren, hydrophoben Seitenkette aus wäßriger Umgebung in eine nicht-polare Umgebung liefert für das Protein einen berechneten Gewinn an freier Stabilisierungsenergie von etwa 4 kcal/mol. Es gilt daher das Bauprinzip: hydrophobe Reste innen, hydrophile Reste außen anzuordnen (Öltropfenmodell). Ausnahmen von dieser Regel dienen meist einem bestimmten Zweck, wie (1) der Fixierung von Cofermenten oder (2) der Zusammenlagerung von mehreren Protein-Untereinheiten zur Quartärstruktur oder (3) der Anlagerung von Phospholipiden beim Aufbau von Membranen oder (4) der Substratbindung bei Enzymen. Die hydrophobe Umgebung des katalytisch aktiven Enzymzentrums (niedrige Dielektrizitätskonstante) erleichtert chemische Umsetzungen in ähnlicher Weise wie ein organisches Lösungsmittel, in dem starke elektrische Kräfte lokal auf das Substrat einwirken können.

2.3.6.1. Faserproteine

Die wichtigsten Faserproteine sind die Keratine, die sich in Haar, Wolle, Horn und Federn finden, das Actin und Myosin des Muskelgewebes, die Seiden und Insektenfäden und das Kollagen der Sehnen und Häute.

Keratine sind meist aus in Richtung der Faserachse angeordneten gebündelten α-Helices aufgebaut, die durch eine unterschiedliche Anzahl von Cystinbrücken vernetzt sind. Die Wasserstoffbrücken der Helices liegen parallel zur Faserachse. Das Ergebnis ist eine geschmeidige, elastische und stark dehnbare Faser.

Die Seiden enthalten als Sekundärstrukturelement in weiten Bereichen das β-Faltblatt. In Richtung der Faserachse verlaufen die kovalenten Verknüpfungen der Peptidkette, weshalb die Faser wenig dehnbar ist.

Kollagen baut sich aus Strängen der Tripel-Helix, angeordnet in Faserrichtung, auf. Das gibt diesem Material die Steifheit und geringe Dehnbarkeit, die z.B. für die Sehnenfasern erforderlich ist.

2.3.6.2. Globuläre Proteine

Die löslichen Proteine sind in der Regel mehr oder weniger globuläre Proteine, wie alle Enzyme, die Transportproteine, Immunglobuline, Hormone u.a. Ihr dreidimensionaler Aufbau erfolgt durch Zusammenwirken

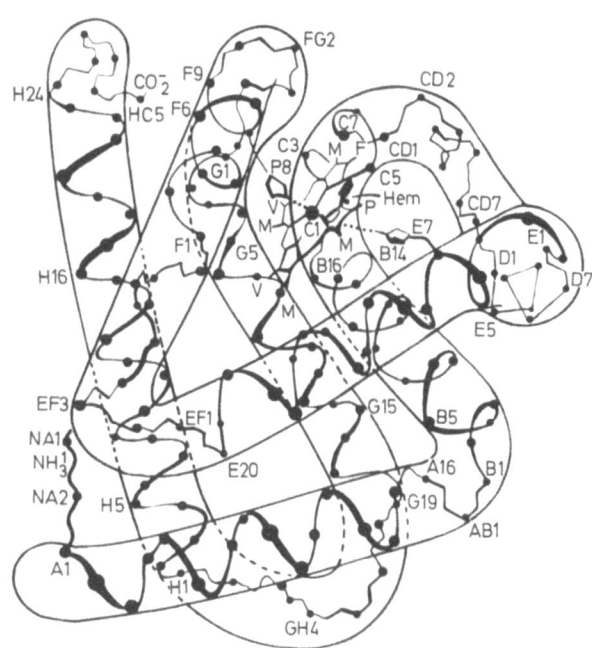

Abb. 2.28. Raumstruktur und Anordnung der 8 Helices des Myoglobins nach Röntgenstruktur-Analyse mit 2 nm Auflösung [nach Perutz, M.F.: Nature (Lond.) **167**, 1053 (1951)]

aller schwachen Wechselwirkungskräfte, wobei sich Sekundärstrukturelemente wahrscheinlich zuerst falten und dann weiter zusammenlagern (s. gesondertes Kapitel). Manche globulären Proteine, wie das Myoglobin, enthalten als Sekundärstrukturelement nur α-Helices. Der Helixgehalt an der Gesamtstruktur beträgt im Myoglobin sogar 75% (Abb. 2.28). Oft enthalten globuläre Proteine aber neben Helices auch Anteile an antiparalleler Faltblattstruktur (β-turns), wie z.B. Lysozym, Carboxypeptidase A oder der gewebsständige Trypsin-Inhibitor aus Rinderorganen. Für das relativ kleine Molekül des Trypsin-Inhibitors ist schematisch der Molekülaufbau aus wasserstoffverbrückten Elementen von α-Helix und antiparallelen β-Strukturen wiedergegeben in Abb. 2.29a, b.

Das Molekül des Myoglobins wird von 8 Helices aufgebaut, die eine kastenförmige Anordnung mit einer hydrophoben Tasche aufweisen. Die für die Sauerstoff-Fixierung verantwortliche Hämgruppe (Fe^{++}-Porphyrin) wird nur durch schwache Wechselwirkungen in dieser Tasche fixiert. Die Fixierung der Helices beruht ebenfalls nur auf schwachen Wechselwirkungen. An den Kontaktstellen der Helices finden sich vorzugsweise hydrophobe Aminosäuren. Damit hydrophobe Seitenketten bei einer α-Helix auf der gleichen Seite angeordnet werden, muß etwa jede vierte Aminosäure eine hydrophobe Seitenkette tragen.

Man kennt pathologische Hämoglobine, bei denen innerhalb der Hämtasche von zwei der vier Myoglobinähnlichen Untereinheiten aufgrund einer Gen-Mutation ein hydrophober Aminosäurerest gegen einen hydrophilen Rest ausgetauscht wurde. Das Ergebnis ist ein leichteres Herausgleiten des Häms aus der

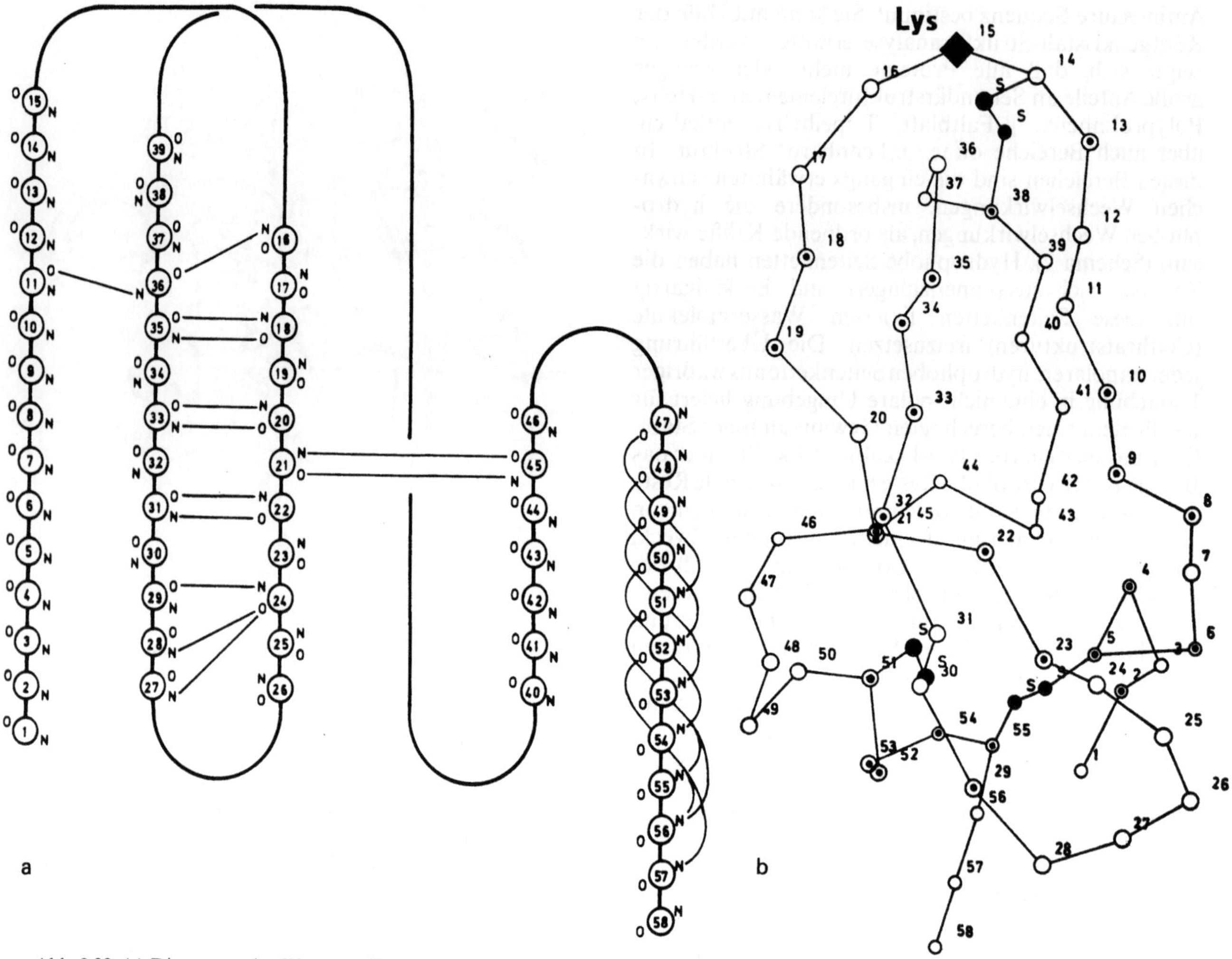

Abb. 2.29. (a) Diagramm der Wasserstoffbrücken im Molekül des Trypsin-Inhibitors (Kunitz) aus Rinderorganen. (b) Schematische Darstellung der Raumstruktur des Trypsin-Inhibitors anhand der Position der C_α-Atome [nach Huber, R. et al.: Proceedings Internat. Res. Conf. Proteinase Inhibitors, Berlin, de Gruyter 1971]

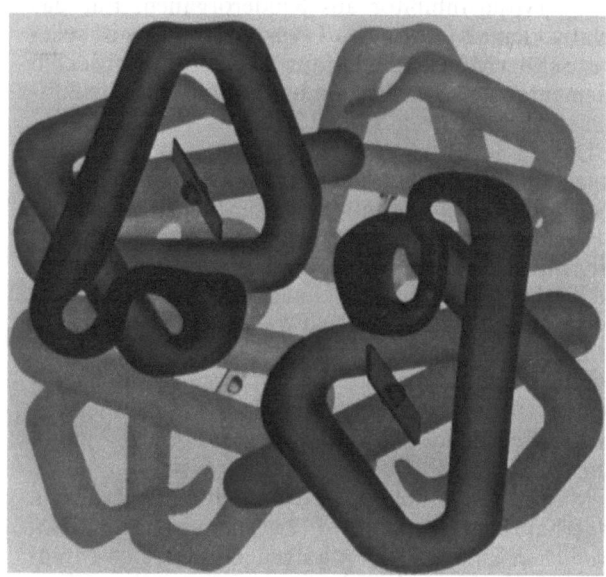

Abb. 2.30. Quartärstruktur des Hämoglobins aus vier Peptidketten $(\alpha_2\beta_2)$ nach M. F. Perutz (aus Dickerson and Geis)

Tasche und damit der Verlust der Transportfunktion für Sauerstoff. Träger dieser Gendefekte neigen zu hämolytischer Anämie.

2.3.6.3. Zusammengesetzte Strukturen

Viele biologisch wichtige Strukturen werden durch Zusammenlagerung kleinerer Untereinheiten aufgebaut. Die Assoziation von Untereinheiten zu biologischen Makromolekülen bringt viele biologische Vorteile:
a) Unabhängige Biosynthese kleinerer Polykondensate,
b) Verringerung der Teilchenzahl und damit der Osmolarität,
c) Möglichkeit zu kooperativer Wechselwirkung und allosterischer Regulation,
d) Wiederholte Verwendung von Untereinheiten (z. B. Cofermenten bei mehreren Enzymen),
e) Erhöhte funktionelle Sicherheit,
f) Verbreiterung des Evolutions-Spielraumes.

Nur zwei Beispiele sollen kurze Erwähnung finden:

Abb. 2.31. Modell einer Zellmembran aus Proteinen und einer Phospholipid-Doppelschicht

a) *Hämoglobin* ist ein tetrameres Molekül, dessen Quartärstruktur aus je zwei α- und zwei β-Peptidketten aufgebaut ist ($\alpha_2\beta_2$), Abb. 2.30. Die vier in ihrer Kettenkonformation dem Myoglobin entsprechenden Untereinheiten werden nur durch hydrophobe Wechselwirkungen und Salzbrücken an ihren Kontaktstellen zusammengehalten. Die Summation aller schwachen Wechselwirkungen führt zu Energiebeträgen von mehreren kcal/mol. Die Tendenz zur Dissoziation in αβ-Dimere bzw. in die Untereinheiten ist dementsprechend gering. Die Dissoziationskonstanten liegen bei $K = \frac{(\alpha\beta)^2}{\alpha_2\beta_2} = 1{,}2 \cdot 10^{-6}$ mol/l für die Dissoziation in αβ-Dimere.

Die vier Untereinheiten des Hämoglobin-Moleküls nehmen je 1 Sauerstoffatom auf. Abhängig vom Oxigenierungszustand verändert sich die relative Lage der Untereinheiten zueinander. Das Molekül zeigt eine „paradoxe Atmung" mit einer Kontraktion bei Sauerstoffaufnahme und einer Ausdehnung bei Sauerstoffabgabe. Die Untereinheiten sind zur Kooperation fähig. Die Sauerstoffaufnahme (bzw. -abgabe) führt in jeder Untereinheit zu einer geringen allosterischen Konformationsänderung. Über Kontakte kann diese Änderung der benachbarten Untereinheit mitgeteilt werden. Je höher die Sauerstoffbeladung des Moleküls bereits ist, um so leichter erfolgt die weitere Absättigung (Hämoglobin: sigmoide Sauerstoff-Sättigungskurve; Myoglobin: hyperbolische Sättigungskurve).

b) *Membranen* sind zusammengesetzte Systeme, die im wesentlichen aus Proteinen (50—60%) und Lipiden (40—50%) bestehen. Der Lipidanteil setzt sich zusammen aus Cholesterol, Phosphoglyceriden und Sphingomyelinen. Die Phosphoglyceride enthalten als hauptsächliche Bauelemente Phosphoglycerin, das mit 2 Fettsäure-Resten von je 12—22 C-Atomen verestert

Abb. 2.32

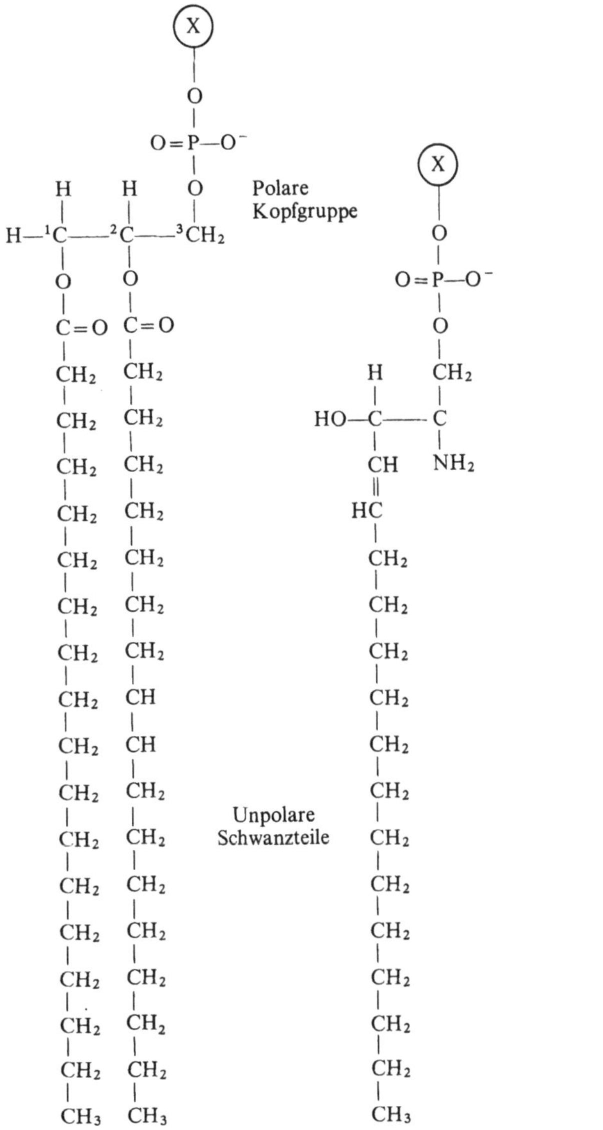

Generelle Struktur der Phosphoglyceride mit X als polarer Kopfgruppe (s. Tab. 2.6).

Sphingosin-phosphat mit X als polarer Kopfgruppe (z.B. Cholin) mit freier NH_2-Gruppe ohne zweiten Fettsäureanteil.

ist (Abb. 2.32). Sphingomyeline enthalten entsprechend Sphingosin bzw. Dihydrosphingosin, an dessen Aminogruppe ein Fettsäure-Rest amidartig gebunden ist und dessen 1-Hydroxylgruppe mit Phosphorsäure

Tabelle 2.6. In Phosphoglyceriden enthaltene polare Kopfgruppen X

Äthanolamin	Cholin	Serin	Inositol	Glycerol
NH_2	$^+N(CH_3)_3$	COOH	(Ringstruktur mit OH-Gruppen)	OH
CH_2	CH_2	$CH-NH_2$		CH_2
CH_2	CH_2	CH_2		CHOH
OH	HO	CH_2		CH_2
		OH		OH

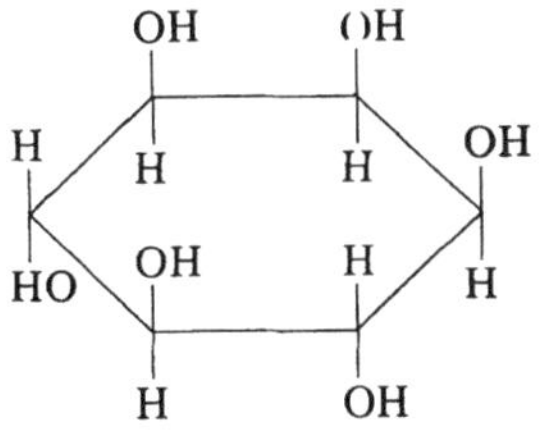

verestert ist (Abb. 2.32). Als polare Kopfgruppe ist in den Phosphoglyceriden und den Sphingomyelinen an die Phosphorsäure ein polarer Rest X, wie Äthanolamin, Cholin, Serin, Inositol, Glycerol u.a., verestert (Tab. 2.6). Dadurch entstehen amphiphatische Moleküle mit polarem Kopf und unpolarem, hydrophobem Schwanz, die sich in wäßriger Lösung zu Mizellen (polare Gruppen außen — hydrophobe Reste innen) oder zu monomolekularen Schichten bzw. Doppelschichten zusammenlagern können (Abb. 2.31).

Membranen sind nach heutigen Anschauungen fluide Systeme, die aus einem Mosaik von Doppelschichten von Phospholipiden und den verschiedensten globulären Membranproteinen aufgebaut sind (Abb. 2.31). An den Kontaktflächen der Proteine zu den Lipiden (Fettsäure-Resten) müssen unpolare, hydrophobe Aminosäure-Seitenketten vorhanden sein. Wie weit die Proteine in die Lipidschicht eindringen, wird also letztlich von der Aminosäure-Sequenz bestimmt. Das Membrangefüge wird nur durch nichtkovalente, schwache Wechselwirkungen zusammengehalten. Die Membranproteine sind stark mit den Lipiden assoziiert und werden durch diese in ihrer nativen Konformation stabilisiert. Sie lassen sich nur durch Detergentien in denaturierter Form extrahieren und sind in neutraler wäßriger Lösung unlöslich.

Aufbau und Funktion biologischer Makromoleküle und Systeme sind wesentlich ein Ergebnis schwacher chemischer Wechselwirkungen.

Literaturauswahl

Allgemeine Literatur
Barry, J. M., Barry, E. M.: Die Struktur biologisch wichtiger Moleküle. Stuttgart: G. Thieme 1971.
Lehninger, A. L.: Biochemistry, 2nd ed. Worth Publishers, Inc. 1975.
Rich, A., Davidson, N.: Structural Chemistry and Molecular Biology. San Francisco: Freeman, W. H., Company 1968.
Vol'kenshtein, M. V.: Molecules and Life, Plenum Press, New York-London 1970.

Nucleinsäuren.
Harbers, E.: Nucleinsäuren Stuttgart: G. Thieme 1975.
Knippers, R.: Molekulare Genetik. Stuttgart: G. Thieme 1974.

Proteine
Fasold, H.: Die Struktur der Proteine. Weinheim: Verlag Chemie 1972.
Dickerson, R. E., Geis, I.: Struktur und Funktion der Proteine. Weinheim: Verlag Chemie 1971.
Lübke, K., Schröder, E., Kloss, G.: Chemie und Biochemie der Aminosäuren, Peptide und Proteine I u. II. Stuttgart: G. Thieme 1975.

Membranen
Hoelz-Wallach, D. F., Knüfermann, H. G.: Plasmamembranen. Berlin-Heidelberg-New York: Springer 1973.

3. Physikalische Methoden zur Bestimmung der strukturellen Eigenschaften von Biomolekülen

3.1 Äußere Struktur

Friedrich Dörr

3.1.1. Allgemeines

Proteine und Nucleinsäuren bilden Makromoleküle, mit Dimensionen bis zu einigen 10^2 nm und Molekulargewichten bis 10^8. Zur Bestimmung ihrer (idealisierten) Form, ihrer Größe und ihres Molekulargewichts eignen sich besonders diejenigen physikalischen Methoden, die für die Analytik synthetischer Makromoleküle entwickelt worden sind. Synthetische Polymere fallen aber im allgemeinen nicht mit einem einheitlichen Molekulargewicht M an, sondern mit einer mehr oder weniger breiten Molekulargewichtsverteilung. Für eine Mischung solcher Makromoleküle sei N_i die Zahl der Teilchen mit dem Molekulargewicht M_i. Dann definiert man folgende Mittelwerte für verschiedene Werte von x:

$$\bar{M} = \frac{\sum N_i \cdot M_i^x}{\sum N_i \cdot M_i^{x-1}}$$

für $x=1$: $\bar{M} \equiv M_n =$ „Zahlenmittel" des Molekulargewichts
$x=2$: $M_w =$ „Gewichtsmittel"
$x=3$: $M_z =$ „z-Mittel"
$x=4$: $M_{z+1} =$ „(z+1)-Mittel"; usw.

Aus der Viskosität von Lösungen ergibt sich noch ein weiterer Mittelwert, M_V. Verschiedene Meßmethoden liefern im allgemeinen nicht den gleichen Mittelwert. Für die relative Größe dieser Mittelwerte gilt

$$M_n < M_V \leq M_w < M_z < M_{z+1} \ldots$$

Bei einer einheitlichen Fraktion, in der alle $M_i = M$ sind, sind jedoch auch alle diese Mittelwerte gleich M. In der Biochemie und Biophysik interessieren die chemischen bzw. biologischen Funktionen ganz bestimmter Moleküle, die bis in Details der Struktur definiert sind. Bei der Aufgabe, deren Größe, Form und Molekulargewicht zu bestimmen, hat man es deshalb, wenn auch meist nach mühsamer Trennung, mit einheitlichen Fraktionen zu tun, vorzugsweise in wäßriger Elektrolytlösung.

Tabelle 3.1 gibt zunächst eine Übersicht über die Methoden zur Bestimmung der äußeren Struktur und des Molekulargewichts von Makromolekülen. Die am häufigsten angewandten Methoden werden in diesem Buch beschrieben, auf die betreffenden Kapitel wird in Tab. 3.1 hingewiesen; für die übrigen sind Literaturhinweise gegeben, die sich im allgemeinen auf je eine zusammenfassende Darstellung beschränken.

3.1.1.1. Idealisierte Molekülformen

Die in Tab. 3.1 unter den Nummern 7 bis 16 aufgeführten Methoden beruhen unter anderem auf den hydrodynamischen Eigenschaften der Makromoleküle. Um die Meßwerte in Beziehung zur Molekülform und -größe zu bringen, benötigt man ein theoretisches Modell für diesen Zusammenhang. Das hydrodynamische Verhalten eines Moleküls hängt im allgemeinen in komplizierter Weise von diesen beiden Eigenschaften ab. Nur für idealisierte, starre Molekülformen ergeben sich relativ einfache Formeln. Solche speziellen Formen und ihre charakteristischen Parameter sind in Abb. 3.1 angegeben.

Reale Makromoleküle bilden im allgemeinen mehr oder weniger flexible statistische Knäuel, die vom Lösungsmittel durchströmt werden können. Nur im Falle, daß das eingeschlossene und das an der Oberfläche gebundene Lösungsmittel die Bewegung des Makromoleküls mitmacht, kann dieses (samt gebundenem Lösungsmittel) als annähernd starr betrachtet werden.

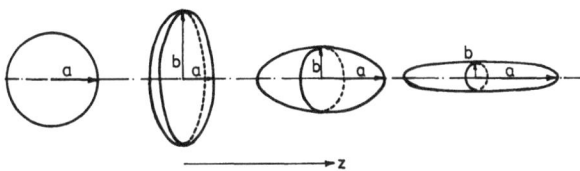

Abb. 3.1. Idealisierte Molekülformen. Kugel, Radius a; Rotationsellipsoide, Rotationsachse z; $a<b$: „abgeplattet", $a>b$ „gestreckt"; Stäbchen, $a \gg b$

3.1.2. Experimentelle Methoden

3.1.2.1. Diffusion

a) **Kinetische molekulare Beschreibung (Einstein, 1905)**

Ein Molekül in Lösung erleidet infolge der thermischen Bewegungen und Schwingungen der Lösungsmittelmoleküle von diesen je Sekunde etwa 10^{13} bis

Tabelle 3.1. Übersicht über die Methoden zur Bestimmung von Größe, Form und Molekulargewicht M von Makromolekülen (A_i: Atomgewichte)

lfd. Nr.	Methode	liefert	M-Bereich	Kapitel dieses Buches bzw. [Ref.]	Bemerkung
1	Vollständige chem. Analyse	$M = \sum A_i$	beliebig	—	
2	Quantitativer chemischer Nachweis von Gruppen, deren Zahl proportional zu M ist (z.B. $>C=0$)	M	fast beliebig		Kenntnis der allg. Struktur nötig
3a	Röntgenstrahl-Beugung	Größe, Form, innere Struktur	fast beliebig	3.2.1.	Einkristall nötig
3b	Neutronenbeugung				wie 3a
4	Elektronenmikroskopie	Größe, Form	>5000	3.2.2.	
5	Osmotischer Druck	M_n	$<10^6$	[1]	neuere Technik: Dampfdruck-Osmometer
6	Zweiter Virial-Koeffizient B	(M), Form		3.2.4.	Einfluß der el. Ladung des Makromol.
7	Viskosität von Lösungen	M_v (Größe, Form)		[5]	formabhängig
8	Diffusion	Größe, M_w	$<10^6$	3.1.2.1. u. 3.2.4.	Einfluß von Form, Solvatation, Konzentration
9	Kombination 7 + 8	M_w, Form	$<10^6$	—	wie 7 und 8
10	Sedimentationsgeschwindigkeit	Größe, M_w	$<5 \cdot 10^7$	3.1.2.2. und [6]	formabhängig
11	Kombination Diffusion-Sedimentationsgeschwindigkeit	M_w	$<5 \cdot 10^7$		Formeinfluß eliminiert
12	Elektrophorese von Ionen	M		[3]	Theorie kompliziert, dennoch zu ungenau; gute Trennmethode
13	Rotationsdiffusion	Größe, Form, M_w	fast beliebig	3.1.2.6., [5] und [7]	formabhängig, Zusammenhang mit Viskosität
14	Strömungsdoppelbrechung	Größe, Form M_w		3.1.2.6.	erfordert empirische Eichung
15	elektrische Doppelbrechung (Kerr-Effekt)	Größe, (Form)	fast beliebig		nur für nichtleitende Lösung, Dipolmoment muß bekannt sein
16	dielektrische Dispersion	Größe, (Form)	fast beliebig		wie bei 15
17	Sedimentations-Gleichgewicht	M_w, M_z	$<5 \cdot 10^6$	3.1.2.4. und [6]	formunabhängig, rel. rasche Messung
18	Lichtstreuung ($\lambda \approx 500$ nm)	Größe, M_w	$\geq 10^4$	3.2.4	rasch; empfindlich auf Assoziation der Moleküle
19	Röntgenlichtstreuung ($\lambda < 1$ nm)	Größe	kleine Moleküle		schwierige Technik

Mit kommerziellen Geräten werden routinemäßig vorzugsweise folgende Methoden eingesetzt: Nr. 5, 7, 8 (besonders in Kombination mit 18), 10, 17, 18.

10^{15} (großes Molekül) Stöße, die eine statistische Bewegung des Moleküls bewirken (Brownsche Bewegung). Sind die Teilschritte dieser Bewegung voneinander völlig unabhängig, so ergibt die Statistik, daß das "mittlere Verschiebungsquadrat" $\overline{x^2}$ proportional der Beobachtungszeit t ist:

$$\overline{x^2} = C \cdot t; \quad C = \text{const}. \tag{3.1}$$

x ist die Komponente der Verschiebung des Teilchens vom Anfangsort in Koordinatenrichtung x bei einer einzelnen Beobachtung der Dauer t; $\overline{x^2}$ ist der Mittelwert über x^2 für viele Beobachtungen gleicher Dauer t; der Mittelwert über x verschwindet bei völlig statistischer Bewegung: $\bar{x} = 0$: eine Verschiebung nach $+x$ ist gleich wahrscheinlich wie nach $-x$. Für die Mittelung genügen bei Lösungen wegen der hohen Stoßzahl schon Zeiten $t \geq 1$ µs.

Gesucht ist nun eine Beziehung zwischen der Konstanten C in Gl. (3.1) und den Molekülparametern. Für Makromoleküle kann bei thermischen Geschwindigkeiten v eine Reibungskraft angenommen werden, die zu v proportional ist:

$$F_R = -f \cdot v. \tag{3.2}$$

Dann ergibt sich

$$\frac{\overline{x^2}}{t} = \frac{2kT}{f} \tag{3.3}$$

$k = 1.38 \cdot 10^{-23}$ JK^{-1}, Boltzmann-Konstante; T absol. Temperatur

Der Reibungsfaktor f ist abhängig von Form und Größe des Makromoleküls, jedoch unabhängig von seiner Masse. (Daß dann gemäß Gl. (3.3) auch $\overline{x^2}$ von der Masse unabhängig ist, erklärt sich qualitativ daraus, daß ein schweres Teilchen zwar weniger rasch beschleunigt, aber auch weniger rasch abgebremst wird als ein leichtes.) Für kugelförmige Teilchen ist nach Stokes

$f = 6\pi\eta a$, a Radius des Teilchens,

η Viskosität des Mediums (Lösungsmittels); (3.4)

für Rotationsellipsoide gibt es entsprechende Formeln von Perrin.

b) Makroskopische Beschreibung der Diffusion

Da kleine Moleküle nicht einzeln zu verfolgen sind, braucht man eine Beziehung zwischen Gl. (3.3) und einer makroskopisch meßbaren zeitlichen Konzentrationsänderung. Diese ist durch die Gesetze von Fick gegeben.

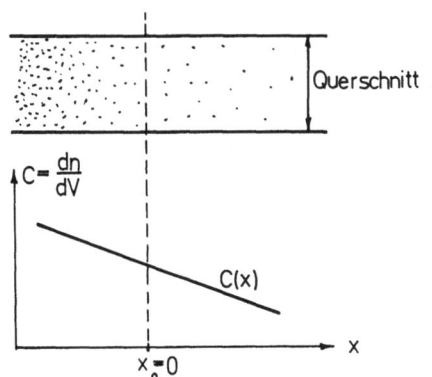

Abb. 3.2. Zum 1. Fickschen Gesetz, Gl. (3.5); c Konzentration (Teilchen/Volumeneinheit)

Für die Situation der Abb. 3.2 mit einem konstanten Konzentrationsgefälle $\frac{\partial c}{\partial x}$ der Molekülsorte A (Makromoleküle) in einem Lösungsmittel B lautet das

1. Ficksche Gesetz:

$$\frac{\partial n}{\partial t} = -D_{AB} \cdot A \cdot \frac{\partial c}{\partial x} \qquad (3.5)$$

n = Teilchenzahl; $\partial n/\partial t$ [s^{-1}] Teilchenstrom durch einen Querschnitt A [m^2]; c [m^{-3}] = Konzentration in Teilchen pro Volumeneinheit; D_{AB} [m^2/s] Diffusionskoeffizient für Molekülsorte A in B (Umgebung). Der Zusammenhang der makroskopischen Größe D_{AB} mit dem molekularen Reibungsfaktor f der Gl. (3.3) ergibt sich anhand der Abb. 3.3:

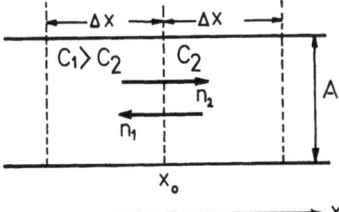

Abb. 3.3. Zur statistischen Interpretation des 1. Fickschen Gesetzes und des Diffusionskoeffizienten (vgl. Text)

Nach Gl. (3.3) ist mit $\Delta x = \sqrt{\overline{x^2}}$

$$v_x = \frac{\Delta x}{t} = \frac{2kT}{f} \cdot \frac{1}{\Delta x} \qquad (3.6)$$

die Diffusionsgeschwindigkeit in x-Richtung. In einer Zeit Δt passieren den Querschnitt bei x_0 von links nach rechts alle Moleküle in $\Delta V = A \cdot \Delta x = A \cdot v_x \cdot \Delta t$, die sich in $+x$-Richtung bewegen, das ist im Mittel die Hälfte aller Moleküle, also

$n_2 = \frac{1}{2} c_1 \cdot A \cdot v_x \cdot \Delta t$, und von rechts nach links

$n_1 = \frac{1}{2} c_2 \cdot A \cdot v_x \cdot \Delta t$, netto also, mit $c_2 - c_1 \approx \frac{\partial c}{\partial x}\Delta x$:

$$\Delta n = n_2 - n_1 = -\frac{1}{2} A v_x \Delta x \frac{\partial c}{\partial x} \Delta t = -\frac{1}{2}\frac{2kT}{f} A \frac{\partial c}{\partial x} \Delta t$$

bzw. in der Zeiteinheit

$$\frac{\Delta n}{\Delta t} \approx \frac{\partial n}{\partial t} = -\frac{kT}{f} \cdot A \cdot \frac{\partial c}{\partial x}.$$

Vergleich mit dem 1. Fickschen Gesetz, Gl. (3.5), ergibt

$$D_{AB} = \frac{kT}{f}. \qquad (3.7)$$

Aus D_{AB} erhält man f, aus f über ein hydrodynamisches Reibungsmodell, z.B. Gl. (3.4), die Molekülgröße.

c) Messung des Diffusionskoeffizienten D_{AB}

Die Bedingungen für eine unmittelbare Anwendung der Gl. (3.5) sind experimentell schwierig realisierbar. Das 2. Ficksche Gesetz, Gl. (3.8), ist hierfür besser geeignet; es beschreibt die zeitliche Änderung der Konzentration infolge der Diffusion:

$$\left(\frac{\partial c}{\partial t}\right)_x = \frac{\partial}{\partial x}\left(D_{AB} \cdot \frac{\partial c}{\partial x}\right)_t \qquad (3.8)$$

bzw., wenn D_{AB} konzentrationsunabhängig ist,

$$\left(\frac{\partial c}{\partial t}\right)_x = D_{AB}\left(\frac{\partial^2 c}{\partial x^2}\right)_t. \qquad (3.8a)$$

Der zeitliche Verlauf der Konzentration an einem bestimmten Ort x hängt von den Anfangs- und Randbedingungen ab. Man überschichtet z.B. in einem „Diffusiometer" eine homogene Lösung mit reinem Lösungsmittel und beobachtet das Eindiffundieren des gelösten Stoffes in das Lösungsmittel an seiner charakteristischen Lichtabsorption (Maß für c) oder an der Veränderung im Brechungsindex (Schlierenmethode, ergibt $\partial c/\partial x$). Solche Messungen sind langwierig (1 bis 2 Tage). Die Temperatur ist über diese

Zeit konstant zu halten, Erschütterungen und Konvektion sind sorgfältig zu vermeiden. Diese Nachteile vermeidet die in Kapitel 3.2.4 beschriebene Messung des optischen Dopplereffekts an diffundierenden Teilchen.

Hat man aus D_{AB} aufgrund einer angenommenen Molekülform das Molekülvolumen V bestimmt, so folgt daraus die Molmasse

$$M = N_L \cdot V \cdot \varrho; \quad N_L = \text{Avogadrosche Zahl},$$
$$\varrho = \text{Dichte der Molekülsubstanz}. \quad (3.9)$$

So bestimmte M-Werte sind i. allg. zu groß gegenüber Werten aus anderen Methoden. Die Gründe dafür sind:

(a) Die meist angenommene Kugelform ist zu sehr idealisiert (Korrektion mittels eines Dissymmetriefaktors aus Messungen mit anderen Methoden, die auf die Gestalt des Moleküls ansprechen: Viskosität, Strömungsdoppelbrechung, dielektrische Dispersion);

(b) Hydratation vergrößert das Reibungsvolumen, $V_{eff} > V$;

(c) Wasseraufnahme ändert die Dichte gegenüber der trockenen Substanz: $M_{trocken}/M_{hydrat} \approx 1{,}46$;

(d) elektrische Oberflächenladungen (z. B. bei Proteinen) beeinflussen den Reibungsfaktor stark. Am sog. „isoelektrischen Punkt", einstellbar über die Ionenkonzentration im Lösungsmittel, sind die Makromoleküle ungeladen. Die Löslichkeit ist dann aber häufig sehr gering (Ausflocken).

Eine gegenseitige Wechselwirkung der beobachteten Teilchen eliminiert man z.B. durch Extrapolation der Meßwerte auf verschwindende Konzentration. Eine andere bequeme Meßmethode zur Bestimmung von Diffusionskonstanten beruht auf der Diffusion durch eine poröse Platte (Fritte). Man erhält für verschiedene Proben relative Diffusionskonstanten, benötigt also eine empirische Eichung.

Die Meßzeit wird auch wesentlich verkürzt, wenn die Moleküle als Folge einer auf sie wirkenden gerichteten Kraft eine Driftbewegung ausführen. Dies ist der Fall bei der Sedimentation in einem Beschleunigungsfeld und bei der Elektrophorese.

3.1.2.2. Sedimentationsgeschwindigkeit

Ein Teilchen der Masse m erfährt in einer Zentrifuge eine Radialkraft

$$F_r = m\omega^2 r, \quad \omega = \text{Winkelgeschwindigkeit},$$
$$r = \text{Abstand des Teilchens von der Drehachse}. \quad (3.10)$$

Hat das Teilchen die Dichte ϱ_M und das umgebende Lösungsmittel die Dichte ϱ_L, so vermindert sich die Radialkraft um den Auftrieb. Der durch F_r bewirkten Sedimentationsbewegung wirkt eine Reibungskraft entgegen. Für Stokessche Reibung gilt im stationären Fall mit den Gln. (3.2) und (3.7):

$$F_r = m\left(1 - \frac{\varrho_L}{\varrho_M}\right)\omega^2 r = -F_R = fv_s = \frac{kT}{D_{AB}}v_s. \quad (3.11)$$

Mit den Definitionen

$$\overline{V} = \frac{1}{\varrho_M} \quad \begin{array}{l}\text{partielles spezifisches Volumen}\\\text{der betrachteten Teilchen}, \end{array} \quad (3.12)$$

$$s = \frac{v_s}{\omega^2 r} \quad \begin{array}{l}\text{Sedimentationskoeffizient,}\\\text{Einheit } 10^{-13}\,s = 1S\,(\text{„Svedberg"}),\end{array} \quad (3.13)$$

wird aus Gl. (3.11) mit $M = N_L \cdot m$ (Molmasse), $R = N_L \cdot k$ (allgemeine Gaskonstante)

$$M = \frac{sRT}{D_{AB}(1 - \overline{V}\varrho_L)}. \quad (3.14)$$

Man mißt v_s und damit s mit optischen Methoden in einer Ultrazentrifuge bei einer Radialbeschleunigung $\omega^2 r \approx 10^5\,\text{ms}^{-2}$; v_s ist dann von der Größenordnung $10^{-6}\,\text{ms}^{-1}$. Für (annähernd) sphärische Teilchen kann man wieder nach Gl. (3.4) und (3.7) $D_{AB} = \frac{kT}{6\pi\eta a}$ setzen.

Kennt man D_{AB} aus einer von der Molekülform unabhängigen Methode, z.B. einer Diffusionsmessung, so wird M nach Gl. (3.14) formunabhängig. (Statt durch M werden Makromoleküle häufig auch durch Angabe ihres Sedimentationskoeffizienten s charakterisiert.) Bei Molekülen, die in Ionen dissoziieren, tritt während der Sedimentation ein elektrisches Potentialgefälle auf, das v_s verkleinert. Zusatz von Salzen vermindert diesen Effekt. Korrektionen sind auch wegen der Geometrie der Meßzellen nötig (Verdünnungseffekt bei sektorförmiger Zelle).

3.1.2.3. Elektrophorese

Geladene Teilchen, wie z.B. die Proteine, erfahren in einem elektrischen Feld E eine Kraft

$$F_{el} = Q \cdot E, \quad Q \text{ Ladung}. \quad (3.15)$$

Diese bewirkt bei Stokesscher Reibung eine Driftgeschwindigkeit

$$v = \frac{EQ}{f}, \quad f = \text{Reibungsfaktor}. \quad (3.16)$$

Man definiert eine von der Feldstärke unabhängige Ionenbeweglichkeit

$$u = \frac{v}{E} = \frac{Q}{f} = \frac{Q \cdot D_{AB}}{kT}; \quad D_{AB} \text{ Diffusions-Koeffizient}. \quad (3.17)$$

Die Auswertung von Gl. (3.17) analog der Gl. (3.11) bei der Sedimentation gelingt aber nur sehr ungenau, weil das hydrodynamische Problem hier viel komplizierter ist. Die Ursachen dafür sind: eine Lösung ist immer auch in kleinen Volumina elektrisch neutral. Das bedeutet, daß sich in der nächsten Nähe eines Ions mit der Ladung $Q = Z \cdot e$ eine Anzahl Gegenionen gleicher Gesamtladung befinden, z.B. Z einwertige Ionen der Ladung $-e$ (e Elementarladung), die unter der Wirkung des Feldes E in entgegengesetzter Richtung zu wandern suchen. Alle Ionen schleppen eine Hülle von (polaren) Lösungsmittelmolekülen mit sich, die sich bei höherer Geschwindigkeit deformiert (Relaxationseffekt) und die den Reibungsfaktor über den hydrodynamischen Wert hinaus erhöht. Die Oberfläche eines geladenen Makromoleküls ist unmittelbar von einer fest haftenden Wasserschicht der Dicke d umgeben, in der sich eine thermodynamisch bedingte Anzahl von Gegenionen befindet. Diese Hydratschicht bewegt sich mit dem Makromolekül, vermindert seine effektive Ladung und vergrößert sein Volumen. Das elektrische Potential auf ihrer Oberfläche ist das sog. ζ-Potential. Es hängt von Ladung und Geometrie des Makromoleküls, von der Dielektrizitätskonstanten des Lösungsmittels, von der Temperatur und von der Ionenstärke der Lösung ab. Theoretische Modelle zur Berechnung von ζ stammen von Helmholtz, von Debye und Hückel, und von Booth. Zur Schwierigkeit, ζ genügend genau zu berechnen, kommt noch die Tatsache, daß Proteine häufig eine nicht zu vernachlässigende innere Ionenleitfähigkeit aufweisen. Die Elektrophorese ist eine hervorragende Trennmethode; für die Bestimmung von Molekülparametern ist sie weniger geeignet.

3.1.2.4. Sedimentationsgleichgewicht im Beschleunigungsfeld

Nach der Boltzmann-Statistik verhalten sich die Besetzungszahlen n_1, n_2 zweier nichtentarteter Energieniveaus E_1, E_2 bei der Temperatur T gemäß Gl. (3.18):

$$\frac{n_2}{n_1} = e^{-\frac{E_2 - E_1}{kT}}. \tag{3.18}$$

In einem Beschleunigungsfeld ist $E_2 - E_1$ die Differenz der potentiellen Energie zwischen den Orten r_2 bzw. r_1, in der Atmosphäre z.B. zwischen verschiedenen Höhen, in einer Zentrifuge zwischen verschiedenen Abständen r von der Drehachse. Gemäß Gl. (3.11) verhält sich wegen des Auftriebs ein Teilchen der Masse m in Lösung wie ein freies Teilchen der effektiven Masse

$$m' = m\left(1 - \frac{\varrho_L}{\varrho_M}\right), \quad \begin{array}{l} \varrho_L \text{ Dichte des Lösungsmittels}, \\ \varrho_M \text{ Dichte des Teilchens}. \end{array} \tag{3.19}$$

Die Energiedifferenz $E_2(r_2) - E_1(r_1)$ ist dann

$$E_2 - E_1 = \int_{r_1}^{r_2} F_r \, dr = -m'\omega^2 \int_{r_1}^{r_2} r \, dr = \frac{m'\omega^2}{2}(r_1^2 - r_2^2). \tag{3.20}$$

Damit folgt aus Gl. (3.18)

$$\ln \frac{n_1/\Delta V}{n_2/\Delta V} = \frac{m'\omega^2}{2kT}(r_1^2 - r_2^2). \tag{3.21}$$

Man mißt mit optischen Methoden die Teilchendichten $n_1/\Delta V_1$ und $n_2/\Delta V_2$ bei r_1 bzw. r_2 und erhält mit Gln. (3.21) und (3.19) die Molekülmasse m, unabhängig von Größe, Form und Ladung der Teilchen.

3.1.2.5. Dichtegradientenmethode

Mit einem Zusatz schwerer anorganischer Salze, z.B. CsCl, entsteht während des Zentrifugierens ein Dichtegradient im Lösungsmittel: $\varrho_L = \varrho_L(r)$. Gelöste Makromoleküle erfahren keine Zentralkraft am Ort, wo ihre Dichte gleich derjenigen der Flüssigkeit ist, sie sammeln sich in schmaler Schicht im entsprechenden Abstand r von der Drehachse. Dies kann z.B. zur Trennung von isotopen-markierten Molekülen dienen. Auch die Sedimentationsgeschwindigkeit v_s hängt vom Dichtegradienten ab. Es gilt für 2 Teilchenarten vom Molekulargewicht M_1 bzw. M_2 für die von ihnen in einer bestimmten Zeit zurückgelegten Strecken x_1 bzw. x_2:

$$\frac{M_1}{M_2} = \left(\frac{x_1}{x_2}\right)^{3/2}. \tag{3.22}$$

Mit dieser Beziehung können relative Molekulargewichte ermittelt werden.

3.1.2.6. Rotationsdiffusion

Die betrachteten Teilchen sollen eine physikalisch erkennbare Vorzugsrichtung aufweisen, etwa eine lange Achse, ein elektrisches Dipolmoment oder ein optisches Übergangsdipolmoment für die Absorption bzw. Emission von linear polarisiertem Licht. Zu einer bestimmten Zeit t_0 sollen diese Molekülachsen eine gewisse Verteilung ihrer Orientierungen gegen eine willkürlich gewählte Richtung z haben.

Es sei $dn(\varphi)$ die Zahl aller Moleküle mit einer Orientierung zwischen φ und $\varphi + d\varphi$ gegen z (Abb. 3.4). Dann beschreibt $\varrho(\varphi) = \partial n/\partial \varphi$ als Funktion von φ die

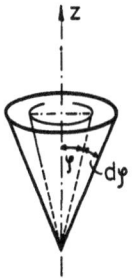

Abb. 3.4. Zur Definition der Rotationsdiffusionskonstante (vgl. Text)

Orientierungsdichteverteilung auf alle Intervalle $0\ldots\varphi\ldots\pi$. Infolge der thermischen Rotationsbewegung verlassen nun in der Zeit dt eine Anzahl Moleküle ihre Orientierung. Analog dem 1. Fickschen Gesetz der Diffusion, Gl. (3.5), resultiert ein „Strom" in Richtung zu kleinerer Dichte:

$$\frac{dn}{dt} = -\Theta \frac{\partial \varrho}{\partial \varphi}; \quad \begin{array}{l}\Theta \text{ Rotationsdiffusionskonstante}\\ \text{(Dimension s}^{-1}). \end{array} \quad (3.23)$$

Einer Rotation mit der Winkelgeschwindigkeit ω wirkt ein Reibungsdrehmoment entgegen, das in guter Näherung zu ω proportional ist:

$$M_R = -f_R \cdot \omega. \quad (3.24)$$

In Analogie zu der molekularen Interpretation des Reibungsfaktors f bei der linearen Diffusion [Gl. (3.7)] ergibt sich

$$\Theta = \frac{kT}{f_R}. \quad (3.25)$$

Die hydrodynamische Behandlung für laminare Strömung liefert nach Perrin für kugelförmige Moleküle vom Radius a:

$$f_R = 8\pi\eta a^3, \quad \eta \text{ Viskosität der umgebenden Flüssigkeit;} \quad (3.26)$$

für langgestreckte Rotationsellipsoide, a lange, b kurze Halbachse ($a \gtrsim 5b$), Rotation um kurze Achse:

$$f_R \approx \frac{2}{3} \cdot 8\pi\eta a^3 \cdot \frac{1}{2\ln\frac{2a}{b} - 1} \approx \text{const.} \cdot a^3. \quad (3.27)$$

Andere Achsenverhältnisse und dreiachsige Ellipsoide wurden eingehend von Memming behandelt.

Die Rotationsdiffusion eines beliebig geformten Teilchens wird, entsprechend den drei Rotationsfreiheitsgraden, durch drei Rotationsdiffusionskonstante Θ_i, $i = 1, 2, 3$, beschrieben.

3.1.2.7. Die Rotationsrelaxationszeit

Der Gleichgewichtszustand eines Systems werde durch den Wert X einer charakteristischen Größe beschrieben, die von der Zustandsvariablen F abhängt. Wenn sich F sprunghaft ändert, paßt sich X i. allg. nur verzögert den neuen Bedingungen an („Relaxation"). Ist nun speziell die Geschwindigkeit, mit der sich X nach einer momentanen Störung dem Gleichgewichtswert X_{Gl} nähert, der Abweichung $x = X - X_{Gl}$ von diesem proportional, so gilt

$$x(t) = x(0) \cdot e^{-t/\tau_R}; \quad (3.28)$$

$x(0)$ anfängliche Abweichung

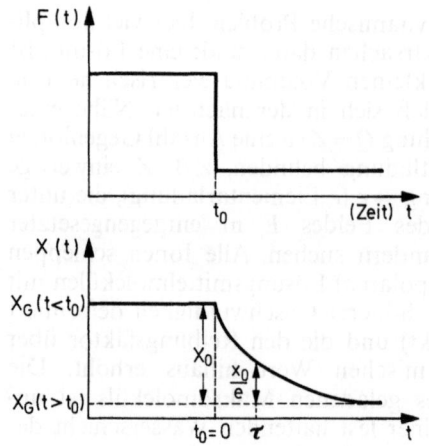

Abb. 3.5. Relaxation der Größe X nach einer sprunghaften Änderung eines Parameters F, von dem X abhängt, zur Zeit t_0; τ Relaxationszeit bei Zeitgesetz 1. Ordnung. $X_G(t)$ Gleichgewichtswert von X zum entsprechenden Parameterwert $F(t)$

Für kleine Störungen ist dies immer eine gute Näherung.

τ_R ist die sog. Relaxationszeit des Prozesses, das ist die Zeit, in der die Abweichung auf $1/e$ des Anfangswertes abgeklungen ist. [In der chemischen Kinetik beschreibt Gl. (3.28) eine sog. Reaktion 1. Ordnung.] In Abb. 3.5 ist dies veranschaulicht.

Eine geeignete Größe zur Beschreibung des Orientierungsgrades von Molekülen mit einer ausgezeichneten Achse ist der Mittelwert von $\cos\varphi$ über die Orientierungsverteilung $\varrho(\varphi)$:

$$\overline{\cos\varphi} = \frac{\int\limits_0^\pi \varrho(\varphi)\cos\varphi\, d\varphi}{\int\limits_0^\pi \varrho(\varphi)\, d\varphi}. \quad (3.29)$$

Die Abweichung von der Gleichgewichtsverteilung zur Zeit t ist dann

$$x(t) = \overline{\cos\varphi(t)} - \overline{\cos\varphi(t\to\infty)}. \quad (3.30)$$

Aus einer Messung von $\overline{\cos\varphi}$ als Funktion der Zeit nach einer momentanen Störung folgt dann bei Gültigkeit von Gl. (3.28) die Rotationsrelaxationszeit τ_R. Diese steht in einer einfachen Beziehung zur Rotationsdiffusionskonstanten Θ aus Gl. (3.23). Für kugelförmige Teilchen gilt

$$\tau_R = \frac{1}{2\Theta} = \frac{f_R}{2kT}. \quad (3.31)$$

Für zweiachsige Ellipsoide gibt es zwei Θ- und zwei τ_R-Werte, für dreiachsige je drei. Bei stabförmigen Teilchen interessiert meist nur die Rotation um eine kurze Achse. Über hydrodynamische Reibungsmodelle erhält man aus Θ schließlich die Moleküldimension [vgl. Gln. (3.26) und (3.27)].

a) Messung der Rotationsrelaxationszeit τ_R

α) Depolarisation der Fluoreszenz von Lösungen

Die Wechselwirkung von Licht mit Molekülen wird in den Kapiteln 3.2.4, 3.2.5, 3.2.6, 3.2.7 und 5.1 näher behandelt. An dieser Stelle genügen folgende Tatsachen: Die Absorption eines Lichtquants ($h\nu_A$) im sichtbaren oder ultravioletten Spektralbereich befördert ein Molekül in einen angeregten Elektronenzustand (z.B. S_1 in Abb. 3.6), von dem es i. allg. auf verschiedenen Wegen durch Energieabgabe wieder in den Grundzustand (S_0) zurückkehren kann. Gibt es die Energie nach einer gewissen mittleren Existenzdauer τ_F des angeregten Zustandes wieder als Lichtquant ($h\nu_F$) ab, so spricht man von Fluoreszenz.

Wesentlich für das folgende ist nun, daß die Lichtabsorption und -emission (praktisch immer) über ein molekülfestes elektrisches Übergangsdipolmoment erfolgt. Die Übergangswahrscheinlichkeit ist $\sim \cos^2\varphi$, wenn φ der Winkel zwischen diesem Übergangsmoment und dem elektrischen Feldstärke-Vektor der Lichtwelle ist. Aus einem Ensemble (einer Lösung) statistisch orientierter Moleküle werden durch linear polarisiertes Licht nur die geeignet orientierten angeregt („Photoselektion"). Die angeregten Moleküle besitzen dann eine anisotrope Orientierungsverteilung, die sich im Polarisationszustand ihres Fluoreszenzlichts ausdrückt. Dieser kann z.B. durch den Polarisationsgrad P charakterisiert werden, der hier anhand der Meßanordnung (Abb. 3.7) definiert werden soll.

Einstrahl- und Beobachtungsrichtung sollen in der (xy)-Ebene liegen. Das Erregerlicht (ν_A) ist mittels Polarisator P_1 mit dem elektrischen Vektor senkrecht zu dieser Ebene, also parallel z, polarisiert. Das Fluoreszenzlicht (ν_F) hat dann eine Komponente der Intensität I_p, die parallel zum Erregerlicht polarisiert ist, und eine Komponente der Intensität I_s mit dazu senkrechter Polarisation. I_p und I_s können durch Drehen von Polarisator P_2 getrennt gemessen werden. Man definiert den Polarisationsgrad P durch

$$P = \frac{I_p - I_s}{I_p + I_s}. \qquad (3.32)$$

Aus der Mittelung über alle Molekülorientierungen folgt für schwache Anregung ($<1\%$ aller Moleküle gleichzeitig angeregt, mit Ausnahme von Laser-Puls-Anregung praktisch immer erfüllt)

$$P = \frac{3\cos^2\alpha - 1}{\cos^2\alpha + 3}, \qquad (3.33)$$

wobei α der Winkel zwischen absorbierendem ($\boldsymbol{m}_A$) und emittierendem ($\boldsymbol{m}_F$) Übergangsdipolmoment im einzelnen Molekül ist.

Die Grenzwerte von P sind:

$P = +1/2$ für $\alpha = 0°$, insbesondere, wenn $\boldsymbol{m}_A$ mit $\boldsymbol{m}_F$ identisch ist (wie z.B. in Abb. 3.6);

$P = -1/3$ für $\alpha = 90°$.

Verschiedene Mechanismen erniedrigen den Betrag von P. Sieht man von der Überlagerung mehrerer Übergänge, von Schwingungskopplung und Energiewanderung ab, die durch geeignete Wahl der Spektralbereiche und der Konzentration weitgehend eliminiert werden können, so ist es vor allem die Rotationsdiffusion der Moleküle während der Lebensdauer τ_F des angeregten Zustandes, die $|P|$ vermindert. Die grundlegende Beziehung dafür stammt von Perrin, sie lautet:

$$\left(\frac{1}{P} - \frac{1}{3}\right) = \left(\frac{1}{P_0} - \frac{1}{3}\right)(1 + 6\Theta\tau_F) \equiv \frac{1}{G(P)} \qquad (3.34)$$

mit Θ = Rotationsdiffusionskonstante [s. Gl. (3.23)].

P_0 ist der Polarisationsgrad, der bei Verhinderung der Rotationsdiffusion gemessen wird, z.B. an einer eingefrorenen Lösung; P ist der Wert mit Rotationsdiffusion. Θ ist im allgemeinen Fall ein Tensor, der von der Temperatur T, der Viskosität η des Lösungsmittels und dem Molekülvolumen V abhängt. Für ein Molekül von der Form eines gestreckten Rotationsellipsoids nach Abb. 3.1 mit $a > b$, $\kappa = b/a$ kann man schreiben

$$\Theta_{z\atop(x)} = \frac{1}{8} \cdot \frac{kT}{V\eta} \cdot \Lambda_{z\atop(x)}(\kappa); \quad k = \text{Boltzmannkonstante}. \quad (3.35)$$

Abbildung 3.8 gibt die Formfaktoren $\Lambda(\kappa)$ wieder. Für kugelförmige Moleküle ist

$$\Theta_z = \Theta_x = \Theta = \frac{1}{6} \cdot \frac{kT}{V\eta} = \frac{1}{2\tau_R}, \qquad (3.36)$$

τ_R ist die Rotationsrelaxationszeit [vgl. Gl. (3.31)].

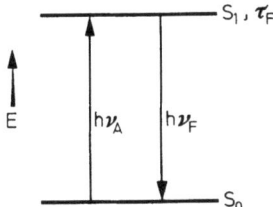

Abb. 3.6. Einfaches Termschema zur Absorption ($h\nu_A$) und Emission ($h\nu_F$) eines Lichtquants. S_0 Grundzustand, S_1 angeregter Zustand des Moleküls; τ_F mittlere Lebensdauer von S_1 bei einem Ensemble gleichartiger Moleküle („Fluoreszenzabklingdauer")

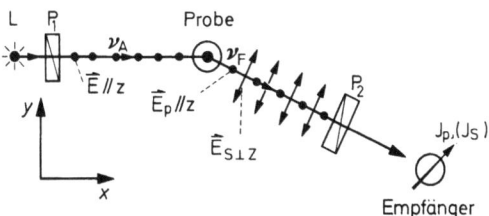

Abb. 3.7. Schema zur Messung des Polarisationsgrades der Fluoreszenz. L Lichtquelle, P_1 feststehender, P_2 drehbarer Polarisator; ν_A Erregerlicht, ν_F Fluoreszenzlicht; E, E_p, E_s Polarisation von Anregungs- bzw. Lumineszenzlicht; Monochromatoren zur Selektion nicht gezeichnet. Probe temperierbar, Dewargefäß mit optischen Fenstern. Photoelektrische Intensitätsmessung

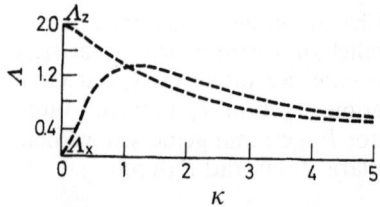

Abb. 3.8. Formfaktoren Λ für gestreckte Rotationsellipsoide, nach A.C. Albrecht, J. Mol. Spectr. **6**, 84 (1961); κ Achsenverhältnis

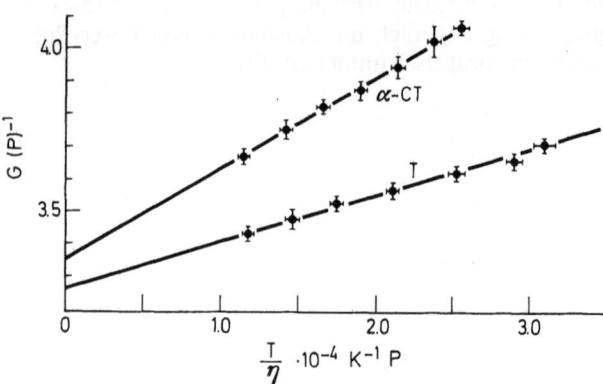

Abb. 3.9. Perrin-Gerade: $\dfrac{1}{G(P)}$ nach Gl. (3.34) über T/η des Lösungsmittels; T Temperatur, η Viskosität. α-Chymotrypsin (α-CT) und Trypsin (T) in H_2O; nach F. Hechenbichler, Diss. TU München, 1974

Mit den Gln. (3.34) und (3.35) folgt, daß die Auftragung von $1/G(P)$ über T/η eine Gerade („Perrin-Gerade") ergibt, wenn τ_F konstant ist. Dies ist meist erfüllt, vgl. z. B. Abb. 3.9.

Bei Kenntnis der Fluoreszenzabklingdauer τ_F erhält man dann aus ihrer Steigung das Molekülvolumen V. Für Ellipsoide ergibt sich für τ_R ein Mittelwert der auf die Hauptachsen (x, y, z) bezogenen Relaxationszeiten gemäß Gl. (3.37):

$$\frac{1}{\tau_R} = \frac{1}{\tau_x} + \frac{1}{\tau_y} + \frac{1}{\tau_z}. \qquad (3.37)$$

Tritt bei einer bestimmten Temperatur (oder aus anderer Ursache) eine Konformationsänderung ein, so ändert sich die Steigung der Perrin-Geraden. Die Methode eignet sich deshalb besonders dazu, solche Konformationsänderungen zu erkennen und mit Änderungen der biochemischen Aktivität zu korrelieren. Die Lösung kann, anders als bei der dielektrischen Relaxation, elektrisch leitend sein. Praktisch hinderlich ist die meist geringe Eigenfluoreszenz von Biomolekülen. In manchen Fällen können sie mit einem fest adsorbierenden Fluoreszenzfarbstoff markiert werden.

β) Strömungsdoppelbrechung

Für nichtsphärische Moleküle ist die Methode der Strömungsdoppelbrechung zur Bestimmung ihrer äußeren Gestalt ziemlich universell anwendbar. Sie beruht auf der Orientierung der Moleküle in einer Strömung mit konstantem Geschwindigkeitsgradienten. Der Orientierungsgrad wird über die damit verbundene optische Doppelbrechung bestimmt. Die Meßanordnung besteht aus zwei Zylindern mit gemeinsamer senkrecht stehender Achse, mit den Radien R_1 und $R_2 = R_1 + d$, von denen der eine gegen den anderen mit der Winkelgeschwindigkeit ω rotiert, vgl. Abb. 3.10a.

Bei geeigneten Bedingungen bildet sich in einer Flüssigkeit zwischen den beiden Zylindern, die die Makromoleküle gelöst enthält, eine laminare Strömung mit einem radialen Geschwindigkeitsgradienten

$$\frac{\partial v}{\partial R} = \gamma = \frac{v(R_2) - v(R_1)}{R_2 - R_1} = \frac{\omega R_2}{d} \qquad (3.38)$$

aus. (Hierbei ist der innere Zylinder als stehend angenommen.) Auf die Makromoleküle wirkt ein Drehmoment, das sie parallel zu den Strömungslinien zu orientieren sucht (Abb. 3.10b). Diese Orientierung wird durch die Rotationsdiffusion gestört, es stellt sich ein stationärer Zustand mit einer Orientierungsverteilung $\varrho(\varphi)$ ein, die vom Geschwindigkeitsgradienten γ und von der Rotationsdiffusionskonstanten Θ, damit von der Geometrie des Moleküls, abhängt (φ ist der Winkel zwischen der Längsachse eines Makromoleküls und der Strömungsrichtung.) Ein geschlossener Ausdruck für $\varrho(\varphi, \gamma, \Theta)$ ist nicht zu geben, Reihenentwicklungen für verschiedene Fälle wurden von Scheraga et al. durchgeführt.

Die Bestimmung der wahrscheinlichsten Orientierung φ_m geschieht mit Hilfe der optischen Doppelbrechung. Die Makromoleküle sind optisch anisotrop, sie haben für Licht, das parallel zu ihrer Längsachse

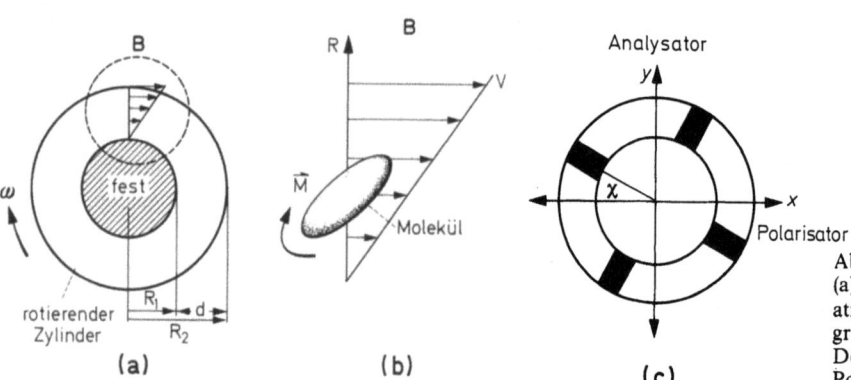

Abb. 3.10a–c. Zur Störungsdoppelbrechung. (a) Meßanordnung; (b) mikroskopische Situation eines Makromoleküls im Strömungsgradienten; (c) Nachweis und Messung der Doppelbrechung, Probe zwischen gekreuzten Polarisatoren, sog. Isoklinenkreuz (s. Text)

polarisiert ist, einen anderen Brechungsindex wie für senkrecht dazu polarisiertes Licht. Bringt man sie zwischen zwei gekreuzte Polarisatoren mit der Transmissionsrichtung x für den Polarisator, y für den Analysator (vgl. Abb. 3.10c), so dringt nur dann kein Licht durch die gesamte Anordnung, wenn die optische Vorzugsachse der Moleküle parallel zu x oder y liegt. Bei einer davon abweichenden Orientierung tritt als Folge der Doppelbrechung in den Makromolekülen ein Teil des Lichts hindurch. Betrachtet man die Strömung zwischen den Zylindern in z-Richtung zwischen gekreuzten Polarisatoren, so erhält man das in Abb. 3.10c skizzierte Bild. An denjenigen Stellen der Strömung, wo die Moleküle vorwiegend parallel zu x oder y orientiert sind, ist das Gesichtsfeld dunkel (Isoklinenkreuz), an den anderen Stellen hell. Das Isoklinenkreuz ist um den Winkel χ gegen die Achsen x bzw. y der Polarisatoren verdreht. Hätten alle Moleküle die Orientierung φ_m zur Strömungsrichtung, so wäre das Isoklinenkreuz genau um $\chi = \varphi_m$ gegen die Achsen x bzw. y der Polarisatoren verdreht. Bei Scheraga finden sich Formeln, die χ mit einer gewissen Orientierungsverteilung verknüpfen.

Weitere Methoden zur Messung der Rotationsdiffusionskonstanten beruhen auf der Abnahme der Viskosität einer Lösung infolge der Orientierung anisotroper Moleküle in einem Geschwindigkeitsgradienten, auf der elektrischen Doppelbrechung (Kerr-Effekt) oder auf der dielektrischen Dispersion; sie sollen hier nicht näher behandelt werden.

Literaturauswahl

a) *Allgemein*
Beier, W.: Einführung in die theoretische Biophysik. Stuttgart: G. Fischer, 1965
Beier, W.: Biophysik. Leipzig: VEB G. Thieme, 1975, 4. Aufl.
Setlow, R., Pollard, E. C.: Molecular Biophysics. London: Pergamon Press 1962.
Williams, V. R., Williams, H. B.: Basic Physical Chemistry for the Life Sciences. San Francisco: W. H. Freeman 1967.

b) *Speziell*
Gosting, L. J.: Adv. Protein Chem. **11**, 429 (Viskosität) (1959).
Schachman, H. K.: Ultracentrifugation in Biochemistry. New York: Academic Press 1959.
Weber, G.: Adv. Protein Chem. **8**, 415 (Fluoreszenzdepolarisation) (1953).

3.2. Innere Struktur

3.2.1. Strukturanalyse mit Röntgenstrahlen

Walter Hoppe

3.2.1.1. Einleitung

Es ist sehr lehrreich, sich zu überlegen, wo die molekulare Biophysik und Biochemie heute stünde, wenn es keine Methoden gäbe, die atomare Architektur der biogenen Makromoleküle — der Proteine und der Nukleinsäuren — zu entschleiern. Langmuir hatte sich ein Proteinmolekül ähnlich wie ein kolloidales Öltröpfchen mit einem carbophilen Kern und einer hydrophilen Oberfläche vorgestellt. Die Biochemiker der 30er Jahre erklärten die katalytische Wirkung von Enzymen durch das Vorhandensein eines „aktiven Zentrums", an welchem — mikroheterogen — die Reaktion stattfinden sollte. Man hatte sich auch bereits Gedanken über die grundsätzliche Wirkungsweise gemacht: Die „Schlüssel-Schloß-Hypothese" vermutete, daß das Substrat ganz definiert — wie ein Schlüssel in ein Schloß — auf die Oberfläche des Proteinmoleküls passen müßte, um dort adsorbiert zu werden. Das adsorbierte Substrat sollte dann gespalten werden. Diese substratspezifische Adsorption sollte die Spezifität der Enzyme erklären. Man kann heute sagen, daß all diese Vorstellungen im Prinzip richtig waren. Doch sie waren viel zu allgemein, um etwa die Spezifität einer Peptidase zu erklären, die eine Peptidkette nur an bestimmten, von der Aufeinanderfolge der Aminosäuren abhängigen Stellen aufzuspalten vermag (vgl. Kapitel 9).

Es war eigentlich klar, daß ein Verständnis der makromolekularen Reaktionsweisen nur auf der Basis des Erfahrungsschatzes der niedermolekularen Reaktionsweisen gelingen konnte. Erst als es gelang, den Ablauf von Bioreaktionen auf die gleiche atomare Basis zurückzuführen wie den Ablauf der Reaktionen in der unbelebten Natur, konnte man „unsere Naturwissenschaft" anwenden. Und andererseits — wenn dieses Vorhaben zum Erfolg führen sollte — so war damit auch klargestellt, daß alle geheimnisvollen, aus Unkenntnis erwachsenen Vorstellungen über spezifische „Lebenskräfte" jeden Inhaltes entbehren.

In bewundernswerter Weise hat man in der niedermolekularen Chemie die atomaren Reaktionen aus dem chemischen Verhalten indirekt erschließen können. Bei den aus vielen Tausenden von Atomen bestehenden biogenen Makromolekülen war dieser indirekte Weg undenkbar. Wenn auch die Primärsequenzanalyse eines Proteins ein überraschend gesetzmäßiges chemisches Bauprinzip erkennen läßt — ein kleines globuläres Protein ist eine einzige gefaltete Peptidkette — so waren doch die räumlichen Möglichkeiten unübersehbar. Und das „Schloß" eines Enzymmoleküls mußte durch eine ganz bestimmte räum-

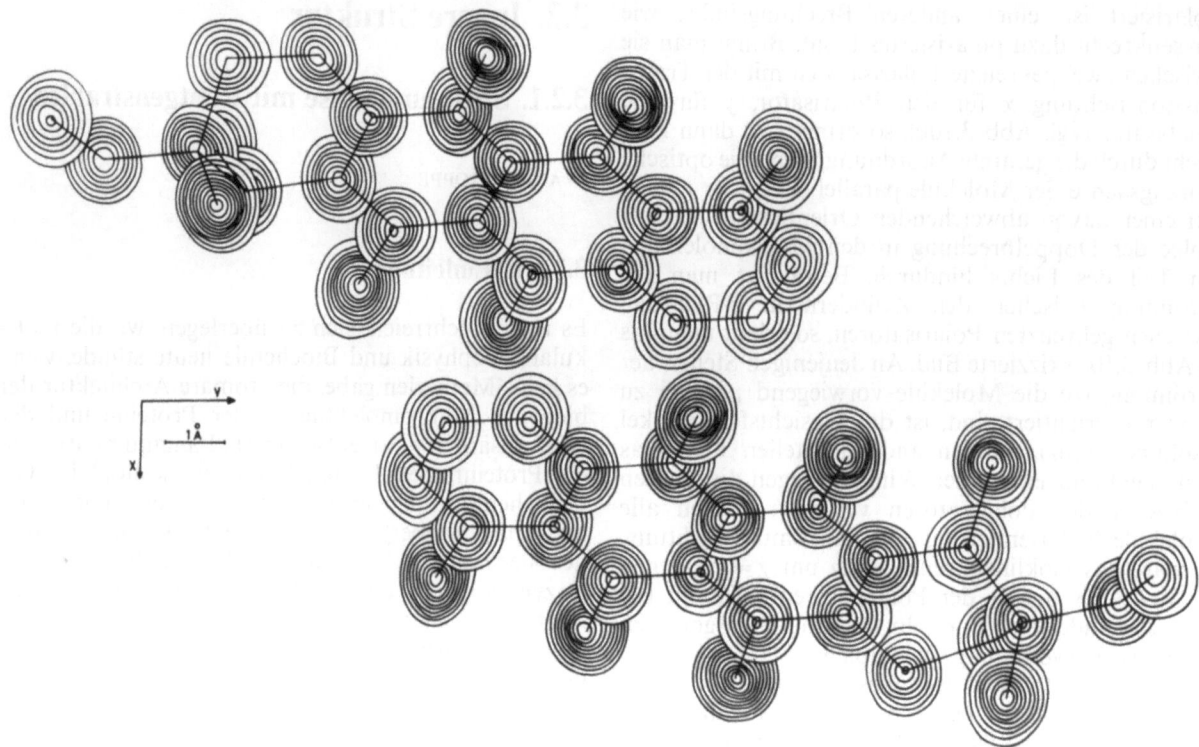

Abb. 3.11. Dreidimensionale Röntgenstrukturanalyse von γ-Rhodomycinon (Doktorarbeit M. Röhrl, TU München 1969)

liche Anordnung der Peptidkette mit spezifischen Lagen ihrer Seitenketten realisiert sein. Es war ein Glücksfall, daß die physikalischen Methoden der Strukturanalyse mit Beugungsverfahren gerade in ein Stadium traten, das es erlaubte, diese Probleme physikalisch zu untersuchen. Es waren insbesondere — ja fast ausschließlich — die Methoden der Röntgenkristallstrukturanalyse, welche hier den Durchbruch brachten und den Weg zum molekularen Verständnis der Bioreaktionen öffneten. Die Röntgenkristallstrukturanalyse ist eine „statische" Methode. Sie zeigt, wie ein Molekül aussieht; sie liefert gewissermaßen in atomarer Auflösung das dreidimensionale Bild des Moleküls. Natürlich ist damit noch nicht eine Reaktion — also ein dynamischer Ablauf — verstanden. Aber es ist mit dieser Kenntnis die Möglichkeit gegeben, normale physikalisch chemische Überlegungen anzuwenden und chemische Reaktionsweisen im Detail experimentell zu prüfen.

Eine der Großtaten der „indirekten strukturellen Chemie" war die Aufstellung des Benzolmodells durch Kekulé. In wissenschaftshistorischen Beschreibungen ist nachzulesen, welche begriffliche Schwierigkeiten zunächst zu überwinden waren, bis Kekulé von der Kette zum sechszählig symmetrischen ebenen Ring gelangte. Die Röntgenkristallstrukturanalyse niedermolekularer Verbindungen, welche seit der Entdeckung der Röntgenbeugung im Jahre 1912 durch von Laue entstanden war und welche vor allem durch die Arbeiten von W. H. Bragg und W. L. Bragg in England besonders entwickelt wurde, hat aus allen indirekten chemischen Hypothesen Realitäten ge-

schaffen. Abbildung 3.11 zeigt die Elektronendichte von 2 Molekülen γ-Rhodomycinon; jedes der Moleküle enthält drei annelierte Benzolringe. Das Bild in Abb. 3.11 wurde aus einer Kristallstrukturanalyse gewonnen; es zeigt die Moleküle in der zufälligen Orientierung im Kristall. Man kann an dieser Figur einige charakteristische Merkmale des Resultats einer röntgenographischen Analyse diskutieren. Zunächst ist Abb. 3.11 eine vereinfachte dreidimensionale Darstellung. Die Analyse ergibt eine dreidimensionale Funktion der Elektronendichte. Die Elektronendichte zeigt ein Maximum am Ort der Atome. Die übliche Darstellung der Elektronendichte ist eine Aufzeichnung in genügend eng übereinanderliegenden Schnittebenen. Um nun eine solche dreidimensionale Aufzeichnung in ein zweidimensionales Bild anschaulich zu kondensieren, wurden in Abb. 3.11 nur die Höhenlinien der atomaren Elektronendichtefunktion, geschnitten in der Höhe der Atomschwerpunkte, eingezeichnet. Den Verlauf der Schichtlinien berechnet ein Computer aus den Meßergebnissen. Nicht erkennbar in Abb. 3.11 sind die Wasserstoffatome. Die Elektronendichte der Wasserstoffatome ist so gering, daß sie in einer üblichen Röntgenstrukturanalyse vernachlässigt wird.

Wohl niemand, der zum ersten Mal eine Darstellung nach Abb. 3.11 betrachtet, wird sich ihrer Faszination ganz entziehen können. Man „sieht" das Molekül, als wäre es in einem idealen atomar auflösenden Mikroskop abgebildet. Andererseits ist der Vergleich mit einem mikroskopischen Bild doch nicht ganz zutreffend. Denn man sieht hier ein Bild im Raume, während ein Mikroskop von einem nicht unendlich dünnen Objekt so etwas ähnliches wie eine Projektion liefert. Es wird später gezeigt, daß sich die Röntgenkristallstrukturanalyse von der konventionellen Mikroskopie noch darin unterscheidet, daß sie nicht ein individuelles Bild eines einzigen Moleküls, sondern die Überlagerung von Bildern gleichartig liegender Moleküle in den Elementarzellen liefert.

Die zahlreichen Röntgenkristallstrukturanalysen haben einen bildlichen Eindruck von der Welt der Atome hinterlassen, welcher aus der modernen Naturwissenschaft nicht mehr hinwegzudenken ist. Der organische Chemiker wendet heute sogar die Röntgenstrukturanalyse als chemische Analysenmethode an: Aus einer voraussetzungsfrei durchgeführten Analyse des zu untersuchenden Moleküls (bis etwa 100 Atome ohne Wasserstoff) — von dem nur verlangt werden muß, daß es sauber kristallisiert — gelangt er zur Elektronendichtefunktion und von dieser unmittelbar zum räumlichen Aufbau des Moleküls aus seinen einzelnen Atomen und damit zur chemischen Konstitutionsformel. Seit 1958 wird die Röntgenkristallstrukturanalyse erfolgreich auch zur Analyse von Proteinmolekülen (mehr als tausend Atome ohne Wasserstoff) angewandt.

Der Biophysiker verwendet seinen physikalischen Methodenvorrat, um Lebensvorgänge aufzuklären. Lebensvorgänge sind hoch differenziert. Methoden, welche informationsreiche, differenzierte Aussagen gestatten, sind diesem Problemkreis besonders angepaßt. In besonderem Maße gilt dies für die Methoden der Beugungsanalyse von biogenen Makromolekülen, welche Zehntausende bis Hunderttausende von Daten verwerten und welche es ermöglichen, den Ort von Tausenden und Zehntausenden Atomen zu bestimmen.

Die folgende Einführung soll es ermöglichen, die Grundgedanken der Anwendung dieser Methoden auf biogene Makromoleküle zu verstehen.

3.2.1.2. Beugung an einem einzelnen Atom

Der einfachste Zugang führt über das Huygenssche Prinzip, nach welchem ein Wellenfeld als Überlagerung von Elementarwellen aufgefaßt werden kann. Das Einbringen eines „punktförmigen" absorbierenden Körpers bedeutet das Auslöschen einer dieser Elementarwellen. Die Subtraktion dieser Welle ist aber gleichbedeutend mit ihrer Addition mit Gegenphase zum ungestörten Wellenfeld. Man kann daher phänomenologisch den kleinen absorbierenden Körper als Sender für diese Gegenwelle auffassen. Atome wirken aber in guter Näherung nicht als absorbierende sondern als brechende Körper (ähnlich wie Glaskügelchen bei Licht). Die Theorie zeigt dann, daß die Elementarwelle nicht um π sondern um $\pi/2$ phasenverschoben erscheint. Absorbierende Objekte bezeichnet man als Amplitudenobjekte, brechende Objekte als Phasenobjekte. Nur im ersteren Fall wird Strahlung vernichtet, was sich auch in der Energiebilanz bemerkbar macht. Die Phasenschiebung gegenüber dem Primärstrahl spielt in der Röntgenkristallstrukturanalyse keine Rolle, da keine Interferenzen mit dem Primärstrahl auftreten. In der Elektronenmikroskopie wird sie bei den Hellfeldverfahren (Addition der Bildamplitude zum Primärstrahluntergrund) zu berücksichtigen sein.

Die Streuungsamplitude eines Atoms gibt man vorteilhaft im Verhältnis zur Streuung eines „Einheitsobjektes" (bei Röntgenstrahlen ein Elektron) an, um von zufälligen geometrischen Faktoren zu abstrahieren. Nur wenn der streuende Körper sehr klein ist gegenüber der Wellenlänge (Atomkern bei Neutronenstreuung), ist die punktförmige Näherung voll berechtigt (Unabhängigkeit der Streuamplitude vom Streuwinkel). Ist er vergleichbar mit der Wellenlänge (Elektronenhülle eines Atoms im Vergleich zur Röntgenwellenlänge von ca. 0,1 nm), so ist schon die Streuwelle des Atoms aus vielen räumlich schwach gegeneinander verschobenen Wellen zusammenzusetzen, die miteinander interferieren und eine Schwächung des Streustrahls in Abhängigkeit vom Streuwinkel Θ (Winkel zwischen Primärstrahlrichtung und Streustrahlrichtung) bewirken. Dieses f_Θ (bei Röntgenstrahlen in Elektronenäquivalenten ausgedrückt) wird als Atomformfaktor bezeichnet; seine Fouriertransformierte beschreibt die Form des Atoms, „gesehen" mit der entsprechenden Strahlung.

3.2.1.3. Beugung an einem einzelnen Molekül

Die Beugungsobjekte für die Röntgenstrukturanalyse sind Kristalle. Es ist aber vorteilhaft, die Grundprinzipien der Beugungstheorie zuerst am einzelnen Molekül abzuleiten und dann erst zum aus vielen Molekülen zusammengesetzten Kristall fortzuschreiten, um unterscheiden zu können, welche Gesetzmäßigkeiten der Beugungstheorie angehören und welche Gesetzmäßigkeiten zusätzlich durch die Anordnung der Moleküle zum Kristall entstehen. In letzter Zeit kann man aber auch eine mehr physikalisch orientierte Begründung für diese didaktische Einteilung angeben: Während es mit Röntgenstrahlen undenkbar ist, Streuexperimente an einzelnen Molekülen durchzuführen (die Streuintensitäten wären wegen der schwachen Wechselwirkung der Strahlung viel zu klein), sind entsprechende Experimente mit Elektronen möglich. Wie schon in der Einleitung erwähnt, beruhen alle Abbildungsverfahren auf den Streugesetzen. Es ist daher kein Zufall, daß im Artikel über Elektronenmikroskopie die Ergebnisse der hier abgeleiteten Theorie Anwendung finden werden.

Die wesentlichen Gesetze findet man bereits, wenn man die Streuung an einem 2-atomigen Molekül studiert. In Abb. 3.12a ist der Streuvorgang bildlich dargestellt. Das Molekül besteht aus den beiden Atomen Z_0 und Z_1, welche durch den Vektor r_1 miteinander verbunden sein sollen. Es sei vorausgesetzt, daß zwar Z_0 in der Zeichenebene liegt, daß aber Z_1 auch außerhalb der Zeichenebene liegen kann. In Abb. 3.12a ist daher eigentlich die Senkrechtprojektion des Atoms

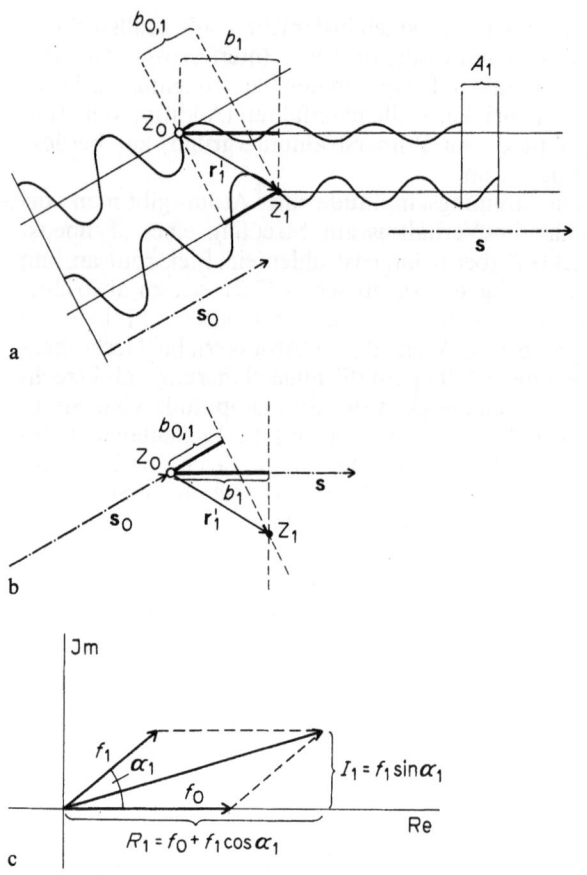

Abb. 3.12a–c. Beugung am einzelnen Molekül

Z_1 auf die Zeichenebene eingezeichnet mit der zugehörigen Projektion des Vektors r_1 auf die Zeichenebene, die mit r'_1 bezeichnet werden soll. Hingegen wurden in Abb. 3.12 sowohl der Primärstrahl wie auch der gestreute Strahl in die Zeichenebene gelegt. Ihre Richtungen sind durch die Einheitsvektoren s_0 bzw. s gekennzeichnet. Es sei ferner angenommen, daß sich das Wellenzentrum der Primärstrahlung „unendlich" weit vom Molekül befindet und daß ferner auch der die Streustrahlung registrierende Detektor „unendlich" weit vom Molekül angeordnet ist (Fraunhofersche Beugung). Bei üblichen Röntgendiffraktometern sind diese Abstände in der Größenordnung von Zentimetern, sie sind also tatsächlich sehr groß gegenüber den Atomabständen. Sowohl Primärwelle wie auch gestreute Welle lassen sich deshalb als Planwellen annähern. Nach Abb. 3.12a überstreicht nun die Primärwelle sowohl das Atom Z_0 wie auch das Atom Z_1. Allerdings ist der Weg zum Atom Z_1 um die Strecke $b_{0,1}$ länger. Beim Auftreffen der Primärwelle auf die beiden Atome wird je eine Streuwelle ausgelöst, die im allgemeinen eine verschieden hohe Amplitude (in Abhängigkeit von der Atomart) haben wird. Der Weg der beiden Streuwellen zum Detektor ist nicht gleich lang. Er unterscheidet sich nach Abb. 3.12a um die Strecke b_1. Der resultierende Wegunterschied ist die Differenz von b_1 und $b_{0,1}$, welche in Abb. 3.12a als A_1 bezeichnet ist. Man versteht am besten das Auftreten dieses Wegunterschiedes, wenn man sich vorstellt, daß die Welle bei der Beugung gewissermaßen „um die Ecke" laufen muß. Es ist dann sofort klar, daß die äußere Welle (welche am Atom Z_0 abbiegt) einen größeren Weg zurücklegen muß als die innere, am Atom Z_1 abgebogene Welle. Bei dieser Betrachtungsweise wurde zur einfacheren Darstellung vernachlässigt, daß bei der Beugung ein Phasensprung $\pi/2$ (Phasenobjekt) auftritt. Es ist leicht einzusehen, daß dieser Phasensprung unwesentlich ist, wenn er für beide betroffene Atome gleiche Größe hat.

Abbildung 3.12b zeigt die geometrischen Zusammenhänge beim Beugungsversuch in Abb. 3.12a. Man erkennt leicht, daß die Strecke $b_{0,1}$ gleich ist der Projektion des Vektors r_1 auf den Einheitsvektor s_0. Analog ist die Strecke b_1 gleich der Projektion des Vektors r_1 auf den Einheitsvektor s. Projektionen von Vektoren auf Einheitsvektoren lassen sich als Skalarprodukte schreiben:

$$b_{0,1} = (s_0, r_1),$$
$$b_1 = (s, r_1). \qquad (3.39)$$

Für die Phasenverschiebung α_1 folgt die Beziehung (3.40):

$$\alpha_1 = \frac{2\pi(b_1 - b_{0,1})}{\lambda} = \frac{2\pi}{\lambda}[(s, r_1) - (s_0, r_1)]$$
$$= 2\pi\left(\frac{s - s_0}{\lambda}, r_1\right). \qquad (3.40)$$

Die Addition der beiden Wellen mit den Amplituden f_0 und f_1 und der Phasenverschiebung α_1 zur resultierenden Welle erfolgt nach den elementaren Gesetzen der Wellentheorie. Für Real- und Imaginärteil der Welle R_1 bzw. I_1 ergeben sich (vgl. Abb. 3.12c):

$$R_1 = f_0 + f_1 \cos\alpha_1$$
$$I_1 = f_1 \sin\alpha_1. \qquad (3.41)$$

f_0 und f_1 sind die Atomformfaktoren (Streuamplituden) der Atome Z_0 und Z_1. Es ist nun einfach, die Theorie auf ein Molekül mit beliebig viel Atomen zu erweitern. Für jedes neu hinzukommende Atom muß zur Resultatwelle eine neue Streuwelle addiert werden, wobei sich die Phasenverschiebungen analog wie für das Atom Z_1 berechnen. Es folgt also:

$$R = f_0 + \sum_{j=1}^{n} f_j \cos\alpha_j$$
$$I = \sum_{j=1}^{n} f_j \sin\alpha_j, \qquad (3.42)$$

wobei sich die α_j in Analogie zu (3.40) nach (3.43) ergeben:

$$\alpha_j = 2\pi\left(\frac{s - s_0}{\lambda}, r_j\right). \qquad (3.43)$$

Das streuende Molekül ist dabei durch die Angabe der Ortsvektoren r_j und durch die Streuamplituden f_j aller Atome eindeutig gekennzeichnet. Die Vektoren r_j sind dabei auf das Atom Z_0 bezogen, welches den Ursprung für die Beschreibung des Moleküls definiert. Um diese Sonderrolle des Atomes Z_0 zu beseitigen, kann man das Streuvermögen von Z_0 gegen 0 gehen lassen und erhält schließlich:

$$R_H = \sum_{j=1}^{n} f_j \cos 2\pi(H, r_j)$$

$$I_H = \sum_{j=1}^{n} f_j \sin 2\pi(H, r_j)$$

$$|F_H| = \sqrt{R_H^2 + I_H^2} \quad \text{tg}\, \Phi_H = \frac{I_H}{R_H},$$
(3.44)

$$H = \frac{s - s_0}{\lambda},$$
(3.45)

$$|H| = \frac{2}{\lambda} \sin \frac{\Theta}{2}.$$
(3.45 a)

Amplitude $|F|$ und Phase Φ der Resultatwelle lassen sich auch in komplexer Schreibweise angeben:

$$F_H = |F_H| \exp i\Phi_H = \sum_{j=1}^{n} f_j \exp 2\pi i(H, r_j).$$
(3.46)

In (3.45) wurde zur Abkürzung der Schreibweise der Vektor H eingeführt. So sehr das vielleicht auch überraschen mag: Die einfache Formel (3.45) ist eines der entscheidenden Ergebnisse der Theorie der Streuvorgänge. Sie bedeutet, daß die fünf experimentellen Variablen (je zwei Winkelvariable für die Primärstrahlrichtung s_0 und die Streustrahlrichtung s und eine Variable für die Wellenlänge λ) durch die Theorie zu den drei Variablen des Vektors H reduziert werden. Für jedes spezielle Streuexperiment kann H nach (3.45) leicht ermittelt werden. Nach (3.45) ist $|H|$ die Grundlinie eines gleichschenkligen Dreiecks mit Schenkeln der Länge $1/\lambda$ und dem Winkel Θ zwischen s/λ und $-s_0/\lambda$ (= Streuwinkel). Diese Länge $|H|$ ergibt sich nach (3.45a) aus diesem Dreieck. H hat die Dimension einer reziproken Länge und ist der Ortsvektor in einem dreidimensionalen reziproken Raum. Das zweite wichtige Ergebnis der (kinematischen) Streutheorie — Amplitude $|F|$ und Phase Φ der Streuwelle — ist in (3.45) enthalten. Die Intensität der Streuwelle ist proportional zu $|F|^2$.

Der reziproke Raum — der bei der Diskussion von Streuexperimenten in der Fachliteratur immer wieder benutzt wird und dem Neuling auf diesem Gebiet Interpretationsschwierigkeiten bereitet, findet so seine einfache Erklärung. Eine mathematische Diskussion von (3.46) zeigt nun, daß F_H als Fouriertransformierte einer Punktfunktion mit den r_j als Koordinaten der Punkte aufgefaßt werden kann.

Die Deutung von F_H als Fouriertransformierte ermöglicht — wie in mathematischen Lehrbüchern nachgelesen werden kann — die Berechnung der zugehörigen Ortsfunktion (bei Röntgenstrahlen der Elektronendichte des Moleküls) durch Rücktransformationen:

$$\varrho_r = \int_{-\infty}^{\infty} F_H \exp -2\pi i(H, r) dV^*.$$
(3.47)

Das Integral ist über den gesamten reziproken Raum zu erstrecken. dV^* ist das Volumenelement im reziproken Raum. Aus (3.45a) folgt, daß $|H|$ nicht größer sein kann als $2/\lambda$. Nun bestimmt nach allgemeinen Prinzipien der Fouriertransformiertentheorie $1/H_{\max}$ die Auflösung (Abstand zweier Punkte, die noch getrennt werden können); (3.47) beschreibt daher die Struktur bis zu einer Auflösung von höchstens $\lambda/2$ (bei der häufig benutzten CuK$_\alpha$-Strahlung $\sim 0,077$ nm). Der Vollständigkeit wegen geben wir noch F_H in Abhängigkeit von dem kontinuierlichen ϱ_r an:

$$F_H = \int_{-\infty}^{\infty} \varrho_r \exp 2\pi i(H, r) dV.$$
(3.48)

Das Integral ist über den gesamten Ortsraum zu erstrecken. d_V ist das Volumelement im Ortsraum. (3.46) und (3.48) sind verschiedene Formulierungen des gleichen Sachverhalts. Man kann (3.48) sich anschaulich aus (3.46) plausibel machen, wenn man sich den Raum des Moleküls in lauter Volumelemente unterteilt denkt und in jedes Element ein winziges „Punktatom" eingesetzt denkt, dessen „Elektronenzahl" sich durch Multiplikation des Volumelements mit der zugehörigen Elektronendichte berechnet.

Die Rückführung der Streugesetze auf dreidimensionale Fouriertransformationen erlaubt die grundsätzliche Lösung des Problems der Strukturanalyse: In geeigneten Experimenten vermesse man die F_H im reziproken Raum (der auch als Fourierraum bezeichnet werden kann). Eine nachfolgende Transformation nach (3.47) führt dann unmittelbar zur interessierenden Funktion ϱ_r. Noch ein Wort zur Organisation der Streuexperimente. Es liegt nahe, die Wellenlänge λ konstant zu halten, also mit monochromatischer Strahlung zu arbeiten. Besonders bequem wäre es natürlich, wenn man auch die Primärstrahlrichtung konstant halten könnte. Das geht aber nicht, da dann drei der fünf experimentell zugänglichen Variablen fixiert werden. Der Streueinheitsvektor s entspricht nur zwei Variablen. Abbildung 3.13 zeigt, daß der geometrische Ort aller Vektoren H bei konstant gehaltener Primärstrahlung eine Kugelfläche (die Ewaldsche Ausbreitungskugel) ist. Will man statt einer Fläche im reziproken Raum den ganzen Raum erfassen, so muß man auch die Orientierung des Primärstrahls zum streuenden Molekül ändern.

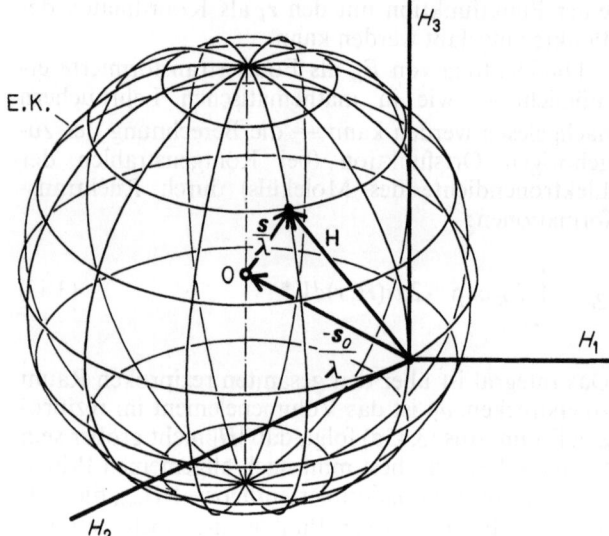

Abb. 3.13. Ewaldsche Ausbreitungskugel

3.2.1.4. Der Kristall als Streuobjekt

In Kristallen sind die Moleküle in Raumgittern angeordnet. Abbildung 3.14a zeigt das Bauprinzip eines solchen Gitters. Drei nichtkomplanare Vektoren a_1, a_2, a_3 definieren die Kantenvektoren einer Elementarzelle. Der Gittervektor von irgendeinem, zum Ursprung erklärten Gitterpunkt zu allen anderen Gitterpunkten ist:

$$m = m_1 a_1 + m_2 a_2 + m_3 a_3, \tag{3.49}$$

m_1, m_2, m_3 sind ganze Zahlen. In den Gitterzellen ist mindestens ein Molekül (häufiger einige, meist durch Symmetrieoperationen verbundene Moleküle) enthalten. Diese Molekülkonfiguration ist in allen Gitterzellen identisch. Der Vektor R_j zu einem der Atome setzt sich aus dem Vektor m zu der entsprechenden Gitterzelle und aus dem Vektor r_j vom Nullpunkt der Gitterzelle zum Atom f_j zusammen:

$$R_j = m + r_j$$
$$r_j = x_j a_1 + y_j a_2 + z_j a_3. \tag{3.50}$$

In Analogie zu (3.46) ergibt sich die Streuamplitude des „Riesenmoleküls" Kristall zu

$$F^H = \sum_{m_1=0}^{M_1-1} \sum_{m_2=0}^{M_2-1} \sum_{m_3=0}^{M_3-1} \sum_{j=1}^{n} f_j \exp 2\pi i(H, m+r_j). \tag{3.51}$$

Der Einfachheit wegen wurde ein begrenzter quaderförmiger Kristall mit M_1 Elementarzellen in a_1-Richtung, M_2 Elementarzellen in a_2-Richtung und M_3 Elementarzellen in a_3-Richtung angenommen. Jede Elementarzelle enthält n Atome. Das zur Beschreibung

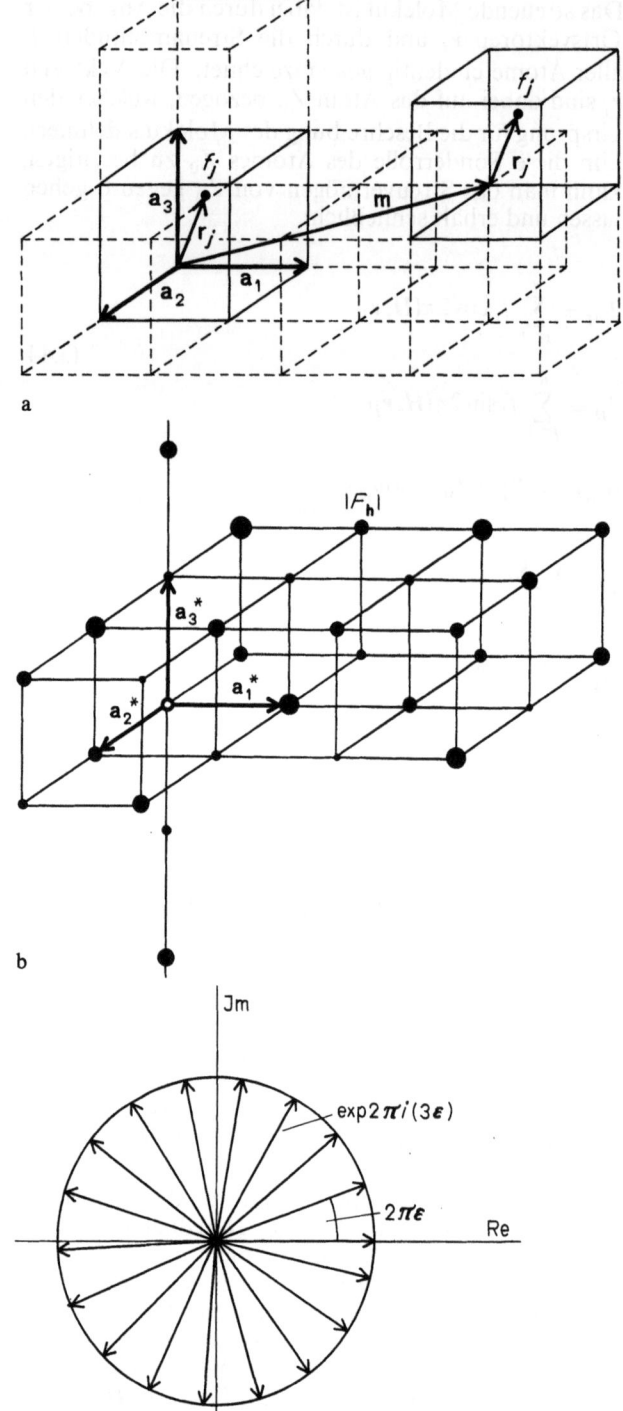

Abb. 3.14a–c. Aufbau des Raumgitters (a) und des reziproken Gitters (b)

bung eines Kristalls natürliche Koordinatensystem a_1, a_2, a_3 ist nun nur im Spezialfall des kubischen Systems kartesisch. Im allgemeinsten (triklinen) Fall ist es schiefwinklig und die drei Vektoren a_1, a_2, a_3 haben verschiedene Längen. Würde man nun im reziproken Raum irgendein beliebiges Koordinatensystem

b_1, b_2, b_3 wählen, so müßte man die Skalarprodukte in neungliedrigen Ausdrücken berechnen, z.B.:

$$(H, r_j) = (x_j a_1 + y_j a_2 + z_j a_3)(H_1 b_1 + H_2 b_2 + H_3 b_3)$$
$$= H_1 x_j (b_1, a_1) + H_1 y_j (b_1, a_2) + H_1 z_j (b_1, a_3)$$
$$+ H_2 x_j (b_2, a_1) + H_2 y_j (b_2, a_2) + H_2 z_j (b_2, a_3)$$
$$+ H_3 x_j (b_3, a_1) + H_3 y_j (b_3, a_2) + H_3 z_j (b_3, a_3).$$
(3.52)

Durch geschickte Wahl des Koordinatensystems im reziproken Raum läßt sich erreichen, daß die Skalarprodukte (a_1, b_1), (a_2, b_2), (a_3, b_3) gleich 1 werden, während die sechs übrigen Skalarprodukte gleich 0 werden. (3.52) läßt sich dann als dreigliedriger Ausdruck (3.53) schreiben:

$$(H, r_j) = H_1 x_j + H_2 y_j + H_3 z_j$$
$$H = H_1 a_1^* + H_2 a_2^* + H_3 a_3^*.$$
(3.53)

Wie in jedem Lehrbuch der Mathematik oder Kristallographie nachzulesen ist, erfüllt das sog. reziproke Koordinatensystem a_1^*, a_2^*, a_3^* diese Bedingungen. Seine Achsen sind durch die Vektorbeziehungen (3.54) definiert:

$$a_1^* = \frac{[a_2, a_3]}{a_1 a_2 a_3}, \quad a_2^* = \frac{[a_3, a_1]}{a_1 a_2 a_3}, \quad a_3^* = \frac{[a_1, a_2]}{a_1 a_2 a_3}.$$
(3.54)

Der reziproke Vektor a_1^* steht also senkrecht auf der durch die Vektoren a_2 und a_3 begrenzten Fläche der Elementarzelle. Seine Länge ist gleich dem Quotienten des Inhalts dieser Fläche dividiert durch das Volumen der Elementarzelle. Analoges gilt für a_2^* und a_3^*.

Mit diesen Vereinfachungen läßt sich (3.51) entsprechend (3.55) in Komponentenform schreiben:

$$F_{H_1 H_2 H_3} = \sum_{m_1=0}^{M_1-1} \sum_{m_2=0}^{M_2-1} \sum_{m_3=0}^{M_3-1}$$
$$\cdot \exp 2\pi i (H_1 m_1 + H_2 m_2 + H_3 m_3) \quad (3.55)$$
$$\cdot \sum_{j=1}^{n} \exp 2\pi i (H_1 x_j + H_2 y_j + H_3 z_j).$$

Es ist leicht zu sehen, daß (3.55) für ganzzahlige H_1, H_2, H_3 (im folgenden als h_1, h_2, h_3 bezeichnet) eine besonders einfache Gestalt annimmt. Das skalare Produkt (h, m) wird nach (3.56) ganzzahlig:

$$(h, m) = h_1 m_1 + h_2 m_2 + h_3 m_3 = \text{ganzzahlig}. \quad (3.56)$$

Man erhält, da die entsprechenden Exponentialfunktionen (von ganzzahligen Vielfachen von 2π) gleich 1 sind, den Ausdruck (3.57)

$$F_{H_1 H_2 H_3} = M_1 M_2 M_3$$
$$\cdot \sum_{j=1}^{n} \exp 2\pi i (h_1 x_j + h_2 y_j + h_3 z_j) \quad (3.57)$$
$$\text{für} \quad H = h.$$

Für die weitere Rechnung wird zunächst H_1 und H_2 ganzzahlig gelassen, während H_3 unganzzahlig angesetzt wird (ε sei eine Zahl zwischen 0 und 1).

$$F_{h_1 h_2 H_3} = M_1 M_2 U_3 \sum_{j=1}^{n} f_j$$
$$\cdot \exp 2\pi i (h_1 x_j + h_2 y_j + (h_3 + \varepsilon) z_j) \quad (3.58)$$

für $H_3 = h_3 + \varepsilon$ mit

$$U_3 = \sum_{m_3=0}^{M_3-1} \exp 2\pi i (h_3 + \varepsilon) m_3 = \sum_{m_3=0}^{M_3-1} \exp 2\pi i \varepsilon m_3.$$

(3.58) unterscheidet sich von (3.57) durch den Ersatz des Faktors M_3 durch den Faktor U_3. Nun ist die Summe von komplexen Einheitszahlen, deren Phasen um das gleiche Inkrement $2\pi\varepsilon$ ansteigt, für große M_3 in guter Näherung gleich Null. Ist aber in (3.58) U_3 gleich Null, so wird auch $F_{H_1 H_2 H_3}$ Null (vgl. Abb. 3.14c). Selbstverständlich gilt diese Überlegung auch, wenn statt H_3 die Komponenten H_1 oder H_2 unganzzahlig sind oder auch, wenn zwei oder alle drei Komponenten von der ganzen Zahl abweichen:

$$F_H = 0$$
$$\text{für} \quad H \neq h. \quad (3.59)$$

Nach (3.57) ist also die Streuamplitude F_H eines Kristalls gleich der mit seiner Anzahl von Elementarzellen multiplizierten Strukturamplitude des molekularen Inhalts einer einzigen Elementarzelle. Allerdings ist der reziproke Raum nur diskontinuierlich (im Gitter A_1^*, A_2^*, A_3^*) mit Streuamplituden besetzt (vgl. Abb. 3.14b). Außerhalb dieses „reziproken Gitters" ist nach (3.59) die Strukturamplitude Null. Die durch die Anzahl der Elementarzellen dividierte Streuamplitude eines Kristalls wird auch Strukturfaktor genannt. Diese Ergebnisse sind nicht sehr überraschend. Schon aus der Akustik weiß man, daß einem einmalig ablaufenden Vorgang (einem Geräusch) ein kontinuierliches Spektrum entspricht, während einer periodischen Wiederholung (Klang) das diskontinuierliche Spektrum aus Grundton und Obertönen gegenübersteht. In der Akustik handelt es sich um zeitliche Vorgänge, bei Streuung und Abbildung um räumliche Strukturen. Man kann das dreidimensionale „Obertongitter" eines räumlich periodischen Kristalls durchaus in Analogie zum linearen Obertongitter eines zeitlich periodischen Klanges sehen. Ähnlich wie sich in der Akustik durch eine eindimensionale Fourierreihe die periodisch wiederholenden Schwingung berechnen läßt, erhält man durch eine dreidimensionale Fourierreihe die Raumgitterstruktur des Kristalls:

$$\varrho_{x,y,z} = \frac{1}{V} \sum_{h_1} \sum_{h_2} \sum_{h_3} F_{h_1 h_2 h_3}$$
$$\cdot \exp -2\pi i (h_1 x + h_2 y + h_3 z). \quad (3.60)$$

Zur Durchführung einer Strukturanalyse müssen daher die Strukturfaktoren F_{h_1, h_2, h_3} gemessen werden. Dann läßt sich über (3.60) die Kristallstruktur unmittelbar berechnen.

Auf eine Besonderheit soll noch hingewiesen werden: Analog wie beim Einzelmolekül beschreibt die Ewaldsche Ausbreitungskugel diejenigen Gebiete des reziproken Raumes, welche bei konstant gehaltener Primärstrahlrichtung erreichbar sind. Nun ist es insbesondere bei großperiodischen reziproken Gittern (denen im Kristallgitter relativ kleine Elementarzellen entsprechen) durchaus möglich, daß die Ewaldsche Ausbreitungskugel bei bestimmten Primärstrahlrichtungen überhaupt keinen reziproken Gitterpunkt schneidet. Das bedeutet physikalisch, daß der Kristall bei diesen Primärstrahlrichtungen nicht streut (zumindest wenn man sekundäre Streueffekte — wie thermische diffuse Streuung usw. — vernachlässigt, auf die hier nicht eingegangen werden kann. Nur bei bestimmten Primärstrahlrichtungen „blitzt" ein Streustrahl auf, welcher dann einem der reziproken Gitterpunkte entspricht.

3.2.1.5. Eigenschaften des Kristalls als rauscharmer Streuamplitudenverstärker

Wie (3.57) zeigt, wird die Streuamplitude um einen Faktor verstärkt, welcher gleich ist der Anzahl aller Elementarzellen im untersuchten Kristall. Wie einfache Abschätzungen zeigen, ist dieser Faktor bei Kristalldimensionen von wenigen Zehnteln Millimetern bereits außerordentlich groß. Ihm ist zu verdanken, daß man mit Strahlung schwacher Wechselwirkung (Röntgenstrahlen, Neutronen) meßbare Streuamplituden erhält. Aber der Kristall als Streuobjekt hat noch weitere Vorteile zu bieten. Von ganz besonderer Bedeutung ist die Reduktion der Strahlschädigung, die dadurch entsteht, daß anstelle einzelner Atome mit den Ortsvektoren r_j Gitter aus Atomen mit den Ortsvektoren $m + r_j$ streuen. Entsprechend der außerordentlich großen Anzahl an Elementarzellen spielt es gar keine Rolle, wenn beim Streuprozeß Moleküle zerstört werden. Das Gitter, in welchem das gestörte Molekül liegt, wird dadurch nur ganz geringfügig verändert. Liegt hingegen nur ein einziges Molekül vor, so ist mit seiner Zerstörung das Streuexperiment beendet. Diese Schwierigkeit würde wegfallen, wenn die Wahrscheinlichkeit einer molekülverändernden Strahleinwirkung sehr gering wäre. Das ist aber nicht der Fall. Gerade bei Biomolekülen ist die Wahrscheinlichkeit sehr groß, daß der größte Teil der Zusammenstöße mit einem Röntgenquant strahlenschädigend wirkt. Ein dritter Vorteil ist die beliebige Reproduzierbarkeit des molekularen Objekts durch Neukristallisation. Man muß sich dabei klar machen, daß die Struktur eines Moleküls nicht nur von seinem inneren Aufbau sondern auch von den auf es wirkenden Kräften der Umgebung abhängt. Bei einem Molekül im Kristallgefüge ist diese Umgebung genau definiert. Ein weiterer Vorteil ist schließlich die experimentelle Vereinfachung, welche mit dem Ersatz des Einzelmoleküls durch einen Kristall hervorgerufen wird. Das zu untersuchende Objekt ist zwar atomar — es ist der Inhalt einer Elementarzelle mit einigen nm Kantenlänge —, aber das experimentell erforderliche Präparat ist ein mit bloßem Auge sichtbarer, leicht hantierbarer Körper. Damit steht im Zusammenhang, daß die Röntgendiffraktometer relativ grobe Instrumente sein können. Tatsächlich ist nur eine geringe Experimentierkunst in der Kristallstrukturanalyse erforderlich, insbesondere, wenn die Messungen in automatischen Apparaturen ablaufen können. Das gilt freilich nicht unbedingt für die Präparation der Kristalle, die manchmal sehr schwierig ist.

3.2.1.6. Einige experimentelle Details

Im Prinzip ist ein Röntgendiffraktometer eine der einfachsten Apparaturen der Optik (Abb. 3.15). Durch zwei Lochblenden wird ein Primärstrahl s_0 mit einem Querschnitt von ca. 1 mm ausgeblendet und trifft auf den im Zentrum des Diffraktometers angeordneten Kristall K. Dieser Kristall kann mittels eines Winkeleinstellgerätes (Eulerwiege) in jede beliebige Orientierung zum Primärstrahl gebracht werden. Ein Szintillations- oder Proportionalzähler D registriert den zu messenden Streustrahl. Dieser Zähler bewegt sich nur in der Äquatorebene $\vartheta, 2\vartheta$ des Diffraktometers; seine Einstellung nach anderen Winkelkoordinaten ist nicht erforderlich, da jeder reziproke Gitterpunkt durch Verdrehen des Kristalls in die Äquatorebene (Meßebene) gebracht werden kann. Als Primärstrahlquelle muß eine „Röntgenspektralröhre" (z. B. eine Röhre mit Cu-Anode, in welcher vorzugsweise die K_α-Strahlung ($\lambda = 0{,}154$ nm) angeregt wird) benutzt werden. Röntgeneinkristalldiffraktometer sind heute voll automatisiert — durch Stellmotoren werden nach einem, durch eine kleine Rechenmaschine berechneten Programm sämtliche Winkelkoordinaten eingestellt und die Messung durchgeführt. Die Daten werden auf Lochstreifen oder Magnetband gespeichert. Bei Proteinkristallen hat allerdings dieses technisch hochentwickelte Meß-

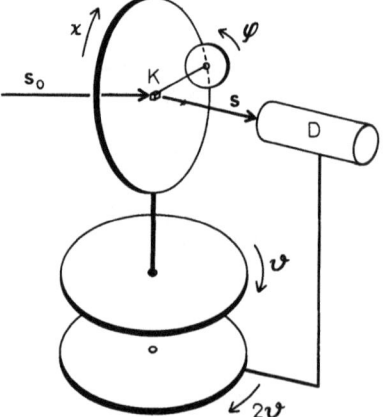

Abb. 3.15. Winkelstellungen eines Einkristallröntgendiffraktometers

Innere Struktur 59

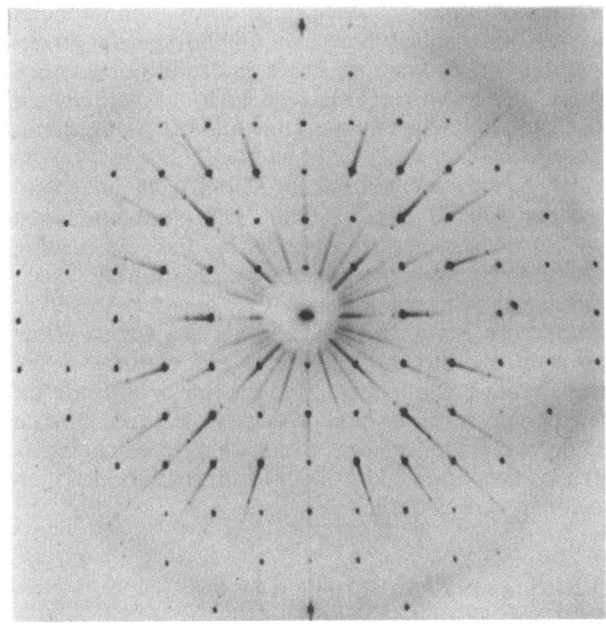

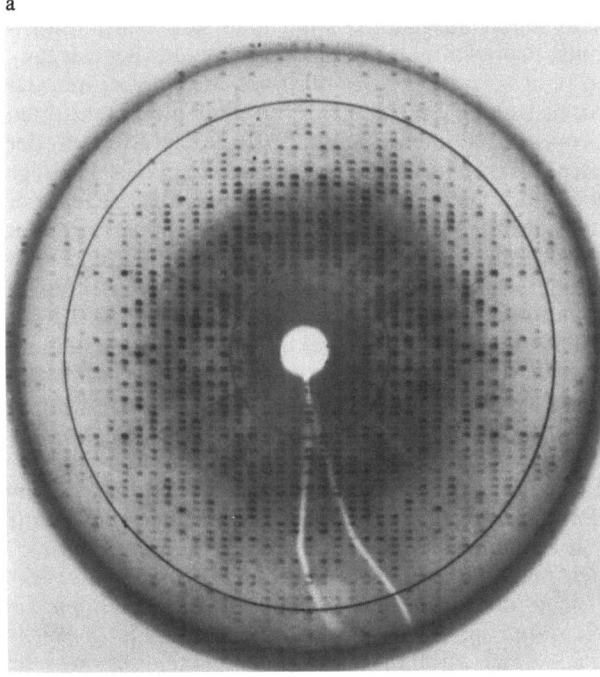

Abb. 3.16a und b. Präzessionsaufnahme eines niedermolekularen Kristalls (a) und eines Proteinkristalls [Myoglobin (b)]. Der innere Ring in (b) entspricht den Reflexen bis 0,6 nm Auflösung, der zweite Ring bis 0,2 nm Auflösung. Gesamtbereich: 0,15 nm Auflösung

verfahren Nachteile. Wegen der Größe der Elementarzelle ist die reziproke Elementarzelle sehr klein. Die Ewaldsche Ausbreitungskugel schneidet daher gleichzeitig eine große Anzahl von reziproken Gitterpunkten. Das bedeutet, daß für eine einzige Primärstrahlrichtung mehrere Streustrahlen (bei Kristallen von Proteinen mit hohem Molekulargewicht oder von Virusmolekülen bis zu mehreren Tausend) angeregt

werden. Daher ist die Beschränkung der Messung auf einen einzigen Streustrahl sehr unökonomisch. In der Proteinkristallstrukturanalyse verwendet man neuerdings in steigendem Maße wieder photographische Methoden, die mehrere Strahlen gleichzeitig registrieren können. Ferner sind Zählrohrdetektoren in Entwicklung, welche ähnlich wie ein Film in zwei Dimensionen ortsempfindlich sind, so daß man den Ort eines jeden Impulses messen kann.

Bei der Entwicklung der photographischen Röntgenkameras für die Kristallstrukturanalyse war man z.T. bestrebt, die Geometrie der Kristall-Filmbewegungen so zu führen, daß auf dem Film eine reziproke Gitterebene abgebildet wird. Abbildung 3.16a zeigt die Abbildung einer reziproken Gitterebene eines organischen Kristalls in einer Präzessionskamera, Abb. 3.16b eine reziproke Gitterebene eines kleinen Proteins (Molekulargewicht ~ 16000). Man beachte die kleinere reziproke Gitterzelle (Gitterkonstanten in der Größenordnung 5 nm). Die Symmetrie in der Aufnahme rührt nicht von Molekülsymmetrien sondern von der Symmetrie der Anordnung der Moleküle im Kristall her.

3.2.1.7. Proteinkristalle

Globularproteine sind in erster Näherung Kugeln oder Ellipsoide. Nun leuchtet unmittelbar ein, daß eine Kugelpackung von kleinen Kugeln kleine Lücken zwischen den Kugeln bildet, welche proportional zur Vergrößerung des Kugeldurchmessers anwachsen. Dementsprechend sind in den Ellipsoid- und Kugelpackungen der Proteinkristalle große leere Räume zwischen den Proteinmolekülen vorhanden, welche mit Mutterlauge gefüllt sind. Diese Lücken sind meist miteinander zu einem Netzwerk von Kanälen verbunden. Das Verhältnis von Proteinsubstanz zur Mutterlauge ist von der Größenordnung 1:1. Wenn man ein Proteinkristall aus der Mutterlauge entfernt und eintrocknen läßt, so bricht seine Kristallstruktur zum großen Teil zusammen. An den Innenoberflächen im Kristall treten beim Eintrocknungsprozeß starke deformierende Kräfte auf. Es wird freilich auch im feuchten Zustand nicht ganz die Ordnung von niedermolekularen Kristallen erreicht. Im Röntgendiagramm macht sich das dadurch bemerkbar, daß die reziproken Gitterpunkte nach außen zu geschwächt werden und ab einem gewissen $|h_{max}|$ völlig ausgelöscht sind. Da nun — wie weiter oben erwähnt — $1/h_{max}$ die Auflösung bestimmt, mit welcher die Struktur gesehen wird, erscheinen die Atome wesentlich schlechter getrennt als z.B. in Abb. 3.11 ($1/|h_{max}| = 0,077$ nm). Bei Proteinkristallen ist $1/|h_{max}|$ meist von der Größenordnung 0,2—0,3 nm. Intermolekular gebundene Atome sind daher nicht aufgelöst. Doch hilft sich der Proteinstrukturanalytiker mit dem Einsetzen ganzer Atomgruppen in die unscharfe Elektronendichtesynthese, wobei die Beschränkung auf Peptidketten mit Aminosäureresten die Aufgabe vor allem dann beträchtlich erleichtert, wenn die Sequenz bekannt ist. In jüngster

60 Physikalische Methoden zur Bestimmung von Biomolekülen

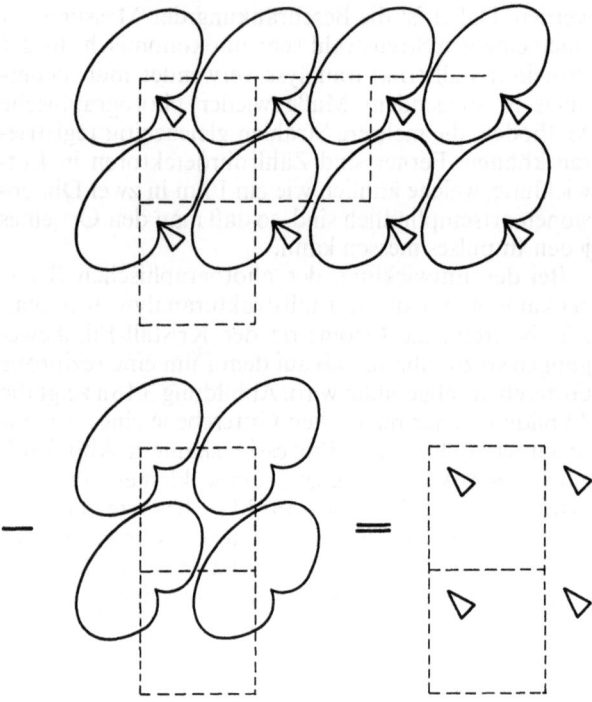

Abb. 3.17. Bindung eines Substratsanalogons an den Proteinkristall. Differenzbild (Differenzfouriersynthese)

Zeit konnte an einigen besonders gut kristallisierenden Proteinen die Auflösung bis $1/h_{max} \sim 0{,}15$ nm erhöht werden.

Der hohe Wassergehalt bewirkt, daß sich Proteinkristalle sehr weich — gelatineartig — anfühlen. In die mit Flüssigkeit gefüllten Kanäle kann man verschiedene Moleküle eindiffundieren lassen. Wenn diese Moleküle an spezifischen Stellen der Proteinoberfläche adsorbiert werden, so ändert sich die Intensität der Streustrahlung. Durch vergleichende Untersuchung mit und ohne Adsorbat kann man dann diese Adsorption im molekularen Detail studieren. Die Diffusionsgeschwindigkeit ist so beträchtlich, daß sogar Enzymreaktionen im Kristallverband durchgeführt werden können. Läßt man Substratanaloge (substratähnliche Moleküle, welche zwar an der aktiven Stelle adsorbiert, aber nicht gespalten werden) eindiffundieren, so läßt sich der erste Schritt der Enzymkatalyse (die Adsorption des Substrates) in Differenzbildern (Differenzfouriersynthesen) von Proteinstruktur mit Substratanalogen minus Proteinstruktur stereochemisch deuten (vgl. Abb. 3.17). Die Anlagerung von niedermolekularen Gruppen an das Protein ist einfach zu messen: Man befestigt den Kristall in einer sehr dünnen, röntgenstrahlendurchlässigen Durchflußkapillare, setzt ihn in ein Diffraktometer ein, stellt das Diffraktometer auf einen stärkeren Streustrahl ein und mißt die Änderung seiner Streuintensität, während man durch die Kapillare eine Lösung des zu adsorbierenden Moleküls pumpt.

Die Empfindlichkeit der Röntgenmethode für die Registrierung hinzukommender oder abgetrennter Atome ist außerordentlich hoch. Man kann ein einziges Leichtatom bereits erkennen. Das ist bei der großen Anzahl von Atomen im Proteinmolekül (Größenordnung 1000, Wasserstoffatome nicht mitgezählt) zunächst überraschend, um so mehr als die Meßgenauigkeit doch recht beschränkt ist ($\sim 5\%$ bis 10%). Aber ein Proteinmolekül streut im Mittel nicht proportional der Anzahl seiner Atome. Die atomaren Streuwellen interferieren miteinander, so daß die resultierende Welle stark geschwächt ist. Die mittlere Streuamplitude nimmt mit der Wurzel aus der Anzahl an Atomen zu, bei 1000 Atomen ist sie also nur ca. 30mal so groß wie die Streuung eines Einzelatoms. Wenn man ferner noch bedenkt, daß die Intensitätsänderungen vieler Streustrahlen gemessen werden, um ein Differenzbild zu erhalten (Statistik!), so erscheint die große Empfindlichkeit der Röntgenmethode nicht mehr so verwunderlich.

3.2.1.8. Das Phasenproblem in der Proteinkristallstrukturanalyse

Wie schon ausgeführt, kann man mit Szintillations- oder Proportionalzählern oder über die Schwärzung in photographischen Emulsionen die Intensitäten der Streustrahlen bestimmen. Nun sind die Intensitäten proportional dem Quadrat des Absolutwertes der Strukturamplitude. Nicht meßbar ist auf diesem Wege die Phasenverschiebung des Streustrahls gegenüber dem Primärstrahl. Phasenmessungen sind nur über Interferenzversuche möglich. Wie Abb. 3.12 zeigt, sind Primärstrahl- und Streustrahl divergent und können daher nicht zur Interferenz gebracht werden. In der Lichtoptik (auch in der Elektronenoptik) kann man im Prinzip die zur Interferenz nötige Richtungsänderung der divergierenden Strahlen durch Strahlberechnung oder Strahlreflexion bewirken. Man könnte vermuten, daß die Unkenntnis der Phasen (welche immerhin die Hälfte der zur Berechnung der Elektronendichte erforderlichen Information liefern) die Analyse der Struktur von zumindest komplizierteren Verbindungen unmöglich macht. Würde jede beliebige Funktion als Elektronenfunktion möglich sein, so wäre tatsächlich die Kenntnis der Phasen zwingend erforderlich. In Wirklichkeit ist aber die Elektronendichtefunktion sehr starken Beschränkungen unterworfen: Sie muß immer positiv sein und sie muß an der Stelle der Atome zu kleinen kugelähnlichen Bereichen „kondensieren". Tatsächlich genügen diese Einschränkungen, um bei Kristallstrukturen bis ca. 100 Atomen pro Molekül die chemisch richtige Lösung aus der unendlichen Mannigfaltigkeit der möglichen Lösungen „herauszusuchen". Bei den Proteinmolekülen mit mindestens ca. 1000 Atomen versagen jedoch diese sogenannten „direkten Phasenbestimmungmethoden". Es war daher von entscheidender Bedeutung, als es gelang, mit der an sich altbekannten kristallographischen Methode des isomorphen Ersatzes die Phasen von Proteineinkristallen zu messen. Abbildung 3.18a zeigt nun ein einfaches Mittel, den Primärstrahl in jede beliebige

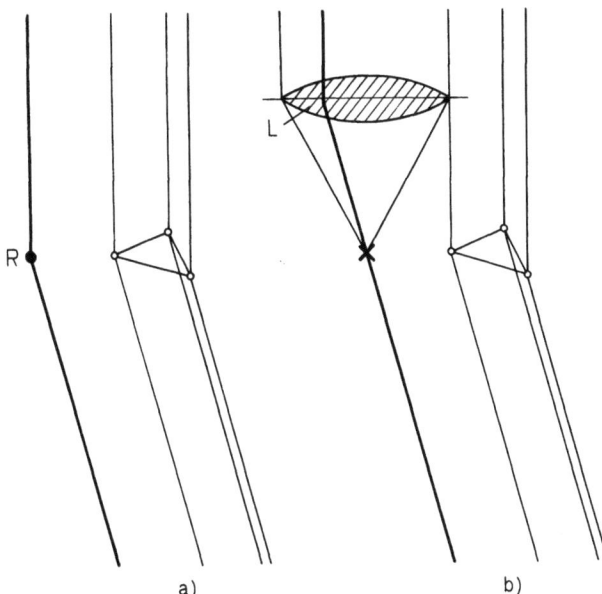

Abb. 3.18a und b. Phasenbestimmung mit Referenzatom R (a) und Fouriertransformiertenholographie (b)

Raumrichtung zu „biegen", um seine Interferenz mit den Streustrahlen zu erzwingen. Man ordnet neben dem streuenden Molekül einen Referenzstreuer — am einfachsten ein einzelnes Referenzatom R — an, welches von der auffallenden Primärwelle zur Aussendung einer Kugelwelle angeregt wird. Wie bei jedem anderen Streuvorgang hat diese Streuwelle definierte Phasenbeziehungen zur Primärwelle, sie kann daher gewissermaßen als Ersatzwelle zur Bestimmung der Phasenverschiebung zwischen Primärwelle und der am Molekül gestreuten Welle durch Interferenz benutzt werden. Nur am Rande sei bemerkt, daß ein im Prinzip analoges holographisches Phasenbestimmungsverfahren als Fouriertransformiertenholographie bekannt ist. Allerdings wird dort die Referenzkugelwelle nicht durch Streuung sondern durch Abtrennung eines Teiles des Primärstrahls und durch Konzentration dieses Teils durch eine fokussierende Linse L zu einem leuchtenden Punkt erzielt (vgl. Abb. 3.18b). Man kann also die kristallographischen Verfahren des isomorphen Ersatzes auch als quasi-holographische Verfahren ansehen.

Liegt ein Kristall vor, so wird man vorteilhaft einen solchen Referenzstreuer in jede Elementarzelle (natürlich an genau der gleichen Stelle) einbauen. Im Prinzip sollte auch beim Kristall ein einziger Referenzstrahler ausreichen — vorausgesetzt natürlich, daß er einen genügend intensiven Referenzstrahl für das Riesenmolekül Kristall liefert (was bei einem einzelnen Atom als Referenzstreuer natürlich nicht der Fall ist, aber mit holographischen Mitteln denkbar wäre). Nun bestehen aber die meisten Kristalle — auch die Proteinkristalle — aus einem Konglomerat von winzigen gegeneinander etwas versetzten und um sehr kleine Winkel verdrehten Kristallblöcken (Mosaikkristall), die alle gegenüber dem Primärstrahl eine ver-

schiedene Phasenschiebung zeigen, so daß eine Phasenbestimmung auch dann unmöglich wäre, wenn man echte Röntgenholographie betreiben könnte. Ganz anders ist die Situation, wenn die Referenzstreuer in jedes Kristallblöckchen eingebaut sind. Eine Verschiebung des Blöckchens gegenüber dem Primärstrahl läßt die Phasendifferenz gegenüber der Referenzwelle unbeeinflußt, da sich die im Gitter eingebauten Referenzwellensender mitverschieben. Da die Intensitäten von zwei Kristallen verglichen werden — einmal mit, einmal ohne Einbau der Referenzatome —, ist es eine selbstverständliche Forderung, daß die Kristalle isomorph sind (also daß die Moleküle gleichartig in gleichen Kristallgittern vorliegen). Da andererseits aber die Moleküle aus energetischen Gründen so eng wie möglich gepackt sind, gibt es im allgemeinen bei niedermolekularen Verbindungen keine Lücken im Kristallgitter, in welchem man ein Referenzatom einbauen könnte. Man benutzt daher meist den Kunstgriff des „isomorphen Ersatzes" eines schon vorhandenen Atoms durch ein Atom mit einer höheren Ordnungszahl (aber mit ungefähr dem gleichen Platzbedarf). Ein derartiges Paar ist z.B. Chlor und Brom. Bei einem Proteinkristall gibt es aber die schon diskutierten großen Lücken, welche mit Mutterlauge ausgefüllt sind. Man kann daher fast beliebig große niedermolekulare Gruppen (welche ein Schweratom als Referenzstreuer enthalten) in das Kristallgitter einfügen und an eine spezifische Stelle auf der Oberfläche des Proteinmoleküls adsorbieren (vgl. auch Abb. 3.17). Man verwendet fast ausschließlich elektrisch geladene Gruppen. Nun gibt es auf der Oberfläche eines Proteinmoleküls sehr viele polare Seitenketten und es ist daher eigentlich überraschend, daß die einfache Methode der Diffusion von Schweratomionen in dem Proteinkristall nur zur Besetzung von einem oder wenigen definierten Plätzen führt. Man kann sich das so erklären, daß beim Zusammenbau zum Kristall sehr viele Adsorptionsstellen blockiert oder zumindest energetisch ungünstig werden. Der Proteinkristallstrukturanalytiker hat einen „Baukasten" von ca. 100 verschiedenen Schweratomverbindungen, die er nacheinander in die zu untersuchenden Proteinkristalle eindiffundieren läßt. An auftretenden Intensitätsänderungen (insbesondere bei Reflexen mit größerem $|h|$) erkennt er einen evtl. Einbau.

Allerdings ist es mit dem Nachweis des Einbaus noch nicht getan. Um Amplitude und Phase der Referenzwelle berechnen zu können, benötigt er den Ort des (oder der) Referenzatome im Kristallgitter. Das ist nur durch eine gesonderte Strukturanalyse möglich, die nach ähnlichen Prinzipien abläuft wie eine niedermolekulare Strukturanalyse. Im allgemeinen gelingt sie leicht, da nur der Ort weniger Atome zu bestimmen ist. Der Trick bei der Proteinkristallstrukturanalyse ist also die Transformation des kristallstrukturanalytischen Problems mit vielen tausenden Atomen auf ein kristallographisches Problem mit wenigen Atomen mit anschließender Phasenmessung durch Interferenz mit Referenzwellen. In Abb. 3.19 ist gezeigt, daß die Bestimmung des komplexen Strukturfaktors

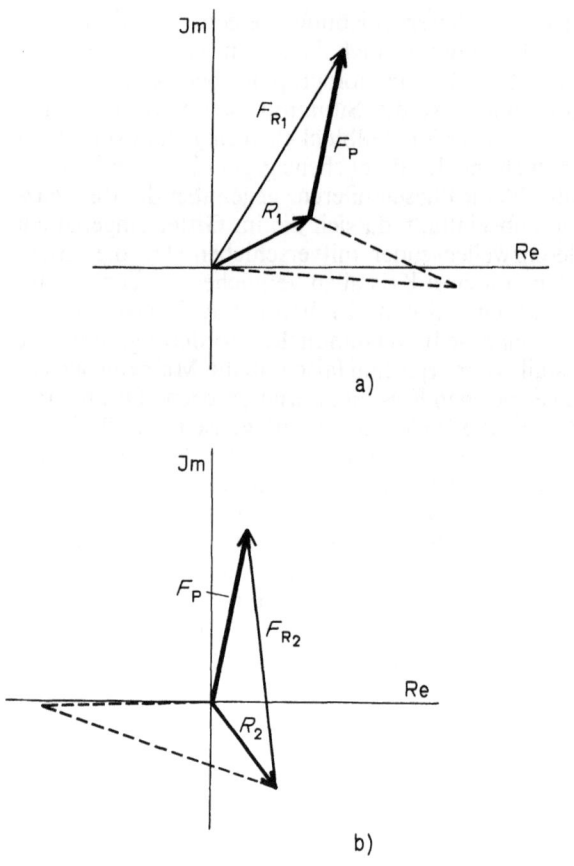

Abb. 3.19a und b. Phasenbestimmung durch multiplen isomorphen Ersatz

F_P des nativen Proteinkristalls und zugleich die Bestimmung des komplexen Strukturfaktors F_R des Proteinkristalls mit eingebautem Referenzatom nach elementaren geometrischen Prinzipien erfolgen kann, wenn der Strukturfaktor des Referenzatoms R und die beiden Absolutwerte $|F_P|$ und $|F_R|$ bekannt sind. R wurde bestimmt durch die schon erwähnte Referenzatomstrukturbestimmung, während die Absolutwerte der Strukturfaktoren aus den Intensitätsmessungen an den beiden Proteinkristallen bekannt sind. Durch drei Seiten ist ein Dreieck bestimmt; es ergeben sich aber, wie Abb. 3.19a zeigt, zwei gleichwertige Lösungen, die spiegelbildlich zur Richtung des Referenzatomvektors liegen. Durch Wiederholung der Messung mit einem anderen Referenzatomderivat (welches einen Referenzatomvektor verschiedener Richtung liefert) läßt sich diese Zweideutigkeit beseitigen. Wie Abb. 3.19b zeigt, zeigt die zweite Bestimmung ebenfalls zwei Werte für F_P an. Es ist unmittelbar klar, daß die in beiden Messungen als gleich befundenen F_P-Vektoren die richtigen Werte darstellen müssen (in Abb. 3.19a und 3.19b stark ausgezogen).

Das Kapitel über Phasenbestimmung im Proteinkristall wäre unvollständig, wenn man nicht die neuerdings sehr diskutierten Methoden des „physikalischen isomorphen Ersatzes" erwähnen würde. Bei Verwendung einer Strahlung in der Nähe der Absorptionskante eines Atoms tritt eine Phasenverschiebung und eine Änderung der Streuamplitude auf, da sich das „Phasenatom" wegen der Absorption zum Teil in ein „Amplitudenatom" umwandelt (anomale Streuung). Man kann diese Effekte zu einem „physikalischen isomorphen Ersatz" ausnützen. Baut man anomal streuende Atome in einen Proteinkristall ein und untersucht diesen Kristall einmal mit einer Wellenlänge außerhalb der Absorptionskante und einmal mit einer Wellenlänge in der Nähe der Absorptionskante der Referenzatome, so wird sich das Streuvermögen dieser Atome (und ihre Phase gegenüber dem Primärstrahl) etwas ändern. Diese Differenzen können nun als Referenzstreuung deklariert werden. Die Effekte sind sehr klein (z. B. bei Verwendung der anomalen Streuung von Eisen nur etwa 3 Elektronen), doch wurde experimentell gezeigt, daß man durch gewisse Tricks bei den Intensitätsmessungen Phasen mit verblüffender Genauigkeit bestimmen kann. Die Effekte der anomalen Streuung werden größer, wenn man andersartige Strahlungen verwendet. Bei Neutronenstrahlen gibt es gewisse Isotope, die eine starke, wellenlängeabhängige anomale Streuung zeigen. Besonders groß ist die anomale Streuung bei der γ-Resonanzstreuung. Wird mit einer Co 57 Mößbauer-Quelle (Wellenlänge $\sim 0,086$ nm) ein Proteinkristall bestrahlt, der als Referenzatome Fe 57 Atome enthält, so tritt neben der üblichen Elektronenstreuung Resonanzabsorption in den Eisenkernen auf. Der stark absorbierende Eisenkern wirkt als starkes Amplitudenobjekt und bewirkt eine intensive Kernresonanzstreuung, die im Optimalfall einem Atom mit 500 Elektronen entspricht. Da die Mößbauer-Linien außerordentlich scharf sind, so genügt bereits eine durch Dopplereffekt (Bewegung der Quelle oder des Kristalls) erreichbare Verstimmung der Strahlung, um die starke Kernresonanzstreuung (und damit auch die Referenzatome) abzuschalten. Sieht man davon ab, daß man nach dieser Methode auf ein einziges Referenzatom beschränkt ist, so hätte man ein geradezu ideales Phasenbestimmungsverfahren. Allerdings ist die Intensität der γ-Kernresonanzquellen außerordentlich gering, so daß man nur mit experimentellen Kunstgriffen (gleichzeitige Anordnung vieler Vielkanaldiffraktometer um eine Mößbauer-Quelle) hoffen kann, in vertretbaren Zeiten Proteine zu vermessen.

Schließlich sei erwähnt, daß eine im Grundgedanken völlig verschiedene Methode in letzter Zeit mit beträchtlichem Erfolg zur Strukturanalyse von Proteinen angewandt wurde. Bereits in der niedermolekularen Strukturanalyse war gezeigt worden, daß das strukturanalytische Problem stark vereinfacht werden kann, wenn ein Teil der Molekülstruktur (z. B. ein aromatisches Gerüst) bekannt ist. Man kann diese Kenntnis entweder im reziproken Raum (Fourier-Transformiertenmethode) oder im Ortsraum (Faltmolekülmethode) auswerten. Diese Methoden haben im niedermolekularen Bereich sehr an Bedeutung verloren, da man heute auch ohne Kenntnis der Molekülstruktur (direkte Methoden) zum Ziele gelangen kann. Es hat sich nun herausgestellt, daß die Tertiärstruktur von

Proteinmolekülen überraschend wenig von der Umgebung abhängt. Sogar ein Austausch von Aminosäuren (wie er besonders charakteristisch für die Immunglobuline ist) verändert die Tertiärstruktur sehr wenig. Daher haben diese Methoden des „molekularen Ersatzes" eine überraschende Renaissance in der Proteinkristallstrukturanalyse gefunden.

Zum Schluß dieses Abschnittes einige historische Bemerkungen: Die ersten Röntgendiagramme waren bereits in den dreißiger Jahren von Bernal, Crowfoot-Hodgkin und von Bragg erhalten worden (Insulin, Hämoglobin, Myoglobin). Eine Analyse ihrer Struktur erschien damals hoffnungslos. Das ist verständlich, da es schon Schwierigkeiten bereitete, Strukturen mit 10 Atomen im Molekül zu lösen. Trotzdem wurde insbesondere in den Laboratorien von W. L. Bragg und Bernal mit systematischen Arbeiten begonnen. Nach jahrelangen Bemühungen gelang es 1958 J. C. Kendrew und M. F. Perutz, die ersten Proteinstrukturen zu lösen.

3.2.1.9. Fibrillarstrukturen

Das sind kettenförmige Strukturen (Peptidketten, Nucleinsäureketten), welche nicht in Einkristallen sondern in faserigen Aggregaten kristallisieren, die um die Faserachse angeordnet sind. Eine systematische Einkristallanalyse ist unmöglich. Man erhält aus den Röntgendiagrammen im allgemeinen nur wenige (meist verzerrte) Reflexe und kann höchstens diese Daten mit den berechneten Daten von Modellen vergleichen. Diese müssen „vereinfacht" sein — bei der Analyse von Peptidketten vernachlässigt man z. B. die verschiedene Folge von Aminosäureresten und betrachtet nur die Peptidkette — andererseits müssen sie aber stereochemisch (Bindungen, Winkel) korrekt sein. Erst relativ spät hat man gelernt, konsistente Modelle zu bauen. Die Struktur wird meist über Wasserstoffbindungen stabilisiert.

a) Peptidketten (vgl. auch Kapitel 9). Der einfachste Fall liegt vor, wenn die Peptidkette gestreckt ist (β-Struktur). Allerdings ist auch hier die Kette leicht gefaltet (Faltblattstrukturen, vgl. Abb. 3.20b), um die gegenseitige seitliche Verankerung durch Wasserstoffbindung zu ermöglichen und den Seitengruppen Platz zu verschaffen (senkrecht zum Faltblatt).

Bei den Peptidschraubenstrukturen (Hauptvertreter α-Schraube (α-Helix), vgl. Abb. 3.20a) tritt zum erstenmal das Schraubenprinzip (vgl. auch Abb. 9.7, Kapitel 9) auf, welches in verschiedenen Varianten für viele biogene Makromoleküle charakteristisch ist. Man beachte, daß die Anzahl (n) der Peptidgruppen pro Windung nicht ganzzahlig ($n = 3,6$) ist, wie es sonst der Kristallograph bei Schraubenachsen gewohnt ist. Tatsächlich hatte das „Dogma" der Ganzzahligkeit lange Zeit das Auffinden der korrekten α-Helixstruktur behindert. Bei einer Windungshöhe von $p = 0,54$ nm ist der Abstand d der Peptidgruppen in Achsrichtung $d = 0,54/3,6 = 0,15$ nm.

Als dritte Peptidschraubenstruktur ist die Kollagenstruktur zu erwähnen, bei welcher die cis-Konfiguration des Prolins einen eigenartigen, schwach gewundenen Schraubentyp erzwingt. Im Kollagen sind 3 derartige Schrauben miteinander verdrillt (vgl. in Abb. 3.20c) eine Polyprolinschraube als Modell).

b) Nucleinsäureketten. Bezüglich des chemischen Aufbauprinzips der DNA vgl. Kapitel 10.

DNA ist eine Polysäure, welche in der Natur mit stark basischen Proteinen (den Protaminen und Histonen) neutralisiert ist. Durch geeignete Präparation kann man diese basischen Proteine ablösen und durch Alkalionen ersetzen. In dieser Form läßt sich DNA in feuchtem Zustand vorzüglich zu Fäden ziehen, deren Röntgenaufnahmen eindeutig auf eine Schraubenstruktur hinwiesen. Damit war allerdings das Problem noch nicht gelöst, denn nach Dichtemessungen war eine Struktur mit zwei oder drei Schrauben anzunehmen. Die Nukleinsäure haben eine gewisse strukturelle Verwandtschaft mit den Proteinen. Die Ribose-Phosphorsäure-Kette entspricht der Peptidkette, die 4 verschiedenen Basen entsprechen den 20 Aminosäureresten. Die Strukturanalyse der DNA ist ein gutes Beispiel, daß äußere Analogien auch irreführen können. Für die α-Schraube ist charakteristisch, daß die platzbeanspruchenden Aminosäurereste außen, die Peptidkette innen angeordnet sind. Versuche, nach ähnlichen Prinzipien eine befriedigende DNA-Struktur (also die Basen außen angeordnet) abzuleiten, schlugen fehl. Erst als die Basen innen angeordnet wurden und als mit der Basenpaarung zwischen einer Purinbase und einer Pyrimidinbase dieses innere Doppelelement eine einheitliche Struktur erhielt, konnte die Wendeltreppen-ähnliche Doppelschraubenstruktur der DNA abgeleitet werden (vgl. Abb. 3.20d und Kapitel 2 und 10).

Alle hier besprochenen Strukturtypen von Peptidketten (manchmal auch als Sekundärstruktur bezeichnet) wurden auch in Globularproteinen vorgefunden, wobei freilich unter dem Einfluß der Seitenketten und der Überfaltung zum Peptidknäuel sehr beachtliche Abweichungen von den Idealstrukturen auftreten. Auch das Prinzip der Basenpaarung konnte in einer Einkristalluntersuchung einer Nucleinsäure (Transferribonucleinsäure) hypothesenfrei gefunden werden. Es ist dabei besonders bemerkenswert, daß die Analyse der globalen Nucleinsäure „Transferribonucleinsäure" nach genau den gleichen Prinzipien (isomorpher Ersatz) erfolgte wie eine Proteinkristallstrukturanalyse.

Die gestreckte Struktur der Peptidkette in Seidenfibroin wurde bereits 1923 von R. Brill aus Röntgenaufnahmen gefolgert. Nach experimentellen schönen, aber in der Deutung etwas mißlungenen Arbeiten von W. T. Astbury gelangte erst L. Pauling 1951 zu den strukturell richtigen Vorstellungen der α-Schraube und des Faltblattes. Entscheidend waren vorangegangene Röntgenuntersuchungen an Einkristallen von Aminosäuren und einfachen Peptiden, welche die zum Modellbau nötigen stereochemischen Gesetze liefer-

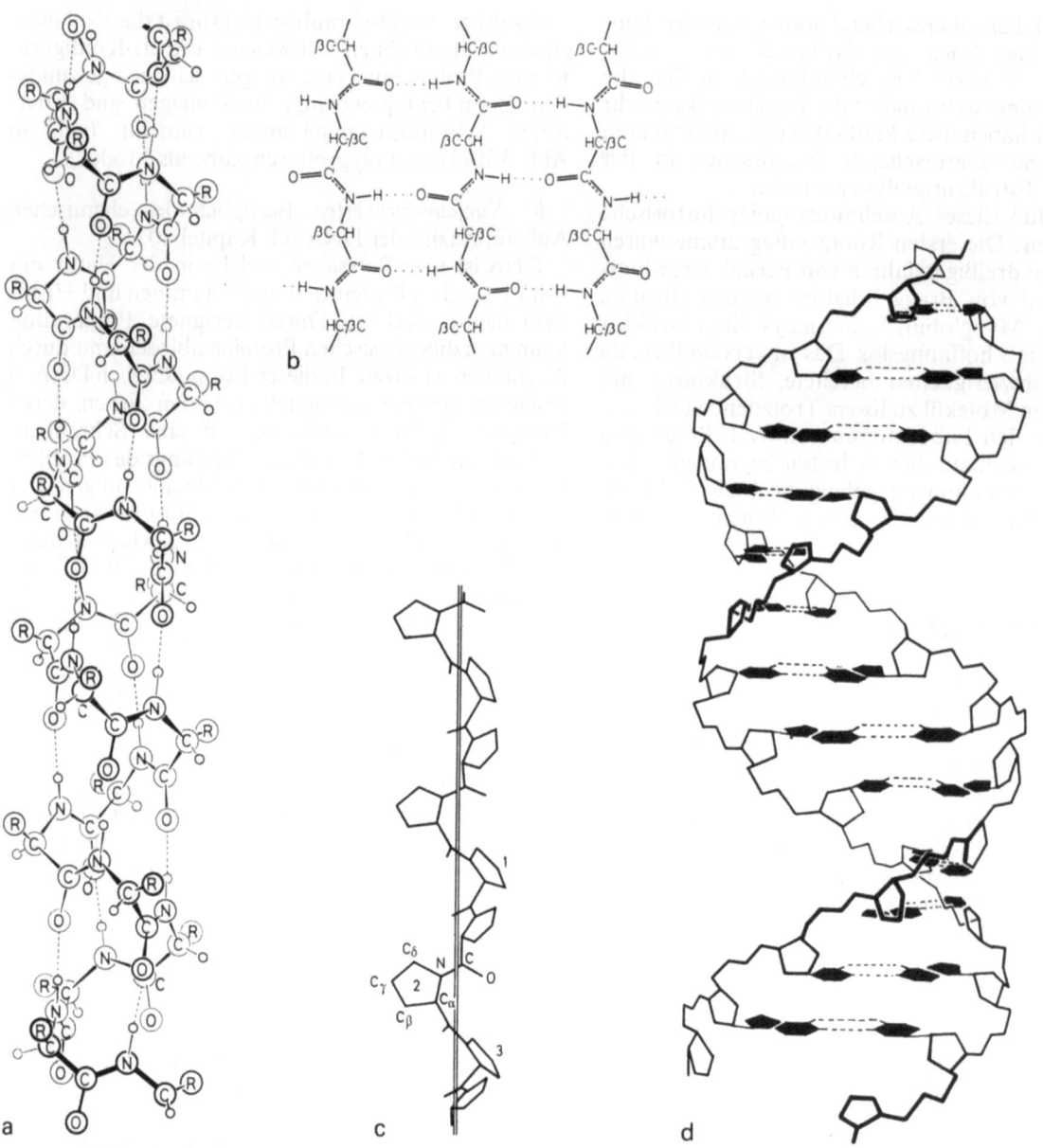

Abb. 3.20a–d. Sekundärstrukturen von Peptidketten (aus W. Hoppe, Naturwiss. **55**, 65 (1968)) und schematische Struktur der DNA-Helix

ten. Die Kollagenstruktur wurde von Ramachandran einerseits und A. Rich und F. H. C. Crick andererseits abgeleitet. Die DNA-Struktur wurde aus Röntgenaufnahmen von M. H. F. Wilkins, von J. D. Watson und F. H. C. Crick gefolgert.

3.2.1.10. Viren und andere Riesenmoleküle

„Kleine" Proteinmoleküle haben ein Molekulargewicht von ca. 10 000 bis 30 000, mittlere Proteinmoleküle bis vielleicht ca. 200 000, während die größten Proteinmoleküle ein Molekulargewicht bis ca. 750 000 (Hämocyanin) aufweisen können. Nach den großen Erfolgen der Proteineinkristallstrukturanalyse mag man sich fragen, wie ihre Entwicklung weiter gehen wird. Nun bestehen große Proteinmoleküle aus mehreren gleichartig oder ähnlich aufgebauten Untereinheiten — ein relativ einfaches Beispiel ist das Hämoglobin mit 4 Untereinheiten —, die meist in recht symmetrischer Weise miteinander verbunden sind. Die Analyse sehr großer Moleküle führt zu mehreren Problemen: Zuerst müssen Meßverfahren vorliegen, welche es gestatten, die außerordentlich große Anzahl von Reflexen zu vermessen. Einkristalldiffraktometer mit ortsempfindlichen Detektoren und photographische Methoden sollten dem Problem angepaßt werden können. Ferner müssen leistungsfähige Rechner zur Verfügung stehen; bei der ständigen Weiterentwicklung auf diesem Gebiet wird man auch hier keine ernstlichen Hindernisse befürchten müssen. Schließlich muß die Referenzatomstruktur genügend stark streuen, um deutliche Intensitätsunterschiede beim Vergleich der verschiedenen Derivate hervorzurufen. Das läßt sich erreichen, wenn mehrere Referenzatome — also z.B. ein Referenzatom pro Untereinheit — eingebaut werden; wobei die hohe Symmetrie die Bestimmung ihrer Lagen erleichtern kann. Man beachte, daß es sich bei diesen Problemen eigentlich doch trotz der Größe des Gesamtmoleküls um die Analyse eines kleineren Proteins handelt.

In die Klasse der Strukturen mit symmetrisch wiederholten gleichen Untereinheiten kann man auch die „kleineren" Viren zählen. „Klein" ist allerdings hier ein relativer Begriff. Molekulargewichte von mehreren Millionen sind hier die Regel. Es gibt freilich auch Riesenviren mit Molekulargewichten von mehreren Milliarden (z.B. der Pockenvirus), die sich wohl immer der Röntgenanalyse entziehen werden.

Ein Virus ist eine „Informationskonserve". Er enthält ein außerordentlich langes Molekül einer Nucleinsäure oder eines Nucleoproteides, welches als Herstellungsrezept für das Virusmolekül aufgefaßt werden kann und eine große Anzahl von symmetrisch angeordneten Kopien eines Proteins mit relativ kleinem Molekulargewicht.

Die heutige Viruskristallstrukturanalyse ist fast ausschließlich auf die Bestimmung der symmetrischen Virusproteinstruktur gerichtet. Dieses Problem läßt sich — analog wie oben für Proteine aus Untereinheiten geschildert — mit den heutigen Mitteln noch bewältigen.

Prinzipiell relativ einfach gestaltet sich die Analyse eines Kugelvirus (z.B. tomato bushy stunt virus). In einer hochsymmetrischen kubischen Elementarzelle ist ein einziges Molekül angeordnet. Das Molekül muß daher die Symmetrie der entsprechenden kubischen Raumgruppe besitzen. Es besteht aus einem kugeligen Kern, welcher die Nucleinsäure enthält und aus den Proteinuntereinheiten, welche die Oberfläche dieser Kugel bedecken. Die hohe Symmetrie (ikosaedrische Symmetrie im tomato bushy stunt virus) wiederholt die Untereinheiten in einer bestimmten Anordnung.

Sie ist übrigens kein Zufall. Bereits in vorchristlicher Zeit hatte sich der griechische Philosoph Plato das mathematische Problem überlegt, wie man auf einer Kugeloberfläche dichteste Packungen von kleinen Kugeln derart unterbringen kann, daß sie die Kugel möglichst lückenlos (also mit möglichst vielen gegenseitigen Kontakten) bedecken. Einer dieser platonischen Körper hat ikosaedrische Symmetrie und die Anzahl der Kugeln auf der Oberfläche entspricht genau der Anzahl der Proteineinheiten in einem ikosaedrischen Virus (vgl. Abb. 3.21). Die hohe Symmetrie der Proteinstruktur macht sich auch in einer entsprechend hohen Symmetrie im reziproken Raum bemerkbar. Man muß nur einen kleinen Ausschnitt des Fourierraumes vermessen und kann die anderen Teile des Fourierraumes durch Symmetrie wiederholen. Das gilt freilich nicht für die Nucleinsäurestruktur, welche vom Prinzip her eine asymmetrische

Abb. 3.21. Bauprinzip eines sphärischen Virus

Basenverteilung besitzen muß. Ihre Struktur wird bei dieser Art der Analyse vernachlässigt.

Neben den sphärischen Viren gibt es als zweite Klasse die Schraubenviren (helikale Viren), von denen der Tabakmosaikvirus besonders gut untersucht wurde. Ein Tabakmosaikvirus ist ein Stäbchen von 280 nm Länge und 18 nm Dicke. Es besteht zu 95% aus Proteinen. In der Konstruktion ist er der α-Schraube verwandt, mit dem Unterschied, daß die einzelne Peptidgruppe durch ein Virusprotein mit dem Molekulargewicht 17500 ersetzt ist, wobei statt $n=3,6$ $n=16,33$ Einheiten entlang einer Windung angeordnet sind. Die Schraube (mit einer Windungshöhe von $p=2,3$ nm) wiederholt sich nach 3 Windungen. Die große Zahl und das viel höhere Molekulargewicht der Untereinheiten bewirken den großen Durchmesser von 18 nm. In der Mitte dieser aus Proteinuntereinheiten gebildeten Schraube läuft der infektiöse RNA-Faden des Virus. Nach den Dimensionen des Moleküls ist er einsträngig und gestreckt. Abbildung 3.22 zeigt ein schematisches Modell des Virus.

Bei der Analyse des Virusproteins wurde eine etwas ungewöhnliche Methode angewandt. Zu ihrem Verständnis ist die Kenntnis des Projektionssatzes der Fouriertransformiertentheorie erforderlich. Er läßt sich sehr einfach für Kristalle ableiten. Aus (3.57) (dividiert durch die Anzahl der Elementarzellen) folgt z.B. für alle Strukturfaktoren, deren dritte Koordinate H_3 Null ist (die zugehörigen reziproken Gitterpunkte liegen also in einer Ebene des reziproken Gitters) die Beziehung (3.61)

$$F_{h_1 h_2 0} = \sum_j^n f_j \exp 2\pi i (hx_j + ky_j). \qquad (3.61)$$

Nun entspricht (3.61) dem Strukturfaktor einer zweidimensionalen Struktur, die alle Atome der dreidimensionalen Struktur enthält, in der jedoch nur deren x_j, y_j-Koordinaten eingetragen sind (= Projektion der Struktur entlang der z-Achse). In den Frühzeiten der Strukturanalyse wurden diese Beziehungen häufig zur Vereinfachung der Analyse angewandt. Es wurden z.B. nur $F_{h_1 h_1 0}$ und $F_{h_1 0 h_3}$ gemessen. Bei einfachen Strukturen genügen diese 2 Projektionen zur Ableitung der

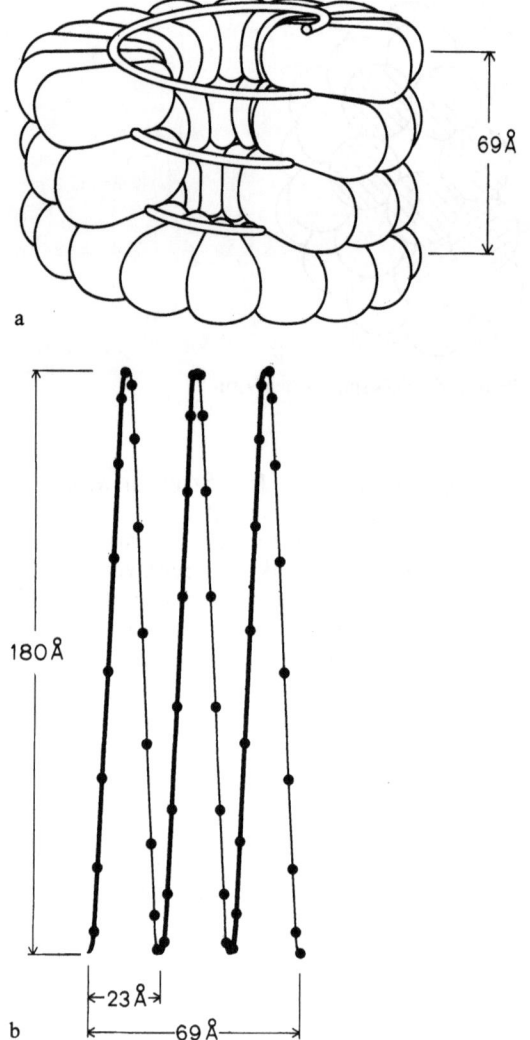

Abb. 3.22a und b. Schematisches Modell des Tabakmosaikvirus (a) und Projektion der Helix (b). Eine Identitätsperiode des linearen „Helixgitters" mit 49 Untereinheiten (schematisch durch Punkte gekennzeichnet) ist dargestellt

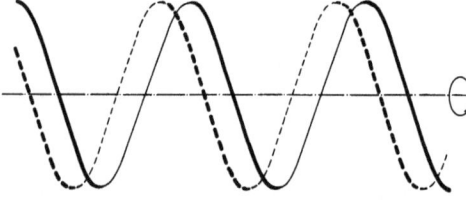

Abb. 3.23. Verschiebung der Projektion einer kontinuierlichen Helix (Sinuslinie) bei Drehung der Helix

dreidimensionalen Struktur. Mit der Vervollkommnung von Meß- und Rechenmethoden verlor diese Technik an Bedeutung, um so mehr, als bei komplizierteren Strukturen Überlappungen die Deutung der Projektionen unmöglich machen.

Verallgemeinert auf beliebige (auch aperiodische) Strukturen lautet der Projektionssatz: Projiziert man (Parallelprojektion) einen dreidimensionalen Körper auf eine Ebene und berechnet die dazugehörige zweidimensionale Fouriertransformierte, so entspricht diese einem ebenen Schnitt durch den dreidimensionalen Fourierraum, der senkrecht steht zur Projektionsrichtung und der den Ursprung des reziproken Raumes schneidet. Nun ist, wie Abb. 3.23 zeigt, die Projektion einer kontinuierlichen Schraube eine Sinuslinie. Eine Drehung dieser Schraube entspricht einer Verschiebung der Sinuslinie entlang ihrer Nullinie. Bei einer Drehung um 360° verschiebt sich die Sinuslinie um genau eine Periode. Die verschiedenen Projektionen, die bei Drehung einer Schraube um ihre Mittelachse entstehen, sind also bis auf die Verschiebung identisch. Kennt man also eine Projektion — und damit einen Schnitt im reziproken Raum —, so kann man auf Grund der Schraubensymmetrie alle anderen Projektionen — und damit alle anderen Schnitte im reziproken Raum — auf einfachste Weise berechnen. Wenn, wie beim Tabakmosaikvirus, eine aus Untereinheiten zusammengesetzte Schraube vorliegt, so gilt dieses Gesetz nur in Näherung. Nun macht sich eine Verschiebung einer Struktur nur in den Phasen Φ, aber nicht in den Amplituden $|F|$ der Strukturfaktoren (die allein gemessen werden können) bemerkbar.

Dieses Gesetz folgt aus (3.46). Ersetzt man nämlich alle r_j durch $r_0 + r_j$ (Verschiebung um r_0), so folgt

$$\begin{aligned} F'_H &= \sum_{j=1}^{n} f_j \exp 2\pi i(H, r_j + r_0) \\ &= \exp 2\pi i(H, r_0) \sum_{j=1}^{n} f_j \exp 2\pi i(H, r_j) \\ &= |F_H| \exp 2\pi i(H, r_0 + \Phi_H) . \end{aligned} \quad (3.62)$$

Entlang Kreislinien um die Schraubenachse sind daher die Amplituden $|F|$ konstant. Es spielt daher auch eine Verdrehung der Schraube für die Messung keine Rolle. Hat man ein Präparat vorliegen, welches die Tabakmosaikvirusmoleküle entlang ihrer Längsachse ausgerichtet, in bezug auf die Verdrehung um diese Achse hingegen ungeordnet enthält (molekulare Fasertextur von Tabakmosaikvirus), so lassen sich wegen dieser Zylindersymmetrie aus Aufnahmen dieser Fasern alle Strukturfaktoren Absolutwerte $|F_H|$ im reziproken Raum gewinnen. Allerdings müssen für die gemessenen Daten auch die Phasen bestimmt werden (durch isomorphen Ersatz mit Schweratomen), um dann über (3.62) (r_0 läßt sich aus den Daten der Schraube berechnen) auch die Phasen für alle Strukturfaktoren im reziproken Raum abzuleiten. Tabakmosaikviren lassen sich durch bestimmte Verfahren vorzüglich entlang der Schraubenachse ausrichten. Tatsächlich konnte an einem solchen orientierten Gel eine dreidimensionale Strukturanalyse des Virusproteins (allerdings mit beschränkter Auflösung wegen der nicht völlig identischen Projektionen) durchgeführt werden. Dieses Beispiel zeigt, daß das Postulat des Vorliegens von Einkristallen für eine voraussetzungsfreie dreidimensionale Analyse nicht in allen Fällen zwingend ist.

Ohne Reduktion der Information durch Symmetrie muß man auskommen, wenn das Riesenmolekül unsymmetrisch ist. Beispiele für solche Strukturen sind gewisse Enzymkomplexe — wie die Hefefettsäuresynthetase —, welche eine ganze Reihe von Enzymreaktionen durchführen. Ein anderes Beispiel wäre das Zellorganell Ribosom, das zu einem Drittel aus Protein und zu zwei Drittel aus Ribonukleinsäure besteht. Das Ribosom ist völlig unsymmetrisch, enthält es doch mehr als 54 verschiedene Proteine, von denen meistens nur eine einzige Kopie vorliegt. Man wird erwarten können, daß bereits die Referenzatomstrukturanalyse beträchtliche Schwierigkeiten bereiten dürfte.

Nicht zuletzt ist darauf hinzuweisen, daß biogene Makromoleküle um so schwerer in guten Einkristallen erhalten werden können, je größer sie sind. Zur Zeit sind z.B. nur winzige Mikrokristalle von Ribosomen bekannt, die unter bestimmten Bedingungen *in vivo* aus Hühnerembryonen gewonnen werden.

3.2.1.11. Kleinwinkelstreuung

Man kann mit Röntgenstreuung die gleichen Objekte untersuchen, welche auch mit Lichtstreuung experimentell zugänglich sind. Denn das $|H_{max}|$, das die Auflösung bestimmt, ist nur nach oben, aber nicht nach unten durch die Wellenlänge begrenzt. Freilich sind dann die Streuwinkel etwa 1000 mal kleiner als mit Licht, was experimentelle Schwierigkeiten bereiten kann. Besonderes Interesse hat das Verfahren im Zwischengebiet zwischen atomarer Auflösung und Lichtauflösung. Bei schlechten Auflösungen können z.B. kugelähnliche Biomoleküle als „Riesenatome" mit einem molekularen Formfaktor betrachtet werden, der durchaus in Analogie zum atomaren Formfaktor f_j definiert werden kann. Die Maßstabtransformation hängt vom Durchmesser des Moleküls im Verhältnis zum Durchmesser eines Atoms ab, beträgt also z.B. bei Proteinen mit einem Durchmesser von ~ 5 nm (Molekulargewicht ca. 50000) etwa 50. Die Proteine können in verdünnter Lösung untersucht werden, da das Lösungsmittel bei diesen schlechten Auflösungen strukturlos erscheint. Wichtig ist, daß die mittlere Elektronendichte im Molekül genügend verschieden ist von der Elektronendichte im Lösungsmittel, da sonst das Proteinmolekül „farblos" ist. Die Kleinwinkelstreuung an Lösungen kann auch in Analogie zur Gasstreuung gesehen werden. Aus der Kleinwinkelstreuung lassen sich vor allem Aussagen über Größe und Form der Moleküle gewinnen. In jüngster Zeit versucht man die Aussagekraft von Kleinwinkelmessungen zu verbessern, indem man die Biomoleküle verschieden (z.B. mit Schweratomen) markiert. Besonders gut geht das, wenn man statt Röntgenstrahlen Neutronen verwendet und — etwa durch Züchtung von deuterierten Mikroorganismen — Wasserstoff durch das sehr verschieden streuende Deuterium ersetzt. Besteht z.B. ein Molekül aus verschiedenen Untereinheiten und kann man es biochemisch zerlegen und wieder zusammensetzen (rekonstituieren), so kann man verschiedene Kombinationen aus D- und H-Untereinheiten herstellen und vergleichend untersuchen. In besonders systematischer Weise erfolgt das in der Markentriangulationsmethode, nach welcher gezielt Abstände zwischen Untereinheiten bestimmt werden. Eine Triangulation (ganz analog wie in der Geodäsie, nur nicht auf der Oberfläche der Erde sondern im molekularen Maßstab im molekularen Komplex) führt dann zur Quartärstruktur dieser Untereinheiten.

Als Kleinwinkelbeugung bezeichnet man aber auch Kristallographie „bei kleinen Winkeln" — also von Kristallen, Kristallfasern, Kristallpulver mit sehr großen Gitterkonstanten, deren Reflexe nicht zu großen Streuwinkeln reichen (Auflösungen $\sim 1-5$ nm). Schichtförmige Biostrukturen (Membrane) gehören hierher. Wenn gewisse Voraussetzungen gegeben sind (definierte endliche Begrenzung, Symmetriezentrum) lassen sich auch Schlüsse auf Streuphasenzusammenhänge ohne isomorphen Ersatz ziehen. So konnte die mittlere Elektronendichteverteilung senkrecht zur Schichtebene von einigen Membranen nach dieser Methode bestimmt werden.

Literaturauswahl

Hoppe, W.: Röntgenbeugung. In: Ullmanns Encyklopädie der technischen Chemie, 3. Aufl., Bd. II/1 (Methodenband), S. 529. München-Berlin: Urban & Schwarzenberg 1961. (Etwas erweiterte Form der vom Einzelmolekül ausgehenden Theorie).

Lehrbücher der Röntgenkristallographie
The Crystalline State, Vol. I, II, III. London: G. Bell and Sons Ltd. 1968. (Ausführliche Darstellung).
Blundell, T.L., Cutfield, J.F.: X-ray Analysis of Proteins. In: Molecular Structure by Diffraction Methods, Vol. 1, p. 384. London: Chemical Soc. 1973.
Phillips, D.C.: Advances in Protein Crystallography. In: Advances in Structure Research by Differentiation Methods, Vol. II, S.75. Braunschweig: Vieweg & Sohn 1966.
Anomalous Scattering. Chapter VII. Anomalous Scattering and Structure Analysis of Macromolecules. Copenhagen: International Union of Crystallography 1975. (Vgl. insbesondere B.P. Schoenborn, S. 407; W. Hoppe und U. Jakubowski, S. 437; R.L. Mössbauer, S. 463).

3.2.2. Strukturanalyse mit Elektronenstrahlen (Elektronenmikroskopie)

WALTER HOPPE

3.2.2.1. Einleitung

Erst nach der Erfindung des Lichtmikroskops konnte der vielzelluläre Aufbau der meisten pflanzlichen und tierischen Lebewesen aufgeklärt und die Welt der einzelligen Organismen (Amöben, Bakterien) entdeckt werden. Da nach bekannten optischen Prinzipien die Auflösung auf ca. $\lambda/2$ begrenzt ist, können Einzelheiten unterhalb eines Abstandes von $\sim 0{,}2$ μm nicht mehr erkannt werden. Aber gerade unterhalb dieser Dimension beginnt die „Welt in der Zelle" besonders interessant zu werden und es war der Traum eines jeden Biologen, ein Gerät mit besserem Auflösungsvermögen in die Hand zu bekommen. Einiges kann man noch gewinnen, wenn man zu der etwas kurzwelligeren ultravioletten Strahlung übergeht. Allerdings ist die Strahlung „unsichtbar", was aber keine grundsätzlichen Schwierigkeiten bereitet, da das mit ihr erzeugte Bild durch einen Strahlentransformator (Fluoreszenzschicht, Photoplatte) sichtbar gemacht werden kann. Allerdings ist die hier erreichbare Auflösungserhöhung recht mäßig. Um fast den Faktor 1000 könnte man die Auflösung erhöhen, wenn man von den elektromagnetischen Wellen „Licht" zu den elektromagnetischen Wellen „Röntgenstrahlen" übergehen würde. Man liest meist in Lehrbüchern, daß die Benutzung dieser Strahlung für ein Mikroskop unmöglich ist, da es keine genügend stark ablenkenden Spiegel und Linsen für diese Strahlung gibt. Das ist richtig; aber auch bei Vorhandensein geeigneter optischer Elemente würde man kein brauchbares Röntgenmikroskop für atomare Auflösung bauen können. Denn ebenso wichtig wie Brechung und Reflexion ist die Wechselwirkung mit dem Objekt. Bereits im Artikel über Röntgenbeugung wurde darauf hingewiesen, daß diese Wechselwirkung außerordentlich schwach ist. Die gleiche physikalische Ursache, welche erlaubt, einen menschlichen Körper zu durchleuchten, würde ein Bakterium in einem Röntgenmikroskop völlig kontrastlos erscheinen lassen. Vom Standpunkt der Wechselwirkung geradezu ideal ist die Elektronenstrahlung. Da bereits bei mittleren Spannungen die Wellenlänge nur einige Hundertstel Å beträgt, ist auch keine Auflösungsbeschränkung durch Beugung zu befürchten. Ferner lassen sich Elektronen durch elektrische und magnetische Felder in ihrer Richtung beeinflussen („brechen" und „reflektieren"). Zuletzt sollte noch erwähnt werden, daß eine Elektronenstrahlquelle sehr viel effizienter ist als eine Quelle elektromagnetischer Strahlung. Die üblichen elektromagnetischen Quellen (Laser ausgenommen) strahlen mehr oder minder gleichmäßig in alle Raumrichtungen. Die Elektronen bewegen sich jedoch nur in Richtung des beschleunigenden Feldes. Erzeugt man kurzwellige elektromagnetische Strahlung (Röntgenstrahlung) durch Elektronenstoß, so ist zudem der Konversionsfaktor sehr klein (weit unter 1% bei einer Anregung mit 100 kV Elektronen). Tatsächlich lassen sich im Elektronenmikroskop mit Elektronenströmen von µA Bilder in mehrhunderttausendfacher Vergrößerung mit Belichtungszeiten von Sekunden herstellen, während Belichtungszeiten von vielen Stunden in der Röntgenstrukturanalyse durchaus üblich sind. Nun hat die Elektronenstrahlung auch Eigenschaften, die bei einem abbildenden Gerät weniger sympathisch sind. Während man in einem Lichtmikroskop ein biologisches Präparat stundenlang beobachten kann, ohne daß eine Veränderung festzustellen ist, wirken Elektronenstrahlen sehr stark auf das zu untersuchende Präparat ein. Tatsächlich ist — wie später noch im einzelnen gezeigt wird — die Strahlenschädigung des Präparates eine der grundsätzlichen Barrieren in der Elektronenmikroskopie. Bedenken bezüglich eines katastrophalen Einflusses der Strahlenschädigung hatten zu Beginn der Entwicklung des Elektronenmikroskops bewirkt, daß ausgezeichnete Physiker die Elektronenmikroskopie in scharfen Polemiken als ein sinnloses Unterfangen bezeichneten. Glücklicherweise ließen sich die Entwickler des Elektronenmikroskops von der Kritik nicht beeinflussen. Wieviel ärmer wäre unsere naturwissenschaftliche Erkenntnis ohne das Elektronenmikroskop!

Die theoretischen Elektronenoptiker konnten zeigen, daß die fast ausschließlich verwendeten eisengekapselten Magnetlinsen Grenzauflösungen von 0,2–0,3 nm erlauben. Diese Auflösung liegt so nahe bei der atomaren Auflösung von ca. 0,1 nm, daß die Elektronenmikroskopiker begannen, den Traum von der atomaren Auflösung — also vom unmittelbaren Sehen der Atome in den Objekten — zu träumen. Theoretische elektronenoptische Überlegungen zeigen, daß schon ein Erhöhen der Spannung auf ca. 1 000 000 Volt zu einer theoretischen Grenzauflösung von etwa 0,1 nm führen sollte. Hochspannungselektronenmikroskope bis 3 000 000 Volt sind aus anderen Gründen an verschiedenen Stellen gebaut worden (die allerdings die Grenzauflösung wegen Erschütterungen nicht erreichen). Außerdem existieren schon seit längerer Zeit Berechnungen von neuartigen Linsensystemen (neuerdings auch experimentelle Untersuchungen), welche auch bei Mittelspannungen (Größenordnung 100 kV) das Erreichen der atomaren Auflösungsgrenze ermöglichen sollten.

Aber gleichzeitig mit diesen optimistischen Ansätzen begann sich ein gewisses Unbehagen auszubreiten. Schon an den Grenzen der bisher erreichbaren Auflösung von 0,2–0,3 nm wurde es immer schwieriger zu verstehen, was man eigentlich sah. Optische Artefakte in starker Abhängigkeit von der Defokussierung, primäre Strahlenschäden, sekundärer Auf- und Abbau von Atomen über Reaktionen mit dem Restgas im Vakuum verknäuelten sich miteinander zu einem unentwirrbaren Komplex. Vor allem aber wurde immer mehr klar, daß die Elektronenmikroskopiker bei ihrem Streben nach höchster Auflösung gegen ein einfaches optisches Grundgesetz verstießen: Im Lichtmikroskop ist ein Präparat nur dann einwandfrei zu deuten, wenn es „dünn" ist, wenn seine Dicke um vielleicht den Faktor 5 größer ist als die Auflösung. Bei sehr hohen Vergrößerungen kann man in der Lichtmikroskopie einen zusätzlichen Trick verwenden. Um hohe Auflösungen zu garantieren, muß der Öffnungswinkel des Objektives sehr groß — in der Nähe von 180° — sein. Das bedeutet aber, daß die Tiefenschärfe des Objektives sehr gering ist — ähnlich wie auch bei einer lichtstarken Photokamera die Tiefenschärfe mit der Öffnung des Objektives abnimmt. Das bedeutet, daß nur Einzelheiten in der Fokussierungsebene scharf erscheinen, während Einzelheiten über und unterhalb dieser Ebene sehr rasch in einem grauen diffusen Schleier verschwinden.

Dieser einfache Weg der Auffächerung der Bilder nach ihrer Tiefe im Objekt ist beim Elektronenmikroskop nicht — oder zumindest nicht so konsequent — gangbar. Die Wellenlänge der Elektronenstrahlen ist sehr kurz (3.63):

$$\lambda = h/m_e v, \tag{3.63}$$

oder relativistisch

$$\lambda = h\sqrt{1 - v^2/c^2}/m_e v \tag{3.64}$$

(m_e = Elektronenmasse, v = Elektronengeschwindigkeit, c = Lichtgeschwindigkeit). Bei 100 kV ist z.B. 0,0037 nm.

Daher genügen Objektive mit Öffnungswinkeln von der Größenordnung Grad, um die Grenzauflösung zu erreichen. Das ist — elektronenoptisch gesehen — ein Glück, da die Magnetlinsen optisch außerordentlich schlecht sind und nur bei kleinen Öffnungswinkeln brauchbare Abbildungseigenschaften besitzen. Andererseits führt aber die diesen kleinen Öffnungen entsprechende große Tiefenschärfe dazu, daß alle Schichten des Präparates übereinander projiziert werden. Zudem bewirkt — wie später ausgeführt wird — die kohärente Beleuchtung im Elektronenmikroskop, daß nichtfokussierte Schichten nicht „unscharf" verschwinden, sondern verzerrt im Bild verbleiben. Die dünnsten elektronenmikroskopischen Präparate sind vielleicht 3 nm dick. Das ist etwa die Dicke eines kleinen Proteinmoleküls. Auch in der Röntgenkristallstrukturanalyse eines Proteins kann man — etwa mit 0,2 nm Auflösung — ein Protein auf eine Ebene projizieren. Dem Proteinkristallstrukturanalytiker war es aber seit Beginn seiner strukturellen Arbeit klar, daß derartige Proteinprojektionen völlig undeutbar sind. Natürlich ist es bei dieser Schlußfolgerung gleichgültig, ob man Proteine oder sonst ein anderes Präparat — z.B. eine amorphe Folie — betrachtet. Die Anzahl der Atome im Einheitsvolumen — auf die es hier ankommt — ist ungefähr gleich.

Besonders kritisch ist aber auch die Strahlschädigung bei organischen Präparaten. Die Strahlendosis, die organische Strukturen vertragen, ist vollkommen unzureichend für die Abbildung bei den erreichbaren Auflösungen von 0,2–0,3 nm. Man muß dabei bedenken, daß einem das beste Mikroskop nichts nützt, wenn wegen einer zu geringen Strahldosis fast keine Elektronen die Bildfläche erreichen. Aber auch hier haben sich die Experimentatoren eine Anzahl von Kunstgriffen überlegt, um überleben zu können. Freilich gelingt das — wie später gezeigt wird — nur für biologisch signifikante Auflösung von 1–2 nm. Trotzdem ist einzusehen, daß diese Methoden (z.B. für die Untersuchung der Quartärstruktur der im Artikel Röntgenbeugung diskutierten Riesenmoleküle mit Molekulargewichten von mehreren Millionen) nützlich sind. Allerdings gilt auch hier der Einwand, daß eine Deutung der Bilder wegen der Projektion der Struktur auf eine Ebene außerordentlich erschwert wird. Riesenmoleküle haben Dicken in der Größenordnung von 20–30 nm. Nimmt man eine biologisch signifikante Auflösung von 1,5 nm bei einer Schichtdicke von 22,5 nm an, so ist das Verhältnis von Dicke zur Auflösung genau gleich wie beim oben erwähnten Hochauflösungsproblem der Deutung eines 3 nm dicken Proteinmoleküls bei 0,2 nm Auflösung!

Es besteht aber auch die Möglichkeit, ein Elektronenmikroskop nicht als Weiterentwicklung des Lichtmikroskops, sondern als Analogon zu einem Röntgendiffraktometer zu betrachten. Denn die theoretischen Grundlagen der Beugung von Elektronen und der Beugung von Röntgenstrahlen sind gleich. Damit ergeben sich neue Antworten auf die soeben angeschnittenen Fragen. Tatsächlich ist das in letzter Zeit etwas erstarrte Gebiet der Elektronenmikroskopie neuerdings wieder in Bewegung geraten. Und es ergeben sich faszinierende neue Möglichkeiten zur Strukturanalyse von Biomolekülen.

Ein tieferes Verständnis der Elektronenmikroskopie — insbesondere in ihren neueren Entwicklungen — setzt eine Kenntnis der Grundlagen der Beugungsverfahren voraus, wie sie im Artikel für Röntgenbeugung entwickelt wurden.

3.2.2.2. Das Elektronenmikroskop als Abbildungsgerät

Abbildung 3.24 zeigt den analogen Aufbau eines Lichtmikroskops mit Photographiereinrichtung und eines Elektronenmikroskops. Um den Vergleich zu erleichtern, ist das Lichtmikroskop in der beim Elektronenmikroskop üblichen Anordnung — also mit geradlinigem Strahlengang von oben nach unten — dargestellt. Etwas ungewöhnlich ist nur die Zwischenlinse, welche man beim Lichtmikroskop zwischen Objektiv und Projektionsokular (Projektionslinse) anbringen müßte. Das Elektronenmikroskop vergrößert also in 3 (manchmal sogar in 4 oder 5) Stufen statt in den im Lichtmikroskop üblichen 2 Stufen. Das ist nötig, da die elektronenmikroskopische Vergrößerung bis auf einige 100000fach einstellbar sein muß, während eine lichtmikroskopische Vergrößerung über etwa 1000-fach sinnlos ist. Als Linsen werden durchwegs (rotationssymmetrische) eisengekapselte Magnetspulen verwendet, deren Fehlerkonstanten gegenüber den früher verwendeten elektrostatischen Linsen um etwa eine Größenordnung geringer sind. Neuerdings sind Versuche unternommen worden, supraleitende Spulen mit und ohne Eisenkreise zur Erzeugung der Magnetfelder zu benutzen.

Als Objektträger werden außerordentlich dünne Folien (Dicke 1–10 nm) aus Leichtatomverbindungen (z.B. Kohle, Aluminiumoxyd) verwendet, die meist auf engmaschige Kupfernetzchen aufgebracht werden. Diese Folien sind im Gegensatz zu den Glasobjektträgern in der Lichtmikroskopie nicht strukturlos. Bei hohen Auflösungen überlagert sich ihre Struktur dem Bild des Objektes und verzerrt sein Abbild. Versuche, sehr dünne und glatte Einkristalle als Objektträger zu verwenden, waren bisher nicht sehr er-

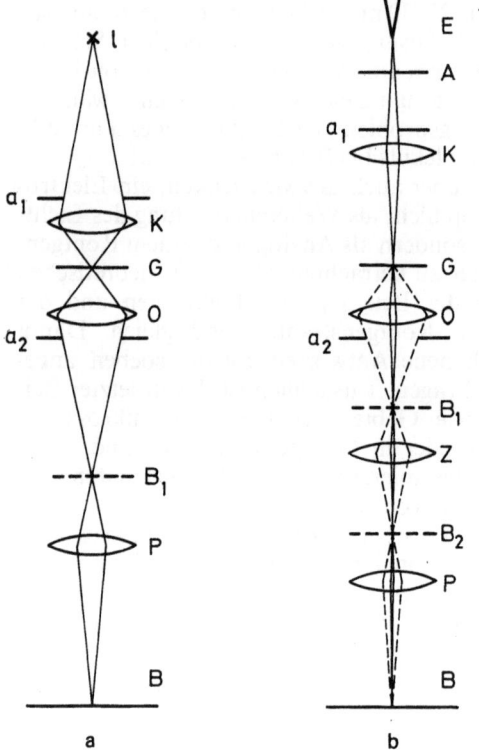

Abb. 3.24a und b. Vergleich von Lichtmikroskop und Elektronenmikroskop. (a) Zweistufiges Projektionslichtmikroskop mit inkohärenter Hellfeldbeleuchtung. *l* Lichtquelle, *K* Kondensor, *O* Objektiv, *P* Projektionsokular, *G* Gegenstand, B_1 Objektivbild, *B* Projektionsbild, a_1 Kondensoraperturblende, a_2 Objektivaperturblende ($a_1 = a_2$, inkohärente Beleuchtung). (b) Dreistufiges Elektronenmikroskop mit kohärenter Hellfeldbeleuchtung. *E* Elektronenquelle, *A* Anode, *K* Kondensor, *O* Objektiv, *Z* Zwischenlinse, *P* Projektionslinse, *G* Gegenstand, B_1 Objektivbild, B_2 Zwischenbild, *B* Projektionsbild, a_1 Kondensoraperturblende ($a_1 \ll a_2$, kohärente Beleuchtung mit fast parallelem Primärstrahl). Gestreute Strahlen sind strichliert gezeichnet. Sie fallen in (a) in den Primärstrahlkegel, in (b) im allgemeinen außerhalb des Primärstrahlkegels. Eine kleine Defokussierung erzeugt ein unscharfes Bild in (a) aber ein scharfes und verzerrtes Bild in (b).

folgreich. Man kann auch objektträgerfrei arbeiten, wenn man z. B. sehr dünne Schnitte (einige 10 nm) aus Objekten herstellt, welche vorher in einen aushärtbaren Kunststoff eingebettet wurden. Ganz analog wie in der Lichtmikroskopie benutzt man zum Schneiden Mikrotome („Ultramikrotome"), deren Vorschub den dünnen Schichten angepaßt ist. Durch die Hochvakuumschleuse wird das Präparat in den Objektraum gebracht und kann mit einem Kreuztisch in zwei zueinander senkrechten Richtungen verschoben werden. Eine mechanische Höhenverstellung ist im allgemeinen nicht erforderlich, da die magnetischen Linsen „Gummilinsen" sind. Durch Änderung ihrer Erregung läßt sich ihre Brennweite und damit auch ihre Gegenstandsebene verschieben. Erstaunlich ist die außerordentlich hohe mechanische Reproduzierbarkeit und Stabilität von Bewegungen und Einstellungen, die freilich erst nach mühsamer Entwicklung erreicht wurden. Bei hohen Vergrößerungen muß das Präparat um Bruchteile von nm verschiebbar sein. Da die Belichtungszeiten einige Sekunden betragen, darf sich das Präparat in diesen Zeiten auch nicht bewegen. Da elektronische Strahlengänge nicht nur durch die abbildenden Felder, sondern auch durch äußere Störfelder beeinflußt werden, müssen die Geräte sorgfältig elektrisch und magnetisch abgeschirmt werden.

Die Beobachtung des Präparates kann unmittelbar auf einem Fluoreszenzschirm in der Aufnahmeebene erfolgen, der weggeklappt wird, wenn die photographische Aufnahme erfolgt. In modernen Geräten kann das Leuchtschirmbild auch elektronisch verstärkt werden. Das auf einem Durchsichtleuchtschirm erzeugte Bild wird über eine Faseroptik und über ein Bildverstärker-Fernsehsystem auf einen Fernsehmonitor übertragen und kann dort bequem beobachtet werden. Die Empfindlichkeit dieser Anordnungen ist heute so groß, daß die Einschlagstellen einzelner Elektronen auf dem Leuchtschirm sichtbar gemacht werden können.

3.2.2.3. Das biologische Präparat und das Elektronenmikroskop

Es ist schon in der Einleitung erwähnt worden, daß sich die organischen biologischen Präparate (Zellen, Zellorganellen, biogene Makromoleküle) außerordentlich schlecht als elektronenmikroskopische Präparate eignen, da sie durch Elektronenstrahlen zerstört werden. Dies ist nur durch energieübertragende Stoßprozesse — also nicht durch elastische Streuung — möglich. Bedauerlicherweise erleiden aber gerade die Leichtatome — H, C, N, O — mehr inelastische als elastische Elektronenstöße. Bei Kohlenstoff sind z. B. ca. 75% aller Elektronenwechselwirkungen inelastisch und nur 25% elastisch. Durch Änderung der Spannung kann man dieses Verhältnis auch nicht verändern, es ändert sich nur der Streuquerschnitt für *beide* Wechselwirkungen. Die übertragene Energie bei einem inelastischen Streuprozeß ist in der Größenordnung von einigen eV, sie genügt also durchaus, um Bindungen zu trennen. Bemerkenswerterweise tritt der Hauptteil der störenden Wechselwirkung zwischen dem Elektron im Strahl und einem Elektron in der Elektronenhülle des Atoms auf. Strahlenschäden durch Herauswerfen eines Atomkerns sind recht selten ($\sim 0{,}03\%$), außerdem muß die Elektronenbeschleunigungsspannung eine gewisse Grenze übersteigen. So lassen sich z. B. Cu-Atome erst ab Spannungen über 600 kV durch Stoß aus dem Präparat entfernen. Diese Grenze hängt von der Masse und der Stärke der Bindung ab; bei Kohlenstoff beträgt sie nur ca. 25 kV, bei Wasserstoff ist sie sogar nur von der Größenordnung von 2–3 kV. Nun ist keineswegs gesagt, daß jede Verletzung der Elektronenhülle (Anregung, Ionisation) zum Aufbrechen einer Bindung führen muß. Bei anorganischen Strukturen kann die Energie in den meisten Fällen ohne Schädigung des Objektes nach außen abgegeben werden. Bei organischen Strukturen — insbesondere bei den aliphatischen Kettenstrukturen der Proteine — wirkt aber ein Großteil der inelastischen Stöße bindungssprengend. Bei aromatischen Molekülen — wie bei den Basen der Nukleinsäuren — sind die Verhältnisse etwas günstiger (etwa um den Faktor 10), allerdings kann man auch da nicht genügend Elektronen für

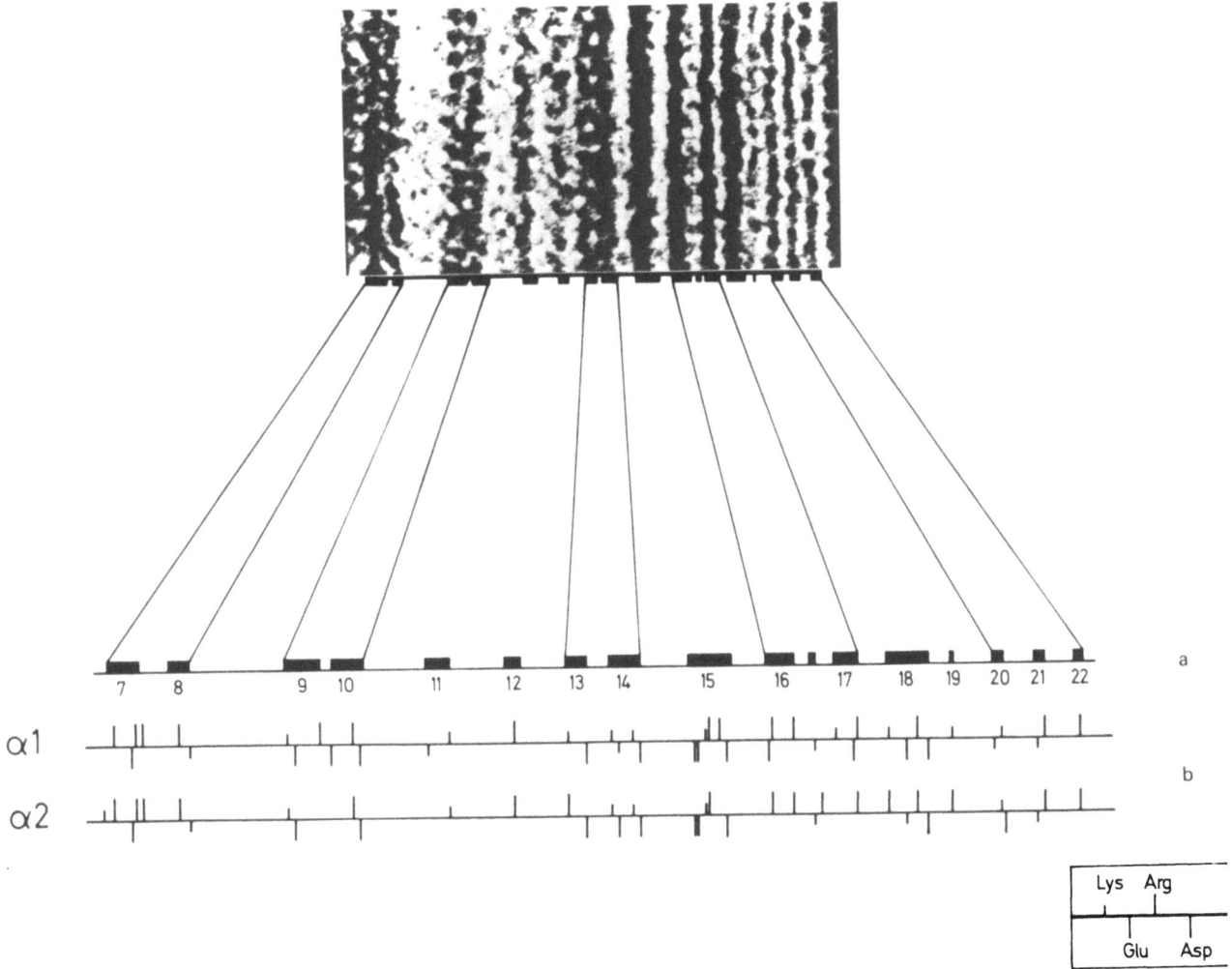

Abb. 3.25a und b. Vergleich des elektronenoptisch sichtbaren Querstreifungsmusters der Kollagen Segment-long-spacing Kristallite mit der Aminosäuresequenz der α1 und α2 Kette des Typ I Kollagens aus Kalbshaut. (a) Schematische Darstellung des Querstreifungsmusters. (b) Schematische Darstellung der Verteilung der polaren Aminosäurereste entlang der α1 (I) und α2 Kette von Position 120–405. Die Verteilung der nach Anfärben mit Phosphorwolframsäure und Uranylacetat sichtbaren Querstreifen entlang dem Segment entspricht der Anordnung der polaren Aminosäuren [Fietzek, P.P., Kühn, K.: Intern. Review Connective Tissue Research **7**, 1 (1976)].

jedes Atom sammeln, um sie im Elektronenmikroskop bei hohen Auflösungen wiedergeben zu können. Diese Verhältnisse sind seit langem theoretisch bekannt. In letzter Zeit gibt es auch sorgfältige experimentelle Untersuchungen, wobei man die Zerstörung eines aus organischen Molekülen bestehenden Kristallgitters, den Massenverlust des Präparates, oder — besonders elegant — die Änderung des Energieverlustspektrums des organischen Moleküls in Abhängigkeit von der Elektronendosis untersucht hat. Leider scheint es keine Mittel zu geben, die Strahlenschädigung merklich zu reduzieren. Sie ist nicht temperaturabhängig — man kann also wenig durch Tiefkühlung gewinnen — und die in der Spektroskopie so beliebten Blitzmethoden führen hier nicht zum Ziel, da die Bindungen bereits nach ca. 10^{-14} s aufgesprengt sind. Kürzere Blitze als etwa 10^{-8}–10^{-9} s sind technisch kaum möglich, aber auch physikalisch nicht mehr sinnvoll. Bei dieser Sachlage tröstet es nur wenig, daß die Elektronen immer noch strahlenschonender arbeiten als etwa die Röntgenstrahlen.

Man muß also zu zwar ingeniösen, aber doch etwas hilflosen Tricks greifen, wenn man etwas über biologische Strukturen erfahren will. Die bekannteste Methode ist die Färbung mit amorphen Schweratomsalzen. Im histologischen Bereich — in dem man sich also für den Aufbau der Zellen interessiert — sind die Methoden gut anwendbar, wenn auch eine gewisse Vorsicht am Platze ist, um nicht Präparationsartefakte einzuführen. Der Farbstoffärbung in der Lichtmikroskopie verwandt ist die Positivfärbung. Hierbei werden Schweratome in die organische Matrix eingelagert und man kann diese Schweratomcluster auf Grund ihrer stärkeren Streuung im Elektronenmikroskop sehen. Da die Schweratomverbindungen ionoid sind, werden sie sich an polare Gruppen in den Makromolekülen anlagern. Dies ist z.B. bei der elektronenmikroskopischen Untersuchung von Kollagenmolekülen durch Vergleich mit der Sequenzanalyse nachgewiesen worden (Abb. 3.25). Keine Parallele in der Lichtmikroskopie hat die Methode der Negativfärbung, bei welcher ein Schweratomglas (z.B. aus Phosphor-Wolfram-

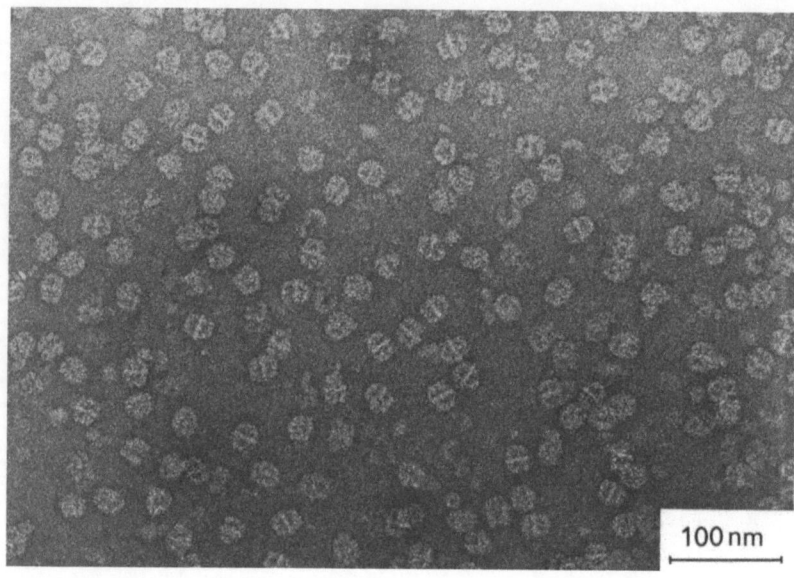

Abb. 3.26. Negativ gefärbte Fettsäuresynthetasemoleküle. Originalaufnahme. Wegen Defokus und schwachem Astigmatismus Verzerrung der Details bei hohen Auflösungen (vgl. Abb. 3.36)

säure oder Uranylsalzen) die Höhlungen in den Präparaten — z.B. in den Lücken der Quartärstruktur eines biogenen Makromoleküls — ausfüllt. Dieser Abdruck ist wegen der Eigenstruktur des Glases ungenau (signifikante Auflösungen ~ 1,5–2 nm). In Abb. 3.26 ist ein negativ gefärbtes Fettsäuresynthetasepräparat gezeigt. Die Fettsäuresynthetase ist ein Enzymkomplex mit einem Molekulargewicht von 2,3 Millionen, der nach chemischen Untersuchungen aus 5 oder 6 identischen Kopien besteht. Er katalysiert mit sieben Enzymfunktionen die Synthese der Fettsäure. Es ist verständlich, daß der Aufbau dieses komplizierten Moleküls aus seinen Untereinheiten Interesse für die Erklärung der Funktion besitzen muß. Die Aufnahmen sind zwar recht detailreich, es ist aber wegen Überlappungen unmöglich, aus ihnen die dreidimensionale Struktur des etwa 20 nm dicken Moleküls abzuleiten. Wie in der Einleitung schon ausgeführt, stößt man hier auf die Grenze der konventionellen zweidimensionalen Elektronenmikroskopie: Das Präparat ist im Verhältnis zur Auflösung (ca. 1,5 nm) zu dick. Die Aussichten einer Deutung verbessern sich, wenn hochsymmetrische Quartärstrukturen vorliegen. Abbildung 3.27 zeigt z.B., daß die aus sechs identischen Kopien bestehende Citratlyase (Molekulargewicht ~ 500000) sechseckige Ringe bildet.

Günstig ist es, wenn man die Elektronenmikroskopie mit anderen Methoden kombinieren kann. Ein interessantes Beispiel zeigt Abb. 3.28, in welcher eines der 34 Proteine der 50 S-Untereinheit von Bakterienribosomen immunologisch markiert ist. Die Biochemiker kennen Methoden, das Ribosom in seine einzelnen Bausteine zu zerlegen und dann wieder zusammenzusetzen. Nimmt man aus diesem Baukasten von 34 Proteinen eines der Proteine heraus, und erzeugt mit immunologischen Methoden Immunglobuline, die sich spezifisch nur an dieses eine Protein binden können, so läßt sich die Lage des Proteins im Ribosom bestimmen. Man muß nur die Ribosomen — bzw. im Fall von Abb. 3.15 die 50 S-Untereinheit — mit diesen spezifischen Immunglobulinen reagieren lassen. Intakte Immunglobuline (vgl. Kapitel 9) sind bivalent. Wie Abb. 3.28 (welche mit Negativfärbung aufgenommen wurde) zeigt, verbindet sich das Immunglobulin mit zwei Untereinheiten. Die Bindungsenden des Immunglobulin deuten auf das immunologisch aktive Protein. Mit solchen immunologischen Methoden kann man nun die topologische Verteilung der Proteine in Ribosomen etc. studieren.

Eine mit der Negativfärbung verwandte, aber noch ältere Methode ist die Schrägbeschattung durch Aufdampfung eines Metallfilms. Die Oberfläche eines elektronenmikroskopischen Präparates zeigt Erhöhungen an den Stellen, an welchen sich die aufgebrachten Präparate befinden. Ein schräg auffallender Atomstrahl von Metallatomen wird „Schatten werfen", aus

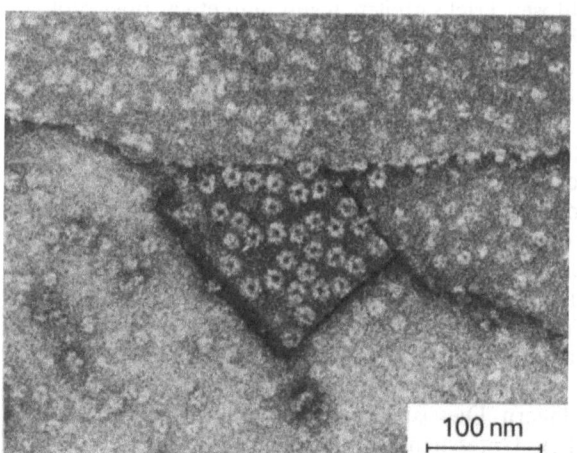

Abb. 3.27. Negativ gefärbte Moleküle von Citratlyase (Mayer, F.: Institut für Mikrobiologie, Universität Göttingen)

Innere Struktur 73

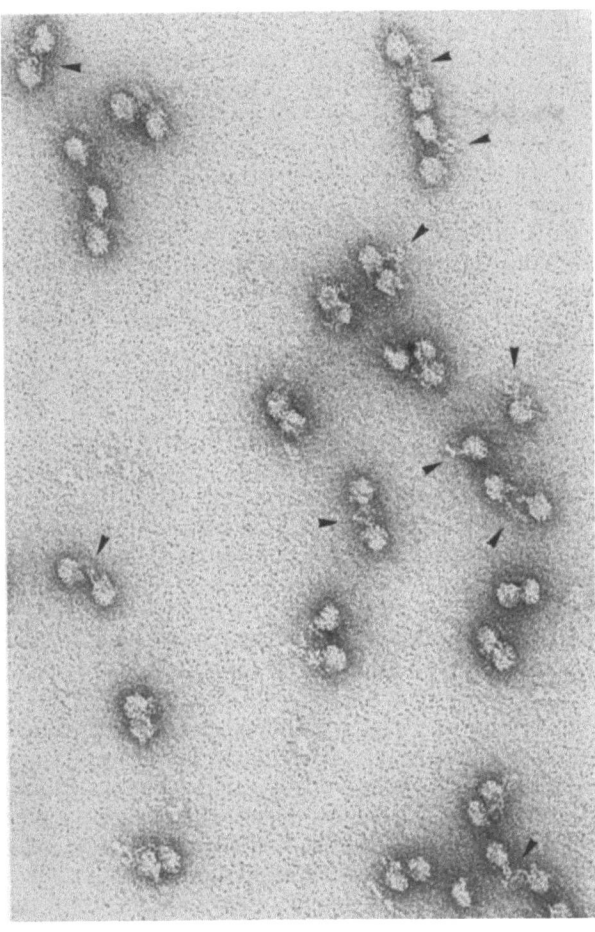

Abb. 3.28. Immunmikroskopie von Ribosomen. Ein Y-förmiges Immunglobulinmolekül, welches speziell das Protein L 6 in der 50 S-Untereinheit markiert, bildet eine Brücke zwischen zwei 50 S-Untereinheiten. Die Markierungsstellen kennzeichnen die Lage des L 6-Proteins (G.W. Tischendorf u. G. Stöffler, Max-Planck-Institut für Molekulare Genetik, Berlin)

deren Länge bei Kenntnis des Neigungswinkels die Höhe der Erhebungen berechnet werden kann. Zum Oberflächenstudium beliebig dicker Präparate läßt sich auch die Replicatechnik verwenden, bei welcher ein außerordentlich dünner Kunststoffilm auf die Oberfläche aufgezogen und dann wieder entfernt wird. Er erzeugt einen mechanischen Abdruck der Oberfläche, der — wieder mit Schrägbedampfung zur Hervorhebung des Reliefs — im Elektronenmikroskop studiert werden kann. Eine Oberflächenabdruckmethode ist auch die Gefrierätzmethode. Ihr eigentliches Ziel ist die Vermeidung von Präparationsartefakten, die durch den Entzug von Wasser und durch die Einwirkung von chemischen Reagentien auf die organischen Strukturen entstehen können. Durch sehr schnelles Abkühlen wird das Präparat eingefroren, wobei das Wasser in den Zellen eine amorphe Eisschicht bilden muß, wenn nicht durch das Eiskristallwachstum sekundär die Gewebe zerstört werden sollen. Dieses gefrorene Präparat wird dann bei tiefen Temperaturen geschnitten bzw. eigentlich auseinander gebrochen. Die Bruchflächen sind nicht zufällig, sondern verlaufen sehr häufig z. B. an oder innerhalb von Zellmembranen. Überschüssiges Eis wird sorgfältig absublimiert (abgeätzt) und das Oberflächenrelief wird mit der schon erwähnten Abdruckmethode untersucht. Insbesondere für die Membranforschung hat diese Methode interessante Beiträge geliefert (vgl. Kapitel 11.1).

3.2.2.4. Das Rasterelektronenmikroskop

In letzter Zeit hat das Rasterelektronenmikroskop, das bereits in der Frühzeit der Elektronenmikroskopie beschrieben wurde (M.v. Ardenne), eine überraschende Renaissance erfahren. In seiner zunächst zur technischen Reife entwickelten Form ist es ein Gerät zum unmittelbaren Studium der Oberfläche. Abbildung 3.29a zeigt das Prinzip. Eine feine Elektronensonde tastet die Oberfläche ab. Die im Präparat ausgelösten Sekundärelektronen (und die rückgestreuten Elektronen) werden in einem Detektor in Abhängigkeit von der Lage der Sonde registriert und im Fernsehabtastrhythmus auf einem Fernsehmonitor wiedergegeben. Bei nichtleitenden Oberflächen — also insbesondere bei biologischen Objekten — wird noch eine dünne leitende Schicht aufgedampft, um elektrostatische Einflüsse auf die abtastenden Elektronen zu vermeiden. Die Auflösung des Oberflächenrastermikroskops kann nicht sehr groß sein, da sich der Elektronenstrahl im Präparat durch Vielfachstreuung verbreitet (ca. 5–10 nm). Andererseits sind aber derartige Oberflächenbilder außerordentlich brillant und kontrastreich. Das Oberflächenrelief ist vorzüglich zu erkennen (vgl. Abb. 3.30).

Keine Auflösungsbeschränkung durch Verbreiterung der Elektronensonde entsteht, wenn das Rastermikroskop als Durchstrahlungsmikroskop aufgebaut wird (Abb. 3.29b). Dieses Prinzip konnte erst technisch zufriedenstellend realisiert werden, als es gelang, äußerst intensive und sehr kleine Elektronenquellen (Feldemissionskathoden) herzustellen und (im Ultrahochvakuum) zu betreiben. Mit den üblichen thermischen Kathoden (geringer Richtstrahlwert) sind die Abtastzeiten viel zu hoch. Das Durchstrahlungsrasterelektronenmikroskop kann wellenoptisch bis zu einem gewissen Grad als Umkehr des konventionellen Mikroskops angesehen werden. Es hat Vorzüge, aber auch Nachteile gegenüber dem konventionellen Mikroskop. Man kann recht einfach einen Analysator für die Elektronengeschwindigkeiten der gestreuten Elektronen unterhalb des Präparates anordnen und damit die Elektronenverlustspektren in Abhängigkeit vom Ort im Präparat studieren. Das ist freilich bei hohen Auflösungen mit einer außerordentlich großen Strahlbelastung des Präparats verbunden, da genügend Elektronen zur Definition der Spektralverteilung gesammelt werden müssen. Wichtiger ist die gute Strahlausbeute der Abbildung bei mäßigen Auflösungen. Im konventionellen Elektronenmikroskop gehen die Elektronen, die auf die Objektivaperturblende fallen, verloren. Im Rasterelektronenmikroskop gehen umge-

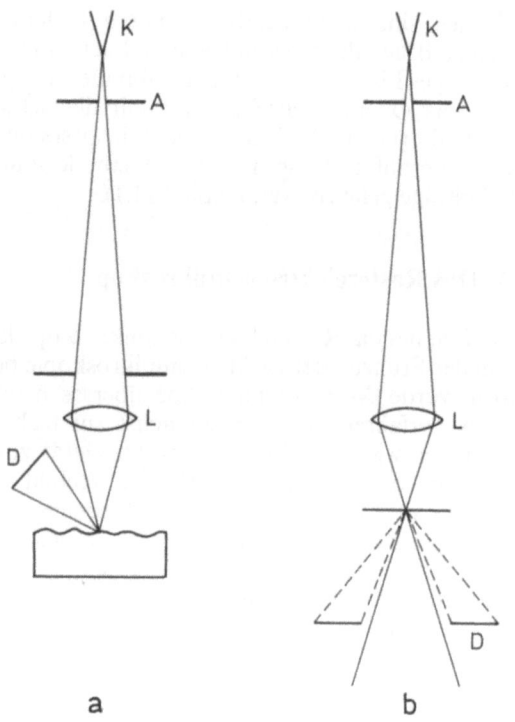

Abb. 3.29a und b. Prinzip des Oberflächenrastermikroskops mit Registrierung der rückgestreuten Elektronen (a) und des Durchstrahlungsrastermikroskops mit Registrierung der vorwärts gestreuten Elektronen (b)

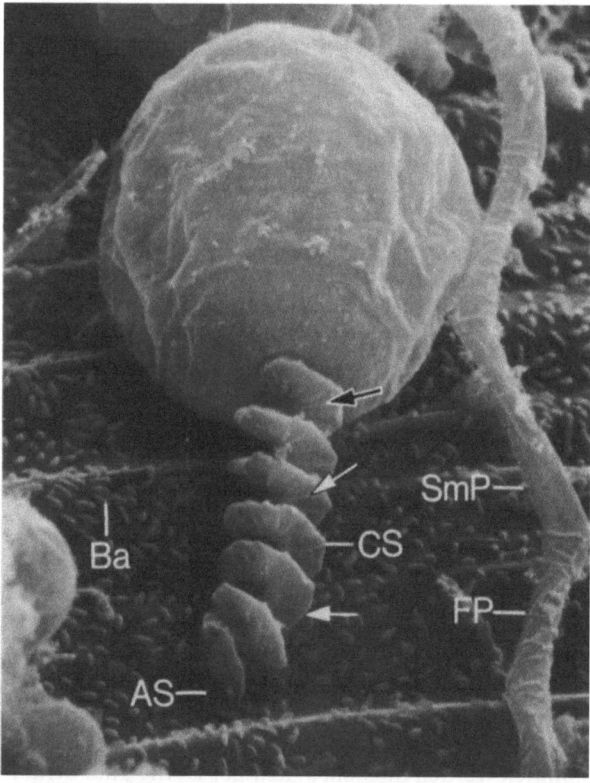

Abb. 3.30. Aufnahme des Einzellers Vorticella mit dem Oberflächenrastermikroskop. Vergrößerung $M = 1{,}375$. (Aus Kessel,R.G., Shih,C.Y.: Scanning Electron Microscopy in Biology, Berlin-Heidelberg-New York 1974

kehrt diejenigen Elektronen verloren, welche in den auflösungsbestimmenden Aperturwinkel der Sonde gestreut werden. Hingegen können alle übrigen Elektronen ausgenützt werden. Es hängt deshalb von der Auflösung ab, welches Mikroskop die gestreuten Elektronen besser ausnützt. Bei 0,5 nm Auflösung fallen z.B. nur ~ 5% der gestreuten Strahlung im konventionellen Durchstrahlungsmikroskop in die Aperturblende. Bei sehr hohen Auflösungen kehren sich die Verhältnisse um, da im konventionellen Mikroskop wegen der großen Aperturblende fast alle gestreuten Elektronen in das Bild gelangen. Allerdings hat man sich neuerdings auch Verfahren überlegt, die die in den Primärstrahlenkegel des Rastermikroskops fallenden Streustrahlen für den Bildaufbau ausnützen. Das Durchstrahlungsrastermikroskop arbeitet in der üblichen Anordnung im sogenannten inkohärenten Dunkelfeld. Es ist ein ausgesprochenes Abbildungsgerät und läßt sich nicht ohne weiteres als „Diffraktometer" (mit Möglichkeiten zur Bildrekonstruktion) benutzen.

3.2.2.5. Das periodisch-symmetrische positiv oder negativ gefärbte biologische Objekt

Wie bereits im Artikel Röntgenbeugung ausgeführt, gibt es biogene Makromoleküle mit ausgesprochenen Symmetrien. Typische Vertreter sind die helikalen und kugelförmigen Viren, in denen eine relativ kleine Proteinuntereinheit durch Schraubensymmetrie oder durch kubische Symmetrie wiederholt wird (vgl. Kapitel 3.2.1. Röntgenbeugung), aber auch Proteine, die aus mehreren Untereinheiten bestehen. Bei der Negativ- oder Positivfärbung wird jedes der einzelnen Partikel eine etwas verschiedene Anfärbung erhalten. Sie werden also nicht ganz identische Bilder zeigen. Durch Mittelung über die einzelnen Bilder der Untereinheiten kann man ein Bild erhalten, welches von den zufälligen Einflüssen der Präparation bis zu einem gewissen Grad frei ist. Besonders einfach läßt sich das Verfahren anwenden, wenn die negativ gefärbten Untereinheiten entlang eines Ringes angeordnet sind. Wiederholt sich die Untereinheit n-mal, so liefert eine n-fache Superposition der Aufnahme mit Winkelinkrementen $360°/n$ (Rotationssuperposition) ein gemitteltes Bild mit identischen Untereinheiten, in denen der zufällige Einfluß der Schweratomglasverteilung und die Struktur der Unterlagsfolie teilweise eliminiert sind (Abb. 3.31a). Das Verfahren kann auch zur Bestimmung des richtigen „n" benutzt werden, wobei Bilder mit verschiedenen n verglichen werden und das deutlichste als richtig bezeichnet wird. Bei größerem n können sich allerdings leicht Fehlinterpretationen ergeben, da Präparationsartefakte falsche Gesetzmäßigkeiten vortäuschen können.

Im Prinzip benutzt man hier eigentlich schon einen Grundgedanken der Kristallographie. Wie im Artikel Röntgenbeugung ausgeführt wurde, liefert die Fouriersynthese eines Kristallgitters nicht die Struktur eines individuellen Moleküls, sondern die Überlagerung der Struktur sämtlicher Moleküle in allen Elementarzellen.

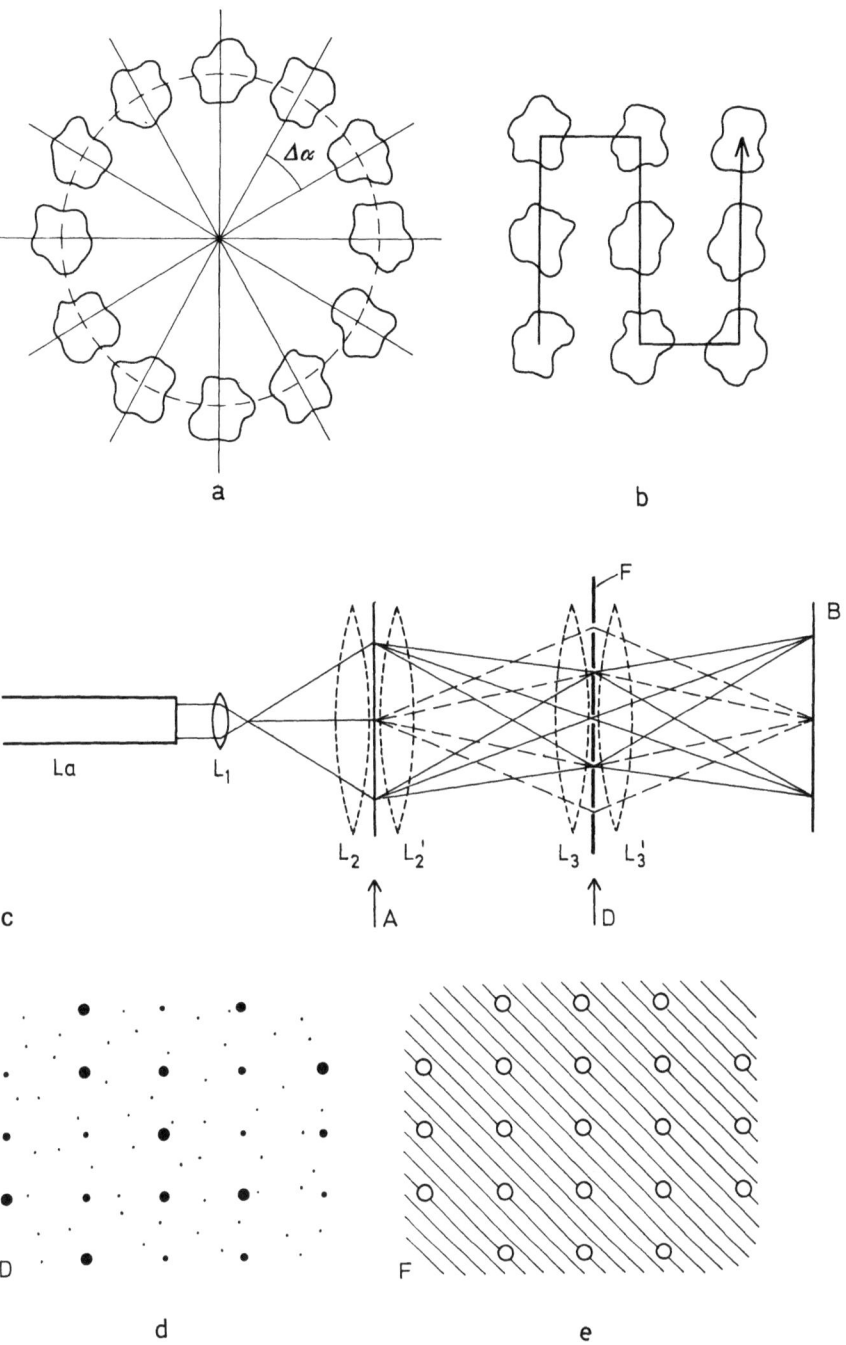

Abb. 3.31a–e. Prinzip der Mittelungsanalyse. (a) Eine Untereinheit sei in einem Ring n-mal wiederholt. Wenn man das Bild n-mal übereinander kopiert und jedesmal um $\Delta\alpha = 360°/n$ verdreht, erhält man ein Ringbild mit n identischen gemittelten Untereinheiten. (b) Im Prinzip analog kann man verfahren, wenn ein Flächengitter vorliegt. Die Mittelung erfolgt entlang der eingezeichneten Mäanderlinie. (c) Bei einer großen Anzahl von Untereinheiten werden die Superpositionsverfahren mühsam und ungenau. Dann ist die gefilterte Abbildung im lichtoptischen Laserdoppeldiffraktometer vorzuziehen. Der parallele monochromatische Strahl des Lasers La wird durch die Linse L_1 fokussiert und beleuchtet die elektronenmikroskopische Aufnahme A. Das Linsenpaar L_2, L_2' erzeugt in der Beugungsebene D ein Beugungsbild der Aufnahme. Läßt man das Linsenpaar L_3, L_3' weg (Lasereinfachdiffraktometer), so kann man in D eine photographische Aufnahme des Beugungsbildes herstellen. Lasereinfachdiffraktometer werden auch zur Herstellung der Lichtdiffraktogramme nach Abb. 3.36e benutzt. Durch Hinzunahme von L_3, L_3' wird (ähnlich wie in einem Projektionsapparat) ein Bild von A in der Bildebene B erzeugt. Dieses Bild kann man durch Filterung des Beugungsbildes in D durch das Filter F beeinflussen. (d) Ist z. B. das mikroskopische Abbild A das Bild eines Flächengitters, so entsteht im Laserdiffraktometer an der Stelle D als Beugungsbild wieder ein Gitter [starke Punkte in (d)], dessen Gitterpunkte verschiedene Intensitäten haben. Wegen der Unvollkommenheiten des Gitters A (verschiedene Schweratombelegung bei negativ gefärbtem Präparat, amorphe Unterlagsfolie, unzureichende Elektronenstatistik) enthält aber das Beugungsdiagramm auch zwischen den reziproken Gitterpunkten Beugungsintensität. Legt man über das Beugungsdiagramm D im Laserdiffraktometer ein Filter F [vgl. (e)], das einfach aus einer undurchlässigen Maske mit Löchern an der Stelle der reziproken Gitterpunkte besteht, so werden die amorphen „Gittergeister" ausgeblendet und man erhält als Bild im Doppeldiffraktometer in streng periodisches Gitter mit gemittelten Untereinheiten

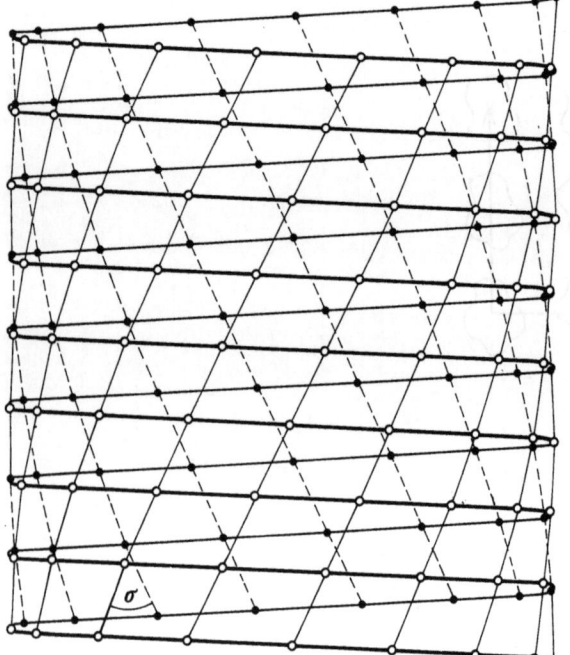

Abb. 3.32. Prinzip der Trennung der Struktur von Vorderseite und Rückseite einer Helix. Eine Sinuslinie (Projektion einer Helix) ist in einiger Entfernung von ihren Umkehrpunkten in recht guter Näherung geradlinig. Ist sie aus einer größeren aber ungeradzahligen Anzahl von Untereinheiten pro Windung aufgebaut (Beispiel in der Abbildung Tabakmosaikvirus mit $16^{1}/_{3}$ Untereinheiten), so bilden die Untereinheiten auf der Oberseite (Ringe) und die Untereinheiten auf der Unterseite (Punkte) in erster Näherung 2 identische (verzerrte) Flächengitter, die um den Winkel σ gegeneinander verschwenkt sind. Wegen der Verschwenkung sind die Beugungsreflexe dieser beiden „Gitter" voneinander getrennt. Bildet man die elektronenmikroskopische Aufnahme in einem Laserdoppeldiffraktometer (Abb. 3.31c) ab, wobei man alle Beugungsreflexe außer den Reflexen der Vorderseite (oder Hinterseite) durch ein Lochfilter (vgl. Abb. 3.31d) abblendet, so erhält man nur das Bild der Vorderseite (oder Hinterseite) der Helix. Da man sich im wesentlichen auf die Reflexe der Flächengitter beschränkt, wird bis zu einem gewissen Grad auch über die Untereinheiten gemittelt. Das Verfahren funktioniert besonders gut, wenn eine sehr große Anzahl von Untereinheiten eine Helix mit großem Durchmesser besetzt (Beispiel Phagenschwanz des T4-Phagen), wobei eine eventuelle Abplattung des Hohlzylinders durch Oberflächenkräfte bei der Präparation keinesfalls stört, sondern für die Ausbildung der beiden verschwenkten „Flächengitter" eher förderlich ist

In Abb. 3.31 a wird über den Ring statt über den Kristall gemittelt. Es gibt auch Mikrokristalle aus biogenen Makromolekülen, die — nach Negativfärbung — auf Grund ihrer großen Gitterkonstanten im Elektronenmikroskop gut sichtbar sind. So kann man das Protein Katalase (Molekulargewicht 480000) in sehr dünnen Einkristallen erhalten, die stabile negativgefärbte Präparate liefern. Schließlich hat man gefunden, daß auch gewisse Membranen zweidimensional kristallisieren, wobei ebenfalls wieder negativgefärbte Präparate herstellbar sind. Man könnte nun nach einem im Prinzip genau gleichen Verfahren wie nach Abb. 3.31 a vorgehen und die Elementarzellen des flächenhaften Gitters sukzessive überlagern (Abb.

3.31 b). Eleganter ist es jedoch, eine „Kristallstrukturanalyse" des Flächengitters auf der Photoplatte durchzuführen, welche, wie erwähnt, ebenfalls zur gemittelten Struktur führen muß. Dazu kann man wegen der makroskopischen Größe des Gitters „Diffraktometer" benutzen, welche mit kohärentem monochromatischem sichtbaren Licht (z.B. mit Laserstrahlung) arbeiten (vgl. Abb. 3.31c). Der lichtdiffraktometrischen Analyse sind auch andere geordnete periodische Strukturen — z.B. Schraubenstrukturen — zugänglich. Man hat diese Methoden in den letzten Jahren insbesondere für Schraubenstrukturen öfters angewandt, wobei es möglich war, die Streuung der Vorder- und der Hinterseite im Lichtdiffraktogramm voneinander zu trennen und so entweder nur die Vorderseite oder nur die Hinterseite der Struktur abzubilden (vgl. Abb. 3.32).

Man muß sich allerdings darüber im klaren sein, daß diese Mittelungsprozedur nicht ein echtes Abbild des Moleküls erzeugt, sondern ein Modell, welches die wahrscheinlichste Schweratomglasbelegung in den *Lücken* der untersuchten Strukturen wiedergibt.

3.2.2.6. Das Elektronenmikroskop als phasenmessendes Diffraktometer für Elektronenstrahlen

Es seien die wesentlichen Konstruktionselemente eines Diffraktometers ins Gedächtnis zurückgerufen (vgl. Abb. 3.15). Eine Planwelle trifft das Objekt, die gestreuten Strahlen werden auf einem Detektor (z.B. auf einer photographischen Schicht) aufgefangen. Abbildung 3.33 zeigt diese grundsätzliche Anordnung für Elektronenstrahlen unter Berücksichtigung, daß die Streuwinkel wegen der kleinen Wellenlänge ebenfalls sehr klein sind. Bei Röntgenstrahlen mit der Wellenlänge 0,15 nm ist der maximale Streuwinkel von 180° erforderlich, bei 100 kV Elektronen genügt ein maximaler Streuwinkel von $\Theta_{max} \sim 3°$, um die gleiche Auflösung zu erhalten. Wegen der kleinen Streuwinkel (vgl. Abb. 3.33) läßt sich (3.45a) auch nach (3.65) schreiben:

$$|\boldsymbol{H}| \approx \frac{\Theta}{\lambda}. \tag{3.65}$$

Wie schon im Artikel für Röntgenstrahlung ausgeführt, ist der Reziprokwert von $|\boldsymbol{H}_{max}|$ etwa gleich der erreichbaren Auflösung (dem Abstand von zwei gerade noch trennbaren Bildpunkten). Abbildung 3.33b zeigt schematisch die Ewaldsche Ausbreitungskugel für Elektronen im reziproken Raum. Da λ sehr klein ist, ist ihr Radius sehr groß. Der maximale Streuwinkel Θ_{max} schneidet nach Abb. 3.33b aus der Ewaldschen Ausbreitungskugel eine flache Kugelkalotte aus, welche im reziproken Raum alle Orte kennzeichnet, deren Fourierkoeffizienten (Strukturfaktoren) für das untersuchte Objekt gemessen werden können.

Es ist hierbei entscheidend, daß ein Primärstrahl definierter Richtung (Planwelle) das Objekt bestrahlt.

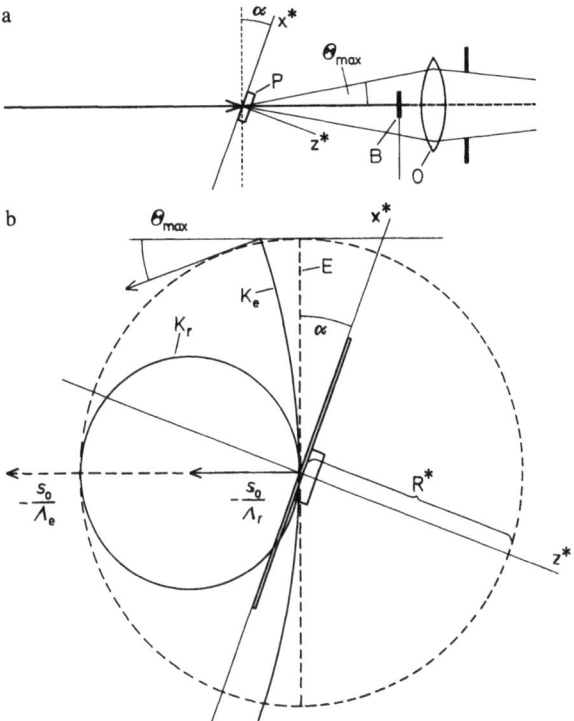

Abb. 3.33a und b. Das Elektronenmikroskop als Diffraktometer. (a) Eine Planwelle („Primärstrahl") beleuchtet das (um den Winkel α verkippte) Objekt P (kohärente Beleuchtung). Die gestreuten Strahlen und der Primärstrahl interferieren in der Bildebene (kohärente Hellfeldabbildung). Wird der (strichliert gezeichnete) Primärstrahl durch die zentrale Blende B abgedeckt, so wird das Bild nur durch die gestreuten Strahlen aufgebaut (kohärente Dunkelfeldabbildung). Zum Vergleich mit Fig. 3.33b sind die reziproken Achsen x^*, z^* eingezeichnet. Im Lichtmikroskop wird die beleuchtende Planwelle durch ein konvergentes Bündel von beleuchtenden Wellen mit der Apertur Θ_{ill} ($\Theta_{ill} = \Theta_{max}$) ersetzt (inkohärente Beleuchtung). Der „diffraktometrische" Zusammenhang mit eindeutiger Zuordnung von Streustrahl und Strukturfaktor geht damit verloren. (b) Vergleich der Ewaldschen Ausbreitungskugel für Röntgenstrahlen ($\lambda_r = 0.15$ nm) mit der Ausbreitungskugel für Elektronen. Der wesentlich größere Radius der Ausbreitungskugel führt zur Abtastung des reziproken Raumes mit der flachen Kugelkalotte K_e, welche bei geringeren Auflösungen in Näherung durch die Tangentialebene E ersetzt werden kann. Bei Röntgenstrahlen (λ_r) ist K_e durch K_r ersetzt (vgl. auch Abb. 3.13)

Das ist keineswegs selbstverständlich. Im Lichtmikroskop verwendet man zur Beleuchtung des Objekts einen Primärstrahlenkegel mit ungefähr gleicher Öffnung wie das Objektiv. Die Analogie zu einem Diffraktometer geht damit verloren. Natürlich läßt sich eine Planwelle nur in einer gewissen Näherung realisieren. In den üblichen kommerziellen Elektronenmikroskopen ist die Winkeldivergenz des Primärstrahls in der Größenordnung von einigen tausendstel Grad (kohärente Beleuchtung). Würde man im Elektronenmikroskop hinter dem Objekt alle Linsen ausschalten, so könnte man auf der Aufnahmeplatte das Beugungsdiagramm des Objektes studieren. Tatsächlich sind alle käuflichen Mikroskope mit Einrichtungen zur Beugungsanalyse kleiner Präparatteile ausgestattet, die allerdings meist die Linsen wegen der Möglichkeit der Variation der Beugungslänge mit-

benutzen (Abbildung des in der Brennebene des Objektivs erzeugten Beugungsdiagramms durch Zwischenlinse und Projektiv). Hingegen ist das Durchstrahlungsrasterelektronenmikroskop dem Lichtmikroskop verwandt, da die Präparatbeleuchtung mit einem Primärstrahlkegel erfolgt.

Nun unterscheidet sich das Elektronenmikroskop von den eigentlichen Elektronenbeugungsgeräten dadurch, daß es auch die Phase der Streustrahlen gegenüber dem Primärstrahl zu bestimmen gestattet. Das geschieht auf prinzipiell einfache Weise dadurch, daß die Linsen des Elektronenmikroskops das Objekt abbilden. Durch Brechung der gestreuten Elektronen in den Linsen wird ihre Richtung verändert und die phasenbestimmende Interferenz in der Bildebene erzeugt. Für das Folgende ist zunächst wichtig, daß das Bild einer Projektion entlang der optischen Achse entspricht, daß also die Tiefenschärfe groß ist im Verhältnis zur Dicke des Präparates und zur Auflösung. Das bedeutet, daß in Näherung die Wellenlänge λ als unendlich klein bzw. der Radius $1/\lambda$ der Ewaldschen Kugel (vgl. Abb. 3.33b) als unendlich groß betrachtet werden kann (Ersatz der Ewaldschen Kugelkalotte durch eine Ebene). Es sei ferner ein ideales Mikroskop angenommen, das in der exakten Fokussierebene ein Dunkelfeldbild erzeugt, dessen Intensität proportional ist zum Quadrat der Bildamplitude ϱ_r^2. Unter der Voraussetzung, daß ein reines Phasenobjekt vorliegt (in Näherung für Elektronenstreuung an Atomen erfüllt), ist ϱ_r reell und positiv (bis auf die unwesentliche Phasenverschiebung von $\pi/2$ zum ausgeblendeten Primärstrahl) und kann daher aus ϱ_r^2 gewonnen werden. Aus ϱ_r kann man nach (3.48) die Fourierkoeffizienten (Strukturfaktoren) F_H auf der Oberfläche der Ausbreitungskugel berechnen. Dazu muß man ϱ_r^2 digitalisieren (in einem Raster im Photometer vermessen und die Schwärzungen in digitaler Form im Computer speichern) und aus ϱ_r die zweidimensionale Fouriertransformierte berechnen.

Man wird einwenden, daß das doch eine ganz unnötige Operationsfolge ist, da ja nach (3.47) eben gerade dieses Bild (und nicht seine Fourierkoeffizienten) interessieren. Die Situation ändert sich aber, wenn man in Analogie zur Kristallstrukturanalyse nicht an der Projektion des Objektes sondern an seiner dreidimensionalen Struktur interessiert ist. Durch eine elektronenmikroskopische Aufnahme erhält man nur die Strukturfaktoren auf der Oberfläche der Ausbreitungskugel (die unter den oben erwähnten Bedingungen einer genügenden Tiefenschärfe als Ebene approximiert wurde). Man benötigt aber die Messung der F_H-Verteilung im ganzen reziproken Raum, um die zur *dreidimensionalen* Struktur des Objektes führende Transformation (3.47) durchführen zu können. Wie schon im Artikel Röntgenbeugung ausgeführt, muß man dazu die Orientierung vom Objekt zum Primärstrahl variieren. Dazu ist es erforderlich, innerhalb des Objektivraums ein winziges Goniometer anzuordnen, welches die Abtastung des reziproken Raumes mit der Oberfläche der Ewaldschen Ausbreitungskugel ermöglicht. Nun muß für jede Orientierung des Präparates

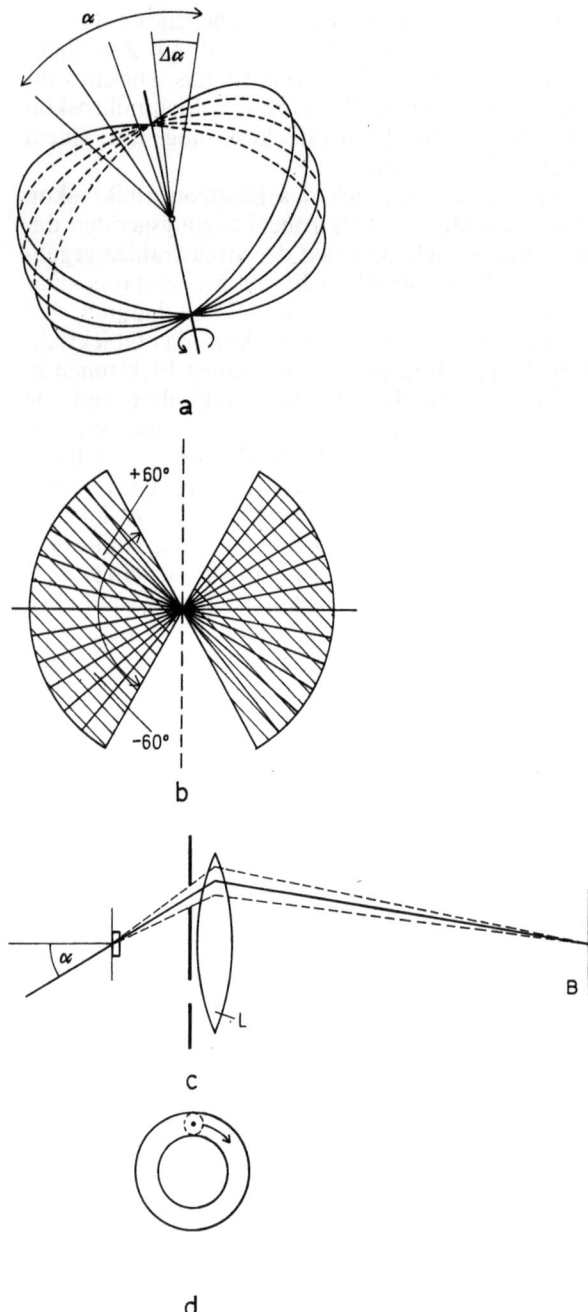

Abb. 3.34a–d. Dreidimensionale Elektronenmikroskopie. (a) Bündel von Ewaldschen Kugelschalen (in Näherung Ebenen) und eine Kippachse. (b) Projektion dieser Ebenen entlang der Kippachse. ±60°-Kippbereich mit „blindem Fourierbereich". (c) Prinzip der dreidimensional abbildenden Linse. Das Präparat wird schief beleuchtet (α = Primärstrahlneigung gegen die Achse). Weit geöffnete Linse L, doch wegen der kleinen Streuwinkel wird nur ein kleiner Bereich der Randzone der Linse zur Abbildung verwendet. Abbildung in Bildebene B, mit anschließenden weiteren Vergrößerungsstufen. Die Neigung des Primärstrahls für alle Aufnahmen ist α, geändert wird nur der Azimut. Der Primärstrahl beschreibt daher einen Kegelmantel mit 2α als Öffnungswinkel des Kegels. (d) Randzonenaperturblende der Linse L. Strichliert eingezeichnet ist der mit Streustrahlen beaufschlagte Bereich der Randzone für eine bestimmte Primärstrahlrichtung. Die Korrektur der Linse ist nur für diese Randzone erforderlich. Primärstrahl und Streustrahlkegel wandern in Pfeilrichtung zu der Orientierung für die nächste Aufnahme

eine eigene elektronenmikroskopische Aufnahme angefertigt werden. Doch läßt sich die Zahl dieser Aufnahmen reduzieren, da zwischen den einzelnen Ewaldschnitten im reziproken Raum interpoliert werden kann. Erst aus dem Gesamtgebäude der dreidimensionalen Fourierkoeffizienten läßt sich die dreidimensionale Struktur des Objekts berechnen. In der einfachsten Anordnung kippt man das Präparat um eine beliebige Drehachse in gleichen Winkelinkrementen $\Delta\alpha$. Nach Abb. 3.34a erhält man ein Ebenenbüschel im reziproken Raum, das im Idealfall von +90° bis −90° reichen sollte. Wie Abb. 3.34b demonstriert, ist im allgemeinen der Kippwinkelbereich auf höchstens ∼ ±60° begrenzt. Der unvollständige Fourierraum („blinde Regionen") bewirkt Bildpunktverzerrungen, die bei der Auswertung berücksichtigt werden müssen. Man darf dreidimensionale Abbildung nicht mit Stereoabbildung verwechseln. Stereoabbildung entspricht der Abbildung der Projektion der Struktur aus 2 leicht gegeneinander geneigten Projektionsrichtungen. Im reziproken Raum entsprechen ihr nur zwei etwas gegeneinander geneigte Ebenen.

Die Bewegung des Objektes kann auch durch eine äquivalente Bewegung des Primärstrahls ersetzt werden (Abb. 3.34c). Damit vermeidet man mechanische Bewegungen des Objektes, die bei den molekularen Dimensionen der Präparate Schwierigkeiten machen. Andererseits führen schiefe Strahlenbündel in elektronenoptischen Systemen zu großen Abbildungsfehlern. Doch wurde in letzter Zeit in theoretischen Arbeiten gezeigt, daß diese Fehler nicht nur beherrscht werden können, sondern daß sogar bessere Auflösungen möglich sind als bei Systemen mit geraden Bündeln (dreidimensional abbildende Objektive).

Die dreidimensionale Abbildung löst das in der Einleitung erwähnte Problem der Überlappung übereinanderliegender Bildeinzelheiten. Das Bild läßt sich als Serie dünner Schnitte darstellen, ganz analog wie in der Röntgenkristallstrukturanalyse. Der experimentelle und auch der rechnerische Aufwand sind allerdings erheblich größer als bei der konventionellen zweidimensionalen Mikroskopie. Hingegen ist theoretisch die integrale Strahlbelastung für die signifikante Abbildung eines Bildelementes bei beiden Methoden die gleiche. Das ist ein entscheidender Vorteil, da damit die Informationserweiterung in Richtung der dritten Koordinaten nicht mit einer zusätzlichen Strahlenschädigung erkauft werden muß. Vom Standpunkt einer optimalen Informationsnutzung ist im Gegenteil eigentlich die zweidimensionale Mikroskopie eine Informationsverschwendung.

3.2.2.7. Zweidimensionale Bildfilterung und -rekonstruktion

Die Zerlegung in einzelne Fourierkomponenten hat noch den weiteren Vorteil, daß man nicht auf die Registrierung des „echten" elektronenmikroskopischen Abbildes angewiesen ist. Man kann auch durch Defokussierung verzerrte Bilder, ja sogar durch Lin-

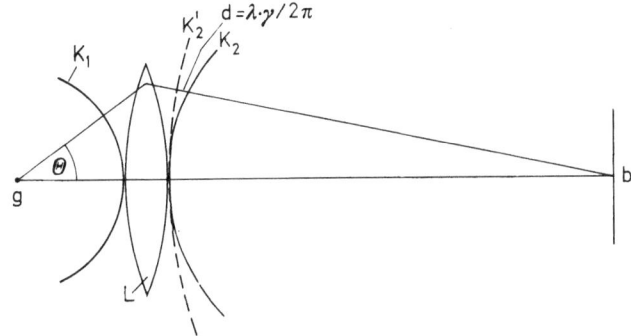

Abb. 3.35. Bedeutung der Wellenaberration γ. Wellenoptisch betrachtet bewirkt eine ideale Linse L eine Umformung der gegenstandsseitigen kugelförmigen Wellenfläche K_1 in die bildseitige kugelförmige Wellenfläche K_2' mit umgekehrter Krümmung und mit Ursprung im Bildpunkt b. Erreicht wird das durch Veränderung der Wellengeschwindigkeit in der Linse; die Wellen werden im achsnahen Gebiet stärker verzögert als im achsfernen Gebiet. Die Elementarwellen treffen in b mit gleicher Phase ein und erzeugen dort durch Interferenz den scharfen „Bildpunkt". Wegen der Linsenfehler ist aber die reale Wellenfläche K_2 meist keine Kugelfläche, daher ist der Weg zum Bildpunkt für einen um Θ abgelenkten Strahl um die Strecke $d = \lambda\gamma/2\pi$ verkürzt. Die in b mit verschiedener Phase auftreffenden Wellen erzeugen nun einen flächenförmigen „Bildpunkt" mit entlang Kreisringen konstanter Struktur (Rotationssymmetrie der Linse vorausgesetzt)

senfehler verzerrte Bilder benutzen. Denn vom Standpunkt der Wellenoptik gesehen ist ein Abbild eine Interferenzfigur der gestreuten Strahlen, aus der die Strukturfaktoramplituden und die zugehörigen Phasen zu bestimmen sind. Entscheidend ist wieder die kohärente Beleuchtung (Primärstrahl definierter Richtung), die bewirkt, daß diese Interferenzfigur unabhängig von Defokussierung und Linsenfehlern ungefähr die gleiche Information überträgt. Bei Bestrahlung mit einem polychromatischen Kegel von Primärstrahlen (wie in der Lichtmikroskopie) verschwindet das Bild bei Defokussierung sehr schnell in einem unscharfen Schleier statt — bei Beibehaltung der „Schärfe" — verzerrt zu werden. Die Information geht verloren. Andererseits ist diese Eigenschaft für die Lichtmikroskopie sehr günstig, da — wie in der Einleitung schon erwähnt — Präparateinzelheiten außerhalb der Fokussierungsebene wenig stören.

Abbildung 3.35 zeigt die grundsätzlichen Zusammenhänge. Bei einem idealen Mikroskop ist die bildseitige Wellenfläche eine Kugelfläche K_2'. Die Streuwellen auf der Wellenfläche erreichen den Achsbildpunkt (Ursprung der Kugelfläche) ohne Phasenänderung, da der Weg für alle Streustrahlen der gleiche ist. Ändert sich hingegen wegen Linsenfehlern die Wellenfläche etwa derart, daß die Krümmung der Wellenfläche gegen die Randzonen ansteigt (sphärische Aberration, Überkorrektur) oder (und) wird eine andere Bildebene als die Gaussche Ebene gewählt, so ändern sich die Weglängen für die einzelnen Streustrahlen. Die verschiedenen Weglängen bewirken eine zusätzliche Phasenverschiebung γ (Wellenaberration), die aus den geometrischen Daten der Wellenfläche und aus der Lage der Bildebene elementargeometrisch ausgerechnet werden kann.

Sie ergibt sich für einen Öffnungsfehlerkoeffizienten $C_ö$ und eine Defokussierung Δz zu

$$\gamma = 2\pi(\tfrac{1}{4}C_ö\Theta^4 - \tfrac{1}{2}\Delta z\Theta^2)/\lambda. \tag{3.66}$$

Für die phasenverschobenen Strukturfaktoren F_H' folgt

$$F_H' = F_H \exp i(\gamma - \tfrac{\pi}{2}). \tag{3.67}$$

Hierbei ist berücksichtigt, daß — wie im Artikel Röntgenbeugung ausgeführt — die Atome Phasenobjekte sind, so daß bei ihrer Streuung eine zusätzliche Phasenverschiebung $\tfrac{\pi}{2}$ auftritt. Durch eine Fourieranalyse der komplexen Bildamplitude würde man also nicht die F_H (wie bei der idealen Linse) erhalten, sondern die F_H', welche durch den Einfluß von Linsenfehlern und Defokussierung zusätzliche Phasenverzerrung erlitten haben. Man sieht sofort, daß die Kenntnis der F_H' genügt, da man mit der sphärischen Aberration $C_ö$ und der Defokussierung den Phasenfehler über (3.66) berechnen kann, um aus (3.67) die richtigen F_H aus den gemessenen F_H' zu berechnen. Fügt man weitere Glieder mit höheren Potenzen von Θ hinzu, so gilt (3.66) für beliebig große Θ. Das bedeutet, daß die F_H im Prinzip für jedes beliebige Θ — also für jede beliebige Auflösung bestimmt werden können. Die Linsenfehler spielen dann keine Rolle mehr; eine praktische Grenze ist jedoch durch experimentelle Schwierigkeiten (nicht beliebig hohe Kohärenz, Fehler bei der Konstantenbestimmung) gegeben.

Nun kann man aber in der Bildebene nur die Bildintensität $|\varrho_r'|^2$ nicht aber die Bildamplitude ϱ_r' messen, ähnlich wie man im Beugungsdiagramm nur die Streuintensität, nicht aber die komplexe Streuamplitude registrieren kann. Bei der Dunkelfeldabbildung im idealen Mikroskop hatte das keine Rolle gespielt, da dort ϱ_r als reell und positiv angenommen werden durfte, so daß aus ϱ_r^2 das ϱ_r berechnet werden konnte. Die ϱ_r' sind aber wegen des Einflusses der Wellenaberration γ komplex. Einigermaßen übersichtlich wird die Situation erst wieder, wenn man zur Bildamplitude ϱ_r' eine starke primäre Hellfeldamplitude (Referenzwelle im Sinne der Holographie) addiert, wenn man also nicht allzu stark streuende (dünne) mikroskopische Präparate im Hellfeld untersucht; das ist übrigens sowieso die übliche Betrachtungsart in der Elektronenmikroskopie. Dann muß man diese konstante (reell angenommene) Primäramplitude A zur Bildamplitude ϱ' summieren und das Quadrat bilden (3.68), um die Intensität I zu erhalten:

$$I = (A + \varrho')(A + \varrho'^*) = A^2 + (\varrho' + \varrho'^*)A + \varrho'\varrho'^* \tag{3.68}$$

(ϱ'^* = komplex konjugierte Bildamplitude).

Ist nun A groß gegen ϱ', so kann das dritte Glied vernachlässigt werden. Bis auf den Untergrund A^2 und den konstanten Faktor A wird nach (3.68) in der Bildintensität die Summe der Bildamplitude ϱ' und ihrer Komplexkonjugierten ϱ'^* abgebildet. Die Fourieranalyse führt damit zur Summe der Strukturfaktoren von ϱ' und ϱ'^* (3.69) (vgl. auch (3.67); $F_H^* = F_H$, da $\varrho_r = \varrho_r^*$):

$$F_H'' = F_H \exp i(\gamma - \tfrac{\pi}{2}) + F_H \exp -i(\gamma - \tfrac{\pi}{2})$$
$$= 2F_H \cos(\gamma - \tfrac{\pi}{2}) = 2F_H \sin\gamma. \tag{3.69}$$

Die F_H'' lassen sich durch Division mit $\sin\gamma$ in die F_H umwandeln („Filterung" mit $1/\sin\gamma$) — wobei man allerdings eine zusätzliche Gewichtsfunktion einführen muß, da sonst für kleines $\sin\gamma$ ungenaue $|F_H|$-Werte resultieren. Abbildung 3.36 zeigt $\sin\gamma$ für zwei verschiedene Defokussierungen, berechnet für ein Hochleistungselektronenmikroskopobjektiv mit der Öffnungsfehlerkonstante 1 mm und für eine Spannung von 100 kV ($\lambda = 0{,}0037$ nm). Nach Abb. 3.36a (Scherzerscher Fokus) ändert $\sin\gamma$ bis zu einem Streuwinkel von 0,012 rad nicht das Vorzeichen. Ab der ersten Nullstelle sei der Θ-Bereich durch eine Blende begrenzt. Das bedeutet, daß im Streustrahlenbereich kein Phasenfehler auftritt. Allerdings ändert sich der Absolutwert $|F_H|$, was aber wegen (3.70)

$$F_H'' = 2 F_H \sin\gamma = 2 \sum_{j=1} f_j'' \exp 2\pi i (H, r_j) \qquad (3.70)$$

und (3.71)

$$f_j'' = f_j \sin\gamma \qquad (3.71)$$

[vgl. auch (3.46)] nur einen etwas veränderten Atomformfaktor f_j'' (und damit eine etwas veränderte Atomgestalt) zur Folge hat: Man erhält im Scherzerschen Fokus ein fast unverzerrtes Hellfeldbild des „Phasenkontrastes" der Atome. Die „Scherzersche Abbildung" entspricht der Phasenkontrastabbildung im Lichtmikroskop. In Abb. 3.36b wurde hingegen ein Δz gewählt, in welchem $\sin\gamma$ in einem fast doppelt so großen Θ-Bereich gleichmäßig oszilliert. Die F_H'' in den positiven $\sin\gamma$-Gebieten zeigen einen Phasenfehler von π. Das Bild ist bis zur Unkenntlichkeit verzerrt. Doch führt trotzdem seine Fourieranalyse zu fehlerfreien F_H, wenn die F_H'' mit $1/\sin\gamma$ korrigiert werden. Falls das unverzerrte zweidimensionale Bild interessiert, kann man es durch eine Fouriersynthese aus den F_H berechnen (Bildrekonstruktion), sonst kann man die F_H gleich zur dreidimensionalen Analyse weiterverwenden. Entsprechend dem doppelt so großen Θ-Bereich sollte die Auflösung verdoppelt sein. Allerdings konnte diese Auflösungserhöhung noch nicht realisiert werden, da eine zusätzliche Schwächung der F_H'' wegen Störung der Monochromasie durch die verschiedenen Austrittsgeschwindigkeiten der Elektronen aus der thermischen Kathode hervorgerufen wird. Mit Verwendung der für die Durchstrahlungsrastermikroskopie entwickelten Feldemissionskathoden (welche besser monochromatische Elektronen liefern), sollte hingegen die Auflösungserhöhung möglich sein. Nur am Rand sei erwähnt, daß es auch farbfehlerkompensierende Rekonstruktionsverfahren gibt (mit gekipptem Primärstrahl), mit welchen eine Verbesserung der Auflösung auf $\sim 0{,}15$ nm nachgewiesen wurde.

Allerdings kann bei sehr hohen Auflösungen die Ewaldsche Kugelkalotte in Abb. 3.33b nicht mehr als Ebene angesehen werden. Doch wurde gezeigt, daß mit Bildrekonstruktionsverfahren, welche auch die komplexe Bildfunktion zu bestimmen gestatten, die F_H auf der gekrümmten Kugelfläche bestimmt werden können, so daß im Prinzip dreidimensionale Analysen mit beliebig hoher Auflösung möglich wären.

Man wird sich fragen, woher man die zur Berechnung von γ erforderlichen Größen $C_ö$ und Δz erhält. $C_ö$ ist

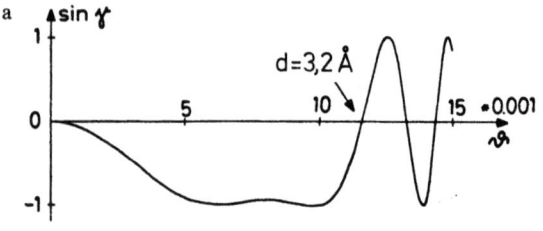
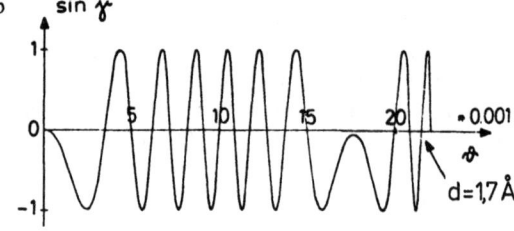

Abb. 3.36a,b

Abb. 3.36a–i. Zweidimensionale Bildrekonstruktionen. (a) und (b) Verhalten der Übertragungsfunktion ($\sin\gamma$) für verschiedene Defokussierungen ($C_ö = 1$ mm, $V = 100$ kV, $C_{chr} = 0$, $\alpha_{ill} = 0$, $\Delta z = 67{,}5$ nm). (a) Phasenkontrastoptimum (Scherzerscher Fokus). Durch Zusammenspiel zwischen Öffnungsfehler und Defokussierung wird eine optimale Ausdehnung des ersten (negativen) Maximums erzielt. Erste Nullstelle bei $\Theta \sim 1{,}2 \cdot 10^{-2}$ rad, entsprechend einer kristallographischen Auflösung λ/Θ von 0,31 nm. Besonderheit: Starke Schwächung der Fourierkomponenten mit kleinem Θ („Zernikesche Phasenplatte" für das Elektronenmikroskop). (b) Optimale Verteilung der Oszillationen von $\sin\gamma$ ($\Delta z = 310$ nm). Im doppelten Auflösungsbereich von a) treten nur wenige, relativ gleichabständige Oszillationen von $\sin\gamma$ auf, daher gute Bedingungen für die Bildrekonstruktion durch Filterung. Abschneiden bei $\Theta \sim 2{,}2 \cdot 10^{-2}$ sinnvoll ($d = 0{,}17$ nm), ab da enge Oszillationen. Positive Maxima zeigen einen Phasenfehler von π an. Die diesen Streustrahlen (z. B. von $3{,}5 \cdot 10^{-3}$ rad bis $5 \cdot 10^{-3}$ rad) entsprechenden Fourierkoeffizienten müssen bei der Bildrekonstruktion um π phasenverschoben werden. Wegen der partiellen Kohärenz der Beleuchtung ($\alpha_{ill} \neq 0$) und insbesondere wegen der ungenügenden Monochromasie der Elektronen ($C_{chr} \neq 0$) tritt eine zusätzliche Schwächung mit zunehmendem Θ auf, welche es bisher unmöglich gemacht haben, Streustrahlen bis $2{,}2 \cdot 10^{-2}$ rad zu registrieren. (c)–(i) Beispiel: Bildrekonstruktion eines der negativ gefärbten Fettsäuresynthetasemoleküle aus Abb. 3.26 ($C_ö = 1{,}9$ mm, $C_{chr} = 1{,}6$ mm). (c) vergrößerter Ausschnitt der Originalaufnahme. (d) Schichtliniendiagramm der Aufnahme (c), aus digital vermessenen Photometerdaten im Computer berechnet und auf einem Plotter ausgegeben. (e) „Diagnose" = Lichtdiffraktogramm (vgl. Abb. 3.31a) der Aufnahme (c), geformt nach $\sin^2\gamma$ [vgl. (b)]: Hauptmaximum mit ringförmigen Nebenmaxima. Elliptizität zeigt ein schwach unrundes Magnetfeld an (axialer Astigmatismus). Die Aufnahme ist defokussiert (Unterfokus, $\Delta z = 600$ nm). Der erste (dritte, fünfte...) Ring enthält Strukturfaktoren mit einem Phasenfehler von π. (f) Begrenzung der Auflösung durch eine „rechnerische Blende". Hätte man in die Linse eine Aperturblende mit dem, durch den schwarzen Strich [vgl. (e)] gekennzeichneten Radius eingesetzt, so wären alle Nebenmaxima ausgeblendet und die Abbildung würde nur durch die (phasenrichtigen) Strukturfaktoren des zentralen Maximums aufgebaut werden. Erfolg der Maßnahme: Keine Verfälschung durch phasenfalsche Nebenmaxima, Reduzierung des Einflusses des axialen Astigmatismus, allerdings mit Reduktion der Auflösung (~ 2 nm). Man erreicht das gleiche, wenn man (c) fourieranalysiert, alle Fourierkoeffizienten mit Auflösungen über 2 nm abschneidet und das Bild durch eine Fouriersynthese neu erzeugt. Geringere Anzahl von Einzelheiten („unschärferes Bild") als in (d), aber keine Bildfehler. (g) Bildrekonstruktion bis 0,9 nm Auflösung. Dir „künstliche Blende" reicht bis zum Ende des weißen Striches in (e), aber die um π falsche Phase im 1. Nebenmaximum wurde rechnerisch korrigiert. (d) und (g) sind einander ähnlich, doch treten in den feineren Einzelheiten drastische Unterschiede (Reduzierung von 3 Maxima auf 2 Maxima, Verformungen usw.) auf. (h) und (i) Vergrößerte Ausschnitte aus (d), (g), Unterschiede von Einzelheiten zeigend. In den Schichtlinienkarten sind zur Erhöhung der Übersichtlichkeit nur die Schichtlinien oberhalb des Niveaus der mittleren Dichte (entsprechend den hellen, vom Schweratomglas nicht ausgefüllten Bereichen in (c)) eingezeichnet. Schichtlinienabstand: 3% der mittleren Dichte. Rekonstruktionen nach (c)–(i) lassen sich auch mit holographischen Hilfsmitteln (lichtoptischer Analogierechner), allerdings mit geringerer Genauigkeit, realisieren. (a, b): Hoppe, W.: Acta Cryst. (1970) A 26, 414; (c)–(i): Eckert, M.: Max-Planck-Institut für Biochemie, Martinsried)

Innere Struktur 81

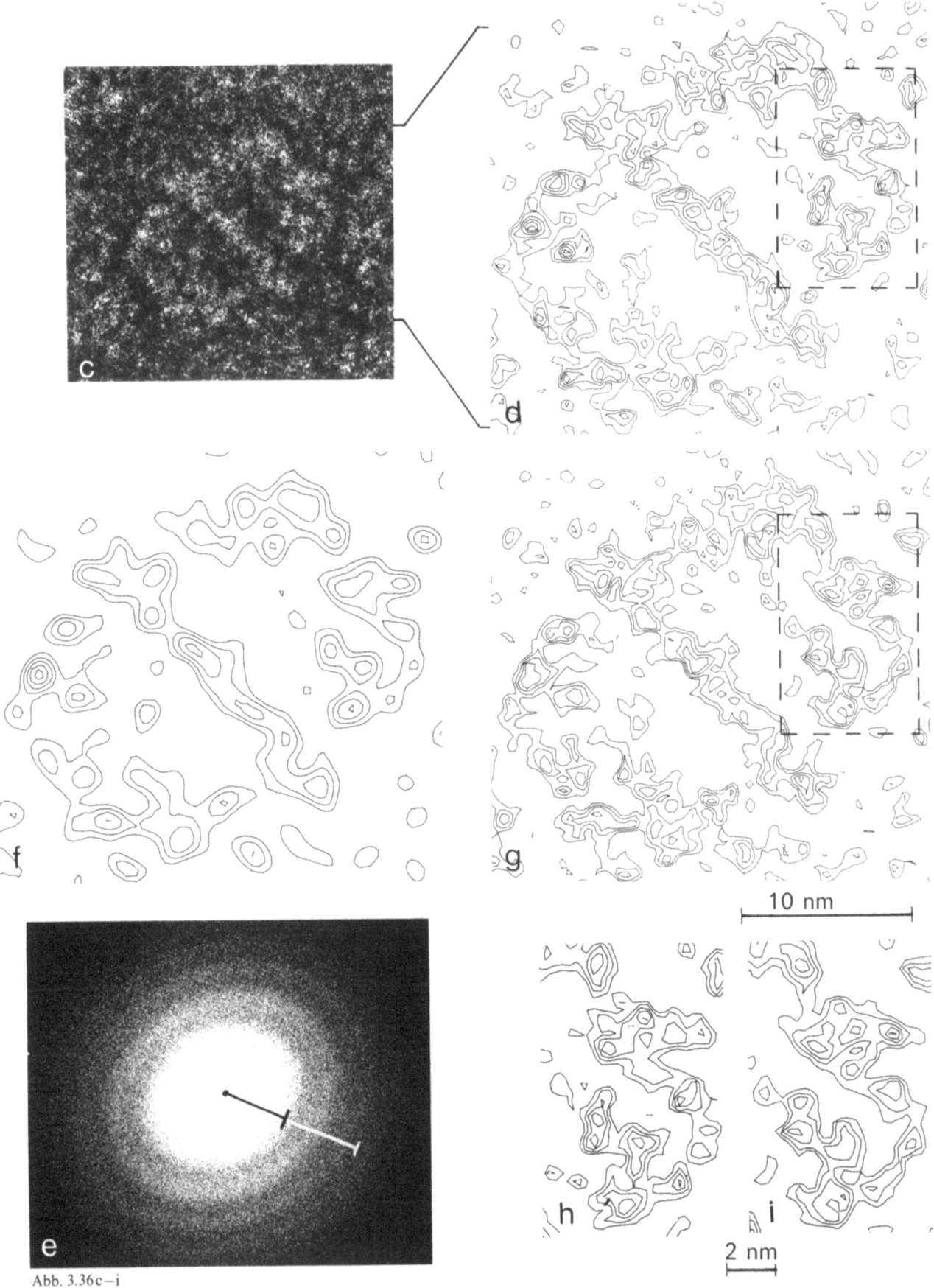

Abb. 3.36 c–i

eine Apparatekonstante, welche die Hersteller des Mikroskops angeben. Δz ändert sich jedoch von Aufnahme zu Aufnahme. Nun haben die F''_H (3.69) Nullstellen für diejenigen Streuwinkel Θ, für welche auch $\sin\gamma$ selbst 0 ist (vgl. Abb. 3.36b). Diese Null-Linien durchziehen die Fouriertransformierten der Aufnahmen, so daß die Bestimmung des Δz aus der zu untersuchenden Aufnahme selbst erfolgen kann. Abbildung 3.36c–3.36i zeigt als Beispiel die zweidimensionale Bildrekonstruktion von Molekülen aus der Aufnahme Abb. 3.26. Abbildung 3.36e demonstriert ein Lichtdiffraktogramm, aufgenommen in einer Apparatur nach Abb. 3.31c (als Einfachdiffraktometer benutzt), welches die Nullstellen von $\sin\gamma$ unmittelbar erkennen läßt. Computerisierte Bildrekonstruktion wird erst in wenigen Laboratorien durchgeführt. Sie kann auch mit lichtoptischen „Analogrechnern" nach Prinzipien der Holographie erfolgen. Wenn man von der möglichen Erhöhung der Auflösung absieht (die im biophysikalischen Bereich z. Z. meist sowieso unwichtig ist, $d \sim 0{,}9$ nm in Abb. 3.36c!), so ist ihr Hauptvorteil die Eliminierung der *zufälligen Einflüsse* (Defokussierung, Linsenfehler) auf die Resultate. Experimentell ist es — insbesondere bei der mühevollen Herstellung von Aufnahmeserien für die dreidimensionale Analyse — besonders vorteilhaft, daß nicht ein genauer Fokus (der verschieden gekippten Aufnahmen) eingestellt werden muß. Nur am Rande sei angemerkt, daß bei stark gefärbten Präparaten nach Abb. 3.36 über die verschiedene anomale Streuung von Schwer- und Leichtatom gemittelt wird.

Man kann übrigens auch die Amplituden F'_H [vgl. (3.67)] korrigieren (statt der aus den Bildintensitäten gewonnenen F''_H [vgl. (3.69)]), wenn man Korrektorelemente im Mikroskop selbst (in der Aperturblende des Objektivs) vorsieht, welche auf die Elektronenstreuamplituden unmittelbar einwirken. Diese Art der Korrektur ist sogar zuerst für die Elektronenmikroskopie vorgeschlagen und auch experimentell erprobt worden (Zonenkorrekturplatten). Sie hat grundsätzlich Vorteile (z. B. wird kein Referenzstrahl benötigt) und kann auch im Dunkelfeld durchgeführt werden. Allerdings ist sie experimentell schwieriger, da sie Eingriffe in das Elektronenmikroskop voraussetzt.

3.2.2.8. Dreidimensionale Elektronenmikroskopie biologischer Objekte

Für die praktische Durchführung muß man genauso wie bei der konventionellen zweidimensionalen Elektronenmikroskopie ein Präparierverfahren wählen, welches das strahlenempfindliche Biomolekül für die elektronenmikroskopische Behandlung stabilisiert (also z. B. Negativfärbung). Als eine gewisse Zwischenstufe zur echten dreidimensionalen Elektronenmikroskopie kann man die schon seit einiger Zeit übliche dreidimensionale Rekonstruktion von hochsymmetrischen, negativ gefärbten Biomolekülen (z. B. Tabakmosaikviren, Phagenschwänze) ansehen. Ganz analog wie bei der Röntgenanalyse des Tabakmosaikvirus beschrieben, genügt zur „dreidimensionalen Elektronenmikroskopie" eines Tabakmosaikvirus eine einzige Projektion (also eine einzige Aufnahme). Wegen der Schraubensymmetrie kann man die anderen Projektionen als bekannt voraussetzen (Abb. 3.37a, vgl. auch Abb. 3.23). Es ist klar, daß dadurch wieder die Analyse außerordentlich erleichtert wird, da man experimentell auf die sonst nötige Serie von Kippaufnahmen verzichten kann und auch keine Probleme mit der Bestimmung des gemeinsamen Ursprungs der einzelnen Projektionen hat. Allerdings kann man mit diesem Verfahren nur idealisierte Modelle der Schweratomglasverteilung im Molekül erhalten, da — wie Abb. 3.37b, c zeigt — verschieden gekippte Aufnahmen eines Tabakmosaikvirusmoleküls wegen der ungleichmäßigen Verteilung des Schweratomglases auf Unterlagsfolie und im Molekül nicht identisch sein können. Der Einfluß auf die Bildrekonstruktion ist nicht ganz unbedenklich, da das Bildkonstruktionsprogramm diesen Teil als hervorgerufen durch eine helikale Struktur interpretiert, wobei sich die entsprechende dreidimensionale Scheinstruktur über die echte Struktur überlagert. Auch die innere Färbung der Proteinuntereinheiten im Tabakmosaikvirusmolekül ist sicher nicht ganz gleichmäßig. Trotzdem hat sich dieses Verfahren als recht brauchbar für das Studium der Quartärstruktur hochsymmetrischer Moleküle herausgestellt.

Echte dreidimensionale Strukturanalysen individueller negativ gefärbter Moleküle sind erst in letzter Zeit erfolgreich durchgeführt worden. An dem Beispiel der Fettsäuresynthetase, von der bereits negativ gefärbte Abbildungen in Abb. 3.26 und — mit zweidimensionaler Bildrekonstruktion korrigiert — in Abb. 3.36 gezeigt wurden, sollen einige Ergebnisse diskutiert werden. — An den elliptisch geformten Abbildungen der Moleküle in Abb. 3.26 und Abb. 3.36 ist eine Zweiteilung durch einen weißen Querstrich in Richtung der kurzen Achse auffallend. Ferner sind noch Unterstrukturen feststellbar, die von Molekül zu Molekül variieren (sie entsprechen offenbar verschiedenen Orientierungen des Moleküls). Fettsäuresynthetase ist ein Enzymkomplex, der nach biochemischen Untersuchungen aus 5–6 identischen Kopien besteht, von denen jede alle Enzymfunktionen zum Aufbau einer Fettsäure ausführen kann („Fettsäurefabrik"). Er hat ein Molekulargewicht von $2{,}3 \cdot 10^6$ Dalton und eine Größe von 20–30 nm. Wie schon in der Einleitung hervorgehoben, entspricht die strukturelle Komplexität eines so großen Moleküls schon bei Auflösungen von nur 1,5–2 nm der eines kleineren Proteinmoleküls bei etwa 0,2 nm „atomarer" Auflösung! Es ist also hoffnungslos, aus Projektionen genaueres über die dreidimensionale Verteilung des Schweratomglases erfahren zu wollen.

Ähnlich wie Abb. 3.36 die zweidimensionale Rekonstruktion eines einzelnen Fettsäuresynthetasemoleküls gezeigt hat, zeigt nun Abb. 3.38 Schnitte aus der dreidimensionalen Abbildung eines einzelnen Moleküls. Abbildung 3.38a, b zeigt einen Schnitt entlang der optischen Achse des Gerätes — also entlang der Rich-

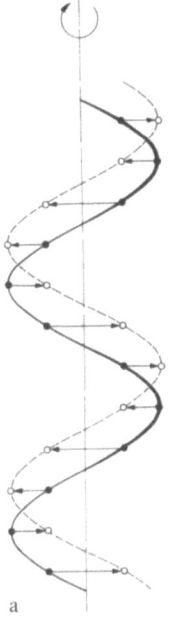

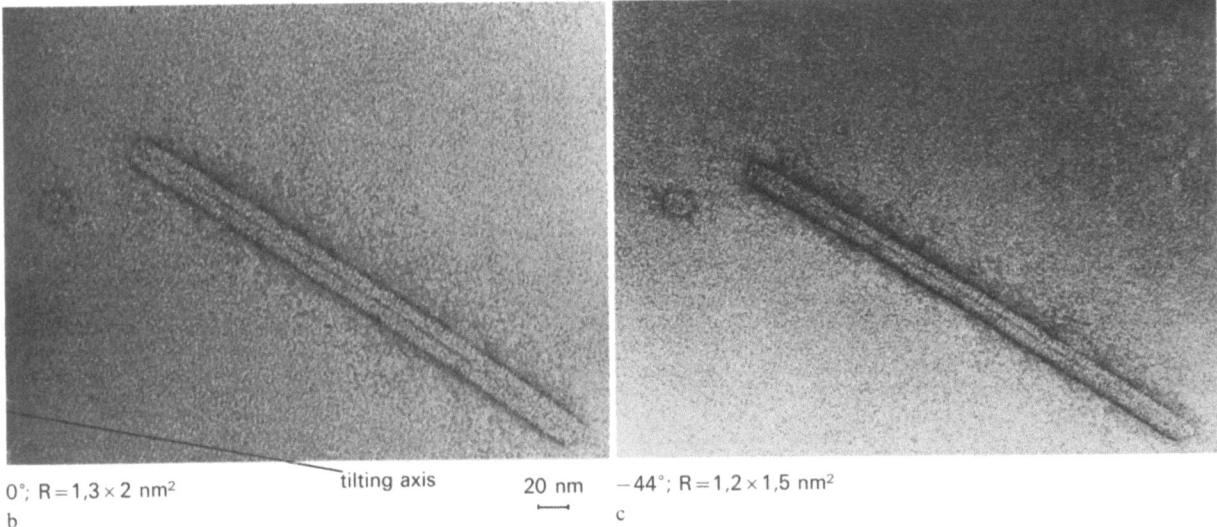

Abb. 3.37a–c. (a) Projektion einer Helix, die mit Untereinheiten besetzt ist. Bei einer kontinuierlichen Helix (Abb. 3.23) sind die Projektionen mit beliebigem Drehwinkel bis auf eine Translation identisch. Ist hingegen die Helix mit n Untereinheiten besetzt ($n=6$, schwarze Punkte), so erzeugen nur diskrete Verdrehungen mit $k \cdot 360°/n$ identische Projektionen (für $\Delta\alpha = 360°/n = 60°$: Ringe, strichlierte Helix). Bei TMV ist $n=49$ (vgl. Abb. 3.22b), daher entspricht eine Aufnahme 49 „gekippten" Projektionen mit $\Delta\alpha \approx 7{,}35°$ Kippwinkel. (b) Negativ gefärbtes TMV-Molekül. Windungen der Helix nur am Rand erkennbar, im Innern durch Überlagerung von Vorder- und Rückseite unkenntlich. Verstärkung der Färbung am Rand des Moleküls. (c) TMV aus (b), um 44° gekippt. Aufnahme qualitativ verschieden von (b) (wegen der unsymmetrischen Verteilung des Schweratomglases). [Hoppe, W., Hunsmann, N., Schramm, H. J., Sturm, M., Grill, B., Gaßmann, J.: Proc. 6th Europ. Congr. Electr. Micr. Jerusalem (1976)]

0°; $R = 1{,}3 \times 2$ nm²   tilting axis   20 nm   −44°; $R = 1{,}2 \times 1{,}5$ nm²

tung, in welcher eine konventionelle Aufnahme keine Information vermitteln kann. Das Molekül ist entlang der langen Achse geschnitten, es hat eine bestimmbare „Dicke" (etwa gleich seiner z. B. in Abb. 3.36 ablesbaren „Breite") und es liegt recht schief auf der Unterlagsfolie auf. Nun kann man auch senkrecht zur optischen Achse schneiden. Abbildung 3.38 a, b zeigt — strichliert — die Lage der 3 Schnittebenen. Abbildung 3.38 c, d, e zeigt die Struktur in diesen Schnitten. Sehr überschlägig läßt sich die Struktur der Fettsäuresynthetase bei Vergleich aller Schnitte als ein hohles Ellipsoid beschreiben, wobei sich der „Mittelstrich" (Abb. 3.36) als die Projektion einer membranähnlichen Mittelwand (Außen- und Querwand durch Linien in Abb. 3.38 angedeutet) entpuppt. Man beachte aber die außerordentlich reichhaltige und detailreiche Struktur in diesen Strukturelementen. Da die Fettsäuresynthetase aus mehreren Untereinheiten besteht, kann man Symmetrien vermuten. Tatsächlich zeigt Abb. 3.38 a, b eine überraschend gute Wiederholung nach einer zweizähligen Drehachse — ein deutlicher Hinweis übrigens, daß die abgebildeten Strukturen nicht zufällig sind. Bei Vergleich von Abb. 3.38 a, b und Abb. 3.38 c, d, e ist eine geringere Auflösung in Richtung der optischen Achse erkennbar (Faktor $\sim 2{,}5$), die auf den beschränkten Kippwinkelbereich zurückzuführen ist (vgl. Abb. 3.34). Schon aus diesen kurzen Hinweisen ist die Auffächerung der Information nach der dritten Koordinate deutlich erkennbar, die übrigens nicht — wie weiter oben schon erwähnt — grundsätzlich eine größere Strahlenbelastung des Objektes erfordert.

Man kann auch individuelle dreidimensionale Rekonstruktionen von hochsymmetrischen Strukturen (z. B. TMV, vgl. Abb. 3.37) herstellen und nachträglich (nach der Helixsymmetrie) mitteln. Damit wird die

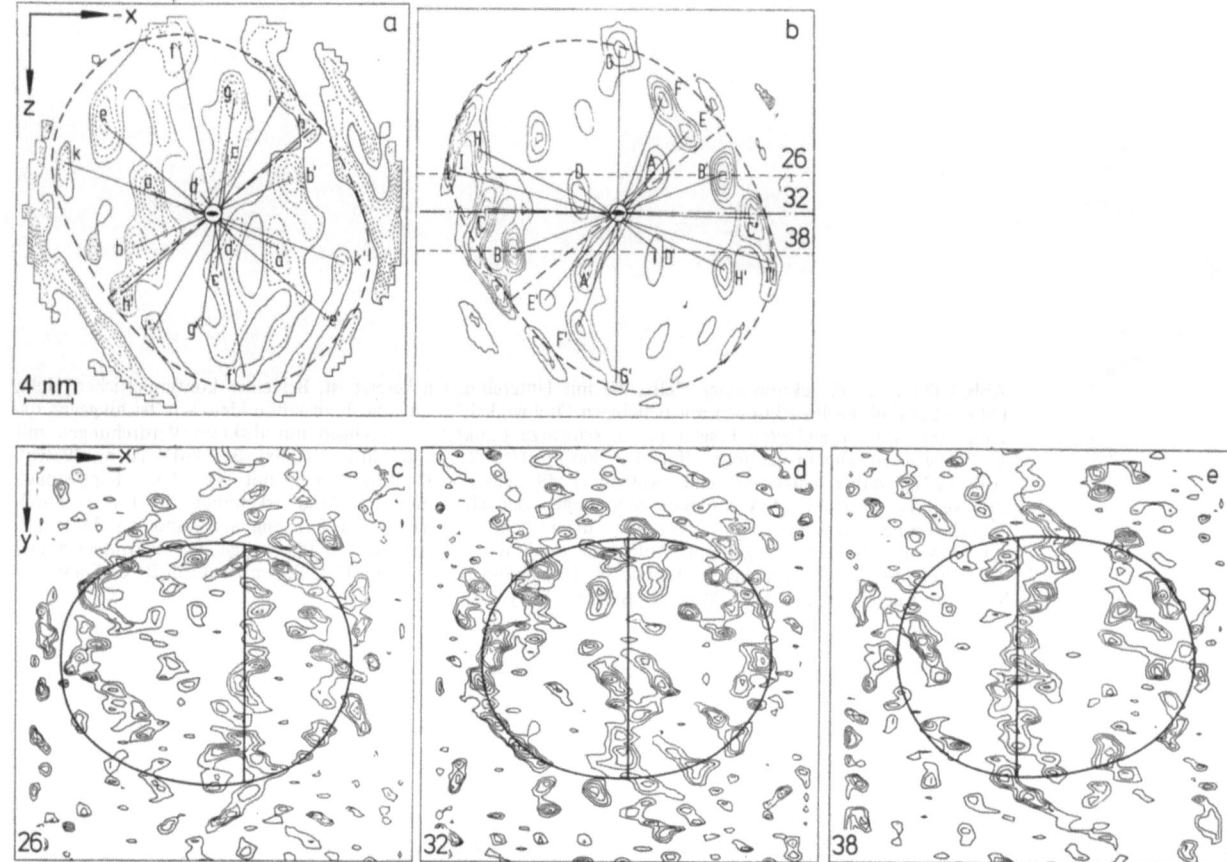

Abb. 3.38a–e. Schnitt durch ein Fettsäuresynthetasemolekül entlang der optischen Achse des Mikroskops und entlang der langen Achse des Moleküls. (a) Schweratomglasverteilung (Bildfunktion kleiner als die mittlere Dichte, Schichtlinien gestrichelt). (b) Verteilung des Leichtatomgerüstes (Bildfunktion größer als die mittlere Dichte, Schichtlinien ausgezogen). Umriß des Moleküls und Mittelmembran schematisch als strichlierte Linie angedeutet. Angenäherte zweizählige Symmetrie (Maxima aa', bb'..., AA', BB'...). Man beachte, daß die Definition der Aufteilung in „Schweratomstruktur" und „Leichtatomstruktur" über die Bedingung „größer oder kleiner als die mittlere Dichte" willkürlich ist. (c, d, e) Schnitte senkrecht zur optischen Achse durch das Fettsäuremolekül. Berechnet wurden 64 Schnitte, gezeigt sind die Schnitte 26, 32, 38 [vgl. auch (b)]. Nur die Schichtlinien oberhalb der mittleren Dichte sind der Übersichtlichkeit wegen eingezeichnet [analog wie in (b)]. [Hoppe, W., Hunsmann, N., Schramm, H.J., Sturm, M., Grill, B., Gaßmann, J.: Proc. 6th Europ. Congr. Electr. Micr. Jerusalem (1976)]

Genauigkeit der Analyse gegenüber der älteren Methode mit rechnerischer Erzeugung der Projektionen aus einer einzigen Aufnahme erhöht (allerdings mit größerem experimentellen Aufwand), da der störende Einfluß der unsymmetrischen Verteilung des Schweratomglases (vgl. Abb. 3.37) auf die Rekonstruktion eliminiert wird.

3.2.2.9. Strukturanalyse nativer biogener Makromoleküle

Nach den methodischen Entwicklungen der letzten Jahre ist die dreidimensionale Elektronenmikroskopie in atomarer Auflösung im Prinzip möglich geworden. Das gilt bereits für die „konventionellen" Grenzauflösungen kommerzieller Geräte, wenn man atomare Auflösung im Sinne der Proteinkristallstrukturanalyse als Auflösung versteht, innerhalb der man atomar deuten kann, auch wenn noch keine optische Auflösung kovalent gebundener Atome vorliegt (0,2–0,3 nm). Doch ist auch echte atomare Auflösung (<0,15 nm) durch Bildrekonstruktion oder bei hohen Spannungen möglich. Damit stellt sich erneut die Frage, ob die durch die extreme Strahlempfindlichkeit der biogenen Strukturen bewirkte Grenze der signifikanten Abbildung wirklich nicht überschritten werden kann. Es bedarf wohl keiner näheren Erläuterung, welch außerordentlichen Fortschritt es für die molekulare Biologie bedeuten würde, wenn man biogene Strukturen in ähnlicher Weise atomar „sehen" könnte wie in der Röntgenproteinstrukturanalyse. Wieder bietet sich die Analogie zur verwandten Röntgenmethode an. Die Analyse ist dort nur möglich, weil über die einzelnen Individuen im Kristall gemittelt wird. Schon vor einigen Jahren wurde daher das Konzept der „Proteinkristallstrukturanalyse nativer Moleküle im Elektronenmikroskop" entworfen und es wurden die ersten Experimente dazu durchgeführt. Folgende Bedingungen sind zu erfüllen:

1. Konservierung der Kristallstruktur der Proteine im Hochvakuum.

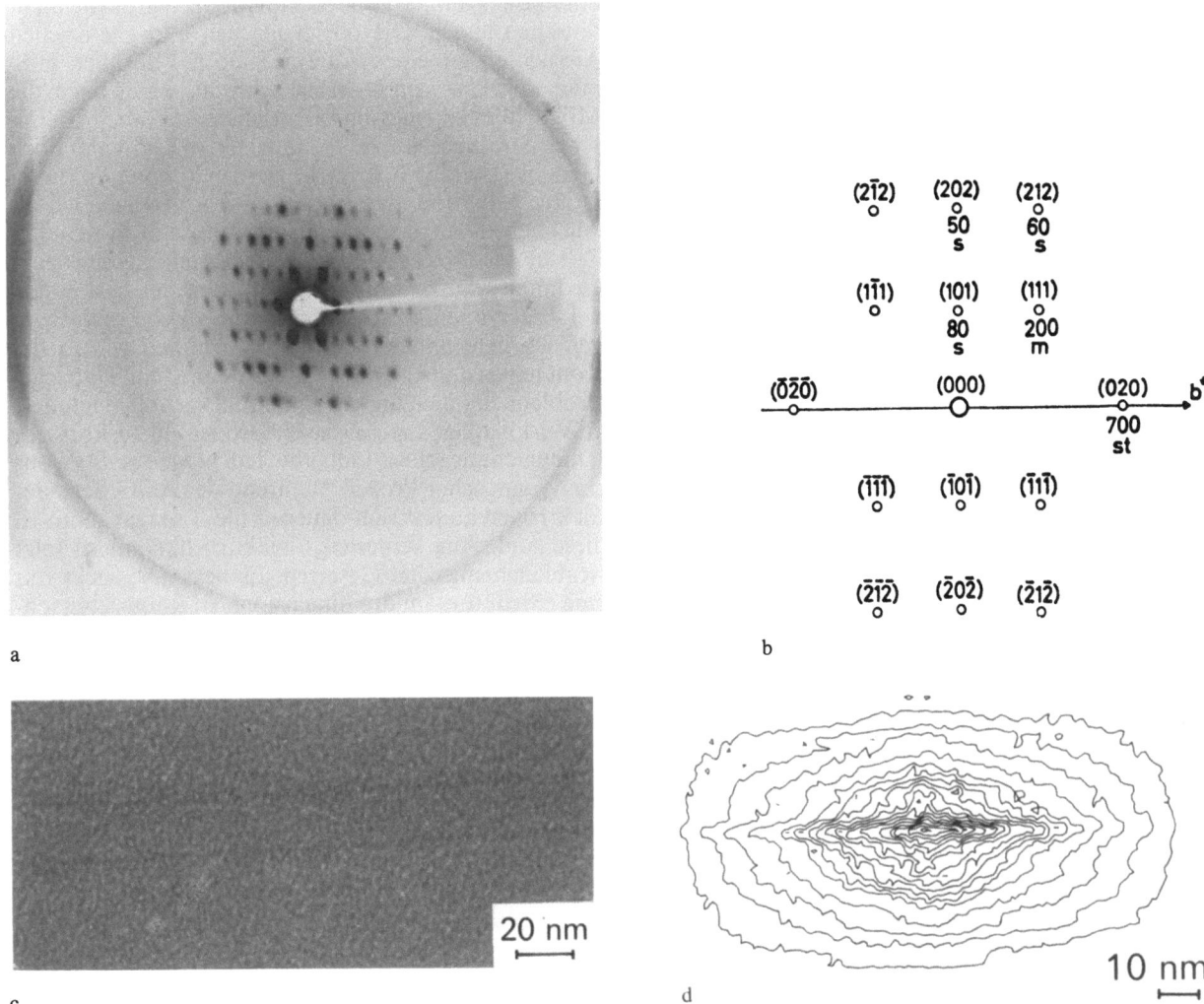

Abb. 3.39a–d. (a) Röntgenbeugungsdiagramm eines mit Vestopal strukturstabilisierten Pottwal-Myoglobinkristalls (Auflösung 0,8 nm). (b) Indizierung des Elektronenbeugungsdiagramms eines orientierten Schnittes eines strukturstabilisierten Pottwal-Myoglobinkristalls. (Auflösung 1,2 nm). Ungefähr gleiche Intensitäten bei Röntgen- und Elektronenaufnahmen. (c) Hochdosisaufnahme ($7 \cdot 10^{-2}$ C/cm²) eines mit einer anorganischen Leichtatommatrix (Lithiumborat) strukturstabilisierten TMV-Moleküls. (d) Kreuzkorrelationsaufnahme von 2 Molekülhälften, die Periodizität von (c) zeigend (Abstand der Maxima: eine helikale Windung = 23 Å). Man beachte die geringen Kontrastunterschiede in Molekül und Folie. (a, b): Hoppe, W., Langer, R., Knesch, Poppe, Ch.: Naturwissenschaften 55 (1968) 333; (c, d): Hoppe, W., Wenzl, H., Schramm, H.J.: Proc. 6th Europ. Congr. Electr. Micr. (Jerusalem) (1976)

2. Untersuchung des Proteinkristalls unter Vermeidung von Färbemethoden mit geringsten Dosen.

Abbildung 3.39 a, b zeigt die Konservierung der Proteinstruktur durch Ersatz des die Kristallstruktur stabilisierenden Wassers durch einen Hydroxylgruppen enthaltenden Kunststoff. Durch Vergleich von Röntgenbeugungsaufnahmen der entsprechend präparierten Kristalle mit Elektronenbeugungsaufnahmen von sehr dünnen ungefärbten, im Ultramikrotom hergestellten Kristallschnitten konnte gezeigt werden, daß Elektronenbeugungsreflexe mit zur Röntgenbeugung gleichen Intensitätsverhältnissen erhalten werden konnten. Es hat sich bei diesen Experimenten herausgestellt, daß die Kristallstruktur bei Ersatz des Wassers durch das organische Monomere bis zur atomaren Auflösung erhalten bleibt, aber beim Polymerisationsprozeß gestört wird (Reduktion der Auflösung auf ~0,8 nm). Das ist verständlich, da die Polymerisierung mit einer Reorganisation der Moleküle verbunden sein muß. Alternativ wurde daher die Untersuchung feuchter Präparate diskutiert, welche entweder tiefgefroren werden (Ersatz des Wassers durch Eis) oder bei denen das Austrocknen der Präparate durch eine „feuchte Objektkammer" verhindert wird. Man kann das Wasser auch durch andere proteinverträgliche Flüssigkeiten ersetzen (z.B. das schon erwähnte Monomer) und tief frieren (um gewisse Schwierigkeiten der Eisbildung zu vermeiden) oder auch feste hydroxylgruppenhaltige Einbettungen versuchen. Die Palette an experimentellen Möglichkeiten zur Präparation ist also beträchtlich. Vor kurzem wurde die Analyse einer nativen (zweidimensionalen) Kristallstruktur der Purpurmembran von Halobakterium bei einer Auflösung von 0,7 nm durchgeführt, welche die α-Schraubenstruktur der Strukturproteine zeigte (vgl. den Artikel Stoeckenius). Die Elektronenmikroskopie tritt damit in direkte Konkurrenz zur Röntgenkristallstrukturanalyse, wobei aber das „Elektronenmikroskop als Diffraktometer" eine experimentelle Phasenbestimmung (ohne den sonst nötigen multiplen Ersatz) erlaubt und wobei mikroskopisch kleine Kristalle untersucht werden können.

In jüngster Zeit ist übrigens dieses Untersuchungsverfahren von Kristallen auf andere periodische Strukturen — z.B. Helixstrukturen — erweitert worden. Tatsächlich ist es ja gleichgültig, nach welchem Gesetz die Wiederholung eines Motivs erfolgt. Die Kristallgitterwiederholung ist nur ein Spezialfall einer solchen Reproduktion. Man beachte, daß z.B. ein einzelnes Tabakmosaikvirusmolekül 2100 identische Kopien der zu untersuchenden Proteinuntereinheit enthält! Eine Aufnahme eines einzigen Moleküls bei einer Strahlenbelastung von 10^{-4}–10^{-3} C/cm^2 (welche noch keine meßbare Strahlschädigung hervorruft) ist bei geeigneter Mittelung einer konventionellen Aufnahme mit ~ 1 C/cm^2 äquivalent. Wichtig ist die Präparation der nativen Struktur und eine Technik zur Aufnahme, Verarbeitung und Mittelung bei kleinsten Strahlendosen. Die letzteren Aufgaben kann man lösen, wenn man Aufnahmen mit niedrigen Strahlendosen mit anschließenden Aufnahmen mit hohen Dosen (zur Ortung der Moleküle, Skalierung von Periodizitäten) kombiniert. Abbildung 3.39c zeigt aus einer laufenden Untersuchung eine Hochdosisaufnahme eines Tabakmosaikvirusmoleküls, bei welchem das Wasser durch eine Matrix aus Lithiumborat ersetzt wurde. Eine anorganische strukturstabilisierende Leichtatommatrix hat gegenüber einer organischen Matrix (vgl. z.B. Abb. 3.39a) den Vorteil, daß auch bei hohen Dosen das Grundgerüst der Struktur wegen der geringen Strahlenempfindlichkeit der anorganischen Matrix zum Teil erhalten bleibt. Abbildung 3.39d zeigt eine Kreuzkorrelationsfunktion von 2 Molekülhälften von Abb. 3.39c, in welcher die Periodizität an den gleichabständigen Kreuzkorrelationsmaxima erkennbar ist.

3.2.2.10. Ist wirklich die Untersuchung eines individuellen biogenen Makromoleküls in atomarer Auflösung ausgeschlossen?

Daß die Mittelungsanalyse nur bei Molekülen anwendbar ist, welche chemisch in gleichartiger Weise reproduziert werden können, ist selbstverständlich. Aber einer der großen Reize der Untersuchung individueller Strukturen ist eben die Erfassung nicht wiederholbarer Strukturen, die sicher in der Biologie eine bedeutende Rolle spielen. So gibt es z.B. auch nicht kristallisierte Membranstrukturen, in denen etwa Proteine nichtperiodisch — aber keineswegs gesetzlos verteilt sind. Wie will man ihr Funktionsprinzip aufklären, wenn man nicht einige individuelle Vertreter in ihrer Struktur erkennt? Auch ein DNA-Faden ist in der Basenstruktur unperiodisch, man darf sich durch die symmetrische Wendeltreppenstruktur nicht täuschen lassen. Die physikalischen und chemischen Aussichten zu einer Analyse sind — darüber muß man sich klar sein — recht schlecht, wenn auch die Möglichkeiten eines physikalischen oder auch chemischen Strahlenschutzes (Abfangen der Radikale) noch keineswegs völlig überblickt werden können. In dieser fatalen Situation mag es daher — gewissermaßen als Ausblick — nicht uninteressant sein, daß in neuester Zeit in der Diskussion dieser Fragestellung ein neuer Gedanke geäußert wurde. Bisher ist bei der Diskussion der Elektronenmikroskopie immer davon ausgegangen worden, daß es sich hier — ähnlich wie in der Röntgenkristallstrukturanalyse — um ein statisches Problem, nämlich um ein Abbildungsproblem handelt. In Wirklichkeit aber ist die elektronenmikroskopische Untersuchung einer individuellen biogenen Struktur ein dynamischer Prozeß. Während des Auftreffens der Elektronen ändert sich dauernd die Struktur. Nun ist diese Änderung keineswegs willkürlich, sondern folgt strahlenchemischen Gesetzen. Es liegt also nicht nur eine „Struktur" im dreidimensionalen Raum vor, sondern auch eine „Struktur" im vierdimensionalen Ort-Zeit-Raum. Aus dieser Struktur sollte man experimentell und theoretisch (unter Ausnützung von Redundanzen) auf die eigentlich interessierende Struktur des biogenen Makromoleküls schließen können. So sehr diese Ansätze hypothetisch sind — man mag es als tröstlich betrachten, daß die oft als grundsätzlich bezeichnete Barriere der Strahlenschädigung auch für die Untersuchung individueller organischer Strukturen nicht unbedingt unüberwindbar sein muß.

3.2.2.11. Schlußbemerkung

Elektronenmikroskopie im konventionellen Sinne — Herstellung guter Aufnahmen und intelligente Deutung der Bilder — wird in der Biologie im breitesten Rahmen angewandt. Artikel über Elektronenmikroskopie im biologischen Bereich entwickeln sich leicht zu Bilderalben mit zweifellos großem heuristischem Wert. Doch Biophysik ist eine messende Wissenschaft und der Biophysiker sollte der Versuchung entgehen, in der Elektronenmikroskopie nur eine qualitative „Guckwissenschaft" zu sehen. Bei der Anwendung der Beugungsmethoden in den Biowissenschaften ist es die Menge an meßbarer Information, die zählt — die bisher maximale Informationsmenge (Größenordnung bis zu 100000 Röntgenreflexen) hatte die Proteinkristallographie zu bieten; diese Zahl kann aber in der Elektronenmikroskopie weit übertroffen werden. Man betrachte im Vergleich zu diesen Zahlen etwa die magere Ausbeute bei einer klassischen Röntgenfaseraufnahme eines Proteins mit bestenfalls einigen hundert Reflexen. Es ist verständlich, daß man diesen Aufnahmen nur die Grundzüge der Sekundärstruktur der Proteine entnehmen konnte. Die Biologie kann auf eine quantitative physikalische Auswertung in der so informationspotenten Elektronenmikroskopie nicht verzichten.

Vieles ist freilich noch neu und häufig liegen nur erste Ergebnisse vor. Aber die grundsätzlichen Methoden sind ausgearbeitet, in ihrer Logik zwingend und in ihrer Kapazität übersehbar.

Literaturauswahl

Allgemein:

Hall, C. E.: Introduction to Electron Microscopy. New York: McGraw-Hill 1966. (Einführung in die konventionelle Elektronenmikroskopie mit Darstellung ihrer geschichtlichen Entwicklung).

Reimer, L.: Elektronenmikroskopische Untersuchungs- und Präparationsmethoden. Berlin-Heidelberg-New York: Springer 1967.

Huxley, H. E., Klug, A. (Eds.): New Developments in Electron Microscopy. London: Royal Society 1971.

Dreidimensionale Elektronenmikroskopie, erste Arbeiten:

DeRosier, D. J., Klug, A.: Reconstruction of three dimensional structures from electron micrographs. Nature **217**, 130–134 (1968).

Hoppe, W., Langer, R., Knesch, G., Poppe, Ch.: Proteinkristallstrukturanalyse mit Elektronenstrahlen. Naturwissenschaften **55**, 333–336 (1968)

gegenwärtiger Stand:

Crowther, R. A., Klug, A.: Structural analysis of macromolecular assemblies by image reconstruction from electron micrographs. Ann. Rev. Biochem. **44**, 161–182 (1975). (Überblick über neuere Ergebnisse der Rekonstruktion über Symmetrien).

Hoppe, W.: Towards three-dimensional "Electron Microscopy" at atomic resolution. Naturwissenschaften **61**, 239–249 (1974) (Überblick über Probleme und Ergebnisse).

Hoppe, W., Schramm, H. J., Sturm, M., Hunsmann, N., Gassmann, J.: Three-dimensional electron microscopy of individual biological objects. Z. Naturforsch. **31a**, 645–655, 1370–1390 (1976).

Henderson, R., Unwin, P. N. T.: Three-dimensional model of purple membrane obtained by electron microscopy. Nature **257**, 28–32 (1975).

Hoppe, W.: Principles of trace structure analysis in electron microscopy. Z. Naturforsch. **30a**, 1188–1199 (1975) (Prinzipien der „Spurstrukturanalyse" — ein Ausblick in die Zukunft?).

3.2.3. Lichtstreuung an Makromolekülen

HORST BRUNNER und KLAUS DRANSFELD

3.2.3.1. Vorbemerkung

Lichtstreuung ist ein wichtiges Verfahren, um eine Vielzahl von Eigenschaften eines Makromoleküls in Lösung zu bestimmen: das Molekülgewicht und die Dimension des Moleküls ebenso wie seine Diffusions-Konstanten, etwaiges Assoziations-Dissoziationsverhalten oder seine innere Dynamik (Molekülschwingungen). Dabei beleuchtet man die Makromoleküle z.B. in der Lösung mit einem monochromatischen Lichtstrahl und mißt das seitlich abgestrahlte Streulicht. Das nach allen Richtungen gestreute Licht ist sehr intensitätsschwach (etwa 10^{-5} der eingestrahlten Intensität). Der überwiegende Teil davon besitzt dieselbe Frequenz wie das anregende Licht: Man spricht in diesem Fall von *elastischer Streuung*, sie wird im Abschnitt 3.2.3.2 beschrieben. Nur ein sehr geringer Bruchteil wird *inelastisch* gestreut. Die dabei erfolgte Frequenzverschiebung zeigt an, daß sich das Molekül als ganzes bewegt (Abschnitt 3.2.3.3) oder daß im Molekül Schwingungen angeregt wurden (Abschnitt 3.2.3.4).

Die Monochromasie und die scharfe Bündelung des Lichtstrahls bei hoher Leistung machen den Laser zur idealen Lichtquelle für Lichtstreuexperimente.

Im folgenden soll eine kurze Übersicht gegeben werden über die Anwendung der Lichtstreuung zur Untersuchung von Makromolekülen. Die angeführte Literatur wird es dem Leser leicht machen, sich über spezielle Fragen genauer zu informieren.

3.2.3.2. Elastische Lichtstreuung

a) Rayleighstreuung an verdünnten Gasen

Bei der Beschreibung der Lichtstreuung ist es zweckmäßig, zwischen den Effekten bei „kleinen" und „großen" Teilchen bzw. Molekülen zu unterscheiden. „Kleine" Teilchen besitzen Abmessungen, die viel kleiner sind als die Wellenlänge λ des einfallenden Lichts, d.h. kleiner als etwa $\lambda/20$.

Man betrachtet zunächst ein isoliertes kleines Teilchen im Vakuum, auf das eine monochromatische Lichtwelle, deren Frequenz weit von dessen Absorptionsbanden entfernt liegt, auftrifft. Die elektrische Feldstärke E der Welle führt nun zu einer Kraft, welche die Elektronen des Teilchens in eine Richtung und die Atomkerne in die entgegengesetzte Richtung bewegt: So wird ein elektrisches Dipolmoment p induziert, das parallel zum elektrischen Feld E liegt, sofern das Teilchen isotrop ist. Die Größe des erzeugten Dipolmoments p wird durch die Polarisierbarkeit α des Teilchens bestimmt:

$$p = \alpha \cdot E. \tag{3.72}$$

Die Feldstärke E eines polarisierten Lichtstrahls der Frequenz v und der Wellenlänge λ hat die Zeit- und Ortsabhängigkeit

$$E = E_0 \cos 2\pi \left(vt - \frac{x}{\lambda} \right) \tag{3.73}$$

und steht senkrecht auf der Ausbreitungsrichtung des Lichts. Bei Teilchen, deren Dimension $d \ll \lambda$ ist, ist die elektrische Feldstärke E an jedem Ort x innerhalb des Teilchens gleich groß und es treten daher keine Phasenunterschiede auf. Der einfallende Lichtstrahl induziert also im Teilchen ein *oszillierendes* Dipolmoment:

$$p = \alpha E_0 \cos 2\pi \left(vt - \frac{x}{\lambda} \right). \tag{3.74}$$

Dieser oszillierende Dipol emittiert nun seinerseits elektromagnetische Strahlung, die sich sphärisch nach

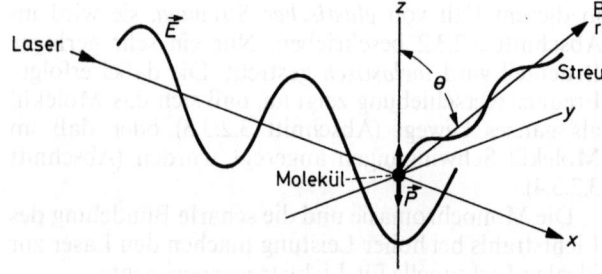

Abb. 3.40. Streuung von Licht durch ein polarisierbares Teilchen. Die elektrische Feldstärke E der monochromatischen Lichtwelle erzeugt im Molekül ein oszillierendes Dipolmoment p, das elektromagnetische Strahlung nach allen Richtungen emittiert

allen Richtungen senkrecht zum E-Vektor ausbreitet: die Streustrahlung.

Die elektrische Feldstärke dieser Dipolstrahlung ist bekanntlich proportional zu d^2p/dt^2. Für große Entfernungen vom Dipol steht sie senkrecht auf der Verbindungsgeraden zwischen Dipol und Beobachter und fällt mit $1/r$ ab. Die Größe der Feldstärke variiert mit $\sin\theta$, wenn θ den Winkel zwischen Dipolachse und Streurichtung bezeichnet (Abb. 3.40): In Richtung der Dipolachse ist die Feldstärke daher gleich null und senkrecht zur Dipolachse beobachtet man die maximale Feldstärke.

Man erhält also für die Feldstärke E_s des gestreuten Lichts:

$$E_s = \frac{4\pi^2\alpha E_0 \sin\theta}{r\lambda^2}\cos 2\pi\left(vt - \frac{x}{\lambda}\right). \quad (3.75)$$

Die Frequenz bleibt genau dieselbe wie die des einfallenden Lichts: Deshalb nennt man den eben beschriebenen Streuvorgang *elastisch*.

Die Intensität einer Lichtwelle ist proportional zu E^2 und das Verhältnis der Streuintensität I_s zur Intensität des einfallenden Lichts I_0 ergibt sich aus Gl. (3.75) zu

$$\frac{I_s}{I_0} = \frac{16\pi^4\alpha^2 \sin^2\theta}{\lambda^4 r^2}. \quad (3.76)$$

Die Gl. (3.76) wurde erstmals 1871 von Lord Rayleigh abgeleitet. Sie zeigt die typische λ^{-4}-Abhängigkeit der Streuintensität vom einfallenden Licht und erklärt z.B. den hohen Blauanteil des in der Erdatmosphäre gestreuten Sonnenlichts.

Man betrachtet nun zunächst die Lichtstreuung an mehreren identischen „kleinen" Teilchen, die voneinander unabhängig sind, d.h. keine Wechselwirkung miteinander besitzen. Dieser Fall liegt in guter Näherung bei einem verdünnten *idealen* Gas vor.

Die Polarisierbarkeit α eines einzelnen Teilchens und der Brechungsindex n des Gases sind durch die Clausius-Mosotti-Gleichung verknüpft:

$$n^2 - 1 = 4\pi N\alpha. \quad (3.77)$$

N bezeichnet dabei die Zahl der Teilchen pro Volumeneinheit.

Der Brechungsindex n für ein verdünntes Gas liegt nahe bei 1. Daher kann man ihn in eine Taylorreihe nach der Konzentration c der Teilchen im Gas entwickeln und nur die in c linearen Terme berücksichtigen:

$$n = 1 + \frac{dn}{dc}c + \cdots$$

Dann läßt sich die Polarisierbarkeit α ausdrücken

$$\alpha = \frac{c}{2\pi N}\cdot\frac{dn}{dc} = \frac{M}{2\pi L}\cdot\frac{dn}{dc}, \quad (3.78)$$

wobei M das Molekulargewicht der Teilchen und L die Avogadrosche Zahl (6×10^{23} mol^{-1}) ist, so daß $M/L = c/N$ die Masse pro Teilchen angibt. Man kombiniert Gl. (3.78) mit Gl. (3.76) und erhält

$$\frac{I_s}{I_0} = \frac{4\pi^2 M^2 \sin^2\theta}{L^2\lambda^4 r^2}\left(\frac{dn}{dc}\right)^2. \quad (3.79)$$

Die Lichtintensität, die ein Teilchen streut, erweist sich als proportional zum Quadrat seines Molekulargewichts. M kann somit durch Lichtstreuung experimentell bestimmt werden.

Meist ist es vorteilhaft, die Streuintensität i_s pro Volumeneinheit anzugeben. Die Gasteilchen sind statistisch verteilt und unkorreliert: Die Gesamtstreuintensität summiert sich daher aus den Beiträgen der einzelnen Teilchen. Mit $N = Lc/M$ Teilchen pro Volumeneinheit ist

$$\frac{i_s}{I_0} = \frac{4\pi^2 \sin^2\theta\left(\frac{dn}{dc}\right)^2}{L\lambda^4 r^2}\cdot cM. \quad (3.80)$$

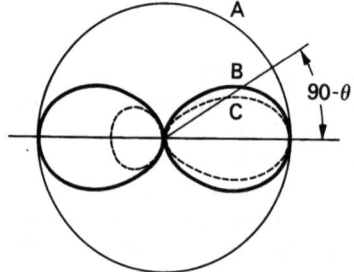

Abb. 3.41. Polardiagramm der Intensitätsverteilung $i_s(\theta)$ der Streustrahlung für einfallendes Licht unterschiedlicher Polarisierung. Der E-Vektor liegt (A) senkrecht zur Zeichenebene, bzw. (B) in ihr. Die Kurve C zeigt die Intensitätsverteilung für den Fall B, wenn das streuende Teilchen nicht sehr viel kleiner als die Wellenlänge des anregenden Lichtes ist

Gleichung (3.80) beschreibt die Streuintensität i_s pro Volumeneinheit eines verdünnten Gases, auf das polarisiertes Licht der Wellenlänge λ und Intensität I_0 auftrifft. Die Winkelabhängigkeit von i_s ist in Abb. 3.41 dargestellt.

b) Streuung an Makromolekülen in Lösung

Nach Gl. (3.79) ist die Streuintensität eines Teilchens proportional dem Quadrat des Molekulargewichts. Lichtstreuung eignet sich also vortrefflich, um Makromoleküle in Gegenwart von kleinen (Lösungsmittel-) Molekülen zu studieren, da der Beitrag vom Lösungsmittel relativ unbedeutend ist.

Zunächst sei wieder vorausgesetzt, daß die Makromoleküle völlig unabhängig voneinander seien (ideale Lösung). Dann gestaltet sich die Ableitung der Lichtstreuintensität von Makromolekülen in Lösung analog wie für das verdünnte Gas. Nur sind die streuenden Moleküle jetzt in einem Medium (= Lösungsmittel) mit dem Brechungsindex n_0 verteilt. Daher muß man in Gl. (3.77) $n^2 - 1$ durch $n^2 - n_0^2$ ersetzen. α ist nun die Differenz zwischen der Polarisierbarkeit des Makromoleküls und der des Lösungsmittels, das es verdrängt.

Mit

$$n^2 - n_0^2 = 2n_0 \cdot \frac{dn}{dc} \cdot c$$

wird aus Gl. (3.80) für die Streuintensität i_θ einer makromolekularen Lösung pro Volumeneinheit

$$\frac{i_\theta}{I_0} = \frac{4\pi^2 n_0^2 \sin^2\theta \left(\frac{dn}{dc}\right)^2}{L\lambda^4 r^2} cM. \qquad (3.81)$$

Man definiert als Rayleigh-Verhältnis R_θ

$$R_\theta = \frac{i_\theta}{I_0} \frac{r^2}{2\sin^2\theta}, \qquad (3.82)$$

das nun unabhängig vom Streuwinkel ist:

$$R_\theta = \frac{2\pi^2 n_0^2 \left(\frac{dn}{dc}\right)^2}{L\lambda^4} cM = KcM, \qquad (3.83)$$

wobei

$$K = \frac{2\pi^2}{L\lambda^4} n_0^2 \left(\frac{dn}{dc}\right)^2 \qquad (3.84)$$

bedeutet.

Für eine ideale Lösung gilt somit

$$\frac{Kc}{R_\theta} = \frac{1}{M}. \qquad (3.85)$$

Im Falle realer Lösungen — mit ihnen hat es der Biophysiker fast ausschließlich zu tun — müssen allerdings noch die Wechselwirkungen zwischen den Molekülen berücksichtigt werden.

Eine exakte Berechnung der Streuintensität realer Lösungen mit Hilfe der thermodynamischen Theorie von Konzentrationsfluktuationen führte Debye durch. Es soll hier gleich das Ergebnis übernommen werden, das sich von Gl. (3.85) nur durch von c abhängige Korrekturterme unterscheidet:

$$\frac{Kc}{R_\theta} = \frac{1}{M} + 2Bc + \ldots \qquad (3.86)$$

B ist der „zweite Virialkoeffizient". Er tritt immer dann auf, wenn Stöße und Korrelationen zwischen zwei Teilchen berücksichtigt werden müssen, und er ist ein direktes Maß für die Stärke der Wechselwirkung zwischen den Molekülen.

Der Virialkoeffizient tritt auch in der Beschreibung nicht-idealer Gase auf, was an dieser Stelle in Erinnerung gerufen sei:

$$\begin{aligned} \text{Ideal:} & \quad p \cdot V = RT, \\ \text{Real:} & \quad p \cdot V = RT(1 + Bp + \ldots), \end{aligned} \qquad (3.87)$$

p = Gasdruck, V = Gasvolumen, R = Gaskonstante, T = absolute Temperatur.

c) Experimentelle Durchführung der Lichtstreuung

Die Abb. 3.42 zeigt schematisch den typischen Aufbau einer Lichtstreuapparatur. Als monochromatische Lichtquelle dient ein Laser. Sein gebündelter Lichtstrahl (Wellenlänge λ, Intensität I_0) wird von der Linse F in die Streuzelle SZ fokussiert. Der Photomultiplier PM registriert die Streustrahlung i_θ. Er sitzt auf einem beweglichen Arm und kann um die Streuzelle rotiert werden: So läßt sich die Streuintensität der makromolekularen Lösung bei jedem Winkel θ messen. Die Streuintensität des Lösungsmittels allein muß man getrennt ermitteln und von der Gesamtstreuintensität subtrahieren, weil alle vorher abgeleiteten Gleichungen nur für die Differenz der Streuung von Lösung und Lösungsmittel gelten. Die Größe

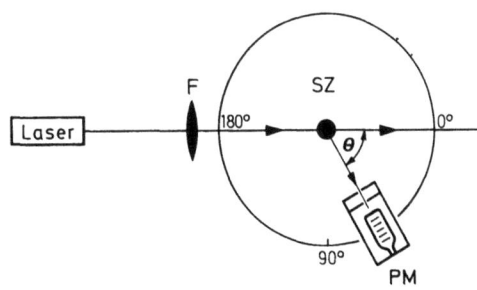

Abb. 3.42. Schematische Darstellung einer Lichtstreuapparatur. Erklärung im Text

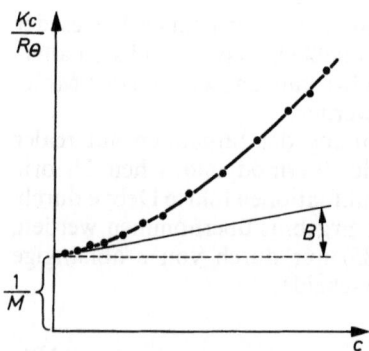

Abb. 3.43. Typische Meßkurve der Werte Kc/R_θ in Abhängigkeit von der Konzentration c. Aus ihr entnimmt man das Molekulargewicht M und den 2. Virialkoeffizienten B

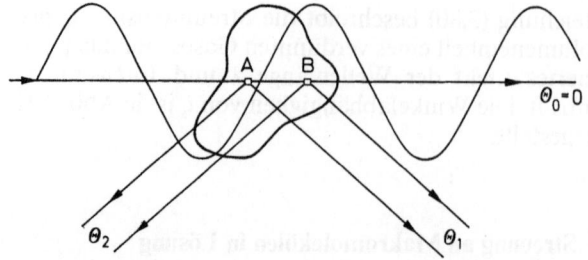

Abb. 3.44. Abhängigkeit der destruktiven Interferenz der Streuwellen, die von den Zentren A und B ausgehen, vom Streuwinkel θ

dn/dc bestimmt man separat in einem Differential-Refraktometer. Die Konzentrationsabhängigkeit von dn/dc ist meist vernachlässigbar.

Da das Rayleigh-Verhältnis R_θ in Gl. (3.83) vom Winkel θ unabhängig ist, genügt es, die Messung bei festem Winkel und verschiedenen Konzentrationen c durchzuführen. Man trägt die Größe Kc/R_θ in Abhängigkeit von c auf (Abb. 3.43). Aus dem Ordinatenabschnitt der Meßkurve entnimmt man das Molekulargewicht M, die Steigung der Kurve (s. Gl. (3.86)) für $c\to 0$ liefert den 2. Virialkoeffizienten B.

d) Streuung an größeren Molekülen

Bisher beschränkten wir uns auf Moleküle, deren Dimensionen wesentlich kleiner als die Lichtwellenlänge sind, etwa kleiner als $\lambda/20 \simeq 25$ nm. Die Ausdehnung vieler biologischer Makromoleküle übersteigt aber diesen Grenzwert. Deshalb soll im folgenden der Einfluß der endlichen Größe der Teilchen auf die Streuintensität untersucht werden. Dabei wird man sehen, daß zwar die mathematische Beschreibung etwas schwieriger wird, gleichzeitig jedoch der Informationsgehalt der Lichtstreudaten zunimmt: Sie liefern nun noch eine Aussage über die *Molekülgröße*.

Solange die Abmessungen des Moleküls klein gegen die Wellenlänge des erregenden Lichts sind, die elektrische Feldstärke über das ganze Molekül also homogen ist, strahlt das Molekül wie ein punktförmiger Dipol. Bei größeren innermolekularen Distanzen werden aber die Elektronen in den verschiedenen Teilen des Moleküls mit unterschiedlicher Phase erregt. Die kohärenten Wellenzüge der Streustrahlung interferieren und löschen sich je nach den geometrischen Verhältnissen im Molekül und in Abhängigkeit von der Streurichtung mehr oder weniger aus.

In Abb. 3.44 ist ein Molekül mit $d \simeq \lambda/2$ (größere Teilchen kommen selten vor und bleiben hier unberücksichtigt) dargestellt, das mit Licht der Wellenlänge λ bestrahlt wird. Die beiden Streuzentren A und B werden mit einer Phasendifferenz von etwa $\lambda/4$ erregt. Der induzierte Dipol in B schwingt um eine Viertelperiode versetzt zu dem in A. In allen Beobachtungsrichtungen θ überlagern sich nun die Amplituden der Streuwellen. Man erkennt, daß

a) in Vorwärtsrichtung ($\theta_0 = 0°$) kein Gangunterschied auftritt. Die Amplituden beider Wellenzüge addieren sich einfach und verstärken sich maximal.

b) unter kleinen Streuwinkeln θ_1 ein geringer Gangunterschied existiert, woraus eine etwas verminderte Streuintensität resultiert,

c) bei großen Streuwinkeln θ_2 (Rückwärtsstreuung) erhebliche Auslöschung geschieht. Die Streuintensität kann null werden, wenn der Gangunterschied bis auf $\lambda/2$ angewachsen ist.

Durch diese Interferenzeffekte wird also die Streustrahlung insgesamt geschwächt, am stärksten in Rückwärtsstreuung (vergleiche Abb. 3.41, Fall C).

Ganz allgemein beschreibt man die Änderungen in der Streuintensität, die durch die Größe des Teilchens verursacht werden, mit einer Funktion $P(\theta)$. Sie gibt das Verhältnis an zwischen der gemessenen Intensität bei einem Winkel θ und jener, die man beobachten würde, wenn das Molekül (bei identischem Molekulargewicht) im Vergleich zu λ sehr klein wäre:

$$P(\theta) = \frac{\text{Streuintensität des großen Teilchens}}{\text{Streuintensität ohne Interferenzeffekte}}.$$

$P(\theta)$ ist folglich nie größer als eins.

Die langwierige Herleitung von $P(\theta)$ findet sich z. B. bei Tanford. Hier soll nur das Ergebnis übernommen werden:

$$P(\theta) = \frac{1}{N^2} \sum_{i=1}^{N} \sum_{j=1}^{N} \frac{\sin m R_{ij}}{m R_{ij}}. \qquad (3.88)$$

N ist die Zahl der streuenden Teilchen, R_{ij} der Abstand zweier Streuzentren i und j im Molekül und

$$m = \frac{4\pi}{\lambda} \sin \frac{\theta}{2}. \qquad (3.89)$$

Die Gl. (3.88) hat übrigens auch fundamentale Bedeutung für die Beschreibung der Röntgenstreuung.

Es sollen nun einige Grenzfälle von $P(\theta)$ diskutiert werden. Dazu entwickelt man $\frac{\sin m R_{ij}}{m R_{ij}}$ in eine Taylorreihe:

$$\frac{\sin m R_{ij}}{m R_{ij}} = 1 - \frac{(m R_{ij})^2}{6} + \frac{(m R_{ij})^4}{120} - \cdots. \qquad (3.90)$$

Daraus ersieht man unmittelbar, daß für $R_{ij} \to 0$ oder $m \to 0$

$$P(\theta) \to \frac{1}{N^2} \sum_{i=1}^{N} \sum_{j=1}^{N} (1) = \frac{1}{N^2} N^2 = 1 \quad (3.91)$$

wird. Für sehr kleine Streuwinkel ($\theta \to 0$), für sehr große Wellenlängen ($\lambda \gg R_{ij}$) oder für sehr kleine Moleküle ($R_{ij} \to 0$) wird $P(\theta) = 1$, ist also der Grenzfall der Rayleigh-Streuung erreicht.

e) Bestimmung der Molekülgröße

Angenommen, die Größe der Moleküle, die man mit Lichtstreuung untersuchen will, liegt in solch einem Bereich, daß die ersten zwei Glieder der Entwicklung (3.90) für die Ermittlung von $P(\theta)$ genügen; dann ist:

$$P(\theta) = \frac{1}{N^2} \sum_{i=1}^{N} \sum_{j=1}^{N} (1) - \frac{m^2}{6N^2} \sum_{i=1}^{N} \sum_{j=1}^{N} R_{ij}^2$$

oder (3.92)

$$P(\theta) = 1 - \frac{m^2}{6N^2} \sum_{i=1}^{N} \sum_{j=1}^{N} R_{ij}^2 .$$

Um die durchschnittliche Ausdehnung eines Moleküls zu beschreiben, bedient man sich des *Gyrationsradius* R_G. Er ist definiert als der mittlere Abstand der einzelnen Massenpunkte eines Moleküls vom Molekülschwerpunkt:

$$R_G^2 = \frac{1}{2N^2} \sum_{i=1}^{N} \sum_{j=1}^{N} R_{ij}^2 . \quad (3.93)$$

Damit wird

$$P(\theta) = 1 - \frac{m^2 R_G^2}{3} + \ldots = 1 - \frac{16\pi^2 R_G^2}{3\lambda^2} \sin^2 \frac{\theta}{2} + \ldots \quad (3.94)$$

Die Winkelabhängigkeit der Streuintensität liefert also den Gyrationsradius R_G! Allerdings darf das Molekül nicht zu klein sein, damit $P(\theta)$ merklich vom Wert 1 abweicht. Die Messung der Winkelabhängigkeit der Lichtstreuung ist folglich nur für größere Makromoleküle sinnvoll.

Da die Lichtstreuintensität realer makromolekularer Lösungen sowohl vom Streuwinkel als auch von der Konzentration abhängt, muß man R_θ als Funktion beider Variablen messen.

Führt man nun den Korrekturfaktor $P(\theta)$ in die Gl. (3.86) ein, dann erhält man

$$\frac{Kc}{R_\theta} = \frac{1}{P(\theta)} \left(\frac{1}{M} + 2Bc \right) . \quad (3.95)$$

In der Näherung von Gl. (3.94) wird daraus

$$\frac{Kc}{R_\theta} = \frac{1}{1 - \frac{16\pi^2 R_G^2}{3\lambda^2} \sin^2 \frac{\theta}{2}} \cdot \left(\frac{1}{M} + 2Bc \right) ,$$

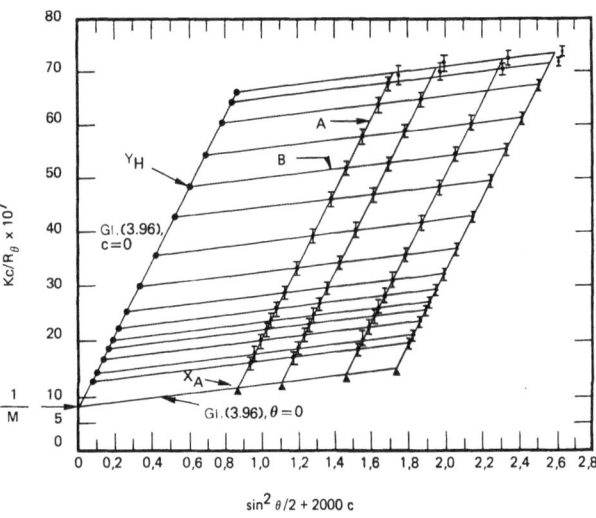

Abb. 3.45. Zimm-Diagramm zur Extrapolation der Lichtstreudaten einer Cellulosenitrat-Fraktion in Aceton. Ausführliche Erklärung im Text. [Nach Benoit et al.: J. phys. Chem. **58**, 635 (1954)]

oder, da für kleine x gilt: $\frac{1}{1-x} \simeq 1 + x$

$$\frac{Kc}{R_\theta} = \left\{ 1 + \frac{16\pi^2 R_G^2}{3\lambda^2} \sin^2 \frac{\theta}{2} \right\} \cdot \left\{ \frac{1}{M} + 2Bc \right\} . \quad (3.96)$$

Um das Endergebnis, die etwas komplizierte Gl. (3.96), transparenter zu machen, soll nochmals festgestellt werden:
1. $i_\theta \sim R_\theta$ [s. Gl. (3.82)] ist die einzige Meßgröße: die Streuintensität der gelösten Makromoleküle.
2. Der Streuwinkel θ und die Konzentration c sind die Variablen des Streuexperiments.
3. Die Moleküleigenschaften Gyrationsradius R_G, 2. Virialkoeffizient B und Molekulargewicht M werden bestimmt.

Zur Ermittlung des Molekulargewichts M muß man Kc/R_θ in Gl. (3.96), extrapolieren für $c \to 0$ und $\theta \to 0$

$$\lim_{\substack{c \to 0 \\ \theta \to 0}} \frac{Kc}{R_\theta} = \frac{1}{M} .$$

Beide Extrapolationen lassen sich elegant im sogenannten „Zimm-Diagramm" durchführen. Die Abb. 3.45 zeigt ein Zimm-Diagramm für Lichtstreudaten einer Makromolekül-Lösung. Dabei ist die Größe Kc/R_θ gegen $\left(\sin^2 \frac{\theta}{2} + mc \right)$ aufgetragen. Die willkürliche Konstante m soll nur eine vernünftige Auftragung gewährleisten.

Für jede Messung von R_θ (bei einem bestimmten Wert von θ und c) trägt man einen Punkt in das Diagramm ein, dessen Abszisse $\left(\sin^2 \frac{\theta}{2} + mc \right)$ und Ordinate Kc/R_θ ist. Bei festgehaltener Konzentration c_A liegen die Punkte für verschiedene θ etwa auf der Kurve A. Ihr unterer Endpunkt X_A für die Extrapolation $\theta \to 0$ hat den Abszissenwert mc_A. Parallel zu A liegen die Kurven für andere Konzentrationen c_i. Alle Endpunkte $X_i(\theta=0!)$ dieser Kurven bilden eine Gerade, die sich aus Gl. (3.96) ergibt:

$$\left.\frac{Kc}{R_\theta}\right|_{\theta=0} = \frac{1}{M} + 2Bc. \qquad (3.97)$$

Aus ihrem Achsenabschnitt entnimmt man das Molekulargewicht M, ihre Steigung liefert den 2. Virialkoeffizienten B. Geht man jedoch so vor, daß man den Streuwinkel θ_B festhält und die Konzentration variiert, wird man Punkte in das Diagramm einzeichnen, die etwa auf der Kurve H liegen. Deren linker Endpunkt Y_H (Extrapolation $c \to 0$) ist durch den Abszissenwert $\sin^2 \frac{\theta}{2}$ festgelegt. Alle Endpunkte Y_H bilden wieder eine Gerade, die aus Gl. (3.96) folgt:

$$\left.\frac{Kc}{R_\theta}\right|_{c=0} = \frac{1}{M}\left\{1 + \frac{16\pi^2 R_G^2}{3\lambda^2}\sin^2\frac{\theta}{2}\right\}. \qquad (3.98)$$

Der Achsenabschnitt ergibt nochmals M (Kontrolle!), aus der Steigung der Geraden gewinnt man den Gyrationsradius R_G.

Obwohl R_G eindeutig definiert ist (Gl. 3.93), hängt seine Interpretation bezüglich der Dimensionen des Moleküls von dessen Form ab. Tabelle 3.2 zeigt für drei wichtige Fälle den Zusammenhang zwischen Gyrationsradius und Form.

In der Tab. 3.3 sind mit Lichtstreuung ermittelte Werte von Molekülgewicht und Gyrationsradius einiger Makromoleküle aufgeführt.

Zusammenfassend läßt sich sagen, daß man mit der elastischen Lichtstreuung Molekülgewicht und -größe bestimmen kann. Diese Methode ist anwendbar für Moleküle im Bereich $0,05 < \frac{R_G}{\lambda} < 0,5$. Für Moleküle kleiner als $0,05\,\lambda$ ist $P(\theta)$ kaum mehr winkelabhängig. Dadurch geht die Information über R_G verloren. Für zu große Moleküle gilt die Näherung Gl. (3.92) nicht mehr. Die Lichtstreuung an Teilchen mit Ausdehnung $d \gtrsim \lambda$ wird adäquat durch die Mie-Gleichungen beschrieben. Die Lösungen dazu sind außerordentlich kompliziert und wurden bisher nur für einige Spezialfälle gefunden.

3.2.3.3 Quasielastische Lichtstreuung

Die Größe und Winkelabhängigkeit der Intensität des Lichts, das eine makromolekulare Lösung streut, liefert Aussagen über das Molekulargewicht und die Dimension der gelösten Makromoleküle.

Aus der spektralen Breite des Streulichts kann man etwas über die Transporteigenschaften der Moleküle in Lösung erfahren. Wir sprechen hier von einem Spektrum des Streulichts, weil es Doppler-verbreitert ist. Es enthält Frequenzkomponenten, die das angeregte Laserlicht nicht hatte (deshalb *quasielastische* Lichtstreuung). Die Dopplerverbreiterung (s. Abb. 3.46) resultiert aus der Translations- und Rotationsbewegung der Moleküle in Lösung.

Die translatorische Bewegung geschieht durch Diffusion. Ein Molekül benötigt eine Zeit τ, um eine Strecke l zu diffundieren. τ und l sind über die Diffusionskonstante D verknüpft

$$\tau = \frac{l^2}{D}. \qquad (3.99)$$

Die spektrale Abhängigkeit der Streulichtintensität folgt einer Lorentzkurvenform (Abb. 3.46):

$$I(v) \simeq \frac{DK^2/2\pi}{(v-v_0)^2 + \left(\frac{DK^2}{2\pi}\right)^2}. \qquad (3.100)$$

$K =$ Wellenvektor des gestreuten Lichts $\left(|K| = \frac{4\pi}{\lambda}\sin\frac{\theta}{2}\right)$.

Aus der Halbwertsbreite (HWB) $DK^2/2\pi$ des Spektrums erhält man direkt die Diffusionskonstante D. Zusätzlich zur translatorischen Bewegung rotieren die Moleküle auch noch. Wenn ein Molekül optisch anisotrop ist (also z.B. nicht kugelförmig), so moduliert seine Rotationsbewegung das gestreute Licht. Auch daraus resultiert eine Dopplerverbreiterung des Streulichts. Allerdings ist die Intensität des Lichts, das durch die Rotationsdiffusion gestreut wird, etwa 100fach kleiner als die von der Translationsbewegung. Für Makromoleküle liegt $D_{\text{translat.}}$ im Bereich zwischen $10^{-8}\,\text{cm}^2/\text{s}$ und $10^{-6}\,\text{cm}^2/\text{s}$. Nach Gl. (3.100) folgt daraus für die Halbwertsbreite Δv des Spektrums bei Rückwärtsstreuung ($\theta = 180°$): $100\,\text{Hz} < \Delta v < 10^4\,\text{Hz}$. Das anregende Licht hat jedoch eine Frequenz v_0 von ca. $6 \times 10^{14}\,\text{Hz}$ ($\hat{=}$ einer Wellenlänge von $\lambda = 500$ nm).

Tabelle 3.2. Zusammenhang zwischen Gyrationsradius und Form

Form	R_G
Kugel	$\sqrt{\frac{3}{5}} R_K$
Rotationsellipsoid	$a\sqrt{\frac{2+\gamma^2}{5}}$
Langes Stäbchen	$\frac{l}{\sqrt{12}}$

$R_K =$ Kugelradius; $2a$, $2a$, $2a\gamma$ sind die Achsenlängen; $l =$ Länge des Stäbchens.

Tabelle 3.3. Molekulargewicht und Gyrationsradius [nm] einiger biologisch wichtiger Makromoleküle

Molekül	M	R_G
β-Lactoglobulin	36 000	—
Myosin	493 000	46,8
DNA	4×10^6	117
Tabakmosaikvirus (TMV)	39×10^6	92,4

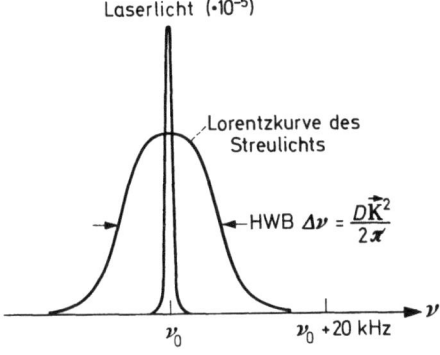

Abb. 3.46. Spektrale Verteilung des Laserlichtes und des dopplerverbreiterten Streulichtes

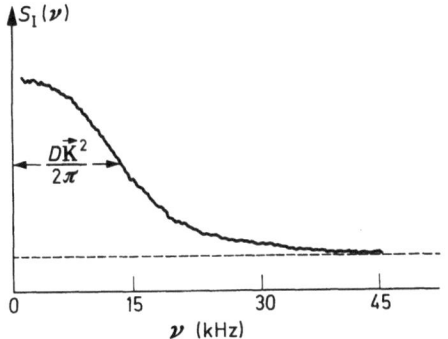

Abb. 3.47. Typisches Spektrum des Photomultiplierstroms bei quasielastischer Lichtstreuung. Die Halbwertsbreite in diesem Beispiel ist etwa 15 kHz

Tabelle 3.4. Translations- und Rotationsdiffusionskonstanten einiger biologisch wichtiger Makromoleküle

Molekül	$D_t [10^{-7} \text{ cm}^2/\text{s}]$	$D_r [\text{s}^{-1}]$
Rinder-Serumalbumin	$6,7 \pm 0,1$ [a]	—
Ovalbumin	$7,1 \pm 0,2$ [a]	—
Lysozym	$11,5 \pm 0,3$ [a]	—
TMV	$0,4 \pm 0,02$ [a]	350 ± 20 [b]
DNA	$0,2 \pm 0,1$ [a]	—

[a] Dubin et al., Proc. nat. Acad. Sci. (Wash.) **57**, 1164 (1967).
[b] Wada et al., J. chem. Phys., **50**, 31 (1969).

Die Nachweisapparatur für das Streulicht muß folglich ein Auflösungsvermögen $A = v_0/\Delta v$ von etwa 10^{13} besitzen. Die besten Werte konventioneller spektroskopischer Methoden ($A \cong 10^6$ für Gitterspektrometer und $A \cong 5 \times 10^7$ für sphärisches Fabry-Perot-Etalon) liegen aber weit unter dieser geforderten Marke. Das extrem hohe Auflösungsvermögen $A = 10^{13}$ wird von einer von Cummins und Swinney entwickelten Technik erreicht, der "Self-Beating"-Spektroskopie.

Die wesentliche Eigenschaft dieser Überlagerungsmethode liegt darin, daß man die spektrale Information, die zunächst bei der optischen Frequenz $v_0 \pm$ einige kHz liegt, zu sehr kleinen Frequenzen verschiebt, bei denen konventionelle elektrische Filter bequem benützt werden können, um das Spektrum zu analysieren. Das wird dadurch erreicht, daß man das Streulicht auf einen Photomultiplier fallen läßt. Dessen Ausgangsstrom ist proportional zum Quadrat des einfallenden elektrischen Feldes (nichtlineares elektrisches Element). Daher enthält der Photostrom auch die Schwebungen (= beats), die durch Interferenz der einzelnen Spektralkomponenten entstehen. Die Lorentz-förmige Intensitätsverteilung des Streulichts (Abb. 3.46), deren Mittelfrequenz bei v_0 lag und die die Halbwertsbreite $\Delta v = DK^2/2\pi$ hat, wird dadurch in eine Lorentz-förmige Intensitätsverteilung des Photomultiplierstroms transformiert, die das Maximum bei der Frequenz $v = 0$ und eine Halbwertsbreite von $2DK^2/2\pi$ hat (Abb. 3.47). Die Rotationsbewegung eines Moleküles gibt auch in Vorwärtsstreuung eine Frequenzverschiebung, die Translationsbewegung dagegen nicht: So kann man unabhängig voneinander die Rotations- und Translations-Diffusionsbewegung messen.

Die Tab. 3.4 zeigt Translationsdiffusions- und Rotationsdiffusionskonstanten D_t bzw. D_r, die mit der Self-Beating-Methode ermittelt wurden.

Diese Lichtstreutechnik wurde auch angewandt, um Assoziations-Dissoziations-Mechanismen in Makromolekülen zu studieren (z. B. die Selbstassoziation von Myosin), oder um die Beweglichkeit von Spermatozoen in Abhängigkeit des NaCl-Gehalts der Lösung zu messen.

3.2.3.4. Inelastische Lichtstreuung

Bei der inelastischen Lichtstreuung an Molekülen ist die Frequenz des gestreuten Lichts um Δv bezüglich der Frequenz v_0 des angeregten Lichts verschoben. Die Frequenzverschiebung Δv entspricht einem Energiebetrag $h\Delta v$ (h = Plancksches Wirkungsquantum), mit dem eine Molekülschwingung angeregt wurde ($\Delta v < 0$). Ist $\Delta v > 0$, so hat eine bereits angeregte Molekülschwingung ihre Energie $h\Delta v$ abgegeben.

Im klassischen Bild beschreibt man den inelastischen Streuprozeß dadurch, daß man die Polarisierbarkeit α des Moleküls [Gl. (3.74)] nicht mehr als konstant ansieht, sondern annimmt, daß α durch die Molekülschwingung der Frequenz v_M moduliert wird

$$\alpha = \alpha_0 + \alpha_M \cos 2\pi v_M t. \tag{3.101}$$

Aus Gl. (3.74) ergibt sich dann mit Gl. (3.101) nach trigonometrischer Umformung für die Zeitabhängigkeit des induzierten Dipols

$$p = \alpha_0 E_0 \cos 2\pi v_0 t \tag{3.102}$$
$$+ \tfrac{1}{2}\alpha_M E_0 \{\cos 2\pi (v_0 + v_M)t + \cos 2\pi (v_0 - v_M)t\}.$$

Der 1. Term der Gl. (3.102) führt wieder zu einer Streustrahlung mit der anregenden Frequenz v_0 (= Rayleighstreuung), der 2. Term zu einer um die Frequenz $\pm v_M$ verschobenen Streustrahlung (= Ramanstreuung). Streulicht mit $v_0 + v_M$ nennt man *Antistokes*-, jenes mit $v_0 - v_M$ *Stokes*-Ramanlinie. Die ein-

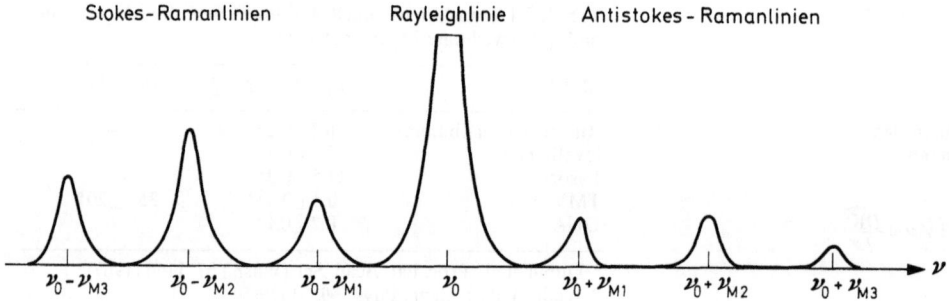

Abb. 3.48. Idealisiertes Ramanspektrum eines einfachen Moleküls mit drei ramanaktiven Schwingungen der Frequenzen v_{M1}, v_{M2}, und v_{M3}. Die Intensität der Rayleighlinie ist ungefähr 10^5 mal größer als die der Ramanlinien

zelnen Ramanlinien eines Moleküls bilden dessen charakteristisches Ramanspektrum. Die Frequenz v_M einer Molekülschwingung hängt nicht nur von der Masse der dabei beteiligten Atome und der Stärke ihrer Bindung ab, sondern auch von der gegenseitigen Anordnung der Atome. Somit widerspiegeln die Schwingungsfrequenzen eines Moleküls auch dessen Struktur.

Die Abb. 3.48 zeigt schematisch das Ramanspektrum eines Moleküls mit 3 (ramanaktiven) Molekülschwingungen der Frequenzen v_{M1}, v_{M2} und v_{M3}. Die Wahrscheinlichkeit, daß eine Molekülschwingung der Frequenz v_M thermisch angeregt ist, beträgt $\exp(-hv_M/kT)$, k = Boltzmann-Konstante, T = absolute Temperatur. Die Zahl der angeregten Moleküle ist sehr klein: Für eine typische Molekülvibrationsfrequenz von 1000 cm^{-1} ($\cong 3 \times 10^{13}$ Hz) errechnet sich die Anregungswahrscheinlichkeit bei Zimmertemperatur (T = 300 K) zu 0,008. Die Intensität der Antistokes-Ramanlinie ist folglich immer viel kleiner als die der Stokeslinien. Bei Ramanstreuexperimenten sind daher meist nur die Stokeslinien von Bedeutung.

Im Prinzip liefert die Ramanstreuung dieselbe Information wie die Infrarotabsorption, nämlich die Frequenzen der Molekülschwingungen. Beide Effekte beruhen jedoch auf ganz unterschiedlichen physikalischen Prozessen. Infrarotabsorption geschieht dann, wenn die Molekülschwingung eine Änderung des permanenten Dipolmoments verursacht, während Ramanstreuung auftritt, wenn die Molekülschwingung die Polarisierbarkeit moduliert. Zusätzlich existieren für Ramanstreuung und Infrarotabsorption unterschiedliche Auswahlregeln, die von den Symmetrieeigenschaften des Moleküls abhängen.

Der große Vorteil der Ramanstreuung zur Untersuchung der Schwingungen in einem Makromolekül besteht darin, daß man die Moleküle in ihrer nativen Konformation, d.h. in wäßriger Lösung studieren kann. Wasser ist ein sehr schwacher Ramanstreuer mit sehr wenigen Ramanlinien, die folglich im Ramanspektrum des Makromoleküls kaum stören.

Wegen der großen Zahl von Atomen in einem Makromolekül existieren sehr viele Schwingungen. Demzufolge ist das Ramanspektrum eines Makromoleküls sehr linienreich. Die meisten Linien stammen gewöhnlich von Schwingungen der Einzelbausteine des Makromoleküls, den Aminosäureseitenketten in Proteinen oder den Basen der Nucleoside in DNA und RNA. Zusätzlich erscheinen im Spektrum Ramanlinien, die von Schwingungen des Rückgrats dieser Moleküle herrühren (C—C—N-Skelett in Proteinen Zucker-Phosphat-Kette in den Nucleinsäuren). Als Beispiel ist in Abb. 3.49 das Ramanspektrum des

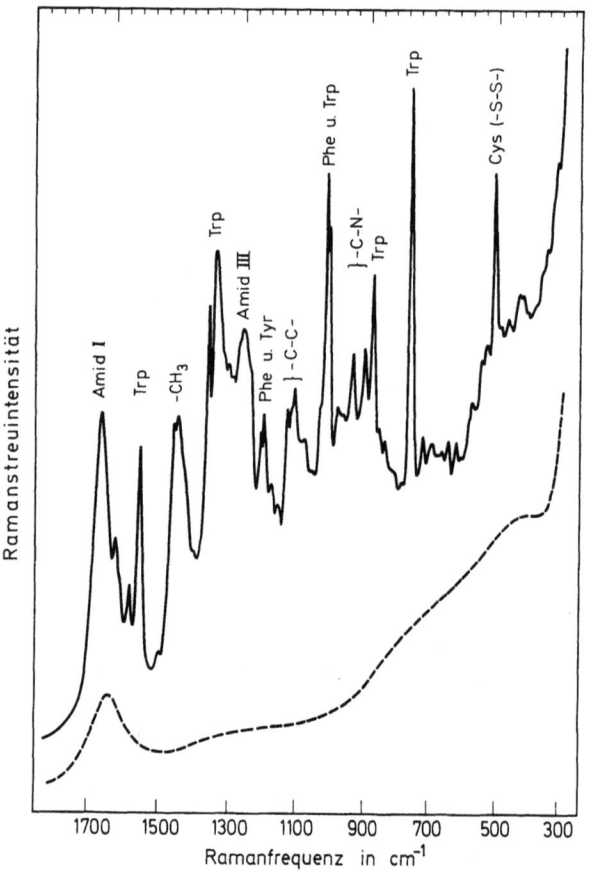

Abb. 3.49. Ramanspektrum (nur Stokeslinien) des Proteins Lysozym (M = 15000) in wäßriger Lösung. Die Zuordnung der stärksten Linien ist angegeben. Die gestrichelte Kurve repräsentiert das Ramanspektrum des Lösungsmittels Wasser. [Nach Brunner und Sussner: Biochim. biophys. Acta (Amst.) **271**, 16 (1972)]

Proteins Lysozym (Molekulargewicht $\simeq 15000$) dargestellt. Die stärksten Linien stammen von Schwingungen der Seitenketten der aromatischen Aminosäuren Tryptophan (Trp), Tyrosin (Tyr) und Phenylalanin (Phe), der S—S-Bindung von Cystin (Cys), der C—C- und C—N-Bindungen des Proteinrückgrates. Die Schwingungen der Peptidgruppe O=C—N—H äußern sich in den sogenannten Amid-Banden.

Bei der Strukturänderung eines Makromoleküls werden einige Bindungslängen und Bindungswinkel modifiziert. Die Änderungen der entsprechenden Schwingungsfrequenzen läßt sich im Ramanspektrum einfach verfolgen. So ist mit Ramanstreuung an vielen Proteinen und Nucleinsäuren der Einfluß untersucht worden, den pH, Ionenstärke oder Temperatur auf die Konformation dieser Moleküle in wäßriger Lösung nehmen.

3.2.3.5. Ausblick

Wie oben beschrieben, lassen sich mit Hilfe der Lichtstreuung folgende Parameter eines Moleküls in Lösung im Prinzip bestimmen:
1. das Molekulargewicht (falls die Konzentration bekannt ist),
2. die Molekülgröße (falls nicht wesentlich kleiner als λ),
3. die translatorische und rotatorische Diffusionskonstante,
4. die Schwingungsfrequenzen innerhalb eines Moleküls.

Was die methodische Weiterentwicklung dieser Lichtstreutechnik betrifft, so gilt ein besonderes Interesse der Beobachtung sehr niedriger Schwingungsfrequenzen innerhalb von Makromolekülen, in denen eine Grundschwingung des ganzen Moleküls — im Terahertz(10^{12} Hz)-Frequenzbereich — mit Hilfe der Ramanstreuung beobachtet wird. In diesem Zusammenhang sei auf die ersten Raman-Beobachtungen von Peticolas und Mitarb. hingewiesen, die Dickenschwingungen von 10–20 nm dicken Polyäthylenlamellen gemessen haben. Die entsprechende Grundschwingung von biologischen Membranen konnte bisher mit Hilfe der Lichtstreuung noch nicht nachgewiesen werden.

Fast alle biologischen Makromoleküle besitzen infolge ihrer mangelnden Symmetrie auch piezoelektrische Eigenschaften. Daher ergibt sich die Frage, ob man die niederfrequenten Grundschwingungen eines Biomoleküls, z.B. einer Membran, nicht durch Einstrahlung von Submillimeterstrahlung piezoelektrisch so weit höher als thermisch anregen kann, daß sie doch ramanspektroskopisch nachweisbar werden. Bekanntlich lassen sich auch hochpolymere Polyvinylidenfluorid-Folien wegen ihrer starken Piezoelektrizität zur Lichtmodulation verwenden.

Wenn man auch mit Hilfe der Lichtstreutechnik auf diese Weise viele wichtige Informationen über Moleküle und Makromoleküle erhalten kann, so wird sie doch in wertvoller Weise ergänzt durch die Methode der Röntgen- und insbesondere der Neutronenstreuung. Einerseits sind hier die Wellenlängen kürzer, so daß man auch Auskunft über die Struktur kleinerer Moleküle gewinnt, und andererseits erlaubt der systematische künstliche Aufbau von Makromolekülen aus deuterierten und protonierten Teilen einen besonderen Kontrast in der Neutronenanalyse der Molekülstruktur.

Literaturauswahl

Cummins, H., Swinney, H.: In: E. Wolf (Ed.): Progress in Optics, p. 135. Amsterdam: North Holland Publ. 1970.
Debye, P.: J. Phys. Chem. **51**, 18 (1951).
Mie, G.: Ann. Physik **25**, 37 (1908).
Lord Rayleigh: Phil. Mag. **41**, 107 (1871).
Tanford, C.: Physical Chemistry of Macromolecules, Chap. 5. New York: Wiley 1961.
Zimm, B.: J. Chem. Phys. **16**, 1100 (1948).

3.2.4. Anwendung der Spektralphotometrie im UV- und sichtbaren Bereich

HARALD NEUBACHER und WOLFGANG LOHMANN

3.2.4.1. Vorbemerkungen

Die Absorption von elektromagnetischer Strahlung ist eine universelle Eigenschaft der Materie. Hier soll nur über den Teilbereich des elektromagnetischen Spektrums gesprochen werden, der das ultraviolette und das sichtbare Licht umfaßt, also Licht des Wellenlängenbereichs von etwa 180–800 nm.

In der klassischen Maxwellschen Theorie wird Licht durch Schwingungen elektrischer und magnetischer Feldvektoren dargestellt. Die Geschwindigkeit des Lichtes im Vakuum ($c = 2,998 \cdot 10^8$ ms^{-1}) hängt mit der Wellenlänge λ und mit der Frequenz ν durch folgende Beziehung zusammen:

$$c = \nu \lambda.$$

Eine andere Einheit, die in der Spektroskopie häufig recht nützlich ist, ist die Wellenzahl $\tilde{\nu}$ [cm^{-1}]

$$\tilde{\nu} = \frac{1}{\lambda},$$

da sie eine direkt proportionale Größe zur Energie der Strahlung im Planckschen Strahlungsgesetz darstellt:

$$E = h\nu = h\frac{c}{\lambda} = hc\tilde{\nu}.$$

Hierbei ist $h = 6,6252 \cdot 10^{-34}$ [Js] das Plancksche Wirkungsquantum.

Atome und Moleküle besitzen stets mehrere stabile Elektronenzustände E_n. Licht kann nur dann absorbiert werden, wenn die Energie $h\nu$ eines Lichtquants gerade der Energiedifferenz zweier solcher Zustände entspricht. Diese Energiedifferenz liegt in der Größenordnung von eV. Jeder Elektronenzustand besitzt eine größere Anzahl von Schwingungszuständen, die sich ihrerseits um Energien der Größenordnung 0,1 eV unterscheiden. Die Schwingungsniveaus sind wiederum in Rotationsniveaus aufgespalten, deren Abstände bei etwa 0,01 eV liegen. Rotationsniveaus sind im UV und im sichtbaren Bereich nur bei Gasen zu beobachten. In diesem Kapitel sollen jedoch Spektren kondensierter Materie besprochen werden, in denen die Elektronenübergänge bestenfalls eine Schwingungsstruktur aufweisen.

Neben der Lage der Banden (Energie) dient auch u.a. die absorbierte Lichtintensität (optische Dichte) zur Charakterisierung eines Absorptionsspektrums.

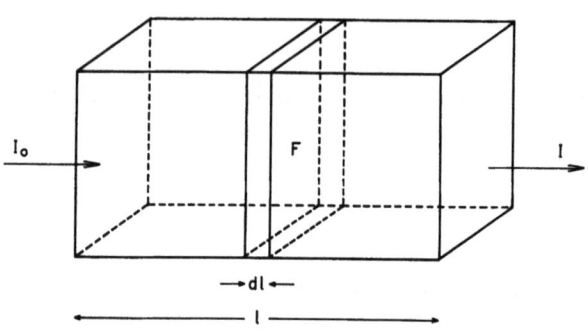

Abb. 3.50. Zur Herleitung des Lambert-Beerschen Gesetzes

3.2.4.2. Lambert-Beersches Gesetz

Um die Gesetzmäßigkeit zwischen der auf dem Meßobjekt auffallenden Lichtintensität und des wirklich absorbierten Anteiles davon zu erfassen, kann man folgende Betrachtung anstellen:

Ein monochromatisches Bündel paralleler Lichtstrahlen mit der Intensität I_0 [Photonen pro Fläche und Zeiteinheit] fällt auf eine Meßküvette der Länge l [cm] (Abb. 3.50). Davon wird der Anteil I_A absorbiert, so daß auf der anderen Seite der Küvette die Intensität $I = I_0 - I_A$ zu messen ist. In einem Volumenelement der Dicke dl und der Fläche F werden dabei dI Photonen pro Flächen- und Zeiteinheit absorbiert. Die Anzahl der absorbierenden Moleküle sei n in einer Volumeneinheit. Sie sollen homogen verteilt, unabhängig voneinander und statistisch orientiert sein. Jedes dieser Moleküle besitzt einen mittleren Wirkungsquerschnitt q, den man sich etwa als die Fläche der Elektronenwolke im Molekül vorstellen kann, wie sie sich den einfallenden Photonen darstellt.

Den Absorptionsquerschnitt k eines Moleküls erhält man dann durch Multiplikation mit der Wahrscheinlichkeit w, die angibt, wie wahrscheinlich die Absorption eines Photons ist, das ein Molekül passiert: $k = wq$ [cm^2]. Damit ergibt sich die Intensität des im Volumenelement Fdl absorbierten Lichtes zu

$$-dI = k n dl I$$

oder

$$I = I_0 e^{-knl}.$$

(3.103)

Diese Gesetzmäßigkeit ist das sog. *Lambert-Beersche Gesetz*. Eine gebräuchlichere Form der Gleichung (3.103) ist

$$I = I_0 10^{-\varepsilon c l},$$ (3.104)

wobei c [M] die Konzentration der absorbierenden Substanz ist. Der *molare Extinktionskoeffizient* ε [M^{-1}cm^{-1}] ist eine charakteristische Größe für jede Molekülart in einem bestimmten Lösungsmittel und, wie man leicht bestätigt, mit dem Absorptionsquerschnitt durch folgende Relation verbunden:

$$k = 3,82 \cdot 10^{-21} \varepsilon.$$

Da Substanzen bei verschiedenen Wellenlängen unterschiedlich absorbieren, ist ε natürlich auch eine Funktion der Wellenlänge.

Neben der *Transmission* I/I_0 ist der Begriff der *optischen Dichte (OD)* oder *Extinktion* von Wichtigkeit:

$$OD = \log \frac{I_0}{I} = \varepsilon c l.$$

Bei den meisten Photometern können die Absorptionsspektren sowohl als Transmission ($T = 100\, I/I_0$ [%]) als auch als optische Dichte in Abhängigkeit von der Wellenlänge bzw. Wellenzahl registriert werden. Zwischen beiden besteht der Zusammenhang

$$OD = 2 - \log T.$$

Entsprechend dem Meßproblem kann die Messung der Transmission oder der optischen Dichte als Funktion der Wellenlänge zweckmäßiger sein, um das Absorptionsverhalten einer Substanz zu registrieren.

Während der Extinktionskoeffizient einer Absorptionsbande sich merklich mit der Phase der absorbierenden Substanz und dem Lösungsmittel ändern kann, bleibt die Fläche $A = \int \varepsilon d\nu$ im allgemeinen dieselbe. Die *Oszillatorstärke* f, die in etwa die Zahl der Elektronen angibt, die in Oszillationen versetzt werden, wenn eine Gruppe von Molekülen in ein Strahlenfeld gebracht wird, ist mit der Fläche der Absorptionsbanden durch folgende Beziehung verbunden:

$$f = 4,315 \cdot 10^{-9} \int \varepsilon d\nu.$$

Quantenmechanisch ist die Lichtabsorption bestimmt durch die Größe der Dipolstärke D oder das Quadrat des elektrischen Übergangsmomentes μ_{ga}:

$$D = \mu_{ga}^2 = \langle \psi_g | \sum_i e r_i | \psi_a \rangle^2.$$

Hierin sind $\psi_{g,a}$ die Zustandsfunktionen von Grund- und Anregungszustand des absorbierenden Moleküls, $\sum_i e r_i$ wird als der Dipolmomentvektor bezeichnet. Es besteht also eine direkte Korrespondenz zwischen dem klassischen Begriff der Oszillatorstärke und dem quantentheoretisch berechenbaren Quadrat des elektrischen Übergangsmomentes.

Sehr vorteilhaft ist häufig eine Darstellung von $\log OD$:

$$\log OD = \log \varepsilon + \log c + \log l.$$

Qualitative Identifikationen eines Spektrums und bequemer Vergleich von Spektren sind die Vorteile dieser Auftragungsweise. Diese Art der Darstellung kann interessant sein, z. B. bei der Erkennung des Vorliegens von Komplexen oder Dimeren.

Es sei hier noch eine häufig recht nützliche analytische Anwendung des Lambert-Beerschen Gesetzes angeführt: die Bestimmung der Konzentration zweier bekannter, nicht wechselwirkender Substanzen in einer Lösung. Die Substanz A habe bei den Wellenlängen λ_1 und λ_2 die molaren Extinktionskoeffizienten $\varepsilon^A_{\lambda_1}$ und $\varepsilon^A_{\lambda_2}$. Bei denselben Wellenlängen sind $\varepsilon^B_{\lambda_1}$ und $\varepsilon^B_{\lambda_2}$ auch für die Substanz B bekannt. Gefragt ist nach den Konzentrationen c^A und c^B der Substanzen A und B. Man mißt dazu die optische Dichte an diesen beiden Wellenlängen und erhält, wenn l die Schichtdicke der Küvette ist,

$$OD(\lambda_1) = \varepsilon^A_{\lambda_1} c^A l + \varepsilon^B_{\lambda_1} c^B l,$$

$$OD(\lambda_2) = \varepsilon^A_{\lambda_2} c^A l + \varepsilon^B_{\lambda_2} c^B l.$$

Daraus errechnen sich die gewünschten Konzentrationen zu

$$c^A = \frac{OD(\lambda_1)\varepsilon^B_{\lambda_2} - OD(\lambda_2)\varepsilon^B_{\lambda_1}}{l(\varepsilon^A_{\lambda_1}\varepsilon^B_{\lambda_2} - \varepsilon^A_{\lambda_2}\varepsilon^B_{\lambda_1})},$$

$$c^B = \frac{OD(\lambda_2)\varepsilon^A_{\lambda_1} - OD(\lambda_1)\varepsilon^A_{\lambda_2}}{l(\varepsilon^A_{\lambda_1}\varepsilon^B_{\lambda_2} - \varepsilon^A_{\lambda_2}\varepsilon^B_{\lambda_1})}.$$

3.2.4.3. Orbitale und Übergänge

Den stationären Elektronenbahnen der Atome entsprechen die molekularen Elektronenbahnen der Moleküle (molekulare Orbitale). Folgende Orbitale sind in organischen Molekülen im Grundzustand bekannt (Abb. 3.51):

Bindende σ-Orbitale. Diese bewirken die Einfachbindungen zwischen den Atomen. Sie sind sehr fest. Äußere Einflüsse durch Atome außerhalb der Bindung sind unwesentlich. Die Elektronen sind praktisch nicht delokalisiert. Die Elektronenverteilung ist rotationssymmetrisch zur Bindung.

Bindende π-Orbitale. Sie treten in Mehrfachbindungen auf und entstammen einer Kombination atomarer p-Bahnen. Die Elektronen in diesen Bahnen sind stark delokalisiert und treten leicht in Wechselwirkung mit der Umgebung.

n-Orbitale. Wenn Moleküle Heteroatome wie O oder N enthalten, sind die besetzten Orbitale mit der höchsten Energie jene einsamen Elektronenpaare, die nicht an Bindungen beteiligt sind und somit ihren atomaren Charakter behalten haben.

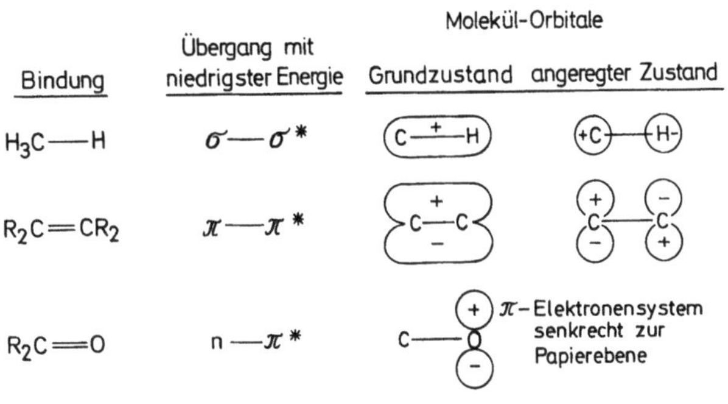

Abb. 3.51. Bindungen, Übergänge, Molekül-Orbitale

Im angeregten Zustand sind zwei Typen von Orbitalen wichtig:

σ*-Orbitale. Diese sind antibindend, da sie zwar rotationssymmetrisch zur Bindung sind, jedoch einen Knotenpunkt in der Elektronenverteilung zwischen den Atomen haben. Dieser Zustand ist jedoch nicht notwendigerweise dissoziativ. Die Energie für einen σ→σ*-Übergang ist hoch. Die Übergänge liegen in der Region des Vakuum-UV. Einige Moleküle wie Wasser, Äther, gesättigte Alkohole, Amine zeigen Absorptionen, die n→σ*-Übergänge zugeschrieben werden.

π*-Orbitale. Diese sind delokalisiert wie im Grundzustand, haben aber ebenfalls einen Knoten auf der Bindungsachse und sind daher antibindend. Die Energien der π→π*-Übergänge sind niedriger als die der σ→σ*-Übergänge. Sie haben aber hohe Extinktionskoeffizienten ($\varepsilon_{max} \approx 10^4 - 10^5 \, M^{-1} \, cm^{-1}$), sofern sie durch Spin- oder Symmetrie-Auswahlregeln nicht verboten sind. Die n→π*-Übergänge sind ebenfalls wichtig, da sie häufig als die Übergänge mit der niedrigsten Energie und daher sehr oft als langwellige Schultern der Absorptionsspektren zu erkennen sind.

Die energetische Lage der Orbitale zueinander und mögliche Übergänge sind im Molekular-Orbital-Diagramm in Abb. 3.52 veranschaulicht. Durch Lösungsmitteleinflüsse können die Energieniveaus u. U. erheblich verändert werden. Um die Energieniveaus eines Moleküls übersichtlich darzustellen, wählt man in der Regel an Stelle des Molekular-Orbital-Diagramms eine auf Jablonski zurückgehende Darstellung (Abb. 3.53). Darin werden die Energien der Elektronenübergänge, nicht jedoch die Energien der molekularen Orbitale selbst aufgezeichnet.

Die Zustände, die durch Übergänge erhalten werden, bezeichnet man mit (n, π*), (π, π*), (σ, π*), (n, σ*), (σ, σ*). In Molekülen, in denen mehrere π-Elektronen an einem π-Elektronensystem beteiligt sind, bestehen mehrere Möglichkeiten für Übergänge zwischen bindenden und antibindenden π-Orbitalen.

Die Elektronen in den bindenden molekularen Orbitalen liegen normalerweise mit antiparallelem Spin vor. Diese Spinanordnung charakterisiert die sog. *Singulett-Zustände*. Die Grundzustände von Molekülen sind in der Regel Singulett-Zustände. Es gibt jedoch einige Ausnahmen, zu denen auch der Sauer-

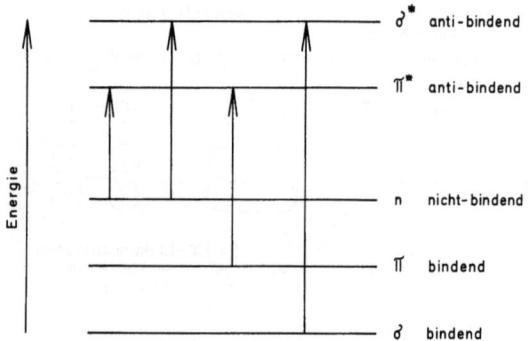

Abb. 3.52. Vereinfachtes Molekularorbital-Diagramm: relative Energien und mögliche Übergänge

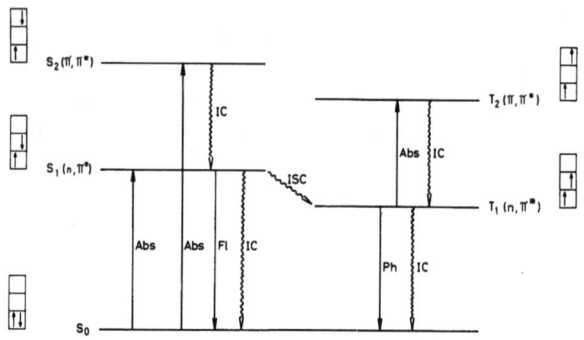

Abb. 3.53. Vereinfachtes Energietermdiagramm (Jablonski-Diagramm) für ein Molekül mit einem $n \to \pi^*$-Übergang als niederenergetischem Übergang. Der Spinzustand im Molekülorbital ist durch Pfeile symbolisiert. → strahlende Übergänge; ⤳ strahlungslose Übergänge; *Abs* absorbierende Übergänge; *Fl* Fluoreszenz; *Ph* Phosphoreszenz; *IC* Innere Umwandlung (internal conversion); *ISC* Interkombination (intersystem crossing)

stoff zählt. In den antibindenden Orbitalen kann jedoch ein angeregtes Elektron in Bezug auf das in dem bindenden Orbitale verbleibende Elektron einen antiparallelen oder parallelen Spin haben, ohne daß das Pauli-Prinzip verletzt wird. Parallele Spins charakterisieren die sog. *Triplett-Zustände*.

Man bezeichnet die angeregten Singulett-Zustände mit $S_1, S_2, \ldots$ bzw. $^1(n, \pi^*)$, $^1(\pi, \pi^*)$, $\ldots$, die angeregten Triplett-Zustände mit $T_1, T_2, \ldots$ bzw. $^3(n, \pi^*)$, $^3(\pi, \pi^*)$, $\ldots$. Der zu einem Singulett-Zustand gehörende Triplett-Zustand hat immer eine etwas niedrigere Energie.

Die durch Absorption anzuregenden Elektronenübergänge besitzen sehr unterschiedliche Übergangswahrscheinlichkeiten. Die Ursachen sind nur quantenmechanisch zu verstehen. Sie äußern sich in der Größe des elektrischen Übergangsmomentes und somit in der Größe des molaren Extinktionskoeffizienten.

Die wichtigste Einschränkung bei den elektronischen Übergängen ist das *Interkombinationsverbot*. Es besagt, daß Übergänge, bei denen es zu einer Spinumkehr kommt ($S \to T, T \to S$), sehr unwahrscheinlich sind. Während z.B. spinerlaubte $\pi \to \pi^*$-Übergänge molare Extinktionskoeffizienten von $\varepsilon = 10^3 – 10^5$ $M^{-1} cm^{-1}$ haben, liegen die spinverbotenen $S_0–T_1$-Übergänge bei etwa $\varepsilon = 10^{-3}$ $M^{-1} cm^{-1}$.

Ferner kann die Übergangswahrscheinlichkeit durch *Überlappungs-* oder *Raumverbot* eingeschränkt werden. Dieser Fall tritt auf, wenn die an dem Übergang beteiligten Molekular-Orbitale verschiedene Regionen im Raum ausfüllen, sich also nicht überlappen. Das ist bei $n \to \pi^*$-Übergängen der Fall (Abb. 3.51), bei denen das n-Orbital in eine andere Richtung als das π^*-Orbital orientiert ist. Die $n \to \pi^*$-Übergänge haben deshalb auch kleine molare Extinktionskoeffizienten ($\varepsilon = 10^2$ $M^{-1} cm^{-1}$).

Das *Symmetrieverbot* schließlich wirkt sich nur wesentlich bei Molekülen mit hoher Symmetrie aus.

Nachdem bislang nur die Ursachen der Lichtabsorption durch die Moleküle besprochen wurden, soll nun etwas über die Form der Spektren gesagt werden. Wichtige Informationen über die lichtabsorbierende Substanz erhält man nämlich sowohl aus der Lage der Banden als auch aus ihrer Intensität und Linienbreite.

Bei Absorptionsspektren ist gelegentlich eine Unterstruktur zu erkennen, die aus den mit den elektronischen Übergängen gekoppelten Schwingungsübergängen zusammenhängt. Sollte diese Struktur verschmiert sein, was häufig bei polaren Lösungsmitteln auftritt, so bestimmen dennoch die nicht aufgelösten Schwingungsbanden die Form des Absorptionsspektrums.

Die Erklärung, welche Schwingungsbanden im Spektrum vorliegen und mit welcher Intensität, gibt das *Franck-Condon-Prinzip*:

In Abb. 3.54 sind Potentialkurven für ein 2-atomiges Molekül dargestellt. Das Verhalten der Moleküle wird angenähert durch das Modell eines anharmonischen Oszillators. Das 2-atomige Molekül ist auch für komplizierte Moleküle eine brauchbare Veranschaulichung, da sehr häufig die Elektronenverteilung beim Zustandekommen einer Verbindung überwiegend auf den Bereich zweier Atome des Moleküls beschränkt bleibt. Ein genaueres Modell benötigt mehrdimensionale Potentialflächen und wäre zu kompliziert.

Die quantenmechanische Berechnung obigen Modells ergibt, daß die Aufenthaltswahrscheinlichkeit der Elektronen in den einzelnen Schwingungsniveaus am Rande der Potentialkurve am größten ist. Dies stimmt mit der klassischen Vorstellung überein, wonach man einen schwingenden anharmonischen Oszillator am wahrscheinlichsten an seinen Umkehrpunkten antrifft. Die größte Aufenthaltswahrscheinlichkeit deckt sich also etwa mit der ausgezogenen Potentialkurve. Die entscheidende Abweichung liegt im untersten Schwingungsniveau. Hier besagt die Quantenmechanik, daß sich das Elektron am wahrscheinlichsten in der Nähe der Ruhelage r_0 aufhält, während klassisch auch hier zwei Maxima an den Umkehrpunkten auftreten sollten.

Bei Zimmertemperatur befinden sich die Moleküle in Lösungen oder im Festkörper praktisch ausschließlich im niedrigsten Schwingungszustand. Die Lichtabsorption erfolgt also vom untersten Schwingungszustand aus. Das ist in Abb. 3.54 für die beiden Fälle dargestellt, daß angeregter Zustand und Grundzustand

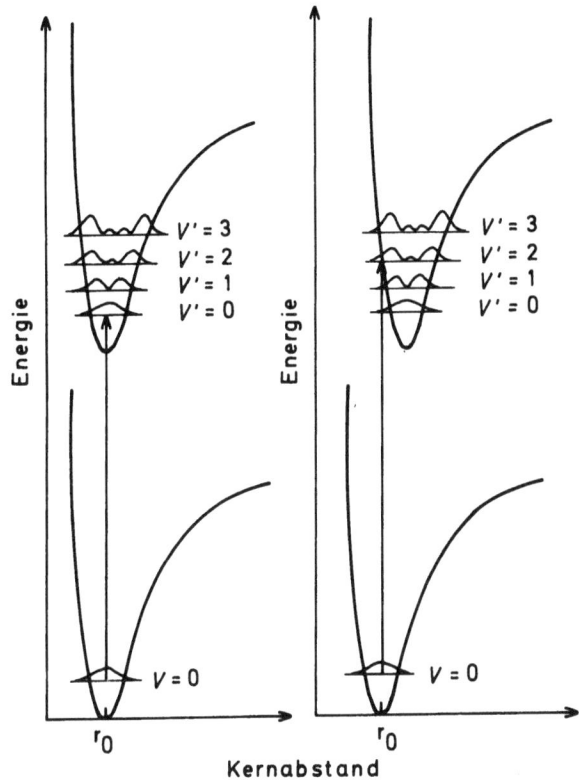

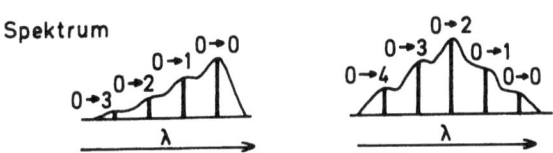

Abb. 3.54. Zusammenhang zwischen der Wahrscheinlichkeit eines mit der Elektronenanregung verbundenen Schwingungsüberganges und dem Absorptionsspektrum eines zweiatomigen Moleküls

den gleichen Gleichgewichtsabstand haben bzw. daß im angeregten Zustand ein größerer Gleichgewichtsabstand vorliegt.

Die elektronischen Übergänge (10^{-15} s) erfolgen im Vergleich zu den Molekülschwingungen ($\sim 10^{-13}$ s) sehr schnell. Unmittelbar nach der Absorption eines Photons, durch die der Elektronenübergang erfolgt ist, haben die Atome des Moleküls noch etwa die gleiche Lage zueinander wie direkt vor dem Übergang. Folglich haben diejenigen Übergänge die größte Wahrscheinlichkeit, bei denen sich die relative Lage der Atome nicht oder nur wenig ändert, in Abb. 3.54 also die Übergänge $v = 0 \rightarrow v' = 0$ bzw. $v = 0 \rightarrow v' = 2$. Im unteren Teil der Abbildung ist aufgezeichnet, wie diese Absorptionsspektren in ihrer Struktur aussehen könnten.

Die Absorptionsspektren, die man mit Photometern aufnimmt, sind überwiegend *Singulett-Singulett-Absorptionen*. *Triplett-Triplett-Absorptionen* und *Singulett-Triplett-Absorptionen* sind unter gewissen experimentellen Voraussetzungen jedoch auch zu erfassen.

T-T-Absorptionen werden bei Zimmertemperatur und den geringen Lichtintensitäten der Lampen der normalen Photometer nicht gemessen, da die stationären Konzentrationen an Molekülen, die sich im Triplett-Zustand befinden, infolge der schnellen strahlungslosen Desaktivierung der Triplett-Zustände zu gering sind. Lediglich bei hohen Lichtintensitäten sind zumindest kurzzeitige, wie z. B. mit der Methode der Blitzlichtspektroskopie, hohe T_1-Konzentrationen zu erreichen, so daß ein *T-T*-Übergang zu beobachten ist. Diese Spektren zeigen etwa vergleichbare Extinktionskoeffizienten wie die *S-S*-Übergänge und können ebenfalls Schwingungsstrukturen besitzen. Auch bei tiefen Temperaturen (77 K) ist häufig die T_1-Konzentration so hoch, daß auch *T-T*-Absorptionen in Betracht zu ziehen sind (biphotonische Prozesse).

Singulett-Triplett-Übergänge zwischen reinen *S*- und *T*-Zuständen sind streng verboten. Dieses Verbot wird dadurch eingeschränkt, daß infolge der sog. *Spin-Bahn-Kopplung* des Elektrons, die besonders bei schweren Atomen eine wichtige Rolle spielt, die reinen *S*- bzw. *T*-Charaktere verloren gehen. Vielmehr ist eine geringe Vermischung beider Zustände vorhanden. Auf diese Weise besteht auch für eine Interkombination eine gewisse Wahrscheinlichkeit. Allerdings sind die molaren Extinktionskoeffizienten klein, wie z. B. für aromatische Kohlenwasserstoffe $\varepsilon \approx 10^{-3}\,\text{M}^{-1}\,\text{cm}^{-1}$, die bei reinen Übergängen etwa 10^7fach größer sind.

3.2.4.4. Chromophore und ihre Spektren

Atome oder Atomgruppen, in denen die an der Anregung beteiligten Elektronen lokalisiert sind, bezeichnet man als Chromophore. Für den betrachteten Wellenlängenbereich (200–800 nm) müssen solche Chromophore immer locker gebundene Elektronen (*n*- oder *π*-Elektronen) enthalten. Die Lage der Banden, die Intensität und die Linienbreite der Spektren der Chromophore geben die Information aus den Absorptionsspektren bezüglich der Substanzen, ihrer Struktur und ihren Wechselwirkungen. Tabelle 3.5 enthält Daten einiger Chromophore, Abb. 3.55 Absorptionsspektren einiger wichtiger Biomoleküle.

Es seien zunächst einige Begriffe der Absorptionsspektroskopie angeführt: Man spricht von *Bathochromie* (Rotverschiebung), wenn eine Absorptionsbande aus irgendeinem Grund, z. B. unter Lösungsmitteleinfluß, zu längeren Wellenlängen hin verschoben wird. Eine Verschiebung zu kurzen Wellenlängen wird *Hypsochromie* (Blauverschiebung) genannt. So sind z. B. $n \rightarrow \pi^*$-Banden von $\pi \rightarrow \pi^*$-Banden im allgemeinen dadurch zu unterscheiden, daß durch Übergang vom unpolaren zum polaren Lösungsmittel erstere hypsochrom, letztere bathochrom verschoben werden. Wichtig sind ferner die Begriffe *Hyperchromie* (Extinktionserhöhung) und *Hypochromie* (Extinktionserniedrigung), da Wechselwirkungen zwischen Chromophoren in gewissen Bereichen des Absorptionsspektrums Extinktionsveränderungen hervorrufen.

Tabelle 3.5. UV-Maxima einiger Chromophore. (Substituenteneinflüsse können die Lage sehr verändern)

Chromophor	λ_{max} [nm]	ε[Liter/Mol cm]	Übergang
—COO—R	205	50	$n \to \pi^*$
	165	$4 \cdot 10^3$	$\pi \to \pi^*$
\C=O	280	20	$n \to \pi^*$
	190	$2 \cdot 10^3$	$n \to \sigma^*$
	150		$\pi \to \pi^*$
\C=S	500	10	$n \to \pi^*$
	240	$9 \cdot 10^3$	
—S—S—	250–330	10^3	$n \to \sigma^*$
\C=C/	190	$9 \cdot 10^3$	$\pi \to \pi^*$
—C≡C—	175	$8 \cdot 10^3$	$\pi \to \pi^*$
(Pyrazin)	298	326	$n \to \pi^*$
	243	$2 \cdot 10^3$	$\pi \to \pi^*$
(Purin)	220	$3 \cdot 10^3$	
	263	$8 \cdot 10^3$	

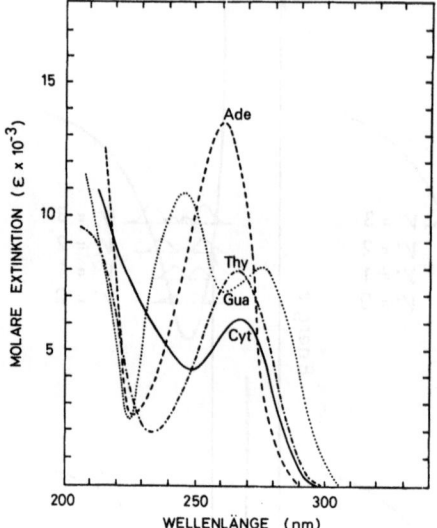

Abb. 3.55a. Absorptionsspektren von DNA-Basen in neutraler Lösung. *Ade* Adenin; *Cyt* Cytosin; *Gua* Guanin; *Thy* Thymin

Des weiteren sollen noch einige Eigenschaften von π-Elektronensystemen, die ja überwiegend die Ursache für die Lichtabsorption im Bereich 200–800 nm sind, diskutiert werden. Vergleicht man die Lage der Absorptionsbanden verschiedener π-Elektronensysteme, so findet man je nach Substanz unterschiedliche Bandenmaxima. Im Falle der Peptidbindung, die ein sehr kleines π-Elektronensystem hat, liegt es bei 190 nm. Das größere π-Elektronensystem der Nucleinsäurebasen absorbiert maximal bei 260 nm. β-Carotin mit seinem ausgedehnten π-Elektronensystem schließlich absorbiert zwischen 400 und 500 nm. Im Bereich $\lambda > 400$ nm absorbiert auch das große π-Elektronensystem der Porphyrinringe, die in einer wichtigen Klasse von in der Natur vorkommenden Pigmenten (z.B. Chlorophyll, Hämin usw.) vorliegen.

Man erkennt aus den genannten Beispielen die Regel, daß π-Elektronensysteme bei um so größeren Wellenlängen absorbieren, je größer das π-Elektronensystem ist, je mehr also die π-Elektronen delokalisiert sind.

Dieser Sachverhalt wird durch folgende Betrachtung einsichtiger. Das zu einem linearen System konjugierter Bindungen

$$-\overset{|}{C}=\overset{|}{C}-\overset{|}{C}=\overset{|}{C}-\overset{|}{C}=\overset{|}{C}-$$

zugehörige π-Elektronensystem wird als ein Potentialkasten der Länge *l* (Kettenlänge der konjugierten Bindungen) aufgefaßt, in dem die π-Elektronen frei beweglich sind. Diese vereinfachte Betrachtung zur Gewinnung von Molekülorbitalen wird als Elektronengastheorie (Modell freier Elektronen, FE-Theorie) bezeichnet. Die Wellengleichung für ein Teilchen der Masse *m* (Elektron) im eindimensionalen Potentialkasten ist bekanntlich gegeben durch

$$\frac{d^2\psi}{dx^2} + \frac{8\pi^2 m}{h^2}(E-V)\psi = 0$$

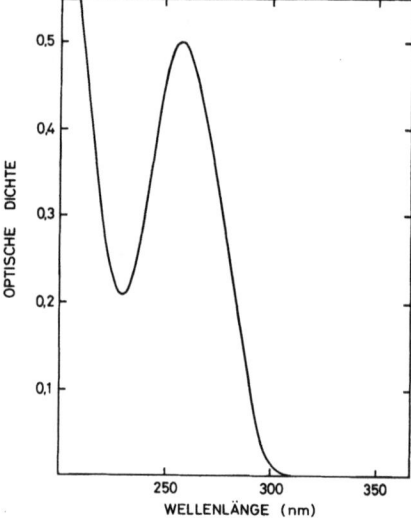

Abb. 3.55b. Absorptionsspektrum von Kalbthymus-DNA in neutraler Lösung

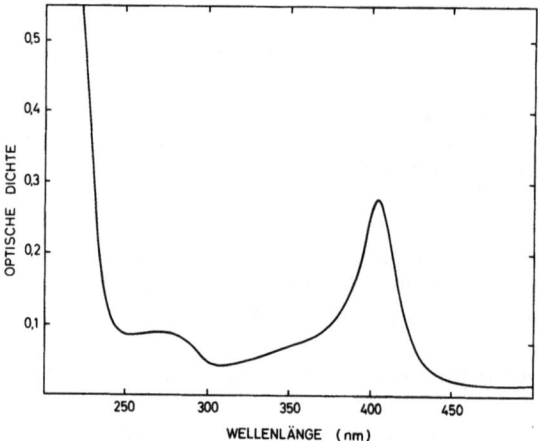

Abb. 3.55c. Absorptionsspektrum von Hämoglobin aus Rinderblut in neutraler Lösung

Ist das Potential $V=0$, so findet man als allgemeinste Lösung dieser Gleichung

$$\psi_n = A_n \sin(a_n x + b_n)$$

mit

$$E_n = \frac{h^2 a_n^2}{8\pi^2 m},$$

wobei a_n, A_n und b_n Konstanten sind. Unter der hier gemachten Annahme eines Kastens der Länge l mit unendlichem Potential bei $x=0$ und $x=l$ muß ψ_n an diesen Grenzen 0 sein. Durch diese Bedingungen werden a_n und b_n festgelegt:

$$b_n = 0, \quad a_n = \frac{\pi n}{l},$$

worin n ganzzahlig ist. Somit wird also nach Normierung

$$\psi_n = \left(\frac{2}{l}\right)^{\frac{1}{2}} \sin\frac{\pi n x}{l}$$

mit

$$E_n = \frac{h^2 n^2}{8ml^2}.$$

Diese Gleichungen beschreiben die Elektronenzustände eines linearen konjugierten Moleküls.

Gibt es $2k$ konjugiert gebundene Kohlenstoffatome in der Kette, so gibt es $2k$ π-Elektronen im Grundzustand des Moleküls (Pauli-Prinzip), die die k Molekülorbitale tiefster Energie besetzen. Die Länge des Kastens (Abstand zwischen den äußersten Atomen plus eine Bindungslänge d) ist $l=d(2k+1)$. Je zwei Elektronen pro Orbital bedeuten, daß der erste Anregungszustand mit dem Elektronenübergang $\psi_k \rightarrow \psi_{k+1}$ verknüpft ist. Die Energie der ersten Absorptionsbande, die gleich dem Energieunterschied dieses Übergangs ist, ergibt sich damit zu

$$\Delta E = \frac{h^2}{8md^2}\left(\frac{1}{2k+1}\right).$$

Diese einfache Theorie sagt also für ein Kettenmolekül mit konjugierten Bindungen voraus, daß, da $\Delta E \propto \frac{1}{\lambda}$, die Wellenlänge der ersten Absorptionsbande proportional zur Anzahl der konjugierten Atome ist.

Es muß betont werden, daß ein so einfaches Modell für qualitative Aussagen zwar sehr nützlich ist, quantitative Aussagen über die Energie der Elektronenübergänge aber nur sehr unbefriedigend wiedergibt. Entsprechende Betrachtungen für aromatische Kohlenwasserstoffe sind mit dem Modell eines zweidimensionalen Kastens ebenfalls durchführbar.

Das beschriebene Modell nutzt die Eigenschaft der relativ leichten Verschiebbarkeit der Elektronen im π-System aus. Die leichte Verschiebung resultiert in einer relativ hohen Polarisierbarkeit. Damit wird die Eigenart der π-Elektronensysteme verständlich, molekulare Wechselwirkungen über Dispersionswechselwirkung

$$U \propto \frac{\alpha_1 \cdot \alpha_2}{r^6},$$

sehr zu begünstigen, wobei α_1 und α_2 die Polarisierbarkeiten zweier wechselwirkender Elektronensysteme sind, die den Abstand r haben.

In einem Molekülverband können die π-Elektronensysteme einzelner Gruppen infolge ihrer Polarisierbarkeit derart miteinander in Wechselwirkung treten, daß sich die Intensität ihrer Übergänge ändert. Folglich kann auch die Konformation einer Substanz ihr Absorptionsspektrum beeinflussen.

Allerdings zeigt die Quantenmechanik, daß die Summe der Oszillatorstärken für alle Elektronenübergänge in einem Elektronensystem eine der Elektronenzahl proportionale konstante Größe ist.

Für die Untersuchung von Konformationsänderungen werden im allgemeinen nur die langwelligen Elektronenübergänge betrachtet. Die Wechselwirkung der Übergangsmomente hängt von der Orientierung dieser Momente zueinander ab. Stehen sie senkrecht zueinander, so tritt keine Intensitätsänderung ein. Dies ist einleuchtend, wenn man bedenkt, daß bei einem Übergang sich die Elektronen in Richtung des Übergangsmomentes verschieben. Sind die Momente längs einer Achse und hintereinander angeordnet, so vergrößert sich die Intensität der langwelligen Übergänge auf Kosten der kurzwelligen. Die langwelligen Banden zeigen Hyperchromie. Liegen die Momente parallel zueinander, so findet man eine Intensitätsverringerung der langwelligen Übergänge auf Kosten der kurzwelligen. Die langwelligen Banden zeigen Hypochromie.

Ein wichtiges Beispiel ist die DNA-Doppelhelix. Hier verursachen die π-Elektronensysteme der Basen die Absorption. Unter anderem ist aus Untersuchungen mit polarisiertem UV-Licht bekannt, daß die Basenreste senkrecht zur Achse der Doppelhelix gestapelt aufeinander liegen. Dementsprechend liegen auch die π-Elektronensysteme und die Übergangsmomente parallel. Bei intakter Doppelhelix findet man also Hypochromie. Dieses Verhalten wird bei der Bestimmung des Schmelzpunktes der DNA ausgenutzt.

3.2.4.5. Meßtechnik der Absorptionsspektralphotometrie

Photometer

Zur Messung von Absorptionsspektren werden überwiegend registrierende Spektralphotometer eingesetzt, die nach dem Zweistrahlprinzip arbeiten (Abb. 3.56). Als Lichtquelle dienen mehrere auswechselbare oder sich automatisch einspiegelnde Kontinuumstrahler (Wasserstofflampen, Wolframlampen). Damit überstreicht man einen Wellenlängenbereich von etwa 200–2000 nm. Besteht die Möglichkeit, den gesamten Lichtweg mit Stickstoff zu spülen, so kann der Meßbereich bis etwa 175 nm erweitert werden.

Das Licht fällt durch einen Prismen- oder Gittermonochromator, hinter dem der Strahl aufgeteilt und moduliert wird. Die Aufteilung des Strahles nimmt man vor, um stets gegen eine Vergleichslösung messen zu können. Als Vergleichslösung wählt man meistens das Lösungsmittel, in dem die zu untersuchende Substanz gelöst ist. Andererseits würde man die Aufnahme des Spektrums eines Reaktionsproduktes als Differenz-Messung gegen die einzelnen Reaktionspartner in getrennten Küvetten vornehmen.

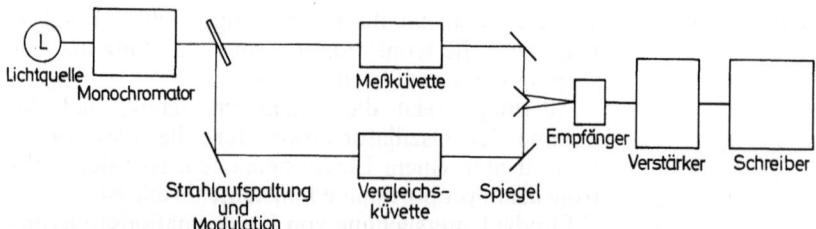

Abb. 3.56. Schematischer Aufbau eines Absorptionsspektralphotometers

Die Aufteilung des monochromatischen Lichtstrahles geschieht zum Beispiel durch einen rotierenden Spiegel, so daß abwechselnd über beide Lichtwege der Strahl geleitet wird. Man benutzt auch halbdurchlässige Spiegel, dann wird die Modulation auf andere Weise vorgenommen, z.B. durch Unterbrecherscheiben. Die Modulation ist erforderlich, um rauschärmer messen zu können. Nach diesem Prinzip brauchen die Verstärker nur Frequenzen zu übertragen, die in der Nähe der Modulationsfrequenz liegen.

Die monochromatischen Strahlen durchlaufen dann die beiden Küvetten und erreichen über Umlenkspiegel einen gemeinsamen Detektor, in einigen Spektralphotometertypen auch zwei gleichartige Detektoren. Bis zu Wellenlängen von etwa 330 nm kann man Glasküvetten benutzen, in denen die Lösungen gemessen werden. Im kurzwelligen Bereich absorbiert das Glas selbst, so daß Quarzküvetten genommen werden müssen. Als Detektoren kommen Sekundärelektronenvervielfacher und Photozellen zum Einsatz, letztere für den langwelligeren Wellenlängenbereich.

Die sich anschließende Elektronik muß die Signale aus dem Meß- und dem Vergleichsstrahlengang vergleichen, damit der Schreiber dann die Differenz beider aufzeichnen kann. Die Wellenlänge des Meßlichtes wird durch eine motorgetriebene Monochromatoreinstellung kontinuierlich verändert, ebenso wie der Schreibervorschub. Dadurch ist eine eindeutige Zuordnung der Wellenlänge zur Position des Schreibers möglich. Die Darstellung ist entweder mit linearer Anzeige, wenn Transmission oder Absorption in Prozent gemessen werden sollen, oder sie ist logarithmisch, wenn die optische Dichte aufgezeichnet werden soll.

Es sollte erwähnt werden, daß für bescheidenere Ansprüche, wenn es beispielsweise nur auf genaue Extinktionsbestimmungen ankommt, auch noch Einstrahlspektrophotometer auf dem Markt sind. Die Messung wird dabei so ausgeführt, daß man nach manueller Einstellung der gewünschten Wellenlänge die Vergleichsküvette in den Strahlengang bringt, auf 100% Transmission kalibriert und nach Einschieben der Meßküvette in den Strahlengang den Transmissions- oder Extinktionswert abliest.

Noch einfachere Photometer besitzen an Stelle des kontinuierlich verstellbaren Monochromators nur Filter. Solche Filterphotometer leisten gute Dienste in der routinemäßigen quantitativen Bestimmung von Substanzen bekannter Absorptionen und bei gewissen Untersuchungen der chemischen Kinetik.

Es sollen kurz einige mögliche Fehlerquellen bei Absorptionsmessungen erwähnt werden. Es ist wichtig darauf zu achten, ob Abweichungen vom Lambert-Beerschen Gesetz auftreten.

Es können wahre Abweichungen aufgrund chemischer Gleichgewichte oder zwischenmolekularer Kräfte sein, wodurch die effektive Konzentration der absorbierenden Spezies geändert wird. Das ist der Fall, wenn der absorbierende Stoff an einem konzentrationsabhängigen Gleichgewicht beteiligt ist. Bei einem derartigen Gleichgewicht kann es sich um Dissoziation, z.B. unter Einfluß verschiedener pH-Werte, um Assoziation, z.B. Dimerenbildung, oder um die Bildung von Verbindungen, z.B. mit dem Lösungsmittel, handeln. Bei Teilnahme der absorbierenden Substanz an einem binären Gleichgewicht gehen alle bei verschiedenen Konzentrationen aufgenommenen Spektren durch einen gemeinsamen Punkt, den *isosbestischen Punkt*. Dieser kommt dadurch zustande, daß beide Substanzen bei einer bestimmten Wellenlänge zufällig den gleichen Extinktionskoeffizienten haben. Der gemessene mittlere Wert der Lösung ist bei dieser Wellenlänge konstant.

Zum anderen treten scheinbare Abweichungen vom Lambert-Beerschen Gesetz durch unvollkommene Monochromasie der Strahlung auf, da es sowohl aus prinzipiellen Gründen (natürliche Linienbreite usw.) als auch aus meßtechnischen Gründen (genügend große Strahlungsintensität) niemals möglich ist, streng monochromatisches Licht zu erzeugen. Hierdurch können besonders an steil ansteigenden oder abfallenden Absorptionsbanden erhebliche Verfälschungen des Absorptionsspektrums auftreten. Zu dieser Art der Fehler zählt auch das Streulicht, das außerhalb des eingestellten Wellenlängenbereiches durch den Monochromator hindurchtritt.

Besonders bei einfachen Monochromatoren muß stets mit Streulicht gerechnet werden. Es wirkt sich besonders dann sehr störend aus, wenn der Nutzlichtphotostrom in die Größenordnung des Streulichtphotostroms herabsinkt. Das ist einleuchtend, wenn man die Größe der Transmission betrachtet, die $T = I/I_0$ ist, unter Berücksichtigung des Streulichtes jedoch ist; $T' = (I + I_f)/I_0$, wobei I_f die Intensität des Streulichtanteils sei.

Streulichteffekte treten z.B. bei Wellenlängen $\lambda < 200$ nm auf, wo die optischen Elemente des Spektrometers zu absorbieren beginnen und die Intensität der Strahlenquelle, je nach Typ, mehr oder weniger stark abnimmt. Auch hohe Eigenabsorptionen von sowohl Lösungsmittel als auch gelöster Substanz verursachen, da sie den Nutzlichtanteil herabsetzen, einen Streulichteinfluß. Es gibt verschiedene Möglichkeiten, den Streulichteinfluß zu eliminieren oder zumindest beträchtlich zu reduzieren: Einsatz eines Mehrfachmonochromators, zusätzliche Filter, Änderung der Höhe von Eintritts- und Austrittsspalt, Verringerung der Schichtdicke, kleinere Konzentrationen oder Wahl eines anderen Lösungsmittels. Welche dieser Maßnahmen zu treffen ist, hängt vom speziellen Meßproblem ab.

Literaturauswahl

Jaffé, H. H., Orchin, M.: Theory and Application of Ultraviolet Spectroscopy. New York: Wiley 1962.
Korte, F. (Hrsg.): Methodicum Chimicum. Stuttgart: Thieme; New York-London: Academic Press 1973.
Kortüm, G.: Kolorimetrie, Photometrie und Spektroskopie. Berlin-Göttingen-Heidelberg: Springer 1962.
Murrel, J. N.: Elektronenspektren organischer Moleküle. Mannheim: Bibliographisches Institut 1967.

3.2.5. Anwendung der Infrarotspektroskopie

Georg Zundel

3.2.5.1. Grundlagen

Die im infraroten (IR) Spektralbereich beobachteten Absorptionsbanden sind durch Molekülschwingungen verursacht. Man unterscheidet *innermolekulare* Schwingungen, bei diesen bewegen sich die Atomkerne eines Moleküls relativ zueinander, und *zwischenmolekulare*, bei diesen bewegen sich die Moleküle selbst relativ zueinander.

Die Lage der Banden wird als Wellenzahl, d. h. Wellen/cm in (cm^{-1}) angegeben. Zwischen der Wellenzahl und der Frequenz besteht der Zusammenhang $v = c\bar{v}$ (c Lichtgeschwindigkeit). Die innermolekularen Grundschwingungen liegen im Bereich 4000–400 cm^{-1}, die zwischenmolekularen bei Wellenzahlwerten kleiner 800 cm^{-1}. Die meisten Untersuchungen liegen im Bereich 4000–200 cm^{-1} vor, jedoch eröffnet die Entwicklung der Fourierspektrometer nun auch den Bereich kleinerer Wellenzahlen.

Betrachtet man ein zweiatomiges Molekül als harmonischen Oszillator, so ist die Grundschwingung durch

$$\bar{v} = \frac{1}{2\pi c}\sqrt{\frac{k}{\mu}}, \qquad (3.105)$$

k = Kraftkonstante in dyn/cm
μ = reduzierte Masse in g

gegeben. Wenn man die potentielle Energie in Abhängigkeit vom Abstand der Atome aufträgt, ergibt sich

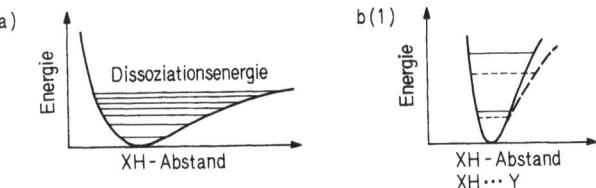
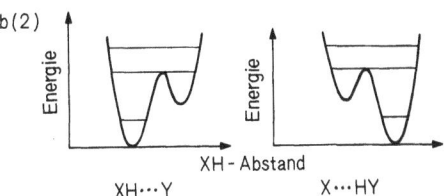
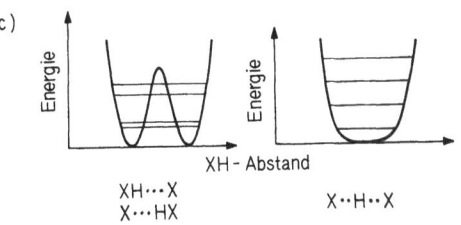

Abb. 3.57. (a) Potentialkurve. (b) Änderung der Potentialkurve (1) bei Ausbildung einer Wasserstoff-Brücke, (2) bei Protontransfer. (c) Symmetrische Potentialkurven

eine Potentialkurve: Im Falle der harmonischen Näherung erhält man eine Parabel, im Fall realer Moleküle eine Potentialkurve, wie sie in Abb. 3.57a dargestellt ist. Die Quantenmechanik zeigt, daß ein solches System nur diskrete Energiewerte annehmen kann (in Abb. 3.57a als Energieniveaus eingezeichnet).

Die Übergänge zwischen diesen Energieniveaus sind die im Infrarotspektrum beobachteten Schwingungen.

Bei einem vielatomigen Molekül erscheinen die Verhältnisse zunächst unüberschaubar kompliziert, denn ein solches Molekül sollte $3N-6$ (N Zahl der Atome des Moleküls) verschiedene Schwingungen ausführen. Es vereinfachen sich die Verhältnisse jedoch dadurch wesentlich, daß die einzelnen Gruppierungen weitgehend unabhängig von ihrer Umgebung betrachtet werden können. Nach Gl. (3.105) sind hiermit den einzelnen Gruppierungen charakteristische Schwingungen zuzuordnen, denn die Kraftkonstante wird durch die Stärke der jeweiligen Bindungen und die reduzierte Masse durch die Massen der schwingenden Atome bestimmt. Damit findet man die Schwingungen bestimmter Gruppierungen innerhalb bestimmter Wellenzahlenbereiche. Die genaue Lage der Banden innerhalb dieser Bereiche wird durch folgende Effekte beeinflußt:

a) Es beteiligen sich Nachbargruppierungen etwas an den Schwingungen.

b) Durch die inner- und zwischenmolekularen Wechselwirkungen werden die Potentialkurven deformiert, was eine Verschiebung der Energieniveaus und damit der Banden bewirkt.

c) Bei Gruppierungen, die isoliert von ihrer Umgebung entartete Schwingungen haben, kann die Entartung durch die Wechselwirkung mit der Umgebung aufgehoben werden. Dies bringt eine Bandenaufspaltung mit sich.

d) Es können Schwingungen innerhalb einer Gruppierung oder auch Schwingungen benachbarter Gruppierungen miteinander koppeln. Beides bewirkt Bandenaufspaltungen und Verschiebungen von Banden in entgegengesetzte Richtungen. Diese Kopplung von Molekülschwingungen nennt man nach ihrem Entdecker Fermi-Resonanz.

Man unterscheidet folgende innermolekulare Schwingungen:

a) Valenz-Schwingungen (abgekürzt st), bei denen die Bewegung der Atome bevorzugt in Bindungsrichtung erfolgt.

b) Deformations-Schwingungen (b), bei denen die Bewegung der Atome bevorzugt senkrecht zur Bindungsrichtung erfolgt. Man unterscheidet in-plane und out-of-plane Schwingungen, wenn die Deformation *in* bzw. *aus* der Gruppenebene stattfindet. Letztere bezeichnet man auch als Nick-Schwingungen (w).

c) Von Gerüst- oder Skelett-Schwingungen spricht man, wenn das ganze Gerüst einer Molekülgruppierung z. B. eines Benzolrings schwingt. Auch hier unterscheidet man zwischen Gerüst-Valenz- und Gerüst-Deformations-Schwingungen.

d) Neben diesen Schwingungen beobachtet man bisweilen auch sogenannte Kombinations-Schwingungen, jedoch meist mit geringerer Intensität. Diese sind Summen oder Differenzen von zwei oder mehreren anderen Schwingungen.

3.2.5.2. Anwendungen

a) Identifizierung bestimmter Gruppen in Molekülen

Die Banden bestimmter Gruppierungen liegen innerhalb bestimmter Wellenzahlenbereiche. Die Bandenlagen der jeweiligen Gruppierungen sind in Zuordnungstabellen zusammengefaßt. Die umfangreichste Diskussion der Bandenlagen von Gruppierungen in Biomolekülen findet man bei Parker. Vergleicht man die Banden des Spektrums einer unbekannten Substanz mit den tabellierten Bandenlagen, so erhält man Auskunft über die in einem Molekül anwesenden Gruppierungen.

b) Untersuchungen von tautomeren Gleichgewichten

Als Watson und Crick die jetzt nach ihnen benannte Paarung der Basen in der DNA postulierten, war es für sie sehr erschwerend, daß es nicht bekannt war, in welcher tautomeren Form die Basen vorliegen. Erst einige Jahre später wurde dies durch IR-Untersuchungen geklärt. Wie dabei vorgegangen wurde, soll am Beispiel des Cytosin erläutert werden:

Hierzu vergleicht man das Spektrum eines Cytosinderivats mit Spektren von Modellsubstanzen

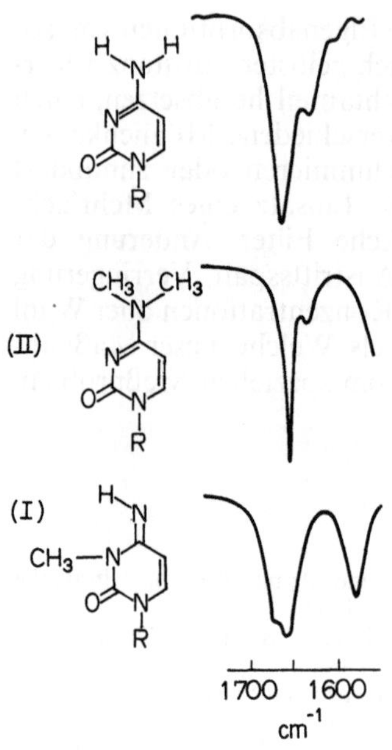

Abb. 3.58. IR-Spektren eines Cytosinderivats und von Modellsubstanzen

(Abb. 3.58). Bei der Modellsubstanz I ist der Doppelbindungscharakter der CN-Bindung im Ring klein, bei der Modellsubstanz II jedoch groß. Der Vergleich der Spektren zeigt, daß das Spektrum des Cytosinderivats dem der Modellsubstanz II gleicht, während es sich grundlegend von dem der Modellsubstanz I unterscheidet. Das Spektrum des Cytosinderivats gleicht also dem Spektrum der Substanz, von der man weiß, daß die CN-Bindung im Ring Doppelbindungscharakter besitzt. Hiernach liegt das Cytosin bevorzugt in der Amino- und nicht in der Iminoform vor. Seinerzeit war die Klärung der Tautomerieverhältnisse eine starke Stütze für die von Watson und Crick postulierte Art der Basenpaarung.

c) Wechselwirkung und Assoziation

Für die Untersuchung der Assoziation über Wasserstoff-Brückenbindungen ist die IR-Spektroskopie besonders geeignet. Bei der Ausbildung einer Wasserstoff-Brücke bindet eine Donorgruppe, z. B. eine OH-Gruppe, an ein einsames Elektronenpaar einer Akzeptorgruppe (OH···N). Dadurch wird das Potential an der Donorgruppe in Bindungsrichtung aufgeweitet (Abb. 3.57b(1)). Die Energieniveaus werden abgesenkt und rücken zusammen, d. h. die Valenzschwingung der Donorgruppe verschiebt sich bei Ausbildung der Wasserstoff-Brücke nach kleineren Wellenzahlen. Auch die Valenzschwingung der Akzeptorgruppe verschiebt sich geringfügig nach kleineren Wellenzahlen. Demgegenüber wandert die Deformationsschwingung der Donorgruppe ein wenig nach größeren Wellenzahlen, da das H-Atom nach Ausbildung der Wasserstoffbrücke nicht mehr so leicht senkrecht zur OH-Bindung ausgelenkt werden kann.

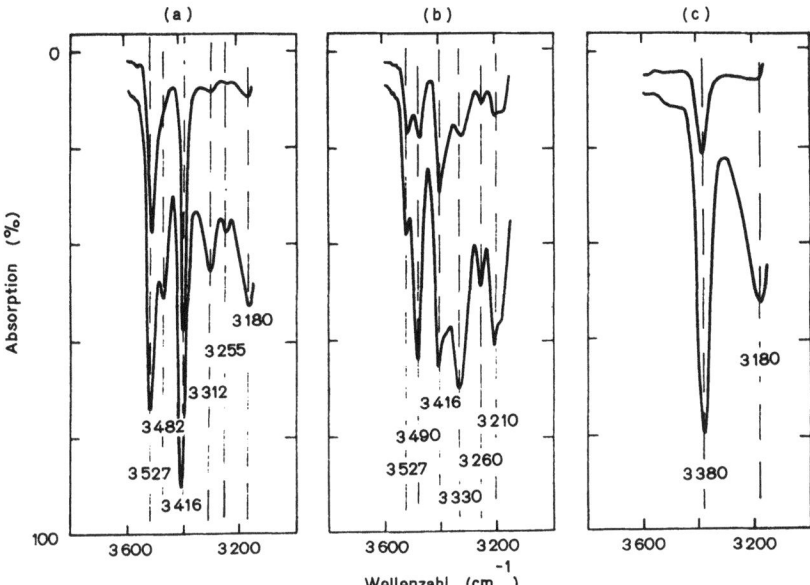

Abb. 3.59a–c. IR-Spektren (Proben in Deuterochloroform). (a) 9-Äthyladenin, (b) 1:1-Mischung 9-Äthyladenin-Cyclohexylbromuracil, (c) Cyclohexylbromuracil. [Nach: Miller, Sobell: J. mol. Biol. **24**, 345 (1967)]

An Hand derartiger Verschiebungen kann man die Assoziation über Wasserstoff-Brücken untersuchen. Solche Untersuchungen wurden z. B. an Modellmolekülen für die Basenpaare der Polynucleotide durchgeführt. Abbildung 3.59 zeigt dies für das (A+U)-Paar. In den Spektren der verdünnten Lösungen (obere Kurven) findet man die NH-Valenzschwingungen der Monomeren (Adeninderivat bei 3482 und 3416 cm^{-1}, Uracilderivat bei 3380 cm^{-1}). Mit zunehmender Konzentration (untere Kurven) treten bei kleineren Wellenzahlenwerten die entsprechenden Schwingungen der Wasserstoff-Brücken-Assoziate auf. Im Fall der Mischung der Derivate beobachtet man schon bei niederer Konzentration Assoziatbanden, und zwar bei etwas anderen Wellenzahlenwerten. Hierdurch wird die bevorzugte (A+U)-Assoziation angezeigt. Durch eine quantitative Auswertung derartiger Spektren wurden durch Kyogoku u. Mitarb. die Bindungskonstanten für die verschiedenen Paarungen bestimmt. Die (A+U)- und die (G+C)-Paarung erfolgt um etwa 1–2 Größenordnungen bevorzugt vor anderen Paarungen. Hiernach begünstigen die Wasserstoff-Brücken zwar die Watson-Crick-Paarung, sie erklären aber keinesfalls die außerordentlich fehlerarme Reproduktion der DNA (auf 10^8 Basenpaare nur ein Fehler).

Handelt es sich um einen sehr kräftigen Akzeptor, so kann das Potential bei der Ausbildung der Brücke auch vollständig verändert werden. Es kann sich das Minimum an den Akzeptor verlagern (Abb. 3.57b(2)), d. h. Protontransfer eintreten. Hierauf wird in Abschnitt 3.2.5.2d näher eingegangen.

Ein besonders interessanter Fall sind Wasserstoff-Brücken, in denen, wenn sie von ihrer Umgebung isoliert sind, die Potentiale weitgehend symmetrisch sind (Abb. 3.57c). Derartige Wasserstoff-Brücken sind um etwa zwei Größenordnungen polarisierbarer als Elektronensysteme. Sie äußern sich im IR-Spektrum nicht durch Bandenverschiebungen, sondern durch kontinuierliche Absorption über größere Wellenzahlenbereiche. So wird z. B. beim halb-protonierten Poly-L-Histidin durch ein Kontinuum die Bildung leicht polarisierbarer (NH···N)$^+$-Brücken zwischen den Imidazolresten angezeigt. Derartige Brücken sind die Ursache der Grotthus-Leitfähigkeit und könnten damit für passive Protonenflüsse in biologischen Systemen verantwortlich sein.

Ein anderer Weg, um etwas über polare Wechselwirkungen zu erfahren, sind Bandenaufspaltungen, die dadurch zustande kommen, daß die Entartung von Schwingungen durch diese Wechselwirkungen aufgehoben wird. So ist z. B. die antisymmetrische Valenzschwingung einer Gruppe mit Pyramidenstruktur (C_{3v}-Symmetrie) entartet. Wird die Symmetrie gestört, so beobachtet man eine Bandenaufspaltung. Eine Gruppe mit derartiger Symmetrie ist z. B. die $-PO_3^{2-}$-Gruppe. Bei energiereichen Phosphaten konnte die Anlagerung und Wechselwirkung zweiwertiger Kationen mit diesen Gruppen an Hand der Aufspaltung der Bande der antisymmetrischen $-PO_3^{2-}$-Valenzschwingung studiert werden.

d) Wahrer Dissoziationsgrad und Protontransfer

Bei Gruppierungen wie z. B. Carboxylgruppen ordnet sich die Elektronenstruktur grundlegend um, wenn sich das Proton vom Anion ablöst. Aus den Bindungen mit Einfach- und Doppel-Bindungscharakter entstehen durch mesomeren Bindungsausgleich weitgehend gleich kräftige Bindungen $\left[-C\begin{smallmatrix}O\\OH\end{smallmatrix} \rightarrow -C\begin{smallmatrix}O\\O\end{smallmatrix}\right)^-\right]$. Diese Gruppierungen verursachen natürlich auch andere IR-Banden. So beobachtet man um 1722 cm^{-1} die Valenzschwingung der C=O-Doppelbindung (Abb. 3.60). Demgegenüber findet man die antisymmetrische Valenzschwingung des Carboxylations

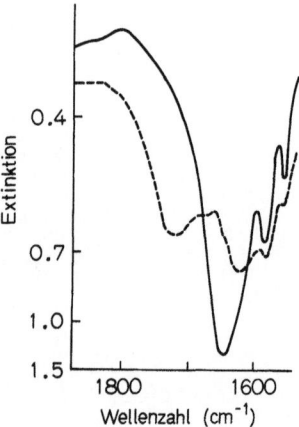

Abb. 3.60. IR-Spektren. – – – N-Methylimidazol-Monochloressigsäure, —— N-Methylimidazol-Dichloressigsäure. [Nach: Lindemann, Zundel: JCS Faraday II **68**, 979 (1972)]

um 1648 cm^{-1} und die symmetrische um 1368 cm^{-1}. An Hand dieser Banden läßt sich die Ablösung des Protons von der Carboxylgruppe, d.h. der wahre Dissoziationsgrad bestimmen. Man entnimmt Abb. 3.60, daß sich im Methylimidazol-Monochloressigsäure-System etwa die Hälfte und im System Methylimidazol-Dichloressigsäure alle Protonen von der Carboxyl-Gruppe abgelöst haben.

Eine Umordnung der Elektronen in dem Anion tritt allerdings bereits dann auf, wenn das Proton in der Wasserstoff-Brücke, von der –COOH Gruppe zum Akzeptor, übertritt. Wenn das Proton — trotz Transfer in der Wasserstoff-Brücke — lokalisiert bleibt, sind die beobachteten Banden ein Maß für die Verteilung des Protons zwischen Donor und Akzeptor, d.h. für das Protontransfergleichgewicht. Im Fall von Carboxyl-N-Base-Wasserstoff-Brücken wurde so gezeigt, daß dieses Gleichgewicht entscheidend durch den Hydratationsgrad beeinflußt wird.

Wie hier für die Carboxylgruppe beschrieben, läßt sich bei vielen anderen Gruppierungen sehr einfach Protonen-Anlagerung bzw. Ablösung IR-spektroskopisch verfolgen.

e) Konformationsuntersuchungen

Eine Kopplung von Schwingungen bewirkt eine Aufspaltung und (oder) ein Auseinanderwandern von Banden durch Fermi-Resonanz. Derartiges kann eintreten, wenn die Wellenzahlenwerte der Schwingungen nicht zu sehr voneinander abweichen. Wichtig ist nun, daß nicht nur Schwingungen einer Gruppierung, sondern bisweilen auch solche benachbarter Gruppierungen koppeln. Aus derartigen kopplungsbedingten Veränderungen an den Banden kann man, wie im folgenden an Beispielen gezeigt wird, Schlüsse auf die Sekundärstruktur von Makromolekülen ziehen. Besonders hervorzuheben ist, daß für derartige Strukturuntersuchungen die Moleküle nicht wie bei den Röntgenstrukturuntersuchungen in periodischen Strukturen vorliegen müssen.

α) Polynucleotide

Bei den Polynucleotiden geben kopplungsbedingte Bandenverschiebungen der Valenzschwingungen der Gruppierungen der Basenreste im Bereich 1750–1500 cm^{-1} Auskunft über die Helixbildung. Dies wurde zunächst von Miles u. Mitarb. am Guanin-Cytosin-Paar studiert. Sie lagerten 5'-Guanosin-Monophosphat an Poly-Cytidin an. Beim Abkühlen beobachtet man eine Bandenaufspaltung (Abb. 3.61a). Sie rührt davon her, daß nach Ausbildung der Struktur die C=O-Valenzschwingungen vom Guaninrest und Cytosinrest miteinander koppeln. Eine entsprechende Aufspaltung fanden diese Autoren auch im Fall der Poly-Guanin-Poly-Cytosin-Doppelhelix. Diese Kopplung kann elektrischer Natur sein. Sie kommt dann dadurch zustande, daß die Übergangsmomente in der Sekundärstruktur antiparallel orientiert sind. Sie kann aber auch — durch die Wasserstoff-Brücken vermittelt — mechanischer Natur sein. In beiden Fällen zeigt die kopplungsbedingte Bandenaufspaltung die Helixbildung an.

Entsprechende Aufspaltungen wurden natürlich auch bei anderen helikalen Polynucleotiden beobachtet, so insbesondere auch bei der DNA (Abb. 3.61b). Diese Aufspaltung verschwindet, wenn die Doppelhelix schmilzt. Führt man die Untersuchungen nicht in D$_2$O, sondern in H$_2$O durch, so überlagern sich der kleinerwellenzahligen Bande die H$_2$O- und die NH$_2$-Scherenschwingung. Die Strukturänderungen lassen sich dann nur an der Bande um 1700 cm^{-1} verfolgen. Diese Bande wird als sog. Strukturbande der Polynucleotide diskutiert.

Während die Banden der Basenreste im Bereich 1750–1500 cm^{-1} Aussagen über die Helixbildung machen, erhält man durch Betrachtung der Banden der Ribosereste und der Phosphatgruppen im Bereich 1300–1000 cm^{-1} Auskunft über Strukturbildungen am Rückgrat. Die IR-Spektroskopie kann hiernach getrennt Auskunft über Strukturbildungen in verschiedenen Bereichen eines Makromoleküls geben.

Abbildung 3.61c zeigt das Spektrum eines Ribo(poly)-nucleotids. Beim Übergang von H$_2$O zu D$_2$O-Hydratation taucht bei 1030 cm^{-1} die OD-Deformationsschwingung der 2'OD-Gruppe auf. Gleichzeitig wird die um 1060 cm^{-1} beobachtete Skelettschwingung der Äthergruppe des Riboserests nach größeren Wellenzahlen gedrückt. Die Kopplung dieser beiden Schwingungen zeigt an, daß sich die 2'OD-Gruppen mit dem O-Atom der benachbarten Ribosereste über eine Wasserstoff-Brücke verknüpfen. Hierdurch wird das Rückgrat der Ribo(poly)-nucleotide versteift. Dieser IR-Befund ist insofern von großer Bedeutung, da er besagt, daß der Unterschied zwischen DNA und RNA, soweit dieser von der 2'OH-Gruppe verursacht ist, auf der strukturfördernden Wirkung dieser Wasserstoff-Brücken beruht.

β) Proteine

Auch bei den Proteinen kann man an Hand von Banden des Rückgrats die Konformation ermitteln. Hierbei erweist sich die IR-Spektroskopie für die Unter-

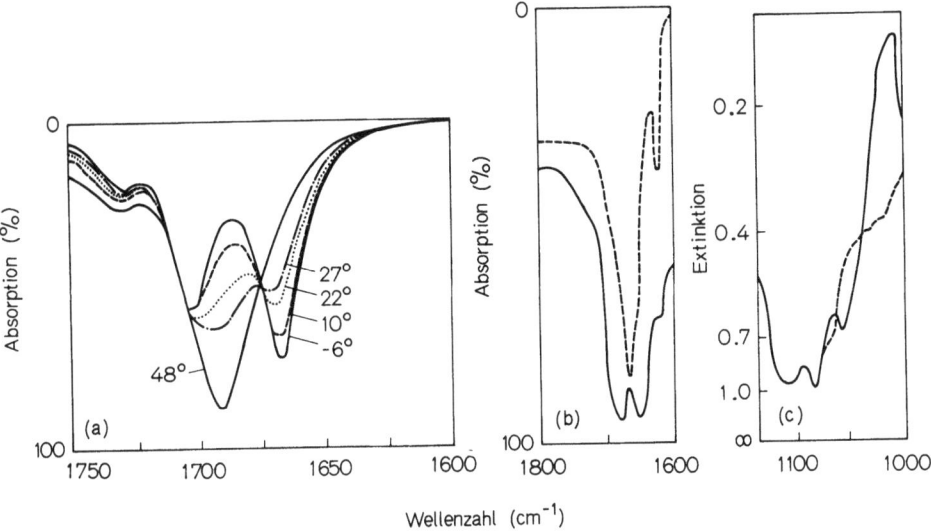

Abb. 3.61. IR-Spektren. (a) Poly-Cytidin + 5'-Guanosinmonophosphat in Abhängigkeit von der Temperatur. [Nach: Howard, Frazier, Miles: Proc. natl. Acad. Sci. (Wash.), **64**, 451 (1969)], (b) DNA ——— 25° C, - - - - 95° C, (c) K⁺-Salz des Poly-Cytidin ——— H$_2$O hydratisiert, - - - - D$_2$O hydratisiert. [Nach: Kölkenbeck, Zundel: Biophysics Struct. Mechanism **1**, 203 (1975)]

scheidung von β-Struktur einerseits und α-Helix und Knäuel andererseits als besonders geeignet. Demgegenüber bietet die ORD- und CD-Spektroskopie die Möglichkeit, α-Helix- und Knäuelanteil zu bestimmen.

Die Schwingungen der Peptidgruppen im Proteinrückgrat lassen sich einteilen in fünf in-plane (in der CONH-Ebene) und drei out-of-plane Formen. Bei 3300 und 3100 cm^{-1} findet man je eine kräftige Bande, die als Amid A- bzw. Amid B-Bande bezeichnet werden. Während die Amid A-Bande im wesentlichen die NH-Valenzschwingung ist, ist die Amid B-Bande die erste Oberschwingung der bei ca. 1550 cm^{-1} gefundenen Amid II-Schwingung, die durch Fermi-Resonanz mit der NH-Valenzschwingung verstärkt wird. Sehr kräftige Banden werden durch die Amid I-Schwingung um 1650 cm^{-1} und durch eine Amid II-Schwingung um 1550 cm^{-1} verursacht. Erstere ist im wesentlichen die C=O-Valenzschwingung. Letztere hat einen C—N-Valenz- und einen NH-Deformationsschwingungsanteil. Diese beiden Banden sind für die Strukturbestimmung besonders wichtig. Daneben wird bisweilen die schwächere Amid III-Bande bei 1250 cm^{-1} diskutiert.

Die Schwingungen der einzelnen Peptidgruppen im Rückgrat sind nicht voneinander unabhängig. Durch die Wasserstoff-Brücken wird eine schwache Kopplung vermittelt. Damit hat man im Proteinrückgrat eine Anordnung schwach gekoppelter identischer Oszillatoren vorliegen. Da diese Kopplung durch die Art der vorliegenden Struktur bestimmt wird, ist die genaue Lage und Intensität der Amid-Banden konformationsabhängig. Miyazawa hat mittels Störungsrechnung den Einfluß dieser Kopplung auf die Schwingungen bei α-Helix und β-Struktur betrachtet. Dabei erhielt er recht gute Übereinstimmung mit den experimentellen Werten.

Konformation	Orientierung der Schwingung zum Rückgrat	Amid I	Amid II
ungeordnet		1656 kräftig	1535 kräftig
α-Helix	parallel	1650 kräftig	1516 schwach
	senkrecht	1652 mittel	1546 kräftig
antiparallele β-Struktur		1685 schwach	1530 kräftig
		1632 kräftig	

Abbildung 3.62 zeigt, wie sich das Spektrum des Lactoglobulin, das weitgehend in β-Struktur vorliegt, von dem des Myoglobin unterscheidet. Es ergab sich ferner, daß man verschiedene Komponenten der Schwingungen *in* Richtung und *senkrecht* zum Rückgrat beobachtet. Kann man das Protein orientieren, so

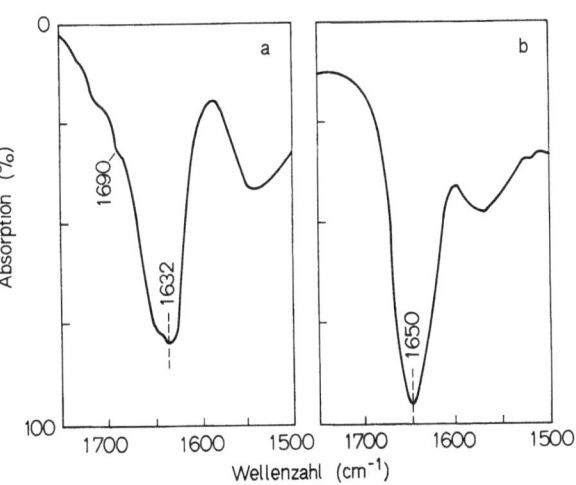

Abb. 3.62a und b. IR-Spektren. (a) β-Lactoglobulin. (b) Myoglobin

läßt sich hiermit an Hand des Dichroismus zusätzliche Information gewinnen.

3.2.5.3. Experimentelle Technik

Bei den üblichen IR-Spektrophotometern wird eine Fläche von etwa $1,5 \text{ cm}^2$ durchstrahlt. Die Probenschichtdicke muß hierbei 1–15 µm betragen, d.h. man kommt mit einigen mg Substanz aus. Dieser Bedarf kann auf 10–50 µg reduziert werden, wenn man den Strahl mit einem Beam Condenser verengt. Bei diesem Vorgehen ist aber gerade bei biologischen Proben besonders sorgfältig darauf zu achten, daß sich diese nicht während der Aufnahme des Spektrums erwärmen. Im folgenden wird nun auf die Besonderheiten bei der Präparationstechnik eingegangen, die bei biologisch interessanten Proben meist auftreten, da man diese im wäßrigen Milieu untersuchen will.

Die Proben können als definiert hydratisierte Filme in wäßriger Lösung oder Suspension oder auch mit der sogenannten FMIR-Technik spektroskopiert werden. Als Probenträger oder Küvettenfenstermaterialien verwendet man hochreines polykristallines Ge oder Si. Ge ist im Bereich $4000\text{–}600 \text{ cm}^{-1}$, Si im Bereich $4000\text{–}200 \text{ cm}^{-1}$ brauchbar. Hierbei müssen beim Si einige Banden durch entsprechende Scheiben im Vergleichsstrahl kompensiert werden. Damit der Strahl nicht zu stark geschwächt wird, dürfen die Si-Scheiben zusammen höchstens 4 mm dick sein. Nur in dem kleinen Bereich von $620\text{–}600 \text{ cm}^{-1}$ sind die Verluste so groß, daß man keine Aufzeichnung mehr erhält.

Filme definierter Schichtdicke stellt man am besten mit einem Zentrifugationstrocknungsverfahren her. Hierbei kommt die Lösung oder Suspension der Substanz in eine kleine Wanne, die auf dem Probenträger aufgeklebt ist. Der Probenträger wird nun in ein Gefäß gebracht, in dem sich auch eine gesättigte Salzlösung befindet. Der Film bildet sich, wenn das Wasser in die gesättigte Salzlösung überkondensiert. Das Gefäß wird während dieser Prozedur in eine Zentrifuge ($3000\,g$) gebracht. Damit sich der Probenträger justiert, schwimmt er auf einem Hg-Bad. Zur anschließenden Aufnahme des Spektrums wird der Probenträger in Spezialküvetten eingesetzt. In diesen können die Filme mittels definierter Luftfeuchtigkeiten definiert hydratisiert werden. Diese Luftfeuchtigkeiten stellt man in den Küvetten mit gesättigten Lösungen verschiedener Salze ein.

Wäßrige Lösungen oder Suspensionen untersucht man am besten zwischen Ge- oder Si-Scheiben. Um Interferenzen, die als Folge des großen Brechungsindex dieser Substanzen auftreten, zu vermeiden, bildet man den Probenraum keilförmig aus, d.h. man schleift eine keilförmige Vertiefung in die eine Scheibe, bringt in diese Vertiefung die Flüssigkeit und preßt die Scheiben in einer entsprechenden Vorrichtung mit definiertem Druck aufeinander. Die Schichtdickenreproduzierbarkeit ist $\pm 0,2$ µm. Bei der Auswertung der Extinktionen ist eine Korrektur notwendig, da für eine keilförmige Schicht das Lambert-Beer'sche Gesetz nicht gilt. Häufig besteht der Wunsch auch relativ verdünnte wäßrige Lösungen zu untersuchen. Hochleistungs-IR-Spektrometer liefern auch bei einer Probendurchlässigkeit von 1% noch einwandfreie Spektren, wobei man die Verluste im Vergleichsstrahl kompensiert. Damit kann man auch in wäßrigen Lösungen mit mittleren Schichtdicken von 50 µm arbeiten. Hierbei nimmt man Teilbereiche des Spektrums in H_2O bzw. D_2O auf. Bei entsprechender Ordinatendehnung kann man dann auch noch Spektren von Proben mit einer Konzentration von etwa 2 mg/ml aufnehmen.

Bei der FMIR-Technik wird die Probe auf eine Platte aus Ge gebracht. Das IR-Licht erfährt mehrere Totalreflexionen in der Platte und dringt bei jeder Reflexion etwas in die Probe ein. Die Wellenzahlenwerte der so entstehenden Absorptionsbanden unterscheiden sich geringfügig von denen in Spektren, die mit der üblichen Technik aufgenommen sind.

Literaturauswahl

Brügel, W.: Einführung in die Ultrarotspektroskopie. Darmstadt: Steinkopf 1962.
Finkelnburg, W.: Einführung in die Atomphysik, 11. u. 12. Aufl. Berlin-Heidelberg-New York: Springer 1967.
Krohmer, P., Duelli, R.: Perkin-Elmer Tips 35 UR (1967); 42 UR (1971).
Miyazawa, Z.: In: Fasman, G.D. (Ed.): Poly-α-amino acids. New York: Dekker 1967.
Parker, F.S.: Applications of infrared spectroscopy in biochemistry, biology and medicine. London: Hilger 1971.
Rauen, H.M.: Biochemisches Taschenbuch, 2. Aufl., Bd. 2. Berlin-Göttingen-Heidelberg-New York: Springer 1964.
Shimanouchi, T., Tsuboi, M., Kyogoku, Y.: In: Advances in chemical physics, Bd. VII. New York: Interscience Publ. 1964.
Zundel, G.: Hydration and intermolecular interaction. New York: Academic Press 1969. Moskau: Mir 1972.
Zundel, G.: In: Schuster, P., Zundel, G., Sandorfy, C. (Eds.): The hydrogen bond, recent progress in theory and experiments, Vol. 2. Amsterdam: North Holland Publ. 1976

3.2.6. Anwendung der ORD- und CD-Spektroskopie

GEORG ZUNDEL

3.2.6.1. Grundlagen

Bei polarisiertem Licht schwingt der elektrische Vektor E bei der Ausbreitung in einer Ebene (Abb. 3.63 a).

a) Optische Rotationsdispersion (ORD)

Tritt polarisiertes Licht durch eine Substanz, so wird diese Schwingungsebene bisweilen um die Ausbreitungsrichtung gedreht. Man spricht dann von *optischer Drehung* — von *Rotationsdoppelbrechung* — bzw. von *einer optisch aktiven Substanz*.

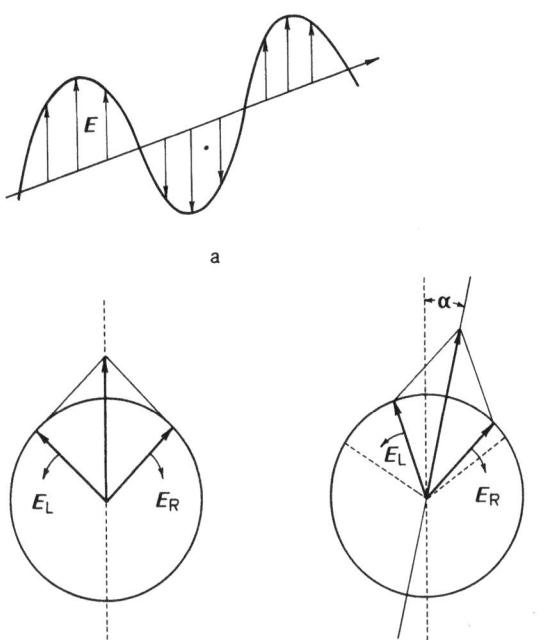

Abb. 3.63. (a) Polarisiertes Licht. (b) Zusammensetzung des E-Vektors aus einer linksdrehenden Komponente E_L und einer rechtsdrehenden E_R

Um zu verstehen, wie es zu einer Drehung der Schwingungsebene kommt, denkt man sich, so wie es Abb. 3.63b veranschaulicht, das linear polarisierte Licht aus zwei Komponenten zusammengesetzt. Während der Ausbreitung soll sich der E-Vektor der einen Komponente nach links (E_L) und der der anderen nach rechts (E_R) um die Ausbreitungsrichtung drehen. Diese Vorstellung findet ihre Rechtfertigung darin, daß beim zirkular polarisierten Licht der E-Vektor um die Ausbreitungsrichtung rotiert. Wenn nun diese beiden Komponenten in einer Substanz verschiedene Ausbreitungsgeschwindigkeiten v_L bzw. v_R haben, so erhält — innerhalb einer Schichtdicke d — die eine vor der anderen den zeitlichen Vorsprung

$$\Delta t = \frac{d}{v_L} - \frac{d}{v_R}. \quad (3.106)$$

Die Ausbreitungsgeschwindigkeit des Lichts v in einem Medium ist durch den Brechungsindex n bestimmt. Es ist $v = c/n$ (c Lichtgeschwindigkeit im Vakuum). Damit erhält man

$$\Delta t = \frac{(n_L - n_R)}{c} d, \quad (3.107)$$

bzw. für den Phasenunterschied zwischen den beiden Komponenten

$$\varphi = 2\pi v \Delta t = \frac{2\pi v}{c}(n_L - n_R)d = \frac{2\pi}{\lambda_{vak}}(n_L - n_R)d \quad (3.108)$$

mit $v \stackrel{\wedge}{=}$ Frequenz und $\lambda_{vak} \stackrel{\wedge}{=}$ Wellenlänge des Lichtes im Vakuum. Wenn die beiden Komponenten nach Durchlaufen der Schichtdicke d das optisch aktive Medium verlassen, erfolgt wegen des Phasenunterschieds die Überlagerung zu linear polarisiertem Licht nicht in der ursprünglichen Polarisationsebene, sondern in einer Ebene, die um den Winkel $\alpha = \frac{180}{\pi}\varphi/2$ dagegen verdreht ist (Abb. 3.63b). Es ist

$$\alpha = \frac{180}{\lambda_{vak}}(n_L - n_R)d, \quad (3.109)$$

wobei α in Grad angegeben wird.

Die — die optische Drehung charakterisierende — Differenz der Brechungsindizes $n_L - n_R$ ist sehr klein (für $\alpha = 10°$, $\lambda_{vak} = 540$ nm und $d = 1$ cm nur etwa $3 \cdot 10^{-6}$) und kann damit nicht direkt bestimmt werden. Deshalb verwendet man als Maß den leicht bestimmbaren Drehwinkel α. Damit man den Drehwinkel als substanzspezifische Größe angeben kann, bezieht man α auf eine bestimmte Stoffmenge; um diesen Wert von der Schichtdicke unabhängig zu machen, definiert man bei Flüssigkeiten den Begriff der *spezifischen Drehung*

$$[\alpha]_\lambda^T = \frac{\alpha}{\varrho d'}\left[\frac{\text{Grad cm}^3}{\text{dm g}}\right], \quad (3.110)$$

wobei auf eine Schichtdicke d' in Dezimetern und die Dichte ϱ bezogen wird. In Lösungen bezieht man statt auf ϱ auf die Konzentration c'

$$[\alpha]_\lambda^T = \frac{\alpha \, 100}{c' d'}\left[\frac{\text{Grad cm}^3}{\text{dm g}}\right], \quad (3.111)$$

wobei c' in g/100 cm³ einzusetzen ist.

Für Vergleichszwecke ist es sinnvoller, auf molare Mengen der Substanz zu beziehen. Es ist die *molare Drehung* bei bestimmter Temperatur T und Wellenlänge λ

$$[R]_\lambda^T = [m]_\lambda^T = \frac{M}{100}[\alpha]_\lambda^T = \frac{\alpha M}{c' d'}\left[\frac{\text{Grad cm}^2}{\text{Dezimol}}\right], \quad (3.112)$$

wobei M die Molmasse der gelösten Substanz ist. Zum besseren Vergleich der Werte bei Polymeren bezieht man die Meßwerte auf die Mole Bausteine, d.h. im Fall der Proteine setzt man z.B. statt M das mittlere Aminosäurerestgewicht $\bar{M}$ ein und erhält so die *molare Drehung pro mittleren Aminosäurerest*

$$[R]_{\lambda,MR}^T = [m]_{\lambda,MR}^T = \frac{\alpha \bar{M}}{c' d'}\left[\frac{\text{Grad cm}^2}{\text{Dezimol}}\right]. \quad (3.113)$$

Berücksichtigt man den Einfluß des Lösungsmittels, so erhält man die sogenannte *reduzierte molare Drehung*

$$[R']_{\lambda,MR}^T = [m']_{\lambda,MR}^T = \frac{3}{n_\lambda^2 + 2} \cdot \frac{\bar{M}\alpha}{c' d'}\left[\frac{\text{Grad cm}^2}{\text{Dezimol}}\right], \quad (3.114)$$

wobei n_λ der wellenlängenabhängige Brechungsindex des Lösungsmittels ist.

b) Circulardichroismus (CD)

Die rechts- und die linksdrehende Komponente des polarisierten Lichts können sich nicht nur verschieden rasch durch die optisch aktive Substanz bewegen, sondern es kann auch die *Absorption dieser beiden Komponenten verschieden* sein. Die beiden Vektoren E_L und E_R werden damit beim Durchtritt durch die Substanz verschieden lang.

Als Meßgröße für den Circulardichroismus dient die *Elliptizität*

$$\Theta = Ac(\varepsilon_L - \varepsilon_R)d, \quad (3.115)$$

wobei c die molare Konzentration und ε_L bzw. ε_R die molaren Extinktionskoeffizienten der beiden Komponenten sind. Der Proportionalitätsfaktor A ist $\frac{180}{\pi}\ln 10$ und damit ungefähr gleich 33. Zum besseren Vergleich bezieht man wieder auf ein Mol Substanz. Die *molare Elliptizität* ist dann

$$[\Theta]_\lambda^T = \frac{\Theta M}{c'd'}\left[\frac{\text{Grad cm}^2}{\text{Dezimol}}\right], \quad (3.116)$$

bzw. *bezogen auf* einen *mittleren Aminosäurerest*

$$[\Theta]_{\lambda, MR}^T = \frac{\Theta \bar{M}}{c'd'}\left[\frac{\text{Grad cm}^2}{\text{Dezimol}}\right]. \quad (3.117)$$

c) Wellenlängenabhängigkeit

Sowohl die Drehung der Polarisationsebene α wie auch der Wert für den Circulardichroismus Θ sind von der Wellenlänge abhängig. Die Drehung α hat im Bereich von Absorptionsbanden einen Verlauf, wie ihn Abb. 3.64 a zeigt. In der Abbildung ist links der Kurvenverlauf für einen (+)-Chromophor gezeigt. Er ist — kommt man von großen Wellenlängen — zunächst rechtsdrehend und wird dann mit abnehmender Wellenlänge linksdrehend. Rechts zeigt die Abbildung einen (−)-Chromophor. Er ist — kommt man von großen Wellenlängen — zunächst linksdrehend und wechselt dann auf Rechtsdrehung über. In Abb. 3.64 b sind die entsprechenden CD-Kurven wiedergegeben. Man spricht von positivem bzw. negativem Cotton-Effekt. Die Wellenlängenabhängigkeit der ORD-Kurven gleicht der des Brechungsindex, die der CD-Kurven Absorptionsbanden. Wie bei Brechungsindex und Absorption ist der Zusammenhang zwischen ORD- und CD-Kurven durch die Kronig-Kramer-Relation gegeben. Ein für das praktische Vorgehen wichtiger Unterschied zwischen den α- und den Θ-Kurven besteht in folgendem: α hat ebenso wie der Brechungsindex nicht nur im Bereich einer Bande von

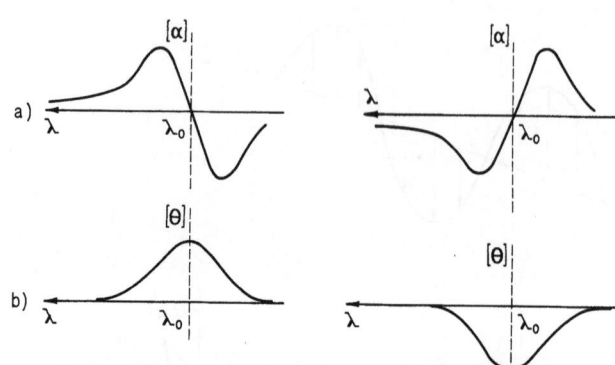

Abb. 3.64a und b. Cotton-Effekt bei einer Absorptionsbande bei λ_0. (a) $[\alpha]$ in Abhängigkeit von λ. Links: positiver Cotton-Effekt. Rechts: negativer Cotton-Effekt. (b) Θ in Abhängigkeit von λ. Links: positiver Cotton-Effekt. Rechts: negativer Cotton-Effekt

Null verschiedene Werte. Demgegenüber verschwindet Θ ebenso wie der Extinktionskoeffizient außerhalb der Absorptionsbereiche.

Die ORD-Kurven können durch die Moffitt-Gleichung beschrieben werden. Speziell für Proteine lautet diese

$$[R]_{\lambda, MR}^T \frac{3}{n_\lambda^2 + 2} = a_0 \frac{\lambda_0^2}{\lambda^2 - \lambda_0^2} + b_0 \frac{\lambda_0^4}{(\lambda^2 - \lambda_0^2)^2}, \quad (3.118)$$

n_λ = Brechungsindex des Lösungsmittels, a_0, b_0 und λ_0 sind Konstanten.

d) Molekulare Ursachen

Asymmetrische Chromophore sind optisch aktiv. Hierbei ist die Unsymmetrie entweder bereits durch das Gerüst selbst verursacht (sogenannte chirale Chromophore). Demgegenüber kann bei Chromophoren mit lokaler Symmetrie Unsymmetrie durch eine asymmetrische Umgebung induziert werden.

Ein Beispiel für den *ersten Fall* ist die *Milchsäure*.

Bei ihr ist das Elektronensystem um das Kohlenstoffatom durch die verschiedenen Liganden asymmetrisch und verursacht damit optische Aktivität (asymmetrisches Kohlenstoffatom). Ein derartiges Molekül kann durch keine Drehoperation in sein Spiegelbild übergeführt werden. Den Unterschied zwischen den beiden Spiegelbildisomeren erkennt man, wenn man die Liganden in beiden Fällen in derselben Reihenfolge verbindet. Im einen Fall erhält man eine Rechts- und im anderen eine Linksschraube. Im übrigen sind alle anderen Größen des Moleküls, wie Atomabstände, Elektronenstruktur und Energieinhalt, für beide Formen völlig gleich. Daher findet man für solche Spiegelbildisomere erwartungsgemäß eine vollständige Übereinstimmung in allen chemischen und physikalischen Eigenschaften mit Ausnahme der folgenden:

Unterscheiden lassen sich die beiden Spiegelbildisomeren durch ihre unterschiedliche Reaktivität mit anderen asymmetrischen Molekülen und physikalisch dadurch, daß die eine die Polarisationsebene nach rechts und die andere nach links dreht. Man spricht von rechts- bzw. linksdrehenden Isomeren.

Ein Beispiel für den *zweiten Fall* ist die *planare Peptid-Gruppe*. Ihre inhärent symmetrischen Orbitale werden durch benachbarte asymmetrische Kohlenstoffatome oder durch die asymmetrische Sekundärstruktur unsymmetrisch. Damit werden die Übergänge optisch aktiv.

Hierbei ist nicht nur der statische Einfluß der asymmetrischen Umgebung von Bedeutung, sondern insbesondere auch die Koppelung mit anderen Chromophoren (*gekoppelte Oszillatoren*). Damit es in diesem Fall zur Drehung der Polarisationsebene kommt, müssen jedoch die folgenden Bedingungen erfüllt sein:
a) Dieses System mit den zwei Oszillatoren darf keine Symmetrieebene und kein Symmetriezentrum besitzen.
b) Diese zwei Oszillatoren müssen gekoppelt sein. Hiernach muß u.a. der Abstand d zwischen diesen Oszillatoren im Vergleich zur Wellenlänge klein sein ($d \ll \lambda$).

3.2.6.2. Anwendungen

In älteren Arbeiten wurde bevorzugt die ORD-Spektroskopie angewandt. Hierbei wurden die ORD-Kurven abseits der Absorptionsbereiche gemessen und mit Hilfe der Moffitt-Gleichung auf den Verlauf in den Absorptionsbereichen geschlossen. Die Verbesserung der Geräte ermöglicht heute meist eine Aufnahme der CD-Kurven im Bereich des Cotton-Effekts.

Die *Vor- bzw. Nachteile von ORD bzw. CD* sind hiermit folgende: Die ORD-Spektroskopie hat den Vorteil, daß man die Substanzen in Bereichen untersuchen kann, in denen sie das Licht nicht absorbieren. Dies ist insbesondere dann von Bedeutung, wenn eine Substanz in einem Lösungsmittel vorliegt, das im Bereich des Cotton-Effekts der Substanz absorbiert. Umgekehrt hat die ORD-Spektroskopie den Nachteil, daß der Verlauf der ORD-Kurven bei größeren Wellenlängen dann, wenn im Bereich kleinerer Wellenlängen mehrere Cotton-Effekte liegen, durch mehrere Beiträge bestimmt wird. Diese Folgen verschiedener Cotton-Effekte können nur schwer zerlegt werden. Die CD-Spektroskopie bietet damit den Vorteil, daß diese Schwierigkeit nicht auftritt, da man bei ihr die Cotton-Effekte besser trennen kann.

a) Konformationsuntersuchungen

Konformationsuntersuchungen können z.B. an den Polypeptiden und Polynucleotiden mittels der ORD- und CD-Spektroskopie durchgeführt werden. Das Vorgehen wird am Beispiel der Polypeptide geschildert. Im Fall der Polypeptide ist der wesentliche Chromophor das π-Elektronensystem der Peptidgruppe.

Die ursprünglich bei der Denaturierung von Proteinen beobachteten Veränderungen in den ORD- und CD-Spektren konnten im Detail studiert werden, als man die künstlichen Polyaminosäuren synthetisiert hatte. Bei diesen kann es sich um einheitliche, d.h. z.B. nur aus Lysin aufgebaute Polymere handeln. Derartige Moleküle können als Ganzes in *einer Konformation* vorliegen. Ferner kann dieselbe Substanz unter verschiedenen Bedingungen in unterschiedlichen Konformationen untersucht werden. Damit kann man die für die verschiedenen Konformationen charakteristischen ORD- bzw. CD-Spektren erhalten.

Anhand des Poly-Lysin wurde eine derartige Untersuchung von Garfield und Fasman durchgeführt. Abb. 3.65a zeigt, daß sich die Spektren des Poly-Lysin in den verschiedenen Konformationen grundlegend unterscheiden. Diese Unterschiede beruhen darauf, daß die Peptidchromophore im Rückgrat bei den verschiedenen Konformationen relativ zueinander unterschiedlich angeordnet sind. Hiermit ist die Wechselwirkung und damit die Kopplung bei den verschiedenen Konformationen verschieden.

Anhand der CD-Spektren, die Abb. 3.65a zeigt, kann man nun durch lineare Überlagerung Spektren gemischter Konformationen errechnen. Derartige Spektren zeigt Abb. 3.65b. Durch Vergleich dieser Spektren mit Spektren von Proteinen läßt sich der Anteil der verschiedenen Konformationen an der Struktur von Proteinen abschätzen.

Praktisch geht man dabei z.B. bei der Bestimmung des Helixgehalts folgendermaßen vor: Der Wert für die molare Elliptizität pro Aminosäurerest um 220 nm beträgt bei völlig α-helikalen Proteinen etwa -40000 [grad cm^2/Dezimol], während er bei statistisch geknäulten bei etwa Null liegt. Damit kann durch eine Messung bei 220 nm der α-Helixgehalt durch lineare Interpolation abgeschätzt werden.

Störend wirkt sich bei all diesen Konformationsuntersuchungen aus, daß Chromophore der Seitengruppen, so z.B. die Tyrosin- oder die Histidin-Reste, ebenfalls Cotton-Effekte verursachen. Weit schwerwiegender ist jedoch die Tatsache, daß sich — wie man aus Röntgen-Daten ersieht — die einzelnen Strukturanteile nicht so scharf klassifizieren lassen.

b) Kinetik von Reaktionen

Mit der ORD- und CD-Spektroskopie lassen sich Konformationsänderungen und natürlich auch ihre Kinetik besonders einfach studieren. Sofern diese Reaktionen nicht zu rasch ablaufen, können die geschilderten Methoden die Methoden der Wahl sein. Zeigen die Reaktionspartner unterschiedliche spezifische Drehung, so verändert sich die Drehung proportional zur Konzentration der Reaktionspartner, d.h. es gehen hier keine besonderen Annahmen mehr ein. Man verfolgt die Drehung α oder die Elliptizität Θ in Abhängigkeit von der Zeit.

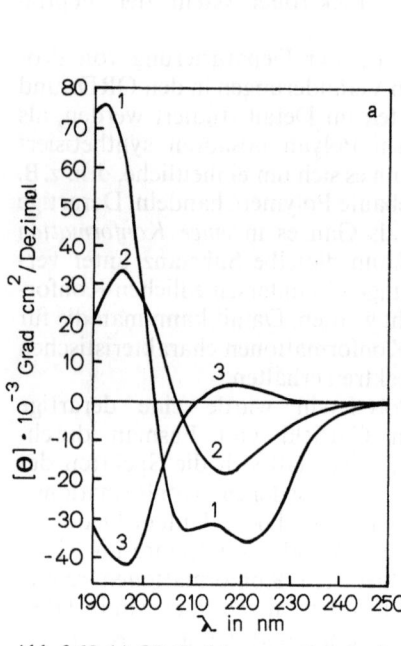
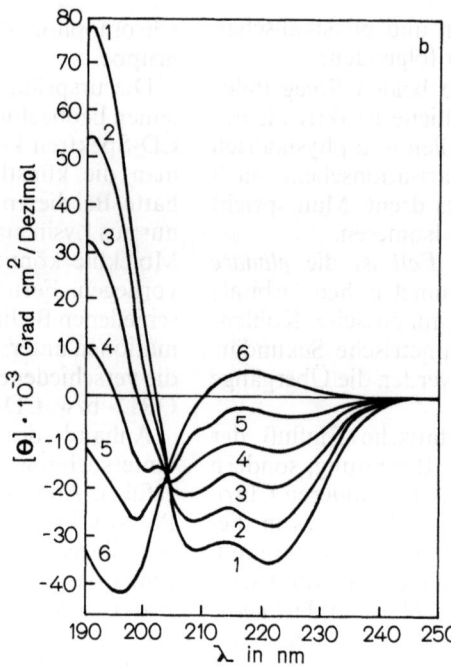

Kurve	% α-Helix	% Knäuel
1	100	0
2	80	20
3	60	40
4	40	60
5	20	80
6	0	100

Abb. 3.65. (a) CD-Spektren von Poly-Lysin. [nach Greenfield, N., Fasman, G. D.: Biochemistry **8**, 4108 (1969)]. 1. 100% α-helikal, 2. 100% β-Struktur, 3. 100% Knäuel. (b) Berechnete CD-Spektren von Poly-Lysin. 0% β-Struktur

In dieser Weise wurde z. B. von Engel und Mitarbeitern die — im Hinblick auf das kooperative Verhalten — interessante Kinetik der Umwandlung der Poly-Prolin I- in die Poly-Prolin II-Helix studiert. Diese Helices wandeln sich in Abhängigkeit von der Art des anwesenden Lösungsmittels ineinander um. Beide Typen Helices zeigen völlig verschiedene optische Drehungen α_I bzw. α_{II}. Den Umwandlungsgrad ϑ in Abhängigkeit von der Zeit erhält man z. B. durch Bestimmung von α gemäß

$$\vartheta(t) = \frac{\alpha_{II} - \alpha(t)}{\alpha_{II} - \alpha_I} \tag{3.119}$$

c) Untersuchung der Wechselwirkung von Chromophoren

Außerdem können in bestimmten Fällen Aussagen über die Nachbarschaft und Wechselwirkung von Chromophoren gemacht werden. So konnte man z. B. die Bindung von an sich symmetrischen und damit optisch nicht aktiven Haptenen an Proteine studieren, denn diese werden durch die Bindung optisch aktiv. Damit erhält man sowohl aus der Beobachtung des Cotton-Effekts der absorbierten Haptene wie auch aus dem der Seitengruppen der Proteine, an die die Haptene gebunden sind, Informationen bezüglich der Wechselwirkung.

3.2.6.3. Experimentelle Technik

ORD- und CD-Spektren können mit den handelsüblichen Geräten aufgenommen werden. Man verwendet hierbei Küvetten von 0,02 bis 10 cm Länge, je nach Löslichkeit der Substanz. Bei Proteinen benötigt man im Bereich 300–250 nm 1 cm-Küvetten und eine Konzentration von 5 mg/ml, im Bereich 250–220 nm 0,1 cm-Küvetten und eine Konzentration von 2 mg/ml, und schließlich im Bereich 230–190 nm 0,1 cm-Küvetten und eine Konzentration von 6 mg/ml. Dies gilt speziell für Proteine. Einen allgemeinen Anhaltspunkt bezüglich der Menge der benötigten Substanz gibt, sofern man die Rotationsdispersion in Bereichen optisch aktiver Banden untersuchen will, die Extinktion dieser Banden. Konzentration und Schichtdicke müssen so gewählt werden, daß die Extinktion ungefähr 1 ist.

Literaturauswahl

Urry, D. W. (Ed.): Spectroscopic approches to biomolecular conformation. Amer. med. Ass. (1970).
Van Holde, K. E.: Physical biochemistry. London: Prentice-Hall 1971.

3.2.7. Anwendung des Mößbauereffektes auf Probleme der Biophysik

G. MICHAEL KALVIUS und FRITZ PARAK

3.2.7.1. Einleitung

Vor etwa 15 Jahren entdeckte R. L. Mößbauer den später nach ihm benannten Effekt. Daraus wurde in kurzer Zeit ein wichtiges spektroskopisches Verfahren entwickelt. Während zunächst die Bedeutung eindeutig auf kernphysikalischem Gebiet lag, stellte sich rasch heraus, daß vielseitige Anwendungen in der Festkörperphysik und Chemie möglich sind. Insbesondere eignet sich die Mößbauerspektroskopie zu Untersuchungen der elektronischen Struktur des gebundenen Eisens. In einer Reihe von biologisch bedeutsamen Makromolekülen bilden eisenhaltige Atomgruppen das sog. aktive Zentrum. Ein sehr bekanntes Beispiel ist das Hämoglobin. Mit der Untersuchung derartiger Makromoleküle hat die Mößbauerspektroskopie ihren Eingang in die Biophysik gefunden und ist dort in den letzten Jahren eine vielseitig angewandte Untersuchungsmethode geworden. Ihre Bedeutung steigt noch immer rasch. Es ist unmöglich, im Rahmen dieses kompakten Lehrbuches eine theoretische Einführung in die Mößbauerspektroskopie und die von ihr erfaßten Meßgrößen zu geben. Ebenso würde ein Überblick über die bereits in der Literatur erschienenen biophysikalischen Anwendungen den vorgegebenen Rahmen sprengen. Es sollen daher nur eine kurze Erläuterung des Prinzips der Mößbauerspektroskopie gegeben und einige Beispiele, die typisch für die gegenwärtigen biophysikalischen Anwendungen sind, diskutiert werden.

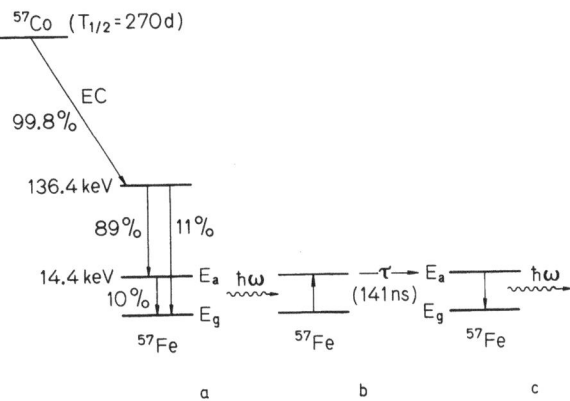

Abb. 3.66 a–c. Energieschemata der Kernresonanzabsorption des 14,4 keV Zustandes in ^{57}Fe. (a) Zerfallsschema von ^{57}Co zu ^{57}Fe. Die Wahrscheinlichkeit der wichtigen Übergänge ist in Prozent angegeben. Die 14,4 keV Strahlung wird beim Übergang $E_a \to E_g$ emittiert. (b) Ein ^{57}Fe-Kern absorbiert die von der Quelle emittierte Strahlung und geht in den angeregten Zustand E_a über. (c) Mit einer Wahrscheinlichkeit von 10% wird die 14,4 keV Strahlung beim Zerfall von E_a wieder emittiert. In 90% aller Fälle erfolgt der Übergang $E_a \to E_g$ durch Aussendung eines Konversionselektrons. Der Zerfall von E_a erfolgt im Mittel nach der Zeit τ, der mittleren Lebensdauer des Kernzustandes E_a

3.2.7.2. Prinzip des Mößbauereffektes

Der Mößbauereffekt basiert auf der Resonanzabsorption von Kern-Gammastrahlung. Am besten wird dieses Phänomen am Beispiel des für biologische Anwendungen so wichtigen Kernes ^{57}Fe erklärt. In Abb. 3.66 a ist das Termschema des Kernprozesses, bei dem die resonanzfähige Gammastrahlung entsteht, dargestellt. Der instabile Kern ^{57}Co zerfällt mit einer Halbwertszeit von 270 Tagen unter Einfang eines Hüllenelektrons (EC-Zerfall) in den stabilen Tochterkern ^{57}Fe. Dort wird aber nicht direkt der Grundzustand E_g erreicht, sondern über Zwischenstufen zunächst das erste angeregte Niveau E_a, das 14,4 keV über dem Grundzustand liegt. Dieser Zustand hat eine mittlere Lebensdauer von $\tau = 141$ ns. Die bei seinem Zerfall in den Grundzustand ausgesandte Gammastrahlung ist monochromatisch. Für ihre Energie E_γ folgt aus der Energieerhaltung:

$$E_\gamma = \hbar\omega = (E_a - E_g) = E_0. \qquad (3.120)$$

Infolge der endlichen Lebensdauer τ des angeregten Zustandes ist aber dessen Energie E_a gemäß der Heisenbergschen Unschärferelation nur bis auf

$$\Delta E_a = \hbar/\tau \qquad (3.121)$$

definiert. Der Grundzustand ist stabil, und damit ist E_g beliebig scharf. Die Unschärfe von E_a spiegelt sich in einer spektralen Verteilung der Energie der Gammastrahlung wieder. Die Intensität $N(E)$ pro Energieintervall dE der ausgesandten Strahlung als Funktion der Energie E ist durch eine Lorentzfunktion gegeben, die in Abb. 3.67a dargestellt ist. Die volle Breite der Verteilungsfunktion $N(E)$ bei halbem Intensitätsmaximum wird als Linienbreite Γ bezeichnet. Sie ist identisch mit ΔE_a, d.h. $\Gamma = \Delta E_a = \hbar/\tau$, ($^{57}Fe: \Gamma = 4{,}7 \cdot 10^{-9}$ eV).

Der Emissionsprozeß $E_a \to E_g + \hbar/\tau$ ist umkehrbar. Durch Absorption eines Gammaquants mit der Ener-

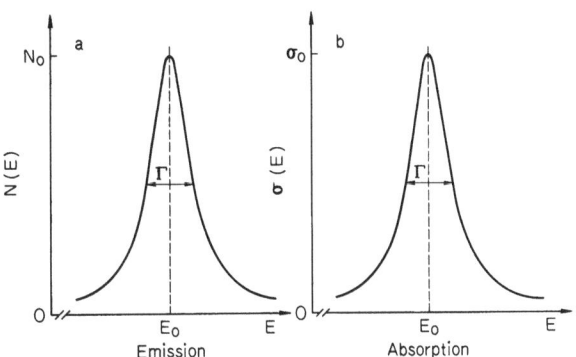

Abb. 3.67a und b. Energieverteilung der emittierten γ-Strahlung beim Übergang $E_a \to E_g$ (a) und des Absorptionswirkungsquerschnitts bei der Resonanz-Absorption $E_g \to E_a$ (b). Der Nullpunkt der Energiestrahlung ist unterdrückt. Für die Breite der Verteilung gilt $\Gamma(^{57}Fe) = 4{,}7 \cdot 10^{-9}$ eV

gie $E_0 = 14{,}4$ keV wird der ^{57}Fe-Kern, der sich im Grundzustand befindet, in den ersten angeregten Zustand gebracht. Diesen Vorgang bezeichnet man als *Resonanzabsorption*. Er ist in Abb. 3.66b dargestellt. Die Absorptionswahrscheinlichkeit ist durch den Absorptionsquerschnitt $\sigma(E)$ gegeben. Er hat eine der Emissionswahrscheinlichkeit entsprechende Energieabhängigkeit, die in Abb. 3.67b gezeigt wird. Bringt man also ^{57}Fe-Kerne als Absorber in den Weg des 14,4 keV Gammastrahls einer ^{57}Co-Quelle, so erwartet man wegen der Resonanzabsorption eine Schwächung der Gammastrahlungsintensität. Auf die Resonanzabsorption folgt der Zerfall des angeregten ^{57}Fe-Kerns in den Grundzustand. Dabei kann ein neuer 14,4 keV Gammastrahl entstehen. Dies ist in Abb. 3.66c erläutert. Man bezeichnet diesen Vorgang als *Resonanzfluoreszenz*. Die Wahrscheinlichkeit, daß die Reemission der Strahlung exakt in die Richtung des ursprünglichen Strahles erfolgt, ist beliebig klein. Bei entsprechender Kollimation wird die re-emittierte Strahlung nicht nachgewiesen, und der Resonanz-Absorptionseffekt kann direkt beobachtet werden. Zusätzlich ist noch zu beachten, daß statt eines 14,4 keV Gammaquants auch ein Konversionselektron ausgesandt werden kann. Dieser Vorgang ist in der Tat etwa zehnmal wahrscheinlicher. Die üblicherweise benutzte Anordnung zur Messung der Resonanzabsorption ist in Abb. 3.70a zu sehen.

In den bisherigen Überlegungen wurde nur auf die Energieerhaltung geachtet. Das Gammaquant besitzt aber auch den Impuls $p_\gamma = E_\gamma/c$. Die Impulserhaltung fordert dann, daß bei der Aussendung des Gammaquants der Impuls $p_K = -p_\gamma$ auf den Kern übertragen werden muß. Um die Folgen dieses Rückstoßimpulses, der aus der Mechanik wohlbekannt ist, zu verstehen, sollen zunächst zwei Extremfälle für das Kernverhalten diskutiert werden:

1. Der Kern sei völlig ungebunden. Dann erzeugt der Rückstoßimpuls eine Translationsbewegung des Kernes mit der kinetischen Energie $E_R = p_\gamma^2/2M_K$. Hier ist M_K die Kernmasse. Diese Rückstoßenergie fehlt nach der Energieerhaltung dem ausgesandten Gammaquant, also:

$$E_\gamma = E_0 - E_R. \tag{3.122}$$

Die Emissionsverteilung $N(E)$ ändert sich in ihrer Form nicht, sie hat nun aber ihr Maximum bei $E_0 - E_R$. Entsprechende Überlegungen gelten für den Absorptionsprozeß, so daß das Maximum von $\sigma(E)$ nicht mehr bei E_0, sondern bei $E_0 + E_R$ liegt. Durch den Rückstoß ist also die Emissionsverteilung gegenüber der Absorptionsverteilung um $2E_R$ verschoben. Man findet

$$|E_R| = \frac{p_\gamma^2}{2M_K} = \frac{E_\gamma^2}{2M_K c^2} \approx \frac{E_0^2}{2M_K c^2} \tag{3.123}$$

da $E_R \ll E_\gamma$ ist. Für ^{57}Fe ergibt sich $E_R \approx 2 \cdot 10^{-3}$ eV, und man erkennt, daß $E_R \gg \Gamma$ ist. Die Verteilungen $N(E)$ und $\sigma(E)$ überlappen sich nicht mehr, wie dies in Abb. 3.68a dargestellt ist. Resonanzabsorption kann daher nicht auftreten.

2. Sowohl der emittierende als auch der absorbierende Kern seien starr an eine große Masse $M \gg M_K$ gebunden. Der Rückstoßimpuls wird in diesem Falle auf die gesamte Masse M übertragen. Man muß daher in Gl. (3.123) die Kernmasse M_K durch die Gesamtmasse M ersetzen. Damit wird $E_R \approx 0$. Man hat dann den ursprünglich diskutierten Fall, in dem $N(E)$ und $\sigma(E)$ um E_0 verteilt sind (Abb. 3.67). Beide überlappen sich voll, und Resonanzabsorption ist möglich.

In der Natur ist keine dieser extremen Situationen ideal verwirklicht. Praktisch ungebundene Kerne finden sich in einatomigen Gasen. Jedoch besitzen die Gasatome zusätzlich die thermische Bewegung. Diese führt zu einer Dopplerverbreiterung der Emissions- und Absorptionslinien, die jedoch den Rückstoß-

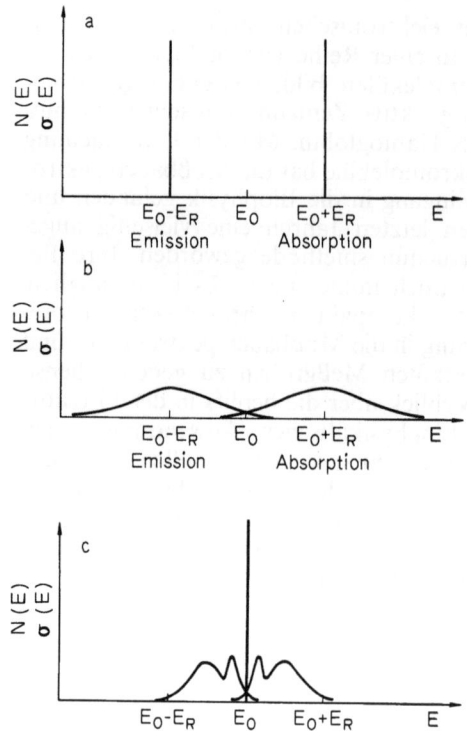

Abb. 3.68a–c. Emissions- und Absorptionslinie unter Berücksichtigung des Impulserhaltungssatzes. (a) Freie Atome ohne thermische Bewegung. (b) Freie Atome mit thermischer Bewegung (1-atomiges Gas). (c) Der emittierende bzw. absorbierende Kern ist durch seine Elektronenhülle an ein Kristallgitter gebunden. Man beachtete, daß der Energiemaßstab gegenüber Abb. 3.67 geändert ist. Die Linien bei $E_0 - E_R$ und $E_0 + E_R$ in (a) und bei E_0 in (c) besitzen eine Energieverteilung gemäß Abb. 3.67. Beim ^{57}Fe ist jedoch $\Gamma = 4,7 \cdot 10^{-9}$ eV und $|E_R| = 1,96 \cdot 10^{-3}$ eV. Die Gesamtflächen unter den Kurven wären bei maßstäblicher Zeichnung in (a), (b) und (c) gleich, falls man gleich viele emittierende bzw. absorbierende Kerne betrachtet

energieverlust nicht voll kompensieren kann. Dies ist in Abb. 3.68b dargestellt. Man erkennt, daß nur sehr schwache Resonanzabsorption auftreten kann. Gebundene Kerne finden sich in Festkörpern. Sie sind dort jedoch nicht starr, sondern elastisch gebunden und führen Gitterschwingungen aus, die quantisiert sind und als Phononen bezeichnet werden. Zur Berechnung des Emissions- bzw. Absorptionsspektrums von Gammastrahlung, das von Kernen in Festkörpern ausgesandt wird, muß das Verhalten des Kerns bezüglich der Kristallschwingungen vor und nach der Emission bzw. Absorption betrachtet werden. Auf die entsprechenden Berechnungen kann in diesem Rahmen nicht eingegangen werden. In Abb. 3.68c wird lediglich das Ergebnis gezeigt. Man erkennt, daß das Emissions- bzw. Absorptionsverhalten der Kerne in einem Festkörper nicht einheitlich ist. Die Spektren in Abb. 3.68c zeigen eine scharfe Verteilung um E_0, wie sie der starren Bindung entspricht (Abb. 3.68a), zusätzlich zu einer breiten Verteilung, die an das dopplerverbreiterte Spektrum mit thermischer Bewegung (Abb. 3.68b) erinnert. Letzteres besitzt jedoch in Folge der Quantisierung der Gitterschwingungen eine gewisse Struktur,

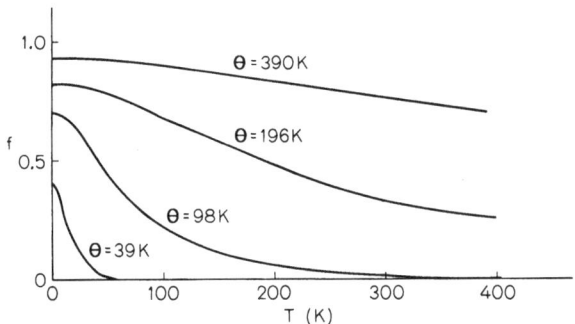

Abb. 3.69. f-Faktor von ^{57}Fe als Funktion der Temperatur T und der Debyetemperatur θ. $\theta = 390\,°K$ beschreibt in etwa die Bindung des Fe-Atoms in metallischem Eisen

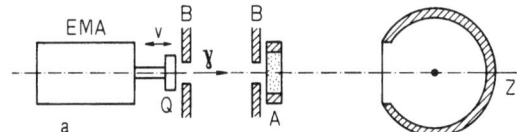
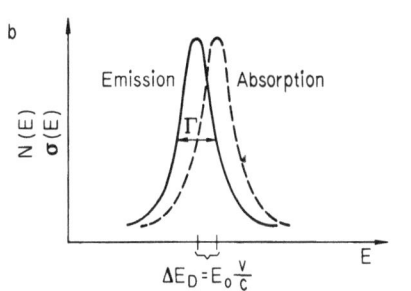
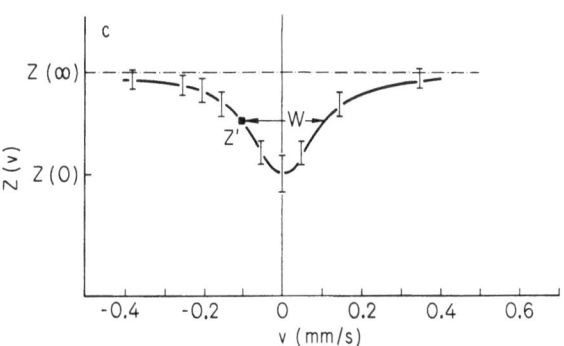

die in Abb. 3.68c deutlich erkennbar ist. Der scharfe Anteil der Verteilungen ist voll resonanzfähig, da er sich im Emissions- und Absorptionsspektrum voll überlappt. Nur er allein soll deshalb im weiteren betrachtet werden. Die breite Verteilung stellt einen unerwünschten, aber leider unvermeidbaren, nichtresonanten Untergrund dar. Die Verwendung von scharfen Emissions- bzw. Absorptionslinien, erzeugt durch in Festkörpern gebundene Kerne zur Resonanzabsorption, bezeichnet man als *Mößbauereffekt*. Wie aus Abb. 3.68c ersichtlich ist, ist nur ein Bruchteil aller emittierten bzw. absorbierten Strahlung zur Mößbauer-Resonanz fähig. Diesen Anteil bezeichnet man als f. Man muß also in Abb. 3.67 die Größe N_0 durch $f_Q N_0$ und σ_0 durch $f_A \sigma_0$ ersetzen. Die Indizes von f deuten auf Quelle und Absorber hin. In einfacher Näherung erhält man für den *f-Faktor*, der gleich dem Verhältnis der Fläche unter der scharfen Linie zur Gesamtfläche des Spektrums ist

$$f = \exp\left\{-\frac{3}{2}\frac{E_R}{k_B \Theta}\left(1 + \left(\frac{T}{\Theta}\right)^2 \int_0^{\Theta/T} \frac{x\,dx}{e^x - 1}\right)\right\} \quad (3.124\text{a})$$

und für $T \ll \Theta$

$$f(T \ll \Theta) = \exp\left\{-\frac{3}{2}\frac{E_R}{k_B \Theta}\left[1 + \frac{2\pi^2}{3}\left(\frac{T}{\Theta}\right)^2\right]\right\}. \quad (3.124\text{b})$$

Hier ist k_B die Boltzmannkonstante und T die Probentemperatur; E_R ist die Rückstoßenergie für das freie Atom und wird durch Gl. (3.123) gegeben; Θ ist die sog. Debye-Temperatur. Sie ist eine charakteristische Größe, die das Schwingungsspektrum eines Festkörpers beschreibt und kann roh als Maß für die Stärke der Bindung der Atome im Kristall angesehen werden. Um einen großen f-Faktor zu erhalten, muß Θ groß, T klein, M groß und E_0 klein sein. Für ^{57}Fe mit $E_0 = 14{,}4$ keV zeigt Abb. 3.69 den f-Faktor als Funktion von T und Θ. Man erkennt, daß stets $f < 1$ ist, auch für $T \to 0$. Für praktische Meßzwecke ist $f \gtrsim 0{,}1$ anzustreben. Ist Θ klein, so werden tiefe Temperaturen benötigt. Wegen seiner Ähnlichkeit mit der entsprechenden Größe in der Röntgenphysik wird der f-Fak-

Abb. 3.70. (a) Schema eines Mössbauerspektrometers. Die Strahlungsquelle Q wird von einem elektromechanischen Antriebssystem EMA mit der Geschwindigkeit v bewegt. Die vom Resonanz-Absorber A durchgelassene γ-Strahlung wird im Zählrohr Z nachgewiesen. Im Strahlengang befinden sich die Bleiblenden B zur Kollimation. (b) Überlappung des scharfen Anteils des Emissions- und Absorptionsspektrums bei einer bestimmten Dopplergeschwindigkeit v. (c) Mößbauerspektrum. Die in (b) gezeichnete Situation liefert den Meßpunkt Z'. Die ausgezogene Kurve ist die theoretisch erwartete Form des Spektrums, die an die Meßwerte angepaßt ist

tor auch vielfach (aber nicht ganz korrekt) als *Debye-Waller-Faktor* bezeichnet.

Neben ^{57}Fe gibt es noch etwa 40 weitere Elemente die ein oder mehrere Nuklide mit resonanzfähigen Gammastrahlen besitzen (sog. Mößbauerisotope). Von biologischer Bedeutung ist davon vor allem das Jod. Für weitere Einzelheiten wird auf entsprechende Lehrbücher, auf einen jährlich erscheinenden Daten-Index, der alle einschlägigen Daten und Veröffentlichungen zusammenfaßt, sowie auf einschlägige Konferenzberichte verwiesen.

3.2.7.3. Meßverfahren

Das einfachste Verfahren, die Stärke der Resonanzabsorption zu messen, besteht darin, in einer üblichen Transmissionsgeometrie, wie sie Abb. 3.70a zeigt, die Resonanz nach Belieben ein- und auszuschalten. Die Resonanz ist ausgeschaltet, wenn man die Energie der

Emissionsverteilung um einen Betrag $\Delta E \gg \Gamma$ gegenüber der Absorptionslinie verschiebt. Eine Überlappung der beiden spektralen Verteilungen kann dann nicht mehr auftreten. Zu diesem Zweck bewegt man die Quelle Q relativ zum Absorber A mit der Geschwindigkeit v und erzielt durch den linearen Dopplereffekt eine Verschiebung $\Delta E_D = E_0 \cdot v/c$ des Maximums der Emissionslinie. Die Form der spektralen Verteilung wird dabei aber nicht geändert. Durch Variation der Geschwindigkeit v kann man den Überlappungsgrad der Emissions- und Absorptionsverteilung und somit die Stärke der Resonanzabsorption beliebig einstellen (Abb. 3.70c). Für ^{57}Fe ergibt sich der Wert $v_\Gamma = \Gamma \cdot c/E_0 \approx 0,1$ mm/s, es sind also nur Dopplergeschwindigkeiten von weniger als 1 cm/s erforderlich. Die gemessene Abhängigkeit der vom Zählrohr nachgewiesenen Gammastrahlungsintensität $Z(v)$ als Funktion der Dopplergeschwindigkeit v bezeichnet man als Mößbauerspektrum. Die theoretische Rechnung ergibt, daß $Z(v)$ in guter Näherung wieder eine Lorentzkurve mit der Halbwertsbreite $W \approx 2\Gamma$ ist. Man wird also eine solche Kurve an die einzelnen Meßwerte anpassen, wie dies in Abb. 3.70c gezeigt ist.

Das Meßverfahren der Mößbauerspektroskopie ist eine kernphysikalische Zählmessung und unterliegt statistischen Schwankungen. Der Fehler ΔZ des einzelnen Meßpunktes nach der Zähldauer t ist $\Delta Z = \sqrt{R \cdot t}$, wobei R die Zahl der Zählimpulse pro Zeiteinheit (Zählrate) ist. Er ist in Abb. 3.70c als Fehlerbalken eingezeichnet. Der relative statistische Fehler $\Delta Z(v)/Z(v)$ muß stets klein gegenüber der maximalen Resonanzabsorption $(Z(\infty) - Z(0))/Z(\infty)$ sein. Hier bedeutet $Z(v)$ die gezählten Gammaquanten bei einer Geschwindigkeit v. $Z(0)$ und $Z(\infty)$ beziehen sich auf $v=0$ und auf $v \gg W$. Da die Zählrate durch experimentelle Bedingungen wie Quellstärke oder Kollimation festgelegt ist, ist für jeden Meßpunkt eine gewisse Zählzeit t nötig, um die erforderliche Genauigkeit zu erreichen. Ein Mößbauerspektrum kann also nicht momentan aufgenommen werden. In der Praxis sind Meßzeiten zwischen Stunden und Tagen üblich. Dieser Zeitfaktor ist vielleicht der Hauptnachteil der Mößbauerspektroskopie.

In modernen Spektrometern wird die Zählrate bei den einzelnen Geschwindigkeiten nur während einer kurzen Zeitspanne gemessen, diese Messung aber laufend wiederholt. In einem Speicher, z.B. einem Kleincomputer, werden die Zählraten dann als Funktion von v sortiert und aufsummiert. Die Dopplergeschwindigkeiten v werden durch einen elektromechanischen Antrieb, der nach dem Lautsprecher-Prinzip arbeitet, erzeugt. Der Antrieb wird oftmals direkt vom Kleincomputer gesteuert, und die Aufnahme des Spektrums erfolgt somit vollautomatisch.

Wie später gezeigt werden wird, ist das Mößbauerspektrum in vielen praktischen Fällen eine Überlagerung mehrerer Lorentzfunktionen (siehe etwa Abb. 3.73). In der Praxis paßt man eine auf Grund theoretischer Überlegungen roh vorgegebene Absorptionskurve $Z(v)$ an die gemessenen Datenpunkte mit Hilfe eines großen Digitalrechners durch Variation der entsprechenden Parameter (wie etwa Linienzahl, Linienbreite, Linienabstand etc.) optimal an. Dazu benutzt man die Methode der kleinsten Fehlerquadrate. Eine solche Datenverarbeitung ist in der modernen Mößbauerspektroskopie unerläßlich, aber leider oft sehr aufwendig.

Abschließend seien noch ein paar Worte zur Probenpräparation gesagt. Es ist üblich, eine biologische Substanz als Resonanzabsorber in einem Mößbauerspektrometer zu verwenden. Die Präparation von Absorbern aus biologischen Materialien bereitet eine Reihe von Schwierigkeiten. Die Substanzen sind in vielen Fällen sauerstoffempfindlich und bei Zimmertemperatur nur kurzzeitig lagerbar. Das Eisen in Kristallen aus Biomolekülen besitzt meist einen sehr geringen f-Faktor bei Zimmertemperatur ($f < 0,05$), und Kühlung ist daher unvermeidlich. Bei Messungen an Einkristallen sind spezielle Techniken nötig, um eine Zerstörung der Probe durch die Volumenausdehnung des gefrorenen Kristallwassers zu verhindern. In der Mehrzahl der Fälle liegen Biomoleküle in wäßriger Lösung vor. Auch in Flüssigkeiten ist eine gewisse Bindungsstruktur vorhanden. Die Moleküle bewegen sich aber durch Diffusion so rasch, daß eine enorme Dopplerverbreiterung der Absorptionslinie auftritt, die die Beobachtung des Mößbauereffektes im allgemeinen unmöglich macht. Man friert daher die Lösungen ein und mißt bei tiefen Temperaturen, um eine deutliche Mößbauerabsorption zu beobachten. Hierbei ist Vorsicht und Erfahrung angebracht, damit die biologische Funktion des Moleküls nicht irreversibel zerstört wird (Denaturierung).

Ein typisches Biomolekül wie Hämoglobin hat ein Molekulargewicht von 64000 und besitzt nur 4 Eisenatome. Von diesen sind wiederum nur 2% resonanzfähig (Isotop ^{57}Fe). Dies macht die Beobachtung des Mössbauereffektes selbst bei tiefen Temperaturen schwierig. Man versucht deshalb, alle Eisenatome durch das Isotop ^{57}Fe zu ersetzen. Dies geschieht z.B. im Falle des Hämoglobins dadurch, daß die Hämingruppe aus dem Molekül mittels chemischer Verfahren ausgebaut wird. Dann wird durch chemische Reaktion das Fe durch hochangereichertes ^{57}Fe ersetzt, und die Hämingruppe wieder an die Proteinketten angelagert. Diese Reaktionen müssen mit äußerster Sorgfalt durchgeführt werden, um eine „Denaturierung" der Proben zu vermeiden. Bei Enzymen, die aus Bakterien gewonnen werden, erzielt man die Anreicherung durch Aufzucht in ^{57}Fe-haltigen Nährmedien. Auch bei höheren Tieren (selbst bei Ratten) ist mit Erfolg versucht worden, ^{57}Fe-haltige Präparate zu verfüttern, um die Anreicherung zu erreichen. Die Effektivität ist jedoch gering, speziell im Hinblick auf den hohen Preis des nahezu isotopenreinen ^{57}Fe (ca. DM 8000/g).

Die zu untersuchenden biologischen Proben werden üblicherweise in dünne Plastikhalter eingebaut und in einem Kryostaten vermessen. Viele Untersuchungen werden in äußeren magnetischen Feldern vorgenommen. Hier haben sich supraleitende Spulen sehr bewährt, die Felder bis etwa 10 T erzeugen.

3.2.7.4. Der Mößbauereffekt als Hilfsmittel bei der Strukturbestimmung von Proteinen

Der Mößbauereffekt kann auf zwei verschiedene Weisen zum Studium des Aufbaues von Proteinen benutzt werden. In den Kapiteln 3.2.7.5 und 3.2.7.6 werden Beispiele gegeben, wie man mit Hilfe der Mößbauerspektroskopie die lokale Symmetrie und die elektronische Struktur des aktiven eisenhaltigen Zentrums von Biomolekülen untersuchen kann. In diesem Kapitel soll dagegen eine Anwendung des Mößbauereffektes in Verbindung mit der Röntgenstrukturanalyse beschrieben werden, die sich noch im Entwicklungsstadium befindet, in Zukunft jedoch von einiger Bedeutung für die Biophysik sein könnte.

Führt man an einem Einkristall des zu untersuchenden Proteins Röntgenstreumessungen durch, so erhält man Reflexe in den durch das Braggsche Gesetz bestimmten Richtungen. Die Intensitäten dieser Reflexe hängen vom räumlichen Aufbau der Einheitszelle des Kristalles ab. Da die Einheitszelle mindestens ein, in der Regel jedoch mehrere Moleküle enthält, ist die Intensität der Bragg-Reflexe eng mit dem räumlichen Aufbau der Moleküle verknüpft. Leider genügt jedoch bei großen Molekülen die Kenntnis der Intensitäten einer hinreichend großen Anzahl von Bragg-Reflexen allein nicht, um daraus die räumliche Position der einzelnen Atome in der Einheitszelle zu bestimmen. Es ist vielmehr nötig, zusätzlich die komplexen Streuamplituden, d.h. den Betrag und die relativen Phasen der Reflexe, zu bestimmen. Dies ist das wohlbekannte Phasenproblem der Röntgenstrukturanalyse. Perutz und Kendrew fanden dafür eine Lösung durch die Methode des multiplen isomorphen Ersatzes. Dabei werden Schweratome als „Referenzstreuer" zusätzlich in die Einheitszelle eingebaut. Details über dieses Verfahren findet man an anderer Stelle dieses Buches (s. Kap. 3.2.1).

Als Referenzstreuer eignen sich aber auch ^{57}Fe-Kerne, falls man die bei der Mößbauer-Resonanzfluoreszenz ausgesandte Strahlung (Abb. 3.66c) nachweist. Die Mößbauer-Kernresonanzstreuung ist ein elastischer, kohärenter Prozeß. Wegen des Resonanzverhaltens besteht bei der Dopplergeschwindigkeit $v=0$, d.h. am Resonanzmaximum, eine Phasenverschiebung von $\pi/2$ zwischen einfallendem und gestreutem Gammastrahl. Unterhalb der Resonanz (v leicht negativ) geht die Phasendifferenz gegen 0, oberhalb (v leicht positiv) gegen π.

Man führt nun mit der 14,4 keV Gammastrahlung ein Streuexperiment an einem eisenhaltigen Protein-Einkristall durch. Die Wellenlänge der 14,4 keV Gammastrahlung ($\lambda = 0,086$ nm) liegt im Bereich der üblicherweise zur Strukturanalyse verwendeten Röntgenstrahlung. Sie wird zunächst wie diese von allen Atomelektronen gestreut. Dies führt zur Ausbildung der Bragg-Reflexe. Diese Streuung an den Atomelektronen (Rayleigh-Streuung) ist ebenfalls elastisch und kohärent, aber nicht resonant. Damit ist die Phasendifferenz zur einfallenden Welle stets gleich π, unabhängig von der Dopplergeschwindigkeit zwischen

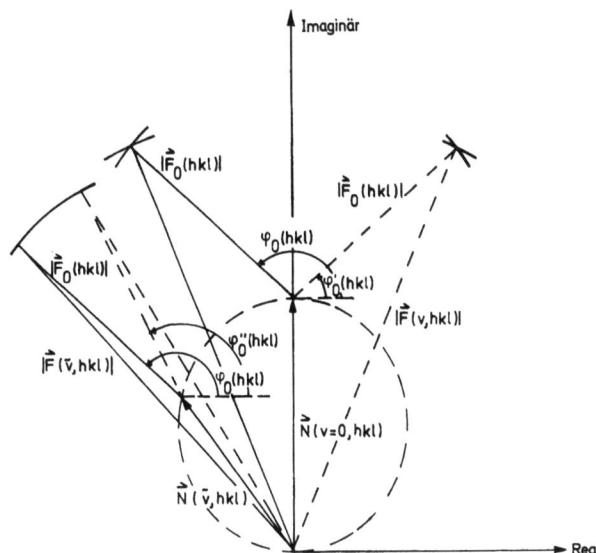

Abb. 3.71. Prinzip der Phasenbestimmung für einen Braggreflex mit den Millerindices hkl; $\varphi_0(hkl)$ ist die Phase der Streuamplitude $F_0(hkl)$; sie tritt in beiden Dreieckskonstruktionen auf. Die alternative Phase $\varphi_0'(hkl)$ tritt in der zweiten Dreieckskonstruktion nicht auf ($\varphi_0'(hkl) \neq \varphi_0''(hkl) \neq \varphi_0(hkl)$) und kann daher ausgeschlossen werden. Der Einfachheit halber enthält im gezeigten Beispiel die Einheitszelle nur ein ^{57}Fe-Atom. Enthält sie mehrere ^{57}Fe-Atome, so entsteht $N(v, hkl)$ als Vektorsumme der Kernstreuamplitude $n(v, hkl)$ der einzelnen ^{57}Fe-Kerne. $N(v=0, hkl)$ zeigt dann in der Regel nicht mehr in Richtung der imaginären Achse

Quelle und Streuer. Zusätzlich findet aber an den ^{57}Fe-Kernen noch die Mössbauer-Kernresonanzstreuung statt. Diese erleidet, wie schon erwähnt, eine Phasenverschiebung. Aus der Überlagerung der nichtresonanten elektronischen Streuamplitude $F_0(hkl)$ und der resonanten Kernstreuamplitude $N(v, hkl)$ läßt sich die Phase der elektronischen Streuamplitude für jeden beliebigen Bragg-Reflex bestimmen. Das Prinzip der Phasenbestimmung für einen Reflex mit den Millerindizes hkl zeigt Abb. 3.71. Bei großem v ist die Kernresonanzstreuung zerstört, $N(\infty, hkl) = 0$ und die Intensität des Reflexes ist proportional

$$|F_0(hkl)|^2 = |F_0(hkl)| e^{i\varphi_0(hkl)} |F_0(hkl)| e^{-i\varphi_0(hkl)}. \quad (3.125)$$

Bei kleinen Dopplergeschwindigkeiten überlagert sich die Kernstreuung:

$$|F(v, hkl)|^2 = |N(v, hkl) + F_0(hkl)|^2. \quad (3.126)$$

Betrag und Richtung der Kernstreuamplitude in der komplexen Ebene hängen im einfachsten Fall (nur ein ^{57}Fe in der Einheitszelle) allein von der Relativgeschwindigkeit v der γ-Quelle zum Kristall ab und können als Funktion von v berechnet werden. Experimentell läßt sich somit aus einer Intensitätsmessung bei der Dopplergeschwindigkeit v der Wert $|F(v, hkl)|$ und aus einer Intensitätsmessung bei $v = \infty$ der Wert $F_0(hkl)|$ bestimmen. Die Dreieckskonstruktion in Abb. 3.71 zeigt, daß bei einer solchen Messung zwei verschiedene Lagen der Streuamplitude $F_0(hkl)$ in der

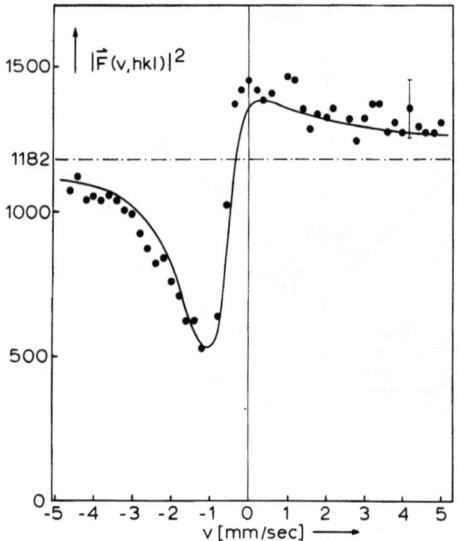

Abb. 3.72. Phasenbestimmung am (020)-Reflex von $K_3Fe(CN)_6$. Jeder Meßpunkt liefert einen Wert $|F(v,020)|^2$ (hier in relativen Einheiten) und ermöglicht damit eine Dreieckskonstruktion, wie sie Abb. 3.71 zeigt. Die Phase $\varphi_0(020)$ ist durch die 45 möglichen Dreieckskonstruktionen sehr stark überbestimmt. In der Praxis erfolgt die Auswertung mit Hilfe eines Computers. $\varphi_0(020)$ wurde nach der Methode der kleinsten Quadrate angepaßt

komplexen Ebene möglich sind [Phase $\varphi_0(hkl)$ bzw. $\varphi'_0(hkl)$]. Man muß daher noch bei einer dritten Geschwindigkeit $\tilde{v}$, bei der die Kernstreuung noch nicht zerstört ist, messen, um die Phase $\varphi_0(hkl)$ eindeutig bestimmen zu können.

Das beschriebene Verfahren hat den Vorteil, daß große Referenzstreuamplituden auftreten und daß eisenhaltige Biomoleküle chemisch nicht modifiziert zu werden brauchen. Bei nicht Fe-haltigen Proteinen ist eine einmalige Anlagerung einer Fe-Verbindung nötig. Die experimentellen Schwierigkeiten, insbesonders bezüglich der Intensität der gestreuten Gammastrahlung, sind gegenwärtig noch so groß, daß bisher nur Messungen an Testsubstanzen durchgeführt wurden, jedoch werden in der Zukunft biologische Anwendungen möglich sein. In Abb. 3.72 wird die Phasenbestimmung des (020)-Reflexes in $K_3Fe(CN)_6$ als Testsubstanz gezeigt, um dem Leser das Prinzip der erforderlichen Messungen vor Augen zu führen.

3.2.7.5. Mößbauerspektroskopie und Hyperfeinwechselwirkung

Als nächstes soll die Bestimmung der elektronischen Struktur und der lokalen Symmetrie des aktiven, eisenhaltigen Zentrums eines Biomoleküls mittels der Mößbauerspektroskopie behandelt werden. Die Gesamtenergie E_G eines Atomes kann in folgende Terme aufgeteilt werden

$$E_G = E_K + E_E + E_{HF} . \qquad (3.127)$$

Dabei ist E_K die Energie des Atomkernes, E_E die der Elektronenhülle und E_{HF} die Wechselwirkungsenergie zwischen Elektronenhülle und Kern. Diese Wechselwirkung ist elektromagnetischer Natur und wird als Hyperfeinwechselwirkung bezeichnet. Sie wurde zuerst in der optischen Spektroskopie der Atome untersucht. E_{HF} ist stets klein gegen E_K und E_E und kann theoretisch als Störung dieser Energien behandelt werden. Das hohe Auflösungsvermögen der Mössbauerresonanz erlaubt es, die Änderung von E_K durch E_{HF} direkt nachzuweisen. Die daraus gewonnene Kenntnis der Hyperfeinwechselwirkung gibt Aufschluß über die Struktur der den Kern umgebenden Elektronen. Die Aufklärung der Elektronenstruktur ist das Ziel dieser Forschung. Aus ihr lassen sich Rückschlüsse auf die chemisch-biologische Funktion des aktiven Zentrums im Biomolekül ziehen. Die Mößbauermessung wird also am Kern vorgenommen, aber im Hinblick auf die das Atom bzw. das Molekül umgebenden Elektronen interpretiert.

Die elektromagnetische Wechselwirkung zwischen Kern und Elektronen entwickelt man üblicherweise nach Multipolen und betrachtet dann getrennt die Terme verschiedener Ordnung. Als Term *nullter Ordnung* hat man die elektrostatische Wechselwirkung der ausgedehnten elektrischen Ladung des Kernes mit der ihn durchdringenden Ladungsdichte der Elektronen. Sie führt zur sog. *Isomerieverschiebung*. Als Term *erster Ordnung* tritt die magnetische Koppelung zwischen dem magnetischen Kerndipolmoment und dem von den Elektronen am Ort des Kerns erzeugten Magnetfeld auf. Dies ist die Ursache der *magnetischen Hyperfeinaufspaltung*. Der Term *zweiter Ordnung* beschreibt die Wechselwirkung zwischen dem Kernquadrupolmoment und dem Gradienten des von Elektronen erzeugten elektrischen Feldes am Kernort, die sog. *Quadrupolaufspaltung*. Ein magnetisches Monopol- und Quadrupolmoment besitzt der Kern ebensowenig wie ein elektrisches Dipolmoment. Alle höheren Terme seien vernachlässigt. Daher sind nur die aufgeführten Beiträge zu betrachten. Diese einzelnen Wechselwirkungen sollen nun am Beispiel des ^{57}Fe kurz erläutert werden.

a) Isomerieverschiebung

Während man in der elementaren Atomphysik den Kern einfach als punktförmige Ladung betrachtet, erfordert eine genaue Beschreibung des Atoms die Berücksichtigung der endlichen Ausdehnung des Kernes. Man faßt ihn in erster Näherung als Kugel mit dem Radius R auf. Dieser Radius ist für die verschiedenen Energiezustände des Kernes etwas unterschiedlich. Dem Grundzustand E_g sei R_g, dem 14,4 keV Zustand der Radius R_a zugeordnet. Die s-Elektronen haben bekanntlich eine endliche Aufenthaltswahrscheinlichkeit innerhalb des Kernes. Die sich dadurch ergebende elektrostatische Wechselwirkung zwischen Kern und Elektronenladung führt zu einer Modifikation der Kernenergie E_a und E_g. Man bezeichnet die Dichte der Elektronen am Kernmittelpunkt mit $\varrho(0)$. Die genaue Rechnung zeigt, daß im Falle verschiedener Elektronendichten $\varrho(0)$ in Quelle(Q)- und Absorber(A)-Kernen die Gammastrahlungsenergie $E_\gamma = E_a - E_g$ unterschiedlich ist. Diese Energiedifferenz ergibt sich als:

$$\Delta E_{IS} = (E_\gamma)_Q - (E_\gamma)_A = (E_a - E_g)_Q - (E_a - E_g)_A$$
$$= \text{const.} \frac{R_a - R_g}{R_g} (\varrho_Q(0) - \varrho_A(0)). \quad (3.128)$$

Als Ergebnis fällt nunmehr das Emissions- und Absorptionsspektrum nicht, wie in Abb. 3.67 dargestellt, energetisch zusammen, sondern diese beiden Verteilungen sind um ΔE_{IS} gegeneinander verschoben. Es muß folglich die Dopplergeschwindigkeit $S = \Delta E_{IS} \cdot c/E_\gamma$ aufgebracht werden, um die volle Resonanz wiederherzustellen. In anderen Worten, das Resonanzmaximum liegt nicht bei $v=0$, sondern bei $v=S$. Dies bezeichnet man als die Isomerieverschiebung. Gleichung (3.128) kann man auch schreiben als

$$S = \text{const.} \frac{\Delta R}{R} \Delta \varrho(0) = \alpha \Delta \varrho(0), \quad (3.129)$$

wobei α alle Konstanten und Kernparameter enthält. Ist α bekannt, so erlaubt eine Messung von S die Bestimmung von $\Delta \varrho(0)$. Leider ist die Bestimmung dieses Parameters wegen der in ihr enthaltenen Größen R_a und R_g kein triviales Problem, und die gegenwärtig für ^{57}Fe in der Literatur verwendeten Daten unterscheiden sich vielfach beträchtlich. Als Mittelwert kann $\alpha = -0{,}23 \pm 0{,}02 \; [a_0^3 \, \text{mm} \cdot \text{s}^{-1}]$ gelten. Die Elektronendichte $\varrho(0)$ wird üblicherweise in Einheiten von a_0^{-3} angegeben, wobei a_0 der Bohrsche Radius ist.

Den zum Auftreten einer Isomerieverschiebung nötigen Unterschied der Elektronendichte am Kernort $\varrho(0)$ erhält man, wenn die chemische Wertigkeit des Fe-Atoms in Quelle und Absorber unterschiedlich ist (z.B. Fe^{++} und Fe^{+++}-Ionen). Obwohl die Valenzelektronen hier d-Elektronen sind, die selbst keine Dichte am Kernort besitzen, tritt eine Änderung von $\varrho(0)$ auf. Man muß sich dazu klarmachen, daß das gesamte Atom eine selbstkonsistente Ladungsverteilung darstellt. Eine Wegnahme von d-Elektronen beeinflußt die Abschirmung des Kernpotentials, das die äußeren s-Elektronen sehen und ändert damit deren Bahn und so indirekt $\varrho(0)$. Derartige Abschirmeffekte auf die s-Elektronen können gut durch selbstkonsistente Hartree-Fock-(bzw. Dirac-Fock-)Rechnungen wiedergegeben werden. Mit Hilfe dieser Rechenverfahren ist eine halbquantitative Analyse der Elektronendichteänderungen möglich. Man bezieht die Isomerieverschiebungen des Absorbers auf eine willkürlich gewählte Standardquelle (^{57}Fe in Eisenmetall) und kann dann direkt die Ladungsdichten der Elektronen am Kernort für die verschiedenen Absorbermaterialien zueinander in Beziehung setzen. Durch eine Messung der Isomerieverschiebung läßt sich also bestimmen, in welcher chemischen Bindungsform das Eisen vorliegt, etwa ob es das Fe^{2+}- oder Fe^{3+}-Ion bildet, ob es eine "high-spin" oder "low-spin" Konfiguration besitzt, ob es stark ionisch oder mehr kovalent gebunden ist und ähnliches mehr. In Makromolekülen ist dies oft der einzige Weg, zu einer derartigen Aussage zu gelangen, ohne eine Störung der Bindungsverhältnisse durch das Meßverfahren selbst hervorzurufen.

b) Elektrische Quadrupolaufspaltung

Als nächstes soll dieser Term diskutiert werden, da er ebenfalls eine rein elektrische Wechselwirkung beschreibt. Ist die Ladungsverteilung der Elektronen um den Kern nicht kugelsymmetrisch, und besitzt auch der Kern eine nicht kugelförmige Ladungsverteilung (letzteres stellt eine Erweiterung des bei der Isomerieverschiebung benutzten Kernmodells dar!), so existiert eine Wechselwirkung, die man durch den Hamiltonoperator $\hat{H}_Q$ beschreibt, der die folgende Form hat:

$$\hat{H}_Q = \frac{eqQ}{4I(2I-1)} \left[3\hat{I}_z^2 - I(I+1) + \frac{\eta}{2}(\hat{I}_+^2 + \hat{I}_-^2) \right]. \quad (3.130)$$

Dabei ist Q das (spektroskopische) Kernquadrupolmoment und I die Kernspin-Quantenzahl. Die Größen $\hat{I}_z^2$, $\hat{I}_+^2$ und $\hat{I}_-^2$ sind Operatoren, die auf den Kernspin wirken (Drehimpulsoperatoren). Man bezeichnet üblicherweise

$$q = \frac{V_{zz}}{e} = \frac{\partial^2 V}{\partial z^2} \quad (3.131)$$

als den elektrischen Feldgradienten am Kernort. V ist dabei das Potential der Elektronen am Kernort, und x, y, z spannen ein kartesisches Koordinatensystem mit dem Kernmittelpunkt als Ursprung auf. Außerdem definiert man

$$\eta = \frac{V_{xx} - V_{yy}}{V_{zz}} \quad (3.132)$$

als Asymmetrieparameter, da er die Abweichung der Ladungsverteilung von einem Rotationsellipsoid angibt ($V_{xx} = \partial^2 V/\partial x^2$; $V_{yy} = \partial^2 V/\partial y^2$).

Für beide Kernzustände E_a (mit Kernspin I_a) und E_g (mit Kernspin I_g) müssen die Energieeigenwerte E_Q von H_Q gefunden und diese dann als Störung von E_a und E_g betrachtet werden. Es soll gleich der Spezialfall des Kernes ^{57}Fe diskutiert werden. Man kann zeigen, daß für $I < 1$ stets $E_Q = 0$ gilt. Also bleibt wegen $I_g = \frac{1}{2}$ der Grundzustand von ^{57}Fe unbeeinflußt. Für den 14,4 keV-Zustand findet man $I_a = \frac{3}{2}$, und die Rechnung ergibt:

$$E_Q(\tfrac{3}{2}) = \pm \tfrac{1}{4} e^2 q Q (1 + \tfrac{1}{3}\eta^2)^{\frac{1}{2}}. \quad (3.133)$$

Das Kernquadrupolmoment ist zu $Q_{\frac{3}{2}} \approx 0{,}2 \cdot 10^{-24}\,\text{cm}^2$ bestimmt worden. Gleichung (3.133) liefert also zwei

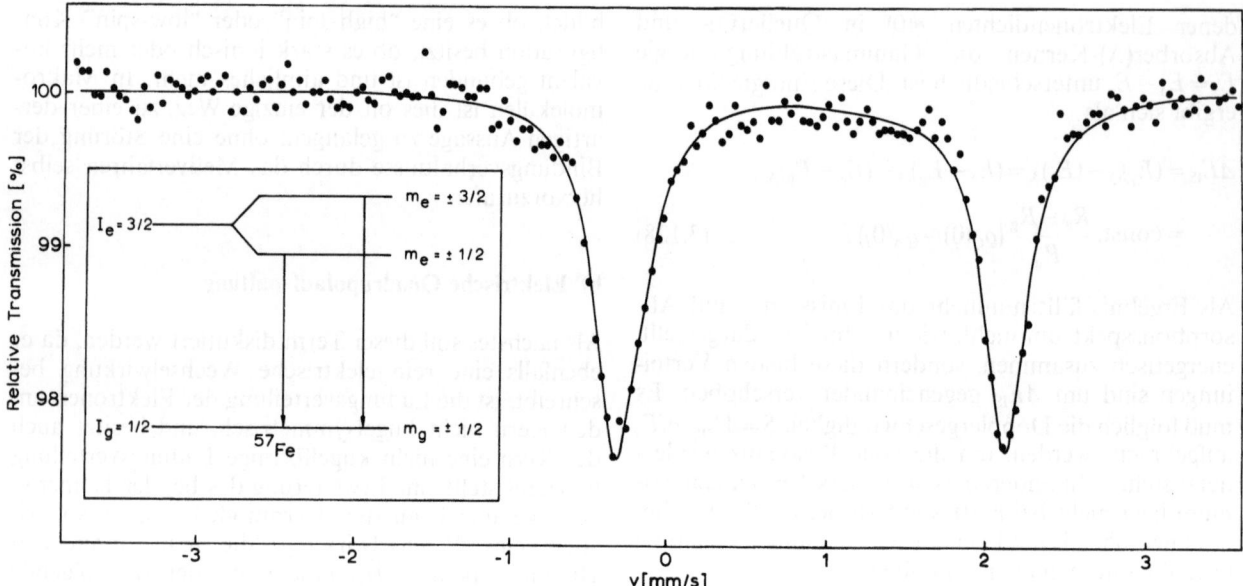

Abb. 3.73. Mößbauerspektrum von Human-Hämoglobin in Deoxi-Form, gemessen bei 20 K als Beispiel einer Quadrupolaufspaltung. Das eingefügte Termschema zeigt die Quadrupolaufspaltung des 14,4 keV-Zustandes des ^{57}Fe-Kernes und die daraus resultierenden zwei Hyperfeinübergänge. Die Isomerieverschiebung ist deutlich als Verschiebung des Schwerpunktes des Spektrums von $v=0$ zu erkennen. I_e ist der Spin des 14.4 keV Niveaus (im Text meist als I_a bezeichnet) und m_e die dazugehörige magnetische Quantenzahl (auch m_a oder m_I genannt)

Eigenwerte $E_Q(\frac{3}{2})$, die dem Betrag nach gleich sind; sie besitzen aber unterschiedliches Vorzeichen. Der angeregte Zustand spaltet demnach in zwei Energieterme $E_a - E_Q$ und $E_a + E_Q$ auf, wobei $E_Q \approx 10^{-6}$ eV und somit größer als Γ, aber klein gegen $E_\gamma = E_a - E_g$ ist (vgl. Abb. 3.73). Verwendet man zur Messung, wie allgemein üblich, als Quelle einen Kristall, in dem der Kern von Elektronen mit kubischer Ladungsverteilung umgeben ist, so tritt die Quadrupolwechselwirkung nicht in Erscheinung, und man hat nach wie vor die bereits diskutierte lorentzförmige Emissionslinie. Sind die Elektronen um die Absorberkerne dagegen nicht kugelsymmetrisch verteilt infolge einer entsprechenden Bindungssymmetrie, so ist dort eine Quadrupolwechselwirkung vorhanden. Die Absorptionslinie spaltet dann in zwei Komponenten auf, die beide für sich wiederum Lorentzform (mit unveränderter Breite Γ) besitzen. Schiebt man nun durch Dopplerbewegung das Einlinien-Emissionsspektrum über das Zwei-Linien-Absorptionsspektrum, so erhält man ein Zwei-Linien-Resonanzmuster, wie es z.B. Abb. 3.73 zeigt. Die Separation der beiden Resonanzmaxima, als Δ bezeichnet, erlaubt eine Bestimmung von q und η, allerdings nicht unabhängig voneinander:

$$\Delta = 2E_Q(\tfrac{3}{2}) \cdot \frac{c}{E_\gamma}. \quad (3.134)$$

In vielen Fällen weiß man aus Symmetrieüberlegungen, daß zumindest näherungsweise $\eta = 0$ ist und kann dann q bestimmen. Typische Werte liegen bei 10^{18} V/cm^2. Andernfalls müssen u. U. Messungen an Einkristallen vorgenommen werden. Nicht kugelsymmetrische Elektronenverteilungen treten dann auf, wenn die Elektronenkonfiguration kein spektroskopischer S-Zustand ist, so etwa bei nicht abgeschlossenen Elektronenschalen. Wie aus der Atomphysik bekannt ist, kann die Abweichung von der Kugelsymmetrie jedoch nur festgestellt werden, wenn eine zum Atom externe Vorzugsachse (Quantisierungsachse) existiert. Andernfalls ist im Zeitmittel die Ladungsverteilung stets kugelförmig. Dies hat $\langle q \rangle = 0$ zur Folge. Die nötige Quantisierungsachse wird in Kristallen durch das kristallelektrische Feld (KEF) erzeugt. Das KEF kann von den ionischen Ladungen auf den einzelnen Gitterplätzen aufgespannt werden, es muß aber von niedrigerer als kubischer Symmetrie sein. In Makromolekülen wird das KEF innerhalb eines Moleküls von den Atomen, die das Fe-Atom umgeben, erzeugt. Der Einfluß von Nachbarmolekülen ist meist nicht fühlbar. Das nicht-kubische KEF richtet die Elektronenhülle aus, und man beobachtet einen zeitlichen Mittelwert des elektrischen Feldgradienten am Kernort, der von Null verschieden ist. Es sei noch erwähnt, daß die Ladungen im Kristall, die das nicht-kubische KEF aufspannen, auch direkt einen Feldgradienten am Kernort erzeugen. Dieser ist jedoch in vielen Fällen sehr klein. Man benötigt also, um eine Quadrupolwechselwirkung überhaupt beobachten zu können, eine nicht-kubische Verteilung der benachbarten Ionen um das Mößbauer-Atom. Daher liefert die elektrische Quadrupolwechselwirkung Information über die Elektronenstruktur des Mößbaueratoms und über die lokale Symmetrie seiner Umgebung. Theoretische Berechnungen des elektrischen Feldgradienten sind schwierig, da die Verzerrung der Elektronenhülle des Mößbauer-Atoms im KEF ebenfalls berücksichtigt werden muß (Sternheimer-Effekt).

c) Magnetische Dipolaufspaltung

Falls die Elektronenhülle nicht abgeschlossen ist, also ein paramagnetisches Moment besitzt, erzeugt sie am Kernort ein Magnetfeld $\vec{B}_{hf}$, das mit dem Kerndipolmoment μ_K in Wechselwirkung tritt. Der Hamiltonoperator ist bekanntlich:

$$\hat{H}_M = -\vec{\mu}_K \vec{B}_{hf} = -g_I \beta_K \hat{I} \vec{B}_{hf}, \quad (3.135)$$

g_I ist der „Kern-g-Faktor" und β_K das Kernmagneton ($3{,}15 \cdot 10^{-8}$ eV·T^{-1}). Der Operator $\hat{I}$ wirkt wieder auf den Kernspin. Die Eigenwerte von $\hat{H}_M$ sind im allgemeinen Fall nicht ohne weiteres anzugeben. Wieder spielt die Frage der Quantisierungsachse die entscheidende Rolle. Ein magnetisches Kristallfeld existiert im allgemeinen nicht, es sei denn, der Kristall ist magnetisch geordnet (z.B. ein Ferromagnet). Dies ist aber für biologische Substanzen nicht gegeben. Somit kann eine magnetische Quantisierungsachse nur durch ein extern im Labor produziertes Magnetfeld erzeugt werden. Es soll der Fall eines starken, homogenen, äußeren Feldes $\vec{B}_{ext}$ (typischerweise 0,1–10 T), wie man es etwa durch eine supraleitende Spule erzeugt, betrachtet werden. Die Feldrichtung definiert die z-Achse. Dann ist nur die z-Komponente von $\vec{B}_{hf}$, die mit B_{hf} bezeichnet wird, im Zeitmittel von Null verschieden. Als Energieeigenwert des Hamilton-Operators erhält man dann (Kern-Zeemanaufspaltung):

$$E_M(m_I) = g_I \beta_K B_{hf} m_I \quad m_I = I, I-1, \ldots, -I. \quad (3.136)$$

I ist die Kernspinquantenzahl und m_I die magnetische Quantenzahl des betrachteten Kernniveaus. Im Falle des ^{57}Fe erkennt man sofort, daß für E_g mit $I_g = \frac{1}{2}$ zwei und für E_a mit $I_a = \frac{3}{2}$ vier Energieeigenwerte E_M existieren. Diese werden wiederum als Störung von E_g bzw. E_a betrachtet. Es folgt, daß der Grundzustand mit $I = \frac{1}{2}$ in zwei, der angeregte Zustand mit $I = \frac{3}{2}$ in vier äquidistante Subzustände aufspaltet. Zwischen diesen magnetischen Subzuständen sind nun auf Grund der Auswahlregeln des Gammaübergangs sechs Übergänge erlaubt (vgl. Abb. 3.74). Ein magnetisches Hyperfeinspektrum, mit einer unaufgespaltenen Emissionslinie abgetastet, wird also aus sechs Resonanzlinien bestehen. Ihre relativen Intensitäten hängen von der Beobachtungsrichtung relativ zum externen Magnetfeld (z-Achse) ab. Ist die z-Achse mit der Richtung der Gammastrahlung identisch, so verschwinden die mit 2 und 5 bezeichneten Linien, und man beobachtet nur vier Resonanzmaxima (vgl. Abb. 3.74). Die magnetischen Kernparameter des ^{57}Fe sind durch ergänzende Messungen gut bekannt ($g_{\frac{1}{2}} = 0{,}1806$) und $g_{\frac{3}{2}} = -0{,}102$), so daß aus dem Abstand der Resonanz-

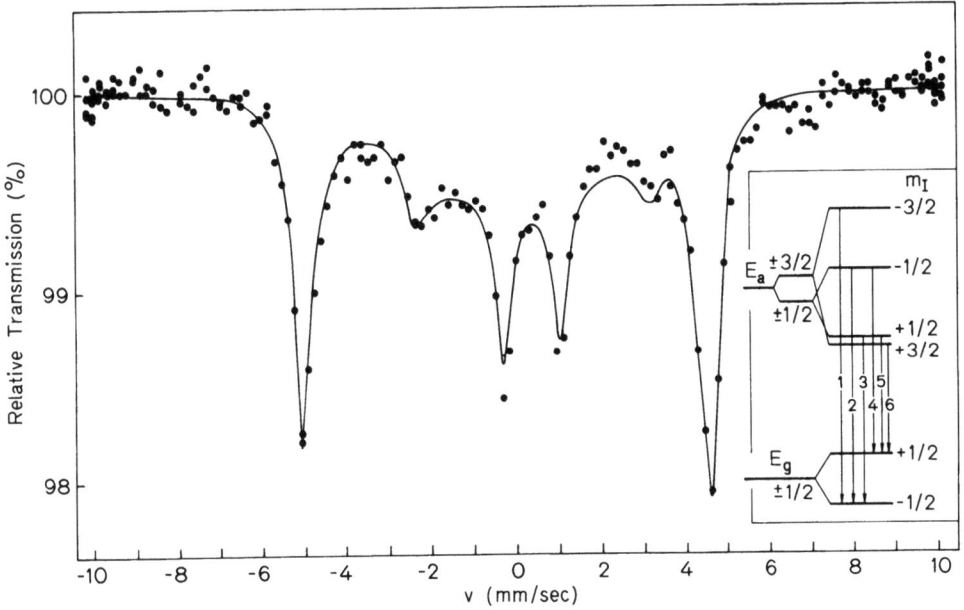

Abb. 3.74. Mößbauerspektrum von Metmyoglobin (Fe^{3+}) bei 4,2 K und einem externen magnetischen Feld von 0,1 T als Beispiel einer magnetischen Aufspaltung. Neben der magnetischen Wechselwirkung besteht zusätzlich noch eine Quadrupolwechselwirkung, da sich das Fe^{3+} in nicht-kubischer Symmetrie befindet. Dies führt dazu, daß die Aufspaltung des Kernzustands E_a nicht mehr äquidistant ist. Das resultierende Termschema der Kernzustände des ^{57}Fe und die daraus sich ergebenden 6 Hyperfeinübergänge sind in der rechten Ecke eingezeichnet. Die γ-Strahlrichtung war nahezu parallel zum angelegten Magnetfeld. Die Übergänge 2 und 5 treten deshalb nur mit sehr schwacher Intensität auf. Die Meßprobe ist eine eingefrorene Mb-Lösung (kein Einkristall). Deshalb sind die Moleküle und damit die z-Achsen des elektrischen Feldgradienten am Ort der Fe-Atome bezüglich des raumfesten äußeren Magnetfeldes isotrop angeordnet. Eine Berücksichtigung dieser Situation in einer theoretischen Rechnung liefert das Resultat, daß das Mößbauerspektrum tatsächlich aus einer Überlagerung einer Vielzahl von 6 Linienspektren besteht, die alle leicht unterschiedliche Linienabstände besitzen. Dieser Umstand ist in den gemessenen Spektren direkt nur als eine Verbreiterung und Verzerrung der Resonanzlinien erkennbar. Er wurde aber in der theoretischen Kurve, die an die Meßpunkte angepaßt ist, voll berücksichtigt.

linien das magnetische Hyperfeinfeld B_{hf} mit großer Präzision bestimmt werden kann. Der detaillierte Zusammenhang zwischen B_{hf} und der Elektronenkonfiguration des Fe-Atoms einerseits und zwischen B_{hf} und B_{ext} andererseits ist zwar komplex, aber im allgemeinen rechnerisch gut erfaßbar.

Es muß noch erwähnt werden, daß in einem paramagnetischen Ion wie Fe^{3+} auch ohne extern angelegtes Feld ein Feld $\vec{B}_{hf}$ und somit eine magnetische Aufspaltung des Mößbauerspektrums beobachtbar ist. Bei der vorausgegangenen Betrachtung wurde angenommen, daß ohne raumfestes außeratomares Magnetfeld das magnetische Hyperfeinfeld im Zeitmittel verschwindet, d.h. also $\langle \vec{B}_{hf} \rangle = 0$ ist. Diesen Vorgang bezeichnet man als *paramagnetische Relaxation*; er bedeutet anschaulich, daß sich $\vec{B}_{hf}$ laufend in statistischer Reihenfolge in die verschiedenen Raumrichtungen einstellt. Dieser Wechsel der verschiedenen Einstellrichtungen erfolgt in der Regel sehr schnell ($>10^9$ Hz), kann aber in manchen Materialien bei sehr tiefen Temperaturen ($\lesssim 4.2$ K) beträchtlich langsamer werden. Unterschreitet die Relaxationsfrequenz Werte von der Größenordnung 10^7 Hz, dann ist obige Zeitmittelung nicht mehr gut, und man findet $\langle \vec{B}_{hf} \rangle \neq 0$. Dies führt dann zu einer magnetischen Wechselwirkungsenergie, allerdings sind die Eigenwerte nicht mehr durch Gl. (3.136) gegeben, die eine äußere Quantisierungsachse voraussetzt. Magnetische Hyperfeinspektren auf Grund langsamer paramagnetischer Relaxation sind sehr kompliziert, insbesondere deshalb, weil auch die Lorentzform der Resonanzlinien nicht länger gewährleistet ist.

Schließlich sei noch auf einige grundsätzliche Gesichtspunkte der magnetischen Wechselwirkung hingewiesen. Hat die Elektronenhülle den Gesamtdrehimpuls Null (*S*-Zustand), so wird kein Hyperfeinfeld erzeugt, und nur das externe Feld wirkt am Kernort. Im Falle des Eisens kann außerdem gezeigt werden, daß für einen ganzzahligen Gesamtspin der Elektronenhülle das Hyperfeinfeld verschwindet, selbst bei sehr langsamer paramagnetischer Relaxation. Durch Anlegen starker äußerer Felder entsteht aber eine magnetische Wechselwirkung, die von der des äußeren Feldes alleine verschieden ist. Eine derartige grundlegende Entscheidung über die Elektronenstruktur für das Fe in Biomolekülen ist oftmals nicht trivial, da der *S*-Zustand durch Molekülorbitale mit benachbarten Atomen erzielt werden kann.

Zum Schluß dieses Abschnittes sei noch darauf hingewiesen, daß in der Regel alle drei hier separat behandelten Wechselwirkungen gleichzeitig auftreten. Die Isomerieverschiebung ist stets additiv zu allen anderen Wechselwirkungen. Das gleichzeitige Auftreten von Dipol- und Quadrupoleffekten wird dem Spektrum im allgemeinen eine komplexe Form geben. Die Analyse ist einfach, falls eine der beiden Wechselwirkungen dominiert. Jedoch existieren, speziell für Eisen, auch weiterführende Rechenprogramme, die die Energieeigenwerte und somit die Linienlagen auch in komplexen Situationen numerisch zu bestimmen gestatten.

3.2.7.6. Beispiele zur Untersuchung der Elektronenstruktur des aktiven Zentrums von Biomolekülen

Im vorangehenden Kapitel ist kurz aufgezeigt worden, wie eine Bestimmung der elektronischen Parameter der Hyperfeinwechselwirkung Rückschlüsse auf die Struktur der Elektronenhülle zuläßt. Änderungen in der Elektronenhülle finden primär an den äußersten Elektronen, den Valenzelektronen, statt. Die Messung erfolgt jedoch am Kernort. Die Mößbauerspektroskopie erscheint somit zunächst ein wenig praktikables Verfahren zu sein, um die elektronischen Vorgänge bei der Bindung eines biologisch wichtigen Stoffes zu erforschen. Als Beispiel sei der rote Blutfarbstoff Hämoglobin diskutiert. Hämoglobin hat die Aufgabe, Sauerstoff im Körper zu transportieren. Es ist ein wesentlicher Bestandteil der roten Blutkörperchen. In der Lunge wird das Hb des Blutes mit O_2 beladen. Der Sauerstoff wird im Blutstrom zu den verschiedenen Stellen im Körper transportiert (z.B. den Muskeln) und dort wieder vom Hb abgegeben. Das Hb-Molekül besteht aus 4 Untereinheiten, von denen jede ein Fe-Atom besitzt. Die Sauerstoffmoleküle werden an diese Fe-Atome gebunden. Sie bilden somit die „aktiven Zentren" des Proteins. Von besonderem Interesse sind natürlich die chemischen Vorgänge im Eisen des aktiven Zentrums. Ist etwa die Bindung einer einfachen Oxidation des Eisens gleichzusetzen? Wenn ja, dann ist die spätere einfache Rückgabe des Sauerstoffs schwer verständlich. Es müssen also komplexe Vorgänge in der Elektronenhülle ablaufen. Diese müssen sich in den Hyperfeinparametern ausdrücken. Wie alle Resonanzmethoden hat die Mößbauerspektroskopie den Vorteil, spezifisch für ein bestimmtes Atom von Interesse (hier das Eisen) empfindlich zu sein. Außerdem sind alle drei Hyperfeinwechselwirkungen experimentell vergleichsweise leicht zu messen und zu separieren.

a) Untersuchung der Temperaturabhängigkeit der Quadrupolaufspaltung von Fe^{2+} in Hämoglobin

Wie erwähnt, dient eine Reihe von Hämproteinen zum Sauerstofftransport (z.B. Hämoglobin, abgekürzt Hb) oder zur Sauerstoffspeicherung (z.B. Myoglobin, abgekürzt Mb). Diese Makromoleküle enthalten mindestens eine Hämingruppe, deren Zentrum von einem Fe-Atom gebildet wird, an das das O_2-Molekül bindet. In der lebenden Substanz findet man das Fe immer im 2+-Zustand, gleichgültig, ob Sauerstoff gebunden ist oder nicht. Abbildung 3.75 zeigt die strukturelle Umgebung des Fe in Hb. Die Punktsymmetrie des Eisens ist näherungsweise C_{4v}. Von den 5 möglichen 3d-Orbitalen des Fe sind nur die $d_{x^2-y^2}$- und d_{z^2}-Orbitale gezeichnet. Ist kein O_2 gebunden, so befindet sich das Fe-Atom etwas außerhalb der Häminebene. Wird O_2 angelagert, so bewegt es sich in die Ebene. Dies wird aus Röntgendaten geschlossen. Es sind daher Modelle entwickelt worden, die eine Korrelation zwischen dem Abstand des Fe-Atoms von der Häminebene mit der

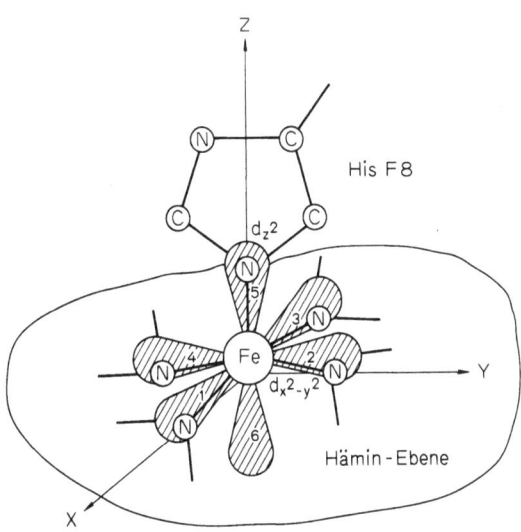

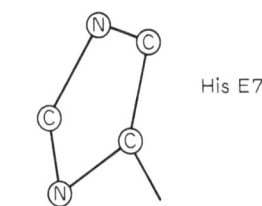

Abb. 3.75. Nächste Nachbarn des Fe in Myoglobin oder Hämoglobin. Der Sauerstoff wird an Koordinationsstelle 6 gebunden. Die z-Achse ist senkrecht zur Häminebene gewählt

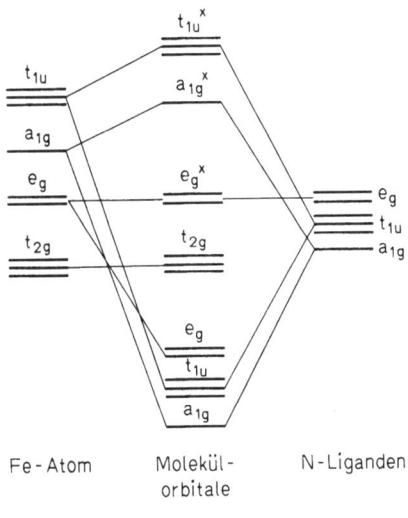

$d_{x^2-y^2}, d_{z^2} \longrightarrow e_g$
$d_{xy}, d_{yz}, d_{zx} \longrightarrow t_g$
$s \longrightarrow a_{1g}$
$p_x, p_y, p_z \longrightarrow t_{1u}$

Abb. 3.76. Molekülorbitale des Eisens im Myoglobin. Die e_g^x- und t_{2g}-Orbitale entsprechen praktisch den 3d-Orbitalen des freien Fe-Atoms und bestimmen die Quadrupolaufspaltung

Innere Struktur 123

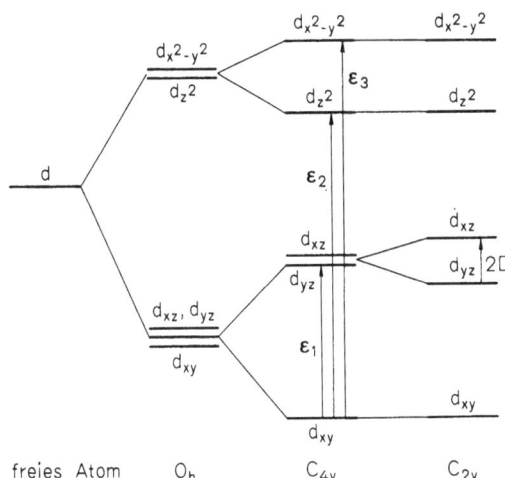

Abb. 3.77. Aufhebung der Entartung der 3d-Orbitale (d. h. der e_g^x- und t_{2g}-Orbitale von Abb. 3.76) durch den Einfluß der Nachbaratome. Im Myoglobin sieht das Fe-Atom in erster Näherung eine C_{4v}-Symmetrie. Genauere Rechnungen berücksichtigen eine Reduktion der Symmetrie zu C_{2v}

Sauerstoffaffinität des Hb vornehmen. Von analogen Hämproteinen sollten diejenigen das O_2 leichter binden, bei denen sich das Fe-Atom bereits im O_2-freien Zustand näher in der Häminebene befindet. Im folgenden sollen Messungen beschrieben werden, in denen diese Hypothese mit Hilfe des Mößbauereffekts überprüft wird. Von großem Interesse ist auch der relative Abstand des an der 5. Koordinationsstelle gebundenen N-Atoms, des sog. proximalen Histidins (HisF8), zum Fe. Der gesamte Problemkreis wird z. B. von Perutz bzw. von Braunitzer behandelt. Wie im folgenden gezeigt wird, kann hierzu mit dem Mößbauereffekt eine Aussage gemacht werden.

Theoretische Betrachtungen zeigen, daß das Fe^{2+} von Mb und Hb im O_2-freien Zustand eine Quadrupolaufspaltung zeigt, die im wesentlichen durch die elektronische Hyperfeinwechselwirkung mit den 3d-Orbitalen des Fe gegeben ist. Bei der Bindung des Fe-Atoms im Molekül entstehen nämlich 5 antibindende Orbitale, die praktisch den 3d-Orbitalen des freien Fe-Atoms entsprechen (vgl. Abb. 3.76). Die im freien Fe-Atom noch vorliegende Entartung dieser Orbitale ist aber hier durch den Einfluß des KEF der benachbarten N-Atome aufgehoben. In Abb. 3.77 ist das Termschema der 3d-Elektronen aufgezeichnet. Die energetische Lage der Orbitale ist durch die zunächst unbekannten Parameter ε_1 bis ε_3 festgelegt. Im Fe^{2+} stehen sechs 3d-Elektronen zur Verfügung, die auf die angegebenen Orbitale zu verteilen sind. Theoretisch sind verschiedene Besetzungstypen möglich. Einige davon sind in Abb. 3.78a aufgeführt. Die einzelnen Besetzungen unterscheiden sich energetisch voneinander. Es ist die Frage, welcher dieser Zustände die niedrigste Energie hat, d. h. den Grundzustand darstellt, und wie die weitere Sequenz der angeregten Elektronen-Zustände aussieht. Ein mögliches Energieschema der Elektronenzustände ist in Abb. 3.78b gezeichnet. Hier ist $^5B_2$ als Grundzustand gewählt (Besetzung

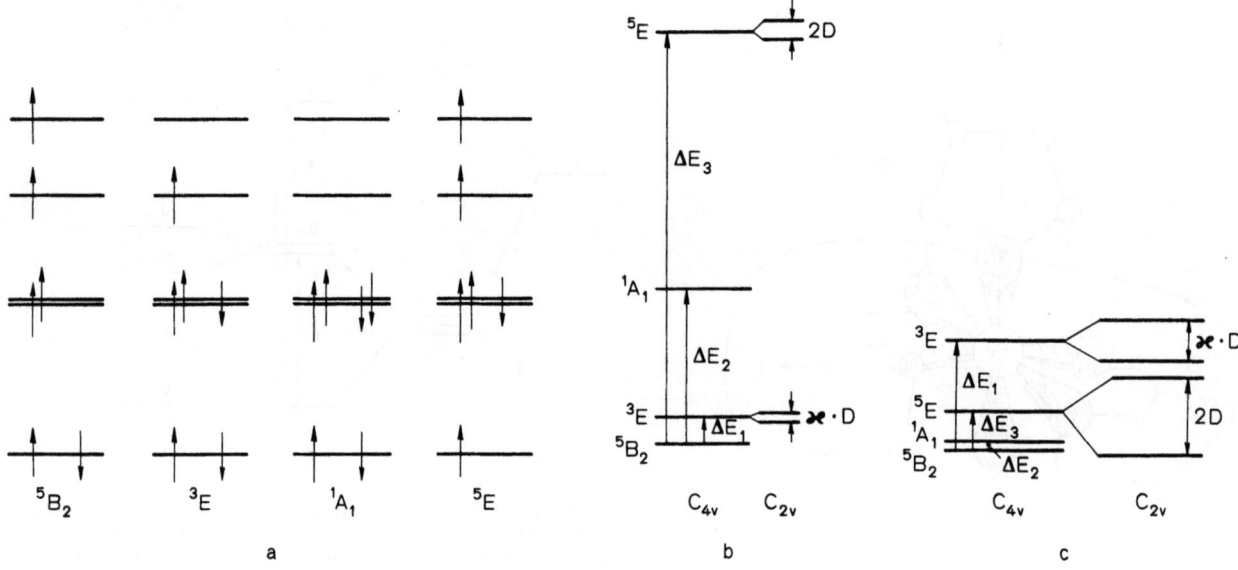

Abb. 3.78. (a) 3d-Orbitale des Fe mit 6 Elektronen. Die verschiedenen Möglichkeiten sind durch die in der Gruppentheorie übliche Notation gekennzeichnet. Im freien Ion wäre der $^5B_2$-Zustand gemäß der Hundschen Regel der Grundzustand und würde mit ^5D bezeichnet werden. (b) und (c): Zwei mögliche energetische Anordnungen der angeregten Zustände des Fe bezogen auf den $^5B_2$-Zustand. κ ist hier 1.2

gemäß Hundscher Regel) und ^3E bildet den ersten angeregten Zustand, der um ΔE_1 höher liegt. Es muß nun noch die (bekannte) Spin-Bahn-Wechselwirkung berücksichtigt werden. Dazu führt man eine Störungsrechnung durch und benützt die Terme $^5B_2$, ^3E, $^1A_1$ und ^5E als Basisvektoren. Gleichzeitig läßt man eine Störung der C_{4v}-Symmetrie zu. Als Ergebnis dieser Rechnung erhält man 22 neue Energieterme. Für jeden dieser Terme lassen sich die Hyperfeinparameter, insbesonders der elektrische Feldgradient berechnen (vgl. Gl. 3.130 bis 3.134; die einzelnen Terme liefern alle unterschiedliche Werte für q und η). Die 22 Terme sind entsprechend ihres Boltzmannfaktors besetzt.

Daher muß der elektrische Feldgradient bei einer bestimmten Temperatur T aus dem Mittelwert der gemäß der Boltzmannstatistik gewichteten Beiträge der 22 Zustände gebildet werden, d.h. man berechnet ein mittleres $\langle V_{xx}(T)\rangle$, $\langle V_{yy}(T)\rangle$ und $\langle V_{zz}(T)\rangle$. Diese liefern dann $\langle q(T)\rangle$ und $\langle \eta(T)\rangle$. Die Besetzung und damit die Wichtung der einzelnen Zustände ändert sich mit der Temperatur, und damit zeigt der Feldgradient eine deutliche Temperaturabhängigkeit. Unter Berücksichtigung der Spin-Bahn-Kopplung ist das Termschema also durch 3 Energieparameter ΔE_1, ΔE_2 und ΔE_3, wie sie in Abb. 3.78 gezeigt sind, vollständig bestimmt. Der Einfluß der Störung der C_{4v}-Symmetrie wird durch einen zusätzlichen Parameter D beschrieben. Man kann daher den Temperaturverlauf des elektrischen Feldgradienten mit ΔE_i und D als Parameter berechnen und mit den aus dem Mößbauer-Experiment erhaltenen Werten vergleichen. Mit der in Abb. 3.78 b gezeigten Sequenz der Energieterme konnten zunächst für die Parameter ΔE_i und D Werte gefunden werden, die die experimentell gefundene Temperaturabhängigkeit der Quadrupolaufspaltung von Hämoglobin gut erfassen. Dieses Termschema wurde später jedoch durch die Messungen an Mb^{2+}-Einkristallen widerlegt, da sich die anfangs gemachte Annahme über die Lage des elektrischen Feldgradienten bezüglich der Häminebene als nicht korrekt herausstellte. Unter Berücksichtigung der neuen Ergebnisse ergibt sich nun aus den Messungen der Temperaturabhängigkeit der Quadrupolaufspaltung das Termschema von Abb. 3.78c. Die theoretische Kurve, zusammen mit den Meßdaten, zeigt Abb. 3.79. Aus den ΔE_i kann rückwirkend sofort die Energieseparation der d-Orbitale berechnet werden, die in Abb. 3.77 mit ε_i bezeichnet worden waren. Betrachtet man Abb. 3.75, so sieht man, daß durch eine Annäherung des Fe an die Häminebene die Über-

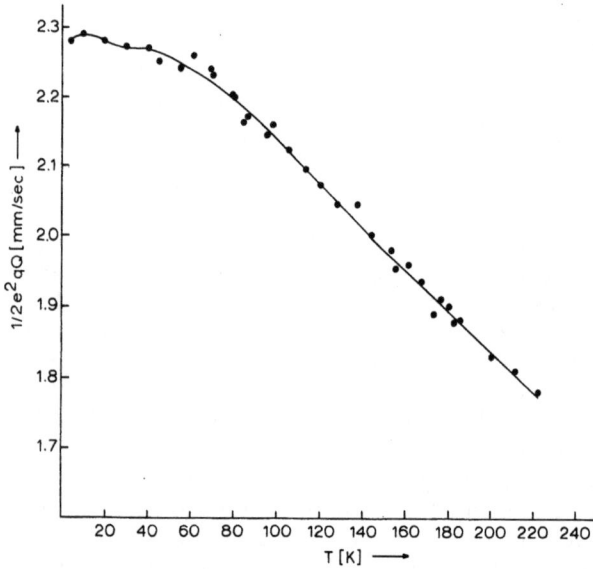

Abb. 3.79. Temperaturabhängigkeit der Quadrupolaufspaltung des Human-Hämoglobins (HbA) in O_2-freiem Zustand („deoxigeniert")

lappung der $d_{x^2-y^2}$-Orbitale mit den 4 Nachbarstickstoffatomen des Hämins vergrößert wird. Ebenso hängt die Überlappung des N-Atoms des proximalen Histidins mit dem d_{z^2}-Orbital des Fe von deren relativem Abstand ab. Aus der Molekular-Orbital-Theorie ist bekannt, daß eine stärkere Überlappung der Wellenfunktionen die antibindenden Orbitale energetisch anhebt. Vergleicht man daher z.B. die ε_3-Werte verschiedener ähnlicher Hämproteine im O_2-freien Zustand miteinander, so wird bei dem Molekül mit dem größten ε_3-Wert das Fe am dichtesten zur Hämebene liegen. Ebenso wird bei ähnlichen Hämproteinen dasjenige Molekül, das einen größeren ε_2-Wert besitzt, einen kleineren Fe–N Abstand zum proximalen Histidin haben. Da die O_2-Affinitäten der unterschiedlichen Moleküle aus anderen Messungen bekannt sind, läßt sich damit das zu Beginn diskutierte Modell direkt überprüfen.

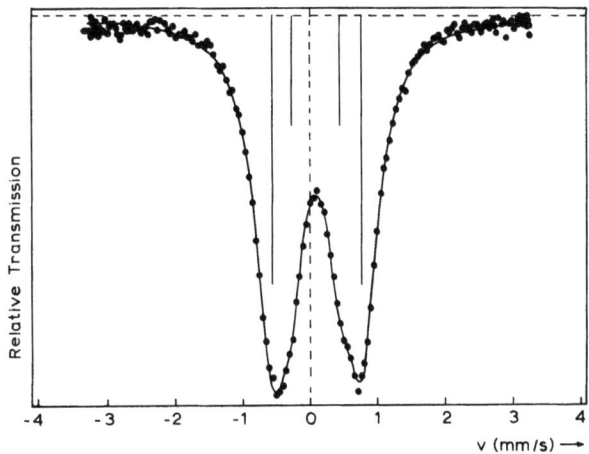

Abb. 3.80. Mößbauerspektrum von oxidiertem Ferredoxin bei 4,2 K

b) Untersuchungen der Elektronenstruktur eines Bakterienferredoxins

Ferredoxin hat im lebenden Organismus die Aufgabe des Elektronentransports. Elektronen, die bei einem bestimmten chemischen Prozeß entstehen, werden vom Ferredoxin aufgenommen, mit ihm zusammen transportiert und an anderer Stelle, wo sie für einen anderen chemischen Prozeß benötigt werden, wieder abgegeben. So ist z.B. Ferredoxin entscheidend am Aufbau von Ammoniak aus dem Stickstoff der Luft beteiligt.

Das im folgenden diskutierte Ferredoxin wurde aus dem Bacterium *Clostridium pasteurianum* gewonnen. Es enthält zwei Anhäufungen (Cluster) von Fe- und S-Atomen. Jeder Cluster besteht kristallographisch aus einem etwas verzerrten Würfel, bei dem die 8 Ecken von 4 S- und 4 Fe-Atomen gebildet werden. In den vier Ecken der Oberfläche des Würfels wechseln sich dabei die Fe- und die S-Atome ab.

Jeder der beiden Cluster nimmt bei dem Reduktionsprozeß ein Elektron auf. Welche elektronische Konfiguration besitzen nun diese Fe-Atome des Clusters im oxidierten bzw. reduzierten Zustand? Wie kann man die Aufnahme bzw. Abgabe der Elektronen, die ja offenbar ein leicht umkehrbarer Vorgang sein muß, verstehen? Abbildung 3.80 zeigt das Mößbauerspektrum von oxidiertem Ferredoxin bei 4,2 K. Das Spektrum zeigt im wesentlichen das typische Linienpaar einer Quadrupolaufspaltung. Eine genaue Inspektion weist darauf hin, daß es aus einer Überlagerung von mindestens 2 unaufgelösten Quadrupoldoubletts bestehen muß. Die Isomerieverschiebung und die Größe der Quadrupolaufspaltung zeigen, daß alle Fe-Atome des Clusters im dreiwertigen Zustand sind. Durch Anlegen eines äußeren magnetischen Feldes erkennt man, daß das Eisen sich diamagnetisch verhält. Nimmt man an, daß für jedes einzelne Fe-Atom des Clusters die Hundsche Regel gilt, so erhält man für jedes Atom einen Spin $S=5/2$. Wenn sich jeweils 2 derartige Spins antiparallel paaren, so ergibt dies für

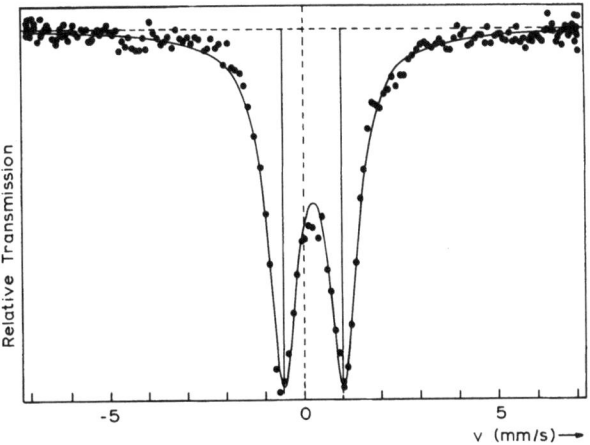

Abb. 3.81. Mößbauerspektrum von reduziertem Ferredoxin bei 4,2 K. Kein äußeres magnetisches Feld

jeden Cluster einen Gesamtspin $S=0$, der mit dem obengenannten magnetischen Verhalten im Einklang steht. Man muß also allen Fe-Atomen des Clusters in ihrer Gesamtheit eine einzige Wellenfunktion von $S=0$ zuordnen. Der gleiche Schluß kann aus dem beobachteten Fehlen eines Elektronenspin-Resonanz (ESR)-Signals gezogen werden.

Was geschieht nun bei der Reduktion? Nimmt ein Cluster mit einer Wellenfunktion von $S=0$ ein Elektron auf, so sollte eine Cluster-Wellenfunktion von $S=\frac{1}{2}$ entstehen. Eine derartige Wellenfunktion sollte im Mößbauer-Spektrum bei Anlegen eines externen magnetischen Feldes zu einer deutlichen magnetischen Hyperfeinstruktur führen. Abbildung 3.81 zeigt das Mößbauerspektrum von reduziertem Ferredoxin ohne äußeres Magnetfeld. Abbildung 3.82 zeigt dieselbe Probe in einem Magnetfeld von $B_{ext}=2$ T.

In Gegenwart des Magnetfeldes findet man die erwartete magnetische Hyperfeinaufspaltung. Sie erscheint wesentlich komplizierter als im Beispiel von

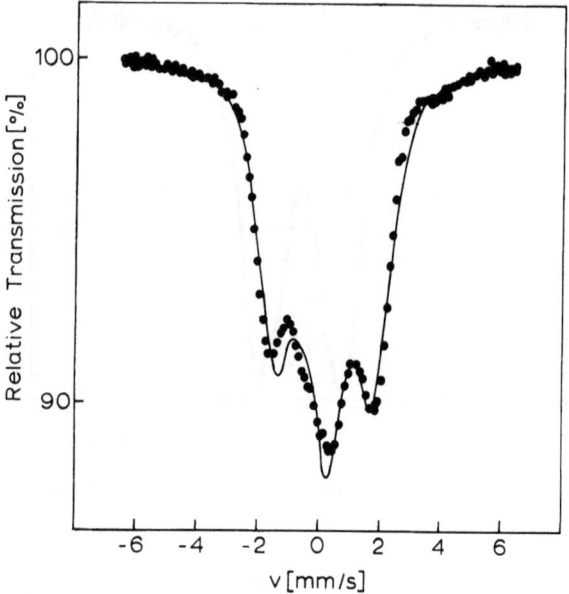

Abb. 3.82. Mößbauerspektrum von reduziertem Ferredoxin bei 4,2 K und $B_{ext}=2T$. Bei der Berechnung der theoretischen Kurve (ausgezogene Linie) mußten vereinfachende Annahmen gemacht werden. Sie gibt daher das gemessene Spektrum im Wesentlichen, jedoch nicht in allen Details wieder

Abb. 3.74. Dies liegt daran, daß hier elektrische Quadrupol- und magnetische Dipolwechselwirkungen in einer sehr komplizierten Weise verknüpft sind. Auf diese Einzelheiten kann hier nicht eingegangen werden.

Das Fehlen der magnetischen Hyperfeinstruktur bei Abwesenheit des externen magnetischen Feldes ist dadurch zu erklären, daß die Spins der beiden Cluster miteinander in Wechselwirkung treten. Durch Spin-Spin-Kopplung entsteht wieder ein Spin = 0 oder 1 für die Gesamtwellenfunktion beider Cluster. Ein äußeres Magnetfeld bricht die Kopplung der Spins auf. Man erhält dann das erwartete Verhalten eines halbzahligen Spins im Magnetfeld. Auch die am reduzierten Ferredoxin beschriebenen Ergebnisse sind in Übereinstimmung mit ESR-Messungen. Das wesentliche Ergebnis dieser Untersuchungen ist, daß die Eisenatome der Cluster mit einer gemeinsamen Wellenfunktion und einem Spinzustand des Clusters zu beschreiben sind. Lagert man ein Elektron an, so geht nicht etwa eines der vier Fe-Atome des Clusters vom Fe^{3+}-Zustand in eine Fe^{2+}-Konfiguration über, während die anderen unverändert bleiben. Das Elektron wird an den ganzen Cluster angelagert, und alle vier Fe-Atome besitzen beim oxidierten und im reduzierten Zustand praktisch die gleiche Elektronenstruktur. Dies ist aus der Simplizität der Mößbauerspektren sofort zu erkennen. Die detaillierte Analyse erlaubt dann auch noch die Identifikation der Spinzustände des Clusters.

Interessanterweise wurden kürzlich auch entsprechende Messungen an synthetischen Analogsubstanzen durchgeführt, die zwar den Eisen-Schwefel-Cluster, nicht aber die Proteinketten enthalten. Es zeigt sich, daß dort das Verhalten der Cluster-Atome in den grundlegenden Zügen das gleiche ist. Für eine theoretische Betrachtung der Elektronenstruktur genügt es also zunächst, den isolierten Cluster zu betrachten.

Man erkennt aus diesen Beispielen sehr gut, daß einerseits die Elektronenstruktur des aktiven Eisens relativ kompliziert ist und daß andererseits ihre Kenntnis wesentlich für ein detailliertes Verständnis der komplexen chemischen Vorgänge ist. Es wurde versucht zu zeigen, wie die Mößbauerspektroskopie, insbesondere in Kombination mit anderen Untersuchungsmethoden, wertvolle Beiträge zum Verständnis biophysikalischer Vorgänge liefern kann. Des weiteren wurde gezeigt, wie sich mit zunehmender Informationsmenge das Bild der Elektronenstruktur laufend verbessert und unvollständige experimentelle Informationen zu unkorrekten Vorstellungen führen. Es ist also wichtig, ein möglichst umfangreiches Datenmaterial zu besitzen. Mößbauerspektroskopische Messungen sind zur Zeit noch in einer raschen Expansion begriffen; und die kommenden Jahre bringen mit Sicherheit eine Vielzahl neuer und interessanter Ergebnisse.

Literaturauswahl

Bearden, A., Dunham, W. R.: Structure and Bonding **8**, 1–52 (1970).
Braunitzer, G., Buse, G., Gersonde, K.: Structure and function of hämoglobins. In: Hayaishi, D. (Ed.): Molecular Oxigen in Biology, Kap. 6. Reihe: Frontiers of Biology, Holland.
Eicher, H., Bade, D., Parak, F.: J. chem. Phys. **64**, 1446–1455 (1976).
Eicher, H., Parak, F., Bogner, L.: Z. Naturforsch. **29c**, 683–691 (1974).
Frankel, R. B., Herskovitz, T., Averill, B. A., Holm, R. H., Krusic, P. J., Phillips, W. D.: Biochem. Biophys. Res. Commun. **58**, 947–982 (1974).
Gersonde, K., Schlaak, H. E., Breitenbach, M., Parak, F., Eicher, H., Zgorzalla, W., Kalvius, G. M., Mayer, A.: Europ. J. Biochem. **43**, 307–317 (1974).
Goldanskii, V. I., Herber, R. H.: Chemical applications of Mößbauer spectroscopy. New York: Academic Press 1968.
Gonser, U., Maeda, Y., Trautwein, A., Parak, F., Formanek, H.: Z. Naturforsch. **29b**, 241–244 (1974).
Greenwood, N. N., Gibb, T. C.: Mößbauer spectroscopy. London: Chapman and Hall 1971.
Huber, R., Epp, O., Formanek, H.: J. Mol. Biol. **52**, 349–354 (1970).
Kalvius, G. M.: In: Hyperfine interactions in excited nuclei, Vol. 2, S. 523, Ed. Goldring, G., Kalish, R. New York: Gordon and Breach 1971.
Kalvius, G. M., Kankeleit, E.: Mößbauer spectroscopy and its applications. International Atomic Energy Agency, S. 9. Vienna 1972.
Mößbauer, R. L.: Ann. Rev. Nucl. Sci. **12**, 123–152 (1962).
Mößbauer, R. L.: Naturwissenschaften **60**, 493 (1973).
Parak, F., Formanek, H.: Acta Cryst. **A 27**, 573–578 (1971).
Parak, F., Mößbauer, R. L., Biebl, U., Formanek, H., Hoppe, W.: Z. Physik **244**, 456–467 (1971).
Perutz, M. F.: Nature **228**, 726–739 (1970).
Phillips, D. C.: In: (Eds.: Brill, R., Mason, R.), Advances in structure research by diffraction methods, Vol. 2, pp. 75–140. Braunschweig: Vieweg 1966.
Stevens, J. G., Stevens, V. E.: Mößbauer effect data index. New York: IFI/Plenum Press (Erscheint jährlich seit 1965).
Thomanek, U. F., Parak, F., Mößbauer, R. L., Formanek, H., Schwager, P., Hoppe, W.: Acta Cryst. **A 29**, 263–265 (1973).
Wegener, H.: Der Mößbauereffekt und seine Anwendung in Physik und Chemie. Mannheim: Bibliographisches Institut 1965.

3.3. Elektronenspin-Resonanz-Spektroskopie

Ulrich Deffner und Wolfgang Lohmann

3.3.1. Allgemeine Grundlagen

3.3.1.1. Einführung

Unter Elektronenspinresonanz „ESR" (oft auch als elektronenparamagnetische Resonanz „EPR" bezeichnet) versteht man die selektive Absorption von elektromagnetischer Strahlung in paramagnetischen Substanzen durch Übergänge von Elektronenspins zwischen verschiedenen Energieniveaus.

Die ESR beschränkt sich auf den Nachweis ungepaarter Elektronen, aber darin ist sie unübertroffen. Diese Art der Spektroskopie erlaubt einen sehr empfindlichen Nachweis und eignet sich besonders für solche Fälle, bei denen ein geringer Paramagnetismus in überwiegend diamagnetischer Materie vorliegt.

Atome, Moleküle oder Ionen besitzen neben ihrem mechanischen Drehimpuls (Spin) noch ein magnetisches Moment, das sich aus den vom Bahnumlauf und von der Eigenrotation der Elektronen herrührenden magnetischen Momenten zusammensetzt. Wenn sich diese Momente insgesamt gerade kompensieren, ist der Stoff diamagnetisch, andernfalls paramagnetisch. Die potentielle Energie eines magnetischen Dipols μ in einem magnetischen Feld H ist abhängig von seiner Orientierung und gleich dem Skalarprodukt der beiden Vektoren:

$$E = -\mu H.$$

In einem magnetischen Feld verhält sich ein ungepaartes Elektron wegen seines Spins ähnlich wie ein mechanischer Kreisel unter Einwirkung der Schwerkraft. Es vollführt Präzessionsbewegungen um die durch die Feldrichtung ausgezeichnete Achse. Die Orientierungen von Spin und magnetischem Moment im Feld sind dabei gequantelt, d.h. ihre Projektionen auf die Achse können nur ganz bestimmte Werte annehmen. Im einfachsten Fall, dem des einzelnen Elektrons, sind wegen der magnetischen Spin-Quantenzahl $m_s = \pm \frac{1}{2}$ nur zwei Einstellungen erlaubt. Benachbarte Niveaus unterscheiden sich durch die Energiedifferenz:

$$\Delta E = E_2 - E_1 = g \mu_B H$$

  g = Landé-Faktor (dimensionslose Größe, hängt von Bahn-, Eigen- und Gesamtdrehimpuls ab); für das freie Elektron ist $g = 2{,}0023$
  μ_B = Bohrsches Magneton $= 0{,}9272 \cdot 10^{-20}$ erg/Gauss (in der engl. Literatur $\mu_B = \beta$)
  H = magnetische Feldstärke [Gauss].

Im thermischen Gleichgewicht ist das Verhältnis der Besetzungszahlen n_1 und n_2 zweier Energieniveaus E_1 (unteres) und E_2 (oberes) nach Boltzmann gegeben durch:

$$\frac{n_2}{n_1} = e^{-\frac{E_2 - E_1}{kT}}$$

  k = Boltzmann-Konstante $= 1{,}3804 \cdot 10^{-16}$ erg/grad
  T = absolute Temperatur.

Führt man dem System die Energie $\Delta E = E_2 - E_1 = h\nu$ in Form elektromagnetischer Strahlung zu, so kann die Zahl der Elektronen im oberen Energiezustand etwas erhöht werden. Anschaulich gesagt, werden einige der Elementarmagnete zum „Umklappen" gebracht. Damit dauernd Energie absorbiert wird und keine Sättigung ($n_2 = n_1$) auftritt, muß ein Relaxationsmechanismus vorhanden sein, der durch Wechselwirkung mit der Umgebung (dem Gitter und anderen Spins) für Energieabgabe und damit für ein stationäres Gleichgewicht sorgt.

Die Größe des Energiequants $\Delta E = h\nu = g\mu_B H$ ist proportional zum Betrag der magnetischen Feldstärke. Für Feldstärken von 10^3–10^4 Gauss (0,1–1 Tesla) betragen die zugehörigen Energiedifferenzen ($g \approx 2$) etwa 10^{-5} bis 10^{-4} eV. Die entsprechenden Wellenlängen liegen im Mikrowellengebiet, d.h. zwischen 1 und 10 cm. Häufig arbeitet man im X-Band (3,2 cm = $9{,}4 \cdot 10^9$ Hz) mit Feldern um 3300 Gauss. Dabei ist $\Delta E \approx 6 \cdot 10^{-17}$ erg oder $3{,}7 \cdot 10^{-5}$ eV. Das Verhältnis der Besetzungszahlen beträgt dann bei Zimmertemperatur etwa 0,998. Bei noch höheren Feldstärken ist ΔE zwar größer, aber die Experimentiertechnik wird im mm-Gebiet etwas schwieriger, und die Probenvolumina sind kleiner.

3.3.1.2. Spin-Hamilton-Operator

Der Energiezustand eines paramagnetischen Teilchens kann mit Hilfe eines Hamilton-Operators $\mathcal{H}$ beschrieben werden, dessen Eigenwerte die Energieniveaus sind. Allgemein setzt er sich aus mehreren Anteilen zusammen:

$$\mathcal{H} = \mathcal{H}_E + \mathcal{H}_{LS} + \mathcal{H}_{SI} + \mathcal{H}_Q + \mathcal{H}_V + \mathcal{H}_{SH} + \mathcal{H}_{IH},$$

also dem Beitrag aus der Elektronenkonfiguration, der Spin-Bahn-Kopplung, der Wechselwirkung zwischen Elektron und Kern, der Quadrupolwechselwirkung, aus dem elektrostatischen Potential des Kristallfeldes und der Wechselwirkung zwischen Magnetfeld und dem Spin der Elektronen bzw. dem der Kerne. In der ESR-Spektroskopie genügen in der Regel die ersten drei Terme und der sechste Term zur Beschreibung der auftretenden Phänomene. Die ersten zwei Terme sind für die Feinstruktur, der dritte für die Hyperfeinstruktur der ESR-Spektren verantwortlich. Die Feinstruktur spielt bei Übergangsmetallionen eine größere Rolle als bei freien Radikalen, deren linienreiche Spektren in der Regel durch Hyperfeinstruktur verursacht werden.

3.3.1.3. Hyperfeinstruktur

Die Hyperfeinstruktur (Hf) der ESR-Spektren entsteht durch Wechselwirkung zwischen dem magnetischen Dipolmoment des ungepaarten Elektrons und den Kernmomenten in der Umgebung. In einem starken äußeren Magnetfeld orientieren sich Elektronen- und Kernspin unabhängig voneinander. Die verschiedenen Einstellmöglichkeiten des Kernspins bedingen eine Aufspaltung der Energieniveaus des Elektrons, und die Resonanzbedingung erweitert sich zu

$$h\nu = g\mu_B H_0 + \sum_i a_i I_i$$

a_i = Hf-Aufspaltungsparameter
I_i = Kernspinquantenzahl des Kerns i

oder in Operatorschreibweise (dritter und sechster Term des oben erwähnten Hamilton-Operators):

$$\mathcal{H} = \mu_B \cdot SgH + \sum_i Sa_i I_i$$

S, I = Elektronen- und Kernspinoperator
H = äußeres Magnetfeld.

g und a_i sind Tensoren, d.h. der Betrag dieser Größen hängt von der Orientierung des Moleküls im Magnetfeld ab.

Beim Übergang zwischen zwei Energieniveaus ändert sich die magnetische Quantenzahl des Elektrons um $\Delta m_s = 1$ (z.B. von $-1/2$ zu $+1/2$), während die Orientierung des Kernspins und seine magnetische Quantenzahl unverändert bleibt: $\Delta m_I = 0$. Das heißt, daß nur Übergänge zwischen Niveaus gleicher Kernspinquantenzahl möglich sind (Auswahlregel).

Tritt das ungepaarte Elektron mit einem Kernspin I in Wechselwirkung, so ergeben sich $2I+1$ Niveaus und ebenso viele Linien von gleicher Intensität. Sie sind symmetrisch um die Stelle gruppiert, an der die ESR-Absorption ohne Hf als Einzellinie auftreten würde. Die Wechselwirkung mit einem Proton ($I_H = 1/2$) hat also zwei, die mit einem Stickstoffkern ($I_N = 1$) drei Hf-Linien zur Folge. Die Größe der Aufspaltung (= Abstand der Linien) ist ein Maß für die Stärke der Wechselwirkung. Sind mehrere Kerne mit verschieden starker Wechselwirkung vorhanden, so können komplizierte Spektren mit vielen Linien auftreten. Die Intensitäten der einzelnen Komponenten werden durch das statistische Gewicht bzw. die Besetzungsmöglichkeiten der zugehörigen Energieniveaus bestimmt. Für den häufig auftretenden Fall äquivalenter Protonen folgt die Intensitätsverteilung der $2I+1$ Linien im Spektrum einer binomischen Reihe:

$$\binom{n}{k} = \frac{n!}{(n-k)!k!}$$

Dabei ist n die Zahl der wechselwirkenden Protonen und k die Laufzahl der Hf-Linien von 0 bis n. Die relativen Intensitäten der Linien können also dem Pascalschen Dreieck entnommen werden.

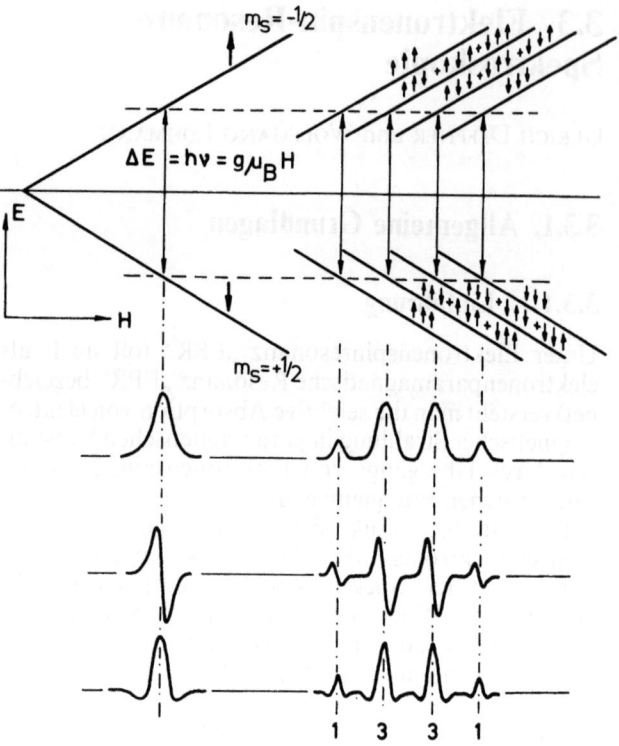

Abb. 3.83. Aufspaltung der Energieniveaus eines Radikalelektrons im Magnetfeld: links ohne Hyperfeinstruktur, rechts bei Wechselwirkung mit 3 äquivalenten Kernspins ($I = 1/2$). Die Kurven darunter stellen die Absorptionskurven sowie deren 1. und 2. Ableitung dar

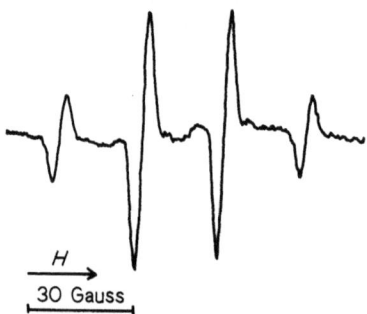

Abb. 3.84. ESR-Spektrum des Methylradikals (erzeugt in Methanol durch UV-Bestrahlung bei 77 K)

In Abb. 3.83 ist die Entstehung eines 4-Linienspektrums (Quartett) durch Wechselwirkung mit 3 äquivalenten Kernspins $I = 1/2$ dargestellt. Die Realisierungsmöglichkeiten sind über den einzelnen Energietermen durch Pfeile (Spinorientierung) angedeutet. Die Intensitäten dieser Linien verhalten sich wie 1:3:3:1. Ein solches Spektrum erhält man z.B. vom Methylradikal ($\dot{C}H_3$) bei 77 K (Abb. 3.84).

3.3.1.4. Meßtechnik

Um eine Resonanzabsorption nachweisen zu können, hat man entsprechend $h\nu = g\mu_B H$ die Wahl, entweder ν oder H zu variieren. In der Regel ist es einfacher,

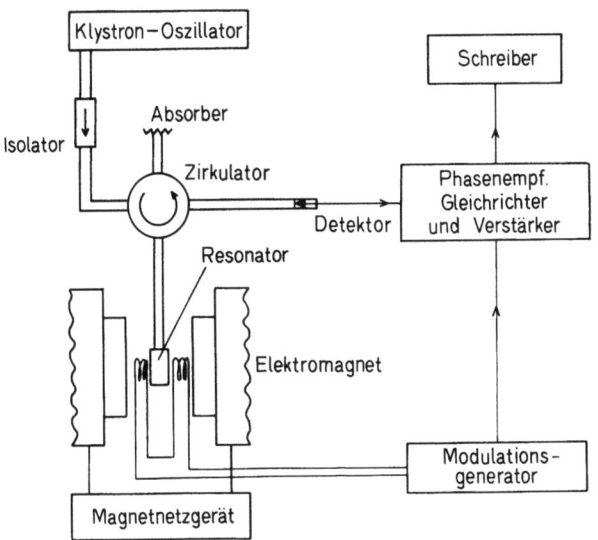

Abb. 3.85. Blockschema eines ESR-Spektrometers

das Magnetfeld zu ändern. Die Mikrowellen werden mit einem Klystron erzeugt und gelangen über ein Hohlleitersystem mit Zirkulator in einen Hohlraum-Resonator (Cavity) von hoher Güte. Der Resonator ist zwischen den Polschuhen eines Magneten angeordnet, dessen Feld möglichst homogen sein soll. Man braucht bei Elektromagneten eine gut stabilisierte Stromversorgung, die am besten vom Feld her geregelt wird. Bringt man die zu untersuchende Probe in den Resonator, so ändert sich dessen Güte mit der absorbierten Energie. Diese Absorption in Abhängigkeit vom Magnetfeld (=Resonanzkurve) läßt sich über einen Detektor nach geeigneter Verstärkung auf einem Oszillographenschirm oder Schreiber registrieren (Abb. 3.85).

Der Aufbau eines leistungsfähigen Spektrometers ist aus Gründen der höheren Empfindlichkeit und des besseren Auflösungsvermögens etwas komplizierter. Es wird wegen der fast immer angewendeten Hochfrequenz-Modulation (etwa 10^5 Hz) des Signals meist nicht die Absorptionskurve, sondern deren 1. oder auch 2. Ableitung aufgezeichnet. Die Nachweisgrenze wird normalerweise mit etwa 10^{11} Spins pro Gauss Halbwertsbreite angegeben. In der Praxis sind gelöste paramagnetische Substanzen bis herab zu Konzentrationen von 10^{-6} M noch gut meßbar. Zwei Doppelresonanz-Varianten der ESR, die unter dem Namen ENDOR (Electron Nuclear DOuble Resonance) und ELDOR (ELectron Electron DOuble Resonance) bekannt sind, sollen hier kurz erwähnt werden. Bei der ENDOR-Methode reduziert man zunächst die ESR-Absorption durch starke Mikrowelleneinstrahlung (Sättigung). Dann werden mit Hilfe von NMR-Frequenzen Hyperfein-Übergänge induziert, die die Gleichbesetzung der Niveaus wieder aufheben und dadurch die ESR-Absorption ansteigen lassen. Man erhält auf diese Weise ein Spektrum, das die ESR-Absorption als Funktion der NMR-Frequenz darstellt und kann daraus die Kopplungsparameter ermitteln. Bei der ELDOR-Methode beobachtet man die Änderung eines ESR-Überganges zwischen zwei bestimmten Hf-Niveaus beim Einstrahlen einer zweiten, variablen ESR-Frequenz, wenn diese mit einem benachbarten Hf-Übergang zusammenfällt. ELDOR ist technisch schwieriger und wurde in erster Linie zur Untersuchung von Relaxationsmechanismen verwendet.

3.3.1.5. Aussagemöglichkeiten der ESR-Spektroskopie

ESR-Spektren und ihre Abhängigkeit von den Meßbedingungen (z. B. Temperatur, Zeit, Orientierung der Probe u. a.) können Informationen über die paramagnetischen Zentren selbst, über deren Umgebung sowie über ablaufende Reaktionen liefern.

Die Stärke der ESR-Absorption (genauer: die Fläche unter der paramagnetischen Absorptionskurve) ist proportional zur Zahl der Elektronen-Zentren. Die Linienform und die Linienbreite sowie deren Sättigungsverhalten geben Aufschluß über die Relaxationsprozesse (Spin-Gitter-Wechselwirkung, Spin-Spin-Wechselwirkung, Austauschwechselwirkung). Aus dem g-Faktor und der Feinstruktur können Parameter der inneren Kristallfelder und der Spin-Bahn-Kopplung ermittelt werden. Die Hyperfeinstruktur der Spektren beweist die Wechselwirkung des ungepaarten Elektrons mit benachbarten Kernspins. Die entsprechenden Hf-Aufspaltungen sind ein Maß für die Verteilung dieses Elektrons im Molekül (Spindichten). In der Regel wird erst durch das Vorhandensein einer Hyperfeinstruktur die sichere Lokalisierung des paramagnetischen Zentrums möglich.

Die für die Interpretation von ESR-Spektren wichtigsten Größen sind der g-Faktor und die Hf-Aufspaltungsparameter a_i. Sie hängen vom Winkel zwischen den Molekülachsen und dem äußeren Magnetfeld ab. Die Hf besteht aus einem isotropen Anteil, der proportional zur Aufenthaltswahrscheinlichkeit des ungepaarten Elektrons am Ort des betreffenden Kerns ist, und einem anisotropen Anteil, der auf die klassische Dipol-Dipolwechselwirkung zwischen dem Elektronen- und dem Kernmoment zurückzuführen ist. Bei polykristallinen oder glasartigen Proben können — wenn der anisotrope Anteil überwiegt — stark verbreiterte und unsymmetrische Spektren auftreten, deren Interpretation kaum möglich ist. g und a_i sind jedoch häufig axialsymmetrische Tensoren, bei denen zwei der drei Hauptachsenwerte gleich sind. Dadurch wird die Deutung der Spektren erleichtert. Mit Hilfe von Rechenprogrammen lassen sich gemessene ESR-Spektren auch unter Berücksichtigung der Anisotropie simulieren. Das Problem der gleichzeitigen Überlagerung orientierungsabhängiger Spektren umgeht man — wenn möglich — durch Verwendung von Einkristallen als Probenmaterial. Dann können auch die Hauptachsenwerte von g und a_i aus den Messungen bestimmt werden. In flüssigen Proben verschwindet meist infolge der großen Molekülbeweglichkeit der anisotrope Anteil von g und a_i. Man erhält dann nur die Mittelwerte und bei gut aufgelösten Spektren Linienbreiten bis herab zu 10^{-2} Gauss.

3.3.2. Einige Anwendungen der ESR in der Biologie

3.3.2.1. Strahleninduzierte Radikale

Der „normale" Zustand eines Moleküls ist in der Regel nicht radikalisch. Auf verschiedene Weise lassen sich jedoch Radikale erzeugen, z. B. durch chemische Reaktionen, durch Elektrolyse, Photolyse oder Radiolyse. Dies kann über Redox-Reaktionen wie bei Semichinonen oder durch Aufbrechen von Bindungen wie bei der Radiolyse von Kohlenwasserstoffen geschehen. Das einfachste Radikal ist das Wasserstoffatom. Wegen des s-Zustandes des ungepaarten Elektrons ist die (isotrope) Hf-Aufspaltung durch das Proton besonders groß. Sein ESR-Spektrum besteht daher aus einem Dublett mit einem Linienabstand von über 500 Gauss. Die Bestrahlung fast jeder organischen Substanz bringt freie Radikale hervor. Kurzlebige Radikale kann man einer Messung dadurch zugänglich machen, daß entweder ein stationäres Gleichgewicht hergestellt oder ihre Lebensdauer (z.B. durch Temperaturerniedrigung) verlängert wird. Bei Bestrahlungen mit schnellen Elektronen im Resonator des ESR-Spektrometers konnten Radikale mit einer Lebensdauer von einigen μs nachgewiesen werden. Ziel der ESR-Untersuchungen in der Strahlenbiologie ist neben der Identifizierung von Radiolyseprodukten und deren Reaktionen die Ermittlung des G-Wertes (Zahl der Radikale pro 100 eV absorbierter Energie) unter verschiedenen äußeren Bedingungen. Abgesehen von Modellsystemen dominieren dabei wegen der meist sehr komplexen Systeme die quantitativen Aussagen.

Die vollständigste Information über ein freies Radikal erhält man von einkristallinen Proben, da hier sämtliche Moleküle in definierten Lagen angeordnet sind und grundsätzlich alle Werte von g und a_i ermittelt werden können. Von vielen niedermolekularen Amino- und Carbonsäuren lassen sich relativ leicht Einkristalle züchten, während das für Substanzen mit höherem Molekulargewicht schwieriger wird. In mono- oder polykristallinem Material haben strahleninduzierte Radikale sehr lange Zerfallszeiten (z.T. Monate bis Jahre). Sie werden durch eine Art „Käfig-Effekt" an der Diffusion und der Weiterreaktion gehindert. Wenn die Züchtung von Einkristallen nicht möglich ist, so hilft oft eine teilweise Ausrichtung der Moleküle (z.B. von Fibern), um eine bessere Auflösung der ESR-Spektren zu erhalten.

Das ESR-Spektrum von bestrahltem Paraffin (Abb. 3.86) ist ein Beispiel für die noch ausreichende Auflösung der Hf in einer Probe mit polyorientierten Molekülen. Hier sind vorwiegend Alkylradikale vorhanden: $-CH_2-\dot{C}H-CH_2-$. Das Spektrum ist ein Sextett als Folge der Wechselwirkung mit den 5 benachbarten Wasserstoffkernen. Die Breite der Linien

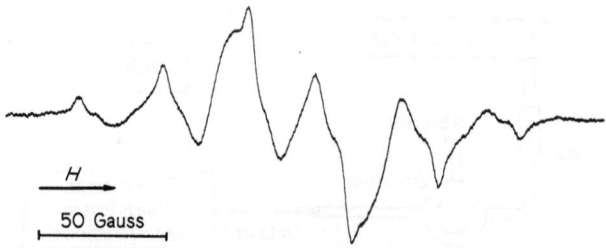

Abb. 3.86. ESR-Spektrum von bestrahltem Paraffin bei 232 K

wird wesentlich durch die anisotrope Hf des mittleren H-Atoms verursacht.

Wasser modifiziert durch seine Radiolyseprodukte ($\dot{O}H$, $\dot{H}$, e^-_{aq}) die Art, die Ausbeute und die Reaktionen der strahleninduzierten Radikale. In wasserhaltigen Proben oder in Lösungen reicht die Lebensdauer solcher Radikale im allgemeinen nicht für eine Messung nach der Bestrahlung aus. Dagegen sind in bestrahltem Eis bei 77 K je nach pH-Wert $\dot{H}$- und $\dot{O}H$-Radikale nachweisbar.

Da molekularer Sauerstoff zwei ungepaarte Elektronen besitzt, kann er mit freien Radikalen unter Bildung von Peroxidradikalen reagieren: $\dot{R} + O_2 \to R O \dot{O}$. Diese sind durch ihr typisches Spektrum (axialsymmetrischer g-Tensor!) ohne Hf und ihr unterschiedliches Sättigungsverhalten relativ leicht von anderen Radikalen zu unterscheiden. Schwefelhaltige Verbindungen wie Cystin oder Proteine mit Disulfidbrücken ergeben nach Bestrahlung die charakteristischen Spektren von „Schwefelradikalen" mit $g \approx 2{,}01$, die auch an bestrahlten Haaren oder Finger- bzw. Zehennägeln zu finden sind.

In entsprechenden Mischungen von verschiedenen Molekülen lassen sich mit der ESR Energieübertragungen erfassen, wobei die Veränderung der Radikalausbeute (G-Wert) auf eine Modifikation des Strahlenschadens hinweist. Das ist für die Aufklärung von Strahlenschutz- oder Strahlensensibilisierungs-Wirkungen bedeutsam.

Viele ESR-Untersuchungen sind an Nucleinsäuren und ihren Bestandteilen durchgeführt worden. Dabei ergab sich u.a., daß der G-Wert für die Radikale in der DNA um zwei Zehnerpotenzen höher ist als der G-Wert für die Inaktivierung. Da die Radikalausbeuten der Basen in Nukleotiden größer sind als in Nucleosiden und dort wiederum größer als in den Basen selbst, wird eine Wanderung der Strahlenenergie von den Phosphat- und Zuckergruppen zu den Basen angenommen. Dafür spricht auch, daß die Spektren der Nucleotide denen der Basen ähnlich sind und nicht denen von Zuckern. Bei der Radikalbildung in den Basen Thymin, Adenin, Guanin und Cytosin scheint die Addition von H-Atomen eine wichtige Rolle zu spielen.

3.3.2.2. Biologische Metallkomplexe

Von den zahlreichen biologischen Metallkomplexen sind für die ESR-Spektroskopie in erster Linie die interessant, die paramagnetische Übergangsmetall-

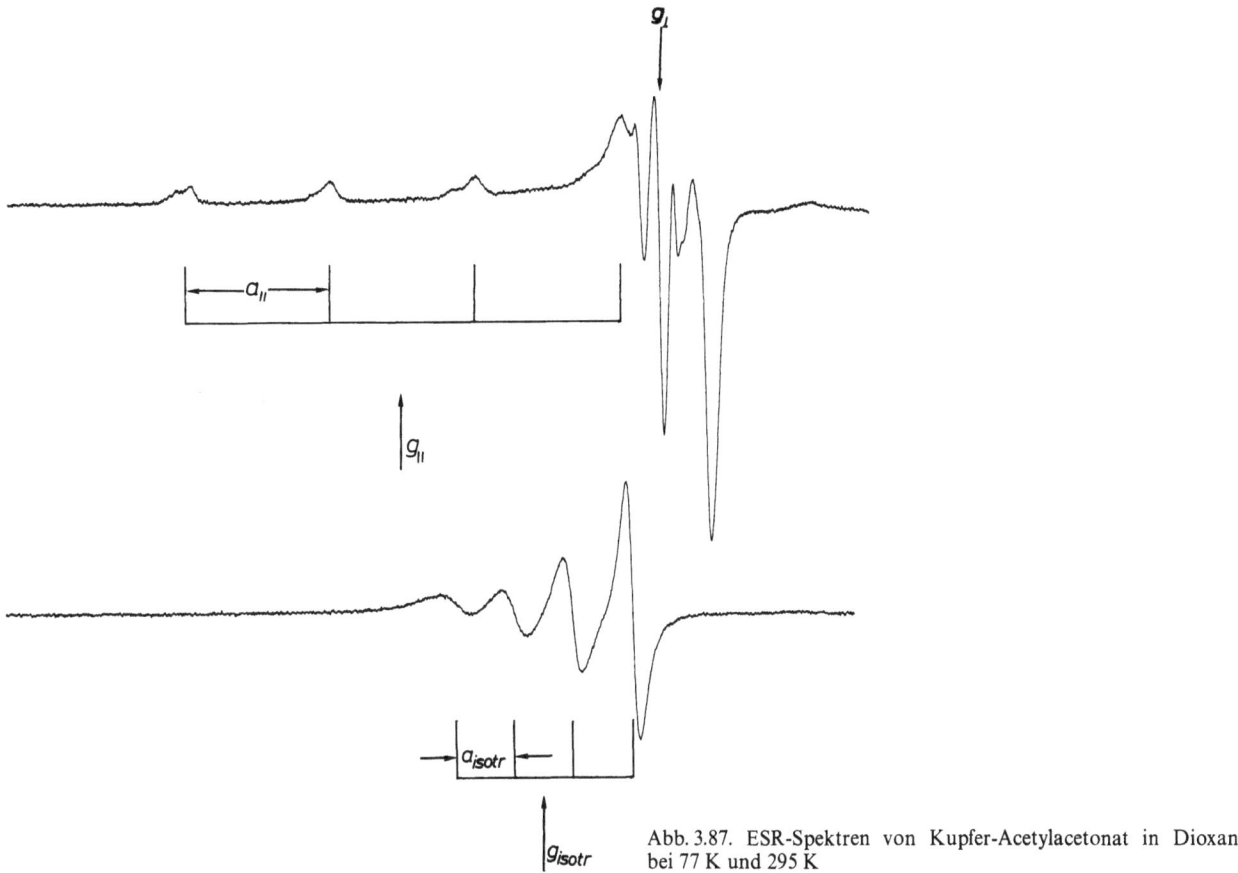

Abb. 3.87. ESR-Spektren von Kupfer-Acetylacetonat in Dioxan bei 77 K und 295 K

ionen (Mn, Fe, Cu, Co u.a.) enthalten. Diese Metallionen sind ein essentieller Teil der Komplexe und in Enzymen für die spezifische Aktivität verantwortlich. Bei den Übergangsmetallionen ist die Spin-Bahn-Kopplung der ungepaarten Elektronen meist stärker als bei freien Radikalen. Dadurch sind größere Abweichungen des g-Faktors vom Wert des freien Spins ($g = 2{,}0023$) möglich. Sowohl der g-Faktor als auch die Hf-Aufspaltung können Hinweise auf die chemische Bindung der Liganden und die Molekülstruktur geben.

Eine Reihe von Enzymen enthält Kupfer (z.B. Caeruloplasmin, Laccase, Stellacyanin, Superoxiddismutase und einige Oxidasen). Das Cu^{++}-Ion ist wegen seiner nicht vollständig aufgefüllten $3d$-Schale (9 d-Elektronen) paramagnetisch. Als Beispiel eines einfachen organischen Cu-Komplexes sind in Abb. 3.87 die ESR-Spektren von Cu-Acetylacetonat in Dioxan wiedergegeben. Die starke Unsymmetrie, die in der eingefrorenen Lösung bei 77 K durch die Anisotropie von g und a (beides sind axialsymmetrische Tensoren) hervorgerufen wird, ist bei Zimmertemperatur nicht mehr vorhanden. Durch die Mittelung bleibt nur der isotrope g-Faktor und die isotrope Hf-Aufspaltung a_{isotr} wirksam. Die vier Linien entstehen durch Wechselwirkung mit dem Kernspin $I = 3/2$ der beiden Kupferisotope ^{63}Cu und ^{65}Cu. Sie haben wegen unterschiedlicher Relaxationszeiten der Übergänge verschiedene Höhen und Breiten. Bei Kupfer-Komplexen der Porphyrine, des Chlorophylls, des Phthalocyanins und einiger anderer Verbindungen sind die vier Linien der Cu-Hf durch benachbarte Stickstoffatome der Liganden noch weiter aufgespalten. Diese Hf ist im wesentlichen isotrop, da das ungepaarte Elektron in den s-Teil der σ-Bindung des Stickstoff-sp^2-Hybrids delokalisiert ist.

Die Spektren von Kupferproteinen bei 77 K und bei Zimmertemperatur sind sehr ähnlich, weil die Beweglichkeit der Proteine in beiden Fällen nicht ausreicht, um die Anisotropie herauszumitteln. In Kupferproteinen unterscheidet man zwischen zwei Typen von Cu^{++}. Die Typ I enthaltenden Proteine sind wegen der optischen Absorptionsbande bei 600 nm etwas bläulich (Beispiel: Caeruloplasmin) und haben einen kleineren Hf-Aufspaltungsparameter $a_{\|}$ als die Proteine mit Typ II, die farblos sind. Über die Koordination des Ions und über die Kristallstruktur von natürlichen Kupferproteinen ist nur wenig bekannt.

Unter den biologischen Eisenkomplexen sind Hämoglobin und Myoglobin die wichtigsten. Sie enthalten als (ebene) prosthetische Gruppe das Fe^{++}-Protoporphyrin (Häm), wobei 4 von 6 Koordinationsstellen des zentralen Eisenions durch die Stickstoffatome der 4 Pyrrolringe besetzt sind. Da man diese Eisenproteine auch in monokristalliner Form erhalten kann, sind hier sehr eingehende ESR-Untersuchungen durchgeführt worden. Wegen der starken Anisotropie des g-Faktors durch Beiträge höherer Spinzustände (in der Häm-Ebene ist $g \approx 6$, senkrecht dazu ist $g \approx 2$)

war es möglich, die genauen Lagen der Porphyrin-Ebenen in solchen Kristallen zu bestimmen. Sowohl Fe^{++} als auch Fe^{+++} können im sogenannten High-Spin-Zustand (weitgehende Parallelität der $3d$-Elektronen-Spins) oder im Low-Spin-Zustand (weitgehende Absättigung der $3d$-Elektronen-Spins) existieren. Die Bindung erfolgt im ersten Fall vorwiegend ionisch, im zweiten Fall vorwiegend kovalent.

3.3.2.3. Radikale natürlichen Ursprungs

Zahlreiche ESR-Untersuchungen sind über paramagnetische Zentren in pflanzlichem oder tierischem Gewebe bekannt geworden. Wenn der möglichst ungestörte Organismus erfaßt werden soll, müssen dabei einige Schwierigkeiten in Kauf genommen werden, wie z.B. die Absorption der Mikrowellen durch Wasser, die Beschränkung in den Probendimensionen, die geringe Konzentration der paramagnetischen Spezies, die gleichzeitige Existenz zahlreicher verschiedener Biomoleküle und die Gefahr von Verunreinigungen. Bei der Interpretation solcher Messungen ist deshalb besondere Vorsicht geboten. Mit gefriergetrockneten (lyophilisierten) Materialien umgeht man zwar einige der genannten Probleme, die Information kann aber verfälscht sein, weil manche Radikale durch diese Behandlung zerstört oder andere erzeugt werden (Artefakte). Viele Proben natürlichen Ursprungs enthalten Radikale, über deren Natur nur spekulative Aussagen gemacht werden können.

ESR-Messungen an pigmentreichen Geweben ergeben in der Regel ein starkes Singulett, das von Melaninen hervorgerufen wird (Abb. 3.88). In manchen Pflanzenbestandteilen sind auch paramagnetische Übergangsmetallionen angereichert, z.B. Mn^{++} in Kokosmilch oder in Kiefernzapfen. In normalem Gewebe (z.B. Leber, Niere, Herz) von Mäusen und Ratten findet man Konzentrationen der Größenordnung 10^{15} Radikale pro Gramm Frischsubstanz, in Bakterien ist diese Zahl kleiner. Es wurden auch Zusammenhänge zwischen der metabolischen Aktivität und der Radikalkonzentration nachgewiesen.

Mehrere Autoren haben quantitative und qualitative Unterschiede zwischen den ESR-Spektren von Tumorgeweben und den entsprechenden gesunden Geweben festgestellt. Durch Verfeinerung der Methode könnte man Hinweise auf den verschiedenen Metabolismus von normalem und krankem Gewebe und vielleicht sogar eine diagnostische Hilfe erhalten. Einige als cancerogen bekannte Substanzen existieren teilweise in Radikalform. So wurden in kondensiertem Tabakrauch und in Benzpyren freie Radikale gefunden. Auch verkohltes organisches Material oder verkohlte Nahrungsmittel (z.B. Zucker, Weißbrot, Fleisch) enthalten erhebliche Mengen freier Radikale, deren cancerogene Wirkung jedoch umstritten ist.

Eine häufig zitierte medizinische Anwendung der ESR sind die Versuche, in denen Commoner u. Mitarb. von Biopsie-Proben der menschlichen Leber bei Gelbsucht bis zu dreimal stärkere ESR-Signale erhielten als von der Leber gesunder Patienten.

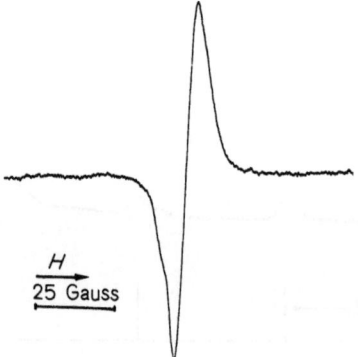

Abb. 3.88. ESR-Spektrum der frischen Gewebeprobe eines Melanoms der Maus bei 77 K

Bei der Photosynthese treten mit Sicherheit radikalische Zwischenstufen auf. Die ESR-Spektren solcher Systeme haben g-Faktoren zwischen 2,002 und 2,005, Linienbreiten bis zu 10 Gauss und fast keine Hyperfeinstruktur. An einer Reihe von Chloroplasten, Algen und Bakterien können während der Belichtung zwei ESR-Signale unterschieden werden, von denen eines dem positiven Chlorophyll-Ion zugeschrieben wird. Bis zu etwa 10^4 Lux ist die Zahl der ungepaarten Spins proportional zur Beleuchtungsstärke. Darüber hinaus gibt es ESR-Signale, die im Dunkeln bereits vorhanden sind und bei Belichtung abnehmen.

Viele Redoxreaktionen in biologischen Systemen werden durch Enzyme katalysiert. Dabei müssen in der Regel zwei Elektronen übertragen werden. Mit Hilfe der ESR kann man unter Umständen die entsprechenden Zwischenzustände mit einem ungepaarten Elektron am Enzym, am Substrat oder in einem Komplex erfassen.

3.3.2.4. Spin-Label

Die Spin-Label-Methode wurde seit 1965 speziell für die Untersuchung von Biomolekülen entwickelt, wozu McConnell wesentlich beigetragen hat. Bei dieser Technik wird ein freies Radikal an eine definierte Stelle im Biomolekül (z.B. Enzym, Protein, Membran) angeheftet. Mit einer derartigen Markierung ist das Molekül für die ESR-Spektroskopie geeignet und seine An- oder Abwesenheit dadurch meßbar geworden. Darüber hinaus erlaubt die quantitative Analyse des ESR-Spektrums Schlüsse auf die Art und Stärke der molekularen Bewegung, auf die Orientierung des Radikals und die Struktur der Matrix.

Ein als Spin-Label für Biomoleküle geeignetes Radikal sollte in wäßrigen Lösungen bis ca. 70°C und bei pH-Werten zwischen 2 und 10 stabil sein, überschaubare chemische Reaktionsmöglichkeiten und ein einfach zu interpretierendes, orientierungsabhängiges ESR-Spektrum haben. Die meisten Spin-Labels sind Nitroxyl-Radikale der Form

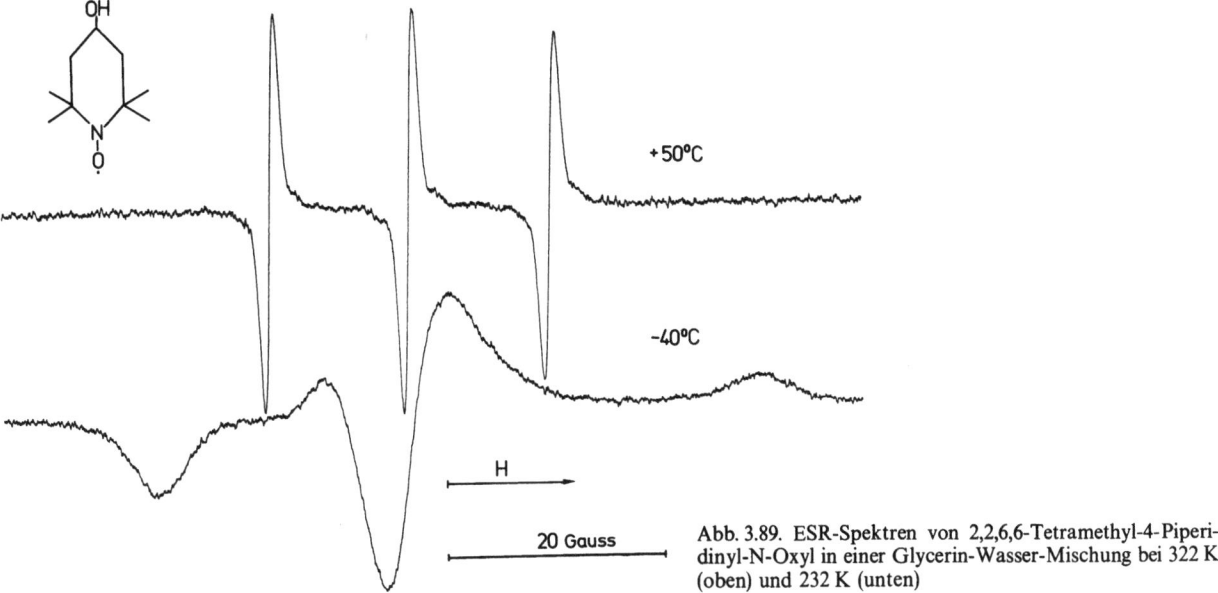

Abb. 3.89. ESR-Spektren von 2,2,6,6-Tetramethyl-4-Piperidinyl-N-Oxyl in einer Glycerin-Wasser-Mischung bei 322 K (oben) und 232 K (unten)

Dabei bestimmt die funktionelle Gruppe R die Spezifität des Radikals. Mit dieser Gruppe kann das Radikal über eine chemische Reaktion kovalent oder durch schwächere Kräfte wie Wasserstoffbrücken und hydrophobe Wechselwirkungen an das Makromolekül gebunden werden.

Als Beispiel ist in Abb. 3.89 das ESR-Spektrum eines relativ einfachen NO-Radikals, des 2,2,6,6-Tetramethyl-4-Piperidinyl-N-Oxyl in einer Glycerin-Wasser-Mischung wiedergegeben. Bei $+50°$ C ist nur der isotrope Anteil der Hf zu erkennen. Das Spektrum besteht wegen der Wechselwirkung des Radikalelektrons mit dem Stickstoffkern ($I=1$) aus drei Linien mit $a_{isotr} \approx 15$ Gauss. Bei $-40°$ C wird die Beweglichkeit des Moleküls durch die erstarrende Matrix sehr stark eingeschränkt, und die Überlagerung der winkelabhängigen Spektren wird sichtbar. Wegen der Anisotropie von g und a_i ist dieses Spektrum breit und unsymmetrisch (typische Hauptachsenwerte des g-Tensors von NO-Radikalen sind $g_x=2,009$, $g_y=2,006$, $g_z=2,003$, dabei ist die NO-Verbindungslinie die x-Achse).

Bis heute ist eine große Zahl verschiedener Spin-Labels synthetisiert worden, viele davon sind käuflich zu erwerben (z.B. für SH- und Aminogruppen). Eine Anwendung dieser Methode war z.B. die kovalente Anlagerung eines Spin-Labels an die SH-Gruppe des Cysteins in der Position 93 der β-Kette von Hämoglobin. Dabei wurden die Konformationsänderungen in Abhängigkeit von der kooperativen Beladung des Hämoglobins mit O_2 untersucht. Mit Hilfe von Maleinimid-Nitroxylradikalen konnte deren kovalente Bindung an die SH-Gruppen von Erythrozyten-Membranen in mindestens zwei verschiedenen Lagen gezeigt werden. Nach Blockierung der SH-Gruppen mit Quecksilber oder Jodacetamid ist diese Anlagerung nicht mehr möglich.

NO-Radikale entsprechender Modifikation (mit Steroiden oder Fettsäuren) lassen sich leicht an bestimmten Stellen in Lipidmembranen einbauen, wodurch wichtige Einzelheiten für das Verständnis der verschiedenartigen molekularen Bewegungen in den Membranen gefunden wurden. Diese Versuche haben u.a. ergeben, daß die Bewegungsfreiheit von der polaren Oberfläche bis zur Mitte der Phospholipid-Doppelschicht erheblich zunimmt, ebenso wie die Unordnung der Lipidketten. Durch Zugabe von Drogen oder von Mg^{++}-Ionen wurden Konformationsänderungen in einigen Membranproteinen induziert und mit Spin-Label nachgewiesen. Ferner gibt es eine Reihe von Untersuchungen mit Hilfe von Spin-Labels über die Strukturveränderungen von Enzymen (z.B. Ribonuclease A) unter Variation von pH, Temperatur, Substrat oder Inhibitoren. (Detaillierte Ausführungen über die Spin-Label-Methode s. Kapitel 11.2).

Literaturauswahl

Ayscough, P. B.: Electron spin resonance in chemistry. London: Methuen 1967.
Berliner, L. J. (Ed.): The spin label method. New York: Academic Press 1975.
Ingram, D. J. E.: Biological and biochemical applications of electron spin resonance. London: Adam Hilger 1969.
McConnell, H. M., McFarland, B. G.: Quart. Rev. Biophys. 3, 91 (1970).
Scheffler, K., Stegmann, H. B.: Elektronenspinresonanz. Berlin-Heidelberg-New York: Springer 1970.
Schoffa, G.: Elektronenspinresonanz in der Biologie. Karlsruhe: Braun 1964.
Swartz, H. M., Bolton, J. R., Borg, D. C. (Eds.): Biological applications of electron spin resonance. New York: Wiley-Interscience 1972.
Wertz, J. E., Bolton, J. R.: Electron spin resonance, elementary theory and practical applications. New York: McGraw-Hill 1972.
Wyard, S. J. (Ed.): Solid state biophysics. New York: McGraw-Hill 1969.

3.4. Kernmagnetische Resonanz-Spektroskopie

VOLKER PENKA und WOLFGANG LOHMANN

3.4.1. Einleitung

Die kernmagnetische Resonanz-Spektroskopie (NMR von *N*uclear *M*agnetic *R*esonance) ist eines der jüngsten spektroskopischen Gebiete. Als 1946 Bloch, Hansen und Packard einerseits und Purcell, Torrey und Pound andererseits erste Experimente auf diesem Gebiet durchführten, konnte noch niemand ahnen, welch rapiden Aufschwung diese Methode in den folgenden Jahren nehmen würde. Besonders die Protonenresonanz (^{1}H-NMR — auch PMR) hat sich zu einem wichtigen Hilfsmittel in der biologischen Forschung entwickelt. Bei Strukturaufklärungen, Konformationsanalysen und bei der Untersuchung von Wasserstoffbrücken und anderen schwachen Wechselwirkungen zwischen Molekülen sowie von Substitutionseffekten ist sie nicht mehr aus dem Instrumentarium des Naturwissenschaftlers wegzudenken, ja oft ist sie die einzige Methode, mit der überhaupt experimentelle Aussagen gemacht werden können.

Auf dem Gebiet der Strukturaufklärung und Konformationsanalyse scheint die Kohlenstoffresonanz (^{13}C-NMR — auch CMR) mit Riesenschritten einem ähnlichen, wenn nicht noch größeren Erfolg zuzustreben, seit neue Techniken und der Einsatz von Computern die Empfindlichkeit der Methode gewaltig verbessert haben.

Um ein Kernresonanz-Experiment durchführen zu können, benötigt man Kerne, die einen von Null verschiedenen Kernspin besitzen. In Tab. 3.6 sind die wichtigsten Nuklide aufgeführt; ferner kann man die Resonanzfrequenzen bei $23{,}487 \cdot 10^3$ und $14{,}092 \cdot 10^3$ Gauss (die beiden am häufigsten verwendeten Feldstärken; 10^4 Gauss $\triangleq 1$ Tesla), die natürliche Häufigkeit und die relative Empfindlichkeit bei konstantem Feld entnehmen. Man sieht deutlich, daß nicht nur die geringe natürliche Häufigkeit, sondern auch die relative Empfindlichkeit bei manchen Kernen sehr große Anforderungen an die Güte der Kernresonanzspektrometer stellen. Außerdem besitzen alle Kerne mit einem Spin $I \geq 1$ ein elektrisches Quadrupolmoment, was zu einer nicht unerheblichen Verbreiterung der Resonanzsignale führt. Im folgenden soll ein kurzer Abriß über die Möglichkeiten gegeben werden, die sich dem Biophysiker durch die Anwendung der NMR-Spektroskopie bieten.

3.4.2. Theorie

3.4.2.1. Verhalten eines Atomkerns im Magnetfeld

Bringt man einen Kern mit dem Kernspin I (gemessen in Einheiten von $\hbar$) und dem magnetischen Moment $\boldsymbol{\mu} = \gamma \hbar \boldsymbol{I}$ ($\gamma \triangleq$ gyromagnetisches Verhältnis, $\hbar = h/2\pi$) in ein Magnetfeld $\boldsymbol{H}_0 = \{0, 0, H_0\}$ — üblicherweise wird das Feld in z-Richtung angenommen — so wird die Spinentartung des Grundniveaus aufgehoben. Der Kern hat im Feld die Energie

$$E = -\boldsymbol{\mu} \boldsymbol{H}_0 = -\gamma \hbar I H_0 .$$

Nach der Quantentheorie ergeben sich $2I+1$ mögliche Einstellungen ($I \triangleq$ Kernspinquantenzahl). Die Energiedifferenz zwischen zwei benachbarten Niveaus ist

$$\Delta E = \gamma \hbar H_0 .$$

Wird ein Quant mit der Energie $\Delta E = \omega \hbar$ eingestrahlt ($\omega = 2\pi\nu$), so kann es absorbiert werden. Dann lautet die Resonanzbedingung

$$\omega = \gamma H_0 .$$

Das ist die der kernmagnetischen Resonanz zugrunde liegende Gleichung.

Tabelle 3.6. Magnetische Daten einiger wichtiger Kerne

Nuklid	NMR-Frequenz (MHz) bei $23{,}5 \cdot 10^3$ Gauss	NMR-Frequenz (MHz) bei $14{,}1 \cdot 10^3$ Gauss	Spinquantenzahl I	nat. Häufigkeit (%)	rel. Empfindlichkeit (bez. auf ^{1}H)
^{1}H	100	60	1/2	99,98	1,000
^{2}H	15,351	9,210	1	0,0156	0,00964
^{11}B	32,084	19,250	3/2	81,17	0,165
^{13}C	25,144	15,087	1/2	1,108	0,0159
^{14}N	7,224	4,334	1	99,635	0,00101
^{15}N	10,133	6,080	1/2	0,365	0,00104
^{17}O	13,560	8,134	5/2	0,037	0,0291
^{19}F	94,077	56,446	1/2	100	0,834
^{31}P	40,481	24,288	1/2	100	0,0664
^{33}S	7,670	4,602	3/2	0,74	0,00226
^{63}Cu	26,506	15,903	3/2	69,09	0,0931
^{65}Cu	28,394	17,031	3/2	30,91	0,114

3.4.2.2. Chemische Verschiebung

Befindet sich ein magnetischer Kern im Molekülverband, so wird er durch seine „chemische Umgebung" diamagnetisch abgeschirmt. Das effektive Feld am Kernort (H_{eff}) ist kleiner als das angelegte Feld H_0:

$$H_{\text{eff}} = H_0(1-\sigma),$$

und die Energie des Kerns ist:

$$E_M = -\gamma(1-\sigma)\hbar I H_0.$$

Die sog. Abschirmungskonstante σ ist positiv und von der Größenordnung 10^{-6} bis 10^{-4}.

Die Resonanzfrequenz $\omega = \gamma H_0(1-\sigma)$ ist also kleiner als bei einem freien Kern, oder, wenn man das Experiment bei konstanter Frequenz durchführt, die Resonanz liegt bei höherem angelegten Feld. Diese durch die Abschirmung bedingte chemische Verschiebung δ_{jk} zwischen den Kernen (j) und (k) wird als relative Frequenzänderung folgendermaßen definiert:

$$\delta_{jk} = \frac{v_j - v_k}{v_k} = \frac{H_j - H_k}{H_k} = \frac{\sigma_k - \sigma_j}{1-\sigma_k} \approx \sigma_k - \sigma_j.$$

δ wird üblicherweise in ppm (parts per million) angegeben. Die chemische Verschiebung hängt von verschiedenen Faktoren ab. Die wichtigsten sind: Elektronendichte am Kernort (beeinflußt durch induktive und mesomere Effekte), elektrische Dipole, Anisotropie der magnetischen Suszeptibilität einzelner Bindungen, Ringstromeffekte, van der Waals-Effekte etc.

3.4.2.3. Spin-Spin-Wechselwirkung

Sind in einem Molekül magnetisch nicht äquivalente Kerne vorhanden, so kommt es zu Wechselwirkungen zwischen den einzelnen magnetischen Momenten, den sog. Kopplungen. Die Wechselwirkungsenergie zwischen zwei Kernen ist proportional dem skalaren Produkt der beiden Kernspins I_j und I_k

$$E_J = hJ_{jk}I_jI_k.$$

Der Proportionalitätsfaktor J_{jk} heißt Kopplungskonstante (Einheit Hz). Diese hängt von der Art der koppelnden Kerne, vom Abstand und Winkel, von der Art der dazwischenliegenden Bindungen und von der Umgebung (Lösungsmittel) ab. Unabhängig dagegen ist sie vom angelegten Magnetfeld.

3.4.2.4. Hamilton-Operator

Die magnetische Energie eines Moleküls mit N magnetischen Kernen setzt sich aus den Beiträgen E_M für jeden Kern zusammen:

$$\mathcal{H}_M = \sum_k (E_M)_k = -\sum_k \gamma_k(1-\sigma_k)\hbar I_k H_0.$$

Dazu kommt noch der Beitrag für die Spin-Spin-Wechselwirkungen

$$\mathcal{H}_J = \sum_{j<k}\sum (E_J)_{j,k} = \sum_{j<k}\sum hJ_{jk}I_jI_k;$$

so daß sich der Hamilton-Operator für das Gesamtmolekül ergibt zu

$$\mathcal{H} = \mathcal{H}_M + \mathcal{H}_J = -\sum_k \gamma_k(1-\sigma_k)\hbar I_k H_0 + \sum_{j<k}\sum hJ_{jk}I_jI_k.$$

Dividiert man diese Gleichung durch h und setzt die Resonanzbedingung $\omega_k = \gamma_k H_0(1-\sigma_k)$ ein, so erhält man mit $I_k H_0 = I_{zk}H_0$ (I_{zk} = Komponente von I_k in H_0-Richtung)

$$\mathcal{H}' = -\sum_k v_k I_{zk} + \sum_{j<k}\sum J_{jk}I_jI_k.$$

Dabei ist v_k die Resonanzfrequenz des k-ten Kerns und J_{jk} die Kopplungskonstante zwischen dem j-ten und dem k-ten Kern. Alle Linien eines hochaufgelösten Kernresonanzspektrums lassen sich als Differenz der Eigenwerte von $\mathcal{H}'$ darstellen.

3.4.2.5. Nomenklatur und Spektreninterpretation

Zur Klassifizierung von Spin-Systemen bedient man sich folgender Terminologie:

1. *Magnetisch äquivalente Kerne* werden mit dem gleichen Buchstaben bezeichnet. Dabei hängt man die Zahl der Kerne wie bei chemischen Formeln als Index an (A, A_2, A_3, ...).
2. *Isochrone*[1] aber nicht magnetisch äquivalente Kerne werden zwar mit dem gleichen Buchstaben bezeichnet, aber durch Striche gekennzeichnet (A, A', A'', ...). Isochrone Kerne sind magnetisch äquivalent, wenn der Satz Kopplungskonstanten zu allen anderen Kernen identisch ist.
3. Der Abstand im Alphabet ist ein Hinweis auf die Differenz der chemischen Verschiebung.

Ist das Verhältnis zwischen der Differenz der Resonanzfrequenz und der Kopplungskonstanten $\Delta v/J \gg 1$, so spricht man von Spektren erster Ordnung. In der Praxis kann man annehmen, daß schon ab $\Delta v/J \simeq 10$ folgende Regeln für ein A_kX_l-System gelten:
1. Die Multiplizität der von A stammenden Bande ist $2lI_X + 1$, die der von X herrührenden Bande $2kI_A + 1$.
2. Der Abstand zweier benachbarter Multiplettlinien (in Hz) gibt die Kopplungskonstante J_{A-X} wieder.
3. Die chemische Verschiebung eines Multipletts entspricht der Lage seines Mittelpunktes.
4. Die Intensitäten der Linien verhalten sich für Kerne mit $I=1/2$ wie die Binomialkoeffizienten, für

---
[1] Isochron nennt man Kerne mit gleicher chemischer Verschiebung.

Tabelle 3.7. Multiplettregeln für Spektren erster Ordnung

Zahl der Kopplungs- partner k	Multipli- zität $2kI+1$	Intensitätsverhältnis der Linien	
1	2	1:1	
2	3	1:2:1	
3	4	1:3:3:1	Kerne mit
4	5	1:4:6:4:1	$I=1/2$
5	6	1:5:10:10:5:1	
6	7	1:6:15:20:15:6:1	
1	3	1:1:1	
2	5	1:2:3:2:1	Kerne mit
3	7	1:3:6:7:6:3:1	$I=1$
4	9	1:4:10:16:19:16:10:4:1	

Kerne mit $I=1$ nach einem ähnlichen Schema (s. Tab. 3.7).

Sind Δv und J von der gleichen Größenordnung, so spricht man von Spektren höherer Ordnung. Bei diesen lassen sich die Parameter δ und J nur in sehr einfachen Fällen direkt aus dem Spektrum ablesen. Es gibt einige Möglichkeiten, um komplizierte Spektren zu vereinfachen:

1. Erhöhung der Feldstärke, wodurch man letztlich Spektren erster Ordnung erhält,
2. Verwendung von Shift-Reagenzien, die ebenfalls die chemische Verschiebung vergrößern,
3. Deuterierung des Moleküls an bestimmten Stellen.

Viele komplizierte Spektren sind theoretisch berechnet worden, und Rechenprogramme dazu, mit deren Hilfe solche Spektren simuliert und angenähert werden können, sind in der einschlägigen Literatur zu finden.

3.4.2.6. Relaxationseffekte

Da sich nach Boltzmann die Besetzungszahlen zwischen dem tieferen Niveau (N_1) und dem höheren (N_2) für Protonen bei einer Resonanzfrequenz von 100 MHz verhalten wie $\frac{N_1}{N_2} = \frac{1000016}{1000000}$, würde bei einem Kernresonanzexperiment ohne einen geeigneten Relaxationsmechanismus, der die absorbierte Energie wieder abführt, sofortige Sättigung eintreten; die Besetzungszahlen wären dann gleich und keine Nettoabsorption wäre möglich.

Zwei Arten von Relaxationszeiten werden unterschieden:

1. *Die Spin-Gitter-Relaxationszeit T_1* (auch longitudinale Relaxationszeit genannt, weil die Längsmagnetisierung ins Gleichgewicht gesetzt wird): Das ist jene Zeit, in der der Besetzungsüberschuß gegenüber der Gleichgewichtsverteilung auf den e-ten Teil reduziert wird. Die Energieabgabe geschieht über Felder an das „Gitter", d. h. die Umgebung. Durch Stoß ist eine Übertragung nicht möglich. Kernquadrupolmomente und paramagnetische Substanzen verkürzen die Relaxationszeit T_1.

2. *Die Spin-Spin-Relaxationszeit T_2* (auch als transversale Relaxationszeit bezeichnet, weil sie die Quermagnetisierung betrifft): Darunter versteht man diejenige Zeit, in der sich die Quermagnetisierung auf den e-ten Teil verringert hat. Man nennt T_2 auch sehr anschaulich „Phasengedächtniszeit".

Die Relaxationszeiten sind für Lösungen in der Größenordnung von Sekunden. Es gibt heute Kernresonanzgeräte, mit denen sich Relaxationszeiten unmittelbar messen lassen, so daß man weitere Parameter zur Aufklärung von Strukturen erhält.

3.4.3. Experimentelle Technik

Um ein Kernresonanzexperiment durchzuführen, benötigt man ein stabiles, statisches Magnetfeld H_0 und ein hochfrequentes Wechselfeld $H_1 = H_1^0 \cos \omega t$. In Abb. 3.90 ist ein einfaches Blockschaltbild eines solchen Spektrometers dargestellt. Der Magnet liefert das Feld H_0 und der HF-Sender das Feld H_1. Sender- und Empfängerspule stehen senkrecht aufeinander, so daß nur im Falle der Resonanz in die Empfängerspule eine Spannung induziert wird, die dann elektronisch weiterverarbeitet wird. Diese Methode nach Bloch nennt man *Kerninduktion* oder "cross-coil"-Methode. Man kann auch die Methode von Purcell anwenden, die ähnlich wie in der ESR-Technik mit einer einzigen Spule (entspricht dem Resonator) und einer HF-Brücke arbeitet *(Kernresonanz)*.

Die gebräuchlichsten Spektrometer arbeiten bei Feldern von $14,1 \cdot 10^3$ Gauss ($\cong 60$ MHz für Protonenresonanz), $21,2 \cdot 10^3$ Gauss ($\cong 90$ MHz) und $23,5 \cdot 10^3$ Gauss ($\cong 100$ MHz). Dabei werden sowohl Permanentmagnete (für kleinere Routinegeräte) als auch Elektromagnete verwendet. Um höhere Felder zu erreichen, was eine Vereinfachung der Spektren bringt, bedient man sich heute auch *supraleitfähiger Magnetspulen* bei der Temperatur des flüssigen Heliums. Es werden dabei Feldstärken von 51,7, 63,5 und 84,6

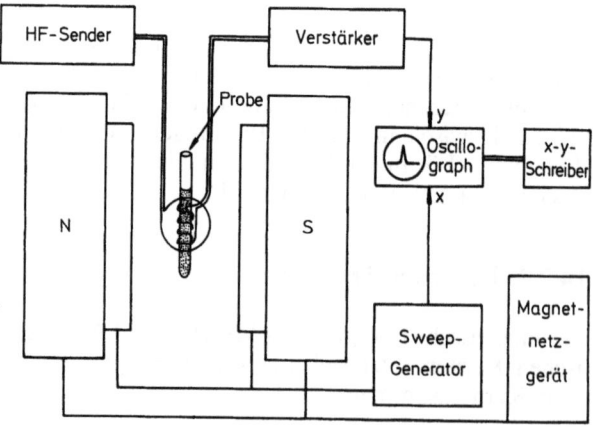

Abb. 3.90. Prinzipieller Aufbau eines Kerninduktionsspektrometers

kGauss (entsprechend 220, 270 und 360 MHz) verwendet.

An das Magnetfeld werden sehr hohe Anforderungen bezüglich seiner Homogenität gestellt. Über das Probenvolumen darf die Abweichung höchstens 10^{-8} betragen. Um die Homogenität zu verbessern, bedient man sich kleiner stromdurchflossener Zusatzspulen (shim coils), mit denen sich die Feldgradienten korrigieren lassen. Ferner läßt man die Probe rotieren, um Inhomogenitäten herauszumitteln.

Herkömmliche Spektrometer arbeiten nach dem "*Continuous Wave*" (CW)-Prinzip; d.h. es wird während der Aufnahme eines Spektrums ein Hochfrequenzfeld dauernd eingestrahlt. Dabei ist die Auflösung maximal (bei guten Spektrometern bis zu 0,1 Hz), aber die Empfindlichkeit mäßig (man benötigt Konzentrationen von ca. 5 mM). Mit der CW-Methode hat man jedoch keine Schwierigkeiten bei der Integration.

Es gibt im Prinzip zwei Möglichkeiten, um ein Spektrum aufzunehmen:
1. Bei festgehaltener Frequenz wird das Magnetfeld kontinuierlich verändert (*Field Sweep*).
2. Bei konstantem Magnetfeld ändert man die Frequenz (*Frequency Sweep*).

Zur Steigerung der Empfindlichkeit kann man sich des sog. *CAT-Verfahrens* bedienen (*Computer of Average Transients*). Man digitalisiert dabei das Spektrum und addiert N Durchgänge in einem Vielkanalspeicher. Dabei werden die Signale um den Faktor N, das Rauschen nur um $\sqrt{N}$ vergrößert. So erhält man eine theoretische Vergrößerung des Signal-Rausch-Verhältnisses um $\sqrt{N}$, die aber in der Praxis oft nicht ganz erreicht wird. Die Voraussetzung ist allerdings eine Nullinien-, Frequenz- und Magnetfeldstabilität über Stunden, da schon bei einer Steigerung um den Faktor 10 die Aufnahme eines Spektrums mehrere Stunden betragen kann.

In letzter Zeit wurden Kernresonanzspektrometer entwickelt, die mit *gepulster Hochfrequenz* arbeiten. Dabei wird die Antwort der Probe auf einen kurzen HF-Impuls, der sogenannte "*free induction decay*", gespeichert und aufsummiert (Pulsabstand ca. 1 s). Mit einem Computer wird dann mittels Fourier-Transformation (FT) aus der „Zeitdomäne" in die „Frequenzdomäne" umgerechnet, und man erhält das gewohnte Bild eines Kernresonanzspektrums.

Diese „*Puls-Fourier-Transformations*"-Methode (PFT) bringt gegenüber der CW-Methode einen Empfindlichkeitsgewinn um einen Faktor 10–100 bei gleichem Zeitbedarf. Allerdings ist damit oft eine gewisse Verfälschung der Intensitäten verbunden, weil man mit dem nächsten Puls meistens nicht wartet, bis das System vollständig im Gleichgewicht ist, und damit die Kerne mit größeren Relaxationszeiten scheinbare Intensitätsverluste erleiden. Die Auflösung eines solchen gepulsten Spektrometers kann durch eine zu kleine Speicherkapazität verschlechtert werden. Ferner ist es möglich, mit einem gepulsten Spektrometer die Relaxationszeit T_1 auf direktem Wege zu bestimmen.

Ein Kernresonanzspektrometer liefert Spektren, die aus Absorptionslinien bzw. -banden bestehen. Die Fläche unter diesen Linien (Banden) ist ein Maß für die Zahl der Kerne. (Das gilt exakt nur für CW-Betrieb ohne Entkopplung!) Darum ist in den meisten käuflichen NMR-Spektrometern ein Integrator eingebaut. Die Zahl der Kerne ist zur Aufklärung der Struktur notwendig.

Wenn man an der Stelle der Resonanzfrequenz des einen koppelnden Partners ein ziemlich starkes Wechselfeld einstrahlt, so verschwindet die von dieser Kopplung herrührende Multiplettstruktur des anderen Partners. Diese Methode ist als *Spin-Entkopplung* bekannt. Durch sie wird eine eindeutige Zuordnung von Kopplungen möglich.

3.4.4. Anwendungen

3.4.4.1. Protonenresonanz (^{1}H-NMR)

Die hochauflösende Protonenresonanz ist das am weitesten verbreitete Gebiet der kernmagnetischen Resonanz-Spektroskopie. Da die natürliche Häufigkeit fast 100% und die relative Empfindlichkeit am höchsten von allen stabilen Nukliden ist (vgl. Tab. 3.6), hat man meßtechnisch die wenigsten Schwierigkeiten. Außerdem ist durch das Vorhandensein von vielen Protonen in organischen Verbindungen diese Methode zur Strukturbestimmung geradezu prädestiniert. Die Zuordnung von chemischer Verschiebung und Art der Bindung der Protonen erfolgt empirisch. In Tab. 3.8 sind einige solcher Erfahrungswerte gesammelt. Als Bezugspunkt wird heute allgemein die Resonanz von Tetramethylsilan (TMS) benützt, der man den Wert $\delta = 0$ ppm zuordnet. Manche Autoren be-

Tabelle 3.8. Bereiche der chemischen Verschiebung verschieden gebundener Protonen

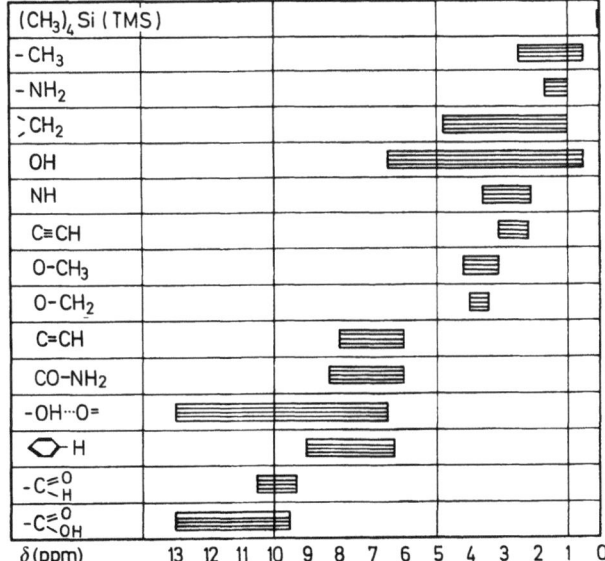

nützen auch sogenannte τ-Werte, die sich durch die Beziehung $\tau+\delta=10$ ppm auf die δ-Skala abbilden lassen.

Die Kopplungen können Abstand und Winkel in einer Struktur erkennen lassen. Mit Hilfe von Entkopplungsexperimenten kann man eindeutig Kopplungszusammenhänge feststellen. Die Integration liefert die Zahl der Protonen. Ein einfaches Mittel, um NH-, OH- oder SH-Protonen zu identifizieren, ist die Zugabe von D_2O (evtl. CH_3OD). Dabei verschwinden die Linien der obengenannten Protonen durch den H-D-Austausch in kurzer Zeit. Zur Interpretation von Protonenresonanzspektren kann man ferner auf Datensammlungen und Spektrenkataloge zurückgreifen.

a) Strukturaufklärung

Anhand eines einfachen Beispiels soll die Strukturaufklärung mittels Protonenresonanz erläutert werden. In Abb. 3.91 ist das Spektrum und das Integral einer Verbindung mit der Bruttoformel $C_{10}H_{13}NO_2$ aufgezeichnet. In Tab. 3.9 sind die Linien und Banden und die daraus möglichen Schlußfolgerungen wiedergegeben. Wie man erkennt, ergibt die Kombination dieser 6 Gruppen die folgende Strukturformel:

$CH_3-CH_2-O-\langle\!\!\!\bigcirc\!\!\!\rangle-NH-CO-CH_3$.

Es handelt sich somit um Phenacetin, ein gebräuchliches Antipyretikum.

b) Intermolekulare Wechselwirkungen

Während in der organischen Chemie die Protonenresonanz hauptsächlich zur Strukturaufklärung benützt wird, ist man in der Biophysik oft an zwischenmolekularen Wechselwirkungen interessiert. Schwache Molekülkomplexe, deren Bindungsenergien in der Größenordnung 1 bis 10 kcal/Mol liegen, stehen in einem dynamischen Gleichgewicht mit ihren Monomeren. Die Lebensdauer τ eines solchen Komplexes ist klein, gemessen in der Zeitskala der Protonenresonanz: $\tau \ll 1/\Delta\nu$ ($\Delta\nu \hat{=}$ chemische Verschiebung in Hz).

Aus diesem Grund kann man nicht zwei verschiedene Resonanzlinien für Komplex und Monomeres beobachten, sondern nur eine, die durch zeitliche Mittelung entsteht. Aus der Temperatur- und Konzentrationsabhängigkeit dieser Linie lassen sich die (scheinbare) Gleichgewichtskonstante K, die Bindungsenthalpie ΔH und die Bindungsentropie ΔS bestimmen.

Eine der wichtigsten zwischenmolekularen Wechselwirkungen ist die *Wasserstoffbrückenbindung*. Das verbrückte Proton erleidet gegenüber dem Monomeren eine chemische Verschiebung nach niedrigerem Feld um einige ppm (Entschirmung). Die Experimente werden tunlichst in aprotischen Lösungsmitteln durchgeführt, da ein Protonenaustausch die Beobachtung erschwert bzw. verhindert. Durch die Empfindlichkeit gegenüber Änderungen der chemischen Verschiebung übertrifft die Protonenresonanz sogar die

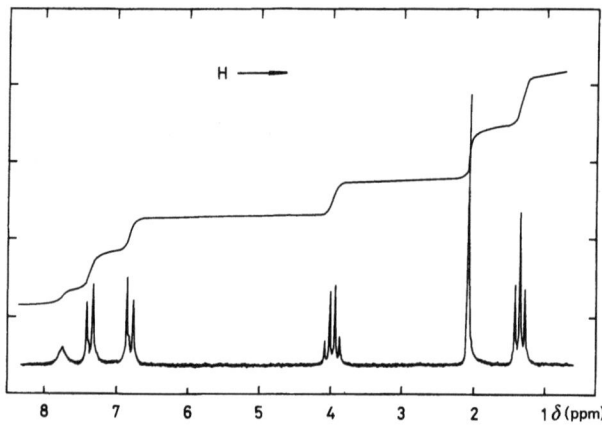

Abb. 3.91. ¹H-NMR-Spektrum der Verbindung $C_{10}H_{13}NO_2$ mit Integral

Tabelle 3.9. Auswertung des Spektrums in Abb. 3.91

	δ(ppm)	Multiplett	Kopplung (Hz)	Zahl der Protonen aus Integral	Gruppe
1.	1,35	Triplett scharf	7	3	$\underline{CH_3}-CH_2-$
2.	2,08	Singlett scharf	—	3	$CH_3-C{\!\!\nwarrow\!\!}^O_N\!\!<$
3.	3,97	Quartett scharf	7	2	$CH_3-\underline{CH_2}-O-$
4.	6,80 ⎫	Typisches AA'XX' Spektrum	~8	2 ⎫	⟨⌬⟩
5.	7,36 ⎭			2 ⎭	
6.	7,70	Singlett breit (verschwindet bei D_2O-Zusatz)	—	1	NH

Tabelle 3.10. Bereiche der chemischen Verschiebungen verschieden gebundener ^{13}C-Kerne

	230	200	150	100	50	0
TMS						▮
—CH$_3$					▬▬▬	
⟩CH$_2$					▬▬▬▬	
≥CH					▬▬▬	
—C—quartär					▬▬	
⟩C—					▬▬▬	
C≡C				▬▬		
C arom			▬▬▬			
⟩C=N arom			▬			
⟩C=O	▬▬▬▬▬▬▬					
δ (ppm)	230	200	150	100	50	0

Infrarot-Spektroskopie bei der Aufklärung von H-Brückenbindungen. So läßt sich z. B. leicht der Beweis führen, daß bei dem Paar Cytidin-Guanosin in Dimethylsulfoxid drei Brücken gebildet werden und wie diese angeordnet sind. Bei dem Paar Adenosin-Thymidin hingegen, das nur zwei Brücken bildet, läßt sich im gleichen Lösungsmittel wegen der zu großen Wechselwirkung Lösungsmittel-Gelöstes die Brückenbildung kaum nachweisen. Eine weitere wichtige Wechselwirkung ist der sog. *Stacking-Effekt*, eine intermolekulare Wechselwirkung, die man in der Hauptsache auf van der Waals-Kräfte zurückführt und die zwischen flach aufeinanderliegenden, meist heteroaromatischen Verbindungen wirkt. Auch ein hydrophober Anteil an der Bindung kann nicht ausgeschlossen werden, da der Effekt bisher nur im wäßrigen Milieu beobachtet wurde. Die Protonenresonanzlinien werden infolge des Ringstroms der Komplexpartner meist nach höherem Feld hin verschoben. Die Schwierigkeit der Interpretation dieser Linienverschiebungen besteht darin, daß diese Wechselwirkungskräfte nicht zwischen zwei Partnern abgesättigt werden, sondern daß sich beliebig viele Moleküle aufeinanderstapeln können (stacking).

3.4.4.2. Kohlenstoff-Resonanz (^{13}C-NMR)

Das geringe natürliche Vorkommen des einzigen stabilen magnetischen Kohlenstoffisotops ^{13}C und seine kleine relative Empfindlichkeit (s. Tab. 3.6) haben die Aufnahme von ^{13}C-Spektren für Routinezwecke längere Zeit praktisch unmöglich gemacht. Erst die Entwicklung der PFT-Technik (s. Kapitel 3.4.3) hat diese Schwierigkeiten überwunden. So kann man heute mit kommerziellen Spektrometern in ca. einer Minute von einer 0,5 bis 1 molaren Lösung ein vernünftiges Spektrum erhalten.

Zur *Strukturaufklärung* ist die ^{13}C-NMR-Methode aus folgenden Gründen bestens geeignet: C-Atome sind der Hauptbestandteil organischer Verbindungen. Sie bilden das Gerüst jeder Verbindung, während die Protonen im Vergleich dazu etwa „delokalisiert" sind.

Die chemischen Verschiebungen erstrecken sich über einen sehr weiten Bereich (s. Tab. 3.10). Jedem C-Atom kann in einem rauschentkoppelten[2] Spektrum eine einzige Linie zugeordnet werden. Homonukleare Kopplungen J_{C-C} spielen wegen der geringen Wahrscheinlichkeit keine Rolle. In ^{13}C-angereicherten Proben können sie der Strukturaufklärung dienen.

Zur Identifikation von ^{13}C-Linien kann man die sogenannte *"off resonance"* Entkopplung anwenden. Man strahlt ein scharfes Signal in der Nähe der Protonenresonanzen ein. Dadurch werden die Kopplungen J_{C-H} stark verkleinert, und man kann aus der Multiplizität sofort die Zahl der an das C-Atom gebundenen Protonen ablesen.

Des weiteren können auch, insbesondere bei quartären C-Atomen, die Relaxationszeiten zur Zuordnung herangezogen werden. In der ^{13}C-Spektroskopie werden auch sehr viele Schlüsse durch Spektrenvergleich mit ähnlichen Molekülen gezogen. Die Kombination von Protonen und Kohlenstoff-Spektren bietet eventuell die Möglichkeit, Interpretationsschwierigkeiten zu überwinden. Als Nachteil wäre zu erwähnen, daß aus den Intensitäten der Linien wegen des *Nuclear-Overhauser-Effekts* einerseits und wegen der Pulstechnik andererseits nicht ohne weiteres auf die Zahl der C-Kerne geschlossen werden kann. Auch für die Konformationsanalyse lassen sich ^{13}C-Spektren gut heranziehen.

Eine elegante Methode ist die *pK-Wert-Bestimmung* von Aminosäuren und Peptiden mit Hilfe der ^{13}C-NMR-Spektroskopie. Die Resonanzen der einzelnen C-Atome beschreiben nämlich in Abhängigkeit vom pH-Wert richtige Titrationskurven, aus deren Verlauf die pK-Werte einzeln bestimmt werden können, die sich mit anderen Methoden aufgrund von Überlagerungen nicht auflösen oder zuordnen lassen.

---

[2] Kopplungen mit Protonen können störend wirken, da die Kopplungskonstanten J_{C-H} in der Größenordnung von 100 Hz liegen. *Rauschentkopplung* heißt: Man strahlt im Protonenresonanzbereich ein breites Frequenzband von genügender Intensität ein. Dadurch werden alle C-Resonanzen zu einzelnen Linien. Außerdem bringt diese Entkopplung durch den *Nuclear-Overhauser-Effekt* (NOE) noch eine Intensitätsverstärkung bis zu einem Faktor von 3.

3.4.4.3. Andere Kerne

a) Fluor-Resonanz (^{19}F-NMR)

Fluor besteht zu 100% aus dem Isotop ^{19}F mit dem Kernspin 1/2. Seine relative Empfindlichkeit ist fast ebenso groß wie die von Protonen (s. Tab. 3.6), und die Relaxationszeiten sind kurz. Es bereitet also keinerlei Schwierigkeiten, ^{19}F-NMR-Spektroskopie durchzuführen. Der Bereich der chemischen Verschiebung ist ca. zehnmal so groß wie bei der Protonenresonanz. Diese meßtechnisch günstige Ausgangslage wird nur dadurch eingeschränkt, daß Fluor in biologischen Systemen selten ist.

Einige Anwendungen zeigen jedoch, daß auch die Fluorresonanz ihren Platz in der biologischen Grundlagenforschung gefunden hat. Man kann durch gezielte Trifluoracetylierung von Enzymen, wenn dabei keine Änderung der Enzymaktivität auftritt, über die Änderung der Trifluormethylresonanz die Wechselwirkung des Enzyms mit dem Substrat beobachten. So wurden die Wechselwirkung von Ribonuclease A und Cytidin-Mono-Phosphat (CMP) sowie von Hämoglobin A mit verschiedenen Liganden untersucht. Ferner hat man umgekehrt die Wirkung fluorierter Substrate bzw. Inhibitoren auf Enzyme mittels Fluorresonanzen verfolgen können.

b) Phosphor-Resonanz (^{31}P-NMR)

Das einzige natürlich vorkommende Phosphor-Isotop ^{31}P hat den Kernspin $I=1/2$. Seine relative Empfindlichkeit ist mit $6{,}64 \cdot 10^{-2}$ (s. Tab. 3.6) noch verhältnismäßig groß. Da auch die Relaxationszeiten kurz sind und die chemischen Verschiebungen organischer Phosphorverbindungen sich über einen sehr großen Bereich (700 ppm) erstrecken, läßt sich die ^{31}P-NMR-Spektroskopie relativ leicht durchführen. Deshalb liegen auch eine Reihe von Untersuchungen an phosphorhaltigen biologisch wichtigen Verbindungen (Nucleotide u. ä.) vor. Es zeigte sich aber, daß Substituenteneffekte nur in sehr grober Näherung additiv sind und daß auch die Abhängigkeit der chemischen Verschiebung von der Elektronegativität der Substituenten zu keinen brauchbaren Beziehungen führt.

c) Stickstoff-Resonanzen (^{14}N-NMR- bzw. ^{15}N-NMR)

Mit 99,4% natürlicher Häufigkeit, einer relativen Empfindlichkeit von ca. 10^{-3} und kurzen Relaxationszeiten ist das Stickstoff-Isotop ^{14}N zwar leichter zu beobachten als ^{15}N, aber Schwierigkeiten werden durch das elektrische Quadrupolmoment des Kerns ($I=1$) bedingt, das die Resonanzlinien stark verbreitert. Es sollte erwähnt werden, daß bei ^{14}N-Resonanzen von NH_4NO_3 Proctor und Yu zum ersten Mal überhaupt den Effekt der chemischen Verschiebung beobachteten.

Das andere Stickstoff-Isotop ^{15}N hat trotz seines sehr geringen natürlichen Vorkommens von nur 0,36% bei gleicher relativer Empfindlichkeit wie ^{14}N den Vorteil, kein elektrisches Quadrupolmoment zu besitzen ($I=1/2$). Durch die Anwendung der PFT-Technik liegt es durchaus im Bereich des Möglichen, ^{15}N-Resonanzen zu beobachten. Da Stickstoff-Verbindungen recht häufig vorkommen, steht der Forschung auf diesem Gebiet noch ein weites Betätigungsfeld offen.

d) Sauerstoff-Resonanz (^{17}O-NMR)

Das einzige magnetische Sauerstoff-Isotop ^{17}O kommt in einer Konzentration von nur 0,037% in der Natur vor. Dazu kommt noch eine geringe relative Empfindlichkeit von $2{,}91 \cdot 10^{-2}$ und ein linienverbreiterndes elektrisches Quadrupolmoment ($I=5/2$). Die Anwendung für biophysikalische Untersuchungen dürfte sich wohl auf vereinzelte Spezialfälle beschränken.

Literaturauswahl

Breitmaier, E., Voelter, W.: In: Ebel, H. F. (Ed.): ^{13}C NMR spectroscopy. Weinheim: Verlag Chemie 1974.
Clerc, Th., Pretsch, E.: Kernresonanzspektroskopie. Frankfurt/M.: Akademische Verlagsgesellschaft 1970.
Dwek, R. A.: Nuclear magnetic resonance in biochemistry. Oxford: Clarendon Press 1973.
Emsley, J. W., Feeney, J., Sutcliffe, L. H.: Progress in nuclear magnetic resonance spectroscopy, Bd. 1 ff. Oxford: Pergamon Press ab 1966.
Günther, H.: NMR-Spektroskopie. Stuttgart: Thieme 1973.
Jackman, L. M., Sternhell, S.: Applications of nuclear magnetic resonance spectroscopy in organic chemistry. Oxford/Braunschweig: Pergamon Press 1969.
Levy, G. C., Nelson, G. L.: Carbon-13 nuclear magnetic resonance for organic chemists. New York: John Wiley & Sons 1972.
Sillescu, H.: Kernmagnetische Resonanz. Berlin-Heidelberg-New York: Springer 1966.
Suhr, H.: Anwendungen der kernmagnetischen Resonanz in der organischen Chemie. Berlin-Heidelberg-New York: Springer 1965.

4. Intra- und Intermolekulare Wechselwirkungen

4.1. Einleitung

G. Ludwig Hofacker

Die Erscheinungen einer Welt, in der sich lebende Organismen behaupten können, sind geprägt durch eine Hierarchie physikalischer und chemischer Gesetzmäßigkeiten. In diesem Kapitel soll untersucht werden, in welcher Weise die unterste Stufe dieser Hierarchie, nämlich die in der Sprache der Quantentheorie faßbaren Grundgesetze des Atom- und Molekülbaus sowie der molekularen Wechselwirkungen, den molekularen Aspekt der Biologie beherrscht. Dabei soll nicht vergessen werden, daß erst jene Gesetze der genannten Hierarchie, welche uns ein Urteil darüber gestatten, wie wahrscheinlich einer von vielen quantenmechanisch erlaubten Zuständen eines molekularen Systems ist, zu einem detaillierten Verständnis der in diesem Buch erwähnten Bau- und Funktionsprinzipien biologischer Moleküle führen.

Man muß sich hüten, die physikalische Charakterisierung molekularer Systeme, wie sie der fundamentalen Theorie entspricht (etwa durch eine besonders gewählte Menge von Beobachtungsgrößen) als die einzige relevante zu betrachten. Die Quantentheorie gilt zwar unbestritten auch für sehr komplexe Molekülsysteme, wie sie in lebenden Organismen gefunden werden, sie basiert jedoch auf einer so feinrasterigen Beschreibung, daß die Beschaffung der dazu erforderlichen Information (durch Messung oder Rechnung) unsere Möglichkeiten bei weitem übersteigt. Unsere Einsichten gehen daher auf der einen Seite gerade so weit, wie mathematische Approximationen der physikalischen Grundgleichungen (z.B. der Vielelektronen-Schrödingergleichung) zuverlässig sind, auf der anderen, so weit, wie es uns gelingt, physikalisch vereinfachte, dafür aber mathematisch noch lösbare (oder experimentell parameterisierbare) Ersatzsysteme (sog. Modelle) zu finden, welche den wirklichen Systemen in bestimmten, beobachtbaren Eigenschaften gleichen. Einige der beobachteten Eigenschaften von Biomolekülen, wie Bindungsabstände, Ladungsverteilung oder die Drehung der Polarisationsebenen des Lichtes, entsprechen genau den charakteristischen Beobachtungsgrößen („Erwartungswerten von Observablen") der Quantentheorie, andere Beobachtungen wiederum lassen sich nur sehr schwer und in groben Zügen in der Sprache der fundamentalen Theorie ausdrücken, z.B. Eigenschaften, welche die „Funktion" eines Moleküls (im Sinne einer sinnvoll angelegten Folge molekularer Prozesse) betreffen.

Charakteristisch für die Physik der Biomoleküle ist, daß die Diskussion der von der Quantentheorie her leichter zugänglichen Struktureigenschaften, wie auch der in vageren chemischen Begriffen beschriebenen Struktur-Funktionsbeziehungen auf Modellebene geführt wird. Wo immer möglich, soll sich einfacher, aber physikalisch noch quantifizierbarer Modelle bedient werden. Da die „unphysikalischen" Fragen nach der Anlage bestimmter molekularer Systeme und deren Funktionen aber nicht ganz ausgeklammert werden sollen, werden gelegentlich auch Modelle betrachtet werden, die in besonderer Weise auf die Wiedergabe der beobachteten biologischen und chemischen Zusammenhänge in einem komplexen molekularen System, weniger auf deren mechanische oder quantenmechanische Simulation, zugeschnitten sind.

4.2. Primärstruktur

G. Ludwig Hofacker

4.2.1. Teilchen

Das naturwissenschaftliche Prinzip, die Phänomene, beobachtet an komplexen Systemen, auf die wechselseitige Beeinflussung einfacherer Untersysteme — oder Strukturen — zurückzuführen, wird in der Physik zum Extrem getrieben: Als Untersysteme werden nur solche zugelassen, deren innere Struktur für die beobachteten Phänomene ohne Bedeutung ist. Für den molekularen Bereich bedeutet das, die chemischen und biochemischen Erscheinungen durch die Wechselwirkungen von Elektronen, Atomkernen und Photonen zu erklären. Dabei sind Elektronen und Photonen ohnehin bis auf ihren Spin ($\frac{1}{2}$ bzw. 1) strukturlose Teilchen. Atomkerne sind jedoch hochstrukturierte Teilchen, die schon in der einfachsten Charakterisierung nach Ladung und Masse aus positiv geladenen Protonen und ungeladenen Neutronen „bestehen".

Dennoch benehmen sich die Atomkerne im Bereich der chemisch interessierenden Energien ($kT \approx 0{,}5$ kcal/mol $\approx 0{,}02$ eV ≈ 2 kJ/$^+$mol), bei geringer Dichte hochenergetischer Photonen und genügend kurzen Beobachtungszeiten (so daß kaum Kernzerfälle vorkommen) wie schwere Massen (schwer im Vergleich zur Elektronenmasse), die eine Zahl $Z(Z \lesssim 100)$ ganzer positiver Ladungen (in Einheiten der Elektronenladung $e = 4{,}803 \cdot 10^{-10}$ ESE) tragen.

Für die Chemie ist daher ein Modell, in dem schwere, positiv geladene Kerne (Ladung-Ze) und Elektronen (Ladung-e) durch Coulombkräfte der potentiellen Energie $U = Ze^2/r$ (r Abstand) in Wechselwirkung treten, ausreichend.

Die geringen Einflüsse auf die Elektronen, die vom quantisierten Drehimpuls, der Ausdehnung des Atomkerns sowie seinen inneren Zuständen ausgehen, lassen jedoch wichtige Schlüsse auf die Bindungsverhältnisse und die molekulare Dynamik zu, wenn man die davon herrührenden energetischen Effekte in Meßverfahren wie kernmagnetische Resonanz, Elektronenspinresonanz, Mikrowellen- oder Mößbauerspektroskopie erforscht.

Kerne mit gleicher Protonen- aber verschiedener Neutronenzahl (Isotope) sind nur in einem relativ engen Bereich von Neutronenzahlen stabil. Das hat zur Folge, daß Atome einer bestimmten Protonenzahl (Elemente) chemisch fast ununterscheidbar sind. Nur beim Vergleich von Wasserstoff, Deuterium und Tritium (^{1}H, ^{2}H bzw. ^{3}H) kann man in kinetischen Experimenten deutliche chemische Isotopieeffekte beobachten.

Zwischen der natürlichen Häufigkeit der über einhundert Elemente, die von Bildung, Anreicherung und Stabilität der entsprechenden Kerne bestimmt ist, und ihrer biologischen Bedeutung besteht kein erkennbarer Zusammenhang; andererseits spielen jedoch die sehr seltenen Elemente keine biologische Rolle.

4.2.2. Atome

Die Vielfalt der Erscheinungen unserer Welt beruht wesentlich auf der Individualität der Atome, aus denen sie aufgebaut ist. Diese Individualität hat vornehmlich zwei Ursachen:

1. die Wellennatur der Elektronen
2. das Pauli-Prinzip.

Aus ihnen folgt unmittelbar jene Systematik der Atome, genannt das Periodensystem der Elemente, das eine sowohl physikalische als auch chemische Charakterisierung der Atome erlaubt. Es stellt den einfachsten theoretischen Unterbau der Chemie (und damit der molekularen Biologie) dar.

Aus einfachen Modellen des Atombaues lassen sich bereits weitgehende Einsichten in die Rolle, die ein Atom oder Ion im Molekül bzw. Komplex spielen wird, ableiten. Man gelangt dadurch zu einer spezifisch biochemischen Charakterisierung der Atome, die in einem sehr groben Sinn auf die Frage abzielt: Welches ist die Funktion der Atome einer bestimmten Spezies in Biomolekülen, warum sind gewisse Atome oder Ionen häufig, andere selten oder gar nicht darin zu finden?

4.2.2.1. Das Periodensystem

Die stationären (d.h. zeitunabhängigen) Wellenzustände eines Teilchens (genannt Orbitale) im zentralsymmetrischen Potentialfeld eines Atomkerns lassen sich bekanntlich (Pauling and Wilson, 1935) durch einen Satz von 3 Quantenzahlen n, l und m (genannt Haupt-, Neben- und magnetische Quantenzahl) charakterisieren. Die Gestalt der Orbitale (s. Abb. 4.1) variiert besonders stark mit der Nebenquantenzahl l; innerhalb einer bestimmten Klasse von l-Orbitalen ordnet man wiederum nach der magnetischen Quantenzahl m.

Man nennt die Orbitale zur Hauptquantenzahl n die der entsprechenden „Schale" und benennt die Schalen $n = 1, 2, 3, \ldots$ mit K, L, M, ... Innerhalb der n-ten Schale können Orbitale mit Nebenquantenzahlen $l = 0, 1, \ldots, n-1$ existieren. Man bezeichnet ein Orbital der n-ten Schale mit

$$l = 0, 1, 2, 3, \ldots$$

als

$$n\text{s}, n\text{p}, n\text{d}, n\text{f}, \ldots.$$

Die nl-Unterschale ist ihrerseits in $2l+1$ Orbitale der magnetischen Quantenzahl

$$m = -l, -l+1, \ldots, 0, \ldots, l-1, l$$

aufgespalten. Für die Unterschalen s, p und d sind spezielle Orbitaldarstellungen mittels reeller Funktionen einer Raumkoordinate gebräuchlich (s. Abb. 4.1):

$$\begin{aligned}
\text{s} &= (4\pi)^{-\frac{1}{2}} \\
\text{p}_x &= (3/4\pi)^{\frac{1}{2}} \sin\Theta \cos\Phi = (3/4\pi)^{\frac{1}{2}} x \\
\text{p}_y &= (3/4\pi)^{\frac{1}{2}} \sin\Theta \sin\Phi = (3/4\pi)^{\frac{1}{2}} y \\
\text{p}_z &= (3/4\pi)^{\frac{1}{2}} \cos\Theta = (3/4\pi)^{\frac{1}{2}} z \\
\text{d}_{z^2} &= (15/16\pi)^{\frac{1}{2}} (3\cos^2\Theta - 1) \\
&= (15/16\pi)^{\frac{1}{2}} (2z^2 - x^2 - y^2) \\
\text{d}_{xz} &= (15/4\pi)^{\frac{1}{2}} \sin\Theta \cos\Theta \cos\Phi = (15/4\pi)^{\frac{1}{2}} xy \\
\text{d}_{yz} &= (15/4\pi)^{\frac{1}{2}} \sin\Theta \cos\Theta \sin\Phi = (15/4\pi)^{\frac{1}{2}} yz \\
\text{d}_{x^2-y^2} &= (15/16\pi)^{\frac{1}{2}} \sin^2\Theta \cos 2\Phi = (15/4\pi)^{\frac{1}{2}} (x^2 - y^2) \\
\text{d}_{xy} &= (15/16\pi)^{\frac{1}{2}} \sin^2\Theta \sin 2\Phi = (15/16\pi)^{\frac{1}{2}} xy.
\end{aligned} \quad (4.1)$$

In der n-ten Schale befindet sich somit eine Zahl von

$$\sum_{l=0}^{n-1} (2l+1) = n^2 \quad (4.2)$$

Orbitalen.

Die angegebenen Formen der Elektronenwellen ähneln sich für Atomkerne jeder Ladung. Nur der sogenannte radiale Teil der Orbitalfunktion, $f(r)$, trägt dem Umstand Rechnung, daß eine höhere positive Kern-

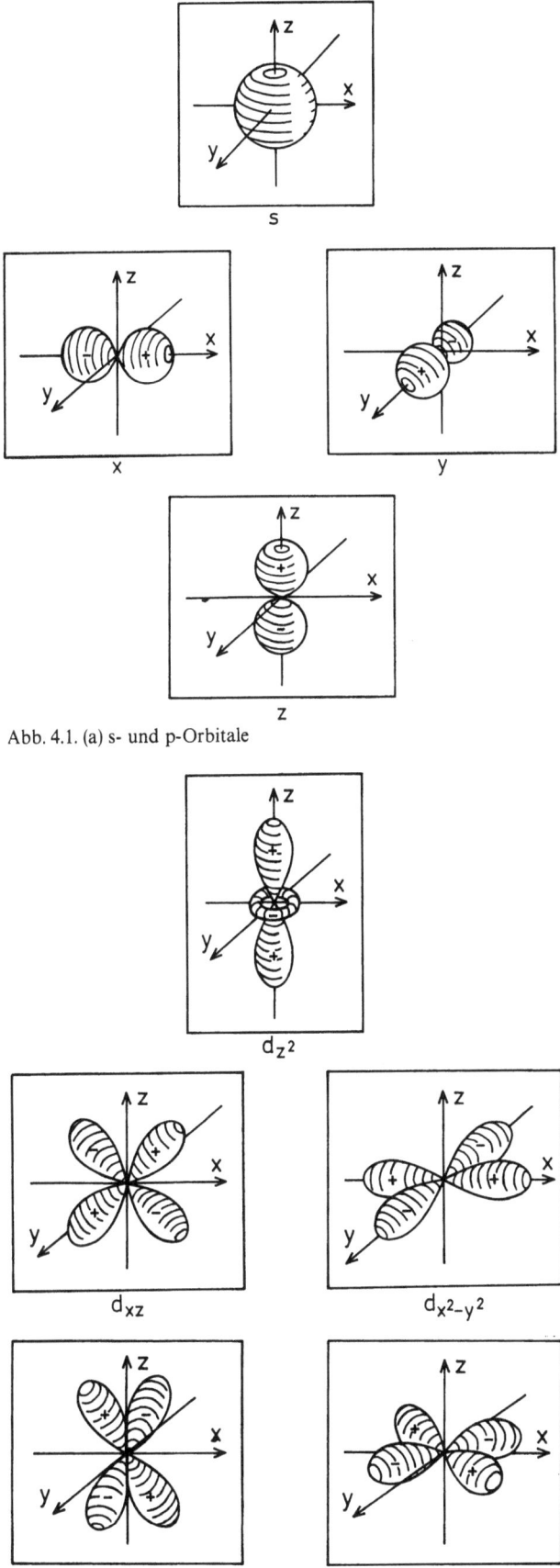

Abb. 4.1. (a) s- und p-Orbitale

Abb. 4.1. (b) d-Orbitale [vgl. Gl. (4.1)]

Primärstruktur

ladung die Elektronenwelle stärker in Kernnähe halten wird als eine geringere. Da für ein Orbital $X(r, \Theta, \Phi)$

$|X|^2 =$ Elektronendichte

am Ort mit den Polarkoordinaten r, Θ, Φ ist und

$\int |X|^2 dv = 1$

(dv ist das räumliche Volumenelement), muß die Funktion $f(r)$ um so rascher abfallen, je größer die Kernladung ist.

Was geschieht nun, wenn mehr als ein Elektron an einen Atomkern gebunden ist? Ohne Zweifel wird die Coulomb-Abstoßung zwischen den Elektronen das einfache Muster der Einelektronen-Wellen, von dem ausgegangen wurde, modifizieren. Da die Elektronen aber keine sich bewegenden geladenen Massenpunkte sind, sondern Wellen (womit ausgedrückt ist, daß sie keinen bestimmten Ort zu einer bestimmten Zeit besitzen), wirkt ein Elektron auf das andere in erster Näherung wie das Potential einer verschmierten Ladung. Der Einfluß, den alle übrigen Elektronen auf ein gegebenes ausüben, entspricht daher einer Modifizierung (sprich: Abschwächung oder Abschirmung) des Kernpotentials. Solange dieses abgeschirmte, effektive Kernpotential kugelsymmetrisch ist, werden auch die für ein gegebenes Elektron erlaubten Orbitale weiterhin wasserstoffartig, d. h. von dem in den Gl. (4.1) dargestellten Typ sein. Nur die Radialfunktionen $f(r)$, mit der die Funktionen der Gl. (4.1) zu multiplizieren sind, müssen der effektiven Wechselwirkung der Elektronen angepaßt werden.

Auf Grund der bisherigen Überlegungen kann man verstehen, wie aus dem Orbitalmodell die Quantenhaftigkeit des Energieinhalts eines Atoms folgt. Stünde jedoch allen Elektronen eines Atoms jedes beliebige Orbital offen, so böte die Welt ein einförmiges Bild, mit einem Meer von Atomen, die sich wesentlich nur durch ihre Masse unterschieden. Denn wegen der geringen thermischen Energie und Strahlungsenergie befänden sich die Elektronen der meisten Atome im untersten Orbital von 1s-Typ. Das aus der chemischen Empirie hergeleitete Periodensystem folgt zwar ganz deutlich dem magischen Orbitalaufbau des Einelektronenmodells, man erkennt bei der Zuordnung von Orbital- und Atomperioden aber sofort eine ungeheuer wichtige Zusatzregel:

Jedes Orbital kann nur von höchstens zwei Elektronen besetzt sein.

Durch dieses von Pauli aus ganz anderen Überlegungen gefundene Prinzip kommt erst die chemische Individualität der Atome zustande und damit die Reichhaltigkeit der molekularen Welt.

Mit Hilfe des Pauli-Prinzips kann man bei Kenntnis der Orbitalenergien (s. Abb. 4.3) die Elektronenkonfiguration und damit die wesentlichen chemischen Eigenschaften eines Atoms erraten; umgekehrt gibt uns das Periodensystem einen Hinweis auf die Lage der Orbitale im Einelektronenmodell. So erkennt man

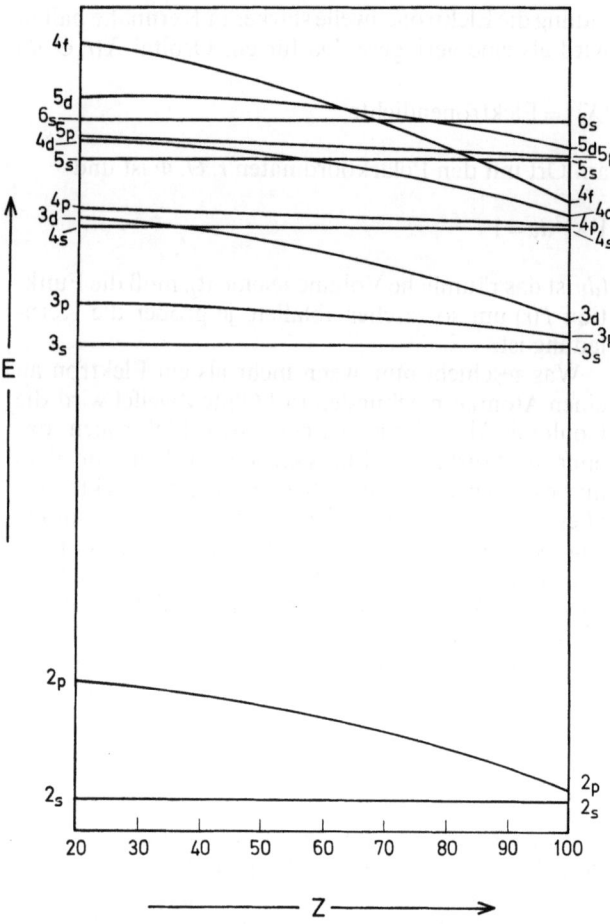

Abb. 4.2. Schematische Darstellung der relativen Lage der Einelektronenenergien der Atome des PS in Abhängigkeit von der Kernladungszahl

z. B., daß nach Auffüllung des 3s-Orbitals beim Na und Mg und der drei 3p-Orbitale durch Al, Si, P, S, Cl und Ar das Atom mit 19 Elektronen sein Elektron nicht in die 3d-Unterschale, sondern in das 4s-Orbital setzt, wodurch es zum Alkalimetall K wird: Das 4s Orbital liegt niedriger als die 3d Orbitale (s. Abb. 4.2). Der Grund dafür, daß die Orbitale einer gegebenen Hauptquantenzahl n eine um so höhere Energie besitzen, je größer die Drehimpulsquantenzahl l ist, liegt in der Zentrifugalkraft, welche die Elektronen mit höherem Drehimpuls weiter vom Kern wegtreibt.

Schließlich muß man noch verstehen, warum erst alle p, d oder f Orbitale je ein Elektron aufnehmen, bevor die Doppelbesetzung der Orbitale beginnt (z. B. hat N die Elektronenkonfiguration $2s^2 2p_x^1 2p_y^1 2p_z^1$, nicht $2s^2 2p_x^2 2p_y^1$ – die oberen Indizes bedeuten die Zahl der Elektronen im Orbital). Die Ursache liegt im Spin $\hbar/2$ der Elektronen, für den zwei räumliche Einstellungen, „oben" ↑ und „unten" ↓, zulässig sind, als handle es sich um einen halbzahligen Drehimpuls. Die Elektronen gleichen Spins, die nur in verschiedenen Orbitalen vorkommen können, sind dann ununterscheidbar, was zu der nichtklassischen anziehenden Wechselwirkung des Austausches führt. Elektronen werden daher Orbitale gleicher Energie so besetzen, daß möglichst viele von ihnen gleichen Spin besitzen. Mit dieser „Hundschen Regel" läßt sich der Aufbau des Periodensystems leicht vollenden. Scheinbare Unregelmäßigkeiten, wie etwa die Elektronenkonfiguration des Chroms ($Z=24$), dessen Valenzelektronen über der Argonschale sich in $4s^1 3d^5$ statt $4s^2 3d^4$ anordnen, reflektieren nur die relative Größe von Orbitalenergien, Coulomb-Abstoßung und Austauschwechselwirkung. Im letzteren Fall obsiegt der Austausch, da die 4s- und 3d-Niveaus beim Cr so nahe beisammen liegen.

4.2.2.2. Biochemische Aspekte des Periodensystems

Die Häufigkeit und die Stelle des Auftretens einer bestimmten Atomsorte in biologischen Systemen sollte sich aus ihrer elektronischen Struktur verstehen lassen. Die Frage ist nur, ob man sehr weitgehende Einsichten in biochemische Zusammenhänge besitzen muß, um etwas über die biologische Funktion eines Atoms aussagen zu können. Charakteristisch für die wissenschaftliche Untersuchung komplexer Systeme ist, daß Aussagen von weitreichender Gültigkeit notwendigerweise grob geraten müssen, während Aussagen von großer Schärfe oder Detailliertheit nur für spezielle Systeme wahr sein können. In diesem Sinne sollte man nicht versuchen, den ad hoc Begriff der biochemischen Funktion eines Atoms zu sehr verschärfen. Er wird aber helfen, Struktur-Funktionszusammenhänge schon auf der untersten, atomaren Stufe zu erkennen.

Zunächst sollen, ohne der späteren Diskussion in Abschnitt 4.2.3 viel vorzugreifen, die Atome in bezug auf ihre Eigenschaften, andere Atome zu binden, im Rahmen eines ganz einfachen Modells klassifiziert werden. Das, was entsteht, wenn zwei Atome eine chemische Bindung eingehen, hängt naturgemäß von beiden Partnern ab. Gewisse Eigenheiten eines Atoms kommen jedoch in allen Bindungen, gleich mit welchem Partner, zum Ausdruck und darauf soll sich nun konzentriert werden.

Eine chemische Wechselwirkung tritt auf, wenn zwei Atome A und B sich nahekommen, die zwei Orbitale φ_A und φ_B mit zusammen ein oder zwei Elektronen besitzen. In diesem Fall gibt es immer ein Orbital

$$\psi = a\varphi_A + b\varphi_B \qquad (4.3)$$

mit geeignet gewählten Parametern a und b, das, mit den ein oder zwei verfügbaren Elektronen besetzt, eine tiefere Energie der beiden Atome repräsentiert als die einzelnen Orbitale. Die Energieabsenkung und damit die Bindung sind um so größer, je stärker die beiden Orbitale einander durchdringen (sprich: „überlappen").

Bringen die beiden Atome in ihren beiden Orbitalen zusammen drei Elektronen mit, so resultiert meist noch eine Bindung, allerdings schwächer als im Falle von einem oder zwei Elektronen, während vier Elektronen in zwei Orbitalen immer zur Abstoßung führen (Abb. 4.3).

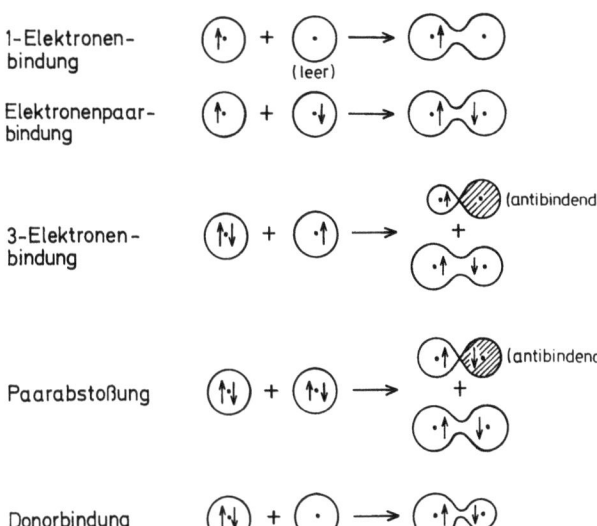

Abb. 4.3. Schematische Darstellung der Besetzungsmöglichkeiten bei zwei überlappenden Orbitalen.

Die Konfiguration niedrigster Energie erreicht eine gegebene Zahl von Atomen somit dadurch, daß möglichst alle einfach besetzten Orbitale gepaart werden und zwar unter größtmöglicher Überlappung. Man wird gleich sehen, daß die energetisch günstigen Anordnungen der Bindungspartner um die meisten Atome ziemlich genau festgelegt sind.

Die Orbitale der Atome, wie sie etwa in Gl.(4.1) angegeben sind, haben für sich genommen keine physikalische Realität. Bildet man irgendwelche orthogonale Linearkombination von Orbitalen gleicher Energie (etwa der äußeren d-Unterschale), so sind diese so gut wie irgendeine andere orthogonale Linearkombination. Mehr noch, da die Einflüsse der Bindungspartner die Energiedifferenzen zwischen verschiedenen Unterschalen oft übersteigen (etwa zwischen 2s und 2p oder 3d und 4p), sind auch atomare Bindungsorbitale möglich, die aus Anteilen verschiedener Energie gemischt sind. Durch die Mischung von Orbitalen verschiedener Unterschalen entstehen neue Orbitale, die eine größere Überlappung bei der Kombination mit den Partnerorbitalen ermöglichen. Die dadurch gewonnene Bindungsenergie macht den Energieaufwand, das Atom in den für die Bindung günstigeren Zustand zu bringen, mehr als wett. Das gleiche gilt für das Aufbrechen eines doppelt besetzten Atomorbitals zur Erzeugung eines weiteren Valenzelektrons, etwa bei C:

$$C(2s^2 2p^2) \rightarrow C(2s\, 2p_x^1\, 2p_y^1\, 2p_z^1).$$

Es sollen nun die möglichen Hybridorbitale in einigen typischen Fällen betrachtet werden. Aus den 4 Orbitalen des Charakters s und p lassen sich auf drei verschiedene Weisen Hybridorbitale von bevorzugter Symmetrie bilden (Pauling, 1967):

a) $d_1 = 2^{-\frac{1}{2}}(s + p_x); \quad d_2 = 2^{-\frac{1}{2}}(s - p_x); \quad p_y; \quad p_z.$

b) $tr_1 = 3^{-\frac{1}{2}}s + (2/3)^{\frac{1}{2}}p_x;$
$tr_2 = 3^{-\frac{1}{2}}s - 6^{-\frac{1}{2}}p_x + 2^{-\frac{1}{2}}p_y;$
$tr_3 = 3^{-\frac{1}{2}}s - 6^{-\frac{1}{2}}p_x - 2^{-\frac{1}{2}}p_y; \quad p_z.$

c) $te_1 = 2^{-1}(s + p_x + p_y + p_z)$
$te_2 = 2^{-1}(s - p_x + p_y - p_z)$
$te_3 = 2^{-1}(s - p_x - p_y + p_z)$
$te_3 = 2^{-1}(s + p_x - p_y - p_z).$

Die Orbitale erlauben größte Überlappung a) in zwei entgegengesetzte Richtungen (diedrische Hybridisation), b) in die Ecken eines gleichseitigen Dreiecks (trigonale Hybridisation) und c) nach den Ecken eines Tetraeders (tetraedrische Hybridisation).

Die Atome der ersten Reihe des Periodensystems können also nie an mehr als 4 Nachbaratome gebunden sein. In höheren Schalen steigt dagegen die Zahl der möglichen Hybridorbitale durch Einmischung von d und f Atomorbitalen stark an (z.B. zwischen 4s, 3d und 4p). Hier bestimmt nicht mehr die Hybridisierung die Anordnung der Bindungspartner, vielmehr stellt sich jene Mischung der Atomorbitale und jener Valenzzustand ein, durch den die herumsitzenden Liganden am festesten gebunden werden können. Größe und Ladung der Liganden sind schließlich bei den Kationen mit abgeschlossener Schale (z.B. Na^+, Ca^{++}, Cu^+, Zn^{++}) die überwiegend, wenn auch nicht allein die Umgebungskonfiguration determinierenden Faktoren.

Als Quintessenz dieser einfachen Analyse der lokalen Bindungs- und Koordinationseigenschaften soll festgehalten werden, daß die geringe Zahl von Valenzorbitalen und die Kleinheit der Atome der ersten Reihe des PS eine höchst restriktive lokale Konfiguration von Bindungspartnern erzwingt und dadurch die Ausbildung von stabilen „Strukturen" (das heißt hier den Raum nur teilweise füllenden atomaren Anordnungen) erlaubt. Dagegen sind die Ligandenkonfigurationen um die Atome und Ionen der Übergangsmetalle zahlreich; sie sind weniger stabil in dem Sinne, daß wenig Energie erforderlich ist, um von der einen zur anderen überzugehen. Damit hat das primitive Modell eines chemischen Atomismus Gestalt angenommen.

a) Gerüstbauelemente

Die Atome C, N und O binden vornehmlich in trigonaler und tetraedrischer Konfiguration (die diedrische Mischung ist biochemisch von untergeordneter Bedeutung). Trigonale und tetraedrische Hybridisierung kann jedoch nicht in beliebiger Weise kombinieren, da bei der trigonalen Mischung das auf der Ebene der drei gerichteten Orbitale senkrecht stehende p_z Orbital in dieser Richtung nur wieder mit einem Orbital der gleichen Symmetrie zu kombinieren vermag (Abb. 4.5). So entstehen zwei Bindungstypen, die σ und π genannt werden. Eine σ und eine π Bindung mit je einem Elektronenpaar kann zwischen zwei Atomen zur gleichen Zeit bestehen. Man spricht dann von einer Doppelbindung. Ein subtileres Modell der Bindung in Biomolekülen soll später entwickelt werden.

Der Katalog der Gerüstbauelemente von Biomolekülen kann nun folgendermaßen zusammengestellt werden:

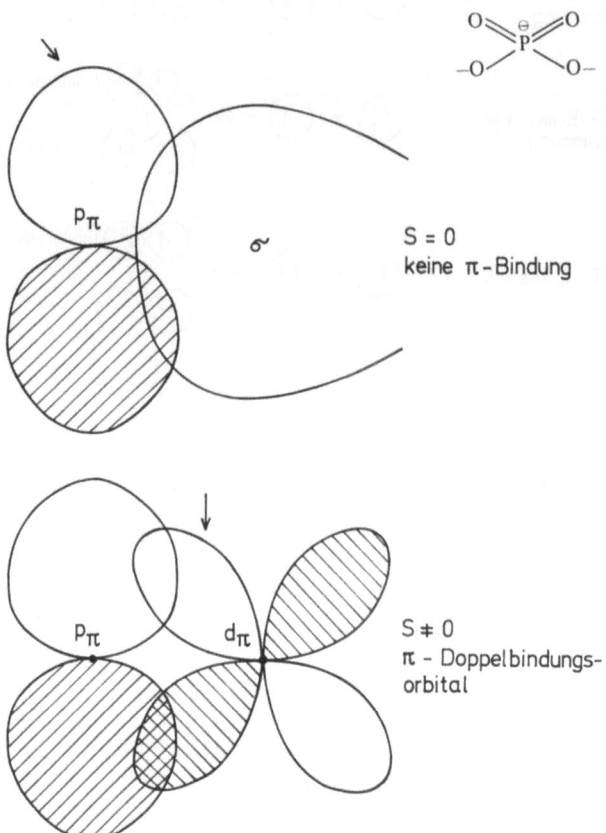

Dabei sei bemerkt, daß das Kettenglied Schwefel ebenso wie der doppelt gebundene Sauerstoff zusätzliche, nicht strukturspezifische Funktionen erfüllt, die an dieser Stelle noch nicht diskutiert werden können.

Eine besondere Rolle spielt auch Phosphor, der nur in tetraedrischer Koordination mit 4 Sauerstoffatomen auftritt und zwar als einfach negativ geladenes Kettenglied

oder zweifach negativ geladene Endgruppe

Die tetraedrische Konfiguration am P spricht für ein sp³ Hybrid. Das kann jedoch nur entstehen, wenn ein Elektron in die 3d Unterschale befördert wird. Die optimale Kombination von Orbitalen führt zunächst zu 4 P—O σ-Bindungen. Dann bleiben 4 Elektronen für je ein p_π Orbital am O senkrecht zur Bindungsachse

und 5 d-Orbitale. Das erlaubt gerade zwei p—d-Doppelbindungen, so daß man schreiben könnte

Unter Ausnutzung der Erfahrung, daß die Bindungsabstände eines bestimmten Typs zwischen zwei Atomen von Molekül zu Molekül nur ganz wenig variieren, kann man nun einen Strukturbaukasten erstellen, der durch einfaches Aneinanderfügen bereits einen erheblichen Teil der in der Biochemie bekannten Molekülgerüste zu bilden gestattet. Wichtige strukturelle Besonderheiten (etwa die Planarität der Peptidkettenglieder oder die Wechselwirkung zwischen verschiedenen Teilen eines Kettenmoleküls) sind jedoch nicht mehr auf die Eigenschaften der einzelnen Atome zurückführbar.

b) **Ligandenwechsler**

Die Bindungen der Atome des Molekülgerüsts sind auf Dauer angelegt, mit Bindungsenergien um 300 kJ/mol. Nur durch chemischen Angriff lassen sie sich in andere umwandeln. Das Molekülgerüst macht den weitaus größten Teil der organischen Substanz aus. Dagegen kommen die Übergangselemente nur in geringen Spuren vor, wenngleich ihre Bedeutung für die Lebensvorgänge immens ist. Die Atome und Ionen mit teilweise gefüllten d-Orbitalen können zahlreiche Hybridkonfigurationen bilden und sich damit ganz verschiedenen Ligandenkonfigurationen anpassen.

Ihre Bindungsenergien mit den typischen Liganden $\left(\mathrm{{>}O,\ {=}O,\ {\gg}N,\ {\gg}N,\ {\gg}C{-},\ {-}S{-}}\right)$ liegen um mehr als die Hälfte unter den Energien der σ-Bindungen des Gerüsts. Schließlich kann sich durch Aufnahme oder Abgabe eines Elektrons (Reduktion bzw. Oxydation) der Valenzzustand und damit die Metall-Liganden-Bindung grundlegend ändern.

In Biomolekülen sind Atome oder Ionen der Übergangsmetalle gewöhnlich mit einer Anzahl fest ko-ordinierter Liganden versehen (vergleiche etwa Fe in Hämoglobin), durch welche die Valenzzustände zur Bindung weiterer Liganden stark eingeschränkt werden. Diese freien Ligandenplätze können dann zeitweise von Substratmolekülen eingenommen werden, deren Reaktionsfähigkeit damit erhöht wird. Komplexierte Übergangsmetallatome oder -Ionen sind für katalytische Wirkungen besonders prädestiniert, weil sie die daran gebundenen Substratmoleküle auf mannigfache Weise beeinflussen können und zwar (unter Umständen gleichzeitig) durch (Gould, 1971)
1. Polarisation der Bindungen des Substratmoleküls im Felde der Ladung,
2. Ausbildung von σ-Bindungen vom einfach kovalenten und Donor-Typ, und schließlich
3. Ausbildung von π-Bindungen jeglichen Typs.

Wegen der Zunahme der Atom- und Ionenradien sind diese Eigenschaften in der nächsten langen Reihe des Periodensystems schon weit weniger ausgeprägt. Man findet daher nur noch ein Übergangselement von biologischer Bedeutung in dieser Reihe, das Mo, das in einer sehr speziellen Funktion (der Fixierung von Stickstoff) von Bedeutung ist. Für das auffallende Fehlen der sehr vielseitigen katalytischen Komplexe des Ni in biologischen Systemen könnten kompliziertere, außerhalb der lokalen Bindungsaspekte liegende Gründe (etwa die kinetische Destabilisierung der katalytischen Komplexe des Fe) eine Rolle spielen.

c) Ionen

Die Biochemie *in vivo* spielt sich im stark polaren Lösungsmittel Wasser ab, soweit sie nicht an Oberflächen stattfindet. Alle Stoffe sind hydratisiert, d.h. die Wassermoleküle in der Umgebung eines gelösten Moleküls sind so orientiert, daß die freie Enthalpie von Lösungsmittel und gelöstem Stoff minimal wird. Sind mehrere Stoffe gelöst, dann setzt sich die freie Enthalpie G neben einem Anteil aus der Mischungsentropie aus der freien Energie der Hydratisierung der einzelnen Komponenten der Lösung mit Molzahlen $n_1, n_2, \ldots, n_i, \ldots$ zusammen. Nur bei ganz verdünnten Lösungen gibt es keine gegenseitige Beeinflussung der Hydratation, und die Beiträge der einzelnen Komponenten zur Hydratisierungsenthalpie sind additiv. Im Normalfall wird die Hydratation um jedes einzelne gelöste Molekül ein Kompromiß mit der Hydratation um alle anderen sein, und es wird direkte Wechselwirkung zwischen den gelösten Molekülen geben. Ein solches System wird man dann charakterisieren durch die Änderung, welche die freie Enthalpie erfährt, wenn man die Molzahl n_i um ein Geringes ändert. Es kommt also auf die Ableitung von G nach n_i an, was „chemisches Potential" μ_i genannt wird,

$$\mu_i = \partial G / \partial n_i.$$

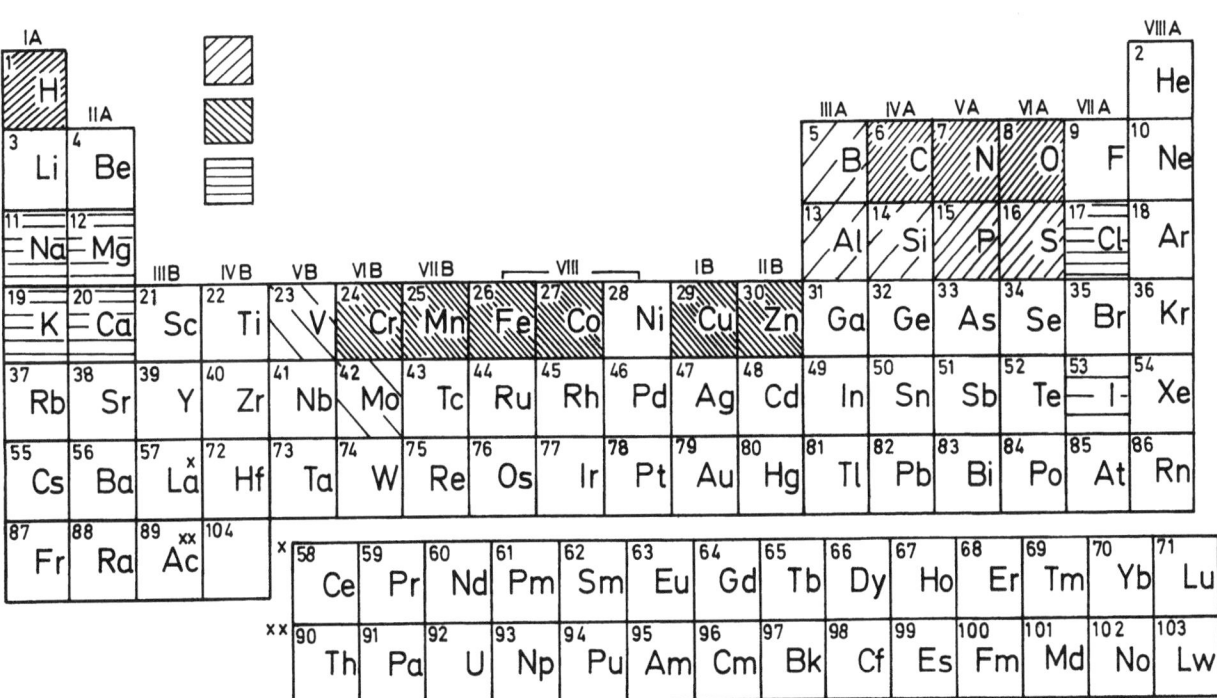

Periodensystem der Elemente: Die biologisch wichtigen Elemente sind durch Schraffierung herausgehoben.

▨ „Strukturbildner"   ▧ „Valenzwechsler"   ≡ „Ionen"

Das chemische „Potential", das in physikalischer Analogie eigentlich als „Kraft" bezeichnet werden sollte, läßt nun eine Aussage darüber zu, welches mehrkomponentige System gegenüber einem anderen thermodynamisch Arbeit leisten kann.

Diese einleitende Begriffsbestimmung war notwendig, um die biologische Funktion der Ionen richtig definieren zu können: Durch Zusatz von Ionen lassen sich in einem Teil eines biologischen Systems die chemischen Potentiale irgendwelcher Komponenten gegenüber denen eines anderen Teils verändern. Ionen dienen also als Pumpen chemischen Potentials. Unter dem hier eingenommenen einseitigen und vergröbernden Standpunkt braucht die Voraussetzung der Existenz von Membranen und die chemische Quelle der Pumparbeit nicht weiter beschrieben zu werden. Man kann jedoch einsehen, warum die Zahl der biochemisch relevanten Kationen so gering ist (Na^+, K^+, Ca^{2+}, Mg^{2+}) und als freies Anion (neben dem PO_4^- bzw. der endständigen PO_4^{2-} Gruppe) nur Cl^- vorkommt.

Funktionelle Differenzierung besteht offenbar nur bei den Kationen; das Cl^--Ion ist wegen der Elektroneutralität unvermeidlich. Um hohe chemische Potentiale zu erzielen, muß es spezifische Wechselwirkungen zwischen Ionen und Biomolekülen geben, durch welche Ionen nach Ladung und Ionenradius (vielleicht auch nach ihrer Polarisierbarkeit) unterschieden werden. Je mehr Ionen in dem System vorhanden sind, desto präziser müssen die molekularen Einrichtungen zur spezifischen Wechselwirkung beschaffen sein. Die Zahl der biochemisch essentiellen Ionen ist deshalb so klein wie möglich gehalten. Besondere chemische Gesichtspunkte sind hinsichtlich der Wahl der einwertigen Ionen Na und K nicht zu erkennen; vermutlich fanden sie wegen der Häufigkeit ihres Vorkommens Eingang in die molekulare Evolution.

4.2.3. Bindungen

4.2.3.1. Das Valenzschema der Chemie und das Orbitalmodell

Wesentliche Züge des chemischen Valenzmodells wurden bereits in Abschnitt 4.2.2 unter dem lokalen, atomaren Aspekt behandelt. Dabei ergaben sich Bindungen durch Kombination von Hybridorbitalen zwischen Atomen. Der Charakter der Bindungsorbitale wurde durch σ, π, ... charakterisiert und die Bindungen durch die Zahl der beteiligten Elektronen, im regulären Fall der Elektronenpaarbindung als Einfachbindung oder Doppelbindung bezeichnet. Einfachbindungen zwischen Atomen werden durch einen Valenzstrich, Doppelbindungen mit einem Doppelstrich gekennzeichnet usw., z. B.

$$>C-H$$
$$>C=O$$
$$N\equiv N.$$

Die chemische Empirie unterstützt dieses Modell der lokalen Bindungen, solange man keine zu genauen Vorhersagen für Energetik, Struktur und Kinetik verlangt. Es soll daher, so weit wie möglich, die Diskussion in diesem einfachen Bild geführt, die Rechtfertigung der Argumente jedoch der übergeordneten Näherungsstufe der Theorie der Molekülorbitale (Molecular Orbital Theorie, abgekürzt MO-Theorie) entnommen werden.

Die Problematik aller lokalen Bindungstheorien liegt in der Unkenntnis des Hybridisationszustandes der Atome und der effektiven Wechselwirkung zwischen Bindungen. Es muß deshalb im Rahmen des Einelektronenmodells eine Orbitalbeschreibung der chemischen Bindung entwickelt werden, die zunächst keine Rücksicht auf lokale Eigenschaften nimmt, aber in geeigneter Weise in das lokale Valenzschema der Chemie übersetzt werden kann.

Obgleich die Orbitalbeschreibung chemischer Bindungen ungleich subtiler ist als das Valenzschema der Chemie, wird man sehen, daß die Orbitalwellenfunktionen der meisten Moleküle zu handfesten chemischen Aussagen, auch in der Sprache des Valenzschemas, kondensiert werden können. Dabei verdient der Umstand, daß ein Orbital für sich allein keine physikalische Bedeutung hat, besondere Beachtung. Es gibt nämlich Orbitaldarstellungen, die vor allen anderen ausgezeichnet sind, weil sie Schlüsse auf das Verhalten des Moleküls unter bestimmten Störungen zulassen. Von besonderer chemischer Wichtigkeit ist wiederum jene Orbitaldarstellung, in der die Orbitale am stärksten lokalisiert sind, weil sie dann dem chemischen Valenzschema am besten entsprechen.

4.2.3.2. Das MO-Modell und seine Varianten

Die Modellstufe der lokalisierten Bindungsorbitale, auf der das Valenzschema der Chemie beruht, enthält als wesentlichste Begriffselemente Valenzzustand und Hybridisation sowie die Doppelbesetzung der Zweizentren-Bindungsorbitale als Ausdruck des Pauli-Prinzips. Bei genauer Betrachtung erkennt man jedoch, daß der „Zustand" eines Atoms im Molekül nur schwer zu definieren, geschweige zu messen ist, daß von Hybridisierung nur in der Einelektronennäherung gesprochen werden kann und sie auch da von einer Orbitaldarstellung zur anderen verschieden ist. Schließlich verbietet das Pauli-Prinzip in seiner allgemeinsten Form („die Wellenfunktion muß in den Orts-Spinkoordinaten der Elektronen antisymmetrisch sein") die Zuordnung eines Elektronenpaares zu einem bestimmten Orbital. Es soll deshalb das umfassendere Einelektronenmodell in der einfachen Version der Molekülorbitale (MO's) entwickelt werden, um Grundbegriffe und -Annahmen des Valenzschemas der Chemie deuten zu können und um Einsicht in subtilere chemische Funktionen von Biomolekülen zu gewinnen.

Wegen der großen Massendifferenz zwischen Elektronen und Atomkernen läßt sich das Problem der Elektronenbewegung (d.h. des elektronischen „Zustandes") in einem Molekül weitgehend von dem der Kernbewegung (d.h. der Kernschwingungen und der kinetischen Prozesse) trennen. Es genügt, die Wellenfunktion als ein Produkt der Wellenfunktionen von Kernen und Elektronen anzusetzen;

$$\Phi(\mathbf{R}_i) \cdot \Psi(\mathbf{x}_k, \mathbf{R}_i), \qquad (4.4)$$

wo $\mathbf{R}_i$ die Ortskoordinaten der Kerne $1, \ldots, M$ und $\mathbf{x}_k = (\mathbf{r}_k, \sigma_k)$ einen Vektor aus Spinkoordinaten σ_k und Ortskoordinaten $\mathbf{r}_k$ der Elektronen $1, 2, \ldots, N$ bedeutet. Ψ ist die elektronische Wellenfunktion bei festgehaltenen Kernen in den Positionen $\mathbf{R}_i$ (die $\mathbf{R}_i$ spielen die Rolle von Quantenzahlen) und Φ die Wellenfunktion der Kerne, die sich in einem von den Elektronen erzeugten effektiven Potential bewegen. Dieser als Born-Oppenheimer-Näherung bezeichnete Ansatz gilt natürlich nicht mehr, wenn Kern- und Elektronenbewegung interferieren, z.B. bei kinetischen Prozessen mit Elektronenübergang.

In dem Hamiltonoperator $\mathscr{H}$, der dem Modell zugrundegelegt wird, fehlt aus oben genannten Gründen der Operator der kinetischen Energie der Kerne. Nur über das Potential finden die Kernlagen Eingang in $\mathscr{H}$. Somit ist

$$\mathscr{H} = -\frac{\hbar^2}{2m}\sum_k \nabla_k^2 + \sum_{vk}\frac{Z_v e^2}{r_{vk}} + \sum_{i>j}\frac{e^2}{r_{ij}}, \qquad (4.5)$$

wobei $r_{vk} = |\mathbf{R}_v - \mathbf{r}_k|$, der Abstand des k-ten Elektrons vom v-ten Kern, ferner

$$r_{ij} = |\mathbf{r}_i - \mathbf{r}_j|,$$

$$\nabla_k^2 = \frac{\partial^2}{\partial x_k^2} + \frac{\partial^2}{\partial y_k^2} + \frac{\partial^2}{\partial z_k^2}$$

und

$$\mathbf{r}_k = (x_k, y_k, z_k).$$

Die Wellenfunktion muß das Pauli-Prinzip erfüllen, d.h. bei Vertauschung von zwei Elektronenkoordinaten muß sie in ihr Negatives übergehen. Die einfachste Funktion mit dieser Eigenschaft läßt sich aus dem Produktansatz

$$\psi_1(\mathbf{x}_1)\psi_2(\mathbf{x}_2)\ldots\psi_N(\mathbf{x}_N) \qquad (4.6)$$

durch Antisymmetrisierung herleiten. Wenn man die Koordinaten der Elektronen (oder die Indizes der Orbitale) permutiert und Permutationen, die aus einer geraden Anzahl von Vertauschungen bestehen (gerade Permutationen), positives, den anderen negatives Vorzeichen gibt, erhält man durch Aufaddieren dieser $N!$ Terme offensichtlich eine antisymmetrische Funktion. Der Einfachheit halber nimmt man die ψ_l als orthonormal an, d.h.

$$\int \psi_l^*(\mathbf{x}_1)\psi_{l'}(\mathbf{x}_1)d\mathbf{x}_1 \equiv \langle \psi_l | \psi_{l'} \rangle = \delta_{ll'}. \qquad (4.7)$$

Dann formalisiert man das eben entwickelte Rezept zu einer Operatorvorschrift. Der Antisymmetrisierungsoperator ist definiert durch

$$\mathscr{A} \equiv (N!)^{-1}\sum_P (-1)^P P, \qquad (4.8)$$

wo P irgendeine der Permutationen von $1 \ldots N$ bedeutet; $(-1)^P$ ist $(+1)$, wenn P gerade, (-1), wenn P ungerade. Der Faktor $1/N!$ ist gewählt, damit $\mathscr{A}$ die angenehme Eigenschaft der Idempotenz

$$\mathscr{A}^2 = \mathscr{A}$$

besitzt. Eine antisymmetrische Wellenfunktion kann dann geschrieben werden als

$$\begin{aligned}\Psi &= \sqrt{N!}\,\mathscr{A}\,\psi_1(\mathbf{x}_1)\psi_2(\mathbf{x}_2)\ldots\psi_N(\mathbf{x}_N) \\ &= (N!)^{-\frac{1}{2}}\mathrm{Det}\{\psi_1(\mathbf{x}_1)\psi_2(\mathbf{x}_2)\ldots\psi_N(\mathbf{x}_N)\},\end{aligned} \qquad (4.9)$$

wo Det die Determinante mit der Diagonalen $\psi_1(\mathbf{x}_1)\ldots\psi_N(\mathbf{x}_N)$ bedeutet. Da in dem Modellhamiltonoperator $\mathscr{H}$ Kopplungen zwischen dem magnetischen Moment des Spins mit der Elektronenbahn vernachlässigt wurden, kann überdies jedes $\psi_k(\mathbf{x}_k)$ als Produkt einer Spinfunktion $\alpha(\sigma_k)$ oder $\beta(\sigma_k)$ und einer Ortsfunktion $\varphi_k(\mathbf{x}_k)$ dargestellt werden:

$$\psi_k(\mathbf{x}_k) = \varphi_k(\mathbf{x}_k) \cdot \begin{cases}\alpha(\sigma_k)\\ \beta(\sigma_k)\end{cases} = \varphi_k(k) \cdot \begin{cases}\alpha(k)\\ \beta(k)\end{cases} \qquad (4.10)$$

(beachte die Kurzschreibweise).

Wenn nun die φ_k nach aufsteigender Energie indiziert werden, sieht die Wellenfunktion für den niedrigsten Zustand eines Systems mit einer geraden Zahl von Elektronen so aus:

$$\begin{aligned}\Psi = \sqrt{N!}\,\mathscr{A}\,\varphi_1(1)\alpha(1)\varphi_1(2)\beta(2)\ldots\varphi_{N/2}(N-1)\\ \cdot \alpha(N-1)\varphi_{N/2}(N)\beta(N).\end{aligned} \qquad (4.11)$$

Die φ_k heißen Orbitale; ihre Bestimmung und ihre Eigenschaften werden uns im folgenden beschäftigen.

Es liegt nahe, nun nach den „besten" Orbitalen im Rahmen des Einelektronen-MO Modells zu fragen. Als Vergleichskriterium für diese Wellenfunktion bietet sich die Gesamtenergie $E = \langle \Psi | \mathscr{H} | \Psi \rangle$ an, weil sich dann die Orbitale, welche die niedrigste Gesamtenergie liefern, aus dem Variationsprinzip

$$\delta \langle \Psi | \mathscr{H} | \Psi \rangle = 0, \qquad (4.12)$$

bestimmen lassen. Obgleich man keine Aussicht hat, mit einem Orbitalansatz der tatsächlichen Energie des Systems sehr nahe zu kommen (erreichen kann man sie nur mit der exakten Wellenfunktion), darf man hoffen, beim Vergleich chemisch verwandter Systeme (z.B. eines Moleküls in verschiedenen Konformationen) deren Energie in der richtigen Größenordnung zueinander zu erhalten. Da ein Großteil der chemischen und biochemischen Probleme energetische Aspekte besitzt, hat sich das auf dem Energiekriterium fußende

MO Modell als äußerst fruchtbar erwiesen. Mehr noch, wie man gleich sehen kann, erlaubt das MO Modell, den Orbitalen Energieinkremente, sog. Orbitalenergien, zuzumessen, die näherungsweise sogar experimentell verifiziert werden können.

Die formale Seite des MO-Modells (Brant, 1972) läßt sich nun leicht vollenden. Die Variation nach allen Orbitalen unter der Nebenbedingung der Normiertheit von Ψ, hier in der Form der Orthonormalität der Orbitale,

$$\langle \varphi_l | \varphi_m \rangle = \delta_{lm}, \tag{4.13}$$

führt auf ein System von Integro-Differentialgleichungen für die Orbitale der Gestalt

$$\mathscr{F}\varphi_k(\mathbf{r}_1) = \sum_l \varphi_l(\mathbf{r}_1)\varepsilon_{lk}. \tag{4.14}$$

Dabei sind die ε_{lk} Lagrangesche Parameter zur Erfüllung der Orthonormierungsbedingungen (4.13) und $\mathscr{F}$, der sog. Fockoperator, ist gegeben durch

$$\mathscr{F} = -\frac{\hbar^2}{2m}\nabla_1^2 + \sum_\nu \frac{Z_\nu e^2}{r_{\nu_1}} + \mathscr{J}(\mathbf{r}_1) - \mathscr{K}(\mathbf{r}_1), \tag{4.15}$$

wobei die Operatoren $\mathscr{J}$ und $\mathscr{K}$ am augenfälligsten durch die sog. Dichtematrix ϱ des Systems

$$\varrho(\mathbf{r}_1, \mathbf{r}_2) \equiv 2 \sum_{l=1}^{N/2} \varphi_l^*(\mathbf{r}_1)\varphi_l(\mathbf{r}_2) \tag{4.16}$$

definiert werden (beachte, daß die Elemente von ϱ durch die beiden kontinuierlichen Indices $\mathbf{r}$ und $\mathbf{r}'$ gegeben sind und die Diagonale der Matrix die Elektronendichte $\sigma(\mathbf{r}, \mathbf{r}) \equiv \varrho(\mathbf{r})$ ist). Der Coulomboperator $\mathscr{J}$ und der Austauschoperator $\mathscr{K}$ hängen von der Dichtematrix ϱ und damit von allen Orbitalen φ_l ab:

$$\mathscr{J}(\mathbf{r}_1)\varphi(\mathbf{r}_1) = \int \frac{\varrho(\mathbf{r}_2)}{r_{12}} \varphi(\mathbf{r}_1) d\mathbf{r}_2,$$

$$\mathscr{K}(\mathbf{r}_1)\varphi(\mathbf{r}_1) = \int \frac{\varrho(\mathbf{r}_1, \mathbf{r}_2)}{r_{12}} \varphi(\mathbf{r}_2) d\mathbf{r}_2. \tag{4.17}$$

$\mathscr{J}$ multipliziert also das Orbital, worauf es wirkt, mit dem Potential aller Elektronen, während $\mathscr{K}$ ein durch Asymmetrie der Wellenfunktion hervorgebrachter nichtlokaler Operator ist (nichtlokal, weil die Funktion φ in ihrer Gesamtheit erfaßt werden muß, um $\mathscr{K}\varphi$ an einem einzigen Punkt zu erhalten). Man beachte noch, daß die Differenz $(\mathscr{J}-\mathscr{K})\varphi_l$ als lokalen Coulombteil gerade das Potential aller Elektronen bis auf das eine im Orbital φ_l enthält.

Das Fock'sche Gleichungssystem (4.14) ergibt zusammen mit den Nebenbedingungen (4.13) als Lösung die Orbitale φ_k und die $\frac{N}{2}\left(\frac{N}{2}+1\right)/2$ Lagrange'schen Parameter ε_{lk}. Für das Verständnis des Orbitalmodells sind nun die Freiheiten, die man bei der Wahl eines bestimmten Orbitalsatzes hat, von besonderer Bedeutung. Eine unitäre Transformation $\mathscr{U}$ führt bekanntlich die orthogonale Basis $\{\varphi_k\}$ eines linearen Funktionenraumes in eine andere orthonormale Basis $\{\varphi_k' = \mathscr{U}\varphi_k\}$ über. Die Dichtematrix $\varrho(\mathbf{r}_1, \mathbf{r}_2)$ bleibt wegen der Eigenschaft $\mathscr{U}^+\mathscr{U} = \mathscr{U}\mathscr{U}^+ = 1$ bei unitärer Transformation invariant und damit auch der Fockoperator $\mathscr{F}(\varrho)$. Das Gleichungssystem (4.14) geht unter der unitären Transformation

$$\varphi_k' = \mathscr{U}\varphi_k \tag{4.18}$$

über in

$$\mathscr{F}(\varrho')\varphi_k' = \sum_l \varepsilon_{lk}'\varphi_l',$$

$$\varepsilon_{lk}' = \sum_m \mathscr{U}_{ml}\varepsilon_{mk}, \tag{4.19}$$

es behält also seine Form. Offenbar sind jene Orbitale vor allen anderen ausgezeichnet, für die

$$\varepsilon_{lk} = 0 \quad \text{für} \quad l \neq k.$$

Diese Orbitale heißen Symmetrieorbitale und es ist oft von Vorteil, wenn auch nicht notwendig, zunächst ebendiese zu berechnen und andere Darstellungen durch Transformation zu gewinnen.

a) Symmetrieorbitale

Das Gleichungssystem für die Symmetrieorbitale,

$$\mathscr{F}(\varrho)\varphi_k = \varepsilon_k\varphi_k, \tag{4.20}$$

kann im Fall der Selbstkonsistenz (d.h. wenn die φ_k im Operator $\mathscr{F}$ sich im linearen Eigenwertproblem von $\mathscr{F}$ reproduzieren), als Eigenwertproblem *des* Einelektronenoperators des Moleküls angesehen werden. Die Eigenwerte ε_k lassen sich nun als die Energie eines Elektrons im Orbital φ_k interpretieren.

Wenn man, wie eingangs angenommen, die niedrigsten $N/2$ Orbitale eines Moleküls mit abgeschlossener Schale zweifach besetzt, so erhält man die Wellenfunktion des Grundzustandes (s. Abb. 4.4a).

Nach einem Theorem von Koopmans (s. Pilar, 1968) entspricht nun die Orbitalenergie des obersten gefüllten Symmetrieorbitals genähert der Ionisierungsenergie aus diesem Orbital. Das bedeutet, daß die Elektronen in den tiefer gelegenen Orbitalen das Fehlen eines äußeren Elektrons kaum bemerken. Ionisiert man ein Elektron aus einem tieferliegenden Orbital, so ist die aufzuwendende Energie um einiges größer als die Orbitalenergie, da sich die Orbitale nun unter Energieerniedrigung reorganisieren. Dennoch sind auch die Orbitalenergien der unteren Symmetrieorbitale noch recht gute Näherungen für die Ionisierungsenergien. Deshalb ist es möglich, die Parameter ε_k unseres Modells etwa den durch Photoelektronen-

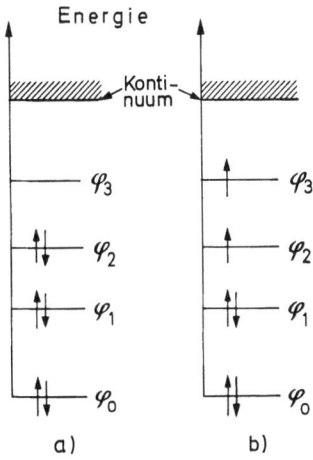

Abb. 4.4. Orbitalbesetzung bei abgeschlossener Schale und einfach angeregter „Konfiguration"

spektroskopie gewonnenen Ionisierungsenergien zuzuordnen. Auf diese Weise kann man Orbitale, die durch die Symmetrieforderungen der Molekülgeometrie schon weitgehend charakterisiert sind, gemessenen Energien zuordnen (Jaffé and Orchin, 1965). Die „Energie eines Elektrons in einem Orbital", ursprünglich als Lagrange'scher Parameter im Rahmen eines mathematischen Näherungsansatzes eingeführt, wird dadurch zu einem eigenständigen physikalischen Modellbegriff, dessen formale Bedeutung bei den chemischen Anwendungen immer mehr in den Hintergrund tritt.

In der Darstellung der Symmetrieorbitale leistet das Einelektronenmodell auch für die Elektronenspektroskopie beachtliches. Der angeregte Zustand eines Moleküls entspricht einer Orbitalbesetzung wie in Abb. 4.4b. Alle Orbitale sind doppelt besetzt bis auf zwei, die je ein Elektron enthalten. Da jedes der beiden einfach besetzten Orbitale sein Elektron mit α und β Spin haben kann, gibt es 4 Determinanten gleicher Energie mit Spinkombinationen αα, αβ, βα und ββ. Geht man einen Schritt über das Einelektronenmodell hinaus, indem man diese 4 Determinantenfunktionen zu den Basisfunktionen einer Störungsrechnung macht, so erhält man einen Zustand mit Gesamtspin Null, genannt „Singulett", und drei entartete Zustände mit Gesamtspin 1, genannt „Triplett". Im allgemeinen liegt die Energie des Tripletts unter der des Singuletts. Die Aufspaltung der Spins zweier Elektronen in 2 verschiedenen Orbitalen in ein Triplett und ein Singulett entspricht der Quantisierung eines Drehimpulses 0 (Spins antiparallel ↑↓, Singulett) und eines Drehimpulses 1 (Spins parallel ↦→, z-Komponenten 1, 0 und −1, Triplett). Jedes einfach angeregte Molekül mit abgeschlossener Schale besitzt daher ein Singulett- und ein Triplettsystem angeregter Zustände, die sich im Rahmen des Orbitalmodells charakterisieren lassen und die umgekehrt direkte Rückschlüsse auf die Orbitalstruktur des Moleküls zulassen.

Symmetrieorbitale sind offenbar die geeignetste Darstellung des Einelektronenmodells, wenn es sich um die Interpretation von Experimenten handelt, in denen das Molekül als Ganzes „gesehen" wird. Nur für Symmetrieorbitale gilt die Aussage, daß der auf φ_k wirkende Fockoperator $\mathscr{F}$ der (im Rahmen des Einelektronenmodells) effektive Hamiltonoperator eines Elektrons im Orbital φ_k ist. Die Wirkung einer nichtlokalen äußeren Störung von Einelektronencharakter (d.h. einer Störung bestehend aus einer Summe von Einelektronentermen, wie etwa dem Störoperator eines Strahlungsfeldes) auf ein Molekül wird man deshalb am einfachsten in jener Darstellung des Hamiltonoperators behandeln, in der sein aus $\mathscr{F}$ gebildeter Einelektronenteil diagonal ist.

b) Lokalisierte Orbitale

Wenden wir uns nun den Spielarten des Orbitalmodells zu, in welchen man die lokalen Eigenschaften eines Moleküls (genauer: das Verhalten eines Moleküls unter lokalen Störungen) besonders gut studieren kann.

Es wäre unmöglich, die chemischen Erfahrungen bezüglich Struktur und Reaktionsverhalten der Moleküle in eine überschaubare Ordnung zu bringen, wenn nicht chemische Bindung und chemische Wechselwirkung weitgehend lokale, d.h. nur durch die Nachbarschaft einiger Atome bestimmte Phänomene wären. Das dieser Erfahrung Rechnung tragende Modell der lokalen Bindungen wurde in Abschnitt 4.2.2 entwickelt, doch konnte auf dieser Modellstufe das Problem der Wechselwirkung lokalisierter Bindungen nicht erfaßt werden. Im Orbitalmodell sind alle chemischen Bindungen samt ihren Wechselwirkungen enthalten, nur sind der Bindung zwischen zwei Atomen in einer beliebigen Orbitaldarstellung nicht einige wenige Orbitale zugeordnet, sondern eine Vielzahl von ihnen. Außerdem sind formal alle Orbitaldarstellungen, die durch unitäre Transformation auseinander hervorgehen, äquivalent. Es ist bereits an anderer Stelle darauf hingewiesen worden, daß im chemischen Modelldenken aus formalen Größen einer Theorie (etwa den Lagrangeschen Multiplikatoren bei der Variation des antisymmetrischen Produkts) oft Modellbegriffe gebildet werden, denen ein physikalischer Inhalt (die Einelektronenenergie) untergeschoben wird, auch wenn dieser im Sinne der zugrundeliegenden Theorie nicht faßbar (d.h. meßbar) ist. Im Sinne des chemischen Modellverständnisses liegt daher die Frage: Gibt es eine Darstellung der Orbitale, in der die lokalen Eigenschaften der chemischen Bindung zutage treten?

Die Antwort darauf ist so wenig eindeutig, wie die gestellte Frage. Man kann eine ganze Reihe von Kriterien erfinden, die zu brauchbaren, wenn auch leicht voneinander abweichenden Lokalisierungen der Orbitale führen. Wir wollen uns hier nur mit dem am häufigsten gebrauchten und am besten verstandenen Lokalisierungskriterien beschäftigen, nämlich

$$\mathscr{L} = \sum_{l=1}^{N/2} \int |\varphi_l(\mathbf{r}_1)|^2 \frac{1}{r_{12}} |\varphi_l(\mathbf{r}_2)|^2 d\mathbf{r}_1 d\mathbf{r}_2 = \text{Maximum}. \tag{4.21}$$

Gleichung (4.21) besagt, daß jene Orbitaldarstellung zu wählen ist, welche die einzelnen Orbitale am kompaktesten macht, in dem Sinne, daß die Elektronenwechselwirkung innerhalb der Orbitale maximal sein soll, wodurch gleichzeitig die Wechselwirkung zwischen den Orbitalen minimal wird, weil ja die gesamte Energie der Elektronenwechselwirkung eine Observable ist und vom Wechsel der Orbitaldarstellung unberührt bleibt (England et al., 1971).

An den nun folgenden Beispielen wird man erkennen, daß das Kompaktheitskriterium tatsächlich zu einer Version des Orbitalmodells führt, in dessen Rahmen man das intuitiv konzipierte Valenzschema der Chemie begründen kann.

4.2.3.3. Beispiele des Orbitalaufbaus

In diesem Abschnitt soll der Orbitalaufbau von einigen biologisch wichtigen Molekülen betrachtet und dabei die Frage der chemischen oder biologischen Relevanz des Orbitalmodells im Auge behalten werden. Dabei sollte besonders beachtet werden, daß der Gebrauch des Orbitalmodells sehr verschieden ist von der Anwendung der meisten physikalischen Modelle. Die Modelle der Physik sind, abgesehen von jenen, die als mathematische Näherungen konzipiert sind, Vereinfachungen der Wirklichkeit, die in ihren Funktionen meist völlig durchschaubar und in den daraus zu ziehenden Konsequenzen wohl definiert sind. Das Orbitalmodell dagegen, nur um es zu erstellen, bedarf bei komplexeren Molekülen eines leistungsfähigen Rechners; nachdem dies geschehen ist, hängt der Fortgang der Überlegungen entscheidend von der Fragestellung ab. Nur für Standardprobleme (angeregte Zustände, Ladungsverteilungen, Bindungsstärken, Übergangszustände u. ä.) existieren ausgefeilte Prozeduren. Das Orbitalmodell muß notwendigerweise so unspezifisch sein, weil es für eine Vielzahl chemischer Systeme anwendbar sein soll, deren Vergleich oft erst die wesentlichen chemischen Einsichten vermittelt. Die Folge ist ein hohes Maß an Unsicherheit darüber, welches physikalische Niveau der Beantwortung einer bestimmten chemischen Frage angemessen ist. Im einfachsten chemischen Gebrauch fungiert das Orbitalmodell deshalb als bloße Struktur, in deren Rahmen sich chemische Information ordnen und darstellen läßt.

Die Brauchbarkeit des Orbitalmodells hängt, je nach der Problematik, mehr oder weniger von der Güte der Orbitale und der energetischen Parameter ab. Für fast jeden Zweck sind besonders parametrisierte Versionen des Orbitalmodells in Gebrauch (unter Namen wie CNDO/2, INDO, MINDO, MAT u. v. a.) (Dewar, 1971). Da keine bestimmte Anwendung bevorzugt wird, sind in den folgenden Abschnitten Orbitale angegeben, welche unter Gebrauch begrenzter Basissätze, aber ohne Gebrauch empirischer Parameter („ab initio") gewonnen wurden. Diese Orbitale dürfen deshalb als gute Näherung der Fock-Orbitale angesehen werden (Pullman, 1972).

a) Das H_2O Molekül

Die Diskussion des Orbitalmodells soll zunächst am Beispiel des Wassermoleküls konkretisiert werden. Anhand der vom Rechner gezeichneten Linien gleicher Orbitalamplitude, jeweils in geeigneten Schnitten gesehen, kann man die Morphologie der Orbitale erkennen und reale wie intuitive Einsichten daran entwickeln. Trotz des besagten fragwürdigen physikalischen Erkenntnisgehalts der Orbitalmorphologie gewinnen die Orbitalfiguren an Faszination, je mehr von der chemischen oder biologischen Funktion eines Moleküls dem Betrachter gegenwärtig ist.

Am einfachsten sind die Symmetrieorbitale eines Moleküls zu verstehen, wenn man bedenkt, daß der Fockoperator von der Anordnung der Atomkerne und der selbstkonsistenten Einteilchen-Dichtematrix abhängt. Sicher wird $\mathscr{F}$ invariant sein unter all den Transformationen, welche die Symmetriegruppe des Moleküls darstellen, was zur Folge hat, daß die Symmetrieorbitale φ_k von (4.20) sich unter einer dieser Transformationen höchstens um einen Faktor vom Betrage 1 ändern dürfen. Zusammen mit der Knotenregel, die besagt, daß ein höherliegendes Orbital nicht weniger Knotenflächen (Flächen mit $\varphi = 0$) besitzt als ein energetisch niedrigeres, kann man die Orbitalformen in einfachen Fällen erraten oder wenigstens leicht einsehen. Zur Darstellung der Orbitale ist zu sagen, daß die gezeichneten Amplituden von φ nicht im Hinblick auf quantitative Auswertung sondern möglichst gute Augenfälligkeit gewählt wurden.

Das H_2O-Molekül besitzt nach dem Experiment gewinkelte Geometrie, die man außer durch das Experiment auch durch Variation der Gesamtenergie nach dem Valenzwinkel mit guter Genauigkeit erhalten kann. Für die 10 Elektronen des H_2O benötigt man die Kenntnis der 5 am niedrigsten liegenden Orbitale. Sie sind in Abb. 4.5a–c für die Gleichgewichtsgeometrie, Bindungswinkel 104,5°, Bindungsabstand 0,096 nm dargestellt. Zum besseren Verständnis der Bilder sind die H-Atome mit H_1 und H_2 bezeichnet; die Schnitte liegen in der Molekülebene (M. E.) oder senkrecht dazu in der Winkelhalbierenden $\perp$ WH) bzw. durch die OH-Bindung ($\perp$ OH). Die ab initio-Orbitale der Abb. 4.5 sind nichts anderes als genauere Versionen von Molekülorbitalen, die aus Linearkombinationen der energetisch zugänglichen Atomorbitale bestehen. Zum besseren Verständnis ist es notwendig, sich klar zu machen, welche Linearkombination aus Atomorbitalen ein ab initio Molekülorbital approximiert.

Die besetzten Atomorbitale eines O und zweier H Atome sind jeweils 1s, 2s, $2p_x$, $2p_y$, $2p_z$ und zweimal 1s. Wahrscheinlich wird das energetisch tiefliegende 1s Orbital des O wenig von der Bildung des Moleküls bemerken. Das ihm entsprechende Orbital 1 der Abb. 4.5a ist deshalb nach wie vor von fast sphärischer Symmetrie. Es hat keine Knotenflächen. Im Orbital 2 kombinieren das 2s-Orbital des O mit etwas $2p_x$ Einmischung mit den 1s-Orbitalen von H_1 und H_2. Eine Knotenfläche entsteht nur dicht am O-Kern,

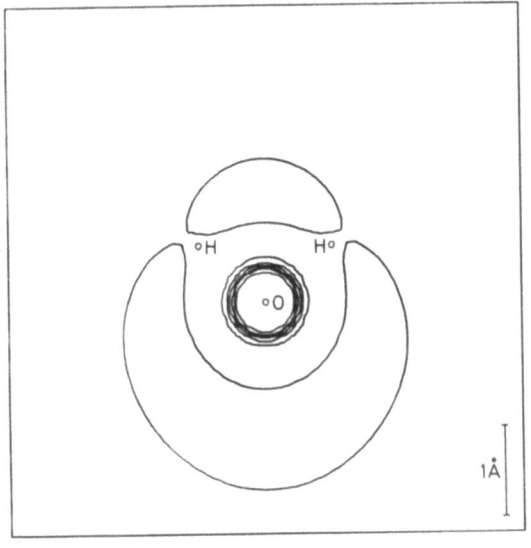

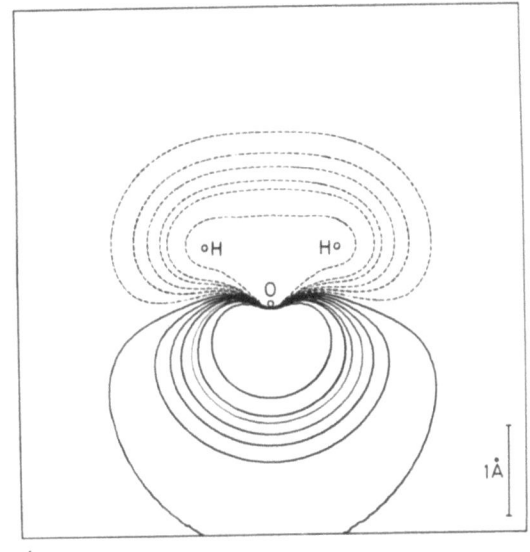

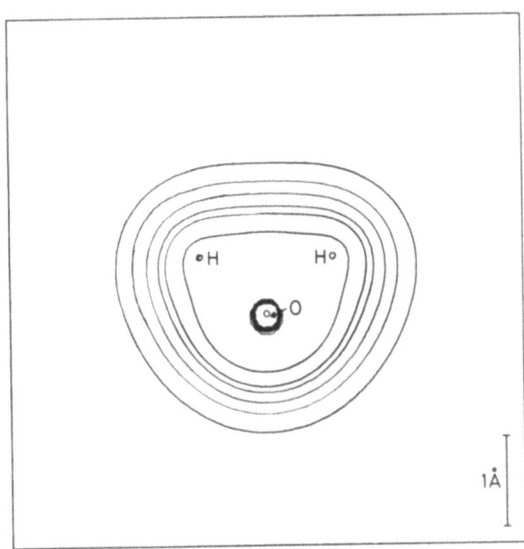

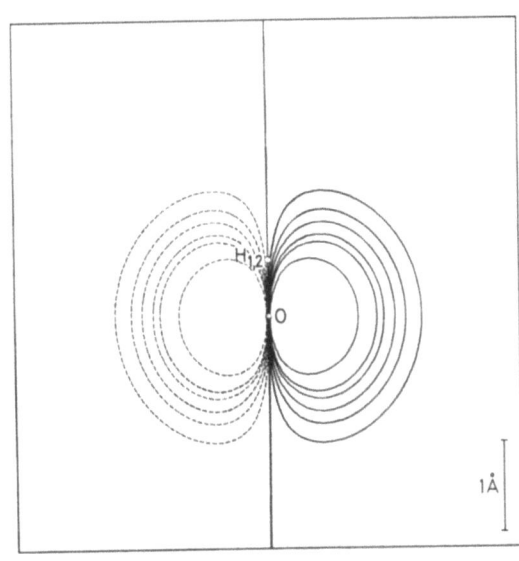

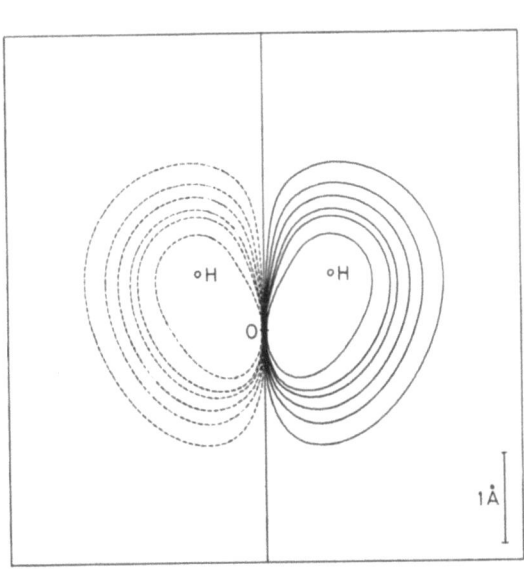

Abb. 4.5a–e. Symmetrieorbitale des H_2O-Moleküls
Abkürzungen: ME ≙ Molekülebene; ⊥ ≙ Ebene senkrecht zur Molekülebene; WH ≙ HOH Winkelhalbierende; OH ≙ OH Verbindungslinie; x, y, z ≙ Rechtskoordinatensystem; x in WH, xy in ME. Die gezeichneten Linien entsprechen Absolutwerten der Orbitalamplitude von 0,13; 0,080; 0,065; 0,045; 0,030; 0,015; 0,0. Negative Orbitalamplituden sind gestrichelt dargestellt
(a) Orbital 1: ME, entspr. 1s AO am O. (b) Orbital 2: ME, entspr. Kombination aus 2s und $2p_x$ AO am O und beiden 1s AO's von H_1 und H_2. (c) Orbital 3: ME, gleiche Kombination wie in (b), nur mit Knotenlinien entlang WH. (d) Orbital 4: ME, entspr. Kombination aus 2s, $2p_x$ und $2p_y$ AO's von O und den beiden 1s Orbitalen von H. (e) Orbital 5: ⊥ WH, entspr. $2p_z$ AO von O

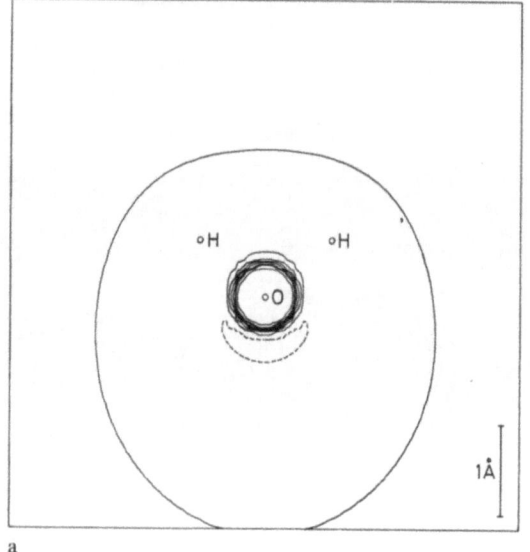
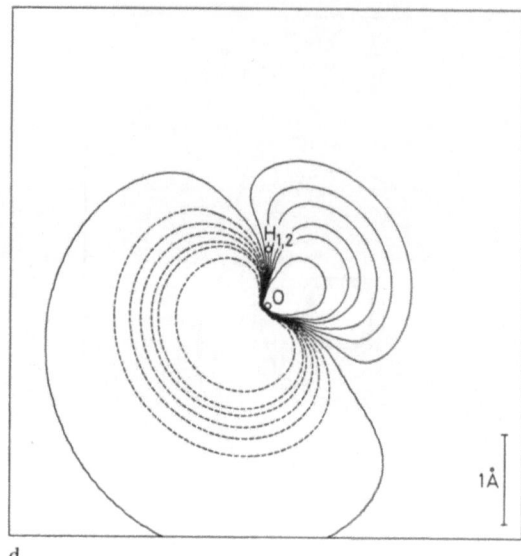
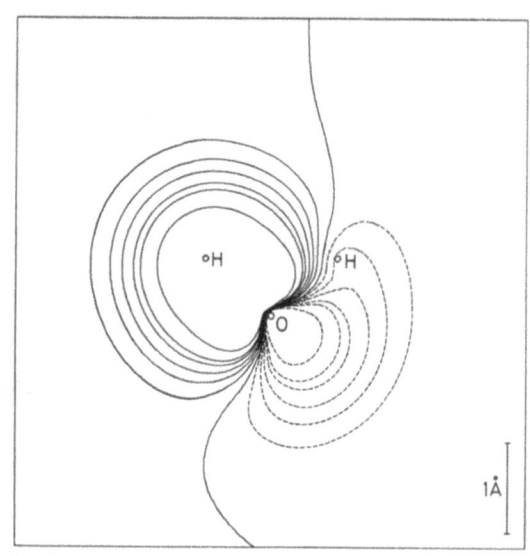
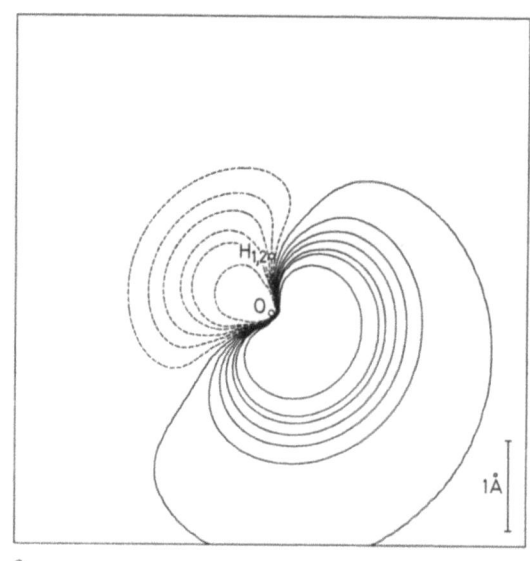
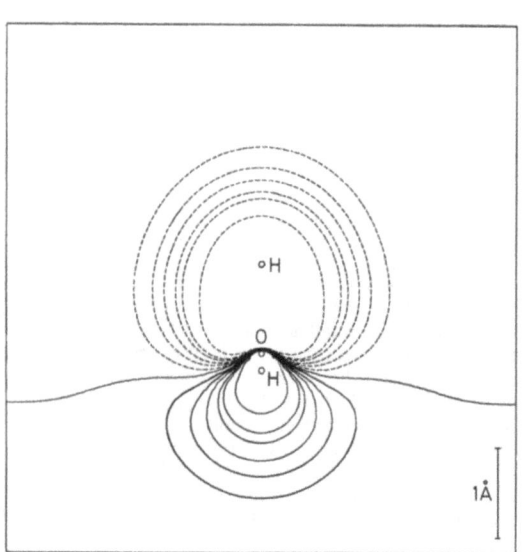

Abb. 4.6a–e. Lokalisierte Orbitale des H$_2$O-Moleküls. Abkürzungen wie in Abb. 4.5, ebenso Orbitalamplituden. (a) Orbital 1: ME entspricht 1s AO am O, nahezu identisch mit Symmetrieorbital 1. (b) Orbital 2: ME; OH$_1$ Bindungsorbital. (c) Orbital 3: ⊥ OH; beide OH Bindungsorbitale liegen spiegelsymmetrisch zur Ebene ⊥ WH, der Schnitt ⊥ OH$_2$ wurde gewählt, um die näherungsweise Rotationssymmetrie um die OH-Bindung zu zeigen. (d, e) Orbitale 4 und 5: die beiden „einsamen" Elektronenpaare des H$_2$O. Die Wasserstoffkerne liegen nahe der Knotenflächen der Orbitale, also sind diese nicht bindend

da das 2s-Orbital des O eine Knotenfläche besitzt (die Nullinie und gestrichelte Niveaulinien lassen sich hier nicht mehr unterscheiden). Ein Beitrag von $2p_y$ und $2p_z$ zu dem Orbital verbietet sich aus Symmetriegründen. Orbital 3 hat eine weitere Knotenfläche in der Molekülebene; es entspricht einer Kombination des $2p_y$ Orbitals mit den beiden 1s Orbitalen, die Koeffizienten von entgegengesetztem Vorzeichen tragen. Die anderen Orbitale des O haben die falsche Symmetrie. Im Orbital 4 kombinieren 2s und $2p_x$ schwach mit den beiden 1s Orbitalen der H-Atome. Der Schwerpunkt der beiden Elektronen in diesem Orbital ist in der Molekülebene nach „hinten" verschoben. Dieses Orbital trägt viel zum Dipolmoment des Wassermoleküls bei, doch wenig zur Bindung, da die Elektronenwelle von φ_4 zwischen Wasserstoffen und Sauerstoff auf der Höhe des O-Atoms eine Knotenfläche (d.h. Dichteminimum) bildet. Die Elektronen in diesem Orbital werden wegen ihrer geringen Beteiligung an der Bindung von H_1 und H_2 „einsames Elektronenpaar" (englisch "lone pair") genannt. Vom gleichen Charakter ist das Orbital 5, das dem $2p_z$ Orbital des O mit Knotenfläche in der Molekülebene entspricht. Überfliegt man die 5 Orbitale nochmals, so fällt ihr Symmetriecharakter besonders ins Auge: Sie können als modifizierte Atomorbitale des Sauerstoffs gesehen werden [mit Einmischung von $1s(H_1) + 1s(H_2)$ bzw. $1s(H_1) - 1s(H_2)$], und zwar entspricht die Reihenfolge der Molekülorbitale der Quantisierung der O-Orbitale 1s, 2s, $2p_y$, $2p_x$, $2p_z$.

Dieses Beispiel mag genügen um zu erkennen, wie wenig das Orbitalmodell in der Version der Symmetrieorbitale bei all seinen hervorragenden physikalischen Eigenschaften den chemischen Vorstellungen vom Wassermolekül gerecht wird. Es soll deshalb das H_2O-Molekül noch einmal in der Darstellung der lokalisierten Orbitale betrachtet werden.

In Abb. 4.6 a–e findet man nun jene Orbitaldarstellung der H_2O-Wellenfunktion, in der die Wechselwirkung zwischen den Orbitalen am geringsten ist, d.h. sie am ehesten als Eigenfunktionen eines lokalen Bindungsproblems angesehen werden können. Erstaunlich daran ist, wie sehr die lokalisierten ab initio-Orbitale den einfachen Ansätzen des Paarbildungsmodells entsprechen (freilich sind jene ungleich genauer). So zeigen die beiden OH-Bindungsorbitale den Charakter einer s–p Hybrid-Atomfunktion des O in Kombination mit dem 1s Orbital des Bindungspartners H, während die beiden nichtbindenden Elektronenpaare s–p Hybridatomfunktionen des O besitzen. Einige chemische Konsequenzen betreffend die Wechselwirkungen der einsamen Paare lassen sich daraus sofort herleiten. Z.B.: Wegen der Ähnlichkeit der beiden nichtbindenden und der bindenden Orbitale wird H_3O^+ ein pyramidales Molekül sein. Positive Ladungen (positives Ende eines Dipolmoleküls, Kationen) wechselwirken mit H_2O Molekülen unter bestimmten Vorzugsrichtungen. Bei der Hydratisierung von Kationen wird der Winkel zwischen der Kation-Sauerstoff-Verbindungslinie und der Ebene des Moleküls beträchtlich sein. Die Kation-Wasser-Wechselwirkungsenergie hat als Funktion dieses Winkels ein sehr flaches Minimum.

Über die lokalisierten Orbitale sind wir von der übergeordneten Modellstufe der Orbitalistik zum Valenzschema der Chemie zurückgekehrt, jedoch mit genauen Vorstellungen vom lokalen, effektiven Hamiltonoperator, der Hybridisierung und der nichtlokalen Anteile der Wellenfunktion. Die Unterstellung des früher besprochenen Paarbildungsmodells, daß chemisch ähnliche Bindungen (etwa eine CH-Bindung in Methan und Propan) auch durch ähnliche Bindungswellenfunktionen beschrieben sein sollten, kann jetzt geprüft und mit neuem Sinn erfüllt werden.

In der Tat erweisen sich die lokalisierten Orbitale für Bindungen und einsame Elektronenpaare als weitgehend übertragbar im Sinne des chemischen Valenzschemas, weshalb viele chemische Fragen (z.B. der Reaktivität) sich nach Übertragung des ab initio-Fockoperators für die entsprechende lokale Atomkonfiguration im Rahmen einfacher Variations- oder Störungsansätze beantworten lassen.

b) π-Bindungen und starre Struktureinheiten

Die nahezu rotationssymmetrischen lokalisierten Orbitale der meisten Einfachbindungen bedingen eine bei Normaltemperatur fast ungehinderte Drehbarkeit um die Bindungsachse. Deshalb besitzen die Makromoleküle der gesättigten Kohlenwasserstoffe keine nennenswerten Struktureigenschaften. Voraussetzung für die Ausbildung einer höheren molekularen Ordnung (Ordnung verstanden als räumlich-geometrische Beziehungen zwischen Atomen) ist daher die Existenz von relativ starren Struktureinheiten innerhalb eines Makromoleküls. Dadurch werden Nahordnungsbereiche von der Größenordnung der Struktureinheiten erzeugt. Starre Anordnungen von Atomen lassen sich in einer Struktur verknüpft durch Einfachbindungen kaum realisieren, auch nicht durch Ringschluß, wenn man von den chemisch abnormen, kleinen oder hochverzweigten Ringen absieht. Doppelbindungen haben dagegen die Eigenschaft einer hohen Energiebarriere gegen Drehung um die Bindungsachse, weil hier eine Knotenebene durch die Bindungachse verläuft. Äthylen, mit einer σ- und einer π-Bindung zwischen den beiden C-Atomen, ist somit ein starres Molekül (starr bis auf Schwingungen um die Ruhelagen der Atome). Ein Polymer, aufgebaut aus solchen starren Äthylen-Einheiten, ermangelt aber noch völlig einer höheren molekularen Ordnung — er ist ein Faltungspolymer mit einer Unzahl von Konformationen. Weitreichende molekulare Ordnung entsteht erst, wenn zwischen den Ketten eines aus quasi starren Strukturelementen aufgebauten Polymers orientierte Wechselwirkungen bestehen, weshalb Äthylengruppen als einfachste Bauelemente eines Biopolymers nicht geeignet sind.

Die einfachste starre Struktureinheit müßte also eine äthylenartige Atomkonfiguration der Art

$$\text{（structure）} \tag{4.22}$$

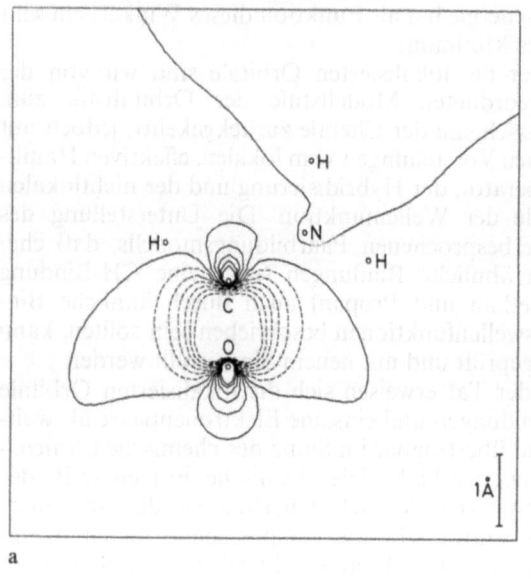

a

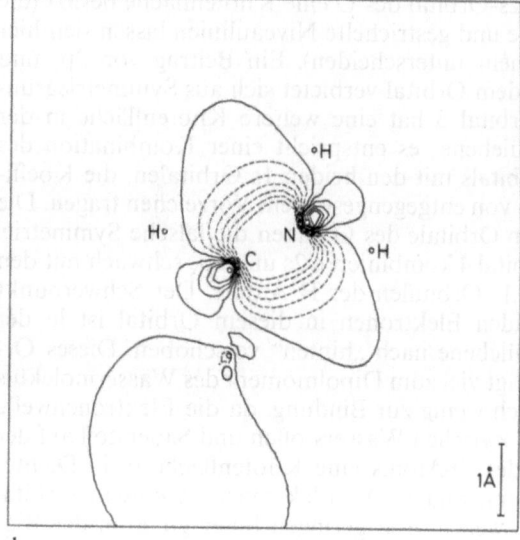

d

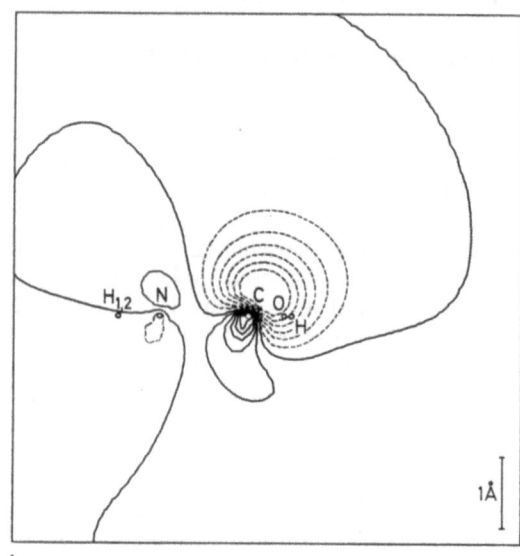

b

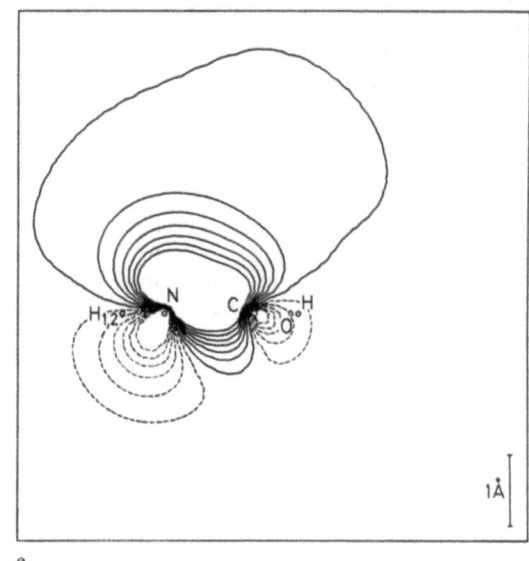

e

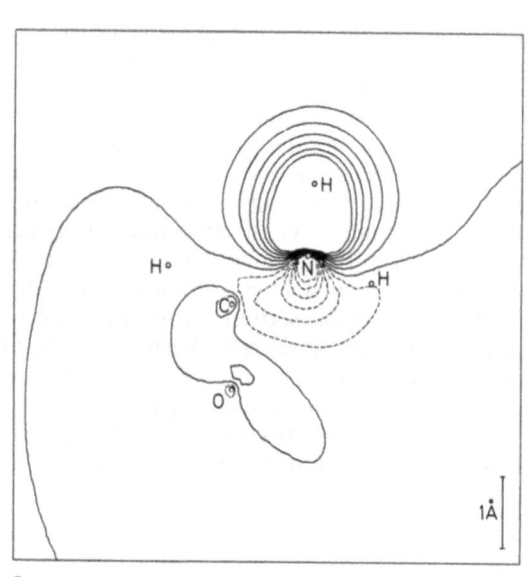

c

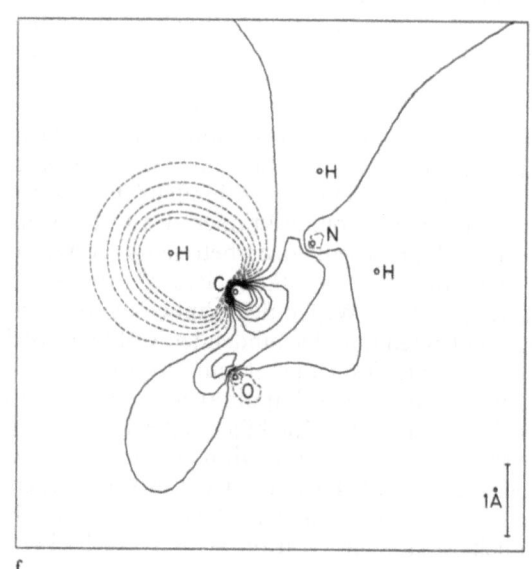

f

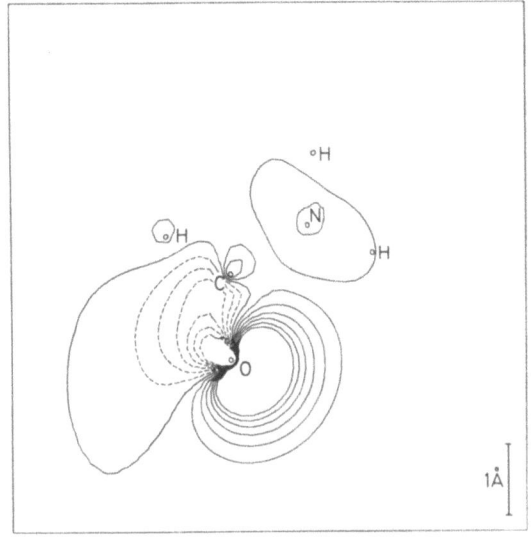

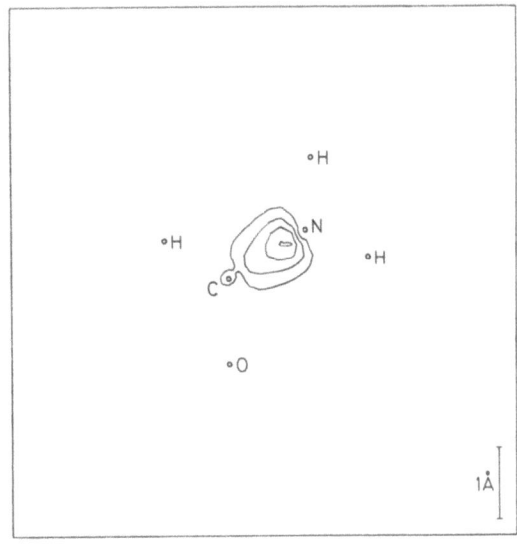

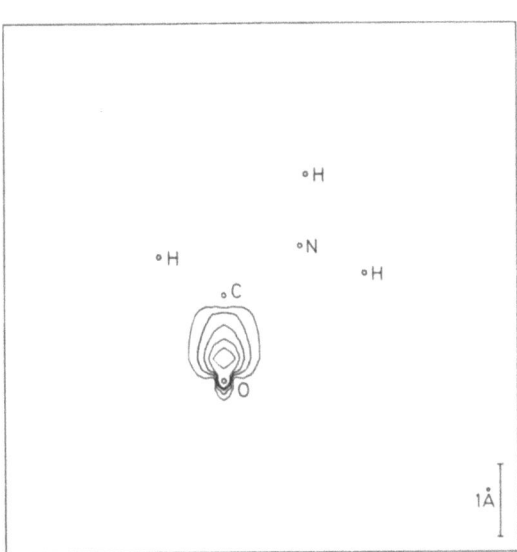

Abb. 4.7 a–i. Chemisch relevante Orbitale des Formamidmoleküls (als Prototyp eines Peptidbausteins). Konturlinien bei Amplitudenbeträgen 0,180, 0,150, 0,120, 0,090, 0,060, 0,030, 0,000. (a, b) Orbitale 4 und 5: Die beiden CO-Doppelbindungsorbitale; sie erscheinen im Schnitt durch die ME, von Bild (a) gleich, liegen jedoch apfelförmig darüber bzw. darunter, wie Abb. 4.6 im Schnitt ⊥ durch C—N-Bindung zeigt. (c) Orbital 6: Eines der beiden N—H-Bindungsorbitale von etwas verzerrtem sp^2-Charakter in der Nähe des N-Atoms; Orbital 7 liegt dazu beinahe spiegelbildlich bezüglich einer Ebene durch HNH Winkelhalbierende senkrecht zur ME. (d) Orbital 8: Erstes C—N-Doppelbindungsorbital. (e) Orbital 9: Zweites C—N-Doppelbindungsorbital, von gleicher Gestalt wie Orbital 8, gesehen im Schnitt durch die C—N-Bindung senkrecht zur ME. (f) Orbital 10: C—H-Bindungsorbital, in der Umgebung des C-Atoms hat es offenbar den Charakter eines sp^2-Hybrids. (g) Orbital 11: Eines der beiden einsamen Elektronenpaare am O; Orbital 12 des anderen einsamen Paares liegt spiegelsymmetrisch dazu bezüglich einer Ebene durch die C=O-Bindung senkrecht zur ME. (h) Dichtekontur der Orbitale der C=O-Doppelbindung (höhere Ladungsdichte bei O!). (i) Dichtekontur der Orbitale der C=N-Doppelbindung (höhere Ladungsdichte bei N; dennoch wird N insgesamt positiver)

besitzen, doch müssen zur Ermöglichung komplexerer Strukturen zwei der peripheren Trans-Atome eine anziehende Wechselwirkung aufeinander ausüben (die beiden anderen werden zur Verkettung im Polymer benötigt). Damit sind zwei Forderungen gestellt, die sich für die kleinstmögliche Struktureinheit von äthylenartiger Atomkonfiguration nur durch eine einzige Kombination von Atomen erfüllen läßt. Da die C—H-Gruppe nur sehr schwache zwischenmolekulare Wechselwirkungen tätigen kann, müssen entweder zwei trans H-Atome der Struktureinheit (4.22) durch stark wechselwirkende einwertige Atome ersetzt werden, oder mindestens eines der C-Atome. Die erstere Möglichkeit läßt sich, wie ein Blick auf das Periodensystem zeigt, nicht realisieren, also wird eines der C-Atome ersetzt. Das neue Atom muß mit dem anderen C eine Doppelbindung eingehen können, da die Struktureinheit sonst nicht starr ist, überdies muß es

eine Valenz zur Verkettung frei haben. Dafür kommt aus der 1. Reihe des Periodensystems nur das zum C isoelektronische N^+ in Frage. Schon aus energetischen Gründen wird ein neutrales Molekül benötigt. Ein positives N, zumindest mit dem Bruchteil einer positiven Ladung, kann deshalb nur bestehen, wenn ein anderes Atom von besonders hoher Elektronenaffinität zeitweilig ein Elektron aus seinem einsamen Elektronenpaar aufnimmt. Es muß mindestens zweiwertig sein, denn es soll ja auch nach Aufnahme eines Elektrons an das C gebunden bleiben. Daraus folgt, daß nur ein O-Atom dem N in trans-Stellung gegenüberstehen kann.

So kommt man zur Peptideinheit

wie man sie im Peptidgerüst von Proteinen

$$\begin{array}{c}\text{H} \quad \text{H} \quad \text{O} \quad \text{R}'' \\ -\text{N}-\text{C}-\text{C}-\text{N}-\text{C}- \\ \text{O} \quad \text{R}' \quad \text{H}\end{array}$$

findet. Die Peptideinheit ist in der Tat planar, da in der Sprache des Valenzschemas eine Verteilung der Elektronenpaare auf bindende und nichtbindende Orbitale in einer Art möglich ist, bei der zwischen C und N eine Doppelbindung entsteht, nämlich

$$\begin{array}{c}\text{H}\\ \diagdown\text{C}=\text{N}^+\diagup\\ \text{O}^-\end{array}$$

In Fällen, wo die Molekülwellenfunktion bei der Übertragung in das chemische Valenzschema zu mehr als einer Valenzstrichfigur führt, spricht man von „Hyperkonjugation". Sie steht für eine Bindungssituation, in der die Zuordnung von Elektronenpaaren und lokalisierten Orbitalen nicht mehr möglich ist.

Im folgenden wird an Orbitalbildern erkannt werden, daß beide Valenzstrukturen eines Peptidbausteins einen wesentlichen Aspekt der Bindung zum Ausdruck bringen. Die Atome in cis-Stellung, ein positiv geladenes H-Atom und ein negativ geladenes O-Atom, sind nun schon aus elektrostatischen Gründen für anziehende Wechselwirkung prädestiniert. In der Tat geht die Stärke dieser Wechselwirkung noch über die elektrostatische Anziehung hinaus, wie in dem Abschnitt über Wasserstoffbrücken gesehen werden kann.

Die Peptideinheit ist somit das kleinste und einfachste aller möglichen Strukturelemente, das zum Aufbau geordneter Polymerstrukturen geeignet ist; sie stellt eine der wichtigsten Strukturträger in Biomolekülen dar. Die Bindungsverhältnisse im Prototyp dieser Struktureinheit, dem Formamidmolekül,

$$\begin{array}{c}\text{H} \quad \text{H}\\ \diagdown\text{C}-\text{N}\diagup\\ \text{O} \quad \text{H}\end{array}$$

sollen nun anhand der lokalisierten Orbitale diskutiert werden.

Die Abb. 4.7 zeigt in übersichtlicher Weise die Orbitalstruktur einer Peptideinheit. Die niedrigsten 3 Orbitale entsprechen den 1s Atomorbitalen von O, N und C und sind daher weggelassen. Die am tiefsten liegenden C=O Doppelbindungsorbitale erscheinen in der Version des Modells der lokalisierten Orbitale als zwei über und unter der Molekülebene liegende Blasen (man spricht auch von "banana bonds"); man muß es als einen Nachteil der hier verwendeten Lokalisierung ansehen, daß die Molekülebene nicht als Knotenfläche erscheint. Die starke Polarität der C=O-Bindung erkennt man an der Dichtekontur in Abb. 4.7h. Dem weiteren Orbitalaufbau kann man nun leicht folgen. Es existiert eine polare N—H-Bindung, deren Proton eine effektive positive Ladung der Größenordnung $0{,}3\,e$ trägt (Abb. 4.7c). Die C—N-Bindung hat in der Tat Doppelbindungscharakter, wie aus zwei gestaltgleichen bindenden Orbitalen vom „Bananentyp" hervorgeht. Die CN-Bindungslänge beträgt auch nur 0,132 nm, während eine normale CN-Einfachbindung 0,147 nm lang ist. Nach der Dichtekontur für das Elektronenpaar eines C=N-Doppelbindungsorbitals liegt der Schwerpunkt der Elektronenladung noch immer nahe an N. Das muß so sein, da sonst die Doppelbindung C=O noch polarer im Sinne C^+O^- wird und damit an Bindungsenergie verlieren müßte.

Diese Beispiele mögen zur Einführung in einen pragmatischen Gebrauch des Orbitalmodells und seine Übersetzung in die Sprache des Valenzschemas genügen. Wir verfügen damit über ein wirksames Ordnungsprinzip, das sich bei der Diskussion charakteristischer physikalischer und chemischer Eigenschaften von Biomolekülen wie auch der Auffindung von geeigneten ad hoc Modellbeschreibungen bewähren wird.

4.3. Wechselwirkungen zwischen Strukturbausteinen

G. Ludwig Hofacker

Bei der Entwicklung des Orbitalmodells im vorigen Abschnitt wurde deutlich, daß es sich dabei gleichzeitig um ein Modell des Schalenaufbaus der Moleküle handelt. Wir hatten uns auf den wichtigsten Fall der abgeschlossenen Schale beschränkt unter der Vorstellung, daß in einem Milieu mit vielen freien Radikalen diese sich teilweise gegenseitig unter Ausbildung von Elektronenpaarbindungen eliminieren und überdies der vielerorts gegenwärtige Sauerstoff (dessen Grundzustand entgegen allen einfachen Valenz- und Orbitalregeln ein Triplettzustand ist) ein gleiches besorgt. Die Wechselwirkung zwischen Molekülen ist daher ganz stark vom Schalenabschluß geprägt — erst dadurch werden einfache Modelle, in denen die Wechselwirkungsenergie aus elektrostatischen und quantenmechanischen Anteilen additiv zusammengesetzt wird, brauchbar. Diese zwischenmolekularen oder Van der Waals-Kräfte, einschließlich der Wasserstoffbrückenbindung, sollen nun in diesem Abschnitt diskutiert werden (Brant, 1972).

4.3.1. Die Abstoßung von Elektronenpaaren

Aus der Welt unserer makroskopischen Erfahrungen überträgt man unwillkürlich die Undurchdringlichkeit der Körper auf Moleküle. Zwei Körper können sich in der Tat nicht durchdringen, weil ihre Moleküle sich bei sehr kurzen Abständen heftig abstoßen. Worauf ist dies offenkundigste aller zwischenmolekularen Wechselwirkungen aber zurückzuführen?

Diese Frage läßt sich im Orbitalmodell leicht behandeln. Gesetzt, zwei doppelt besetzte Orbitale φ_A und φ_B würden sich durchdringen mit einer „Überlappung"

$$S = \int \varphi_A^* \varphi_B dv, \qquad (4.23)$$

dann können diese nicht mehr Eigenfunktionen eines hermitischen Fockoperators sein, da dessen Eigenfunktionen ja orthogonal sein müssen. Bei kleiner Überlappung S (und schon „kleine" Überlappungen, $S \ll 1$, geben Anlaß zu Abstoßungsenergien von mehreren kJ/mol.) werden sich nur die überlappenden Orbitale φ_A und φ_B, nicht aber alle übrigen, ändern. φ_A und φ_B aber werden zu zwei neuen, orthogonalen Orbitalen kombinieren

$$\Phi_a = (2+2S)^{-\frac{1}{2}}(\varphi_A + \varphi_B)$$
$$\Phi_b = (2-2S)^{-\frac{1}{2}}(\varphi_A - \varphi_B) \qquad (4.24)$$

die, wie es sein muß, genähert Eigenfunktionen vom Fockoperator des Gesamtsystems darstellen. Bildet man damit den Ausdruck für die HF-Energie des Gesamtsystems, entwickelt bis zur 2. Ordnung in S und zieht die HF-Energien der Einzelmoleküle ab, so bleibt die elektrostatische Wechselwirkung der Moleküle A und B übrig, sowie ein Term proportional S^2 mit einem Vorfaktor von der Größenordnung der Summe der Ionisierungsenergien aus φ_A und φ_B. Dieser Term entspricht hauptsächlich dem Pauli-Prinzip, welches ein Anwachsen der Ladungsdichte von Elektronen gleichen Spins, wie es bei der Durchdringung doppelt besetzter Orbitale erfolgt, energetisch benachteiligt. Bei Elektronenpaaren, die aufeinander gerichtete Dipolmomente erzeugen, kann auch die elektrostatische Abstoßung eine erhebliche Rolle spielen.

Am stärksten ist ohne Frage die Abstoßung zwischen einsamen Elektronenpaaren. Schon bei ungefährer Kenntnis der Hybridatomfunktionen dieser Paare kann man die energetisch möglichen Konformationen von Makromolekülen oft wesentlich reduzieren. Überlegungen dieser Art spielen besonders für das Verständnis der Konformationen von Polyamidketten eine wichtige Rolle. Die Erfahrung, daß bestimmte Molekülgruppen sich bei thermischen Energien nur bis auf einen typischen Abstand, den sog. Van der Waals Abstand, nähern können, wird durch die S^2-Regel bestätigt, die ja nichts anders als einen plötzlichen, exponentiellen Anstieg der Abstoßung zum Ausdruck bringt. Wie schon Pauling (1967) bemerkt hat, sind die Van der Waals-Abstände sogar additiv aus Van der Waals-Radien der wechselwirkenden Gruppen zusammenzusetzen. Auch dies steht in Einklang mit der S^2-Regel. Da alle Orbitale von einem bestimmten Abstand r_0 vom Kern aus exponentiell abfallen, wird die für den Van der Waals-Abstand typische Überlappung mit einem anderen Orbital gerade außerhalb des Abstandes r_0 stattfinden und der Van der Waals-Abstand ist somit genähert die Summe zweier für die (natürlich lokalisierten) Orbitale charakteristischer Parameter. Als empirischer Ansatz für das Abstoßungspotential $U(r)$ benutzt man daher vielfach die Funktion

$$U(r) = A e^{-\alpha(r/d_0)}, \qquad (4.25)$$

wo r der Abstand der wechselwirkenden Gruppen ist und d_0 die Summe der Van der Waals-Radien.

Die stärkstmögliche Durchdringung zweier Elektronenpaare findet man in den Wasserstoffbrücken, zwischen denen ein Proton für starke elektrostatische und quantenmechanische Anziehungskräfte sorgt, welche die Paarabstoßung zu kompensieren vermögen.

4.3.2. Elektrostatische Kräfte

Wenn so gut wie keine Überlappung zwischen den Orbitalen zweier Gruppen besteht, sind die intermolekularen Austauschterme $K_{a_i b_k}$ vernachlässigbar klein und die Wechselwirkung wird in der Näherung des Orbitalmodells durch die Coulomb-Abstoßung $J_{a_i b_k}$, die Kernabstoßung und die intermolekulare Kern-Ladungswechselwirkung bestimmt. Faßt man diese Terme zusammen, so kann man ein einfaches Modell der elektrostatischen Wechselwirkung von Molekülen und Molekülgruppen entwerfen, das seine Brauchbarkeit aus der Erfahrung zieht, daß bestimmten Gruppen innerhalb eines Moleküls typische Ladungsverteilungen und Polarisierbarkeiten zugeordnet werden können. Berechnet man die Orbitale der wechselwirkenden Partner nach irgendeinem self-consistent Field Verfahren, und daraus die Ladungsverteilung, so hat man die wechselseitige Polarisation der Gruppen schon erfaßt und braucht nur noch die intermolekulare potentielle Energie der Ladungen zu bestimmen. Da bei nicht zu geringen Abständen die Polarisationswechselwirkungen nur mäßig groß sind, kann man sie oft mit Erfolg durch lineare Polarisierbarkeiten von Gruppen oder Bindungen charakterisieren und so die gesamte elektrostatische Wechselwirkung zwischen Gruppen durch semiempirische Ansätze beschreiben (Brant, 1972).

4.3.2.1. Kraftgesetze

Für die Abschätzung der elektrostatischen Energien von Konformationen benutzt man nun einfach die Kraftgesetze der Elektrostatik.

a) Ladung-Ladung

Besitzt man eine Punktladungsnäherung von der Ladungsverteilung der wechselwirkenden Partner A und B, so ergibt sich die elektrostatische Wechselwirkungsenergie aus

$$E_L = \sum_{ij} \frac{q_i^A q_j^B}{\varepsilon_{ij} r_{ij}} \qquad (4.26)$$

wo r_{ij} den Abstand der Ladungen i und j bezeichnet. ε ist die Dielektrizitätskonstante, über die noch zu sprechen sein wird.

b) Ladung-Dipol

Das Potential eines Dipols erhält man, wenn man das Coulombpotential zweier nahe beieinander liegender entgegengesetzter Ladungen q mit dem Abstandsvektor $\boldsymbol{d}$ bis zur ersten Ordnung in $\boldsymbol{d}$ entwickelt:

$$U_{\text{Dip}}(\boldsymbol{r}) = -\frac{\mu r}{\varepsilon r^3}, \qquad (4.27)$$

wo $\boldsymbol{\mu} = \boldsymbol{d}q$ und $\boldsymbol{r}$ der Vektor vom Dipol zum Aufpunkt ist. Eine Ladung Q hat demnach im Feld des Dipols die Energie

$$E_{\text{L-Dip}} = -\frac{Q\mu r}{\varepsilon r^3}. \qquad (4.28)$$

c) Dipol-Dipol

Zwei Dipole mit Momentenvektoren $\boldsymbol{\mu}_1$ und $\boldsymbol{\mu}_2$ haben hingegen die Energie

$$E_{\text{Dip-Dip}} = \frac{1}{\varepsilon r^3}\left(\mu_1 \mu_2 - 3\frac{(\mu_1 r)(\mu_2 r)}{r^2}\right), \qquad (4.29)$$

wo $\boldsymbol{r}$ der Verbindungsvektor zwischen den Dipolen ist.

d) Induzierte Polarisation

In einem elektrischen Feld F verschiebt sich der Schwerpunkt der Elektronendichte eines Moleküls ein wenig gegenüber einem festen Kerngerüst, weil die Gesamtenergie des Systems dadurch abgesenkt wird. Weiterhin finden kleine Verzerrungen des Kerngerüsts statt, um die Bindungsdipole gegenüber dem Feld in eine günstigere Orientierung zu bringen, bzw. sie durch Kernverrückung in Feldrichtung zu verstärken. Aus einem Abstand gesehen, der groß ist gegenüber dem Durchmesser des Moleküls oder der Gruppe, erscheint ein zusätzliches, induziertes Dipolmoment, nahezu parallel zur Feldrichtung. Bei isotroper Polarisierbarkeit α, auf die sich hier beschränkt werden soll, ist das induzierte Dipolmoment

$$\mu_{\text{ind}} = \alpha F, \qquad (4.30)$$

wo α ein molekül- oder gruppenspezifischer Parameter ist, den man aus Daten der Rayleigh- und Ramanstreuung oder quantenmechanischen Rechnungen bezieht. Nur bei Gruppen von sehr inhomogenem chemischen Aufbau ist es manchmal unerläßlich, die Tensoreigenschaften der Polarisierbarkeit zu berücksichtigen.

Ein Ion der Ladung Ze oder ein Molekül mit permanenten Dipol μ_0 kann aufgrund der Dipolinduktion auch von ladungs- und dipolfreien Gruppen angezogen werden, weil der induzierte Dipol stets anziehend auf die das Feld verursachende Ladungsverteilung zurückwirkt. Die Wechselwirkungsenergie E' der gesamten Ladungskonfiguration ist dann bei isotropem α

$$E'_{\text{L-Dip ind}} = -\frac{Ze\mu_{\text{ind}}}{\varepsilon r^2} = -\frac{(Ze)^2 \alpha}{\varepsilon^2 r^4}. \qquad (4.31)$$

Dies ist jedoch nicht die gesamte Wechselwirkungsenergie, da zur Schaffung des induzierten Dipols eine Arbeit A geleistet werden mußte:

$$A_{\text{ind}} = \int_0^F \alpha F dF = \tfrac{1}{2}\alpha F^2. \qquad (4.32)$$

Unter dem Integranden in (4.32) steht die bei einer Feldänderung dF für die Dipolinduktion zu leistende Arbeit. Alternativ kann argumentiert werden, daß die Energie des induzierten Dipols im Feld $\mu_{\text{ind}} F = -\alpha F^2$, der Gewinn an potentieller Energie des Dipols μ_{ind} bei einer Feldänderung dF aber $-\mu_{\text{ind}} dF$, wodurch sich $-\alpha F^2/2$ als Energie des induzierten Dipols im Feld F ergeben. Die gesamte Wechselwirkungsenergie von Ion und polarisierbarer Gruppe ist daher

$$E_{\text{L-Dip ind}} = E' + A_{\text{ind}} = -\tfrac{1}{2}\alpha F^2 = -\frac{Z^2 e^2 \alpha}{2\varepsilon^2 r^4}. \qquad (4.33)$$

In analoger Weise erhält man für die gesamte Wechselwirkungsenergie zwischen Dipol und polarisierbarer Gruppe ein $1/r^6$ Abstandsgesetz.

4.3.2.2. Abschirmung

Die Dielektrizitätskonstante ε, die in den Gln. (4.26) bis (4.33) erscheint, macht das Modell der quasielektrostatischen Wechselwirkung von Molekülgruppen erheblich komplizierter als es auf den ersten Blick erscheint. Darin ist die strukturchemische und physikalische Detailinformation enthalten, der auch einfache Modelle, und sei es nur durch einen einzigen Parameter, Rechnung tragen müssen. Die Bedeutung von ε erkennt man schon daran, daß es bei elektrostatischer Wechselwirkung über materiefreiem Zwischenraum als 1, bei Ausfüllung mit einer 2–3 Moleküle dicken Wasserschicht aber von der Größenordnung 100 angenommen werden muß.

Die Abschirmung von Ladungen auf molekularer Dimension folgt nur in Idealfällen bekannten, makroskopischen Gesetzmäßigkeiten. Einige Faustregeln lassen sich jedoch leicht angeben; die Fehlergrenzen bleiben im Rahmen anderer Fehler des elektrostatischen Modells und sind deshalb tragbar.

Zwei wichtige Beiträge zur induzierten Polarisation des Zwischenmediums und damit zur Abschirmung einer Ladung wurden schon erwähnt — die elektronische Verschiebungspolarisation und die Gerüstrelaxation. Beider Anteil ist etwa gleich groß. Sind zwischen den wechselwirkenden Ladungen nur Molekülteile von großer Starrheit vorhanden, so ist für die elektronische Verschiebung $\varepsilon \approx 1.5$ anzunehmen; sind jedoch polare Bindungen mit niedrigen Infrarotfrequenzen vorhanden, hat man $\varepsilon \approx 3$, im Falle frei drehbarer polarer Gruppen ist ε noch größer. In biologischen Makromolekülen spielt vor allem Wasser für die Abschirmung von elektrischen Feldern eine Rolle. Die makroskopische Dielektrizitätskonstante von Wasser ist 80, die von Eis 100. Schon wenige Wassermoleküle können eine Ladung stark abschirmen, da ihr Dipolmoment von 1.8 D einer formalen Ladung auf dem O-Atom von knapp einer halben Elektronenladung entspricht und der Hybridcharakter der beiden einsamen Elektronenpaare die Abschirmung positiver Ladungen darüber hinaus noch verbessert. Deshalb muß man auch im mikroskopischen Bereich bei Anwesenheit von genügend Wassermolekülen mit effektiven Dielektrizitätskonstanten zwischen 50 und 100 rechnen.

4.3.3. Dispersionskräfte

Für die bisher betrachteten Wechselwirkungen gab das Einelektronmodell, zumal in einer selbst-konsistenten Version, eine ausreichende Beschreibung. Es gibt aber zwischenmolekulare Kräfte, die das Einelektronenmodell prinzipiell nicht wiedergeben kann, da sie auf der Tendenz der Elektronen, sich so gut es geht zu meiden, beruht. Alle Effekte, welche dem Einzelelektronenmodell entgehen, werden als Korrelationseffekte bezeichnet (Ladik, 1972); sie sind in jenen Termen der Wellenfunktion enthalten, welche die Lücke zwischen Orbitalnäherung und exakter Wellenfunktion füllen. In semiklassischer Interpretation ist Korrelation das sich Meiden der Elektronen durch eine Art von „Im Takt Laufen".

Betrachtet man der Einfachheit halber zwei neutrale Atome mit m bzw. n Elektronen. Dann ist die Wechselwirkungsenergie zwischen beiden bei entsprechend großen Abständen eine Summe von Dipoltermen, wobei ein Dipol aus einer positiven Kernladung und einem Elektron besteht. Die Dipolmomente des ersten Atoms μ_i erzeugen gemäß Gl. (4.27) am Ort des zweiten Atoms im Abstand r ein Feld, dessen radiale und azimutale Komponenten durch F_r bzw. F_φ gegeben sind:

$$F_r = -\frac{\partial U}{\partial r} = -\sum_i \frac{2\mu_i \cos\varphi}{r^3}$$
$$F_\varphi = -\frac{\partial U}{r\partial \varphi} = -\sum_i \frac{\mu_i \sin\varphi}{r^3}. \quad (4.34)$$

Auf dieses rasch fluktuierende Feld stellt sich die Elektronenbewegung des anderen Atoms so ein, daß seine Kern-Elektron Dipole ein fluktuierendes, resultierendes (induziertes) Dipolmoment der Größe αF bilden. Wie man weiß, ist die Energie dieses induzierten Dipols $-\alpha F^2/2$, weshalb die Dipolfluktuation des ersten Atoms im Mittel einen Beitrag zur Wechselwirkungsenergie ergibt der Größe

$$\tfrac{1}{2}\alpha F^2 = \tfrac{1}{2}\alpha(E_r + E_\varphi)^2 = \overline{\frac{\mu^2 \alpha}{r^6}}, \quad (4.35)$$

wo $\overline{\mu^2}$ der Mittelwert vom Quadrat des resultierenden Kern-Elektron Dipolmoments ist. Wie man sieht, ist die Dispersionsenergie $1/r^6$ proportional. Da man bei komplexeren Molekülen den Proportionalitätsfaktor aus empirischen oder semiempirischen Resultaten gewinnt, braucht obiges Resultat nicht weiter diskutiert zu werden. Wir begnügen uns mit dem Ansatz

$$E_{\text{Disp}} = -\frac{A}{r^6}, \quad (4.36)$$

für die Dispersionsenergie zweier etwa kugelsymmetrischer Gruppen. Dabei ist A um so größer, je „weicher" (d.h. je polarisierbarer) die wechselwirkenden Gruppen sind und je größer das quantenmechanische Analogon von μ^2, d.h. die mit Fluktuationen der Elektronendichte verknüpften Dipolmomente.

Für Zwecke der Konformationsberechnung von biologischen Makromolekülen gewinnt man den Parameter A durch Anpassung eines Potentialansatzes anhand bekannter Konformationen bzw. Kristallstrukturen. Für grobe Abschätzungen leistet eine aus der quantenmechanischen Störungsrechnung gewonnene Gleichung gute Dienste

$$E_{\text{Disp}} = -\frac{\alpha^2 I}{r^6}. \quad (4.37)$$

wo I die mittlere Ionisierungsenergie ist.

Zwischen kleinen Molekülen oder Gruppen, die sich bis auf ihren Van der Waals Abstand genähert haben, bestehen Dispersionskräfte im Bereich von 1 bis 10 kJ/Mol. Ein Mehrfaches können die Disperionskräfte zwischen π-Elektronensystemen mit niedrigliegenden elektronischen Anregungen betragen und zwischen Makromolekülen sollten niederfrequente Dichtefluktuationen zu starken, langreichweitigen Dispersionswechselwirkungen führen, obgleich letztere noch nicht sehr gut experimentell belegt sind.

4.3.4. Wasserstoffbrücken

Betrachtet man die Strukturen von Biopolymeren, so erkennt man schon aufgrund der Abstände der Atome den Unterschied zwischen kovalenten oder ionischen Bindungen und Van der Waals-Wechselwirkungen. Nur gewisse polare Gruppen, eine davon mit einem polaren H-Atom, die andere mit einem einsamen Elektronenpaar ausgestattet, liegen mit ihren Abständen zwischen der Summe der beiden Van der Waals-Radien und kovalenten Bindungsabständen. Bei genauerem Zusehen entdeckt man sogar, daß hier zwei Elektronenpaare einander erheblich durchdringen. Die dabei auftretenden Abstoßungskräfte müssen durch irgendeine doppelte Bindungsfunktion des H-Atoms kompensiert werden, obgleich diesem aus energetischen Gründen außer dem 1s Orbital keine weiteren Orbitale für eine Bindung zur Verfügung stehen. Die Energie der Wechselwirkung zweier Elektronenpaare über ein H-Atom liegt entsprechend zwischen der Energie von kovalenten und Van der Waals-Wechselwirkungen. Dieses System wird als Wasserstoffbrücke bezeichnet (Pimentel and McClellan, 1960, 1971) und symbolisiert mit

$X-H...Y$.

4.3.4.1. Bindungseigenschaften

Für 3 Zentren X, H und Y, angeordnet wie in einer Wasserstoffbrücke, lassen sich im einfachsten Ansatz der MO Theorie aus Atomfunktionen x, h und y folgende Orbitale bilden:

$$\varphi_1 = a_1 x + a_2 h + a_3 y \quad a_1, a_2, a_3 > 0$$
$$\varphi_2 = a_1 x + a_2 h - a_3 y \quad (4.38)$$
$$\varphi_3 = b_1 x - b_2 h + b_3 y \quad b_1, b_2, b_3 > 0,$$

die a_i sind reelle Koeffizienten und die Überlappung ist bei der Normierung der Orbitale vernachlässigt worden. Die nichtlokalisierten Orbitale φ_1 und φ_2 sind mit je 2 Elektronen besetzt; das dritte, unbesetzte Orbital dagegen impliziert einen Zustand, in dem das antibindende Orbital der X—H-Bindung mit dem einsamen Elektronenpaar kombiniert. Es handelt sich also um einen angeregten Zustand der H-Brücke, in dem ein Elektrontransfer aus dem einsamen Elektronenpaar in die X—H-Bindung stattfindet.

Da φ_1 und φ_2 nur Ladungsverschiebung innerhalb der X—H-Bindung zum Ausdruck bringen, stellt sich für das Verständnis der Bindungseigenschaften die wichtige Frage, ob die Energie des Orbitals φ_3 niedrig genug liegt, um mit φ_2 konkurrieren zu können. In anderen Worten: Ist die Wasserstoffbrücke ein Elektrontransferkomplex, der nach dem Übergang der Ladung hauptsächlich von elektrostatischen Kräften zusammengehalten wird? Die Antwort gibt uns wiederum das Einelektronenmodell, das in seiner selbstkonsistenten Fassung mittels *ab initio* Rechnungen Orbitalwellenfunktionen von hoher Genauigkeit gerade für diese Klasse von Wechselwirkungen liefert. Selbstverständlich fehlen mit der Korrelationswechselwirkung auch die Dispersionskräfte im Orbitalmodell. Ihre Berücksichtigung in der Wellenfunktion wäre nur von geringem Interesse, abgesehen davon, daß sich eine solche Wellenfunktion nicht mehr bildlich darstellen ließe. Der Beitrag der Dispersionskräfte zur Energie liegt in der Größenordnung einiger kJ/Mol und kann nachträglich der Brückenbindungsenergie zugeschlagen werden. Da es sich um eine Wechselwirkung abgeschlossener Schalen handelt, wirkt sich die Vernachlässigung der Korrelation innerhalb jedes einzelnen der wechselwirkenden Partner nur geringfügig auf die Resultate bezüglich der Bindungseigenschaften aus.

Als typisches Beispiel soll die mittelstarke N—H...O-Brücke zwischen zwei Formamidmolekülen betrachtet werden, welche den H-Brücken in den α-helikalen und Faltblattstrukturen von Proteinen ziemlich genau gleicht. Im lokalisierten Orbitalbild sind nur 3 Orbitale durch die Bildung der H-Brücke verändert: die beiden Orbitale der einsamen Paare am O und das N—H-Bindungsorbital. Sie sind in Abb. 4.8a–c dargestellt. Man erkennt mit bloßem Auge nur geringe Unterschiede — bei genauem Hinsehen sind die einsamen Paare etwas zum Proton hin verzerrt und das Bindungsorbital hat sich zum N hin

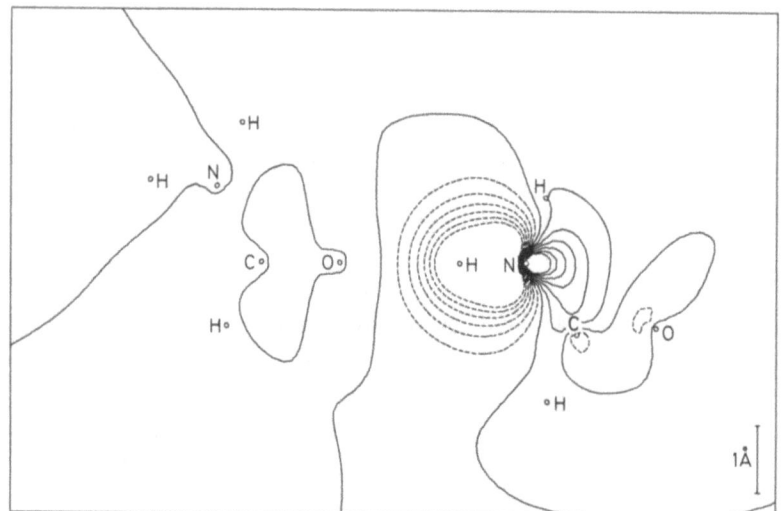

Abb. 4.8a–d. Lokalisierte Brückenbindungsorbitale und Differenzelektronendichte zweier wechselwirkender Formamidmoleküle. Orbitalamplituden wie in Abb. 4.7. (a) N—H-Bindungsorbital (vgl. Abb. 4.7c) gegenüber Orbital der freien N—H-Gruppe im Sinne $N^- - H^+$ polarisiert. (b.c) Orbitale der einsamen Paare am O des Akzeptormoleküls. Eine geringe Verzerrung in Richtung auf das Proton ist gegenüber den freien Orbitalen (Abb. 4.7g) erkennbar. (d) Differenzdichte des Formamiddimers gegenüber den ungebundenen Formamidmolekülen. Konturlinien bei Beträgen von Dichteunterschieden 0,03; 0,06; 0,09; 0,012; 0,15; 0,18. Dichtezunahmen sind durchgezogen, Abnahmen gestrichelt gezeichnet

Wechselwirkungen zwischen Strukturbausteinen

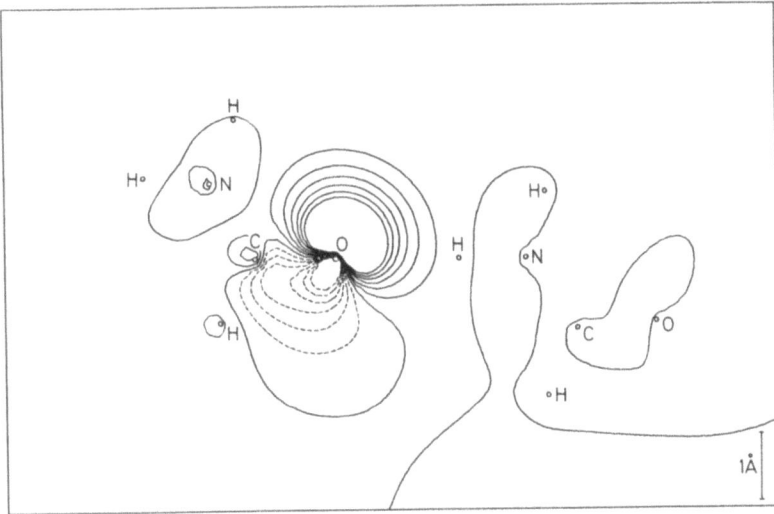

b

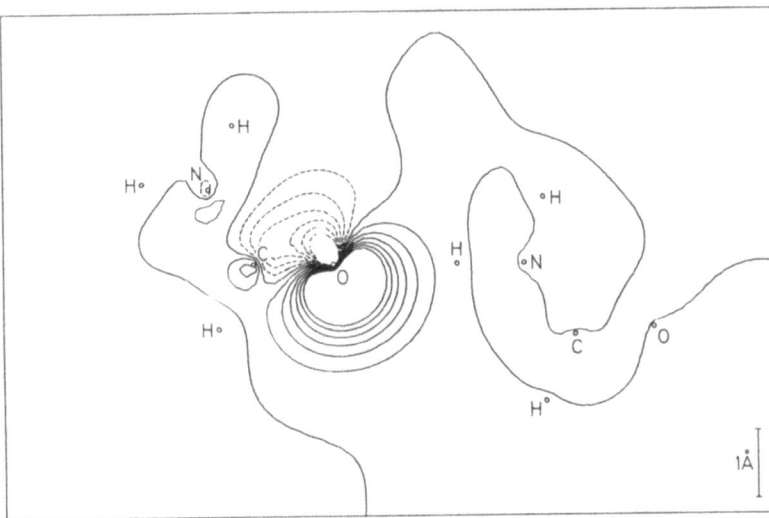

c

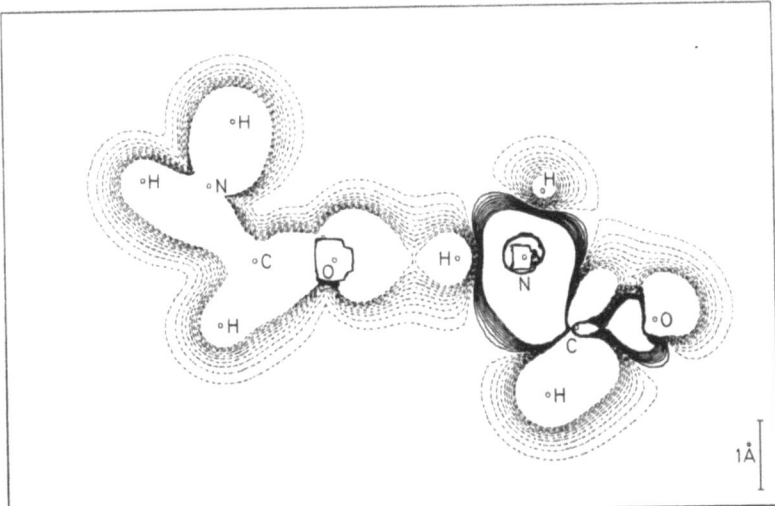

d

verschoben, so daß das Wasserstoffatom jetzt noch „nackter", die N—H-Bindung noch polarer geworden ist. Im vorliegenden Fall ist die Störung der einsamen Elektronenpaare durch das positive H-Atom nicht stark genug, die Beinahe-Äquivalenz der einsamen Paare im Lokalisierungsschema aufzuheben. Die Karte der Dichtedifferenz zwischen den wechselwirkenden und den starren Ladungsverteilungen der Abb. 4.8d macht die Situation noch deutlicher. Die starke Vergrößerung der Dichtedifferenzen darf dabei jedoch nicht übersehen werden. Zwar gewinnt das Protondonor-Molekül negative Ladung, doch ist die gesamte, zwischen den Molekülen übergegangene Ladung weniger als 0,1 e. Viel wichtiger sind die intramolekularen Elektronenverschiebungen, welche die Polarität der als Protondonor fungierenden Formamidmoleküle vom Brückenwasserstoff über das N zum O hin verstärken. Gleichzeitig wächst dadurch die Protonakzeptorstärke dieses Moleküls. So kommt es, daß die senkrecht zu den Wendeln der α-Helix verlaufenden Ketten von H-Brücken sich durch Polarisationseffekte verstärken. Dieses Phänomen der Verstärkung der Donor- und Akzeptoreigenschaften in Ketten von H-Brücken bei Molekülen, die Protondonor- und Akzeptor zugleich sein können, ist sehr häufig anzutreffen.

Die Bindungseigenschaften von H-Brücken können nun so zusammengefaßt werden:

1. Die X—H-Bindung wird noch stärker polarisiert im Sinne X^-—H^+.
2. Ein *geringer* Elektronentransfer aus der Protonakzeptorgruppe findet statt.
3. Die Anordnung der Partner in der H-Brücke ist elektrostatisch günstig. Anziehende elektrostatische und quantenmechanische Beiträge zur Energie sind von gleicher Größenordnung.
4. Die Polarisation der Partner in der H-Brücke erstreckt sich über mehrere Bindungen.
5. In schwachen H-Brücken überwiegen die elektrostatischen, in starken die quantenmechanischen Wechselwirkungen.
6. Je stärker die H-Brücke, desto kürzer der X...Y-Abstand und desto größer die Verlängerung des X—H-Abstandes. Der Fall des Protonenübergangs X^-...H—Y^+ kann eintreten.

4.3.4.2. Struktur- und Funktionseigenschaften

Protondonor in Wasserstoffbrücken können alle X—H-Gruppen sein, welche eine genügend starke Polarität im Sinne X^-—H^+ aufweisen. Das sind insbesondere die Gruppen

O—H..., N—H..., schwächer S—H...
sowie die Halogenwasserstoffe mit abnehmender Donorneigung bei zunehmender Ordnungszahl

C—H... und P—H... in Ausnahmefällen — etwa Cl_3C—H... (Chloroform) bzw. R_2P—H... (Phosphin).

Akzeptoren sind der σ—σ- und σ—π-gebundene Sauerstoff —O— bzw. =O, sowie der $σ^3$- und $σ^2$—π-gebundene Stickstoff ⟩N— bzw. —N≡; ein schwacher Akzeptor ist der σ—σ-gebundene Schwefel —S—. Daneben sind alle stark negativ geladene Substituenten (insbesondere Halogene), und natürlich Anionen, gute Akzeptoren. Aufgrund ihrer Polarisierbarkeit können sogar π-Elektronsysteme und Dreifachbindungen Akzeptoreigenschaften entwickeln.

Die Enthalpie der Assoziation variiert über einen weiten Bereich, von der Größenordnung 4–100 kJ/mol. In den Proteinen wird die Enthalpie der H-Brücken wesentlich von der Natur der Seitenketten beeinflußt. Aus Modellrechnungen und empirischen Daten von Modellsubstanzen kommt man zu der Annahme einer N—H...O = Brückenbindungsenthalpie von 15 bis 25 kJ/mol. Etwas größer dürfte die OH...O Assoziationsenthalpie der Wasserstoffbrücken zwischen den Basenpaaren der Nucleotide sein. Schließlich darf man nicht vergessen, daß die Stabilität einer Wasserstoffbrücke durch die freie Enthalpie zwischen dieser bestimmten H-Brückenanordnung und einer anderen, im allgemeinen diesen Brückenpartnern und dem Wasser, gemessen wird. Da der letztere Zustand durch die Entropie wesentlich begünstigt ist, bleiben als Stabilitätsgewinn pro Brücke jeweils nur wenige kJ/mol.

All diese Fakten folgen den in Abschnitt 4.3.4.1 entwickelten Vorstellungen der Bindungsstruktur der Wasserstoffbrücken. In biologischen Systemen kommt von den aufgeführten Donoren und Akzeptoren ein guter Teil tatsächlich vor.

Für die Sekundärstruktur von Nucleotiden und Proteinen sind O—H...O und N—H...O Wasserstoffbrücken von besonderer Bedeutung. So können wir nun die in Abschnitt 4.2.2.2.a angestellte Überlegung, daß die Peptideinheit der kleinste zur Strukturbildung brauchbare Molekülbausteine sei, durch die zusätzliche Eigenschaft der Peptidbausteine, je eine Proteindonor- und Akzeptorgruppe zu besitzen, ergänzen und ihre Bedeutung für die Sekundärstruktur (etwa das Auftreten von α-helikalen Bereichen) erkennen.

Eine besondere Rolle unter allen Molekülen kommt im Hinblick auf das gleichzeitige Vorhandensein von Donor- und Akzeptorgruppen dem Wasser zu. H_2O-Moleküle besitzen zwei positive Wasserstoffatome und zwei einsame Elektronenpaare in Hybridfunktionen, wie in Abschnitt 4.2.3.3.a gezeigt wurde. Aus diesem Grunde sind flüssiges und festes Wasser die ungewöhnlichsten, aus kleinen Molekülen bestehenden Körper. Flüssiges Wasser ist eine in reinem Zustand hochstrukturierte Flüssigkeit, deren natürliche, auf nahezu perfekter Viererkoordination um jedes H_2O-Molekül beruhende Ordnung durch Lösen von Ionen oder Molekülen mit polaren Gruppen in der Umgebung der gelösten Spezies stark geändert wird. So bildet Wasser z.T. mit Kationen in Vierer- oder Sechserkoordination Komplexe, bei denen ein einsames Elektronenpaar eine polare Elektron-Donorbindung mit dem freien Orbital des Ions tätigt. Dieser Komplex stört die natürliche Wasserstruktur bis zur dritten Solvationsschale um das Ion ganz wesentlich. Nicht weniger stören aliphatische Gruppen, deren hydrophobe Eigenschaften durch hydrophile (d.h. H-Brückenbindungsfähige), polare Gruppen kompensiert sind, die Wasserstruktur. Hier sind die Wechselwirkungskräfte zwischen der „Rückseite" der H_2O-Moleküle mit ihren einsamen Elektronenpaaren und den aliphatischen Gruppen vom Dispersions- und Dipolinduktionstyp. Insgesamt stellt sich nach dem Prinzip vom Minimum der freien Enthalpie eine Wasserstruktur um die hydrophoben Gruppen ein, die eher eisartig, d.h. im Sinne tetraedrischen Viererkoordination noch vollkommener geordnet ist als das normale Wasser. Diese eisartigen Hüllen um die aliphatischen Seitenketten, etwa von Proteinen, „frieren" bestimmte Konformationen ein — aus thermodynamischen Gründen jene, die bei geringster Bewegungsentropie der Gruppen die niedrigste Energie (d.h. ein Höchstmaß an übriger Wechselwirkungsenergie) besitzen. Wird die hier beschriebene Verteilung der Wasserstoffbrücken zwischen den Wassermolekülen unter sich und zum Protein wesentlich gestört, z.B. durch Zusatz starker H-Brückenbildner wie Amiden oder Harnstoff, so bricht die ursprüngliche Konformation zusammen, und das Protein geht in einen „denaturierten" Zustand über.

Zweifellos wäre die Vielfalt der Strukturen biologischer Makromoleküle ohne die Existenz der Protondonor-Akzeptor Wechselwirkung in den Wasserstoffbrücken nicht möglich. Erst bei viel niedrigerer Temperatur vermöchten die anderen zwischenmolekularen Kräfte eine vergleichbare Zahl unverwechselbarer makromolekularer Strukturen hervorzubringen. Man kann daher sagen, daß eine der biologischen Funktionen von H-Brücken darin besteht, den Biopolymeren gerade noch Stabilität gegenüber der thermischen Bewegung bei Normaltemperatur zu verleihen (die Stabilität der typischen H-Brücken in Biopolymeren beträgt nur etwa das 4–10fache von kT). Eine isolierte H-Brücke würde demnach alle 10^{-6}–10^{-10} s brechen und sich wieder bilden. In den aktiven Konformationen der Biopolymere ist die Bruchhäufigkeit aber oft um viele Größenordnungen geringer, da zwischen benachbarten Wasserstoffbrücken Kooperationseffekte durch gegenseitige Polarisation bestehen, die den Bruch einer einzelnen Brücke unwahrscheinlicher machen. Lineare Systeme kooperativ angelegter Wasserstoffbrücken können daher nur sequentiell (wie ein Reißverschluß) aufgebrochen werden (Poland and Scheraga, 1970). Dies kann durch die Wirkung der besonders polaren Gruppen eines Enzyms, aber auch, wie bei der Denaturierung, durch einen dem Schmelzen vergleichbaren Prozeß geschehen. Eine der Funktion von H-Brücken in Biomolekülen ist somit die kinetische Stabilität eines Biopolymers auch im thermodynamisch instabilen Bereich zu erhalten und durch einen Katalysator (das Enzym) kontrollierbar zu machen, bzw. die thermodynamische Stabilität durch Änderung des chemischen Potentials des Mediums zu verschieben. Die biologische Bedeutung der genannten Funktionen von Wasserstoffbrücken hat ihre Ursache letztlich in den energetischen Eigenschaften dieser Wechselwirkung, mit Assoziationsenergien, die zwischen den Van der Waals und den Valenzkräften liegen.

Die dritte, wichtige Funktion der Wasserstoffbrücken, die hier aufgeführt werden muß, betrifft den Übergang des Protons von einem einsamen Paar zum anderen. Neben dem Transport von Ionen mit abgeschlossenen Schalen und Elektronen spielt im biologischen System der Transport von H^+-Ionen eine nicht minder wichtige Rolle. Protonen müssen in biologischen Systemen unter anderem bewegt werden, um lokale Elektroneutralität herzustellen (z.B. Rekombination mit OH^--Ion oder Säureanion), zur Säure-Base-Katalyse (bei Anlagerung des Protons an ein einsames Elektronenpaar als Zwischenschritt einer chemischen Reaktion), zur Abschirmung eines bewegten Elektrons, zur Kompensation von Raum- und Polarisationsladungen (in Membranen), als endotherme Spezies, deren freie Enthalpie in chemische Reaktionen von sonst reaktionsträgen Partnern eingebracht wird. Da Protonen in Bindungen gefangen sind, deren Protonisierungsenergie um 600 kJ/mol liegt, können sie nur von einem Elektronenpaar zum anderen bewegt werden, sofern sie nicht angelagert an ein Molekül diffundieren. Der Übergang des Protons zwischen einsamen Elektronenpaaren kann sehr schnell erfolgen (mit Übergangsgeschwindigkeiten von mehr als 10^{12} s^{-1}), da das einmal transferierte Proton seine H-Brücke aber nicht zu verlassen vermag, kann nur das Proton einer benachbarten Brücke verschoben werden, usw. Schließlich steht am Ende einer langen Kette von Wasserstoffbrücken ein Proton für irgendeinen Zweck zur Verfügung. Am augenfälligsten erkennt man diesen Mechanismus beim Transport des H^+-Ions in Wasser, dessen Beweglichkeit alle anderen Ionen um das 4–5fache übertrifft, bis auf das OH^--Ion, das sich ebenfalls durch Protontransfer fortbewegt und etwa 40% langsamer durch die Wasserstruktur springt.

Ein H^+-Ion in Wasser kann aus der Dissoziation eines H_2O-Moleküls stammen oder aus einer Säure. Es verschwindet in einem einsamen Elektronenpaar unter Bildung des zum Ammoniak isoelektronischen H_3O^+-Ions. Dieses hydratisiert unter Ausbildung enorm starker Wasserstoffbrücken (Dissoziationsenergie einer Brücke der 1. Hydratation über 100 kJ/mol.). Erstaunlicherweise diffundiert dieser energetisch enorm stabile Komplex mit einer Aktivierungsenergie von nur 11 kJ/mol durch die Wasserstruktur, symbolisch:

$$\cdots H-\overset{\overset{\displaystyle H}{|}}{\underset{}{O^+}}-H\cdots \overset{\overset{\displaystyle H}{|}}{\underset{}{O}}-H\cdots \rightarrow \cdots H-\overset{\overset{\displaystyle H}{|}}{\underset{}{O}}\cdots H-\overset{\overset{\displaystyle H}{|}}{\underset{}{O^+}}-H\cdots$$

Ein entsprechender Mechanismus gilt für OH^--Ionen:

$$H-\overset{\overset{\displaystyle H}{|}}{\underset{\underset{\displaystyle H}{|}}{O^-}}\cdots H-\overset{\overset{\displaystyle H}{|}}{\underset{\underset{\displaystyle H}{|}}{O}}-H \rightarrow \cdots H-\overset{\overset{\displaystyle H}{|}}{\underset{\underset{\displaystyle H}{|}}{O}}-H\cdots \overset{\overset{\displaystyle H}{|}}{\underset{\underset{\displaystyle H}{|}}{O^-}}-H$$

Das Wasser ist daher eine Quelle von H^+- und OH^--Ionen, aus der sich Moleküle und Enzyme schnell regenerieren können, die in einer Säure-Base-Katalyse ein solches Ion gespendet haben.

Der Autor ist Herrn Dr. Peter Otto für seine Hilfe bei der Erstellung der Orbitalbilder sehr zu Dank verpflichtet.

Literaturauswahl

Brant, D. A.: Ann. Rev. Biophys. Bioeng. **1** (1972).
Dewar, M.: Molecular Orbitals. Fortschr. Chem. Forsch. **23** (1971).
England, W., Salmon, L. S., Ruedenberg, K.: Molecular Orbitals. Fortschr. Chem. Forsch. **23** (1971).
Gould, R. F. (ed.): Bioinorganic Chemistry. Washington: Am. Chem. Soc. Publ. 1971.
Jaffé, H. H., Orchin, M.: Symmetry in Chemistry. New York: Wiley 1965.
Ladik, J.: Quantenbiochemie für Chemiker und Biologen. Stuttgart: Enke 1972.
Pauling, L.: The Nature of the Chemical Bond. Ithaca: Cornell University Press 1967.
Pauling, L., Wilson, E. B.: Introduction to Quantum Mechanics. New York: McGraw-Hill 1935.
Pilar, F. L.: Elementary Quantum Chemistry. New York: McGraw-Hill 1968.
Pimentel, C. G., McClellan, A. L.: The Hydrogen Bond. San Francisco: Freeman 1960 (Supplement 1971).
Poland, D., Scheraga, H. A.: Theory of Helix-Coil Transitions in Biopolymers. New York: Academic Press 1970.
Pullman, A.: Stereo- and theoretical chemistry. Fortschr. Chem. Forsch. **31** (1972).

4.4. Charge-Transfer-Reaktionen in Biomolekülen

Janos J. Ladik

Szent-Györgyi hat als erster hervorgehoben, daß Charge-Transfer-Wechselwirkungen in biologischen Systemen eine wichtige Rolle spielen könnten. Berechnungen von Ladik über die Energiebänder der DNA und von Proteinen weisen auf die Möglichkeit hin, daß Charge-Transfer von der Polypeptidkette des Proteinteils eines Nucleoproteins zur Zuckerphosphatkette [Poly(SP)-Kette] in der DNA oder intern von der Basispaarregion der DNA zur Poly(SP)-Kette stattfinden kann. Ferner können — worauf erst kürzlich Szent-Györgyi hingewiesen hat — ungesättigte Aldehyde und Ketone als Elektronenakzeptoren wirken, wenn sie sich in der Nähe einer Polypeptidkette befinden. Andererseits besteht auch die Möglichkeit, daß Verbindungen mit einer —SH-Gruppe (oder die —SH enthaltenden Cysteinseitenketten eines Proteinmoleküls) Extra-Elektronen ins Leitungsband eines Polypeptids abgeben können. Auf diese Weise könnten Charge-Transfer-Reaktionen bezüglich der Energie- und Ladungstransporteigenschaften biologischer Makromoleküle eine sehr wichtige Rolle spielen.

Die Positionen der höchsten besetzten und niedrigsten leeren Molekülorbital-Niveaus (HOMO und LEMO für *H*ighest *O*ccupied und *L*owest *E*mpty *M*olecular *O*rbital) sind wahrscheinlich wichtig für Charge-Transfer-Reaktionen in der Elektronentransportkette

$$\begin{array}{c} MH_2 \\ M \end{array} \rightleftarrows \begin{array}{c} NAD^+ \\ NADH+H^+ \end{array} \rightleftarrows \begin{array}{c} FMNH_2 \\ FMN \end{array} \rightleftarrows \begin{array}{c} CYT^{+++} \\ CYT^{++} \end{array} \rightleftarrows \begin{array}{c} H_2O \\ O_2 \end{array}$$

(4.39)

der Oxidation-Reduktion-Coenzyme. Cytochrom ist abgekürzt mit CYT, Flavinmonophosphatnucleotid mit FMN, $FMNH_2$ ist dessen reduzierte Form. NAD^+ ist die Abkürzung für Nicotinamidadenin-Dinucleotid, $NADH + H^+$ ist wieder dessen reduzierte Form, M steht für Substrat und MH_2 für die reduzierte Form.

Die Untersuchung der zwischen Purinbasen und aromatischen Kohlenwasserstoffen gebildeten Komplexe (meist mit Hilfe von Löslichkeitsmessungen, UV- und Fluoreszenzspektren) hat gezeigt, daß diese Komplexe, gewöhnlich in einer 1:1-Sandwich-Form, meist durch Polarisationskräfte zusammengehalten werden. Die Möglichkeit eines Charge-Transfer-Beitrages zu dieser Wechselwirkung kann nicht ausgeschlossen werden. Sollte dies bestätigt werden können, könnten frühere Annahmen von Hoffmann und Ladik über eine Charge-Transfer-Reaktion im Tumorentwicklungsmechanismus gerechtfertigt werden.

Wie Slifkin in der Einleitung zu seinem Buch betont, gibt es keine klare *in vivo* Evidenz für die Formation von Charge-Transfer-Komplexen zwischen Biomolekülen, obgleich viele Moleküle, die in lebenden Systemen aktiv sind, Charge-Transfer-Komplexe *in vitro* bilden können. Daher ist die experimentelle und theoretische Untersuchung von Charge-Transfer-Komplexen zwischen biologisch aktiven Molekülen von großem Interesse.

Der Ausdruck „*Charge-Transfer-Komplex*" stammt von Mulliken, der damit einen bestimmten Typus von Molekülkomplexen mit besonderen Eigenschaften benannt hat. Es war bekannt, daß Mischungen gewisser Moleküle (ein gutes Beispiel ist Chinhydron) im festen Zustand oder in Lösung stark gefärbt sein können, obwohl die gefärbte Mischung keine neue chemische Verbindung zu sein schien, sondern meist die chemischen Eigenschaften ihrer Komponenten besaß. Gewöhnlich nehmen Löslichkeit und paramagnetische Suszeptibilität dieser Mischungen zu, während ihre diamagnetische Suszeptibilität abnimmt. Ihre Färbung kommt von einem neuen, für einen gegebenen Charge-Transfer-Komplex charakteristischen Absorptionsmaximum im langwelligen Bereich.

Entsprechend der grundsätzlichen Theorie für Charge-Transfer-Komplexe (sie stammt ebenso von Mulliken) kann man die Wellenfunktion eines Charge-Transfer-Komplexes mit der Valenzbindungsmethode ansetzen als

$$\Psi_{CH.T.K.} = C_1 \Psi_{AD} + C_2 \Psi_{A^-D^+}, \quad (4.40)$$

wobei Ψ_{AD} die Wellenfunktion der zwei Moleküle A und D ist, die 0,34 nm voneinander entfernt sein sollen (die normale Entfernung zwischen Molekülen in einer Sandwichstruktur). Ihre gegenseitige Störung, hervorgerufen durch Coulomb-, Polarisations-, Austausch- und Dispensionswechselwirkung, soll durch Ψ_{AD} beschrieben werden[1], nicht aber die Charge-Transfer-Wechselwirkung. $\Psi_{A^-D^+}$ ist die Wellenfunktion der zwei Moleküle, die durch ein Elektron verbunden werden, das gänzlich vom Donator D zum Akzeptor A übertragen wird. Die Energieniveaus des Komplexes können vom Erwartungswert des Hamilton-Operators $\hat{H}$ erhalten werden

$$\langle \hat{H} \rangle = \frac{\langle \Psi_{CH.T.K.} | \hat{H} | \Psi_{CH.T.K.} \rangle}{\langle \Psi_{CH.T.K.} | \Psi_{CH.T.K.} \rangle}$$
$$\equiv \frac{\int \Psi^*_{CH.T.K.}(x,y,z) \hat{H} \Psi_{CH.T.K.}(x,y,z) dx dy dz}{\int \Psi^*_{CH.T.K.} \Psi_{CH.T.K.} dx dy dz}, \quad (4.41)$$

wenn man Gl.(4.40) in Gl.(4.41) substituiert und nach der Ritzschen Variationsmethode verfährt[2]. Auf diese Weise erhält man die Säkulargleichungen

$$c_1(H_{0,0} - W) + c_2(H_{0,1} - SW) = 0, \quad (4.42a)$$

$$c_1(H_{1,0} - SW) + c_2(H_{1,1} - W) = 0. \quad (4.42b)$$

Um nichttriviale Lösungen für die c_i's zu erhalten, muß die Koeffizienten-Determinante des Systems verschwinden:

$$\begin{vmatrix} H_{0,0} - W & H_{0,1} - SW \\ H_{1,0} - SW & H_{1,1} - W \end{vmatrix} = 0. \quad (4.43)$$

Die Lösungen von Gl.(4.43) sind

$$W_I = W_N = W_0 - \frac{(H_{0,1} - W_0 S)^2}{W_1 - W_0} \text{ wenn } S^2 \ll 1, \quad (4.44a)$$

$$W_{II} = W_E = W_1 + \frac{(H_{0,1} - W_1 S)^2}{W_1 - W_0}. \quad (4.44b)$$

In diesen Gleichungen ist

$H_{0,0} = \langle \Psi_{AD} | \hat{H} | \Psi_{AD} \rangle = W_0$,
$H_{1,1} = \langle \Psi_{A^-D^+} | \hat{H} | \Psi_{A^-D^+} \rangle = W_1$,
$H_{0,1} = \langle \Psi_{AD} | \hat{H} | \Psi_{A^-D^+} \rangle$,
$H_{1,0} = \langle \Psi_{A^-D^+} | \hat{H} | \Psi_{AD} \rangle$,
$S = \langle \Psi_{AD} | \Psi_{A^-D^+} \rangle$,

---

[1] Nach der Störungstheorie mit Überlappung bis zur Ordnung $U^2 S^2$ (U ist das intermolekulare Potential und S das Überlappungsintegral zwischen den molekularen Mehrelektronenwellenfunktionen) können die Wechselwirkungsenergieterme klassifiziert werden als Coulomb-, Polarisations-, Austausch-, Charge-Transfer- und Dispersionsterm.

[2] Für die Beschreibung dieses Verfahrens und für eine detaillierte Ableitung, welche den Gebrauch der Gl. $\frac{\partial \langle \hat{H} \rangle}{\partial c_1} = \frac{\partial \langle \hat{H} \rangle}{\partial c_2} = 0$ einbezieht, s. z. B. Ladik, J.: Quantenchemie. Stuttgart: Enke 1973.

und es ist angenommen, daß die Wellenfunktion Ψ_{AD} und $\Psi_{A^-D^+}$ normalisiert sind, $\langle \Psi_{AD} | \Psi_{AD} \rangle = \langle \Psi_{A^-D^+} | \Psi_{A^-D^+} \rangle = 1$. Schließlich kann man leicht zeigen, daß W_N kleiner als W_E ist, $W_N < W_E$. Daher stellt W_N die Grundzustandsenergie dar, und W_E die des angeregten Zustands. Die Differenz gibt daher die Anregungsenergie des Charge-Transfer-Komplexes,

$$h\nu_{CT} = W_E - W_N = W_1 - W_0 + \frac{(H_{0,1} - W_1 S)^2 + (H_{0,1} - W_0 S)^2}{W_1 - W_0}. \quad (4.45)$$

Für $W_1 - W_0$ kann man substituieren:

$$W_1 - W_0 = I_D - E_A - \Delta, \quad (4.46)$$

wobei I_D das Ionisationspotential des Donators ist, d.h. die Energie ist, die notwendig ist, um ein Elektron vom höchsten besetzten MO zu entfernen. E_A stellt die Elektronenaffinität des Akzeptors dar, d.h. den Energiegewinn, der erhalten wird, wenn ein Elektron vom Unendlichen in das niedrigste leere MO des Akzeptors gebracht wird. Δ repräsentiert andere Terme, der wichtigste ist die Coulombwechselwirkungsenergie zwischen D^+ und A^-, kleinere Beiträge kommen von der Veränderung der Elektronenverteilungen der D^+- und A^--Ionen, verglichen mit den neutralen D- und A-Molekülen (dem sogenannten Relaxations- oder Rearrangementphänomen), und von Änderungen in den Korrelationsenergien. Dazu kommen Löslichkeitsterme, wenn der Charge-Transfer-Komplex gelöst ist, doch deren Änderung kann gewöhnlich vernachlässigt werden für Familien chemisch verwandter Moleküle, wenn sie im gleichen Lösungsmittel gelöst sind.

Wenn man Gl.(4.46) in Gl.(4.45) substituiert, erhält man

$$h\nu_{CT} = I_D - E_A - \Delta + \frac{(H_{0,1} - W_1 S)^2 + (H_{0,1} - W_0 S)^2}{I_D - E_A - \Delta}. \quad (4.47)$$

Für schwach gebundene Komplexe gilt: $H_{0,1} \approx S \approx 0$. Damit ergibt sich die lineare Relation

$$h\nu_{CT} = I_D - E_A - \Delta. \quad (4.48)$$

Das heißt, daß für eine Serie von schwach gebundenen Komplexen mit einem gemeinsamen Akzeptor und ähnlichem Donator eine lineare Korrelation zwischen den Ionisationspotentialen der verschiedenen Donatorarten und den Positionen der Charge-Transfer-Bänder besteht.

In Abb. 4.9 sind die in der vorangegangenen Diskussion erwähnten verschiedenen Energieniveaus gezeigt. Wie man sieht, kann derjenige Teil der Bindungsenergie des Komplexes im Grundzustand, welcher durch Charge-Transfer verursacht wird, folgendermaßen geschrieben werden:

$$W_0 - W_N = \frac{(H_{0,1} - W_0 S)^2}{W_1 - W_0}. \quad (4.49)$$

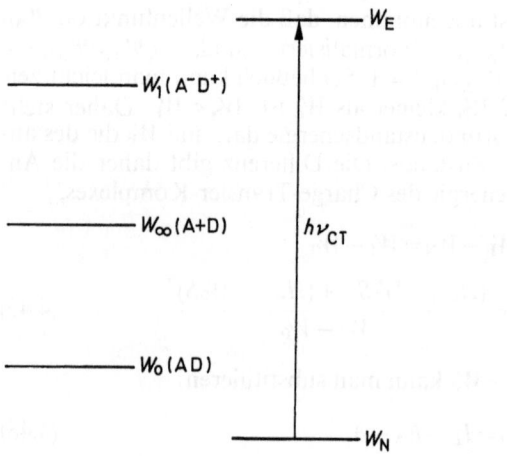

Abb. 4.9. Energieniveaus eines Charge-Transfer-Komplexes
W_E: Energie des angeregten Zustands des Komplexes
W_N: Energie des Grundzustands des Komplexes
W_{∞}: Energie der zwei isolierten Moleküle
$W_1 = \langle \Psi_{A^--D^+} | \hat{H} | \Psi_{A^--D^+} \rangle$
$W_0 = \langle \Psi_{AD} | \hat{H} | \Psi_{AD} \rangle$
$W_{\infty} - W_N$: Totale Bindungsenergie des Charge-Transfer-Komplexes im Grundzustand
$W_0 - W_N$: Bindungsenergie durch Charge-Transfer-Wechselwirkung
$W_{\infty} - W_0$: Bindungsenergie durch andere (nicht Charge-Transfer-) van der Waals-Wechselwirkungen
$h\nu_{CT} = W_E - W_N$ (Energieskala ist schematisch)

Substitution von W_N und W_E in die Säkulargleichungen (4.42) liefert für den Grundzustand

$$\frac{c_{2,1}}{c_{1,1}} \equiv \frac{b}{a} = -\frac{(H_{0,1} - W_0 S)}{W_1 - W_0} \quad (4.50\,\text{a})$$

und für den angeregten Zustand

$$\frac{c_{2,2}}{c_{1,2}} \equiv -\frac{b^*}{a^*} = -\frac{(H_{0,1} - W_1 S)}{W_1 - W_0}. \quad (4.50\,\text{b})$$

Dies zeigt, daß im Grundzustand $a \gg b$ (die Ψ_{AD}-Valenzstruktur ist dominierend), während im angeregten Zustand $b^* \gg a^*$ ist, d.h., daß hier die $\Psi_{A^--D^+}$-Struktur viel stärker ins Gewicht fällt.

Fehlt eine detaillierte Berechnung der Konstanten, können a, b, a^* und b^* bestimmt werden, wenn die Dipolmomente des Charge-Transfer-Komplexes und der Einzelmoleküle im Grundzustand bekannt sind. Für das Dipolmoment des Charge-Transfer-Komplexes kann man schreiben:

$$\mu_N = \int \Psi_N^* \left(-e \sum_{i=1}^{N} r_i\right) \Psi_N dV_1, dV_2 \ldots dV_N$$

$$= a^2 \mu_0 + b^2 \mu_1 + 2ab\mu_{0,1}, \quad (4.51)$$

wobei

$$\mu_0 = -e \int \Psi_{AD}^* \left(\sum_{i=1}^{N} r_i\right) \Psi_{AD} dV_1 \ldots dV_N,$$

$$\mu_{0,1} = -e \int \Psi_{AD}^* \left(\sum_{i=1}^{N} r_i\right) \Psi_{A^--D^+} dV_1 \ldots dV_N,$$

$$\mu_1 = -e \int \Psi_{A^--D^+}^* \left(\sum_{i=1}^{N} r_i\right) \Psi_{A^--D^+} dV_1 \ldots dV_N,$$

und N die Anzahl der Elektronen ist. μ_0 ist die Vektorsumme der Dipolmomente von D und A. Wenn $\mu_0 \approx 0$, ist

$$\mu_N = \mu_1(b^2 + abS) \ [\mu_{0,1} \approx \tfrac{1}{2}\mu_1 S].^3 \quad (4.52)$$

Ferner kann man schreiben $\mu_1 \approx \dfrac{er_{AD}}{\varepsilon}$, wobei r_{AD} der Abstand zwischen D und A im Komplex und ε die Dielektrizitätskonstante ist. So ergibt sich schließlich für den Fall, daß $\mu_0 = 0$:

$$\mu_N = \frac{er_{AD}}{\varepsilon}(b^2 + abS). \quad (4.53)$$

Von der Normalisierungs- und Orthogonalitätsbedingung erhält man weiterhin

$$\langle \Psi_N | \Psi_N \rangle = a^2 + 2abS + b^2 = 1, \quad (4.54\,\text{a})$$

$$\langle \Psi_E | \Psi_E \rangle = a^{*2} - 2a^*b^*S + b^{*2} = 1, \quad (4.54\,\text{b})$$

$$\langle \Psi_E | \Psi_N \rangle = -aa^* + bb^* + S(ab^* - a^*b) = 0. \quad (4.54\,\text{c})$$

Nach Messung von μ_N, mit Schätzwerten für r_{AD} und ε und Berechnung des Überlappungsintegrals S kann man somit die Koeffizienten a, b, a^* und b^* aus den Gl. (4.53) und (4.54) bestimmen, ohne die vorher beschriebene quantenchemische Untersuchung durchzuführen.

Um ein realistischeres Maß für die im Grundzustand des Komplexes vom Donator zum Akzeptor übertragene Ladung zu erhalten, ist es am verläßlichsten, eine quantenchemische „Supermolekül"-Berechnung auszuführen. Die zwei Moleküle werden in eine wahrscheinliche relative geometrische Position gebracht, und beide werden mit der Molekülorbitalmethode (MO-Methode) berechnet, indem man annimmt, daß sich die MO's über beide Moleküle erstrecken. Löst man die Hartree-Fock-Gleichungen mit LCAO-MO's

$$\Psi_i(r) = \sum_{v=1}^{m} c_{i,v} \chi_v(r - r_V), \quad v \in V \quad (4.55)$$

(V ist das Atom, zu dem als AO v gehört, r_V ist der Ortsvektor vom Atom V, $m = m_D + m_A$, die Summe der Basisfunktionen, die für den Donator D bzw. den Akzeptor A benützt werden) in einem Iterationsprozeß,

---

[3] Wenn man annimmt, daß ein Ladungsbetrag von $S \cdot e$ vom Donator zum Akzeptor übertragen ist.

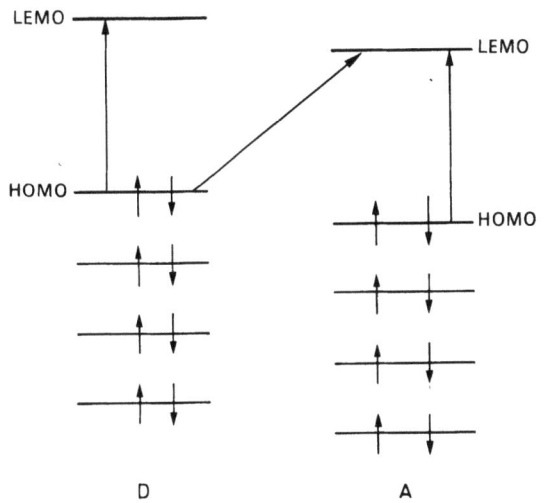

Abb. 4.10. Die Positionen der HOMO's und LEMO's eines Donators und eines Akzeptors (schematisch). Von diesem Schema ist es offensichtlich, daß die Anregung vom intermolekularen Charge-Transfer-Typ weniger Energie braucht als die korrespondierenden intramolekularen Übergänge

so erhält man eine Self-Consistent-Field (SCF)-Ladungsverteilung für das AD-Supermolekül. Vergleicht man diese mit den totalen Ladungen der isolierten Moleküle A und D (man erhält sie auf gleiche Weise, nur werden sie für A und D getrennt berechnet), dann kann man direkt den von D zu A übertragenen Ladungsbetrag bestimmen. Jedoch sollte betont werden, daß dieser Typ von Rechnung (welcher den Gebrauch von größeren Computern voraussetzt) nur dann verläßliche Ergebnisse liefert, wenn eine *ab initio*-Rechnung durchgeführt wird (explizite Berücksichtigung aller Elektronen und aller Wechselwirkungsintegrale zwischen ihnen). Kürzliche Versuche von Ladik, im Fall des TCNQ-TTF-Systems den Betrag der übertragenen Ladung mit einer all-valence-electron (CNDO/2)-Supermolekülberechnung zu bestimmen, schlugen fehl.

Die Energie der $\Psi_N \to \Psi_E$-Anregung vom Charge-Transfer-Typ (intermolekulare Anregung) ist gewöhnlich beträchtlich kleiner als irgendeine der ersten intramolekularen Anregungen. Ebenso ist die Intensität des Überganges in den meisten Fällen viel schwächer als die Übergangsintensitäten der Molekülbestandteile des Komplexes. Beide Phänomene können sehr leicht in der MO-Beschreibung erklärt werden: das höchste besetzte MO (HOMO) des Donators liegt ziemlich hoch, während das niedrigste leere MO (LEMO) des Akzeptors vergleichsweise niedrig liegt (s. Abb. 4.10). Auch wenn in einem *ab initio*- oder angenähertem Hartree-Fock-Schema die Singulettanregungsenergie nicht genau die Differenz der zugehörigen Einelektronenenergien ist, sondern durch die korrespondierenden Coulomb- und Austauschintegrale $J_{i,j}$ und $K_{i,j}$ korrigiert werden muß

$$^1\Delta E_{i \to j} = \varepsilon_j - \varepsilon_i - J_{i,j} + 2K_{i,j}, \qquad (4.56)$$

wobei ε_j die Einelektronenenergie des LEMO und ε_i die des HOMO ist, bleibt es wahr, daß die intermolekularen Anregungen mehr Energie erfordern als die Charge-Transfer-Übergänge.

Die Erklärung der Intensitätsabnahme eines Charge-Transfer-Überganges ergibt sich folgendermaßen: Für die Oszillatorstärke des $i \to j$-Überganges, welche die theoretische Beschreibung der Übergangsintensität liefert, kann man schreiben (im Rahmen der MO-Theorie unter Berücksichtigung des ganzen Komplexes als Supermolekül):

$$f_{i \to j}^{\text{theor}} = 1{,}085 \cdot 10^{-5} \frac{\varepsilon_j - \varepsilon_i}{hc} |\mathbf{R}_{i \to j}|^2, \qquad (4.57)$$

wobei der Übergangsmomentvektor $\mathbf{R}_{i \to j}$ folgendermaßen definiert ist:

$$\begin{aligned}\mathbf{R}_{i \to j} &= \sqrt{2} \langle \varphi_i | r | \varphi_j \rangle \\ &= \sqrt{2} \sum_{r=1}^{m} \sum_{s=1}^{m} c_{i,r} c_{j,s} \langle \chi_r | r | \chi_s \rangle,\end{aligned} \qquad (4.58)$$

und die reziproke Wellenlänge $\dfrac{1}{\lambda_{i \to j}} = \dfrac{\varepsilon_j - \varepsilon_i}{hc}$ in cm^{-1} gemessen ist. Die MO's φ_i und φ_j in diesen Ausdrücken erstrecken sich über Donator- und Akzeptormolekül, doch durch die Koeffizienten $c_{i,r}$ können sie immer noch danach klassifiziert werden, ob sie überwiegend zu Molekül D oder Molekül A gehören. In anderen Worten, das MO-φ_i hat große LCAO-Koeffizienten $c_{i,r}$, wenn sie zu Basisfunktionen χ_r gehören, die an zu Molekül D gehörenden Atomen zentriert sind. Im Fall des MO-φ_j hingegen werden jene Koeffizienten $c_{j,s}$ groß sein, die zu den an Molekül A zentrierten AO's gehören. Auf diese Weise ist das Produkt der Koeffizienten für $s = r$ in der Doppelsumme immer klein. Im Fall $s \neq r$ gilt dieselbe Regel, wenn s und r zum gleichen Molekül gehören. Wenn s und r zu zwei verschiedenen Molekülen gehören, wird das Integral $\langle \chi_r | r | \chi_s \rangle$ offensichtlich aus geometrischen Gründen immer klein sein. Das heißt also, daß das Produkt der drei Größen auf der rechten Seite der Gl. (4.58) immer klein ist und deswegen auch $|\mathbf{R}_{i \to j}|$ und $f_{i \to j}^{\text{theor}}$. Andererseits ist es gewöhnlich nicht so, wenn es sich um intramolekulare Übergänge handelt.

Die beschriebene Situation wurde von Rein und Ladik in einer semiempirischen π-Elektronen-Supermolekülrechnung für das Guanin-Cytosin(G-C)Basispaar gefunden. Die intramolekularen Übergänge waren ungefähr hundertmal intensiver als Übergänge vom Charge-Transfer-Typ vom G-Typ HOMO zum C-Typ LEMO. Die Energie dieses Überganges war beträchtlich kleiner als die der niedrigsten intramolekularen Anregungen. Für den Betrag der übertragenen Ladung ergab sich 0,99 e (kein Ladungsübertrag wurde im Grundzustand des Basispaares gefunden).

Es bleibt zu erwähnen, daß die Oszillatorstärke eines Charge-Transfer-Überganges auch vom experimentellen Absorptionsspektrum bestimmt werden kann, wenn das schwächere Charge-Transfer-Band nicht mit intensiveren intramolekularen Übergängen überlappt. Man benützt folgenden Ausdruck

$$f_{i \to j}^{\exp.} = \frac{mc^2}{\pi e^2 N} \int_{v_1}^{v_2} \varepsilon(v) dv. \qquad (4.59)$$

m ist die Masse des Elektrons, N die Avogadrozahl und $\varepsilon(v)$ der molare Extinktionskoeffizient, welcher natürlich eine Funktion der Frequenz v ist. Die Integration muß gewöhnlich numerisch ausgeführt werden, die Integrationsgrenzen v_1 und v_2 sind die Frequenzgrenzen des Charge-Transfer-Bandes.

Literaturauswahl

Hoffmann, T.A., Ladik, J.: In: Advan. Chem. Phys. J. Duchesne (Hsg.), Bd. VII, S. 84–158. New York-London: Academic Press 1964.
Ladik, J.: Quantenchemie. Stuttgart: Enke 1973.
Ladik, J., Karpfen, A., Stollhoff, G., Fulde, P.: Chem. Phys. **7**, 267 (1975).
Mulliken, R.S.: J. Am. Chem. Soc. **74**, 811 (1952). J. Phys. Chem. **56**, 801 (1952).
Pullman, B., Pullman, A.: Quantum Biochemistry. New York-London: Interscience 1963.
Rein, R., Ladik, J.: J. Chem. Phys. **40**, 2466 (1964).
Slifkin, M.A.: Charge Transfer Interactions of Biomolecules. New York-London: Academic Press 1971.
Szent-Györgyi, A.: Bioenergetics. New York-London: Academic Press 1957.
Szent-Györgyi, A.: Introduction to Submolecular Biology. New York-London: Academic Press 1961.
Szent-Györgyi, A.: Bioelectronics. New York-London: Academic Press 1968.
Szent-Györgyi, A.: Electronic Biology and Cancer. New York-Basel: Dekker 1976.

4.5. Debye-Hückel-Theorie (Kräfte zwischen Molekülen in Lösung)

JANOS J. LADIK

Die biologisch aktiven Makromoleküle und die daraus aufgebauten Zellbestandteile (Zellkern, Mitochondrien, Ribosomen usw.) sind in eine wäßrige Lösung eingebettet, die aus verschiedenen Proteinmolekülen, Nucleotiden, einer Anzahl von Ionen usw. besteht. Das Verständnis der Wechselwirkungen zwischen Ionen und Molekülen in Lösung ist daher von großem biologischen Interesse.

Der einfachste Fall ist die theoretische Untersuchung der Kräfte zwischen Ionen in einem starken Elektrolyten. Diese Theorie wurde sowohl von P. Debye und E. Hückel als auch von L. Onsager ausgearbeitet und kann im Detail im Buch von Glasstone nachgelesen werden.

4.5.1. Debye-Hückel-Theorie

Wenn $V(\mathbf{r})$ das Potential am Punkt $\mathbf{r}$ in der Nähe eines positiven Ions bezeichnet, dann ist die Arbeit, die geleistet werden muß, um ein anderes positives Ion mit der Ladung $Z_+ e$ vom Unendlichen dorthin zu bringen, $Z_+ eV$ ($Z_- eV$ für ein negatives Ion, $Z_+ > 0$, $Z_- < 0$). Seien n_+^0 und n_-^0 die Ionenkonzentrationen in beträchtlicher Entfernung vom Referenzion („beträchtlich" heißt, daß näherungsweise gilt: $V \approx 0$). Für die Konzentrationen am Punkt $\mathbf{r}$ kann dann geschrieben werden:

$$n_+(\mathbf{r}) = n_+^0 \exp\left[-\frac{Z_+ eV(\mathbf{r})}{kT}\right], \qquad (4.60)$$

$$n_-(\mathbf{r}) = n_-^0 \exp\left[-\frac{Z_- eV(\mathbf{r})}{kT}\right], \qquad (4.61)$$

woraus folgt, daß $n_-(\mathbf{r}) > n_+(\mathbf{r})$ gilt. Das heißt, daß sich in der Nähe eines positiven Ions im Mittel mehr negative als positive Ionen befinden und umgekehrt. Jedes Ion ist daher von einer entgegengesetzt geladenen Ionenwolke umgeben.

Mit den oben definierten Konzentrationen kann für die Ladungsdichte $\varrho(\mathbf{r})$ geschrieben werden:

$$\varrho(\mathbf{r}) = (n_+ Z_+ + n_- Z_-) = e(n_+^0 Z_+ \exp\left[-\frac{Z_+ eV(\mathbf{r})}{kT}\right]$$
$$+ n_-^0 Z_- \exp\left[-\frac{Z_- eV(\mathbf{r})}{kT}\right],$$
$$(Z_+ > 0, Z_- < 0). \qquad (4.62)$$

Wenn $Z_+ = 1$, $Z_- = -1$ und $n_+^0 = n_-^0 = n$, vereinfacht sich $\varrho(\mathbf{r})$ zu

$$\varrho(\mathbf{r}) = ne(e^{-[eV/kT]} - e^{+[eV/kT]}). \qquad (4.63)$$

Wenn weiterhin $eV/kT \ll 1$, dann kann in guter Näherung geschrieben werden (nur die ersten zwei Terme in der Potenzreihenentwicklung der Exponentialfunktion werden berücksichtigt):

$$\varrho = -\frac{e^2 V}{kT} \cdot 2n. \qquad (4.64)$$

Für den allgemeinen Fall, daß die Lösung verschiedene Ionenarten enthält, erhält man anstatt von Gl. (4.62)

$$\varrho = e \sum_i n_i Z_i e^{-Z_i V/kT}, \qquad (4.65)$$

und wenn, wie vorher (jetzt für jedes i) $Z_i eV/kT \ll 1$, ergibt sich das Analogon zu Gl. (4.64)

$$\varrho = -\frac{e^2 V}{kT} \sum_i n_i Z_i^2. \qquad (4.66)$$

Setzt man diesen Ausdruck für ϱ in die Poisson-Gleichung ein

$$\Delta V = \frac{\partial^2 V}{\partial x^2} + \frac{\partial^2 V}{\partial y^2} + \frac{\partial^2 V}{\partial z^2} = -\frac{4\pi\varrho}{\varepsilon}, \quad (4.67)$$

(ε ist die Dielektrizitätskonstante), drückt den Laplace-Operator Δ in Polarkoordinaten aus und nimmt an, daß das Potential V Kugelsymmetrie besitzt.

$$V(r) = V(r); \quad \frac{\partial V}{\partial \vartheta} = \frac{\partial V}{\partial \varphi} = 0,$$

so erhält man

$$\frac{1}{r^2}\frac{d}{dr}\left(r^2\frac{dV}{dr}\right) = \frac{d^2V}{dr^2} + \frac{2}{r}\frac{dV}{dr} = -\frac{4\pi\varrho}{\varepsilon}$$

$$= \frac{4\pi}{\varepsilon}\frac{e^2}{kT}V\sum_i n_i Z_i^2 = K^2 V \quad (4.68)$$

mit

$$K^2 = \frac{4\pi e^2}{kT}\sum_i n_i Z_i^2. \quad (4.69)$$

Die allgemeine Lösung der Differentialgleichung (4.68) lautet:

$$V(r) = A\frac{e^{-Kr}}{r} + B\frac{e^{Kr}}{r}, \quad (4.70)$$

wobei A und B Integrationskonstanten sind. Da $V(r) \to 0$ für $r \to \infty$, muß man $B = 0$ setzen. Aus der Bedingung, daß in sehr verdünnten Lösungen ($K \to 0$) das Potential in der Nähe eines Ions von diesem Ion allein hervorgerufen wird und als Potential einer Punktladung betrachtet werden kann, d.h. $\lim_{K \to 0} V = \frac{Z_i e}{\varepsilon r}$, folgt weiterhin, daß $A = \frac{Z_i e}{\varepsilon}$ ist und sich somit ergibt:

$$V(r) = \frac{Z_i e}{\varepsilon}\frac{e^{-Kr}}{r}. \quad (4.71)$$

Für verdünnte Lösungen, für welche Kr eine kleine Größe ist, läßt sich die Exponentialfunktion wieder entwickeln, $e^{-Kr} \approx 1 - Kr$, und der Ausdruck für das Potential lautet dann

$$V = V_1 + V_2 = \frac{Z_i e}{\varepsilon r} - \frac{Z_i e K}{\varepsilon}. \quad (4.72)$$

Das Potential in einer Entfernung r von einem gegebenen Ion ist $Z_i e/\varepsilon r$ in Abwesenheit anderer Ionen. Der zweite Term auf der rechten Seite von Gl. (4.72) stammt also von der entgegengesetzt geladenen Ionenwolke. Da dieser Term unabhängig von r ist, liefert er deshalb auch das Potential $V_2(0)$ am Ion selbst, hervorgerufen durch die umgebenden Ionen mit ent-

Tabelle 4.1. $1/K$-Werte (in nm) für verschiedene Arten von starken Elektrolyten als Funktion der Konzentration (in M) bei 25° C

Konzen-	Typ des Elektrolyten			
tration	1:1	1:2	2:2	1:3
10^{-4}	30,4	17,6	15,2	12,4
10^{-3}	9,62	5,56	4,81	3,93
10^{-2}	3,04	1,76	1,52	1,24
10^{-1}	0,96	0,56	0,48	0,39

gegengesetzter Ladung,[4]

$$V_2(0) = -\frac{Z_i e K}{\varepsilon}. \quad (4.73)$$

Diese Gleichung liefert die Möglichkeit einer physikalischen Interpretation für K: Würde die gesamte Ladung $-Z_i e$ der Ionenwolke, die ein positives Ion mit Ladung $Z_i e$ umgibt, in eine Entfernung $1/K$ vom gegebenen Ion plaziert, wäre das dadurch am positiven Ion hervorgerufene Potential $-Z_i e K/\varepsilon$. $1/K$ kann daher als der äquivalente Radius der Ionenwolke angesehen werden. Er beträgt größenordnungsmäßig 10^{-8} cm = 0,1 nm für gewöhnliche Lösungen. In Tab. 4.1 sind die Werte von $1/K$ für verschiedene Typen von starken Elektrolyten in wäßriger Lösung bei 25 °C als Funktion der totalen Ionenkonzentration (gemessen in M) angegeben.

Aus Tab. 4.1 ist ersichtlich, daß in Übereinstimmung mit Gl. (4.69) der Radius der Ionenwolke mit zunehmender Konzentration und Ladung abnimmt.

Die elektrostatische Energie eines Ions mit der Ladung $Z_i e$ ist das Produkt dieser Ladung und der Hälfte des darauf einwirkenden Potentials (der Ionenwolke):

$$E_i = \tfrac{1}{2} Z_i e V_2(0) = -\frac{1}{2\varepsilon} Z_i^2 e^2 K, \quad (4.74)$$

oder nach Multiplikation mit der Avogadroschen Zahl für 1 Gramm Mol Ion: $E_i' = -NZ_i^2 e^2 K/2\varepsilon$.

Das chemische Potential eines einzelnen Ions in einer idealen Lösung ist

$$\mu_i = \mu_i^0 + RT \ln x_i, \quad (4.75)$$

wobei x_i dessen Molfraktion in der gegebenen Lösung ist. Für eine nichtideale Lösung erhält man jedoch

$$\mu_i = \mu_i^0 + RT \ln a_i = \mu_i^0 + RT \ln x_i + RT \ln \gamma_i, \quad (4.76)$$

a_i ist die Aktivität und γ_i der Aktivitätskoeffizient der Ionenspezies. Der zusätzliche Term $RT \ln \gamma_i$ ist die Differenz in der Änderung der freien Energie, die sich

---

[4] Wenn das Ion nicht als mathematischer Punkt behandelt wird, sondern mit einem effektiven mittleren Durchmesser d (jedoch immer noch $d \ll 1/K$), erhält man anstelle von Gl. (4.73)

$$V_2(0) = -\frac{Z_i e}{\varepsilon}\frac{K}{1 + Kd}. \quad (4.73a)$$

ergibt, wenn 1 gMol Ion der gegebenen Ionenspezies einem großen Volumen einer realen bzw. idealen Lösung hinzugefügt oder daraus entfernt wird. Diese Differenz kann als Äquivalent der von der Ionenwolke herrührenden elektrostatischen Energie des Ions angesehen werden, wenn man die Abweichung vom idealen Verhalten ganz zwischenionischen Kräften zuschreibt. Man kann also schreiben:

$$RT \ln \gamma_i = -NZ_i^2 e^2 K/2\varepsilon$$
$$= -\frac{NZ_i^2 e^2}{2\varepsilon}\sqrt{\frac{4\pi e^2}{\varepsilon kT}\sum_i n_i Z_i^2}, \quad (4.77)$$

woraus mit $K = R/N$ erhalten wird:

$$-\log_{10}\gamma_i = \frac{A'}{(\varepsilon T)^{\frac{3}{2}}} Z_i^2 \sqrt{2J}. \quad (4.78)$$

A' enthält nur Konstanten, J ist die Ionenstärke,

$$J = \tfrac{1}{2}\sum_i n_i Z_i^2. \quad (4.79)$$

Diese oben kurz geschilderte *Debye-Hückel-Theorie* beschreibt das Verhalten starker Elektrolyte in verdünnten Lösungen ziemlich gut, wie Messungen der Aktivitäten zeigen. In weniger verdünnten Lösungen (Konzentrationen über 10^{-2} Mol/l) hat man Gl. (4.73a) für $V_2(0)$ zu benützen (s. Fußnote 4), welcher anstatt Gl. (4.78) liefert:

$$-\log_{10}\gamma_i = \frac{A'}{(\varepsilon T)^{\frac{3}{2}}} \frac{Z_i^2\sqrt{2J}}{1+Kd} = \frac{A'}{(\varepsilon T)^{\frac{3}{2}}} \cdot \frac{Z_i^2\sqrt{2J}}{+dB'\sqrt{2J}\over (\varepsilon T)^{\frac{1}{2}}}$$
$$= \frac{\tilde{A}Z_i^2\sqrt{J}}{1+d\tilde{B}\sqrt{J}}. \quad (4.80)$$

Die Konstanten $\tilde{A}$ und $\tilde{B}$ enthalten für ein gegebenes Lösungsmittel und eine bestimmte Temperatur auch ε und T.

Für noch höhere Konzentrationen müssen auch die Wechselwirkungen zwischen den Ionen und den Dipolmomenten der Lösungsmittelmoleküle berücksichtigt werden. Dies führt zu einer Abnahme der Wechselwirkungen zwischen Ionen mit entgegengesetzter Ladung. Die Debye-Hückel-Gleichung lautet dann schließlich:

$$-\log_{10}\gamma_i = \frac{\tilde{A}Z_i^2\sqrt{J}}{1+d\tilde{B}\sqrt{J}} - \tilde{C}J. \quad (4.81)$$

Es sollte bemerkt werden, daß die Debye-Hückel-Theorie in der beschriebenen Form nur eine Annäherung darstellt, da sie auf der klassischen elektrostatischen Behandlung der Anion-Kation-Wechselwirkungen basiert und in diesem Rahmen in der Reihenentwicklung der Exponentialfunktion $e^{-eV/kT}$ auch nur die ersten zwei Terme berücksichtigt ($e^{-eV/kT} \sim 1 - eV/kT$). Einige Autoren verbesserten diese Approximation und erhielten verschiedene Korrekturterme, die hier nicht diskutiert werden sollen.

Die Debye-Hückel-Theorie kann ebenso für schwache und intermediäre Elektrolyte, in welchen die gelösten Verbindungen nicht komplett ionisiert sind, angewandt werden. In diesen Fällen können in der Berechnung der Ionenstärke $J = \tfrac{1}{2}\sum_i n_i Z_i^2$ die Ionenkonzentration n_i nicht direkt von der Konzentration der gelösten Substanz abgeleitet werden, sondern es ist nötig, zusätzlich den Dissoziationsgrad α einzuführen. Für eine uni-univalente Verbindung zum Beispiel ist n_i für jedes Ion gleich c (c ist die Elektrolytkonzentration), die Ionenstärke für diese Elektrolyte ist also αc anstatt c für starke Elektrolyte.

4.5.2. Quantenmechanische Diskussion

Vom quantenmechanischen Gesichtspunkt aus stellt die Struktur von Flüssigkeiten und Lösungen mit verschiedenen gelösten Ionen und Molekülen ein beträchtliches Problem dar. Die ersten Schritte in dieser Richtung sind aber nichtsdestoweniger schon getan. Clementi führte interessante *ab initio*-Rechnungen[5] für Wassermoleküle-Cluster aus (bis zu ca. 30 Wassermoleküle), in denen das ganze Cluster als ein Supermolekül behandelt wird. Im Verlauf der MO-Rechnungen wird jedes Einelektronenorbital angesetzt in der Form

$$\Psi_i(r) = \sum_{\alpha=1}^{M}\sum_{s=1}^{m} c_{i;s,\alpha}\,\chi(r-r_{s\alpha}), \quad (4.82)$$

wobei m die Zahl der AOs (Gauß-Orbitale) für jedes Wassermolekül ist, M die Zahl der berücksichtigten Wassermoleküle und $r_{s\alpha}$ der Positionsvektor des Atoms des Wassermoleküls α, an dem die AOS zentriert sind. Aus dieser Gleichung ist ersichtlich, daß auf diese Weise sich jedes MO (oder besser Cluster-Orbital) über alle M Wassermoleküle erstreckt. Die totale Energie des Clusters wird für eine vergleichsweise kleine Anzahl von verschiedenen plausiblen geometrischen Konfigurationen berechnet. Damit wird zunächst eine Interpolationsformel aufgestellt, die die totale Energie als Funktion (einer ziemlich großen Zahl) von geometrischen Variablen ausdrückt. Dann liefert ein Monte-Carlo-Programm verschiedene zufällige Werte der geometrischen Variablen. Mit Hilfe der Interpolationsformel wird die totale Energie für diese Konformationspunkte berechnet (einige zehntausend Konformationspunkte konnten auf diese Art betrachtet werden). Immer, wenn die totale Energie des Clusters für einen Konformationspunkt kleiner wird (größerer negativer Wert) als die vorhergehende kleinste totale Energie, schaltet das Programm zur vollen *ab initio*-Rechnung zurück, um das totale Mini-

---

[5] In einer *ab initio* SCF-LCAO-MO-Rechnung sind alle Elektronen und ihre Wechselwirkungsintegrale (die Drei- und Vierzentrenintegrale eingeschlossen) berücksichtigt.

mum genau zu bestimmen. Indem auf diese Weise die komplizierte vieldimensionale Energiehyperoberfläche abgesucht wird, können verschiedene lokale Minima und ebenso das absolute Minimum gefunden werden.

In anderen interessanten Untersuchungen starteten Diercksen und Kraemer *ab initio*-Rechnungen für die Solvatisierung von Li^+- und Na^+-Ionen (ebenso einen Basissatz von Gauß-Funktionen benutzend). Auch sie haben das System, welches aus dem positiven Ion und den umgebenden Wassermolekülen besteht, als Supermolekül behandelt und die wahrscheinlichste geometrische Konfiguration der untersuchten Systeme bestimmt. Auf ähnliche Weise wurden das Be^{2+}-H_2O-System und das F^--H_2O-Supermolekül untersucht. Erst kürzlich wurden von Port und Pullmann *ab initio*-Supermolekül-Rechnungen für die Hydratation der Peptidbindung und der verschiedenen hydrophilen Aminosäureketten der Proteine ausgeführt, wozu die erste Hydratationsschale genommen wurde.

Trotzdem ist es offensichtlich, daß größere Cluster aus Lösungsmittel und gelöster Substanz in vorhersehbarer Zukunft nicht als Supermoleküle behandelt werden können. Was man daher braucht, ist eine befriedigende quantenmechanische Theorie der Wechselwirkungen zwischen mehreren Molekülen. Die Behandlung intermolekularer Wechselwirkungen mit normaler Störungstheorie [siehe z.B. das Buch von Hirschfelder et al. (1954)] hat den Nachteil, daß sie nur Wechselwirkungen zwischen Molekülpaaren berücksichtigt (welche sicherlich durch die Anwesenheit weiterer Partner beeinflußt sind, besonders wenn sie geladen sind). Weiterhin benötigt eine störungstheoretische Behandlung im *ab initio*-Fall ungefähr die gleiche Computerzeit wie eine Supermolekülrechnung. Anstatt dessen kann man mit viel weniger Computerzeit ziemlich gute Wechselwirkungsenergien erhalten, wenn man in dem Einelektronenoperator (den sogenannten Fock-Operator) für jedes der wechselwirkenden Moleküle das Coulomb- und das Austauschpotential (in seiner nach Slater vereinfachten Form) all der anderen Moleküle einbaut und auf iterative Weise diejenige Ladungsverteilung für jedes Molekül findet, welche konsistent in Anwesenheit der anderen Moleküle ist. Diese sogenannte wechselseitig konsistente Ladungsverteilung (MCF-Methode= *M*utually *C*onsistent *F*ield-Methode) gilt natürlich nur für eine bestimmte geometrische Konformation der Moleküle. Man kann aber die Monte-Carlo-Routine für die Bestimmung der wahrscheinlichsten (energetisch günstigsten) geometrischen Konformation mit dieser Methode verbinden, wie es kürzlich Clementi im Fall des Supermoleküls getan hat. Ferner sollte bemerkt werden, daß die MCF-Methode auch für Wechselwirkungen zwischen Molekülen (Ionen) und Makromolekülen formuliert wurde und auch für Wechselwirkungen zwischen Makromolekülen. Man kann hoffen, daß in Zukunft die näherungsweise Behandlung auch der Struktur einer so komplizierten Lösung wie die der Proteine des Zytoplasmas auf diese Weise möglich ist.

Literaturauswahl

Debye, P., Hückel, E.: Phys. Z. **24**, 305 (1923).
Debye, P., Hückel, E.: Phys. Z. **25**, 49 (1924).
Debye, P., Hückel, E.: Trans. Faraday Soc. **23**, 334 (1927).
Diercksen, G. H. F., Kraemer, W. P.: Theoret. Chim. Acta **23**, 387 (1972).
Glasstone, S.: Textbook of Physical Chemistry. Princeton-Toronto-New York-London: Van Nostrand 1958.
Hirschfelder, J. P., Curtis, C. F., Bird, R. B.: Molecular Theory of Gases and Liquids. New York-London-Sidney: Wiley-Interscience 1954.
Kraemer, W. P., Diercksen, G. H. F.: Theoret. Chim. Acta **23**, 393 (1972).
Onsager, L.: Phys. Z. **27**, 388 (1926).
Onsager, L.: Phys. Z. **28**, 277 (1927a).
Onsager, L.: Trans. Faraday Soc. **23**, 341 (1927b).
Port, G. N. J., Pullman, A.: Int. J. Quant. Chem. Quant. Biol. Symp. **1**, 21 (1974).
Schuster, P., Preuss, H.-W.: Chem. Phys. Letters **11**, 35 (1971).
Slater, J. C., Wilson, T. M., Wood, J. H.: Phys. Rev. **179**, 28 (1969).

5. Energieübertragungsmechanismen

5.1. Allgemeine Grundlagen der Photophysik und Photochemie

FRIEDRICH DÖRR

Die letzte Energiequelle aller biologischen Vorgänge ist das Sonnenlicht. In den grünen Pflanzen, die selbst die Grundnahrung von Tier und Mensch bilden, wird die Strahlungsenergie des Wellenlängenbereiches zwischen etwa 400 nm und 700 nm (bei photosynthetisierenden Bakterien bis >800 nm) dazu verwendet, um aus den einfachen Grundstoffen Wasser und Kohlendioxid die relativ komplizierte, an chemischer Energie reiche organische Verbindung Glucose aufzubauen:

$$6CO_2 + 6H_2O + \text{Licht} \rightarrow C_6H_{12}O_6 + 6O_2 . \quad (5.1)$$

Dabei wird Sauerstoff freigesetzt. Mit Hilfe der Lichtenergie werden also gewisse chemische Bindungen gespalten und andere neu geknüpft. Diesen Vorgang nennt man eine photochemische Reaktion oder einen photochemischen Prozeß. (Beispiele für andere biologisch wichtige photochemischen Prozesse werden in Kapitel 5.2. besprochen.)

Damit Licht photochemisch wirksam wird, muß es zunächst einmal von der Materie absorbiert werden. Nun absorbiert jeder Stoff Licht in spezifischen Wellenlängenbereichen. Wenn aber jedes Molekül, das ein Lichtquant absorbiert hat, einer chemischen Umwandlung unterläge, gäbe es überhaupt keine stabilen Verbindungen. Es existieren also Mechanismen, die die absorbierte Lichtenergie ohne chemische Reaktion aus dem angeregten Molekül wieder abführen. Solche Prozesse, einschließlich dem Prozeß der Lichtabsorption, werden nach Birks *photophysikalisch* genannt. Eine *photochemische* Reaktion besteht im allgemeinen aus einer Folge von Reaktionsschritten. In der Photosynthese der grünen Pflanzen liegen zwischen der linken und der rechten Seite der Bruttogleichung (5.1) mehr als hundert Einzelreaktionen. Meist sind nur wenige dieser Schritte vom Licht direkt aktiviert (photochemische Primärreaktionen), die anderen laufen als Folge davon ohne Lichtzufuhr ab (Dunkelreaktionen). In diesem Kapitel (s. auch Kapitel 3.2.5) sollen nur photophysikalische Prozesse und photochemische Primärreaktionen betrachtet werden.

5.1.1. Stationäre Zustände von Molekülen

Ein freies Molekül kann in verschiedenen stationären Zuständen existieren, die in guter Näherung durch die Lösung $\psi_{\{k\}}$ der zeitunabhängigen, nichtrelativistischen Schrödinger-Gleichung beschrieben werden. Ihnen entsprechen bestimmte Werte der Energie und des Drehimpulses, eine bestimmte Dichteverteilung der Elektronen und bestimmte Gleichgewichtsabstände der Atomkerne.

In sehr guter Näherung gilt für die Energie

$$E_i = E_{\text{el}(i)} + E_{\text{v}(i)} + E_{\text{rot}(i)} \quad (5.2)$$

$E_{\text{el}(i)}$ = Elektronenenergie im Zustand ψ_i;
$E_{\text{v}(i)}$ = Schwingungsenergie der Kerne im Potential der Elektronen;
$E_{\text{rot}(i)}$ = Rotationsenergie des ganzen Moleküls.

Eine Anregung der am lockersten gebundenen, für das chemische Verhalten maßgeblichen Valenzelektronen erfordert Energien im Bereich $\Delta E_{\text{el}} \approx 1 \div 10$ eV; dem entsprechen Lichtquanten im Wellenlängenbereich $\lambda = 1000 \div 100$ nm. Innere Schwingungen werden schon mit Energiequanten der Größenordnung 10^{-1} eV angeregt, Rotationen mit etwa 10^{-3} eV. Der Spektralbereich $1 \div 10$ eV interessiert hier vorwiegend. Von der Sonnenstrahlung dringen nur Wellenlängen $\lambda > 300$ nm ($\tilde{v} < 33000$ cm^{-1}, $hv < 2,7$ eV) durch die Atmosphäre bis zur Erdoberfläche durch. Ähnlich liegt die Grenze bei Glühlampen mit Glaskolben. Quecksilberdampflampen („Höhensonne") emittieren noch intensiv bei 254 nm ($hv \approx 3,2$ eV). Bei etwa 10 eV liegt die erste Ionisierungsgrenze vieler organischer Moleküle.

Die für die Spektroskopie wichtigen Größen, wie z.B. Wellenlänge, Wellenzahl, Quantenenergie etc. sind auf S. 95, Kapitel 3.2.4, zusammengefaßt.

5.1.1.1. Termschema; Multiplizität

In kondensierter Phase sind Rotationen behindert, Schwingungen können sich ausbilden, sind aber mehr oder weniger gedämpft, die entsprechenden Energieniveaus dadurch verbreitert. Im folgenden soll deshalb von Rotationen abgesehen werden.

Die Energien der verschiedenen „vibronischen" Zustände (d. h. Elektronenzustände mit Schwingungsanregung) trägt man übersichtlich in einem Termschema auf, in das man auch Übergänge eintragen kann. Für das folgende wichtig sind außer den Energiebeträgen auch die natürlichen Lebensdauern τ_i der angeregten Zustände, von denen die erreichbaren Besetzungszahlen und die Reaktionswahrscheinlichkeiten abhängen, Eine besondere Rolle im Hinblick auf die Lebensdauer spielt die Multiplizität. Fast alle stabilen organischen Moleküle besitzen eine gerade Zahl von Elektronen, die im Grundzustand ihre Spins paarweise antiparallel orientiert haben, also die Gesamtspinquantenzahl $S=0$ und die Multiplizität $2S+1=1$ (Singulett) besitzen (von den Kernspins können wir hier absehen). Eines der strengsten Übergangsverbote zwischen zwei Zuständen eines Elektronensystems für „optische" (d. h. mit Aufnahme oder Abgabe von Lichtquanten verbundene) Prozesse ist das „Spinverbot". Es sagt aus, daß sich der Gesamtspin und damit die Multiplizität bei dem Prozeß nicht ändern darf.

Ein angeregter Zustand eines isolierten Moleküls ist besonders langlebig, wenn energetisch unter ihm nur Zustände anderer Multiplizität liegen. Bei Systemen (Molekülen) mit gerader Elektronenzahl treten außer Singulett-Zuständen vor allem noch Triplett-Zustände mit zwei parallel orientierten Elektronenspins und der Gesamtspinquantenzahl $S=1$ in Erscheinung. Triplettmoleküle sind paramagnetisch. Das Spinverbot wird gelockert durch die Spin-Bahn-Kopplung, deren Größe mit der Kernladungszahl stark zunimmt. Sie ist deshalb vor allem in Molekülen wirksam, die schwere Atome enthalten (Halogene, Metalle, Schwefel, Phosphor).

Das wichtigste Molekül mit Triplett-Grundzustand ist der (fast) überall gegenwärtige Sauerstoff O_2, der mit Molekülen in optisch angeregten Triplettzuständen besonders leicht reagiert. Durch Reduktion (Aufnahme eines Elektrons) bzw. Oxidation (Abgabe eines Elektrons) entstehen aus einem Singulettmolekül Radikale oder Radikalionen, i. allg. mit $S=\frac{1}{2}$ und der Multiplizität 2 (Dublett).

Ein typisches Termschema eines organischen Moleküls mit einigen Elektronen- und Schwingungsniveaus, mit Singulett- und Triplett-Termen, das sog. Jablonski-Diagramm, ist auf S. 98, Kapitel 3.2.4 wiedergegeben. In dieser Abbildung sind auch eine Anzahl photophysikalischer Prozesse eingetragen, sowie typische Lebensdauern einzelner Zustände in kondensierter Phase (verdünnte Lösung).

Die Besetzungszahl n_k eines angeregten Zustandes ψ_k in einem Ensemble wird durch die verschiedenen photophysikalischen und photochemischen Reaktionen („Zerfallskanäle") aus diesem Zustand vermindert. Im allgemeinen gelten für die Reaktionsgeschwindigkeiten v_i nach den einzelnen Kanälen i Geschwindigkeitsgesetze erster Ordnung, d. h. $v_i = k_i \cdot n_k$; k_i ist die Geschwindigkeitskonstante des betreffenden Prozesses. Man definiert die „Ausbeute" ϕ_i der Reaktion i als denjenigen Bruchteil, der nach Kanal i reagiert:

$$\phi_i = \frac{k_i}{\Sigma k_j} \qquad (5.3)$$

Wird der Ausgangszustand (ψ_k), direkt oder auf Umwegen durch die Absorption von 1 Lichtquant je Molekül besetzt, so ist ϕ_i nach Gl. (5.3) die „Quantenausbeute" des Prozesses i. Für eine photochemische Primärreaktion ist demnach immer $\phi_i \leq 1$. Dagegen kann bei photochemisch initiierten Kettenreaktionen

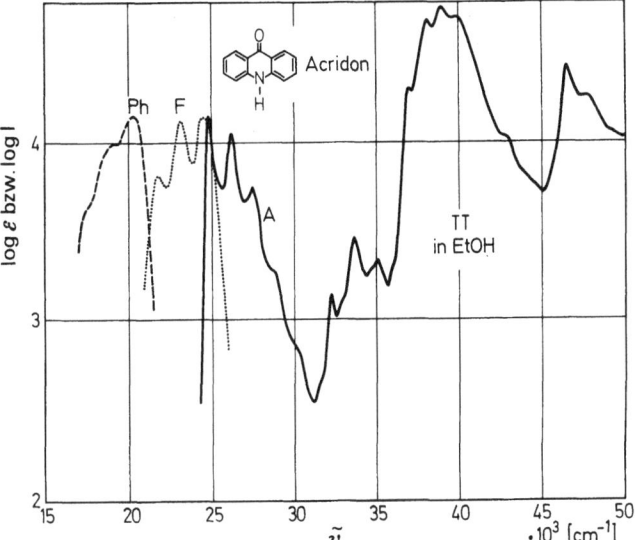

Abb. 5.1. Lösungsspektren von Acridon in Äthanol, bei 100 K glasartig gefroren; ε Extinktionskoeffizient der Absorption A, I relative Intensität von Fluoreszenz F und Phosphoreszenz Ph. Die $S_0 \rightarrow S_1$-Absorptionsbande mit Schwingungsstruktur überdeckt den Spektralbereich $24\,700 \div 31\,000$ cm^{-1}; höhere Übergänge überlagern sich teilweise

die Zahl von Produktmolekülen sehr viel größer sein als die Zahl der absorbierten Photonen, die in diesem Fall nur als Starter wirken.

5.1.1.2. Lösungsspektren

Typische Absorptions- und Emissionsspektren einer Lösung von Molekülen mit einem Termschema der Art, wie es im Jablonski-Diagramm angegeben ist, sind in Abb. 5.1 dargestellt. Eine Emission wird, mit wenigen Ausnahmen, in kondensierter Phase nur aus S_1 (Fluoreszenz, Abklingdauer $\tau_F \approx 1$ ns) und aus T_1 (Phosphoreszenz, Abklingdauer τ_p in fester Lösung bis 10 s, in flüssiger Lösung ≈ 1 μs) beobachtet; alle höheren vibronischen Zustände werden rascher strahlungslos desaktiviert als sie emittieren können.

Als Intensitätsmaß für die Absorption wählt man im allg. $\log \varepsilon$, mit dem „molaren dekadischen Extinktions-Koeffizienten"

$$\varepsilon(\tilde{\nu}) = \frac{1}{cd} \log \frac{I_0(\tilde{\nu})}{I(\tilde{\nu})} = \frac{E(\tilde{\nu})}{cd} \qquad (5.4)$$

Die „Extinktion" $E = \log I_0/I$ wird mit einem Spektralphotometer gemessen. In Gl. 5.4 bedeuten:
$I_0(\tilde{\nu})$ die bei der Wellenzahl $\tilde{\nu}$ (und gegebener spektraler Bandbreite) auf die Probe auffallende (bzw. durch eine Vergleichsküvette mit Lösungsmittel durchtretende) Lichtintensität; $I(\tilde{\nu})$ die durchtretende Intensität; c die Konzentration des absorbierenden Stoffes in M, d die Schichtdicke der Probe in cm.

Die Emissionsintensität von Fluoreszenz (F) und Phosphoreszenz (Ph) wird als (relativer) Quantenstrom in s^{-1} für eine gegebene Bandbreite $\Delta \tilde{\nu}$ angegeben.

Die Theorie der strahlenden Übergänge, insbesondere der relativ intensivsten elektrischen Dipolübergänge, ist seit längerem befriedigend formuliert; die Theorie der strahlungslosen Prozesse ist derzeit in rascher Entwicklung begriffen.

Die spinerlaubte Absorption $S_1 \to S_{n>1}$ und $T_1 \to T_{m>1}$ kann nur bei einer merklichen Besetzung der Ausgangszustände S_1 bzw. T_1 beobachtet werden. Dies wird nur unter besonderen Bedingungen (z. B. Laseranregung oder Blitzlichtspektroskopie) erreicht. (Thermisch ist bei Zimmertemperatur schon ein Schwingungsniveau mit nur 1000 cm^{-1} über S_0 nur mehr mit 0,8 % aller Moleküle besetzt.) Durch diese Prozesse kann die Energie von zwei Lichtquanten im Molekül gespeichert werden (biphotonische Prozesse). Bei hoher Intensität (Laser) kann sich aber auch die Energie von zwei (und mehr) Quanten in einem einzigen Absorptionsakt addieren (Mehrquantenabsorption). Hierfür gelten dann andere Auswahlregeln wie für Einquantenübergänge. Die spinverbotene Absorption $S_{0,0} \to T_{1,v}$ wird nur bei großen Schichtdicken bzw. Konzentrationen beobachtet, die Phosphoreszenz im allgemeinen bei festen Lösungen (tiefen Temperaturen).

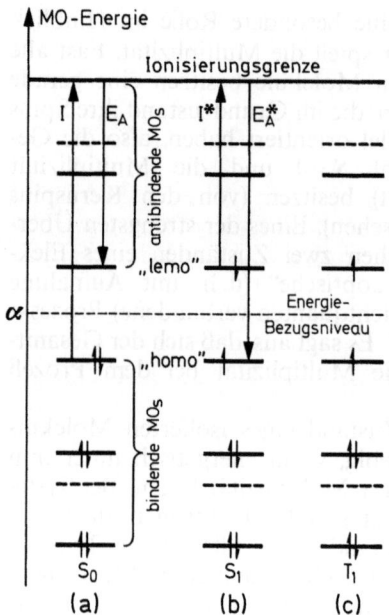

Abb. 5.2. MO-Besetzungsschema. ↑ und ↓ Elektronen mit Spin; „homo" = highest occupied MO, „lemo" = lowest empty MO im Grundzustand S_0; I = Ionisierungsenergie, E_A Elektronenaffinität im Grundzustand, I^* und E_A^* im angeregten Zustand S_1

5.1.2. Theoretische Grundlagen zur Beschreibung von Molekülzuständen

5.1.2.1. Die MO-Näherung

Alle beobachtbaren Eigenschaften, die sog. Erwartungswerte $\langle O \rangle$ von Observablen, werden durch die exakten Lösungen ψ_i der Schrödingergleichung des speziellen Systems

$$(\mathscr{H} - E)\psi = 0; \quad \mathscr{H} = \text{Hamilton-(Energie)-Operator des betreffenden Systems oder Modells} \quad (5.5)$$

quantitativ beschrieben, wenn man dazu noch die den „Observablen" O entsprechenden hermiteschen Operatoren $\hat{O}$ kennt. Die ψ_i seien normiert, d. h.

$$\int \ldots \int \psi_i^* \psi_i d\tau \equiv \langle \psi_i | \psi_i \rangle = 1. \quad (5.6)$$

Die Integration erstreckt sich über die Definitionsbereiche aller Orts- und Spinvariablen, von denen ψ_i abhängt; ψ_i^* ist konjugiert komplex zu ψ_i.

Man nennt ein Integral der Form (5.7) mit einem Operator $\hat{\mathscr{R}}$ allgemein ein „Matrixelement"

$$\int \ldots \int \psi_i^* \hat{\mathscr{R}} \psi_j d\tau \equiv \langle \psi_i | \hat{\mathscr{R}} | \psi_j \rangle = R_{ij} \quad (5.7)$$

Für den Erwartungswert der Observablen O (Operator $\hat{O}$) im stationären Zustand ψ_i gilt

$$\langle O_i \rangle = \langle \psi_i | \hat{O} | \psi_i \rangle. \quad (5.7a)$$

Die Schrödingergleichung (5.5) ist für Systeme mit mehreren wechselwirkenden Teilchen (Elektronen) nicht exakt lösbar. Man macht sich deshalb durch Vernachlässigungen gewisser Wechselwirkungen im Energieoperator $\mathscr{H}$ ein „Modellsystem", für das man einfachere Lösungen finden kann. Auch diese sind meist nur Näherungslösungen zum Modelloperator. Mathematisch praktikabel und zugleich relativ anschaulich sind die *Molekülorbital-(MO-)-Modelle*. Sie entsprechen dem Schalenmodell des Atomaufbaues. Ein Molekülorbital ist eine Einelektronenbahnfunktion im (irgendwie gemittelten) Feld der Kerne und der übrigen Elektronen. Die MO-Energien ε_i und die räumliche Verteilung der MO's sind keine Observablen; dennoch lassen sich diese Modellgrößen gut mit vielen physikalischen und chemischen Eigenschaften korrelieren. Aus den MO-Funktionen lassen sich in einfacher Weise sog. „Bindungsordnungen" ableiten, die eine verfeinerte Beschreibung des altbewährten chemischen Valenzstrichbildes darstellen. Chemische, photochemische und photophysikalische Prozesse betreffen die energetisch höchsten, von Elektronen besetzten, und die niedrigsten leeren MO's; die Rückwirkungen auf die tiefer liegenden Rumpf-MO's werden meist als Störungen behandelt; sie sind nicht mehr anschaulich darstellbar, aber dennoch für quantitative Betrachtungen nicht zu vernachlässigen. Man ermittelt die besten MO's, die sich aus einem vorgegebenen, intuitiv gewählten Basissatz von Funktionen aufbauen lassen, durch Minimieren der Gesamtenergie unter der Nebenbedingung, daß die Gesamtzustandsfunktion ψ_i normiert ist. Am häufigsten wählt man eine Basis aus wasserstoffähnlichen Atomorbitalen (AO's), die man mit zunächst freien, optimierbaren Parametern linear zu MO's kombiniert (LCAO-MO's). Hier werden einige gebräuchliche Begriffe daraus einfach vorgestellt. Abbildung 5.2 gibt zunächst ein MO-Termschema mit verschiedenen Weisen der Besetzung der MO's durch eine gegebene Zahl von Elektronen (a, b, c), und ihre näherungsweise Zuordnung zu den Elektronenzuständen S_0, S_1 und T_1.

Bei der Verteilung der Elektronen auf die MO's ist das Pauli-Prinzip zu berücksichtigen: ein MO kann maximal zwei Elektronen mit antiparallelen Spins aufnehmen. Ein MO-Termschema, wie Abb. 5.2, darf nicht mit einem Gesamtenergieschema verwechselt werden. Der Elektronenzustand zu einem Elektronenterm des Jablonski-Diagramms kann nicht ausreichend durch eine einzige Elektronenverteilung auf die MO's, z. B. Abb. 5.2b, beschrieben werden. Außerdem hat eine Umbesetzung in einem MO Rückwirkungen auf die Energien der anderen; dies zeichnet man i. allg. nicht.

Man nennt eine bestimmte Verteilung der numeriert gedachten Elektronen auf die MO's samt allen Permutationen der Elektronen und der Spins bei gleichem Gesamtspin eine *(Elektronen-) „Konfiguration"*. Konfigurationen gleicher Symmetrie (in der Symmetriegruppe des Moleküls) treten miteinander in Wechselwirkung („Konfigurationswechselwirkung", CI). Dies gibt vor allem für die modellmäßige Beschreibung angeregter Zustände (wie S_1, T_1) nicht zu vernachlässigende Beiträge zur berechneten Energie. Eine Beschreibung mit einem einzigen Besetzungsschema ist eine grobe anschauliche Näherung.

5.1.2.2. Klassifizierung der MOs

Man klassifiziert MO's nach verschiedenen Gesichtspunkten. „Bindend" nennt man MO's mit $\varepsilon < \alpha$ (Abb. 5.2), bei deren Besetzung durch Elektronen aus einem Donatorniveau der Energie α Energie gewonnen, das System also relativ stabilisiert wird; entsprechend ist die Besetzung „antibindender" MO's ($\varepsilon > \alpha$) destabilisierend. „Nichtbindende" (n-)MO's haben keinen Einfluß auf die Stabilität. Diese Begriffe werden meist im Zusammenhang mit einem sehr einfachen Modell angewandt, so daß sie nur als grobe Näherung ausgelegt werden dürfen. Spezielle n-MO's sind die Orbitale der weitgehend an Heteroatomen lokalisierten „einsamen" Elektronenpaare.

Eine andere Klassifizierung betrifft das Symmetrieverhalten der mathematischen MO-Wellenfunktion. Ungesättigte Moleküle mit lauter sog. konjugierten Doppelbindungen (Einfach- und Doppelbindungen abwechselnd durch das ganze Molekül, Prototyp: Aromaten) sind eben; andere ungesättigte Verbindungen haben ebene Teilbereiche. MO-Funktionen, die bei einer Spiegelung an dieser Ebene in sich selbst übergehen, nennt man σ-MO's, solche, die dabei nur ihr Vorzeichen wechseln, π-MO's; antibindende MO's bezeichnet man oft mit *: σ^*, π^*. Energetisch liegen die bindenden σ-MO's i. allg. unter den bindenden π-MO's und unter den n-MO's an Heteroatomen. Die *untersten* leeren MO's ungesättigter Verbindungen sind i. allg. vom π^*-Typ.

Zur Illustration dieser Klassifizierung sind in Abb. 5.3 die MO's von Cytosin skizziert. Dabei sind bindende σ-MO's nur durch Striche (ihre Achsen) dargestellt. Die Wechselwirkung benachbarter π-MO's, durch ... angedeutet, führt zu ihrer Delokalisierung auf die Bindungen 1–2, 3–4, 5–6 und 1–6; n-Paare sind durch – – angedeutet.

5.1.2.3. Klassifizierung optischer Übergänge und angeregter Zustände

Man benutzt, je nach Zweck, verschiedene Klassifizierungsmerkmale für optische Übergänge (Absorption, Emission) und für die daran beteiligten Zustände. Für analytische Zwecke genügen rein phänomeno-

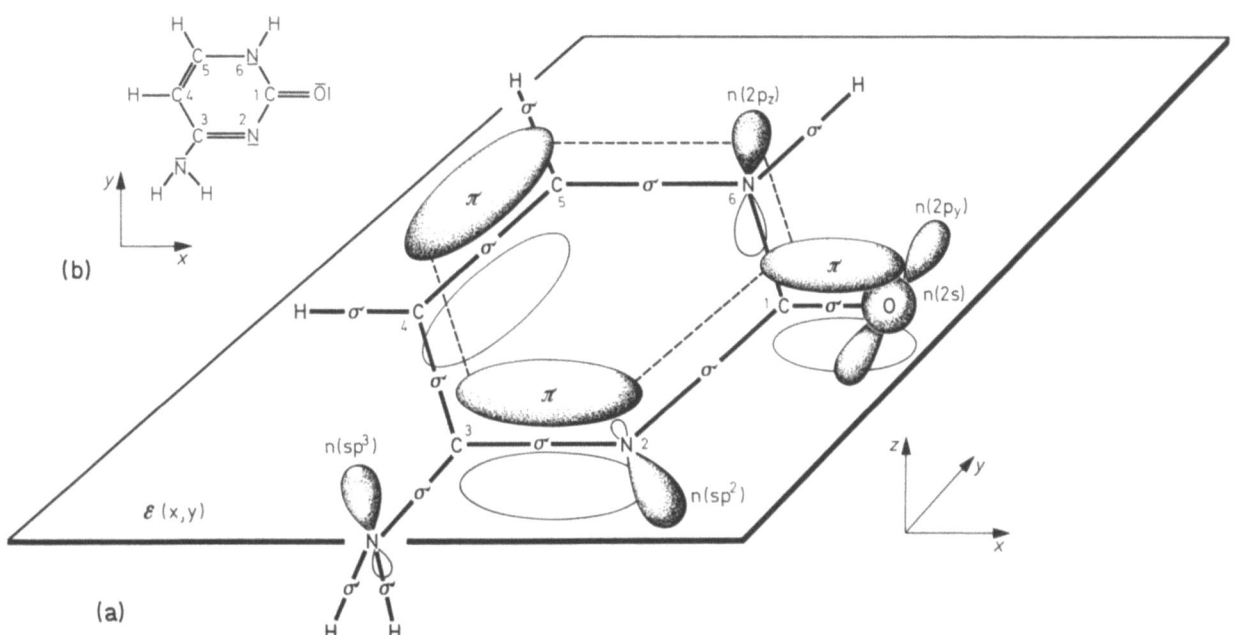

Abb. 5.3. (a) Skizze der räumlichen Verteilung der Valenz-MO's von Cytosin (b)

logische Merkmale, wie Intensität, Beeinflussung durch Substituenten und Lösungsmittel, Schwingungsstruktur; Symmetriesymbole (Quantenzahlen) eignen sich für die Formulierung von Auswahlregeln, in der exakten Symmetrie des Moleküls oder in der idealisierten Symmetrie eines Modells; schließlich benutzt man die im vorhergehenden Abschnitt definierten Bezeichnungen für diejenigen MO's, die am meisten zu den betroffenen Konfigurationen bzw. Zuständen beitragen, auch für Übergänge. Diese Klassifizierung erfordert eine gewisse Einsicht in die MO-Struktur und benutzt zugleich empirische Zuordnungen; sie ist praktischen Zwecken am besten angepaßt. In diesem Sinne kennt man:

a) π-π^*-Übergänge (Absorption und Emission)

Sie sind relativ langwellig ($\lambda > 200$ nm bis nahes Infrarot; für eine isolierte Doppelbindung: 190 nm), intensiv ($\varepsilon \geq 10^4$) und werden in polaren Lösungsmitteln um 10–20 nm nach längeren Wellen („Rot") verschoben. Für die dominierende angeregte Konfiguration schreibt man $(\pi\pi^*)$. Beispiel: alle ungesättigten Verbindungen.

b) n-π^*-Übergänge

Sie sind relativ langwellig ($\lambda > 280$ nm), schwach ($\varepsilon \approx 10^2$), zeigen eine Verschiebung nach „Blau" in polaren Lösungsmitteln und verschwinden in Säuren durch Protonierung der n-Elektronen. Angeregte Konfiguration: $(n\pi^*)$; Beispiele: Ketone, Nitroverbindungen, N-Heterocyclen.

c) π-σ^*, n-σ^* und σ-π^*-Übergänge

Sie sind relativ kurzwellig ($\lambda < 200$ nm) und in Lösung i. allg. nicht zu beobachten.

Die verschiedenen Typen von Übergängen sind am MO-Schema Abb. 5.4 veranschaulicht.

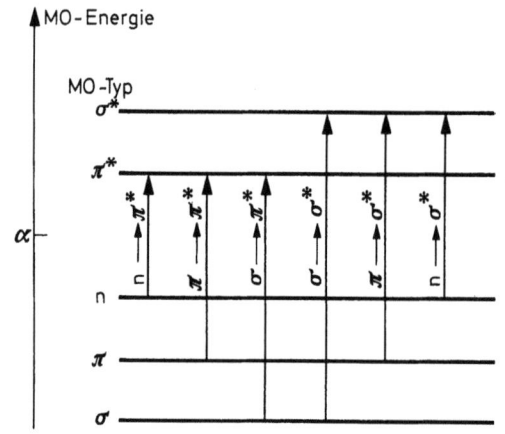

Abb. 5.4. Übergangstypen der Elektronenanregung im Einelektronen-(MO-)Bild; α Bezugsniveau der MO-Energie

5.1.3. Übersicht über wichtige photophysikalische Prozesse

Zur Diskussion der verschiedenen Prozesse aus optisch angeregten Molekülen bedient man sich einer Schreibweise ähnlich wie für chemische Reaktionen; die Symbole in der folgenden Zusammenstellung vertreten Moleküle in einem entsprechenden Elektronenzustand.

Tabelle 5.1. Auswahl photophysikalischer Prozesse

Prozeß	Bezeichnung

1. Absorptionsprozesse

(a) $\|S_0\rangle + h\nu \rightarrow \|S_1\rangle$	$S_0 \rightarrow S_1$-Absorption
(b) $\|S_0\rangle + h\nu \rightarrow \|S_n\rangle$	$S_0 \rightarrow S_n$-Absorption $\quad n > 0$
(c) $\|S_0\rangle + h\nu \rightarrow \|T_1\rangle$	$S_0 \rightarrow T_1$-Absorption
(d) $\|T_1\rangle + h\nu \rightarrow \|T_m\rangle$	$T_1 \rightarrow T_m$-Absorption $\quad m > 1$

(c) ist spinverboten

2. Emissionsprozesse

(e) $\|S_1\rangle \rightarrow \|S_0\rangle + h\nu$	$S_1 \rightarrow S_0$-Fluoreszenz
(f) $\|T_1\rangle \rightarrow \|S_0\rangle + h\nu$	$T_1 \rightarrow S_0$-Phosphoreszenz

(f) ist spinverboten

3. Strahlungslose innermolekulare Prozesse

(g) $\|S_1\rangle \leadsto \|S_0\rangle$	$S_1 \leadsto S_0$ Internal Conversion (IC)
(h) $\|S_n\rangle \leadsto \|S_1\rangle$	$S_n \leadsto S_1$ Internal Conversion
(i) $\|S_1\rangle \leadsto \|T_1\rangle$	$S_1 \leadsto T_1$ Intersystem Crossing (ISC)
(j) $\|T_1\rangle \leadsto \|S_0\rangle$	$T_1 \leadsto S_0$ Intersystem Crossing

4. Strahlungslose zwischenmolekulare Prozesse

4.1. Energiewanderung zwischen zwei gleichartigen Molekülen a und b

(k) $\|S_1\rangle_a + \|S_0\rangle_b \leadsto \|S_0\rangle_a + \|S_1\rangle_b$	Singulett-Singulett-Energie-Wanderung
(l) $\|T_1\rangle_a + \|S_0\rangle_b \leadsto \|S_0\rangle_a + \|T_1\rangle_b$	Triplett-Triplett-Energie-Wanderung
(m) $\|T_1\rangle_a + \|T_1\rangle_b \leadsto \|S_1\rangle_a + \|S_0\rangle_b$	Triplett-Triplett-Annihilation
(n) $\|S_1\rangle_a + \|S_0\rangle_b \leadsto \|T_1\rangle_a + \|T_1\rangle_b$	Singulett-Exciton-Zerfall

4.2. Energieübertragung zwischen verschiedenartigen Molekülen D (Donor) und A (Akzeptor)

(o) $\|S_1\rangle_D + \|S_0\rangle_A \leadsto \|S_0\rangle_D + \|S_1\rangle_A$	Singulett-Energie-Übertragung
(p) $\|T_1\rangle_D + \|S_0\rangle_A \leadsto \|S_0\rangle_D + \|S_1\rangle_A$	Triplett zu Singulett-Energie-Übertragung
(q) $\|T_1\rangle_D + \|S_0\rangle_A \leadsto \|S_0\rangle_D + \|T_1\rangle_A$	Triplett-Energie-Übertragung

5. Bildung und Zerfall vom Excimeren und Exciplexen

Excimer = excited dimer, X = Y
Exciplex = excited complex, X ≠ Y

(r) $\|S_1\rangle_X + \|S_0\rangle_Y \rightleftharpoons \|S_1\rangle_{(XY)}$	Bildung ($\leadsto$) bzw. Zerfall ($\leftsquigarrow$) eines Singulett-Exciplexes (Excimeren)
(s) $\|T_1\rangle_X + \|S_0\rangle_Y \rightleftharpoons \|T_1\rangle_{(XY)}$	Bildung bzw. Zerfall eines Triplett-Exciplexes (Excimeren)
(t) $\|T_1\rangle_X + \|T_1\rangle_Y \rightleftharpoons \|S_1\rangle_{(XY)}$	bimolekulare Triplett-Triplett-Reaktion ($\leadsto$) bzw. Singulett-Exciplex-(Excimeren-)Zerfall
(u) $\|S_1\rangle_{(XY)} \rightarrow \|S_0\rangle_X + \|S_0\rangle_Y + h\nu$	Exciplex-(Excimer-)-Fluoreszenz
(v) $\|T_1\rangle_{(XY)} \rightarrow \|S_0\rangle_X + \|S_0\rangle_Y + h\nu$	Exciplex-(Excimer-)-Phosphoreszenz

Es beschreiben:
hv   ein Photon geeigneter Energie;
$|S_0\rangle$ ein Molekül im Singulett-Elektronenzustand S_0 (Grundzustand, i. allg. ohne Schwingungsanregung);
$|S_1\rangle$ ein Molekül im Singulett-Zustand S_1;
$|S_n\rangle$ das Molekül in einem Singulett-Zustand $S_{n>1}$;
$|T_1\rangle$ das Molekül im Triplett-Zustand T_1;
$|T_m\rangle$ das Molekül in einem Triplett-Zustand $T_{m>1}$;
D   ein Donormolekül, das Energie abgibt;
A   ein Akzeptormolekül, das Energie übernimmt;
(XY) einen Komplex aus zwei Molekülen, speziell für X = Y ein Dimer.

Tabelle 5.1 gibt nur eine Auswahl der wichtigsten Prozesse. In den verschiedenen Prozessen bedeutet hv i. allg. jeweils verschiedene Quantenenergien. Sind mehrere Moleküle an einem Prozeß beteiligt, so werden sie durch entsprechende Indices an den Zustandssymbolen unterschieden, z. B. $|S_1\rangle_X$ usw.

5.1.4. Mechanismen ausgewählter photophysikalischer Prozesse

5.1.4.1. Lichtabsorption und -emission

a) Born-Oppenheimer-Separation, Potentialkurvenschema

Die Energie eines Moleküls in einem gegebenen Elektronenzustand hängt noch von den Kernkoordinaten Q ab, und damit von den Vibrationen der Kerne gegeneinander. Angenähert kann man die sehr rasche Elektronenbewegung von der relativ langsamen Kernbewegung separieren und die Zustandsfunktion eines „vibronischen" Zustands als Produkt einer Elektronenfunktion θ (samt Spin) und einer Kernschwingungsfunktion χ darstellen (Born-Oppenheimer-Näherung oder „adiabatische" Näherung; von Rotationen wird abgesehen):

$$\psi_{i,v} \approx \theta_i(q, Q) \cdot \chi_{i,\{v\}}(Q) \tag{5.8}$$

q Elektronen-, Q Kernkoordinaten,
i Elektronenzustand,
{v} Satz der Schwingungsquantenzahlen der $3N-6$ Normalschwingungen;
N Zahl der Atome im Molekül.

Für θ kann man Q als Parameter betrachten; χ hängt explizit von Q ab, aber auch noch vom Potential, das die Elektronen im Zustand i aufbauen und in dem sich die Kerne bewegen. Nimmt man dieses näherungsweise als harmonisch an, so ergeben sich Potentialkurvendarstellungen in Art der Abb. 5.5. Gleichung (5.8) ist äquivalent mit der Näherung Gl. (5.2) für die Gesamtenergie. Sie bedeutet, daß sich die Elektronenverteilung momentan auf das von den Kernen gegebene Potential einstellt. Die Näherung bricht zusammen, wenn die Schwingungsenergie E_v in Gl. (5.2) von der Größe der Energiedifferenz benachbarter Elektronenzustände ist.

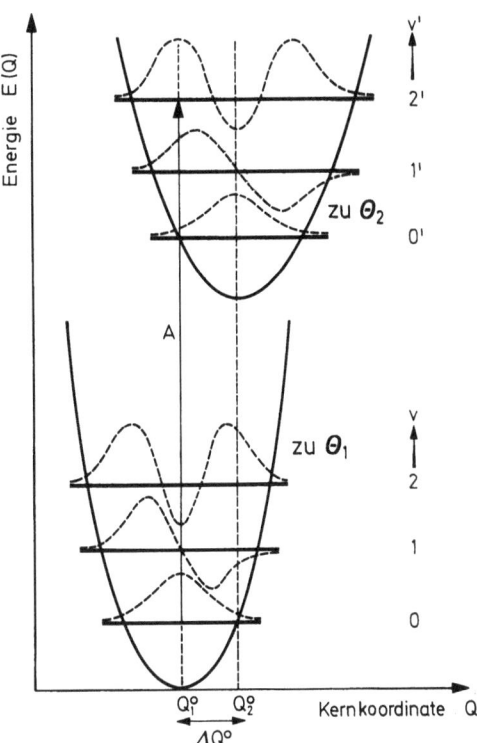

Abb. 5.5. Potentialkurvenschema für zwei Elektronenzustände θ_1 und θ_2. Q_1^0 bzw. Q_2^0 sind die entsprechenden Gleichgewichtskoordinaten der Kerne. A Absorptionsübergang $\psi_{1,0} \to \psi_{2,2'}$; v, v' Schwingungsquantenzahlen

In Abb. 5.5 ist die potentielle Energie der Kerne in Abhängigkeit von Q, einer ihrer $3N-6$ Normalschwingungs-Koordinaten, für zwei Elektronen-Zustände θ_1 und θ_2 aufgetragen, sowie die erlaubten, jeweils äquidistanten Schwingungs-Niveaus mit der Schwingungsquantenzahl v bzw. v' und (schematisch) die entsprechenden Schwingungseigenfunktionen

$\chi_{i,v}$ bzw. $\chi_{2,v'}$ $(v, v' = 0, 1, 2...)$.

b) Übergangstypen, Übergangsmoment, Intensität, Franck-Condon-Prinzip

Während eines optischen Übergangs ändern sich periodisch mit der Frequenz des Lichts die Ladungsverteilung und damit die elektrischen und magnetischen Momente des Moleküls. Entsprechend beschreibt man den Vorgang als elektrischen bzw. magnetischen Dipolübergang, elektrischen Quadrupolübergang usw. Für jeden dieser Übergangstypen gelten andere Symmetrie-Auswahlregeln. Es stellt sich heraus, daß alle intensiveren optischen Übergänge elektrischen Dipolcharakter haben. Das entsprechende Übergangsdipolmoment M hat eine definierte Orientierung im Molekül. Es ist durch die Eigenfunktionen der beteiligten Zustände bestimmt. In der Näherung, daß in Gl. (5.8) die Abhängigkeit der Elektronenfunktionen

θ von den Kernkoordinaten Q vernachlässigt werden kann, gilt

$$M_{12} = e \left\langle \psi_1 \left| \sum_i r_i \right| \psi_2 \right\rangle \quad (5.9)$$

ψ_1, ψ_2 Zustandsfunktionen des Ausgangs- bzw. Endzustands; r_i Ortsvektor des i-ten Elektrons, e Elementarladung.

Mit der Näherung Gl. (5.8) vereinfacht man Gl. (5.9) zu

$$M_{12} \approx \bar{M}_{el,12} \cdot S_{1v,2v'}. \quad (5.10)$$

Hierin ist $\bar{M}_{el,12}$ der elektronische Anteil des Übergangsmoments, $S_{1v,2v'}$ der „Franck-Condon-Faktor" zwischen der v-ten Schwingungsfunktion im Elektronen-Zustand θ_1 und der v'-ten Schwingungsfunktion im Zustand θ_2:

$$S_{1v,2v'} = \langle \chi_{1v} | \chi_{2v'} \rangle. \quad (5.11)$$

Er hängt wesentlich von der Verschiebung der Gleichgewichtslagen $Q_2^0 - Q_1^0$ zwischen den beteiligten Elektronenzuständen ab (vgl. Abb. 5.5).

Anschaulich bedeutet Gl. (5.10): Ein Elektronenübergang erfolgt so rasch, daß dabei die Kernkoordinaten praktisch unverändert bleiben; in Abb. 5.5 ist er deshalb als senkrechter Pfeil (A) dargestellt („vertikaler Übergang"). Den unmittelbar erreichten Zustand nennt man einen *Franck-Condon-Zustand*; er kann durch Kernbewegungen anschließend auf einen stabileren Zustand relaxieren.

Die Intensität eines optischen Übergangs $\psi_1 \rightarrow \psi_2$ ist $\sim |M_{12}|^2$. Der Elektronenübergang findet nach den Gl. (5.10) und (5.11) am wahrscheinlichsten bei einer Kernanordnung Q statt, bei der die Überlappung der Kernschwingungsfunktionen von Anfangs- und Endzustand maximal ist, in Abb. 5.5 z. B. zwischen $\chi_{1,v=0}$ und $\chi_{2,v'=2}$. Bei Zimmertemperatur gehen Absorptionsübergänge immer von $v = 0$ aus, aber auch Fluoreszenz- und Phosphoreszenzemission erfolgt wegen der raschen Schwingungsrelaxation in ψ_2 in kondensierter Phase immer von $v' = 0$ aus, weil vor der Absorption und auch vor der Emission thermisches Gleichgewicht der Schwingungen hergestellt wird, mit sehr geringer Besetzung von Schwingungsniveaus mit $v, v' > 0$.

Die Abhängigkeit des Franck-Condon-Faktors (5.11) von der Verschiebung der Gleichgewichtskernkoordinaten, $\Delta Q^0 = Q_2^0 - Q_1^0$, drückt sich in der Intensitätsverteilung der Schwingungsstruktur von Elektronenbanden aus. Bei $\Delta Q^0 \approx 0$ ist die sog. $0-0'$-Schwingungsbande die intensivste, vgl. Abb. 5.6. Die Bezeichnung $0 \rightarrow 0'$ bedeutet den Übergang $\chi_{1,v=0} \rightarrow \chi_{2,v'=0}$. Die annähernde Spiegelsymmetrie von $S_0 \rightarrow S_1$-Absorptionsspektrum und $S_1 \rightarrow S_0$-Fluoreszenzspektrum beruht darauf, daß die Franck-Condon-Faktoren $\langle \chi_{1,0} | \chi_{2,v'} \rangle$ und $\langle \chi_{2,0} | \chi_{1,v} \rangle$ für $v = v'$ annähernd gleich sind, wenn sich v und v' auf gleichartige Schwingungen beziehen.

In Lösung beobachtet man i. allg. zwischen den $0-0'$-Übergängen der Absorption $S_0 \rightarrow S_1$ und der

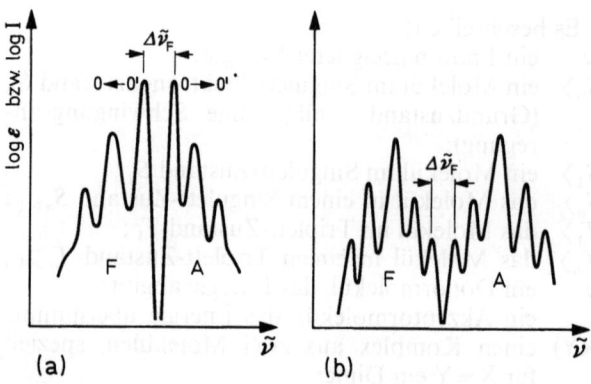

Abb. 5.6a und b. Franck-Condon-Schwingungsstrukturen. A Absorption, F Fluoreszenz, $\Delta \tilde{v}_F$ Fluoreszenzlücke; (a) $\Delta Q^0 = Q_2^0 - Q_1^0 \approx 0$; (b) $\Delta Q^0 \neq 0$

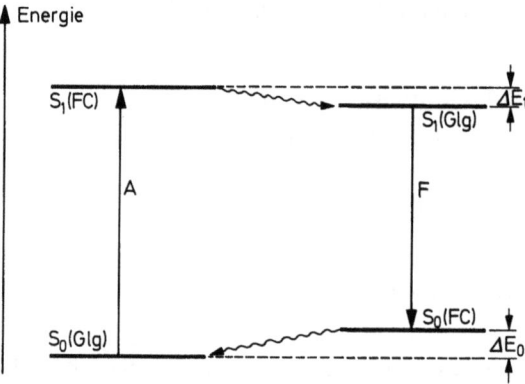

Abb. 5.7. Zur Entstehung der Fluoreszenzlücke durch Lösungsmittelrelaxation. A Absorption, F Fluoreszenz; (FC) Franck-Condon-Zustand des Systems Molekül + Solvathülle unmittelbar nach der Absorption bzw. Emission eines Lichtquants; (Glg) Gleichgewichtszustand nach Relaxation

Fluoreszenz $S_1 \rightarrow S_0$ eine „Fluoreszenzlücke" $\Delta \tilde{v}_F$. Sie ist um so größer, je mehr sich die Solvatationsenergien des Moleküls in den beiden Zuständen S_0 und S_1 auf Grund der verschiedenen Ladungsverteilung voneinander unterscheiden. Unmittelbar nach der Lichtabsorption $S_0 \rightarrow S_1$ besteht noch die Solvat-Struktur zum S_0-Zustand (Franck-Condon-Zustand des Lösungsmittels); vor der Fluoreszenzemission, die mit ca. 10^{-9} s Verzögerung erfolgt, ordnet sich das Lösungsmittel gemäß seiner Wechselwirkung mit S_1 unter Energiegewinn (Wärme) um, d. h. die S_1-Energie sinkt entsprechend ab. Ähnlich wird bei der Emission dann zunächst eine dem S_1-Zustand des gelösten Moleküls entsprechende Solvat-Struktur erreicht, deren Energie jetzt über S_0 im Gleichgewichtszustand liegt (Abb. 5.7). Die Fluoreszenzlücke hat dann die Größe $h\tilde{v}c = \Delta E = |\Delta E_0| + |\Delta E_1|$. Über Modellvorstellungen zur Wechselwirkung Molekül-Solvathülle lassen sich hieraus z. B. die Änderung des Dipolmoments zwischen den Zuständen S_0 und S_1 ermitteln. Bei polaren Molekülen findet man bis zu 10 Debye-Einheiten Zunahme in S_1.

c) Extinktionskoeffizient, Oszillatorstärke und Lebensdauer des angeregten Zustands

Die Intensität eines elektronischen Absorptionsübergangs $\psi_1 \to \psi_2$, z. B. $S_0 \to S_1$, kann durch verschiedene Größen ausgedrückt werden. Ein relativ grobes Maß ist

ε_{max} (in $M^{-1} s^{-1}$),

der Extinktionskoeffizient der stärksten Schwingungsbande innerhalb einer Elektronenbande. In Abb. 5.8a ist der ganze schraffierte Bereich I zwischen $\tilde{v}_a$ und $\tilde{v}_b$ eine einzige Elektronenbande mit Schwingungs-(Teil-)-Banden; II ist eine andere Elektronenbande. Ein genaueres Maß als ε_{max} ist die dimensionslose „Oszillatorenstärke" f:

$$f_{12} = \frac{4.32 \cdot 10^{-9}}{n} \int_{\tilde{v}_a}^{\tilde{v}_b} \varepsilon d\tilde{v} \approx \text{const} \cdot \bar{\tilde{v}} \cdot |\bar{M}_{12}|^2 \quad (5.12)$$

n Brechungsindex der Lösung; ε in $M^{-1} s^{-1}$; $\tilde{v}$ in cm^{-1}; $\bar{\tilde{v}}$ ist die mittlere Wellenzahl für den Schwerpunkt des Übergangs, $\bar{\tilde{v}} \approx \tilde{v}_{max}$; $\bar{M}_{12}$ ist das in Gl. (5.10) verwendete mittlere Übergangsmoment.

Zur Ausführung der Integration muß $\varepsilon(\tilde{v})$, nicht $\log \varepsilon(\tilde{v})$, aufgetragen werden; im Überlappungsbereich zweier Banden ist die Trennung ihrer ε-Werte etwas willkürlich. Für sehr intensive Übergänge ist $f_{12} \approx 1$.

Wenn der angeregte Zustand ψ_2 (z. B. S_1) nur durch spontane Emission eines Lichtquants in den Zustand ψ_1 (z. B. S_0) zurückkehren kann (z. B. durch $S_1 \to S_0$-Fluoreszenz) und andere Desaktivierungskanäle ausgeschlossen sind, so ist die „natürliche" (oder „strahlende") mittlere Lebensdauer τ_0 des angeregten Zustands in Sekunden ($\tilde{v}$ in cm^{-1}):

$$\tau_0 \approx 3.5 \cdot 10^8 \cdot \frac{g_2}{g_1} \cdot \frac{1}{n^2 \cdot \bar{\tilde{v}}^2 \cdot \int_{\tilde{v}_a}^{\tilde{v}_b} \varepsilon d\tilde{v}}$$

$$\approx 3.5 \cdot 10^8 \cdot \frac{g_2}{g_1} \cdot \frac{1}{n^2 \cdot \bar{\tilde{v}}^2 \cdot \varepsilon_{max} \cdot \Delta\tilde{v}_{1/2}}$$

$$\approx \frac{1.5}{n^2 \cdot \tilde{v}_{max}^2 \cdot f_{12}}. \quad (5.13)$$

g_1, g_2: statistisches Gewicht des Zustandes ψ_1 bzw. ψ_2, $g = 1$ für Singulett, $g = 3$ für Triplett.

Die letzte Näherung gilt für symmetrische Absorptionsbanden ohne ausgeprägte Schwingungsstruktur mit der Halbwertsbreite $\Delta\tilde{v}_{1/2}$ (vgl. Abb. 5.8b).

Die meßbare „mittlere Lebensdauer" τ (Abklingdauer) ist, nur für einfach exponentielles Abklingen, definiert durch

$$I(t) = I_0 \cdot e^{-t/\tau}, \quad \ln I(t) = \ln I_0 - \frac{t}{\tau} \quad (5.14)$$

$I_0, I(t)$ Emissionsintensität zur Zeit t_0 bzw. $t > t_0$, $\frac{1}{\tau} = k_E (s^{-1})$ Gesamt-Übergangsrate der Emission.

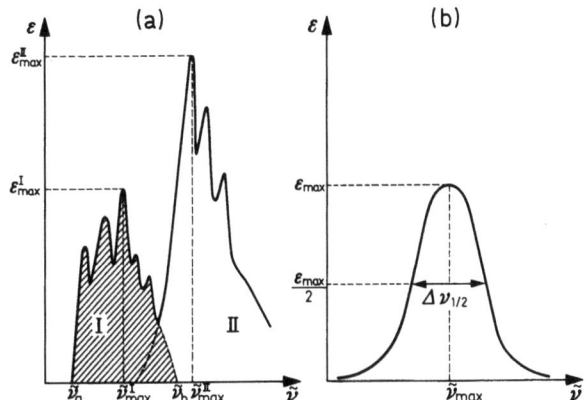

Abb. 5.8. (a) Zur Kennzeichnung der Intensität von Absorptionsübergängen (vgl. Text); (b) Definition der Halbwertsbreite $\Delta\tilde{v}_{1/2}$ symmetrischer Banden

Mit der Definition der Fluoreszenz-Quantenausbeute ϕ_F gemäß Gl. (5.3) folgt dann

$$\tau = \phi_F \cdot \tau_0. \quad (5.15)$$

Für die Phosphoreszenz gilt

$$\tau = \tau_0 \frac{\phi_{Ph}}{\phi_{ISC}}; \quad (5.15a)$$

ϕ_{Ph}, ϕ_{ISC}: Quantenausbeuten der Phosphoreszenz bzw. des Intersystem-Crossings, vgl. Tab. 5.1(i). Die Beziehungen Gl. (5.15) und (5.15a) dienen zur Ermittlung der natürlichen Lebensdauer τ_0 von S_1 bzw. T_1 und damit auch zur Bestimmung der Rate der nichtstrahlenden Prozesse (Meßgrößen: τ, ϕ_F, ϕ_{Ph}).

5.1.5. Einige Anwendungen der Absorptions- und Fluoreszenzspektroskopie

5.1.5.1. Qualitative Analyse

Absorptions- und Fluoreszenzspektren sind charakteristisch für eine Substanz, die Fluoreszenz kann häufig schon bei sehr geringen Konzentrationen gemessen werden. Mißt man die Fluoreszenzintensität in Abhängigkeit von der Erregerwellenlänge, so erhält man (nach Korrektur auf konstante Erregerintensität) das „Anregungsspektrum", das bei geringen Konzentrationen dem Absorptionsspektrum ähnlich ist und dieses zu ermitteln gestattet, auch wenn es in einem Gemisch durch die Absorption anderer, jedoch nicht fluorizierender Komponenten überdeckt ist.

5.1.5.2. Quantitative Absorptions-Spektral-Analyse

Bei kleinen Konzentrationen ist $\varepsilon(\tilde{v})$ in Gl. (5.4) konzentrationsunabhängig (Lambert-Beersches Gesetz). Die Messung von $\log I_0/I = E = \varepsilon c d$ ermöglicht dann eine einfache Bestimmung der Konzentration. Abweichungen vom Lambert-Beer'schen Gesetz weisen auf Assoziationen oder andere Reaktionen hin.

5.1.5.3. Gleichgewichtsbestimmung

Absorbieren die Komponenten der Reaktion

$$A + B \rightleftarrows C$$

in verschiedenen Spektralbereichen, so kann durch Absorptionsspektrometrie die Lage des Gleichgewichts in Abhängigkeit von äußeren Bedingungen ermittelt werden. Überlappen in einem bestimmten Bereich nur die Spektren von A und C, so hat das Absorptionsspektrum bei konstanter Gesamtkonzentration von A+C je nach Lage des Gleichgewichts ein Aussehen wie in Abb. 5.9. Am „isobestischen Punkt" i bei $\tilde{v}_i$ haben A und C den gleichen Extinktionskoeffizienten.

Interessante Spezialfälle sind $B = A$, $C = A_2$, die Assoziationsreaktion von A in Abhängigkeit von der Temperatur, und $B = H^+$, $C = AH^+$, eine Säure-Basen-Reaktion. Für letztere ist die Gleichgewichtskonstante

$$K_c = \frac{[AH^+]}{[A][H^+]} \tag{5.16}$$

oder mit $pH = -\log[H^+]$ (für den Fall Aktivität = Konzentration)

$$\log K_c = \log \frac{[AH^+]}{[A]} + pH. \tag{5.17}$$

Variiert man den pH-Wert des Lösungsmittels, bis aus dem Spektrum zu entnehmen ist, daß $\frac{[AH^+]}{[A]} = 1$ (z. B. Kurve 3 in Abb. 5.9), d. h., daß gerade die Hälfte der A-Moleküle protoniert ist, so bezeichnet man den zugehörigen pH-Wert mit pK, und es ist nach Gl. (5.17)

$$\log K_c = pK \tag{5.18}$$

und

$$RT \ln K_c = -\Delta F_T^0 = 2{,}303\,RT \log K_c = 2{,}303\,RT\,\text{pK} \tag{5.19}$$

ΔF_T^0 ist die Grundreaktionsarbeit der Protonierungsreaktion bei der Temperatur T. Aus der Temperatur-Abhängigkeit von K_c bzw. ΔF^0 erhält man schließlich auch die Reaktionsenthalpie ΔH^0 und die Reaktionsentropie ΔS^0 für Lösungen gemäß

$$\left(\frac{\partial \ln K_c}{\partial T}\right)_p = \frac{\Delta H^0}{RT^2} \tag{5.19a}$$

$$\left(\frac{\partial \Delta F^0}{\partial T}\right)_V = -\Delta S^0. \tag{5.19b}$$

5.1.6. Änderung der Basizität bzw. Acidität mit der Elektronenanregung

In Molekülen mit nicht zu hoher Symmetrie, insbesondere in Molekülen mit Heteroatomen, tritt bei der Anregung eine Veränderung der Elektronendichteverteilung ein. Eine Anhäufung negativer Ladung bei einem bestimmten Atom erhöht dessen Basizität und umgekehrt. Dies bedeutet u. a., daß die Gleichgewichte

$$A + H^+ \rightleftarrows AH^+$$

und

$$A^* + H^+ \rightleftarrows (AH^+)^*$$

verschiedene pK-Werte haben, pK für den Grundzustand A, pK* für den angeregten Zustand A*. Wenn sich A* und (AH$^+$)* durch verschiedene Emissionsspektren (Fluoreszenz oder Phosphoreszenz) unterscheiden, und wenn sich während der Lebensdauer von (AH$^+$)* das neue protolytische Gleichgewicht einstellt (dies ist wegen der hohen Geschwindigkeit von Säure-Basen-Reaktionen i. allg. der Fall), so findet man für die Emissionsspektren in Abhängigkeit vom pH der Lösung ein ähnliches Verhalten wie in Abb. 5.9 für die Absorptionsspektren; Abb. 5.10 zeigt dies für β-Naphthol.

Die Fluoreszenzintensität beider Komponenten hat den halben Wert der jeweiligen Extremwerte bei pH $=$ pK* ≈ 3, während sich aus Absorptionsmessungen analog Abb. 5.9 für den Grundzustand pK $= 9{,}6$ ergibt; β-Naphthol ist also im S_1-Zustand um etwa 6 pH-Einheiten saurer als im S_0-Zustand. Diese Größenordnung ist typisch; pK*(T_1) für den T_1-Zustand liegt i. allg. zwischen pK(S_0) und pK*(S_1). Phenole und aromatische Amine werden bei der Anregung saurer, aromatische Ketone und Carboxylsäuren basischer. Aus derartigen Spektren lassen sich eine Reihe thermodynamischer und kinetischer Daten ableiten.

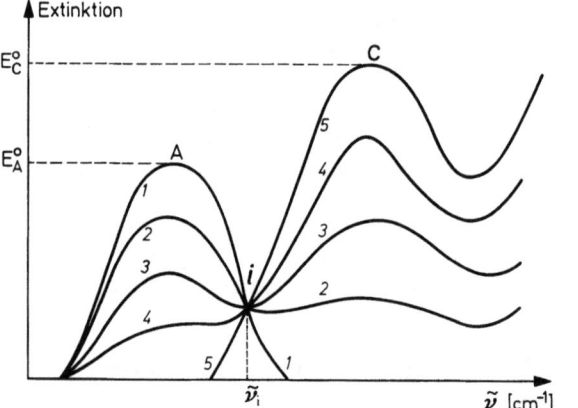

Abb. 5.9. Isobestischer Punkt i bei Gleichgewichten A $\rightleftarrows$ C. Ordinate: Extinktion $E = d(\varepsilon_A c_A + \varepsilon_C c_C) = E_A + E_C$ gemäß Gl. 5.4. Konzentrationsverhältnisse $c_A : c_C$ in Kurve (1) 1:0; (2) 3:1; (3) 1:1; (4) 1:3; (5) 0:1

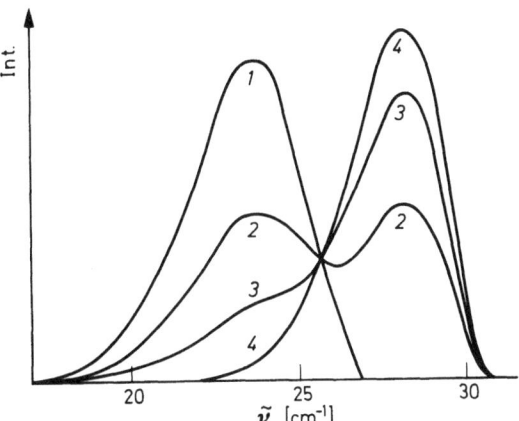

Abb. 5.10. pH-Abhängigkeit der $S_1 \to S_0$-Fluoreszenz von β-Naphthol. (1) pH = 13; (2) pH = 9; (3) pH = 3; (4) pH = 0; nach Th. Förster in: F. Daniels (Herausg.), Photochemistry in the Liquid and Solid States. New York: J. Wiley and Sons 1960

5.1.7. Fluoreszenzlöschung

Mit der Fluoreszenz und den strahlungslosen monomolekularen Prozessen IC (Internal Conversion) und ISC (Intersystem Crossing, Tab. 5.1 (g) bzw. (i)) können verschiedene bimolekulare Löschprozesse konkurrieren, die die Quantenausbeute ϕ_F der Fluoreszenz erniedrigen. Ist [Q] die Konzentration des Löschers („Quencher"), so wird gemäß Gl. (5.3)

$$\phi_F = \frac{k_F}{k_F + k_{IC} + k_{ISC} + k_Q[Q]} = k_F \cdot \tau. \quad (5.20)$$

τ ist die meßbare wahre Lebensdauer des angeregten Zustandes. Mit $\phi_F([Q]=0) = \phi_F^0$, $\tau([Q]=0) = \tau_M$ ergibt sich die *Stern-Volmer-Beziehung*

$$\frac{\phi_F^0}{\phi_F} - 1 = \tau_M \cdot k_Q \cdot [Q] = K \cdot [Q]. \quad (5.21)$$

Eine formal gleiche Beziehung liefert aber auch der Fall, daß Q, anstatt mit dem angeregten Molekül A* nur im Stoß (kinetisch) zu reagieren, mit A bereits im Grundzustand einen nichtfluoreszierenden „statischen" Komplex (AQ) bildet: K in Gl. (5.21) ist dann die Gleichgewichtskonstante der Reaktion

$$A + Q \rightleftarrows (AQ).$$

Besonders effektiv ist die Löschung der $T_1(\pi\pi^*) \to S_0$-Phosphoreszenz durch molekularen Sauerstoff.

5.1.8. Energiewanderung

Es gibt zahlreiche Fälle, bei denen in einem Gemisch D („Donor") + A („Akzeptor") durch Licht eines bestimmten Spektralbereiches (Δv_D) nur die Molekülsorte D optisch angeregt wird, wo jedoch als Folge davon Erscheinungen eintreten, die von angeregten A-Molekülen ausgehen. Dies bedeutet, daß die Elektronenanregungsenergie von D* auf A übertragen wurde (vgl. Tab. 5.1):

$$D + hv_D + A \to D^* + A \to D + A^*$$

A* kann z. B. sein typisches Fluoreszenz- oder Phosphoreszenzspektrum (v_A) emittieren (durch D sensibilisierte Fluoreszenz bzw. Phosphoreszenz) oder eine chemische Reaktion eingehen (sensibilisierte Photoreaktion). In biologischen Systemen kann eine rasche Energieabwanderung aus D* diese Verbindung vor unerwünschten Reaktionen bewahren. Dieser Prozeß kann über verschiedene Mechanismen verlaufen:

a) Lichtemission aus D* und Reabsorption in A („trivialer Prozeß")

$$D^* + A \to D + hv_D + A \to D + A^*(\to D + A + hv_A).$$

Voraussetzung: v_D kann von A absorbiert werden. Die Wahrscheinlichkeit dieses Prozesses hängt wie R^{-2} vom Abstand R zwischen D und A ab. Der Prozeß ist von der Viskosität des Lösungsmittels unabhängig und beeinflußt nicht die Fluoreszenzabklingdauer von A*, wenn B $\neq$ A. Resonanz ist erforderlich: $hv_A \approx hv_B$. Wegen der Polarisation der Strahlung und des Vektorcharakters der Übergangsmomente hängt die Reabsorptionswahrscheinlichkeit von der gegenseitigen Orientierung von A und B ab.

b) Strahlungslose Energieübertragung von einem primär angeregten Donormolekül D* auf ein Acceptormolekül A

In Abb. 5.11 sind die entsprechenden Zustandsfunktionen ψ_{D^*}, ψ_A und ψ_D, ψ_{A^*} durch die Besetzung der Valenz-MO's (vgl. Abb. 5.2) charakterisiert.
Die maßgebliche Größe ist das „Resonanzintegral" Gl. (5.22) über die Orts- und Spin-Koordinaten aller Elektronen von D und A,

$$\beta = \langle \psi_{D^*A} | \hat{\mathcal{H}}_1 | \psi_{DA^*} \rangle \quad (5.22)$$

mit dem Wechselwirkungsoperator

$$\hat{\mathcal{H}}_1 = \sum_i \sum_{i<j} \frac{1}{r_{ij}} \quad \text{(in atomaren Einheiten)}.$$

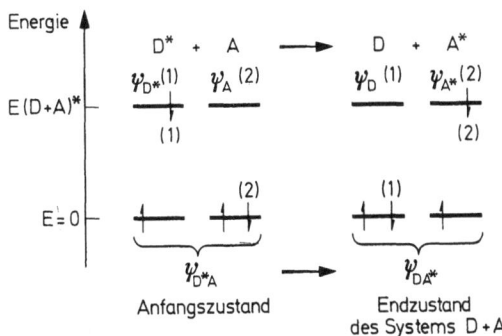

Abb. 5.11. Zur Energiewanderung. Charakterisierung von Anfangs- und Endzustand gemäß Gl. (5.24)

Die Wahrscheinlichkeit, daß in der Zeiteinheit die Energie zwischen zwei Zuständen ausgetauscht wird, ist im Resonanzfall ($E_{D^*A} = E_{AD^*}$) für kleine Zeiten t gegeben durch

$$k_{D^* \to A} = \frac{2}{\hbar^2} \beta^2 t \quad (5.23)$$

(d. h. sie steigt anfangs proportional der Zeit an). Wenn der Übergang in jedem Teilsystem nur 1 Elektron wesentlich betrifft [Elektron (1) bzw. (2) in Abb. 5.11] und die Zustandsfunktionen antisymmetrisiert sind, gilt

$$\hat{\mathscr{H}}_1 = \frac{1}{r_{12}}$$

$$\psi_{D^*A} = \frac{1}{\sqrt{2}} [\psi_{D^*}(1)\psi_A(2) - \psi_{D^*}(2)\psi_A(1)],$$

$$\psi_{DA^*} = \frac{1}{\sqrt{2}} [\psi_D(1)\psi_{A^*}(2) - \psi_D(2)\psi_{A^*}(1)]. \quad (5.24)$$

Damit zerfällt β in zwei Terme

$$\beta = \beta_{ex} + \beta_c$$

mit

$$\beta_{ex} = -\left\langle \psi_{D^*}(1)\psi_A(2) \frac{1}{r_{12}} \psi_D(2)\psi_{A^*}(1) \right\rangle \quad (5.24a)$$

„Austauschterm",

$$\beta_c = \left\langle \psi_{D^*}(1)\psi_A(2) \frac{1}{r_{12}} \psi_D(1)\psi_{A^*}(2) \right\rangle \quad (5.24b)$$

„Coulombterm".

Der Austauschterm β_{ex} liefert nur dann einen merklichen Beitrag, wenn sich die Wellenfunktionen von D und A räumlich überlappen. Da diese exponentiell mit der Entfernung R abfallen, bewirkt dieser Term einen Austausch von elektronischer Energie praktisch nur im Kontakt (oder im Stoß) zwischen D* und A. Hinzu kommen noch Spinauswahlregeln: Der Gesamtspin im Komplex (AD)*, aber auch der Spinzustand der einzelnen Elektronen (1) bzw. (2) muß erhalten bleiben. Dieser Mechanismus erlaubt z. B. die Triplett-Triplett-Energiewanderung, Prozeß (l) in Tab. 5.1.

Der Coulombterm β_c ist im hier betrachteten Zusammenhang interessanter. Er kann eine beträchtliche Kopplung über Distanzen bis etwa 10 nm liefern. Macht man für den Wechselwirkungsoperator in Gl. (24b) eine Multipolentwicklung, so dominiert für nicht zu kleine Abstände R zwischen D und A i. allg. der sog. Dipol-Dipol-Term:

$$\beta_c \approx \beta_{\text{Dipol-Dipol}} \approx M_D \cdot M_A / R^3 \cdot n^2 \quad (5.25)$$

mit den experimentell bestimmbaren Größen M_D, M_A: elektronische Übergangsdipolmomente in D bzw. A (bgl. Gl. (5.9)); R Abstand D...A; n Brechungsindex, n^2 optische Dielektrizitätskonstante des Mediums (Lösungsmittels) zwischen D und A.

Berücksichtigt man die reale spektrale Breite der beteiligten Übergänge, so erhält man für den meist zutreffenden Fall, daß die Spektren von D und A durch die Kopplung nicht wesentlich verändert werden (sog. sehr schwache bzw. schwache Kopplung) als Geschwindigkeitskonstante des Energieaustausches über Dipol-Dipol-Kopplung [„Förster-Mechanismus" (Th. Förster, 1949)]:

$$k_{D^* \to A}(\text{Dipol-Dipol}) \approx \frac{C \cdot \kappa^2}{\tau_{0D} \cdot n^4} \cdot \frac{1}{R^6} \cdot I \quad (5.25\text{a})$$

mit

$$C = \frac{9 \cdot \ln 10}{2^7 \cdot \pi^5 \cdot 6{,}02 \cdot 10^{20}} \approx 8{,}8 \cdot 10^{-25} \, (\text{mol}^{-1} \, \text{s}^{-1} \, \text{cm}^{-1})$$

C enthält Faktoren aus den Einsteinschen Übergangskoeffizienten sowie von der Definition von $\varepsilon(\tilde{\nu})$, vgl. Gl. (5.4); κ ist ein Orientierungsparameter der Größenordnung 1, bei sehr rascher Rotation von D und A im Gas oder in Lösung ist $\kappa^2 = \frac{2}{3}$;

$$I \equiv \int f_{D^*}(\tilde{\nu}) \cdot \varepsilon_A(\tilde{\nu}) \cdot \frac{d\tilde{\nu}}{\tilde{\nu}^4}$$

ist ein Maß für die spektrale Überlappung des (ungestörten) Emissionsspektrums von D* mit dem Absorptionsspektrum von A; hierin sind

$$f_{D^*}(\tilde{\nu}) = \frac{dn_e(\tilde{\nu})}{d\tilde{\nu}}$$

das Quantenspektrum der Emission von D*, normiert auf $\int f_{D^*} d\tilde{\nu} = 1$; $f_{D^*}(\tilde{\nu}) d\tilde{\nu}$ ist die Wahrscheinlichkeit, daß bei Abwesenheit von A im Intervall $d\tilde{\nu}$ um $\tilde{\nu}$ 1 Quant von D* emittiert wird; $\varepsilon_A(\tilde{\nu})$ (in $M^{-1} \text{cm}^{-1}$) ist der Extinktionskoeffizient von A gemäß Gl. (5.4); τ_{0D} die „strahlende Lebensdauer" [Gl. (5.13) und (5.14)] von D; R der Abstand D...A in cm (Mittelwert von R^{-6};
$R^{-6} = n_D \cdot n_A$, wenn n_X = Teilchenzahl X je cm³);
n der Brechungsindex des Lösungsmittels.

Das Integral I liefert nur einen Beitrag im Bereich der Überlappung des Emissionsspektrums von D* mit dem Absorptionsspektrum von A, der in Abb. 5.12 schraffiert gezeichnet ist.

Fehlen andere strahlungslose Desaktivierungsprozesse in D*, so kompensiert eine längere Lebensdauer τ_{0D} von D* eine geringere Übergangswahrscheinlichkeit. Die Ausbeute des Prozesses während der Lebensdauer von D* ist mit Gl. (5.23) $\int_0^{\tau_{0D}} k_{D^* \to A} dt = \beta^2 \tau_{0D}^2 / \hbar^2$.

Nach den Gln. (5.12) und (5.13) ist aber $\tau_{0D}^2 \sim \frac{1}{f_D^2} \sim \frac{1}{|M_D|^2}$

(f_D Oszillatorenstärke, M_D Übergangsmoment des betreffenden Übergangs in D). Mit Gl. (5.25) ist dann $\beta_c^2 \tau^2$ unabhängig von M_D, d. h. von der optischen Übergangswahrscheinlichkeit, also auch von etwaigen „Übergangsverboten", in D. Tatsächlich findet man experimentell für die Triplett-Singulett-Energieübertragung ähnliche Reichweiten wir für die Singulett-Singulett-Übertragung, obwohl der optische $T_1 \to S_0$-Übergang in D spinverboten ist.

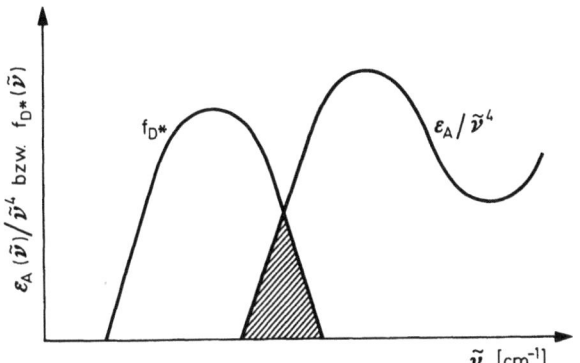

Abb. 5.12. Überlappungsbedingung der Spektren für Excitonwanderung nach dem Förstermechanismus, Gl. (5.25a). Die Fläche unter f_{D*} ist zu 1 normiert

Dagegen ist die Ausbeute eines Transfers Singulett→Triplett ($|S_1\rangle_D + |S_0\rangle_A \rightarrow |S_0\rangle_D + |T_1\rangle_A$) um etwa 10^{-6} kleiner; dann dominieren andere Mechanismen, vor allem die Austauschwechselwirkung.

Eine anschauliche Formulierung der Gl. (5.25a) ist

$$k_{D* \rightarrow A} = \frac{1}{\tau_D} \cdot \left(\frac{R_0}{R}\right)^6; \quad R_0^6 = \frac{C \cdot \kappa^2 \cdot \phi_D}{n^4} \cdot I \quad (5.26)$$

mit τ_D = wirkliche (meßbare) Abklingdauer, ϕ_D = Quantenausbeute der Fluoreszenz bzw. Phosphoreszenz von D* gemäß Gl. (5.15), in Abwesenheit von A; R_0 (mittlerer) „kritischer Abstand" D...A, bei dem Energieübertragung und konkurrierende strahlende Emission aus D* gleiche Wahrscheinlichkeit haben. Typische Werte für R_0 in Lösung liegen um 4 bis 5 nm. Orientierungseffekte durch die Matrix (z. B. Molekülkristall oder flüssig-kristalline Phase) können zu Werten bis ca. 10 nm Anlaß geben.

Bei der „sehr schwachen" Kopplung werden in D* viele, bei der „schwachen" Kopplung noch einige Schwingungsperioden der Kernschwingungen durchlaufen, bevor der Energietransfer stattfindet. Für die schwache Kopplung muß Gl. (5.25a) durch ein Überlappungsintegral (Franck-Condon-Faktor) von Schwingungsfunktionen erweitert werden. Bei „starker" Kopplung versagt die oben dargestellte Näherung. In diesem Fall kann die Anregungsenergie zu keinem Zeitpunkt als in D* oder in A* lokalisiert gedacht werden. Das Absorptionsspektrum der Mischung D + A ist dann nicht mehr im wesentlichen die Überlagerung der Spektren von reinem D und reinem A in entsprechenden Konzentrationen, wie im Fall der schwachen und sehr schwachen Kopplung. Die Unterscheidung der Mechanismen mit β_{ex} und β_c hat dann keinen Sinn mehr.

5.1.9. Verzögerte Fluoreszenz

In manchen Fällen beobachtet man neben der „prompten" $S_1 \rightarrow S_0$-Fluoreszenz und der $T_1 \rightarrow S_0$-Phosphoreszenz eine Emission mit dem Spektrum der Fluoreszenz, aber mit größerer Abklingzeit. Diese „verzögerte Fluoreszenz" kann verschiedene Ursachen haben. Beim „E-Typ"-Mechanismus werden Moleküle vom T_1-Zustand thermisch auf das S_1-Niveau gehoben und fluoreszieren von dort aus mit der Abklingdauer τ_p der Phosphoreszenz. Die Ausbeute ist stark temperaturabhängig, die Auftragung $\log I_E/I_p$ über $1/T$ ergibt eine fallende Gerade. I_E/I_p: Verhältnis der Intensitäten oder Quantenausbeuten von verzögerter Fluoreszenz zu Phosphoreszenz.

Der „P-Typ"-Mechanismus entspricht dem Prozeß (m) in Tab. 5.1, der Triplett-Triplett-Annihilation. Beim „Stoß" zweier gleichartiger Triplett-Moleküle wird ihre Anregungsenergie auf eines der beiden lokalisiert, das so in den fluoreszierenden S_1-Zustand gelangen kann. Die Ausbeute dieses Stoßprozesses ist proportional dem Quadrat der Anregungsintensität und von der Diffusion, damit von der Viskosität der Lösung, abhängig. Die Abklingdauer ist $\frac{1}{2}\tau_p$. Beide Prozesse können sensibilisiert werden, d. h. es kann ein Schritt vorgelagert sein, in dem die Triplett-Moleküle durch Energieübertragung von einem anderen primär angeregten Molekül gebildet werden, z. B. nach Prozeß (q) in Tab. 5.1.

In kondensierter Phase, insbesondere in glasartiger Matrix und in gestörten Kristallen, kann schließlich schon mit Quantenenergien weit unter der Ionisierungsenergie des freien Moleküls ein Elektron abgetrennt und eine Zeitlang in einer Falle des Lösungsmittels festgehalten werden (Charge-Transfer zum Lösungsmittel). Bei seiner Rekombination mit einem ionisierten Molekül tritt dann häufig dessen Fluoreszenz oder Phosphoreszenz auf. Die Abklingfunktion ist i. allg. nicht einfach exponentiell und vom Lösungsmittel und der Natur der Fallen abhängig.

5.1.10. Photochemische Primärreaktionen

In einem elektronisch angeregten Zustand, wie S_1 oder T_1, besitzt ein Molekül eine andere Elektronendichteverteilung wie im Grundzustand. Dies bedeutet eine Veränderung von Eigenschaften, die die Reaktivität bestimmen, wie: Bindungsstärken, Basizität und Acidität (vgl. Abschn. 5.1.6), Ionisierungsenergie I^* und Elektronenaffinität E_{A*} (vgl. Abb. 5.2) bzw. Redoxpotential, Gleichgewichtsgeometrie, u. a. Verschiedene Zustände werden im MO-Modell durch verschiedene MO-Besetzungen (genauer: Elektronen-Konfigurationen) beschrieben. Die für eine bestimmte Reaktion hauptsächlich maßgeblichen MO's haben i. allg. je nach Zustand verschiedene Symmetrie. Über das „Prinzip von der Erhaltung der Orbitalsymmetrie" (Woodward-Hoffmann-Regeln) versteht man hieraus die i. allg. unterschiedlichen Wege von thermisch über Schwingungen im elektronischen Grundzustand aktivierten Reaktionen gegenüber photochemischen Reaktionen aus elektronisch angeregten Zuständen. Ein elektronisch angeregtes Molekül ist also nicht einfach ein „heißes" Molekül im üblichen Sinn. Verfeinerte Modelle stellen auch sterische Effekte und Wechselwirkungen mit der Umgebung, insbesondere Wasserstoffbrücken, in Rechnung. Eine kondensierte Matrix kann sehr rasch Schwingungsenergie übernehmen und so die Schwingungsrelaxation beschleunigen. Photosynthese (s. Kap. 13.1), Sehprozeß (Kapitel 13.5 u. 13.6) und andere photobiologische Prozesse verlaufen in kondensierter Phase. In polaren Lösungsmitteln (Wasser) sind polare Moleküle und Ionen (und ev. solvatisierte Elektronen) relativ stabil; in verdünnten Gasen bilden häufig Radikale die Anfangsglieder einer Reaktionsfolge. Über den Wärmehaushalt der Erde (Strahlungsdurchlässigkeit der Atmosphäre) und über die Belastung der Atmosphäre mit gesundheitsschädlichen Stoffen (z. B. NO), die in großer Menge durch Photoreaktionen gebildet werden, ist auch die Photochemie in der Gasphase von großer biologischer Bedeutung.

Aus der großen Zahl bekannter Photoreaktionen können hier nur wenige Beispiele vorgestellt werden, die für die wichtigsten Mechanismen typisch sind. Zur Aufklärung der Mechanismen hat besonders die Blitzlichtspektroskopie beigetragen, mit der sich noch Zwischenprodukte von nur wenigen 10^{-12} s Lebensdauer erkennen lassen (s. Kapitel 8.4).

5.1.10.1. Monomolekulare Photoreaktionen

(α) *cis-trans-Isomerisierung*
Die Photoreaktion (I) stellt den Primärprozeß des Sehvorgangs dar (s. Kapitel 13.5 u. 13.6).

Retinal$_1$, 11-cis-Form   all-trans Form
(Dunkelform)

(β) *Tautomere Umlagerung*
Beispiel für die Photochromie (= reversible Photoumlagerung mit Farbänderung) von Anilen in fester Matrix:

Ähnlich verhalten sich manche Nitroverbindungen:

(γ) *Photoumlagerungen*
Besonders vielseitig sind die Photoreaktionen der verschiedenen Ketone, zu denen auch eine Reihe von Steroiden zählen. Je nach Struktur und Konformation bewirkt eine optische Anregung Ringschluß, Ringöffnung (zum α–C), Ringerweiterung, Ringverengung, Enolisierung, Substituentenverschiebung, intramolekulare Addition oder auch eine Reaktion mit der Umgebung (s. u.). Photoinduzierte Valenzisomerisierung ist in der Vitamin-D-Reihe von Bedeutung.

(δ) *Photodissoziation (Photolyse)*
Wenn die primär in den Elektronen lokalisierte Anregungsenergie durch „Internal Conversion" innermolekular in Schwingungsenergie umgesetzt wird und diese sich auf eine bestimmte Bindung konzentriert, so kann diese gespalten werden. Neben Radikaldissoziationen (z. B. Halogenabspaltung) tritt in polaren Lösungen auch Ionendissoziation in Erscheinung, z. B. bei Cyaniden und Nitrilen (Abspaltung von $\diagdown$CN$^-$). Radikalisch verläuft auch die Abspaltung von CO aus Ketonen und von N_2 aus Aziden, die durch rasche Umlagerung aber zu stabilen Primärprodukten führt. Auch der Ligandenaustausch von Metallkomplexen kann häufig photochemisch induziert werden.

5.1.10.2. Bimolekulare Primärreaktionen

Die Ausbeute bimolekularer Reaktionen hängt wesentlich von der Lebensdauer des angeregten Zustandes und von der Diffusion (Viskosität) ab. Die Reaktionen erfolgen meist aus dem T_1-Zustand.

(ε) *Photoreduktion*
Eine Reihe von Farbstoffen (*F*), z. B. Methylenblau, reagiert in Gegenwart eines Reduktionsmittels (z. B. Fe^{+2}) photochemisch nach dem Schema

$$F \underset{Fe^{+3}}{\overset{h\nu}{\rightleftarrows}} F^* \xrightarrow[\text{(dunkel)}]{Fe^{+2}} F^- \xrightarrow{Fe^{+3}} F^{-2}.$$

(ζ) *Photoaddition*
Man kennt eine große Zahl von Photoadditionen, die häufig zu zyklischen Verbindungen führen. Biologisch bedeutsam sind z. B. die Photodimerisierung und die Wasseraddition (auch die Photoreduktion) von Pyrimidinen.

(η) *Wasserstoff-Abstraktion*
Aromatische Ketone im angeregten $T_1(n\pi^*)$-Zustand dehydrieren mit hoher Ausbeute Alkohol, auch Cellulose (die dadurch brüchig wird) und andere H-Donatoren (RH) nach dem Schema

$$\underset{T_1(n\pi^*)}{\overset{R_1}{\underset{R_2}{\diagup}}\!\!\dot{C}\text{–}\bar{\underline{O}}} + RH \rightarrow \underset{D^{\cdot}}{\overset{R_1}{\underset{R_2}{\diagup}}\!\!\dot{C}\text{–}\bar{\underline{O}}H} + R^{\cdot} \rightarrow \ldots .$$

Der Zustand $T_1(n\pi^*)$ von Ketonen hat eine biradikalähnliche Elektronenstruktur mit einem am O lokalisierten und einem im aromatischen Teil delokalisierten radikalischen Elektron. Die primär entstehenden Radikale D˙ und R˙ reagieren rasch weiter.

5.1.10.3. Sensibilisierung

Ein Sensibilisator (S) ist ein Photokatalysator. Er überträgt die Energie eines absorbierten Lichtquants ganz oder zum Teil auf einen Akzeptor (A), der dann chemisch reagiert, wie wenn er selbst direkt optisch angeregt worden wäre (P = Photoprodukt):

$$S + h\nu_s + A + B \rightarrow S^* + A + B \rightarrow S + A^* + B \rightarrow S + P.$$

Nach der Reaktion erscheint S i. allg. unverändert und kann wieder wirksam werden. Zwei Mechanismen sind für die Energieübertragung von S^* auf A zu diskutieren: (a) die strahlungslose Energiewanderung (s. Abschn. 5.1.8) bis etwa 5 nm Abstand und (b) eine Redoxreaktion im Stoß von S^* mit A. Im zweiten Fall muß der oxidierte (oder reduzierte) Sensibilisator von einer weiteren Komponente des Reaktionsgemisches (z. B. O_2) wieder regeneriert werden, wenn er nicht zerstört werden soll. Für den Mechanismus (a) besteht nur die Bedingung, daß die Anregungsenergie von S^* mindestens gleich groß ist wie die von A^*; für (b) ist es notwendig, daß die Orbitale von A^* und B, zwischen denen ein Elektron ausgetauscht wird, auf (annähernd) gleicher Höhe bezüglich des Vakuum-Niveaus dieses Elektrons liegen und daß sich diese Orbitale merklich überlappen. Prozeß (b) hängt deshalb empfindlich von der Konstitution von S und A ab, Prozeß (a) dagegen nicht. Als Sensibilisatoren nach Typ (a) für eine Triplett-Anregung des Akzeptors eignen sich besonders aromatische Ketone, die einen relativ energiereichen, optisch über $S_1(n\pi^*)$ leicht besetzbaren $T_1(n\pi^*)$-Zustand besitzen, z. B. Benzophenon mit $E(T_1(n\pi^*)) \approx 3$ eV.

Nach Mechanismus (b) verläuft sehr wahrscheinlich die Sensibilisierung des photographischen Prozesses durch Farbstoffe.

5.1.10.4. Photosensibilisierte Oxigenierung durch Singulett-Sauerstoff

O_2 ist eines der wenigen Moleküle mit Triplett-Grundzustand. Im Stoß mit einem angeregten Sensibilisator („Farbstoff" F) im T_1-Zustand kann O_2 durch Energieübertragung bei Erhaltung des Gesamtspins auf einen Singulett-Zustand angeregt werden:

$$^1F + h\nu_F + {}^3O_2 \rightarrow {}^1F^* + {}^3O_2 \xrightarrow{ISC} {}^3F^* + {}^3O_2$$
$$\rightarrow {}^1F + {}^1O_2^*$$

$^1O_2^*$ entsteht i. allg. mit größerer Ausbeute im Zustand $^1\Delta_g$, $E_1 = 0{,}96$ eV, daneben mit geringerer Ausbeute im kürzerlebigen Zustand $^1\Sigma_g^+$, $E_2 = 1{,}6$ eV.

Beide Singulett-Zustände sind metastabil. $^1O_2^*$ reagiert mit Aromaten und cis-Dienen zu Peroxiden, mit Olefinen zu Alkoholen. Seine Rolle bei der oxidativen Zerstörung von Enzymen und Nucleinsäuren und bei der Entstehung von Hautkrebs ist derzeit Gegenstand intensiver Forschung.

Literaturauswahl

Birks, J. B.: Photophysics of Aromatic Molecules. New York: Wiley Interscience 1970
Birks, J. B. (Hrsg.): Organic Molecular Photophysics, Vol. I/Vol. II; New York: J. Wiley and Sons 1973/1975
Lamola, A. A., Turro, N. J.: Energy Transfer and Organic Photochemistry. New York: Interscience 1969
Parker, C. A.: Photoluminescence of Solutions. Amsterdam: Elsevier 1968
Smith, K. C., Hanawalt, Ph. C.: Molecular Photobiology. New York: Academic Press 1969
Turro, N. J.: Molecular Photochemistry. New York: Benjamin 1976
Wayne, R. P.: Photochemistry. London: Butterworth 1970

5.2 Energieübertragungsmechanismen

Hans Kuhn

Betrachtet man beispielsweise ein Molekül 1 eines ultraviolett absorbierenden und blau fluoreszierenden Farbstoffes, das sich in einem Abstand r von einem blau absorbierenden und orangerot fluoreszierenden Molekül 2 befindet, dann beobachtet man bei großem Abstand der beiden Moleküle bei Bestrahlung mit ultraviolettem Licht die blaue Fluoreszenz von 1, bei Bestrahlung mit blauem Licht die orangerote Fluoreszenz von 2. Verringert man den Abstand der beiden Moleküle auf 5 nm oder weniger, dann wird beim Bestrahlen mit ultraviolettem Licht die von 1 aufgenommene Energie nicht als Fluoreszenzstrahlung vom Molekül 1 abgegeben, sondern direkt auf das Molekül 2 übertragen. In diesem Fall beobachtet man nicht die blaue Fluoreszenz von 1, sondern die orangerote Fluoreszenz von 2.

5.2.1. Klassische Betrachtung

Molekül 1 emittiert elektromagnetische Wellen und Molekül 2 wirkt als Empfänger.

Durch Bestrahlen mit Licht, dessen Wellenlänge im Absorptionsbereich von 1 liegt, wird das Molekül 1 angeregt. Ein geringer Teil der Anregungsenergie wird als Schwingungsenergie vom Molekülgerüst an die Umgebung abgegeben (Übergang in den untersten Schwingungszustand des elektronisch angeregten Moleküls), der Rest kann durch Aussendung von Fluoreszenzlicht oder durch Übertragung auf das Molekül 2 abgegeben werden. Grundsätzlich kann das Molekül auch durch thermische Stöße in den elektronischen Grundzustand gelangen; in der folgenden Betrachtung soll zunächst davon ausgegangen werden, daß dieser Anteil vernachlässigt werden kann. Man betrachtet nun das Molekül 1, das Fluoreszenzlicht emittiert, als schwingenden Dipoloszillator, der wie eine Antenne elektromagnetische Wellen ausstrahlt. Sie regen das Molekül 2 an. Ein klassisches Modell wird also zugrunde gelegt, d. h., man geht davon aus, daß die Leistung vom Molekül 1 zum Teil kontinuierlich ausstrahlt (Anteil W_1) und zum Teil kontinuierlich an das Molekül 2 abgegeben wird (Anteil W_2). Nach der Quantentheorie wird die Anregungsenergie jedoch quantenhaft entweder emittiert oder an das Molekül 2 abgegeben. Klassische und quantenmechanische Betrachtung entsprechen sich jedoch, indem die Wahrscheinlichkeiten für die Emission des Lichtquants bzw. die Abgabe der Anregungsenergie an 2 durch das Verhältnis $W_1/(W_1+W_2)$ bzw. $W_2/(W_1+W_2)$ gegeben ist. Nimmt man eine große Anzahl N angeregter Moleküle 1 an, jedes in gleicher geometrischer Anordnung zu je einem Molekül 2 stehend, und ist N_1 bzw. N_2 die Anzahl Moleküle 1, die ihre Anregungsenergie abstrahlen bzw. auf das Molekül 2 übertragen, so gilt $N_1/(N_1+N_2) = W_1/(W_1+W_2)$ bzw. $N_2/(N_1+N_2) = W_2/(W_1+W_2)$. Die anschauliche klassische Betrachtung liefert also einen einfachen Weg zur Gewinnung der interessierenden Übergangswahrscheinlichkeiten.

Betrachtet man einen Dipoloszillator der Frequenz v (Kreisfrequenz $\omega = 2\pi v$), der mit der Amplitude x_{10} schwingt: Auslenkung $x_1 = x_{10} \cos \omega t$). Im Abstand r herrscht eine elektrische Feldstärke mit der Komponente

$$E_r = 2e_1 x_{10} \cos \vartheta_1 \left\{ \frac{1}{n^2 r^3} \cos[\omega(t-rn/c)] - \frac{\omega}{ncr^2} \sin[\omega(t-rn/c)] \right\} \quad (5.27)$$

in Richtung von r und der Komponente

$$E_t = e_1 x_{10} \sin \vartheta_1 \left\{ \left(\frac{1}{n^2 r^3} - \frac{\omega^2}{c^2 r} \right) \cos[\omega(t-rn/c)] - \frac{\omega}{ncr^2} \sin[\omega(t-rn/c)] \right\} \quad (5.28)$$

senkrecht dazu (Abb. 5.13). Darin ist ϑ_1 der Winkel zwischen Dipolrichtung und der Richtung von r, c die Lichtgeschwindigkeit, e_1 die Ladung des Oszillators und n der Brechungsindex des dielektrischen Mediums (Hertzsche Lösung der Maxwell-Gleichung).

Zunächst soll die mittlere Fluoreszenzleistung W_1 betrachtet werden. Dazu denkt man sich um den Oszillator eine Kugel mit einem großen Radius r gelegt. W_1 stellt die mittlere Strahlungsleistung dar, die durch die Oberfläche dieser Kugel emittiert wird. Ist I die Intensität des Fluoreszenzlichtes, dann ist (dO = Flächenelement auf der Kugel)

$$W_1 = \int\limits_{\text{Kugelfläche}} I \, dO \ . \quad (5.29)$$

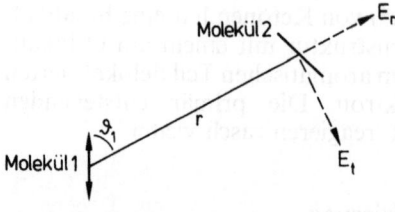

Abb. 5.13. Feldstärke des Oszillators 1 (Komponenten E_t, E_r) am Ort des Absorbers 2

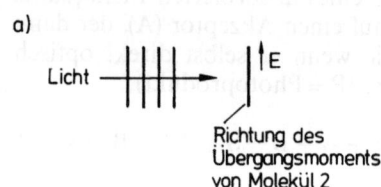

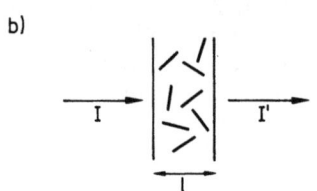

Abb. 5.14a und b. Lichtabsorption von Farbstoff 2. (a) Übergangsmoment parallel zum Vektor der elektrischen Feldstärke. (b) Moleküle in statistischer Verteilung

Zwischen der Lichtintensität und der Amplitude E_0 der elektrischen Feldstärke E besteht die Beziehung

$$I = \frac{cn}{8\pi} E_0^2 \ . \quad (5.30)$$

E_0 ergibt sich aus Gl. (5.27) und Gl. (5.28); da das Fluoreszenzlicht in großem Abstand vom Oszillator gemessen wird, kann man die Glieder mit $1/r^2$ und $1/r^3$ gegenüber dem Glied mit $1/r$ vernachlässigen. Es folgt dann

$$E = E_0 \cos[\omega(t - rn/c)] \quad (5.31)$$

mit

$$E_0 = -\frac{e_1 x_{10} \omega^2}{c^2 r} \sin \vartheta_1 \ ; \quad (5.32)$$

und durch Einsetzen von Gl. (5.32) und Gl. (5.30) in Gl. (5.29) erhält man nach Auflösen des Integrals

$$W_1 = \frac{e_1^2 x_{10}^2 \omega^4 n}{3c^3} \ . \quad (5.33)$$

Als nächstes soll angenommen werden, daß das Molekül 2 nur von Licht der Kreisfrequenz ω bestrahlt wird (Abb. 5.14a). Es ist nach der von diesem Molekül absorbierten Leistung gefragt. Das Molekül tritt nur in Wechselwirkung mit der Komponente des elektrischen Vektors des Lichtes, die in einer bestimmten Richtung zu den Molekülachsen schwingt

(Richtung des Übergangsmomentes), und die im Zeitmittel absorbierte Leistung W_2 wächst mit dem Quadrat der Amplitude E_0 dieser Komponente an:

$$W_2 = aE_0^2 . \qquad (5.34)$$

Die Proportionalitätskonstante a ergibt sich, wie im folgenden gezeigt wird, aus dem molaren Extinktionskoeffizienten ε, der durch die Beziehung $I' = I \cdot 10^{-\varepsilon C l}$ definiert ist, wobei I bzw. I' die Intensität von Licht vor bzw. nach dem Durchtritt durch eine Schicht der Dicke l ist, die den Farbstoff 2 in der Konzentration C enthält (Abb. 5.14b). Bei einer Schichtdicke dl gilt daher für die Änderung der Intensität

$$-dI = I \varepsilon C (\ln 10) dl . \qquad (5.35)$$

Im betrachteten Fall ist die Orientierung der Molekülachsen statisch verteilt. Denkt man sich die Übergangsmomente der Farbstoffmoleküle in der Richtung des elektrischen Vektors des erregenden linear polarisierten Lichts orientiert, so ist dI um den Faktor 3 vergrößert. Da nach Gl. (5.30) $I = (cn/8\pi) E_0^2$ ist, folgt aus Gl. (5.35) für diesen Fall

$$-dI = 3(cn/8\pi) E_0^2 \varepsilon C (\ln 10) dl . \qquad (5.36)$$

$-dI$ entspricht der Leistung, die von den Molekülen absorbiert wird, die auf die Einheitsfläche entfallen, also von $N_A C dl$ Molekülen. N_A ist die Avogadrosche Konstante. Die von einem Molekül absorbierte Leistung wird damit

$$a = -\frac{dI/dl}{CN_A} = 3(cn/8\pi) \varepsilon (\ln 10)/N_A . \qquad (5.37)$$

Bringt man ein Molekül 2 in die Nähe des angeregten Moleküls 1, dann befindet es sich im Feld Gl. (5.27), Gl. (5.28). Ist r genügend klein, so sind in der Beziehung für E_0 die Glieder mit $1/r$ und $1/r^2$ neben den Gliedern mit $1/r^3$ zu vernachlässigen. Liegt das Übergangsmoment in der Richtung von r, so ist nach Gl. (5.27) $E_0 = \frac{2e_1 x_{10} \cos \vartheta_1}{n^2 r^3}$, liegt es senkrecht zu r und in der Ebene des Winkels ϑ_1, so ist nach Gl. (5.28) $E_0 = -\frac{e_1 x_{10} \sin \vartheta_1}{n^2 r^3}$. Bei beliebiger Orientierung ist

$$E_0 = \frac{e_1 x_{10}}{n^2 r^3} \cdot \kappa \qquad (5.38)$$

und

$$\kappa = 2 \cos \vartheta_1 \cos \vartheta_2 - \sin \vartheta_1 \sin \vartheta_2 \cdot \cos \xi , \qquad (5.39)$$

wobei ϑ_2 den Winkel zwischen r und dem Übergangsmoment von 2 darstellt und ξ den Winkel zwischen den Ebenen von ϑ_1 und ϑ_2.

E_0 ist in diesem Fall einfach durch das Coulombsche Feld der Ladungen des Dipols gegeben. Betrachtet man etwa als Beispiel $\vartheta_1 = \vartheta_2 = 0$ ($\kappa = 2$), $n = 1$, dann ist:

$$E_0 = \frac{e_1}{(r - x_{10}/2)^2} - \frac{e_1}{(r + x_{10}/2)^2} = \frac{e_1}{r^2} \left[\frac{1}{(1 - x_{10}/2r)^2} - \frac{1}{(1 + x_{10}/2r)^2} \right].$$

Der Klammerausdruck ist gleich $\frac{2x_{10}}{r}$ für $x_0 \ll r$.

Nach Gl. (5.34) und Gl. (5.38) ist die vom Molekül 2 aus dem Strahlungsfeld von 1 im Mittel entnommene Leistung

$$W_2 = aE_0^2 = a\left(\frac{e_1 x_{10}}{n^2 r^3} \kappa\right)^2 . \qquad (5.40)$$

Sie ist also proportional r^{-6}. Von besonderem Interesse ist der Abstand $r = r_0$, in dem $W_2 = W_1$ ist. Nach Gl. (5.33) und Gl. (5.40) ist

$$\frac{\omega^4 n}{3c^3} = a \frac{\kappa^2}{n^4 r_0^6} , \qquad (5.41)$$

und es folgt dann mit Gl. (5.37)

$$r_0 = \left[\frac{3c^3 \kappa^2}{\omega^4 n^5} 3(cn/8\pi) \varepsilon \cdot (\ln 10)/N_A\right]^{1/6}$$

$$= \left[\frac{9(\ln 10) \kappa^2 c^4}{128 \pi^5 N_A n^4} \frac{\varepsilon}{\nu^4}\right]^{1/6} .$$

Bei diesem Abstand ist $\frac{W_1}{W_1 + W_2} = \frac{1}{2}$. Es wird also die Hälfte der Leistung als Fluoreszenzlicht von 1 abgestrahlt, die Häfte auf 2 übertragen. Die Fluoreszenz von 1 ist durch das Molekül 2 zur Hälfte gelöscht. Für ein Farbstoffmolekül ist $\varepsilon \simeq 10^8 \text{ cm}^{-1} \text{ M}^{-1}$ und $\lambda \simeq 5 \cdot 10^{-5}$ cm, also $\nu = c/\lambda = 10^{15} \text{ s}^{-1}$. Ferner ist $c = 3 \cdot 10^{10}$ cm s^{-1} und $N_A = 6 \cdot 10^{23}$ M^{-1}. Es folgt damit für $\kappa = 1$, $n = 1$: $r_0 \simeq 5{,}0$ nm.

In der vorangehenden Betrachtung wurde die Energieabgabe des Moleküls über thermische Stöße vernachlässigt. Bei Berücksichtigung der thermischen Energieabgabe ist auf der rechten Seite von Gl. (5.33) ein Korrekturfaktor q anzubringen. q ist die Wahrscheinlichkeit dafür, daß ein Molekül 1, das sich im untersten Schwingungsniveau des elektronisch angeregten Zustandes befindet, tatsächlich Fluoreszenzstrahlung aussendet. Dabei ist vorausgesetzt, daß das Molekül 2 fehlt. Weiter wird angenommen, daß die Fluoreszenzbande genügend schmal ist.

Ist die Bande breit, dann ist zu berücksichtigen, daß ε noch von der Wellenlänge abhängt; es ist dann $\varepsilon(\nu)/\nu^4$ durch $\int_0^\infty [\varepsilon(\nu)/\nu^4] f(\nu) d\nu$ zu ersetzen, wo $f(\nu)$ die gemäß $\int_0^\infty f(\nu) d\nu = 1$ normierte Quantenverteilungsfunktion der Lumineszenz von 1 ist, d.h. $f(\nu) d\nu$ ist die Wahrscheinlichkeit, daß bei Abwesenheit von 2 das emittierte Lichtquant in das Intervall ν bis $\nu + d\nu$ fällt. Es ist damit

$$r_0 = \left[\frac{9c^4 \kappa^2 \ln 10}{128 \pi^5 N_A n^4} \cdot q \int_0^\infty \frac{f(\nu) \varepsilon(\nu)}{\nu^4} d\nu\right]^{1/6} . \qquad (5.42)$$

Die Beziehung wurde erstmals von Förster auf andere Weise erhalten und sowohl klassisch als auch quantenmechanisch formuliert. Förster betrachtete das Molekül 2, klassisch ausgedrückt, als Gesamtheit von Dipolen mit wenig verschiedenen Frequenzen. Im alternierenden elektrischen Feld des Emitterdipols ist die Energieaufnahme proportional zur Zeit t, während bei einem einzigen Dipol die absorbierte Energie unter der Resonanzbedingung proportional t^2 ist. Die Proportionalität mit t kommt dadurch zustande, daß die Zahl der phasenrichtig schwingenden Oszillatoren mit der Zeit t abnimmt.

Die Situation ist analog zu dem von Einstein untersuchten Fall der Lichtabsorption eines Moleküls. Daher ist die Förstersche Beziehung auch nach dem vorangehend betrachteten einfachen formalen Weg zu gewinnen: Man berechnet die Absorptionsleistung des gemäß Gl. (5.34) absorbierenden Körpers 2 im Nahfeld von 1.

Die Beziehung von Förster wird als strahlungsloser Resonanzenergieübergang bezeichnet. Das ist mißverständlich. Der Energieübergang erfolgt über das elektromagnetische Feld des strahlenden Dipols und wird in der vorangehenden Betrachtung nicht als Resonanzphänomen behandelt. Das sieht man am besten in einem Grenzfall: Man betrachtet den Akzeptor 2 als Ladung, die nur unter der Wirkung des erregenden Feldes $E = E_0 \cos\omega t$ und einer Reibungskraft $b(dx_2/dt)$ steht. Es ist also:

$$b\frac{dx_2}{dt} = e_2 E \tag{5.43}$$

und somit

$$\frac{dx_2}{dt} = \frac{e_2 E}{b} = \frac{e_2}{b} E_0 \cos\omega t. \tag{5.44}$$

Die pro Zeiteinheit erfolgende Energiedissipation in 2 ist gleich Kraft $b(dx_2/dt)$ mal Weg pro Zeiteinheit dx_2/dt, im Mittel also gleich $b\overline{(dx_2/dt)^2}$. Es ist also nach Gl. (5.44):

$$W_2 = b\frac{e_2^2 E_0^2}{b^2}\overline{\cos^2\omega t} = \frac{e_2^2}{2b} E_0^2.$$

Damit wird

$$W_2 = a E_0^2$$

mit

$$a = \frac{e_2^2}{2b}. \tag{5.45}$$

Es gilt also Gl. (5.34) (mit dem Faktor $a = e_2^2/2b$), und nach dem Vorangehenden ist somit die Förstersche Beziehung auch in diesem Fall, in dem kein Resonanzphänomen vorliegt, anzuwenden.

5.2.2. Emittermolekül nahe an Absorberschicht

Gewisse Aspekte des Energieübergangs sind besser zu sehen, wenn man sich nicht ein einzelnes absorbierendes Molekül 2 vorstellt, sondern eine Kugelschale um das Molekül 1 als Mittelpunkt gelegt denkt, die aus einer schwach absorbierenden Schicht besteht. Der Radius r dieser Kugel soll zunächst wiederum sehr groß sein. Ist I die Intensität des Lichts, das auf die Schicht auftrifft und I' die Intensität nach Verlassen der Schicht, so gilt für die Absorption

$$A = \frac{I - I'}{I}. \tag{5.46}$$

Für die auf das Flächenelement dO übertragene Leistung dW_2 gilt $dW_2 = (I - I')dO = A I dO$. Setzt man Gl. (5.30) in diese Beziehung ein, so folgt

$$W_2 = A\frac{cn}{8\pi} \int\limits_{\text{Kugelfläche}} E_0^2 \, dO. \tag{5.47}$$

Vergleicht man mit den Gl. (5.29) und (5.30), so wird

$$W_2 = A W_1. \tag{5.48}$$

Im betrachteten Fall ist E_0 durch Gl. (5.32) gegeben. Ist r genügend klein, so ist E_0 durch Gl. (5.38), Gl. (5.39) gegeben, wobei $\vartheta_2 = \pi/2$ und $\zeta = 0$ zu setzen sind, falls die Schicht nur mit der Komponente des elektrischen Vektors in der Schichtebene in Wechselwirkung tritt und in dieser Ebene isotrop ist.

Man erhält dann durch Einsetzen in Gl. (5.47)

$$W_2 = A\frac{cn}{8\pi}\frac{e_1^2 x_{10}^2}{n^4 r^6}\int_0^\pi \sin^2\vartheta_1 \cdot 2\pi r \sin\vartheta_1 \cdot r\,d\vartheta_1$$
$$= \frac{1}{3}\frac{e_1^2 x_{10}^2 A c}{n^3 r^4}. \tag{5.49}$$

Vergleicht man Gl. (5.49) mit Gl. (5.33), dann ist in diesem Fall

$$W_2 = \left(\frac{c}{n\omega r}\right)^4 A W_1. \tag{5.50}$$

Bei kleinem r ist also W_2 um den Faktor $\left(\frac{c}{n\omega r}\right)^4$ größer als nach Gl. (5.48). Ist $\nu = 10^{15}\,\text{s}^{-1}$, $n=1$ und $r = 10{,}0$ nm, dann wird

$$\left(\frac{c}{2\pi\nu n r}\right)^4 = 5\cdot 10^2.$$

Beträgt A beispielsweise 0,05, dann wird bei großem Abstand nach Gl. (22) nur 5% der Strahlung absorbiert, bei kleinem Abstand aber

$$\frac{W_2}{W_1 + W_2} = \frac{5\cdot 10^2 \cdot 0{,}05}{1 + 5\cdot 10^2 \cdot 0{,}05} = 96\%.$$

Falls die schwach absorbierende Schicht eben angeordnet ist, ergibt eine analoge Überlegung

$$W_2 = \left(\frac{\alpha c}{\nu n d}\right)^4 A W_1. \tag{5.51}$$

d ist der Abstand des Moleküls 1 von der Schicht, α ist ein Zahlenfaktor, der von der Richtung von Dipol 1 und von den Eigenschaften der absorbierenden Schicht abhängt.

Es sollen nun 2 Spezialfälle betrachtet werden: Die Schicht absorbiert nur die Komponente, deren elektrischer Vektor in der Schichtebene schwingt (Fall a). Die Schicht besteht aus isotropem Material (Fall b). Der Emitter kann senkrecht oder parallel zur Schichtebene stehen.

Es ist

$\alpha = (4\pi)^{-1}(9/4)^{1/4}$ (Fall a, $\parallel$),

$\alpha = (4\pi)^{-1}(9/2)^{1/4}$ (Fall a, $\perp$),

$\alpha = (4\pi)^{-1}(9/2)^{1/4}$ (Fall b, $\parallel$),

$\alpha = (4\pi)^{-1}(9)^{1/4}$ (Fall b, $\perp$).

Für den Abstand $d = d_0$, für den $W_1 = W_2$ ist, folgt

$$d_0 = \frac{\alpha c}{n}\left(\frac{A}{v^4}\right)^{1/4} \qquad (5.52)$$

und es ist

$$\frac{W_2}{W_1} = \left(\frac{d_0}{d}\right)^4. \qquad (5.53)$$

Nach Gl. (5.52) ist d_0 um so kleiner, je größer die Frequenz v des vom Molekül 1 ausgestrahlten Fluoreszenzlichtes ist. Ferner ist d_0 um so größer, je größer die Absorption A der absorbierenden Schicht ist. Mit derselben Erweiterung, die zu Gl. (5.42) führte, folgt

$$d_0 = \frac{\alpha c}{n}\left[q\int_0^\infty \frac{A(v)}{v^4}f(v)dv\right]^{1/4}, \qquad (5.54)$$

wobei $A(v)$ die Absorption bei der Frequenz v ist.

5.2.3. Energieübertragung in monomolekularen Schichtsystemen

Auf einer Wasseroberfläche kann durch Auftropfen einer Lösung, die die Substanz

als Farbstoff 1 mit Arachinsäure ($C_{19}H_{39}COOH$) gemischt enthält, eine monomolekulare Schicht hergestellt werden. Die Schicht kann beim Austauchen auf eine Glasplatte übertragen werden. Taucht man nun den Träger in Wasser, auf dessen Oberfläche eine monomolekulare Schicht von

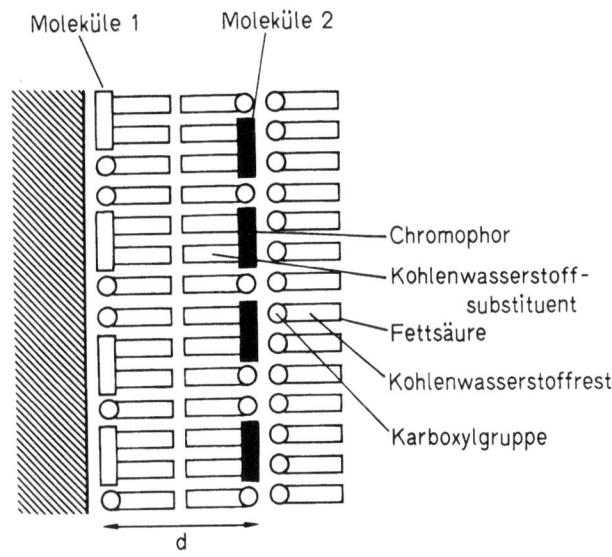

Abb. 5.15. Bauschema eines Schichtsystems mit dem Abstand $d = 5,0$ nm zwischen den beiden Farbstoffschichten

als Farbstoff 2 mit Arachinsäure sich befindet, so erhält man ein System, in dem sich jeder Chromophor 1 in einem Abstand $d = 50$ nm von einer Schicht des Chromophors 2 befindet (Abb. 5.15). Die Kohlenwasserstoffsubstituenten der Farbstoffe dienen als Abstandhalter.

Auf die eine Hälfte des Trägers bringt man eine Fettsäureschicht anstelle der Schicht der Moleküle 2. Zur Stabilisierung des Schichtsystems beschichtet man den Objektträger mit Fettsäure (Abb. 5.15). Man bestrahlt ihn mit Licht der Wellenlänge 386 nm (Absorptionsbande von 1) und mißt auf jeder Hälfte der Platte die Intensität des bei 420 nm (Fluoreszenzbande von 1) ausgestrahlten Fluoreszenzlichtes. Bezeichnet man die Intensität auf der Hälfte des Objektträgers, die mit 1, aber nicht mit 2 beschichtet ist, mit I_∞ und die Intensität auf der anderen Seite mit I_d (Abb. 5.16), dann muß $I_d = \text{konst} \cdot \frac{W_1}{W_1 + W_2}$ und $I_\infty = \text{konst}$ sein. Somit ist

$$\frac{I_d}{I_\infty} = \frac{W_1}{W_1 + W_2} = \frac{1}{1 + W_2/W_1} \qquad (5.55)$$

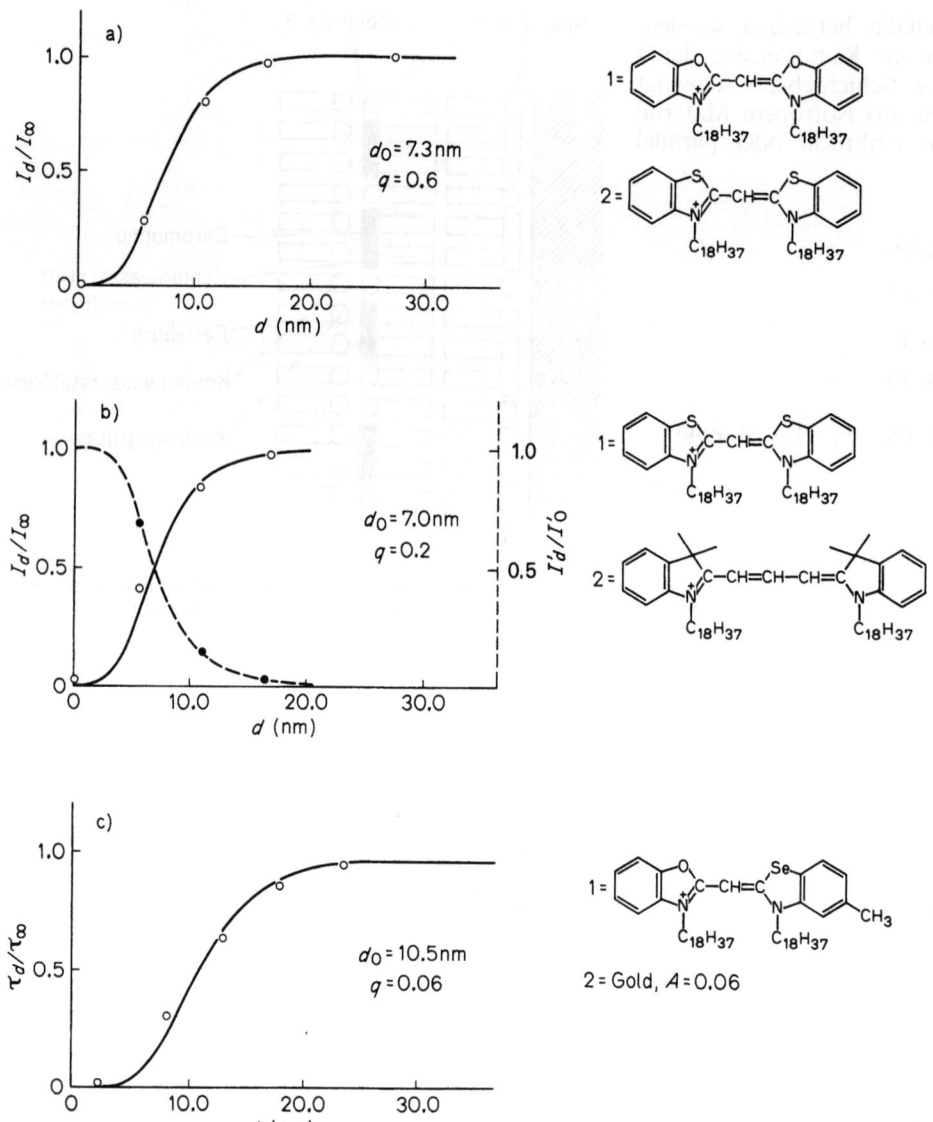

Abb. 5.17 a–c. Energieübertragung in Schichtsystemen. Farbstoffschichten 1 und 2 im Abstand d. (a) Fluoreszenzintensität von 1 (I_d) gegen d. (b) Fluoreszenzintensität von 1 (I_d ausgezogen) und Fluoreszenzintensität von 2 (I'_d gestrichelt) gegen d. (c) Phosphoreszenzabklingzeit (τ_d) gegen d. Theoretische Kurven nach Gl. (5.56) bis (5.58), experimentell: Punkte

also nach Gl. (5.53)

$$\frac{I_d}{I_\infty} = \left[1 + \left(\frac{d_0}{d}\right)^4\right]^{-1}. \qquad (5.56)$$

Verschiedene Abstände d ergeben sich dadurch, daß entsprechende Zahlen monomolekularer Schichten von Fettsäure zwischen die Chromophorschichten als Abstandhalter gelegt werden. Abbildung 5.17a zeigt den Verlauf nach Gl. (5.56) für $d_0 = 7{,}3$ nm und die Meßpunkte. Aus dem Wert $d_0 = 7{,}3$ nm läßt sich nach Gl. (5.54) auf die Quantenausbeute q schließen, da $f(v)$ und $A(v)$ durch die Fluoreszenz- bzw. Absorptionsspektren von 1 bzw. 2 gegeben sind und im betrachteten Fall $\alpha = (4\pi)^{-1}(9/4)^{1/4} = 0{,}098$ ist. Es folgt der Wert $q = 0{,}6$ (Gl. 5.54). In Abb. 5.17b ist das Entsprechende für ein anderes Farbstoffpaar dargestellt. Die Kreise stellen die Intensität I_d bei 490 nm (Fluoreszenzmaximum von 1) in Abhängigkeit von d dar, die ausgefüllten Punkte die Intensität I'_d bei 593 nm (Fluoreszenzmaximum von 2). I'_d ist proportional zum Anteil der auf 2 übertragenen Energie:

$$I'_d = \text{const}\,\frac{W_2}{W_1 + W_2} \quad \text{und} \quad I'_0 = \text{const}.$$

Somit folgt:

$$\frac{I'_d}{I'_0} = \frac{1}{1 + \frac{W_1}{W_2}} = \left[1 + \left(\frac{d}{d_0}\right)^4\right]^{-1}. \qquad (5.57)$$

Abbildung 5.17b zeigt für $d_0=7,0$ nm den Verlauf nach Gl. (5.56) (ausgefüllt) und Gl. (5.57) (gestrichelt). Aus diesem d_0-Wert ergibt sich der Wert $q=0,2$. Abbildung 5.17c bezieht sich auf ein Beispiel, bei dem als Farbstoff 1 ein Phosphoreszenzemitter und als Akzeptor eine dünne Goldaufdampfschicht verwendet wurde. Die Phosphoreszenz kommt dadurch zustande, daß das angeregte Molekül vom kurzlebigen Singulettanregungszustand S_1 in den langlebigen Triplettzustand T übergeht (Abb. 5.18). Es kann dann ein Phosphoreszenzquant emittieren oder die Energie an die Akzeptorschicht abgeben. Der Energieübergang zum Akzeptor tritt in Konkurrenz zur Emission des Phosphoreszenzlichtquants, und die Abklingzeit der Phosphoreszenz wird vom Wert τ_∞ auf den Wert τ_d verkürzt, wenn sich der Emitter im Abstand d von der Absorberschicht befindet. Es ist:

$$\frac{\tau_d}{\tau_\infty} = \left[1 + \left(\frac{d_0}{d}\right)^4\right]^{-1}. \quad (5.58)$$

Die Kurve in Abb. 5.17c ergibt sich mit dem Wert $d_0 = 10,5$ nm. Die Werte beziehen sich auf Zimmertemperatur. Im betrachteten Fall ist nach S. 191 $\alpha = (4\pi)^{-1}(9/2)^{1/4}$ zu setzen und mit Gl. (5.54) folgt $q = 0,06$.

Alle Beziehungen gelten für elektrische Dipolemitter und -absorber. Die Voraussetzung für einen Dipolabsorber ist praktisch stets gegeben. Im Fall der Phosphoreszenz, die einen verbotenen Übergang darstellt, ist aber nicht ohne weiteres gesagt, daß ein Dipolemitter vorliegt.

Es wäre nicht undenkbar, daß das strahlende Molekül beispielsweise als elektrischer Quadrupol zu beschreiben wäre, der entsprechend behandelt werden kann wie ein Dipol. Durch Untersuchung der Richtungsabhängigkeit der Strahlung in einem geeigneten monomolekularen Schichtsystem läßt sich die Dipolnatur im betrachteten Fall nachweisen.

Für die Löschung der Phosphoreszenz müßte Gl. (5.56) gelten. Nun kann aber der Akzeptor schon wirken, solange das angeregte Molekül noch im Zustand S_1 ist (Abb. 5.18). Die Löschung erfolgt dann auf größere Abstände, weil der Akzeptor auf zweifache Weise wirkt. Aus der Abstandsabhängigkeit der Phosphoreszenzintensität kann man schließen, wie lange das System im Singulettanregungszustand S_1 bleibt, ob also der Übergang $S_1 \to T$ auf dem in Abb. 5.18 ausgezogen gezeichnetem Weg erfolgt, also etwa 10^{-9} s beansprucht, oder auf dem gestrichelten Weg in etwa 10^{-12} s.

Mit einem System gemäß Abb. 5.15 ist ein einfacher Fall einer molekularen Funktionseinheit realisiert, also ein System mit Eigenschaften, die durch die Organisation in der molekularen Dimension bedingt sind: Das System der zusammenwirkenden Moleküle verhält sich anders als jedes dieser Moleküle allein, die Moleküle bilden ein Team.

Ein wesentlicher Unterschied zwischen belebten und leblosen Systemen besteht darin, daß in belebten Systemen Einzelmoleküle kooperieren, also

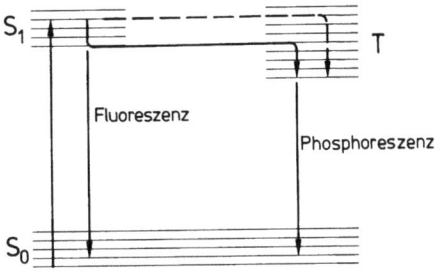

Abb. 5.18. Desaktivierung von angeregtem Molekül 1 aus Singulettzustand S_1 (Fluoreszenz) oder Triplettzustand T (Phosphoreszenz). Der Übergang $S_1 \to T$ kann auf dem ausgezogen gezeichneten Weg über das unterste Schwingungsniveau von S_1 oder auf dem gestrichelten Weg über ein höheres Schwingungsniveau von S_1 erfolgen

Funktionssysteme bilden. Ein belebter Organismus ist eine große Funktionseinheit kooperierender Moleküle. Die Konstruktion molekularer Funktionseinheiten ist daher von besonderem Interesse, und die betrachteten Energieübergangssysteme sind als primitivste Konstruktionen dieser Art von Interesse.

Umgekehrt ist der Förstersche Energieübergang als Abstandsmaß im 1,0 bis 10,0 nm-Bereich für die Untersuchung der Architektur konstruierter Schichtsysteme außerordentlich nützlich.

Als Beispiel sei gezeigt, wie der Energieübergangseffekt Möglichkeiten des Manipulierens von monomolekularen Schichten aufzufinden gestattet. Für viele Zwecke ist es von Interesse, ein vorfabriziertes Schichtsystem, gegebenenfalls von komplizierter Architektur, in einem Schritt in molekularen Kontakt mit der geeigneten Oberfläche zu bringen. Dazu muß man in der Lage sein, eine monomolekulare Schicht der Moleküle 2 von der Schicht 1 abzuheben und die Schicht 2 auf eine neue monomolekulare Schicht zu legen. Ebenso möchte man die Schicht 2 gerne auf ihrer Gegenseite mit einer Schicht in Kontakt bringen. Man möchte von beiden Seiten eine Einzelschicht oder ein Schichtsystem an ein geeignetes anderes System ankoppeln.

Um dieses Ziel zu realisieren, werden monomolekulare Schichten der Farbstoffe 1 und 2 auf einen Träger aufgezogen und darauf eine wäßrige Lösung eines hochpolymeren Stoffes, Polyvinyl-Alkohol, gebracht (Abb. 5.19). Nach dem Eintrocknen kann das Polyvinyl-Alkohol-Häutchen von der Glasunterlage abgezogen werden. Die Schichten trennen sich dann, wie in Abb. 5.19a gezeichnet, molekular genau voneinander. Solange sich die Schichten berühren, findet beim Einstrahlen mit ultraviolettem Licht der Energieübergang von 1 nach 2 statt. Nach Abziehen des Häutchens ist die Fluoreszenz völlig verändert; auf der Unterlage tritt die blaue Fluoreszenz von 1 auf, und auf dem Häutchen ist im ultravioletten Licht keine Fluoreszenz mehr festzustellen. Beim Bestrahlen mit blauem Licht tritt dagegen auf dem Häutchen die orange Fluoreszenz von 2 auf. Man kann daraus schließen, daß die Trennung sauber zwischen den monomolekularen Schichten von Sensibilisator und Akzeptor stattgefunden hat.

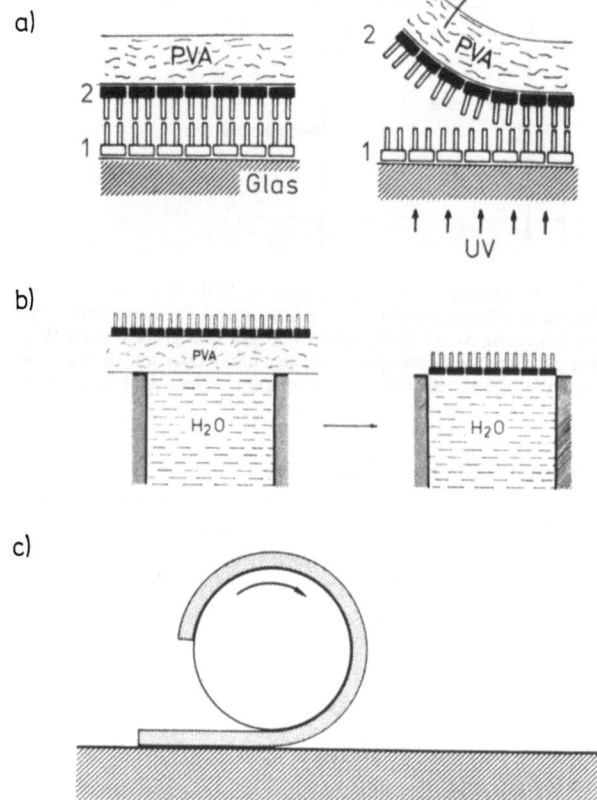

Abb. 5.19a–c. Trennen und Kontaktieren von Schichtsystemen mit molekularer Genauigkeit. Nachweis aus Fluoreszenzeffekten durch Fehlen oder Vorhandensein einer Energieübertragung.
(a) Beim Abreißen des Polymerhäutchens trennt sich das Schichtsystem in definierter Weise, auf und beim Zurücklegen wird der molekulare Kontakt wiederhergestellt. (b) Ablösen des Polymerhäutchens ermöglicht Kontaktieren der Gegenseite der monomolekularen Schicht. (c) Übertragen eines Schichtsystems durch Kontaktieren mit einem Träger, dessen Oberfläche eine bessere Haftung ermöglicht als vorher

Bringt man nun das Polyvinyl-Alkohol-Häutchen mit dem einen Farbstoff auf die Unterlagen mit dem anderen Farbstoff zurück oder auf einen Träger mit der monomolekularen Schicht eines weiteren geeigneten Farbstoffes, so hat man dadurch den molekular genauen Kontakt wieder hergestellt. Das ergibt sich aus der Tatsache, daß an den Berührungsstellen die Fluoreszenz des Sensibilisators gelöscht wird und die sensibilisierte Fluoreszenz des Akzeptors erscheint. Um die abgehobene monomolekulare Schicht des Akzeptors auch von der umgekehrten Seite her in molekular genauen Kontakt zu bringen, geht man folgendermaßen vor (Abb. 5.19 b): Die Polyvinyl-Alkohol-Folie wird umgewendet, also mit der monomolekularen Schicht nach oben, und auf eine Wasseroberfläche gelegt. Das Polyvinyl-Alkohol-Häutchen löst sich weg. Die Schicht kann vom Wasser auf einen Träger mit der Akzeptorschicht gebracht werden. Man kann leicht in der üblichen Weise durch Untersuchung des Energieübergangs den störungsfreien Verlauf dieser Prozeduren kontrollieren.

Es gelingt auch eine monomolekulare Schicht oder ein System übereinandergelegter monomolekularer Schichten von einer Unterlage durch Kontaktieren auf eine geeignete andere zu übertragen (Abb. 5.19 c). Wiederum kann der Effekt durch Untersuchung der Fluoreszenzänderung nachgewiesen werden. Die Energieübertragung zu einem Akzeptor auf die neue Unterlage zeigt, daß der molekulare Kontakt erreicht ist.

Entsprechende Versuche können auch mit Schichtsystemen von komplizierter Architektur durchgeführt werden. Es lassen sich Proteine in künstliche Schichtsysteme einbauen und die Energieübertragung zu einer chromophoren Gruppe im Protein studieren. Ebenso können natürliche Membranen mit einem Schichtsystem kontaktiert und die Energieübertragung durch die Membran oder zu einem Chromophor in der Membran untersucht werden.

5.2.4. Rückwirkung des Empfängermoleküls 2 auf das Sendermolekül 1

Das Empfängermolekül 2 muß auf das Sendermolekül 1 zurückwirken; der Energieübergang ist auch gegeben durch die Leistung, die auf Grund dieses Rückwirkungseffektes vom Molekül 1 abgegeben wird. Im folgenden soll dieser Weg betrachtet werden, da er einen Einblick in die Phasenbeziehungen beim Energieübergang vermittelt. Es wird wieder die klassische Betrachtungsweise zugrunde gelegt. Das Molekül 2 ist als Dipol zu beschreiben, der im Feld des Moleküls 1 mit einer bestimmten Phasendifferenz γ gegenüber der Erregung mitschwingt. Diese Phasendifferenz hängt von den Eigenschaften des Absorbers ab. Beschreibt man beispielsweise das absorbierende Molekül als gedämpften Oszillator im Feld $E = E_0 \cos \omega t$, so ist $x_2 = x_{20} \cos(\omega t + \gamma)$ und es gilt

$$\operatorname{tg} \gamma = \frac{b\omega}{m} \frac{1}{\omega_0^2 - \omega^2}.$$

ω_0 ist die Eigenfrequenz, m die Masse und b die Dämpfungskonstante des Oszillators 2. Danach ist $\gamma = 0$ für $\omega \ll \omega_0$, $\gamma = \pi$ für $\omega \gg \omega_0$, $\gamma = -\pi/2$ für $\omega = \omega_0$.

Die Phasendifferenz γ zwischen erregendem Feld und mitschwingendem Oszillator läßt sich mit der Technik des molekularen Schichtaufbaus direkt messen, indem man auf eine Farbstoffschicht eine Deckschicht aus Fettsäuren bringt. Die Transmission ändert sich periodisch mit zunehmender Dicke dieser Deckschicht. Dieser Effekt beruht darauf, daß die an der Grenze zwischen Deckschicht und Luft reflektierte Welle mit den Streuwellen, die von den Farbstoffmolekülen ausgehen, zur Interferenz gelangt. Der Effekt ist abhängig von der Phase der Streuwellen gegenüber der Primärwelle.

Das Molekül 2 befinde sich nun im Feld des angeregten Moleküls 1. Der mitschwingende Oszillator 2 erzeugt ein Feld, das auf den Oszillator 1 zurück-

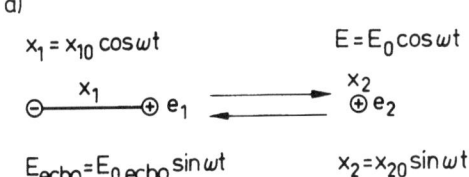

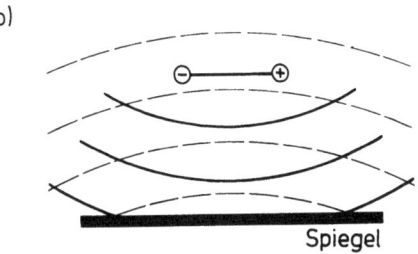

Abb. 5.20a und b. Echoeffekte am Emitteroszillator. (a) Akzeptor 2 als Ladung e_2 im Feld des Oszillators 1 und einer Reibungskraft $-b(dx_2/dt)$. Das Echofeld von 2 oszilliert gegenüber 1 mit einer Phasenverschiebung $\pi/2$ und bremst dadurch den Oszillator 1. (b) Oszillator im Echo eines Metallspiegels. Verkürzung oder Verlängerung der Lebensdauer des Anregungszustandes je nach Phasenbeziehung von Oszillator und Echofeld

wirkt und ihn bremst. Nach Gl. (5.40) und Gl. (5.37) ist die Bremsleistung bei gleichbleibendem ε unabhängig von γ. Das kann auch direkt gezeigt werden, indem man das Feld von 2 am Ort von 1 für beliebige Phasenverschiebungen berechnet.

Zur Veranschaulichung soll nur der Fall eines Akzeptors betrachtet werden, der als Ladung e_2 beschrieben wird, die nur unter der Wirkung des Feldes von 1 [Gl. (5.38)] und einer Reibungskraft [Gl. (5.43)] steht. Die Phasenverschiebung durch die endliche Laufzeit der Welle von 1 nach 2 und 2 nach 1 ist vernachlässigbar. Oszillator 1 hat die Elongation $x_1 = x_{10} \cos \omega t$, und es gilt dann für die Elongation von Oszillator 2 (Abb. 5.20a):

$$b \frac{dx_2}{dt} = e_2 \frac{e_1 x_{10}}{n^2 r^3} \kappa \cos \omega t \tag{5.59}$$

und somit

$$x_2 = \frac{e_1 e_2 x_{10}}{n^2 r^3 b \omega} \kappa \sin \omega t . \tag{5.60}$$

2 erzeugt bei 1 das alternierende Feld

$$E_{\text{Echo}} = \frac{e_2 x_2}{n^2 r^3} \kappa \tag{5.61}$$

oder mit Gl. (5.60)

$$E_{\text{Echo}} = E_{0,\text{Echo}} \sin \omega t \tag{5.62}$$

mit

$$E_{0,\text{Echo}} = \frac{e_1 e_2^2 x_{10} \kappa^2}{n^4 r^6 b \omega} . \tag{5.63}$$

Die Bremsleistung am Oszillator 1 ist: Kraft $e_1 E_{\text{Echo}}$ mal Weg pro Zeiteinheit $-\frac{dx_1}{dt}$, also

$$-e_1 E_{\text{Echo}} \frac{dx_1}{dt} = e_1 E_{0,\text{Echo}} \cdot \sin \omega t \cdot x_{10} \omega \sin \omega t ,$$

im Mittel also

$$W_2 = e_1 E_{0,\text{Echo}} x_{10} \omega \cdot \tfrac{1}{2} . \tag{5.64}$$

Mit Gl. (5.45) und Gl. (5.63) folgt wiederum Gl. (5.40). Das Beispiel illustriert erneut, daß die Förster-Gleichung nicht an das Resonanzkonzept gebunden ist.

Die Betrachtungen gelten natürlich nur für den praktisch stets gegebenen Fall, daß das Echo ankommt, bevor der Emitter seine Phase durch einen thermischen Stoß verloren hat, d. h. es muß die Zeit $t = 2rn/c$ klein gegen die Zeit zwischen thermischen Stößen sein.

5.2.5. Emittermolekül im Echo eines Metallspiegels

In den in den Abschnitten 5.2.1 bis 5.2.4 betrachteten Fällen ist der mitschwingende Absorptionsoszillator 2 nur schwach angeregt und trägt daher praktisch nichts zur Strahlungsleistung des Systems bei.

Die Strahlungsleistung des Systems ist durch Gl. (5.33) gegeben. Die Lumineszenz von 2, die im Anschluß an den Energieübergang stattfinden kann, stellt einen Sekundäreffekt dar, der hier nicht zur Diskussion steht.

In anderen Anordnungen wird die Strahlungsleistung eines lumineszierenden Moleküls durch die Umgebung stark verändert. Ein solcher Fall soll nun betrachtet werden, da er einen besonders interessanten Gesichtspunkt für Energieübertragungsmechanismen aufzeigt. Das lumineszierende Molekül soll sich nahe an einem Metallspiegel befinden (Abb. 5.20b). In der klassischen Beschreibung werden die vom angeregten Molekül ausgehenden elektromagnetischen Wellen am Spiegel reflektiert, und durch Interferenz der primär ausgesandten mit den reflektierten Wellen wird das Wellenfeld stark verändert, so daß die Strahlungsleistung je nach den Interferenzverhältnissen zu- oder abnimmt. Man kann auch sagen, daß die Wellen, die vom Emittermolekül ausgehen, dieses Molekül nach der Reflektion am Spiegel wieder erreichen und den Emitteroszillator anregen oder bremsen, je nach der Phasenverschiebung, die sich aus der Laufzeit ergibt. Die Strahlungsleistung ist also durch die Laufzeit $2d/c$ bestimmt, wobei d der Abstand des Moleküls vom Spiegel und c die Lichtgeschwindigkeit ist.

Der Idealfall sei betrachtet, daß die gesamte Anregungsenergie ausgestrahlt wird, also keine Energie im Molekül oder im Spiegel in Wärme verwandelt wird. Bei hoher Strahlungsleistung wird die Anregungsenergie des Emitteroszillators schnell abgestrahlt, die Abklingzeit der Lumineszenz ist klein, bei geringer Strahlungsleistung ist sie groß. Nach der Quantentheorie ist dieses klassische Bild, nach dem die Energieabgabe des Moleküls allmählich erfolgt, zu korrigieren. Das Molekül gibt seine Anregungsenergie $h\nu$ spontan zu einem früheren oder späteren Zeitpunkt als Lichtquant ab. Bei einer großen Zahl N angeregter Moleküle kann nach der Zahl dN gefragt werden, die im Zeitintervall dt nach der Anregung ihr Lichtquant emittieren, oder nach der Strahlungsleistung $h\nu\, dN/dt$. Diese Strahlungsleistung wird durch die klassische Betrachtung richtig wiedergegeben, und damit auch die mittlere Lebensdauer des angeregten Zustandes.

Die Abhängigkeit der Strahlungsleistung und damit der mittleren Lebensdauer des Anregungszustandes vom Abstand des Moleküls vom Metallspiegel zeigt einen interessanten Aspekt der Wellen-Partikel-Dualität des Lichts: Die Lichtwelle, die vom Molekül wie von einer Antenne emittiert wird, tastet die weitere Umgebung des Moleküls ab, und die Wahrscheinlichkeit, daß sich Licht zu einem bestimmten Zeitpunkt als Quant manifestiert, wird deshalb von der Umgebung mitbestimmt.

Die Änderung der mittleren Lebensdauer des Anregungszustandes durch einen Spiegel kann mit der Technik des molekularen Schichtaufbaus untersucht werden: Man hält die lumineszierenden Moleküle durch monomolekulare Fettsäureschichten, die als Abstandhalter dienen, im Abstand d von einer Metalloberfläche fest, regt mit einem Lichtblitz an und mißt die danach auftretende Lumineszenz. Aus der Geschwindigkeit des Abklingens der Lumineszenz ergibt sich die mittlere Lebensdauer des Anregungszustandes für den Abstand d.

5.2.6. Energieübertragung in kooperativen Systemen von Farbstoffmolekülen

Wird auf einer Wasseroberfläche eine Lösung gespreitet, die den Farbstoff

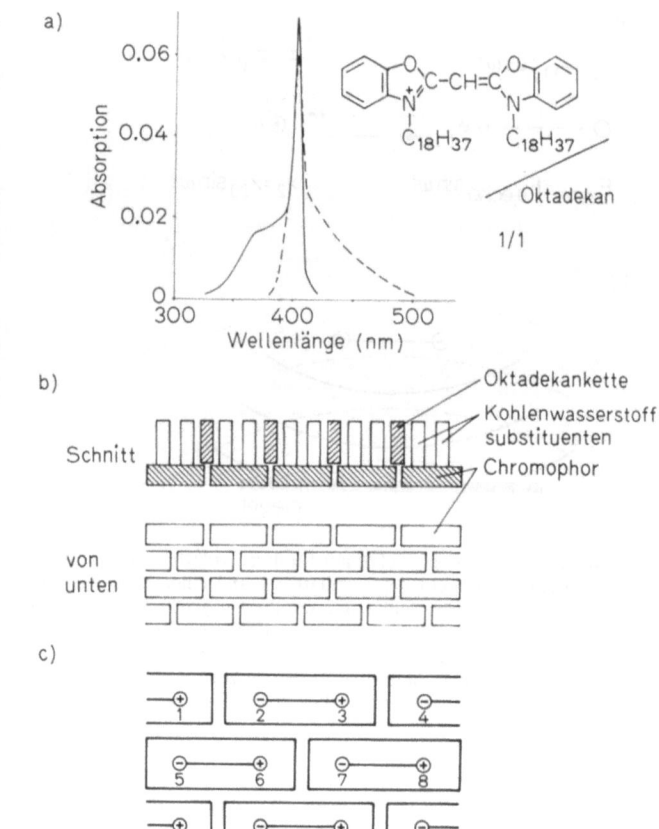

Abb. 5.21 a–c. Kooperatives System von Oszillatoren. (a) Absorption und Fluoreszenz eines Schichtsystems aus Farbstoff und Octadecan. (b) Dichte Packung der Kohlenwasserstoffketten (Substituenten der Farbstoffmoleküle und Octadecanketten in Zwischenräumen) bringt gleichzeitig hohe Ordnung der Farbstoffchromophore mit sich (Anordnung wie die Steine in einem Backsteinmauerwerk). Das wieder führt zu einem kooperativen Effekt: Farbstoffoszillatoren schwingen in Gleichtakt. — Durch die Verteilung der Anregungsenergie auf viele Moleküle ist die Gerüstschwingung beim Elektronenübergang praktisch nicht angeregt. Absorptions- und Fluoreszenzbande sind daher schmal und die Maxima kaum verschoben. (c) Gekoppelte Oszillatoren. Herausgegriffene Ladung 6 erfährt durch das Feld der umgebenden Moleküle eine Kraft, die der Rückstellkraft des Moleküloszillators entgegenwirkt (auf Ladung 6 wirkt Ladung 7; die Wirkungen aller anderen Ladungen der Nachbaroszillatoren kompensieren sich gegenseitig)

und Octadecan ($C_{18}H_{38}$) im Mischungsverhältnis 1:1 enthält, so entsteht eine monomolekulare Schicht, die man auf eine Glasplatte übertragen kann. Sie weist eine schwache und hohe Absorptionsbande und eine schmale Fluoreszenzbande auf, deren Maxima fast übereinstimmen (Abb. 5.21 a). Diese überraschende Erscheinung beruht darauf, daß die Chromophore in dichter Packung vorliegen. Die Octadecan-Moleküle füllen die zylindrischen Kanäle aus, die von den Kohlenwasserstoffsubstituenten der Farbstoffmoleküle offen gelassen werden (Abb. 5.21 b). Die Chromophore besitzen dadurch die gleiche Anordnung wie die Backsteine eines Mauerwerks. Durch diese strenge Ordnung sind die klassischen Ersatz-Oszillatoren, die man den einzelnen Farbstoffchromophoren zuschreiben kann, stark miteinander gekoppelt. Bei der Einstrahlung mit Licht tritt ein kooperativer Effekt auf: Diese Oszillatoren schwingen im Gleichtakt mit (Abb. 5.21c). Durch die gegenseitige Koppelung der Oszillatoren wird das Absorptionsmaximum gegenüber dem des monomeren Farbstoffes um 19 nm nach längeren Wellen verschoben. Eine nähere quantenmechanische Betrachtung läßt eine Verschiebung um 23 nm erwarten.

Im klassischen Modell der gekoppelten Oszillatoren kann die Richtung dieser Verschiebung sofort eingesehen werden. Wie man aus Abb. 5.21c erkennt, ist an der Stelle eines herausgegriffenen Moleküls das Feld der Dipoloszillatoren aller übrigen Moleküle so ge-

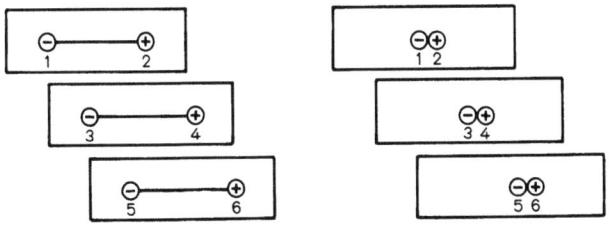

Abb. 5.22. Anordnung von Farbstoffmolekülen, in der die Rückstellkraft des herausgegriffenen Moleküloszillators durch das Feld der umgebenden Oszillatoren verstärkt wird. Das wird durch das Modell der ausgedehnten Dipoloszillatoren richtig wiedergegeben. Das Punktdipolmodell läßt den umgekehrten Effekt erwarten. (Man betrachte z. B. die Wirkung von Ladung 2 auf Ladung 3 in den beiden Fällen.)

richtet, daß die beiden Ladungen auseinander gezogen werden. Die Rückstellkraft des Oszillators wird also herabgesetzt, seine Schwingungsfrequenz gegenüber der des freien Moleküls verkleinert.

Das Ergebnis der quantenmechanischen Betrachtung wird nur sinnvoll wiedergegeben, wenn man sich diesen Ersatzdipol über den Chromophor erstreckt und nicht als Punktdipol denkt. Für große Abstände, wie sie im vorangehenden betrachtet wurden, spielt der Unterschied keine Rolle. Bei kleinen Abständen kann bei gewissen Geometrien das übliche Punktdipolmodell zu qualitativ falschen Aussagen führen, wie man im Fall von Abb. 5.22 sieht, wo das Punktdipolmodell eine Verschiebung zu kleineren Frequenzen erwarten läßt, das Modell der ausgedehnten Dipole eine Verschiebung in umgekehrter Richtung.

Es soll nun eine Lösung, die neben dem betrachteten Farbstoff und Octadecan eine Spur des Farbstoffs

enthält, auf einer Wasseroberfläche gespreitet und die monomolekulare Schicht wieder auf eine Glasplatte übertragen werden. Ein Molekül des zweiten Farbstoffs kann im Schichtverband den Platz eines Moleküls des ersten Farbstoffs einnehmen. Das Absorptionsspektrum bleibt unverändert, die Spuren vom zweiten Farbstoff machen sich darin nicht bemerkbar, aber die Fluoreszenz ist verändert: Die schmale Fluoreszenzbande, die beim Bestrahlen mit UV-Licht auftrat und dem kooperativen System des ersten Farbstoffs zuzuschreiben war, ist gelöscht, dafür tritt die Fluoreszenz des zweiten Farbstoffes auf. Der Effekt kann noch bei einem Verhältnis 1:50000 zwischen dem zweiten und dem ersten Farbstoff nachgewiesen werden, d. h. für einen mittleren Abstand zwischen Molekülen des zweiten Farbstoffs von über 100 nm. Die Anregungsenergie kann über das gekoppelte System der betrachteten Oszillatoren viel schneller und daher über viel größere Abstände zum Störzentrum geleitet werden als über das Dipolfeld jedes Einzelmoleküls. Entsprechende Effekte werden in organischen Kristallen beobachtet: Die Fluoreszenz von Anthracen wird durch Spuren von Tetracen gelöscht, und die Tetracenfluoreszenz erscheint; der Bereich um ein Tetracenmolekül, aus dem die Anregungsenergie des Antracens übernommen wird, hat aber einen Radius von nur etwa 10 nm.

Das betrachtete kooperative Schichtsystem ist ein Beispiel für den Aufbau einer einfachen molekularen Funktionseinheit durch Selbstorganisation: Geeignet ineinanderpassende Moleküle (im betrachteten Fall Farbstoff und Octadecan) läßt man gemeinsam spreiten. Sie bauen sich dann von selbst zu einem organisierten System mit völlig neuen Eigenschaften zusammen. Die Möglichkeit, organisierte Systeme dadurch gezielt zu gewinnen, daß man geeignet ineinanderzuverzahnende Moleküle zusammengibt und beim Spreiten auf einer Oberfläche sich selbst zu den vorgeplanten organisierten Systemen zusammentreten läßt, erscheint neben dem Verfahren des geplanten Manipulierens von Schichtsystemen besonders aussichtsreich für die Herstellung von Modellen in der Biophysik und die Gewinnung von Modellen für eine anzustrebende Technologie molekularer Funktionssysteme. Energieübertragungseffekte sind von Interesse zur Kontrolle der Architektur solcher Systeme.

Literaturauswahl

Birks, J. B.: Photophysics of Aromatic Molecules. London: Wiley-Interscience 1970.
Förster, Th.: Energiewanderung und Fluoreszenz. Naturwissenschaften **33**, 166 (1946).
Förster, Th.: Action of Light and Organic Crystals. In: Sinanoglu, O. (Ed.): Modern Quantum Chemistry, Part III. New York: Academic Press 1965.
Kuhn, H.: Classical Aspects of Energy Transfer in Molecular Systems. J. chem. Phys. **53**, 101 (1970).
Kuhn, H., Möbius, D.: Systeme aus monomolekularen Schichten. Zusammenbau und physikalisch-chemisches Verhalten. Angew. Chem. **83**, 672 (1971).
Kuhn, H., Möbius, D., Bücher, H.: Spectroscopy of Monolayer Assemblies. In: Weissberger, A., Rossiter, B. (Eds.): Physical Methods of Chemistry, Vol. 1, Part 3B. London: Wiley 1972.

5.3. Aktionsspektrometrie

KARL M. HARTMANN

5.3.1. Was ist Aktionsspektrometrie?

Aktionsspektrometrie ist Dosimetrie mit Licht. Mit ihrer Hilfe ist es möglich, Pigmente *in vitro* und *in vivo* spektral wie auch kinetisch zu charakterisieren. Dabei können Informationen nur über *aktive* oder *funktionelle* Pigmente gewonnen werden, d. h. über solche, die regulierend, stoffumsetzend oder energieübertragend in ein System eingreifen. Passive Pigmente können nur als Beschatter fungieren und so die Eigenschaften der aktiven Pigmente modulieren, d. h. die Aktionsspektrometrie erschweren. Für die Charakterisierung der passiven Pigmente ist deshalb zusätzlich die Spektralphotometrie (s. Kapitel 3.2.4) als Hilfsmittel erforderlich.

Bei der Aktionsspektrometrie können zahlreiche Eigenschaften des Lichts bzw. der Photonen experimentell genutzt werden. Die Dosimetrie auf substantieller Basis, wie sie vor allem in der Pharmakologie gepflegt wird, ist demgegenüber in ihren experimentellen Freiheitsgraden limitiert, jedoch theoretisch als Modell geeignet. Im Prinzip ergeben sich bei der Aktionsspektrometrie *in vivo* folgende Vorzüge:

1. Lebewesen sind an Photonen als natürlichen Außenfaktor voll adaptiert.
2. Drei Eigenschaften der Photonen können experimentell variiert werden: der Photonenfluß E (d. h. die Zahl der Photonen pro Fläche und Zeit), die Photonenenergie e (d. h. die Wellenlänge λ bzw. die Farbe der monochromatischen Strahlung) und die Polarisationsart (d. h. linear, rechts- oder linkszirkular, rechts- oder linkselliptisch polarisiert bzw. unpolarisiert).
3. Photonen können mit Lichtgeschwindigkeit appliziert werden, d. h. sie durchdringen bzw. verschwinden aus Versuchssystemen praktisch verzögerungsfrei, d. h. das für chemische Effektoren typische Transportproblem existiert nicht.
4. Es gibt in Lebewesen nur eine begrenzte Anzahl von Molekültypen, die durch Photonen des sichtbaren Spektralbereichs und der angrenzenden Bezirke ($300 \text{ nm} \leq \lambda \leq 1100 \text{ nm}$) elektronisch angeregt werden. Der spektrale Transmissionsgrad $\tau(\lambda)$ von lebendem Gewebe ist deshalb im sichtbaren Spektralbereich relativ hoch, ein Phänomen, welches als *optisches Fenster* bekannt ist.
5. Die Photonenabsorption wird ausschließlich durch die funktionellen Pigmente, ihr molekulares Milieu und ihre Beschattungssituation bestimmt.

Bei der kinetischen Charakterisierung von funktionellen Pigmenten können alle angeführten Punkte, mit Ausnahme des Polarisierungsproblems, vorteilhaft genutzt werden. Beim Arbeiten mit polarisierter Strahlung und dem dann u. U. auftretenden *Aktionsdichroismus* (s. Kapitel 3.2.4) werden die kinetischen Freiheitsgrade allerdings so stark erhöht, daß eine quantitative Argumentation nur gelingt, wenn das funktionelle Pigment mit seinem kinetischen Mechanismus bereits als bekannt gelten darf oder wenn Informationen über die Polarisierung der Pigmentübergänge zur Verfügung stehen.

5.3.2. Das Prinzip der Methode

Für eine detaillierte Behandlung der Aktionsspektrometrie sind die *Interaktionen zwischen Photonen und Pigmenten* quantitativ zu formulieren. Dazu gehört als Voraussetzung einerseits ein Verständnis der Prinzipien der *Strahlungserzeugung* und *Strahlungsmessung*, wo auch heute noch erhebliche methodische Fehler gemacht werden; andererseits muß häufig das Problem der *Selbstbeschattung* durch die Proben berücksichtigt werden; schließlich sind Definitionen der *Pigmentparameter* erforderlich.

Das Prinzip der Aktionsspektrometrie, d. h. der Möglichkeit zur Identifizierung und kinetischen Charakterisierung von funktionellen Pigmenten zerfällt in zwei Teilprobleme: Ausgehend vom Stark-Einsteinschen Äquivalentgesetz kann für den Begriff des *Aktionsspektrums* eine allgemein gültige Definition angegeben werden, aber zum Verständnis der *kinetischen* Eigenschaften eines Systems sind zusätzlich analytische *Modellbetrachtungen* erforderlich. Natürlich gibt es eine Vielzahl von Modellen, die in diesem Zusammenhang diskutiert werden könnte, prinzipiell genügt es jedoch, einige Minimalmodelle abzuhandeln.

Zunächst ist an Pigmente zu denken, die durch Belichtung im Rahmen einer photochemischen Reaktion verändert, d. h. also in irgend ein meßbares *Photoprodukt* umgelagert werden. Hierher gehören z. B. die Umwandlung von Photochlorophyllid zu Chlorophyllid in Pflanzen oder die Bildung von Vitamin D_3 aus 7-Dehydrocholesterin in der menschlichen Haut.

Weiterhin sind Fälle bekannt, wo Pigmente photoaktiviert werden und katalytisch regulierend oder energieübertragend in ein System eingreifen, also als *Photokatalysatoren* (d. h. *katalytische Photoeffektoren* oder *Luminofermente)* gelten dürfen. Als Beispiele seien die Photoaktivierung der kohlenmonoxidgehemmten Cytochromoxidase und die kinetischen Grundeigenschaften des Chlorophylls a bei der Photosynthese genannt.

Ferner kann auch eine Kombination beider Prinzipien vorkommen, etwa bei *Photochromen*, wo also ein Pigment durch Belichtung in mindestens zwei unterschiedlich gefärbte Produkte umgewandelt werden kann, von denen eines katalytisch wirkt. Hierher gehören z. B. manche Sehpigmente sowie das Phytochrom als bekanntestes Steuerpigment der Photomorphogenese, deren kinetische Eigenschaften in den Kapiteln 13.3 und 13.5 behandelt werden.

Es ist üblich, bei Modellbetrachtungen zur Aktionsspektrometrie sehr kleine Konzentrationen für die funktionellen Pigmente anzunehmen und das Beschattungsproblem zu vernachlässigen. Biologische Photorezeptoren sind in der Regel jedoch aus membranassoziierten Pigmentaggregaten aufgebaut, die aus verschiedenen Pigmenten und quasi kristallinen Zonen bestehen können. Folglich kann die *lokale* Konzentration eines funktionellen Pigments *in vivo* den theoretisch möglichen Maximalwert erreichen, obwohl seine *mittlere* Konzentration im System u. U. sehr gering ist. Deshalb dürfen für allgemein gültige Modellbetrachtungen keine Einschränkungen bezüglich der Pigmentkonzentrationen und der Beschattungssituation gemacht werden.

Die Interaktionen zwischen Photonen und Pigmentmolekülen sind singuläre Treffereignisse. Der Photonentreffbereich eines einzelnen Pigmentmoleküls ist eine spektrale Größe und kann im Spektralbereich $300 \leq \lambda \leq 1100$ nm höchstens $0{,}16 \text{ nm}^2$ betragen, wobei der Querschnitt des Pigmentmoleküls selbst, sofern es sich um ein Chromoprotein handelt, noch über 30 nm² liegt. Der Photonentreffbereich von biologischen Pigmenten ist also stets kleiner als 5‰ ihrer Querschnittsfläche. Wenn man den Photonentreffbereich auf ein Mol des Pigments bezieht, ergeben sich Werte bis zu 10^5 m²·M^{-1}, die man als *spektralen molaren Absorptionswirkungsquerschnitt* $\sigma(\lambda)$ bezeichnet. Entsprechend ist der *monochromatische Photonenfluß* E_λ dann in M·m^{-2}·s^{-1} anzugeben, d.h. als Mole von Photonen (früher auch *Einstein*), die pro Sekunde einen Querschnitt von einem Quadratmeter durchlaufen.

Im Bereich der Physik ist der Begriff *Fluß* (engl.: *flux*) für Partikel pro Fläche und Zeit eingebürgert. Partikel pro Zeit wird dagegen als *Strom* (engl.: *flow*) bezeichnet. *Photonenfluß* wäre demnach mit der Dimension M·m^{-2}·s^{-1}, *Photonenstrom* mit M·s^{-1} zu belegen. Der *Photonenfluß* wird in der Biologie auch als *Photonenstromdichte*, in der Lichttechnik neuerdings als *Photonenbestrahlungsstärke* bezeichnet. Für die *Photonenbestrahlung* oder die *applizierte Photonendosis* in M·m^{-2} wird neuerdings auch *Photonenfluenz* (engl.: *fluence*) verwendet, um eindeutig vom *absorbierten* Anteil, das ist die *Photonendosis*, zu unterscheiden.

Für exakte Aktionsspektrometrie müßte der jeweilige monochromatische Raumphotonenfluß am Ort des funktionellen Pigments bekannt sein; er wird im weiteren als *monochromatischer funktioneller Raumphotonenfluß* $E_{of\lambda}$ bezeichnet. Für seine Definition, Erzeugung und Messung sind einige Überlegungen notwendig, wobei zu berücksichtigen ist, daß bei der Strahlungsmessung bzw. im Bereich der Lichttechnik drei verschiedene Maßsysteme nebeneinander existieren: Licht kann *energetisch*, *photonisch* und *photometrisch* bewertet werden.

Nach einer Empfehlung des Deutschen Normenausschuß sind zur Vermeidung von Verwechslungen energetische Strahlungsgrößen mit dem Subskript e, photonische mit dem Subskript p und photometrische mit dem Subskript v zu kennzeichnen. Da hier letztlich nur photonische Größen verwendet werden, wird bei diesen auf das Subskript p verzichtet.

5.3.3. Das Erzeugen monochromatischer Photonenflüsse

5.3.3.1. Was ist monochromatische Strahlung?

Im Zusammenhang mit der Aktionsspektrometrie *in vivo* darf von *monochromatischer Strahlung* gesprochen werden, sobald annähernd glockenförmige Spektral- bzw. Photonenflußverteilungen vorliegen, deren Halbwerts- bzw. Bandbreiten ($=HW$) die Bedingung $5 \leq HW \leq 20$ nm erfüllen (s. Abb. 5.23). Das Arbeiten mit kleineren Bandbreiten bringt keinen Informationsgewinn, da die Absorptionsspektren von biologischen Pigmenten stets Molekülspektren mit Bandenabsorption sind. Der Strahlungsanteil außerhalb des Bereichs $\lambda_{max} \pm HW$, das sog. *Fremdlicht*, sollte stets so niedrig wie möglich gehalten werden.

5.3.3.2. Ideales Optisches Baumaterial

Beim Arbeiten mit optischer Strahlung des Spektralbereichs $300 \leq \lambda \leq 1100$ nm sind häufig transparente sowie gerichtet bzw. diffus reflektierende Materialien erforderlich.

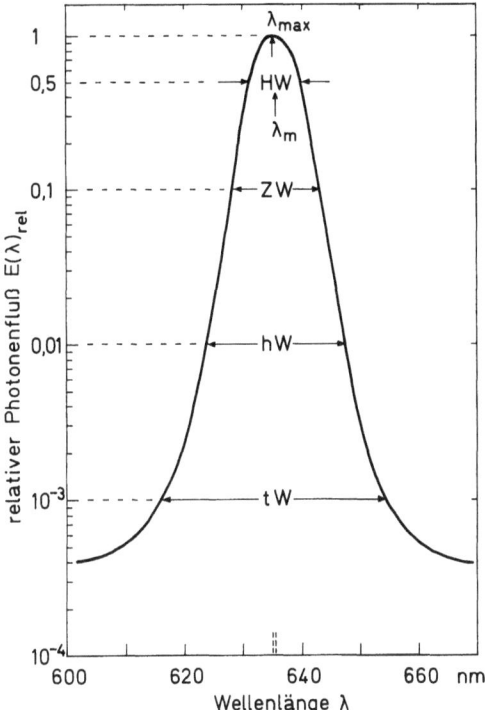

Abb. 5.23. Relativer spektraler Photonenfluß $E(\lambda)_{rel}$ eines hellroten Monochromatbandes. $\lambda_{max} = 635$ nm ist die Wellenlänge für maximalen Photonenfluß. Die Halbwerts- bzw. Bandbreite der Photonenflußverteilung beträgt $HW = 9$ nm, die Zehntelwertsbreite liegt bei $ZW = 15$ nm, die Hundertstelwertsbreite bei $hW = 24$ nm, die Tausendstelwertsbreite bei $tW = 39$ nm. Die logarithmische Auftragung von $E(\lambda)_{rel}$ gestattet eine genaue Beurteilung des Fremdlichts außerhalb des Bereichs $\lambda_{max} \pm HW$. Bei unsymmetrischen Monochromatbändern wird die spektrale Lage durch das arithmetische Mittel der für halbmaximalen Photonenfluß gemessenen Wellenlängen angegeben und als λ_m bezeichnet, wobei dann meistens $\lambda_m \neq \lambda_{max}$

Quarz, gewisse Sorten von Jenaerglas, Pyrex wie auch Plexiglas sind im hier interessierenden Spektralbereich voll transparent. Plexiglas als reines Polymethacrylat ist preiswert und erfüllt bis 100°C die Anforderungen an ein klares optisches Baumaterial; es kann gesägt, geschnitten und sogar verformt werden, sofern man es im Ölbad auf ≥ 140°C erhitzt. Linsen, Lichtleiter (Fiberoptiken), Objekthalter und -abdeckungen aus diesen Materialien sind wichtige Hilfsmittel.

Zur Herstellung von Vorderwandspiegeln, d.h. für Zwecke gerichteter Reflexion, ist aufgedampftes Aluminium mit Quarzschutzschicht nahezu ideal und besser als Silber; Chromschichten sind bei fast gleicher spektraler Reflexion kratzfester als Aluminium.

Als weißer Überzug mit hoher gestreuter Reflexion ist Magnesiumoxid oder Bariumsulfat geeignet. Eine fünffache Schicht von MgO, die durch Abbrennen von Magnesiumband auf einem Aluminiumspiegel niedergeschlagen wird, kann als weißer Reflexionsstandard mit mehr als 97 % diffuser Reflexion im Bereich $300 \leq \lambda \leq 1100$ nm dienen. $BaSO_4$ liefert vergleichbare Werte und wird neuerdings generell als Weißstandard und zur Beschichtung von Photometerkugeln bevorzugt.

5.3.3.3. Monochromatoren

Anordnungen zur Erzeugung monochromatischer Strahlung werden allgemein als *Monochromatoren* bezeichnet und stehen in verschiedenen Ausführungen zur Verfügung. Bei den Monochromatoren vom Typ a), b) und c) sind als Strahlungsquellen *Kontinu*-

umsstrahler üblich; dies sind neben Temperaturstrahlern wie *Niedervolt-Wolfram-Halogenlampen* vor allem Hochdruckgasentladungslampen wie *Xenon-* oder *Quecksilberhochdruckbrenner.* Niederdruckentladungslampen mit geringer Strahldichte und ihren typischen Linienspektren sind in diesem Zusammenhang weniger geeignet, jedoch zur Eichung der Wellenlängenskala von Monochromatoren ein wichtiges Hilfsmittel.

a) Bei *Prismenmonochromatoren* nutzt man das Prinzip des Regenbogens, d. h. die Tatsache, daß die Brechzahl von Wasser, Glas, Quarz oder Schwefelkohlenstoff stark wellenlängenabhängig ist und stets größer bleibt als die von Luft; Prismen aus solchen Materialien mit spektraler Dispersion können deshalb zur Isolierung von Monochromatbändern verwendet werden. Den Streulichtanteil reduziert man mit Hilfe von Farbfiltern.

b) *Gittermonochromatoren* sind mit Transmissions- oder Reflexionsgittern in ebener, gewölbter oder treppenartiger Form bestückt, wobei das Prinzip der Lichtbeugung und -interferenz genutzt wird. Die effektivsten Gitter sind Echelette-Reflexions-Gitter; sie haben eine treppenförmige Struktur und zeichnen sich durch einen speziellen Glanzwinkel sowie eine Glanzwellenlänge aus, für die ihr Wirkungsgrad optimal ist. Die Richtung α, in der eine gewisse Wellenlänge λ erscheint, wird durch die Gitterkonstante d, d. h. den Abstand der Gitterstriche bzw. -stufen bestimmt:

$$\alpha = \arcsin \frac{n \cdot \lambda}{d} \quad \text{mit } n = 0, 1, 2, 3, \dots \quad (5.65)$$

Die spektrale Auflösung der Gitter steigt also mit Abnahme von d, wobei für gute Gitter Werte in der Größenordnung $d = 1\,\mu\text{m}$ nötig sind. Ein grundsätzlicher Nachteil von Gittern ist, daß Wellenlängen λ, die um einen geradzahligen Faktor n kleiner sind, in der gleichen Richtung erscheinen. Diese Überlagerung von Spektren verschiedener Ordnung wie auch das Streulicht können durch Kombination mit Farbfiltern oder Prismen eliminiert werden.

c) *Filtermonochromatoren* können aus Dia- bzw. Kinoprojektoren mit Hilfe von frontseitig zu kühlenden (Ventilation oder Wasserkreislauf) Farbfilterkombinationen aufgebaut werden.

Die derzeit wichtigsten Farbfilter sind die *Interferenz-* oder *Dielektrikfilter,* die das Prinzip der Farben dünner Plättchen nutzen, also nach dem Prinzip des Fabry-Pérot-Interferometers gebaut sind. Dabei werden auf eine Glas- oder Quarzplatte alternierend Schichten der Dicke d eines festen Dielektrikums (z. B. MgF_2 oder ZnS) sowie halbdurchlässige Metallschichten (z. B. Ag) aufgedampft. Für die Wellenlängen maximaler Transmission eines solchen Sandwich-Filters gilt:

$$\lambda_{\max} = \frac{2 \cdot d}{n} \quad \text{mit } n = 1, 2, 3, \dots \quad (5.66)$$

Es treten also neben der langwelligsten Transmissionsbande $\lambda_{\max 1}$, der sog. Bande 1. Ordnung, auch Banden höherer Ordnung an den Stellen $\lambda_{\max 1}/n$ auf. Durch Kombination mit Farbglasfiltern werden die unerwünschten Transmissionsbanden ausgeschaltet. Interferenzfilter werden in den Standardgrößen 50 mm $\varnothing$ oder 50 mm × 50 mm für Halbwertsbreiten zwischen 1 und 20 nm bei einem maximalen Transmissionsgrad $0{,}1 \leq \tau(\lambda)_{\max} \leq 0{,}65$ als Tandemfilter angeboten. Beim Arbeiten mit den feuchtigkeitsempfindlichen Interferenzfiltern ist darauf zu achten, daß die Bestrahlungsapertur $\eta \leq 15° = \pi/12$ rad bleibt, die Filter von der weiß spiegelnden Seite bestrahlt und gekühlt werden und ihre Temperatur beim Betrieb Werte von 70 °C nicht überschreitet.

Für $\lambda < 320$ nm ist das Prinzip der *Reflexionsfilter* dem der Interferenz-Transmissionsfilter überlegen. Selektive Reflexionsfilter können auch als Spiegelbelegung aufgedampft werden, z. B. auf große elliptische Spiegel und sind bei Hochleistungsprojektoren ein wichtiges Hilfsmittel zur Vorfilterung bzw. Einschränkung des Spektralbereichs.

Ein weiterer Filtertyp, der als variables Monochromatfilter ausgelegt werden kann, ist das *Christiansen-Filter.* Es besteht aus einer Küvette mit kleinen transparenten Kugeln (z. B. Glas) definierter spektraler Brechzahl, die mit einer Flüssigkeit vergleichbarer Brechzahl, aber stark abweichender Dispersion gefüllt wird. Ein solches Filter transmittiert nur die Wellenlänge gerichtet, für die die Brechzahlen beider Stoffe exakt gleich sind; die anderen Wellenlängen werden mehr oder weniger stark gestreut. Filter bis herunter zu $HW \approx 5$ nm bei $\tau(\lambda)_{\max} \leq 0{,}7$ sind herstellbar. Durch Veränderung des Küvettendrucks oder der -temperatur kann die Transmissionsbande kontinuierlich durchs Spektrum verschoben werden.

Schließlich muß das Prinzip der *Absorptionsfilter* besprochen werden. Als Filtermaterial kommen Flüssigkeiten, Kunststoffe und Gläser in Frage, die mit Farbstoff eingefärbt werden können; auch Gase mit ausgeprägten Absorptionsbanden sind gelegentlich von Nutzen. Die absorbierte Strahlungsenergie wird innerhalb der Filter fast völlig in Wärme verwandelt und erfordert in der Regel frontseitige Kühlung. Der spektrale Transmissionsgrad $\tau(\lambda)$ für Absorptionsfilter folgt bei paralleler Bestrahlung dem Gesetz von Bouguer, Lambert und Beer und deshalb gilt für eine Kombination von n Filtern:

$$\tau(\lambda)_\Sigma = \prod_{i=1}^{n} \tau(\lambda)_i. \quad (5.67)$$

Luft als *Gasfilter* absorbiert in den Bereichen < 200 nm und $> 15\,\mu\text{m}$ Wellenlänge sehr stark und stört bereits oberhalb 1500 nm aufgrund der Absorptionsbanden von O_2, CO_2 und H_2O. Chlorgas ist als Hilfsfilter für die Isolierung von UV-Bereichen interessant.

Das wichtigste Lösungsmittel für *Flüssigkeitsfilter* ist destilliertes oder entsalztes Wasser, welches in 5 cm Schichtdicke bereits die Strahlung mit $\lambda > 1200$ nm fast völlig absorbiert. Salz- und Farbstofflösungen sind bei richtiger Präparation und periodischer Überprüfung billige und wirksame Farbfilter. Zum Beispiel kann man mit 5 cm einer schwefelsauren $\geq 1\%$igen Kupfersulfatlösung den Spektralbereich zwischen 320 und 600 nm isolieren.

Gelatinefilter werden hergestellt, indem man Gelatinelösungen organischer Farbstoffe in Glaswannen zum Trocknen ausgießt und die Gelatinefolien zwischen Glasplatten klebt. Sowohl Schmalbandtransmissionsfilter wie auch Breitband-Kantenabsorptionsfilter für den sichtbaren und infraroten Spektralbereich werden angeboten und sind sehr preiswert, aber ihre Langzeit-Stabilität bei Bestrahlung läßt zu wünschen übrig.

Die bekanntesten *Kunststoffarbfilter* sind Platten aus Plexiglas. Sie werden in Metergrößen hergestellt und können leicht bearbeitet werden (s. S. 199). Manche Farb-Plexigläser sind als 3 mm dicke Platten wichtige Farbfilter zum Bau von großflächigen Farblichtfeldern, etwa auf Leuchtstofflampenbasis (s. z. B. Tab. 5.2). Das preisgünstige Farb-Plexiglas kann bei guter Langzeitstabilität bis maximal 100° C eingesetzt werden.

Optische *Farbgläser* sind mit Metallionen (z. B. Ca, Co, Ni, W) gefärbt und werden bei unterschiedlicher Dicke bis regulär 25 cm Kantenlänge, manche Sorten auch als Tafelglas, offeriert: Breitbandfilter aus UV- bis IR-Bereich, Kantenabsorptionsgläser die nur Strahlung oberhalb einer kritischen Wellenlänge bis nahe IR transmittieren, Bandenabsorptionsgläser, Wärmeabsorptionsgläser (auch gehärtet lieferbar) sowie Neutralgläser (s. u. 5.3.3.4.) sind die wichtigsten Typen. Die Stabilität der meisten Filtergläser ist ausgezeichnet. Sie werden in der Standardgröße von 50 mm $\varnothing$, für manche Wellenlängen auch fertig verklebt als Breitbandfilter, mit $0{,}2 \leq \tau(\lambda)_{\max} \leq 0{,}45$ bei $22 \leq HW \leq 75$ nm angeboten.

d) Neuerdings gewinnen die vielfältigen Typen der *Laser* (*l*ight *a*mplification by *s*timulated *e*mission of *r*adiation) als Quellen für intensive kohärente Strahlung mehr und mehr an Bedeutung: ihre Strahlung ist von höchster Monochromasie, in Phase, scharf gebündelt bzw. parallel und polarisiert. In Form von *lichtemittierenden Dioden* sind Laser preiswert, aber in der Leistung und der Zahl der verfügbaren Spektralbänder limitiert. Mit *Pulslasern* können die höchsten Photonenflüsse erreicht werden, die im Zusammenhang mit dem Studium von Photoreaktionen interessant sind.

5.3.3.4. Veränderung der Photonenflüsse

Bei der Aktionsspektrometrie werden einerseits hohe Anforderungen an die zeitliche Konstanz der Photonenflüsse gestellt, andererseits müssen sie jedoch auch über Größenordnungen variiert werden und ihr Polarisationsgrad soll definiert sein.

Um eine *zeitliche Konstanz* von Photonenflüssen zu erzielen, muß die elektrische Leistungsaufnahme L der Strahlungsquellen mit Hilfe von Spannungskonstanthaltern sowie definierter Umgebungstemperatur oder aber über photoelektrische Regelkreise stabilisiert werden. Denn wegen

$$L = U \cdot I = R \cdot I^2 = U^2/R \qquad (5.68)$$

ändert sich L quadratisch mit der Stromstärke I bzw. der Spannung U, sofern der Widerstand R annähernd konstant bleibt.

Für eine *gezielte Veränderung* der Photonenflüsse am Bestrahlungsort stehen verschiedene Möglichkeiten zur Verfügung:

1. Änderung der *Leistungsaufnahme* der Strahlungsquellen: Bei Gasentladungslampen zulässig, solange sich ihre *Farbtemperatur* bzw. ihr spektraler Emissionsgrad nicht verändert; bei Temperaturstrahlern stets mit einer Änderung der Farbtemperatur und damit einer Veränderung von ausgefilterten Photonenflußverteilungen gekoppelt, was u. U. deren Wirksamkeit beeinflußt.

2. Nutzung des Prinzips, daß der Photonenstrom Φ_A des Strahls konstant und stets gleich dem Produkt aus Strahlquerschnitt A und Photonenfluß E_A ist, d. h. gezielte *Variation der Strahlquerschnitte*:

$$\Phi_A = A_1 \cdot E_{A1} = A_2 \cdot E_{A2} = \text{konstant}. \qquad (5.69a)$$

Beim Arbeiten mit frei abstrahlenden, nahezu punktförmigen Strahlungsquellen gilt das *Abstandsgesetz*, d. h. man kann die Beziehung

$$\frac{E_{A1}}{E_{A2}} = \left(\frac{r_2}{r_1}\right)^2 \qquad (5.69b)$$

zur Beurteilung der Photonenflüsse E_A nutzen, sofern der Arbeitsabstand r mindestens den 10fachen Durchmesser d der Strahlungsquellen erreicht.

3. Die Verwendung einer *Irisblende* in der Nähe der Linsenhauptebene des Projektivs gestattet eine kontinuierliche Veränderung des Photonenflusses ohne merkliche Beeinflussung von Abbildung und Ausleuchtung. (Dieses Prinzip wird bei allen Kameras genutzt.)

4. Das Einsetzen von *Neutralfiltern*, das sind Filter mit konstantem spektralem Transmissionsgrad $\tau(\lambda)$; dieses Postulat wird annähernd erfüllt durch geschwärzte Drahtnetze sowie schwarze Lochfolien oder -bleche, weißes Papier oder Gaze, Neutral- oder Graugläser und Neutralreflexionsfilter. — Für äquidistant gelochte Folien oder Bleche wie auch für Drahtnetze gilt

$$\tau(\lambda) \approx \frac{A_L}{A_\Sigma}, \qquad (5.70)$$

wobei A_L die Lochfläche und A_Σ die Gesamtfläche sind. — Neutralgläser werden als gut gestufte Sätze für $10^{-4} \leq \tau(\lambda) \leq 0,9$ bis zu 25 cm Kantenlänge angeboten. Für Feinabstufungen ist interessant, daß aufgrund der Fresnelschen Formel für senkrechte Inzidenz bereits an einer farblosen planparallelen Glasplatte mit der Brechzahl $n_G \approx 1,5$ (z. B. Dia- oder Fensterglas) beim Exponieren in Luft ($n_L \approx 1,0$) zweimal ein Photonenfluß $E_{\lambda,r}$ von etwa 4% reflektiert wird:

$$\frac{E_{\lambda,r}}{E_\lambda} = \left(\frac{n_G - n_L}{n_G + n_L}\right)^2 = \left(\frac{0,5}{2,5}\right)^2 = 0,04. \qquad (5.71)$$

Eine farblose Glasscheibe in Luft wirkt also als Neutralglas mit $\tau(\lambda) = 0,96^2 \approx 0,92$. Fünf solche Platten mit Luftspalten in Serie ergeben gemäß Gl. (5.67) bereits $\tau(\lambda) = 0,92^5 \approx 0,66$.

Der *Polarisationsgrad* von Monochromatbändern kann durch optische Bauteile (z. B. gehärtete Wärmeabsorptionsgläser, Hinterwandspiegel, Kunststoffe), die im Strahlengang sind, beeinflußt werden und ist deshalb am Bestrahlungsort zu überprüfen. Hierzu ist eine *Polarisationsfolie* erforderlich, welche man auf einem *Photodetektor* fixiert; durch Drehen dieser Anordnung kann eine vorhandene Polarisierung des Strahls direkt gemessen werden. —

Das Einsetzen von Polarisationsfolien in die Strahlengänge der Monochromatoren liefert *linear polarisierte Spektralbänder* mit einem Polarisationsgrad von $\leq 99,99\%$ bei einem Resttransmissionsgrad von $\approx 0,3$. Solche Folien bestehen aus Kunststoffen, in die dichroitische Mikrokristalle (z. B. Herapatith) in paralleler Orientierung eingebettet sind. Da Polarisationsfolien häufig nicht ganz streuungsfrei sind und um eine Depolarisierung durch nachfolgende optisch aktive Bauteile auszuschließen, empfiehlt es sich, diese Filter unmittelbar vor der Bestrahlungsgut anzubringen. Wie hoch der Polarisationsgrad bei der Bestrahlung ist wird dann nur noch durch das Versuchsgut selbst sowie die Reflexion des Hintergrunds bestimmt. Wegen der optischen Aktivität vieler biologischer Strukturen und Inhaltsstoffe sind für eine genaue Beurteilung polarisationsmikroskopische Messungen erforderlich.

5.3.3.5. Arbeitsbedingungen

Die *Anordnung der Monochromatoren* sollte so erfolgen, daß möglichst nur die fertig ausgefilterte monochromatische Strahlung mit Hilfe von lichtdichten Durchführungen oder Lichtleitern in den Bestrahlungsraum gelangt. Alle zur Strahlungserzeugung und -filterung erforderlichen Bauteile sollten in einem Vor- oder Nebenraum arrangiert werden; für die Abführung der oft erheblichen elektrischen Verlustleistung sowie für die Filterkühlung ist eine Ventilation vorzusehen.

Der *Bestrahlungsraum* selbst sollte mattschwarz gestrichen, thermisch gut isoliert und mit einer Raumtemperierung ($\pm 0,5^\circ$ C) ausgerüstet sein. Wenn biologische Objekte frei exponiert werden sollen, ist u. U. auch eine Feuchtigkeitsregulierung ($\pm 5\%$) einzuplanen. Beim Arbeiten mit hohen Photonenflüssen ist ferner an das Auftreten von Übertemperaturen im Bestrahlungsgut zu denken: Temperaturmessungen mit Thermonadeln sowie zusätzliche Thermostatenbäder für das Versuchsgut sind dann erforderlich.

Für *Bestrahlungszeiten* im Bereich $t \geq 10$ s genügt die Zeitnahme mit Hilfe von Stoppuhr und manueller Betätigung von Sperrschiebern. Für kleinere Exponierzeiten empfiehlt sich der Einsatz von magnetbetätigten Elektronikverschlüssen.

Die Vorbereitung des biologischen Versuchsmaterials ist häufig nicht in völliger Dunkelheit möglich. Man benutzt deshalb am Arbeitsplatz im allgemeinen ein *grünes Sicherheitslicht*, welches nur Strahlung im Bereich zwischen den Maximalwerten der spektralen Hellempfindlichkeitsgrade für Tages- und Nachtsehen ($\lambda_{max} = 555$ bzw. 507 nm) emittiert.

Für den Bau solcher Sicherheitslichter sind kastenförmige Leuchten für je eine gelbe oder grüne Leuchtstofflampe z. B. vom Typ Philips TL 16 oder 17 mit 20 oder 40 W Leistung geeignet. Die ringförmigen Zonen zwischen Lampenrohr und Metallsockel, wo die Phosphorbelegung der Lampen aussetzt, werden mit schwarzem Isolierband umklebt. Das Austrittsfenster der Leuchte ist mit je einer 3 mm dicken Platte aus Farbplexiglas der Typen gelb Nr. 303 und blau Nr. 627 lichtdicht zu verschließen. Es resultiert ein grünes Spektralband mit $\lambda_{max} \approx 521$ nm, $HW = 22$ nm, $ZW = 41$ nm und $hW = 63$ nm. Nach 15–20 min Dunkeladaption sind in diesem Licht ich bei einer Bestrahlungsstärke von ca. 10 mW·m^{-2}, das ist ein Photonenfluß von ca. 44 nmol·m^{-2}·s^{-1}, feine Präparierarbeiten möglich; um Größenordnungen geringere Bestrahlungsstärken genügen, wenn man auf einer von unten zu beleuchtenden Opalglasplatte arbeitet.

Vor einer routinemäßigen Verwendung grüner und anderer Sicherheitslichter muß dringend gewarnt werden, denn bei empfindlichen Systemen kann bereits durch eine Photonenbestrahlung mit 1 μmol·m^{-2} bei 519 nm (das entspricht einer Bestrahlungszeit von ca. 23 s im obigen Sicherheitslicht) der Anlaufbereich von Fluenzeffektkurven drastisch modifiziert werden (s. Abb. 5.24). Es ist deshalb u. U. notwendig, daß das Versuchsmaterial bei völliger Dunkelheit am Bestrahlungsort positioniert wird, was mit Hilfe von entsprechend vorjustierten Rahmen, in die die Versuchsbehälter genau hineinpassen, leicht möglich ist. Vor und nach der Bestrahlung sollte

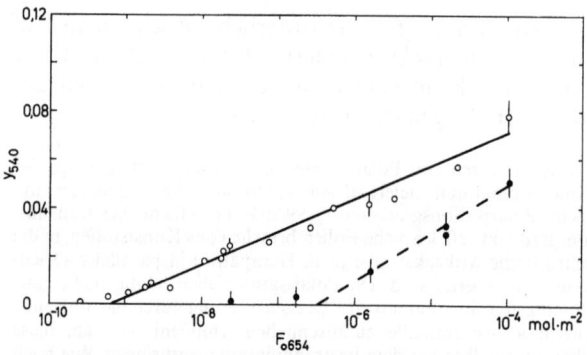

Abb. 5.24. Veränderung des Schwellenwerts und der Steilheit einer Hellrot-Fluenz-Effekt-Kurve durch Grünlichtvorbestrahlung ($\lambda_m = 519$ nm, $HW = 23$ nm, Bestrahlungszeit $t = 10$ s, Raumphotonenfluenz $F_{o519} = 1 \mu\text{mol} \cdot \text{m}^{-2}$). Untersucht wurde die Anthocyanakkumulation bei Senfkeimlingen [*Sinapis alba* L., s. Abb. 13.21 des Beitrages 13.3; Anzucht bei $25 \pm 0{,}5°$ C; Bestrahlung, Extraktion und Photometrie erfolgten 36, 72 bzw. 96 Std nach Aussaat. Als Hellroteffekt y_{540} wurde das streuungskorrigierte dekadische Absorptionsmaß (=Extinktion) ermittelt und jeweils um den entsprechenden Dunkel- bzw. Grüneffekt vermindert]. Aufgetragen ist der Hellroteffekt y_{540} *ohne* (ausgezogen) und *mit* (gestrichelt) Grünvorbestrahlung als Funktion des hellroten Raumphotonenfluenz F_{o654} ($\lambda_m = 654$ nm, $HW = 20$ nm, $t = 5$ s) in Form der Regressionsgeraden. Die relative Photonenwirksamkeit des Grünlichts, bezogen auf Hellrot, beträgt nur $p(519) \approx 0{,}024$. Die Grünlichtvorbestrahlung erhöht aber den Schwellenwert für Hellrot von $F_{o654} \approx 6 \cdot 10^{-10}$ mol $\cdot$ m^{-2} auf $3 \cdot 10^{-7}$ mol $\cdot$ m^{-2}, d. h. um etwa einen Faktor 500 bei gleichzeitiger Erhöhung der Anlaufsteilheit der Fluenz-Effekt-Kurve auf das 1,44fache. Steuerpigment ist das Phytochrom (s. Kapitel 13.3.). [Thoma und Hartmann: unveröffentlicht]

das Versuchsmaterial wie auch die Dunkelkontrollen in lichtdichten Blechschachteln (Keksdosen oder Al-Schachteln mit Schwarztuchüberwurf unter dem Deckel) unter kontrollierten Bedingungen (am besten im Bestrahlungsraum) verbleiben.

5.3.4. Strahlungsmessung

5.3.4.1. Das Messen spektraler Photonenflüsse

Strahlung des sichtbaren Spektralbereichs und der angrenzenden Bezirke kann als Spektralverteilung in Form des *spektralen Photonenflusses* $E(\lambda)$ charakterisiert werden, der in mol $\cdot$ m^{-2} $\cdot$ s^{-1} $\cdot$ nm^{-1} anzugeben ist.

Für die Praxis genügt es, wenn die Spektralverteilung als *relativer spektraler Photonenfluß* $E(\lambda)_{\text{rel}} = E(\lambda)/E(\lambda_r)$ mit λ_r als Referenzwellenlänge bekannt ist. $E(\lambda)_{\text{rel}}$ kann mit Hilfe eines Spektralphotometers punktweise oder kontinuierlich gemessen werden, sofern die *spektrale (Energie-) Empfindlichkeit* $s_e(\lambda)$ des Spektralphotometers [s. Gl. (5.75)] hoch genug ist, um bei einer Bandbreite von $HW \leq 1$ nm bis herunter zu $< 10^{-4}$ des Maximalwerts von $E(\lambda)$ zu messen. Für die Kalibrierung des Spektralphotometers ist eine Referenzstrahlungsquelle erforderlich, deren relativer spektraler Photonenfluß $E(\lambda)_{\text{rel, r}}$ für genau einzuhaltende elektrische Leistungsaufnahme bekannt sein muß. Mittels identischer optischer Anordnungen (BaSO$_4$-Tablette, Quarzlinsen) wird die Strahlung jeweils auf den Monochromatoreneintrittsspalt des Spektralphotometers projiziert. Dabei ergebe sich als *spektrales Ausgangssignal für die Referenzstrahlungsquelle* $x(\lambda)$ und für die *unbekannte Spektralverteilung* $y(\lambda)$. Damit resultiert für den relativen spektralen Photonenfluß $E(\lambda)_{\text{rel}}$ der unbekannten Spektralverteilung:

$$E(\lambda)_{\text{rel}} = \frac{y(\lambda)}{x(\lambda)} \cdot E(\lambda)_{\text{rel, r}} . \tag{5.72}$$

Für annähernd symmetrische Spektralverteilungen mit Bandbreiten ≤ 20 nm darf man den integralen spektralen Photonenfluß einer Nominalwellenlänge $\lambda \approx \frac{1}{2}(\lambda_a + \lambda_b)$ zuordnen, d. h. es gilt in etwa

$$\lim_{\lambda_a \to \lambda_b} \int_{\lambda_a}^{\lambda_b} E(\lambda) \cdot d\lambda = E_\lambda . \tag{5.73}$$

Man spricht dann von einem *monochromatischen Photonenfluß* E_λ mit der Dimension mol $\cdot$ m^{-2} $\cdot$ s^{-1}. In allen anderen Fällen ist auch im Zusammenhang mit Aktionsspektrometrie *in vivo* der integrale spektrale Photonenfluß gemäß

$$\int_{\lambda_a}^{\lambda_b} E(\lambda) \cdot d\lambda = E_\Lambda \tag{5.74}$$

als *polychromatischer Photonenfluß* E_Λ in mol $\cdot$ m^{-2} $\cdot$ s^{-1} zu bezeichnen.

5.3.4.2. Das Messen absoluter Photonenflüsse

Bei der Bestrahlung biologischer Objekte wird oft durch äußere und innere Grenzflächen der Objekte sowie ihrer Umgebung Photonenstreuung über den gesamten *Raumwinkel* $\Omega = 4\pi$ sr (=Steradiant) verursacht. Dies erfordert eine räumlich integrierende Messung der Photonenflüsse am Bestrahlungsort. Hierzu sind Photodetektorsysteme mit definierten *spektralen* und *räumlichen Empfindlichkeiten* erforderlich. Dabei wird üblicherweise impliziert, daß bei diesen Systemen strikte Proportionalität zwischen Eingangsgröße und Signal besteht und daß Störungen durch die Temperaturabhängigkeit, Ermüdung und Trägheit der Photodetektoren ausgeschlossen sind, was jedoch jeweils zu überprüfen ist.

a) Spektrale und räumliche Empfindlichkeiten

Die *(absolute) spektrale (Energie-) Empfindlichkeit* $s_e(\lambda)$ kann in diesem Zusammenhang definiert werden als

$$s_e(\lambda) = \frac{y_\lambda}{E_{e\lambda}}, \tag{5.75}$$

wobei y_λ = Signal bei monochromatischer Bestrahlung mit der Wellenlänge λ, d. h. z. B. mm Deflektion eines Zeigers, und $E_{e\lambda}$ = energetisch bewerteter monochromatischer Strahlungsfluß, d. h. *monochromatische Bestrahlungsstärke* in W $\cdot$ m^{-2}, im parallelen Strahl bei senkrechter Inzidenz gemessen sind.

Häufig wird als abgeleitete Größe die *relative spektrale Empfindlichkeit*

$$s_e(\lambda)_{rel} = \frac{s_e(\lambda)}{s_e(\lambda_r)} \qquad (5.76)$$

verwendet, wobei $s_e(\lambda_r)$ = spektrale Empfindlichkeit für die *Referenzwellenlänge* λ_r ist.

Die *räumliche spektrale Empfindlichkeit* $s_e(\lambda, \eta, \theta)$ ist $s_e(\lambda)$ für den *Einfallswinkel* η und den *Rotationswinkel* θ. η wird gegen die Achse für senkrechte Inzidenz gemessen, θ wird in einer Ebene senkrecht zu dieser Inzidenzachse gemessen, d.h. in einer Ebene mit $\eta = 90° = \pi/2$ rad (= Radiant). Im allgemeinen genügt es, wenn die *relative räumliche spektrale Empfindlichkeit*

$$s_e(\lambda, \eta, \theta)_{rel} = \frac{s_e(\lambda, \eta, \theta)}{s_e(\lambda)} \qquad (5.77)$$

bekannt ist, wobei $s_e(\lambda) = s_e(\lambda, \eta, \theta)$ für $\eta = 0$ rad gemäß Gl. (5.75) definiert ist.

b) Photodetektortypen und Maßsysteme

Bei *selektiven Photodetektorsystemen* ist $s_e(\lambda)_{rel}$ eine Funktion von λ. Die meisten Photoelemente, Photowiderstände, Photozellen und Sekundärelektronenvervielfacher fallen in diese Gruppe. Solche Systeme können gemäß Gln. (5.75) und (5.76) bei senkrechter und paralleler Inzidenz zur Messung *monochromatischer Bestrahlungsstärken* $E_{e\lambda}$ verwendet werden, sofern $s_e(\lambda)_{rel}$ und zusätzlich $s_e(\lambda)$ für eine Wellenlänge bekannt sind. Allerdings sollte man praktisch nur den Bereich $s(\lambda)_{rel} \geq 0{,}05$ nutzen, was z.B. bei einem *Siliziumelement* dem Spektralbereich $400 \leq \lambda \leq 1500$ nm entspricht.

Bei *grauen* oder *schwarzen Photodetektorsystemen* gilt im sichtbaren Spektralbereich $s_e(\lambda)$ = konstant, d.h. ihre Energieempfindlichkeit ist wellenlängenunabhängig (s. Abb. 5.25). *Thermosäulen* und *Bolometer* sind die bekanntesten Photodetektorsysteme, die für den sichtbaren Spektralbereich sowie die angrenzenden UV- und IR-Bezirke dieses Postulat erfüllen. Solche Systeme sind sowohl zur Messung *monochromatischer Bestrahlungsstärken* $E_{e\lambda}$ als auch zur Messung *polychromatischer Bestrahlungsstärken* $E_{e\Lambda}$, definiert als

$$E_{e\Lambda} = \int_{\lambda_a}^{\lambda_b} E_e(\lambda) \cdot d\lambda, \qquad (5.78)$$

vorzüglich geeignet, sofern nur $s_e(\lambda)$ bekannt ist.

Besonders interessant für die Aktionsspektrometrie sind Photodetektoren, bei denen $s_e(\lambda)$ proportional mit λ ansteigt [s. Gl. (5.88) u. Abb. 5.25], da dann für ihre *spektrale Photonenempfindlichkeit* $s(\lambda)$ gilt:

$$s(\lambda) = \frac{y_\lambda}{E_\lambda} = \text{konstant}. \qquad (5.79)$$

Derartige Systeme können zur Messung *monochromatischer Photonenflüsse* E_λ wie auch zur Messung *polychromatischer* (oder weißer) *Photonenflüsse* E_Λ verwendet werden, sofern $s(\lambda)$ gegeben ist. *Bleisulfidwiderstände* und *Germaniumdioden* erfüllen für den sichtbaren Spektralbereich bis hinein ins Infrarot in etwa Gl. (5.79) und sind also *Photonenzähler*. Durch

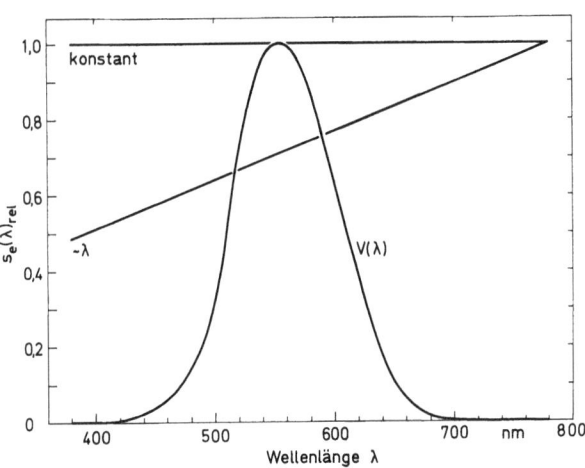

Abb. 5.25. Relative spektrale Empfindlichkeit $s_e(\lambda)_{rel}$ von Photodetektoren bei konstanter Energieempfindlichkeit ($s_e(\lambda)_{rel}$ = konstant), bei konstanter Photonenempfindlichkeit ($s(\lambda)_{rel}$ = konstant, d.h. z.B. $s_e(\lambda)_{rel} = \frac{\lambda}{780 \cdot 10^{-9}}$) bzw. bei photometrischer Empfindlichkeit ($V(\lambda) = s_e(\lambda)_{rel}$)

Kombination mit Farbkonversionsfiltern kann man auch andere Photodetektoren für begrenzte Spektralbereiche auf konstante Photonenempfindlichkeit anpassen.

Die Grundlage für *Photometrie* bilden Photodetektoren, deren relative spektrale Empfindlichkeit $s_e(\lambda)_{rel}$ dem *spektralen Hellempfindlichkeitsgrad für Tagessehen* $V(\lambda)$ folgt. $V(\lambda)$ ist eine glockenförmige Funktion, die für den sichtbaren Spektralbereich $380 \leq \lambda \leq 780$ nm definiert ist und den Maximalwert 1 bei $\lambda = 555$ nm erreicht. Für $\lambda \leq 455$ nm bzw. $\lambda \geq 665$ nm ist $V(\lambda) < 0{,}05$ (s. Abb. 5.25). Photodetektoren, die an die $V(\lambda)$-Funktion angepaßt sind, können zur Messung *monochromatischer* wie auch *polychromatischer Beleuchtungsstärken* $E_{v\lambda}$ bzw. $E_{v\Lambda}$ gemäß Gl. (5.80) bzw. analog zu Gl. (5.78) verwendet werden, sofern die *spektrale photometrische Empfindlichkeit* $s_v(\lambda)$ z.B. in mm Deflektion · lx^{-1} bekannt ist:

$$s_v(\lambda) = s_v(555) \cdot V(\lambda) = \frac{y_\lambda}{E_{v\lambda}}. \qquad (5.80)$$

Die *Beleuchtungsstärke* ist ein Maß für die *Helligkeit*, die das menschliche Auge empfindet, also ein psychophysisches Maß und ist generell in *Lux* (= lx = Lumen pro m² = lm·m⁻²) anzugeben. Die im angloamerikanischen Schrifttum bislang übliche Einheit war das *footcandle* (= fc = Lumen per *square foot*; 1 fc = 10,764 lx). Systeme zur Messung von Beleuchtungsstärken sind als *Beleuchtungsmesser* bzw. *Luxmeter* im Handel.

Unabhängig von der spektralen Empfindlichkeit eines Photodetektors kann seine relative *räumliche* Empfindlichkeit sehr unterschiedlich sein. Oberflächenbeschaffenheit (z.B. planpoliert oder mattiert), Vorsatzkörper (z.B. Linsen oder Streukörper aus Opal-Plexiglas) sowie die geometrische Abschirmung am Expositionsort (z.B. Haltevorrichtungen oder Gehäuse) entscheiden über die räumliche Empfindlichkeit.

Sofern man mit parallelen Strahlenbündeln arbeitet und sowohl bei der Eichung als auch bei der Messung bezüglich der Photodetektoreinfallsebene senkrechte Bestrahlung einhält, also unter Bedingungen normaler

Inzidenz arbeitet, kann man von *normalen* (⊥) Strahlungsgrößen sprechen, also z. B. von einem *normalen monochromatischen Photonenfluß* $E_{\perp\lambda}$.

Sobald die Bestrahlungsapertur $\eta > 10° = \pi/18$ rad wird, oder sobald merkliche Reflexion am Bestrahlungsort auftritt, ist zu entscheiden, ob *cosinusgetreue* oder *raumintegrierende* Strahlungsmessung anzuwenden ist. Der *monochromatische cosinusgetreue Raumphotonenfluß* $E_{\triangle\lambda}$ sollte bestimmt werden, wenn die Organe zur Lichtperzeption 1. bevorzugt zweidimensional entwickelt und 2. in einer bzw. wenigstens parallelen Ebenen orientiert sind; außerdem muß 3. die Milieureflexion vernachlässigbar bleiben. Diese Bedingungen gelten z. B. für manche Rosettenpflanzen und Thallophyten im schwarzen Raum. In der Regel ist jedoch eine der Voraussetzungen nicht gegeben, wie etwa bei einer Suspension von Mikroorganismen, bei mehr oder weniger regulär dreidimensional entwickelten Objekten oder bei Objektexposition auf bzw. im hellen oder stark streuenden Untergrund bzw. Raum. In den meisten Fällen ist deshalb die Bestimmung des *monochromatischen Raumphotonenfluß* $E_{\circ\lambda}$ am Expositionsort das einzig richtige.

Für *cosinusgetreue Photonenflußmessung* soll die räumliche spektrale Photonenempfindlichkeit der Photodetektoren gemäß dem Lambertschen Gesetz der Bedingung

$$s(\lambda, \eta, \theta) = s(\lambda) \cdot \cos\eta \tag{5.81}$$

genügen. Der geometrische Ort für die Spitzen der Empfindlichkeitsvektoren $s(\lambda, \eta, \theta)$ bzw. ihr Hüllraum (= Indikatrix) sind also Kugeln mit dem Durchmesser $s(\lambda)$, welche die Detektorenoberfläche tangieren (Abb. 5.26a). Damit ergibt sich aus der *monochromatischen Photonenstrahldichte* $E(\eta, \theta)_\lambda = E(\Omega)_\lambda$ mit der Dimension mol·m^{-2}·s^{-1}·sr^{-1}, d.h. aus dem raumwinkelbezogenen Photonenfluß, nach Integration über die positive Hemisphäre $(= \triangle)$ das Signal

$$y_{\triangle\lambda} = \int_0^{2\pi} \int_0^{\pi/2} E(\eta, \theta)_\lambda \cdot s(\lambda) \cdot \cos\eta \cdot \sin\eta \cdot d\eta \cdot d\theta$$
$$= s(\lambda) \cdot \int_0^{2\pi} E(\Omega)_\lambda \cdot \cos\eta \cdot d\Omega. \tag{5.82}$$

Der *monochromatische cosinusgetreue Photonenfluß* $E_{\triangle\lambda}$ resultiert somit als

$$E_{\triangle\lambda} = \frac{y_{\triangle\lambda}}{s(\lambda)}, \tag{5.83}$$

wobei nur $s(\lambda)$ für normale Inzidenz bekannt sein muß. Nackte flache Photodetektoren haben mehr oder weniger starke Cosinusfehler, d.h. für $\eta > 45° = \pi/4$ rad wird $s(\lambda, \eta, \theta) < s(\lambda) \cdot \cos\eta$. Bei Thermosäulen, die in Gehäusen mit aperturbegrenzenden Tuben sitzen, ist die räumliche Empfindlichkeit häufig auf $\eta \leq 15° = \pi/12$ rad eingeschränkt, d.h. für $\eta > 15°$ gilt $s(\lambda, \eta, \theta) \to 0$. Speziell für Beleuchtungsmesser gibt es Cosinusvorsätze im Handel, die die räumliche Empfindlichkeit von Photoelementen cosinusgetreu anpassen. Solche Vorsätze bestehen z. B. aus einer Trübglaskalotte und einem sie umgebenden Stufenring, der bis 18 cm ⌀ haben kann. Eine für $\eta < 60° = \pi/3$ rad ausreichende Cosinuskorrektur ergibt sich, wenn man die Photodetektoroberfläche mit weißem Chromatografiepapier oder weißem mattierten Trübplexiglas abdeckt. Bei Cosinusvorsätzen sind die Reduktion von $s(\lambda)$ um etwa einen Faktor 3 und u. U. sogar eine Änderung von $s(\lambda)_{rel}$ zu berücksichtigen.

Für *raumintegrierende Photonenflußmessung* soll die räumliche spektrale Photonenempfindlichkeit die Bedingung

$$s(\lambda, \eta, \theta) = s(\lambda) \tag{5.84}$$

erfüllen. Die Indikatrix für die Empfindlichkeitsvektoren $s(\lambda, \eta, \theta)$ sind also Kugeln mit dem Radius $s(\lambda)$, deren Zentrum im Detektorzentrum liegt (Abb. 5.26b). Hier ergibt sich bei Integration über den gesamten Raum $(= \bigcirc)$ für das Signal

$$y_{\circ\lambda} = \int_0^{2\pi}\int_0^{\pi} E(\eta, \theta)_\lambda \cdot s(\lambda) \cdot \sin\eta \cdot d\eta \cdot d\theta = s(\lambda) \cdot \oint_0^{4\pi} E(\Omega)_\lambda \cdot d\Omega. \tag{5.85}$$

Der *monochromatische Raumphotonenfluß* $E_{\circ\lambda}$ kann damit bestimmt werden als

$$E_{\circ\lambda} = \frac{y_{\circ\lambda}}{s(\lambda)}, \tag{5.86}$$

wobei wiederum nur $s(\lambda)$ für normale Inzidenz gegeben sein muß.

Speziell für Beleuchtungsmesser gibt es *Raumbeleuchtungsvorsätze* (= $E_\circ$-Vorsätze) im Handel, die die Empfindlichkeit von Photoelementen über den gesamten Raumwinkel auf ±5% konstant halten. Solche Vorsätze sind Hohlkugeln aus weißem Trübplexiglas (⌀ ≤ 15 cm) mit eingeklebten Korrekturstreifen. Die $E_\circ$-Vorsätze reduzieren $s(\lambda)$ um etwa einen Faktor 8 und verändern u. U. auch $s(\lambda)_{rel}$. Für die Messung monochromatischer Raumphotonenflüsse $E_{\circ\lambda}$ im Zusammenhang mit der Aktionsspektrometrie sind die kommerziellen $E_\circ$-Vorsätze meistens zu groß.

Einen hinreichend kleinen und ausreichend genauen *Raummeßkopf* kann man leicht und billig selbst herstellen, indem man ein Siliziumelement von ca. 5 mm ⌀ in ein ca. 10 mm langes Al-Röhrchen setzt, an einem dünnen Stab fixiert und mit einem glatten und reinweißen Tischtennisball (ca. 38 mm ⌀) verklebt. Unter erschwerten Bedingungen (Freiland, Wasser) verwendet man anstelle des Tischtennisballs besser eine Plexiglashohlkugel von ca. 34 mm ⌀, die man mit Chloroform aus zwei Halbkugelkalotten verklebt.

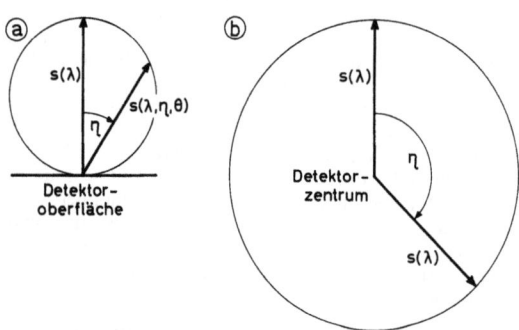

Abb. 5.26. Indicatrices bzw. Hüllräume für die Empfindlichkeitsvektoren $s(\lambda, \eta, \theta)$ bei cosinusgetreuer (= a) bzw. räumlich konstanter (= b) Empfindlichkeit von Photodetektoren

Letztere werden aus Plexiglasplatten weiß 072 (2 mm dick) nach Anwärmen im Ölbad auf 145°C mit Hilfe einer kalten Kugel (30 mm ⌀) und einem angewärmten Ring (34 mm ⌀) tiefgezogen, auf der Drehbank abgestochen und verschliffen. Abbildung 5.27 zeigt den Querschnitt sowie die relativen räumlichen und spektralen Empfindlichkeiten eines solchen Meßkopfs.

c) Beziehungen zwischen Bestrahlungsstärke, Beleuchtungsstärke und Photonenfluß

Für *monochromatische* Spektralbänder können Bestrahlungsstärken, Beleuchtungsstärken und Photonenflüsse einfach ineinander umgerechnet werden, unabhängig davon, ob die Messungen primär gemäß Gln. (5.75), (5.79) oder (5.80) erfolgten. Die Umrechnungen gelten für normale ($=\perp$), cosinusgetreue ($=\triangle$) oder raumintegrierende ($=\bigcirc$) Messungen und liefern sich jeweils entsprechende energetische, photometrische bzw. photonische Strahlungsgrößen.

Für die Verknüpfung zwischen der *Bestrahlungsstärke* $E_{e\lambda}$ in $W \cdot m^{-2}$ und der *Beleuchtungsstärke* $E_{v\lambda}$ in lx gilt

$$E_{e\lambda} = \frac{E_{v\lambda}}{K_m \cdot V(\lambda)}, \quad (5.87)$$

wobei K_m = photometrisches Strahlungsäquivalent = 673 lm·W^{-1} und $V(\lambda)$ = spektraler Hellempfindlichkeitsgrad für Tagessehen mit $V(555) = 1$ sind. Gleichung (5.87) ist praktisch nutzbar, solange $V(\lambda) \geq 0{,}05$ bleibt, da anderenfalls die aus $E_{v\lambda}$ berechneten Werte $E_{e\lambda}$ zu unsicher werden.

Gemäß Planck's Quantentheorie erhält man den *Photonenfluß* E_λ in mol·m^{-2}·s^{-1} aus der *Bestrahlungsstärke* $E_{e\lambda}$ in W·m^{-2}, wenn man letztere durch die Energie eines Mols Photonen ($=N \cdot h \cdot v$) dividiert:

$$E_\lambda = \frac{E_{e\lambda}}{N \cdot h \cdot v} = 8{,}36 \cdot \lambda \cdot E_{e\lambda}. \quad (5.88)$$

Dabei ist die Loschmidtsche Zahl $N = 6{,}02 \cdot 10^{23}$ mol^{-1}, das Plancksche Wirkungsquantum $h = 6{,}62 \cdot 10^{-34}$ W·s^2 und v = Frequenz in s^{-1}, wobei v durch den Quotient c/λ, d.h. die Vakuumlichtgeschwindigkeit $c = 3 \cdot 10^8$ m·s^{-1} und die Wellenlänge λ in m ersetzbar sind.

Durch Substitution von Gl. (5.87) in Gl. (5.88) ergibt sich der Zusammenhang zwischen dem *Photonenfluß* E_λ und der *Beleuchtungsstärke* $E_{v\lambda}$:

$$E_\lambda = \frac{8{,}36 \cdot \lambda \cdot E_{v\lambda}}{K_m \cdot V(\lambda)}. \quad (5.89)$$

d) Das Eichen von Photodetektorsystemen

Alle im Zusammenhang mit Eichungen durchzuführenden Messungen sollten bei $25 \pm 1°C$ in einem schwarzen Raum erfolgen. Die Geräte müssen thermisch adaptiert sein, und es ist daran zu denken, daß der menschliche Körper bereits in Ruhe im Infrarotbereich als ein Störstrahler von etwa 100 W Leistung wirkt. Um die Emission der verwendeten Strahlungsquellen ausreichend konstant zu halten, sollte ihre Leistungsaufnahme auf $\leq \pm 0{,}5\%$ stabilisiert werden.

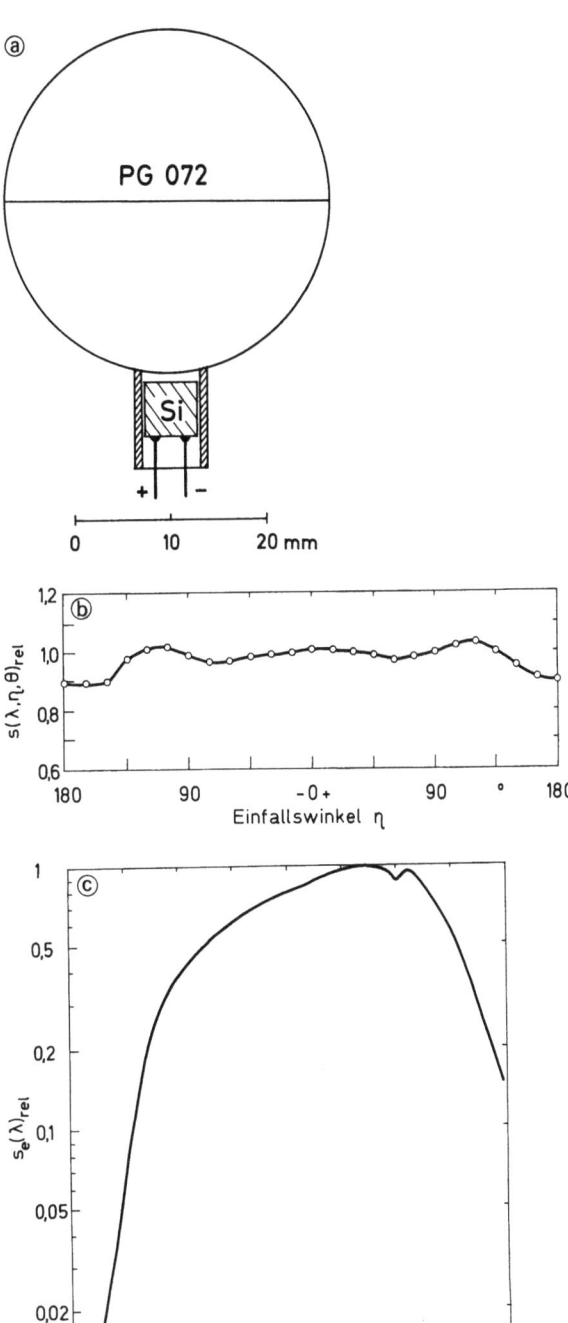

Abb. 5.27a—c. Raummeßkopf gemäß Text mit räumlich annähernd konstanter Empfindlichkeit. (a) Querschnitt; (b) relative räumliche Empfindlichkeit $s(\lambda, \eta, \theta)_{rel}$ als Funktion des Einfallswinkels η; (c) relative spektrale Empfindlichkeit $s_e(\lambda)_{rel}$

Bevor man ein Photodetektorsystem eicht, d.h. seine spektrale Empfindlichkeit gemäß Gln. (5.75), (5.79) oder (5.80) bestimmt, muß man prüfen, ob die *Kennlinie* linear ist, d.h. ob das Signal y_A direkt proportional mit der Bestrahlungsstärke E_{eA} zunimmt. Das läuft darauf hinaus, daß die *differentielle Empfindlichkeit* $\Delta y_A/\Delta E_{eA}$ unabhängig von der Vorerregung y_A konstant sein muß. Zur experimentellen Überprüfung dieses Tatbestandes richtet man einfach zwei Lichtbündel auf den Photodetektor. Das erste Bündel E_{eA} wird stufenweise von Null bis zur Maximalerregung gesteigert.

Das zweite Bündel ΔE_{eA} wird konstant gehalten und jeweils an- und abgeschaltet. Wenn das System proportional arbeitet, so muß unabhängig von der durch E_{eA} erzeugten Grunderregung y_A, die jeweils durch ΔE_{eA} erzeugte Signaldifferenz Δy konstant sein. Man findet dies in der Regel bestätigt, wenn Photodetektoren bei niederohmigem Abschluß ($R_a \leq 100\,\Omega$) betrieben werden. Bei hochohmigem Abschluß geht die Proportionalität jedoch häufig verloren, und die Kennlinien bekommen den Charakter von Saturierungshyperbeln. Auch bei kommerziellen Systemen empfiehlt sich deshalb eine Überprüfung der Kennlinien.

Wegen der Existenz der Gln. (5.87), (5.88) und (5.89) benötigt man zur Aktionsspektrometrie mit monochromatischen Photonenflüssen nur *ein* geeichtes Photodetektorsystem. Am günstigsten ist ein geeichtes System mit konstanter Photonenempfindlichkeit $s(\lambda)$.

Primär läßt sich jedoch ein nackter Photodetektor mit konstanter Energieempfindlichkeit $s_e(\lambda)$ am einfachsten eichen, weil man hier den *Eichwert* durch direkten Anschluß an das elektrische System ermitteln kann. Man nutzt dabei die Tatsache, daß für eine röhrenförmige klare Wolframfadenlampe bei Horizontallage die Abstrahlung in der Zentralebene senkrecht zur Lampenachse und außerhalb des 10fachen Lampendurchmessers so ist wie bei einer Punktquelle. Außerdem gilt beim Betrieb von Glühlampen, daß im Bereich von 30–100% der Nennleistung die *Änderung der elektrischen Leistungsaufnahme* ziemlich genau der *Änderung der abgestrahlten Energie* entspricht, da in diesem Lastbereich Änderungen von Konvektions- und Leitungsverlusten vernachlässigbar gering bleiben. In der Zentralebene senkrecht zur Lampenachse gilt dann für die *Änderung der polychromatischen Bestrahlungsstärke*

$$\Delta E_{eA} = \frac{U_{\text{Nenn}} \cdot I_{\text{Nenn}} - U_x \cdot I_x}{4\pi r^2}, \qquad (5.90)$$

mit $U_x \cdot I_x \geq 0{,}3 \cdot U_{\text{Nenn}} \cdot I_{\text{Nenn}}$ und $r \geq 10\,d$, wobei U = Betriebsspannung in V, I = Betriebsstrom in A, r = Arbeitsabstand von der Lampenachse und d = Lampendurchmesser in m sind. Mit Hilfe der sich für ΔE_{eA} ergebenden Signaldifferenz $\Delta y_A = y_{A\text{Nenn}} - y_{Ax}$ ermittelt man analog zu Gl. (5.75) die absolute spektrale Energieempfindlichkeit $s_e(\lambda)$ = konstant = $\Delta y_A / \Delta E_{eA}$ als sog. *differentielle Empfindlichkeit*. Bei sorgfältigem Arbeiten mit besonders ausgewählten Lampentypen (s. u. e), erreicht man mit diesem Verfahren fast die gleiche Genauigkeit ($\pm 2\%$) wie mit einem geeichten teuren Gesamtstrahlungsstandard.

Für den *Meßeinsatz* von geeichten Photodetektorsystemen, meist wohl Thermosäulensysteme, müssen diese mit einem *Fenster* verschlossen werden. Als Fenster verwendet man stets ein Stück von dem Material, welches zur Abdeckung der Objekte bei der Exponierung dient, weil dann der spektrale Transmissionsgrad $\tau(\lambda)$ des Abdeckmaterials nicht als Korrekturfaktor berücksichtigt werden muß. Falls regulär ohne Abdeckung bestrahlt wird, wird ein poliertes Quarzfenster eingesetzt, für welches im Spektralbereich $300\,\text{nm} \leq \lambda \leq 1000\,\text{nm}$ $\tau(\lambda) \approx 0{,}92$ gilt.

Für *Anschlußeichungen* sollte man ausschließlich möglichst parallele Monochromatbänder verwenden. Mit Hilfe der Gln. (5.87), (5.88) und (5.89) kann man die nach Gln. (5.75), (5.79) und (5.80) definierten Empfindlichkeiten verschiedener Photodetektorsysteme bestimmen und überprüfen. Das gilt auch für Systeme, die normal, cosinusgetreu bzw. raumintegrierend messen, sofern man sie bei normaler und möglichst paralleler Inzidenz im gleichen Spektralfeld vergleicht. Bei Strahlungsfeldern mit großer Bestrahlungsapertur gelingt dies, indem man die Detektoren am Grunde eines innen mattschwarzen Tubus exponiert, dessen Eintrittsblende den Einfallswinkel auf $\eta \leq 10° = \pi/18$ rad begrenzt. Dabei muß gleiches mittleres Detektorniveau eingehalten werden. Nach diesem Verfahren können innerhalb des gleichen Maßsystems auch normal, cosinusgetreu und raumintegrierend messende Photodetektorsysteme für definierte polychromatische Spektralverteilungen gegeneinander geeicht werden.

Soll bei Anschlußeichungen der *Störeinfluß* des zur Objektexponierung verwendeten *Abdeckmaterials* eliminiert werden, so ist lediglich der primär geeichte Photodetektor, also meistens die Thermosäule, während der Anschlußeichungen mit einem Fenster des Abdeckmaterials zu verschließen. Die anzuschließenden Systeme müssen also ohne Abdeckung geeicht und exponiert werden.

e) Anwendungsbeispiele

Für die praktische Durchführung einer *Niederintensitätseichung* genügt eine ca. 3 cm lange Osram-Soffittenlampe vom Typ 6430 (24 V, 3 W) die direkt mit den stromzuführenden Cu-Drähten verlötet wird. Man stellt das Detektorniveau der zu eichenden grauen bzw. schwarzen Photodetektoren senkrecht zur Lampenachse exakt auf $r = 0{,}2$ m ein. Eventuell vorhandene Detektorfenster sind zur Eichung zu entfernen, da sie die langwellige infrarote Strahlung und damit bis zur Hälfte der Glühlampenstrahlung absorbieren. Mit Hilfe von zwei 12-Volt-Bleiakkumulatoren (oder einer anderen gut stabilisierten Gleichstromquelle), einem Voltmeter, einem Amperemeter (Güteklasse jeweils $\leq 0{,}5\%$) und einem Schieberheostat, wird die Lampenleistung auf 3 bzw. 1,5 W eingestellt. Damit erhält man nach Gl. (5.90) im Abstand $r = 0{,}2$ m für $\Delta E_{eA} \approx 3\,\text{W}\cdot\text{m}^{-2}$. Die zu dieser Bestrahlungsstärkendifferenz gehörige Signaldifferenz Δy_A wird durch wiederholtes Exponieren und Beschatten des Detektors mit einer Fototüte bei beiden Einstellwerten ermittelt. Für ein Thermosäulensystem ergebe sich z. B. $\Delta y_A = 96 - 48 = 48$ mm und somit für die absolute spektrale Energieempfindlichkeit $s_e(\lambda) = 0{,}016\,\text{m}^3 \cdot \text{W}^{-1}$.

Als Beispiel für *Anschlußeichungen* ist in Tab. 5.2 eine Meßserie für ein Hellrotfeld gegeben, wobei ausgehend von einem Thermosäulenmeßkreis mit $\eta \leq 15°$, der cosinusgetreue Photonenfluß $E_{\square 658}$ bzw. der Raumphotonenfluß $E_{\circ 658}$ bestimmt wurden. Unter dem Hellrotaggregat wurde über schwarzem und weißem Grund mit einem cosinusgetreuen Beleuchtungsmesser bzw. einem Raummeßkopf gemäß Abb. 5.27 gemessen. Es ist eindeutig, daß allein der

Tabelle 5.2. Photonenflüsse über einer schwarzen (Schwarztuch) bzw. weißen (Glasal perlweiß) horizontalen Tischfläche, die 0,7 m unterhalb von einem horizontalen Hellrotaggregat (Leuchtstofflampen vom Typ Philips TL 40 W/15 mit Plexiglas rot Nr. 501/3 mm; Leuchtfläche $1{,}1\,\text{m} \times 1{,}2\,\text{m}$; $\lambda_m = 658$ nm, $HW = 15$ nm, $ZW = 40$ nm, $hW = 91$ nm) in einem schwarzen Dunkelraum bei $25 \pm 0{,}5°$ C angeordnet ist. Die Photonenflüsse wurden jeweils normal ($= E_{\perp 658}$), cosinusgetreu ($E_{\square 658}$) und raumintegrierend ($= E_{\circ 658}$) gemessen. Die spektralen Photonenempfindlichkeiten $s(658)$ des cosinusgetreuen Beleuchtungsmessers sowie des Raummeßkopfs (Abb. 5.27) wurden durch Vergleich mit einem Thermosäulenmeßkreis im gleichen Lichtfeld bei reduzierter Bestrahlungsapertur ($\eta = 9{,}5°$) bestimmt, wobei zur Aperturbegrenzung ein innen mattschwarzes Rohr (Höhe = 0,5 m; $\varnothing = 0{,}2$ m; Eintrittsblenden-$\varnothing = 145$ mm; Detektorniveau = 65 mm über Grund) diente.

Photonen-fluß	schwarzer Tisch		weißer Tisch	
	$\mu\text{M}\cdot\text{m}^{-2}\cdot\text{s}^{-1}$	% von $E_{\circ 658\,\text{weiß}}$	$\mu\text{M}\cdot\text{m}^{-2}\cdot\text{s}^{-1}$	% von $E_{\circ 658\,\text{weiß}}$
$E_{\perp 658}$	1,0	13	1,2	15
$E_{\square 658}$	2,8	36	2,9	37
$E_{\circ 658}$	4,1	53	7,8	100

Raumphotonenfluß $E_{\circ 658}$ die effektive Strahlungsbelastung am Expositionsort repräsentiert. Mit der Thermosäule wird in etwa $E_{\perp 658}$ erfaßt, was bei Messung über weißem Grund dazu führt, daß nur 15% von $E_{\circ 658\text{weiß}}$ registriert werden. Die cosinusgetreue Messung liefert 37% von $E_{\circ 658\text{weiß}}$, d. h. noch eine Unterbewertung des effektiven Photonenflusses um den Faktor 2,7. $E_{\circ 658\text{weiß}}$ ist das 1,89fache von $E_{\circ 658\text{schwarz}}$, womit der *integrale spektrale Reflexionsgrad* von Glasal perlweiß $\varrho(658)_I = 0{,}86$ fast bestätigt wird. Die Werte über weißem Grund liegen durchweg höher, was durch partielle Rückreflexion des reflektierten Photonenflusses am Hellrotaggregat bedingt ist. Deshalb, und auch wegen der durch die exponierten Objekte u. U. verursachten Beschattung, liefert die Messung des Raumphotonenflusses $E_{\circ \lambda}$ am Expositionsort generell genauere Werte als wenn man z. B. für einen parallelen Strahl nur den normalen Photonenfluß $E_{\perp \lambda}$ mißt und den Raumphotonenfluß $E_{\circ \lambda}$ mit Hilfe des integralen spektralen Reflexionsgrades des Untergrunds $\varrho(\lambda)_I$ rechnerisch ermittelt gemäß

$$E_{\circ \lambda} \approx E_{\perp \lambda} \cdot (1 + \varrho(\lambda)_I) . \tag{5.91}$$

5.3.5. Der Photonenfluß in den Proben

In pigmenthaltigen Proben tritt bei Bestrahlung das Phänomen der *Selbstbeschattung* auf. Dadurch wird die Bestimmung von Aktions- bzw. Konversionsspektren — in streuenden Proben u. U. sogar die Bestimmung von Absorptions- und Differenzspektren — gestört.

5.3.5.1. Innerer Photonenflußgradient

In klaren homogenen Proben gilt meistens das Gesetz von Bouguer, Lambert und Beer, und der durch die gelösten Farbstoffe verursachte *innere Photonenflußgradient* ist rein exponentiell gemäß Gl. (3.103). Biologische Proben sind in der Regel streuende Proben, d. h. die Selbstbeschattung bzw. der innere Photonenflußgradient wird außer durch Absorption gleichzeitig durch Streuung bestimmt. Hier versagt das Gesetz von Bouguer, Lambert und Beer und es ist stattdessen die Theorie von Mie erforderlich (s. Kapitel 3.2.3). Häufig ist es jedoch möglich die Randbedingungen bei der Bestrahlung so zu wählen, daß man mit der Theorie von Kubelka und Munk auskommt.

Als Anwendungsvoraussetzung für die Theorie von Kubelka und Munk müssen die periodischen Inhomogenitäten der Proben klein sein gegen die konstante Schichtdicke d und den Strahldurchmesser; dies kann bei biologischen Proben mit einer mittleren Zellgröße von ca. 50 μm durch Probenabmessungen von mindestens einigen mm leicht erfüllt werden. Sofern die Proben außerdem radial von hochreflektierendem Material umgeben sind, wird der Streulichtverlust senkrecht zur Durchstrahlungsrichtung vernachlässigbar. Der innere Photonenflußgradient bzw. der *lokale spektrale Raumphotonenfluß* $E_\circ(\lambda, z)$ in solchen streuenden Proben folgt bei unilateraler Einstrahlung des Raumphotonenflusses $E_\circ(\lambda)$ der hyperbolischen Beziehung

$$E_\circ(\lambda, z) = E_\circ(\lambda) \cdot \tau(\lambda)_I \left(\frac{a+1}{b} \cdot \sinh bSz + \cosh bSz \right), \tag{5.92}$$

wobei für die Austrittsebene $z=0$ und für die Eintrittsebene $z=d$ gilt. Die Hilfsgrößen a und b, wie auch der *spektrale Streuungsmodul* S in m^{-1} sowie der *spektrale Absorptionsmodul* K in m^{-1} sind über die Messung des *integralen spektralen Transmissionsgrades* $\tau(\lambda)_I$ und des *integralen spektralen Reflexionsgrades* $\varrho(\lambda)_I$ zugänglich:

$$a = \frac{1 + \varrho(\lambda)_I^2 - \tau(\lambda)_I^2}{2 \cdot \varrho(\lambda)_I} ; \quad b = \sqrt{a^2 - 1} ; \tag{5.93}$$

$$K = S \cdot (a-1) ; \quad S = \frac{1}{d \cdot b} \operatorname{arsinh} \frac{b \cdot \varrho(\lambda)_I}{\tau(\lambda)_I} .$$

Damit folgt für den *Photonenfluß der Eintrittsebene*

$$E_\circ(\lambda, d) = (1 + \varrho(\lambda)_I) \cdot E_\circ(\lambda) \tag{5.94}$$

und für den der *Austrittsebene*

$$E_\circ(\lambda, 0) = \tau(\lambda)_I \cdot E_\circ(\lambda) . \tag{5.95}$$

Bei stark streuenden Proben mit vernachlässigbarer Absorption ($\varrho(\lambda)_I \to 1$; $\tau(\lambda)_I \to 0$) kann der innere Photonenflußgradient also zwischen den Extremwerten $2 \cdot E_\circ(\lambda)$ und 0 verlaufen. Der Photonenfluß für die Eintrittsebene kann demnach bis zum doppelten Wert des eingestrahlten ansteigen; dies bedingt eine Fehlbeurteilung photokinetischer Daten, sofern man — wie häufig üblich — die gestreute Reflexion nach Gl. (5.94) nicht berücksichtigt.

5.3.5.2. Funktioneller Raumphotonenfluß

Bei der Aktionsspektrometrie ist zunächst über die Lokalisation der funktionellen Pigmente innerhalb der Proben nichts bekannt und deshalb kann der *funktionelle Raumphotonenfluß* $E_{\circ f}(\lambda)$ nicht exakt angegeben werden. Die beste Schätzung für $E_{\circ f}(\lambda)$ bei homogenen streuenden Proben ist im allgemeinen der *mittlere spektrale Raumphotonenfluß* $\overline{E_\circ(\lambda)}$, wie er sich nach dem Mittelwertsatz der Integralrechnung aus Gl. (5.92) errechnet:

$$\overline{E_\circ(\lambda)} = \frac{1}{d} \int_0^d E_\circ(\lambda, z) \cdot dz = E_\circ(\lambda) \cdot \frac{1 - \varrho(\lambda)_I - \tau(\lambda)_I}{(a-1) \cdot S \cdot d} . \tag{5.96}$$

Die Berechnung von $\overline{E_\circ(\lambda)}$ vereinfacht sich, sofern der innere Photonenflußgradient annähernd linear bzw. exponentiell verläuft. Dieser Gradient darf mit einer Abweichung $\Delta < 5\%$ als linear gelten, solange die Paare von $\varrho(\lambda)_I$ und $\tau(\lambda)_I$ einer Probe die Bedingung

$$1 - \varrho(\lambda)_I \geq \tau(\lambda)_I \geq 0{,}85 (1 - \varrho(\lambda)_I) \tag{5.97}$$

erfüllen oder genauer, in den als *linear* bezeichneten Bereich der Abb. 5.28 fallen. Der mittlere spektrale Raumphotonenfluß solcher Proben ist etwa der arithmetische Mittelwert der Photonenflüsse von Eintritts- und Austrittsebene:

$$\overline{E_\circ(\lambda)} \approx \tfrac{1}{2} E_\circ(\lambda) \cdot (1 + \varrho(\lambda)_I + \tau(\lambda)_I) . \tag{5.98}$$

Der innere Photonenflußgradient darf mit einer Abweichung $\Delta < 5\%$ als exponentiell gelten, solange $\varrho(\lambda)_I < 0{,}05$. Für solche schwach streuenden Proben kann Gültigkeit des Gesetzes von Bouguer, Lambert und Beer angenommen werden und die Meßpaare von $\varrho(\lambda)_I$ und $\tau(\lambda)_I$ liegen in dem als *exponentiell* bezeichneten Areal der Abb. 5.28. Für den mittleren spektralen Raumphotonenfluß ergibt sich dann:

$$\overline{E_\circ(\lambda)} \approx E_\circ(\lambda) \cdot \frac{\tau(\lambda)_I - 1}{\ln \tau(\lambda)_I} . \tag{5.99}$$

Die Berechnung von $\overline{E_\circ(\lambda)}$ nach Gl. (5.99) ist für gerührte klare Lösungen, wie sie in der Photochemie häufig vorkommen, korrekt; $\overline{E_\circ(\lambda)}$ entspricht hier exakt dem funktionellen Raumphotonenfluß $E_{\circ f}(\lambda)$. Für streuende biologische Proben — z. B. eine verdünnte Zellsuspension — darf aber $\overline{E_\circ(\lambda)}$ nur als Schätzung für $E_{\circ f}(\lambda)$ dienen, da die intrazelluläre Pigmentlokalisation eine zusätzliche, zunächst unbekannte spektrale Beschattung verursachen kann.

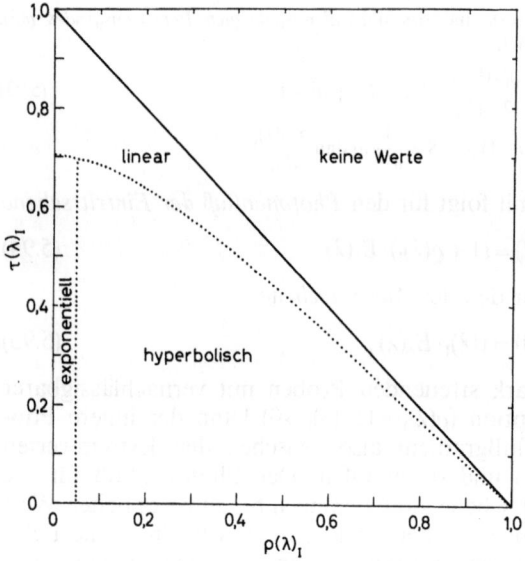

Abb. 5.28. Paarige Zuordnung von integralem spektralem Reflexionsgrad $\varrho(\lambda)_I$ und Transmissionsgrad $\tau(\lambda)_I$ für Proben mit *hyperbolischem*, annähernd *linearem* bzw. annähernd *exponentiellem* Photonenflußgradient (jeweils $\Delta < 5\%$). [Nach Hartmann und Unser, 1972]

In biologischen Proben unterscheidet sich deshalb der funktionelle spektrale Raumphotonenfluß $E_{of}(\lambda)$ in der Regel vom eingestrahlten spektralen Raumphotonenfluß $E_o(\lambda)$ durch einen zunächst unbekannten *räumlichen spektralen Beschattungsfaktor* $a_o(\lambda)$:

$$E_{of}(\lambda) = a_o(\lambda) \cdot E_o(\lambda) \, . \tag{5.100}$$

Dieser Beschattungsfaktor $a_o(\lambda)$ ist für den Funktionsort des Steuerpigments typisch und kann deshalb sowohl mit dem Objekt, seinem Entwicklungszustand, dem untersuchten Merkmal, als auch mit der Bestrahlungsgeometrie variieren. Als Folge von Fokussierung und Streuung kann $a_o(\lambda)$ auch Werte >1 annehmen und deshalb gilt allgemein $a_o(\lambda) \geq 0$.

5.3.6. Pigmentparameter

Die Photonenabsorption durch mehratomige Pigmentmoleküle muß auf der Basis des *Jablonski-Diagramms* behandelt werden (s. Kapitel 3.2.4.). Das heißt, daß nach der Photonenabsorption, die etwa 10^{-15} s dauert, das Pigmentmolekül P eine Serie von *Anregungszuständen* durchläuft, deren *Zerfalls-* oder *Inaktivierungskonstanten* k_i oberhalb 20° C im Bereich $10^{13} \geq k_i \geq 10^{-2}$ s^{-1} liegen. Im Gefolge dieser Anregungszustände, die zunächst elektronische und oszilatorische sind, können auch Konformationsänderungen des Proteinanteils eines Chromoproteins auftreten. Alle diese Zustände, die nicht mit dem Grundzustand P des Pigments identisch sind, werden als *Zwischenformen* P_i bezeichnet, wobei $i = 1, 2, 3, ..., n$.

Jeder Weg, der von P zu einer Zwischenform P_i führt, kann durch seinen *(spektralen) molaren Konversionswirkungsquerschnitt* $\sigma_i(\lambda)$ charakterisiert werden. Dieser hängt mit dem *(spektralen) molaren Absorptionswirkungsquerschnitt* $\sigma(\lambda)$ des Pigments P über die *(spektrale) Photonen-* oder *Quantenausbeute* $\phi_i(\lambda)$, wie sie für den Übergang $P \rightarrow P_i$ typisch ist, zusammen:

$$\frac{\sigma_i(\lambda)}{\sigma(\lambda)} = \phi_i(\lambda)$$

$$= \frac{\text{Zahl der } P_i\text{-Moleküle, die aus P entstehen}}{\text{Zahl der Photonen, die von P absorbiert werden}} \, . \tag{5.101}$$

Der Kehrwert $\phi_i(\lambda)^{-1}$ wird als *Photonen-* oder *Quantenbedarf* bezeichnet.

Die Dimensionen von molaren Wirkungsquerschnitten sind identisch, z. B. m$^2 \cdot$M^{-1} und da nach dem Gesetz von Grotthus-Draper nur absorbierte Photonen chemische Wirkungen auslösen können, nimmt die dimensionslose Photonenausbeute in diesem Zusammenhang nur Werte von 0 bis 1 an. Die Photonenausbeute $\phi_i(\lambda)$ ist also ein Maß für die Wahrscheinlichkeit, daß ein vom Pigment P absorbiertes Photon das Pigment in den Zustand P_i überführt. Damit ist klar, daß der Konversionswirkungsquerschnitt in der Regel eine Teilmenge des Absorptionswirkungsquerschnitts ist und dieser wiederum eine Teilmenge des Pigmentquerschnitts.

Es muß hier noch erwähnt werden, daß der molare Absorptionswirkungsquerschnitt $\sigma(\lambda)$ auch als *molarer natürlicher Absorptionskoeffizient* bezeichnet werden kann. Der in der Biochemie übliche *molare dekadische Absorptionskoeffizient* $\varepsilon(\lambda)$ wird meist in cm$^{-1} \cdot$M^{-1} angegeben und für ihn gilt nach Umrechnung auf m$^2 \cdot$mol^{-1}:

$$\varepsilon(\lambda) = 0{,}4343 \cdot \sigma(\lambda) \, . \tag{5.102}$$

Mit Hilfe der eingeführten Begriffe können die *lokalen photochemischen Bildungsraten der Zwischenformen* P_i angegeben werden als

$$\frac{dP_i}{dt} = P \cdot \int_{\lambda_a}^{\lambda_b} \sigma_i(\lambda) \cdot E_{of}(\lambda) \cdot d\lambda = P \cdot \int_{\lambda_a}^{\lambda_b} s_i(\lambda) \cdot E_o(\lambda) \cdot d\lambda \, , \tag{5.103}$$

wobei P_i und P in Gleichungen stets Konzentrationsangaben in mol$\cdot$m^{-3} repräsentieren. Ferner empfiehlt es sich, den in Gl. (5.100) eingeführten Beschattungsfaktor $a_o(\lambda)$, solange er unbekannt ist, mit den molaren Konversionswirkungsquerschnitten $\sigma_i(\lambda)$ zu kombinieren gemäß

$$\sigma_i(\lambda) \cdot a_o(\lambda) = s_i(\lambda) \tag{5.104}$$

und von *scheinbaren (spektralen) molaren Konversionswirkungsquerschnitten* $s_i(\lambda)$ zu sprechen. Damit ist also die allgemeine Definition für die *lokalen photochemischen Reaktionsgeschwindigkeitskonstanten* k_{iA} in s^{-1}, wie sie für die Übergänge $P \rightarrow P_i$ gilt:

$$k_{iA} = \int_{\lambda_a}^{\lambda_b} \sigma_i(\lambda) \cdot E_{of}(\lambda) \cdot d\lambda = \int_{\lambda_a}^{\lambda_b} s_i(\lambda) \cdot E_0(\lambda) \cdot d\lambda \, . \tag{5.105}$$

Für monochromatische Photonenflüsse ergibt sich die Vereinfachung

$$k_{i\lambda} = \sigma_i(\lambda) \cdot E_{of\lambda} = s_i(\lambda) \cdot E_{o\lambda} \, . \tag{5.106}$$

5.3.7. Aktionsspektren und ihre Bedeutung

Jeder Graph, bei dem ein Merkmal als Funktion der Wellenlänge λ, der Wellenzahl λ^{-1}, der Frequenz v oder der Photonenenergie e untersucht worden ist, wird in der Literatur als *Aktionsspektrum* bezeichnet. Dabei ist die monochromatische Strahlung energetisch, photonisch oder teilweise sogar photometrisch gemessen worden. Aus theoretischen Gründen empfiehlt es sich ausschließlich *photonenbezogene* Aktionsspektren auszuarbeiten, denn nur bei diesen besteht die Chance, daß sie den *Konversionsspektren* der Steuerpigmente entsprechen.

Selbst bei Beschränkung auf photonenbezogene Wirkungsgrößen bleibt eine Vielfalt von Aktinitätsmaßen zur Auswahl. Denn ausgehend von der (absoluten) spektralen Photonenempfindlichkeit $s(\lambda)$ nach Gl. (5.79) kann für ein Merkmal y diese Größe zunächst zeitabhängig, später aber u. U. stationär sein. Weiter kann $s(\lambda)$ für konstanten Merkmalswert y, für konstante Raumphotonenbestrahlung $F_{\circ\lambda}$ oder für konstanten Raumphotonenfluß $E_{\circ\lambda}$ ermittelt werden. Schließlich bleibt noch die Möglichkeit, sich jeweils mit der Bestimmung der relativen spektralen Größen zu begnügen. Um entscheiden zu können, welches Aktinitätsmaß zur Bestimmung der Konversionsspektren der Steuerpigmente führt, muß man vom Stark-Einsteinschen Äquivalentgesetz ausgehen.

5.3.7.1. Das Bestimmen von Konversionsspektren

Gemäß dem Stark-Einsteinschen-Äquivalentgesetz gibt es einen quantitativen Zusammenhang zwischen der *absorbierten Strahlung* und der *umgesetzten Pigmentmenge*, und zwar ist die Zahl der pro Zeiteinheit umgesetzten Pigmentmoleküle der Zahl der pro Zeiteinheit absorbierten Photonen proportional. Dies ist eine Teilinformation der Gl. (5.103), die als Ansatz für die Aktionsspektrometrie dienen kann. Dabei wird die Betrachtung auf *ein* Steuerpigment P mit *einer* aktiven Form A eingeschränkt. Als *aktive Form* A kommt grundsätzlich irgend eine der n Zwischenformen P_i in Frage, meistens eine der Langlebigen. Damit die Konzentrationen dieser Zwischenformen P_i gegenüber den Konzentrationen von P und A bei $\geq 20°$ C vernachlässigbar, also etwa $<1\%$ bleiben, muß einerseits die Bestrahlungszeit t groß sein gegenüber den Zeitkonstanten der Zwischenformen $k_i^{-1} < 10^2$ s, d. h. bei $\geq 20°$ C sollte $t \geq 100$ s bleiben; andererseits muß bei den wirksamsten Wellenlängen der funktionelle Raumphotonenfluß $E_{\circ f\lambda} < 0{,}1$ µM·m^{-2}·s^{-1} bleiben, was etwa der natürlichen Mondlichthelligkeit entspricht. Unabhängig davon, ob die aktive Form A in ein Produkt umgelagert wird oder als Katalysator im System wirkt, kann man für diese Randbedingungen postulieren: Eine zeitliche Merkmalsänderung dy/dt, die von A in Form einer kontinuierlich steigenden positiven oder negativen Funktion abhängt, erreicht den gleichen Wert, wenn die Zahl der pro Zeiteinheit gebildeten aktiven Moleküle dA/dt gleich ist. Sofern man ein u. U. vorhandenes Verzögerungsglied berücksichtigt, gilt also nach Gl. (5.103) für $dy/dt =$ konstant:

$$\frac{dA}{dt} = P \cdot \int_{\lambda_a}^{\lambda_b} s_A(\lambda) \cdot E_\circ(\lambda) \cdot d\lambda = \text{konstant}, \quad (5.107)$$

wobei $s_A(\lambda) =$ *scheinbarer spektraler molarer Konversionswirkungsquerschnitt des Steuerpigments* für den Übergang P→A ist. Wenn man Gl. (5.107) einmal allgemein für monochromatische Photonenflüsse $E_{\circ\lambda}$ und einmal für eine Referenzwellenlänge λ_r anschreibt, erhält man als Bestimmungsgleichung für das *relative Konversionsspektrum* des funktionellen Pigments die sog. *relative (stationäre spektrale) Photonenwirksamkeit*

$$p(\lambda) = \frac{E_{\circ\lambda_r}}{E_{\circ\lambda}} = \frac{s_A(\lambda)}{s_A(\lambda_r)}. \quad (5.108)$$

$p(\lambda)$ ist also die relative spektrale Photonenempfindlichkeit $s(\lambda)_{rel}$ nach Gl. (5.79), bestimmt für gleiche Merkmalsänderung dy bzw. Δy.

Zur praktischen Bestimmung von $p(\lambda)$ empfiehlt es sich für eine Serie von Monochromatbändern jeweils die Anlaufbereiche von Fluenz-Effekt-Kurven bei $t \geq 100$ s und $\geq 20°$ C auszuarbeiten und für $\Delta y \to 0$ oder $\Delta y =$ konstant $\neq 0$ die Werte der monochromatischen Photonenflüsse $E_{\circ\lambda}$ zu ermitteln (s. Abb. 5.24). Als Referenzwellenlänge λ_r wird in der Regel die Wellenlänge gewählt, für die $E_{\circ\lambda}$ das Minimum erreicht, weil dann $0 \leq p(\lambda) \leq 1$ gilt.

Gemäß diesen Überlegungen liefert also ein Graph mit $p(\lambda)$ als Funktion von λ, λ^{-1}, v oder e das relative *scheinbare* Konversionsspektrum des aktiven Pigments. Prinzipiell sind aber nur *korrekte* Konversionsspektren zur Identifizierung von Pigmenten geeignet. Sofern der Beschattungsfaktor $a_0(\lambda)$ für den Funktionsort des Pigments beurteilt werden kann, können scheinbare Konversionsspektren gemäß der Formel

$$p(\lambda) \frac{a_\circ(\lambda_r)}{a_\circ(\lambda)} = \frac{s_A(\lambda) \cdot a_\circ(\lambda_r)}{s_A(\lambda_r) \cdot a_\circ(\lambda)} = \frac{\sigma_A(\lambda)}{\sigma_A(\lambda_r)} \quad (5.109)$$

in korrekte Konversionsspektren umgerechnet werden. Eine Beschattungskorrektur kann mit einem Fehler von $\Delta < 5\%$ vernachlässigt werden sofern $\{\varrho(\lambda)_l + \tau(\lambda)_l\} > 0{,}9$ bleibt.

Ein Vergleich der Gl. (5.100) mit den Gln. (596), (5,98) und (5,99) zeigt, daß bei einseitiger Bestrahlung von gerührten Systemen, etwa Zellsuspensionen, als Folge der zeitlichen Mittelung für den *mittleren Beschattungsfaktor* $\overline{a_\circ(\lambda)}$ folgende Schätzungen brauchbar sind: Im Falle hyperbolischer Photonenflußgradienten gilt

$$\overline{a_\circ(\lambda)} \approx \frac{1 - \varrho(\lambda)_l - \tau(\lambda)_l}{(a-1) \cdot S \cdot Z}; \quad (5.110)$$

im Falle linearer Gradienten gilt

$$\overline{a_\circ(\lambda)} \approx \tfrac{1}{2}\{1 + \varrho(\lambda)_l + \tau(\lambda)_l\}; \quad (5.111)$$

im Falle exponentieller Gradienten gilt

$$\overline{a_\circ(\lambda)} \approx \frac{\tau(\lambda)_l - 1}{\ln \tau(\lambda)_l}. \quad (5.112)$$

Unabhängig davon, ob scheinbare oder korrekte Konversions- bzw. Aktionsspektren in absoluter oder relativer Form vorliegen, empfiehlt sich als Graph $\log s_A(\lambda)$, $\log p(\lambda)$, $\log \sigma_A(\lambda)$ bzw. $\log\{\sigma_A(\lambda)/\sigma_A(\lambda_r)\}$ als Funktion von λ, λ^{-1}, v oder e. Diese Darstellung in Form der *typischen Konversions-* bzw. *logarithmischen*

Aktionsspektren liefert bei Systemidentität für absolute sowie relative Spektren den gleichen Verlauf, sofern die Koordinateneinheiten gleich gewählt werden. Die Parallelverschiebung kongruenter Spektren wird nur durch die Wahl der Referenzwellenlänge λ_r beeinflußt.

5.3.7.2. Das Bestimmen von Absorptionsspektren

Für die Identifizierung eines funktionellen Pigments benötigt man zusätzlich Information über dessen *typisches Absorptionsspektrum* oder die sog. *typische Farbkurve* am Funktionsort, d. h. für ein spezielles Milieu bei gegebener Temperatur. Hierzu ist die Spektralphotometrie an klaren bzw. streuenden Proben als Hilfsmittel erforderlich (s. Kapitel 3.2.4.). Im Falle von streuenden Proben kann nach der Theorie von Kubelka und Munk gearbeitet werden, sofern deren Anwendungsvoraussetzung gegeben sind (s. S. 207). Prinzipiell dürfen die Proben auch den Charakter von homogenen Siebfiltern zeigen, d. h. ein Teil des Lichtstroms dringt durch gleichmäßig verteilte Hohlräume zwischen pigmenthaltigen Gewebeteilen, Zellen oder Organellen. Es muß aber beachtet werden, daß die Proben einseitig diffus oder ev. parallel mit einem Einfallswinkel $\eta = 60° = \pi/3$ rad zu bestrahlen sind; nur bei stark streuenden Proben ist parallele Bestrahlung mit senkrechter Inzidenz zulässig. Für die korrekte Messung der integralen spektralen Reflexions- und Transmissionsgrade $\varrho(\lambda)_I$ bzw. $\tau(\lambda)_I$ an streuenden Proben sind Spektralphotometer mit Photometerkugeln erforderlich.

Zur Messung von $\tau(\lambda)_I$ kann eine Photometerkugel mit zwei benachbarten Öffnungen dienen. Eine Öffnung wird mit der Probe abgedeckt, die zweite bleibt offen. Wenn man abwechselnd von außen die Probe (= x) und die freie Öffnung (= Referenz = r) monochromatisch bestrahlt, so mißt der angeflanschte Photodetektor die mittleren spektralen Photonenflüsse $E(\lambda)_x$ bzw. $E(\lambda)_r$ im Kugelinnern und es gilt:

$$\tau(\lambda)_I = \frac{E(\lambda)_x}{E(\lambda)_r}. \tag{5.113}$$

Zur Messung von $\varrho(\lambda)_I$ empfiehlt sich eine Photometerkugel mit drei benachbarten identischen Öffnungen sowie einer diametral liegenden Öffnung, die das Eintrittsfenster für den monochromatischen Strahl ist. Je eine der drei benachbarten Öffnungen wird mit der Probe (= x) abgedeckt, einem weißen Reflexionsstandard (= w) verschlossen, bzw. bleibt offen (= schwarzes Loch = s). Das schwarze Loch dient als Schwarzstandard zur Bestimmung des Streulichtwerts der Kugel. Der angeflanschte Photodetektor registriert bei abwechselnder Bestrahlung von x, w und s die mittleren spektralen Photonenflüsse $E(\lambda)_x$, $E(\lambda)_w$ bzw. $E(\lambda)_s$, und es gilt:

$$\varrho(\lambda)_I = \frac{E(\lambda)_x - E(\lambda)_s}{E(\lambda)_w - E(\lambda)_s} \cdot \varrho(\lambda)_{I,w}, \tag{5.114}$$

wobei $\varrho(\lambda)_{I,w}$ = integraler spektraler Reflexionsgrad des Weißstandards ist. Sofern die Voraussetzungen zur Messung von $\varrho(\lambda)_I$ nicht gegeben sind, kann man $\tau(\lambda)_I$ für einfache und doppelte Probendicke (= I, d) messen und $\varrho(\lambda)_I$ berechnen als

$$\varrho(\lambda)_I = \left[1 - \frac{\tau(\lambda)_I^2}{\tau(\lambda)_{I,d}}\right]^{\frac{1}{2}}. \tag{5.115}$$

Häufig wird einfach der spektrale Transmissionsgrad $\tau(\lambda)$ spektralphotometrisch mittels großflächiger Sekundärelektronenvervielfacher gemessen, die direkt hinter der Probenküvette plaziert sind. Sofern der Probendurchmesser kleiner ist als das Eintrittsfenster für die Photokathode kann ein hinreichend großer Raumwinkelanteil der transmittierten Strahlung erfaßt werden. Allerdings werden solche Messungen durch inhomogene Empfindlichkeit der Photokathode und durch Reflexionsverluste gestört und sind deshalb in der Regel nicht mit $\tau(\lambda)_I$ identisch.

Ein spektraler Graph von $\log \log \tau(\lambda)_I^{-1}$ liefert den Verlauf der *typischen Farbkurve*, sofern der Verlauf dieses Graphs kongruent ist mit dem Verlauf von $\log \log \varrho(\lambda)_I^{-1}$ der gleichen Probe oder mit dem Verlauf von $\log \log \tau(\lambda)_I^{-1}$ einer Probe stark abweichender Dicke. Wenn diese Bedingung nicht erfüllt ist, repräsentiert $\log \log \tau(\lambda)_I^{-1}$ lediglich das *scheinbare typische Absorptionsspektrum*. Dann muß man aus genauen Messungen von $\tau(\lambda)_I$ und $\varrho(\lambda)_I$ für äquivalente Proben zunächst mit Hilfe der Gln. (5.93) gemäß der Theorie von Kubelka und Munk den *mittleren spektralen Absorptionsmodulus* K in m^{-1} errechnen:

$$K = 2 \sum_{j=1}^{n} \sigma_j(\lambda) \cdot \overline{P_j} = (a-1) \cdot S. \tag{5.116}$$

Hierbei sind $\sigma_j(\lambda)$ die molaren Absorptionswirkungsquerschnitte und $\overline{P_j}$ die mittleren Konzentrationen aller n Pigmente, die in der Probe vorkommen. Ein Graph mit $\log K$ als Funktion von λ, λ^{-1}, v oder e liefert dann die typische Farbkurve, deren Verlauf von der gewählten Probendicke unabhängig ist.

Typische Farbkurven können nicht auf der Basis eines einzigen Pigments gedeutet werden, ohne daß die Modulusbeiträge $\sigma_j(\lambda) \cdot \overline{P_j}$ aller $n-1$ anderen Pigmente bekannt oder vernachlässigbar sind. Sobald eine kleine Zahl von Pigmenten in hoher Konzentration in einheitlichen Organellenfraktionen vorliegt (z. B. Chloroplasten oder Mitochondrien), gelingt häufig die zweifelsfreie Zuordnung von typischen Absorptions*banden*. Gelegentlich sind die erste oder auch höhere Ableitungen von Transmissionsspektren ein Hilfsmittel zur Trennung von überlagerten Absorptionsbanden.

5.3.7.3. Der Vergleich von Aktions- und Absorptionsspektren

Die Deckungsgleichheit eines logarithmischen Aktionsspektrums mit einem typischen Absorptionsspektrum bzw. einer typischen Farbkurve wird allgemein als Beweis für Identität von funktionellen und absorbierenden Pigmenten angesehen, obwohl dies nicht zutrifft. Es ist nämlich zu berücksichtigen, daß die lokalen photochemischen Reaktionsgeschwindigkeitskonstanten und damit auch die Aktionsspektren Durchschnittswerte für den Funktionsort und sein Milieu sind.

Kongruenz eines typischen Absorptions- und eines typischen Konversionsspektrums kann z. B. erwartet werden, wenn bei Pigmentidentität die spektrale Photonenausbeute $\phi_A(\lambda)$ sowie der spektrale räumliche Beschattungsfaktor $a_o(\lambda)$ wellenlängenunabhängig sind. Allerdings kann Identität von Spektren auch resultieren, obwohl verschiedene Pigmente vorliegen: Die Freiheitsgrade von $\phi_A(\lambda)$ und $a_o(\lambda)$, das Pigmentmilieu wie auch Pigmentinteraktionen können spektrale Unterschiede kompensieren. Andererseits können diese Freiheitsgrade bei Pigmentidentität auch zu völlig unterschiedlichen Aktions- und Absorptionsspektren führen (s. z. B. Abb. 13.44 des Beitrages 13.3). Deshalb ist selbst Kongruenz oder Divergenz von typischen *korrekten* Konversions- und Absorptionsspektren weder ein Beweis für Pigmentgleichheit noch -verschiedenheit, da hierbei lediglich der Einfluß des Beschattungsfaktors $a_o(\lambda)$ eliminiert ist. Zum Nachweis der Pigmentidentität bei der Aktionsspektrometrie ist man also auf zusätzliche Argumente angewiesen. Solche Argumente können teilweise aus der kinetischen Charakterisierung der Steuerpigmente abgeleitet werden, wozu kinetische Modellbetrachtungen erforderlich sind.

5.3.8. Kinetische Modellbetrachtungen

Wie eingangs erwähnt, sollen in diesem Kapitel die Betrachtungen auf die Photoproduktbildung, die Photokatalyse und die sog. Photochrome beschränkt bleiben.

5.3.8.1. Photoproduktbildung

Für Aktionsspektrometrie mit Photoprodukten kann man folgendes Minimalmodell zugrunde legen:

$$E_{of\lambda} \rightsquigarrow P \underset{k_A}{\overset{k_{A\lambda}}{\rightleftarrows}} A \xrightarrow{k} B \rightarrow \ldots \rightarrow R. \tag{5.117}$$

Es besagt, daß aus einem Pigmentmolekül P nach Photoexcitation im Rahmen der Komplikationen des Jablonski-Diagramms der aktive Zustand A entsteht, der in einer ein- oder mehrstufigen Reaktion in das Endprodukt R übergeht. Dieses Modell schließt nicht aus, daß an den Umwandlungen von P zu R Reaktanten des Milieus beteiligt sind, deren Konzentrationen konstant bzw. nicht umsatzlimitierend sind.

k ist die Reaktionsgeschwindigkeitskonstante in s^{-1} für den Übergang der aktiven Form A in das Produkt B, welches bereits das Endprodukt sein kann, oder aus dem es entsteht. Auch bei den langsamsten triplettabhängigen und diffusionskontrollierten Photoreaktionen *in vivo* bleibt oberhalb 20 °C $k > 10^5 s^{-1}$. Sowohl die Zerfallskonstante k_A, die die Rückverwandlung von A zu P bedingt, als auch die lokale photochemische Reaktionsgeschwindigkeitskonstante $k_{A\lambda}$, sind in Abschnitt 5.3.6. definiert.

Es interessiert nun die Frage, wie sich bei Modell (5.117) ein Merkmal y, welches der Konzentration des Endprodukts R proportional ist, als Funktion der Bestrahlungszeit t und des eingestrahlten Raumphotonenflusses $E_{o\lambda}$ ändert. Dieser Zusammenhang bleibt einfach, solange die Zwischenformen P_i gegenüber den Konzentrationen von P, B und R vernachlässigbar sind.

Hierzu müssen einerseits die Bestrahlungszeiten t groß sein gegenüber den Zeitkonstanten der Zwischenformen $k_i^{-1} < 10^{-5}$ s, d. h. es muß $t \geq 1$ ms bleiben; andererseits muß, damit sich höchstens 1 % der langlebigsten Zwischenformen photostationär akkumulieren, der funktionelle Raumphotonenfluß $E_{of\lambda} < 10$ mmol·m^{-2}·s^{-1} sein, was selbst im natürlichen Weißlicht gilt. Hinzu kommt, daß in biologischen Systemen der endgültige Merkmalswert y häufig nicht sofort nach der Bestrahlung erscheint, sondern erst nach einer Verzögerungs- oder Lag-Phase t_1, die durch nachfolgende Dunkelreaktionen, z. B. eine Enzyminduktion durch das primäre Photoprodukt B, bedingt sein kann. Es ist deshalb oft zusätzlich zu berücksichtigen, daß die Auswertungszeit t_y, für die der Merkmalswert y ermittelt wird, groß sein muß gegenüber der Summe von t und t_1, damit alle umgewandelten Pigmentmoleküle P ihren Beitrag zu R geliefert haben.

Dann gilt nämlich wegen $-dP/dt = k_{A\lambda} \cdot k \cdot P/(k_A + k)$ für den relativen Effekt

$$y_{rel} = \frac{R}{R_{max}} = 1 - \exp\left\{-\int_{\lambda_a}^{\lambda_b} s_B(\lambda) \cdot F_o(\lambda) \cdot d\lambda\right\}, \tag{5.118}$$

wobei R_{max} = Maximalwert von R, d. h. R für $F_o(\lambda) \to \infty$ und $F_o(\lambda) = E_o(\lambda) \cdot t$ der *spektrale Raumphotonenfluenz* oder die *spektrale Raumphotonenbestrahlung* in M·m^{-2}·nm^{-1}, d. h. die applizierte spektrale Photonendosis sind. Den *scheinbaren spektralen molaren Konversionswirkungsquerschnitt* $s_B(\lambda)$ des Übergangs P→B kann man auch durch den für den Übergang P→A als $s_A(\lambda) \cdot \frac{k}{k_A + k}$ ausdrücken.

Für Monochromatbestrahlung resultiert die einfache Beziehung

$$y_{rel} = 1 - e^{-s_B(\lambda) \cdot F_{o\lambda}}, \tag{5.119}$$

worin $F_{o\lambda}$ als *monochromatischer Raumphotonenfluenz* oder als *monochromatische Raumphotonenbestrahlung* in M·m^{-2} zu bezeichnen ist, also der applizierten Photonendosis entspricht.

Der relative Effekt y_{rel} hängt demnach generell *exponentiell* vom Produkt $s_B(\lambda) \cdot E_{o\lambda} \cdot t$ ab, wobei experimentell der monochromatische Raumphotonenfluß $E_{o\lambda}$ und die Bestrahlungszeit t kompensatorisch variiert werden können. Dieser Tatbestand kann als

$$y_{rel} = f(F_{o\lambda}) = f(E_{o\lambda} \cdot t) \tag{5.120}$$

ausgedrückt werden und ist als das *Bunsen-Roscoe-Reziprozitätsgesetz* bekannt; in der Physiologie spricht man von Gültigkeit des *Reiz-Mengen-Gesetzes*. Hiernach ist bei Modell (5.117) der Effekt, sofern die obigen Randbedingungen gelten, stets eine Funktion der pro Flächeneinheit eingestrahlten Photonen, ohne daß dabei die zeitliche Verteilung der Einstrahlung eine Rolle spielt.

Gemäß den Gln. (5.119) und (5.118) erhält man sowohl für Monochromat- als auch für Polychromatbestrahlung *exponentielle Fluenz-Effekt-Kurven* (s. Abb. 5.29). Für Monochromatbestrahlung wird der relative Effekt $y_{rel} = 1 - e^{-1} \approx 0{,}632$ erreicht, wenn der monochromatische Raumphotonenfluenz $F_{o\lambda}$ dem Kehrwert des scheinbaren molaren Konversionswirkungsquerschnitts $s_B(\lambda)$ entspricht. Mit Hilfe einer Schar von Fluenz-Effekt-Kurven können also *in situ* die Absolutwerte von $s_B(\lambda)$ und damit das *absolute scheinbare Konversionsspektrum* des umgelagerten Pigments P ermittelt werden.

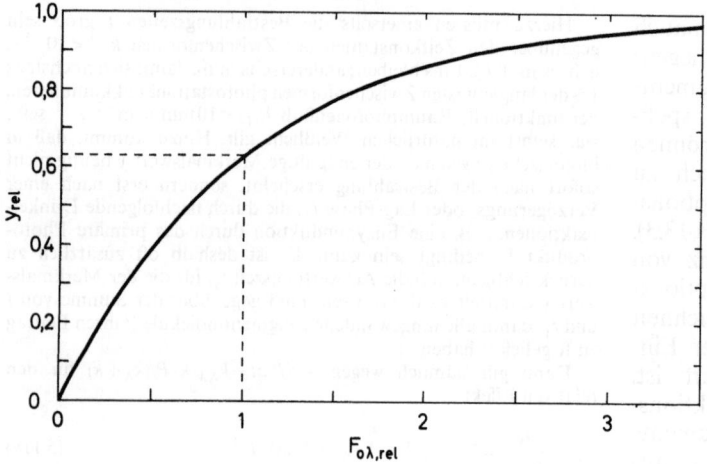

Abb. 5.29. Exponentielle Fluenz-Effekt-Kurve gemäß Modell (5.117) bzw. Gl. (5.119). Der relative Effekt y_{rel} ist als Funktion des relativen monochromatischen Raumphotonenfluenz $F_{o\lambda,rel}$ dargestellt. An der Stelle $y_{rel} \approx 0{,}632$ mit $F_{o\lambda,rel} = 1$ gilt für den absoluten monochromatischen Raumphotonenfluenz $F_{o\lambda}$ in $M \cdot m^{-2}$: $F_{o\lambda}^{-1} = s_B(\lambda) =$ Absolutwert des scheinbaren molaren Konversionswirkungsquerschnitts. [Nach Hartmann u. Unser, 1972]

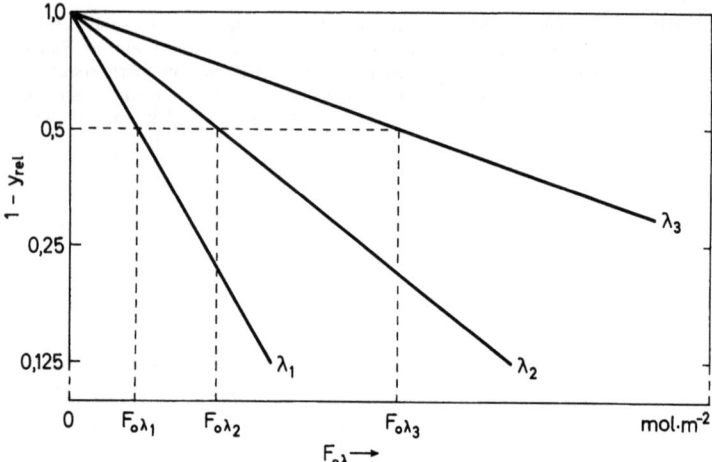

Abb. 5.30. Exponentielle Fluenz-Effekt-Kurven gemäß Modell (5.117) bzw. Gl. (5.121). Das Komplement des relativen Effekts $1 - y_{rel}$ ist auf logarithmischer Achse gegen den monochromatischen Raumphotonenfluenz $F_{o\lambda}$ aufgetragen. Für die Steigung gilt: $\tan\alpha = -s_B(\lambda) \cdot \log e = \Delta \log(1 - y_{rel})/\Delta F_{o\lambda}$. Für die drei gezeigten Fluenz-Effekt-Kurven ist jeweils die Ermittlung von $F_{o\lambda}$ für halbmaximalen Effekt $y_{rel} = 0{,}5$ gestrichelt eingetragen. [Nach Hartmann u. Unser, 1972]

Zur graphischen Überprüfung des exponentiellen Verlaufs der Fluenz-Effekt-Kurven ist es günstig, mit der *Geradentransformation* von Gl. (5.119) zu arbeiten:

$$\log(1 - y_{rel}) = -s_B(\lambda) \cdot F_{o\lambda} \cdot \log e \ . \tag{5.121}$$

Man erhält also Ursprungsgeraden ($\log 1 = 0$), wenn $1 - y_{rel}$ logarithmisch gegen $F_{o\lambda}$ aufgetragen wird, wobei die Steigung $\tan\alpha = -s_B(\lambda) \cdot \log e$ direkt die scheinbaren Konversionswirkungsquerschnitte $s_B(\lambda)$ liefert (s. Abb. 5.30). Sofern man jeweils den Photonenfluenz $F_{o\lambda}$ für gleiches Effektniveau, z. B. $y_{rel} = 0{,}5$, als spektrale Größe ermittelt, kommt man, analog zu Gl. (5.108), zur erweiterten Definition der *relativen (spektralen) Photonenwirksamkeit* $p(\lambda)$:

$$p(\lambda) = \frac{F_{o\lambda_r}}{F_{o\lambda}} = \frac{s_B(\lambda)}{s_B(\lambda_r)} \ . \tag{5.122}$$

Die Anwendung der Gln. (5.118) bis (5.122) ist gemäß Modell (5.117) an die Voraussetzung gebunden, daß *ein* Pigment P über *einen* aktiven Zustand A konvertiert wird. Das schließt mit ein, daß für Poly- oder Bichromat-Bestrahlungen der Totaleffekt sich nach Gl. (5.118) aus den Monochromateffekten errechnen läßt. Mittels geschickt gewählter *Zwei-Wellenlängen-Bestrahlungen* kann und sollte man deshalb prüfen, ob die Bedingung

$$y_{rel} = 1 - \exp\{-[s_B(\lambda_1) \cdot F_{o\lambda_1} + s_B(\lambda_2) \cdot F_{o\lambda_2}]\} \tag{5.123}$$

erfüllt ist. Widersprüche zu Gl. (5.123) bedeuten den Ausschluß von Modell (5.117) und sind ein Beweis für Pigmentinteraktionen oder andere kinetische Komplikationen.

Als ein Beispiel für Photoproduktbildung gemäß Modell (5.117) kann die lichtabhängige *Chlorophyllsynthese* in höheren Pflanzen dienen. Unter Induktionsbedingungen gilt das Reziprozitätsgesetz [Gl. (5.120)] und die Fluenz-Effekt-Kurven sind exponentiell [Gl. (5.119) bzw. (5.121)], solange Photonenflußgradienten und Inhomogenitäten des Materials vernachlässigbar bleiben. Genaue Aktionsspektren für die Chlorophyllbildung sind zunächst für etiolierte bzw. vergeilte Maisblätter bestimmt worden (Abb. 5.31). Es zeigte sich, daß das Aktionsspektrum ziemlich gut dem Absorptionsspektrum des methanolgelösten Porphyrinkörpers *Protochlorophyllid* entspricht, wobei jedoch beim Aktionsspektrum eine *Bathochromie* bzw. Rotverschiebung der Banden von ca. 20 nm auffiel und die Aktionsbande bei 450 nm gegenüber der Absorptionsbande stark reduziert war. Um zu prüfen, inwieweit

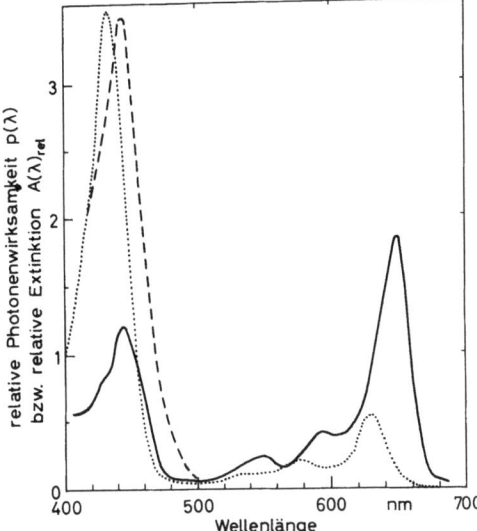

Abb. 5.31. Aktionsspektren für die Chlorophyllbildung, ermittelt für junge etiolierte Maisblätter des Wildtyps *(Zea mays; ausgezogen)* bzw. einer carotinfreien Albinomutante *(gestrichelt)*. Zum Vergleich ist das Absorptionsspektrum von methanolgelöstem Protochlorophyllid angegeben *(punktiert)*. [Nach Koski et al.: Arch. Biochem. Biophys. **31**, 1 (1951)]

diese Gipfelreduktion durch Carotinbeschattung verursacht wird, ist auch ein Aktionsspektrum für Albinomais, der kaum Carotinoide enthält, ausgearbeitet worden: Es ergab sich eine Verdreifachung der relativen Photonenwirksamkeit im Bereich der Blaubande. Wie man heute weiß, wird die Bathochromie des Aktionsspektrums neben dem Milieuunterschied vor allem dadurch verursacht, daß das Photochlorophyllid der Chloroplasten an ein Apophotoenzym gebunden als sog. *Protochlorophyllid-Holochrom* vorliegt, dessen Rotbande *in situ* bei 650 nm vorliegt. In diesem Zustand wird der Ring D des Protochlorophyllids *photoreduziert*, und es entsteht das Chlorophyllid a-Holochrom ($k > 10^3 \, s^{-1}$), dessen Rotbande bei 678 nm liegt. Die spektrale Photonenausbeute $\phi_B(\lambda)$ für diese, auch bei 0°C mögliche Photoreduktion, ist bis herunter zu 400 nm konstant und geht erst im Bereich der Proteinabsorptionsbande (280 nm) stark zurück. Dies zeigt, daß nur die vom Protochlorophyllid absorbierten Photonen photoreduzierend wirken. Das in Abb. 5.31 gezeigte Aktionsspektrum ist also das *scheinbare Konversionsspektrum des Protochlorophyllid-Holochroms* für junge etiolierte Maisblätter.

Das durch Photoreduktion in den Chloroplasten der höheren Pflanzen entstandene Chlorophyllid a-Holochrom wird dort in einer Dunkelreaktion ($k \approx 2 \, s^{-1}$) in Chlorophyllid a ($\lambda_{max} \approx 684$ nm) und das Apophotoenzym zerlegt, welches sich wieder mit Protochlorophyllid verbindet. Das Chlorophyllid a wird dann in der lipophilen Phase der Chloroplasten durch das Enzym Chlorophyllase mit Phytol zu Chlorophyll a verestert ($k \approx 10^{-3} \, s^{-1}$; $\lambda_{max} \approx 672$ nm). Wegen dieser kinetischen Komplikation ist der Zeitbereich für Gültigkeit der Reziprozität stark eingeschränkt.

Als ein Beispiel von allgemeiner Bedeutung sei die *Photoinaktivierung* durch kurzwelliges Ultraviolett ($200 \leq \lambda \leq 300$ nm) genannt. Diese kurzwellige Strahlung kommt in den natürlichen Biotopen praktisch nicht vor, und an solche Strahlung sind Lebewesen demzufolge nicht angepaßt. Wegen der hohen Quantenenergie e dieser Strahlung ($6,2 \geq e > 4,1$ eV) kann sie die *Photodissoziation* funktionell wichtiger Bindungen bewirken. Das kurzwellige Ultraviolett wirkt deshalb destruktiv oder inaktivierend bzw. bestenfalls mutagen.

Man hat die Inaktivierung von Enzymen, Viren, Bakterien, Blutkörperchen, anderen Einzellern sowie Vielzellern spektral analysiert. In all diesen Fällen ist es am bequemsten, die Wirkung der noch verbliebenen aktiven Partikel zu verfolgen, anstatt die Inaktivierungsprodukte zu registrieren. Demzufolge wird hier, analog zu Modell (5.117), die Partikelabnahme als $-dP/dt = k_{AA} \cdot k \cdot P/(k_A + k) = k_{BA} \cdot P$ verfolgt, d. h. es wird der verbliebene aktive Bruchteil als $1 - y_{rel} = P_t/P_0$ analysiert. Die Gln. (5.118) bis (5.123), d. h. exponentielle Fluenz-Effekt-Kurven und Reproziktät, bleiben somit für Ein-Treffer-Prozesse gültig; $s_B(\lambda)$ ist aber als der *scheinbare spektrale Inaktivierungsquerschnitt* oder *Treffbereich* zu bezeichnen. Diese Gesetzmäßigkeiten werden nur in Frage gestellt, wenn gegen die oben angegebenen Randbedingungen verstoßen wird, oder falls ein System stark metabolisiert bzw. sich schnell ändert, d. h. sobald Reaktivierung und Wachstum interferieren. Durch Bestrahlung bei Temperaturen in der Nähe des Gefrierpunktes können solche Prozesse oft wirksam unterdrückt werden.

Für viele Systeme sind Aktionsspektren der *Inaktivierung* oder auch *Mutationsauslösung* ausgearbeitet worden. Meistens steigen solche Aktionsspektren von 300 zu 200 nm hin stark an und zeigen ein Maximum bei 280 oder 260 nm und ein Minimum bei 250 bzw. 240 nm. Derartige Aktionsspektren folgen also der *Protein-* bzw. *Nucleinsäureabsorption*, die hauptsächlich durch die aromatischen Aminosäuren, Tryptophan und Phenylalanin bzw. die Purin- und Pyrimidinbasen verursacht wird. Die Inaktivierungsspektren entsprechen aber häufig nicht exakt den Absorptionsspektren der sensitiven Verbindungen, woraus unmittelbar folgt, daß die *Quantenausbeute der Inaktivierung* $\phi_B(\lambda)$ hier wellenlängenabhängig sein kann.

Der Grund hierfür bei Proteinen z. B. ist, daß die verschiedenen Aminosäuren sich nicht nur in den Absorptionsspektren, sondern vor allem bezüglich der Werte von $\phi_B(\lambda)$ unterscheiden. So ist bei *Enzyminaktivierungen* gefunden worden, daß $\phi_B(254)$ nahezu direkt proportional mit dem Cystingehalt ansteigt. Dies beruht darauf, daß für das Dipeptid Cystin, das wegen seiner Disulfidgruppe bei 240 nm ein schwaches Absorptionsmaximum aufweist, Werte von $\phi_B(UV)$ nahe 0,05 gelten, während für die aromatischen Aminosäuren, deren Absorptionsmaxima unter physiologischen Bedingungen zwischen 280 und 260 nm liegen, nur Werte von $\phi_B(UV)$ um 0,005 anzunehmen sind. Als Erklärung für die unterschiedlichen Quantenausbeuten der Inaktivierung bietet sich an, daß die Disulfidbrücken des Cystins benachbarte Peptidketten verknüpfen und so die Tertiärstruktur von Proteinen stabilisieren. Ein *Bruch von Disulfidbrücken* kann deshalb Entfaltung des Proteins und Funktionsausfall bewirken und ist zudem von den Bindungsenergien her favorisiert. Denn für die hier interessierenden Bindungen liegen die Dissoziationsenergien in eV bei 2,2 für S−S, 2,7 für C−S, 3,0 für C−N und 3,6 für C−C und C−O.

Die weitere Analyse der *UV-Inaktivierung* der genetischen Substanz *Desoxyribonucleinsäure* hat gezeigt, daß die Photodimerisierung der Pyrimidinbase Thymin die Hauptursache für die Denaturierung bzw. Mutationsauslösung ist. Auch der hier angreifende, für Lebewesen äußerst wichtige Mechanismus der *Photoreaktivierung*, ist zunächst aktionsspektrometrisch charakterisiert worden: Man findet einen breiten Wirkungsbereich mit dem Maximum bei 380 nm und Halbwerten bei 310 sowie 440 nm.

Beim Studium der Inaktivierung und Mutationsauslösung von Organismen stößt man häufig auf Fluenz-Effekt-Kurven, die als *Mehr-Treffer-Prozesse* gedeutet werden können.

Zum Verständnis dieser Problematik sind folgende Überlegungen notwendig: Nach Gl. (5.119) ist bei einer Ein-Treffer-Inaktivierung der Anteil der nicht getroffenen Partikel bzw. die Wahrscheinlichkeit dafür, den Treffbereich nicht zu treffen, gleich $\exp[-s_B(\lambda) \cdot F_{o\lambda}]$. Die Wahrscheinlichkeit, den Treffbereich zu treffen, ist also $1 - \exp[-s_B(\lambda) \cdot F_{o\lambda}]$. Wenn bei einem Organismus nun *n gleichwertige Treffbereiche* getroffen werden müssen, um ihn zu inaktivieren oder zu mutieren, so ist die Wahrscheinlichkeit für dieses kooperative Ereignis

$$y_{rel} = (1 - e^{-s_B(\lambda) \cdot F_{o\lambda}})^n, \qquad (5.124)$$

und für den Bruchteil der scheinbar nicht veränderten Partikel gilt $P_t/P_o = 1 - y_{rel}$. Mehrtrefferkurven mit konstantem Treffbereich $s_B(\lambda)$ entsprechend der Gl. (5.124), können formal durch die Aufnahme der kooperativen Umlagerung

$$nA \underset{k_2}{\overset{k_1}{\rightleftharpoons}} A_n \overset{k}{\rightarrow} B \qquad (5.125)$$

in das Modell (5.117) erklärt werden. Mit Ansteigen der Trefferzahl, des Kooperationsgrads bzw. der Reaktionsordnung n, wird der Anlaufbereich der Mehrtrefferkurven verzögert und der Einlauf in die Sättigung relativ dazu beschleunigt. Im Raster der Abb. 5.34 nähern sich diese Kurven mit steigendem n dem Typ einer *Schwellenwert-* oder *Sprungfunktion*.

Eine genaue Analyse solcher Mehrtrefferkinetiken hat gezeigt, daß mit zunehmender Kompliziertheit der inaktivierten bzw. mutierten Organismen die Zahl n der postulierten Treffbereiche mehr und mehr vom Ploidiegrad der Genausstattung bzw. der Zahl der Regenerationszentren abweicht. Im Rahmen der *Treffertheorie*, die ein Bestandteil der Strahlenbiophysik ist (s. Kapitel 6), kann man das folgendermaßen deuten: In biologischen Systemen tritt das Phänomen der Variabilität auf, d. h. für Merkmale und Parameter in äquivalenten Strukturen, wie z. B. Individuen, Geweben, Zellen oder Organellen, kann kein fester typischer Wert angenommen werden, sondern bestenfalls ein Bereich, in dem sich die Einzelwerte normal oder logarithmisch normal verteilt anordnen. Dementsprechend muß man in Organismen sowohl mit einer *Variabilität des Treffbereichs*, die durch geringfügige Variation des Milieus bedingt sein kann, als auch mit einer *Variabilität der Trefferzahlen* rechnen. Diese Überlagerung durch die biologische Variabilität, die zudem tagesperiodisch schwanken kann (s. Kapitel 13.2), täuscht eine Reduktion der Trefferzahlen vor und ist oft daran zu erkennen, daß die Fluenz-Effekt-Kurven im linearen bzw. logarithmischen *Wahrscheinlichkeitsnetz* annähernd gerade verlaufen. Hierfür ist y_{rel} auf der nach dem Gaußschen Integral geteilten Ordinate gegen den linearen bzw. logarithmischen Fluenz aufzutragen. Diese Darstellungsweise ermöglicht also u. U. den Ausschluß eines Treffergeschehens bzw. läßt den Einfluß der biologischen Variabilität deutlich werden. Das Verfahren wurde bereits 1941 von K. G. Zimmer für die Treffertheorie entwickelt und ist in völlig analoger Weise auch für die Aktionsspektrometrie ein wichtiges Hilfsmittel zur Beurteilung der Reaktionsordnung oder des Kooperationsgrades von Fluenz-Effekt-Kurven.

Neben der methodischen Bereicherung der Aktionsspektrometrie hat das Studium der unphysiologischen Photoinaktivierungsprozesse zu der Erkenntnis geführt, daß die *Quantenausbeuten der Inaktivierung* für Proteine und Nucleinsäuren durchweg sehr gering sind und in den Bereich $10^{-2} \leq \phi_B(UV) \leq 10^{-6}$ fallen. Dies beweist die hohe Stabilität dieser für den Ablauf aller Lebensprozesse fundamental wichtigen Substanzklassen.

5.3.8.2. Photokatalyse

Bei der Photokatalyse geht man von der Vorstellung aus, daß im Licht eine fermentartige Substanz A entsteht oder aktiv wird, die einer lichtunabhängigen kontinuierlichen Inaktivierung unterliegt. Dementsprechend kommt man zu folgendem Minimalmodell:

$$E_{of\lambda} \rightsquigarrow P \rightleftarrows \downarrow \underset{k_A}{\overset{k_{A\lambda}}{\rightleftharpoons}} A \left(\overset{\cdots}{\underset{\cdots \to y}{k}} \right. \qquad (5.126)$$

Dieses Modell unterscheidet sich vom Modell (5.117) für die Photoproduktbildung insofern, als hier der aktive Zustand A des Pigments P nicht umgesetzt wird, sondern lediglich als Katalysator im weitesten Sinne den Stoffumsatz oder -durchfluß einer Schrittmacherreaktion kontrolliert, die zum Merkmal y führt. Der aktive Zustand A kann dabei prinzipiell als Aktivator oder als Inhibitor wirksam werden, d. h. für die durch A bedingten Merkmalsänderungen gilt

$$\left| \frac{dy}{dt} \right| = k \cdot A. \qquad (5.127)$$

Zum Verständnis der Aktionsspektrometrie mit Photokatalysatoren interessiert nun die Frage, wie sich ein Merkmal y als Funktion der Bestrahlungszeit t und des eingestrahlten Raumphotonenflusses $E_{\circ\lambda}$ ändert. Da sich Lebewesen unter natürlichen Bedingungen entwickelt haben, sind sie an *Langzeit-Hochintensitätsbestrahlungen* adaptiert. Photokatalysatoren, die in Organismen von Bedeutung sind, müssen also speziell unter *photostationären Bedingungen* als Regulatoren wirksam werden. Bei Temperaturen $\geq 20°C$ stellt sich für die photochemischen Komplikationen des Jablonski-Diagramms in der Größenordnung von Sekunden ein photostationärer Zustand ein. Deshalb ist zum Verständnis der kybernetischen Eigenschaften von Modell (5.126) unter natürlichen Bedingungen die mathematische Behandlung der prästationären Übergangskinetiken zunächst entbehrlich.

Bei Modell (5.126) wird impliziert, daß die Koeffektoren und Kosubstrate, die für die Bildung von y benötigt werden, stets in ausreichendem Überschuß zur Verfügung stehen. Dies darf für inhibitive Photokatalysen, wie etwa eine negative Photomodulation (s. Kapitel 13.3.1), als sicher gelten. Bei aktivierenden Photokatalysen muß aber grundsätzlich mit dem Auftreten von Substrat- und Koeffektorlimitierungen gerechnet werden, was einen Wechsel der Regelstelle bedeuten kann. Dieser Situation wird man formal dadurch gerecht, daß zusätzlich eine *Michaelis-Henri-Interaktion*, d. h. ein Koeffektor X eingeführt wird, der sich mit A zum Effektorkomplex AX reversibel vereinigt. Die Merkmalsänderungen sind dann, analog zu Gl. (5.127), der Konzentration von AX proportional und es gilt, daß die Konzentration aller Pigmentzustände P_Σ groß ist gegenüber der Konzentration aller Koeffektorzustände X_Σ. Der Charakter der Fluenz-Effekt-Kurven bleibt dadurch unverändert, die Halbwertsfluenz repräsentiert aber eine kompliziertere kinetische Größe und die Absolutwerte der spektralen Konversionswirkungsquerschnitte $s_A(\lambda)$ sind nicht mehr direkt bestimmbar.

Der Effektorzustand A ist meistens eine besondere Konformation eines Chromoproteins mit Relaxations- bzw. Inaktivierungskonstanten bis zu $k_A < 1\ s^{-1}$ bei $\geq 20°C$. Um auszuschließen, daß sich mehr als 1% des Pigments als *Zwischenformen* akkumuliert, müßte deshalb der funktionelle Raumphotonenfluß $E_{of\lambda} < 0{,}1\ \mu mol \cdot m^{-2} \cdot s^{-1}$ bleiben, was etwa der Mondlichthelligkeit oder dem 10^{-5} ten Teil des natürlichen Sonnenlichts entspricht. Die stationären Konzentrationen von Zwischenformen können also bei der Photokatalyse unter natürlichen Bedingungen nicht vernachlässigt werden. Die mathematische Berücksichtigung der Zwischenformen ist möglich und zeigt, daß der Funktionstyp der Fluenz-Effektkurven nicht verändert wird. Ungünstigstenfalls kann das Saturierungsniveau y_{max} der Fluenz-Effekt-Kurven sich mit der Wellenlänge ändern. Solange dies nicht beobachtet wird, dürfen die Störungen durch Zwischenformen unberücksichtigt bleiben, und man kann bis zu höchsten Photonenflüssen mit dem Minimalmodell (5.162) arbeiten.

Für Modell (5.126) ergibt sich der absolute photostationäre Effekt für Monochromatbestrahlung zu

$$y = k \cdot P_\Sigma \cdot t \cdot \left[1 + \frac{k_A}{s_A(\lambda) \cdot E_{\circ\lambda}}\right]^{-1}, \quad (5.128)$$

d. h. der Effekt nimmt *proportional* mit der Bestrahlungszeit t, aber *hyperbolisch* mit dem monochromatischen Raumphotonenfluß $E_{\circ\lambda}$ zu. Der Effekt kann also nicht als Funktion des Raumphotonenfluenz $F_{\circ\lambda}$ gemäß Gl. (5.120) ausgedrückt werden, und somit gilt das Bunsen-Roscoe-Reziprozitätsgesetz unter photostationären Bedingungen *nicht*.

Nur beim Arbeiten mit sehr kleinen Photonenflüssen gilt annähernd das Reziprozitätsgesetz, denn in Gl. (5.128) kann dann für $E_{\circ\lambda} \to 0$ die 1 gegenüber $k_A/(s_A(\lambda) \cdot E_{\circ\lambda})$ vernachlässigt werden und man erhält:

$$y \approx k \cdot P_\Sigma \cdot t \cdot s_A(\lambda) \cdot E_{\circ\lambda}/k_A = f(F_{\circ\lambda}). \quad (5.129)$$

Es gibt jedoch keinen Grund dafür, beim Arbeiten mit Photokatalysatoren die Aktionsspektrometrie auf kleine Photonenflüsse und den Gültigkeitsbereich des Reziprozitätsgesetzes einzuschränken. Vielmehr darf für Photokatalysatoren als typisch gelten, daß die Wirkung entscheidend von der zeitlichen Verteilung der eingestrahlten Photonen abhängt. Deshalb ist es günstig, nur relative Monochromateffekte y_{rel} zu vergleichen, die bei konstanter Bestrahlungszeit t ermittelt sind.

Für monochromatische Bestrahlung mit konstanter Zeit t folgt aus Gl. (5.128) für den relativen Effekt

$$y_{rel} = \left(1 + \frac{k_A}{s_A(\lambda) \cdot E_{\circ\lambda}}\right)^{-1}. \quad (5.130)$$

Man erhält also *hyperbolische Fluenz-Effekt-Kurven* (s. Abb. 5.32), die an der Stelle $y_{rel} = 0{,}5$ die Halbwerte der Raumphotonenflüsse $K_{\circ\lambda}$ liefern. Für diese Halbwerte gilt:

$$K_{\circ\lambda} = k_A/s_A(\lambda). \quad (5.131)$$

Hier sind also die Absolutwerte der scheinbaren molaren Konversionswirkungsquerschnitte $s_A(\lambda)$ nicht direkt zugänglich, sondern mit der Inaktivierungskonstante k_A des Effektors verknüpft. Der Wert von k_A kann dadurch bestimmt werden, daß man die Wirkungsabnahme nach Bestrahlungsende zeitlich genau verfolgt. Denn für die Halbwertszeit τ der *exponentiellen Abklingkinetik* gilt der einfache Zusammenhang

$$k_A \cdot \tau = \ln 2. \quad (5.132)$$

Auf diese Weise kann auch für Photokatalysen aus einer Schar von Fluenz-Effekt-Kurven das *absolute scheinbare Konversionsspektrum* des Steuerpigments *in situ* bestimmt werden.

Zur graphischen Überprüfung des hyperbolischen Verlaufs der Fluenz-Effekt-Kurven ist wieder eine *Geradentransformation* besonders günstig. Durch beidseitige Subtraktion des Zählers vom Nenner in Gl. (5.130) erhält man für den *Komplementquotienten* des relativen Effekts:

$$\frac{y_{rel}}{1 - y_{rel}} = \frac{s_A(\lambda) \cdot E_{\circ\lambda}}{k_A}. \quad (5.133)$$

Wenn man also den Komplementquotienten $y_{rel}/(1-y_{rel})$ gegen den Raumphotonenfluß aufträgt, resultieren Ursprungsgeraden mit der Steigung $m_\lambda = \tan\alpha = s_A(\lambda)/k_A$ (s. Abb. 5.33). Das auf diese Weise für eine Schar von monochromatischen Fluenz-Effekt-Kurven ermittelte Steigungsverhältnis liefert also das relative scheinbare Konversionsspektrum des Steuerpigments bzw. die *relative Photonenwirksamkeit* $p(\lambda)$:

$$\frac{m_\lambda}{m_{\lambda_r}} = \frac{s_A(\lambda)}{s_A(\lambda_r)} = p(\lambda). \quad (5.134)$$

Desgleichen ist aus Gln. (5.130), (5.131) und (5.133) ersichtlich, daß das gestürzte Verhältnis der Raumphotonenflüsse $E_{\circ\lambda}$, die gleiches Effektniveau, z. B. $y_{rel} = 0{,}5$ ergeben, der relativen spektralen Photonenwirksamkeit $p(\lambda)$ und damit dem relativen scheinbaren Konversionsspektrum gemäß Gl. (5.108) entspricht.

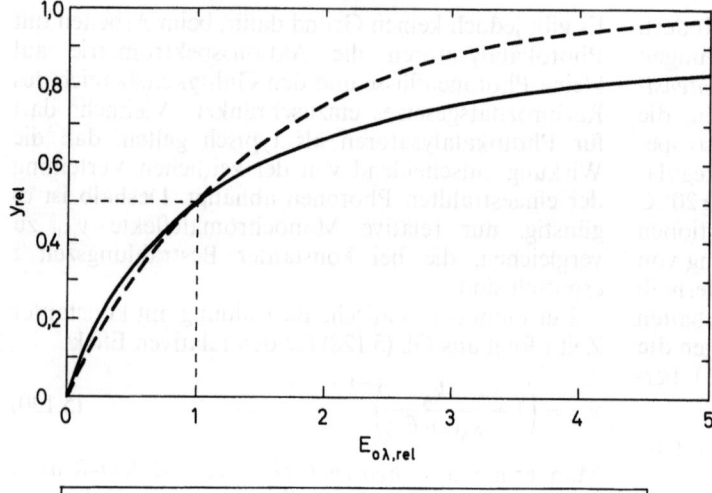

Abb. 5.32. Hyperbolische Fluenz-Effekt-Kurve gemäß Modell (5.126) bzw. Gl. (5.130). An der Stelle $y_{rel} = 0{,}5$ mit dem relativen Raumphotonenfluß $E_{\circ\lambda,rel} = 1$ gilt für den absoluten monochromatischen Raumphotonenfluß $E_{\circ\lambda}$ in mol·m^{-2}·s^{-1}: $E_{\circ\lambda} \cdot s_A(\lambda) = k_A =$ Inaktivierungskonstante des Photokatalysators. Der Verlauf der exponentiellen Fluenz-Effekt-Kurve gemäß Modell (5.117) bzw. Abb. 5.29 ist gestrichelt eingetragen. [Nach Hartmann u. Unser, 1972]

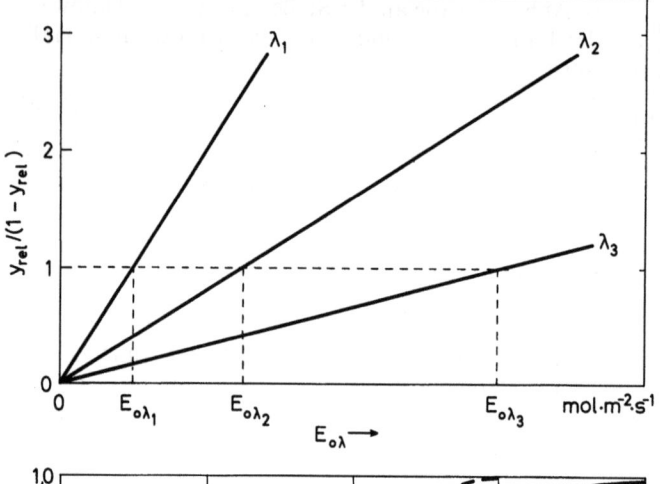

Abb. 5.33. Hyperbolische Fluenz-Effekt-Kurven gemäß Modell (5.126) bzw. Gl. (5.133). Der Komplementquotient des relativen Effekts $y_{rel}/(1-y_{rel})$ ist gegen den monochromatischen Raumphotonenfluß $E_{\circ\lambda}$ aufgetragen. Für die Steigung gilt $\tan\alpha = s_A(\lambda)/k_A$. Für die drei gezeigten Fluenz-Effekt-Kurven ist jeweils die Ermittlung von $E_{\circ\lambda}$ für halbmaximalen Effekt $y_{rel} = 0{,}5$ gestrichelt eingetragen. [Nach Hartmann u. Unser, 1972]

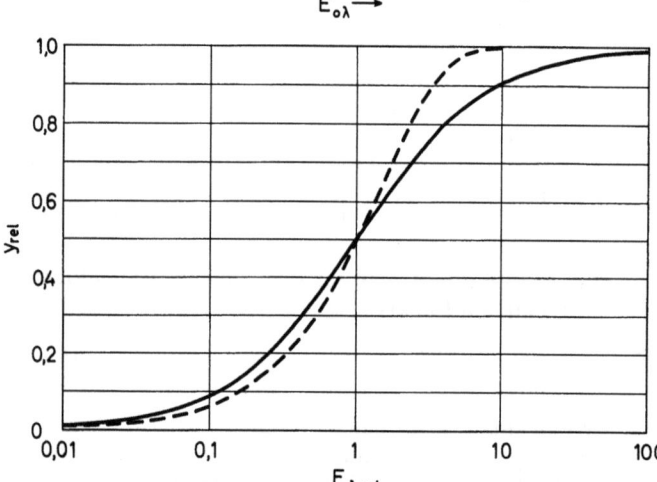

Abb. 5.34. Hyperbolische bzw. exponentielle Fluenz-Effekt-Kurve nach Modell (5.126) [Gl. (5.130), *ausgezogen*] bzw. nach Modell (5.117) [Gl. (5.119) *gestrichelt*]. Der relative Effekt y_{rel} ist gegen den relativen Raumphotonenfluenz $F_{\circ\lambda, rel}$ auf logarithmischer Achse aufgetragen. [Nach Hartmann u. Unser, 1972]

Als Geradentransformation für hyperbolische Fluenz-Effekt-Kurven ist die logarithmische Transformation von Gl. (5.133) besonders interessant:

$$\log \frac{y_{rel}}{1-y_{rel}} = \log E_{\circ\lambda} + \log \frac{s_A(\lambda)}{k_A}. \qquad (5.135)$$

In Analogie zum *Hill-Plot* (Potenzpapier, d. h. beide Achsen logarithmisch gestuft) liefert also die Auftragung von $\log[y_{rel}/(1-y_{rel})]$ gegen $\log E_{\circ\lambda}$ für hyperbolische Fluenz-Effekt-Kurven 1. Ordnung parallele Geraden mit der Steigung oder dem *Hill-Koeffizienten* $n = 1$. Dieser Graph hat den Vorteil, daß kleine Effekte $y_{rel} \to 0$ gut trennbar bleiben und daß auch Werte im Bereich der Sättigung $y_{rel} \to 1$ leicht erfaßbar sind. Die wellenlängenabhängigen Parallelverschiebungen der Fluenz-Effekt-Kurven sind den scheinbaren Konversionswirkungsquerschnitten $s_A(\lambda)$ direkt proportional.

Daneben ist für Fluenz-Effekt-Kurven im Bereich der Biologie ein Graph mit y_{rel} gegen $\log E_{\circ\lambda}$ üblich. Dieser Graph liefert für hyperbolische wie auch für exponentielle Fluenz-Effekt-Kurven einen sigmoidalen oder S-förmigen Verlauf (Abb. 5.34). Es ist evident, daß die Unterscheidbarkeit der beiden Funktionstypen bei diesem Graph im Bereich $0 \leq y_{rel} \leq 0,7$ schwierig ist. Ein einfaches Charakteristikum der hyperbolischen Fluenz-Effekt-Kurven 1. Ordnung ist jedoch, daß zum Anstieg von $y_{rel} = 1/11 = 0,091$ auf $y_{rel} = 10/11 = 0,91$ der Photonenfluß um einen Faktor 100 erhöht werden muß. Der exponentielle Verlauf ist demgegenüber deutlich steiler. In beiden Fällen besteht jedoch der Eindruck, daß die Daten im Bereich $0,2 < y_{rel} < 0,8$ auf eine Gerade fallen und folglich wird inkorrekterweise auch von *logarithmischer Intensitätsabhängigkeit* gesprochen. Dieser Eindruck wird in vielen Fällen noch dadurch verstärkt, daß die Fluenz-Effekt-Kurven für biologische Systeme zu flach verlaufen, d. h. scheinbar kleiner als 1. Ordnung sind, d. h. die Hill-Koeffizienten $n < 1$ sind (s. Abb. 5.24). Als Erklärung für dieses Phänomen bieten sich zwei Möglichkeiten an. Einerseits bedingt die *biologische Variabilität*, daß innerhalb äquivalenter Kompartimente von Zell-, Gewebe- oder Organismuspopulationen, die Reaktanten, Substrate und Effektoren und folglich auch die Stoffumsätze sowie deren kinetische Parameter sich lokal unterscheiden. Dies bedeutet bestenfalls eine Superposition von Kinetiken mit normalverteilten Parametern, was eine scheinbare Reduktion des Hill-Koeffizienten verursacht. Andererseits können *negative Interaktionen von mehreren Steuerzentren*, die im gleichen Organismus vorkommen, zu einer Reduktion des Hill-Koeffizienten bzw. des Kooperationsgrads führen. In beiden Fällen darf die Reaktionskinetik homogener Systeme nicht angewendet werden.

Darüber hinaus ist die Anwendung der Gln. (5.128) bis (5.134) laut Modell (5.126) an die Voraussetzung gebunden, daß im gesamten Spektralbereich nur *ein* funktionelles Pigment P mit *einem* aktiven Zustand A regulierend bzw. katalytisch wirkt. Eine notwendige Bedingung hierfür ist, daß bei Poly- oder Bichromat-Bestrahlungen der Totaleffekt der Beziehung

$$\frac{y_{rel}}{1-y_{rel}} = \frac{1}{k_A} \int_{\lambda_a}^{\lambda_b} s_A(\lambda) \cdot E_o(\lambda) \cdot d\lambda \qquad (5.136)$$

gehorcht. Mittels geschickt gewählter *Zwei-Wellenlängen-Bestrahlungen* kann und sollte man deshalb bei hyperbolischer Fluenz-Effekt-Abhängigkeit prüfen, ob die Bedingung

$$\left(\frac{y_{rel}}{1-y_{rel}}\right)_{\lambda_1+\lambda_2} = \left(\frac{y_{rel}}{1-y_{rel}}\right)_{\lambda_1} + \left(\frac{y_{rel}}{1-y_{rel}}\right)_{\lambda_2}$$

$$= \frac{1}{k_A}(s_A(\lambda_1) \cdot E_{o\lambda_1} + s_A(\lambda_2) \cdot E_{o\lambda_2}) \qquad (5.137)$$

erfüllt ist. Widersprüche zu Gl. (5.137) bedeuten den Ausschluß von Photokatalysen gemäß Modell (5.126) und sind ein Beweis für Pigmentinteraktionen oder andere kinetische Komplikationen.

Als klassisches Beispiel der Photokatalyse und Aktionsspektrometrie gilt die Lichtaktivierung des kohlenmonoxidgehemmten Atmungsferments oder der sogenannten *Cytochromoxidase*. Dieses Enzym, welches den letzten Schritt der Zellatmung katalysiert, d. h. die Elektronenübertragung auf den Sauerstoff und damit die Wasserbildung kontrolliert, wurde 1928 von Otto Warburg und Mitarbeitern zunächst in lebenden *Torula*-Hefen und Essigsäurebakterien nachgewiesen und charakterisiert.

Ausgangspunkt war die Entdeckung, daß die Zellatmung durch CO kompetitiv gehemmt wird, d. h. der Hemmungsgrad hängt vom Partialdruckverhältnis CO/O_2 ab, wobei für halbe Hemmung Werte im Bereich $10 \leq CO/O_2 \leq 30$ ermittelt wurden. Daraus folgt, daß der Sauerstoff mit dem Kohlenmonoxid um die reduzierten Valenzen eines Enzyms konkurriert. Da die Zellatmung auch cyanidempfindlich ist und zwar unabhängig vom O_2-Partialdruck, war klar, daß CN^- die oxidierten Valenzen des Enzyms blockiert. Wegen dieser Art der Kohlenmonoxid- und Blausäureempfindlichkeit kam für den Bindungsort des Sauerstoffs nur ein Schwermetall in Frage. Warburgs wichtigste Entdeckung war, daß die *CO-Hemmung* der Zellatmung *lichtreversibel* ist. Damit wurde klar, daß bei der Zellatmung — analog dem O_2-Transport mittels Hämoglobin — der Bindungsort des Sauerstoffs zweiwertiges Eisen sein muß: Denn nur Eisen-Carbonyl-Verbindungen hatten sich bislang als lichtempfindlich bzw. photodissoziabel erwiesen. Die Schlußfolgerung war, daß das Eisen des Atmungsferments während der Katalyse zwischen dem zwei- und dreiwertigen Zustand oszilliert und dabei Elektronen auf den Sauerstoff überträgt.

Warburg konnte somit von der Vorstellung ausgehen, daß *in vivo* für diese Photokatalyse folgendes Minimalmodell gilt:

$$E_{o\lambda} \rightsquigarrow FeCO + O_2 \underset{k_A}{\overset{k_\lambda + k_d}{\rightleftharpoons}} CO + FeO_2 \left(k \overset{\cdots}{\underset{\rightarrow H_2O}{}} \right) \qquad (5.138)$$

Dabei sind FeCO das durch CO blockierte *inaktive* und FeO_2 das mit O_2 beladene *aktive* Ferment. Bei Belichtung kommt zu den Reaktionsgeschwindigkeitskonstanten 2. Ordnung k_d und k_A also zusätzlich die photochemische k_λ. Bei hohen und konstanten Gaspartialdrucken folgt für das photostationäre Gleichgewicht

$$\frac{FeO_2}{FeCO} = \frac{k_\lambda + k_d}{k_A} \cdot \frac{O_2}{CO} \qquad (5.139)$$

und gleichzeitig für die Atmung als Sauerstoffverbrauch bzw. Wasserbildung:

$$\frac{-\Delta O_2}{\Delta t} = \frac{\Delta H_2O}{\Delta t} = y = k \cdot FeO_2. \qquad (5.140)$$

Der in Abwesenheit von CO zu erzielende Maximalwert der Atmung wird durch die Gesamtmenge des Ferments erzeugt und für ihn gilt deshalb:

$$y_{max} = k(FeO_2 + FeCO). \qquad (5.141)$$

Mit Hilfe der Gln. (5.139) bis (5.141) sieht man sofort, daß die Atmung bei Belichtung in CO-haltiger Atmosphäre der *hyperbolischen* Beziehung

$$\left(\frac{y_{rel}}{1-y_{rel}}\right)_\lambda = \frac{k_\lambda + k_d}{k_A} \cdot \frac{O_2}{CO} \quad (5.142)$$

gehorcht. Durch Vorwegabzug der Dunkelatmung erhält man für Monochromatbestrahlung die *linearisierte* Form der hyperbolischen Fluenz-Effekt-Kurven:

$$\left[\left(\frac{y_{rel}}{1-y_{rel}}\right)_\lambda - \left(\frac{y_{rel}}{1-y_{rel}}\right)_d\right] \cdot \frac{CO}{O_2} = \frac{k_\lambda}{k_A} = \frac{s_A(\lambda) \cdot E_{\circ\lambda}}{k_A}. \quad (5.143)$$

Die Gültigkeit der Gl. (5.143) konnte für einige Objekte, bei denen die Photonenflußgradienten und die Empfindlichkeitsvariabilität vernachlässigbar sind, experimentell bestätigt werden. Für *Torula*-Hefe ist das *absolute scheinbare Konversionsspektrum* für die Fermentaktivierung mit Hilfe von Gl. (5.143) bestimmt worden (Abb. 5.35). Die hierzu benötigte Inaktivierungskonstante k_A kann man z. B. mit Hilfe von Gl. (5.132) aus der exponentiellen Übergangskinetik zwischen Hell- und Dunkelgleichgewicht ermitteln. Das Konversionsspektrum des *Kohlenoxidferments* ist, mit Ausnahme einer Rotverschiebung von ca. 10 nm, dem Absorptionsspektrum des Kohlenoxidhämoglobins sehr ähnlich. Damit war klar, daß es sich bei dem später als Cytochromoxidase bezeichneten Atmungsferment um ein porphyrinhaltiges Protein handeln mußte. Wegen der Höhe der Konversionswirkungsquerschnitte und aufgrund von Modellversuchen mit bekannten Häminverbindungen, bei denen neben den Konversionswirkungsquerschnitten auch die Absorptionswirkungsquerschnitte bekannt waren, konnte für die *Quantenausbeute* der Photodissoziation des CO-Komplexes der Cytochromoxidase im gesamten Spektralbereich $260 \leq \lambda \leq 660$ nm nur der Wert $\phi_A(\lambda) = 1$ angenommen werden. Das bedeutet, daß auch die von den aromatischen Aminosäuren des Proteinanteils bei 280 nm absorbierten Quanten, als Folge von ausreichendem Energietransfer zum Chromophor, die Abspaltung des CO bewirken.

Im weiteren Verlauf der Forschung sind an stark atmenden Zellen, wie Essigsäurebakterien und dem stickstoffbindenden *Azotobacter*, die Cytochromoxidasebanden sowie deren Verlagerung bei Oxydation, Reduktion und Carbonylierung spektroskopisch *in vivo* nachgewiesen worden. Heute kann man die strukturgebundene Cytochromoxidase, die als Endglied der Atmungskette in der Mitochondrieninnenmembran sitzt, auch *in vitro* als fast lipidfreies Protein gewinnen und die spektralen Eigenschaften gelten als voll bestätigt.

Der wichtigste Photoprozeß, der bekannt ist, ist zweifelsohne die *Photosynthese*. Dieser Prozeß läuft in grünen Pflanzen nach der Bilanzgleichung

$$n CO_2 + n H_2O + n\,4{,}8\,eV \rightarrow (CH_2O)_n + n O_2 \quad (5.144)$$

ab. Dabei entstehen aus Kohlendioxid und Wasser zunächst Kohlenhydrate von der Reduktionsstufe der Glucose (=Traubenzucker) sowie Sauerstoff. Auf diese Weise werden mit der Energie des Sonnenlichts jährich etwa 10^{14} kg Masse an organischer Substanz produziert, und der Sauerstoff und das Kohlendioxid der Atmosphäre (21 bzw. 0,032 Vol.-%) werden mit Halbwertszeiten von etwa 1000 bzw. 10 Jahren erneuert. Letztlich basiert die Energetik der gesamten Biosphäre auf dieser Produktionsleistung der photoautotrophen Organismen. Allerdings tragen Biotope, die im ökologischen Gleichgewicht sind ohne dabei organische Substanz zu akkumulieren (z. B. tropischer Regenwald oder Grassteppe), zu einer Verschiebung der Volumenanteile von CO_2 und O_2 in der Erdatmosphäre nicht bei.

Den Einstieg zur Erforschung der molekularen Mechanismen der Photosynthese (s. Kapitel 13.1) lieferte auch hier wieder die Aktionsspektrometrie. Dazu haben sich bereits in den 20er Jahren als günstige Objekte die einzelligen Grünalgen der Gattung *Chlorella* (Zelldurchmesser 5 bis 10 µm) erwiesen. Es zeigte sich, daß für gerührte, hinreichend homogene *Chlorella*suspensionen, die Fluenz-Effekt-Kurven unter konstanten Bedingungen exakt hyperbolisch 1. Ordnung sind, und daß die Reziprozität nicht gilt. Hiernach handelt es sich bei der Photosynthese also eindeutig um eine Photokatalyse.

Aus dem Vergleich genauer Aktions- und Absorptionsspektren (Abb. 5.36) ist ersichtlich, daß die relative Photonenwirksamkeit $p(\lambda)$ oberhalb 680 nm und unterhalb 580 nm Wellenlänge hinter der Absorption zurückbleibt. Dies bedeutet, daß die Photonen- bzw. Quantenausbeute $\phi_B(\lambda)$ der Photosynthese in diesen Bereichen abfällt und muß als ein Hinweis auf die Beteiligung mehrerer Pigmente gelten. Dementsprechend konnte R. Emerson für Zwei-Wellen-

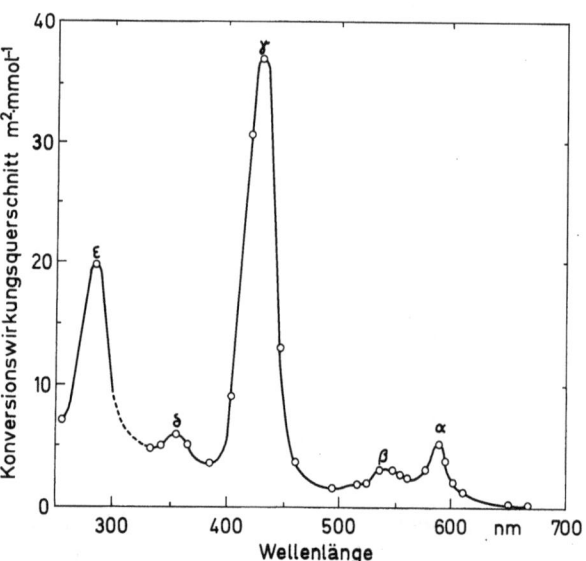

Abb. 5.35. Das absolute Aktionsspektrum für die Photoaktivierung der kohlenmonoxidgehemmten Atmung der Hefe *Torula utilis*.
[Nach Warburg: Z. f. angew. Chemie **45**, 1 (1932)]

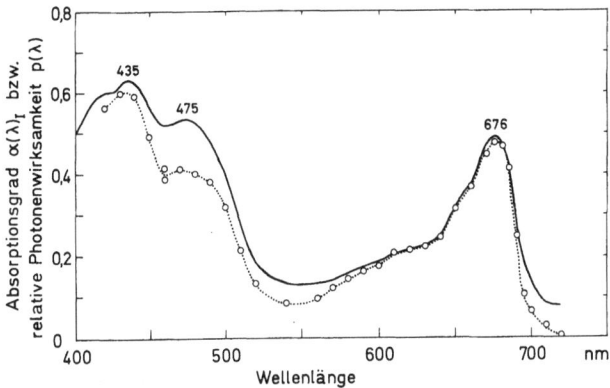

Abb. 5.36. Absorptionsspektrum *(ausgezogen)* sowie Aktionsspektrum der photosynthetischen O_2-Produktion *(punktiert)* für eine Zellsuspension der Grünalge *Chlorella vulgaris*. [Nach Haxo, F. T.: In: Comparative Biochemistry of photoreactive systems (ed. M. B. Allen). New York: Academic Press 1960]

längen-Bestrahlungen die Ungültigkeit der Gl. (5.137) nachweisen. Der von ihm 1957 entdeckte wellenlängenabhängige *Enhancement-* oder *Steigerungseffekt*, der auch für Wechsellichtbestrahlungen gefunden wurde, gab den Anstoß zum Postulat der beiden kooperierenden Pigmentsysteme der Photosynthese: *Photosystem I* und *Photosystem II* (s. Kapitel 13.1). Die reduzierte Photonenausbeute $\phi_B(\lambda)$ im blauen und grünen Spektralbereich beruht im wesentlichen darauf, daß die von den Carotinoiden absorbierten Photonen nur mit einem Wirkungsgrad von etwa 50% auf die photochemisch aktiven Chlorophyllmoleküle des Photosystems I, das sog. P 700, übertragen werden.

Ein 40 Jahre lang umstrittenes Problem der Photosyntheseforschung war die Frage nach dem *Quantenbzw. Photonenbedarf* $\phi_B(\lambda)^{-1}$ für die Bilanzgleichung (5.144). Da die Photonenenergie an der langwelligen Wirkungsgrenze von etwa 680 nm bei 1,8 eV liegt, ist klar, daß ein Wert von $\phi_B(680)^{-1} = 4{,}8/1{,}8 \approx 2{,}7$ theoretisch nicht unterschritten werden kann. Interessanterweise haben Otto Warburg und Mitarbeiter sowohl für *Chlorella*-Suspensionen als auch für junge Salatblätter Werte bis herunter zu $\phi_B(680)^{-1} = 2{,}85$ mitgeteilt. Allerdings sind diese Werte, die einem energetischen Wirkungsgrad von 95% bei 680 nm, 76% bei 546 nm bzw. 61% bei 436 nm entsprechen würden, von der Einhaltung besonderer Bedingungen abhängig: So muß das Versuchsmaterial in Anlehnung an die natürliche Tagesperiodik bei fluktuierenden Lichtintensitäten in einer speziellen Nährlösung und bei erhöhtem CO_2-Partialdruck (5–10 Vol.-%) gezüchtet werden. Für die eigentlichen Quantenbedarfsmessungen sollen zudem nur junge Zellen, deren Atmung durch blaugrünes Licht kompensiert wird, verwendet werden. Außerdem muß der integrale spektrale Absorptionsgrad $\alpha(\lambda)_I$ mittels einer sogenannten Ulbricht'schen Kugel in gleicher geometrischer Anordnung wie beim Photosyntheseversuch gemessen werden, damit man die Zahl der absorbierten Photonen, d. i. die sog. *Photonendosis* D_λ in Mol als

$$D_\lambda = \alpha(\lambda)_I \cdot F_{\circ\lambda} = [1 - \varrho(\lambda)_I - \tau(\lambda)_I] \cdot E_{\circ\lambda} \cdot t \quad (5.145)$$

ermitteln kann. Sicher sind viele der Quantenbedarfsmessungen, die bis zu $\phi_B(680) > 100$ reichen, fehlerhaft durchgeführt worden. Andererseits besteht aber nach unseren derzeitigen Kenntnissen des Mechanismus der Photosynthese für die Kohlenhydratbildung im Rahmen des Calvin-Cyclus ein Photonenbedarf von $\phi_B(\lambda) = 8$ pro reduziertem CO_2-Molekül. Dies entspricht noch immer einem energetischen Wirkungsgrad von etwa 33% bei 680 nm und ist dem der Atmung von etwa 38% vergleichbar. Selbst in Intensivkulturen bleibt der energetische Wirkungsgrad noch erheblich geringer: In Maisfeldern werden maximal 1–2%, in Zuckerrohrbeständen bis zu 8% der absorbierten Photonenenergie chemisch gebunden.

5.3.8.3. Photochromkatalyse

Die Photochromkatalysen sind im Zusammenhang mit der Aktionsspektrometrie von besonderem Interesse, denn sie stellen kinetisch eine Kombination der Photoproduktbildung und der Photokatalyse dar. In der Regel wird hierbei ein Pigment P durch Belichtung in einen aktiven Zustand A verwandelt, der als Bioeffektor wirkt und wegen seiner Photonenabsorption selbst wieder durch eine Photoreaktion in P zurückverwandelt wird, aber auch spontan langsam zu P revertiert.

Ein mögliches Minimalmodell für Photochromkatalysen ist z. B.

$$E_{\circ f \lambda} \rightsquigarrow P \underset{k_{P\lambda} + k_A}{\overset{k_{A\lambda}}{\rightleftarrows}} A \left(\overset{k}{\underset{\cdots}{\rightsquigarrow}} \cdots \rightarrow y \right. \quad (5.146)$$

Bei diesem Modell gilt für die Bildung des Effektors A die Differentialgleichung

$$\frac{dA}{dt} = \frac{-dP}{dt} = P k_{A\lambda} - A(k_{P\lambda} + k_A). \quad (5.147)$$

Vor der Erstbelichtung liegt das gesamte Photochrom im Zustand P vor, und deshalb darf für den *Anlaufbereich der Fluenz-Effekt-Kurven*, d. h. für $F_{\circ\lambda} \to 0$ bei $t \to 0$ geschrieben werden:

$$dA = P \cdot s_A(\lambda) \cdot dF_{\circ\lambda}. \quad (5.148)$$

In Kombination mit Gl. (5.127) ist somit ersichtlich, daß auch bei Modell (5.146) für $y \to 0$ die Gl. (5.108) gilt. Die *relative Photonenwirksamkeit* $p(\lambda)$ für $y \to 0$ repräsentiert also auch bei Photochromkatalysen das relative scheinbare Konversionsspektrum für die *Effektorbildung* $P \to A$.

Die Situation ist anders, sobald die Photokonversionen 1. Ordnung in beiden Richtungen voll ins Spiel kommen. Dazu müssen die Photonenflüsse $E_{\circ\lambda}$ so hoch gewählt werden, daß auch für Einstrahlung des Halbwertsfluenz die Bestrahlungszeit t klein bleibt gegenüber der Inaktivierungszeit k_A^{-1} von A. Dann darf in Gl. (5.147) k_A vernachlässigt werden, und man findet bei voller *Gültigkeit der Reziprozität* als Gleichung für die *exponentiellen Fluenz-Effekt-Kurven*

$$\ln(1 - y_{\text{rel}}) = -(k_{A\lambda} + k_{P\lambda}) \cdot t. \quad (5.149)$$

Der relative Effekt y_{rel} ist hierbei auf das *wellenlängenabhängige Sättigungsniveau* y_{max} bezogen, für welches bei $E_{o\lambda} \to \infty$ folgt:

$$y_{max} = \frac{k \cdot s_A(\lambda)}{s_A(\lambda) + s_P(\lambda)} = \frac{k \cdot A}{A + P}. \quad (5.150)$$

Für monochromatische Fluenz-Effekt-Kurven ist das Sättigungsniveau y_{max} also der photostationären Fraktion des Effektors A direkt proportional. D.h. für die obigen Randbedingungen treten die Eigenschaften der Photoproduktbildung in modifizierter Form auf und für die *relative Photonenwirksamkeit* $p(\lambda)$ ergibt sich wegen Gl. (5.149) hier als Definition

$$p(\lambda) = \frac{F_{o\lambda r}}{F_{o\lambda}} = \frac{s_A(\lambda) + s_P(\lambda)}{s_A(\lambda_r) + s_P(\lambda_r)}. \quad (5.151)$$

Ein genaues Aktionsspektrum liefert somit das *relative Summenspektrum* der scheinbaren Konversionswirkungsquerschnitte der beiden Photochromformen.

Die kybernetischen Eigenschaften von Modell (5.146) ändern sich, wenn man zu Langzeit- bzw. Dauerbestrahlungen übergeht.

Sofern der Raumphotonenfluenz $F_{o\lambda}$ groß wird gegenüber den Halbwerten für die Photokonversion, darf man *photostationäre Bedingungen* annehmen und es gilt:

$$\frac{A}{A + P} = \frac{k_{A\lambda}}{k_{A\lambda} + k_{P\lambda} + k_A}. \quad (5.152)$$

Für $E_{o\lambda} \to \infty$ ist im Nenner von Gl. (5.152) k_A vernachlässigbar, womit die Gl. (5.150) bestätigt ist. Durch Division von Gl. (5.152) durch letztere erhält man für den relativen Effekt, jeweils bezogen auf das wellenlängentypische Sättigungsniveau der Fluenz-Effekt-Kurven:

$$y_{rel} = \frac{k_{A\lambda} + k_{P\lambda}}{k_{A\lambda} + k_{P\lambda} + k_A}. \quad (5.153)$$

In Analogie zu Gl. (5.133) findet man für die Fluenz-Effekt-Kurven *Ungültigkeit der Reziprozität* bei *hyperbolischer Photonenfluß-* und *linearer Zeitabhängigkeit*:

$$\frac{y_{rel}}{1 - y_{rel}} = \left(\frac{s_A(\lambda) + s_B(\lambda)}{k_A}\right) E_{o\lambda}. \quad (5.154)$$

Damit bleibt für die relative Photonenwirksamkeit $p(\lambda)$ Gl. (5.151) gültig, d. h. auch unter photostationären Bedingungen liefert ein genaues Aktionsspektrum das *relative Summenspektrum* der scheinbaren Konversionswirkungsquerschnitte beider Photochromformen.

Da sich die Quantenausbeuten $\phi_{PA}(\lambda)$ und $\phi_{AP}(\lambda)$ für beide Photokonversionen unterscheiden können, muß man damit rechnen, daß exakte Aktionsspektren für Photochrome jedem Mischungsverhältnis der beiden Pigmentabsorptionsspektren folgen können. Umgekehrt kann man bei Kenntnis der Absorptionsspektren der beiden Photochromformen durch Vergleich mit dem relativen Aktionsspektrum sofort das *Quantenausbeuteverhältnis* $\phi_{PA}(\lambda)/\phi_{AP}(\lambda)$ ermitteln. Gleichung (5.154) ist noch weiter von Bedeutung, da sie die Summe der scheinbaren Konversionswirkungsquerschnitte $s_A(\lambda) + s_B(\lambda)$ direkt mit der *Inaktivierungskonstante* k_A des Effektors A verknüpft.

Eine hinreichende Charakterisierung einer Photochromkatalyse gemäß Modell (5.146) ist also aktionsspektrometrisch möglich, ohne daß man *Effektrevertierbarkeit* durch Wechsellichtbestrahlungen voraussetzen muß; damit diese Eigenschaft auftritt, müßte in Modell (5.146) zwischen A und y ein Verzögerungsglied enthalten sein, was *a priori* nicht angenommen werden kann.

Als Beispiel für eine Photochromkatalyse, die aktionsspektrometrisch korrekt bearbeitet worden ist, darf die Regulation durch *Phytochrom*, das wichtigste Steuerpigment der pflanzlichen Photomorphogenese, gelten [Gl. (13.43)]. Für Kurzzeit-Induktionsbestrahlungen und für $y_{rel} \to 0$ folgt die relative Photonenwirksamkeit $p(\lambda)$ den Konversionsspektren für die Umlagerung vom inaktiven Zustand R zum Effektor F bzw. umgekehrt (vgl. Abb. 13.23 und 13.36). Zusätzlich sind bei Gültigkeit der Reziprozität die Fluenz-Effekt-Kurven exponentiell [Gl. (13.56)], bei Ungültigkeit der Reziprozität aber, d.h. für die sog. Hochintensitätsphänomene, sind sie hyperbolisch [Gl. (13.60)]. Die Fluenz-Effekt-Kurven gehen also, genau wie für Photochrome zu erwarten, vom ausgedehnten exponentiellen Anlaufbereich fließend in den hyperbolischen Bereich über. Im ersten Fall ist die relative Photonenwirksamkeit $p(\lambda)$ der Summe der beiden Konversionswirkungsquerschnitte $s_{rf}(\lambda) + s_{fr}(\lambda)$ direkt proportional. Im zweiten Fall ist die Situation zusätzlich dadurch kompliziert, daß die Zahl der Wechselwirkungsstellen für den Effektor F relativ klein ist, er gemäß einer Reaktion 1. Ordnung aus dem System verschwindet sowie kooperative Eigenschaften aufweist; ferner kompensiert die geringe aber konstante Neusynthese der inaktiven Phytochromform R nach mehrstündiger Bestrahlungszeit die Destruktion von F (s. Abschnitt 13.3.5 und Abb. 13.38). Beim Arbeiten mit inhomogenen Populationen werden diese zuletzt genannten Komplikationen maskiert bzw. nivelliert, was sich darin äußert, daß die Fluenz-Effekt-Kurven zu flach verlaufen ($n < 1$, vgl. Abb. 5.24 mit Abb. 5.34). In solchen Fällen folgen wegen Gl. (5.150) und (13.48) sowohl das Sättigungsniveau, als auch die Steilheit der absoluten monochromatischen Fluenz-Effekt-Kurven im Raster der Abb. 5.24, der photostationären Fraktion des Effektors F (s. Abb. 13.35).

Auch die *Sehprozesse* (Kapitel 13.2) sind Photochromkatalysen, und sicher gibt es weitere, bis jetzt unentdeckte Photoprozesse dieser Art. Bei zahlreichen, sehr unterschiedlichen Vertretern des Pflanzenreichs sind z. B. für interessante *Photomorphosen* approximative Aktionsspektren ausgearbeitet worden. Die Wirkung ist dabei häufig auf den Bereich $\lambda < 550$ nm beschränkt und die relative Photonenwirksamkeit $p(\lambda)$ folgt hier dem Verlauf der Abb. 13.42 bzw. 13.44.

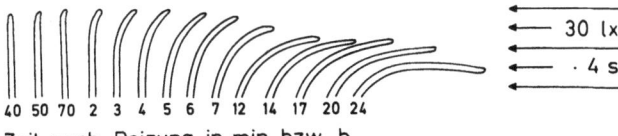
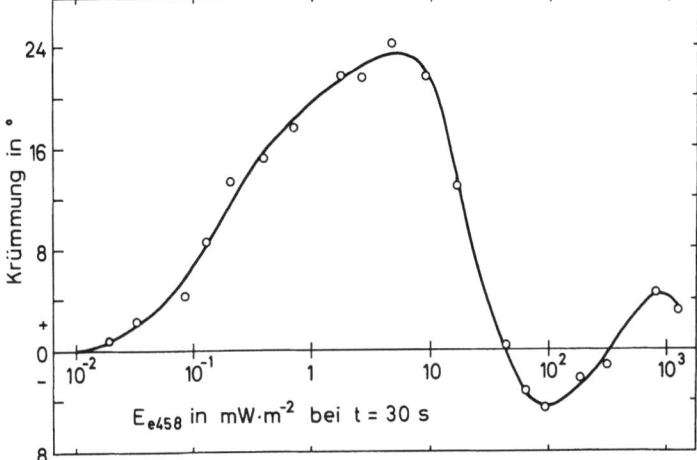

Abb. 5.37. Phototropismus der Haferkoleoptile *(Avena sativa)*. *Oben:* Zeitliche Folge der positiv phototropischen Krümmung, wie sie nach horizontaler Einstrahlung eines sättigenden Lichtblitzes von rechts (4 s 30 lx) zu beobachten ist. Die Zahlen geben die Zeiten nach der Reizung an, die ersten drei in min, die weiteren in h. [Nach Arisz aus Harder et al.: Lehrbuch der Botanik für Hochschulen. Stuttgart: Gustav Fischer 1962]. *Unten:* Fluenz-Effekt-Kurve für die phototropische Krümmung. Die Spitzenkrümmung in Grad ist gegen die Bestrahlungsstärke E_{e458} aufgetragen; die Bestrahlungszeit war $t=30$ s. [Nach Blaauw and Blaauw-Jansen: Acta Bot. Neerl. **19**, 755 (1970)]

Aktionsspektren dieser Typologie sind z. B. für die Anthocyan- und Carotinoidakkumulation, die Chloroplastenbewegung, die Wachstumshemmung und -förderung, die Photorespiration und -sporulation, die Phototaxis, den Phototropismus, die Polarotaxis sowie den Polarotropismus ausgearbeitet worden. Die Ansicht, daß diese Aktionsspektren den Absorptionsspektren von Flavoproteinen entsprechen, ist weit verbreitet, vermutlich ist sie aber in dieser einfachen Form nicht richtig. Denn in vielen Fällen, in denen genaue Fluenz-Effekt-Kurven ausgearbeitet worden sind, treten all die Komplikationen auf, die für Photochromkatalysen typisch sind: Eine exponentielle Phase mit Gültigkeit der Reziprozität wird von einer hyperbolischen Phase mit Ungültigkeit der Reziprozität abgelöst, und sowohl Steilheit als auch Sättigungsniveau der Fluenz-Effekt-Kurven sind wellenlängenabhängig. Zudem sind diese Charakteristika nicht selten durch Systeminhomogenitäten sowie -interaktionen verwischt bzw. modifiziert. Trotzdem läßt sich aber folgern, daß ähnlich wie bei der phytochromabhängigen Hochintensitätsreaktion (Abb. 13.44), die sog. *Flavoprotein-Aktionsspektren* im Prinzip *Photochrom-Aktionsspektren* sein müssen, d. h. Superpositions- bzw. Mischspektren von mindestens zwei Photochromformen. Allerdings darf man nicht erwarten, daß bei Photochromkatalysen generell mit Hilfe von Bichromatkurven vom Typ der Abb. 13.43 die scheinbaren Konversionsspektren der beiden Pigmentformen bestimmbar sind, da dies eine Effektorabhängigkeit in Form einer Optimumskurve (s. Abb. 13.45) voraussetzt. Vielmehr bekommt man den besten Hinweis auf die spektrale Absorption der beteiligten Photochromformen durch den Vergleich der relativen Photonenwirksamkeit $p(\lambda)$, einmal bestimmt nach Gl. (5.108) für $E_{o\lambda} \to 0$, zum anderen aber nach Gl. (5.151) im Bereich der Gültigkeit der Reziprozität. Im ersten Fall muß $p(\lambda)$ dem scheinbaren Konversionsspektrum für die Umlagerung P→A folgen, im zweiten Fall aber der Summe der Konversionsspektren für beide Photokonversionen P⇌A. Letzteres ist wegen Gl. (5.154) auch für den hyperbolischen Bereich zu erwarten, obwohl dann zeitabhängige Pigmentreaktionen das Aktionsspektrum zusätzlich modifizieren (s. Abb. 13.44). Schließlich existiert nach Gl. (5.150) auch noch das Argument, daß das wellenlängenabhängige Sättigungsniveau der Fluenz-Effekt-Kurven der photostationären Fraktion $A/(P+A)$ des Effektors folgt. Obwohl bis jetzt keine der oben aufgeführten Photomorphosen nach den Prinzipien der Aktionsspektrometrie korrekt bearbeitet worden ist, läßt sich doch aus einer vergleichenden Betrachtung der z. Z. verfügbaren Daten entnehmen, wie die *Konversionsspektren der beiden Photochromformen* in etwa verlaufen. In diesem Zusammenhang ist vor allem der von H. Etzold und A. M. Steiner sehr sorgfältig bearbeitete *Polarotropismus* der Keimfäden des Wurmfarns (s. Abschn. 13.3.3 und Abb. 13.29) sehr wertvoll. Hier zeigt sich nämlich, daß bei Aktionsspektren für $y_{rel} \to 0$ die schwache Wirkung im Rotbereich dem Absorptionsspektrum der hellrotabsorbierenden Form des Phytochroms R folgt, für $y_{rel} \to y_{max}$ aber entspricht die Aktionsbande eher der Summe der Konversionsspektren von R und F. Im Kurzwelligen < 550 nm zeigt das Aktionsspektrum für $y_{rel} \to 0$ eine starke Blaubande (400–500 nm) mit dem Maximum bei 450 nm, einer Schulter bei 480 nm und kaum Wirkung bei 370 nm; für $y_{rel} \to y_{max}$ findet sich zusätzlich eine dominierende Ultraviolettbande bei 370 nm sowie ein aufgesetztes Maximum bei 420 nm. Deshalb muß die *inaktive Form* P des hier wirksamen Photochroms hauptsächlich im *Blaubereich*, der *Effektorzustand* A aber bevorzugt im *UV-A bei* 370 nm sowie im *Blau bei* 420 nm absorbieren.

Zur Deutung der sog. Flavoproteinspektren muß man also ein Photochrom postulieren, dessen *kinetischer Mechanismus* dem des Phytochroms (Abb. 13.38) entspricht. Es ist faszinierend zu sehen, daß die mehrphasigen Fluenz-Effekt-Kurven für die phototropische Reaktion der Haferkeimscheiden (*Avena-*Koleoptile; s. Abb. 5.37) auf der Basis von Modell (13.38) quantitativ gedeutet werden können. Man muß dazu lediglich berücksichtigen, daß als Folge der Effektorbildung, ähnlich wie beim Salathypokotyl (s. Abb. 13.41), eine Wachstumshemmung auftritt, und in den etiolierten Koleoptilen, aufgrund ihres hohen Flavonoidgehaltes im kurzwelligen Teil des Spektrums eine starke, wellenlängenabhängige Selbstbeschattung existiert. Damit ist erstmals ein fundierter Vorschlag zum Verständnis der kybernetischen Komplikationen beim *Phototropismus der Graskoleoptilen* möglich, und eine Lösung des von C. und F. Darwin im Jahre 1880 aufgeworfenen Problems ist in Sicht.

Dem Leser, der so weit gefolgt ist, müßte klar geworden sein, daß die Aktionsspektrometrie bei zahlreichen Photoprozessen den Anstoß zur Entdeckung und Klärung ihrer molekularen Mechanismen gegeben hat. Auch für die Zukunft dürfte sich diese Methode bei korrekter Anwendung für die Forschung als sehr befruchtend erweisen.

Literaturauswahl

Dertinger, H., Jung, H.: Molekulare Strahlenbiologie. Berlin-Heidelberg-New York: Springer 1969.

Deutscher Normenausschuß (DNA): DIN-Taschenbuch 22. Normen für Größen und Einheiten in Naturwissenschaft und Technik. AEF-Taschenbuch. Berlin-Köln-Frankfurt: Benth-Vertrieb 1974.

Curry, G. M.: Phototropism. In: Physiology of Plant Growth & Development (ed. M. B. Wilkins) pp. 243–273. London: McGraw-Hill 1969.

Flügge, J.: Studienbuch zur technischen Optik. Hrsg. G. Hartwig. Göttingen: Vandenhoeck & Ruprecht 1976.

Hartmann, K. M., Cohnen Unser, I.: Carotenoids and Flavins versus Phytochrome as the Controlling Pigment for Blue-UV-Mediated Photoresponses Z. Pflanzenphysiol **69**, 109–124 (1973).

Hartmann, K. M., Cohnen Unser, I.: Analytical action spectroscopy with living systems: photochemical aspects and attenuance. Ber. Deutsch. Bot. Ges. **85**, 481–551 (1972)

Hentschel, H.-J.: Licht und Beleuchtung. Berlin-München: Siemens 1972.

Nicholls, P., Chance, B.: Cytochrome c Oxidase. In: Molecular mechanisms of oxygen activation (ed. I. Hayaishi) pp. 479–534. New York-London: Academic Press 1974.

Raschke, K.: Eine Anlage zur monochromatischen Bestrahlung biologischer Objekte, ausgerüstet mit Interferenzfiltern und einer elektronisch geregelten 2,5 kW-Xenonlampe. Planta (Berl.) **75**, 55–72 (1967).

Setlow, R. B., Pollard, E. C.: Action spectra and quantum yields. In: Molecular Biophysics pp. 267–305. Oxford-London-New York-Paris: Pergamon Press 1962.

Zimmer, K. G.: Zur Berücksichtigung der biologischen Variabilität bei der Treffertheorie der biologischen Strahlenwirkung. Biol. Zbl. **61**, 208 (1941).

6. Strahlenbiophysik

ERNST-GEORG NIEMANN

6.1. Einleitung

Strahlenbiophysik ist die Wissenschaft von der Wirkung ionisierender Strahlung auf biologische Systeme. Im Gegensatz zur Strahlenbiologie, die sich mit biologischen und medizinischen Folgeprozessen befaßt, werden hier vorwiegend physikalische und chemische Primärprozesse beschrieben bzw. biologische Erscheinungen auf diese zurückgeführt. Weitere Nachbargebiete sind Strahlenchemie und Photobiologie; erstere, weil durch die Strahlung bewirkte chemische Änderungen im Biosystem im allgemeinen die biologisch-metabolische Strahlenwirkung einleiten; letztere, weil durch sichtbares, vor allem aber durch ultraviolettes Licht oft ähnliche Effekte wie durch ionisierende Strahlen auslösbar sind.

Das wissenschaftliche Interesse an der Strahlenbiophysik resultiert einerseits aus der Notwendigkeit, die Primärprozesse kennen und quantifizieren zu lernen, die am Anfang einer biologischen Reaktionskette stehen, die schließlich zur medizinisch erkennbaren — und genutzten — Strahlenwirkung führt. Andererseits hat man die Möglichkeit, durch das Agens Strahlung Informationen über Ablauf und Beeinflußbarkeit metabolischer Prozesse zu erhalten. Darüber hinaus besteht immer die Frage nach einer möglichen Strahlenschädigung und wirksamen Schutzmaßnahmen. Physikalisch wie biologisch interessant ist auch die Tatsache, daß hier minimale Energiebeträge über komplizierte Wirkungsketten makroskopisch wesentliche Effekte auslösen können.

6.2. Die Strahlung und ihre Messung

6.2.1. Strahlenarten

Ionisierend nennt man alle Strahlenarten, deren Quantenenergie hoch genug ist ($E > 10$ eV), um Elektronen aus dem Molekül- oder Atomverband herauszulösen. Dabei können sie selbst geladen (direkt ionisierend) oder ungeladen (indirekt ionisierend) sein (Tabelle 6.1). Ihre Energie wird im allgemeinen in Elektronenvolt oder seinem Vielfachen angegeben (1 keV = 10^3 eV, 1 MeV = 10^6 eV). 1 eV ist die kinetische Energie, die ein einfach geladenes Teilchen erhält, wenn es ein Spannungsgefälle von 1 V durchläuft:

$$1\,\text{eV} = 1{,}602 \cdot 10^{-19}\,\text{W sec} = 3{,}82 \cdot 10^{-20}\,\text{cal}.$$

Beim Kernzerfall, aber auch in Beschleunigern usw., werden normalerweise Strahlen erzeugt, deren Quantenenergie ein hohes Vielfaches der Ionisierungsenergie ist, so daß diese Strahlen auf der Spur jedes ihrer Quanten beim Durchgang durch Materie eine große Zahl von Ionisationen und Anregungen erzeugen, die alle zu chemischen und biologischen Folgeprozessen führen können.

Neben dem Einfluß äußerer Bestrahlung auf biologische Systeme ist in der Strahlenbiophysik auch die Wirkung inkorporierter, d. h. direkt in das System eingebauter Radionuklide von Interesse. Hier kann außer der beim Zerfall emittierten Strahlung noch die Transmutation, d. h. die beim radioaktiven Zerfall erfolgende Umwandlung des Radionuklids in ein anderes chemisches Element, und die Rückstoßenergie, die auf den emittierenden Kern wirkt, von Bedeutung sein.

6.2.2. Wechselwirkung Strahlung–Materie

Die Energieabgabe der Strahlung an Materie in Form von Ionisation und Anregung ist der erste physikalische Schritt in einer langen Reihe von Folgereaktionen, die schließlich zur biologischen Strahlenwirkung führt. Diese primäre Wechselwirkung ist qualitativ und quantitativ unterschiedlich für die verschiedenen Strahlenarten und -energien.

6.2.1.1. Direkt ionisierende Strahlen

Die Energieabgabe pro Weglänge, das Massenbremsvermögen, läßt sich für direkt ionisierende Strahlen, also für alle geladenen schweren Partikel, durch die

Tabelle 6.1. Ionisierende Strahlen

Name	Art	Masse	Ladung	Erzeugung
Direkt ionisierende Strahlung				
α	^4_2He	4	2+	Kernzerfall
β⁻	e	0,000549	−	Kernzerfall, Betatron
β⁺	e	0,000549	+	Kernzerfall
p	^1_1H	1	+	Beschleuniger
d	^2_1H	2	+	Beschleuniger
Indirekt ionisierende Strahlung				
γ	el.-magn. Str.	0	0	Kernzerfall
Rö	el.-magn. Str.	0	0	Röntgenröhre
n	$^0_1 n$	1	0	Kernreaktion, Kernspaltung

Bethe-Formel beschreiben:

$$-\frac{dE}{dx} = \frac{4\pi N_L}{m_e} \cdot \frac{e^4 z^2}{v^2} \cdot \varrho \frac{Z}{A} \cdot B$$

dabei sind: N_L = Loschmidtsche Zahl
m_e = Ruhemasse des Elektrons
e = Elementarladung des Partikels
z = Ordnungszahl des Partikels
v = Geschwindigkeit des Partikels
ϱ = Dichte des absorbierenden Materials
Z = Ordnungszahl des absorbierenden Materials
A = Atomgewicht des absorbierenden Materials
$B = \ln\left(\frac{2m_e v^2}{I(1-\beta^2)} \cdot \beta^2\right)$
I = Ionisierungspotential des absorbierenden Materials

Für Elektronen gilt wegen ihrer stärkeren Ablenkung eine etwas veränderte Gleichung.

Der zweite Term dieser Gleichung gibt die Abhängigkeit der Energieabgabe von den Eigenschaften des Teilchens an: Hohe Ladung und Ordnungszahl erhöhen, hohe Geschwindigkeit erniedrigt die Energieabgabe pro Weglänge.

Bei konstant gehaltenen Teilcheneigenschaften wird die Energieabgabe durch den dritten Term beschrieben:

$$-\frac{dE}{dx} \sim \varrho \cdot \frac{Z}{A}.$$

Da Z/A in weiten Bereichen als konstant angesehen werden kann, ist in erster Näherung die Energieabgabe dem Flächengewicht proportional.

Der in der Strahlenbiophysik oft verwendete LET-Wert entspricht im wesentlichen dem Massenbremsvermögen, berücksichtigt aber nur Ionisationen und Anregungen in der Nähe der Primärbahn, also nicht die von Sekundärteilchen.

Neben dem Prozeß der direkten Ionisation spielt die Erzeugung von Bremsstrahlung noch eine wesentliche Rolle bei der Energieabgabe geladener Teilchen an Materie. Hier wird ein Teilchen im Kernfeld abgebremst, die freiwerdende Energie wird als γ-Quant abgestrahlt. Die Wahrscheinlichkeit für diesen Prozeß steigt stark mit wachsender Teilchengeschwindigkeit und steigender Ordnungszahl des Absorbers.

6.2.2.2. Indirekt ionisierende Strahlen

a) Röntgen- und γ-Strahlung

Die Absorption dieser elektromagnetischen Strahlung in Materie läßt sich durch einen einfachen exponentiellen Ausdruck beschreiben:

$$I_x = I_0 \cdot e^{-\mu x}.$$

Dabei sind I_0 und I_x die Strahlenintensitäten vor und nach Durchtritt durch die Schichtdicke x [cm] und μ [cm^{-1}] der Absorptionskoeffizient. Dieser setzt sich zusammen aus drei Komponenten, die verschiedene Wechselwirkungsprozesse beschreiben:

$$\mu = \tau + \sigma + \varkappa$$

τ = Photoabsorptionskoeffizient,
σ = Compton-Absorptionskoeffizient,
$\varkappa$ = Paarbildungskoeffizient.

Beim *Photoeffekt* gibt das γ-Quant seine gesamte Energie an ein Hüllenelektron des absorbierenden Materials ab. Dieser Prozeß herrscht im Bereich niedriger γ-Energien vor, seine Wahrscheinlichkeit steigt mit der fünften Potenz der Ordnungszahl des Absorbers;

$$\tau \sim \varrho \cdot \frac{Z^5}{A}.$$

Die Energiebilanz des Photoprozesses ist:

$$E_e = h_\nu - B_e.$$

B_e = Bindungsenergie des freigesetzten Elektrons,
E_e = Kinetische Energie des freigesetzten Elektrons,
h_ν = Quantenenergie der γ-Strahlung.

Der *Comptoneffekt* kann als Stoßprozeß zwischen einem γ-Quant und einem Elektron beschrieben werden, bei dem das γ-Quant einen Teil seiner Energie dem Elektron überträgt:

$$E_e + h_{\nu'} = h_\nu - B_e,$$

$h_{\nu'}$ = Quantenenergie nach dem Stoß.

Dieser Prozeß herrscht im Bereich mittlerer γ-Energien vor, sein Eintreten hängt von der Elektronendichte des Absorptionsmaterials ab, also

$$\sigma \sim \varrho \cdot \frac{Z}{A}.$$

Beim *Paarbildungsprozeß* „materialisiert" ein γ-Quant im Kernfeld zu einem Elektron-Positron-Paar. Er kann daher nur auftreten, wenn die Quantenenergie mindestens dem Energieäquivalent der doppelten Elektronenmasse (1,02 MeV) entspricht. Erst bei sehr viel höheren Energien wird er zum dominierenden Prozeß, seine Wahrscheinlichkeit steigt mit dem Quadrat der Ordnungszahl des Absorbers:

$$\varkappa \sim \varrho \cdot \frac{Z^2}{A}.$$

Die Energiebilanz des Paarbildungsprozesses ist:

$$h_\nu - 1{,}02 \text{ MeV} = E_{e^+} + E_{e^-}.$$

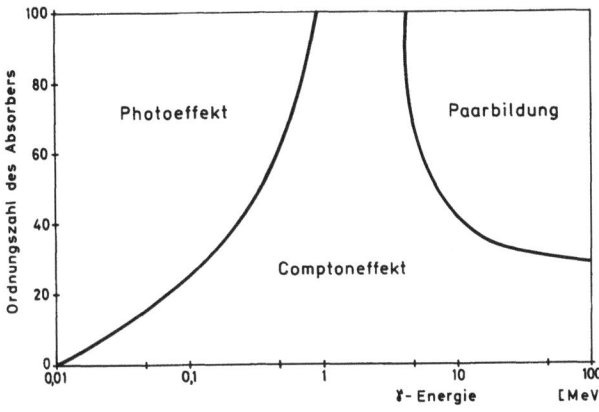

Abb. 6.1. Bereiche des Vorherrschens von Photoeffekt, Comptoneffekt und Paarbildung

Elektron und Positron verlieren ihre kinetische Energie durch Ionisation und Anregungen. Das Positron rekombiniert schließlich mit einem Elektron und zerfällt gemeinsam mit diesem unter Emission von zwei γ-Quanten von je 0,51 MeV (Vernichtungsstrahlung).

Abbildung 6.1 gibt an, in welchen Bereichen von γ-Energie und Ordnungszahl die einzelnen Wechselwirkungsprozesse überwiegen.

b) Neutronen

Neutronen geben ihre Energie ebenfalls vorwiegend in drei Prozessen an biologisches Material ab: Elastische Streuung, unelastische Streuung und n-Einfang.

Die *elastische* Streuung ist ein Stoßprozeß zwischen dem Neutron und einem Atomkern, bei dem alle Energie als kinetische Energie erhalten bleibt. Nach den Stoßgesetzen der Mechanik ist die Energieübertragung dann besonders groß, wenn Neutron und gestoßener Kern gleich groß sind, also beim Wasserstoff. Die dadurch erzeugten Rückstoßprotonen geben ihre Energie innerhalb einer kurzen Weglänge in Form von Ionisationen und Anregungen an das Gewebe ab.

Bei der *unelastischen* Streuung wird ein Teil der beim Stoß übertragenen Energie zur Kernanregung verwandt. Der Kern relaxiert in sehr kurzer Zeit unter Emission eines harten γ-Quants. Bei hohen n-Energien kann auch ein zweites Neutron emittiert werden [$(n, 2n)$-Prozeß].

Durch die Stoßprozesse verlieren die Neutronen ihre kinetische Energie, bis sie sich in thermischem Gleichgewicht mit der Umgebung befinden (thermische Neutronen).

Ihre Energie ist dann $E_{th} = \frac{1}{2}kT$,

mit k = Boltzmannkonstante = $1{,}8 \cdot 10^{-16}$ erg/°C,
T = Absolute Temperatur.

Bei 20°C Umgebungstemperatur ergibt das E_{th} = 0,025 eV.

Beim *Neutroneneinfang* wird ein langsames Neutron im Kern des absorbierenden Atoms aufgenommen. Unter Emission eines γ-Quants entsteht ein (meist radioaktives) Isotop des Absorberelements [(n, γ)-Prozeß]. In einigen Fällen findet auch ein (n, p)-Prozeß statt, wobei eine Elementarumwandlung erfolgt. Die Wahrscheinlichkeit für das Eintreten dieser Prozesse wächst mit der Aufenthaltsdauer des Neutrons im Kernfeld, folgt also einer $1/v$-Funktion, die oft durch Resonanzstellen überlagert ist. Im biologischen Bereich sind besonders wichtig die Reaktionen

$^{14}_{7}\text{N}(n, p)\,^{14}_{6}\text{C} + 0{,}66 \text{ MeV}$,

$^{1}_{1}\text{H}(n, \gamma)\,^{2}_{1}\text{H} + 2{,}2 \text{ MeV}$.

Die Überschußenergie enthält im ersten Fall das Proton, im zweiten das γ-Quant.

6.2.3. Dosis und Dosisleistung

Um die biologische Strahlenwirkung quantifizieren zu können, braucht man eine Angabe über die pro Gramm absorbierte Strahlenenergie. Die Einheit dieser Energiedosis ist das rad:

$1 \text{ rad} \triangleq 100 \text{ erg/g}$.

Da die Strahlenwirkung häufig nicht nur vom Betrag der absorbierten Dosis abhängt, sondern auch von der Zeit, während der die Dosis appliziert wurde, führt man zusätzlich den Begriff der Dosisleistung ein [rad · s^{-1}].

Die direkte kalorimetrische Messung der Energiedosis ist nur schwer möglich, da einerseits die Energiebeträge sehr klein sind (1 rad $\triangleq 2{,}36 \cdot 10^{-6}$ cal/g) und diese andererseits teilweise in Form chemischer Energie festgelegt werden können und dann nicht zur Erwärmung beitragen.

Man benutzt daher zur Dosismessung meist die Eigenschaft ionisierender Strahlen, Gase zu ionisieren und definiert eine Standardionendosis, gemessen in Röntgen (R).

1 Röntgen ist nach der ursprünglichen Definition (1928) die Strahlenmenge, die in 1 cm^3 Luft unter Normalbedingungen (1,293 mg) 1 elektrostatische Ladungseinheit an Ionen beiderlei Vorzeichen (2,08 · 10^9 Ionenpaare) erzeugt.

Nach heutiger Definition:

$1 \text{ R} \triangleq 2{,}58 \cdot 10^{-7} \text{ [A s g}^{-1}\text{]}$.

Da die zur Erzeugung eines Ionenpaares in Luft aufzuwendende Energie bekannt ist, (W = 34 eV/Ionenpaar), kann man umrechnen:

$1 \text{ R} \triangleq 87{,}7 \text{ erg/g Luft}$.

In Wasser und Gewebe gilt:

$1 \text{ R} \triangleq 93{-}98 \text{ erg/g}$.

Strahlenbiophysik

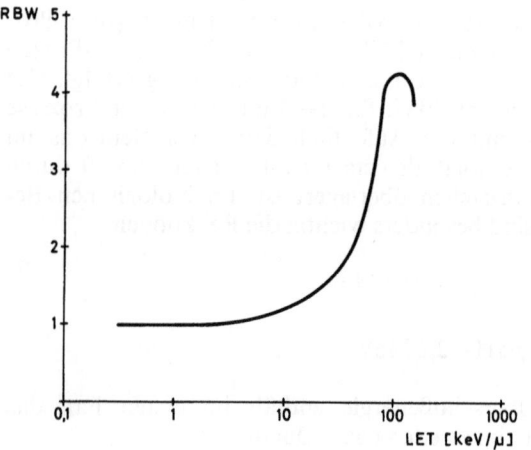

Abb. 6.2. Beziehung zwischen der relativen biologischen Wirksamkeit ionisierender Strahlung und ihrem *LET*-Wert in Gewebe

Diese Werte beziehen sich allerdings nur auf Röntgen- und γ-Strahlen mit Energien < 3 MeV; sie können, insbesondere bei geladenen Teilchen, stark abweichen.

Auch gleiche Energiedosen verschiedener Strahlenarten können in biologischen Systemen sehr unterschiedliche Wirkung haben. Als *relative biologische Wirksamkeit* einer Strahlung (*RBW*) bezeichnet man daher das Verhältnis der Dosis einer Standardstrahlung (200 kV Röntgen) zu der einer beliebigen Strahlung, die zum gleichen biologischen Effekt führt:

$$RBW = \frac{\text{Dosis der Standardstrahlung [rad]}}{\text{Dosis der untersuchten Strahlung [rad]}}.$$

Dabei müssen natürlich alle Randbedingungen (Dosisleistung, Temperatur, Sauerstoffkonzentration usw.) konstant gehalten werden.

Die genannte Standardstrahlendosis gibt man häufig in rem (*roentgen equivalent men*) an. Dann ist

$$D'\,[\text{rem}] = RBW \cdot D\,[\text{rad}].$$

Die relative biologische Wirksamkeit einer Strahlung hängt eng mit ihrem *LET*-Wert (*linear energy transfer*-Wert, lineare Energieabgabe des Strahls) zusammen (Abb. 6.2).

6.2.4. Dosimetrie

Zur Messung von Dosis und Dosisleistung im Bereich der biologischen Strahlenwirkung werden vorwiegend folgende Verfahren eingesetzt.

1. Die Ionisationskammer. Die in einem Luft-(oder Gas-)Volumen durch die Strahlung erzeugten Ionen werden durch ein anliegendes elektrisches Feld auf Elektroden abgesaugt. Der hierbei fließende Strom ist der Standardionendosisleistung [Rs^{-1}] direkt proportional, wenn die Saugspannung hoch genug ist, um die Ionenrekombination zu verhindern, und wenn durch geeignete Ausbildung der Wände Elektronengleichgewicht an der Grenze des Meßvolumens erreicht wird. Gewebeäquivalenz läßt sich erreichen, wenn Füllgas und Wand- bzw. Elektrodenmaterial die gleiche mittlere Ordnungszahl wie Gewebe haben.

2. Das Fricke-Dosimeter. Bei diesem Dosimeter wird die Oxidation von Fe^{2+} zu Fe^{3+} in wäßriger Lösung durch ionisierende Strahlen zur Dosismessung benutzt:

$$Fe^{2+} + h\nu \rightarrow Fe^{3+} + e^-.$$

Das gebildete Eisen(III)-Ion wird im Spektralphotometer bei 304 nm gemessen. Vorteile dieses Systems sind seine gute Gewebeäquivalenz und seine weitgehende Unabhängigkeit von der Dosisleistung sowie die Möglichkeit, beliebige Dosimeterformen herstellen zu können. Der Meßbereich liegt zwischen 10^3 und 10^4 rad.

Zahlreiche andere chemische Dosimeter sind bekannt, werden aber im biologischen Bereich wenig angewandt.

3. Filmdosimeter. Die Schwärzung einer photographischen Emulsion durch ionisierende Strahlen läßt sich ebenfalls als Dosimeter benutzen und wird, besonders in der Personendosisüberwachung, viel eingesetzt. Die Nachweisempfindlichkeit ist recht gut ($D > 40$ mrad), wegen der Abhängigkeit von Emulsionseigenschaften und vom Entwicklungsprozeß müssen jedoch sorgfältige Standardisierungen vorgenommen werden.

4. Thermolumineszenzdosimetrie. Bei diesem Dosimetersystem wird die Fähigkeit einiger Kristalle (z.B. CaF_2) genutzt, strahlenerzeugte freie Elektronen in Kristallfehlstellen für längere Zeit zu speichern. Bei Aufheizen des Kristalls gehen sie unter Lichtemission wieder in den Grundzustand über. Da die Zahl der erzeugten „Exzitonen" proportional der Dosis ist, ist die beim Erhitzen emittierte Lichtsumme ebenfalls ein Maß für die applizierte Dosis. Thermolumineszenzdosimeter können sehr klein und (z.B. mit Teflon als Träger) gewebeäquivalent hergestellt werden. Ihr Meßbereich geht vom mrad- bis in den krad-Bereich und ist weitgehend (bis mindestens 10^{10} rad·s^{-1}) dosisleistungsunabhängig.

5. Kalorimetrische Verfahren. Der Definition des rad entsprechend (s.o.) ist die Messung der Temperaturerhöhung eines Körpers bekannter spezifischer Wärme ein ideales Dosimetrieverfahren, wenn chemische Reaktionen ausgeschlossen werden können (z.B. bei Graphit). Wegen der geringen, durch ionisierende Strahlen übertragenen Energie (1 rad $\cong 2{,}36 \cdot 10^{-6}$ cal g^{-1}) ist es jedoch nur für hohe Dosen einsetzbar und wird ausschließlich als Primärstandard verwendet.

6. Sonstige Dosimetrieverfahren. Weitere Möglichkeiten zur Dosimetrie ergeben sich z.B. aus der Trü-

bung von Gläsern oder organischen Polymeren, aus der Verfärbung von Kristallen, der Änderung der Leitfähigkeit von Halbleitern oder aus der Abtötungsrate von Bakterien o.ä. durch ionisierende Strahlen. Diese Systeme werden jedoch in der biophysikalischen Strahlendosimetrie wenig eingesetzt.

6.3. Beschreibung und Deutung der Strahlenwirkung

6.3.1. Dosiseffektkurven und Treffertheorie

Zur quantitativen Beschreibung biologischer Strahlenwirkungen werden häufig Dosiseffektkurven verwandt. Trägt man dabei den Logarithmus eines quantitativ angebbaren Strahleneffekts (z. B. Überlebensrate von Viren, Bakterien oder Zellkulturen, Restaktivität von Enzymen oder auch Ertrag von Nutzpflanzen) über der Dosis auf, so ergeben sich 4 typische Kurvenformen (Abb. 6.3).

1. Exponentielle „Ein-Treffer-Kurve". In diesem einfachsten Fall, der häufig bei der Inaktivierung von Viren und von Enzymen anzutreffen ist, folgt die Schädigung einem Exponentialgesetz, d.h. die Dosiseffektkurve ist in halblogarithmischer Darstellung eine Gerade, die man durch die Gleichung

$$N = N_0 \cdot e^{-D/D_0}$$

darstellen kann.

Die Treffertheorie versucht, den statistischen Prozeß der Strahlenabsorption mit den verschiedenen Formen der Dosiseffektkurven dadurch in Verbindung zu bringen, daß sie in der Zelle oder dem Molekül strahlenempfindliche Volumina (targets) fordert, innerhalb derer eine Ionisation (oder Anregung) erfolgen muß, um Zelle oder Molekül zu inaktivieren.

Ein rein exponentieller Kurvenverlauf ergibt sich dann, wenn jeweils ein Treffbereich vorhanden ist, in dem gerade ein Trefferignis stattfindet (Ein-Treffer-Kurve).

2. Schulterkurven. Bei der Bestrahlung von Bakterien und höheren Organismen ergeben sich oft Dosiseffektkurven, die eine „Schulter" aufweisen; d.h. daß bei niedrigen Dosen nur geringe Strahleneffekte auftreten und die Kurve erst für höhere Dosen einen exponentiellen Verlauf annimmt. Diese Kurvenform läßt sich nach der Treffertheorie so deuten, daß im Organismus entweder mehrere Treffbereiche getroffen werden müssen, um den beobachteten Strahleneffekt zu erreichen, oder daß dazu in einem Treffbereich mehrere Trefferignisse stattfinden müssen. Mathematisch sind beide Fälle verschieden, jedoch reicht die experimentelle Meßgenauigkeit meist nicht zur Unterscheidung aus. Die Extrapolation des exponentiellen Teils der Schulterkurve auf die Dosis 0 gibt einen Hinweis auf die Zahl der notwendigen Treffer oder der vorhandenen Treffbereiche.

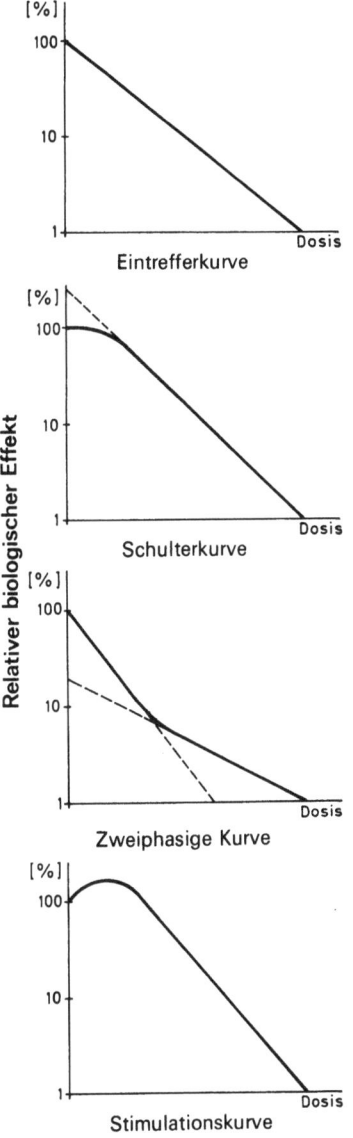

Abb. 6.3. Dosiseffektkurven

3. Zweiphasige Dosiseffektkurven. „Durchhängende" Dosiseffektkurven ergeben sich immer dann, wenn in der bestrahlten Zellpopulation Individuen unterschiedlicher Strahlenempfindlichkeit vorhanden sind, z. B. Bakterienstämme unterschiedlicher Sensibilität oder Zellen in verschiedenen Stadien des Zellzyklus. Bei niedrigen Dosen wird in diesem Fall bevorzugt der empfindlichere Teil der Population geschädigt, bei höheren Dosen auch der weniger empfindliche. Die relativen Strahlenempfindlichkeiten lassen sich in einfachen Fällen auch hier durch Extrapolation der beiden exponentiellen Teile der Kurve ermitteln.

4. „Stimulationskurven". Bei der Bestrahlung höherer Pflanzen, aber auch bei Bakterien, Pilzen und Tieren, zeigt es sich manchmal, daß bei niedrigen Strahlendosen „positive" Straheneffekte auftreten, daß also Merkmale wie Ertrag, Pflanzenlänge oder auch RNA-Syntheserate gegenüber der unbestrahlten Kon-

trolle erhöht werden. Die Dosiseffektkurve steigt also über die 100%-Linie, bevor sie bei höheren Dosen, im allgemeinen wiederum exponentiell, abfällt. Treffertheoretisch läßt sich dieser Verlauf nur schwer deuten: Man muß annehmen, daß durch das Inaktivieren nur eines oder weniger Treffbereiche Prozesse in Gang gesetzt werden, die den entstandenen Schaden reparieren oder sogar überkompensieren können.

6.3.2. Direkte und indirekte Strahlenwirkung

Die Treffertheorie geht davon aus, daß innerhalb einer Zelle ein definierter Bereich direkt getroffen werden muß, um die Zelle zu schädigen. Wegen der statistischen Verteilung der Ionisierungen und Anregungen in Materie werden aber die meisten Energieabsorptionen außerhalb dieser Bereiche stattfinden und hier chemisch reaktive Produkte bilden. Diese können in der Zelle diffundieren und sekundär biologisch wichtige Makromoleküle oder Strukturen schädigen. Die Wahrscheinlichkeit für eine solche indirekte Strahlenwirkung hängt natürlich stark von den Konzentrationsverhältnissen in der Zelle ab und davon, ob dritte Reaktionspartner vorhanden sind, die mit den Primärprodukten reagieren können, ob also Konkurrenzreaktionen zum biologisch wichtigen Prozeß ablaufen. In welchem Maß eine Strahlenschädigung *in vivo* auf direkter oder indirekter Wirkung beruht, ist nur schwer festzustellen: Die Wirkung von „Strahlenschutzstoffen", die beim Vorhandensein in der Zelle den Strahleneffekt reduzieren, läßt zwar — durch Konkurrenzreaktion — auf eine indirekte Wirkung schließen, aber auch bei direkter Strahlenwirkung lassen sich entsprechende „Schutzreaktionen" denken.

In vitro läßt sich im allgemeinen diese Unterscheidung leichter durchführen: Bei direktem Strahleneffekt muß bei konstanter Dosis die Anzahl geschädigter Moleküle in Lösung proportional der Konzentration sein, bei indirekter Wirkung aber unabhängig davon.

6.3.3. Energieübertragungsprozesse, Reaktionsgeschwindigkeiten, Impulsphoto- und -radiolyse

Unabhängig von der Kenntnis des Ablaufs der Strahlenreaktion kann man die Energieausbeute angeben:

$$G = \frac{\text{Zahl der gebildeten oder veränderten Moleküle}}{100 \text{ eV absorbierte Energie}}.$$

Besonders bei indirekter Strahlenwirkung kann dieser Wert stark vom Vorhandensein und der Konzentration dritter Lösungspartner abhängig sein.

Eine exakte Beschreibung des Reaktionsablaufs ist nur bei Kenntnis der einzelnen Reaktionsschritte und ihrer Darstellung durch Reaktionsgleichungen möglich. Die Bildungsgeschwindigkeit eines Produktes X hängt von der Konzentration einer oder mehrerer Reaktionspartner ab:

$$\frac{dx}{dt} = k \cdot f(a, b, c, \ldots).$$

Die dabei auftretende Konstante k ist die Reaktionsgeschwindigkeitskonstante. In einfachen Fällen lassen sich Reaktionen durch Differentialgleichungen niedriger ganzzahliger Ordnung beschreiben (Tab. 6.2). Die Molekularität einer Reaktion (d.h. die Zahl der daran beteiligten Moleküle) stimmt mit der Ordnung der Differentialgleichung aber nur bei einem einzelnen

Tabelle 6.2. Reaktionsgleichungen

Ordnung	Reaktionsgleichung in Differentialform	Reaktionsgleichung in Integralform		Dimension von k
0.	$\frac{dx}{dt} = k_0$	$k_0 t = x$		M s^{-1}
1.	$\frac{dx}{dt} = k_1(a-x)$	$k_1 t = \ln \frac{a}{a-x}$	oder: $(a-x) = a \cdot e^{-k_1 t}$	s^{-1}
2.	$\frac{dx}{dt} = k_2(a-x)^2$	$k_2 t = \frac{x}{a(a-x)}$		M^{-1} s^{-1}
2.	$\frac{dx}{dt} = k_2(a-x)(b-x)$	$k_2 t = \frac{1}{a-b} \ln \frac{b(a-x)}{a(b-x)}$		M^{-1} s^{-1}
Pseudo 1. ($a \ll b$)	$\frac{dx}{dt} = k_2(a-x)(b-x)$	$k_2 t = \frac{1}{b} \ln \frac{a}{a-x}$		M^{-1} s^{-1}
3.	$\frac{dx}{dt} = k_3(a-x)^3$	$k_3 t = \frac{1}{2(a-x)^2} - \frac{1}{2a^2}$		M^{-2} s^{-1}

Dabei sind x = Konzentration eines Reaktionsproduktes
a, b = Konzentration von Reaktionspartnern
$k_0 \ldots k_3$ = Reaktionsgeschwindigkeitskonstanten.

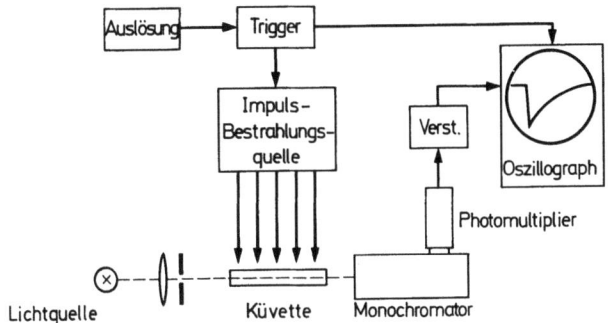

Abb. 6.4. Anlage zur Impulsphoto- oder -radiolyse (Prinzip)

Reaktionsschritt überein, nicht bei gekoppelten Reaktionen:

$$A + B \xrightarrow{k_2} C \xrightarrow{k_1} D + E$$

Hier lassen sich drei Fälle unterscheiden.

1. $k_2 \gg k_1$ (k_1 geschwindigkeitsbestimmend)
   Gesamtreaktion bimolekular, Gleichung 1. Ordnung,

2. $k_2 \ll k_1$ (k_2 geschwindigkeitsbestimmend)
   Gesamtreaktion bimolekular, Gleichung 2. Ordnung,

3. $k_2 \approx k_1$ (beide k geschwindigkeitsbestimmend)
   Gesamtreaktion bimolekular, Ordnung der Gleichung nicht ganzzahlig.

Zur Bestimmung der Reaktionsgeschwindigkeitskonstanten von Strahlen- und Photoreaktionen sind die Methoden der Impulsradio- und -photolyse gut geeignet. Bei ihnen wird ein kurzer Impuls ($10^{-3} > t > 10^{-9}$ s) ionisierender oder optischer Strahlung hoher Intensität in das zu untersuchende System (meistens eine Lösung) eingestrahlt und erzeugt dort Primärprodukte in relativ hoher Konzentration. Diese, sowie der Auf- und Abbau von Folgeprodukten lassen sich mit Hilfe schneller Analyseverfahren, bei denen die kinetische Absorptionsspektrometrie und kinetische Leitfähigkeitsmessungen eine besondere Rolle spielen, messend verfolgen (Abb. 6.4). Aus den erhaltenen Kurven lassen sich dann die Reaktionsgeschwindigkeitskonstanten berechnen.

6.4. Molekulare Strahleneffekte

6.4.1. Strahlenchemie des Wassers

Wegen des hohen Wassergehalts der meisten biologischen Systeme hat die Wasserradiolyse und die Reaktion ihrer Folgeprodukte eine besonders große Bedeutung für die indirekte Strahlenwirkung. Nach der primären Ionisation

$$H_2O + h\nu \to H_2O^+ + e^-$$

können folgende Sekundärreaktionen stattfinden:
Samuel und Maggee berechneten, daß das freie Elektron noch im Nahfeld des Mutterions seine kinetische Energie verliert und mit ihm rekombiniert:

$$H_2O^+ + e^-_{th} \to H_2O^*.$$

Das angeregte Wassermolekül dissoziiert dann zu den Radikalen:

$$H_2O^* \to H^{\cdot} + OH^{\cdot},$$

die genug kinetische Energie besitzen, um frei diffundieren und mit dritten Reaktionspartnern reagieren zu können.

Nach Platzman und Fröhlich gibt das Elektron seine Energie nur in kleinen Schritten ab und ist bei seiner Thermalisierung etwa 15 nm vom Mutterion entfernt, so daß eine Rekombination unwahrscheinlich ist. Es ist dann von einer Hülle orientierter Wasserdipole umgeben, die die Reaktionsfähigkeit des „hydratisierten Elektrons" stark verringern.

$$e^-_{th} + n\,H_2O \to e^-_{aq}.$$

Das Mutterion dissoziiert zu

$$H_2O^+ \to H^+ + OH^{\cdot},$$

während das hydratisierte Elektron im Sauren zu

$$e^-_{aq} + H^+ \to H^{\cdot} + n\,H_2O$$

reagiert. Auch hier entstehen also als Hauptprodukte $H^{\cdot}$ und $OH^{\cdot}$-Radikale, die sich in ihrer räumlichen Verteilung aber von den nach Samuel und Maggee direkt entstehenden unterscheiden.

Daneben entstehen durch Rückreaktionen Molekularprodukte:

$$H^{\cdot} + OH^{\cdot} \to H_2O$$

$$H^{\cdot} + H^{\cdot} \to H_2$$

$$OH^{\cdot} + OH^{\cdot} \to H_2O_2.$$

Diese Prozesse sind nach etwa 10^{-7} s abgeschlossen, so daß in reinem Wasser dann im wesentlichen folgende Produkte für weitere Reaktionen zur Verfügung stehen:

$$H^{\cdot}, OH^{\cdot}, e^-_{aq}, H_2, H_2O_2.$$

6.4.2. Radikale und Molekularprodukte

Radikale zeichnen sich durch ein ungepaartes Elektron in ihrer äußeren Schale aus und sind darum besonders reaktionsfähig. Sie werden durch einen hochgestellten Punkt gekennzeichnet. Ebenso wie H˙ und OH˙ ist auch das hydratisierte Elektron, als H_2O^- betrachtet, ein Radikal. Typische Beispiele für die Reaktion dieser Radikale mit organischen Molekülen der Form RH sind:

$$RH + OH˙ \rightarrow R˙ + H_2O$$
$$RH + H˙ \;\;\rightarrow R˙ + H_2$$
$$RH + e_{aq}^- \rightarrow RH^- + n\,H_2O.$$

Bei direkter Strahlenwirkung tritt dagegen vorwiegend die Reaktion

$$RH \xrightarrow{h\nu} R˙ + H˙$$

auf.

Unter den Molekularprodukten ist besonders das H_2O_2 sehr reaktionsfähig:

$$RH + H_2O_2 \rightarrow ROH + H_2O.$$

Als Folge der Wasserradiolyse überwiegen also Oxidationsreaktionen. Tabelle 6.3 gibt die Reaktionsgeschwindigkeitskonstanten von Wasserradikalen mit einigen wichtigen Reaktionspartnern an.

6.4.3. Modifizierung der Strahlenwirkung

6.4.3.1. Sauerstoffeffekt und Rückreaktionen

Sauerstoff ist in biologischen Systemen meistens in ziemlich hoher Konzentration vorhanden und beeinflußt wesentlich die Weiterreaktion der Wasserradikale. Dies geschieht einerseits durch die Bildung hochreaktiver und langlebiger Molekular- und Radikalprodukte:

$$H˙ + O_2 \rightarrow HO_2˙$$
$$HO_2˙ + H˙ \rightarrow H_2O_2$$
$$e_{aq}^- + O_2 \rightarrow O_2^- + n\,H_2O.$$

Andererseits werden organische Peroxide gebildet:

$$R˙ + O_2 \rightarrow RO_2˙,$$

welche mit weiteren organischen Molekülen zu einer Kettenreaktion führen können:

$$RO_2˙ + RH \rightarrow RO_2H + R˙.$$

Diese Reaktionen bewirken, daß bei Röntgen- und γ-Bestrahlung der biologische Effekt durch die Anwesenheit von O_2 wesentlich verstärkt wird. Der „Sauerstoffverstärkungsfaktor" [Oxygen Enhancement Ratio (OER)] liegt allgemein zwischen 2 und 3; bei Strahlung hoher LET ist er wesentlich geringer.

Auch beim oben erwähnten „Fricke-Dosimeter" spielt der Sauerstoff eine wesentliche Rolle. Die Gesamtreaktion ist hier

$$2H_2O + O_2 + 4Fe^{2+} \xrightarrow{h\nu} 4Fe^{3+} + 4OH^-.$$

Andere anorganische Reaktionspartner können dagegen die Wirkung der Wasserradikale drastisch reduzieren:

$$Cl^- + OH˙ \rightarrow Cl˙ + OH^-$$
$$Cl˙ + Cl˙ \;\rightarrow Cl_2$$
$$Cl˙ + H˙ \;\;\rightarrow Cl^- + H^+.$$

Auch hier ist also eine Kettenreaktion von wesentlicher Bedeutung.

6.4.3.2. Reparaturprozesse, Sensibilisatoren

Modifikationen der Strahlenwirkung sind auf drei Ebenen möglich: Auf der Radikalstufe, auf der Stufe der Makromoleküle und im Bereich metabolischer Prozesse. Ebenso wie O_2 und Cl^- auf der Radikalebene wirken und deren Wirksamkeit drastisch erhöhen oder erniedrigen, gibt es zahlreiche andere „Radikalfänger" wie z.B. Histidin, die durch ihre hohe Reaktionsgeschwindigkeit mit Wasserradikalen deren biologische Wirksamkeit stark reduzieren können.

Eine Reihe organischer Verbindungen, insbesondere solche mit -SH Gruppen (wie Cystein oder Cysteamin), haben die Fähigkeit, organische Radikale durch Wasserstoffübertragung zu „heilen" und dabei selbst in die Dimerenform überzugehen:

$$R˙ + RSH \rightarrow RH + RS˙$$
$$RS˙ + RS˙ \rightarrow RS-SR.$$

Tabelle 6.3. Reaktionsgeschwindigkeitskonstanten k_2 von Wasserradikalen mit einigen wichtigen Reaktionspartnern [$l \cdot mol^{-1} s^{-1}$]. (Nach Hart, 1971)

Reaktions-partner	Radikal		
	e_{aq}^-	H˙	OH˙
e_{aq}^-	$6 \cdot 10^9$	$2,5 \cdot 10^{10}$	$3,0 \cdot 10^{10}$
H˙	$2,5 \cdot 10^{10}$	$2,0 \cdot 10^{10}$	$2 \cdot 10^{10}$
OH˙	$3,0 \cdot 10^{10}$	$2 \cdot 10^{10}$	$6 \cdot 10^9$
H_2O	16,0		
O_2	$1,9 \cdot 10^{10}$	$2,2 \cdot 10^{10}$	
H_2O_2	$1,23 \cdot 10^{10}$	$9 \cdot 10^7$	$4,5 \cdot 10^7$
CO_2	$7,7 \cdot 10^9$	$< 10^6$	$3,0 \cdot 10^8$
CH_3OH	$< 1,0 \cdot 10^4$	$1,6 \cdot 10^6$	$5,0 \cdot 10^8$
Thymin	$1,7 \cdot 10^{10}$	$2,3 \cdot 10^8$	$4,6 \cdot 10^9$
Thymidin		$2,5 \cdot 10^8$	$3,9 \cdot 10^9$
Uracil	$7,7 \cdot 10^9$		$4,5 \cdot 10^9$
Cytosin	$8,0 \cdot 10^9$		$4,2 \cdot 10^9$
Cytidin	$1,2 \cdot 10^{10}$		$3,9 \cdot 10^9$
Adenin	$3,1 \cdot 10^{10}$	$7,9 \cdot 10^7$	$4,3 \cdot 10^9$
Adenosin	$1,0 \cdot 10^{10}$	$1,4 \cdot 10^8$	$3,6 \cdot 10^9$

Allerdings ist dieser Prozeß nur möglich, wenn nicht zuvor durch Sauerstoffeinwirkung bereits ein organisches Peroxiradikal der Form $RO_2^{\cdot}$ entstanden ist.

Andererseits läßt sich experimentell die Strahlenempfindlichkeit von Zellen bis zum Faktor 4 erhöhen, wenn in die DNA dieser Zelle anstelle von Thymin eine halogen-substituierte Pyrimidinbase wie 5-Brom-Uracil eingebaut wird.

All diese Modifikationen der Strahlenwirkung auf der Radikal- oder Molekülbasis werden nur dann wirksam, wenn die „Strahlenschutzstoffe" oder die „Sensibilisatoren" bereits *während* der Bestrahlung in der Zelle vorhanden sind.

Die Abhängigkeit der Strahlenwirkung von der Dosisleistung in dem Sinne, daß bei niedriger Dosisleistung oder zeitlich fraktionierter Bestrahlung der Strahleneffekt verringert ist, deutet darauf hin, daß auch relativ langsame metabolische Prozesse Strahlenschäden reparieren können. Das gilt jedoch nur für Strahleneffekte, die durch eine Dosiseffektkurve mit „Schulter" beschrieben werden können, d.h. daß enzymatische Prozesse in der Lage sind, „subletale" Schäden zu reparieren. Schäden, die durch Strahlung hoher LET bewirkt wurden, lassen sich im allgemeinen daher nicht reparieren.

6.5. Strahlenwirkung auf Biomoleküle und molekulare Strukturen

6.5.1. Strahlenwirkung auf Proteine

Proteine liegen in der Zelle als Strukturelemente und als Enzyme vor, die den gesamten Zellmetabolismus steuern. Sie sind Polypeptide mit Molekulargewichten zwischen 10^3 und 10^6, die durch Wasserstoffbrückenbindungen eine definierte und für ihre Funktion wichtige Sekundär- und Tertiärstruktur einnehmen.

Die Schädigungsdosen *in vitro* liegen bei einigen krad, wobei die indirekte Strahlenwirkung eine wesentliche Rolle spielt. Mit dem $OH^{\cdot}$ Radikal reagieren besonders schnell die aromatischen Aminosäuren sowie die schwefelhaltigen Aminosäuren Methionin, Cystein und Cystin. Die drei letzteren werden auch durch das hydratisierte Elektron stark angegriffen. Bei direkter Strahlenwirkung, d.h. direkter Ionisation des Proteins, tritt ebenfalls eine Energieübertragung auf; der Schaden manifestiert sich meistens am α-Kohlenstoff eines Glycin- oder am Schwefel eines Cystein- oder Cystinrestes.

Auch *in vivo* liegt die Schädigungsdosis für Enzymfunktionen bei einigen krad und damit etwa eine Größenordnung höher als die für Zellen. Enzyme liegen in der Zelle in großer Mannigfaltigkeit und in sehr verschiedenen Konzentrationen vor. Da sie darüber hinaus ständig neu synthetisiert werden, könnte der Ausfall einzelner Enzyme biologisch relativ irrelevant sein. Es ist aber nicht auszuschließen, daß spezielle Enzyme hoher Strahlensensibilität nur in äußerst geringer Konzentration vorhanden sind, deren Schädigung zum Zusammenbruch des Metabolismus führen könnte. Allerdings sind solche Proteine bisher nicht isoliert und nachgewiesen worden.

Die Strahlenempfindlichkeit von Enzymen *in vivo* ist allgemein höher als die *in vitro*. Das läßt darauf schließen, daß in der Zelle zusätzliche Mechanismen zur Schädigung der Funktion beitragen. Diese könnten durch Strahleneffekte an Strukturelementen der Zelle, wie z.B. Membranen, bedingt sein. Über die hier vorliegenden Wirkungsmechanismen ist jedoch nichts bekannt.

6.5.2. Strahlenwirkung auf Nucleinsäuren

Die Nucleinsäuren werden häufig als bestimmendes Element für die Strahlenschädigung biologischer Systeme angesehen, weil sie (als DNA) Träger des genetischen Codes sind und (als RNA) entscheidende Übertragungsfunktionen bei der Proteinsynthese haben. Auch die gute Korrelation der Strahlenempfindlichkeit verschiedener Pflanzenarten mit ihrem Nucleinsäuregehalt im Kern (dem sog. Interphasechromosomenvolumen) deutet in diese Richtung. Dabei muß man davon ausgehen, daß bereits die Änderung oder der Ausfall nur einer Base unter zehntausend besonders dann biologisch wirksam sein kann, wenn eine wichtige Information nur einmal pro Zelle vorliegt. Eine solche Änderung wird jedoch noch nicht nachweisbar sein. Ein chemischer Nachweis von Änderungen an den Nucleinsäuremolekülen läßt sich erst bei recht hohen Strahlendosen führen, wobei besonders Kettenbrüche und Basenänderungen von Bedeutung sind.

Brüche des einzelnen DNA-Stranges lassen sich vorwiegend auf eine Zerstörung der Phosphatesterbindung zurückführen; sie lassen sich durch physikochemische Methoden (Messung von Viskosität, Sedimentation, Streuung oder Strömungsdoppelbrechung) nachweisen. Der Bruch einer doppelsträngigen DNA erfolgt dann, wenn in beiden Ketten im Abstand weniger Basen eine solche Bindung zerstört wird. Die Wahrscheinlichkeit hierfür ist wesentlich geringer als für den Bruch der Einzelkette; während letzterer als Eintrefferprozeß darstellbar ist, folgt der Doppelstrangbruch den Gesetzen des Zweitrefferprozesses. *In vivo* herrscht direkte Strahlenwirkung vor, was offenbar auf eine Abschirmung der DNA gegenüber Radikaleinwirkung durch Proteine (Histone) zurückgeführt werden kann. In wäßriger Lösung ist die Strahlenempfindlichkeit der DNA dadurch wesentlich erhöht, daß hier auch Radikale einen indirekten Strahleneffekt bewirken können, der z.B. durch den Radikalfänger Histidin reduziert wird.

Basenschäden können ebenfalls sowohl durch direkte als auch durch indirekte Strahlenwirkung auftreten (Basenfreisetzung, Öffnung des Imidazolrings oder des heterocyclischen Sechserrings). Dabei sind die Pyrimidinbasen Thymin, Uracil und Cytosin etwa 100mal empfindlicher als die Purinbasen Guanin und

Adenin. UV-Bestrahlung führt bei den Pyrimidinbasen, besonders beim Thymin, zur Bildung von Dimeren, die bei Bestrahlung mit sichtbarem Licht wieder zerfallen.

6.5.3. Strahlenwirkung auf Membranstrukturen

Membranen steuern in der Zelle den Stofftransport und sind als Strukturelemente wesentlich an bioenergetischen Prozessen beteiligt. Strahlenwirkungen auf Membransysteme lassen sich bei sehr unterschiedlichen Strahlendosen nachweisen: Die an das endoplasmatische Retikulum gebundene Proteinsynthese und die an der Chloroplastenmembran stattfindende Photosynthese sind sehr strahlenunempfindlich. Eine veränderte Na^+- und K^+-Permeation an äußeren Zellmembranen und an Nervenzellen läßt sich erst bei einigen krad nachweisen, funktionelle Störungen am Zentralnervensystem treten jedoch schon ab etwa 50 rad auf.

Lysosomen, kleine Membransäcke, die katabolische Enzyme enthalten, könnten durch eine strahlenbedingte unkontrollierte Freisetzung dieser Enzyme schwere metabolische Schäden hervorrufen. Tatsächlich findet man nach Bestrahlung in der Zelle eine erhöhte Konzentration lysosomaler Enzyme; wie weit diese für eine Zellschädigung verantwortlich sind, ist jedoch noch nicht nachgewiesen.

Die oxidative Phosphorylierung, die am Membransystem der Mitochondrien abläuft, ist offenbar recht strahlenempfindlich: Lebermitochondrien brechen bereits bei ca. 1000 rad auf, wobei sich die oxidative Phosphorylierung drastisch verringert; im Thymus wurde ihre Reduzierung bereits nach 25 rad nachgewiesen.

6.6. Strahlenwirkung auf Zellen und Organismen

6.6.1. Strahlenwirkung auf die Zelle

Nach Bestrahlung mit sehr hohen Dosen im krad-Bereich erleiden alle Zellen den „Interphasetod", d.h. der gesamte Zellmetabolismus bricht zusammen, ohne daß dies auf einen bestimmten Initialprozeß zurückgeführt werden könnte.

Bei teilungsfähigen Zellen tritt eine Schädigung bereits nach sehr viel niedrigeren Dosen ein. Bergonié und Tribondeau fanden bereits 1906, daß Röntgenstrahlen am stärksten auf die Zellen wirken, die die größte reproduktive Aktivität, die längste Mitosephase und die geringste morphologische und funktionelle Differenzierung besitzen. Dieser „reproduktive" Tod ist als der Verlust der unbegrenzten Teilungsfähigkeit definiert; Zellen werden erst dann als überlebend gezählt, wenn sie mindestens 5–6 Teilungsschritte durchlaufen, also 32–64 Tochterzellen gebildet haben.

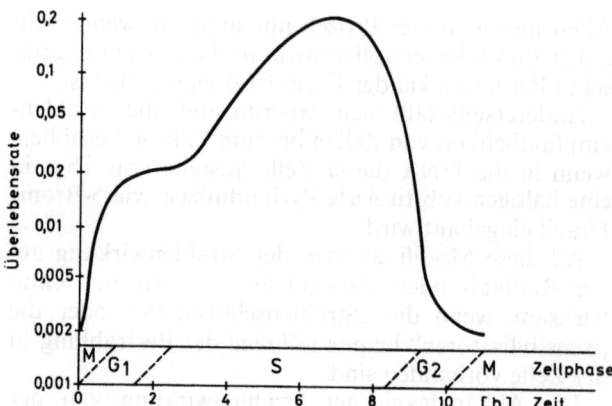

Abb. 6.5. Variation der Strahlenempfindlichkeit innerhalb des Zellzyklus. (Nach Sinclair). Chinesischer Hamster, $D = 710$ rad

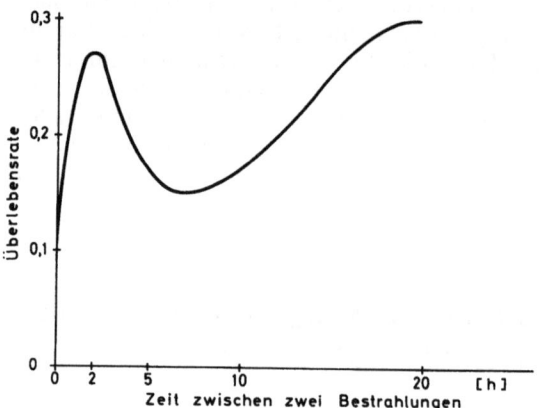

Abb. 6.6. Einfluß des zeitlichen Abstandes zweier Strahlendosen von je 150 rad auf die Überlebensrate von Zellen (Nach Elkind)

Die Strahlenempfindlichkeit während des Zellcyclus variiert stark, man findet allgemein eine Abnahme in der Richtung $M > G_2 > G_1 >$ S-Phase (Abb. 6.5). Da auch die Dosiseffektkurven für die Bestrahlung in verschiedenen Zellphasen unterschiedliche Formen haben, kann man auf unterschiedliche Wirkungsmechanismen schließen. Bereits bei subletalen Strahlendosen tritt eine Verlängerung des Zellcyclus und eine Mitoseverzögerung ein. Auch dieser Effekt ist abhängig von der bestrahlten Zellphase.

Teilt man eine Gesamtdosis in zwei oder mehr Fraktionen auf, die man mit zeitlichem Abstand appliziert, so ist der Effekt der „fraktionierten" Bestrahlung wesentlich geringer als der der Einzelbestrahlung. Das läßt auf die Existenz von Reparaturprozessen schließen, die in der Lage sind, subletale Strahlenschäden zu eliminieren. Der zeitliche Abstand zwischen zwei Strahlenfraktionen spielt dabei eine wesentliche Rolle (Abb. 6.6).

Nach einer Behandlung mit dicht ionisierender Strahlung (hohe LET) treten sowohl die Empfindlichkeitsvariationen während des Zellzyklus als auch Reparaturprozesse in wesentlich verringertem Maße auf.

6.6.2. Genetische Strahlenwirkungen

Als Folge der bereits besprochenen Strahlenwirkungen an der DNA können einerseits Chromatid- und Chromosomenbrüche auftreten und andererseits — durch Basenänderung — punktuelle Änderungen der genetischen Information. Beide Erscheinungen können entweder bereits in der Mutterzelle letal sein, oder zu Mutationen — sprunghaften Änderungen der Erbanlagen — führen, die erst in den Folgegenerationen auftreten. Die meisten dieser Mutationen sind allerdings rezessiv, d. h., sie kommen nur zum Ausdruck, wenn in einer späteren Generation zwei gleichartig mutierte Gene aufeinandertreffen.

Untersuchungen der Dosiseffektkurven für Mutationen an der Fruchtfliege Drosophila haben gezeigt, daß die Mutationshäufigkeit linear mit der Dosis zunimmt und nicht von der Dosisleistung abhängt. Das bedeutet, daß bereits geringste Strahlendosen zu einer Erhöhung der Mutationsrate führen und sich die Strahlenwirkung über lange Zeiträume akkumuliert. Die Verdoppelungsdosis für die natürliche Mutationsrate beim Menschen wird auf 50 rad geschätzt.

An Mäusen haben neuere Versuche jedoch gezeigt, daß bei einer Reduzierung der Dosisleistung um den Faktor 10^4 etwa 3–4mal weniger Mutationen auftreten, daß also auch für genetische Strahlenwirkungen möglicherweise ein Reparaturmechanismus vorhanden ist.

6.6.3. Strahlenstimulation

Dosiseffektkurven, die einen quantitativen Parameter — wie etwa die Ertragsleistung von Pflanzen — beschreiben, zeigen oft anstelle einer Schulter einen positiven, über die 100% Linie bei niedrigen Dosen hinausgehenden Verlauf. Das Maximum dieses positiven „Stimulations"-Bereichs liegt meist etwa bei einem Zehntel der LD_{50}. Obgleich dieser Effekt praktisch bereits in starkem Maße zur Ertragsverbesserung eingesetzt wird, ist sein Auftreten stark und in nicht vorhersehbarem Maße von Umwelteinflüssen abhängig und oft nur schwer reproduzierbar. Man führt den Stimulationseffekt darauf zurück, daß durch niedrige Strahlendosen Reparaturprozesse ingangesetzt werden, die den gesetzten Strahlenschaden überkompensieren und damit zu einem im Ganzen erhöhten Metabolismus führen. Über die Natur dieses Effekts ist noch wenig bekannt; in einigen untersuchten Systemen scheint eine erhöhte RNA-Synthese und eine Verschiebung des NAD-$NADH_2$-Verhältnisses beteiligt zu sein.

6.7. Strahlengefährdung und Strahlenschutz

6.7.1. Natürliche und zivilisatorische Strahlenbelastung

Eine wesentliche Grundlage für die Abschätzung des Strahlenrisikos ist die Kenntnis der natürlichen Strahlenbelastung und ihrer Relation zu zivilisatorischen Strahlenquellen. Die natürliche Strahlenbelastung wirkt sowohl von außen als auch intern (durch Aufnahme von Radionukliden in den Körper) auf den Menschen. Sie setzt sich aus zwei Komponenten zusammen: Die *Höhenstrahlung* stammt von der Sonne und aus dem Weltraum und enthält primär Röntgenstrahlen und sehr energiereiche Protonen. Durch Wechselwirkungen mit den äußeren Luftschichten entstehen zahlreiche Folgeprodukte (e^-, e^+, γ, n, ...), die z. T. schon in der Atmosphäre absorbiert werden, teilweise die Erdoberfläche erreichen oder auch tief in die Erde eindringen können. Durch Kernreaktionen mit Luftkomponenten entstehen auch die Radionuklide ^{14}C und ^3H aus der Höhenstrahlung. Die *terrestrische Strahlung* stammt von natürlichen Radionukliden in der Erdoberfläche, die Halbwertzeiten von über 10^9 Jahren haben, vorwiegend ^{40}K, ^{238}U und ^{232}Th. Die beiden letzteren sind die Ausgangspunkte radioaktiver Zerfallsreihen, die kurzlebige feste und gasförmige Elemente enthalten, so daß sie auch in der Luft und als Aerosol zu finden sind.

Die natürlichen Radionuklide und ihre Folgeprodukte können sowohl über die Nahrungskette als auch über die Atemluft in den Körper aufgenommen werden und bewirken dort eine zusätzliche „interne" Bestrahlung.

Tabelle 6.4 gibt einige Werte der natürlichen Strahlenbelastung. Diese Daten sind jedoch nur Richtwerte; sie variieren stark mit der Höhe über dem Meeresspiegel und der geologischen Formation: Bereits bei einer Höhe von 2000 m ü. d. M. ergibt die Höhenstrahlung einen Beitrag von etwa 120 mrem/Jahr; in Monazitgebieten in Indien und Brasilien, deren Böden hohe Thoriumgehalte aufweisen, steigt die terrestrische Strahlenbelastung bis zu einem Wert von 10000 mrem/Jahr an.

Eine zusätzliche „zivilisatorische" Strahlenbelastung resultiert vornehmlich aus der medizinischen Anwendung von ionisierenden Strahlen und Radionukliden, aus dem Betrieb von Kernkraftwerken und

Tabelle 6.4. Natürliche Strahlenbelastung in mrem/Jahr

	Fortpflanzungsorgane	Knochenmark
(1) Höhenstrahlung		
Ionisierende Komponente	28	28
Neutronen	0,7	0,7
(2) Terrestrische Strahlung		
einschl. Luft	50	50
(3) Interne Bestrahlung (durch in den Körper aufgenommene Radionuklide)	21,6	17,5
Gesamtbelastung	100,3	96,2

dem beruflichen Umgang mit radioaktiven Stoffen in Industrie und Wissenschaft und aus den Tests von Kernwaffen. Erhebungen in Großbritannien haben ergeben, daß die medizinische Strahlenanwendung — über die Bevölkerung gemittelt — eine Jahresdosis von 34 mrem für das Knochenmark und von 19 mrem für die Fortpflanzungsorgane bewirkt.

In der Umgebung von Kernkraftwerken wird garantiert, daß nirgendwo eine Jahresdosis von 30 mrem/Jahr überschritten wird; die mittlere Strahlenbelastung aus der beruflichen Anwendung von Radionukliden liegt — für weniger als 1/1000 der Bevölkerung — bei ca. 0,5 rem/Jahr; die bisher durchgeführten Kernwaffentests werden bis zum Jahre 2000 insgesamt eine Strahlenbelastung von ca. 120 mrem für die Weltbevölkerung ergeben. Insgesamt liegt also die Strahlenbelastung durch zivilisatorische Strahlenanwendungen bisher deutlich unter der natürlichen.

6.7.2. Strahlenschutz

Aufgrund der Kenntnisse über die natürliche Strahlenbelastung des Menschen und unter der Annahme, daß es für genetische Strahlenwirkungen keine Schwellendosis gibt, sind in der „1. Strahlenschutzverordnung" maximal zulässige Dosen für die Gesamtbevölkerung und für beruflich strahlenexponierte Personen sowie maximal zulässige Konzentrationen von Radionukliden in Luft und Wasser festgelegt worden. Dabei stützte man sich weitgehend auf die von der ICRP (International Commission for Radiation Protection) ausgearbeiteten Empfehlungen.

Die in Tab. 6.5 zusammengestellten Höchstwerte für eine äußere Strahlenbelastung berücksichtigen einerseits die unterschiedliche Strahlensensibilität verschiedener Organe und andererseits die Tatsache, daß das genetische Strahlenrisiko für eine kleine Gruppe (die Strahlenarbeiter) geringer ist als für die Gesamtbevölkerung. Auch innerhalb dieser Maximalwerte sollen die Strahlenbelastungen jedoch so niedrig wie möglich gehalten werden.

Bei der Festlegung der maximal zulässigen Aktivitätskonzentrationen in Luft und Wasser (Tab. 6.6) mußten die unterschiedliche Anreicherung der Radionuklide in den einzelnen Organen und ihre biologische Halbwertzeit, d.h. die Zeit, nach der eine einmal aufgenommene Aktivität wieder zur Hälfte ausgeschieden ist, berücksichtigt werden. Die angegebenen Werte sind so berechnet, daß bei kontinuierlicher Aufnahme über 50 Jahre in keinem Organ die für die Gesamtbevölkerung zulässige Maximaldosis überschritten wird.

Tabelle 6.5. Maximal zulässige Strahlendosen in rem (nach ICRP-Empfehlungen)

	für die Gesamtbevölkerung im Jahr	für beruflich strahlenexponierte Personen	
		im Jahr	in 13 Wochen
Ganzkörper, Gonaden Knochenmark	0,5	5	3
Knochen, Schilddrüse, Haut	3,0	30	15
Hände, Füße, Unterarme	7.5	75	40
Jedes Einzelorgan außer den Genannten	1,5	15	8

Tabelle 6.6. Maximal zulässige Konzentrationen (MZK) einiger Radionuklide in Luft und Wasser (nach 1. Strahlenschutzverordnung)

Radionuklid	MZK	
	in Wasser	in Luft
	[Mikrocurie/cm^3]	
Caesium-137	$2 \cdot 10^{-4}$	$5 \cdot 10^{-9}$
Eisen-55	$8 \cdot 10^{-3}$	$3 \cdot 10^{-7}$
Gold-198	$5 \cdot 10^{-4}$	$8 \cdot 10^{-8}$
Jod-131	$1 \cdot 10^{-5}$	$2 \cdot 10^{-9}$
Kobalt-60	$3 \cdot 10^{-4}$	$3 \cdot 10^{-9}$
Kohlenstoff-14	$8 \cdot 10^{-3}$	$1 \cdot 10^{-6}$
Natrium-24	$3 \cdot 10^{-4}$	$5 \cdot 10^{-8}$
Phosphor-32	$2 \cdot 10^{-4}$	$2 \cdot 10^{-8}$
Plutonium-239	$5 \cdot 10^{-5}$	$6 \cdot 10^{-13}$
Radium-226	$1 \cdot 10^{-7}$	$1 \cdot 10^{-11}$
Schwefel-35	$6 \cdot 10^{-4}$	$9 \cdot 10^{-8}$
Strontium-90	$1 \cdot 10^{-6}$	$1 \cdot 10^{-10}$
Uran-238	$4 \cdot 10^{-4}$	$3 \cdot 10^{-11}$
Wasserstoff-3	$3 \cdot 10^{-2}$	$2 \cdot 10^{-6}$

Literaturauswahl

Bacq, Z. M., Alexander, P.: Grundlagen der Strahlenbiologie, 2. Aufl. Stuttgart: Thieme 1958.
Coggle, J. E.: Biological effects of radiation. London: Wykeham 1971.
Dertinger, H., Jung, H.: Molekulare Strahlenbiologie. Berlin-Heidelberg-New York: Springer 1969.
Dessauer, F.: Quantenbiologie (Ergänzt von K. Sommermeyer, Hersg.). Berlin-Göttingen-Heidelberg-New York: Springer 1964.
Ebert, M.: Direct and indirect effects on biological systems. In: Burton, M., Kirb-Smith, J. S., Maggee, J. L. (Eds.): Comparative effects of radiation. New York-London: Wiley 1960.
Errera, M., Forssberg, A.: Mechanisms in radiobiology. New York-London: Academic Press 1960.
Fritz-Niggli, H.: Strahlenbiologie, Grundlagen und Ergebnisse. Stuttgart: Thieme 1959.
Hollaender, A.: Radiation biology. New York-Toronto-London: McGraw Hill 1954.
Hug, O., Kellerer, A. M.: Stochastik der Strahlenwirkung. Berlin-Heidelberg-New York: Springer 1966.
Lea, D. E.: Action of radiation on living cells, 2nd ed. Cambridge: University Press 1956.
Matheson, M. S., Dorfman, L. M.: Pulse radiolysis. Cambridge (Mass.): MIT-Press 1969.
Phillips, G. O. (Ed.): Energetics and mechanisms in radiation biology. London-New York: Academic Press 1968.
Sommermeyer, K.: Quantenphysik der Strahlenwirkung in Biologie und Medizin. Leipzig: Akademische Verlagsgesellschaft 1952.
Streffer, C.: Strahlen-Biochemie. Heidelberger Taschenbücher, Bd. 59/60. Berlin-Heidelberg-New York: Springer 1969.
Timofeeff-Ressowsky, N. V., Zimmer, K. G.: Das Trefferprinzip in der Biologie. Leipzig: Hirzel 1947.
Timofeeff-Ressowsky, N. V., Ivanov, V. I., Korogodin, V. J.: Die Anwendung des Trefferprinzips in der Strahlenbiologie. Jena: G. Fischer 1972.

7. Tracer-Methoden in der Biologie

Helmut Simon

7.1. Einleitung

Die stürmische Entwicklung der Biologie auf molekularer Ebene und in quantitativer Hinsicht wäre ohne die umfangreiche Anwendung von stabilen und radioaktiven Isotopen nicht möglich gewesen. Falls man von radioaktiven Isotopen als Strahlungsquellen absieht, kann man die meisten Isotopenanwendungen in eine der drei Hauptgruppen einteilen:

1. Isotope bzw. mit Isotopen markierte Verbindungen als analytische Hilfsmittel.
2. Isotope zur Kennzeichnung des Weges eines Atoms, einer Atomgruppe oder eines Moleküls in *in vivo* bzw. *in vitro* Systemen.
3. Untersuchungen, die von Isotopeneffekten Gebrauch machen.

Viele Arbeiten, insbesondere analytischer Art, werden wesentlich vereinfacht und die Nachweisgrenzen für beliebige Substanzen lassen sich häufig um Größenordnungen verbessern, wenn sie mit Isotopen markiert sind. Wesentlich wichtiger ist jedoch, daß man mit Isotopen bzw. Isotopen-markierten Verbindungen Einblicke in Reaktionsabläufe erhalten kann, die — häufig aus prinzipiellen Gründen — ohne sie nicht möglich wären.

Den wesentlichen Unterschied zwischen den Anwendungen 1 und 2 — sie sollen kurz „analytische" bzw. „kinetische" Methoden genannt werden — zeigen bereits die geschichtlich ersten Tracerexperimente deutlich. Paneth und Hevesy bestimmten 1913 die Löslichkeit des Bleisulfids mit Hilfe eines natürlichen radioaktiven Bleiisotops. Sie bestimmten dabei eine Bleiionenkonzentration von ca. 10^{-12} g/l. Die Methode ist äußerst empfindlich, sie leistet jedoch nichts, was nicht evtl. durch eine andere Methode geleistet werden könnte. Die „kinetische" Methode hingegen erlaubt die Beobachtung von Austausch-, Stoffwechsel- und Transportvorgängen, die nur dadurch möglich sind, daß vom gleichen chemischen Element verschiedene Kernarten unterschieden werden können. So beobachtete Hevesy 1915, wie Blei aus einem Bleiblech mit Bleiionen in einer Lösung austauscht. 1923 untersuchte er die Aufnahme von Blei durch Pflanzen und dessen Austausch. Dazu wurden die Pflanzen, die zunächst aus einer Lösung radioaktive Bleiionen aufgenommen hatten, in eine Nährlösung mit nicht-radioaktiven Bleiionen gebracht. Nach einiger Zeit war das radioaktive Blei aus den Pflanzen verschwunden.

Ein besonders schönes Beispiel, das die gleichzeitige Anwendung aller drei oben genannten Möglichkeiten zeigt, ist die Aufklärung des Wegs des Kohlenstoffs bei der Photosynthese grüner Pflanzen. Radioaktiver Kohlenstoff führte zur Aufstellung des Calvin-Zyklus (vgl. Kap. 13.1). Die Pflanzen unterscheiden sich jedoch durch den Weg, den das Kohlendioxid durchläuft, bis es in Kohlenhydraten fixiert wird. Dabei kommt es zu einer unterschiedlichen Isotopenfraktionierung. Das heißt, die Photosyntheseprodukte unterscheiden sich aufgrund geringer Unterschiede in den Isotopeneffekten (vgl. Kap. 13.1) etwas in dem Verhältnis der beiden natürlich vorkommenden Kohlenstoffisotope ^{12}C und ^{13}C (vgl. Kap. 13.1). Welchen der Wege das Kohlendioxid in einer Pflanze bis zur Fixierung des Kohlenstoffs in den Kohlenhydraten nimmt, kann aus dem $^{12}C/^{13}C$-Verhältnis abgelesen werden.

7.2. Stabile und radioaktive Isotope

7.2.1. Vergleichende Betrachtung

Die verschiedenen Isotope eines durch seine Ordnungszahl charakterisierten Elements unterscheiden sich nur durch die Anzahl der Neutronen im Atomkern. Wegen der gleichen Protonenzahl ist die Zahl und Anordnung der Elektronen bei den verschiedenen Isotopen eines Elements identisch und daher sind es auch die chemischen Eigenschaften. Über den geringen Einfluß der Massenunterschiede z. B. auf die Geschwindigkeit, mit der verschiedene Isotope eines Elements reagieren, vgl. Kap. 7.3., Tab. 7.1 und 7.2, zeigen die Einflüsse der unterschiedlichen Neutronenzahlen auf die Masse und davon abhängige Größen sowie auf magnetische und kernchemische Eigenschaften. Entsprechende Unterschiede treten natürlich bei den radioaktiven Isotopen eines Elements auch auf. Allerdings ist die Radioaktivität eine so leicht zu messende Größe, daß man von den auf Masse und Magnetismus beruhenden Unterschieden zur Messung in der Regel keinen Gebrauch macht. Außerdem ist bei den meisten Tracerarbeiten mit radioaktiven Isotopen das Verhältnis von radioaktiven zu stabilen Nukliden so klein, z. B. $\leq 10^{-4}$, daß spektroskopische u. a. Methoden, die nicht die Radioaktivität messen, nicht empfindlich genug sind, die geringe Konzentration an radioaktiven Isotopen zu erfassen.

Tabelle 7.2 beschreibt einige Eigenschaften wichtiger stabiler Isotope und Tab. 7.3 die von radioaktiven Isotopen.

Tabelle 7.1. Durch die unterschiedliche Neutronenzahl der verschiedenen Isotope eines Elements werden die Masse und der Magnetismus beeinflußt. Davon leiten sich Unterschiede der Isotopeneigenschaften ab, die als Meßgröße verwendet werden können

Kern-Eigenschaft	Abhängige Größe in Atomen und Molekülen	Meßgröße mit Isotopen-Effekt	Meßmethode	Aussage der Messung
Masse	Atom- und Molekulargewicht	Spezif. Ladung Sedimentationsgeschwindigkeit, Dichte, Bindungs-Energien	Massenspektrometrie, Ultrazentrifugation; Densimetrie; Chromatographie	Quantitativ und positionell semiquantitativ; quantitativ; semiquantitativ
	Energie- und Polarisationszustände	Absorption, Emission und Polarisation[a], elektromagnetische Strahlung	Infrarot-Spektrometrie; Emissions-Spektralanalyse; Polarimetrie, Optische Rotationsdispersion, Zirkulardichroismus	positionell und semiquantitativ; quantitativ; semiquantitativ
Magnetismus	Magnetismus und dessen Wechselwirkung mit dem anderer Kerne und Elektronen	Kernmagnetische Resonanz, Elektronenspin-Resonanz (Feinstruktur), Hyperfeinstruktur von γ-Absorptionen (Mößbauer-Effekt)	Kernmagnetische Resonanz-Spektroskopie, Elektronenspin-Resonanz-Spektroskopie, Mößbauer-Spektroskopie	positionell und semiquantitativ
Absorption von Korpuskular-Strahlung	Absorption von Korpuskular-Strahlung	Kern-Prozeß	Bestimmung von emittierter Strahlung	quantitativ

[a] Wird auch durch den Magnetismus beeinflußt.

Tabelle 7.2. Eigenschaften einiger stabiler Isotope

Element	Symbol	Relative natürliche Häufigkeit [Atom-%]	Kern-Masse [Dalton]	Kern-Magnetismus	
				Spin-Quantenzahl I	Moment [μ_B]
Wasserstoff	^{1}H	99,9855	1,00782522	1/2	2,79268
	^{2}H = D	0,0145	2,0141022	1	0,85738
Kohlenstoff	^{12}C	98,892	12,0000000	0	0
	^{13}C	1,108	13,0033543	1/2	0,70216
Stickstoff	^{14}N	99,6337	14,0030744	1	0,40357
	^{15}N	0,3663	15,0001081	1/2	−0,28304
Sauerstoff	^{16}O	99,7587	15,9949149	0	0
	^{17}O	0,0374	16,9991334	5/2	−1,8930
	^{18}O	0,2039	17,9991598	0	0
Phosphor	^{31}P	100,0000	30,973763	1/2	1,1305
Schwefel	^{32}S	95,018	31,972074	0	0
	^{33}S	0.750	32,971460	3/2	0,64274
	^{34}S	4.215	33,967864	0	0
	^{36}S	0,017	35,967091	0	0
Chlor	^{35}Cl	75,7705	34,968854	3/2	0,82088
	^{37}Cl	24,2295	36,965896	3/2	0,68328

Von den wichtigen Elementen Stickstoff und Sauerstoff gibt es keine radioaktiven Isotope von genügend langer Lebensdauer. Stehen von einem Element sowohl stabile wie radioaktive Isotope zur Verfügung, so wird die Anwendung der einen oder anderen Sorte meist durch die Problemstellung bestimmt. Eine Reihe von Gesichtspunkten bei der Anwendung von stabilen und radioaktiven Isotopen sind in Tab. 7.4 zusammengestellt.

7.2.2. Stabile Isotope und die Prinzipien ihrer Messung

Beim Arbeiten mit stabilen Isotopen sind folgende Parameter und Meßgrößen von Bedeutung: Atomprozent, relative natürliche Häufigkeit und Atomprozent-Überschuß. Unter Atomprozent versteht man die Anzahl der Kerne des betrachteten Isotops in 100 Kernen des Isotopengemischs. Die relative natürliche Häufig-

Tabelle 7.3. Eigenschaften einiger radioaktiver Isotope[a]

Element	Symbol	Halbwertszeit	Max. β-Energie in MeV bzw. Strahlenart	γ-Energie MeV	Gew. je mCi in mg Reinisotop	Reichweite der β-Strahlung in Wasser [cm]
Wasserstoff	$^3H = T$	12,26 a	0,018	keine	$1,03 \cdot 10^{-4}$	$8 \cdot 10^{-4}$
Kohlenstoff	^{14}C	5760 a	0,159	keine	0,22	$3 \cdot 10^{-2}$
Natrium	^{24}Na	15,5 h	1,39	2,76; 1,38	$1,13 \cdot 10^{-7}$	0,6
Magnesium	^{28}Mg	21,4 h	0,42	0,032–1,354 % KE	$1,91 \cdot 10^{-7}$	0,15
Phosphor	^{32}P	14,3 d	1,70	keine	$3,6 \cdot 10^{-6}$	0,8
Phosphor	^{33}P	25 d	0,25	keine	$6,32 \cdot 10^{-6}$	—
Schwefel	^{35}S	86,35 d	0,167	keine	$2,32 \cdot 10^{-5}$	$3 \cdot 10^{-2}$
Kalium	^{42}K	12,4 h	3,58; 2,04	1,51; 0,32	$1,6 \cdot 10^{-7}$	1,8
Calcium	^{45}Ca	165 d	0,25	keine	$62 \cdot 10^{-6}$	$7 \cdot 10^{-2}$
Eisen	^{55}Fe	2,7 a	EC	0,0059	$4,15 \cdot 10^{-4}$	—
	^{59}Fe	45 d	0,13; 1,56 (~1 %) 0,27 (46 %) 0,46 (53 %)	0,14–1,29 1,1 (57 %) 1,29 (43 %)	$2,03 \cdot 10^{-5}$	0,18
Kobalt	^{60}Co	5,26 a	0,31 (100 %) 1,48 ($\approx$0,01 %)	1,17 (100 %) 1,33 (100 %)	$8,82 \cdot 10^{-4}$	0,10
Zink	^{65}Zn	245 d	β^+ 0,325 (1,7 %) EC 98,3 %	0,51 von β^+ 1,11 (49 %)	$1,22 \cdot 10^{-4}$	
Brom	^{82}Br	35,9 h	0,465	0,547–1,48	$9,5 \cdot 10^{-7}$	0,17
Jod	^{125}J	60 d	EC, KE	0,035	$5,74 \cdot 10^{-5}$	
Jod	^{131}J	8,04 d	0,25–0,815	0,08–0,72	$8,1 \cdot 10^{-6}$	0,25

[a] Abkürzungen: EC = Elektroneneinfang (electron capture).
KE = Konversionselektronen. Weitere Erläuterungen s. S. 238.

Tabelle 7.4. Gesichtspunkte für die Anwendung von

radioaktiven Isotopen	oder	stabilen Isotopen
Nachweisempfindlichkeit meist um Größenordnungen höher. Messung häufig in Gegenwart großer Mengen anderer Materialien möglich. Verteilungsstudien durch Autoradiographie bis in den intrazellulären Bereich durchführbar. Leichte Isolierung unwägbarer Mengen durch chromatographische Verfahren. Beliebig hoher Ersatz einer Molekülposition durch ein radioaktives Nuklid ist zwar möglich, Substanzen unterliegen dann jedoch rascher Autoradiolyse und können wegen der Strahlengefährdung nur in sehr geringen Mengen manipuliert werden. Anwendung außerhalb spezieller Isotopenlaboratorien häufig nicht möglich. Die Ermittlung der Position eines Isotops im Molekül erfordert chemischen Abbau.		Relative Meßgenauigkeit z. B. durch Massenspektrometrie wesentlich höher. Dadurch genaue Bestimmung von Isotopeneffekten möglich. Verdünnung durch die natürliche Häufigkeit limitiert. Zur Messung müssen Substanzen meist in reiner Form oder stark angereichert vorliegen. Aufgrund der möglichen hohen Substitution in einzelnen Molekülpositionen können Kerneigenschaften gemessen werden, die von der chemischen Bindung und Umgebung des Isotops beeinflußt werden. Daraus kann die intramolekulare Markierungsposition erkannt werden. Aber auch wichtige intramolekulare Wechselwirkungskräfte lassen sich erkennen. Intramolekulare Doppelmarkierungen möglich. Schutzmaßnahmen nicht erforderlich.

keit (vgl. Tab. 7.2) wird in Atomprozenten angegeben. Bei Anwendung entsprechend genauer Meßmethoden, wie z. B. der Massenspektrometrie, zeigt sich jedoch, daß die natürliche Häufigkeit keine Naturkonstante ist, sondern z. B. bei ^{13}C Abweichungen im Promille-Bereich vorkommen. Daneben wird häufig noch der Atomprozent-Überschuß verwendet. Darunter versteht man die Differenz zwischen den Atomprozenten eines gegebenen Präparats und den Atomprozenten der natürlichen Häufigkeit.

Die Unterschiede in den Kernmassen sind die Grundlage für eine ganze Reihe analytischer Methoden (Tab. 7.1). Bei der Massenspektrometrie und evtl. auch Ultrazentrifugation sowie Gaschromatographie werden markierte und nicht markierte Moleküle getrennt. Eine weitere Gruppe von Masse-abhängigen Methoden beruht auf der Messung einer der Isotopen-Zusammensetzung proportionalen Mischgröße. Solche Verfahren (z. B. Densimetrie) erfordern extrem reine Meßpräparate.

Die optischen Verfahren können häufig an Mischungen ausgeführt werden, da sie zu getrennten Meßsignalen führen. Spinquantenzahl und kernmagnetisches Moment sind insbesondere bei Isotopen der Elemente von großem Interesse, bei denen das hauptsächlich natürlich vorkommende Element keine von Null verschiedenen Werte aufweist. Dies gilt insbesondere bei ^{12}C bzw. ^{13}C (vgl. Tab. 7.2).

7.2.3. Radioaktive Isotope

Ein Präparat hat die Radioaktivität von 1 Curie (Ci), wenn in der Sekunde $3,70 \cdot 10^{10}$ Atomkernzerfälle (dps = Zerfälle pro Sekunde) stattfinden. Untereinheiten sind das Millicurie (mCi), Mikrocurie (μCi) und Nanocurie (nCi).

Da die Minute eine für die Messung günstigere Zeiteinheit ist, verwendet man meist *dpm* (Zerfälle pro Minute). 1 mCi entspricht $2,20 \cdot 10^9$ *dpm*.

Unter spezifischer Radioaktivität versteht man die Anzahl Curie (oder Untereinheiten) pro Gramm oder pro Mol (oder Untereinheiten) in einer Substanz. Angaben wie dpm/mmol sind üblich.

Wie in Tab. 7.3 dargestellt, werden die Energien der ausgesandten Strahlung in Millionen- oder Kilo-Elektronenvolt (MeV, keV) angegeben. Hier interessieren β^-- und β^+-Strahlung (positive oder negative Elektronen) und γ-Strahlung (von einem Atomkern ausgesandte elektromagnetische Strahlung). Zur Elektronenstrahlung kann es auch durch Konversionselektronen kommen. Dabei wird der Energieunterschied zwischen zwei Kernzuständen nicht als γ-Strahlung ausgesandt, sondern auf ein Elektron der Atomhülle übertragen, das dadurch freigesetzt wird. Im Gegensatz zur β-Strahlung (vgl. unten) sind diese Elektronen monoenergetisch. Als Symbol verwendet man e^-. Unter dem Konversionskoeffizienten versteht man das Verhältnis: Zahl der Konversionselektronen/Zahl der γ-Quanten.

Zu einer weiteren elektromagnetischen Strahlung kann es durch Elektroneneinfang (electron capture) des Kerns aus der Hülle kommen. Dieser Vorgang konkurriert nicht selten mit der β^+-Strahlung. Das Nachfallen von Elektronen aus äußeren Schalen in die Lücke der unteren Schale (meist K-Schale) führt zu einer charakteristischen Röntgenstrahlung. An deren Stelle kann auch ein Elektron ausgesandt werden (innerer Photoeffekt), dessen kinetische Energie gleich der Energie der charakteristischen Röntgenstrahlung abzüglich der Bindungsenergie des Elektrons ist. Solche Elektronen werden als Auger-Elektronen bezeichnet.

Die Zahl der pro Zeiteinheit zerfallenden Atomkerne ist der Zahl der jeweils vorhandenen Kerne proportional:

$$-\frac{dN}{dt} = \lambda N. \tag{7.1}$$

N ist die vorhandene Anzahl von Kernen, dN die Anzahl, die im Zeitintervall dt zerfällt. λ wird Zerfallskonstante genannt.

Von 0 bis t integriert ergibt sich

$$N = N_0 e^{-\lambda t}. \tag{7.2}$$

Ist t gleich der Zeit, nach der die Radioaktivität eines Präparats auf die Hälfte gesunken ist (Halbwertzeit) ($t = T_{1/2}$), so ist N_0 doppelt so groß wie N und folglich gilt

$$\frac{N}{N_0} = \frac{1}{2} = e^{-\lambda T_{1/2}}. \tag{7.3}$$

Aus der Halbwertzeit läßt sich nach Gl. (7.1) ausrechnen, wie viele Atome eines radioaktiven Isotops beispielsweise 1 mCi darstellen. Kohlenstoff-14 hat eine Halbwertzeit von rund 5760 Jahren = $1{,}82 \cdot 10^{11}$ s. Danach ergibt sich aus

$$\frac{dN}{dt} = \frac{\ln 2 N}{T_{1/2}}; \quad 3{,}7 \cdot 10^7 = \frac{0{,}693 \cdot N}{1{,}82 \cdot 10^{11}}$$

$N = 9{,}7 \cdot 10^{18}$ Atome ^{14}C sind 1 mCi.

Unter Berücksichtigung der Avogadro'schen Zahl ($6{,}02 \cdot 10^{23}$) und dem Atomgewicht 14 ergeben sich für 1 mCi ^{14}C 0,22 mg (vgl. Tab. 7.3).

β-Strahler mit einer Maximalenergie von mehr als 1 MeV rechnet man zu den harten Strahlern (z. B. ^{32}P mit 1,7 MeV oder ^{24}Na mit 1,4 MeV Energie der β-Strahlung). Unter Strahlern mittlerer Energie versteht man solche mit Energien von 0,2–1,0 MeV (z. B. ^{131}J mit 0,6 MeV).

Als weiche Strahler bezeichnet man Strahler mit Maximalenergien von weniger als 0,2 MeV (^{14}C mit 0,15 MeV, ^{35}S mit 0,17 MeV oder ^{3}H $\triangleq$ T mit 0,018 MeV).

Elektronen von 1 MeV besitzen bereits 94% der Lichtgeschwindigkeit.

Die Durchdringungsfähigkeit von Elektronen kann innerhalb eines gewissen Bereichs durch eine Exponentialfunktion halbquantitativ beschrieben werden:

$$A_d = A_0 e^{-\mu d}. \tag{7.4}$$

A_d ist die gemessene Aktivität, nachdem die Strahlung die Schichtdicke d eines Absorbers durchdrungen hat, A_0 ist die Aktivität pro Zeit und Flächeneinheit ohne Absorber, μ ist der Absorptionskoeffizient. Es ist üblich, die Schichtdicke nicht in Längeneinheiten anzugeben, sondern bei β-Strahlern in mg/cm^2, da die chemische Natur des Absorptionsmaterials nur von geringem Einfluß auf den numerischen Wert von μ ist.

7.2.4. Die wichtigsten Meßmethoden für radioaktive Isotope

Die physikalischen Grundlagen der Meßmethoden beruhen auf Ionisierung (Ionisationskammern, Proportional- und Geiger-Müller-Zählrohre, Halbleiter-Detektoren), Szintillation und Autoradiographie. Die „Čerenkov-Zähler" spielen für β-Strahler mit Maximalenergien $\geq 1{,}0$ MeV eine Rolle. Von der Zerfallsrate (dpm) eines Präparats wird nur ein Bruchteil vom Detektor registriert. Es gilt für diese Zählrate (cpm, von counts per Minute): $cpm = ZA \cdot dpm$.

Die Zählausbeute $ZA < 1{,}0$ wird u. a. durch folgende Faktoren beeinflußt: Geometrie des Strahlers zum Detektor, Absorption von Strahlung im Präparat, in der Detektorwand etc. und Zählausbeute des Detektors. Außerdem setzt sich jede wie auch immer registrierte Zählrate cpm_G aus zwei Anteilen zusammen: aus der Zählrate der Probe selbst (cpm_P) und einem Nulleffekt (cpm_{NE}). Unter dem Nulleffekt versteht man die Zählrate, die durch die Höhen- und die immer vorhandene Umgebungsstrahlung bedingt wird.

Der Fehler einer beobachteten Zählrate errechnet sich nach:

$$S_{rel} = 1/\sqrt{cpm \cdot t} \qquad (7.5)$$

Hierbei ist S_{rel} die relative Standardabweichung (68% Vertrauensbereich) und t die Meßzeit. Die Beziehung erhält man aus der Poisson-Verteilung, der der radioaktive Zerfall als rein statistischer Vorgang gehorcht. Man sieht, daß der relative Fehler mit steigender Zählrate und/oder längerer Meßzeit kleiner wird. Falls der Nulleffekt im Vergleich zur Probenzählrate ($cpm_p = cpm_G - cpm_{NE}$) nicht zu vernachlässigen ist, muß Gl. (7.5) erweitert werden zu:

$$S_{rel} = \frac{\sqrt{\dfrac{cpm_G}{t_G} + \dfrac{cpm_{NE}}{t_{NE}}}}{cpm_G - cpm_{NE}}. \qquad (7.6)$$

Dabei sind t_G und t_{NE} die Zeiten, die für die Bestimmung von cpm_G bzw. cpm_{NE} aufgewandt wurden.

Daß Zählanordnungen nie absolut und frei von Nulleffekten registrieren, ist für die Tracertechnik meist unerheblich, da Relativmessungen genügen. Um sie ausführen zu können, muß aber unter jeweils genau gleichen Bedingungen oder bei genau bekannter Zählausbeute gemessen werden.

7.2.4.1. Zählrohre

Ein Zählrohr besteht aus einem mit einem geeigneten Gas gefüllten Rohr, in das isoliert ein dünner Draht eingeführt ist, der gegenüber dem Rohr eine elektrische Hochspannung aufweist. Gelangt ein β-Teilchen z. B. durch ein dünnwandiges Fenster in das Zählrohr, so stößt es mit den Elektronen der Gasmoleküle zusammen. Dadurch werden Elektronen aus der Atomhülle herausgeschlagen. In dem hohen elektrischen Feld werden diese auf dem Weg zum Draht beschleunigt. Dabei kann ihre Energie so hoch werden, daß sie ihrerseits Elektronen aus Gasmolekülen herausschlagen. Durch häufige Wiederholung dieses Effekts kommt es zu einer Elektronenlawine und schließlich zu einem Spannungsimpuls am Draht, der registriert werden kann. Das Meßergebnis eines festen radioaktiven Präparats, das außerhalb eines Zählrohrs angeordnet ist, ist eine komplexe Funktion der Schichtdicke des Präparats, seiner Lage zum Zählrohr, der Dicke des Fensters usw. Die zu messenden Substanzen können auch in Gase überführt werden und diese in Zählrohre gefüllt werden. Diese Methode ist aufwendig, aber sehr genau und empfindlich.

7.2.4.2. Szintillationszähler

Treffen elektrisch geladene Elementarteilchen auf Phosphore, so entstehen Lichtblitze (Szintillation). Auf Photokathoden von Sekundär-Elektronen-Vervielfachern (Photomultipliern) erzeugen die Szintillationsblitze Elektronen, die auf weitere Elektroden prallen und Sekundärelektronen auslösen. Der lawinenartig ablaufende Vorgang verstärkt den Anfangsimpuls auf das 10^5- bis 10^8fache, wodurch er elektronisch weiterverarbeitet werden kann. Einer bestimmten im Szintillator absorbierten Elektronenenergie entspricht eine analoge Impulshöhe am Ausgang des Photomultipliers.

Man unterscheidet feste und flüssige Szintillatorsysteme. Feste Szintillatoren werden hauptsächlich für γ-Strahler verwendet. Ihre Energie ist zu hoch, um Szintillatoren direkt anregen zu können. Bei der Absorption der γ-Quanten entstehen schnelle Elektronen, die in den Phosphoren Lichtquanten hervorrufen. Da bei durch γ-Strahlung erzeugten Elektronen die Szintillationsanregung nur einer der möglichen Prozesse ihrer Abbremsung ist, wird nur ein Teil ihrer Energie in Lichtquanten umgewandelt. Bei mit Thallium dotiertem Natriumjodid (NaJ(Tl)) rechnet man mit einem Wirkungsgrad von 12–14%. Bei Energien > 50 keV ist die Zahl der ausgelösten Quanten proportional der Elektronenenergie. Bei niederen Energien machen sich dann zunehmend Löscheffekte bemerkbar. Als feste Szintillatoren können NaJ(Tl) und CsJ(Tl) verwendet werden. Organische Szintillatoren wie Anthracen, trans-Stilben und Terphenyl werden wegen ihrer geringen Total-Absorption nur dann verwendet, wenn man mit Hilfe ihrer kurzen Abklingzeit höhere Auflösungszeiten anstrebt. Die Intensität der Szintillation ist der Energie proportional, die die γ-Quanten an den Szintillator abgeben.

Zur Erfassung einer dem γ-Spektrum analogen Impulshöhenverteilung kann man mit zwei Diskriminatoren einen Kanal („Fenster") bilden und untersuchen, welche Impulse in diesen Kanal fallen. Durch kontinuierliches Verschieben dieses Kanals und Aufzeichnen der Impulse kommt man zu der gesuchten Impulshöhenverteilung. Wesentlich rascher aber werden solche Messungen in Vielkanalanalysatoren vorgenommen, bei denen der interessierende Energiebereich in viele Kanäle (z. B. 512) eingeteilt ist. In ihnen werden die Impulse nach ihrer Größe sortiert und registriert. Die in den einzelnen Kanälen gespeicherten Impulse können ausgedruckt oder aufgezeichnet werden.

Das Verfahren der Flüssig-Szintillations-Messung beruht, vereinfacht dargestellt, darauf, daß beim β-Zerfall einer in einem geeigneten Lösungsmittel gelösten Substanz die Zerfalls-Energie zum überwiegenden Teil auf die Lösungsmittel-Moleküle übertragen wird. Enthält das Lösungsmittel außerdem noch Szintillatoren, so kann die Anregungsenergie der Lösungsmittel-Moleküle auf diese übertragen werden. Bei deren Übergang in den Grundzustand wird Licht emittiert, das von einem Photomultiplier registriert wird. Letztlich resultiert ein dem β-Zerfalls-Spektrum analoges Photonen-Impulshöhen-Spektrum (Abb. 7.1).

Störungen der Energieübergänge zwischen Lösungsmittelmolekülen und Szintillatorsubstanzen bzw. Absorption des ausgesandten Lichts nennt man Löschung. Sie bedeutet eine Verringerung der cpm-

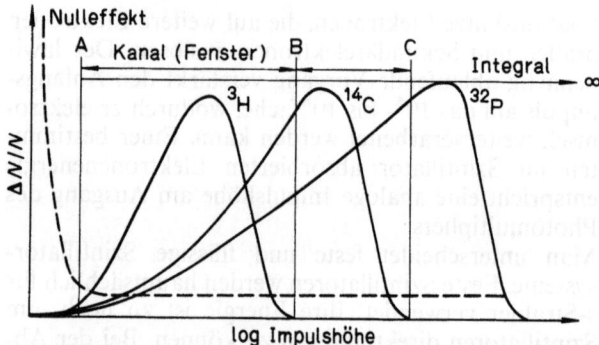

Abb. 7.1. Ein dem β-Zerfall der Isotope ^{3}H, ^{14}C und ^{32}P analoges Photonenimpulshöhen-Spektrum in Abhängigkeit von der Energie (logarithmisch). Im Energiebereich (Kanal, Fenster) zwischen den Diskriminatoren A und B werden alle Impulse von Tritium, daneben aber auch solche von ^{14}C und ^{32}P registriert. Im Kanal B–C werden Impulse von ^{14}C und ^{32}P und oberhalb des Diskriminators C nur solche von ^{32}P registriert. Der Diskriminator A eliminiert vor allem Rauschimpulse, von denen ein besonders großer Anteil im extrem niederenergetischen Bereich liegt

Werte. Wenn die Probe den Energietransfer auf der Stufe des Lösungsmittels beeinträchtigt, spricht man von chemischer Löschung. Handelt es sich um gefärbtes Material, das die emittierte Fluoreszenzstrahlung absorbiert, spricht man von Farblöschung. In praxi zeigt jede Probe mehr oder weniger Löschung.

In Abb. 7.1 entspricht der Ordinate die Häufigkeit der Impulse $\Delta N/N$ einer bestimmten Energie. Man ist bestrebt, den Nulleffekt so niedrig wie möglich zu halten. Das wird durch Impuls-Diskriminierung erreicht, wobei mittels zweier Diskriminatoren ein gegen das Nulleffektspektrum optimierter spektraler Ausschnitt der Meßprobe ausgeblendet wird. Aus Abb. 7.1 ist zu ersehen, wie mit Hilfe der Szintillationszählung mehrfach markierte Proben gemessen werden können, wenn sich die Isotope in ihrer Maximalenergie um mehr als den Faktor 5 unterscheiden. Die Flüssig-Szintillations-Messung ist heute die häufigst angewandte Meßtechnik in der Analytik von β-Strahlern.

7.2.4.3. Autoradiographische Verfahren

Autoradiographische Verfahren erlauben auf einem Objekt, z. B. einem Dünnschnitt eines Laboratoriumstieres, einer fixierten Zellsuspension, aber auch auf einem Chromatogramm, eine qualitative und z. T. auch halbquantitative, jedoch örtlich exakte Lokalisierung von radioaktiven Bezirken. Bei der klassischen Autoradiographie nutzt man das Schwärzen einer Photoemulsion durch radioaktive Strahlung aus, indem man den Film auf das Objekt bringt. Zur optimalen Schwärzung von Röntgenfilmen müssen je nach Energie des β-Strahlers 10^6–10^8 Elektronen pro cm^2 Film und zur gerade sichtbaren Schwärzung 10^5–10^6 Elektronen auftreffen. Für Tritium ist das zur sichtbaren Filmschwärzung nötige Produkt „Radioaktivität × Zeit" ca. 60mal größer als bei ^{14}C.

Bei Mikroautoradiogrammen z. B. von histologischen Präparaten ist durch Silberkornzählung oder bei harten Strahlern durch Bahnspurzählung eine quantitative Auswertung möglich, die häufig angewandt wird. Dazu muß jedoch der meist nicht ideale Kontakt zwischen Film und Objekt wesentlich verbessert werden. Man überzieht daher das zu untersuchende Objekt mit speziellen Kernemulsionen. Diese haben im Vergleich zu den häufig verwendeten Röntgenfilmen eine höhere Konzentration von Silberbromid, die Körner sind außerdem wesentlich kleiner und von einheitlicher Größe. Damit wird ein wesentlich höheres Auflösungsvermögen erhalten, und die Empfindlichkeit gegenüber weichen β-Strahlern ist erhöht. Nach der Expositionszeit wird entwickelt, wobei die Silberkörner direkt auf dem Objekt präzipitiert werden. Beides wird dann unter dem Mikroskop betrachtet. Bei der elektronenmikroskopischen Autoradiographie werden sehr hohe Vergrößerungen erzielt. Dabei werden Filmemulsionen mit Körnern von 0,03–0,01 μm verwendet. Es werden Auflösungen von 0,1–0,3 μm erreicht. Die mittlere Reichweite von β-Strahlern beträgt in photographischen Emulsionen für ^{3}H ca. 1 μm, für ^{14}C und ^{35}S ca. 10 μm und für ^{32}P um 800 μm.

7.3. Isotopeneffekte

7.3.1. Hauptursachen von Isotopeneffekten

Bei der Anwendung von Isotopen geht man meist von der Annahme aus, daß sich die verschieden schweren Isotope eines Elements gleich verhalten, d. h., daß beim Ablaufen irgendwelcher physikalischer oder chemischer Reaktionen keine Diskriminierung markierter und nichtmarkierter Moleküle stattfindet. Bei quantitativer Untersuchung beobachtet man derartige Diskriminierungen aber mehr oder weniger deutlich. Diese Isotopeneffekte beruhen überwiegend auf Massenunterschieden der Isotope und dadurch bedingte Differenzen der Nullpunktsenergien der Bindungen (vgl. Abb. 7.2).

In erster grober Näherung kann man sagen, daß die Nullpunktsenergie einer chemischen Bindung proportional der Schwingungsfrequenz ist. Für die Frequenz ν gilt:

$$\nu \approx \sqrt{\frac{k}{\mu}}. \tag{7.7}$$

Dabei bedeutet k die Kraftkonstante und $\mu = \dfrac{m_1 \cdot m_2}{m_1 + m_2}$ die reduzierte Masse.

Bei einer C–^{1}H-Bindung und C–^{2}H-Bindung ist die Kraftkonstante k gleich. Die reduzierte Masse μ verhält sich für beide Bindungen annähernd wie 1:2. Folglich gilt für das Verhältnis $\nu_H : \nu_{2H} = \sqrt{2} : 1 \sim 1{,}4 : 1$. Dies kann man z. B. sehr deutlich in IR-Spektren sehen.

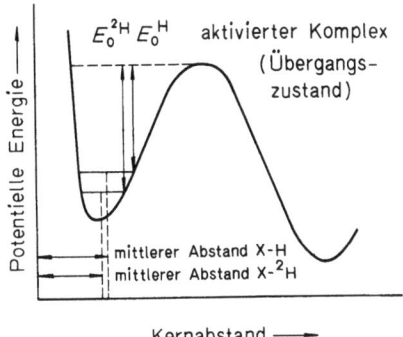

Abb. 7.2. Potentialkurve einer Molekel HX und des Übergangszustandes. Die Unsymmetrie der Potentialmulde (der Deutlichkeit halber stark übertrieben) ist der Grund für den im Vergleich zur X-H-Bindung etwas geringeren X-^{2}H-Abstand. Die unterschiedlichen Nullpunktsenergien E_0^H und E_0^{2H} bedingen für eine Reaktion verschiedene Aktivierungsenergien (Pfeile) und sind die Hauptursache des kinetischen Isotopeneffekts

Betrachtet man z. B. die IR-Spektren von Chloroform $CHCl_3$ und C^2HCl_3, so stellt man fest, daß die $C-H$-Valenzschwingung bei 3050 cm^{-1} und die der $C-^2H$-Valenzschwingung bei 2260 cm^{-1} erscheint. Dies entspricht einem Verhältnis von 1,35 : 1. Wie aus dieser Darstellung hervorgeht, sind die Isotopeneffekte um so kleiner, je kleiner der prozentuale Massenunterschied zweier Isotope ist. Sie fallen bereits bei den Isotopen des Kohlenstoffs nicht mehr sehr ins Gewicht. Dagegen muß man sich bei der Anwendung der Wasserstoffisotope stets über den Einfluß von Isotopeneffekten Rechenschaft ablegen, da Versuchsergebnisse häufig nur dann gedeutet werden können. Dies gilt besonders, wenn im Verlauf einer Reaktion Bindungen des Isotops im geschwindigkeitsbestimmenden Schritt gebrochen werden. Man unterscheidet im wesentlichen „kinetische" und Gleichgewichts-Isotopeneffekte.

Gleichgewichts-Isotopeneffekte werden z. B. bei Phasenübergängen oder Austauschreaktionen nach Gleichgewichtseinstellung beobachtet. Für das Austauschgleichgewicht zwischen Wasser und deuteriumhaltigem Schwefelwasserstoff

$$H_2O + {}^2HHS \underset{k_2}{\overset{k_1}{\rightleftharpoons}} {}^2HHO + H_2S$$

gilt bei 25° C: $k_1/k_2 = K = 2,2$.

Dies ist ein extremer Wert.

Eine Folge von Gleichgewichts-Isotopeneffekten ist auch, daß Säuren in ^2H_2O wesentlich schwächer sind als in H_2O. Der Unterschied ist um so größer, je schwächer die Säure ist. So ist das Verhältnis der Dissoziationskonstanten von Chloressigsäure in H_2O und ^2H_2O $K_H/K_{2H} = 2,74$. Für Essigsäure ist das Verhältnis 3,33 und für das Hydrogencarbonatanion 3,95.

Für schwerere Nuklide sind die Effekte wieder wesentlich kleiner. Für die beiden nachfolgenden Reaktionen sind die Gleichgewichtskonstanten 1,034 bzw. 1,017.

$$^{15}NH_3 + {}^{14}NH_4^+ \rightleftharpoons {}^{14}NH_3 + {}^{15}NH_4^+$$
$$^{12}CO_3^{2-} + {}^{13}CO_2 \rightleftharpoons {}^{13}CO_3^{2-} + {}^{12}CO_2.$$

Dabei sind die Ionen jeweils in Wasser und NH_3 bzw. CO_2 in der Gasphase.

Allgemein läßt sich sagen, daß die Verteilung eines Isotops zwischen zwei Molekülen A und B bei der Reaktion

$$A + B' \rightleftharpoons A' + B$$

gleich ist dem Produkt der Quotienten der Verteilungsfunktion Q im Grundzustand von markierten Molekülen A' bzw. B' und den nichtmarkierten A bzw. B und der Nullpunktsenergien des Grundzustands.

$$K = \frac{Q_{A'} \cdot Q_B}{Q_A \cdot Q_{B'}} \cdot \prod^{3n-6} \frac{e^{-1/2 \mu_{A'}}}{e^{-1/2 \mu_A}} \cdot \prod^{3n-6} \frac{e^{-1/2 \mu_B}}{e^{-1/2 \mu_{B'}}}. \quad (7.8)$$

Dabei bedeuten $\mu = h \cdot \nu/kT$, h = Plancksches Wirkungsquantum, ν = Frequenz der Normalschwingungen, k = Boltzmann-Konstante, T = absolute Temperatur, n = Zahl der Freiheitsgrade.

7.3.2. Kinetische Isotopeneffekte und ihre Bestimmung

Ein kinetischer Isotopeneffekt errechnet sich aus dem Quotienten der Reaktionsgeschwindigkeiten der unterschiedlich isotopmarkierten Verbindungen.

Die Bestimmung kinetischer Isotopeneffekte ermöglicht einen Einblick in den Reaktionsmechanismus. Darin liegt ihre Bedeutung. Sie sind dann von 1,0 verschieden, wenn die betrachtete Bindung im geschwindigkeitsbestimmenden Schritt einer Reaktionskette gelöst wird.

Man unterscheidet folgende Isotopeneffekte (vgl. nachstehendes Reaktionsschema, die höhere Indexzahl bezeichnet das schwerere Isotop):

$$A_1CA_1 + B \xrightarrow{k_{11}} A_1C + A_1B$$
$$A_2CA_1 + B \xrightarrow{k_{12}} A_1C + A_2B$$
$$\xrightarrow{k_{21}} A_2C + A_1B$$

$\dfrac{k_{21}}{k_{12}}$ = intramolekularer oder primärer Isotopeneffekt

$\dfrac{k_{11}}{k_{21}}$ = sekundärer Isotopeneffekt

$\dfrac{nk_{11}}{(n-1)k_{21} + k_{12}}$ = kinetischer Isotopeneffekt, mitunter auch intermolekularer Isotopeneffekt genannt.

Dabei ist n z. B. die Zahl von Wasserstoffatomen oder anderen identischen Gruppen an einem C- oder sonstigen Atom. Falls keine gleichwertigen Positionen in einem Molekül vorhanden sind, d. h. $n=1$ und die Isotopenbindung bei der Reaktion gelöst wird, entfällt k_{21}, und es ergibt sich ein kinetischer bzw. intermolekularer Isotopeneffekt $\dfrac{k_{11}}{k_{12}}$.

Zur Bestimmung von kinetischen Isotopeneffekten verwendet man hauptsächlich zwei Methoden:
1. Getrennte Messung der Reaktionsgeschwindigkeiten der unmarkierten und der markierten Verbindung (nicht-kompetitive Methode).
2. Gleichzeitige, kompetitive Messung der Reaktionsgeschwindigkeiten.

Methode 1 setzt die Zugänglichkeit von ausreichenden Mengen an isotopisch reinen Verbindungen voraus und erfordert eine nur sehr schwer erreichbare, völlig vergleichbare Versuchsdurchführung.

Liegen die markierten Moleküle nur in Spurenmengen vor, wie das bei Traceruntersuchungen mit radioaktiv markierten Verbindungen der Fall ist, so gelten folgende Gleichungen zur Berechnung des Isotopeneffektes IE:

$$IE = \frac{\ln(1-f)}{\ln\left(1 - \dfrac{R_{b,t}}{R_{a,0}} f\right)}, \qquad (7.9)$$

$$IE = \frac{\ln(1-f)}{\ln \dfrac{R_{a,t}}{R_{a,0}}(1-f)}. \qquad (7.10)$$

Dabei bedeuten:
R = spezifische molare Radioaktivität und die Indices
a = Reaktand, b = Produkt,
0 = Start der Reaktion und
t = die Reaktion zur Zeit t mit einem Umsatz von f.

Mit Hilfe der Massenspektrometrie können Isotopengehalte und Isotopeneffekte von stabilen Isotopen sehr genau relativ bestimmt werden. Da die genauen Isotopengehalte eines jeden Materials von seiner Vorgeschichte abhängen, bezieht man die Werte auf international anerkannte Standardsubstanzen und gibt die Abweichung von diesen in δ-Promille-Werten an. Für den ^{13}C-Gehalt eines Materials gilt dann z. B.

$$\delta\,^{13}C\%_{00} = \frac{{}^{13}C/{}^{12}C_{probe} - {}^{13}C/{}^{12}C_{standard}}{{}^{13}C/{}^{12}C_{standard}} \cdot 1000. \quad (7.11)$$

7.4. Analytische Isotopenanwendung

Den Anwendungsmöglichkeiten von markierten Stoffen für analytische Probleme sind kaum Grenzen gesetzt. Hier können nur einige Prinzipien erwähnt werden.

7.4.1. Aktivierungsanalyse

Werden Neutronen, geladene Elementarteilchen oder hochenergetische Photonen auf stabile Atome geschossen, so können diese in radioaktive Nuklide umgewandelt werden. Durch Messung der von der Probe emittierten Strahlung kann häufig die Anwesenheit bestimmter Elemente quantitativ bestimmt werden. Die Methode wird zur Bestimmung von Spurenelementen verwendet. Da die meisten Elemente mit Ordnungszahlen >10 praktisch brauchbare Wirkungsquerschnitte für thermische Neutronen (vergl. S. 225) haben, werden häufig n,γ-Reaktionen benutzt. Die vier Hauptelemente biologischer Materialien, nämlich H, C, N und O, werden durch thermische Neutronen kaum aktiviert. Daher sind thermische Neutronen gut brauchbar zur Bestimmung von Spurenelementen in Geweben.

Die Aktivierungsanalyse wurde häufig zur Spurenanalyse von Zn, Cu, Mn, Mo und Co verwendet. Diese Metalle sind essentielle Bestandteile einer Reihe von Enzymen. Auch für toxikologische Studien ist die Aktivierungsanalyse von Interesse. Bekannt wurde beispielsweise die Bestimmung von Arsen in einer Haarprobe von Napoleon. Eine Länge von 1–2 mm eines Haares reichte aus, um durch die Reaktion ^{75}As(n,γ) ^{76}As nachzuweisen, daß Napoleon in seinen letzten Lebensjahren eine ungewöhnlich hohe Menge Arsen aufgenommen hat. Auch *in vivo* kann die Aktivierungsanalyse angewendet werden. Die Mengen an Calcium-, Natrium- und Chloridionen wurde durch Ganzkörperbestrahlung von Menschen und Tieren durch schnelle Neutronen verschiedener Energie bestimmt.

7.4.2. Isotopen-Verdünnungsanalysen

Es gibt zahlreiche Variationen der Verdünnungsanalyse. Sie beruht meist auf der Bestimmung von spezifischen Radioaktivitäten oder Atomprozentüberschüssen. Sie wird hauptsächlich dann angewandt, wenn die Abtrennung eines Stoffes aus einem Gemisch zwar in reiner Form, jedoch nicht quantitativ möglich ist. Bei der „einfachen" oder direkten Isotopenverdünnungsanalyse wird die zu bestimmende Substanz in markierter Form in genau bekannter Menge und spezifischer Radioaktivität zugesetzt. Nach Durchmischung wird etwas von der zu bestimmenden Substanz in völlig reiner Form isoliert und die spezifische Radioaktivität bestimmt.

Wurde eine Menge M_1 der spezifischen Radioaktivität S_1 zugesetzt und die Substanz mit der spezifischen Radioaktivität S_2 isoliert, so muß gelten:

$$M_1 \cdot S_1 = S_2(M_1 + M_x) \quad \text{und}$$

$$M_x = M_1\left(\frac{S_1 - S_2}{S_2}\right). \qquad (7.12)$$

Aus diesem Zusammenhang ersieht man, daß die Bestimmung von M_x unzuverlässig wird, wenn die Differenz S_1-S_2 zu klein und damit unsicher wird. S_1-S_2 wird dann klein, wenn die zugesetzte Menge M_1 wesentlich höher als M_x ist. Bei einem extrem großen Verhältnis M_1/M_x wird eine Bestimmung von M_x überhaupt undurchführbar. In diesem Fall setzt man dem Stoffgemisch ein markiertes Reagens bekannter spezifischer Radioaktivität zu und verwandelt den zu bestimmenden Stoff quantitativ, evtl. auch andere, in ein markiertes Derivat (Derivat-Verdünnungsanalyse). Der Überschuß des markierten Reagens wird entfernt und anschließend setzt man das nichtmarkierte Derivat zu und führt eine umgekehrte Verdünnungsanalyse durch. Dieses Verfahren ist zur Bestimmung auch kleinster Mengen sehr gut geeignet.

Die Derivat-Verdünnungsanalyse beruht jedoch auf der Voraussetzung, daß das markierte Reagens quantitativ mit der zu bestimmenden Substanz ein einheitliches Derivat bildet. Falls dies nicht gelingt, steht eine Variante zur Verfügung.

Dem Stoffgemisch setzt man den zu bestimmenden Stoff in markierter Form (z.B. mit ^{14}C) zu und anschließend ein Reagens, das mit einem anderen Isotop (z.B. ^3H oder ^{35}S) markiert ist. Nach erfolgter Reaktion mit dem markierten Reagens setzt man ein nicht markiertes Derivat zu und isoliert eine für die Radioaktivitätsbestimmungen notwendige Menge. Anschließend wird auf beide Isotope getrennt analysiert und daraus der Gehalt der Mischung an dem zu bestimmenden Stoff ermittelt.

Wie einführend erwähnt, können auch Verbindungen, die mit stabilen Isotopen markiert sind, zu Verdünnungsanalysen verwendet werden. Die relative natürliche Häufigkeit setzt den möglichen Verdünnungsfaktoren engere Grenzen. Man kann jedoch z.B. das $^{13}C/^{12}C$-Verhältnis einer Probe relativ zu einer Standardprobe auf 0,1% genau bestimmen. Daher kann der Zusatz einer Verbindung, die in einer Kohlenstoff-Position nahezu quantitativ mit ^{13}C markiert ist, zu der unmarkierten Verbindung mit der natürlichen Häufigkeit in einem Verhältnis $1:10^5$ noch erkannt werden.

7.4.3. Radioimmunologische Analyse

Eine sehr wichtige Variante der Isotopenverdünnungsanalyse ist die radioimmunologische Bestimmung von Hormonen (Radio-Immuno-Assay). Dabei macht man vom Prinzip der kompetitiven Proteinbindungsanalyse Gebrauch. Hat man für eine zu bestimmende Substanz, z.B. Insulin oder Steroidhormone, einen Antikörper und bringt diesen mit einer Analysenlösung und der zu bestimmenden Verbindung in radioaktiver Form zusammen, so entsteht eine Konkurrenz der radioaktiven und nicht-radioaktiven Moleküle um eine begrenzte Zahl von Bindungsstellen am Protein (Antikörper). Das Verhältnis von radioaktiv markierten zu nicht markierten Molekülen am Protein entspricht dem Verhältnis ihrer Mengen im Analysenansatz. Hält man bindendes Protein und radioaktive Substanz konstant, so werden um so weniger radioaktive Moleküle gebunden, je mehr nicht radioaktive Moleküle vorhanden sind. Auf diese Weise lassen sich z.B. Oestrogene im Bereich von einigen 10^{-9} g oder Amphetamine in 50 μl Urin quantitativ bestimmen.

7.5. Beispiele für Isotopenanwendungen

Die vielfältigen Möglichkeiten der Isotopenanwendungen werden am besten durch eine Reihe von Beispielen aufgezeigt. Es ist erstaunlich, welche verschiedenartigen biologischen Phänomene mit Isotopen studiert werden können. Der Bogen spannt sich von Altersbestimmungen über Verteilungsstudien, bei denen Radioaktivität z.B. lediglich der Indikator für die Bewegung eines Tieres ist, über das Studium von Transportphänomenen bis hin zu Untersuchungen auf molekularer Ebene mit Aufklärungen von komplexen Mechanismen, wie der Weg des Kohlenstoffs bei der Photosynthese oder der Proteinbiosynthese und schließlich Fragen der Stereochemie und Bestimmung des geschwindigkeits-bestimmenden Schrittes bei Enzymreaktionen *in vitro* oder *in vivo*.

Es ist jedoch wichtig, folgendes zu betonen: Isotopenmethoden sind äußerst potent. Dies gilt sowohl für die Möglichkeit, interessante „richtige" Ergebnisse zu erhalten, wie auch für die Möglichkeit, „Blödsinn", der nicht ohne weiteres sofort als solcher erkannt wird, zu produzieren. Nur sehr sorgfältig geplante, sauber durchgeführte und kritisch ausgewertete Experimente geben „richtige" Ergebnisse.

7.5.1. Verteilungsstudien

Um z.B. die unterirdischen Bewegungen von Drahtwurmlarven zu verfolgen, hat man in ihre Körperhöhle Kobalt-60 implantiert. Die durchdringenden γ-Strahlen konnten über der Erdoberfläche registriert werden. Über Zahl und Bewegung von Moskitos und anderen Insekten erhielt man dadurch Aufschluß, daß man die Larven mit ^{32}P-markierten Phosphaten fütterte und die ausschlüpfenden Insekten in dem zu untersuchenden Gebiet frei ließ. Durch Aufstellen von Fallen an bestimmten Stellen und zu bestimmten Zeiten konnte aus der bekannten „spezifischen Radioaktivität" der Insekten eine Verdünnungsanalyse durchgeführt werden.

Auch Volumen- und Raumbestimmungen sind hier zu erwähnen. Diesen liegt wieder das Prinzip der Verdünnungsanalyse zugrunde. Erwähnt seien Ganzkörper-Wasserbestimmungen oder die Bestimmung des „Raums" für bestimmte Verbindungen oder Verbindungsklassen. Folgendes Beispiel soll dies erläutern: Plasmaprotein wird z.B. durch Jod-131 markiert. (Dabei werden die aromatischen Reste der Aminosäuren durch elektrophile Substitution jodiert.) Eine Menge, die klein ist im Verhältnis zu der in einem Versuchstier, z. B. einer Ratte, erwarteten, wird injiziert. Nach Gleichgewichtseinstellung entnimmt man etwas Plasma und bestimmt die Radioaktivität des Proteins. Angenommen, es wurden 4 mg mit 100000 cpm/mg Protein injiziert und das isolierte Material zeigt 500 cpm/mg, dann errechnet sich ein Proteinplasmagehalt von 800 mg. Wurde gleichzeitig durch chemische Analyse bestimmt, daß pro ml Plasma 70 mg Protein enthalten sind, so berechnet sich der „Raum" des Plasmaproteins zu 11,4 ml.

In der Pharmakologie und Medizin sind Aufnahme-, Verteilungs- und Ausscheidungsstudien von Chemotherapeutika und, in neuerer Zeit in zunehmendem Maße, all ihrer Abbauprodukte ein wichtiges Arbeitsgebiet. Dabei spielt die Autoradiographie eine wichtige Rolle.

7.5.2. Stoffwechsel und Transport

7.5.2.1. Typische Fälle und Ergebnisse

In jedem lebenden System befinden sich alle Bestandteile in einem dynamischen Zustand. Während viele Stoffe, z. B. im Blut, in Konzentrationen vorliegen, die, von pathologischen Zuständen abgesehen, nur wenig schwanken, hat ein betrachtetes Molekül nur eine charakteristische Lebensdauer, bevor es resorbiert oder abgebaut wird. Diesem Abfluß entspricht ein Zufluß, der zu einem Fließgleichgewicht (steady state) führt. Stoffwechsel und Transport müssen daher meist zusammen betrachtet werden. Daher wurden auch viele Transportphänomene mit Hilfe markierter Verbindungen studiert. Aufnahmestudien an Mikroorganismen, Stofftransport in Pflanzen oder die Aufnahme von Nährstoffen durch die Wände des Verdauungstrakts bei Tieren sind nur einige Beispiele bedeutender Forschungsgebiete, die häufig sehr wesentliche Erkenntnisse brachten.

Bereits in den dreißiger Jahren fütterten Schönheimer und andere mit ^{15}N markierte Aminosäuren und fanden, daß diese unerwartet rasch in die Proteine der Leber eingebaut wurden, obwohl der Gesamtproteingehalt der Leber sich nicht änderte. Das heißt, der hohen Syntheserate steht eine genau entsprechende Abbaurate gegenüber. Die Halbwertszeit der Leberproteine einer Ratte wurde zu 5–6 Tagen bestimmt. Die Proteine der Muskel zeigen dagegen eine solche von 30 Tagen. Solche Untersuchungen liegen inzwischen für zahlreiche Stoffklassen in verschiedenen Organen von verschiedenen Lebewesen vor.

Mit dem allgemeinen Verfügbarwerden von Kohlenstoff-14, Tritium und anderer Isotope (vgl. Tab. 7.2 und 7.3) und der Entwicklung der Methodik wurden in den fünfziger Jahren wichtige Stoffwechselwege und die Biosynthese vieler niedermolekularer Substanzen aufgeklärt. Hierher gehört der Weg des Kohlenstoffs bei der Photosynthese grüner Pflanzen, die Biosynthese von Pyrimidinen, Purinen, Porphyrinen, Aminosäuren, Steroide etc. Der Krebszyklus wurde zwar ohne Isotopenanwendung formuliert, aber erst durch Isotopenstudien wurde die Rolle der Essigsäure verständlich und außerdem die Tatsache, daß es sich hier um Syntheseleistungen ohne Nettosynthese handelt.

In den sechziger Jahren wurde dann mit Hilfe der Isotopentechnik hauptsächlich die Biosynthese der Makromoleküle wie Nucleinsäuren, Proteinen und Polysacchariden aufgeklärt.

Zur Aufklärung der Biosynthese einer niedermolekularen Verbindung ging man üblicherweise wie folgt vor: Man applizierte an das biologische System (rohe Enzympräparate, ganze oder aufgebrochene Zellen von Mikroorganismen oder Organen, ganze Pflanzen oder Tiere) einen vermuteten Vorläufer (Precursor), der meist mit ^{14}C markiert war. Nach einer geeigneten Zeit, die häufig auch erst experimentell bestimmt werden mußte, wurde das Produkt isoliert und seine Radioaktivität bestimmt. Unter der Voraussetzung, daß der Precursor an den Bildungsort des Produkts gelangt, ist Radioaktivität in dem Produkt eine notwendige, aber nicht hinreichende Voraussetzung dafür, daß zwischen der applizierten Verbindung und dem Produkt ein direkter biogenetischer Zusammenhang besteht. Beim Vergleich verschiedener vermuteter Vorläufer-Verbindungen ist der biogenetische Zusammenhang mit dem Produkt in der Regel um so enger, je höher die Einbaurate bzw. die spezifische Einbaurate ist. Man versteht unter Einbaurate das Verhältnis der im Produkt wiedergefundenen Isotopenmenge zu der insgesamt applizierten. Unter spezifischer Einbaurate versteht man das Verhältnis der spezifischen Radioaktivität des Vorläufers zu der im Produkt. Durch Abbau des Produkts wurde die Isotopenverteilung bestimmt. Dadurch konnten Hypothesen entwickelt werden, die durch weitere Experimente zu überprüfen waren. Bis zur Aufklärung aller Detailfragen konnten sich solche Untersuchungen mitunter über einige Jahrzehnte hinziehen. Als Beispiel sei die Cholesterinbiosynthese erwähnt. Bereits in den vierziger Jahren hatte Bloch durch Verwendung von Deuterium-markierter Essigsäure gezeigt, daß zwischen Essigsäure und Cholesterin ein biogenetischer Zusammenhang besteht. Später wurde doppelt markiertes Acetat $^{14}CH_3$$^{13}COOH$ mit Leberscheibchen inkubiert, das gebildete Cholesterin isoliert und (nach Verdünnung mit Trägermaterial) die im nachfolgenden Schema wiedergegebene Kohlenstoff-Isotopenverteilung festgestellt. Die quantitative Auswertung ergab, daß alle Kohlenstoffatome von Acetat stammen, daß beide C-Atome des Acetats verwendet werden und daß eine Verbindung mit sechs C-Atomen durchlaufen werden muß, von der ein C-Atom verlorengeht.

Stereochemische Fragen der Biosynthese des Cholesterins wurden erst vor einigen Jahren, insbesondere durch Cornforth, mit Deuterium- und Tritium-Markierung aufgeklärt. An Fragen der Regulation der Biosynthese wird immer noch in verschiedenen Laboratorien unter Verwendung markierter Verbindungen gearbeitet.

CH₃COOH ⟶

Essigsäure

Mevalonsäure

Schema: Cholesterinbiosynthese aus [1-¹³C, 2-¹⁴C] Essigsäure über Mevalonsäure. ¹³C = X, ¹⁴C = O. Die in der Mevalonsäureformel eingeklammerte Carboxylgruppe geht verloren

Heute verwendet man für Biogenesestudien, die zu genügend großen Produktmengen führen, gerne ¹³C-markierte Vorstufen, da die Verteilung des ¹³C im Produkt oft NMR-spektroskopisch ermittelt werden kann, und der meist sehr mühsame chemische Abbau zur Ermittlung der Isotopenverteilung erspart wird.

Bei der Aufklärung des Wegs des Kohlenstoffs bei der Photosynthese war eine wichtige Frage die des ersten stabilen Kohlenstofffixierungsprodukts. Wurde einer belichteten Algensuspension, die sich im Fließgleichgewicht der Photosynthese befand, ¹⁴CO₂ gegeben und nach 20 Sekunden das Experiment schlagartig gestoppt, so ergab der Algenextrakt nach zweidimensionaler Papierchromatographie und Autoradiographie, daß bereits mehr als 20 Verbindungen radioaktiv markiert waren. Verkürzte man die Zeit des Experiments, so zeigte sich, gegen den Zeitpunkt Null extrapoliert, daß nur 3-Phosphoglycerinsäure ¹⁴C markiert war. Der radioaktive Kohlenstoff befand sich in der Carboxylgruppe.

7.5.2.2. Einige Begriffe und theoretische Betrachtungen

In Ergänzung zu den obigen qualitativ beschriebenen Prozessen kann man sagen, daß im allgemeinen jedes biologische System Zwischenprodukte von Hauptreaktionswegen mit mehr oder weniger vielen Nebenwegen enthält. Will man die zeitliche Änderung der spezifischen Radioaktivität der Substanzen analysieren, so ergeben sich Integralgleichungen, die nur durch Näherungsverfahren lösbar sind.

Zilversmit entwickelte jedoch Kriterien, wonach Vorläufer-Produkt-Beziehungen feststellbar sind, wenn sich das System im Fließgleichgewicht (steady state) befindet. Wie bereits erwähnt, ist im Fließgleichgewicht die Geschwindigkeit, mit der eine Substanz aus ihren Vorläufern gebildet wird und mit der sie abgebaut wird, genau gleich. (Statt Bildung und Abbau kann auch der Zu- und Abfluß aus und in andere Kompartimente, oder beides, stattfinden.) Für eine Reaktion A → B werden folgende Annahmen gemacht:

p = die konstante Geschwindigkeit, mit der der Vorläufer A in das Produkt B umgewandelt wird,
r = Menge an B im betrachteten Raum (z. B. Organ oder Gewebe),
x = Menge an markiertem B im betrachteten Raum,
$f(t)$ = spezifische Radioaktivität von A als Funktion von der Zeit t.

Die Menge des markierten Materials, das pro Zeiteinheit in das Produkt B umgewandelt wird, beträgt $p \cdot f(t)$ und für die Menge an markiertem Material, das pro Zeiteinheit verschwindet, gilt $p \cdot \frac{x}{r}$. Die Änderung der spezifischen Radioaktivität von B mit der Zeit beträgt danach:

$$\frac{dx}{dt} = pf(t) - p\frac{x}{r}. \tag{7.13}$$

Da r konstant ist, kann man schreiben

$$r\left(d\frac{x}{r}\bigg/dt\right) = p\left[f(t) - \frac{x}{r}\right] \tag{7.14}$$

und daraus folgt

$$\left(d\frac{x}{r}\bigg/dt\right)\bigg/\left(f(t) - \frac{x}{r}\right) = \frac{p}{r} = \text{const.} \tag{7.15}$$

Abbildung 7.3 gibt den Verlauf der spezifischen Radioaktivitäten von A und B in Abhängigkeit von der Zeit wieder. Der Zähler von Gl. (7.15) gibt die Neigung der Kurve der spezifischen Radioaktivität von B wieder. Der Nenner ist gleich der Differenz der spezifischen Radioaktivität von A und B zu einem gegebenen Zeitpunkt. Wie aus Abb. 7.3 ersichtlich, muß, solange die Neigung der Kurve B positiv ist, die spezifische Radioaktivität von A größer sein als die von B. Zum Zeitpunkt des Maximums der spezifischen Radioaktivität von B ist die Neigung Null, d.h. die spezifische Radioaktivität von A und B müssen gleich sein. Sobald die spezifische Radioaktivität von B abnimmt, ist die von A geringer als die von B, d.h. der Nenner von Gl. (7.15) ist negativ. Mit anderen Worten kann man sagen, falls A ein Vorläufer von B ist, muß unter Bedingungen des Fließgleichgewichts die Kurve der spezifischen Radioaktivität von A die des Produkts B im Maximum schneiden. Aus der Abb. 7.3 läßt sich noch der Begriff Umsatzzeit (turnover time) ersehen. Man versteht darunter die Zeit, die notwendig ist, um eine Substanzmenge umzusetzen, wie sie im Fließgleichgewicht im betrachteten Pool vorhanden ist. Sie kann erhalten werden, wenn man die Fläche unter den Kurven der spezifischen Radioaktivitätskurven zwischen den Zeiten t_1 und t_2 durch den Anstieg in der spezifischen Radioaktivität von B zwischen t_1 und t_2 dividiert.

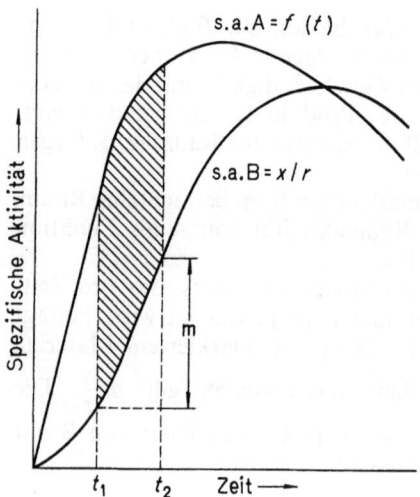

Abb. 7.3. Zeitlicher Verlauf der spezifischen Radioaktivität eines Produkts B und seines Vorläufers A (Nach Zilversmit et al.). Weitere Erläuterungen s. Text

7.5.2.3. Weitere Beispiele und wichtige Experimente der Molekularbiologie

Das Vorliegen eines in den vorstehenden Abschnitten besprochenen Fließgleichgewichts muß nicht für alle Bereiche eines Organismus gelten. Dies zeigt ein berühmtes Experiment von Shemin und Rittenberg, in dem sie (1946) die Biosynthese von Hämin mit ^{15}N-markiertem Glycin in Menschen studierten. Durch zahlreiche vorhergehende Tierexperimente war bekannt, daß Glycin in das Hämin eingebaut wird. Für 3 Tage nahmen die Versuchspersonen ^{15}N-Glycin mit der Nahrung auf. Man sollte erwarten, daß der markierte Stoff mit einer bestimmten Geschwindigkeit in den Erythrozyten auftaucht, ein Maximum durchläuft und wieder abnimmt, wie dies in Abb. 7.3 gezeigt ist. Es wurde jedoch folgendes Ergebnis erhalten. Nach Beendigung der Zufuhr von ^{15}N-Glycin nahm der Einbau von ^{15}N in das Hämin nicht wieder ab, sondern noch für 25 Tage zu. Danach blieb die Markierung für ca. 100 Tage konstant und fing dann an, abrupt abzunehmen. Daraus mußte man die überraschenden Schlüsse ziehen, daß das Hämoglobin und vermutlich die ganzen Erythrozyten nicht kontinuierlich auf- und abgebaut werden, sondern schubweise. Nach der Gabe des ^{15}N-Glycins wurde eine gewisse Menge von Erythrozyten gebildet. Diese existierten für ca. 100 Tage und wurden dann wieder abgebaut. Die den Abbau bewirkenden Enzyme greifen also die Erythrozyten nicht willkürlich an, sondern „erkennen" die alten Erythrozyten.

Besonders wichtig waren und sind Tracer in der molekularbiologischen Forschung. Dies soll an einigen Beispielen gezeigt werden. Bekanntlich bedeutet eine Folge von drei Nucleotiden auf der Deoxyribonucleinsäure eine Aminosäure im Genprodukt Protein. Diese Dreierfolge, auch Triplett oder mRNA genannt, mußte für die 20 Aminosäuren, die am Aufbau der Proteine beteiligt sind, bestimmt werden. Der experimentelle Durchbruch gelang Matthaei und Nierenberg 1961, als sie zu einem Gemisch von mit Aminosäure-beladenen Transfer-ribonucleinsäuren (tRNA) und Ribosomen die künstliche Messenger-Ribonucleinsäure Poly-uridin gaben. Von den 20 möglichen Aminosäuren wurde nur Phenylalanin zu einem Polypeptid polymerisiert. Die Folge von drei Uracilbasen (UUU) bedeutete Phenylalanin. Die dabei umgesetzten Mengen waren unwägbar und konnten nur durch chromatographische Methoden getrennt und durch ihre Radioaktivität erkannt werden. Die weitere Aufklärung des genetischen Codes erfolgte durch Experimente mit künstlichen Tripletts. Nimmt man z.B. das Triplett, in dem die Basen Uracil, Cytosin, Uracil (UCU) enthalten sind, und kombiniert dies mit Ribosomen, so bildet sich ein Triplett-Ribosomen-Komplex. Gibt man diesen zu einem Gemisch von tRNA, die mit ihren entsprechenden Aminosäuren (Aminoacyl-tRNA) beladen sind, so haftet sich nur die Aminoacyl-tRNA an die mit UCU beladenen Ribosomen, die das zu UCU entsprechende Antitriplett besitzt. Hat man 20 Mischungen der 20 verschiedenen Aminoacyl-tRNA, in denen jeweils in einem Gemisch nur eine Sorte von Aminoacylresten radioaktiv ist, gibt etwas von dem UCU-Ribosomen-Komplex hinzu und saugt nach einiger Zeit den Reaktionsansatz über einen Membranfilter ab, so bleibt bei diesem Beispiel nur auf dem Filter Radioaktivität haften, in dem die Aminosäure Serin radioaktiv markiert war. Das heißt, nur Seryl-tRNA haftet sich an den UCU-Ribosomen-Komplex an und kann daher nicht das Filter passieren. Das Triplett UCU bedeutet folglich Serin.

Ein weiteres berühmtes Experiment, in dem mit ^{32}P- und ^{35}S-Markierung gearbeitet wurde, ist das von Hershey und Chase. Dabei wurde gezeigt, daß nur die Deoxyribonucleinsäure (DNA) von T-Phagen, nicht aber ihr Protein die Information zur Bildung von Viren enthält. T4-Phagen wurden in einem Medium gezogen, in dem der Schwefel und Phosphor markiert waren. Dadurch wurden die Proteine aufgrund ihres Gehalts an Schwefel-haltigen Aminosäuren mit ^{35}S markiert und die DNA mit ^{32}P. Da DNA keinen Schwefel und Virusprotein keinen Phosphor enthält, waren beide Polymere ausschließlich nur mit einer Sorte radioaktiver Nuklide markiert. Von diesen so markierten Phagen drang nur ^{32}P in die Wirtszellen, während die ^{35}S-Radioaktivität an der Zelloberfläche hängen blieb und durch Scherkräfte entfernt werden konnte. Die infizierten Wirtszellen produzierten neue T4-Phagen. Damit war gezeigt, daß proteinfreie Nucleinsäure alle Informationen zur Bildung von Viren enthält.

Abschließend sei noch das Experiment von Meselson und Stahl kurz erwähnt, das Aufschluß über die Art der Replikation von DNA ergab. *Escherichia coli*-Zellen wurden in einem Medium gezüchtet, in dem alle Stickstoffsalze fast nur ^{15}N enthielten. In die gebildete DNA wurde damit das schwere ^{15}N-Isotop eingebaut. Nach einem gewissen Wachstum in dem „schweren" Medium wurden die Zellen in „leichtes"

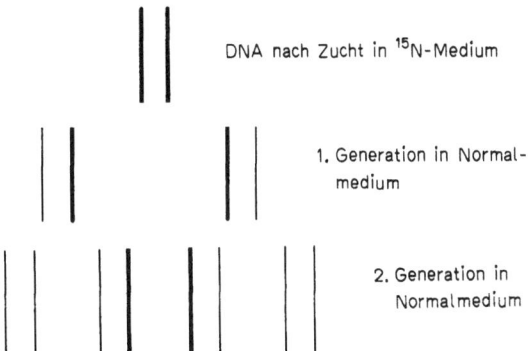

Schema: Zur semikonservativen Reduplikation von Deoxyribonucleinsäure. Dick gezeichnete Linien bedeuten „schwere", d.h. ^{15}N-haltige DNA. Dünn gezeichnete Linien sind „leichte" Stränge, d.h. ^{14}N-haltig

Medium, d.h. solches mit ^{14}N-Stickstoffsalzen überführt. Vor dem Medienwechsel und zu verschiedenen Zeiten danach wurden Zellen auf DNA aufgearbeitet und diese der Caesiumchlorid-Gleichgewichtszentrifugation unterworfen. Die in „schwerem" Medium gewachsenen Zellen enthielten nur „schwere" DNA. Nach einer Generationszeit im „leichten" Medium nahm die DNA im Dichtegradienten eine Stellung ein, die zwischen der „schweren" und „leichten" DNA lag. Nach einer weiteren Generationszeit lagen „halbschwere" und „leichte" im Verhältnis 1:2 vor (vgl. Schema). Daraus ergab sich die sog. semikonservative DNA-Replikation.

7.5.3. Sterischer Verlauf von Enzymreaktionen an prochiralen Systemen

Viele im Stoffwechsel beteiligte Verbindungen sind chiral. In den meisten Fällen wird diese Chiralität durch vier verschiedene Liganden (Cabcd) an einem oder mehreren C-Atomen bewirkt. Es ist seit langem bekannt, daß Enzyme, die alle auch chiral sind, sich gegen die verschiedenen enantiomeren Formen einer Substanz unterschiedlich verhalten. Neben den zahlreichen chiralen Verbindungen sind nahezu alle biologischen Moleküle prochiral, d.h. sie enthalten ein oder mehrere C-Atome der Art Caabc. Beispiele sind Citronensäure mit zwei $-CH_2COOH$-Gruppen oder ein primärer Alkohol $R-CH_2OH$ mit seinen beiden Wasserstoffatomen an dem die OH-Gruppe tragenden Kohlenstoffatom. In einem prochiralen Molekül verhalten sich die beiden Gruppen a in einer chiralen Umgebung nicht gleich. Dieser als Ogston-Hypothese bekannte Sachverhalt ist für die Deutung von Tracerexperimenten von großer Bedeutung. Ogston wies 1948 darauf hin, daß der Übergang

$$HOCH_2CH-^{13}COOH \to \to \to H_2^{15}NCH_2^{13}COOH$$
$$\underset{\text{Serin}}{|}\phantom{HOCH_2CH-^{13}COOH \to \to \to}\underset{\text{Glycin}}{\phantom{H_2^{15}NCH_2^{13}COOH}}$$
$$^{15}NH_2$$

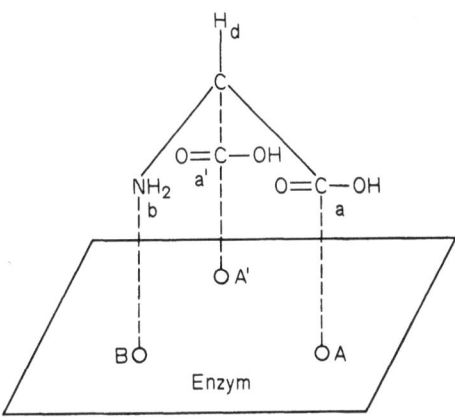

Abb. 7.4. Tritt ein Molekül mit einer prochiralen Gruppe Caabd mit einem chiralen Reagens an drei verschiedenen Punkten in Wechselwirkung, so unterliegen die zwei Gruppen a unterschiedlichen Einflüssen. Falls eine Gruppe (a') markiert ist, kann dies festgestellt werden, wenn es unter dem Einfluß einer katalytischen Gruppe (z.B. A) zur Abspaltung oder Substitution einer Gruppe a kommt

durchaus über das symmetrische Zwischenprodukt

$$HOOC-CH-^{13}COOH \quad \text{(Aminomalonsäure)}$$
$$|$$
$$^{15}NH_2$$

verlaufen kann, obwohl das Glycin das gleiche ^{15}N/^{13}C-Verhältnis zeigt wie das Serin. Ogston begründete diese Auffassung durch die Abb. 7.4. Danach gibt es für ein chirales Reagens (Enzym), das mit dem Substrat in Wechselwirkung tritt, keine zwei identischen Anordnungen, in denen lediglich der Bindungsort der beiden Carboxylgruppen A und A' vertauscht wäre. Nimmt man aber an, daß z.B. aufgrund der katalytischen Wirkung der Bindungsstelle A nur die Carboxylgruppe a abgespalten werden kann, dann ist obiges Ergebnis durchaus mit dem symmetrischen Zwischenprodukt Aminomalonsäure verträglich. Ein solcher Sachverhalt kann prinzipiell nur mit Isotopen-Markierung bestätigt werden. Inzwischen gibt es hunderte von Beispielen. Interessant sind solche Untersuchungen insbesondere im Hinblick auf die Evolution der aktiven Zentren von Enzymen. So sind z.B. Fälle bekannt, bei denen reversibel von einer Verbindung eine Methylengruppe in eine Methingruppe

$$\begin{array}{c} H \\ | \\ -C- \\ | \\ H \end{array} \rightleftharpoons \begin{array}{c} H \\ | \\ -C= \end{array}$$

umgewandelt wird. Dies ist z.B. bei der Gruppe von Pyridoxal-abhängigen Enzymreaktionen der Fall. Man kennt inzwischen 7 recht verschiedenartige Reaktionen, die von verschiedenen Enzymen katalysiert werden. Man stellte fest, daß dabei immer das sterisch gleiche Wasserstoffatom von der Methylengruppe des Pyridoxamins entfernt wird, bzw. an die Methingruppe des Pyridoxals das Wasserstoffatom immer von der gleichen Seite her fixiert wird. Da es in jedem der 7 untersuchten Reaktionen zwei Möglichkeiten gibt, ist die Wahrscheinlichkeit, daß die sterische Identität Zufall ist, $1/2^7 \approx 0{,}008$. Viel wahrscheinlicher ist, daß eine Familie von Enzymen einen gemeinsamen Vorfahren hat und eine bewährte sterische Anordnung während der Evolution erhalten bleibt.

7.5.4. Isotopenaustauschstudien

Durch Isotopenaustauschstudien können wesentliche kinetische und mechanistische Erkenntnisse an Systemen gewonnen werden, die sich im Fließgleichgewicht befinden. Ein wesentlicher Grund ist, daß Geschwindigkeitsmessungen von ganz — oder in Teilschritten — reversiblen Reaktionsketten biologisch nur relevant sind, wenn sich alle Produkte dieser Reaktionskette im Fließgleichgewicht befinden. Dies gilt sowohl für chemische Reaktionen wie Transportphänomene durch Membranen oder Phasenübergänge etc. Häufig sind Messungen von Initialgeschwindigkeiten gar nicht sinnvoll. Falls z.B. die Geschwindigkeit des Eintritts von Kaliumionen in eine Zelle gemessen werden soll, führt es nicht zu zuverlässigen Ergebnissen, die Zellen völlig Kalium-frei zu machen, um sie dann in ein Medium mit Kaliumionen zu bringen und deren Eindringen zu messen. Selbst wenn dies unter physiologischen Bedingungen gelänge, ist die eigentliche Initialphase, die ohne Rückreaktion verläuft, sehr kurz und experimentell nicht leicht zu verfolgen. Sehr viel günstiger ist ein Experiment, bei dem Zellen unter physiologischen Bedingungen im Medium mit so wenig radioaktiven Kaliumionen versetzt werden, daß das Gleichgewicht zwischen Medium und Zellinnern in bezug auf die Kaliumkonzentration nicht gestört wird, wohl aber das Eindringen der Radioaktivität in die Zelle gemessen werden kann.

Geschwindigkeiten von Enzymreaktionen in der Initialphase, d.h. in Abwesenheit von Produkten zu messen, sagt häufig wenig über die Geschwindigkeiten unter *in vivo*-Bedingungen aus, da die Produkte regulierend auf die Aktivität der Enzyme einwirken können. Aber selbst beim Messen von Initialgeschwindigkeiten von Reaktionen als Funktion der Konzentrationen von Substraten, Produkten, Inhibitoren etc. läßt sich meist nur eine Nettogeschwindigkeit des chemischen Umsatzes messen. (Diese wird um so weniger genau, je mehr man sich dem Gleichgewicht nähert!) Falls man aus mechanistischen Gründen an den Geschwindigkeiten von Teilschritten interessiert ist, läßt sich dies für solche, die nicht zu meßbaren Zwischenstufen führen, nicht tun. Was man für solche Schritte durch Messungen von Konzentrationsänderungen nur sieht, sind oft nur die kleinen Differenzen von großen Geschwindigkeitskonstanten ähnlicher Größe. Durch Isotopenaustauschmessungen sind häufig interessante Informationen erhältlich.

Als Beispiel sei die sogenannte Fumarase-Reaktion genannt. Dabei wird die reversible Wasserabspaltung von L-Malat in Fumarat katalysiert (vgl. Schema). Wurde zu einer im Gleichgewicht befindlichen Mischung von Malat und Fumarat in Gegenwart von Fumarase eine geringe Menge genügend stark ^{14}C-markiertes Malat oder Fumarat gegeben, so ließ sich die Geschwindigkeit des Übergangs Malat→Fumarat bzw. umgekehrt messen. Setzt man die Austauschgeschwindigkeit

^{14}C-Malat $\rightleftharpoons$ ^{14}C-Fumarat

gleich 1,0, so stellt man fest, daß in ^{18}O-markiertem Wasser der Austausch

^{18}O-Malat $\rightleftharpoons$ ^{18}O-Wasser

4,0 beträgt und der Austausch

^{3}H-Malat $\rightleftharpoons$ ^{3}H-Wasser

0,43 beträgt. Daraus läßt sich, ohne ins Detail zu gehen, folgendes schließen:

Vom Enzym-Substrat-Komplex A wird OH$^-$ und ^{3}H$^+$ abgespalten, und es bildet sich B. Die OH$^-$-Gruppe wird sofort ins Wasser entlassen. Das Tritium wird von der Base B am Enzym gebunden. Der Komplex B kann jetzt folgendermaßen reagieren: 1. Zurück nach A oder 2. unter Freisetzung von Fumarat. Der 4mal so rasche ^{18}O-Austausch im Vergleich zum Übergang Malat$\rightleftharpoons$Fumarat zeigt, daß der Komplex B im Mittel 4mal häufiger nach A zurückreagiert. Der

Austausch des an der Base B gebundenen Tritiums mit den Protonen des Wassers erfolgt relativ langsam. Fast jedes zweite Enzymmolekül, das ein gebildetes Fumaratmolekül wieder in Malat umwandelt, besitzt noch das Tritium und fixiert dieses wieder am C-3 des Malats.

Literaturauswahl

Bächmann, K.: Messung radioaktiver Nuklide. Weinheim/Bergstr.: Verlag Chemie 1970.

Bentley, R.: Molecular asymmetry in biology, Bd. I u. II. New York-London: Academic Press 1969–1970.

Birkenfeld, H., Haase, G., Zahn, H.: Massenspektrometrische Isotopenanalyse. Berlin: VEB Deutscher Verlag d. Wissenschaften 1969.

Caprioli, R. M.: Use of stable isotopes. In: Waller, G. R. (Ed.): Biochemical applications of mass spectrometry, p. 735–776. New York-London-Sydney-Toronto: Wiley-Interscience 1972.

Collins, C. J., Bowman, N. S. (Hrsg.): Isotope effects in chemical reactions. New York-Toronto-London-Melbourne: Van Nostrand Reinhold 1970.

Comar, C. L.: Radioisotopes in biology and agriculture. New York: McGraw-Hill 1955.

Dunathan, H. C., Voet, J. G.: Stereochemical evidence for the evolution of pyridoxal-phosphate enzymes of various function from a common ancestor. Proc. Nat. Acad. Sci. U.S. **71**, 3888 (1974).

Feinendegen, L. E.: Tritium-labeled molecules in biology and medicine. New York-London: Academic Press 1967.

Kiefer, H., Maushart, R.: Strahlenschutzmeßtechnik. Karlsruhe: Braun 1964.

Kowalski, E.: Nuclear electronics. Berlin-Heidelberg-New York: Springer 1970.

Krumbiegel, P.: Isotopieeffekte. WTB Bd. 77. Berlin-Oxford-Braunschweig: Akademie-Verlag, Pergamon Press, Vieweg und Sohn 1970.

Matwiyoff, N. A., Ott, D. G.: Stable isotope tracers in the life sciences and medicine. Science **181**, 1125 (1973).

Raaen, V. F., Ropp, G. A., Raaen, H. P.: Carbon-14. New York: McGraw-Hill 1968.

Radioactive Dating and Methods of Low Level Counting. Proceedings of a Symposium, Monaco, März 1967. Wien: International Energy Agency 1967.

Shipley, R. A., Clark, R. E.: Tracer methods for *in vivo* kinetics. New York-London: Academic Press 1972.

Simon, H. (Hrsg.): Messung von radioaktiven und stabilen Isotopen. Berlin-Heidelberg-New York: Springer 1974.

Wang, Y. (Hrsg.): Handbook of radioactive nuclides. Cleveland: The Chemical Rubber Co. 1969.

Werner, G., Fischer, H. A.: Autoradiographie. Berlin: W. de Gruyter 1971.

Zilversmit, D. B., Entenman, C., Fishler, M. C.: J. Gen. Physiol. **26**, 323 (1943).

8. Energetische und statistische Beziehungen

8.1. Allgemeines

Friedrich Dörr

Eine lebende Zelle kann als physikalisch-chemisches System betrachtet werden. Sieht man von ihrer Entwicklung ab, so hat man dessen stationäre Zustände unter gegebenen Bedingungen zu beschreiben. Leben ist an eine hohe räumliche Ordnung von Strukturen und an eine hohe zeitliche Ordnung (Koordinierung) der physikalischen (Materie- und Energietransport) und chemischen Prozesse (katalytische Reaktionen) gebunden. Zur makroskopischen Beschreibung der Energetik dieser Prozesse erscheint die Thermodynamik geeignet, insbesondere in der Formulierung für stationäre Nichtgleichgewichtsprozesse. Die Aussagen der Thermodynamik sind von molekularen Modellen unabhängig; die Verknüpfung zu den molekularen Eigenschaften stellt die statistische Mechanik her. Es gibt keinerlei Erfahrungen, die darauf hinweisen würden, daß über die bekannten physikalischen Prinzipien hinaus (Quantentheorie der Atome und Moleküle; Erhaltungssätze) in der lebenden Zelle noch weitere Prinzipien wirksam wären. Insbesondere kann die Energetik und die Richtung biologischer Prozesse im Rahmen der Thermodynamik beschrieben werden. In der Erweiterung auf irreversible Prozesse kann mittels thermodynamischer Begriffe auch die spontane Bildung von höher geordneten Strukturen (Inhomogenitäten) und deren Aufrechterhaltung unter „Dissipation" von Energie („Fließgleichgewicht") prinzipiell verstanden werden. Einfachste Modelle hierfür können annähernd quantitativ erfaßt werden, für die biologisch interessanten, komplizierten gekoppelten Reaktionen ist dies noch nicht erreicht.

Die Grundbegriffe der klassischen Thermodynamik sind für Gleichgewichtszustände definiert. Die „Gleichgewichtsthermodynamik" liefert Grenzwerte für die maximale Nutzarbeit aus einem chemischen Prozeß. Stationäre Nichtgleichgewichtszustände in der Nähe von Gleichgewichtszuständen werden von der linearen Thermodynamik irreversibler Prozesse erfaßt. Instabilitäten, wie der spontane Umschlag von einer stationären Struktur in eine andere bei gewissen kritischen Werten der aufgeprägten äußeren Bedingungen, die weit vom Gleichgewichtswert liegen (z. B. große Konzentrationsgradienten), können nur bei nichtlinearen Zusammenhängen auftreten. Die Thermodynamik irreversibler Prozesse und die molekulare Statistik stehen über die Entropie in enger Beziehung zum Informationsgehalt eines Systems. Zellen sind aufgrund ihres sehr hohen Informationsgehaltes z. B. in der Lage, sich rasch und mit äußerst geringer Fehlerquote zu vermehren (zu reduplizieren) und Schäden zu reparieren. Evolution ist Steigerung des Informationsgehalts durch „Lernprozesse" und Auslese. Thermodynamische Größen als statistische Mittelwerte über molekulare Eigenschaften verlieren ihren Nutzen, wenn bei sehr kleinen Systemen die statistischen Schwankungen groß werden. Außerdem liefert die Gleichgewichtsthermodynamik nur Aussagen über die Richtung und den möglichen Endzustand (Gleichgewicht) einer Reaktion, nicht aber darüber, ob sie unter den gegebenen Bedingungen tatsächlich mit endlicher Geschwindigkeit abläuft. Katalysatoren (z. B. Enzyme) beeinflussen die Reaktionsgeschwindigkeit, ohne die Lage des Gleichgewichts zu verändern.

8.2. Grundbegriffe der Gleichgewichtsthermodynamik

Friedrich Dörr

Ein thermodynamisches „System" ist ein begrenzter Ausschnitt aus der stofflichen Welt. Je nach Durchlässigkeit der Begrenzung für Wärme Q, Arbeit W (z. B. mechanisch oder elektrisch) und Materie $n_{(x)}$ nennt man es (vgl. Abb. 8.1)
  isoliert (abgeschlossen), wenn $Q=0$; $W=0$; $n_{(x)}=0$;
  offen, wenn $Q \neq 0$; $W \neq 0$; $n_{(x)} \neq 0$.
  $n_{(x)}$: Abkürzung für einen Satz von Molzahlen, z. B. $n_1, n_2 \ldots$
(Andere Fälle interessieren hier nicht.)

Biologische Systeme insbesondere sind „offene" Systeme.

Das System ist gekennzeichnet durch seine Zusammensetzung $n_{(i)}$, durch Druck, Temperatur und evtl. aufgeprägte Felder (Gravitation, elektrisches, magnetisches Feld); von letzteren sehen wir hier ab. Das Volumen V ist über die Zustandsgleichung mit den übrigen „Zustandsvariablen" verknüpft. Chemische und physikalische Prozesse sind im allgemeinen mit Änderungen dieser Größen und des Wertes von davon abgeleiteten „Zustandsfunktionen" verknüpft. Bei vielen Prozessen werden einige der Variablen konstant gehalten. Biologische Vorgänge laufen meist

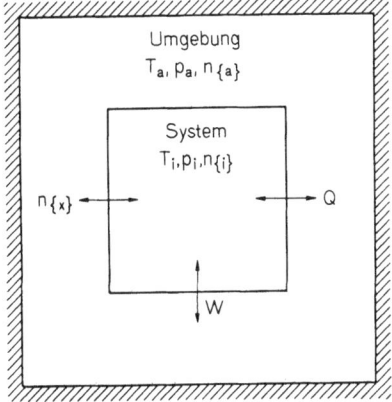

Abb. 8.1. „System" und „Umgebung". T_i, p_i, $n_{\{i\}}$ Druck, Temperatur bzw. Molzahlen der Komponenten im „System", T_a, p_a, $n_{\{a\}}$ in der „Umgebung", die nach außen isoliert ist. W Arbeits-, $n_{\{x\}}$ Stoffaustausch, Q Wärmeaustausch, $V(T_i, p_i, n_{\{i\}})$ Volumen des Systems

„isotherm" unter T = const. (Körpertemperatur) und „isobar" unter p = const (atmosphärischer Luftdruck) ab. Bei chemischen Reaktionen in kondensierter Phase (Lösungen) ist auch $V \approx$ const („isochorer" Prozeß).

„Zustandsfunktionen" sind solche Funktionen der Zustandsvariablen $(p, V, T, n_{\{i\}})$, deren Wert von der Vorgeschichte des Systems unabhängig ist. Für einen Prozeß von $(p_1, V_1, T_1, n_{\{1\}})$ nach $(p_2, V_2, T_2, n_{\{2\}})$ ist also für jede Zustandsfunktion $F(p, V, T, n)$ mit $F_1 = F(p_1, V_1, T_1, n_{\{1\}})$ usw.:

$$\Delta F = \int_1^2 dF = F_2 - F_1 \qquad (8.1)$$

unabhängig vom Integrationsweg.

8.2.1. Erster Hauptsatz, Enthalpie

Der Wärmeumsatz Q und der Energieumsatz W einer Reaktion sind je für sich im allgemeinen vom Reaktionsweg abhängig, also nicht in der Gl. (8.1) auszudrücken. Wohl aber ist die Summe $W + Q = \Delta U$ vom Reaktionsweg unabhängig. Zufuhr von Wärme und Arbeit erhöht die „Innere Energie" U des Systems. Dies ist der I. Hauptsatz der Thermodynamik, in Formeln:

$$\Delta U = Q + W, \text{ bzw. differentiell} \qquad (8.2)$$

$$dU = \delta Q + \delta W \text{ (I. Hauptsatz)}. \qquad (8.2a)$$

Dem System zugeführte Energiebeträge werden hier als positiv definiert. Wenn das System bei einer Reaktion sein Volumen gegen einen äußeren Druck p (z. B. Luftdruck) um dV ändert, so wird dabei die mechanische Arbeit

$$\delta W = -p dV \text{ („Volumenarbeit")} \qquad (8.3)$$

umgesetzt.

Die Schreibweise δQ bzw. δW („unvollständige Differentiale") soll daran erinnern, daß Q und W keine Zustandsfunktionen sind; dU ist dagegen ein „vollständiges Differential" der Zustandsfunktion U. Bezüglich des Vorzeichens von W in Gl. (8.2) ist die Darstellung in der Literatur uneinheitlich. Manche Autoren definieren W als die vom System abgegebene Arbeit; dann ist das Vorzeichen in Gl. (8.2) negativ.

Sehr viele Reaktionen laufen unter p = const (isobar) ab. Es ist deshalb sinnvoll, eine weitere Zustandsfunktion einzuführen:

$$H = U + pV \text{ „Enthalpie"}, \qquad (8.4)$$

bzw.

$$dH_p = dU + p dV \quad \text{für} \quad p = \text{const}, \qquad (8.4a)$$

für eine endliche Änderung

$$\Delta H_p = \Delta U + p \Delta V, \qquad p = \text{const}.$$

Wenn in Gl. (8.2a) $\delta W = -p dV$ (reine Volumenarbeit) ist, wird

$$dH_p = \delta Q \quad \text{bzw.} \quad \Delta H_p = Q \qquad (8.4b)$$

die kalorimetrisch meßbare „Reaktionswärme" = „Reaktionsenthalpie".

Die thermodynamischen Größen werden unterteilt in „extensive", der Stoffmenge proportionale Größen (z.B. Energie, Entropie) und „intensive", von der Stoffmenge unabhängige Größen (z. B. Temperatur, Druck, Energie je Mol, Molwärme).

Maß der Stoffmenge ist das Mol, das sind $N_L \approx 6{,}02 \cdot 10^{23}$ gleichartige Teilchen; Energieeinheit ist $1 \text{ J} = 1 \text{ Ws}$, außerdem sind noch in Gebrauch cal, kcal und eV. Es gilt $1 \text{ J} = 0{,}239$ cal $= 6{,}24 \cdot 10^{18}$ eV.

Extensive Größen werden häufig auf 1 Mol bezogen; sie werden dadurch zu intensiven Größen. Im folgenden wird dies „je Mol" konsequent durch einen Querstrich über dem Größensymbol ausgedrückt, z. B. $\bar{U}, \bar{H}, \bar{V}$ (Molvolumen). In vielen Darstellungen wird diese Unterscheidung nicht ausdrücklich gekennzeichnet; sie ergibt sich meist aus dem Zusammenhang.

Beispiel

Das wichtigste Ergebnis der Photosynthese in den grünen Pflanzen ist der Aufbau von Glucose aus Kohlendioxid und Wasser:

(a) $6 CO_2 + 6 H_2O \rightarrow C_6H_{12}O_6$ (Glucose) $+ 6 O_2$

$\Delta H = +2{,}81 \cdot 10^3$ kJ/Mol $= +673$ kcal/Mol

(1 kcal $= 4{,}18 \cdot 10^3$ Ws oder J)

$\Delta H > 0$ bedeutet, daß bei isobarer Reaktion in der angegebenen Richtung das System diese Wärmemenge verbraucht („endotherme" Reaktion). Der zu (a) umgekehrte Prozeß läuft — über viele Zwischenstufen — bei der Oxidation von Glucose in der Zelle ab. Dabei wird der gleiche Betrag an Wärmeenergie frei („exotherme" Reaktion).

Da H eine Zustandsgröße ist, ist ΔH von den tatsächlichen komplizierten Reaktionswegen unabhängig (Satz von Heß). Inbesondere ist für einen Kreisprozeß aus Teilschritten l

$$\Delta H_{Kr} = \sum_{Kr} \Delta H_l = \oint dH = 0$$

Beispiel

Enthalpiedifferenz Fumarsäure (I)→Maleinsäure (II) (im Citratzyklus):

HOOC–CH=CH–COOH (I) $\xrightarrow{\Delta \bar{H}^0}$ HOOC–CH=CH–COOH (II)

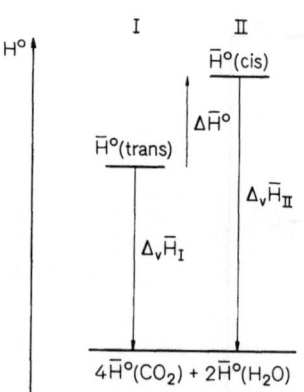

Abb. 8.2. Zum Heßschen Satz: $\Delta \bar{H}^0$ Fumarsäure→Maleinsäure (vgl. Text)

Verbrennungswärmen (s. Abb. 8.2)

(I) $+ 3 O_2 \rightarrow 4 CO_2 + 2 H_2O$, $(\Delta_V \bar{H})_I = -1336$ kJ/mol

(II) $+ 3 O_2 \rightarrow 4 CO_2 + 2 H_2O$, $(\Delta_V \bar{H})_{II} = -1359$ kJ/mol

Kreisprozeß von $\bar{H}_I^0$ ausgehend (im Uhrzeigersinn), vgl. Abb. 8.2:

(a) $\Delta \bar{H}^0 + \Delta_V \bar{H}_{II} - \Delta_V \bar{H}_I = 0$

$\Delta \bar{H}^0 = \Delta_V \bar{H}_I - \Delta_V \bar{H}_{II} = (-1336 + 1359)$ kJ/mol
$\phantom{\Delta \bar{H}^0} = +23$ kJ/mol.

[In (a) erhält ein Teilschritt ein negatives Vorzeichen, wenn er entgegen der für ΔH angenommenen Richtung anzusetzen ist.]

Nützlich sind noch folgende Größen (bezogen auf 1 Mol reine Substanz):

$$\left(\frac{\partial \bar{U}}{\partial T}\right)_V \equiv \bar{C}_v(T) \quad \text{Molwärme bei konstantem Volumen,} \tag{8.4c}$$

$$\left(\frac{\partial \bar{H}}{\partial T}\right)_p \equiv \bar{C}_p(T) \quad \text{Molwärme bei konstantem Druck.} \tag{8.4d}$$

Damit wird für n Mole eines einheitlichen Stoffes

$$dU_{V=\text{const}} = n\bar{C}_v dT; \quad \Delta U_V = n \int_{T_1}^{T_2} \bar{C}_v(T) dT$$

$$dH_{p=\text{const}} = n\bar{C}_p dT; \quad \Delta H_p = n \int_{T_1}^{T_2} \bar{C}_p(T) dT$$

8.2.2. Zweiter Hauptsatz, Entropie, Freie Enthalpie, Gleichgewicht, maximale Nutzarbeit

Die Richtung und die Arbeitsleistung einer möglichen Reaktion hängen nicht von ΔU bzw. ΔH allein ab, sondern auch von der Änderung einer weiteren Zustandsgröße, der „Entropie" S. Sie ist definiert durch

$$dS = \frac{\delta Q_{\text{rev}}}{T} \quad \text{bzw.} \quad \Delta S = \int_1^2 \frac{\delta Q_{\text{rev}}}{T} \tag{8.5}$$

Die Integrationsgrenzen bedeuten: 1 = Anfangs-, 2 = Endzustand; δQ_{rev} ist die bei „reversibler" Führung des Prozesses ausgetauschte Wärmemenge, T die Reaktionstemperatur bei diesem differentiellen Schritt. Eine reversible Reaktion ist ein idealisierter Grenzfall mit unendlich langsamem Ablauf über benachbarte Gleichgewichtszustände.

Bei der Temperaturänderung von 1 Mol eines reinen Stoffes unter $V = $ const ist nach Gl. (8.3) $\delta W = 0$, damit $dU_V = \delta Q_{\text{rev}} = \bar{C}_v dT$ und

$$d\bar{S}_V = \frac{\bar{C}_v}{T} dT \quad \text{bzw.} \quad \Delta \bar{S}_V = [\bar{S}(T_2) - \bar{S}(T_1)]_{V=\text{const}}$$

$$= \int_{T_1}^{T_2} \frac{\bar{C}_v(T)}{T} dT \tag{8.5a}$$

und analog

$$\Delta \bar{S}_p = \int_{T_1}^{T_2} \frac{\bar{C}_p(T)}{T} dT. \tag{8.5b}$$

Entropieänderungen werden durch den zweiten Hauptsatz erfaßt. Eine mögliche mathematische Formulierung dafür ist

$$dS \geqq \frac{\delta Q}{T}, \quad \text{II. Hauptsatz} \tag{8.6}$$

integriert:

$$\Delta S = S_2 - S_1 = \int_1^2 \frac{\delta Q_{\text{rev}}}{T} \geqq \int_1^2 \frac{\delta Q}{T} \tag{8.6a}$$

= gilt für reversible, > für irreversible, spontane, „freiwillige" Prozesse.

Das erste Integral in Gl. (8.6a) ist über einen reversiblen (sonst beliebigen) Weg zu nehmen, das zweite über den wirklichen Reaktionsweg.

Für ein *isoliertes* System ist $\delta Q = 0$, nach Gl. (8.6) also $dS \geqq 0$: ein spontaner Prozeß verläuft in einem isolierten System unter Zunahme der Entropie bis zu einem mit den gegebenen Bedingungen verträglichen Maximum. Das Gleichgewicht ist also gekennzeichnet durch

$$S = \text{Maximum}, \quad dS = 0 \qquad (8.6b)$$

Für *offene* Systeme ist es sinnvoll, zur Beschreibung des Gleichgewichts folgende neuen Zustandsfunktionen einzuführen:

$$F = U - TS \quad \text{„Freie Energie",} \qquad (8.7)$$

$$dF_{T,V} = dU - T\,dS \quad \text{für} \quad T = \text{const}, \; V = \text{const}$$
$$\text{(isotherm-isochore Prozesse)}, \qquad (8.7a)$$

$$G = H - TS = U + pV - TS \quad \text{„Freie Enthalpie",} \qquad (8.8)$$

$$dG_{T,p} = dH - T\,dS = dU + p\,dV - T\,dS \qquad (8.8a)$$

für $T = \text{const}, p = \text{const}$ (isotherm-isobare Prozesse).

Für kondensierte Phasen ist $pV \ll U$, also $H \approx U$, sowie $d(pV) \approx 0$, also:

$$dF_T \approx dG_{T,p} \text{ in kondensierter Phase.}$$

Nach Gl. (8.2) ist

$$\delta Q = dU - \delta W.$$

Daraus folgt mit den Gln. (8.5) und (8.6):

$$\frac{\delta Q_{\text{rev}}}{T} = dS \geq \frac{\delta Q}{T} = \frac{dU - \delta W}{T}, \qquad (8.9)$$

daraus

$$T\,dS \geq dU - \delta W. \qquad (8.9a)$$

Ist δW nur Volumenarbeit, $\delta W = -p\,dV$, so folgt daraus mit Gl. (8.8a)

$$dG_{T,p} \leq 0 \qquad (8.10)$$

und analog mit Gl. (8.7a)

$$dF_{T,V} \leq 0. \qquad (8.10a)$$

Das Zeichen < gilt für irreversible, spontane Prozesse.

In Worten: Eine freiwillig verlaufende Reaktion ist gekennzeichnet durch eine Abnahme der Freien Enthalpie und der Freien Energie, das Gleichgewicht durch das Minimum dieser Größen unter den gegebenen Bedingungen von Druck (oder Volumen), Temperatur und Zusammensetzung des Systems. Mathematisch:

Gleichgewichtsbedingung:

$$G = \text{Min!} \quad dG = 0 \quad \text{bzw.} \quad \Delta G = 0. \qquad (8.10b)$$

Leistet das System bei einer freiwilligen Reaktion außer Volumenarbeit auch noch „Nutzarbeit" W_N, z. B. in Form von abgegebener elektrischer Energie oder von Muskelarbeit, so ist in Gl. (8.9a)

$$\delta W = -p\,dV + \delta W_N$$

Mit Gl. (8.8a) folgt dann

$$dG_{T,p} \leq \delta W_N \quad \text{bzw.} \quad \Delta G_{T,P} \leq W_N \qquad (8.11)$$

für spontane Reaktionen.

Bei einer spontanen Reaktion ist $\Delta G_{T,p} < 0$, die vom System abgegebene Nutzarbeit W_N dem Betrag nach also kleiner als $\Delta G_{T,p}$ (die von der Umgebung „gewonnene" Arbeit ist $-W_N$). $\Delta G_{T,p}$ (bzw. $\Delta F_{T,V}$) ist die unter den angegebenen Nebenbedingungen im Grenzfall reversibler Führung maximal zu gewinnende Nutzarbeit. Dieser Grenzfall wird meßtechnisch bei der Messung elektrischer Potentialdifferenzen am ehesten erreicht.

8.2.3. Standardwerte der Zustandsgrößen

Die (Freie) Bildungs-Enthalpie für 1 Mol einer Verbindung wird wie folgt bezeichnet und tabelliert:

$$\Delta_f \bar{H}_T^0 \quad \text{oder} \quad \Delta H_f^0 \quad \text{bzw.} \quad \Delta_f \bar{G}_T^0 \quad \text{oder} \quad \Delta G_f^0$$

Δ_f: Differenz der nachfolgenden Größe bei der Bildung („Formation") der Verbindung aus den Elementen im Standardzustand. T Standardtemperatur; Tabellenwerte gelten für $T = 298,16$ K $= 25°$ C; der Index T wird dort meist weggelassen. Der obere Index ^{0} bezieht sich auf die „Aktivität" $a = 1$ (einer effektiven Konzentration), die in Abschnitt 8.5.2 näher definiert wird. Es ist also unter Berücksichtigung der Stöchiometrie

$$\Delta_f \bar{H}_T^0 = \bar{H}_T^0 \text{ (Verbindung)} - H_T^0 \text{ (Elemente)} \qquad (8.12)$$

und

$$\Delta_f \bar{G}_T^0 = \bar{G}_T^0 \text{ (Verbindung)} - G_T^0 \text{ (Elemente)}.$$

Demnach ist $\Delta_f \bar{H}_T^0$ (Element) $= 0$. Durch diese Festlegung ist die Unsicherheit in der Angabe von $G_0^0 = H_0^0 = E_0^0 =$ Nullpunktsenergie bei $T = 0$ K eliminiert. Bei Differenzbildungen fällt der Bezugswert heraus.

Anders bei der *Entropie*: Aufgrund des III. Hauptsatzes der Thermodynamik ist $S_0^0 = 0$ (Abschnitt 8.3.2). Infolgedessen kann die Entropie einer Verbindung bzw. eines Elementes als S_T^0 ohne den Δ_f-Operator angegeben werden.

Für das Folgende wichtig ist die Freie Standardenthalpie = „Grundreaktionsarbeit" einer *Reaktion* Edukte → Produkte:

$$\Delta G^0 = \Delta_f G^0 \text{ (Produkte)} - \Delta_f G^0 \text{ (Edukte)} \qquad (8.13)$$

($-\Delta G^0$ bezeichnet man auch als Chemische Standard-Affinität.)

Beispiele für die Änderung der Freien Enthalpie bei einigen biochemischen Reaktionen

(Aus praktischen Gründen werden in der Biochemie die thermodynamischen Daten nicht auf die Standardzustände bezogen, die in Abschnitt 8.2.5. definiert

254 Energetische und statistische Beziehungen

werden, sondern auf wäßrige Lösungen von 25° C mit pH = 7; die Schreibweise ist dann $\Delta H^{0\prime}$, $\Delta G^{0\prime}$ usw.)

(a) Oxidation von D-Glucose

$$C_6H_{12}O_6|_{gelöst} + 6O_2|_{gas} \to 6CO_2|_{gas} + 6H_2O|_{flüss}$$
$$\Delta \bar{H}^{0\prime} = -2{,}81 \cdot 10^6 \text{ J/mol} = -673 \text{ kcal/mol}$$
$$\Delta \bar{G}^{0\prime} = -2{,}87 \cdot 10^6 \text{ J/mol} = -687 \text{ kcal/mol}$$

(b) Hydrolyse von Saccharose

$$\text{Saccharose} + H_2O \to \text{Glucose} + \text{Fructose}$$
$$\Delta \bar{H}^{0\prime} = -20{,}1 \cdot 10^3 \text{ J/mol} = -4{,}8 \text{ kcal/mol}$$
$$\Delta \bar{G}^{0\prime} = -23{,}0 \cdot 10^3 \text{ J/mol} = -5{,}5 \text{ kcal/mol}$$

(c) Umlagerung von Glucosephosphat

$$\text{Glucose-1-phosphat} \to \text{Glucose-6-phosphat}$$
$$\Delta \bar{G}^{0\prime} = -7{,}29 \cdot 10^3 \text{ J/mol} = -1{,}745 \text{ kcal/mol}$$

(d) Ionendissoziation der Essigsäure in H_2O

$$CH_3COOH + H_2O \to CH_3COO^- + H_3O^+$$
$$\Delta \bar{H}^0 = +4{,}81 \cdot 10^3 \text{ J/mol} = +1{,}150 \text{ kcal/mol}$$
$$\Delta \bar{G}^0 = +26{,}4 \cdot 10^3 \text{ J/mol} = +6{,}310 \text{ kcal/mol}$$

(e) Reduktion von Acetaldehyd

$$CH_3CHO|_{gelöst} + NADH|_{gelöst} + H^+|_{gelöst}$$
$$\to C_2H_5OH|_{gelöst} + NAD^+|_{gelöst}$$
$$\Delta \bar{G}^{0\prime} = -30{,}3 \cdot 10^3 \text{ kJ/mol} = -7{,}25 \text{ kcal/mol}.$$

8.2.4. Grundreaktionsarbeit und Gleichgewichtskonstante

In Mischungen, insbesondere in Ionenlösungen, hängen die Beiträge der einzelnen Komponenten zur Freien Enthalpie in komplizierter Weise von der Wechselwirkung der verschiedenen Moleküle untereinander ab. Um zu einer formal einheitlichen Darstellung zu gelangen geht man zunächst von Mischungen idealer Gase aus, bei denen diese Wechselwirkung fehlt, und bringt dann in den hierfür erhaltenen Beziehungen spezifische Korrekturen für die realen Systeme an.

Ein ideales Gas (n Mole) ist gekennzeichnet durch die Zustandsgleichung

$$pV = nRT; \quad R = 8{,}31 \frac{\text{Ws}}{\text{molK}} = 1{,}98 \frac{\text{cal}}{\text{molK}}, \quad (8.14)$$

Allgemeine Gaskonstante.

Für eine isotherm-reversible Volumenänderung gilt mit den Gln. (8.2) und (8.6):

$$dU = \delta Q_{rev} + \delta W_{rev} = TdS - pdV, \quad (8.15)$$

mit Gl. (8.8) und (8.15):

$$dG_T = dU + d(pV) - d(TS)$$
$$= [TdS - pdV + pdV + Vdp - TdS - SdT]_T = Vdp \quad (8.16)$$

und mit Gl. (8.14):

$$dG_T = nRT \frac{dp}{p}.$$

Integriert vom Druck p_0 auf den Druck p:

$$\Delta G_T = G_T(p) - G_T(p_0) = nRT \ln \frac{p}{p_0} = RT \ln \left(\frac{p}{p_0}\right)^n. \quad (8.17)$$

Die stöchiometrische Reaktionsgleichung (8.18) beschreibe eine isotherme chemische Reaktion, bei der alle Komponenten A, B usw. als ideale Gase betrachtet werden können:

$$aA(p_A) + bB(p_B) \xrightarrow{\Delta G} cC(p_C) + dD(p_D) \quad (8.18)$$

a, p_A stöchiometrischer Koeffizient bzw. Partialdruck des Stoffes A, usw.

$\Delta G = G_2 - G_1$ ist die gesamte Änderung der Freien Enthalpie unter den angegebenen Bedingungen. Gesucht ist die Grundreaktionsarbeit ΔG^0 bei der Reaktionstemperatur T. G ist Zustandsfunktion, deshalb kann ΔG aus den Beiträgen für Teilprozesse nach dem Schema (8.18a) zusammengesetzt werden.

$$\underbrace{aA(p_A) + bB(p_B)}_{G_1} \to \underbrace{aA(p_0) + bB(p_0)}_{G_1^0} \to \underbrace{cC(p_0) + dD(p_0)}_{G_2^0} \to \underbrace{cC(p_C) + dD(p_D)}_{G_2} \quad (8.18a)$$
$$+\Delta G'_A + \Delta G'_B \qquad +\Delta G^0 \qquad \Delta G'_C + \Delta G'_D$$

Danach ist mit $p_0 = 1$ atm (Standarddruck) pro Formelumsatz

$$G_2 - G_1 = \Delta G = \Delta G^0 + \Delta G'_A + \Delta G'_B + \Delta G'_C + \Delta G'_D,$$

mit Gl. (8.17)

$$\Delta G_T = \Delta G_T^0 + RT \ln \underbrace{\left(\frac{p_C^c \cdot p_D^d}{p_A^a \cdot p_B^b}\right)}_{Q} = \Delta G_T^0 + RT \ln Q. \quad (8.18b)$$

Wenn nun das System (8.18) bei den Partialdrucken $\bar{p}_A$, $\bar{p}_B$ usw. gerade im Gleichgewicht ist (Gleichgewichtsdrucke), so ist nach Gl. (8.10b) $\Delta G = 0$ und

$$\Delta G_T^0 = -RT \ln \left(\frac{\bar{p}_C^c \cdot \bar{p}_D^d}{\bar{p}_A^a \cdot \bar{p}_B^b}\right)_{(Glg.)} = -RT \ln K_p \quad (8.19)$$

für Gleichgewicht

mit

$$K_p(T) = \left(\frac{\bar{p}_C^c \cdot \bar{p}_D^d}{\bar{p}_A^a \cdot \bar{p}_B^b}\right)_{\text{(Glg.)}} = \prod_i \bar{p}_i^{v_i} \qquad (8.20)$$

Gleichgewichtskonstante, ausgedrückt in (Gleichgewichts-)Partialdrucken; Π Produktoperator.

Die stöchiometrischen Koeffizienten v_i sind positiv für entstehende, negativ für verschwindende Stoffe. Man bezeichnet

$$A = \frac{-\Delta G}{\text{Formelumsatz}} = RT \ln K/Q$$

als „Affinität", d.h. Triebkraft einer Reaktion. Die Geschwindigkeit v_R einer chemischen Reaktion ist (nur) nahe beim Gleichgewicht proportional zu A.

Für ideale Gase gilt für jede Komponente

$$p_i = \frac{n_i}{V} RT = c_i RT = X_i p,$$

p_i Partialdruck, n_i Molzahl,
c_i Konzentration in Mol/Volumen,
$X_i = \frac{n_i}{\sum n_i}$ Molenbruch, p Gesamtdruck.

Damit folgt mit $\Delta n =$ Änderung der Molzahl in der angenommenen Reaktionsrichtung

$$K_X \equiv \prod_i \bar{X}_i^{v_i} = K_p p^{-\Delta n}, \qquad (8.20\text{a})$$

Gleichgewichtskonstante in Molenbrüchen,

$$\begin{aligned}K_c &\equiv \prod_i c^{v_i} = K_p (RT)^{-\Delta n} \\ &= K_X \left(\frac{p}{RT}\right)^{\Delta n}.\end{aligned} \qquad (8.20\text{b})$$

Gleichgewichtskonstante in Konzentrationen.

Die zu Gl. (8.19) analoge Beziehung für K_c (ideale Lösungen) lautet

$$\Delta F_T^0 = -RT \ln K_c$$

mit $\Delta F_T = \Delta U - T \Delta S$ (Freie Energie). $\qquad (8.19\text{a})$

8.2.5. Chemisches Potential, Aktivität, Standardzustand

U, V, S und damit ΔG sind den Molzahlen n_i der Komponenten proportional (extensive Größen), die sich bei einer chemischen Reaktion um dn_i ändern. Mit $G = G(T, p, n_1, n_2 \ldots)$ gilt dann

$$dG = \left(\frac{\partial G}{\partial T}\right)_{p,n_i} dT + \left(\frac{\partial G}{\partial p}\right)_{T,n_i} dp$$
$$+ \sum_i \left(\frac{\partial G}{\partial n_i}\right)_{T,p,n_j \neq n_i} dn_i; \qquad (8.21)$$

andererseits folgt aus Gl. (8.8)

$$dG = dU + p\,dV + V\,dp - T\,dS - S\,dT$$

und daraus mit Gl. (8.2a) und (8.3)

$$dG = V\,dp - S\,dT \quad \text{(nur Volumenarbeit)}.$$

Vergleich mit Gl. (8.21) ergibt

$$\left(\frac{\partial G}{\partial T}\right)_{p,n_i} = -S \quad \text{und} \quad \left(\frac{\partial G}{\partial p}\right)_{T,n_i} = V. \qquad (8.22)$$

Mit der Definition

$$\left(\frac{\partial G}{\partial n_i}\right)_{T,p,n_j \neq n_i} = \mu_i \qquad (8.23)$$

„chemisches Potential" der Komponente i

wird aus Gl. (8.21)

$$dG = -S\,dT + V\,dp + \sum_i \mu_i\,dn_i \qquad (8.21\text{a})$$

$dn_i > 0$ für entstehende Stoffe (Produkte),
< 0 für verschwindende (Reaktanden, Edukte).

Für isotherm-isobare Reaktionen (z. B. in der Biologie) folgt

$$dG_{T,p} = \sum_i \mu_i\,dn_i. \qquad (8.21\text{b})$$

Aufgrund der (präziseren) mathematischen Definition extensiver Größen („homogene Funktionen 1. Grades in den Molzahlen") gilt für endliche Änderungen v_i

$$\Delta G_{T,p} = \sum_i \mu_i v_i; \qquad (8.21\text{c})$$

$v_i > 0$ für Produkte, < 0 für Edukte.

Das Kriterium (8.10) für Gleichgewicht ($=$) bzw. spontane Reaktion ($<$) erhält die Form

$$\sum_i \mu_i\,dn_i \leq 0 \quad \text{bzw.} \quad \sum_i \mu_i v_i \leq 0. \qquad (8.24)$$

Für einen reinen Stoff i ist μ_i die Freie Enthalpie je Mol in der Mischung. Bezogen auf einen Standardzustand $\mu_i^0 = \bar{G}_i^0$ ergibt sich mit Gl. (8.17) für $n = 1$ Mol ideales Gas und $p_0 =$ Standarddruck (1 Atm):

$$\mu_i(p, T) = \bar{G}_i^0(T) + RT \ln p_i; \qquad (8.25)$$

$p_i = X_i \cdot p$ in Gasgemischen: X_i Molenbruch von i.

Gleichung (8.25) gilt auch für die Komponenten in Mischungen idealer Gase mit $p_i =$ relativer Partialdruck der Komponente i; $\bar{G}_i^0$ ist das „chemische Potential" von i beim Partialdruck $p_0 = 1$ atm in der Mischung. Die Größe p_i in Gl. (8.25) ist eine Relativzahl, der Druck in Vielfachen des Standarddrucks p_0. Für Mischungen realer Gase und für Lösungen behalten die Gln. (8.25), (8.24), (8.20) und (8.19) ihre mathematischen Form, wenn man in Gl. (8.25) statt des (relativen) Drucks die Relativwerte anderer geeignet definierter Größen, der „Aktivitäten" a_i, einsetzt, die den Drucken bzw. Konzentrationen proportional sind:

$$\mu_i = \bar{G}_i^0 + RT \ln a_i ; \qquad (8.25a)$$

entsprechend gilt

$$K_a(T) = \prod_i (\bar{a}_i^{\gamma_i})_{\text{Glg.}} , \qquad (8.20a)$$

Gleichgewichtskonstante ausgedrückt durch Gleichgewichts-Aktivitäten, und

$$\Delta G_T^0 = -RT \ln K_a(T) \qquad (8.19a)$$

für Gleichgewicht und allgemein

$$\Delta G_T + \Delta G^0 + RT \ln \prod_i a_i^{\gamma_i} = W_{\max} \qquad (8.18c)$$

(maximale Nutzarbeit)

a_i Nichtgleichgewichtswerte.

Die Wahl der Standardzustände ist nicht trivial. Mit den internationalen Tabellenwerten sind die folgenden Beziehungen konsistent:

(a) reale Gase:

$a_i = f_i = \gamma_i(p) p_i$

$\gamma_i =$ „Aktivitätskoeffizient", $p_i =$ Partialdruck

(praktisch ist $\gamma_i \approx 1$ bei Drucken $\lesssim 1$ atm ≈ 1 bar)

(b) reine Feststoffe und reine Flüssigkeiten unter $p = 1$ bar:

$a = 1$

(c) Komponente i in idealer (flüssiger oder fester) Mischung:

$$a_i = X_i = \frac{n_i}{\sum_j n_j}$$

n_i Molzahl, X_i Molenbruch von i in der Mischung

(d) reale Mischung:

$a_i = \gamma_i X_i$

(e) verdünnte Lösung von Nichtelektrolyten:

Lösungsmittel (1): $a_1 = \gamma_1 X_1, \lim_{X_1 \to 1} \gamma_1 = 1$

Lösungsgut (2): $a_2 = \gamma_2 m_2, \lim_{m_2 \to 0} \gamma_2 = 1$

m_2 Konzentration von (2) in Mole (2)/kg(1) („Molalität"); für verdünnte wäßrige Lösungen ist $m_2 \approx c_2$ (Molarität, Mole (2) je Liter fertiger Lösung).

(f) Ein-einwertige Elektrolyte ($AB \rightleftarrows A^+ + B^-$): individuelle Ionenaktivitäten a_+ and a_- können nicht separat bestimmt werden, jedoch die „mittlere Aktivität" $a\pm = (a_+ \cdot a_-)^{1/2}$ und ein mittlerer Aktivitätskoeffizient

$$\gamma \pm = \frac{a_+}{m_2} \quad \text{mit} \quad \lim_{m_2 \to 0} \gamma \pm = 1 .$$

In der Biochemie bezieht man sich häufig auf einen Standardzustand, in dem alle Komponenten die Aktivität 1 gemäß obigen Definitionen haben, bis auf H^+, das mit pH $\equiv -\log a_{H^+} = 7$ (neutrale Lösung) anstatt mit pH $= 0$ (stark sauer) vorliegt. Man schreibt dann $U^{0\prime}, H^{0\prime}, S^{0\prime}, G^{0\prime}$ usw....

Für einige Modelle der zwischenmolekularen Wechselwirkung läßt sich γ_i näherungsweise berechnen. So ist nach der Debye-Hückel-Theorie für verdünnte Ionenlösungen

$$\log \gamma \pm = -0{,}5 \, Z_+ Z_- \sqrt{\frac{1}{2} \sum_i m_i Z_i^2}$$

Z_+ bzw. Z_- Ladungszahlen der positiven bzw. negativen Ionen, m_i Molalitäten. Der Ausdruck unter der Wurzel ist die „Ionenstärke" I. Für die meisten praktischen Anwendungen muß a_i experimentell ermittelt werden, z. B. aus Dampfdruck, osmotischem Druck, Gefrierpunktserniedrigung, Siedepunktserhöhung, Verteilung zwischen nichtmischbaren Lösungsmitteln, elektromotorischer Kraft bei Redoxreaktionen an Elektroden, oder aus Gleichgewichtskonstanten. Die chemischen Standardpotentiale $\bar{G}_i^0$ und damit die Gleichgewichtskonstante sind stark von der Temperatur, aber nicht vom Druck abhängig (da sie ja für einen bestimmten Druck definiert sind).

8.2.6. Phasengleichgewicht, Phasenregel

Kann sich ein Stoff i auf mehrere Phasen (I, II...) verteilen, die miteinander in Stoffaustausch stehen (z. B. Lösung (I)-Dampf (II) oder Lösung (I)-Lösung (II) mit unmischbaren oder durch eine semipermeable Membran getrennten Lösungsmitteln, so folgt aus Gl. (8.24) wegen $v_i(I) = -v_i(II)$ (Austausch) für das Gleichgewicht

$$\mu_i(I) = \mu_i(II) . \qquad (8.24a)$$

Bei p Phasen gelten $p-1$ Beziehungen dieser Form. Für Elektrolytgleichgewichte an Membranen besteht die zusätzliche Bedingung der Elektronenneutralität: jede Phase enthält für sich gleich viele positive wie negative Ladungen.

Ein System von c Komponenten, die sich auf p Phasen verteilen, ist $\left(\text{wegen} \sum_i X_i = 1\right)$ gekennzeichnet durch $c-1$ Molenbrüche je Phase, also insgesamt $p(c-1)$ Molenbrüche, dazu Druck und Temperatur, insgesamt also $p(c-1)+2$ Variable. Im Fall des Gleichgewichts bestehen zwischen den chemischen Potentialen für jede Komponente $p-1$ Bedingungen entsprechend Gl.(8.24a), insgesamt $c(p-1)$. Die Zahl der frei veränderlichen Variablen ist dann noch

$$f = p(c-1) + 2 - c(p-1) = c - p + 2.$$

Dies ist die Gibbs'sche Phasenregel.

8.3. Interpretation thermodynamischer Größen durch die Molekularstatistik

Friedrich Dörr

8.3.1. Energieeigenwerte, Maxwell-Boltzmann-Verteilung, Zustandssummen

Der Energieinhalt E eines Moleküls ist gequantelt („Eigenwerte" der Energie). Er kann in sehr guter Näherung auf verschiedene Anteile aufgeteilt werden:

$$E = E_{tr} + E_{rot} + E_{vib} + E_{el} \tag{8.26}$$

E_{tr} Translationsenergie,
E_{rot} Rotationsenergie des ganzen Moleküls,
E_{vib} Schwingungsenergie der Atome des Moleküls,
E_{el} Energie der Elektronen im Feld der Atomkerne.

Jeder dieser Anteile ist in sich gequantelt, d.h. zu einem bestimmten Elektronenzustand gibt es verschiedene Schwingungszustände, zu jedem Schwingungszustand eines Elektronenzustandes gibt es verschiedene Rotationszustände, usw. Die typische Energiedifferenz benachbarter Quantenzustände ist für die einzelnen Energieformen größenordnungsmäßig verschieden:

$$\Delta E_{rot} \approx 10^{-3} \text{ eV}; \quad \Delta E_{vib} \approx 10^{-1} \text{ eV}; \quad \Delta E_{el} > 1 \text{ eV}$$

(1 eV/Teilchen = 23,06 kcal/mol = 96,50 kJ/mol).

In makroskopischen Gefäßen ist $\Delta E_{tr} \approx 10^{-16}$ eV, d.h. die Translationsniveaus liegen praktisch kontinuierlich dicht im Vergleich zur mittleren Translationsenergie bei Zimmertemperatur (s. u.). Setzt man im einfachsten Modell eines idealen Gases (keine inneren Freiheitsgrade der Moleküle) die Innere Energie bei der Temperatur T gleich der mittleren kinetischen Translationsenergie der Moleküle, so folgt durch Vergleich mit dem (makroskopischen) idealen Gasgesetz für 1 Mol

$$\bar{U} = \bar{E}_{tr} = \tfrac{3}{2} RT = \sum_i \frac{m v_i^2}{2} = \frac{m}{2} \sum_i (v_{xi}^2 + v_{yi}^2 + v_{zi}^2)$$

$$= N_L \frac{m}{2} \overline{v^2} \quad (\approx 38 \text{ meV bei } T = 300 \text{ K})$$

mit $\overline{v^2}$ = „mittleres Geschwindigkeitsquadrat".

Da v_{xi}, v_{yi} und v_{zi} äquivalent sind, trifft im Mittel auf jeden Freiheitsgrad der Translation bei der Temperatur T die thermische Energie $RT/2$, bei 25°C 1,24 kJ/mol bzw. 12,8 meV/Teilchen. Nach Boltzmann trifft der gleiche Betrag im Mittel auf jeden unabhängigen Freiheitsgrad der Bewegung, die Quantenbedingungen beschränken diese Aussage auf die bei der Temperatur T voll angeregten Freiheitsgrade. Bezeichnet man die Energieniveaus (Terme) eines Moleküls in einem Gefäß mit E_i, $i = 1$ (Nullpunktsenergie), 2, 3..., die „Besetzungszahl" eines Niveaus mit N_i, so ist $\sum_i N_i = N$ (Gesamtzahl der Moleküle, für 1 Mol $N = N_L$) und die Energie $E = \sum_i N_i E_i$, bezogen auf einen zu definierenden Nullpunkt. Der makroskopische, thermodynamische Zustand eines Einkomponentensystems ist gekennzeichnet z.B. durch die Stoffmenge (Molzahl), die Temperatur T und die Innere Energie U (bezogen auf den Standardwert U^0); Volumen V und Druck p sind dadurch festgelegt. Dieser Zustand kann durch eine große Zahl von unterscheidbaren Verteilungen der Moleküle auf die Energieniveaus realisiert werden. Die statistische Mechanik löst die Aufgabe, bei Kenntnis der Energiestufen E_i die wahrscheinlichste Verteilung $f_i = \dfrac{N_i(E_i)}{N}$ bei gegebenem V und U (oder T) zu ermitteln; die E_i können quantenmechanisch berechnet (besonders E_{tr}) oder spektroskopisch gemessen werden. Mathematisch handelt es sich darum, das Maximum der Zahl P möglicher Permutationen der Teilchen untereinander zu bestimmen, die die gesamte Verteilung unverändert lassen, unter den Nebenbedingungen $E = $ const (Gesamtenergie) und $N = $ const (Stoffmenge). Macht man weiterhin die Annahmen, daß (1) gleichartige Teilchen im Prinzip voneinander unterscheidbar, daher numerierbar sind und (2) die Wahrscheinlichkeit, daß ein Teilchen einen definierten Quantenzustand (einschl. Spin) mit dem Energieeigenwert E_i besetzt, unabhängig davon ist, wieviele Teilchen sich schon im gleichen Zustand befinden, so führt die Bestimmung von $P = P_{max}$ zur Maxwell-Boltzmann-Verteilung als wahrscheinlichster Verteilung. Ist ein Energieeigenwert E_i g_i-fach entartet, d.h. kann E_i durch g_i verschiedene Quantenzustände realisiert werden, so ergibt die Kombinatorik für die Wahrscheinlichkeit („Permutabilität") einer bestimmten Verteilung $N_1(E_1), N_2(E_2) \ldots N_i(E_i) \ldots N_n(E_n)$ mit $\sum N_i = N$

$$P = \frac{N!}{N_1! N_2! \ldots N_n!} g_1^{N_1} g_2^{N_2} \ldots g_n^{N_n} = N! \prod_i^n \frac{g_i^{N_i}}{N_i!}. \tag{8.27}$$

Die wahrscheinlichste Verteilung, d.h. P_{max}, ergibt sich bei der Temperatur T unter den obigen Bedingungen bei einer relativen Besetzung

$$f_i = \frac{N_i}{N} = \frac{g_i e^{-E_i/kT}}{\sum_i g_i e^{-E_i/kT}} = \frac{g_i e^{-E_i/kT}}{q}; \tag{8.28}$$

dies ist die Maxwell-Boltzmann-Verteilung, mit

$$q = \sum_i g_i e^{-E_i/kT} \quad \text{„Molekülzustandssumme"}. \tag{8.29}$$

Die Boltzmann-Konstante

$$k = \frac{R}{N_L} = 1{,}38 \cdot 10^{-23} \text{ J/K} = 8{,}61 \cdot 10^{-5} \text{ eV/K}$$

ergibt sich durch Vergleich mit Meßdaten.

Die Annahmen (1) und (2) gelten für kein System exakt; zu (1): gleiche Teilchen sind prinzipiell ununterscheidbar; zu (2): Teilchen mit halbzahligem Spin (Fermiteilchen) folgen der Fermi-Dirac-Statistik und dem Pauli-Prinzip, wonach ein definierter Quantenzustand (einschl. Spin) nur von 0 oder 1 Teilchen besetzt sein kann. Teilchen mit ganzzahligem Spin (einschl. 0, Boseteilchen) bevorzugen die Besetzung schon besetzter gleicher Quantenzustände. Die meisten Moleküle besitzen den Spin 0, sie gehorchen also der Bose-Einstein-Statistik, in der die Wahrscheinlichkeit einer bestimmten Verteilung durch Gl.(8.30) gegeben ist:

$$P = \prod_i^n \frac{(N_i + g_i - 1)!}{N_i!(g_i - 1)!} \,. \tag{8.30}$$

Der Unterschied zur Maxwell-Boltzmann-Statistik macht sich aber erst bei sehr tiefen Temperaturen bemerkbar, die für chemische Betrachtungen ohne Belang sind. (Lichtquanten sind Boseteilchen; in den Strahlungsgesetzen und beim Laser spielt dies eine entscheidende Rolle.) Berücksichtigt man die Ununterscheidbarkeit, nimmt aber an, daß in jedem Energieniveau (-Intervall) mehr Zustände zur Verfügung stehen, als besetzt werden sollen, so liefern die verschiedenen Statistiken den gleichen Grenzwert Gl. (8.27).
Die Zustandssumme q, Gl. (8.29), ist die zentrale Größe der statistischen Thermodynamik. Bei Gültigkeit von Gl. (8.26) läßt sie sich (nach Umordnung der Summationen) in Faktoren aufteilen:

$$q = q_{\text{trans}} q_{\text{rot}} q_{\text{vib}} q_{\text{el}} \,. \tag{8.31}$$

Wegen $\Delta E_{\text{el}} \gg kT$ für $T \approx 300$ K ist $q_{\text{el}} \approx g_{1,\text{el}}$ (für Singulett-Zustände: $g = 1$); q_{vib} hängt wesentlich von der Wahl des Nullpunkts für die Schwingungsenergie ab (s. u.).

Die Quantentheorie liefert mit $h = 6{,}626 \cdot 10^{34}$ Js (Planck-Konstante)

$$q_{\text{trans}} = \left(\frac{2\pi mkT}{h^3}\right)^{3/2} V \quad \begin{array}{l} m \text{ Teilchenmasse,} \\ V \text{ Volumen} \end{array} \tag{8.32a}$$

$$q_{\text{rot}} = \frac{8\pi^2 I kT}{\sigma h^2} \quad \begin{array}{l} \text{für zweiatomige} \\ \text{Moleküle} \end{array} \tag{8.32b}$$

$I = $ Trägheitsmoment $= \dfrac{m_1 m_2}{m_1 + m_2} r^2$

m_1, m_2 Atommassen, r Atomabstand
$\sigma = 1$ für heteroatomare, $= 2$ für homoatomare Moleküle (Symmetriezahl)

$$q_{\text{rot}} = \left(\frac{\pi}{\sigma}\right)^{1/2} \left(\frac{8\pi^2 kT}{h^2}\right)^{3/2} (I_A I_B I_C)^{1/2} \tag{8.32c}$$

für nichtlineare mehratomige Moleküle, I_A, I_B, I_C Hauptträgheitsmomente

$$q_{\text{vib}} = \prod_l q_{l,\text{vib}} \tag{8.32d}$$

mit

$$q_{l,\text{vib}} = \frac{e^{-X_l/2}}{1 - e^{-X_l}}; \quad X_l = \frac{\varepsilon_l}{kT}$$

ε_l Schwingungsquant des l-ten (harmonischen) Schwingungsoszillators, $l = 1 \dots 3N - 6$ bei nichtlinearem Molekül, bzw. $1 \dots 3N - 5$ bei linearem Molekül mit N Atomen.

Den wesentlichen Beitrag zu q_{vib} liefern niederfrequente Schwingungen, bei großen Molekülen insbesondere Torsionsschwingungen.

Systemzustandssumme Q

Für ein System von N gleichartigen, aber unterscheidbaren Teilchen (z. B. Moleküle auf definierten Gitterplätzen eines Kristalls) ist die „Systemzustandssumme"

$$Q = q^N \quad \text{(unterscheidbare Teilchen)} \,. \tag{8.33}$$

Für nichtunterscheidbare gleichartige Teilchen (Moleküle eines Gases) reduziert sich Q um den Faktor der Permutationen, $N!$, die zu nicht unterscheidbaren Verteilungen führen, auf

$$Q = \frac{q^N}{N!} \quad \text{(nichtunterscheidbare Teilchen)} \,. \tag{8.33a}$$

Polare Flüssigkeiten und biologische Substrate besitzen in kleinen Bereichen kristallähnliche Strukturen, umgeben von „nichtunterscheidbaren", d. h. nicht (mehr oder weniger) lokalisierten Teilchen. Ihre Zustandssumme liegt deshalb zwischen den Extremwerten nach Gl. (8.33) bzw. (8.33a).

Bedeutung der Zustandssumme

Nach Gl. (8.28) ist bei der Temperatur T der Anteil aller Moleküle, die sich im Grundzustand E_1 befinden im Gleichgewicht

$$\frac{N_1}{N} = \frac{g_1 e^{-E_1/kT}}{q} \,.$$

Der Rest ist auf die angeregten Zustände verteilt. Mit $g_1 = 1$ und $E_1 = 0$ (Bezugsniveau) ist

$$q = \frac{N}{N_1} = \frac{N_1 + N_{\text{anger.}}}{N_1} = 1 + \frac{N_{\text{anger.}}}{N_1}$$

$q - 1$, also auch q, ist ein Maß für die „Anregung"; der Wert von q steigt mit T und mit der Zahl der Freiheitsgrade und damit mit der Zahl der Atome eines Moleküls, wegen Gl. (8.32a) auch mit dem Volumen (besonders bei Gasen).

8.3.2. Zustandssumme und thermodynamische Funktionen, dritter Hauptsatz

Diese Darstellung soll anhand des Modells des idealen Gases nur eine gewisse elementare Einsicht in die Zusammenhänge vermitteln. Zwischenmolekulare Kräfte, die für die Prozesse in biologischen Systemen wesentlich sind, führen zu beträchtlichen Anteilen an potentieller Energie in der Zustandssumme, deren Betrag von den Koordinaten aller Teilchen abhängt. Sie werden durch Multiplikation der Zustandssumme mit einem sog. Konfigurations-Integral berücksichtigt. Dessen thermodynamische Entsprechung sind die Aktivitäts-Koeffizienten.

Für die mittlere Energie eines wechselwirkungsfreien Teilchens folgt bei der wahrscheinlichsten Verteilung Gl. (8.28):

$$\bar{E} = \frac{\sum_i E_i f_i}{\sum_i f_i} = \frac{1}{q}\sum_i E_i e^{-E_i/kT}$$

$$= kT^2 \left(\frac{\partial}{\partial T} \ln q\right)_{V=\text{const}} \tag{8.34}$$

und für die mittlere Energie eines Systems von N gleichartigen Teilchen

$$U' = N\bar{E} = kT^2\left(\frac{\partial}{\partial T}\ln q^N\right)_V = kT^2\left(\frac{\partial}{\partial T}\ln Q\right)_{V,N} \tag{8.34a}$$

Der Faktor $1/N!$ aus Gl. (8.33a) fällt bei der Differentiation nach T wieder weg; d.h. Gl. (8.34a) gilt auch für ideale Kondensate.

Der Mittelwert U', Gl. (8.34a), ist, bei geeignet gewähltem Bezugsniveau, für ideale Gase mit der Inneren Energie U identisch. Mit Gl. (8.4c) und $N = N_L$ ergibt sich aus Gl. (8.34a)

$$\bar{C}_v = \frac{\partial}{\partial T}\left(kT^2 \frac{\partial}{\partial T}\ln Q\right)_{V,N=\text{const}}$$

und mit Gl. (8.5a) nach partieller Integration und $T_0 = 0$:

$$S(T) = \frac{U}{T} + k\ln Q(T) - k\ln Q(0). \tag{8.35}$$

Der letzte Term ist mit $S(0)$ gleichzusetzen. Für einen idealen Kristall wird nach Gl. (8.33) mit $E_1 = 0$ $Q(0) = g_1^N$, $S(0) = k\ln g_1$, und speziell bei nichtentartetem Grundzustand ($g_1 = 1$):

$$S_0 = 0 \quad \text{III. Hauptsatz}, \tag{8.36}$$

$$S(T) = k\left(T\frac{\partial}{\partial T}\ln Q + \ln Q\right)_{V,N}. \tag{8.37}$$

Mit Gln. (8.34a), (8.35) und (8.37) kann man die Freie Energie durch die Zustandssumme ausdrücken:

$$F = -kT\ln Q \tag{8.38}$$

Analog ergibt sich die Freie Enthalpie $G = F + pV$ zu

$$G = NkT - kT\ln Q = pV - kT\ln Q \tag{8.39}$$

(wegen $Nk = nN_L k = nR$ und $pV = nRT$).

Mit der Stirling-Näherung $\ln N! \approx N\ln N - N$ folgt mit Gl. (8.33a):

$$G_T \approx -RT\ln q/N \tag{8.39a}$$

Für die wahrscheinlichste (Gleichgewichts-) Verteilung $N_i(E_i)_{\text{Glg}}$ wird aus Gl. (8.27) $P = P_{\text{max}}$ und (ohne Beweis)

$$S = k\ln P_{\text{max}}, \tag{8.40}$$

die thermodynamisch definierte Entropie. Allgemeiner definiert man für irgendeine Verteilung $N_i(E_i)$ mit P gemäß Gl. (8.27)

$$S = k\ln P, \quad \text{in Worten:} \tag{8.40a}$$

die Entropie ist proportional dem Logarithmus der Wahrscheinlichkeit einer bestimmten Verteilung.

8.3.3. Statistische Beschreibung des Gleichgewichts

Für die spezielle Reaktion $A + B \rightleftarrows C$ ist mit Gl. (8.39a) und $N_i = c_i N_L V$, c_i Konzentration in M, N_L Loschmidt-Zahl, V (gemeinsames) Reaktionsvolumen, im Gleichgewicht bei der Temperatur T:

$$\Delta G_T = -RT\left[\ln\left(\frac{q_C}{c_C N_L V}\right) - \ln\left(\frac{q_A}{c_A N_L V}\right) - \ln\left(\frac{q_B}{c_B N_L V}\right)\right]$$

$$= -RT\left[\ln\left(\frac{q_C}{q_A q_B}N_L V\right) - \ln\left(\frac{c_C}{c_A c_B}\right)\right] = 0$$

daraus

$$\frac{q_C}{q_A q_B}N_L V = \frac{c_C}{c_A c_B} = K_c \tag{8.41}$$

K_c ist die Gleichgewichtskonstante in Konzentrationen, vgl. Gl. (8.20b).

Dabei ist vorausgesetzt, daß die nach Gl. (8.29) in die q_A usw. eingehenden Energien E_i alle auf eine gemeinsame Skala bezogen sind. Praktisch bezieht

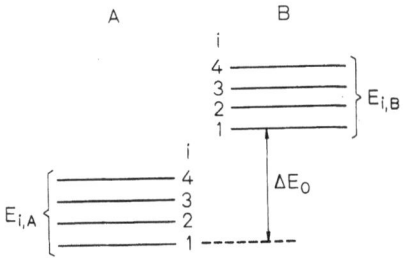

Abb. 8.3. Zur Definition von ΔE_0 in Gl. (8.41a); vgl. Text

man sie aber für jedes Molekül auf seinen bei $T=0$ K stabilen Grundzustand. Wählt man z. B. $E_{A,1}=0$ für die Molekülsorte A, so ist nach Abb. 8.3 in q_B der Faktor $e^{-\Delta E_0/kT}$ hinzuzufügen, für weitere Molekülsorten analog. So ergibt sich schließlich

$$K_c = \frac{q_C}{q_A q_B} N_L V e^{-\frac{\Sigma \Delta E_o}{kT}}. \qquad (8.41a)$$

8.4. Grenzen der Gleichgewichtsthermodynamik

FRIEDRICH DÖRR

8.4.1. Schwankungen bei kleiner Teilchenzahl

Die Schärfe thermodynamischer Aussagen als statistische Mittelwerte hängt wesentlich von der Zahl N der betrachteten gleichartigen Systeme, Teilchen oder Ereignisse ab, über die gemittelt wird. Für die „Schwankung" ΔX einer Größe X um ihren Mittelwert $\bar{X}$ liefert die Statistik die Beziehung

$$\overline{\Delta X^2} = \overline{(X-\bar{X})^2} = \overline{X^2} - (\bar{X})^2 \quad (\text{wegen } \overline{X\bar{X}} = 0). \quad (8.42)$$

Der Querstrich über einem Term bedeutet Mittelung über N; $\overline{X^2} \neq (\bar{X})^2$. Bei bekannter Verteilungsfunktion, z. B. Gl. (8.28), lassen sich $\bar{X}$ und $\overline{X^2}$ ermitteln. So ergibt sich z. B. für die mittlere Schwankung der Translationsenergie E eines Gasmoleküls aus einem Ensemble von N Molekülen

$$\frac{1}{E}\sqrt{\overline{\Delta E^2}} = (\tfrac{2}{3})^{1/2} \cdot N^{-1/2} \approx 0{,}82 \cdot N^{-1/2},$$

z. B. für $N=10$ Moleküle rund 25%.

Ebenso unterliegen auch die Zahl der Teilchen in einem offenen System und die Besetzungszahl N_i eines Energieniveaus E_i in einem „Gleichgewichtssystem" mittleren relativen Schwankungen der Größe

$$\frac{1}{\bar{N}_i} \cdot \sqrt{\overline{\Delta N_i^2}} = (\bar{N}_i)^{-1/2}.$$

In allen Fällen sind die relativen Schwankungen proportional zu $N^{-1/2}$. Nun gibt es Zellen, bzw. relativ abgegrenzte Bereiche in Zellen, die nur etwa 10^2 freie Wasserstoffionen oder etwa 10 Enzymmoleküle enthalten. Thermodynamische Aussagen über Gleichgewichte in einzelnen Zellen erscheinen deshalb als sehr unsicher.
Beispiel: Bei pH = 7 befinden sich in einem Lysosom mit einem Volumen $V \approx 4 \cdot 10^{-16}$ l im Mittel etwa 30 H$^+$-Ionen; die mittlere Schwankung dieser Zahl ist ± 6, d. h. rund 20%. Diese einfache Betrachtung ermöglicht es nicht, zu verstehen, daß wichtige Teile einer Zelle über viele Generationen hinweg immer wieder fehlerfrei dupliziert werden können. Der Grund dafür liegt in den sehr spezifischen Wechselwirkungen von aufeinander paarweise abgestimmten Gruppen in den Polypeptidketten. Trotz geringer Bindungsenergie der Einzelbindungen entstehen durch deren kooperative Wirkung sehr definierte dreidimensionale Ordnungen mit hohem Informationsgehalt bzw. niedriger Entropie. Der wesentliche Anteil im ΔG dieser Strukturbildung liegt nicht im Energieterm, sondern in $T\Delta S = T[\Delta S(\text{Biomolekül}) - \Delta S(\text{umgebendes Wasser})]$. Die Tendenz des Wassers, seine Entropie zu erhöhen, ist die wesentliche Triebkraft dieser Reaktion („hydrophobe Wechselwirkung", weil dabei die Biomoleküle dem Wasser ihre unpolare, hydrophobe Seite zuwenden). Andererseits nimmt der Entropiebeitrag einer einzelnen Aminosäure bei 25°C um etwa $T\Delta S \lesssim 0{,}05$ eV $\approx$ 1,2 kcal/mol ≈ 5 kJ/mol ab, wenn sie räumlich fixiert wird; bei der großen Zahl (10^6 in einfachen, $>10^9$ in hochentwickelten Zellen) von Nucleotidpaaren kann dies einen großen Betrag an Entropieabnahme ergeben. In kleinen Systemen treten außerdem beträchtliche Wirkungen der Grenzflächen in Erscheinung.

8.4.2. Irreversible Prozesse und Fließgleichgewicht

Im Prinzip ist die Molekularstatistik geeignet, auch irreversible Prozesse (als Zunahme der Wahrscheinlichkeit der Verteilung in einem abgeschlossenen System bzw. Zunahme der Entropie) zu beschreiben, insbesondere auch den Spezialfall des Fließgleichgewichts. Dies verlangt aber die Berücksichtigung einer so großen Zahl von Wechselwirkungsbeiträgen, daß die Rechnung praktisch in den meisten Fällen nicht durchführbar ist.

Eine andere Annäherung an das Problem besteht in einer phänomenologischen Erweiterung der Thermodynamik, die durch Onsager begründet und vor allem von Prigogine im Hinblick auf biochemische Prozesse und Instabilitäten (spontaner Umschlag in einen neuen stationären Zustand bei genügend großer Abweichung vom Gleichgewicht) weiterentwickelt wurde. In dieser „Thermodynamik der irreversiblen Prozesse" tritt als wichtigste neue Größe die zeitliche Entropieproduktion, dS/dt, auf. Ein vereinfachter Fall liegt vor, wenn man ein Nichtgleichgewichtssystem so in Teilbereiche unterteilen kann, daß innerhalb jedes Teilvolumens (i) praktisch lokales Gleichgewicht herrscht, d. h. daß die Temperatur T_i, das chemische Potential $\mu^{(i)}$, die Energie $U^{(i)}$ und andere thermodynamische Größen in diesem Volumen definiert sind.

Abbildung 8.4 stellt ein isoliertes Einstoffsystem dar, mit $V = V_1 + V_2 =$ const., $U = U_1 + U_2 =$ const., $T_1 > T_2$, $\mu^{(1)} \neq \mu^{(2)}$, $I_n =$ Teilchenfluß, $I_U =$ Energiefluß. (Man kann V_1 auch als Umgebung des „offenen" Systems V_2 betrachten.) Aus der Definition der

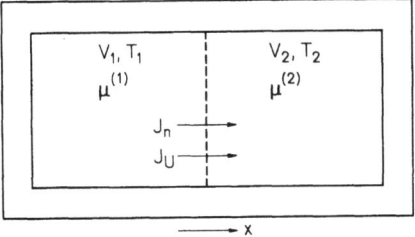

Abb. 8.4. Modellsystem zur Herleitung der Gl. (8.44) für die Energieerzeugung bei irreversiblen Prozessen

Freien Enthalpie Gl. (8.8), folgt mit Gl. (8.21a) für eine Komponente ($\mu_i = \mu$, $dn_i = dn$)

$$dG = dU + pdV + Vdp - TdS - SdT$$
$$= Vdp - SdT + \mu dn$$
$$dU = TdS - pdV + \mu dn, \text{ bzw. für } V = \text{const}: \quad (8.43)$$
$$dU_V = TdS + \mu dn \quad (8.43a)$$

und daraus die Entropieänderung in einem Teilbereich i

$$dS_i = dU_i \frac{1}{T_i} - dn \frac{\mu^{(i)}}{T_i}, \quad V = \text{const}.$$

Für den Übergang von dn Molen aus V_1 nach V_2 ist mit $dU_2 = -dU_1$, $dn_2 = -dn_1$:

$$dS_{1-2} = dS_1 + dS_2$$
$$= dU_2 \left(\frac{1}{T_2} - \frac{1}{T_1}\right) + dn_2 \left(\frac{\mu_1}{T_1} - \frac{\mu_2}{T_2}\right) > 0 \quad (8.44)$$

für spontane Prozesse.

Daraus folgt die zeitliche Entropieproduktion

$$\left(\frac{dS}{dt}\right)_{1\to 2} = \dot{S}_{1\to 2} = \frac{dU_2}{dt}\left(\frac{1}{T_2} - \frac{1}{T_1}\right) + \frac{dn_2}{dt}\left(\frac{\mu_1}{T_1} - \frac{\mu_2}{T_2}\right)$$
$$= J_u X_u + J_n X_n > 0 \text{ für spontane Prozesse}. \quad (8.45)$$

Hierin nennt man

$J_u = +\dfrac{dU_2}{dt} = -\dfrac{dU_1}{dt}$ den Energiefluß,

$J_n = +\dfrac{dn_2}{dt} = -\dfrac{dn_1}{dt}$ den Teilchen- (oder Materie-)Fluß,

X_u bzw. X_n die „thermodynamischen Kräfte", die die entsprechenden Flüsse bewirken. Spezialfälle sind: $J_n = 0$, $J_u \neq 0$: Wärmestrom als Folge eines Temperaturgradienten; $J_u = 0$, $J_n \neq 0$: isotherme Diffusion als Folge eines Gradienten des chemischen Potentials.

Im allgemeinen Fall hängen die Flüsse in komplizierter Weise von den Kräften ab. Man kann sie nach Potenzen der X entwickeln; in der Nähe des Gleichgewichts dominieren die linearen Terme, in verallgemeinerter Schreibweise

$$J_i = \sum_k L_{ik} X_k, \quad k = 1, 2\ldots, \quad (8.46)$$

$$\dot{S} = \sum J_i X_i > 0 \text{ für spontane Prozesse}. \quad (8.47)$$

In der Nähe des Gleichgewichts ist $L_{ij} = L_{ji}$ (Onsagers Reziprozitätsbeziehung). Dies bedeutet chemisch, daß jede Teilreaktion jeder Komponente für sich im Gleichgewicht ist („detailliertes Gleichgewicht"). Die Beziehungen Gl. (8.45) lassen die Kopplung verschiedener Ströme verstehen, z. B. eines Energiestroms mit einem Materiestrom gegen einen Konzentrationsgradienten („aktiver Transport"), unter „Dissipation" von Energie, d. h. Umwandlung in eine niederwertige Form (Wärme) mit Erzeugung von Entropie.

Stationäre Zustände

Es läßt sich zeigen, daß im allgemeinen linearen Fall

$$\frac{d\dot{S}}{dt} = \sum_i J_i \frac{dX_i}{dt} + \sum_i X_i \frac{dJ_i}{dt} \leq 0 \text{ ist}, \quad (8.48)$$

d. h., daß die Entropieproduktion mit der Zeit einem Minimum zustrebt, das mit den aufgeprägten Bedingungen (Werte der X_k) verträglich ist:

stationärer Zustand: $\dfrac{dS}{dt} = \text{Min}$, alle $X_k = \text{const}$;

Gleichgewicht: $\dfrac{dS}{dt} = 0$, alle $X_k = 0$.

Für größere Ferne vom Gleichgewicht hat Prigogine analoge Extremalkriterien für stationäre Zustände formuliert. Die makroskopische Beschreibung versagt z. B., wenn die Temperatur über die Distanz der freien Weglänge der Teilchen merklich variiert.

8.5. Energiefluß in der belebten Welt, ATP, Übertragungspotential

Friedrich Dörr

Nach den dargelegten Kriterien der Thermodynamik sind die Triebkräfte chemischer Reaktion: Abnahme der Energie und Zunahme der Entropie; zusammengefaßt: Abnahme der freien Energie bzw. der Freien Enthalpie. Letzte Quelle der Freien Energie für das Leben auf der Erde ist die Sonne, genauer: die Kernfusion $4\,^1H \to\,^4He + 2e^- + \text{Energie}$. Nach mehrfacher Umwandlung der freiwerdenden Energie noch in der

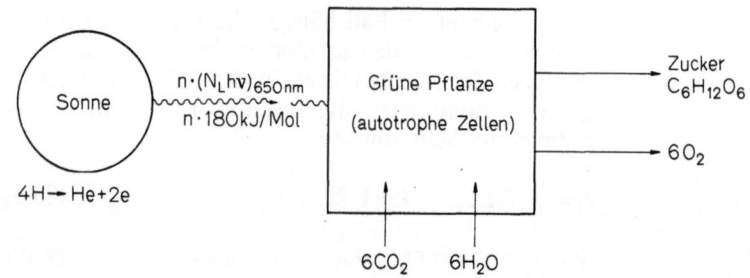

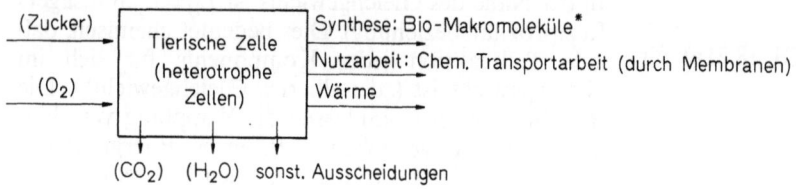

*z.B. Proteine, Nucleinsäuren bis 10^6 Monomereinheiten. $\Delta_f G^{0'} \approx 20$ kJ/Mol je Monomereinheit

Abb. 8.5. Energiefluß in der Biosphäre

Sonne erreicht ein Teil davon die Erde als Licht, im wesentlichen als Lichtquanten ($h\nu$) des sichtbaren Bereichs. Der Spektralbereich um $\lambda = 650$ nm Wellenlänge dient nicht nur zur Erwärmung und damit Entropieerzeugung, sondern wird bei der Photosynthese in den grünen Pflanzen direkt in hochwertige entropiearme chemische Energie umgesetzt (1 Mol Lichtquanten = 1 Einstein von 650 nm Wellenlänge transportiert ≈ 180 kJ Energie).

Leben erzeugt allgemein höher geordnete Strukturen, d. h. es vermindert die Entropieproduktion. (Entropie wird unter isothermen Bedingungen nur zusammen mit Materie ausgetauscht.) Abbildung 8.5 gibt ein grobes Schema des Flusses der Freien Energie in der Biosphäre. Ausgehend von CO_2 und H_2O mit niederem Energie- und hohem Entropiegehalt werden mittels Lichtenergie über Pflanze und Tier Makromoleküle mit sehr hoher Freier Energie aufgebaut.

Spezielle Teilschritte

Die chemischen Prozesse in Zellen laufen über sehr viele Zwischenstufen ab, die durch Enzyme spezifisch katalysiert werden. Die Energie für die Einzelprozesse liefern überwiegend Elektronenübertragungsprozesse, d. h. Redoxreaktionen. Als universeller Energiespeicher in pflanzlichen und tierischen Zellen dient Adenosintriphosphat (ATP), das durch chemische Energie, die in der Photosynthese (Pflanzen) bzw. in der Oxidation von Nährmitteln durch den Sauerstoff bei der Atmung (Pflanzen und Tiere) frei wird, aus dem energieärmeren Adenosindiphosphat (ADP) gebildet wird.

Durch den umgekehrten Prozeß der enzymatischen Spaltung von ATP wird die Energie wieder freigesetzt:

$(ATP)^{4-} + H_2O \rightarrow (ADP)^{3-} + (HPO_4)^{2-} + H^+$

$\Delta \bar{G}^{0'} = -29{,}3$ kJ/mol $= -7$ kcal/mol.

Die molekulare Interpretation des relativ hohen Betrags umgesetzter Energie berücksichtigt den hohen Anteil an elektrostatischer Abstoßungs-Energie zwischen den negativen Ionen auf der rechten Seite der Reaktionsgleichung.

Auch eine Reihe anderer Phosphatverbindungen hat ähnliche energetische Eigenschaften. Man klassifiziert sie nach ihrem „Phosphatübertragungspotential", definiert als $-\Delta \bar{G}^{0'} \cdot 10^{-3}$ mit $\Delta \bar{G}^{0'}$ in cal/mol. Die Bezeichnung „Übertragungspotential" bedeutet, daß es sich dabei um die Änderung des chemischen Potentials bei der Übertragung einer bestimmten Atomgruppe handelt. ATP ist durch einen mittleren Wert von $\Delta G^{0'}$ ausgezeichnet; es dient als „Fahrzeug" für die Phosphatgruppenübertragung zwischen Phosphat-Donatoren und -Akzeptoren. Analog kann man für die Übertragung anderer Gruppen Gruppenübertragungspotentiale definieren: für die Übertragung eines Elektrons ein Elektronenübertragungs- oder Redoxpotential E^0, für die Übertragung eines Protons ein Protonenübertragungspotential (=Acidität pK_a). Man wählt als Maß dafür nicht ΔG^0 selbst, sondern eine dazu proportionale Größe, z. B.

$E^0 = -\frac{\Delta G^0}{nF}$ (Volt), n = Zahl der je Elementarschritt übertragenen Elektronen, $F = 96\,500$ As $= N_L e$, Faraday-Konstante; bzw. $pK_a = \frac{\Delta G^0}{2{,}303\,RT}$; R allgemeine Gaskonstante, T Temperatur.

All diese Werte werden auf vereinbarte Standard-Akzeptoren bezogen.

8.6. Theorie der absoluten Reaktionsgeschwindigkeiten nach Eyring

Friedrich Dörr

8.6.1. Definition kinetischer Parameter

Die Geschwindigkeit v_R einer chemischen Reaktion

$$v_A A + v_B B + \ldots \to v_C C + v_D D + \ldots$$
„Edukte"   „Produkte"

v_i stöchiometrische Zahlen

wird definiert als zeitliche Änderung der Konzentration eines Reaktionsteilnehmers, z. B. durch die Abnahme von A:

$$v_R = -\frac{dc_A}{dt} \quad \text{(Einheit: M s}^{-1}\text{)} \tag{8.49}$$

c_i Konzentration der Komponente i (in M: Molarität).

Eine flexiblere Schreibweise, mit der z. B. auch der Stofftransport über die Grenzen des Reaktionsvolumens erfaßt werden kann, ist mit Einführung der Reaktionsvariablen ξ möglich:

$$d\xi = \frac{dn_i}{v_i}$$

dn_i Umsatz des Stoffes i in Molen, <0 für Edukte, >0 für Produkte.

Damit wird

$$v_R = \frac{d\xi}{dt}. \tag{8.49a}$$

v_R ist eine Funktion der Temperatur und der Konzentration aller (m) Komponenten des Systems, sowohl der Edukte als auch der eventuell schon gebildeten Produkte und der formal nicht in die chemische Bruttogleichung eingehenden Stoffe, wie Lösungsmittel und Katalysatoren:

$$v_R = f(T, c_i), \quad i = 1 \ldots m. \tag{8.50}$$

Für sehr viele (aber nicht alle) Reaktionen gilt die phänomenologische Beziehung

$$v_R = k(T) \prod_i c_i^{x_i} \tag{8.50a}$$

c_i Konzentration des Stoffes i
x_i „Ordnung" der Reaktion bezüglich i
$n = \sum x_i$ Ordnung der gesamten Reaktion.

Die empirisch zu ermittelnden Parameter x_i (und damit $\sum x_i$) sind im allgemeinen nicht ganzzahlig. Nur in Reaktionen mit sehr einfachen Elementarschritten findet man gelegentlich $x_i = v_i$ (Ordnung = „Molekularität").

Die Temperaturabhängigkeit der „Geschwindigkeitskonstanten" $k(T)$ wird in beschränkten Temperaturbereichen durch die Arrhenius-Beziehung Gl. (8.51) angenähert:

$$k(T) = k_0 e^{-E_A/RT}. \tag{8.51}$$

Hierin nennt man, wenn man sich nicht auf ein spezielles Modell beziehen will, k_0 den „präexponentiellen Faktor" mit der Dimension M^{1-n}; n = Reaktionsordnung;

$$E_A = RT^2 \frac{d\ln k}{dT} \tag{8.52}$$

ist die experimentelle „Aktivierungsenergie" der Reaktion. Der häufigste Fall $E_A > 0$ bedeutet eine rasche Zunahme von v_R mit steigender Temperatur. Für organisch-chemische Reaktionen liegen typische Werte im Bereich 40 bis 80 kJ·mol^{-1}. Der gegenteilige Effekt mit $E_A < 0$ kommt bei katalysierten Reaktionen vor, besonders auch in der Biochemie; $E_A \approx 0$ ist typisch für Radikal- und Neutralisationsreaktionen. Die Werte für k_0 überdecken viele Größenordnungen: für bimolekulare Neutralisationsreaktionen findet man $k_0 \approx 10^{10}$ M^{-1} s^{-1}, für Hydrolysereaktionen $\approx 10^{-4}$. Dies hat zur Folge, daß auch in einem komplexen biochemischen System kaum zwei Reaktionen den gleichen k_0-Parameter besitzen. Meßtechnisch sind sehr verschiedenartige Methoden nötig, um einen so großen Bereich zu erfassen (vgl. Abschnitt 8.7.).

Eine Reaktion nach dem Schema $A + B \to C + D$ kann man in drei Schritte unterteilen: 1) Zusammendiffusion von A und B; 2) chemische Reaktion; 3) Auseinanderdiffusion von C und D. Die Geschwindigkeit von Reaktionen mit niedriger Aktivierungsenergie ist in Lösung häufig durch Schritt 1) begrenzt: „diffusionskontrollierte" Reaktionen; eine Reaktion, deren Geschwindigkeit durch 2) bestimmt ist, nennt man „reaktionskontrolliert". Auf Ionenreaktionen hat die Solvatation durch polare Lösungsmittel einen wesentlichen Einfluß („Käfigeffekt"). Im folgenden wird nur Schritt 2) betrachtet.

Eine Theorie der Reaktionsgeschwindigkeiten muß die Parameter k_0 und E_A in Gl. (8.51) quantitativ interpretieren. Zwei Modelle werden dafür diskutiert: das Stoßmodell auf der Basis der kinetischen Theorie (insbesondere für Gasreaktionen) und das Modell des Übergangs-Komplexes (oder -Zustands), das auf Pelzer und Wigner zurückgeht und im wesentlichen von Eyring ausgearbeitet wurde. Dieses Modell macht von den Begriffen der statistischen Thermodynamik Gebrauch. Seine Voraussetzungen erscheinen u. a. bei biochemischen Reaktionen sehr gut erfüllt.

8.6.2. Theorie des Übergangszustandes

Das Modell des Übergangszustandes geht für eine Reaktion $A + B \rightarrow P$ von folgenden Grundannahmen aus: (a) Beim Zusammenstoß von A mit B ist die potentielle Energie des Systems als Funktion der Koordinaten der Atomkerne prinzipiell definierbar und meßbar („Potentialhyperfläche"). Zu verschiedenen Elektronenzuständen gehören verschiedene Potentialhyperflächen; die gesamte Reaktion soll auf einer bestimmten Potentialfläche, d. h. „adiabatisch" verlaufen. (b) Alle „reaktiven" Stöße müssen über eine geometrisch und damit energetisch ziemlich scharf definierte Konfiguration verlaufen, einen „Flaschenhals" mit sehr geringer Entropie. Dies ist der Übergangszustand $(AB)^{\ne}$, der mit den Edukten $A + B$ im Gleichgewicht stehen soll. (c) Die Geschwindigkeit der Reaktion ist bestimmt durch die Konzentration von $(AB)^{\ne}$ und seine Zerfallsrate in Richtung auf die Produkte P.

Die Konzentration von $(AB)^{\ne}$ kann mit den Begriffen der (statistischen) Thermodynamik beschrieben werden. Die maximale Zerfallsrate von $(AB)^{\ne}$ ist gleich der Frequenz v einer „kritischen Schwingung".

Damit wird

$$v_R = v c_{(AB)^{\ne}} = v K_c^{\ne} c_A c_B \qquad (8.53)$$

mit der Gleichgewichtskonstanten

$$K_c^{\ne} = \frac{c_{(AB)^{\ne}}}{c_A \cdot c_B}, \quad \text{ausgedrückt in Molaritäten.}$$

Der Verlauf der Freien Enthalpie längs der Reaktionskoordinate ist in Abb. 8.6 skizziert.

Um den „universellen Frequenzfaktor" v von Gl. (8.53) zu bestimmen, kann man, etwas grob, so argumentieren: Die Annahme eines Gleichgewichts $A + B \rightleftharpoons (AB)^{\ne}$ erfordert für $(AB)^{\ne}$ ein Energieminimum auf der Potentialfläche. Es gibt eine kritische Schwingungsform, die mit hoher Wahrscheinlichkeit zum Zerfall nach P führt. Diese Schwingung hat eine so niedrige Anregungsenergie, daß sie bei der Reaktionstemperatur „voll angeregt" ist (im Grenzfall geht sie in eine Translation der Produkte über). Dann ist

$h v = kT$ k Boltzmann-Konstante
                h Plancksche Konstante

bzw.

$$v = \frac{kT}{h}. \qquad (8.54)$$

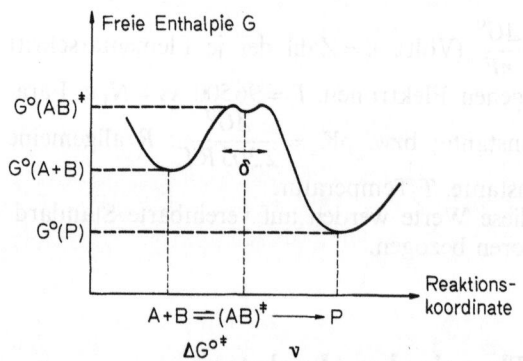

Abb. 8.6. Verlauf der Freien Enthalpie längs der Reaktionskoordinate

Eine sorgfältigere Mittelwertbildung über die kinetische Energie bzw. die Geschwindigkeit längs des Reaktionsweges in seinem Scheitel liefert den gleichen Wert. Damit wird die Geschwindigkeitskonstante $k(T)$ in den Gln. (8.50a) und (8.51), unter Berücksichtigung von Gl. (8.20b),

$$k(T) = \frac{kT}{h} K_c^{\ne} = \frac{kT}{h} (RT)^{-\Delta n^{\ne}} K_p^{\ne}. \qquad (8.55)$$

Die Gleichgewichtskonstante $K_c^{\ne}$ (bzw. $K_p^{\ne}$) kann thermodynamisch oder statistisch interpretiert bzw. ermittelt werden.

8.6.2.1. Thermodynamische Formulierung

Mit den Gln. (8.19) und (8.8) ist

$$K_p^{\ne} = e^{-\frac{\Delta G^{0\ne}}{RT}} = e^{\frac{\Delta S^{0\ne}}{R}} e^{-\frac{\Delta H^{0\ne}}{RT}}$$

(in Lösungen ist $\Delta G \approx \Delta F$, $\Delta H \approx \Delta U$).

Damit wird aus Gl. (8.55)

$$k(T) = \frac{kT}{h} (RT)^{-\Delta n^{\ne}} e^{\frac{\Delta S^{0\ne}}{R}} e^{-\frac{\Delta H^{0\ne}}{RT}}. \qquad (8.56)$$

Für den hier als Beispiel gewählten Reaktionstyp ist $\Delta n^{\ne} = -1$. Dies ergibt eine Aktivierungsenergie gemäß Gl. (8.52)

$$E_A = \Delta H^{0\ne} + 2RT. \qquad (8.57)$$

8.6.2.2. Statistisch-thermodynamische Formulierung

Die Gleichgewichtskonstante $K_c^{\ne}$ in Gl. (8.53) kann nach Gl. (8.41a) durch die molekularen Zustandssummen ausgedrückt werden. Dabei ist aber noch zu bedenken, daß aus den $3N-6$ Schwingungsfreiheitsgraden von $(AB)^{\ne}$ (N Zahl der Atome in $(AB)^{\ne}$) bereits einer für die Zerfallskoordinate abgespalten wurde, vgl. Gl. (8.54). Der Vibrationsanteil $q_{\text{vib}(AB)}$ gemäß Gln. (8.31) und (8.32d) ist deshalb nur über die $3N-7$ verbleibenden Schwingungsmoden zu bilden; man schreibt dann $q'^{\ne}$.

Im allgemeinen ist es für Übergangskomplexe aus mehreren Atomen sehr schwierig, q_{rot} und q_{vib} zu berechnen, weil weder die Geometrie noch die Potentialfläche genügend genau bekannt sind. Eine Ausnahme machen Konformationsänderungen von Makromolekülen (Polymere, Biomoleküle), bei denen nur wenige Freiheitsgrade betroffen sind, die aber dennoch zu großen Effekten führen können. Für diese Fälle ist die statistische Methode auch von praktischer Bedeutung.

Eine weitere Verfeinerung besteht in der Einführung von (multiplikativen) statistischen Faktoren s. Diese berücksichtigen für alle einzelnen Teilreaktionen, auf wieviel Weisen durch Permutation gleichartiger Atome die gleichen Produkte gebildet werden können. So kann z. B. in der Reaktion $Cl + CH_4 \rightarrow CH_3 + HCl$ jedes der vier H-Atome des Methans mit gleicher Wahrscheinlichkeit mit dem Chloratom reagieren; in diesem Fall ist $s = 4$. So berechnete Geschwindigkeitskonstanten für Gasreaktionen mit wenigen Atomen stimmen in vielen Fällen sehr gut mit den experimentellen überein; man findet aber auch größere Abweichungen, die man durch einen weiteren „Transmissionskoeffizienten" berücksichtigt.

Literaturauswahl

Beier, R. W.: Einführung in die theoretische Biophysik. Stuttgart: G. Fischer 1965.
Glansdorff, P., Prigogine, I.: Thermodynamic Theory of Structure, Stability and Fluctuations. New York: Wiley-Interscience 1971.
Klotz, I. M.: Energetik biochemischer Reaktionen, 2. Aufl. Stuttgart: G. Thieme 1970.
Laidler, K. J.: Reaktionskinetik I und II. BI-Hochschultaschenbücher Nr. 290 und 291. Mannheim: Bibliographisches Institut 1973.
Lehninger, A. L.: Bioenergetik, 2. Aufl. Stuttgart: G. Thieme 1974.
Rauen, H. M. (Hrsg.): Biochemisches Taschenbuch. 2. Bd., 2. Aufl. Berlin-Heidelberg-New York: Springer 1964. (Tabellen)

8.7. Methoden zur Bestimmung schneller Reaktionen

Hartmann Rüppel

8.7.1. Das Prinzip der physikalischen Reaktionsanregung und der chemischen Relaxation

Aus dem zeitlichen Verlauf einer chemischen Reaktion, z. B. zwischen Ausgangsprodukten A und B zu einem Endprodukt E,

$$A + B \overset{\vec{k}}{\rightarrow} E \qquad (8.58)$$

kann man die Geschwindigkeitskonstante $\vec{k}$ der Reaktion bestimmen. Der Reaktionsverlauf läßt sich immer dann in einfacher Weise verfolgen, wenn es gelingt, die Stoffe A und B sehr schnell zu mischen und anschließend, z. B. durch Entnahme von Proben, die Entstehung des Endproduktes E zu messen. Die Mischzeit bestimmt dabei die zeitliche Auflösung der kinetischen Messung, da diese gegenüber der Reaktionszeit klein bleiben muß. In den üblichen Reaktionsgefäßen liegt die untere Grenze für die Mischzeit mit einem Rührwerk bei etwa einer Sekunde. In speziell konstruierten Strömungssystemen mit besonderen Mischkammern kann man bei hohen Strömungsgeschwindigkeiten Mischzeiten bis herunter zu etwa einer ms erreichen.

In diesem Bereich ist eine Probenentnahme bereits nicht mehr möglich. Das schnell entstehende Reaktionsprodukt kann nur noch mit einem rein physikalischen Meßverfahren erfaßt werden. Eine kontinuierliche Messung läßt sich mit Hilfe solcher physikalischer Parameter wie Lichtabsorption, Leitfähigkeit, Fluoreszenz etc. ausführen, sofern diese ein Maß für die zu messende Konzentration der Komponente E darstellen.

Um die zeitliche Auflösung weiter zu erhöhen, muß man von dem in der Chemie üblichen Mischungsprinzip abgehen und versuchen, die Reaktion auf physikalischem Wege schneller einzuleiten. Hierzu ist es erforderlich, daß das Reaktionsgemisch vom Gleichgewichtszustand aus reagiert. Dieses Gleichgewicht

$$A + B \overset{\vec{k}}{\underset{\overleftarrow{k}}{\rightleftharpoons}} E, \qquad (8.59)$$

das durch eine Gleichgewichtskonstante

$$K(T, p, \mathfrak{E}) = \frac{c_{\bar{E}}^=}{c_{\bar{A}}^= \cdot c_{\bar{B}}^=} = \frac{\vec{k}}{\overleftarrow{k}} \qquad (8.59\,a)$$

bestimmt ist, wird durch eine sprunghafte Änderung der Gleichgewichtsparameter x_i gestört (z. B. Temperatur T, Druck p oder elektrisches Feld $\mathfrak{E}$). Die Abhängigkeit der Gleichgewichtskonstanten K von diesen Parametern ist durch die thermodynamischen Beziehungen

$$\frac{\partial \ln K}{\partial x_i} = \frac{\xi_i}{RT} \qquad (8.60)$$

gegeben. Dabei ist ξ_i die jeweils zu x_i konjugierte thermodynamische Größe, z. B. die durch die Reaktion hervorgerufene Änderung der Standardwerte der Entropie ΔS^0, des Molvolumens ΔV^0 oder der Molpolarisierung ΔM^0. R ist die allgemeine Gaskonstante.

Das chemische Reaktionssystem folgt einer sprunghaften Änderung der Gleichgewichtslage nur mit einer bestimmten Verzögerungszeit τ (s. Abb. 8.7), die sich aus den endlichen Reaktionsgeschwindigkeiten $(\vec{k}, \overleftarrow{k})$ ergibt.

Wird die Gleichgewichtsverschiebung z. B. durch eine schnelle Änderung der Temperatur ($x_i = T$) bewirkt, so erhält man einmal aus der Beziehung (8.60) mit $\xi_i = \Delta S^0$ für $\Delta T/T \ll 1$

$$\Delta \ln K = \frac{\Delta S^0}{RT} \cdot \Delta T = \frac{\Delta H^0}{RT} \cdot \frac{\Delta T}{T}; \qquad (8.60\,a)$$

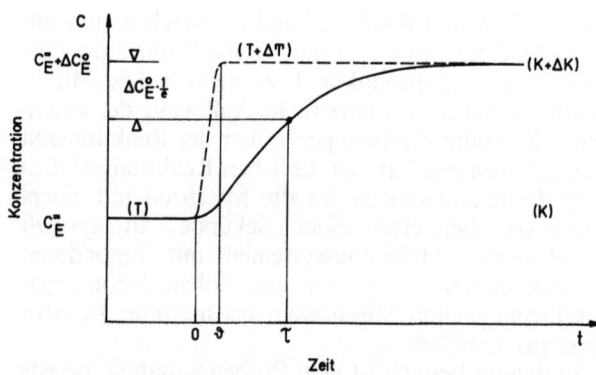

Abb. 8.7. Relaxationsvorgang nach einer sprunghaften Verschiebung des Gleichgewichtes durch einen Temperatursprung ΔT: ———. Die Gleichgewichtskonstante K ändert sich um ΔK. ϑ Einstellzeit der Gleichgewichtsverschiebung: - - - -. τ Relaxationszeit

zum andern aber mit Gl. (8.59a)

$$\Delta \ln K = \frac{\Delta c_E^=}{c_E^=} - \frac{\Delta c_A^=}{c_A^=} - \frac{\Delta c_B^=}{c_B^=}$$

$$= (1 + K(c_A^= + c_B^=)) \frac{\Delta c_E^=}{c_E^=}, \qquad (8.59 \text{b})$$

da aus Stöchiometriegründen stets

$$\Delta c_E = -\Delta c_A = -\Delta c_B \qquad (8.61)$$

sein muß. Die relative Änderung der Gleichgewichtskonzentration $c_E^=$ ergibt sich somit zu

$$\frac{\Delta c_E^=}{c_E^=} = \frac{\Delta H^0}{RT} \cdot \frac{1}{1 + K(c_A^= + c_B^=)} \cdot \frac{\Delta T}{T}. \qquad (8.62)$$

Diese Gleichgewichtsverschiebung wird nach Größe und Vorzeichen primär durch die Reaktionsenthalpie ΔH^0 (1. Term), in ihrem Absolutbetrag sodann auch von der Lage des anfänglichen Gleichgewichtes bestimmt (2. Term). Die ΔH_0-Werte für Reaktionen im biologischen Bereich liegen in der Regel zwischen 1 und 20 kJ/mol.

Der zeitliche Verlauf der Reaktion nach Gl. (8.59) ergibt sich als Lösung der Geschwindigkeitsgleichung:

$$-\frac{dc_E}{dt} = -\vec{k} c_A \cdot c_B + \overleftarrow{k} c_E, \qquad (8.63)$$

einer nichtlinearen Differentialgleichung (Dgl.) 1. Ordnung. Betrachtet man den Reaktionsverlauf bei kleinen Abweichungen von der Gleichgewichtslage ($\Delta c_E^= / c_E^= \ll 1$), so läßt sich die Dgl. (8.63) wesentlich vereinfachen: Wenn man die Konzentrationsverläufe $c_x(t)$ der einzelnen Reaktionspartner x = A, B, E mittels der momentanen Gleichgewichtsabweichungen $\delta c_x(t)$ beschreibt und in Dgl. (8.63) jeweils $c_x(t)$ durch $c_x^= + \delta c_x(t)$ ersetzt, so erhält man mit der Gleichgewichtsbedingung (8.59a) $\vec{k} c_A^= c_B^= = \overleftarrow{k} c_E^=$ bei Vernachlässigung von Gliedern 2. Ordnung unter Berücksichtigung von Gl. (8.61) eine lineare, homogene Differentialgleichung 1. Ordnung für eine Variable, die Konzentrationsänderung z. B. der Komponente E, in der Form:

$$-\frac{d\delta c_E(t)}{dt} = (\overleftarrow{k} + \vec{k}(c_A^= + c_B^=))\, \delta c_E(t) \qquad (8.64)$$

mit einer Zeitkonstanten

$$\tau = \frac{1}{\overleftarrow{k} + \vec{k}(c_A^= + c_B^=)} \qquad (8.64\text{a})$$

$$= \frac{1}{\overleftarrow{k}(1 + K(c_A^= + c_B^=))}. \qquad (8.64\text{b})$$

Diese wird als Relaxationszeit der chemischen Reaktion bezeichnet.

Bei einer raschen Erwärmung der Reaktionslösung um ΔT in einer Aufheizzeit $\vartheta \ll \tau$, bei einer sog. Temperatursprunganregung, die die Gleichgewichtslage der Komponente E für $t > \vartheta$ um $\Delta c_E^=$ verschiebt, erhält man als Lösung der Dgl. (8.64)

$$\delta c_E(t) = \Delta c_E^= \cdot (1 - e^{-t/\tau}) \quad \text{(vgl. Abb. 8.7)}. \qquad (8.65)$$

Bei einer kurzzeitigen, aber starken Anregung z. B. mit einem hohen Druck- oder Feldstoß, der die Gleichgewichtslage der Komponenten E nur während der Anregungsdauer $\vartheta \ll \tau$ um $\Delta c_E^=$ verschiebt, ergibt sich als Lösung der Dgl. (8.64)

$$\delta c_E(t) = \delta c_E^0 e^{-t/\tau} \quad \text{mit} \quad \delta c_E^0 = \Delta c_E^= \cdot \frac{\vartheta}{\tau} \qquad (8.66)$$

Bei beiden *Störungsverfahren*, der Sprung- bzw. Stoßanregung, kann man die Relaxationszeit unmittelbar aus dem gemessenen Relaxationssignal entnehmen (s. Abb. 8.7).

Bei einer periodischen Anregung, z. B. durch Schallwellen oder elektrische Wechselfelder, hat man die permanent angreifende Gleichgewichtsverschiebung $\Delta c_E^=(t)$ als „äußere Kraft" bei der Dgl. (8.64) in Form einer Inhomogenität mit zu berücksichtigen.

$$\tau \cdot \frac{d\delta c_E(t)}{dt} + \delta c_E(t) = \Delta c_E^=(t). \qquad (8.67)$$

Bei einer periodischen Anregung $\Delta c_E^=(t) = \Delta c_E^0 \cdot e^{j\omega t}$ ($\omega = 2\pi f$ = Kreisfrequenz der Anregung) erhält man als Lösung der inhomogenen Dgl. (8.67) mit einem Ansatz $\delta c_E(t) = \mathfrak{A} e^{j\omega t}$ unmittelbar die komplexe Amplitude

$$\mathfrak{A}(j\omega) = \frac{\Delta c_E^0}{1 + j\omega\tau} = \frac{\Delta c_E^0}{\sqrt{1 + \omega^2\tau^2}} e^{-j\arctan\omega\tau}. \qquad (8.68)$$

Bei diesem *Dispersionsverfahren* erhält man die Relaxationszeit aus dem Frequenz- und Phasengang der komplexen Meßsignalamplitude:

$$A(\omega) = \frac{\Delta c_E^0}{\sqrt{1 + \omega^2\tau^2}}, \qquad \varphi(\omega) = -\arctan\omega\tau \qquad (8.69)$$

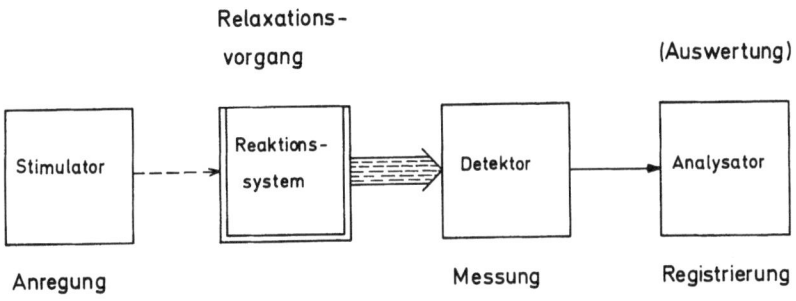

Abb. 8.8. Schema einer Meßanordnung zur Untersuchung schneller chemischer Reaktionen nach dem Prinzip der chemischen Relaxation

Die Relaxationszeit τ kann man z. B. aus der Frequenz $\omega_r = 1/\tau$ bestimmen, für die die Amplitude auf $1/\sqrt{2}$ abgesunken bzw. die Phase auf $-45°$ abgefallen ist.

Aus der gemessenen Relaxationszeit τ kann man die Geschwindigkeitskonstanten der Reaktion berechnen. In dem einfachen Beispiel einer einstufigen Reaktion gemäß Gl. (8.59) kann man $\vec{k}$ nach Gl. (8.64b) bereits mit einer einzigen Messung der Relaxationszeit bestimmen: $\vec{k} = 1/\tau(1 + K(c_A^= + c_B^=))$, sofern $K = \vec{k}/\overleftarrow{k}$ z. B. aus statischen Messungen bekannt ist. Andernfalls lassen sich beide Reaktionskonstanten gemäß Gl. (8.64a) aus der Konzentrationsabhängigkeit der reziproken Relaxationszeit ermitteln: $1/\tau = \overleftarrow{k} + \vec{k}(c_A^= + c_B^=)$.

Im Hinblick auf die Anwendung dieses Verfahrens der chemischen Relaxation im biologischen Bereich ist anzumerken, daß es sich bei den biophysikalisch interessanten Systemen (z. B. bei der Photosynthese oder beim Sehvorgang) zumeist nicht um chemische Gleichgewichtssysteme im strengen Sinne handelt. Die Reaktionen in den jeweils tiefer liegenden Zustand (zumeist im Fließgleichgewicht weitab vom thermodynamischen Gleichgewicht) verlaufen in vielen Fällen bei geringen Umsätzen gemäß den linearen Gesetzmäßigkeiten der irreversiblen Thermodynamik, so daß die Anwendung des Relaxationsverfahrens zur Ermittlung kinetischer Daten weitgehend gerechtfertigt ist.

Bei biologischen Systemen hat man in der Regel sehr komplexe Reaktionsmechanismen zu untersuchen, bei denen häufig mehrere Folge- und Parallelreaktionen verschiedener Ordnungen auftreten. Es zeigt sich jedoch, daß man ein solches System mit n Komponenten in Gleichgewichtsnähe nach dem beschriebenen Verfahren in den Verschiebungsgrößen durch ein gekoppeltes System von n linearen, homogenen Differentialgleichungen 1. Ordnung beschreiben kann, das geschlossen lösbar ist. Ähnlich wie bei der Bestimmung von Normalschwingungen bei einem System von gekoppelten Schwingungen kann man auch hier über eine Säkulargleichung n diskrete Relaxationszeiten τ_i zu n partikulären Lösungen ermitteln. Die tatsächliche Gesamtlösung des Differentialgleichungssystems ergibt sich als Linearkombination aus den Partikular-Lösungen. Die n Relaxationszeiten τ_i bilden das Relaxationszeitspektrum des chemischen Systems, dem bei periodischer Anregung (z. B. Schallabsorptionsmessung) ein Spektrum von Relaxationsfrequenzen ω_r [Absorptions-, nicht Resonanzfrequenzen (!)] gegenübersteht.

Der prinzipielle Aufbau einer Meßapparatur zur Untersuchung schneller Reaktionen ist in Abb. 8.8 dargestellt. Der „Stimulator" regt im Reaktionssystem einen Relaxationsvorgang an, der von einem „Detektor" gemessen und im „Analysator" registriert und unter Umständen auch bereits ausgewertet wird.

Im folgenden Abschnitt 8.7.2 werden die gebräuchlichsten Verfahren zur Reaktionsanregung dargestellt. Die Abschnitte 8.7.3–8.7.5 beschreiben die entsprechenden Meßverfahren für Relaxationsvorgänge. Der abschließende Abschnitt 8.7.6 zeigt die meßtechnischen Möglichkeiten auf, die Meßempfindlichkeit und die zeitliche Auflösung bei diesen Verfahren zu steigern.

8.7.2. Anregungsverfahren

Bei den normalen Relaxationsverfahren erfolgt die Gleichgewichtsstörung entweder durch Anregungsimpulse wie z. B. Temperatursprung (8.7.2.1), Drucksprung (8.7.2.2), Feldstoß (8.7.2.3) oder durch eine periodische Anregung wie z. B. durch Schallwellen (8.7.2.4), Wechselfelder usw. Bei den Impuls-Photolyse-Verfahren, bei denen streng genommen keine Gleichgewichtsstörung im Sinne der chemischen Relaxation ausgeführt wird (s. o.), erfolgt die Anregung der Reaktion durch niederenergetische Lichtblitze (8.7.2.5) (Impulsphotolyse) oder hochenergetische Strahlungsimpulse (8.7.2.6) (Pulsradiolyse).

8.7.2.1. Temperatursprung

In einer Meßlösung kann man eine Temperaturerhöhung mit kurzer Aufheizzeit ϑ sowohl durch einen Stromstoß als auch durch die Absorption eines Impulses elektromagnetischer Strahlung erzeugen.

Bei der *Stromstoß-Aufheizung* (Abb. 8.9a) wird ein Kondensator C auf eine Spannung U aufgeladen und über einen Schalter S durch die Meßzelle (Elektroden mit Fläche F im Abstand d) entladen. Wenn die Zelle einen elektrischen Widerstand $R = 1/\varkappa \cdot d/F$ ($\varkappa$ = elektr. Leitfähigkeit) besitzt, so erfolgt die Kondensatorentladung durch die Zelle mit einer Zeitkonstanten $\tau = RC$, die Energieübertragung mit $\tau/2$ und somit die Aufheizung (bis auf 5%) in $\vartheta = 3\tau/2 = 1,5$ RC. Um gemäß Gl. (8.62) bei einem $\Delta H^0 = 8$ kJ/mol eine Verschiebung der Gleichgewichtskonzentration um 1% zu erzielen, muß ΔT mindestens 1 K betragen. Verlangt man nun eine Aufheizung um ΔT in einer bestimmten Zeit ϑ, so liegt damit die Spannung U am Kondensator fest, sofern die Leitfähigkeit $\varkappa$ der Meßlösung vorgegeben ist. Aus der Energiebilanz

$$E = \tfrac{1}{2}CU^2 = \varrho \cdot F \cdot d \cdot c_v \cdot \Delta T$$

ϱ = Dichte und
c_v = spezifische Wärmekapazität der Lösung

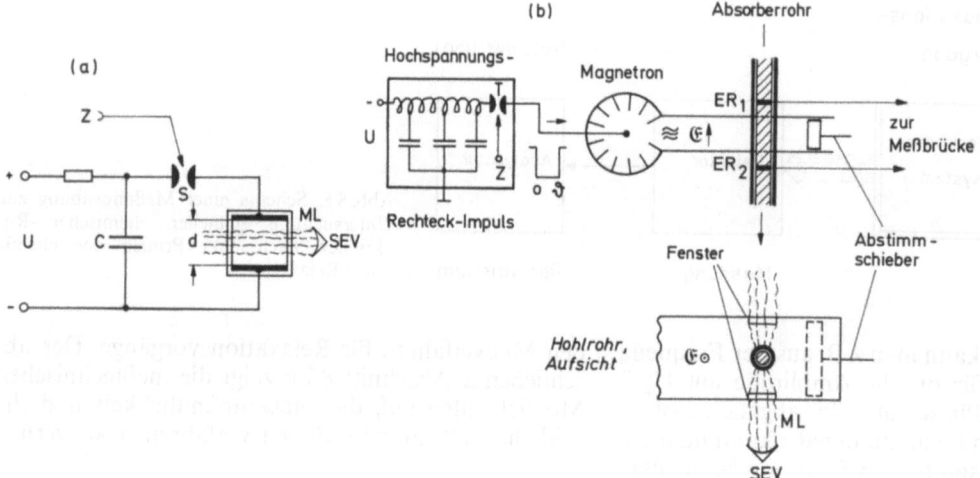

Abb. 8.9a und b. Schematische Darstellung von Versuchsaufbauten zur Erzeugung schneller Temperatursprünge: (a) Stromstoß-Aufheizung nach Czerlinski [Czerlinski, G., Eigen, M.: Z. Elektrochem. **63**, 652 (1959)]. U Hochspannung (10–50 kV), C Stoßkondensator, Z Zündimpuls, S Funkenstrecke, ML Meßlichtbündel, d Plattenabstand. (b) Mikrowellen-Impulsaufheizung nach Ertl (Einzelimp.) [Ertl, G., Gerischer, H.: Ber. Bunsenges. **65**, 629 (1961)] und Brumm (rep. Betrieb) [Brumm, P., Kilian, F. P., Rüppel, H.: Z. Naturf. **20b**, 915 (1965)]. T = Thyratron, ER Elektrodenring, $\mathfrak{E}$ Vektor der Mikrowellenfeldstärke.

folgt:

$$U = d \sqrt{\frac{3 \cdot \varrho \cdot c_v \cdot \Delta T}{\varkappa \cdot \vartheta}}. \tag{8.70}$$

Für $d = 0{,}5$ cm, $\varkappa = 10^{-2}\,(\Omega\text{cm})^{-1}$ (0,1 m NaCl, $R = 50\,\Omega$ bei $F = 1\,\text{cm}^2$), $\Delta T = 1$ K, $\vartheta = 1\,\mu$s ergibt sich

$$U \approx 18\,\text{kV},$$

ein Hochspannungswert, der für den Schalter bereits eine Funkenstrecke erforderlich macht. Umgekehrt legt gemäß Gl. (8.70) die Größe der anwendbaren Spannung U die zeitliche Auflösung ϑ fest, die in der Praxis im µs-Bereich liegt.

Wegen der elektromagnetischen Störungen durch die Funkenstrecke sowie der optischen Beeinträchtigungen durch Schlieren und Schockwellen nach der raschen Zellerwärmung, führt man stets Differenzmessungen gegenüber einer Referenzzelle aus, die nur das Leitsalz enthält.

Bei der *Aufheizung durch Strahlungsabsorption* braucht das Reaktionssystem nicht unbedingt in einer wäßrigen Leitsalzlösung vorzuliegen. Zur *Lichtabsorption* muß dafür ein Farbstoff beigefügt werden, der die Lichtenergie absorbiert und dem Reaktionssystem strahlungslos als Wärme zuführt. Für die rasche Aufheizung sind jedoch während des Lichtimpulses so hohe Bestrahlungsstärken erforderlich, daß sich der Farbstoff in der Regel zersetzt, weshalb man bei der Relaxationsmessung den physikalischen und chemischen Einfluß der Photolyseprodukte mit zu berücksichtigen hat. Für eine extrem kurzzeitige Temperatursprung-Anregung, z.B. im ns-Gebiet, bleibt ein Riesenimpulslaser derzeit einzige Anregungsquelle (s. unter 8.7.2.5).

Bei der *Mikrowellenabsorption* liegen die Verhältnisse deshalb günstiger, weil diese Absorption direkt im Lösungsmittel erfolgen kann. Polare Moleküle mit einer Dipol-Gruppe (OH), wie z. B. Wasser, Methanol und Äthylenglycol, besitzen in der Regel eine starke Debyesche (Relaxations-)Absorption bei Frequenzen um 10 GHz mit Eindringtiefen für die Mikrowellen zwischen 1 und 5 mm. Eine Mikrowellen-Impulsapparatur ist in Abb. 8.9b schematisch dargestellt.

Als Mikrowellen-Impulsgeneratoren werden Radar-Magnetrons verwendet, die Mikrowellen-Impulse von 0,3–5 µs Dauer bei Impulsleistungen von 100 kW bis zu einigen MW abgeben. Die Impulsdauer wird durch den Impulsgenerator bestimmt und ist nach oben von der Durchschlaggrenze im Magnetron festgelegt. Die untere Grenze, die die zeitliche Auflösung bedingt, ergibt sich aus der minimalen Einschwingzeit des Magnetrons.

Die Mikrowellenimpulse werden in einem Rechteck-Hohlleiter zu einem Absorberrohr geleitet, in dem sich das Reaktionssystem befindet. Das Absorberrohr ist vor einem abstimmbaren Kurzschlußschieber durch den Hohlleiter gesteckt und zwar parallel zum $\mathfrak{E}$-Vektor des Wellenfeldes. Bei optimaler Abstimmung werden bis zu 95 % der Mikrowellenenergie im Absorberrohr absorbiert. Je nach Magnetronleistung kann man in 0,1 ml Absorbervolumen eine recht homogene Aufheizung um 1–6 K erzielen. Bei einem strömenden Reaktionssystem kann dieser Temperatursprung auch repetierend ausgeführt werden (s. Abschnitt 8.7.6). Als Absorbermedium stehen mehrere Lösungsmittel zur Verfügung, von denen Äthylenglycol auch Messungen bei Temperaturen unter 0° C zuläßt.

Bei allen drei Temperatursprungverfahren ist die minimale Aufheizzeit letztlich durch die maximale Impulsleistung begrenzt. Zur Aufheizung von 0,1 ml wäßriger Lösung um 1 K benötigt man ca. 0,4 J. Bei einer Impulsdauer von 10 ns entspricht diesem Wert eine Impulsleistung von 40 MW, die nur noch mit Hochleistungslasern zu erreichen ist.

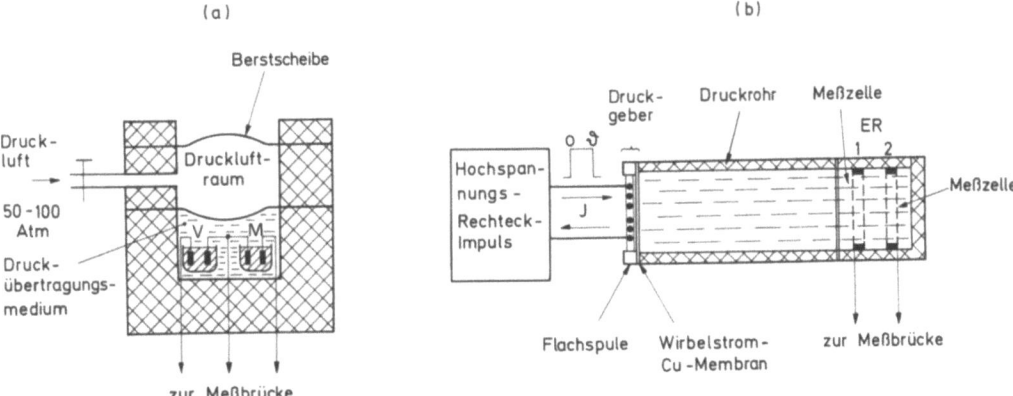

Abb. 8.10a und b. Schematische Darstellung von Versuchsaufbauten zur Erzeugung schneller Drucksprünge: (a) Druckentspannungsapparatur nach Strehlow [Strehlow, H., Becker, M.: Ber. Bunsenges. **63**, 457 (1959)]. M Meßzelle, V Vergleichszelle. (b) Druckwellenapparatur nach Hoffmann [Hoffmann, H., Pauli, K.: Ber. Bunsenges. **70**, 1052 (1966), Platz, G., Hoffmann, H.: Ber. Bunsenges. **76**, 491 (1972) (Gas-Stoßwellen)]. ER Elektrodenringe, I Impulsstrom.

8.7.2.2. Drucksprung

Über einer Meßlösung kann man eine Druckänderung in kurzer Einstellzeit ϑ sowohl durch eine plötzliche Entspannung der unter hohem Druck stehenden Apparatur als auch durch eine Schockwelle erzielen, die in ein Reaktionsrohr einläuft.

Das Schema einer *Druckentspannungs*-Apparatur ist in Abb. 8.10a dargestellt. Die Entspannung des hohen Druckes erfolgt durch die mechanische Zerstörung einer Berstscheibe infolge Überdruck. Im Druckübertragungsraum, der eine Meß- und Referenzzelle enthält, fällt der Druck mit einer Verzögerungszeit $\tau_p \approx 10$ μs ab, die sich aus den Eigenschaften des vorgespannten Materials ergibt.

Um eine Gleichgewichtsverschiebung $\Delta K/K$ von 1% zu erreichen, ist gemäß Gl. (8.60) bei einem Reaktionsvolumen ΔV^0 von 10 cm³/mol und $T = 300$ K ein Drucksprung

$$\Delta p = \frac{RT}{\Delta V^0} \cdot \frac{\Delta K}{K} \approx 25 \text{ Atm}$$

erforderlich. Ionenreaktionen besitzen wegen der Änderungen in der Hydrathülle relativ hohe ΔV^0-Werte zwischen 10 und 30 cm³/mol. Demgegenüber liegen die Volumenänderungen bei anderen Reaktionen gewöhnlich weit unter 1 cm³/mol, so daß zur Anregung Drucksprünge > 250 Atm notwendig sind. Aus diesem Grunde werden mit Drucksprüngen in der Regel nur Ionenreaktionen untersucht, und die Autoklaven für etwa 100 Atm ausgelegt.

Die Druckwelle nach dem Zerstören der Berstscheibe erzeugt nicht unerhebliche Störungen im gesamten Meßsystem. Deshalb ist es wie bei den Temperatursprunguntersuchungen unerläßlich, in einer Brückenschaltung (s. Abschnitt 8.7.4.1) eine Differenzmessung gegenüber einer Neutralsalzlösung auszuführen.

Die Erzeugung von Drucksprüngen bzw. Schockwellen durch nicht zerstörungsfreie mechanische Elemente, wie Berstscheibe, Sprengsatz usw., entspricht nicht der Vorstellung einer quasi „trägheitslosen" physikalischen Reaktionsauslösung. Diesem Prinzip kommt jedoch ein spezielles *Schockwellenverfahren* entgegen, das einen elektromagnetischen Druckstoßgeber verwendet, der wiederholt durch elektrische Impulse erregt wird. Die mechanische Stoßantwort dieses Gebers wird über ein geeignetes Übertragungsmedium im Stoßwellenrohr auf die Meßzelle eingekoppelt (vgl. Abb. 8.10b). Die Anstiegszeit der Druckwelle ist durch die Abmessungen der Meßzelle gegeben und liegt bei etwa 1 μs. Da der Druckzustand nur etwa für die Dauer des elektrischen Impulses besteht, ist eine Relaxationsmessung mit diesem Verfahren auf einen relativ kurzen Zeitbereich bis max. 100 μs beschränkt. Für kinetische Untersuchungen kann dieses Stoßwellenrohr somit nur zusätzlich zur Druckentspannungsapparatur verwendet werden, um die zeitliche Auflösung in den μs-Bereich zu erweitern.

Ein Stoßwellenrohr gemäß Abb. 8.10b läßt sich auch durch einen Druckgeber mit einer Berstscheibe wie in Abb. 8.10a anregen. Mit einer derartigen Gas-Stoßwellenapparatur erzielt man aufgrund der Aufsteilung der Stoßwellenfront ebenfalls Anstiegszeiten von einigen μs.

8.7.2.3. Feldstoß

Für eine Anregung durch eine Feldänderung ΔE folgt aus G. (8.60) für $x_i = E$ und $\xi_i = \Delta M_0$ eine Gleichgewichtsverschiebung

$$\Delta \ln K = \frac{\Delta K}{K} = \frac{\Delta M_0}{RT} \cdot \Delta E, \qquad (8.60\text{b})$$

die durch die Änderung der Volumen-Polarisation, durch $\Delta M_0 = \Delta \varepsilon \cdot V \cdot \varepsilon_0 \cdot E$ festgelegt ist. Dabei bedeutet $\Delta \varepsilon$ die von der Feldstärke E in guter Näherung unabhängige Änderung der Dielektrizitätskonstanten, die pro Mol Reaktionsumsatz im gegebenen Reaktionsraum V (Elektrodenraum) entsteht. ε_0 ist die Influenzkonstante.

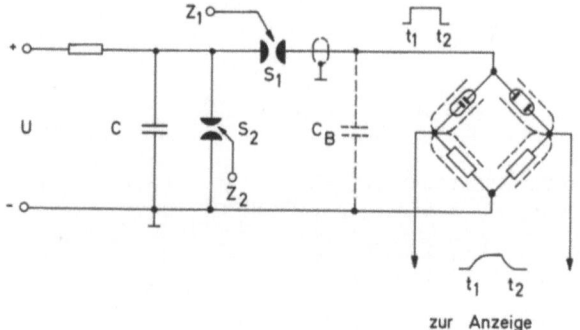

Abb. 8.11. Schematische Darstellung eines Versuchsaufbaues zur Erzeugung von schnellen Feldstößen nach Eigen [Eigen, M., de Mayer, L.: Z. Elektrochem. **59**, 986 (1955)]. Die Hochspannungsimpulse werden durch Funkenstrecken geformt: Einschalten (S_1), Ausschalten (S_2), getriggert durch Zündimpulse Z_1 und Z_2 zu Zeiten t_1 und t_2. C Stoßkondensator, C_B Brückenstreukapazität.

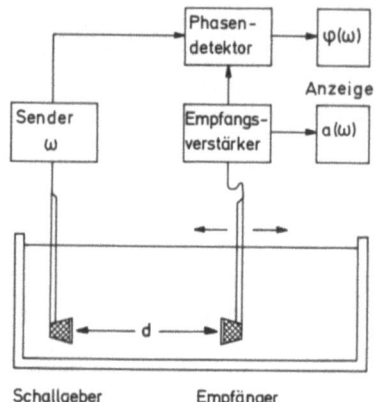

Abb. 8.12. Schematische Darstellung eines Versuchsaufbaues zur Anregung mit hochfrequenten Schallwellen (MHz-Gebiet) und Messung von Amplitude $a(\omega)$ und Phase $\varphi(\omega)$ in Abhängigkeit vom Abstand d zwischen Schallgeber und Empfänger in einem Meßtrog nach Carstensen [Carstensen, E. L.: J. Acoust. Soc. Am. **26**, 858 u. 862 (1954)].

Die Reaktions-Polarisation ΔM_0, die bei polarisierbaren Reaktanden z. B. durch eine Änderung der Dipolmomente während der Reaktion auftritt, ist im allgemeinen relativ klein. Für eine 1%ige Gleichgewichtsverschiebung bei Isomerisierungsreaktionen sind z. B. Feldstärken von mehr als 10^6 V/cm erforderlich. Im Falle von Ionenreaktionen überwiegt in der Regel ein Dissoziations-Feldeffekt, für den man bei Ionen gleicher Wertigkeit anstelle von ΔM_0 in Gl. (8.60b) den Ausdruck $q^3 N_L^2/8\pi\varepsilon\varepsilon_0 RT$ einzusetzen hat, (q = Elementarladung, N_L = Loschmidtsche Konstante). Für eine Gleichgewichtsverschiebung von 1% sind aufgrund dieses Effektes Feldänderungen von 10^4 bis 10^5 V/cm ausreichend. In nichtwäßrigen, weniger polaren Lösungsmitteln sind die erforderlichen Feldstärken wegen der kleineren Dielektrizitätskonstanten entsprechend kleiner. Für die Messung von Relaxationsvorgängen über eine Anregung mit Hilfe des Dissoziations-Feldeffektes sind daher bei Elektrodenabständen zwischen 1 und 10 mm Impulsspannungen von 10–100 kV erforderlich.

Da bei derartig hohen Spannungen Störungen in der Meßzelle, z. B. eine Erwärmung der Lösung, Effekte an den Elektroden etc., auftreten, ist auch hier eine Referenzzellenanordnung unumgänglich, bei der die Störeffekte kompensiert werden. Durch unterschiedliche Elektrodenabstände bei gleicher Zellimpedanz kann man in einer Brückenschaltung z. B. spannungsabhängige Effekte von den eigentlichen Feldeffekten separieren (s. Abb. 8.11). Die Hochspannung U wird über eine Zündfunkenstrecke S_1 zur Zeit t_1 an die Meßstrecke mit hoher Impedanz[1] angelegt und zur Zeit t_2 über eine zweite Zündfunkenstrecke durch Kurzschließen wieder abgetrennt.

Die Auf- und Entladung der effektiven Brückenkapazität, die durch bifilaren Aufbau besonders klein gehalten wird, ist praktisch nur durch die Schaltzeit der Funkenstrecken vorgegeben und liegt bei einigen ns. Die zeitliche Auflösung der Meßanordnung ist lediglich durch die Übertragungseigenschaften der Meßbrücke bestimmt, die infolge der endlichen Zellkapazitäten gewöhnlich im µs-Bereich liegt (s. Abschnitt 8.7.4.1).

Da man Feldstöße relativ leicht mit sehr hoher Flankensteilheit erzeugen kann, wird die zeitliche Auflösung zumeist weniger durch die Anregung als durch die Beobachtungsmethode begrenzt. Mißt man die Relaxationssignale nach einer Feldanregung z. B. nicht konduktometrisch wie in Abb. 8.11 (vgl. auch 8.7.4) sondern photometrisch über Absorptionsänderungen (vgl. 8.7.3), so läßt sich eine Auflösung von etwa 20 ns erzielen.

8.7.2.4. Schallanregung

Bei niedrigen Frequenzen bis in den kHz-Bereich ist die Schallabsorption in Lösungen äußerst gering, so daß für einen meßbaren Intensitätsabfall Schichtdicken von einigen Metern notwendig sind. Man verwendet deshalb spezielle mit Meßlösung gefüllte Schallresonatoren, bei denen man durch Frequenzvariation die Resonanzbreite Δf_r oder nach Abschalten der Schallerregung die Schwingungsdämpfung τ_r mißt. Der Schallabsorptionskoeffizient pro Wellenlänge μ berechnet sich hieraus gemäß den Beziehungen

$$\mu = 2\pi \frac{\Delta f_r}{f_r} \tag{8.71}$$

oder mit $2\pi\Delta f_r = 1/\tau_r$

$$= \frac{1}{f_r \cdot \tau_r}$$

Für hohe Frequenzen (Ultraschall, im MHz-Gebiet) kann man dagegen in geeigneten Trögen, die einen Schallgeber und einen beweglichen Schalldetektor besitzen, sowohl den Intensitätsabfall als auch die Phase in Abhängigkeit vom Abstand d zwischen Sen-

---

[1] Beim Temperatursprung-Impuls hat die Zelle eine niedrige Impedanz.

der und Empfänger messen und aus der Beziehung $I(d) = I_0 e^{-\frac{\mu}{\lambda}d}$ den Schallabsorptionskoeffizienten

$$\mu = \ln \frac{I(d=\lambda)}{I_0} \quad (8.72)$$

bestimmen (s. Abb. 8.12). — Aus der Frequenzabhängigkeit von μ wird die Relaxationszeit τ nach einer Beziehung vom Typ der Gl. (8.69) ermittelt.

8.7.2.5. Impulsphotolyse

Die Anregung mit kurzen Lichtimpulsen ist ein weitverbreitetes und wirkungsvolles Verfahren zur Untersuchung photochemischer Reaktionen gerade auch in biologischen Vorgängen. Bei photochemischen Prozessen wird die Energie für den Umsatz von den absorbierten Lichtquanten geliefert, wie z.B. bei der Photosynthese (s. auch Kapitel 13.1). Jedoch kann das Anregungslicht auch lediglich als Auslöser eines Vorganges dienen, der aus einer dem System eigenen Energiequelle gespeist wird, wie das z.B. beim Sehvorgang der Fall ist (vgl. Kapitel 13.5).

Zur Anregung mit kurzen Lichtblitzen werden neben Photoverschlüssen vor Gleichlichtlampen ($\vartheta \gtrsim 1$ ms) und Elektronen-Blitzlampen ($\vartheta \gtrsim 0{,}3$ μs) auch Festkörper- und Farbstofflaser im Riesenimpulsbetrieb (ϑ im ns-Bereich) oder im "mode-locking"-Betrieb (ϑ im ps-Bereich) eingesetzt. In Abb. 8.13a ist die Schaltung einer Blitzlampe, in Abb. 8.13b die eines Impuls-Lasers schematisch wiedergegeben. Der Entladekreis der Blitzlampen — auch der im Pumplichtkreis des Lasers — entspricht dem in der Temperatursprungapparatur (vgl. auch Abb. 8.9a), es fallen lediglich Zündfunkenstrecke und Entladungszelle in der Blitzröhre zusammen. Trotz der recht erheblichen Lichtimpuls-Leistungen von ca. 100 kW über 5 μs bei der Blitzlampe oder ca. 10 MW innerhalb weniger als 5 ns beim Impulslaser liegen die jeweiligen Gesamt-Photonenzahlen pro Blitz nur bei einigen μ-Einstein. Diese Photonenzahlen reichen jedoch für eine Sättigungsanregung gewöhnlich aus, da das Reaktionssystem zumeist auch nur in Mengen von einigen μ-Mol vorliegt (mM Lösung in ml Meßvolumen).

Das Anregungslicht wird beim Pulslaser zumeist direkt, beim Photoverschluß und bei der Blitzlampe mittels einer optischen Abbildung oder durch einen Lichtleiter über ein Farbfilter F in das Reaktionssystem geleitet (s. Abb. 8.13).

8.7.2.6. Pulsradiolyse

Die Anregung mit kurzen energiereichen Elektronenpulsen eröffnet die Möglichkeit, in einem System Reaktionen mit bestimmten, zumeist hochreaktiven Radiolyseprodukten (z.B. solvatisierten Elektronen) zu untersuchen. Der Elektronenstrahl wird von einem van de Graaff-Generator (s. Abb. 8.14) oder einem Linearbeschleuniger erzeugt und in die Meßküvette eingeleitet.

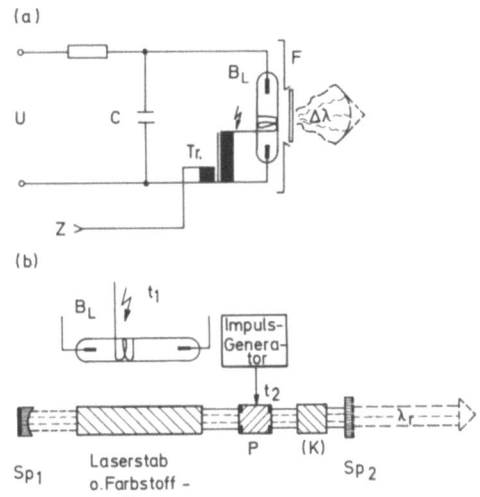

Abb. 8.13a und b. Schematische Darstellung von Impuls-Lichtquellen für die Anregung photochemischer Reaktionen (Impulsphotolyse). (a) Elektronenblitzlampe: C Stoßkondensator, B_L Quartzblitzröhre, Tr Zündtrafo, Z Zündimpuls, F Farbfilter, $\Delta\lambda$ ausgefilterter Spektralbereich. (b) Riesenimpuls-Laser: Sp_1 Spiegel, Sp_2 halbdurchlässiger Spiegel, B_L Pumplichtlampe gezündet zu t_1, P Pockelzelle (Q-switch), geöffnet zu $t_2 > t_1$, aktives Schaltelement für Erzeugung von ns-Riesenimpulsen, (K) Kristall, passives Schaltelement zum "mode-locking"-Betrieb von ps-Impulsen, λ_r Laser-Spektrallinie.

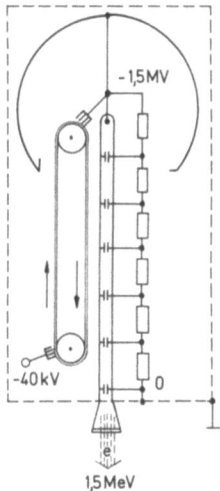

Abb. 8.14. Prinzip-Darstellung eines van de Graaff-Generators zur Anregung chemischer Reaktionen mit Elektronenstrahlen (Pulsradiolyse). Schema mit Daten des Generators vom Hahn-Meitner-Institut, Berlin, nach Henglein [Henglein, A.: Einführung in die Strahlenchemie mit praktischen Anleitungen. Weinheim: Verlag Chemie 1968, Kap. 1.3 u. 14.1.]

Betrachtet man einen kleinen van de Graaff-Generator mit 1,7 MeV, einem max. Pulsstrom von 10 mA und einer einstellbaren Pulsbreite zwischen 0,5 und 50 μs, so werden pro μs dem Meßvolumen etwa 700 rad zugeführt. Daraus ergeben sich bei max. Pulsbreite und einer Erzeugungsrate $G = 3/100$ eV ca. 0,1 μmol an Radiolyseprodukten im Meßvolumen.

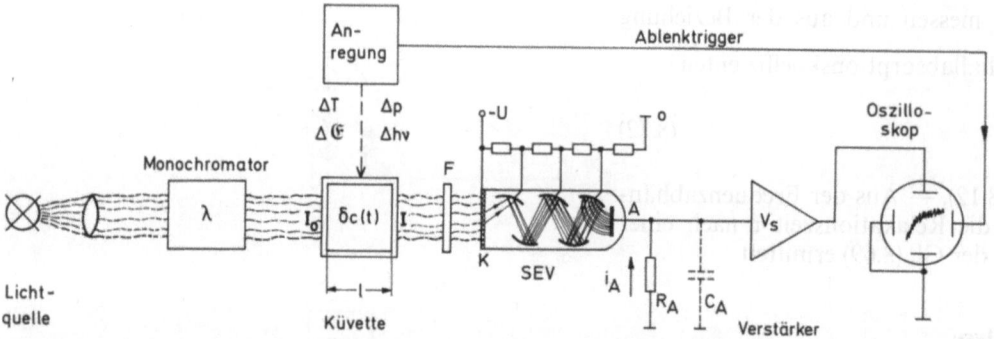

Abb. 8.15. Schematische Darstellung eines kinetischen Spektralphotometers nach Porter [Norrish, R. G. W., Porter, G.: Nature **164**, 658 (1949) (*Spektrograph*)]. Witt [Witt, H. T., Moraw, R., Müller, A.: Z. physik. Chem. N. F. **20**, 193 (1953) (*Photometer*)] und Rüppel [Rüppel, H., Bültemann, V., Witt, H. T.: Ber. Bunsenges. **68**, 340 (1964) (*repet. Photometer*)]. K Kathode, A Anode, V_s Nachverstärkung, U Kathodenspannung (ca. -500 V b. Photomet., -2500 V b. Fluorimet.), F Abblock-Interferenzfilter bei Blitzanregung, andere Bezeichnungen s. Text.

Mit der höheren Elektronenenergie (15 MeV) sowie dem höheren Pulsstrom (1 A) von Linearbeschleunigern erreicht man auch bei kürzeren Pulsbreiten Ausbeuten von einigen µMol pro Puls, die denjenigen bei der Photolyse entsprechen.

8.7.3. Optische Meßverfahren

8.7.3.1. Kinetisches Spektralphotometer

Wenn bei einem Relaxationsvorgang [z.B. gemäß Gl. (8.59)] einer der Reaktionspartner im Wellenlängenbereich zwischen 200 und 1000 nm absorbiert, kann man die Reaktion mit einem kinetischen Spektralphotometer verfolgen, das in Abb. 8.15 skizziert ist:

Monochromatisiertes Meßlicht $I_0(\lambda)$ aus einer Gleichlichtquelle durchstrahlt eine Meßküvette mit dem Reaktionssystem und fällt über ein Abblockfilter F (bei Blitzlichtanregung) auf einen Meßlichtdetektor (im sichtbaren und UV-Spektralbereich auf einen Elektronenvervielfacher (SEV)). Die nach der Anregung auftretenden Absorptionsänderungen $\delta\alpha$ werden in Meßlichtänderungen δI und diese über den SEV in entsprechende Änderungen des Anodenstromes δi_A umgesetzt, die man am Anodenwiderstand R_A als Spannungsänderungen (Signale) $\delta U_A = -R_A \delta i_A$ messen kann. Die Meßsignale werden verstärkt und entweder auf einem Schreiber oder einem Oszilloskop angezeigt.

Die Meßsignale δU_A hängen mit den Konzentrationsänderungen δc in folgender Weise zusammen: Wenn $I(\lambda)$ die Intensität des aus der Küvette austretenden Meßlichtes bei der Wellenlänge λ ist, dann ergibt sich die Absorption $\alpha(\lambda)$ vor der Anregung in einer Küvette der Länge l bei n Reaktionspartnern der Konzentration $c_i^=$ mit Extinktionskoeffizienten ε_i zu

$$\alpha^= = \ln \frac{I_0(\lambda)}{I_{(\lambda)}^=} = \sum_{i=1}^n \varepsilon_i c_i^= l \,. \quad{}^2 \tag{8.73}$$

---
[2] Die in der Praxis bevorzugte Größe der optischen Dichte D ergibt sich aus $D = \lg I_0/I = \varepsilon_i^P c_i l$, wobei ε_i^P der molare *dekadische* Extinktionskoeffizient ist. (Umrechnung $D = \alpha/\ln 10$, $\varepsilon_i^P = \varepsilon_i/\ln 10$.)

Während der Reaktion ändert sich die Zusammensetzung der Meßlösung gegenüber der jeweiligen Gleichgewichtskonzentration $c_i^=$ um $\delta c_i = c_i - c_i^=$ und damit die Intensität des austretenden Meßlichtes um $\delta I = I - I^=$, so daß sich aus Gl. (8.73) eine Absorptionsänderung

$$\begin{aligned}\delta\alpha &= \alpha - \alpha^= = -\ln I/I^= = -\ln\left(1 + \frac{\delta I}{I^=}\right) \\ &= \sum_{i=1}^n \varepsilon_i c_i l - \sum_{i=1}^n \varepsilon_i c_i^= l = \sum_{i=1}^n \varepsilon_i \delta c_i l\end{aligned} \tag{8.74}$$

ergibt. Für kleine Änderungen $\delta I/I^= < 0{,}1$ ist

$$\delta\alpha = -\frac{\delta I}{I^=} = -\frac{\delta u_A}{u_A^=} \tag{8.75}$$

mit einem Fehler $< 6\%$. Im Beispiel gemäß Gl. (8.59) ist $\delta c_A = \delta c_B = -\delta c_E$ und damit

$$\begin{aligned}\delta\alpha &= -\frac{\delta I}{I^=} = (\varepsilon_E \delta c_E + \varepsilon_A \delta c_A + \varepsilon_B \delta c_B) \cdot l \\ &= (\varepsilon_E - \varepsilon_A - \varepsilon_B) \delta c_E \cdot l.\end{aligned} \tag{8.74a}$$

Da die ε_i Funktionen der Wellenlänge sind, hängt das Vorzeichen der Absorptionsänderung davon ab, ob bei der betrachteten Wellenlänge die End- oder die Ausgangsprodukte eine höhere Absorption besitzen. Der besondere Vorteil dieses optischen Meßverfahrens liegt bei mehrstufigen Reaktionen gerade in der Möglichkeit, ein vollständiges Differenzspektrum aufzunehmen, mit dem man Zwischenprodukte indentifizieren kann.

Ein Maß für die *Meßgenauigkeit* bei einem kinetischen Spektralphotometer ergibt sich aus folgender Überlegung:

Für das am Arbeitswiderstand R_A abgegriffene Meßsignal S gilt $S = |\delta U_A| = R_A |\delta i_A|$. Bei einem SEV ist die Anodenstromänderung $\delta i_A = V \cdot \delta i_K$ (V = Verstärkung). Die Kathodenstromänderung δi_K ist proportional zur Änderung der Lichtintensität δI:

$$\delta i_K = E_\lambda \cdot F \cdot \delta I \tag{8.76a}$$

und gemäß Gl. (8.75)

$$= -E_\lambda \cdot F \cdot I \cdot \delta\alpha \qquad (8.76\,b)$$

(E_λ = Kathodenempfindlichkeit, F = durchstrahlte Küvettenfläche).

Der Meßfehler ∂S ergibt sich überwiegend aus der statistischen Fluktuation des Kathodenstromes i_K, für die man aufgrund des Schroteffektes der Photoelektronen das mittlere Schwankungsquadrat

$$\overline{\partial i_K^2} = \frac{\overline{\partial S^2}}{(R_A V)^2} = 2q|i_K|\Delta f = 2qE_\lambda \cdot F \cdot I \cdot \Delta f \qquad (8.77)$$

angeben kann, wobei q die Elementarladung, $\Delta f = 1/4R_A C_A$ die „rauschäquivalente" Übertragungsbandbreite und C_A die effektive Anodenkapazität ist.

Die auf dem Schreiber bzw. Oszilloskopschirm sichtbare „Rauschbreite" (Rauschpegel) R ist definiert als

$$R = p\sqrt{\overline{\partial S^2}} = p \cdot R_A \cdot V \sqrt{\overline{\partial i_K^2}} \qquad (8.78)$$

mit dem statistischen Faktor[3] p. Damit folgt für die relative Meßgenauigkeit oder das sog. Signal-Rausch-Verhältnis S/R

$$\frac{S}{R} = \frac{1}{p}\sqrt{\frac{E_\lambda \cdot I \cdot F}{2q \cdot \Delta f}} \cdot \delta\alpha, \qquad (8.79)$$

das bei gegebener Bandbreite Δf mit steigender Meßlichtintensität $\sim \sqrt{I}$ weiter zunimmt. Da aber I gemäß Gl. (8.73) selbst von der Absorption $\alpha^=$ im Reaktionssystem abhängt, kann man unabhängig von I_0 das S/R-Verhältnis durch geeignete Wahl von $\alpha^=$ optimieren. Dieser Sachverhalt läßt sich in folgendem Grenzfall einfach überblicken: Erfolgt die Signalmessung in einem Spektralbereich, wo nur eine Komponente, z. B. gemäß Gl. (8.59) etwa das Endprodukt E absorbiert, so ist $\alpha^= = \alpha_E$, $\delta\alpha = \alpha_E \cdot \delta c_E/c_E$, $I = I_0 e^{-\alpha_E l}$ und gemäß Gl. (8.79) $S/R \sim \alpha_E \cdot e^{-\alpha_E/2}$.

Der Optimalwert liegt bei $\alpha_E = 2$ entsprechend einer optischen Dichte $D = 0,87$ (14% Transmission). Diesen Wert kann man durch Variation von l bzw. von c_E einstellen, sofern $\delta c_E \sim c_E$ ist. Somit erhält man das optimale S/R-Verhältnis als

$$\left(\frac{S}{R}\right)_{opt} = \frac{2}{ep}\sqrt{\frac{2E_\lambda \cdot F \cdot I_0}{q}R_A C_A} \cdot \frac{\delta c_E}{c_E}, \qquad (8.80)$$

wenn man $\Delta f = 1/4R_A C_A$ einsetzt. Bei vorgegebener Meßpflichtintensität[4] I_0 kann man das S/R-Verhältnis dadurch verbessern, daß man die durchstrahlte Fläche F möglichst groß macht (F ist proportional zur Zahl der angeregten Moleküle), eine hohe Katho-

---
[3] Zum Beispiel $p = 4$: Bei einer Gaußverteilung liegen 14% der stochastischen Werte zu S außerhalb R.
[4] Insbesondere bei einer photochemischen Reaktion wird man versuchen, die Meßlichtbelastung I_0 im Anregungsspektralbereich möglichst klein zu halten, um eine Anregung durch das Meßlicht weitgehend auszuschließen.

denempfindlichkeit E_λ aussucht (max. Werte 0,35 q/hv) und die Übertragungszeitkonstante $R_A C_A$ so groß wählt, wie es für eine ausreichende Zeitauflösung noch zulässig ist (z. B. $R_A C_A \lesssim \vartheta/2$ s. Kap. 8.7.4.2).

8.7.3.2. Kinetisches Spektralfluorimeter

Das in Abb. 8.15 dargestellte kinetische Spektralphotometer kann unter Wegfall des Meßlichtteiles auch als Fluorimeter verwendet werden. Der SEV, der beim Photometerbetrieb mit hohen Photoströmen bei niedriger Verstärkung arbeitet, muß für Fluoreszenzmessungen lediglich durch eine höhere Betriebsspannung bzw. eine größere Dynodenzahl auf eine hohe Verstärkung eingestellt werden, um auch kleine Fluoreszenzlichtintensitäten erfassen zu können. Da das Fluoreszenzlicht allseitig emittiert wird, hat die Meßoptik vor dem SEV einen möglichst großen Raumwinkel zu erfassen, was am wirkungsvollsten durch eine Ulbricht-Kugel erreicht wird.

Zur Abschätzung des S/R-Verhältnisses hat man in den für das Photometer abgeleiteten Beziehungen die auf den Raumwinkel Ω bezogenen Fluoreszenz-Lichtstärken einzusetzen, z. B. $\Delta\Omega/4\pi \cdot \delta I(\Omega)$ sowohl anstelle von $F \cdot \delta I$ in Gl. (8.76a) als auch von $F \cdot I$ in Gl. (8.77). Hieraus ergibt sich entsprechend der Ableitung von Gl. (8.79) ein S/R-Verhältnis, das mit der Quadratwurzel aus der Fluoreszenzlicht-Änderung $\delta I(\Omega)$ ansteigt und somit, anders als bei der Absorptionsänderung $\delta\alpha$, nicht linear von der Größe des Meßsignals abhängt.

8.7.3.3. Mikrospektralphotometer

Ein besonders für biophysikalische Untersuchungen, z. B. beim Sehvorgang, bedeutsames Meßinstrument ist das Mikrospektralphoto- bzw. -fluorimeter mit Polarisationszusatz. Dieses Gerät kann aus einem guten, handelsüblichen umgekehrten Mikroskop aufgebaut werden. Das monochromatische (ggfs. polarisierte) Meßlicht wird mit einem Objektiv von oben auf das Präparat (z. B. Ausschnitte aus einem Sehstäbchen) abgebildet. Das austretende Licht wird (ggfs. über einen Analysator) in einem SEV gesammelt. Die Anregung des Präparates erfolgt über ein seitlich in den Strahlengang eingeführtes Lichtbündel entweder mit einem Strahlenteiler oder durch einen Lichtleiter.

8.7.4. Elektrische Meßverfahren

8.7.4.1. Kinetisches Konduktometer

Dem kinetischen Spektralphotometer entspricht das kinetische Konduktometer, das immer angewendet werden kann, wenn sich bei dem untersuchten Relaxationsvorgang der Dissoziationsgrad ändert, weil entweder geladene Reaktionspartner reagieren oder geladene Zwischenprodukte auftreten.

Wenn u_i die Beweglichkeit der i-ten Ionensorte ist, die in der Konzentration[5] c_i mit der Ladungszahl z_i

---
[5] Bei stark verdünnten Lösungen, sonst durch Aktivität a_i zu ersetzen.

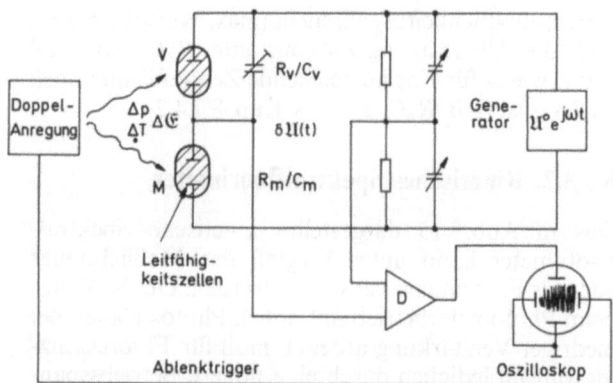

Abb. 8.16. Schematische Darstellung eines kinetischen Impulskonduktometers nach Strehlow (s. in Abb. 8.10). D Differenz-Meßverstärker R_m/C_m und R_v/C_v: Widerstand/Kapazität von Meß- und Vergleichzelle, andere Bezeichnungen s. Text.

vorliegt, so ergibt sich die Gesamtleitfähigkeit bei n Ladungsträgern als

$$\varkappa = F \cdot \sum_{i=1}^{n} c_i u_i |z_i| \qquad (8.81)$$

(F = Faradaykonstante).

Eine Gleichgewichtsverschiebung, z. B. durch einen Temperatursprung, kann sowohl die Konzentration c_i als auch die Ionenbeweglichkeit u_i ändern. Während sich die Konzentrationsänderung gemäß dem Relaxationsvorgang vollzieht $\delta c_i = \delta c_i(t)$ [s. Gl. (8.65) und (8.66)], stellt sich die Beweglichkeitsänderung in der Regel extrem schnell ein, z. B. beim Temperatursprung in ca. 10^{-8} s: $\delta u_i = \delta u_i^0 =$ const. Man erhält damit aus Gl. (8.81):

$$\delta\varkappa(t) = F \left(\sum_{i=1}^{n} \delta c_i u_i |z_i| + \sum_{i=1}^{n} c_i \delta u_i^0 |z_i| \right)$$
$$= \delta\varkappa^r(t) + \delta\varkappa^0 . \qquad (8.82)$$

Neben dem zeitabhängigen Relaxationsterm $\delta\varkappa^r(t)$ tritt noch ein konstanter Leitfähigkeitsterm $\delta\varkappa^0$ auf. Da dieser Beweglichkeitssprung bei allen Elektrolyten nahezu gleich groß ist (z. B. bei ΔT-Sprung 2%/K), kann man diesen in einer Leitfähigkeitsbrücke kompensieren, wenn man gegen eine Referenzzelle mit einer Neutralsalzlösung (z. B. KCl) mißt (s. Abb. 8.16). Um Elektrolyse zu vermeiden, wird die Brücke mit einer Wechselspannung $\mathfrak{U}(t) = \mathfrak{U}^0 e^{j\omega t}$ betrieben. Für sehr schnelle Relaxationssignale kann auch eine Rechteck-Impulsspannung als Brückenspeisespannung verwendet werden. Wenn man die Meßbrücke (Abb. 8.16) sowohl ohmisch als auch kapazitiv abstimmt ($\gamma = R_m/R_m + R_v$, $R_m C_m = R_v C_v = \tau_m$, R_m/C_m u. R_v/C_v = Widerstand/Kapazität von Meß- und Vergleichzelle) und dann zur Zeit $t=0$ eine Leitfähigkeitsänderung $\delta\varkappa(t)$ in der Meßzelle erzeugt, so entsteht ein Brückenausschlag $\delta\mathfrak{U}$ und eine relative Brückenverstimmung

$$\frac{\delta\mathfrak{U}(t)}{\mathfrak{U}^0} = \frac{\gamma(1-\gamma)}{\sqrt{1+(\omega\tau_m)^2}} \frac{\delta\varkappa(t)}{\varkappa} e^{-\arctan\omega\tau_m}(e^{j\omega t} - e^{t/\tau_m}) \qquad (8.83)$$

Für den Grenzfall $\omega \to 0$, der z. B. im Rechteck-Impulsbetrieb realisiert ist, erkennt man in dem Klammerterm, daß die Brückenzeitkonstante τ_m die zeitliche Auflösung der Meßbrücke bestimmt. Für große Werte von ω begrenzt τ_m durch den Wurzelterm im Nenner auch die Meßempfindlichkeit: für $\omega = 1/\tau_m$ ist diese auf $1/\sqrt{2}$ abgesunken. Auf den Einschwingvorgang der Brücke ($\sim \pi \cdot \tau_m$) entfällt dann gerade eine Halbwelle der Brückenwechselspannung. Die zeitliche Auflösung ist daher durch $\vartheta = 2\pi \cdot \tau_m$ (Abtastung durch 2 Halbwellen) gegeben, ein Wert, der wegen $\tau_m = R_m \cdot C_m$ und $R_m \sim 1/\varkappa$ mit steigendem $\varkappa$ abnimmt.

Die relative Genauigkeit bzw. das S/R-Verhältnis findet man analog zur Ableitung von Gl. (8.79), wenn man für das Rauschen der Leitfähigkeitszelle die Nyquistbeziehung für den Widerstand R_m verwendet: $\overline{\delta U^2} = 4\sigma \cdot kTR_m \Delta f$, wobei ein Rauschfaktor $\sigma > 1$ (etwa 4) hinzugefügt wird, der das zusätzliche Rauschen des Elektrolyten und der Metall-Elektrolyt-Grenzschichten berücksichtigt. k ist die Boltzmann-Konstante. Dann ergibt sich mit der „Äquivalenz"-Rauschbreite $\Delta f = 1/4 \cdot R_m \cdot C_m$:

$$R = p \sqrt{\frac{\sigma kT}{C_m}}. \qquad (8.84)$$

Für eine einfache Neutralisationsreaktion gemäß dem Schema von Gl. (8.59), bei der $c_A = c^+ = c_B = c^-$ ist, folgt gemäß Gl. (8.82) $\delta\varkappa^r/\varkappa = \delta c^+/c^+$. Damit ergibt sich bei einem symmetrischen Brückenabgleich ($\gamma = 1/2$) für $\omega = 1/\tau_m$ aus Gl. (8.83) ein Signal $S = |\delta u| = \frac{1}{4\sqrt{2}} \frac{\delta\varkappa^r}{\varkappa} |\mathfrak{U}^0|$ und somit ein

$$(S/R)_{opt} = \frac{1}{4p} \sqrt{\frac{C_m}{2\sigma kT}} |\mathfrak{U}^0| \frac{\delta c^+}{c^+} . \qquad (8.85)$$

Genau wie beim kinetischen Spektralphotometer [Gl. (8.80)] steigt das S/R-Verhältnis mit der Wurzel aus der Schaltkapazität am Meßobjekt an, die auch die Zeitauflösung bestimmt. Die relative Meßgenauigkeit kann linear mit der angelegten Brückenspannung $\mathfrak{U}^0$ vergrößert werden, während beim entsprechenden Spektralphotometer diese nur mit der Wurzel aus der eingestrahlten Meßlichtintensität ansteigt. Diese Vergrößerung der Genauigkeit ist in beiden Fällen nach oben hin begrenzt: im ersten Fall durch die Erwärmung der Meßzelle, im zweiten Falle durch die Ausbleichung der Meßlösung.

8.7.4.2. Elektrodenmessungen

Die Messung von bioelektrischen Signalen läßt sich im strengen Sinne nicht zu den Relaxationsuntersuchungen schneller chemischer Reaktionen zählen. Die im Bereich der Neurologie u. a. durch akustische, chemische und elektrische „Reize", im Sehvorgang sowie in der Photosynthese durch Lichtimpulse hervorgerufenen elektrischen Signalverläufe sind stets mit einem chemisch-energetischen Umsatz verknüpft. Deshalb lassen sich die elektrischen Vorgänge in mannigfaltiger Weise gerade zur Untersuchung der chemischen Reaktionen heranziehen, die den elektrobiologischen Signalen vorausgehen, diese erzeugen oder begleiten.

Durch das Anlegen großflächiger *Elektroden* kann man an vielen biologischen Objekten nach entsprechender Anregung (Reizung) elektrische Signalverläufe („Potentiale") registrieren („ableiten"). So wurde als erstes bioelektrisches Lichtsignal überhaupt das Elektroretinogramm (ERG) entdeckt, das als Antwort des Auges auf einen Rechteck-Lichtimpuls zwischen einer Wattebauschelektrode auf der Hornhaut und einer Körperelektrode meßbar ist. Die entsprechenden „Ableitungen" des Elektrokardiogramms (EKG) oder des Elektroenzephalogramms (EEG) liefern ebenfalls elektrische Signalfolgen, die die Summation aller zwischen den Elektroden ablaufenden elektrobiologischen Vorgänge darstellen. Es bedarf daher geschickter chemischer oder physiologischer Eingriffe, um die einzelnen Anteile des Summensignals voneinander zu separieren und zu identifizieren.

Für direkte „Ableitungen" von Signalen am Ort ihrer Entstehung, z.B. in der Retina oder im nervösen Gewebe, benutzt man *Mikrosonden*, die in oder zwischen die betreffenden Zellen eingestochen werden. Man verwendet hierzu hauptsächlich dünne Glaskapillaren, die in speziellen Schmelz-Ziehgeräten auf Spitzendurchmesser von 0,1–5 µm ausgezogen und mit physiologischer oder auch höhermolarer Salzlösung gefüllt werden. Der Elektrodenwiderstand (100–1 MΩ) wird hauptsächlich vom Spitzendurchmesser bestimmt. Ein chlorierter Silberdraht stellt den Übergang zum metallischen Leiter her. Die Gegenelektrode besteht ebenfalls aus einem chlorierten Silberdraht, der über eine Salzdiffusionsbrücke den Übergang z.B. in die Nährlösung herstellt. Mit speziellen Mikromanipulatoren werden eine oder mehrere Elektroden entweder direkt in die Zelle eingestochen (intrazelluläre Messung über der Zellmembran) oder in den Zellzwischenraum eingeführt (extrazelluläre Messung längs der Membran). Da sowohl die Innenwiderstände der Signalquellen als auch die der Mikroelektroden sehr hoch sind (bis 100 MΩ), müssen die Eingangsverstärker als Impedanzwandler ausgebildet sein. Hierzu eignen sich Operationsverstärker in Elektrometerschaltung, die Eingangswiderstände >1 GΩ besitzen (s. Abb. 8.17). Die effektive Eingangskapazität C (Elektrodenstreukapazität, Kabel- und Eingangsstufenkapazität) beträgt ca. 20–30 pF. Bei einem Elektrodenwiderstand $R \approx 100$ MΩ erreicht die zeitliche Auflösung (Anstiegszeit bei einem Rechtecksignal am Eingang) nur einen Wert $\vartheta = 2,2\, RC \approx 5$ ms entsprechend $\Delta f = 1/2\pi RC = 60$ Hz. Die Eingangskapazität C kann jedoch durch eine kapazitive Rückführungsschaltung zum großen Teil neutralisiert werden (s. Abb. 8.17). Hiermit erreicht man Grenzfrequenzen Δf von 20–30 kHz entsprechend einer Auflösung $\vartheta = 10$–15 µs, was für die normalen bioelektrischen Signale vollauf ausreichend ist. Die Meßsignale werden weiter verstärkt und auf einem Schreiber, einem Magnetbandgerät oder — bei schnellen Vorgängen — auf einem Oszilloskop registriert.

Wegen des meist sehr hohen Elektrodenwiderstandes ist der Rauschpegel praktisch nur durch das Widerstandsrauschen bestimmt. So findet man z.B. bei $R = 30$ MΩ sowie $\Delta f = 20$ kHz nach der Nyquist-Be-

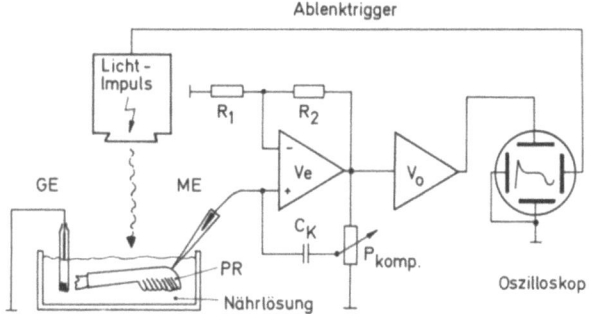

Abb. 8.17. Schematische Darstellung einer elektrophysiologischen Meßanordnung zur intra- oder extrazellulären Registrierung bioelektrischer Signale mit einem kapazitätskompensierten Eingangsverstärker. *ME* Mikroelektrode (Glaskapillare), *GE* Gegenelektrode, *PR* Photorezeptor, C_K Rückführungskapazität, V_e Eingangsverstärker, V_0 Nachverstärker, P_{komp} Kompensationspotentiometer.

ziehung (s.o.) ein $\sqrt{\partial U^2} = 125$ µV und damit bei $p = 4$ ein $R = 0,5$ mV. Dieser Wert ergibt bei intrazellulären Messungen mit Signalhöhen von 70–90 mV z.B. im Tintenfisch-Axon oder in Sehzellen von Evertebraten noch ein sehr gutes S/R-Verhältnis. Bei anderen, vor allem extrazellulären Messungen von bioelektrischen Signalen (z.B. bei der schnellen Photospannung (ERP) am Vertebraten-Sehstäbchen mit Signalhöhen von max. 400–500 µV) fällt das S/R-Verhältnis unter diesen Bedingungen auf unter 1 ab. In diesen Fällen versucht man, in einem Mittelwertrechner mehrere Signale zu überlagern und damit das S/R-Verhältnis zu verbessern (s. Abschn. 8.7.6).

8.7.5. Dispersionsverfahren

Neben den direkten Meßverfahren, bei denen ein Relaxationsvorgang sehr schnell durch eine Gleichgewichtsstörung angeregt und die Relaxationszeit aus den Meßsignalen direkt abgelesen wird, gibt es indirekte Verfahren, bei denen diese Anregung periodisch erfolgt und die Relaxationszeit aus der Frequenzabhängigkeit eines Meßparameters ermittelt wird. Ein derartiges Verfahren ist bereits bei der Behandlung der Anregung (s. Abschnitt 8.7.2), und zwar mit der Schalldispersion, im einzelnen behandelt worden. Zu diesen indirekten Verfahren zählt auch die Untersuchung von Reaktionsvorgängen mit der Kernresonanz. — Im weiteren Sinne gehören hierzu auch alle diejenigen indirekten Verfahren, bei denen der Stoffumsatz einer Reaktion in Abhängigkeit von der Repetitionsrate der Anregungsimpulse gemessen und daraus die Zeitkonstante des geschwindigkeitsbestimmenden Schrittes der Reaktion bestimmt wird. Diese speziellen Dispersionsmethoden sollen exemplarisch an einem Meßverfahren erläutert werden, das speziell für Untersuchungen über die Sauerstoffproduktion bei der Photosynthese eingeführt wurde (vgl. Kapitel 13.1).

Die stationäre Sauerstoffausbeute einer Versuchsprobe (z.B. Chlorella-Grünalge) pro Blitz wird hierbei in Abhängigkeit vom Abstand T der repetierten Anregungsblitze untersucht. Aus der mit abnehmendem Blitzabstand sinkenden Sauerstoff-Ausbeute wird die Reaktionszeit des geschwindigkeitsbestimmenden Schrittes beim Elektronentransport vom Wasser zum $NADP^+$ ermittelt.

Die Voraussetzungen für eine solche Messung sind, daß

a) sowohl die Blitzdauer (1/10-Wertsbreite) als auch der minimale Blitzabstand T_{min} (max. Repititionsfrequenz $f_{max} = 1/T_{min}$) kleiner ist als die Reaktionszeit und

b) die Lichtblitze mindestens Sättigungsintensität haben.

Wenn der geschwindigkeitsbestimmende Reaktionsschritt exakt durch eine Reaktion 1. Ordnung beschreibbar ist, dann erhält man mit steigendem Blitzabstand T einen exponentiellen Anstieg der Ausbeute/Blitz. Derjenige Blitzabstand T_e, für den die Blitzausbeute auf 1/e des Maximalwertes absinkt, wird mit der Reaktionszeit des begrenzenden Schrittes identifiziert: $T_e = \tau$ (Halbwert für $\tau_{1/2} = \ln 2 \cdot \tau$, s. Abb. 13.1). —
In Wirklichkeit üben jedoch auch andere Reaktionsschritte einen merklichen Einfluß auf die Reaktionsausbeute aus, so daß der Abfall der Ausbeutekurve mit sinkendem Blitzabstand mehrphasig sein kann, d. h. in mehreren, meist exponentiellen Stufen erfolgt. Auch bei mehreren dieser Zwischenreaktionen mit Zeitkonstanten τ_i, die die Ausbeute mit bestimmen, kann man mit dem integrierenden Meßverfahren noch weitere Aussagen gewinnen. Hierzu hat man anstelle von Einzelblitzen in konstantem Abstand Blitzgruppen zu verwenden, bei denen zur Untersuchung der Einzelkinetik zwar der Gruppenabstand T_G ($\gg$ max. τ_i) konstant bleibt, dafür aber der Blitzabstand T innerhalb der Gruppe sowie die Zahl z der Blitze pro Gruppe variiert wird.

Die zeitliche Auflösung ist durch den minimalen Blitzabstand T_{min} vorgegeben, der vielfach durch die Maximalleistung des Netzgerätes $N_{max} = E_B/T_{min}$ festliegt (E_B = elektr. Energie/Blitz). Dieser Wert von T_{min} kann bei gleicher mittlerer Leistung durch die Verwendung von Blitzgruppen erheblich herabgesetzt werden, da dann $N_{max} = z \cdot E_B/T_G$ unabhängig von T ist. Ein absoluter, unterer Grenzwert für T ist durch die Zehntelwertsbreite (ϑ) der Blitzemission gegeben, die bei der meistverwendeten Stroboskop-Blitzlampe XIE 200 bei 50 µs liegt.

Die *Empfindlichkeit* des Meßverfahrens ist beim Einzelblitz gering: Der Effekt eines einzelnen Blitzes kann bei extrem kleiner Bandbreite gerade noch nachgewiesen werden. Da jedoch über den Effekt vieler Einzelblitze gemittelt wird, ist die Grenzempfindlichkeit prinzipiell lediglich durch die Meßdauer bzw. die Stabilität des Meßsystems inclusive des Präparates bestimmt. Dieses gilt für alle repetierenden Verfahren, die im Abschnitt 8.7.6 mit Hinblick auf die Verbesserung der Meßgenauigkeit behandelt werden.

Die Sauerstoffmessung wurde ursprünglich mit einfachen Manometern über eine Gasvolumenbestimmung durchgeführt. Die Manometer sind durch die viel empfindlicheren und schneller ansprechenden O_2-Elektroden ersetzt worden, die die momentane Sauerstoffkonzentration in der Meßlösung über einen Diffusionsstrom anzeigen, durch den der Sauerstoff reduziert wird.

Neben der Bildung bzw. dem Verbrauch von Sauerstoff bei der Photosynthese kann man bei biologischen Systemen auch über andere Reaktionsprodukte eine Analyse von Zwischenreaktionsschritten ausführen. Hierzu gehören u. a. die Bildung oder der Verbrauch von $NADP^+$ bzw. ATP, (nachweisbar über eine Absorptionsmessung im UV-Gebiet bzw. eine Fluoreszenzmessung mit einem Indikator (Luziferin-Luziferase-System)), und die Aufnahme bzw. Abgabe von Protonen (nachweisbar mit Hilfe von pH-Elektroden oder einer Absorptionsmessung mit pH-Indikatoren).

8.7.6. Verbesserung von Zeitauflösung und Meßempfindlichkeit durch repetierende Meßverfahren

Bei der Behandlung der einzelnen Meßverfahren (Abschnitt 8.7.3–8.7.5) wurde gezeigt, daß die Meßgenauigkeit letztlich durch die stochastischen Schwankungen der Meßempfängerströme bestimmt wird. Die Größe des Rauschpegels R ist stets prop. $\sqrt{\Delta f}$. Da aber die Bandbreite $\Delta f \sim 1/\Delta t$ ist (Δt = minimal auflösbare Meßzeit), bleibt die relative Meßgenauigkeit, das S/R-Verhältnis prop. $\sqrt{\vartheta}$. Damit ist die Meßgenauigkeit stets mit der zeitlichen Auflösung verkoppelt, was man an den Beziehungen (8.80) und (8.85) für das optimale S/R-Verhältnis in diesen Spezialfällen ablesen kann.

Zur Verbesserung der in dieser Weise verkoppelten Grenzdaten wird man im ersten Schritt bemüht sein, optimale Meßbedingungen einzustellen (vgl. z. B. Abschnitt 8.7.3.1, Gl. (8.80)). Dazu zählt vor allem die Unterdrückung, zumindest weitgehende Herabsetzung nicht-stochastischer Störkomponenten wie 50 Hz-Brumm, elektromagnetische oder akustische Störungen, die Drift von Gleichspannungspegeln, Verstärkungsänderungen etc.

In einem zweiten Schritt wird man sodann mit statistischen Mitteln versuchen, den Einfluß der unausweichlichen stochastischen Störkomponenten relativ zum Signal herabzusetzen. Hierzu muß man die Meßvorgänge mehrfach wiederholen und in geeigneter Weise eine Mittelwertbildung vornehmen, um die relative Meßgenauigkeit zu erhöhen.

Man betrachtet bei einem mehrfach repetierten, „verrauschten" Meßsignal $s(t)$ eine einzelne Amplitude zur Zeit t, und zwar zwischen t und $t + \Delta t$, die den „wahren" Wert S und eine mittlere quadratische Abweichung $\overline{\partial S_i^2}$ des Momentanwertes S_i von S haben möge. Führt man jetzt n Messungen der Momentanwerte S_i an verschiedenen Signalen aber im gleichen Signalintervall aus, so sinkt die mittlere quadratische Abweichung des Mittelwertes $\overline{S}^{(n)} = 1/n \sum_{i=1}^{n} S_i$ auf $\overline{\partial S^{2(n)}} = 1/n \cdot \overline{\partial S_i^2}$, da sich — anschaulich betrachtet — die „wahren" Signalamplituden bei der Mittelwertbildung im Speicher linear addieren $S_n = n \cdot S$, während sich die Fehler quadratisch addieren: $\partial S_n^2 = \sum_{i=1}^{n} \partial S_i^2 \approx n \overline{\partial S_i^2}$. — Damit verbessert sich das Signal-Rausch-Verhältnis (S/R) nach n Messungen der Einzelsignal-Amplituden $S^{(1)}$ gemäß

$$\left(\frac{S}{R}\right)^{(n)} = \frac{n \cdot S^{(1)}}{p\sqrt{n \overline{\partial S_i^{(1)2}}}} = \sqrt{n} \left(\frac{S}{R}\right)^{(1)} \quad (8.86)$$

um das $\sqrt{n}$-fache.

Diese Beziehung gilt ableitungsgemäß zuerst nur für einen Amplitudenwert aus dem Signal, ohne den zeitlichen Verlauf und insbesondere das Zeitintervall Δt zu berücksichtigen, in dem die „Signalprobe" entnommen wurde. Der Zeitverlauf ist aber gerade für kinetische Messungen entscheidend. Es scheint pinzipiell unmöglich zu sein, Signalverläufe in geeigneter Form „analog" zu speichern und n-mal zu überlagern. Deshalb muß man zu einer „digitalen" Speicherung übergehen, indem man ein Signal in Intervalle unterteilt, an m diskreten Zeitpunkten (Adressen) „Proben" aus dem Signal entnimmt, die m Probenwerte getrennt speichert, korrespondierende Amplitudenwerte aus n Signalen überlagert und das Signal nach n Durchgängen wieder aus den m — jetzt genaueren — Amplitudenwerten — mit gem. Gl. (8.86) verbesserten Signal-Rausch-Verhältnissen wieder zusammengesetzt. Dabei ergibt sich die Frage, wie viele Proben m man im Abstand $\Delta t = T/m$ aus einem Signal der Länge T entnehmen muß, um dieses wieder mit vollständigem kinetischen Informationsgehalt zusammensetzen zu können. Diese Frage wird von der Nachrichtentechnik durch die Küpfmüller-Beziehung (Shannon-Theorem) beantwortet. Für m bzw. Δt muß gelten:

$$m \geq 2 \Delta f \cdot T \quad \text{bzw.} \quad \Delta t \leq \frac{1}{2 \Delta f}. \quad (8.87)$$

Hierbei ist es gleichgültig, ob man mit einer geeigneten Tor-Intervallschaltung alle m Proben nacheinander aus einem Signal entnimmt oder aus m Signalen jeweils zu verschiedenen Zeitpunkten nur eine Probe abfragt. Um eine $\sqrt{n}$-fache Steigerung des S/R-Verhältnisses zu erzielen, braucht man im 1. Fall nur n, während man im 2. Fall[6] $n \cdot m$ Signale auszuwerten hat. Die Mittelwertrechner (Averager), mit denen der 1. Fall verwirklicht wird, wurden ursprünglich für medizinisch-biologische Zwecke (EEG, Histogramme usw.) entwickelt. Sie besitzen in der Regel 1024 Adressen (1024 = 1 k Probenentnahmen pro Signalbereich), Schaltintervalle bis herab zu 1 μs (mit Vorschaltschieberegistern geringerer Amplitudenauflösung bis zu 10 ns) sowie ein magnetisches Kernspeichersystem (5–10 bit) und den hierzu notwendigen Analog-Digitalwandlern für die Amplitudenwerte.

Der Gewinn G im S/R-Verhältnis ist durch das Eigenrauschen der Geräte sowie die Amplitudenauflösung der Digitalisierung begrenzt. Bei kleinen Eingangs-S/R-Verhältnissen ($S/R \ll 1$) kann man bei $n = 10^4$ Repititionen ein G von knapp 100 erzielen, darüber hinaus ist der Gewinn auch bei erheblicher Steigerung der Repititionszahl n nicht erheblich und hat erfahrungsgemäß eine obere Grenze bei 150 bis 200.

Der Gewinn im S/R-Verhältnis kann zu einer G-fachen Genauigkeit bei *gleicher Zeitauflösung*, aber auch zu einer G^2-fachen Zeitauflösung bei *gleicher Genauigkeit* ausgenutzt werden. Dieser Gewinn geht aber stets auf Kosten der *Meßzeit*: Bei einer Signallänge T ist eine maximale Repetitionsfrequenz $f_r = 1/T$ möglich. Damit ist die minimale Meßzeit bei n Repititionen durch $T^{(n)} = n \cdot T$ gegeben. Der gesamte Vorgang wird somit in einer n-fachen Gesamtmeßzeit aufgenommen, wodurch zur Signalübertragung entsprechend nur $1/n$ der Meßbandbreite Δf erforderlich ist. Hieraus ergibt sich unabhängig von den statistischen Überlegungen gemäß Gl. (8.77) und (8.78) ebenfalls unmittelbar ein um $\sqrt{n}$ verringerter Rauschpegel und damit ein $\sqrt{n}$-faches S/R-Verhältnis.

Mit dieser von der Signalübertragung ausgehenden Überlegung wird die gedankliche Verbindung zu den periodischen Dispersionsverfahren in Abschnitt 8.7.5 hergestellt. Hierbei werden zur Ermittlung der Relaxationszeit τ bei z.B. m Einzelfrequenzen f_i Meßwerte mit kleinen Bandbreiten Δf bestimmt. Die Einstellzeit $T^{(1)}$ für die Meßwerte $a(f_i)$ muß $> 1/\pi \Delta f$ sein. Da für das Rauschen der Meßwerte $R_i \sim \sqrt{\Delta f}$ gilt, nimmt das S/R-Verhältnis mit abnehmender Bandbreite und entsprechend zunehmender Einzelmeßzeit $\sim \sqrt{T^{(1)}}$ zu. Weil aber auch die Zahl m der Einzelmeßwerte $a(f_i)$ zur Genauigkeit der τ-Bestimmung beiträgt, steigt diese insgesamt mit der Wurzel aus der Gesamtzeit $T^{(m)} = m \cdot T^{(1)} > m \cdot 1/\pi \Delta f$ an. Diese Überlegung gilt analog auch für die repetierenden Meßverfahren, bei denen die Umsatzgröße in Abhängigkeit von der Repetitionsrate gemessen wird.

Literaturauswahl

Donaldson, P. E. K.: Electronic apparatus for biological research. London: Butterworth Sci. Publ. 1961.

Eigen, M., de Mayer, L.: Theoretical Basis of Relaxation Spectroscopy. Kap. III in: Techniques of Chemistry (A. Weisberger, Ed.) Vol. VI, Part II, New York, London, Toronto: Wiley 1973; s. auch andere Kapitel in Part II: Investigation in Elementary Reaction Steps in Solution and Very Fast Reactions (G. G. Hammes, Ed.).

Irnich, W.: Einführung in die Bioelektronik. Stuttgart: Thieme 1975.

Rüppel, H.: Kinetische Untersuchungen chemischer Reaktionen durch repetierende Anregung und Mittelung von Relaxationssignalen. Habilitationsschrift, Berlin 1968.

Rüppel, H., Witt, H. T.: Measurements of fast reactions by single and repetitive excitation with pulses of electromagnetic radiation. In: S. P. Colowick, and N. O. Kaplan (Eds.): Vol. XVI: Fast Reactions, Article 9. New York London: Academic Press 1969.

---

[6] Dieser Fall entspricht einer stroboskopischen Beobachtung und ist in der elektronischen Meßtechnik im Abtast-(Sampling)-Oszilloskop verwirklicht.

9. Enzyme als Biokatalysatoren

ROBERT HUBER

9.1. Einleitung

Proteine haben vielfältige Funktionen im lebenden Organismus:
Enzyme sind Katalysatoren,
Hormone sind Botenstoffe und dienen der Regulation,
Immunproteine erkennen, binden und, nach vielstufigem Prozeß, eliminieren Fremdmoleküle und Fremdzellen,
regulatorische Proteine steuern die Funktion anderer, assoziierter Makromoleküle,
kontraktile Proteine leisten mechanische Arbeit,
Transport-Proteine transportieren Moleküle z.B. durch Membranen,
Struktur-Proteine bilden Gewebe, Hüllen usw.

Diese Eigenschaften sind häufig nicht streng getrennt. Die Muskelproteine z.B. haben katalytische Eigenschaften ebenso wie die Proteine, die am aktiven Transport durch Membranen beteiligt sind. Diese sind auch Strukturproteine, da sie konstitutive Bestandteile der Membranen sind.

In diesem Kapitel sollen einige Gesichtspunkte der Funktion und Struktur von Enzymen diskutiert werden. Es soll sich auf einige allgemeine Überlegungen zur Funktion und Struktur und auf eine detailliertere Darstellung an zwei ausgewählten Beispielen beschränken: Serinproteasen und Immunproteine.

Während sehr allgemeine Gesichtspunkte über Struktur und Funktion von Proteinen generell gültig zu sein scheinen, gibt es kaum Ansätze für eine Detailerklärung. Dies zeigt sich z.B. im Unvermögen, aus der Funktion die Struktur eines Enzyms vorherzusagen. Dasselbe gilt für die umgekehrte Vorhersage (Funktion bei gegebener Struktur). Auch das scheinbar einfachere Problem, aus der Aminosäuresequenz die dreidimensionale Struktur abzuleiten, ist ungelöst.

9.2. Wie wirken Enzyme?

Eine große Zahl von verschiedenen chemischen Reaktionen geschehen im lebenden Organismus (Elektronentransfer, Gruppentransfer, Hydrolyse, Spaltung von chemischen Bindungen, Isomerisierung, Knüpfung von chemischen Bindungen). Die meisten dieser Reaktionen würden ohne Katalyse zu langsam ablaufen. Es ist klar, daß hohe Temperatur oder Druck zur Beschleunigung biologischer Reaktionen nicht anwendbar sind.

Biochemische Reaktionen umfassen viele Atome und sind im allgemeinen mehrstufig nach folgendem Reaktionsschema:

$$E + S \rightleftharpoons ES_1 \rightleftharpoons ES_2 \rightleftharpoons ES_n \rightleftharpoons EP \rightleftharpoons E + P$$

(E: Enzym, S: Substrat, P: Produkt, ES_n ntes Enzym/Substrat Zwischenprodukt).

Das Energie-Diagramm für die Überführung von $S \rightleftharpoons P$ könnte wie in Abb. 9.1 dargestellt werden. Das Enzym erniedrigt die Aktivierungsenergie der Reaktion. Die Reaktionsbeschleunigung kann sehr große Werte annehmen. Das Enzym Amylase, das Stärke hydrolytisch spaltet, beschleunigt die Reaktion etwa um den Faktor $3 \cdot 10^{11}$; Lysozym, das Zuckerketten der Bakterienzellwände hydrolysiert, erhöht die Reaktionsgeschwindigkeit um den Faktor $2 \cdot 10^6$.

Es gibt einige allgemeine Gesichtspunkte, die das Verständnis dieser enzymatischen Reaktionsbeschleunigung erleichtern:

1. Die Energie, die zur Erniedrigung der Aktivierungsenergie der Reaktion nötig ist, wird durch die Enzym-Substrat-Wechselwirkung geliefert. Der Übergangszustand der Reaktion ist stabilisiert im Enzym-Substrat-Komplex. Das Enzym hat eine besondere Af-

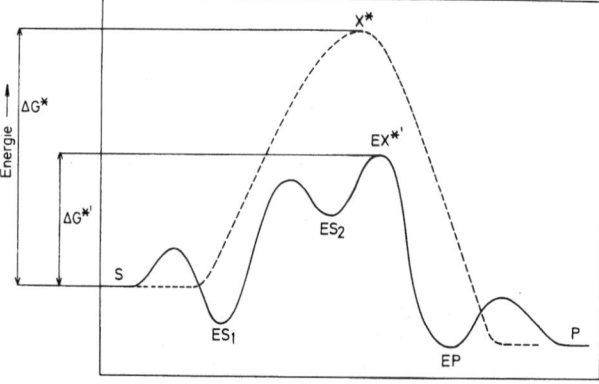

Abb. 9.1. ——— katalysierte Reaktion $E + S \rightleftharpoons ES_1 \rightleftharpoons ES_2 \rightleftharpoons EP \rightleftharpoons E + P$, ---- unkatalysierte Reaktion $S \rightleftharpoons P$. Das Gleichgewicht der Reaktion $S \rightleftharpoons P$ ist unabhängig vom Reaktionsweg und hängt nur von S und P ab. Der Punkt der höchsten Energie auf der Reaktionskoordinate (X^* bzw. $EX^{*'}$) ist der Übergangszustand der Reaktion. Die Höhe der Energieschranke (ΔG^*) bestimmt die Reaktionsgeschwindigkeit nach der Arrhenius'schen Gleichung $k \sim \exp(-\Delta G^*/RT)$. Der Übergangszustand der enzymatischen ($X^{*'}$) und der nicht-enzymatischen Reaktion (X^*) müssen nicht identisch sein

Tabelle 9.1

Verbindung	relative Geschwindigkeit der intramolekularen Laktonisierung
COOH / OH	1
COOH / CH$_2$–OH (bicyclic)	$0.83 \cdot 10^2$
OH COOH (bicyclic)	$1.3 \cdot 10^4$

Die Reaktionsgeschwindigkeit erhöht sich mit der Abnahme der relativen Freiheitsgrade der reagierenden Carboxyl- und Hydroxyl-Gruppen. (Nach Bruice: Cold Spring Harbor Symposia on Quant Biol. **26**, 21–27 (1972))

finität zum Übergangszustand des Substratmoleküls. Dies wird später am Beispiel der Proteasen erläutert.

2. Die Enzym-Substrat-Wechselwirkung bewirkt allgemein eine Fixierung und Destabilisierung des Substrates.

a) Gewisse Rotations- und Translationsfreiheitsgrade des Substrates werden bei der Bindung an das Enzym eingefroren, so daß die sterischen Anforderungen im eigentlichen Reaktionsschritt geringer werden. Dies kann eine hohe Reaktionsbeschleunigung bewirken. Wenn man die (nicht-enzymatische) intramolekulare Esterbildung von Hydroxycarbonsäure vergleicht, zeigt sich, daß diese innere Ester(Lakton)-bildung um so schneller abläuft, je mehr die relative Bewegungsfreiheit der Carboxylgruppe und Hydroxylgruppe eingeschränkt ist (Tab. 9.1).

b) Die Bindung an das Enzym bewirkt konformative und elektronische Destabilisierung des Substrates, z.B. wird die Spaltung einer chemischen Bindung erleichtert, wenn diese Bindung bei der Fixierung an das Enzym „gedehnt" wird. Die Spaltung von Peptid-Bindungen

bei den Serin-Proteasen läuft über einen Zwischenzustand mit tetraedrischem Carbonyl-Kohlenstoff. Proteasen verzerren bei der Substrat-Bindung das trigonal planare Kohlenstoffatom tetraedrisch. Dies führt zu einer Schwächung der C-N-Bindung und zu einer günstigen Polarisierung des Kohlenstoffatoms, wie später noch ausgeführt wird.

c) Das Enzym stellt chemisch aktive Reste, das katalytisch wirksame Zentrum, bereit, das die Bildung des Übergangszustandes der Reaktion beschleunigt.

Diese Reste können das Substrat polarisieren und als Überträger von Ladungen und Protonen dienen, und unter Umständen mit ihm sogar eine chemische Bindung in Form einer reaktiven Zwischenstufe eingehen.

3. Enzyme sind spezifisch. Sie reagieren meist nicht mit Substanzen, die z.T. nur geringe struktur-chemische Änderungen gegenüber dem Substrat aufweisen. Aus dem Bereich der Proteasen kennt man Enzyme mit sehr unterschiedlicher Spezifität. Papain oder Pepsin sind unspezifische Proteasen; Trypsin spaltet bevorzugt nach basischen Aminosäuren; die verschiedenen proteolytisch wirksamen Faktoren des Blutgerinnungs- und Fibrinolyse-Systems sind sehr spezifisch und spalten nur Peptid-Bindungen innerhalb einer bestimmten, mehrere Aminosäuren umfassenden Sequenz.

Spezifität wird dadurch erreicht, daß am Enzym komplementär geformte Bindungsstellen für die spezifischen Gruppen des Substrates vorhanden sind.

9.3. Wie werden Enzyme reguliert?

Enzymatische Aktivität muß an- und abgestellt, verringert und erhöht werden. Diese Regulation kann sich auf 3 verschiedenen Ebenen vollziehen:

1. Kompetitive oder allosterische Regulationen greifen am Enzym-Molekül selbst an. Enzyme können auch enzymatisch chemisch modifiziert (häufig phosphoryliert) werden, um ihre Aktivität und Spezifität zu ändern. Enzyme werden häufig als inaktive Vorstufen synthetisiert, die aktiviert werden müssen.

2. Manche Enzyme sind aus katalytischen und regulatorischen Untereinheiten aufgebaut. Die regulatorischen Untereinheiten beeinflussen die Aktivität der katalytischen Untereinheiten.

3. Enzymatische Aktivität wird durch die biochemische Synthese des Enzymes gesteuert (Kapitel 10).

Zu (1): Kompetitive Inhibitoren konkurrieren mit dem Substrat um dieselbe Bindungsstelle am Enzym. Beide schließen sich gegenseitig aus. Wirksame Inhibitoren binden besser als Substrate oder binden irreversibel, z.B. durch Ausbildung einer kovalenten Bindung mit Resten der aktiven Stelle des Enzyms (Abb. 9.2 c). Allosterische Effektoren binden nicht an der aktiven Stelle des Enzyms. Sie beeinflussen die Substratbindungsstelle über Strukturänderungen des Enzyms (Abb. 9.2 a, b): Es gibt allosterische, positiv oder negativ kooperative Wechselwirkung. Sie findet sich häufig bei Enzymen, die aus mehreren Untereinheiten bestehen. Die Strukturänderung am Substrat- und Effektorort geht meist mit einer Änderung der Geometrie der Aggregation (Quartärstruktur) einher. Ein Spezialfall mit großer Bedeutung liegt vor, wenn das Substrat selbst der allosterische, kooperative Aktivator ist (homotroper Effekt). Die Beladung einer Untereinheit mit dem Substrat steigert in diesem Fall die Affinität der noch unbeladenen Untereinheiten.

Das Hämoglobin, der sauerstoffbindende Blutfarbstoff, tritt in 2 Formen mit verschiedenen Quartär-

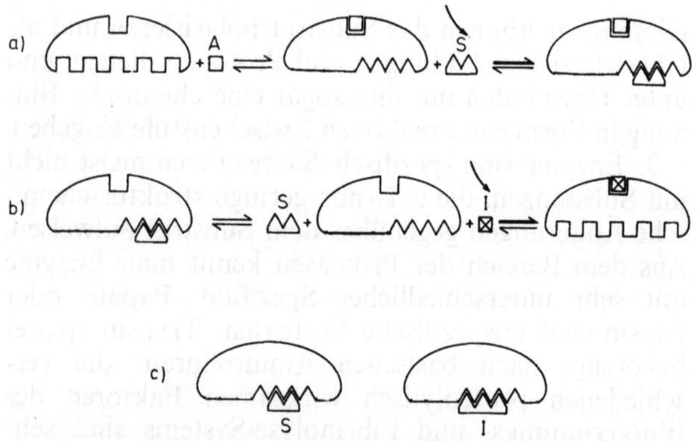

280 Enzyme als Biokatalysatoren

Abb. 9.2. a–c. Fall (a) zeigt schematisch die Wirkung eines allosterischen Aktivators (A), Fall (b) eines allosterischen Inhibitors (I). Substrat (S), Aktivator (A) und Inhibitor (I) binden an verschiedenen Stellen. Sie bewirken eine Konformationsänderung des Enzyms. Nur die „Sägezahn-Oberfläche" bindet Substrat. Fall (c) zeigt schematisch die Bindung von Substrat (S) und kompetitivem Inhibitor (I) an das Enzym. Der Inhibitor nutzt mehr Bindungsstellen des Enzyms und bindet stärker als das Substrat. Eine andere Möglichkeit ist, daß der kompetitive Inhibitor irreversibel, kovalent an das Enzym bindet. Starke Bindung tritt auch ein, wenn der Inhibitor eine Konformation hat, die dem Übergangszustand der Reaktion ähnelt (Übergangszustandanaloge). Wie diskutiert, hat das Enzym eine besondere Affinität zum Übergangszustand des Substrates

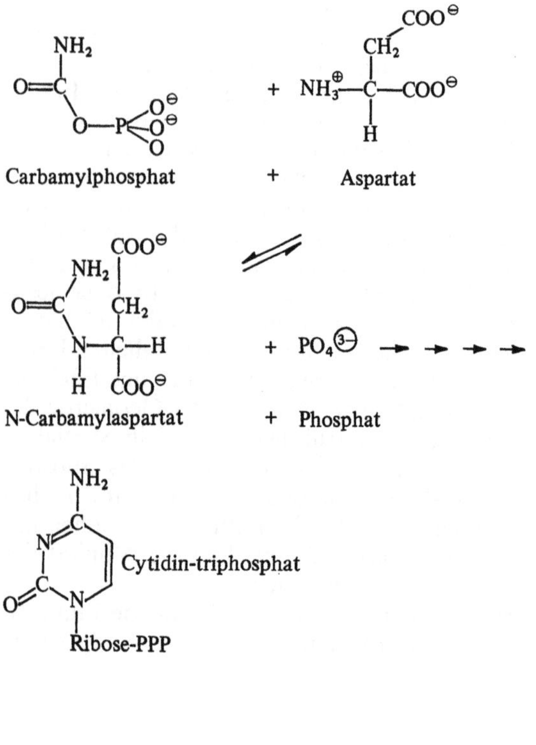

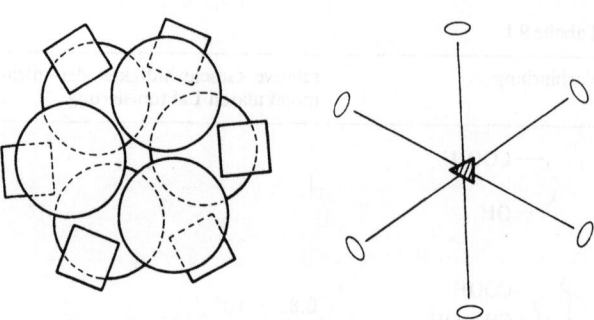

Abb. 9.3. Die Beeinflussung der katalytischen Untereinheiten (○) erfolgt durch Quartärstrukturänderungen, ausgelöst von den regulatorischen Untereinheiten (□). Die Aggregation erfolgt nach Symmetrie 32

strukturen auf. Eine Form hat niedrige Sauerstoff-Affinität (T = tense) und eine Form hohe Affinität (R = relaxed). Die sauerstofffreie Form ist die T-Form; bei der Beladung mit etwa 2 Molekülen Sauerstoff wandelt sich Hämoglobin in die R-Form um; die Sauerstoffaffinität steigt an.

Zu (2): Ein wohlbekanntes Enzym mit getrennten katalytischen und regulatorischen Untereinheiten ist die Aspartat-Transcarbamylase (ATCase). Sie katalysiert die Reaktion,

Carbamylphosphat + Aspartat

$\rightleftarrows$

N-Carbamylaspartat + Phosphat + PO_4^{3-} → → → →

Cytidin-triphosphat
Ribose-PPP

die über viele Enzym-katalysierte Zwischenstufen zu Cytidin führt. ATCase ist das Schlüsselenzym des Pyrimidin-Syntheseweges.

Es wird inhibiert vom Endprodukt Cytidintriphosphat. Das Enzymmolekül besteht aus 6 katalytischen und 6 regulatorischen Untereinheiten. Die katalytische Untereinheit ist katalytisch aktiv, bindet aber keine Effektoren, die regulatorische Untereinheit bindet die Effektoren, ist aber katalytisch inaktiv.

Die Untereinheiten bilden ein Hexameres mit einer 3fachen Rotationsachse und 3 senkrecht dazu liegenden 2 zähligen Achsen (Fig. 9.3).

9.4. Protein-Struktur (Globuläre Proteine)

Die native Proteinstruktur ist eine Funktion der Aminosäuresequenz. De- und Renaturierungsversuche bei vielen Beispielen zeigten Identität von nativen und renaturierten Molekülen. Die native Struktur ist die thermodynamisch stabile Form. Dies gilt allerdings im allgemeinen nur innerhalb enger Grenzen von Temperatur und Art des Lösungsmittels. Die Stabilität wird erhöht durch Kofaktoren (z. B. Häm-Gruppe bei den Hämoglobinen) oder, bei Enzymen häufig, Metallionen. Das Prinzip der Selbstfaltung findet sich wieder in der Selbstaggregation von höheren Strukturen, die aus Proteinuntereinheiten aufgebaut sind (oligomere Proteinmoleküle, fibrilläre Proteine, die aus globulären Untereinheiten bestehen, Virus-Hüllen).

9.4.1. Wie falten sich Proteine?

Im denaturierten Zustand liegen Proteinmoleküle als statistische Knäuel vor. Die Faltung zur „starren", dreidimensionalen Struktur bedeutet das Einfrieren vieler Rotationsfreiheitsgrade, um Wechselwirkungsenergie zu gewinnen. Es ist klar, daß die native Struktur in einem delikat ausgewogenen Gleichgewicht ist,

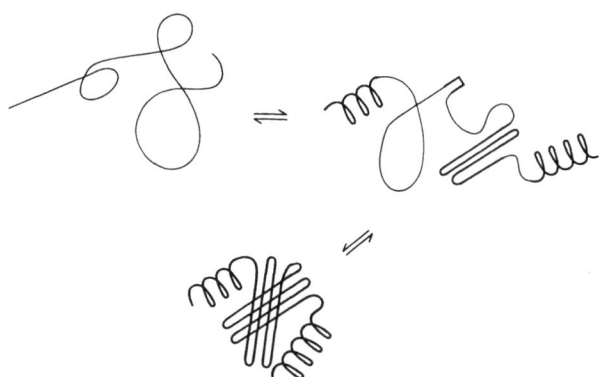

Abb. 9.4. Faltung in Segmenten

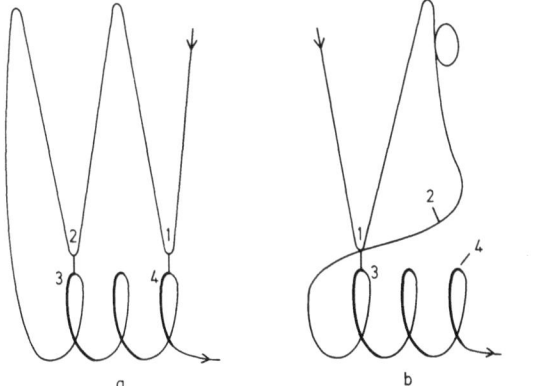

Abb. 9.5. (a) zeigt die native Struktur, charakterisiert durch zwei Disulfidverknüpfungen (1–4, 2–3). Während der Faltung tritt auch eine Spezies auf, (und läßt sich isolieren), die die falsche Disulfidbindung (1–3) zeigt

das durch kleine Änderungen der Umgebung verschoben werden kann. Wir werden später sehen, daß sich die Faltung der Hauptkette im wesentlichen durch 2 dihedrale Winkel pro Aminosäure beschreiben läßt. Bei Unterteilung jedes Winkelbereiches in 10° Intervalle sind bei einer Polypeptidkette von 100 Aminosäuren 36^{200} verschiedene Konformationen möglich. Wenn die Faltung ein Trial-and-error-Verfahren wäre, das solange mit dem gesamten Molekül durchgespielt wird, bis das globale Energieminimum erreicht wird, wäre sie viel zu langsam. (Minimale Zeit zur Einstellung einer Konformation ist länger als 10^{-13} s.)

Der Faltungsprozeß ist jedoch sehr viel schneller, wenn die Faltung in kurzen Segmenten geschieht, die sich in einem zweiten Schritt zur dreidimensionalen Struktur falten (Abb. 9.4). Segmente, die sich bevorzugt falten, können Helizes, Faltblätter und β-Ecken sein. In der Tat zeigt die Analyse von bekannten Proteinstrukturen, daß bestimmte Aminosäuren bevorzugt in bestimmten Sekundärstrukturelementen auftreten (Val, Ala, Ile in Helizes, Gly, Pro in β-Ecken). Ein experimenteller Hinweis für diese Hypothese ergibt sich aus der Beobachtung, daß im Laufe der Faltung falsch zusammengelagerte Sekundärstrukturelemente nachgewiesen werden können (Abb. 9.5).

Nach einer alternativen Faltungshypothese lagern sich zunächst die hydrophoben Aminosäuren zu einer noch flexiblen Struktur (Öltröpfchen) zusammen. In einem zweiten Schritt bildet sich die starre native Struktur unter Ausbildung der Sekundärstrukturelemente (Zurechtrütteln).

Die Faltung der Sekundärstrukturelemente, insbesondere der Helizes, ist kooperativ und erfolgt sehr schnell. Messungen an linearen Biopolymeren ergaben α-Helix⇌Knäuel-Umwandlungszeiten um 10^{-6} bis 10^{-8} s. Dies ist anschaulich verständlich, da nach Bildung eines Nucleus von einer Helixwindung die folgenden Aminosäuren die günstigen Wechselwirkungen, die eine Helix ermöglicht, nutzen können. Im umgekehrten Sinn ist es bei der Helixauflösung für eine einzelne Aminosäure schwierig, aus der Mitte des helicalen Verbandes zu brechen, da dann die günstigen Wechselwirkungen über einen weiten Bereich gestört werden.

9.4.2. Bausteine

Protein-Bausteine sind die 20 Aminosäuren, die sich in der Natur der Seitenkette R unterscheiden (vgl. S. 29):

$$H_2N-\underset{\underset{R}{|}}{\overset{\overset{H}{|}}{C}}-COOH$$

Das Bauelement der Peptidketten ist die Peptideinheit:

Diese Gruppe ist im energetisch stabilsten Zustand wegen des partiellen Doppelbindungscharakters der

$-\overset{\overset{O}{\|}}{C}-N-$-Bindung planar. Drehungen um $C^\alpha-C$- und $N-C^\alpha$-Bindungen sind möglich. Allerdings ist die Peptidgruppe mit geringem Energieaufwand tordierbar:

$V(\omega) = 1/2\, K_\omega (1 - \cos 2\omega)$

$K_\omega \sim 20 \text{ kcal/mol}$

(ω ist der C–N Torsionswinkel).
Pyramidalisierungen am C und N sind ebenfalls mit verhältnismäßig geringem Energieaufwand verbunden. Das gleiche gilt für Abweichungen der Winkel an den C^α-Atomen vom idealen Tetraederwinkel. Bei Vernachlässigung dieser geringen Deformationen läßt sich die Faltung einer Peptidkette also durch 2 dihedrale Winkel pro Aminosäure beschreiben. Infolge sterischer Hinderungen zwischen aufeinanderfolgenden Karbo-

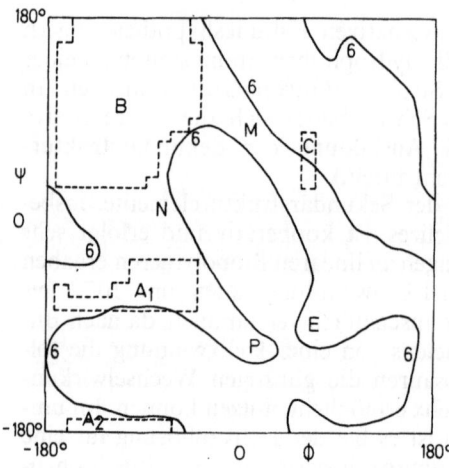

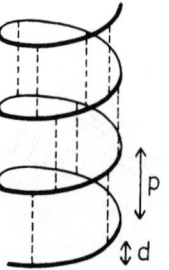

Abb. 9.7. Folgende Parameter charakterisieren eine Helix: p Windungshöhe; d Fortschritt/Rest; n Zahl der Reste/Windung. Diese Werte stehen mit den Konformationswinkeln ϕ und ψ im Zusammenhang. ------ Wasserstoffbrückenbindung

Abb. 9.6. Unter Annahme einer Polyalanylkette mit undurchdringlichen (harten) Atomen ergeben sich die gestrichelten Bereiche als erlaubte Einstellmöglichkeiten (Ramachandran). Die ausgezogene Kurve wurde nach quantenmechanischen Rechnungen erhalten. ψ ist der dihedrale Winkel zwischen C^α—C, ϕ zwischen N—C^α. Bereich A1 umfaßt die α-Helix, B, die Faltblattstruktur. Die Nullage ist so definiert: Beide Peptidgruppen liegen in einer Ebene

Ser 195

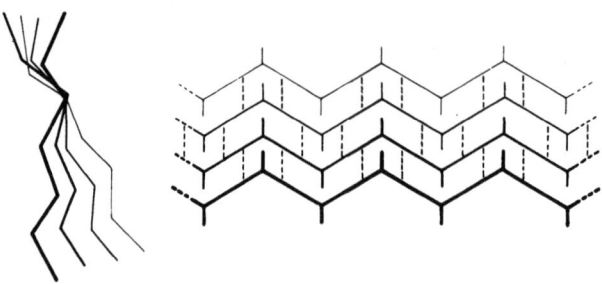

Abb. 9.8. Antiparallele Faltblattstrukturen in globulären Proteinen sind meist nicht eben, sondern verdreht zu einer Linksschraube (beim Blick senkrecht zu den Peptidketten)

nylsauerstoffatomen und zwischen den NH-Gruppierungen sind nicht alle Einstellwinkel möglich (Abb. 9.6).

Die Peptidgruppe in globulären Proteinen ist fast ausschließlich in der trans-Konfiguration. Nur bei X-Pro-Peptidgruppen wurde in mehreren Fällen cis-Konfiguration beobachtet.

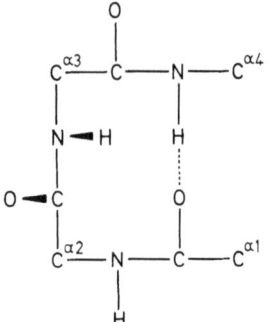

Abb. 9.9. Idealisiertes Modell eines β-turns, charakterisiert durch eine 1,4 Wasserstoffbrückenbindung

Im Falle des Prolins sind cis- und trans-Konfiguration etwa gleich stabil.

9.4.3. Konstruktions-(Sekundärstruktur-)elemente

a) Helizes. Wenn eine Reihe von aufeinanderfolgenden Aminosäuren identische ϕ und ψ dihedrale Winkel aufweisen, entsteht eine Helix (Abb. 9.7; vgl. auch Kapitel 2, S. 37). Aus der großen Zahl von möglichen Helizes sind nur wenige stabil. Die stabilen Konformationen zeichnen sich durch die Möglichkeit zu ungefähr linearen C—O...HN-Wasserstoffbrückenbindungen entlang der Helixachse aus. Der wichtigste Helixtyp ist die α-Helix (p: 5,4; d: 1,5; n: 3,6; ϕ: $-48°$; ψ: $-57°$).

Von großer Bedeutung ist die Kollagenhelix und die Polyprolinhelix.

b) Faltblatt. Die Faltblattstruktur besteht aus antiparallel oder parallel laufenden Peptidketten. Im antiparallelen Faltblatt werden lineare Wasserstoffbrückenbindungen zwischen den Ketten ausgebildet (Abb. 9.8).

c) Die *Ketten* in Faltblattsegmenten kehren häufig um unter Ausbildung von β-turns (Abb. 9.9).

9.4.4. Dreidimensionale Struktur

9.4.4.1. Allgemeine Gesichtspunkte

Enzym-Moleküle sind im allgemeinen globulär. Sehr große Moleküle scheinen aus mehreren globulären Domänen zusammengesetzt zu sein. Der Grund könnte darin liegen, daß in einer einzigen großen Domäne zu viele Seitenketten im Inneren des Moleküls zu liegen kämen. Es könnte auch sein, daß die Faltung sehr großer Domänen zu schwierig und langwierig ist.

Die Packung der Atome im Inneren des Moleküls ist etwa ebenso dicht wie die Packung kleiner organischer Moleküle im Kristallverband. Gelegentlich auftretende Lücken sind mit Strukturwassermolekülen erfüllt. Die größte bisher bekannt gewordene Zahl von internen Wassermolekülen findet sich bei Trypsin mit etwa 24. Dies scheint ein Ausnahmefall zu sein. Im allgemeinen findet sich wesentlich weniger internes Strukturwasser.

Das Bild von der Proteinstruktur, das die Röntgenkristallanalyse liefert, ist statisch und verführt zur Vorstellung eines starren Moleküls. Genaue Röntgendaten zeigen differentielle Beweglichkeiten von Segmenten mit mittleren Auslenkungen von etwa 0,05 nm. NMR-Daten zeigen, daß selbst im Inneren des Moleküls vergrabene aromatische Aminosäureseitenketten mit einer Frequenz von etwa 1000 Hz rotieren. Rechnungen zeigen, daß die Aktivierungsenergien dieser Rotationen bei etwa 10–20 kcal/mol liegen.

9.4.4.2. Stabilisierungskräfte

Die native Faltungsstruktur steht in delikatem Gleichgewicht mit der statistisch geknäuelten Form. Auffaltung kann durch Temperaturänderung, Lösungsmitteländerung, Harnstoffzusatz und vieles andere erfolgen. Representative thermodynamische Daten für die Umwandlung Knäuel in native Struktur sind etwa: $\Delta H_{calorim} = -100$ kcal/mol, $\Delta S = \Delta H/T$. Das gilt beim Mittelpunkt der Umwandlungskurve ($\Delta G = 0$). ΔG im optimalen Stabilitätsbereich kann zu etwa -10 kcal/mol abgeschätzt werden.

Den wichtigsten Beitrag zur Stabilisierung der räumlichen Struktur liefert die hydrophobe Wechselwirkung. Hydrophobe Reste haben die Tendenz, sich zusammenzulagern. In der Tat ist das Innere aller bisher bekannten globulären Proteinmoleküle mit hydrophoben Aminosäuren gefüllt. Thermodynamisch gesehen bringt die Zusammenlegung von hydrophoben Resten einen Entropiegewinn, da die Wasserschicht um hydrophobe Reste immobilisiert ist (Abb. 9.10).

Ein charakteristisches Beispiel für die Anordnung hydrophober Reste im Molekülinneren sind die Domänen bei den Immunglobulin-Molekülen. Diese Domänen umfassen etwa 110 Aminosäuren und die Polypeptidkette ordnet sich in 2 Faltblattsegmenten, die die hydrophoben Aminosäurereste im Inneren abdecken (Abb. 9.11).

Hydrophobe Wechselwirkungen sind nicht gerichtet. Diese Wechselwirkungen allein ergeben ein Molekül, das einem fluiden Öltröpfchen entspricht. Starrheit wird durch gerichtete Wechselwirkungen erzwungen. Dies sind vor allem Wasserstoffbrückenbindungen. Der energetische Beitrag von Protein-Protein-Wasserstoffbrückenbindungen ist vermutlich klein, da die polaren Reste im aufgefalteten Zustand Wasserstoffbrücken mit Wasser bilden: Ihr energetischer

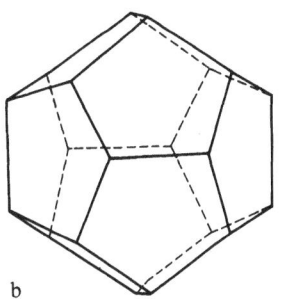

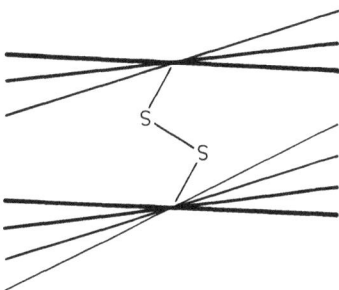

Abb. 9.10. Die Zusammenlagerung von 2 hydrophoben Molekülen ist entropisch günstig, da immobilisierte Wassermoleküle abgegeben werden und Beweglichkeit gewinnen. Über den Zustand des gebundenen Wassers ist wenig bekannt. Es handelt sich vermutlich nicht um eine starr strukturierte Hülle um das unpolare Molekül. Es gibt Klathrat-Verbindungen, z.B. Methanhydrat $8 CH_4 \cdot 46 H_2O$, die vielleicht als Modell dienen könnten. Der zugrunde liegende Baustein ist ein pentagonales Dodekaeder von Wassermolekülen, die über H-Brücken verknüpft sind. Das Gastmolekül sitzt im Zentrum des Dodekaeders

Abb. 9.11. Schema einer Immunoglobulindomäne. Zwei verdrehte Faltblattstrukturen decken das hydrophobe Innere des Moleküles ab. Die Faltblätter sind über eine Disulfidbrücke verknüpft. Es ergibt sich das Bild eines Sandwiches

Beitrag ist also für beide Zustände etwa gleich. Allerdings ist eine intramolekulare Wasserstoffbrücke entropisch vorteilhaft gegenüber einer Protein-Wasser-Wasserstoffbrückenbindung.

Sehr spezifische elektrostatische Wechselwirkungen binden geladene Reste aneinander. Diese Salzbrücken sind zugleich Wasserstoffbrückenbindungen. In einigen Fällen liegt Wasser zwischen den geladenen Gruppen.

9.4.4.3. Strukturvorhersage

Die Beobachtung von reversibler De- und Renaturierung bei vielen globulären Proteinmolekülen zeigt, daß die räumliche Struktur durch die Aminosäuresequenz bestimmt ist. Es sollte deshalb möglich sein, die Struktur zu berechnen, indem man die Konformation berechnet, die das globale Energieminimum aufweist. Es ist ein Problem mit vielen tausend Variablen (hauptsächlich die dihedralen Winkel der Hauptkette und Seitenketten), das ab initio unlösbar scheint. Zudem sind nicht nur die intramolekularen Wechselwirkungen wichtig, sondern ebenso sehr die Wechselwirkung mit dem Lösungsmittel. Energieminimalisierung setzt genaue Kenntnis der Wechselwirkungspotentialfunktionen voraus. Diese sind gegenwärtig nur ungenau bekannt. Wir haben gesehen, daß Nahwirkungen der unmittelbar in der Sequenz folgenden Aminosäuren wichtig sind für die Bildung von Sekundärstrukturen. Man könnte also in zwei Schritten versuchen, zunächst die Sekundärstrukturelemente zu bestimmen, die dann gefaltet werden. Dies entspräche einer Faktorisierung des multidimensionalen Problems.

Beim gegenwärtigen Stand versucht man aus der Sequenz gewisse Sekundärstrukturelemente vorherzusagen. Dies basiert vor allem auf empirischen (an bekannten Strukturen gewonnenen) Eigenschaften von einzelnen Aminosäuren als Helixbildner, Helixbrecher, β-Eckenbildner usw. Die Güte der Vorhersage ist unterschiedlich, liegt aber im allgemeinen nur wenig über 50% (Verhältnis korrekt: falsch). Versuche zum zweiten Schritt, nämlich die Zusammenfaltung der Sekundärstrukturelemente zu verstehen, stehen erst am Beginn.

Energieminimalisierung von bekannten Proteinstrukturen zum Zwecke der Modellverfeinerung und der methodischen Verbesserung erscheint gegenwärtig aussichtsreich zu sein.

9.5. Beispiele

9.5.1. Proteasen

a) Es gibt eine große Zahl verschiedener, Peptidbindungen hydrolysierender Enzyme. Die enzymatische Peptidspaltung ist praktisch meist irreversibel, da Substrat und Produkt bei hoher Verdünnung vorliegen. Bei hohen Substrat- und Produktkonzentrationen kann man aber auch Peptidsynthese durch Proteasen beobachten. Dies ist auch der Fall bei Substraten, bei denen die Spaltstücke zusammengehalten werden. Die Gleichgewichtskonstante der Peptidspaltung liegt dann nahe bei 1.

Proteasen unterscheiden sich in ihrer Spezifität und in ihrer Aktivität. Es gibt endo- und exo-Peptidasen, die Peptidketten im Inneren spalten oder endständige Aminosäuren abspalten. Die Spezifität ist meist gegen einen Rest unmittelbar an der zu spaltenden Peptidbindung gerichtet. Es gibt Proteasen mit sehr weitem Spaltspektrum, z.B. Papain, und außerordentlich spezifische, die nur Peptidbindungen in einer bestimmten, langen Sequenz spalten: die Faktoren des Blutgerinnungssystems und Fibrinolysesystems, die proteolytischen Komponenten des Komplement-Systems. Faktor X_a des Blutgerinnungssystems, z.B., ist spezifisch für die Spaltung einer Ile-Glu-Gly-Arg+X-Bindung.

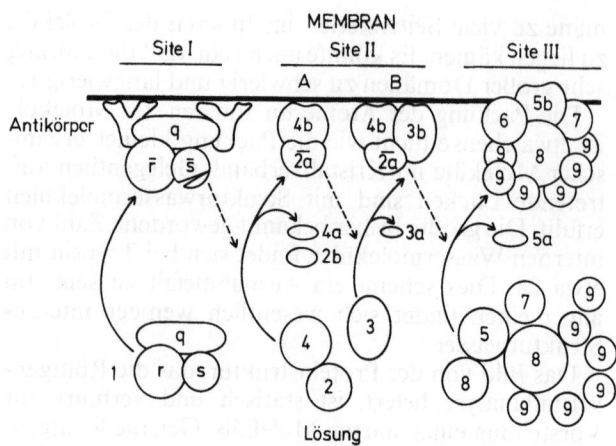

Abb. 9.12. Die Kaskadenaktivierung des Komplementsystems beginnt mit der Erkennung eines Antigens auf einer Zelloberfläche und der Fixierung von Antikörpermolekülen. Dies aktiviert die erste Komponente des Komplementsystems C1, das aus Komponenten q, r und s besteht. Das aktivierte C1 aktiviert die Komponenten 4 und 2, die sich an die Membran anlagern. Dieser Komplex aktiviert Komponente 3 und bindet 3b. C4, 2, 3 aktiviert C5 und verursacht die Zusammenlagerung des C5b–9 Komplexes, der dann die Membran perforiert. Alle Aktivierungen sind Peptidspaltungen (Freisetzung der Peptide 2b, 3a, 4a, 5a) und die aktiven Komponenten sind hochspezifische Proteasen. Kaskadenreaktionen bieten vielfältige Regulationsmöglichkeiten und stellen ein Sicherheitssystem dar. [Abbildung nach Müller-Eberhard: Ann. Rev. Biochem. **44**, 697–724 (1975)]

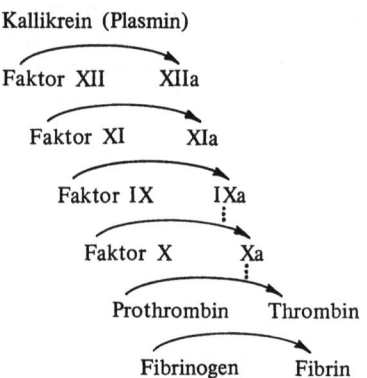

Abb. 9.13. Im Verlauf des Blutgerinnungsprozesses wird Fibrinogen in vernetztes Fibrin durch Abspaltung eines Fibrinpeptides verwandelt. Die Peptidspaltung erfolgt durch Thrombin. Die Enzyme Kallikrein, Plasmin, Thrombin sind Serinproteasen, ebenso wie die meisten der Faktoren (analysiert ist Faktor X), die ihrerseits aktiviert werden durch limitierte Proteolyse

b) Regulation der Proteasen und Regulation durch Proteasen. Viele Proteasen werden als inaktive Vorstufen (Zymogene) gebildet, die durch proteolytischen Abbau oder durch Spaltung bestimmter Peptidbindungen aktiviert werden. Die Aktivierung findet am Wirkort statt. Regulation der Proteasen erfolgt durch natürliche Inhibitoren. Ein Teil dieser Inhibitoren wirkt nur temporär, da sie selbst proteolytisch abgebaut werden.

Viele Enzyme werden durch limitierte Proteolyse aktiviert. Zwei besonders eindrucksvolle Beispiele sind die Kaskadenaktivierung bei der Blutgerinnung

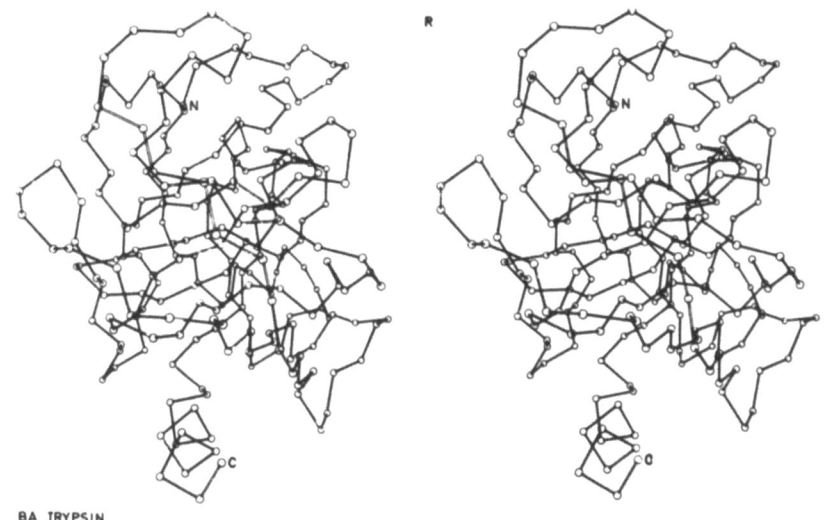

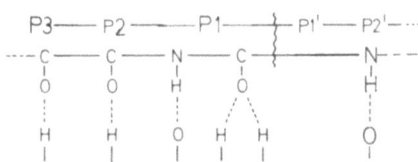

Abb. 9.15. Schema der Wasserstoff-Brückenbindungswechselwirkung einer Substrat-Kette mit Trypsin. Die Spaltstelle des Substrates ist zwischen P1 und P1'. Das Substrat wird starr gerichtet durch 6 Wasserstoffbrücken am Enzym gehalten

Abb. 9.14. Kettenfaltung Trypsin (Stereobild C^α)

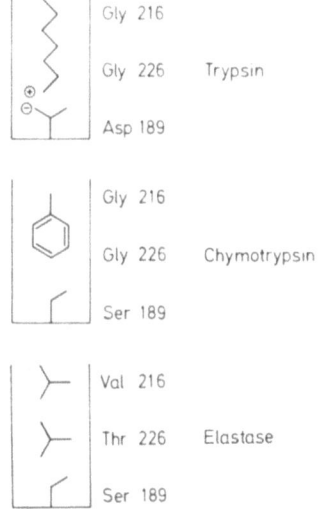

Abb. 9.16. Schema der Spezifitätstaschen bei den 3 Protease-Enzymen. Das negativ geladene Aspartat im Trypsin macht eine Salzbrücke mit basischen Resten in P1. Die Spezifitätstasche im Chymotrypsin ist mehr unpolar und bevorzugt unpolare Reste. Bei Elastase ist die Tasche blockiert. Dies erklärt die Spezifität für kleine Aminosäurereste in P1

Die Bindung des Substrates erfolgt an der katalytischen Stelle, vornehmlich über Wechselwirkung der Peptidhauptkette des Substrates mit dem Enzym (Abb. 9.15). Nur die Seitenkette von P1 macht eine spezifische Interaktion mit dem Enzym. Sie ist in einer Tasche des Enzymes gebunden. Diese Tasche unterscheidet sich bei den 3 Enzymen und bestimmt die Spezifität (Abb. 9.16).

Die katalytisch aktiven Reste des Enzymes sind Asp 102, His 57, Ser 195, die schematisch angeordnet sind wie unten dargestellt. Die Serin-Hydroxylgruppe wird negativ polarisiert unter dem Einfluß des Aspartats.

und im Komplement-System, das Fremdzellen eliminiert (Abb. 9.12, 9.13).

c) Struktur und Funktion: Die Familie der Serin-Proteasen ist am besten erforscht unter den Proteasen. Sie tragen ihren Namen von einem für die Funktion essentiellen Serin-Rest.

Die nahe verwandten Serinproteasen Trypsin, Chymotrypsin, Elastase haben sehr ähnliche Kettenfaltung (Abb. 9.14). Ihre Spezifität ist unterschiedlich: Trypsin spaltet nach basischen Aminosäuren (Arginin, Lysin), Chymotrypsin nach aromatischen oder aliphatisch apolaren Aminosäuren (Phenylalanin, Tryptophan, Leucin usw.), Elastase nach Aminosäuren mit kleinen Seitenketten (Alanin).

a) Die katalytische Reaktion beginnt mit der Fixierung des Substrates nach Abb. 9.15 und 9.16. Die Carboxylgruppe von P1 wird dabei tetraedrisch verzerrt, der Carbonylkohlenstoff positiviert und elektrophil.

b) Dies erleichtert die nukleophile Addition des Serin O^γ an das Kohlenstoffatom unter Bildung eines tetraedrischen Adduktes. Das Proton des Ser 195 wird auf das Histidin übertragen.

c) Das tetraedrische Addukt spaltet sich unter Bildung eines Acylenzymes. Protonenübertragung auf das N des neuen N-terminus findet vermutlich vom Histidin her statt.

d) An das Acylenzym lagert sich Wasser an unter Bildung eines tetraedrischen Adduktes.

e) Das tetraedrische Addukt zerfällt zu freiem Enzym und Produkt.

Ser 195

9.5.2. Immunglobuline

Immunglobuline (Antikörper) haben keine enzymatischen Eigenschaften, sondern haben die Funktion, Fremdmoleküle und Zellen zu erkennen, zu binden und deren Eliminierung einzuleiten (siehe Komplement-System Abb. 9.12). Diese Moleküle sind optimal gebaut zu diesem Zweck. Sie zeigen, wie mit einfachen Mitteln außerordentlich viele verschiedene Bindungsspezifitäten entstehen können. Im kleineren Umfang haben wir dies schon bei den Serinproteasen gesehen. Es gibt verschiedene Typen von Immunglobulin-Molekülen, deren Funktion verschieden ist. Ihr prinzipieller Bauplan ist identisch (Abb. 9.17). Die beiden N-termi-

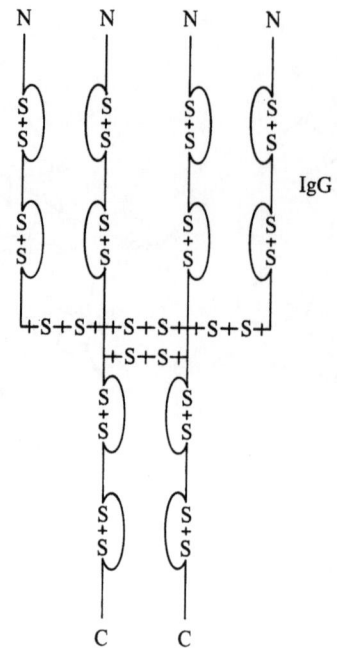

Abb. 9.17. Immunglobulin-Moleküle bestehen aus schweren Ketten (MG 50000) und leichten Ketten (MG 25000), die ein Dimeres bilden. (+++ Disulfidbrücken, N N-Terminus, C C-Terminus). Die Ketten sind aus globulären Domänen aufgebaut, die sehr ähnliche Kettenfaltung besitzen. (4 Domänen bei den schweren Ketten, 2 Domänen bei den leichten Ketten)

nalen Domänen der leichten und schweren Kette bilden eine Bindungstasche, in der ein Fremdmolekül spezifisch gebunden werden kann. Es gibt eine große Zahl von N-terminalen Domänen, die sich in der Aminosäuresequenz unterscheiden. Man hat bisher noch keine identischen Sequenzen gefunden. Diejenigen Bereiche, die die Bindungstasche aufbauen, sind hypervariabel (Abb. 9.18). Wie groß die Zahl der Gene ist, die für die variablen Domänen im Erbmaterial codieren, ist noch unklar. Es wird auch die Hypothese einer somatischen Mutation zur Erklärung der Immunglobulin-Diversität diskutiert.

Die übrigen Domänen (1 bei den leichten Ketten, 3 bei den schweren Ketten) sind weitgehend konstant in ihrer Aminosäuresequenz innerhalb bestimmter Klassen und Spezies (2 Klassen bei den leichten Ketten, 5 bei den schweren Ketten).

Konstante und variable Teile werden von verschiedenen Genen kodiert, die auf der Stufe der m-RNS verknüpft werden.

Stereo Abb 9.19 zeigt die Bindungstasche eines Immunglobulin-Moleküls (BJ-Protein Rei, das Trinitrophenylgruppen bindet). Im nahe verwandten Molekül Au sind die Tyrosinreste 96 und 296 gegen Tryptophan ausgetauscht. Dieser einzelne Austausch ändert die Spezifität völlig.

Eine zweite Quelle der Variabilität ist die unterschiedliche Kombination von leichten Ketten mit schweren Ketten.

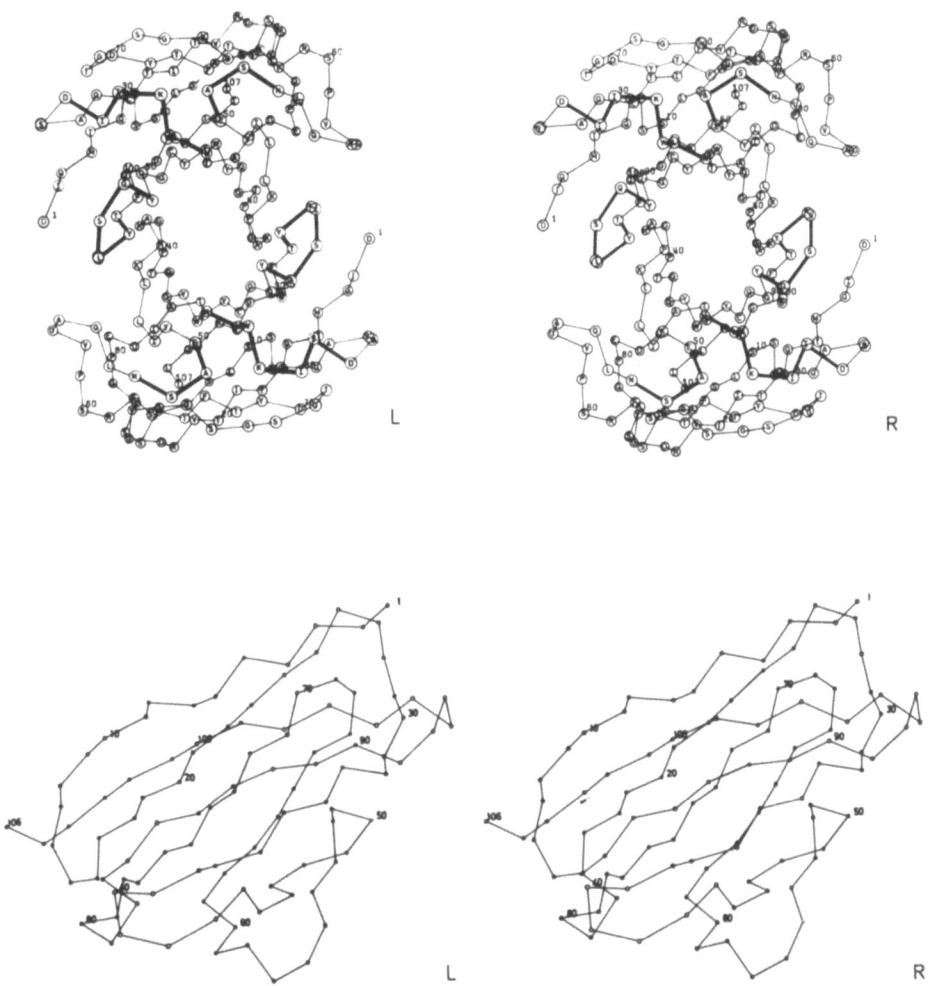

Abb. 9.18. Kettenfaltung einer Immunglobulin-Domäne. Die obere Abbildung zeigt die C^α Atome des Dimeren, das die Haptenbindungsstelle bildet. Die Haptenbindungsstelle wird von den hypervariablen Resten (—) aufgebaut und befindet sich am oberen Ende des Moleküls. Die untere Abbildung zeigt die Faltung der Kette einer einzelnen Domäne. Die beiden übereinanderliegenden Faltblätter sind klar zu erkennen

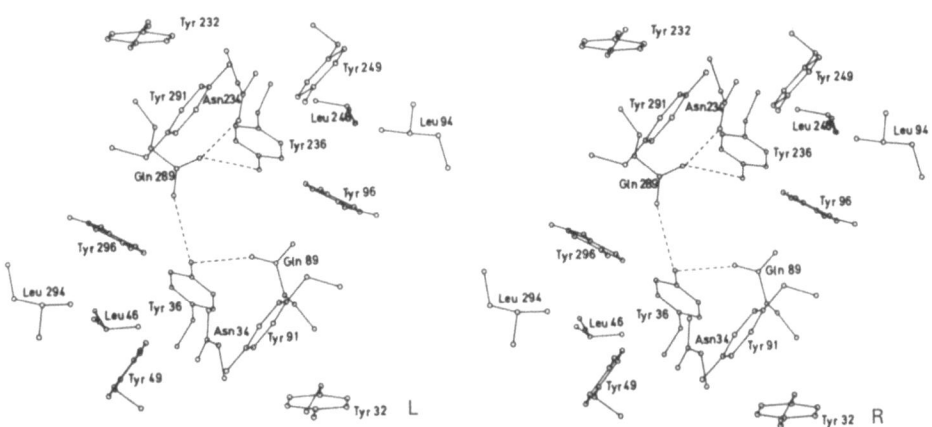

Abb. 9.19. Stereodiagramm der Haptenbindungstasche bei Immunglobulin Fragment Rei. Dieses bindet spezifisch Trinitrophenylderivate. Der Trinitrophenylring schiebt sich senkrecht in die Tasche. Im nahe verwandten Fragment Au sind die Reste Tyr 96 und Tyr 296 durch Tryptophan ersetzt, die Bindungstasche wird dadurch erheblich eingeengt. Ein einziger Aminosäureaustausch verändert die Bindungseigenschaft fundamental

Literaturauswahl

Baldwin, R. L.: Intermediates in Protein Folding Mechanism and the Mechanism of Protein Folding. Ann. Rev. Biochem. **44**, 453 (1975).

Bruice, T. C.: Views on Approximation, Orbital Steering, and Enzymatic and Model Reactions. Cold Spring Harb. Symp. Quant. Biol. **36**, 21 (1972).

Changeaux, J.-P.: The Control of Biochemical Reactions. Sci. Amer. (April) 1965.

Davie, E. W., Fujikawa, K.: Basic Mechanism of Blood Coagulation. Ann. Rev. Biochem. **44**, 799 (1975).

Davies, D. R., Padlan, E. A., Segal, D. M.: The Three-dimensional Structure of Immunoglobulins. Ann. Rev. Biochem. **44**, 639 (1975).

Dickerson, R. E., Geis, I.: The Structure and Action of Proteins. New York-Evaston-London: Harper and Row 1969.

Edelman, E. M.: The Structure and Function of Antibodies. Sci. American (August) 1970.

Florkin, M., Stotz, E. H. (Eds.): Enzymes. General Considerations; in Comprehensive Biochemistry. Amsterdam: Elsevier 1964.

Jencks, W. P.: Structure-Reactivity Correlations and General Acid-Base Catalysis in Enzymic Transacylation Reactions. Cold Spring Harbor Symp. Quant. Biol. **34**, 1 (1972).

Koshland, Jr., D. E., Carraway, K. W., Dafforn, G. A., Gass, J. D., Storm, D. R.: The Importance of Orientation Factors in Enzymatic Reactions. Cold Spring Harbor Symp. Quant. Biol. **36**, 13 (1972).

Koshland, Jr., D. E., Neet, K. E.: The Catalytical Regulatory Properties of Enzymes. Ann. Rev. Biochem. **37**, 359 (1968).

Müller-Eberhard, H. J.: Complement. Ann. Rev. Biochem. **44**, 697 (1975).

Neurath, H.: Protein-Digesting Enzymes. Sci. American (December) 1964.

Wetlaufer, D. B., Ristow, S.: Aquisition of Three-Dimensional Structure of Proteins. Ann. Rev. Biochem. **42**, 135 (1973).

Wu, T. T., Fitch, W. M., Margoliash, E.: The Information Content of Protein Amino Acid Sequences. Ann. Rev. Biochem. **43**, 539 (1974).

10. Die tlogische Funktion der Nucleinsäuren

WOLFRAM ZILG

10.1. Einleitung

10.1.1. Allgemeines

Funktion und Organisation von Zellen und Organismen werden nach Art und Menge der in ihnen enthaltenen Proteine bestimmt. Proteine katalysieren als Enzyme die Vielzahl der Prozesse des Stoffwechsels. Sie sind außerdem neben Lipiden und Polysacchariden Bausteine der Zellstrukturen.

Die Eigenschaften eines Proteins sind in eindeutiger Weise durch seine Struktur bestimmt. Wie bereits ausführlich dargelegt (s. Kap. 9), unterscheidet man zwischen der Primärstruktur, der Sequenz einer bestimmten, mehr oder weniger großen Zahl von 20 verschiedenen Aminosäureresten in den Polypeptidketten, der Sekundär- und der Tertiärstruktur, die die dreidimensionale Anordnung der Peptidketten beschreiben, und, bei komplexen Proteinen, der Quartärstruktur, der Anordnung mehrerer verschiedener oder gleicher Polypeptidketten bzw. Untereinheiten im Komplex.

Tertiär- und Quartärstruktur eines Proteins sind durch die Primärstruktur, also die Sequenz der Aminosäurereste in den Peptidketten, eindeutig vorgegeben. Es gibt heute viele Beispiele für die spontane Rückbildung der natürlichen Raumstruktur, die Renaturierung und Rekonstitution von Proteinen aus vollständig entfaltetem, denaturiertem und dissoziiertem Zustand: u.a. bei der pankreatischen Ribonuklease, dem Kollagen, der DNA-abhängigen RNA-Polymerase und sogar bei Ribosomen. Es besteht demnach kein Anlaß, besondere Faltungsmechanismen zu postulieren, die die Ausbildung der „richtigen" Raumstruktur sichern sollen.

Ein Organismus ist keine starre Struktur. Er ist innerhalb genetisch vorgegebener Grenzen zur Anpassung an Veränderungen der Umwelt fähig. Solche Anpassungsprozesse, die man als Regulations- bzw. Kontroll-Vorgänge bezeichnet, sind reversibel und resultieren in einer sinnvoll, d.h. ökonomisch erscheinenden Änderung der Art und Menge bzw. Aktivität der in den Zellen enthaltenen Proteine.

Daneben gibt es Veränderungen, die, einmal ausgelöst, nach einem vorgegebenen Programm zielgerichtet abzulaufen scheinen und daher zweckmäßig von Kontrollvorgängen als programmierte Prozesse unterschieden werden. Hierzu gehört die Differenzierung von Geweben innerhalb eines Organismus im Verlauf der Ontogenese, aber auch die Umprogrammierung des Stoffwechsels einer Zelle auf die Vermehrung eines Virus nach Infektion mit diesem. Sie sind im Normalfall irreversibel, eine Ausnahme scheint die „Entdifferenzierung" einer differenzierten Gewebszelle im Verlauf ihrer Umwandlung zu einer Tumorzelle zu sein. Auch Programmierungsprozesse resultieren in der Änderung der Proteinmuster von Zellen bzw. Geweben.

Wie im folgenden gesehen werden kann, tragen *Nucleinsäuren* als DNA die genetische Information, deren Expression in der Synthese der zugehörigen Proteine resultiert. Sie sind außerdem in der letzten Stufe der Genexpression, der Proteinbiosynthese (Translation), als Informationsübermittler (messenger), als Strukturelemente der Synthesemaschinerie und als Übersetzungsvehikel, Adaptoren, beteiligt.

Regulation und Programmierung führen zur reversiblen bzw. irreversiblen An- und Abschaltung der Expression genetischer Information.

Nucleinsäuren bestimmen also die von Proteinen realisierten Funktionen der Organismen. Ihre eigene Funktion üben sie ausschließlich in der Weitergabe genetischer Information an die Nachkommen, der DNA-Replikation, und in der Genexpression aus, und auch dies nur in Wechselwirkung mit Proteinen.

10.1.2. Vorkommen und Struktur von Nucleinsäuren

In der Zelle kommen zwei Grundtypen von Nucleinsäuren vor. Die Desoxyribonucleinsäure ist im Zellkern, den Mitochondrien und den Plastiden bei Eukaryonten bzw. in den Nucleoiden bei Prokaryonten als Träger genetischer Information enthalten. Die Ribonucleinsäure wird bei Eukaryonten im Zellkern synthetisiert und übt ihre Funktion im Cytoplasma aus.

Die RNA kann nach Funktion und Struktur in mehrere Typen unterteilt werden. Als Informationsüberträger in der Proteinbiosynthese fungiert die messenger-(Boten-) oder mRNA. Die Transfer- oder tRNA wirkt als Adaptor für die Aminosäurereste im Translationsprozeß. Vier Typen von ribosomaler oder rRNA sind Strukturbestandteile der Translationsmaschine Ribosom, zwei große, nach den Sedimentationskonstanten bei Eukaryonten 28- und 18S-RNA, bei Prokaryonten 23- und 16S-RNA genannt, und zwei kleine, von denen die eine nur bei Eukaryonten vorkommt: 5S-RNA bei Prokaryonten, 5.8S und 5-RNA bei Eukaryonten, wobei 5,8S-RNA der 5S-RNA der Prokaryonten entspricht, 5S-RNA der Eukaryonten also bei Prokaryonten kein Analogon besitzt.

Außerdem kommen Nucleinsäuren, und zwar sowohl DNA als auch RNA, als Informationsträger in

Viren vor. Gelegentlich ist Virus-RNA gleichzeitig genetisches Material und mRNA.

Die Struktur der Nucleinsäuren wurde im einzelnen in Kapitel 2 besprochen. Hier soll nur daran erinnert werden, daß Nucleinsäuren Polynucleotidketten sind, wobei in DNA im allgemeinen die vier Nucleotide Adenylsäure (pA), Thymidylsäure (pT), Guanylsäure (pG) und Cytidylsäure (pC) als Desoxyribonucleotide, also mit Desoxyribose als Zuckerkomponente, enthalten sind, während in RNA die entsprechenden Ribonucleotide, mit Ribose als Zuckerkomponente, vorkommen, wobei Uridylsäure (pU) an die Stelle der Thymidylsäure der DNA tritt. Ein wesentlicher Unterschied in der räumlichen Struktur von DNA und RNA ist, daß die DNA im allgemeinen als Doppelhelix aus zwei einander komplementären Polynucleotidsträngen entgegengesetzter Polarität (Richtung der 3'-5'-Phosphodiesterbindungen) vorliegt (Ausnahmen gewisse Viren wie die Bakteriophagen ϕX174 und M13), während die RNA, von Ausnahmen (Rheo-Virus) abgesehen, einzelsträngig ist, wobei aber innerhalb des Strangs einander komplementäre Abschnitte miteinander in Wechselwirkung treten können. Man unterscheidet also in RNA zwischen ungepaarten (loops = Schleifen) und gepaarten Bereichen (hairpins, stems = Stämme). Die Wechselwirkung ist von der gleichen Natur wie in DNA. Sie beruht auf der Entstehung spezifischer Nucleotidpaare durch Ausbildung von Wasserstoffbrückenbindungen, wobei die Basen Adenin und Thymin (bzw. Uracil) durch zwei, die Basen Guanin und Cytosin durch drei Wasserstoffbrücken miteinander verbunden sind. Die Enthalpie beträgt etwa 8 kcal mol^{-1} und ist für das AT-Paar etwas kleiner als für das GC-Paar. Ein DNA-Doppelstrang ist daher sehr stabil. Die Stabilität und damit die Temperatur, bei der Strangtrennung erfolgt, die Tm, steigt (wie die Schwimmdichte) proportional zum GC-Gehalt.

mRNA ist im allgemeinen ein langer Polyribonucleotidstrang (bis viele Tausend Nucleotidreste lang). Sie kann, wie wir noch sehen werden, polycistronisch sein, d.h. genetische Information für mehrere Peptidketten enthalten. Entsprechend der Vielfalt der Proteine gibt es viele verschiedene Spezies von mRNA in einem Organismus (bei Prokaryonten einige Tausend), die, je nach Gendosis und Effizienz ihrer Synthese, in verschiedenen Stückzahlen pro Zelle vorkommen. mRNA besitzt bei Eukaryonten oft ein maskiertes 5'-Ende und fast immer eine Poly-A-Sequenz am 3'-Ende (Ausnahme Histon-mRNA).

tRNA ist kurzkettig (etwa 80 Nucleotidreste lang), besitzt in erheblichem Maß komplementäre Bereiche innerhalb der Kette und damit viel Tertiärstruktur, hat in funktionsfähigem Zustand immer eine pCpCpA-Sequenz am 3'-Ende und oft pGp... als 5'-Terminus[1]. In der Zelle kommen etwa 40 verschiedene Spezies, davon einige seltene, vor.

[1] Der Buchstabe bezeichnet den Nucleosidrest. Links davon stehendes p ist in 5', rechts stehendes in 3' daran gebundenes Esterphosphat. Ein p zwischen zwei Nucleosidsymbolen ist also eine Phosphodiesterbrücke, die den 3'-Sauerstoff des linken mit dem 5'-Sauerstoff des rechten Nucleosids verbindet.

5S- bzw. 5.8S-RNA ist etwa Nucleotidreste lang. Es gibt in Prokaryonten jeweine Spezies 5S-RNA, in Eukaryonten jeweils eine zies 5.8S-RNA und eine Spezies 5S-RNA.

Die beiden großen ribosomalen As sind ebenfalls definierte Spezies, von denen imer Zelle nur je eine, bei Bakterien in einer Stückl von je etwa 10000, innerhalb der Ribosomen rkommen, und zwar die große in der großen Untereheit (bei Prokaryonten 50 S-ribosomale Untereinhe die kleinere in der kleinen (30 S-) Untereinheit.

10.2. Die Replikation der NA

Wie im einzelnen noch gezeigt wern wird, ist die genetische Information, die die Struur der Proteine und damit die Leistungen eines Orgasmus bestimmt, in der Sequenz der Desoxyribonieotidreste von DNA-Strängen enthalten. Diese Inrmation besitzt eine erhebliche Stabilität, die die Kotanz der Eigenschaften einer Art durch die Generaonen gewährleistet. Im Lauf der Evolution findenllerdings kleine schrittweise Änderungen, Mutatione statt, die unter dem Selektionsdruck, den die Umlt ausübt, zum Entstehen neuer, angepaßter Arterführen können. Die Konstanz der genetischen Inforration beruht auf ihrer exakten Verdoppelung und derGleichverteilung der identischen Verdoppelungsprokte im Prozeß der Zellteilung.

10.2.1. Organisation der DNA der Zelle

Bei Organismen, die noch keinen drch eine Membran von cytoplasmatischen Raum agegrenzten Zellkern enthalten, sogenannten Prokarynten (Bakterien und Blaualgen, vgl. Kapitel 1), ist de größte Teil der genetischen Information in covaent ringförmig geschlossenen „Chromosomen" enthlten, die, durch RNA und Protein zusammengehalta, als kompakte Pakete vorliegen und in unbekanntr Weise an die Zellmembran angeheftet sind. Das E. oli-Chromosom hat ein Molgewicht von etwa $2,5 \cdot 10^9$, besteht also aus etwa $4 \cdot 10^6$ Basenpaaren, entprechend etwa $5 \cdot 10^3$ Genen. Daneben können sogenannte Plasmide oder Episomen vorkommen, die eenfalls covalent ringgeschlossene DNA-Doppelstränge sind. Solche Ringe enthalten neben den für die B-Struktur der DNA charakteristischen Windungen der DNA-Stränge innerhalb der Doppelhelix zusätzliche, im allgemeinen entgegengesetzte Windungen der gesamten Doppelhelix, die man als (negativen) overtwist (=Überdrehung) bezeichnet. Durch Einfügung mindestens eines Strangbruches („nick") in einen der beiden DNA-Stränge als Drehpunkt kann dieser overtwist zum Verschwinden gebracht werden.

Die DNA der kernhaltigen Organismen, der sog. Eukaryonten, ist erheblich komplizierter organisiert. Für jeden eukaryontischen Organismus ist eine be-

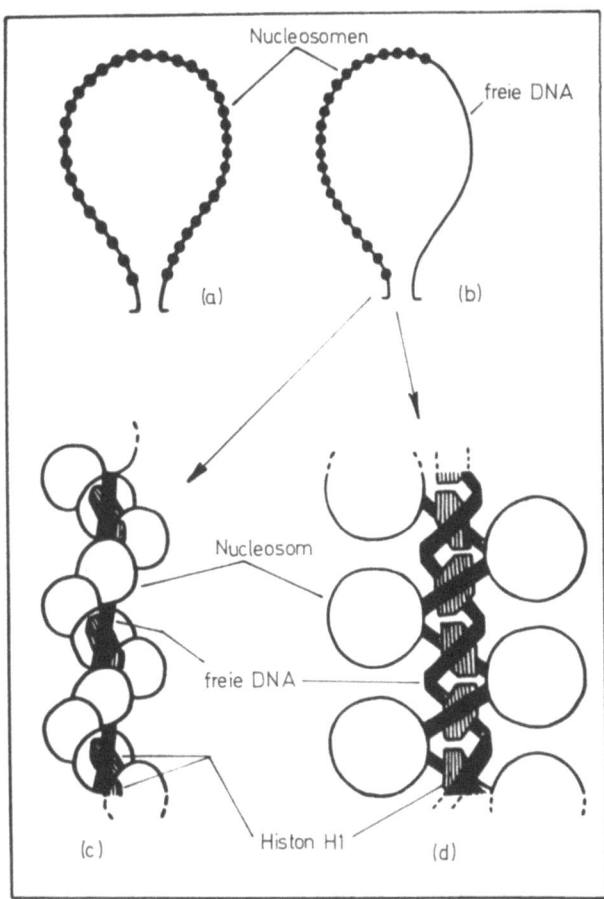

Abb. 10.1a–d. Strukturmodelle von Eukaryonten-Chromatin. (a) symmetrische Haarnadel, (b) asymmetrische Haarnadel, (c) Raummodell der asymmetrischen Haarnadel, (d) Vergrößerung von c) (aus: Varshawsky, A.J., Bakayev, V.V., Georgiev, G.P., Mol. Biol. Reports 1976)

stimmte Anzahl individueller Chromosomen charakteristisch. Bei Säugetieren sollen in den Chromosomen einer Zelle insgesamt etwa 10^5 Gene enthalten sein. Jedes Chromosom enthält einen einzigen durchgehenden DNA-Doppelstrang und nicht, wie früher angenommen, ein Bündel aus vielen homologen DNA-Strängen („Chromonemata"). Basische Proteine, die sogenannten Histone, bestimmen durch ihre Wechselwirkung mit der DNA die Struktur des Chromatins, wobei H_1 (= Histon 1) offenbar verschiedene Bereiche eines Stranges vernetzt, während die übrigen Histone in einem bestimmten stöchiometrischen Verhältnis (wahrscheinlich $2 H_{2a}$, $2 H_{2b}$, $2 H_3$ und $2 H_4$ pro Nucleosom) Nucleosomen bzw. v-Körper bilden. Die Nucleosomen sind wie Perlen in einer Kette durch kurze Abschnitte von freier DNA (je etwa 40 Nucleotidpaare) voneinander getrennt, während der größere Teil der DNA in den Nucleosomen-haltigen Abschnitten (je etwa 200 Nucleotidpaare pro v-Körper) im Kontakt mit der Oberfläche der Nucleosomen vorliegt (Abb. 10.1). Neben den Histonen sind im Chromatin sog. Nichthistonproteine enthalten, die im allgemeinen nicht basisch, sondern neutral oder sauer sind und deshalb früher gelegentlich unscharf als saure Chromosomen-Proteine bezeichnet wurden. Hierunter befinden sich auch längst bekannte kontraktile Proteine wie Actin, Actomyosin und Tubulin, die vielleicht eine Rolle bei der Kondensation der Chromosomen im Verlauf der Mitose spielen. Die aktiven, d.h. an der Genexpression beteiligten Abschnitte des Chromatins, das sogenannte Euchromatin, besitzen im Gegensatz zu dem stark kondensierten inaktiven Heterochromatin eine relativ lockere Struktur.

Bestimmte Abschnitte bestimmter Chromosomen, die sog. nucleolaren Organisatoren, bilden im Kern Substrukturen, die man als Nucleoli bezeichnet (vgl. S. 9). In den Nucleoli werden die Vorstufen der ribosomalen RNA synthetisiert.

Neben dem Kern enthalten in eukaryontischen Zellen auch die genetisch zum Teil autonomen Mitochondrien und bei Pflanzen zusätzlich die Plastiden DNA, die in beiden Organellen wie im Chromosom von Prokaryonten in Form covalent geschlossener Ringe vorliegt.

10.2.2. Prinzipien der DNA-Replikation

Die Replikation der DNA läuft bei Prokaryonten während der gesamten Generationsdauer, bei Eukaryonten dagegen in einem bestimmten Abschnitt des Zellzyklus, der S-Phase, ab. Man kann sie in Initiation und die eigentliche Replikation unterteilen.

Die DNA wird semikonservativ repliziert, d.h., daß jeder der beiden Tochter-Doppelstränge je einen Strang des Elterndoppelstrangs und einen komplementären neusynthetisierten Strang enthält (Abb. 10.2).

Substrate sind die Desoxyribonucleosidtriphosphate. Die DNA-Ketten wachsen (unter Eliminierung von Pyrophosphat) vom 5′-Ende her zum 3′-Ende hin (Abb. 10.3). Der Prozeß beginnt an einem oder mehreren (bei Eukaryonten-Chromosomen) definierten Replikationsursprüngen. Ein Stück DNA, das einen Replikationsursprung und links und rechts davon Replikationsterminationsorte enthält, wird als Replikon bezeichnet. Ein Bakterienchromosom, ein Plasmid, eine Bakteriophagen-DNA, die ringförmigen DNAs von Mitochondrien und Plastiden sind einzelne Replikons; ein Eukaryontenchromosom besteht aus mehreren bzw. vielen Replikons.

Die Replikation erfolgt in der sogenannten *Replikationsgabel* (Abb. 10.4). Dabei wird der DNA-Doppelstrang zunächst in die Einzelstränge getrennt. An demjenigen Einzelstrang, dessen Phosphodiesterbindungen in Syntheserichtung von 3′ nach 5′ laufen, kann der komplementäre Tochterstrang, wie durch die Spezifität der Replikase vorgeschrieben, von 5′ nach 3′ wachsen. Der Gegenstrang, der im Endergebnis von 3′ nach 5′ synthetisiert wird, muß in kleinen Abschnitten, also diskontinuierlich, verlängert werden. Diese, nach ihrem Entdecker Okazaki-Stücke genannt, werden jedes für sich von 5′ nach 3′ synthetisiert, aber in 3′–5′-Richtung hintereinander gereiht. Auch

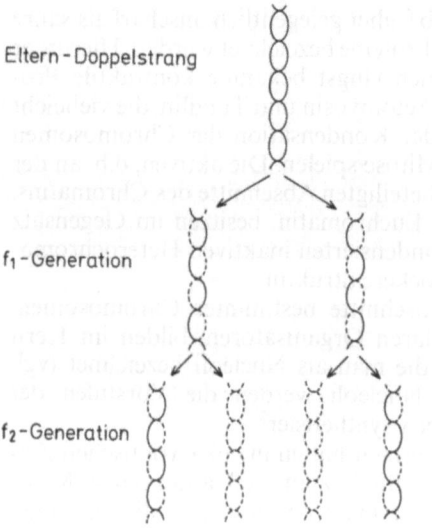

Abb. 10.2. Schema der semikonservativen DNA-Replikation

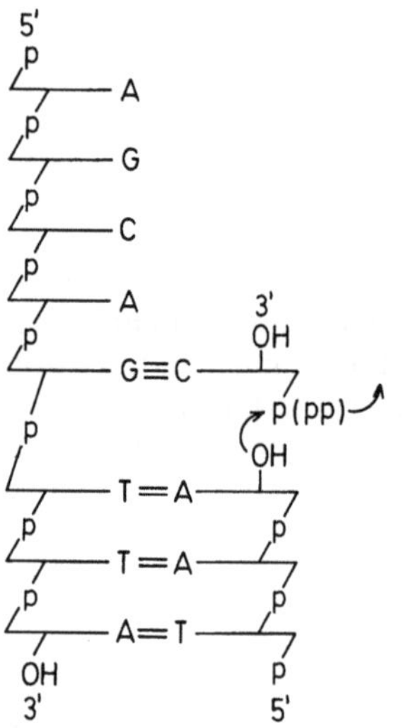

Abb. 10.3. Schematische Darstellung eines Einzelschritts der DNA-Synthese

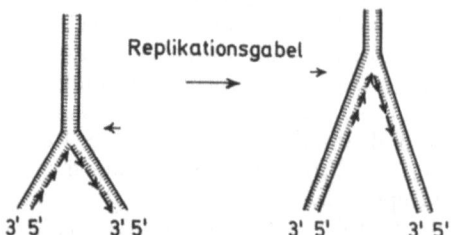

Abb. 10.4. Diskontinuierliche Synthese von DNA

der im Endergebnis und in der Momentaufnahme von 5' nach 3' wachsende andere Strang wird diskontinuierlich, in Stücken, synthetisiert (Abb. 10.4).

Die Synthese der Stücke bedarf der Initiation durch eine kurze (50 bis 100 Nucleotide lange), der Matrizen-DNA komplementäre RNA-Sequenz, an deren terminales 3'-Hydroxyl der erste Desoxyribonucleotidrest geknüpft wird. Diese RNA-Abschnitte müssen später wieder entfernt und durch DNA ersetzt werden. Schließlich müssen die Okazaki-Stücke miteinander verknüpft, ligiert werden.

Da DNA, vielleicht abgesehen von derjenigen in Chromosomen von Eukaryonten und von derjenigen einzelner Bakterien-Viren, während der Replikation im allgemeinen covalent ringgeschlossen vorliegt, muß dafür gesorgt werden, daß die beim Aufwinden der Doppelhelix in der Replikationsgabel entstehende Gegenspannung nicht bis zu einer Größe wachsen kann, in der sie den Prozeß blockiert.

Die kontinuierliche Aufhebung der Gegenspannung wird vermutlich durch Einführung eines sog. "swivel", eines Drehpunkts, am Replikationsursprung bewerkstelligt.

10.2.3. Replikationsmodelle

Zwei Modelle für den formalen Ablauf des Replikationsprozesses können als bestätigt gelten. Nach dem ersten, dem „revidierten Cairns-Modell" enthält ein ringförmiges Replikon einen Replikationsursprung, von dem aus sich zwei Replikationsgabeln in entgegengesetzter Richtung bewegen (Replikationsauge), bis sie sich gegenüber dem Ursprung treffen (Abb. 10.5). Die durch die Strangtrennung entstehende Gegenspannung wird durch die reversible Einführung von Einzelstrangbrüchen als Drehpunkte beseitigt. Es scheint, daß dieses Modell den Normalfall der Replikation von Chromosomen beschreibt. Eukaryontische Chromosomen enthalten viele Replikationsursprünge, dementsprechend bilden sich viele Replikationsaugen, je eines pro Replikon.

Das zweite, das "rolling circle"-Modell (Abb. 10.6) gilt offenbar für die Vermehrung der DNA gewisser Bakteriophagen und für die Replikation, die während der Konjugation bakterieller Hfr-Stämme mit F^--Stämmen stattfindet, bei der ein frisch repliziertes Chromosom von einem Spenderbakterium auf ein Empfängerbakterium übertragen wird. Hier wird zunächst als Replikationsursprung ein Einzelstrangbruch in die ringförmig covalent geschlossene DNA-Doppelhelix eingeführt. Das dabei entstehende 3'-Ende ist der Startpunkt der Synthese des den Bruch tragenden Einzelstrangs, der sukzessive durch sein wachsendes Ende vom covalent geschlossen bleibenden Matrizenstrang verdrängt wird. Der verdrängte Abschnitt des geöffneten Einzelstrangs dient als Matrize für diskontinuierliche Replikation wie im vorigen Abschnitt (10.2.2) beschrieben. Es gibt also nur eine Replikationsgabel. Der durch Verdrängung und komplementäre Ergänzung synthetisierte offene Doppelstrang kann bis zu einem Vielfachen der Einheitslänge wachsen. Durch geeignetes Schneiden kann er wieder in Einheitslängen zerlegt werden. Diese können, wenn sie einander komplementäre überstehende Enden (sog. sticky ends) tragen (versetzter Schnitt), Ringe bilden, die dann covalent geschlossen, ligiert, werden können. Ringe können auch direkt durch einen Rekombinationsprozeß gebildet werden.

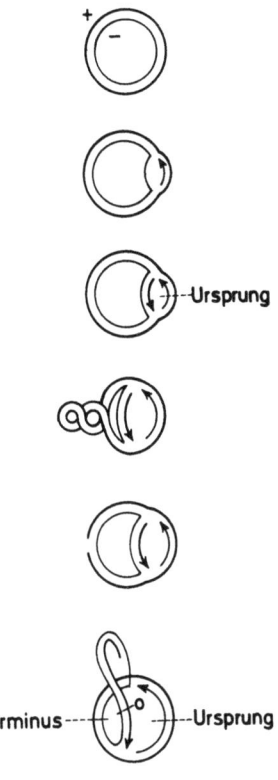

Abb. 10.5. Das revidierte Cairns-Modell

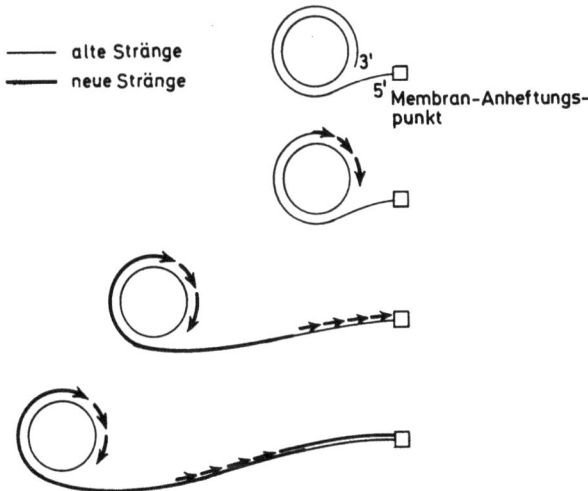

Abb. 10.6. Der "rolling circle" oder rollende Ring nach Gilbert und Dressler (1968)

Das "rolling circle"-Modell benötigt keinen besonderen Mechanismus für die Aufhebung der bei der Strangtrennung entstehenden Gegenspannung, da der Replikationspunkt selbst ein Drehpunkt ist.

Ein abweichender Fall, in dem ein besonderes Problem auf besondere Weise gelöst wird, ist die Replikation eines linearen DNA-Doppelstrangs, z.B. der DNA des Bakteriophagen T7. Sie verläuft zunächst nach dem revidierten Cairns-Modell. Nach ihrem Abschluß kann der RNA-Starter am 5'-Ende des im Ergebnis von 3' nach 5' synthetisierten Stranges nicht ohne weiteres durch DNA ersetzt werden. Hierzu ist erforderlich, daß durch Exonuclease an den terminal redundanten Enden überstehende komplementäre Sequenzen freigelegt werden. Über diese können sich Oligomere bilden, in denen nach Herausschneiden der RNA-Starter-Sequenzen vom nun links der Lücke vorhandenen DNA-3'-Ende her Desoxynucleotidreste angeknüpft werden können. Die verbleibenden Einzelstrangbrüche werden geschlossen und schließlich muß das Oligomer wieder in Monomere getrennt werden. Dieser Umweg ist bei der Replikation von Ringen nicht erforderlich. Vielleicht ist dies die Ursache dafür, daß Ringe oder potentielle Ringe (DNA mit "sticky ends" bzw. terminaler Redundanz) den Normalfall bilden.

10.2.4. Der Replikationsapparat

Vieles spricht dafür, daß der Replikationsapparat einen Komplex aus verschiedenen Einzelkomponenten mit verschiedenen Funktionen darstellt. Bisher wurde ein solcher Komplex allerdings nicht in funktionsfähigem Zustand isoliert. Einzelne Komponenten sind bekannt.

Sogenannte Entwindungsproteine (z.B. das Produkt des Gens 32 des Bakteriophagen T4), die eine hohe Affinität zu einzelsträngiger DNA besitzen und kooperativ binden, sollen bei der Strangtrennung in der Replikationsgabel eine Rolle spielen. Sie stimulieren jedenfalls die Replikation *in vitro*.

In Bakterien (E. coli) existieren 3 DNA-Polymerasen. Die DNA-Polymerase I (mehr als 1000 Moleküle pro Zelle) ist offenbar ein Reparaturenzym. Die DNA-Polymerase II (etwa 100 Moleküle pro Zelle) ist an der Replikation der DNA gewisser Bakteriophagen beteiligt. Die eigentliche DNA-Replikase ist aber offenbar die DNA-Polymerase III (nur etwa 10 Moleküle pro Zelle!). Alle diese DNA-Polymerasen besitzen eine 3' nach 5'-Exonucleaseaktivität, die vielleicht für die außerordentlich große Genauigkeit des Replikationsprozesses verantwortlich ist (weniger als 1 Fehler bei 10^6 Verknüpfungen, also praktisch kein Fehler bei der Replikation des E. coli-Chromosoms). Falsche Nucleotidenden können entfernt und „berichtigt" werden.

Nur die DNA-Polymerase I besitzt daneben noch eine 5'- nach 3'-Exonuclease-Aktivität, die auch RNA-Sequenzen spaltet, so daß angenommen wird, daß dieses Enzym das Herausschneiden der RNA-Starter-Enden der Okazaki-Stücke besorgt. Das Auffüllen der Lücken (gaps) könnte vom nächsten DNA-3'-Ende her durch DNA-Polymerase I oder III erfolgen.

Nach Auffüllen der Lücken wird der verbleibende Einzelstrangbruch unter Verbrauch von ATP (T4) bzw. NAD⊕ (E. coli) durch DNA-Ligase geschlossen, die auch „entspannte" (relaxed) ringförmige DNA (sog. Form II) in covalent geschlossene, überdrehte (sog. Form I) überführen kann.

Die Überspannung, die während der Replikation bei der Strangtrennung entsteht, wird vermutlich durch ein von Wang beschriebenes Enzym beseitigt, das *reversibel*, ohne Energieverbrauch und nicht ortsspezifisch Einzelstrangbrüche einführt.

Das in Replikation begriffene Chromosom hat bei Bakterien vermutlich mehrere Kontaktpunkte mit der Zellmembran. Man vermutet, daß sowohl der Replikasekomplex in der Replikationsgabel als auch der Replikationsursprung an die Membran gebunden vorliegen. Beim "rolling circle" wird eine Anheftung des Endes des verdrängten Stranges an die Membran angenommen.

Als Starter (primer) der Synthese der Okazaki-Stücke dienen RNA-Sequenzen, die vermutlich von einer gegenüber dem Antibioticum Rifamycin resistenten, für diese Funktion spezifischen RNA-Polymerase (Produkt des Gens dna G) synthetisiert werden. Die Replikation ist ein außerordentlich schneller Prozeß. *In vivo* und *in vitro* läuft sie bei E. coli mit einer Gesamtgeschwindigkeit von etwa 1000 Nucleotidverknüpfungen pro Kette und pro Sekunde ab, ist also wesentlich schneller als die Transkription (nächstes Kapitel).

10.2.5. Reverse Transcriptase

In bestimmten Tumorviren und neuerdings auch in embryonalen Zellen wurde ein Enzym gefunden, das im Gegensatz zur RNA-Polymerase an *RNA* als Matrize *DNA* synthetisiert. Das genetische Material dieser Oncorna-Viren ist RNA. Es wird in der infizierten Zelle in DNA umkopiert und bei der Transformation zur Tumorzelle als DNA ins Wirtsgenom integriert. Es handelt sich also um einen Spezialfall des Umkopierens genetischer Information. Wie bei der DNA-Replikation dienen RNA-Sequenzen, in diesem Fall bestimmter tRNAs, als Starter. Nach der Synthese des der RNA komplementären DNA-Strangs wird die Matrize RNA durch eine spezifisch auf hybrid annellierte RNA eingestellte RNAase (RNAase H) gespalten. Der abgebaute RNA-Strang wird schließlich durch einen DNA-Strang ersetzt. Die reverse Transcriptase ist also in diesem Schritt eine DNA-Polymerase. Die Rolle des Enzyms in embryonalen Zellen ist noch unverstanden. Die Entdeckung der reversen Transcriptase stellt das „zentrale Dogma" der molekularen Biologie der Genwirkungen, DNA→RNA→Protein, nur scheinbar auf den Kopf.

10.3. Genexpression

10.3.1. Transcription

Die Expression der genetischen Information, die schließlich zur Übersetzung von Nucleotidsequenzen der DNA (=Gene) in Aminosäuresequenzen der Proteine (=Phaene) führt, findet in zwei Hauptschritten statt. Im ersten, der *Transcription*, werden Nucleotidsequenzen des genetischen Materials DNA in die Sequenzen der verschiedenen im 2. Hauptschritt, der Translation, benötigten RNA-Spezies mRNA, tRNA und rRNA überschrieben, transcribiert.

10.3.1.1. Prinzipien des Transcriptionsprozesses

Wie die DNA-Replikation erfolgt auch die Transcription nach dem Komplementaritätsprinzip: Als Matrize dient nur einer der beiden Stränge der DNA, der „codogene" Strang, dessen Nucleotidsequenz umgeschrieben wird. Die Transcription ist also asymmetrisch.

Wie der in Replikation begriffene DNA-Strang wächst auch die RNA im Transcriptionsprozeß vom 5'-Ende her zum 3'-Ende hin. Als Substrate dienen die 4 Ribonucleosidtriphosphate. Neben RNA ist Pyrophosphat Produkt.

$$pppPu + n\,pppX \xrightarrow[\text{DNA}]{\text{Mg}^{++} \atop \text{RNA-Polymerase}} pppPu(pX)n + n\,pp$$

Im Gegensatz zur DNA-Replikation bedarf die Transcription zu ihrer Initiation keines Starters (primers), sondern eines als spezifische DNA-Sequenz erkannten Signals, das als Promotor bezeichnet wird. Die Initiation erfolgt praktisch immer mit einem Purinnucleosidtriphosphat, dessen Triphosphat-Rest zunächst am 5'-Ende der wachsenden Kette verbleibt.

Die eigentliche RNA-Synthese oder Elongation ist wie die Translation mit einer Translokation des sog. ternären Komplexes von RNA-Polymerase, wachsender RNA-Kette und DNA entlang der DNA verbunden. Wie Replikation und Translation ist die Transcription im Gegensatz zu einzelnen Teilschritten irreversibel.

Wie bei der Replikation wird auch bei der Transcription die DNA-Doppelhelix getrennt, hier allerdings nur lokal, so daß das Fortschreiten des Prozesses keine Spannungsprobleme aufwirft. Die in der Initiation geöffnete Strecke wird mit dem ternären Komplex entlang der Matrize verschoben, wobei gleichzeitig vorne getrennt, hinten wieder geschlossen wird (Abb. 10.7).

Auch die Termination wird durch ein Signal in der DNA, den sog. Terminator, eingeleitet.

Eine Leseeinheit der Transcription, ein Transcripton, enthält oft mehrere Gene und wird dann als Operon bezeichnet. Ein Transcripton besitzt eine bestimmte Länge, einen bestimmten Beginn, den Promotor, und ein bestimmtes Ende, den Terminator (Abb. 10.8, Abb. 10.9). Die Transcriptase oder DNA-abhängige RNA-Polymerase, das Enzym, das die Transcription bewerkstelligt, tritt also zumindest an zwei Orten, Promoter und Terminator, in spezifische, funktionsbestimmende Wechselwirkung mit der Matrize. Andere Beispiele solcher Wechselwirkungen, die für die molekulare Biologie der Genwirkungen charakteristisch sind, werden im Translationskapitel behandelt.

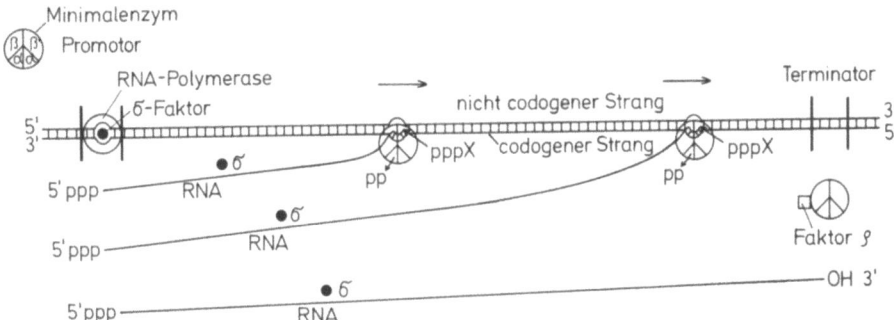

Abb. 10.7. Schema der RNA-Synthese an einem Transcripton

Abb. 10.8. Ribosomale RNA-Cistren aus der Grünalge Acetabularia ryukyuensis. Repetitive Transcriptionseinheiten sind durch nichttranscribierte "spacer" getrennt. Die Länge der naszierenden RNA-Stränge steigt vom Initiationsort bis zum Terminationsort. Positiv gefärbt mit Phosphorwolfram-Säure. Vergrößerung 10000fach. (Bild: S. Berger, Wilhelmshaven)

10.3.1.2. Der Transcriptionsapparat

Die Transcription wird von einem aus mehreren Untereinheiten bestehenden, sehr großen Enzym, der DNA-abhängigen RNA-Polymerase oder Transcriptase bewirkt. Bei E. coli besitzt dieses Enzym die Zusammensetzung $\beta'\beta\alpha_2\sigma$. Das Molekulargewicht von β' ist 160000, von β 155000, von α 40000 und von σ 92000. Der Faktor σ wird für die korrekte Initiation der Transcription am Promotor benötigt und daher als Initiationsfaktor bezeichnet. Das nach Entfernung von σ verbleibende „Minimalenzym" initiiert unspezifisch und mit geringer Effizienz. σ wirkt katalytisch: schon nach der Verknüpfung von etwa 10 Ribonucleotid-Resten wird es freigesetzt. Die Elongation wird also durch das Minimalenzym katalysiert. Nach der Termination verläßt die Polymerase die Matrize, σ wird wieder aufgenommen (σ-Zyklus) und die nächste Transcriptionsrunde kann beginnen.

Man unterscheidet zwischen einer unspezifischen, relativ losen Bindung der RNA-Polymerase an beliebigen DNA-Sequenzen, die bei Minimalenzym fester ist als bei Vollenzym, und einer sehr festen spezifischen Bindung am Promotor, die σ-abhängig ist. Die Bildung des stabilen Präinitiationskomplexes der Polymerase mit dem Promotor erfolgt vermutlich in zwei Schritten. Der zweite hochkooperative Schritt ist wahrscheinlich die lokale Öffnung der DNA-Doppelhelix im Promotor durch die Transcriptase unter Beteiligung von σ.

Eine Anzahl von Promotoren wurde bereits sequenziert (Abb. 10.9). Sie enthalten alle in einem Abstand von 7 Nucleotidresten vor dem Initiationspunkt, an dem die RNA-Sequenz gestartet wird, eine 7 Nucleotidreste lange Sequenz geringer Variabilität, die vielleicht für die Wechselwirkung mit der Polymerase wichtig ist, und etwa 20 Nucleotidreste davor eine Pentanucleotidsequenz, die als Polymerase-Erkennungsort angesprochen wird. Die durch Polymerase vor der Hydrolyse durch DNAase geschützte DNA-Strecke am Promotor enthält außerdem noch etwa 20 zur transcribierten Sequenz gehörende Nucleotidreste, so daß die Polymerase zwischen der Bindung an die DNA und der Initiation nicht transloziert werden muß.

Der stabile Präinitiationskomplex enthält mindestens zwei Bindungsorte für Substrat, einen sogenannten Initiationsort für das 5'-terminale Purinnucleosidtriphosphat und einen Substratort für das zweite Substratmolekül. Nach der Verknüpfung, bei der Pyrophosphat eliminiert wird, erfolgt die erste Translokation, bei der der 3'-terminale Nucleotidrest in den Initiationsort verschoben wird, der daher auch Produkt-Terminus genannt wurde. Dieser Prozeß wiederholt sich nach Bindung und Anknüpfung des nächsten Substratmoleküls.

Nach Verdrängung des σ-Faktors durch die wachsende RNA besitzt der ternäre Komplex sehr wahrscheinlich eine Struktur, in der die beiden DNA-Stränge unter dem Enzym über eine begrenzte Länge (maximal etwa 30 Nucleotide) getrennt sind. Das wachsende, also das 3'-Ende der RNA ist wahrscheinlich hybrid über Wasserstoffbrücken in einer DNA-ähnlichen doppelhelikalen Struktur mit dem codogenen Strang der DNA anneliert, die entsprechende Strecke des nicht-codogenen DNA-Strangs ist einzelsträngig und vor der Hydrolyse durch DNAasen nicht geschützt (Abb. 10.10).

Schließlich erreicht der ternäre Komplex die Terminator-Region der Leseeinheit. Die RNA wird freigesetzt, die Polymerase steht für den nächsten Transcriptionszyklus zur Verfügung. Ob die Terminatorsequenz transcribiert wird, ist unbekannt. Einige bekannte 3'-

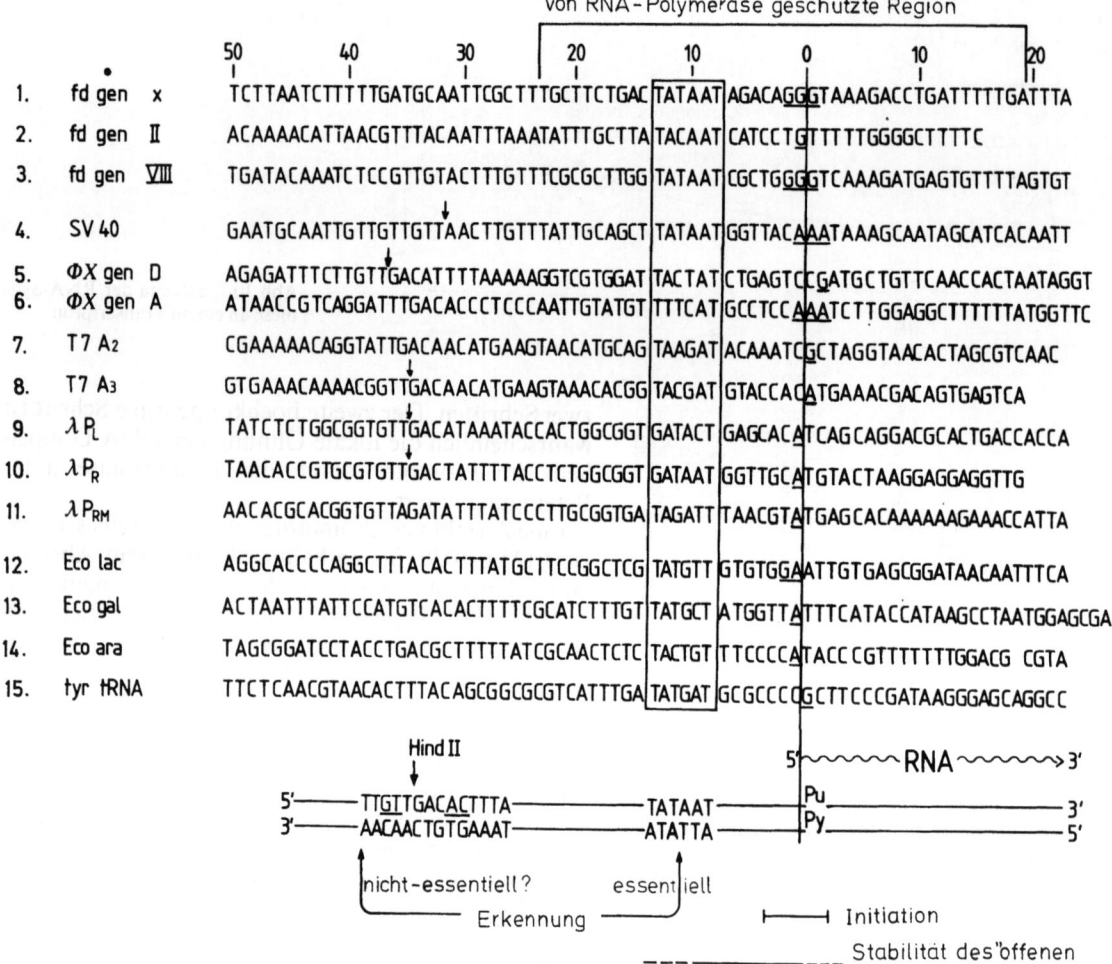

Abb. 10.9. Sequenzen der nicht-codogenen Stränge verschiedener Promotoren, zusammengestellt und interpretiert von H. Schaller, Heidelberg, Juli 1976. **1.** Schaller, H., Gray, C., Herrmann, K.: Proc. Nat. Acad. Sci. USA **72**, 737–741 (1975). Sugimoto, K., Sugisaki, H., Okamoto, T., Takanami, M. Nucl. Acids Res. **2**, 2091–2100 (1975). **2.** Beck, E., Smith, M., Schaller, H.: unveröffentlicht. **3.** Takanami, M., Sugimoto, K., Sugisaki, H., Okamoto, T.: Nature **260**, 297–302 (1976). **4.** Zain, B.S., Weissman, S.M., Dhar, R. Pan, J.: Nucl. Acids Res. **1**, 577–594 (1974). Dhar, R., Weissman, S.M., Zain, B.S., Pan, J., Lewis, A.M. Jr.: Nucl. Acids Res. **1**, 595–614 (1974). **5.** F. Sanger et al., unveröffentlicht. **7.** Pribnow, D.: J. Mol. Biol. **99**, 419–443 (1975). **8.** Siebenlist, U., unveröffentlicht. **9.** Maniatis, T., Ptashne, M., Backmann, K., Kleid, D., Flashman, **10.** S., Jeffrey, A., Maurer, R.: Cell **5**, 109–113 (1975). **11.** Walz, A., Pirrotta, V., Ineichen, K.: Zur Veröffentlichung eingereicht (1976). **12.** Dickson, R.C., Abelson, J., Barnes, W.M., Reznikoff, W.S.: Science **187**, 27–35 (1975). **13.** Dilauro, R., Rosenberg, M., de Combrugghe, B., N.I.H./Sklarr, J., Weissmann, S.M.: Cordon Res. Conf., Biol. Reg. Mech. Holderness School, Plymouth, N.H., **14.** Steffen, D., Kaplan, S., Hirsh, J., Maxam, A., Schleiff, R., Brandeis: Gordon Research Conf., Biol. Reg. Mech., (1976). Holderness School, Plymouth, N.H., **15.** Sekiya, T., Contreras, R., Küpper, H., Landy, A., Khorana, H.G.: zur Veröffentlichung eingereicht (1976)

terminale RNA-Sequenzen sind Folgen mehrerer Uridylsäurereste.

Während *in vitro* auch in Abwesenheit von Faktoren spezifische Termination möglich ist, scheint *in vivo* in E. coli Termination nur unter dem Einfluß des Terminationsfaktors rho zu erfolgen. Dieses Protein ist ein Produkt des sog. suA-Gens, das die Eigenschaften einer RNA-abhängigen ATPase besitzt. Die Spaltung von ATP ist für die Termination der Transcription erforderlich. Neben „normaler" Termination am Ende eines Transcriptons wird auch die die „Polarität" bewirkende Termination innerhalb von Operons und die sog. „attenuation" (=Dämpfung oder Drosselung, siehe den Abschnitt über Regulation der Transcription) durch rho bewirkt. Der Mechanismus der Termination durch rho ist unverstanden.

Die Initiation prokaryotischer Transkription wird spezifisch durch das Antibioticum Rifamycin gehemmt, die Elongation durch das Antibioticum Streptolydigin.

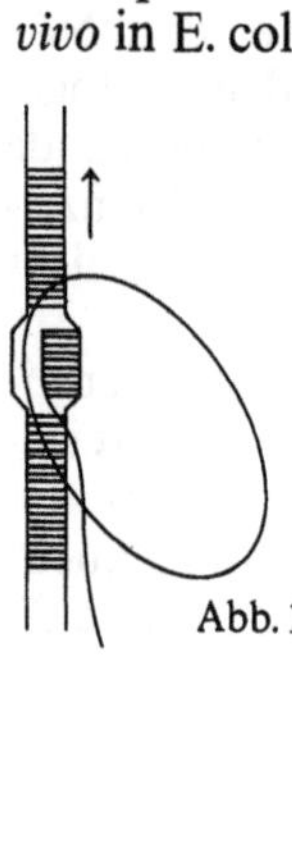

Abb. 10.10. Ternärer Transcriptionskomplex, schematisch

10.3.1.3. Rolle der Untereinheiten der RNA-Polymerase

Die Untereinheit β' ist für die Bindung der RNA-Polymerase an die DNA und vermutlich auch für das Öffnen des Promotors wesentlich. Sie ist an der Bindung von σ beteiligt.

Die Untereinheit β trägt die Bindungsorte für Rifamycin und Streptolydigin. Sie ist an der σ-Bindung und wahrscheinlich auch an der Substratbindung beteiligt.

α hat vielleicht etwas mit Promotorerkennung, sicher aber auch mit Faktorerkennung (s. Regulation) zu tun.

σ ist der Initiationsfaktor und vermutlich mehr Effektor als Adaptor.

Selbst die Existenz mehrerer verschiedener aktiver Zentren in der RNA-Polymerase erklärt die Größe des Enzyms nicht. Einige spezialisierte RNA-Polymerasen (die RNA-Polymerasen der Phagen T7 und T3 und aus Mitochondrien) sind erheblich kleiner. Sie sind einzelne Polypeptidketten. Diese Enzyme sind allerdings völlig auf die Transcription bestimmter Leseeinheiten spezialisiert. Die Vermutung liegt nahe, daß die Größe der normalen Prokaryonten-Polymerase weniger durch die komplexe Funktion als durch die Notwendigkeit der Erkennung von Signalen bei Regulationsprozessen bedingt ist (s. Regulation).

10.3.1.4. Eukaryontische Transcription

Auch die normalen RNA-Polymerasen von Eukaryonten sind sehr große Enzyme, die sogar noch komplexer erscheinen als die RNA-Polymerasen von Prokaryonten. Allerdings ist noch unklar, welche der vielen (bis 15) Komponenten eines einzelnen Enzyms wirklich als Untereinheiten angesprochen werden müssen.

Ein wesentlicher Unterschied zwischen eukaryontischer und prokaryontischer Transcription ist die Existenz verschiedener, spezifisch auf die Transcription bestimmter RNA-Klassen ausgerichteter Polymerasen. Die RNA-Polymerase A (I), die im Nucleolus enthalten ist, synthetisiert Vorläufer der ribosomalen RNA, die RNA-Polymerase B (II) des Nucleoplasmas mRNA-Vorstufen, die RNA-Polymerase C (III) tRNA und 5S-RNA. α-Amanitin, ein Gift des Knollenblätterpilzes, hemmt RNA-Polymerase B stark, Polymerase C nur schwach und Polymerase A fast gar nicht.

Das Fehlen geeigneter *in vitro*-Systeme, insbesondere definierter, einfacher Matrizen und unerwartete Schwierigkeiten beim Versuch des Nachvollzugs der *in vivo*-Leistungen *in vitro* haben den Fortschritt der Erforschung der eukaryontischen Transcription stark gehemmt, so daß noch unklar ist, ob die Mechanismen von Initiation, Elongation und Termination den bei Prokaryonten erarbeiteten analog sind.

10.3.2. Prozessierung von RNA-Vorstufen

Insbesondere in eukaryontischen, aber auch in prokaryontischen Zellen ist das primäre Transcriptionsprodukt oft erheblich größer als die funktionsfähige RNA. So wird z. B. die ribosomale RNA in E. coli als 30S-Vorläufer synthetisiert. Die Vorstufe enthält je eine Kopie 16S-, 23S- und 5S-RNA in einer durchgehenden Sequenz. Der entsprechende Vorläufer bei Säugetieren sedimentiert mit 45 S. Bakterielle tRNA wird innerhalb eines größeren Vorläufers transcribiert. Die sog. frühe mRNA des Bakteriophagen T7 wird von der RNA-Polymerase des Wirts E. coli als ein 5 Gene umfassendes Stück transcribiert. Bei Eukaryonten wird die mRNA im Kern als sog. hn-RNA (heterogene nucleare RNA) hergestellt.

Die Prozessierung des Vorläufers zum funktionsfähigen Produkt ist nur bei Bakterien mechanistisch verstanden. Sowohl die ribosomale Vorläufer-RNA als auch das 5 Gene umfassende primäre Transcript der frühen Region des Bakteriophagen T7 werden von einer Ribonuklease, die doppelsträngige Regionen erkennt und spaltet, der RNAase III, in die fertigen Bruchstücke, im ersten Fall fünf mRNAs, die je 1 Gen repräsentieren, im zweiten Fall die 16S-, die 23S- und die 5S-rRNA zerlegt. Anschließend erfolgt ein Zurechtstutzen (trimming) auf die endgültige Größe. Insgesamt wird dabei nur ein kleiner Teil der Sequenzen des Vorläufers abgebaut.

Dies ist offenbar bei Eukaryonten anders: Ein großer Teil der im Kern transcribierten Sequenzen taucht nie im Cytoplasma auf. Außerdem erfolgt bei Eukaryonten nach dem hier noch nicht ganz verstandenen Prozessieren eine strukturelle Modifikation der Endprodukte: Die 3'-Enden dienen als Starter (primer) für die Anheftung von Poly-A-Sequenzen, die offenbar beim Transport vom Zellkern ins Cytoplasma eine Rolle spielen. Ferner wird das 5'-Ende mindestens teilweise durch einen über sein 5'-Phosphat an das 5'-Phosphat-Ende der mRNA angehefteten 7-Methyl-Guanylsäurerest ($m^7G^{5'}ppp^{5'}X(m)pXp...$) verschlossen (capping), der vielleicht für die Initiation der eukaryontischen Translation von Bedeutung ist.

Sowohl bei Eukaryonten als auch bei Prokaryonten werden Nucleinsäuren, insbesondere DNA und tRNA, nach ihrer Synthese durch strukturelle Modifikationen von Basen, insbesondere durch Methylierung, weiter verändert.

Das einer DNA durch Sequenz-spezifische Enzyme aufgeprägte *Methylierungsmuster* ist spezifisch für den Organismus. Die so modifizierte DNA ist vor der Hydrolyse durch sehr spezifische DNAasen, sog. Restriktionsenzyme, geschützt. Diese spalten den DNA-Doppelstrang an bestimmten relativ seltenen Oligonucleotidsequenzen, im allgemeinen sog. Palindromen (vom Griechischen: hin wie her). Das sind Sequenzen von Nucleotidpaaren, die eine zweizählige Drehspiegelachse besitzen. Zum Beispiel spaltet ein Enzym aus

E. coli RY 13, EcoR 1 genannt, die Sequenz

$$\begin{array}{c}\downarrow\\\text{GAA·TTC}\\\text{CTT·AAG}\\\uparrow\end{array}$$

an den mit Pfeilen bezeichneten Stellen nur, wenn der neben der Symmetrieachse befindliche Adeninrest nicht an N^6 methyliert ist. Man nimmt an, daß die Restriktion der Abwehr fremder genetischer Information, z. B. von Viren, dient und daß die Modifikation das zelleigene genetische Material vor diesem Abwehrsystem schützt. Da Restriktionsnucleasen große Spaltstücke liefern, die oft komplementäre überstehende Enden (sticky ends) besitzen, haben sie sich als wertvolle Hilfsmittel sowohl für die Sequenzierung von DNA als auch für die *in vitro*-Kombination von Genen zu neuen Chromosomen (genetic engineering) erwiesen.

10.3.3. Die Translation

10.3.3.1. Prinzipien der Translation

Die eigentliche Übersetzung der genetischen Information aus dem Nucleotidcode in die „Aminosäuresprache" der Proteinstruktur findet im Translationsprozeß statt.

Sequenzen von jeweils 3 Nucleotiden codieren für einzelne Aminosäuren. $4^3 = 64$ verschiedenen Nucleotid-Tripletts stehen nur 20 verschiedene Aminosäurereste gegenüber. In der Tat ist der genetische Code degeneriert, d.h. für eine Aminosäure codieren jeweils mehrere Tripletts oder Codons (Tabelle 10.1). Der genetische Code ist Komma-frei. Eine eindeutige Übersetzung einer Nucleotidsequenz setzt daher die Kenntnis des Leserahmens oder Rasters voraus, anders ausgedrückt des Punktes, von dem aus Tripletts abgezählt werden sollen. Dies wird durch eine Punktuierung der genetischen Information durch Start- und Stop-Signale erreicht. Hierfür werden ebenfalls Codons verwendet, und zwar das Initiationscodon AUG für den Start, die Terminationscodons UAG (amber), UAA (ochre) und UGA (opal) für die Beendigung der Translation.

Die Ablesung der Tripletts der mRNA geschieht wie Replikation und Transcription nach dem Komplementaritätsprinzip. Hierfür verwendet der Translationsapparat Adaptormoleküle, die man als tRNAs, Transfer-Ribonucleinsäuren bezeichnet. Eine bestimmte tRNA besitzt einerseits Spezifität für die covalente Bindung der zugehörigen Aminosäure, andererseits eine als Anticodon bezeichnete Trinucleotidsequenz, die dem zugehörigen Codon in der mRNA komplementär ist (Abb. 10.11). Da die Aminosäurereste durch die tRNAs nur dann in die Proteinsynthese eingebracht werden, wenn das Anticodon der tRNA und das entsprechende Codon der mRNA zueinander passen, ist die richtige Verknüpfung der Aminosäurereste sichergestellt. Dabei gilt die Regel, daß A mit U und G mit C paart, strikt nur für die erste und die zweite Position des Codons. In der dritten Position ist innerhalb *bestimmter* Grenzen (Tabelle 10.2) eine gewisse Uneindeutigkeit zugelassen, von Crick als wobble bezeichnet. Dies ermöglicht, daß eine bestimmte Aminoacyl-tRNA im Rahmen dieser Festlegung mit mehr als einem der der Aminosäure zugeordneten Codons interagieren kann. Wie bei Replikation und Transcription ist auch in der Translation die Fehlerquote gering.

10.3.3.2. Der Translationsapparat

Die Verknüpfung von Aminosäureresten zur Polypeptidkette setzt neben der durch die Nucleotidsequenz der mRNA gewährleisteten Kontrolle der Reihenfolge die Aktivierung der Aminosäuren voraus. Diese wird durch Aminosäure-aktivierende Enzyme, sog. Aminoacyl-tRNA-Synthetasen, katalysiert. Sie erfolgt in zwei Schritten. Im ersten wird unter Verbrauch von ATP und Eliminierung von Pyrophosphat ein Enzym-gebundenes gemischtes Anhydrid, ein Aminoacyladenylat, synthetisiert, von dem der Aminoacylrest auf das 3'- oder 2'-Hydroxyl des 3'-terminalen pA-Restes der tRNA übertragen wird.

Tabelle 10.1. Der genetische Code

1. Nucleotid	2. Nucleotid				3. Nucleotid
	U	C	A	G	
U	Phe	Ser	Tyr	Cys	U
	Phe	Ser	Tyr	Cys	C
	Leu	Ser	Ochre	Umber	A
	Leu	Ser	Amber	Trp	G
C	Leu	Pro	His	Arg	U
	Leu	Pro	His	Arg	C
	Leu	Pro	Gln	Arg	A
	Leu	Pro	Gln	Arg	G
A	Ile	Thr	Asn	Ser	U
	Ile	Thr	Asn	Ser	C
	Ile	Thr	Lys	Arg	A
	Met und FMet	Thr	Lys	Arg	G
G	Val	Ala	Asp	Gly	U
	Val	Ala	Asp	Gly	C
	Val	Ala	Glu	Gly	A
	Val	Ala	Glu	Gly	G

$$1)\ \ \underset{NH_2}{R-CH}-C\!\!\stackrel{O}{\underset{OH}{\diagdown}} + pppA + E \rightleftharpoons \left[\underset{NH_2}{R-CH}-C\!\!\stackrel{O}{\underset{O-pA}{\diagdown}}\right] + p\!\sim\!p$$
$$E$$

$$2)\ \ \left[\underset{NH_2}{R-CH}-C\!\!\stackrel{O}{\underset{O-pA}{\diagdown}}\right] + tRNA \rightleftharpoons \underset{NH_2}{R-CH}-C\!\!\stackrel{O}{\underset{O-tRNA}{\diagdown}} + pA + E$$

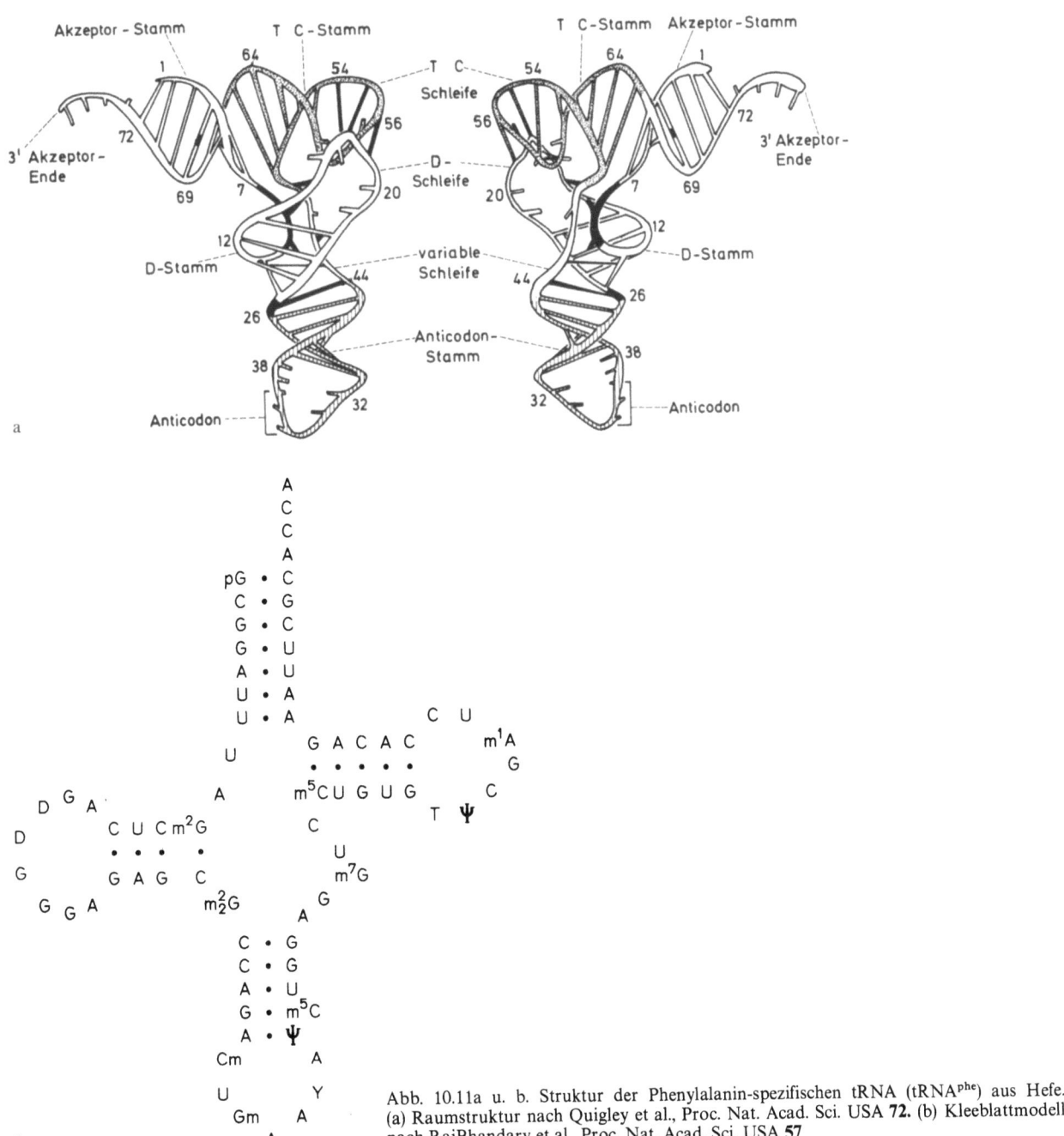

Abb. 10.11a u. b. Struktur der Phenylalanin-spezifischen tRNA (tRNA^phe) aus Hefe. (a) Raumstruktur nach Quigley et al., Proc. Nat. Acad. Sci. USA **72**. (b) Kleeblattmodell nach RajBhandary et al., Proc. Nat. Acad. Sci. USA **57**

Tabelle 10.2. "Wobble" nach Crick: Paarungsregeln für die 3. Position des Codons

Anticodon	Codon
U	A, G
C	G
A	U
G	U, C
I	U, C, A

Der Erkennungsakt zwischen tRNA, Aminosäure und Aminoacyl-tRNA-Synthetase ist ein intensiv untersuchtes Beispiel für Protein-Nucleinsäure-Wechselwirkung. Die Synthetase erkennt die Tertiärstruktur der tRNA, nicht das Anticodon.

Die „Nähmaschine", die die Verknüpfung der Aminosäurereste in der von der mRNA bestimmten Reihenfolge besorgt, ist das Ribosom (Modell in Abb. 10.12). Die Initiation der Translation beginnt mit der Bindung der ribosomalen 30S-Untereinheit an eine bestimmte Ribosomenbindungssequenz vor dem Initiationscodon der mRNA (Abb. 10.13). Hierbei sind der Initiationsfaktor 3, IF 3, und das Protein der klei-

300 Die biologische Funktion der Nucleinsäuren

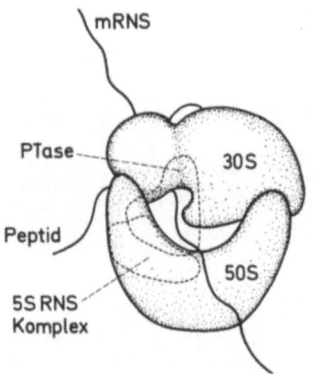

Abb. 10.12. Modell des E. coli Ribosoms nach elektronenmikroskopischen Untersuchungen von Zeichhardt, Tischendorf und Stöffler, Berlin

nen Untereinheit S 1 beteiligt. Die Initiation erfolgt bei Bakterien immer mit Formylmethionyl-tRNA$_F^{met}$, bei Eukaryonten ebenfalls mit einer besonderen Species von Methionyl-tRNA, die aber nicht formyliert wird. Die Bindung der Initiator-tRNA an den P-Ort (Peptidylort) des Ribosoms erfolgt in einem Komplex mit GTP und IF2. IF1 wirkt stimulierend. In dem Komplex aus 30S-Partikeln, IF 1–3, GTP und Formylmethionyl-tRNA$_F^{met}$ sind das Initiationscodon AUG und das Anticodon der Initiator-tRNA im P-Ort basengepaart. Nun wird zunächst IF 3 eliminiert, dann die 50S-ribosomale Untereinheit gebunden und schließlich IF 1 und unter GTP-Spaltung, IF 2, eliminiert. Damit ist die Initiation beendet, die Elongation kann beginnen.

Die zum folgenden Codon gehörende Aminoacyl-tRNA wird in einem Komplex mit dem Elongations-

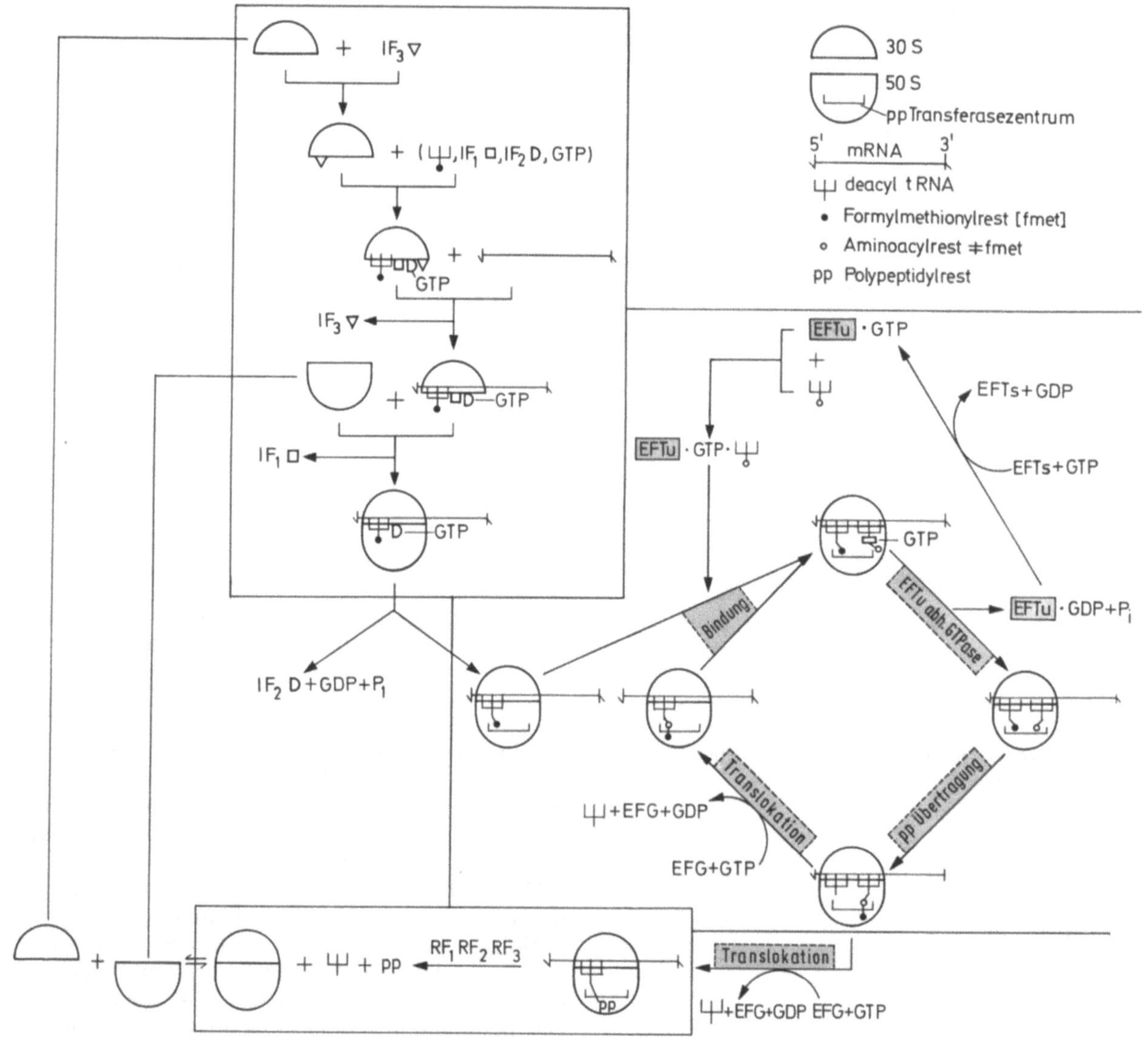

Abb. 10.13. Schematische Darstellung des Translationsprozesses nach H.G. Wittmann, Berlin

faktor Tu (EF Tu) und GTP an den sogenannten A-Ort (Akzeptorort) des Ribosoms gebunden. Unter Spaltung von GTP zu GDP und Phosphat wird EF Tu freigesetzt. Durch ein Protein der großen ribosomalen Untereinheit, die Peptidyltransferase, wird der Formylmethionylrest in einer Transacylierungsreaktion auf die Aminogruppe des im A-Ort befindlichen Aminoacylrests übertragen. Nach dem Peptidyltransfer erfolgt unter Beteiligung des Elongationsfaktors G (EFG) und Spaltung von GTP zu GDP und Phosphat die Freisetzung der desacylierten Initiator-tRNA und die Translokation der Peptidyl-tRNA und des zugehörigen Codons in den P-Ort. Damit rückt das nächste Codon in den A-Ort, die nächste Aminoacyl-tRNA kann gebunden werden, der Peptidylrest wird auf ihre Aminogruppe transacyliert. Diese Schritte werden wiederholt, bis ein Terminationscodon ins Ribosom einrückt. Nun werden unter Beteiligung der Terminationsfaktoren RF1, RF2 und RF3 Polypeptidkette, letzte tRNA und Ribosom freigesetzt. Das Ribosom wird in die Untereinheiten zerlegt und der Zyklus kann wieder beginnen. Die Polypeptidkette faltet sich schon in statu nascendi zum fertigen Protein.

In der Initiation wird ein GTP-Molekül gespalten, in jedem Elongationsschritt werden zwei GTP hydrolysiert, und zwar eines bei der Freisetzung von EF Tu, eines bei der Translokation.

Bei Eukaryonten läuft der Prozeß analog ab. Die Faktoren werden zusätzlich mit einem E gekennzeichnet, z.B. IFE3 statt IF3. Zusätzliche Faktoren sind beteiligt. Der genetische Code aber ist universell.

Das Ribosom enthält neben 3, bei Eukaryonten 4, rRNAs mehr als 50 verschiedene Proteine, davon bei Prokaryonten etwa 20 in der kleinen, über 30 in der großen Untereinheit. Einige dieser Proteine sind direkt an die rRNA gebunden. Einer bestimmten Sequenz der 5S-ribosomalen RNA ist eine in allen prokaryontischen tRNA-Species vorkommende Sequenz GTψCG(A) komplementär. Die Aufklärung der Rolle der einzelnen Proteine im Translationsprozeß und insbesondere der Wechselwirkung zwischen Protein und rRNA als Basis von Struktur und Funktion des Ribosoms ist eines der interessantesten Forschungsgebiete der aktuellen molekularen Biologie der Genwirkungen. Wesentliche Voraussetzung für den Fortschritt der Erkenntnis waren die Rekonstitution aktiver Ribosomen aus den getrennten Komponenten, die Analyse von Mutanten und die Erforschung der Strukturen von Proteinen und rRNAs.

10.4. Regulation der Genexpression

Die Anpassung (Adaptation) eines Organismus an Änderungen der Umwelt besteht im Angleichen von Funktionen, also in der Regulation = Kontrolle der Aktivität von Proteinen. Die erste von zwei Möglichkeiten, die Änderung der Aktivität eines Enzyms ohne Änderung seiner Menge durch allosterische Effektoren bzw. durch strukturelle Modifikationen muß hier außer Betracht bleiben. Die zweite Möglichkeit ist die Regulation der Genexpression, also letzten Endes der Proteinbiosynthese.

Nach einem Vorschlag von Magasanik ist es zweckmäßig, schnelle, reversible Adaptationsvorgänge als *Regulations-* bzw. *Kontrollprozesse* von langsamen, meist irreversiblen *Programmierungsprozessen* zu unterscheiden (s. Einleitung). Wie noch gezeigt wird, laufen Kontrollprozesse meist nach anderen Prinzipien ab als Programmierungsvorgänge.

Theoretisch kann die Genexpression in allen ihren Schritten, also in Transcription, Prozessierung und Translation reguliert bzw. programmiert werden.

10.4.1.1. Regulation der Transcription

Regulation der Genexpression via Transcriptions-Kontrolle erfolgt mit negativem oder positivem Effekt durch Wechselwirkung von Faktoren mit Signalen der DNA.

Bei der sog. *negativen Kontrolle* oder Repression blockiert ein als Repressor bezeichnetes Protein eine als Operator bezeichnete Nucleotidsequenz neben dem Promoter, so daß die Bindung der RNA-Polymerase am Promoter und damit die Transcription inhibiert ist. Der Repressor existiert entweder in aktiver oder in inaktiver Form. Die eine der beiden Formen wird durch Wechselwirkung mit einem Effektor in die andere überführt. Hierfür zwei typische Beispiele: Der nackte lac-Repressor reprimiert das katabole lac-Operon, das für die Enzyme codiert, die die Verwendung der Lactose als Nahrungsquelle ermöglichen. Der lac-Repressor wird durch Wechselwirkung mit einem β-Galactosid, *in vivo* einem Derivat der Lactose, inaktiviert, d.h. vom Operator abgelöst. Der Promoter wird frei, das lac-Operon wird transcribiert, also exprimiert, Lactose kann verwertet werden. In summa schaltet der Effektor, ein Analog des Substrats des katabolen Prozesses, als Induktor die Biosynthese der katabolen Enzyme an.

Umgekehrt ist der Repressor bei anabolen Operons, z.B. dem Histidin-Operon, das für die Enzyme codiert, die Histidin synthetisieren, in freier Form inaktiv. Repression findet nur in Gegenwart eines Corepressors statt, der das Endprodukt des anabolen Stoffwechselweges, in diesem Fall die Aminosäure Histidin, enthält. Vermutlich handelt es sich um Aminoacyl-tRNA. Der Repressor ist wahrscheinlich Aminoacyl-tRNA-Synthetase. Ergebnis ist jedenfalls, daß das Operon in Gegenwart des Endproduktes abgeschaltet, in seiner Abwesenheit angeschaltet ist.

Viele katabole Operons in E.coli unterliegen nicht nur der Repression durch spezifische Repressoren, sondern außerdem der Katabolitenrepression, die indirekt durch Glucose, direkt durch Senkung der Konzentration von cyclo-AMP (cAMP) hervorgerufen wird. Für die effiziente Transcription des lac-Operons genügt es nicht, daß der Operator frei ist. Zusätzlich wird ein besonderes Protein, das cAMP-Bindungsprotein (CAP), benötigt, das nur durch Wechselwirkung mit dem Effektor cAMP in die aktive Form überführt wird. Wie der Repressor wirkt auch der Komplex aus

CAP und cAMP an einem Signal der DNA neben dem Promoter. Im Gegensatz zum Repressor aktiviert er aber die Transcription des Operons. Man kann sich vorstellen, daß er die „Öffnung" des Promoters durch die RNA-Polymerase erleichtert. Dies ist ein Beispiel für positive Kontrolle, die in diesem Fall nicht Operon-spezifisch, sondern Klassen-spezifisch ist, da ihr viele katabole Operons unterliegen.

Operon-spezifische positive Kontrolle erfolgt neben negativer Kontrolle am Arabinose-Operon, in diesem Fall sogar über das gleiche Protein, aber an zwei verschiedenen Signalen. Das nackte Protein ist Repressor, durch Bindung des Effektors Arabinose wird es in einen Aktivator überführt, der analog zum cAMP-CAP-Komplex an einem Signal der DNA wirkt, das vom Operator verschieden ist.

Diese Typen negativer und positiver Kontrolle regulieren die Initiation der RNA-Synthese. Die Transcription kann aber auch über ihre Termination reguliert werden: Bei bestimmten Operons, z. B. dem Tryptophan-Operon, liegt schon kurz hinter dem Promoter ein Terminations-Signal, der sogenannte Attenuator. In Gegenwart des Endproduktes, z.B. Tryptophan, wird hier terminiert. Die RNA-Polymerase tritt nicht in die Transcription der erst hinter dem Attenuator angeordneten Struktur-Gene des Operons ein. In Abwesenheit von Tryptophan wird die Termination am Attenuator gedrosselt, die RNA-Polymerase „liest durch" und transcribiert die Strukturgene, das Operon wird exprimiert. Es ist möglich, daß ein Komplex aus unbeladener tRNA und Tryptophanyl-tRNA-Synthetase als Antiterminations-Faktor wirkt. Attenuation heißt Dämpfung, Drosselung. Im Falle des Tryptophan-Operons wirkt dieser Regulationsmechanismus in der gleichen Richtung wie die Repression.

Die Termination am Attenuator wird ebenso wie die normale Termination *in vivo* durch den Terminationsfaktor rho bewirkt. Antitermination bedeutet demnach Anti-rho-Wirkung. Obwohl dieser Regulationstyp die Wirkung eines Signals der DNA kontrolliert, leitet er doch zu denen über, die an der RNA-Polymerase selbst angreifen: Terminationsfaktor rho und bestimmte Antiterminatoren (das N-Gen-Produkt des Phagen λ) greifen Signal-spezifisch an der RNA-Polymerase an. Sie modulieren die Wirkung von Signalen.

Regulation durch Änderung der Transcriptions-Spezifität der RNA-Polymerase selbst kann bestenfalls grob klassenspezifisch sein. Es scheint, daß Guanosintetra- und -pentaphosphat (ppGpp und pppGpp), die bei Bakterien am Ribosom in Gegenwart unbeladener tRNA, also bei Aminosäuremangel, gebildet werden, die Synthese von rRNA und damit von Ribosomen durch direkte Wechselwirkung mit der RNA-Polymerase unterdrücken. Die Ribosomenkonzentration wird so dem verringerten Bedarf angepaßt.

Sowohl Formylmethionyl-tRNA$_F^{met}$ als auch 30S-ribosomale Untereinheiten und Translations-Initiationsfaktor 3 (IF 3) stimulieren die Transcription *in vitro*. Sie kommen für die seit langem postulierte Kopplung von Translation und Transcription in Betracht. Spezifität ist hier allerdings bisher nicht gefunden worden. Es handelt sich möglicherweise um die Anpassung der gesamten Transcriptionseffizienz an die Situation der Zelle.

10.4.1.2. Programmierung der Transcription

Eine weniger leicht revertierbare Veränderung der Transcriptionsspezifität kann durch sog. Modifikation der RNA-Polymerase bewirkt werden. Man unterscheidet covalente strukturelle Modifikation durch Bindung bestimmter Reste an bestimmte Akzeptorgruppen in Untereinheiten der RNA-Polymerase von Modifikation durch Faktoren, die mit der RNA-Polymerase in Wechselwirkung treten. Beide Fälle kommen in Phagen-infizierten Bakterienzellen vor. Durch Phosphorylierung der β'-Untereinheit der RNA-Polymerase nach Infektion von E. coli mit dem Phagen T 7 wird die Transcription der Wirts-RNA gedrosselt. Durch ADP-Ribosylierung der α-Untereinheit nach Infektion von E. coli mit T 4-Phagen wird die Wirtstranscription abgeschaltet. Die Phagentranscription ist nicht betroffen. Hier handelt es sich also um eine klassenspezifische Programmierung. In vielen Phagen-Wirts-Systemen tauchen Faktoren auf, die offenbar für die zeitlich gestaffelte Transcription bestimmter Klassen von Phagengenen notwendig sind. Auch bei der Sporulation von Bazillen, die als Differenzierungsprozeß angesehen werden kann, sind offenbar solche Faktoren entscheidend.

10.4.2. Kontrolle anderer Schritte der Genexpression

Für Eukaryonten wird eine Kontrolle der Prozessierung der RNA-Vorstufen auf dem Weg zu den fertigen, im Cytoplasma wirksamen Produkten diskutiert. In der Tat taucht im Cytoplasma nur ein Bruchteil der im Kern synthetisierten Sequenzen auf.

mRNA und rRNA können gespeichert werden. Auch dies wurde bei Eukaryonten festgestellt, und zwar in Frühstadien der Individualentwicklung.

Obwohl seit Jahren postuliert und bearbeitet, ist die Kontrolle der Translation heute noch unverstanden. Man darf annehmen, daß sie existiert. Sowohl IF 3 als auch seltene tRNAs werden diskutiert. Als klassenspezifische Kontrolle kann die Hemmung der Translation von viraler mRNA durch Interferon gelten, da die Translation der mRNA der Wirtszelle nicht betroffen ist. Die Mechanismen sind unbekannt.

Literaturauswahl

Kornberg, A.: DNA Synthesis. San Francisco: W. H. Freeman & Co. 1974.
Lewin, B.: Gene Expression. London-New York-Sydney-Toronto: John Wiley & Sons 1974.
Ribosomes. In: Cold Spring Harbor Monograph Series, M. Nomura, A. Tissières, P. Lengyel, Eds., Cold Spring Harbor Laboratory, 1974.
RNA Polymerase. In: Cold Spring Harbor Monograph Series, M. J. Chamberlin, R. Losick, Eds., Cold Spring Harbor Laboratory 1976 (im Druck).
Watson, J. D.: Molecular Biology of the Gene, 3 rd. Ed. New York: W. A. Benjamin, Inc. 1976.

11. Membranen

11.1. Membran-Modelle

Knute A. Fisher und Walther Stoeckenius

11.1.1. Einleitung: Vorkommen und Zusammensetzung von Biomembranen

Bei gegenwärtigen Diskussionen über Biomembran-Modelle werden stillschweigend zwei Annahmen gemacht. Es wird angenommen, daß erstens solche Membranen mit einer gemeinsamen Grundstruktur wirklich *in vivo* in der Zelle existieren und zweitens, daß sie relativ intakt isoliert und chemisch charakterisiert werden können. Die erste Annahme, daß die lebende Zelle von ihrer Umgebung durch eine geordnete Schicht von Molekülen physikalisch getrennt ist, ist während der vergangenen 80 Jahre immer wieder durch physiologische und morphologische Untersuchungen bestätigt worden. Die Permeabilität ist seit dem Ende des 18. Jahrhunderts untersucht worden und schon die frühen Ergebnisse zeigten, daß Zellen schrumpfen oder schwellen, wenn man die osmotische Druckdifferenz in ihrer Umgebung experimentell ändert; d.h. sie verhalten sich wie kleine Osmometer. Die zeitlichen Veränderungen des Zellvolumens stellen ein Maß für die Permeabilität der verwendeten Ionen oder Moleküle dar. Mit der Einführung von Radioisotopen haben diese Untersuchungen einen großen Aufschwung gewonnen; für alle Ergebnisse ist die einfachste physikalische Erklärung, daß die Zellen durch eine semipermeable Membran abgegrenzt sind. Sie ist allerdings im Lichtmikroskop wegen ihrer geringen Dicke nur in Ausnahmefällen sichtbar. Schon die ersten elektronenmikroskopischen Untersuchungen stützten aber das Membran-Konzept: Eine deutliche Grenzstruktur, meist als trilaminares Färbe-Muster erkennbar, war immer eindeutig an der Zellperipherie nachweisbar. Unerwartet war die Beobachtung, daß auch die meisten Zellorganellen durch eine ganz ähnliche Struktur abgegrenzt und z.T. noch unterteilt sind.

Die ersten Versuche, chemisch reine Membranfraktionen zu isolieren, obwohl konzeptionell wie technisch anfechtbar, gaben doch Hinweise für eine generell ähnliche Zusammensetzung aller Biomembranen. Fast ausnahmslos enthalten alle Membranen Protein und wechselnde Mengen an polaren Lipiden. Kleine Mengen von Kohlenhydraten lassen sich gewöhnlich ebenfalls nachweisen. Der Proteingehalt schwankt zwischen 25 und 75 Gewichtsprozent, typisch sind Werte von 40–60%; der Rest ist Lipid. Kohlenhydrate sind meist kovalent an die Proteine und Lipide gebunden, sie machen gewöhnlich weniger als 10 Gewichtsprozente aus. Diese chemischen und morphologischen Ergebnisse unterstützen die Annahme, daß alle Membranen eine gemeinsame Grundstruktur haben. Es muß betont werden, daß Membranmodelle oft auf einer Vielzahl von individuell nicht überzeugenden Beobachtungen und Schlußfolgerungen beruhen, die zusammengenommen aber doch ein relativ gut gestütztes Argument ergeben. Da gegenwärtige Modelle von Biomembranen grundlegende Merkmale von früheren Vorschlägen berücksichtigen, beginnen wir die Diskussion mit einem historischen Überblick.

11.1.1.1. Gorter und Grendel, die Lipiddoppelschicht

Für die Anordnung von Lipid-Molekülen in Plasma-Membranen hat sich in den letzten 50 Jahren ein Modell durchgesetzt: Das Doppelschicht-Modell. Der Doppelschicht-Vorschlag stammt von Gorter u. Grendel (1925); sie verglichen die Fläche eines monomolekularen Filmes von Erythrozytenlipiden an einer Wasseroberfläche mit der Gesamtoberfläche der Zellen, aus denen die Lipide extrahiert waren. Da das Verhältnis der Fläche des Filmes der extrahierten Lipiden zu der Fläche von intakten Zellen etwa 2 war, schlossen die Autoren daraus, daß die Zellen mit einer zwei Moleküle dicken Lipid-Schicht bedeckt sind. Da im Gegensatz zum Film an der Wasseroberfläche der Film an der Zelloberfläche auf beiden Seiten an Wasser grenzt, nahmen sie ferner an, daß die beiden Einzelschichten in entgegengesetzter Richtung orientiert waren, so daß die hydrophilen Gruppen der Lipide die beiden Oberflächen der Doppelschicht und die Kohlenwasserstoffketten eine hydrophobe innere Phase bilden. Obgleich später gezeigt wurde, daß Gorter und Grendels Lipid-Extraktion unvollständig war und daß ihr Wert für die Zelloberfläche zu niedrig gewählt war, blieben ihre Schlußfolgerungen doch unverändert, weil sich die beiden Fehler in etwa aufhoben. Neuere und bessere Bestimmungen haben gezeigt, daß genügend Lipid für eine Oberflächenbedeckung mit ein bis zwei Einzelschichten vorhanden ist. Eine Unsicherheit in der Berechnung ergibt sich aus der ungelösten Frage, bei welchem Oberflächendruck die Lipidfilmfläche gemessen werden soll. Eine Bestimmung der Fläche pro Molekül mittels Röntgenbeugungsuntersuchungen an experimentellen Lipiddop-

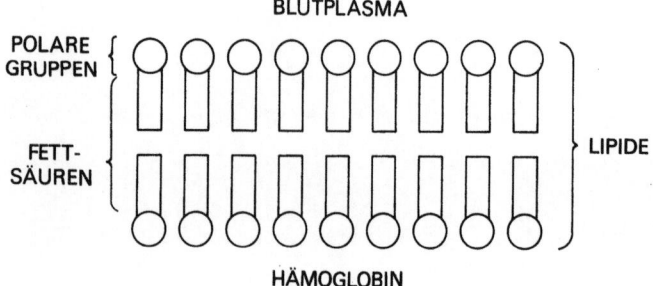

Abb. 11.1. Die von Gorter und Grendel 1925 vorgeschlagene amphiphile Lipiddoppelschicht. In ihrer kurzen Veröffentlichung war eine solche Zeichnung nicht enthalten, wir geben hier nur schematisch ihre Beschreibung der Membran mit den von ihnen benutzten Bezeichnungen wieder

pelschichten unter physiologischen Bedingungen und an isolierten Membranen bietet eine bessere Grundlage für diese Berechnungen; sie zeigen, daß mehr Lipid als für eine aber nicht genügend für zwei Einzelschichten vorhanden ist. Die Ergebnisse der Röntgenbeugung bestätigen gleichzeitig die von Gorter und Grendel vorgeschlagene Orientierung der Lipidmoleküle in der Doppelschicht. Messungen der elektrischen Kapazität an Zelloberflächen, von Höber schon um 1910 durchgeführt und später von Fricke erweitert, bestätigen ebenfalls die Existenz einer dünnen Schicht mit niedriger Dielektrizitätskonstante.

11.1.1.2. Das Danielli-Davson-Robertson-Modell

Neuere Modelle haben auch die Rolle des von Gorter u. Grendel vernachlässigten Proteins in der Membranstruktur berücksichtigt. Ein viel diskutiertes frühes Modell stammt von Danielli u. Davson (1935). Untersuchungen über Oberflächenspannungen an Lipid-Wasser-Grenzschichten und an lebenden Zellen ergaben viel niedrigere Werte für Zellen (z.B. unter 2 dyn/cm). Danielli zeigte, daß solche Werte durch die Adsorption von Protein an die Lipid-Filme erklärt werden können und schlug vor, daß in Membranen beide Oberflächen der Lipiddoppelschicht mit Proteinschichten bedeckt sind (Abb. 11.2). Solch ein Modell hat sich bald darauf als unwahrscheinlich herausgestellt. Zwei Argumente sprechen dagegen: Erstens können Phospholipide allein die niedrige Grenzschichtspannung der nativen Membranen erzeugen und somit ist die Annahme der Proteinschichten nicht nötig. Zweitens ist ein großer Teil der Membran-Lipide von der wäßrigen Phase her chemisch zugängig. Phospholipide in Membranen können z. B. leicht durch Enzyme abgebaut werden, und neutrale Lipide, wie z.B. Cholesterin, sind frei austauschbar. Zusammenfassungen von anderen Argumenten, die gegen das Daniellische Modell sprechen, wurden von Stoeckenius u. Engelman (1969) und von Singer (in Rothfield, 1971) gegeben und werden auch in 11.1.3.1. a) diskutiert.

11.1.1.3. Andere Modelle

Mehrere Modelle für eine Biomembran-Struktur, die nicht auf der Lipiddoppelschicht beruhen, wurden in den letzten 50 Jahren vorgeschlagen; sie haben jedoch

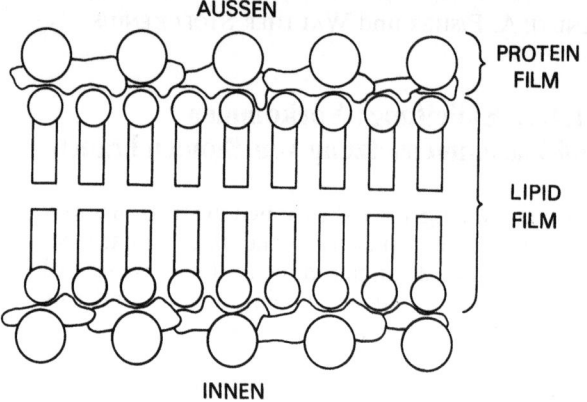

Abb. 11.2. Das Danielli-Davson-Modell: Protein-Lipid-Protein. Die Autoren nahmen zunächst an, daß sich an den Oberflächen globuläre Proteine finden; 1937 wurden entfaltete Polypeptidketten hinzugefügt

nur kurze Zeit überdauert. Die meisten stützten sich auf Beobachtungen von intrazellulären Membranen, besonders Chloroplasten-Thylakoiden und Mitochondrien-Membranen. Sie nehmen einen Aufbau aus globulären Untereinheiten oder ähnlichen Strukturen an. Da gewisse physiologische Eigenschaften erklärt werden konnten, wenn man die Existenz funktioneller Einheiten von konstanter Zusammensetzung annahm, wurde auf ein strukturelles Äquivalent geschlossen. Solche homogenen strukturellen Untereinheiten konnten jedoch nie isoliert werden, und gegenwärtige Ergebnisse können durch Untereinheits-Modelle nicht hinreichend erklärt werden. Argumente, die für und gegen Untereinheits-Modelle sprechen, sind in dem Übersichtsartikel von Stoeckenius u. Engelman (1969) diskutiert worden.

11.1.2. Das Doppelschicht-Modell der Lipid-Anordnung in Biomembranen

Eines der besten Argumente für die generelle Existenz einer Lipiddoppelschicht in biologischen Membranen ist die thermodynamische Stabilität von Modell-Doppelschichten. Doppelschicht-Anordnungen von amphiphilen Lipiden haben einen minimalen Energiegehalt, der sich hauptsächlich aus der Eliminierung von Berührungsflächen zwischen Kohlenwasserstoff-Ketten und Wassermolekülen ergibt. Die Anordnung in einer Doppelschicht beruht auf der räumlichen Trennung der polaren und nichtpolaren Gruppen in den Lipidmolekülen. Die hydrophoben Anteile der Moleküle werden vom Wasser ausgeschlossen und assoziieren gegenseitig. Die polaren Kopfgruppen assoziieren sowohl miteinander als auch mit der wäßrigen Phase. Typische amphiphile Membran-Lipide bilden daher bei Hydratisierungen spontan smektische oder lamellare Mesophasen, die aus regelmäßig angeordneten Doppelschichten bestehen.

11.1.2.1. Experimentelle Ergebnisse an Modellsystemen und Biomembranen

Überzeugende experimentelle Beweise für die Existenz einer Doppelschicht in biologischen Membranen werden durch den Vergleich der Eigenschaften von Biomembranen und Modellmembranen erbracht. Eine Vielzahl von physikalischen und chemischen Methoden ist für solche Experimente verwendet worden. Die meisten können folgenden Kategorien zugeordnet werden: Elektromagnetische Analysen (Mikroskopie, Beugung, Spektroskopie), thermochemische Analysen (Kalorimetrie) oder elektrochemische Analysen (Polarographie). Die Mikroskopie und Röntgenbeugung haben den größten Beitrag zum Verständnis der statischen Struktur der Membran geleistet, während spektroskopische und kalorimetrische Methoden zur Untersuchung der kinetischen Aspekte herangezogen wurden.

Lichtmikroskopische Untersuchungen von Nervengewebe und später auch Röntgenbeugung erbrachten erste Hinweise für eine Palisaden-Anordnung der Lipide in Biomembranen. Schon vor 1900 wurde durch die Polarisations-Mikroskopie gezeigt, daß Nervengewebe aufgrund seines Lipidgehaltes stark doppelbrechend ist, was für einen hohen Grad molekularer Ordnung spricht. W. J. Schmidt erklärte mit seinem Myelin-Modell sowohl die starke positive Eigendoppelbrechung als auch die schwache negative Formdoppelbrechung. Er schlug vor, daß die Lipide der Markscheide in konzentrischen Schichten mit radial ausgerichteten Fettsäureketten angeordnet sind und daß Protein-Schichten mit Lipid-Schichten abwechseln. Dieses Modell wurde von F. O. Schmitt und seinen Mitarbeitern bestätigt und weiter ausgebaut. Sie schlossen auf Grund von polarisationsoptischen und Röntgen-Kleinwinkel-Untersuchungen, daß die Myelinschicht sich aus smektischen Lipiddoppelschichten und konzentrischen Proteinschichten zusammensetzt; sie postulierten ferner, daß die Zellmembran dieselbe Grundstruktur hat. Elektronenmikroskopische Untersuchungen bestätigten später die Annahme, daß die Markscheide sich wirklich von der Plasmamembran ableitet.

Elektronenmikroskopische Bilder zeigten die typische Struktur der Plasmamembran nicht nur an der Oberfläche aller Zellen, sondern auch innerhalb von Zellen, wo sie kleinere Strukturen (Organellen) abgrenzt und unterteilt. Im Dünnschnitt stellt sich die Membran oft als ein 2,5 nm breiter elektronentransparenter Raum dar, der durch zwei dunkle elektronenstreuende Linien von etwa gleicher Breite begrenzt ist. Das stetige Auftreten dieser trilaminaren Struktur wurde zuerst von Robertson erkannt, der dafür den Ausdruck „Einheits-Membran" prägte. Man nahm an, daß der transparente Raum von den nichtpolaren Bestandteilen der Lipide eingenommen wird, was mit dem Doppelschicht-Modell der Lipid-Anordnung übereinstimmt (Abb. 11.3). Elektronenmikroskopische Untersuchungen von Modellsystemen aus Lipiddoppelschichten mit und ohne Protein-Schichten an beiden Oberflächen bestätigen ebenfalls diese Interpretation.

Als die Gefrierbruchtechniken eingeführt wurden, trugen deren Resultate weiter dazu bei, das Lipiddoppelschicht-Modell zu unterstützen; sie gaben aber gleichzeitig neue Einblicke in die Anordnung des Proteins (s. unten). Bei dieser Methode werden biologische Proben oder Modellsysteme sehr schnell gefroren, gebrochen und manchmal durch Sublimation des Eises geätzt. Die Bruch- und Ätzflächen werden dann noch in gefrorenem Zustand unter Vakuum mit Schwermetall bedampft. Die gewonnenen Oberflächenabdrücke zeigen, daß der Bruch des Gewebes oft in der Ebene von Membranen erfolgt. Branton schlug vor, daß die biologische Membran während des Gefrierbruchs zwischen den Methylendgruppen der in einer Doppelschicht angeordneten Lipide spaltet (Abb. 11.4). Diese Interpretation wurde wiederholt experimentell bestätigt. Da die große Mehrheit der Biomembranen entlang einer inneren Ebene spaltet, liefert die Gefrierbruch-Methode gegenwärtig die stärksten Argumente für das generelle Vorhandensein von Lipiddoppelschichten in Biomembranen. Auch ein Vergleich der Bruch- und Ätzungseigenschaften von Phospholipid-Vesikeln und smektischen Lipidphasen ergibt große Ähnlichkeiten zum Verhalten der Biomembranen. Röntgenbeugungsuntersuchungen an Membran-Lipiden und ihren synthetischen Analogen zeigen eine Anzahl von temperatur- und hydratationsabhängigen

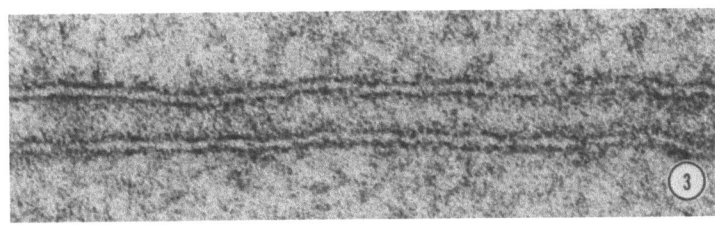

Abb. 11.3. Robertsons „Einheitsmembran" ist aus elektronenmikroskopischen Aufnahmen vieler Zell-Membranen in Dünnschnitten abgeleitet. Die trilaminare Struktur (dunkle Linie — heller Zwischenraum — dunkle Linie) wird hier an zwei Plasmamembranen des Rattendarmepithels gezeigt, die mit Osmiumtetroxyd fixiert und mit Schwermetallen chemisch angefärbt sind. Vergrößerung ×400000

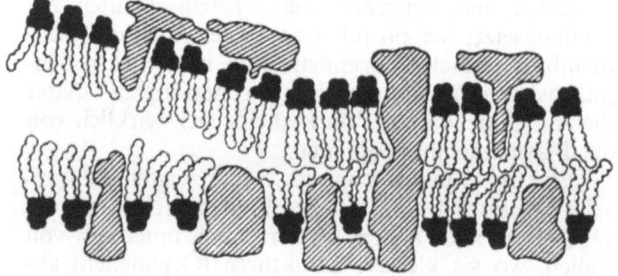

Abb. 11.4. Das von Singer und Nicolson 1972 vorgeschlagene „Flüssige Mosaik"-Modell enthält verschiedene, hier wiedergegebene Eigenschaften: Proteine, die teilweise in die Doppelschicht eingelagert sind oder sie durchsetzen und fähig sind, Translationen oder Rotationen in dem flüssigen Lipid-„See" auszuführen. Diese Zeichnung zeigt auch (links), wie die Doppelschicht durch Gefrierbrechen gespalten wird

Packungsmustern (z. B. hexagonal, kubisch, lamellar), die wenigstens zum Teil auch im Elektronenmikroskop identifiziert werden können. Die Gefrierbruch-Methode kann unter diesen verschiedenen Lipid-Pakkungsanordnungen unterscheiden. Ausgedehnte glatte Flächen sind charakteristisch für Lipide, die in Doppelschichten angeordnet sind. Die Muster, die bei Beugungs- und Gefrierbruch-Untersuchungen von Biomembranen beobachtet werden, entsprechen den lamellaren Doppelschicht-Anordnungen.

Röntgenbeugungsergebnisse sind nicht nur für das Studium der Orientierung des ganzen Lipidmoleküles von Bedeutung, sondern sie geben auch die verschiedenen möglichen Anordnungen der Fettsäureketten in der Doppelschicht wieder. Der genaue physikalische Zustand des Kohlenwasserstoff-Anteils der Doppelschicht in Membranen und lamellaren Lipid-Wasser-Systemen wird z. Z. eingehendst untersucht (siehe unten). Zwei verschiedene Zustände wurden jedoch schon früh durch Röntgenbeugung erkannt (Luzzati, 1966). Unterhalb einer gewissen Temperatur bilden die Kohlenwasserstoffreste eine feste Phase mit geraden Ketten, die im rechten Winkel zur Membranebene in einem hexagonalen Gitter angeordnet sind; oberhalb der kritischen Temperatur sind die Ketten in einer flüssigkeitsähnlichen Anordnung mehr regellos verteilt, und ihr mittlerer Abstand ist größer, während die Dicke der Doppelschicht geringer ist. Dieser temperaturabhängige Übergang von der geähnlichen geordneten Phase zur flüssigkeitsähnlichen weniger geordneten Phase ist für die Doppelschicht-Anordnung der Lipide charakteristisch.

Engelman benutzte dieses Phänomen, um die Existenz der Lipiddoppelschicht in einer biologischen Membran zu demonstrieren. Seine Röntgenbeugungsuntersuchungen an *Mycoplasma laidlawii*-Membranen zeigten unterhalb einer kritischen Temperatur eine reversible Abnahme des Abstands der Kohlenwasserstoffketten von 0,46 auf 0,42 nm mit einer entsprechenden Zunahme der Membrandicke. Mit Hilfe eines für Fettsäuren auxotrophen Stammes konnte er weiterhin zeigen, daß die Temperatur, bei welcher der Übergang stattfindet, wie zu erwarten von der Fettsäurezusammensetzung der Membran-Lipide abhängt. Dieses war der erste überzeugende, direkte Nachweis, daß die Lipide in einer biologischen Membran in Form einer Doppelschicht vorliegen. Viele ähnliche Experimente an einer Vielzahl von Membranen haben seither diese Feststellung bestätigt, und viele andere physikalische Techniken hauptsächlich spektroskopischer oder kalorimetrischer Art sind erfolgreich benutzt worden, um diesen Phasenübergang der Kohlenwasserstoffketten zu verfolgen.

11.1.2.2. Funktionelle Modellsysteme

Zusätzlich zu den Modell-Systemen, die einer strukturellen Analyse von Doppelschichten in Biomembranen dienen, wurden auch eine Anzahl von Systemen entwickelt, die es erlauben, die elektrischen und Permeabilitätseigenschaften von Modelldoppelschichten zu messen und mit biologischen Membranen zu vergleichen. Dazu bedeckt man z. B. eine kleine Öffnung in einer hydrophoben Trennwand zwischen zwei wäßrigen Phasen mit einem Tropfen von amphiphilen Lipiden in einem organischen Lösungsmittel. Lipid und Lösungsmittel bilden über der Öffnung eine dünne Schicht mit spontan abnehmender Dicke, die schließlich bimolekulare Dimension (5–7 nm) erreicht. Dieser Vorgang wird durch die wechselnden Interferenzfarben angezeigt. Zuletzt erscheint der Film schwarz. Mit geeigneten Elektroden in den wäßrigen Phasen auf beiden Seiten der Trennwand können die elektrischen Eigenschaften solcher schwarzer Lipidfilme gemessen und ihre Permeabilitäten für in die wäßrige Phase eingebrachte Ionen bestimmt werden. Druckunterschiede stülpen die Filme nach der Seite des niedrigeren Druckes aus, so daß auch osmotische Messungen möglich sind. Neuerdings werden planare Doppelschichtmembranen auch durch Vereinigung von zwei Einzelschichten hergestellt, die zunächst auf der Oberfläche der beiden wäßrigen Phasen gebildet werden. Dieses Verfahren erlaubt die Herstellung asymmetrischer Lipiddoppelschichten.

Messungen an solchen planaren Modellmembranen und Biomembranen ergeben ähnliche Werte für die spezifische elektrische Kapazität ($1\,\mu F\,cm^{-2}$, abhängig vom Lipid-Typ) und für die Durchschlagsfestigkeit ($5 \times 10^5\,V\,cm^{-1}$). Der spezifische elektrische Widerstand der Modellmembranen ($10^8\,\Omega\,cm$) ist jedoch etwa 10^6mal höher als der von Zellmembranen. Er kann aber in den Bereich von Biomembranen gesenkt werden, wenn kleinere Mengen von bestimmten Proteinen, Oligopeptiden oder ähnlichen Molekülen, wie Valinomycin, Nonactin, Gramicidin und Alamethicin zugegeben werden. Solche modifizierten Modellmembranen können die physiologischen Eigenschaften natürlicher Membranen weitgehend nachahmen, wie zuerst eindrucksvoll von Mueller u. Rudin (1968) gezeigt wurde, als sie in Lipiddoppelschichten den Aktionspotentialen von lebenden Zellen analoge Phänomene erzeugten. (Zur Diskussion von Membran-Potentialen siehe Kapitel 11.4.)

Komplementäre Permeabilitätsbestimmungen sind auch in großem Umfang an Modellsystemen durchgeführt worden, die aus Suspensionen von Lipidvesikeln bestehen. Sie bieten unter anderem den Vorteil, daß die Struktur der die Vesikel begrenzenden Lipidschichten auch mit dem Elektronenmikroskop, der Röntgenbeugung und spektroskopischen wie kalorimetrischen Methoden untersucht werden kann.

11.1.2.3. Lipidverteilungs-Asymmetrie

Während sich frühere Untersuchungen auf eine grobe Beschreibung der Zusammensetzung und Anordnung der Biomembranlipide beschränkten, wurden neuerdings Techniken entwickelt, die eine genauere Analyse der Zusammensetzung beider Hälften der Doppelschicht ermöglichen. Zwingende Argumente für eine strukturelle Asymmetrie von Biomembranen sind schon lange bekannt; sie ergeben sich z.B. aus der funktionellen Asymmetrie der Transportsysteme. Die funktionelle Asymmetrie der Nervenmembran ist auch am perfundierten Riesen-Axon des Tintenfisches schlagend demonstriert worden. Substanzen, die spezifisch die Erregbarkeit beeinflussen, zeigen ganz verschiedene Wirkung, wenn sie von der zytoplasmatischen Seite oder von der extrazellulären Seite an die Membran gebracht werden. Membranmodelle geben die Asymmetrie aber gewöhnlich nicht wieder, weil es nicht gelingt zu bestimmen, wie sie sich in der Verteilung der Lipide oder Proteine ausdrückt. Die Untersuchungen der Markscheidenstruktur liefern ein klassisches Beispiel für dieses Problem.

Neuerdings haben chemische Untersuchungen erste quantitative Angaben über die Asymmetrie der Lipidverteilung möglich gemacht. Bei weitem am besten untersucht ist die Erythrozytenmembran. Das Verfahren besteht darin, die Reaktion der verschiedenen Lipidklassen mit spezifischen Reagenzien zu vergleichen, wenn die Reagenzien nur Zugang zur Außenseite oder zu beiden Seiten der Membran haben. Das kann z.B. durch Zugabe eines permeanten und impermeanten Reagenz gleicher Gruppenspezifität erreicht werden oder durch den Vergleich in der Reaktion eines impermeanten Reagenz an intakten Membranen und nach Zerstörung der Permeabilitätsbarriere. Zahlreiche Modifikationen dieses Prinzips sind angewendet worden, um möglichen Einwänden zu begegnen. Es ergibt sich als allgemeine Schlußfolgerung, daß Erythrozytenlipide asymmetrisch verteilt sind. Phosphatidyläthanolamin (PE) und Phosphatidylserin (PS) befinden sich hauptsächlich in der Zytoplasmalamelle und Phosphatidylcholin (PC) sowie Sphingomyelin (SM) in der äußeren Lamelle. Cholesterin kommt in der äußeren Lamelle in höherer Konzentration vor als in der Zytoplasma-Lamelle. Es gibt auch neuere Hinweise darauf, daß es asymmetrisch über die Fläche der Erythrozytenmembran verteilt sein kann. Trotz der Unzulänglichkeit der individuellen Techniken liefern die Gesamtergebnisse ein überzeugendes Argument für die asymmetrische Verteilung der Lipidklassen in der Erythrozytenmembran. Es ist wahrscheinlich, muß aber erst noch gezeigt werden, daß eine solche Asymmetrie für die meisten biologischen Membranen charakteristisch ist und somit in zukünftigen Doppelschichtmodellen entsprechend berücksichtigt werden muß.

11.1.2.4. Lipid-Dynamik

Obwohl schon F. O. Schmitt um 1940 klar den quasi flüssigen Charakter der Fettsäurereste in den Lipiddoppelschichten erkannt hatte, wurden bis Ende 1960 die Doppelschichtmodelle meist als statische Strukturen betrachtet. Erst die Anwendung von spektroskopischen Techniken, mit denen die Kinetik molekularer und intramolekularer Bewegungen verfolgt werden kann, änderte diese Auffassung der Membranstruktur grundlegend. Außerdem deckten lichtmikroskopische Untersuchungen die Beweglichkeit markierter Rezeptoren an der Zelloberfläche auf, und damit traten Untersuchungen über die Dynamik der Membranstruktur in den Vordergrund.

Der reversible Übergang der Kohlenwasserstoffketten von der Gel- zur Flüssigkeitsphase im hydrophoben Innern der Doppelschicht beeinflußt die Lipid-Dynamik entscheidend. Es ist eine endotherme Reaktion, die mit Differential-Kalorimetrie oder Differential-Thermoanalyse leicht nachzuweisen ist. Das thermische Verhalten von Membranen ist dem von experimentellen Lipiddoppelschichten sehr ähnlich, die aus isolierten Membranlipiden oder aus synthetischen Lipiden hergestellt werden. Der Phasenübergang ist auch mit einer Vielzahl anderer physikalischer Methoden nachweisbar. Infrarot-, Raman- oder Fluoreszenzspektroskopie, Elektronenspinresonanz (ESR) oder magnetische Kernresonanz (NMR) werden viel angewandt. Ein gleichartiger Phasenübergang in zwei verschiedenen Membranen oder Modellsystemen wird als ein Anzeichen für eine gleichartige Lipiddynamik gewertet.

Darüber hinaus liefern die spektroskopischen Methoden wesentliche Informationen über die molekulare Aktivität von amphiphilen Molekülen in einem weiten Temperaturbereich und unter einer Vielzahl anderer Bedingungen. Auch hier wurde beobachtet, daß die Signale von reinen Lipid- oder gemischten Lipiddoppelschichtsystemen denen von biologischen Membranen ähnlich sind. Die Spektren erlauben Aussagen sowohl über intramolekulare Vorgänge als auch über Wechselwirkungen zwischen Molekülen. Besonders die Elektronenspinresonanz-Technik hat unsere Vorstellungen über die Lipid-Beweglichkeit entscheidend beeinflußt (s. Kapitel 11.2).

Es hat sich gezeigt, daß sowohl in Modelldoppelschichten wie in Biomembranen ein Gradient zunehmender Beweglichkeit der Kohlenwasserstoffketten von den hydrophilen Kopfgruppen in Richtung der terminalen Methylgruppen in der Mitte der Doppelschicht besteht. Der Grad der Beweglichkeit hängt sowohl vom Lipid-Typ, seiner Sättigung, Kettenlänge als auch von Temperatur und Lösungsmitteleigenschaften ab, z. B. verringert die Anwesenheit von Cholesterin die Beweglichkeit. Die Beweglichkeit der hydrophilen Kopfgruppen besonders in Biomembranen ist bisher noch viel weniger untersucht worden. Ihre Wechselwirkungen mit dem wäßrigen Milieu können aber ebenfalls das Verhalten der Kohlenwasserstoffketten beeinflussen.

Die ESR ist zuerst von Hubbell und McConnell zum Nachweis der Translations-, Rotations- und intramolekularen Bewegungen von Lipidanalogen in den synthetischen Doppelschichten und Biomembranen benutzt worden. Sie haben ähnliche Bewegungen für Lipide in synthetischen Phospholipidvesikeln und in der Axonmembran von Hummernerven gefunden. Es konnte auch gezeigt werden, daß die laterale Diffusionsrate in sarkoplasmatischen Reticulum-Membranen schnell und vergleichbar zu der in synthetischen Phospholipid-Doppelschichten ist. Dagegen ist die laterale Translations-Beweglichkeit in Erythrozyten-Membranen viel geringer.

Die meisten Rotationsdiffusionsfrequenzen, die mittels ESR, NMR oder optischer Techniken erhalten werden, liegen zwischen 10^7–10^8 s^{-1}. Die Rotationsrelaxationszeiten können mit der Viskosität korreliert werden. Solche Korrelationen ergeben Werte zwischen 1–10 poise für die meisten biologischen Membranen, was gut mit Messungen der lateralen Diffusionsgeschwindigkeiten der Lipide übereinstimmt. Diese liegen bei 10^{-7}–10^{-8} cm^2 s^{-1} sowohl für Phospholipid-Doppelschicht-Modelle als auch für Biomembranen. Bei Zimmertemperatur kann also ein einzelnes Molekül in einer Sekunde einige Mikrometer zurücklegen. Es sollte jedoch betont werden, daß die von den Markierungsmolekülen abgeleiteten Diffusionskonstanten nicht unbedingt einen Mittelwert für die Viskosität einer Membran wiedergeben, sondern nur lokale Mikroviskositäten messen, die durch die Art des zur Messung benutzten Moleküls beeinflußt sein können.

Das Phänomen der lateralen Phasentrennungen von gemischten Lipiden innerhalb einer Doppelschicht erfordert ebenfalls Translationsbewegungen. Doppelschichten, die aus Phospholipiden mit verschieden langen Fettsäureketten bestehen, wie z. B. Mischungen aus Dimyristoyl-Phosphatidyl-Cholin (DMPC) und Dipalmitoyl-Phosphatidyl-Cholin (DPPC), zeigen in der Nähe der Phasenübergangstemperatur innerhalb der Doppelschicht eine Auftrennung in diskrete Bereiche. Diese enthalten vorwiegend das höher schmelzende Lipid in der Gelphase oder das niedriger schmelzende in der flüssigen Phase. Es gibt Hinweise darauf, daß eine solche laterale Phasentrennung auch in Biomembranen vorkommen kann.

Der Austausch von amphiphilen Lipiden zwischen den beiden Einzelschichten einer Doppelschicht ist ebenfalls mit spektroskopischen Techniken bestimmt worden. Dieser Prozeß wird transverse Diffusion oder „flip-flop" genannt, um ihn von den Translationsbewegungen in der Ebene der Doppelschicht zu unterscheiden. Die Doppelschichten können markiert werden, indem man asymmetrisch eine amphiphile Sonde von einer Seite einbringt, oder nach symmetrischem Einbringen seiten-selektiv das Sondenmolekül modifiziert. Zur Messung des „flip-flop" werden meistens zeitliche Änderungen in der Signalamplitude, die durch spezifische Reaktionen mit dem wäßrigen Milieu einer Seite entstehen, gemessen. In sehr kleinen Lipidvesikeln ist, bedingt durch den Unterschied im Krümmungsradius, die Lipidanordnung und Dynamik in den Einzelschichten so verschieden, daß die Signale von Sonden in der inneren und äußeren Einzelschicht unterschieden werden können. Diese Untersuchungen zeigen, daß der Transmembran-Austausch zwischen den beiden Lamellen der Doppelschicht ein relativ langsamer Prozeß sowohl für Phospholipide als auch für neutrale Lipide ist. Der Austausch von 50% der Moleküle zwischen den Einzelschichten dauert Stunden bis Tage und ist in einigen Fällen überhaupt nicht nachweisbar. Nicht nur spektroskopische Untersuchungen, sondern auch Lipid-Austausch-Experimente haben eine solche langsame transverse Diffusion ergeben. Verschieden markierte Vesikel aus synthetischen oder natürlichen Lipiden oder Membranen tauschen einen Teil ihrer Moleküle sehr schnell aus und den Rest sehr langsam, wenn überhaupt. Es ist zu vermuten, daß der schnell austauschende Anteil der äußeren und der langsam austauschende der inneren Einzellamellen der Doppelschicht zuzuschreiben ist.

Die Dynamik von Lipid-Modelldoppelschichten aus wenigen wohldefinierten Lipiden ist relativ gut bekannt, die der komplexen Biomembranen weniger. Aus der Lipidzusammensetzung sowie aus direkten Messungen ergibt sich, daß unter physiologischen Bedingungen die Doppelschichten in Biomembranen entweder oberhalb oder in der relativ breiten Übergangszone von der gelartigen zur quasi flüssigen Phase existieren. Die Asymmetrie der Lipidverteilung zwischen den beiden Lamellen der Doppelschichten bleibt in den meisten Modellen unberücksichtigt. Weitere Untersuchungen an verschiedenen Biomembranen sind erforderlich, ehe die wenigen existierenden Befunde, die hauptsächlich von Erythrozytenmembranen stammen, verallgemeinert werden können.

Die Lipiddoppelschicht stellt also eine dynamische und vermutlich asymmetrische Struktur dar, die sich in ähnlicher Form an der Oberfläche aller Zellen und der meisten Zellorganellen findet. Ihre primäre Funktion ist, die Permeabilität für wasserlösliche Ionen und Moleküle zu beschränken. Diese Permeabilitätsbarriere muß offensichtlich modifiziert werden, um gelöste Substanzen, die für den Zellstoffwechsel und die spezifischen zellulären Funktionen notwendig sind, passieren zu lassen. Solche funktionellen Differenzierungen entstehen durch den Einbau einzelner Moleküle, die als Carrier fungieren, oder durch Aggregate von Molekülen, vermutlich meist Proteinen, die Kanäle oder Poren durch den hydrophoben inneren Teil der Doppelschicht bilden. Eine besondere Form solcher spezifischer Transportsysteme sind die Ionenpumpen, die unter Ausnutzung zellulärer Energiequellen Ionen gegen ein elektrochemisches Potential transportieren; sie erlauben es den Zellen z. B., Kalium zu akkumulieren und Natrium zu eliminieren. Sie sind gewöhnlich nur in relativ kleinen Konzentrationen in den Membranen vorhanden und meist diffus verteilt. Die Natrium-Kalium-Pumpe der Erythrozyten hat z. B. ein Molekulargewicht von ca. 90 000 dalton, und in einem Erythrozyt werden nur 100–200 gefunden, was ungefähr einer Pumpe pro μm^2 Oberfläche entspricht. Jedoch können die Ionenpumpen in spezialisierten Membranen, z. B. im sarkoplasmatischen Reticulum der Muskelfasern, mehr als 50 % des Gesamtmembranproteins ausmachen. Zusätzlich zur Natrium-Kalium-Pumpe wurden noch Calcium- und Protonen-Pumpen isoliert und charakterisiert. Die meisten Ionenpumpen sind elektrogen und erzeugen einen elektrochemischen Gradienten, der zum Transport anderer Substanzen durch spezifische Kanäle und in Austauschprozessen dient. Die in solchen Gradienten gespeicherte Energie wird auch für andere Zwecke, z. B. die Signalübermittlung, benutzt. Die passiven Natrium- und Kaliumflüsse während des Aktionspotentials in der Axon-Membran finden anscheinend über spezifische Kanäle statt, die von Polypeptiden gebildet werden, wobei das Öffnen und Schließen der Kanäle durch das von einer Natrium-Kalium-Pumpe erzeugte Membranpotential gesteuert wird. Die Anzahl dieser Kanäle wird auf 10–100 pro μm^2 Axon-Membran geschätzt.

Während die einzelnen spezifischen funktionellen Einheiten wie Pumpen, Carrier und Kanäle nur einen kleinen Bruchteil der Membranfläche einnehmen, enthält eine typische Zellmembran natürlich eine große Anzahl verschiedener funktioneller Systeme, die zusammen dann doch einen erheblichen Anteil der Gesamtmembran ausmachen. Das heißt aber, daß dann an vielen Stellen die Lipiddoppelschicht unterbrochen ist. Welche Vorstellungen wir uns von der Modifikation der Membranstruktur im Bereich dieser funktionellen Einheiten machen, wird im Zusammenhang mit der Proteinanordnung in Membranen besprochen. Andere Beispiele für lokalisierte funktionelle Differenzierungen in Membranen sind Hormon- und Antikörperrezeptoren in Zelloberflächen oder die Atmungs- und Photosyntheseketten in Mitochondrien und Chloroplasten.

In besonderen Fällen finden sich auch in Plasmamembranen lokal hohe Konzentrationen gleichartiger funktioneller Einheiten, die dann z. B. im Licht- oder Elektronenmikroskop erkannt und u. U. auch isoliert werden können. In multizellulären Organismen sind an Stellen von Zellkontakten spezifische Membrandifferenzierungen gefunden worden. Manche, wie z. B. die Synapsen, sind Komplexe verschiedener funktioneller Einheiten, andere, wie z. B. die "gap junctions", erscheinen als ein gut abgegrenztes, nahezu kristallines zweidimensionales Aggregat anscheinend gleichartiger funktioneller Einheiten in den Plasmamembranen benachbarter Zellen. Sie nehmen bis zu 1 μm^2 Zelloberfläche ein und bilden gegen das Außenmilieu abgeschirmte, relativ unspezifische Diffusionswege mit niedrigem Widerstand. Sie koppeln so bestimmte Funktionen der Zellen. Ein eindrucksvolles Beispiel für eine lokalisierte Membranspezialisierung liefert auch die Purpurmembran des Prokaryonten *Halobacterium halobium*. Wenn die Zellen bei niedrigem O_2-Druck dem Licht ausgesetzt werden, bilden sich kristalline Bereiche in der Plasmamembran, die nur ein einziges Protein enthalten, das in einem zweidimensionalen hexagonalen Gitter angeordnet ist und 75 % der Membranmasse in diesen Bereichen ausmacht. Der Rest ist Lipid. Dieses Protein, Bacteriorhodopsin, dient als Lichtenergiewandler. Wenn es Licht absorbiert, erzeugt es einen elektrochemischen Gradienten durch vektorielle Translokation von Wasserstoffionen. Die im Gradienten gespeicherte Energie wird wiederum von der Zelle zur ATP-Synthese und für andere, Energie verbrauchende Reaktionen benutzt. Ein weiteres gut untersuchtes Beispiel für das Vorkommen hoher Konzentrationen einer bestimmten funktionellen Einheit sind die Acetylcholinrezeptoren in der synaptischen Membran von Muskelfasern und den elektrischen Organen von Fischen.

11.1.3. Modelle der Protein-Anordnung in Biomembranen

Alle nur denkbaren Verteilungen von Proteinen in oder auf Membranen sind in verschiedenen Modellen vorgeschlagen worden. Wir berücksichtigen hier nur Modelle, die auf einer Lipiddoppelschicht basieren, da alle anderen heute als obsolet angesehen werden. Die Diskussion hat sich hauptsächlich mit der Frage beschäftigt, ob die Proteine an der Oberfläche der Lipiddoppelschicht oder im hydrophoben Inneren zu suchen sind. Gegenwärtig wird eine Kombination dieser beiden möglichen Anordnungen bevorzugt, und unsere Vorstellungen von der Konfiguration der Proteine und ihrer Wechselwirkung mit den Lipiden sind sehr viel besser detailliert und unterbaut als die früheren Modelle.

a) Das Danielli-Davson-Modell. Robertsons „Einheitsmembran"

Danielli und Davson schlugen als erste ein komplettes Membranmodell vor, das weitgehende Beachtung fand, und das sich auf experimentelle Untersuchungen an Biomembranen und Modellsystemen stützte. Sie verteilten das Protein anfangs in globulärer Form, später als eine Lage voll entfalteter Polypeptidketten auf beide Oberflächen der Lipiddoppelschicht. Wie schon auf S. 304 ausgeführt, wurde diese Anordnung hauptsächlich postuliert, um die niedrige Grenzflächenspannung in biologischen Membranen zu erklären. Das Danielli-Davsonsche Modell wurde von J. D. Robertson übernommen und durch ausgedehnte elektronenmikroskopische Untersuchungen weiter ausgebaut. Er bezeichnete die an Schnittpräparaten fast immer darstellbare trilaminare Struktur aller Plasma- und intrazytoplasmatischen Membranen als „Einheitsmembran". Lipidmodelldoppelschichten mit adsorbierten Proteinschichten zeigten in gefärbten Dünnschnitten ebenfalls zwei stark elektronenstreuende Linien, die durch einen elektronentransparenten Raum voneinander getrennt waren, und die Dimensionen dieses Modelles entsprachen denen der Einheitsmembran, die zunächst von J. D. Robertson mit je 2,5 nm für die Dicke der Linien und auch ihren Abstand angegeben wurde. Es zeigte sich aber schnell, daß diese Dimensionen erheblich variieren, was nicht nur von der Art der untersuchten Membran, sondern auch der Fixierung und „Anfärbung" mit Schwermetallsalzen abhängt. Variationen in der Breite der Linien führen zu Variationen in der Gesamtbreite der Membranen, die meist zwischen 6,0 und 11,0 nm liegt. Die dunklen Linien stellen Anhäufungen von Schwermetallsalzen dar, die vorwiegend von den polaren Gruppen der Lipide und Proteine gebunden werden. Das elektronenmikroskopische Bild der Einheitsmembran war daher mit dem Danielli-Davsonschen Modell gut zu vereinbaren. Es sei schon hier erwähnt, daß es ebensogut mit dem später zu besprechenden Singerschen Mosaikmodell vereinbar ist, da dieses ebenfalls die hydrophilen Gruppen der Lipide und Proteine an der Oberfläche der Doppelschicht anordnet.

Es wurden aber auch abweichende elektronenmikroskopische Befunde erhoben. Wie schon erwähnt, erscheinen in Dünnschnitten Choroplasten-Thylakoid- und Mitochondrien-Membranen häufig eher als lineare Anordnungen globulärer Untereinheiten denn als trilaminare Strukturen, und in „negativ" gefärbten Membranen werden komplexe Oberflächenstrukturen wie z. B. stäbchenförmige oder globuläre Partikel gefunden, die mit einer einfachen Schicht von entfalteten oder globulären Proteinen nicht vereinbar sind.

Korn (1966) hat die auf elektronenmikroskopischen Befunden gegründeten Argumente für das Danielli-Davson-Robertson-Modell zusammenfassend kritisiert.

Die sich schnell ausbreitende Anwendung der Gefrierbruchtechnik und die von Branton vorgeschlagene Interpretation der neuen Membranbilder brachten einen Wendepunkt in unseren Vorstellungen über die Struktur von Membranen. Es muß jedoch herausgestellt werden, daß auch die Gefrierbruchmethode ihre Grenzen hat. Es können sich nicht-biologische Strukturen (Artefakte) durch das Gefrieren bilden, plastische Deformationen durch das Brechen auftreten (sogar bei der Temperatur von flüssigem Helium) und durch das Ätzen Verunreinigungen der gebrochenen Oberflächen hervorgerufen werden. Weiterhin liegt die Auflösung gegenwärtig bestenfalls bei 2,0–2,5 nm und ist gewöhnlich nicht besser als 4,0–8,0 nm. Während die Gefrierbruchmethode die universelle Existenz der Lipiddoppelschichten bestätigte (s. S. 305), änderte sie unsere Auffassung über die Anordnung der Membranproteine erheblich. Das weitverbreitete Auftreten von Partikeln auf Membranbruchflächen (Abb. 11.5) wurde schon früh als Ausdruck der Anwesenheit von globulären Proteinen im Membraninneren interpretiert. Zunächst waren die angeführten Argumente wenig überzeugend. Die Hinweise für die Richtigkeit dieser Interpretation mehrten sich aber schnell. Den überzeugendsten Beweis lieferten wiederum Versuche an Modellsystemen, bei denen gereinigte Membranproteine, wie z. B. Rhodopsin und später Erythrozyten-Glykophorin in synthetische Lipiddoppelschichten eingebaut wurden. Die in reinen Lipiddoppelschichten glatten Bruchflächen zeigten daraufhin die für Biomembranbruchflächen charakteristischen Partikel. Es ist aber bisher nicht entschieden, ob diese Partikel nur von Proteinmolekülen gebildet werden, die weit über die Mitte der Lipiddoppelschicht reichen, oder

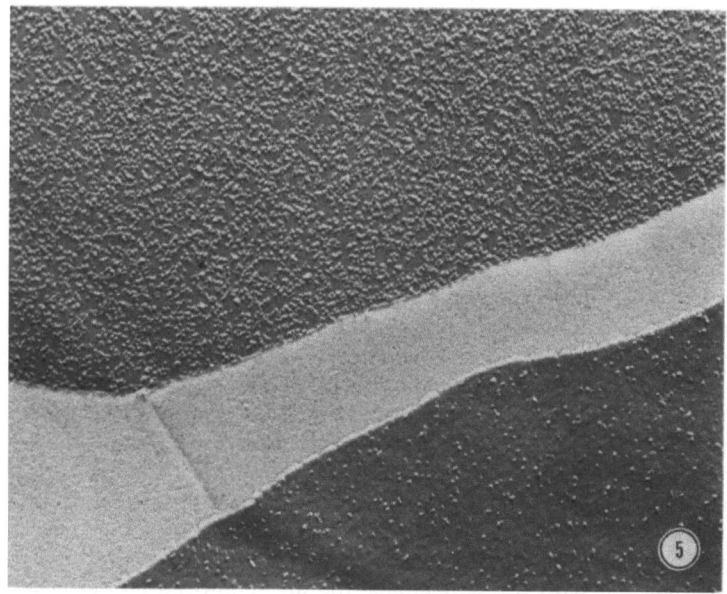

Abb. 11.5. Gefrier-gespaltene Erythrozytenschatten. Der Platin-Kohlenstoff-Abdruck zeigt oben die innere „Hälfte", auch als A- oder P-Schicht bezeichnet; unten die äußere „Hälfte", B- oder E-Schicht der Membran. Vergrößerung ×85000

ob auch weniger tief eindringende Proteine durch Umordnen der angrenzenden Lipide zum Auftreten von Partikeln führen können.

b) Singer und Nicolsons „Flüssiges Mosaik"-Modell

Das neueste und heute weitgehend akzeptierte Modell für die Membranstruktur ist das „flüssige Mosaik"-Modell. Die Hauptargumente, die gegen das Danielli-Davson-Robertsonsche Modell sprechen und die Singer zu seinem neuen Modell führten, sind von ihm in einem Übersichtsartikel besprochen worden (Rothfield, 1971):

1. ORD und CD und neuerdings Röntgen- und Elektronenbeugung weisen auf einen beträchtlichen Gehalt an α-Helix in Membran-Proteinen hin. 2. Ein großer Teil der Phospholipide in biologischen Membranen wird durch wasserlösliche Enzyme hydrolytisch gespalten, was auf einen ausgedehnten Kontakt der Lipiddoppelschicht mit dem wäßrigen Milieu hinweist. 3. Es ist schwierig, die Transport-Funktionen der Membranen zu erklären, wenn das gesamte Membran-Protein peripher lokalisiert ist. 4. Extraktion mit chaotropen Ionen und Netzmitteln zeigt, daß ein großer Anteil der Membran-Proteine hydrophobe Eigenschaften hat. 5. Das Vorkommen von Partikeln auf den hydrophoben Bruchflächen der Membranen kann der Anwesenheit von Proteinen zugeschrieben werden. 6. NMR, ESR und verwandte Techniken zeigen die Immobilisierung eines Teiles der Lipid-Kohlenwasserstoffketten, wenn Membranproteine in Lipiddoppelschichten eingelagert sind. 7. Singer hätte hinzufügen können, daß auch die Röntgenbeugungsdiagramme isolierter Membranen in fast allen Fällen mit der Annahme einer wohldefinierten kontinuierlichen Proteinschicht an einer oder beiden Oberflächen der Lipiddoppelschicht unvereinbar sind.

Singer schlug daher vor, daß ein großer Teil der Oberfläche der typischen Membranproteinmoleküle von hydrophoben Aminosäureresten eingenommen wird und daß die Proteine mit diesem Teil tief in die Lipidschicht eintauchen. Die hydrophilen Gruppen sind in einem anderen Teil der Moleküloberfläche konzentriert, die dem wäßrigen Milieu ausgesetzt ist. Die Proteine können auch zwei vorwiegend hydrophile Oberflächenbereiche haben, die auf gegenüberliegenden Seiten der Membran mit dem wäßrigen Milieu Kontakt haben, so daß diese Proteine die ganze Dicke der Membran durchsetzen. Die meisten Membranen weisen allerdings außerdem einen erheblichen Anteil von wasserlöslichen Proteinen auf, die vermutlich an der Oberfläche — aber nicht als kontinuierliche Schicht — gebunden sind. Diese peripheren Proteine wurden zunächst in der Singerschen Darstellung etwas vernachlässigt und nicht als eigentliche Membranproteine betrachtet. Eine Abschätzung der Wechselwirkungen zwischen Wasser, Protein und Lipid zeigt, daß die vorgeschlagene Anordnung von Lipiden und Proteinen auch thermodynamisch vernünftig ist. Die zunehmenden experimentellen Hinweise auf die Beweglichkeit der Membrankomponenten veranlaßten Singer, diesen Aspekt des Modells mehr zu betonen und es zum „flüssigen Mosaik"-Modell (fluid mosaic model) auszubauen (Singer u. Nicolson, 1972). Diese Darstellung enthält auch Überlegungen über die Rolle der Beweglichkeit von Membrankomponenten in bestimmten Membranfunktionen, z.B. der Hormonwirkung, die zumindest zum Teil seither experimentell unterbaut worden sind.

Welche Beweise gibt es für das „flüssige Mosaik"-Modell? Die Beweise für die Existenz der Lipiddoppelschicht und für die Beweglichkeit der Lipide wurden bereits aufgeführt. In dieser Hinsicht unterscheidet sich das Singersche Modell nicht wesentlich vom Danielli-Davson-Robertson-Modell. Das Charakteristische am „flüssigen Mosaik"-Modell sind die Aussagen über die Struktur, Anordnung und Beweglichkeit der Proteine, die im folgenden besprochen werden.

11.1.3.1. Protein-Asymmetrie

Wir unterscheiden mit Singer zwei Kategorien von Membranproteinen — integrale und periphere. Periphere Proteine können leicht mit physikalischen Methoden in wäßrige Lösung gebracht und von den Membranen abgetrennt werden, ohne daß die Grundstruktur der Membranen zerstört wird. Sie unterscheiden sich nicht von anderen wasserlöslichen Proteinen. Integrale Proteine können nur durch Reagenzien isoliert werden, die die hydrophoben Wechselwirkungen in der intakten Membran zerstören, meist Netzmittel oder organische Lösungsmittel; integrale Proteine sind in neutralen wäßrigen Puffern unlöslich. Da integrale Proteine amphiphile Struktur mit ausgedehnten hydrophoben Oberflächen besitzen sollen, könnte man einen hohen Gehalt an nichtpolaren Aminosäureresten erwarten. Er wird auch in einigen integralen Proteinen wie z.B. Rhodopsin gefunden; keineswegs aber in allen. Entscheidend ist die räumliche Anordnung der Aminosäuren im Molekül, die leider bisher für kein integrales Membranprotein völlig bekannt ist. Dennoch kann der amphiphile Charakter in einigen Fällen experimentell belegt werden. In dem am besten charakterisierten Membranprotein — Erythrozyten-Glykophorin — sind die 23 nichtpolaren Aminosäurereste hauptsächlich in einem zentralen Teil der Polypeptidkette konzentriert, der dadurch stark hydrophoben Charakter hat. Dieser Teil kann eine α-Helix bilden und ist lang genug, um den hydrophoben Kern der Membran zu durchsetzen. Das Protein ist amphiphil, nicht nur, weil die hydrophilen Aminosäuren an beiden Enden der Polypeptidkette konzentriert sind, sondern auch weil es verzweigte Oligosaccharidketten besitzt, die kovalent in Nähe der terminalen Aminogruppe des Polypeptids gebunden sind. Sie finden sich an der äußeren Oberfläche der intakten Erythrozytenmembran. Chemische Markierungsversuche, die später diskutiert werden sollen, weisen darauf hin, daß das Protein die Membran durchsetzt. Das erste und eindruckvollste

Beispiel für ein amphiphiles integrales Protein war aber Cytochrom b_5, das zum Elektronentransportsystem des endoplasmatischen Reticulums gehört. Es kann aus der Membran entweder durch proteolytische Enzyme oder durch Behandlung mit Netzmitteln extrahiert werden. Cytochrom b_5, das durch Enzymbehandlung isoliert wird, ist wasserlöslich und enthält die gesamte enzymatische Aktivität. Das Protein, das durch Behandlung mit Netzmitteln gewonnen wird, ist ebenfalls enzymatisch aktiv, es enthält jedoch zusätzlich 44 Aminosäurereste, die zu 60% hydrophob sind und durch enzymatische Behandlung als Polypeptid abgespalten werden können. Das dann verbleibende Protein ist mit dem proteolytisch aus der Membran gewonnenen identisch. Augenscheinlich sind die 44 hauptsächlich hydrophoben Aminosäurereste an einem Ende des Moleküls konzentriert und verankern es durch hydrophobe Bindungen an die Lipide im Inneren der Membran, während der enzymatisch aktive Teil des Moleküls an der Membranoberfläche vom wäßrigen Medium her zugänglich ist und durch proteolytische Enzyme abgespalten werden kann. In neuester Zeit sind weitere Beispiele für einen solchen hydrophoben „Anker" bekannt geworden.

Proteine sind notwendigerweise asymmetrisch; wenn identische Moleküle nicht bilateral symmetrisch in der Doppelschicht angeordnet sind, müssen sie zur Asymmetrie der Membran beitragen. Daß dies tatsächlich der Fall ist, geht aus Untersuchungen über die unterschiedliche Zugänglichkeit verschiedener reaktiver Gruppen der Proteine von beiden Seiten der Membran hervor. Die Hauptmenge der reagierenden Gruppen, besonders der Aminogruppen, findet sich auf der Zytoplasmaseite der Membran, wie biochemische Markierungsuntersuchungen und Elektronenmikroskopie zeigen.

a) Biochemische Technik

Membranproteine und Polypeptide können mit Netzmitteln wie zum Beispiel Natriumdodecylsulfat (SDS) extrahiert und durch Elektrophorese in Polyacrylamid-Gelen (PAGE) in Anwesenheit von SDS aufgetrennt werden. Dies ist gegenwärtig bei weitem die wichtigste Technik zur Trennung und Charakterisierung integraler Membranproteine.

Ähnlich wie bei den Lipiden werden zur Bestimmung der Proteinverteilung zuerst intakte Zellen mit nichteindringenden chemischen Reagenzien oder Enzymen markiert, dann wird in einem zweiten Experiment dieselbe Reaktion durchgeführt, nachdem die Permeabilitätsbarriere der Membran zerstört wurde. Zuletzt vergleicht man die Markierungsmuster der Proteine mit Hilfe von SDS-PAGE. Bei Studien der Erythrozyten-Membran werden z.B. intakte mit lysierten Zellen verglichen. Eine Variation dieser Technik nützt die Möglichkeit aus, „umgestülpte" Vesikel herzustellen, die ihre zytoplasmatische Seite dem Außenmedium zukehren. Sie können von Vesikeln, die die gleiche Membranorientierung wie intakte Zellen haben, abgetrennt werden, und die Reaktivität derselben Proteine in den beiden Vesikelfraktionen kann dann verglichen werden. Zur Membranmarkierung ist eine Vielzahl von chemischen Reagenzien verwendet worden; kovalente Markierungsverfahren sind von Carraway (1975) zusammengefaßt worden. Schwierigkeiten in der Interpretation entstehen, weil es keine absolute Impermeabilität gibt, weil eine Zell-Lyse Veränderungen in der Membranstruktur bewirkt und weil ein penetrierendes Reagenz nicht nur an der Oberfläche, sondern auch innerhalb der Membran reagieren kann. Variationen der Techniken können diese Einwände wenigstens zum Teil ausschalten. Die Permeabilität von Zellen für große Eiweißmoleküle ist z.B. sehr gering. Viel benutzt wird daher die enzymatische Markierung, bei der z.B. durch proteolytische Enzyme ein Teil der Polypeptidkette von exponierten Proteinen abgespalten wird und das Protein durch seine veränderte elektrophoretische Wanderungsgeschwindigkeit identifiziert wird. Glykolytische Enzyme werden benutzt, um Glykoprotein zu identifizieren. Mit Lactoperoxidase können Tyrosinreste kodiert werden. Es ist auch möglich, das markierende Reagenz erst nach seinem Eindringen in die Zelle z.B. durch Belichtung zu aktivieren.

Ausgedehnte Untersuchungen mit verschiedenen Techniken liegen bisher nur für Erythrozyten vor. Trotz der oft sehr unterschiedlichen Markierungsmethoden stimmen die Ergebnisse weitgehend überein. Bei der Behandlung intakter Erythrozyten mit nicht permeierenden Reagenzien werden nur zwei größere Proteinfraktionen markiert. Der Rest der Proteinbanden (7 oder mehr, das hängt von der Technik ab) wird nur markiert, wenn die Reagenzien Zugang zur inneren Membranoberfläche haben, d.h. daß zumindest ihre reaktionsfähigen Gruppen nur an der zytoplasmatischen Seite vom wäßrigen Milieu aus zugänglich sind. Proteine, die die Membran durchsetzen, sind von beiden Seiten markierbar. Eine weitere Verfeinerung der Methode besteht darin, die Proteine nach Markierung hydrolytisch zu spalten und die Markierung der so erhaltenen Peptide zu bestimmen. Es zeigt sich, daß in Erythrozyten, die an der äußeren Oberfläche zugänglichen Proteinmoleküle auch an der inneren Oberfläche zugänglich sind, d.h. daß sie die Membran durchsetzen.

b) Morphologische Technik

Die Elektronenmikroskopie wird ebenfalls benutzt, um die Verteilung von reaktiven Gruppen auf den beiden Oberflächen von Membranen zu untersuchen. Obgleich eine Ortsbestimmung durch die Bildung von elektronenstreuenden Niederschlägen an der Reaktionsstelle leicht durch Diffusion oder Umordnung während der folgenden chemischen Entwicklung verfälscht werden kann, wurde die aus anderen Versuchen erschlossene Asymmetrie von Enzymaktivitäten, z.B. die der Na^+-K^+-ATPase zytochemisch bestätigt.

Die Markierung mit großen Molekülen, z.B. Ferritin, die durch chemische Modifikation mit reaktiven Gruppen versehen ist, ist weniger anfällig für Diffusionsartefakte. Dafür entstehen aber andere Probleme. Die großen Moleküle können die intakte Membran nicht durchdringen und auch an der Oberfläche wegen ihrer Größe manche reaktiven Gruppen nicht erreichen oder nach Bindung andere abdecken, die mit kleineren Molekülen reagieren würden. Ferritin kann durch Koppelung an Antikörper für die Antigen-Lokalisierung benutzt werden, Lecthine zeigen die Oligosaccharid-Verteilung an, und mit kationischen Gruppen ausgestattetes Ferritin dient für den Nachweis von Stellen hoher Konzentration elektronegativer Gruppen. Ferritin, Hämocyanin, Virus-Partikel und synthetische Polystyrol- oder Polyhydroxybutyrat-Perlen eignen sich besonders gut als Markierer für die Gefrierätzung und die Rasterelektronenmikroskopie. Die mit den morphologischen Techniken nachweisbare Asymmetrie der Proteinverteilung stimmt zumindest für die Erythrozytenmembran gut mit der durch die rein chemischen Verfahren bestimmten überein. Zusätzlich können die morphologischen Techniken aber auch die topographische Verteilung von Proteinen in der Ebene der Membran darstellen. Wenn eine Oberflächenmarkierung zusammen mit Gefrierätzung benutzt wird, zeigen sich Korrelationen im Oberflächenmuster und dem Partikel-Muster der Bruchflächen, wie nach der Proteinanordnung im Singerschen Membranmodell zu erwarten ist. Auf diese Weise wird es möglich, zytochemische Informationen über die Bruchflächenpartikel zu gewinnen. Es darf bei der Interpretation aber nicht vergessen werden, daß ein Partikel gewöhnlich nicht einem Proteinmolekül entspricht, sondern daß meistens ein Aggregat von Proteinmolekülen vorliegt.

11.1.3.2. Protein-Beweglichkeit

Wir können theoretisch und mit gewissen Einschränkungen auch experimentell verschiedene Kategorien der Protein-Beweglichkeit unterscheiden, z.B. Rotation, Translation, Schaukelbewegungen sowie Platzwechsel innerhalb einer Einzelschicht, zwischen den beiden Einzelschichten einer Doppelschicht und zwischen zwei Doppelschichten. Intramolekulare Konformationsänderungen der Proteine werden nicht berücksichtigt, da hierüber kaum experimentelle Ergebnisse vorliegen. Am besten untersucht sind die Rotations- und Translations-Bewegungen der Proteine.

a) Rotations- und Translationsbewegungen

Die Untersuchungen von R. Cone an den Stäbchenaußengliedern der Netzhaut liefern ein klassisches Beispiel für die Messung der Bewegungen von Membranproteinen. Wegen der regellosen Verteilung der Rhodopsinmoleküle zeigen die Stäbchenaußenglieder entlang ihrer langen Achse, d.h. senkrecht zur Ebene der Rhodopsin enthaltenden Membranen, keinen Dichroismus. Ein Dichroismus in der Absorptionsbande des Rhodopsins wird aber erzeugt, wenn durch einen polarisierten Lichtblitz vorwiegend diejenigen Moleküle gebleicht werden, deren Chromophor parallel zum elektrischen Vektor des Lichtes ausgerichtet ist. Der zeitliche Abfall dieses induzierten Dichroismus ist ein Maß für die Rotationsdiffusion der ungebleichten Rhodopsinmoleküle, die in kurzer Zeit wieder eine regellose Orientierung des ungebleichten Rhodopsins herstellt. Die gemessene Relaxationszeit beträgt 20 μsec bei 20°C. Aus der Rotationsdiffusionszeit in einer Flüssigkeit läßt sich die Translationsdiffusionszeit berechnen. Cone hat sie aber auch experimentell bestimmt. Isolierte Stäbchenaußenglieder wurden mit einem Blitz so belichtet, daß nur eine Seite des zylindrischen Stäbchens gebleicht wurde. Da die Ebene der Rhodopsin-haltigen Membranen senkrecht zu der langen Achse des Stäbchens liegt, führt die laterale Diffusion der Rhodopsinmoleküle zu einer Zunahme der Rhodopsinabsorption in der gebleichten und einer Abnahme in der ungebleichten Stäbchenseite, bis die Absorptionsunterschiede ausgeglichen sind. Der so gemessene laterale Diffusionskoeffizient stimmt gut mit dem aus der Rotationsdiffusion errechneten überein, was zeigt, daß sich die Membran tatsächlich weitgehend wie eine zweidimensionale Flüssigkeit verhält.

Translationsbewegungen von markierten Oberflächenrezeptoren sind auch in vielen anderen Membranen gemessen worden. Frye und Edidin erbrachten den ersten eindrucksvollen Nachweis für die laterale Diffusion von Proteinen in Zellmembranen. Sie zeigten, daß nach Fusion von Mäuse- und menschlichen Gewebekulturzellen die mit verschiedenen fluoreszierenden Antikörpern markierten artspezifischen Oberflächen-Antigene sich innerhalb von 40 min diffus über die Oberfläche des Heterokaryons verteilten. Eine Reihe von Kontrollversuchen schlossen andere mögliche Erklärungen, wie Abbau und Neusynthese sowie Neuverteilung durch Pino- und Exozytose aus. Die Diffusionsgeschwindigkeit ist temperaturabhängig und spiegelt den Phasenübergang der Lipide wider.

Elektronenmikroskopische Ergebnisse zeigen ebenfalls Umverteilungen von Membran-Proteinen, wobei meist Ferritin-gekoppelte Lecthine oder Antikörper als Oberflächen-Markierer benutzt werden, oder die Partikelverteilung in Gefrierbruch-Bildern ausgewertet wird. Eines der besten Beispiele ist der Nachweis der reversiblen pH-abhängigen Partikel-Zusammenballung in Erythrozytenmembranen und die Korrelation der mit Ferritin markierten Oberflächenmuster mit dem Partikel-Muster der Bruchflächen. Diese Proteinaggregation tritt jedoch nur in isolierten Membranen auf, die einen großen Teil der peripheren Membranproteine verloren haben; sie wird in intakten Zellen nicht beobachtet.

Eine Modifikation der eleganten Versuche an Stäbchenaußengliedern erlaubt eine mehr generelle Anwendung. Ein nicht penetrierender Fluoreszenzfarbstoff wird kovalent an die an der Membranoberfläche zugänglichen Proteine — gewöhnlich über freie Aminogruppen — gebunden. Die Fluoreszenz wird dann in einem Teil der Membran durch eine intensive Belichtung gebleicht und das Wiedererscheinen von Fluoreszenz in dem gebleichten Bezirk verfolgt. Es zeigt sich, daß die Beweglichkeit der Membran-Proteine meist geringer ist als die des Rhodopsins in den relativ „flüssigen" Stäbchenaußengliedermembranen. Für Fibroblasten wurde z. B. ein lateraler Diffusionskoeffizient von $2,6 \times 10^{-10}$ cm^2 s^{-1} gefunden. Bei unspezifischer Anfärbung sind in diesem Wert natürlich die Beweglichkeiten aller angefärbten Proteine enthalten, die sicher nicht alle gleich sind. Eine spezifischere Anfärbung ist mit fluoreszierenden Antikörpern möglich. Dann kann allerdings die Antigen-Antikörper-Reaktion die Beweglichkeit beeinflussen. Andere Einwände gegen diese Technik können hier nicht diskutiert werden. Die gefundenen Werte geben nur einen groben Anhalt, zeigen aber, daß die im „flüssigen Mosaik"-Modell postulierte Beweglichkeit der Membranproteine tatsächlich nachgewiesen werden kann.

Die Wechselwirkungen zwischen Membranproteinen und den sie direkt umgebenden Lipiden sind nur wenig untersucht. Wie schon erwähnt, ist eine reduzierte Beweglichkeit der Lipidkohlenwasserstoffketten beobachtet worden, wenn integrale Membranproteine in Lipiddoppelschichten eingebaut werden. Es wird allgemein angenommen, daß diese Beweglichkeitsbeschränkung hauptsächlich die Moleküle betrifft, die direkt mit der hydrophoben Proteinoberfläche Kontakt haben. Es gibt Anhaltspunkte dafür, daß diese Lipide in einigen Fällen mit umgebenden Lipidmolekülen frei austauschbar sind, in anderen aber scheint eine bestimmte Klasse von Lipiden bevorzugt adsorbiert zu werden. Ein solcher monomolekularer „Mantel" von Lipidmolekülen ist anscheinend für die Funktion der Ca^{++}-ATPase des sarkoplasmatischen Retikulums notwendig, und auch die Notwendigkeit von Lipiden für die Funktion anderer Enzyme kann durch die Annahme einer solchen Wechselwirkung zwischen Proteinen und Lipiden erklärt werden. Die Diffusionsbewegungen von Proteinen würden dann vorwiegend durch die Wechselwirkung zwischen gebundenen und freien Lipidmolekülen bestimmt.

b) Steuerung der Beweglichkeit und Verteilung von Membrankomponenten

Die Membranprotein-Verteilung kann durch Faktoren beeinflußt werden, die die Lipid-Anordnung bestimmen, z. B. Temperatur und Ionenkonzentration des wäßrigen Milieus. Bei abnehmender Temperatur treten Phasentrennungen gemischter Lipide auf; in der Lipiddoppelschicht entstehen Bereiche, die mehr gelartig und andere, die mehr flüssig sind. Integrale Membranproteine finden sich bevorzugt in der flüssigen Phase, und ihre Bewegungen sind auf diese Gebiete beschränkt. Das läßt sich besonders deutlich in einem Modellsystem aus Glykophorin und den synthetischen Phospholipiden Dimyristoyl-Phosphatidyl-Cholin (DMPC) und Dipalmitoyl-Phosphatidyl-Cholin (DPPC) zeigen. Oberhalb des Phasenüberganges beider Lipide ist das Glykophorin gleichmäßig in der Ebene der Lipiddoppelschicht verteilt, wie der Gefrierbruch zeigt. Unterhalb der Phasenübergangstemperatur von DPPC, aber oberhalb der von DMPC, treten gleichzeitig gelähnliche und flüssig-kristalline Gebiete innerhalb der Membranebene auf, die mittels ESR nachgewiesen wurden. Der Gefrierbruch zeigt jetzt glatte Bereiche in den Bruchflächen der Doppelschicht, die von Bereichen mit erhöhter Partikelkonzentration umgeben sind. Es ist nicht sicher, ob solche Proteinumverteilungen in nativen Membranen unter physiologischen Bedingungen eine Rolle spielen, besonders, wenn der Phasenübergang durch das Vorhandensein von Cholesterin verwischt ist. In nativen Membranen von Prokaryonten, welche kein Cholesterin enthalten, sind jedoch temperaturabhängige Änderungen der Partikelverteilung nachgewiesen worden.

Die Membranprotein-Verteilung kann auch durch Wechselwirkungen zwischen integralen Proteinen bestimmt werden. Verschiedene Proteine können in der Membran assoziieren, so daß sie komplexe makromolekulare Einheiten bilden. Experimente an Erythrozyten-Membranen mit chemischer Vernetzung der Proteine weisen auf spezifische Assoziation verschiedener Proteinfraktionen hin. Der Durchmesser der auf der Bruchfläche sichtbaren Partikel deutet ebenfalls darauf hin, daß sie solche Aggregate darstellen. Eine Korrelation zwischen spezifisch markierten Oberflächenrezeptoren und Bruchflächen-Partikeln zeigt auch, daß einzelne Partikel multiple Rezeptoren enthalten können.

Viel Beachtung haben in letzter Zeit Versuche gefunden, die zeigten, daß Wechselwirkungen zwischen integralen Membran-Proteinen und an der inneren Membranoberfläche lokalisierten peripheren Proteinen die Bewegung der integralen Proteine beeinflussen. Die Elektronenmikroskopie hat die Anwesenheit von Mikrotubuli und kontraktilen Mikrofilamenten mit Actin-ähnlichen Eigenschaften an zytoplasmatischen Membranoberflächen nachgewiesen. Diese Komponenten sind z. T. auch isoliert und chemisch charakterisiert worden. Anscheinend sind zumindest einige integrale Membranproteine, auch solche, die die Membran durchsetzen, an diese inneren peripheren Elemente gebunden. Eine Änderung in der Verteilung oder Konformation der inneren Oberflächenelemente kann zu einer Umverteilung von Rezeptoren an der äußeren Zelloberfläche führen.

Beispiele für diese Steuerung der Beweglichkeit liefert besonders die „Kappenbildung" in Lymphozyten, die durch eine Antigen- oder Lecthin-Bindung an der Membranoberfläche hervorgerufen werden kann. Auch die Bewegung größerer Membrangebiete in Phagozytose, Pinozytose und Exozytose (Sekretion) ist mit der Anwesenheit dieser Elemente an der zytoplasmatischen Seite der Membran verknüpft. Elektronenmikroskopische Untersuchungen zeigen häufig eine Umverteilung von Bruchflächenpartikeln in frühen Stadien dieser Vorgänge.

Schließlich soll noch erwähnt werden, daß in neuester Zeit Wechselwirkungen und Bewegungen von integralen Membranproteinen zur Erklärung der Funktion von Rezeptormolekülen herangezogen werden, speziell in den vielen Fällen, wo gezeigt werden kann, daß das auslösende Molekül, z.B. ein Peptidhormon, nur an der Zelloberfläche gebunden wird und nicht in die Zelle eindringt. Bindung des Hormones soll die Konformation des Rezeptors ändern, der daraufhin mit einem zweiten integralen Membranprotein reagieren kann, das dann eine Reaktion an der inneren Membranoberfläche auslöst. Die erhobenen Befunde erfordern, daß eine laterale Diffusion erfolgen muß, ehe der Rezeptor mit dem zweiten Protein reagieren kann.

11.1.4. Die Kohlenhydrat-Anordnung in Biomembranen

Polymere Kohlenhydrate werden allein oder assoziiert mit Peptiden und Lipiden an der Oberfläche vieler Zellen gefunden. Sie sind ein Hauptbestandteil der Zellwände der meisten Prokaryonten und Pflanzen. Da sie nicht zur Membran zu rechnen sind, werden wir sie hier nicht weiter behandeln. (Zur Frage der Definition und Abgrenzung zwischen Zellwänden und Zellmembranen s. Stoeckenius u. Engelman, 1969.) Oligomere Kohlenhydrate in kleineren Mengen und in kovalenter Bindung finden sich als Glykolipide und Glykoproteine in den meisten Membranen. Sie spielen eine wichtige Rolle in Wechselwirkungen zwischen Zellen und in Rezeptorfunktionen. Der Anteil der Kohlenhydratkomponente an Glykoproteinen ist oft recht hoch, so beträgt er in Glykophorin z.B. 60 % der Gesamtmasse und ist in der Form von Oligosaccharidketten an einem Ende des Moleküls konzentriert.

11.1.4.1. Markierung und Lokalisierung der Kohlenhydrate

Chemische Methoden zur Lokalisation von Kohlenhydraten benutzen häufig die Oxydation zu Aldehyden mit Koppelung des markierenden Moleküls als Schiffsche Base. Zur zytochemischen Markierung werden häufig auch Lecthine oder Antikörper benutzt. Für lichtmikroskopische Untersuchungen werden die Lectine und Antikörper meist mit Fluoreszenzfarbstoffen markiert, für die Elektronenmikroskopie werden sie meist mit Ferritin gekoppelt. Der niedrige pK der Sialoglykoproteine erlaubt eine relativ spezifische Anfärbung mit kationischen Verbindungen bei niedrigem pH, z.B. kolloidalem Eisenhydroxyd für die Elektronenmikroskopie. Diese Markierungen der Membranoberfläche sind sowohl für Dünnschicht- als auch für Gefrierbruch-Elektronenmikroskopie brauchbar. Ein stufenweiser Abbau der Oligosaccharidketten mit spezifischen Enzymen kann als Kontrolle für die zytochemischen Verfahren dienen und erlaubt Aussagen über die Sequenz des Zuckers in der Kette.

Untersuchungen dieser Art haben ergeben, daß die Kohlenhydrate vorwiegend, wenn nicht ausschließlich, an der dem Zytoplasma abgewandten Seite der Membranen lokalisiert sind. Über die Konformation der Kohlenhydrate ist praktisch nichts bekannt. Wenn sie in Membranmodellen berücksichtigt werden, sind sie meist als entfaltete, verzweigte Ketten dargestellt, die sich ungefähr im rechten Winkel zur Membran ins Medium erstrecken.

11.1.5. Zusammenfassung und Ausblick

Die experimentellen Untersuchungen der letzten 10 Jahre haben eindeutig gezeigt, daß die Masse der Lipide in Biomembranen in Form einer Doppelschicht vorliegt, wie sie zuerst von Gorter und Grendel 1925 vorgeschlagen wurde. Der größte Unterschied der heutigen zu früheren Doppelschichtmodellen besteht in der Anordnung der Membranproteine. Von Danielli u. Davson (1935) bis zu Robertson (1960) herrschte die Auffassung vor, daß die Proteine fast ausschließlich als kontinuierliche Schichten an der Oberfläche der Lipiddoppelschicht angeordnet sind. Singer (1971) faßte alte und neue Argumente gegen diese Anordnung zusammen und schlug vor, daß ein großer Teil der Membranproteine im hydrophoben Inneren der Doppelschicht durch hydrophobe Wechselwirkungen mit den Kohlenwasserstoffketten der Lipide verankert ist, und daß Proteine die ganze Dicke der Membran durchsetzen können. Dieses Modell wurde bald zum „flüssigen Mosaik"-Modell erweitert, das die Lipiddoppelschicht als eine „zweidimensionale Flüssigkeit" betrachtet und die Diffusionsbewegungen der Lipide und Proteine in der Membran betont.

Das Modell kann sich auf eine Vielzahl experimenteller Ergebnisse stützen. Die Anordnung der Proteine stimmt gut mit den Gefrierbruchbildern der Elektronenmikroskopie überein, und moderne spektroskopische Methoden sowie Licht- und Elektronenmikroskopie bestätigen die Beweglichkeit der Lipide und Proteine in Membranen. Das „flüssige Mosaik"-Modell ist daher heute weitgehend akzeptiert, und es hat sich als von beträchtlichem heuristischen Wert erwiesen. Eine Kritik, die einige unbefriedigende Züge des Modells betont, findet sich in Tanford (1973). Hier sei nur erwähnt, daß es zumindest in seiner ursprünglichen Form die Rolle der peripheren Proteine in der Membranstruktur unterbewertet und die Beweglichkeit der Proteine überschätzt hat.

Die allgemeine Funktion von Membranen besteht darin, als Permeabilitätsbarriere für Zellen oder Zellorganellen zu dienen. Daraus ergibt sich, daß allgemeine Membranmodelle bevorzugt die Züge der Membranen wiedergeben, die dieser Funktion dienen. Membranen enthalten aber auch ein Mosaik funktioneller Einheiten, die die spezifischen Eigenschaften einer Membran bestimmen, z.B. spezifische Transportsysteme, Energiewandler und Rezeptoren. Während die Lipiddoppelschicht hauptsächlich als Permeabilitätsbarriere anzusehen ist, werden die spezifischen Funktionen der Membran hauptsächlich durch die Membranproteine — natürlich in ihrer Wechselwirkung mit den Lipiden — bestimmt. Über die Struktur dieser spezifischen funktionellen Einheiten können generelle Membranmodelle wenig aussagen. Neuere Untersuchungen konzentrieren sich daher darauf, solche funktionellen Einheiten zu isolieren und in ihrer Struktur aufzuklären. Ob sich daraus allgemeine Strukturen für Rezeptoren, Ionenpumpen, ionenspezifische Poren oder Energiewandler ableiten lassen, ist noch ungewiß. Die Arbeit ist über interessante Einzelergebnisse und Spekulationen kaum hinausgedrungen. Sie stellt aber sicher das nächste wichtige Kapitel in der Erforschung von Membranen dar.

Literaturauswahl

Carraway, K. L.: Covalent labeling of membranes. Biochim. Biophys. Acta (Amst.) **415**, 379–410 (1975)

Danielli, J. F., Davson, H.: A contribution to the theory of permeability of thin films. J. Cell Physiol. **5**, 495–508 (1935)

Gorter, E., Grendel, F.: On bimolecular layers of lipoid on the chromocytes of the blood. J. Exp. Med. **41**, 439–443 (1925)

Korn, E. D.: Structure of biological membranes. Science **153**, 1491–1498 (1966)

Luzzati, W.: X-ray diffraction studies of lipid-water systems. In: Biological Membranes, Physical Fact and Function (D. Chapman, Ed.), p. 71–123. New York: Academic Press 1966

Mueller, P., Rudin, D. O.: Action potentials induced in biomolecular lipid membranes. Nature (Lond.) **217**, 713–719 (1968)

Robertson, J. D.: The ultrastructure of cell membranes and their derivatives. Biochem. Symp. **16**, 3–43 (1959)

Robertson, J. D.: The molecular structure and contact relationships of cell membranes. Progr. Biophys. **10**, 344–418 (1960)

Rothfield, L. I. (Ed.): Structure and Function of Biological Membranes. New York: Academic Press 1971

Singer, S. J., Nicolson, G. L.: The fluid mosaic model of the structure of cell membranes. Science **173**, 720–731 (1972)

Stoeckenius, W., Engelman, D. M.: Current models for the structure of biological membranes. J. Cell Biol. **42**, 613–646 (1969)

Tanford, C.: The Hydrophobic Effect: Formation of Micelles and Biological Membranes. New York: John Wiley & Sons 1973

11.2. Dynamische Struktur von Lipid-Doppelschichten und biologischen Membranen: Untersuchung mit Radikalsonden

Erich Sackmann

11.2.1. Einleitung

Eine der wesentlichen Funktionen biologischer Membranen ist die Kommunikation und der kontrollierte Transport zwischen den Unterstrukturen (Mitochondrien, Zellkern, Endoplasmatisches Retikulum) der Zelle und zwischen der Zelle und seiner Umwelt.

Membranen sind aber auch der Ort, an dem sich Enzyme zu funktionellen Gruppen, Multienzymkomplexe, zusammenlagern können. Die Lipidphase ist dann unmittelbar an der biologischen Funktion beteiligt. Ein Beispiel ist das Elektronentransportsystem der Atmungskette in Mitochondrien.

Entscheidende Voraussetzung zum Verständnis biologischer Elementarprozesse an Membranen ist die Kenntnis der molekularen Struktur und der physikalischen Eigenschaften der Lipid-Doppelschichten. Ein großer Teil der heutigen Kenntnisse über die Architektur von Lipid-Doppelschichten und biologischen Membranen ist von den Untersuchungen mit den Methoden der Elektronenmikroskopie und Röntgenbeugung erhalten worden. Die Methoden liefern jedoch eine statistische Momentaufnahme des Membranzustandes. Die Untersuchung der für die biologische Funktion entscheidenden dynamischen molekularen Struktur der Membranen erfordert die Anwendung spektroskopischer Methoden.

Der Anwendung spektroskopischer Methoden auf biologische Systeme steht die äußerst große Komplexität der Biomoleküle entgegen. Dieses Problem hat zur Einführung der Markierungstechnik geführt, bei der ein Molekül als spektroskopische Sonde (Reportermolekül) in das zu untersuchende System eingebaut wird.

Stabile organische Nitroxidradikale (Spin-Label) wurden während der letzten Jahre äußerst erfolgreich als spektroskopische Sonden bei biophysikalischen Untersuchungen eingesetzt. Die Spin-Label Technik vereint die große Empfindlichkeit der Elektronenspin-Resonanz-Spektroskopie mit dem hohen Maß an Information über dynamische molekulare Eigenschaften, das für Methoden der magnetischen Resonanz-Spektroskopie charakteristisch ist. Die Störung der Membranstruktur durch die Spin-Sonde ist im allgemeinen vernachlässigbar.

11.2.2. Grundlegende Eigenschaften der Membranen

Membranen sind im wesentlichen aus 2 Molekülklassen, den Lipiden [Phospholipide, Cholesterin] und den Proteinen aufgebaut. Die Anordnung der Lipide in Form der Lipid-Doppelschichten der Abb. 11.6 wurde durch Röntgenstrukturuntersuchungen der vergangenen Jahre weitgehend gesichert. Zwei Klassen von Proteinen sind mit den Lipid-Doppelschichten in kooperativer Weise gekoppelt. Proteine, die aus einem hydrophoben und einem hydrophilen Teil bestehen, sind in die Lipid-Doppelschichten eingebaut. Sie sind nur in dieser „natürlichen" Umgebung biologisch aktiv. Eine zweite Gruppe von hydrophilen Proteinen ist an die polaren Grenzflächen Membran/Wasser absorbiert.

Lipid-Doppelschichten bilden sich spontan bei der Dispersion natürlicher oder synthetischer Lipide in Wasser. Bei Ultraschallbehandlung bilden sich hohl-

Dipalmitoylphosphatidyl-Cholin (I)

kugelförmige Gebilde (Vesikeln) mit einem mittleren Durchmesser von etwa 30–50 nm (Abb. 11.6b).

Die Doppelschichten (z.B. Vesikel) einheitlicher Lipidzusammensetzung zeigen einen endothermen Phasenübergang kristallin→flüssig-kristallin, der dem Übergang smektisch B→smektisch C thermotroper flüssiger Kristalle entspricht. Die Umwandlungstemperatur T_t ist eine empfindliche Funktion der Struktur der Fettsäureketten und der polaren Kopfgruppe der Lipide. Außerdem steigt bei sehr geringem Wassergehalt T_t um ca. 10° C an.

Die Struktur von Modellmembranen aus Dipalmitoyllecithin (s. I) ($T_t \sim 42°$ C) ist durch folgende Daten charakterisiert:

1. $T < T_t$: Die hydrophoben Ketten sind sehr wahrscheinlich in Form eines Dreiecksgitters angeordnet. Die CH_2-Ketten haben einen Abstand von ca. 0,49 nm. Die Lipidschicht hat eine Dicke von ca. 4,6 nm und der Flächenbedarf, F, pro Lipidmolekül beträgt $F \approx 0,5$ nm^2.

2. $T \gg T_t$: Die Dicke der Membran nimmt um ca. 0,5 nm zu. Der Kettenabstand der statistisch angeordneten Ketten vergrößert sich auf etwa 0,53 nm. Die Umwandlung ist charakterisiert durch eine relative Volumenänderung von $\Delta V/V \sim 1\%$. Die Umwandlungsenthalpie beträgt $\Delta H = 0,5$ kcal pro CH_2-Gruppe, und die Entropieänderung ist $\Delta S \sim 1,3$ cal pro Grad und Mol CH_2.

Die Phasenumwandlung ist mit der Bildung von „Versetzungen" innerhalb der Paraffinketten verknüpft.

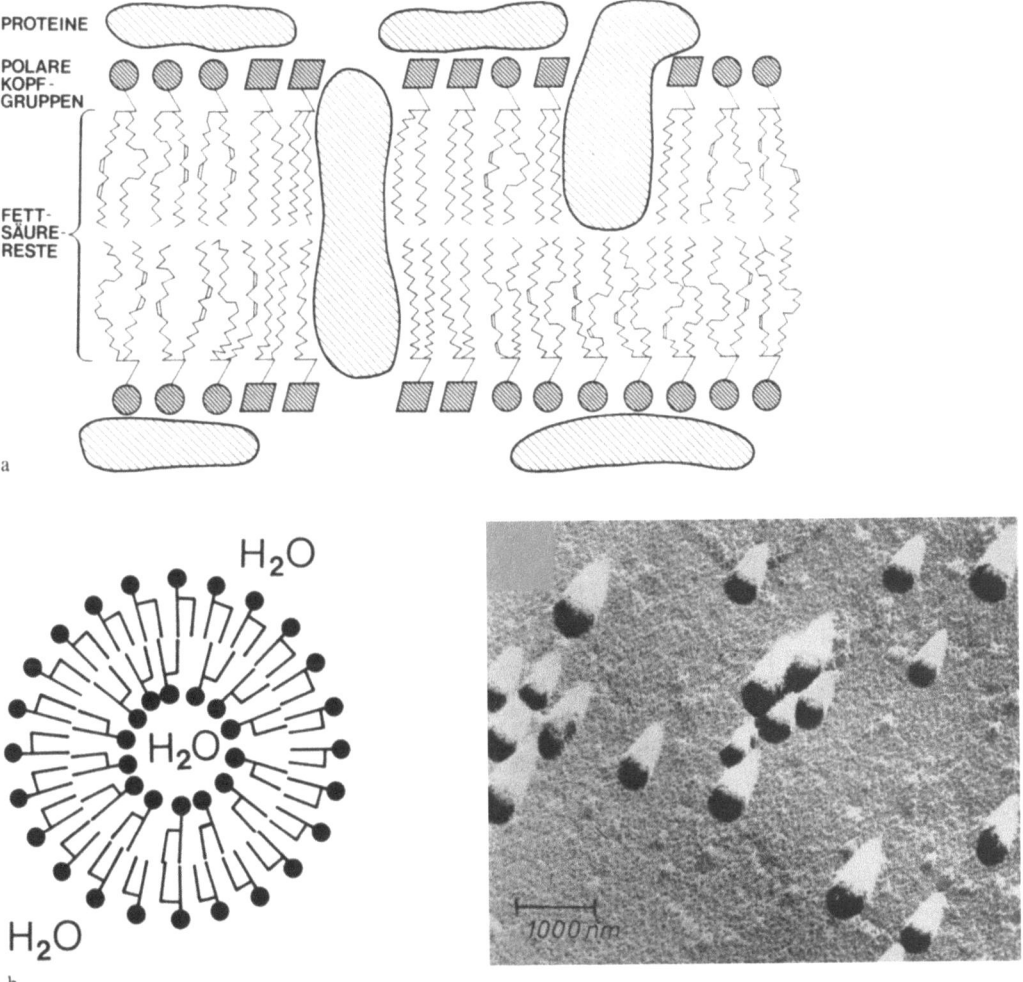

Abb. 11.6a und b. Modell biologischer Membranen. (a) Lipid-Doppelschichten bilden das Grundgerüst der Membran. Proteine mit amphibilem Charakter sind in die Membran inkorporiert. Polare Protein-Moleküle sind an die Membran-Wasser-Grenzschicht adsorbiert. Die laterale Lipidverteilung in der Ebene der Membran kann heterogen sein. (b) Vesikeln aus Lipid-Doppelschichten nach Ultraschallbehandlung. Links: Modell. Rechts: Elektronenmikroskopische Aufnahme

318 Membranen

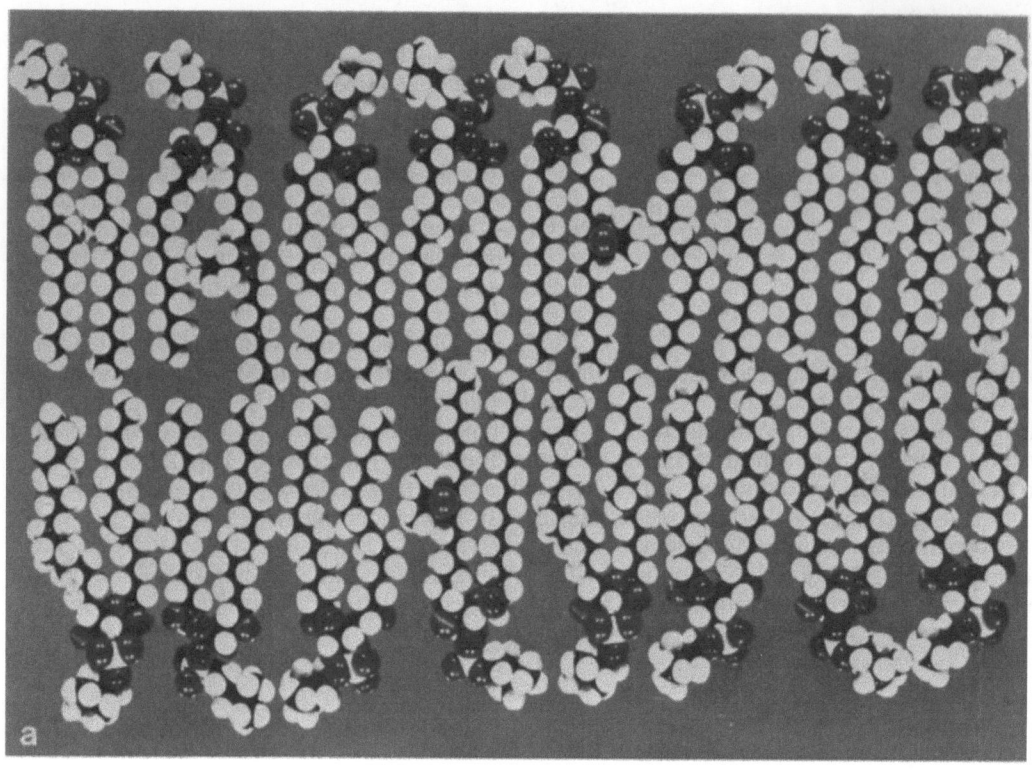

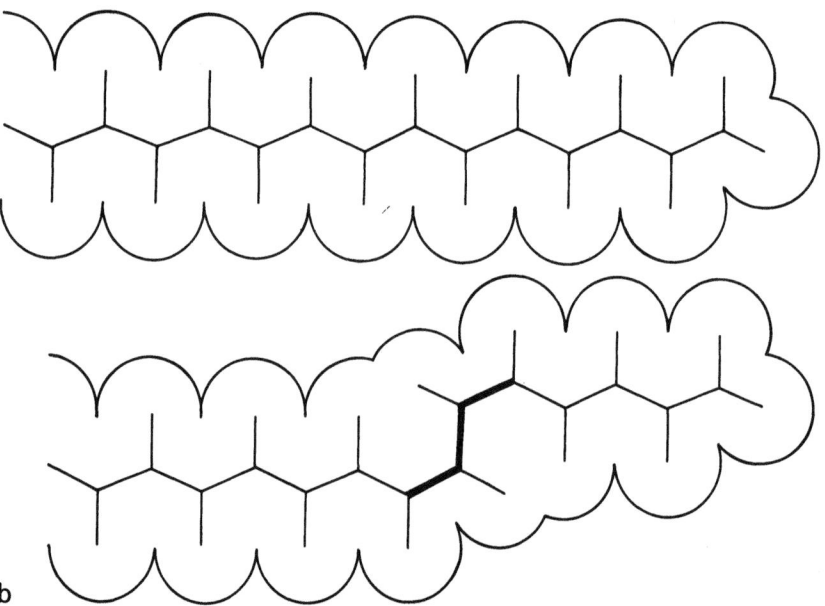

Abb. 11.7. (a) Kalottenmodell einer Lipid-Doppelschicht. Man erkennt die Entstehung von Hohlräumen durch Bildung von gauche-Konformation in den Ketten. Einige der Lipide enthalten einen Oxazolidinring mit Nitroxidgruppe (s. Abb. 11.8) (b) Modell einer gtg-Kinke. Die Kette verkürzt sich gegenüber der gestreckten all-trans Konfiguration um $\Delta L \sim 0{,}13$ nm

Die Versetzungen entstehen durch trans⇄gauche Übergänge der CH_2-Gruppen und führen die Ketten von der gestreckten all-trans Form des kristallinen Membranzustandes in gewinkelte Konfigurationen über (s. Abb. 11.7b). Der einfachste Strukturdefekt ist die „gtg-Kinke", bei der gauche-Konfigurationen in 2, durch eine C–C-Bindung getrennte CH_2-Gruppen bestehen (s. Abb. 11.7b).

Die Bildung der Versetzungen schafft Hohlräume im hydrophoben Bereich der Lipidschichten und erklärt die hohe Löslichkeit von kleinen Fremdstoff-Molekülen in Membranen (s. Abb. 11.7a).

Die Versetzungen sind durch eine äußerst große Beweglichkeit in Kettenrichtung ausgezeichnet (Sprunghäufigkeit 10^{10} s^{-1}). Die hohe Beweglichkeit der Kinken gibt der Membran eine hohe Fluidität und ist verantwortlich für den schnelleren Stofftransport in lateraler und transversaler Richtung der Membran.

Die kristallin→flüssig-kristalline Umwandlungstemperatur T_t hängt auch vom Zustand der polaren Kopfgruppen ab. Bei geladenen Lipiden (z. B. Phosphatidsäuren) ist T_t eine empfindliche Funktion des pH-Wertes. Kristallin-flüssigkristalline Umwandlungen können daher auch chemisch (d.h. isotherm) durch pH-Änderungen oder durch zweiwertige Ionen induziert werden.

In Membran-Legierungen aus verschiedenen Lipiden ist eine zweite Art von thermisch bzw. chemisch induzierten Konformationsumwandlungen möglich, bei denen die laterale Lipidverteilung in der Lipid-Doppelschicht geändert wird. Solche Ausscheidungsphänomene können in biologischen Membranen eine große Rolle spielen.

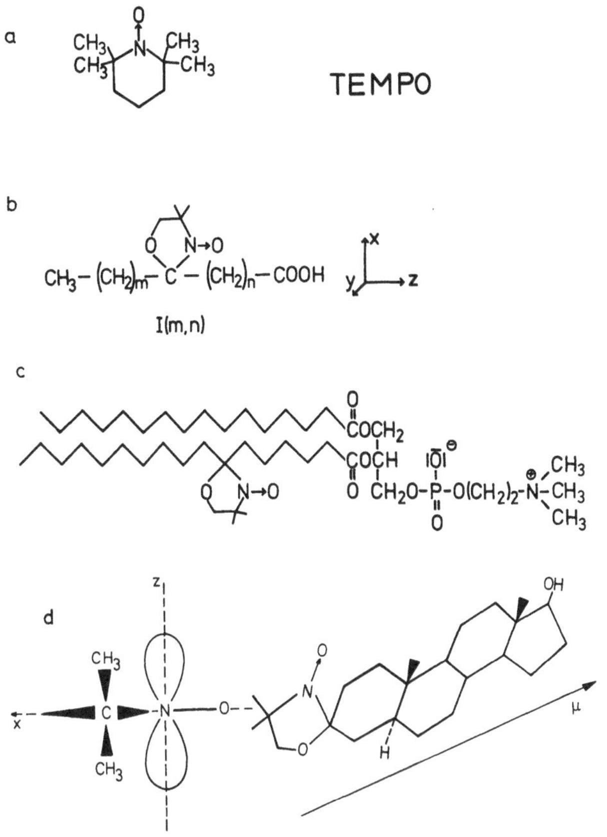

11.2.3. Radikalsonden (Spin-Label)

Die Radikalsonden sind alle von der folgenden chemischen Struktur:

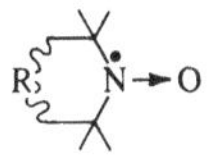

(II)

Das Radikal ist chemisch sehr stabil. Die Gruppe R dient dazu, um das Radikal an andere Moleküle anzuhängen. Eine Reihe von Radikalsonden, die für die Membranuntersuchungen verwendet wurden, ist in Abb. 11.8 wiedergegeben.

Das ungepaarte Elektron ist in einem $2p\pi$-Orbital am Stickstoffkern lokalisiert. Entscheidend für die Anwendung der Nitroxidradikale als strukturempfindliche Sonden sind die folgenden charakteristischen Eigenschaften ihrer Elektronenspin-Resonanz(ESR)-Spektren (s. auch Kap. 3.3).

a) Die ESR-Spektren zeigen infolge der Kopplung des ungepaarten Elektrons mit dem ^{14}N-Stickstoffkern (Spinquantenzahl $I=1$) eine Hyperfeinaufspaltung. Die Spektren werden näherungsweise durch den folgenden Hamilton-Operator quantitativ beschrieben:

$$\mathcal{H} = |\beta| \cdot \boldsymbol{S g H}_0 + h \boldsymbol{S T I} \qquad (11.1)$$

$\boldsymbol{S}$, $\boldsymbol{I}$ und $\boldsymbol{H}_0$ sind Vektoren des Elektronenspins, des Kernspins und des äußeren Magnetfeldes. $\boldsymbol{g}$ ist der Tensor des g-Faktors und $\boldsymbol{T}$ ist der Tensor, welcher die *anisotrope* Hyperfein-Wechselwirkung beschreibt.

b) Sowohl der g-Faktor als auch die Hyperfeinwechselwirkung hängen sehr empfindlich von der gegenseitigen Orientierung des Magnetfeldes und des $2p\pi$-Orbitals ab. In dem im Radikal fixierten Koordinatensystem x, y, z (s. Abb. 11.8) ist das ESR-Spektrum

Abb. 11.8a–d. Strukturformeln einiger für Membranuntersuchungen wichtiger Radikalsonden. Die lange Achse z des $2p\pi$-Orbitals ist parallel zur Moleküllängsachse bei Fettsäuremolekülen und bei der Phospholipid-Sonde. z ist senkrecht zur Längsachse (μ) beim Steroidradikal (d). *Merke:* Die z-Achse des $2p\pi$-Orbitals und die Molekülachse sind starr verbunden

des Oxazolidin-Rings durch folgende Daten charakterisiert:

$(T_{xx}; T_{yy}; T_{zz}) = (90; 16; 16)$ MHz,

$(g_{xx}; g_{yy}; g_{zz}) = (2{,}0024; 2{,}0090; 2{,}0060)$.

c) Bedingt durch die hohe Anisotropie des g-Faktors und der Kopplungskonstanten sind die Spektren sehr empfindlich von der Viskosität in der unmittelbaren Umgebung des Radikals abhängig. Die Spektren liegen zwischen den in Abb. 11.9 angegebenen Extremfällen der völligen Immobilisierung und der sehr schnellen Rotation. Im letzteren Fall beobachtet man ein scharfes Triplettspektrum mit einer Aufspaltung von

$$a_H = 1/3 (T_{xx} + T_{yy} + T_{zz}). \qquad (11.2)$$

Durch geeignete Methoden lassen sich Lipid-Doppelschichten oder smektische flüssige Kristalle in flachen Rechteck-Zellen (Schichtdicke <0,5 mm) homogen orientieren. Durch Einbau der Fettsäure-Radikalsonden in solche Systeme kann die Anisotropie direkt sichtbar gemacht werden. Abbildung 11.9b gibt als

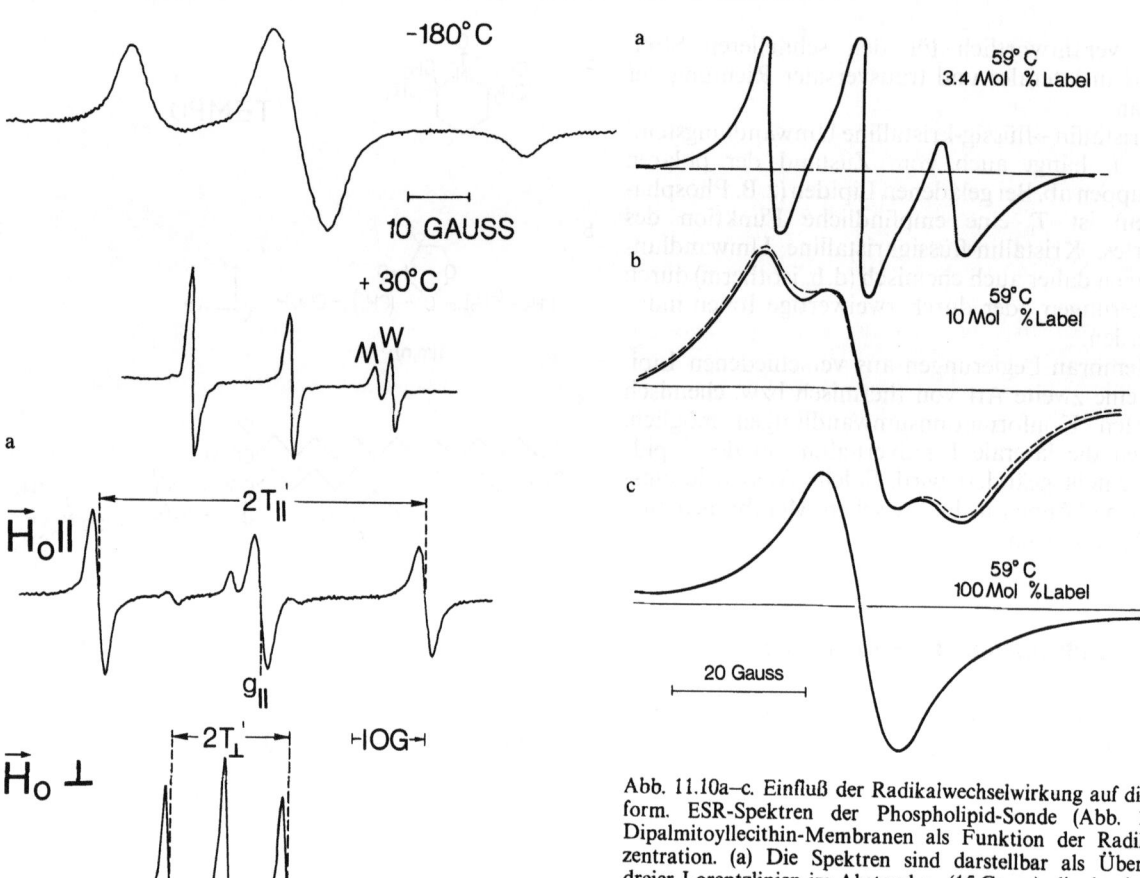

Abb. 11.9a und b. Typische ESR-Spektren von Radikalsonden in Membranen. (a) ESR-Spektren von TEMPO (Abb. 11.8a) in Dispersion von Lecithin-Vesikeln. Gezeigt sind die Grenzfälle völliger Immobilisierung (oberes Spektrum) und extrem schneller Rotation (unteres Spektrum) (Korrelationszeit $\tau \lesssim 10^{-10}$ s). Die Linienaufspaltung in die Linien M und W auf der rechten Seite des unteren Spektrums ist eine Folge der Abhängigkeit der Kopplungskonstanten, a_H, von der Polarität. (Linie W: TEMPO in wäßriger Phase, Linie M: TEMPO in Membran). (b) Demonstration der Anisotropie der ESR-Spektrum von Fettsäuresonden in Lipid-Doppelschichten. Die Längsachse der Sonde und damit auch die z-Achse des $2p\pi$-Orbitals ist bevorzugt senkrecht zur Membranoberfläche orientiert. Oberes Spektrum: Magnetfeld parallel zur Normalen der Doppelschicht ($H_0\|$). Unteres Spektrum: Magnetfeld senkrecht zur Membran-Normalen ($H_0\perp$). [Nach: Seelig: J. Amer. chem. Soc. **92**, 3881 (1970)]

Beispiel die von Seelig erhaltenen ESR-Spektren von Fettsäure-Sonden in orientierten smektischen Phasen aus Fettsäuren in Lipid-Doppelschichten wieder. Die Spektren von Spin-Labels in Dispersionen von Vesikeln bestehen aus einer Überlagerung solcher Triplettspektren. Ein Beispiel wird in Abb. 11.11 gezeigt. Aus diesen überlagerten Spektren lassen sich in vielen Fällen noch die charakteristischen Aufspaltungen $T'_{\|}$ und $T'_{\perp}$ bestimmen.

Abb. 11.10a–c. Einfluß der Radikalwechselwirkung auf die Linienform. ESR-Spektren der Phospholipid-Sonde (Abb. 11.6c) in Dipalmitoyllecithin-Membranen als Funktion der Radikal-Konzentration. (a) Die Spektren sind darstellbar als Überlagerung dreier Lorentzlinien im Abstand a_H (15 Gauss), die durch Spinaustauschwechselwirkung (ΔH_{ex}) und Dipolwechselwirkung (ΔH_d) verbreitert sind ($\Delta H = \Delta H_0 + \Delta H_d + \Delta H_{ex}$). (b) Eine weitgehende Verschmierung des Triplett-Spektrums durch Spin-Austauschwechselwirkung (Austauschrate $W_{ex} = 10$ MHz, $\Delta H_d = 3$ Gauss). Das gestrichelte Spectrum wurde berechnet. [Nach Sackmann, Träuble, J. Amer. chem. Soc. **94**, 4492 (1972)], (c) Völlige Ausmittelung der Feinstruktur und Bildung einer Lorentzlinie ($W_{ex} = 25$ MHz, $H_d = 5$ Gauss)

d) Die Hyperfeinkopplung a_H hängt von der lokalen Dielektrizitäts-Konstanten ab. Mit zunehmender Polarität der Umgebung wird a_H größer. Dies ist in der Abb. 11.9 demonstriert. Die in dem semi-polaren Bereich der Membran gebundenen Radikale haben einen kleineren Wert von a_H ($a_H = 14$ Gauss) als die in der wäßrigen Phase befindlichen Radikale ($a_H = 15$ Gauss). Die Linie W ist den Radikalen in der wäßrigen Phase zuzuordnen. Bei der mittleren und linken Linie fallen die Komponenten W und M zusammen.

e) *Radikal-Wechselwirkung:* Bei zunehmender Radikalkonzentration werden die ESR-Spektren durch die Wechselwirkung zwischen den ungepaarten Elektronen erheblich modifiziert. Zwei Wechselwirkungsmechanismen sind zu beachten:

α) Dipol-Dipol-Wechselwirkung zwischen den magnetischen Momenten der Elektronen. Diese führt zu einer Verbreiterung der Hyperfeinlinien um ΔH_d. ΔH_d ist umgekehrt proportional zur 3ten Potenz des mittleren Radikalabstandes r ($\Delta H_d \sim 1/r^3$).

β) Die Spin-Austauschwechselwirkung. Diese ist ein Nahwirkungsmechanismus, der nur bei Überlappung der $2p\pi$-Orbitale auftritt, d.h. wenn sich die Radikale bis auf einen kritischen Abstand $d_c \sim 1{,}5$ nm nähern. 2 Grenzfälle sind zu unterscheiden:

Schwache Wechselwirkung: Die drei Komponenten des ESR-Spektrums werden um einen Betrag ΔH_{ex} verbreitert. Diese Verbreiterung ist ein direktes Maß für die Spin-Austausch-Frequenz (Abb. 11.10 oben)

$$\Delta v_{ex} = 2W_{ex}. \tag{11.3}$$

Starke Wechselwirkung: Die 3 Komponenten sind zu einer Linie im Zentrum des Spektrums zusammengelaufen. Die Linie hat Lorentzform (Abb. 11.10 unten). Die Linienbreite ΔH ist durch die Linienaufspaltung a_H und durch die Austauschfrequenz W_{ex} bestimmt: $\Delta H \sim a_H^2 / \Delta W_{ex}$.

Im mittleren Bereich der Wechselwirkung muß die Austauschrate W_{ex} durch theoretische Berechnung der Spektren bestimmt werden (Abb. 11.10 Mitte).

11.2.4. Anwendungsbeispiele

11.2.4.1. Anisotrope Molekülbeweglichkeit für Membranen

Im Hamiltonoperator der Gl. (11.1) sind die Hauptachsen der Tensoren $\underline{g}$ und $\underline{T}$ im Molekülgerüst der Radikalsonde fixiert (s. Abb. 11.8d). Der Spin des ungepaarten Elektrons versucht sich aber bezüglich des äußeren Magnetfeldes H_0 einzustellen. Da der in der Membran eingebaute Spin-Label sich gegenüber H_0 bewegt, wird der Hamiltonoperator $\mathscr{H}$ eine komplizierte Funktion der Zeit. $\mathscr{H}(t)$ läßt sich formal zerlegen in

$$\mathscr{H}(t) = \langle \mathscr{H}(t) \rangle + \{\mathscr{H}(t) - \langle \mathscr{H}(t) \rangle\} \tag{11.4}$$

Dabei stellt $\langle \mathscr{H}(t) \rangle$ den zeitlichen Mittelwert des Operators und $\{t\}$ die zeitlichen Fluktuationen von $\mathscr{H}(t)$ um diesen Mittelwert dar.

Unter günstigen Umständen ist die Form des Spektrums im wesentlichen allein durch den Mittelwert $\langle \mathscr{H}(t) \rangle$ bestimmt. Die Fluktuation $\{t\}$ stellt eine kleine Störung dar, welche allein die Linienbreite beeinflußt. Durch Vergleich von beobachteten und berechneten ESR-Spektren konnte von Gaffney and McConnell gezeigt werden, daß die obige Zerlegung des Hamiltonoperators die ESR-Spektren von Radikalsonden in Membranen mit hoher Genauigkeit beschreibt.

Der effektive Hamiltonoperator $\langle H(t) \rangle$ ist

$$\mathscr{H}^1 \equiv \langle \mathscr{H}(t) \rangle = |\beta| \underline{S} \cdot \underline{g}' \cdot \underline{H} + h \underline{S} \underline{T}' \cdot \underline{I} \tag{11.5}$$

Dabei sind $\underline{g}'$ und $\underline{T}'$ Mittelwerte der Tensoren $\underline{g}$ und $\underline{T}$ über die Molekülbewegung.

Die obige Näherung ist deshalb für Spin-Sonden in Membranen zulässig, da diese dort eine sehr schnelle

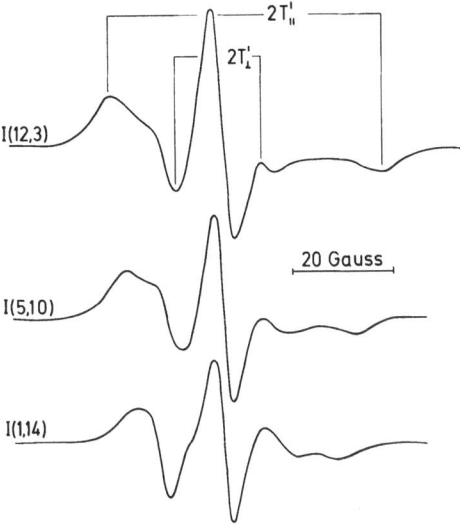

Abb. 11.11. Untersuchung der Molekülbeweglichkeit in verschiedener Tiefe der Lipid-Doppelschichten durch Verwendung von Fettsäure-Spin-Sonden, bei denen der Oxazolidin-Ring an verschiedenen Stellen längs der Fettsäureketten lokalisiert ist. Die ESR-Spektren dreier verschiedener Fettsäuresonden in Dipalmitoyllecithin-Membranen sind gezeigt. $T'_\parallel$ und damit auch der Ordnungsgrad nehmen vom polaren Bereich der Membran nach innen hin stark ab. Daraus folgt: Die Flexibilität der Paraffinketten in der Umgebung der Sonde nimmt von außen nach innen zu

anisotrope Rotation (Nutationsbewegung) um eine Achse senkrecht zur Membran ausführen. In diesem Fall ist $\langle \mathscr{H}(t) \rangle$ axialsymmetrisch um die Normale der Membran. Der Tensor der Hyperfeinkopplung hat die Komponenten ($T'_\parallel$ bzw. $T'_\perp$) in einer Richtung parallel bzw. senkrecht zur Normalen der Membran ($a_H = \frac{1}{3} \cdot (T'_\parallel + 2T'_\perp)$).

Es sind dies die Komponenten, die man direkt aus den Spektren orientierter Membranen (Abb. 11.9) oder Vesikelpräparationen (Abb. 11.11) erhält. Aus $T'_\parallel$ und $T'_\perp$ läßt sich direkt die mittlere Orientierung der Längsachse z des $2p\pi$-Orbitals bezüglich der Membrannormalen bestimmen gemäß

$$S = \tfrac{1}{2} \langle 3\cos^2 \vartheta - 1 \rangle \approx \frac{T'_\parallel - T'_\perp}{T_{zz} - \tfrac{1}{2}(T_{xx} + T_{yy})} \tag{11.6}$$

ϑ ist der momentane Winkel zwischen der z-Achse und der Membrannormalen; $\langle \rangle$ bedeutet Mittelung über alle Molekülorientierungen. S ist offensichtlich null, falls die Moleküle einer schnellen isotropen Rotationsdiffusion unterliegen.

Bei Fettsäureradikalen (Abb. 11.8b) oder Phospholipid-Sonden (Abb. 11.8c) ist die z-Achse des $2p\pi$-

Orbitals parallel zur Moleküllängsachse. In diesem Fall ist S sogleich ein Maß für die mittlere Orientierung des Reporter-Moleküls in der Membran.

Eine schnelle anisotrope Rotation der Sonden in Membranen ist wesentliche Voraussetzung dafür, daß in den Spektren die beiden um $2T'_\parallel$ bzw. $2T'_\perp$ getrennten Paare von Linien zu beobachten sind. Wenn diese Rotation einfriert, so wird die Linie im Zentrum des Spektrums sehr breit, und man erkennt nur noch das äußere Paar von Linien. Ein Beispiel für ein solches sog. Pulverspektrum war in Abb. 11.9a wiedergegeben.

11.2.4.2. Ordnungsgrad und Lipid-Phasenumwandlung

Ordnungsgrad: Wie in 11.2.4.1 gezeigt wurde, ist der Ordnungsgrad S nach Gl. (11.6) von Fettsäure- oder Phospholipid-Sonden ein Maß für den Grad ihrer mittleren Orientierung in den Lipidlamellen. S ist daher empfindlich von der Beweglichkeit der Paraffinketten abhängig und ist somit ein physikalischer Parameter zur Charakterisierung der Fluidität im Membraninnern.[1]

Durch Variation der Lage des Oxazolidinrings an der Fettsäurekette kann der Ordnungsgrad S als Funktion des Abstands von der Membran/Wasser-Grenzfläche untersucht werden. Abbildung 11.11 zeigt deutlich, daß der Ordnungsgrad S mit zunehmendem Abstand von der polaren Grenzfläche stetig abnimmt. Dieses Ergebnis wurde von Seelig durch die Annahme gedeutet, daß die Flexibilität der Paraffinketten von außen nach innen zunimmt. Untersuchungen des Ordnungsgrades der Phospholipide mit Hilfe der Deuteron-Spin-Resonanzspektroskopie haben jedoch gezeigt, daß der Ordnungsgrad längs der Fettsäureketten konstant ist und erst in der Nähe der terminalen Methylgruppen abfällt. Der Grund für diese Diskrepanz zwischen ESR- und Kernresonanz-Experimenten ist die Störung der Lipidmatrix durch die Spin-Sonde (s. Abb. 11.7a). Das Beispiel zeigt, daß die Spin-Label-Methode nicht geeignet ist, um Aussagen über die genaue Molekülanordnung und Molekülbeweglichkeit in *reinen* Lipid-Doppelschichten zu bestimmen. Andererseits ist die Spin-Label-Methode bestens geeignet, um Änderungen in den dynamischen Eigenschaften der Membranen unter dem Einfluß äußerer Störungen zu untersuchen, wie das folgende Beispiel zeigt.

Phasenübergänge: Ein wichtiges Beispiel für die Untersuchung der Molekülbeweglichkeit durch Spin-Sonden ist die Beobachtung kristallin-flüssigkristalliner Umwandlungen in künstlichen und biologischen Membranen.

Abbildung 11.12 zeigt als Beispiel eine Phasenumwandlung einer biologischen Membran. In Abb.

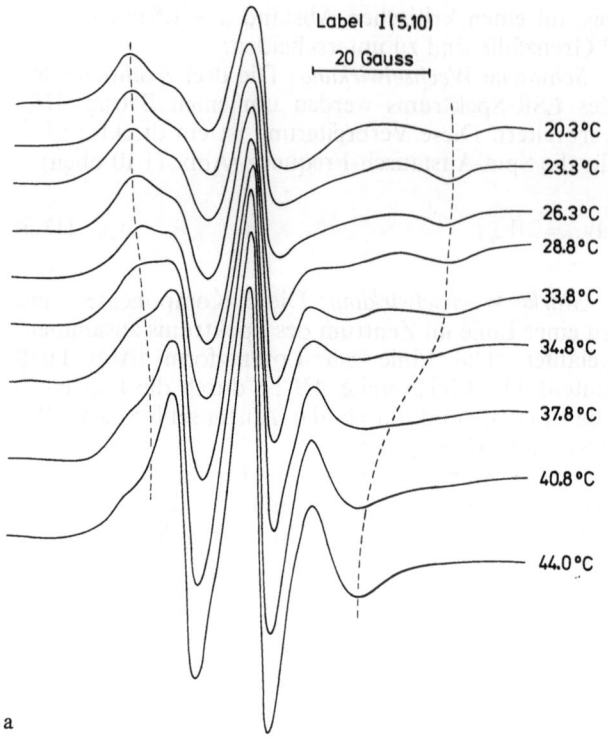

a

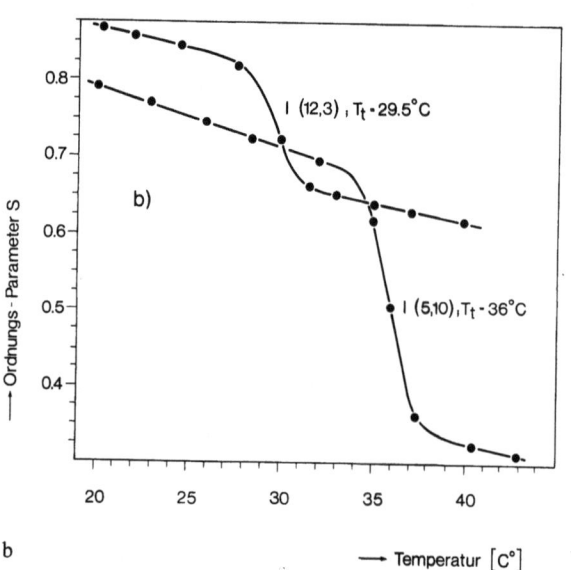

b

Abb. 11.12a und b. Demonstration der Phasenumwandlung in natürlichen Membranen von Mutanten der *E. coli* Bakterien, welche vorwiegend Phospholipide mit trans-9-Oktadecan-Säure enthalten. (a) ESR Spektren der Fettsäure-Sonde I(5,10) als Funktion der Temperatur. Die sprunghafte Abnahme von $2T_\parallel$ bzw. Zunahme von $2T_\perp$ signalisiert eine Phasenumwandlung der Lipidmatrix bei $T_t \sim 38°$C. (b) Temperaturabhängigkeit des Ordnungsgrads für verschiedene Fettsäuresonden. Die sprunghafte Abnahme von S zeigt die Umwandlung vom kristallinen zum fluiden Zustand an. Mit abnehmendem Abstand der NO-Gruppe von der polaren Grenzfläche Membran/Wasser verschiebt sich die angezeigte Umwandlungstemperatur nach niedrigen Temperaturen. Die Ursache für diese Verschiebung ist eine Vorumwandlung, die 8–10°C unterhalb der Hauptumwandlung einsetzt. [Nach Sackmann et al.: Biochemistry **12**, 5360 (1974)]

---

[1] Es ist aber nicht möglich, den Ordnungsgrad als absolutes Maß der Fluidität oder der lokalen Viskosität anzusehen. Zur Bestimmung dieser Größen ist letzten Endes eine Messung der Rotations-Korrelationszeit durch Spektrenanalyse erforderlich.

11.12a sind die ESR-Spektren der Fettsäure-Sonde I (5,10) (s. Abb. 11.8b) in Zellmembranen von *E.coli*-Bakterien als Funktion der Temperatur wiedergegeben. Es handelt sich dabei um bestimmte Mutanten (Auxotrophe), die nur dann Phospholipide aufbauen können, wenn man die notwendigen Fettsäuren zur Nährlösung gibt. Dadurch kann erreicht werden, daß die Membran vorwiegend Phospholipide mit einer Art von Fettsäuren aufbaut. In Abb. 11.12a erkennt man deutlich eine sprunghafte Abnahme von $2T_{\|}$ bei $T=30°$ C die auf eine Umwandlung von kristallinen zum fluiden Zustand bei dieser Temperatur schließen läßt. In Abb. 11.12b ist die sprunghafte Abnahme des Ordnungsgrades bei der Phasenumwandlung für zwei verschiedene Fettsäure-Sonden erkennbar. Offenbar hängt die beobachtete Umwandlungstemperatur von der Lage der NO-Gruppe in der Membran ab. Sonden, die in der Nähe der polaren Gruppen liegen, zeigen eine Umwandlung bei etwas tieferer Temperatur an. Die Ursache für diesen Unterschied ist das Auftreten einer Vorumwandlung, die etwa 8–10° C unterhalb der eigentlichen Umwandlung einsetzt. Mit großer Wahrscheinlichkeit beeinflußt die Vorumwandlung vorwiegend den polaren Bereich der Membran. Es ist daher verständlich, daß die Sonde I(12,3) einen niedrigeren Wert von $T_t = 29°$ C) als die Sonde I(5,10) ($T_t = 36°$ C). Die durch die Sonde I(5,10) angezeigte Umwandlungstemperatur stimmt gut mit dem Wert T_t überein, den man kalorimetrisch beobachtet.

11.2.4.3. Anwendung der Spin-Sonden-Wechselwirkung

a) Lateraler Abstand der Lipide

Die Dipol-Dipol-Wechselwirkung ist empfindlich vom gegenseitigen Abstand der Radikale abhängig. Im Prinzip stellt diese Wechselwirkung daher einen molekularen Maßstab zur Messung von Molekülabständen dar. Diese Möglichkeit wurde erstmals von Marsh und Smith zur Messung lateraler Abstände in Membranen ausgenutzt. Die Wechselwirkung zwischen den magnetischen Dipolen der ungepaarten Elektronen zweier Radikale führt zu einer Dublettaufspaltung aller ESR-Linien. Die Größe ΔH_d der Aufspaltung hängt vom Winkel Θ ab, den der Verbindungsvektor zwischen den Radikalen mit dem äußeren Feld H_0 bildet:

$$\Delta H_d = -\tfrac{3}{2} g^2 \beta^2 \frac{(3\cos^2\Theta - 1)}{r^2}.$$

Nur falls die Radikalsonden homogen bezüglich dem äußeren Magnetfeld orientiert werden, ist die Dublettaufspaltung für alle Moleküle gleich. Dies ist z.B. der Fall, wenn ESR-Spektren in orientierten Membranschichten aufgenommen werden. Bei nichtorientierten Systemen führt die dipolare Radikalwechselwirkung nur zu einer Linienverbreiterung.

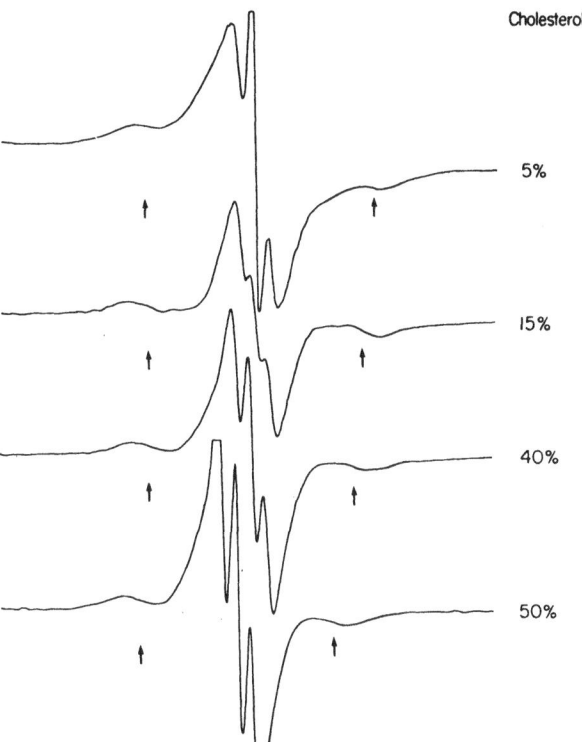

Abb. 11.13. ESR-Spektren einer Steroid-Spin-Sonde (3-Spiro-(2'-(N-oxyl-4',4'-dimethyloxazolidin))-cholestan) in homogen orientierten Lipid-Doppelschichten aus Dipalmitoyllecithin. Konzentration der Spin-Sonde: 8 Mol%. Orientierung der Membranebene senkrecht zum Magnetfeld H_0. Das Spektrum besteht aus einer Überlagerung zweier Teilspektren: (1) Dem Triplettspektrum der isolierten Radikale. Die z-Achse des $2p\pi$-Orbitals steht senkrecht zur Längsachse der Sonde und damit senkrecht zu H_0. $2T_{\|}''$ wird sehr klein. (2) Dem Dublettspektrum benachbarter Paare von Spin-Sonden (mit Pfeilen ↑ bezeichnet). Der Linienabstand ist ΔH_d. [Aus Marsh und Smith: Biochim. biophys. Acta (Amst.) **298**, 133 (1973)]

Ein Beispiel ist in Abb. 11.13 für ein Steroidradikal wiedergegeben. Nach Abb. 11.8d ist die Längsachse z des $2p\pi$-Orbitals senkrecht zur Längsachse μ der Sonde orientiert. Falls die Normale der Lipid-Doppelschichten parallel zum äußeren Magnetfeld liegt, so ist $\Theta = 90°$ und die Dublettaufspaltung wird

$$\Delta H_d = \tfrac{3}{2}\frac{g\beta}{r^3}. \tag{11.7}$$

Man beobachtet die Aufspaltung nur, wenn zwei Radikale benachbarte Gitterplätze im zweidimensionalen Lipidgitter einnehmen. Für Radikale in größerem Abstand ist die Aufspaltung so klein, daß die entstehenden Linienpaare unter den drei Hauptbanden verschwinden. Eine weitere Voraussetzung für die Beobachtbarkeit der Linienpaare ist, daß das Radikalpaar eine Lebensdauer von mehr als 3×10^{-8} s hat, d.h. die laterale Diffusion der Lipide darf nicht zu schnell sein (s. 11.2.4.3b). Aus der Aufspaltung ΔH_d läßt sich der Abstand der Lipide nach Gl. (7) abschätzen. Abbildung 11.13 zeigt das Ergebnis für Dipalmitoyllecithin-Membranen unterhalb der Phasenumwandlung. Mit steigendem Cholesteringehalt nimmt ΔH_d ab. In kristallinen Lipidschichten führt Cholesterin offenbar zu einer Abnahme der Packungsdichte der Lipide. Im flüssig-kristallinen Zustand führt Cholesterin dagegen zu einer Kondensation der Lipide.

b) Laterale Diffusion in Membranen

Ein physikalischer Parameter zur Charakterisierung der Fluidität von Lipid-Doppelschichten ist die Diffusionsgeschwindigkeit der Lipidmoleküle in der Ebene der Membran. Diese laterale Diffusion ist auch von besonderer Bedeutung im Zusammenhang mit Fragen des Molekültransports in biologischen Membranen.

Der Diffusionskoeffizient der lateralen Brownschen Molekülbewegung D_d läßt sich auf sehr einfache Weise durch Beobachtung der Austauschwechselwirkung von Spin-Sonden bestimmen. Aus den durch Austauschwechselwirkung modifizierten ESR-Spektren (s. Abb. 11.10) läßt sich die Häufigkeit der Spin-Austausch-Ereignisse pro Sekunde, die Austauschfrequenz W_{ex}, bestimmen. W_{ex} ist ein Maß für die Zahl der Radikalzusammenstöße, v_{coll}, pro Sekunde und ist nach Träuble u. Sackmann mit dem Diffusionskoeffizient D_d durch folgende Gleichung korreliert:

$$D_d \approx \frac{F \cdot \lambda}{4 d_c} \frac{1+c}{c} W_{ex}. \qquad (11.8)$$

Dabei ist c das Molzahlverhältnis von Sonden zu Lipidmolekülen, F ist die von einem Lipidmolekül beanspruchte Fläche, d_c ist ein kritischer Abstand, unterhalb dessen ein Spin-Austausch stattfinden kann und λ ist die mittlere Länge eines Diffusionssprungs. Nach Gl. (11.8) kann der Diffusionskoeffizient aus der Konzentrationsabhängigkeit der Austauschfrequenz bestimmt werden. Experimente ergaben für Dipalmitoyllecithin-Membranen oberhalb der Phasenumwandlung (bei 50°C) einen Wert von $D_d \approx 3 \times 10^{-8}$ cm²/s. Ein Lipidmolekül kann sich also mit der erstaunlich großen Driftgeschwindigkeit von $\bar{v} \approx 3000$ nm/s in einer bestimmten Richtung längs der Membranebene bewegen. Unter Verwendung von Exzimeren-bildenden Fluoreszenzsonden wird ein ähnlich großer Wert von $\bar{v} \sim 4500$ nm/s gefunden.

11.2.4.4. Lipidverteilung in gemischten Membranen (Ausscheidungsphänomene)

Biologische Membranen sind stets aus mehreren Arten von Lipiden aufgebaut. Von besonderem Interesse ist daher die Frage nach der Verteilung der Lipide in solchen zweidimensionalen Legierungen. Zwei mögliche Typen von Phasentrennung sind in Membranen zu beachten: Erstens eine Heterogenität in der Lipidverteilung zwischen den beiden monomolekularen Schichten einer Membran *(transversale Phasentrennung)* und zweitens eine mosaikartige Verteilung der Lipide innerhalb monomolekularer Lamellen *(laterale Phasentrennung)*. Die folgenden zwei Spin-Label-Methoden wurden bisher zur Untersuchung der Phasentrennung in Membranen angewandt:

a) Verwendung Spin-markierter Lipide als Membranbestandteil

Die Spinaustauschwechselwirkung ist ein empfindlicher physikalischer Parameter, um die Bildung von Ausscheidungen in Legierungen festzustellen. Information über die Bildung zweidimensionaler Ausscheidungen ist im (funktionellen) Zusammenhang zwischen Austauschfrequenz und Molenbruch des markierten Lipids enthalten.

Falls die Radikalwechselwirkung im wesentlichen durch die Bildung von zweidimensionalen Ausscheidungen aus spin-markiertem Lipid bestimmt ist, wird

$$W_{ex} = \hat{W}_{ex} \left(1 - \sqrt{\pi d_c^2 n}\right) \sqrt{\frac{1+c}{c}}. \qquad (11.9)$$

$\hat{W}_{ex}$ ist die maximale Austauschfrequenz im Innern der zweidimensionalen Ausscheidungen aus Spin-markiertem Lipid, n ist die Dichte der Ausscheidungen pro Quadratzentimeter.

Trägt man W_{ex} einmal als Funktion des Molenbruchs, $\frac{c}{1+c}$, und einmal als Funktion von $\sqrt{(1+c)/c}$ auf, so läßt sich feststellen, ob die Austauschwechselwirkung diffusionsbestimmt ist oder vorwiegend durch Bildung von Ausscheidungen bestimmt wird.

Ein Beispiel ist in Abb. 11.14 für eine Mischung aus Dipalmitoyllecithin und markiertem Androstan (Abb. 11.8d) wiedergegeben. Unterhalb der Phasenumwandlung ist W_{ex} offenbar durch Bildung von Ausscheidungen aus Androstan bestimmt. Aus der Steigung der Geraden in Abb. 11.14 kann die Dichte n der Ausscheidungen und die Zahl der Moleküle pro Ausscheidung bestimmt werden.

b) Phasendiagramme aus Bindungskonstanten von TEMPO

TEMPO ist eine polare Spin-Sonde, die sich bei Zugabe zu Lipiddispersionen zwischen der wäßrigen Phase und dem polaren Bereich der Membran verteilt. Wie in Abb. 11.9a gezeigt wurde, sind die ESR-Spektren von gebundenem und freiem TEMPO unterscheidbar. Damit läßt sich die Gleichgewichtskonstante der TEMPO-Bindung an Membranen bestimmen. Wie Abb. 11.15a zeigt, nimmt die Bindungskonstante beim Übergang vom kristallinen zum fluiden Zustand der Membran abrupt zu. TEMPO ist daher ein guter Indikator für Phasenübergänge in Membranen. Es zeigt dabei sowohl die Vorumwandlung als auch die Hauptumwandlung an. Das Verhältnis der Linienintensitäten $f = q/(q+p)$ ist ein Maß für

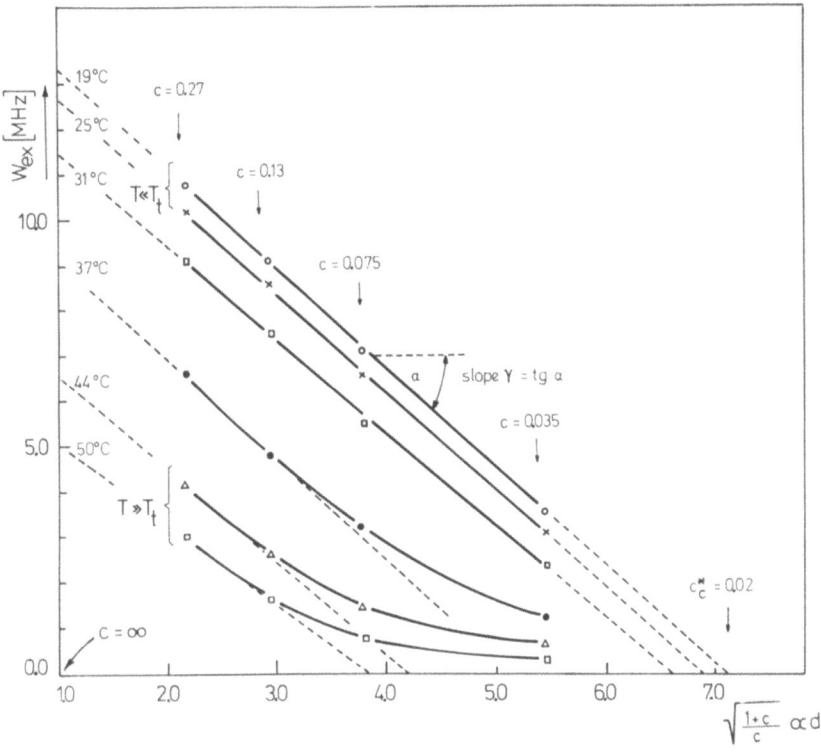

Abb. 11.14. Konzentrationsabhängigkeit der Austauschfrequenz W_{ex} von Androstan-Sonden (Abb. 11.8d) in Dipalmitoyllecithin-Membranen für Temperaturen unterhalb ($T \ll T_t$) und oberhalb ($T \ll T_t$) der Phasenumwandlung. c ist das Molverhältnis Androstan-zu-Lipid und $c/(1+c)$ ist der Molenbruch von Androstan

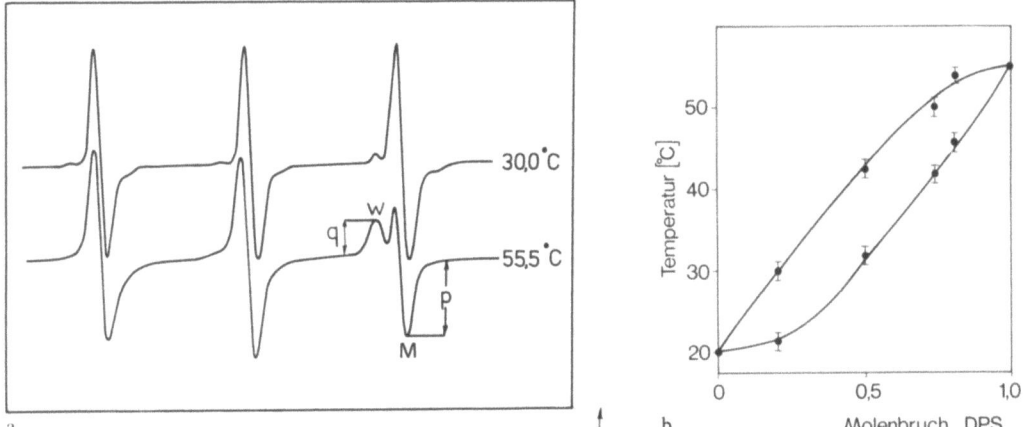

Abb. 11.15. (a) ESR-Spektren von TEMPO in einer wäßrigen Dispersion von Dipalmitoyl-phosphatidsäure ($T_t \sim 51°$ C) oberhalb (unteres Spektrum) und unterhalb (oberes Spektrum) der Phasenumwandlung. Die Linie M ist dem membrangebundenen TEMPO und die Linie W ist dem freien TEMPO zuzuordnen. (b) Phasendiagramm einer gemischten Membran aus Dimeyristoyl lecithin und Dipalmitoyl-Phosphatidsäure (DPP). [Nach Shimshik und McLonnell: Biochemistry **12**, 2351 (1973)]

den relativen Anteil an gebundenem TEMPO. f ist damit auch ein Maß für das Verhältnis von kristallinem und flüssig-kristallinem Anteil in einer Membran.

Bei Legierungen aus verschiedenen Lipiden ist die Konformationsumwandlung beim Abkühlen im allgemeinen mit der Bildung von Ausscheidungen verknüpft. Unterhalb der Phasenumwandlung entsteht dann eine heterogene Verteilung der Lipide (Mischkristallbildung). Im Bereich der Umwandlung erwartet man eine mosaikartige Anordnung von fluiden und kristallinen Bereichen. Nach den obigen Bemerkungen kann der relative Anteil an kristallinen Ausscheidungen aus dem Bindungsparameter f bestimmt werden. Durch Messung der Temperaturabhängigkeit von f für verschiedene Lipidzusammensetzungen lassen sich damit Phasendiagramme binär gemischter Membranen auf einfache Weise aufnehmen (s. Abb. 11.15b).

11.2.4.5. Messung der Membranpotentiale

Wie Kornberg u. Mitarb. gezeigt haben, sind Vesikel aus Phosphatidylcholin für die angegebene geladene Spin-Sonde (TEMPO-Tartrat) durchlässig:

$CO_2^- - CHOH - CHOH - CO - NH -$ ⟨N-O⟩

(III)

326 Membranen

Die Verteilung dieses Moleküls im Innen- und Außenraum einer Vesikel ist eine Funktion der H^+-Ionenkonzentration in diesen Bereichen und liefert damit ein Maß für das Membranpotential. Diese Verteilung kann folgendermaßen gemessen werden: Der Dispersion wird zunächst bei tiefer Temperatur (4° C) Ascorbinsäure zugegeben. Da Lipiddoppelschichten für Ascorbinsäure nicht durchlässig sind, reduziert diese nur die außerhalb der Vesikel befindlichen Radikale. Erhöht man die Temperatur bis die Membran in den fluiden Zustand übergeht, so stellt sich gemäß der gegebenen H^+-Ionenverteilung das Verteilungsgleichgewicht des TEMPO-Tartrats ein. Das in den Außenraum diffundierende Tartrat wird wieder reduziert. Aus der beobachteten Abnahme der Signalintensität folgt der Verteilungsquotient.

11.2.5. Anwendung der Spin-Sonden-Methode auf biologische Membranen

Die Anwendungsmöglichkeit der Spin-Label Technik in der Biologie ist nahezu unbegrenzt. Die Schwierigkeit besteht allerdings in der Konzeption geeigneter Experimente. In biologischen Membranen kann die Verteilung der Lipide sowohl innerhalb einer monomolekularen Schicht als auch zwischen beiden Schichten heterogen sein. Im allgemeinen ist keine homogene Verteilung der Spin-Sonden in der Lipidmatrix zu erwarten. Außerdem kann ein Teil der Radikal-Sonden auch an die Membran-Proteine binden. Trotzdem ist die Spin-Label-Methode bestens geeignet, um z. B. den Einfluß von Medikamenten (Hormonen etc.), auf die effektive Fluidität der Membran zu untersuchen. So wurde z.B. kürzlich von Kury u. Mitarb. mit Spin-Sonden festgestellt, daß Prostaglandine schon bei Konzentrationen von 10^{-11} M starke Änderungen in der Elastizität von Erythrozyten-Membranen hervorrufen können. Die Konzentration von 10^{-11} M entspricht einem Verhältnis Hormon-zu-Erythrozyt von etwa 2:1.

Fettsäure- oder Phospholipid-Radikale (Abb. 11.8b und 11.8c) werden spontan in biologische Membranen eingebaut. Die ESR-Spektren haben die in Abb. 11.11 gezeigte Linienform. Ein weiteres Beispiel wurde in Abb. 11.12 gezeigt. Als weiteres Beispiel sind in Abb. 11.16a die ESR-Spektren der Fettsäuresonde I(12.3) in Membranen von Leber-Mikrosomen für verschiedene Temperaturen wiedergegeben.

Die Linienformen in Abb. 11.12 und Abb. 11.16a sind typisch für langgestreckte Spin-Sonden, welche eine schnelle anisotrope Rotation ausführen. Aus diesen Beobachtungen läßt sich schließen, daß biologische Membranen, zumindest teilweise, aus Lipid-Doppelschichten (oder Monoschichten) aufgebaut sind. Dieser Schluß wird bestätigt durch Messungen der lateralen Diffusionskoeffizienten (D_d) in biologischen Membranen.

Die Werte von D_d ($D_d = 3 \times 10^{-8}$ cm^2/s in Membranen der *E. coli* bei 50° C, $D_d = 1 \times 10^{-7}$ cm^2/s in

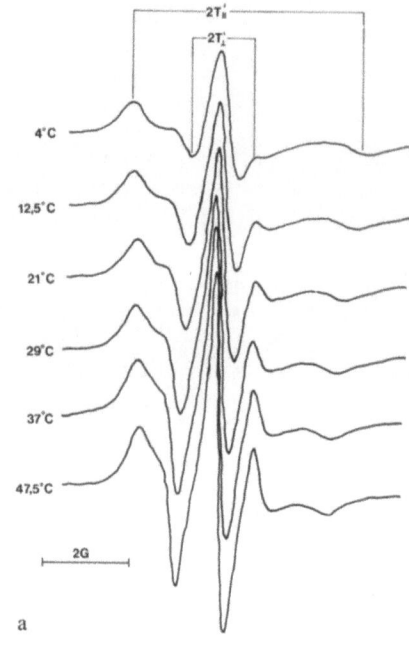

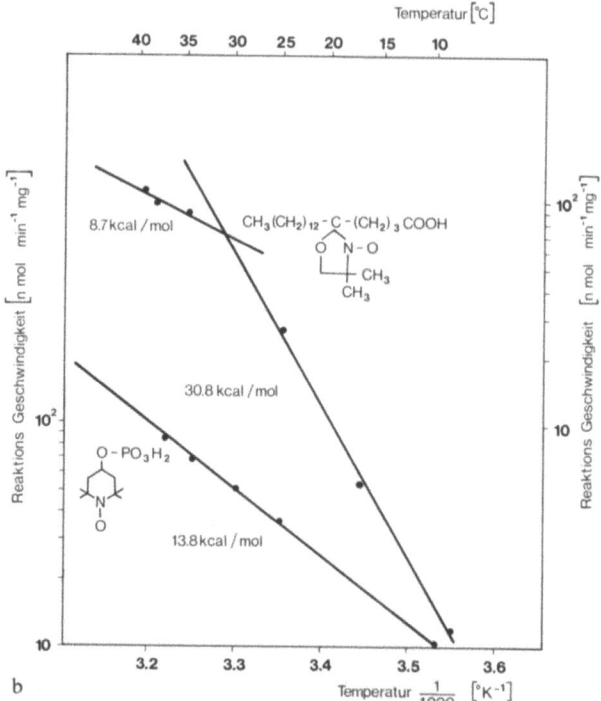

Abb. 11.16. (a) Temperaturabhängigkeit des ESR-Spektrums und des Ordnungsparameters der Fettsäure-Sonde I(12,3) in Membranen der Mikrosomen von Hasenleber. Im beobachteten Temperaturbereich findet offenbar keine Phasenumwandlung statt. (b) Arrhenius-Diagramm der Geschwindigkeit der NADPH induzierten Reduktion. *Obere Kurve*: Reduktion des Fettsäurelabels I(12,3), der nur über die Lipidphase das Enzym kontaktieren kann (Ordinate der rechten Seite). *Untere Kurve*: Reduktion des TEMPO-Phosphat, das nur über die wäßrige Phase mit dem Enzym in Kontakt kommt (Ordinate links). — Der Knick bei der oberen Kurve deutet auf eine Konformationsumwandlung im Lipid-Bereich hin. Die Aktivierungsenergie ΔE der Reduktion von I(12,3) oberhalb 32° C stimmt gut mit dem Wert der Aktivierungsenergie ΔE_d für die laterale Diffusion der Fettsäure in der Lipidphase überein ($\Delta E_d \approx 9$ kcal/mol)

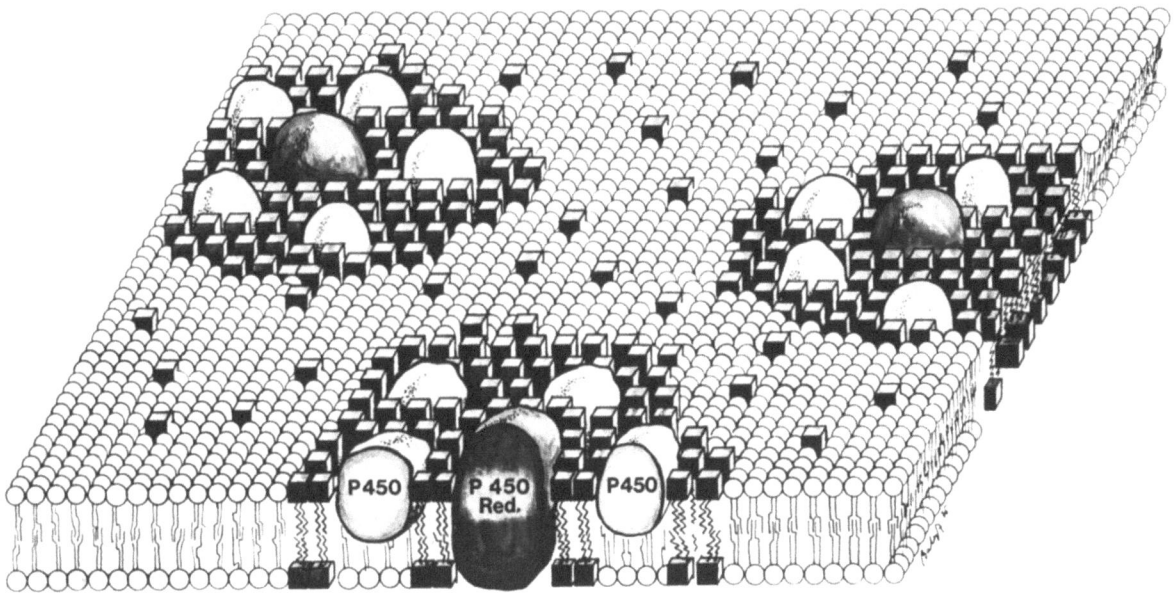

Abb. 11.17. Modell der „Domänenstruktur" von Membranen der Leber-Mikrosomen. Der Cytochrom P 450/Cytochrom P 450 Enzymkomplex ist in eine Domäne von festem Lipid eingebettet. Das ganze Enzym-Lipid-System schwimmt in der sehr fluiden Lipid-Doppelschicht

Lebermikrosomen bei 40° C) sind in derselben Größenordnung wie für Modellmembranen oberhalb der Phasenumwandlung ($D_d = 3 \times 10^{-8}$ cm^2/s).

Um die lokale Lipidstruktur z.B. in der Umgebung von Membrangebundenen Enzymen zu untersuchen, müssen aufwendige Verfahren angewandt werden. Eine Möglichkeit ist die Verwendung von *Spin-Sonden als Substrate*. Diese Methode wurde kürzlich von Sackmann u. Mitarb. zur Untersuchung von Membranen der Lebermikrosomen eingeführt. Die ESR-Spektren von Fettsäure-Sonden im Hauptanteil der Lipid-Doppelschicht zeigen ein hohes Maß an Fluidität bis zu einer Temperatur von 10° C. Der Ordnungsgrad S nimmt mit fallender Temperatur kontinuierlich ab. Es ist keine Andeutung einer Lipid-Phasenumwandlung sichtbar.

In manchen Fällen kann in solchen Ordnungsgrad-Temperatur-Diagrammen eine Unstetigkeit auftreten, ohne daß eine Lipid-Phasenumwandlung stattgefunden hat. Das ist dann der Fall, wenn die Korrelationszeit der anisotropen Molekülrotation lang wird. Eine eindeutige Feststellung von Phasenumwandlungen ist nur bei Simulation der Spektren möglich. Die Verwendung verschiedener Radikalsonden liefert nach Polnaszck ebenfalls Kriterien zur Feststellung einer Umwandlung.

Mikrosomen enthalten ein Enzymsystem, Cytochrom P 450 und Cytochrom P 450-Reductase. Dieses spielt bei der Hydroxylierung körperfremder Stoffe in der Leber eine Rolle. Nach heutiger Auffassung sind die beiden Enzymgruppen in die Membran eingebaut (wobei das Cytochrom P 450 in ca. 7fachem Überschuß vorhanden ist). In Gegenwart von NADPA reduziert dieses Enzymsystem Nitroxidradikale.

Die Geschwindigkeit der enzymatischen Reduktion membranlöslicher Spin-Sonden stellt im Prinzip einen strukturempfindlichen physikalischen Parameter dar, der zur Untersuchung der Lipidumgebung des Enzymsystems ausgenutzt werden kann. Das Arrhenius-Diagramm der Reduktion einer markierten Fettsäure ist in Abb. 11.16b dargestellt. Es tritt offenbar eine Diskontinuität bei 32° C auf, die eine Konformationsumwandlung bei dieser Temperatur anzeigt. Die Reduktion einer nur von der wäßrigen Phase an das Enzym kommenden Spin-Sonde zeigt keine solche Diskontinuität. Aus letzterer Beobachtung kann mit ziemlicher Sicherheit eine Konformationsänderung des Enzyms ausgeschlossen werden. Das Ergebnis läßt sich daher mit der Annahme deuten, daß das Enzymsystem in einen Lipid-Bereich eingebettet ist, der sich in seiner Struktur von dem Hauptteil der Membran unterscheidet und der eine kristallin-flüssigkristalline Umwandlung bei ca. 32° C zeigt. Die unterhalb dieser kritischen Temperatur bestehende Domänenstruktur der Membran ist in Abb. 11.17 wiedergegeben.

Eine weitere sehr elegante Spin-Label-Technik für die Untersuchung der Lipidumgebung von membrangebundenen Enzymen wurde von Griffith u. Mitarb. entwickelt. Bei dieser Methode werden die integralen Proteine zusammen mit einem Teil ihrer Lipidumgebung isoliert und anschließend mit Spin-Sonden dotiert. Nimmt man an, daß das Enzym mit einem Ring von Lipiden umgeben ist und daß dessen Fluidität sich stark von derjenigen der Lipid-Doppelschichten des Hauptteils der Membran unterscheidet, dann sollte das ESR-Spektrum aus zwei Komponenten mit deutlich verschiedener Linienform zusammengesetzt sein. Durch Variation des Lipidanteils im isolierten Protein-Lipid-Komplex kann die Zahl der Lipide in der unmittelbaren Umgebung des Enzyms bestimmt werden. Mit dieser Methode konnte z. B. festgestellt werden, daß Cytochrom-Oxidase ebenfalls in einer Lipidumgebung starrer Konfiguration eingebettet ist, während dieser gesamte Lipid-Protein-Komplex in einer fluiden Lipidumgebung schwimmt.

Literaturauswahl

Gaffney, B. J., McConnell, H. M.: J. Magn. Resonance **16**, 1 (1974)

Jost, P. C., Capaldi, R. A., Vanderkooi, G., Griffith, O. H.: J. supramolek. Struct., 269 (1973)

Kornberg, R. D. C., McNamee, M. G., McConnell, H. M.: Proc. nat. Acad. Sci. (Wash.) **69**, 1508 (1972)

Kury, P. G., Ramwell, P. W., McConnell, H. M.: Biochem. biophys. Res. Commun. **56**, 478 (1974)

Marsh, D., Smith, I. C. P.: Biochim. biophys. Acta (Amst.) **298**, 133 (1973)

Sackmann, E.: Ber. Bunsengesellschaft Phys. Chemie **78**, 929 (1974)

Stier, A., Sackmann, E.: Biochim. biophys. Acta (Amst.) **311**, 400 (1973)

Träuble, H., Sackmann, E.: J. Amer. chem. Soc. **94**, 4499 (1972)

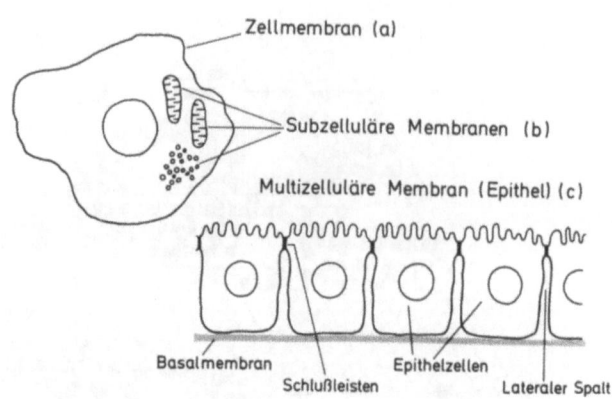

Abb. 11.18a–c. Membrantopologie. (a) Zellmembran, (b) subzelluläre oder intrazelluläre Membranen (Beispiel: Mitochondrienmembran, Endoplasmatisches Retikulum), (c) multizelluläre Membran (Beispiel: Epithel, Endothel). Epithel- und Endothelzellen liegen einer bindegewebigen Grundschicht (Basalmembran) auf, die Haltefunktionen erfüllt, aber kein wesentliches Permeationshindernis darstellt

11.3. Stofftransport durch biologische Membranen

Eberhard Frömter

Stofftransport durch Membranen ist ein Grundphänomen des Lebenden. Alle Lebewesen grenzen sich von der Umwelt durch spezielle Membranbarrieren ab, die den Stoffaustausch mit der Umgebung einschränken und regeln. Darüber hinaus sind praktisch alle Lebensvorgänge eng mit Membranprozessen verknüpft. So spielen Membranen eine zentrale Rolle bei der Umwandlung von Stoffwechselenergie in mechanische, osmotische oder elektrische Arbeit sowie bei der Aufnahme und Verarbeitung von Information und, wenn auch in geringerem Maße, bei der Reproduktion. Bei dieser Vielfalt von Aufgaben ist es erwartungsgemäß kaum möglich den Begriff biologische Membran eindeutig zu definieren. Das vorliegende Kapitel wird sich in erster Linie mit dem Stofftransport durch *Zellmembranen* befassen. Unter Zellmembran verstehen wir dabei die bilamelläre Lipid-Protein-Doppelschicht, die alle Zellen kontinuierlich umgibt und als Hauptbarriere für den Stoffaustausch zwischen Zelle und Umgebung gilt. Außerdem werden an einigen Stellen Transporteigenschaften von *subzellulären Membranen* sowie von *multizellulären* Membranen *(Epithelmembranen)* besprochen (s. Abb. 11.18). Subzelluläre Membranen bestehen ähnlich wie die Zellmembranen aus einer Lipid-Protein-Doppelschicht. Sie finden sich in bläschenförmigen oder schlauchförmigen Organellen höher entwickelter Zellen (endoplasmatisches Retikulum, Mitochondrien etc., s. Kapitel 1). Epithelmembranen findet man bei allen größeren mehrzelligen Lebewesen. Sie grenzen als flächenhaft ausgedehnte Zellverbände den Körper gegen die Umwelt ab (Haut), kleiden innere Hohlräume aus (Darmschleimhaut) oder bilden bläschen- oder schlauchförmige Wände in Niere und Drüsen. Bei den multizellulären Verbänden der Epithelien kommen als Membranbarrieren nicht nur die einzelnen Wände der Epithelzellen, sondern auch die Kittstellen in Betracht, die benachbarte Epithelzellen zusammenhalten und zu einer makroskopisch einheitlichen Membran verbinden (Schlußleisten, s. Abb. 11.18).

11.3.1. Zusammensetzung und Struktur der Zellmembran

Die Zellmenbran besteht im wesentlichen aus Lipiden und Proteinen. Wie Tabelle 11.1 zeigt, ist der relative Anteil bei verschiedenen Zelltypen unterschiedlich. Es gibt Membranen, bei denen der Proteinanteil überwiegt, und andere, bei denen der Lipidanteil überwiegt. Die Lipide bestehen zum größten Teil aus Glycerolipiden (Phosphatidyläthanolamin, -serin, -inositol und -cholin) sowie aus Sphingolipiden (Sphingomyelin und Cerebrosid) und aus Cholesterin. Auch in der Verteilung der einzelnen Lipidkomponenten gibt es organ- und tierspezifische Unterschiede (s. Tab. 11.2). Ein Beispiel für die Verteilung der Fettsäureketten zeigt Tab. 11.3. Die Proteine sind bisher weniger gut charakterisiert. Bei der Auftrennung der Erythrozytenmembran mit der Natriumdodecylsulfat-Polyacrylamid-Gel-Elektrophorese erhält man z. B. mindestens 14 Banden mit Molekulargewichten zwischen 22000 und 260000, von denen eine eine intensive Glykoproteinfärbung zeigt. Die Reindarstellung der Membranproteine und die Zuordnung der Proteine und Lipide zu bestimmten Membranfunktionen ist bisher nur vereinzelt gelungen (z. B. Bindungsproteine der Bakterienmembran, s. S. 350).

Tabelle 11.1. Chemische Zusammensetzung von Zellmembranen in % des Trockengewichts

Membran	Proteine	Lipide	Kohlehydrate
Erythrozyt (Mensch)	54%	46%	
Leberzelle (Ratte)	68%	29%	3%
Myelinscheide	20%	80%	
Sehstäbchen Außensegment	60%	40%	

Tabelle 11.2a. Zusammensetzung der Membranlipide

Membran	Phospholipid	Sphingomyelin	Cholesterin
Erythrozyt (Mensch)	50%	18%	32%
Leberzelle (Ratte)	52%	19%	29%

Tabelle 11.2b. Zusammensetzung der Phospholipide

Membran	Phosphatidyl-Cholin	Phosphatidyl-Inositol und Phosphatidyl-Serin	Phosphatidyl-Äthanolamin
Erythrozyt (Mensch)	34%	32%	34%
Leberzelle (Ratte)	47%	23%	30%
Nierenzelle luminale Membran (Ratte)	27%	40%	33%

Tabelle 11.3. Zusammensetzung der Fettsäuren im Phosphatidylcholin (Lecithin) aus Erythrozyten des Menschen

Palmitinsäure (16°)	Stearinsäure (18°)	Ölsäure (18^1)	Linolsäure (18^2)	Arachidonsäure (20^4)	Rest
35%	13%	19%	21%	5%	7%

Die Zahlen in Klammern geben die Kettenlänge an, die Hochzahlen die Anzahl der Doppelbindungen.

Trotz der unterschiedlichen Zusammensetzung ist die Struktur der Zellmembran im elektronenmikroskopischen Bild recht einheitlich. Nach Behandlung mit Osmiumtetroxyd und Kaliumpermanganat oder Uranylacetat findet man im Querschnitt eine regelmäßige trilamelläre Schichtung (Abb. 11.19). Zwei dunkle, d.h. elektronendichte äußere Schichten von je 2,5–4 nm Dicke, in denen sich die Schwermetalle ablagern, werden von einer helleren, elektronendurchlässigeren Schicht getrennt, die etwa ebenso dick ist (3–6 nm). Außer geringeren Abweichungen in der Schichtdicke, die für einzelne Zellen spezifisch sein mögen, zeigen einige Membranen typische Anhänge. So findet man an der Lumenseite der Bürstensaummembran von Darm und Niere knopfartige Gebilde von ca 6 nm Durchmesser, die sich mit Papain abspalten lassen und Enzyme enthalten (am Darm Invertase und Maltase), s. Abb. 11.20. Bekannt sind auch die keulenartigen Gebilde an der inneren Oberfläche der Mitochondrienmembran, in denen Teilreaktionen der Atmungskette ablaufen. An manchen Membranoberflächen (z. B. an der Darmschleimhaut) findet sich eine lockere Auflagerung von Mucopolysacchariden (Glycocalyx).

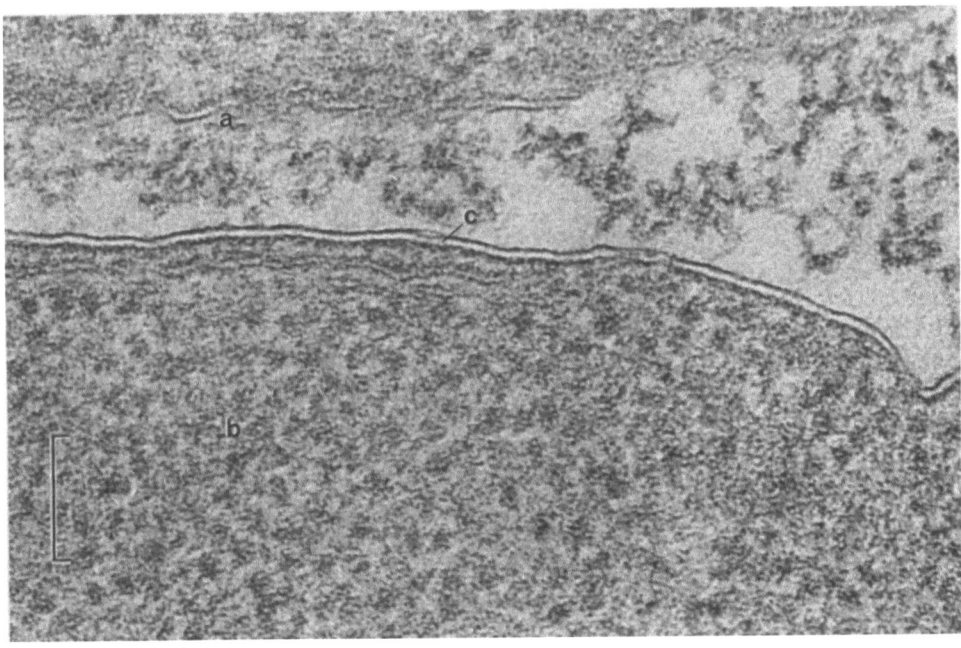

Abb. 11.19. Zellmembran. Elektronenmikroskopische Aufnahme eines Dünnschnitts einer Hefezelle. *a* Extrazellulärraum, *b* Zytoplasmaraum, *c* Zellmembran. Marke: 100 nm. Nach Kopp, F., Cytobiologie **6**, 287 (1972)

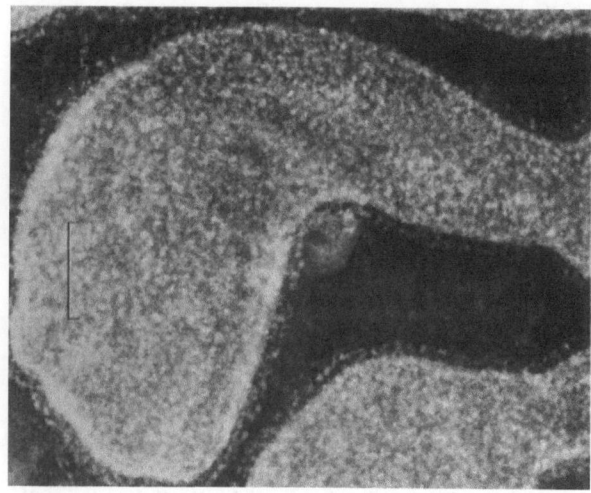

Abb. 11.20. Spezielle Oberflächenstruktur der Zellmembran. Elektronenmikroskopische Aufnahme der luminalen Zellwand des Rattendünndarms mit der Negativkontrasttechnik. Man erkennt zwei Mikrovilli deren Oberfläche mit keulen- oder knopfartigen Anhängen übersät ist. Die Anhänge können durch Papain abgedaut werden. Sie enthalten Enzyme. Marke: 100 nm [Nach Johnson, C.F., Science 155, 1670 (1967)]

Tabelle 11.4. Vergleich von Zellmembranen und künstlichen Lipiddoppelmembranen

	Zellmembran	Lipidmembran
Dicke	6–10 nm	4,5–8 nm
Kapazität	0,5–1,3 µF cm^{-2}	0,3–1,3 µF cm^{-2}
Widerstand	10^2–10^5 Ω cm^2	10^6–10^9 Ω cm^2
Durchschlagsspannung	≥ 150 mV	100–200 mV
Wasserpermeabilität	$\leq 10^{-3}$ cm s^{-1}	$4 \cdot 10^{-4}$ cm s^{-1}

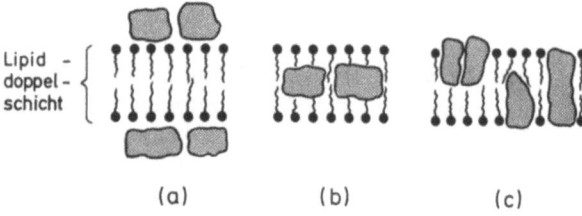

Abb. 11.21a–c. Mögliche Anordnung von Proteinen und Lipiden in der Zellmembran. (a) Die Proteine sind der Lipiddoppelschicht aufgelagert (Davson-Danielli-Modell), (b) in die Lipidschicht eingebettet oder (c) sind integrale Bestandteile der hydrophil-hydrophoben Doppelschicht und reichen auch durch die gesamte Membran hindurch (heutige Auffassung)

Aufgrund ihrer asymmetrischen Form mit einem hydrophilen (polaren) und einem langgestreckten hydrophoben (apolaren) Ende können die Lipide in wäßrigen Phasen stabile supramolekulare Strukturen bilden. An der Phasengrenze Wasser-Luft bilden sich monomolekulare Filme und in wäßrigen Lösungen bilden sich sogenannte Myelinfiguren oder Mizellen, das sind sternförmige oder kugelige Gebilde mit bi- oder multilamellärer Schichtung. Ferner kann man mit besonderen Techniken bimolekulare Filme erzeugen (z.B. durch Auftragen von Lipidlösung auf einen dünnen Teflonring der in wäßrige Lösung eintaucht). Es liegt deshalb nahe anzunehmen, daß die Zellmembran einfach eine Aneinanderreihung von Lipidmolekülen in Form einer Doppelschicht ist, die allein durch die hydrophil-hydrophoben Wechselwirkungskräfte zwischen Lipiden und Wasser zusammengehalten wird (Davson-Danielli-Modell, s. Abb. 11.21a).

Diese Grundvorstellung über den Aufbau der Zellmembran ist im Prinzip anerkannt, bedarf aber einiger Erweiterungen (s. u.). Sie wird u.a. durch folgende Beobachtungen gestützt:

1. Extrahiert man alle Lipide aus einer Suspension roter Blutzellen und spreitet sie als monomolekularen Film auf einer Wasseroberfläche aus, so findet man, daß sie jetzt ungefähr die doppelte Fläche der ursprünglichen Membran einnehmen.

2. Wie unten gezeigt wird, läßt das Grundmuster der Nichtelektrolytpermeabilität den Schluß zu, daß die Substanzen durch eine Lipidschicht penetrieren.

3. Zahlreiche elektronenmikroskopische Untersuchungen (Transmissionstechnik, Gefrierätztechnik) und spektroskopische Messungen (NMR, ESR) sowie dielektrische Messungen (Tab. 11.4) zeigen, daß Aufbau und Eigenschaften von künstlichen Lipiddoppelschichten und natürlichen Zellmembranen weitgehend übereinstimmen.

4. Dehnt man *eine* Lamelle der Lipiddoppelschicht aus (z.B. durch Einlagerung von Chlorpromazin oder durch einseitige pH-Änderung, die zur Änderung der Festladungskonzentration führt), dann kann sich die Membran wie ein Bimetallstreifen verformen.

Im Gegensatz zur ursprünglichen Annahme von Danielli und Davson wissen wir aber, daß die Proteine nicht nur der Lipidschicht der Membran aufliegen, sondern aufgrund ihrer eigenen polaren Struktur mit hydrophilen und hydrophoben Oberflächenzonen integrale Bestandteile der hydrophil-hydrophoben Doppelschicht bilden können. Sie sind entweder einzeln oder in Form größerer Flecken in eine Lipidlamelle eingebettet, liegen zwischen den Lipidlamellen oder erstrecken sich quer durch die Membran von einer Seite zur anderen (s. Abb. 11.21c). Bricht man gefrorenes Membranmaterial und bedampft die Oberfläche mit Kohle, so findet man im Elektronenmikroskop Bruchebenen, die genau zwischen den Blättern der Lipid-Doppelschicht verlaufen und auf denen sich runde Partikel von ca. 6–9 nm Durchmesser abzeichnen (Abb. 11.22). Bei diesen Partikeln handelt es sich um Proteine, die offenbar zwischen den beiden Lipidlamellen der Membran liegen oder durch die gesamte Membran hindurchreichen. An der Erythrozytenmembran sollen diese Proteine u.a. für die Anionenpermeabilität verantwortlich sein.

Abbildung 11.21 vermittelt ein statisches Bild der Membran, das insofern nicht der Wirklichkeit entspricht, als die Lipide der Zellmembran bei Körpertemperatur flüssig sind. Kernresonanzmessungen und Elektronenspinresonanzmessungen mit Hilfe von N—O substituierten Lipidverbindungen (spin label)

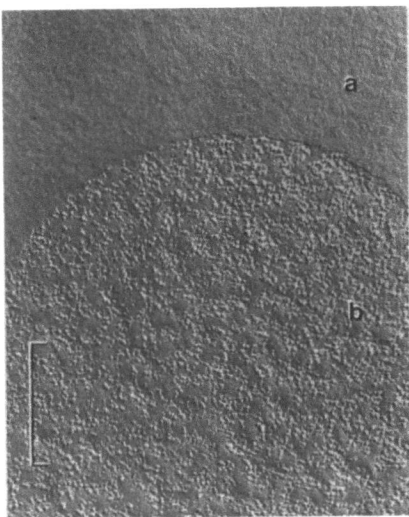

Abb. 11.22a u. b. Gefrierbruch durch die Membran roter Blutzellen. Blick von außen auf die äußere Membranoberfläche (a) und auf die Bruchebene (b) zwischen den Lipidlamellen (sog. A Ansicht). Die Bruchebene ist mit Proteinpartikeln übersät. Marke: 500 nm. [Nach Rothstein, A., Z. I. Cabantchik and P. Knauf., Fed. Proc. 35, 3 (1976)]

an künstlichen Lipiddoppelschichten ergeben Relaxationszeiten für die Rotation von Lezithinmolekülen um die Längsachse in der Größenordnung von 10^{-8} s und für Oscillation in den Kohlenstoffbrücken der Fettsäuren in der Größenordnung von 10^{-10} s. Die Diffusionskonstante für die Lateraldiffusion der Phospholipide in Lipiddoppelschichten beträgt 10^{-8} cm²/s. Zwei benachbarte Phospholipidmoleküle können ihren Platz ca. 10^7 mal pro Sekunde wechseln. Ähnliche Werte scheinen für natürliche Membranen zu gelten. Der Austausch der Phospholipide zwischen den beiden Lamellen einer Lipiddoppelschicht (Flip-Flop-Bewegung) geht dagegen sehr langsam vor sich (Halbwertzeit 6 Std). Auch hier scheint das Verhalten von Zellmembranen ähnlich zu sein. Der Phospholipidgehalt der menschlichen Erythrozyten zeigt jedenfalls eine deutliche Asymmetrie (Phosphatidylcholin und Sphingomyelin auf der Außenseite und Phosphatidyläthanolamin und Phosphatidylserin auf der Innenseite), die nach Ausschaltung des Stoffwechsels nur langsam zusammenbricht. Für die Lateraldiffusion fluorescenzmarkierter Proteine in der Erythrozytenmembran wird ein Wert von $3 \cdot 10^{-12}$ cm² s⁻¹ berichtet und für die Lateraldiffusion von Rhodopsinmolekülen in Sehstäbchen ein Wert von $4 \cdot 10^{-9}$ cm² s⁻¹. Die Beweglichkeit der Proteine in der Membran ist also geringer und wahrscheinlich sehr viel differenzierter als die der Lipide. Ob es ortsfeste „Struktur"-Proteine gibt, ist noch nicht sicher entschieden.

Es ist unmittelbar klar, daß alle Aspekte der Membranfluidität eng mit der Temperatur zusammenhängen und sich total ändern, sobald die Lipidschicht von der flüssigen in die feste Phase übergeht. Wegen der heterogenen Lipidzusammensetzung erfolgt der Phasenübergang bei der Abkühlung tierischer Membranen jedoch nicht abrupt, sondern allmählich. Dabei entmischen sich die Lipide partiell, so daß im Übergangsbereich Zonen fester und flüssiger Phase nebeneinander vorliegen.

11.3.2. Phänomenologische Theorie des Membrantransports

Wie der vorangehende Abschnitt gezeigt hat, ist der molekulare Aufbau der Zellmembran äußerst komplex und im einzelnen noch zu wenig bekannt, um als Ausgangspunkt für annähernd realistische Modellvorstellungen über Transportvorgänge zu dienen. Es scheint deshalb geraten, die Ergebnisse von Transportuntersuchungen nicht gleich in Form irgendwelcher Membranmodelle präsentieren zu wollen, sondern eine allgemein gültige, modellfreie Beschreibung der Phänomene zu suchen, die dann als Grundlage für die Modellbildung dienen kann. Eine solche allgemein gültige Beschreibung ist auf der Basis der Thermodynamik irreversibler Prozesse möglich. Sie befaßt sich ausschließlich mit beobachtbaren Größen und gestattet es, die Relationen zwischen allen Transportvorgängen (Flüssen) und allen treibenden Kräften zu ordnen, sowie die Zusammenhänge zwischen Beobachtungen unter verschiedenen Randbedingungen quantitativ zu erfassen. Damit sagt sie uns, wieviel unabhängige Information durch welche Messung überhaupt gewonnen werden kann. Wir geben im folgenden einen kurzen Einblick in die phänomenologische Theorie und beschränken uns dabei auf allereinfachste Systeme und Bedingungen (membranfestes Bezugssystem, stationäre Zustände in Gleichgewichtsnähe).

11.3.2.1. Einfache Systeme mit Nichtelektrolyten

Wir betrachten ein geschlossenes System, das aus einer wäßrigen Lösung von Nichtelektrolyten besteht (Abb. 11.23). Es grenzt durch diathermane Wände an ein Wärmereservoir konstanter Temperatur (T). Das System wird durch eine Membran (m) in zwei homogene Phasen (′) und (″) unterteilt. Weder in der Membran noch in den Außenphasen sollen chemische Reaktionen ablaufen. Die Membran soll für die Substanzen $i, j = 1, 2 \ldots k$ durchlässig, aber für die Substanzen $l = k+1, k+2 \ldots m$ undurchlässig sein. Befindet sich das System außerhalb des Gleichgewichts, wird es dem Gleichgewicht zustreben. Dieser Vorgang muß dem 2. Hauptsatz gehorchen. Im stationären Zustand, d.h. wenn die Membran weder Substanz noch Energie verliert oder speichert, findet man für die Entropieproduktion (dS/dt) aus der Gibbsschen Gleichung offener Systeme

$$\frac{dS}{dt} = \frac{dS'}{dt} + \frac{dS''}{dt} = \frac{1}{T}\left\{\frac{dU'}{dt} + \frac{dU''}{dt} + p'\frac{dV'}{dt} + p''\frac{dV''}{dt} \right. \\ \left. - \sum_{z=1}^{m} \mu'_z \frac{dn'_z}{dt} - \sum_{z=1}^{m} \mu''_z \frac{dn''_z}{dt}\right\}, \quad (11.10)$$

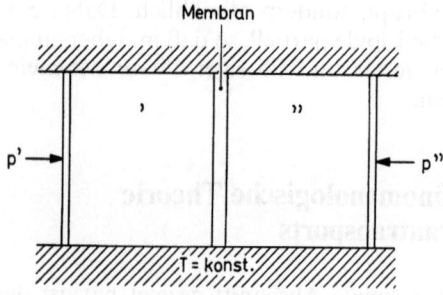

Abb. 11.23. Grundschema zur allgemeinen Diskussion von Transportvorgängen durch Membranen

wobei U die innere Energie, p den Druck, V das Volumen, μ_z das chemische Potential und n_z die Molzahl von z ($z = i, l$) bedeuten. Da das Gesamtsystem geschlossen ist, kann eine Änderung der inneren Energie nur durch Wärmeaustausch mit der Umgebung (dQ/dt) und Druckvolumenarbeit erfolgen (Änderungen der kinetischen Energie können vernachlässigt werden, da die Flußgeschwindigkeiten beim Transport durch biologische Membranen in der Regel sehr klein sind):

$$\frac{dU'}{dt} + \frac{dU''}{dt} = \frac{dQ'}{dt} + \frac{dQ''}{dt} - p'\frac{dV'}{dt} - p''\frac{dV''}{dt}. \quad (11.11)$$

Für die Entropieproduktion innerhalb des Systems (dS_{in}/dt) erhalten wir folglich

$$\frac{dS_{in}}{dt} \equiv \frac{dS}{dt} - \frac{1}{T}\left\{\frac{dQ'}{dt} + \frac{dQ''}{dt}\right\} = \frac{1}{T}\sum_{i=1}^{k} J_i \Delta\mu_i \geq 0, \quad (11.12)$$

wobei $\Delta\mu_i$ die Differenz des chemischen Potentials von i zwischen den Phasen ' und ", und J_i den Nettofluß von i aus der ' in die " Phase bezeichnen:

$$\Delta\mu_i \equiv \mu'_i - \mu''_i; \quad J_i \equiv \frac{dn''_i}{dt} = -\frac{dn'_i}{dt}. \quad (11.13a, b)$$

Das Gleichgewicht ist erreicht, wenn $\Delta\mu_i = 0$ und $J_i = 0$ sind. Die Substanzen l, welche die Membran nicht penetrieren ($J_l = 0$), tragen nicht zur Entropieproduktion bei.

Liegt mehr als eine Komponente i vor ($i > 1$), dann sind die Flüsse J_i nicht unabhängig voneinander. Die Erfahrung lehrt, daß in isotropen Medien alle Kräfte und Flüsse gleichen tensoriellen Charakters miteinander verknüpft sind. Wir schließen deshalb, daß in unserem System alle Flüsse J_i von allen Kräften $\Delta\mu_i$ abhängen, die in der Entropiegleichung auftreten. Diese Abhängigkeit kann formal durch Taylor-Reihen beschrieben werden. Beschränkt man sich auf Systeme nahe dem Gleichgewicht, so kann man die Taylorentwicklung nach dem ersten Glied abbrechen, d.h. man berücksichtigt nur den Bereich, in dem alle Flüsse linear von allen Kräften abhängen. Wieweit sich der lineare Bereich erstreckt, muß im Experiment geprüft werden. Man erhält dann als Flußgleichungen

$$\begin{aligned}J_1 &= L_{11}\Delta\mu_1 + L_{12}\Delta\mu_2 + \ldots + L_{1k}\Delta\mu_k \\ J_2 &= L_{21}\Delta\mu_1 + L_{22}\Delta\mu_2 + \ldots + L_{2k}\Delta\mu_k \\ &\vdots \\ J_k &= L_{k1}\Delta\mu_1 + L_{k2}\Delta\mu_2 + \ldots + L_{kk}\Delta\mu_k\end{aligned} \quad (11.14a)$$

oder in kompakterer Schreibweise

$$J_i = \sum_{j=1}^{k} L_{ij}\Delta\mu_j \quad (i = 1\ldots k)$$

bzw. $\mathbf{J} = \mathbf{L}\Delta\boldsymbol{\mu}$, $\quad (11.14b, c)$

wobei die phänomenologischen Koeffizienten L_{ij} die partiellen Ableitungen der Flüsse zu den Kräften sind und $\mathbf{L}$ die Matrix der L-Koeffizienten bezeichnet. Die phänomenologischen Koeffizienten beschreiben das Transportverhalten des Systems, sie hängen aber nicht nur vom Aufbau der Membran, sondern auch von den intensiven Zustandsgrößen des Gesamtsystems ab. Für jeden Bezugszustand α, der z.B. durch die Temperatur und die mittleren Konzentrationen ($\bar{c}_z$)

$$\bar{c}_z \equiv \tfrac{1}{2}(c'_z + c''_z) \quad (11.15)$$

aller Komponenten $z = i, l$ definiert werden kann, gilt eine eigene Koeffizientenmatrix. Über die Abhängigkeit der Koeffizienten L_{ij} von α lassen sich aus thermodynamischen Überlegungen keine Aussagen machen. Sie muß im Experiment untersucht werden oder kann aus Modellbetrachtungen vorhergesagt werden. Bei einem gegebenen Bezugszustand läßt sich das Transportverhalten durch die Bestimmung aller Koeffizienten L_{ij} völlig beschreiben. Wegen der Gültigkeit der Onsagerrelationen

$$L_{ij} = L_{ji} \quad (11.16)$$

gibt es aber nicht k^2, sondern nur $(k+1)k/2$ unabhängige Koeffizienten und eine gleich große Anzahl unabhängiger Messungen, aus denen sie bestimmt werden können.

Kennt man alle Koeffizienten L_{ij} für einen Bezugszustand α, so ist das System für diesen Bezugszustand zwar vollständig beschrieben, falls man aber keine weiteren Informationen besitzt, kann man noch keine Aussagen über Transportmechanismen machen. Solche Aussagen sind erst dann möglich, wenn man z.B. die Abhängigkeit der L_{ij} von α untersucht und mit dem Verhalten von Modellsystemen vergleichen kann.

Es gibt zahlreiche Möglichkeiten, die Gl. (11.14) zu transformieren, um sie den jeweiligen experimentellen Gegebenheiten optimal anzupassen.

Eine Möglichkeit ist, das ganze System zu invertieren. Wir erhalten dann statt (11.14b)

$$\Delta\mu_i = \sum_{j=1}^{k} R_{ij} J_j \quad (i = 1\ldots k) \quad (11.17a)$$

oder in Matrixschreibweise statt (11.14c)

$$\Delta\boldsymbol{\mu} = \boldsymbol{L}^{-1}\boldsymbol{J} \equiv \boldsymbol{R}\boldsymbol{J}. \tag{11.17b}$$

Die Koeffizienten R_{ij} der inversen Matrix sind als partielle Ableitung der Kräfte zu den Flüssen zu interpretieren. Wenn det $(\boldsymbol{L})$ die Determinante der L Matrix ist und M_{ji} die Minore der L Matrix nach Löschen der Zeile j und Spalte i, dann gilt

$$R_{ij} = \frac{M_{ji}}{\det(\boldsymbol{L})} = \frac{M_{ij}}{\det(\boldsymbol{L})} \tag{11.18}$$

wegen der Gültigkeit von (11.16). Der Informationsgehalt der L und R Matrix ist identisch.

Eine andere Möglichkeit ist, den Volumenfluß J_v einzuführen mit

$$J_v = \bar{V}_w J_w + \sum_{\substack{i=1\\i\neq w}}^{k} \bar{V}_i J_i, \tag{11.19}$$

wobei wir in (11.19) den Wasserfluß J_w gesondert schreiben und $\bar{V}_w$ und $\bar{V}_i$ die mittleren partiellen Molvolumina des Wassers und der gelösten Substanzen sind. Die Einführung des Volumenflusses würde eine Änderung in der Definition der treibenden Kräfte erfordern, wenn die Gültigkeit der Onsagerrelationen gewahrt bleiben soll. Als weitere Variante kann man die Bezugsebene der Flüsse variieren und die Flüsse relativ zum Wasserfluß oder relativ zum Volumenfluß definieren. Da Transportuntersuchungen an biologischen Membranen aber normalerweise in verdünnten Lösungen durchgeführt werden und da die Molvolumina gut penetrierender Substanzen klein sind, ist der Volumenfluß durch den Transport gelöster Teilchen in der Regel unmeßbar klein, so daß er gegen den Wasserfluß vernachlässigt werden kann. Das gilt insbesondere für Untersuchungen zum sogenannten isotonen Transport (s. S. 359), bei dem der Wasserfluß mehr als 99% des Volumenflusses ausmacht. Wir verzichten deshalb auf alle Transformationen und beziehen uns stets auf die Grundform der Flußgleichungen, wobei wir das Lösungsmittel Wasser (w) meist aus der Gruppe der permeablen Substanzen $i = 1\ldots k$ herausnehmen und gesondert schreiben

$$J_w = L_{ww}\Delta\mu_w + \sum_{i=1}^{k} L_{wi}\Delta\mu_i$$

$$J_i = L_{iw}\Delta\mu_w + \sum_{j=1}^{k} L_{ij}\Delta\mu_j \quad (i=1\ldots k). \tag{11.20a, b}$$

Außerdem beschränken wir uns auf isobare Bedingungen ($\Delta p = 0$) und auf Systeme mit verdünnten Lösungen in Gleichgewichtsnähe. Unter diesen Bedingungen lassen sich die treibenden Kräfte einfach formulieren, und zwar gilt

$$\Delta\mu_i = RT \ln \frac{c_i'}{c_i''} = RT \frac{\Delta c_i}{\bar{c}_i} \tag{11.21a}$$

und

$$\Delta\mu_w = -\frac{1}{\bar{c}_w}\left(\sum_{i=1}^{k} \bar{c}_i\Delta\mu_i + \sum_{l=k+1}^{m} \bar{c}_l\Delta\mu_l\right)$$

$$= -\frac{RT}{\bar{c}_w}\left(\sum_{i=1}^{k} \Delta c_i + \sum_{l=k+1}^{m} \Delta c_l\right), \tag{11.21b}$$

wobei Δc_z und $\bar{c}_z (z=i,l,w)$ entsprechend (11.13) und (11.15) definiert sind. (11.21b) folgt analog (11.21a) unmittelbar aus der Gibbs-Duhem-Gleichung

$$\bar{c}_w\Delta\mu_w + \sum_{z=1}^{m} \bar{c}_z\Delta\mu_z = 0 \quad (z=i,l). \tag{11.21c}$$

Im folgenden betrachten wir kurz die Bedeutung der einzelnen phänomenologischen Koeffizienten.

a) Die Diagonalkoeffizienten und die Definition der Permeabilität

Die Diagonalkoeffizienten (L_{ii}, L_{ww}) beschreiben die Abhängigkeit eines Flusses von der konjugierten Kraft. Da die Entropieproduktion stets positiv ist, folgt, daß auch die Diagonalkoeffizienten positiv sein müssen: $L_{ii} > 0$, $L_{ww} > 0$.

Zur Bestimmung von L_{ii} mißt man J_i in Abhängigkeit von $\Delta\mu_i$

$$L_{ii} = \left(\frac{\partial J_i}{\partial \Delta\mu_i}\right)_{\substack{\Delta\mu_w=0\\\Delta\mu_j=0(j\neq i)}} \tag{11.22}$$

Dabei ist die Randbedingung $\Delta\mu_w = 0$, $\Delta\mu_j = 0 (j \neq i)$ einzuhalten. Solange das System im linearen Bereich ist, muß jedoch das gleiche Ergebnis zustande kommen, wenn $\Delta\mu_w$ und $\Delta\mu_j$ bei der Messung ungleich null aber konstant gehalten werden. Die Randbedingung $\Delta\mu_w = 0$ kann im isobaren System durch Variation der Konzentration nicht permeierender Nichtelektrolyte erreicht werden [s. Gl. (11.21b)]. L_{ii} kann als Maß für die Permeabilität von i (P_i) angesehen werden. Definiert man

$$P_i \equiv L_{ii}\frac{RT}{\bar{c}_i}, \tag{11.23a}$$

so findet man aus (11.20b) bei $\Delta\mu_w = 0$ und $\Delta\mu_j = 0$ ($j \neq i$)

$$J_i = L_{ii}RT\frac{\Delta c_i}{\bar{c}_i} = P_i\Delta c_i. \tag{11.23b}$$

P_i ist identisch mit der herkömmlich definierten Permeabilität, falls wir J_i auf die Flächeneinheit der Membran beziehen und die Randbedingungen beachten, deren Bedeutung früher nicht berücksichtigt wurde. P_i hängt weniger stark von der mittleren Konzentration ab als L_{ii}.

Zur Permeabilitätsmessung werden häufig radioaktiv markierte Substanzen benutzt, die sich in äußerst niedrigen Konzentrationen bestimmen lassen. Dabei ist zu beachten, daß die so bestimmte "Tracer"-Permeabilität (P_i^*) nicht unbedingt mit P_i identisch ist. Um den Zusammenhang zu verdeutlichen, betrachten wir ein System, das die Komponente $i=1$ in markierter Form (*) und in unmarkierter Form (0) enthält. Beide Isotope sollen sich in ihrem Transportverhalten nicht unterscheiden. Wir formulieren das System nun einmal für die chemisch meßbare Komponente und einmal für die Isotope und vergleichen dann beide Ergebnisse.

Wir betrachten zuerst die Beziehungen zwischen den chemischen Potentialen der einzelnen Komponenten. Die Gibbs-Duhem-Gleichungen lauten im Fall I und II

$$c_1 d\mu_1 + \sum_{z=2}^{w} c_z d\mu_z = 0$$

bzw. $\quad c_* d\mu_* + c_0 d\mu_0 + \sum_{z=2}^{w} c_z d\mu_z = 0 \quad$ (11.24a, b)

mit $z = 2 \ldots k, l, w$. Aus (11.24a und b) folgt

$$c_* d\mu_* + c_0 d\mu_0 = c_1 d\mu_1 . \quad (11.24c)$$

Wenn wir nun die spezifische Aktivität ϱ einführen

$$\varrho \equiv \frac{c_*}{c_1} \quad \text{und} \quad c_1 = c_* + c_0 \quad (11.25a, b)$$

beachten, dann läßt sich durch Differentiation und Addition von (11.26a und b) leicht zeigen, daß

$$\mu_* = \mu_1 + RT \ln \varrho \quad \text{und} \quad \mu_0 = \mu_1 + RT \ln(1-\varrho)$$
(11.26a, b)

Lösungen der Differentialgleichung (11.24c) sind. Aus (11.24c) und (11.25a) folgt

$$\varrho d\mu_* + (1-\varrho) d\mu_0 = d\mu_1 \quad (11.27a)$$

und wenn wir die mittlere spezifische Aktivität $\bar\varrho$ durch

$$\bar\varrho \equiv \frac{1}{1 - \dfrac{\Delta \ln \varrho}{\Delta \ln(1-\varrho)}} \quad (11.27b)$$

definieren, dann können wir (11.27a) auch auf endliche chemische Potential*differenzen* anwenden. Wir erhalten also folgende Relationen zwischen den treibenden Kräften

$$\Delta\mu_1 = \bar\varrho \Delta\mu_* + (1-\bar\varrho)\Delta\mu_0$$
$$\Delta\mu_* = \Delta\mu_1 + RT\Delta \ln\varrho \quad (11.27\text{c–e})$$
$$\Delta\mu_0 = \Delta\mu_1 + RT\Delta \ln(1-\varrho),$$

d.h. wir können im Fall II entweder $\Delta\mu_*$ und $\Delta\mu_0$ oder $\Delta\mu_1$ und $\Delta \ln\varrho$ als unabhängige Kräfte betrachten.

Die Entropieproduktion lautet im Fall I und II

$$\frac{dS_{\text{in}}^{\text{I}}}{dt} = \frac{1}{T}\left\{ J_1 \Delta\mu_1 + \sum_{\substack{z=2 \\ z \neq l}}^{w} J_z \Delta\mu_z \right\}$$

bzw. $\quad \dfrac{dS_{\text{in}}^{\text{II}}}{dt} = \dfrac{1}{T}\left\{ J_* \Delta\mu_* + J_0 \Delta\mu_0 + \sum_{\substack{z=2 \\ z \neq l}}^{w} J_z \Delta\mu_z \right\}$

(11.28a, b)

wobei $dS_{\text{in}}^{\text{I}}/dt \neq dS_{\text{in}}^{\text{II}}/dt$. Das System I ist bei $\Delta\mu_z = 0$ ($z=1, 2, k, w$) im Gleichgewicht ($dS_{\text{in}}^{\text{I}}/dt = 0$), das System II ist aber bei $\Delta\mu_z = 0$ ($z=1, 2 \ldots k, w$) und $\Delta \ln\varrho \neq 0$ nicht im Gleichgewicht, d.h. $dS_{\text{in}}^{\text{II}}/dt > 0$. Die Flußgleichungen lauten:

$$J_1 = L_{11}\Delta\mu_1 + \sum_{\substack{z=2 \\ z \neq l}}^{w} L_{1z}\Delta\mu_z$$

und

$$J_* = L_{**}\Delta\mu_* + L_{*0}\Delta\mu_0 + \sum_{\substack{z=2 \\ z \neq l}}^{w} L_{*z}\Delta\mu_z$$

(11.29a–c)

$$J_0 = L_{0*}\Delta\mu_* + L_{00}\Delta\mu_0 + \sum_{\substack{z=2 \\ z \neq l}}^{w} L_{0z}\Delta\mu_z .$$

Da

$$J_1 = J_* + J_0 \quad (11.30)$$

erhalten wir aus (11.29a–c) durch Koeffizientenvergleich mit Hilfe von (11.27c–e) folgende Relationen

$$L_{11} = \frac{L_{**} + L_{*0}}{\bar\varrho} = \frac{L_{00} + L_{*0}}{1-\bar\varrho} \quad (11.31)$$

und in analoger Weise aus den übrigen Flußgleichungen:

$$L_{*z} = \bar\varrho L_{1z} \quad \text{und} \quad L_{0z} = (1-\bar\varrho)L_{1z}. \quad (11.32\text{a, b})$$

Durch Einsetzen in (11.29b) folgt für den Tracerfluß

$$J_* = \bar\varrho J_1 + \left\{ \bar\varrho L_{11} - \frac{L_{*0}}{1-\bar\varrho} \right\}(\Delta\mu_* - \Delta\mu_1)$$

$$= \bar\varrho J_1 + \left\{ \bar\varrho L_{11} - \frac{L_{*0}}{1-\bar\varrho} \right\} RT \Delta \ln\varrho . \quad (11.33)$$

Dieses Ergebnis zeigt, daß der Nettofluß J_1 nur dann dem Verhältnis von Tracerfluß J_* zu spezifischer Aktivität $\bar\varrho$ entspricht, wenn $\Delta\mu_* - \Delta\mu_1 = 0$, d.h. wenn die spezifische Aktivität in beiden Phasen gleich ist ($\Delta\varrho = 0$). Bringt man J_1 zu null, was in unserem System durch $\Delta\mu_1 = 0$, $\Delta\mu_z = 0$ erreicht wird, dann folgt für den Tracerfluß

$$(J_*)_{J_1=0} = \left\{ L_{11} - \frac{L_{*0}}{\bar\varrho(1-\bar\varrho)} \right\} RT \frac{\Delta c_*}{\bar c_1} = P_1^* \Delta c_* , \quad (11.34)$$

wenn wir die Tracerpermeabilität als

$$P_1^* \equiv \left\{ L_{11} - \frac{L_{*0}}{\varrho(1-\varrho)} \right\} \frac{RT}{\bar{c}_1} \qquad (11.35)$$

definieren. Der Vergleich mit (11.23a) zeigt, daß P_1 und P_1^* nur dann identisch sind, wenn $L_{*0} = 0$ ist, d.h. wenn keine Tracerflußkopplung besteht. Tracerflußkopplung wurde an künstlichen und biologischen Membranen nachgewiesen.

Der Koeffizient L_{ww} erlaubt eine Aussage über die Wasserpermeabilität. Variiert man $\Delta \mu_l$ unter der Bedingung $\Delta \mu_i = 0$, dann erhält man aus (11.20a) und (11.21b)

$$(J_w)_{\Delta \mu_i = 0} = -L_{ww} \frac{RT}{\bar{c}_w} \sum_{l=k+1}^{m} \Delta c_l = -P_w \sum_{l=k+1}^{m} \Delta c_l, \qquad (11.36)$$

wenn die Wasserpermeabilität (P_w) als

$$P_w \equiv L_{ww} \frac{RT}{\bar{c}_w} \qquad (11.37)$$

definiert wird.

b) Die Kreuzkoeffizienten

Die Kreuzkoeffizienten L_{ij} und L_{iw} können entweder positiv oder negativ sein. Aus (11.12) folgt jedoch

$$L_{ii} L_{jj} \geq L_{ij}^2 \text{ sowie } L_{ii} L_{ww} \geq L_{iw}^2 \quad (i=1\ldots k), \qquad (11.38)$$

d.h. wenn $L_{ii} = L_{jj}$ kann L_{ij} maximal ebenso groß sein. In einem solchen Fall würde eine chemische Potentialdifferenz $\Delta \mu_i \neq 0$ bei $\Delta \mu_j = 0$ ($j \neq i$) gleich große Flüsse von i und j hervorrufen (1:1 Kopplung der Flüsse J_i und J_j). Flußkopplung ist an künstlichen und biologischen Membranen beobachtet worden.

Eine gewisse Sonderstellung nimmt der Koeffizient $L_{iw} = L_{wi}$ ein, der den Wasserfluß J_w bei $\Delta \mu_w = 0$ in Abhängigkeit von einer treibenden Kraft $\Delta \mu_i \neq 0$ beschreibt. Er kann zur Definition des Reflexionskoeffizienten benutzt werden. Aus Gl. (11.20a) und (11.21b) folgt

$$J_w = -L_{ww} \frac{RT}{\bar{c}_w} \left(\sum_{i=1}^{k} \Delta c_i + \sum_{l=k+1}^{m} \Delta c_l \right) + \sum_{i=1}^{k} L_{iw} \frac{RT}{\bar{c}_i} \Delta c_i$$

$$= -L_{ww} \frac{RT}{\bar{c}_w} \left(\sum_{i=1}^{k} \sigma_i \Delta c_i + \sum_{l=k+1}^{m} \Delta c_l \right) \qquad (11.39a, b)$$

und bei $\Delta \mu_w = 0$ [s. dazu Gl. (11.21b)] wird daraus

$$(J_w)_{\Delta \mu_w = 0} = L_{ww} \frac{RT}{\bar{c}_w} \sum_{i=1}^{k} (1-\sigma_i) \Delta c_i, \qquad (11.39c)$$

wobei der Reflexionskoeffizient (σ_i) definiert wird durch

$$\sigma_i \equiv 1 - \frac{L_{iw} \bar{c}_w}{L_{ww} \bar{c}_i} \text{ resp. } L_{iw} \equiv (1-\sigma_i) \frac{\bar{c}_i}{\bar{c}_w} L_{ww}. \qquad (11.40)$$

Geichung (11.39b) zeigt, daß der Reflexionskoeffizient quasi die osmotische Wirksamkeit einer permeierenden Substanz i im Vergleich zur Wirkung der nicht permeierenden Substanzen l angibt. Ausgehend von dieser Gleichung kann man nicht permeierenden Stoffen formal den Reflexionskoeffizienten 1 zuordnen. Außer über die Ungleichung (11.38) gibt es keinen phänomenologischen Zusammenhang zwischen Permeabilität [Gl. (11.23)] und Reflexionskoeffizient [Gl. (11.40)].

Der Reflexionskoeffizient σ_i wird häufig in transformierten Flußgleichungen benutzt. Durch partielle Inversion von (11.20a, b) erhalten wir

$$-\Delta \mu_w = \tilde{L}_{ww} J_w + \sum_{i=1}^{k} \tilde{L}_{wi} \Delta \mu_i$$

$$J_i = \tilde{L}_{iw} J_w + \sum_{j=1}^{k} \tilde{L}_{ij} \Delta \mu_j \quad (i=1\ldots k) \qquad (11.41a, b)$$

mit

$$\tilde{L}_{ww} = -\frac{1}{L_{ww}}; \quad \tilde{L}_{wi} = \tilde{L}_{iw} = \frac{L_{iw}}{L_{ww}}$$

und $\quad \tilde{L}_{ij} = L_{ij} - \dfrac{L_{iw} L_{wj}}{L_{ww}}. \qquad$ (11.41a–c)

Aus (11.41b) folgt mit Hilfe von (11.40)

$$J_i = (1-\sigma_i) \frac{\bar{c}_i}{\bar{c}_w} J_w + \sum_{j=1}^{k} \tilde{L}_{ij} \Delta \mu_j \quad (i=1\ldots k) \qquad (11.42a)$$

Da in verdünnten Lösungen $\bar{c}_w \bar{V}_w = 1$ ist, folgt aus (11.42a) mit (11.19) unter der Bedingung $\sum_{i=1}^{k} \bar{V}_i J_i \ll 1$

$$J_i = (1-\sigma_i) \bar{c}_i J_v + \sum_{j=1}^{k} \tilde{L}_{ij} \Delta \mu_j \quad (i=1\ldots k). \qquad (11.42b)$$

Der erste Term auf der rechten Seite von (11.42a bzw. b) beschreibt die „Mitnahme" von i durch den Wasserfluß (solvent drag,) der zweite Term den „Diffusionsfluß".

11.3.2.2. Elektrolytsysteme

Die Behandlung von Systemen, die Elektrolyte enthalten, bringt eine Reihe zusätzlicher Gesichtspunkte, unterscheidet sich aber nicht wesentlich. Elektrolytsysteme können auf zwei verschiedene Arten beschrieben werden: im Ionenbild oder im Salzbild. Die Entropieproduktion lautet dann

$$\frac{dS_{in}}{dt} = \frac{1}{T} \sum_{i=1}^{k} J_i \Delta \eta_i \quad \text{bzw.} \quad \frac{dS_{in}}{dt} = \frac{1}{T} \left(\sum_{s=t}^{u} J_s \Delta \mu_s + IE \right), \qquad (11.43a, b)$$

wobei J_i den Fluß und $\Delta \eta_i$ die elektrochemische Potentialdifferenz der einzelnen Ionen $i=1,\ldots k$ bedeuten und J_s und $\Delta \mu_s$ Fluß und chemische Potentialdifferenz der Salze $s=t,\ldots u$ mit $u=k-1$. I ist der elektrische Strom und E die elektrische Potentialdifferenz. E wird mit einem Elektrodenpaar gemessen, das für eines der Ionen i reversibel ist.

Wir bevorzugen hier die Ionenschreibweise und zerlegen $\Delta\eta_i$ unter den Restriktionen der Gleichgewichtsnähe und verdünnter Lösungen in

$$\Delta\eta_i = \Delta\mu_i + z_i F \Delta\varphi$$
$$= RT\ln\frac{c_i'}{c_i''} + z_i F \Delta\varphi = RT\frac{\Delta c_i}{\bar{c}_i} + z_i F \Delta\varphi \quad (11.44)$$

wobei z_i Wertigkeit und Vorzeichen der Ladung und F die Faraday-Konstante angeben. $\Delta\varphi = \varphi' - \varphi''$ ist die elektrische Potentialdifferenz, die näherungsweise mit Kalomelelektroden gemessen werden kann, welche über gesättigte KCl-brücken mit der Phase ' bzw. '' in Verbindung stehen. In Gleichgewichtsnähe erwarten wir die Gültigkeit folgender Flußgleichungen

$$J_w = L_{ww}\Delta\mu_w + \sum_{i=1}^{k} L_{wi}(\Delta\mu_i + z_i F \Delta\varphi)$$
$$J_i = L_{iw}\Delta\mu_w + \sum_{j=1}^{k} L_{ij}(\Delta\mu_j + z_j F \Delta\varphi) \quad (i=1\ldots k) \quad (11.45)$$

Der elektrische Strom ist

$$I = \sum_{i=1}^{k} z_i F J_i. \quad (11.46)$$

Wenn wir keinen Strom von außen durch die Membran schicken, erhalten wir

$$I = \sum_{i=1}^{k} z_i F \left(L_{iw}\Delta\mu_w + \sum_{j=1}^{k} L_{ij}\Delta\mu_j + \sum_{j=1}^{k} z_j F L_{ij}\Delta\varphi \right) = 0. \quad (11.47)$$

Sind $\Delta\mu_w = 0$ und $\Delta\mu_i = 0$ und prägen wir eine Spannung auf, so fließt ein Strom. Die Leitfähigkeit der Membran (g) errechnet sich dann aus

$$g \equiv \left(\frac{\partial I}{\partial \Delta\varphi}\right) = \sum_{i=1}^{k} z_i F \sum_{j=1}^{k} z_j F L_{ij}. \quad (11.48)$$

Die Überführungszahlen (t_i) und die Partialleitfähigkeiten (g_i) lassen sich folgendermaßen definieren

$$t_i \equiv \frac{z_i F J_i}{I} = \frac{z_i F^2}{g}\sum_{j=1}^{k} z_j L_{ij} \quad \text{mit} \quad \sum_{i=1}^{k} t_i = 1$$

und

$$g_i \equiv t_i g = z_i F^2 \sum_{j=1}^{k} z_j L_{ij}. \quad (11.49\text{a–c})$$

Bei $I = 0$ und $\Delta\mu_w \neq 0$ bzw. $\Delta\mu_i \neq 0$ beobachtet man ein Membranpotential. Der erste Fall ($\Delta\mu_w \neq 0$) ist mit Wasserfluß durch die Membran verbunden. Man nennt diese Potentialdifferenz deshalb Strömungspotential. Für das Strömungspotential gilt

$$(\Delta\varphi)_{\substack{I=0 \\ \Delta\mu_i=0}} = -\frac{1}{g}\sum_{i=1}^{k} z_i F L_{iw}\Delta\mu_w$$
$$= -\frac{1}{g}\sum_{i=1}^{k} z_i F(1-\sigma_i)\frac{\bar{c}_i}{\bar{c}_w}L_{ww}\Delta\mu_w \quad (11.50)$$

Das Membrandiffusionspotential kann analog dem Diffusionspotential zwischen zwei Lösungen beschrieben werden als

$$(\Delta\varphi)_{\substack{I=0 \\ \Delta\mu_w=0}} = -\frac{1}{g}\sum_{i=1}^{k} z_i F \sum_{j=1}^{k} L_{ij}\Delta\mu_j = -\frac{1}{F}\sum_{i=1}^{k}\frac{t_i}{z_i}\Delta\mu_i \quad (11.51)$$

Aus (11.50) und (11.51) lassen sich σ_i und t_i bestimmen. In multiionischen Systemen kann man zu diesem Zweck das permeable Ion schrittweise durch ein nicht permeierendes Ion gleicher Ladung ersetzen.

Da Kation und Anion nicht unabhängig voneinander variiert werden können, tauchen in den Gln. (11.48 bis 11.51) stets Kombinationen aus mehreren Koeffizienten auf, d.h. die phänomenologischen Koeffizienten eines Einzelions lassen sich nicht unmittelbar bestimmen. Eine Ausnahme macht lediglich die Permeabilitätsmessung mit Tracern, für die Gl. (11.34) unverändert gilt[2] (in diesem Fall benötigt man allerdings die zusätzliche Information über die Größe der Tracerflußkopplung). Trotzdem ist es immer möglich, genügend unabhängige Messungen durchzuführen, aus denen sich alle Einzelkoeffizienten berechnen lassen. Liegt zum Beispiel ein einziges z_1-, z_2-wertiges Salz mit den stöchiometrischen Zahlen v_1 und v_2 vor und hat man

$$g = F^2(z_1^2 L_{11} + 2z_1 z_2 L_{12} + z_2^2 L_{22})$$

und

$$t_1 = \frac{F^2}{g}(z_1^2 L_{11} + z_1 z_2 L_{12})$$

mit $\quad t_2 = \frac{F^2}{g}(z_2^2 L_{22} + z_1 z_2 L_{12}), \quad (11.52\text{a–c})$

z.B. nach (11.48) bzw. (11.51) bestimmt, dann kann man z.B. zusätzlich die Salzpermeabilität (P_s) bei $\Delta\mu_w = 0$ und $I=0$ messen. Unter Beachtung der Elektroneutralitätsbedingung

$$v_1 z_1 + v_2 z_2 = 0 \quad (11.53)$$

folgt mit

$$J_s = \frac{J_1}{v_1} = \frac{J_2}{v_2} \quad (11.54)$$

---

[2] Eine Potentialdifferenz beeinflußt (11.34) nur über den Nettofluß J_1, der für die Messung von P_i^* ohnehin zu null gebracht wird.

nach Elimination von $\Delta\varphi$ aus den Flußgleichungen (11.45)

$$P_s = \frac{J_s}{\Delta c_s} = -\frac{z_1 z_2 (L_{11}L_{22} - L_{12}^2)(v_1 + v_2)RT}{v_1 v_2 (z_1^2 L_{11} + z_2^2 L_{22} + 2z_1 z_2 L_{12})\bar{c}_s}. \quad (11.55)$$

Aus diesen 3 Meßwerten errechnen sich die Einzelkoeffizienten wie folgt:

$$L_{11} = \frac{v_1^2 P_s \bar{c}_s}{(v_1 + v_2)RT} + \left(\frac{t_1}{z_1 F}\right)^2 g \ ;$$

$$L_{22} = \frac{v_2^2 P_s \bar{c}_s}{(v_1 + v_2)RT} + \left(\frac{t_2}{z_2 F}\right)^2 g \quad (11.56\text{a--c})$$

$$L_{12} = \frac{v_1 v_2 P_s \bar{c}_s}{(v_1 + v_2)RT} + \frac{t_1 t_2}{z_1 z_2 F^2} g \ .$$

Zum Schluß dieses Kapitels seien noch einige Vereinfachungen genannt, die sich ergeben, wenn die Kreuzkoeffizienten $L_{ij}(j \neq i)$ vernachlässigbar klein sind. Mit $L_{ij(j \neq i)} = 0$ findet man

$$(P_i)_{\substack{\Delta\varphi=0\\\Delta\mu_w=0\\\Delta\mu_j=0\,(j\neq i)}} = L_{ii}\frac{RT}{\bar{c}_i}\Delta c_i \quad \text{und} \quad (g_i)_{\substack{\Delta\mu_j=0\\\Delta\mu_w=0}} = z_i^2 F^2 L_{ii},$$

(11.57a, b)

woraus die wichtige Beziehung folgt

$$P_i = \frac{RT}{z_i^2 F^2 \bar{c}_i} g_i. \quad (11.58)$$

Für ein +1-, −1-wertiges Salz folgt aus (11.55)

$$P_s = \frac{2 P_+ P_-}{P_+ + P_-} \quad (11.59)$$

und ferner gilt

$$\sigma_s = \sigma_+ t_- + \sigma_- t_+, \quad (11.60)$$

wobei die Reflexionskoeffizienten analog (11.40) definiert sind. Andererseits, wenn $L_{++} = L_{--}$, kann der Kreuzkoeffizient maximal $L_{+-} = L_{++} = L_{--}$ sein. In diesem Fall wäre $g = 0$, $t_\pm$ unbestimmt und $\Delta\varphi$ stets gleich null, es läge 1:1 gekoppelter elektroneutraler Salzfluß vor. Für $L_{+-} = -L_{++} = -L_{--}$ gingen alle Flüsse gegen null.

11.3.2.3. Transport und chemische Reaktion

In diesem Abschnitt werden Systeme diskutiert, bei denen die transportierten Komponenten an einer chemischen Reaktion beteiligt sind. Solche Systeme sind als Modelle für zahlreiche biologische Transportphänomene von großer Bedeutung.

a) Reaktion in beiden Außenphasen

Wir betrachten ein System, das z.B. drei Nichtelektrolyte ($i = 1, 2, 3$) enthält. Die Membran sei für alle drei Komponenten permeabel. In den Phasen $'$ und $''$, nicht aber in der Membran, soll die Reaktion

$$v_1 B_1 + v_2 B_2 \rightleftharpoons v_3 B_3$$

oder in generalisierter Form

$$\sum_{i=1}^{k} v_i B_i = 0 \quad (11.61)$$

ablaufen, wobei v_i die stöchiometrischen Zahlen sind, die für die Ausgangsstoffe (1, 2) negativ und für das Produkt (3) positiv gerechnet werden und die B_i die chemischen Symbole von i darstellen. Die Umsatzzahl oder der Reaktionsfluß (J_r) ist

$$J_r' = L_A A' \quad \text{und} \quad J_r'' = L_A A'', \quad (11.62)$$

wobei A' und A'' die Affinität der Reaktion in Phase $'$ und $''$ bezeichnet und L_A ein phänomenologischer Koeffizient ist. Die Affinität wird nach DeDonders als

$$A = -\sum_{i=1}^{k} v_i \mu_i \quad (11.63)$$

definiert. Die Produktion der einzelnen Komponenten (Γ_i) ist dann

$$\Gamma_i' = v_i J_r' \quad \text{und} \quad \Gamma_i'' = v_i J_r''. \quad (11.64)$$

Für die Entropieproduktion erhalten wir im stationären Zustand

$$\frac{dS_{in}}{dt} = \frac{1}{T}\left\{\sum_{i=1}^{k} J_i \Delta\mu_i + J_r' A' + J_r'' A''\right\} \quad (11.65)$$

Da die Phasen $'$ und $''$ isotrope Medien darstellen, können nach dem Curie-Theorem weder zwischen den (vektoriellen) Flüssen J_i und den skalaren Affinitäten A noch zwischen den (skalaren) Flüssen J_r und den (vektoriellen) Kräften $\Delta\mu_i$ Kopplungen auftreten. Als Flußgleichungen erhalten wir also das gleiche Ergebnis wie in (11.14b)

$$J_i = \sum_{j=1}^{k} L_{ij} \Delta\mu_j. \quad (i = 1\ldots k) \quad (11.66\text{a})$$

Die Änderung der Molzahlen beider Phasen wird jedoch nicht nur durch die Flüsse bestimmt. Im stationären Zustand gilt:

$$\frac{dn_i'}{dt} = -J_i + v_i J_r' \quad \text{und} \quad \frac{dn_i''}{dt} = J_i + v_i J_r'' \quad (i = 1\ldots k)$$

(11.66b)

Aus (11.65) folgt, daß man die Transporteigenschaften (d.h. die Flüsse J_i und die Koeffizienten L_{ij}) in solchen

Systemen nur dann bestimmen kann, wenn man die Reaktionsrate (d.h. z.B. L_A) kennt oder wenn man die Reaktion hemmen kann[3].

Als biologische Beispiele für Transport mit Reaktion in den Außenphasen seien der Transport von Kohlensäure und der Transport schwacher Säuren und Basen genannt. Kohlensäure kann entweder als H_2CO_3 oder nach Abspaltung von Wasser in Form von CO_2 transportiert werden. Die chemische Reaktion wird durch die Carboanhydrase katalysiert. Beim Transport schwacher Säuren und Basen muß die Dissoziationsreaktion

$$AH \rightleftharpoons A^- + H^+ \quad \text{bzw.} \quad BOH \rightleftharpoons B^+ + OH^- \quad (11.67)$$

berücksichtigt werden, wobei A^- und B^+ Säureanion bzw. Basenkation bezeichnen und AH und BOH die undissoziierten Komponenten sind. Da die undissoziierte Form wegen ihrer Lipidlöslichkeit meist besser permeabel ist als die ionisierte Form (non-ionic diffusion), kann man die Gleichgewichtseinstellung durch Verschiebung des pH-Wertes (und damit der Konzentration von AH resp. BOH) beschleunigen oder verlangsamen.

b) Reaktion nur in einer Außenphase

Läuft nur in einer Außenphase, z.B. in " eine chemische Reaktion ab, weil nur dort das erforderliche Enzym vorliegt, dann gilt im stationären Zustand

$$\frac{dn'_i}{dt} = -J_i \quad \text{und} \quad \frac{dn''_i}{dt} = J_i + v_i J''_c, \quad (11.68)$$

d.h. die Flüsse durch die Membran können aus den Konzentrationsänderungen der Gegenseite (') bestimmt werden. Ist die Membran für alle Komponenten permeabel, dann ist die Gleichgewichtslage ebenso wie im Fall der Reaktion in beiden Außenphasen. Kann jedoch die Komponente 3 oder können die Komponenten 1 und 2 nicht penetrieren, dann findet man im Gleichgewicht $\Delta\mu_3 \neq 0$, bzw. $\Delta\mu_1 \neq 0$ und $\Delta\mu_2 \neq 0$. Durch die asymmetrische Anordnung der chemischen Reaktion und die Undurchlässigkeit der Membran für einzelne Komponenten können in einem solchen System einzelne Komponenten, von einer Phase in die andere überführt werden, und sich dort nach chemischer Umwandlung anreichern, vorausgesetzt die Reaktionspartner sind in ausreichender Menge vorhanden. Ein solcher Mechanismus, der in der Literatur als "trapping" bezeichnet wird, ist anfangs für den Zuckertransport in Bakterien diskutiert worden. Setzt man z.B. $B_1 =$ Glukose, $B_2 =$ Phosphat und $B_3 =$ Glukosephosphat und liegt im Inneren des Bakteriums ein Enzym vor, das die Zuckerphosphorylierung katalysiert, dann könnte ein solches System, falls die Membran für Glukose permeabel, aber für Glukosephosphat impermeabel ist, solange zur Aufnahme von Glukose in die Zelle führen, bis die intrazelluläre Phosphatreserve erschöpft ist.

c) Reaktion innerhalb der Membran

Wenn die Reaktion nur innerhalb einer isotropen Membran abläuft, wo sie zum Beispiel durch ein Enzym katalysiert wird, dann werden die Änderungen der Molzahlen in den Außenphasen wieder allein durch Flüsse hervorgerufen, der Fluß von der ' Phase in die Membran ist aber nicht gleich dem Fluß von der Membran in die " Phase, und es gilt

$$\frac{dn'_i}{dt} + \frac{dn''_i}{dt} = v_i J_r. \quad (11.69)$$

Diesen Fall finden wir z.B. beim Transport von Stoffwechselpartnern (Glukose, Aminosäuren, Milchsäure) durch Epithelmembranen. Das System kann aber auch als Modell für den Zuckertransport durch Bakterienmembranen angesehen werden. Um die Eigenschaften des Systems besser überblicken zu können, zerlegen wir die Membran in zwei Serienmembranen a und b mit dem Zwischenraum, Phase *, in dem die Reaktion abläuft (Abb. 11.24). Wir betrachten nun die Flüsse durch jede Einzelmembran gesondert. Wenn wir der Einfachheit halber alle Kreuzkoeffizienten L_{ij} vernachlässigen, lauten die Flußgleichungen

$$^aJ_i = {}^aL_{ii} {}^a\Delta\mu_i \quad \text{und} \quad ^bJ_i = {}^bL_{ii} {}^b\Delta\mu_i \quad (11.70\text{a, b})$$

und wegen der Serienschaltung gilt

$$\Delta\mu_i = {}^a\Delta\mu_i + {}^b\Delta\mu_i \quad \text{mit} \quad -{}^aJ_i + {}^bJ_i = v_i J^*_r. \quad (11.71\text{a, b})$$

Wegen $^aJ_i \neq {}^bJ_i$ ist es nicht möglich, einen Fluß J_i durch die Gesamtmembran zu definieren. Wir beschränken uns nun auf den Fall, daß alle $\Delta\mu_i = 0$ sind, aber $A' = A'' \neq 0$ ungleich null ist. Aus (11.70–11.71) finden wir für diesen Fall

$$^aJ_i = -\frac{{}^aL_{ii}}{{}^aL_{ii} + {}^bL_{ii}} v_i J^*_r \quad \text{und} \quad ^bJ_i = \frac{{}^bL_{ii}}{{}^aL_{ii} + {}^bL_{ii}} v_i J^*_r, \quad (11.72\text{a, b})$$

wobei

$$J^*_r = L^*_A A^* = \frac{L^*_A A'}{1 - L^*_A \sum_{i=1}^{k} v_i^2 ({}^aL_{ii} + {}^bL_{ii})^{-1}} \quad (11.73)$$

direkt proportional der Affinität der chemischen Reaktion in den Außenphasen ist. Daraus folgt:
1. Wenn die Membranen a und b gleiche Eigenschaften besitzen, $^aL_{ii} = {}^bL_{ii}$, dann ist $^aJ_i = -{}^bJ_i = -\frac{v_i}{2} J^*_r$ d.h. die Ausgangsstoffe fließen mit gleicher Rate

---

[3] Interessant ist in diesem System die Betrachtung des Gleichgewichts. Im Gleichgewicht ist $J_i = 0$, $\Delta\mu_i = 0$, $J'_r = 0$, $J''_r = 0$, $A' = 0$ und $A'' = 0$. Ist die Membran nur für zwei Komponenten permeabel, aber für die dritte Komponente impermeabel, dann stellt sich der gleiche Gleichgewichtszustand ein. Ist jedoch nur eine Komponente i permeabel, dann folgt im Falle $i = 1$ für $\Delta\mu_1 = 0$, $(c'_2/c''_2)^{v_2} = (c'_3/c''_3)^{v_3}$ und entsprechendes gilt für $i = 2$, oder $i = 3$, wobei lediglich die Indizes zu vertauschen sind.

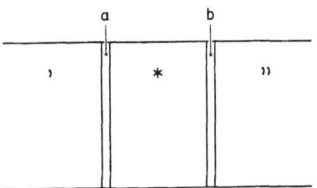

Abb. 11.24. System mit zwei Serienmembranen

von beiden Außenphasen in die Membran ein, und und die Produkte werden ebenfalls symmetrisch nach beiden Außenphasen abgegeben.

2. Haben die Membranen a und b aber unterschiedliche Eigenschaften und gilt z.B. $^bL_{11}=0$ und $^aL_{33}=0$, dann folgt $^aJ_1 = -v_1 J_r$ und $^bJ_3 = v_3 J_r$ und wenn $v_1 = -v_3$ so ist $^aJ_1 = {}^bJ_3$. In diesem Fall wird eine Komponente 1, z.B. Glukose, kontinuierlich aus der ' Phase in die Membran transportiert und mit gleicher Flußrate tritt die Komponente 3, z.B. Glukosephosphat, aus der Membran in die "Phase über. Dieser Fall kommt dem aktiven Transport, den wir unten ausführlich besprechen, sehr nahe, ist aber nicht mit ihm identisch. Ebenso wie beim aktiven Transport treten die Flüsse $^aJ_1 \neq 0$ und $^bJ_3 \neq 0$ bei $\Delta\mu_i = 0$ aber $A' \neq 0$ auf, und zwar ebenfalls nur unter der Voraussetzung asymmetrischer Membranen, im Gegensatz zum aktiven Transport wird aber die Komponente 1 nicht als solche transportiert, sondern beim Transport in die Komponente 3 umgewandelt. Wir könnten allenfalls von „aktivem Transport mit chemischer Umwandlung" sprechen, möchten dies aber nicht als Begriff einführen. In der Literatur wird gelegentlich "group translocation" benutzt. Als Beispiel sei die Zuckeraufnahme in Bakterien genannt (s. S. 356).

d) Reaktion innerhalb der Membran: „Carriertransport"

Als Sonderfall betrachten wir noch das System in Abb. 11.25 (s. S. 343), dessen Membran in drei Serienmembranen a, b und c zerlegt ist, so daß im Inneren zwei hintereinandergeschaltete homogene isotrope Phasen * und ** entstehen. Die Außenphasen ' und " sollen eine Komponente 1 enthalten, welche die Membranen a und c frei passieren kann, nicht aber die Membran b. Die Phasen * und ** enthalten außer 1 noch die Komponenten 2 und 3, die zwar die Membran b penetrieren können, nicht aber die Membranen a und c, d.h. 2 und 3 sind auf die Phasen * und ** beschränkt ($\mu_2' = \mu_2'' = \mu_3' = \mu_3'' = 0$). In den isotropen Phasen * und ** soll eine chemische Reaktion der Art (11.61) ablaufen mit $v_1 = v_2 = -1$ und $v_3 = +1$.

Das Besondere an diesem System ist, daß die Komponente 1 nicht direkt von ' nach " gelangen kann. Sie kann aber in der Phase * mit Komponente 2 zu 3 reagieren. Die Komponente 3 kann dann die Membran b passieren und in der Phase ** wieder in 1 und 2 zerlegt werden. Als Summeneffekt kommt dadurch ein Transport von 1 aus der ' in die " Phase zustande. Die Komponente 2 wirkt quasi als "Carrier" beim Transport durch die Membran b. Sie kann, wenn c_2^{**} ansteigt, von der ** in die * Phase zurückkehren. Das System läßt sich folgendermaßen quantitativ beschreiben: Die Entropieproduktion lautet im stationären Zustand

$$\frac{dS_{in}}{dt} = \frac{1}{T}\left\{ {}^aJ_1 \Delta\mu_1 + {}^cJ_1 \Delta\mu_1 + \sum_{i=2}^{3} {}^bJ_i \Delta\mu_i + J_r^* A^* + J_r^{**} A^{**} \right\}, \quad (11.74)$$

wobei die Flüsse $J_i (i = 1, 2, 3)$ nicht mit den J_r koppeln. Ferner gilt im stationären Zustand

$$dn_i^*/dt = 0 \quad dn_i^{**}/dt = 0 \quad (11.75)$$

woraus folgt

$$-J_r^* = {}^bJ_2 = -J_r^{**}; \quad J_r^* = {}^bJ_3 = J_r^{**} \quad \text{und} \quad J_r^* = J_r^{**}$$

sowie

$$^aJ_1 = J_r^* = {}^cJ_1 \equiv J_1. \quad (11.76)$$

Wenn wir Flußkopplung in der Membran vernachlässigen ($L_{23} = 0$) und uns auf lineare Näherungen in Gleichgewichtsnähe beschränken, erhalten wir für die Flüsse durch die Membran b analog (11.23)

$$^bJ_3 = P_3 {}^b\Delta c_3 = -{}^bJ_2 = -P_2 {}^b\Delta c_2. \quad (11.77)$$

Wenn wir außerdem annehmen, daß die Reaktion so rasch abläuft, daß die Phasen * und ** stets im inneren Gleichgewicht sind, dann gilt

$$\frac{c_1^* c_2^*}{c_3^*} = \frac{c_1^{**} c_2^{**}}{c_3^{**}} = K \quad (11.78)$$

wobei K die Gleichgewichtskonstante der Reaktion ist. Wenn wir nun noch die Gesamtmenge von 2 und 3 in der Membran m, die als mittlere Konzentration des "Carriers" ($\bar{c}_E$) interpretiert werden kann,

$$\bar{c}_E = \tfrac{1}{2}(c_2^* + c_2^{**} + c_3^* + c_3^{**}) \quad (11.79)$$

einsetzen, dann können wir J_1 durch die genannten Systemeigenschaften ausdrücken

$$J_1 = \frac{PK\bar{c}_E(c_1' - c_1'')}{(c_1' + K)(c_1'' + K)}, \quad (11.80)$$

wobei wir zur Vereinfachung weiter angenommen haben, daß $c_1' = c_1^*$ und $c_1'' = c_1^{**}$ und daß die Permeabilität der Membran b für den beladenen Carrier ebenso groß ist wie für den unbeladenen ($P_2 = P_3 = P$). Gleichung (11.80) werden wir später zur Beschreibung der erleichterten Diffusion mit Hilfe des Carriermodells benutzen (s. S. 349).

11.3.2.4. Systeme mit aktivem Transport

a) Definition des aktiven Transports

Die bisher diskutierten Systeme erlauben es noch nicht, alle wesentlichen Transportphänomene an biologischen Membranen zu beschreiben. Selbst im letzten Beispiel ist $J_1 \neq 0$, an das Vorliegen einer von null verschiedenen chemischen Potentialdifferenz ($\mu'_1 - \mu''_1 \neq 0$) geknüpft. An biologischen Membranen können jedoch selbst dann Substanzen von einer Seite zur anderen fließen, wenn die elektrochemischen Potentialdifferenzen aller Komponenten über der Membran null sind (Transport zwischen identischen Lösungen bei $\Delta T = 0$, $\Delta p = 0$ $\Delta \varphi = 0$). Solche Flüsse, die von Stoffwechselenergie angetrieben werden, bezeichnet man als aktiven Transport. Unterbindet man die Sauerstoffzufuhr zum Gewebe oder setzt man Stoffwechselgifte zu, dann kommt der aktive Transport zum Stillstand. Wir schließen daraus: an biologischen Membranen können Kopplungen zwischen chemischen Reaktionen und Flüssen auftreten. Da solche Kopplungen zwischen einem Fluß (d.h. einer gerichteten Größe) und einer chemischen Reaktion (d.h. einer nicht gerichteten Größe) nach dem Curie-Theorem in isotropen Medien nicht möglich sind, folgt weiter, daß Membranen mit aktivem Transport anisotrope Eigenschaften besitzen müssen. Da in unserem System jedoch nur Flüsse von einer Phase in die andere in Betracht kommen, d.h. Flüsse senkrecht zur Membran, reduziert sich die Forderung der Ansiotropie letztlich zu der Forderung einer Asymmetrie der Membran (siehe auch den Abschnitt: Modellsysteme mit aktivem Transport).

Rein formal läßt sich ein aktiv transportierendes System wie folgt beschreiben. Wir nehmen an, daß im Inneren der Membran, nicht aber in den Außenphasen, eine chemische Reaktion abläuft, an der die Komponenten $n = m+1, \ldots q$, nicht aber die Komponenten $i = 1, 2, \ldots k$ beteiligt sind. Der Einfachheit halber sollen n und i Nichtelektrolyte sein. Die Membran soll für i permeabel sein. Wenn die Reaktionspartner entweder von beiden Seiten aus ungehindert in die Membran eindringen können (Fall I: $\mu'_n = {}^m\mu_n = \mu''_n$) oder nur von der Seite ' aus frei eindringen, während die Oberfläche zur Seite '' für n impermeabel ist (Fall II: $\mu'_n = {}^m\mu_n \neq \mu''_n$)[4], oder wenn die Reaktionspartner allein auf das Innere der Membran beschränkt sind (Fall III: $\mu'_n = \mu''_n = 0$, ${}^m\mu_n \neq 0$), dann läßt sich die Entropieproduktion im stationären Zustand einfach schreiben als

$$\frac{dS_{\text{in}}}{dt} = \frac{1}{T}\left\{\sum_{i=1}^{k} J_i \Delta\mu_i + J_r A'\right\} \quad (11.81)$$

wobei im Fall III A' durch ${}^mA$ zu ersetzen wäre. Wenn wir nun postulieren, daß wir eine anisotrope bzw. asymmetrische Membran vor uns haben, ohne die molekularen Ursachen der Asymmetrie im Augenblick näher zu definieren (s. dazu die Modelle S. 342–344), dann erhalten wir als Flußgleichungen

$$J_i = \sum_{j=1}^{k} L_{ij}\Delta\mu_j + L_{iA}A' \quad (i = 1, 2 \ldots k)$$

$$J_r = \sum_{i=1}^{k} L_{Ai}\Delta\mu_i + L_{AA}A' \quad (11.82a, b)$$

und mit Hilfe des Koeffizienten L_{iA} definieren wir den aktiven Transport

$$J_i^{\text{act}} \equiv (J_i)_{\substack{\Delta\mu_j = 0 \\ (j=1\ldots k)}} = \left(\frac{\partial J_i}{\partial A'}\right)_{\Delta\mu_j = 0} A' = L_{iA}A' \quad (i = 1\ldots k) \quad (11.83)$$

und passiven Transport

$$J_i^{\text{pass}} \equiv \sum_{j=1}^{k} L_{ij}\Delta\mu_j \quad \text{mit} \quad J_i = J_i^{\text{act}} + J_i^{\text{pass}} \quad (i = 1\ldots k). \quad (11.84a, b)$$

Gleichung (11.84b) gilt nur im linearen Bereich des Systems.

Gleichung (11.83) beschreibt einen Zustand, in dem alle passiven Kräfte null sind, so daß J_i gleich J_i^{act} wird. Dieser Zustand wird als *level flow* bezeichnet. Gleichung (11.82a) lautet in Matrixschreibweise

$$\boldsymbol{J} = \boldsymbol{L}\Delta\boldsymbol{\mu} + \boldsymbol{J}^{\text{act}} \quad (11.85)$$

und für level flow gilt $\boldsymbol{J} = \boldsymbol{J}^{\text{act}}$. Bringt man in einem aktiv transportierenden System alle Flüsse J_i zu null — diesen Zustand bezeichnet man als *stop flow* oder *static head* — dann folgt aus (11.85)

$$\Delta\boldsymbol{\mu} = -\boldsymbol{L}^{-1}\boldsymbol{J}^{\text{act}}$$

oder explizit

$$\Delta\mu_i = -\frac{1}{\det(\boldsymbol{L})}\sum_{j=1}^{k} M_{ji}J_j^{\text{act}}, \quad (i = 1\ldots k) \quad (11.86)$$

wobei sich $\det(\boldsymbol{L})$ und M_{ji} auf die Matrix der passiven Koeffizienten beziehen und definiert sind wie in (11.18). Wie man sieht, erzeugt der aktive Transport bei Unterdrückung aller Flüsse J_i von Null verschiedene passive Kräfte über der Membran.

Die stop flow-Situation ist in der Literatur ebenfalls zur Definition aktiven Transports herangezogen worden. Ausgehend von der inversen Form der Flußgleichungen (Gl. 11.17a), die in Gegenwart aktiven Transports folgendermaßen lauten

$$\Delta\mu_i = \sum_{j=1}^{k} R_{ij}J_j + R_{ir}J_r \quad (i = 1\ldots k)$$

$$A = \sum_{i=1}^{k} R_{ri}J_i + R_{rr}J_r, \quad (11.87)$$

---

[4] Fall II scheint der Realität am besten zu entsprechen. Soweit wir heute wissen, werden die Reaktionspartner, z.B. ATP, das zu ADP und P_i hydrolysiert wird (s. S. 354), ständig aus dem Zellinneren in die Membran nachgeliefert bzw. aus der Membran ins Zellinnere zurückgenommen.

wurde $R_{ir} \neq 0$ als Kriterium für aktiven Transport von i angesehen und der aktive Transport definiert als

$$J_i^{ACT} \equiv -\frac{R_{ir}}{R_{rr}} J_r. \quad (i=1\ldots k). \qquad (11.88)$$

Diese Definition hat den Nachteil, daß der aktive Transport als solcher nicht direkt beobachtet werden kann. Man beachte, daß beide Definitionen nicht identisch sind. Nach (11.86) kann $\Delta\mu_1 \neq 0$ unter stop flow Bedingungen auch durch passive Flußkopplung mit einer Komponente 2 zustande kommen, falls $L_{12} \neq 0$ und $J_2^{act} \neq 0$, während die Komponente 1 gar nicht aktiv transportiert wird ($J_1^{act} = 0$). Nach (11.88) hieße $\Delta\mu_1 \neq 0$ dagegen definitionsgemäß, daß die Komponente 1 aktiv transportiert wird. Außer den beiden grundsätzlich verschiedenen Definitionsmöglichkeiten (11.83) bzw. (11.88) muß man auch beachten, daß der aktive Transport mit jeder Transformation der Flußgleichungen neu definiert wird. Geht man z.B. von (11.42a oder b) aus, so erhält man in aktiv transportierenden Systemen

$$J_i = (1-\sigma_i)\bar{c}_i J_v + \sum_{j=1}^{k} \tilde{L}_{ij}\Delta\mu_j + \tilde{L}_{iA}A' \quad (i=1,2\ldots k)$$

mit

$$\tilde{L}_{ij} = L_{ij} - \frac{L_{iw}L_{wj}}{L_{ww}} \quad \text{und} \quad \tilde{L}_{iA} = L_{iA} - \frac{L_{iw}L_{wA}}{L_{ww}},$$

(11.89a–c)

wobei man $\tilde{L}_{iA}A'$ wieder als aktiven Transport bezeichnet.

b) Aktiver Transport in zusammengesetzten Membransystemen. Primär- und sekundär-aktiver Transport

Zusammengesetzte Membransysteme können aktiven Transport einer Komponente i (in der Definition (11.83) oder (11.88)) zeigen, obwohl die Komponente i selbst in keiner Einzelmembran aktiv transportiert wird. Das ist dann möglich, wenn eine Komponente j ($j \neq i$) in einer Membran aktiv transportiert wird und asymmetrische passive Eigenschaften mit Flußkopplung von i und j bestehen.

α) Serienschaltung

Ein System bestehe aus zwei hintereinandergeschalteten Membranen a und b mit den Flußgleichungen

$$^a J = {}^a L \,{}^a \Delta\mu + {}^a J^{act} \quad \text{und} \quad {}^b J = {}^b L \,{}^b \Delta\mu, \qquad (11.90a, b)$$

d.h. der aktiv transportierenden Membran a sei eine rein passiv transportierende Membran b in Serie geschaltet. Im stationären Zustand gilt dann

$$J = {}^a J = {}^b J \quad \text{und} \quad \Delta\mu = {}^a \Delta\mu + {}^b \Delta\mu. \qquad (11.91a, b)$$

Durch Einsetzen von (11.91b) in (11.90a) erhalten wir mit (11.91a) und (11.90b)

$$({}^a L + {}^b L)\,{}^b \Delta\mu = {}^a L \Delta\mu + {}^a J^{act},$$

und da ${}^a L + {}^b L > 0$ folgt

$${}^b \Delta\mu = ({}^a L + {}^b L)^{-1}\,{}^a L \Delta\mu + ({}^a L + {}^b L)^{-1}\,{}^a J^{act}.$$

Durch Einsetzen in (11.90b) folgt für den Fluß durch das Gesamtsystem

$$J = L \Delta\mu + J^{act}$$

mit

$$L \equiv {}^b L({}^a L + {}^b L)^{-1}\,{}^a L = ({}^a L^{-1} + {}^b L^{-1})^{-1}$$

und

$$J^{act} \equiv {}^b L({}^a L + {}^b L)^{-1}\,{}^a J^{act}. \qquad (11.92a–c)$$

Um dieses Ergebnis zu veranschaulichen, betrachten wir jetzt den einfachen Fall, daß im Gesamtsystem nur zwei permeierende Komponenten ($i=1,2$) vorliegen. Aus (11.92) erhalten wir für den Fluß J_1 durch das Gesamtsystem

$$J_1 = e\{{}^a L_{11} \det({}^b L) + {}^b L_{11} \det({}^a L)\}\Delta\mu_1$$
$$+ e\{{}^a L_{12} \det({}^b L) + {}^b L_{12} \det({}^a L)\}\Delta\mu_2$$
$$+ e\{\det({}^b L) + {}^a L_{22}\,{}^b L_{11} - {}^a L_{21}\,{}^b L_{12}\}\,{}^a J_1^{act}$$
$$+ e\,{}^a L_{11}\,{}^b L_{11}\left(\frac{{}^b L_{12}}{{}^b L_{11}} - \frac{{}^a L_{12}}{{}^a L_{11}}\right){}^a J_2^{act}$$

mit

$$e = \{\det({}^a L) + \det({}^b L)\}^{-1} \qquad (11.93)$$

und einen identischen Ausdruck für J_2, bei dem lediglich alle Indizes 1 und 2 vertauscht sind. Aus (11.93) bzw. bereits aus (11.92) schließen wir: Die passiven Transportkoeffizienten des Gesamtsystems werden allein durch die passiven Transportkoeffizienten der Einzelmembranen bestimmt, der aktive Transport des Gesamtsystems hängt aber nicht nur vom aktiven Transport in Membran a, sondern auch von den passiven Transportkoeffizienten beider Einzelmembranen ab, d.h. aktiver Transport kann am Gesamtsystem entweder verschwinden oder neu auftreten. Zum Beispiel kann die Komponente 1 selbst dann durch das Gesamtsystem aktiv transportiert werden ($J_1^{act} \neq 0$), wenn ${}^a J_1^{act} = 0$ ist, und zwar dann, wenn ${}^a J_2^{act} \neq 0$ und wenn die relativen passiven Transporteigenschaften der Serienmembranen verschieden sind $\left(\text{Asymmetrie vom Typ } \frac{{}^a L_{12}}{{}^a L_{11}} \neq \frac{{}^b L_{12}}{{}^b L_{11}}\right)$. Diesen Fall kann man als sekundäraktiven Transport der Komponente 1 bezeichnen. Wir definieren sekundär aktiven Transport dann als eine Eigenschaft zusammengesetzter Membransysteme, bei denen aktiver Transport einer Komponente 1 durch lokal passive Kopplung an den Fluß einer Komponente 2 auftritt, die selbst aktiv transportiert wird.

β) Parallelschaltung

Für die Parallelschaltung zweier Membranen a und c vom Typ (s. auch Seite 359)

$$^aJ = {}^aL\,{}^a\!\Delta\mu + {}^aJ^{act} \quad \text{und} \quad {}^cJ = {}^cL\,{}^c\!\Delta\mu \qquad (11.94\text{a, b})$$

gilt im stationären Zustand

$$J = {}^aJ + {}^cJ \quad \text{und} \quad \Delta\mu = {}^a\!\Delta\mu = {}^c\!\Delta\mu \qquad (11.95\text{a, b})$$

mit dem Resultat

$$J = ({}^aL + {}^cL)\Delta\mu + {}^aJ^{act}. \qquad (11.96)$$

Bei der Parallelschaltung werden, ebenso wie bei der Serienschaltung, die passiven Eigenschaften des Gesamtsystems von den passiven Eigenschaften beider Einzelmembranen bestimmt, der aktive Transport wird aber durch die parallel geschaltete passive Membran nicht verändert.

Definiert man den aktiven Transport mit Hilfe der R-Koeffizienten nach (11.88), dann hängt der aktive Transport des Gesamtsystems bei Serienschaltung nur von den aktiven Transporteigenschaften der Einzelmembranen ab, bei Parallelschaltung aber von den *aktiven und passiven* Eigenschaften der Einzelmembranen. Man erhält also genau das umgekehrte Resultat wie bei der Definition nach (11.83). Ein universelles Kriterium zur Unterscheidung von primär und sekundär aktivem Transport an beliebig zusammengesetzten Membranen gibt es nicht. Die Unterscheidung läßt sich nur treffen, wenn man die Transporteigenschaften der Einzelelemente analysiert. Da man beim Arbeiten mit biologischen Membranen immer eine Parallelschaltung verschiedener Transporteinheiten im Sinne einer Mosaikmembran vor sich hat, ziehen wir die Definition des aktiven Transports nach (11.83) vor. Der so definierte aktive Transport hängt dann nicht von den Eigenschaften der übrigen Transporteinheiten ab.

c) Aktiver Transport in Elektrolytsystemen

Aktiver Transport von Elektrolyten kann mit Ladungstransport verbunden sein und zur Entstehung eines Membranpotentials (aktives Potential oder „Transport"-Potential) führen. Aus den Flußgleichungen folgt analog (11.47) und (11.50–11.51)

$$(\Delta\varphi)_{\substack{I=0\\ \Delta\mu_w=0\\ \Delta\mu_i=0}} = -\frac{1}{g}\sum_{i=1}^{k} z_i F L_{iA} A', \qquad (11.97\text{a})$$

wobei $\sum_{i=1}^{k} z_i F L_{iA} A'$ den Ladungstransport durch die aktiv transportierten Ionen beschreibt. Er ist identisch mit dem Strom, den man benötigt, um das in (11.97a) beschriebene Membranpotential auf null zu kompensieren (sog. Kurzschlußstrom). Wird nur ein Ion $i=1$ aktiv transportiert, so gilt

$$(I)_{\substack{\Delta\varphi=0\\ \Delta\mu_w=0\\ \Delta\mu_i=0}} = z_1 F J_1^{act}, \qquad (11.97\text{b})$$

d.h. in diesem Fall ist der Kurzschlußstrom ein direktes Maß für die aktive Transportrate. Werden Kation und Anion mit gleicher Rate aktiv transportiert, so bildet sich keine Potentialdifferenz aus, und es ist kein Kurzschlußstrom meßbar (elektroneutraler Salztransport).

Ausgehend von (11.89a) kann man den Nettofluß eines Ions in Gegenwart aktiven Transports schreiben

$$J_i = (1-\sigma_i)\bar{c}_i J_v + \sum_{j=1}^{k} \tilde{L}_{ij}\Delta\eta_j + \tilde{L}_{iA}A'. \qquad (11.98\text{a})$$

Unter Verwendung von (11.23a) und (11.44) folgt daraus bei Vernachlässigung der Wechselwirkungen zwischen einzelnen Ionen die praktisch wichtige Gleichung

$$J_i = (1-\sigma_i)\bar{c}_i J_v + \tilde{P}_i\left(\Delta c_i + \frac{z_i F}{RT}\Delta\varphi\bar{c}_i\right) + \tilde{J}_i^{act} \qquad (11.98\text{b})$$

d) Modellsysteme mit aktivem Transport

Die oben nicht näher definierte Anisotropie bzw. Asymmetrie der Membran, die für die Kopplung von Substanzfluß und chemischem Fluß in der Membran verantwortlich ist, läßt sich durch asymmetrische Serienelemente innerhalb der Membran modellieren. Es sind zwei Klassen von Modellen vorgeschlagen und experimentell realisiert worden:

α) Asymmetrische Serienmembran mit Flußkopplung von aktiv transportierter Komponente und Reaktionspartner (nach Sauer)

Ein System enthalte die Komponenten $i=1, 2, \ldots k$ und die Reaktionspartner $n=m+1, m+2, \ldots q$, wobei wir der Einfachheit halber nur Nichtelektrolyte zulassen wollen. Die Membran bestehe aus zwei Serienmembranen a und b mit dem Innenraum * (siehe z.B. Abb. 11.24), der eine homogene, isotrope Phase darstellen soll und in dem die chemische Reaktion unter Vermittlung eines Enzyms abläuft. Für die Entropieproduktion gilt in diesem System im stationären Zustand

$$\frac{dS_{in}}{dt} = \frac{1}{T}\left\{\sum_{z=1}^{q} {}^aJ_z\,{}^a\!\Delta\mu_z + \sum_{z=1}^{q} {}^bJ_z\,{}^b\!\Delta\mu_z + J_r A^*\right\} \quad (z=i,n)$$

$$(11.99)$$

Wenn wir aus Gründen der Übersichtlichkeit nur eine Komponente $i=1$ und drei Reaktionspartner $n=2, 3$ und 4 zulassen, die an der Reaktion

$$\nu_2 B_2 \rightleftharpoons \nu_3 B_3 + \nu_4 B_4 \qquad (11.100)$$

beteiligt sein mögen, und annehmen, daß die Membranen a und b für die Komponenten 3 und 4 so gut permeabel sind, daß $\mu_3' = \mu_3^* = \mu_3''$ und $\mu_4' = \mu_4^* = \mu_4''$, dann lauten die Flußgleichungen

$$\begin{aligned}
{}^aJ_1 &= {}^aL_{11}\,{}^a\!\Delta\mu_1 + {}^aL_{12}\,{}^a\!\Delta\mu_2; \\
{}^bJ_1 &= {}^bL_{11}\,{}^b\!\Delta\mu_1 + {}^bL_{12}\,{}^b\!\Delta\mu_2; \\
{}^aJ_2 &= {}^aL_{21}\,{}^a\!\Delta\mu_1 + {}^aL_{22}\,{}^a\!\Delta\mu_2; \\
{}^bJ_2 &= {}^bL_{21}\,{}^b\!\Delta\mu_1 + {}^bL_{22}\,{}^b\!\Delta\mu_2
\end{aligned} \qquad (11.101\text{a–d})$$

und im stationären Zustand gilt

$$^aJ_1 = {^bJ_1} \quad \text{und} \quad -{^aJ_2} + {^bJ_2} = v_2 J_r \quad (11.102\text{a, b})$$

sowie

$$\Delta\mu_1 = {^a\Delta\mu_1} + {^b\Delta\mu_1} \quad \text{und} \quad \Delta\mu_2 = {^a\Delta\mu_2} + {^b\Delta\mu_2}. \quad (11.103\text{a, b})$$

Wir beschränken uns jetzt auf die Bedingung $\Delta\mu_1 = 0$, $\Delta\mu_n = 0$, aber $A' \neq 0$ und untersuchen, ob unter dieser Bedingung $J_1 \neq 0$ sein kann, d.h. ob dieses System aktiven Transport zeigt. Das Resultat läßt sich leicht finden, wenn wir $^a\Delta\mu_2$ in (11.101a) mit Hilfe von (11.101b und 11.102b) durch J_r ausdrücken:

$$^aJ_1 = \left\{ {^aL_{11}} - \frac{{^aL_{12}}({^aL_{12}} + {^bL_{12}})}{{^aL_{22}} + {^bL_{22}}} \right\} {^a\Delta\mu_1}$$
$$- \frac{{^aL_{12}}}{{^aL_{22}} + {^bL_{22}}} v_2 J_r \quad (11.104)$$

und dann dem Vorgehen wie zur Abteilung von (11.92a) folgen. Wir erhalten dann

$$(J_1)_{\substack{\Delta\mu_1=0 \\ \Delta\mu_n=0}} = \frac{{^aL_{11}}{^bL_{12}} - {^aL_{12}}{^bL_{11}}}{\det({^aL} + {^bL})} v_2 J_r \quad (11.105)$$

bzw. wenn wir den chemischen Fluß durch die Affinität der Reaktion in der Außenphase ausdrücken und den Zähler umordnen

$$(J_1)_{\substack{\Delta\mu_1=0 \\ \Delta\mu_n=0}} = \frac{v_2 {^aL_{11}} {^bL_{11}} \left(\frac{{^bL_{12}}}{{^bL_{11}}} - \frac{{^aL_{12}}}{{^aL_{11}}} \right) L_A^*}{\det({^aL} + {^bL}) - v_2^2 L_A^*({^aL_{11}} + {^bL_{11}})} A', \quad (11.106)$$

wobei L_A^* analog (11.62) für die Reaktion in der * Phase definiert ist. Nach (11.106) zeigt das System aktiven Transport der Definition (11.83), falls die relativen passiven Transporteigenschaften der beiden Membranen a und b unterschiedlich sind $\left(\frac{{^bL_{12}}}{{^bL_{11}}} \neq \frac{{^aL_{12}}}{{^aL_{11}}} \right.$, asymmetrische Serienmembranen wie im Fall sekundär aktiven Transports$\left. \right)$. Der aktive Transport in diesem System steht also in enger Beziehung zum Mechanismus des sekundär aktiven Transports.

β) Aktiver Transport einer Komponente, die an zwei hintereinandergeschalteten Reaktionen beteiligt ist (Kepes, Sélégny)

In diesem Modell wird die Membran in drei Serienmembranen a, b und c zerlegt, so daß vier hintereinandergeschaltete Phasen ′, *, ** und ″ entstehen (s. Abb. 11.25). Das System enthalte außer dem Lösungsmittel, für das alle Membranen impermeabel sein mögen, die Komponenten $i = 1, 2, \ldots 5$, die an verschiedenen chemischen Reaktionen beteiligt sind. In der Phase * sei ein Enzym vorhanden, das die Reaktion

$$v_1^* B_1 + v_2^* B_2 \rightleftharpoons v_3^* B_3 + v_4^* B_4 \quad (11.107)$$

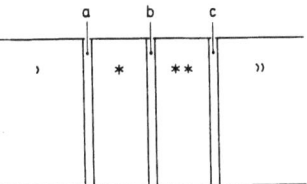

Abb. 11.25. System mit drei Serienmembranen

katalysiert, und in der Phase ** ein Enzym, das die Reaktion

$$v_3^{**} B_3 \rightleftharpoons v_1^{**} B_1 + v_5^{**} B_5 \quad (11.108)$$

katalysiert, wobei z.B. B_1 = Glukose, B_2 = ATP, B_3 = Glukose-6-Phosphat, B_4 = ADP und B_5 = Phosphat sein mögen, mit den Enzymen Hexokinase in Phase * und Phosphatase in Phase **. Im Gegensatz zum ersten Modell sollen die Eigenschaften der Membranen a, b und c symmetrisch sein. Die Asymmetrie des Gesamtsystems wird lediglich durch die asymmetrische Anordnung der chemischen Reaktionen bewirkt.

Im stationären Zustand gilt:

$$\frac{dS_{in}}{dt} = \frac{1}{T} \left\{ \sum_{z=a}^{c} \sum_{i=1}^{5} {^zJ_i} {^z\Delta\mu_i} + J_r^* A^* + J_r^{**} A^{**} \right\} \quad (11.109)$$

mit den Bilanzen

$$\frac{dn_i^*}{dt} = {^aJ_i} - {^bJ_i} + v_i^* J_r^* = 0;$$
$$\frac{dn_i^{**}}{dt} = {^bJ_i} - {^cJ_i} + v_i^{**} J_r^{**} = 0 \quad (i = 1 \ldots 5) \quad (11.110)$$

und den Flüssen

$$^aJ_i = \sum_{j=1}^{5} {^aL_{ij}} {^a\Delta\mu_j}; \quad {^bJ_i} = \sum_{j=1}^{5} {^bL_{ij}} {^b\Delta\mu_j};$$
$$^cJ_i = \sum_{j=1}^{5} {^cL_{ij}} {^c\Delta\mu_j} \quad (i = 1 \ldots 5). \quad (11.111)$$

Wegen der Serienschaltung gilt ferner:

$$\Delta\mu_i = {^a\Delta\mu_i} + {^b\Delta\mu_i} + {^c\Delta\mu_i} \quad (i = 1 \ldots 5). \quad (11.112)$$

Um das System überschaubar zu halten führen wir jetzt folgende Vereinfachungen ein: 1. Alle Flußkopplungen in allen Einzelmembranen sollen vernachlässigbar sein, d.h. $^zL_{ij} = 0$ ($i \neq j = 1, 2, \ldots 5$, z = a, b, c). Damit eliminieren wir gleichzeitig alle möglichen Beiträge von Flußkopplungen zwischen Reaktionspartnern, die aktiven Transport im Sinne des zuvor besprochenen Modells geben könnten. 2. Mit Ausnahme der Komponente 3 sollen alle Diagonalkoefizienten in allen Membranen gleich sein, d.h. $^yL_{ii} = {^zL_{jj}} = L$ für $i, j = 1, 2, 4, 5$; y, z = a, b c) und für die Komponente 3 soll gelten: $^aL_{33} = 0$, $^bL_{33} = L$ und

$^cL_{33}=0$, d.h. die Komponente 3 kann nur zwischen den Phasen * und ** austauschen. Die Symmetrie aller Membraneigenschaften bleibt dabei gewahrt. Wegen $^aL_{33}=0$ und $^cL_{33}=0$ folgt aus den Bilanzgleichungen

$$^bJ_3 = v_3^* J_r^* = -v_3^{**} J_r^{**}, \qquad (11.113)$$

d.h. im stationären Zustand stellt sich eine feste stöchiometrische Relation zwischen beiden chemischen Reaktionen ein. Für alle Reaktionspartner (t), die an beiden Reaktionen beteiligt sind und die Bedingung

$$\frac{v_t^*}{v_t^{**}} = \frac{v_3^*}{v_3^{**}} \qquad (11.114)$$

erfüllen, folgt dann aus den Bilanzgleichungen

$$^aJ_t = {^cJ_t} \qquad (11.115)$$

d.h. die Komponenten t bleiben beim Transport erhalten. Sie werden zwar in der ersten Reaktion umgewandelt, aber in der zweiten Reaktion mit gleicher Rate neu gebildet.

Um zu einer Aussage über den aktiven Transport zu kommen, beschränken wir uns jetzt nur auf die Bedingung $\Delta\mu_i = 0$. Außerdem nehmen wir vereinfachend an, daß die stöchiometrischen Zahlen aller Ausgangsstoffe -1 und aller Produkte $+1$ sind, woraus folgt

$$^bJ_3 = J_r^* = J_r^{**} \equiv J_r \qquad (11.116)$$

Mit diesem Ergebnis können wir aus (11.110–11.112) die Flüsse aller Substanzen i durch alle Membranen als Funktion von J_r berechnen. Diese Flüsse sind in Tab. 11.5 zusammengestellt. Wie man sieht, werden bei $\Delta\mu_i=0$ ($i=1…5$) alle Substanzen proportional zur Flußrate der chemischen Reaktionen transportiert. Aber nur für die Substanz 1, die der Bedingung (11.114) gehorcht, ist der Fluß aus der ′ Phase in die Membran gleich dem Fluß aus der Membran in die ″ Phase, d.h.

$$(J_1)_{\Delta\mu_i=0} = {^aJ_1} = {^cJ_1} = \tfrac{1}{3} J_r. \qquad (11.117)$$

Der chemische Fluß wird bei $\Delta\mu_i=0$ durch die Affinitäten beider chemischen Reaktionen in den Außenphasen bestimmt. Aus den Gln. (11.110–11.112) findet man mit Hilfe von (11.116)

$$J_r = \left(\frac{1}{L_A^*} + \frac{1}{L_A^{**}} + \frac{11}{3L}\right)^{-1} \{(A^*)' + (A^{**})'\} \qquad (11.118)$$

wobei L_A^* und L_A^{**} analog (11.62) die phänomenologischen Koeffizienten der Reaktionen in den Phasen * und ** bedeuten und $(A^*)'$ und $(A^{**})'$ analog (11.63) für jede Reaktion (* und **) aus den $\mu_i' = \mu_i''$ der Außenphasen gebildet wird. Aus (11.117) und (11.118) folgt

$$(J_1)_{\Delta\mu_i=0} = L_{1A}\{(A^*)' + (A^{**})'\} \qquad (11.119)$$

Tabelle 11.5. Flüsse der einzelnen Komponenten in Modell β

Komponente	Membran		
	a	b	c
1	$\tfrac{1}{3}J_r^{\rightarrow}$	$\tfrac{2}{3}J_r^{\leftarrow}$	$\tfrac{1}{3}J_r^{\leftarrow}$
2	$\tfrac{2}{3}J_r^{\rightarrow}$	$\tfrac{1}{3}J_r^{\leftarrow}$	$\tfrac{1}{3}J_r^{\leftarrow}$
3	0	$J_r^{\rightarrow}$	0
4	$\tfrac{2}{3}J_r^{\rightarrow}$	$\tfrac{1}{3}J_r^{\leftarrow}$	$\tfrac{1}{3}J_r^{\leftarrow}$
5	$\tfrac{1}{3}J_r^{\leftarrow}$	$\tfrac{1}{3}J_r^{\leftarrow}$	$\tfrac{2}{3}J_r^{\leftarrow}$

Alle Flüsse unter der Bedingung $\Delta\mu_i=0$ ($i=1…5$) als Funktion der chemischen Reaktionsrate $J_r^* = J_r^{**}$. Die Pfeile geben die Flußrichtung an. Beachte, daß nur für die Komponente 1 gilt: $^aJ_1 = {^cJ_1}$.

mit

$$L_{1A} \equiv \tfrac{1}{3}\left(\frac{1}{L_A^*} + \frac{1}{L_A^{**}} + \frac{11}{3L}\right)^{-1}, \qquad (11.120)$$

d.h. die Komponente 1 wird in unserem System entsprechend der Definition (11.83) aktiv transportiert, wobei die Flußrichtung des aktiven Transports allein von der Zugabe der Enzyme zu Phase * oder ** bestimmt wird. Für die Komponenten s mit

$$\frac{v_s^*}{v_s^{**}} \neq \frac{v_3^*}{v_3^{**}} \qquad (11.121)$$

(in unserem Beispiel die Komponenten 2, 4 und 5) sind zwar die Flüsse durch Membran a und c ebenfalls ungleich null, ^aJ_s und ^cJ_s sind aber nicht gleich groß und sind zudem entgegengesetzt gerichtet, da diese Komponenten laufend produziert oder abgebaut werden. Für diese Komponenten kann man deshalb nicht von aktivem Transport sprechen. Um das Modell dem aktiven Transport an biologischen Membranen besser anzupassen, könnte man zusätzlich postulieren, daß Membran a nur für die Komponente 1 permeabel ist. Diese Komponente würde dann von der Außenphase (′) in die Zelle (″) aufgenommen, die das ATP liefert und die Spaltprodukte ADP und PO_4 zurückerhält.

11.3.3. Transport durch Diffusion

In diesem Kapitel werden Transportvorgänge betrachtet, die durch einen Diagonalkoeffizienten L_{ii} charakterisiert werden können, das sind Flüsse einer Komponente i, die durch ihre kongruente Kraft, die chemische resp. elektrochemische Potentialdifferenz von i, hervorgerufen werden. Nach Gl. (11.24) wird der Zusammenhang zwischen Fluß und treibender Kraft üblicherweise durch einen Permeabilitätskoeffizienten (P_i) beschrieben, der die Durchlässigkeit der Membran für die Komponente i angibt und eine geringere Konzentrationsabhängigkeit besitzt als der Koeffizient L_{ii}. Die Größe eines Permeabilitätskoeffizienten allein kann nichts über den Permeationsmechanismus aussagen. Um Einblick in die molekularen

Mechanismen der Permeation zu gewinnen, muß man die Abhängigkeit des Koeffizienten von den Systemparametern, wie Konzentration aller Komponenten, Druck und Temperatur bestimmen und vergleichende Untersuchungen über die Abhängigkeit von den Eigenschaften des penetrierenden Teilchens (Molekulargewicht, Molekülform, chemische Struktur der Seitenketten, Ladung usw.) und von den Eigenschaften der Membran durchführen (Variation der Lipidzusammensetzung, der Seitenketten der Proteine, der Ladung usw.). Wie im folgenden gezeigt wird, kann man aufgrund solcher Untersuchungen zumindest zwei Gruppen von Permeationsvorgängen abgrenzen, die als „einfache" Diffusion und „erleichterte" Diffusion bezeichnet werden.

11.3.3.1. Transport durch „einfache" Diffusion

a) Nichtelektrolyte

Die umfangreichsten Permeabilitätsuntersuchungen wurden bisher von Collander und Mitarbeitern an Algen durchgeführt. Abbildung 11.26 zeigt Permeabilitätskoeffizienten der Zellmembran der Alge *Nitella* für 57 verschiedene Substanzen mit Molekulargewichten zwischen 19 und 480. Sie sind gegen den Verteilungskoeffizienten Olivenöl/Wasser aufgetragen. Wie man sieht, sind Permeabilität und Verteilungskoeffizient deutlich korreliert, obwohl die Einzeldaten über 7, bzw. mehr als vier Größenordnungen variieren. Außerdem findet sich eine Abhängigkeit vom Molekulargewicht. Substanzen mit Molekulargewichten < 60 liegen am linken Rand und Substanzen mit Molekulargewichten > 150 am rechten Rand. Die Abhängigkeit vom Molekulargewicht ist jedoch vergleichsweise klein. Aus diesen Daten, die durch analoge Befunde von anderen Zellmembranen (Epithelzellen, rote Blutzellen) bekräftigt werden, kann man schließen: 1. daß sich die Zellmembran wie eine Lipidbarriere verhält, d.h., daß die Permeation im wesentlichen durch die Kräfte bestimmt wird, die auch die Verteilung zwischen Lipid und Wasser bestimmen, und 2. daß die Zellmembran als Diffusionsbarriere wirkt, die größere Moleküle schlechter hindurchläßt als kleinere.

Diese Befunde lassen sich zwanglos mit einem einfachen Diffusionsmodell erklären, in dem man die Permeation in drei Einzelschritte zerlegt: 1. Übergang eines Teilchens von der Außenlösung in die hydrophobe Membranphase, 2. Diffusion durch die Membran und 3. Austritt aus der Membranphase in die Außenlösung. Nimmt man an, daß die Schritte 1 und 3 nicht geschwindigkeitsbestimmend sind, d.h. daß der Phasenübergang so rasch erfolgt, daß sich die Oberflächen der Membranphase mit den angrenzenden Außenlösungen stets im Verteilungsgleichgewicht befinden, dann gilt:

$$\tilde{c}_{i0} = K_i c_i' \quad \text{und} \quad \tilde{c}_{i\delta} = K_i c_i'' \tag{11.122}$$

wobei $\tilde{c}_{i0}$ und $\tilde{c}_{i\delta}$ die Konzentration von i in den Membranoberflächen bei $x=0$ und $x=\delta$ bezeichnen

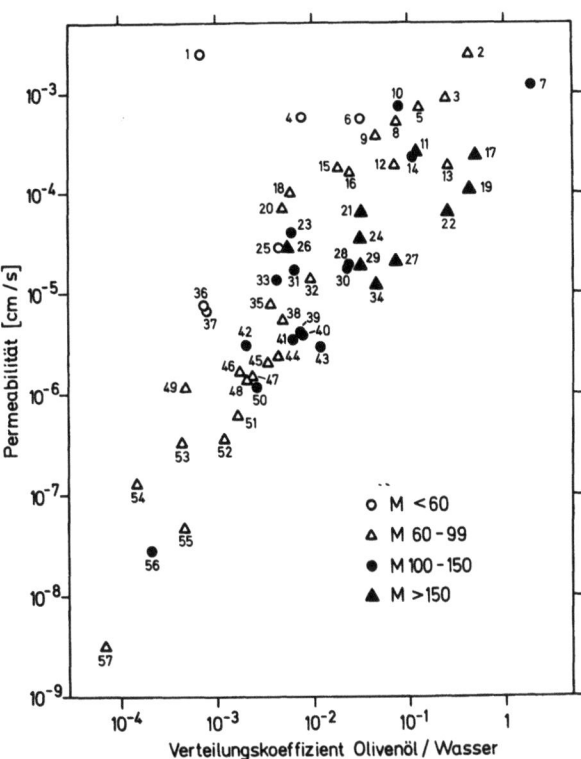

Abb. 11.26. Beziehung zwischen Lipid/Wasser-Verteilungskoeffizient und Permeabilität von 57 verschiedenen Substanzen an der Zellmembran der Alge *Nitella mucronata*. Abszisse: Olivenöl/Wasser-Verteilungskoeffizient, Ordinate: Permeabilität in cm/s. Doppeltlogarithmische Auftragung. Die Symbole geben das Molekulargewicht an. Die einzelnen Substanzen sind: 1. Wasser (D_2O), 2. Methylacetat, 3. sec.-Butanol, 4. Methanol, 5. n-Propanol, 6. Äthanol, 7. Paraldehyd, 8. Urethan, 9. iso-Propanol, 10. Acetonylaceton, 11. Diäthylenglykolmonobutyläther, 12. Dimethylcyanamid, 13. tert.-Butanol, 14. Glyzerindiäthyläther, 15. Äthoxyäthanol, 16. Methylcarbamat, 17. Triäthylcitrat, 18. Methoxyäthanol, 19. Triacetin, 20. Dimethylformamid, 21. Triäthylenglykoldiacetat, 22. Pyramidon, 23. Diäthylenglykolmonoäthyläther, 24. Caffein, 25. Cyanamid, 26. Tetraäthylenglykoldimethyläther, 27. Diacetin, 28. Methylpentandiol, 29. Antipyren, 30. iso-Valeramid, 31. 1,6-Hexandiol, 32. n-Butyramid, 33. Diäthylenglykolmonomethyläther 34. Trimethylcitrat, 35. Propionamid, 36. Formamid, 37. Acetamid, 38. Succinimid, 39. Glyzerinmonoäthyläther, 40. N,N-Diäthyl-Harnstoff, 41. 1,5-Pentandiol, 42. Dipropylenglykol, 43. Glyzerinmonochlorhydrin 44. 1,3-Butandiol, 45. 2,3-Butandiol, 46. 1,2-Propandiol, 47. N,N-Dimethyl-Harnstoff, 48. 1,4-Butandiol, 49. Äthylenglykol, 50. Glyzerinmonomethyläther, 51. Äthyl-Harnstoff, 52. Thio-Harnstoff, 53. Methyl-Harnstoff, 54. Harnstoff, 55. Dicyandiamid, 56. Hexamethylentetramin. 57. Glyzerin. [Nach Collander, R., Physiol. Plant. 7, 420 (1945)]

und K_i der Verteilungskoeffizient ist. Nimmt man ferner an, daß der Diffusionsschritt ähnlich wie in freier Lösung dem Fickschen Gesetz gehorcht, dann muß im stationären Zustand

$$J_i/A = \frac{\tilde{D}_i}{\delta}(\tilde{c}_{i0} - \tilde{c}_{i\delta}) \tag{11.123}$$

sein, wobei A die Membranfläche und $\tilde{D}_i$ den Diffusionskoeffizienten von i in der Membranphase bezeichnen, von dem man erwarten kann, daß er ähnlich wie in freien Lösungen eine negative Potenzfunktion des Molekulargewichts (M_i) von i ist

$$\tilde{D}_i = \gamma \frac{1}{M_i^\beta}. \qquad (11.124)$$

Aus (11.122) und (11.123) folgt

$$J_i/A = \frac{K_i \tilde{D}_i}{\delta}(c_i' - c_i'') \qquad (11.125)$$

und der Vergleich mit (11.24) führt zu

$$P_i = \frac{K_i \tilde{D}_i}{\delta} \qquad (11.126)$$

Nach diesem Modell sollte man folglich erwarten, daß die Permeabilität mit dem Verteilungskoeffizienten Membran/Wasser zunimmt und, wegen (11.124), mit zunehmendem Molekulargewicht abnimmt. Nun sind die Verteilungskoeffizienten Membran/Wasser zwar nicht bekannt, da wir aber wissen, daß die Zellmembran vornehmlich aus Lipiden besteht und da sich die Verteilungsmuster in verschiedenen Lipiden oder Lipid-Lösungsmitteln nur wenig unterscheiden, können wir annehmen, daß die $K_i^{\text{Olivenöl/Wasser}}$ die Verhältnisse in der Membran mit guter Näherung richtig wiedergeben. Wir schließen deshalb, daß das einfache Diffusionmodell die experimentellen Daten von Abb. 11.26 gut erklären kann. Über die Abhängigkeit der Diffusionskoeffizienten vom Molekulargewicht in Lipiden ist wenig bekannt. In wäßrigen Lösungen liegt der Exponent β von Gl. (11.124) zwischen 1/2 und 1/3.

Da die Lipidlöslichkeit von der Molekülstruktur abhängt, kommen in dem Permeationsverhalten von Abb. 11.26 letztlich Unterschiede der Molekülstruktur zum Ausdruck. Der Verteilungskoeffizient K_i ist ein Maß für die Differenz der molaren freien Energie ($\bar{G}_i$) bei Lösung einer Substanz in zwei verschiedenen Phasen. Im Gleichgewicht gilt

$$\mu_{iw} = \mu_{il} \qquad (11.127a)$$

wobei die Indizes w und l die wäßrige und die nichtwäßrige Phase und i die Testsubstanz bezeichnen. Wenn wir das chemische Potential in seinen konzentrationsabhängigen Term ($RT \ln c_i$) und das Standardpotential ($\mu_i^0 = \bar{G}_i$) zerlegen, so folgt im Verteilungsgleichgewicht aus (11.127a)

$$\mu_{iw}^0 - \mu_{il}^0 = \bar{G}_{iw} - \bar{G}_{il} = RT \ln \frac{c_{il}}{c_{iw}} = RT \ln K_i, \qquad (11.127b)$$

wobei $\bar{G}_{iw}$ und $\bar{G}_{il}$ die partielle molare freie Energie (Gibbs) von i in wäßriger und nicht-wäßriger Lösung bedeuten. Werte für $\bar{G}_{iw}$ in verdünnten wäßrigen Lösungen sind für viele Substanzen aus Partialdruck- und Löslichkeitsmessungen bekannt. Vergleicht man solche Daten von Molekülreihen, in denen jeweils nur eine Molekülgruppe α (z.B. OH oder CH_2) variiert wurde, so findet man, daß sich G_{iw} jeweils um einen annähernd konstanten, spezifischen Betrag $\Delta \bar{G}_{\alpha w}$ ändert (Tab. 11.6, Spalte 2). Eine ähnliche Gesetzmäßigkeit, und zwar eine Änderung um einen annähernd konstanten Faktor, (ε_α findet man bei Betrachtung der Verteilungskoeffizienten (Spalte 3). Mit Hilfe von (11.127) kann man aus diesen Daten den Betrag der freien Energie $(\Delta \bar{G}_\alpha)_{w \to l}$ für den Transfer eines Mols einer Substanz i von Wasser in die Lipidphase abschätzen, für den eine einzelne Molekülgruppe α verantwortlich ist. Diese Werte und Absolutwerte für $\Delta \bar{G}_{\alpha l}$ sind in den Spalten 5 und 7 aufgetragen. In Spalten 4, 6 und 8 sind ähnliche Berechnungen für die Permeabilitätsdaten von Abb. 11.26 durchgeführt unter der grob vereinfachenden Annahme, daß die Permeabilität allein durch den Verteilungskoeffizienten bestimmt ist. Man sieht, daß $(\Delta \bar{G}_\alpha)_{w \to l}$ für alle Molekülgruppen α (mit Ausnahme von CH_2) positiv

Tabelle 11.6. Beziehung zwischen Molekülstruktur und Lipidlöslichkeit (bzw. Permeabilität) nach Diamond J. M. Ann. Rev. Physiol. 31, 581 (1969)

Molekülgruppe α	$\Delta \bar{G}_{\alpha w}$ [a] [J mol^{-1}]	ε_α [b]		$RT \ln \varepsilon_\alpha = (\Delta \bar{G}_\alpha)_{w \to l}$ [c] [J mol^{-1}]		$\Delta \bar{G}_{\alpha l}$ [J mol^{-1}]	
		Olivenöl	Membran	Olivenöl	Membran	Olivenöl	Membran
—OH	−29 000	0,009	0,002	11 600	15 000	−18 400	−14 000
—O—	−17 000	0,1	0,25	6 000	4 000	−11 000	−13 000
—C(=O)—	−25 500	0,025	0,014	9 500	10 500	−16 000	−15 000
—C(=O)—O—R	−23 000	0,1	0,1	6 000	6 000	−17 000	−17 000
—CH$_2$—	+ 700	3,0	2,8	− 1 400	− 1 200	− 2 100	− 1 900

[a] $\Delta \bar{G}_{\alpha w}$ resp. $\Delta \bar{G}_{\alpha l}$: Differenz der freien Energie der Lösung zweier Substanzen, die sich nur durch die Molekülgruppe α unterscheiden. Der Index w bzw. l gibt das Lösungsmittel an: w = Wasser, l = Lipid.
[b] Der Faktor ε_α gibt die Änderung des Verteilungskoeffizienten an, die durch den Einbau einer Molekülgruppe α hervorgerufen wird.
[c] $(\Delta \bar{G}_\alpha)_{w \to l} = -\Delta \bar{G}_{\alpha w} + \Delta \bar{G}_{\alpha l}$ = Änderung der freien Energie bei Transfer von Wasser in Lipid, die durch den Einbau einer Molekülgruppe α hervorgerufen wird.
Die Daten in Spalten 4, 6 und 8 basieren auf den Verteilungskoeffizienten und den Permeabilitätsmessungen der Abb. 11.26

ist, d.h. jeder Substituent verringert die Lipidlöslichkeit und damit die Permeabilität mit Ausnahme der CH_2-Gruppe, welche die Lipidlöslichkeit und Permeabilität erhöht. Die Tatsache, daß die Absolutwerte von $\Delta \bar{G}_{aw}$ (wieder mit Ausnahme der CH_2-Gruppen) größer sind als die Absolutwerte von $\Delta \bar{G}_{al}$, besagt, daß die molekularen Wechselwirkungskräfte zwischen Wasser und gelösten Substanzen größer sind als zwischen Lipid (bzw. Membran) und gelösten Substanzen. Daraus kann man folgern, daß das Grundmuster der Permeabilität in erster Linie durch die physikalisch-chemischen Eigenschaften der einzelnen Komponenten in der wäßrigen Lösung bestimmt sind und weniger durch die Eigenheiten der Membran selbst. In der Tat ist das Permeabilitätsmuster von Zellmembranen ganz unterschiedlicher Herkunft in seinen Grundzügen etwa gleich (Algen, rote Blutzellen, Epithelzellen).

Die thermodynamischen Daten von Tab. 11.6 sind Ausdruck verschieden starker molekularer Wechselwirkungskräfte in den verschiedenen Phasen. In wäßrigen Lösungen handelt es sich dabei im wesentlichen um Wasserstoffbrückenbildung mit Wassermolekülen und in der Lipidphase um van der Waals-Kräfte und London-Dispersionskräfte. Auf molekularer Ebene kann man deshalb sagen, je größer die Fähigkeit eines Moleküls zur Wasserstoffbrückenbildung ist, desto geringer ist seine Lipidlöslichkeit und seine Permeabilität in biologischen Membranen. Entsprechend bewirkt die Einführung einer OH-Gruppe, die als H-donor und H-acceptor wirken kann, die stärksten negativen Werte von $\Delta \bar{G}_{aw}$ und hat die stärkste Reduktion der Permeabilität zur Folge.

Von diesem Grundmuster der Nichtelektrolytpermeabilität, das ein grob vereinfachendes Bild darstellt, gibt es wichtige Ausnahmen:

1. Kleine hydrophile Moleküle (H_2O sowie in vielen Membranen Harnstoff und andere Amide) diffundieren leichter, als das Grundschema erwarten läßt (siehe auch Abb. 11.26). Diese Ausnahme gilt als Indiz für das Vorhandensein hydrophiler Passagewege (Kanäle oder Poren), die nur für kleine Moleküle passierbar sind.

2. Verzweigte Moleküle penetrieren langsamer als unverzweigte Isomere, obwohl die $\bar{G}_{iw}$-Werte mit der Verzweigung positiver werden d.h. K_i ansteigen sollte. Dieser Befund wird damit erklärt, daß die Membran im Gegensatz zur einfachen Lipidphase eine geordnete Doppelschichtstruktur aufweist.

3. Für eine Reihe von Substanzen, wie z.B. Zucker, gibt es besondere Transportmechanismen (s. unten „erleichterte Diffusion"), die die Permeabilität höchst selektiv um Größenordnungen erhöhen können.

b) Elektrolyte

Ob einfache Diffusion beim Transport anorganischer Ionen durch Zellmembranen eine nennenswerte Rolle spielt, muß bezweifelt werden. Im Vergleich zu den Nichtelektrolyten sind die Wechselwirkungskräfte zwischen Ionen und Wasser sehr viel stärker. Man muß deshalb annehmen, daß Elektrolyte nicht in ausreichender Menge in die Lipidphase der Membranen eindringen können, um meßbare Ionenflüsse hervorzurufen. In der Tat haben reine Lipiddoppelschichten sehr hohe elektrische Widerstände, d.h. sie sind schlecht permeabel für Ionen (Tab. 11.4). Die elektrischen Widerstände von Zellmembranen sind dagegen um Größenordnungen niedriger. Das läßt vermuten, daß Zellmembranen spezifische Permeationshilfen für anorganische Ionen besitzen (siehe unten „Erleichterte Diffusion"). Für organische Ionen, die π-Elektronen besitzen (z.B. Tetraphenylborat, s. S. 357, oder Rhodanit), sind Lipiddoppelschichten aber gut permeabel.

Ionentransport durch einfache Diffusion findet man jedoch an Epithelmembranen, deren Schlußleisten (s. S. 328) nicht dicht, sondern durchlässig sind (proximaler Tubulus der Niere, Dünndarm, Gallenblase). Auf dem Weg durch die Schlußleisten brauchen die Substanzen keine geschlossene Lipidbarriere zu überwinden, da die Zellmembranen benachbarter Zellen hier nur in einem schmalen Saum aneinanderliegen, in dem sie punktförmig miteinander verlötet sind. Das Permeationsverhalten der Schlußleisten ähnelt dem von Ionenaustauschermembranen. Es scheint im wesentlichen durch die Abmessungen des Proteinmaschenwerks und durch einen kleinen Überschuß negativer Festladungen bestimmt zu werden.

11.3.3.2. Erleichterte Diffusion

a) Nichtelektrolyte

Untersucht man die Aufnahme von Zuckern in rote Blutzellen, so findet man für einige Zucker, z.B. D-Glukose, sehr viel höhere Transportraten, als nach den Daten der Abb. 11.26 zu erwarten wären, während andere Zucker, die sich in Struktur und physikalischen Eigenschaften kaum unterscheiden (z.B. L-Glukose), keine vergleichbar hohen Transportraten aufweisen. Bei der näheren Untersuchung des Zuckertransports zeigten sich folgende Eigenschaften:

1. Ähnlich wie bei freier Diffusion erfolgt der Transport nur in Gegenwart eines Zucker-Konzentrationsgradienten. Wenn die Zuckerkonzentrationen im Inneren der roten Blutzellen und in der Außenphase gleich sind, ist der Zuckertransport null. Es handelt sich also nicht um aktiven Transport, sondern um *passiven* Transport.

2. Der Transport zeigt eine ausgeprägte *Selektivität* (s. Tab. 11.7). Zucker der Gruppe A werden rasch transportiert, Zucker der Gruppe B sehr viel langsamer.

3. Für jeden Zucker i der Gruppe A gilt, daß der Diagonalkoeffizient (L_{ii}) in typischer Weise von der mittleren Konzentration $\bar{c}_i$ abhängt. Diese Abhängigkeit wird üblicherweise in Form der Abb. 11.27 beschrieben: In dieser Abbildung ist der *initiale* Zuckereinstrom in zuckerfreie rote Blutzellen in Abhängigkeit von der Zuckerkonzentration in der Außenphase aufgetragen. Bei niedrigen Konzentrationen steigt der Zuckerfluß proportional zur Außenkonzentration an. Bei höheren Konzentrationen stellt sich jedoch eine maximale Flußrate ein, die trotz steigender Zuckerkonzentration nicht mehr gesteigert werden kann *(Sättigungskinetik)*.

348 Membranen

Tabelle 11.7. Spezifität des Zuckertransportsystems von roten Blutzellen des Menschen

Zucker	K_m mmol/l	V_{max} mmol s^{-1} l (Zellvolumen)$^{-1}$
A		
D-Glukose	4–10	3,3–15
D-Mannose	13–14	6–12
D-Galaktose	21–61	12
D-Xylose	50–71	11
L-Arabinose	200	11,8
D-Ribose	1900–2200	9–13
B		
L-Glukose	nicht meßbar (>3000)	nicht meßbar
L-Galaktose	nicht meßbar (>3000)	nicht meßbar
L-Xylose	nicht meßbar (>3000)	nicht meßbar
L-Rhamnose	nicht meßbar (>3000)	nicht meßbar

Die Zucker der Gruppe A zeigen Transportsättigung nach Gleichung (11.128) resp. (11.129) (siehe auch Abb. 11.27). Für die Zucker der Gruppe B ist innerhalb der Meßgenauigkeit keine Sättigungskinetik erkennbar. Diese Zucker penetrieren auch langsamer als die Zucker der Gruppe A.

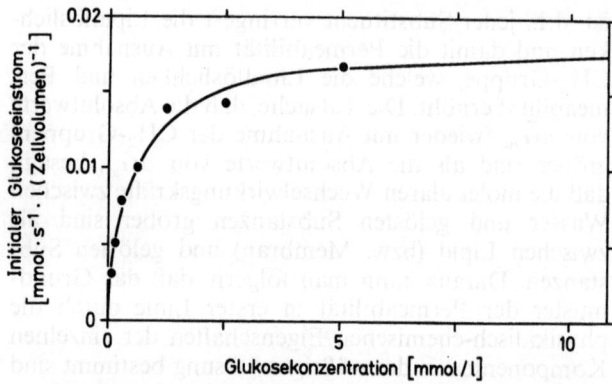

Abb. 11.27. Glukoseeinstrom in rote Blutzellen in Abhängigkeit von der Glukosekonzentration in der Außenphase (Sättigungskinetik). Abszisse: Glukosekonzentration in der Außenphase in mmol/l. Ordinate: Initialer Glukoseeinstrom in glukose-freie Erythrozyten in mmol/s l (Zellvolumen) bei 5° C. Die durchgezogene Kurve wurde nach Gleichung (5.7) an die Meßpunkte angepaßt. [Nach Stein, W. D., The Movement of Molecules across Cell Membranes. Academic Press, New York 1967]

4. Die Gegenwart eines Zuckers j der Gruppe A (in gleichen Konzentrationen beiderseits der Membran) kann den Transport eines Zuckers i der Gruppe A vermindern *(kompetitive Hemmung)*; die Zucker m der Gruppe B haben dagegen keinen Einfluß, d.h. L_{ii} hängt nicht nur von $\bar{c}_i$, sondern auch von $\bar{c}_j$ ab, aber nicht von $\bar{c}_m$.

5. Die Kreuzkoeffizienten für Zucker der Gruppe A, $L_{ij}(j \neq i)$, sind deutlich von null verschieden und *negativ*. Der *Aus*strom von D-Glukose wird z. B. durch die Anwesenheit von D-Galaktose, D-Mannose oder D-Xylose in der *Außenphase* beschleunigt (sog. „*Transstimulation*"). Gibt man gleiche Konzentrationen eines Zuckers i der Gruppe A im Zellinneren und in der Außenphase vor und setzt dann plötzlich außen einen Zucker j der Gruppe A zu, dann wird i vorübergehend nach außen transportiert (sog. *Gegentransport*) (Abb. 11.28). „Transstimulation" und „Gegentransport" finden sich nicht mit den Zuckern in der Gruppe B, d.h. $L_{im}=0$.

6. Die Tracerkopplungskoeffizienten L_{0*} der Zucker in Gruppe A sind ebenfalls deutlich von null verschieden und negativ. Das führt zu analogen Beobachtungen wie unter 4 und 5: Der Tracerausstrom wird durch unmarkierten Zucker auf der Innenseite gehemmt und durch unmarkierten Zucker auf der Außenseite beschleunigt. Eine Konzentrationsdifferenz der unmarkierten Komponente verschiebt die markierte Komponente aus dem Gleichgewicht oder sogar entgegen einem Konzentrationsunterschied (Gegentransport).

7. Der Zuckertransport wird durch Phloretin gehemmt, während andere Membranfunktionen noch wenig gestört sind.

Diese Befunde zeigen, daß in der Membran ein spezifisches Transportsystem existieren muß, das einzelne Zuckermoleküle erkennt und durch die Membran schleust. Die auffallenden Eigenschaften dieses Transportsystems haben schon früh zur Formulierung

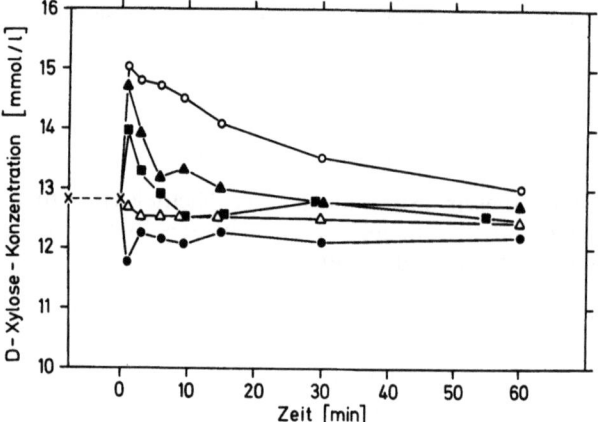

Abb. 11.28. Zuckergegentransport an Erythrozyten. Abszisse: Zeit in min, Ordinate: D-Xylose-Konzentration in der Außenphase in mmol/l. Vor Beginn des Experiments wurden die Erythrozyten mit D-Xylose inkubiert, bis intra- und extrazelluläre D-Xylose-Konzentration gleich waren. Zum Zeitpunkt null wurde der Außenphase entweder D-Glukose (○), D-Galaktose (▲), L-Arabinose (■), D-Fruktose (△) oder D-Mannit (●) zugesetzt (Endkonzentration 270 mmol/l). Dadurch kommt es zum Ausstrom von D-Xylose aus den Erythrozyten. Der Ausstrom ist um so größer, je schneller die einzelnen Zucker in die Erythrozyten einströmen (vergleiche Tab. 11.7). (Nach Wilbrandt, W., Countertransport in Human Red Blood Cells, in: Laboratory Techniques in Membrane Biophysics, H. Passow und R. Stämpfli, Herausgeber, Springer, Berlin 1969)

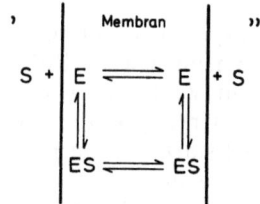

Abb. 11.29. Einfaches Carriermodell. E- Diffusibles Carriermolekül in der Membran, S: Substrat (siehe auch S. 339)

eines Modells, des sog. Carriermodells, geführt, das die genannten Phänomene zwanglos beschreibt (s. S. 339 und Abb. 11.29). Dieses Modell postuliert die Existenz spezifischer Enzymmoleküle innerhalb der Membran, die auf einer Seite der Membran den Zucker selektiv binden, dann durch die Membran treten und auf der anderen Seite den Zucker wieder abgeben, um schließlich im unbeladenen Zustand auf die erste Seite zurückzukehren. Ausgehend von Gl. (11.80), die wir im Falle der Tracerexperimente lediglich etwas erweitern, können wir auch tatsächlich alle oben genannten Phänomene mit dem Carrier-Modell beschreiben. Wir beschränken uns im folgenden auf die wichtigsten Beobachtungen:

1. In Übereinstimmung mit dem Experiment zeigt das Carriermodell keinen aktiven, sondern lediglich *passiven* Transport. Der Zuckertransport ($J_i \neq 0$) ist an eine von null verschiedene Zucker-Konzentrationsdifferenz gebunden.

2. Bei $c_i' \neq 0$ und $c_i'' = 0$ findet man als Näherungslösung von (11.80)

$$J_i = \frac{P\bar{c}_E c_i'}{K + c_i'}, \qquad (11.128)$$

womit die *Sättigungskinetik* in Abb. 11.27 erklärbar ist. Gleichung (11.128) ist identisch mit der Michaelis-Menten Kinetik der Enzymreaktionen, die normalerweise geschrieben wird

$$V = \frac{V_{max} \cdot S}{K_m + S}, \qquad (11.129)$$

wobei V die Umsatzrate, V_{max} die maximale Umsatzrate, K_m die Michaeliskonstante und S die Substratkonzentration bezeichnen.

3. Will man den Tracerfluß von $i(J_*)$ in Gegenwart der unmarkierten Komponente 0 beschreiben, dann muß man Gl. (11.80) erweitern. Unter der Annahme, daß die spezifische Aktivität des Enzym-Substrat-Komplexes auf jeder Seite der Membran gleich der spezifischen Aktivität des Substrates in der angrenzenden Außenphase ist und daß sich K und P für den Tracer und für die unmarkierte Komponente nicht unterscheiden, erhalten wir unter den zuvorgenannten Bedingungen (s. S. 339)

$$J_* = P\bar{c}_E \frac{c_*'(K + c_0'' + c_*'') - c_*''(K + c_0' + c_*')}{(K + c_0' + c_*')(K + c_0'' + c_*'')}. \qquad (11.130)$$

Für $c_*' > 0$, $c_*'' = 0$ und $c_0' > 0$, $c_0'' = 0$ folgt dann als Näherungslösung

$$J_* = P\bar{c}_E \frac{c_*'}{K + c_0' + c_*'}, \qquad (11.131)$$

d.h. der Fluß des Tracers wird durch eine gleichgerichtete Konzentrationsdifferenz der unmarkierten Komponente bzw. überhaupt durch die Anwesenheit der unmarkierten Komponente gehemmt. Analog der Enzymkinetik kann man in diesem Fall von *kompetitiver Hemmung* sprechen.

4. Liegt der Tracer im Gleichgewicht vor und schafft man eine Konzentrationsdifferenz für die unmarkierte Komponente, d.h. $c_*' = c_*'' = c_*$ und $c_0' > c_0''$, so folgt

$$J_* = P\bar{c}_E \frac{c_*(c_0'' - c_0')}{(K + c_0' + c_*)(K + c_0'' + c_*)} \qquad (11.132)$$

In diesem Fall läuft der Tracer entgegen dem Fluß der unmarkierten Komponente (im Zähler steht $c_0'' - c_0'$), wir haben *Gegentransport* vor uns. Um das Phänomen der *Transstimulation* zu erzeugen, muß man annehmen, daß entweder die Tracerkonzentration auf der Transseite ungleich null ist oder daß die Diffusionskonstante des Carriers in der beladenen Form größer ist als in der unbeladenen Form.

5. Ähnliche Ergebnisse wie im Fall der Tracerexperimente findet man auch für Experimente, in denen zwei verschiedene Zucker der Gruppe A (Tab. 11.7) vorliegen. In diesem Fall muß man in der Rechnung unterschiedliche Bindungskonstanten für den Carrier-Substrat-Komplex berücksichtigen, womit man gleichzeitig die *Selektivitäts*unterschiede des Transportsystems für die verschiedenen Zucker erfaßt.

Wie man sieht kann das einfache Carriermodell die wesentlichen Phänomene, die beim Studium des Zuckertransport beobachtet wurden, qualitativ recht gut erklären. Für eine exaktere, quantitative Beschreibung kann man umfassendere Modellrechnungen benutzen, die von weniger einschränkenden Anfangsbedingungen ausgehen und zur Differenzierung von Einzelschritten des Carriertransports herangezogen werden können. Bei der Übersetzung mathematischer Zusammenhänge in molekulare Mechanismen ist aber Zurückhaltung geboten. So bleibt zum Beispiel offen, ob die Vorstellung eines *diffusiblen* Carriers überhaupt zutrifft. Statt eines Diffusionsschrittes könnte auch ein anderer Translokationsprozess (Rotation oder Kippung) eingeschaltet sein, der eine Reaktionskinetik 1. Ordnung besitzt.

Transportmechanismen, die dem Carriermodell gehorchen, sind in der Natur weit verbreitet. Man findet sie für den Transport von Zuckern, Aminosäuren oder kurzkettigen Fettsäuren in wahrscheinlich allen Plasmazellmembranen sowie in Bakterienzellmembranen. Der Versuch, Carriermoleküle aus Membranmaterial zu isolieren, ist bisher nur teilweise geglückt. An Bakterien, bei denen man die Neusynthese der Transportsysteme durch Substrat in der Außenphase induzieren kann, ist es gelungen, mit Hilfe radioaktiver Markierungstechniken Proteine zu isolieren, welche die zur Induktion benutzten Substrate spezifisch binden (sog. Bindungsproteine, s. Tab. 11.8). Diese Proteine wurden z.B. aus gram-negativen Bakterien gewonnen, wo sie im periplasmatischen Raum (zwischen der Plasmamembran und der Bakterienwand) liegen und durch osmotischen Schock (kurzzeitige Reduktion der osmotischen Konzentration in der Außenphase) nach außen abgegeben werden. Obwohl

Tabelle 11.8

	Transportproteine aus Bakterienmembranen			
	Herkunft	Substrat	M^b	Inhibitor
PT-System[a]				
Enzym II A	E. coli	Glukose, Mannose, Fruktose		
Enzym II B	E. coli	– (an Phosphorylierung beteiligt)	36 000	
Enzym E II	Staph. aureus	Laktose	36 000	SH-Reagenzien
M. Protein	E. coli	Laktose	30 000	SH-Reagenzien
Periplasmatische Bindungsproteine	gram-negative Bakterien	verschiedene Zucker oder Aminosäuren oder Sulfat	22 000–42 000	SH-Reagenzien unwirksam

[a] PTS = Phosphotransferasesystem. — [b] M = Molekulargewicht in dalton

sicher ist, daß die Bindungsproteine am Transport beteiligt sind, scheinen sie nur einen Teil des Transportsystems darzustellen. So wurde beobachtet, daß der Transport auch nach Entfernung des Bindungsproteins weiterläuft, aber mit verminderter Affinität.

b) Elektrolyte

Wie in Tab. 11.4 gezeigt wurde, sind die elektrischen Widerstände der Zellmembran um mehrere Größenordnungen niedriger als die Widerstände von Lipiddoppelschichten. Das läßt vermuten, daß die Zellmembran spezielle Transportmechanismen für Ionen besitzt, die ähnlich wie im Fall der Zucker und Aminosäuren den Durchtritt durch die Lipidbarriere beschleunigen. In der Tat gibt es eine Vielzahl von Beobachtungen, die die Existenz solcher Mechanismen zur Diffusionserleichterung wahrscheinlich machen:

1. Praktisch alle Zellmembranen zeigen ausgeprägte Ionenselektivitätsmuster. Zum Beispiel ist die Kaliumleitfähigkeit der Muskel- und Nervenzellmembran im Ruhezustand ca. 2 Größenordnungen höher als die Natriumleitfähigkeit. Ähnliche Verhältnisse zeigt die Innen- (oder Blut-) seite der Drüsen- und Epithelzellen. Im Gegensatz dazu ist die Außenseite vieler Epithelzellen (z.B. Amphibienhaut) nahezu ideal selektiv permeabel für Natriumionen, und im Zustand der Erregung ist auch die Muskel- und Nervenmembran besser permeabel für Natrium- als für Kaliumionen.

2. Die Natriumleitfähigkeit der Außenseite der Froschhaut zeigt in Abhängigkeit von der äußeren Natriumionenkonzentration eine typische Sättigungskinetik wie in Abb. 11.27.

3. Die Natrium- und Kaliumleitfähigkeit von Muskel- und Nervenzellen sind potential- und zeitabhängig (s. Kapitel 11.4: Aktionspotential).

4. Die Anionenflüsse durch die Erythrozytenmembran und die Muskelzellmembran zeigen das Phänomen der Tracerflußkopplung (die Tracerflüsse sind um Größenordnungen größer als die Nettoflüsse). Außerdem findet man kompetitive Hemmung zwischen verschiedenen Anionen: Gegenwart von Cl^-, Br^-, I^- oder Bicarbonat hemmt den Tracerfluß von Cl^-.

5. In vielen Fällen kennt man Gifte, die in niedrigen Konzentrationen die Leitfähigkeit für einzelne Ionen selektiv blocken. Tetrodotoxin hemmt die Natriumleitfähigkeit ($K_i = 10^{-8}$ mol/l) und Tetraäthylammonium die Kaliumleitfähigkeit der erregbaren Membran. Das Diuretikum Amilorid hemmt die Natriumleitfähigkeit der Epithelzellen ($K_i = 10^{-6}$ mol/l). Das Stilbenderivat DIDS hemmt die Anionenflüsse der Erythrozytenmembran durch kovalente Bindung an Proteinpartikel irreversibel. Verapamyl hemmt die Ca^{++}-Aufnahme in Herzmuskelzellen.

Welche molekularen Mechanismen den genannten Ionentransporten zugrunde liegen, ist noch nicht bekannt. Versuche, die Transportsysteme (Ionophoren) aus der Membran zu isolieren und ihre Eigenschaften in künstlichen Membranen zu studieren, stecken erst in den Anfängen. Ein Carriermechanismus, wie im Fall des Glukosetransports, ist lediglich für den Anionentransport wahrscheinlich. Für den Transport der Kationen scheinen dagegen spezifische Kanäle oder Poren zu bestehen, die quer durch die Membran reichen und selektiv den Durchtritt einzelner Ionen ermöglichen. Gegen Carriertransport spricht, daß es in diesem Fall bisher nicht gelungen ist negative Tracerkopplungskoeffizienten zu beobachten. Das Porenmodell hat in letzter Zeit zudem an Wahrscheinlichkeit gewonnen, seit man weiß, daß es tatsächlich biologische Substanzen gibt, die in Lipidmembranen Poren bilden. Es handelt sich dabei um Polypeptide aus Pilzen wie Gramicidin oder Alamethicin. Gramicidin besteht aus einer Kette von 15 Aminosäuren. Es wirkt als Ionophor für die Alkalimetallionen und H^+. Der Schluß, daß es Poren bildet, folgt aus der Beobachtung, daß es 1. nur in Lipiddoppelschichten, nicht aber in dickeren Lipidmembranen wirkt, 2. daß sich die Leitfähigkeit aus kleinsten konstanten Leitfähigkeitseinheiten (Einzelporenleitfähigkeit) zusammensetzt, 3. daß die Leitfähigkeit spannungsabhängig ist und 4. daß sich die Leitfähigkeit nicht wesentlich ändert, wenn die Membran abgekühlt wird und die Lipidphase erstarrt. Interessant ist ferner, daß sich offenbar zwei Moleküle hintereinander lagern müssen, um eine Pore zu bilden. Diese Eigenschaften unterscheiden Gramicidin wesentlich von einem anderen Kaliumionophor, Valinomycin, das als mobiler diffundierender Carrier wirkt, keine diskreten Leitfähigkeitsstufen bei niedrigen Konzentrationen aufweist und bei Erstarren der Lipidphase einen Leitfähigkeitsverlust von 4 Größenordnungen zeigt (Änderung der Diffusionskoeffizienten). Alamethicin wirkt ebenfalls als Porenbildner. Die Leitfähigkeit in Gegenwart von Alamethicin ist spannungsabhängig und die Lebensdauer der leitenden Poren sehr kurz. Mit dieser Substanz kann man die elektrischen Erscheinungen erregbarer Membranen nachahmen.

11.3.3.3. Ionen-Selektivität

Trotz einer sehr hohen Spezifität für einzelne Ionen sind die Ionentransportmechanismen der Zellmembranen in der Regel nicht absolut selektiv für eine Ionensorte. Bei systematischer Untersuchung findet man vielmehr typische Selektivitätsmuster. Für den Natriumkanal am Riesennerven des Tintenfischs wird z.B. folgende Permeabilitätsreihe der Alkalimetallionen beobachtet:

$$Li:Na:K:Rb:Cs = 1,1:1:1/12:1/40:1/61.$$

Solche Selektivitätsmuster zeigen gewisse Gesetzmäßigkeiten. Vergleicht man die Selektivitätsdaten verschiedenster Transportprozesse von biologischen oder künstlichen Membranen miteinander, so findet man, 1. daß sich nahezu alle Daten zwanglos in nur 11 Selektivitätssequenzen einordnen lassen, obwohl insgesamt 120 Permutationen der Alkalimetallsequenz möglich sind, und 2. daß annähernd konstante quantitative Relationen innerhalb der einzelnen Sequenzen bestehen, die den Eisenman'schen Selektivitätsisothermen von Glaselektroden entsprechen.

Die 11 Selektivitätssequenzen für die Alkalimetallionen sind:

I	$Cs^+ > Rb^+ > K^+ > Na^+ > Li^+$
II	$Rb^+ > Cs^+ > K^+ > Na^+ > Li^+$
III	$Rb^+ > K^+ > Cs^+ > Na^+ > Li^+$
IV	$K^+ > Rb^+ > Cs^+ > Na^+ > Li^+$
V	$K^+ > Rb^+ > Na^+ > Cs^+ > Li^+$
VI	$K^+ > Na^+ > Rb^+ > Cs^+ > Li^+$
VII	$Na^+ > K^+ > Rb^+ > Cs^+ > Li^+$
VIII	$Na^+ > K^+ > Rb^+ > Li^+ > Cs^+$
IX	$Na^+ > K^+ > Li^+ > Rb^+ > Cs^+$
X	$Na^+ > Li^+ > K^+ > Rb^+ > Cs^+$
XI	$Li^+ > Na^+ > K^+ > Rb^+ > Cs^+$

Diese 11 Sequenzen lassen sich nach der Theorie von Eisenman durch unterschiedliche elektrische Feldstärken der Bindungsstellen in der Membran und durch die unterschiedlichen Wechselwirkungskräfte zwischen den einzelnen Ionen und Wassermolekülen in der Lösung voraussagen. Dabei ist zu beachten, daß die Bindungsstellen der Membran nicht unbedingt ionalen Ursprungs sein müssen, sondern daß z.B. auch Ion-Dipol-Wechselwirkungen mit Sauerstoff oder Stickstoffatomen möglich sind. Sequenz I ist identisch mit der Sequenz der Beweglichkeiten in freier Lösung und ist nach Eisenman zu erwarten, wenn die Wechselwirkungskräfte zwischen Membran und Wasser schwächer sind als zwischen Ionen und Wasser. Sequenz XI entspricht der Reihenfolge zunehmender Kristallradien der Alkalimetallionen. Sie ist zu erwarten, wenn die Wechselwirkungskräfte Membran und Ionen extrem hoch sind. Ähnliche Sequenzen ergeben sich übrigens für die freie Energie der Bildung der verschiedenen Alkalihalogenide, die als Modelle für die Wechselwirkung zwischen Bindungsstellen in der Membran und penetrierenden Alkalimetallionen angesehen wurden (Iodid: Sequenz I, Bromid: Sequenz II, Chlorid: Sequenz V, Fluorid: Sequenz XI).

11.3.4. Flußkopplungsphänomene

In diesem Abschnitt behandeln wir Flüsse J_i, die durch die treibende Kraft einer Komponente $j(j \neq i)$ hervorgerufen werden. Diese Phänomene werden quantitativ durch die Kreuzkoeffizienten L_{ij} beschrieben und hier unter dem Begriff Flußkopplung zusammengefaßt. Aus Gründen der Übersichtlichkeit teilen wir auf in Kopplung zwischen Wasser und gelösten Teilchen und Kopplungen zwischen gelösten Teilchen untereinander.

11.3.4.1. Kopplung zwischen Wasser und gelösten Teilchen

Nach Gl. (11.40) wird der Kopplungskoeffizient $L_{iw} = L_{wi}$ oft durch den Reflexionskoeffizienten σ_i charakterisiert. Der Reflexionskoeffizient kann im Prinzip negativ oder positiv sein und kann auch einen Wert > 1 annehmen. $\sigma_i = 0$ heißt, daß die treibende Kraft für den Wasserfluß auch einen Fluß der Komponente 1 bewirkt, und zwar folgt dann aus (11.20) bzw. (11.45) mit (11.40) bei $\Delta \mu_j = 0$ bzw. $\Delta \eta_j = 0$ $(j = 1 \ldots k)$

$$(J_i)_{\Delta \eta_j = 0} = \frac{L_{ww} \bar{c}_i}{\bar{c}_w} \Delta \mu_w \quad \text{und} \quad J_w = L_{ww} \Delta \mu_w, \quad (11.133)$$

d.h. Wasser und gelöste Substanz werden im selben Verhältnis transportiert, das in den Außenphasen vorliegt:

$$J_i / J_w = \bar{c}_i / \bar{c}_w. \quad (11.134)$$

$\sigma_i = 1$ heißt, daß eine treibende Kraft für den Wasserfluß keinen Fluß von i bewirkt. Reflexionskoeffizienten $\sigma_i < 0$ und $\sigma_i > 1$ sind an biologischen Membranen bisher nicht beobachtet worden.

Systematische Untersuchungen über Reflexionskoeffizienten verschiedener Nichtelektrolyte liegen von Pflanzenzellmembranen, Erythrozyten und Gallblasenepithelzellen vor. An der Gallenblase fanden sich für stark lipidlösliche Substanzen wie Chloroform, Butanol, Pyridine und die Substanzen 2–6 von Abb. 11.26 Werte um Null, während Substanzen mit geringer Lipidlöslichkeit wie Zucker und Aminosäuren und die Substanzen 56 und 57 von Abb. 11.26 Werte um 1,0 zeigen. Für die Reflexionskoeffizienten gelten demnach ähnliche Gesetzmäßigkeiten wie für die Permeabilitätskoeffizienten, d.h. je größer die Lipidlöslichkeit, desto größer die Permeabilität und desto kleiner der Reflexionskoeffizient. Über die Reflexionskoeffizienten der Zellmembran für einzelne Ionen liegen wenig exakte Messungen vor. Allgemein darf man annehmen, daß die Reflexionskoeffizienten für Alkalimetallionen und Halogenide nahe bei 1 liegen. Deutlich niedrigere Werte findet man jedoch an epithelialen Membranen, bei denen der Stofftransport nicht nur durch die Zellen hindurch, sondern auch zwischen den Zellen hindurch (parazellulär) erfolgen kann (proximaler Tubulus der Niere). Hier sind Werte von $\sigma_i = 0{,}6$ für Na^+ und Cl^- beschrieben worden.

11.3.4.2. Kopplung zwischen gelösten Teilchen

Bei freier Diffusion in verdünnten Lösungen sind die Kreuzkoeffizienten (L_{ij}), die den Fluß einer gelösten Komponente i in Abhängigkeit von der treibenden Kraft einer anderen Komponente j beschreiben, normalerweise klein gegenüber den Diagonalkoeffizienten (L_{ii} oder L_{jj}). Entsprechende Daten für einfache Kochsalzlösung findet man in Tab. 11.9. Daraus folgt, daß in freier Lösung Kopplungsphänomene zwischen den Flüssen einzelner Ionen oder zwischen Ionen und Nichtelektrolyten von untergeordneter Bedeutung sind. Das gilt jedoch nicht für Flüsse durch Membranen. Sobald der Beweglichkeitsspielraum der Teilchen in der Membran eingeschränkt ist, wie zum Beispiel im Inneren einer langen Pore, nimmt die Bedeutung der Kreuzkoeffizienten im Verhältnis zu den Diagonalkoeffizienten zu. Wenn die Pore im Extremfall so eng ist, daß die Teilchen nicht aneinander vorbeiwandern können, haben wir den Fall der „single-file"-Diffusion vor uns, der in umfangreichen Modellrechnungen behandelt worden ist und bei dem die Kreuzkoeffizienten L_{ij} maximal positive Werte annehmen. Flußkopplungsphänomene, die durch wassergefüllte „Poren" entstehen dürften, sind für Harnstoff und Glukose an der Froschhaut beobachtet worden.

Von großer biologischer Wichtigkeit sind Flußkopplungsphänomene im Rahmen des sekundär aktiven Transports (s. S. 341 u. S. 358). Dabei wird der Fluß einer Komponente i mit Hilfe eines lokal passiven Kopplungsmechanismus an den Fluß einer aktiv transportierten Komponente $j (j \ne i)$ erzeugt. Als Beispiel betrachten wir den gekoppelten Natrium-Glukose-Transport durch die luminale Zellwand (Bürstensaum) von Dünndarm und Niere, der in zahlreichen Experimenten am intakten Epithel (Flußmessungen, elektrische Messungen) und an isolierten Membranbläschen untersucht worden ist. Am intakten Epithel fand man, daß der Glukosefluß von der Glukose-

Tabelle 11.9

Konzentration [mol/l]	Phänomenologische Koeffizienten für NaCl-Lösung						
	0,01	0,02	0,05	0,10	0,20	0,50	1,00
L_{NaNa}	5,2	10,4	25,4	49,8	97,3	232,9	440,2
L_{ClCl}	8,0	15,8	38,9	76,2	148,9	356,0	669,3
L_{NaCl}	0,2	0,6	2,3	5,5	13,6	42,4	93,1

Dimension der Koeffizienten ist $10^{-14}\ mol^2\ J^{-1}\ cm^{-1}\ s^{-1}$

konzentration und von der Natriumkonzentration im Lumen der Darmschlingen bzw. der Harnkanälchen abhängt und daß diese Abhängigkeit durch einfache Sättigungskinetiken (Gl. 11.128) mit K_m-Werten von 1 mmol/l für Glukose und 15 mmol/l für Natrium beschrieben werden kann (diese Zahlen gelten für den proximalen Tubulus der Rattenniere). Bei der Untersuchung von Bläschen der Bürstensaummembran zeigten sich folgende Eigenschaften:

1. In Abwesenheit von Natriumionen kann Zucker entlang einem Konzentrationsgefälle in die Bläschen einströmen, die Transportraten sind aber sehr klein und führen immer nur zum Konzentrationsausgleich zwischen Innen- und Außenphase (Abb. 11.30 Kurve a). Dieser Transport ist unspezifisch (D- und L-Glukose laufen etwa gleich schnell) und nicht durch Phlorhizin hemmbar.

2. In Gegenwart von Natriumionen ($c'_{Na} = c''_{Na}$) ist der Transport von D-Glukose (aber nicht der von L-Glukose) beschleunigt (Abb. 11.30, Kurve b), d.h. die D-Glukosekonzentration in den Bläschen steigt jetzt schneller auf den Wert der Außenphase an. Phlorhizin kann die Beschleunigung unterdrücken.

3. Erzeugt man einen Na^+-Gradienten, indem man der Außenphase, nicht aber dem Vesikelraum, NaCl zusetzt, dann beschleunigt sich die Glukoseaufnahme so stark, daß die Glukosekonzentration in den Bläschen vorübergehend die Konzentration der Außenphase übertrifft (Abb. 11.30, Kurve c) (Transport entgegen dem Konzentrationsgefälle). Wenn der Natriumeinstrom beendet ist, strömt Glukose wieder aus, bis sich Innen- und Außenphase im Konzentrationsgleichgewicht befinden. Dieser Effekt ist spezifisch für Natriumionen und D-Glukose (er wird nicht mit Kaliumionen oder Cholin und nicht mit L-Glukose beobachtet) und wird durch Phlorhizin gehemmt.

4. Der Glukoseeinstrom in Gegenwart des Na-Konzentrationsgradienten läßt sich noch beschleunigen, wenn man ein Membranpotential entsprechender Polung aufbaut (Bläscheninnenphase negativ), indem man das Chlorid durch das lipidlösliche Rhodanition ersetzt (Abb. 11.30, Kurve d). Der Glukosefluß wird also nicht nur von der Natriumkonzentrationsdifferenz, sondern auch von der elektrischen Potentialdifferenz getrieben. Dieser Befund deckt sich mit der Beobachtung, daß der Glukosetransport am intakten Epithel die Potentialdifferenz über der luminalen Zellmembran ändert.

5. Ein Konzentrationsgefälle unmarkierter D-Glukose von der Innenphase nach außen beschleunigt

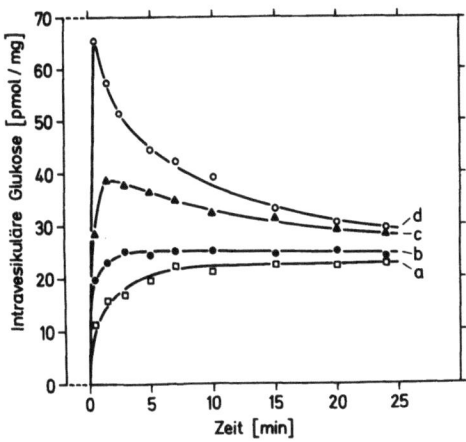

Abb. 11.30a–d. Na$^+$/Glukose-Kotransport an Bürstensaumbläschen der Niere. Abszisse: Zeit in min, Ordinate: intravesikuläre Glukosemenge in pmol/mg Protein. Gemessen wurde die D-Glukose-Aufnahme in isolierte Membranvesikel der luminalen Zellwand von Nierenzellen. Die Glukose wurde zum Zeitpunkt Null der Außenphase zugesetzt. Die Messung erfolgte (a) in Abwesenheit von Na$^+$, (b) in Anwesenheit von Na$^+$ ($c'_{Na} = c''_{Na}$), (c) in Gegenwart eines NaCl-Gradienten und (d) in Gegenwart eines NaSCN-Gradienten (Einzelheiten und Erklärung im Text). [Nach Kinne, R., Murer, H., Kinne-Saffran, E., Thees, M., and Sachs, G., Sugar Transport by Renal Plasma Membrane Vesicles. J. Membrane Biol. 21, 375 (1975)]

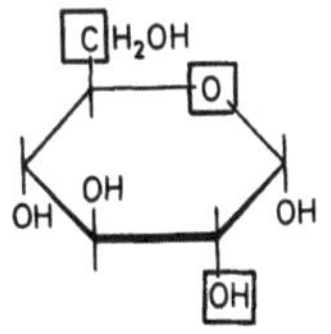

Abb. 11.31. Spezifität des Zuckertransportsystems in Darm und Niere. Es werden nur Zucker transportiert, deren Struktur in den Punkten 1 bis 3 mit der Struktur der D-Glukose übereinstimmt: 1. Pyranosering, 2. OH-Gruppe am C_2-Atom in der Stellung der D-Glukose, 3. C_6-Atom ebenfalls in der Stellung der D-Glukose. Zucker, deren Struktur in anderen Positionen von der Glukosestruktur abweicht, werden transportiert, aber meist mit geringerer Rate. So vermindert die Umkehr der Position der OH-Gruppe an C_4 (Galaktose) oder C_3 (Allose) die Affinität des Zuckers zum Transportsystem beträchtlich (Anstieg des K_m-Wertes)

die Aufnahme radioaktiv-markierter D-Glukose in Gegenwart von Natriumionen.

Diese Beobachtungen zeigen eindeutig, daß der Tracer-Glukosefluß durch die Konzentrationsdifferenz der markierten und unmarkierten Glukose und durch die elektrochemische Potentialdifferenz der Natriumionen getrieben wird und daß der Fluß passiv erfolgt. Unter Vernachlässigung des Wasserflusses können wir demnach schreiben:

$$J_* = L_{**} \Delta \mu_* + L_{*0} \Delta \mu_0 + L_{*Na} \Delta \eta_{Na}, \quad (11.135)$$

wobei der Index $*$ für die markierte und der Index 0 für die unmarkierte Glukose steht. Aus den oben dargestellten Befunden folgt, daß L_{**} stark von der Natriumkonzentration abhängt, L_{*0} negativ ist und $L_{*Na} > 0$ ist.

Tabelle 11.10. Flußkopplungssysteme in verschiedenen Membranen

	Kotransport	Gegentransport
Niere, Darm (luminale Zellwand)	Na$^+$/Zucker Na$^+$/Aminosäuren[a] Na$^+$/PO$_4^-$	Na$^+$/H$^+$
Ascites-Tumor-Zellen	Na$^+$/Aminosäuren[a]	
Erythrozyten		Cl$^-$/HCO$_3^-$
Mitochondrien	H$^+$/HPO$_4^=$ H$^+$/R–(COO$^-$)$_2$	H$^+$/Na$^+$ H$^+$/K$^+$ ATP/ADP
Bakterien	H$^+$/Zucker (β-Galaktosid) H$^+$/Aminosäuren[a]	H$^+$/Na$^+$

[a] Saure, basische und neutrale Aminosäuren werden über verschiedene Transportsysteme transportiert.

Als molekulare Grundlage des Flußkopplungsphänomens kommt ein Transportsystem vom Carriertyp in Frage, wie es in Abschnitt 11.3.3.2a „Erleichterte Diffusion" beschrieben wurde. Im Gegensatz zum einfachen Carriersystem müssen wir aber annehmen, daß das Carriermolekül in diesem Fall zwei Bindungsstellen besitzt und daß es die Membran nur dann penetrieren kann, wenn es mit Glukose und Natrium beladen ist. Für die Existenz eines Carriermechanismus spricht die hohe Selektivität des Transportsystems (s. Abb. 11.31), die spezifische Hemmbarkeit durch Phlorhizin und insbesondere die Beobachtung negativer Tracer-Kopplungskoeffizienten. In Bindungsstudien an Bürstensaummembranen wurde gefunden, daß eine gemeinsame Bindungsstelle für Glukose und Phlorhizin besteht (die Substrate zeigen kompetitive Hemmung) und daß die Bindung beider Substrate von der Na-Konzentration abhängt. Versuche, das Carriermolekül aus der Membran zu isolieren und zu reinigen, sind noch im Gange.

Flußkopplungsphänomene, die ähnliche Gesetzmäßigkeiten zeigen, sind in zahlreichen Membranen beobachtet worden (s. Tab. 11.10). Außer positiven Koeffizienten L_{ij} (Beispiel Kopplung von Natrium- und Glukosefluß) gibt es auch Systeme mit negativen Koeffizienten, $L_{ij} < 0$. Ein typisches Beispiel ist das ATP-ADP-Transfersystem der Mitochondrienmembran, das ATP nach außen und im Austausch dafür ADP nach innen befördert.

11.3.5. Aktiver Transport

Wie auf den Seiten 340 bis 341 diskutiert und begründet wurde, bezeichnen wir als aktiven Transport den Transport einer Komponente i, der in Abwesenheit aller elektrochemischen Potentialdifferenzen (d.h. aller passiven Kräfte) durch Kopplung an eine chemische Reaktion entsteht. Wie wir ferner gezeigt haben, muß man an zusammengesetzten Membranen zwischen primär und sekundär aktivem Transport unterscheiden. Während der primär aktive Transport durch lokale Kopplung mit einer chemischen Reaktion zustande kommt, wird der sekundär aktive Transport durch passive Flußkopplung an eine primär aktiv transportierte Komponente erzeugt. Wir besprechen zunächst primär aktiven Transport und beginnen mit der Beschreibung des aktiven Na^+/K^+-Transports in der Zellmembran. Dieses Transportsystem ist als erstes aktives Transportsystem erkannt worden, und seine Beschreibung war deshalb eng mit den Bemühungen um die Definition des aktiven Transports verknüpft. Phylogenetisch älter und im Energiekreislauf der Zelle dem Na^+/K^+-Transport vorgeschaltet ist der aktive H^+-Transport in der Mitochondrienmembran und der Photosynthesemembran.

11.3.5.1. Primär aktiver Transport

a) Aktiver Na^+/K^+-Transport

Wahrscheinlich alle tierischen Zellen und zumindest einige Pflanzenzellen (Algen) besitzen in der Zellwand einen primär aktiven Transportmechanismus, der Na^+ aus der Zelle herauspumpt und K^+ in die Zelle hineintransportiert. Die Energie für diesen Transport stammt aus der Spaltung von ATP.

Die Entdeckung und Charakterisierung dieser Na^+/K^+-„Pumpe" hat Jahrzehnte gedauert, und die Aufklärung des Transportmechanismus selbst ist auch heute noch nicht abgeschlossen. Am Anfang stand die Beobachtung, daß die Ionenverteilung zwischen dem extrazellulären Raum und dem intrazellulären Raum lebender Zellen nicht im elektrochemischen Gleichgewicht ist. Wie aus Tab. 11.11 hervorgeht, ist die Abweichung am deutlichsten für Na^+ und Ca^{++} und weniger deutlich für K^+. Obwohl die Zellwand für diese Ionen permeabel ist (wie man mit Tracerexperimenten leicht nachweisen kann) und obwohl Na^+ und Ca^{++} durch einen elektrochemischen Potentialgradienten ständig in die Zelle hineingetrieben werden bzw. K^+ aus der Zelle herausgetrieben wird, bleiben die Konzentrationsdifferenzen bestehen, solange der Stoffwechsel intakt ist. Blockiert man aber den Stoffwechsel durch Abkühlung oder durch Gifte, dann strömen Na^+, Ca^{++}, Cl^- und Wasser in die Zellen ein und K^+ aus, und die Potentialdifferenz über der Zellwand bricht zusammen. Die Zellen befinden sich also normalerweise in einer Situation, die der „stop flow"- oder „static head"-Situation (s. S. 341) entspricht: Die Nettoflüsse aller permeablen Substanzen (mit Ausnahme der Stoffwechselpartner, O_2, Glukose und CO_2) sind Null, aber für einige permeable Komponenten bestehen zwischen Zelle und Interstitium von Null verschiedene elektrochemische Potentialdifferenzen. Nach Gl. 11.86 müssen wir postulieren, daß diese Situation durch aktiven Transport einer oder mehrerer permeabler Komponenten (z.B. Na^+ und/oder K^+) hervorgerufen wird.

Einen entscheidenden Fortschritt brachten 1951 die Experimente Ussings an der Froschhaut, deren Ergebnisse wir im folgenden kurz zusammenfassen:

1. Nach Ausschaltung aller Druck-, Konzentrations- und Potentialdifferenzen zwischen der Außenseite und der Blutseite transportiert die Froschhaut ständig Na^+ von außen zur Blutseite, während keine meßbaren Nettoflüsse von K^+ oder Cl^- auftreten (später fand man noch eine vergleichsweise kleine H^+-Sekretion sowie bei einigen Froscharten einen Netto-Cl^--Transport).

2. Unter den gleichen Bedingungen liefert die Haut einen elektrischen Strom (Kurzschlußstrom), der quantitativ mit dem Netto-Na^+-Transport (d.h. der Differenz zwischen dem $^{22}Na^+$-Fluß von der Außenseite zur Blutseite und dem gleichzeitig gemessenen $^{24}Na^+$-Fluß von der Blutseite nach außen) identisch ist.

3. Netto-Natriumtransport und Kurzschlußstrom brechen zusammen, wenn der Stoffwechsel unterbunden wird.

4. Zwischen dem Na^+-Transport und dem Sauerstoffverbrauch des Gewebes besteht eine stöchiometrische Relation von ca. 20 mol Na^+/mol O_2.

5. Der Transport ist an die Gegenwart von Kaliumionen auf der Blutseite der Haut gebunden. In kaliumfreien Lösungen fällt der Transport langsam ab, um nach Rückkehr zu physiologischen Kaliumkonzentrationen wieder auf den Ausgangswert anzusteigen (Diese Beobachtung macht eine Verbindung des transepithelialen Natriumtransports mit der Na^+/K^+-Pumpe der Zellmembranen wahrscheinlich).

Mit diesen Experimenten war erstmals die Existenz des aktiven Na^+-Transports eindeutig nachgewiesen und zudem wahrscheinlich gemacht, daß es sich um primär aktiven Transport handelte. Sekundär aktiver Transport durch Kopplung an andere unbekannte Ionenflüsse ließ sich durch die Identität von aktivem Natriumtransport und Kurzschlußstrom ausschließen.

Die weitere Untersuchung erfolgte im wesentlichen am Riesenaxon des Tintenfisches und an Erythrozyten, deren intrazelluläre Ionenzusammensetzung durch

Tabelle 11.11. Ionale Zusammensetzung von extrazellulärer und intrazellulärer Flüssigkeit und elektrochemische Potentialdifferenzen einzelner Ionen über der Zellmembran

	c_i'' [mmol/l] extrazellulär	c_i' [mmol/l] intrazellulär[a]	$\Delta \eta_i$[b] [Jmol^{-1}]	$E_i = \frac{\Delta \eta_i^c}{z_i F}$ [mV]
Na^+	114	~ 10	$-15.6 \cdot 10^3$	-162
K^+	4	140	$+ 0.5 \cdot 10^3$	$+ 5$
Ca^{++}	1.3	~ 0.001	$-22.7 \cdot 10^3$	-117
Mg^{++}	0.75	18[d]	$(3.8 \cdot 10^3)$	$(+ 20)$
Cl^-	114	(4)	~0	~0
HCO_3^-	30	8	$+ 5.3 \cdot 10^3$	$- 55$
PO_4	1	70[e]		

[a] Näherungswerte für Muskelzellen des Warmblüters. Die exakte Bestimmung intrazellulärer Konzentrationen ist auch heute noch nicht möglich.
[b] Errechnet aus (11.44) unter Berücksichtigung des Membranpotentials $\Delta \varphi = \varphi' - \varphi'' = -90$ mV.
[c] Die Potentialdifferenz E_i wäre mit Elektroden meßbar, die für die einzelnen Ionen i reversibel sind.
[d] Mg^{++} ist wahrscheinlich zum größeren Teil in subzellulären Räumen gelagert.
[e] PO_4 liegt hauptsächlich in Bindung an organische Substanzen vor. Das scheinbare Defizit anionischer Ladungen wird durch intrazelluläre Proteine gedeckt.

geeignete Methoden geändert werden kann. Heute ergibt sich folgendes Bild:

1. Die Zellen transportieren Natriumionen aktiv von innen nach außen und Kaliumionen aktiv von außen nach innen. Beide Transporte sind eng gekoppelt. Ist die Außenseite kaliumfrei, sistiert der aktive Natriumausstrom, und ist die Innenseite natriumfrei, sistiert der aktive Kaliumeinstrom. An der Erythrozytenmembran ist das Kopplungsverhältnis 3 Natriumionen im Austausch für 2 Kaliumionen. Daraus folgt, daß die Na^+/K^+-Pumpe einen elektrischen Strom erzeugen muß (partiell elektrogene Pumpe). Der Transportmechanismus ist hoch selektiv für Na^+ — keines der übrigen Alkalimetallionen kann Na^+ ersetzen —, aber weniger selektiv für K^+. K^+ kann mit abnehmender Wirksamkeit durch Rb^+, NH_4^+, Cs^+ oder Li^+ ersetzt werden.

2. Die Energie für den Transport wird durch hydrolytische Spaltung von ATP (Adenosintriphosphat) in ADP (Adenosindiphosphat) und anorganisches Phosphat (P_i) gewonnen:

$$ATP + H_2O \rightarrow ADP + P_i.$$

ATP wird als Energieträger der Zelle in Mitochondrien gebildet (s. S. 357). Bei der Spaltung eines ATP-Moleküls werden 3 Na^+ nach außen und 2 K^+ nach innen transportiert.

3. Der aktive Na^+/K^+-Transport wird hochspezifisch durch Digitalisglykoside, z.B. g-Strophantin = Ouabain, gehemmt. Ouabain wirkt nur, wenn es der Zelle von der Außenseite angeboten wird. Es konkurriert dort mit K^+ um eine Bindungsstelle. Die Bindung von Ouabain erfolgt schnell und ist reversibel, die Dissoziationsgeschwindigkeit des Komplexes ist jedoch von Tier zu Tier und von Organ zu Organ verschieden. In günstigen Fällen (Erythrozyten des Menschen) kann man die Transportstellen in der Membran mit ^3H-Ouabain markieren und den Besatz der Membran mit Transportstellen auszählen. Solche Messungen ergeben ca. 200 Transportstellen pro rote Blutzelle.

4. Der aktive Transportprozeß ist umkehrbar. Inkubiert man ATP verarmte Erythrozyten in einer Na^+-reichen, K^+-freien Außenlösung, dann findet man einen Na^+-*Einstrom* und damit gekoppelt einen K^+-*Ausstrom*, der durch Ouabain gehemmt werden kann, d.h. Na^+- und K^+-Ionen laufen rückwärts durch die Pumpe. Dieser Vorgang ist mit der *Synthese* von ATP verbunden. Pro zwei bis drei transportierte K^+-Ionen wird aus ADP und radioaktiv markiertem anorganischen PO_4 ein Molekül ATP gebildet. Gibt man Ouabain, dann unterbleibt auch die ATP-Synthese.

Für die weitere Aufklärung des Transportsystems war es wichtig, daß es sich praktisch ohne Aktivitätsverlust aus Zellmembranen isolieren und weitgehend rein darstellen läßt. Bei der Gelelektrophorese erhält man 2 Proteine mit Molekulargewichten von 100000 und 50000, wobei alle Transporteigenschaften dem größeren Protein zuzuordnen sind. Biochemisch

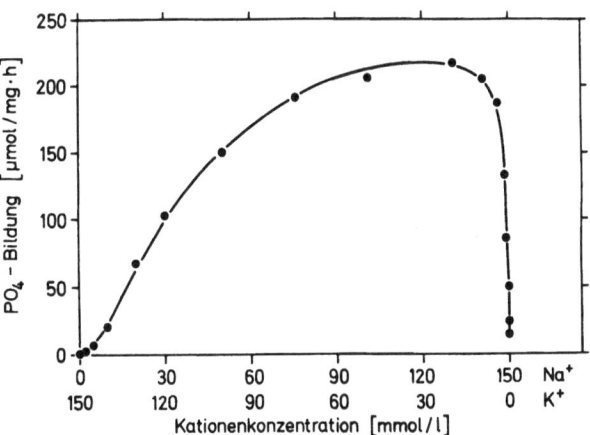

Abb. 11.32. Aktivität der Na^+/K^+-ATPase aus Ochsenhirn als Funktion der Na^+- und K^+-Konzentration. Abszisse: Na^+- und K^+-Konzentration in mmol/l im Testmedium. Ordinate: ATP-Spaltung in µmol abgespaltenes PO_4 pro mg Protein pro Stunde. [Nach Skou, J.C., The ($Na^+ + K^+$) Activated Enzyme System and its Relationship to Transport of Sodium and Potassium. Quarterly Rev. Biophys. 7, 401 (1975)]

wirkt das Transportsystem als ATPase (ATP-spaltendes Enzym), deren Aktivität von der Na^+-, K^+- und Mg^{++}-Konzentration reguliert wird (Abb. 11.32). Das Enzym ist ebenso wie der Transport durch Ouabain hemmbar, und die Hemmung zeigt in vielen Fällen die gleiche Konzentrationsabhängigkeit wie die Hemmung des Na^+/K^+-Transports in der ursprünglichen Membran. Ferner findet man eine gute Korrelation zwischen der ATPase-Aktivität und der Größe des aktiven Natriumtransports in verschiedenen Geweben. Der interessanteste biochemische Befund ist der Nachweis eines Phosphorylierungsprodukts, das durch Übertragung des endständigen energiereichen Phosphates von ATP auf das Enzym in Gegenwart von Na^+ und Mg^{++} entsteht und in Gegenwart von K^+ sofort zerfällt. Aus dem Studium der verschiedenen fördernden und hemmenden Einflüsse der Phosphorylierung ergibt sich das Reaktionsschema in Abb. 11.33.

Nach diesem Schema nimmt man an, daß das Enzym in zwei Konformationszuständen existieren kann. In der dephosphorylierten Form E' liegen Natriumbindungsstellen auf der Zytoplasmaseite der Membran frei. Sobald Natriumionen gebunden sind, kann das Enzym durch ATP in Gegenwart von Mg^{++} phosphoryliert werden. Die Phosphorylierung bewirkt eine Konformationsänderung in den Zustand E''. Dabei werden die gebundenen Natriumionen von der Innenseite auf die Außenseite der Membran transferiert. In der Form E'' haben die Bindungsstellen ihre Selektivität für Natriumionen verloren und binden bevorzugt Kaliumionen. Die Natriumionen diffundieren deshalb in die Außenphase ab. Sobald Kaliumionen von der Außenphase an das Enzym gebunden sind, erfolgt die Dephosphorylierung, und das Enzym kehrt in den Zustand E' zurück. Diese Konformationsänderung ist mit der Translokation der gebundenen Kaliumionen von der Außenphase in die Innenphase

Membranen

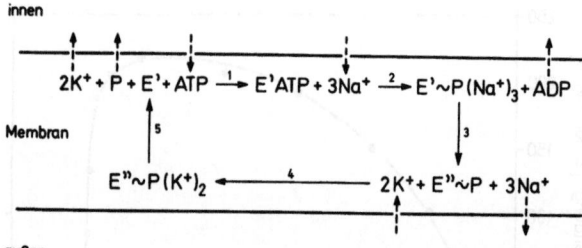

Abb. 11.33. Mögliches Funktionsschema der Na$^+$/K$^+$-Pumpe. Das Transportenzym kann in zwei Konformationszuständen vorliegen, als E' auf der Innenseite und als E'' auf der Außenseite der Membran. Die Konformationsänderung von E' in E'' (Schritt 3) kommt durch die Übertragung des energiereichen Phosphats aus ATP in Gegenwart von Na$^+$ und Mg^{++} zustande. Sie ist mit dem Transport von Na$^+$ von innen nach außen verbunden. Die zweite Konformationsänderung von E'' zurück zu E' (Schritt 5) wird durch die Bindung von K$^+$ (Schritt 4) eingeleitet. Schritt 4 wird durch Ouabain gehemmt, Schritt 3 durch Oligomycin. Die gestrichelten Pfeile geben die Flußrichtung der Reaktionspartner zwischen Membran und Außenphase an. Alle Reaktionen sind umkehrbar. Die prinzipielle Ähnlichkeit mit Modell β (S. 343) ist unverkennbar

verbunden, wo die Kaliumionen wieder abdissoziieren, weil die Bindungsstellen in der Form E' Natriumionen bevorzugen. Damit kann der Transportzyklus erneut durchlaufen werden.

Letzte Zweifel an der Identität von Na$^+$/K$^+$-ATPase und Na$^+$/K$^+$-Transportsystem in der Zellmembran wurden ausgeräumt, als es gelang, das Enzym in Liposomen einzubauen und das Phänomen des aktiven Na$^+$/K$^+$-Transports im Reagenzglas zu studieren.

b) Weitere aktive Transportsysteme mit Spaltung energiereicher Phosphate

α) ATPasen
Neben dem Na$^+$/K$^+$-Transport nennen wir an erster Stelle den Ca^{++}-Transport im sarkoplasmatischen Retikulum der Muskelfaser. Dieses Transportsystem nimmt in der Phase der Muskelerschlaffung Kalziumionen aus dem Zellplasma in kleine vesikuläre Räume auf und kann dabei große Kalziumkonzentrationsunterschiede zwischen Zellplasma (10^{-6} mol/l) und dem intravesikulären Raum (ca. 10^{-3} bis 10^{-2} mol/l) überwinden. Der Transport erfolgt mit Stoffwechselenergie aus der Spaltung von ATP. Ähnlich wie beim Na$^+$/K$^+$-Transport besteht eine feste stöchiometrische Relation, pro Mol ATP werden 2 mol Ca^{++} aufgenommen. Die Gegenwart von Mg^{++} ist erforderlich. Versuche, das Enzym zu isolieren, führten zu ähnlichen Ergebnissen wie beim Na$^+$/K$^+$-Transport. Biochemisch wirkt das Enzym als ATPase, die durch Ca^{++} und Mg^{++} stimuliert wird. Ebenso wie die Na$^+$/K$^+$-ATPase funktioniert die Ca^{++}/Mg^{++}-ATPase nur in Gegenwart von Lipiden. Ca^{++}-ATPasen sind auch aus Zellmembranen isoliert worden (Erythrozyt). Außer Ca^{++}-ATPasen sind in Zellmembranen von Magen, Drüsen und Niere auch ATPasen beschrieben worden, die durch HCO$_3^-$ oder K$^+$ aktiviert werden und die möglicherweise mit primär aktivem Wasserstoffionentransport in diesen Organen zusammenhängen. Trotz zahlreicher Berichte über aktiven Chloridtransport (Froschhaut, Nierenmark, Nervenzellen) ist eine Cl$^-$-stimulierte ATPase bisher nicht nachgewiesen worden. Der Cl$^-$-Transport ist möglicherweise in die Gruppe sekundär aktiven Transports einzustufen (s. S. 358).

β) Phosphotransferasesystem
An letzter Stelle sei hier ein Zuckertransportsystem (das Phosphotransferasesystem) aus Bakterienmembranen genannt, das im Unterschied zu den ATPasen einige *Besonderheiten* aufweist:
1. Es gehört nicht zu den Systemen, die aktiven Transport in der Definition (11.83) zeigen, sondern man kann allenfalls von „aktivem Transport mit chemischer Umwandlung" sprechen (s. S. 339), da die Zucker während des Transports in der Membran phosphoryliert werden und als Zucker-Phosphatverbindungen in der Zelle erscheinen.
2. Die Energie für den Transport wird nicht durch Spaltung von ATP gewonnen, sondern stammt aus Phosphoenolpyruvat. Die energiereiche Phosphatgruppe des Phosphoenolpyruvats wird nach Passage über zwei oder drei Enzyme direkt auf den Zucker übertragen. Die Isolierung und Charakterisierung der einzelnen Enzyme des Phosphotransferasesystems ist schon relativ weit gediehen (s. auch Tab. 11.8).

c) Aktiver H$^+$-Transport (Redox-System)

α) Mitochondrienmembran
Die Mitochondrien sind der Ort der Zellatmung. Hier wird durch eine Reihe von Redoxsystemen (Atmungskette) der Wasserstoff der im Stoffwechsel abgebauten Kohlehydrate mit dem durch die Atmung aufgenommenen Sauerstoff zu Wasser „verbrannt" und die Energie der Wasserbildung in die Synthese einer energiereichen chemischen Verbindung (ATP aus ADP und PO$_4$) umgesetzt. Die Redoxreaktionen sind mit dem aktiven Transport von Wasserstoffionen aus dem Innenraum der Mitochondrien in die Außenphase verbunden. Dadurch entsteht eine elektrochemische Potentialdifferenz für H$^+$ über der Mitochondrienmembran, die die ATP-Synthese treibt (Mitchell).

Gibt man zu einer Suspension isolierter Mitochondrien, die unter Abschluß von Sauerstoff (anaerob) gehalten wurden, einen kleinen Sauerstoffpuls (der in ca. 1 s verbraucht ist), dann beobachtet man, daß der pH-Wert der Außenphase plötzlich abfällt (ebenfalls in ca. 1 s) und dann mit exponentiellem Verlauf langsam auf den Ausgangswert zurückkehrt (Abb. 11.34). Eine eingehende Analyse dieser Beobachtung und weitere Befunde führten zu folgenden Schlüssen:
1. Die initiale Ansäuerung der Außenphase wird durch Transport von H$^+$ aus dem Matrixraum nach außen hervorgerufen. Zerstört man die Lipidphase der Membran durch Detergenzien, z.B. Triton X 100, dann findet keine Ansäuerung statt.
2. Die H$^+$-Transportrate steht in einem festen stöchiometrischen Verhältnis zum verbrauchten Sauer-

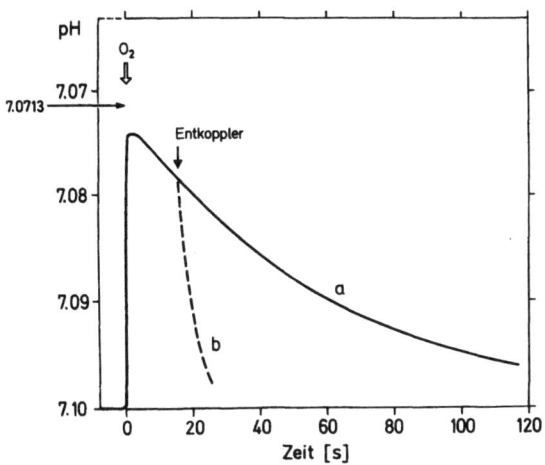

Abb. 11.34. Aktiver H^+-Transport durch die Mitochondrienmembran. Abszisse: Zeit in s, Ordinate: pH des Testmediums. Zur Zeit Null wurde einer anaeroben Suspension von Lebermitochondrien ein kleiner O_2-Puls zugeführt, der bereits in ca. 1 s verbraucht ist. Die Zugabe des O_2 führt zum Transport von H^+ durch die Mitochondrienmembran nach außen. Der pH-Wert des Testmediums sinkt von 7,10 auf 7.073 ab und kehrt dann mit einer Zeitkonstante von 60 s langsam zum Ausgangswert zurück. Gibt man 20 s nach dem O_2-Puls 0,5 µmol/l des Entkopplers CFCCP, der die Membran für H^+ gut permeabel macht, dann bricht die pH-Verschiebung sofort zusammen. Der pH-Wert von 7.0713 entspräche in diesem Experiment einem Verhältnis von 6 transportierten H^+-Ionen pro ein verbrauchtes O-Atom. [Nach Mitchell, P., Proton-Translocation Phosphorylation in Mitochondria, Chloroplasts and Bacteria: Natural Fuel Cells and Solar Cells. Fed. Proc. **26**, 1370 (1967) und Mitchell, P. and Moyle, J. Respiration Driven Proton Translocation in Rat Liver Mitochondria. Biochem. J. **105**, 1147 (1967)]

stoff. Wählt man kleine O_2-Pulse, dann ist der H^+-Rückstrom während der Dauer der H^+-Ausschüttung vernachlässigbar, so daß man aus der maximalen pH-Verschiebung und der Pufferkapazität der Mitochondriensuspension die Menge der transportierten H^+-Ionen pro Atom verbrauchten Sauerstoffs errechnen kann. Solche Berechnungen geben konstante Verhältnisse J_{H^+}/Γ_0 von 6 in Gegenwart von β-Hydroxybuttersäure als Substrat bzw. 4 in Gegenwart von Succinat, das an anderer Stelle in die Atmungskette eingreift.

3. Das stöchiometrische Verhältnis ist unabhängig von der Ionenzusammensetzung des Mediums und wird weder durch Ionophoren (z.B. Valinomycin) noch durch Entkoppler (s. weiter unten) oder spezifische Blocker der ATPase (Oligomycin) verändert, wohl aber durch Gifte der Atmungskette. So senkt Rotenon den Quotienten J_{H^+}/Γ_0 in Gegenwart von β-Hydroxybuttersäure von 6 auf 2, Cyanid blockt total.

4. Der Auswärtstransport der H^+-Ionen ist mit der Entstehung eines Membranpotentials (Außenphase positiv, Innenphase negativ) verbunden. Da die Potentialdifferenz nicht direkt gemessen werden kann, weil die Mitochondrien für die Punktion mit Mikroelektroden zu klein sind, war man auf indirekte Methoden angewiesen (z.B. Messung von K^+-Flüssen nach Dotierung der Membran mit dem Kaliumio-

nophor Valinomycin und Verteilungsmessung lipidlöslicher Ionen). Atmende Mitochondrien reichern im Innenraum lipidlösliche Kationen, z.B. $TPMP^+$ (Triphenylmethylphosphonium), an und senken die Konzentration lipidlöslicher Anionen, z.B. TPB^- (Tetraphenylborat), im gleichen Verhältnis unter die Konzentration in der Außenphase. Da diese Ionen Lipidmembranen frei penetrieren können, kann die gegensinnige Verteilung im stationären Zustand nur durch ein Membranpotential (Innenraum negativ) hervorgerufen sein.

5. Bei gleichzeitiger Bestimmung der pH-Differenz und der Potentialdifferenz fand man im Zustand stationärer Atmung eine elektrochemische Potentialdifferenz für Wasserstoffionen von $\Delta\eta_{H^+} = 22\,000$ J/mol. Das entspricht einer Potentialdifferenz (sog. „proton motive force") von

$$\frac{\Delta\eta_i}{z_i F} = \frac{RT}{z_i F} \ln \frac{c_i'}{c_i''} + \Delta\varphi = -230\,\text{mV}$$

wobei wir den Innenraum als ′Phase bezeichnen.

Aus diesen Befunden folgt, daß die Ansäuerung der Außenphase respirierender Mitochondrien durch aktiven Auswärtstransport von Wasserstoffionen erfolgt, der mit der Atmungskette gekoppelt ist und energetisch durch die Oxydation des Substrat-Wasserstoffs gespeist wird (Abb. 11.35). Nach der Hypothese von Mitchell sollen die Redoxsysteme der Mitochondrienmembran in drei Schleifen angeordnet sein, in denen Elektronen kaskadenartig entsprechend dem Gefälle des Redoxpotentials von einem System zum anderen laufen, wobei sie wegen der räumlichen Anordnung der Systeme in der Membran ständig von einer Seite der Membran zur anderen wechseln. Nach jedem Übergang zweier Elektronen von der Außenphase in die Innenphase sollen zwei H^+-Ionen zusammen mit zwei Elektronen von innen nach außen befördert werden.

Die exponentielle Rückkehr der pH-Verschiebung zum Ausgangswert in Abb. 11.34 zeigt den passiven Rückstrom von H^+ in den Innenraum an, der über andere Wege läuft. Das schließt man aus Folgendem:

1. Der Zeitverlauf entspricht genau dem Abklingen eines pH-Sprungs in der Außenphase, der durch plötzliche Zugabe von Säure erzeugt wird.

2. Erhöht man die H^+-Permeabilität der Membran durch Zusatz eines Entkopplers (Wasserstoffionen-Carrier wie DNP = 2,4 Dinitrophenol oder CFCCP, Carbonylcyanid p-trifluoromethoxyphenylhydrazon), dann klingt die pH-Verschiebung schneller ab (siehe Kurve b in Abb. 11.34).

3. Die Abklingphase kann durch die Gegenwart einzelner Kationen oder Anionen initial beschleunigt werden. In diesem Fall wird ein Teil der H^+ Ionen durch Cotransport- oder Countertransportsysteme (Flußkopplung mit PO_4 oder Na^+) beschleunigt in das Innere aufgenommen.

Abschließend sei zu diesem Kapitel erwähnt, daß der H^+-Ionengradient das Kopplungsglied zwischen der Atmungskette und der ATP-Bildung darstellt

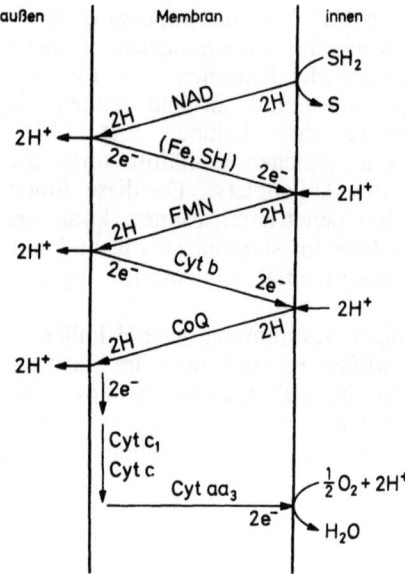

Abb. 11.35. Faltung der Atmungskette in der Mitochondrienmembran als Modell für die Kopplung von Substratverbrennung und aktivem H^+-Transport. S: Substrat, NAD: Nicotinadenindinucleotid, (Fe, SH): Fe oder SH-Gruppen als elektronenübertragende Gruppen eines nicht näher charakterisierten Enzyms. FMN: Flavinmononucleotid, cyt a, b, c: Cytochrome, Co Q: Coenzym Q. Die Elektronenübertragung in den Cytochromen erfolgt durch Valenzwechsel von Eisen oder Cu. Die Anordnung basiert auf der Lage der Oxydations-Reduktionspotentiale der einzelnen Enzyme. [Nach Mitchell, P., Chemiosmotic Coupling in Oxydative and Photosynthetic Phosphorylation. Biol. Rev. 41, 445 (1966)]

und daß die ATP-Bildung aus ADP und PO_4 durch eine ATPase erfolgt, die räumlich getrennt von der Atmungskette in der Mitochondrienmembran liegt und unmittelbar durch den Wasserstoffionengradienten angetrieben wird. Der Mechanismus der ATP-Bildung verläuft also ähnlich wie bei der „rückwärts laufenden" Na^+/K^+-Pumpe (s. Seite 355) mit dem Unterschied, daß nicht der Na^+-, K^+-Gradient, sondern der H^+-Gradient die Energie liefert. Verhindert man die Ausbildung des H^+-Gradienten durch Zugabe eines H^+-Carriers wie DNP oder CFCCP, dann erfolgt keine ATP-Synthese, obwohl die Substratoxydation in der Atmungskette und der aktive H^+-Ionentransport weiterlaufen und der Sauerstoffverbrauch maximal ist (diese Substanzen wirken also als „*Entkoppler*").

β) Photosynthesemembran
Ähnlich wie die Oxydation des Substrat-Wasserstoffs durch Sauerstoff in der Mitochondrienmembran wird die Spaltung des Wassers bei der Photosynthese in den Chloroplasten der Pflanzen sowie in Bakterien durch eine Reihe membrangebundener Redoxsysteme vermittelt. Ferner ist auch in diesem Fall der Elektronentransport durch das Redoxsystem mit aktivem H^+-Transport verknüpft, und der aktive H^+-Transport baut über der Photosynthesemembran ebenfalls eine pH-Differenz und ein Membranpotential auf. Wasserstoffionentransport, Wasserspaltung und der energieliefernde Primärprozeß, die Lichtabsorption, stehen in einem festen stöchiometrischen Verhältnis zueinander. Nach Witt werden bei der Absorption zweier Lichtquanten zwei H^+-Ionen transportiert, während gleichzeitig ein Molekül Wasser gespalten und ein Molekül $NADP^+$ zu NADPH reduziert wird. Der Prozeß der Photosynthese ist im Detail in Kapitel 13.1 behandelt. Ob primär aktiver H^+-Transport durch Redoxsysteme auch an anderen biologischen Transportprozessen beteiligt ist, wie z.B. an der Salzsäure-Sekretion im Magen, läßt sich heute noch nicht sicher sagen.

11.3.5.2. Sekundär aktiver Transport

Bei der von uns bevorzugten Definition des aktiven Transports aus dem "level-flow"-Experiment (s. S. 340, Gl. 11.83) tritt sekundär aktiver Transport nur bei Serienschaltung auf (s. Seite 341). Eine Komponente i wird z.B. dann sekundär aktiv transportiert, wenn zwei Membranen hintereinander geschaltet werden, wobei eine Membran eine Komponente j ($j \neq i$) primär aktiv transportiert, während die andere Membran einen passiven Flußkopplungsmechanismus für i und j ($L_{ij} \neq 0$) besitzt. Diese Situation ist an zahlreichen Epithelmembranen (z.B. Darm, Niere) verwirklicht (Abb. 11.36). Die Epithelzellen besitzen ebenso wie Muskel-, Blut- oder Nervenzellen eine Na^+/K^+-Pumpe, die als primär aktiver Transportmechanismus anzusehen ist. Im Gegensatz zu den genannten Zellen ist die Na^+/K^+-Pumpe der Epithelzellen aber nicht über die gesamte Zellmembran verteilt, sondern liegt zumindest bei Darm- und Nierenepithelien ausschließlich in der dem Blut zugekehrten Zellseite (basale Zellmembran). Da die gegenüberliegende (luminale) Zellmembran außerdem gut permeabel für Natriumionen ist, während die Natriumpermeabilität der basalen Membran gering ist, kommt auf diese Weise ein gerichteter aktiver Natriumtransport vom Lumen zum Interstitium zustande: Natriumionen werden laufend von der Zelle ins Interstitium gepumpt; dadurch entsteht eine elektrochemische Potentialdifferenz für Na^+ zwischen der Zelle und den Außenphasen, so daß Natriumionen ständig entlang ihrem Potentialgradienten vom Lumen in die Zelle nachströmen können. Um sekundär aktiven Transport einer Komponente i zu erzeugen, benötigen wir jetzt nur noch einen passiven Flußkopplungsmechanismus mit $L_{iNa} \neq 0$ in der luminalen Membran. Die Existenz solcher Kopplungsmechanismen haben wir bereits in Abschnitt 11.3.4.2. Seite 352 beschrieben. Ist ein solcher Mechanismus vorhanden, dann wird die Komponente i mit dem Na^+-Fluß vom Lumen in die Zelle gelangen und wird sich dort anreichern, bis die zelluläre Konzentration so hoch ist, daß der passive Ausstrom durch die basale Membran der Aufnahme durch die luminale Membran gerade die Waage hält. Die Energie für den inkongruenten Fluß der Komponente i vom Lumen zur Zelle, — d.h. für den Fluß J_i entgegen dem Gefälle $\Delta \mu_i$ — liefert die elektrochemische Potentialdifferenz der Natriumionen über der luminalen

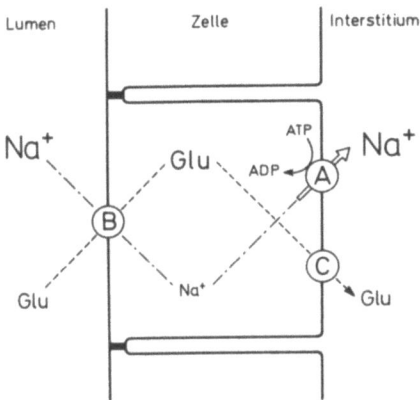

Abb. 11.36. Modell für den sekundär aktiven Transport von Glukose durch Darm und Nierenepithel. A: Primär aktiver Na$^+$-Transport in der basalen Zellmembran, B: Flußkopplungssystem für Na$^+$ und Glukose in der luminalen Zellmembran, C: Carriersystem zur erleichterten Diffusion von Glukose aus der Zelle. Die Größe der Symbole soll die Höhe des elektrochemischen Potentials der Komponenten in den einzelnen Phasen veranschaulichen. [Nach Crane, R. K., Na Dependent Transport in the Intestine and other Animal Tissues. Fed. Proc. **24**, 1000 (1965)]

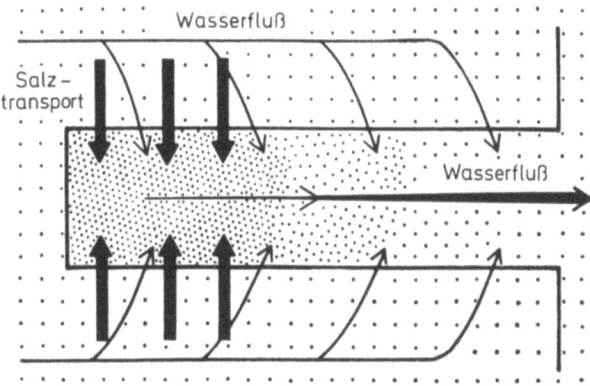

Abb. 11.37. Lokale Osmose. In einem intraepithelialen Raum, der zu einer Epitheloberfläche hin abgeschlossen, aber zur anderen Oberfläche hin offen ist, entwickelt sich durch den aktiven Salztransport ein konstanter osmotischer Gradient. Die Dichte der Punkte soll die osmotische Konzentration angeben. [Nach Diamond, J. M. and Bossert, W. H., Standing Gradient Osmotic Flow. A Mechanism for Coupling of Water and Solute Transport in Epithelia, J. Gen. Physiol. **50**, 2061 (1967)]

Zellmembran, die ihrerseits durch die Tätigkeit der aktiven Natriumpumpe aufgebaut wird. Solche sekundär aktiven Transportmechanismen finden sich am Darm- und Nierenepithel für die Resorption von Glukose, Aminosäuren, Phosphat und für die Sekretion von H$^+$ (bzw. die Resorption lipidlöslicher Puffer, die sich dem H$^+$-Gradienten entsprechend verteilen). Erwähnt sei noch, daß auch der passive Ausstrom von i durch die basale Zellmembran durch einen Carriermechanismus vermittelt wird, daß dieser Carrier aber nicht von der elektrochemischen Potentialdifferenz der Natriumionen beeinflußt wird. Ferner sei darauf hingewiesen, daß man an solchen Systemen durch Variation der Konzentration von i in den Außenphasen die aktive Transportrate der Natriumionen verändern kann. So findet man an Darm und Niere, daß aktives Transportpotential und Kurzschlußstrom von der Zuckerkonzentration in den Außenphasen abhängen. Eine symmetrische Konzentrationsänderung des Nichtelektrolyten Zucker bewirkt eine Potentialänderung.

Als weiteres Beispiel für sekundär aktiven Transport sei die „*isotone Wasserresorption*" genannt. Hinsichtlich des Wassertransports lassen sich die Epithelien in zwei große Gruppen unterteilen. Die eine Gruppe, Harnblase, distaler Tubulus und Sammelrohr der Niere, zeigt nur dann einen meßbaren transepithelialen Wasserfluß, wenn ein osmotischer Gradient besteht. Die andere Gruppe, Dünndarm, Gallenblase und proximaler Tubulus der Niere, transportiert auch Wasser, wenn kein osmotischer Gradient besteht. Umspült man die Epithelien der Gruppe II auf der Lumen- und Blutseite mit der gleichen NaCl-Ringerlösung und hält den Stoffwechsel in Gang, dann findet man, daß NaCl und Wasser vom Lumen zur Blutseite transportiert werden und daß die transportierte Flüssigkeit innerhalb der Meßgenauigkeit die gleiche osmotische Konzentration hat wie die Außenlösungen (isotoner Wassertransport). Nach der Definition 11.83, S. 340) handelt es sich dabei um aktiven Wassertransport. Der Wassertransport sistiert aber, wenn man den aktiven Natriumtransport durch Ouabain ausgeschaltet hat, was auf sekundär aktiven Wassertransport mit Kopplung an aktiven Natriumtransport schließen läßt. Im Gegensatz zum Zuckertransport kann der sekundär aktive Wassertransport aber nicht durch eine Art Carriermechanismus in der luminalen Membran der Epithelzellen zustande kommen, da pro Molekül Natrium ca. 370 Moleküle Wasser transportiert werden. Wahrscheinlicher ist Flußkopplung durch lokale Osmose (s. Abb. 11.37). Bei diesem Modell nimmt man an, daß der aktive Salztransport in speziellen Regionen des Epithels, z. B. in den lateralen Spalten zwischen den Epithelzellen (s. auch Abb. 11.18), Zonen erhöhter osmotischer Konzentration schafft, in die Wasser aus dem Lumen des Darms oder der Harnkanälchen nachströmen kann. Dadurch erhöht sich der hydrostatische Druck, und Flüssigkeit strömt zum Interstitium hin ab. Der osmotische Ausgleich der transportierten Flüssigkeit mit der Lösung in den Außenphasen findet erst im Endabschnitt der Transportstrecke statt.

Definiert man aktiven Transport nach (11.88) aus dem "stop-flow"-Experiment, was in der Literatur häufig geschieht, dann fallen noch mehr Transporte in die Kategorie sekundär aktiven Transports. Darunter gehören dann zahlreiche Transportsysteme nichtepithelialer Zellen, die lediglich eine passive Flußkopplung zwischen einer Komponente i und einer primär aktiv transportierten Komponente j ($j \neq i$) bewirken (Beispiele: Kopplung des Aminosäuretransports mit dem primär aktiven Na$^+$-Transport in Ehrlich-Ascites-Tumorzellen oder Kopplung des Na$^+$

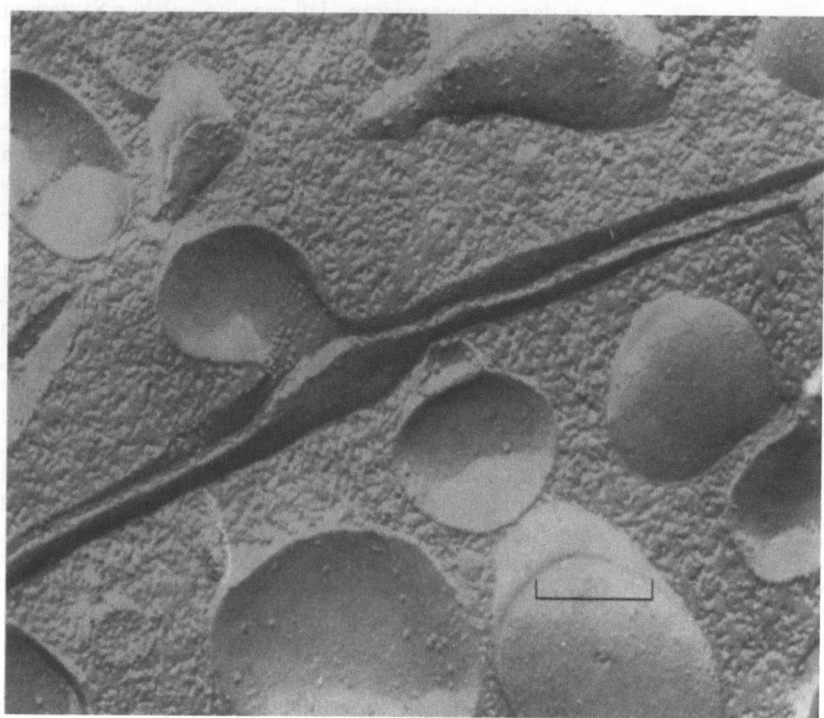

Abb. 11.38. Bläschentransport. Gefrierbruch von β-Zellen des Pankreas. Man erkennt ein Bläschen, das mit dem Spaltraum zwischen zwei benachbarten Drüsenzellen kommuniziert. Die β-Zellen sezernieren das Hormon Insulin. Marke: 200 nm (Aus Dahl,G., J. de Physiologie 1976, im Druck)

und HPO_4^{--}-Transports mit dem primär aktiven H^+-Transport in Mitochondrien- und Bakterienmembranen). Diese Kopplungsmechanismen bewirken bei $\Delta\eta_i = 0$ und $\Delta\eta_j = 0$ keinen Nettofluß der Komponente i. In der stopflow Situation (bei $J_i = 0$, $J_j = 0$, $A \neq 0$) baut sich aber eine elektrochemische Potentialdifferenz für die Substanzen i ($\Delta\eta_i \neq 0$) über der Membran auf, weil der passive Rückstrom der primär aktiv transportierten Komponente j über den Kopplungsmechanismus einen Transport der Komponente i bewirkt (sekundär aktiver Transport von i im Sinne der Definition 11.88, aber nicht im Sinne der von uns bevorzugten Definition 11.83).

11.3.6. Transport durch Bläschenbildung

Alle in den vorangehenden Abschnitten besprochenen Transportmechanismen betrafen klein-molekulare Substanzen. Für den Transport von Proteinen und anderen groß-molekularen Substanzen (ab MG 1000–4000) hat die Natur spezielle Transportmechanismen entwickelt. Diese Substanzen werden in eine licht- oder elektronenmikroskopisch sichtbare Ausstülpung der Zellmembran eingeschlossen, die sich dann entweder zum Zellinneren hin abschnürt (Endozytose), oder es treten vorgeformte Bläschen mit der Zellwand in Kontakt und entleeren ihren Inhalt nach außen (Exozytose). Auf diese Weise werden Proteine oder auch größere Partikel wie Zellfragmente oder Bakterien zur Verdauung in die Zelle aufgenommen, oder es werden von der Zelle produzierte Hormone oder Enzyme an die Umgebung abgegeben. In beiden Fällen handelt es sich um äußerst komplizierte Reaktionen, deren Auslösung und Ablauf erst wenig erforscht ist.

Der erste Schritt der Endozytose in der Niere scheint die Bindung der Makromoleküle an spezifische Bindungsstellen in der Membranoberfläche zu sein. Die Bindung löst dann eine lokale Neubildung von Membranmaterial aus, das sich zumindest an der Niere in Lipidzusammensetzung und Proteinbesatz deutlich vom Rest der Zellwand unterscheidet. Die Einstülpung selbst scheint wie an einem Bimetallstreifen durch unterschiedliche Oberflächenkräfte in den beiden Lipidlamellen der neugebildeten Zellmembran zu erfolgen. Nach der Aufnahme in die Zellen verschmelzen die Endozytosevesikel miteinander und bilden Lysosomen (s. Kapitel 1), in denen die Proteinverdauung erfolgt. Die Exozytose wurde insbesondere an Nervenendplatten (Freisetzung von Acetylcholin) und an Drüsenzellen (Sekretion von Verdauungsfermenten oder Hormonen) studiert. In beiden Fällen werden die spezifischen Hormone resp. Fermente im endoplasmatischen Retikulum der Zelle gebildet und in kleinen Bläschen gespeichert, die allseitig von einer Lipidmembran umschlossen sind. Reizt man die Zellen elektrisch oder chemisch, so treten die Bläschen an genau definierten Stellen mit der Zellmembran in Verbindung, verschmelzen mit ihr, platzen und entleeren den Inhalt nach außen (Abb. 11.38). Dieser Prozeß wird durch Erhöhung der intrazellulären Ca^{++}-Konzentration eingeleitet. Danach wird die Bläschenmembran entweder in die umgebende Zellmembran aufgenommen oder vielleicht abgeschnürt und kehrt als kleine Vakuole in die Zelle zurück.

Literaturauswahl

Bittar, E. E. (Ed.): Membranes and Ion Transport, 3 Vols. London: Wiley-Interscience 1970
Diamond, J. M., Wright, E. M.: Biological membranes: The physical basis of ion and nonelectrolyte selectivity. Ann. Rev. Physiol. **31**, 581–646 (1969)
Katchalsky, A., Curran, P. F.: Nonequilibrium Thermodynamics in Biophysics. Cambridge: Harvard University Press 1967
Kepes, A., Cohen, G. N.: Permeation. In: Gunsalis, I. C., Stanier, R. Y. (Eds.): Bacteria, Vol. 4, pp. 179–221. New York: Academic Press 1962
Mitchell, P.: Chemiosmotic coupling in oxidative and photosynthetic phosphorylation. Biol. Rev. **41**, 445–502 (1966)
Sauer, F.: Nonequilibrium thermodynamics of kidney tubule transport. In: Berliner, R. W., Orloff, J. (Eds.): Handbook of Physiology, Sect. 8, Renal Physiology, Chap. 12, pp. 399–414. Washington: American Physiological Society 1973
Sélégny, E., Broun, G., Thomas, D.: Enzymatically active model-membranes: experimental illustrations and calculations on the basis of diffusionreaction kinetics of their functioning, of regulatory effects, of facilitated, retarded and active transports. Physiol. Vég. **9**, 25–50 (1971)
Stein, W. D.: The Movement of Molecules across Cell Membranes. New York-London: Academic Press 1967
Ussing, H. H.: The alkali metal ions in isolated systems and tissues. In: Eichler, O., Farah, A. (Hrsg.): Handbuch der experimentellen Pharmakologie, Bd. 13, Teil I, S. 1–195. Berlin-Heidelberg-New York: Springer 1960

11.4. Elektrische Potentiale

JOSEF DUDEL

Zwischen dem Inneren einer lebenden Zelle und dem Außenmedium besteht in der Regel eine elektrische Spannung von weniger als 0,1 V, das „*Membranpotential*". Dieses Potential ist meist einigermaßen konstant und wird „Ruhepotential" genannt. Bei manchen Zelltypen, z. B. Nerven-, Muskel- oder Drüsenzellen, treten vom *Ruhepotential* ausgehend kurze Spannungsschwankungen auf, wenn die Zelle aktiv wird, wenn z. B. eine Muskelkontraktion eingeleitet wird. Diese Spannungsänderungen werden „*Aktionspotentiale*" genannt. Weitere mit der spezifischen Funktion von Zellen zusammenhängende Änderungen des Membranpotentials sind *Rezeptorpotentiale* an Sinneszellen und *synaptische Potentiale* an den Stellen, an denen z. B. Nervenzellen funktionell aneinander gekoppelt werden. Im folgenden soll versucht werden, einen phänomenologischen Überblick über die für die Funktion der Zelle wesentlichen an der Zellmembran auftretenden Potentiale zu geben. Soweit es der beschränkte Raum erlaubt, sollen auch die Mechanismen, mit denen die verschiedenen Potentialänderungen erzeugt werden, besprochen werden.

11.4.1. Messung von Membranpotential und Membranstrom

11.4.1.1. Membranpotentialmessungen

Das einfachste Verfahren zur Messung von Membranpotentialen ist die intrazelluläre Messung (Abb. 11.39A). Als Elektrode dient meist eine mit KCl gefüllte Glaskapillare, deren Spitze bis auf 0,1 µm fein ausgezogen wurde. Solche Mikroelektroden können bei

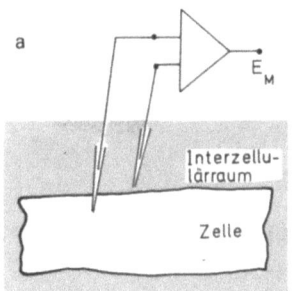
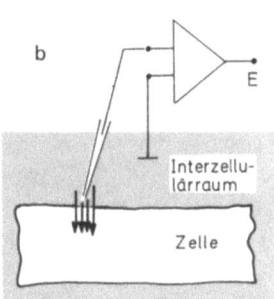
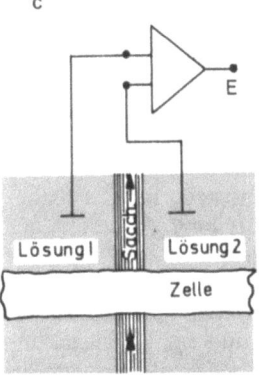
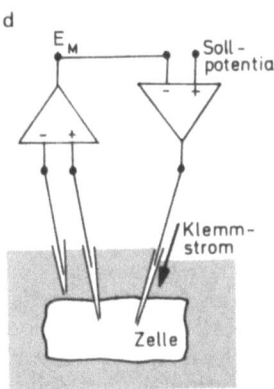

Abb. 11.39. (A). Messung des intrazellulären Potentials mit Mikroelektroden. (B) Messung des lokalen extrazellulären Potentials. (C) Messung der Membranpotentialdifferenz mit Saccharose-Spalt. (D) Messung des Membranstroms in Spannungsklemme

geeigneten Zellen durch die Membran eingestochen werden, ohne diese wesentlich zu verletzen. Es wird dann das Membranpotential als Differenz des intrazellulären und des extrazellulären Potentials gemessen. Da die Mikroelektroden Widerstände bis zu einigen 100 MΩ haben, müssen als Eingangsverstärker hochwertige Impedanzwandler eingesetzt werden. Wenn intrazelluläre Messungen nicht möglich sind, wird von der Oberfläche der Zelle mit einer extrazellulären Elektrode abgeleitet (Abb. 11.39B). Mit einer solchen Elektrode kann das Ruhepotential nicht erfaßt werden. Wenn sich jedoch das Membranpotential ändert, fließt Strom durch die Zellmembran, der in der umgebenden extrazellulären Lösung relativ zu einer fernen Erde eine proportionale Spannungsänderung erzeugt. Die extrazellulär abgeleiteten „Potentiale" sind also dem lokalen Membranstrom proportional. An langgestreckten Zellen, wie z. B. Nerven, sind auch mit extrazellulären Elektroden mit Hilfe eines „*Spaltes*" absolute Membranpotentialmessungen möglich. Durch den Spalt, der am besten durch eine hochreine Saccharose-Lösung gebildet wird, werden zwei Abschnitte der Zelle elektrisch voneinander isoliert (Abb. 11.39C). Unterscheiden sich Lösung 1 und Lösung 2 um die beiden Zellabschnitte, so kann die Differenz der Membranpotentiale als Spannung zwischen den beiden Lösungen gemessen werden. Wird im Zellabschnitt unter der Lösung 1 ein Aktionspotential ausgelöst, das nicht auf den Zellabschnitt unter Lösung 2 übergreift, so kann auch dieses Aktionspotential fast verlustlos als Spannungsänderung zwischen Lösung 1 und 2 registriert werden.

11.4.1.2. Spannungs-Klemmen

Die absolute Größe des Membranstroms, der bei einer Änderung des Membranpotentials fließt, kann am besten in einer Spannungsklemme (voltage clamp) bestimmt werden (Abb. 11.39D). Dabei wird das Membranpotential mit einer intrazellulären Elektrode gemessen. Dieses Potential wird in einem Regelverstärker mit einem eingegebenen Sollwert verglichen und über eine zweite intrazelluläre Elektrode ein der Spannungsabweichung proportionaler Strom in die Zelle geleitet, so daß die Abweichung des

11.4.2. Das Ruhepotential

11.4.2.1. Das Ruhepotential: ein Kaliummembranpotential

Zwischen der Innenseite und der Außenseite der Membran von Zellen aus Pflanzen und Tieren wird ein Ruhepotential gefunden. Das Potential ist in der Regel innen negativ, bei den vor allem interessierenden Nerven- und Muskelzellen zeigt es Werte zwischen -60 mV (z.B. Tintenfisch-Riesenaxon) und -100 mV (z.B. Säugetier-Muskel). Hauptursache für das Ruhepotential ist die ungleiche Verteilung verschiedener Ionenarten zwischen dem Inneren der Zelle und der sie umgebenden Lösung. Bei den meisten Zellen ist die Kaliumkonzentration in der Zelle mehr als 10mal höher als außerhalb der Zelle, und die Natriumkonzentration in der Zelle ist etwa 10mal geringer als außerhalb. Tabelle 11.12 gibt die Werte für ein sehr gut untersuchtes System, den Froschmuskel, an. Die Zellmembran der Muskelzelle ist semipermeabel vorwiegend für K^+-Ionen, deshalb entsteht an ihr ein Membranpotential E, das in erster Näherung durch das Konzentrationsverhältnis K_a/K_i für Kaliumionen außerhalb und innerhalb der Zelle bestimmt ist. Es gilt dann die *Nernstsche Gleichung* für ein „Kaliumgleichgewichtspotential" E_K:

$$E_K = \frac{RT}{F} \ln \frac{K_a}{K_i} = \frac{RT}{F} \ln \frac{2{,}3}{124} = -100 \text{ mV}.$$

Die am Froschmuskel gemessenen Ruhepotentiale liegen zwischen -80 mV und -105 mV, das Ruhepotential stimmt somit recht gut mit E_K überein. Auch bei den meisten anderen Zellarten ist das Ruhepotential in erster Näherung ein Kaliumpotential. Bei einigen Zelltypen ist die Chloridpermeabilität der Membran ähnlich hoch wie die Kaliumpermeabilität, so daß auch Cl^--Ionen das Ruhepotential mitbestimmen. Unter Gleichgewichtsbedingungen ist jedoch in der Regel das Konzentrationsverhältnis für Chloridionen reziprok dem für Kaliumionen (aufgrund

Tabelle 11.12. Ionenkonzentrationen der Muskelzelle und im Extrazellulärraum (Froschmuskel) [Nach Conway, E.J.: Physiol. Rev. **37**, 84–132 (1957)]

	Intrazellulär	Extrazellulär
K^+	124 mM	2,3 mM
Na^+	10,4 mM	109 mM
Cl^-	1,5 mM	77,5 mM

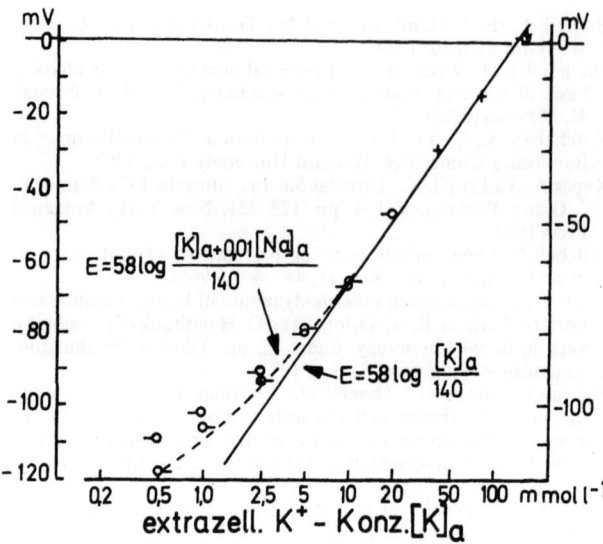

Abb. 11.40. Abhängigkeit des Membranpotentials E von der extrazellulären K^+-Konzentration. [Nach Hodgkin und Horowicz: J. Physiol. (Lond.) **148**, 127–160 (1959)]

eines hier nicht näher zu besprechenden Mechanismus), so daß E_{Cl} etwa den gleichen Wert wie E_K hat. Auch bei diesen Zellarten entspricht also das Ruhepotential in erster Näherung dem Kaliumgleichgewichtspotential.

11.4.2.2. Beitrag der Natriumionen zum Ruhepotential

Wenn das Ruhepotential ein Kaliumpotential ist, so müßte es sich nach der Nernstschen Gleichung proportional zum Logarithmus der Kaliumaußenkonzentration K_a ändern. Abbildung 11.40 zeigt die Abhängigkeit des Ruhepotentials eines Froschmuskels von $\log K_a$, die der Nernstschen Gleichung entsprechende Beziehung ist als Gerade eingezeichnet. Die Meßwerte stimmen im Bereich $K_a = 5$ mM bis $K_a = 100$ mM gut mit dieser Geraden überein, weichen aber für geringere K_a-Werte systematisch zunehmend ab. Diese Abweichung wird durch eine geringe Na^+-Permeabilität der Membran verursacht, denn sie verschwindet, wenn Na^+ in der extrazellulären Lösung weggelassen wird. Das Ruhepotential wird also genauer bestimmt durch das gleichzeitige Strömen von K^+-, Cl^-- und Na^+-Ionen durch die Membran und deren Konzentrationsverhältnisse. Das Ruhepotential E_r wird deshalb besser beschrieben durch die *Goldmann-Gleichung*, die den verschiedenen Leitfähigkeiten g_K, g_{Cl} und g_{Na} der Membran Rechnung trägt:

$$E_r = \frac{RT}{F} \ln \frac{g_K \cdot K_a + g_{Na} \cdot Na_a + g_{Cl} \cdot Cl_i}{g_K \cdot K_i + g_{Na} \cdot Na_i + g_{Cl} \cdot Cl_a} \quad (11.136)$$

Eine entsprechend dieser Gleichung für $g_K : g_{Na} = 10$ in Abb. 11.40 eingetragene Kurve (gestrichelt) beschreibt deshalb die Abhängigkeit des Ruhepotentials von K_a besser als die E_K entsprechende Gerade.

Das Ruhepotential ist somit bei Muskelzellen etwas weniger negativ als das Kaliumgleichgewichtspotential, somit muß die Zelle auf Grund der passiven Kaliumbewegungen durch die Membran Kaliumionen langsam verlieren. Viel stärker ist das Ungleichgewicht für Na^+-Ionen. E_{Na} liegt bei $+60$ mV und Na^+ werden deshalb beim Ruhepotential trotz der relativ niedrigen Natriumleitfähigkeit der Membran in die Zelle getrieben. Auf Grund der passiven Ionenbewegungen müßten sich also die ungleichen Ionenkonzentrationen innerhalb und außerhalb der Zelle ausgleichen und das Ruhepotential verschwinden. Dies tritt auch ein, wenn die *Energiezufuhr* zur Zelle unterbrochen wird. Die von der extrazellulären Lösung stark abweichenden intrazellulären Ionenkonzentrationen können nur aufrechterhalten werden, weil mit Hilfe von aktiven Transportvorgängen, unter Aufwendung von Stoffwechselenergie, gegen den Konzentrations- und Potentialgradienten vor allem Na^+ aus der Zelle gepumpt werden und durch diese „*Natriumpumpe*" eine niedrige intrazelluläre Na^+-Konzentration erzwungen wird. Die auswärts gerichtete Na^+-Pumpe ist teilweise an eine einwärts gerichtete K^+-Pumpe gekoppelt, und auch die intrazellulären Konzentrationen für andere Ionen (Ca^{++}, Cl^-, H^+) werden bei den verschiedenen Zelltypen in verschiedenem Ausmaß durch aktiven Transport eingestellt. Diese Transportvorgänge sind in Kapitel 11.3 eingehend besprochen worden. Hier muß vor allem festgehalten werden, daß die intra/extrazellulären Ionenkonzentrationsgradienten, die zusammen mit der relativ hohen Membranleitfähigkeit für K^+ das Ruhepotential verursachen, letztlich durch die Na^+-Pumpe erzeugt werden.

11.4.2.3. Elektrogene Pumpen als Komponenten des Ruhepotentials

In Abschnitt 11.4.2.1 und 11.4.2.2 wurde das Ruhepotential als elektrochemisches Potential auf Grund von Konzentrationsgradienten an einer semipermeablen Membran dargestellt. Die Konzentrationsgradienten werden dabei weitgehend durch aktiven Transport aufrecht erhalten. Diese Darstellung trifft nach heutigem Wissen für die meisten Zellen zu. Es gibt jedoch auch Zellarten, bei denen aktive Transportvorgänge unmittelbar einen Teil des Ruhepotentials erzeugen. An solchen Zellen, z.B. glatten Muskelzellen oder Warmblüter-Herzmuskelzellen, ist das Ruhepotential negativer, als es dem intra-/extrazellulären Kalium- oder Chlorid-Konzentrationsverhältnis entspricht. Das Ruhepotential geht jedoch schnell auf den der Nernst- oder Goldmann-Gleichung entsprechenden Wert, wenn der aktive Na^+-Transport (z.B. durch Vergiftung) unterbrochen wird. Die zusätzliche negative Spannung wird also unmittelbar durch die Natriumpumpe erzeugt. In diesen Fällen ist die Na^+-Pumpe *elektrogen*, d.h. der aktive Transport erfolgt nicht elektroneutral unter Kompensation der transportierten positiven Ladung der Na^+, sondern unter Verschiebung von positiver Ladung vom Zellinneren nach außen, was das negative Membranpotential verstärkt. Elektroneutrale und elektrogene Pumpenmechanismen sind ebenfalls in Kapitel 11.3 geschildert. Elektrogene Transportvorgänge können also wesentliche Komponenten des Ruhepotentials sein, und in solchen Fällen ist auch das Ruhepotential unmittelbar Ausdruck von Stoffwechselvorgängen der Zelle.

11.4.3. Erregung und Membranpotential

11.4.3.1. Zeitverlauf der Aktionspotentiale

Zuckt eine Muskelfaser, so tritt kurz zuvor eine kurz dauernde sprunghafte Änderung des Membranpotentials in positiver Richtung auf, und ähnlich reagiert z.B. eine Druckrezeptorzelle, wenn ein bestimmter Druck überschritten wird, mit einer kurzen positiven Membranpotentialänderung. Solche Potentialänderungen treten bei vielen Zelltypen auf, wenn sie aktiv werden, sie werden deshalb *Aktionspotentiale* genannt. Die Zeitverläufe von Aktionspotentialen von Nerven-, Muskel- und Herzmuskelzellen von Warmblütern zeigt Abb. 11.41. Ihnen ist gemeinsam, daß zu Beginn die Membran schnell ihre Polarisation einbüßt: während des Aufstriches des Aktionspotentiales erfolgt innerhalb von weniger als 1 ms eine *Depolarisation* der Membran, und der Aufstrich überschießt in der Regel das Null-Potential, so daß die Spitze des Aktionspotentials bei $+20$ bis $+30$ mV liegt. Die maximale Depolarisationsgeschwindigkeit während des Aufstrichs erreicht 1000 V/s. Nach dem kurzen Aufstrich folgt eine langsamere *Repolarisation*. Diese hat bei verschiedenen Zelltypen einen unterschiedlichen Zeitverlauf. Am Nerven erreicht das Aktionspotential innerhalb von 1 ms schon wieder das Ruhepotential, bzw. es überschreitet es sogar für kurze Zeit, was als *hyperpolarisierendes Nachpotential* bezeichnet wird (Abb. 11.41, Nerv). Am Muskel erfolgt ebenfalls zuerst eine schnelle Repolarisation, die sich aber bei einem Membranpotential von -60 bis -70 mV stark verlangsamt und erst nach etwa 10 ms das Ruhepotential erreicht. Diese verzögerte Repolarisationsphase wird *depolarisierendes Nachpotential* genannt (Abb. 11.41, Muskel). Beim Herzmuskel schließlich verläuft die Repolarisation im positiven Potentialbereich sehr langsam, es bildet sich ein *Plateau*, bis schließlich nach 200 bis 300 ms die volle Repolarisation eintritt (s. Abb. 11.41). Diese verschiedenen Zeitverläufe der Aktionspotentiale sind typisch für die betreffende Zellart, und an einer und derselben Zelle können tausende von nacheinander ablaufenden Aktionspotentialen mit absolut *gleichförmigem Zeitverlauf* gemessen werden. Auch an anderen Tieren haben Aktionspotentiale ähnliche Zeitverläufe, das Nervenaktionspotential z.B. eines Wurmes ist von dem eines Warmblüternerven kaum verschieden.

Eine charakteristische Eigenschaft aller Aktionspotentiale ist ihre Auslösung an einer *Schwelle*. Wird

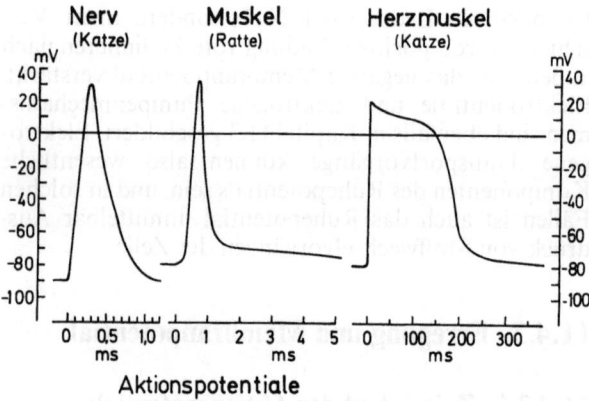

Abb. 11.41. Intrazellulär abgeleitete Aktionspotentiale von verschiedenen Zelltypen von Warmblütern. In den Abszissen die Zeit nach Beginn des Aktionspotentials, in der Ordinate das Membranpotential. Beachte die verschiedenen Zeitmaßstäbe in der Abszisse

die Membran vom Ruhepotential ausgehend durch irgendeinen Einfluß schnell um 10–20 mV depolarisiert, so tritt bei Überschreiten eines *Schwellenpotentials* eine selbsttätig sich beschleunigende Depolarisation ein, der Aufstrich des Aktionspotentials. Der Schwellenbereich ist dadurch ausgezeichnet, daß Depolarisation der Membran eine zunehmende *Erhöhung der Leitfähigkeit für* Na^+- *und/oder* Ca^{++}-*Ionen* hervorruft. Diese Ionen haben Gleichgewichtspotentiale höher als $+30$ mV und strömen in die Zelle. Dies verursacht eine weitere Depolarisation, worauf wiederum die Na^+- und Ca^{++}-Leitfähigkeiten ansteigen. Der Depolarisationsprozeß läuft somit nach Überschreiten der Schwelle mit positiver Rückkopplung explosionsartig ab. Er kommt jedoch nach wenigen $1/10$ ms bei etwa $+30$ mV zum Stillstand, und es setzt, wiederum selbsttätig, die Repolarisation ein. Während dieser Phase ist die *Kaliumleitfähigkeit*, bei manchen Zellen auch die Chloridleitfähigkeit, der Membran *erhöht*, was einen Ausstrom dieser Ionen hervorruft, bis der Bereich des Ruhepotentials erreicht wird, das ja nahe beim K^+- und Cl^--Gleichgewichtspotential liegt.

Die Tatsache, daß viele Zellen beim Überschreiten eines Schwellenpotentials mit einem Aktionspotential antworten, wird auch als *Erregbarkeit* bezeichnet. Wenn über der Schwelle die Natriumleitfähigkeit ansteigt und dies weitere Depolarisation auslöst, befindet sich die Zelle im Zustande der *Erregung*. Dieser Zustand wird erst auf der Spitze des Aktionspotentials beendet, was als Alles-oder-Nichts-Gesetz der Erregung bezeichnet wurde. Der Erregungszustand geht nach der Spitze regelmäßig in die Repolarisationsphase über. Die Vorgänge, die das Aktionspotential hervorrufen, sind somit *regenerativ*, sie stellen selbsttätig, ohne weitere äußere Einflüsse, den Ruhezustand wieder her.

Daß der Aufstrich des Aktionspotentials vorwiegend durch das Fließen von Na^+-Ionen zustandekommt, läßt sich aus relativ einfachen Experimenten ableiten.

Wird in der extrazellulären Lösung die Na^+-Konzentration vermindert, so nimmt bei den meisten Zellen die Steilheit des Aufstriches ab, und bei niedrigen extrazellulären Na^+-Konzentrationen werden die Zellen unerregbar. Es gibt auch Gifte, die den potentialabhängigen schnellen Natriumeinstrom verhindern, das wichtigste und am spezifischsten wirksame ist das *Tetrodotoxin*. Sehr kleine Konzentrationen dieses Giftes (10^{-8} M) verlangsamen den Aufstrich des Aktionspotentials und verhindern es schließlich völlig. Eine ähnliche Rolle wie die Na^+-Ionen für den Aufstrich des Aktionspotentials spielen die K^+-Ionen für seine Repolarisation. Entsprechend vermindert sich bei erniedrigten extrazellulären K^+-Konzentrationen die Geschwindigkeit der Repolarisation, und Gifte, die die K^+-Permeabilität der Membran herabsetzen, z. B. *Tetraäthylammonium*, verlangsamen kräftig die Repolarisation.

11.4.3.2. Zeit- und Potentialabhängigkeit der Ionenströme während des Aktionspotentials

Die während des Aktionspotentials fließenden Ionenströme hängen stark vom Membranpotential, aber auch von Zeitfaktoren ab. Das Membranpotential ändert sich während des Aktionspotentials sehr schnell, deshalb ist eine Analyse der Kinetik der Ströme nur möglich, wenn im Experiment das Membranpotential bei bestimmten Werten festgehalten wird und bei so definierten konstanten Potentialen der Zeitverlauf der Ströme gemessen wird. Dies wird mit der Methode der *Spannungsklemme* (voltage clamp, Abb. 11.39D), die von Hodgkin, Huxley und Katz zur Analyse des Aktionspotentials erstmals mit Erfolg eingesetzt wurde, erreicht. Abbildung 11.42 gibt eine schematische Darstellung eines solchen Versuches. Vom Ruhepotential bei -80 mV ausgehend wird das Potential innerhalb von einigen µs auf das Klemmpotential verschoben, wobei ein kurzer, großer kapazitiver Strom fließt, der in Abb. 11.42 weggelassen wurde. Danach fließen Ionenströme verschiedenen Zeitverlaufes. Bei dem gerade überschwelligen Klemmpotential von -60 mV fließt ein kleiner negativer, einwärts gerichteter Strom, der nach etwa 2 ms in einen positiven Strom übergeht. Wird durch Verminderung der extrazellulären Na^+-Konzentration oder durch Blockierung des Na^+-Einstromes durch Tetrodotoxin (TTX) der Na^+-Strom unterdrückt, so fehlt die negative Stromkomponente (gestrichelte Kurve). Nach einem Spannungs-Klemm-Schritt auf ± 0 mV erscheint die negative Stromkomponente gegenüber -60 mV stark vergrößert, und auch der später auftretende positive Strom ist gewachsen. Bei unterdrücktem Na^+-Strom (gestrichelte Kurve) fehlt wiederum die negative Stromkomponente. Diese ist ebenfalls nicht sichtbar bei $+60$ mV, dem Na^+-Gleichgewichtspotential E_{Na}. Bei Potentialen positiver als E_{Na}, $+90$ mV in Abb. 11.42A, ist nun die kurze initiale Stromkomponente positiv, während bei unterdrücktem Na^+-Strom nur ein verzögert

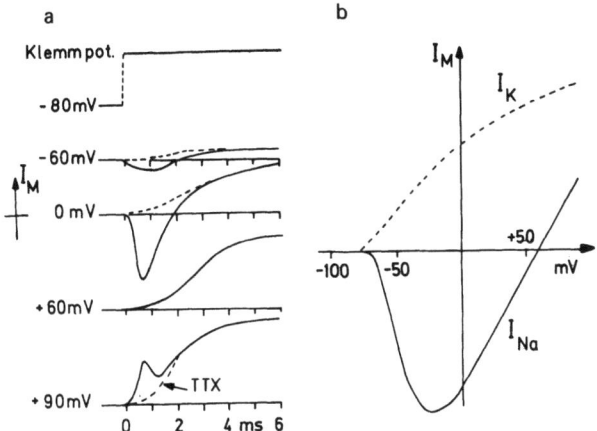

Abb. 11.42 (A) Klemmströme nach Potentialsprung. — Normale Lösung; --- Lösung mit Tetrodotoxin (TTX). (B) Potentialabhängigkeit der Membranströme $I_{Na\,max}$ und $I_{K\,max}$

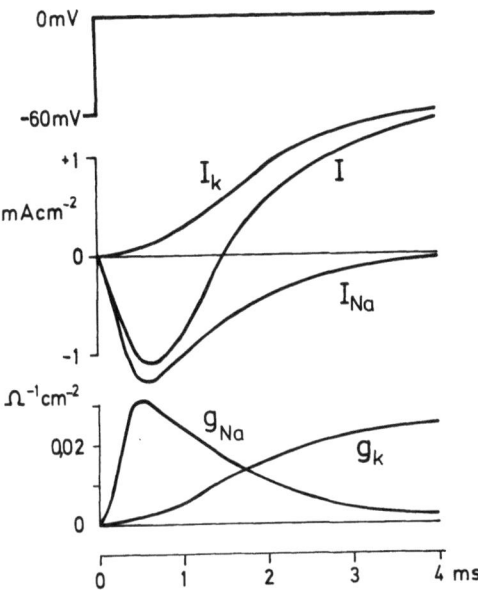

Abb. 11.43. Ionenströme und Membranleitfähigkeiten nach Spannungsänderung am Tintenfischriesenaxon. Oben Zeitverlauf der durch die Spannungsklemme erreichten Potentialänderung von -60 mV auf 0 mV. Darunter der nach der Potentialänderung fließende Klemmstrom I und seine Komponenten I_{Na} und I_K. Unten der daraus berechnete Zeitverlauf der Membranleitfähigkeiten g_{Na} und g_K. [Nach Hodgkin: Proc. roy. Soc. B **148**, 1 (1958)]

ansteigender Strom erscheint, der nach einigen ms ein Maximum erreicht und dort stehen bleibt. Diese letztere Stromkomponente ist offenbar K^+-Strom, während die kurz dauernde initiale Stromkomponente von Na^+-Ionen getragen wird. Die Amplitude dieser Stromkomponente läßt sich als Differenz zwischen den ausgezogenen und den gestrichelten Kurven in Abb. 11.42A bestimmen. Die Potentialabhängigkeit des so bestimmten maximalen Na^+-Stroms ($I_{Na\,max}$) wird in Abb. 11.42B gezeigt. I_{Na} ist beim Ruhepotential sehr klein, wächst im Schwellenbereich von -60

bis -50 mV steil an und erreicht bei etwa -20 mV ein Maximum. Dann fällt I_{Na} etwa linear mit dem Potential und schneidet bei E_{Na} die Abszisse. In diesem linearen Abschnitt ist folglich $g_{Na\,max}$ relativ hoch und konstant. Den Zeitverlauf der aus Versuchen wie in Abb. 11.42 geschildert abgeleiteten Ionenleitfähigkeiten g_{Na} und g_K zeigt Abb. 11.43 für einen Depolarisationsschritt auf 0 mV. g_{Na} steigt unverzüglich nach der Spannungsänderung steil an, erreicht ein Maximum innerhalb von weniger als 1 ms und fällt danach wieder ab. g_K dagegen steigt nach der Depolarisation verzögert an, hält jedoch seinen Maximalwert, solange die Depolarisation andauert.

Bei der Analyse des Aktionspotentials des Tintenfisch-Riesenaxons haben Hodgkin und Huxley den Zeitverlauf von g_{Na} und g_K nach Spannungssprüngen auf eine fein abgestufte Serie von Membranpotentialen bestimmt. Wenn sie aus der so bekannten Potential- und Zeitabhängigkeit der Ionenleitfähigkeiten den Zeitverlauf des Aktionspotentials synthetisieren wollten, mußten sie die Zeitverläufe und die Potentialabhängigkeiten der Ionenleitfähigkeiten quantitativ mathematisch beschreiben, um danach schrittweise den Zeitverlauf des Aktionspotentials berechnen zu können. Zu dieser quantitativen Beschreibung wählten sie einen Formalismus, der aus der Kinetik einfacher chemischer Reaktionen abgeleitet ist. Diese Formulierung, die Hodgkin-Huxley-Theorie der Erregung, hat sich auf viele Zelltypen anwendbar und für die Diskussion außerordentlich fruchtbar erwiesen und soll deshalb etwas ausführlicher geschildert werden.

Beginnen wir mit der K^+-Leitfähigkeit, deren Verhalten einfacher ist als das der Na^+-Leitfähigkeit. Es wurde angenommen:

$$g_K = n^4 \bar{g}_K, \quad (11.137)$$

$$dn/dt = \alpha_n(1-n) - \beta_n\, n, \quad (11.138)$$

dabei ist $\bar{g}_K$ eine konstante maximale Leitfähigkeit und n ist potential- und zeitabhängig. Die Formulierung geht aus von der Annahme, daß die Fähigkeit der K^+, durch die Membran zu fließen, vom Zustand oder der Position von geladenen Molekülen in der Membran abhängt. α ist der Zustand, in dem die Membran K^+ passieren läßt, im Zustand β ist sie für K^+ undurchlässig (s. Abb. 11.44). n ist dann der Anteil der Moleküle, die sich im Zustand α befinden, und $n-1$ der Anteil im Zustande β. Die Reaktionsgeschwindigkeit des Übergangs vom Zustand α in den Zustand β ist β_n, und die das Übergangs von $\beta \to \alpha$ ist $\alpha_n \cdot \alpha_n$ und β_n sind potentialabhängig, aber nicht zeitabhängig. Beim Ruhepotential ist β_n groß und α_n klein. Folglich sind nach Gl. (11.138) die meisten der g_K regulierenden Moleküle im Zustand β (s. Abb. 11.44, 0 ms). Bei Depolarisation wächst α_n potentialabhängig und β_n fällt, folglich steigt n und damit g_K (0,5 ms in Abb. 11.44). Nach ausreichend langer Depolarisation (10 ms in Abb. 11.44) ist α_n größer als β_n und das Gleichgewicht stellt sich so ein, daß die meisten Moleküle im Zustand α sind. n und g_K haben somit einen hohen Wert und behalten ihn, solange die

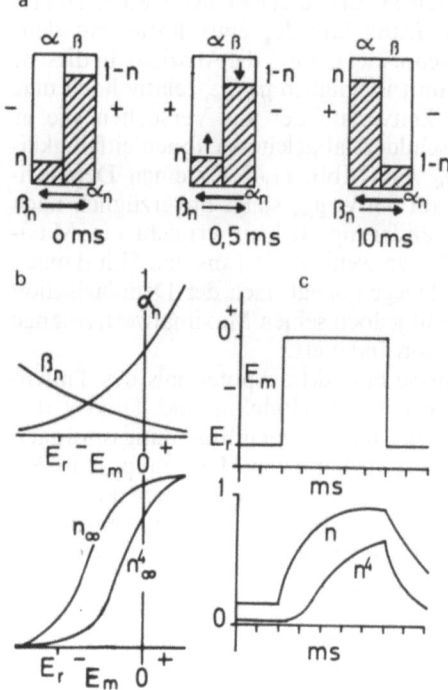

Abb. 11.44 A–C. Potentialabhängigkeit der den K$^+$-Strom bestimmenden Größen n, α_n und β_n. (A) Verschiebung der Anteile n bzw. $(1-n)$ der α_n und β_n zu den Zeiten 0 ms, 0,5 ms und 10 ms nach einem Depolarisationsschritt. (B) Potentialabhängigkeit von α_n, β_n, n_∞ und n_∞^4; E_m Membranpotential, E_r Ruhepotential. (C) Zeitverlauf von n und n^4 nach einem Depolarisationsschritt. [Nach Noble: Physiol. Rev. 46, 1–50 (1966)]

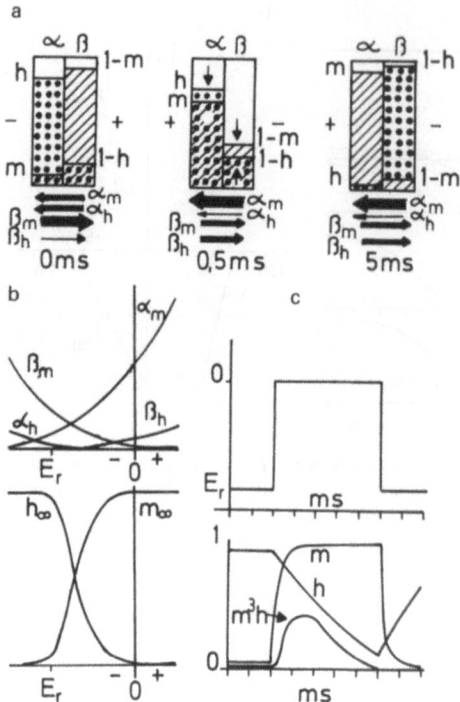

Abb. 11.45 A–C. Potentialabhängigkeit der den Na$^+$-Strom bestimmenden Größen m, α_m, β_m und h, α_h und β_h. (A) Verschiebung der Anteile m bzw. $(1-m)$ und h bzw. $(1-h)$ der α_m, β_m, α_h und β_k, 0 ms, 0,5 ms und 5 ms nach einem Depolarisationsschritt. (B) Potentialabhängigkeit von α_m, β_m, α_h, β_h, m_∞ und h_∞. (C) Zeitverlauf von m, h und m^3h nach einem Depolarisationsschritt. [Nach Noble: Physiol. Rev. 46, 1–50 (1966)]

Depolarisation dauert. Die Potentialabhängigkeiten von $\alpha_n(E)$ und $\beta_n(E)$, die in Abb. 11.44 graphisch dargestellt sind, lassen sich numerisch ohne weitere Annahmen aus den Zeitverläufen von g_K bei den verschiedenen Potentialen (Beispiel Abb. 11.43) berechnen.

n erhielt die vierte Potenz, weil nur so der verzögerte, aber dann steile Anstieg der g_K nach einem Depolarisationsschritt nachgebildet werden konnte (Abb. 11.44 unten). Diese vierte Potenz kann als Zusammenwirken von jeweils 4 K$^+$-Molekülen der Membran an der Regulierung der K$^+$-Bewegungen interpretiert werden.

Die Natriumleitfähigkeit der Membran wird durch ein ähnliches Gleichungssystem beschrieben wie das für g_K. Es muß jedoch der Komplikation Rechnung tragen, daß g_{Na} nach einer Depolarisation nicht konstant hoch bleibt, sondern nach 1 ms wieder zum Ruhewert abfällt. Dies wird als *Inaktivierung* des Natriumsystems bezeichnet. Während also der Beginn des Anstiegs von g_{Na} durch eine Variable m beschrieben wird, die sich ähnlich wie n verhält, wird g_{Na} weiter noch bestimmt durch eine Variable h, die für die Inaktivation sorgt:

$$g_{Na} = m^3 h \bar{g}_{Na}, \qquad (11.139)$$
$$dm/dt = \alpha_m(1-m) - \beta_m m, \qquad (11.140)$$
$$dh/dt = \alpha_h(1-h) - \beta_h h. \qquad (11.141)$$

Hier ist analog zum Kaliumsystem $\bar{g}_{Na}$ die konstante maximale Natriumleitfähigkeit, und m und h beschreiben Zustände von 2 die Natriumleitfähigkeit regulierenden Molekülen, wobei die betreffenden Reaktionsgeschwindigkeiten α_m, β_m, α_h und β_h nur potentialabhängig sind. Das Verhalten dieses Systems wird analog zu Abb. 11.44 durch Abb. 11.45 veranschaulicht. α_m und β_m zeigen qualitativ dieselbe Potentialabhängigkeit wie α_n und β_n, d.h., sie beschreiben einen Prozeß, der bei Depolarisation die Membran für Na$^+$-Ionen öffnet. α_h und β_h haben dagegen die spiegelbildlich verkehrte Potentialabhängigkeit, sind aber absolut kleiner als α_m und β_m (Abb. 11.45). Bei Depolarisation nimmt deshalb h langsamer ab als m zunimmt. g_{Na} steigt deshalb schnell an (Abb. 11.45 oben, 0.5 ms) inaktiviert jedoch nach kurzer Zeit (Abb. 11.45, oben, 5 ms). Die numerischen Werte für $\alpha_m(E)$, $\beta_m(E)$, $\alpha_h(E)$ und $\beta_h(E)$ wurden ebenfalls aus den Zeitverläufen von g_{Na}, wie in Abb. 11.43 gezeigt, bestimmt. Für die Funktion α_h und β_h wurden dazu auch Messungen von $g_{Na}(t)$ herangezogen, bei denen ein Depolarisationsschritt auf ein bestimmtes Membranpotential von verschiedenen Aktionspotentialen aus startete, wo also das Ausgangsniveau der Inaktivierung variiert wurde.

Die Potentialabhängigkeit der Inaktivierung wird am besten deutlich für den Wert h_∞, der den Endwert von h längere Zeit nach einer Spannungsänderung darstellt (Abb. 11.45). h_∞ ist schon beim Ruhepotential

<1, d.h. das Natriumsystem ist teilweise inaktiviert und kann während des Aktionspotentials nicht maximal aktiviert werden. Eine solche maximale Aktivation ist jedoch möglich, wenn die Membran vor Auslösung des Aktionspotentials um 29 bis 30 mV hyperpolarisiert wird. Noch empfindlicher reagiert das Aktionspotential auf anhaltende Vordepolarisationen, denn im Bereich des Ruhepotentials nimmt h_∞ bei Depolarisation steil ab. Haben deshalb Zellen auf Grund von steuernden Einflüssen oder Störungen erniedrigte Ruhepotentiale, so wird die Amplitude des Aktionspotentials stark vermindert bzw. die Auslösung eines Aktionspotentials ganz unmöglich. Eine weitere Konsequenz der Potentialabhängigkeit der Inaktivierung ist, daß während Aktionspotentialen mit verzögerter Repolarisation, wie sie für Herzmuskelaktionspotentiale typisch sind (Abb. 11.41), h einen sehr niedrigen Wert hat, bis das Potential in den Bereich des Ruhepotentials zurückgekehrt ist. Es können deshalb während des langen Herzmuskelaktionspotentials keine neuen Aktionspotentiale ausgelöst werden, der Herzmuskel ist *refraktär*. Die lange Refraktärzeit des Herzmuskels verhindert ungeordnete Erregungsabläufe im Herzen, eine Störung der Refraktäritätsverhältnisse legt sofort die Funktion des Herzens lahm.

Der Gesamtmembranstrom I ist nach den Hodgkin-Huxley-Gleichungen (11.137) bis (11.141) gegeben durch:

$$I = C_m \frac{dE}{dt} + n^4 \bar{g}_K(E - E_K) + m^3 h \bar{g}_{Na}(E - E_{Na}) + g_l(E - E_l). \quad (11.142)$$

Hier sind C_m die Membrankapazität, E_K und E_{Na} die betreffenden Gleichgewichtspotentiale, und g_l und E_l charakterisieren einen kleinen, unspezifischen Leckstrom mit konstantem g_l. Bei für n, m und h bekannten Potential- und Zeitabhängigkeiten kann Gl. (11.142) vom Schwellenpotential ausgehend schrittweise integriert werden und es ergibt sich daraus der Zeitverlauf des Aktionspotentials an einer Membranstelle in sehr guter Übereinstimmung mit den gemessenen Werten.

Nach dem Vorbild der Analyse des Aktionspotentials des Tintenfisch-Riesenaxons sind auch für die Aktionspotentiale an einigen anderen geeigneten Präparaten die Zeit- und Potentialabhängigkeiten der verschiedenen Stromkomponenten ermittelt worden. Wichtige Beispiele sind das Krebs-Riesenaxon, die Frosch-Nervenfaser und der Säugetier-Herzmuskel. Bei allen diesen Präparaten haben sich Gleichungen vom Typ der Hodgkin-Huxley-Gleichungen als anwendbar erwiesen. Der Erregungsprozeß zeigt also bei den verschiedenen Tierstämmen viele Gemeinsamkeiten, und es erscheint möglich, daß die ihm zugrunde liegenden molekularen Mechanismen in der Membran weitgehend identisch sind. Trotz der sehr erfolgreichen Anwendung der Hodgkin-Huxley-Gleichungen für die Beschreibung der Erregung darf nicht geschlossen werden, daß notwendig das ihnen zugrunde liegende Modell der Steuerung der Membranleitfähigkeit zutrifft. Die Beschreibung wäre auch mit Hilfe anderer Modelle möglich.

11.4.3.3. Weitere Charakteristika des Erregungsprozesses

Eine weitere Differenzierung der Kenntnisse über den Erregungsprozeß erlaubt die Technik des innen mit künstlicher Badlösung durchströmten Riesenaxons des Tintenfisches. Damit können die Ionenkonzentrationen auf beiden Seiten der Membran willkürlich eingestellt werden. Auf die Fülle der Resultate kann hier nicht eingegangen werden. Es gelang vor allem die *Selektivität der* Na^+- *und* K^+-*Kanäle* durch die Membran für verschiedene Ionen zu charakterisieren und die Beteiligung von Calciumströmen nachzuweisen. Eine interessante neue Beobachtung betrifft eine Stromkomponente, die als *Torstrom der* Na^+-*Kanäle* interpretiert wird. Während der Öffnung der Na^+-Kanäle ist dieser Strom auswärts gerichtet, und wenn sich die Kanäle schließen, fließt ein Einwärtsstrom mit demselben Zeitverlauf wie der Na^+-Strom. Der Torstrom ist kapazitiver Natur, wahrscheinlich verursacht durch eine Reorientierung geladener Moleküle der Membran nach einer Spannungsänderung.

Weitere Details über die Na^+-Kanäle durch die Membran ergaben Arbeiten mit Tetrodotoxin (TTX). Dieses Gift blockiert selektiv und spezifisch die bei der Erregung sich öffnenden Na^+-Kanäle, indem es sich an der Außenseite der Membran anlagert. Über die Zahl der TTX-Moleküle, die ausreichen, um den Na^+-Einstrom zu blockieren, läßt sich die maximale Dichte der Na^+-Kanäle in der Membran bestimmen; es ergeben sich etwa 50 Kanäle pro 1 (μm)² Membran, d.h. ein mittlerer Kanalabstand von 140 nm. Auf Grund von ausführlichen Untersuchungen über Metall- und organische Ionen, die gerade noch den Na^+-Kanal passieren können, können dessen Abmessungen und Ladungsverteilung abgeschätzt werden. Danach wäre die äußere Öffnung des Na^+-Kanals, das Selektivitätsfilter, etwa $0,5 \times 0,3$ nm groß und mit einer negativen Festladung besetzt, die Anionen abstößt (Abb. 11.46). Der Kanal ist so eng, daß die Kationen nur teilweise hydratisiert und unter Ausbildung von Wasserstoffbrücken zu Sauerstoffmolekülen der Porenwand passieren können. Weiter innen im Na^+-Kanal liegen dann Eiweißmoleküle, die

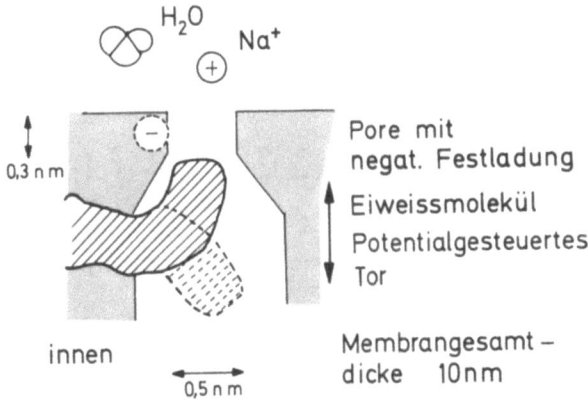

Abb. 11.46. Schema eines Natriumkanals durch die Nervenmembran

als potentialgesteuerte Tore wirken (Abb. 11.46). Sie werden durch das außen am Kanaleingang wirkende TTX nicht beeinflußt, können aber durch intrazellulär applizierte Zn^{++}-Ionen oder Pronase zerstört werden. Fast ebenso detaillierte Vorstellungen bestehen für die K^+-Kanäle.

In einigen neueren Arbeiten hat auch die Analyse des *Membranrauschens* zu Aussagen über die molekularen Aspekte der Ionendurchlässigkeit der Membran geführt. Die Frequenz- und Amplitudenspektren der spontanen Spannungsschwankungen der Membran ändern sich mit dem Membranpotential und bei Änderungen der Ionenkonzentrationen. Es konnten 4 Komponenten dieses Rauschens differenziert werden. Eine davon wird wahrscheinlich durch spontanes Öffnen und Schließen der K^+-Kanäle der Membran hervorgerufen, und das entsprechende Rauschspektrum erlaubt Schlüsse über die Zahl und die Leitfähigkeit der K^+-Kanäle.

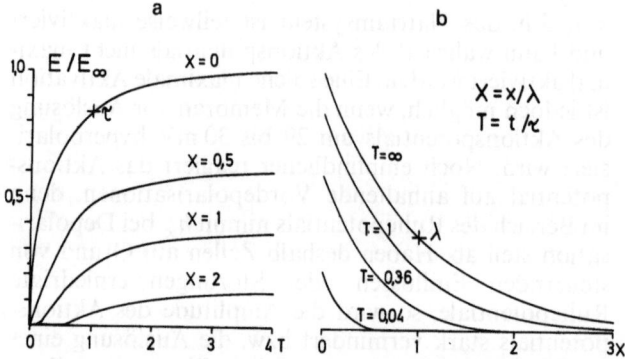

Abb. 11.47 (A) Zeitverlauf des Anstiegs des elektrotonischen Potentials E nach einem Strompuls in verschiedener Entfernung X vom Ort der Stromapplikation. (B) Abfall des elektrotonischen Potentials E längs der Faser für verschiedene Zeiten T nach Beginn eines Strompulses

11.4.4. Elektrotonus und Fortleitung des Aktionspotentials

11.4.4.1. Ausbreitung von Potentialänderungen im Nerven

Die meisten Zellen sind langgestreckt, besonders die auf die Verbreitung von Informationen im Organismus spezialisierten Nervenfasern. Diese können bei einem Durchmesser von 1 µm die Länge von 1 m erreichen. Bei einer Potentialänderung an einer Stelle an solchen langgestreckten Zellen werden zwischen diesen Stellen und den anderen Zellabschnitten Ströme fließen, und die Potentialänderung wird sich ausbreiten. Für einfache Strukturen wie für einen zylindrischen Nerven kann die Potential- und Stromverteilung berechnet werden. Die Membran wird in diesem Kabelmodell als ein Widerstand r_m mit paralleler Kapazität c_m (alle Größen bezogen auf einen cm Faserlänge) angenommen. Der intrazelluläre Widerstand r_i ist klein gegenüber r_m, so daß nur axialer Strom entlang der Faser fließt. Der Widerstand der extrazellulären Lösung ist relativ sehr klein und kann vernachlässigt werden. Für den Membranstrom i_m durch die Membran gilt dann:

$$i_m = \frac{1}{r_i} \frac{\delta_2 E}{\delta x^2}, \qquad (11.143)$$

wobei E das Membranpotential und δx eine Verschiebung längs des Nerven ist. i_m setzt sich nun zusammen aus Kapazitätsstrom und Ionenstrom i_i durch die Membran:

$$c_m \frac{\delta E}{\delta t} + i_i = \frac{1}{r_i} \frac{\delta_2 E}{\delta x^2}. \qquad (11.144)$$

Bei kleinen Depolarisationen und bei Hyperpolarisationen wird die Membran nicht erregt, r_m bleibt konstant und $i_i = (E - E_r)/r_m$ (E_r das Ruhepotential). In diesem Fall der passiven Stromausbreitung kann Gl. (11.144) explizit gelöst werden. Wird z.B. an der Stelle $X = 0$ einer Nervenfaser zur Zeit $T = 0$ der Strom I_M appliziert (Abb. 11.47), so steigt an dieser Stelle das Potential verzögert auf einen Endwert, das maximale elektrotonische Potential. In größerer Entfernung vom Ort der Stromapplikation, z.B. bei $X = 1$, steigt das elektrotonische Potential noch wesentlich langsamer und erreicht einen kleineren Maximalwert. Der Maximalwert des elektrotonischen Potentials nimmt negativ exponentiell mit der Entfernung vom Ort der Stromapplikation ab. Der Zeitmaßstab in Abb. 11.47 ist t/τ_m, und der Längsmaßstab x/λ. τ_m ist die Membranzeitkonstante und gleich $r_m \cdot c_m$. λ heißt Membranlängskonstante und ist gleich $\sqrt{r_m/(r_e + r_i)}$, wobei r_e der extrazelluläre Widerstand ist. λ hat bei Nervenfasern meist eine Größe von einigen mm. Elektrotonische Potentiale nehmen folglich über Entfernungen von cm auf unmeßbar kleine Werte ab. Die theoretisch abgeleiteten Zeit- und Entfernungsabhängigkeiten von elektrotonischen Potentialen stimmen ausgezeichnet mit Messungen überein. Aus solchen Messungen werden häufig Membranwiderstand und Membrankapazität berechnet.

11.4.4.2. Fortleitung des Aktionspotentials

Wird der an einer Membranstelle injizierte positive Strom so groß, daß das durch ihn erzeugte elektrotonische Potential die Schwelle erreicht, so tritt Erregung ein; ein solcher Strom ist dann ein Erregung auslösender *Reiz*. Der Membranstrom i_i ist dann nicht mehr proportional δE, sondern wird z.B. durch die Hodgkin-Huxley-Gleichungen (11.137–11.142) gegeben. Aus Gl. (11.143) wird dann:

$$c_m \cdot \frac{\delta E}{\delta t} + n^4 \bar{g}_K (E - E_K) + m^3 h \bar{g}_{Na}(E - E_{Na}) + g_l(E - E_l)$$

$$= \frac{1}{r_i} \frac{\delta_2 E}{\delta x^2}. \qquad (11.145)$$

Gleichung (11.145) beschreibt die Ausbreitung einer Erregung über eine Nervenfaser. Sie wurde von Hodgkin und Huxley für den Fall der gleichmäßigen Fort-

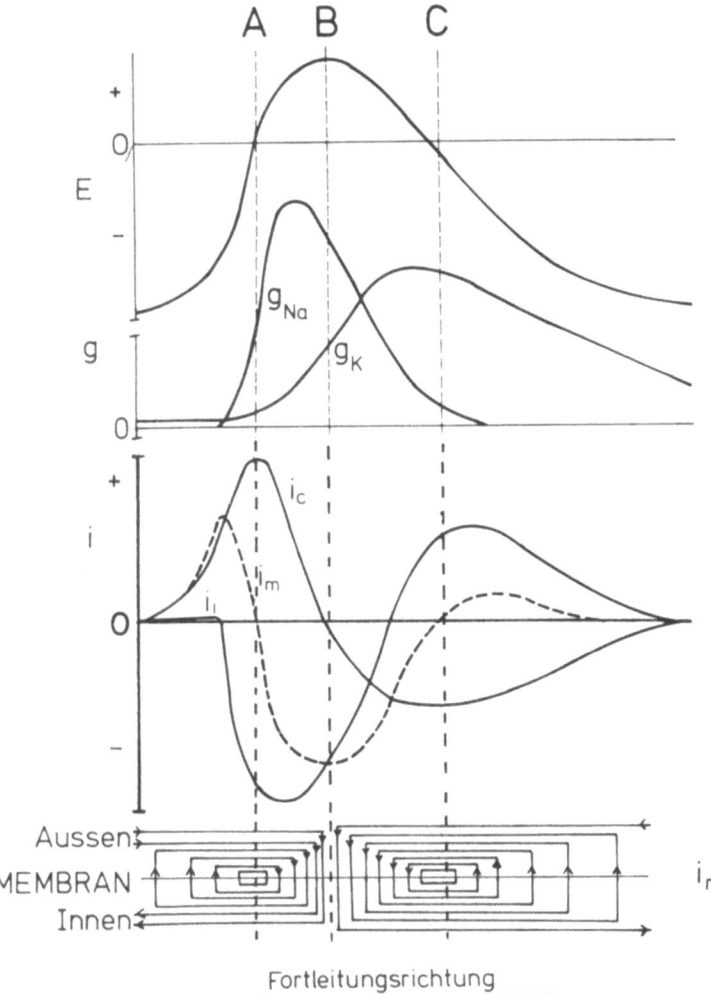

Abb. 11.48. Fortleitung des Aktionspotentials. Oberste Kurve Zeitverlauf oder örtliche Änderung (längs der Faser) des Aktionspotentials, darunter der Membranleitfähigkeiten g_{Na} und g_K. Darunter die Membranstromkomponenten: der Ionenstrom i_i, der Strom durch die Membrankapazität i_c und der die Membran kreuzende Membranstrom i_m. Die gestrichelten vertikalen Hilfslinien sind A an der Stelle der maximalen Anstiegsteilheit, B beim Maximum des Aktionspotentials und C an der Stelle der maximalen Repolarisationsgeschwindigkeit eingezeichnet. [Nach Noble: Physiol. Rev. **46**, 1–50 (1966)]

leitung des Aktionspotentials numerisch gelöst und ergab mit den eingesetzten Meßwerten eine Leitungsgeschwindigkeit, die genau der am Nerven gemessenen Leitungsgeschwindigkeit entsprach. Damit war gezeigt, daß die Fortleitung der Erregung allein auf Grund der Potential- und Zeitabhängigkeiten der Ionenströme durch die Membran und der elektrotonischen Koppelung zwischen verschiedenen Membranstellen beschrieben werden kann.

Abbildung 11.48 zeigt eine Zusammenfassung des Zeitverlaufes der verschiedenen Membranstromkomponenten während eines gleichförmig fortgeleiteten Aktionspotentials. Wegen der gleichförmigen Fortleitung kann die Zeitachse auch als Entfernungsachse aufgefaßt werden. Unter dem Zeitverlauf des Membranpotentials sind die schnell ansteigende und abfallende g_{Na} und die verzögert auf die Depolarisation reagierende g_K eingezeichnet. Darunter ist der Zeit- und Ortsverlauf des Membranstromes i_m, des kapazitiven Stromes i_c und des Ionenstromes i_i eingetragen, wie sie durch Gl. (11.143) und (11.144) definiert sind. i_m ist proportional der zweiten Ableitung des Potentials nach der Zeit (und auch nach der Entfernung); dieser triphasische Zeitverlauf von i_m wird bei extrazellulären Messungen von Aktionspotentialen mit fokalen Elektroden (Abb. 11.39B) gefunden. Zu Beginn des Aktionspotentials ist der Membranstrom positiv, während noch kaum Ionenstrom fließt. Wie die Stromlinienverteilung in Abb. 11.48 unten zeigt, wird dieser Stromfluß erzeugt in dem voll erregten Membranbezirk, der der Spitze des Aktionspotentials entspricht. Der anfängliche positive Membranstrom, der die Membrankapazität entlädt, bis der Schwellenbereich erreicht wird, ist also elektrotonischer Strom, der im erregten Bezirk in die Faser injiziert wird. Nach Erreichen der Schwelle wird i_i auf Grund des Ansteigens von g_{Na} schnell zunehmend negativ. Auf der Spitze des fortgeleiteten Aktionspotentials fließt noch fast der maximale negative Ionenstrom, das Membranpotential steigt jedoch nicht weiter, weil der gesamte Strom als Membranstrom i_m in benachbarte erregte Gebiete abfließt und damit letztlich die Fortleitung unterhält. Nach der Spitze des Aktionspotentials fällt g_{Na} und steigt g_K, i_i wird positiv und erzwingt eine schnelle Repolarisation.

Die *Geschwindigkeit der Fortleitung* des Aktionspotentials hängt einerseits ab von der Größe des depolarisierenden Natriumstroms, andererseits auch von den Bedingungen für die elektrotonische Ausbreitung von Membranströmen, d.h. vom Membranwiderstand r_m, dem Faserinnenwiderstand r_i und der Membrankapazität c_m. Diese Bedingungen sind für dickere Fasern günstiger als für dünne, weshalb die Leitungsgeschwindigkeit mit dem Faserdurchmesser wächst. Sehr dicke Nervenfasern wie das bis zu 1 mm dicke Riesenaxon des Tintenfisches erreichen Leitungsgeschwindigkeiten bis zu 20 m/s. Derart dicke Fasern haben einen großen Platzbedarf, bei Vertebraten hat sich deshalb für Bahnen mit hoher Leitungsgeschwindigkeit ein besonderer Typ von Nervenfasern, die *myelinisierte Faser* entwickelt. Bei diesen Fasern werden Abschnitte durch aufgelagertes Myelin isoliert, so daß in ihnen der Membranwiderstand sehr hoch ist. Das Aktionspotential „springt" über solche myelinisierte Strecken fast ohne Zeitverlust hinweg, die *Fortleitung ist saltatorisch*. Mit dieser Konstruktion können die myelinisierten Nervenfasern bei Durchmessern von 20 µm Leitungsgeschwindigkeiten von 100 m/s erreichen.

11.4.5. Rezeptorpotentiale

11.4.5.1. Erzeugung der Rezeptorpotentiale

Bei der Besprechung der Aktionspotentiale ist auf die *Reize*, die die Membran bis zur Schwelle depolarisieren und so Aktionspotentiale auslösen, bisher kaum eingegangen worden. Nur bei dem fortgeleiteten Aktionspotential wurde darauf hingewiesen, daß die Depolarisation bis zur Schwelle durch Stromfluß aus dem schon erregten Gebiet erfolgt. Neben diesem sind als natürliche Auslöser von Aktionspotentialen die an Sinneszellen entstehenden Potentiale, die *Rezeptorpotentiale*, sowie die bei der Informationsübertragung von Zelle zu Zelle auftretenden synaptischen Potentiale wichtig. In diesem Buch werden Rezeptorpotentiale im Rahmen der Kapitel 12.1 und 12.2, 13.5 und 14.7 angesprochen. Es soll deshalb hier auf die Rezeptorpotentiale nur kurz eingegangen werden.

Rezeptoren sind spezialisierte Zellen, die an geeigneten Stellen des Organismus liegen und dort aus der Außenwelt auftreffende oder den Zustand von Teilen des Organismus kennzeichnende „Informationen" aufnehmen. Sie sind Transduktoren, die auf „Sinnesreize" wie Druck, oder Licht, oder Konzentration spezifischer Moleküle, oder Partialdruck von Gasen reagieren und die entsprechende Information an das Nervensystem weitergeben. Ein typischer solcher Rezeptor ist der Muskeldehnungsrezeptor der Krebse (Abb. 11.49): eine Nervenzelle, deren Zellkörper (Soma) feine Ausläufer, Dendriten besitzt, die eng Muskelfasern angelagert sind, deren Längenänderungen den spezifischen Reiz für diesen Rezeptor darstellen. Werden die Muskelfasern gedehnt, so mißt man in der Rezeptorzelle eine Depolarisation, das Rezeptorpotential. Die Amplitude dieses Rezeptor-

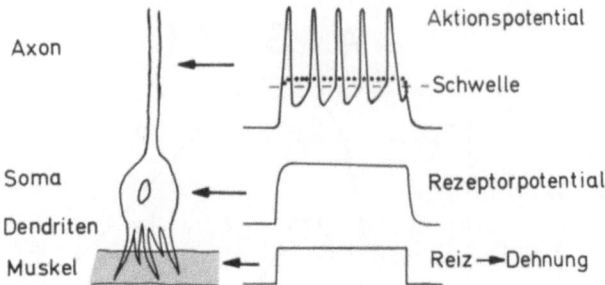

Abb. 11.49. Reiz, Rezeptorpotential und ausgelöste Aktionspotentiale in einem tonischen Dehnungsrezeptor des Krebsmuskels. Die gepunktete Kurve über der Schwelle für die im Axon ausgelösten Aktionspotentiale zeigt den Verlauf des Rezeptorpotentials für ein (z. B. durch Tetrodotoxin) unerregbar gemachtes Axon

potentials ist etwa proportional zur Dehnung. Herabsetzung der extrazellulären Na^+-Konzentration vermindert die Amplitude des Rezeptorpotentials, es entsteht also im wesentlichen durch Einstrom von Na^+ in die Faser. Dehnung von Nervenzellmembranen erhöht allgemein ihre Permeabilität, dieser Mechanismus wird offenbar in den Dendriten, wo sie den Muskelfasern anliegen, für die Transduktion einer Längenänderung in einen Ionenstrom in die Zelle ausgenutzt. Dieser Strom breitet sich elektrotonisch aus und erzeugt das im Zellkörper meßbare Rezeptorpotential.

Ähnlich werden auch in anderen Sinnesorganen Rezeptorpotentiale erzeugt, die bei fast allen Rezeptoren die Membran depolarisieren und vorwiegend durch Na^+-Einstrom zustande kommen (Ausnahme s. Kapitel 13.5). Der molekulare Mechanismus der Transduktion des eintreffenden Sinnesreizes in einen Membranstrom ist bisher jedoch in keinem Fall geklärt. Quantitativ unterscheiden sich die Reaktionen verschiedener Rezeptoren in weitem Ausmaß, das Rezeptorpotential ist meist weder in seiner Anfangsamplitude noch in seinem Zeitverlauf proportional dem Reiz (s. Abb. 11.49), es lassen sich jedoch in der Regel wohldefinierte Übertragungsfunktionen aufzeigen.

11.4.5.2. Transformation des Rezeptorpotentials in Aktionspotentiale

Überschreitet das Rezeptorpotential eine bestimmte Amplitude, so löst es bei den meisten Rezeptorzellen Aktionspotentiale aus. Wie bei vielen anderen Rezeptoren (und auch anderen Nervenzellen) ist die Schwelle bei Krebs-Dehnungsrezeptoren (Abb. 11.49) im Zellkörper relativ hoch, das Rezeptorpotential erreicht deshalb die Schwelle zuerst im Axon in einiger Entfernung vom Soma, wo ein anhaltendes Rezeptorpotential eine Serie von Aktionspotentialen auslöst. Wenn das erste Aktionspotential bis zu dem Potentialniveau repolarisiert hat, das das Rezeptorpotential ohne Aktionspotentiale erreichen würde, ist g_K noch höher als in Ruhe, die Repolarisation wird folglich

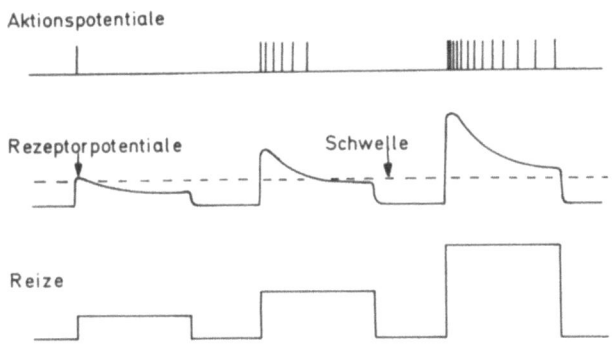

Abb. 11.50. Zeitverlauf der Reize, der Rezeptorpotentiale und der im Rezeptor erzeugten Aktionspotentiale an einem phasisch-tonischen Rezeptor

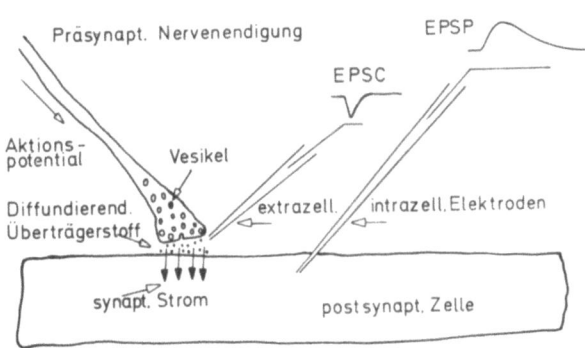

Abb. 11.51. Synapse mit chemischer Übertragung. Die synaptischen Potentiale können mit Hilfe von intrazellulären Elektroden (z. B. *EPSP*) oder mit extrazellulären Elektroden als lokale synaptische Ströme (z. B. *EPSC*) gemessen werden

zu negativeren Potentialen fortschreiten. Nimmt dann g_K auf Grund seiner Potentialabhängigkeit zum Ruhewert ab, so depolarisiert die Membran in Richtung auf den Endwert des Ruhepotentials. Dabei überschreitet die Depolarisation die Schwelle und löst das nächste Aktionspotential aus. Die Frequenz der so entstehenden Aktionspotentialserie steigt mit der Amplitude des Rezeptorpotentials (s. Abb. 11.50), denn mit dem Rezeptorpotential wächst auch die Steilheit der die Aktionspotentiale auslösenden Depolarisationsphasen. Insgesamt wird also der Sinnesreiz über gewisse Übertragungsfunktionen umgesetzt in ein Rezeptorpotential und dies wiederum in eine Frequenz von Aktionspotentialen. Diese Aktionspotentiale sind die einzigen Informationen, die von den Rezeptoren an die Zentren des Nervensystems weitergeleitet werden.

11.4.6. Chemische synaptische Übertragung

11.4.6.1. Prinzip der chemischen synaptischen Übertragung

Aktionspotentiale und elektrotonische Potentiale werden nur bis zum Ende der Zelle fortgeleitet; außer bei sehr spezialisierten Strukturen (s. Abschnitt 11.4.7) werden benachbarte Zellen von den elektrischen Potentialänderungen in einer Zelle nicht beeinflußt. Das Nervensystem ist jedoch ein Netzwerk mit sehr starker funktioneller Verknüpfung zwischen den Zellen; und auch zwischen Rezeptorzellen und Nervenzellen, sowie zwischen Nervenzellen und Effektoren wie Muskel- oder Drüsenzellen müssen Informationen übertragen werden. Diese Informationsübertragung geschieht an *Synapsen*, morphologisch besonders gestalteten Kontaktstellen zwischen den Zellen, und meist unter Einschaltung eines chemischen Übertragerstoffes.

Eine solche Synapse besteht aus einer *präsynaptischen* Struktur, z. B. einer Nervenendigung (Abb. 11.51), und einer *postsynaptischen* Zelle; zwischen beiden liegt ein synaptischer Spalt von etwa 20 nm Breite.

In der präsynaptischen Nervenendigung liegt synaptischer Übertragerstoff bereit, meist angereichert in kleinen Bläschen, den *synaptischen Vesikeln*. Das in der präsynaptischen Nervenendigung eintreffende Aktions- oder elektrotonische Potential bewirkt eine Freisetzung von Übertragerstoff, der durch den synaptischen Spalt diffudiert und mit Rezeptormolekülen in der postsynaptischen Membran reagiert. Dadurch wird die Leitfähigkeit der postsynaptischen Membran für bestimmte Ionen geändert, es fließt ein postsynaptischer Strom und in der postsynaptischen Zelle erscheint ein postsynaptisches Potential. Wenn diese Potentialänderung die Schwelle überschreitet, löst sie in der postsynaptischen Zelle ein Aktionspotential aus.

11.4.6.2. Freisetzung des Übertragerstoffes

Übertragerstoffe. Es sind eine Reihe von Übertragerstoffen bekannt, die an verschiedenen Synapsen wirksam sind. Die wichtigsten sind *Acetylcholin* (ACh), *Adrenalin/Noradrenalin* und *γ-Amino-buttersäure* (GABA). Für diese ist auch die Freisetzung nach Reizung der präsynaptischen Nerven nachgewiesen. Weitere Übertragerstoffe, deren Funktion jedoch nicht völlig gesichert ist, sind *Glycin*, *Glutamat*, *Serotonin* (5-Hydroxy-tryptamin) und *Dopamin*. Alle diese Moleküle sind relativ klein (Abb. 11.52) und einige wie Glutamat, GABA oder Glycin kommen im Stoffwechsel der meisten Zellen in relativ hohen Konzentrationen vor. Diese Stoffe sind also nur durch lokal sehr hohe Konzentrationen und spezielle Hilfsmechanismen als Übertragerstoffe geeignet. Sehr wahrscheinlich gibt es weitere, noch unbekannte Übertragerstoffe.

Die präsynaptischen Nervenendigungen enthalten typische *synaptische Vesikel* (Abb. 11.51), von einer einfachen Membran umgebene Bläschen mit 20–50 nm Durchmesser. In einigen Fällen ist nachgewiesen, daß diese synaptischen Vesikel den Übertragerstoff in hoher Konzentration enthalten. Es wird angenommen, daß die synaptischen Vesikel mit spezialisierten Stellen der Membran des präsynaptischen Nerven verschmel-

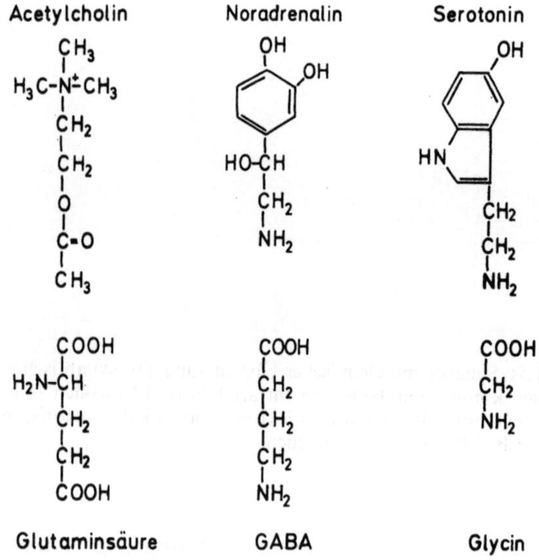

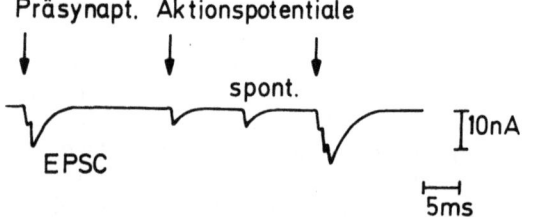

Abb. 11.52. Die wichtigsten bekannten synaptischen Überträgerstoffe

Abb. 11.53. Erregende postsynaptische Ströme (*EPSC*), aus 1–3 Quanten zusammengesetzt

zen können und dabei den enthaltenen Überträgerstoff in den synaptischen Spalt freisetzen.

Mit diesem Freisetzungsmodus korrespondiert der an allen genau untersuchten Synapsen erhobene Befund, daß die postsynaptischen Potentiale oder Ströme aus kleinen Einheiten, *Quanten*, zusammengesetzt sind. Dies ist besonders gut sichtbar bei stark abgekühlten Präparaten, bei denen der Zeitverlauf der synaptischen Ströme stark verlangsamt ist (Abb. 11.53). Neben den durch präsynaptische Aktionspotentiale ausgelösten postsynaptischen Strömen kommen an den Synapsen auch kleine spontane „Miniatur"-synaptische Ströme vor (Abb. 11.53), die in Amplitude und Zeitverlauf genau einem Quant synaptischen Stromes entsprechen. Es liegt nahe anzunehmen, daß den Quanten des synaptischen Stromes oder Potentials Quanten von freigesetztem Überträgerstoff entsprechen und daß weiter diese *Überträgerstoffquanten* mit dem Inhalt eines synaptischen Vesikels gleichzusetzen sind.

Gewisse Schlüsse über den Mechanismus der Überträgerstoff-Freisetzung ließen sich aus der *statistischen Verteilung der Amplituden* der postsynaptischen Ströme ziehen. Aus den ersten Untersuchungen an der neuromuskulären Synapse des Frosches und von Krebsen wurde gefolgert, daß die Amplitudenverteilung der postsynaptischen Ströme einer Poisson-Verteilung entspricht, d.h., daß aus einem großen Vorrat von bereitliegenden Überträgerstoff-Quanten mit sehr geringer, konstanter Wahrscheinlichkeit pro Aktionspotential eine durchschnittliche Quantenzahl m freigesetzt wird. In neueren Untersuchungen war es möglich, die in einzelnen postsynaptischen Strömen enthaltenen Quanten zu zählen (Abb. 11.53), und es wurde mit dieser verfeinerten Methode nachgewiesen, daß eine binomiale Verteilung zutrifft. Dabei wird angenommen, daß aus einer begrenzten Zahl n von bereitstehenden Quanten mit der Wahrscheinlichkeit p im Durchschnitt m Quanten pro Aktionspotential freigesetzt werden:

$$m = n \cdot p. \qquad (11.146)$$

Die Wahrscheinlichkeit, daß durch ein Aktionspotential die Zahl x von Quanten freigesetzt werden, ist dann P_x:

$$P_x = \frac{n!}{(n-x)! \, x!} x \cdot p^x (1-p)^{n-x}, \qquad (11.147)$$

wobei p auch über die experimentell bestimmbare Varianz σ^2 der Häufigkeitsverteilung berechnet werden kann:

$$p = 1 - \frac{\sigma^2}{m}. \qquad (11.148)$$

Die gemessenen Häufigkeitsverteilungen stimmten mit den durch Gl. (11.147) vorhergesagten sehr gut überein. Überraschenderweise ergaben sich für n kleine Werte von höchstens 10. Dieser Wert wird interpretiert als eine relativ kleine Zahl von synaptischen Vesikeln, die an spezialisierten Stellen der präsynaptischen Membran zur Freisetzung bereitstehen.

Die Freisetzung des Überträgerstoffes aus dem präsynaptischen Neuron wird ausgelöst durch das Aktionspotential. Es ist jedoch nicht notwendig, daß die Faser erregt wird, auch ihre passive Depolarisation führt zur Freisetzung von Überträgerstoff. An Riesensynapsen von Tintenfischen kann man das präsynaptische Potential durch applizierten Strom einstellen (Abb. 11.54A). Bis zu einer Depolarisation von etwa 25 mV wird an dieser Synapse kein Überträgerstoff ausgeschüttet, mit weiterer Depolarisation steigt jedoch die Freisetzung der Überträgerstoffes sehr steil an und erreicht bei mehr als 60 mV Depolarisation einen Sättigungswert. Qualitativ ähnliche Beziehungen zwischen Depolarisation und Freisetzung von Überträgerstoff gelten auch an anderen Synapsen. Die Freisetzung von Überträgerstoff hängt weiterhin sehr stark von der Ca^{++}-Konzentration in der extrazellulären Lösung ab (Abb. 11.54b). Das postsynaptische Potential steigt etwa mit der 4. Potenz der Ca^{++}-Konzentration, was für eine Freisetzung eines Quants Überträgerstoff auf Grund der kooperativen Reaktion von 4 Ca^{++} mit die Freisetzung kontrollierenden Molekülen der Nervenendigung

Elektrische Potentiale 373

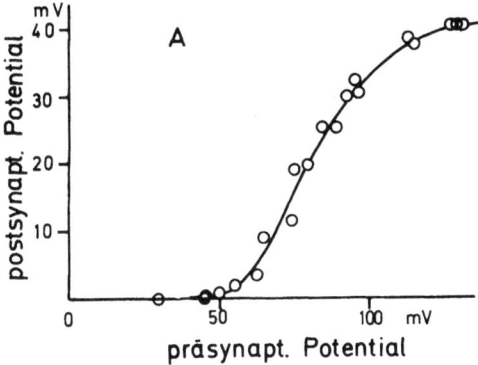

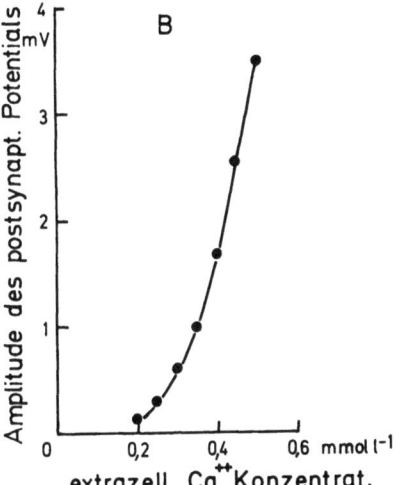

Abb. 11.54 (A). Abhängigkeit des *EPSP* von der präsynaptischen Depolarisation (Tintenfischriesensynapse) [Nach Katz und Miledi: Nature **212**, 1242–1245 (1966)]. (B) Abhängigkeit des postsynaptischen Potentials von der extrazellulären Ca^{++}-Konzentration (Froschmuskel). [Nach Dodge und Rahamimoff: J. Physiol. (Lond.) **193**, 419–432 (1967)]

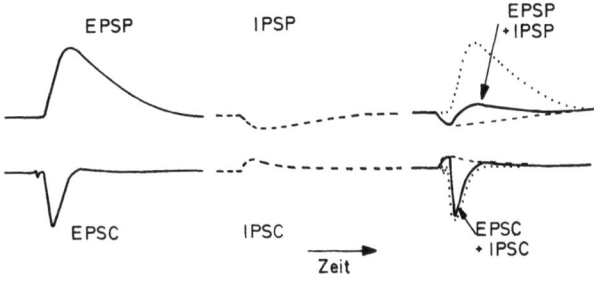

Abb. 11.55. Erregende und hemmende postsynaptische Potentiale (*EPSP* und *IPSP*), Ströme (*EPSC* und *IPSC*) sowie ihre Überlagerung (*EPSP + IPSP* bzw. *EPSC + IPSC*); in dieser letzten Grafik wurden zum Vergleich die ungehemmten *EPSP* gepunktet und die *IPSP* gestrichelt eingetragen

spricht. Zusammenfassend wird für den Mechanismus der Freisetzung der Überträgerstoffe angenommen, daß auf Grund der Depolarisation der Zellmembran Ca^{++}-Ionen in die präsynaptische Faser eindringen und nahe der Membran die Ca^{++}-Konzentration stark erhöhen. Die Ca^{++} reagieren mit Rezeptoren, die die Verschmelzung von zur Freisetzung bereitliegenden Vesikeln mit der Zellmembran bewirken, wodurch der Inhalt der Vesikel in den synaptischen Spalt entleert wird. Die Freisetzung der Vesikel erfolgt mit geringer Wahrscheinlichkeit auch beim Ruhepotential, was die spontanen Miniaturpotentiale verursacht.

11.4.6.3. Erregende und hemmende postsynaptische Potentiale

Bisher wurden die postsynaptischen Potentiale und Ströme als Maßeinheiten für den ausgeschütteten Überträgerstoff betrachtet. Im folgenden soll auf die Funktion und die Entstehungsweise der postsynaptischen Potentiale selbst eingegangen werden. Abbildung 11.55 zeigt den Zeitverlauf von synaptischen Potentialen und Strömen, wie sie an einzelnen Synapsen gemessen werden. Es gibt Synapsen mit erregender und mit hemmender Funktion. Bei den erregenden Synapsen wird ein *erregendes postsynaptisches Potential* (EPSP, Abb. 11.55) erzeugt, das die Membran *depolarisiert*, bei ausreichender Größe die Schwelle überschreitet und Aktionspotentiale auslöst. Solche EPSP lösen z.B. in den Muskelfasern Aktionspotentiale aus, die die Kontraktion einleiten. Bei hemmenden Synapsen wird ein *hemmendes* (inhibitorisches) *postsynaptisches Potential* (IPSP, Abb. 11.54) erzeugt, das die Membran um einige mV *hyperpolarisiert*, kaum sichtbar ist oder auch *geringfügig depolarisiert*. Falls jedoch an einer Zelle erregende und hemmende Synapsen gleichzeitig aktiviert werden, so wird das *EPSP* während des *IPSP* sehr stark vermindert und damit meist die Auslösung eines Aktionspotentials verhindert (Abb. 11.55). Ähnlich wie die EPSP werden auch depolarisierende elektrotonische Potentiale (Abb. 11.56A) oder Rezeptorpotentiale durch *IPSP* stark vermindert. Die *synaptische Hemmung* ist also dadurch definiert, daß sie die Tendenz zur Auslösung von Erregung herabsetzt.

Während des *EPSP* fließt an der Synapse ein Strom in die Zelle, der *EPSC* (C für „current") (Abb. 11.55). Die Amplitude des *EPSC* ist stark potentialabhängig, sie wächst in der Regel bei Hyperpolarisation und fällt bei Depolarisation. Schließlich kehrt bei Potentialen zwischen -20 und $+60$ mV der *EPSC* seine Richtung um. Die Amplitude des *EPSC* wird weiter vermindert durch eine Herabsetzung der extrazellulären Na^+-Konzentration. Der *EPSC* wird folglich in der Regel durch eine Erhöhung vorwiegend der g_{Na} der Membran bewirkt, die an verschiedenen Synapsen in wechselndem Ausmaß von einer Erhöhung der g_K oder der g_{Ca} begleitet wird. An einigen Synapsen ist jedoch der komplementäre Mechanismus wirksam: g_K nimmt während des *EPSC* ab, erzeugt dadurch eine relative Zunahme von g_{Na} und damit Depolarisation.

Ebenso wie während des *EPSP* ist während des *IPSP* die Membranleitfähigkeit erhöht. Wie Abb. 11.56A zeigt, ist diese Erhöhung der Membran-

374 Membranen

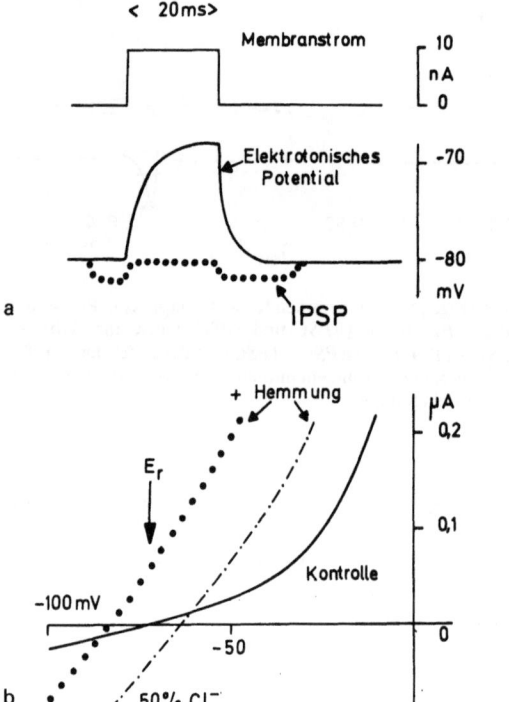

Abb. 11.56 (A). Elektrotonisches Potential in Ruhe und während synaptischer Hemmung (IPSP). (B) Stromspannungskurve der Membran in Ruhe (ausgezogene Kurve) und während synaptischer Hemmung (gepunktete Kurve); bei auf 50% herabgesetzter extrazellulärer Cl⁻-Konzentration ergibt sich während Hemmung eine nach rechts verschobene Kurve (strichpunktiert)

leitfähigkeit sehr beträchtlich, die Amplitude des elektrotonischen Potentials ist während des IPSP sehr stark vermindert. Abbildung 11.56B zeigt die Änderung der Stromspannungskurve einer nichterregbaren Membran während der synaptischen Hemmung: Die Leitfähigkeit der Membran steigt stark an, und die Richtung der hemmenden Potentiale kehrt sich in der Nähe des Ruhepotentials um. Wird die extrazelluläre Chloridkonzentration auf die Hälfte vermindert, so verschiebt sich das Umkehrpotential um etwa +20 mV. Dies zeigt, daß die Ursache für das IPSP eine starke Erhöhung der g_{Cl} ist. Dies wird an vielen hemmenden Synapsen beobachtet, etwa ebenso häufig kommt aber auch die Erhöhung von g_K vor. Wesentlich für den Mechanismus der synaptischen Hemmung ist jedenfalls, daß durch die Erhöhung der Leitfähigkeit von Ionen, die ihr Gleichgewichtspotential in der Nähe des Ruhepotentials haben, das Membranpotential nahe dem Ruhepotential stabilisiert und dadurch Erregung verhindert wird.

Sowohl die EPSP wie die IPSP werden durch die Reaktion von Übertragerstoffen mit Rezeptoren der postsynaptischen Membran ausgelöst. Die Übertragerstoffe erzeugen dabei EPSP, wenn sie vorwiegend g_{Na} erhöhen, und IPSP, wenn sie g_K oder g_{Cl} erhöhen. Wie oben dargelegt gibt es eine Reihe von Über-

trägerstoffen. Diese lassen sich jedoch nicht eindeutig den Funktionen Erregung und Hemmung zuordnen. An Synapsen des Skeletmuskels erhöht Acetylcholin vorwiegend g_{Na} und erzeugt so ein EPSP, an solchen des Herzmuskels erhöht es g_K und führt zur Hemmung. Ähnliches gilt auch für andere Übertragerstoffe. Die Übertragerstoffe reagieren an den einzelnen Synapsen sehr spezifisch mit den Rezeptoren in der postsynaptischen Membran. Diese Reaktion des Rezeptors führt an der betreffenden Synapse zu der Erhöhung einer Leitfähigkeit, die für die betreffende Synapse, aber nicht den auslösenden Übertragerstoff spezifisch ist.

11.4.6.4. Synaptische Summation und Bahnung

Synaptische Potentiale werden durch Stromfluß durch die synaptische Membran erzeugt, der sich elektrotonisch auf den Rest der Zelle ausbreitet. Solche Ströme sind summierbar, und ebenso die synaptischen Potentiale. Viele Nervenzellen tragen Hunderte von Synapsen. Die an einer einzelnen dieser Synapsen entstehenden synaptischen Potentiale sind oft sehr klein, z.B. nur 0,1 mV groß. Erst wenn viele dieser Synapsen gleichzeitig aktiviert werden, „räumliche Summation" eintritt, ergibt sich daraus ein synaptisches Potential, das die Schwelle erreichen und Erregung auslösen kann. Wichtig ist auch die zeitliche Summation von kurz aufeinanderfolgenden synaptischen Potentialen (Abb. 11.57A). Die meist nur wenige ms dauernden synaptischen Ströme erzeugen postsynaptische Potentiale, die entsprechend der Zeitkonstante der Membran abfallen (Abb. 11.55). Wird die Synapse aktiviert, bevor das vorhergehende synaptische Potential abgeklungen ist, addiert sich dieses zum Rest des vorhergehenden, und so kann sich aus einer Serie aufeinanderfolgender kleiner synaptischer Potentiale ein großes aufbauen (Abb. 11.57A). Sowohl die EPSP wie die IPSP können derart summieren. Dies macht eine sehr fein abgestufte Kontrolle des Potentials möglich.

Funktionell ähnlich wichtig wie die Summation ist die synaptische Bahnung. Bei vielen Synapsen steigt der synaptische Strom, wenn die Synapse durch kurz nacheinander eintreffende präsynaptische Aktionspotentiale aktiviert wird (Abb. 11.57B). Diese Bahnung ist ein präsynaptischer Mechanismus: Eine nähere Analyse des Quantengehaltes (s. Abb. 11.53) der synaptischen Ströme zeigt, daß die Amplitude der Quanten konstant bleibt, jedoch der durchschnittliche Quantengehalt m (s. Gl. 11.147) der einzelnen synaptischen Potentiale ansteigt. Die Aktivierung des präsynaptischen Nerven hinterläßt in diesem einen Zustand, in dem für Sekunden bis zu vielen Minuten die Ausschüttungswahrscheinlichkeit p für Quanten erhöht ist. Dieser Mechanismus begünstigt stark die synaptische Übertragung durch wiederholte Aktivierung der gleichen Synapse. Er bildet damit einen Hochpaß-Frequenz-Filter für die Ausbreitung der Information, stellt aber auch eine Basis für Lern- und Gedächtnisleistungen auf zellulärer Ebene dar.

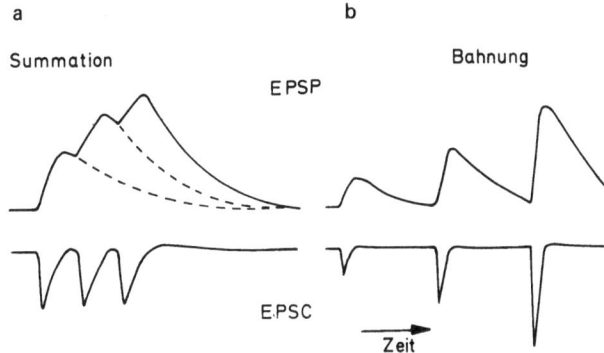

Abb. 11.57 (A). Summation von synaptischen Potentialen. (B) Bahnung von synaptischen Strömen und Potentialen

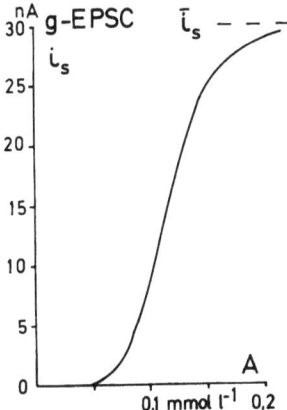

Abb. 11.58. Abhängigkeit des synaptischen Stromes i_s (g-$EPSC$) von der Übertragerstoff-Konzentration A (Glutamat). [Nach Dudel: Pflügers Archiv ges. Physiol. **356**, 329–346 (1975)]

11.4.6.5. Übertragerstoff-Rezeptor-Reaktion und Zeitverlauf der synaptischen Ströme

Die Reaktion Übertragerstoff-Membranrezeptor kann analysiert werden, wenn man den Übertragerstoff in bekannter Konzentration in die extrazelluläre Lösung gibt und die resultierenden synaptischen Ströme oder Potentiale mißt. Die Applikation des Übertragerstoffes kann entweder in die gesamte, am Präparat vorbeiströmende extrazelluläre Lösung erfolgen, oder aus Mikrokapillaren, die mit Übertragerstoff gefüllt sind und aus denen er iontophoretisch durch geeignete Ströme freigesetzt wird. Die letztere Methode hat den Vorteil, daß man die Mikrokapillaren bis auf wenige μm Abstand zur synaptischen Membran positionieren kann und damit sehr lokale Übertragerstoffwirkungen erreichen. Mit diesen Methoden können vor allem die *Dosis-Wirkungskurven* der Reaktion des Übertragerstoffs mit der postsynaptischen Membran gemessen werden. Diese Dosis-Wirkungskurven sind in den meisten genau untersuchten Synapsen S-förmig (Abb. 11.58): Bis zu einem Schwellen-Konzentrationsbereich erfolgt kaum eine Reaktion, dann steigt mit wachsender Konzentration die Reaktion steil an und erreicht schließlich einen Sättigungswert. Wenn man annimmt, daß das Verhältnis $i_s/\bar{i}_s$ des synaptischen Stroms i_s zum maximal möglichen synaptischen Strom $\bar{i}_s$ dem Anteil der Membranrezeptoren entspricht, die mit dem Übertragerstoff reagierten und synaptischen Strom auslösten, so ist nach dem Massenwirkungsgesetz:

$$i_s = \frac{\bar{i}_s}{1+(K/A)^n},\qquad(11.149)$$

Hierbei ist A die Konzentration des Übertragerstoffes, K eine Konstante und n die Anzahl der Übertragerstoffmoleküle, die mit dem Rezeptor reagieren müssen, um einen synaptischen Stromfluß auszulösen. Gleichung (11.148) mit $n > 1$ beschreibt Dosis-Wirkungskurven von der in Abb. 11.58 dargestellten Form, die experimentell gefundenen Werte für n liegen an verschiedenen Synapsen zwischen 2 und 6, man muß also *gleichzeitige Reaktion von 2–6 Übertragerstoffmolekülen* mit einem Rezeptor annehmen. Die Konstante K in Gl. (11.148) bezeichnet die Übertragerstoffkonzentration bei dem halbmaximalen Effekt, sie hat bei verschiedenen Glutamat- und GABA-Synapsen Werte zwischen $5 \cdot 10^{-5}$ und $2 \cdot 10^{-4}\,M$.

Der Zeitverlauf der synaptischen Ströme ist bei selbst sehr kurzen mikroiontophoretischen Übertragerstoff-Applikationen bestimmt durch den Zeitverlauf der Diffusion. Die Kinetik der Übertragerstoff-Rezeptor-Reaktion kann deshalb nur an über den Nerven ausgelösten *EPSC* oder *IPSC* analysiert werden. Eine solche Analyse wurde kürzlich für den *EPSC* an der neuromuskulären Synapse des Frosches durchgeführt. Die Analyse geht aus von der Beobachtung, daß der Zeitverlauf des *EPSC* vom Membranpotential abhängt (Abb. 11.59 A). Die Rückbildungsphase des *EPSC* hat einen Zeitverlauf proportional $e^{-\alpha t}$, und α hängt beim Membranpotential zwischen -150 und $+50$ mV entsprechend der Beziehung

$$\alpha = b\,e^{a \cdot E}\qquad(11.150)$$

vom Potential E ab, wobei b und a Konstanten darstellen (Abb. 11.59 B). Zur Interpretation dieser Befunde wurde eine Reaktion des Übertragerstoffes A mit dem Rezeptor R angenommen, die zu einem Komplex $A \cdot R$ führt. $A \cdot R$ ändert spontan seine Konformation zu $A \cdot R^*$, was das Tor für den synaptischen Strom öffnet:

$$A+R \underset{k_2}{\overset{k_1}{\rightleftharpoons}} A\cdot R \underset{\alpha}{\overset{\beta}{\rightleftharpoons}} A\cdot R^* \qquad(11.151)$$

Die in Gl. (11.151) definierte Rückbildungsgeschwindigkeit α des *EPSC* erscheint in dieser Reaktion als Geschwindigkeit der Rückreaktion von $A \cdot R^*$ nach $A \cdot R$. Es wird nun weiter angenommen, daß die Diffusion von A, wie auch die Reaktionsgeschwindigkeit k_1 und k_2, sehr viel größer sind als die Geschwindigkeiten α und β der Konformationsänderungen, so daß letztere die Kinetik bestimmen. Wenn α die Reaktionsgeschwindigkeit einer Konformationsände-

376   Membranen

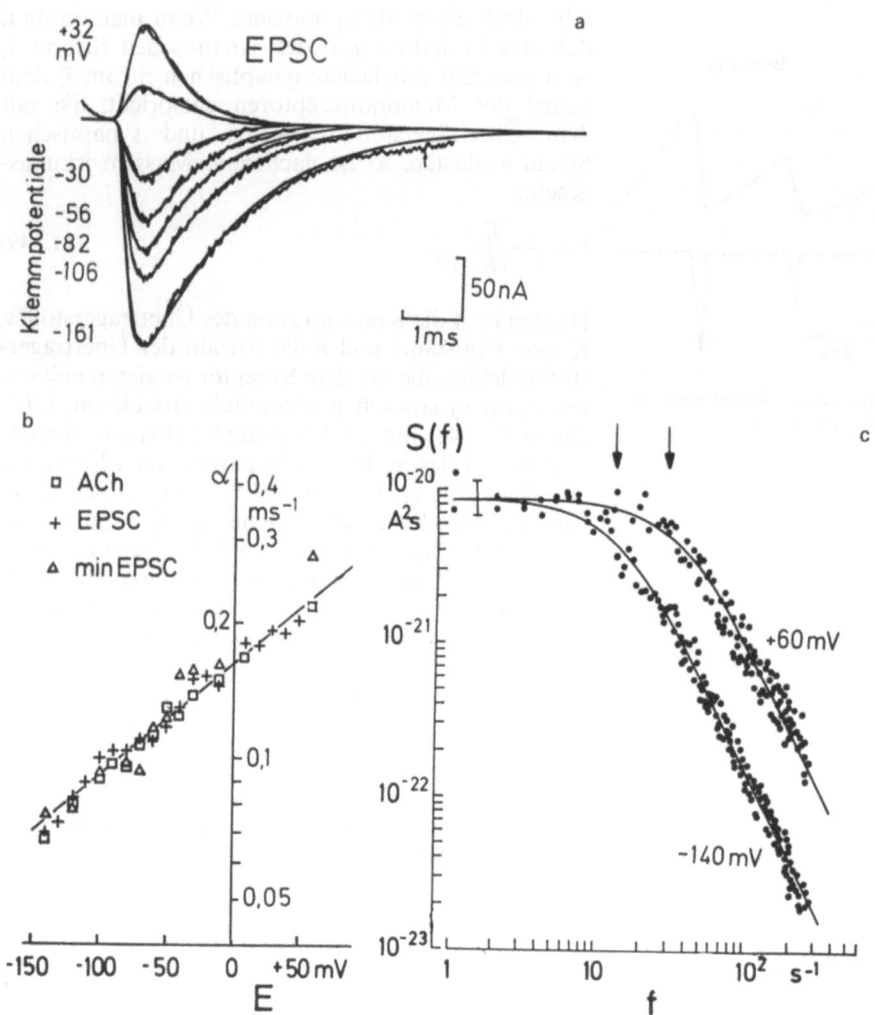

Abb. 11.59. (A) Abhängigkeit des *EPSC* (Froschmuskel) vom Membranpotential, die jeweiligen Klemmpotentiale sind links neben dem Maximum des *EPSC* angegeben. (B) Abhängigkeit der Relaxationsrate α vom Membranpotential *E*. α wurde bestimmt mittels des durch Acetylcholin induzierten synaptischen Rauschens (ACh), und der Abfallrate des synaptischen Stromes (*EPSC*) und des Miniatur-*EPSC* (min*EPSC*). (C) Frequenzspektren $S(f)$ des durch Acetylcholin (ACh) induzierten synaptischen Rauschens bei Membranpotentialen von -140 mV und $+60$ mV. [Nach Anderson und Stevens: J. Physiol. (Lond.) **135**, 655–691 (1973) und Magleby und Stevens: J. Physiol. (Lond.) **223**, 151–197 (1972)]

rung beschreibt, die vom Membranpotential beeinflußt ist, so muß gelten

$$\alpha = v e^{-\frac{U(E)}{kT}} \qquad (11.152)$$

wobei v die Vibrationsfrequenz des Moleküls, k die Boltzmann-Konstante, T die absolute Temperatur und $U(E)$ die potentialabhängige Änderung der freien Energie durch die Konformationsänderung ist. Diese besteht in einer Änderung des Dipolmomentes des Moleküls, und $U(E) = U_0 - \mu E/M$, wenn U_0 der Unterschied der freien Energien der Konformationen ohne Einfluß des elektrischen Feldes, μ des Unterschied in den wirksamen Dipolmomenten der Konformationen und E/M die Feldstärke bei einer Membran von der effektiven Dicke M ist. Aus Gl. (11.152) wird dann:

$$\alpha(E) = v \cdot e^{-U_0/kT} \cdot e^{\mu/M \cdot kT \cdot E} . \qquad (11.152)$$

Diese Gleichung entspricht Gl. (11.150), es ist $b = v \, e^{-U_0/kT}$ und $a = \mu/MkT$. Die durch Gl. (11.150) beschriebene Potentialabhängigkeit von α (Abb. 11.59B) hat durch die Gln. (11.152) und (11.153) einen physikalischen Sinn erhalten. Berechnet man aus (11.154) den Wert μ, so ergibt sich $\mu = 48$ D, was für eine Änderung eines Dipolmomentes bei einer Konformationsänderung eines Eiweißmoleküls als ein realistischer Wert erscheint. In ähnlicher Weise wurde auch für $\beta(E)$ eine beschreibende Gleichung abgeleitet, so daß der gesamte Zeitverlauf des *EPSC* synthetisiert werden konnte (s. ausgezogene Kurven in Abb. 11.59A).

Unabhängig von der Potentialabhängigkeit des *EPSC* läßt sich an der neuromuskulären Synapse auch die des synaptischen Rauschens, d. h. das Frequenzspektrum des Rauschens des Membranstromes, der durch Applikation des Überträgerstoffes ACh in die extrazelluläre Lösung erhalten wird, bestimmen. Abbildung 11.59C zeigt, daß bei Depolarisation das Rauschspektrum zu höheren Frequenzen verschoben wird, daß also auch für das synaptische Rauschen ebenso wie für den *EPSC* die Zeitverläufe durch Depolarisation beschleunigt werden. Für das Rauschspektrum $S(f)$ läßt sich aus dem Modell der Überträgerstoff-Rezeptor-Reaktion in Gl. (11.151) folgende Potentialabhängigkeit ableiten

$$S(f) = \frac{2g_i i_s (E - E_s)}{\alpha [1 + (2\pi^s/\alpha)^2]}. \qquad (11.154)$$

Dabei ist f die Frequenz, g_i die Leitfähigkeit, die durch die Konformationsänderung eines Rezeptors erzeugt wird, i_s der mittlere durch ACh erzeugte synaptische Strom, $(E - E_s)$ der Abstand des Membranpotentials vom Gleichgewichtspotential des *EPSC* und α die durch Gl. (11.151) definierte Reaktionsgeschwindigkeit vom offenen „synaptischen Ionenkanal" zum geschlossenen. Diese Gleichung beschreibt einerseits die Potentialabhängigkeit der Rauschspektren, wie sie experimentell gefunden wurde (ausgezogene Linien in Abb. 11.59B). Andererseits stimmen auch die über Gl. (11.154) aus $S(f)$ ermittelten Werte von α genau mit den über Gl. (11.150) aus dem *EPSC* gewonnenen Werten überein, die beiden unabhängig gewonnenen Potentialabhängigkeiten werden durch die gleiche in Abb. 11.59B dargestellte Funktion beschrieben. Die aus der molekularen Modellvorstellung der Gl. (11.151) entwickelte Theorie der Funktionsweise des synaptischen Ionenkanals kann also das Verhalten des Kanals in einem weiten Bereich vorhersagen und beansprucht als eine explizite physikalisch-chemische Theorie einer spezifischen Membranleitfähigkeit großes Interesse. Potentialabhängigkeit des Zeitverlaufes synaptischer Potentiale wurde auch an der neuromuskulären Synapse der Krebse gefunden. Hier ist Glutamat der Überträgerstoff, der im Gegensatz zu ACh negativ geladen ist. Interessanterweise verhält sich auch am Krebsmuskel der Zeitverlauf des *EPSC* spiegelbildlich zum Froschmuskel, er wird bei Hyperpolarisation beschleunigt.

11.4.7. Elektrische synaptische Übertragung

11.4.7.1. Elektrotonische Übertragung

Ein Aktionspotential in einer Zelle verursacht in einer benachbarten Zelle in der Regel nur eine Potentialänderung von wenigen μV, deshalb ist an den funktionellen Kontakten zwischen Nervenzellen meist ein chemischer Übertragungsmechanismus eingeschaltet. Werden jedoch zwischen Zellen spezielle Kontakte mit geringem Widerstand hergestellt, so ist eine direkte elektrische Übertragung möglich. Solche Zellen haben Bezirke, in denen die Zellmembran mit der der Nachbarzelle teilweise verschmolzen ist (Abb. 11.60). Der Membranwiderstand dieser fusionierten Membran

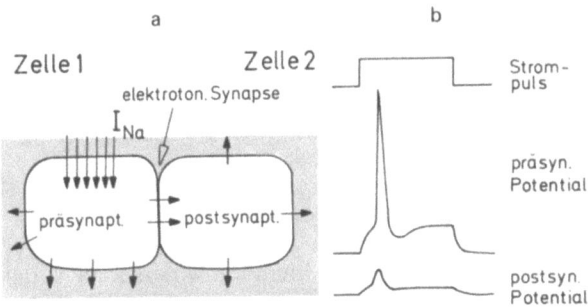

Abb. 11.60. (a) Elektrotonische Synapse zwischen Zelle 1 (präsynaptisch) und 2 (postsynaptisch). (b) Strompuls in präsynaptischer Zelle 1 löst Elektrotonus und Aktionspotential aus, die verkleinert nach Zelle 2 (postsynaptisch) übertragen werden

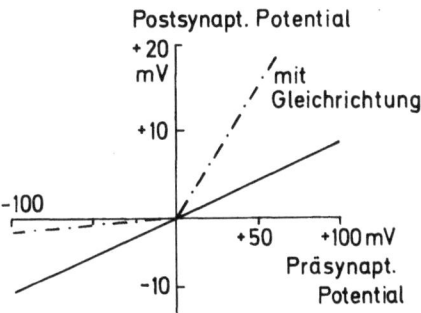

Abb. 11.61. Koppelungskennlinien elektrotonischer Synapsen, ohne und mit Gleichrichtung

ist sehr viel geringer als der der normalen Zellmembran. Wird deshalb in Abb. 11.60 Zelle 1 erregt, so breitet sich das Aktionspotential nicht nur über Zelle 1, sondern elektrotonisch auch auf Zelle 2 aus. Die Amplitude des Aktionspotentials in Zelle 2 ist gegenüber dem in Zelle 1 verringert, kann jedoch durchaus groß genug sein, um in Zelle 2 die Schwelle zu überschreiten und Erregung auszulösen. Da die Koppelung zwischen den Zellen durch elektrotonische Ströme vermittelt wird, wird diese Art der synaptischen Übertragung *elektrotonisch* genannt.

Das Ausmaß der Koppelung zwischen den beiden Zellen kann im wesentlichen unabhängig sein vom Membranpotential, dann gilt die lineare Koppelungskennlinie in Abb. 11.61. Die Koppelung kann aber auch potentialabhängig sein, wie die gekrümmte Kennlinie in Abb. 11.61. Sie beschreibt das Verhalten der Riesenaxon-Synapse des Krebses, bei der starke Gleichrichtung an der die Zellen koppelnden Membran auftritt. Depolarisierende Potentialänderungen, d.h. auch Aktionspotentiale, werden gut von der präsynaptischen auf die postsynaptischen Zelle übertragen, während präsynaptische Hyperpolarisationen postsynaptisch kaum sichtbar werden. Für die Übertragung von der postsynaptischen auf die präsynaptische Seite verhält sich die Synapse spiegelbildlich, hier werden Depolarisationen nicht und Hyperpolarisationen gut übertragen. Diese gleichrichtenden elektrotonischen Synapsen sind also für die Übertragung von Aktionspotentialen eindeutig polarisiert und haben ebenso wie chemische Synapsen für die Erregungsübertragung eine Ventilfunktion.

Das Ausmaß der elektrotonischen Koppelung zwischen den Zellen wird bestimmt durch den Widerstand des gemeinsamen Membranabschnittes r_{12} im Verhältnis zu den Membranwiderständen der Zellen r_1 und r_2. Ist $r_2 \gg r_{12}$, so wird das Potential von Zelle 1 zu Zelle 2 fast verlustlos übertragen. Solche Verhältnisse kommen bei Synzytien wie den Herzmuskelzellen der Wirbeltiere oder Epithelien vor. An anderen Zellen sind die Widerstände r_2 und r_{12} in der gleichen Größenordnung, und das Potential wird dann im Verhältnis 1:2 bis 1:50 übertragen. Solche Koppelungen mit Faktoren 1:10 bis 1:20 (Abb. 11.61) kommen häufig zwischen Zellen des Zentralnervensystems vor. Sie bewirken vor allem die Synchronisierung der Aktivitäten größerer Zellgruppen. Ein quantitatives Modell der elektrotonischen Ausbreitung der Ströme an elektrotonischen Synapsen wird von *Bennett* gegeben.

11.4.7.2. Andere elektrische Synapsen

Neben den elektrotonischen Synapsen sind noch einzelne Beispiele für andere elektrische synaptische Übertragungsmechanismen bekannt geworden, auf die hier nicht näher eingegangen werden kann. Erwähnt werden soll noch eine *kapazitive Erregungsübertragung* über einen großflächigen Membrankontakt mit hoher interzellulärer Kapazität (Ziliar-Ganglion) und eine *hemmende elektrische Übertragung*, bei der für kurze Zeit durch die präsynaptische Nervenfaser in der Umgebung eines postsynaptischen Nerven ein positives extrazelluläres Potential aufgebaut wird, das das Membranpotential der postsynaptischen Zelle erhöht und dadurch die Fortleitung von Erregung verhindert.

Literaturauswahl

Ergänzende Lehrbücher
Ruch, Th. C., Patton, H. D.: Physiology and Biophysics, 20th ed., vol. I. Philadelphia: Saunders 1975
Schmidt, R. F., Thews, G. (Hrgb.): Einführung in die Physiologie des Menschen. 18. Auflage. Berlin-Heidelberg-New York 1976

Sammlung wichtiger Originalarbeiten
Cooke, I., Lipkin, M.: Cellular neurophysiology. New York: Holt, Rinehart, Winston 1972

Originalarbeiten
Bennett, M. V. L.: Physiology of electrotonic junctions. Ann. N. Y. Acad. Sci. **137**, Art. 2, 509–539 (1966)
Eccles, J. C.: The Physiology of Synapses. Berlin-Göttingen-Heidelberg-New York: Springer 1964
Hodgkin, A. L., Huxley, A. F.: A quantitative description of membrane current and its application to conduction and excitation in nerve. J. Physiol. (Lond.) **117**, 500–544 (1952)
Johnson, E. W., Wernig, A.: The binomial nature of transmitter release at the crayfish neuromuscular junction. J. Physiol. (Lond.) **218**, 757–767 (1971)
Nastuk, W. L.: Physical techniques in biological research. Vol. V.: Electrophysiological methods, part A. New York-London: Academic Press 1964
Peper, K., Dreyer, F.: Structure and ultrastructure of the frog motor endplate. Cell Tiss. Res. **149**, 437–455 (1974)
Takeuchi, A., Takeuchi, N.: Actions of transmitter substances on the neuromuscular junctions of vertebrates and invertebrates. Advanc. Biophys. **3**, 45–95 (1972)
Ulbricht, W.: Ionic channels through the Axon membrane (a review). Biophys. Struct. Mechanism **1**, 1–16 (1974)

11.5. Biophysik des Atemgastransportes

GERHARD THEWS und HELMUT HUTTEN

11.5.1. Teilprozesse des Atemgastransportes beim Menschen

Der Atemgastransport zwischen der Außenwelt und den Zellen des Organismus setzt sich aus vier Teilprozessen zusammen, die jeweils eigenen Gesetzmäßigkeiten unterliegen.

1. Konvektiver Transport in den Atemwegen. Mit der Inspiration gelangt Sauerstoff durch die Trachea und den Bronchialbaum in die Alveolen, während Kohlendioxid mit der Exspirationsluft in umgekehrter Richtung aus dem Alveolarraum entfernt wird. Bei diesem Austauschvorgang handelt es sich vornehmlich um einen konvektiven Transport.

2. Diffusionsaustausch zwischen Alveolen und Lungenkapillarblut. Im Bereich der Alveolen erfolgt der Gasaustausch mit dem die Lungenkapillaren durchströmenden Blut durch Diffusion. Die große Oberfläche der Alveolen sowie der kurze Diffusionsweg zwischen den Alveolen und dem Kapillarblut bieten dafür günstige Voraussetzungen. Unter normalen Bedingungen diffundiert Sauerstoff aus den Alveolen in das Blut und wird dort zum überwiegenden Teil an das Hämoglobin in den Erythrozyten gebunden. Lediglich ein geringer Anteil des Sauerstoffes bleibt im Blutplasma sowie in den Erythrozyten physikalisch gelöst. Kohlendioxid diffundiert in umgekehrter Richtung aus dem Lungenkapillarblut in die Alveolen. Es findet sich im Blut sowohl in der physikalisch gelösten Form als auch in den verschiedenen chemischen Bindungsformen.

3. Konvektiver Transport auf dem Blutweg. Der Atemgastransport zwischen der Lunge und den Gewebekapillaren erfolgt konvektiv auf dem Blutweg (s. 11.5.3). Der in der Lunge aufgenommene Sauerstoff gelangt mit dem Blut über das linke Herz in das arterielle Gefäßsystem, von dem die einzelnen Organe und Gewebe versorgt werden. Das in den Gewebekapillaren aufgenommene Kohlendioxid wird über das venöse Gefäßsystem und das rechte Herz der Lunge zugeführt.

4. Diffusionsaustausch zwischen Gewebekapillaren und Zellen. Die Gewebekapillaren sind die Orte des Gasaustausches zwischen dem Blut und dem Gewebe, das die Kapillaren umgibt. Sauerstoff diffundiert aus dem Kapillarblut in die benachbarten Zellen und wird hier im Zuge des oxidativen Abbaus der Nährstoffe verbraucht. Das in den Stoffwechselprozessen gebildete Kohlendioxid diffundiert aus den Zellen in das die Gewebekapillaren durchströmende Blut.

Tabelle 11.13. O_2-Diffusionsleitfähigkeit K und O_2-Diffusionskoeffizient D für verschiedene biologische Diffusionsmedien (37° C)

	$K \left[\dfrac{\text{ml}}{\text{cm} \cdot \text{min} \cdot \text{Atm}} \right]$	$D \left[\dfrac{\text{cm}^2}{\text{s}} \right]$
Wasser	$4{,}7 \cdot 10^{-5}$	$3{,}3 \cdot 10^{-5}$
Blutplasma	$3{,}6 \cdot 10^{-5}$	$2{,}5 \cdot 10^{-5}$
Erythrozyt (Mensch)	$1{,}7 \cdot 10^{-5}$	$1{,}2 \cdot 10^{-5}$
Alveolo-kapilläre Membran Lungenparenchym (Ratte)	$2{,}5 \cdot 10^{-5}$	$2{,}3 \cdot 10^{-5}$
Hirnrinde (Ratte)	$2{,}7 \cdot 10^{-5}$	$2{,}0 \cdot 10^{-5}$
Herzmuskel (Ratte)	$2{,}4 \cdot 10^{-5}$	$1{,}9 \cdot 10^{-5}$
Skeletmuskel (Frosch)	$1{,}6 \cdot 10^{-5}$	$1{,}3 \cdot 10^{-5}$

11.5.2. Physikalische Grundlagen

11.5.2.1. Das 1. Ficksche Diffusionsgesetz

Unter *Diffusion* versteht man bekanntlich einen Ausgleichsvorgang, der entlang des Konzentrationsgradienten vom Ort der höheren Konzentration zum Ort der niederen Konzentration gerichtet ist. Die Bewegung der gasförmigen oder gelösten Teilchen erfolgt aufgrund ihrer molekular-kinetischen Energie. Derartige Ausgleichsvorgänge laufen nach dem 2. Hauptsatz der Thermodynamik irreversibel ab.

Obwohl die Bewegung der einzelnen Teilchen in beliebiger Richtung erfolgen kann, ergibt die statistische Betrachtung aller Teilchen zu jedem Zeitpunkt einen gerichteten Teilchenstrom, der an jedem Ort dem Konzentrationsgradienten proportional ist. Dieser Sachverhalt wird durch das *1. Ficksche Diffusionsgesetz* beschrieben:

$$v = -D \cdot \operatorname{grad} C. \qquad (11.155)$$

v bedeutet den Stromdichtevektor, d.h. die in der Zeiteinheit senkrecht durch die Flächeneinheit hindurchtretende Stoffmenge bzw. Teilchenzahl, und C die Teilchenkonzentration. Der Proportionalitätsfaktor D wird als *Diffusionskoeffizient* bezeichnet. Das negative Vorzeichen gibt an, daß der Teilchenstrom gegen den Konzentrationsgradienten gerichtet ist und dem Konzentrationsabfall folgt.

Die Gültigkeit der Gl. (11.155) ist auf einen homogenen Diffusionsraum beschränkt, in dem der Diffusionskoeffizient D überall gleich groß ist und keine Vorzugsrichtung aufweist. Diffusionsprozesse im biologischen Gewebe erstrecken sich jedoch zumeist über mehrere unterschiedliche Diffusionsräume. Die Übergangsbedingungen zwischen unterschiedlichen Diffusionsräumen lassen sich in einer anderen Darstellung der Gl. (11.155) besser berücksichtigen.

Die Beziehung zwischen der Teilchenkonzentration C und dem Partialdruck P, mit dem diese Konzentration im Gleichgewicht steht, wird durch das *Henry-Daltonsche Gesetz* beschrieben:

$$C = \alpha \cdot P. \qquad (11.156)$$

Der Proportionalitätsfaktor α wird als *Bunsenscher Löslichkeitskoeffizient* bezeichnet. Innerhalb eines homogenen Diffusionsraumes ist α konstant. Daher kann Gl. (11.155) ersetzt werden durch:

$$v = -K \cdot \operatorname{grad} P, \qquad (11.155\text{a})$$

wobei $K = 60 \alpha D$ als *Kroghscher Diffusionskoeffizient* oder besser als *Diffusionsleitfähigkeit* bezeichnet wird. Der Zahlenfaktor 60 steht hier, weil als Zeiteinheit für D vereinbarungsgemäß die Sekunde, für K dagegen die Minute gewählt wird. Einige numerische Werte für den Diffusionskoeffizienten D und die Diffusionsleitfähigkeit K des Sauerstoffes in biologischen Medien sind in Tabelle 11.13 angegeben.

Die Übergangsbedingung zwischen zwei unterschiedlichen Diffusionsräumen ist dadurch gekennzeichnet, daß der Partialdruckverlauf stetig ist, während der Konzentrationsverlauf in Abhängigkeit vom Bunsenschen Löslichkeitskoeffizienten einen Sprung aufweisen kann.

11.5.2.2. Die Differentialgleichung der Diffusion und ihre Integration

Gleichung (11.155) beschreibt zwar die allgemeine Gesetzmäßigkeit des Diffusionsvorganges, ist aber zur Lösung praktischer Diffusionsprobleme in der Regel nicht geeignet. Dazu ist der Übergang zur *partiellen Differentialgleichung* unter Berücksichtigung der jeweiligen Voraussetzungen erforderlich. Die einfachste Voraussetzung ist die, daß die diffundierenden Teilchen im Diffusionsraum an keiner chemischen Reaktion teilnehmen. Dann wird das raumzeitliche Verhalten der Konzentration durch die folgende Differentialgleichung beschrieben:

$$\frac{\partial C}{\partial t} = D \cdot \nabla^2 C. \qquad (11.157)$$

Dabei bezeichnet $\nabla^2 C$ den Laplace-Operator, angewandt auf C. In *Cartesischen* Koordinaten lautet die Differentialgleichung:

$$\frac{\partial C}{\partial t} = D \left(\frac{\partial^2 C}{\partial x^2} + \frac{\partial^2 C}{\partial y^2} + \frac{\partial^2 C}{\partial z^2} \right), \qquad (11.158)$$

t ist die Zeitvariable; x, y und z stellen die Ortskoordinaten dar.

Diffusionsvorgänge in biologischen Medien sind fast immer mit chemischen Reaktionen gekoppelt. Im einfachsten Fall kann angenommen werden, daß im Diffusionsraum ein *ortsunabhängiger* und *zeitlich konstanter Verbrauch* der diffundierenden Teilchen stattfindet. Für die raumzeitliche Beschreibung der Konzentrationsverteilung gilt dann die folgende Differentialgleichung:

$$\frac{\partial C}{\partial t} = D \cdot \nabla^2 C - A, \qquad (11.159)$$

wobei A die Größe des Verbrauches angibt. Die Darstellung in *Cartesischen* Koordinaten erfolgt entsprechend Gl. (11.158).

Ein wichtiger und im biologischen Bereich oft realisierter Sonderfall liegt vor, wenn unter stationären Randbedingungen die Konzentrationen an allen Orten des Diffusionsraumes zeitlich konstant bleiben. Mit $\partial C/\partial t = 0$ ergibt sich dann die Gleichung für die stationäre Konzentrationsverteilung im Diffusionsraum:

$$D \cdot \nabla^2 C = A. \qquad (11.160)$$

Für die *Integration* der Differentialgleichungen (11.157) oder (11.159) steht eine Reihe von Verfahren zur Verfügung. Häufig gelingt die geschlossene Lösung durch Anwendung der *Methode der Variablentrennung* oder mit Hilfe der *Laplace-Transformation* (s. Thews, 1953). Daneben gibt es die Möglichkeit, die Differentialgleichung in geeigneter Form durch eine Differenzengleichung zu ersetzen und dann numerisch zu lösen. Einen anderen Lösungsweg stellt die Simulation des physikalischen Vorganges auf einem *Digitalrechner*, z. B. nach der Monte-Carlo-Methode, oder auf einem *Analogrechner* dar.

Die Entscheidung darüber, welches Lösungsverfahren für ein spezielles Problem am besten geeignet ist, hängt in der Regel von den *Rand- und Anfangsbedingungen* ab. Diese Bedingungen legen die Lösung fest, welche aus der Vielzahl der möglichen Lösungen für eine bestimmte Differentialgleichung auf das vorliegende Problem zutrifft. Die Einführung geeigneter Rand- und Anfangsbedingungen bereitet bei biologischen Diffusionsprozessen die größten Schwierigkeiten. Zum Zweck einer einfachen mathematischen Behandlung wird man bestrebt sein, geometrisch übersichtliche Begrenzungen der Diffusionsräume anzunehmen.

Besonders einfache Verhältnisse liegen vor, wenn es sich bei dem Diffusionsraum um eine ebene Schicht, einen Zylinder oder eine Kugel handelt (s. Thews, 1953, 1966). Dagegen werden die Schwierigkeiten nahezu unlösbar, wenn man Begrenzungen einzuführen versucht, die die wahren, durch die Gewebearchitektur vorgegebenen Bedingungen berücksichtigen. Für viele biologische Diffusionsprobleme gelingt es jedoch, geometrisch einfache Randbedingungen zu formulieren und die Berechnungen dann für ein solches Modell durchzuführen, ohne daß dadurch die allgemeine Bedeutung der Ergebnisse unzulässig eingeschränkt wird. Der Kroghsche Zylinder (s. unten) stellt das typische Beispiel eines allgemeingültigen, vereinfachten Modells der Diffusion aus einer Kapillare in das umgebende Gewebe dar.

11.5.2.3. Analogiebeziehungen zur Lösung von Diffusionsproblemen

Die Lösung komplizierter Diffusionsprobleme mit Hilfe von Digitalrechnern scheitert häufig an der dafür erforderlichen Rechenzeit oder an der notwendigen Speicherkapazität. Analogrechner hingegen ermöglichen zumeist eine Lösung mit geringerem Aufwand in Echtzeit-Darstellung.

Analoge Vorgänge unterscheiden sich in der physikalischen Aussage, sie gehorchen jedoch derselben mathematischen Gesetzmäßigkeit. Zwei verschiedene

Tabelle 11.14. Zuordnung analoger Größen und Beziehungen zwischen dem Diffusionsfeld und dem elektrischen Strömungsfeld in metallischen Leitern

Diffusionsfeld		$\longleftrightarrow$		elektrisches Strömungsfeld
Vektor der Diffusionsstromdichte		v	i	Vektor der elektrischen Stromdichte
Partialdruck		P	φ	elektrisches Potential
Konzentration		C	q	räumliche Ladungsdichte
Diffusionsleitfähigkeit		K	σ	spezifische Leitfähigkeit
Bunsenscher Absorptionskoeffizient		α	ζ	auf die Volumeneinheit bezogene Kapazität
Diffusionskoeffizient		D	$\dfrac{\sigma}{\zeta}$	
Gl. (11.155)		$v = -D \,\mathrm{grad}\, C$	$i = -\dfrac{\sigma}{\zeta} \,\mathrm{grad}\, q$	
Gl. (11.155a)		$v = -K \,\mathrm{grad}\, P$	$i = -\sigma \,\mathrm{grad}\, \varphi$	
Gl. (11.157)		$\dfrac{\partial C}{\partial t} = D \cdot \nabla^2 C$	$\dfrac{\partial q}{\partial t} = \dfrac{\sigma}{\zeta} \cdot \nabla^2 q$	

Prozesse, die durch dieselbe Differentialgleichung beschrieben werden und durch analoge Nebenbedingungen festgelegt sind, besitzen auch analoge Lösungen.

Die Differentialgleichung (11.155), die für den Diffusionsvorgang gültig ist, beschreibt formal auch die Gesetzmäßigkeiten anderer physikalischer Prozesse. Auf diese Weise lassen sich Analogiebeziehungen zwischen dem *Diffusionsfeld*, dem *Temperaturfeld* (Wärmeleitungsgleichung), dem *elektrischen Strömungsfeld* in metallischen Leitern (Ohmsches Gesetz in allgemeiner Form), dem *elektrostatischen Feld* (2. Grundgesetz des elektrostatischen Feldes) und dem *magnetischen Feld* herstellen (s. Hutten, 1970).

Für die Lösung von Diffusionsproblemen wird zweckmäßigerweise die Analogie zwischen dem Diffusionsfeld und dem elektrischen Strömungsfeld in metallischen Leitern zugrunde gelegt. Es ergibt sich dann die in Tabelle 11.14 gezeigte Zuordnung analoger Größen und Beziehungen.

Im allgemeinen erfordert die Lösung eines Problems mit Hilfe von Analogrechnern 5 Schritte: 1. die mathematische Formulierung des Problems bzw. Modells, 2. die Aufstellung geeigneter Analogiebeziehungen, 3. die Normierung der Variablen bzw. die Einführung von Maßstabsfaktoren, 4. den Aufbau des Analogrechners (mechanisch, elektrisch), 5. die Durchführung der Messung und Übertragung der Ergebnisse auf das Ausgangsproblem (zur speziellen Anwendung des Analogrechenverfahrens bei Diffusionsuntersuchungen vgl. Thews, 1963; s. auch Übersicht bei Kessler et al., 1973).

11.5.3. Der Atemgastransport im Blut

Im Mittelpunkt der am Atemgastransport beteiligten Prozesse (s. 11.5.1.) steht der Transport auf dem Blutweg. Durch die spezielle Form der chemischen Bindung der Atemgase im Blut werden auch die Austauschvorgänge in der Lunge und im Gewebe weitgehend mitbestimmt. Aus diesem Grunde ist es zweckmäßig, die Darstellung des Atemgastransportes im Blut an den Anfang zu stellen.

11.5.3.1. Sauerstoffbindung und Kinetik des O_2-Austausches

a) Sauerstoffbindung im Erythrozyten

An der O_2-Transportfunktion des Blutes sind die Erythrozyten maßgeblich beteiligt. Der in ihnen enthaltene rote Blutfarbstoff *Hämoglobin* besitzt die Fähigkeit zur reversiblen Bindung des Sauerstoffes, wobei der Anteil des chemisch gebundenen den Anteil des physikalisch gelösten Sauerstoffes weit übersteigt. Das Hämoglobin nimmt daher eine zentrale Stellung in der Transportkette des Sauerstoffes ein.

Hämoglobin ist ein Chromoproteid. Seine Eiweißkomponente *(Globin)* besteht aus vier Polypeptid-

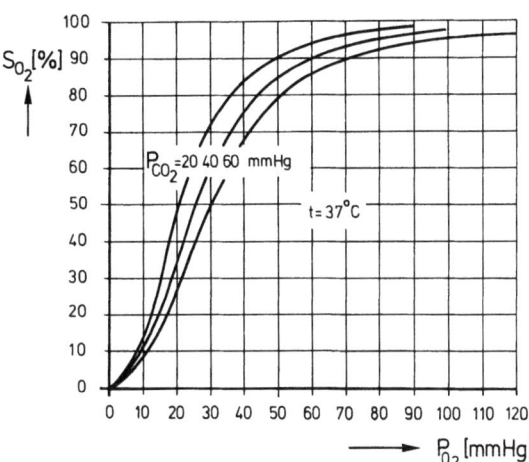

Abb. 11.62. Sauerstoffbindungskurve des menschlichen Blutes bei 37°C und für unterschiedliche CO_2-Partialdrücke. S_{O_2} [%]: Sauerstoffsättigung des Hämoglobins in Prozent

ketten mit jeweils mehr als 140 Aminosäureresten. An jede Polypeptidkette ist eine Farbstoffkomponente *(Häm)* gebunden, die aus einem Porphyringerüst mit einem zentralen zweiwertigen Eisenatom besteht. Das Molekulargewicht des Hämoglobins beträgt 64500.

Sauerstoff kann an die Eisenatome des Hämoglobins über Nebenvalenzen reversibel gebunden werden. Das *Hämoglobin* (Hb) geht dabei in das *Oxyhämoglobin* (HbO_2) über. Die O_2-Anlagerung, die ohne Wertigkeitsänderung der Eisenatome erfolgt, wird als *Oxygenation* bezeichnet.

Nach Maßgabe des tetrameren Molekülaufbaues vermag 1 Mol Hämoglobin maximal 4 Mole O_2 zu binden. Voraussetzung dafür ist eine hohe O_2-Konzentration, die unter physiologischen Bedingungen nicht vorliegt. Daher ist bei physiologischen O_2-Konzentrationen das Hämoglobin nicht vollständig oxygeniert. Der jeweilige prozentuale Anteil des Oxyhämoglobins am Gesamthämoglobin wird als O_2-Sättigung bezeichnet. Den Zusammenhang zwischen der O_2-Sättigung und dem O_2-Partialdruck, der der Konzentration des physikalisch gelösten O_2 proportional ist, stellt die O_2-*Bindungskurve* (Abb. 11.62) dar.

Wie aus Abb. 11.62 hervorgeht, besteht eine nichtlineare Abhängigkeit zwischen der O_2-Sättigung und dem O_2-Partialdruck, die durch eine *S-förmige* Kurve dargestellt wird. Als Ursache für den S-förmigen Verlauf der O_2-Bindungskurve werden vor allem zwei Möglichkeiten diskutiert (zusammenfassende Darstellung Bauer, 1974).

a) Die Anlagerung der vier Sauerstoffmoleküle an das Hämoglobinmolekül erfolgt in vier Teilschritten, wobei für jede Teilreaktion eine unterschiedliche Gleichgewichtskonstante angenommen wird.

b) Hämoglobin liegt in zwei molekularen Zustandsformen vor, die eine unterschiedliche Sauerstoffaffinität besitzen. Das Verhältnis zwischen diesen beiden Zustandsformen wird durch allosterische Effektoren beeinflußt, die den Übergang von der einen Zustandsform in die andere bewirken.

Im *arteriellen Blut* beträgt der O_2-Partialdruck etwa 95 mm Hg, d.h. es liegt eine fast vollständige O_2-Sättigung vor. Das *gemischtvenöse Blut* weist noch einen O_2-Partialdruck von etwa 40 mm Hg, entsprechend einer O_2-Sättigung von etwa 70%, auf.

Die Lage der O_2-Bindungskurve des Hämoglobins wird vom CO_2-Partialdruck, vom pH-*Wert*, von der *Temperatur* und von der Konzentration der organischen Phosphate, insbesondere des *2,3-Diphosphoglycerats* (2,3-DPG) beeinflußt. Mit zunehmendem CO_2-Partialdruck und mit abnehmendem pH-Wert erfolgt eine Rechtsverlagerung der O_2-Bindungskurve (Abb. 11.62). Diese Verlagerung, die als *Bohr-Effekt* bezeichnet wird, hat eine gewisse biologische Bedeutung, weil nach Maßgabe des CO_2-Austausches in der Lunge und in den Geweben die Bindungsfähigkeit des Hämoglobins für Sauerstoff variiert. Der Temperatureinfluß auf den O_2-Bindungskurvenverlauf hat dagegen unter physiologischen Bedingungen beim Warmblüter keine Auswirkungen.

b) Experimentelle Untersuchung des O_2-Austausches

Die O_2-Aufnahme in der Lunge wird vorrangig von der Transportkinetik *im Inneren des Erythrozyten* bestimmt. Der Grund hierfür ist in erster Linie darin zu suchen, daß die Diffusionswege im Erythrozyten länger sind, als in den vorgeschalteten Diffusionsmedien (s. S. 385). Es kommt hinzu, daß im Erythrozyten die O_2-Diffusion *mit der chemischen Reaktion der O_2-Anlagerung an das Hämoglobin gekoppelt ist*. Wenn auch die Zeitkonstante des Reaktionsprozesses sehr viel kleiner ist als die des Diffusionsvorganges, so hat sie doch einen gewissen Einfluß auf den Gesamtprozeß der O_2-Aufnahme durch den Erythrozyten. Bei der O_2-Abgabe in den Gewebekapillaren ist die Transport- und Reaktionskinetik im Erythrozyten von untergeordneter Bedeutung.

Unter diesen physiologischen Aspekten beansprucht also die experimentelle Untersuchung der O_2-Aufnahme des Erythrozyten besonderes Interesse. Hierfür sind verschiedene Verfahren entwickelt worden, die fast alle die unterschiedliche Extinktion von oxygeniertem und desoxygeniertem Hämoglobin im sichtbaren Spektralbereich ausnutzen (zusammenfassende Darstellung Thews, 1963):

Rapid-Flow-Methode nach Hartridge u. Roughton: Eine Erythrozytensuspension und eine sauerstoffhaltige Pufferlösung werden in einer Mischkammer vereinigt und dann mit hoher Geschwindigkeit durch ein Beobachtungsrohr geleitet. Da jeder Ort des Beobachtungsrohres einer bestimmten Zeit nach der Mischung zugeordnet werden kann, läßt sich der zeitliche Ablauf der Sauerstoffsättigung des Hämoglobins photometrisch an den verschiedenen Stellen des Beobachtungsrohres ermitteln.

Stopped-Flow-Methode nach Chance: Auch hierbei werden die Lösungen, die die beiden Reaktionspartner enthalten, mit hoher Geschwindigkeit vermischt. Die photometrische Messung wird jedoch erst nach dem Abstoppen der Flüssigkeitsbewegung durchgeführt.

Einschuß-Methode nach Niesel, Thews und Lübbers: Eine Erythrozytensuspension wird in eine Reaktionslösung mit einem bestimmten O_2-Partialdruck eingeschossen. Die Sättigungsänderung des Hämoglobins wird mit einem schnellregistrierenden Spektral-

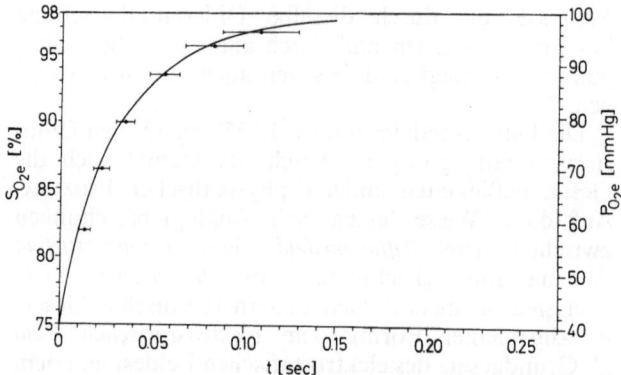

Abb. 11.63. Zeitlicher Verlauf der O_2-Sättigungszunahme des Hämoglobins in monoerythrozytären Blutlamellen bei einer plötzlichen Änderung der O_2- und CO_2-Partialdrücke von „venösen" auf „arterielle" Werte. Die Punkte entsprechen den Mittelwerten von Einzelmessungen, für die die Standardabweichungen eingetragen sind. Die ausgezogene Kurve stellt die berechnete O_2-Sättigung dar. [Nach Thews, G.: Der Gasaustausch in der Lunge unter Berücksichtigung der Inhomogenitäten von Ventilation, Perfusion und Diffusion. In: Vorträge der Erlanger Physiologentagung 1970 (W.D. Keidel, K.-H. Plattig, Hrsg.), p. 53–78. Berlin-Heidelberg-New York: Springer 1971]

photometer ermittelt, das 100 vollständige Absorptionsspektren pro Sekunde aufnimmt.

Lamellen-Methode nach Thews: Unter Ausnutzung der Oberflächenspannung des Blutes werden in einem Metallring Blutlamellen ausgespannt, die so dünn sind, daß die Erythrocyten in einfacher Schicht nebeneinanderliegen. Die monoerythrozytären Blutlamellen werden in den Lichtstrahl eines Photometers gebracht und einem plötzlichen O_2-Partialdruckwechsel ausgesetzt. Die Extinktionsänderung wird auf dem Schirm eines Oszilloskops dargestellt.

Diese Untersuchungen zeigen, daß innerhalb von etwa 0,2 s das intraerythrozytäre Hämoglobin vom venösen auf den arteriellen Wert aufgesättigt wird. Der Aufsättigungsverlauf wird mit guter Näherung durch eine Exponentialfunktion beschrieben. Abbildung 11.63 zeigt den mit der Lamellenmethode gemessenen Verlauf, wobei die Mittelwerte und Standardabweichungen angegeben sind. Die ausgezogene Kurve gibt die berechnete Sättigungsänderung (s. unten) wieder.

c) Mathematische Analyse des O_2-Austausches

Um den gesamten Vorgang des O_2-Austausches im Erythrozyten zu beschreiben, ist es notwendig, die *Diffusionsgleichung* mit den *Reaktionsgleichungen* für die Sauerstoffanlagerung an das Hämoglobin zu kombinieren. Da die Lösung dieses Gleichungssystems einen unverhältnismäßig großen mathematischen Aufwand erfordert, wurden zwei Verfahren vorgeschlagen, um durch Vereinfachung der Differentialgleichung den Rechenaufwand zu reduzieren (vgl. Thews, 1963):

a) Die Hämoglobin-Sauerstoff-Bindung wird als einfache Reaktion 2. Ordnung in Rechnung gestellt. Dann lautet die Differentialgleichung (vgl. Gl. 11.157):

$$\frac{\partial [O_2]}{\partial t} = D \cdot \nabla^2 [O_2] - k'[O_2][Hb] + k[HbO_2].$$

(11.161)

Dabei geben die eckigen Klammern an, daß es sich um die Konzentration der jeweiligen Substanz handelt. k und k' stellen scheinbare Reaktionszeitkonstanten dar, die nur in einem begrenzten Bereich als echte Konstanten angesehen werden dürfen. In neueren Untersuchungen wurde Gl. (11.161) durch Berücksichtigung der Hämoglobindiffusion erweitert.

b) Für den physiologisch relevanten Fall der O_2-Aufnahme in den Lungenkapillaren kann angenommen werden, daß während des Diffusionsvorganges eine lineare Beziehung zwischen dem O_2-Partialdruck und der O_2-Sättigung des Hämoglobins besteht. Dabei wird berücksichtigt, daß es infolge der Reaktionszeit zu einer Verzögerung der Aufsättigung kommt, durch die der gekrümmte Teil der O_2-Gleichgewichtsbindungskurve weitgehend linearisiert wird. Dann läßt sich das Problem durch die einfache Differentialgleichung beschreiben [vgl. Gl. (11.157)]:

$$\frac{\partial [O_2]}{\partial t} = \frac{K}{\alpha'} \nabla^2 [O_2]. \qquad (11.162)$$

Dabei wird in Gl. (11.157) lediglich der Löslichkeitskoeffizient α (mit $D = K/\alpha$) durch den Koeffizienten der „Scheinlöslichkeit" α' ersetzt, der die physikalische Löslichkeit und chemische Bindungsfähigkeit zusammenfaßt.

Bei der Berechnung der O_2-Diffusion im Erythrozyten bereitet die Einführung der *Randbedingungen* besondere Schwierigkeiten. Die Erythrozyten stellen sich in der Aufsicht als kreisförmige Scheiben mit einem Durchmesser von etwa 7,5 µm und bei einem Schnitt durch die Symmetrieachse als hantelförmig dar. Die größte Dicke beträgt ca. 2 µm, die kleinste Dicke an der zentralen Eindellung ca. 1 µm.

Diese biologisch sinnvolle, jedoch für die mathematische Beschreibung komplizierte Form der Erythrozytenoberfläche erfordert eine Approximation durch geometrisch einfache Grenzflächen. Abbildung 11.64 zeigt, wie nach dem Vorschlag von Thews und Niesel der Erythrozyt durch einen Quader mit quadratischen Grundflächen ersetzt wird, dessen Volumen und dessen Oberfläche mit denen des Erythrozyten übereinstimmen. Bei Anwendung dieses *Ersatzquaders* kann vor allem berücksichtigt werden, daß der Sauerstoff sowohl durch die großen Seitenflächen als auch durch die Schmalseiten in den Innenraum der Zelle diffundiert. Bei allen Berechnungen kann davon ausgegangen werden, daß die sehr dünne Erythrozytenmembran keinen verzögernden Einfluß auf die Sauerstoffdiffusion ausübt.

Der zunächst einfach erscheinende Vorgang der O_2-Aufnahme des Erythrozyten erweist sich also vom mathematischen Standpunkt aus als ein sehr komplexes Problem (Kopplung der O_2-Diffusion mit einer chemischen Reaktion, Berücksichtigung der Hämoglobin-Diffusion, Festlegung der Randbedingungen). Die Ergebnisse der mathematischen Analyse, die auf Grund der geschilderten Approximationen erzielt werden, zeigen jedoch in einigen Fällen eine befriedigende Übereinstimmung (vgl. Abb. 11.63) mit den experimentellen Befunden.

Weder bei den experimentellen Untersuchungen noch bei der mathematischen Analyse ist es bisher

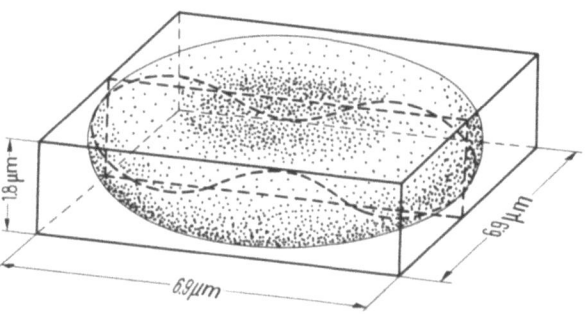

Abb. 11.64. Erythrozyt mit eingezeichnetem Ersatzquader, für den die Integration der Diffusionsgleichung in geschlossener Form möglich ist. [Nach Thews, G.: Die theoretischen Grundlagen der Sauerstoffaufnahme in der Lunge. Ergebn. Physiol. **53**, 42–107 (1963)]

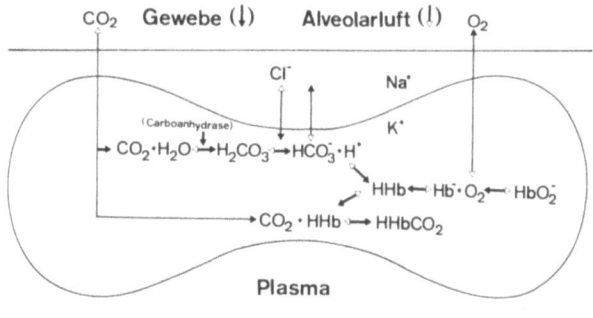

Abb. 11.65. Schematische Darstellung des CO_2- und des O_2-Austausches in der Lunge und in den Geweben. Alle angegebenen chemischen Teilprozesse beeinflussen den zeitlichen Ablauf des CO_2-Austausches. [Nach Thews, G.: Der Gasaustausch in der Lunge unter Berücksichtigung der Inhomogenitäten von Ventilation, Perfusion und Diffusion. In: Vorträge der Erlanger Physiologentagung 1970 (W.D. Keidel, K.-H. Plattig, Hrsg.), p. 53–78. Berlin-Heidelberg-New York: Springer 1971]

gelungen, den Einfluß der Formänderungen, wie sie der Erythrozyt bei der Kapillarpassage erfährt (s. S. 385), auf die O_2-Aufnahme in vivo ausreichend zu berücksichtigen.

11.5.3.2. Kohlendioxidbindung und Kinetik des CO_2-Austausches

Die Untersuchung des CO_2-Austausches wird dadurch erschwert, daß der Diffusionsvorgang mit einer Reihe von *chemischen Reaktionen* gekoppelt ist (Abb. 11.65). Einen Einfluß auf den zeitlichen Verlauf der CO_2-Abgabe des Erythrozyten können ausüben: 1. die H^+-Ionenfreisetzung aus der Hämoglobinbindung durch die gleichzeitig stattfindende Oxygenierung (Haldane-Effekt), 2. der Bicarbonat-Chlorionen-Austausch (Hamburger-Shift), 3. die Assoziation der Kohlensäure, 4. die Dehydratation zu Kohlendioxid und Wasser, die im Erythrozyteninneren wegen der Mitwirkung der Carboanhydrase stark beschleunigt ist, 5. die CO_2-Freisetzung aus der Carbaminobindung des Hämoglobins, die ebenfalls durch den Haldane-Effekt beeinflußt wird, und 6. die Abdiffusion des Kohlendioxids.

Über die *Kinetik* der verschiedenen Teilprozesse ist bisher wenig bekannt, so daß eine Berechnung des zeitlichen Verlaufes der Kohlendioxidabgabe noch nicht möglich ist. Lediglich über den Diffusionsvorgang können gewisse Aussagen gemacht werden. Eine Abschätzung ergibt, daß im Erythrozyten die Diffusionsleitfähigkeit K für Kohlendioxid etwa 23mal größer ist als für Sauerstoff. Das bedeutet, daß bei gleichen Partialdruckgradienten 23mal mehr Kohlendioxid als Sauerstoff in der Zeiteinheit durch Diffusion ausgetauscht werden könnte. Wegen der unterschiedlichen scheinbaren Löslichkeitskoeffizienten α' (physikalische Löslichkeit plus chemische Bindungsfähigkeit) ist der effektive Diffusionskoeffizient $D' = K/\alpha'$ für Kohlendioxid jedoch nur 6mal größer als für Sauerstoff. Das heißt: Der Diffusionsangleich an einen bestimmten Partialdruck erfolgt für Kohlendioxid etwa 6mal schneller als für Sauerstoff (Thews, 1971).

Bei der CO_2-Abgabe in der Lunge dürfte unter physiologischen Bedingungen der Zeitbedarf vor allem durch den Diffusionsprozeß bestimmt sein. Damit kommen wir zu dem Ergebnis, daß die CO_2-Abgabe erheblich schneller abläuft als die O_2-Aufnahme. In der zur Verfügung stehenden Zeit, in der sich Erythrozyten mit der Alveolarluft in Diffusionskontakt befinden, ist daher ein vollständiger Angleich ihrer CO_2-Partialdrücke an den alveolären Wert sichergestellt.

11.5.4. Der Gasaustausch in der Lunge

11.5.4.1. Parameter des Gasaustausches in der Lunge

Die Effektivität der O_2-Aufnahme und CO_2-Abgabe in der Lunge wird durch vier Parameter bestimmt, und zwar durch

a) die *alveoläre Ventilation*, d.h. das Gasvolumen, das pro Zeiteinheit konvektiv vom Außenraum in den Alveolarraum hin- bzw. zurücktransportiert wird,

b) die *Diffusionskapazität*, d.h. das O_2- bzw. CO_2-Volumen, das pro Zeiteinheit bei einer mittleren Partialdruckdifferenz von 1 mm Hg zwischen dem alveolären Gasgemisch und dem Lungenkapillarblut ausgetauscht wird,

c) die *Perfusion*, d.h. das Blutvolumen, das pro Zeiteinheit das Kapillarbett der Lunge durchströmt,

d) die *Distribution*, d.h. die regionale Verteilung der drei Parameter Ventilation, Diffusion und Perfusion auf die verschiedenen Lungenkompartimente.

a) Alveoläre Ventilation

Das Atemzugvolumen eines gesunden Erwachsenen beträgt in Ruhe etwa 0,5 l, die Atemfrequenz 14 min^{-1}. Damit ergibt sich ein *Atemzeitvolumen* von 7 l/min. Bei körperlicher Arbeit ist eine Steigerung bis auf 120 l/min möglich.

Entscheidend für den Atmungseffekt ist nun derjenige Teil des Atemzeitvolumens, der in die Alveolen gelangt und dort am Gasaustausch teilnehmen kann. Dies sind in Ruhe etwa 70 % des Atemzeitvolumens. Die alveoläre *Ventilation* beträgt demnach ca. 5 l/min.

Die Größe der alveolären Ventilation bestimmt die Zusammensetzung des alveolären Gasgemisches. Auf Grund einer Massenbilanz berechnen sich die O_2- bzw. CO_2-*Partialdrücke im Alveolarraum* aus den folgenden Beziehungen (s. Schmidt und Thews, 1976):

$$P_{AO_2} = P_{IO_2} - 863 \frac{\dot{V}_{O_2(STPD)}}{\dot{V}_{A(BTPS)}} \text{ [mm Hg]},$$

$$P_{ACO_2} = 863 \frac{\dot{V}_{CO_2(STPD)}}{\dot{V}_{A(BTPS)}} \text{ [mm Hg]}$$

(11.163)

Hierin bedeuten: P_{AO_2} bzw. P_{ACO_2} die alveolären O_2- bzw. CO_2-Partialdrücke, P_{IO_2} den inspiratorischen O_2-Partialdruck, $\dot{V}_{O_2(STPD)}$ bzw. $\dot{V}_{CO_2(STPD)}$ die O_2-Aufnahme bzw. CO_2-Abgabe unter Standard-Bedingungen (STPD=Standard Temperature, Pressure, Dry, d.h. 0° C, 760 mm Hg, trocken), $\dot{V}_{A(BTPS)}$ die alveoläre Ventilation unter Körperbedingungen (BTPS=Body Temperature, Pressure, Saturated, d.h. 37° C, Umgebungsdruck, mit Wasserdampf gesättigt).

Für die Ruheatmung ($\dot{V}_{O_2(STPD)} = 280$ ml/min, $\dot{V}_{CO_2(STPD)} = 230$ ml/min, $\dot{V}_{A(BTPS)} = 5$ l/min) ergeben sich hiernach auf Meereshöhe ($P_{IO_2} = 150$ mm Hg) die alveolären Partialdrücke $P_{AO_2} = 100$ mm Hg und $P_{ACO_2} = 40$ mm Hg. Diese Werte, die während des Atmungscyclus weitgehend konstant bleiben, stellen die Randpartialdrücke für den Gasaustausch mit dem Kapillarblut dar.

Bei einer *Steigerung der alveolären Ventilation* kommt es nach (11.163) zu einem Anstieg des O_2-Partialdruckes in der Alveolarluft. Beim Lungengesunden wirkt sich der Anstieg des alveolären O_2-Partialdruckes auf die O_2-Aufnahme und damit auf die Sauerstoffversorgung der Organe kaum aus. Da normalerweise das Hämoglobin im arteriellen Blut ohnehin fast vollständig mit O_2 gesättigt ist, kann durch die Ventilationssteigerung lediglich die Menge des physikalisch gelösten Sauerstoffes geringfügig erhöht werden. Dagegen führt die Abnahme des alveolären CO_2-Partialdruckes zu einer verstärkten CO_2-Abgabe. Die Folge ist eine Senkung des CO_2-Partialdruckes und eine Zunahme des pH-Wertes im arteriellen und venösen Blut.

b) Diffusion

Das venöse Blut tritt mit einem O_2-Partialdruck von 40 mm Hg und einem CO_2-Partialdruck von 46 mm Hg in die Lungenkapillaren ein. Während der Kapillarpassage tritt das Blut in engen Kontakt mit der Alveolarluft, in der ein O_2-Partialdruck von 100 mm Hg und ein CO_2-Partialdruck von 40 mm Hg aufrechterhalten wird. Auf Grund der vorgegebenen Partialdruckdifferenzen erfolgt der Austausch der Atemgase durch Diffusion.

Dabei sind folgende *Diffusionswiderstände* zu überwinden (Abb. 11.66): das Alveolarepithel, das Interstitium, das Kapillarendothel, das Blutplasma, die Erythrozytenmembran und der Erythrozyteninnenraum. Die Strukturen, die die Gasphase von der

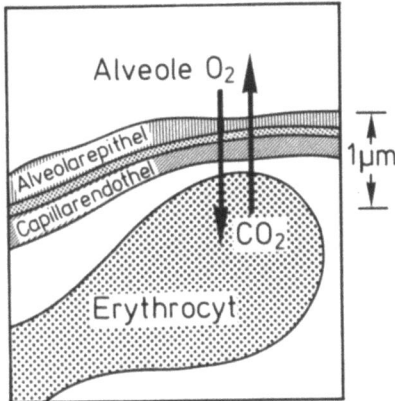

Abb. 11.66. Schematische Darstellung der Diffusionsmedien, die von den Atemgasen in der Lunge passiert werden müssen. [Nach Thews, G.: Der Gasaustausch in der Lunge unter Berücksichtigung der Inhomogenitäten von Ventilation, Perfusion und Diffusion. In: Vorträge der Erlanger Physiologentagung 1970 (W.D. Keidel, K.-H. Plattig, Hrsg.), p. 53–78. Berlin-Heidelberg-New York: Springer 1971]

Blutphase trennen und abgekürzt oft als alveolokapilläre Membran bezeichnet werden, sind nicht dicker als 0,5–1 µm. Daraus wird deutlich, daß der zeitliche Ablauf des O_2- und CO_2-Austausches hauptsächlich durch die Diffusions- und Reaktionsgeschwindigkeiten im Inneren des Erythrozyten bestimmt wird.

Der diffusionsverzögernde Effekt, verursacht durch die alveolo-kapilläre Membran, läßt sich auf Grund der bekannten O_2-Leitfähigkeit dieses Gewebes abschätzen (s. Tab. 11.13). Die O_2-Aufsättigungszeiten des Blutes in der Lungenkapillare dürften danach um den Faktor 1,3–1,5 länger sein, als sie mit der Lamellenmethode (s. Seite 382) an einer monoerythrozytären Blutschicht gemessen wurden. Eine Dehnung der Zeitachse in Abb. 11.63 um diesen Faktor würde also dem Aufsättigungsmodus des Blutes in der Lunge entsprechen. Man erkennt, daß der Vorgang des Diffusionsangleiches für den Sauerstoff nach etwa 0,3 s praktisch beendet ist. Aus anderen Untersuchungen mit O_2-Mangelgemischen kann geschlossen werden, daß diese Zeit etwa der Dauer des Diffusionskontaktes zwischen Blut und Alveolarluft entspricht. Innerhalb der *Kontaktzeit* von 0,3 s wird also ein vollständiger Diffusionsangleich der Atemgaspartialdrücke des Blutes an die alveolären Werte erreicht.

c) Perfusion

Durch die funktionelle Anordnung des Lungengefäßsystems zwischen dem rechten und dem linken Herzen ist sichergestellt, daß das im Körperkreislauf umlaufende Blut zum überwiegenden Teil die Lunge durchströmt und dort arterialisiert wird. Die Lungenperfusion entspricht also etwa dem Herzzeitvolumen. Lediglich ein kleiner Teil (beim gesunden Erwachsenen etwa 1–2%) des Herzzeitvolumens strömt unter Umgehung der Lunge direkt aus dem venösen in das arterielle Gefäßsystem. Wenn der Anteil dieses sogenannten *Kurzschluß-Blutes* unter pathologischen Bedingungen zunimmt, so kommt es zu einem Abfall des O_2-Partialdruckes und zu einem Anstieg des CO_2-Partialdruckes im arteriellen Blut.

Unter Ruhebedingungen beträgt die Lungenperfusion ($\dot{Q}$) etwa 5 l/min. Bei körperlicher Belastung steigt die Perfusion an, wobei durch einen im einzelnen noch nicht geklärten Regulationsmechanismus eine enge Korrelation zum Anstieg der alveolären Ventilation $\dot{V}_A$ besteht. Das Verhältnis $\dot{V}_A/\dot{Q}$ bleibt also weitgehend konstant. Ebenso nimmt die Diffusionskapazität D_L mit der Perfusion $\dot{Q}$ zu, so daß sich $D_L/\dot{Q}$ nur wenig ändert. Auf diese Weise ist sichergestellt, daß das Blut die Lunge stets mit der gleichen Sauerstoffbeladung verläßt.

Beim Passieren der Lungenkapillaren erfahren die Erythrozyten fortlaufend eine erhebliche *Formänderung*. Als Folge davon kommt es zu einer intraerythrozytären Konvektion, die den Gasaustausch begünstigt. Dieser Effekt könnte die experimentell oder theoretisch ermittelte Mindestkontaktzeit (s. oben) verkürzen. Das genaue Ausmaß der intraerythrozytären Konvektion und der damit erreichten Verbesserung der Austauschbedingungen ist jedoch nicht bekannt.

11.5.4.2. Verteilungsinhomogenitäten der austauschbestimmenden Parameter

Bereits beim Lungengesunden lassen sich geringe regionale Inhomogenitäten der Ventilation, Diffusion und Perfusion innerhalb der Lunge nachweisen. Diese Inhomogenitäten, die unter pathologischen Bedingungen ein erhebliches Ausmaß annehmen können, mindern den Arterialisierungseffekt, d.h., sie bewirken einen Abfall des O_2-Partialdruckes und einen Anstieg des CO_2-Partialdruckes im arteriellen Blut.

In den letzten Jahren sind erhebliche Anstrengungen unternommen worden, die *regionalen Inhomogenitäten* in der menschlichen Lunge *qualitativ und quantitativ zu erfassen*.

Die qualitative Darstellung der regionalen Verteilung der Ventilation und Perfusion gelingt mit Hilfe der Lungenszintigraphie. Die quantitative Erfassung des Ventilations-Perfusions-Verhältnisses $\dot{V}_A/\dot{Q}$ in verschiedenen Lungenarealen ist nach einem Verfahren von West möglich, bei dem die Aktivitätsrate von eingeatmetem radioaktivem CO_2 über verschiedenen Thoraxabschnitten gemessen wird. Mit einem von Thews und Vogel angegebenen Verfahren lassen sich die Inhomogenitäten der Ventilation, der Perfusion und der Diffusionskapazität bestimmen. Dabei wird nach einer plötzlichen Änderung der Einatmungskonzentrationen dreier Atemgase (CO_2, O_2 und Ar) die alveoläre Einwaschung oder Auswaschung der Gase massenspektrometrisch verfolgt. Da sich die drei Gase hinsichtlich ihrer Diffusionseigenschaften unterscheiden (CO_2 gut diffusibel, O_2 beschränkt diffusibel, Ar kaum diffusibel), ergeben sich für den Einwaschvorgang unterschiedliche Zeitkonstanten, aus denen die funktionelle Verteilung der alveolären Ventilation, der Lungendurchblutung und der O_2-Diffusionskapazität ermittelt werden kann.

Die Auswirkung der regionalen Inhomogenitäten der austauschbestimmenden Parameter auf die Lungenfunktion lassen sich weiterhin an elektrischen *Analogmodellen* studieren. Dabei wird zweckmäßigerweise eine Einteilung der Lunge in (meist zwei) Kompartimente vorgegeben, denen unterschiedliche Funktionsparameter zugeordnet werden.

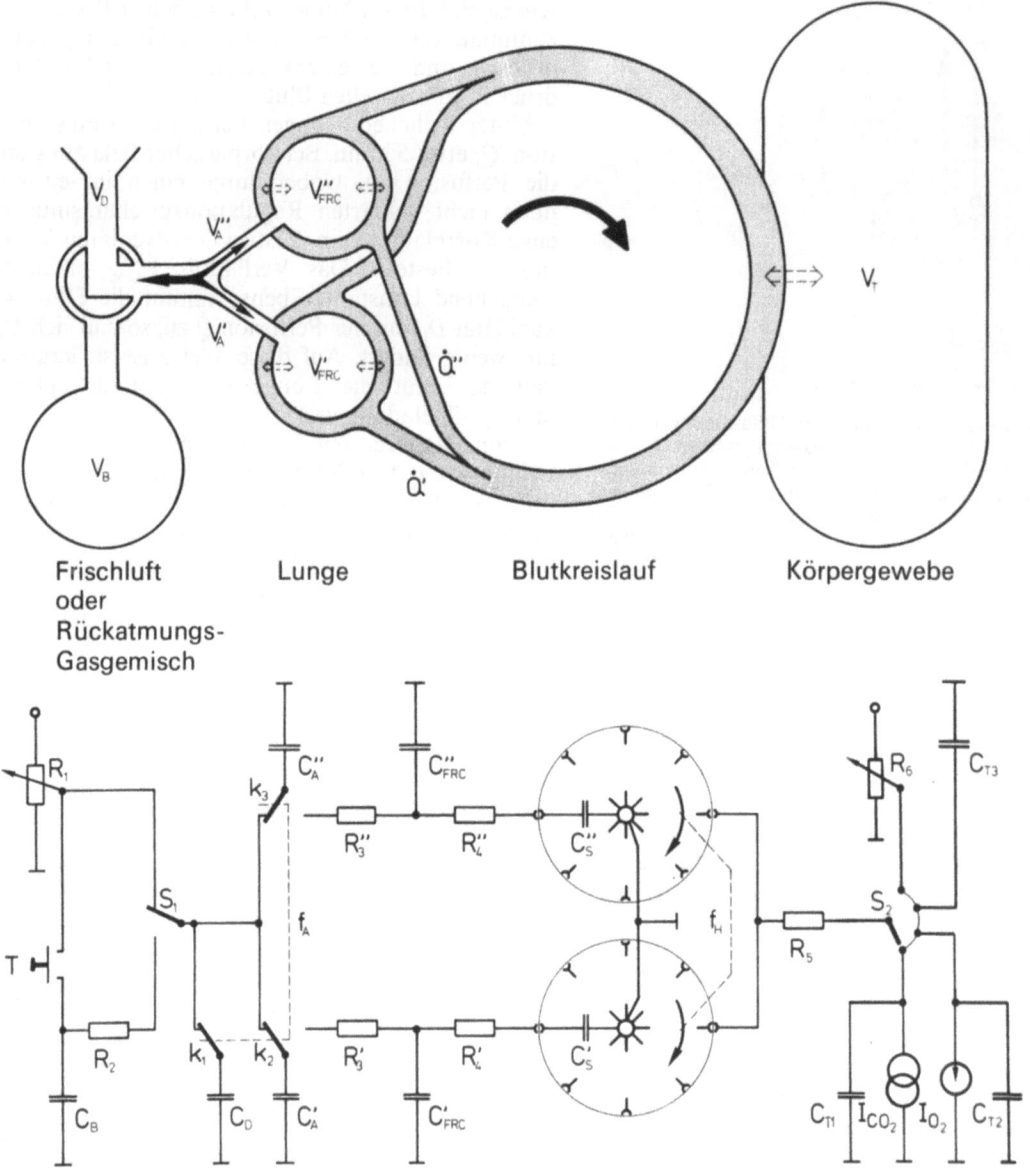

Abb. 11.67. Modell einer Zwei-Kompartiment-Lunge zur Darstellung von Verteilungsinhomogenitäten (obere Bildhälfte) und das Funktionsschaltbild des elektrischen Analogrechners zur Simulation des Gasaustausches (untere Bildhälfte). [Nach Hutten, H., Thews, G.: A special analog computer for simulating the gas exchange in the inhomogeneous lungs. Digest of the 10th International Conference on Medical and Biological Engineering, Dresden (1973)]

Abbildung 11.67 zeigt in der oberen Bildhälfte das Modell einer Zwei-Kompartiment-Lunge. Die Atmung kann dabei entweder für ein offenes System (Frischluft) oder ein geschlossenes System (Rückatmung in einen Beutel) vorgegeben werden. In der unteren Bildhälfte ist der zur Simulation des Gasaustausches in diesem Lungenmodell entwickelte Analogrechner dargestellt. Lösungsvolumina werden dabei durch Kondensatoren, Diffusionswiderstände durch Ohmsche Widerstände ersetzt. Die Simulation der Ventilation erfolgt mit einem Relais über die Kontakte k_1, k_2 und k_3 im Takt der Atemfrequenz. Der Blutkreislauf wird mit einem Drehwähler, der in 70 Schritten einmal vollständig durchgeschaltet wird, nachgebildet. Der Schalter S_1 dient zur Umschaltung vom offenen auf das geschlossene System. Mit dem Potentiometer R_1 wird entweder der Partialdruck im Einatmungsgemisch oder der Anfangspartialdruck im Rückatmungsbeutel eingestellt. Mit dem Schalter S_2 können unterschiedliche Bedingungen im Körpergewebe realisiert werden (O_2- oder CO_2-Austausch, Vermeidung von Rezirkulationserscheinungen).

11.5.5. Der Gasaustausch im Gewebe

11.5.5.1. Mathematische Analyse des Austauschvorganges

Der Gasaustausch zwischen dem Blut und dem die Kapillaren umgebenden Gewebe erfolgt durch Diffusion. Die Strecken, die dabei überwunden werden, sind im allgemeinen kleiner als 0,1 mm. Erst vor wenigen Jahren gelang die Entwicklung von Mikroelektroden, mit denen die lokalen O_2-Partialdrücke im Gewebe direkt gemessen werden können. Bis dahin war die mathematische Analyse der einzige Zugang zum Verständnis der Versorgungsbedingungen.

a) Modell des Kroghschen Zylinders

Bereits 1918/19 gelang Krogh die erste mathematische Analyse der stationären O_2-Partialdruckverteilung in einem zylinderförmigen Gewebebezirk, der von einer zentralen Kapillare versorgt wird. Die Differentialgleichung lautet für diesen Fall:

$$\frac{\partial^2 P}{\partial r^2} + \frac{1}{r}\frac{\partial P}{\partial r} + \frac{\partial^2 P}{\partial z^2} = \frac{A}{K}. \qquad (11.164)$$

Dabei stellen r und z die Ortsvariablen dar. Als Randbedingung für den Kroghschen Zylinder wird angenommen, daß Sauerstoff weder durch die Stirnseiten ($z=0$, $z=l$) noch durch den Zylindermantel ($r=r_z$) diffundiert (wie das bei regelmäßiger Anordnung gleicher Kroghscher Zylinder infolge der Symmetriebedingungen der Fall ist), d.h.:

$$\frac{\partial P}{\partial r}=0 \quad \text{für} \quad r=r_z; \quad \frac{\partial P}{\partial z}=0 \quad \text{für} \quad z=0 \quad \text{und} \quad z=l. \qquad (11.165)$$

Da unter physiologischen Bedingungen der Anteil der Längsdiffusion gegenüber der Radialdiffusion im Hinblick auf die Sauerstoffversorgung vernachlässigbar ist, vereinfacht sich Gl. (11.164) zu:

$$\frac{d^2 P}{dr^2} + \frac{1}{r}\frac{dP}{dr} = \frac{A}{K}. \qquad (11.166)$$

Außer der Randbedingung für den Zylindermantel wird noch der O_2-Partialdruck ($P=P_1$) am Kapillarrand ($r=r_1$) benötigt. Dann lautet die Lösung der Gl. (11.166):

$$P = P_1 + \frac{A}{4K}(r^2 - r_1^2) - \frac{A r_z^2}{2K}\ln\frac{r}{r_1}. \qquad (11.167)$$

Mit diesem Ansatz gelingt es, die Sauerstoffverteilung in Abhängigkeit von den diffusionsbestimmenden Faktoren (Radius des Zylinders, O_2-Partialdruck im Kapillarblut, Diffusionskoeffizient sowie Sauerstoffverbrauch im Gewebe) zu ermitteln.

Die maximale Reaktionsgeschwindigkeit der Atmungsfermente ist nur gegeben, wenn der O_2-Partialdruck im Gewebe einen *kritischen Wert* nicht unterschreitet. Die Länge der Diffusionsstrecke, bei der dieser Wert gerade erreicht ist, wird als kritischer Grenzversorgungsradius r_{krit} bezeichnet. Vereinfachend kann angenommen werden, daß der Sauerstoffverbrauch für $r>r_{krit}$ zu Null wird, d.h. es gelten die folgenden Randbedingungen:

$$P=P_{krit} \quad \text{für} \quad r=r_{krit}; \quad \frac{dP}{dr}=0 \quad \text{für} \quad r=r_{krit}. \qquad (11.168)$$

Damit ergibt sich die folgende Gleichung zur Bestimmung des *kritischen Grenzversorgungsradius*:

$$r_{krit}^2\left(2\ln\frac{r_{krit}}{r_1}-1\right) = \frac{4K}{A}(P_1 - P_{krit}) - r_1^2 \qquad (11.169)$$

Mit dieser Gleichung ist es möglich, die nicht ausreichend mit Sauerstoff versorgten Gebiete in Abhängigkeit von den diffusionsbestimmenden Parametern zu ermitteln. (Zur mathematischen Darstellung zeitabhängiger Diffusionsprozesse im Kroghschen Zylinder siehe Thews, 1953.)

b) Modelle zur genaueren Beschreibung der Kapillararchitektur

Der Kroghsche Zylinder diente ursprünglich nur zur Analyse der Sauerstoffversorgung des Skelettmuskels, in dem eine besonders regelmäßige Gefäßarchitektur mit paralleler Kapillaranordnung vorliegt. Es ist in den letzten Jahren versucht worden, auch für die übrigen Gewebe adäquate Modelle einzuführen (Literaturübersicht in Lübbers et al., 1968; Kessler et al., 1973; Bicher u. Bruley, 1973). Die meisten dieser Modelle unterscheiden sich jedoch nicht grundsätzlich von dem des Kroghschen Zylinders und setzen ebenfalls eine regelmäßige Kapillaranordnung mit paralleler oder antiparalleler Durchströmung voraus.

Diemer ersetzte den Zylinder durch einen Kegelstumpf, wobei er von der Überlegung ausging, daß der intrakapilläre O_2-Partialdruck vom arteriellen zum venösen Ende der Kapillare und somit auch der zugehörige kritische Grenzversorgungsradius abnimmt. Durch eine Kapillaranordnung in der Weise, daß jeweils das arterielle und das venöse Ende zweier Kapillaren benachbart seien und die Kapillaren *antiparallel* durchströmt würden, läßt sich eine Verbesserung im Hinblick auf die kritischen Versorgungsbedingungen nachweisen.

Grunewald konnte für eine *antisymmetrische* Kapillaranordnung eine weitere Verbesserung der Versorgungssituation errechnen, indem er die Kapillaren als Kanten eines Quaders ansetzte und die arteriellen sowie venösen Verzweigungen von je zwei Kapillaren gegeneinander verschob.

Metzger führte noch weitere *Kapillarverzweigungen* ein, die jeweils senkrecht zueinander verlaufen. Die Strömungsgeschwindigkeiten in den einzelnen Kapillarabschnitten wurden über die Analogiebeziehung zu den Kirchhoffschen Regeln für elektrische Netzwerke ermittelt.

In neueren Ansätzen wird eine *statistische Verteilung der* räumlich angeordneten Kapillaren und der darin herrschenden Strömungsgeschwindigkeiten angenommen. Die Berechnung wird mit Hilfe des Monte-Carlo-Verfahrens durchgeführt. Obwohl mit diesem Modell die weitestgehende Annäherung an die biologische Kapillararchitektur möglich ist, geht dabei der Überblick über die gesetzmäßigen Abhängigkeiten, z.B. im Hinblick auf die Lokalisation der am schlechtesten versorgten Gewebebezirke, verloren.

11.5.5.2. Experimentelle Untersuchungen mit Mikroelektroden

Die Entwicklung spezieller Mikroelektroden, die nach dem *polarographischen Verfahren* arbeiten und Spitzendurchmesser von wenigen Mikrometern besitzen, ermöglicht die experimentelle Bestimmung der lokalen

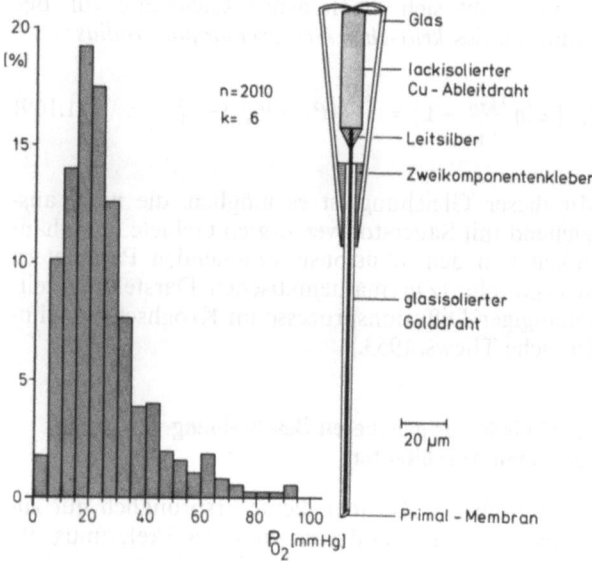

Abb. 11.68. Linke Bildhälfte: Häufigkeitsverteilung der O_2-Partialdrücke in der grauen Substanz des Meerschweinchengehirns, unterteilt in Klassen von je 5 mm Hg. [Lübbers, D. W.: Local Tissue P_{O_2}: Its Measurement and Meaning. In: Oxygen Supply (M. Kessler, D. F., Bruley, L. C. Clark, D. W. Lübbers, I. A. Silver, J. Strauss, eds.), pp. 151–155. München: Urban & Schwarzenberg 1973]. Rechte Bildhälfte: Schematischer Aufbau einer Mikroelektrode zur Messung des lokalen O_2-Partialdruckes

O_2-Partialdrücke im Gewebe. Es handelt sich zumeist um extrem dünne Gold- oder Platindrähte, die mit Glas ummantelt sind und deren freiliegende Metallspitze eventuell noch mechanisch oder elektrochemisch bearbeitet wird. Als Gegenelektrode dient eine Silber- oder Silberchlorid-Elektrode. Der Sauerstoff wird an der Gold- oder Platinoberfläche reduziert, wobei pro Sauerstoffmolekül vier Elektronen umgesetzt werden. Durch diesen Eigenverbrauch der Elektrode entsteht eine Verfälschung der lokalen Sauerstoffdruckverteilung, die teilweise jedoch rechnerisch korrigiert werden kann. Weitere Fehlerquellen stellen die mit dem Eindringen der Elektrode verursachte Zerstörung des Gewebes (Stichkanal) sowie die damit eventuell verbundene Kompression benachbarter Kapillaren dar.

Erhebliche Schwierigkeiten bereitet die Interpretation einzelner Meßwerte deshalb, weil in den meisten Fällen die genaue Lage der Elektrodenspitze im Hinblick auf benachbarte Kapillaren nicht bekannt ist. Deshalb werden Mehrfachmessungen mit statistischer Auswertung und Darstellung in Form von *Häufigkeitsverteilungen* durchgeführt (Abb. 11.68). Der Vergleich der gemessenen mit den berechneten Histogrammen zeigt eine im Hinblick auf die zu erwartende Genauigkeit befriedigende Übereinstimmung, wobei die Abhängigkeit von den diffusionsbestimmenden Parametern deutlich zu erkennen ist.

11.5.5.3. Beispiele für die mathematische Analyse des Gasaustausches im Gewebe

a) Sauerstoffversorgung des Gehirngewebes

Der O_2-*Verbrauch* und die *Durchblutung* des Gehirngewebes sind weitgehend *konstant*. Die Sauerstoffversorgung des Gehirns, speziell der Hirnrinde, stellt daher ein typisches Beispiel für einen stationären Diffusionsvorgang dar. Der Sauerstoffpartialdruck am arteriellen Schenkel einer Kapillare beträgt 94 mm Hg, am venösen Schenkel 34 mm Hg. Für die Kapillararchitektur des Gehirns kann näherungsweise der Kroghsche Zylinder zugrunde gelegt werden. Der Radius der Kapillare muß zu 3 μm, der Radius der Gewebszylinder zu 30 μm angenommen werden. Der Sauerstoffverbrauch der grauen Hirnsubstanz beträgt etwa 5–9 ml O_2/100 g Gewebe/min.

Das Ergebnis der unter diesen Voraussetzungen durchgeführten Versorgungsanalyse ist in Abb. 11.69 in Form einer Reliefdarstellung der O_2-Partialdrücke in zwei benachbarten Versorgungszylindern angegeben. Der O_2-Partialdruck nimmt sowohl vom arteriellen zum venösen Ende des Zylinders als auch vom Zentrum zur Peripherie hin ab. Der am schlechtesten versorgte Ort, der häufig als tödliche Ecke bezeichnet wird, liegt am venösen Ende des Zylindermantels. Hier beträgt der O_2-Partialdruck nach dieser Modellrechnung nur noch 17 mm Hg.

Sauerstoffmangelzustände werden durch drei charakteristische Schwellen definiert: die „Reaktions-

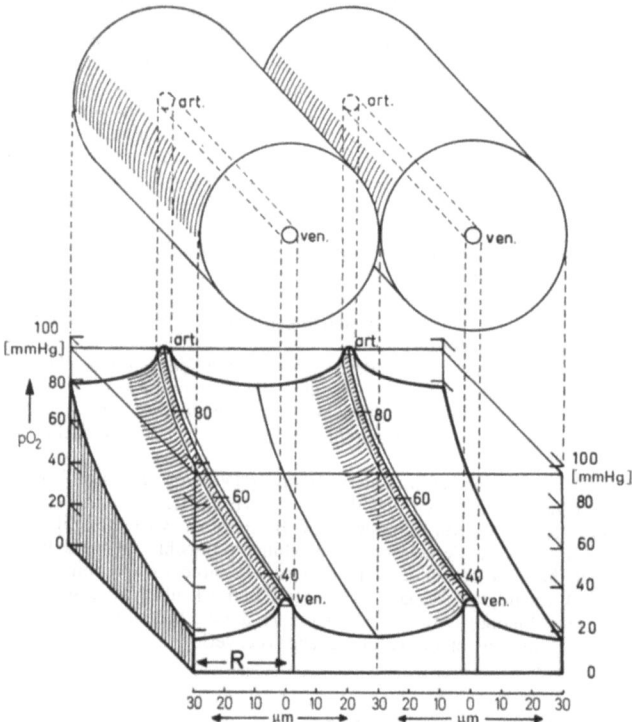

Abb. 11.69. Modell für die O_2-Versorgung in der Hirnrinde des Menschen. Schematische Darstellung zweier Gewebszylinder mit gleichsinniger Kapillardurchströmung. In der unteren Bildhälfte ist das Relief der berechneten O_2-Partialdrücke in den Kapillaren und in dem Gewebe entlang der Verbindungslinie der beiden Kapillaren dargestellt. [Nach Thews, G.: Die Sauerstoffdiffusion im Gehirn. Pflügers Arch. ges. Physiol. **271**, 197–226 (1960)]

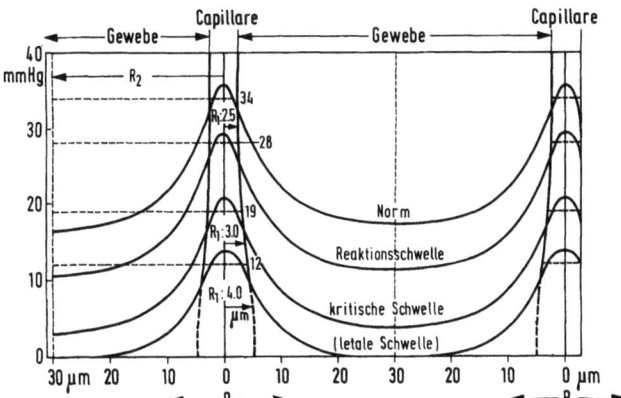

Abb. 11.70. O$_2$-Partialdruckprofile am venösen Ende zweier benachbarter Gewebszylinder bei bestimmten venösen Schwellenwerten. Am schlechtestversorgten Ort beträgt der O$_2$-Partialdruck normalerweise etwa 17 mm Hg und kann bei Hypoxie bis zur Reaktionsschwelle (11 mm Hg) und weiter bis zur kritischen Schwelle (4 mm Hg) absinken. [Nach Thews, G.: Die Sauerstoffdiffusion im Gehirn. Pflügers Arch. ges. Physiol. **271**, 197–226 (1960)]

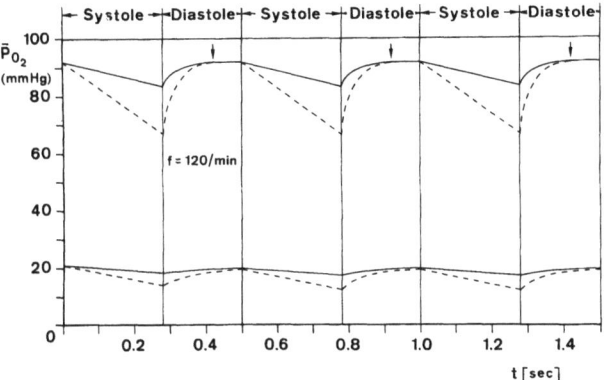

Abb. 11.71. Änderung des O$_2$-Partialdruckes im Herzmuskel bei einer mittleren Belastung (Herzfrequenz 120 min^{-1}). Die beiden oberen Kurven entsprechen den über alle Ortswerte am arteriellen Ende, die unteren beiden Kurven den über alle Ortswerte am venösen Ende gemittelten Partialdrücken. Ausgezogene Kurven: Kapillaren während der Systole mit Blut gefüllt, so daß Sauerstoff in das Gewebe diffundiert. Gestrichelte Kurven: Blutleere Kapillaren und somit keine Sauerstoffdiffusion während der Systole. [Grote, J., Thews, G.: Respiratory Gas Transport in Heart. In: Oxygen Transport to Tissue (H. I. Bicher, D. F. Bruley, eds.), pp. 525–534. New York: Plenum Publishing Corporation 1973]

schwelle", ausgezeichnet durch eine beginnende Erweiterung der Gehirngefäße infolge der Hypoxie (entsprechend einem venösen O$_2$-Partialdruck von 25–28 mm Hg), die „kritische Schwelle" mit Bewußtseinsverlust beim Menschen (entsprechend einem venösen O$_2$-Partialdruck von 17–19 mm Hg) und die „letale Schwelle", bei der unmittelbare Lebensgefahr besteht (entsprechend einem venösen O$_2$-Partialdruck von 12 mm Hg).

Für die hypoxischen Zustände zeigt Abb. 11.70 die berechneten O$_2$-Partialdruckwerte am venösen Zylinderende. Die „Reaktionsschwelle" ist dann erreicht, wenn der O$_2$-Partialdruck an der tödlichen Ecke auf 10 mm Hg absinkt. Die darauf einsetzende Gefäß-

erweiterung führt zu einer Verbesserung der Versorgungsbedingungen. Bei einem weiteren Absinken des O$_2$-Partialdruckes am venösen Kapillarende unter die „kritische Schwelle" ergibt die Diffusionsanalyse einen Wert von 4 mm Hg für die tödliche Ecke. Als Folge hiervon kann es an einzelnen Orten zu einer Einschränkung der Reaktionsgeschwindigkeit der Cytochromoxidase und somit zu einem Zusammenbruch der zentralnervösen Funktionen kommen. Eine genaue Untersuchung der Eingangsparameter zeigt, daß die O$_2$-Versorgungssituation der Hirnrinde tatsächlich noch etwas ungünstiger ist, als dies in den Abb. 11.69 und 11.70 zum Ausdruck kommt.

b) Sauerstoffversorgung des Herzmuskelgewebes

Ein Beispiel für einen nichtstationären Diffusionsvorgang bietet die O$_2$-Versorgung des Herzens. Die O$_2$-Versorgung des Herzmuskelgewebes erfolgt unter nichtstationären Bedingungen, weil sich die *Durchblutung im Rhythmus der Herzaktion verändert*.

Für die Berechnung der O$_2$-Partialdrücke im Gewebe kann wieder das Modell des Kroghschen Zylinders zugrunde gelegt werden. Der Radius des Versorgungszylinders beträgt in diesem Fall 14 µm. Der O$_2$-Partialdruck nimmt innerhalb der Kapillare von 94 mm Hg am arteriellen Ende auf etwa 22 mm Hg am venösen Ende ab. Der O$_2$-Verbrauch des Gewebes bleibt trotz wechselnden Energiebedarfes in der Kontraktions- und Erschlaffungsphase konstant. Variabel ist dagegen der Antransport des Sauerstoffes auf dem Blutweg. Die Kapillardurchblutung findet überwiegend in der Erschlaffungsphase des Herzens, der Diastole, statt, während in der Kontraktionsphase, der Systole, der Blutstrom nur noch in geringem Umfang aufrechterhalten wird oder völlig sistiert.

Berechnet man die O$_2$-Partialdrücke im Herzmuskelgewebe für eine Herzfrequenz von 120 min^{-1} (entsprechend einer mittleren körperlichen Belastung) und einen O$_2$-Verbrauch von 16 ml/100 g/min unter diesen Voraussetzungen, so findet man das in Abb. 11.71 dargestellte Ergebnis: In der Abbildung ist die zeitliche Änderung des mittleren, durch Integration über alle Ortswerte berechneten O$_2$-Partialdruckes angegeben, und zwar für das arterielle Ende des Versorgungszylinders (oben) und das venöse Ende (unten). Die durchgezogenen Kurven gelten für eine systolische Verbrauchsphase unter Berücksichtigung der Sauerstoffdiffusion aus den Kapillaren, die gestrichelten Kurven dagegen, wenn angenommen wird, daß die Kapillaren in der Systole blutleer sind und somit keine Sauerstoffdiffusion stattfinden kann. Die tatsächlichen O$_2$-Partialdrücke dürften zwischen diesen beiden Grenzwerten liegen. Wie aus der Abbildung hervorgeht, kommt es nach dem systolischen Partialdruckabfall zu einer Wiederaufsättigung, die am arteriellen Schenkel in kurzer Zeit (durch Pfeile gekennzeichnet), am venösen Schenkel dagegen erst unmittelbar vor dem Ende der Herzaktion erreicht wird. Bei stärkerer körperlicher Belastung führt die höhere Herzfrequenz sowohl zu einem größeren mittleren Sauerstoffverbrauch als auch zu einer verkürzten Diastolendauer. In diesem Fall reicht die Dauer der Diastole für eine vollständige Wiederaufsättigung am venösen Zylinderende nicht aus.

Literaturauswahl

Bauer, C.: On the Respiratory Function of Haemoglobin. Rev. Physiol. Biochem. Pharmacol. **70**, 1–31 (1974)

Bicher, H. I., Bruley, D. F. (Eds.): Oxygen Transport to Tissue. New York: Plenum Publishing Corporation 1973

Hutten, H.: Untersuchung nichtstationärer Austauschvorgänge in gekoppelten Konvektions-Diffusions-Systemen. Mainz: Akademie der Wissenschaften und der Literatur, 1970

Kessler, M., Bruley, D. F., Clark, L. C., Lübbers, D. W., Silver, I. A., Strauss, J. (Eds.): Oxygen Supply. München: Urban & Schwarzenberg 1973

Lübbers, D. W., Luft, U. C., Thews, G., Witzleb, E. (Eds.): Oxygen Transport in Blood and Tissue. Stuttgart: Thieme 1968

Schmidt, R. F., Thews, G. (Hrsg.): Einführung in die Physiologie des Menschen. 19. Aufl. Berlin-Heidelberg-New York: Springer 1976

Thews, G.: Über die mathematische Behandlung physiologischer Diffusionsprozesse in zylinderförmigen Objekten. Acta biotheoretica (Leiden) **10**, 105–138 (1953)

Thews, G.: Die theoretischen Grundlagen der Sauerstoffaufnahme in der Lunge. Ergebn. Physiol. **53**, 42–107 (1963)

Thews, G.: Diffusion und Permeation. In: D-Glukose und verwandte Verbindungen in Medizin und Biologie (H. Bartelheimer, W. Heyde, W. Thorn, Hrsg.), S. 250–276. Stuttgart: Enke 1966

Thews, G.: Der Gasaustausch in der Lunge unter Berücksichtigung der Inhomogenitäten von Ventilation, Perfusion und Diffusion. In: Vorträge der Erlanger Physiologentagung 1970 (W. D. Keidel, K.-H. Plattig, Hrsg.), p. 53–78. Berlin-Heidelberg-New York: Springer 1971

12. Sensorische Transduktionsprozesse

12.1. Grundzüge der Transduktionsmechanismen in Sinneszellen

ULRICH THURM

12.1.1. Sensorische Transduktion — ein Steuerungsprozeß

Lebende Zellen „re-agieren" auf physikalische und chemische Einwirkungen aus ihrer Umgebung; das heißt, es finden in ihnen physikalisch-chemische Vorgänge statt, die zwar durch die Außeneinflüsse verursacht werden, deren Ablauf aber wesentlich komplexer als die äußere Einwirkung ist und deren Energie nicht aus dieser Einwirkung, sondern aus dem Stoffwechsel der Zelle stammt. Man unterscheidet daher die physikalisch-chemischen Vorgänge außerhalb und jene innerhalb der Zelle als „Reiz" und „Erregung". Jener Abschnitt der Kausalkette, in dem der Reiz in die Erregung übergeht, wird als *sensorische Transduktion* oder *Reiz-Erregungsumsetzung* bezeichnet.

Der Begriff der sensorischen Transduktion ist für die Erregungsbildung in Sinneszellen geprägt worden. Die Erregungsbildung in Sinneszellen erweist sich jedoch nur als einer aus der Vielzahl der Steuerungsvorgänge, die die unterschiedlichsten Zellaktivitäten auf die verschiedenen Außeneinflüsse abstimmen. Zahlreiche Bewegungs-, Wachstums-, Transport- und Stoffwechselvorgänge werden durch physikalische oder chemische Einflüsse aus der Umgebung der Zellen in ihrer Intensität und räumlichen Verteilung gesteuert. Als sensorische Transduktionsprozesse im engeren Sinne mögen nur jene Steuerungsvorgänge bezeichnet werden, bei denen die steuernde Einwirkung als Sinnesreiz aufgefaßt und bei denen die Reaktion der Zelle zu den Erregungsvorgängen gerechnet werden kann. Auch nach dieser einschränkenden Definition sind sensorische Transduktionsprozesse konstitutiv für den Lebenszustand eines Organismus überhaupt und nicht an die Existenz eines Nervensystems gebunden. Je genauer man das molekulare Geschehen im Transduktionsprozeß verstehen lernt, desto mehr erscheint eine bestimmte Abgrenzung dieses Begriffes willkürlich; dagegen fördert die Kenntnis von analogen Vorgängen das Verständnis.

Die Steuerung von Bewegungsvorgängen bestimmter Bakterien, z.B. von *Escherichia coli*, und von Flagellaten besitzt Analogien zur Erregungsbildung in Sinneszellen, so daß an stammesgeschichtliche Vorstufen gedacht werden kann. Auch manche motorisch tätigen Zellen vielzelliger Tiere, z.B. zilientragende Zellen oder die Nesselzellen der Nesseltiere, zeigen funktionelle und strukturelle Beziehungen zu den auf die rein sensorische Funktion spezialisierten Rezeptorzellen. Schließlich ist die Erregungsbildung an den chemischen Synapsen aller Neuronen als eine Art von Chemorezeption zu betrachten.

Die Erforschung sensorischer Transduktion in Sinneszellen ist einerseits Teil der informationstheoretischen Untersuchung der durch die Sinneszelle geleisteten Signalaufnahme und -kodierung; sie verfolgt also den Signalfluß mit dem Ziel, die Funktion der Sinneszelle für den Organismus zu verstehen. Vom Signalfluß sind die Energieflüsse zu unterscheiden (s. Abb. 12.2). Diese sind Gegenstand der physikalischen und chemischen Untersuchung, die darauf zielt, Arbeitsweise und Aufbau der Transduktionsmechanismen schließlich auf dem molekularen Niveau verstehen zu lernen.

Im Transduktionsprozeß der Sinneszellen wird die äußere Reizeinwirkung in ein elektrisches Signal umgesetzt, das die weitere Übertragung und Verrechnung der im Reiz gegebenen Information ermöglicht (Abb. 12.1). Diese primäre elektrische Antwort der Sinneszelle wird als *Rezeptorstrom* bzw. *Rezeptorpotential* bezeichnet. Die Intensität des Reizes ist in der Größe dieses Stromes und der entsprechenden Spannung analog kodiert. Das Rezeptorpotential — eine Änderung des Membran-Ruhepotentials — löst den nächsten Erregungsschritt aus. Dies ist entweder eine Sekretion von Überträger-Substanz an der Synapse, die der Informationsübertragung auf die nachgeschaltete Nerven- (oder Muskel-)zelle dient, oder es ist die abschwächungsfreie Fortleitung der Information über eine längere Strecke noch innerhalb der Sinneszelle. Die abschwächungsfreie Fortleitung wird ermöglicht durch eine Umkodierung von der Amplituden-Modulation des Rezeptorpotential-Signals in die ebenfalls analoge Frequenzmodulation impulsförmiger Spannungsänderungen (Nervenimpulse) im Axon.

Die Umsetzung des Reizes in den Rezeptorstrom ist ein *Steuerungsvorgang*. Der durch den Reiz gesteuerte Energiefluß des Rezeptorstromes wird durch den Stoffwechsel der Zelle zur Verfügung gestellt. Der Steuerungsprozeß ermöglicht es, daß auch ein Reiz, der — im Schwellenbereich — nur an ein oder wenige Moleküle der Sinneszelle seine Energie abgibt, das Membranpotential der gesamten Sinneszelle über das „Rauschen" dieses Potentials hinaus verändert. Der

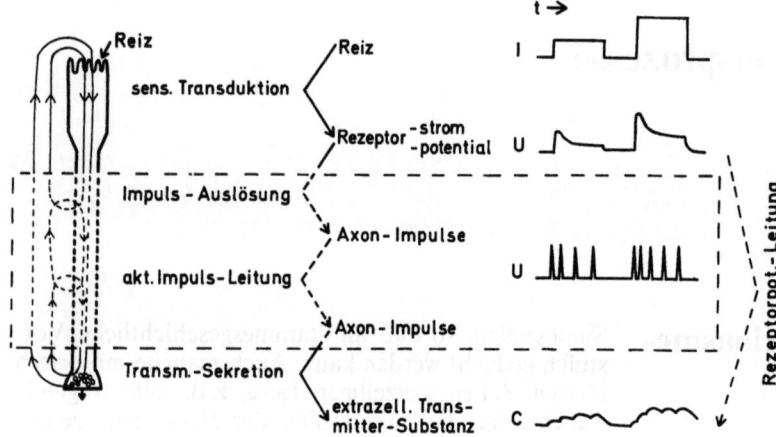

Abb. 12.1. Die Erregungsbildung und -leitung in einer Rezeptorzelle. Die Auslösung von Axon-Impulsen unterbleibt bei vielen Rezeptortypen und wird durch eine wahrscheinlich passive („elektrotonische") Rezeptorpotential-Leitung bis hin zur Synapse ersetzt, die mit Signal-Abschwächung verbunden ist. C Konzentration der Transmitter-Substanz; I Reizintensität; U Membranpotential; sämtlich als Funktionen der Zeit t

Energieinhalt dieser Reaktion liegt in der Regel ganz wesentlich über dem Energieinhalt des Reizes, auch dann, wenn ein Minimalreiz selbst erheblich mehr Energie enthält als das nach der Informationstheorie für ein Signal erforderliche Minimum, das durch das thermische Rauschen gegeben ist. So führt ein absorbiertes Lichtquant von etwa 500 nm Wellenlänge dem Rezeptor $5 \cdot 10^{-19}$ J zu; für die einem menschlichen Photorezeptor mit einem Quant ermöglichte Informationsaufnahme sind theoretisch nur $4 \cdot 10^{-21}$ J erforderlich; demgegenüber liegt der Energieinhalt einer durch ein Lichtquant in einem Photorezeptor ausgelösten Reaktion zwischen 10^{-16} und 10^{-13} J. Schon im ungereizten Zustand der Zelle übersteigen die Schwankungen des Membranpotentials das thermische Rauschen eines idealen Widerstands. Dies erfordert einen entsprechend höheren Energieaufwand der Zelle für die Übermittlung eines Signals.

Bei vielen Mechanorezeptoren ist zu erkennen, daß die Reizenergie nur für die *Änderung* in der Einstellung des Steuermechanismus benötigt wird. Ist einem derartigen Mechanorezeptor eine bestimmte reizwirksame Deformation konstant aufgezwungen, so fließt der Rezeptorstrom über eine beliebige Zeitdauer, ohne daß während dieser Zeit weiterhin eine Zufuhr von Reizenergie erforderlich wäre. Der Zustand, über den das Nervensystem durch das Signal der Sinneszelle informiert wird, ist demnach der Deformations*zustand* der Zelle bzw. einiger Moleküle der Zelle; nicht nur die Reizenergie-Zufuhr wird gemeldet. Der Steuerungsvorgang der Reiz-Erregungsumsetzung ist der Steuerung mittels eines Ventils vergleichbar: Auf der Eingangsseite muß Energie nur für die *Änderung* des ausgangsseitigen Energieflusses aufgewandt werden. Bei Photo- und Chemorezeptoren genügt anscheinend eine bestimmte, im einzelnen noch unbekannte Konformationsänderung eines einzigen der für die Reizaufnahme spezialisierten (Rezeptor- oder Akzeptor-) Moleküle, um eine als Signal hinreichende Änderung des Stromflusses in der Sinneszelle zu bewirken. Während aber bei jenen mechanorezeptorischen Sinneszellen nach einer Reizenergie-Zufuhr der ungereizte Zustand erst durch die Rückgabe der zugeführten Energie (durch eine Rückstellung der Form) wiedererreicht wird, wird bei Photorezeptoren nach dem Ende eines Lichtquanten-Einstroms der Rezeptorstrom mit einer dem Rezeptor eigenen Kinetik wieder in den „Ruhe"-zustand zurückgestellt, obwohl die Photopigment-Moleküle, die durch die Lichtenergie isomerisiert wurden, erst in sehr viel längerer Frist zum Dunkelzustand regeneriert werden (s. Kapitel 13.5). Soll bei diesen Rezeptoren ein bestimmter Rezeptorstromfluß konstant aufrechterhalten werden, so benötigen sie daher einen fortdauernden Reizenergie-Zufluß.

Der Zustand gesteigerten Energieflusses in der Sinneszelle, d. h. der Zustand erhöhter Erregung, kann bei verschiedenen Rezeptortypen an ganz unterschiedliche energetische Bedingungen der Reizseite gebunden sein, wie es einem ventilähnlichen Steuermechanismus entspricht: Im stationär gereizten Zustand eines Mechanorezeptors kann die Energiezufuhr fehlen; bei den auf Abkühlung ansprechenden Thermorezeptoren (Kaltrezeptoren) wird der Rezeptorstromfluß durch Entzug von Energie gesteigert; bei Photorezeptoren von Wirbeltieren wird durch Zufuhr von Energie (Belichtung) der Stromfluß im Rezeptor vermindert, während er bei vielen Photorezeptoren von wirbellosen Tieren durch Belichtung erhöht wird. Als Reizung bezeichnet man daher Abweichungen in der Größe des Reizparameters von einem für den einzelnen Rezeptor mehr oder weniger willkürlich angesetzten „Ruhe"- oder „Normal"-Wert ohne Rücksicht auf die Richtung der energetischen Änderung auf der Reizseite und unterscheidet je nach der Richtung der Reaktion zwischen depolarisierenden (exzitatorischen) und hyperpolarisierenden (inhibitorischen) Reizen.

12.1.2. Übersicht über die Teilmechanismen der Transduktion und ihre Funktionsbeziehungen

Die Teilmechanismen der Transduktion (Abb. 12.2) können in drei Gruppen gegliedert werden:

a) Die Sensor-Mechanismen: molekulare Mechanismen, in denen sich eine primäre Umsetzung der

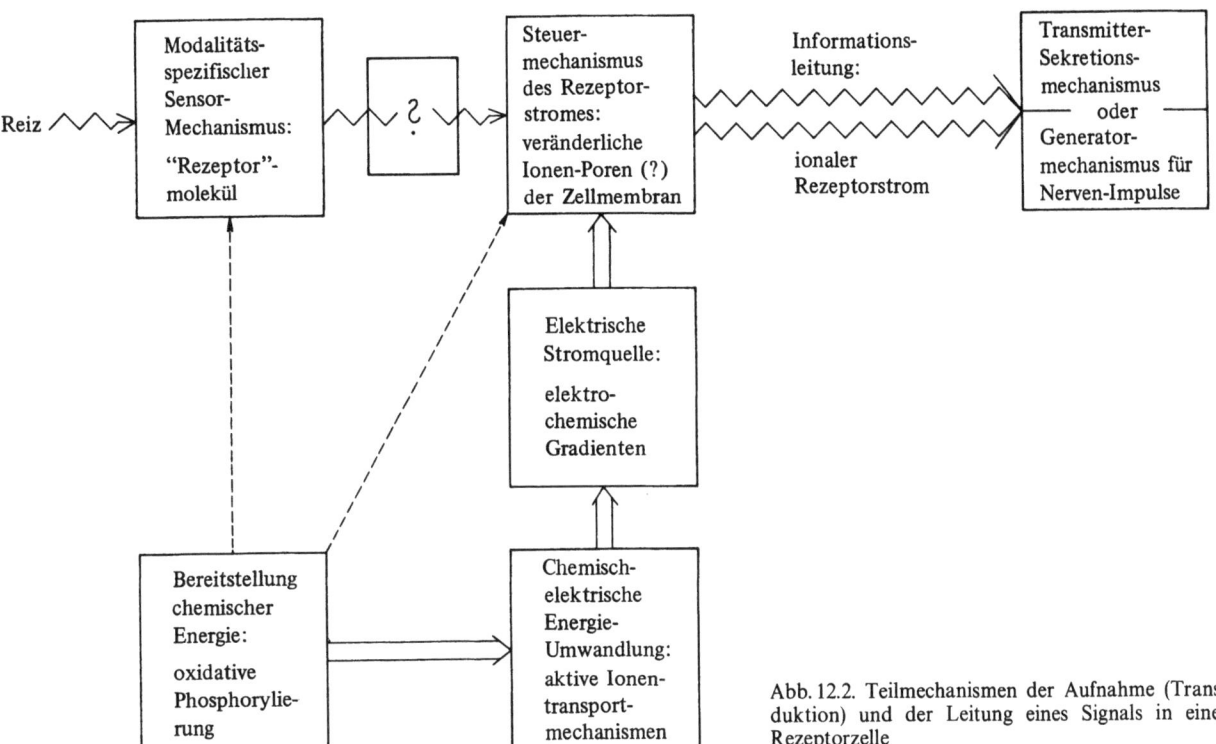

Abb. 12.2. Teilmechanismen der Aufnahme (Transduktion) und der Leitung eines Signals in einer Rezeptorzelle

Reizenergie vollzieht, wie z.B. im photolabilen Pigment der Photorezeptoren oder an den Akzeptormolekülen der Chemorezeptoren. Diese Mechanismen geben der Sinneszelle eine spezifische Empfindlichkeit für eine bestimmte Modalität (z.B. elektromagnetische Wellen) und Qualität (z.B. Wellenlänge) äußerer Einwirkungen.

b) Die Effektor-Mechanismen, die den passiven Fluß des Ionenstroms durch die Zellmembran kontrollieren und entsprechend dem Reiz-Zustand des Sensors modulieren (Permeabilitäts-Änderung): Obwohl noch nicht direkt belegt, erscheint hier das Modell steuerbarer Membran-Poren am begründetsten, ähnlich wie es für die Na$^+$- und K$^+$-Leitfähigkeit der Axonmembran wahrscheinlich zutrifft (10^{-10} bis $10^{-11} \Omega^{-1}$ im offenen Zustand). Im Unterschied zur Axonmembran, in der die Membranpermeabilität durch Depolarisation ansteigt, sind diese Permeabilitätsmechanismen der rezeptorischen Membran nicht (oder nur in geringem Maße) durch das Membranpotential steuerbar. Dadurch wird eine Rückwirkung einer Potentialänderung auf die Permeabilität in der entsprechenden Membranregion vermieden; dies ist eine entscheidende Voraussetzung für eine graduierbare, nicht schwingende Potentialreaktion, wie sie als Rezeptorpotential auftritt.

c) Die Mechanismen, die elektrische Energie für den Rezeptorstrom bereitstellen und die die ionalen Bedingungen für ihn schaffen: Dies sind aktive Ionentransport-Mechanismen, die ihre Energie ganz vorwiegend vom Atmungsstoffwechsel beziehen. Sie bauen Energie-Reservoire (Stromquellen) in Form von Ionen-Konzentrationsgradienten und wahrscheinlich auch von direkt erzeugten Ladungsgradienten (elektrogener Transport) auf. Der Na$^+$-K$^+$-Transport, der von den meisten Zelltypen bekannt ist, wird auch in diesem Zusammenhang regelmäßig in Sinneszellmembranen gefunden. Darüber hinaus wirken in manchen Rezeptorsystemen andersartige, in Hilfszellen lokalisierte Transportmechanismen an der Aufladung der Stromquellen und der Bildung des Ionenmilieus mit (s. unten).

Die funktionellen Beziehungen zwischen diesen Teilmechanismen, gegeben durch die Flüsse von Signal und Energie, veranschaulicht Abb. 12.2. Wie Experimente an Photorezeptoren von Bienen zeigten, ist der Atmungsstoffwechsel für die Rezeptorreaktion nicht nur als Energiequelle zum Aufbau der Iongradienten erforderlich; auch die Permeabilitätsänderung konnte nach Blockierung dieses Stoffwechsels nur ein oder wenige Male hervorgerufen werden.

Es ist denkbar, daß in manchen Rezeptortypen die Sensorfunktion vom Permeabilitätsmechanismus selbst geleistet wird, d.h., daß die Mechanismen (a) und (b) Teile desselben Moleküls wären (Modell: spezifisch sensitiver Porenmechanismus). Gefunden oder erschlossen wurden bisher jedoch nur Verteilungen dieser Funktionen auf *verschiedene* Strukturen. Für die Stäbchen-Photorezeptoren der Wirbeltiere geht aus ihrer Morphologie hervor (s. Abb. 12.6), daß die entscheidende Menge der Sensor-Moleküle nicht Teil der äußeren Zellmembran ist, die den Rezeptorstrom moduliert. Eine ähnliche Separation der Sensor- und Effektor-Mechanismen wird auch für andere Photorezeptoren angenommen.

Mindestens für die Photorezeptoren der Wirbeltiere muß angenommen werden, daß die Permeabilität der Zellmembran im Transduktionsprozeß von der Plasmaseite her gesteuert wird. Die Art der Koppelung zwischen Sensor und Rezeptorstrom-modulierendem Mechanismus ist eines der entscheidenden, gegenwärtig noch ungeklärten Probleme der Transduktion in Sinneszellen. Für Photorezeptoren gibt es Hinweise, daß Ca^{2+} in dieser Koppelung eine wesentliche Rolle spielt (s. Kapitel 13.5). Der Dauer dieses Koppelungsvorgangs ist der größte Teil der bei Photorezeptoren zwischen dem photochemischen Primärprozeß im Sensor und dem Beginn des Rezeptorpotentials auftretenden Latenz von einigen ms bis zu mehreren 100 ms zuzuschreiben.

Anders als bei Photorezeptoren liegt die Latenz des Rezeptorpotentials bei Mechanorezeptoren unter 1 ms, in manchen Fällen wahrscheinlich unter 0,1 ms. Dies weist auf einen wesentlichen Unterschied in der Sensor-Modulator-Beziehung zwischen Photo- und Mechanorezeptoren hin. Andererseits sprechen die folgenden Befunde dafür, daß auch bei Mechanorezeptoren — mindestens bei den untersuchten ziliären — Sensor- und Modulator-Mechanismen separate Strukturen sind. Unter zilientragenden Zellen mit mechanischer Empfindlichkeit im Zilienbasis-Bereich gibt es sowohl solche Zellen, die als vollspezialisierte Rezeptoren ausschließlich mit einer Änderung des Membranpotentials auf mechanische Reizung reagieren, als auch Sinneszellen ursprünglicherer Organismen, die sowohl eine elektrische Membranreaktion wie auch eine Bewegungsreaktion der Zilien zeigen; schließlich existieren Zellen mit motorischer Funktion (Zilien-Schlag-Aktivität), bei denen auf mechanische Reizung hin motorische (Schlag-)Reaktionen auftreten, die nur bei manchen dieser Zelltypen von Membranpotential-Reaktionen begleitet sind. Die mechanische Empfindlichkeit hat bei der letzten Gruppe von Zellen sehr ähnliche Charakteristika wie bei den voll spezialisierten Sinneszellen, so daß Ähnlichkeit oder Gleichheit der Sensor-Mechanismen trotz der Unterschiedlichkeit der Reaktionsarten zu erwarten ist. Die Empfindlichkeit des Sensors erwies sich als unabhängig vom Permeabilitätszustand der Zellmembran und von den Ionengradienten über der Membran. Dies ließ sich an Hand der motorischen Reaktionen zeigen, deren Aktionsfähigkeit im Unterschied zur Membranreaktion vom Membranzustand unabhängig ist. Der Sensor derartiger Zellen ist demnach weder identisch mit dem Permeabilitäts-Modulationsmechanismus noch mit dem motorischen Mechanismus selbst — sofern es sich, wie zu vermuten, um ähnliche Sensoren bei den unterschiedlich spezialisierten Zellen handelt. Beide Arten von Reaktionen — Änderungen des Membranpotentials bzw. Zilien-Bewegungen — können unabhängig voneinander ausgelöst werden; darüber hinaus kann eine motorische Reaktion auch durch eine Membrandepolarisation hervorgerufen werden. Diese Ergebnisse sind in dem in Abb. 12.3 dargestellten Schema von Funktionsbeziehungen zusammengefaßt. Als Sensor kommen plasmatische Struktu-

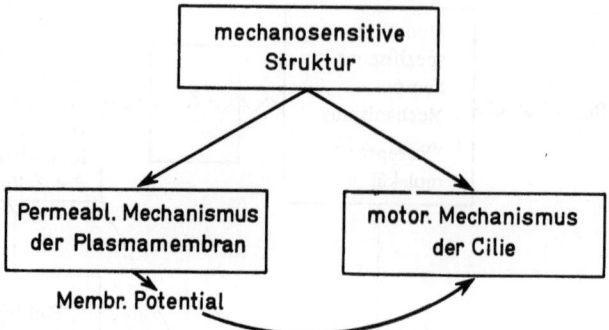

Abb. 12.3. Modell der funktionellen Zusammenhänge zwischen Sensor- und Effektor-Teilmechanismen in einer spezifisch mechanisch reizbaren und sowohl elektrisch wie motorisch reagierenden Zelle mit motilen Zilien

ren der Zilien-Basis in Betracht, die in engem Zusammenhang mit der Zellmembran stehen.

Der Arbeitsansatz, der aus der Parallelität der Steuerung des motorischen Mechanismus und des Permeabilitäts-Modulations-Mechanismus bei zilientragenden Mechanorezeptoren folgt, betrachtet die Steuerung der Membran-Permeabilität als einen von verschiedenen möglichen Effektor-Mechanismen, die an einen Sensor-Mechanismus angekoppelt sein können (Abb. 12.3). Damit wird die sensorische direkte Steuerbarkeit motorischer Vorgänge zum Modell für die Steuerung der Membran-Permeabilität.

12.1.3. Die räumliche Anordnung der Teilmechanismen der Transduktion

In rezeptorischen Zellregionen findet man in der Regel eine ausgeprägte strukturelle Gliederung. Sie entspricht einer Separation von Teilmechanismen. Dieser gegliederte Aufbau unterscheidet die rezeptorische Region deutlich von der in sich gleichförmiger aufgebauten Axonregion eines Neurons (zumindest einer unmyelinisierten Axonregion). Dieser Unterschied läßt sich auf zwei wesentliche Verschiedenartigkeiten der Arbeitsbedingungen von rezeptorischen bzw. Axon-Abschnitten der Neuronen zurückführen.

a) Der Rezeptorstrom fließt in einem räumlich fixierten Stromkreis, im Unterschied zu den Nervenimpuls-Strömen, die entlang eines Axons wandern. Während im unmyelinisierten Axon jede Membranregion zeitlich nacheinander der Ort von Netto-Ein- und Ausströmen ist, findet am einzelnen Membranort der rezeptorischen Endigung stets entweder nur der Netto-Ein- oder nur der Netto-Ausstrom statt (Abb. 12.1).

b) Die reizaufnehmenden Zonen der meisten Typen von Sinneszellen ragen aus dem Lymphraum des Körpers hinaus in das den Körper umgebende Milieu (z.B. bei Rezeptoren in der Körperwand von Würmern) oder in einen abgegrenzten Hohlraum (z.B. in Hör- und Schwerkraft-Sinnesorganen der Wirbeltiere).

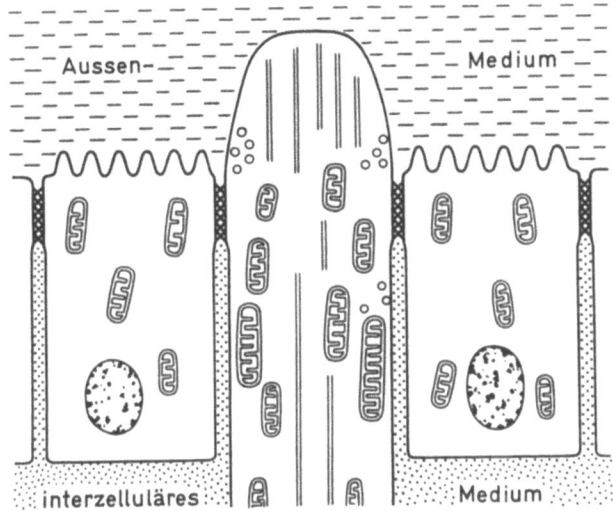

Abb. 12.4. Schematischer Querschnitt durch ein Epithel mit sensorisch spezialisierter Zelle (Sinnesepithel). Der im Außenmedium stehende Teil der Sinneszelle symbolisiert spezialisierte Terminalstrukturen wie Mikrovilli oder Zilien. Die durchkreuzten Zonen zwischen den Zellen symbolisieren die Komplexe unterschiedlicher Membranverbindungen. Mitochondrien, Mikrotubuli und Vesikel deuten eine für viele Sinneszelltypen charakteristische Verteilung an

in der Regel zwischen den beiden Seiten eines Epithels besteht: die ionale Zusammensetzung der durch das Epithel vom interzellulären Milieu abgegrenzten Lösung kann von der Zusammensetzung dieser interzellulären Lösung erheblich abweichen (wie z. B. Süßwasser, das Außenmedium vieler Organismen); zu den damit über dem Epithel gegebenen Ionenkonzentrationsgradienten treten Unterschiede in den Permeabilitäts- und Ionentransport-Eigenschaften der durch die Schlußleistenzone von einander abgegrenzten Zellmembranregionen. Während bei allen epithelialen Sinneszellen die den Sensor-Mechanismus enthaltende reizaufnehmende Zellregion vom „Außenraum" umgeben ist (der, wie erwähnt, selbst ein separater Hohlraum des Organismus sein kann), gehören in den meisten derartigen Zellen basalere, an der Rezeptorstrombildung mitwirkende Teile zur basalen Epithelseite und sind somit von der interzellulären Lymphe umgeben (Abb. 12.4).

Besonders klare Ergebnisse über die funktionelle Organisation epithelialer Sinneszellen lieferten Experimente am Innenohr des Goldfisches (Abb. 12.5). Diese Ergebnisse lassen sich folgendermaßen zusammenfassen: (a) Die Lösungsräume zu beiden Seiten des Epithels erweisen sich als durch Diffusionsbarrieren von einander separiert. (b) Der Ionenbedarf der apikalen und der basalen Membranregion für die Bildung des Rezeptorpotentials ist unterschiedlich. (c) Diese beiden Membranregionen enthalten unterschiedliche an der Rezeptorpotential-Bildung mitwirkende Mechanismen: In den basalen Membranen ist eine K^+-Diffusions-Spannungsquelle sowie ein von Stoffwechselenergie betriebener Na^+-K^+-Transport zu erschließen; der Na^+-Konzentrationsgradient spielt hier keine entscheidende Rolle; in der apikalen Membran ist eine noch nicht näher bekannte Streptomycin-empfindliche Funktion lokalisiert, die mit dem reizgesteuerten Permeabilitäts-Modulations-Mechanismus in Zusammenhang stehen mag, während ein K^+-Konzentrationsgradient für die Rezeptorpotential-Bildung hier nicht erforderlich ist und ein Na^+-Konzentrationsgradient über dieser Membran bei verschiedenen Vertebraten-Gruppen unterschiedlich stark beteiligt ist; ein Na^+-K^+-Transport ist in der apikalen Membran nicht nachweisbar. In diesem Beispiel trennt die Zone der Membrankontakte des Epithels die an der Rezeptorstrombildung beteiligten Mechanismen in zwei Gruppen: Der Sensor sowie der Permeabilitäts-Modulations-Mechanismus liegen in der apikalen, in den „Außenraum" gerichteten Membran (mit intrazellulären Elektroden nachgewiesen); die als Stromquelle vorherrschenden Ionen-Konzentrationsgradienten sowie die Quelle der Stoffwechselenergie (Mitochondrien) liegen im basalen Bereich (s. Abb. 12.4).

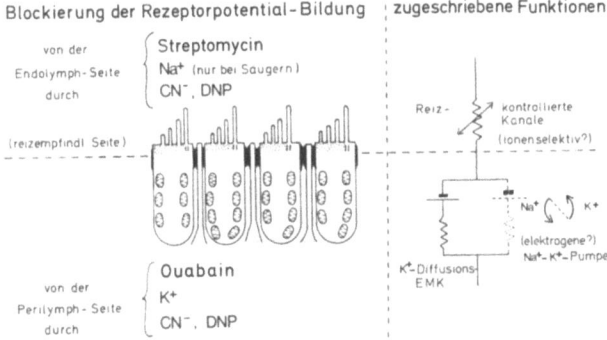

Abb. 12.5. Illustration der am Sacculus-Sinnesepithel des Goldfisches gewonnenen Ergebnisse (links) und des erschlossenen Ersatzschaltbildes (rechts). Die Ergebnisse demonstrieren die Getrenntheit der beiden an das Epithel grenzenden Lösungsräume und die Unterschiedlichkeit der Membraneigenschaften der zu den verschiedenen Epithelseiten gerichteten Zellmembran-Regionen. Die schwarzen Zonen zwischen den Zellen symbolisieren die Komplexe von Membranverbindungen (Schlußleistenkomplexe). [Experimente von Matsuura, S., Ikeda, K., Furukawa, T.: Ouabain and Streptomycin: Their different loci of action on saccular haircells in goldfish. Science 160, 1117–1119 (1969)]

Diese Sinneszellen sind Teil des epithelialen Zellverbandes, der jeweils das Körperinnenmilieu (die interzelluläre Lymphe) gegen den betreffenden Außenraum abgrenzt (Abb. 12.4). Der Ionen- und Ladungsaustausch zwischen den beiden Epithel-Seiten ist durch eine bandförmige Zone von Membrankontakten vermindert (Schlußleistenkomplex aus Zonula occludens oder Zonula septata oder Zonula adhaerens u.a.), die in den das Epithel durchquerenden Zwischenzellspalten entlangzieht (s. Abb. 12.4). Diese Sinneszellen sind damit der funktionellen Asymmetrie unterworfen, die

Eine räumliche Trennung des Sensor- und Modulator-Bereiches von den Mechanismen der Energieversorgung ist bei den verschiedensten Rezeptortypen zu finden. Sie ist in ihren Grundzügen möglicherweise allgemeingültig und wahrscheinlich nicht auf epitheliale Rezeptoren beschränkt (s. Abb. 12.6 F und G). Sie wird im Bau der epithelialen primären Sinneszellen besonders deutlich (Abb. 12.6 A–E und H); bei manchen Geschmacksrezeptoren von Insekten beispielsweise liegen die beiden Gruppen von Mechanismen über mehrere 100 μm von einander getrennt. In diesen Fällen wird der Sensor-Bereich von modifizierten Zilien oder Mikrovilli gebildet, die über die Epithelfläche hinausragen. Diese Region wird vielfach als Außensegment bezeichnet. Das proximal anschließende Innensegment liegt in der Regel innerhalb des Epithels, basal der Zone von Membrankontakten. Es enthält eine Konzentration von Mitochondrien, die wesentlich höher ist als die Mitochondrien-Konzentration in der Axonregion. Weiterhin fällt es vielfach durch eine Anhäufung von pinozytotischen Vesikeln auf (s. Abb. 12.4).

Die Akkumulation von Mitochondrien, die das Innensegment kennzeichnet, ist ein Merkmal der rezeptorischen Region nahezu aller Sinneszellen. In den meisten Fällen ist dabei die Verteilung der Mitochondrien nicht gleichförmig, sondern, wie in den Beispielen von Abb. 12.5 und 12.6, auf einen bestimmten Abschnitt konzentriert. Falls der Sinneszell-Durchmesser groß ist gegenüber dem Durchmesser eines Mitochondriums, findet man die Menge der Mitochondrien vorwiegend dicht unter der Zellmembran liegend (Abb. 12.6 F und G). Diese Verteilung der Mitochondrien kann einen Hinweis auf den Ort intensiven Ionentransports geben: Biochemische und pharmakologische Bestimmungen der räumlichen Verteilung von Transport-ATPasen fanden diese ATPasen insbesondere in jenen Membranregionen lokalisiert, denen Mitochondrienanhäufungen eng benachbart sind (s. die Ouabain-Empfindlichkeit des Mitochondrien-benachbarten Membranbereichs in Abb. 12.5).

Ein weiterer, von den beiden eben betrachteten Zellmembran-Bereichen funktionell verschiedener Membranbereich ist jener der Axonregion. Hier ist die elektrische Steuerbarkeit der Membranpermeabilitäten die kennzeichnende Eigenschaft.

12.1.4. Rezeptoren für verschiedene Reizmodalitäten: die Varianz der Sensorregion und die Invarianz der energieliefernden Strukturen

Aus dem Bauplan der primären Epithel-Sinneszellen haben sich Rezeptoren für nahezu alle Reizmodalitäten entwickelt. Dieser Bauplan ist von entsprechenden Sinneszellen der Medusen bis zu solchen des Menschen gleichgeblieben. Ein Vergleich von Rezeptoren dieses Bauplans zeigt, wie mit der Spezialisierung der Zellen für unterschiedliche Reizmodalitäten nur bestimmte Strukturen variieren, während andere strukturelle Ausprägungen für alle diese Sinneszellen charakteristisch sind und von der Anpassung an eine bestimmte Reizmodalität nicht betroffen werden (Abb. 12.6 A–E, H). Man kann demgemäß innerhalb der für die Sinneszellen charakteristischen Strukturen modalitäts-spezifische von solchen unterscheiden, die gegenüber der Reizmodalität invariant sind. Durch die Anordnung der hier betrachteten Zellen in Epithelien sind diese modalitätsspezifischen bzw. -unspezifischen Strukturen in günstiger Weise seriell angeordnet.

Je nach der Reizmodalität, für die eine Sinneszelle spezialisiert ist, ist das Außenglied unterschiedlich strukturiert. Dies entspricht einer Lokalisation des modalitätsspezifischen Sensormechanismus in diesem Zellabschnitt. Dagegen sind für das Innenglied und die Zilienbasis keine modalitätsspezifischen Ausprägungen beschrieben worden (Abb. 12.6). Die hier lokalisierten Funktionen sind anscheinend für Rezeptoren aller Reizmodalitäten in ähnlicher Weise erforderlich. Die Sensormechanismen prägen sich in Photo- und Mechanorezeptoren in modalitätsspezifischen Ultrastrukturen aus. Für Photorezeptoren ist eine starke Erweiterung der Membranfläche im Außenglied charakteristisch (bis zu einem Faktor 100 erweitert gegenüber einer glatten Umhüllung). Sie resultiert aus der beträchtlichen Menge an Photopigment-Lipoprotein, die in dieser Membran des Außengliedes zugunsten einer hohen Trefferwahrscheinlichkeit für Lichtquanten untergebracht ist. Die dadurch notwendige Membranfaltung ist entweder fingerförmig (Mikrovilli, Abb. 12.6 D und I) oder lamellenförmig (Abb. 12.6 E) ausgebildet. Chemorezeptoren (Abb. 12.6 A, C und H) besitzen anscheinend keine ähnlich große Zahl von Akzeptormolekülen (häufig auch Rezeptormoleküle genannt); soweit bei ihnen eine Membranflächen-Vergrößerung vorkommt, geht sie nicht über eine Aufsplitterung des Außengliedes in einige Äste hinaus (Abb. 12.6 C), oder es sind, wie bei den Wirbeltieren, mehrere Zilien mit geißelförmigen Fortsätzen vorhanden. In Mechanorezeptoren mit modifiziertem Zilium enthält die Außengliedspitze, auf die der Reiz einwirkt, einen Komplex dicht gepackter Mikrotubuli, die durch eine stark elektronenabsorbierende (osmiophile) Substanz untereinander verbunden sind; die der Zellmembran benachbarten Mikrotubuli sind durch regelmäßige Brücken mit der Membran verbunden. Dieser Strukturkomplex wird als tubulärer Körper bezeichnet (Abb. 12.6 B): da er korreliert zur mechanischen Empfindlichkeit und am Ort der Reizeinwirkung auftritt, wird eine Funktion im Rahmen der primären Reizumsetzung vermutet. Von Mechanorezeptoren, deren sensitiver Mechanismus im engeren oder weiteren Bereich der Zilien-Basis lokalisiert ist (z. B. Statorezeptoren von Vertebraten und Mollusken), ist eine elektronenmikroskopisch erkennbare modalitätsspezifische Struktur nicht bekannt. Sie sind daher ultrastrukturell von einfach gebauten Chemorezeptoren nicht zu unterscheiden (Abb. 12.6 A); grundsätzlich ist auch eine Kombination beider Sensitivitäten innerhalb einer Zelle denkbar (so möglicherweise in Nesselzellen der Coelenteraten).

Die Menge der im Innenglied oder auch in den entsprechenden Zonen anderer Rezeptor-Bautypen akkumulierten Mitochondrien (quantifiziert nach ihrer inneren Membranfläche) zeigt keinerlei Korrelation zur Reizmodalität. Sie kann jedoch je nach dem allgemeinen Bautyp eines Rezeptors um einen Faktor 1000 unterschiedlich sein (höchste Werte bei Wirbeltier-Hautrezeptoren unterschiedlicher Modalitäten und bei Muskelspindeln). Die größten Werte ergeben eine etwa 10mal größere Mitochondrien-Membranfläche als sie in den sehr stoffwechselaktiven Leberzellen vorhanden ist. Die Hauptfunktion dieser hohen Stoffwechselkapazität in rezeptorischen Zellregionen ist wahrscheinlich die Energieversorgung des Rezeptorstroms. Bei gleicher Reizintensität ist das Stromdichte-Zeit-Integral des Rezeptorstroms wahrscheinlich wesentlich größer als das der im Axon fließenden Impulsströme. Die Notwendigkeit des stoffwechselab-

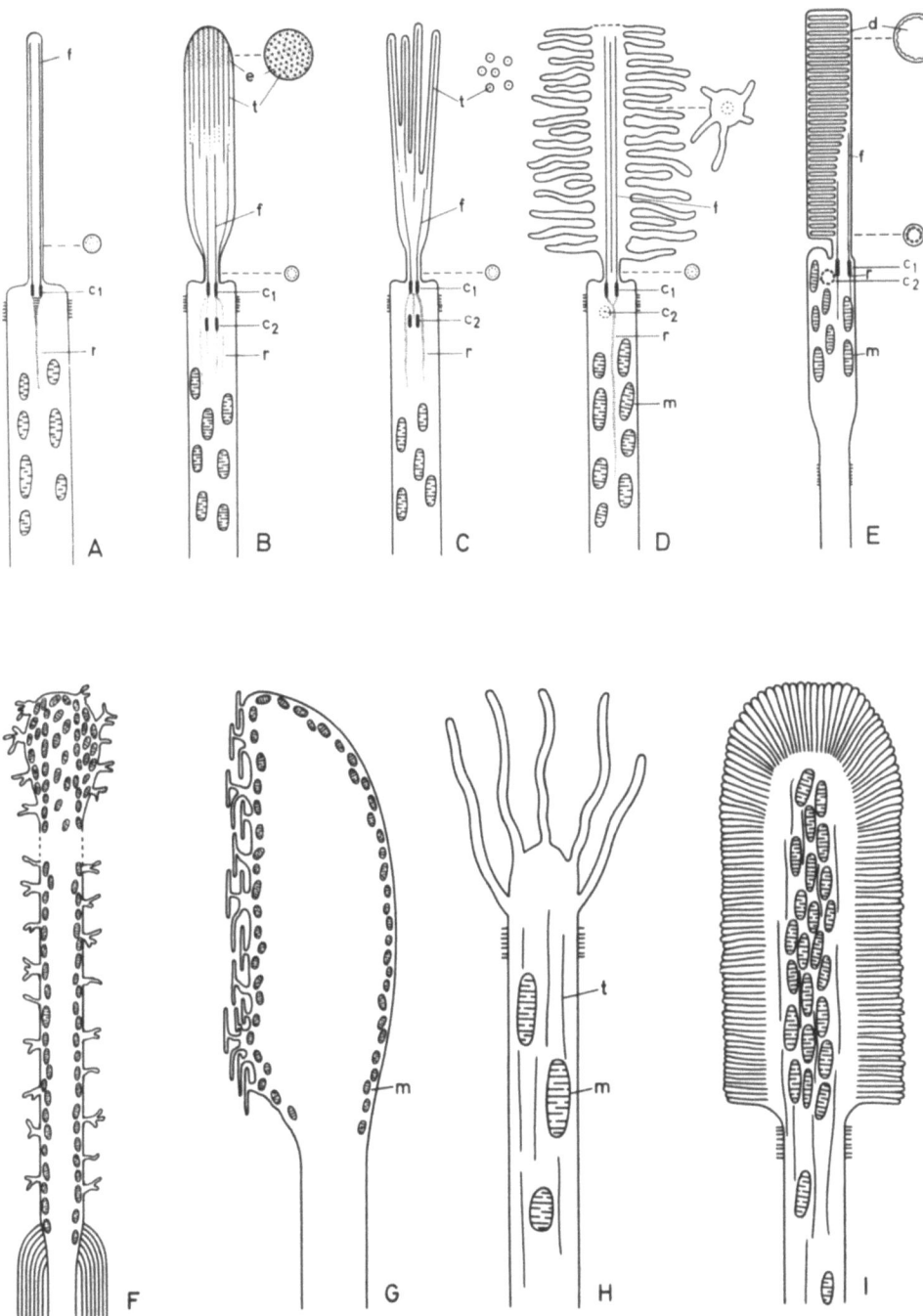

Abb. 12.6 A–J. Rezeptorische Zellregionen (schematisierte Längsschnitte) für unterschiedliche Modalitäten des adäquaten Reizes. Obere Reihe: (A–E) ziliäre Epithel-Sinneszellen. Untere Reihe: H, I nicht-ziliäre Epithel-Sinneszellen (epithelialer Bau für I unsicher); F, G nicht-ziliäre, nicht-epitheliale Sinneszellen. A nicht erkennbar spezialisierter Mechano- oder/und Chemorezeptor eines Plattwurms; B, F und G Mechanorezeptoren eines Insekts, eines Säugetiers und eines Krebses; C und H Chemorezeptoren eines Insekts und eines Reptils; D, E und I Photorezeptoren einer Meduse, eines Wirbeltieres und eines Plattwurms. Die schraffierten Zonen auf der Außenseite der Zellen symbolisieren die Zonen der Membranverbindungen zu benachbarten Zellen des Epithels. Vergrößerungen für F und G etwa 4mal geringer als für die übrigen Schemata. [Schemata B–E und G–I nach Thurm, U.: General Organization of Sensory Receptors. In: Processing of Optical Data by Organisms and by Machines (W. Reichardt, Ed.), p. 44–68, London, Academic Press, 1969; Schema A nach MacRae, E.K.: The Fine Structure of Sensory Receptor Processes in the Auricular Epithelium of the Planarian, *Dugesia tigrina*. Z. Zellforsch. **82**, S.479–494 (1967); Schema F nach Spencer, P.S., and Schaumburg, H.H.: An Ultrastructural Study of the Inner Core of the Pacinian Corpuscle. J. Neurocytology **2**, 217–235 (1973).] c_1, c_2 Zentriolen; e stark „gefärbtes" Material, das mit Mikrotubuli assoziiert ist; d Membranscheiben; f ziliäre Mikrotubuli; m Mitochondrien; r Zilienwurzel-Filamente; t plasmatische Mikrotubuli

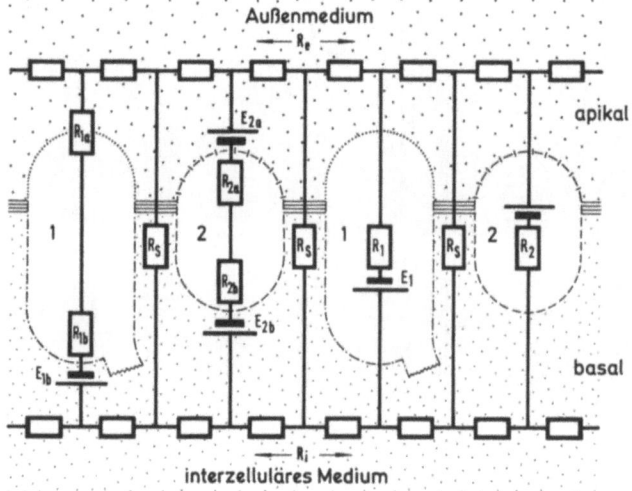

Abb. 12.7. Schematischer Querschnitt durch ein Epithel, das aus Zellen zweier verschiedener Typen zusammengesetzt ist (z. B. *1* Sinneszelle und *2* akzessorische Zellen); erhöhter Widerstand in den Zwischenzellspalten durch Membranverbindungen (Schlußleistenkomplex). Die EMKs der verschiedenen Membranregionen, die aufgrund der Unterschiede in den extrazellulären Medien und verschiedener Membraneigenschaften ungleich groß sind, summieren sich zu transzellulären EMKs, wie sie in den beiden rechten Zellen eingezeichnet sind. Bei Unterschieden zwischen den transzellulären EMKs der beiden Zelltypen fließen, in Abhängigkeit von den Widerstandsrelationen (s. Text), Ströme durch die Zellen

hängigen aktiven Ionentransports für den Rezeptorstrom und dieses Verhältnis zwischen den verschiedenen Stromflüssen sind unabhängig von der Reizmodalität und entsprechen damit der gegenüber der Reizmodalität ebenfalls invarianten Ausgestaltung des Innengliedes.

12.1.5. Funktionelle Folgen des epithelialen Aufbaus von Sinnesorganen

Die Elektrophysiologie von Epithelien wurde bisher vornehmlich an nicht-sensorischen Epithelien studiert (s. Kapitel 11.4) und steht für Sinnesepithelien noch am Anfang. Die oben dargestellten Ergebnisse für Rezeptoren im Innenohr des Goldfisches (Abb. 12.5) zeigten aber bereits, wie eng die Aufklärung der funktionellen Organisation der Sinneszellen mit der Berücksichtigung ihres Epithelzell-Charakters verbunden ist. An jenem Beispiel wurde die funktionelle Unterschiedlichkeit der zu den beiden Epithelseiten hingerichteten Membranregionen aufgezeigt. Hier sollen nun, zuerst in den physikalischen Grundzügen, dann an zwei physiologischen Beispielen, Folgen epithelialer Sinneszellanordnung für die elektrischen Verhältnisse in Sinneszellen skizziert werden, insbesondere elektrische Wechselwirkungen zwischen unterschiedlichen rezeptorischen und nicht-neuralen Zellen eines Epithels.

Über einer epithelialen Zell-Lage ist vielfach ein elektrischer Gradient vorhanden, der jenem über der einzelnen Zellmembran vergleichbar ist. Er entsteht, wenn die Gradienten, die über den apikalen Membranregionen der Epithelzellen gegeben sind, nicht gleich jenen über den basalen Membranregionen sind (Abb. 12.7). Dies ist immer dann der Fall, wenn (a) die beiden Medien, die an die beiden Seiten des Epithels grenzen, in ihrer ionalen Zusammensetzung nicht identisch sind, und/oder (b) die Permeabilitätseigenschaften und die Präsenz aktiver Ionentransport-Mechanismen in den Membranen der beiden Epithelseiten nicht gleich sind. In diesen Fällen sind die elektromotorischen Kräfte (EMK) der unterschiedlichen Membranregionen nicht gleich. Daraus resultiert eine transzelluläre (Differenz-)EMK zwischen der apikalen und der basalen Außenseite der einzelnen derartigen Zelle. Entscheidend ist nun, daß diese transzelluläre EMK für verschiedene Zelltypen innerhalb eines Epithels außerordentlich verschieden sein kann, obwohl diese Zellen von denselben Medien umgeben sind. Dies ist möglich, wenn die einander entsprechenden Membranregionen der verschiedenen Zelltypen sich in den Permeabilitätsverhältnissen oder in der Präsenz von Ionentransport-Mechanismen unterscheiden.

Die Größe des elektrischen Gradienten über dem Epithel hängt u.a. von dem Widerstand der das Epithel durchquerenden Zwischenzellspalten (als passiven Leitern) im Verhältnis zum Querwiderstand der aktiven Zellelemente ab. Je nach der Art der Membrankontakte im Schlußleistenkomplex kann der Spaltwiderstand zwischen dem eines offenen Spaltes und dem eines membranähnlich verschlossenen liegen. Im verschiedentlich verwirklichten Grenzfall verhält sich das Epithel wie eine nicht unterbrochene Membranfläche.

Für eine Darstellung der Grundzüge kann ein Netzwerk nach Abb. 12.7 als Modell eines Epithels mit gleichförmig verteilten verschiedenen Zelltypen 1, 2,..., n dienen. Die transepitheliale Spannung, meist als Potentialdifferenz (*PD*) bezeichnet, ergibt sich für den vereinfachten Fall außer acht gelassener Epithelbegrenzung (z.B. isolierende Epithelumrandung) und vernachlässigbarer Medienwiderstände R_e und R_i aus den verschiedenen Differenz-EMKs $E_1, E_2, ..., E_n$ der entsprechenden Zelltypen, die mit den relativen Zellzahlen $z_1, z_2, ..., z_n$ und den transzellulären Leitfähigkeiten $g_1, g_2, ..., g_n$ vorhanden sein sollen:

$$PD = \frac{E_1 z_1 g_1 + E_2 z_2 g_2 + ... + E_n z_n g_n + E_S g_S}{z_1 g_1 + z_2 g_2 + ... + z_n g_n + g_S}.$$

Die Gleichung besagt: Die unterschiedlichen transzellulären EMKs bestimmen entsprechend der transzellulären Leitfähigkeiten die gemeinsame, über dem Zellverband liegende Spannung. Die Summe der Leitfähigkeiten aller das Epithel durchquerenden Zwischenzellspalten in der behandelten Epithelfläche geht als g_S parallel zu den Zellelementen ein, evtl. mit einer von 0 verschiedenen Diffusions-EMK E_S. Wie bei nicht-sensorischen Epithelien, so ist auf Grund des Schlußleistenaufbaus auch bei manchen Sinnesepithelien wahrscheinlich $g_S < g_1 + g_2 + \ldots + g_n$ (so in den unten betrachteten Beispielen), in anderen, noch nicht geprüften Sinnesepithelien ist vielleicht $g_S > g_1 + g_2 + \ldots + g_n$. Eine Voraussetzung für die Gültigkeit der Gleichung ist, daß keine niederohmigen Plasma-zu-Plasma-Verbindungen, wie sie in vielen Epithelien zwischen Zellen gleicher Typen vorhanden sind, zwischen Zellen unterschiedlicher Typen existieren. Diese Voraussetzung ist verschiedenen Befunden zufolge mindestens für die im folgenden betrachteten Beispiele erfüllt.

Ist die transzelluläre EMK einer Zelle E_n ungleich PD, so fließt durch sie fortlaufend ein Strom

$$I_n = (PD - E_n) g_n = -g_1 z_1 (PD - E_1)$$
$$- g_2 z_2 (PD - E_2) - \ldots - g_n (z_n - 1)(PD - E_n)$$
$$- g_S (PD - E_S).$$

Dieser Strom ist für den betrachteten einfachsten Fall (R_e und R_i sowie Epithelumrandung vernachlässigbar) gleich der negativen Summe aller Ströme, die durch die übrigen Zellen des Epithels fließen. Das bedeutet: Zellen beliebigen Typs, deren E_n von der transepithelialen Spannung abweichen, sind von Einfluß auf einen Strom, der durch eine Rezeptorzelle fließt und der in dieser Zelle Träger des Signals ist. Dies gilt u.a. auch für Stromanteile, deren Energiequelle in nicht-neuralen Epithelzellen liegt, die somit Energie für den Rezeptorstrom beitragen. Es gilt auch für benachbarte Rezeptorzellen, die auf Grund einer adäquaten Reizung vorübergehend ihre Leitfähigkeit g und/oder ihre transzelluläre EMK E ändern; auf Grund der Vorzeichen-Beziehung bedeutet dies eine antagonistische Wechselwirkung zwischen den Erregungszuständen benachbarter Sinneszellen.

Bei der detaillierteren Betrachtung einzelner Sinnesepithelien kann die Frage nach der Strom- und Spannungsausbreitung in der Fläche des Epithels nicht unberücksichtigt bleiben. In der Umgebung einer lokalen transepithelialen Spannungsquelle breitet sich die Spannung über dem Epithel wie in einem zweidimensionalen Kabel nach einer Bessel-Funktion aus. Der Halbwertsradius beruht, entsprechend der Längskonstante des eindimensionalen Kabels, auf dem Verhältnis der Medienwiderstände R_e und R_i zum transepithelialen Widerstand. Er liegt z.B. für das Riech- und Rachenepithel des Frosches bei mehreren 100 µm. Die Epithelfläche, durch die der Strom einer Einzelzelle in solchem Fall hindurchtritt, hat damit im Vergleich zu einem durchschnittlichen Querwiderstand dieser Zelle einen so viel geringeren Widerstand, daß eine Einzelzelle in einer Umgebung von Zellen geringerer transzellulärer EMKs keine nennenswerte transepitheliale Spannung aufbauen kann. In dem einen der unten angeführten Beispiele (Abb. 12.8 B) führt die hohe transzelluläre EMK einer einzelnen Zelle innerhalb einer weniger aktiven Epithelumgebung zu einer hohen transepithelialen Spannung auf Grund eines hohen äußeren Medienwiderstandes R_e (Insekten-Cuticula),

der einen Halbwertsradius der Spannungsausbreitung in der Größenordnung von nur 10 µm zur Folge hat. Im anderen Beispiel (Abb. 12.8 A) muß der Halbwertsradius in der erstgenannten Größenordnung angenommen werden; trotzdem führen kleine Gruppen transportaktiver Zellen zu beträchtlicher transepithelialer Spannung: Dieses Sinnesepithel mit seinen Spannung erzeugenden Zellen und nur geringen inaktiven Epithelflächen ist in sich zu einem Hohlzylinder geschlossen, so daß keine größere inaktive, stromaufnehmende Epithelumgebung existiert.

Die hier nur im Abriß skizzierten Zusammenhänge lassen offensichtlich durch unterschiedliche quantitative Ausgestaltung eine große Vielfalt verschiedener physiologischer Auswirkungen zu. Das Spektrum denkbarer und wahrscheinlich auch existierender Ausgestaltungen von Sinnesepithelien reicht von Vernachlässigbarkeit epithelialer Wechselwirkungen bis hin zu einer entscheidenden Steigerung der Sinneszell-Empfindlichkeit durch den epithelialen Zusammenschluß von Sinneszellen mit Zellen hoher transzellulärer EMK. Auch manche beobachtete Wechselwirkung zwischen benachbarten Sinneszellen, die für die Informationsverarbeitung von Belang ist, könnte auf einem gemeinsamen Stromkreis im Epithel beruhen.

Das Hörorgan der Säuger, die Cochlea, und sensorische Zellgruppen in der Epidermis von Insekten stellen zwei Beispiele hochentwickelter funktioneller Koppelungen zwischen Sinneszellen und bestimmten nicht-neuralen Epithelzellen dar. In völlig unabhängigen Linien hat sich ein ähnliches Funktionsschema entwickelt (Abb. 12.8 A und B). In der Epidermis von Insekten ist in jeder sensorischen Zellgruppe (Sensillum) jeweils eine Epithelzelle (tormogene Zelle) auf die Ausführung eines intensiven Kationen- (insbesondere K^+-)Transportes (aus der Zelle hinaus in den Außenraum = Rezeptorlymphraum) spezialisiert (Abb. 12.8 B); er verleiht der ausführenden apikalen Zellmembran wahrscheinlich eine ungewöhnlich hohe, nach außen positiv gerichtete EMK (Membranpotential von ca. 180 mV in ähnlichen Zellen eines anderen Gewebes). Über der Zellgruppe liegt als Folge der Transportaktivität eine transepitheliale Spannung von 50–100 mV (außen positiv). Im Säugerohr sind die Marginalzellen der Stria vascularis (Abb. 12.8 A) ebenfalls auf einen intensiven Kationentransport spezialisiert. Sie enthalten — in noch ungeklärter Weise — eine ebenfalls zur Apikalseite positiv gerichtete transzelluläre EMK. In beiden Beispielen ist die Aktivität der genannten Zellen mit einer Anreicherung von K^+ in den apikalen Medien verbunden (ca. 115 mM bei Sensillen auf der Haltere von Fliegen; 154 mM im Ductus cochlearis der Ratte; auf den basalen Epithelseiten liegen dagegen 8,5 mM bzw. 6,9 mM K^+ vor). Die K^+-Konzentration im apikalen Außenmedium ist damit ähnlich dem allgemein im Zellinneren vorhandenen $[K^+]$-Wert. Für alle apikalen Membranregionen ist daher nur mit einer geringfügigen oder vernachlässigbaren K^+-EMK zu rechnen, während im allgemeinen gerade der K^+-Gradient das Membran-Ruhepotential weitgehend

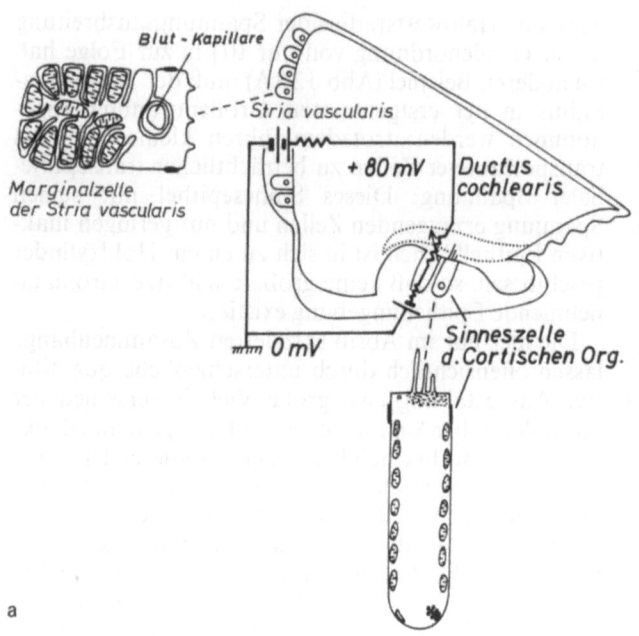
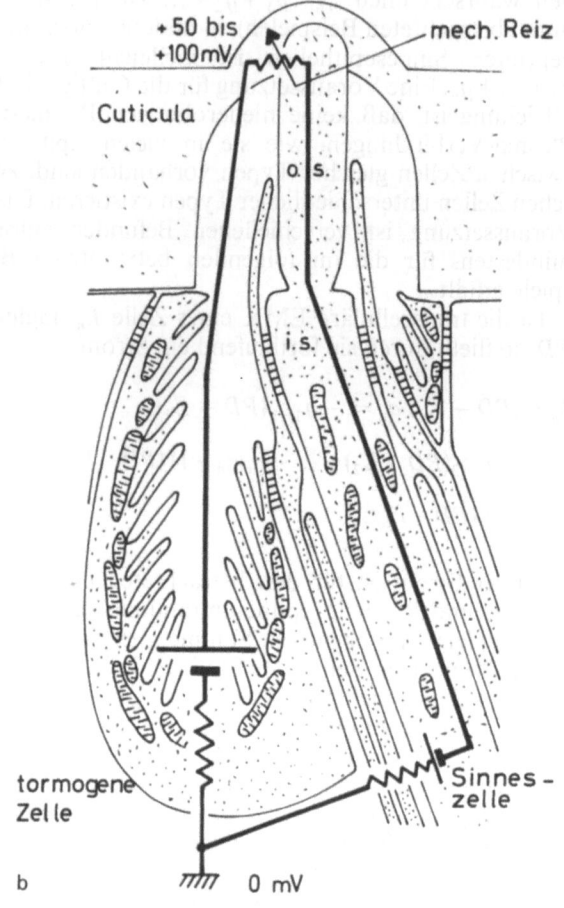

Abb. 12.8. a und b. Rezeptorstromkreise (stark vereinfacht) in hochentwickelten epithelialen Sinnesorganen. (a) Querschnitt durch eine Cochlea-Windung im Innenohr der Säuger mit den Sinneszellen und Marginalzellen der Stria vascularis als aktiven Funktionselementen. [Nach Davis, H.: A model for transducer action in the cochlea. Cold Spring Harbor Symposia **30**, p. 181–189 (1965) und Hinojosa, R. and Rodriquez-Echandia, E. L.: The fine structure of the stria vascularis of the cat inner ear. Amer. J. Anat. **118**, p. 631–664 (1966).] (b) Schnitt senkrecht zur Cuticula und Epidermis durch eine mechanorezeptorische Funktionseinheit (Sensillum) auf der Haltere einer Fliege. [Nach Thurm, U.: Basics of the Generation of Receptor Potentials in Epidermal Mechanoreceptors of Insects. In: Symposium "Mechanoreception" (J. Schwartzkopff, Ed.) Rheinisch-Westfälische Akademie der Wissenschaften, Abhandlung Band 53, S. 355–384 (1974).] In beiden Diagrammen sind gehäuft auftretende Mitochondrien eingezeichnet. o.s., i.s. (ziliäres) Außen- bzw. Innensegment des Sinneszelldendriten

bestimmt, wie es auch für die basalen Membranregionen der betrachteten Sinneszellen angenommen werden muß. Dies bedeutet, daß diejenigen Zellen dieser Epithelien, die keine zusätzliche, auf einem Transportvorgang beruhende, nach außen positive EMK enthalten — wie es für die Sinneszellen angenommen werden muß — eine in apikaler Richtung negative transzelluläre (Differenz-)EMK darstellen, d.h. eine EMK, die der zuvor genannten der nicht-neuralen Zellen in ihrer Polarität entgegen gerichtet ist. Durch adäquate mechanische Reizung sinkt die transepitheliale Spannung. Dies läßt sich auf eine Leitfähigkeitssteigerung in der apikalen Sinneszellmembran zurückführen, die die transepitheliale Spannung in Richtung auf die umgekehrt polarisierte transzelluläre Sinneszell-EMK zieht (transepitheliales Rezeptorpotential). Mit dieser Leitfähigkeitserhöhung steigt der Stromfluß durch die Sinneszelle; er depolarisiert die basale Membranregion. In der basalen Membran wird der nächste Schritt der Signalübertragung (Impuls-Generation oder Transmitter-Sekretion) ausgelöst. Indem die transportspezialisierten Epithelzellen auf dem Weg über die transepitheliale Spannung die Größe des depolarisierenden Stromes in den Sinneszellen mitbestimmen, steigern sie durch ihre Tätigkeit die Empfindlichkeit der Sinneszellen.

Der funktionelle Zusammenschluß von Sinneszellen mit nichtneuralen Zellen in einem Epithel enthält die Möglichkeit einer Steuerung der Sinneszellempfindlichkeit durch Einwirkung auf die nichtneuralen Zellen. Hinweise auf eine Realisierung dieser Möglichkeit, jedoch noch keine direkten Belege gibt es für beide hier betrachteten Systeme: Die Transportaktivität der tormogenen Zellen in den sensorischen Zellgruppen der Insekten-Epidermis kann humoral (durch Serotonin bei Schaben) gesteigert werden mit dem Effekt einer Erhöhung der transepithelialen Spannung; dies könnte eine Empfindlichkeitssteigerung zur Folge haben. In der Cochlea von Reptilien wurden efferente Synapsen an nicht-neuralen Epithelzellen in der Umgebung der Sinneszellen gefunden; eine synaptisch bewirkte Leitfähigkeitsänderung in diesen Zellen könnte ebenfalls die Empfindlichkeit der Sinneszellen beeinflussen.

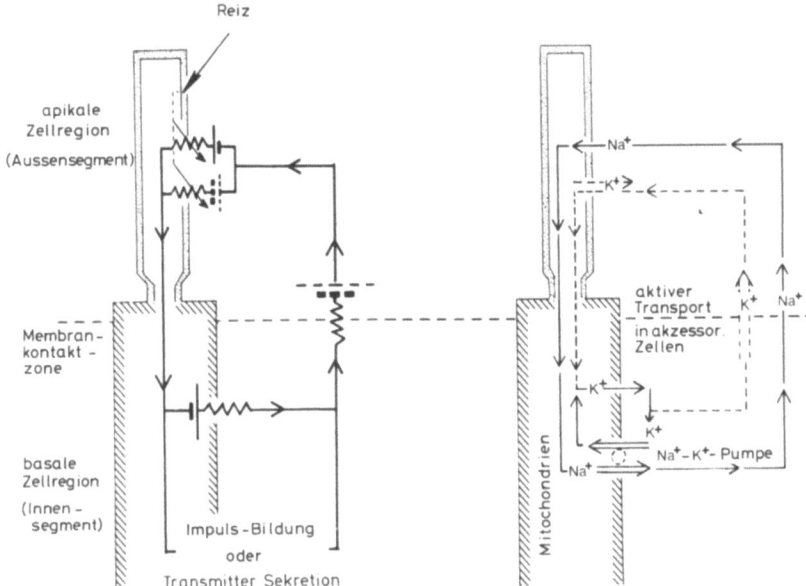

Abb. 12.9. Prinzipdarstellung des Ersatzschaltbildes (links) und der Kationenflüsse (rechts) des Rezeptorstromkreises in epithelialen Sinneszellen. Zusammenfassende Modelle aufgrund der bisherigen Ergebnisse von unterschiedlichen Rezeptortypen (s. Text). Doppellinige Pfeile symbolisieren aktiven Transport. Bei den Photorezeptoren der Vertebraten befindet sich die Zone der Membrankontakte nicht apikal, sondern basal des Innensegments

12.1.6. Integration der Teilmechanismen: der Rezeptorstromkreis

Die gegenwärtig noch fragmentarischen Einzelergebnisse über den sensorischen Transduktionsprozeß lassen für einige epitheliale Rezeptoren von Wirbeltieren und Insekten doch bereits gemeinsame Grundzüge der Organisation des Rezeptorstromkreises erkennen. Darüber hinaus unterscheiden sich die einzelnen Rezeptortypen jedoch in zahlreichen Details. Ob der Unterschied zu nicht-epithelialen Rezeptoren mehr als nur die morphologische Anordnung der Funktionselemente betrifft, läßt sich gegenwärtig noch nicht entscheiden.

Wesentliche Merkmale des in Abb. 12.9 dargestellten Grundschemas des Rezeptorstromkreises sind:

a) Eine elektrische Quelle, die ihre Energie aus dem aktiven Na^+-K^+-Transport bezieht, ist in der Membran des *basalen* Bereichs der rezeptorischen Region lokalisiert (im Innensegment primärer Rezeptorzellen). Diese Quelle ist vorwiegend eine K^+-Diffusions-EMK. Die Stoffwechselenergie für die Aufrechterhaltung dieser EMK wird innerhalb dieser Zellregion bereitgestellt, in der ebenfalls der Ionentransport stattfindet.

b) Eine depolarisierende Reaktion der Sinneszelle wird durch eine reizgesteuerte Zunahme der Membranpermeabilität in Teilen der *apikalen* Membranregion bewirkt. Der depolarisierende Strom wird durch diese Membran von einem Einwärtsfluß von Kationen getragen (Na^+ und/oder K^+). Die EMK für diesen Strom liegt teilweise in anderen Membranregionen (s. a und e), so daß bei apikal niedrigem K^+-Gradient (hohe [K^+] außen) auch K^+ den Strom hier einwärts tragen kann.

c) Der Ort der Permeabilitätsänderung kann räumlich getrennt vom Ort der primären Reizumsetzung (Sensor) liegen. Für Photorezeptoren der Vertebraten liegt diese Distanz in der Größenordnung von 1 μm.

d) Während einer Depolarisation fließen Kationen innerhalb der Zelle von apikal nach basal.

e) In einigen Sinnesepithelien sind zusätzliche elektrische Quellen, die in nicht-neuralen Epithelzellen lokalisiert sind, in den Rezeptorstromkreis eingeschlossen. Ihre Polarität ist so gerichtet, daß diese Quellen den Rezeptorstromfluß steigern (Apikalseite positiv).

Anscheinend ist die ionale Zusammensetzung des apikalen Einwärtsstromes von Ionen bei verschiedenen Rezeptortypen erheblich verschieden. Sie ist wahrscheinlich mit dem K^+/Na^+-Verhältnis im apikalen Außenmedium korreliert.

In bemerkenswerter Analogie steht dieses Grundschema des Ionenflusses und der Verteilung der Funktionselemente in epithelialen Sinneszellen zu den Verhältnissen in bestimmten, für die Absorption oder Sekretion von Na^+-Ionen spezialisierten Epithelzellen (z.B. der Froschepidermis, des distalen Tubulus der Niere und des Ausführungsganges der Speicheldrüse von Säugern). Wie bei den Sinneszellen tritt ein passiver Ionenfluß auf der *Apikalseite* in diese Epithelzellen ein, der durch einen in der *basalen* Membranregion lokalisierten Na^+-K^+-Transport aufrechterhalten wird. Epitheliale Sinneszellen können als ionentransportierende Epithelzellen betrachtet werden, die auf eine spezifische Steuerbarkeit des Ionendurchtritts durch bestimmte Außeneinwirkungen („Reize") spezialisiert sind.

Literaturauswahl

Davis, H.: A model for transducer action in the cochlea. Cold Spring Harbor Symp. Quant. Biol. **30**, 181–189 (1965).
Hagins, W. A.: Electrical signs of information flow in photoreceptors. Cold Spring Harbor Symp. Quant. Biol., **30**, 403–418 (1965).
Jaenicke, L. (Ed.): Biochemistry of sensory functions. 25. Colloquium der Gesellschaft für Biologische Chemie, Mosbach 1974. Berlin-Heidelberg-New York: Springer 1975.
Loewenstein, W. R. (Ed.): Principles of receptor physiology. Handbook of Sensory Physiology, Vol. I. Berlin-Heidelberg-New York: Springer 1971.
Thurm, U.: General organization of sensory receptors. In: Reichardt, W. (Ed.): Processing of optical data by organism and by machines pp. 44–68, London: Academic Press 1969.
Thurm, U.: Untersuchungen zur funktionellen Organisation sensorischer Zellverbände. Verhandlungsber. Deut. Zool. Ges. 64. Tagung, S. 79–88 (1970).

12.2. Molekulares Erkennen

KARL-ERNST KAISSLING

12.2.1. Einleitung: Chemische Signale

Wohl für alle lebenden Systeme spielen chemische Signale zur Übermittlung biologisch wichtiger Nachrichten eine Rolle. Als Signalträger werden meist spezielle chemische Verbindungen verwendet. Intrazelluläre Botenstoffe sind z. B. m-Ribonukleinsäure (messenger-RNA) oder das zyklische Adenosinmonophosphat (cAMP). Als Nachrichtenträger zwischen Zellen oder Organen eines Organismus dienen Hormone. Nervenzellen kommunizieren untereinander und mit anderen Zellen über besondere Transmittersubstanzen. Zwischen Artgenossen wird Information mit Hilfe von nach außen abgegebenen Pheromonen ausgetauscht. Auch an Nichtartgenossen werden chemische Signale — zum Vorteil des Senders (Allomone) oder des Empfängers (Kairomone) gerichtet, man denke etwa an die widerlichen Gerüche von Wanzen oder Stinktieren oder an den Geruch der Fährte des Wildes. Für Blütendüfte und andere Stoffe, die Sendern und Empfängern zugleich nützen, wurde noch keine Bezeichnung erfunden. Wichtige „artfremde" Signale sind auch die „Düfte", die etwa beim Abbau organischer Substanzen durch Bakterien entstehen. Schließlich muß man z. B. auch die oft von Mikroorganismen erzeugten fieberinduzierenden Pyrogene oder die das Immunsystem stimulierenden Antigene zu biologischen Signalmolekülen rechnen.

Zu einem Signalstoff gehören ein Sender, ein Empfänger und gewöhnlich ein Transportmedium. Alle oben genannten biologischen Systeme unterscheiden sich bezüglich des Senders (Zellkern, Zellmembran, Hormondrüse, synaptischer Endknopf, Pheromon- und Duftdrüsen, Bakterium, u. a.) und des Empfängers (Ribosomen, Enzyme, Zellgewebe, postsynaptische Membran und Muskelendplatte, Riech- und Schmeckzelle, Fieberzentrum, Immunozyten). Große Unterschiede gibt es aber auch im Transportmedium (Zellplasma, Zwischenzellflüssigkeit, Blutbahn, Wasser, Luft) und im Mechanismus des Transports (Diffusion, Konvektion).

An dieser Vielfalt mag es liegen, daß biologische Signalstoffe aus den verschiedensten Klassen organischer Verbindungen von einfachen Molekülen (Kohlendioxid, Ameisensäure) bis zu den Proteinen (z. B. Insulin) stammen, aber auch anorganische Substanzen (Salze, Sauerstoff) sein können. Entsprechend unterschiedlich verlaufen Produktion und die oft komplizierte Ausschüttung der Signalstoffe durch den Sender. Auch die Empfängersysteme müssen den verschiedensten Bedingungen und Aufgaben angepaßt sein.

Von biologischen Empfängersystemen für chemische Signale soll hier die Rede sein. Voraussetzung für „molekulares Erkennen" ist eine chemische Spezifität des Empfängers, d. h. seine Eigenschaft, auf verschiedene chemische Verbindungen unterschiedlich empfindlich zu reagieren. Die Gruppe der für einen Empfänger wirksamen Verbindungen kann als dessen *Stoffspektrum* oder *Reaktionsspektrum* bezeichnet werden. Da das chemische Signal die Parameter *Intensität* $\left(= \dfrac{\text{Molekültreffer}}{\text{Empfängerfläche} \cdot \text{Sekunde}} \right)$ und *Qualität* (= Stoffart) hat, kann man mit Empfängern gleicher Spezifität nur die *Anwesenheit* eines Signalstoffes feststellen, genauer gesagt, eine aus Konzentration und Wirksamkeit der anwesenden Signalstoffe zusammengesetzte Größe. Erst mit zwei oder mehr Rezeptorsystemen unterschiedlicher Spezifität lassen sich die Parameter trennen, also chemische Signale qualitativ und quantitativ unterscheiden.

Eine qualitative Unterscheidung zwischen Signalstoffen ist um so wichtiger, je mehr verschiedene Stoffe gleichzeitig dem Empfänger angeboten werden. So wird an einer gegebenen Synapse oder an einer motorischen Endplatte gewöhnlich nur eine einzige Transmittersubstanz freigesetzt. In diesem Fall genügt auch ein einziger Rezeptortyp an der postsynaptischen Membran. Bereits innerhalb einer Zelle können gleichzeitig zahlreiche Typen von Signalmolekülen, etwa unterschiedliche Boten-RNA-Moleküle, Genregulatoren usw. vorkommen. Die Anzahl der Hormone eines Organismus kann beträchtlich sein. Weit größer und nahezu unübersehbar ist die Zahl der von außen auf den Organismus einwirkenden chemischen Signalstoffe. Entsprechend werden an das Unterscheidungsvermögen etwa des Immunsystems oder der Riechzellen ganz besondere Anforderungen gestellt.

Wohl in den meisten Fällen wird die chemische Spezifität des Empfängersystems wesentlich durch Makromoleküle (Rezeptormoleküle) bestimmt, die einzelne Signalmoleküle aufnehmen und ihrerseits die Nachricht weiterleiten. Die Annahme spezieller Rezeptormoleküle scheint notwendig, wenn die wirksamen Konzentrationen der Signalstoffe zu gering sind, um makroskopische Wirkungen zu erlauben. In einigen Fällen gelang bereits die Isolierung von Rezeptormolekülen (Hormon-, Acetylcholin-, Zuckerrezeptoren, Antikörpern), die alle zu den Proteinen gehören. In manchen Fällen mögen aber auch andere Komponenten der Zellmembran, etwa die Phospholipide, die Rezeptorfunktion übernehmen, wie es für Salzrezeptoren von Wirbeltieren und Insekten diskutiert wird.

Von chemischen Signalen kann man auch bei den auf Zellmembranen lokalisierten Molekülen, meist Glykoproteinen und -lipiden, sprechen, mit deren Hilfe sich Zellen untereinander erkennen und aneinander anlagern. In diesem und anderen Fällen kann noch ein dritter Signalparameter eine Rolle spielen, nämlich die *räumliche Anordnung* qualitativ verschiedener Signale, etwa hier auf der Zelloberfläche. So können z.B. verschiedene Zelltypen, die ein Gewebe aufbauen, nach ihrer künstlichen Trennung wieder in der richtigen Anordnung reaggregieren. Räumliche Muster chemischer Signale können z.B. auch an einer Nervenzelle auftreten, die mehrere synaptische Eingänge hat, oder an Blütenblättern, die neben Farbmustern (Saftmalen) oft auch Duftmuster (Duftmale) besitzen.

Beim Empfang chemischer Signale in Form freier Moleküle kann man drei Aspekte diskutieren:

1. Der Signalstoff muß aufgefangen und den spezifischen molekularen Rezeptorstrukturen zugeleitet werden.
2. Das stoffliche Signal muß in einen physiologischen Effekt umgesetzt werden (Signalwandlung, Transduktion).
3. Der Signalstoff muß wieder desaktiviert, also entfernt oder abgebaut werden.

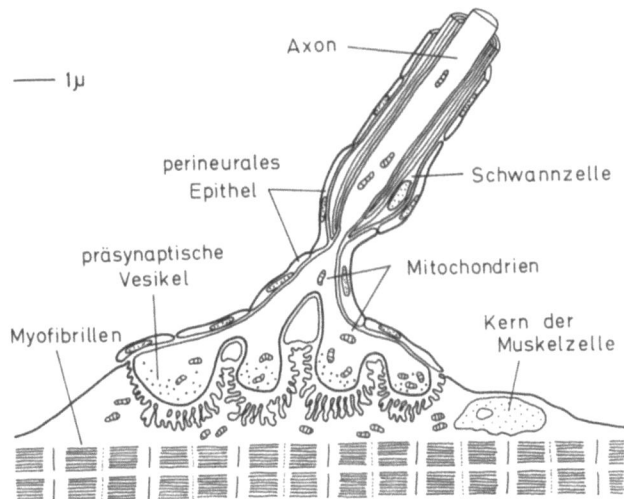

Abb. 12.10. Neuromuskuläre Synapse oder motorische Endplatte, rekonstruiert nach licht- und elektronenmikroskopischen Untersuchungen. Die rezeptorische Region der Muskelzellmembran ist stark aufgefaltet. Im synaptischen Spalt kann man elektronenoptisch dichte Strukturen finden, die hier nicht eingezeichnet sind. Die Anzahl der durch schwarze Punkte in den präsynaptischen Endverzweigungen angedeuteten Vesikel ist verhältnismäßig zu gering. [Verändert nach: Shanthaveerappa, T.R., Bourne, G.: Int. Rev. Opt. 21, 353 (1967)]

12.2.2. Signalstoffaufnahme und -weiterleitung

12.2.2.1. Transport durch Diffusion

Im einfachsten Fall mag der Signalstoff allein durch *Diffusion* im Transportmedium vom Sender zur Bindungsregion am Rezeptormolekül gelangen. Dies ist nur bei geringer Entfernung zwischen Sender und molekularem Empfänger und bei relativ hoher Signalstoffkonzentration in annehmbaren Zeiträumen möglich. Solche Fälle mögen bei der äußerst präzisen, nur ca. 20 nm weiten synaptischen Übertragung (Abb. 12.10), im Innern von Zellen, aber auch etwa an Geschmacksrezeptoren auf der Zunge verwirklicht sein.

Sobald die Entfernung zwischen Sender und Empfänger größer und die Signalstoffkonzentration gering ist, können besondere morphologische Strukturen dafür sorgen, daß der Signalstoff mit größerer Wahrscheinlichkeit, also auch schneller aus dem Transportmedium zum Rezeptormolekül gelangt. So wäre es z.B. denkbar, daß etwa ein Hormonmolekül zunächst von der Zellmembran seiner Zielzelle adsorbiert wird und dann entlang der Membran zum Wirkungsort, etwa zu einem membrangebundenen Rezeptormolekül, diffundiert. Durch diese Art der Zuleitung kann ein Molekül schneller zu seinem Wirkungsort gelangen als durch Diffusion im dreidimensionalen Raum, wenn folgende Bedingungen gegeben sind:

1. Großer Abstand der Wirkungsorte im Verhältnis zu ihrer Ausdehnung.
2. Hinreichend große Diffusionsgeschwindigkeit auf der Membran im Verhältnis zur Diffusionsgeschwindigkeit im Medium.

Adam und Delbrück schätzten die Effektivität eines solchen Fangmechanismus in einer Modellrechnung ab. Zunächst wird ein kugelförmiger Diffusionsraum mit dem Radius b betrachtet (Abb. 12.11a), in dem eine Partikel diffundiert (Diffusionskoeffizient $D^{(3)}$). Die Kugelschale beim Radius b ist für die Partikel undurchdringlich und nicht absorbierend. Die Partikel trifft nach der Zeit $\tau^{(3)}$ auf das Ziel, die Oberfläche einer zentral liegenden Kugel mit dem Radius a. Für $a/b \leq 10^{-1}$ beträgt $\tau^{(3)} \approx \dfrac{b^2}{D^{(3)}} \cdot \dfrac{b}{3a} \cdot \left[1 - \left(\dfrac{a}{b}\right)\right]^2$.

Mit dieser Situation wird diejenige in einem halbkugelförmigen Diffusionsraum verglichen (Abb. 12.11b), dessen Äquatorebene die Partikel beim ersten Anstoß adsorbiert. Von da an diffundiert die Partikel auf der Ebene, bis sie zum zentralen Zielkreis mit dem Radius a gelangt. Es zeigte sich, daß die Diffusionszeit aus dem Raum zur Ebene vernachlässigbar klein, die Diffusionszeit auf der Ebene zum Ziel ($\tau^{(2)}$) also limitierend wirkt, selbst wenn man $D^{(2)} = D^{(3)}$ setzt. Da man in biologischen Systemen $D^{(2)} < D^{(3)}$ erwarten kann, ist also die Zeit für die kombinierte Diffusion $\tau^{(3,\,2)}$ der Diffusionszeit in der Ebene $\tau^{(2)}$ gleichzusetzen. Für $a/b = 10^{-1}$ gilt $\tau^{(2)} \approx \dfrac{b^2}{D^{(2)}} \cdot \dfrac{1}{y_1^2} \approx \tau^{(3,\,2)}$. Die Größe y_1 hängt von a/b ab, sie beträgt 1,103 für $a/b = 10^{-1}$ und 0,485 für $a/b = 10^{-4}$.

Für das Verhältnis der Diffusionszeiten bei kombinierter drei- und zweidimensionaler Diffusion ($\tau^{(3,\,2)}$) und bei rein dreidimensionaler Diffusion ($\tau^{(3)}$) läßt sich folgende Faustregel angeben: $\dfrac{\tau^{(3,\,2)}}{\tau^{(3)}} \approx \dfrac{aD^{(3)}}{bD^{(2)}} \cdot 10$. Diese stark vereinfachte Formel gilt etwa für a/b zwischen 10^{-2} und 10^{-4} und für $\dfrac{D^{(3)}}{D^{(2)}}$ zwischen 1 und 10^3. Ein

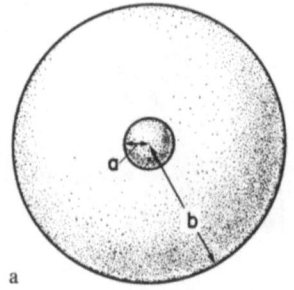

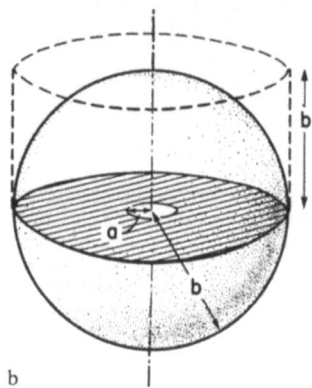

Abb. 12.11. (a) Modell für freie Diffusion in einem dreidimensionalen Raum. Die Moleküle sind zu Beginn gleichmäßig zwischen beiden Kugeln verteilt. Die äußere Oberfläche der kleinen Kugel adsorbiert die Moleküle beim ersten Kontakt. (b) Wie 12.11a, nur werden die Moleküle von der Äquatorebene der großen Kugel adsorbiert und diffundieren auf ihr mit dem Diffusionskoeffizienten $D^{(2)}$. Die mittlere Diffusionszeit aus dem eingezeichneten Zylinder zur Äquatorebene beträgt $\tau_{Zyl.}^{(3)} = \frac{b^2}{3D^{(3)}}$. Auf der Ebene diffundieren die Moleküle zum zentralen Ring mit dem Durchmesser a in der Zeit $\tau^{(2)} = \frac{b^2}{y_1^2 D^{(2)}}$ wobei $y^2 < 1,2$ für $\frac{a}{b} < 0,1$ ist. [Aus Adam, G., Delbrück, M.: In: Struct. Chem. and Molec. Biol. (A. Rich, N. Davidson, Eds.), pp. 198–215. San Francisco-London: Freeman 1968]

zeitlicher Vorteil bei kombinierter drei- und zweidimensionaler Diffusion ergibt sich also unter der Bedingung $\frac{b}{a} > 10 \cdot \frac{D^{(3)}}{D^{(2)}}$. Nimmt man z. B. ein Ziel der Größe $a = 1$ nm an, etwa das aktive Zentrum eines Rezeptormoleküls, und setzt man $\frac{D^{(3)}}{D^{(2)}} = 10$, so ist kombinierte Diffusion günstiger, wenn die Entfernung b den Wert 0,1 μm übersteigt.

Diese Modellrechnung müßte für den Fall eines Hormonmoleküls, das von außen auf eine Zelle trifft und zu einem Rezeptormolekül findet, wegen der veränderten geometrischen Verhältnisse modifiziert werden. Sie zeigt jedoch, daß Membranen als Leitstrukturen für die Diffusion in biologischen Systemen eine Rolle spielen können.

Ob eine Oberfläche, wie z. B. die Zellmembran, als Auffangorgan dienen kann, hängt entscheidend auch von der Affinität zwischen Oberfläche und dem transportierten Molekül ab, also von der Wahrscheinlichkeit, mit der sich der Signalstoff bei gegebener Außenkonzentration an der Oberfläche aufhält. Durch hohe Affinität zur Membran könnte eine spezifische Anreicherung eines Signalstoffes an bestimmten Zellen zustande kommen. Damit würde die Spezifität einer solchen Rezeptorzelle nicht allein auf der Spezifität ihrer Rezeptormoleküle beruhen. Derartige Bindungsprozesse und darüber hinaus auch molekulare Orientierungsvorgänge müssen in Zusammenhang mit der Lipophilie und den polaren Eigenschaften vieler Signalmoleküle diskutiert werden. Eine überaus starke Affinität zu lipophilen Oberflächen bzw. oberflächlichen Schichten finden wir zwischen Duftstoffen und Riechorganen von Insekten, die auf sehr geringe Duftstoffkonzentrationen in der Luft ansprechen können (s. u.).

12.2.2.2. Transport durch Konvektion

Bisher wurde der Signaltransport durch Diffusion betrachtet. Schon intrazellulär werden aber Stoffe, und vermutlich auch Signalstoffe, oft durch *Konvektion* transportiert (Protoplasmaströmung, Axontransport), da die Transportdauer (t) bei Diffusion mit der Entfernung (x) quadratisch zunimmt ($t \sim x^2/D$). Durch Konvektion können chemische Signale, z. B. Duftstoffe, auch über verhältnismäßig große Strecken (> km) befördert werden, wie man es aus Versuchen über das Heimfinden von Fischen oder die Anlockung von Schmetterlingen weiß. Über welche Entfernungen Duftstoffe noch wahrgenommen werden können, hängt natürlich von der Abgaberate der Quelle, von der Empfindlichkeit des Empfängers, von Strömungsgeschwindigkeit und Turbulenz des Transportmediums sowie von weiteren Faktoren ab.

Für den Empfänger chemischer Signale im strömenden Medium stellt sich die Aufgabe, aus dem ihm angebotenen Teilchenstrom $I = c \cdot v \cdot F$ [Moleküle/s] einen bestimmten Anteil Q_{ads} (Adsorptionsquotient) herauszusieben. Dabei ist c die Konzentration des interessierenden Signalstoffes, v die Strömungsgeschwindigkeit des freien Mediums und F der Strömungsquerschnitt, den der Empfänger maximal erfassen kann, sein „Eingangsquerschnitt", wie z. B. die Nasenöffnung. Von den ausgesiebten Molekülen wird nur der Anteil Q_{eff} zu den Rezeptormolekülen gelangen. Je mehr Moleküle bei einem Empfänger wirksam werden sollen, desto größer muß sein Filterkoeffizient $G = F \cdot Q_{ads} \cdot Q_{eff}$ [cm^2] (bei gegebenem $c \cdot v$) sein. Ein besonderes Problem ist es, einen hohen Adsorptionsquotienten Q_{ads} zu erzielen. Dabei muß der Strom des Transportmediums fein verteilt werden, um den Signalmolekülen die Chance zum Kontakt mit der Empfängeroberfläche zu geben. Gleichzeitig muß der Strom des Mediums den Empfänger möglichst ungehindert passieren können. Morphologische Strukturen, die dieses leisten können, sind etwa Kapillarnetze oder die eigens für diese Funktion entwickelten, mit stark gegliederten Oberflächen ausgestatteten Riechorgane.

Molekulares Erkennen 405

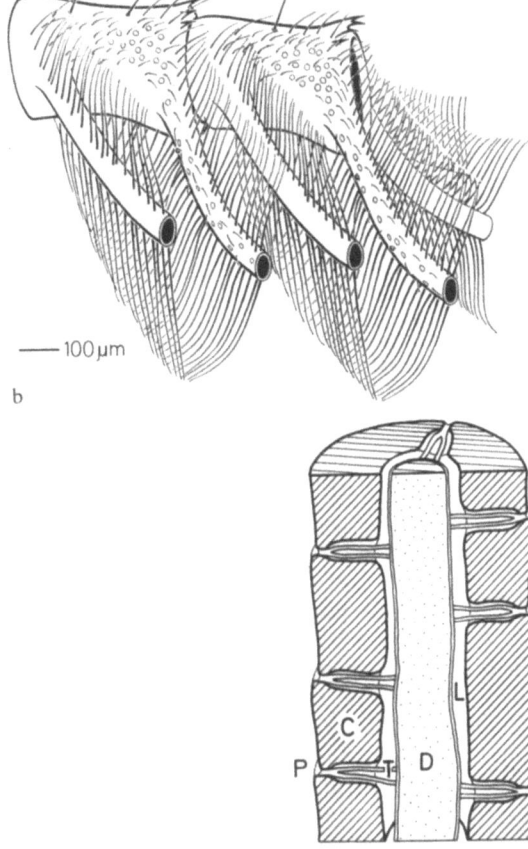

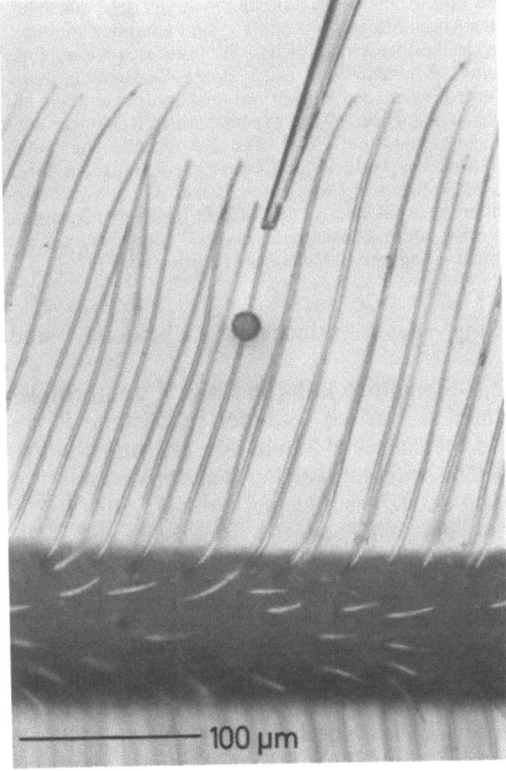

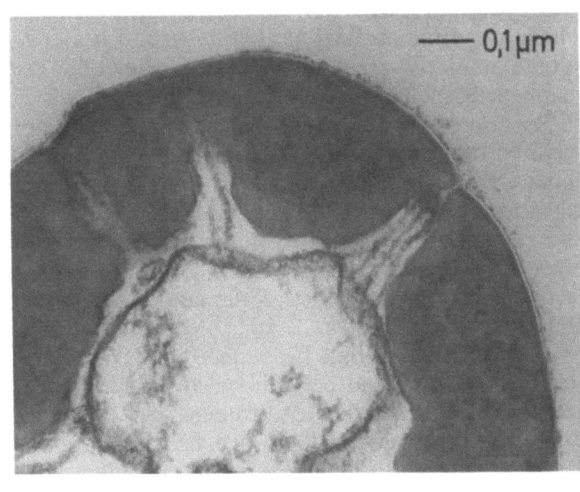

Abb. 12.12a–e. Antennenbau von männlichen Nachtschmetterlingen. (a) Vorderansicht von *Perisomena caecigena* mit doppelt gekämmter Antenne (Aufnahme E. Priesner). (b) Ausschnitt aus der ähnlich gebauten Antenne von *Telea polyphemus*. Zwei Antennensegmente mit abgeschnittenen Seitenästen. Außer den langen Riechhaaren (Sensilla trichodea) sind kurze Riechhaare, drei Schmeck- und Tastborsten (oben) und weitere Sensillen eingezeichnet. Der Gegenwind beim Flug käme von oben. (c) Ausschnitt aus einem Seitenast der Antenne von *T. polyphemus*. Die langen Haare enthalten die Fortsätze von je 2 bis 3 Sinneszellen, die auf verschiedene Komponenten des weiblichen Lockstoffes antworten. 5 lange Haare sind abgeschnitten, über eines davon wurde eine Elektrode zur Ableitung von Rezeptorpotentialen und Nervenimpulsen gestülpt. Das Haar kann durch eine Kapillare, deren Öffnung als dunkler Ring erscheint, lokal gereizt werden. [Aus Kaissling, K. E.: 25. Mosbacher Colloquium (L. Jaenicke, Hrsg.). Berlin-Heidelberg-New York: Springer 1974]. (d) Schematischer Längsschnitt durch ein langes Riechhaar des Seidenspinners *Bombyx mori*. C Kutikula bzw. Haarwand, P Pore, T Porenkanälchen oder Porentubuli, L Rezeptorlymphe, D Sinneszellfortsatz (Dendrit). (e) Querschnitt durch ein Riechhaar von *B. mori* (elektronenmiskroskopische Aufnahme). [Aus Steinbrecht, R. A., Müller, B.: Z. Zellforsch. **117**, 570–575 (1971)]. Die Duftmoleküle werden von der Haaroberfläche adsorbiert und diffundieren dann vermutlich in wenigen ms durch Poren und Tubuli bis zur Membran des Sinneszelldendriten. Dort gelangen sie schließlich zu hypothetischen Rezeptormolekülen und bewirken über diese eine Leitfähigkeitszunahme der Zellmembran und damit eine Änderung der Potentialdifferenz über der Membran, das sog. Rezeptorpotential

Besonders effektive Molekularsiebe sind die Fühler einiger Nachtschmetterlinge, die äußerst empfindlich riechen (Abb. 12.12). Hier sind feine Härchen von ca. 1 bis 3 µm Dicke im Abstand von 10–30 µm zueinander und in mehreren Reihen hintereinander angeordnet. Durch das geringe Verhältnis Dicke zu Abstand der Haare wird einerseits der dufthaltige Luftstrom verhältnismäßig wenig gebremst. Andererseits stehen die Haare aber noch dicht genug, daß die Moleküle infolge ihrer thermischen Diffusionsbewegung hinreichende Chance haben, auf ein Haar zu treffen. Aufgrund von Diffusion ist sozusagen der wirksame Durchmesser des Haares und damit auch der vom Haar erfaßte Strömungsquerschnitt mehrfach gegenüber der geometrischen Projektionsfläche des Haares auf die Ebene quer zur Luftstromrichtung vergrößert. Für das Riechorgan (Antenne) des männlichen Seidenspinners Bombyx mori wurde ein Q_{ads} von 0,27 ermittelt. Dazu mußten die Duftstoffkonzentration c im Luftstrom sowie die von der Antenne mit der Umrißfläche F bei gegebener Luftstromgeschwindigkeit v adsorbierte Duftmenge mit Hilfe von radioaktiv markiertem Duftstoff bestimmt werden. Der Wert 0,27 ist sehr hoch, wenn man bedenkt, daß das Maximum 1 praktisch nicht erreichbar ist, da durch die Antenne aufgrund ihres Luftwiderstandes weniger Luft strömt als durch einen ihrer Umrißfläche F gleichen Strömungsquerschnitt. Dieses Beispiel zeigt ein optimales Zusammenwirken von Konvektion und Diffusion, bedingt durch die besondere Struktur dieses Molekularsiebes.

12.2.3. Signalwandlung

Wie erwähnt, spielen Rezeptorproteine bei der spezifischen Erkennung des chemischen Signals, seiner Wandlung und Weiterleitung eine entscheidende Rolle. Diese Prozesse sind auf molekularer Ebene noch weitgehend unerforscht. Zunächst findet wohl eine reversible, nicht-kovalente Bindung des Signalmoleküls im aktiven Zentrum des Rezeptormoleküls statt, die jedoch keinem einheitlichen Mechanismus folgt. Dies läßt sich schon aus der großen Verschiedenheit der Bindungskonstanten folgern, d. h. der für halbmaximale Besetzung der Rezeptormoleküle notwendigen Signalstoffkonzentration, die ein Maß für die Bindungsstärke darstellt. Allein bei der Bindung zwischen Immunprotein und Hapten, einem kleinmolekularen Teil des Antigens, liegen die Dissoziationskonstanten zwischen 10^{-9} M und $2 \cdot 10^{-5}$ M. Die Besetzung der Hälfte der Insulinrezeptoren an Fettzellen erfordert nur $5 \cdot 10^{-11}$ M. Membrangebundene Acetylcholinrezeptoren des Zitteraals Electrophorus electricus sind bei etwa $2 \cdot 10^{-6}$ M, gereinigte bei $6 \cdot 10^{-8}$ M halbgesättigt. Besonders hohe Werte von mehr als 10^{-1} M sind bei den vermutlichen Zuckerrezeptoren, zuckerbindenden Proteinen der Zunge von Säugetieren, notwendig. Hier, wie in vielen anderen Fällen, liegen die Bindungskonstanten in einem Konzentrationsbereich, in dem eine besonders große Unterschiedsempfindlichkeit des Empfängers biologisch erwünscht ist.

Die große Variabilität in der Stärke der Bindung von Signalmolekülen wird vermutlich entscheidend von der komplementären Raumstruktur der Bindungsregion im Rezeptorprotein bestimmt. Bei genauer räumlicher Einpassung kann eine Summation vieler schwacher Wechselwirkungen zu einer starken und auch sehr spezifischen Bindung führen. Für diese Vorstellung spricht auch die Vermutung, daß bei Immunmolekülen zahlreiche Aminosäuren aus mehreren Kettenbereichen, den hypervariablen Regionen, für

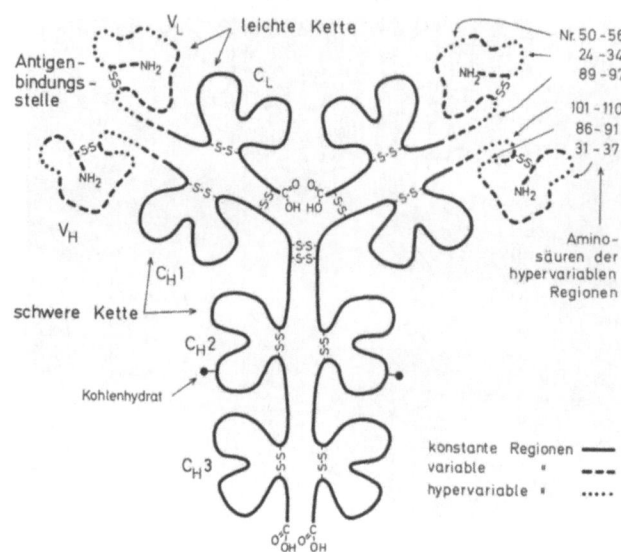

Abb. 12.13. Modell eines menschlichen Antikörpers der Klasse IgG. Das Molekül mit dem Molekulargewicht 143000–149000 ist aus je zwei schweren und leichten Proteinketten symmetrisch aufgebaut. Die konstanten Abschnitte ($C_H 1$–3 und C_L) sind einander homolog, d. h. sie haben gleiche oder sehr ähnliche Aminosäuresequenzen. Dies spricht für eine phylogenetisch relativ junge Entstehung dieser Moleküle. Die große Zahl der Antikörpertypen beruht vor allem auf unterschiedlichen Sequenzen in den hypervariablen Regionen. Welcher Mechanismus garantiert, daß eine Immunzelle nur einen einzigen Antikörpertyp produziert, und wie diese Produktion durch die Bindung des Antigens in Gang gesetzt wird, ist noch nicht geklärt. [Verändert nach Gally, J. A., aus M. Sela (Ed.): The Antigens, Vol. I. New York-London: Academic Press 1973; Sternberger, L. A.: Immunochemistry. Englewood Cliffs NJ.: Prentice Hall 1974]

die Bindung des Antigens entscheidend sind (Abb. 12.13).

Durch das Signalmolekül kann das Rezeptormolekül R in einen allosterisch veränderten Zustand R' geraten, der seinerseits ein Signal für ein molekulares Effektorsystem bedeutet, welches weitere Veränderungen in Gang setzt. Als Beispiel sei der Anstoß zur Produktion von cAMP an der Innenseite der Zellmembran genannt, der durch die Bindung eines Hormonmoleküls am rezeptorischen Teil des Empfängersystems an der Zellaußenseite gegeben werden kann (Abb. 12.14). Ein anderes Beispiel ist die Öffnung eines „Ionenkanals" in der Membran der Muskelendplatte, wenn ein Molekül des Neurotransmitters Acetylcholin vom Rezeptormolekül gebunden wird. Hier ist noch unbekannt, ob die molekulare Ionenschleuse identisch mit dem Rezeptormolekül ist, oder ob Rezeptor und Effektor verschiedene molekulare Einheiten sind.

Von Riechzellen von Insekten wissen wir, daß ein einzelnes Duftmolekül genügt, um einen Nervenimpuls auszulösen. Zeitlich vor dem Nervenimpuls wird zunächst ein elementares Rezeptorpotential gebildet (Abb. 12.15). Dieses könnte durch die Öffnung eines einzigen Ionenkanals mit einem Leitwert von $10^{-10} \Omega^{-1}$ in der Sinneszellmembran zustande kommen. In der gleichen Größenordnung liegen die Leitwerte der oben erwähnten Ionenkanäle, die durch einzelne Acetylcholinmoleküle an der Muskelendplatte geöffnet werden.

Molekulares Erkennen

```
         Konzentrationen
         Hormon: 10⁻¹¹ M
(Hormon)
 Rezeptor    Zellmembran
Adenylcyclase

                                    ATP:         10⁻³ M
            Phosphodiesterase       cAMP,
ATP → cAMP → 5'AMP                  normal:      10⁻⁷ M
       ↓ +2 Pᵢ    +H₂O              erhöht:      10⁻³ M
       ↓
physiologische Reaktionen
z.B. Aktivierung von Proteinkinasen
```

Abb. 12.14. Vereinfachtes Schema einer Möglichkeit zur Nachrichtenübertragung durch die Zellwand. Die Adenylcyclase in der Zellwand ist ein spezifischer Empfänger für ein bestimmtes Hormon und wirkt als Sender für den "second messenger", das zyklische Adenosinmonophosphat (cAMP). [Nach Sutherland, E. W., Øye, I., Butcher, R. W.: Recent Progr. Horm. Res. 21, 623 (1965)]

Tabelle 12.1. Substanzen, die auf unterschiedliche Rezeptormoleküle von *Escherichia coli* wirken und entweder positive oder negative Chemotaxis auslösen. Schwellenkonzentrationen sind in mol/l (M) angegeben. [Nach Mesibov, R., Adler, J.: J. Bacteriol. **112**, 315–326 (1972); Adler, J., Hazelbauer, G. L., Dahl, M. M.: J. Bacteriol. **115**, 824–847 (1973); Tso, W. W., Adler, J.: J. Bacteriol. **118**, 560–576 (1974)]

Attractants		Repellents	
N-Acetylglukosamin	10^{-5}	Buttersäure	10^{-4}
D-Fruktose	10^{-5}	Isopropanol	$6 \cdot 10^{-4}$
D-Galaktose	10^{-6}	L-Leucin	10^{-4}
Glukose	10^{-6}	D-Leucin	10^{-4}
Maltose	$3 \cdot 10^{-6}$	Indol	$7 \cdot 10^{-6}$
Mannit	$7 \cdot 10^{-6}$	Benzoesäure	10^{-4}
Ribose	$7 \cdot 10^{-6}$		
Sorbit	10^{-5}	H$^+$	$3 \cdot 10^{-7}$
Trehalose	$6 \cdot 10^{-6}$	OH$^-$	$3 \cdot 10^{-7}$
Asparaginsäure	$6 \cdot 10^{-8}$	2-Propanthiol	$3 \cdot 10^{-3}$
Serin	$3 \cdot 10^{-7}$	NiSO$_4$	$2 \cdot 10^{-5}$

Am Beispiel der Öffnung von Ionenkanälen wird deutlich, daß mit dem Transduktionsprozeß oft Verstärkermechanismen gekoppelt sind. Für das elementare Rezeptorpotential der Riechzelle errechnet sich z.B. eine Energie von ca. 10^{-17} J. Bei einer angenommenen Energie der Bindung zwischen Duft- und Rezeptormolekül von 1 kcal/Mol, bzw. $0{,}7 \cdot 10^{-20}$ J pro gebundenem Signalmolekül würde sich eine Energieverstärkung um mehr als den Faktor 10^3 ergeben. Die intrazelluläre Konzentration von cAMP kann infolge einer Hormoneinwirkung um den Faktor 10^4 ansteigen (Abb. 12.14). Beim Immunsystem könnte man das Verhältnis der unter dem Einfluß des Antigens gebildeten zu den anfangs vorhandenen Antikörpern des betreffenden Typs als Verstärkungsfaktor ansehen.

Als weiteres Beispiel für einen Transducer chemischer Signale sei die Zellwand von *Escherichia coli* genannt. *E. coli* reagiert auf viele Stoffe positiv oder negativ chemotaktisch, auch auf Stoffe, die es weder aufnimmt noch sonst verwertet. Durch Experimente mit Mutanten wurde gezeigt, daß in der Zellwand eine größere Anzahl verschiedener Rezeptorproteine lokalisiert ist (Tab. 12.1). Einige von ihnen lassen sich sogar durch osmotische Behandlung reversibel herauslösen. Der chemische Reiz bewirkt mit Hilfe dieser Rezeptorproteine eine Veränderung der Flagellenbewegung. Wie dieser chemomechanische Transducer arbeitet, ist unbekannt. Der erste Schritt des Transducerprozesses könnte eine Konformationsänderung des Rezeptorproteins sein. So kann sich das isolierbare galaktosebindende Protein aus einer hochaffinen Form mit der Dissoziationskonstante 10^{-7} M in eine weniger affine Form mit der Konstante 10^{-5} M verändern. Das galaktosebindende Protein ist zwar auch am Galaktosetransport durch die Zellwand beteiligt, jedoch können Mutanten, die die Fähigkeit zum Galaktosetransport verloren haben, auf diesen Zucker noch chemotaktisch reagieren.

Bindungsproteine für Zucker und Bitterstoffe wurden auf der Zunge von Rindern und Ratten gefunden. Sie kommen als Rezeptorproteine in Betracht, obwohl

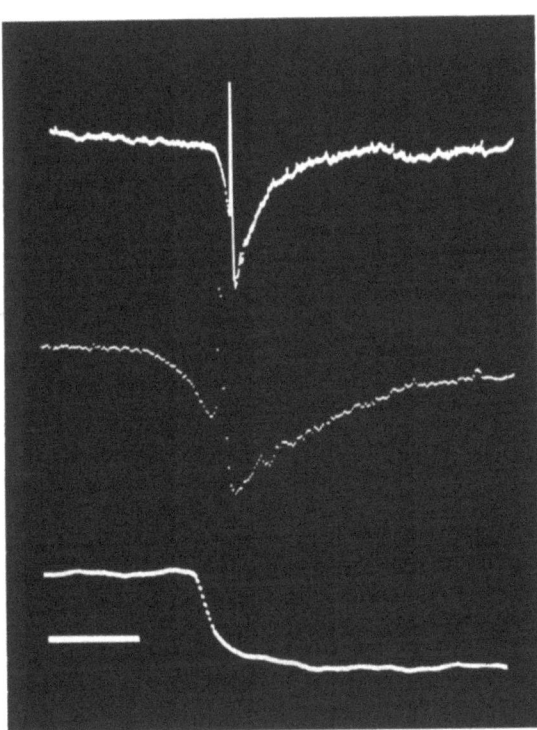

Abb. 12.15. Elementares Rezeptorpotential einer Riechzelle des männlichen Seidenspinners *Bombyx mori*. 50 spontan, d.h. ohne Reizung auftretende Elementarpotentiale von ca. 200–300 μV Höhe wurden gemittelt, indem sie anhand des jeweils ausgelösten Nervenimpulses einander überlagert wurden. Dieselbe Registrierung ist in zwei verschiedenen Zeitmaßstäben dargestellt. Zeitmarke (horizontaler Balken links unten) 100 ms für oben, 20 ms für Mitte. Oben ist der Nervenimpuls als senkrechter Strich, in der mittleren Registrierung als Punktfolge dargestellt. Unten: Antwort des extrazellulären Ableitesystems auf den rechteckförmigen Sprung einer Eichspannung. Zeitmarke für unten 20 ms. Elementarpotentiale können durch einzelne Duftmoleküle ausgelöst werden. (Aus Kaissling, K. E.: Mitteil. der Max-Planck-Gesellschaft 1974)

man sie auch außerhalb der Geschmackspapillen findet. So bindet ein aus der Rinderzunge isoliertes Protein (Molekulargewicht 150000) Saccharin wesentlich besser als Rohrzucker und könnte als Rezeptormolekül die größere Empfindlichkeit von Rindern für Saccharin erklären. Auch hier scheint bei Bindung mit dem Reizmolekül eine Konformationsänderung zu erfolgen. Die Dissoziationskonstante für Rohrzucker liegt hier, wie erwähnt, außerordentlich hoch (0,66 M), etwa im Bereich der biologisch interessanten Zuckerkonzentrationen.

Bei Geschmacksrezeptoren von Fliegen findet man Glukosidasen, von denen einige als Rezeptorproteine infrage kommen, da sie ähnliche chemische Spezifität für die Spaltung von Zuckern und für die Erregung der Schmeckzellen durch diese Zucker haben. Die Dissoziationskonstante für Saccharose liegt bei $8 \cdot 10^{-2}$ M, also auch in einem relativ hohen Bereich. Ob die Spaltung der Zucker nötig ist, um die Transduktion, wahrscheinlich auch eine Leitfähigkeitsänderung der Rezeptormembran, in Gang zu setzen, ist noch ungewiß. Für Schmeckzellen, vor allem für Salzrezeptorzellen, von Wirbeltieren wird bezweifelt, daß das mit intrazellulären Elektroden gemessene Rezeptorpotential durch eine Permeabilitätsänderung der dem Reiz ausgesetzten Bereiche der Zellmembran zustande kommt.

12.2.4. Desaktivierung von Signalstoffen

Damit die Gesamtmenge eines Signalstoffes im betrachteten Überträgermedium infolge der Produktion durch den Sender nicht ständig zunimmt, muß für eine Desaktivierung des Signalstoffes gesorgt werden. Vielfach sind Desaktivierungsmechanismen räumlich mit den Empfängern eng gekoppelt. Dies ist notwendig, wenn die Desaktivierung schnell erfolgen muß, wie an der Synapse oder an Riechorganen, oder wenn eine starke Anreicherung des Signalstoffs am Empfänger durch hochaffine Auffangstrukturen gegeben ist. Im folgenden werden einige Möglichkeiten physikalischer Desaktivierung genannt:

a) Der Botenstoff könnte sich durch Diffusion verdünnen, wenn ein großes Volumen und genügend Zeit dafür zur Verfügung steht. Dies ist z.B. der Fall, wenn aus einer Kapillare anlockende Substanzen in ein Medium mit Bakterien diffundieren, die von den Bakterien nicht verbraucht werden.

b) Die Rezeptoroberfläche könnte durch Konvektion ständig „gespült" werden, wie es z.B. bei der Riechschleimhaut der Fall ist. Dort wird von den Bowmannschen Drüsen neue Schleimsubstanz produziert, die, durch Flimmerbewegung angetrieben, über die Riechzellen fließt.

c) Signalstoffe können resorbiert und damit dem Überträgermedium entzogen werden. Auf diese Weise können sich Bakterien durch Aufnahme von anlockenden Stoffen einen Gradienten aufbauen, dem sie dann chemotaktisch folgen. Manche Neurotransmitter (z.B. Serotonin) werden durch Rückresorption in die präsynaptische Faser wieder aus dem synaptischen Spalt entfernt.

In vielen Fällen wird der Signalstoff chemisch desaktiviert:

d) Er könnte unbeständig sein und von selbst zerfallen.

e) Er kann chemisch irreversibel gebunden werden, z.B. von den Rezeptormolekülen, wie etwa ein Antigen von Antikörpern. Beim Immunsystem ist die Desaktivierung des chemischen Signals sozusagen zum Hauptzweck geworden, da hier die Signalstoffe gleichzeitig gefährliche Gifte für den Organismus sind.

f) Schließlich wird das Signal oft auch chemisch abgebaut, z.B. das zyklische AMP durch die Phosphodiesterase (Abb. 12.14). Gut bekannt ist die enzymatische Desaktivierung für die cholinerge Synapse und die motorische Endplatte, bei denen der Überträger Acetylcholin durch die sehr schnell arbeitende Acetylcholinesterase abgebaut wird.

Dies soll durch ein kleines Rechenbeispiel verdeutlicht werden. Nehmen wir an, daß durch einen präsynaptischen Nervenimpuls $N = 6 \cdot 10^6$ Acetylcholinmoleküle in den synaptischen Spalt entlassen werden und daß es pro motorischer Endplatte $3 \cdot 10^7$ Esterasemoleküle gibt. In vernachlässigbar kurzer Zeit könnten alle Acetylcholinmoleküle an Esterasemoleküle gebunden sein, die eine Wechselzahl von $k = 25$/ms haben. Nach der Formel $x = -k^{-1} \cdot \ln N^{-1}$ finden wir, daß schon nach $x = 0,625$ ms nur noch ein Acetylcholinmolekül übrig ist. Natürlich muß eine Anzahl von Acetylcholinmolekülen auch an die Rezeptormoleküle gebunden werden. Der dort gebundene Anteil richtet sich nach dem Verhältnis der Affinitäten zu Esterase und Rezeptormolekül sowie nach dem Zahlenverhältnis und der räumlichen Anordnung beider. Durch die Bindung des Transmitters an die Rezeptormoleküle verzögert sich dessen Abbau. Im Experiment erhält man entsprechend eine Abbaubeschleunigung, wenn man die Rezeptoren mit Curare blockiert. Auch der verzögerte Transmitterabbau ist noch schnell genug, da oft erst nach einigen ms der nächste Nervenimpuls eintrifft.

12.2.5. Eingangs-Ausgangsbeziehungen bei Empfängern chemischer Signale

Die quantitativen Beziehungen zwischen Eingangs- und Ausgangsgrößen chemischer Empfängersysteme werden durch die Eigenschaften der Auffangapparate, der Rezeptormoleküle und der Desaktivierungsmechanismen bestimmt. Nehmen wir als Eingangsgröße z.B. die Konzentration des Signalstoffes im Überträgermedium (S_{Medium}) und als Ausgangsgröße eine physiologische Reaktion y, so muß man mindestens folgende Einzelschritte für den gesamten Transducervorgang betrachten:

1. Auffang und Weiterleitung zum Rezeptormolekül R $S_{Medium} \rightleftharpoons S_R$

2. Bindung an das Rezeptormolekül $R + S_R \rightleftharpoons RS$

3. „Reaktion" bzw. Aktivierung des Rezeptormoleküls $RS \rightleftharpoons R'S$

4. Induzierung einer physiologischen Reaktion y $y = f(R'S)$

5. Desaktivierung des Botenstoffes $\left.\begin{array}{l} S_{Medium} \\ S_R \end{array}\right\} \rightleftharpoons S_{desaktiviert}$

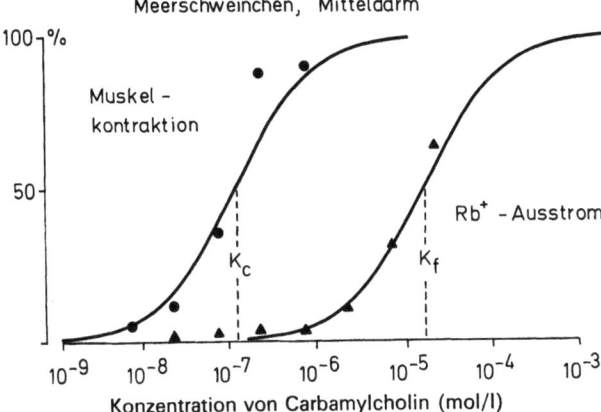

Abb. 12.16. Beispiel für die je nach der betrachteten physiologischen Reaktion unterschiedliche Lage von Dosis-Antwortkurven. Am gleichen Muskelpräparat, das vorher mit einem radioaktiven Rubidiumisotop gesättigt war, wurden die Kontraktion und der Ausstrom der Rubidiumionen aus den Zellen gemessen. Der Rb^+-Ausstrom ist ein Maß für den durch die Reizung mit dem cholinergen Carbamylcholin erhöhten K^+-Ausstrom. Die unterschiedliche Lage der beiden Kurven braucht nicht für unterschiedliche Angriffspunkte der cholinergen Substanz zu sprechen. Vielmehr könnte der Rb^+-Ausstrom der Anzahl aktivierter Rezeptormoleküle und die Muskelkontraktion der durch Carbamylcholin ausgelösten Änderung der Membranspannung proportional sein. Die Verschiebung der beiden Kurven ließe sich durch die nicht-lineare Übertragung zwischen Leitfähigkeit und Spannung erklären (K_f/K_c würde dem Faktor W' entsprechen, s. Text). [Nach Burgen, A. S. V., Spero, L.: Brit. J. Pharmacol. **34**, 99 (1968)]

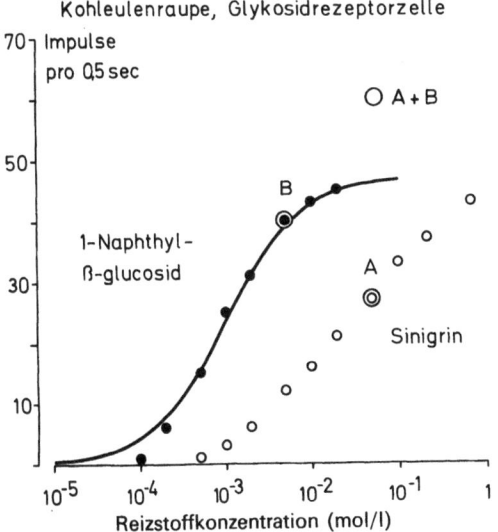

Abb. 12.17. Intensitätskennlinien der Impulsantwort einzelner Geschmackszellen der Larve von *Mamestra brassicae* L. Aufgetragen ist die mittlere Impulszahl aus der zweiten Halbsekunde nach Reizbeginn aus mehreren Messungen an 8 mit 1-Naphthyl-β-glukosid und 10 mit Sinigrin gereizten Zellen. 1-Naphthyl-β-glukosid erzeugt eine nahezu hyperbolische Kennlinie, Sinigrin eine deutlich flachere Antwortkurve. Wahrscheinlich wirken beide Reizstoffe auf unterschiedliche molekulare Rezeptoren der Zellen. Dafür spricht auch die starke Reaktion auf eine Mischung beider Substanzen (A+B), die deutlich über den Maximalantworten auf die reinen Substanzen liegt (Messungen an 4 Zellen). [Nach Wieczorek, H.: Der Glykosidrezeptor der Raupe der Kohleule *Mamestra brassicae* L. (Lepidoptera, Noctuidae). Dissertation an der Universität Regensburg 1975, im Druck, und persönliche Mitteilung]

Da mindestens eine bimolekulare Reaktion, die Bindung an das Rezeptormolekül, beteiligt ist, kann man bei sonst linearer Übertragung eine hyperbolische Abhängigkeit zwischen der gemessenen physiologischen Größe y und der Konzentration S_{Medium} erwarten, die der Form einer Adsorptionsisotherme entspricht. Nach dem Massenwirkungsgesetz gilt für den Gleichgewichtszustand dieses einfachen Modells:

$$\frac{R'S}{R_{tot}} = \frac{1}{\frac{K \cdot M}{S_R} + M + 1}.$$

Dabei sind die Gleichgewichtskonstanten $K = \frac{R \cdot S_R}{RS}$, $M = \frac{RS}{R'S}$ und die Gesamtzahl der Rezeptormoleküle ist $R_{tot} = R + RS + R'S$. Tatsächlich findet man in vielen Fällen hyperbolische Beziehungen, etwa zwischen der Dosis eines Pharmakons und der physiologischen Reaktion, z.B. der Kontraktion eines Muskels (Abb. 12.16), oder zwischen der Konzentration von Geschmacksstoffen (Salz, Zucker, Glykoside) und der elektrophysiologisch gemessenen Antwort von Geschmacksrezeptorzellen (Abb. 12.17). Man findet in vielen Fällen auch, daß die statischen Kennlinien eines gegebenen Rezeptorsystems abhängig von dem gebotenen Reizstoff verschiedene Sättigungshöhen erreichen und für ihre halbmaximale Höhe unterschiedliche Reizkonzentrationen benötigen. Diese beiden Effekte lassen sich nach der obigen Formel durch Änderung der Parameter R_{tot} oder M (Wirkung auf die Sättigungshöhe) und M oder K (Wirkung auf die halbsättigende Reizkonzentration) erreichen.

Bei der Interpretation derartiger Kennlinien muß man jedoch beachten, daß einer hyperbolischen Beziehung zwischen S_{Medium} und einer physiologischen Reaktion y auch ganz andere Mechanismen zugrunde liegen können. So kann z.B. zwischen der Leitfähigkeitsänderung (ΔG) einer Zellmembran und der über der Membran gemessenen Spannungsänderung (ΔV) ebenfalls eine hyperbolische Abhängigkeit bestehen:

$$\frac{\Delta V}{\Delta V_{(\Delta G = \infty)}} = \frac{1}{\frac{G}{\Delta G} + 1}.$$

Dabei ist G eine Konstante, die die Ruheleitfähigkeit der Zellmembran sowie weitere Leitfähigkeiten im betrachteten Stromkreis enthält.

Messen wir nun die Änderung der Membranspannung ΔV als Ausgangsgröße y eines chemischen Empfängersystems, so wird diese Antwort durch die *beiden* genannten hyperbolischen Gesetzmäßigkeiten bestimmt. Die Verknüpfung beider Beziehungen sei etwa durch die Annahme gegeben, daß die Leitfähigkeitszunahme (ΔG) der Anzahl aktivierter Rezeptormoleküle $R'S$ proportional ist: $\Delta G = \bar{g} \cdot R'S$. Dabei ist $\bar{g}$ eine Konstante, die die mittlere Leitfähigkeitszunahme pro aktiviertem Rezeptormolekül ($R'S$) darstellt. Man erhält eine wiederum hyperbolische Funktion für die Beziehung zwischen Spannungsänderung (ΔV) und Botenstoffkonzentration an den Rezeptormolekülen (S_R):

$$\frac{\Delta V}{\Delta V_{(\Delta G = \infty)}} = \frac{1}{\frac{K \cdot M \cdot Q}{S_R} + M \cdot Q + Q + 1}.$$

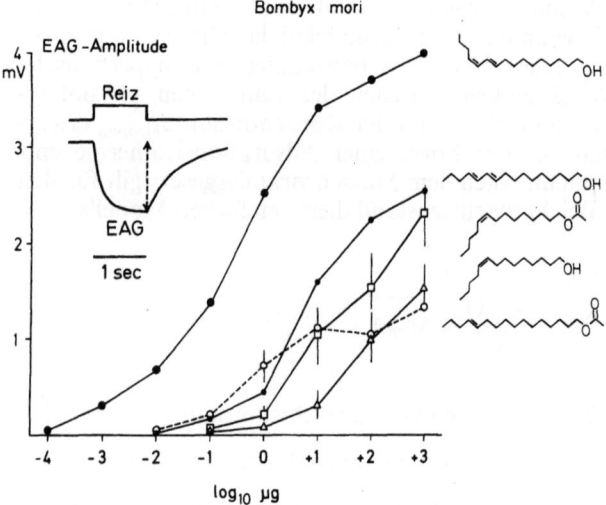

Abb. 12.18. Intensitätskennlinien der Summenantwort von Riechzellen (Elektroantennogramm, EAG). Im Einsatzbild links oben ist der Zeitverlauf eines EAG's und die ausgewertete Amplitude (vertikaler Doppelpfeil) angedeutet. Abszisse: Gehalt der Duftquelle. Duftstoffe von oben nach unten: 10-trans-12-cis-Bombykol, 10-trans-12-trans-Bombykol, 9-cis-Tetradecenylacetat, 9-cis-Tetradecenol, 12-trans-Hexadecenylacetat (gestrichelte Kennlinie). Vertikale Striche an den Meßpunkten verbinden die Extremwerte von je 2 bis 10 Messungen. [Aus Kaissling, K.E.: 25. Mosbacher Kolloquium (L.Jaenicke, Hrsg.). Berlin-Heidelberg-New York: Springer 1974]

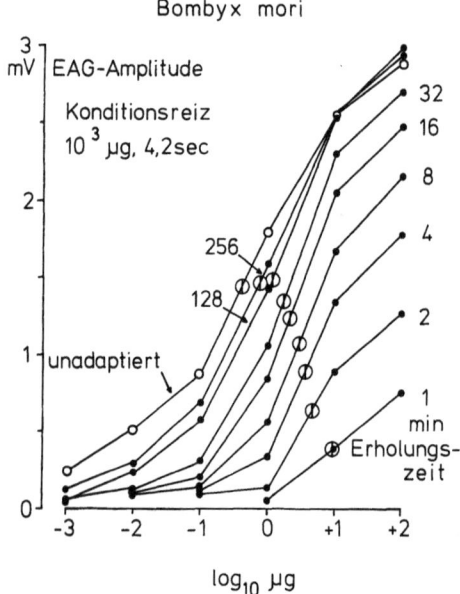

Abb. 12.19. Adaptation und Erholung des Elektroantennogramms nach einem starken Konditionsreiz mit Bombykol. Darstellung wie in Abb. 12.18. Die Kurven verschieben sich bei stärkerer Adaptation (reversibler Empfindlichkeitsverringerung) nach rechts bzw. bei Erholung nach links. Außerdem ändern sie ihre Form und streben verschiedenen Sättigungshöhen zu. Die Punkte, bei denen die halbe 100 µg-Amplitude erreicht ist, sind durch große Kreise markiert. Diese Punkte sowie die Sättigungshöhen würden sich bei Änderung eines der Parameter $\bar{g}$, M, R_{tot} und G des im Text beschriebenen Modells verlagern. [Aus Kaissling, K.E.: 68. Verhandl. Deutsche Zool. Gesellsch. (W.Rathmayer, Hrsg.). Stuttgart: Fischer 1975]

Dabei ist $Q = \dfrac{G}{\bar{g} \cdot R_{tot}}$. Aus dieser Formel läßt sich ableiten, daß der Sättigungswert der Spannungsänderung ΔV_{max} für $S_R = \infty$ von M, R_{tot}, $\bar{g}$ und G beeinflußt wird. Die für die jeweils halbe Sättigungshöhe von ΔV notwendige Konzentration $S_R = K_{\Delta V}$ hängt ebenfalls von diesen Größen und zusätzlich noch von K ab. Aus einer scheinbar einfachen Beziehung zwischen ΔV und S_R lassen sich also ohne weitere Information keine Schlüsse auf die zugrunde liegenden Größen ziehen.

Aus den obigen Formeln folgt auch, daß sich die beiden hyperbolischen Funktionen $R'S = f(S_R)$ und $\Delta V = f(S_R)$ nicht decken. Für halbmaximales $R'S$ ist immer eine um den Faktor $W' = \dfrac{\bar{g} \cdot R_{tot}}{G(M+1)} + 1$ höhere Konzentration $S_R = W' \cdot K_{\Delta V}$ nötig als für halbmaximales ΔV. Hier liegt eine mögliche Erklärung für Diskrepanzen, wie sie z.B. zwischen der „guten" Wirkung eines Pharmakons auf die Kontraktion von Muskelfasern und der „geringen" Wirkung auf die Ionendurchlässigkeit ihrer Zellmembranen beobachtet werden (Abb. 12.16).

Oft weicht der Verlauf der statischen Kennlinie (oder Dosis-Antwortkurve) von der Form der hyperbolischen Antwortkurve ab, so daß weitere Annahmen in das Modell eingefügt werden müssen. So können z.B. positive oder negative Kooperativität bei der Interaktion zwischen Reiz- und Rezeptormolekülen steilere oder flachere Bindungskurven erzeugen, wie sie etwa an membrangebundenen Acetylcholinrezeptoren beobachtet oder für Geschmacksrezeptoren von Insekten diskutiert werden (Abb. 12.17). Im Ergebnis ähnliche Effekte können aber auch durch besondere Leitfähigkeits-Spannungsbeziehungen entstehen, wie sie möglicherweise bei Riechzellen von Insekten gegeben sind. Hier findet man Kennlinien, die wesentlich flacher als die hyperbolische Kennlinie ansteigen und zudem ihre Form abhängig von der Reizsubstanz (Abb. 12.18) oder vom Adaptationszustand nach starken Reizen ändern können (Abb. 12.19).

12.2.6. Die Spezifität chemischer Signalempfänger

Bei chemischen Empfängersystemen sollte man zwischen Spezialisierung des Systems und Spezifität der Rezeptoren unterscheiden. Eine extreme *Spezialisierung* liegt vor, wenn alle beteiligten Rezeptoreinheiten die gleiche Spezifität haben, wie es etwa an den motorischen, cholinergen Endplatten einer Muskelfaser der Fall sein kann. Die chemische Spezifität braucht in diesem Fall nicht besonders hoch zu sein, da andere Transmitterstoffe als Acetylcholin kaum in hinreichender Konzentration an die Rezeptormoleküle gelangen.

Ein hoher *Spezifitätsgrad* liegt vor, wenn die Wirksamkeit zweier ähnlicher Verbindungen auf denselben Rezeptor sehr verschieden ist. So wirken z.B. Stereoisomeren auf manche Riechzellen ca. 100fach unterschiedlich (Abb. 12.18). Eine Änderung der Kettenlänge um ein C-Atom kann eine starke Abnahme der Wirksamkeit bewirken. Dies ist von Untersuchungen an Riechzellen der Ameise *Lasius fuliginosus* bekannt, die auf den Alarmstoff Undecan spezialisiert sind und auf Decan und Dodecan erst bei ca. 1000fach höheren

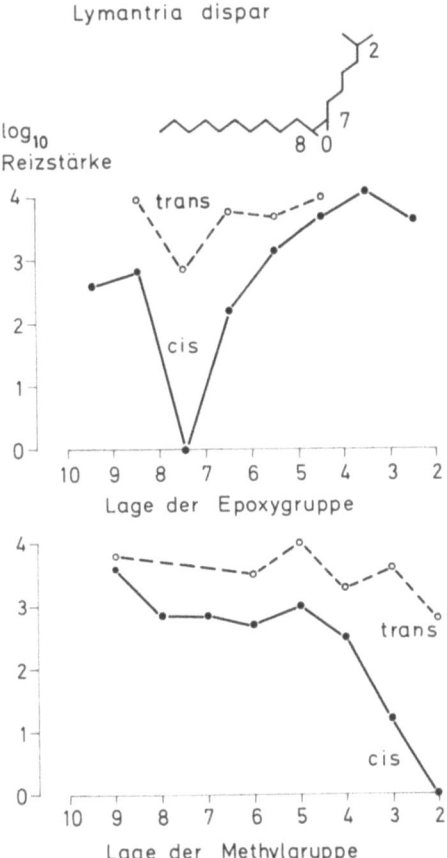

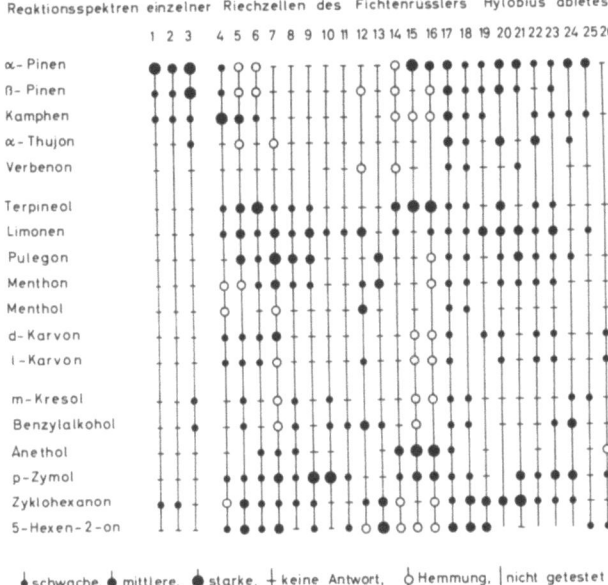

Abb. 12.21. Beispiel für die chemische Spezifität der Antwort von Riechzellen eines Rüsselkäfers. [Nach Mustaparta, H.: J. comp. Physiol. 97, 271 (1975).] Die Zellen 1–3 gehören zu einem Zelltyp, der vorwiegend auf α- und β-Pinen spezialisiert ist. Die Zellen 4–26 variieren in ihrem Spektrum stark von Zelle zu Zelle („Generalistenzellen"). Jeder Duftstoff liefert ein eigenes Muster von erregten Zellen. Anhand dieser Muster könnte das Tier Düfte unterscheiden. Feldversuche zeigen, daß die Waldkiefer (Pinus silvestris) mit ihrem Gehalt an den Monoterpenen α- und β-Pinen für die Käfer attraktiver ist als die Fichte (Picea abies) mit Terpineol und Limonen

Abb. 12.20. Wirksamkeitsänderungen bei Verschiebung funktioneller Gruppen innerhalb eines Duftmoleküls, geprüft an einzelnen Riechzellen männlicher Schwammspinner Lymantria dispar. Die Ordinate zeigt die relative Reizstärke, die eine Standardantwort der Riechzelle hervorruft. Oben ist das Lockstoffmolekül cis-7,8-Epoxy-2-methyloctadecan (Disparlure) dargestellt. (Nach Schneider, D., Kafka, W. A., Beroza, M., in Vorbereitung.) Die stärksten Wirksamkeitsunterschiede erhält man, wenn man bei der Abwandlung vom wirksamsten Molekül ausgeht

Duftkonzentrationen antworten. Dieser hohen Spezifität muß eine äußerst genaue räumliche Einpassung in die Bindungsregion des Rezeptormoleküls zugrunde liegen. Auch die Verschiebung funktioneller Gruppen im Molekül kann starke Wirksamkeitsunterschiede verursachen (Abb. 12.20).

Manche Insektenarten sind in der Lage, ein bestimmtes Mischungsverhältnis zweier oder mehrerer sehr ähnlicher Duftsubstanzen von einem anderen Mischungsverhältnis zu unterscheiden. Dazu sind mindestens zwei unabhängige Riechzelltypen mit hoher, aber unterschiedlicher Spezifität notwendig (Abb. 12.12). Bei Riechorganen gibt es auch geringere Spezialisierungsgrade, z. B. bei der Biene, die eine Vielzahl von reinen Substanzen, Blütendüften und anderen Gerüchen voneinander unterscheiden kann. Hier finden wir von Zelle zu Zelle Spezifitätsunterschiede. Man kann zwar jeweils die Riechzellen zu einem Typ zusammenfassen, die auf dieselbe Substanz optimal reagieren und das gleiche oder ein ähnliches Stoffspektrum haben; jedoch variieren die Wirksamkeitsverhältnisse zwischen den einzelnen Substanzen auch bei Zellen desselben Typs. Entsprechend können Stoffe aus dem Spektrum eines solchen Zelltyps vom Tier unterschieden werden, wenn auch nicht ganz so gut wie Stoffe, die auf verschiedene Zelltypen wirken. Bei anderen Insekten gibt es sogenannte Generalisten, d.h. zahlreiche Zellen mit individuellen, jedoch überlappenden Riechstoffspektren (Abb. 12.21). Ob die Variabilität in den Zellspektren auf individuellen Rezeptormolekülen für jede Zelle oder auf Mischungen einer begrenzten Zahl verschiedener Rezeptorzelltypen beruht, ist nicht bekannt.

Auch das Immunsystem ist wenig spezialisiert, da es aus einer großen Anzahl von Empfängerzelltypen (geschätzt auf 10^6 pro Individuum) mit unterschiedlicher Spezifität besteht, deren jeder nur einen Antikörpertyp als „Rezeptormolekül" besitzt und bei der „Reizung" durch Antigene auch nur die Produktion dieses Antikörpertyps auslöst. Die Antigenspektren verschiedener Empfängerzellen können sich überlappen, so daß ein gegebenes Antigen die Produktion mehrerer Antikörpertypen anregen kann. Damit ist das Immunsystem in der Lage, auf eine große Zahl möglicher Antigene zu antworten und diese außerdem gut zu unterscheiden, d.h. für ein bestimmtes Antigen nur die passenden Antikörper zu produzieren. Die Spezifität von Antikörpern kann so hoch sein, daß z. B. D- und L-

Tabelle 12.2. Süßheit und Bitterkeit verschiedener Verbindungen für den Menschen

Süßstoffe[a]	relative Molekülzahlen gleicher Wirkung	Molekulargewicht	Bitterstoffe[b]	Schwelle mol/l	Molekulargewicht
Glykokoll	0,2	70	Harnstoff	$1,2 \cdot 10^{-1}$	60
Saccharose (7%)	1	340	Magnesiumsulfat	$4,6 \cdot 10^{-3}$	246
L-Aspartyl-L-phenylalanin-methylester	170	400	Coffein	$7 \cdot 10^{-4}$	194
Saccharin	270	183	Phenylthioharnstoff	$2 \cdot 10^{-5}$	152
Thaumatin[c]	$3 \cdot 10^{+4}$	14000	Nicotin	$1,9 \cdot 10^{-5}$	162
Monellin[d]	$1 \cdot 10^{+5}$	10700	Strychninmonohydrochlorid	$1,6 \cdot 10^{-6}$	371
			Chininhydrochlorid	$3 \cdot 10^{-5}$	361
			Chininsulfat	$8 \cdot 10^{-6}$	750

[a] Werte aus v. d. Wel, H.: Int. Symp. Olfaction and Taste IV, (Ed. D. Schneider), p. 226–233. Stuttgart: Wiss. Verlagsgesellschaft 1972; Morris, J. A., Martenson, R., Deibler, G., Cagan, R. H.: J. biol. Chem. **248**, 534–539 (1973).
[b] Werte aus Pfaffmann, C.: Handb. Physiol. I (J. Field, Ed.). Washington D. C.: Amer. Physiol. Soc. 1959.
[c] Protein mit 133 Aminosäuren aus der Frucht von *Thaumatococcus Danielli* Benth. (v. d. Wel, S. 1).
[d] Protein aus 91 Aminosäuren aus der Frucht von *Dioscorophyllum cumminsii* (Morris et al., S. 2). [c] und [d] enthalten keine Kohlenhydrate.

Weinsäure als Determinanten unterschieden werden. Optische Isomere können übrigens auch von Riech- und Schmeckorganen unterschieden werden.

Als relativ unspezialisiert ist auch der chemische „Sinn" von *E. coli* anzusehen, da eine große Zahl von Stoffen chemotaktisch wirkt. Trotz der großen Zahl verschiedener Rezeptorproteine ist kaum anzunehmen, daß diese Organismen viele Stoffe unterscheiden, d. h. qualitativ verschieden beantworten können. Bisher ist jedenfalls nur eine Unterscheidungsfähigkeit zwischen anlockenden und abstoßenden Verbindungen bekannt (Tab. 12.1). Ähnlich wirkt auch auf die menschliche Zunge eine große Vielfalt chemischer Verbindungen (Tab. 12.2), die in eigenartigem Kontrast zu den meist nur 4 unterschiedenen Geschmacksqualitäten süß, bitter, sauer und salzig steht. Sicherlich ist auch hier eine große Anzahl von Rezeptormolekültypen zu erwarten.

Wie kommt nun die Spezifität der Ausgangsgröße eines chemischen Empfängers zustande, also etwa die des Rezeptorpotentials einer Riechzelle? Im Prinzip können die Einzelschritte der Transduktion untereinander verschiedene Spezifität haben und müssen daher möglichst getrennt untersucht werden. Bei den Riechorganen des männlichen Seidenspinners *Bombyx mori* sind Adsorption und Diffusion des Riechstoffes relativ unspezifisch. Auch die Desaktivierung der Duftstoffe scheint nur wenig zu der hohen Spezifität der Rezeptorzellantwort beizutragen. Die wichtigste Rolle spielen daher wahrscheinlich die Bindung des Duftmoleküls am Rezeptormolekül, dessen Aktivierung und die schließlich induzierte Leitfähigkeitszunahme der Zellmembran, die in Analogie zu anderen Sinnesorganen vermutlich das gemessene Rezeptorpotential verursacht. Entsprechend könnten also die Größen K, M und $\bar{g}$ von der Riechstoffqualität abhängen. Aus dem zeitlichen Verlauf des Rezeptorpotentials läßt sich sogar schließen, daß diese Größen unterschiedlich mit der Reizsubstanz variieren können, d. h. daß die ihnen zugrunde liegenden molekularen Prozesse verschiedene chemische Spezifität haben.

Dies soll anhand eines Registrierbeispiels von einer Lockstoffrezeptorzelle des Seidenspinners erläutert werden, die mit dem weiblichen Sexualpheromon Bombykol sowie mit verwandten Substanzen gereizt wurde und je nach Reizstoff verschiedene Antworttypen zeigt (Abb. 12.22). Auf einen schwachen Bombykolreiz antwortet die Zelle mit einem stark fluktuierenden Rezeptorpotential (Abb. 12.22 A b) und einem unregelmäßigen Impulsmuster (Aa). Eine

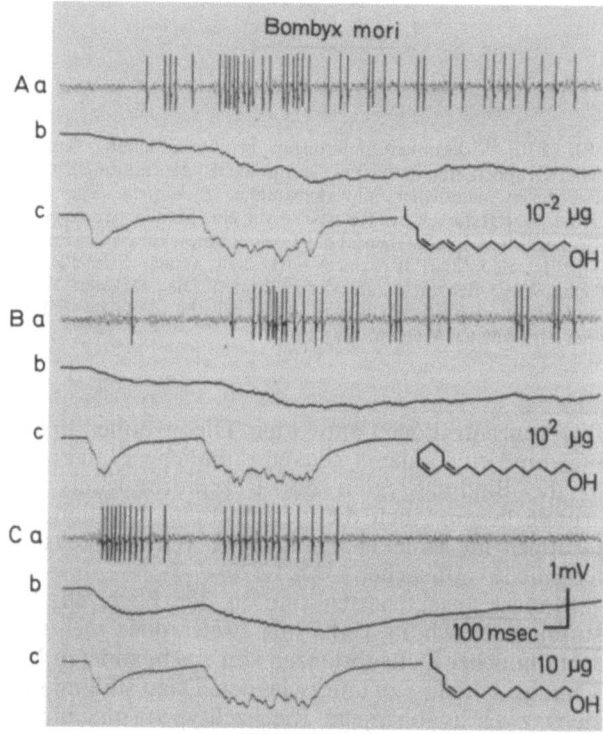

Abb. 12.22. Elektrophysiologische Ableitung von Rezeptorpotentialen (b, A–C) und Nervenimpulsen (a, A–C) einer einzelnen Riechzelle des Seidenspinners. Reizung mit Duftquellen von 10^{-2} µg Bombykol (A), 10^2 µg Cyclobombykol (B) und 10 µg 10-cis-Tetradecenol (C). Reizfolge jeweils: 0,1 s Reiz, 0,4 s Pause, 0,5 s Reiz. Die Linien c, A–C zeigen den Verlauf der Luftstromgeschwindigkeit an der Antenne (Ausschlag nach unten). Die Zeitverläufe der Rezeptorpotentiale und die Impulsmuster sind charakteristisch vom Duftstoff abhängig (s. Text). [Aus Kaissling, K. E.: 68. Verh. Deutsche Zool. Ges. (W. Rathmayer, Ed.). Stuttgart: Fischer 1975]

Molekulares Erkennen   413

Tabelle 12.3. Spezifität von Carboxylesterase aus Pferdeleber

	$-O \cdot CH_3$	$-O \cdot C_2H_5$	$-O \cdot C_3H_7$	$-O \cdot C_4H_9$	$-O \cdot C_5H_{11}$	$-O \cdot C_6H_{13}$	$-O \cdot C_7H_{15}$	$-O \cdot C_8H_{17}$
$H \cdot CO-$	1,0 / 0,2							
$CH_3 \cdot CO-$	0,26 / 0,02	0,07 / 0,28	0,12 / 1,55	0,28 / 3,1	0,18 / 1,1	0,45 / 0,87	0,3 / 2,5	0,13 / 1,8
$C_2H_5 \cdot CO-$	1,28 / 0,025	0,46 / 0,43		2,0 / 4,7	1,5 / 2,2			
$C_3H_7 \cdot CO-$	2,0 / 0,46	1 / 1	2,0 / 0,93	4,5 / 2,9	3,5 / 6,7	2,5 / 11,7	1,1 / 5,3	
$C_4H_9 \cdot CO-$	1,85 / 1,1	1,04 / 2,3		3,2 / 3,3				
$C_5H_{11} \cdot CO-$	2,35 / 1,18	0,6 / 2,2		1,7 / 4,2		0,32 / 2,5		
$C_6H_{13} \cdot CO-$	1,75 / 1,3	0,92 / 4,0						
$C_7H_{15} \cdot CO-$	1,25 / 2,85	0,8 / 3,4		Maximalgeschwindigkeit / Affinität				
$C_8H_{17} \cdot CO-$	1,05 / 10,0							
$C_9H_{19} \cdot CO-$	0,36 / 22,0							

Geradkettige Ester mit verschiedener Länge von Säurerest (links) und Alkylrest (oben) wurden getestet. Maximalgeschwindigkeiten der Spaltung (obere Werte) und Affinität der Bindung (untere Werte) wurden gemessen und sind als Relativwerte angegeben. Schräge Striche verbinden die Werte von Estern gleicher C-Atomzahl [nach Webb, E. C., aus Dixon, M., Webb, E. C.: Enzymes. London: Longmans, Green 1966].

ähnliche Antwort wird durch einen ca. 10000fach stärkeren Reiz mit Cyclobombykol ausgelöst (Ba, Bb). Die starken Fluktuationen des Rezeptorpotentials bei einem schwachen Bombykolreiz lassen sich auf die geringe Zahl von Molekültreffern und die entsprechend wenigen Elementarpotentiale zurückführen. Auch bei dem schwach wirksamen Cyclobombykolreiz deutet die Fluktuation auf eine geringe Zahl von Elementarantworten. Die geringere Wirksamkeit dieser Verbindung ließe sich durch eine schwächere Bindung zum Rezeptormolekül bzw. eine höhere Dissoziationskonstante K oder durch einen geringeren Anteil aktivierter Rezeptormoleküle M erklären.

Diese Erklärungen versagen für das ebenfalls schwach wirksame 10-cis-Tetradecenol, das ein viel gleichmäßigeres Rezeptorpotential und entsprechend regelmäßige Impulsabstände hervorruft (Ca, Cb). Dieser Antworttyp könnte z.B. durch die Überlagerung vieler Elementarpotentiale mit entsprechend kleiner Amplitude zustande kommen. Es ließe sich also denken, daß bei Reizung mit 10-cis-Tetradecenol zwar viele Rezeptormoleküle in einen aktivierten Zustand geraten, daß jedoch die Leitfähigkeitszunahme $\bar{g}$ pro aktiviertem Rezeptormolekül nur gering ist.

Diese Beobachtungen an Riechzellen deuten darauf hin, daß sogar verschiedene, am gleichen Rezeptormolekül ablaufende Prozesse unterschiedliche chemische Spezifität haben können. Direkt meßbar sind solche Spezifitätsunterschiede bei Teilprozessen der Interaktion von Enzym und Substrat, wie z.B. an gereinigter Carboxylesterase aus Pferdeleber gezeigt wurde (Tabelle 12.3). Als Substrat dienten geradkettige Ester mit systematisch veränderten Kettenlängen der Alkyl- und Säuregruppen. Ein Optimum der Reaktivität bzw. der Maximalgeschwindigkeit der Enzymreaktion wird bei einer Säuregruppe mit 4 Kohlenstoffatomen erreicht, wobei die Ester insgesamt 6 bis 10 Kohlenstoffatome haben können. Für die Affinität zwischen Substrat und Enzym gilt diese Regel jedoch nicht, sie zeigt ein deutlich verschiedenes Spezifitätsmuster.

Offenbar sind für die einzelnen Reaktionsschritte verschiedene Eigenschaften des Substratmoleküls, wie z.B. die Länge bestimmter Abschnitte des Moleküls, wichtig. Um dies zu verstehen, darf man die Ursache für die chemische Spezifität molekularer Reaktionen bei Proteinen nicht nur in einer bestimmten Struktur der Bindungsregion suchen. Man muß ebenso auch die Art der durch den Liganden induzierbaren Strukturänderungen betrachten. Ein Studium der Spezifität der Teilreaktionen mag der Aufklärung der beteiligten Strukturen und Mechanismen im Rezeptormolekül dienen. Die oft erstaunlich hohe Spezifität einer durch Rezeptormoleküle vermittelten physiologischen Reaktion könnte vielleicht durch unterschiedliche Spezifität aufeinander folgender Teilprozesse zustande kommen, sozusagen durch mehrere hintereinander geschaltete Filtermechanismen.

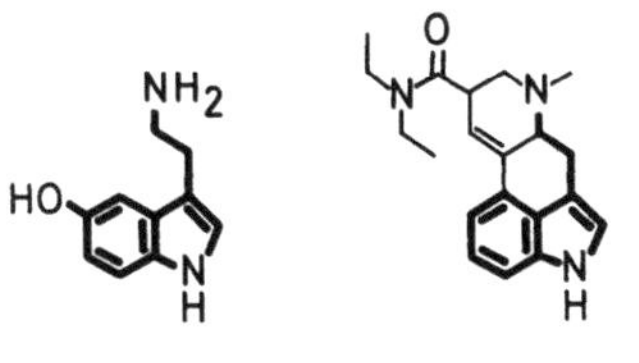

Serotonin   LSD

Abb. 12.23. Beispiel für partielle Strukturverwandtschaft zwischen einem vermuteten Neurotransmitter (Serotonin) und einer psychotropen Verbindung (Lysergsäurediäthylamid, LSD). Ein hochgereinigtes Protein aus dem Gehirn des Schweins bindet beide Stoffe nahezu gleich gut. Dissoziationskonstante in vitro für Serotonin $2-5 \cdot 10^{-8}$ M, für LSD $1 \cdot 10^{-8}$ M. Der endgültige Beweis, daß es sich hierbei um ein Protein mit Rezeptorfunktion handelt, steht noch aus. [Nach Mehl, E., Weber, L.: 25. Mosbacher Kolloquium (L. Jaenicke, Hrsg.). Berlin-Heidelberg-New York: Springer 1974, sowie Mehl, E., persönliche Mitteilung]

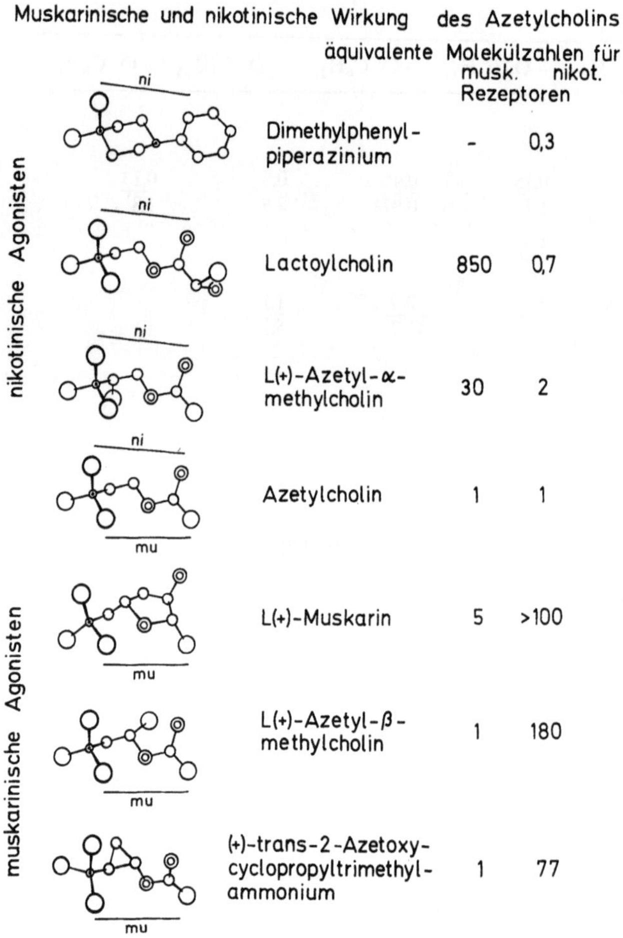

Muskarinische und nikotinische Wirkung des Azetylcholins

Agonisten	Substanz	äquivalente Molekülzahlen für musk. Rezeptoren	nikot. Rezeptoren
nikotinische	Dimethylphenyl-piperazinium	–	0,3
nikotinische	Lactoylcholin	850	0,7
nikotinische	L(+)-Azetyl-α-methylcholin	30	2
	Azetylcholin	1	1
muskarinische	L(+)-Muskarin	5	>100
muskarinische	L(+)-Azetyl-β-methylcholin	1	180
muskarinische	(+)-trans-2-Azetoxy-cyclopropyltrimethyl-ammonium	1	77

Abb. 12.24. Konformation cholinomimetischer Substanzen, wie sie in den entsprechenden Jodidkristallen vorliegt. Die Striche bezeichnen die gegenüber dem Acetylcholin nicht oder nur wenig abgeänderten Molekülseiten, die von den nicotinischen (*ni*) bzw. muscarinischen (*mu*) Rezeptoren „erkannt" werden. Kreise C-Atome, Kreise mit Punkt N-Atome, Doppelkreise O-Atome. Die äquivalenten Molekülzahlen sind reziprok zur physiologischen Wirksamkeit der betr. Substanzen im Vergleich zu Acetylcholin. Sie geben einen ungefähren Hinweis, da sie aus verschiedenen Literaturquellen stammen und auch nicht im Hinblick auf unterschiedliche Hydrolyserate korrigiert sind. [Nach Chothia: Nature **225**, 36–38 (1970)]

Wenn für eine gegebene Reaktion nicht alle Teile des Liganden gleich wichtig sind, können folglich gewisse Strukturveränderungen ohne Beeinträchtigung der Wirkung vorgenommen werden. Beispiele dafür findet man unter pharmakologisch wirksamen Substanzen, deren Molekülstruktur in bestimmten Bereichen der Struktur möglicher Neurotransmitter äußerst ähnlich ist. Daraus kann man auf die für die Wirkung entscheidenden Merkmale der betreffenden Transmitterstoffe schließen (Abb. 12.23).

Daß ein Signalmolekül natürlicherweise sogar von verschiedenen Seiten her „abgelesen" werden kann, läßt sich am Acetylcholin verdeutlichen (Abb. 12.24). Schon lange unterteilt man die cholinergen Rezeptormoleküle im Nervensystem von Vertebraten pharmakologisch in nicotinische und muscarinische Rezeptoren, je nachdem ob Nicotin und L(+)-Acetyl-α-methylcholin oder L(+)-Muscarin und L(+)-Acetyl-β-methylcholin als Agonisten wirken. Die nicotinischen Agonisten sind acetylcholinähnliche Moleküle, bei denen die Methylseite des Acetylcholins verändert, die Carbonylseite aber intakt ist. Bei den muscarinischen Agonisten ist es gerade umgekehrt: intakt ist die Methylseite, chemisch abgeändert aber die Carbonylseite. Weder nicotinisch noch muscarinisch ist die Spezifität der hydrolytischen Spaltung durch Acetylcholinesterase. Acetylcholin wirkt also wahrscheinlich auf ein ganzes (Wirkungs-)Spektrum unterschiedlicher Rezeptormoleküle. Derartige „multimodale" Wirkungen von Signalmolekülen lassen sich bei allen chemischen Kommunikationssystemen auffinden. Sie folgen notwendig aus der Überlappung der Reaktionsspektren von Rezeptormolekülen, die für Riech- und Immunzellen erwähnt wurde. Die multimodale Wirkung von Pharmaka ist oft für unerwünschte Nebenwirkungen verantwortlich.

Literaturauswahl

Beidler, L. M. (Ed.): Handbook of Sensory Physiology. Vol. IV/1. Chemical Senses (Olfaction); IV/2 (Taste). Berlin-Heidelberg-New York: Springer 1971.

Birch, W. (Ed.): Pheromones. Frontiers of Biology, Vol. **32**. Amsterdam: North Holland Publ. 1974.

Bossert, W. H., Wilson, E. O.: The analysis of olfactory communication among animals. J. Theoret. Biol. **5**, 443–469 (1963).

Dastoli, F. R.: Isolation and properties of taste-receptor proteins. Pharmacology and the Future of Man. Proc. 5th Int. Congr. Pharmacology, San Francisco, Vol. **5**, 2–21. Basel: Karger 1973.

Jaenicke, L. (Ed.): Biochemistry of sensory functions. 25. Mosbacher Colloquium, Gesellsch. Biol. Chemie. Berlin-Heidelberg-New York: Springer 1974.

Kaissling, K. E.: Insect olfaction. In: Handb. Sensory Physiology, Beidler, L. M. (Ed.): IV/1 pp. 351–431. Berlin-Heidelberg-New York: Springer 1971.

Monod, J., Wyman, J., Changeux, J. P.: On the nature of allosteric transitions: a plausible model. J. Molec. Biol. **12**, 88–118 (1965).

Triggle, D. J. (Ed.): Neurotransmitter-receptor interactions. London-New York: Academic Press 1971.

13. Photobiophysik

13.1. Photosynthese*

Gernot Renger

13.1.1. Einleitung

Die Photosynthese ist mit einem geschätzten Umsatz von 200–300 Milliarden Tonnen CO_2 pro Jahr der quantitativ bedeutendste chemische Prozeß auf der Erde. Hinsichtlich seiner qualitativen Bedeutung kann die Photosynthese als der zentrale Transformationsprozeß aufgefaßt werden, der es erlaubt, extraterrestrische Entropiezunahme mit terrestrischer Entropieabnahme zu koppeln. Damit bildet die Photosynthese nach L. Boltzmann (1886) die entropische Voraussetzung für die Existenz der Biosphäre. (Die energetische Bedeutung wurde bereits 1845 von J. R. Mayer erkannt.) Nach Überlegungen von Morowitz liegt die freie Energie der nichtwäßrigen Zellbestandteile im Mittel ca. 26 kJ** pro Grammatom über dem Gleichgewicht. Die Aufrechterhaltung dieses Ungleichgewichtszustandes erfolgt praktisch ausschließlich über die Photosynthese. In den photoautotrophen Organismen wird die solare Strahlungsenergie des sichtbaren Spektralbereiches sowie angrenzender UV- und IR-Regionen[1] in freie chemische Reaktionsenthalpie ΔG umgewandelt und in Form stabiler chemischer Verbindungen gespeichert. Von der gesamten auf der Erdoberfläche auftreffenden Sonnenenergie ($0{,}4$–$1 \cdot 10^{22}$ kJ/Jahr) werden nur ca. 0,05% (2–$4 \cdot 10^{18}$ kJ/Jahr) gemäß Gl. (1) in der Photosynthese umgesetzt und damit der Biosphäre zugänglich gemacht, der überwiegende Teil wird als Wärmestrahlung in den extraterrestrischen Raum wieder abgegeben.

In ihrer chemischen Bruttobilanz kann die Photosynthese als die lichtgetriebene Umkehr der Glucoseoxidation formuliert werden:

$$6\,CO_2 + 6\,H_2O \xrightarrow{h\nu} C_6H_{12}O_6 + 6\,O_2 ; \quad (13.1)$$

$\Delta G = +2870$ kJ/mol.

---

* Meinem Freund Dr. Ch. Wolff († 22.7.1975) gewidmet.
** Entsprechend dem Gesetz über Einheiten im Meßwesen wurde anstelle der bislang üblichen Energieeinheit „Kalorie" das „Joule" verwendet. Als Umrechnungsfaktor gilt: 1 cal $\cong$ 4,184 J.
[1] Unter Berücksichtigung der UV-Absorption durch die Ozonschicht und der IR-Absorption durch CO_2 und H_2O-Dampf in der Atmosphäre wird die spektrale Photonenverteilung des Sonnenlichtes, das die Erdoberfläche erreicht, zu 2–5% UV, 45–55% sichtbares Licht und 40–53% IR abgeschätzt.

Das Wechselspiel zwischen photosynthetischer CO_2-Fixierung — stöchiometrisch gekoppelt mit einer O_2-Bildung — und der CO_2-Bildung — gekoppelt mit einem O_2-Verbrauch — durch heterotrophe Organismen hat zu einem über Jahrmillionen konstanten atmosphärischen Gleichgewichtszustand geführt, der allerdings durch die Verbrennung riesiger Mengen fossiler Energieträger photosynthetischen Ursprungs (Erdöl, Kohle) in den letzten Jahrzehnten zugunsten des CO_2 verschoben wird (Abb. 13.1). Da der rapide Abbau der fossilen Photosyntheseprodukte überdies zu einer Verknappung der Rohstoffbasis führt, spielt die Photosynthese bei den Überlegungen zur technischen Ausnutzung der Solarenergie sowohl für energetische Zwecke als auch als Rohstoffquelle zur Erzeugung von Kohlenwasserstoffverbindungen eine zentrale Rolle.

Im Laufe der Evolution wurden für die Realisierung des Photosyntheseprozesses höchst effiziente hochorganisierte Systeme, die sog. Chloroplasten (Abb. 13.2 und S. 17), entwickelt, die durch charakteristische Struktur- und Funktionsmerkmale gekennzeichnet sind.

13.1.1.1. Die funktionelle und strukturelle Zweiteilung des Photosyntheseapparates

Aus der Abhängigkeit der Photosyntheserate von der Anregungsintensität und der Temperatur wurde von Blackman (1905) gefolgert, daß die Photosynthese aus photochemischen und aus nachfolgenden chemischen Dunkelreaktionen besteht. Hill (1939) und Calvin und Benson (1948) zeigten später, daß die Photosynthese funktionell in 2 Bereiche gegliedert ist. Diese sind auch räumlich im Chloroplasten voneinander getrennt, und zwar in den Stromabereich und den Membranbereich der Thylakoide (Abb. 13.2).

a) Stromabereich

Der Stromabereich ist die zwischen den Thylakoiden und der inneren Chloroplastenmembran befindliche wäßrige Phase (Abb. 13.2). Im Stromabereich erfolgt die durch wasserlösliche globuläre Enzymsysteme katalysierte Reduktion des CO_2 mit NADPH und ATP, wobei die exergonische ATP-Hydrolyse (zu ADP und Phosphat) die energetische Voraussetzung für den Ablauf der Reaktion ist. Damit folgt für die Brutto-

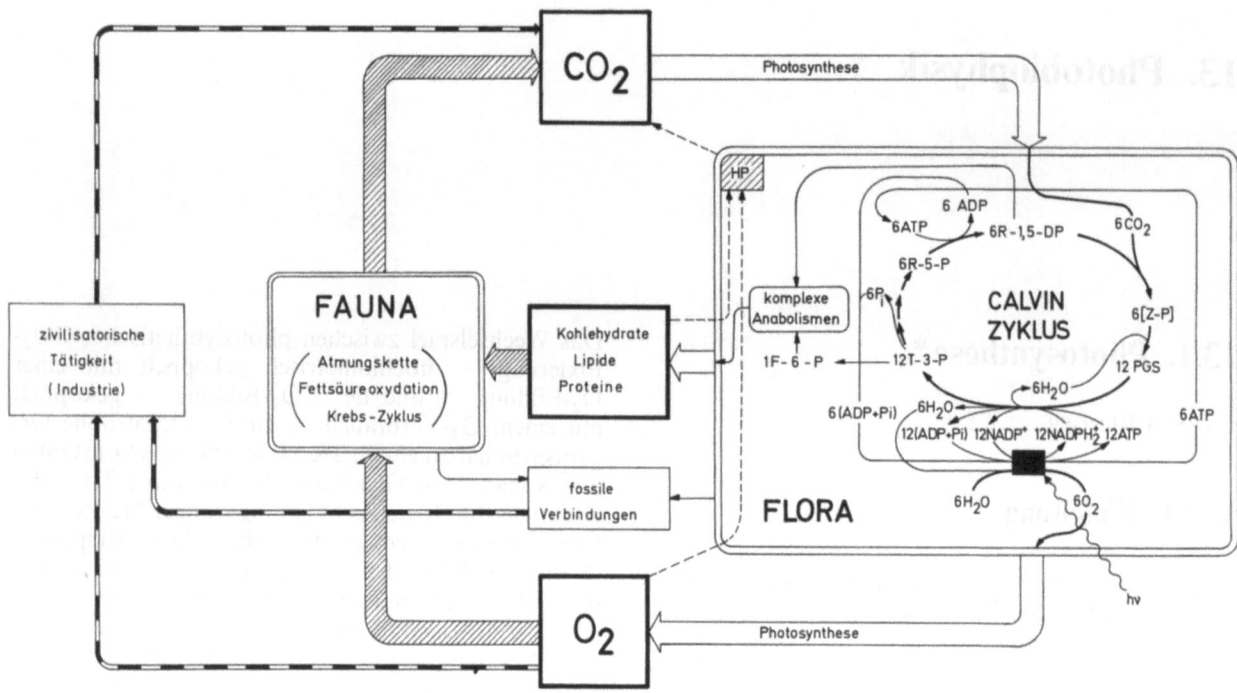

Abb. 13.1. Schematische Übersicht über die beiden wichtigsten Bruttoprozesse der Biosphäre (unter Vernachlässigung des Stickstoff- und des Mineralstoffwechsels). Die Stärke der Pfeile gibt ein ungefähres Maß für die quantitative Bedeutung der einzelnen Prozesse an, wobei aber die Bedeutung der zivilisatorischen Tätigkeit überhöht dargestellt ist. Der schwarze Kasten symbolisiert das System der Primärprozesse der Photosynthese. Folgende Abkürzungen wurden benutzt: ADP=Adenosindiphosphat, ATP=Adenosintriphosphat, $NADP^+/NADPH_2^+$ = Nicotinamidadenosindinukleotidphosphat in oxidierter bzw. reduzierter Form, P_i = Orthophosphat, PGS = Phosphoglycerinsäure, R-5-P = Ribulose-5-Phosphat, R-1,5-DP = Ribulose-1,5-Diphosphat, T-3-P = Triose-3-Phosphat, Z-P=primäres Zwischenprodukt der CO_2-Reduktion mit R-1,5-DP, HP symbolisiert die Gesamtheit der heterotrophen Prozesse (z.B. Atmung), die in der Flora stattfinden

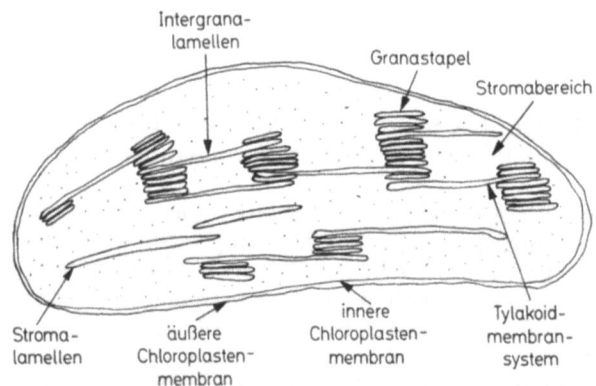

Abb. 13.2. Schematische Darstellung des Aufbaues von Chloroplasten höherer Pflanzen (Mesophyllzellen). Zur Vereinfachung wurden globuläre Einschlüsse im Stromabereich nicht berücksichtigt. [Nach Kreutz u. Menke: Z. Naturforsch. 17b, 675 (1962)]

reaktion bei pH = 8 (dieser pH-Wert entspricht in etwa in vivo-Bedingungen):

$$CO_2 + 2\,NADPH + 3\,ATP^{4-} + 2\,H_2O \to -CH_2O-$$
$$+ 2\,NADP^+ + 3\,ADP^{3-} + 3\,HPO_4^{2-} + H^+ , \qquad (13.2)$$

wobei $-CH_2O-$ eine Kohlenhydrateinheit ist (diese entspricht einem „fixierten" CO_2).

Die wesentlichen Teilreaktionen dieser enzymatischen CO_2-Reduktion wurden von Calvin und Benson (1948) mittels ^{14}C-Tracer-Methoden aufgeklärt. Der CO_2-Fixierungsmechanismus ist nicht für alle Pflanzen gleich. Man unterscheidet sog. „C-3"-Pflanzen (diese bauen CO_2 direkt in Ribulose-1,5-diphosphat unter Bildung von zwei 3-Phosphoglyceratmolekülen ein) und sog. „C-4"-Pflanzen (diese binden CO_2 über die intermediäre Aspartat- oder Malat-Bildung). Keine dieser Reaktionen benötigt Licht, sie sind den photochemischen Prozessen nachgeschaltet und werden deshalb als *Sekundär*prozesse der Photosynthese bezeichnet.

b) Thylakoidmembranbereich

Die Thylakoide sind nach Menke diskusförmige Gebilde, die von einer geschlossenen Membran umgeben sind. Sie treten in 2 Formen auf (Abb. 13.2): als Einzelsystem (Intergrana- oder Stromalamellen) und als Stapel (Grana). Im Thylakoidmembransystem werden die im Stromabereich von dem Calvin-Zyklus benötigten Substanzen ATP und NADPH mit Hilfe von Strahlungsenergie synthetisiert. Nur diese Reaktionen sind mit Photoprozessen gekoppelt, man bezeichnet sie daher als die *Primärprozesse*[2] der Photosynthese. Ihre

---
[2] Der Begriff „Primärprozesse" ist in dieser Bedeutung nicht ganz zutreffend gewählt, da die meisten Teilreaktionen der Bruttoreaktion [Gl. (13.3)] reine Dunkelprozesse sind. Trotz dieser begrifflichen Unschärfe wird das Wort „Primärprozesse" als Sammelbezeichnung für die Reaktionen des Thylakoidmembranbereiches oft verwendet.

Bruttobilanz läßt sich durch Gl. (13.3) beschreiben:

$$2\,DH_2 + 2\,NADP^+ + 3\,ADP^{3-} + 3\,HPO_4^{2-} + H^+$$
$$\xrightarrow{h\nu} 2\,D + 2\,NADPH + 3\,ATP^{4-} + 3\,H_2O. \quad (13.3)$$

In Gl. (13.3) ist DH_2 ein geeigneter natürlicher Elektronendonator. Im Laufe der Evolution wurden im Photosyntheseapparat Systeme entwickelt, die die Ausnutzung des fast überall vorkommenden Wassers als natürlichen Elektronendonator erlauben (s. System der Wasserspaltung, Abschnitt 13.1.4.3). Bis auf wenige Ausnahmen (z. B. photosynthetisierende Bakterien, die organische Substanzen oder Schwefelverbindungen verwenden) ist daher Wasser der natürliche Elektronendonator der Photosynthese. Die Donatorfunktion des H_2O wurde 1931 von van Niel postuliert und später durch Versuche mit ^{18}O-markiertem Wasser von verschiedenen Arbeitsgruppen bewiesen. Im Vergleich zu den Prozessen im Stromabereich sind die Reaktionen des Thylakoidmembranbereiches strukturell wesentlich höher organisiert.

Die Reaktionspartner (meist Enzyme) sind in der Thylakoidmembran *anisotrop* angeordnet. Dies führt dazu, daß die Reaktionen in der Membran *vektoriell* ablaufen. Diese Eigenschaft spielt eine zentrale Rolle bei biologischen Energietransformationsprozessen (Abschnitte 13.1.5 und 13.1.6).

Die funktionelle Isolierung des Thylakoidsystems gelang 1939 Hill durch Isolierung von Chloroplasten aus ganzen Zellen. Dabei wurde die Chloroplastenmembran (Abb. 13.2) zerstört und die wäßrigen Enzyme des Stromabereiches ausgewaschen. An den erhaltenen Thylakoidsystemen[3], die keine CO_2-Fixierungsaktivität besitzen, konnte durch Zusatz künstlicher Elektronenakzeptoren (z. B. $K_3[Fe(CN)_6]$) eine lichtinduzierte O_2-Bildung gemessen werden, deren Rate mit in vivo-Werten vergleichbar ist. Der künstliche Elektronen-Akzeptor wird dabei anstelle von CO_2 reduziert (Hill-Reaktion). 1951 wurde von verschiedenen Arbeitsgruppen an isolierten Thylakoidsystemen die $NADP^+$-Reduktion nachgewiesen, und 1954 fand Arnon, daß diese Systeme auch eine lichtinduzierte Phosphorylierung ermöglichen. Die Raten entsprechen praktisch den in vivo-Werten. Damit war gezeigt worden, daß eine vollständige Trennung von Stroma- und Thylakoidmembranbereich ohne Verlust der wesentlichen biologischen Aktivitäten möglich ist. Da nur die Primärprozesse typisch für die Photosynthese sind, ist zu ihrem Verständnis die Kenntnis über den Reaktionsmechanismus des Thylakoidmembranbereiches erforderlich. Die räumliche Anordnung der Reaktionspartner in einem Membransystem führt zu wichtigen Korrelationen zwischen Funktion und Struktur. Zur Beschreibung des Mechanismus der Primärprozesse ist es daher notwendig, sowohl die chemische Natur und die reaktiven Eigenschaften der Membranbausteine als auch deren geometrische Anordnung und relative Beweglichkeit zueinander zu kennen. Diese Aufgabe ist nur mit modernen physikalischen Analysenmethoden zu lösen. Für die Untersuchung der reaktiven Eigenschaften werden meist Relaxationsverfahren angewandt, wobei sich insbesondere blitzlichtamperometrische und Blitzlicht-spektroskopische Methoden als ausgezeichnetes analytisches Hilfsmittel zur Aufklärung des Funktionsmechanismus erwiesen haben. Eine wesentliche Erweiterung dieses Verfahrens sowohl in der Empfindlichkeit als auch in der zeitlichen Auflösung wurde durch die Einführung repetierender Methoden erreicht (s. Kapitel 8.7).

Die Analyse des Membranaufbaues mittels Röntgenbeugung und Elektronenmikroskopie (Kapitel 3.2.1 und 3.2.2) führten zu unterschiedlichen statischen Modellvorstellungen. Untersuchungen über Bewegungsvorgänge in der Membran und deren Bedeutung für den Funktionsmechanismus sind bisher nur vereinzelt in Vorbereitung.

13.1.1.2. Prozeßtypen im Thylakoidmembransystem

Die Transformation der Lichtquantenenergie in freie chemische Enthalpie kann nur über photochemische Reaktionen erfolgen. Damit eine photochemische Reaktion prinzipiell möglich ist, sind 2 notwendige Bedingungen zu erfüllen:

a) Die Lichtquanten müssen vom Reaktionssystem absorbiert werden.

b) Die Lichtquanten müssen die zum Antrieb der Reaktion notwendige Energie besitzen.

Zur Erfüllung der ersten Bedingung ist nicht unbedingt die direkte Lichtquantenabsorption durch einen Reaktionspartner erforderlich, sondern die Anregungsenergie kann auch *indirekt* von einem Absorbermolekül (A), das selbst an der Reaktion nicht beteiligt ist, auf den eigentlichen Reaktionspartner (C) übertragen werden (photosensibilisierte Reaktion). Damit ergibt sich in diesem Fall ein 3-Schritt-Mechanismus:

Absorptionsprozeß: $\quad A + h\nu \to A^*, \quad (13.4\text{a})$

Energieleitung: $\quad A^* + C \to A + C^*, \quad (13.4\text{b})$

Photochemische Reaktion: $C^* + R \to Pr, \quad (13.4\text{c})$

wobei C der Reaktant ist, der die Energie von A^* aufnimmt, R ein Reaktionspartner von C^* ist und Pr die gebildeten Produkte symbolisiert.

Es wird im folgenden gezeigt werden, daß die Primärprozesse der Photosynthese im Prinzip eine komplexe photosensibilisierte Reaktionsfolge mit anisotroper Anordnung der Reaktionspartner in einer funktionellen Membran (Thylakoidmembran) sind.

Es lassen sich folgende Typen von Prozessen unterscheiden:

a) Energieleitungen im Pigmentsystem, bei denen Energie in Form angeregter Elektronenzustände transferiert wird.

---
[3] Es sind moderne Isolierungsverfahren zur Präparation ganzer Chloroplasten mit intakten Chloroplastenmembranen entwickelt worden. Diese Chloroplasten besitzen die gleiche CO_2-Fixierungsaktivität wie ganze Zellen.

b) Photochemische Reaktionen, bei denen ein angeregter Elektronenzustand zu einer Ladungsseparierung führt.

c) Elektronentransferprozesse, die zu Redoxreaktionen führen.

d) Erzeugung elektrochemischer Potentialgradienten durch vektoriellen Ladungstransport.

e) Phosphorylierung.

13.1.2. Energieleitungsprozesse

Der primäre und zugleich schnellste Elementarprozeß ($\tau \sim 10^{-15}$ s) der Photosynthese ist die Absorption von Lichtquanten durch die Thylakoidpigmente. Da die natürlichen Quantenflußdichten sehr unterschiedlich sind, ist zur Erreichung einer hohen Effizienz einerseits und der Vermeidung von Überbelastung andererseits ein Adaptationssystem erforderlich. Dies wird durch Pigmentsysteme gewährleistet, die sowohl eine Antennen- als auch eine Schutzfunktion erfüllen.

13.1.2.1. Das Antennenpigmentsystem

Die Existenz und die Größe des Antennenpigmentsystems wurden 1932 von Emerson und Arnold über blitzlichtmanometrische Messungen der O_2-Bildung an Algen nachgewiesen. Bei Anregung der Algen mit kurzen Blitzen (Blitzdauer ≤ 10 μs, Dunkelabstand zwischen den Blitzen $t_d = 500$ ms) steigt die Sauerstoffausbeute pro Blitz zunächst linear mit der Blitzintensität an und erreicht bei höheren Intensitäten einen Sättigungswert $[M_{O_2}]_{sätt}$. Maximal kann ein Sauerstoffmolekül pro Blitz und pro 2000–2500 Chlorophyllmoleküle gebildet werden (Abb. 13.3). Aus diesen Ergebnissen wurde geschlossen, daß nur ca. 0,05% aller vorhandenen Chlorophyllmoleküle an den photochemischen Reaktionen beteiligt sind. Unter der Berücksichtigung des Quantenbedarfs, dessen Minimum bei 8–10 hv pro Molekül O_2 liegt (Abb. 13.4), und der Voraussetzung, daß ein 10 μs-Blitz nur einen Umsatz pro Reaktionszentrum induzieren kann ("single-turnover"-Blitz), postulierten Gaffron und Wohl 1936 die Existenz von Funktionseinheiten, die aus 250–300 Absorberchlorophyllmolekülen und einem photochemisch aktiven Reaktionszentrum aufgebaut sind. Nach diesem Modell finden die photochemischen Prozesse nur am Reaktionszentrum statt, während die überwiegende Anzahl ($\geq 99,5\%$) der vorhandenen Chlorophyllmoleküle zur Lichtquanten-Absorption und zur Energieleitung dient. Damit bilden diese Chlorophyllmoleküle zusammen mit sog. Akzessorpigmenten (in Algen: Biliproteine und Carotinoide, in höheren Pflanzen: vornehmlich Carotinoide und Chlorophyll b) ein Pigmentsystem, das als Antenne für das Reaktionszentrum wirkt. Für die Funktionseinheit, bestehend aus dem Antennenpigmentsystem und dem photochemisch aktiven Reaktionszentrum, wurde der Begriff *photosynthetische Einheit* geprägt. Diese Bezeichnung hat sich eingebürgert, obgleich die photosynthetische Einheit

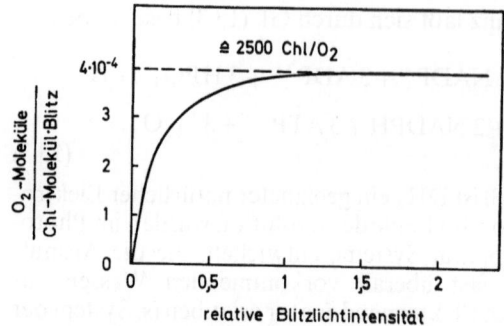

Abb. 13.3. Sauerstoffausbeute als Funktion der Blitzintensität. [Nach Emerson u. Arnold: J. gen. Physiol. **16**, 191 (1932)]

nicht die universelle Funktionseinheit aller Prozesse des Thylakoidmembranbereiches ist, da für die Ionentransferprozesse und für die Phosphorylierung das gesamte Thylakoid als Funktionseinheit wirkt (Abschnitt 13.1.5 u. 13.1.6). Die photosynthetische Einheit kann für den Mechanismus der Energieleitung als ein Molekülgitter der Antennenpigmente aufgefaßt werden, in das das photochemisch aktive Reaktionszentrum als Energiesenke eingebaut ist. Durch die Lichtabsorption wird primär an irgendeinem Pigmentmolekül des Gitters ein elektronischer Anregungszustand erzeugt, der dann mit einer bestimmten Wahrscheinlichkeit zum Reaktionszentrum geleitet und dort „eingefangen" wird. Prinzipiell sind in Aggregaten mit Festkörperstruktur 2 Mechanismen der Energieleitung zu unterscheiden:

a) Energieleitung ohne korrespondierenden Masse- und Ladungstransport. Dabei wandert der elektronische Anregungszustand in Form eines spingekoppelten Elektron-Defektelektron-Paares durch Resonanzeffekte durch das Gitter. Man bezeichnet diesen Typ der Energieleitung daher als Resonanz- oder Exzitonentransfer.

Exzitonen beschreiben die elektronischen Anregungszustände von Molekülkristallen. Man unterscheidet je nach der Stärke der Kopplung zwischen dem angeregten Elektron und dem Rest des Moleküls stark gebundene (Frenkel-Exzitonen mit ähnlichen Eigenschaften wie der molekulare Anregungszustand) und schwach gebundene (Wannier-Exzitonen mit Quasiteilchen-Eigenschaften) Exzitonen. Während die sehr stark beweglichen Wannier-Exzitonen zu starken spektralen Veränderungen (Auftreten neuer Banden in der Gitterstruktur, die im Einzelmolekül nicht auftreten) führen, bleibt das Spektrum bei Frenkelexzitonen meist erhalten. Sind aber Frenkelexzitonen kohärent über mehrere Moleküle verteilt, so tritt Bandenaufspaltung (Dawydow-Aufspaltung) auf.

b) Energieleitung mit korrespondierendem Masse- und Ladungstransport. Dabei führt der elektronische Anregungszustand zu Elektronen und Defektelektronen, die im Leitungs- bzw. Valenzband delokalisiert sind. Da sich hierbei die Zahl der Ladungsträger im Gitter vergrößert, ist dieser Typ der Energieleitung mit einer Photoleitfähigkeit verbunden.

Obwohl die Existenz einer Photoleitfähigkeit an getrockneten Chloroplasten nachgewiesen wurde, erfolgt die Energieleitung im Antennenpigmentsystem *in vivo* mit sehr großer Wahrscheinlichkeit durch einen Exzitontransfermechanismus.

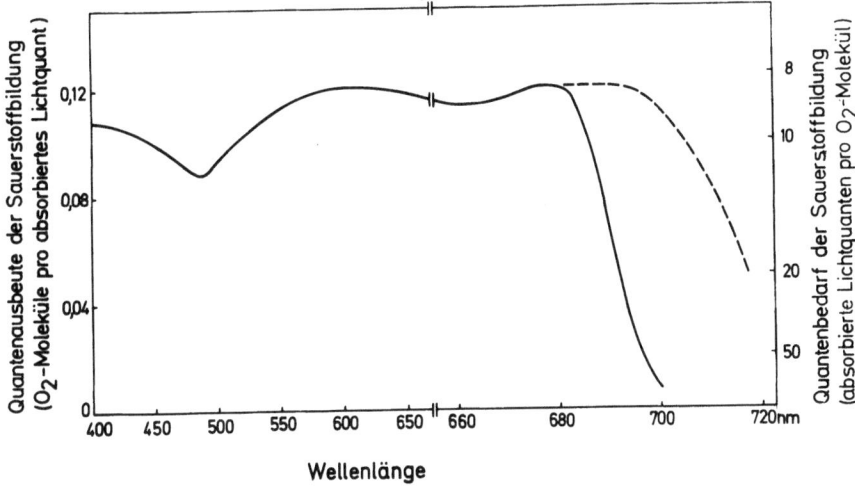

Abb. 13.4. Spektrale Abhängigkeit der maximalen Quantenausbeute bzw. des minimalen Quantenbedarfs für die Sauerstoffbildung an Grünalgen (Chlorella). Die gestrichelte Kurve gibt die Quantenausbeute oberhalb von 680 nm bei Einstrahlung von kurzwelligem Zusatzlicht an. [Nach Emerson u. Mitarb.: Amer. J. Bot. **30**, 165 (1943) und Proc. Nat. Acad. Sci. **43**, 133 (1957)]

Dieser Schluß folgt a) aus der hohen Quantenausbeute (s. Abschnitt 13.1.2.3) (im Falle einer Photoleitung müßte der Ladungstransfer daher praktisch verlustfrei verlaufen), b) aus der hohen Energietransfereffizienz bis zu 1 K (für die Photoleitung aber beträgt die Aktivierungsenergie 0,1–0,3 eV) und c) aus direkten Messungen der lichtinduzierten Bildung von Ladungen und deren Hall-Beweglichkeiten (über Faraday-Rotation bestimmt) folgt, daß diese in ihrer Konzentration in etwa mit der Zahl und in der Separationslänge (ca. 3 nm) mit der Größe des Pigment-Protein-Komplexes der Reaktionszentren übereinstimmen. Dies zeigt, daß die Ladungserzeugung im Licht praktisch nur an den Reaktionszentren stattfindet.

Der Mechanismus des Resonanzenergietransfers angeregter Elektronenzustände ist durch die Wechselwirkungsenergie ΔE_{WW} der Moleküle, zwischen denen der Energietransfer erfolgt, und die Spinmultiplizität des Anregungszustandes bestimmt. Man unterscheidet Singulett-Singulett-Energietransfer (in folgendem als S-S-Transfer bezeichnet) und Triplett-Triplett-Energietransfer (Austausch-Resonanz-Transfer, da der bei Lichtabsorption zunächst gebildete Singulett-Zustand durch intersystem crossing erst in den Triplettzustand übergeht; im folgenden als T-T-Transfer bezeichnet). Ist für einen S-S-Transfer ΔE_{WW} sehr viel größer (oder gleich groß) als die Frank-Condon-Bandbreite des entsprechenden elektronischen Überganges (in der Gasphase), so erfolgt der Energietransfer zwischen 2 Molekülen schneller (10^{13}–10^{15} s^{-1}) als oder gleich schnell wie (10^{11}–10^{13} s^{-1}) die Relaxation der Schwingungszustände des angeregten Elektronenzustandes. Unter diesen Bedingungen kann die Kohärenz der Exitonen erhalten bleiben. Der angeregte Elektronenzustand ist dann praktisch über das gesamte Antennenpigmentsystem verteilt und durch die mittlere Aufenthaltswahrscheinlichkeit bestimmt. (Man spricht daher von „delokalisierten" Excitonen.) Die Transferwahrscheinlichkeit ist bei der Energieleitung über kohärente Exitonen durch die Größe des Überlappungsintegrals der Absorptionsbande von Donator- und Akzeptormolekül und dem Abstand R (R^{-3}-Gesetz bei Dipol-Wechselwirkung) bestimmt. Damit ΔE_{WW} hinreichend groß ist, muß der Molekülabstand relativ klein sein. Ist dagegen im S-S-Transfer ΔE_{WW} klein gegen die Frank-Condon-Bandbreite, so ist der Energietransfer langsam (10^6–10^{11} s^{-1}) und erfolgt erst nach Beendigung der Relaxation der Schwingungszustände des angeregten Elektronenzustandes durch sog. *induktive Resonanz*[4]. Dabei ist der angeregte Elektronenzustand zu jedem Zeitpunkt an einem definierten Molekül lokalisiert (man spricht daher von „lokalisierten" Exitonen) und wandert statistisch von Molekül zu Molekül durch das Antennenpigmentsystem. Die Kohärenz der Exitonen geht verloren. Man bezeichnet diesen Typ des Resonanzenergietransfers als *Förster*-Mechanismus. Da der Energietransfer vom Donatormolekül aus erst nach der Schwingungsrelaxation erfolgt, ist die Transferwahrscheinlichkeit k_{DA} durch das Überlappungsintegral der Emissionsbande des Donatormoleküls D und der Absorptionsbande des Akzeptormoleküls A sowie den molekularen Abstand R bestimmt (Förster, 1947). Es gilt:

$$k_{DA} = \frac{\text{const}}{\tau_0 \cdot R^6} \int \varepsilon_A(\nu) f_D(\nu) \frac{d\nu}{\nu^4},$$

wobei $\varepsilon_A(\nu)$ die Absorptionsbande von A und $f_D(\nu)$ die Fluoreszenzbande von D angeben, τ_0 ist die „natürliche" Lebensdauer des Anregungszustandes (für Chlorophyll a beträgt diese $\approx$ 15 ns). Mit $\left(\text{const} \cdot \int \varepsilon_A(\nu) f_D(\nu) \frac{d\nu}{\nu^4}\right)^{1/6}$ ist ein kritischer Abstand R_0 definiert. Da ferner die Beziehung $\tau = \Phi_F \cdot \tau_0$ gilt, wobei τ die Lebensdauer des Anregungszustandes und Φ_F die Fluoreszenzquantenausbeute in Abwesenheit des Akzeptors sind, gibt das Produkt $\Phi_F^{1/6} \cdot R_0$ den Abstand $\bar{R}_0$ an, bei dem die Geschwindigkeiten für den Energietransfer zum Akzeptor- und für den Abbau des Anregungszustandes im Donatormolekül gleich groß sind. Die für Chlorophyll a unter verschiedenen Bedingungen ermittelten $\bar{R}_0$-Werte variieren zwischen 4 und 10 nm.

Zur Erreichung einer hohen Effizienz der Primärprozesse ist es notwendig, daß (a) möglichst alle Lichtquanten zum photochemisch aktiven Reaktionszentrum gelangen, (b) eine möglichst vollständige spektrale Ausnutzung erfolgt und (c) wegen der Existenz von 2 in Serie geschalteten unterschiedlichen Photosystemen (s. Abschnitte 13.1.3.2 und 13.1.3.3) eine möglichst optimale Verteilung der Anregungsenergie auf die beiden Photosysteme erreicht wird.

a) Bei geringen Lichtintensitäten ($<10^{-5}$ W cm^{-2})[5] werden die wenigen Lichtquanten praktisch vollständig zu den reaktiven Zentren, an denen die Transformationsprozesse vom angeregten Elektronenzustand zur Ladungsseparierung stattfinden, geleitet. Damit wird durch das Antennenpigmentsystem (über den Mechanismus der Energieleitung) der Einfangquerschnitt für die Lichtquanten bezüglich des reaktiven Zentrums um mindestens 2 Größenordnungen erhöht.

---

[4] Der Name folgt aus der zunächst rein klassischen Ableitung für diesen Typ des Energietransfers, bei der angenommen wird, daß das Oszillatorfeld des Donatordipols bei vorliegender Resonanz eine Energieaufnahme durch den Akzeptordipol induziert und diesen damit zur Anregung bringt.

[5] Wegen der Polychromasie des Sonnenlichtes ist es sinnvoller, die pro Zeit- und Flächeneinheit einfallende Energie anzugeben, als eine mittlere Quantenflußdichte zu definieren.

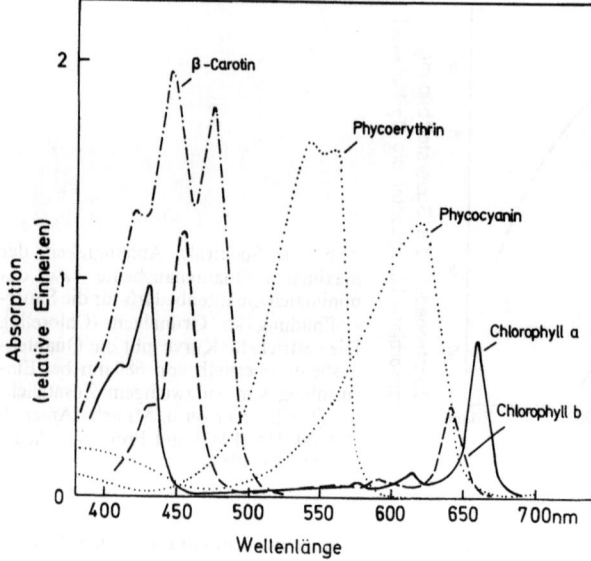

Abb. 13.5. Absorptionsspektren von Chloroplastenpigmenten in Lösung. (Die Spektren der Phycobiline sind für verschiedene Organismen unterschiedlich, die hier angegebenen Spektren gelten für Phycoerythrin aus der Rotalge Porphyridium cruentum und Phycocyanin aus der Blaualge Nostoc muscorum.) [Nach Zscheile u. Mitarb.: Bot. Gaz. **102**, 463 (1941) und Plant Physiol. **17**, 331 (1942); O'hEochoa, in: Chemistry and Biochemistry of Plant Pigments (Goodwin, Ed.), 407 Academic Press, London, New York 1966]

b) Zur Erhöhung der spektralen Ausnutzung der Lichtquanten des Sonnenlichtes sind in das Antennenpigmentsystem sog. Akzessorpigmente (Phycobiline, Carotinoide und Chlorophyll b) eingebaut, wobei zwischen einzelnen Algen- bzw. Pflanzenarten große Unterschiede in der Akzessorpigmentzusammensetzung bestehen. Rot- und Blaugrünalgen enthalten vorwiegend Phycobiline (Phycoerythrin und Phycocyanin) und Carotinoide (α- und β-Carotin, Lutein und Violaxanthin), Braunalgen besitzen meist Chlorophyll c und das Carotinoid Fucoxanthin, während in Grünalgen und in allen Höheren Pflanzen Chlorophyll b und Carotinoide (α- und β-Carotin, Lutein und Violaxanthin) als Akzessorpigmente auftreten. Die Akzessorpigmente absorbieren Lichtquanten meist in den Spektralbereichen, in denen die Chlorophyll a-Absorption nur sehr schwach ist (für einen qualitativen Vergleich sind in Abb. 13.5 die in vitro-Absorptionsspektren von Chlorophyll a und von einigen Akzessorpigmenten dargestellt), und leiten diese aufgenommene Energie über das Chlorophyll a des Antennenpigmentsystems schließlich zum photochemisch aktiven Reaktionszentrum. Die Energietransfereffizienz auf das Chlorophyll a wurde durch die Messung der sensibilisierten Fluoreszenz bestimmt. Sie ist für die einzelnen Akzessorpigmente sehr unterschiedlich. Während die Phycobiline (Phycoerythrin, Phycocyanin) eine Transferwahrscheinlichkeit von fast 100% aufweisen, ist diese für Carotinoide oft deutlich (40%) geringer. Daher können die von den Carotinoiden absorbierten Lichtquanten nur mehr teilweise für die photochemische Reaktion an den Reaktionszentren ausgenutzt werden und die maximal mögliche Quantenausbeute sinkt in den Wellenlängenbereichen, in denen hauptsächlich Carotinoide absorbieren, deutlich ab (s. Abb. 13.5).

c) Die Optimierung der Anregungsenergieverteilung auf die durch unterschiedliche spektrale Effizienz (s. Abschnitt 13.1.3.1) und unterschiedliche Regulierungskinetik (s. Abschnitt 13.1.4) charakterisierten photosynthetischen Einheiten der Systeme I und II erfolgt einerseits direkt durch die Steuerung der Lichtquantenverteilungskoeffizienten α (II)[6], andererseits indirekt durch die Variation der Energietransferwahrscheinlichkeit W (II, I), mit der angeregte Elektronenzustände aus dem Antennenpigment des Systems II in die des Systems I gelangen. Für diesen Prozeß hat sich in der engl.

---

[6] α (II) (bzw. 1-α (II)) gibt an, welcher Bruchteil der einfallenden Lichtquanten zu System II (bzw. System I) gelangt. α enthält keinen Beitrag des sog. "spillover"-Prozesses.

Literatur der Begriff "spillover" eingebürgert. Nach neuesten Modellvorstellungen existiert neben den Antennenpigmenten, die funktionell direkt mit den Reaktionszentren der Systeme I und II verbunden sind, noch ein dritter Pigment-Protein-Komplex, der ausschließlich zur Lichtabsorption und Resonanzenergieleitung dient, und als LHP-Komplex (engl. "light harvesting pigment protein") bezeichnet wird. Die im LHP-Komplex erzeugten Exzitonen gelangen sowohl zum System I als auch zum System II, wobei aber die funktionelle Kopplung mit System II wesentlich stärker ist als mit System I. Der "spill-over"-Prozeß verläuft wahrscheinlich über den LHP-Komplex. Es wurde abgeschätzt, daß der LHP-Komplex ca. 50% des gesamten Chlorophyll a und über 90% des Chlorophyll b enthält.

Die unter a)–c) beschriebenen Transferreaktionen angeregter Elektronenzustände verlaufen sehr wahrscheinlich nach dem *S-S*-Mechanismus. Dies folgt einmal aus der Abhängigkeit der Fluoreszenzausbeute vom Funktionszustand des photochemischen Reaktionszentrums (im Falle eines *T-T*-Transfers sollte wegen des relativ großen Energieunterschiedes zwischen erstem angeregten Singulett und Triplett des Chlorophyll a diese starke Abhängigkeit nicht auftreten) und aus der äußerst geringen Triplettbildung in vivo, auch bei hohen Lichtintensitäten. Es ist bislang aber noch nicht geklärt, welcher Typ eines *S-S*-Mechanismus realisiert ist. Nach dem derzeitigen Stand der Forschung wird angenommen, daß in photosynthetisierenden Bakterien (diese besitzen nur einen Photoreaktionszentrentyp) ebenso wie in den photosynthetischen Einheiten des Systems I von Algen und höheren Pflanzen der Mechanismus delokalisierter Exzitonen stattfindet, während im System II möglicherweise noch der Förster-Mechanismus „lokalisierter" Exzitonen realisiert ist. Die indirekt abgeschätzten Pigment-Pigment-Wechselwirkungsenergien liegen im Grenzbereich zwischen *Förster*- und *Exziton*-Mechanismus delokalisierter Exzitonen.

Die Antennenwirkung ist durch die Anzahl der Pigmentmoleküle bestimmt. Je größer die Pigmentzahl ist, desto größer wird der Einfangsquerschnitt für Photonen. Gleichzeitig steigt mit der Pigmentzahl die mittlere Zahl der notwendigen Transfers, die angibt, wie oft ein durch Lichtabsorption erzeugter Anregungszustand vom Pigmentmolekül zu Pigmentmolekül wandert, bevor das photochemisch aktive Reaktionszentrum erreicht wird. Ist die mittlere Transferzahl zu hoch, so wird der Anregungszustand bereits vor dem Eintreffen am Reaktionszentrum teilweise dissipativ abgebaut und die Effizienz der Antenne sinkt. Theoretische Untersuchungen zeigten, daß unter geeigneten Annahmen über Pigmentanzahl, Gitterstruktur und Einfangwahrscheinlichkeit des photochemisch aktiven Reaktionszentrums mittlere Transferzahlen in der Größenordnung von 100–1000 auftreten, vorausgesetzt, daß die Chlorophyllmoleküle ein regelmäßiges Gitter bilden. Unter Berücksichtigung verschiedener Pigmente bzw. Chlorophyll a-Formen, deren Absorptions- und Emissionsbanden sich leicht unterscheiden, und der Annahme, daß die langwelligeren Formen in der Nähe des photochemisch aktiven Reaktionszentrums angeordnet sind, wurde gezeigt, daß in einem Antennenpigmentsystem von 200–300 Molekülen eine praktisch vollständige Transfereffizienz erreicht wird. Neuerdings wird ein Mosaik-Modell für das Antennenpigmentsystem vorgeschlagen, dessen Einheiten aus Pigment-Protein-Komplexen mit ca. 5–10 Pigmentmolekülen bestehen. Innerhalb der Komplexe soll kohärenter, zwischen den Komplexen inkohärenter (Förster-Mechanismus) Exzitonentransfer stattfinden. Aus der Messung der Fluoreszenz-Depolarisation und -Quantenausbeute wurde die in vivo auftretende mittlere Transferzahl zu 250–300 abgeschätzt.

13.1.2.2. Das Schutzsystem

Da die Geschwindigkeit, mit der die elektronische Anregungsenergie in elektrochemische Energie am Reaktionszentrum umgewandelt werden kann, kinetisch limitiert ist, herrscht bei hohen Lichtintensitäten, die bei grellem Sonnenlicht ($>10^{-2}$ W cm^2) auftreten, ein Energieüberschuß. Der größte Teil dieser Überschußenergie wird von den photosynthetischen Einheiten durch Fluoreszenzemission oder strahlungslose Dissipation direkt wieder an die Umgebung abgegeben. Die Restüberschußenergie aber kann zur Bildung von langlebigen Chlorophyll-Triplettzuständen führen, die äußerst sensitiv gegenüber Photodestruktion (Reaktion mit O_2) sind. Es ist deshalb notwendig, diese Chlorophyll-Tripletts sehr rasch und effizient abzubauen. Es wurde gefunden, daß Carotinoide bei dieser Schutzfunktion eine wesentliche Rolle spielen, da carotinoidarme Zellmutanten im Licht und unter aeroben Bedingungen zerstört werden. Der Schutz erfolgt über einen T-T-Energietransfer-Mechanismus, wobei unter Carotinoid-Triplettbildung der Chlorophyll-Triplettzustand sehr schnell gelöscht wird. Die entsprechenden Carotinoid-Tripletts geben ihre Energie dann im μs-Bereich dissipativ an die Umgebung ab.

Einige Carotinoide löschen mit hoher Effizienz auch den Anregungszustand des relativ langlebigen, sehr reaktiven Singulettsauerstoffs, $O_2(^1\Delta_g)$, und üben damit eine zusätzliche Schutzfunktion gegen destruktive Oxidationsprozesse aus. Der Abbau der Chlorophylltripletts erfolgt aber nicht über die intermediäre Bildung von $O_2(^1\Delta_g)$, sondern durch den oben beschriebenen direkten T-T-Energietransfer.

13.1.2.3. Struktur und Energetik der photosynthetischen Einheiten

Die strukturelle Organisation der photosynthetischen Einheiten ist noch weitgehend unbekannt. Der Organisationszustand ist im wesentlichen durch 3 Faktoren bestimmt: a) Die Pigmentanordnung innerhalb einer photosynthetischen Einheit, b) die Höhe der Energiebarrieren ΔE_b zwischen den einzelnen photosynthetischen Einheiten und c) die Anzahl der photochemisch aktiven Reaktionszentren n_{RZ} pro photosynthetische Einheit.

Die Gitterstruktur des Antennenpigmentsystems ist praktisch ungeklärt (Abschnitt 13.1.2.1). Hinsichtlich der Energiebarrieren unterscheidet man je nach der Höhe von ΔE_b das Modell isolierter Einheiten (($\Delta E_b \to \infty$), das Modell statistischer Einheiten ($\Delta E_b = 0$) und das Modell verknüpfter Einheiten. Bezüglich n_{RZ} wird zwischen heterogenen (n_{RZ} unterschiedlich) und homogenen Modellen unterschieden, wobei entweder Einzel- ($n_{RZ} = 1$) oder Multizentreneinheiten auftreten können. Nach den neuesten Erkenntnissen scheinen im System II verknüpfte photosynthetische Einheiten vorzuliegen mit $n_{RZ} = 3$. Darüber hinaus wurde gefunden, daß sich die Größe des Antennensystems des Systems II während der ontogenetischen Entwicklung nahezu verdoppelt (vornehmlich durch Chlorophyll b-Einbau) und auch die Energietransferwahrscheinlichkeit zwischen den photosynthetischen Einheiten des Systems II zunimmt. Noch weitgehend unbekannt ist die strukturelle und funktionelle Organisation der photosynthetischen Einheiten von System I, es deutet aber einiges auf die Existenz von isolierten Einheiten mit $n_{RZ} = 1$.

Die in den photosynthetischen Einheiten der Systeme I und II stattfindenden Prozesse der Energieleitung und Energietransformation sind in Abb. 13.6 schematisch dargestellt. Zur Vereinfachung wurde der LHP-Komplex, der in sehr enger funktioneller Beziehung zum Antennenpigmentsystem II steht (s. Punkt c in Abschnitt 13.1.2.1) nicht explizit berücksichtigt, sondern in erster Näherung als Teil des Antennenpigmentsystems II behandelt.

Für die energetischen Betrachtungen wird vorausgesetzt, daß sowohl die Energieleitung als auch die Energieaufnahme am photochemisch aktiven Reaktionszentrum über Singulettexzitonen erfolgt (Abschnitt 13.1.2.1) und daß alle gebildeten Triplettexzitonen über das Carotinoidschutzsystem abgebaut werden (Abschnitt 13.1.2.2). Nimmt man ohne Beschränkung der Allgemeinheit an, daß jedes Antennenpigmentsystem nur ein photochemisch aktives Reaktionszentrum enthält, so ergibt sich folgende Energiebilanz für die einzelnen Abbauprozesse eines in der k-ten photosynthetischen Einheit gebildeten [7] Singulettexzitons:

$$\Phi_{PC}(k) + \Phi_F(k) + \Phi_D(k) + \sum_{i \neq k} \Phi_T(k,i) = 1 \ . \quad (13.5)$$

Dabei bedeuten $\Phi_{PC}(k)$ die Quantenausbeute der Ladungsseparierungsreaktion am photochemisch aktiven Reaktionszentrum der k-ten photosynthetischen Einheit und entsprechend $\Phi_F(k)$ die Fluoreszenzquantenausbeute, $\Phi_D(k)$ die Quantenausbeute der strahlungslosen Dissipativprozesse (einschließlich der Carotinoidschutzfunktion) und $\Phi_T(k,i)$ die Energietransferwahrscheinlichkeit für den direkten Übergang aus dem Antennenpigmentsystem der k-ten photosynthetischen Einheit in das der i-ten Einheit (bei der Summation über alle photosynthetischen Einheiten verschwindet dieser Term).

Die Quantenausbeute $\Phi_{PC}(k)$ ist abhängig vom Funktionszustand der Reaktionszentren. Ist das Reaktionszentrum der k-ten photosynthetischen Einheit funktionell blockiert, so ist $\Phi_{PC}(k) = 0$. Für ein funktionell aktives Reaktionszentrum wurde $\Phi_{PC}(k) \approx 1$ gefunden. Das bedeutet, daß das Reaktionszentrum im funktionell aktiven Zustand eine äußerst effektive „Exzitonenfalle" für das Antennenpigmentsystem ist.

Damit kann im Prinzip ein einzelnes pro photosynthetische Einheit einfallendes Lichtquant in elektrochemische Energie transformiert werden.

Es ist interessant, daß im zweiten Photoprozeß von biologischer Bedeutung, dem Sehvorgang, bei geringer Lichtintensität ebenfalls ein einziges Lichtquant ausreicht, um eine ganze Sehzelle zu erregen, d.h. auch hier beträgt die Quantenausbeute (in diesem Falle für die Informationstransformation) praktisch 1 (Kapitel 13.5).

Die mittlere photochemische Quantenausbeute des Gesamtsystems $\overline{\Phi_{PC}}$ ist nicht einfach durch die Summation über alle photosynthetischen Einheiten gegeben, da diese wegen der Existenz von 2 verschiedenen Licht-

---

[7] Die Exzitonenbildung kann durch Lichtquantenabsorption oder durch Exzitonenwanderung aus einer anderen photosynthetischen Einheit ($i = k$) erfolgen. Die Exzitonenbildung durch chemische Rückreaktion am Zentrum spielt wegen der geringen Quantenausbeute keine Rolle (Abschnitt 13.1.3.5).

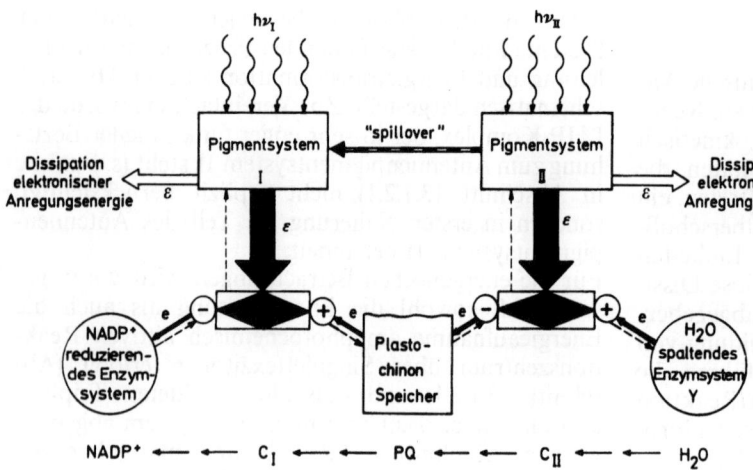

Abb. 13.6. Schematische Darstellung der funktionellen Organisation der Lichtquantentransformation in der Photosynthese. Dicke ausgezogene Pfeile markieren den Hauptreaktionsweg für Exzitonen (ε) und Elektronen (e), gestrichelte dünne Pfeile symbolisieren mögliche Rückreaktionen

reaktionen und deren Serienschaltung (Abschnitt 13.1.3.1) durch die Gesamtheit der Systeme (I oder II) bestimmt ist, die die geringere mittlere Quantenausbeute, d.h. $\overline{\Phi_{PC}(I)}$ oder $\overline{\Phi_{PC}(II)}$, besitzen. Dies wird in Abschnitt 13.1.3.1 ausführlicher diskutiert. Zur Vereinfachung beziehen sich daher die folgenden Betrachtungen jeweils nur auf die Gesamtheit eines Systemes (I oder II).

Die mittlere Wahrscheinlichkeit dafür, daß ein Photon auf eine photosynthetische Einheit mit einem Reaktionszentrum im funktionell aktiven Zustand trifft, $\overline{W(C_i)}$ mit $i=I$ oder II, ist unter stationären Bedingungen durch das Verhältnis des mittleren zeitlichen Photonenabstandes τ_{hv_i}[8] und der Halbwertzeit $\tau_{1/2}$ der geschwindigkeitsbestimmenden Reaktion des Elektronentransportes bestimmt (Abschnitt 13.1.4.) Es gilt:

$$\overline{W(C_i)} = \begin{cases} \approx 1 & \text{für} \quad \tau_{hv_i} \gg \tau_{1/2} \quad \text{(ger. Lichtintensität)} \\ 0 & \text{für} \quad \tau_{hv_i} \ll \tau_{1/2} \quad \text{(hohe Lichtintensität)}. \end{cases}$$

Nach Gl. (13.5) ist die Fluoreszenzquantenausbeute vom Funktionszustand der Reaktionszentren abhängig. Es sollte daher im Prinzip möglich sein, aus der mittleren Fluoreszenzquantenausbeute des Gesamtsystems[9], $\overline{\Phi_F}$, Informationen über den mittleren Funktionszustand der Reaktionszentren zu erhalten. Es muß gelten:

$$\overline{\Phi_F(i)} = \begin{cases} \overline{\Phi_F^{max}(i)} & \text{für} \quad \overline{W(C_i)} = 0 \\ \overline{\Phi_F^{min}(i)} & \text{für} \quad \overline{W(C_i)} = 1 \end{cases} \qquad (13.6)$$

Messungen der Fluoreszenzlebensdauern τ an der Grünalge Chlorella zeigten, daß bei geringer Lichtintensität $\tau \approx 350$ ps, bei hoher Lichtintensität (oder bei inhibiertem Elektronentransport) $\tau \approx 2$ ns ist. Aus der Beziehung $\tau = \overline{\Phi_F} \cdot \tau_0$ ($\tau_0 =$ „innere" Lebensdauer des Anregungszustandes, diese beträgt für Chlorophyll a ≈ 15 ns) folgen damit $\overline{\Phi_F^{min}} = 2,3\%$ und $\overline{\Phi_F^{max}} = 13,3\%$. Nach neuesten Untersuchungen an isolierten Chloroplastenfraktionen ergeben sich für $\overline{\Phi_F^{min}}(I) = 0,4\%$ und für $\overline{\Phi_F^{min}}(II) = 1,3\%$. Dies bestätigt ältere Messungen, nach denen die Fluoreszenz des Gesamtsystems im wesentlichen durch System II bestimmt ist. Daher werden Fluoreszenzmessungen sehr oft zur Untersuchung des Funktionszustandes von System II verwendet, wobei näherungsweise $\overline{\Phi_F(I+II)} \approx \overline{\Phi_F(II)}$ gesetzt wird. Die genaue analytische Funktion $\overline{W(C_i)} = f(\overline{\Phi_F(i)})$ ist explizit nicht anzugeben, da einige Größen in Gl. (13.5) von der Gesamttopologie der Funktionszustände der einzelnen Reaktionszentren abhängen. Es gilt allgemein:

$$\overline{W(C_i)} = \frac{\overline{\Phi_F^{max}(i)} - \overline{\Phi_F(i)}}{\overline{\Phi_F^{max}(i)} - \overline{\Phi_F^{min}(i)}} K(i), \qquad (13.7)$$

wobei $K(i)$ ein Topologiefaktor ist. Dieser beträgt für einfache Modelle: $K(i) = 1$ für $\Delta E_b \to \infty$ und $n_{RZ} = 1$, oder $K(i) = \overline{\Phi_F(i)} / \overline{\Phi_F^{min}(i)}$ für $\Delta E_b = 0$.

Aus der Fluoreszenzquantenausbeute ist auch eine indirekte Abschätzung über die maximale photochemische Quantenausbeute möglich, unter der Voraussetzung, daß der Funktionszustand der Reaktionszentren das Verhältnis von Fluoreszenzemission (ausgedrückt durch die Geschwindigkeitskonstante k_F) zu strahlungsloser Dissipation (angegeben durch k_D) der Antennenchlorophylle nicht beeinflußt. Dann gilt bei Vernachlässigung der "spillover"-Prozesse für das einfache statistische Modell ($\Delta E_b = 0$):

$$\overline{\Phi_{PC}(i)} = \frac{k_{PC}(i) \cdot \overline{W(C_i)}}{k_{PC}(i) \cdot \overline{W(C_i)} + k_F(i) + k_D(i)}, \qquad (13.8)$$

wobei $k_{PC}(i)$ die Geschwindigkeitskonstante der Exzitonenabnahme aus dem Antennenpigmentsystem

---
[8] Wegen der unterschiedlichen spektralen Eigenschaften der Systeme I und II ist diese Unterscheidung in hv_I und hv_{II} notwendig.
[9] Da die Reaktionszentren selbst ebenfalls Chlorophyll enthalten (Abschnitt 13.1), dessen Emissionsbanden nicht sehr weit gegenüber denen der langwelligen Antennenchlorophyllformen verschoben sind ($\Delta\lambda = 10$ nm), ist eine spezifische Separierung der Fluoreszenz zwischen Antennen- und Reaktionszentrenchlorophyll bei Raumtemperatur nicht möglich. Der Beitrag der Reaktionszentren zur Gesamtfluoreszenz ist aber wegen der geringen Konzentration (1 Reaktionszentrum pro 250 Chlorophylle) zu vernachlässigen.

durch das photochemisch aktive Reaktionszentrum des Systems i ($i=$ I oder II) ist. Ferner gilt:

$$\overline{\Phi_F^{min}}(i) = \frac{k_F(i)}{k_{PC}(i) + k_F(i) + k_D(i)}$$
und
$$\overline{\Phi_F^{max}}(i) = \frac{k_F(i)}{k_F(i) + k_D(i)}.$$
(13.9a, b)

Daraus folgt für $\overline{\Phi_{PC}^{max}}(i)$ *wegen* $W(C_i) \to 1$ *aus den Gln.* (13.8), (13.9a, b)

$$\Phi_{PC}^{max}(i) = \frac{\Phi_F^{max}(i) - \Phi_F^{min}(i)}{\Phi_F^{max}(i)}. \quad (13.10)$$

Nach Einsetzen der experimentellen Ergebnisse und mit der Näherung $\Phi_F(I+II) \approx \Phi_F(II)$ ergibt sich daraus für System II $\Phi_{PC}^{max} = 0{,}83$, in guter Übereinstimmung mit den direkt ermittelten Werten.

Der über die Fluoreszenzausbeuten ermittelte Φ_{PC}^{max}-Wert ist nur als untere Grenze anzusehen, da bei der Ableitung von Gl. (13.10) vorausgesetzt wurde, daß die gesamte Fluoreszenz von Chlorophyllmolekülen stammt, die als Antennenpigmente mit einem funktionsfähigen Reaktionszentrum verbunden sind. Nimmt man an, daß ein Teil der Chlorophyllmoleküle funktionell nicht mit den Reaktionszentren gekoppelt ist, so liefern diese einen konstanten Beitrag Φ_F^0 (sog. „tote" Fluoreszenz) der in Gl. (13.10) zu eliminieren ist. Unter Berücksichtigung der „toten" Fluoreszenz ergibt sich dann für die „wahre" maximale photochemische Quantenausbeute $(\Phi_{PC}^{max})_{\text{„wahr"}}$:

$$\frac{1}{(\Phi_{PC}^{max})_{\text{„wahr"}}} = \frac{1}{(\Phi_{PC}^{max})_F} - \frac{\Phi_F^0}{\Phi_F^{max} - \Phi_F^{min}}, \quad (13.10\text{a})$$

wobei $(\Phi_{PC}^{max})_F$ die nach Gl. (13.10) aus den experimentellen Daten ermittelte photochemische Quantenausbeute angibt.

Bei der Ableitung von Gl. (13.10) war ferner vorausgesetzt worden, daß die Reaktionszentren nicht als variable dissipative Exzitonenfallen wirken, deren Effizienz vom Funktionszustand der Reaktionszentren abhängig ist. Ist diese Bedingung nicht erfüllt, und ist die an einem funktionell blockierten ($k_{PC}(i)=0$) gegenüber einem photochemisch aktiven ($k_{PC}(i) \gg k_F(i)+k_D(i)$) Reaktionszentrum zusätzlich auftretende Exzitonendissipation durch die Geschwindigkeitskonstante $k_V(i)$ gegeben, so gilt unter der vereinfachten Annahme $\Phi_F^0 = 0$:

$$(\Phi_{PC}^{max})_{\text{„wahr"}} = \frac{1}{1 - k_V(i)/k_{PC}(i)} (\Phi_{PC\,max})_F. \quad (13.10\text{b})$$

Auch in diesem Falle ist die aus den Fluoreszenzausbeuten ermittelte maximale photochemische Quantenausbeute als unterer Grenzwert aufzufassen.

Es ist anzumerken, daß die Größe der nichtphotochemischen ($k_{PC}(i)=0$) Fluoreszenzlöschung außerdem von der Art der Blockierung der Reaktionszentren abhängt.

13.1.3. Photochemische Prozesse an den Reaktionszentren

Im vorangegangenen Abschnitt ist gezeigt worden, daß die Reaktionszentren im funktionell aktiven Zustand als äußerst effektive „Exzitonenfalle" wirken. An den Reaktionszentren erfolgt über Redoxreaktionen der eigentliche Photoprozeß, d.h. die Umwandlung der Exzitonenenergie in chemische Energie. Das bedeutet, daß das Exziton am Reaktionszentrum C_i einen Elektronentransfer zwischen einem Primärdonator und einem Primärakzeptor bewirkt. Dies entspricht formal einer Exzitonendissoziation in ein am Primärakzeptor lokalisiertes Elektron und ein am Primärdonator lokalisiertes Defektelektron. In diesem Sinne können die Reaktionszentren C_i als die Funktionselemente für eine „chemische" Exzitonendissoziation aufgefaßt werden. Man kann daher den Bruttoprozeß wie folgt formulieren:

$$C_i \xrightarrow{\varepsilon} C_i^* \longrightarrow {}^-[C_i]^+. \quad (13.11)$$

Dabei symbolisiert C_i^* den durch Exzitoneneinfang[10] gebildeten Anregungszustand des Reaktionszentrums C_i ($i=$ I oder II) und ${}^-[C_i]^+$ das daraus entstandene primäre chemische Reaktionsprodukt.

Die „natürliche Exzitoneneinfangzeit" des Reaktionszentrums läßt sich aus Fluoreszenzmessungen abschätzen. Benutzt man zur Vereinfachung wieder das statistische Modell für die photosynthetischen Einheiten, so folgt aus Gln. (13.8)–(13.10):

$$\tau_{PC}(i) = \frac{1}{k_{PC}(i)} = \frac{\tau_F^{min}(i)}{\Phi_{PC}^{max}(i)}, \quad (13.12)$$

wobei $\tau_F^{min}(i) = \tau_0 \cdot \Phi_F^{min}(i)$ die gemessene Fluoreszenzlebensdauer für $W(C_i) \to 1$ ist. Mit $\Phi_{PC}^{max} \approx 1$ ergeben sich nach Gl. (13.12) unter Benutzung der Werte aus Abschnitt 13.1.2.3 Exzitoneneinfangzeiten $\tau_{PC}(i)$ von 60–70 ps für C_I und 200–250 ps für C_{II}.

Der Mechanismus der „chemischen" Exzitonendissoziation ist durch die molekulare Struktur der Reaktionszentren und dabei insbesondere durch die reaktiven Eigenschaften des Primärdonators und Primärakzeptors bestimmt.

13.1.3.1. 2 Typen von Reaktionszentren

Im Abschnitt 13.1.2.1 (Abb. 13.4) wurde die Abnahme der photosynthetischen Quantenausbeute der Sauerstoffbildung, $\Phi_{PC}(\lambda)$, in verschiedenen Wellenlängenbereichen durch die verminderte Energietransfereffizienz von den Akzessorpigmenten (Carotinoide) auf Chlorophyll a erklärt und dabei der signifikante Abfall von Φ_{PC} oberhalb 680 nm (für einige Algen sogar bei >650 nm) außer Acht gelassen. Dieser Abfall im roten Bereich des Spektrums (in der Literatur hat sich dafür die engl. Bezeichnung "red drop" eingebürgert) erfolgt bei Wellenlängen, in denen bestimmte Chlorophyll a-Formen *in vivo* noch merklich absorbieren. Emerson u. Mitarb. fanden 1957, daß die Quantenausbeute der Sauerstoffbildung an Algen im Wellenlängenbereich des "red drop" deutlich ansteigt, wenn zusätzlich Licht kürzerer Wellenlänge von ver-

---

[10] Die Erzeugung durch direkte Lichtabsorption spielt wegen der geringen Konzentration der Reaktionszentren im Vergleich zu den Antennenpigmenten praktisch keine Rolle.

gleichsweise schwacher Intensität eingestrahlt wird (Abb. 13.4, gestrichelte Kurve). Es zeigte sich, daß gilt:

$$\Phi_{PC}(\lambda_I+\lambda_{II}) > \Phi_{PC}(\lambda_I) + \Phi_{PC}(\lambda_{II}), \quad (13.7)$$

wobei λ_I eine Wellenlänge im Bereich des "red drop" und λ_{II} eine kürzere Wellenlänge außerhalb des "red-drop"-Gebietes sind. Dieser synergistische Effekt wurde als "*enhancement*"-Effekt bezeichnet. Daneben wurde gefunden, daß bei einem schnellen Übergang von λ_I-Belichtung zu λ_{II}-Belichtung die Sauerstoffbildungsgeschwindigkeit an Algen zunächst sprunghaft ansteigt und danach wieder auf den stationären Ausgangszustand V_{O_2}(stat.) zurückgeht. (Die Lichtintensitäten I(λ_1) und I(λ_2) waren dabei so gewählt, daß sowohl I(λ_1) als auch I(λ_2) zur gleichen stationären Sauerstoffbildungsgeschwindigkeit V_{O_2}(stat.) führt.) Bei einem umgekehrten Wechsel ($\lambda_{II} \to \lambda_I$) trat eine intermediäre Abnahme der Sauerstoffbildungsgeschwindigkeit ein. Für diese Phänomene hat sich die englische Bezeichnung "chromatic transients" eingebürgert. Sowohl der "enhancement"-Effekt als auch die "chromatic transients" ließen vermuten, daß zur photosynthetischen Sauerstoffbildung zwei verschiedene Pigmentsysteme kooperieren müssen, wobei im Wellenlängenbereich des "red drop" nur das System I operativ ist. Es wurde ferner von Hill und Bendall (1960) postuliert, daß die beiden Systeme in Reihe geschaltet sind. Ähnliche Schlußfolgerungen wurden von Kautsky auch aus Fluoreszenzinduktionskurven gezogen. 1961 gelang 3 Arbeitsgruppen (Duysens, Kok, Witt u. Mitarb.) gleichzeitig der direkte Existenzbeweis für die beiden postulierten Lichtreaktionssysteme, indem gezeigt wurde, daß an bestimmten Komponenten des Elektronentransportsystems (z.B. Cytochrom f oder P 700) bei λ_I-Einstrahlung die Reaktion (z.B. Oxidation) induziert und bei anschließender λ_{II}-Einstrahlung die Gegenreaktion (z.B. Reduktion) ausgelöst wurde. Das kürzerwellig ($\lambda_{II} < 700$ nm) anregbare Lichtreaktionssystem wird als System II, das längerwellig anregbare ($\lambda_I < 730$ nm) als System I bezeichnet.

1966 wurde von Anderson und Boardman gezeigt, daß sich die beiden Systeme I und II auch strukturell voneinander durch Chloroplastenfraktionierung trennen lassen.

Im Gegensatz zu den sauerstoffbildenden Algen und Pflanzen konnte die Existenz von 2 verschiedenen Lichtreaktionssystemen an photosynthetisierenden Bakterien nicht nachgewiesen werden. Die Eigenschaften der Lichtreaktion in diesen Bakterien ähneln denen des Systems I.

13.1.3.2. Das photochemisch aktive Reaktionszentrum des Systems I (C_I)

1956 entdeckte Kok, daß bei 700 nm die lichtinduzierte Ausbleichung eines Pigmentes stattfindet (entsprechend wurde dieses Pigment als P 700 bezeichnet). Da der gleiche Prozeß auch durch chemische Oxidation (z.B. mit $K_3[Fe(CN)_6]$) zu erreichen ist, wurde geschlossen, daß durch Licht eine P 700-Oxydation induziert wird. ESR-Messungen zeigten, daß sich dabei ein π-Kationradikal bildet. Die P 700-Photooxidation erfolgt auch bei tiefen Temperaturen, bei denen thermische Elektronentransferprozesse sehr stark gehemmt sind. Daraus wurde unter Berücksichtigung des Aktionsspektrums gefolgert, daß die P 700-Photooxidation mit der Primärreaktion an C_I gekoppelt ist. Wenn dieser Schluß richtig ist, war zu erwarten, daß die P 700-Photooxidation sehr schnell erfolgt. Laserblitzlichtphotometrische Untersuchungen von Witt und Wolff (1970) bestätigten dies. Es wurde eine Reaktionszeit von $\leq$ 20 ns gefunden. Damit ist gezeigt, daß P 700 sehr wahrscheinlich der Primärelektronendonator in C_I ist. Die Messung des vollständigen Differenzspektrums der P 700-Reaktion (Abb. 13.7a) und der Vergleich mit dem Differenzspektrum für die Photooxidation von Chlorophyll a mit p-Benzochinon in butanolischer Lösung zeigten, daß P 700 ein spezielles Chlorophyll a ist, das in Dimerform vorliegt. Man bezeichnet daher P 700 oft als Chlorophyll a_I (Chl-a_I). Detaillierte ESR-Messungen sowie eine CD-spektroskopische Analyse bestätigten die Annahme, daß Chl-a_I sehr wahrscheinlich als Dimer vorliegt. Das Redoxpotential $E_{m,7}$[11] wurde für Chl-a_I/Chl-a_I^+ zu +0,43 V bestimmt.

Noch nicht eindeutig geklärt ist die Natur des primären Elektronenakzeptors X_I. Sehr wahrscheinlich wird diese Funktion von einem Enzym ausgeübt, dessen funktionelle Gruppe Fe mit einer schwefelhaltigen Koordinationshülle (Fe–S-Protein) enthält.

Das Chl-a_I ist in C_I sowohl der Exzitonenakzeptor als auch der Primärelektronendonator. Damit ergibt sich folgende Reaktionsgleichung für die Bruttoreaktion an C_I:

$$\text{Chl-}a_I X_I \xrightarrow{\varepsilon} \text{Chl*}a_I X_I \longrightarrow \text{Chl}^+ a_I X_I^- . \quad (13.13)$$

Die Exzitonenaufnahme erfolgt nach Abschätzungen aus Fluoreszenzmessungen über Gl. (13.12) in 60–70 ps, die Elektronenabgabe an den Primärakzeptor X_I in $\leq$ 20 ns. Die Prozesse, die zwischen Exzitonenaufnahme und Elektronenabgabe stattfinden, sind noch völlig ungeklärt. Neueste Ergebnisse deuten auf eine mögliche intermediäre Triplettbildung (zumindest an C_I und an den Reaktionszentren von Bakterien) hin.

Das Reaktionszentrum C_I (das gleiche gilt für C_{II}, 13.1.3.3) kann nur im funktionell aktiven Zustand Chl-$a_I X_I$ als „chemische Exzitonenfalle" wirken. Da

---

[11] Da die meisten biologischen Redoxprozesse im pH-Bereich von 6–9 ablaufen und oft mit Protonisierungs/Deprotonisierungsreaktionen gekoppelt sind, ist es nicht zweckmäßig, die für den unphysiologischen pH = 0 definierten Normalpotentiale anzugeben. Es hat sich eingebürgert, das Halbstufenpotential (engl. midpoint potential) bei pH = 7 anzugeben und durch das Symbol $E_{m,7}$ zu charakterisieren. Es sollte beachtet werden, daß der Wert von $E_{m,7}$ von weiteren Parametern (Ionenstärke, Komplexbildnern) abhängig sein kann.
Bei membrangebundenen Redoxkomponenten kann auch eine $E_{m,7}$-Abhängigkeit vom elektrischen Potentialgradienten auftreten, wenn die verwendeten Redoxpuffer nicht direkt mit dem zu untersuchenden System reagieren.

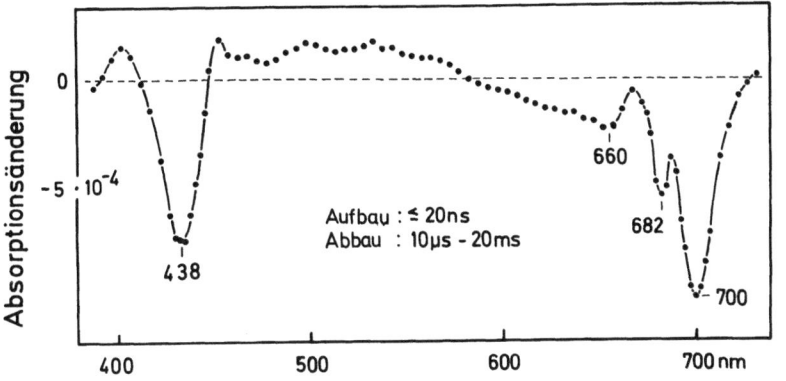

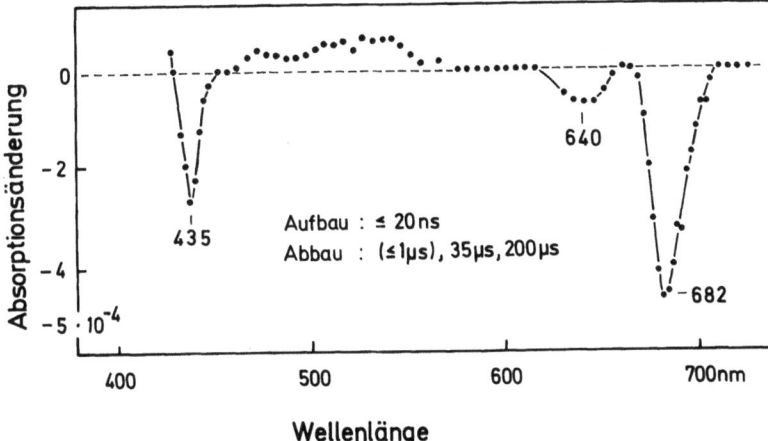

Abb. 13.7. Differenzspektren der Absorptionsänderungen während der Reaktion des Chl-a_I (P 700). [Nach Kok: Biochim. Biophys. Acta **48**, 527 (1961); Döring, Bailey, Kreutz und Witt: Naturwissenschaften **55**, 219 (1968)] und Chl-a_{II}. [Nach Döring, Renger, Vater und Witt: Z. Naturforsch. **24b**, 1139 (1969).] Der schnelle Aufbau wird der Photooxidation, der mehrphasige Abbau der Reduktion durch Elektronendonatoren zugeordnet. Die in Klammern angegebene ($\leq 1\,\mu s$) Reduktionskinetik für Chl$^+$-a_{II} wurde bislang nur indirekt nachgewiesen [Gläser, Wolff und Renger: Z. Naturforsch. **31c** (im Druck)]

die Regenerationskinetik durch die im Vergleich zur „chemischen" Exzitonendissoziation um mindestens 3 Größenordnungen langsameren Reaktionen von X_I^- mit Sekundärakzeptoren und Chl-a_I^+ mit entsprechenden Donatoren erfolgt, ist die Gesamtgeschwindigkeit der Lichtumwandlung in chemische Energie an den Reaktionszentren durch diese sekundären Elektronentransferprozesse bestimmt (Abschnitt 13.1.4).

Die Exzitonendissoziation an C_I führt zu einem relativ stark reduzierend wirkenden Elektron (lokalisiert am Fe–S-Protein mit $E_{m,7} < -0,5\,V$) und einem relativ schwach oxidierend wirkenden Defektelektron (lokalisiert am Chl-a_I, $E_{m,7} = +0,43\,V$).

Die photochemisch aktiven Reaktionszentren an Bakterien sind ebenfalls molekulare Donator-Akzeptor-Komplexe, wobei der Primärelektronendonator wieder gleichzeitig auch Exzitonenakzeptor ist. Diese Rolle übernimmt hier ein spezieller Bakteriochlorophyll-Komplex P 870, der sehr wahrscheinlich aus 4 Bakteriochlorophyll- und 2 Bakteriophäophytinmolekülen aufgebaut ist. Das Exziton ist im P 870 über die Pigmentmoleküle delokalisiert, während das einsame Elektron des oxidierten P 870$^+$-Radikals über 2 Bakterienchlorophylle delokalisiert ist. Möglicherweise spielt H_2O als Brückenbildner eine wichtige Rolle. Der primäre Elektronenakzeptor ist noch nicht eindeutig identifiziert (kürzlich wurde gefunden, daß wahrscheinlich Bakteriophäophytin diese Funktion besitzt).

Neueste Messungen mit einem geeigneten Laserblitzlichtphotometer zeigen, daß an isolierten Bakterienreaktionszentren die lichtinduzierte Ausbleichung des Bakterienchlorophylls in ca. 7 ps erfolgt. Aus dieser sehr schnellen Kinetik kann aber die intermediäre Triplettbildung am Reaktionszentrum nicht ausgeschlossen werden, da kürzlich Kuhn u. Mitarb. fanden, daß der "intersystem crossing"-Prozeß auch von den höheren Schwingungszuständen des Singulettzustandes aus, d.h. ebenso rasch wie die Vibrationsrelaxationen, erfolgen kann.

13.1.3.3. Die photochemisch aktiven Reaktionszentren des Systems II (C_{II})

1967 entdeckten Witt und Mitarbeiter eine blitzlichtinduzierte Absorptionsänderung bei 690 nm, deren Amplitude durch $h\nu_{II}$-Zusatzlicht stark vermindert wird, durch $h\nu_I$-Zusatzlicht aber unbeeinflußt bleibt. Spezifische System II-Inhibitoren verhindern das Auftreten dieser Absorptionsänderung. Das Differenzspektrum zeigt die typischen Banden, die beim Ausbleichen von Chlorophyll a auftreten. Aus diesen Befunden wurde geschlossen, daß auch am Reaktionszentrum C_{II} die Exzitonenaufnahme durch ein spezielles Chlorophyll a erfolgt, das als Chlorophyll a_{II} (Chl-a_{II}) bezeichnet wird (entsprechend dem Absorptionsmaximum wird oft auch die Bezeichnung P 680 gewählt). Tieftemperaturmessungen bestätigten die Annahme, daß Chl-a_{II} an den Primärreaktionen von C_{II} beteiligt ist. Nach neuesten Untersuchungen wirkt Chl-a_{II} — analog wie Chl-a_I — auch als der primäre Elektronendonator. Ob Chl-a_{II} ähnlich wie Chl-a_I in Dimerform vorliegt, ist bislang noch nicht geklärt.

Unter der Voraussetzung einer gleich großen Extinktionskoeffizientendifferenz für die Photooxydation von Chl-a$_I$ und Chl-a$_{II}$ in den entsprechenden Maxima wurde ferner das Verhältnis der Reaktionszentren C$_I$:C$_{II}$ zu ≈ 1 abgeschätzt. Als primärer Elektronenakzeptor wurde ein speziell mit Chl-a$_{II}$ gekoppeltes Plastochinonmolekül erkannt, das bei der Elektronenaufnahme ein Semichinonradikal bildet. Wegen seiner Absorption bei 320 nm wurde der Primärakzeptor als X 320 bezeichnet.

In der Literatur wird häufig das sog. Pigment C 550 als Primärakzeptor von Chl-a$_{II}$ diskutiert. Neueste Messungen zeigen allerdings, daß die Absorptionsänderung bei 550 nm durch eine Bandenverschiebung eines Indikatorpigmentes (Phäophytin a) bedingt sein kann, das selbst nicht am Elektronentransfer teilnimmt. Die Untersuchungen bestätigen X 320 als Primärakzeptor.

Damit ergibt sich folgende Bruttoreaktion für die „chemische" Exzitonendissoziation an C$_{II}$:

Chl-a$_{II}$ X 320 $\xrightarrow{\varepsilon}$ Chl*a$_{II}$ X 320 $\rightarrow$ Chl$^\pm$a$_{II}$ X 320$^-$ (13.14)

Der Exzitoneneinfang durch C$_{II}$ erfolgt in 200–250 ps, die Zeit für den Elektronentransfer vom Chl-a$_{II}$ zum X 320 wurde indirekt über die Anstiegskinetik des elektrischen Feldes (Abschnitt 13.1.5) zu ≤ 20 ns abgeschätzt. Die dazwischenliegenden Prozesse sind ebenso unbekannt wie für C$_I$.

Im Gegensatz zu C$_I$ vermag die Annahme eines einfachen Binärkomplexes aus dem Primärdonator Chl-a$_{II}$ und dem Primärakzeptor X 320 nicht alle Eigenschaften von C$_{II}$ befriedigend zu beschreiben. Möglicherweise besteht eine funktionelle Kooperation zwischen zwei C$_{II}$-Einheiten.

In seiner chemischen Wirkung unterscheidet sich das an C$_{II}$ gebildete chemische Exzitonendissoziationsprodukt (Chl$^\pm$a$_{II}$ X 320$^-$) deutlich von dem an C$_I$. Während an C$_I$ ein stark reduzierendes Elektron am X$_I^-$ auftritt ($E_{m,7} < -0{,}5$ V), ist X 320$^-$ nur schwach reduzierend ($E_{m,7} \approx 0$ V). Umgekehrt ist das Defektelektron am Chl$^\pm$a$_{II}$ ($E_{m,7} \geq +0{,}9$ V) wesentlich stärker oxydierend als das des Chl-a$_I^+$ ($E_{m,7} = +0{,}43$ V).

13.1.3.4. Die Energetik der „chemischen" Exzitonendissoziation an C$_I$ und C$_{II}$

Der energetische Wirkungsgrad für die „chemische" Exzitonendissoziation gemäß Gln. (13.13) und (13.14) ist durch den Bruchteil der Exzitonenenergie ε_i gegeben, der in Form freier elektrochemischer Energie im Reaktionsprodukt $^-(C_i)^+$ enthalten ist. Es gilt:

$$\eta_{PC}(i) = \frac{\mu(^-[C_i]^+) - \mu(C_i)}{\varepsilon_i}, \quad (13.15)$$

wobei $\mu(^-[C_i]^+)$ und $\mu(C_i)$ die elektrochemischen Potentiale des geladenen und ungeladenen Zustandes der Reaktionszentren C$_i$ sind.

Allgemein gilt für das elektrochemische Potential einer Komponente i

$$\mu_i = \mu_i^0 + RT \ln a_i + z_i \cdot \mathscr{F} \cdot \varphi_i, \quad (13.16)$$

wobei a_i und z_i die Aktivität und die Ladungszahl der Komponente i, sowie ψ_i das elektrische Potential am Ort der Komponente i sind, μ_i^0 gibt das chemische Potential unter Standardbedingungen ($a_i = 1$) an, R, T und $\mathscr{F}$ sind Gaskonstante, Temperatur und Faradaykonstante. Für die folgenden Abschätzungen sollen die Reaktionszentren C$_I$ und C$_{II}$ als 2-Komponentensysteme, bestehend aus Primärdonator und Primärakzeptor, aufgefaßt werden. Dann ergibt sich das elektrochemische Gesamtpotential in erster Näherung additiv aus den elektrochemischen Potentialen der beiden Einzelkomponenten. Unter Vernachlässigung von Konzentrationseffekten ergibt sich dann:

$$\eta_{PC}(i) = \frac{z(i) \cdot \mathscr{F}}{N_L \cdot \varepsilon_i} (E_{m,7}^D(i) - E_{m,7}^A(i) + \Delta\psi), \quad (13.15a)$$

wobei $E_{m,7}^D(i)$ und $E_{m,7}^A(i)$ die Redoxpotentiale des entsprechenden Donator- und Akzeptorpaares sind und $\Delta\psi$ die elektrische Potentialdifferenz angibt, die zwischen den Bindungsorten von D und A auftreten, $N_L =$ Loschmidtsche Zahl. Setzt man die in 13.1.3.2 und 13.1.3.3 angegebenen Redoxpotentiale ein, so folgt unter Berücksichtigung des an der Thylakoidmembran aufgebauten elektrischen Feldes und der anisotropen Anordnung von C$_i$ (Abschnitt 13.1.5) maximal eine elektrochemische Potentialdifferenz von ca. 1,1 eV pro Reaktionszentrum. Die Exzitonenenergie ist durch die Wellenlänge der Absorptionsbanden der Reaktionszentrenchlorophylle Chl-a$_I$ und Chl-a$_{II}$ gegeben. Mit $\lambda_{(Chl-a_I)} = 700$ nm ergibt sich damit für die Energie des Anregungszustandes (lokalisiertes Exciton), der an C$_I$ zur Ladungsseparierung führt, $\varepsilon_I = 1{,}76$ eV und entsprechend mit $\lambda_{(Chl-a_{II})} = 682$ nm $\varepsilon_{II} = 1{,}83$ eV für C$_{II}$. Daraus errechnen sich für die tatsächlich erzielten maximalen Wirkungsgrade $\eta_{PC} = 60$–65%.

Theoretische Abschätzungen über den maximal möglichen energetischen Wirkungsgrad η_{PC}^{max}, von Duysens (1958) eingeführt, basieren auf thermodynamischen Berechnungen, bei denen angenommen wird, daß C$_I$ und C$_{II}$ als „Carnot"-Maschinen arbeiten, deren maximale Effizienz zu

$$\eta_{PC}^{max} = 1 - \frac{T}{T_C} \quad (13.17)$$

gegeben ist, wobei $T =$ Raumtemperatur, bei der die Photosynthese abläuft und $T_C =$ sog. „Absorbertemperatur" der Chlorophyll a-Moleküle ist.

Zur Berechnung von T_C wird vorausgesetzt, daß sich die angeregten Chlorophyll-Moleküle im thermodynamischen Gleichgewicht mit dem Strahlungsfeld eines schwarzen Körpers befinden, dessen Temperatur T_C beträgt. Für eine Lichtintensität von 10^{-4} W cm^{-2} und unter der Annahme einer 20 nm breiten Rechteckbande bei 670 nm folgt $T_C = 1150$ K und damit $\eta_{PC}^{max} = 74\%$.

13.1.3.5. Erzeugung von Exzitonen durch Ladungsrekombination an den Reaktionszentren C$_i$

Die Prozesse an den Reaktionszentren C$_i$ waren bislang nur in Richtung auf das gebildete Endprodukt der chemischen Exzitonendissoziation betrachtet worden. Prinzipiell sollte die Umkehrreaktion der Exzitonendissoziation, d.h. die Ladungsrekombination [Gl. (13.14) und (13.15)] wieder zur Bildung eines angeregten Elektronenzustandes C_i^* führen, der mit einer bestimmten Wahrscheinlichkeit ein Exziton im Antennenpigmentsystem bildet. Ein im Antennenpigmentsystem erzeugtes Exziton wird mit einer Quantenausbeute Φ_F als Fluoreszenzstrahlung emittiert. Da durch die Ladungsrekombination der funktionell aktive Zustand des Reaktionszentrums wieder entsteht, wird das so gebildete Exziton ε_i mit einer Quantenausbeute $\Phi_F^{min}(i)$ ausgestrahlt werden. Außerdem muß wegen der vergleichsweise langsamen Rekombinationskinetik die Fluoreszenzemission gegenüber der normalen Fluoreszenz zeitlich stark verzögert und deshalb als *verzögerte Fluoreszenz* auftreten. Die Existenz einer verzögerten Fluoreszenz wurde bereits 1951 von Arnold und Strehler nachgewiesen. Diese erstreckt sich über einen weiten Zeitbereich (10^{-6} bis 10^2 s nach der Anregung) und ist in der Intensität um mindestens 2 Größenordnungen geringer als die normale Fluoreszenz. Die Gesamtquantenausbeute bezogen auf ein absorbiertes Lichtquant ist mit 10^{-3}–10^{-4} äußerst gering und spielt daher in der Energiebilanz keine Rolle. Wenn diese verzögerte Fluoreszenz tatsächlich durch die Ladungsrekombination an den Reaktionszentren bewirkt wird, so ist hierfür eine beträchtliche Aktivierungsenergie von 0,6–0,7 eV erforderlich, da nach Abschnitt 13.1.3.4 der Zustand $^-[C_i]^+$ um diesen Energiebetrag tiefer liegt als der Zustand C_i^*. Direkte Messungen der Aktivierungsenergie für die verzögerte Fluoreszenz ergaben die erwarteten Werte. Es wurde ferner gezeigt, daß die verzögerte Fluoreszenz von elektrochemischen Transmembrangradienten abhängt. Dies wird durch die anisotrope Anordnung der Reaktionszentren in der Thylakoidmembran verständlich (Abschnitt 13.1.5).

Es ist interessant, daß die verzögerte Fluoreszenz bislang nur an Bakterien und in Pflanzen nur am System II beobachtet wurde, während am System I kaum verzögerte Fluoreszenz auftritt. Eine mögliche Ursache dafür ist die geringe Fluoreszenzquantenausbeute am System I. Ob dies zur vollständigen Erklärung ausreicht, ist noch ungeklärt.

13.1.4. Elektronentransferprozesse

Entsprechend des in Abb. 13.6 dargestellten Funktionsschemas der Primärprozesse sind für die Redoxreaktionen, die durch die an den photochemisch aktiven Reaktionszentren C_I und C_{II} erzeugten Elektronen und Defektelektronen ausgelöst werden, prinzipiell 3 Teilbereiche zu unterscheiden:

a) Die $NADP^+$-Reduktion durch die Elektronen von C_I.

b) Die Neutralisierung der Defektelektronen an C_I durch die Elektronen von C_{II}.

c) Die Neutralisierung der Defektelektronen an C_{II} durch die Elektronen vom H_2O.

Alle diese Redoxreaktionen sind exergonisch, d.h. die elektronische Energie nimmt bei jedem Elektronentransferschritt ab. Dieser Verlust an elektronischer Energie ist aber nur teilweise dissipativ, weil ein Teil in Form protonischer Energie (als pH-Gradient) intermediär gespeichert (Abschnitt 13.1.5.3) und schließlich in eine chemische „energiereiche Bindung" in Form von ATP umgewandelt wird (Abschnitt 13.1.6.2, Punkt c).

13.1.4.1. $NADP^+$-Reduktion durch die Elektronen von C_I

Die von C_I erzeugten stark reduzierenden und primär an X_I^- lokalisierten Elektronen ($E_{m,7} < -0,5$ V) werden zunächst auf relativ locker an der Thylakoidmembranaußenphase gebundenes Ferredoxin und von dort aus auf das ebenfalls schwach gebundene Enzym Ferredoxin-$NADP^+$-Reduktase übertragen. Dieses Enzym besitzt einen speziellen Bindungsort für $NADP^+$, an dem die Reduktion erfolgt. Das gebildete Endprodukt NADPH besitzt mit $E_{m,7} = -0,32$ V eine um mindestens 0,25 eV geringere elektronische Energie als der reduzierte Primärakzeptor X_I^-.

13.1.4.2. Neutralisation der Defektelektronen an C_I durch die Elektronen von C_{II}

Das wesentliche funktionelle Verbindungsglied zwischen C_I und C_{II} ist ein Plastochinonspeicher mit einer Kapazität von ca. 10 Elektronen pro C_I und C_{II}. Dieser Plastochinonspeicher (abgekürzt PQ) nimmt die von C_{II} erzeugten und am $X 320^-$ lokalisierten Elektronen auf (die funktionelle Verbindung zwischen dem 1-Elektronenüberträger $X 320^-$ und dem 2-Elektronenüberträger PQ erfolgt sehr wahrscheinlich über ein spezielles Plastochinonmolekül, das konsekutiv 2 Elektronen vom $X 320^-$ aufnimmt und diese dann simultan an den PQ-Speicher abgibt) und wird dabei reduziert. Die Entladung (Oxidation) des reduzierten Plastochinonspeichers erfolgt nicht direkt durch Chl-a_I^+, sondern findet unter Zwischenschaltung von mindestens einem Elektronenüberträgerenzym statt. Es wurde gezeigt, daß dieses Elektronenüberträgerenzym wahrscheinlich das 1960 gefundene kupferhaltige Protein Plastocyanin ist. In welcher Weise Cytochrom f an der Elektronenübertragung zwischen dem Plastochinonspeicher und Chl-a_I^+ beteiligt ist, ist noch offen.

Kinetische Untersuchungen ergaben, daß die Geschwindigkeit des linearen Gesamtelektronentransportes vom H_2O zum $NADP^+$ durch die Kinetik der Reoxidation des reduzierten Plastochinonspeichers limitiert ist. Da das Plastochinon protonisierbare Gruppen enthält, deren pK-Wert vom Redoxzustand des Plastochinons abhängt, sind die Redoxprozesse am Plastochinonspeicher gleichzeitig mit Protonisierungs-/Deprotonisierungsreaktionen gekoppelt (s. Abschnitt 13.1.5.3). Damit ist die Reoxidations-Kinetik des reduzierten Plastochinonspeichers sowohl vom Reduktionsgrad (Besetzungswahrscheinlichkeit mit Elektronen) als auch vom Protonisierungsgrad (Besetzungswahrscheinlichkeit mit Protonen) und damit vom lokalen pH-Wert abhängig. Da diese Reoxidation an der Innenseite der Thylakoidmembran stattfindet, ist deren Kinetik durch den pH-Wert im Thylakoidinnern bestimmt. Der Plastochinonspeicher hat damit die Funktion eines *kinetischen Regulationselementes* für den linearen Elektronentransport vom H_2O zum $NADP^+$ (s. auch Abschnitt 13.1.5.3). Die energetische Bedeutung der Kopplung von e-Transportprozessen mit Protonisierungsreaktionen wird später ausführlicher diskutiert (Abschnitt Phosphorylierung). Der Plastochinonspeicher erfüllt gleichzeitig auch noch die Aufgabe eines funktionellen Kopplungselementes für verschiedene Elektronentransportketten. Es wurde gefunden, daß mindestens 10 Elektronentransportketten über einen gemeinsamen Plastochinonspeicher funktionell untereinander verbunden sind.

13.1.4.3. Neutralisation der Defektelektronen an C_{II} durch die Elektronen vom H_2O

Die von C_{II} erzeugten stark oxidierend wirkenden und primär am $Chl\text{-}a_{II}^{\pm}$ lokalisierten Defektelektronen ($E_{m,7} \geq +0{,}9$ V) werden durch Elektronen neutralisiert, die vom H_2O unter Bildung von molekularem Sauerstoff abgegeben werden. Die H_2O-Oxidation zu O_2 erfordert prinzipiell die Kooperation von 4 Oxidationsäquivalenten (symbolisiert durch $\oplus$):

$$2H_2O + 4\oplus \rightarrow 4H^+ + O_2. \qquad (13.18)$$

Für die Realisierung der Ladungskooperation sind 2 verschiedene Mechanismen denkbar:

(a) Es kann eine *statistische Kooperation* von 4 Defektelektronen erfolgen, die gleichzeitig an 4 verschiedenen C_{II}-Einheiten erzeugt werden. Dabei ist entweder die direkte statistische Reaktion von $Chl\text{-}a_{II}^+$-Defektelektronen aus 4 verschiedenen C_{II}-Einheiten mit 2 H_2O-Molekülen möglich (Gl. (13.19)) oder die indirekte statistische Reaktion über ein Reaktionssystem Z, das simultan von $Chl\text{-}a_{II}^+$-Defektelektronen aus 4 verschiedenen C_{II}-Einheiten aufgeladen wird (Gl. 13.20 a, b):

$$4\,Chl\text{-}a_{II}^+ + 2H_2O \xrightarrow{k'_{H_2O}} 4\,Chl\text{-}a_{II} + 4H^+ + O_2, \qquad (13.19)$$

$$4\,Chl\text{-}a_{II}^+ + Z \xrightarrow{k_Z} 4\,Chl\text{-}a_{II}^+ + Z^{4+}, \qquad (13.20\,a)$$

$$Z^{4+} + 2H_2O \xrightarrow{k''_{H_2O}} Z + 4H^+ + O_2, \qquad (13.20\,b)$$

wobei k'_{H_2O}, k_Z und k''_{H_2O} die entsprechenden Geschwindigkeitskonstanten sind.

(b) Die Kooperation erfolgt an einem speziellen Speichersystem, das funktionell nur mit einer C_{II}-Einheit verbunden ist. Die H_2O-Oxidation ist dann erst nach *sequentieller Ladungsakkumulation* mit 4 Defektelektronen aus der einen C_{II}-Einheit möglich [Gl. (13.21 a, b)].

$$Chl\text{-}a_{II}^+ + S_i \xrightarrow{k_{i,i+1}} S_{i+1}, \qquad (13.21\,a)$$

$$S_4 + 2H_2O \xrightarrow{k_{H_2O}} S_0 + 4H^+ + O_2. \qquad (13.21\,b)$$

S_i, mit $i=0,\ldots,3$, gibt den Speicherzustand an, wobei i die Anzahl der gespeicherten Defektelektronen ist. Da im Speichersystem die H_2O-Oxidation (nach Gl. 13.21 b) stattfindet, ist dieses funktionell das wasserspaltende Enzymsystem. (Es wird durch Y symbolisiert, s. Abb. 13.6.) Nimmt man ferner an, daß die höheren Akkumulationszustände S_i instabil sind, so sollte im Dunkeln eine dissipative Entladung stattfinden:

$$S_i + n \cdot e \xrightarrow{k_D} S_{i-n}, \qquad (13.21\,c)$$

wobei die Elektronen e von einem endogenen Donator mit $n=1$ oder 2 stammen und $i=2$ oder 3 ist. $k_{i,i+1}$, k_{H_2O} und k_D sind wieder die entsprechenden Geschwindigkeitskonstanten.

Durch Anregung von dunkeladaptierten Algen oder Chloroplasten mit einer Folge von "single turnover" Blitzen (Abschnitt 13.1.2.1) und die Messung der O_2-Bildung eines jeden Blitzes sollte experimentell zu entscheiden sein, welcher der beiden möglichen Kooperationsmechanismen realisiert ist. In Abb. 13.8 sind die erwarteten theoretischen Werte für beide Mechanismen dargestellt.

1955 fanden Allen und Franck, daß an dunkeladaptierten Algen bei Belichtung mit einem kurzen Blitz kein O_2 gebildet wird. Dieses Ergebnis ist durch Mechanismus a) nicht zu erklären. Blitzlichtamperometrische Untersuchungen, die seit 1969 die Arbeitsgruppen von Joliot und Kok ausführten, zeigten, daß bei Anregung von dunkeladaptierten Algen (oder isolierten Chloroplasten) mit einer Folge kurzer Blitze die O_2-Bildung pro Blitz oszilliert. Die experimentellen Werte sind in Abb. 13.8 dargestellt. Diese Ergebnisse schließen den einfachen statistischen Mechanismus aus. Es ließ sich zeigen, daß mit 2 Zusatzannahmen die experimentellen Daten durch das Modell sequentieller Ladungsakkumulation zu beschreiben sind: a) Der Akkumulationszustand S_1 ist im Dunkeln stabil und b) es ist nicht möglich, auch durch einen Blitz sättigender Intensität, die Reaktion Gl. (13.21 a) in der Gesamtheit aller Speichersysteme zu realisieren. Der Prozeß findet nur mit einer Wahrscheinlichkeit $(1-\alpha_i)$ statt, wobei α_i die sog. "misses"-Wahrscheinlichkeit des Zustandes S_i ist. Die Reaktionszeiten der Aufladungsprozesse [Gl. (13.21 a)] und der H_2O-Oxidation [Gl. (13.21 b)] liegen im Bereich von 0,2–1 ms, während die Dissipativprozesse [G. (13.21 c)] um mindestens 3 Größenordnungen langsamer sind. Durch spezielle Wirkstoffe (sog. ADRY-Substanzen) kann der dissipative Abbau von S_2 und S_3 bis zu 100fach beschleunigt werden.

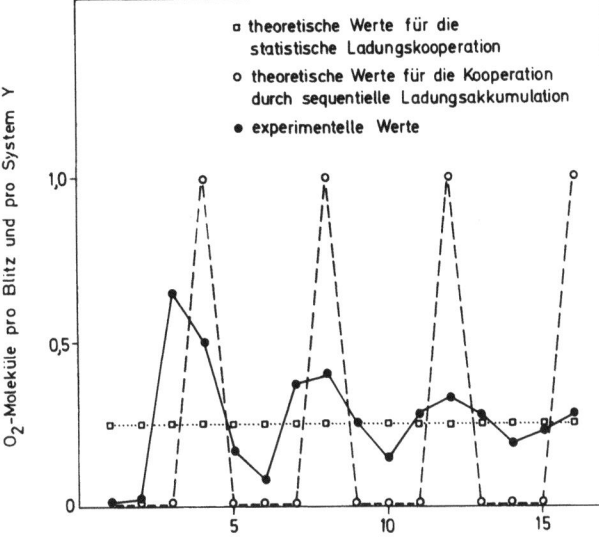

Abb. 13.8. Oszillation der Sauerstoffausbeute pro Blitz bei Anregung mit einer Folge kurzer Blitze. [Experimentelle Werte nach Forbush, Kok und McGloin: Photochem. Photobiol. **14**, 307 (1971)]

Bei der Oxidation von $2\,H_2O$ zu einem Molekül O_2 werden $4\,H^+$ freigesetzt. Wenn an den konsekutiven Akkumulationsreaktionen gemäß Gl.(13.21a) keine deprotonisierbaren Gruppen beteiligt sind, so sollte in einer Blitzfolge für die gebildeten Protonen das gleiche Oszillationsmuster wie für den Sauerstoff (s. Abb. 13.8) auftreten. Nehmen dagegen deprotonisierbare Gruppen und dabei insbesondere das H_2O selbst (z.B. als "inner sphere"-Ligand einer funktionellen Metallproteingruppe) als Reaktanten an den Aufladungsprozessen nach Gl.(13.21a) teil, so ist keine Synchronstöchiometrie zwischen der Bildung von O_2 und der Freisetzung von H^+ zu erwarten.

Erste Ergebnisse mit hochempfindlichen Glaselektroden ergaben in erster Näherung eine Übereinstimmung der in einer Blitzfolge an dunkeladaptierten Chloroplasten gemessenen Oszillationsmuster für die H^+-Abgabe und die O_2-Entwicklung. Da mit dieser Bestimmungsmethode ausschließlich pH-Änderungen in der Außenphase der Thylakoide meßbar und die bei der H_2O-Oxidation freigesetzten Protonen nur dann detektierbar sind, wenn durch Zusatz von sog. Entkopplern die H^+-Permeabilität der Thylakoidmembran sehr stark erhöht wird, ist zu schließen, daß das wasserspaltende Enzymsystem an der Innenseite der Thylakoide lokalisiert ist. Neueste Ergebnisse mit Glaselektroden sowie Messungen mit Farbindikatoren (s. Fußnote in Abschnitt 13.1.5.3), die unter geeigneten Bedingungen spezifisch den pH-Wert im Innern der Thylakoide anzeigen, bestätigen zwar die Lokalisierung des wasserspaltenden Enzymsystems, geben aber keine Übereinstimmung der Oszillationsmuster für H^+ und O_2. Dies stützt theoretische Modellvorstellungen, nach denen H_2O als Reaktant auch an den konsekutiven Aufladungsprozessen nach Gl.(13.21a) beteiligt ist. Wegen der derzeitigen experimentellen Widersprüche ist dieses Problem aber noch ungelöst.

Der kooperative Mechanismus über sequentielle Defektelektronenakkumulation impliziert die Existenz eines geeigneten Speichersystems Y. Der molekulare Aufbau des Speichersystems ist unbekannt. Es wurde gezeigt, daß 5–8 Manganionen (der Valenzzustand ist noch nicht eindeutig identifiziert) pro System Y essentiell für die Funktion der Wasserspaltung sind. Daraus wird geschlossen, daß die Speicherplätze für die Defektelektronen Mangankomplexe sind und daß das System Y im wesentlichen ein Manganoprotein-Enzymsystem ist. Dieses Manganoprotein-Enzymsystem schirmt gleichzeitig die Umgebung gegen die stark oxidierend wirkenden Defektelektronen des $Chl^{\pm}a_{II}$ und die reaktiven Zwischenprodukte der H_2O-Oxidation ab. Die Details des molekularen Mechanismus der H_2O-Oxidation und der Struktur des wasserspaltenden Enzymsystems sind noch völlig unbekannt (über theoretische Modellvorstellungen s. Zitat Renger). Die Aufladung des Speichersystems erfolgt sehr wahrscheinlich nicht direkt durch $Chl\text{-}a_{II}^+$, sondern über einen Donator D, der zwischen $Chl\text{-}a_{II}$ und das wasserspaltende Enzymsystem Y geschaltet ist. Die chemische Natur von D ist unbekannt.

Nach Gl. (13.1) könnte der photosynthetisch gebildete Sauerstoff theoretisch auch aus dem CO_2 stammen. Da aber die Primärprozesse, durch die der Sauerstoff erzeugt wird, sowohl funktionell als auch räumlich von den Prozessen der CO_2-Fixierung separierbar sind (s. Abschnitt 13.1.1.1), ist CO_2 nicht das Substrat der O_2-Entwicklung. Es ist aber nicht auszuschließen, daß CO_2 als Überträgerkatalysator an der H_2O-Oxidation zu O_2 beteiligt ist, so daß mechanistisch die O_2-Bildung letztlich durch eine Spaltung von $C-O$-Bindungen erfolgen könnte. Das Substrat für die O_2-Bildung aber ist das Wasser.

13.1.4.4. Nichtlineare Elektronentransportsysteme

Wegen der für den Calvin-Zyklus notwendigen Stöchiometrie von $2\,NADPH:3\,ATP$ [Gl.(13.2)] wird oft angenommen, daß *in vivo* neben dem linearen Hauptelektronentransportweg noch ein zyklischer Transport existiert, der nur durch die photochemisch aktiven Reaktionszentren C_I angetrieben wird. Dieser zyklische Weg soll ausschließlich zur ATP-Bildung dienen. Ein eindeutiger Existenzbeweis für dieses zyklische Elektronentransportsystem unter *in vivo*-Bedingungen ist bislang noch nicht gelungen.

13.1.4.5. Zusammenfassende Darstellung der Elektronentransferprozesse

Die in den Abschnitten 13.1.4.1–13.1.4.4 beschriebenen Elektronentransferprozesse sind in Abb. 9a zusammenfassend unter Angabe der kinetischen Eigenschaften (Transferzeiten) dargestellt. Die beteiligten Komponenten sind durch ihre spektralen Eigenschaften charakterisiert. Der lineare Hauptelektronentrans-

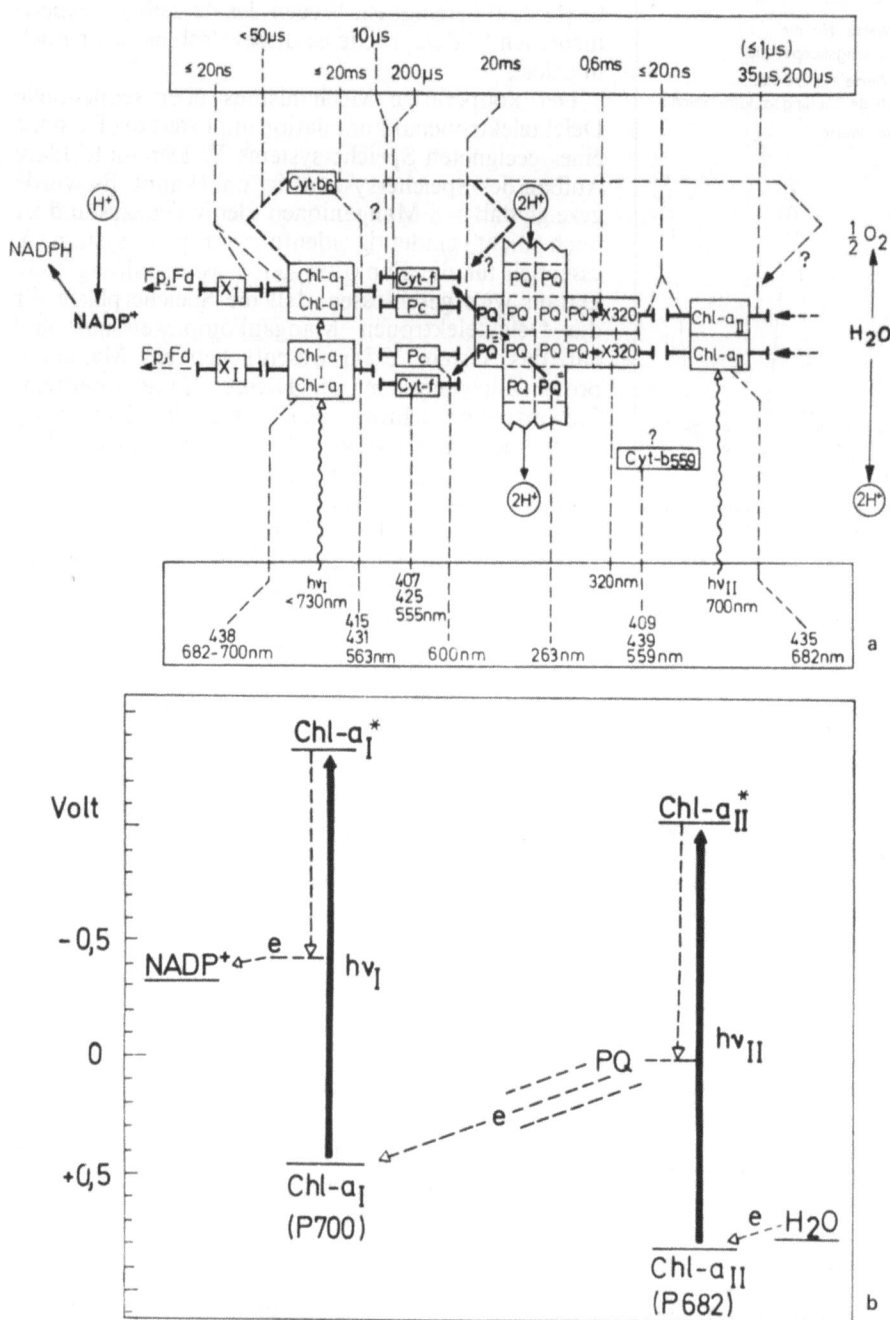

Abb. 13.9. Elektronentransportschema. (a) Darstellung der wichtigsten Reaktionswege. Im oberen Kästchen sind die kinetischen Daten, im unteren die Hauptbanden im Differenzspektrum der beteiligten Komponenten angegeben. (Nach Witt u. Mitarb., s. Witt in Zitat Gorindjee). (b) Darstellung einiger energetischer Daten des linearen Elektronentransportweges [sog. Z-Schema, nach Hill und Bendall: Nature **186**, 136 (1960)]. Folgende Abkürzungen wurden benutzt: Chl = Chlorophyll, Cyt = Cytochrom, Fd = Ferredoxin, Fp = Flavoprotein, Pc = Plastocyanin, PQ = Plastochinon, X 320 = Primärakzeptor von System II. Fragezeichen bedeuten, daß eine eindeutige Zu- bzw. Einordnung noch nicht möglich ist

portweg ist durch starke Pfeile gekennzeichnet, gestrichelte indizieren mögliche zyklische Elektronentransportwege. Die Charakterisierung der Energetik des Gesamtelektronentransportes erfolgt zweckmäßigerweise in Form eines Energiediagramms. In Abb. 13.9b ist das Energiediagramm des linearen Hauptelektronentransportweges der photosynthetischen Primärprozesse dargestellt. Aus dem Elektronentransportschema folgt, daß zum Transport von einem Elektron durch die gesamte lineare Transportkette 2 Lichtquanten erforderlich sind, d. h. zur Bildung eines O_2-Moleküls werden 8 hv benötigt. Dies wird durch experimentelle Ergebnisse von Emerson (Abschnitt 13.1.2.1 und Abb. 13.4) sehr gut bestätigt.

13.1.5. Erzeugung elektrochemischer Potentiale durch vektoriellen Ladungstransport

In den Abschnitten 13.1.3 und 13.1.4 waren die Ladungstransferprozesse behandelt worden, ohne expliziert die räumliche Anordnung der Reaktionspartner zu untersuchen. Nimmt man an, daß in einer Membran Elektronentransferkomponenten anisotrop bezüglich der Normalen angeordnet sind, so führt ein Elektronenübergang zwischen diesen Komponenten zwingend zur Ausbildung elektrischer Potentialgradienten, deren resultierender Beitrag senkrecht zur Membranebene von Null verschieden ist. Bei bekannter Anordnung der Membrankomponenten kann daher auf die Existenz elektrischer Potentialgradienten geschlossen werden. Umgekehrt sollte es möglich sein, unter geeigneten Bedingungen aus dem Auftreten elektrischer Potentialgradienten Informationen über die Anordnung von Membrankomponenten zu erhalten.

Zur Untersuchung elektrischer Phänomene an der Thylakoidmembran ist eine geeignete Meßmethode erforderlich. Wegen der molekularen Dimensionen des Thylakoidmembransystems reicht die gegenwärtige Mikroelektrodentechnik zur direkten Messung von elektrischen Potentialgradienten im allgemeinen nicht aus (Ausnahmen bilden Riesenchloroplasten einiger Pflanzen). Es sind deshalb andere Indikationsmethoden erforderlich. 1967 wurde von Junge und Witt gefunden, daß Absorptionsänderungen der Membranpigmente elektrische Felder in der Thylakoidmembran anzeigen. Es sollte daher möglich sein, über die meßbaren Absorptionsänderungen sämtliche elektrischen Membranphänomene zu untersuchen. Dabei sind zum Verständnis und zur sinnvollen Anwendung dieser Methode zunächst einige Fragen zu klären:

a) Wie ist das Auftreten feldanzeigender Absorptionsänderungen physikalisch zu erklären?

b) Wie kann man feldanzeigende Absorptionsänderungen so eichen, daß diese als ein inneres Voltmeter zu benutzen sind?

c) Wie kann man feldanzeigende Absorptionsänderungen in komplizierten biologischen Membransystemen von solchen unterscheiden, die durch andere Prozesse, z. B. Elektronentransfer, Lichtreaktionen usw. bedingt sind.

13.1.5.1. Elektrochrome Absorptionsänderungen der pigmentierten Thylakoidmembran als molekulare Voltmeter

Da in der Thylakoidmembran Pigmentmoleküle (Chlorophyll a, Chlorophyll b, Carotinoide) eingelagert sind, muß ein Membranpotential zu einer Verschiebung der Elektronenniveaus dieser Pigmente aufgrund des Stark-Effektes (Elektrochromieeffekt) führen (s. Abb. 13.10a). Für die Differenz zwischen den Absorptionsenergien des gleichen elektronischen

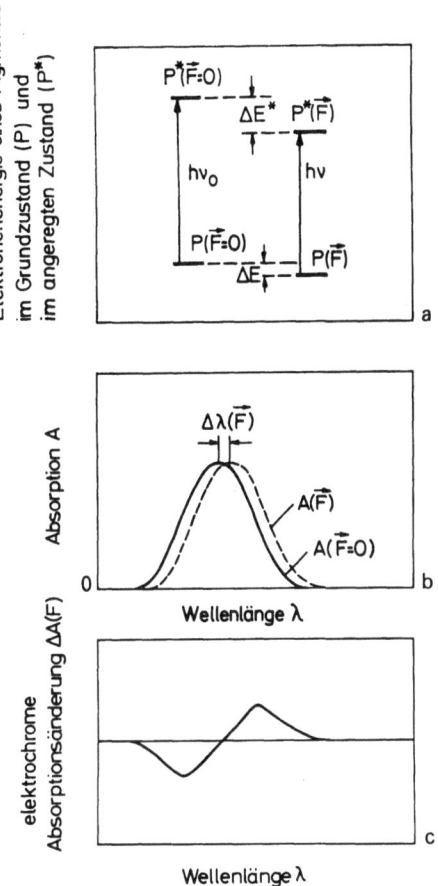

Abb. 13.10. a–c. Elektrochromie eines Pigmentes P. (a) Verschiebung der Energieniveaus von Grundzustand (P) und angeregtem Zustand (P*) durch ein elektrisches Feld F. (b) Elektrochrome Verschiebung der Absorptionsbande des Pigmentes P um $\Delta\lambda(F)$. (c) Differenzspektrum der elektrochromen Absorptionsänderung

Überganges eines Moleküls mit und ohne elektrisches Feld gilt:

$$h \cdot \Delta v = [\mu^* - \mu^0] \cdot F + \tfrac{1}{2}(\alpha^* - \alpha^0) \cdot F^2 . \qquad (13.22)$$

Dabei bedeuten:

μ = permanentes Dipolmoment von angeregtem Zustand (*) und Grundzustand (0) des Pigmentmoleküls,

α = Polarisierbarkeit von angeregtem Zustand (*) und Grundzustand (0) des Pigmentmoleküls,

F = elektrische Feldstärke am Ort des Pigmentmoleküls,

h = Plancksches Wirkungsquantum.

Zu einer Abschätzung des Banden-Verschiebungseffektes sei angenommen, daß an einer Membran von 10 nm Dicke eine Potentialdifferenz von 100 mV aufgebaut werde (dies sind übliche Größenordnungen an biologischen Membransystemen). Dann ergibt sich eine Feldstärke von 10^5 V/cm. Feldstärken in der Größenordnung von 10^5–10^6 V/cm bewirken meist sehr geringe elektrochrome Bandenverschiebungen von 0,01–0,1 nm. Die direkte Messung dieser kleinen

Änderung ist am biologischen System praktisch nicht möglich. Die kleinen elektrochromen Bandenverschiebungen sind aber indirekt über Absorptionsänderungen meßbar. Dazu betrachte man in Abb. 13.10b die Absorptionsbande (ausgezogene Kurve) eines in die Membran eingelagerten Pigmentes, die durch ein induziertes elektrisches Feld um $\Delta\lambda$ bathochrom verschoben werde (gestrichelte Kurve). Da die Bandenverschiebung im allgemeinen sehr klein ist und ferner angenommen werden darf, daß sich die Gestalt der Absorptionsbande praktisch nicht ändert[12], so ergibt sich unter Berücksichtigung von Gliedern höchstens 2. Ordnung für die Absorptionsänderung bei der Wellenlänge λ_i:

$$\Delta A(\lambda_i) = \left(\frac{\partial A}{\partial \lambda}\right)_{\lambda=\lambda_i} \cdot \Delta\lambda + \frac{1}{2}\left(\frac{\partial^2 A}{\partial \lambda^2}\right)_{\lambda=\lambda_i} \cdot \Delta\lambda^2. \quad (13.23)$$

Die so erhaltene *elektrochrome* Absorptionsänderung entspricht daher in ihrer Gestalt entweder der 1. oder 2. Ableitung der Absorptionsbande oder einer Überlagerung beider Ableitungen (s. Gl. 13.24) und zeigt eine charakteristische Struktur. Spielt nur die 1. Ableitung eine Rolle, so tritt jeweils eine positive und negative Bande auf (s. Abb. 13.10c), wobei der Nulldurchgang praktisch mit dem Maximum der Absorptionsbande des Pigments zusammenfällt. Bei nicht zu großen elektrochromen Bandenverschiebungen ist damit die Absorptionsänderung $\Delta A(\lambda_i)$ direkt ein Maß für $\Delta\lambda$. Es gilt dann ferner:

$$\Delta\nu \approx -\frac{c}{\lambda^2} \cdot \Delta\lambda \quad (13.23a)$$

und damit folgt mit Gl. (13.22)–(13.23) unter Berücksichtigung von höchstens quadratischen Gliedern in F für den Zusammenhang zwischen der Amplitude der elektrochromen Absorptionsänderung eines Pigmentes mit der Absorptionsbande $A(\lambda)$ bei der Wellenlänge λ_i und dem elektrischen Feld F:[13]

$$-\Delta A(\lambda_i) = \left(\frac{\partial A}{\partial \lambda}\right)_{\lambda=\lambda_i} \cdot \frac{\lambda_i^2(\mu^*-\mu^0)}{h\cdot c} \cdot F \quad (13.24)$$

$$+ \frac{1}{2}\left[\left(\frac{\partial A}{\partial \lambda}\right)_{\lambda=\lambda_i} \frac{\lambda_i^2(\alpha^*-\alpha^0)}{h\cdot c} - \left(\frac{\partial^2 A}{\partial \lambda^2}\right)_{\lambda=\lambda_i} \frac{\lambda_i^4(\mu^*-\mu^0)^2}{h^2 c^2}\right] \cdot F^2.$$

In Fällen, in denen die elektrochrome Bandenverschiebung proportional zum äußeren elektrischen Feld ist, kann die Amplitude der elektrochromen Absorptionsänderung $\Delta A(\lambda_i)$ direkt als lineares Voltmeter benutzt werden. Diese Bedingung ist hinreichend gut erfüllt bei Molekülen mit relativ großem permanenten Dipolmoment und bei relativ kleinen Feldstärken (s. Gl. 13.24), oder wenn bei einem relativ hohen Grundfeld in der Membran (z.B. durch Felder von fixierten Ladungen) die elektrochrome Verschiebung in den pseudolinearen Bereich des quadratischen Feldeffektes fällt.

Der Linearisierungseffekt eines hohen permanenten Grundfeldes ergibt sich aus Gl. (13.24). Diese hat die Form $\Delta A(F) = aF + bF^2$. Zur Vereinfachung werde ohne Beschränkung der Allgemeinheit angenommen, daß ein rein quadratischer Effekt bestehe ($a=0$). Ferner sei F_a das äußere und F_p das permanente Grundfeld. Es gilt: $A(F) = A(F=0) + b(F_a + F_p)^2$. Für die durch F_a allein bedingte elektrochrome Absorptionsänderung ergibt sich dann mit $F_a \ll F_p$: $\Delta A(F_a) = A(F_a) - A(F_a=0) = b^* \cdot F_a$, wobei $b^* = 2b \cdot F_p$ ist.

Für die praktische Anwendung dieser Methode ist zunächst ein eindeutiges Unterscheidungskriterium für elektrochrome Absorptionsänderungen erforderlich. Da nur dynamische Prozesse untersucht werden, spielen statische elektrische Felder, die in einer Membran mit fixierten Ladungen existieren, keine Rolle. Da die Kinetik des Auf- und Abbaues elektrischer Potentialgradienten über die Thylakoidmembran durch die Geschwindigkeit von Transportprozessen geladener Teilchen (Elektronen, Ionen) bestimmt ist, ist insbesondere deren Abklingkinetik durch eine Änderung der Membranpermeabilität zu beeinflussen. Wird daher die Membranpermeabilität spezifisch verändert, so ändert sich die Kinetik der elektrochromen Absorptionsänderungen signifikant, während die anderen Absorptionsänderungen im allgemeinen unbeeinflußt bleiben. Durch sog. Ionophore[14] wird die Membranleitfähigkeit für bestimmte Ionen (meist Kationen der 1. und 2. Hauptgruppe des Periodensystems) um Größenordnungen erhöht. Daher ist es möglich, durch Anwendung von Ionophoren die elektrochromen von den anderen Absorptionsänderungen zu unterscheiden. Mit dieser Methode wurde das Gesamtdifferenzspektrum der elektrochromen Absorptionsänderungen ermittelt. Es ist in Abb. 13.11a angegeben. Dieses Spektrum zeigt, daß im wesentlichen Chlorophyll a, Chlorophyll b und Carotinoide zu den elektrochromen Absorptionsänderungen in der Thylakoidmembran führen.

Wenn diese Interpretation richtig ist, so sollte es möglich sein, ähnliche elektrochrome Absorptionsänderungen auch an künstlichen Schichtsystemen durch Anlegen elektrischer Felder zu erhalten. Unter Anwendung der von Blodgett und Langmuir 1935 eingeführten und später von Kuhn und Mitarbeitern weiterentwickelten Technik wurden Arachidatschichtsysteme von definierter Schichtzahl (die Dicke einer Schicht beträgt ca. 2,6 nm) aufgebaut, in die die zu untersuchenden Pigmente (Chlorophyll a, b und Carotinoide) eingebaut sind. Durch Aufdampfung einer dünnen Aluminiumschicht wurden so ca. 100 nm dicke Kondensatorsysteme hergestellt, an denen beim Anlegen einer Spannung (ca. 20 V, dies entspricht einer Feldstärke von ca. $2 \cdot 10^6$ V/cm) elektrochrome Ab-

---

[12] Nach Labhart kann man das Dipolmoment und die Polarisierbarkeit eines Moleküls über die verschiedenen Schwingungsniveaus eines Elektronenzustandes als annähernd konstant ansehen.

[13] Zur Vereinfachung wurden unterschiedliche Orientierungen der Pigmente in der Membran nicht explizit berücksichtigt.

[14] Ionophore sind Polypeptide oder Polyäther, die entweder mit den Kationen leicht transportierbare hydrophobe Komplexe („Carrier"-Mechanismus) oder Poren in der Membran („Poren"-Mechanismus) bilden.

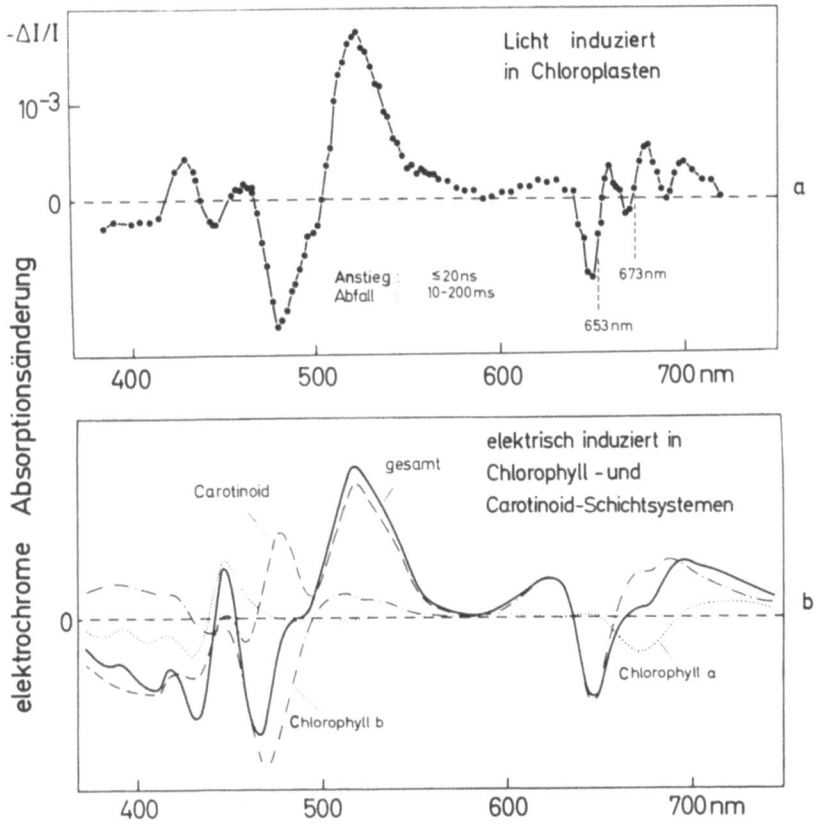

Abb. 13.11a und b. Differenzspektren elektrochromer Absorptionsänderungen. (a) An Spinatchloroplasten durch Licht induziert. [Nach Emrich, Junge und Witt: Z. Naturforsch. **24b**, 144 (1969).] (b) An künstlichen Pigmentschichten durch elektrische Felder induziert. [Nach Schmidt, Reich und Witt: Naturwissenschaften **58**, 414 (1969)]

sorptionsänderungen gefunden wurden. Es konnte gezeigt werden, daß bei geeigneten Konzentrationsverhältnissen der verschiedenen Pigmente ein Differenzspektrum elektrochromer Absorptionsänderungen erhalten wird (s. Abb. 13.11b), das dem Differenzspektrum der durch Ionophore beeinflußbaren Absorptionsänderungen an Chloroplasten (Abb. 13.11a) sehr stark ähnelt. Eine analoge Übereinstimmung wurde auch für das elektrochromen Absorptionsänderungen zugeordnete Differenzspektrum an Bakterien, das hauptsächlich durch Carotinoide bedingt ist, gefunden. Damit ist die Existenz elektrochromer Absorptionsänderungen in vivo bewiesen worden.

Zur Benutzung der elektrochromen Absorptionsänderungen als molekulares Voltmeter ist nun noch eine geeignete Eichung erforderlich. Eine direkte Eichung ist dann möglich, wenn es gelingt, elektrische Potentialgradienten bekannter Größe an der Thylakoidmembran künstlich zu erzeugen. Dies ist möglich durch die Bildung von Ionengradienten, wobei geeignete Annahmen über die Ionenaktivitäten in der Innen- und Außenphase gemacht werden (die Aktivitätskoeffizienten werden in beiden Phasen als gleich groß angenommen). Auf diese Weise wurden die elektrochromen Absorptionsänderungen an photosynthetisierenden Bakterien geeicht. Eine andere Möglichkeit besteht darin, unter Anwendung von Strukturdaten eine Eichabschätzung vorzunehmen, wie im folgenden Abschnitt 13.1.5.2 gezeigt werden wird.

13.1.5.2. Aufbau eines elektrischen Potentialgradienten an der Thylakoidmembran

Der Aufbau elektrischer Potentialgradienten an Membranen erfolgt prinzipiell durch den Transport geladener Teilchen (Elektronen oder Ionen). Dabei sind verschiedene Mechanismen möglich. Es soll an dieser Stelle nur der mit dem Elektronentransport gekoppelte Aufbau elektrischer Potentialgradienten untersucht und nicht die bekannten Prozesse der Diffusions- bzw. Donnanpotentialbildung behandelt werden.

Für die Kopplung zwischen Elektronentransport und dem Aufbau eines elektrischen Potentialgradienten sind 2 Mechanismen möglich, die kinetisch unterscheidbar sind:

a) Sind die Elektronentransferkomponenten anisotrop bezüglich der Membrannormalen angeordnet, so ist der Aufbau direkt mit dem vektoriellen Elektronentransportschritt gekoppelt und die Kinetiken beider Prozesse koinzidieren.

b) Sind die Elektronentransferkomponenten isotrop angeordnet, so kann eine exergonische Elektronentransferreaktion ein vektorielles Ladungstransportsystem (z. B. eine Ionenpumpe) energetisch antreiben. Es liegt dann eine indirekte Kopplung vor und die Anstiegskinetik des elektrischen Potentialgradienten ist durch die Überlagerung der Kinetiken der induzierenden Elektronentransferreaktion und des Transportsystems gegeben.

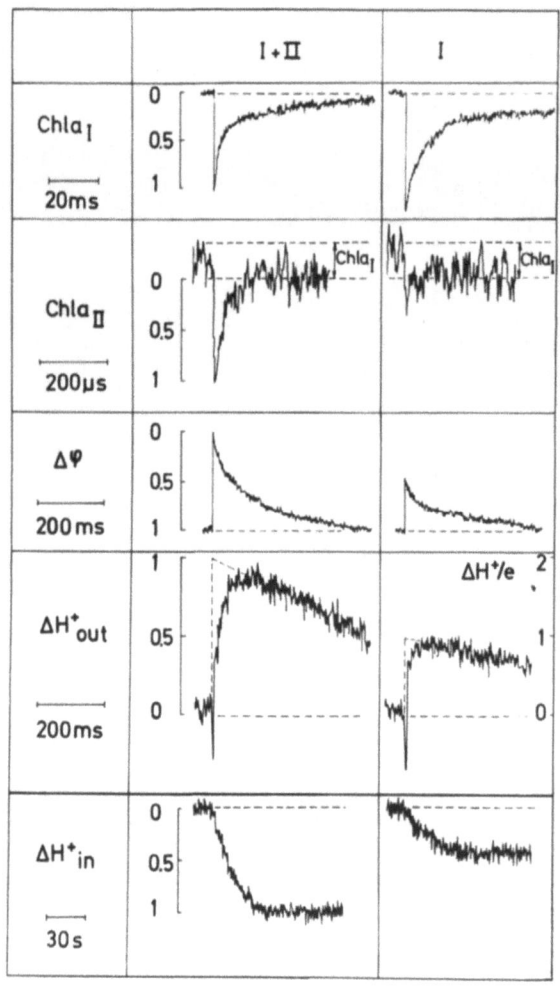

Abb. 13.12. Absorptionsänderungen von Chl-a_I, Chl-a_{II}, $\Delta\psi$ und der H^+-Aufnahme an der Außenphase (ΔH^+_{out}) bzw. der H^+-Abgabe an die Innenphase (ΔH^+_{in}) der Thylakoide am intakten Gesamtsystem (I+II) und am funktionell isolierten System I. [Nach Witt u. Mitarb., s. Graber und Witt: FEBS-Letters **59**, 184 (1975)]

Die Untersuchung der Anstiegskinetik elektrochromer Absorptionsänderung mittels Laserblitzlichtspektroskopie zeigte, daß der Aufbau des elektrischen Potentialgradienten in ≤ 20 ns erfolgt. Die gleiche Zeit wurde auch für die Photooxidation von Chl-a_I gefunden (Abschnitt 13.1.3.2). Aus dieser kinetischen Koinzidenz[15] ist zu schließen, daß der Aufbau des elektrischen Potentialgradienten durch direkte Kopplung mit dem lichtinduzierten Elektronentransfer an den photochemisch aktiven Reaktionszentren C_I bedingt ist. Es bleibt damit zu zeigen, inwieweit auch C_{II} daran beteiligt ist. Durch den Einsatz geeigneter exogener Wirkstoffe (Inhibitoren, Elektronendonatoren und -akzeptoren) ist eine funktionelle Separierung von System I bzw. II vom Gesamtelektronentransport möglich. Mit dieser Methode wurde gefunden, daß bei funktioneller Isolierung von System I (System II

---

[15] Obgleich die kinetische Koinzidenz nur bezüglich einer oberen Grenze gilt, scheidet eine indirekte Kopplung aus, da enzymatische Transportsysteme wesentlich langsamer arbeiten.

blockiert) die Amplitude der elektrochromen Absorptionsänderung um 50% abnimmt (Abb. 13.12). Daraus folgt, daß die Systeme I und II etwa den gleichen Beitrag zum gesamten elektrischen Potentialgradienten leisten. Da außerdem der Gesamtgradient in ≤ 20 ns aufgebaut wird, muß auch der Elektronentransfer, der am System II zur Bildung des elektrischen Potentialgradienten führt, in ≤ 20 ns erfolgen. Dies ist nur durch den primären Elektronentransfer von Chl-a_{II} zum X 320 am Reaktionszentrum C_{II} möglich. Daraus ergibt sich ferner der indirekte Schluß, daß der Ladungstransfer an C_{II} in ≤ 20 ns erfolgt (Abschnitt 13.1.3.3). Wegen der direkten Kopplung zwischen der Bildung des elektrischen Potentialgradienten und dem Elektronentransfer an den photochemisch aktiven Reaktionszentren C_I und C_{II} sollte es möglich sein, Rückschlüsse über die geometrische Anordnung von C_I und C_{II} in der Thylakoidmembran zu ziehen. Dazu ist die Kenntnis sowohl über die Polarität des elektrischen Potentialgradienten als auch über die Lokalisation in der Membran erforderlich. Es wurde gefunden, daß bereits 1 Ionophormolekül pro Thylakoid ausreicht, um den Abbau des elektrischen Potentialgradienten zu beschleunigen. Daraus ist zu schließen, daß dieser über die gesamte Thylakoidmembran delokalisiert ist. Direkte Messungen der Oberflächenladungen bestätigen dies. Eine Polaritätsbestimmung ist in der folgenden Weise möglich: Da durch einen elektrischen Potentialgradienten an einer Membran Ionenflüsse induziert werden, kann aus der Richtung des Kation- und Aniontransportes auf die Richtung des elektrischen Feldes geschlossen werden. Dabei ist darauf zu achten, daß dieser Ionentransport tatsächlich durch den elektrischen Potentialgradienten bedingt ist und nicht durch ionenspezifische Enzymtransportsysteme verursacht wird. Es ist daher zweckmäßig, permeable Ionen unterschiedlicher Struktur zu benutzen, um ionenspezifische Effekte auszuschalten.

Untersuchungen des feld-induzierten Ionentransportes zeigen, daß die Thylakoidmembran beim Feldaufbau außen negativ gegenüber der Innenphase (positiv) aufgeladen wird.

Damit ist aus den Ergebnissen der Schluß zu ziehen, daß die Reaktionszentren C_I und C_{II} so in die Thylakoidmembran eingebaut sind, daß die Primärakzeptoren X_I und X 320 an der Außenseite und die entsprechenden Primärdonatoren Chl-a_I und Chl-a_{II} an der Innenseite lokalisiert sind (Abschnitt 13.1.7). Es ist nun auch möglich, eine Abschätzung über die Größe des elektrischen Potentialgradienten $^1\Delta\psi$ zu geben, der durch Anregung mit einem "single turnover"-Blitz aufgebaut wird (der Index 1 in $^1\Delta\psi$ symbolisiert diese Art der Anregung). Dabei wird die Thylakoidmembran näherungsweise als Plattenkondensator aufgefaßt, dessen Auflagung durch den lichtinduzierten vektoriellen Elektronentransfer an C_I und C_{II} erfolgt (s. Abb. 13.13). Dann gilt für den elektrischen Potentialgradienten $^1\Delta\psi$:

$$^1\Delta\psi = \frac{Q \cdot l}{S \cdot \varepsilon \cdot \varepsilon_0}, \qquad (13.25)$$

wobei Q = Zahl der transportierten Ladungen, l = Membrandicke, S = Membranfläche pro Ladung und ε = die Dielektrizitätskonstante (für Phospholipoide ≈ 2). Aus Strukturuntersuchungen wurden $S = 10^3$ nm^2 und $l = 2$ nm (für Monolipidschicht) bzw. 4 nm (für Lipiddoppelschicht) abgeschätzt. Mit diesen Daten folgt nach Gl. (13.25):

$$^1\Delta\psi \approx 35\text{--}70 \text{ mV}. \qquad (13.26)$$

Jüngste Untersuchungen mit einer anderen Eichmethode (Anwendung von Ionophoren, deren Wirkung vom elektrischen Potentialgradienten an der Thylakoidmembran abhängt) führten zu etwas höheren Werten (90–140 mV). Es ist daher sinnvoll in 1. Näherung mit einem Richtwert von 50–100 mV zu rechnen. Die Größe des bei Anregung mit Dauerlicht sättigender Intensität aufgebauten elektrischen Potentialgradienten ist noch umstritten. Da die lichtinduzierten Ionenflüsse durch die Membran mit osmotischen Volumenänderungen der Thylakoide gekoppelt sind und so zu zeitabhängigen Änderungen der Lichtstreuung führen, die die elektrochromen Absorptionsänderungen überlagern, ist eine Auswertung der Meßergebnisse nur dann eindeutig, wenn eine Separierung beider Effekte (Lichtstreuung und Elektrochromie) möglich ist. Dies ist oft nicht der Fall. Andererseits sind die durch Anwendung von Mikroelektroden an Riesenchloroplasten erhaltenen Ergebnisse ebenso zweifelhaft, da bei diesem Verfahren artifizielle Änderungen der Membranpermeabilität nicht auszuschließen sind.

Nach neueren Untersuchungen erfolgt bei Dauerlichteinstrahlung zunächst der sehr schnelle Aufbau eines relativ großen elektrischen Potentialgradienten (ca. 200 mV), der dann auf einen stationären Wert in der Größenordnung von 30–100 mV abfällt.

Ähnliche Werte (~ 200 mV) wurden unter Anwendung der empirischen Potentialeichmethode (Anlegen von Ionenkonzentrationsgradienten bekannter Größe) auch an photosynthetisierenden Bakterien gefunden. Die bislang beschriebenen Phänomene beschränkten sich ausschließlich auf Transmembranpotentialgradienten. Eine Veränderung der Oberflächenladung der Membran führt aber auch zu einer Verschiebung der Grenzflächenpotentiale an den Doppelschichten der Grenzflächen Membran/wäßrige Außenphase und Membran/wäßrige Innenphase. Dies kann zu signifikanten dynamischen Grenzflächenpotentialgradienten führen. Die biophysikalische Bedeutung der Grenzflächenpotentiale in der Photosynthese ist Gegenstand der aktuellen Forschung. Es liegen noch keine gesicherten Erkenntnisse vor.

13.1.5.3. Aufbau eines Protonengradienten an der Thylakoidmembran

1963 wurde von Jagendorf und Hind gefunden, daß bei Belichtung von Chloroplastensuspensionen der pH-Wert des äußeren Mediums ansteigt und nach Beendigung der Belichtung wieder in den ursprünglichen Zustand abfällt. Da die Chloroplastenmembran (s. Abb. 13.2) zerstört war, konnte vermutet werden, daß an der Thylakoidmembran eine reversible Protonenaufnahme erfolgt. Diese H^+-Aufnahme kann durch 2 phänomenologisch völlig verschiedene Mechanismen bedingt sein:

a) Es kann eine reversible lichtinduzierte Erhöhung der Membranaffinität für H^+ auftreten und damit zur Aufnahme von Protonen aus der angrenzenden wäßrigen Phase führen (Membran-Bohr-Effekt).

b) Es kann ein lichtinduzierter aktiver Nettoprotonentransport durch die Thylakoidmembran stattfinden. Dieser Transport führt dann zur Bildung eines Protonengradienten über die Thylakoidmembran.

Durch die Untersuchung von pH-abhängigen Reaktionen, die an der Innenphase der Thylakoide ablaufen, wurde gezeigt, daß eine lichtinduzierte Azidifizierung im Innern auftritt, d.h. es findet ein Nettoprotonentransport über die Thylakoidmembran statt.

Die in die Innenphase der Thylakoide transportierten Protonen werden zum überwiegenden Teil durch endogene Puffersysteme gebunden. Bei Dauerlichteinstrahlung wurden im stationären Zustand an der Thylakoidmembran pH-Gradienten von maximal 3,5 pH-Einheiten gemessen.

Nachdem die Existenz eines Nettoprotonentransportes gezeigt wurde, bleibt zu untersuchen, nach welchem Mechanismus dieser Aufbau erfolgt. In Analogie zum elektrischen Feldaufbau ist entweder eine direkte Kopplung mit einem vektoriellen Elektronentransport, der Protonisierungsreaktionen einschließt, oder eine indirekte Kopplung über spezifische Protonentransportsysteme, die energetisch durch exergonischen Elektronentransfer angetrieben werden, möglich. Wenn eine direkte Kopplung zwischen Elektronen- und Protonentransport vorliegt, dann muß ein konstantes stöchiometrisches H^+/e-Verhältnis auftreten. Durch die Anwendung von geeigneten pH-Indikatoren[16] wurde ein stöchiometrisches H^+/e-Verhältnis von 2 gefunden. Dies weist darauf hin, daß der H^+-Transport direkt mit dem Elektronentransport gekoppelt ist. Neueste kinetische Untersuchungen bestätigen die direkte Kopplung zwischen Elektronen- und Protonentransport. Aus der H^+/e-Stöchiometrie folgt, daß entweder in 2 verschiedenen Elektronentransferreaktionen jeweils 1 Proton oder in einem Schritt 2 Protonen translokalisiert werden können. In analoger Weise wie für den Aufbau des elektrischen Potentialgradienten wurde auch für die Protonenaufnahme aus der Außenphase und die entsprechende Protonenabgabe an die Innenphase gezeigt, daß die Systeme I und II jeweils zu etwa 50% zum Gesamteffekt beitragen (Abb. 13.12).

Das bedeutet, daß pro transportiertes Elektron an jedem System I und II jeweils ein H^+ über die

---

[16] Bei einer Änderung des pH-Wertes in der Umgebung des Indikators treten kalibrierbare pH-Änderungen auf. Je nach den Bindungs- und Permeabilitätseigenschaften eines Indikators kann so die pH-Änderung an der Außen- und Innenphase bestimmt werden.

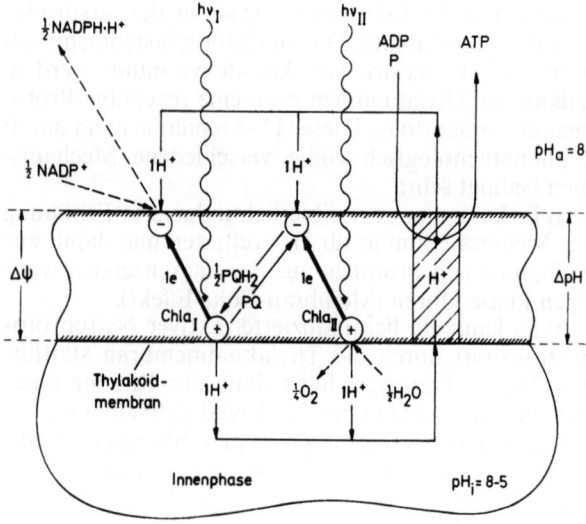

Abb. 13.13. Zickzackschema der vektoriellen Flüsse von Elektronen und Protonen (zur Erläuterung s. Text). (Nach Witt, Junge, Rumberg u. Mitarb., s. Witt in Zitat Govindjee)

Thylakoidmembran transloziert wird. Dieses Ergebnis läßt sich durch eine zickzackförmig in die Membran eingebaute Elektronentransportkette erklären (s. Abb. 13.13). Bei Belichtung mit "single turnover"-Blitzen wird zunächst jeweils ein Elektron von Chl-a_I zum X_I bzw. von Chl-a_{II} zum X 320 *vektoriell* durch die Membran transportiert und damit ein elektrisches Feld aufgebaut. Über Redoxreaktionen gibt das gebildete X_I^- sein Elektron schließlich an $NADP^+$ ab, wobei *ein* H^+ pro Elektron an der Außenseite verschwindet (die Dissoziation von $NADPH_2^+$ bei höheren pH-Werten ist dabei, ebenso wie in Abb. 13.13, nicht explizit berücksichtigt), das gleiche geschieht beim Elektronentransfer von X 320$^-$ in den PQ-Pool. Andererseits wird bei der H_2O-Oxidation durch das an der Innenseite lokalisierte wasserspaltende Enzymsystem (Abschnitt 13.1.4.3) *ein* H^+ pro Elektron freigesetzt. Da die Reoxidation des Plastochinons ebenfalls innen erfolgt, führt diese auch zur Abgabe von *einem* H^+ in die Innenphase. Damit ist durch die mit den sekundären Redoxprozessen gekoppelten Protonisierungsreaktionen ein Nettoprotonentransport durch die Membran verbunden, wobei ein Teil der elektronischen in protonische Energie transformiert wird, während der elektrische Potentialgradient $\Delta\psi$ praktisch unverändert bleibt. Bei Dauerlichteinstrahlung stellt sich ein stationärer Zustand ein, bei dem die mit dem Elektronentransport gekoppelte H^+-Einflußgeschwindigkeit gleich der durch die Membranpermeabilität bestimmten Ausflußgeschwindigkeit ist.

<small>Legt man für eine grobe Abschätzung die jeweiligen Redoxpotentiale zugrunde, so beträgt der Gewinn eines Elektrons an chemischer Energie an jedem Reaktionszentrum ca. 1 eV (der Energiegewinn durch den elektrischen Potentialgradienten soll hier nicht betrachtet werden, da dieser während der sekundären Redoxreaktionen praktisch unverändert bleibt), d.h. insgesamt ca. 2 eV</small>

pro Elektronentransportkette. Beim Elektronentransport vom H_2O zum $NADP^+$ beträgt der Gewinn an chemischer Energie aber maximal nur 1,2 eV. Ein Teil der Energie, die durch die exergonischen Redoxreaktionen verloren geht, wird in Form protonischer Energie gespeichert (unter stationären Bedingungen maximal 0,2 eV).

Über die Änderung des inneren pH-Wertes erfolgt auch die Steuerung der Geschwindigkeit des Gesamtelektronentransportes, da der geschwindigkeitsbestimmende Schritt die pH-abhängige Plastohydrochinonoxidation ist. Diese ist an der Innenseite der Thylakoidmembran lokalisiert. Mit abnehmendem pH-Wert im Thylakoidinnern wird der Elektronentransport und damit die H^+-Einflußrate vermindert. Dies führt zu einem feedback-Steuermechanismus, der eine zu starke Azidifizierung der Thylakoidinnenphase verhindert.

Der im Licht aufgebaute elektrochemische Potentialgradient repräsentiert gespeicherte freie Enthalpie, die in andere Formen (z.B. chemische Bindungsenergie) umgewandelt, zum Antrieb aktiver Ionentransportvorgänge benutzt oder dissipativ vernichtet werden kann. Die Ionen- und Stofftransportprozesse üben wesentliche Steuerfunktionen in biologischen Membransystemen aus. Neben der direkten Regulierung der metabolitischen Substrat- und Produktflüsse werden über die Ionenkonzentrationen Enzymaktivitäten oder Anregungsenergietransferprozesse gesteuert. Der Stofftransport bestimmt die osmotischen Eigenschaften und führt damit zu Schrumpf- und Schwellungsvorgängen der Thylakoide oder des gesamten Chloroplasten.

Wegen ihrer großen Bedeutung sollen die Prozesse der Phosphorylierung als Prototyp der chemischen Energiespeicherung gesondert und ausführlicher behandelt werden.

13.1.6. Phosphorylierung

In Abschnitt 13.1.1.1 (Gl. 13.2) war gezeigt worden, daß die endergonische CO_2-Reduktion mit NADPH thermodynamisch erst durch die Kopplung mit der exergonischen ATP-Hydrolyse möglich ist, d.h. die ATP-Hydrolyse-Reaktion „liefert" die freie Enthalpie zum „Antrieb" der CO_2-Reduktion. Die Kopplung endergonischer mit exergonischen Reaktionen ist das fundamentale Prinzip der thermodynamischen Realisierung biologischer Prozesse. Für die riesige Mannigfaltigkeit von Reduktionen in biologischen Metabolismen wurde dabei ein praktisch universelles „Antriebs-System" evolviert, bei dem durch die Hydrolyse einer sog. „energiereichen Bindung" (dieser Begriff darf nicht mit der chemischen Bindungsenergie verwechselt werden) die notwendige freie Enthalpie bereitgestellt wird. Wesentlich dabei ist, daß die Hydrolyse erst dann erfolgt, wenn die freie Enthalpie zum Antrieb einer bestimmten Reaktion benötigt wird, d.h. die „Chemikalien" des Antriebssystems müssen relativ stabil sein. Sie sollen überdies gut transportierbar sein, um leicht und schnell zu den Systemen zu gelangen, in denen sie benötigt werden. Die weitaus bedeutendste Verbindungsklasse dieser „biologischen Treibstoffe" ist das Adenylsäuresystem, zu dem ATP gehört. Wegen dieser Sonderstellung des ATP als „biologischer Treibstoff" ist der Mechanismus der ATP-Bildung von zentraler Bedeutung für die gesamte Bioenergetik.

Zur ATP-Synthese muß freie chemische Enthalpie bereitgestellt werden. Daraus ergeben sich zwei prinzipielle Fragestellungen:

1. Welche Menge an freier Enthalpie ist zur ATP-Synthese erforderlich und in welcher Form wird diese freie Enthalpie zur Verfügung gestellt?

2. Welches biologische Funktionselement führt durch welchen molekularen Mechanismus zur Bildung des ATP aus ADP und Orthophosphat?

13.1.6.1. Die Energetik der ATP-Synthese

Die freie Reaktionsenthalpie für die Reaktion

$$H^+ + ADP^{3-} + HPO_4^{2-} \rightarrow ATP^{4-} + H_2O \qquad (13.27)$$

wurde unter Standardbedingungen bei pH = 7,8 und bei Abwesenheit von Metallionen zu $\Delta G^0 = 40,2$ kJ/mol bestimmt. Da sowohl ADP^{3-} als ATP^{4-} mit Metallionen Komplexe bilden, ist die freie Reaktionsenthalpie der ATP-Bildung (bzw. Hydrolyse) neben dem Einfluß des pH-Wertes auch sehr stark vom Metallionengehalt abhängig. Damit ergibt sich für die zur ATP-Bildung bei konstanten pH-Werten und unter der Annahme konstanter Ionenkonzentration und konstanter H_2O-Aktivität in vivo erforderliche freie Enthalpie ΔG zunächst rein formal:

$$\Delta G_{ATP} = \Delta G_0' + RT \cdot \ln \frac{[ATP]}{[ADP][P_i]}. \qquad (13.28)$$

Dabei symbolisiert P_i das „anorganische" Orthophosphat. In G.(13.28) werden alle Effekte des pH und der Metallionenkonzentration für die in vivo Reaktionsbedingungen als Konstanten in $\Delta G_0'$ vereinigt. Der $\Delta G_0'$-Wert wurde zu 32,5 kJ/mol abgeschätzt. Der Aktivitätsquotient $[ATP]/[ADP] \cdot [P_i]$ bestimmt sehr wesentlich die Größe von ΔG_{ATP}. Es wurde ermittelt, daß unter den in vivo im stationären Zustand vorliegenden Bedingungen die ΔG_{ATP}-Werte im Bereich von 55–60 kJ/mol liegen. Interessanterweise sind die entsprechenden in vivo ΔG_{ATP}-Werte für die respirative oxidative Phosphorylierung, die in den Mitochondrien abläuft, praktisch gleich groß. Die erforderliche freie Enthalpie wird im Thylakoidmembransystem durch die eingestrahlte Lichtenergie (man spricht daher von „Photophosphorylierung"), im Mitochondrienmembransystem durch die Substratverbrennung (daher „oxidative Phosphorylierung") dem Enzym-System zugeführt, an dem die eigentliche Kondensationsreaktion zwischen ADP und P_i stattfindet. (Dieses Enzymsystem wird im folgenden als ATP-ase bezeichnet, s. Abschnitt 13.1.6.3.) Die Art der energetischen Kopplung zwischen dem Donator-System der freien Enthalpie (Oxido-Reduktion des Elektronentransportes) und der ATP-ase als Akzeptorsystem (Hydro-Dehydratisierung der Phosphorylierung) ist noch nicht eindeutig geklärt.

13.1.6.2. Die Kopplung zwischen Elektronentransport und Phosphorylierung

Es werden im wesentlichen 3 Hypothesen diskutiert:

a) Hypothese der rein chemischen Kopplung über ein gemeinsames Zwischenprodukt („chemische" Hypothese).

b) Hypothese der strukturellen Kopplung über einen energiereichen *Konformationszustand* („Konformations"-Hypothese).

c) Hypothese der chemiosmotischen Kopplung (Mitchell-Hypothese).

a) Die „chemische" Hypothese

Bei der „chemischen" Hypothese (1953 von Slater formuliert) wird angenommen, daß an einem definierten exergonischen Redoxschritt, z.B. zwischen den Redoxpartnern A und B der Elektronentransportkette unter Beteiligung einer Komponente I, die mit der reduzierten Form der Komponente A (A_{red}) einen losen Komplex $A_{red} \cdot I$ bildet, beim Elektronentransfer von A_{red} nach B_{ox} eine energiereiche chemische Verbindung $A \sim I$ (sog. "squiggle") gebildet wird:

$$A_{red} \cdot I + B_{ox} \rightleftharpoons B_{red} + A_{ox} \sim I. \qquad (13.29)$$

Dabei wird die freie Enthalpie des Redoxprozesses in Form von $A_{ox} \sim I$ intermediär gespeichert. Die „energiereiche" Zwischenverbindung $A_{ox} \sim I$ führt dann unter Regenerierung von A_{ox} und I zur Phosphorylierung:

$$A_{ox} \sim I + HPO_4^{2-} + ADP^{3-} + H^+ \rightleftharpoons A_{ox} + I$$
$$+ ATP^{4-} + H_2O, \qquad (13.30)$$

wobei die Protonisierungsgrade der Anionen für die in vivo vorliegenden Bedingungen (pH = 7,5 bis 9) gelten und die Beteiligung von Mg^{2+}-Ionen nicht explizit angegeben wird. Man bezeichnet eine Stelle im Elektronentransport, an der eine Energiekopplung gemäß Gl.(13.29) erfolgt, als „Kopplungsstelle".

Es ist bislang nicht gelungen, die „chemische" Hypothese experimentell durch das Auffinden einer "squiggle"-Verbindung [symbolisiert durch ($\sim$)] zu bestätigen. Da diese einfache Hypothese [Gl.(13.31), wobei e die Redoxprozesse des Elektronentransportes symbolisiert] die Prozesse des Auf- und Abbaues elektrochemischer Potentialgradienten nicht zu deuten vermag, kommt ihr als der ersten Phosphorylierungshypothese nur noch historische Bedeutung zu.

$$e \rightarrow (\sim) \rightarrow ATP. \qquad (13.31)$$

Die Möglichkeit, daß $A_{ox} \sim I$ sowohl zur ATP-Bildung als auch zum Potentialaufbau führen könnte (modifizierte "squiggle"-Hypothese Gl. 13.31 a), scheidet aus kinetischen Gründen aus, da z. B. das elektrische Feld schneller aufgebaut wird als die bekannten Dunkelredoxreaktionen ablaufen können, die erst gemäß Gl. (13.29) zur Bildung von $A_{ox} \sim I$ führen sollten. Die Alternativmöglichkeit eines parallelen Aufbaus (Gl. 13.31 b) elektrochemischer Gradienten und der squiggle-Verbindung $A_{ox} \sim I$ ist energetisch unwahrscheinlich. Neueste Titrationsversuche der Phosphorylierung mit dem Ionophor Gramicidin schließen diese Möglichkeit praktisch aus (s. Punkt c).

$$e \leftrightarrow (\sim) \leftrightarrow ATP, \atop {\uparrow \atop \Delta\psi, \Delta pH}} \qquad (13.31\,a)$$

$$e \leftrightarrow (\sim) \leftrightarrow ATP. \atop {\uparrow \atop \Delta\psi, \Delta pH}} \qquad (13.31\,b)$$

b) Die „Konformations"-Hypothese

Die Konformations-Hypothese (1965 von Boyer vorgeschlagen) gleicht in ihrer Grundkonzeption der „chemischen" Hypothese. Der einzige wesentliche Unterschied besteht darin, daß der sog. energiereiche "squiggle" nicht eine definierte chemische Verbindung ist, sondern direkt mit dem Elektronentransport gekoppelte Konformationsänderungen in definierten Protein (bzw. Lipoprotein)-Bereichen darstellt. Dabei wird die zur Phosphorylierung benötigte freie Enthalpie zunächst in Form energiereicher Konformationszustände gespeichert. Da die Konformationshypothese bezüglich des Energiekopplungsmechanismus nur eine Modifikation der „chemischen" Hypothese ist, gelten für diese die gleichen Einschränkungen, die für die „chemische" Hypothese diskutiert werden.

Um Mißverständnisse zu vermeiden, muß betont werden, daß sich diese Aussagen über Konformationszustände nur auf den Mechanismus der primären Energiekopplung mit dem Elektronentransport beziehen, nicht aber auf den Mechanismus der enzymatischen ATP-Synthese selbst, bei der Konformationsänderungen im Enzymsystem CF_1 eine große Rolle spielen (s. Abschnitt 13.1.6.3).

c) Die „chemiosmotische" Hypothese

Die 1961 von Mitchell formulierte chemiosmotische Hypothese postuliert, daß die energetische Kopplung zwischen der Oxido-Reduktion des Elektronentransportes und der Hydro-Dehydratisierung der Phosphorylierung über einen elektrochemischen Potentialgradienten an der Thylakoidmembran (in Mitochondrien an der Cristae-Membran) erfolgt [Gl. (13.32)].

$$e \leftrightarrow \Delta\Psi, \Delta pH \leftrightarrow ATP \qquad (13.32)$$

Dabei wird angenommen, daß durch eine geeignete anisotrope Anordnung der Redoxkomponenten des Elektronentransportes in der Thylakoidmembran (bzw. Cristae-Membran) eine starre Kopplung zwischen Elektronentransport und elektrochemischem Potentialaufbau besteht. Das so gebildete elektrochemische Potential induziert dann einen Protonenfluß durch das ebenfalls anisotrop in die Membran eingebaute ATP-ase-Enzymsystem und führt so zur Phosphorylierung. Damit ist der Prozeß der chemiosmotisch getriebenen Phosphorylierung wie folgt zu formulieren:

$$ADP^{3-} + HPO_4^{2-} + H^+ + n_{ATP} \cdot \mathbf{H}_1^+ \to ATP^{4-}$$
$$+ H_2O + n_{ATP} \cdot \mathbf{H}_2^+. \qquad (13.33)$$

Dabei ist n_{ATP} die Zahl der Protonen, die pro gebildetes ATP-Molekül vektoriell durch die ATP-ase von der wäßrigen Phase 1 über die Kopplungs-Membran in die wäßrige Phase 2 transportiert werden. Die durch die ATP-ase *vektoriell* transportierten Protonen sind in Gl. (13.33) durch Fettdruck hervorgehoben. Im Thylakoidmembransystem ist Phase 2 der Stromabereich (Abb. 13.2) bzw. an isolierten Chloroplasten ohne Außenmembran die äußere Suspensionslösung, Phase 1 der Thylakoidinnenraum (in Mitochondrien sind diese Transferprozesse so gerichtet, daß Phase 2 der sog. Innenmatrix und Phase 1 der Außenmatrix entspricht). Hinsichtlich der Beteiligung von Mg^{2+}-Ionen und der Protonisierungsgrade der Anionen gelten in Gl. (13.33) die gleichen Bedingungen wie in Gl. (13.30).

Die Funktion der lokalisierten Kopplungsstelle der „chemischen" und der „Konformations"-Hypothese übernimmt im chemiosmotischen Modell nun die Thylakoid- bzw. die Cristae-Membran selbst. Damit ist die Thylakoidmembran bzw. Cristae-Membran das essentielle Funktionselement des Energiekopplungsmechanismus zwischen Elektronentransport und Phosphorylierung. In Analogie zur Kopplungsstelle wirkt nun die gesamte Thylakoidmembran als *Kopplungsmembran*.

Die an der Kopplungsmembran durch die „Energetisierung" über den Elektronentransport gespeicherte freie Enthalpie beträgt:

$$\Delta G_{e.m.} = \mathscr{F} \cdot \Delta\psi + RT \ln \frac{[H^+]_1}{[H^+]_2}. \qquad (13.34)$$

Entsprechend ist die bei der Entladung der „energetisierten" Kopplungsmembran (e.m.) maximal zur Verfügung stehende freie Enthalpie gleich $-\Delta G_{e.m.}$.
Dabei sind $\Delta\psi$ der elektrische Potentialgradient über die Kopplungsmembran, dessen Vorzeichen per definitionem dann positiv ist, wenn Phase 1 positiv gegenüber Phase 2 aufgeladen wird; $[H^+]_1$ und $[H^+]_2$ die Protonenaktivitäten an den beiden flüssigen Phasen 1 und 2, die durch die Kopplungsmembran getrennt sind, $\mathscr{F}$ die Faraday-Konstante, R und T haben die übliche Bedeutung. In Analogie zum Begriff der *e.m.f.* (electron motive force) bezeichnet Mitchell die Größe

$$p.m.f. = \Delta\psi + 2,3 \frac{R \cdot T}{\mathscr{F}} \Delta pH \text{ als proton motive force.}$$

Dabei repräsentiert ΔpH den pH-Gradienten über die Kopplungsmembran, wobei das entsprechende Vorzeichen von ΔpH wie folgt definiert ist: $\Delta pH = \lg[H^+]_1 - \lg[H^+]_2$. Gemäß Gl. (13.33) ist die zur Realisierung der Phosphorylierung notwendige *p.m.f.*

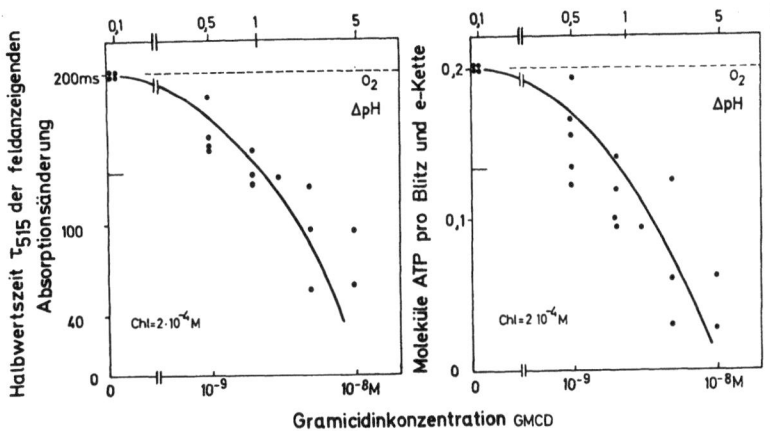

Abb. 13.14. Abhängigkeit der Geschwindigkeit des elektrischen Feldabbaues (gegeben durch die Halbwertszeit der Abklingkinetik der elektrochromen Absorptionsänderung) und der ATP-Bildung in kurzen Blitzen von der Konzentration des Ionophors Gramicidin (GMCD). Die obere Abszisse gibt die mittlere Gramicidinmolekülzahl pro Thylakoid an. (Ein Thylakoid enthält im Mittel ca. 10^5 Chlorophyllmoleküle.) Die gestrichelte Kurve gibt an, daß im betrachteten Konzentrationsbereich die Größe von ΔpH und die O_2-Bildung invariant gegen Gramicidin sind. (Nach Boeck u. Witt, s. Zitat Kongreß-Bericht Photosynthesis, Band 2, 903, 1972)

durch ΔG_{ATP} und durch die Stöchiometrie der ATP-ase, ausgedrückt durch das Verhältnis $H^+/ATP = n_{ATP}$, bestimmt. Damit ATP gebildet werden kann, muß die energetische Bedingung

$$p.m.f. > \frac{\Delta G_{ATP}}{\mathscr{F} \cdot n_{ATP}} \qquad (13.35)$$

erfüllt sein. Nach neuesten Untersuchungen liegt das H^+/ATP-Verhältnis bei 3–4. Mit $\Delta G_{ATP} = 55$–60 kJ/Mol (Abschnitt 13.1.6.1) ergeben sich damit für die zur Phosphorylierung im stationären Zustand erforderliche $p.m.f.$ Werte im Bereich von 150–200 mV. In Abschnitt 13.1.5 ist gezeigt worden, daß unter stationärer Belichtung sättigender Intensität ein elektrisches Feld von ca. 100 mV (Abschnitt 13.1.5.2) an der Thylakoidmembran existiert und bei einem äußeren pH von 8 ein Protonengradient von ca. 3,5 pH-Einheiten auftritt (Abschnitt 13.1.5.3). Daraus ergibt sich eine $p.m.f.$ von ca. 300 mV. Diese $p.m.f.$ reicht aus, die Phosphorylierung energetisch zu ermöglichen, selbst dann, wenn $n_{ATP} = 2$ wäre. Damit ist die energetische Bedingung der Mitchell-Hypothese erfüllt.

Mechanistisch fordert die Mitchell-Hypothese eine zickzackförmige Anordnung der Elektronentransportkette in der Kopplungsmembran, so daß mit dem Elektronentransport der Aufbau eines elektrochemischen Potentialgradienten fest gekoppelt ist. Durch die oben beschriebenen Experimente (Abschnitt 13.1.5) wurde gezeigt, daß die Elektronentransportkette der photosynthetischen Primärprozesse tatsächlich in der von Mitchell postulierten anisotropen Anordnung in die Thylakoidmembran eingebaut ist (Abb. 13.13). Es bleibt noch zu beweisen, daß das Thylakoid wegen der notwendigen Existenz einer Kopplungsmembran auch die Funktionseinheit der Phosphorylierung ist. Titrationsversuche der Phosphorylierung mit Ionophoren (s. Fußnote S. 432) zeigen, daß unter geeigneten Bedingungen bereits ein Ionophormolekül pro Thylakoid ausreicht, um sowohl $\Delta\psi$ als auch die ATP-Ausbeute zu vermindern (s. Abb. 13.14). Daraus folgt eindeutig, daß die Funktionseinheit des Phosphorylierungs-Kopplungsmechanismus das Thylakoid selbst und damit das Konzept der Kopplungsmembran bestätigt ist. Es wurde gefunden, daß der Feldabbau während der Phosphorylierung beschleunigt erfolgt. Die Phosphorylierungsrate entspricht der Rate des elektrischen Feldabbaues, der durch den H^+-Transfer über die ATP-ase erfolgt. Unter optimalen Bedingungen ($\Delta pH > 2,6$) ist die ATP-Ausbeute in kurzen Blitzen proportional der elektrischen Potentialdifferenz, d.h. proportional zu der Menge der translozierten Protonen. Nach der Mitchell-Hypothese sollte am Thylakoidmembransystem eine Phosphorylierung auch bei blockiertem Elektronentransport und im Dunkeln möglich sein, wenn künstlich ein elektrochemischer Potentialgradient erzeugt wird. Es wurde gefunden, daß ein durch einen Säure-Base-Sprung an der Thylakoidmembran erzeugter Protonengradient tatsächlich zu einer Phosphorylierung führt. Ferner wurde gezeigt, daß unter Meßbedingungen, unter denen nur ein suboptimaler pH-Gradient aufgebaut wird, ein zusätzlich gebildetes gleichgerichtetes artifizielles Diffusionspotential die Phosphorylierung stimuliert, ein entgegengesetzt gerichtetes Diffusionspotential dagegen inhibierend wirkt. Die Bedeutung von Grenzflächenpotentialen (s. Abschnitt 13.1.5.2) für die Phosphorylierung ist noch unbekannt (neueste Ergebnisse deuten auf eine indirekte Beeinflussung, möglicherweise über Änderungen lokaler Ionenkonzentrationen).

Es ist auch gelungen, künstliche Membransysteme aufzubauen, in die ein lichtgetriebenes Protonenpumpsystem (Bakteriorhodopsin aus Halobakterien, dieses Protein induziert — wahrscheinlich über gerichtete Konformationsänderungen — im Licht einen H^+-Transport) und isolierte ATP-ase eingebaut wurden. An diesen artifiziellen Membransystemen wurde eine lichtinduzierte ATP-Bildung gemessen. Allerdings sind die ATP-Ausbeuten im Vergleich zu denen an natürlichen Systemen äußerst gering.

All diese durch die Mitchell-Hypothese inspirierten Versuche unterstützen dieses Modell der Energiekopplung.

13.1.6.3. Der Phosphorylierungsmechanismus

Der eigentliche Phosphorylierungsprozeß erfolgt an einem zuerst von Racker u. Mitarb. isolierten Enzymkomplex, der sog. ATP-ase, die aus mindestens 2 Protein (bzw. Lipoprotein)-Systemen (den Kopplungsfaktoren CF_0 und CF_1) besteht. Die ATP-Synthese findet im Kopplungsfaktor CF_1 statt, während der Kopplungsfaktor CF_0 das strukturelle und funktionelle Verbindungsglied zwischen CF_1 und der Thylakoidmembran bildet. CF_0 besitzt eine relativ hohe Permeabilität für Protonen und ist damit der H^+-Leitungskanal für die ATP-ase in der Thylakoidmembran (in Abb. 13.13 durch die schraffierte Fläche dargestellt). Der Kopplungsfaktor CF_1 besteht aus mindestens 5 verschiedenen Typen von Proteineinheiten, von denen aber wahrscheinlich nur zwei direkt an den Phosphorylierungsreaktionen beteiligt sind. Wie in CF_1 ADP mit P_i zu ATP synthetisiert werden, ist noch gänzlich unbekannt.

Es wurde gezeigt, daß die Energetisierung der ATP-ase und die ATP-Bildung mit dynamischen Strukturänderungen im Kopplungsfaktor verknüpft sind. Diese führen wahrscheinlich auch zu starken Affinitätsänderungen für Substrate und Produkte in CF_1.

13.1.7. Zur Struktur der Thylakoidmembran

Zum prinzipiellen Verständnis der Primärprozesse der Photosynthese ist nicht nur die Kenntnis der Eigenschaften einzelner Teilsysteme, sondern auch die über die funktionelle und strukturelle Zuordnung im Gesamtsystem der Thylakoide erforderlich. Die Wechselbeziehung zwischen Funktion und Struktur bietet die Möglichkeit, aus Erkenntnissen über funktionelle Zusammenhänge Rückschlüsse auf die geometrische Anordnung von Reaktionspartnern zu ziehen und auf diese Weise die über die typischen Methoden zur Strukturuntersuchung (Röntgenbeugung, Elektronenmikroskopie) gefundenen Ergebnisse zu ergänzen.

Es war in Abschnitt 13.1.5.2 gezeigt worden, daß die Reaktionszentren C_I und C_{II} so in die Thylakoidmembran eingebaut sind, daß Chl-a_I und Chl-a_{II} an der Innenseite, die zugehörigen Akzeptoren X_I und X 320 an der Außenseite der Thylakoidmembran angeordnet sind. Ebenfalls aus Ergebnissen über die Funktion wurde geschlossen, daß der Plastochinonspeicher außen oxidiert, innen reduziert wird (Abschnitt 13.1.5.3) und damit als transversales Funktionselement sowohl für den Elektronen- als auch für den Protonentransport wirkt. Ferner wurde gefunden, daß das wasserspaltende Enzymsystem ebenso an der Innenseite der Thylakoidmembran lokalisiert ist (Abschnitt 13.1.4.3) wie das Plastocyanin. Immunologische Versuche mit Antikörpern führten zu dem Schluß, daß die $NADP^+$-Reduktion außen stattfindet. Extraktionsversuche zeigten, daß auch die ATP-ase an der Außenseite der Thylakoidmembran eingebaut ist.

Neueste Untersuchungen mit stereospezifischen proteolytischen Enzymen (z. B. Trypsin) ergänzen und bestätigen diese Erkenntnisse.

Verbindet man diese Ergebnisse mit bekannten Strukturdaten über die Thylakoidmembran und nimmt außerdem an, daß deren prinzipielle strukturelle Organisation durch das 1972 von Singer und Nicholson postulierte Mosaik-Membran-Modell zu beschreiben ist, so ergibt sich als vorläufiges Bild das in Abb. 13.15 dargestellte Modell der Thylakoidmembran. Es kann in Anbetracht der noch unbeantworteten Fragen sicher nur ein sehr bescheidenes und möglicherweise verzerrtes Abbild der Realität sein. Es kann darüber hinaus nur eine statische Momentaufnahme darstellen, da dynamische Strukturprozesse (z. B. Lateraldiffusion oder Rotation von Enzymen in der Membran), deren Bedeutung (z. B. für die ATP-ase-Reaktionen, Abschnitt 13.1.6.3) noch weitgehend ungeklärt ist, nicht berücksichtigt werden konnten.

13.1.8. Schlußbetrachtungen

Der hier gegebene kurze Abriß über die Photosynthese hat darzustellen versucht, welches strukturelle und funktionelle Organisationsschema von der Natur zur Ausnutzung der Sonnenenergie für die Synthese von Kohlenhydraten aus H_2O und CO_2 entwickelt wurde. Zur Lösung dieser Aufgabe wird eine Arbeitsteilung

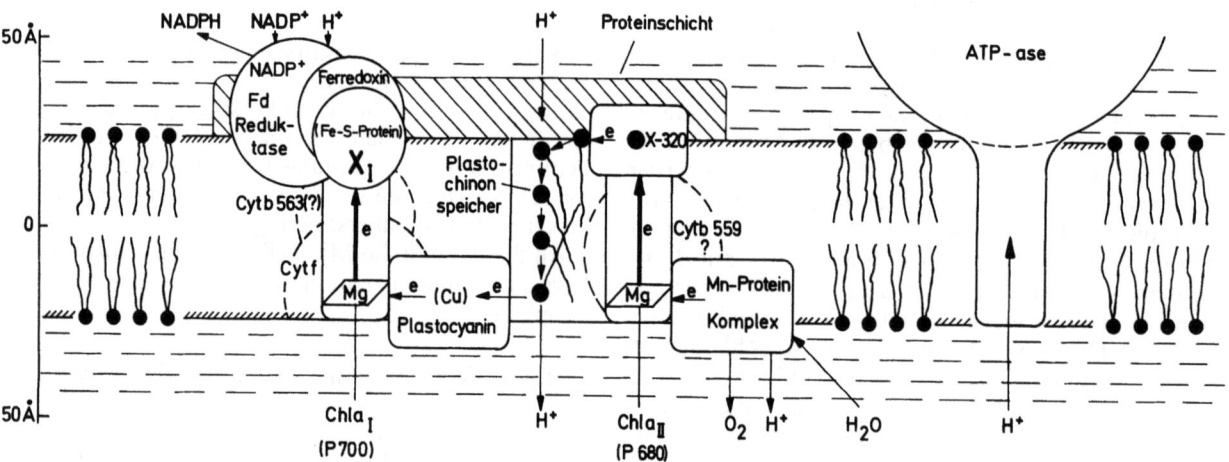

Abb. 13.15. Skizze des molekularen Aufbaues der Thylakoidmembran. (Nach Witt u. Mitarb., 1975)

in 2 Funktionsbereiche vorgenommen, wobei nur die für die Photosynthese spezifischen Primärprozesse an ein strukturell hochorganisiertes Membransystem, die sog. Thylakoide, gebunden sind, während für die sekundären chemischen Reaktionen der strukturell einfachere Stromabereich ausreicht.

Nach einem analogen Organisationsschema finden in heterotrophen Organismen die Dunkel-Umkehr-Prozesse der Photosynthesebruttoreaktion [s. Gl.(13.1)], nämlich die Glucoseoxidation, statt (s. z. B. Zitat Renger).

Entsprechend dem heutigen Erkenntnisstand wurden die Eigenschaften des Thylakoids beschrieben und dabei gezeigt, wieviele Fragen (z. B. die molekularen Mechanismen der O_2-Bildung und der ATP-ase oder die Bedeutung dynamischer Strukturänderungen) noch weitgehend unbeantwortet bleiben müssen.

Literaturauswahl

Monographien

Clayton, R. K.: Molecular Physics in Photosynthesis. New York: Blaisdell Publishing 1965.
Govindjee, Ed.: Bioenergetics of Photosynthesis. New York: Academic Press 1975.
Gregory, R. P. F.: Biochemistry of Photosynthesis. London: Interscience (Wiley) 1971.
Kamen, M. D.: Primary Processes in Photosynthesis. New York: Academic Press 1963.
Nobel, P. S.: Introduction to Biophysical Plant Physiology. San Francisco: Freeman 1974.
Rabinowitch, E., Govindjee, Ed.: Photosynthesis. New York-London-Sidney-Toronto: Wiley & Sons 1969.
Renger, G.: In: Topics in Current Chemistry. Berlin-Heidelberg-New York: Springer (in Vorbereitung).

Kongreß-Berichte

Progress in Photosynthesis Research. Proc. 1st Int. Congr. Photosynthesis Res., Freudenstadt 1968, 3 Bände (Ed. H. Metzner). Tübingen: Laupp 1969.
Photosynthesis, Two Centuries after its Discovery by Joseph Priestley. Proc. 2nd Int. Congr. Photosynthesis Res., Stresa 1971, 3 Bände (Eds. G. Forti, M. Avron, B. A. Melandri). The Hague: Junk 1972.
Proc. 3rd. Int. Congr. Photosynthesis, Rehovot 1974 (Ed. M. Avron). 3 Bände. Amsterdam-Oxford-New York: Elsevier 1975.

13.2. Zur Biophysik biologischer Oszillatoren

ANDERS JOHNSSON

13.2.1. Einführung

Schwingungsphänomene werden heutzutage in vielen Bereichen der Naturwissenschaften in großer Zahl untersucht. Die in der Biologie gewöhnlich auftretenden Schwingungsdauern reichen von Bruchteilen einer Sekunde, z. B. bei rhythmischen Nervenpotential-Veränderungen, bis hin zu mehreren Jahren, beispielsweise bei Schwankungen in der Individuenzahl von Tierpopulationen. Das Interesse an Schwingungsphänomenen ist jedoch keineswegs auf die Biologie beschränkt. Beträchtliche Anstrengungen unternimmt man zum Beispiel auch, um ein besseres Verständnis von Schwingungsphänomenen in biochemischen Reaktionen und von biophysikalischen Schwingungsvorgängen in künstlichen und natürlichen Membranen zu gewinnen. Die auf diesen Gebieten erzielten Resultate führen zu einem besseren Verständnis biologischer Oszillationen und werden es vielleicht eines Tages möglich machen, die Mechanismen auf molekularer Basis zu erklären.

Die Zahl der Veröffentlichungen über biologische Schwingungsphänomene ist enorm angestiegen, vor allem über Schwingungen mit einer Periodenlänge von ungefähr einem Tag. Es ist unmöglich, in nur einem Kapitel das breite Spektrum der verschiedenen Schwingungen zu behandeln, und der Leser möge daher die subjektive Stoffauswahl verzeihen.

Dieser Beitrag beginnt mit einer kurzen Erörterung einiger Schwingungssysteme, wie sie Physikstudenten kennenlernen, und befaßt sich anschließend mit selbsterregten Oszillationen, Schwingungen in Rückkopplungssystemen, Störungen von Schwingungen und gekoppelten Oszillatoren. Zur besseren Erläuterung sind einige geeignete Beispiele aus den verschiedenen Gebieten in den Text aufgenommen worden. Da jedoch eine umfassende Behandlung den Rahmen dieses Kapitels sprengen würde, kann man nur hoffen, daß der Leser besonders den letzten Abschnitt beachten wird: dort werden Hinweise auf weitere Literatur gegeben.

13.2.2. Harmonische Schwingungen Van der Pol'scher Oszillator

Das physikalische Pendel liefert ein gutes Beispiel einer sogenannten harmonischen Schwingung, wenn der Auslenkungswinkel der Schwingung klein ist und die Reibung vernachlässigt wird. Bezeichnet man die Pendelmasse mit M, die Länge des Pendels mit l und den Winkel, den das Pendel mit der Senkrechten bildet, mit θ, so gilt folgende Gleichung

$$M \cdot g \cdot \sin\theta + M \cdot l \cdot \frac{d^2\theta}{dt^2} = 0, \qquad (13.36)$$

wobei $g = 9{,}81$ m/s^2 ist.

Man erhält diese Gleichung, indem man die senkrecht zum Pendel wirkenden Kraftkomponenten nimmt und das erste Newtonsche Gesetz anwendet. Bei kleinem Auslenkwinkel ist $\sin\theta \approx \theta$, und man kann die Gl. (13.36) angenähert ausdrücken durch

$$\frac{d^2\theta}{dt^2} + \frac{g}{l}\theta = 0. \qquad (13.37)$$

Die Gl. (13.37) für den einfachen harmonischen Oszillator wird gelöst durch folgenden Ausdruck für θ:

$$\theta(t) = \theta_0 \cdot \sin(\omega_0 t + \varphi). \qquad (13.38)$$

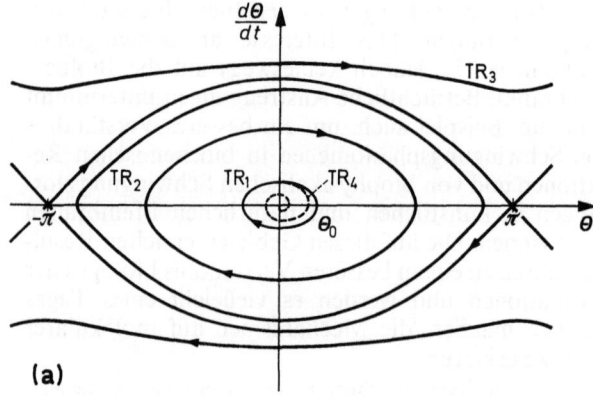

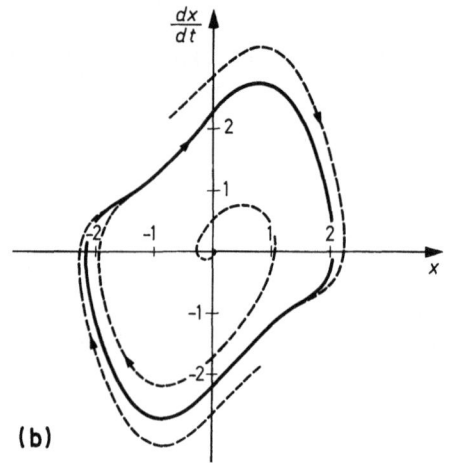

Abb. 13.16. (a) Darstellung der Bewegung eines physikalischen Pendels in der Phasenebene. (b) Darstellung der Schwingungen eines van der Polschen Oszillators in der Phasenebene. $\varepsilon = 1{,}0$. Die gestrichelten Linien zeigen, wie der Oszillator sich von zwei verschiedenen Ausgangspositionen aus „steady state"-Schwingungen nähert (durchgehende, geschlossene Kurve)

Hierbei ist $\omega_0^2 = g/l$; θ_0 und φ sind bestimmte Anfangswerte.

Es sollen nunmehr die harmonischen Schwingungen in einer sog. *Phasenebene* in zwei Dimensionen dargestellt werden. Um diese Ebene zu bestimmen, werden die beiden Variablen θ und $\dot\theta = d\theta/dt$ auf zwei senkrecht zueinander stehenden Koordinaten aufgetragen. Trägt man $\dot\theta$ als Funktion von θ für verschiedene Anfangswerte auf, so erhält man in der Phasenebene eine Schar elliptischer Phasenkurven um den Punkt $(0;0)$ (s. Abb. 13.16a).

Diese Kurven werden als Phasenkurven TR (engl. trajectories) bezeichnet, und TR_1 zeigt, wie sich das Pendel in der Phasenebene bewegt, wenn die anfängliche Auslenkung θ_0 beträgt. Die Schwingungsrichtung in der Phasenebene ist durch Pfeile gekennzeichnet.

Wenn nun aber der Winkel nicht mehr klein ist (und $\sin\theta$ nicht mehr ungefähr gleich θ), so hat die Näherungs-Gl. (13.37) keine Gültigkeit mehr. Statt dessen muß die nicht-lineare Gl. (13.36) benutzt werden, und die Kurven werden dann komplizierter als Ellipsen, wie am Beispiel von TR_2 und TR_3 deutlich wird. TR_2 beschreibt das Verhalten eines Pendels, wenn der anfängliche Auslenkungswinkel knapp $180°$ beträgt. TR_3 zeigt, daß das Pendel nach einem ausreichend starken Anstoß sich überschlagen wird und dann in *einer* Richtung rotiert. Man beachte, daß immer noch die Annahme gemacht wird, daß keine Reibung auftritt und die Aufhängung steif bleibt.

Nun wird jeder, der in einem Experiment die Bewegung eines physikalischen Pendels aufzeichnet, natürlich feststellen, daß die Schwingung aufgrund von Reibung bald nachläßt und schließlich aufhört. Das heißt: $\dot\theta$ und θ nähern sich Null, und die Kurve $\dot\theta$ in Abhängigkeit von θ vollführt eine Spiralbewegung auf den Ursprung $(0;0)$ zu, wie die gestrichelte Bahn TR_4 in Abb. 13.16a zeigt. Hat das Pendel einmal den Ursprung erreicht, der einen *stabilen Gleichgewichtspunkt* darstellt, so bleibt es stehen und kann spontan nicht wieder zu schwingen anfangen.

Bisher ist ein physikalisches System erörtert worden, das keine selbsterregten Schwingungen aufwies, das also nicht ständig einer geschlossenen Bahn folgte, sondern eine Spirale zu einem stabilen Gleichgewichtspunkt hin beschrieb. In der Biologie kommen jedoch gewöhnlich selbsterregte Schwingungen vor, und man kommt zu dem Ergebnis, daß das harmonische Pendel kein geeignetes Modell für solche Systeme ist. Um ein besseres Modell zu erhalten, kann als eine Verallgemeinerung des harmonischen Oszillators die van der Pol-Gleichung betrachtet werden. Dieser Oszillator stellt ein Beispiel eines nicht-linearen physischen Oszillators dar und hat die Grundlage für zahlreiche Modelle biologischer Rhythmen geliefert, zum Beispiel der Kontraktion des Herzmuskels (mit einer typischen Periodendauer von 1 s) und der sogenannten circadianen Rhythmen (d.h. endogener Rhythmen mit einer Periode von etwa 24 Std). In seiner Grundform lautet die Gleichung folgendermaßen:

$$\frac{d^2x}{dt^2} + \varepsilon(x^2 - 1)\frac{dx}{dt} + \omega^2 x = 0, \qquad (13.39)$$

wobei ε eine Konstante >0 ist.

Ein Vergleich mit der linearen, homogenen Gleichung

$$\frac{d^2x}{dt^2} + 2A\frac{dx}{dt} + \omega_0^2 x = 0 \qquad (13.40)$$

ist nützlich. Diese Gleichung hat die Lösung

$$x(t) = x_0 \cdot e^{-At} \sin(\omega t + \varphi),$$

wobei $\omega^2 = \omega_0^2 - A^2$ ist. Wenn $A<0$ ist, wird die Amplitude ständig zunehmen, während $A>0$ bedeutet, daß die Amplitude nach Null abnimmt. [$A=0$ entspricht dem Fall des harmonischen Oszillators, Gl. (13.36)].

Es soll nunmehr die van der Pol-Gleichung (13.39) mit der Gl. (13.40) verglichen werden. Für kleine Werte von x, d. h. wenn $\varepsilon(x^2-1)<0$ ist, nimmt die Amplitude der Schwingung zu, genau wie bei $A<0$ in Gl. (13.40). Für große Werte von x, d. h. wenn $\varepsilon(x^2-1)>0$, wird die Schwingungsweite entsprechend $A>0$ in Gl. (13.40) abnehmen. Folglich werden selbsterregte Schwingungen auftreten mit einem Durchschnittswert von $\varepsilon(x^2-1)$ gleich Null [$A=0$ in Gl. (13.40)].

Obwohl die Ähnlichkeiten mit Gl. (13.37) groß sind (man lasse ε gegen 0 gehen!), kann die Kurvenform der Lösungen der van der Polschen Gleichung sich ziemlich stark von einer Sinuskurve unterscheiden. Je größer ε, um so weniger sinusförmig wird die Lösung sein, und bei $\varepsilon \gg 1$ nähert sie sich einer Rechteckwelle. ε ist ferner wichtig für das Übergangsverhalten der Schwingung: mit wachsendem ε nimmt die Zeit ab, bis Gleichgewichtsbedingungen erreicht sind.

Oszillatoren dieser Art werden häufig als Kipp-Schwingungen bezeichnet, da die Periode bestimmt wird durch eine Art Relaxationszeit, z.B. einer bestimmten Zeit zum Auffüllen eines Gefäßes, das, wenn es gefüllt ist, periodisch umkippt.

Ein Oszillator des van der Polschen Typs läßt sich ebenfalls in einer Phasenebene darstellen; ein Beispiel dafür ist in Abb. 13.16b gegeben. Die Phasenkurven unterscheiden sich jedoch von denen des harmonischen Oszillators in einem sehr wichtigen Punkt: wenn dieser Oszillator gestört wird und etwas von der geschlossenen Phasenkurve (durchgezogene Kurve in Abb. 13.16b) abweicht, so kehrt er wieder zu ihr zurück (gestrichelte Kurven in Abb. 13.16b). Diese Phasenkurve wird daher als stabiler Grenzzyklus oder kurzer *Grenzzyklus* bezeichnet. Lineare Systeme (wie der harmonische Oszillator) besitzen keine Grenzzyklen.

Beispiel 1: Circadiane Rhythmen von Pflanzen, Tieren und Menschen weisen zahlreiche Merkmale auf, die für Kipposzillatoren typisch sind; sie sind von Bünning ausführlich diskutiert worden. Circadiane Rhythmen sind zwar endogen, können aber durch die Lichtverhältnisse in der Umwelt beeinflußt werden. Man kann die Oszillatoren sozusagen durch äußere Lichtsignale „erregen".

Um circadiane Rhythmen zu simulieren, wurde der folgende auf der van der Polschen Gleichung beruhende Ausdruck benutzt:

$$\frac{d^2y}{dt^2} + f_1(y)\frac{dy}{dt} + f_2(y) \cdot y = \frac{d^2x}{dt^2} + \frac{dx}{dt} + x.$$

y entspricht dabei der schwingenden biologischen Variablen, f_1 und f_2 sind Funktionen von y, die man benutzt, um bestimmte experimentell gefundene Ergebnisse zu erklären. f_1 entspricht im wesentlichen der in der van der Pol-Gleichung benutzten Form. Die rechte Seite der Gleichung beschreibt, wie die Lichtstärke x den van der Polschen Oszillator erregt. Verschiedene Eigenschaften der circadianen Rhythmen sind mit Hilfe dieser Gleichung simuliert worden.

13.2.3. Störungen von Oszillatoren, Phasen-Response-Kurven

Bis jetzt wurden die Lösungen für relativ einfache Differentialgleichungen, wie sie in der Physik benutzt werden, erörtert. Wenn man sich nun den biologischen Schwingungen zuwendet, so muß man sich immer wieder vor Augen halten, daß diese sehr viel komplizierter sind und daß sie sich möglicherweise überhaupt nicht mit solchen einfachen Gleichungen beschreiben lassen. Trotzdem soll das im vorigen Abschnitt Gesagte als Grundlage für ein besseres Verständnis dienen.

Alle biologischen Oszillatoren lassen sich durch geeignete Größen (Licht, Ionen, elektromagnetische Felder usw.) stören. Die Störung zeigt sich als Veränderung der Schwingung gegenüber dem vorhergehenden „steady state"-Zustand: in einer Phasenverschiebung, einer Änderung der Amplitude, der Frequenz usw. Veränderungen der Amplitude können das Ergebnis einer Störung am Oszillator selbst darstellen, sie könnten aber genau so gut darauf hindeuten, daß eine Veränderung der vom Oszillator verursachten Reaktionen stattgefunden hat. Veränderungen der Phase und der Frequenz (die nach einigen Übergangszyklen bestehen bleiben) müssen jedoch auf Veränderungen in dem Schwingungssystem selbst beruhen. Daher untersuchen Wissenschaftler, die die Grundlagen der Oszillatoren erkunden wollen, häufiger die Phasen- und Frequenzveränderungen der biologischen Oszillatoren. Der folgende kurze Abschnitt basiert auf Resultaten mehrerer Untersuchungen, die man bei Phasenverschiebungen der circadianen Schlüpfrhythmik von *Drosophila pseudoobscura* erhalten hat.

Diese circadiane Rhythmik kann dadurch in Gang gesetzt werden, daß man eine Population von Insektenpuppen einem kurzen Lichtpuls aussetzt (s. Abb. 13.17a). Das Schlüpfen einer einzelnen Fliege aus dem Puparium kann nur zu bestimmten Zeitabschnitten stattfinden, die durch eine physiologische Uhr in der Puppe festgelegt sind. Wenn die Puppe das Schlüpfstadium erreicht hat, aber das Schlüpfen aus irgendeinem Grund nicht zum „erlaubten" Zeitpunkt stattfinden kann, so muß sie eine weitere volle Tagesperiode abwarten, bis wieder Schlüpfen in einem bestimmten Zeitraum „erlaubt" ist. In einer Puppenpopulation, in der die einzelnen Puppen Altersunterschiede aufweisen, werden die Fliegen daher in regelmäßigen Zeitabständen, ungefähr alle 24 Std, schlüpfen. Diese Schlüpfrhythmik ist intensiv untersucht worden auf der Grundlage von Grenzzyklus-Überlegungen, wie sie in Abschnitt 13.2.2 umrissen worden sind. Es soll dies auch hier getan werden, und zwar sollen einige Experimente behandelt werden, bei denen Lichtpulse zur Störung der Schlüpfrhythmik benutzt werden. Zwei verschiedene experimentelle Methoden sollen diskutiert werden.

(a) Wenn man 15 min lang weißes Licht (1000 Lux) auf die Puppen fallen läßt, so wird sofort eine Phasenverschiebung des circadianen Oszillators hervorgerufen. (Versuche mit mehrfachen Lichtpulsen bestätigen

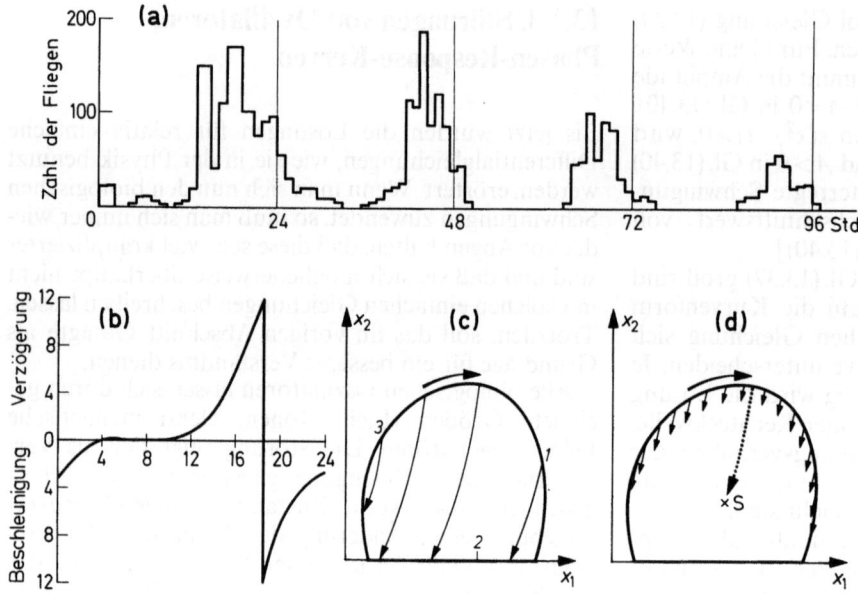

Abb. 13.17. (a) Anzahl der aus einer Population von Drosophila pseudoobscura-Puppen ausgeschlüpften Fliegen. Ein kurzer Lichtblitz endete zum Zeitpunkt Null. Das Schlüpfen erfolgt in Schüben, die 24 Std voneinander entfernt sind. (Nach Bünning, 1973.) (b) Durch einen 15-minütigen Weißlichtblitz von 1000 Lux verursachte Phasenverschiebung in der Schlüpfrhythmik. Alle Werte sind in Stunden angegeben. (c) Hypothetische Darstellung der Schlüpfrhythmik in der Phasenebene. x_1 und x_2 bezeichnen die hypothetischen Zustandsvariablen. „Starke" Lichtpulse stören die Schwingung, so daß sie sich am Ende des Pulses an den Stellen befindet, auf die die nach unten gerichteten Pfeile zeigen. (d) Dieselbe Darstellung in der Phasenebene wie bei (c). Kleine, nach unten gerichtete Pfeile zeigen an, wo sich das System nach Einwirken „schwacher" Lichtpulse befindet. Der punktierte Pfeil zeigt, wie ein richtig dosierter Lichtpuls den Oszillator in die Nähe des Singularitätspunktes S bringen könnte

die Feststellung, daß die Phasenverschiebung sehr schnell eintritt.) Der Oszillator ist nach der Phasenverschiebung einem ungestörten Oszillator gegenüber entweder verzögert oder verfrüht. Größe und Richtung der Phasenverschiebung sind abhängig davon, in welcher Phase der Oszillator sich befindet, wenn der Lichtpuls gegeben wird. Dies ist in Abb. 13.17b dargestellt. Auf eine leicht verfrühende Phase folgt eine Zone ohne Wirkung, dann eine Zone mit zunehmenden Verzögerungen, der abrupt wieder eine Zone mit Verfrühungen folgt; dieses Muster setzt sich dann mit einer Periode von 24 Std fort. Es handelt sich um eine sogenannte *Phasen-Response-Kurve*.

Die Phasen-Response-Kurve soll jetzt mit dem Grenzzyklus in Abb. 13.17c verglichen werden (bei dieser Darstellung kann das System keine negativen Werte für x_2 erhalten). Eine Störung des Oszillators zu einem bestimmten Zeitpunkt kann man sich so vorstellen, daß das System vom Grenzzyklus wegbewegt wird. Lichtpulse (1000 Lux) stören das System entsprechend der nach unten gerichteten Pfeile, die wieder am Grenzzyklus enden. Man sieht, daß ein in Position 1 gegebener Puls die Schwingung beschleunigt (ein „Abkürzungsweg" des Grenzzyklus); in Position 2 gegeben, läßt der Lichtpuls die Schwingung unbeeinflußt und in Position 3 verzögert er sie (das System wird auf den Grenzzyklus zurückverschoben). Der Oszillator kehrt also nach dem Lichtpuls wieder zum Grenzzyklus zurück.

Die Analyse der Drosophila-Schlüpfrhythmik mit Hilfe der Phasen-Response-Kurve und der Grenzzyklen hat sich als sehr fruchtbar erwiesen und ist von Pavlidis eingehend diskutiert worden. Zum Beispiel hat man Phasen-Response-Kurven dazu benutzt, um vorauszusagen, wie die Phasenverschiebung der Schlüpfrhythmik aufgrund mehrfacher Lichtpulse von je 15 min aussehen müßte. Man hat experimentell herausgefunden, daß die Rhythmik von solchen Lichtpulsen „mitgenommen" werden kann und ihre 24 Std-Frequenz auf die der Lichtpulse umstellt. Diese Mitnahme des Oszillators auf ein äußeres, wiederholtes Signal nennt man „entrainment". Entrainment ist jedoch nur innerhalb eines bestimmten Periodenspielraums möglich, und die Grenzen des Mitnahmebereiches (18–30 Std) konnte man mit Erfolg anhand der Phasen-Response-Kurve für Drosophila vorhersagen.

(b) Im Abschnitt 13.2.2 ist gezeigt worden, daß es für den harmonischen Oszillator einen stabilen Gleichgewichtspunkt gibt, den Ursprung (0; 0). Dagegen ist der Gleichgewichtspunkt (0; 0) der van der Polschen Gleichung *nicht stabil* (bei $x \ll 1$ nähert sich die Gl. (13.39) der Form $\frac{d^2x}{dt^2} - \varepsilon \frac{dx}{dt} + x = 0$, deren Lösung zunehmende Amplituden aufweist). Dies ist ein Beispiel dafür, daß die Gleichgewichtspunkte, die auch als *Singularitätspunkte* bezeichnet werden, stabil oder unstabil sein können. Es stellt sich nunmehr die Frage, ob komplizierte biologische Oszillatoren derart gestört werden können, daß sie einen Singularitätspunkt erreichen, und wenn ja, ob dieser Singularitätspunkt stabil ist oder nicht?

Für den Fall der Drosophila-Schlüpfrhythmik ist diese Frage gründlich von Winfree untersucht worden. Seine experimentelle Methode läßt sich anhand der Abb. 13.17d verstehen. Der Grenzzyklus einfacher Schwingungssysteme (wie in der Abbildung angenommen) umschließt zumindest einen Singularitätspunkt (Poincaré); er ist mit S bezeichnet. Man kann annehmen, daß schwache Lichtpulse (entweder kurz oder von geringer Intensität) kleinere Störungen verursachen als 15 minütige Pulse und daß sie das gestörte System innerhalb des Grenzzyklus belassen. In Abb. 13.17d entfernen sich die Pfeile nur wenig vom Grenzzyklus, sie bleiben innerhalb seiner *Anziehungszone*, und die Schwingung wird bald wieder den Grenzzyklus erreichen.

Man könnte daraus ableiten, daß es zwischen den beiden bisher genannten Extremfällen einen „geeigneten" Lichtpuls geben könnte, der, in der „richtigen" Phase des Rhythmus gegeben, das System in die Nähe des Punktes S bringt. Eine solche Störung zeigt der gestrichelte Pfeil in Abb. 13.17d. Tatsächlich hat Winfree festgestellt, daß die Schlüpfrhythmik durch einen richtig dosierten Lichtpuls in einen Singularitätspunkt gebracht werden konnte und daß ferner der Singularitätspunkt stabil zu sein scheint (d.h. die Amplitude des Oszillators müßte innerhalb der für das Experiment zur Verfügung stehenden Zeit nach dieser besonderen Störung Null sein). Dieses Ergebnis hat beträchtliche Folgen für die experimentelle und theoretische Arbeit auf dem Gebiet der endogenen Tagesrhythmik.

13.2.4. Ein anderer Blickpunkt: Rückkopplung

Ingenieure und Physiologen haben häufig mit Schwingungen in Kontrollsystemen zu tun, die von ihnen gern in Form von Blockdiagrammen dargestellt werden. In diesem Abschnitt sollen einige biologische Systeme dieser Art betrachtet werden.

Man betrachtet dazu das sehr einfache Blockdiagramm in Abb. 13.18. Es stellt ein *Rückkopplungs-System* dar, in dem das Signal $s(t)$ mit einem Sollwert s_{ref} verglichen wird, so daß $(s_{ref} - s(t))$ ein Fehlersignal $e(t)$ bedeutet. Dieses Fehlersignal ist der Input des Vorganges, den man untersucht, und die Reaktion des Systems erscheint als das Output-Signal $s(t)$. $s_1(t)$ bezeichnet das Signal kurz vor einem Block, der eine Verzögerung um t_d Zeiteinheiten bewirkt.

Nimmt man zunächst an, daß der Kontrollprozeß eine Konstante k sei. Dann kann man aus Abb. 13.18a ablesen, daß

$$s_1(t) = k(s_{ref} - s(t))$$

und

$$s(t) = s_1(t - t_d),$$

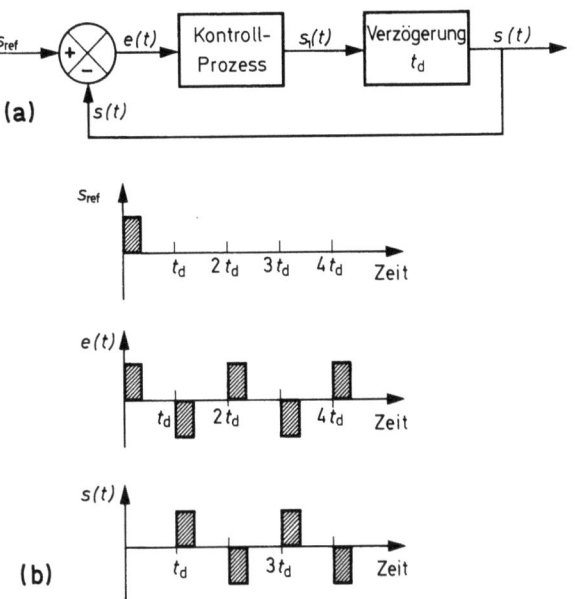

Abb. 13.18. (a) Rückkopplungssystem mit einem Kontrollprozeß und einer Verzögerung t_d. (b) Beispiel des Schwingungsverhaltens in diesem Rückkopplungssystem, wenn man annimmt, daß der Kontrollprozeß konstant und gleich 1 ist. s_{ref} verändert sich kurzfristig zum Zeitpunkt Null, wurde aber anschließend gleich Null gehalten. Da $s(t)$ Null ist, wird das Fehlersignal $e(t)$ zum Zeitpunkt Null positiv sein. Dies beeinflußt den Output $s(t)$, allerdings erst nach der Verzögerung t_d. Dadurch wird $s(t)$ positiv und $e(t)$ gleichzeitig negativ (da s_{ref} gleich Null). Das negative $e(t)$ zum Zeitpunkt t_d erscheint daher als ein negatives $s(t)$ zum Zeitpunkt $2t_d$ usw. und es entstehen Eigenschwingungen

d.h.

$$s(t) = k \cdot (s_{ref} - s(t - t_d))$$

oder

$$s(t) = k \cdot s_{ref} - k \cdot s(t - t_d).$$

Nimmt man an, s_{ref} sei, mit Ausnahme eines kurzen Momentes (um die Störung in das Rückkopplungssystem einzuführen), gleich Null, und k sei einfach gleich eins, so ist der Ausdruck für das wiederholte Signal $s(t)$ besonders einfach. Dieser Fall ist in Abb. 13.18b wiedergegeben. Ist k kleiner als eins, so sind die Schwingungen gedämpft, ist k dagegen größer als eins, so werden die Amplituden der Schwingung zunehmen.

In einem Kontrollsystem mit Rückkopplung wie dem in Abb. 13.18a können Schwingungen auftreten, wenn die Verstärkung zusammen mit einer bestimmten Zeitverzögerung groß genug ist.

Je nachdem, wie das System im einzelnen aussieht, können die Schwingungen durch Rauschen (das in einem biologischen System immer vorhanden ist) oder durch andere Störungen aus der Umwelt hervorgerufen werden. Die Amplitude dieser Schwingungen nimmt zu, bis einige nicht-lineare Elemente des Rückkopplungskreises das System daran hindern, zu „explodieren".

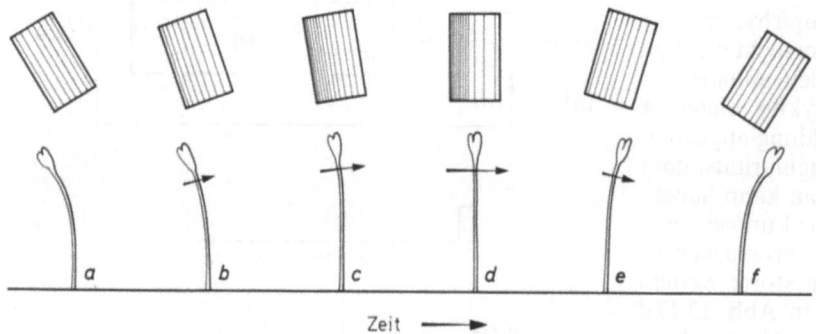

Abb. 13.19a–f. Aufeinanderfolgende Stadien der Schwingungsbewegung einer Pflanze um die Senkrechte. In (a) ist die Pflanze gegenüber ihrer Bezugs-Wachstumsrichtung (der Senkrechten) geneigt. Die ausgleichende Bewegung setzt nicht sofort ein, da der — über der Pflanze eingezeichnete — Gradient des Wachstumshormons erst nach einer gewissen Zeit nicht mehr gleich Null ist. In (b) ist ein geringer Hormongradient entstanden, und die Pflanze beginnt sich in Richtung auf die Senkrechte zu bewegen. In (c) und vor allem in (d) ist der Gradient voll entwickelt, die Pflanze erreicht eine maximale Krümmungsgeschwindigkeit und schießt über die Senkrechte hinaus. In (e) ist der Hormongradient geringer und in (f) schließlich wird er vernachlässigbar. Es ist jetzt die gleiche Situation wie in (a) vorhanden, und der Prozeß beginnt von neuem, wobei sich die Pflanze jetzt allerdings in die entgegengesetzte Richtung bewegt

Beispiel 2: Ist der Kontrollprozeß in Abb. 13.18 ein Integrator (ein realistischerer und interessanterer Fall als eine Konstante, wie oben angenommen), so läßt sich die Analyse des Systems wie folgt vornehmen:

$$s_1(t) = \int_0^t k \cdot e(\tau) d\tau$$

$$\frac{ds_1(t)}{dt} = k \cdot e(t)$$

$$\frac{ds(t)}{dt} = \frac{ds_1(t-t_d)}{dt} = k \cdot e(t-t_d) = k[s_{ref} - s(t-t_d)].$$

Nimmt man $s_{ref} = 0$ an, so erhält man

$$\frac{ds(t)}{dt} = -k \cdot s(t-t_d).$$

Als Lösung erhält man $s(t) = A(t) \cdot \sin(\omega t + \varphi)$, wobei die Amplitude $A(t)$ konstant ist, wenn $k = \pi/2t_d$ und ω die Winkelgeschwindigkeit der Schwingung wiederhergestellt ist. Die Periodenlänge der Schwingungen beträgt in diesem Fall das Vierfache der bloßen Verzögerung t_d. Bei $k > \pi/2t_d$ nimmt die Amplitude zu, bei $k < \pi/2t_d$ nimmt sie ab.

An diesem Punkt sollen einige Beispiele diskutiert werden, die den Begriff der Schwingung in Rückkopplungssystemen verdeutlichen. Diese Beispiele sind vereinfachte Darstellungen aus der Literatur und selbstverständlich nicht als lückenlose Darstellungen dessen gedacht, was in der Realität geschieht.

Beispiel 3: Der Haupttrieb einer Pflanze wächst normalerweise senkrecht nach oben. Eine Abweichung von dieser Richtung wird von der Pflanze entdeckt und verursacht später eine Wachstumsreaktion, die die Abweichung ausgleicht. Dieses Gleichgewichtssystem ist weitgehend von Johnsson und Heathcote in derselben Weise beschrieben worden, wie es in Abb. 13.18a und Beispiel 2 dargestellt wurde. Aufgrund der Zeitverzögerung in der Reaktion und der relativ starken Reaktion (entsprechend der Verstärkung in dem Rückkopplungssystem) lassen sich in diesem Richtungssuchen des Systems Eigenschwingungen feststellen.

Abb. 13.19 erläutert, wie die Schwingungen erklärt werden können. Eine Abweichung von der Senkrechten, wie in *a* dargestellt, ruft nach einer zeitlichen Verzögerung ein Gefälle des Wachstumshormons in dem Stengel hervor, siehe *b* (die dunklen Flächen bedeuten eine hohe Konzentration von Wachstumshormonen). Die Abweichung von der Senkrechten in *a* führt dazu, daß nach einer Weile sich entsprechend *c*, wie durch den Pfeil angedeutet, die Krümmungsgeschwindigkeit verlangsamt. Durch diese Verzögerung durchläuft die Pflanze die Senkrechte, *d*, schießt jedoch über sie hinaus, *e*. Bei *f* hat die Pflanze einen Abweichwinkel erreicht, der dem in *a* entspricht, und das Gefälle des Wachstumshormons wird umgekehrt sein und die Pflanze veranlassen, sich zurückzubiegen und einen Zyklus abzuschließen.

Beispiel 4: Licht, das ins Auge fällt, trifft die Retina, die logarithmisch auf den Lichtstrom F reagiert. Nach Verzögerungen im Empfängersystem, die zum Beispiel durch synaptische Übertragung hervorgerufen worden sind, wird die Pupillenzone durch den Schließmuskel reguliert. Das Produkt aus Pupillenfläche A und der Lichtintensität I bestimmt den Lichtstrom F.

So wird eine verstärkte Intensität I nach einer zeitlichen Verzögerung die Pupillenfläche verringern, um den neuen Lichtstrom zu vermindern (dieses Rückkopplungssystem ist übersichtlich von McFarland dargestellt worden). Konzentriert man einen kleinen Lichtstrahl auf den Rand der Pupille, so kann man in diesem Rückkopplungssystem leicht Eigenschwingungen erzeugen. Dies geschieht wiederum aufgrund einer Verstärkung im Rückkopplungskreis: die Veränderung der Pupillenfläche wird einen Effekt auf den

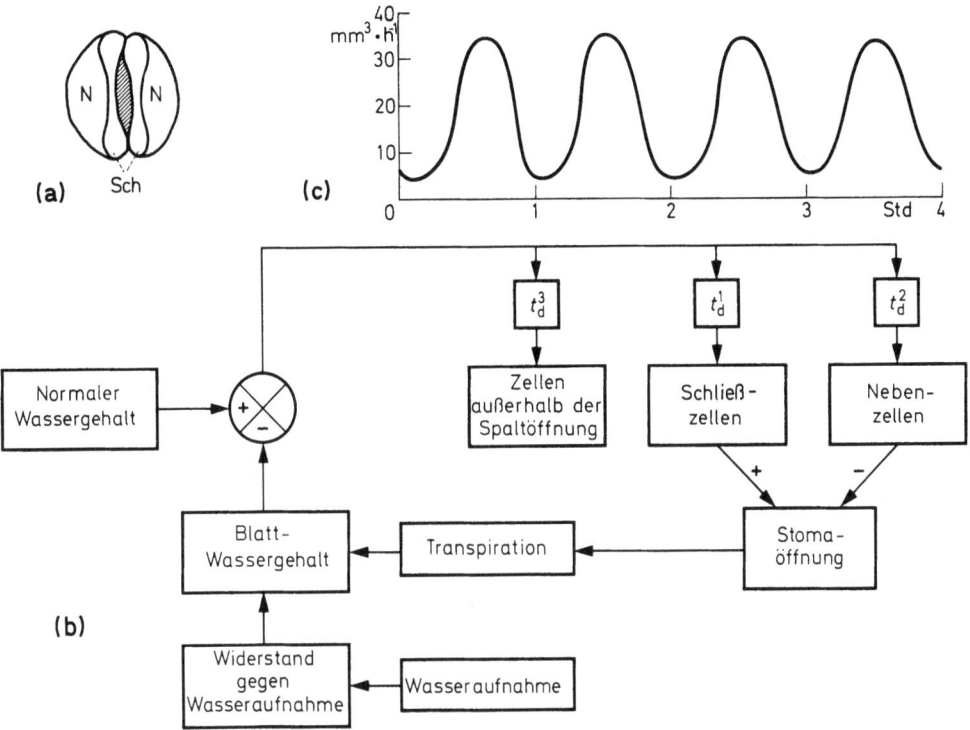

Abb. 13.20. Spaltöffnung einer Haferpflanze bei der Regulation der Verdunstung an der Blattoberfläche. Wasserdampf wird durch den schraffierten Spalt transpiriert, der mit Hilfe der Schließzellen (Sch) und der Nebenzellen (N) reguliert werden kann. (b) Ein Kontrollschema, das die Existenz einer Rückkopplung bei der Wasserregulierung der Pflanze demonstriert. Wenn bestimmte Bedingungen im System erfüllt sind, ist es wahrscheinlich, daß Schwingungen entstehen. (c) Experimentelle Registrierung der rhythmischen Wassertranspiration einer 7 Tage alten Haferpflanze

Lichtfluß auf die Retina haben, der größer ist als normalerweise, wenn der Lichtstrahl auf den Rand konzentriert wird.

Beispiel 5: Die Kontrolle des Wasserzustandes einer Pflanze, d.h. des Systems, mit dem eine Pflanze ihren Wasserhaushalt optimiert, besteht aus mehreren Rückkopplungsschleifen. Mit Hilfe eines solchen Modells ist es Cowan gelungen, Eigenschwingungen in der Transpiration und in der Wasseraufnahme unter bestimmten Bedingungen einigermaßen zu erklären.

Abbildung 13.20a zeigt schematisch eine Spaltöffnung (Stoma), die die Verdunstung von der Oberfläche eines Grasblattes regelt. Durch die schraffierte Fläche gelangt Wasserdampf heraus, und wenn der Wassergehalt der *Schließzellen* (Sch) zunimmt, wird ihrer mechanischen Struktur zufolge die schraffierte Fläche und somit auch die Transpiration *größer werden*. Andererseits führt eine Zunahme im Volumen der *Nebenzellen* (N) zu einer *Verminderung* der schraffierten Fläche und der Transpiration.

Die vereinfacht dargestellte Wasserregulierung dieser „Schlüssel"-Zellen läßt sich anhand von Abb. 13.20b erläutern. Der Wassergehalt des Blattes beeinflußt den Wassergehalt in den Schließ- und Nebenzellen. Da der Wasserfluß immer mit Fließwiderstand und Kapazitäten verbunden ist, werden die Zeitkonstanten t_d^1 und t_d^2 (die den Zeitverzögerungen in den oben genannten Beispielen entsprechen) eingeführt. Die Spaltöffnung wird somit durch das gemeinsame Einwirken der beiden Zelltypen geregelt (+ und − weisen darauf hin, daß ein geänderter Wassergehalt zu einer größeren bzw. einer kleineren Spaltöffnungsfläche führen). Die Spaltöffnungsfläche beeinflußt die Transpirationsgeschwindigkeit und dadurch wiederum den Wassergehalt. Somit wird ein geschlossener Rückkopplungskreis gebildet (vergleiche Abb. 13.18).

Schwingungen können in einem solchen Modell unter einer Vielzahl von Bedingungen auftreten, wie Cowan gezeigt hat. Auch in der Natur kommen Schwingungen in der Wasserregulierung relativ häufig vor und ein Beispiel solcher im Experiment festgestellter Schwingungen ist in Abb. 13.20c dargestellt.

Wenn der Widerstand gegen Wasseraufnahme Null beträgt, so beeinflußt die Transpiration den Wassergehalt der Blätter nur sehr geringfügig, und das bedeutet, daß die Verstärkung des Rückkopplungskreises nur klein ist. Es sollten daher keine Schwingungen auftreten. Dies konnte man auch demonstrieren, indem man das gesamte Wurzelsystem der Pflanze abtrennte: danach verschwindet der Großteil des Fließwiderstandes und die Pflanze wird mit Wasser „gesättigt". Experimente haben gezeigt, daß man durch physikalischen Druck auf die Wassertransportgefäße (als Ersatz für den Fließwiderstand in den Wurzeln) die Schwingungen wieder hervorrufen kann. Dadurch vergrößert sich die Auswirkung der Transpiration auf den Wassergehalt, d.h. der Verstärkungsgrad des Rückkopplungskreises steigt an und Schwingungen können stattfinden.

Natürlich werden auch andere Zellen im Blatt ihr Volumen je nach der Menge des verfügbaren Wassers verändern. Es kann davon ausgegangen werden, daß sie an der in der Abbildung dargestellten Regulierung nicht teilhaben. Darüber hinaus werden in dem Schema der CO_2-Gehalt des Blattes und zahlreiche andere wichtige physiologische Variablen nicht berücksichtigt. Es vermittelt aber dennoch in anschaulicher Weise eine Erklärung für viele Merkmale der oszillatorischen Wasserregulierung in Pflanzen.

Die Blattfläche einer Pflanze ist mit Tausenden von Spaltöffnungen bedeckt (40–50 pro mm² beim Grasblatt). Um zu einem gemeinsamen Transpirationsrhythmus des ganzen Blattes zu führen, müssen ihre Schwingungen synchron verlaufen. Dies ist nur möglich, wenn sie sich gegenseitig beeinflussen, d.h. wenn sie irgendwie miteinander gekoppelt sind. Gekoppelte Oszillatoren sind ein interessantes Thema; sie sollen im nächsten Abschnitt behandelt werden.

13.2.5. Kopplung mehrerer Oszillatoren

In der Natur haben die Zellen gewöhnlich räumlichen Kontakt miteinander, und man kann sich leicht vorstellen, daß zwischen ihnen Information fließt (zum Beispiel mit Hilfe chemischer Übertragung). Ein Schwingungsverhalten in einer Zelle kann daher Schwingungen in den Nachbarzellen beeinflussen. Untersuchungen über die Kopplung von biologischen Oszillatoren sowie über neue Effekte, die bei der Einführung von Kopplungen auftreten, sind daher von höchstem Interesse; sie wurden von Pavlidis übersichtlich dargestellt. Nehmen wir an, daß n Zellen vorhanden sind, von denen jede einen harmonischen Oszillator entsprechend Gl.(13.37) [bzw. Gl.(13.40), wenn $A=0$] enthält und mit allen anderen Zellen gekoppelt ist, und zwar derart, daß für den k-ten Oszillator der Ausdruck gilt

$$\frac{d^2 x_k}{dt^2} + \omega_0^2 x_k = r \cdot \omega_0^2 \left(\sum_{\substack{j=1 \\ j \neq k}}^{n} x_j \right). \quad (13.41)$$

Dies ist eine lineare Differentialgleichung, die nicht viel mit einem biologischen Oszillator zu tun hat. Darüber hinaus ist für alle Zellen die gleiche Kreisfrequenz angenommen und davon ausgegangen worden, daß der Kopplungsfaktor r zwischen den Zellen im gesamten Gewebe gleich ist. Dennoch wird diese Gleichung helfen, einige wichtige Punkte zu verstehen.

Wenn alle n Gl.(13.41) addiert werden und $\sum_{j=1}^{n} x_j = y$ gesetzt wird, erhält man

$$\frac{d^2 y}{dt^2} + \omega_0^2 (1 - r(n-1)) y = 0.$$

y kann also mit einer Frequenz

$$\omega_o (1 - r(n-1))^{\frac{1}{2}} \quad (13.42)$$

schwingen (siehe Gl.(13.40)). Es muß beachtet werden, daß diese Frequenz bei $r>0$ gegenüber der eines einzelnen Oszillators verringert ist.

Die Oszillatorenpopulation kann jedoch auch Schwingungen mit einer anderen Frequenz enthalten. Betrachtet man den Ausdruck $x_{k+1} - x_k$ für unterschiedliche k-Werte, so erhält man

$$\frac{d^2(x_{k+1} - x_k)}{dt^2} + \omega_0^2 (1+r)(x_{k+1} - x_k) = 0,$$
$$k = 1, 2, \ldots, n-1.$$

Unter bestimmten Bedingungen wird daher das System mit einer Frequenz $\omega_0(1+r)^{\frac{1}{2}}$ schwingen. Handelt es sich um eine gerade Anzahl von Oszillatoren, so können sie zwei Untergruppen bilden, die mit einer Phasenverschiebung von 180° gegeneinander schwingen.

Das oben angeführte Beispiel kann auf eine Population nichtlinearer, selbsterregter Oszillatoren mit verschiedenen Frequenzen und unterschiedlichen Kopplungsfaktoren erweitert werden. Die oben erörterten Punkte behalten auch in solchen komplizierteren Fällen ihre Gültigkeit.

Im folgenden sollen einige Bemerkungen über Oszillatoren mit endogener Tagesrhythmik gemacht und die Bedeutung gekoppelter Oszillatoren erörtert werden.

(a) Die bei einer Population von Oszillatoren beobachtete Frequenzverringerung ermöglicht, periphere Rhythmen mit langen Perioden durch Kopplung von Zellen mit inhärenten kurzen Schwingungen zu erklären. Da biochemische Oszillationen mit kurzen Perioden gefunden und eingehend untersucht worden sind, bietet die Frequenzverringerung eine attraktive Möglichkeit, Oszillationen mit langen Perioden (zum Beispiel Tagesrhythmen) und biochemische Oszillationen mit kurzen Perioden miteinander in Verbindung zu bringen. Das System gekoppelter Oszillatoren wird außerdem weniger empfindlich auf Parameterveränderungen reagieren, die in den einzelnen Oszillatoren zufällig auftreten.

(b) Die Oszillatoren können auf verschiedene Art und Weise miteinander gekoppelt sein. Dies könnte dazu führen, daß eine Störung in der Population gekoppelter Oszillatoren Frequenzveränderungen hervorruft. Das würde erklären, warum Frequenzänderungen in biologischen Systemen sowohl spontan als auch nach einer äußeren Störung auftreten.

(c) Es könnte zwei Untergruppen geben, die mit einer Phasenverschiebung von 180° zueinander schwingen, wie schon oben erwähnt wurde. Nimmt man ein physiologisches Ereignis an, das von Maxima ausgelöst wird, die in der Gesamtpopulation auftreten, so kann man zu der folgenden Vorstellung gelangen: Wenn alle Oszillatoren synchronisiert sind, so wird pro Zyklus ein Ereignis ausgelöst. Sind die Oszillatoren in zwei Untergruppen aufgeteilt, so betrüge die Zahl der ausgelösten Ereignisse das Doppelte der Periode der Untergruppen (zuerst löst eine Untergruppe aus, dann die zweite, usw.).

Tatsächlich hat man auch ein solches Aufspalten (engl. „Splitting") der endogenen Tagesrhythmik experimentell gefunden. Bei der Registrierung der Aktivitätsrhythmen bestimmter Tiere kann man durch Verringern der Lichtintensität eine circadiane Rhythmik in eine ungefähr 12-stündige Rhythmik überführen.

(d) Bei der Aufspaltung einer Gruppe von Oszillatoren in zwei Untergruppen existiert theoretisch ein Hysterese-Effekt: Wenn man die Kopplung der Oszillatoren so weit reduziert, bis Splitting auftritt, und danach die Kopplung wieder auf ihren ursprünglichen Wert anwachsen läßt, so bleibt häufig das Splitting bestehen. Tatsächlich ist dann eine stärkere Kopplung erforderlich, um die normale Frequenz ohne Splitting wieder herzustellen.

Dasselbe Phänomen hat man auch bei Aktivitätsrhythmen gefunden. Wenn man mit einer Lichtstärke beginnt, bei der ein normales circadianes Aktivitätsmuster registriert wird, danach die Lichtstärke verringert, bis ein 12-stündiges Muster entsteht, und schließlich wieder zu den ursprünglichen Bedingungen zurückkehrt, so wird das 12 Std-Muster häufig immer noch beibehalten werden. Das bedeutet, daß der Hysterese-Effekt gekoppelter theoretischer Oszillatoren ein Analogon in der Biologie besitzt.

(e) Der Ausdruck für die Frequenz des Oszillatorsystems, Gl.(13.42), zeigt, daß bei abnehmendem n und $r > 0$ die Frequenz zunehmen sollte. Tatsächlich nahm die Frequenz der periodischen Impulsaktivität bei Netzhautpräparaten von *Aplysia californica* zu, wenn Teile der Netzhaut entfernt wurden. Dieser Einfluß der Populationsgröße auf die Frequenz ist ein weiterer Beweis dafür, wie nützlich die Theorie der gekoppelten Oszillatoren bei der Erforschung biologischer Schwingungsprobleme sein kann.

Literaturauswahl

Aschoff, J. (Ed.): Circadian Clocks. Amsterdam: North-Holland Publ. 1965.
Bünning, E.: The physiological clock (3rd Ed.). Berlin-Heidelberg-New York: Springer 1973.
Chance, B., Pye, E. K., Ghosh, A., Hess, B. (Eds.): Biological and biochemical oscillators. New York-London: Academic Press 1973.
Cowan, I. R.: Oscillations in stomatal conductance and plant functioning associated with stomatal conductance: observations and a model. Planta **106**, 185–219 (1972).
Johnsson, A., Heathcote, D.: Experimental evidence and models on circumnutations. Z. Pflanzenphysiol. **70**, 371–405 (1973).
McFarland, D. J.: Feedback mechanisms in animal behaviour. New York-London: Academic Press 1971.
Menaker, M. (Ed.): Biochronometry. Washington: National Academy of Sciences 1971.
Milsum, J. H.: Biological control systems analysis. New York: McGraw-Hill Book Comp. 1966.
Pavlidis, Th.: Biological oscillators: their mathematical analysis. New York-London: Academic Press 1973.
Pittendrigh, C. S.: The circadian oscillation in Drosophila pseudoobscura pupae: A model for the photoperiodic clocks. Z. Pflanzenphysiol. **54**, 275–307 (1966).
Winfree, A. T.: Integrated view of resetting a circadian clock. J. theoret. Biol. **28**, 327–374 (1970).

13.3. Photomorphogenese

KARL M. HARTMANN und WOLFGANG HAUPT

13.3.1. Was ist Photomorphogenese?

Bei den Pflanzen gibt es zwei fundamental verschiedene Lichtwirkungen. Einerseits wird bei der *Photosynthese* die Photonenenergie in chemische Energie umgewandelt und zum Bau- und Betriebsstoffwechsel eingesetzt; hier dient also Licht als Energiequelle. Andererseits wirkt Licht im Rahmen der *Photomorphogenese* kybernetisch, d.h. der Außenfaktor Licht wird als Signal zur Steuerung der Entwicklung genutzt. Lichtsignale entscheiden also über die Realisierung verschiedener Entwicklungs- bzw. Differenzierungsprozesse sowohl qualitativ als auch quantitativ, wobei die Energie hierfür nicht von diesem Lichtsignal, sondern aus dem Betriebsstoffwechsel stammt. Der Terminus Photomorphogenese besagt also, daß das Licht gestaltändernden oder *morphogenetischen* Einfluß ausübt.

Bevorzugte Entwicklungsstadien zum Studium der Photomorphogenese sind solche, die sich aus reservestoffreichen Pollenkörnern, Sporen, Samen, Knollen, Rhizomen (Erdsprossen) oder Zwiebeln entwickeln und deshalb längere Zeit unabhängig von der Photosynthese im Dunkeln wachsen können. Die erwünschte *Unabhängigkeit von der Photosynthese* kann speziell bei Mikroorganismen oder Gewebekulturen oft durch *Heterotrophie* (Zufuhr organischer Nährstoffe) erreicht werden.

Kultiviert man Pflanzen einheitlicher Genausstattung und Herkunft unter vergleichbaren Bedingungen einerseits im Dunkeln und andererseits im Licht, so lassen sich in der Regel morphologische Unterschiede, sog. Morphosen, erkennen (vgl. Abb. 13.21). Alle diese Morphosen, die unter dem Einfluß des Lichts entstehen, bezeichnet man als *Photomorphosen*. Dabei umfaßt dieser Begriff alle Unterschiede, die von der *makroskopisch-morphologischen* bis herunter zur *molekularen* Ebene nachweisbar sind. Damit ist also auch ein Konzentrations- oder Konformationsunterschied bei Inhaltsstoffen als Photomorphose anzusprechen.

Photomorphogenetische Umsteuerungen erfordern häufig nur kurze Exponierungen mit niedrigen Bestrahlungsstärken. So können einmalige Bestrahlungen mit etwa $0{,}5\ mJ \cdot m^{-2}$ (das entspricht bei vollem Sonnenlicht einer Bestrahlungszeit von etwa 1 µs) bereits Photomorphosen auslösen. Licht wirkt in solchen Fällen als *induzierendes Signal*. Unter natürlichen Bedingungen — etwa in den Tropen in Meereshöhe, wo die solare Bestrahlungsstärke bis zu $1\ kW \cdot m^{-2}$ beträgt — erreicht die tägliche Bestrahlung dagegen bei einer mittleren täglichen Expositionsdauer von etwa 12 h für den sichtbaren Spektralbereich ($380\ nm \leq \lambda \leq 780\ nm$) Werte bis zu $20\ MJ \cdot m^{-2}$, d.h. mehr als das 10^{10}-fache. Die dabei auftretenden

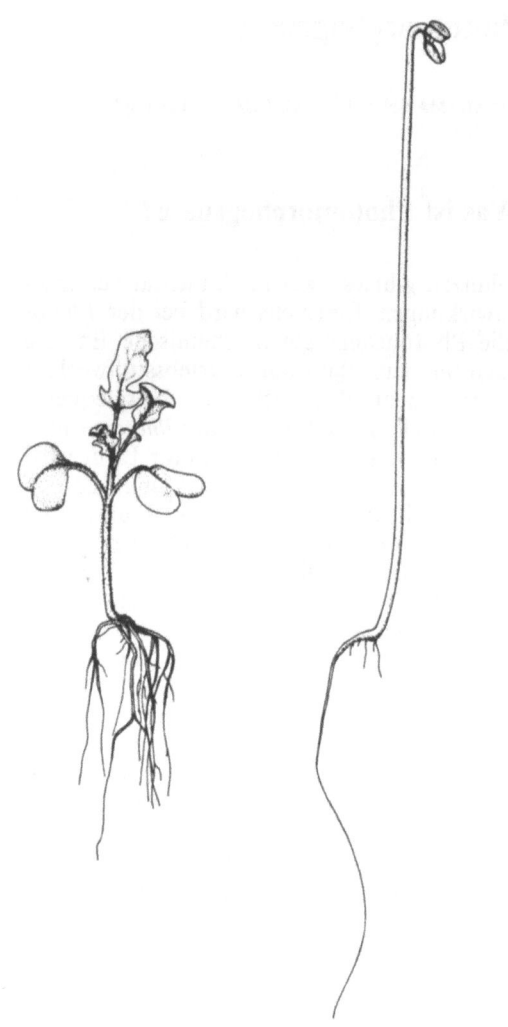

Abb. 13.21. Senfkeimlinge *(Sinapis alba* L.) gleicher Genausstattung, etwa 1 Woche im Reagenzglas auf Knop-Agar kultiviert. *Links:* im Dauerweißlicht (deetioliert). *Rechts:* im Dauerdunkel (etioliert). [Nach Mohr, in: The physiology of plant growth and development, Wilkins ed., McGraw-Hill, London 1969]

Langzeit-Hochintensitäts-Phänomene werden im Abschnitt 13.3.5 behandelt.

Ohne photomorphogenetische Steuerung resultiert das *Etiolement* oder die Vergeilung. Es tritt bei Pflanzen auf, wenn diese (oder Teile davon) bei ausreichender Ernährung in völliger Dunkelheit wachsen. Der Habitus des Etiolements ist vom Spargel *(Asparagus officinalis)* her bekannt und wird hier durch Abdecken der Sprosse erzeugt und wirtschaftlich genutzt. Allgemein wächst der etiolierte Sproß schnell, die Blätter bleiben rudimentär, Festigungselemente und Leitbündel werden kaum ausgebildet und die Pigmentsynthese (Chlorophyll, Anthocyan, Carotinoide usw.) unterbleibt bzw. ist gering. Die Organe vergeilen also, und ihr Wachstum und ihre Entwicklung sind darauf selektiert, daß mit Hilfe der mobilisierbaren Reservestoffe die Blattanlagen das Licht erreichen, um via Photosynthese die weitere Energieversorgung zu sichern. Schon eine tägliche Belichtungszeit von Sekunden oder Minuten steuert die Entwicklung zum normalen Habitus hin um; diese sog. *Deetiolierung* (Abb. 13.21) ist ein Beispiel für die *Signalwirkung* des Lichts; es resultieren reduziertes Sproßwachstum, Entwicklung von Blättern, Leitbündeln und Festigungsgewebe (Verholzung) sowie Synthese von Blattfarbstoffen (Ergrünung).

Eines der am intensivsten bearbeiteten Objekte ist der Senfkeimling *(Sinapis alba)*. Bei diesem Objekt kann man makroskopisch zahlreiche der Photomorphosen erkennen, die für zweikeimblättrige Pflanzen *(Dicotyledoneae)* typisch sind. Abbildung 13.21 zeigt links einen deetiolierten, etwa 1 Woche im Weißlicht gewachsenen Keimling und rechts einen gleichalten etiolierten Dunkelkeimling.

Als Photomorphosen des Keimstengels *(Hypokotyl)* fallen auf: die Wachstumshemmung, die Öffnung des Durchbruchshakens — hier also ein Hypokotylhaken —, die Haarbildung, die Bildung von violettem *Anthocyan* und grünem *Chlorophyll* in der oberen Hälfte sowie die durch Verholzung erhöhte Stabilität. Bei den Keimblättern *(Kotyledonen)* sind evident: die Entfaltung und Vergrößerung der *Laminae* (Spreiten) wie auch die Chlorophyll- und Anthocyanakkumulation, ferner die vollentwickelten und behaarten Keimblattstiele *(Petiolen)*. Außerdem ist die Entwicklung der Sproßknospe *(Plumula)* stark stimuliert, so daß sich bereits das *Epikotyl* und die Primärblätter entwickelt haben. Schließlich zeigt auch die Keimwurzel *(Radicula)* Photomorphosen: das Längenwachstum der Primärwurzel wird gehemmt und die Entwicklung der Seitenwurzeln gefördert.

Natürlich können auch *physiologische Photomorphosen* erfaßt werden. So ist der für normale, d.h. deetiolierte Keimlinge typische negative Geotropismus des oberirdischen Sprosses, d.h. die Orientierung seines Wachstums vom Erdzentrum weg, beim etiolierten Keimling nur schwach entwickelt. Andererseits ist die positiv phototropische Empfindlichkeit, also das Bestreben zum Licht zu wachsen, beim normalen Keimling drastisch reduziert.

Die Zahl der Photomorphosen läßt sich beliebig vermehren, sobald man den mikroskopischen und molekularen Bereich mit hinzunimmt und vom Zeitpunkt des Belichtungsbeginns bis zur Auswertung, ähnlich der Situation in Abb. 13.21, genügend Zeit verstreichen läßt. Dann nämlich ist der deetiolierte Keimling im Vergleich zum etiolierten quasi zu einem vom Habitus und molekularen Aufbau her völlig verschiedenen Organismus geworden, d.h. alle Inhaltsstoffe differieren in ihrer räumlichen Konzentrationsverteilung. Natürlich gibt es auch Inhaltsstoffe, die bei Wahl eines geschickten Bezugssystems unverändert zu bleiben scheinen. So kann etwa die mittlere Aktivität von Enzymen des Intermediärstoffwechsels für einzelne Keimlingsorgane die gleichen zeitlichen Veränderungen erfahren. Es ist aber fraglich, ob diese Aussage gültig bleibt, wenn man die zelluläre oder gar intrazelluläre Aktivitätsverteilung untersucht. Es gibt also bereits bei einem Objekt eine *Vielfalt von Photomorphosen*, und diese ändert sich mit dem Entwicklungszustand.

Die Mannigfaltigkeit an Photomorphosen steigt noch weiter, wenn man berücksichtigt, daß Photomorphogenese bei fast allen Pflanzen vorkommt: So wird z.B. bei dem grünen Flagellaten *Chlamydomonas* die Gametogenese (Bildung der Geschlechtszellen) durch Licht gesteuert; die höheren Pilze der Klasse *Basidiomycetes* bilden nur unter Lichteinfluß einen normalen Fruchtkörper aus; Farnsporen keimen in Dunkelheit oder Rotlicht zu einem fädigen Zellschlauch, dem *Protonema*, das sich äußerlich nicht von dem der Moose unterscheidet, und erst unter dem Einfluß von blauem oder weißem Licht entwickelt es sich zum typischen zweidimensional-herzförmigen Farnvorkeim, dem *Prothallium*. Bei dem Versuch, in die Vielfalt der Photomorphosen Ordnung zu bringen, kann man nach folgenden Prinzipien *klassifizieren*:

a) *Quantitative* Photomorphosen können durch Messen oder Zählen erfaßt werden. *Diskrete* Merkmale sind hierbei solche, die nur die natürlichen Zahlen, inklusive der Null, annehmen können, z.B. die Zahl der Blüten. Bei *stetigen* Merkmalen dagegen, z.B. der Hypokotyllänge, können innerhalb eines Intervalls alle Werte vorkommen.

b) *Qualitative* Photomorphosen lassen nur eine begrenzte Anzahl von nicht numerisch erfaßbaren Zuständen erkennen. Meistens existieren nur zwei Zustände, z.B. bei der Beurteilung der Keimung (gekeimt — ungekeimt); man spricht dann von einem *Alternativmerkmal*.

c) Eine Photomorphose kann als *positiv*, *negativ* oder *komplex* gelten, je nachdem, ob das betrachtete Merkmal relativ zur Dunkelkontrolle zunimmt, abnimmt oder sich kompliziert verhält.

d) Photomorphosen können *Photodifferenzierungen* sein, d.h. *irreversible* lichtinduzierte Veränderungen, die auch nach der Rückkehr zur Dunkelheit erhalten bleiben, so wie etwa die Öffnung des Hypokotylhakens. Es kann sich aber auch um *Photomodulationen* handeln, d.h. lichtinduzierte Veränderungen, die zeitlich und räumlich voll *reversibel* sind; der Organismus muß also zum Ausgangszustand zurückkehren, sofern die ursprünglichen Umweltbedingungen wieder hergestellt werden. So kann z.B. die Aktivität eines Enzyms nach einer kurzen Belichtung für einige Stunden vorübergehend erhöht oder reduziert werden.

e) Ein wichtiger Aspekt ist die *Latenzzeit*, die verstreicht, ehe eine Photomorphose manifest wird. Es gibt langsame Photomorphosen, meist wohl Photodifferenzierungen, die erst Stunden oder Tage nach der Belichtung nachweisbar werden, wie etwa die Hypokotylhaken-Öffnung oder die Blütenbildung. Andererseits sind Photomodulationen oft vergleichsweise schnell, so daß die Latenzzeit nur Minuten oder gar Sekunden dauert, wie das z.B. für die Verlagerung von Zellorganellen oder für die Änderung von Membranpotentialen gilt.

Je kürzer die Latenzzeit einer Photomorphose ist, um so kürzer sollte die beteiligte Reaktionskette sein. Für die *Kausalanalyse* sind deshalb Photomorphosen mit kurzer Latenzzeit besonders erfolgversprechend, vor allem, wenn es sich um *negative Photomodulationen* handelt, weil dann das kinetische Verhalten u. U. für eine einzige Regelstelle typisch ist. Die Photomorphosen mit langen Latenzzeiten repräsentieren in der Regel tiefgreifende Systemveränderungen vom Typ der *Photodifferenzierungen* und können deshalb nicht ohne das entwicklungsphysiologische Konzept der *differentiellen Genregulation* verstanden werden.

Dieses Konzept besagt, daß analog zu Hormonwirkungen das Lichtsignal nach Absorption in einem Steuerpigment direkt oder über eine *Signalkette* differentiell regulierend in das Aktivitätsmuster der Zellgene eingreift. Hierzu werden *aktive* und *inaktive* Gene postuliert, die in ihrem Aktivitätszustand unbeeinflußbar sind; daneben aber auch inaktive Gene, die *aktivierbar*, und aktive Gene, die *reprimierbar* sind. Auf der Enzymebene sind entsprechende Induktionen und Repressionen nachgewiesen. Dabei sind der jeweilige Entwicklungszustand und die herrschenden Außenfaktoren entscheidend dafür, ob und wie Lichtsignale auf das Genom einer Zelle oder eines Gewebes wirken: z.B. kann die Blütenbildung nur bei beblätterten Pflanzen induziert werden, und in der Nähe des Gefrierpunktes wird die Keimung mancher Samen lichtunabhängig. Obwohl die Hypothese der *differentiellen Photoregulation der Gene*, wie sie eigentlich heißen sollte, eine zwanglose Erklärung der Vielfalt der Photodifferenzierungen gestattet, so ist sie doch im Detail des molekularen Bereichs vorerst nur lückenhaft belegt, und grundsätzlich ist die Steuerwirkung auf verschiedenen Ebenen der in Abb. 13.22 schematisch dargestellten Genausprägung möglich.

Die Ansätze zum Verständnis der regulatorischen Mechanismen bei der Photomorphogenese hängen durchweg mit Versuchen zur Identifizierung der Steuerpigmente zusammen und fallen also in den Bereich der *Aktionsspektrometrie* (vgl. Kap. 5.3).

Die Frage nach der *spektralen Empfindlichkeit* von Photomorphosen kann nicht einheitlich beantwortet werden. Bei Pilzen ist meist nur der Spektralbereich < 520 nm Wellenlänge wirksam. Bei grünen und potentiell grünen Pflanzen findet man demgegenüber Wirkungen vom ultravioletten bis in den infraroten Bereich, wobei die Empfindlichkeitsmaxima im Ultraviolett-A ($315 \leq \lambda \leq 380$ nm), im Blau und im Rot liegen.

Wo immer Signalwirkungen des *Rotlichts* genauer untersucht wurden, konnte *Phytochrom* als Steuerpigment nachgewiesen werden. Allerdings kommen gelegentlich Störwirkungen des Chlorophylls vor.

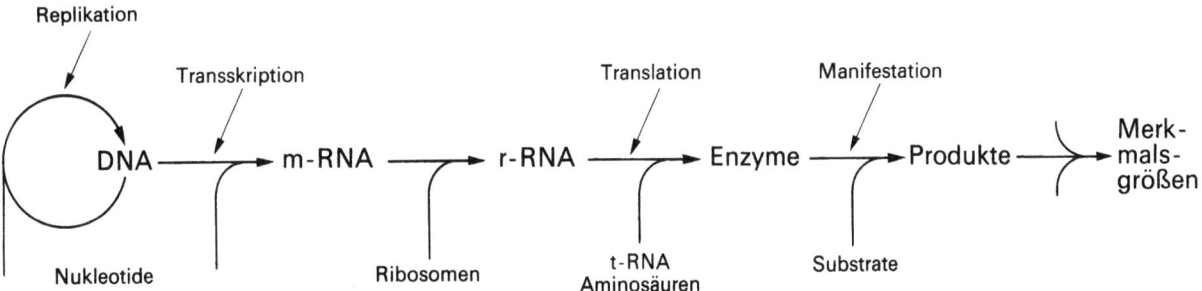

Abb. 13.22. Kinetisches Minimalmodell für wachsende biologische Systeme. Zur Symbolik s. Kapitel 10. [Nach Hartmann and Unser, Growth II, Kinetic Analysis, Purdue Research Foundation 1972]

Generalisierend kann man sagen, daß das Phytochrom unter den grünen und potentiell grünen Pflanzen *universell* verbreitet ist und für die Photomorphogenese die gleiche Bedeutung hat wie das Chlorophyll für die Photosynthese. Wir beschränken uns deshalb auf die Behandlung des Phytochroms, zumal die Steuerpigmente für morphogenetische Blaulichteffekte nur in einigen Fällen als identifiziert gelten; diskutiert werden hier Carotinoide, Cytochrome, Flavine und auch Phytochrom mit seinen schwachen Absorptionsbanden im Blau-UV-Bereich (s. Abb. 13.32).

13.3.2. Charakterisierung des Phytochroms *in vivo*

Die Entdeckung des Phytochroms geht auf Beobachtungen bei der Samen- bzw. Fruchtkeimung zurück. Viele ausgereifte Samen keimen bereits, wenn sie bei Zimmertemperatur und ausreichender Wasserversorgung auf einem inerten Substrat (Filtrierpapier, Sand, Agar usw.) ausgelegt werden. Die Mehrzahl wildwachsender Pflanzen benötigt darüber hinaus jedoch noch spezifische Signalwirkungen; am häufigsten handelt es sich um eine Signalwirkung des Lichts: Gequollene Samen müssen wenigstens für die Dauer von Sekunden mit Weißlicht belichtet werden, um zu keimen; die Keimung läuft dann auch im Dunkeln ab, d.h. das Lichtsignal wirkt induzierend. Wir sprechen hier von *Lichtkeimern* oder *positiv photoblastischen* Samen. Bei den selteneren *Dunkelkeimern* oder *negativ photoblastischen* Samen wirkt eine Belichtung keimungshemmend.

Bereits 1936 hat man mit Hilfe von monochromatischer Strahlung die *spektrale Empfindlichkeit* von Licht- und Dunkelkeimern bestimmt. Dabei zeigte sich, daß ihre relative spektrale Empfindlichkeit gleich ist, mit hemmenden Bereichen im Dunkelrot ($700 \leq \lambda \leq 850$ nm) und auch Blau ($350 \leq \lambda \leq 510$ nm) sowie fördernden im Grün bis Rot ($510 \leq \lambda \leq 700$ nm). Nur überwiegt bei den Dunkelkeimern die hemmende, bei den Lichtkeimern jedoch die fördernde Wirkung, so daß im Weißlicht einmal Keimungshemmung, das andere Mal Keimungsförderung resultiert. Damals wurde auch schon durch Bestrahlen von Kürbissamen (*Cucurbita pepo*), die in Holzkohle eingebettet waren, gezeigt, daß das *photosensitive Zentrum* dieses Dunkelkeimers in der Keimwurzelspitze liegt.

Aber erst 1952 wurde der für Phytochrom charakteristische *Hellrot-Dunkelrot-Antagonismus* zusammen mit dem Phänomen der *wiederholbaren HR-DR-Revertierbarkeit* bei der Keimungssteuerung von Salatfrüchten (Achänen von *Lactuca sativa*) entdeckt.

Für Hellrot und Dunkelrot sind die Abkürzungen HR und DR üblich; die entsprechenden französischen Abkürzungen sind R (=rouge) oder RC (=rouge clair) und RL (=rouge lontain) oder RS (=rouge sombre), die englischen r (=red) und fr (=far-red).

Der entscheidende Befund war, daß bei minutigen Wechselbestrahlungen mit HR und DR stets die zuletzt gegebene Lichtqualität über den Effekt entscheidet: Laut Tab. 13.1 erfolgt maximale Keimung, wenn zuletzt HR eingestrahlt wird, jedoch kaum Keimung, wenn zuletzt DR appliziert wird. Dieses Phänomen konnte bei ungezählten Objekten von der Organisationsstufe des Flagellaten bis zur Blütenpflanze für eine Vielfalt von Photomorphosen prinzipiell bestätigt werden, auch wenn manchmal nur partielle Photoreversion gelingt. Neuerdings gibt es entsprechende Hinweise auch für Pilze.

Gemäß den *Aktionsspektren* fördert hellrote Strahlung nahe der Wellenlänge 660 nm maximal, während dunkelrote Strahlung um 740 nm optimal hemmt. Je nachdem, ob saturierend mit DR bzw. HR vorbestrahlt wird, wirkt Strahlung im Bereich 690 ± 20 nm und 450 ± 50 nm fördernd bzw. hemmend. Entsprechende Aktionsspektren mit vergleichbarem Photonenbedarf waren schon seit 1946 für die photoperiodische Steuerung der Blütenbildung von Kurztagpflanzen (d.h. Pflanzen, die eine bestimmte Mindestlänge der Dunkelperiode brauchen, um zum Blühen zu kommen, z.B. Spitzklette, *Xanthium strumarium*; s. S. 467) bekannt und sind heute für zahlreiche Photomorphosen ausgearbeitet (Abb. 13.23). Wichtige Zusatzbefunde sind: Temperaturunabhängigkeit der Induktionsbestrahlungen im Bereich von 0 bis 40 °C; exponentielle Abhängigkeit des Effekts vom Photonenfluenz (= applizierte Photonendosis) bei Gültigkeit des Bunsen-Roscoe-Reziprozitätsgesetzes (in der Physiologie allgemein als *Reizmengengesetz* bezeichnet), was für eine Photoproduktbildung gemäß einer Reaktion erster Ordnung spricht (s. Kapitel 5.3); schlechte Photoinduktion und -reversion in trockenen Geweben; Bewahrung des Induktionszustandes über Perioden des Austrocknens; bei etwa 25 °C Abklingen der HR-Induktion mit einer Halbwertszeit $\tau \approx 1$ h und Verschwinden der DR-Revertierbarkeit mit 1 min $< \tau <$ 20 h; Effektinduktion bereits durch einen HR-Blitz, aber keine Effektreduktion durch einen DR-Blitz nach saturierender HR-Vorbestrahlung.

Aus diesen Befunden haben die Entdecker geschlossen, daß es sich bei dem später als Phytochrom bezeichneten Steuerpigment um ein *Chromoprotein* handelt, welches in zwei weitgehend stabilen Formen

Tab. 13.1. Wiederholbare HR-DR-Revertierbarkeit der Keimindukton von Salatachänen (*Lactuca sativa* L. *cv.* Grand Rapids tip burn resistant strain). Die Bestrahlungsprogramme setzen sich aus fünfminutigen, u. U. direkt aufeinander folgenden Bestrahlungen mit HR und DR zusammen. Die erforderlichen Bestrahlungsstärken liegen bei 1 bzw. 5 W m^{-2}. [Nach Borthwick et al.: Proc. Natl. Acad. Sci. U.S. **38**, 662 (1952)]

Bestrahlungsprogramm	Keimungsrate in %
HR	70
HR + DR	6
HR + DR + HR	74
(HR + DR)$_2$	6
(HR + DR)$_2$ + HR	76
(HR + DR)$_3$	7
(HR + DR)$_3$ + HR	81
(HR + DR)$_4$	7

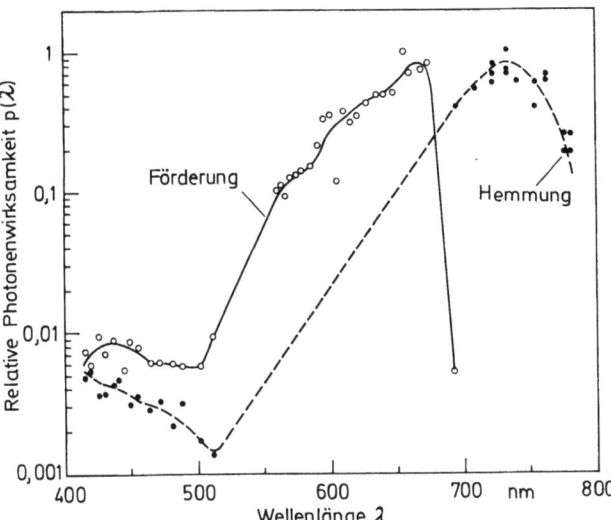

Abb. 13.23. Logarithmische Aktionsspektren (s. Kapitel 5.3) für die Photoregulation der Keimung von Salatachänen (s. Tab. 13.1). [Berechnet aus Daten von Borthwick et al.: Bot. Gaz. **115**, 205 (1954)]

existiert, die gemäß einer Photoreaktion 1. Ordnung ineinander konvertierbar sind:

$$R \underset{k_{fr\Lambda}}{\overset{k_{rf\Lambda}}{\rightleftarrows}} F . \qquad (13.43)$$

Dabei repräsentiert R das im Dunkeln ausschließlich vorliegende physiologisch *inaktive*, *hellrotabsorbierende Phytochrom* und F das physiologisch *aktive*, *dunkelrotabsorbierende Phytochrom*, den sog. Effektor. R steht für $P_r = P_{HR}$ und F für $P_{fr} = P_{DR}$; dies ist kürzer und ermöglicht eine eindeutige Kennzeichnung der Umwandlungen R → F bzw. F → R durch die Subskripts rf bzw. fr. In Gleichungen repräsentieren R und F jeweils Konzentrationsangaben in mol·m^{-3}. Die *photochemische Reaktionsgeschwindigkeitskonstante* in s^{-1} für die Konversion R → F ist definiert als:

$$k_{rf\Lambda} = \int_{\lambda_a}^{\lambda_b} \sigma_{rf}(\lambda) E_0(\lambda) d\lambda . \qquad (13.44)$$

Hierbei sind λ_a und λ_b die Grenzen des eingestrahlten Spektralbereichs Λ in nm, $\sigma_{rf}(\lambda)$ der *spektrale Konversionswirkungsquerschnitt* in m^2·mol^{-1} für die Photokonversion R → F, und $E_0(\lambda)$ der *spektrale Raumphotonenfluß* in mol·m^{-2}s^{-1}nm^{-1}. Für $\sigma_{rf}(\lambda)$ kann man auch schreiben:

$$\sigma_{rf}(\lambda) = \sigma_r(\lambda) \phi_{rf}(\lambda) , \qquad (13.45)$$

wobei $\sigma_r(\lambda)$ der *spektrale Absorptionswirkungsquerschnitt* von R in m^2·mol^{-1} und $0 \leq \phi_{rf}(\lambda) \leq 1$ die *spektrale Photonenausbeute* für die Photokonversion R → F sind. Analoges gilt für die photochemische Reaktionsgeschwindigkeitskonstante $k_{fr\Lambda}$ der Photokonversion F → R.

Der Effektor F wurde als thermolabiler Regulator beurteilt, d.h. sein induzierender und steuernder Einfluß kann nach einiger Zeit auch durch saturierende DR-Bestrahlung nicht mehr annulliert werden. Aufgrund der Aktionsspektren war auch klar, daß es sich beim R um ein blaugrünes, beim F jedoch um ein gelbgrünes Pigment handelt, mit überlappenden Absorptionsbanden im roten und blauen Spektralbereich. Als chromophore Gruppe wurde ein den Gallenfarbstoffen ähnliches Pigment, d.h. ein offenkettiges Tetrapyrrolderivat, vorgeschlagen. Das Phytochrom ist also ein sog. *Photochrom*, d.h. ein Pigment, welches bei Belichtung seine Farbe ändert. Wegen der zunehmenden Bedeutung von Photochromen (s. Kap. 8.2) wird auf die photokinetischen Eigenschaften des Phytochroms näher eingegangen.

Theoretisch konnte erwartet werden, daß das Phytochrom ein typisches *Differenzspektrum* liefert, wenn man seine spektrale Absorption nach saturierender HR- bzw. DR-Vorbestrahlung mißt. Gemäß dem kinetischen Minimalmodell 13.43 gilt nämlich bei saturierender Bestrahlung, d.h. nach Erreichen eines photostationären Zustandes, für die Photokonversionsraten

$$\left| \frac{+dF}{dt} \right| = R_\infty k_{rf\Lambda} = \left| \frac{-dR}{dt} \right| = F_\infty k_{fr\Lambda} \qquad (13.46)$$

und somit für die *Fraktion* f_Λ des Pigments, die als Effektor F vorliegt:

$$f_\Lambda = \left(\frac{F_\infty}{F_\infty + R_\infty} \right)_\Lambda = \frac{k_{rf\Lambda}}{k_{rf\Lambda} + k_{fr\Lambda}} . \qquad (13.47)$$

Bei hinreichend monochromatischer Bestrahlung, d.h. für $\lambda_a \to \lambda_b$, resultiert die Vereinfachung:

$$f_\lambda = \frac{\sigma_{rf}(\lambda)}{\sigma_{rf}(\lambda) + \sigma_{fr}(\lambda)} . \qquad (13.48)$$

Es sei nun f_{λ_1} die Fraktion des Pigments, die nach saturierender Monochromat-Bestrahlung mit λ_1 (üblicherweise HR mit 660 ± 5 nm) als F vorliegt; dann liegt gleichzeitig die Fraktion $1 - f_{\lambda_1}$ als R vor. Dabei gilt für die *Gesamtextinktion* einer Probe mit n nicht interagierenden Pigmenten unter idealen Bedingungen

$$A(\lambda) = d \sum_{i=1}^{n} c_i \varepsilon(\lambda)_i , \qquad (13.49)$$

wobei $A(\lambda)$ = *spektrales dekadisches Absorptionsmaß* (bislang *Extinktion*), c = Pigmentkonzentration in mol·m^{-3}, d = optische Weglänge in m, $\varepsilon(\lambda)$ = molarer *dekadischer* Absorptionskoeffizient in m^2 mol^{-1} sind; $\varepsilon(\lambda)$ kann durch den spektralen Absorptionswirkungsquerschnitt $\sigma(\lambda)$ = molarer *natürlicher* Absorptionskoeffizient ersetzt werden gemäß: $\varepsilon(\lambda) = 0{,}4343 \cdot \sigma(\lambda)$.

In einer solchen Probe liefert das Phytochrom einen *Extinktionsbeitrag* $A(\lambda)_{\lambda_1}$, der sich aus den Extinktionen $A_f(\lambda)$ und $A_r(\lambda)$ für reines F bzw. R summiert als

$$A(\lambda)_{\lambda_1} = f_{\lambda_1} A_f(\lambda) + (1-f_{\lambda_1}) A_r(\lambda)$$
$$= 0{,}4343 \cdot cd[f_{\lambda_1}\sigma_f(\lambda) + (1-f_{\lambda_1})\sigma_r(\lambda)]. \quad (13.50)$$

Analoges gilt nach saturierender Monochromat-Bestrahlung mit λ_2 (üblicherweise DR mit 730 ± 5 nm) und f_{λ_2} als Fraktion von F. Damit erhält man für das *Differenzspektrum* die Funktion

$$\Delta A(\lambda) = 0{,}4343 \cdot cd(f_{\lambda_1} - f_{\lambda_2})[\sigma_f(\lambda) - \sigma_r(\lambda)], \quad (13.51)$$

die in ihrem spektralen Verlauf nur von der Differenz der Absorptions-Wirkungsquerschnitte bzw. -Koeffizienten von F und R abhängt. Die Größe der Funktionswerte ist dabei proportional der Fraktion an konvertiertem Pigment, seiner Konzentration und der optischen Weglänge. Für die Messung von Differenzspektren ist also das *spektrale Absorptionsmaß* $A(\lambda)$ einer Probe nach partieller bzw. saturierender Pigmentkonversion (hier HR- bzw. DR-Vorbestrahlung) zu bestimmen und die Meßwerte zu *subtrahieren*. Dafür sind prinzipiell Ein- und Doppelstrahlverfahren geeignet. Sobald man mit optisch dichten und stark streuenden Gewebeproben arbeitet, müssen diese jedoch unmittelbar vor dem Sekundärelektronenvervielfacher plaziert werden, um möglichst viel des transmittierten und gestreuten Restlichts zu erfassen.

Mit Hilfe eines hochempfindlichen Photometers gelang es erstmals 1959 an dicht gepackten etiolierten Kotyledonen von Rübsenkeimlingen *(Brassica rapa)*, das typische *Phytochromdifferenzspektrum in situ* zu messen und damit Vorkommen, spektrale Absorption und Photokonvertierbarkeit des Phytochroms direkt nachzuweisen. *Ungestörte* Phytochromdifferenzspektren (Abb. 13.24) zeigen charakteristische Maxima bzw. Minima bei 665 bzw. 730 nm sowie einen *isosbestischen Punkt* bei 690 nm, wo also $\sigma_f(\lambda) = \sigma_r(\lambda)$ ist. Am Ort der Extremwerte ist das Verhältnis der Extinktionsdifferenzen $1 \leq |\Delta A(665)/\Delta A(730)| \leq 1{,}2$. Im Bereich ≥ 800 nm gilt $\sigma_f(\lambda) \to \sigma_r(\lambda) \to 0$.

<small>Heute ist die Methodik so verfeinert, daß Phytochromdifferenzspektren bereits an einzelnen etiolierten Organteilen von mm-Größe gemessen werden können. Allerdings besteht die grundsätzliche Schwierigkeit, daß in grünen und potentiell grünen Geweben für die Photokonversion R→F Phytochromdifferenzspektren resultieren, die durch die Photokonversion Protochlorophyllid→ →Chlorophyll a *gestört* sind. Auch andere Photochrome, die in pflanzlichen Geweben vorkommen, stören vor allem im Spektralbereich < 550 nm neben der starken Beschattung durch Carotinoide und Flavonoide. Aus einem Satz von Differenzspektren, der durch saturierende Bestrahlung mit wechselnden Monochromatpaaren λ_1, λ_2 *in vivo* resultiert, lassen sich die Absorptionsspektren von R und F mit Hilfe der Gln. (13.48) und (13.51) deshalb nicht mit der erforderlichen Genauigkeit berechnen.</small>

Mit der Messung von Phytochromdifferenzspektren wurde es möglich, die *Phytochromkonzentration* c nach Gl.(13.51) abzuschätzen. Da bestenfalls das ge-

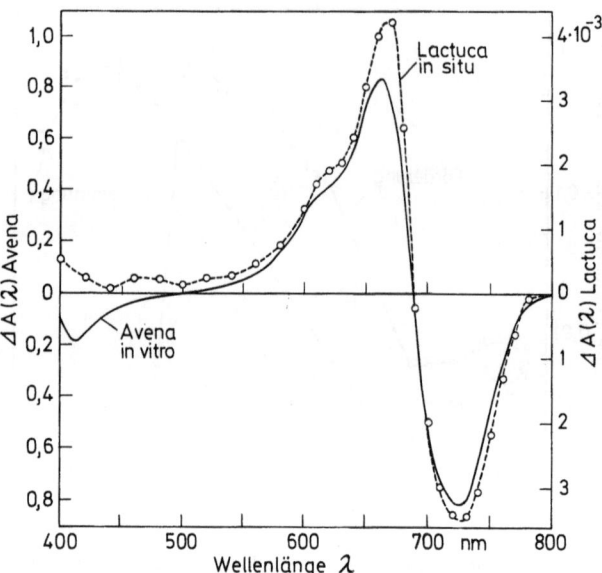

Abb. 13.24. Differenzspektren für Haferphytochrom (*Avena in vitro*, $d = 1$ cm) sowie Hypokotylhaken von 3 Tage alten etiolierten Salatkeimlingen (*Lactuca in situ*, $d = 2{,}9$ mm, $0°$ C). [Nach Hartmann and Spruit: Plant Physiol. **43**, S-15 (1968)]

samte Pigment photokonvertierbar ist, gilt $(f_r - f_f) < 1$ und im Bereich der Extremwerte $\sigma_f(730) \gg \sigma_r(730)$ bzw. $\sigma_r(665) > \sigma_f(665)$, wobei für organische Farbstoffe stets $\sigma(\lambda) < 10^5$ m^2 mol^{-1} ist. Für $d = 1$ cm fanden sich *in situ* stets Werte im Bereich $0{,}1 > |\Delta A(730)| \approx |\Delta A(665)| > 10^{-3}$, was scheinbare mittlere Phytochromkonzentrationen im Bereich $10^{-3} > c > 10^{-5}$ mol $\cdot$ m^{-3} bzw. 10^{-6} bis 10^{-8} mol $\cdot$ dm^{-3} ($=$ molar) ergibt. Die Einschränkung *scheinbar* ist notwendig, da bei diesen Messungen der Einfluß der Lichtstreuung nicht berücksichtigt wurde (s. Kap. 5.3). Wegen der sehr geringen Pigmentkonzentration ist klar, daß das photometrische Verfahren zum Studium von intrazellulären Phytochromverteilungen nicht empfindlich genug ist. In der Regel ist die scheinbare Phytochromkonzentration in etiolierten Meristemen (embryonale Gewebe) am höchsten und beträgt im ausdifferenzierten etiolierten Gewebe etwa noch 10%. Im Zuge der Deetiolierung durch Weißlicht fallen die scheinbaren Phytochromkonzentrationen innerhalb einiger Stunden auf $< 10\%$ der Werte für etiolierte Gewebe. Diese und weitere Informationen über das Phytochrom *in situ* wurden hauptsächlich mit speziellen Zweiwellenlängenphotometern für die Wellenlängenpaare 665/810, 730/810 bzw. 665/730 nm gewonnen. Dabei nimmt man an, daß die gemessenen Extinktionsdifferenzen $\Delta\Delta A^{665}_{810} = \Delta A(665)$, $\Delta\Delta A^{730}_{810} = \Delta A(730)$ bzw. $\Delta\Delta A^{665}_{730} = \Delta A(665) - \Delta A(730)$ gemäß Gl.(13.51) den Konzentrationen von R, F bzw. R+F proportional sind. Dies ist zulässig, solange der *Streuungsmodul* (s. Kap. 5.3) von zu vergleichenden Proben als unverändert gelten kann. Für begrenzte Zeiträume gilt dies bei äquivalenten Proben von etiolierten wachsenden Geweben, u. U. aber nicht für Phasen beginnender Deetiolierung.

An ein- und derselben Probe können entsprechende Störreaktionen und Veränderungen der Phytochromkonzentration drastisch reduziert werden, indem man bei 0° C arbeitet. Es gilt dann

$$\frac{F_t}{F_0} = \frac{\Delta A(730)_t}{\Delta A(730)_0} \quad \text{bzw.} \quad \frac{R_t}{R_0} = \frac{\Delta A(665)_t}{\Delta A(665)_0}, \quad (13.52)$$

d.h. man kann die relativen Konzentrationen von F bzw R zur Zeit t, bezogen auf den Referenzwert zur Zeit $t=0$ bestimmen, indem man die jeweils durch saturierende HR- bzw. DR-Bestrahlung erzielte Photokonversion R→F bzw. F→R photometrisch mißt. Auch hierbei stört das Chlorophyllsystem noch im hellroten Spektralbereich, d.h. bei der Messung des R-pools. Diese Störung wird jedoch vernachlässigbar, wenn man die Proben nach der ersten saturierenden HR-Bestrahlung mindestens 30 min dunkel hält; danach ist die Chlorophyllbildung abgeschlossen und der Protochlorophyllidpool weitgehend erschöpft. So wird es möglich, auch die *Konversionskinetiken* für beide Umlagerungen fast störungsfrei photometrisch zu verfolgen, sofern dabei die für streuende Proben typischen *hyperbolischen Photonenflußgradienten* berücksichtigt bzw. eliminiert werden (s. Kap. 5.3).

Mit Hilfe der Zweiwellenlängenphotometrie *in situ* konnten die aus physiologischen Versuchen erschlossenen *Eigenschaften des Phytochroms* teilweise bestätigt und weitere entdeckt werden:

a) Sofern das Phytochrom in der F-Form vorliegt, ist es nicht mehr stabil. Bei zweikeimblättrigen Pflanzen verschwindet F in der Regel gemäß einer Reaktion 1. Ordnung mit Halbwertszeiten im Bereich $30 \leq \tau \leq 60$ min bei 25° C. Diese sog. *Dunkeldestruktion* setzt sofort oder mit Verzögerungen von 10 bis 30 min ein, ist abhängig vom oxydativen Stoffwechsel und führt zu einem photochemisch und biologisch inaktiven Abbauprodukt D. Bei einkeimblättrigen Pflanzen erfolgt diese Destruktion von F um mindestens eine Größenordnung schneller ($90 \leq \tau \leq 250$ s bei 25° C) und ist schon bei einer photostationären Konzentration von einigen Prozent F gesättigt.

b) Die R-Form wird aus unbekannten Vorstufen neu synthetisiert, wobei die *Syntheserate*, bezogen auf die Menge von R im etiolierten Zustand, unter $0{,}1\ \text{h}^{-1}$ bleibt und im allgemeinen erst nach 2 bis 4 h Belichtung einsetzt, d.h. wenn der Phytochrompool infolge Destruktion bereits auf < 10% dezimiert ist.

c) Bei zweikeimblättrigen Pflanzen ist teilweise auch eine *Dunkelreversion* F→R beobachtet worden. In vielen Fällen ist sie zweiphasig: Einer schnellen Anfangsphase mit $\tau \approx 12$ min folgt eine langsame Phase mit τ bis zu 10 h bei 25° C.

d) Eine weitere Komplikation ist das Vorkommen von *Zwischenformen* bei beiden Photokonversionen. Diese Zwischenformen lassen sich durch Blitzlichtspektrophotometrie nachweisen und bei tiefen Temperaturen anreichern. Ihre Charakterisierung basiert auf Untersuchungen von normalen sowie wasserfreien Geweben (wie auch Pigmentlösungen) bei verschiedenen Temperaturen. Abbildung 13.25 zeigt das Reaktionsschema für die derzeit postulierten Zwischenformen. Die Terminologie ist von den Umwandlungen der Sehpigmente übernommen (s. Kapitel 8.2). Im wasserfreien Milieu laufen die Photokonversionen R→F bzw. F→R bis zur Stufe Meta-Ra bzw. Meta-Fa und diese Chromophorreaktionen erfolgen also auch in gefriergetrockneten Gewebeproben und trockenen

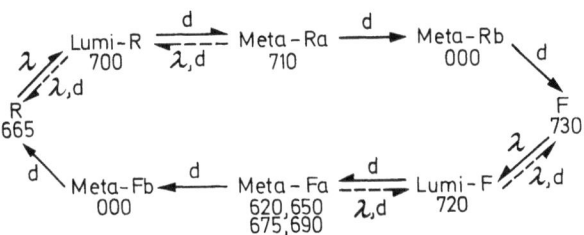

Abb. 13.25. Zwischenformen der Phytochrom-Photokonversionen. ──→: Reaktionen im normalen wasserhaltigen Milieu; ─ ─→: Reaktionen im wasserfreien bzw. festen Milieu; λ = Lichtreaktion; d = Dunkelreaktion; die Zahlen bezeichnen die Maxima der Differenz- bzw. Konversionsspektren der Pigmentzustände in nm. Meta-Fa besteht aus drei ineinander umlagerbaren Formen, von denen Meta-Fa$_3$ als letzte entsteht und bei 690 nm absorbiert. Meta-Rb und Meta-Fb absorbieren kaum. Die Umlagerungen Meta-Ra→→F und Meta-Fa$_3$→→R sind mit Proteinkonformationsänderungen gekoppelt und laufen deshalb im wasserfreien bzw. festen Milieu nicht ab. Die Umlagerung Meta-Rb→F ist die langsamste und erfolgt bei 0° C mit $\tau \approx 4$ s. [Nach Daten von Spruit et al.: Planta (Berl.) **127**, 121 (1975)]

Samen. Das führt dazu, daß bei reduziertem Wassergehalt die Photonenausbeuten $\phi_{rf}(\lambda)$ und $\phi_{fr}(\lambda)$ gegen 0 gehen und die bei Bestrahlung akkumulierten Zwischenformen im Dunkeln bei 0° C mit Halbwertszeiten im Bereich $20\ \text{s} \leq \tau \leq 30$ min revertieren. Das Phytochrom verliert also unter diesen Bedingungen seine Photochromie und verhält sich dann wie zwei getrennte Pigmente. Diese Eigenschaft wurde im Zusammenhang mit der Steuerung der Samenkeimung 1968 entdeckt, zunächst aber fälschlicherweise als *inverse Dunkelreversion* R→F gedeutet. — Es ist ferner von Bedeutung, daß auch im wäßrigen Milieu im hellen Weißlicht bis zu 50% des Phytochroms als Zwischenformen akkumuliert werden können, und daß das Pigment auf diese Weise offenbar teilweise der Dunkeldestruktion entzogen wird.

Bei allen diesen photometrischen Messungen *in situ* ist zu bedenken, daß stets nur relative mittlere scheinbare Konzentrationen an stark streuenden Gewebeproben ermittelt werden und daß hierbei die inter- und intrazelluläre Pigmentverteilung unerkannt bleibt: Über etwaige zeitabhängige Pigmentverschiebungen zwischen Zellkompartimenten sowie über lokale Reaktionsunterschiede kann deshalb mit dieser Methode nichts ausgesagt werden.

Mit *immunocytologischen* Methoden ist es neuerdings möglich, das Phytochrom in Gewebeschnitten sichtbar zu machen und seine intrazelluläre Verteilung mikroskopisch zu beurteilen. In der Form eines Radio-Immun-Tests sollte mit dieser Methode der Picogramm-Bereich zugänglich werden, was eine Empfindlichkeitssteigerung gegenüber der Photometrie um einen Faktor 1000 bedeuten würde.

Die bis jetzt vorliegenden Ergebnisse, die mittels einer immunofluoreszenzoptischen Methode erarbeitet wurden, weisen darauf hin, daß die intrazelluläre Verteilung von R im Cytoplasma ziemlich diffus ist, während F bereits innerhalb einer Minute nach seiner Bildung partikulär verteilt erscheint. Demgegenüber wird nach Rückverwandlung von F in R die R-typische diffuse Verteilung bei 25° C erst nach etwa 2 h wieder erreicht.

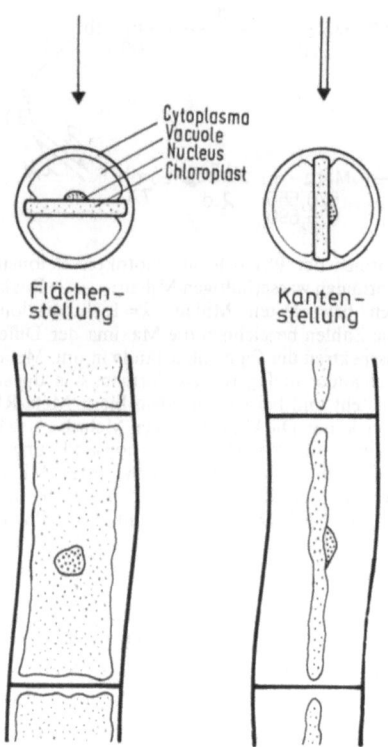

Abb. 13.26. *Mougeotia*-Zelle im Querschnitt und in Aufsicht. *Links*: Die für Niederintensitätsbestrahlung typische Flächenstellung des Chloroplasten. Sie wird nach minutigen HR-DR-Wechselbestrahlungen eingestellt, wenn die letzte von oben gegebene Bestrahlung HR war. *Rechts*: Kantenstellung des Chloroplasten bei Hochintensitätsbestrahlung mit Weißlicht. [Nach Haupt: Bioscience **23**, 289 (1973)]

13.3.3. Lokalisation des funktionellen Phytochroms

Eine wichtige Information über die intrazelluläre Lokalisierung des funktionellen Phytochroms erhalten wir aus dem *Aktionsdichroismus*, der Abhängigkeit einer Reaktion von der Schwingungsrichtung polarisierter monochromatischer Strahlung. Das klassische Objekt hierfür ist die grüne fadenförmige Alge *Mougeotia*, in deren zylindrischen Zellen von etwa 20 μm Durchmesser der einzige zellfüllende plattenförmige Chloroplast Orientierungsbewegungen nach dem Licht durchführt (Abb. 13.26). Diese Bewegungen bringen den Chloroplasten jeweils in die günstigste Position für die Photosynthese. Im natürlichen Licht niederer Intensität stellt sich der Chloroplast senkrecht zur Einfallsrichtung ein; diese Reaktion läuft bei Raumtemperatur innerhalb von 15 min ab und kann bereits durch Kurzzeitbestrahlungen ausgelöst werden, wobei die spektrale Photonenempfindlichkeit sowie der wiederholbare HR-DR-Antagonismus das Phytochrom als Steuerpigment nachweisen.

Wird ein solcher Algenfaden, bei dem die Chloroplasten durch geeignete Vorbestrahlungen in Kantenstellung gebracht worden sind, mit linear polarisiertem HR bestrahlt, so reagieren nur solche Zellen mit Drehung des Chloroplasten in Flächenstellung, die ungefähr senkrecht zum *E*-Vektor orientiert sind (Abb. 13.27). Aus einer genauen Analyse dieses Aktionsdichroismus wurde gefolgert, daß der S_1-Übergang von R parallel zur Oberfläche der Zelle, also *tangential*, und in dieser Ebene bevorzugt entlang von Schraubenlinien orientiert ist; diese Schraube entspricht einem technischen *Linksgewinde* mit einer Steigung von etwa 45°. Dabei wird also impliziert, daß das Chromophor des R stark *dichroitisch* und bezüglich seiner Hauptachse parallel zur Oberfläche orientiert ist. Eine solche definierte Orientierung ist aber nur möglich, wenn die Pigmentmoleküle an Zellstrukturen gebunden sind, die bei der Chloroplastendrehung im Cytoplasma nicht mit verlagert werden; als eine solche Struktur kommt auf Grund aller Befunde nur die äußere Abschlußmembran des Cytoplasmas, das sog. *Plasmalemma* (s. S. 6), in Frage. Der Chloroplast orientiert sich dabei in einem intrazellulären, meist *tetrapolaren* Gradienten von F stets so, daß seine im Cytoplasma gleitenden Kanten den Orten höchster F-Konzentration ausweichen (Abb. 13.28).

Ein weiteres Beispiel für Aktionsdichroismus auf der Basis des Phytochroms ist der *Polarotropismus* von fädigen Farnvorkeimen, den sog. *Protonemen*. Diese zeigen ausgeprägtes Spitzenwachstum und reagieren im einseitigen Rotlicht positiv phototropisch, weil das Wachstumszentrum stets am Ort maximaler Anregung von R liegt. Wird im polarisierten Rotlicht das Wachstum der Protonemen mechanisch auf die Ebene senk-

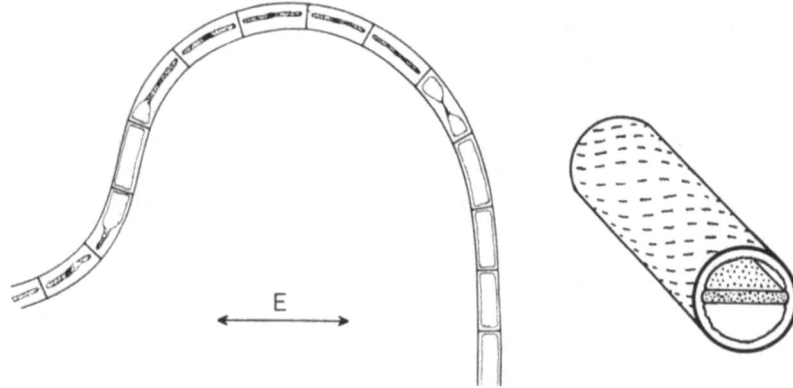

Abb. 13.27. *Links*: Aktionsdichroismus bei der Chloroplastendrehung von *Mougeotia*. Nach Kurzzeitbestrahlung mit linear polarisiertem HR (Einfallsrichtung senkrecht zur Papierebene und Orientierung des E-Vektors wie angegeben) drehen sich nur die Chloroplasten von Kanten- in Flächenstellung, deren Zellachse senkrecht zum E-Vektor orientiert ist. *Rechts*: Schema einer *Mougeotia*-Zelle mit Vorzugsorientierung der dichroitischen R-Chromophore im Plasmalemma entlang einer linksgängigen Schraube mit der Steigung 45°. [Nach Haupt: Physiol. Vég. **8**, 551 (1970)]

Photomorphogenese 457

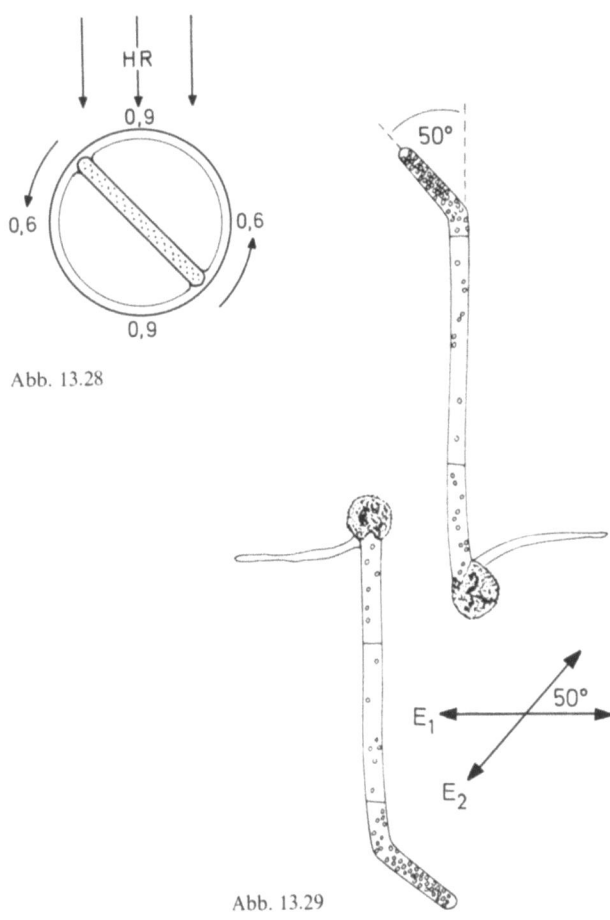

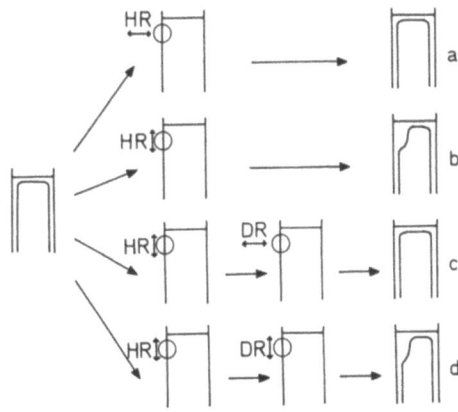

Abb. 13.31 a–d. Demonstration des Umklappdichroismus des Phytochroms bei *Mougeotia*. Bei Zellen mit Flächenstellung der Chloroplasten und nach saturierender DR-Vorbestrahlung (links), kann durch punktförmige HR-Partialbestrahlung einer Zellecke ($\varnothing \approx 12 \, \mu m$; $15 \leq t \leq 60 \, s$) nach 10 ± 5 min dort eine Verdrehung des Chloroplastenendes beobachtet werden. Linear polarisiertes querschwingendes HR löst diese Reaktion nicht aus (a), wohl aber längsschwingendes HR (b). Die Wirkung des längsschwingenden HR wird durch sofortige Nachbestrahlung mit querschwingendem DR ausgelöscht (c), nicht aber durch Nachbestrahlung mit längsschwingendem DR (d). [Nach Haupt et al.: Planta (Berl.) **88**, 183 (1969)]

Abb. 13.28. Schema zur Drehung des *Mougeotia*-Chloroplasten in einem tetrapolaren Gradienten von F. Nach einseitiger Bestrahlung mit unpolarisiertem HR von oben sind für die relativen Konzentrationen von F Extremwerte von $f_{650} \approx 0,9$ bzw. $\approx 0,6$ zu erwarten

Abb. 13.29. Polarotropismus bei Protonemen (Keimfäden) von *Dryopteris filix-mas* (Wurmfarn). Die Vorkeime wuchsen unter einer Glasplatte im Agar und wurden mit linear polarisiertem HR bestrahlt, dessen Einfallsrichtung auf der Papierebene senkrecht stand. Zunächst wurde die Schwingungsebene für drei Tage in Richtung E_1 fixiert, dann für einen weiteren Tag in Richtung E_2. [Verändert nach Steiner: Photochem. Photobiol. **9**, 493 (1969)]

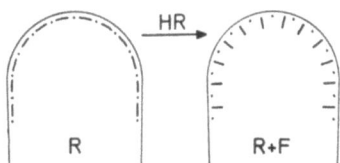

Abb. 13.30. Modell für den Umklappdichroismus des Phytochroms in Protonemaspitzen (Hauptebenenschnitt). Im Dunkeln liegt nur R vor, dessen S_1-Übergang im Plasmalemma (Plasmamembran) parallel zur Zelloberfläche orientiert ist (links). Durch Bestrahlung mit unpolarisiertem HR (senkrecht zur Papierebene) werden praktisch alle R-Moleküle, deren S_1-Übergänge in der Papierebene liegen, in F umgewandelt. Die S_1-Übergänge von F stehen senkrecht zur Zelloberfläche. [Verändert nach Etzold: Planta (Berl.) **64**, 254 (1965)]

recht zur Lichteinfallsrichtung beschränkt, so resultiert Polarotropismus, d.h. in diesem Falle Orientierung der Wachstumsrichtung senkrecht zum *E*-Vektor des Rotlichts (Abb. 13.29). Da der Ort stärkster Anregung von R dem Ort stärksten Wachstums entspricht, folgt daraus unmittelbar, daß der S_1-Übergang von R auch in der Spitzenzone des Protonemas *tangential* zur Zelloberfläche orientiert sein muß, also in voller Übereinstimmung mit den Verhältnissen bei *Mougeotia*.

Eine sorgfältige Analyse des Aktionsdichroismus im HR-DR-Bereich liefert bei diesem Polarotropismus mehrere Argumente dafür, daß der S_1-Übergang des F *senkrecht* zur Zelloberfläche orientiert ist. Dies bedeutet, daß sich die Chromophorachse bei der Umlagerung von R nach F und umgekehrt jeweils um etwa 90° dreht (Abb. 13.30), was nur denkbar ist, wenn gleichzeitig eine Konformationsänderung des Proteinanteils erfolgt. Auf der Basis dieses sog. *Umklappdichroismus* konnten bei der phytochromgesteuerten Chloroplastendrehung von *Mougeotia* (s.o.) widersprüchliche Versuchsergebnisse gedeutet werden. Mittels monochromatischer und polarisierter Bestrahlung kleiner Zellbereiche konnte hier der Umklappdichroismus direkt demonstriert werden (Abb. 13.31).

Die Aussagen über Lokalisierung und Chromophor-Orientierung des Phytochroms gründen sich auf Daten aus *physiologischen* Versuchen und geben deshalb nur Informationen über das *funktionelle* Phytochrom. Wie unten beschrieben, kann Phytochrom jedoch in zahlreichen Zellkompartimenten gefunden werden (s. S. 458). Wir müssen deshalb damit rechnen, daß auch bei *Mougeotia* und den Farnprotonemen Phytochrom noch in anderen Kompartimenten vorkommt;

funktionell könnten diese Fraktionen allerdings für die hier besprochenen Reaktionen nur als austauschbare Pigmentreserve Bedeutung haben. Bis jetzt gibt es keine Hinweise dafür, daß sich das gebundene funktionelle Phytochrom photokinetisch anders verhält als das Phytochrom *in vitro*.

13.3.4. Charakterisierung des Phytochroms *in vitro*

Trotz der niedrigen Konzentration, in der das Phytochrom in der Zelle vorliegt, ist es gelungen, dieses Pigment mit Methoden der Proteinchemie aus etiolierten Geweben zu extrahieren und seine Charakterisierung ist heute bereits weit fortgeschritten.

Neuerdings hat sich gezeigt, daß das Phytochrom in Abhängigkeit von den Extraktionsbedingungen mit verschiedenen Zellfraktionen assoziiert sein kann, z. B. mit Plasmamembranen, Etioplasten, Mitochondrien und Riboproteidpartikeln. Der sedimentierbare Phytochromanteil hängt davon ab, ob das Phytochrom beim Zellaufschluß als R oder F vorliegt; in Analogie zu den immunocytologischen Befunden ergibt sich, daß die F-Form eine stärkere Affinität zu partikulären Zellfraktionen hat als die R-Form, die sich demgegenüber hauptsächlich in der löslichen Phase des Cytoplasmaaufschlusses findet. Diese *differentiellen Sedimentationen* hängen stark vom Ionenmilieu ab, und es ist unklar, inwieweit solche Daten die Verhältnisse *in vivo* repräsentieren. Bezüglich der spektralen Eigenschaften von *gebundenem* und *gelöstem* Phytochrom läßt sich aufgrund von Untersuchungen mit etiolierten Mais- und Kürbiskeimlingen momentan nur sagen, daß sich die Differenzspektren *in vivo* und *in vitro* nicht signifikant unterscheiden (s. Abb. 13.24).

An den ersten Phytochrompräparaten sind bereits recht zuverlässige *Absorptionsspektren* nach saturierender HR- bzw. DR-Bestrahlung gemessen worden (Abb. 13.32). Da sich gemäß Gl. (13.48) bei solchen Bestrahlungen stets stationäre Zustände zwischen R und F einstellen, erhält man Pigmentgemische, deren Absorptionsspektren durch Gl. (13.50) beschrieben werden, wobei f_{λ_1} für die jeweils gewählte Vorbestrahlung typisch, zunächst aber unbekannt ist. Trotzdem läßt sich sofort erkennen, daß R neben der Absorptionsbande bei 665 nm eine weitere Bande bei 380 nm besitzt, während F neben der Bande bei 725 nm eine weitere bei 400 nm aufweist; beiden Phytochromformen gemeinsam ist die starke Proteinbande bei 280 nm, die das Pigment als *Chromoprotein* ausweist. Eine Berechnung der Absorptionsspektren $A_r(\lambda)$ und $A_f(\lambda)$ für reines R bzw. F gelingt nur mit zusätzlicher Information.

Hierfür geht man von der Tatsache aus, daß das langwellige Ende des Absorptionsspektrums eines hochkonjugierten C-Chromophors der Normalverteilung folgt und beschrieben wird durch die Parabelform

$$\log \frac{\sigma}{\sigma_{\max}} = -k \left(\frac{1}{\lambda_{\max}} - \frac{1}{\lambda} \right)^2, \qquad (13.53)$$

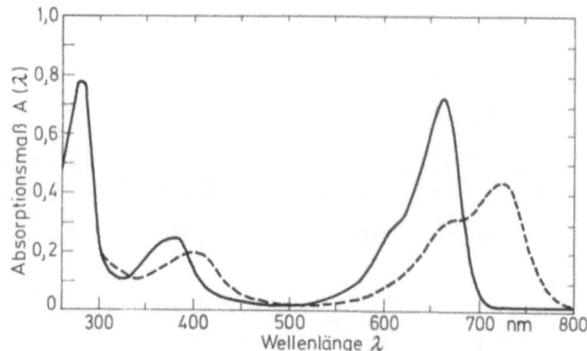

Abb. 13.32. Absorptionsspektren von extrahiertem Haferphytochrom nach saturierender Bestrahlung mit 740 nm (durchgezogen) bzw. 600 nm (gestrichelt). [Nach Mumford and Jenner: Biochemistry **5**, 3657 (1966)]

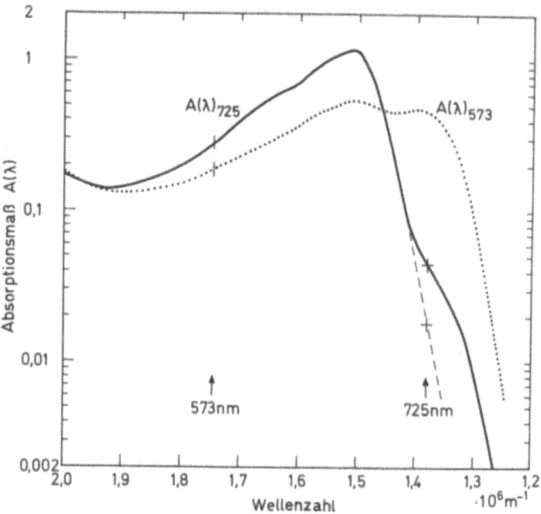

Abb. 13.33. Absorptionsspektren von extrahiertem Haferphytochrom im Raster der typischen Farbkurven. $A(\lambda)_{725}$: nach saturierender Bestrahlung mit 725 nm. $A(\lambda)_{573}$: nach saturierender Bestrahlung mit 573 nm. Spektralbereich: $500 \leq \lambda \leq 800$ nm; Bedingungen: 10^2 mol·m^{-3} K-Phosphat-Puffer pH 6,6 mit 20% Glycerin bei d = 1 cm. [Nach Daten von Kroes: Meded. Landbouwhogeschool Wageningen **70-18**, 1 (1970)]

wobei $\lambda_{\max}^{-1}$ in m^{-1} die *Wellenzahl* an der Stelle maximaler Absorption ($=\sigma_{\max}$) und k eine Konstante sind. Es gibt also im Raster der *typischen Farbkurven* (s. Kapitel 5.3) Grenztangenten, die im Bereich kleiner Absorption den Farbkurven hinreichend genau folgen. Abbildung 13.33 zeigt die Absorptionsspektren eines Phytochrompräparates als typische Farbkurven, wie man sie nach saturierender Vorbestrahlung mit $\lambda_1 = 573$ nm und $\lambda_2 = 725$ nm erhält. Die Spektren folgen also am langwelligen Ende der Gl. (13.53) mit Ausnahme der Versetzung der Tangente bei der Kurve $A(\lambda)_{725}$ im Bereich 700 bis 770 nm; dies muß so gedeutet werden, daß mit abnehmender Absorption von R zum Langwelligen hin der Absorptionsbeitrag des geringen Anteils von F nicht mehr vernachlässigbar ist und seinerseits den Endverlauf des Spektrums bestimmt. Auf der Basis dieser Überlegungen kann man dem Graph entnehmen, daß für dieses Präparat $(1-f_{725}) \cdot A_r(725) \approx 0{,}018$ und $f_{725} \cdot A_f(725) \approx 0{,}045 - 0{,}018 = 0{,}027$. Hiermit erhält man wegen Gln. (13.44, 13.45, 13.46) und (13.50) für das *Photonenausbeuteverhältnis* sofort

$$\frac{\phi_{rf}^{\cdot}(725)}{\phi_{fr}(725)} = \frac{f_{725} \cdot A_f(725)}{(1-f_{725}) \cdot A_r(725)} \approx \frac{0{,}027}{0{,}018} = 1{,}5. \qquad (13.54)$$

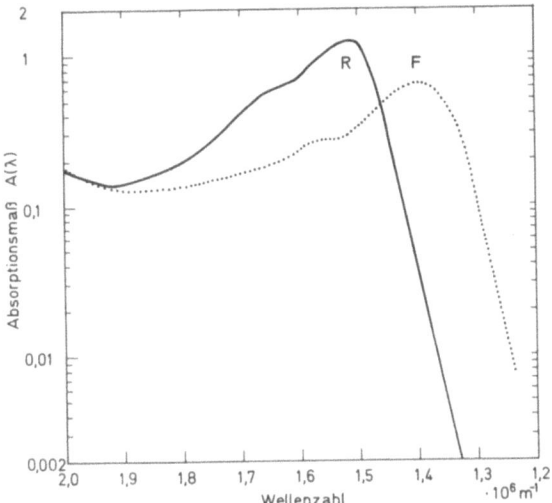

Abb. 13.34. Typische Farbkurven für die hellrotabsorbierende bzw. dunkelrotabsorbierende Form des Phytochroms (R bzw. F), berechnet aus den Daten der Abb. 13.33 für gleiche Konzentration und optische Weglänge. [Hartmann: unveröffentlicht]

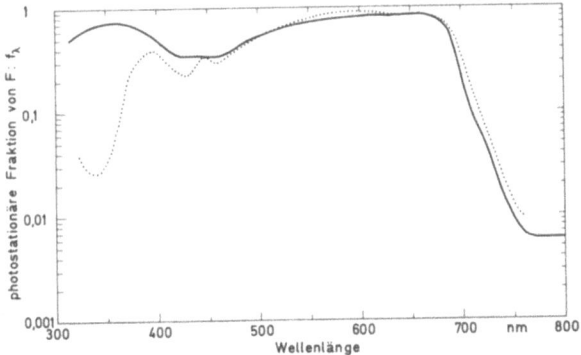

Abb. 13.35. Photostationäre Fraktion von F für Monochromatbestrahlung. *Ausgezogen:* Funktionsverlauf für Haferphytochrom *in vitro*, errechnet mit Daten gemäß den Abb. 13.34 und 13.36. *Punktiert:* Funktionsverlauf aufgrund von *In-situ*-Messungen an Hypokotylhaken von Senfkeimlingen (d = 2,9 mm bei 25° C). Für diese *In-situ*-Kurve wurden nach Gln. (13.52) und (13.56) einerseits direkt relative Fraktionen von F, andererseits aber auch die scheinbaren spektralen Konversionswirkungsquerschnitte von R und F ermittelt (s. S. 459). Der relative mittlere Fehler für diese *In-situ*-Kurve steigt bei den Werten im Bereich $f_\lambda < 0,1$ bis auf 0,3 an und deshalb gilt z. B. für $f_{720} = 0,09 \pm 0,027$ bzw. für $f_{760} = 0,01 \pm 0,003$. [Nach Messungen von Butler et al.: Photochem. Photobiol. 3, 521 (1964), sowie Hartmann and Spruit: s. Hartmann and Unser: Z. Pflanzenphysiol. 69, 109 (1973)]

Des weiteren kann man den Spektren in Abb. 13.33 für die Wellenlängen der Vorbestrahlung die Werte von $A(\lambda)_{573}$ bzw. $A(\lambda)_{725}$ entnehmen und in Gl. (13.50) einsetzen, wobei 4 Bestimmungsgleichungen resultieren. Hieraus errechnet sich für $f_{725} \approx 0,044$ und für $f_{573} \approx 0,74$.

Damit wird es möglich, die Absorption von R und F für gleiche Konzentration c und optische Weglänge d zu berechnen (Abb. 13.34). Nun kann auch die *stationäre Konzentration von F* gemäß Gl. (13.48) bzw. (13.47) mit Hilfe von Gln. (13.45) und (13.49) berechnet werden. Abbildung 13.35 zeigt f_λ für saturierende Mono-

chromatbestrahlung. Wegen der Parallelität der langwelligen Absorptionskanten von R und F (s. Abb. 13.34) erhält man für f_λ im *Schwarzrotbereich* $770 \leq \lambda \leq 820$ nm einen *Minimalwert* $f_{min} \approx 0,006$, der auch durch reinste Monochromatbestrahlung theoretisch nicht unterschritten werden kann.

Prinzipiell kann man an Phytochrompräparaten mit Hilfe fraktionierter Monochromatbestrahlung und unter Verwendung der Zweiwellenlängenphotometrie (s. o.) die Photokonversionen R→F und F→R im gesamten Spektrum kinetisch verfolgen. Aus einem Satz solcher Photokonversionskinetiken sind die *spektralen Konversionswirkungsquerschnitte* $\sigma_{rf}(\lambda)$ und $\sigma_{fr}(\lambda)$ bestimmt worden.

Für monochromatische *Photokonversionskinetiken* gilt gemäß Reaktionsgleichung (13.43):

$$\frac{dF}{dt} = \frac{-dR}{dt} = k_{rf}(\lambda) R - k_{fr}(\lambda) F \qquad (13.55)$$

mit $(R+F)_t = R_0 =$ konstant. Die Lösung für dieses System gewinnt man mit Hilfe der Gl. (13.48) und bringt sie in die Geradenform

$$\ln\left[\frac{F_t - F_\infty}{F_0 - F_\infty}\right]_\lambda = \ln\left[\frac{R_t - R_\infty}{R_0 - R_\infty}\right]_\lambda = -[k_{rf}(\lambda) + k_{fr}(\lambda)] t . \qquad (13.56)$$

Hierin sind F_t und R_t durch Messung gemäß Gl. (13.52) direkt bestimmbar, wobei F_∞ der mit λ zu erzielende Sättigungswert ist, F_t der Wert nach der Bestrahlungszeit t und F_0 der Wert für $t = 0$. Laut Gl. (13.56) erhält man also für beide Photokonversionen als Kinetiken identische Geraden. Die Steigung dieser Geraden ist jeweils die negative Summe der spektralen Reaktionsgeschwindigkeitskonstanten beider Photokonversionen R⇌F und kann bestimmt werden, indem man ein Phytochrompräparat in möglichst dünner Schicht für verschiedene Zeiten t mit ausgewählten monochromatischen Raumphotonenflüssen $E_{0\lambda}$ bestrahlt.

Zusätzlich ist das *Photonenausbeuteverhältnis* erforderlich. Man bestimmt es mit Hilfe der absoluten Photokonversionsraten $dA(665)/dt$ und $dA(725)/dt$ für $t \to 0$. Diese werden nach saturierender Vorbestrahlung mit $\lambda = 665$ bzw. 737 nm für bekannte Raumphotonenflüsse E_{0725} bzw. E_{0665} gemessen und sind laut Gln. (13.55, 13.44, 13.45) und (13.49) etwa gleich

$$\frac{dA(725)}{dt} \approx (1 - f_{737}) A_r(665) \phi_{rf}(665) E_{0665}, \qquad (13.57a)$$

$$\frac{dA(665)}{dt} \approx f_{665} A_f(725) \phi_{fr}(725) E_{0725} . \qquad (13.57b)$$

Durch Division dieser Gleichungen findet man als Bestimmungsgleichung

$$\frac{\phi_{rf}(665)}{\phi_{fr}(725)} \approx \frac{dA(725) E_{0725} f_{665} A_f(725)}{dA(665) E_{0665}(1 - f_{737}) A_r(665)}$$

$$\approx \frac{dA(725) E_{0725} A(725)_{665}}{dA(665) E_{0665} A(665)_{737}}, \qquad (13.58)$$

worin noch die maximalen Extinktionswerte der Probe für 725 und 665 nm nach saturierender Vorbestrahlung mit 665 bzw. 737 nm eingehen. Mit diesem Verfahren ist für das Photonenausbeuteverhältnis im Rotbereich $\phi_{rf}/\phi_{fr} \approx 1,5$ ermittelt worden, was durch die oben angegebene unabhängige Methode bestätigt wird.

Die weitere Rechnung ergab mit $f_{737} = 0$ für $f_{665} = 0,81$. Mit Kenntnis der spektralen stationären Konzentration von F (Abb. 13.35) errechnen sich mit Hilfe von Gln. (13.47) und (13.56) die Absolutwerte der Konversionswirkungsquerschnitte $\sigma_{rf}(\lambda)$ und $\sigma_{fr}(\lambda)$ der Abb. 13.36.

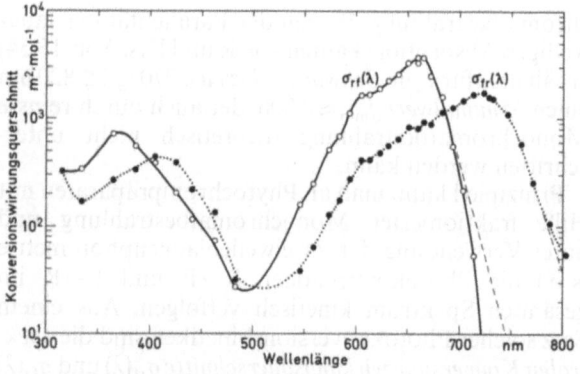

Abb. 13.36. Spektrale Konversionswirkungsquerschnitte für extrahiertes Haferphytochrom. Die Werte für $\sigma_{rf}(\lambda)$ im Bereich $\lambda > 700$ nm sind gegenüber der Theorie (nach Abb. 13.34 gestrichelt) zu klein, da mit der nicht zulässigen Annahme $f_{737} = 0$ gerechnet wurde. Die Werte für $\sigma_{fr}(\lambda)$ im Bereich $\lambda > 780$ nm sind nach der Theorie zu groß, vermutlich bedingt durch nicht genügend gute Monochromasie, d.h. Beimischung von kurzwelligem Streulicht. [Nach Daten von Butler et al.: Photochem. Photobiol. **3**, 521 (1964)]

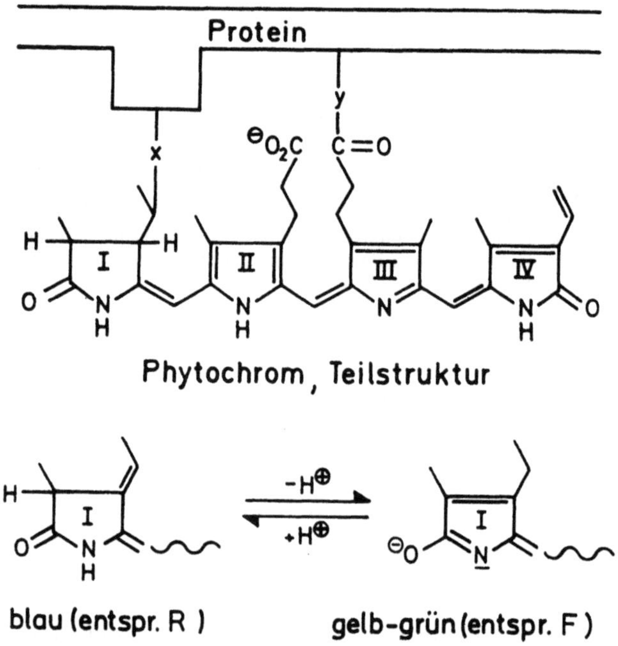

Abb. 13.37. Strukturvorschlag für das Chromophor des Phytochroms und seine Proteinbindung (oben). Ein chemoreversibles Modell für die Protonierung des Chromophors (unten). [Nach Rüdiger: Ber. Deutsch. Bot. Ges. **88**, 125 (1975)]

Die Molekularmasse (früher Molekulargewicht) des Phytochroms in den hier untersuchten Extrakten war nahe 60 kg/mol (früher Dalton = 1 g/mol) und lieferte zusammen mit dem Proteingehalt die Phytochromkonzentration c der Probe. Aus Gl. (13.49) erhielt man so die Absolutwerte für die *Absorptionswirkungsquerschnitte* $\sigma_r(\lambda)$ bzw. $\sigma_f(\lambda)$, die durch einfache Division gem. Gl. (13.45) direkt zu den *spektralen Photonenausbeuten* $\phi_{rf}(\lambda) \approx 0{,}19$ und $\phi_{fr}(\lambda) \approx 0{,}13$ führten. Im Bereich der Proteinbande bei 280 nm fielen die Photonenausbeuten auf etwa 30% des Rotbereichs. Durch Blitz-

lichtspektrophotometrie sind auch *Zwischenformen* der Photokonversionen R⇌F *in vitro* spektral und kinetisch charakterisiert worden (s. Abb. 13.25).

Inzwischen hat sich jedoch gezeigt, daß das soweit untersuchte Phytochrom bei der Extraktion durch eine Protease (ein eiweißabbauendes Enzym) degradiert worden war. Das *native Phytochrom* hat eine *Molekularmasse* von etwa 240 kg/mol und gilt als Dimeres von Untereinheiten mit 120 kg/mol. Präparate von nativem Phytochrom unterscheiden sich in spektraler Hinsicht jedoch nicht vom degradierten Phytochrom, wenn man Äthylendiaminotetraessigsäure (ÄDTE) oder 2-Merkaptoäthanol zusetzt: Die Absorptionsspektren von R und F bleiben unverändert mit λ_{max} bei 667 bzw. 724 nm. Allerdings ist die *Photonenausbeute* im Rotbereich unter diesen Bedingungen für beide Übergänge $\phi_{rf} = \phi_{fr} \approx 0{,}17$ und damit das Ausbeuteverhältnis $\phi_{rf}/\phi_{fr} \approx 1$, was vermutlich auch im etiolierten Gewebe gilt.

Für die Aufklärung der chemischen Struktur des Phytochrom-Moleküls liegen bereits Ansätze vor. Der Proteinanteil enthält kovalent gebundene Kohlenhydrate und muß daher als *Glykoprotein* gelten. F ist thermolabiler als R und die Sensitivität von R und F denaturierenden Agenzien gegenüber ist verschieden. Ferner wurden mit Hilfe der ORD- und CD-Spektroskopie (s. Kap. 3.2.6) *Konformationsunterschiede* zwischen R und F nachgewiesen. Das Chromophor ist kovalent an das Protein gebunden und sein Anteil am Gesamtmolekül macht bei einer Molekularmasse von < 600 g/mol weniger als 1% aus. In 20 kg etiolierten Haferkoleoptilen (Keimscheiden) mit einer mittleren Phytochromkonzentration von 10^{-7} molar sind also nur etwa 1 mg des Chromophors enthalten. Trotzdem ist es gelungen, mit Hilfe des Chromatabbaus die Struktur des Chromophors weitgehend zu klären. Es handelt sich bei diesem *Tetrapyrran* um ein dem Phycobiliverdin sehr nahe stehendes Pigment (Abb. 13.37). Das Phycobiliverdin ist das Chromophor der Phycocyanine. Diese Biliproteine fungieren bei verschiedenen Algen (*Cryptophyceen, Cyanophyceen* und *Rhodophyceen*) als akzessorische Photosynthesepigmente (s. S. 418) und kommen dort in hoher Konzentration vor. Phycobiliverdin, wie auch das Phytochromchromophor, können in stark saurer Lösung *protoniert* werden. Dabei werden ihre Absorptionsmaxima um 70 nm bathochrom (d.h. zum Langwelligen hin) verschoben. Diese Protonierung ist im Alkalischen reversibel und kann als chemoreversibles Modell für die Photokonversionen R⇌F dienen, zumal bei niedrigem pH die Dunkelreversion F→R stark beschleunigt wird.

13.3.5. Regulation durch Phytochrom

Eine Anwendung der soweit abgehandelten photokinetischen Eigenschaften des Phytochroms gemäß dem Minimalmodell (13.43) auf die physiologische Situation ist nur mit Vorbehalt möglich: Einerseits zeigt reines natives Phytochrom als F eine reduzierte Absorption und revertiert bei 3°C zum Teil mit $\tau \approx 2$ min

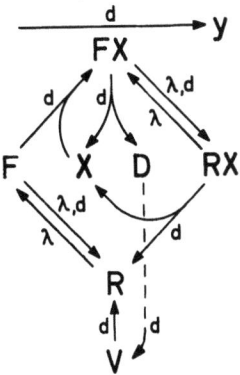

Abb. 13.38. Ein kinetisches Minimalmodell für das Phytochrom. λ = Lichtreaktion, d = Dunkelreaktion. Erklärung im Text. [Nach Daten von Boisard et al.: Plant Physiol. **54**, 272 (1974)]

zu R; die langsame Dunkelreversion F→R mit $\tau \approx 9$ h bei 25° C fällt demgegenüber als Störung kaum ins Gewicht. Problematisch ist aber, daß reduzierende Agenzien die Reversion beschleunigen, was z. B. *in vivo* kompartimentspezifische und photosyntheseabhängige Reversionsraten verursachen könnte. Andererseits wird die Destruktion von F *in vitro* durch zweiwertige Kationen (Hg^{2+}, Cd^{2+}, Co^{2+}, Cu^{2+}, Zn^{2+}) beschleunigt, aber durch Zusatz von ÄDTE gehemmt. Hinzu kommt, daß bei Raumphotonenflüssen $E_{0A} > 5$ nmol $\cdot m^{-2} s^{-1}$ die stationäre Anreicherung von Zwischenformen berücksichtigt werden muß (vgl. Abb. 13.25 sowie Kap. 5.3). Schließlich ist *in vivo* infolge von Streuung und selektiver Beschattung mit hyperbolischen spektralen Photonenflußgradienten zu rechnen (s. S. 465 und Kap. 5.3).

Selbst wenn man diese Komplikationen bei manchen Fragestellungen ausschließen kann bzw. ignorieren, so muß doch nach dem derzeitigen Kenntnisstand zur Beurteilung der kybernetischen Eigenschaften des Phytochroms ein *kinetisches Minimalmodell* gemäß Abb. 13.38 zugrunde gelegt werden. Dieses Modell stützt sich auf Messungen *in vitro* und *in situ*, kann aber wegen der oben angeführten Argumente im Bereich der Physiologie nur als fragmentarische Arbeitshypothese gelten.

Gemäß dieser Modellhypothese kommt das Phytochrom in etiolierten Geweben als freies R vor, welches aus der Vorstufe V entsteht. Freies F, welches durch Photokonversion aus R entsteht, hat eine hohe Affinität zu einer Matrix X, an die es innerhalb einer Minute gebunden wird: Gebundenes F als FX ist der eigentliche Effektor und seine Konzentration bestimmt die Änderungen der Photomorphosen bzw. Merkmalsgrößen y. Die Dunkeldestruktion des F soll vom Zustand FX ausgehen (?) und liefert das Produkt D, welches von der Matrix X abdissoziiert. Wird FX durch Belichtung in RX photokonvertiert, so zerfällt es in einigen Stunden in freies R und X. Für die Phytochromphotokonversionen R⇌F und RX⇌FX kann der *Halbwertsfluenz* nach Gl. (13.56) berechnet werden. Für 665 nm ergibt sich ein Raumphotonenfluenz $^{1/2}F_{0665} = 150 \,\mu mol \cdot m^{-2}$, das entspricht einer Raumbestrahlung mit 27 J·m^{-2}. Für 725 nm findet man Werte von $^{1/2}F_{0725} = 450 \,\mu mol \cdot m^{-2}$ bzw. 74 J·m^{-2}. Hochempfindliche phytochromgesteuerte *Induktionsmorphosen*, wie etwa die geotropische Empfindlichkeit etiolierter Getreidekeimlinge (z. B. *Avena sativa* und *Zea mays*), werden schon durch einen Photonenfluenz von 33 nmol·m^{-2} bei 660 nm, das sind 6 mJ·m^{-2}, saturiert. Hier genügt es also, wenn ein Zehntausendstel des freien R in F verwandelt wird, was bei einer mittleren Phytochromkonzentration von 10^{-4} mol·m^{-3} (=10^{-7} molar) in einer Zelle von 50 μm Kantenlänge noch etwa 750 F-Molekülen entspricht. Dieses F bindet innerhalb einer Minute an die in begrenzter Zahl vorhandenen Bindungsstellen X der Funktionsmatrix. Deshalb wirkt DR, welches unmittelbar nach einem nicht sättigenden sekundigen HR-Stoß gegeben wird, kaum revertierend oder sogar noch induzierend, denn es trifft auf niedere Konzentrationen von freiem F. DR, welches einige Minuten nach dem HR-Stoß appliziert wird, wirkt aber stark revertierend, denn es trifft auf eine Population von FX, die durch DR fast völlig in das inaktive RX verwandelt wird. Allerdings absorbiert auch das freie R etwas DR und deshalb werden einige Prozent R mit geringer Effektivität in F verwandelt, was bei erhöhtem DR-Fluenz einen gegenläufigen Induktionseffekt verursacht. Erst wenn die Dunkelzeiten zwischen dem HR-Stoß und der DR-Bestrahlung weiter erhöht werden, geht die DR-Revertierbarkeit zunehmend verloren: das FX hat dann z. Z. der DR-Bestrahlung bereits mehr und mehr als Effektor gewirkt und ist in D und X zerfallen.

Mehrphasige Kinetiken bei phytochromgesteuerten Kurzzeit-Induktionsmorphosen gehen also offensichtlich darauf zurück, daß das Phytochrom in etiolierten Geweben als freies Pigment existiert und die Zahl der Funktionsmatrixbindungsstellen X für den Effektor F klein ist gegenüber der Zahl von Phytochrommolekülen. Im Zuge mehrstündiger Deetiolierung, wie sie in der Natur auftritt, kann sich diese Situation jedoch grundlegend ändern, da via Phytochromdestruktion der Pigmentpool um mehr als eine Größenordnung verringert wird und dann u. U. nur noch gebundenes Phytochrom vorliegt.

Die soweit dargestellte Charakterisierung des Phytochroms geht letztlich auf die aktionsspektrometrische Analyse von Photomorphosen zurück, die durch *kurzzeitige* Belichtung mit *niedrigen* Intensitäten auslösbar sind. In der Natur sind Pflanzen aber *mehrstündigen* Bestrahlungen mit *hohen* Intensitäten ausgesetzt (s. S. 449) und es fragt sich, ob und wie das Phytochrom unter natürlichen Bedingungen regulierend wirkt. Für viele Photomorphosen, die bei Kurzzeitbestrahlungen auf Grund ihrer spektralen Empfindlichkeit und der wiederholbaren HR-DR-Revertierbarkeit eindeutig über das Phytochrom gesteuert werden, lassen sich nämlich bei Langzeit-Hochintensitäts-Exponierungen diese typischen Phytochromeigenschaften nicht nachweisen. Die Frage nach dem Steuerpigment für diese sog. *Hochintensitätsphänomene* (früher fälschlich als „Hochenergiereaktionen" bezeichnet) kann bisher nicht einheitlich beantwortet werden. Prinzipiell zeichnen sich die Hochintensitätsphänomene (= HIP) dadurch aus, daß für sie das Bunsen-Roscoe-Reziprozitätsgesetz (s. Kap. 5.3) nicht gilt und ihre spektrale Empfindlichkeit je nach Objekt, Photomorphose, Entwicklungszustand und Bestrahlungsdauer stark variiert (s. Abb. 13.39), wobei in der Regel Empfindlichkeitsmaxima im ultravioletten, blauen und dunkelroten Spektralbereich liegen. Zur Zeit werden wegen dieser *Polytypie der spektralen Empfindlichkeit* bereits für den Spektralbereich λ > 520 nm vier Hypothesen zur Deutung der HIP diskutiert (Abb. 13.40). Gemäß Hypothese A gibt es HIP, die unabhängig vom Phytochrom über ein unbekanntes Pigment, häufig wohl das Chlorophyll, gesteuert werden. Hypothese B soll andeuten, daß in manchen Fällen die Steuerung über Phytochrom *und* ein weiteres Pigment erfolgt. Hypothese C besagt, daß ein Energietransfer von einem

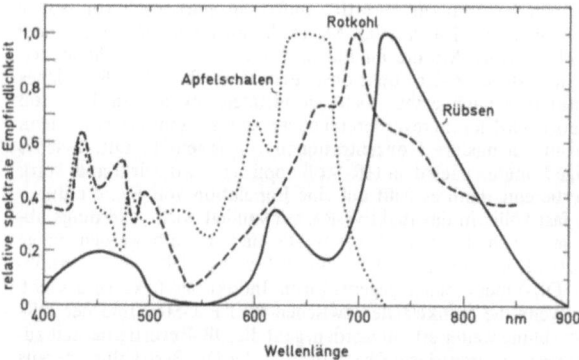

Abb. 13.39. Relative spektrale Empfindlichkeit der Anthocyanakkumulation bei Apfelschalen (punktiert), Rotkohlkeimlingen (gestrichelt) bzw. Rübsenkeimlingen (ausgezogen), jeweils für Langzeit-Hochintensitätsbestrahlung mit 260, 50 bzw. 100 kJ·m^{-2}. [Nach Daten von Siegelman and Hendricks: Plant Physiol. **32**, 393 (1957) and **33**, 185 (1958)]

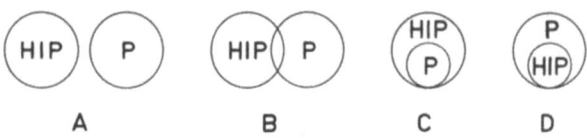

Abb. 13.40. Die Hypothesen zur Interpretation der Hochintensitätsphänomene der Photomorphogenese in der Symbolik der Mengenlehre. Erklärung im Text. [Hartmann: unveröffentlicht]

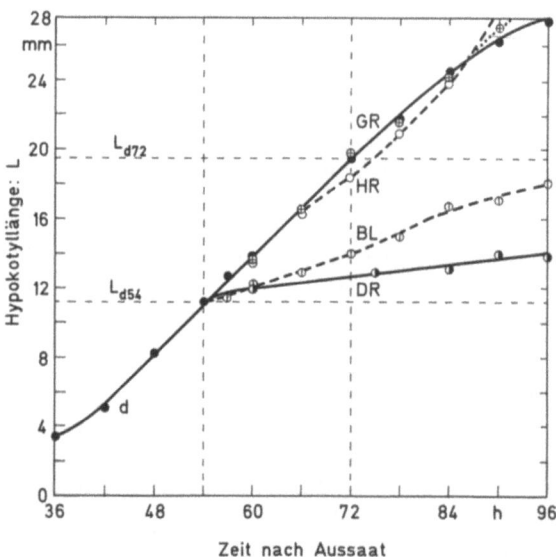

Abb. 13.41. Wachstumskurven des Salathypokotyls für $25\pm0,5°$ C (*Lactuca sativa* L. *cv.* Grand Rapids tip burn resistant strain). *Bedingungen*: d = Dauerdunkel. BL, GR, HR und DR: Bestrahlung ab der 54. Stunde nach Aussaat mit Blau ($\lambda_m=450$ nm, HW = 43 nm), Grün ($\lambda_m=530$ nm, HW = 30 nm), Hellrot ($\lambda_m=658$ nm, HW = 15 nm) bzw. Dunkelrot ($\lambda_m\approx770$ nm, HW $\approx$ 120 nm). Der Raumphotonenfluß im BL, GR und HR lag bei 6,6 bzw. im DR bei 46,3 µmol·m^{-2}·s^{-1}. Die Hilfslinien markieren den günstigsten Bestrahlungszeitraum (54 bis 72 h) sowie die mittlere Anfangs- und Endlänge der Hypokotyle im Dunkeln (L_{d54}, L_{d72}). [Nach Hartmann: Photochem. Photobiol. **5**, 349 (1966) und unveröffentlicht]

unbekannten Pigment auf das Phytochrom postuliert wird, die Steuerung letztlich aber über das Phytochrom erfolgt. Hypothese D schließlich soll verdeutlichen, daß manche HIP ausschließlich über das Phytochrom gesteuert werden.

Der Fortschritt auf diesem Gebiet ist dadurch erschwert, daß nur ein HIP bekannt ist, welches nach den Prinzipien der analytischen Aktionsspektrometrie (s. Kap. 5.3) *kinetisch* bearbeitet werden kann, und dies zudem bei großem Zeit- und Apparateaufwand. Bei diesem HIP handelt es sich um eine relativ sensitive, mit minutiger Verzögerung ansprechende negative Photomorphose, nämlich die *Hypokotylwachstumshemmung* bei den Keimpflanzen von *Lactuca sativa* L. cv. Grand Rapids tip burn resistant strain, dem klassischen Objekt der Photomorphogenese. Zur Imitierung des natürlichen Langtags werden die Salatkeimlinge für 18 h bei 25° C bestrahlt und zwar von der 54. bis zur 72. Stunde nach Aussaat, weil dann die Wachstumsgeschwindigkeit im Dunkeln am größten und konstant ist und diese Längenzunahme im Bereich der *Hypokotylcortex* (= Rindenschicht der Keimachse) als reines Zellstreckungswachstum gilt. Dabei durchlaufen die Zellen, von der Basis zur Spitze fortschreitend, nacheinander eine Phase der Streckung, ohne daß dabei die Zellzahl merklich zunimmt. Die durch monochromatisches Dauerlicht verursachten Wachstumshemmungen sind für etwa 18 h konstant, jedoch wellenlängen- und intensitätsabhängig (Abb. 13.41). Man kann deshalb als Maß für die Lichtwirkung hier die *relative mittlere Hemmung H* oder den *relativen mittleren Zuwachs Z* verwenden, welche jeweils durch Messung der mittleren Anfangs- und Endlängen der Hypokotyle im Dunkeln (L_{d54}, L_{d72}) und Licht ($L_{\lambda72}$) bestimmbar sind gemäß

$$H = 1 - Z = \frac{L_{d72} - L_{\lambda72}}{L_{d72} - L_{d54}}. \tag{13.59}$$

Auf diese Weise sind mit je 3 bis 12 äquivalenten Stichproben des Umfangs $n=33$ für insgesamt 75 Wellenlängen im Bereich $320<\lambda<1100$ nm Teile von *Fluenz-Effekt-Kurven* ausgearbeitet worden. Entscheidend wichtig ist, daß dieser Datensatz weitgehend durch eine einfache Gleichung erfaßt werden kann. Im Bereich $H\geq0,15$ und solange die *relative Photonenwirksamkeit* $p(\lambda)\geq0,02$ bleibt (s. Kapitel 5.3), folgen die Fluenz-Effekt-Kurven nämlich der Hyperbelgleichung

$$\frac{H}{Z} = \left[\frac{E_{0\lambda}}{K_{0\lambda}}\right]^{\bar{n}}. \tag{13.60}$$

Selbst für schlecht wirksame Wellenlängen wie 699 und 505 nm sind gemäß Gl. (13.60) noch Werte von $H/Z \approx 9$ erreicht worden. Dabei gilt für den *Hill-Koeffizienten* $\bar{n}=1\pm0,1$ und für die *Halbwerte der spektralen Raumphotonenflüsse* $K_{0\lambda}$:

$$K_{0\lambda} = \frac{K_{0720}}{p(\lambda)} \quad \text{mit}$$

$$K_{0720} = 1,45 \pm 0,15 \text{ µmol} \cdot \text{m}^{-2}\text{s}^{-1}. \tag{13.61}$$

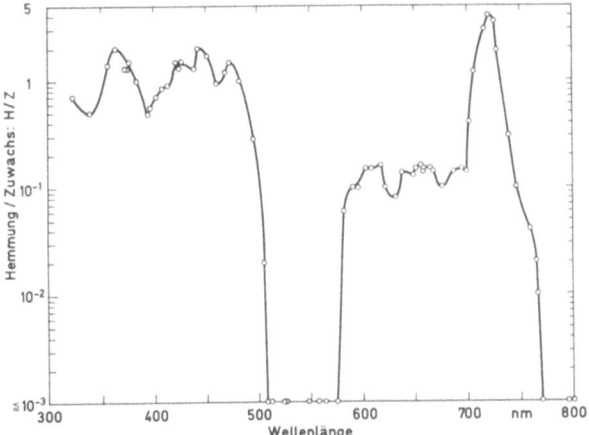

Abb. 13.42. Logarithmisches Aktionsspektrum für die Wachstumshemmung des Salathypokotyls durch 18stündige Monochromatbestrahlung ($5 \leq HW \leq 20$ nm; $24{,}8 \pm 0{,}3°$ C) von der 54. bis zur 72. Stunde nach Aussaat (vgl. Abb. 13.41). Der Quotient Hemmung/Zuwachs ($=H/Z$) wurde für einen Raumphotonenfluß $E_{0\lambda} = 6{,}3$ µmol·m^{-2}·s^{-1} als spektrale Größe ermittelt. Gemäß Gl. (13.62) ist H/Z der relativen Photonenwirksamkeit $p(\lambda)$ direkt proportional. [Nach Daten von Hartmann: Z. Naturforschg. **22**b, 1172 (1967) und unveröffentlicht]

Durch Einsetzen von Gl. (13.61) in Gl. (13.60) zeigt sich, daß das *logarithmische Aktionsspektrum* (s. Kap. 5.3) resultiert, sofern man log (H/Z) für einen konstanten Raumphotonenfluß $E_{0\lambda} \geq K_{0720}$ als spektrale Größe ermittelt:

$$\log p(\lambda) = \log \frac{H}{Z} + \log \frac{K_{0720}}{E_{0\lambda}}. \qquad (13.62)$$

Das so bestimmte logarithmische Aktionsspektrum ist in Abb. 13.42 dargestellt. Da einerseits die *Photonenflußabhängigkeit* oberhalb des Anlaufbereichs hinreichend genau hyperbolisch 1. Ordnung ist (s. o.) und andererseits der absolute Effekt etwa proportional mit der Bestrahlungszeit zunimmt (s. Abb. 13.41), muß es sich bei dem Steuerpigment um einen *katalytischen Photoeffektor* oder ein sog. *Luminoferment* handeln,

welches in gebundener Form wirkt (s. Kap. 5.3); folglich gilt auch das Bunsen-Roscoe-Reziprozitätsgesetz nicht.

Um zu klären, ob das logarithmische Aktionsspektrum dem scheinbaren typischen Konversionsspektrum *eines* unbekannten Pigments entspricht oder aber durch Kooperation *mehrerer* Pigmente verursacht wird, sind gleichzeitige Bestrahlungen mit zwei günstig gewählten Monochromatbändern λ_1 und λ_2 erforderlich. Erfolgt die Steuerung über *ein* Pigment mit *einem* aktiven Zustand, so muß sich nach Kap. 5.3 der *Bichromateffekt* aus den Monochromateffekten errechnen wie

$$\left[\frac{H}{Z}\right]_{\lambda_1 + \lambda_2} = \left[\frac{H}{Z}\right]_{\lambda_1} + \left[\frac{H}{Z}\right]_{\lambda_2}. \qquad (13.63)$$

Alle diesbezüglichen Versuche widersprechen der Gl. (13.63) und widerlegen somit die Ein-Pigment-Hypothese. Man benötigt deshalb *mindestens* eine *Zwei-Pigment-Hypothese*, die etwa besagt, daß die DR-Wirkungsbande im Bereich $700 \leq \lambda \leq 740$ nm (s. Abb. 13.42) durch gleichzeitige kritische Anregung von zwei sich hier überlappenden Pigmenten verursacht wird, die noch rechts bzw. links außerhalb der DR-Wirkungsbande absorbieren. Diese Zwei-Pigment-Hypothese läßt sich dadurch prüfen, daß man z.B. gleichzeitig mit HR (≈ 658 nm) und SR ($=$ Schwarzrot, ≈ 768 nm) bei verschiedenen Photonenflußverhältnissen bestrahlt. Man findet auf diese Weise ein Raumphotonenflußverhältnis $E_{0658}/E_{0768} \approx 0{,}004$, welches die für 720 nm typische maximale Hypokotylwachstumshemmung liefert. Gemäß der Zwei-Pigment-Hypothese gelingt es auch, die DR-Wirkung bei 720 nm durch simultane Einstrahlung von HR oder SR auszulöschen (Abb. 13.43). Durch diese *Enhancement-* und *Annullierungseffekte* ist nachgewiesen, daß im Bereich der DR-Wirkungsbande bei diesem HIP mindestens zwei Pigmente kooperieren. Weil aber die Intensitätsabhängigkeit hyperbolisch *1. Ordnung* ist, kann nur *ein* aktiver Pigmentzustand steuernd wirken. Es liegt deshalb auf der Hand, hier als steuerndes

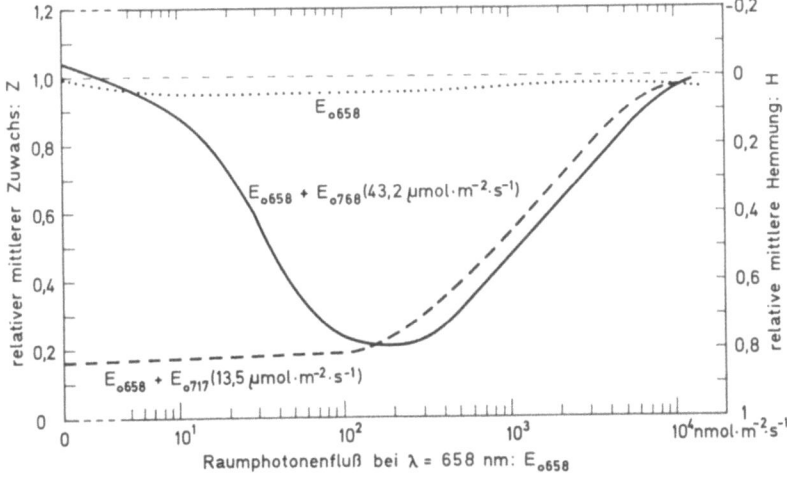

Abb. 13.43. Wachstumshemmung des Salathypokotyls bei Bichromatbestrahlung. *Ausgezogen*: Mit zunehmender Beimischung von fast unwirksamem Hellrot gemäß Abszissenangabe ($=E_{0658}$) zu einem festen unwirksamen Raumphotonenfluß von Schwarzrot ($=E_{0768}$) kann die relative mittlere Hemmung H kontinuierlich zwischen 0 und 0,8 variiert werden. *Gestrichelt*: Die Hemmung, die durch Dunkelrot ($=E_{0717}$) verursacht wird, verschwindet mit zunehmender Beimischung von Hellrot ($=E_{0658}$). *Punktiert*: Hellrotkontrolle ($=E_{0658}$). [Nach Hartmann: Europ. Photobiol. Symp. Hvar, Jugoslavia, Abstr. 29 (1967)]

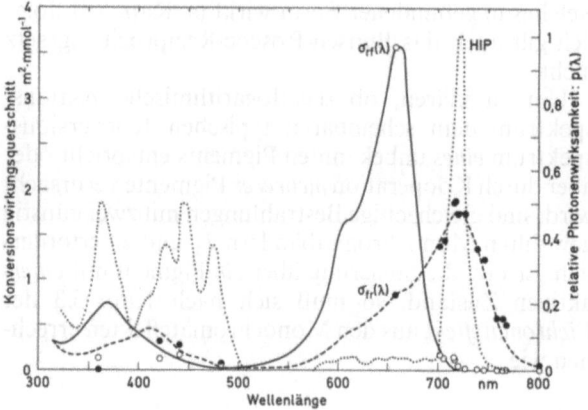

Abb. 13.44. Aktionsspektrum für die Wachstumshemmung des Salathypokotyls (=HIP, punktiert, nach Abb. 13.42) sowie die Konversionsspektren für Haferphytochrom ($\sigma_{rf}(\lambda)$ bzw. $\sigma_{fr}(\lambda)$, ausgezogen bzw. gestrichelt, nach Abb. 13.36). Die Durchrechnung der Bichromatkurven (vgl. Abb. 13.43) mit Gl. (13.64) ergibt, daß bei Annahme der Werte σ_{rf} und σ_{fr} für 658 und 759 nm gemäß den Konversionsspektren die Konversionswirkungsquerschnitte für die übrigen Wellenlängen entsprechend den Voll- bzw. Hohlkreisen gewählt werden müssen. [Nach Hartmann: unveröffentlicht]

Pigmentpaar ein *Photochrom* zu postulieren, dessen eine Form der Effektor ist.

Die *relativen scheinbaren Konversionsspektren* der beiden Photochromformen können mit beliebiger spektraler Auflösung bestimmt werden. Es ist hierzu lediglich erforderlich, für eine entsprechende Zahl frei wählbarer Wellenlängenpaare Bichromatkurven auszuarbeiten und jeweils das Raumphotonenflußverhältnis $E_{0\lambda_1}/E_{0\lambda_2}$ für maximale Hypokotylwachstumshemmung H_{max} zu bestimmen. Gemäß dem Stark-Einsteinschen Äquivalenzgesetz (s. Kapitel 5.3) muß man nämlich fordern, daß für gleichen Maximaleffekt H_{max} die Zahl der pro Zeiteinheit konvertierten Photochrommoleküle A⇌B jeweils gleich ist. Dies gilt unter Verwendung der *scheinbaren Konversionswirkungsquerschnitte* $s_{AB}(\lambda)$ und $s_{BA}(\lambda)$ für Simultanbestrahlungen mit den Monochromatbändern λ_1 und λ_2 wie auch für Monochromatbestrahlungen mit 720 nm, sofern die Maximaleffekte im Bereich $0{,}15 \leq H_{max} \leq 0{,}8$ liegen, und liefert die Gleichung:

$$\left|\frac{dA}{dt}\right| = B[s_{BA}(\lambda_1)E_{0\lambda_1} + s_{BA}(\lambda_2)E_{0\lambda_2}] = Bs_{BA}(720)E_{0720}$$

$$= \left|\frac{dB}{dt}\right| = A[s_{AB}(\lambda_1)E_{0\lambda_1} + s_{AB}(\lambda_2)E_{0\lambda_2}]$$

$$= As_{AB}(720)E_{0720}. \quad (13.64)$$

Hiernach wird H_{max} also stets durch das gleiche, evtl. zeitabhängige Konzentrationsverhältnis $(A/B)_{opt}$ der beiden unbekannten Photochromformen verursacht. Für 14 Wellenlängenpaare im Bereich 355–801 nm liegen Bichromatkurven vor. Entsprechend diesen Daten können laut Gl. (13.64) z.Z. 14 Bestimmungsgleichungen für die beiden Photochromformen ange-

geben werden. Die Konversionsspektren von *Haferphytochrom in vitro* sind eine Lösung für das Gleichungssystem (Abb. 13.44). Im kurzwelligen Bereich sind die postulierten scheinbaren Konversionswirkungsquerschnitte sogar kleiner, als es gemäß den Konversionsspektren für Phytochrom zu erwarten ist. Wir kommen deshalb zu dem Ergebnis, daß die DR-Wirkungsbande wie auch die Blau-UV-Wirkungen dieses HIP im wesentlichen durch *gleichzeitige Anregung von R und F* verursacht werden. Allerdings kann selbst für den Rotbereich eine geringe Beteiligung eines anderen Pigments, etwa des Chlorophylls, z.Z. nicht mit Sicherheit ausgeschlossen werden.

Nachdem das Steuerpigment identifiziert ist, läßt sich aus der hyperbolischen Photonenflußabhängigkeit 1. Ordnung gemäß dem Konzept eines katalytischen Photoeffektors (s. Kapitel 5.3) folgern, daß F als Effektor in *gebundener* Form wirkt. Nach Gl. (5.154) ergibt sich für seine Inaktivierungskonstante k_f als Abschätzung

$$k_f = [\sigma_{rf}(720) + \sigma_{fr}(720)]K_{0720}, \quad (13.65)$$

wobei nach Abb. 13.36 $30 \leq \sigma_{rf}(720) \leq 70$ m^2 mol^{-1} und nach Gl. (13.61) $1{,}3 \leq K_{0720} \leq 1{,}6$ µmol·m^{-2} s^{-1} einzusetzen sind. Damit erhält man für die *Halbwertszeit der Inaktivierung* von F als $\tau_f = \ln 2/k_f$ Werte im Bereich $4 < \tau_f < 5$ min. Ob diese langsame Inaktivierung als Destruktion, Dunkelreversion, eine andere unbekannte Reaktion oder aber eine Kombination dieser Reaktionen zu deuten ist, ist unbekannt. Wegen der großen Halbwertszeit des Effektors F folgt aber, daß dieser nur als gebundenes F im Grundzustand wirken kann.

Es entspricht diesem Schluß, daß die optimale DR-Wirkung bei 720 nm durch simultane Einstrahlung genügend hoher Photonenflüsse von SR um 760 nm annullierbar ist. Für diese Annullierungssituation ist die photostationäre Konzentration der Zwischenformen (s. Abb. 13.25) höher als für das reine DR, die photostationäre Konzentration von F aber fast auf den für SR typischen theoretischen Minimalwert (s. Abb. 13.35) gesenkt. Deshalb scheiden Zwischenformen der Photokonversionen R⇌F bzw. RX⇌FX als Effektoren dieses HIP aus.

Es liegt nun nahe zu prüfen, ob und wie bei diesem HIP der Effekt von der stationären Konzentration des Effektors F abhängt. *Formal* läßt sich für alle Monochromat- und Bichromatbestrahlungen die relative photostationäre Konzentration von F $(=f_A)$ nach Gln. (13.47) und (13.44) berechnen (Abb. 13.45). Es gibt also bei diesem HIP eine gemeinsame Korrelation, die die Abhängigkeit des Effekts von f_A beschreibt. Es ist evident, daß der Effekt im Bereich niederer Werte von f_A stark *kooperativ* mit F zunimmt, d.h. man kann von einer *Schwellenwertregulation* sprechen; wegen der Unsicherheit der Konversionswirkungsquerschnitte des R im Spektralbereich >700 nm kann der Kooperationsgrad jedoch nur als $4 \leq \bar{n} \leq 16$ angegeben werden. Die maximale Wirksamkeit liegt im Bereich $0{,}03 \leq f_A \leq 0{,}10$, im Bereich $f_A \geq 0{,}4$ geht der Effekt auf etwa 15% zurück. Entscheidend ist die Feststellung, daß halbmaximaler Effekt bereits im Bereich

Photomorphogenese 465

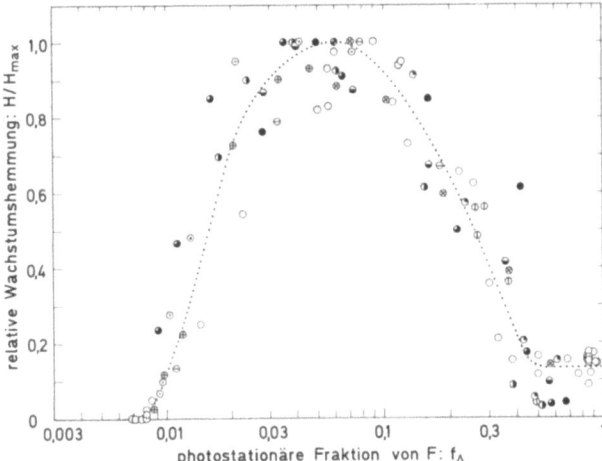

Abb. 13.45. Relative Wachstumshemmung des Salathypokotyls als Funktion der eingestellten photostationären Fraktion von F. In dieser Abbildung sind alle Monochromat- und Bichromatbestrahlungen für den Spektralbereich $549 \leq \lambda \leq 801$ nm berücksichtigt. Im einzelnen bedeuten: Monochromatbestrahlungen = ○; Bichromatbestrahlungen mit variiertem Photonenfluß bei 658 nm und festem Photonenfluß bei 706 nm = ◐, 717 nm = ◕, 727 nm = ⊗, 739 nm = ◖, 746 nm = ◗, 768 nm = ◉ bzw. 801 nm = ●; Bichromatbestrahlungen mit variiertem Photonenfluß bei 759 nm und festem Photonenfluß bei 702 nm = ⊖, 716 nm = ⊙ bzw. 727 nm = ⊕; Bichromatbestrahlung mit 770 und 549 nm = ◒. Die Werte von f_A wurden mit Hilfe von In-situ-Konversionsspektren R ⇌ F errechnet, die photometrisch nach Gl. (13.56) an Hypokotylhaken von 3 Tage alten Salatkeimlingen ermittelt wurden (d = 2,9 mm bei 0° C). [Nach Hartmann: Vortrag MSU/AEC Plant Research Laboratory, East Lansing, U.S.A., 2.XI.1970]

$0,01 \leq f_A \leq 0,02$ erreicht ist; dies weist nämlich darauf hin, daß auch bei diesem HIP, ähnlich wie bei vielen Induktionsphänomenen (s. S. 461), nur eine kleine Fraktion des Phytochrompools für die Steuerung der Photomorphosen benötigt wird.

Diese und weitere Schlüsse aus der F-Abhängigkeit gemäß Abb. 13.45 sind mit Vorsicht zu beurteilen, denn die photokinetischen Eigenschaften sowie die Störreaktionen des Phytochroms für die Funktionsmatrix X gemäß Abb. 13.38, nicht bekannt. Hinzu kommen die Probleme der zellulären und intrazellulären Kompartimentierung, deren kinetische Auswirkungen völlig unklar sind. Deshalb bleiben Berechnungen für photostationäre Bedingungen nach Modellgl. (13.43), Abb. 13.38 oder für andere homogene kinetische Modelle prinzipiell von zweifelhaftem Wert. Daß die Phytochromwirkung stark kooperativ ist, wird auch für die Hemmung der Zunahme der *Lipoxygenaseaktivität* in den Keimblättern des Senfs angenommen; das Organ, welches dabei das steuernde Licht perzipiert, scheint die Hakenzone des Hypokotyls zu sein (s. Abb. 13.21). Eine solche Schwellenwertregulation durch Phytochrom muß grundsätzlich für *Alternativmerkmale* wie z. B. Keimung oder Blühinduktion postuliert werden. Ob es sich bei diesen Schwellenwertregulationen jedoch um eine Kooperation auf molekularer, intrazellulärer oder interzellulärer Ebene handelt, ist ungeklärt. Neuerdings ist zwar gefunden worden, daß die Sedimentierbarkeit des Phytochroms in Zellaufschlüssen (s. S. 458), die Destruktion des F, wie auch die Dunkelreversion F→R *in vivo* in ähnlicher Weise in Form von Optimumskurven von der photostationären Konzentration von F abhängen. Inwieweit solche Abhängigkeiten bei einer quantitativen Interpretation von HIP berücksichtigt werden müssen, ist jedoch wegen der Kompartimentierungsprobleme offen.

Mit Hilfe von Bichromatbestrahlungen sind *Enhancement- und Annullierungseffekte* gemäß Abb. 13.43 auch bei anderen Objekten und Photomorphosen nachgewiesen worden, so z.B. für die HIP bei der Samenkeimung, bei der Anthocyanakkumulation, beim Achsenwachstum und der Blühinduktion. Diese Effekte werden als ein Beweis für phytochromabhängige HIP angesehen und durch Experimente gestützt, bei denen die Phytochromkonzentration durch HR-Vorbestrahlungen via F-Destruktion reduziert wird und die Lichtempfindlichkeit der HIP entsprechend abnimmt. Es muß aber einschränkend vermerkt werden, daß selbst für die kinetisch analysierbare Hypokotylwachstumshemmung von Salatkeimlingen nicht endgültig geklärt ist, ob sie quantitativ auf der Basis des Phytochroms, also gemäß Hypothese D in Abb. 13.40, zu deuten ist. Eine kinetische Analyse anderer HIP (z.B. bei *Sinapis alba*) scheitert daran, daß ihre Photonenflußabhängigkeiten hyperbolisch *kleiner* 1. Ordnung sind ($\bar{n}<1$), was auf Variabilität der Empfindlichkeit innerhalb der Keimlingspopulation bzw. der Keimpflanzen, oder aber auf negative Interaktion mehrerer Steuerzentren, d.h. z.B. Organinteraktionen, hinweist. Dementsprechend sind die für solche Photomorphosen ermittelten F-Abhängigkeiten maskiert und dürfen nicht gemäß der Reaktionskinetik homogener Systeme gedeutet werden.

Unabhängig davon, ob letztlich eine quantitative kinetische Deutung mancher physiologischer Datensätze gelingt, läßt sich bezüglich der *molekularen Funktion* des Phytochroms folgendes sagen: Phytochrom als Steuerpigment unter natürlichen Bedingungen perzipiert den Photonenfluß, seine spektrale Verteilung und u. U. auch die Schwingungsrichtung linear polarisierten Lichtes und übersetzt diese drei Eingangsgrößen in zwei molekulare Freiheitsgrade, nämlich die *photostationäre Konzentration von F* und die *photostationäre Bildungsrate von F*, die beide bei der Regulierung durch Phytochrom genutzt werden: Denn die F-Abhängigkeit ist höherer Ordnung bzw. stark kooperativ, die Photonenflußabhängigkeit aber nur hyperbolisch 1. Ordnung. Phytochrom in Pflanzen erfüllt also die Funktion eines *intrazellulären Auges*, wobei durch sein Vorkommen in allen Zellen eine Aussteuerung des gesamten Organismus auf das Lichtbiotop erzielt wird. Diese Aussteuerung ist aber nicht uniform, sondern räumlich und zeitlich stark verschieden. Einerseits variieren die Beschattungssituation am Standort sowie die Selbstbeschattung und u. U. der Absorptionsdichroismus (s. S. 456) lokal stark, andererseits ist der natürliche Tagesgang des Photonenflusses und seiner spektralen Verteilung von prinzipiellem Einfluß.

Die selektive Filterwirkung pflanzlicher Assimilationsorgane erzeugt visuell den sog. *Grünschatten*, der bezüglich des Phytochroms einer *HR-Abschattung* entspricht (s. Abb. 13.46).

Die wichtigsten Beschattungspigmente der grünen Pflanzen im HR-DR-Bereich sind die Chlorophylle, die sich in den *Assimilationsorganen* (Blätter, Sprosse oder Thalli) innerhalb der Chloroplasten finden. Wegen der zellulären und subzellulären Kompartimentierung pflanzlicher Gewebe tritt neben *Lichtabsorption* regulär auch starke *Lichtstreuung* auf, was spektrale hyperbolische Photonenflußgradienten verursacht (s. Kapitel 5.3). Deshalb sind z.B. selbst bei einseitiger senkrechter und paralleler Bestrahlung eines ergrünten Blattes nicht nur der Raumphotonenfluß für die Austrittsebene, sondern auch der für die Eintrittsebene komplizierte spektrale Größen. Unter Verwendung des *integralen spektralen Transmissionsgrades* $\tau(\lambda)_I$ und des *integralen spektralen Reflexionsgrades* $\varrho(\lambda)_I$ gilt bei Einstrahlung des monochromatischen normalen Photonenflusses $E_{\perp\lambda}$ für den *spektralen Raumphotonenfluß der Austrittsebene*

$$E_{0\lambda ex} = \tau(\lambda)_I E_{\perp\lambda} \qquad (13.66)$$

466 Photobiophysik

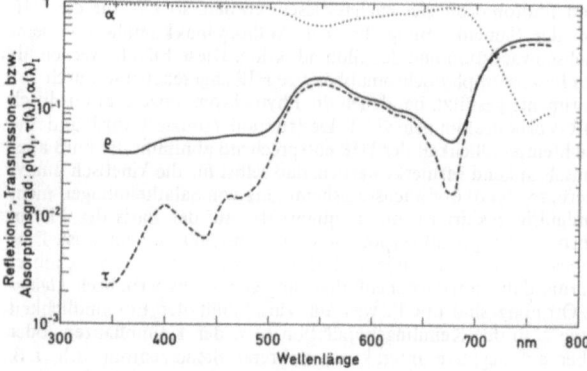

Abb. 13.46. Optische Eigenschaften voll entwickelter Keimblätter von Senfpflanzen (*Sinapis alba* L. cv. Beltsville). Der mittlere integrale spektrale Reflexions- und Transmissionsgrad [$\varrho(\lambda)_I$ und $\tau(\lambda)_I$] wurden nach DIN 5036 mit einer Photometerkugel im 10 nm-Abstand bei HW $\leq$ 5 nm und für senkrechte Inzidenz ($\perp$) auf die Blattoberseite gemessen. Der mittlere integrale spektrale Absorptionsgrad $\alpha(\lambda)_I$ ist errechnet als $\alpha(\lambda)_I = 1 - \varrho(\lambda)_I - \tau(\lambda)_I$. [Nach Schwarz und Hartmann: unveröffentlicht]

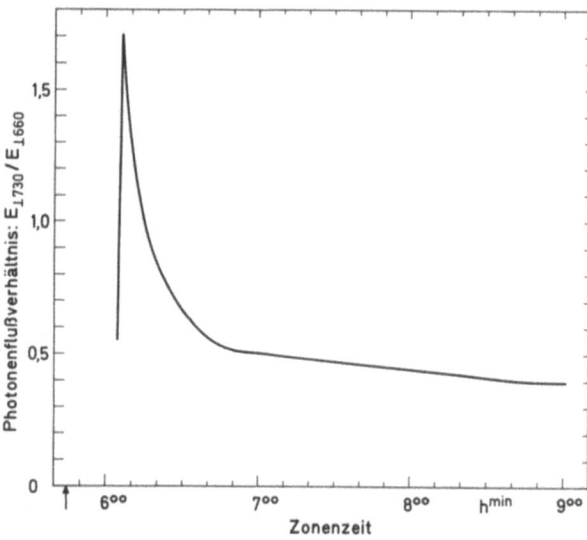

Abb. 13.47. Verschiebung des Photonenflußverhältnisses $E_{\perp 730}/E_{\perp 660}$ nach Sonnenaufgang. Die Bestrahlungsstärke wurde bei senkrechter Inzidenz ($\perp$) für die Spektralbänder 730$\pm$4 nm und 660$\pm$4 nm im Minutenabstand auf dem Dach des Smithsonian North Flag Tower, Washington, D.C., USA am 1.VI.1963 gemessen und in Photonenfluß umgerechnet. Der Pfeil markiert den Beginn des Sonnenaufgangs (Sonnenscheibenoberkante schneidet den Horizont). Der entsprechende symmetrisch umgekehrte Verlauf gilt für den Zeitraum vor Sonnenuntergang. [Nach Shropshire, Jr.: Solar Energy **15**, 99 (1973)]

und für den der *Eintrittsebene*

$$E_{0\lambda\text{in}} = \{1 - \varrho(\lambda)_I\} E_{\perp\lambda}. \quad (13.67)$$

Abbildung 13.46 zeigt Meßwerte für voll entwickelte Keimblätter des Senfs. Hiernach liegt z.B. für $E_{\perp\lambda}$ = konstant das *Raumphotonenflußverhältnis der Eintrittsebene* E_{0730}/E_{0660} bei 1,35 und das der *Austrittsebene* bei 9,6. Deshalb ist die mittlere photostationäre Konzentration von F im Blatt, nach Gl. (13.47) berechnet, lokal sehr verschieden. Entsprechende Unterschiede ergeben sich auch für die nach Gl. (13.46) berechenbare photostationäre Bildungsrate von F.

Dieses *Gradientenproblem* wird noch durch den Siebfiltercharakter vieler Blätter kompliziert, scheint aber von den Pflanzen dadurch gemeistert zu werden, daß bestimmten Zell- oder Gewebetypen die Funktion eines Steuerzentrums zufällt. So ist z.B. für die Blühinduktion bekannt, daß die spektrale Empfindlichkeit für Bestrahlung der Blätter von oben und von unten differieren kann; das ist darauf zurückzuführen, daß die obere Epidermis Ort der Photoperzeption ist.

Die *photostationäre Konzentration von F* an einem Sommerklartag liegt mittags bei $f_A = 0,56 \pm 0,02$, wird aber bereits unter einem voll entwickelten Zuckerrübenblatt auf $f_A = 0,15 \pm 0,01$ reduziert, unter zwei Blättern auf $f_A = 0,04 \pm 0,005$. Dieser letzte Wert ist typisch für die Bodenzone unter dichten Beständen von Mais, Weizen und Zuckerrüben und gilt als Extremwert für pflanzliche Biotope; er entspricht einer Verschiebung des Raumphotonenflußverhältnisses von $E_{0730}/E_{0660} \approx 0,8$ auf ≈ 20 bei gleichzeitiger Reduktion des absoluten Raumphotonenflusses auf das Prozentniveau. Deshalb sind im Bereich der HR-Abschattung pflanzlicher Biotope die photostationären Konzentrationen und Bildungsraten von F mehr oder weniger stark verringert und damit der Steuereinfluß des Phytochroms entsprechend abgeschwächt: Dies verursacht eine *partielle Etiolierung*, die sich z.B. als Hemmung der Samenkeimung, verstärktes Streckungswachstum und unterdrückte Fortpflanzung auswirken kann. Dieser Einfluß kann sich auch im Zuge der Belaubung und Entlaubung jahresperiodisch stark ändern und so die Entwicklung der Begleitflora steuern. Die *ökologische Bedeutung* des Phytochroms ist aber noch weiterreichend, indem es auch die im natürlichen Tagesablauf auftretenden Änderungen des Photonenflusses und seiner spektralen Verteilung registriert.

Der totale Raumphotonenfluß variiert im Spektralbereich $400 \leq \lambda \leq 800$ nm tages- und jahresperiodisch sowie witterungsabhängig zwischen 0 und 3 mmol·m^{-2}s^{-1}. Die stärksten *Veränderungen der spektralen Raumphotonenflußverteilung* sind an klaren Sommertagen zur Zeit des Sonnenaufgangs und -untergangs gemessen worden. Dabei verschiebt sich das Photonenflußverhältnis innerhalb von 30 min zwischen $E_{\perp 730}/E_{\perp 660} \approx 0,5$ und $\approx 1,5$ (s. Abb. 13.47). Diese Verschiebung bewirkt eine Änderung der Konzentration von F, wie sie in etwa beim Wechsel von Tageslicht-Leuchtstofflampen auf Glühlampen erfolgt, wobei f_A von $\approx 0,71$ auf $\approx 0,53$ abfällt. Daß eine solche Absenkung des F-Spiegels bei Tagesende photomorphogenetisch wirksam ist, konnte bei vielen Pflanzen durch Klimakammerversuche nachgewiesen werden. Gibt man nämlich am Ende der täglichen Lichtperiode jeweils einige Minuten reines Leuchtstofflampenlicht, so kommen die Objekte mit hohem F-Gehalt in die Dunkelphase; dementsprechend bleiben die Internodien kurz und manchmal resultiert starke Blühverzögerung, wie z.B. bei Zuckerrübe, Weizen, Roggen, Hirse und Dill. Andererseits bewirken jeweils einige Minuten reines Glühlampenlicht bei Tagesende aufgrund der Erniedrigung des F-Gehalts besonders bei Langtagpflanzen eine deutliche Internodienstreckung und Blühbeschleunigung (Langtagpflanzen sind Pflanzen, bei denen die Dauer der ununterbrochenen Dunkelperiode eine bestimmte Länge nicht überschreiten darf, damit sie zum Blühen kommen).

Um bei der Klimakammeranzucht von Pflanzen den *natürlichen Tagesgang der spektralen Photonenflußverteilung* zu imitieren, verteilt man die Strahlungsquellenleistung auf 90% Tageslicht-Leuchtstofflampen und 10% Glühlampen und schaltet letztere einige Minuten verfrüht ein sowie verspätet aus. Um natürliche Bestrahlungsstärken von bis zu 500 W m^{-2} im sichtbaren Spektralbereich zu erzielen, wird bevorzugt wärmestrahlungsfreies Xenonlampenlicht eingesetzt; auch hier kann man die *Morgen- und Abendröte* durch minutiges Vor- und Nachbelichten mit Glühlampenlicht einfach simulieren, wobei vor allem letzteres, jeweils wegen der Absenkung des F-Spiegels bei Nachtbeginn, für eine natürliche Entwicklung der Pflanzen wichtig ist.

Die Tatsache, daß die Entwicklung der Pflanzen auf die relative Tages- und Nachtlänge sowie den Verlauf von Helligkeit und Lichtfarbe anspricht, gehört zum Problemkreis des *Photoperiodismus*. Entsprechend der Vielfalt von Photomorphosen bei Pflanzen gibt es auch eine Fülle von photoperiodischen Reaktionen, von denen neben der Umsteuerung von der vegetativen zur reproduktiven Entwicklung (z.B. Blühinduktion) hier noch Wachstumsrate, Cambiumaktivität, Blattform, Speicherorganbildung, Seneszenz, Blattfall, Knospenruhe, Frostresistenz sowie Samen- und Sporenkeimung erwähnt seien. Für solche photoperiodisch regulierten Prozesse ist typisch, daß sie einerseits von der Temperatur und dem Entwicklungszustand abhängen, andererseits aber von einer bestimmten *kritischen Tageslänge* an (etwa 10–14 h) ausfallen oder stattfinden bzw. verlangsamt oder beschleunigt werden. Demzufolge kann man sog. *Kurztag*- bzw. *Langtagreaktionen* (KTR bzw. LTR) unterscheiden, also solche Reaktionen, die im Kurztag bzw. Langtag begünstigt werden. Wenn im Kurztag (etwa 8 h) die lange Nacht (etwa 16 h) in der Mitte durch *Störlicht* kurzfristig unterbrochen wird, dann wirkt der Kurztag wie ein Langtag: LTR werden ausgelöst, KTR unterdrückt. Demgegenüber ist die Unterbrechung des Lang- oder Kurztags durch kurze Dunkelphasen fast ohne Einfluß. Prinzipiell ist also beim Photoperiodismus die *Nachtlänge* entscheidend.

Die Störlichtempfindlichkeit schwankt etwa tagesperiodisch, also *circadian*. Bei KTR ist die Lichtbedürftigkeit, d.h. die sog. *photophile* Phase, etwa 4 h nach Tagbeginn am größten, und die dunkelliebende oder *skotophile* Phase ist etwa 16 h nach Tagbeginn am stärksten ausgeprägt. Bei LTR dagegen erreicht die photophile Phase etwa 16 h nach Tagbeginn ihren Höhepunkt, alternierend mit einer schwach ausgeprägten skotophilen oder gar indifferenten Phase. Die photoperiodische Zeitmessung erfolgt also mit Hilfe der physiologischen Uhr oder der sog. *endogenen circadianen Rhythmik*, an die die meisten Stoffwechselprozesse bei Eukaryonten gekoppelt sind (s. Kap. 13.2). So schwankt z.B. sogar die Sedimentierbarkeit des Phytochroms in Homogenaten von Kürbiskeimblättern im Dunkeln tagesperiodisch, nachdem die innere Uhr durch eine einmalige Belichtung der Keimpflanzen angestoßen worden ist.

Für die praktische Nutzung der *Störlichtwirkung* ist wichtig, daß KTR u.U. schon durch Bestrahlungsstärken bis herunter zur Größenordnung des Vollmondlichts (etwa 1 mW m^{-2}) völlig blockiert werden können. Für die Auslösung mancher LTR sind zusätzlich zum Kurztag oft mehrere Stunden Störlicht erforderlich. Selbst dann kann aber durch geschickte Wahl der Zusatzlichtperiode der Energieaufwand für die Erzielung von LTR im Kurztag gering gehalten werden. So kann man z.B. bei 12stündiger Kurztaganzucht von Douglasien (ein schnellwüchsiger nordamerikanischer Nadelbaum) durch eine 1stündige

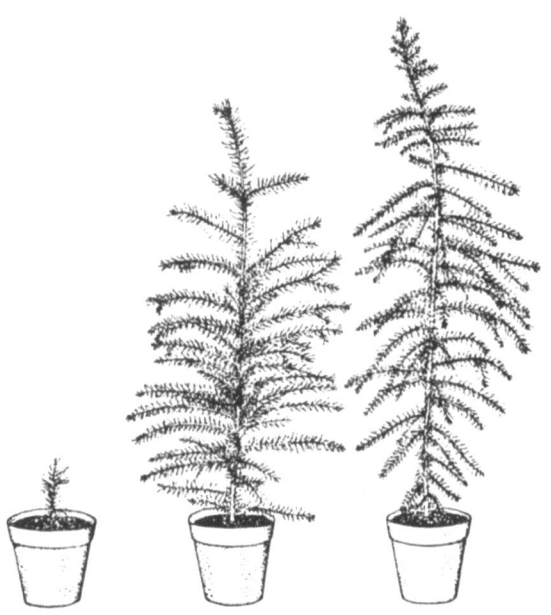

Abb. 13.48. Einjährige Douglasien (*Pseudotsuga taxifolia*) aus unterschiedlichen Photoperioden. *Links*: 12stündiger Kurztag. *Mitte*: 12stündiger Kurztag mit 1stündiger Störlichtperiode in Nachtmitte. *Rechts*: 20stündiger Langtag. [Nach Downs (1962) aus Mohr: Lehrbuch der Pflanzenphysiologie, Berlin-Heidelberg-New York: Springer 1969]

Zusatzlichtperiode in Nachtmitte fast das gleiche Wachstum erzielen wie im 20stündigen Langtag (s. Abb. 13.48). Diese und andere Störlichteffekte, vor allem im Zusammenhang mit der Blühinduktion, sind im Gartenbau von großer *wirtschaftlicher Bedeutung*. Dabei zeigen die meisten Störlichtwirkungen die typischen Phytochromeigenschaften, wie wiederholbare HR-DR-Revertierbarkeit oder Enhancementeffekte bei Bichromatbestrahlungen (s. S. 463), wobei die Rezeptororgane der höheren Pflanzen die Laubblätter, im Ruhestadium aber die Knospen sind. Als Störlichtquellen genügen deshalb häufig ein paar weiße oder sogar rote Leuchtstofflampen, die bei einer Bestrahlungsstärke von etwa 1 W m^{-2} in < 5 min die hohen photostationären Endwerte von F praktisch einstellen ($\Delta f_A < 1\%$).

Trotz der universellen Bedeutung des Phytochroms für die Steuerung der pflanzlichen Entwicklung kann die Frage nach der *primären Regelstelle* z.Z. noch nicht beantwortet werden. Es ist sogar fraglich, ob es eine einzige Primärreaktion gibt. Die Bearbeitung einiger schneller Phytochromreaktionen hat nämlich zu dem Konzept geführt, daß es sich beim Phytochrom um einen *Membraneffektor* handelt. So ist z.B. gezeigt worden, daß die tagesperiodischen Fiederblattbewegungen mancher Mimosen (*Mimosa pudica, Albizzia julibrissin, Samanea saman*) auf eine Interaktion der endogenen circadianen Rhythmik mit dem Phytochrom zurückgehen. Dabei kann in den dünnwandigen Parenchymzellen der Fiederblattgelenke eine plötzliche phytochromabhängige Turgorbewegung bzw. -abnahme ausgelöst werden, die durch einen Wasser-

und K⁺-Efflux aus den Zellvakuolen in die Interzellularräume bedingt ist. Das Vorkommen eines *phytochromgesteuerten Kationeneffux* ist auch für Wurzelspitzen postuliert worden, da diese nach der F-Bildung innerhalb von 30 s an negativ geladenen Glasflächen adhärieren. Eine entsprechende F-abhängige Positivierung von Bohnenwurzelspitzen (*Phaseolus aureus*) konnte als direkte *Potentialänderung* (etwa 1 mV) gemessen werden; bis zu 10 mV große Potentialänderungen sind danach an Haferkeimscheiden beobachtet worden. Allerdings steht der Nachweis phytochromgesteuerter Potentialänderungen auf zellulärer Ebene noch aus. Der Umklappdichroismus (s. S. 457) sowie Hinweise zur Beeinflussung zellulärer Wasserflüsse durch das Phytochrom favorisieren jedoch eindeutig das Membraneffektorkonzept. Hierzu paßt auch, daß membranaffine Hormone wie Abszisin, Acetylcholin, Äthylen, Gibberelline, β-Indolylessigsäure usw. mit dem Phytochrom interagieren. Sollte das Phytochrom z. B. die *Membranpermeabilität* beeinflussen, so wäre u. U. keine hohe Spezifität zu erwarten, denn die primäre Phytochromwirkung würde jeweils wesentlich vom Entwicklungszustand, also von den Konzentrationsverhältnissen der Ionen, Substrate und Effektoren in benachbarten Kompartimenten, abhängen.

Literaturauswahl

Briggs, W. R., Rice, H. V.: Phytochrome: chemical and physical properties and mechanism of action. Ann. Rev. Plant Physiol. **23**, 293–334 (1972).

Downs, R. J.: Controlled environments for plant research. New York-London: Columbia University Press 1975.

Mitrakos, K., Shropshire, W., Jr.: Phytochrome. London-New York: Academic Press 1972.

Mohr, H.: Lectures on Photomorphogenesis. Berlin-Heidelberg-New York: Springer 1972.

Quail, P. H.: Interaction of phytochrome with other cellular components. Photochem. Photobiol. **22**, 299–301 (1975).

Shropshire, W., Jr.: Phytochrome, a photochromic sensor. In: Giese, A. C. (Ed.): Photophysiology, Vol. VII, pp. 34–72. New York: Academic Press 1972.

Smith, H.: Light and Plant Development. London: Butterworths 1976.

13.4. Photorezeptor-Optik — Struktur und Funktion von Photorezeptoren

RANDOLF MENZEL und ALLAN W. SNYDER

13.4.1. Einführung

Photorezeptoren sind spezialisierte Sinneszellen der Tiere. Werden Lichtquanten in der photorezeptiven Struktur dieser Sinneszellen absorbiert, löst dies molekulare Prozesse aus, die zu einer Veränderung des elektrischen Spannungsgefälles zwischen dem Inneren der Sinneszelle und ihrer Umgebung führt. Dieses elektrische Signal kodiert die Zahl der im Photorezeptor absorbierten Quanten und gibt die Information über synaptische Verbindungen an nachgeschaltete Neuronen weiter.

Nur solange Lichtquanten absorbiert werden, bleibt das veränderte Spannungsgefälle erhalten. Das elektrische Signal enthält also auch Informationen über die Zeitdauer des einfallenden Lichtreizes. Bei hochentwickelten Lichtsinnesorganen liegen viele Photorezeptoren dicht gepackt in einer Retina. Da die einzelnen Photorezeptoren der Retina auf verschiedene Raumpunkte gerichtet sind, enthält das Signal von einem bestimmten Photorezeptor somit auch Informationen über die Raumrichtung, aus der ein Lichtreiz eintrifft. Die Photorezeptoren in der Retina können sich weiterhin in der Art des das Licht absorbierenden Photopigments unterscheiden. Manche Photorezeptoren z. B. absorbieren stärker im Blau (Lichtwellenlängenbereich um 450 nm), andere im Grün (um 520 nm), andere im Rot (um 630 nm). Das Spannungssignal des Photorezeptors informiert dann die nachgeschalteten Neuronen also auch über den Wellenlängenbereich des absorbierten Lichtreizes. Manche Photorezeptoren, sicher die vieler Insekten und Krebse, sind darüber hinaus auch unterschiedlich empfindlich für verschiedene Schwingungsrichtungen linear polarisierten Lichtes.

Die Gesamtheit der Photorezeptoren in der Retina kann also mehrere Parameter des Lichtreizes: seine Intensität, räumliche und zeitliche Verteilung, Wellenlängenbereich und Richtung seines elektrischen Vektors kodieren und dem Nervensystem als Eingangsinformation zur Verfügung stellen.

Phylogenetisch hochentwickelte Photorezeptoren sind für diese Aufgaben besonders gut angepaßt. Die Aufklärung der Mechanismen dieser Funktionsoptimierung ist Gegenstand der „Photorezeptor-Optik". Ihre grundlegende Frage lautet: Wie ermöglichen und beeinflussen die Struktureigenschaften der Photorezeptoren — ihre Anordnung, Orientierung, Form, Größe, optische Dichte und Membraneigenschaften — die Absorption von Lichtquanten und ihre absolute, spektrale, räumliche und Polarisations-Empfindlichkeit.

Grundlage für diese Fragestellung ist die Entdeckung, daß der Sehfarbstoff in einem spezialisierten Bereich des Photorezeptors liegt, der einen höheren Brechungsindex hat als seine Umgebung. Als Folge des höheren Brechungsindex wirkt dieser Teil des Photorezeptors als Lichtleiter. Damit wird das Sehpigment dem einfallenden Licht maximal ausgesetzt. Dieses Prinzip ist das Verbindungsglied zwischen den verschiedenen Forschungsgegenständen der Photorezeptor-Optik. Die biochemischen Untersuchungen der Photopigmente und die Biophysik der Ionenbewegung durch die Membran liefern Informationen, die unseren Überlegungen zugrunde gelegt werden müssen. Darauf wird in Kapitel 13.5 eingegangen. Die Wirkung des Lichtreizes, also die Wahrscheinlichkeit der Absorption von Lichtquanten durch die Photopigmentmoleküle, wird entscheidend beeinflußt von der Struktur des Photorezeptors. Daher müssen wir über die Biophysik und Biochemie der photorezeptiven Membran hinaus die Wechselwirkung zwischen der photorezeptiven Struktur und dem Licht verstehen, um die molekularen Mechanismen der Lichtrezeption in Photorezeptoren erschöpfend analysieren zu können.

13.4.2. Strukturelle Organisation der Photorezeptoren

Um mit der elementaren Struktur solcher Photorezeptoren bekannt zu machen, deren Funktionsstruktur im weiteren näher untersucht wird, seien einige anatomische Eigenschaften solcher Photorezeptoren bei Wirbeltieren und wirbellosen Tieren verglichen, die über hochentwickelte visuelle Systeme verfügen (Abb. 13.49).

Photorezeptoren von Arthropoden (Insekten, Spinnen, Krebse), Tintenfischen und Wirbeltieren sind spezialisierte, langgestreckte Zellen, die dicht gepackt in der Retina liegen. Ein Linsensystem fokussiert ein Abbild der Umwelt auf die Retina. Die räumliche Auflösung des Photorezeptormosaiks wird umso höher sein, je dichter die photorezeptiven Strukturen der Rezeptoren liegen. Die Zahl der Lichtquanten, die den einzelnen Photorezeptor erreicht, wird aber mit der Packungsdichte abnehmen. Die Evolution des Linsenauges und des Komplexauges mit hoher räumlicher Auflösung ist daher notwendigerweise an die Entwicklung von Mechanismen gekoppelt, die die Absorptionswahrscheinlichkeit in jedem Photorezeptor steigerten. Wie wir sehen werden, ist dies durch Strukturprinzipien auf der molekularen, der Fein- und Grobstruktur-Ebene erreicht worden.

Die feinstrukturelle Basis für die hohe Absorption ist ein vielschichtiges Membransystem im lichtabsorbierenden Teil des Photorezeptors. Im Wirbeltierstäbchen ist dies das Außenglied, das aus vielen hundert intrazellulären Membranscheiben (Disks) aufgebaut ist, die die Rhodopsinmoleküle enthalten. Zapfen enthalten weniger Membranscheiben als Stäbchen. Bei den Zapfen sind die Membranstapel Einschnürungen der Zellmembran, bei den Stäbchen liegen die Membranstapel intrazellulär und werden am Übergang zum Innenglied intrazellulär gebildet (Abb. 13.49 oben, Abb. 13.50c). Die Photorezeptoren der Arthropoden und Mollusken, die Retinulazellen, tragen das Photopigment in dicht gepackten, tubulären Membranausstülpungen, den Mikrovilli. Alle Mikrovilli einer Retinulazelle werden Rhabdomer genannt.

Als Folge der dichten Membranpackung der Disks und Mikrovilli haben diese photorezeptiven Strukturen einen höheren Brechungsindex als ihre Umgebung und wirken somit als Lichtleiter, genauer als Wellenleiter für Licht. Bei Wirbeltierphotorezeptoren sind dies also die Außenglieder und möglicherweise auch die Teile des Innengliedes, die dicht mit Mitochondrien gefüllt sind. Bei den genannten Wirbellosen sind dies die Rhabdomere oder Rhabdome (Abb. 13.49 Mitte und unten).

In den meisten Arthropoden- und Molluskenaugen legen sich Gruppen von Retinulazellen zusammen. Ihr aus den einzelnen Rhabdomeren zusammengesetztes Rhabdom bildet eine einheitliche lichtleitende und lichtabsorbierende Struktur. Eine solche Gruppe von Zellen wird Ommatidium genannt. Beim altertümlichen *Limulus* zum Beispiel bildet eine variable Zahl von Retinulazellen das Ommatidium (9–14) und das Rhabdom hat eine kompliziertere sternförmige Gestalt (Abb. 13.50a). Hymenopteren (z. B. Bienen, Ameisen) haben stets 9 Retinulazellen in einem Ommatidium, und das Rhabdom hat eine einfache runde oder rechteckige, stäbchenförmige Struktur (Abb. 13.49, 13.50b). Im fusionierten Rhabdom der Krebse folgen Mikrovillipakete aufeinander, die zu verschiedenen Retinulazellen des gleichen Ommatidiums gehören und deren Mikrovilli rechtwinklig zueinander liegen (Abb. 13.49 unten). Fliegen haben dagegen ein offenes Rhabdom (Abb. 13.49 Mitte), in dem jedes der 6 äußeren Rhabdomere und die beiden zentralen jeweils eine lichtleitende Struktur bilden. Alle 8 Rhabdomere eines Ommatidiums schauen durch eine Linse. Das zentrale Rhabdom der übereinanderliegenden Retinulazellen 7 und 8 ist dünner ($d = 1$ μm) als die 6 peripheren ($d = 2$ μm).

Ein wichtiges Ziel der Photorezeptor-Optik ist die Aufklärung des Einflusses von Länge, Durchmesser und Form der lichtleitenden Struktur auf die Funktion der Rezeptoren. Arthropodenrhabdome sind für eine solche Analyse besonders geeignet, da sie in einer Vielfalt von Größen und Formen auftreten (Snyder u. Menzel, Horridge). Die Länge der Rhabdomere oder Rhabdome schwankt von wenigen μm bis fast 1000 μm. Der Durchmesser variiert zwischen 1 μm und mehr als 50 μm. Die Form des Querschnittes kann rund, quadratisch, rechteckig, ring- oder sternförmig sein. Die Variabilität wird noch dadurch gesteigert, daß die Form des Rhabdoms und die Zahl der Retinulazellen, die an seinem Aufbau beteiligt sind, über die Länge des Rhabdoms wechseln kann. Darüberhinaus können sich Länge, Durchmesser und Form des Rhabdoms oder des Rhabdomers durch Belichtung verändern.

Vom menschlichen Auge ist schon seit 100 Jahren bekannt, daß Stäbchen und Zapfen in verschiedenen Augenbereichen unterschiedliche Größe und Form haben. Fische, Amphibien und Vögel besitzen häufig Doppelphotorezeptoren, wobei nicht selten einer der beiden Rezeptoren ein gefärbtes Öltröpfchen enthält (Dartnall). Der mit Mitochondrien gefüllte Teil der Photorezeptoren bei Fischen und Amphibien weist bei verschiedenen Arten mit unterschiedlichen ökologischen Anpassungen eine große Variabilität auf.

Alle diese Strukturvariabilitäten sind ohne Zweifel spezifische Adaptationen zur Optimierung bestimmter funktioneller Parameter. Welche Prinzipien dabei eine Rolle spielen, soll im folgenden kurz dargestellt werden.

13.4.3. Funktionelle Organisation der Photorezeptoren

13.4.3.1. Physikalische Prinzipien photorezeptiver Lichtwellenleiter

Die das Licht absorbierenden Photopigmentmoleküle sind also in einem langen, dünnen Zylinder gepackt, dessen Durchmesser in der Größenordnung der Lichtwellenlänge liegt. Wir fragen nun, welche physikalisch-optischen Gesetzmäßigkeiten zu berücksichtigen sind, wenn wir die Ausbreitung und Absorption des Lichtes in einer solchen Struktur beschreiben wollen.

470 Photobiophysik

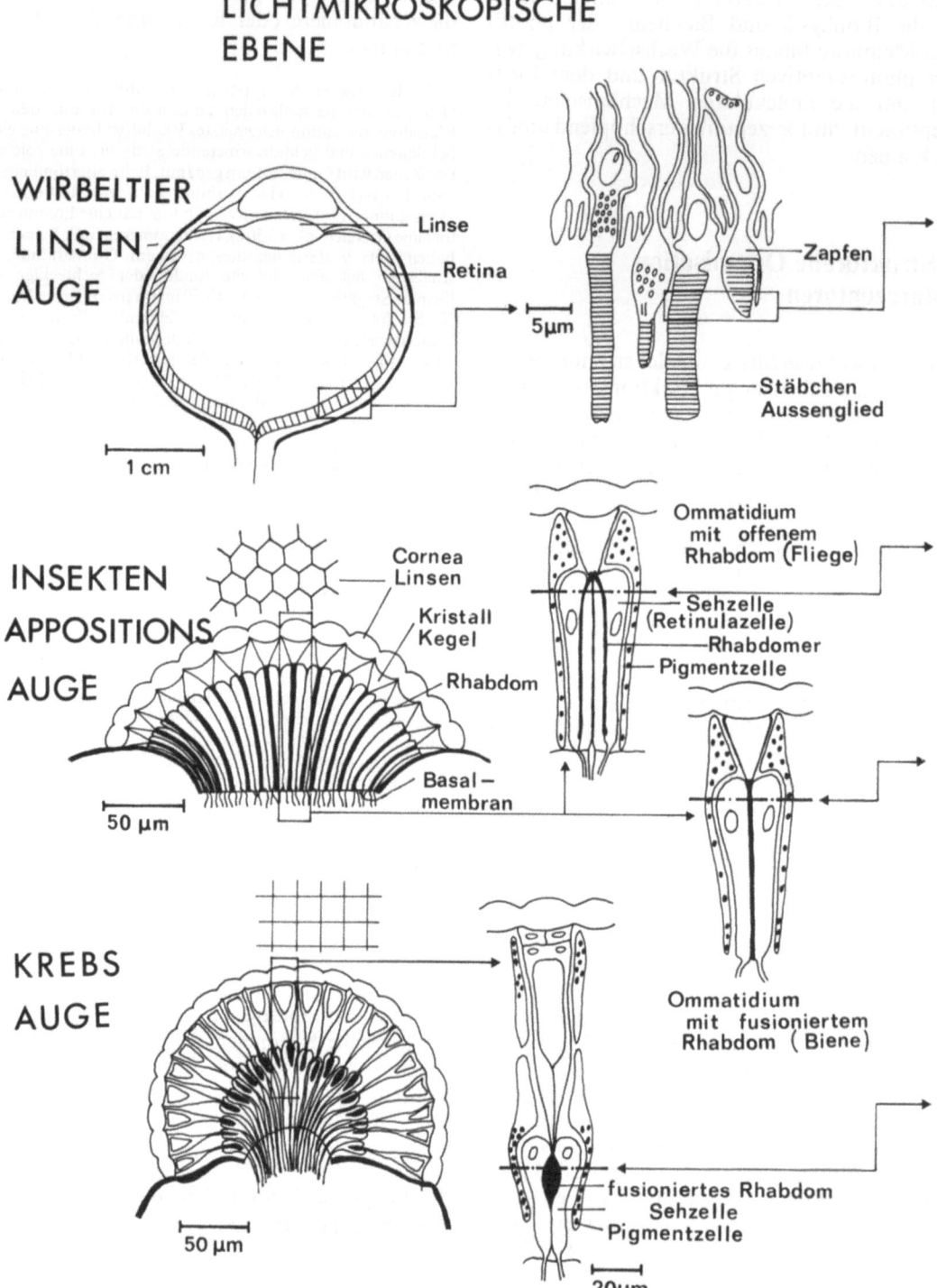

Abb. 13.49. Schematische Darstellung der Struktur von 3 hochentwickelten Augentypen auf der lichtmikroskopischen, elektronenmikroskopischen und molekularen Ebene, und Definition einiger wichtiger struktureller Elemente. Vom Wirbeltierlinsenauge (obere Reihe) werden Stäbchen und Zapfen und deren Membrananordnungen in Disks (oben Mitte), sowie die molekulare Organisation der Diskmembran gezeigt. Aus indirekt gewonnenen (s. Kapitel 13.5) Daten wird geschlossen, daß die Rhodopsinmoleküle ellipsoid (kleiner Durchmesser 4 nm, großer Durchmesser 7 nm) sind und in der nach außen gerichteten Seite der Diskdoppelmembran eingelagert sind. Die Längsachse der chromophoren Gruppe Retinal liegt weitgehend parallel zur Membranfläche. Die Rhodopsinmoleküle (20–40000 pro µm²) führen Brownsche Molekularbewegung durch, in Form von Rotation um ihre Hochachse und seitlichen Bewegungen (Diffusionskoeffizient

ELEKTRONENMIKROSKOPISCHE EBENE

MOLEKULARE EBENE (hypothetisch)

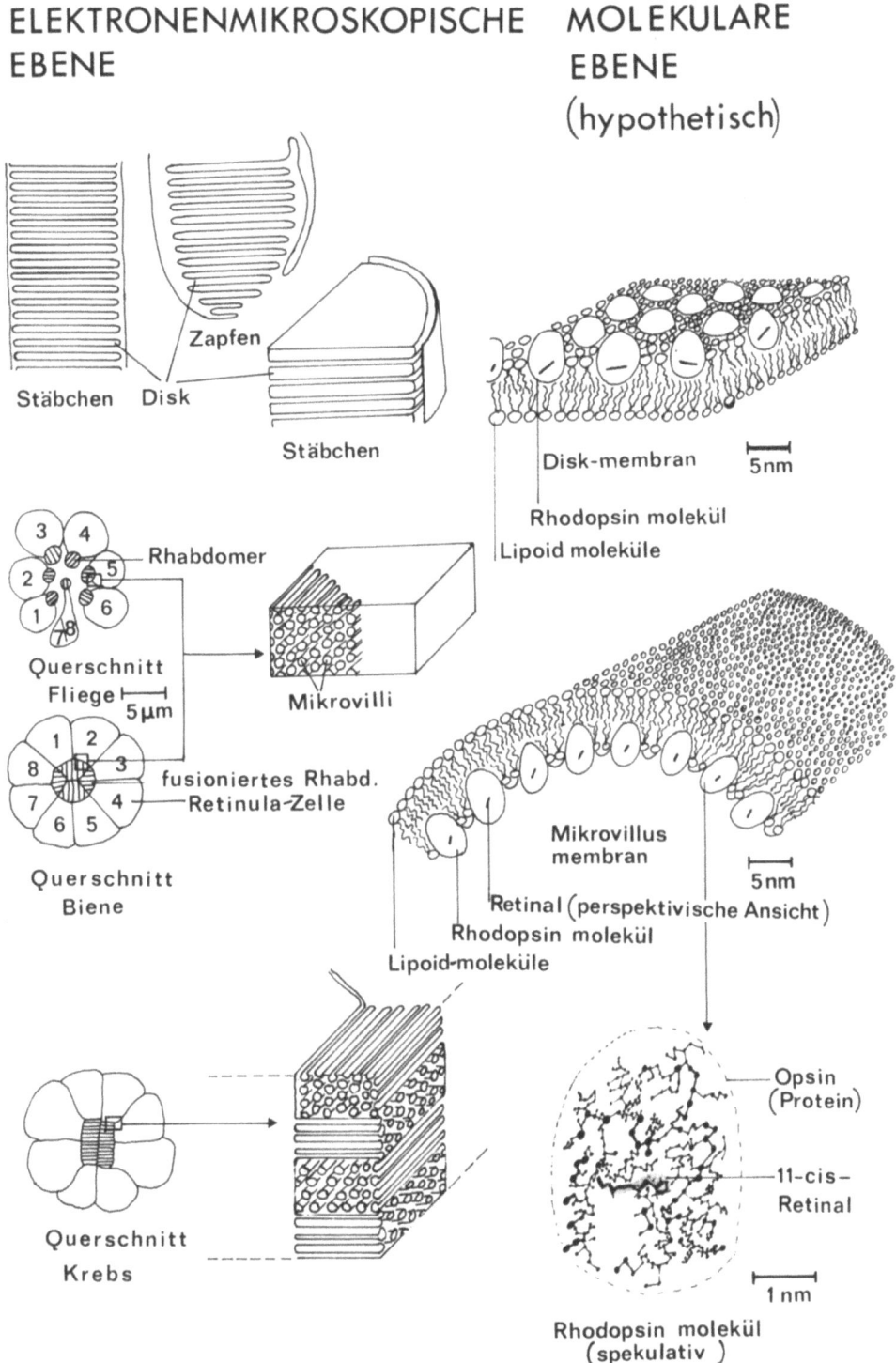

$5 \cdot 10^{-9}$ cm²/s entspricht 0,3 μm/s mittlerer seitlicher Bewegung). Als Beispiele für ein Insektenappositionsauge wird das Ommatidium der Fliege (mit offenem Rhabdom) und der Biene (mit fusioniertem Rhybdom) im Längs- und Querschnitt gezeigt. Das Krebsauge ist ein Beispiel für ein Superpositionsauge. Im Unterschied zu dem Insektenrhabdom besteht das der Krebse aus Schichten gekreuzt gelagerter Mikrovillipakete. Die molekulare Organisation des Mikrovillus ist weitaus hypothetischer als die der Diskmembran. Gefrierätzbilder zeigen Erhebungen auf der Innenseite der Membran, die als Rhodopsinmoleküle gedeutet werden. Das Bild (rechts unten) vom Rhodopsinmolekül ist rein spekulativ. Es soll nur die mögliche äußere Form und die Einlagerung der chromophoren Gruppe, des 11-cis-Retinals, zeigen (Nach Snyder, A. W., Menzel, R.: Photoreceptor Optics. Berlin-Heidelberg-New York: Springer 1975)

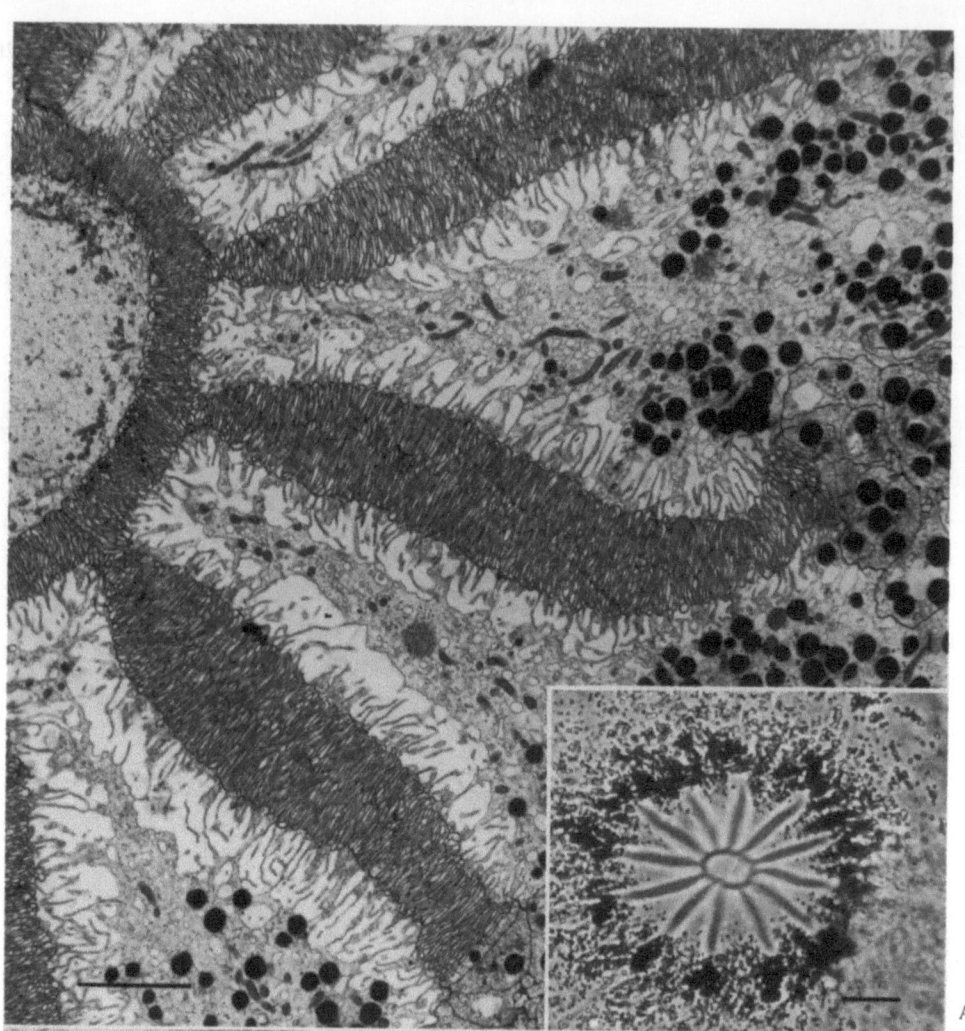

Abb. 13.50a

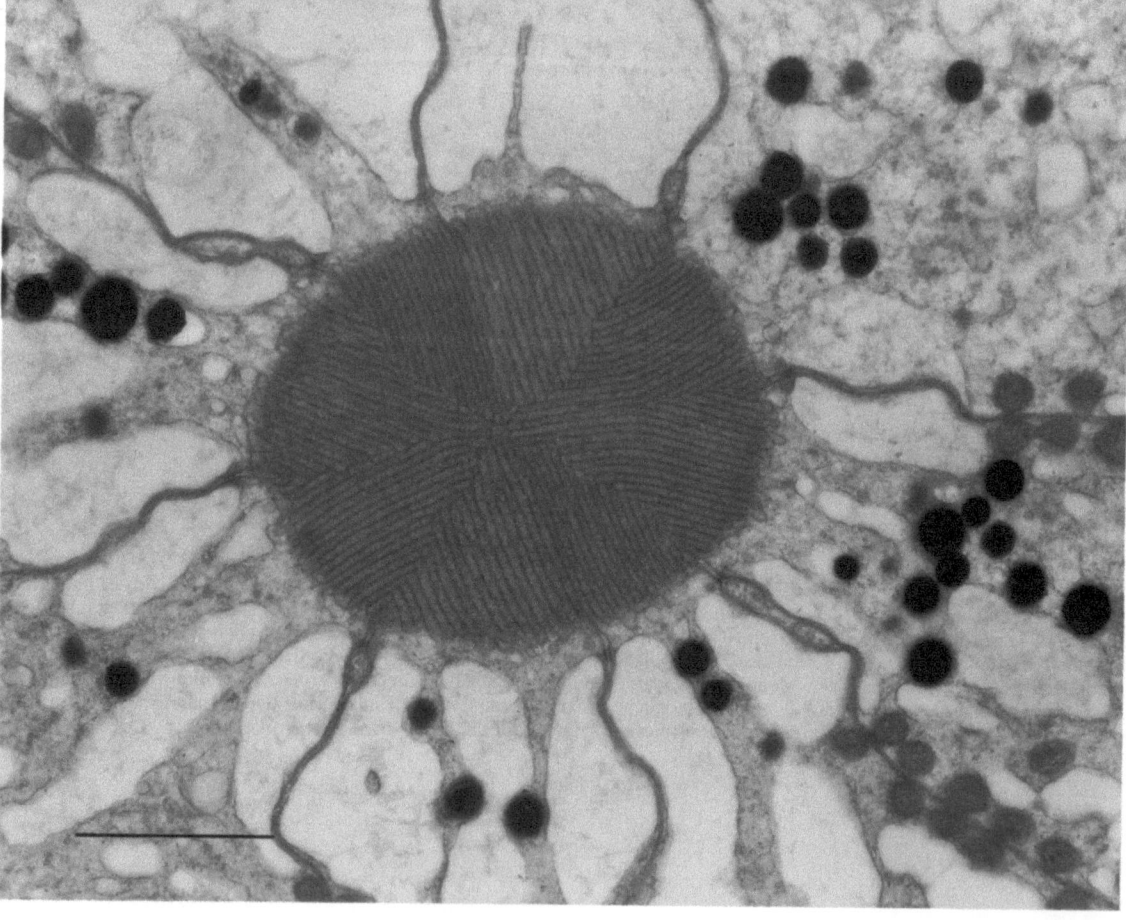

Abb. 13.50b

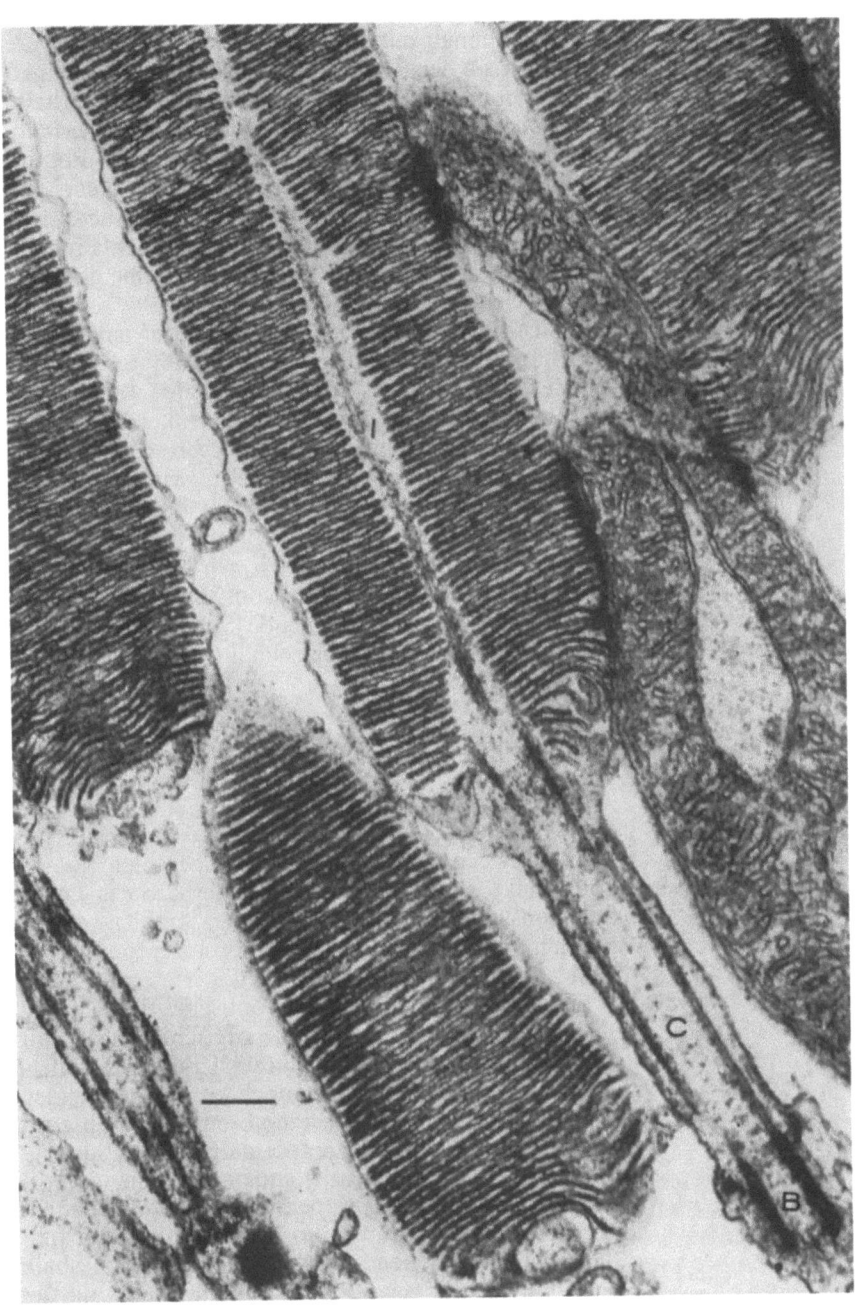

Abb. 13.50c

Abb. 13.50a–c. Elektronenmikroskopische Aufnahmen von 3 verschiedenen Photorezeptoren. (a) Ausschnitt aus einem Querschnitt durch das Ommatidium des Pfeilschwanzkrebses Limulus. Die U-förmigen Rhabdomere jeder Retinulazelle bilden ein sternförmiges fusioniertes Rhabdom. Einsatz rechts: Lichtmikroskopische Aufnahme, die einen Querschnitt durch das ganze Ommatidium zeigt. Die Marken geben 20 µm für die Einsatzfigur und 10 µm für die elektronenmikroskopische Aufnahme an. (Aufnahme von W.H.Miller, aus Snyder, A.W. u. Menzel, R.) (b) Querschnitt durch das Ommatidium der Ameise *Myrmecia gulosa*. Das fusionierte Rhabdom wird von 8 Rhabdomeren der 8 Retinulazellen gebildet. In 4 Rhabdomeren haben die Mikrovilli die gleiche Richtung; die übrigen Mikrovilli sind ca. 60° zu diesen orientiert. Die Marke gibt 1 µm. (c) Längsschnitte durch Außensegmente von Stäbchen in der Retina des Flughörnchens (*Glaucomys volans*). Die Disks sind quer getroffen. Das Stäbchen unten ist schräg angeschnitten. Die Marke gibt 0,25 µm an. [Aufnahme von A.J.Cohen. In: Handbook of Sensory Physiology, Vol. VII/2, Fuortes, M.G.F. (Ed.). Berlin-Heidelberg-New York: Springer 1972]

a) Klassische geometrisch-optische Betrachtung

Wie aus Abb. 13.51 hervorgeht, wird Licht von der Augen- oder Ommatidenlinse auf den Punkt P in der Fokusebene FP fokussiert. Es ist eine generelle Regel, daß das distale Ende des Photorezeptors ebenfalls in der Ebene FP liegt. Zur Vereinfachung unserer generellen Betrachtung beschränken wir uns auf parallel einfallendes, monochromatisches Licht und nehmen einen kreisförmigen Querschnitt des Photorezeptors an.

Die Regeln der geometrischen Optik beschreiben die punktförmige Fokussierung parallel einfallenden Lich-

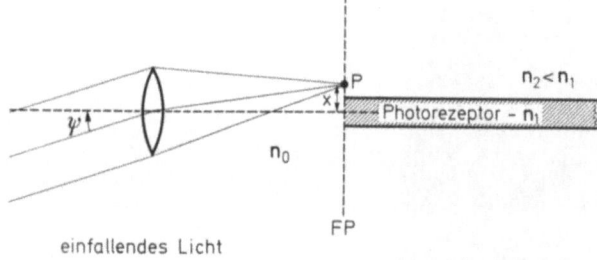

Abb. 13.51. Geometrisch-optische Darstellung eines Linsen-Photorezeptorsystems. Das einfallende Licht wird im Punkt P fokussiert. Die Brechungsindices sind: n_0 Medium zwischen Linse und Fokusebene, n_1 Photorezeptor, n_2 Umgebung des Photorezeptors. Da $n_2 < n_1$, wirkt der Photorezeptor als Lichtleiter. Die Beziehung zwischen dem Einfallswinkel des Lichtes ψ und der Lage von P (Abstand x von der optischen Achse) hängt von den spezifischen Eigenschaften des Linsenapparates ab

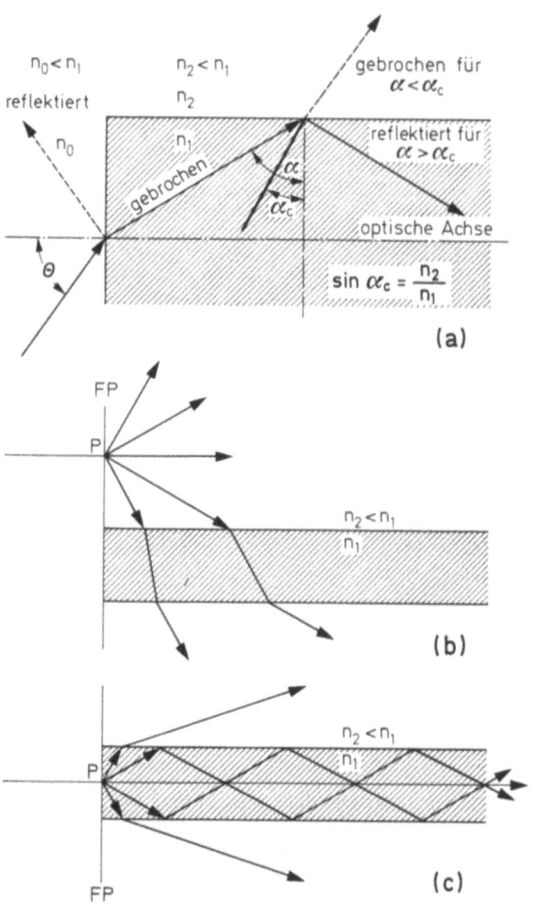

Abb. 13.52. (a) Geometrisch-optische Definition der Ausbreitung von Lichtstrahlen im Lichtleiter. Licht fällt unter dem Winkel Θ auf das distale Ende des Lichtleiters und wird am Übergang $n_0 \to n_1$ gebrochen (oder reflektiert), da $n_0 < n_1$. Am Übergang $n_1 \to n_2$ (wo $n_2 < n_1$) wird der Lichtstrahl reflektiert, wenn $\alpha > \alpha_c$, und gebrochen, wenn $\alpha < \alpha_c$. α_c ist der Totalreflexionswinkel. Dem Totalreflexionswinkel α_c entspricht ein Einfallswinkel Θ_{lg} (nicht eingetragen, s. Abb. 13.54). (b, c). Geometrisch-optische Darstellung des Strahlenverlaufs im Lichtleiter für Licht, fokussiert in P außerhalb des geometrischen Einzugsbereichs des Photorezeptors (b) und für P innerhalb des geometrischen Einzugsbereichs (c). FP ist die Fokusebene des Linsensystems, n_1 und n_2 die Brechungsindices

tes in P, das von der optischen Achse den Abstand X hat, in Abhängigkeit vom Einfallswinkel ψ. Wenn X größer ist als der Radius des Photorezeptors, gelangt kein Licht in den Photorezeptor, da nun P außerhalb des „geometrischen Einzugsbereichs", also außerhalb der durch die räumliche Ausdehnung des Photorezeptors definierten Eingangsblende liegt. Wenn dagegen P innerhalb des geometrischen Einzugsbereiches des Photorezeptors liegt, gelangen die Lichtstrahlen in den Photorezeptor und können über seine gesamte Länge geleitet werden.

Ob Lichtstrahlen in den Photorezeptor eindringen und durch Totalreflexion innerhalb des Photorezeptors geleitet werden, hängt entsprechend den Reflexions- und Brechungsgesetzen vom Einfallswinkel des Lichtes und von den Brechungsindices ab (Abb. 13.52a). Einfallendes Licht unter dem Winkel Θ wird am Übergang zu einem Medium mit höherem Brechungsindex ($n_0 < n_1$) zur optischen Achse gebrochen (oder es wird reflektiert). An der Grenze n_1 zu n_2 wird der Lichtstrahl dann total reflektiert, wenn der vom Medium mit höherem Brechungsindex kommende Strahl unter einem Winkel α auf die Grenzfläche einfällt, der größer ist als der Totalreflexionswinkel α_c:

$$\sin \alpha_c = \frac{n_2}{n_1}. \tag{13.68}$$

Die Größe des Lichtanteiles, der im Lichtleiter geleitet wird, hängt von der Zahl der Strahlen ab, die vom Punkt P ausgehen und die innerhalb des Totalreflexionswinkels liegen. Alle anderen Strahlen werden gebeugt und verlassen den Photorezeptor wieder (Abb. 13.52 b, c).

Diese einfache geometrisch-optische Betrachtung zeigt bereits eine fundamentale optische Eigenschaft der Photorezeptorstruktur, nämlich ihre Lichtleitereigenschaft. Viele der später noch zu beschreibenden Eigenschaften der Photorezeptoren (Selbstabschirmung in langen Photorezeptoren, optische Kopplung zwischen Teilen der lichtleitenden Struktur, dichroitische Absorption, Doppelbrechungseigenschaften) verlangen tatsächlich nur das Verständnis dieser fundamentalen lichtleitenden Eigenschaft. Dies ist deshalb eine hinreichend genaue Beschreibungsweise, da der Durchmesser der lichtleitenden Struktur in den bisherigen Betrachtungen groß gegenüber der Wellenlänge angenommen wurde, was für viele Photorezeptoren zutrifft.

b) Beugung von Lichtwellen

Nach der geometrisch-optischen Betrachtungsweise sollte der Photorezeptor in Abb. 13.51 eine stufenförmige räumliche Empfindlichkeitsänderung bei verändertem Einfallswinkel Θ haben, da bei verändertem Einfallswinkel Θ der Brenn*punkt* P entweder innerhalb oder außerhalb des distalen Photorezeptorendes liegt. Dies trifft aber deshalb nicht zu, weil die Linse wegen der Wellennatur des Lichtes dieses nicht in einen Punkt fokussieren kann. Wird Licht z.B. durch ein sehr kleines Loch mit dem Durchmesser d_a geschickt, ist die Streuung des Lichtes um so größer, je kleiner das Verhältnis d_a/λ (λ = Wellenlänge des Lichtes) ist. Eine Linse erzeugt daher nicht einen Brennpunkt, sondern eine Beugungsscheibe (Airy disc), deren Durchmesser d_A durch folgende Beziehung gegeben ist:

$$d_A = 2{,}44 \left(\frac{\lambda}{d_a}\right) \cdot \left(\frac{f}{n_0}\right) \quad \text{für} \quad d_A \ll f \qquad (13.69)$$

(λ Wellenlänge des Lichtes, d_a Durchmesser der Linse, f Brennweite der Linse, n_0 Brechungsindex des Mediums zwischen Linse und Brennebene).

Bei konstanten Linsenparametern (f, d_a, n_0) ist d_A proportional λ/d_a, d.h. die Streuung des Lichtes ist größer bei längeren Wellenlängen. Wenn also der Durchmesser d des Photorezeptors bei kurzen Wellenlängen gerade gleich d_A ist, dann gelangt bei langen Wellenlängen wesentlich weniger Licht in den Photorezeptor. Die Beugungseigenschaft der Linse kann daher die spektrale Empfindlichkeit des Photorezeptors nachhaltig beeinflussen.

Es ist leicht einsichtig, daß wegen der Beugungseigenschaft der Linse die räumliche Empfindlichkeitsverteilung des Photorezeptors keine Stufenfunktion, sondern eine glockenförmige Kurve sein muß. Wir verzichten hier auf eine detaillierte formale Ableitung und veranschaulichen den Sachverhalt nur mit Abb. 13.53, um ein intuitives Verständnis zu ermöglichen. Der Grad der Überlappung (dunkle Zone in Abb. 13.53) zwischen dem geometrischen Einzugsbereich des Photorezeptors und der Beugungsscheibe legt fest, wieviel Lichtenergie in den Photorezeptor eintreten kann. Man sieht auch sofort, daß der Öffnungswinkel eines Photorezeptors mit dem Durchmesser d abnimmt.

Für die genaue Berechnung der räumlichen Empfindlichkeit muß weiterhin berücksichtigt werden, daß ein Lichtleiter nach dem Gesetz von Snell einen geometrisch-optisch definierten maximalen Öffnungswinkel hat.

Der Abb. 13.52a kann man entnehmen, daß der maximale Öffnungswinkel Θ_{lg} den Grenzstrahlen für den Totalreflexionswinkel α_c im Lichtleiter entspricht. Dann gilt nach den Gesetzen von Snell:

$$n_0 \cdot \sin \Theta_{lg} = n_1 \sin(90° - \alpha_c), \qquad (13.70)$$

und, da $n_0 \simeq n_1 \simeq n_2$ ist, vereinfacht

$$\Theta_{lg} \simeq \frac{n_1}{n_0}\left[1 - \left(\frac{n_2}{n_0}\right)^2\right]. \qquad (13.71)$$

Da die Grenzstrahlen unter Θ_{lg} den oben definierten Beugungseigenschaften der Linse unterliegen und der Durchmesser des Photorezeptors d klein ist, ergibt sich eine Winkelstreuung $2\Theta_d$, mit der jeder Grenzstrahl behaftet ist (Abb. 13.54). Aus Gl. (13.69) kann man für Θ_d berechnen:

$$\Theta_d = 1{,}22\, \lambda/n_1 \cdot d. \qquad (13.72)$$

Der maximale Grenzwinkel Θ_{max} für einfallende Lichtstrahlen ist also

$$\Theta_{lg} + \Theta_d.$$

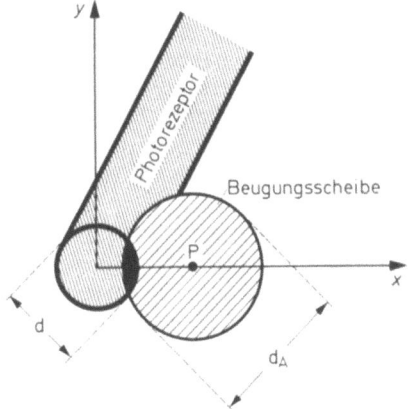

Abb. 13.53. Überlappung der Beugungsscheibe und des geometrischen Einzugsbereiches des Photorezeptors in der Fokusebene (x, y sind die Koordinaten der Fokusebene). P ist das Zentrum der Beugungsscheibe. d_A ist der Durchmesser der Beugungsscheibe. d_A ist eine Funktion des Linsenapparates und der Wellenlänge des Lichts (s. Text). d ist der geometrische Einzugsbereich des Photorezeptors. Die schwarze Zone gibt die Überlappung der Beugungsscheibe mit dem geometrischen Einzugsbereich an. Ihre Größe ist ein Maß für die in den Photorezeptor einfallende Lichtenergie

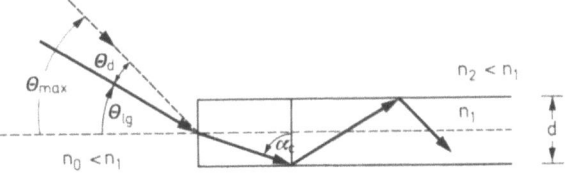

Abb. 13.54. Definition des Öffnungswinkels eines Photorezeptors unter Berücksichtigung der Beugung des Lichtes. Θ_{lg} ist der Einfallswinkel, der im Lichtleiter zu einem α_c, dem Totalreflexionswinkel, führt (s. Abb. 13.52a). Wegen der Beugungseigenschaften der Linse gelangt auch noch Lichtenergie in den Lichtleiter für Einfallswinkel größer als Θ_{lg} und zwar bis Θ_{max} ($\Theta_{max} = \Theta_{lg} + \Theta_d$) (s. Text)

Diese Betrachtungen zeigen, daß nicht alle Lichtenergie unter dem Einfallswinkel Θ_{lg} in den Lichtleiter gelangt, aber auch, daß für Winkel größer Θ_{lg} (bis $\Theta_{lg} + \Theta_d$) noch Energie in den Lichtleiter eindringt.

Beugungseigenschaften der Linse und Öffnungswinkel des Lichtleiters zusammen definieren also die räumliche Empfindlichkeit eines Photorezeptors.

c) Der Lichtleiter als Wellenleiter

Betrachtet man die Lichtstrahlen der geometrischen Optik als Ausbreitungsrichtungen ebener Wellen und beschreibt deren Reflexion als Reflexion ebener Wellen an einem ebenen Übergang zwischen zwei dielektrischen Medien, dann können die Fresnelschen Reflexionsgesetze auch für Wellen angewandt werden. Unter diesen vereinfachenden Bedingungen ergibt sich, daß stets ein Teil der auffallenden Lichtenergie in das Medium übergeht, an dem die Reflexion der Welle erfolgt. Ein Lichtleiter mit vielen internen Totalreflexionen wird daher von einem Mantel umgeben, in dem Lichtenergie fließt, die von der im Inneren geleiteten Energie herstammt. Das bedeutet aber, daß nicht alle in den Wellenleiter einfallende Energie sich innerhalb der lichtleitenden Struktur befindet, sondern ein bestimmter Anteil außerhalb. Diese Tatsache muß für Photorezeptoren nachhaltige Konsequenzen haben, da ja Licht nur *innerhalb* der lichtleitenden Struktur absorbiert wird.

Wir haben bisher vernachlässigt, daß das im Photorezeptor geleitete Licht absorbiert wird. Für das geometrisch-optische Strahlenmodell des absorbierenden Lichtleiters ist die absorbierte Lichtenergie A

$$A = J_0(1 - e^{-\beta \cdot l \cdot c}) \tag{13.73}$$

(β = Absorptionskoeffizient des Photopigments, J_0 = einfallendes Licht, c = Konzentration des Photopigments, l = Länge des Photorezeptors).

Da die Weglänge des Lichtstrahles z wegen der Totalreflexion in Abhängigkeit vom Einfallswinkel Θ größer ist als die betrachtete Länge des Photorezeptors l, gilt: $l = z \cdot \cos \Theta$. Entsprechend ändert sich die Gl. (13.73). Diese Korrektur ist aber von untergeordneter Bedeutung, da $n_1 \simeq n_2$, daher $\cos \Theta \simeq 1$ ($l \simeq z$).

Im Wellenleiter werden die Absorptionsverhältnisse durch die teilweise außerhalb des Wellenleiters fließende Lichtenergie kompliziert. Bezeichnen wir den Anteil der im Wellenleiter fließenden Lichtenergie zur gesamten eingestrahlten Lichtenergie mit η, so können wir einen Absorptionskoeffizienten γ für Photopigmente in Wellenleitern definieren:

$$\gamma = \eta \cdot \beta. \tag{13.74}$$

Im folgenden sollen die Zusammenhänge zwischen den Parametern des Wellenleiters und dem Faktor η auf anschauliche Weise dargestellt werden.

Eine exakte Analyse der Wellenleitung in dünnen Leitern ($d \simeq \lambda$) setzt die Lösung der Maxwellschen Gleichungen der elektromagnetischen Wellenausbreitung voraus. Ausführliche Darstellungen findet man bei Born u. Wolf, Marcuse und Snyder u. Menzel.

Zuerst muß man sich klarmachen, daß die Lichtenergie im Inneren eines dünnen Wellenleiters im Gegensatz zu einem dicken nicht gleichmäßig über seinen Querschnitt verteilt ist. Lichtstrahlen haben eine bestimmte Phasenlage zueinander. Interferenz zwischen den Strahlen im Wellenleiter führen zu ungleichmäßiger Energieverteilung, sozusagen zu stehenden Wellen. Solche Muster werden *Wellenleitermoden* oder einfach *Moden* genannt. Im geometrisch-optischen Bild wäre eine Mode eine Familie von gleichartigen Strahlen. Die Zahl und Art der Moden in einem Wellenleiter hängt von der Wellenlänge, dem Durchmesser und dem Brechungsindex des Wellenleiters und seiner Umgebung ab. Auch für eine Mode i gilt, daß nur ein bestimmter Teil η_i ihrer Gesamtenergie sich innerhalb des Wellenleiters ausbreitet. Abbildung 13.55 zeigt die Intensitätsmuster der 6 ersten Moden. Solche Moden lassen sich in Wirbeltier- und Insektenphotorezeptoren direkt beobachten. Sie haben zwar wahrscheinlich keine Bedeutung für die Funktion des Photorezeptors, ihre Existenz be-

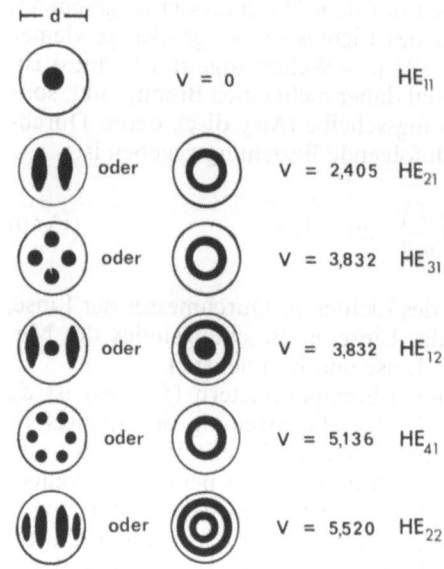

Abb. 13.55. Muster der Lichtenergieverteilung der ersten 6 Moden in einem Wellenleiter mit dem Durchmesser d. Die schwarzen Stellen sind Zonen größter Modenenergie. Rechts sind die Werte für V angegeben, unterhalb derer keine Energie dieser Mode im Wellenleiter bleibt („cut-off"-Werte für V). Wenn V größer ist als dieser „cut-off"-Wert, nimmt die Energie dieser Mode entsprechend Abb. 13.56 zu. Ganz rechts sind die Bezeichnungen für die Modentypen angegeben

weist aber, daß die rezeptiven Teile der Photorezeptoren dielektrische Wellenleiter mit kleinem Durchmesser sind.

Eine quantitative Beschreibung eines solchen dielektrischen (oder optischen) Wellenleiters setzt die Kenntnis des charakteristischen, dimensionslosen Wellenleiterparameters V voraus. V ist definiert durch:

$$V = \frac{\pi \cdot d}{\lambda} \sqrt{n_1^2 - n_2^2} \tag{13.75}$$

(n_1 und n_2 Brechungsindices des Photorezeptors bzw. seiner Umgebung, d Durchmesser des Photorezeptors, λ Wellenlänge). Diese Formel gilt für einen runden Wellenleiter.

Aus der Beziehung zwischen V und η_i (Abb. 13.56) läßt sich entnehmen, welcher Energieanteil für unterschiedliches V bei den verschiedenen Modentypen innerhalb des Wellenleiters fließt. Für $V < 2{,}4$ existiert nur der 1. Modentyp (HE$_{11}$, Kurve η_{11}, vgl. Abb. 13.55), zwischen $2{,}4 \leq V \leq 3{,}8$ sind beide ersten Modentypen HE$_{11}$ (Kurve η_{11}) und HE$_{21}$ (Kurve η_{21}) im Wellenleiter vorhanden. Die Moden höherer Ordnung und ihr Verhalten bei niedrigem V (gestrichelte Linien in Abb. 13.56) sollen hier nicht besprochen werden (vgl. Snyder u. Menzel). Für $V > 3$ ist nahezu die gesamte Lichtenergie der beiden ersten Moden innerhalb des Wellenleiters. Daraus ist zu folgern, daß nur dann Modeneffekte eine Rolle spielen, wenn V klein ist ($V < 3$).

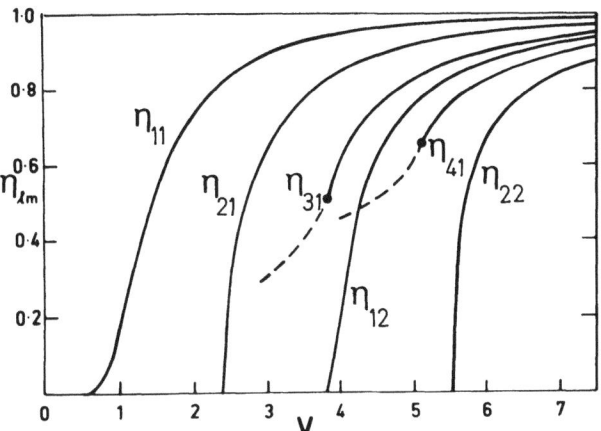

Abb. 13.56. Anteil der Modenenergie relativ für jede einzelne Mode η_{lm} in Abhängigkeit vom Wellenleiterparameter V_x (η_{11} für 1. Mode HE_{11}, η_{21} für 2. Mode HE_{21} usw.). Die Ordinate gibt η_{lm} getrennt normiert für jede einzelne Mode. Für die Funktionsbeschreibung der Photorezeptoren sind vor allem die ersten beiden Moden wichtig (vgl. Text und Abb. 13.54)

So wichtig die Gl. (13.75) für ein Verständnis des Wellenleiterparameters V ist, es ist experimentell fast unmöglich, V danach zu bestimmen, da die Brechungsindices n_1 und n_2 nicht genau gemessen werden können. Indirekte Methoden zur Bestimmung von V sind daher notwendig. Eine sehr genaue Methode, die die Wellenlängenabhängigkeit der Doppelbrechung der photorezeptiven Struktur ausnutzt, ist kürzlich entwickelt worden und für das Fliegenrhabdomer erfolgreich eingesetzt worden (Snyder u. Menzel).

Der Wellenleiterparameter V definiert also den Zusammenhang zwischen dem Durchmesser des Wellenleiters d, der Wellenlänge des Lichtes λ und den Brechungsindices innerhalb und außerhalb des Wellenleiters. Für Photorezeptoren mit Durchmesser $d < 2$ μm ist aufgrund dieses Zusammenhanges 1. eine strukturbedingte Veränderung der spektralen Empfindlichkeit der Rezeptoren, 2. eine Beeinflussung der räumlichen Empfindlichkeit in Abhängigkeit von Wellenlänge, Brechungsindices und Photorezeptordurchmesser und 3. ein Lichtenergieaustausch zwischen nahe benachbarten Photorezeptoren zu erwarten. Einige konkrete Beispiele für Modeneffekte werden unter 13.4.3.3 diskutiert.

13.4.3.2. Laterale und geschichtete Filter

Ein häufiges Bauprinzip hochentwickelter Photorezeptoren ist die Zusammenlagerung oder Übereinanderschichtung photorezeptiver Strukturen verschiedener Photorezeptoren. 2 Beispiele seien genauer betrachtet: laterale und geschichtete Filter im fusionierten Rhabdom von Arthropoden.

a) Laterale Filter-Rhabdomere im fusionierten Insektenrhabdom

Wie die Abb. 13.49 schon zeigt, liegen bei den meisten Insekten mehrere Rhabdomere zusammengedrängt in einer einheitlichen, lichtleitenden Struktur, dem fusionierten Rhabdom. Von einigen Insekten weiß man, daß die einzelnen Rhabdomere verschiedene Absorptionseigenschaften hinsichtlich der Wellenlänge des Lichtes (unterschiedliche Sehpigmente) und des elektrischen Vektors (E) des Lichtes haben. Die Zusammenlagerung in einem einheitlichen Lichtleiter führt dazu, daß die einzelnen Rhabdomere optisch miteinander gekoppelt sind, also die Absorptionseigenschaft jedes Rhabdomers die jedes anderen beeinflußt. Worin könnte der Vorteil einer optischen Kopplung bestehen?

Durch die dichte Membranpackung ist die Absorption recht hoch (Größenordnung: 1% Absorption pro 1 μm). Da die Rhabdome sehr lang sein können (bis 1000 μm bei Libellen), erreichen die Rhabdome eine hohe Gesamtabsorption. Tatsächlich kann man für ein etwa 300 μm langes Bienenrhabdom eine Absorptionswahrscheinlichkeit von etwa 90% abschätzen. Eine so hohe Absorptionswahrscheinlichkeit führt aber dazu, daß z. B. die spektrale Absorptionskurve des ganzen Rezeptors von der seines Photopigments stark abweicht (Abb. 13.57a). Die steile Kurve flacht mit zunehmender Gesamtabsorption immer mehr ab und das Maximum verbreitert sich. Dieser Zusammenhang wird leicht verständlich, wenn man in Gl. (13.73) immer größere Werte für $c \cdot l$ einsetzt. Veranschaulichen kann man sich diesen Effekt, wenn man sich vorstellt, daß die übereinanderliegenden Schichten von Photopigmenten wie gleichartige Farbfilter wirken, so daß die obersten Schichten die Absorptionswahrscheinlichkeit der darunter gelagerten zuerst im spektralen Absorptionsmaximum verringern, dann erst außerhalb des Absorptionsmaximums. Daher wird der Effekt hoher Totalabsorption auch als „Selbstabschirmung" bezeichnet.

Dieser Selbstabschirmung wirkt die optische Kopplung entgegen (Abb. 13.57b). Die verschiedene Photopigmente enthaltenden Rhabdomere wirken wie Farbabsorptionsfilter aufeinander. Da sie nebeneinander liegen, nennen wir sie *laterale Filter*. Die optische Kopplung von 3 verschiedenen Sehfarbstoffen mit maximaler Absorption im UV (340 nm), Blau (420 oder 440 nm) und Grün (510 nm) führt dazu, daß die spektrale Empfindlichkeit jedes Rezeptors weitgehend der spektralen Extinktionskurve seines Photopigments entspricht, die Absorptionswahrscheinlichkeit des ganzen Rhabdoms aber trotzdem sehr hoch ist.

Geht man davon aus, daß die E-Vorzugsabsorption bei allen Rhabdomeren z. B. des Bienenrhabdoms die gleiche Beziehung zur Mikrovilliorientierung hat, dann sollten die unterschiedlich orientierten Mikrovilli der einzelnen Retinulazellen auch als laterale Polarisationsfilter aufeinander wirken und eine der dichroitischen Absorption (s. u.) entsprechende Polarisationsempfindlichkeit der Retinulazellen bewirken. Es stellt sich aber heraus, daß das Rhabdom um seine Längsachse verdrillt ist und somit die verschiedenen Ausrichtungen der Mikrovilli derselben Sehzelle sekundär die Polarisationsempfindlichkeit der Sehzelle zerstören.

Das fusionierte Rhabdom vom Insektentyp erweist sich damit als eine Struktur, die an eine hohe absolute Empfindlichkeit *und* scharfe spektrale Unterschiedsempfindlichkeit angepaßt scheint.

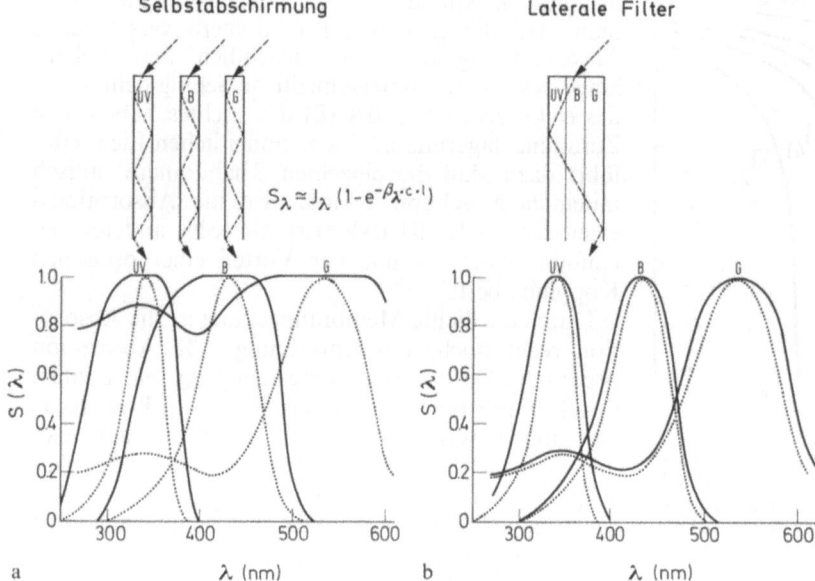

Abb. 13.57. *Selbstabschirmung*: Der Effekt hoher Totalabsorption in langen Rhabdomeren auf die spektrale Empfindlichkeit des Photorezeptors. Für kleines $c \cdot l$ entspricht die spektrale Empfindlichkeit des Photorezeptors $S(\lambda)$ der spektralen Extinktion des Photopigments ($\beta_{(\lambda)}$, gepunktete Kurven für ein UV-, Blau- und Grünpigment). Bei hoher Totalabsorption (z. B. $c \cdot l = 7$) flachen die Maxima ab und die $S(\lambda)$-Kurven verbreitern sich. *Laterale Filter*: Im fusionierten Insektenrhabdom, das aus Rhabdomeren mit unterschiedlichen spektralen Absorptionseigenschaften besteht (z. B. das Bienenrhabdom), wirken die Rhabdomere wie absorbierende Farbfilter aufeinander. Eine solche Struktur ist identisch mit einer Anordnung, bei der jedem Rhabdomer jeweils die beiden anderen als Farbfilter vorgelagert sind. Die Folge des lateralen Filtereffekts von 3 verschiedenen Rhabdomeren ist, daß die $S(\lambda)$-Funktion jedes Photorezeptors weitgehend dem seines Photopigments entspricht, obwohl die Totalabsorption im langen Rhabdom hoch ist. Der laterale Filtereffekt wirkt also der Selbstabschirmung entgegen

Farbfiltereffekte können auch innerhalb der photoreceptiven Struktur nur einer Sehzelle eine Rolle spielen. Das Auftreten von mehr als einem Photopigment in einer Sehzelle ist zwar bisher noch nicht eindeutig nachgewiesen worden, dies läßt sich aber auch nicht ausschließen.

Von Insekten und Tintenfischen wissen wir, daß der Sehfarbstoff nicht wie bei Wirbeltieren bei Belichtung bis zum freien Retinol reagiert, sondern in einen stabilen Zustand (Metarhodopsin) übergeht, der in einem anderen Spektralbereich absorbiert als das Rhodopsin. Metarhodopsin kann daher als Farbfilter für Rhodopsin wirken und die spektrale Empfindlichkeit eventuell zusätzlich zu einem lateralen Farbfiltereffekt verschärfen. Unter natürlichen Bedingungen dürfte dieser Effekt aber geringe Bedeutung haben, da die Metarhodopsinkonzentration infolge der Photoisomerisierung zum Rhodopsin niedrig gehalten wird.

Bei Fischen und Vögeln findet man Sehzellen, die gefärbte Öltröpfchen enthalten. Diese könnten als den Photorezeptoren vorgeschaltete Farbfilter wirken. Dies ist aber noch nicht eindeutig nachgewiesen.

b) Geschichtete Filter-Rhabdomere im fusionierten Krebsrhabdom

Wohl alle Rhabdomere zeigen eine Empfindlichkeit für die Richtung des elektrischen Vektors linear polarisierten Lichtes (E). Ursache für diese Polarisationsempfindlichkeit ist die dichroitische Absorptionseigenschaft des einzelnen Mikrovillus (s. 13.4.4). Wenn Rhabdomere eine hohe Polarisationsempfindlichkeit zeigen, ist dies gewöhnlich an eine spezielle Struktur des Rhabdoms gekoppelt. Ein gut untersuchtes Beispiel ist das Krebsrhabdom. Aus Abb. 13.49 geht hervor, daß im Krebsrhabdom Pakete von Mikrovilli aufeinanderfolgen, deren Mikrovilli 90° zueinander stehen. Ein und dieselbe Sehzelle hat über ihre ganze Länge Mikrovilli mit der gleichen Ausrichtung, die immer wieder unterbrochen werden von gekreuzt orientierten Mikrovilli anderer Sehzellen. In einer solchen Struktur liegen also viele gekreuzte Polarisationsabsorptionsfilter übereinander in einem einheitlichen Lichtleiter.

Durch die Stapelung unterschiedlich ausgerichteter Mikrovilli wird wie beim lateralen Filtereffekt erreicht, daß trotz hoher Totalabsorption im gesamten Rhabdom jedes Rhabdomer die Absorptionseigenschaften einer dünnen Schicht seiner photoreceptiven Membranen zeigt. Im Krebsrhabdom ist daher theoretisch die Polarisationsempfindlichkeit der Retinulazelle identisch mit der dichroitischen Absorption der absorbierenden Membran. Tatsächlich findet man bei Krebsen bei intrazellulären Ableitungen von den Retinulazellen eine hohe Polarisationsempfindlichkeit: die Empfindlichkeit bei Rotation von E ist für die wirksamste Richtung von E 10 mal höher als für eine Richtung 90° dazu.

In Insektenommatidien finden sich häufig spezielle, kurze Retinulazellen, deren Rhabdomere unterhalb anderer Rhabdomere liegen. Beispiele sind die 8. Sehzelle der Fliege und die 9. Sehzelle der Biene (Abb. 13.49). Da die über der proximalen Zelle liegenden Zellen mit den gleichen spektralen Absorptionseigenschaften ihre Mikrovilli rechtwinklig zur proximalen Zelle orientiert haben, wirken diese distalen Zellen als Polarisationsfilter und verstärken damit die Polarisationsempfindlichkeit der proximalen kurzen Zelle.

Die Schichtung von Rhabdomeren oder Rhabdomerabschnitten mit unterschiedlicher Mikrovilliorientierung erweist sich als ein Bauprinzip zur Erhaltung oder Verstärkung der Polarisationsempfindlichkeit bei gleichzeitig hoher Absolutempfindlichkeit.

13.4.3.3. Modeneffekte

Wie im Abschnitt 13.4.3.1c dargestellt, läuft ein Teil der in den Wellenleiter eingestrahlten Lichtenergie außerhalb des Wellenleiters. Dieser Effekt beeinflußt die Funktion des Photorezeptors, wenn $V < 3$ ist. Wie aus der Gl. (13.73) für V hervorgeht, bestimmen die

Brechungsindices n_1 und n_2 sowie der Durchmesser d des Wellenleiters seinen Parameter V. Da $n_1 \simeq n_2$ und in verschiedenen Sehzellen wahrscheinlich sehr ähnlich ist, legt vor allem d fest, ob $V < 3$. Als Faustregel kann gelten, daß nur solche photoreceptiven Strukturen von Modeneffekten betroffen sind, deren $d < 1,5$ μm beträgt.

a) Spektrale Empfindlichkeit des Photorezeptors

Bei konstantem Durchmesser d des Photorezeptors und konstanten $(n_1^2 - n_2^2)$ ist V um so größer, je kürzer die Wellenlänge des Lichtes ist [s. Gl. (13.75)]. Bei kürzeren Wellenlängen fließt also ein größerer Anteil der Modenenergie innerhalb des Wellenleiters (Abb. 13.56). Da nur die im Inneren des Wellenleiters fließende Lichtenergie vom Photopigment absorbiert wird, verändert sich die spektrale Empfindlichkeit des Photorezeptors gegenüber der spektralen Absorption seines Photopigments (Abb. 13.58): 1. Das im sichtbaren Wellenlängenbereich (400–700 nm) liegende Absorptionsmaximum wird zu kürzeren Wellenlängen verschoben. 2. Die UV-Empfindlichkeit wird relativ erhöht. In den schmalen Fliegenrhabdomeren 7 und 8 mag dieser Effekt zu einer Erhöhung der spektralen Empfindlichkeit im UV-Bereich führen.

Wie in 13.4.3.3b genauer ausgeführt, bestimmt auch der Einfallswinkel Θ, welche Moden im Wellenleiter angeregt werden. Je stärker Θ von der optischen Achse abweicht, um so höhere Moden tragen zum Energiefluß im Wellenleiter bei (Abb. 13.59). Die resultierende Wellenlängenabhängigkeit durch das Wirksamwerden weiterer Moden (Abb. 13.58b) führt im Wellenlängenbereich zwischen 450–500 nm zu einer Veränderung der im Wellenleiter fließenden Modenenergie. Die spektralen Absorptionsmaxima in diesem Bereich maximal absorbierender Photopigmente können daher nach kürzeren Wellenlängen verschoben werden. Das Ausmaß des Effekts hängt kritisch von V ab.

Der Brechungsindex lichtabsorbierender Strukturen hängt von der Wellenlänge ab. Nahe dem Absorptionsmaximum nimmt er nach kürzeren Wellenlängen ab und nach längeren Wellenlängen zu (sog. anomale Dispersion). Bereits eine sehr geringe Veränderung des Brechungsindex beeinflußt η, die im Wellenleiter fließende Modenenergie [s. Gl. (13.73)]. Eine Abnahme von n_1 (Brechungsindex des Wellenleiters) führt zu einer Abnahme der Modenenergie innerhalb des Wellenleiters. Abbildung 13.58c zeigt diese Abhängigkeit für ein Photopigment mit maximaler Absorption bei 500 nm und einem anomalen Dispersionseffekt von 1,25% Änderung des Brechungsindex.

b) Räumliche Empfindlichkeit des Photorezeptors

In 13.4.3.1b wurde die Richtungsempfindlichkeit von Photorezeptoren mit vorgeschaltetem Linsensystem geometrisch-optisch und unter Berücksichtigung von Beugungseffekten diskutiert. Unberücksichtigt blieben dabei Modeneffekte. Es läßt sich nun zeigen (was hier nicht im einzelnen abgeleitet werden soll), daß in Abhängigkeit vom Einfallswinkel Θ des Lichtes verschiedene Moden unterschiedlich stark angeregt werden (Abb. 13.59).

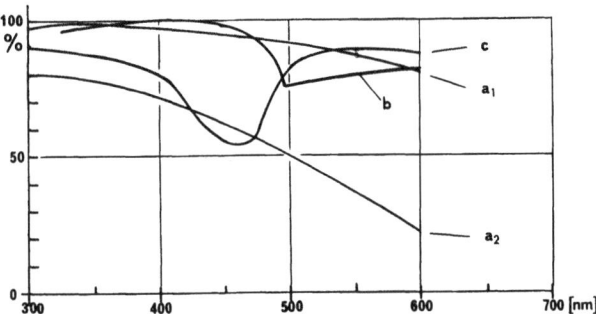

Abb. 13.58. Einfluß von 3 Modeneffekten auf die spektralen Absorptionseigenschaften dünner Rhabdomere. a_1, a_2. Prozentsatz der im Wellenleiter fließenden Modenenergie in Abhängigkeit von der Wellenlänge des einfallenden Lichtes für zwei Wellenleiter mit verschiedenem Durchmesser (s. Text). a_1 für die dickeren ($d = 2$ μm) Rhabdomere (z.B. die 6 peripheren Fliegenrhabdomere), a_2 für die dünneren (7, 8) Rhabdomere (z.B. die beiden zentralen Fliegenrhabdomere). Die stärker von Modeneffekten beeinflußten dünnen Rhabdomere leiten etwa 4 mal mehr Modenenergie im Inneren bei 300 nm als bei 600 nm. b. Prozentsatz der Modenenergie innerhalb des Wellenleiters für nicht axial einfallendes Licht verschiedener Wellenlänge. Die Kurve zeigt den Wellenlängeneffekt für um 4° von der optischen Achse abweichend einfallendes Licht (s. Text). Die Abnahme im Bereich 450–500 nm könnte die Maxima spektraler Empfindlichkeitskurven in diesem Bereich zu kürzeren Wellenlängen verschieben. c. Diese Kurve gibt die anomale Dispersion für ein Photopigment mit maximaler Absorption bei 500 nm an (s. Text)

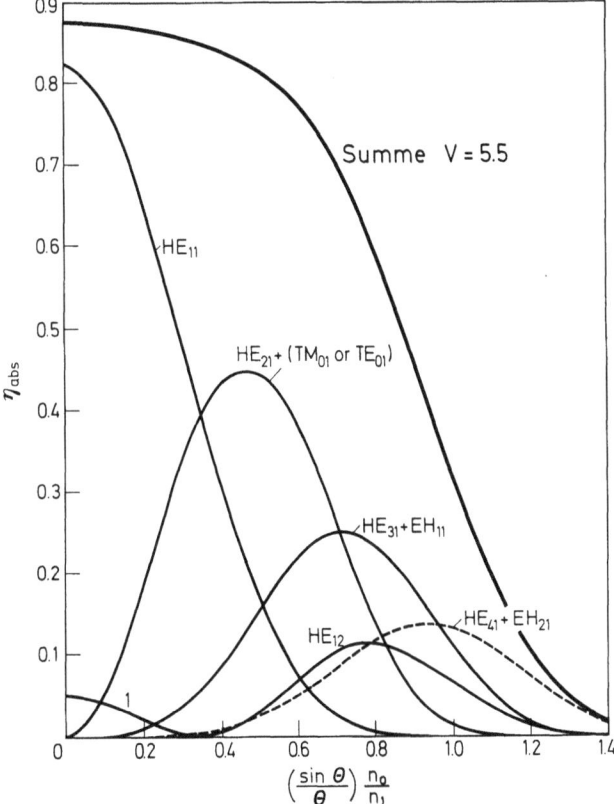

Abb. 13.59. Abhängigkeit der gesamten Modenenergie innerhalb des Wellenleiters vom Einfallswinkel Θ monochromatischen Lichtes. [Statt Θ gibt die Abszisse $(\sin\Theta/\Theta_c) \cdot n_0/n_1$.] Die Ordinate gibt die absolute Modenenergie η_{abs}. Da $V = 5,5$ sein soll, werden bei unterschiedlichem Einfallswinkel verschiedene Moden angeregt. Deren Abhängigkeit vom Einfallswinkel wird in den einzelnen Kurven dargestellt. Die äußerste Kurve gibt die Summe aller Modenenergien im Wellenleiter an

Abbildung 13.59 gibt sowohl die absolute Lichtenergie für verschiedene Moden η_{abs} als auch die Summe aller Modenenergien im Wellenleiter für $V=5{,}5$ an, unter der Annahme, daß die Beugungsscheibe die Größe des geometrischen Durchmessers des Wellenleiters hat. Tatsächlich weicht die Kurve für die Summe der Modenenergie nur unwesentlich von der räumlichen Empfindlichkeitsverteilung ab, die man erhalten würde, wenn Modeneffekte, wie unter 13.4.3.1 b angenommen, unberücksichtigt blieben. Wichtig ist, daß bei großem V (hier 5,5) und axialer Beleuchtung des Wellenleiters mit parallelem Licht nur die erste Mode (HE_{11}) angeregt wird, die 2. Mode aber bei exzentrischem Lichteinfall. Da die verschiedenen Moden unterschiedliche minimale V haben (Abb. 13.56) und V wiederum von der Wellenlänge abhängt [Gl. (13.73)], lassen sich bei geeigneter Wahl der Wellenlänge und des Einfallwinkels die verschiedenen Modenenergien isolieren und experimentell untersuchen.

Die Richtempfindlichkeit der menschlichen Photorezeptoren, wie sie im sog. Stiles-Crawford-Effekt beschrieben wird, läßt sich am besten auf der Basis der räumlichen Empfindlichkeit von Wellenleitern verstehen.

Vor über 40 Jahren fanden Stiles und Crawford, daß ein Lichtstrahl dem menschlichen Auge am hellsten erscheint, wenn er die Retina senkrecht trifft. Schräg einfallendes Licht ist weniger wirksam. Zum Beispiel muß die Intensität eines unter 8° zur Senkrechten einfallenden Lichtstrahls 5mal höher sein, um den gleichen Helligkeitseindruck auszulösen. Weiterhin zeigt sich, daß senkrecht und schräg einfallendes Licht unterschiedliche Farbeindrücke erzeugen, obwohl es sich um das gleiche Licht handelt.

Für hochentwickelte Sehorgane ist ohne Zweifel die Optimierung von räumlicher Auflösung und Absolutempfindlichkeit des Photorezeptorrasters ein entscheidender Evolutionsfaktor. Da sowohl das Linsensystem als auch die Wellenleiternatur des Photorezeptors die räumliche Auflösung bestimmen, kann man sich fragen, in welcher Weise Linsenparameter (Durchmesser der Linse, Brennweite, Beugungsscheibe) und Wellenleiterparameter (d, V) unter dem Gesichtspunkt des optimalen Verhältnisses von räumlicher Auflösung und Absorption im Photorezeptor aufeinander abgestimmt sind. Die Analyse z.B. des Fliegenommatidiums zeigt, daß sich für ein $V=2{,}4$ der schmalste Öffnungswinkel ergibt. Bei einem $V=2{,}4$ wird im Rezeptor nur die 1. Mode im längerwelligen Spektralbereich angeregt, zusätzlich auch die 2. Mode im kurzwelligen Bereich. Bleibt d (Durchmesser) und n_1, n_2 (Brechungsindices) konstant, so nimmt, solange nur die 1. Mode angeregt wird, der Öffnungswinkel des Linsen-Wellenleitersystems mit kürzer werdenden Wellenlängen ab, steigt aber dann wieder an, wenn die 2. Mode ins Spiel kommt (s. auch Abb. 13.59).

Aus diesen Untersuchungen kann man schließen, daß in Linsen-Photorezeptorsystemen Modeneffekte eine bedeutende Rolle für die räumliche Auflösung des optischen Systems spielen können.

c) Effektiver Lichteinzugsbereich des Photorezeptors

Eine wichtige Konsequenz der Wellenleiternatur des Photorezeptors ist, daß der effektive Lichteinzugsbereich größer ist, als sein geometrischer Durchmesser. Ursache ist die unter 13.4.3.1c diskutierte Wechselbeziehung zwischen Modenenergie innerhalb und außerhalb des Wellenleiters. Praktisch bedeutet das, daß ein Teil der außerhalb des Photorezeptors auffallenden Lichtenergie vom Photopigment absorbiert werden kann. Die Größe des Effekts hängt von V und den Beleuchtungsbedingungen (Größe der Beugungsscheibe im Verhältnis zum Photorezeptordurchmesser) ab. Wenn z.B. $V=2$ und die Beugungsscheibe einen doppelten Durchmesser des Photorezeptors aufweist, dann gelangt 90% mehr Licht in den Wellenleiter, als eine geometrisch-optische Betrachtung erwarten ließe.

d) Form, Länge, Packung von Photorezeptoren

Es ist lange bekannt, daß die Form und das Packungsmuster menschlicher Photorezeptoren vom Retinaort abhängt. Mit größer werdendem Abstand von der Fovea werden z.B. Zapfen immer kürzer, dicker und konischer und ihr Brechungsindex nimmt immer mehr ab. Auf der Basis von Wellenleitereffekten läßt sich dies möglicherweise verstehen. Periphere Zapfen könnten danach eine doppelte Funktion haben: 1. die Empfindlichkeit des Stäbchensystems im skotopischen Sehbereich erhöhen, indem sie wie Antennen für Lichtwellen wirken und diese auf die Zapfen lenken; 2. im photopischen Sehbereich Licht absorbieren und dann ein Farbensehen auch im weiter peripheren Sehraum ermöglichen.

Ein experimenteller Beweis für diese Hypothese steht aber noch aus. Die Länge von dicht gepackten Photorezeptoren in der Wirbeltierretina muß begrenzt sein, da sonst die außerhalb fließende Modenenergie in benachbarte Photorezeptoren übergeht, die Photorezeptoren also optisch miteinander gekoppelt würden. Da sich Modeneffekte erst nach einem gewissen Ausbreitungsweg des Lichtes im Wellenleiter entwickeln, könnte die Packungsdichte bei kurzen Photorezeptoren größer sein als bei langen. Es ist eine offene und interessante Frage, ob z.B. Zapfendichte und -länge in der Fovea des menschlichen Auges entsprechend diesen Überlegungen angepaßt sind. Im Fliegenommatidium liegen die Rhabdomere distal dichter zusammen und weichen innerhalb der ersten µm auseinander. Diese Anordnung legt die Vermutung nahe, daß eine optische Kopplung zwischen den Rhabdomeren, vor allem zwischen den peripheren und zentralen, vermieden werden soll. Besonders Invertebratenaugen zeigen eine große Fülle von unterschiedlich gestalteten photorezeptiven Strukturen, die ohne Zweifel spezielle Anpassungen an ihre besonderen Leistungen darstellen. Es bleibt weiterer Forschungsaktivität auf dem Gebiet der Photorezeptor-Optik überlassen, diese Zusammenhänge aufzuklären.

13.4.4. Photorezeptor-Optik und Struktur der photorezeptiven Membran

Die photorezeptive Membran (13.4.2) ist anisotrop mit sowohl dichroitischen als auch doppelbrechenden Eigenschaften. Unter *Dichroismus* versteht man die Abhängigkeit der Lichtabsorption von der Richtung des elektrischen Vektors E. Einzelne dichroitisch absorbierende Moleküle bezeichnen wir im folgenden als Dipolabsorber. Die Absorptionsachse eines Dipolabsorbers soll die Richtung des Moleküls sein, zu der E parallel schwingen muß, damit linear polarisiertes Licht maximal absorbiert wird. Das dichroitische Absorptionsverhältnis gibt das Verhältnis der maximalen zur minimalen Absorption bei Rotation von E an. Für eine photorezeptive Membran beschreibt die dichroitische Absorption den Grad der Ausrichtung solcher absorbierender Dipole. *Doppelbrechung* beschreibt die Abhängigkeit des Brechungsindex von der Richtung des elektrischen Vektors E und ist ein Maß für die Ordnung der Membransubstrukturen, also für die „Kristallinität" der Membran.

13.4.4.1. Funktionelle Grundlage der Dipolorientierung in der Membran verschiedener Photorezeptortypen

Die chromophore Gruppe 11-cis-Retinal im Rhodopsinmolekül ist ein Dipolabsorber, da die π-Elektronenwolken der konjugierten Doppelbindungen in einer Ebene zu beiden Seiten einer leicht geknickten Kohlenstoffkette liegen (vgl. Kapitel 13.5). Die Absorptionsachse der chromophoren Gruppe liegt parallel zur Oberfläche der Membranfläche. In den Diskmembranen der Wirbeltierphotorezeptoren und sehr wahrscheinlich auch in den Mikrovilli der Fliegenrhabdomere sind die Dipole in der Membranfläche statistisch verteilt orientiert (Abb. 13.49). Bei den Stäbchenaußengliedern kann man das direkt messen: Beleuchtung einzelner Außenglieder von der Seite weist eine dichroitische Absorption von 6,5 nach, Beleuchtung in der physiologischen Richtung der Längsachse des Außengliedes (vgl. Abb. 13.49) ergibt keine dichroitische Absorption. Ursache für die statistische Verteilung der Dipolausrichtung in der Membran ist die freie Rotation um eine Achse senkrecht zur Membranfläche und die laterale Bewegung der Rhodopsinmoleküle aufgrund thermischer Kräfte (Brownsche Molekularbewegung).

Im Unterschied dazu müssen die Dipole im fusionierten Krebs- und Insektenrhabdom weitgehend parallel ausgerichtet sein, da solche Sehzellen eine hohe Polarisationsempfindlichkeit aufweisen. Unklar ist jedoch, wie eine solche Ausrichtung der Rhodopsinmoleküle zustande kommt. Bisher gibt es nur Modellvorstellungen.

Zum Beispiel könnte man annehmen, daß die Membran dieser Mikrovilli im Unterschied zur Diskmembran sehr viel „steifer" ist und eine freie Beweglichkeit der einmal ausgerichtet eingelagerten Rhodopsinmoleküle nicht erlaubt. Eine solche Vorstellung erscheint aber auf der Grundlage neuerer Membrankonzepte wenig wahrscheinlich.

Eine andere Modellvorstellung geht davon aus, daß die Brownsche Molekularbewegung der Rhodopsinmoleküle selbst die Ursache für die Ausrichtung ist. Rollt man eine „flüssige Membran" wie die der Disks in einen Mikrovillus (Durchmesser etwa 50 nm), dann bewegen sich die Rhodopsinmoleküle bevorzugt in der Längsrichtung des Mikrovillus, da jede Querbewegung entlang der starken Krümmung durch eine radial zum Mikrovillusmittelpunkt gerichtete Komponente gebremst wird. Sind die Rhodopsinmoleküle in der Fläche der Membran nicht völlig zirkularsymmetrisch gebaut, sondern oval oder unsymmetrisch, wofür es recht gute Anhaltspunkte gibt, dann sollte die Vorzugsbewegung entlang der Mikrovilluslängsachse eine weitgehend parallele Ausrichtung der Rhodopsinmoleküle bewirken. Diese Modellvorstellung wurde durchgerechnet für den Fall, daß Disk- und Mikrovillusmembran bis auf ihre räumliche Anordnung (flach ausgestreckt, bzw. gerollt) identisch sind. Für eine perfekt parallele Ausrichtung ergibt sich in solchen Mikrovilli eine dichroitische Absorption von 20.

Die Lichtabsorption ist am größten, wenn die Absorptionsachsen aller Dipolabsorber senkrecht zur Ausbreitungsrichtung des Lichtes angeordnet sind, da ja E senkrecht zur Ausbreitungsrichtung schwingt. Da die chromophore Gruppe so in den Proteinträger eingebettet ist, daß ihre Längsachse parallel zur Membranfläche liegt, sind in allen hochentwickelten Photorezeptoren die photorezeptiven Membranen senkrecht zur Einfallsrichtung des Lichtes orientiert. Eine flächige photorezeptive Membran (Disk) weist dann die größte Absorptionswahrscheinlichkeit für unpolarisiertes Licht auf, wenn die Absorptionsachsen der Dipolabsorber in der Fläche statistisch verteilt sind. Das Gleiche gilt auch für die Rhabdomere des offenen Rhabdoms (z.B. Fliege). Im fusionierten Rhabdom dagegen hängt die Dipolorientierung zur optimalen Absorption unpolarisierten Lichtes von der Struktur des ganzen Rhabdoms ab. Beim Krebs- und Bienentyp (Abb. 13.49) wird die größte Absorption unpolarisierten Lichtes im ganzen Rhabdom dann erreicht, wenn die Dipolabsorber in den unterschiedlich orientierten Mikrovilli jeweils streng parallel ausgerichtet sind.

Diese Überlegung ist die Grundlage einer Hypothese, nach der die Dipolabsorber in der photorezeptiven Struktur jeweils so angeordnet sind, daß sich die höchste Empfindlichkeit für unpolarisiertes Licht ergibt. Der Dichroismus der meisten rhabdomeren Photorezeptoren wäre dann eine Konsequenz dieses Mechanismus und nicht eine spezielle Eigenschaft zur Detektion polarisierten Lichtes.

Offensichtlich ist die daraus resultierende Polarisationsempfindlichkeit der Sehzelle nicht in jedem Fall ein „erwünschtes" Nebenprodukt. So findet man bei Bienen und Ameisen verdrillte Rhabdome (Kap. 13.4.32a), in denen die Polarisationsempfindlichkeit der Sehzellen aufgehoben wird. Die Polarisationsempfindlichkeit spezieller Retinazellen wird aber erhalten oder sogar verstärkt und bildet die Grundlage für die Entwicklung von Orientierungsmechanismen nach dem Polarisationsmuster des blauen Himmels.

13.4.4.2. Kristallinität der photorezeptiven Struktur

Der hohe Ordnungsgrad der Lipoidmoleküle in den parallel ausgerichteten Membranen ist die Ursache für die seit langem bekannte Doppelbrechung photorezeptiver Strukturen. Da viele solche Membranen dicht gepackt parallel angeordnet sind, ist die an der ganzen Struktur (z.B. Stäbchenaußenglied, Rhabdomer) beobachtete Doppelbrechung eine Summe der Membrandoppelbrechung (Δn_I = intrinsische Doppelbrechung) und der Formdoppelbrechung (Δn_F).

Messungen der Membrandoppelbrechung haben für Stäbchenaußenglieder und Fliegenrhabdomere etwa gleiche Werte ergeben: $\Delta n_I \approx 5 \cdot 10^{-3}$ ($\Delta n_I = n_x - n_y$, wobei n_x und n_y der Brechungsindex für linear polarisiertes Licht parallel zu den beiden optischen Achsen der doppelbrechenden Membran ist). Dies bedeutet, daß Rhabdomere und Disk-Photorezeptoren etwa die gleiche Kristallinität aufweisen.

Ist die doppelbrechende Struktur ein Wellenleiter, dann werden im Experiment nicht die Brechungsindices des Materials (Δn_I und Δn_F) allein gemessen, sondern die von den Wellenleitereigenschaften beeinflußten effektiven Brechungsindices ($\langle \Delta n_l \rangle$, $\langle n_F \rangle$). Es zeigt sich, daß die gemessene Doppelbrechung ein Produkt aus Strukturdoppelbrechung und η (Wellenleiterparameter, s. Kap. 13.4.3.1) ist. Da η den Wellenleiterparameter V definiert, läßt sich aus der Wellenlängenabhängigkeit der effektiven Doppelbrechung indirekt V bestimmen. Auf diese Weise wurde V für die Fliegenrhabdomere bestimmt. Für das dünne Rhabdomer Nr. 7 ist $V \approx 2$ (bei 300 nm) und $V \approx 1$ (bei 650 nm).

13.4.5. Schlußfolgerung und Ausblick

Strukturen lebender Organismen haben eine evolutive Geschichte: ihre Leistungen für die Verbesserung der Überlebens- und Vermehrungschancen der Art stehen unter der Kontrolle äußerer Faktoren. Für Sehorgane ist der Einfluß solcher Faktoren unmittelbar einsichtig. Hohe absolute Lichtempfindlichkeit erlaubt optische Orientierung auch bei sehr geringer Helligkeit in der Dämmerung, in der Nacht, im dichten Wald, in Höhlen. Neue Nahrungsquellen können sich so erschließen, ein besserer Schutz vor Feinden kann sich ergeben. Die Entwicklung höherer räumlicher und zeitlicher Auflösung des zusammengesetzten Sehorgans wird möglich, Mechanismen, die eine detailreiche Wahrnehmung auch im schnellen Flug ermöglichen. Photorezeptoren mit Sehfarbstoffen unterschiedlicher Wellenlängenabsorption sind die Voraussetzung für Farbensehen, ein Orientierungsmechanismus, der zusätzliche Dimensionen der optischen Umwelt erschließt und für die Nahrungsaufnahme, das Auffinden des Geschlechtspartners, das differenzierte Erkennen von Orientierungsmarken von entscheidender Bedeutung sein kann.

Unsere Betrachtung hat sich auf die Frage konzentriert, wie neben der Biochemie der Sehfarbstoffe die räumliche Struktur des lichtabsorbierenden Teils die Photorezeptorfunktion determiniert. Da wir ausschließlich hochentwickelte Sehorgane betrachtet haben, können wir mit gutem Recht annehmen, daß deren Struktur in hohem Maße an die spezifischen Leistungsanforderungen angepaßt ist. Auf der Ebene der „photorezeptiven Einheitmembran" erwies sich die Orientierung der Dipolabsorbermoleküle senkrecht zur Ausbreitungsrichtung des Lichtstrahles, die statistische Verteilung der Dipolabsorber in Disk-Photorezeptoren und unfusionierten Rhabdomeren sowie deren parallele Ausrichtung in fusionierten Rhabdomen und die dichte Packung von absorbierenden Membranen senkrecht zum Lichteinfall als optimal zum Erzielen größter Lichtempfindlichkeit.

Die dichte Stapelung von Membranen hat weiter zur Folge, daß die lichtabsorbierende Struktur das Licht leitet, und so die Photopigmentmoleküle maximal dem Licht aussetzt. Quantitative Analysen der Funktionsstruktur ergeben dann, daß wegen des geringen Durchmessers dieser Lichtleiter die geometrisch-optische Beschreibung nicht ausreicht und Moden-effekte optischer Wellenleiter eine wichtige Rolle spielen können. Das hat zur Folge, daß Formparameter des Wellenleiters wie Länge, Querschnitt, Form des Querschnitts, Zusammensetzung aus unterschiedlich absorbierenden Teilabschnitten oder Sektoren, Abstand zu Nachbarwellenleitern, von eminenter Bedeutung für die Funktion der Photorezeptoren sind.

Die Analyse der Funktionsstruktur von Photorezeptoren steht erst am Anfang. Nur die generellen Linien eines Verständnisses sind bisher erarbeitet. Die ganze Mannigfaltigkeit der photorezeptiven Strukturen im Tierreich und der Zusammenhang mit ihren jeweiligen spezifischen Leistungen werden noch wenig verstanden. Hier können die dargestellten Konzepte ein fruchtbarer Ausgangspunkt sein.

Literaturauswahl

Born, M., Wolf, E.: Principles of Optics. Oxford: Pergamon Press 1965.
Dartnall, H.J.A. (Ed.): Photochemistry of Vision. In: H. Autrum et al. (Eds.) Handbook of Sensory Physiology, Vol. VII/1. Berlin-Heidelberg-New York: Springer 1972.
Horridge, G.A. (Ed.): The compound eye and vision in insects. Oxford: Oxford University Press 1975.
Marcuse, D.: Theory of dielectric waveguides. New York: Academic Press 1973.
Snyder, A.W., Menzel, R. (Eds.): Photoreceptor Optics. Berlin-Heidelberg-New York: Springer 1975.

13.5. Photorezeption und ihre molekularen Grundlagen

HENNIG STIEVE

13.5.1. Einführung

Lichtsinneszellen arbeiten wie Dolmetscher, die den Lichtreiz in die Sprache des Nervensystems übersetzen. Lichtsinneszellen sind biologische Verstärker; das bedeutet, daß die Energie, die bei Erregung umgesetzt wird, nicht durch den Lichtreiz geliefert wird, sondern durch den Stoffwechsel der Zelle. Der Lichtreiz löst lediglich die Erregung aus und steuert den Energiefluß der Sehzelle, so wie die Dreharbeit an einem Wasserhahn den Wasserstrom steuert. Die Energie des Lichtreizes kann bei höchster Empfindlichkeit einer Sehzelle bis zu 10^{-6} fach geringer sein, als der durch diesen Reiz ausgelöste Energieumsatz der Zelle. Ein einziges Lichtquant reicht hier aus, um eine Sehzelle zu erregen. Bei höheren Lichtintensitäten ist die Empfindlichkeit der Sehzelle und damit die Energieverstärkung geringer.

Lichtsinneszellen sind so gebaut, daß sie für ihre Übersetzerfunktion besonders geeignet sind (Funktionsschema Abb. 13.60). Sie haben einen Abschnitt mit stark vergrößerter Membranoberfläche — bei den Stäbchen der Wirbeltiere das Außensegment — in den

Wirbeltier-Lichtsinneszelle (Stäbchen)

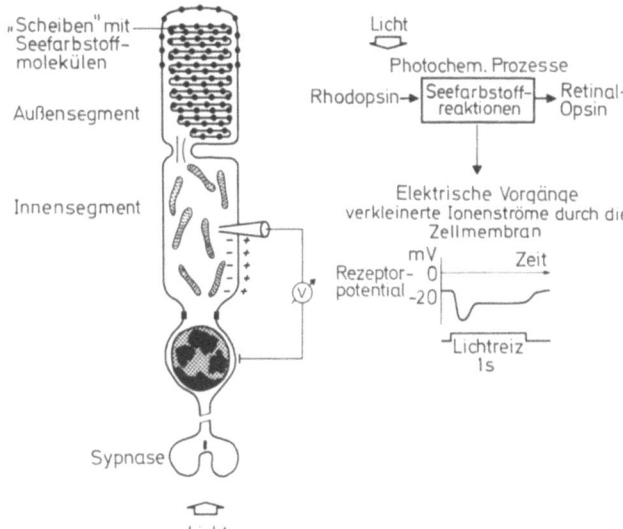

Abb. 13.60. Funktionsschema einer Sehzelle eines Wirbeltieres (z.B. Stäbchen eines Frosches). Ein Stäbchen eines Frosches ist etwa 80 μm lang, davon das Außensegment 30–40 μm. Sein Durchmesser beträgt 7–8 μm. Das Außensegment besteht im wesentlichen aus Membranen, die das Rhodopsin enthalten. Diese Membranen bilden sogenannte Disks, flache Doppelscheiben oder Säckchen, die übereinander gestapelt sind. Der Abstand von Diskmitte zu Diskmitte beträgt sehr regelmäßig etwa 30 nm. Ein Stäbchenaußensegment enthält etwa 1000 solcher Disks. Außen umhüllt ist es von der Außenmembran, die ebenfalls Rhodopsin enthält. Innensegment und Außensegment sind durch einen dünnen Hals, in dem sich eine Cilienstruktur befindet, verbunden

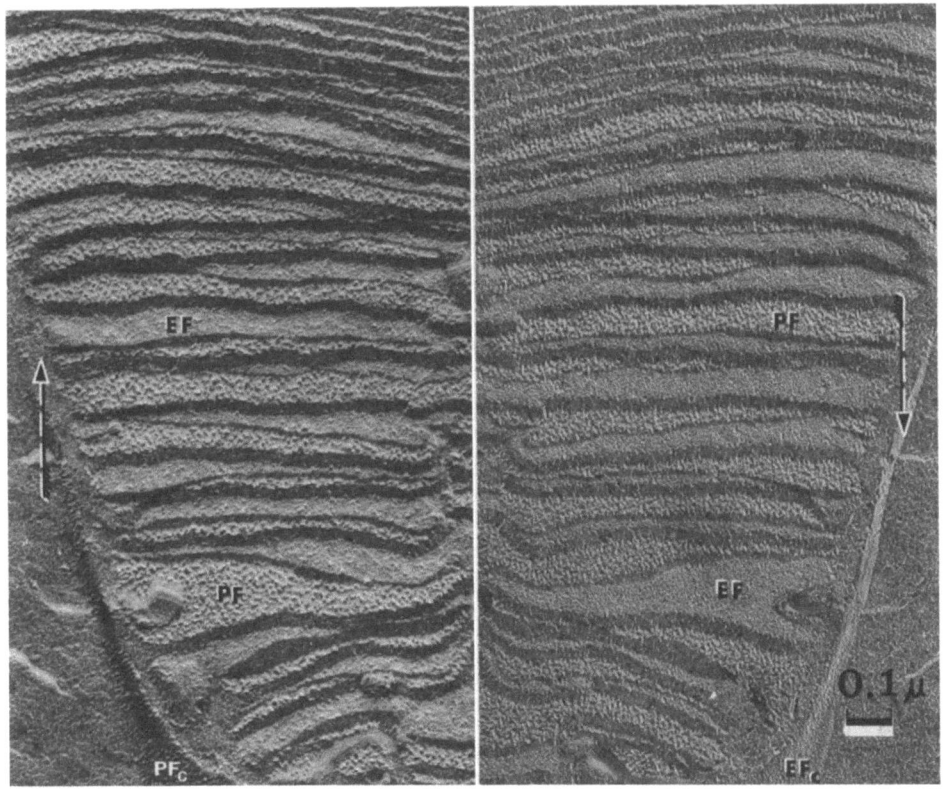

Abb. 13.61a u. b. Stäbchenaußensegment eines Kaninchens [elektronenmikroskopisches Bild eines Gefrierbruchs nach Yamamoto, T.Y. et al., Tohoku, J.: J. exp. Med. **113**, 313–317 (1974)]. Das Bild zeigt die Masken der beiden komplementären Bruchflächen eines Schrägbruchs durch ein Außensegment. Der Bruch führt treppenartig unterschiedlich lange durch die Mitte der Diskmembran. Dadurch entstehen zwei innere Membranflächen: Die PF-Fläche ist auf den Intradiskraum zu gerichtet und enthält dicht gepackt Partikel von etwa 10 nm Durchmesser (Rhodopsin?). Die EF-Fläche, die auf den Interdiskraum zu gerichtet ist, ist viel glatter. Der Pfeil gibt die Beschattungsrichtung an, PF_c und EF_c die Bruchflächen der das Außensegment umhüllenden Zellmembran

484 Photobiophysik

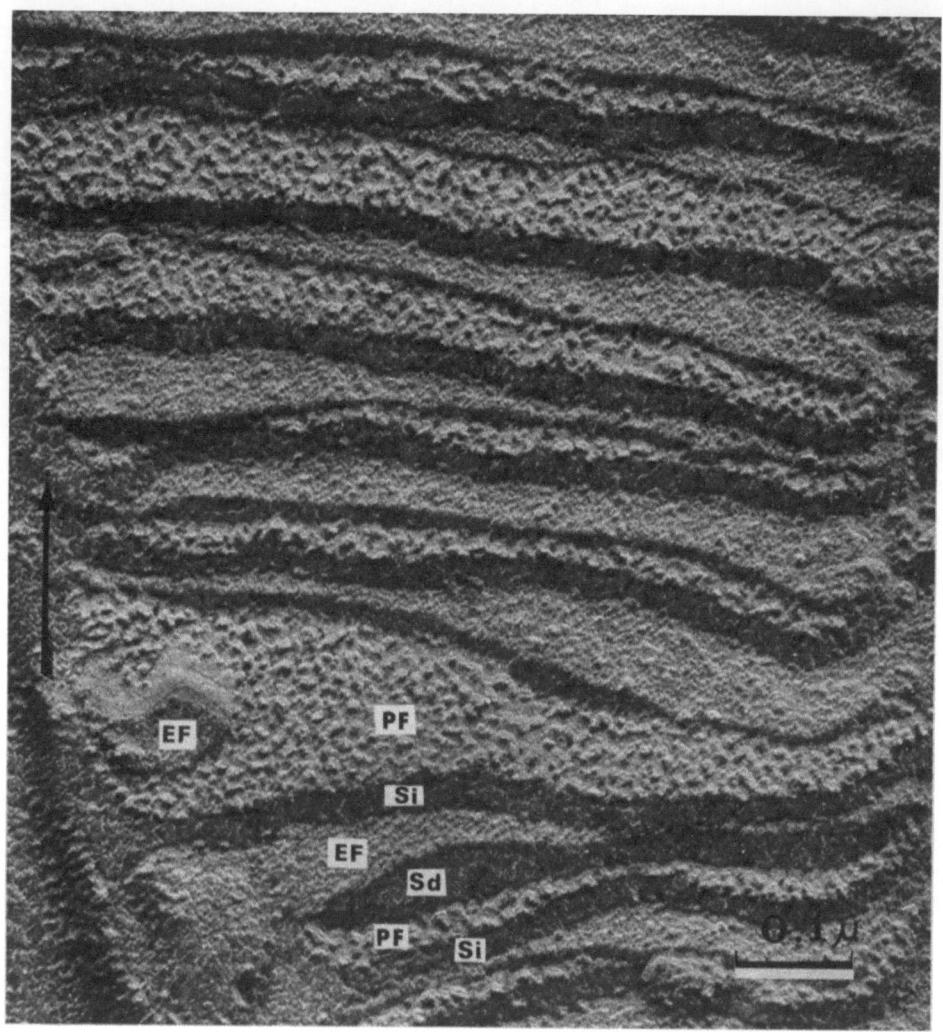

Abb. 13.61c. Eine stärkere Vergrößerung des angegebenen Ausschnittes (Abb. 13.61a). S_i intrazellulärer Interdiskraum; S_d Disklumen

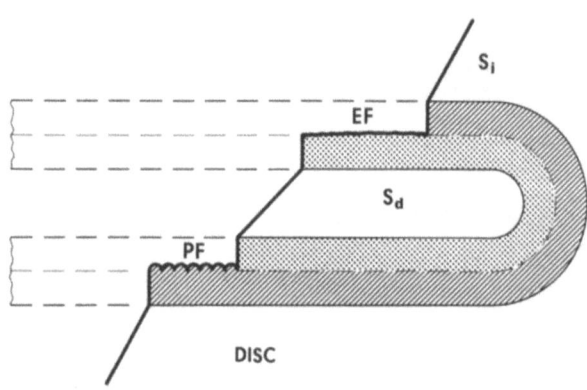

Abb. 13.61 d. Schema

der Sehfarbstoff, das Rhodopsin, eingelagert ist. Dieser Abschnitt wirkt als Antenne, die die Photonen einfängt. Abbildung 13.61 zeigt die Gefrierätzung eines Stäbchenaußensegments, das im wesentlichen aus Membranen besteht, die Rhodopsin enthalten. Diese Membranen bilden zahlreiche sogenannte Disks, flache Doppelscheiben oder Säckchen, die übereinander gestapelt sind. Das Innensegment (Abb. 13.60), in dem sich der überwiegende Teil des Stoffwechsels dieser Sehzelle abspielt, enthält vor allem sehr viele Mitochondrien. Es folgt dann der Zellabschnitt mit dem Zellkern und einem längeren Nervenfortsatz, der zur Synapse führt, durch die das Stäbchen mit den folgenden Nervenzellen verbunden ist.

Eine Reihe wichtiger Fragen für das Verständnis des Sehprozesses läßt sich besonders günstig an Lichtsinneszellen von wirbellosen Tieren, z.B. Insekten, Krebsen oder Tintenfischen untersuchen, deren Funktionsschema in Abb. 13.62 dargestellt ist. Bei Sehzellen wirbelloser Tiere, wie den Retinulazellen aus dem Krebsauge, wird die Vergrößerung des Membranabschnittes, der den Sehfarbstoff enthält, im typischen Fall durch viele lange, fingerförmige Ausstülpungen der Oberflächenmembran erreicht. Diese sog. Mikrovilli bilden regelmäßig nebeneinander gelagert das Rhabdomer bzw. Rhabdom. Die Gestalt der Sehzellen kann sehr unterschiedlich sein. Abbildung 13.63 zeigt Gefrierätzungen von Ausschnitten aus dem Rhabdom eines Flußkrebses.

Wenn von einem Rhodopsinmolekül ein Photon absorbiert wird, so wird dadurch eine Veränderung des Rhodopsinmoleküls ausgelöst, die schließlich zu einer

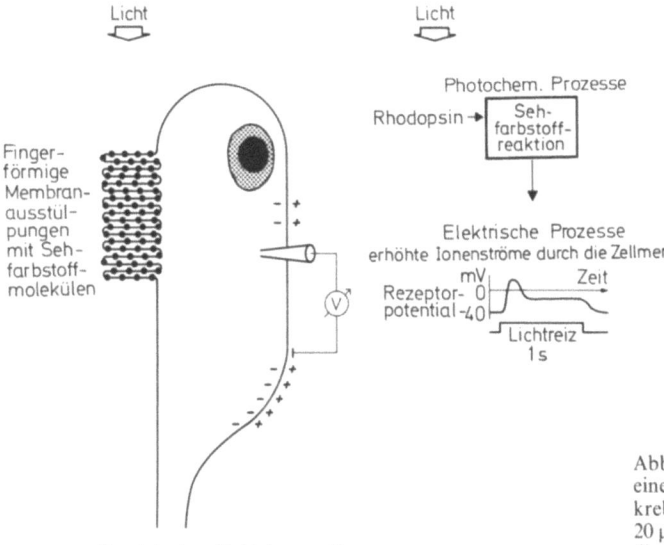

Abb. 13.62. Funktionsschema einer Sehzelle eines Wirbellosen (z. B. eine Retinulazelle eines Flußkrebses). Eine Retinulazelle eines Flußkrebses ist etwa 200 µm lang; ihr größter Durchmesser beträgt 10–20 µm. Sie besitzt etwa 10^5, im Mittel etwa 5 µm lange Mikrovilli; diese vergrößern die Oberfläche der Sehzelle mehr als 10fach

vorübergehenden Veränderung der elektrischen Spannung über der Zellmembran führt. Dieses Signal, ein Spannungsimpuls, wird Rezeptorpotential genannt. Die elektrische Reizantwort ist um so größer, je höher die Intensität des Lichtreizes ist. Das Rezeptorpotential wird an der Synapse ausgewertet und schließlich in eine Folge von Nervenimpulsen einer Nervenfaser, die zum Gehirn führt, übersetzt.

Im Prinzip ist eine Photorezeptorzelle ein empfindliches Zählgerät für Lichtquanten. Der Meßbereich einer Lichtsinneszelle umspannt bis zu fünf Zehnerpotenzen. Eine Lichtsinneszelle kann ihren Meßbereich an die vorhandene Helligkeit anpassen. Sie kann dazu ihre Empfindlichkeit gegenüber der Höchstempfindlichkeit bis zu 10^{-5}fach verringern (Adaptation). Bei einem mittleren Adaptationsniveau ist für eine halbmaximale elektrische Reizantwort die Ladungsverstärkung etwa 10^5fach, d.h. das Rezeptorpotential hat eine Größe, die dem Durchtritt von etwa 10^5 Elementarladungen (z.B. einwertigen Ionen) durch die Zellmembran pro vom Sehfarbstoff absorbiertem Lichtquant entspricht.

Zwei Arten von Vorgängen sind für die Transduktion von Lichtreiz in Erregung von Lichtsinneszellen vor allem wichtig und einer Untersuchung zugänglich: (a) Durch die Lichtabsorption ausgelöste Sehfarbstoffreaktionen und (b) durch diese in Gang gesetzte Membranprozesse, die die elektrochemischen Eigenschaften der Sehzellmembran verändern.

Im folgenden soll an wenigen Beispielen der Stand unserer Kenntnisse der Biophysik der Photorezeption geschildert werden. Die Darstellung soll sich weitgehend auf Sehstäbchen einiger Wirbeltiere (vor allem Rind und Frosch) und Sehzellen einiger Wirbelloser (Gliedertiere) beschränken. Bei diesen Objekten ist bisher die Untersuchung am weitesten fortgeschritten. Wie weit die Befunde zu verallgemeinern sind, läßt sich vielfach noch nicht abschätzen.

13.5.2. Der Aufbau der Sehzellmembran

Da Stäbchenaußensegmente (vgl. Abb. 13.61) ganz überwiegend aus Sehzellmembranen bestehen, kann man an ihnen die biochemischen Eigenschaften dieses spezialisierten Membrantyps gut untersuchen. Stäbchenaußensegmente von Wirbeltieren lassen sich relativ gut isolieren und reinigen.

13.5.2.1. Zusammensetzung der Diskmembran

Etwa die Hälfte der Trockensubstanz des Stäbchenaußensegments sind Lipide, davon 80–90% Phospholipide (hauptsächlich Phosphatidylcholin (PC) und Phophatidyläthanolamin (PE) und relativ wenig (3–8%) Cholesterin. Etwa die Hälfte der Fettsäuren dieser Lipide sind mehrfach ungesättigt. Daher ist die Lipidphase der Diskmembran flüssig; die Temperatur der Phasenumwandlung für die Diskmembran des Frosches ist etwa $-25°$ C.

Etwa 40% der Trockensubstanz des Stäbchenaußensegments besteht aus Proteinen; von diesen macht der Sehfarbstoff Rhodopsin den größten Teil (80–90%) aus. Von den übrigen Proteinen überwiegen solche mit relativ hohem Molekulargewicht von etwa 50000 bis 200000.

Im Stäbchenaußensegment finden sich verschiedene enzymatische Aktivitäten: Alkoholdehydrogenase, Protein-Kinase (phosphatübertragendes Enzym), Guanylat- und Adenylat-Cyclase, Phosphodiesterase, Calcium- und Magnesium-abhängige ATPase und 5'-Nucleotidase. Nicht sicher erwiesen ist das Vorhandensein von Natrium- und Kalium-aktivierbarer ATPase.

Mindestens 2–4% der Trockensubstanz des Stäbchenaußensegments sind Kohlenhydrate, davon ist etwa $\frac{1}{4}$ an Rhodopsin gebunden, ein anderer Teil ist

486 Photobiophysik

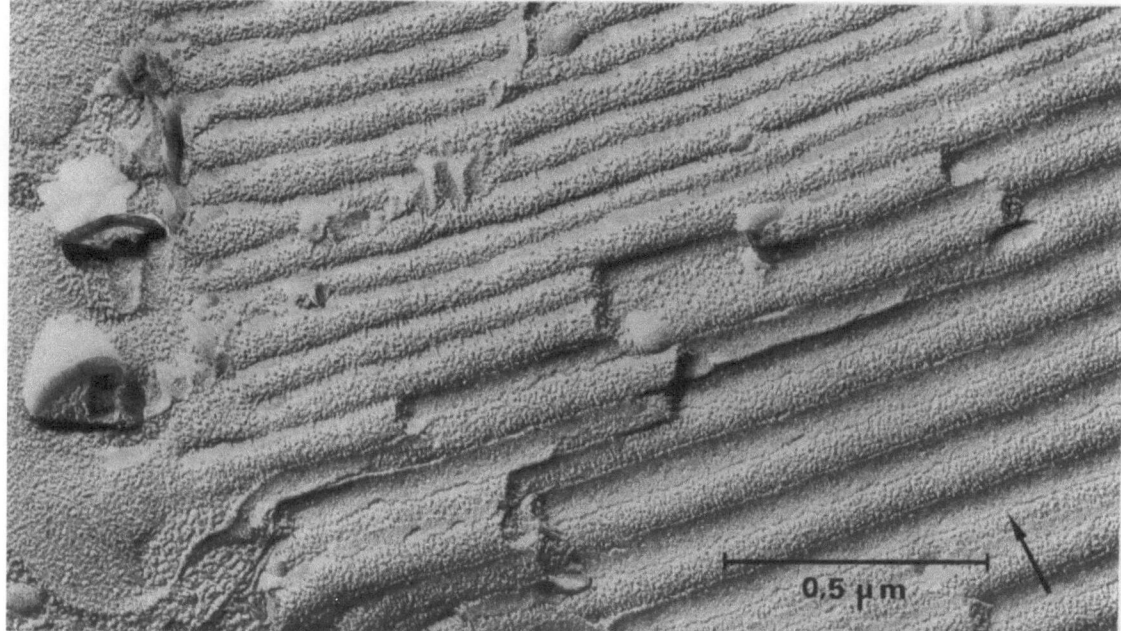

Abb. 13.63a u. b. Zwei Ausschnitte aus dem Rhabdom von Flußkrebs-Sehzellen (elektronenmikroskopisches Bild von Gefrierätzungen, Original Carla Ruska). Man erkennt die langgestreckten, etwa 70 nm dicken Mikrovilli; Abb. 13.63a zeigt einen Längsbruch. Auf der linken Seite sieht man den Übergangsbereich zwischen der Sehzelle und den von ihr ausgestülpten Mikrovilli. Auf der PF-Oberfläche erkennt man Partikel (Rhodopsin?). In Abb. 13.63b sind eine große Zahl von Mikrovilli quer gebrochen. Man erkennt die außerordentlich dichte Packung. Der Pfeil gibt die Beschattungsrichtung an

Bestandteil von Glykolipiden, der Rest besteht vor allem aus wasserlöslichen Polysacchariden.

13.5.2.2. Rhodopsin

Rhodopsin ist ein membrangebundenes Chromoprotein, über dessen Aufbau noch relativ wenig bekannt ist. Es besteht aus einer Farbstoffkomponente, einer Polypeptidkette und einer kurzen Kette aus sechs Zuckermolekülen (3 Glukosamin, 3 Mannose). In Wasser ist Rhodopsin unlöslich. Nur bei Verwendung von Detergentien, welche die Lösungsbedingungen der Lipidphase in gewissem Umfange nachahmen, kann es aus der Membran herausgelöst und von Lipiden und anderen Proteinen getrennt werden. Jedes Rhodopsinmolekül wird dabei in weiten Bereichen von einer Hülle von Detergensmolekülen umgeben. Dadurch ändert das Rhodopsin etwas seine Struktur und seine Eigenschaften in Abhängigkeit von der Art des Detergens. Die Lipide sind kein fester Bestandteil des Rhodopsins, doch sind die Membranlipide einflußreiche Nachbarn, die die Eigenschaften des Rhodopsins in der Membran stark mitbestimmen. Das Zahlenverhältnis von Rhodopsinmolekülen zu Phospholipidmolekülen im Stäbchenaußensegment des Frosches ist etwa 1:90.

Manche wichtigen Funktionen des Rhodopsins hängen davon ab, ob sich das Rhodopsinmolekül in seiner natürlichen Lipidnachbarschaft befindet. Lipid- und Detergens-freies Rhodopsin ist nicht durch Licht ausbleichbar. Nur in solcher Lipidnachbarschaft, durch die die molekulare Beweglichkeit des Rhodopsinmoleküls eingeschränkt ist, ist eine Regeneration des ausgebleichten Rhodopsins möglich.

Für das Molekulargewicht des Rinderrhodopsins wurden Werte zwischen 27000 und 40000 angegeben, wobei jetzt ein Wert bei 35000–38000 als wahrscheinlich richtig gilt. Danach enthielte die Polypeptidkette etwa 350 Aminosäuren. Die Aminosäuresequenz ist noch nicht aufgeklärt.

Rhodopsin aus Stäbchenaußensegmenten von Rinderaugen zeigt ein Absorptionsspektrum, wie es in Abb. 13.64 (durchgezogene Linie) dargestellt ist. Rhodopsin ist rot und hat ein Absorptionsmaximum bei etwa 500 nm. Die chromophore Komponente ist Retinal, der Aldehyd des Vitamin A_1. Der übrige Teil des Moleküls, die Polypeptidkette mit dem Zuckerrest, wird als Opsin bezeichnet. Das Retinal liegt im Rhodopsinmolekül in der 11-cis-Form vor. Das 11-cis Retinal läßt sich rein gewinnen und kristallisieren, und seine Struktur im kristallinen Zustand bestimmen. Diese ist in der Abb. 13.65 dargestellt. Reines Retinal ist gelb. Es hat ein starkes Absorptionsmaximum im nahen Ultraviolett (etwa 370 nm, Abb. 13.64). Opsin allein ist für uns farblos (λ_{max} etwa 280 nm, Abb. 13.64).

Das 11-cis Retinal ist im Rhodopsin in Form einer Schiffschen Base an eine Aminosäure (L-Lysin) der Peptidkette gebunden. Durch die Verbindung von Opsin mit Retinal wird also eine Rotverschiebung des Absorptionsmaximums um etwa 130 nm verursacht. Die Gründe für diese starke Farbverschiebung sind noch nicht ganz aufgeklärt. Die Schiffsche Base von 11-cis Retinal mit L-Lysin hat ein Absorptionsmaximum bei 359 nm in der unprotonierten und bei 448 nm in der protonierten Form. Die darüber hinausgehende Rotverschiebung kommt durch Wechselwirkung des Retinals mit dem Opsinmolekül zustande. Wahrscheinlich ist die Schiffsche Base im Rhodopsinmolekül protoniert.

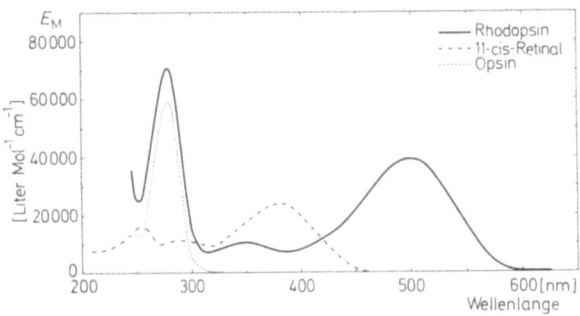

Abb. 13.64. Absorptionsspektrum von mit Hilfe des Detergens CTAB gelöstem Rinderrhodopsin (dicke durchgezogene Linie) und von seinen beiden Komponenten 11-cis Retinal (gestrichelte Linie) und Opsin. [Nach Shichi, H.: Biochemistry **9**, 1973–1977 (1970); Sperling, W., Rafferty, Ch. N.: Nature **224**, 591–594 (1968)]

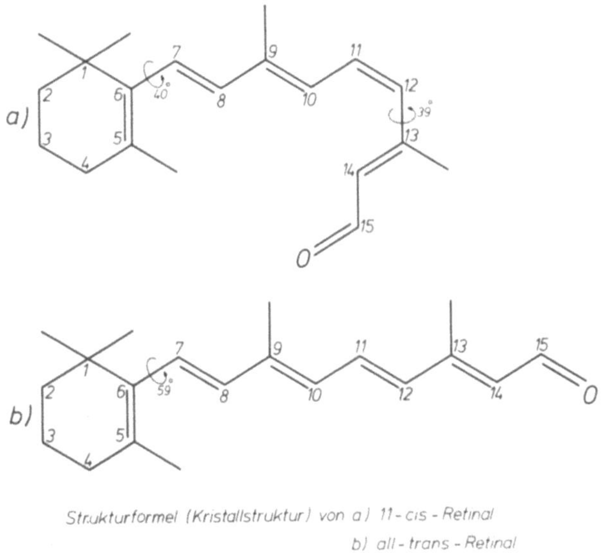

Abb. 13.65. Strukturformel des Retinals. a) 11-cis Retinal, b) all-trans Retinal. [Nach Sperling, W.: Biochemistry and physiology of visual pigments (H. Langer, Ed.). Berlin-Heidelberg-New York: Springer 1973]

tralen Extinktionskurve unterscheiden. Eine Gruppe naher Rhodopsin-Verwandter, die ebenfalls bei Wirbeltieren vorkommen, sind die sogenannten Porphyropsine, die als chromophore Gruppe das 11-cis-3-Dehydroretinal (den Aldehyd des Vitamin A_2) enthalten. Die Bakterienart *Halobacterium halobium* besitzt ein Rhodopsin-artiges Chromoprotein, Bacteriorhodopsin. Dieses enthält als chromophore Gruppe all-trans bzw. 13-cis-Retinal. Das Molekulargewicht ist etwa halb so groß wie das des Rinderrhodopsins.

13.5.2.3. Andere Rhodopsine

Es gibt eine große Anzahl verschiedener Rhodopsine von Wirbeltieren und Wirbellosen, die alle den gleichen Chromophor 11-cis Retinal, aber verschiedene Opsinanteile haben und die sich in ihrem Absorptionsmaximum bei sonst ähnlichem Verlauf der spek-

13.5.2.4. Entstehung und Erneuerung der Diskmembran

Die Membranbausteine, Proteine, Kohlenhydrate und vermutlich auch Lipide werden im Innensegment des Stäbchens synthetisiert und anschließend zum Außensegment transportiert. Retinal wird vermutlich erst im

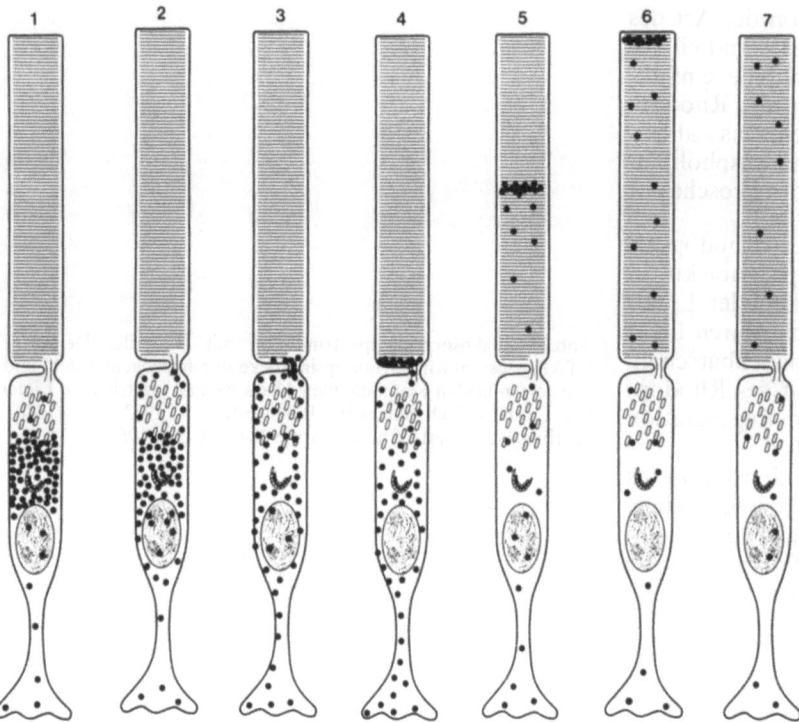

Abb. 13.66. Einbau von neugebildetem Protein in Sehstäbchen des Frosches. Radioaktiv markierte Aminosäuren werden an den Ribosomen im Innensegment der Sehzellen in neugebildete Proteine, u.a. in Rhodopsin, eingebaut. Neugebildetes Protein zeigt sich zunächst am Syntheseort im Innensegment (1), nachdem es durch den Golgi-Komplex transportiert wurde (2), gelangt ein Teil des Proteins nach proximal in die synaptische Region der Zelle, wo es allmählich verbraucht wird. Der größere Teil des markierten Proteins nimmt seinen Weg durch das Cilium (3) und reichert sich in einem Band an der Basis des Außensegments an (4). Dieses Band bewegt sich im Laufe von über 50 Tagen (5, 6) durch das Außensegment bis zu dessen freien Ende, wo es verschwindet (7) und vom Pigmentepithel aufgenommen wird. [Nach Young, R. W.: Sci. Amer. **223**, 80 (1970)]

Außensegment an Opsin gebunden. Es gelangt wahrscheinlich aus dem Pigmentepithel direkt in das Außensegment.

Im Außensegment werden die Membranbausteine an Wachstumsregionen der Außenmembran so angelagert, daß neue Disks als Einfaltung der Außenmembran entstehen (Abb. 13.66). Während des ganzen Lebens werden Disks am Basalende des Stäbchenaußensegments neu gebildet; im Stäbchen des Frosches z. B. entsteht alle 40 min ein neuer Disk. Am freien Ende des Außensegments werden ebenso häufig alte Disks abgestoßen und vom Pigmentepithel, das dem Außensegment dicht anliegt, aufgenommen und abgebaut. Durch diesen Vorgang entfernt sich ein gebildeter Disk mehr und mehr vom Entstehungsort an der Basis und gelangt schließlich (beim Frosch nach über 50 Tagen, bei der Ratte nach 7–9 Tagen) an das freie Ende des Außensegments, wo er abgegeben wird.

Daneben gibt es einen Erneuerungsvorgang der Diskmembran durch molekularen Ersatz. Hier werden neue Moleküle diffus verstreut an verschiedenen Stellen des gesamten Außensegments eingebaut.

13.5.2.5. Die Struktur der Diskmembran

Die molekulare Struktur der Diskmembran ist noch nicht genau bekannt. Bisher lassen sich folgende Aussagen machen:

a) Die Grundstruktur der Diskmembran besteht höchstwahrscheinlich aus einer durchgehenden Lipid-Doppelschicht. Dabei sind die Längsachsen der Lipidmoleküle senkrecht zur Membranfläche orientiert und die hydrophoben Reste gegeneinander gerichtet. Die Dicke dieser Schicht beträgt 3–4 nm. Sie erscheint in der Elektronen-Dichteverteilung einer Röntgenkleinwinkelbeugung durch Stäbchenaußensegmente (Abb. 13.67) dünner, vermutlich da angrenzende Proteine in die Lipidschicht hineinragen.

b) Der Querschnitt der Diskmembran ist asymmetrisch. Die Innenseite besitzt eine etwas höhere Elektronendichte als die Außenseite (Abb. 13.67). Dies ist vermutlich durch eine asymmetrische Anordnung der Membranproteine verursacht.

c) Auch in der Fläche der Diskmembran findet sich eine regelmäßige Struktur (Periodenlänge 5–8 nm). Gefrierätzungen der nativen Diskmembran zeigen von der Fläche her gesehen Vorwölbungen von einem Durchmesser von 4–5 nm, die vermutlich durch Rhodopsinmoleküle verursacht sind (Abb. 13.61).

Abbildung 13.67 faßt die bekannten Strukturmerkmale, wie sie aus elektronenmikroskopischen Untersuchungen und Röntgenkleinwinkelbeugung gewonnen sind, zusammen.

Die *Gestalt des Rhodopsinmoleküls* in der Diskmembran ist noch nicht bekannt. Wenn es kugelig ist, sollte es einen Durchmesser von etwa 4–5 mm haben. Wahrscheinlicher ist, daß es langgestreckt ist und eine Länge von etwa 7,5 nm hat.

Rhodopsin ist so in die Diskmembran eingelagert, daß ein Teil des Moleküls (etwa $1/3$) mit dem Kohlenhydratrest von der Diskaußenseite zugänglich ist. Die Seite des Moleküls, an der das Retinal gebunden ist, befindet sich entweder im Inneren der Lipidschicht oder an der Diskinnenseite. Aus Messungen des Dichroismus des Stäbchenaußensegmentes folgt, daß die Längsachse (d.h. die Achse des Übergangsmoments) des im Rhodopsinmolekül gebundenen Retinals paral-

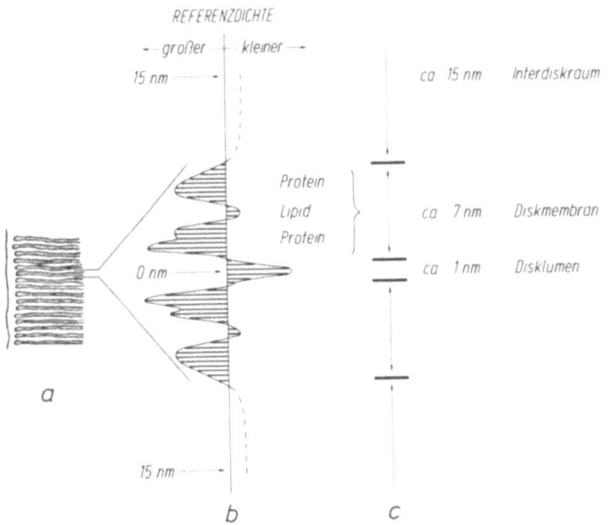

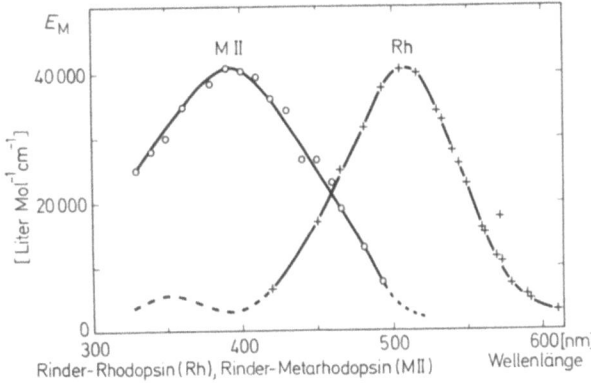

Abb. 13.68. Absorptionsspektrum von Rinder-Rhodopsin (Rh) und dem einige Millisekunden nach der Lichtabsorption auftretenden Metarhodopsin II (MII). [Aus Nöll, G.: Dissertation, TH Aachen 1974]

Abb. 13.67. Die Struktur der Diskmembran nach Messungen der Elektronendichteverteilung durch Röntgenkleinwinkelbeugung an Stäbchenaußensegmenten von Frosch und Rind. (a) Ausschnitt aus einem Dünnschnitt durch ein Stäbchenaußensegment nach elektronenmikroskopischen Aufnahmen. (b) Elektronendichteverteilung eines Querschnittes durch einen Disk (bezogen auf eine Referenzdichte). (c) Die Dimension der Schichten eines Disks und des Interdisk-Raums. Der Abstand von Diskmittelpunkt zu Diskmittelpunkt beträgt etwa 30 nm. Die höhere Dichte ist auf Protein, die geringere auf Lipid bzw. Zellflüssigkeit zurückzuführen. [Nach Blasie, J. K.: Biophys. J. **12**, 191–204 (1972); Blaurock, A. E., Wilkens, M. H. F.: Nature **236**, 313—314 (1972); Chabre, M.: Biochim. Biophys. Acta **382**, 336—343 (1975); Kreutz, W.: Angew. Chem. **11**, 551—567 (1972); Worthington, C. R.: Ann. Rev. Biophys. Bioeng. **3**, 53—80 (1974)]

lel zur Diskebene orientiert ist. Vermutlich reicht das Rhodopsinmolekül durch die Diskmembran hindurch. Bisher gibt es keine überzeugenden Hinweise darauf, daß das Rhodopsinmolekül nicht monomer, sondern z. B. als Dimer oder Tetramer vorliegt; hingegen sprechen die Ergebnisse der Messung von Rotationsbewegungen der Rhodopsinmoleküle (s. u.) eher dafür, daß diese in der Diskmembran als Monomere vorliegen. Auch läßt sich noch nichts darüber aussagen, wo die restlichen Proteine (10–20% des Gesamtproteingehalts) im Stäbchenaußensegment untergebracht sind.

Durch Belichtung werden kleine langsame Änderungen im durch Röntgenkleinwinkelbeugung gemessenen Dichteprofil des Diskquerschnittes hervorgerufen. Sie sind noch nicht eindeutig interpretierbar. Blasie (1972) deutete sie als tieferes Einsinken der kugeligen Rhodopsinmoleküle in die Lipidphase nach Belichtung, doch zeigen sie im Gegenteil eine leichte Verlagerung der Rhodopsinmoleküle (oder Teilen von diesen) nach außen an (Chabre, 1975).

In der lebenden Diskmembran sind die Rhodopsinmoleküle beweglich und führen Brownsche Molekularbewegungen aus. Sie können dadurch in der Membranfläche über weite Strecken diffundieren. Die Rotationsbeweglichkeit der Rhodopsinmoleküle ist beschränkt. Es konnten nur Rotationen um Achsen senkrecht zur Diskfläche nachgewiesen werden. Die Lipidphase der Diskmembran ist nach diesen Messungen relativ dünnflüssig. Es läßt sich für die Viskosität der Lipidphase eine untere Grenze von 2 Poise (der Wert von Olivenöl) angeben. Vermutlich ist das Rhodopsin in der Mikrovillus-Membran der Sehzelle wirbelloser Tiere weniger beweglich. Bacteriorhodopsin ist in der Purpurmembran von *Halobacterium* unbeweglich.

13.5.3. Die Reaktionen des Rhodopsins

Rhodopsin ist lichtempfindlich. Belichtet man Rinder-Rhodopsin mit einem Lichtblitz, so löst man eine Folge von Veränderungen des Rhodopsinmoleküls aus. Nach etwa 20 ms z. B. kann man das in Abb. 13.68 dargestellte gegenüber dem Ausgangszustand veränderte Absorptionsspektrum messen (Kurve M II). Die Veränderung des Absorptionsspektrums zeigt eine stereochemische Veränderung des Rhodopsinmoleküls an, die durch die Belichtung hervorgerufen wurde. Eine der bei diesem Vorgang erfolgenden Veränderungen ist die Stereoisomerisierung des Retinals von der 11-cis-Form in die all-trans-Form.

Mit rascheren kinetischen Meßmethoden zeigt sich, daß durch die Absorption eines Lichtquants eine ganze Reihe von schrittweise aufeinanderfolgenden Veränderungen des Rhodopsinmoleküls ausgelöst wird, die in Abb. 13.69 schematisch dargestellt ist. Auf die Absorption des Photons hin verändert sich das Rhodopsinmolekül mit einer Quantenausbeute von etwa 0.65 in einer Lichtreaktion innerhalb von höchstens 2 Picosekunden zu einem Prälumirhodopsin (Bathorhodopsin) genannten Zustand, der anschließend eine Kaskade von Dunkelreaktionen durchläuft. Die in Abb. 13.69 dargestellten Zwischenstufen dieser Rhodopsinveränderung sind alle spektroskopisch charakterisierbare und isolierbare Substanzen von unterschiedlichen chemischen Eigenschaften. Die Kurven im unteren Teil der Abbildung sollen ungefähr den Zeitverlauf des Entstehens und Verschwindens der verschiedenen Zwischenzustände des Rhodopsins dar-

490 Photobiophysik

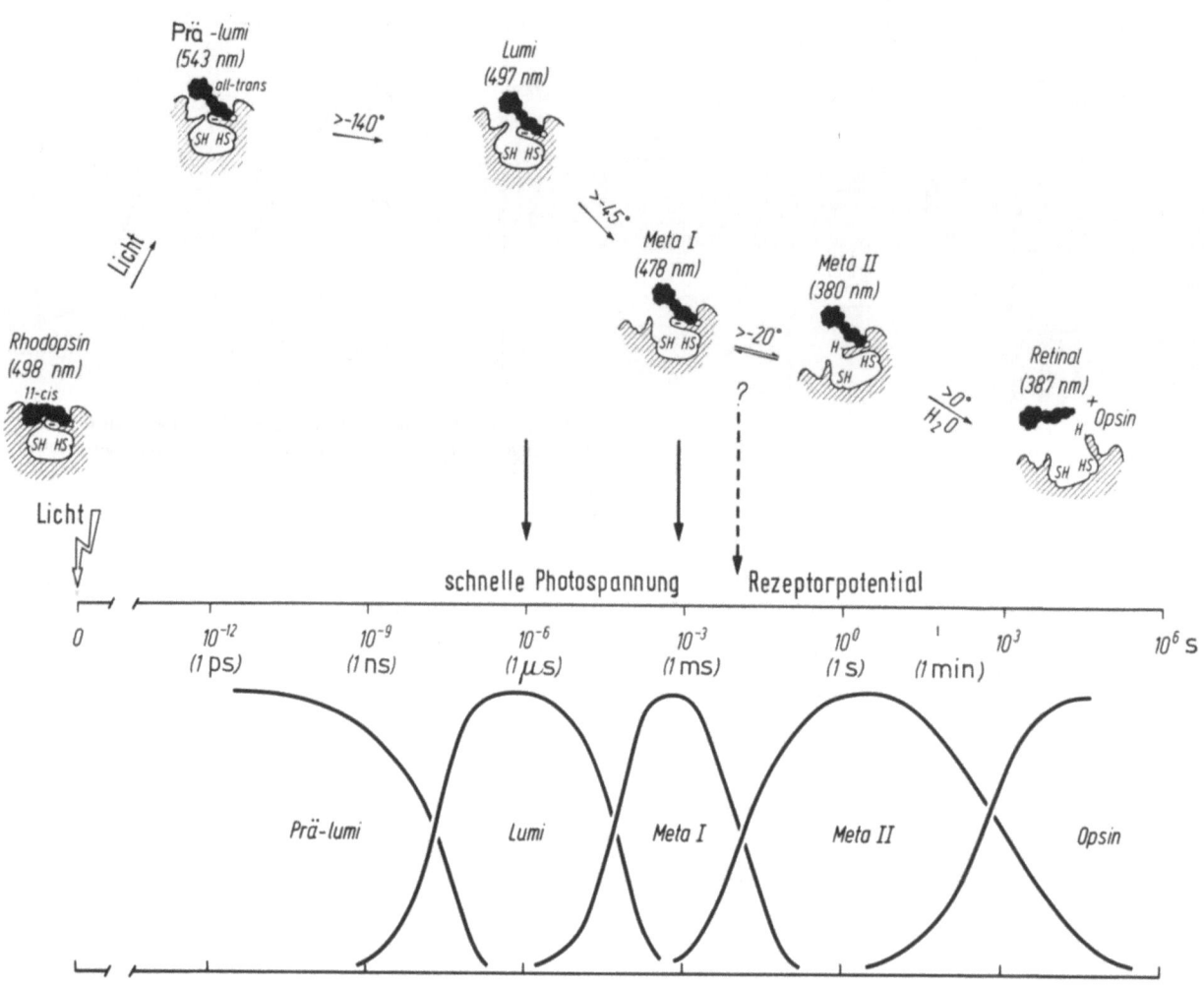

Abb. 13.69. Schema der auf die Lichtabsorption folgenden Sehfarbstoffreaktionsschritte (Rinder-Rhodopsin). Der erste Schritt ist eine (photochemische) Lichtreaktion. Auf ihn folgt eine Kaskade von thermischen Dunkelreaktionen. Die Zeitskala gibt ungefähr an, wann nach der Absorption des Lichtquants bei Zimmertemperatur das jeweilige Zwischenprodukt entstanden ist. Außerdem sind die Absorptionsmaxima der Zwischenprodukte angegeben und die Temperaturen, oberhalb derer die einzelnen Reaktionsschritte ablaufen. Die Veränderung des Rhodopsinmoleküls bei den Reaktionen Lumirhodopsin→Metarhodopsin I→Metarhodopsin II erzeugen die beiden Komponenten S_1 und S_2 der schnellen Photospannung (early receptor potential). Durch die Reaktion von Metarhodopsin I nach Metarhodopsin II verliert das Rinderrhodopsin seine Farbe. Der Beginn des Rezeptorpotentials folgt zeitlich der Bildung von Metarhodopsin II. Die Kurven unter der Zeitskala geben den ungefähren Zeitverlauf der Entstehung und des Verschwindens der einzelnen Rhodopsinzwischenstufen an. Die Bildung des Prälumirhodopsins konnte bisher zeitlich noch nicht aufgelöst werden; all-trans Retinal/Opsin-Gemisch reagiert spontan nicht mehr weiter. Die Schemazeichnungen geben die Waldsche Vorstellung vom molekularen Mechanismus der Rhodopsinreaktionen wieder. [Daten aus verschiedenen Quellen]

stellen. Im Laufe dieser Reaktionen treten folgende Veränderungen am Rhodopsinmolekül auf:

1. Eine Stereoisomerisierung des Retinal von 11-cis- zur all-trans-Form.
2. Chemisch nachweisbare Veränderungen am Proteinanteil:

a) Im Verlaufe des Reaktionsschritts von Metarhodopsin I nach Metarhodopsin II wird eine (oder mehr als eine) Protonen-bindende Gruppe exponiert.

b) Eine (oder je nach Reaktionsbedingungen mehr als eine) vorher verborgene SH-Gruppe wird einer chemischen Titration zugänglich.

3. Beim Übergang von Lumirhodopsin zu Metarhodopsin I und von Metarhodopsin I zu Metarhodopsin II treten die beiden Komponenten der sogenannten schnellen Photospannung (early receptor potential) auf, von denen vermutet wird, daß sie durch Veränderung des Dipolmoments des Rhodopsinmoleküls verursacht werden. Jedoch folgt aus Messungen des Zirkulardichroismus der Peptidbanden, die keine nennenswerten Hinweise auf Konformationsänderungen ergaben, daß im Verlaufe des Übergangs von Rhodopsin zu Metarhodopsin II keine größeren Helix-Knäuelumwandlungen stattfinden.

4. Als letzter Schritt dieser Dunkelreaktionsfolge wird einige Minuten nach Lichtabsorption all-trans Retinal vom Opsin durch Hydrolyse abgespalten. Das dabei entstehende Opsin/all-trans Retinal-Gemisch allein reagiert spontan nicht weiter.

Nach der Vorstellung von Wald (1968) (vgl. Schemazeichnungen in Abb. 13.69) ist der erste Reaktionsschritt, der durch die Lichtabsorption verursacht wird, die Photo-Stereoisomerisierung des Retinals; die weiteren Schritte beruhen auf Änderungen der Konformation des Proteinanteils. Heute gilt es als sicher, daß die Stereoisomerisierung des Retinals zur all-trans-Form spätestens beim Übergang von Prälumirhodopsin (Bathorhodopsin) zu Lumirhodopsin erfolgt ist.

Nach der Abspaltung des all-trans Retinals von Opsin kann wieder funktionsfähiges Rhodopsin regeneriert werden, wenn aus dem Stoffwechsel 11-cis Retinal zur Verfügung gestellt wird. Dieses verbindet sich spontan mit dem Opsin, das daraufhin in seinen ursprünglichen Zustand übergeht. Diese metabolische Regeneration des Rhodopsins nach Belichtung erfolgt im Wirbeltierauge mit einer Halbwertszeit von 5–30 min. Von allen Belichtungsprodukten des Rhodopsins vor der Abspaltung des Retinals kann durch Absorption eines weiteren Lichtquants eine Rückverwandlung in Rhodopsin verursacht werden (s. u.).

Einer der Reaktionsschritte in der Kaskade der Rhodopsinreaktionen nach der Lichtabsorption löst, auf noch weitgehend unbekanntem Wege, eine Veränderung der Membraneigenschaften der Sehzellmembran aus, die das Rezeptorpotential zur Folge hat. Sicher liegt dieser auslösende Schritt vor der Abspaltung des Retinals, die nicht bei allen Tierarten auftritt und zeitlich zu spät — erst nach Beginn des Rezeptorpotentials — erfolgt. Vermutlich sind es Änderungen der Eigenschaften des Proteinanteils des Rhodopsins, die die weiterfolgenden Erregungen in Gang setzen. Heute wird vielfach die Reaktion von Metarhodopsin I nach Metarhodopsin II als wahrscheinlichster Kandidat für den Reaktionsschritt, an den die folgenden Erregungsschritte angekoppelt sind, angesehen. Bei ihm erfolgt wahrscheinlich die stärkste Änderung des Dipolmoments des Rhodopsins, außerdem werden bei diesem Reaktionsschritt vom Rhodopsinmolekül Protonen gebunden.

Bei Wirbellosen und bei *Halobacterium* wird das Retinal nicht infolge der Belichtung des Rhodopsins vom Opsin abgespalten. Die Rhodopsinbelichtung führt bei *Halobacterium* in einer cyclischen Reaktionsfolge (mit einer Halbwertszeit von 5–10 ms) spontan wieder zum Ausgangszustand Rhodopsin zurück.

Bei Mollusken und Gliedertieren endet die lichtinduzierte Rhodopsin-Reaktionsfolge mit einem thermostabilen Photoprodukt Metarhodopsin (das all-trans Retinal enthält). Dieses kann durch Absorption eines weiteren Photons über 11-cis Metarhodopsin zu Rhodopsin zurückverwandelt werden. Eine Erregung wird jedoch nur bei der Umwandlung in der Richtung von Rhodopsin zu Metarhodopsin ausgelöst. In den Sehzellen von Insekten findet vermutlich keine oder eine sehr langsame metabolische Regeneration von Rhodopsin aus thermostabilem Metarhodopsin statt.

13.5.4. Elektrochemie der Sehzellmembran

Über der Sehzellmembran läßt sich ein Membranpotential messen. Die Meßmethode besteht darin, daß man eine Glaskapillare als Meßelektrode in die Sehzelle einsticht und damit das Membranpotential innen gegen außen mißt (vgl. Abb. 13.60 und 13.62).

Das Membranpotential der Sehzelle wird weitgehend bestimmt durch die Konzentrationsgradienten der Ionen über der Zellmembran zwischen dem Zellinnern und außen und durch die spezifischen Permeabilitäten der Zellmembran für die verschiedenen Ionenarten. Es ist weitgehend ein Diffusionspotential.

Zwischen dem Zellinneren und dem außen an die Zellmembran angrenzenden Extrazellulärraum sind die Ionen ungleich verteilt. Es gibt erst wenige Messungen der intrazellulären und extrazellulären Konzentrationen an freien Ionen von Lichtsinneszellen. Diese zeigen ähnliche Verhältnisse wie in Nervenzellen: Kaliumionen finden sich im Inneren der Sehzellen etwa 20mal so konzentriert wie außerhalb, Natriumionen außen etwa 10fach und freie Calciumionen außen etwa 10000fach so konzentriert wie im Inneren der Sehzelle. Es ist möglich, daß die Ionenkonzentrationen in den zum Teil außerordentlich kleinen (10–20 nm breiten) extrazellulären Räumen an verschiedenen Regionen einer Sehzelle verschieden sind. Die Eigenschaften der Sehzellmembran, wie ihre spezifischen Ionenpermeabilitäten, sind nicht über die gesamte Oberfläche einer Sehzelle gleich. Die unterschiedlichen Eigenschaften verschiedener Abschnitte der Sehzellmembran spielen eine bedeutende Rolle für die Funktion der Vertebraten-Sehzelle (s. u.).

13.5.4.1. Arthropoden-Sehzelle

Am besten sind bisher die elektrochemischen Eigenschaften der Sehzellen einiger Wirbelloser (Gliedertiere) untersucht worden.

a) Die Arthropoden-Sehzellmembran in Dunkelheit

Nach längerem Aufenthalt in Dunkelheit ist die Sehzellmembran der Evertebraten viel besser für Kaliumionen durchlässig als für die übrigen Ionenarten. Daher stellt sich über der Membran das sogenannte Dunkelpotential (Ruhepotential) ein, eine Spannung, die nicht ganz so groß wie das elektrochemische Gleichgewichtspotential für Kaliumionen ist, etwa -40 bis -60 mV (innen negativ gegen außen gemessen, das Kalium-Gleichgewichtspotential ist etwa 10–20 mV größer). Die Zellmembran verhält sich dabei ähnlich wie eine selektive Kalium-Elektrode.

Die elektrischen Eigenschaften der Sehzellmembran lassen sich gut durch eine Strom-Spannungskurve charakterisieren. Diese mißt man zweckmäßigerweise unter potentiostatischen Bedingungen (Spannungsklemme), d. h. bei aufgeprägter Spannung. Die Methode ist besonders dann nützlich, wenn die Membranleitfähigkeit von dem Membranpotential abhängig ist und sich dadurch während eines Spannungssignals Spannung, Strom und Leitfähigkeit gleichzeitig ändern, wie dies bei der Erregung einer Sehzellmembran der Fall ist. Das Membranpotential wird mit einer Meßelektrode gemessen; über einen zweiten rückgekoppelten Stromkreis wird mit Hilfe eines — gemessenen — kompensatorischen Stroms das Membranpotential auf einen gewünschten Wert gebracht und konstant gehalten. Man benötigt also für dieses Verfahren zwei intrazelluläre Elektroden.

Mißt man an der Sehzelle eines Pfeilschwanzes (*Limulus*) bei konstant aufgeprägter Spannung den zeitlichen Verlauf des Kompensationsstromes durch die Sehzellmembran, der für die Konstanterhaltung des

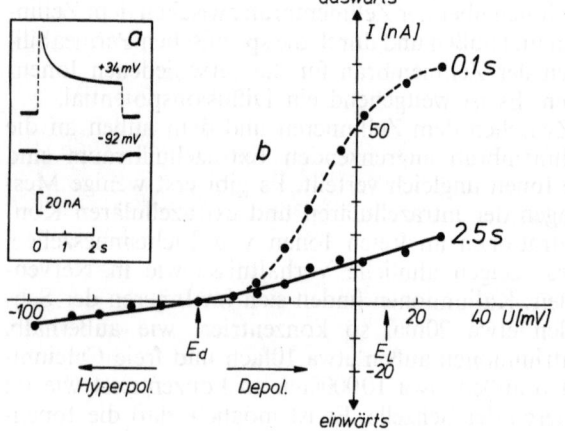

Abb. 13.70. Spannungsklemme-Messung einer Arthropoden-Sehzellmembran im Dunkeln. [Nach Millecchia,R., Mauro,A.: J. gen. Physiol. **54**, 331–351 (1969), Ventralnerv-Photozeptor von Limulus.] (a) Zeitlicher Verlauf der Kompensationsströme bei zwei verschiedenen aufgeprägten Membranspannungen. (b) Stromspannungskurven zu zwei verschiedenen Zeitpunkten (0,1 sec bzw. 2,5 sec nach Spannungssprung); E_d Umkehrpotential im Dunkeln; E_l Umkehrpotential bei Belichtung

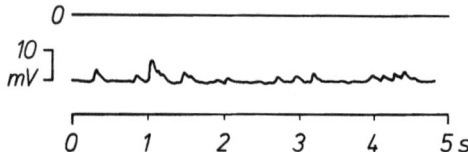

Abb. 13.71. Langsame Potentialfluktuation (Bumps) einer Sehzellmembran einer Retinulazelle aus dem Facettenauge von Limulus bei sehr schwacher Dauerbelichtung. Sie beruhen auf Leitfähigkeitsänderungen der Sehzellmembran, die wahrscheinlich durch Absorption einzelner Lichtquanten ausgelöst sind. (Meßmethode Abb. 13.62)

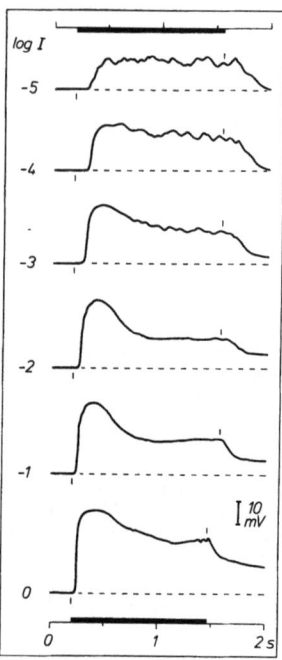

Abb. 13.72. Rezeptorpotentiale einer Retinulazelle aus dem Facettenauge von Limulus, ausgelöst durch Lichtreize verschiedener Intensität (Meßmethode Abb. 13.62). Die Zahlenwerte geben den Logarithmus (lg) der Lichtintensität in relativen Einheiten an

jeweils gewählten Membranpotentials erforderlich ist, so erhält man bei der nicht erregten Zelle in Dunkelheit Kurven wie in Abb. 13.70a. Die Auswertung vieler solcher Kompensationsstromkurven für verschiedene aufgeprägte Spannungsstufen ergibt Stromspannungskurven wie in Abb. 13.70b. Solche Kurven lassen folgendes erkennen:

1. Die Strom-Spannungsbeziehung der Sehzellmembran im Dunkeln ist nicht linear; d.h. die Leitfähigkeit der Membran ist eine Funktion des Membranpotentials.
2. Der Kompensationsstrom, der eine membrandepolarisierende Spannungsstufe aufrecht erhält, ist zeitabhängig.
3. Das Umkehrpotential E_d der Sehzellmembran im Dunkeln ist fast zeitunabhängig und ist etwas kleiner als das elektrochemische Gleichgewichtspotential für den Konzentrationsgradienten der Kaliumionen. Wenn man die extrazelluläre Kaliumionenkonzentration erhöht, wird das Dunkelpotential — und damit das Umkehrpotential der Sehzellmembran im Dunkeln — verringert.
4. Im physiologischen Bereich zeigen diese Strom-Spannungskurven im allgemeinen kaum negatives Widerstandsverhalten — ein erheblicher, zumindest quantitativer, Unterschied zur typischen Nervenmembran.

b) Das Membranpotential der Arthropoden-Sehzelle bei Belichtung

Ein Lichtreiz ruft an der Sehzellmembran einen Spannungsimpuls hervor, das Rezeptorpotential. Seine Größe hängt stark von der Intensität des Lichtreizes ab.

Bei sehr geringen Lichtintensitäten (und selbst in völliger Dunkelheit) kann man über der Sehzellmembran vieler Evertebraten langsame Potentialschwankungen, sog. „Bumps" (Abb. 13.71), messen: diskrete Membran-Depolarisationen, die vermutlich durch die Absorption einzelner Photonen ausgelöst werden. Die Häufigkeit dieser „Bumps" hängt linear von der Anzahl der pro Zeiteinheit eingestrahlten Photonen ab. Die Größe dieser langsamen Potentialschwankungen hängt stark vom Adaptationszustand der Zelle ab; sie können maximal etwa 30 (−70) mV groß sein; durch Helladaptation werden sie stark verkleinert. Bei höheren Reizlichtintensitäten verschmelzen diese „Bumps" zu einem kontinuierlichen glatten Wellenzug (Abb. 13.72).

Abbildung 13.72 zeigt solche Rezeptorpotentiale, gemessen mit der in Abbildung 13.62 beschriebenen Meßmethode. Bei höheren Lichtintensitäten zeigt das Signal ein vorübergehendes Spannungsmaximum und bei anhaltendem Lichtreiz einen geringeren Plateauwert. Die Höhe des Rezeptorpotentials ist bei gleichem Empfindlichkeitsniveau (Adaptationszustand) der Sehzelle abhängig von der Intensität des Reizlichtes. Abbildung 13.72 und 13.73 zeigen diese Abhängigkeit. Für sehr hohe Lichtintensität tritt eine Sättigung der Reizantwort auf.

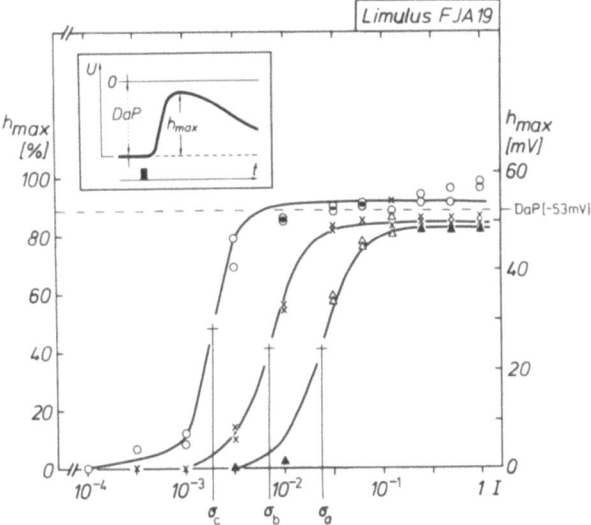

Abb. 13.73. Kennlinienschar einer Lichtsinneszelle eines Arthropoden. Die Größe der elektrischen Lichtantwort in Abhängigkeit von der Intensität des Reizlichtes bei verschiedenem Adaptationszustand. Ventralnerv-Photorezeptor von *Limulus* (Meßmethode vgl. Abb. 13.62). 3 Kennlinien a) 13 s; b) 23 s; c) 120 s nach einer 2 s dauernden helladaptierenden Belichtung (I = 1). Reizdauer 20 ms. I = 1 = 7000 lx, 15° C.
Die Kurve c (links) ist weitgehend dunkeladaptiert, b) (Mitte) und a (rechts) verschieden stark helladaptiert.
Die durchgezogenen Linien wurden berechnet nach

$$h_{max} = \frac{h_{sat} \cdot I^n}{\sigma^n + I^n}$$

[modifiziert nach Naka, K.J. and Rushton, W.A.H.: J. Physiol. **185**, 536–555 (1966)]

h_{sat}: Sättigungswert der Amplitude der Reizantwort;
h_{max}: Amplitude des Maximums der Reizantwort;
σ: Halbsättigungsintensität

c) Lichtbedingte Leitfähigkeitsänderungen

Gleichzeitig mit dem Rezeptorpotential treten bei Belichtung Leitfähigkeitsänderungen der Sehzellmembran auf (Abb. 13.80). Als Folge der Belichtung wird bei Wirbellosen die Leitfähigkeit der Zellmembran vergrößert. Diese Leitfähigkeitsänderung hat einen ähnlichen Verlauf wie die Veränderung des Membranpotentials während der Erregung, wie das Rezeptorpotential. Die Zunahme der Leitfähigkeit ist um so größer, je höher die Intensität des Lichtreizes ist, ohne jedoch der Lichtintensität oder dem Rezeptorpotential direkt proportional zu sein. Die Leitfähigkeitsänderung ist die Ursache des Rezeptorpotentials.

Wird die Sehzelle unter potentiostatischen Bedingungen mit Licht gereizt (Abb. 13.74), so tritt infolge der lichtbedingten Leitfähigkeitsänderung der Zellmembran ein zusätzlicher Kompensations-Membranstrom auf. Abbildung 13.74a zeigt drei Kompensationsstrom-Kurven. Die Auswertung vieler solcher Kompensationsstrom-Kurven bei verschiedenen auf-

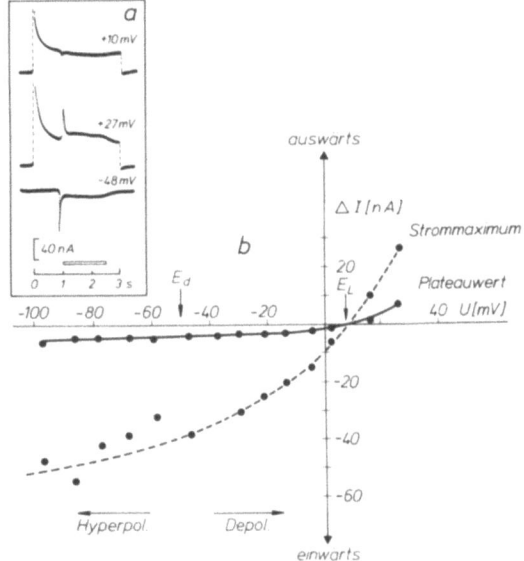

Abb. 13.74. Spannungsklemme-Messungen an einer Arthropoden-Sehzellmembran bei Belichtung. [Nach Millecchia, R., Mauro, A.: J. Gen. Physiol. **54**, 331–351 (1969), Ventralnerv-Photorezeptor von *Limulus*.] (a) Zeitlicher Verlauf der Kompensationsströme bei drei verschiedenen aufgeprägten Membranspannungen. Der leere Balken markiert den Zeitraum der Belichtung. (b) Strom-Spannungskurve für zwei verschiedene Zeitpunkte des lichtbedingten Zusatz-Membranstromes (Strommaximum und Plateauwert). E_l Umkehrpotential der belichteten Sehzellmembran; E_d Umkehrpotential der Sehzellmembran im Dunkeln

geprägten Spannungsstufen und verschiedener Intensität der „rechteckigen" Lichtreize ergibt Stromspannungskurven für den lichtinduzierten Zusatz-Membranstrom, wie in Abb. 13.74b, die folgendes erkennen lassen:

1. Die Spannungsabhängigkeit des lichtbedingten Zusatzstroms ist ebenfalls nicht linear; die lichtbedingte Leitfähigkeitszunahme der Membran ist eine Funktion des Membranpotentials. Die Strom-Spannungsbeziehung zeigt kein negatives Widerstandsverhalten.
2. Das Umkehrpotential E_l für den lichtbedingten Zusatzmembranstrom liegt im positiven bei +10 bis +30 mV. Es ist ebenfalls weitgehend zeitunabhängig und unabhängig von der Reizlicht-Intensität. Es ist kleiner als das elektrochemische Gleichgewichtspotential für den Natrium-Konzentrationsgradienten, das bei etwa +50 bis +70 mV liegt. Wenn man die extrazelluläre Natrium-Konzentration erniedrigt, wird das Umkehrpotential der Sehzellmembran bei Belichtung erwartungsgemäß weniger positiv. Das Umkehrpotential entspricht ungefähr der maximalen Depolarisation bei Lichtreizen von Sättigungs-Lichtintensität.
3. Der lichtbedingte Zusatzstrom, der ein gewähltes Membranpotential aufrecht erhält (und damit die lichtbedingte Leitfähigkeitszunahme) ist zeitabhängig, im Maximum, rasch nach Beginn des Lichtreizes, ist er wesentlich größer als später. Die beiden Lichtstrom-Spannungskurven unterscheiden sich voneinander nur durch einen annähernd konstanten Proportionalitätsfaktor.
4. Die lichtbedingte Leitfähigkeitszunahme ist um so größer, je höher die Intensität des Reizlichtes ist. Auch für verschiedene Reizlichtintensitäten unterscheiden sich die Zusatzstrom-Spannungsbeziehungen untereinander nur durch konstante Proportionalitätsfaktoren.

Abbildung 13.76a zeigt ein stark vereinfachtes elektrisches Ersatzschaltschema für die Sehzellmembran eines Gliedertieres.

494 Photobiophysik

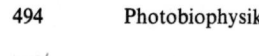
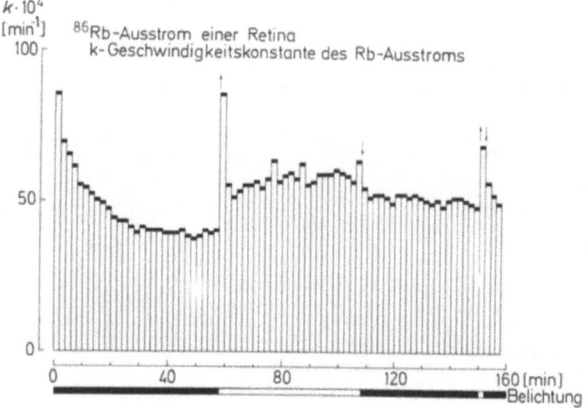

Abb. 13.75. Die Abgabe von ^{86}Rb als Indikator für den Kaliumausstrom der vorher beladenen Flußkrebsretina bei Dunkelheit und bei Belichtung. Die Zellmembran verwechselt damit Rubidium- mit Kaliumionen. Die Radioaktivität der die Retina umströmenden extrazellulären Flüssigkeit ist aufgetragen als Funktion der Zeit nach der Beladung der Retina. Am Anfang einer langen Dauerbelichtung ist der Kaliumausstrom erheblich größer als später während anhaltender Belichtung (Stieve und Hartung, unveröffentlicht)

d) Lichtbedingte Ionenströme

Bei den meisten Wirbellosen beruht die Depolarisation der Sehzellmembran während der Anstiegsphase zum Maximum des Rezeptorpotentials weitgehend auf einem Einstrom von Natriumionen. Dies zeigen Experimente, in denen die ionale Zusammensetzung der extrazellulären Lösung variiert und für Natriumionen andere Ionen substituiert wurden. Der lichtbedingte Einstrom von Natriumionen und der das Rezeptorpotential repolarisierende kompensatorische Ausstrom von Kaliumionen lassen sich mit Radioisotopen (Abb. 13.75) nachweisen.

Um die spezifischen Ionenpermeabilitäten zu erklären, hat man die Vorstellung von durch die Zellmembran führenden *Ionenkanälen* entwickelt, die spezifisch bestimmte Ionensorten bevorzugt passieren lassen. Für die Nervenmembran existieren eine große Zahl von Indizienbeweisen für die Existenz solcher spezifischer Ionenkanäle. Ionenkanäle liefern die einfachste Erklärung für die hohe Ionenleitfähigkeit und die hohe Ionenselektivität der Nervenmembran. In analoger Weise sollen die Ionenpermeabilitäten der Sehzellmembran mit der Annahme von Ionenkanälen durch die Membran diskutiert und beschrieben werden, obgleich die Indizien für die Existenz von Ionenkanälen in der Sehzellmembran z.Z. noch nicht zwingend sind.

An der Sehzellmembran von Wirbellosen kann man als einfachsten Fall zwei Arten von Ionenkanälen postulieren (Abb. 13.77):

a) *Dunkelkanäle*, die in der Dunkelheit und bei Licht offen sind und bevorzugt Kaliumionen hindurchlassen, und

b) *Lichtkanäle*, die im Zuge der Erregung durch den Lichtreiz vorübergehend geöffnet werden und Natriumionen bevorzugen, aber auch Kalium- und vermutlich Calciumionen passieren lassen.

Je stärker der Lichtreiz ist, desto mehr Lichtkanäle einer Sehzelle sollten geöffnet werden. Das Rezeptorpotential wird durch das vorübergehende Öffnen der

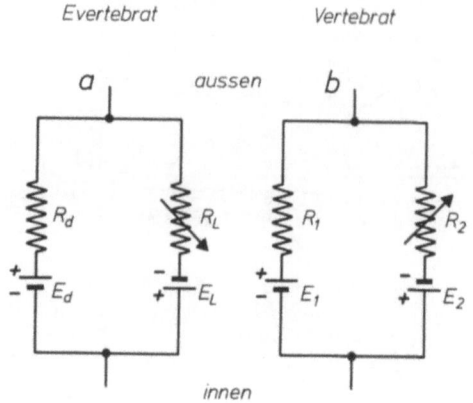

Abb. 13.76. Elektrisches Ersatzschaltbild der Sehzellmembran. (a) eines Arthropoden [*Limulus*, Retinulazelle nach Benolken, R.M.: Biophys. J. **1**, 551–564 (1961)] und (b) Vertebraten (Stäbchen; nach verschiedenen Autoren). E_d Batterie, die das Dunkelpotential bestimmt; R_d der dazugehörige Widerstand; E_1 Batterie, die das Maximum des Rezeptorpotentials bestimmt; R_l der dazugehörige Widerstand, der bei Belichtung verändert wird. E_1 ist im wesentlichen eine Kaliumbatterie, E_2 die Natriumbatterie über der Membran des Außensegments

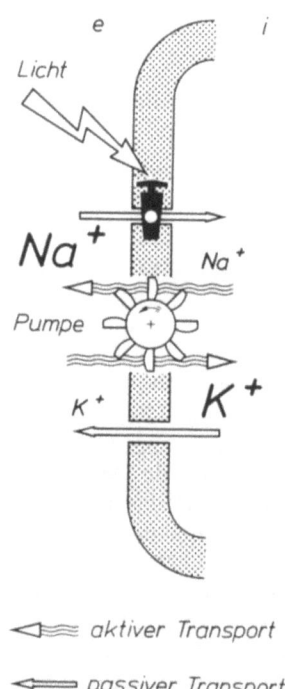

Abb. 13.77. Schema für den ionalen Mechanismus des Membranpotentials (Dunkelpotential und Rezeptorpotential) einer Evertebraten-(Flußkrebs)Sehzelle. [Stieve, H.: Verh. Dt. Zool. Ges. 64, Tag. 157–161 (1970)]. *e* extrazellulär, *i* intrazellulär. Das Schaufelrad symbolisiert aktive Transportmechanismen

Lichtkanäle verursacht. Bei hohen Lichtintensitäten kann ein Sättigungs-Membranpotential erreicht werden, das wegen der Selektivität der Lichtkanäle etwas unterhalb des Natrium-Gleichgewichtspotentials bei +10 bis +30 mV liegt. Dabei strömen vor allem Natriumionen in die Sehzelle ein. Die Repolarisation ist durch einen kompensatorischen Ausstrom von Kaliumionen bedingt.

Für die Sehzellen des Blutegels *Hirudo* konnte gezeigt werden, daß die lichtbedingten Leitfähigkeitsänderungen nur in dem Mikrovillus-tragenden Abschnitt der Sehzellmembran auftreten. Vermutlich erfolgt auch bei den übrigen Evertebraten die lichtbedingte Leitfähigkeitsänderung nur in der das Rhodopsin-enthaltenden Mikrovillusmembran, während das Dunkelpotential von der gesamten Membran der Sehzelle bestimmt wird.

Der Mechanismus der Kopplung der Rhodopsinreaktionen mit der Veränderung der Membranleitfähigkeit ist noch weitgehend ungeklärt. Man kann sich vorstellen, daß lichtbedingte Veränderungen des Rhodopsinmoleküls selbst einen Lichtkanal durch die Membran schaffen. Allerdings würde bei *Limulus* ein solcher Rhodopsinkanal pro absorbiertem Photon bei weitem nicht ausreichen, weil die gemessene Zunahme der Leitfähigkeit zu groß ist. Im dunkeladaptierten Zustand kann die Photo-Absorption eines Rhodopsinmoleküls in der Sehzelle von *Limulus* die vorübergehende Öffnung von bis zu $10^3 - 10^5$ Lichtkanälen auslösen. Man könnte eine kooperative Beeinflussung benachbarter Rhodopsinmoleküle annehmen, für die es bisher keine überzeugenden Hinweise gibt. Manches spricht für die Annahme von wandernden Transmittermolekeln, die zwischen Sehfarbstoffreaktion und der Veränderung der Leitfähigkeit der Sehzellmembran vermitteln.

e) Aktiver Ionentransport (Ionenpumpe)

Die Konzentrationsunterschiede der Ionen zu beiden Seiten der Zellmembran würden durch die bei der Erregung und in Dunkelheit fließenden Ionenströme ständig verringert, wenn nicht unter dem Verbrauch von Stoffwechselenergie Ionen gegen ihr Konzentrationsgefälle aktiv durch die Membran transportiert würden. Die Konzentrationsunterschiede sind die elektrischen Batterien für die Ionenströme durch die Membran. Sie müssen unter Verbrauch von chemischer Energie aufgeladen werden.

Solche aktiven Ionentransportmechanismen werden als *Ionenpumpen* bezeichnet. Die Ionenpumpe, die Natrium- und Kaliumionen in entgegengesetzter Richtung aktiv durch die Membran transportiert, beruht auf der Tätigkeit eines Adenosintriphosphat-spaltenden Enzyms, das durch Natrium-, Kalium- und Magnesiumionen aktiviert wird. Sie läßt sich durch Blockade des Energiestoffwechsels der Sehzelle oder durch direkt angreifende Gifte, wie Ouabain, ausschalten. Über den molekularen Mechanismus dieses aktiven Ionentransports ist noch wenig bekannt.

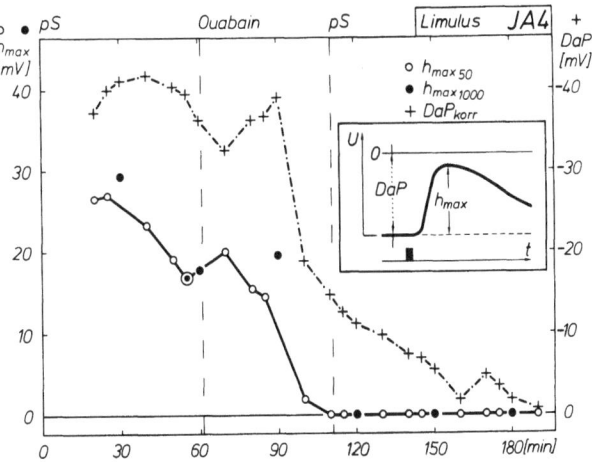

Abb. 13.78. Dunkelpotential (*DaP*) und Rezeptorpotential (h_{max}) einer Retinulazelle aus dem Facettenauge von *Limulus* bei Blockierung des aktiven Na/K-Ionentransports durch Ouabain. $h_{max\,50}$ Maximalamplitude des Rezeptorpotentials auf einen 50 ms langen Reiz, $h_{max\,1000}$ auf einen 1000 ms langen Reiz. pS physiologische Salzlösung; ab 61 min wurde Ouabain zugesetzt

Eine solche Ionenpumpe kann elektrogen sein, d. h. während ihrer Pumptätigkeit über der Zellmembran eine elektrische Potentialdifferenz erzeugen, indem sie z. B. mehr Natriumionen aus der Zelle herauspumpt als sie in der gleichen Zeit Kaliumionen in die Zelle hineintransportiert. Sofort nach dem Aufhören der Pumptätigkeit verschwindet dieses Transportpotential. Ein kleiner Anteil des Dunkelpotentials (bis zu 10 mV) kann bei der Sehzelle von *Limulus* durch elektrogene Tätigkeit einer Ionenpumpe verursacht werden.

Unterbricht man bei einer Sehzelle eines Arthropoden die Tätigkeit der Ionenpumpe, so führt dies langsam zum Verlust der Erregbarkeit (Abb. 13.78). In Dunkelheit bei seltener Reizung werden die Sehzellen des Flußkrebses erst etwa 1½ Std nach der Blockade der Pumpe unerregbar. Je häufiger und je stärker die Zelle erregt wird, desto rascher tritt der Verlust der Erregbarkeit ein. Der Erregbarkeitsverlust beruht darauf, daß die Ionenkonzentrationsgradienten schwinden und die Membran bei verringertem Dunkelpotential ihre Fähigkeit zur lichtbedingten Leitfähigkeitsänderung verliert.

f) Die Steuerung der Leitfähigkeit der Sehzellmembran

Calciumionen spielen vor allem bei der lichtbedingten Steuerung der Leitfähigkeit der Sehzellmembran eine bedeutende Rolle. Dies zeigt sich u. a. an folgendem:

1. Bei sehr hohen extrazellulären Calciumkonzentrationen läßt sich kein Rezeptorpotential mehr auslösen.
2. Bei geringer extrazellulärer Calciumkonzentration (etwa 0,1 mM) ist die Anstiegsphase des Rezeptorpotentials fast unbeeinflußt, während die Repolarisation stark verzögert ist (Abb. 13.79).
3. Entfernt man möglichst weitgehend alle freien Calciumionen von der Außenseite der Sehzellmembran, indem man einen Calcium-bindenden Chelatbildner, wie EGTA [Äthylenglykol-bis(amino-äthyl-äther)N-N'-Essigsäure] der Außenlösung zusetzt (extrazelluläre Calciumkonzentration ca. 10^{-9} M, Abb. 13.80), so verliert die Sehzellmembran ihre Erregbarkeit und die Fähigkeit lichtbedingt ihre Leitfähigkeit zu ändern. Die Membranleitfähigkeit wird durch Calciumentzug bereits im Dunkeln etwa ebenso stark erhöht, wie sonst durch einen starken Lichtreiz, und das Membranpotential nähert sich dem Sättigungspotential der Lichtantwort.

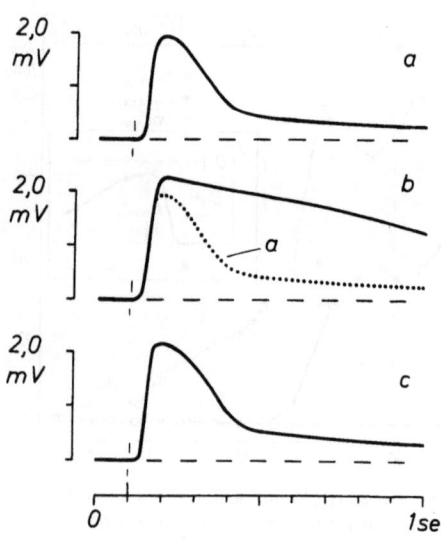

Abb. 13.79 a–c. Die Veränderung des Rezeptorpotentials der Sehzellen eines Flußkrebses *(Astacus)* bei Calciummangel. Rezeptorpotentiale einer isolierten Retina in Salzlösungen verschiedener Calcium-Konzentration. 6 ms lange Reize; extrazelluläre Messung. (a) in physiologischer Salzlösung, die 14 mM Ca^{++} und 3 mM Mg^{++} enthält. (b) 60 min später als a, nach 60 min langem Aufenthalt der Retina in einer Lösung, die nur etwa 0,1 mM Ca^{++} und ca. 0,03 mM Mg^{++} enthält. (c) 60 min später als b, nach 60 min langem Aufenthalt der Retina in physiologischer Salzlösung. [Stieve, H., Wirth, Chr.: Z. Naturforsch. 266, 457–470 (1971)]

Eine große Zahl verschiedenartiger Experimente an Sehzellen von Flußkrebs und *Limulus* führte zu einer vorläufigen Arbeitshypothese für die Rolle des Calciums bei der Kontrolle der Membranleitfähigkeit, die die experimentellen Befunde erklären kann und hier vereinfacht dargestellt werden soll (Abb. 13.81): Calcium- und Natriumionen konkurrieren um negativ geladene Bindungsorte an der Außenseite der Zellmembran. Diese Bindungsorte kontrollieren die Membranpermeabilität, insbesondere die Aktivierung der Lichtkanäle. Wenn nur Natriumionen gebunden sind, sind die Lichtkanäle permanent offen, wenn Calcium gebunden ist, geschlossen. Die Bindungsorte haben unter Ruhebedingungen in der Dunkelheit eine höhere Affinität für Calcium- als für Natriumionen; dadurch ist der Lichtkanal geschlossen. Der Lichtreiz verursacht eine vorübergehende Affinitätserhöhung der Bindungsorte für Natriumionen. Dies führt zu einer vorübergehenden Natriumbindung und damit zu einer vorübergehenden Öffnung der Lichtkanäle.

13.5.4.2. Wirbeltierstäbchen

Die Messungen am Wirbeltierstäbchen zeigten überraschenderweise starke Unterschiede zu den Ergebnissen bei den meisten bisher untersuchten Sehzellen wirbelloser Tiere (vgl. Abb. 13.60 mit 13.62). Über der Zellmembran des Stäbchens mißt man in der Dunkelheit ein Dunkelpotential von etwa 20 mV, innen negativ gegen außen. Im Gegensatz zu dem beschriebenen Verhalten bei den Evertebraten-Sehzellen nimmt beim

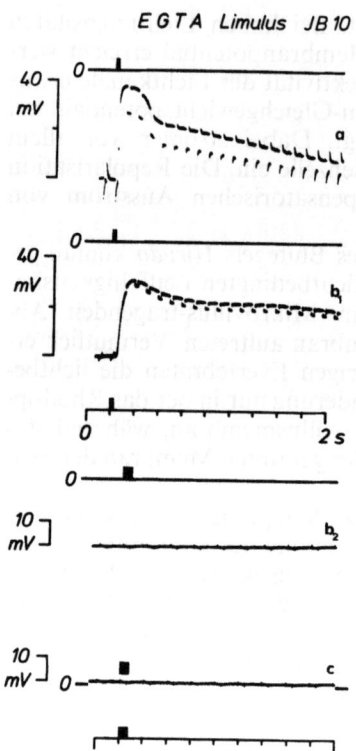

Abb. 13.80 a–c. Rezeptorpotentiale einer Sehzelle von *Limulus* im normalen Ionenmilieu und nach Entzug der Calciumionen aus der extrazellulären Lösung (Calciumkonzentration ca. 10^{-9} M) durch den Komplexbildner EGTA. (a) Referenzpotential nach 55minütigem Aufenthalt in physiologischer Salzlösung; auf EGTA-Lösung umgeschaltet bei $t=61$ min. Es dauert etwa 30 min bis die EGTA-Lösung die alte Lösung an der Sehzellmembran ersetzt hat. (b_1) bei $t=115$ min; (b_2) bei $t=154$ min; EGTA ausgewaschen durch physiologische Salzlösung bei $t=151$ min; (c) bei $t=205$ min. (1 mM EGTA in Calcium-freier Salzlösung). In einer Brückenschaltung wird mit Hilfe von kompensierten Stromimpulsen der Widerstand der Sehzellmembran bestimmt. Vor Beginn des Lichtreizes ist die Brücke abgeglichen. Die Erregung, das Rezeptorpotential, ist begleitet von einer Dekompensation der Brücke, die eine Widerstandsabnahme anzeigt. Die Größe der Dekompensation ist ein Maß für die Widerstandsabnahme. Sie ist im Maximum des Rezeptorpotentials größer als später. Nach Ca^{++}-Entzug verschwindet das Rezeptorpotential und die lichtbedingte Leitfähigkeitsänderung. [Stieve, H.: Biochemistry and physiology of visual pigments. (H. Langer, ed.). Berlin-Heidelberg-New York: Springer 1973]

Wirbeltier-Stäbchen bei Belichtung das Membranpotential zu und die Leitfähigkeit der Sehzellmembran ab. Abbildung 13.76 b zeigt das Ersatzschaltbild der Sehstäbchenmembran.

Hagins (1965) konnte zeigen, daß in der Vertebraten-Photorezeptorzelle in Dunkelheit ständig ein Ionenstrom aus dem Innensegment in den Extrazellulärraum und von da in das Außensegment fließt (Abb. 13.82). Die lichtbedingte Abnahme der Membranleitfähigkeit des Außensegments bewirkt eine Verkleinerung dieses Stroms und damit eine Zunahme des Membranpotentials. Das Dunkelpotential ist kein Gleichgewichtspotential. Daher verbraucht der Vertebraten-Photorezeptor in der Dunkelheit mehr elektrische Energie als bei Belichtung.

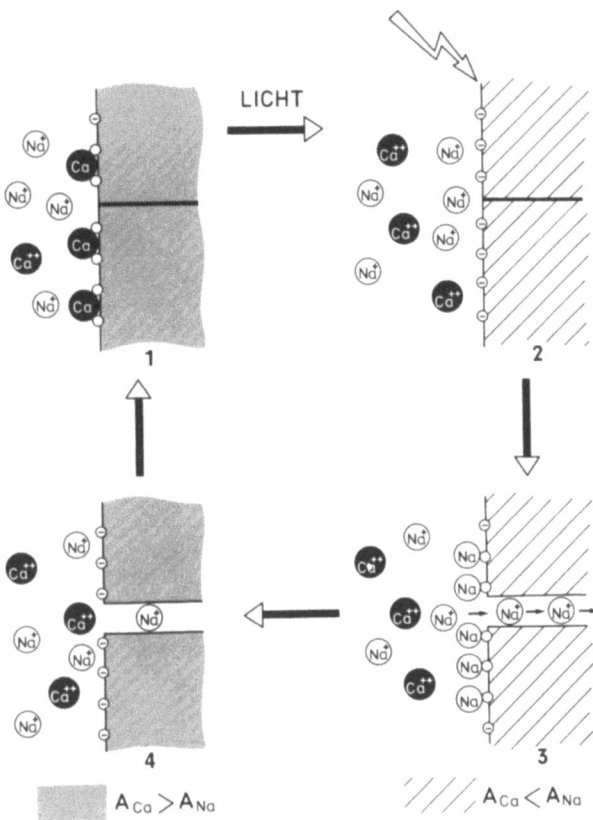

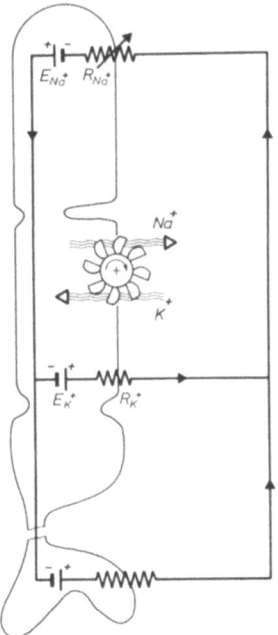

Abb. 13.81. Hypothese der Natrium/Calcium-Bindungskonkurrenz an negativ geladenen Bindungsorten, die das Öffnen und Schließen der Lichtkanäle der Arthropoden-Sehzellmembran kontrollieren. Der Lichtkanal ist stets geschlossen, wenn Calcium gebunden ist und geöffnet, wenn Natrium anstelle von Calcium gebunden ist. A_{Ca} Affinität für Calcium, A_{Na} Affinität für Natrium. 1. In der Dunkelheit bei unerregter Sehzelle haben die Bindungsorte eine stark bevorzugende Affinität für Calciumionen. Wenn Calcium gebunden ist, ist der Lichtkanal, der den Einstrom von Natriumionen ermöglicht, geschlossen. 2. Der Lichtreiz verursacht eine vorübergehende Affinitätsänderung der Bindungsorte. Ihre Affinität für Natriumionen ist nun höher als ihre geringe Affinität zu Calcium. Calcium- und Natriumionen konkurrieren um die Bindungsorte. 3. Unter normalen Bedingungen ist extrazellulär die Natrium-Konzentration soviel größer als die Calcium-Konzentration, daß Natrium gebunden wird. Die Bindung von Natrium verursacht die Öffnung des Lichtkanals. Nun können Natriumionen durch die Poren permeieren. 4. Die Bindungsorte haben spontan wieder die erheblich höhere Calcium-Affinität neben einer sehr geringen für Natriumionen. Wieder konkurrieren Calcium- und Natriumionen um die Bindung, doch Calcium wird stark bevorzugt. Dadurch wird unter normalen Bedingungen Calcium gebunden. Dies verursacht ein Schließen des Lichtkanals. [Nach Stieve, H.: Biochemistry of sensory functions (L. Jaenicke, ed.). Berlin-Heidelberg-New York: 1974, verändert.]

Die Außenmembran des Stäbchenaußensegments ist bei Dunkelheit sehr gut durchlässig für Natriumionen. Die Membran des Innensegments ist vermutlich weitaus besser für Kaliumionen durchlässig. Bei Belichtung nimmt die Durchlässigkeit der Membran des Außensegments für Natriumionen ab, dies um so rascher, je höher die Lichtintensität ist. Der in der Dunkelheit fließende Einwärtsstrom durch die Außenmembran des Stäbchenaußensegments wird im wesentlichen durch Natriumionen getragen. (Die

Abb. 13.82. Schema der Ionenströme bei dem Stäbchen eines Wirbeltiers (Ratte). [Messungen von Hagins, W.A.: Ann. Rev. Biophys. Bioeng. 1, 131–158 (1972); Biophys. J. 10, 380–412 (1970); Exp. Eye Res. 18, 299–305 (1974).]. E_{Na^+}: durch den Konzentrationsgradienten für Natriumionen bedingte Batterie, R_{Na^+}: Widerstand der Zellmembran für den Natriumstrom, E_{K^+}: Kaliumbatterie, R_{K^+}: Widerstand der Membran für den Kaliumstrom. Das Schaufelrad symbolisiert aktive Transportmechanismen

Außenmembran eines Stäbchenaußensegments des Frosches besitzt vielleicht etwa 100–1000 Ionenkanäle, die bevorzugt Natriumionen einlassen.) Der entsprechende passive Auswärtsstrom aus dem Innensegment und dem restlichen Stäbchen mit der Synapse wird vermutlich in der Hauptsache von Kaliumionen getragen.

a) Ionenpumpe

Erregbarkeit und Dunkelstrom der Vertebraten-Stäbchen erlöschen im Dunkeln sehr rasch (innerhalb von etwa 60 s), wenn die Ionenpumpe, die sich vermutlich in der Membran des Innensegments befindet, durch Ouabain blockiert wird (s.o.). Ein Grund für diese rasche Abnahme der Erregbarkeit ist, daß das innere Zellvolumen eines Vertebraten-Stäbchens sehr klein ist, und so die Ionen-Konzentrationsgradienten durch die im Dunkeln ständig fließenden relativ großen Ionenströme sehr rasch erschöpft werden. Daher erlischt die Erregbarkeit auch rascher im Dunkeln als bei Belichtung. Noch ist nicht geklärt, ob diese Ionenpumpe (stark?) elektrogen ist.

b) Steuerung der Leitfähigkeit

Beim Wirbeltier-Stäbchen ist die lichtbedingte Leitfähigkeitsänderung eine Widerstandszunahme der äußeren Zellmembran des Stäbchenaußensegments. Für

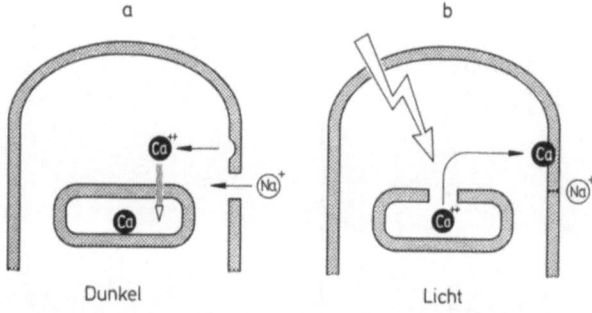

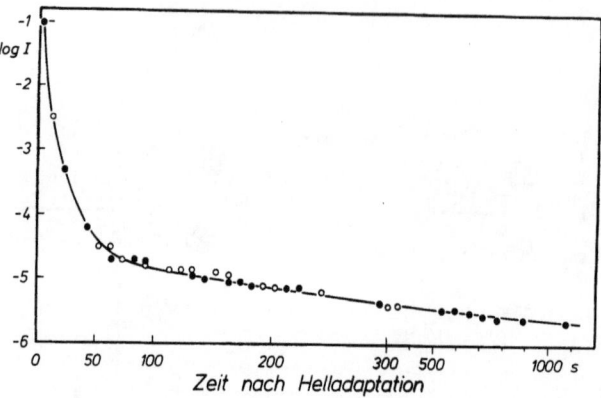

Abb. 13.83. Schematische Darstellung der Haginsschen Hypothese [nach Hagins, W. A.: Ann. Rev. Biophys. Bioeng. **1**, 131–158 (1972); Biophys. J. **10**, 380–412 (1970); Exp. Eye Res. **18**, 299–305 (1974).] über die Rolle von Calciumionen als Informationsüberträger bei der Lichtrezeption des Wirbeltierstäbchens

Abb. 13.84. Dunkeladaptation: Zeitverlauf der Empfindlichkeitsänderung einer Sehzelle eines Arthropoden nach einer stark helladaptierenden Belichtung [Nach Benolken, R. M.: Biophys. J. **1**, 551–564 (1961)], Sehzelle aus dem Facettenauge von Limulus. Ordinate: Logarithmus der relativen Intensität des Reizlichtes, das nötig ist, um eine Reizantwort bestimmter Höhe (constant-response) hervorzurufen. Intrazellulär gemessenes Rezeptorpotential. Im Anschluß an die starke helladaptierende Belichtung vergrößert sich die Empfindlichkeit dieser Sehzelle im Verlaufe von etwa 20 min um über vier Größenordnungen

den Mechanismus, mit dem die Information vom Ort der Lichtabsorption, z. B. in die Mitte eines Disks zur Außenmembran des Stäbchenaußensegments übertragen wird, wird heute besonders die folgende Arbeitshypothese diskutiert:

Calciumionen verursachen wie Belichtung eine Abnahme der Leitfähigkeit der Außenmembran des Stäbchenaußensegments. Nach der Hypothese von Hagins (1972) verursacht die Lichtabsorption im Disk eine Freisetzung von Calciumionen in die Zellflüssigkeit im Inneren des Außensegments. Calciumionen wandern an die Innenseite der äußeren Zellmembran und wirken dort auf Membranbestandteile, die sich ihrerseits so verändern, daß die offenen Natriumkanäle geschlossen werden. Nach dem Ende der Belichtung wird Calcium wieder von den Disks gebunden, und die Kanäle der Außenmembran werden wieder geöffnet (Abb. 13.83). Die Hypothese weist manche Analogien zu den Vorgängen bei der Muskelerregung auf.

Die Calcium-Hypothese kann viele experimentelle Befunde relativ gut erklären und zur Formulierung experimentell überprüfbarer Fragestellungen wichtige Beiträge leisten. Bei Berücksichtigung der vorhandenen experimentellen Befunde macht z. Z. vor allem die Erklärung des hohen Verstärkungsgrades Schwierigkeiten: Die Absorption eines Lichtquants durch ein einziges Rhodopsinmolekül kann den Dunkelstrom des Stäbchens bereits um mindestens 1/1000 verkleinern.

13.5.5. Die Veränderung der Empfindlichkeit der Sehzelle[17] — Adaptation

Sehzellen können ihren Meßbereich an die vorhandene Helligkeit anpassen. Die Vorgänge, die zusammenwirkend die Empfindlichkeitsänderung bewirken, faßt man unter dem Begriff der *Adaptation* zusammen.

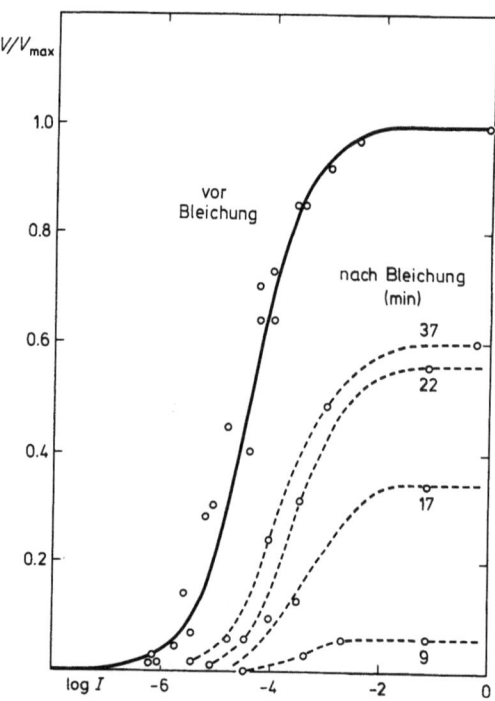

Abb. 13.85. Kennlinien eines Wirbeltierstäbchens unter verschiedenen Adaptationsbedingungen. Größe der elektrischen Lichtreiz-Antwort (als Bruchteil der Maximalamplitude) in Abhängigkeit vom Logarithmus der Intensität des Reizlichtes. Intrazellulär gemessene Rezeptorpotentiale eines roten Stäbchens eines Molches (Axolotl); 200 ms lange monochromatische (525 nm) Lichtreize. Die durchgezogene Kennlinie wurde an der dunkeladaptierten Sehzelle vor dem Ausbleichen gemessen. Darauf folgte eine starke Belichtung, durch die 45% des Rhodopsins des Stäbchens ausgebleicht wurden. Die gestrichelten Kennlinien sind zu den angegebenen Zeiten nach dem Ausbleichen in der anschließenden Dunkelperiode gemessen. Unter den experimentellen Bedingungen (ohne Pigmentepithel) findet hier keine (weniger als 5%) Regeneration des ausgebleichten Rhodopsins statt. Die beobachtete Dunkeladaptation erreicht nicht das Ausgangsniveau vor dem Ausbleichen. [Nach Grabowski, S. R., Pinto, L. H., Pak, W. L.: Science **176**, 1240–1243 (1971)]. Die gezeichneten Kurven sind nach der in Abb. 13.73 angegebenen Formel gerechnet

---

[17] Neben Empfindlichkeitsveränderungen der Photorezeptorzelle selbst gibt es noch Adaptationsprozesse in den an die Sehzelle anschließenden Synapsen und nachgeschalteten nervösen Einheiten, die hier nicht behandelt werden.

Eine starke Belichtung setzt für einige Zeit die Empfindlichkeit der Sehzelle herab (Abb. 13.84). Unter Empfindlichkeit soll hier das Verhältnis der (oft konstant gewählten) Erregungsgrößen zu der Reizgröße, die sie hervorruft, verstanden werden. Diese Helladaptation bedingt, daß die Kennlinie — die Abhängigkeit der Höhe des Rezeptorpotentials von der Lichtintensität — zu höherer Intensität hin verschoben wird und der Sättigungswert der Amplitude des Rezeptorpotentials geringer wird (Abb. 13.73 und 13.85). Durch Adaptation kann sich die Empfindlichkeit einer Sehzelle um vier bis fünf Zehnerpotenzen verändern.

In der Kausalkette der Erregung einer Sehzelle — von der Lichtreiz-Aufnahme bis zum Rezeptorpotential — können verschiedene Schritte durch Adaptationsprozesse beeinflußt werden. Oft kann ein einzelner Adaptationsprozeß in seinem Einfluß auf den Verlauf der Empfindlichkeitsänderung dominieren. Die Mechanismen der verschiedenartigen (und verschieden schnellen) Adaptationsprozesse sind bei Wirbeltieren und Wirbellosen zumindest quantitativ sehr verschieden. Sie sind bisher erst sehr unvollständig aufgeklärt. Zunächst sollen die Adaptationsphänomene von Sehzellen nach einer provisorischen Gliederung beschrieben werden:

13.5.5.1. Phänomene der Adaptation

Adaptationsvorgänge beeinflussen neben der Größe der Reizantwort auch deren Zeitverlauf. Die Reizantwort einer helladaptierten Sehzelle ist rascher als die einer dunkeladaptierten.

Die Empfindlichkeitsabnahme ist ortsabhängig; in unmittelbarer Nähe der ausgebleichten Moleküle ist sie stärker als an weiter entfernten Orten der lichtempfindlichen Sehzellmembran (Hagins).

a) Lichtflußadaptation

Hierunter lassen sich die Adaptationsprozesse zusammenfassen, die die Intensität des Reizlichtes, das in die rhodopsinhaltigen Membranabschnitte der Photorezeptorzelle gelangt — also die effektive Intensität des Reizlichtes — regulieren. Diese Regulation kann z. B. durch Wanderung von Schirmpigment-Granula geschehen. Bei Insekten kann eine solche Lichtflußadaptation, die durch Wanderung von Pigmentgranula über kurze Strecken bewirkt wird, relativ rasch, mit einer Halbwertszeit von 1–3 sec, erfolgen. Durch Lichtflußadaptation kann die effektive Reizlichtintensität maximal um einen Faktor von etwa 10^3 verkleinert werden.

b) Pigmentadaptation

Die Empfindlichkeit einer Sehzelle hängt u. a. von dem Gehalt der Sehzellmembran an Rhodopsin bzw. dessen lichtinduzierten Reaktionsprodukten ab.

Bei *Arthropoden (Insekten)* hängt nach Hamdorf die Empfindlichkeit der Sehzellen unter geeigneten Bedingungen direkt von der Absorptionswahrscheinlichkeit für Photonen durch Rhodopsin ab und damit von der Konzentration der ungebleichten Rhodopsinmoleküle in der Sehzellmembran. Die Photoregenerierbarkeit (s. S. 491) des Rhodopsins der Insekten und vermutlich auch anderer Wirbelloser, wie Mollusken, spielt eine bedeutende Rolle für die Anpassung der Augen dieser Tiere an große Helligkeiten. Selbst bei extrem starkem Dauerlicht wird unter natürlichen Bedingungen der Sehfarbstoff in der Sehzelle niemals vollständig ausgebleicht. Es stellt sich vielmehr ein photostationärer Zustand ein, bei dem gleich viele lichtbedingte Bleichungsreaktionen und lichtbedingte Regenerationen pro Zeiteinheit erfolgen, was zu einem konstanten Mengenverhältnis von Rhodopsin zu Metarhodopsin führt.

Rushton und Dowling fanden bei Wirbeltieren eine lineare Beziehung zwischen der Menge des gebleichten Rhodopsins und dem Logarithmus der Schwelle für eine Reizantwort konstanter Größe. Die logarithmische Schwellenerhöhung durch Rhodopsinausbleichung ist viel zu groß als daß sie durch eine Verringerung der Absorptionswahrscheinlichkeit für Photonen erklärt werden könnte: Bereits nach Ausbleichung eines geringen Prozentsatzes der Rhodopsinmoleküle wird die Empfindlichkeit einer Sehzelle erheblich verringert, z. B. wird durch die Ausbleichung von nur 10% der Rhodopsinmoleküle in menschlichen Stäbchen die Reizschwelle mehr als 100fach erhöht. In welcher Weise der Rhodopsingehalt die Empfindlichkeit der Sehzelle kontrolliert, ist noch nicht aufgeklärt. Es erscheint denkmöglich, daß Gruppen von Rhodopsinmolekülen zu funktionellen Einheiten zusammengeschlossen sind.

c) Membranadaptation

Unter Membranadaptation kann man die Adaptationsprozesse zusammenfassen, die das elektrochemische Verhalten der Sehzellmembran beeinflussen und nicht unmittelbar von den Konzentrationen des Rhodopsins und seiner Folgeprodukte abhängen. Die Membranadaptation läßt sich wegen der funktionellen Verknüpfung von Sehfarbstoff- und Membranprozessen nicht konsequent von der Pigmentadaptation trennen. Membranadaptation läßt sich an Sehzellen von Wirbellosen demonstrieren. Bei *Limulus* sind die Sehfarbstoffreaktionen nach einem Lichtreiz im Dunkeln bereits nach weniger als 500 ms abgeschlossen. Die Wiederherstellung der Empfindlichkeit erfolgt wesentlich langsamer, sie kann Sekunden bis zu 30–60 min dauern (Abb. 13.84).

Membranadaptation hängt mit von der Pigmentadaptation ab: In den Sehzellen von Insekten folgt die elektrophysiologisch gemessene Empfindlichkeit der Sehzellmembran der Rhodopsinregeneration mit Verzögerung. Ohne Pigmentregeneration gibt es nur eine ganz geringe Membranadaptation. Eine vollständige Regeneration des Rhodopsins ist die Voraussetzung für eine vollständige Membranadaptation.

Bei Vertebraten sind die Membranadaptationsprozesse weniger hervortretend und daher wenig bekannt. Die Pigmentadaptation bestimmt weitgehend den Zeitverlauf der Empfindlichkeitsänderung.

An pigmentepithelfreien, isolierten Wirbeltierretinen (Abb. 13.85), in denen nach Helladaptation praktisch keine Regeneration des ausgebleichten Rhodopsins erfolgt, findet sich eine bedeutende Zunahme der Empfindlichkeit der Sehzelle im Dunkeln, die allerdings nicht das vor dem Ausbleichen des Rhodopsins gemessene Ausgangsniveau erreicht. Diese verläuft etwa parallel zum Verschwinden eines Zwischenprodukts der Rhodopsinausbildung und vielleicht auch parallel zu der Wiederherstellung des normalen Dunkelpotentials.

Lichtflußadaptation, Pigmentadaptation, Membranadaptation und zwischengeschaltete Adaptationsprozesse bestimmen gemeinsam den Gesamtadaptationsverlauf. Welcher der beteiligten Prozesse dominierend die Empfindlichkeit bestimmt, ist in verschiedenen Lichtsinneszellen und unter verschiedenen Bedingungen unterschiedlich. Bei den meisten Vertebraten ist die Membranadaptation wenig hervortretend. Vermutlich ist hier die Pigmentadaptation langsamer als die Membranadaptation und dominiert geschwindigkeitsbestimmend den gemessenen Zeitverlauf der Empfindlichkeitsänderung. Bei den wirbellosen Tieren — mit depolarisierender Reizantwort — sind Pigmentadaptation und Membranadaptation deutlicher voneinander getrennt; die Membranadaptation ist hier ein relativ langsamer Vorgang. Vielfach ist die Pigmentadaptation im Dunkeln vernachlässigbar. In anderen Fällen ist die Pigmentadaptation zeitlich deutlich von der Membranadaptation unterscheidbar. Nach einer Belichtung wird der langsame Zeitverlauf der Empfindlichkeitzunahme im Dunkeln meist hauptsächlich von der Membranadaptation bestimmt.

13.5.5.2. Ursachen der Adaptation

Die Kausalkette der Erregung von Photon-Absorption bis zur Erzeugung eines Rezeptorpotentials ist in der Arthropoden-Sehzelle und Wirbeltier-Sehzelle in signifikanter Weise voneinander verschieden. Die adaptationsbedingte Veränderung der Empfindlichkeit der Photorezeptoren erfolgt — unterschiedlich bei Wirbellosen und Wirbeltieren — durch Beeinflussung dieser Kausalkette möglicherweise an mehreren Stellen. Folgende Vorgänge können Adaptation, d. h. die Veränderung der Empfindlichkeit der Sehzellen verursachen:

a) Bei Arthropoden führt am dunkeladaptierten Photorezeptor die Photoisomerisierung eines Rhodopsinmoleküls infolge eines Verstärkungsprozesses zur Öffnung einer sehr großen Zahl (wahrscheinlich 10^3–10^5) von Lichtkanälen. Durch Helladaptation kann die Verstärkung, d. h. die Größe der Leitfähigkeitszunahme, die pro Rhodopsin-Photoisomerisierung ausgelöst wird, verringert werden. Dieser Vorgang ist wahrscheinlich der bedeutendste Adaptationsprozeß der Evertebraten-Sehzelle. Vermutlich beruht diese Änderung der Empfindlichkeit der Sehzellmembran darauf, daß die Größe der von einem belichteten Rhodopsinmolekül gestarteten Reaktionslawine oder die Anzahl der Rhodopsinmoleküle, die zu einer funktionellen Einheit zusammengeschlossen sind, durch die Adaptationsprozesse verändert wird. Diese Steuerung der Verstärkung kann durch Substanzen, die im Verlaufe der Erregung entstehen oder freigesetzt werden, konzentrationsabhängig bewirkt werden. In den Sehzellen von Gliedertieren spielen Calciumionen bei der Regulation der Empfindlichkeit höchstwahrscheinlich eine Schlüsselrolle: Lisman und Brown (1975) konnten am Ventralnerv-Photorezeptor von *Limulus* zeigen, daß Calcium als interner inhibitorischer Transmitter wirkt. Bei Belichtung steigt die intrazelluläre Konzentration an freien Calciumionen vorübergehend an. Dieser Anstieg führt zu einer Bindung von Calciumionen an Bindungsorte der Zellmembran, was wiederum zu einer Empfindlichkeitsabnahme (d. h. Verkleinerung der durch Lichtreize verursachten Leitfähigkeitszunahme) führt. Der Anstieg der intrazellulären Konzentration von Calciumionen beruht zumindest teilweise auf einem lichtbedingten Calciumeinstrom durch die Sehzellmembran, teilweise auf einer Freisetzung von intrazellulär gebundenem Calcium, die durch den lichtbedingten Natriumeinstrom verursacht wird. Die geringe Diffusionsfähigkeit freier Calciumionen im Zellinnern kann die räumlich beschränkte Empfindlichkeitsabnahme erklären.

Möglicherweise ist auch in den Photorezeptoren der Wirbeltiere die Regulation des Verstärkungsfaktors der bedeutungsvollste Adaptationsprozeß. Am dunkeladaptierten Wirbeltier-Photorezeptor führt die Photoisomerisierung eines Rhodopsinmoleküls zur Freisetzung einer großen Zahl interner inhibitorischer Transmittermoleküle, vermutlich Calciumionen. Die Regulation dieses Verstärkungsfaktors könnte von dem Prozentsatz der gebleichten Rhodopsinmoleküle abhängen und vielleicht über diesen Steuerungsprozeß die logarithmische Abhängigkeit der Schwellenerhöhung von der Rhodopsinausbleichung erklären.

b) Bei starker Rhodopsinausbleichung trägt die Verringerung der Absorptionswahrscheinlichkeit für Photonen mit zur Empfindlichkeitsabnahme bei. Bei Insekten ist unter physiologischen Bedingungen die Pigmentausbleichung oft beträchtlich, während sie in den Photorezeptoren von Wirbeltieren wenige Prozent nicht überschreitet.

c) Lichtbedingte Ionenströme verkleinern bei Helladaptation die Konzentrationsgradienten über der Arthropoden-Sehzellmembran; durch stoffwechselabhängigen aktiven Ionentransport werden sie während der Dunkeladaptation wiederhergestellt. (Die Wiederherstellung des Membranpotentials ist deutlich langsamer als die Rhodopsinreaktionen und wesentlich rascher als die Zunahme der Empfindlichkeit.) In Vertebraten-Photorezeptoren spielt dieser Vorgang vermutlich keine Rolle, da bei ihnen bei Belichtung die elektrochemische Belastung der Sehzelle (abgesehen von den Discs) geringer ist als im Dunkeln.

d) Der lichtbedingte Einstrom von Natriumionen kann eine elektrogene Aktivität der Ionenpumpe verursachen, die das Dunkel-Membranpotential der *Limulus*-Sehzelle gegenüber dem Dunkel-Ruhewert um bis zu 10 mV erhöht. Dies führt dazu, daß nach leichter Helladaptation die Empfindlichkeit der Sehzelle etwas größer ist als in völliger Dunkelheit.

e) Es ist denkmöglich, daß auch die Dunkel-Leitfähigkeit der Sehzellmembran adaptationsbedingt verändert ist.

f) Möglicherweise haben Phosphorylierung und Dephosphorylierung des Rhodopsins für die Steuerung der Empfindlichkeit der Sehzellmembran Bedeutung. Als späte Folge einer Belichtung (mit einer Halbwertszeit von etwa 2 min) wird das belichtete Rhodopsinmolekül von Wirbeltieren durch Adenosintriphosphat (ATP) unter Mitwirkung eines Enzyms phosphoryliert. Im Laufe der Dunkeladaptation wird das phosphorylierte Rhodopsin mit einer Halbwertszeit von 10–20 min wieder dephosphoryliert (Kühn). Die Halbwertszeit der Phosphorylierungsreaktion ist erheblich langsamer als die Helladaptation, während die Geschwindigkeit der Dephosphorylierung etwa mit der der Dunkeladaptation übereinstimmt.

13.5.6. Ausblick

Neue Wege zum Verständnis des Mechanismus der Photorezeption scheinen sich zu eröffnen durch die Untersuchung der Bakterienart *Halobacterium halobium*, die in bestimmten Abschnitten ihrer Zellmembran, der sogenannten Purpurmembran, das Bacteriorhodopsin enthält (Oesterhelt und Stoeckenius). Diese Bakterien verwenden das von Bacteriorhodopsin absorbierte Licht im wesentlichen zu einem aktiven Protonentransport durch die Zellmembran und damit zur Gewinnung von nutzbarer chemischer Energie in Form von Adenosintriphosphat (ATP). Sie benutzen aber das Bacteriorhodopsin auch zu einer lichtbedingten Verhaltensreaktion, die ihnen zur Orientierung dient. Für die Auslösung dieser Verhaltensreaktion sind erheblich mehr Lichtquanten erforderlich als für die Erregung einer Lichtsinneszelle. Während ein Wirbeltierstäbchen bereits durch die Absorption eines Photons erregt werden kann, benötigt *Halobacterium* als Reizschwelle eine Belichtungsänderung, die mindestens 1,4 Photonen pro Bacteriorhodopsin-Molekül entspricht. Dies bedeutet eine bis zu 10^5- bis 10^6fach geringere Verstärkung als beim Wirbeltierstäbchen. Außerdem zeigt die Verhaltensreaktion keine Adaptation, d. h. die Lichtempfindlichkeit ist unabhängig von der Intensität der Hintergrundbeleuchtung (Hildebrand und Dencher). Möglicherweise ist der Mechanismus der Photorezeption dieser Organismen weniger kompliziert als der der hochspezialisierten Lichtsinneszellen, und vielleicht liefert sein Studium in Zukunft einen Schlüssel zum Verständnis des Sehvorgangs.

Literaturauswahl

Daemen, F. J. M.: Vertebrate rod outer segment membranes. Biochim. biophys. Acta (Amst.) **300**, 255–288 (1973).

Hagins, W. A.: The visual process: Excitatory mechanisms in the primary receptor cells. Ann. Rev. Biophys. Bioeng. **1**, 131–158 (1972).

Handbook of sensory physiology, Vol. VII. Berlin-Heidelberg-New York: Springer 1972.

Langer, H. (Ed.): Biochemistry and physiology of visual pigments. Berlin-Heidelberg-New York: Springer 1973.

Stieve, H.: Mechanismen der Erregung von Lichtsinneszellen. Rheinisch-Westfälische Akademie der Wissenschaften — Vorträge Opladen: Westdeutscher Verlag 1974.

Stieve, H.: On the ionic mechanisms responsible for the generation of the electrical response of light sensitive cells. In: Jaenicke, L. (Ed.): Biochemistry of sensory functions, pp. 79–105. Berlin-Heidelberg-New York: Springer 1974.

Stieve, H.: Signal processing and the role of membranes in vision. In: Colbow, K. (Ed.): On the physics of biological membranes, pp. 447–598. Burnaby: Simon Fraser University 1975.

Wald, G.: The molecular basis of visual excitation. Nature (Lond.) **219**, 800–807 (1968).

14. Biomechanik

14.1. Die molekulare Physiologie der Muskelkontraktion

Hans Georg Mannherz und Kenneth Charles Holmes

14.1.1. Einleitung

Muskelgewebe gehört zu den weitest verbreiteten Geweben, etwa 70% des menschlichen Körpers besteht aus Muskelgewebe. Es existiert eine Vielzahl verschiedener Formen der Kontraktilität, die ein weites Spektrum unterschiedlicher mechanischer Arbeitsleistung ermöglichen, angefangen von der schnellen Bewegung der quergestreiften Skeletmuskulatur zu den langsamen Bewegungen der glatten Muskulatur des Darms bis zu ausdauernden tonischen Halteleistungen der Schließmuskel bestimmter Muscheln. Auch das amöboide Wandern der weißen Blutkörperchen und das Auswachsen der Nervenbahnen beruhen auf gleichen molekularen Mechanismen. Denn alle diese Formen der Kontraktilität entstehen durch das Zusammenspiel zweier Proteinmoleküle, des Actin und des Myosin, die in den verschiedenen Muskeltypen in jeweils charakteristischer Weise organisiert vorliegen und die unter Hydrolyse von ATP zu ADP und anorganischem Phosphat (P_i) mechanische Arbeit leisten. Muskeln sind biologische Maschinen mit der Aufgabe, chemische Energie in mechanische Arbeitsleistung umzuwandeln. Im folgenden wollen wir uns auf die Beschreibung des quergestreiften Skeletmuskels beschränken. Er ist der bisher besterforschte Typ, so daß sich an ihm die Prinzipien der biologischen chemomechanischen Energietransformation am besten darstellen lassen. Muskeln können keine Wärmekraftmaschinen sein, dies macht bei allen Lebewesen eine in engen Grenzen arbeitende Temperaturregelung unmöglich. Obwohl der genaue Mechanismus der chemomechanischen Energietransformation immer noch weitgehend ungeklärt ist, lassen sich zuverlässige Aussagen über die Prinzipien dieses Vorgangs machen. Metabolische Prozesse, z.B. der Zitronensäurezyklus, sind häufig in Zyklen angeordnet. Innerhalb solcher Zyklen stehen oft bestimmte Enzyme unter allosterischer Kontrolle durch niedermolekulare Liganden, die Konformationsänderungen des Enzyms bewirken. Ähnliche Prinzipien sind für die chemomechanische Energietransformation verantwortlich. Gedanklich läßt sich eine Maschine konstruieren, die durch zyklische Konformationsänderungen mechanische Arbeit leistet, die ihrerseits durch die Hydrolyse von ATP zu ADP und P_i bewirkt wird.

14.1.2. Muskelphysiologie

Auch wenn der Muskel nicht wie eine Wärmekraftmaschine arbeiten kann, die Physiologie betrachtet ihn als Maschine und untersucht seine Arbeitsleistung im Verhältnis zum Energieverbrauch. *Energiebilanz:* Die während der Kontraktion ablaufenden chemischen Umwandlungen der energiereichen Phosphatverbindungen (ATP und Kreatinphosphat) können durch rasches Einfrieren des lebenden Muskelpräparats und nachträgliche chemische Analyse bestimmt werden. Im lebenden Muskel bleibt der ATP-Spiegel während der Kontraktion nahezu konstant bei ca. 3×10^{-3} M. Dies beruht auf der Tatsache, daß schon während der Kontraktionsphase gebildetes ADP von anderen energiereichen Phosphatverbindungen rephosphoryliert wird. Dies kann sowohl in aeroben wie anaeroben Reaktionen geschehen. Anaerobe Reaktionen sind die Lohmann-Reaktion: die Rephosphorylierung von ADP durch Kreatinphosphat (ADP + KrP → ATP + Kr), der Glukoseabbau und die Adenylatkinasereaktion: 2 ADP → 1 ATP + 1 AMP. Aerobe ATP-Restitution vollzieht sich in den Mitochondrien durch oxidative Phosphorylierung. Erst nachdem man alle ATP restituierenden Reaktionen durch selektive Enzyminhibitoren auszuschalten gelernt hatte, konnte am lebenden Muskel demonstriert werden, daß ATP die unmittelbare Energiequelle ist. An einem anderen Muskelpräparat, nämlich den Glycerin-extrahierten Muskelfasern, war dieser Nachweis Weber schon früher gelungen. Durch diese Behandlung werden die Zellmembran und die Mitochondrien zerstört und fast sämtliche zellulären Enzyme ausgewaschen. Man erhält die funktionell isolierte Muskelmaschine, die sich nur bei ATP-Zugabe verkürzt und deren Energieverbrauch unter genau definierten mechanischen und ionalen Bedingungen untersucht werden kann. Nachdem ATP als unmittelbare Energiequelle eindeutig identifiziert war, konnte man den Wirkungsgrad der Muskelmaschine bestimmen. Nimmt man eine Änderung der freien Energie der ATP-Hydrolyse unter zellulären Bedingungen von −9 kcal/mol an, so errechnet sich eine Effizienz des gesamten Kontraktions- und Erschlaffungszyklus von 50–60%. Erschöpft ein Muskel seine Energievorräte,

d. h. steht ihm kein ATP mehr zur Verfügung, so geht er in die „Totenstarre" (Rigor mortis) über, die durch einen Spannungsanstieg und extrem hohen Dehnungswiderstand gekennzeichnet ist. Erst die erneute Zugabe von ATP kann diesen Zustand durchbrechen und den Muskel erschlaffen. ATP erfüllt also eine „Doppelfunktion" (Weber): Es wird während der aktiven Kontraktion hydrolysiert und ist zur Erschlaffung von kontrahierten Muskeln notwendig.

14.1.3. Muskelmechanik und -energetik

Die typische Muskelarbeit ist die Verkürzung, wobei eine bestimmte Last über eine bestimmte Distanz bewegt wird: die isotonische Kontraktion. Der Muskel kann aber auch nur Kraft ohne Verkürzung entwickeln, dann spricht man von einer isometrischen Kontraktion. Die bei isotonischer Kontraktion umgesetzte chemische Energie wird in Form von Wärme und Arbeit, bei isometrischer nur als Wärme abgegeben. Fenn konnte 1924 zeigen, daß die während einer tetanischen Zuckung von einem isolierten Muskel abgegebene Energie, nämlich Arbeit plus Wärme, größer ist, wenn sich der Muskel verkürzt, als bei der entsprechenden isometrischen Kontraktion. Dieses Ergebnis ist als Fenn-Effekt bekannt geworden und zeigt die Abhängigkeit des Energieumsatzes (somit auch des ATP-Verbrauchs) des arbeitenden Muskels von den mechanischen Bedingungen. Die Wärme, die während der Verkürzung freigesetzt wird, ist größer als die bei der isometrischen Kontraktion freigesetzte, und die Extrawärme ist proportional zur Verkürzung x. Die Verkürzungsgeschwindigkeit $dx/dt = v$ steht durch einen konstanten Proportionalitätsfaktor a zur Geschwindigkeit der Extrawärmeproduktion in Beziehung. Diese ist somit $adx/dt = av$. Die mechanische Leistung Pv (P = Last) und die Geschwindigkeit der Extraenergiefreisetzung $(P+a)v$ ist abhängig von der Größe der zu hebenden Last P. Nach Hill gilt: $(P+a)v = b(P_0-P)$ (Hillsche Gleichung). Für die isometrische Kontraktion ist $P = P_0$, wobei P_0 die Last ist, die der Muskel nicht mehr heben kann, wodurch $(P+a)v = 0$ wird.
Der Proportionalitätsfaktor b ist abhängig von der maximalen Verkürzungsgeschwindigkeit und für jeden Muskeltyp eine charakteristische Größe. Die Konstante a ist für alle Muskeltypen etwa gleich groß und zeigt, daß die chemomechanische Effizienz bei allen Muskeltypen etwa gleich ist. Die Physiologen der 30iger Jahre konnten ohne genaue Kenntnis der Struktur und der Wirkungsweise des kontraktilen Apparates das mechanische Verhalten der Skeletmuskulatur und seine Energetik beschreiben. Ihre Ergebnisse werden heute nach Entdeckung der sogenannten Myosinquerbrücken als den molekularen Kraftgeneratoren wieder aktuell, vor allem seitdem es möglich ist, das mechanische Verhalten dieser Querbrücken direkt zu untersuchen.

14.1.4. Struktur des Skeletmuskels

Lichtmikroskopisch erkennt man, daß Skeletmuskeln aus einer Vielzahl von länglichen, parallel zur Zugrichtung verlaufenden Muskelzellen aufgebaut sind, die bis zu 10 cm lang werden. Sie besitzen mehrere randständige Zellkerne, sind vom Sarkolemm umgeben und werden von den sog. Myofibrillen durchzogen. Charakteristisch ist ihre lichtmikroskopisch erkennbare Querstreifung, die dadurch entsteht, daß doppellichtbrechende, dunkle A-Banden und schwach lichtbrechende, helle I-Banden entlang der Faserrichtung abwechseln. Da innerhalb und zwischen den parallel verlaufenden Muskelzellen diese Banden auf gleicher Höhe zu liegen kommen, erhält dieser Muskeltyp seine charakteristische Querstreifung. Beide Arten von Banden haben eine Breite von ca. 1000 nm und werden jeweils von schmäleren, optisch dichteren Streifen in ihrer Mitte halbiert. Die I-Bande wird durch die Z-Membran und die A-Bande durch die M-Linie geteilt. Erst mit Hilfe des *Elektronenmikroskops* konnte man erkennen, daß diese Banden aus einer Vielzahl von Filamenten bestehen, von denen man deutlich zwei Typen unterscheiden konnte: dünne Filamente, die die I-Bande, und dicke Filamente, die die A-Bande aufbauen. Die schwächer ausgeprägte M-Linie besteht aus einem Protein, das die dicken Filamente in ihrer regelmäßigen, parallelen Anordnung stabilisiert. Die Z-Membran wird von α-Actinin aufgebaut, von ihr entspringen beidseits die dünnen Filamente. An der Grenze zwischen A- und I-Bande gibt es eine Zone, in der sich beide Filamenttypen überlappen, je nach funktionellem Zustand des Muskels schieben sich die dünnen Filamente mehr oder weniger tief zwischen die dicken Filamente in die A-Bande. Die kleinste kontraktile Einheit der Muskelzelle ist der Bereich zwischen zwei Z-Membranen, Sarkomer genannt. Abbildung 14.1 zeigt einen elektronenmikroskopischen Längsschnitt eines Sarkomers mit einer schematischen Darstellung, die die Dimensionen der Sarkomere verdeutlichen soll. Das Sarkomer besteht aus etwa 1000 dicken Filamenten, die 1000 nm lang sind, und aus 2000 dünnen Filamenten, die 750 nm lang sind und bei Ruhelänge zu einem Drittel ihrer Länge in die dicken Filamente hineinragen. Die Ruhelänge des Sarkomers beträgt 2000 nm, bei maximaler Verkürzung, d.h. vollständiger Überlappung der dünnen und dicken Filamente, verkürzt es sich auf 1000 nm, also um 50%.

14.1.5. Der Mechanismus der Verkürzung

14.1.5.1. Die gleitenden Filamente

Während der Kontraktion gleiten die dünnen Filamente von beiden Seiten entlang den dicken Filamenten in Richtung M-Linie und bringen so die Z-Membranen beiderseits näher aneinander. Da sich längs einer Myofibrille Tausende von Sarkomeren reihen, bilden diese eine Serie von Verkürzungseinheiten, die

504 Biomechanik

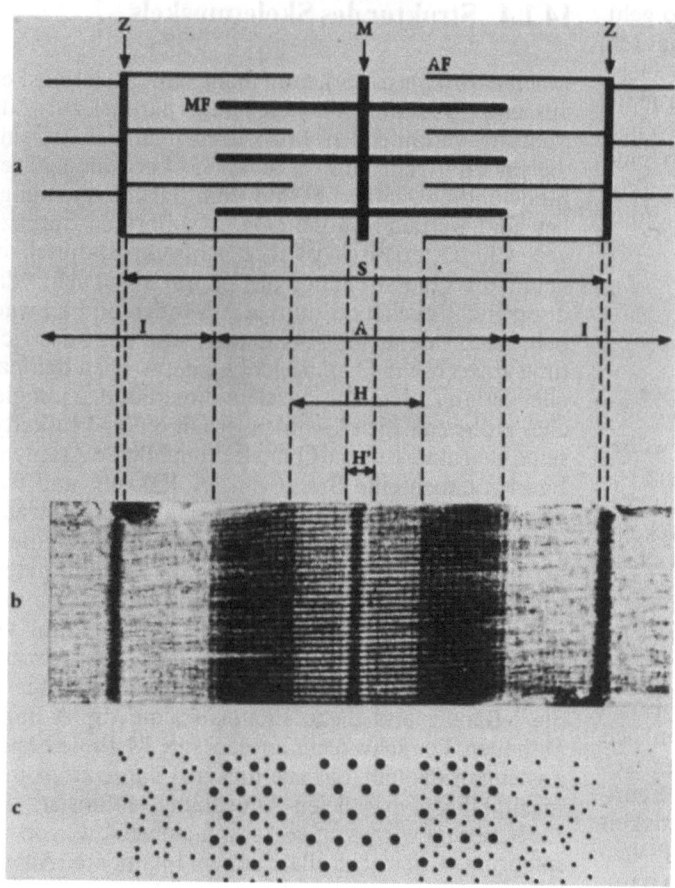

Abb. 14.1. Elektronenmikroskopische Aufnahme eines Längsschnitts durch ein Sarkomer eines Skeletmuskels und schematische Darstellung der Anordnung der Myofilamente (MF Myosinfilament, AF Actinfilament)

eine maximale Verkürzung des gesamten Muskels auf 50% der Ruhelänge ermöglichen. Dies entspricht der maximalen Überlappung beider Filamenttypen, d.h. dem vollständigen Hineingleiten der dünnen Filamente in den Zwischenraum der dicken. In der Tat kann man bei maximaler Verkürzung im Phasenkontrastmikroskop erkennen, daß die I-Bande vollständig verschwindet. Die Aufklärung dieses Mechanismus gelang 1953 A. F. Huxley und Niedergerke und unabhängig H. E. Huxley und Hanson und beendete die Vorstellung, Verkürzung werde durch ein Auffalten eines filamentösen Netzwerkes erzielt. Abbildung 14.2 zeigt elektronenmikroskopische Aufnahmen von Sarkomeren mit steigendem Verkürzungsgrad. Neu an diesem Mechanismus war, daß die Verkürzung des Muskels ohne jegliche Verkürzung der Filamente erreicht wird, die als nahezu starre Stäbe angesehen werden müssen. Weiterhin folgt daraus, daß sowohl die dünnen Filamente an der Z-Membran als auch die dicken Filamente in der M-Linie ihre Polarität ändern müssen, um ein Wandern der dünnen Filamente in Richtung Sarkomerenmitte zu ermöglichen. Der Mechanismus des Filament-Gleitens wurde einige Zeit angezweifelt, weil aus den elektronenmikroskopischen Aufnahmen zunächst nicht ersichtlich war, wie die für diesen Vorgang nötige Scherkraft erzeugt werden könnte. Auf Grund theoretischer Überlegungen schlug 1957 A. F. Huxley vor,

entlang dem dicken Filament existierten molekulare Kraftgeneratoren, die am Actinfilament angreifen und die notwendige Kraft entwickeln könnten. So konnte H. E. Huxley 1957 elektronenmikroskopisch an Ultradünnschnitten (200–300 nm dick) zeigen, daß tatsächlich vom dicken Filament seitliche Fortsätze ausgehen, die sich ans dünne Filament anheften können. Diese werden Querbrücken genannt und es besteht heute allgemein darüber Übereinstimmung, daß diese die gesuchten Kraftgeneratoren sind. Das bedeutet: die Scherkraft wird in der Überlappungszone der Filamente erzeugt; und physiologisch: die bei isometrischer Kontraktion erreichbare Muskelkraft hängt vom Ausmaß der Überlappung der Filamente ab. Abbildung 14.3 zeigt den experimentellen Beweis dieser Folgerung. Der Grad der Überlappung läßt sich durch Dehnung im erschlafften Zustand variieren; je größer die Dehnung und je geringer damit das Maß der Überlappung, desto kleiner ist die maximale isometrische Kraft.

14.1.5.2. Änderungen der Querbrückenkonfiguration

Die heutige Arbeitshypothese der Erzeugung der Verschiebungskraft durch die Querbrücken geht davon aus, daß diese befähigt sind, während der Kontraktion

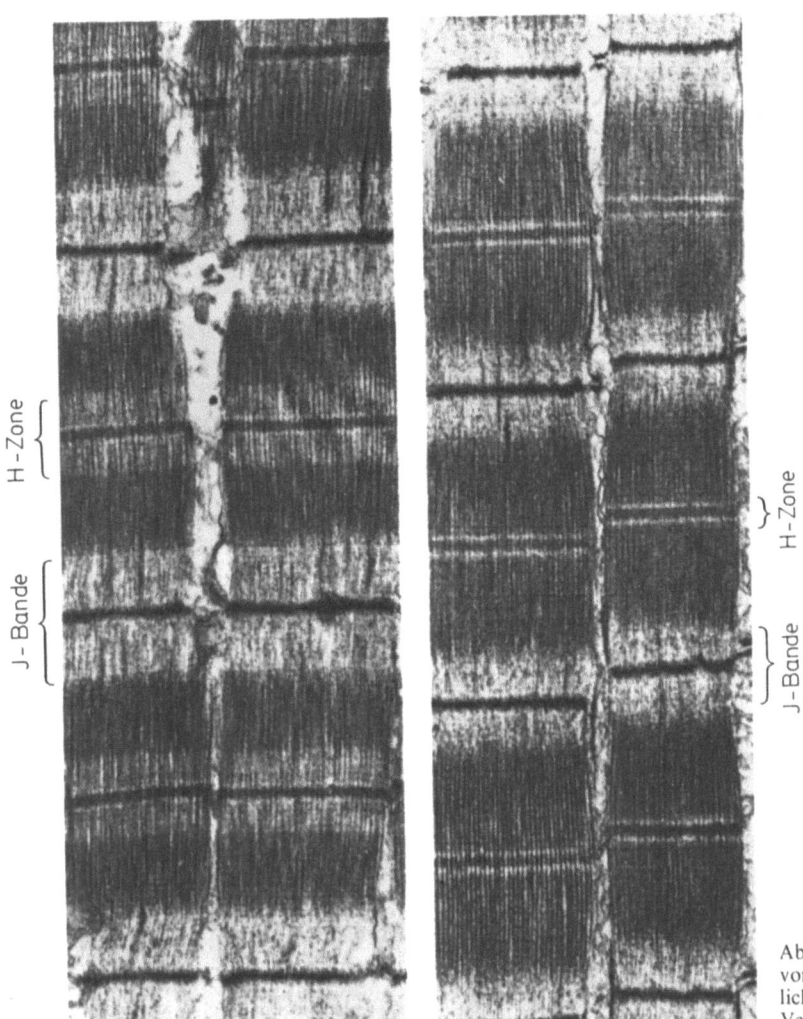

Abb. 14.2. Elektronenmikroskopische Aufnahmen von Längsschnitten von Skeletmuskeln unterschiedlichen Verkürzungsgrades. Man erkennt deutlich die Verschmälerung der I-Banden beidseits der Z-Membran

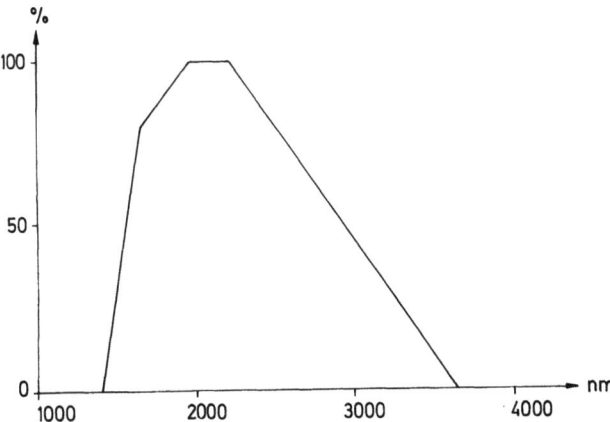

Abb. 14.3. Abhängigkeit der Muskelkraft bei isometrischer Kontraktion vom Ausmaß der Vordehnung im erschlafften Zustand, d.h. dem Ausmaß der Filamentüberlappung. Abszisse: Sarkomerenlänge in nm, Ordinate: Isometrische Muskelkraft in Prozent des Maximalwertes

zyklisch ihre Orientierung zu ändern, um dabei am dünnen Filament angreifend dieses in Sarkomerenmitte zu treiben. Die ersten Hinweise für diese These kamen von der Analyse von Kleinwinkelröntgenbeugungsbildern von Glycerin-extrahierten Muskelfasern der Flugmuskel bestimmter großer tropischer Insekten (Reedy, Holmes, Tregear). An diesem Muskeltyp lassen sich zwei verschiedene Orientierungen der Querbrücken nachweisen, die sich zwei verschiedenen physiologischen Zuständen zuordnen lassen. Bei Anwesenheit von ATP und niedriger Ca^{2+}-Ionen Konzentration, d.h. im erschlafften Zustand des Muskels, nimmt die Querbrücke, die etwa 10 nm lang und 5 nm dick ist, eine Orientierung ein, die sich am besten als waagrecht aus dem dicken Filament herausragend oder als 90°-Stellung beschreiben läßt. Dabei greift sie nicht am dünnen Filament an, eine Tatsache, die sich mit dem geringen Dehnungswiderstand vereinbaren läßt, den alle Muskeln im erschlafften Zustand zeigen. Im Rigor-Zustand dagegen, d.h. nach Auswaschen

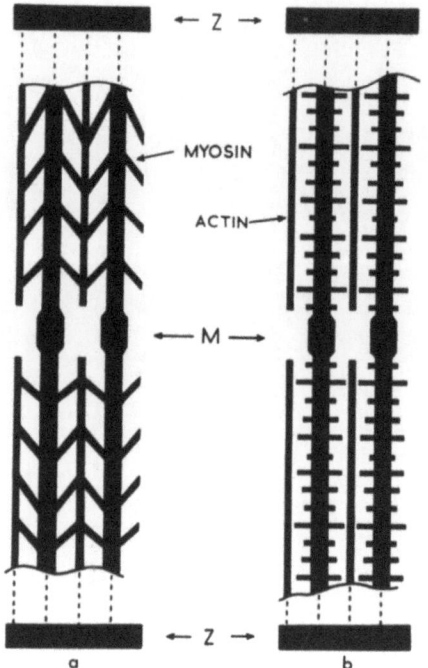
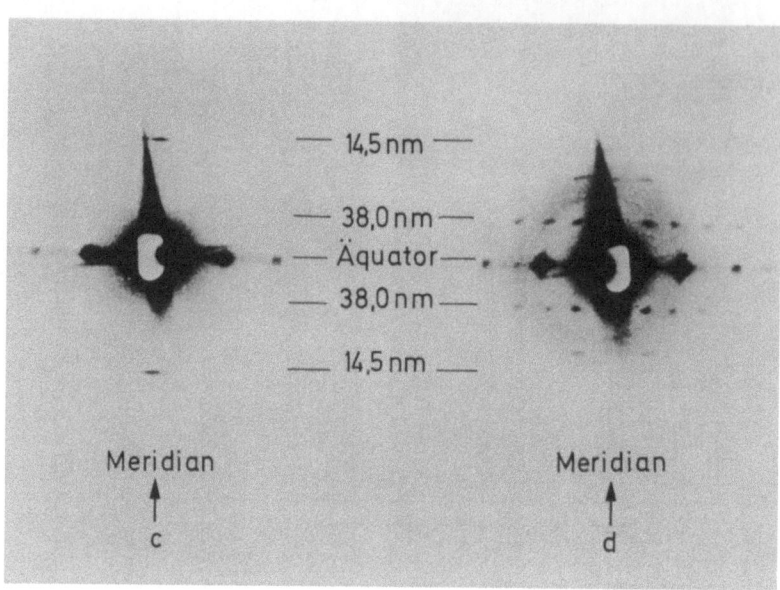

Abb. 14.4a–d. Schematische Darstellung der Querbrückenorientierung beim Insektenflugmuskel. (a) Rigor-Zustand, (b) erschlaffter Zustand. Röntgenbeugungsbilder vom gleichen Muskeltyp aufgenommen im (c) erschlafften Zustand und (d) Rigor-Zustand

oder Verbrauch des ATP, nachdem der Muskel die Rigorspannung entwickelt hat und einen hohen Dehnungswiderstand zeigt, heften die Querbrücken am dünnen Filament an und nehmen relativ zum dicken eine gewinkelte Orientierung (45°-Stellung) ein. Schematisch sind die beiden verschiedenen Querbrückenorientierungen in Abb. 14.4 mit den entsprechenden Röntgenstrahlbeugungsbildern dargestellt. Obwohl diese Ergebnisse aus statischen Zuständen und nicht während einer aktiven Kontraktion gewonnen wurden, läßt sich aus ihnen folgende Hypothese der Kraftgeneration durch die Querbrücken ableiten. Die Querbrücken sind in der Lage, zyklisch ihre Orientierung, sprich Konformation, relativ zum dicken Filament zu ändern (H. E. Huxley und Pringle); sie heften sich am dünnen Filament in 90°-Stellung an, klappen, während sie angeheftet bleiben, in die 45°-Stellung um und treiben das dünne Filament in Richtung Sarkomerenmitte. Danach lösen sie sich, schwingen in die 90°-Stellung zurück, um die Ruderbewegung am dünnen Filament zu wiederholen. Die Intensität bestimmter für die Querbrücke charakteristischer Reflexe (z.B. der 14,3 nm-Reflex) nimmt bei aktiver Kontraktion einen Wert zwischen denen des Ruhe- und Rigor-Zustandes ein, was bedeutet, daß die Querbrückenorientierung sich statistisch zwischen diesen beiden Zuständen verteilt. Auch konnte an oszillierenden Muskelfasern durch stroboskopische Röntgenaufnahmen gezeigt werden, daß die Intensität dieser Reflexe in konstanter Phasenrelation zum Kontraktionszyklus variiert (Miller und Tregear).

14.1.6. Die Proteine des kontraktilen Apparates und ihre enzymatische Aktivität

14.1.6.1. Das Protein der dicken Filamente: das Myosin

Das dicke Filament besteht zu 90% aus dem fibrillären Protein *Myosin*, das ein 140 nm langes stabförmiges Protein mit einem Molekulargewicht von 480000 ist. Bei hoher Ionenstärke (KCl > 0,3 M) geht es als Monomer in Lösung, bei niedriger Ionenstärke dagegen präzipitert es unter Ausbildung von filamentösen Aggregaten, die den natürlichen dicken Filamenten ähneln. Ferner besitzt es allein die Fähigkeit ATP zu ADP und P_i zu hydrolysieren; alle anderen kontraktilen Proteine sind enzymatisch inaktiv und nur befähigt, die enzymatische Aktivität des Myosins zu modifizieren. Myosin besteht aus zwei sehr ähnlichen Polypeptidketten (MG 2000000), die auf einer Strecke von 130 nm eine rein α-helikale Sekundärstruktur besitzen und schraubenförmig umeinander gedreht sind (coiled-coil-Struktur). Dieser Teil ist der Schaftteil. Am anderen Ende entspiralisieren die beiden Polypeptidketten und bilden zwei getrennte, globuläre Teile, die auch die Köpfchen des Myosins genannt werden (s. Abb. 14.5). Durch Verdauung mit proteolytischen Enzymen läßt sich dieses Riesenmolekül in kleinere Bruchstücke aufspalten. Nach Trypsineinwirkung erhält man das HMM (Heavy Meromyosin) und LMM (Light Meromyosin). Dabei behält LMM die Löslich-

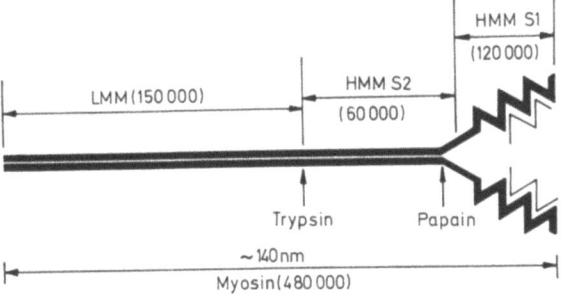

Abb. 14.5. Schematische Darstellung des Myosinmoleküls. Pfeile sollen die Angriffspunkte der proteolytischen Enzyme anzeigen. In Klammern die Molekulargewichte der proteolytischen Fragmente

keitseigenschaften des Gesamtmoleküls, während HMM auch in reinem Wasser löslich bleibt. Mit Hilfe von Papain läßt sich 1 Molekül HMM in drei weitere Fragmente aufspalten, nämlich in 2 Moleküle HMM-Subfragment 1 und 1 Molekül HMM-Subfragment 2. Beide Subfragmenttypen sind wasserlöslich, nur die HMM-Subfragmente 1 jedoch besitzen enzymatische Aktivität, alle anderen Fragmente sind inaktiv. Somit besitzt das Myosin 2 enzymatische Zentren, die auf den Köpfchen lokalisiert sind. Abbildung 14.5 verdeutlicht die Struktur des Myosins und die Lokalisation der proteolytischen Fragmente. Darüber hinaus befinden sich an den beiden Köpfchen noch vier niedermolekulare Proteineinheiten nicht kovalent gebunden. Beim Myosin des quergestreiften Skeletmuskels lassen sich 3 verschiedene niedermolekulare Untereinheiten (auch leichte Ketten genannt) unterscheiden, von denen zwei zur enzymatischen Aktivität notwendig sind. Myosine aus anderen Muskeltypen haben andere leichte Ketten, so daß spekuliert wird, diese bestimmten die Spezifität des Myosins, indem sie die ATPase-Aktivität modifizierten.

14.1.6.2. Die Proteine des dünnen Filaments

Das dünne Filament wird von einer Reihe verschiedener Proteine aufgebaut. Zu 60% besteht es aus *Actin*, das ein globuläres Protein mit einem MG von 42000 ist, dessen vollständige Aminosäuresequenz bekannt ist. Den Rest machen die Regulatorproteine *Tropomyosin* und *Troponin* aus; das sind Proteine, die die Aktivität des Muskels kontrollieren. Ähnlich dem Myosin kann monomeres Actin, das nahezu Kugelform besitzt, filamentöse Aggregate bilden, die den dünnen Filamenten genau entsprechen. Vergleichende Aminosäureanalysen haben gezeigt, daß die Sequenz von Actin während der Evolution außerordentlich konstant bewahrt wurde. Man findet nur wenige artcharakteristische, immer jedoch konservative Aminosäureaustausche. Actin aus Schimmelpilzen kann sich mit Skeletmuskelmyosin ebensogut zum Actomyosin-Komplex vereinigen wie ein Actin aus irgendeiner anderen Quelle. Der Actomyosintyp wird nur von dem Myosintyp bestimmt. Das *Tropomyosin*

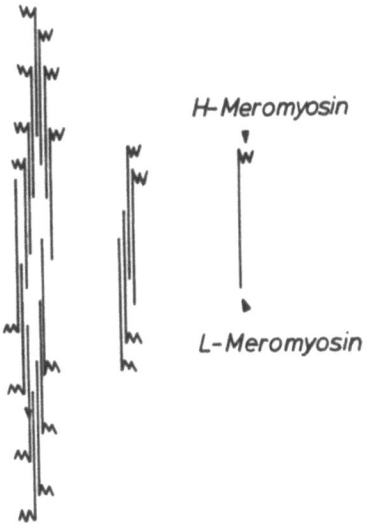

Abb. 14.6. Schematische Darstellung der Aggregation der Myosinmoleküle. Zunächst End-zu-End-Anlagerung, dann weiteres Wachsen durch seitliche Aggregation. [Nach Huxley, H. E.: The mechanism of muscular contraction. Science **164**, 1356–1366 (1969)]

(MG 76000) ist ein fadenförmiges, 42 nm langes und 2 nm dickes Protein, das sich aus zwei rein α-helikalen Untereinheiten aufbaut, die zu einer Doppelspirale umeinander gewunden sind. *Troponin* (MG 80000) besteht aus drei globulären Untereinheiten, von denen jede im Regulationsmechanismus der Muskelaktivität eine bestimmte Funktion erfüllt (s. später).

14.1.7. Der Aufbau der Myofilamente

14.1.7.1. Das Myosinfilament

Elektronenmikroskopisch erscheint das dicke oder Myosinfilament als 1000 nm langer Stab mit einer Dicke von 10 nm. Wie schon gesagt, präzipitiert Myosin bei niedriger Ionenstärke zu Aggregaten strukturell ähnlich den dicken Filamenten. Verfolgt man den Polymerisationsvorgang elektronenmikroskopisch, so findet man, daß sich zunächst die Myosinmoleküle Ende zu Ende aneinanderlagern und das weitere Wachsen des Filaments durch seitliche Anlagerung erfolgt (s. Abb. 14.6). Auf diese Weise entsteht ein Filament, dessen Mittelregion frei von herausragenden Querbrücken ist, mit einer Bipolarität der Anordnung der einzelnen Myosinmoleküle beidseits dieser Mittelregion. Dies erklärt die Tatsache, daß das dicke Filament von beiden Seiten her das Actinfilament in die Sarkomerenmitte treiben kann. Die Querbrücken, die alle 14,3 nm aus dem Filament herausragen, werden vom HMM-Teil des Myosinmoleküls gebildet, wie die Markierung mit HMM-spezifischen Antikörpern ergeben hat. Mit Hilfe der Röntgenstrahlbeugungsanalyse errechneten H. E. Huxley und Brown folgendes Modell des Aufbaus des Myosinfilaments: Es wird von 2 Strängen, in denen die Myosinmoleküle geordnet sind, helikal aufgebaut. Nach jeweils 14,3 nm kommt auf gleicher Höhe von jedem Myosinstrang eine Querbrücke an die Oberfläche des Filaments, die in entgegengesetzte Richtung weist. Das nächste Querbrückenpaar ist um 120° zum vorigen versetzt, so daß nur jedes dritte Querbrückenpaar in der gleichen Ebene liegt. Huxley und Brown nahmen ursprünglich an, daß jede Querbrücke nur aus einem HMM-Teil eines Myosins gebildet wird. Inzwischen jedoch hat man gefunden, daß die Myosinmenge einer Muskelfaser wesentlich die Anzahl der Querbrücken übersteigt. Deshalb wurde zunächst angenommen, jede Querbrücke baue sich aus mehr als nur einem Myosinmolekül auf. Die Zahlen variierten zwischen zwei und drei Myosinmolekülen pro Querbrücke. Doch selbst diese Hilfskonstruktion reicht nicht aus, um die oben skizzierte Diskrepanz zu lösen. Nach neueren Vorstellungen soll das Myosinfilament des Skeletmuskels auf jeder Ebene, d.h. alle 14,3 nm, drei Querbrücken (d.h. 6 Köpfchen) haben.

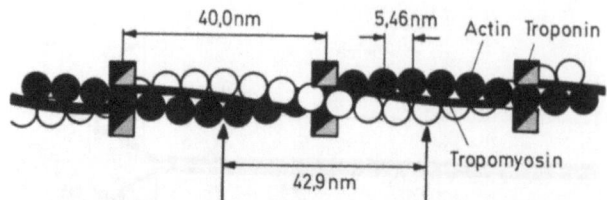

Abb. 14.7. Schematische Darstellung des Aufbaus des dünnen Filaments. Helle und dunkle Kreise zeigen die Actinmonomere der beiden „Perlenketten" an (s. Text)

14.1.7.2. Das Actinfilament

Weniger kontrovers ist die Struktur des dünnen Filaments (Durchmesser 5 nm). Es besteht zu 60% aus Actin, das sein Grundgerüst bildet. Monomeres Actin, das nur im destillierten Wasser stabil ist, polymerisiert nach Erhöhung der Ionenstärke zu einer doppelsträngigen Helix mit einer Periodizität der Untereinheiten von 5,46 nm und der Schraubenwindung von 36,5 nm. Innerhalb des einzelnen Strangs sind die Actinmonomere linear aneinandergereiht, jedes Actinmonomer steht mit mindestens drei benachbarten Actinmolekülen in Kontakt. Stabilisiert wird diese Struktur noch durch die Regulatorproteine, vor allem durch das 42 nm lange stabförmige *Tropomyosin*. Dieses schmiegt sich zu beiden Seiten der Actindoppelhelix in die Vertiefung zwischen den Einzelsträngen. Jeweils in der Mitte eines Tropomyosinmoleküls befindet sich mit einer Periodizität von 40 nm der *Troponinkomplex*, der unter Einwirkung von Ca^{2+}-Ionen zusammen mit dem Tropomyosin intrazellulär die Muskelaktivität reguliert, indem er die Fähigkeit des Actinfilaments, mit den Myosinquerbrücken in Wechselwirkung zu treten, bestimmt (Abb. 14.7). Die Wechselwirkung zwischen Actinfilamenten und Querbrücken läßt sich experimentell auch mit den proteolytischen Fragmenten des Myosins, HMM und HMM-S1, nachweisen. Bei Abwesenheit von ATP binden sich diese Fragmente an das Actinfilament, dabei scheint jedes Actinmonomer in der Lage zu sein, ein HMM-S1-Fragment zu binden. Ähnlich der Querbrückenkonfiguration im Rigor-Zustand nehmen die HMM-S1-Fragmente relativ zum Actinfilament eine gewinkelte Position ein, was dem so mit Myosinköpfchen dekorierten Actin im Elektronenmikroskop eine speerähnliche Erscheinung verleiht (Abb. 14.8). Mit Hilfe dieser charakteristischen Markierungsmethode konnte man Actinfilamente in einer Reihe von Zellen nachweisen, die Kontraktilität zeigen. Bei Zugabe von ATP und niedriger

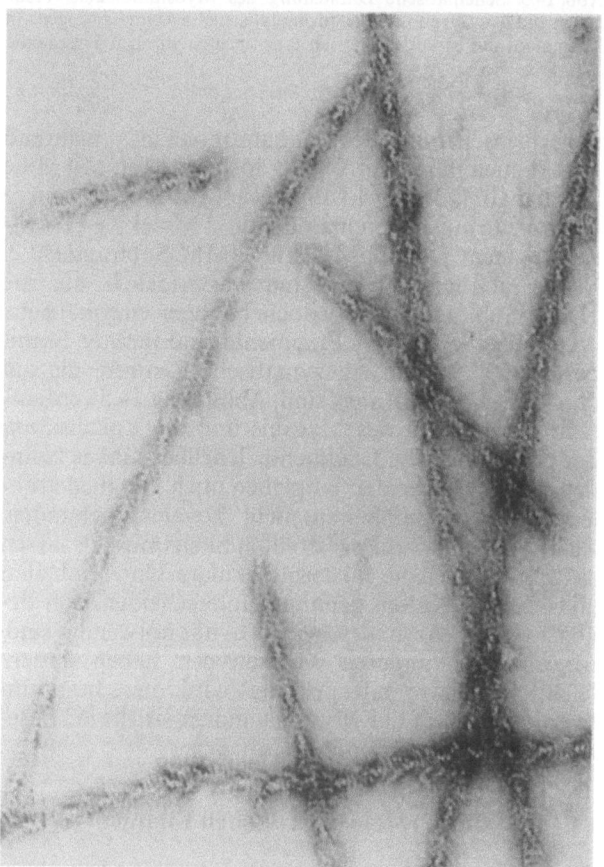

Abb. 14.8. Elektronenmikroskopische Aufnahme von Actinfilamenten, die mit HMM-S1-Fragmenten beladen (dekoriert) wurden. Man erkennt die speerähnliche Erscheinung der Filamente, die durch die anheftenden S1-Fragmente hervorgerufen wird

Ca^{2+}-Konzentration lösen sich die HMM-S1-Fragmente vom Actinfilament, analog zum Verhalten der Querbrücken bei der Erschlaffung.

14.1.8. Die Anordnung der Filamente in der Überlappungszone

Abbildung 14.9 zeigt eine schematische Darstellung eines Querschnitts eines Skeletmuskels in der Überlappungszone der dicken und dünnen Filamente. Man erkennt die typische hexagonale Bienenwabenstruk-

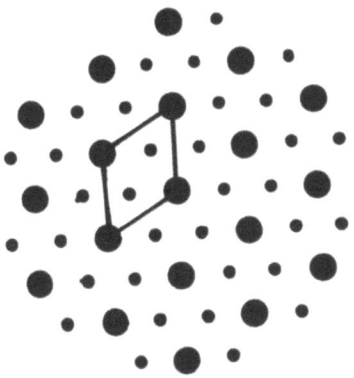

Abb. 14.9. Schematische Darstellung der Anordnung beider Filamenttypen in der Überlappungszone. Man erkennt die doppelte hexagonale Anordnung dicker und dünner Filamente. Die eingezeichnete Raute begrenzt die Einheitszelle des interfilamentären Gitters

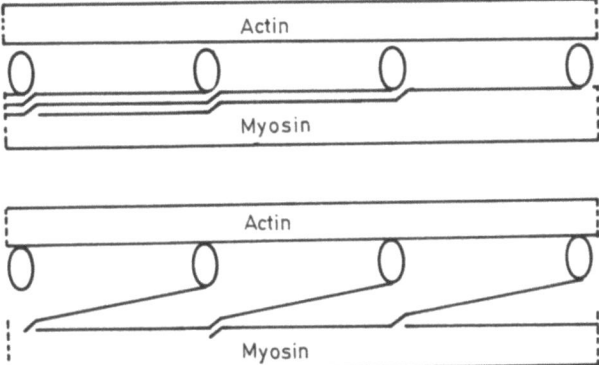

Abb. 14.10. Möglicher Mechanismus der Anpassung der Querbrücke, um den variierenden Interfilamentabstand zu überbrücken. Der HMM-S2-Anteil der Myosinmoleküle kann sich aus dem dicken Filament lösen und die HMM-S1-Anteile an das Actinfilament bringen

tur; die Myosinfilamente werden von 6 Actinfilamenten und die Actinfilamente von 3 Myosinfilamenten umgeben. Jedes Myosinfilament sendet zu allen 6 Actinfilamenten Querbrücken aus, in einer bestimmten Ebene jedoch nur zu jeweils 2 bzw. 3. Umgekehrt wird jedes Actinfilament von den Querbrücken der drei es umgebenden Myosinfilamente erreicht; die von einem bestimmten Myosinfilament haben entsprechend dem Modell des dicken Filaments von Huxley und Brown einen Abstand von 42,9 nm. Die Einheitszelle, d.h. die kleinste strukturelle Untereinheit des interfilamentären Gitters, wird von einer Raute gebildet, deren Kanten 4 dicke Filamente bilden. Bei der Beugung von Röntgenstrahlen wirken die möglichen Ebenen durch die Elemente dieser Einheitszelle als diffraktierendes Gitter. Der mittlere Abstand zwischen den Myosinfilamenten beträgt 43 nm, der zwischen Myosin- und Actinfilament 23 nm, das ist die Distanz, die die Myosinquerbrücke überbrücken muß, um sich an das Actinfilament anheften zu können. Man erhält bei der Röntgenstrahlbeugung senkrecht zur Faserrichtung des Muskels eine Serie von Diffraktionspunkten, deren Öffnungswinkel vom Primärstrahl Auskunft über die interfilamentaren Abstände gibt (äquatoriale Reflexe: Abb. 14.4). Aus der relativen Intensität der Diffraktionspunkte lassen sich Informationen über die Massenverteilung der Filamente gewinnen. So ändert sich die relative Intensität zweier äquatorialer Reflexe beim Übergang des Muskels vom erschlafften in den Rigor-Zustand, wie man es bei einer Massenverschiebung vom dicken zum dünnen Filament erwarten würde. Auf die Querbrücken bezogen: während der Rigor-Kontraktion findet durch ihr Anheften am Actinfilament eine Massenverschiebung vom Myosin zum Actinfilament statt. Während der Verkürzung rücken die Filamente entsprechend dem Gesetz der Volumenkonstanz der Muskelzelle auseinander, der interfilamentäre Abstand vergrößert sich. Umgekehrt verringert er sich bei Dehnung. Somit muß bei der aktiven Kontraktion die Querbrücke sich an einen variierenden interfilamentären Abstand anpassen können. Man nimmt an, daß das Myosinmolekül an den beiden Stellen, die von den proteolytischen Enzymen angegriffen werden, Regionen besitzt, die flexibler sind, als die übrige α-helikale Superschraube des Schaftteils ist. Diese Regionen könnten als eine Art intramolekularer Gelenke wirken und so die beiden Myosinköpfe immer in der richtigen Position zum Anheften an das Actinfilament halten (Abb. 14.10). Auch entlang der Faserrichtung existieren periodisch sich wiederholende Strukturelemente, die für Röntgenstrahlen als Beugungsgitter wirken. Es sind dies vor allem die Querbrücken mit einer Periodizität vom 14,3 nm und die Troponinkomplexe entlang des Actinfilamentes. Diese Periodizitäten bewirken eine Ablenkung des Röntgenstrahls in Richtung des Faserverlaufs. Da diese Periodizitäten helikal geordnet sind, erhält man keine Diffraktionspunkte, sondern Schichtlinien oder eine Serie von Reflexpunkten entlang der Reflektionsebene. Auch für diese gelten die für die äquatorialen Reflexe genannten Prinzipien. Aus der starken Änderung der Intensität der 14,3 nm-Linie beim Übergang vom erschlafften in den Rigor-Zustand konnten erstmals Hinweise für die These der Querbrückenbewegung gewonnen werden (s. auch die Diffraktionsbilder von Abb. 14.4). Die interfilamentäre Ordnung der Überlappungszone bleibt beidseits dieser Zone von Actin- und Myosinfilament erhalten.

14.1.9. Die Regulation der Muskelaktivität

Die Aktivität der willkürlichen Muskeln steht unter nervaler Steuerung. Die Depolarisation der Zellmembran wird durch Invaginationen in das Zellinnere an das Sarkoplasmatische Retikulum (SR) fortgeleitet. Das SR ist in der Lage, durch einen aktiven, ATP-verbrauchenden Pumpmechanismus Ca^{2+}-Ionen bis zu einem Konzentrationsgefälle von 1:1000 zu speichern (Hasselbach), die bei Depolarisation lawinenartig freigesetzt werden. Auf diese Weise wird die freie

Ca^{2+}-Konzentration im Zellinnern von 10^{-7}M auf 10^{-5}M erhöht, was zur vollen Aktivierung des kontraktilen Apparates führt. Der molekulare Schalter, der auf das Signal „hohe Ca^{2+}-Konzentration" reagiert, ist der auf dem Actinfilament lokalisierte Tropomyosin-Troponin Komplex. Unmittelbar nach einer Depolarisation und Ca^{2+}-Freisetzung beginnt das SR die freien Ca^{2+}-Ionen wieder zu speichern, sofern kein erneuter Nervenimpuls mehr erfolgt. Auf den Abfall der freien Ca^{2+}-Konzentration reagiert wieder das Troponin-Tropomyosin-System und blockiert die vorher freigemachten Bindungsstellen für Querbrücken auf dem Actinfilament.

Der molekulare Ablauf dieses Schaltmechanismus kann jetzt in groben Zügen angegeben werden (Ebashi und H. E. Huxley). Das Troponin besteht aus drei Untereinheiten, von denen eines vier Ca^{2+}-Atome bindet, was eine Serie von Konformationsänderungen im gesamten Troponin-Tropomyosin-Komplex auslöst. Im Endeffekt erfolgt eine Bewegung der fadenförmigen Tropomyosinmoleküle tiefer in den Zwischenraum zwischen den beiden Actinperlschnüren hinein, Querbrücken können sich anheften.

Umgekehrt kommt bei Verringerung der Ca^{2+}-Konzentration die hemmende Wirkung der zweiten Troponinuntereinheit wieder zum Tragen, die Tropomyosinmoleküle wandern wieder an die Oberfläche des Actinfilaments. Beide Signale „Ca^{2+}-Konzentration hoch" und „niedrig" werden von der dritten Troponinuntereinheit an das Tropomyosin weitergeleitet.

Die Tropomyosinbewegungen regulieren die Zahl der Bindungsstellen am Actinfilament; ob sie durch das Ausweichen eine sterische Blockierung aufheben oder die Konformation der einzelnen Actinmonomere ändern, ist noch nicht entschieden.

14.1.10. Die enzymatische Aktivität von Myosin und der Mechanismus der ATP-Hydrolyse

Die Identifizierung der Myosinquerbrücken als molekulare Kraftgeneratoren der Muskelzelle war ein wichtiger Fortschritt in der Erforschung des Mechanismus der chemomechanischen Energietransformation in der Biologie; jedoch ohne genauere Kenntnis der Einzelschritte der ATP-Hydrolyse, ihrer Energetik und der genauen Struktur der Myosinquerbrücke muß unsere Kenntnis von diesem biologischen Elementarvorgang unvollständig bleiben. Die beiden Köpfe (HMM-S1—Fragmente) des Myosins sind Teile der Querbrücke, sie besitzen die Fähigkeit, den Actomyosin-Komplex zu bilden und ATP zu spalten; es ist ihre Aufgabe, die in ATP vorliegende chemische Energie in mechanische Arbeit umzuwandeln. Nur Myosin besitzt von den beschriebenen Proteinen ATPase-Aktivität. Bei Anwesenheit von physiologischer Mg^{2+}-Ionen-Konzentration zeigt Myosin eine nur geringe ATPase-Aktivität (turnover Zahl: 6 pro min).

Mit Actinfilamenten ist Myosin in der Lage, den Actomyosinkomplex zu bilden. Die ATPase-Aktivität dieses Komplexes ist wesentlich höher als von reinem Myosin, was auf dem aktivierenden Einfluß von Actin auf die Myosin-ATPase beruht und eine Steigerung der Myosin-ATPase-Aktivität bis auf das 400fache bewirkt. Reines filamentöses Actin, d.h. ohne Tropomyosin und Troponin, aktiviert die Myosin-ATPase unabhängig von der Ca^{2+}-Ionen-Konzentration. Der aktivierende Effekt von natürlichen dünnen Filamenten (d.h. bei Anwesenheit von Tropomyosin und Troponin) läßt sich durch Änderung der Ca^{2+}-Ionen-Konzentration modifizieren. Verringerung der Ca^{2+}-Konzentration auf 10^{-7} M bewirkt eine völlige Aufhebung des aktivierenden Effekts von Actin, bei einer Ca^{2+}-Konzentration von 10^{-5} M dagegen erhält man maximale Aktivität. Dieser Vorgang entspricht der oben beschriebenen intrazellulären Regulation der Muskelaktivität, die durch die Ca^{2+}-Konzentration gesteuert und über den Tropomyosin-Troponin-Komplex ausgeführt wird. Der Mechanismus der ATP-Hydrolyse unter physiologischen ionalen Bedingungen durch Myosin in Lösung konnte mit Hilfe von Methoden zur Messung schneller Reaktionskinetik (stopped flow und quenched flow) geklärt werden. Dabei zeigte sich, daß das erste ATP-Molekül schnell, mit einer Geschwindigkeit von $160 s^{-1}$, am Enzym gespalten wird. Das ist nahezu 4000mal schneller als die steady-state-Geschwindigkeit, was nur bedeuten kann, daß ein Schritt der Enzym-gebundenen ATP-Hydrolyse wesentlich langsamer und damit geschwindigkeitsbestimmend ist. Da die Produkte ADP und P_i schneller vom Myosin abdissoziieren können, als der steady-state-Geschwindigkeit entspricht (k_{off} für ADP $= 1,4 s^{-1}$ und für $P_i > 1,4 s^{-1}$), muß ein Schritt vor der Produktfreisetzung geschwindigkeitsbestimmend sein. Sehr wahrscheinlich entspricht dieser Schritt einer Konformationsänderung des Myosin-Moleküls. Die geschilderten Ergebnisse sind in Schema (1) zusammengefaßt:

1

$$M + ATP \xrightarrow{(1)} MATP \xrightarrow{(2)} M^*ADP \cdot P_i \xrightarrow{(3)} MADPP_i \xrightarrow{(4)}$$

$$MADP + P_i \xrightarrow{(5)} M + ADP + P_i$$

M = Myosin. Alle Schritte sind durch zwei Geschwindigkeitskonstanten gekennzeichnet, k_{+n} und k_{-n}, die Geschwindigkeitskonstanten der Hin- und Rückreaktion. Bei ausreichender ATP-Konzentration sind k_{+1} und k_{+2} sehr groß ($k_{+1} = 2 \times 10^6 M^{-1} s^{-1}$, $k_{+2} = 160 s^{-1}$), Schritt 3 ist geschwindigkeitsbestimmend. Der Stern soll die postulierte unterschiedliche Proteinkonformation bezeichnen, die durch ATP-Hydrolyse entsteht und nach Schema (1) im geschwindigkeitsbestimmenden Schritt wieder abgebaut wird. Darüber hinaus findet man einen Anstieg der Tryptophan-Fluoreszenz bei Substrat- und Produkt-Bindung, die in zwei Schritten (einem zusätzlichen Isomerisierungsschritt des Proteins) abläuft. Daher ist das kinetische Schema (1) noch unvollständig, es muß

Tabelle 14.1 gibt die gemessenen und berechneten Geschwindigkeitskonstanten der Hin- und Rückraten (k_{+n} und k_{-n}) und die sich daraus ergebenden Gleichgewichtskonstanten (K_n) der einzelnen Schritte der ATP-Hydrolyse wieder. Versuchsbedingungen 100 mM KCl; pH 8,0, 21° C, alle Werte für HMM-Subfragment 1

	ATP + M	⇌	MATP	⇌	M*ATP	⇌	M**ADP·P_i	⇌	M*ADP·P_i	⇌	P_i + M*ADP	⇌	MADP	⇌	ADP + M
Schritt	1		2		3		4		5		6		7		
k_{+n}			400 s^{-1}		>160 s^{-1}		0.05 s^{-1}		>1.4 s^{-1}		1.45 s^{-1}				
k_{-n}			2·10^{-7} s^{-1}		>18 s^{-1}		4,23·10^{-3} s^{-1}		>1,9·10^2 M^{-1} s^{-1}		400 s^{-1}				
K_n	5·10^3 M^{-1}		2·10^9		9		15.6		7,3·10^{-3} M		3,5·10^{-3}		2,7·10^{-4} M		
ΔG^0	−16 kJ mol^{-1}		−50 kJ mol^{-1}		−5,4 kJ mol^{-1}		−11 kJ mol^{-1}		+12 kJ mol^{-1}		+14 kJ mol^{-1}		+20 kJ mol^{-1}		

folgendermaßen ohne grundsätzliche Änderung ergänzt werden:

2

$$M + ATP \xrightarrow{(1)} MATP \xrightarrow{(2)} M^*ATP \xrightarrow{(3)} M^{**}ADPP_i \xrightarrow{(4)}$$

$$M^*ADPP_i \xrightarrow{(5)} M^*ADP + P_i \xrightarrow{(6)}$$

$$MADP + P_i \xrightarrow{(7)} M + ADP + P_i.$$

Hier bedeuten die Sterne unterschiedliche Fluoreszenzeigenschaften des Proteins, bedingt durch Nucleotid-Bindung, der doppelte Stern soll die durch die ATP-Hydrolyse erzeugte Konformation bezeichnen, die unter steady-state-Bedingungen der dominierende Enzym-Komplex ist. In Schema (2) ist Schritt (4) geschwindigkeitsbestimmend (d. h. $k_{+4} - k_{-4} = k_{cat}$). Auch konnten nahezu alle Rückraten entweder direkt gemessen oder rechnerisch ermittelt werden. Eine Aufstellung aller kinetischen Daten von Schema (2) gibt Tab. 14.1. Noch nicht so gut untersucht ist das Actomyosin-System (AM), d. h. die modifizierende Wirkung von Actin. Zwar konnte gezeigt werden, daß ATP AM in Myosin und Actin dissoziiert, bevor es von Myosin hydrolysiert werden kann. Die Dissoziationsgeschwindigkeit ist >1000 s^{-1} und damit wesentlich schneller als die Spaltungsrate k_{+3}. Deshalb kann Actin keinen direkten Einfluß auf k_{+3} haben, die Beschleunigung von k_{cat} durch Actin erfolgt durch die Beschleunigung des geschwindigkeitsbestimmenden Schrittes 4 und wahrscheinlich aller diesem folgender, nachdem es sich mit dem steady-state-Komplex erneut verbunden hat. Für das AM-System gilt Schema (3) nach Lymn und Taylor:

3

$$\begin{array}{c} AM + ATP \rightarrow AMATP \quad AM^{**}ADPP_i \rightarrow AM^*ADPP_i \rightarrow \\ -A \updownarrow \qquad\qquad +A \updownarrow \\ M^*ATP \rightarrow \quad M^{**}ADPP_i \end{array}$$

$$AM^*ADP + P_i \rightarrow AMADP + P_i \rightarrow AM + ADP + P_i$$

(AM = Actomyosin, A = Actin).

Der im Schema (3) formulierte kinetische Mechanismus ist noch spekulativ, da die meisten Geschwindigkeitskonstanten und die Identität der Intermediärzustände noch nicht genau bestimmt sind. Jedoch ist er mit allen bekannten Befunden vereinbar und erklärt auch die eingangs erwähnte „Doppelrolle" des ATP. ATP dissoziiert den AM-Komplex, d.h. es löst die Querbrücken vom Actinfilament und erschlafft den Muskel ebenso wie es gleichzeitig während der aktiven Kontraktion hydrolysiert wird, wenn der Muskel sich verkürzt oder Spannung entwickelt.

In Tabelle 14.1 sind neben allen Geschwindigkeitskonstanten auch die daraus errechenbaren Gleichgewichtskonstanten der einzelnen Schritte angegeben. Aus den Gleichgewichtskonstanten ist die Änderung der freien Enthalpie unter Standardbedingungen nach $\Delta G^0 = -RT \ln K$ errechenbar, die ebenfalls in Tabelle 14.1 angegeben ist. Diese Berechnungen gelten allerdings nur für das Myosin-System und haben nur unter Standard-Bedingungen Gültigkeit. Auffällig ist das geringe ΔG^0 für den geschwindigkeitsbestimmenden Schritt (4) und den Hydrolyseschritt (3), groß ist ΔG^0 dagegen für den ATP-Bindungsschritt (1) und (2). Gerade für den geschwindigkeitsbestimmenden Schritt erwartet man ein großes ΔG^0, da sich dieser am ehesten mit dem mechanischen Kraftschritt der Querbrücke korrelieren ließ. Jedoch unter steady-state-Bedingungen können die aktuellen Änderungen der freien Energie (ΔG) ganz anders sein, da sie von den Konzentrationen der Intermediärkomplexe abhängig sind. Darüber hinaus sind für das Actomyosinsystem Gleichgewichtskonstanten der einzelnen Schritte noch nicht bestimmt worden.

14.1.11. Versuch der Korrelation von Querbrückenzyklus und ATP-Hydrolyse

Wie schon erwähnt, sind die im vorigen Kapitel beschriebenen kinetischen Schemata der ATP-Hydrolyse durch Myosin und AM an den isolierten Proteinen oder den Myosinsubfragmenten erarbeitet worden, so daß eine direkte Übertragung auf die intakte Muskelfaser nicht ohne weiteres möglich ist. Aus diesem Grund soll die folgende Korrelation von Querbrückenzyklus und ATP-Hydrolyse als Versuch gewertet werden. Trotzdem bietet sich das kinetische Schema der ATP-Hydrolyse durch Actomyosin zu ei-

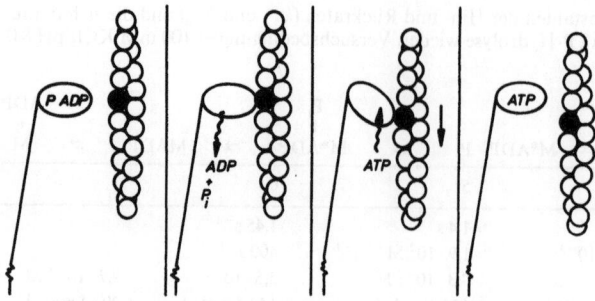

Abb. 14.11. Modell der Korrelation von Querbrückenzyklus und ATP-Hydrolyse (s. Text)

ner Korrelation von zyklischer Querbrückenbewegung mit dem enzymatischen Vorgang geradezu an. Eine solche Korrelation ist in Abb. 14.11 schematisch dargestellt. Der Rigor-Zustand, Bindung der Myosinquerbrücke am Actinfilament in der 45°-Position, entspräche dem AM-Komplex. Auf Bindung von ATP erfolgt die rasche Dissoziation dieses Komplexes, die Myosinquerbrücke löst sich vom Actinfilament und schwingt in die 90°-Position zurück unter gleichzeitiger Hydrolyse des gebundenen ATP. Der nächste Schritt ist abhängig von der Ca^{2+}-Konzentration, d.h. von freien Bindungszentren auf dem Actinfilament. Ist die Ca^{2+}-Konzentration niedrig und sind keine Bindungsstellen verfügbar, so entspricht die weitere enzymatische Aktivität der Querbrücke der reinen Myosin-ATPase, d.h. dem kinetischen Schema (2). In diesem Falle ist der dominierende Enzymkomplex der Myosin-Produkt-Komplex ($M^{**}ADPP_i$), dem die in 90°-Position verharrende Querbrücke entspricht. Daß im erschlafften Zustand der Myosinquerbrücken tatsächlich ADP die gebundene Nukleotidspezies ist, konnte experimentell an Muskelfasern demonstriert werden. Ist die Ca^{2+}-Konzentration jedoch hoch (10^{-5} M), so reagieren die Myosinquerbrücken sofort nach der ATP-Hydrolyse mit verfügbaren Bindungsstellen auf dem Actinfilament entsprechend dem kinetischen Schema (3), unter Freisetzung der gebundenen Produkte und gleichzeitigem Übergang von der 90°- in die 45°-Position, d.h. Leistung mechanischer Arbeit. Die Rigor-Kontraktion, die sich beim Auswaschen des ATP einstellt, läßt sich als ein einmaliges Durchlaufen dieses Zyklus erklären, um schließlich im ATP-freien Intermediärzustand (AM-Komplex) zu verharren. Zwar gibt es noch keine direkten Beweise für die Richtigkeit dieses Querbrückenmodells, doch spricht die Mehrheit der experimentellen Ergebnisse für eine solche Vorstellung. Eine mögliche Linie der direkten Beweisführung sind neuere Experimente mit ATP-Analogen, die nach kinetischen Überlegungen den Querbrückenzyklus an bisher noch nicht identifizierten Phasen „einfrieren", da sie andere dominierende steady-state-Komplexe erzeugen. Die strukturelle Aufklärung solcher „neuen Querbrückenphasen" bestätigte die skizzierte Hypothese. Nach diesen Ergebnissen reicht ATP-Bindung aus, um die Querbrücke vom Actinfilament zu lösen und in die 90°-Position zu treiben, so daß der Querbrücken-Substrat- und -Produkt-Komplex in dieser Hinsicht identisch wären. Aus dem vorgeschlagenen Querbrückenmodell folgt, daß ATP-Spaltung am Myosin und mechanische Arbeitsleistung keine gekoppelten Schritte sind, vielmehr erfolgt die Leistung mechanischer Arbeit nach der Freisetzung der durch ATP-Spaltung verfügbaren chemischen Energie. Diese muß daher von der Querbrücke — wahrscheinlich in Form von Konformationsenergie — bis zur Interaktion mit Actin gespeichert werden. An dieser Stelle muß nochmals an die Änderungen der freien Enthalpie (Tab. 14.1) erinnert werden. Den größten ΔG^0-Wert hat der ATP-Bindungsschritt, und auch ohne Kenntnis der effektiven Myosin- und Actinkonzentrationen in der Muskelfaser ist es denkbar, daß die Querbrücke die größte Energiezufuhr durch die Bindung von ATP erhält. Aber auch dieser Schritt ist nicht mit dem mechanischen Arbeitsschritt gekoppelt, jedoch mit einer deutlichen Konformationsänderung der Querbrücke verbunden. Da im erschlafften Zustand die Myosin-ATPase dem kinetischen Schema (2) gehorcht, ist es notwendig, um gewonnene Energie nicht unnötig zu verlieren, daß die Schritte nach der maximalen Energiezufuhr langsam und mit geringen Änderungen der freien Energie ablaufen. Einmal um den ATP-Verbrauch niedrig zu halten und zum zweiten, um eine ausreichende Konzentration der Enzymspezies zu gewährleisten, die bei Aktivierung mit Actin reagieren kann. Das kinetische Schema (3) erfüllt diese Forderungen, denn k_{+4} ist langsam und da es auch geschwindigkeitsbestimmend ist, ist $M^{**}ADPP_i$ der dominierende steady-state-Komplex mit einer Halbwertszeit von ca. 30 s. Natürlich darf die Bereitstellung dieser Spezies nach der Energiezufuhr nicht viel Energie kosten (K_3 ist klein) und vor allem muß sie schnell geschehen (k_{+3} ist groß), um auch während der aktiven Kontraktion die losgelöste Querbrücke rasch wieder mit Actin reaktionsbereit zu machen.

14.1.12. Kinetik der Querbrückenmechanik

In dem vorausgegangenen Versuch, Querbrückenzyklus und kinetisches Schema der ATP-Hydrolyse durch Actomyosin zu korrelieren, wurde stillschweigend davon ausgegangen, daß die in Lösung bestimmten Geschwindigkeitskonstanten auf das Actomyosinsystem in situ, wenn nicht genau, so doch wenigstens in ihren relativen Verhältnissen übertragbar seien. Angenommen, dies ist der Fall, so verdeutlicht der eingangs beschriebene Fenn-Effekt (Abhängigkeit der von einem Muskel freigesetzten Energie — ATP-Verbrauch — von der Geschwindigkeit der Verkürzung ~ Querbrückenschlagfrequenz) nicht nur die enge Korrelation von ATP-Spaltung und Querbrückenleistung, sondern widerlegt auch die Alles-oder-Nichts-Vorstellung der mechanischen Leistung der Querbrücken. Vielmehr kann die Querbrücke ihre Leistung an mechanische Erfordernisse anpassen, was bedeuten muß, daß sie die Geschwindigkeit ihres Anheftens an

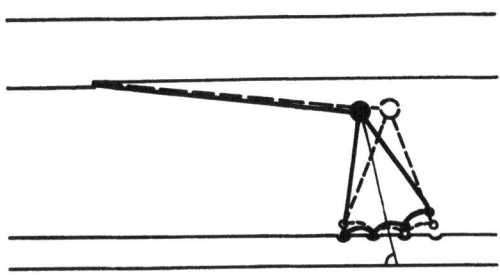

Abb. 14.12. Schematische Darstellung unterschiedlicher Energieniveaus während des Umklappens der Querbrücke am Actinfilament. [Nach Huxley, A. F.: Muscular contraction. J. Physiol. **243**, 1–43 (1974)]

(k_f) und Ablösens vom (k_g) Actinfilament zu variieren in der Lage ist. Entsprechend müßten sich kinetische Konstanten des ATP-Hydrolyse-Mechanismus ändern. In Lösung war es bisher noch nicht möglich, die Geschwindigkeit der Bildung des Actomyosinkomplexes zu messen, über den Dissoziationsvorgang kann nur gesagt werden, daß er schneller als k_{+3} ist, wahrscheinlich $> 1000\,s^{-1}$.

A. F. Huxley hat in den letzten Jahren durch mechanische Dehnungsexperimente an aktiv kontrahierenden Muskelfasern versucht, Information über die Geschwindigkeit von k_f und k_g zu erhalten. Ändert man die Länge eines sich isometrisch kontrahierenden Muskels (Dehnung oder Entdehnung), so antwortet der Muskel mit einer Änderung seiner Spannung, die sich aus einer rein passiven Reaktion der elastischen und einer aktiven der kontraktilen Elemente zusammensetzt. Die Anpassung der elastischen Elemente erfolgt momentan, die der kontraktilen Komponente verzögert — in mehreren deutlich unterscheidbaren Phasen. Zur Auflösung der elastischen und kontraktilen Komponente muß die Längenänderung nach 1 ms beendet sein (lenght jump). Dabei hat sich gezeigt, daß beide Elemente in der Myosinquerbrücke lokalisiert sind, denn die Höhe der Spannungsantwort der elastischen und kontraktilen Elemente ist vom Ausmaß der Vordehnung, d. h. der Größe der Überlappungszone und damit von der Zahl der interagierenden Querbrücken, abhängig. Wo innerhalb der Myosinquerbrückenstruktur (siehe Abb. 14.10) die einzelnen Elemente lokalisiert sind, ist noch nicht eindeutig entschieden, jedoch ist in Anbetracht der Sekundärstruktur des Myosinmoleküls folgende Verteilung wahrscheinlich: die beiden Myosinköpfe (oder HMM-S1-Fragmente) tragen das kontraktile Element, der Myosinhals (HMM-S2-Fragment) die elastische Komponente. Weiterhin kam A. F. Huxley zu dem Ergebnis, daß die Querbrücke nach Bindung an das Actinfilament die in ihrer Konformation gespeicherte Energie in energetisch diskreten Schritten durch Dehnung des elastischen Elements in mechanische Kraft umwandelt, indem sie eine begrenzte Zahl verschiedener Bindungspositionen durchläuft (Abb. 14.12). Die Geschwindigkeit der Anpassung der kontraktilen Elemente nach einer raschen Längenänderung ist ein Maß für die Geschwindigkeit des Übergangs der gebundenen Querbrücken zwischen einzelnen Bindungspositionen und den Geschwindigkeiten k_f (bei Entdehnung) und k_g (bei Dehnung). Huxley konnte zeigen, daß diese zusammengesetzte Geschwindigkeit abhängig von der Amplitude der Längenänderung, d. h. der Geschwindigkeit des relativen Filamentgleitens ist. Die Geschwindigkeit der Anpassung des kontraktilen Elements zeigt bei Entdehnung eine größere Abhängigkeit von der Amplitude, sie wird exponentiell größer, während sie bei Dehnung nahezu konstant bleibt.

14.1.13. Zukünftige Entwicklungen

Die für den Mechanismus der ATP-Hydrolyse durch Myosin gemessenen Geschwindigkeitskonstanten sind absolute Werte, Änderungen der aktuellen Geschwindigkeiten sind nur durch Änderungen der Konzentration der Reaktionsteilnehmer, vor allem ATP, möglich. Doch die ATP-Konzentration wird im Muskel auch während der aktiven Kontraktion durch restituierende Enzyme auf ca. 3 mM konstant gehalten, eine Konzentration, die ausreicht, auch in der Muskelfaser die maximale Geschwindigkeit der ATP-Hydrolyse und aller anderen Schritte zu gewährleisten. Geht man von der Annahme aus, daß auch während der aktiven Kontraktion der Spaltungsschritt an der losgelösten Querbrücke stattfindet, so folgt aus dem vorherigen Kapitel, daß die Anpassung der Querbrückenschlagfrequenz an variierende mechanische Erfordernisse durch Modifikation der Geschwindigkeit des Anheftens und Lösens vom Actinfilament erfolgt. Inwieweit diese Schritte mit den kinetischen, nach ATP-Spaltung folgenden, identisch oder korrelierbar sind, kann heute noch nicht entschieden werden. Es besteht aber die Hoffnung, daß mit der Anwendung hochintensiver Röntgenstrahlquellen, wie sie das Deutsche Elektronensynchrotron (DESY) in Hamburg liefert, Röntgenstrahluntersuchungen am aktiven Muskel, und damit die direkte Beobachtung der Querbrückenbewegung, möglich werden. Noch nichts ist über die dreidimensionale Struktur der Muskelproteine bekannt; als einziges konnte bisher Tropomyosin kristalliert werden. Sollten jedoch auch Kristalle anderer Muskelproteine oder ihrer proteolytischen Fragmente verfügbar werden, so wären die Voraussetzungen für ein Verständnis der Muskelkontraktion bis in den atomaren Bereich gegeben.

Literaturauswahl

Ebashi, S., Endo, M., Ohtsuki, I.: Control of muscle contraction. Quart. Rev. Biophys. **2**, 351–384 (1969).

Huxley, A. F.: Muscular contraction. J. Physiol. (Lond.) **243**, 1–43 (1974).

Huxley, H. E.: The mechanism of muscular contraction. Science **164**, 1356–1366 (1969).

Taylor, E. W.: Chemistry of muscular contraction. Ann. Rev. Biochem. **41**, 577–616 (1972).

Weber, A., Murray, J. M.: Molecular control mechanism in muscle contraction. Physiol. Rev. **53**, 612–673 (1973).

14.2. Biostatik

WERNER NACHTIGALL

14.2.1. Definition

Pflanzen und Tiere sind auch in unbewegtem Zustand stets Kräften ausgesetzt, Landlebewesen zumindest ihrem Eigengewicht, das — im Gegensatz zu Wasserbewohnern — durch statischen Auftrieb des umgebenden Mediums nicht kompensiert werden kann. Mit dem Zusammenspiel von inneren und äußeren Kräften und Momenten bei verschiedenen Stellungen und Bewegungen pflanzlicher und tierischer Organismen befaßt sich die Biostatik.

14.2.2. Dimensionsbetrachtung; biomechanische Konsequenzen der Absolutgrößen

Die Kräfteverhältnisse und die Befähigung der Stützelemente, äußere Belastung und Eigengewicht zu kompensieren, ändern sich mit der Absolutgröße. Für Durchmesser d, Radius r, Oberfläche O und Volumen V von Kugeln gilt zum Beispiel $d = 2r$; $O = 4r^2\pi$; $V = \frac{4}{3}r^3\pi$; $O/V \sim r^2/r^3 \sim r^{-1}$.

Mit zunehmender Größe wird also die auf die Volumeneinheit fallende Oberfläche immer kleiner. Nimmt man die Kugel als einfachstes Denkmodell für den Körper eines Lebewesens (die Betrachtung gilt im Prinzip auch für beliebig anders geformte, geometrisch ähnliche Körper), so gelten für die Oberfläche O, das Volumen V und die — bei Dichtegleichheit — dem Volumen proportionalen Größen Masse m und Gewicht G die Proportionen $O \sim r^2$; $V, m \sim r^3$ und somit $O^3 \sim G^2$ oder $O \sim \sqrt[3]{G^2} \sim G^{\frac{2}{3}}$. Diese einfache Beziehung hat außerordentlich weitreichende statische, dynamische und energetische Konsequenzen.

Der erstere Gesichtspunkt sei hier weiter diskutiert.

14.2.3. Statische Systeme hoher Schlankheitsgrade

Nach dem eben Gesagten müßte ein Strohhalm, würde ihn die Natur größer bauen, seine Proportionen ändern. Als kennzeichnendes Maß sei der Schlankheitsgrad $\lambda = h/d$ betrachtet.

(h Höhe, d mittlerer Durchmesser. Genaue Definition: $\lambda = h/\sqrt{I/F_0}$; I Flächenträgheitsmoment (s. 14.2.6.4), F_0 Basisquerschnittsfläche. Der Ausdruck unter der Wurzel besitzt die Dimension $\sqrt{\text{Länge}^4/\text{Länge}^2} = \text{Länge}$; für Überschlagsrechnungen kann er durch d ersetzt werden.)

Der Roggenhalm erreicht mit $h \approx 150$ cm und $d \approx 0,3$ cm einen Schlankheitsgrad von $\lambda \approx 500$. Der schlankste Fabrikschornstein der Welt, die 1927 errichtete Halsbrücker Esse bei Freiberg in Sachsen, erreicht dagegen „nur" einen Schlankheitsgrad von $\lambda = 140$ m/8 m $= 17,5$, der Münchener Fernsehturm erreicht $\lambda = 290$ m/16,5 m $= 17,6$. Vor der unangemessenen Einschätzung der scheinbar besseren natürlichen Konstruktion bewahrt die Einbeziehung relevanter statischer Gesetzlichkeiten. Dem Volumen $V \sim h^3$ der zylindrisch gedachten Hochbaukonstruktion proportional ist die belastende Eigenmasse m. Nach dem Barba-Kickschen Gesetz der proportionalen Widerstände ist der innere Widerstand W dieses Systems gegen Belastung der Querschnittsfläche $F \sim h^2$ proportional. Bei Vergrößerung der Absoluthöhe h unter Wahrung der Proportionen wächst also m stärker als W, so daß das System nach Überschreiten einer Grenzhöhe unter seiner Eigenmasse zusammenbricht. Um das zu verhindern, muß F rascher wachsen als proportional dem Quadrat der Höhe; statt $F \sim h^2$ muß nach Barba-Kick gelten: $F \sim h^3$.

Da weiter $F \sim d^2$ ergibt sich die geforderte Proportion zu $d^2 \sim h^3$ und daraus der Durchmesser zu $d \sim h\sqrt{h}$.

Bei Vergrößerung von h wird das Bauwerk also seine Proportionen nicht bewahren können (was $d \sim h$ bedeutete), sondern relativ dicker werden. Das

h [m]	h^* [Vielfache von 1,5 m]	$d \sim h$ (nicht zutreffend) d [m] $= h^* \cdot 1,5 \cdot \frac{1}{500}$	$\lambda = \frac{h}{d}$	$d \sim h\sqrt{h}$ (zutreffend) d [m] $= h^* \cdot \sqrt{h^*}$ $\cdot 1,5 \cdot \frac{1}{500}$	$\lambda = \frac{h}{d}$
1,5	1	$3 \cdot 10^{-3}$	500	$3 \cdot 10^{-3}$	500
3	2	$6 \cdot 10^{-3}$	500	$8,5 \cdot 10^{-3}$	354
9	6	$1,8 \cdot 10^{-2}$	500	$4,4 \cdot 10^{-2}$	204
18	12	$3,6 \cdot 10^{-2}$	500	$1,2 \cdot 10^{-1}$	144
36	24	$7,2 \cdot 10^{-2}$	500	$3,5 \cdot 10^{-1}$	102
72	48	$1,4 \cdot 10^{-1}$	500	$1,0 \cdot 10^{0}$	72
144	96	$2,9 \cdot 10^{-1}$	500	$2,8 \cdot 10^{0}$	52
288	192	$5,8 \cdot 10^{-1}$	500	$8,0 \cdot 10^{0}$	36

Abb. 14.13a. Beispielrechnung für höhenabhängige Änderung der Schlankheitsgrade

	Höhe [m]	maximaler Schlankheitsgrad λ_{max} [−]
Roggen	1,5	500 : 1
Bambus	25–40	133 : 1
Palmen	30–40	60 : 1
Tanne	70	42 : 1
Eukalyptus	128	28 : 1
Sequoien	>100	15 : 1

Abb. 14.13b. Höhen und Schlankheitsgrade von Gräsern und Bäumen

Abb. 14.13a und b. Erläuterungen im Text. (Nach Nachtigall)

bedeutet, daß der Schlankheitsgrad λ des Bauwerks mit steigender Absolutgröße drastisch abnehmen muß (letzte Spalte in Abb. 14.13a). Der Vergleich tatsächlich realisierter Schlankheitsgrade bei natürlichen Hochbaukonstruktionen bestätigt die Relevanz dieser Gesetzlichkeit für die belebte Welt (Abb. 14.13a, b).

14.2.4. Pflanzenwachstum und Optimalkonstruktion

Geht man davon aus, daß die Bauprinzipien der höheren Pflanzen in der Evolution optimiert worden sind, so findet man als einfachstes Modell etwa für einen Getreidehalm mit Spitzenbelastung durch die Ähre einen „homogenen Rotationskörper gleichen Widerstands gegen Druck durch Eigengewicht und Fremdbelastung" (Hohenadl, 1922). G. R. Müller hat Bau, Wachstum und Ertragsgesetze der Pflanzen neu durchdacht und auf universelle physikalische Gesetze zurückzuführen versucht.

Demnach hat ein homogener Rotationskörper gleichen Widerstands gegen Eigengewicht und oben aufliegender Fremdbelastung nach Bronstein-Semendjajew die Form

$$r = f(h) = r_0 e^{\frac{\varrho h}{2\sigma}}$$

(r Radius, r_0 = const., Radius am Ansatzpunkt der Fremdbelastung, h Höhe, ϱ Dichte, σ = const., Zug- oder Druckspannung beziehungsweise Tragfestigkeit des Materials). Bezeichnet man den untersten Durchmesser eines solchen säulenartigen Körpers mit d_0, so formuliert sich die Vergrößerung des Volumens V mit zunehmender Höhe h, das heißt zunehmendem senkrechten Abstand von d_0, nach

$$V = \frac{\pi}{4} d_0^2 \int_0^h e^{\frac{-\varrho h}{\sigma}} dh = \frac{\pi}{4} d_0^2 \frac{\sigma}{\varrho} \left(1 - e^{\frac{-\varrho h}{\sigma}}\right).$$

Für die Zunahme der Masse m mit h gilt, da $m = \varrho V$,

$$m = \frac{\pi}{4} d_0^2 \sigma \left(1 - e^{\frac{-\varrho h}{\sigma}}\right).$$

Bei senkrecht wachsenden Pflanzen entspricht die h-Achse dieses Ersatzsystems der Schwerkraftrichtung. Die Pflanze wird dann optimal — das heißt, unter bester Materialnutzung — gebaut sein, wenn die Festigkeit σ ihres Baumaterials in jedem Querschnitt gleich, aber nie größer als die darauf wirkende Belastung p (Dimension: Kraft pro Fläche) ist, $\varrho = p$. Man spricht dann von einem „Körper gleicher Festigkeit" (s. 14.2.7.). Wächst die Pflanze um dh, so muß bei Optimalbedingungen gelten $dh\varrho \approx \sigma$. Auf die ersten Zellen lastet zunächst lediglich der äußere Luftdruck p_1, später zusätzlich das Gewicht G des neu gebildeten Materials. Durch Einsetzung ergibt sich $G = \frac{\pi}{4} d_0^2 p_1 (1 - l^{-1})$.

Bezeichnet man den Radius der ersten, zu Beginn einer Vegetationsperiode gebildeten Zelle mit r, die Zahl der Zellen vom mittleren Radius r, die am Ende der Vegetationsperiode in der Querschnittsebene $\frac{d_0^2 \pi}{4}$ liegen, mit n, so folgt

$G = nr^2\pi p_1(1 - l^{-1})$.

Nach Einsetzung des Zahlenwerts $p_1 = 1013,5 \cdot 10^3$ dyn/cm^2 und Auflösung ergibt sich $G = nr^2\pi \, 1,56^{-1} \cdot 10^3$ g. Die Dichte des Pflanzenbaustoffs Zellulose beträgt $\varrho = 1,59$ g/cm^3; ihr spezifisches Gewicht γ beträgt $\gamma = 1,59 \cdot 981 = 156$ gcm^{-2}s^{-2}. Diesem Wert muß nach obiger Beziehung die nach dem Optimalmodell berechenbare Belastbarkeit von Pflanzenzellen G umgekehrt proportional sein:

$G \sim \frac{1}{156 0} \sim \gamma^{-1}$ Zellulose·

Direktmessungen am Winterweizen bestätigen diese Beziehung. Vollreife Pflanzen besaßen durchschnittlich ein Gewicht von $G = 5,36$ g und einen mittleren Durchmesser von $d_0 = 0.327$ cm. Die basale Belastung betrug demnach für jeden Quadratzentimeter $p = 5,36 / \left(\frac{0,327}{2}\right)^2 \pi \approx 64$ g. $\left(\text{Die Höhe dieser Getreidepflanzen betrug im Mittel } 88,2 \approx \frac{\sqrt{\pi}}{2} 100 \text{ cm.}\right)$

Gegenüber dem obigen Formelwert von $G = 1,56^{-1} \cdot 10^3$ g entspricht das einem Sicherheitsfaktor von 10.

14.2.5. Kräfte und Momente

Begriffe der geometrischen Addition und Zerlegung von Kräften und Momenten, der Kräfteverschiebung längs der Kraftwirklinie, der Bildung der Resultierenden zwei paralleler Kräfte, des Kräftepaars, der Kräfteparallelverschiebung unter Zufügung eines Moments werden als bekannt vorausgesetzt. Weiterhin wird die Technik der Bildung der Resultierenden in einem zentralen und in einem allgemeinen Kräftesystem durch wiederholte Parallelogramm- und Kräftedreiecksbildung bzw. Seileck- und Schlußlinienverfahren als bekannt vorausgesetzt. Zum Verständnis der Wirkung von Sehnen sei hier folgende Beziehung angegeben. Wird ein Band, das die Zugkraft oder Seilkraft P_S entwickelt, umgelenkt, so tritt eine von den beiden Teilzügen des Bandes induzierte Umlenkkraft P_U auf. Sie besitzt die Größe $P_U = 2P_S \cos\alpha/2$ und verläuft in Richtung der Winkelhalbierenden des Umlenkwinkels α zur offenen Seite.

14.2.6. Biegebeanspruchung und Biegefestigkeit

14.2.6.1. Beanspruchungsarten

Bei Schrägbelastung, der mit Abstand häufigsten Belastungsart, wird ein Körper auf Druck und Schub, vor allem aber auf Biegung beansprucht. Insbesondere biologische Materialien, etwa die Knochenkompakta, sind zwar außerordentlich druck- und zugfest, brechen dagegen bereits bei vergleichsweise geringen Biegebelastungen. Biegeentlastung durch gegenseitige Beeinflussung von Tragstrukturen oder Zusatzstrukturen ist deshalb ein weit verbreitetes und äußerst wesentliches Konstruktionsmerkmal biologischer Leichtbauweise.

14.2.6.2. Biegeentlastung durch Gegengewichte und Zuggurtung

Belastet man eine Vollsäule zentrisch mit der Kraft P (Abb. 14.14a), so resultiert in jedem Querschnitt Q die gleiche Druckbelastung $D = P/Q$. Belastet man die verspannung (Abb. 14.14e) kann die Biegebelastung B im Grenzfall auf Null reduziert werden. Bei Schrägbelastungen kann es zusätzlich zum Auftreten von Scherungskräften und damit zum Auftreten von Tangential- oder Schubspannungen S im betrachteten Querschnitt kommen.

14.2.6.3. Grundbeanspruchung eines Röhrenknochens

Ein Röhrenknochen ist üblicherweise auf zwei Gelenken gelagert; zu seiner „Feststellung" muß für jedes Gelenk mindestens ein eingelenkiger Muskel vorhanden sein, wenn das Gelenk, vereinfachend betrachtet, nur einen Freiheitsgrad der Rotation aufweisen soll. Im Gleichgewichtsfall (Ruhezustand) müssen die durch eine Gewichtsbelastung P und die Muskelspannung mu induzierten Momente entgegengesetzt gleich sein (Abb. 14.15a):

$$Pa_P = mu\, a_{mu}.$$

Das bedeutet, daß die Resultierende R aus Gewichtsbelastung und Muskelzug durch den Gelenkmittelpunkt läuft (Abb. 14.15a). Dann herrschen im Gelenk (theoretisch) reine Druckbelastungen. Bei gegebener Größe und Richtung von P müssen sich die Muskeln also gerade so anspannen, daß diese Bedingungen erfüllt sind.

Abgesehen von der Gelenkregion werden alle Knochenbereiche auf Druck D ($\rightarrow$ Druckbespannung), Scherung S ($\rightarrow$ Schubspannung) und Biegung B ($\rightarrow$ Biegespannung) beansprucht. Bei achsenschräger Belastung P nimmt die Biegung nach unten zu. Durch die Muskelzüge werden die Gelenkregionen zusätzlich druck- und scherungsbelastet, dagegen — wegen in Richtung zum Gelenkmittelpunkt zunehmender „Gegenbiegung" im Idealfall bis auf Null — biegeentlastet. Durch die Zuggurtungswirkung [Gegenbiegung durch zweigelenkige Muskeln oder muskelgespannte Sehnenbänder (Tractus)] kann der Röhrenknochen sehr merklich biegeentlastet werden, wenngleich die Druckbeanspruchung steigt (Abb. 14.15b). Da Knochenmaterial sehr druckfest, dagegen biegeempfindlich ist, tragen derartige Verspannungen ungemein zu einer skeletmechanisch günstigen Stabilität bei.

14.2.6.4. Biegemoment und Widerstandsmoment

Als maximale Biegebelastung, absolut gleich der Biegefestigkeit B_{max} eines Systems, bezeichnet man den Quotienten aus Biegemoment M_b und Widerstandsmoment W; $B_{max} = M_b/W$. Dabei wird das Biegemoment M_b induziert durch eine über seinen senkrechten Abstand a angreifende Kraft P (Eigengewicht, Fremdbelastung): $M_b = Pa$. Das Widerstandsmoment W beinhaltet die Befähigung des Systems, einer solchen Belastung Widerstand entgegenzusetzen, und hängt von der Art und Querschnittsverteilung des Materials ab, wobei sich die Querschnittsverteilung im Flächenträgheitsmoment I widerspiegelt.

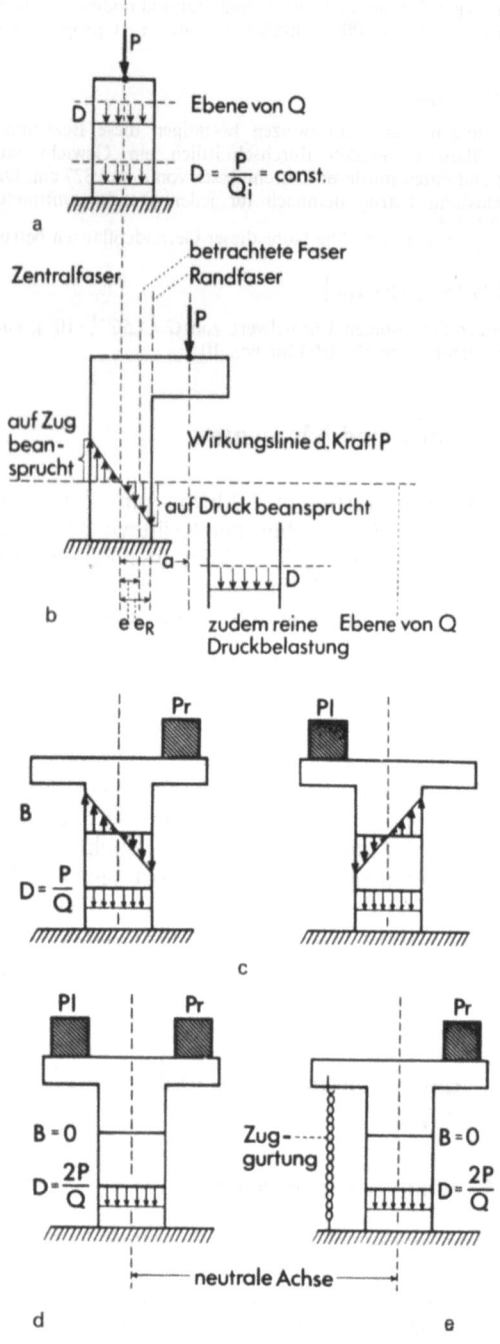

Abb. 14.14. (a) Druckbeanspruchung bei zentrischer, achsenparalleler Belastung. (b) Druck- und Biegebeanspruchung bei exzentrischer, achsenparalleler Belastung. (c) Biegebeanspruchungsrichtungen bei gegenläufigen Belastungen. (d) Reduktion der Biegebeanspruchung durch Gegengewicht. (e) Reduktion der Biegebeanspruchung durch Zuggurtung. Maßstab für D nicht konstant. (Nach Nachtigall, basierend auf Pauwels)

Säule exzentrisch achsenparallel über einen Ausleger, so wird sie in jedem Querschnitt auf Druck und zusätzlich auf Biegung belastet, also auf der der Kraft P zugewandten Seite gestaucht, auf der abgewandten gedehnt (Abb. 14.14b, c). Durch Gegenbiegung über ein Gegengewicht (Abb. 14.14d) oder über eine Zug-

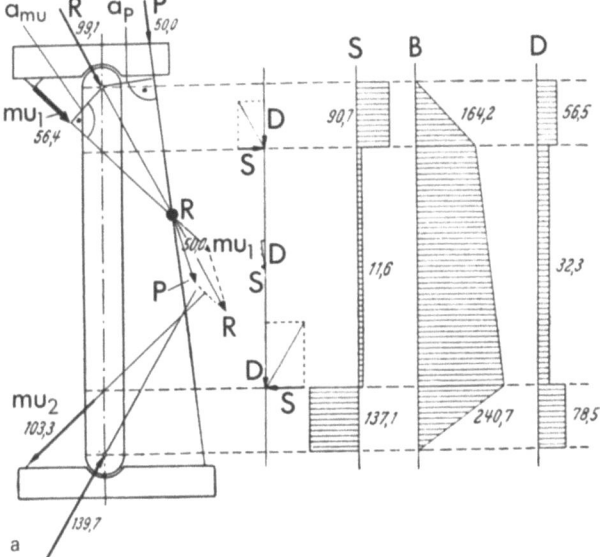

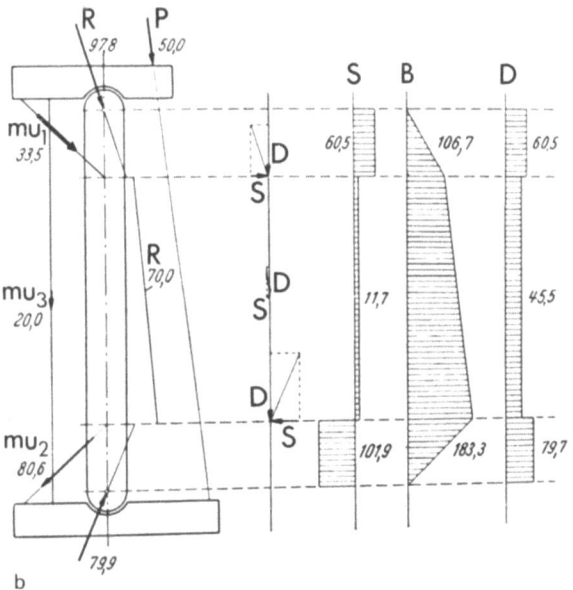

Abb. 14.15a und b. Schema der beidseitig gelenkigen Einspannung eines (Oberschenkel-)Knochens, seiner Belastungs- und Beanspruchungsverhältnisse. P Belastung, mu Zugbeanspruchung durch Muskelzug, R resultierende Belastung von P und mu; geht im Gleichgewichtsfall durch den Gelenkdrehpunkt, a_p senkrechter Abstand des Drehpunktes von P, a_{mu} senkrechter Abstand des Drehpunktes von mu, D Druckbelastung, S Schubbelastung, B Biegebelastung. (Nach Pauwels, ergänzt)

Das Widerstandsmoment ist definiert als: $W = I/e_R$ (e_R Abstand der Randfaser (Abb. 14.14b) von der neutralen Zentralfaser). Somit gilt:

$$B_{max} = M_b \cdot W^{-1} = P \cdot a \cdot e_R \cdot I^{-1}.$$

Diese maximale Biegebelastung wird auch als Biegebeanspruchung bezeichnet. Für jede andere betrachtete Faser vom Abstand e zur neutralen Faser gilt die nämliche Beziehung für die Biegebelastung: $B = M_b \cdot W^{-1} = P \cdot a \cdot e \cdot I^{-1}$. Die Gesamtbelastung eines schräg belasteten Systems beträgt $B_{ges} = D + S + B_{max}$. Da meist $(D + S) \ll B_{max}$, gilt in erster Näherung $B_{ges} \approx B_{max}$, woraus die große praktische Bedeutung der Biegebelastung ersichtlich ist.

14.2.6.5. Axiales Flächenträgheitsmoment

Das axiale Flächenträgheitsmoment I als Kenngröße für die Materialverteilung in einem Querschnitt gegebener Außenkontur ist die Summe aus den Produkten aller Flächenelemente ΔF innerhalb dieses Querschnitts und den Quadraten ihrer Abstände von einer gewählten Bezugsachse. Definiert man in einem rechteckigen Querschnitt nach Art der Abb. 14.16a zwei Achsen x und y als Bezugsachsen, so ergeben sich für die Balkenhälften zwei axiale Flächenträgheitsmomente, je nachdem, ob auf die Achse x oder y bezogen wird:

$I_x = \Sigma \Delta F y^2$, entsprechend $\int y^2 dF$ (Dimension: Länge^4),

$I_y = \Sigma \Delta F x^2$, entsprechend $\int x^2 dF$ (Dimension: Länge^4).

Die entsprechenden Widerstandsmomente in bezug auf die x- und y-Achse lauten

$$W_x = \frac{I_x}{e_x}; \quad W_y = \frac{I_y}{e_y}.$$

Als Beispiel sind die statischen Kenngrößen des Balkens der Abb. 14.16a in Abbildung 14.16d zusammengestellt. Demnach besitzt der gleiche Balken hochkantbelastet (Biegung um die x-Achse) ein $170,7 : 42,7 \approx 4$mal höheres Flächenträgheitsmoment und ein $42,68 : 21,35 \approx 2$mal höheres Widerstandsmoment. Die erstere Belastung ist also festigkeitstechnisch günstiger als die zweite.

Wird der als $a = 50$ cm lang angenommene Balken von Abb. 14.16a einseitig eingespannt und am freien Ende mit einem Gewicht $B = 10$ kp belastet, so treten nach Abb. 14.16d im basalsten Querschnitt Q_1 bei Hochkantstellung Biegespannungen von $B = 11,72$ kpcm^{-2}, bei Flachkantstellung doppelt so hohe Biegespannungen von $23,42$ kpcm^{-2} auf. Homogene Materialverteilung vorausgesetzt wird der gleichartig belastete Balken ($M_b = $ const) also flachkant eingespannt eher seine Bruchfestigkeit überschreiten und daher brechen als hochkant eingespannt.

Die Abb. 14.17 faßt einige technische Trägerquerschnitte und ihre mit Hilfe der Integralrechnung berechenbaren axialen Trägheitsmomente I sowie Widerstandsmomente W zusammen. Ihnen beigeordnet sind geometrisch ähnliche Querschnitte von pflanzlichen Sklerenchymsträngen, die sehr häufig mit der Verlagerung großer Flächenanteile in größerer Entfernung von der physiologischen Biegeachse technischen Optimalformen entsprechen. Die Hauptbiegung verläuft fast stets um die Achse des größten Trägheitsmoments.

Bisweilen schließen sich die einzeln stehenden Festigkeitsstränge durch periphere Verwachsung zu einem im Querschnitt kreisringartigen Festigkeitszylinder zusammen, der besonders günstige Festigkeitseigenschaften gegen Biegung in alle Richtungen aufweist (Abb. 14.18). Betrachtet man den gesamten Stengelquerschnitt als Träger, so findet man auch hier periphere Verlagerung der stützenden Flächenelemente (Strangquerschnitte) und somit die Konzeption einer optimalen Biege- und Torsionssteifheit (Abb. 14.18, rechts).

14.2.6.6. Polares Flächenträgheitsmoment

Eine günstige Torsionssteifheit äußert sich in einem besonders hohen polaren Flächenträgheitsmoment I_p, für dessen Berechnung die Mittellinie des Stengels als Bezugsachse genommen wird (im Querschnitt der

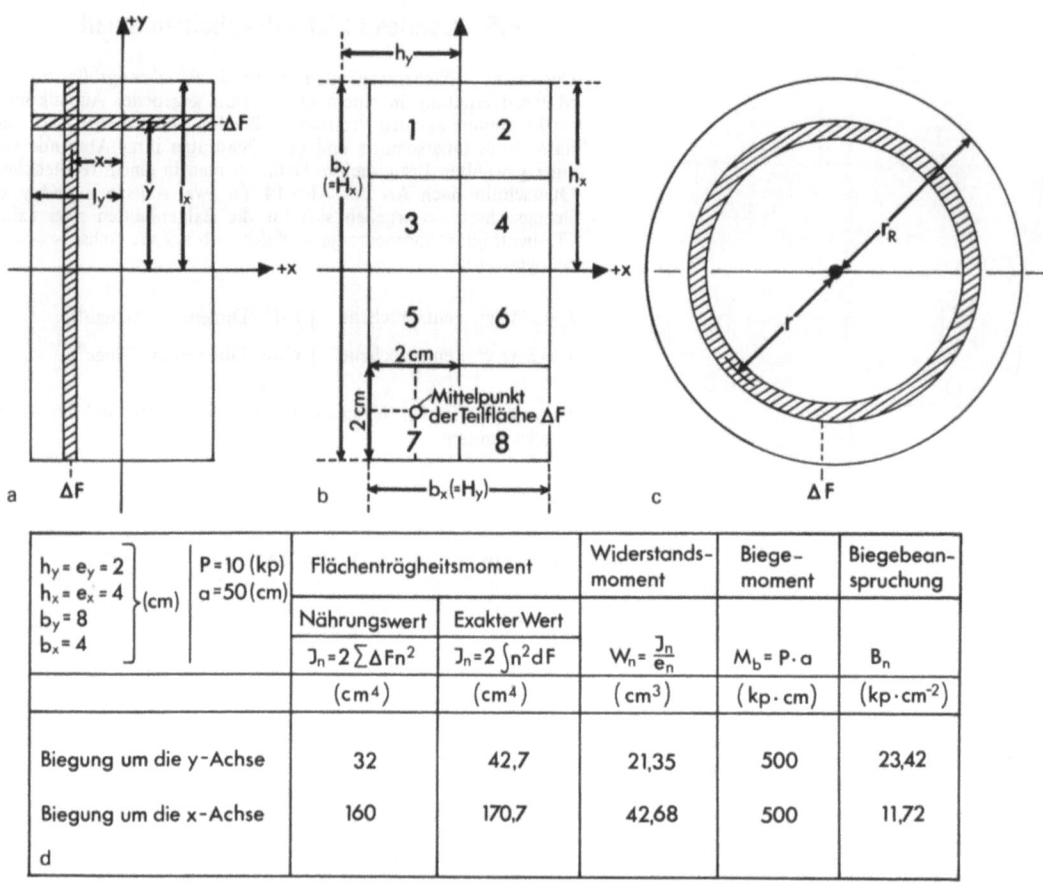

$h_y = e_y = 2$ $h_x = e_x = 4$ $b_y = 8$ $b_x = 4$ (cm)	$P = 10$ (kp) $a = 50$ (cm)	Flächenträgheitsmoment		Widerstandsmoment	Biegemoment	Biegebeanspruchung
		Näherungswert	Exakter Wert			
		$J_n = 2\sum\Delta F n^2$	$J_n = 2\int n^2 dF$	$W_n = \dfrac{J_n}{e_n}$	$M_b = P \cdot a$	B_n
		(cm^4)	(cm^4)	(cm^3)	(kp·cm)	(kp·cm^{-2})
Biegung um die y-Achse		32	42,7	21,35	500	23,42
Biegung um die x-Achse		160	170,7	42,68	500	11,72

Abb. 14.16. (a) Skizze zur Veranschaulichung des axialen Flächenträgheitsmoments bei Biegung eines Balkens um die Achse x oder y. Erläuterung im Text. (b) Zerlegung eines Balkens in Flächeneinheiten von je 4 cm^2 zur Gewinnung eines Näherungswerts für das axiale Flächenträgheitsmoment. (c) Schemaskizze zur Verdeutlichung des polaren Flächenträgheitsmoments. Erläuterung im Text. (d) Kennzeichnende Momente und Beanspruchungen bei Biegung des unter (a) und (b) dargestellten Balkens um zwei zueinander senkrecht stehende Achsen.

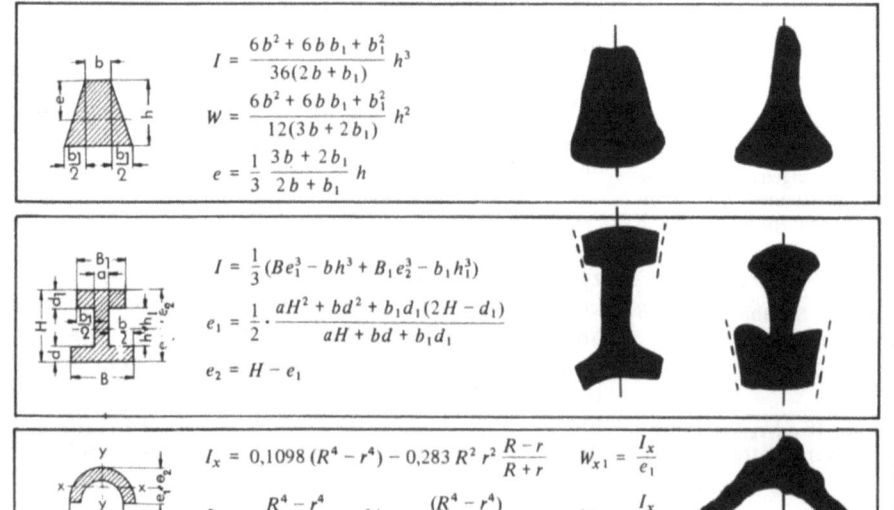

Abb. 14.17. Technische Trägerquerschnitte, ihr axiales Flächenträgheitsmoment I, Widerstandsmoment W und mittlerer Biegeabstand e, sowie den technischen Trägern ähnliche botanische Trägerquerschnitte (Skerenchymzüge). Von oben nach unten und von links nach rechts: *Osmunda spec.*, *Kopresia carcina*, *Juncus spec.*, *Molinia coerulea*, *Pinus spec.*, *Sambucus spec.* (Nach verschiedenen Autoren zusammengestellt; Formeln nach Böge)

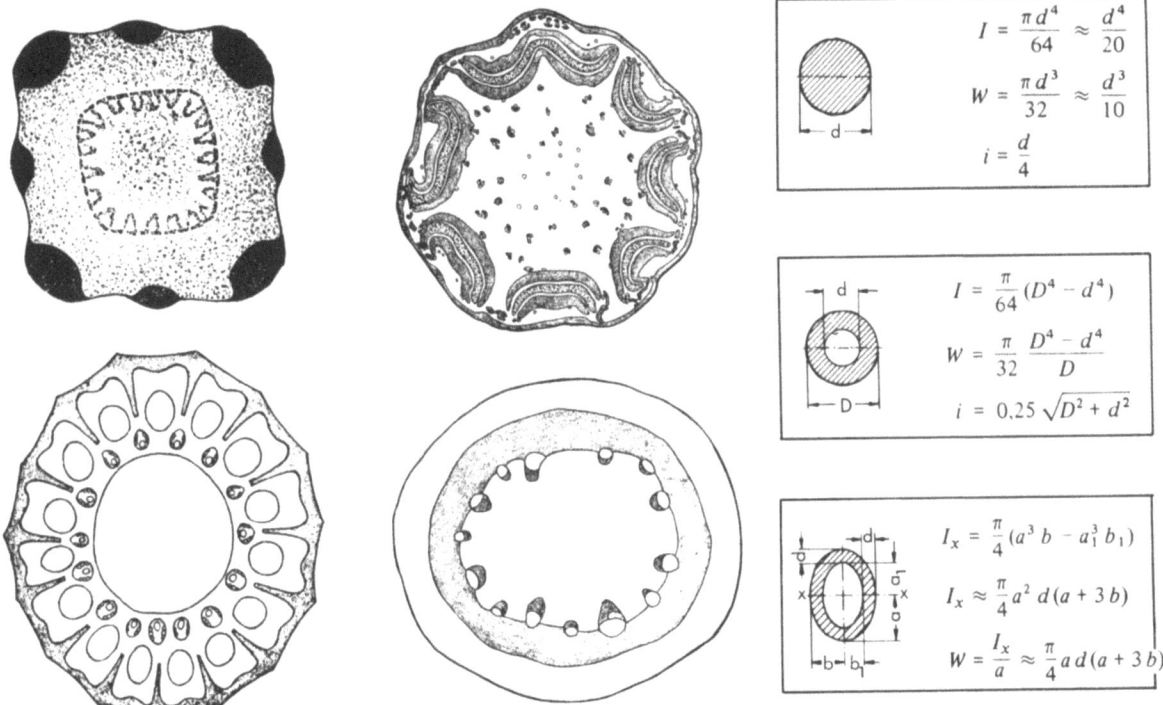

Abb. 14.18. Querschnitte durch pflanzliche Stengel und Sprosse sowie analoge Querschnitte durch technische Körper hohen polaren Flächenträgheitsmoments. Von oben nach unten und links nach rechts: *Sambucus spec.* (Holunder), *Cyathea usambarensis* (ein tropischer Baumfarn), *Equisetum telmateja* (ein Schachtelhalm), *Armeria elongata* (eine Grasnelke). (Nach verschiedenen Autoren zusammengestellt; Formeln nach Böge)

Mittelpunkt), der Radius r des Stengels als Abstand der Randfaser (entsprechend e_r). Als Flächenelemente werden aneinander schließende Kreisringe zunehmenden Mittelpunktsabstands betrachtet (Abb. 14.16c):

$$I_p = \Sigma \Delta F r^2, \quad \text{entspr.} \quad \int r^2 dF \quad (\text{Dimension: Länge}^4).$$

Bei Kreis- und Kreisringquerschnitten ist das polare Trägheitsmoment und Widerstandsmoment I_p, W_p doppelt so groß wie das axiale, I, W.

Nach dem eben gesagten sind periphere Kreiszylinder als Stützstrukturen optimal. Auf vielen Schnitten von Stengeln, Sprossen und Stämmen findet man dieses Prinzip verwirklicht oder zumindest angenähert (Abb. 14.18). Die periphere Verschiebung der Stützelemente möglichst weit von der neutralen Biege-(mittel)achse entfernt geht oft Hand in Hand mit einer Materialersparnis im Zentrum (hohle Stengel). Stützstrukturen konstanten Flächenquerschnitts sind also um so wirkungsvoller eingesetzt, je weiter peripher sie verlaufen. Zu weit nach außen verlagerte, bei konstantem Trägerquerschnitt also zu dünne Stützstrukturen, können allerdings beulungs- und knickunstabil werden. Bei biegebeanspruchten Röhren betragen in Technik wie Botanik die Wanddicken üblicherweise 1/5 bis 1/9 des Außendurchmessers. Die Wanddicke des reifen Roggenhalms, die etwa gleich der Gesamtdicke der tragenden Wand ist, beträgt rund ein Zehntel des Halmdurchmessers.

14.2.6.7. Statik des Gerris-Beins

Als Beispiel für Biegebeanspruchungen eines einfachen biologischen Systems seien Untersuchungen von Darnhofer am Wasserläufer *Gerris lacustris* (Abb. 14.19a) angeführt. *Gerris* bewohnt das Oberflächenhäutchen stehender oder langsam fließender Gewässer und bewegt sich sprungartig durch synchrone Ruderschläge der Mittelbeine, die sich an der Front einer selbst aufgeworfenen Oberflächenwelle abstoßen. Das Mittelbein wird durch die Gegenkraft P' der tangential zur kreissektorförmigen Bahn des Beinauflage „punktes" wirkenden Ruderschlagskraft P (vgl. Kapitel 14.3, Abb. 14.30b) auf Biegung beansprucht. Betrachtet wurden drei Querschnitte des Beins (Abb. 14.19b, I, II, III). Die dort wirkenden maximalen Biegemomente berechnen sich zu $M_{b\max} = P_{\max} a$, wobei $P_{\max} = 39{,}2 \text{ gcms}^{-2} = 0{,}04$ p beträgt und a den Abstand zwischen „Auflagepunkt" und dem betrachteten Querschnitt darstellt. Das Bein ist ein hohler Kreiszylinder. Sein Widerstandsmoment berechnet sich zu $W = \dfrac{\pi}{32} \dfrac{D^4 - d^4}{D}$, wobei D den Außendurchmesser, d den Innendurchmesser der Chitinröhre im betreffenden Querschnitt bedeutet. Die daraus zu berechnenden Biegespannungen stehen zusammen mit den Meßwerten in Abb. 14.19d.

Trotz weit auseinander liegender Querschnitte I und II ist $B_I \approx B_{II}$; das Femur scheint als „Körper glei-

520 Biomechanik

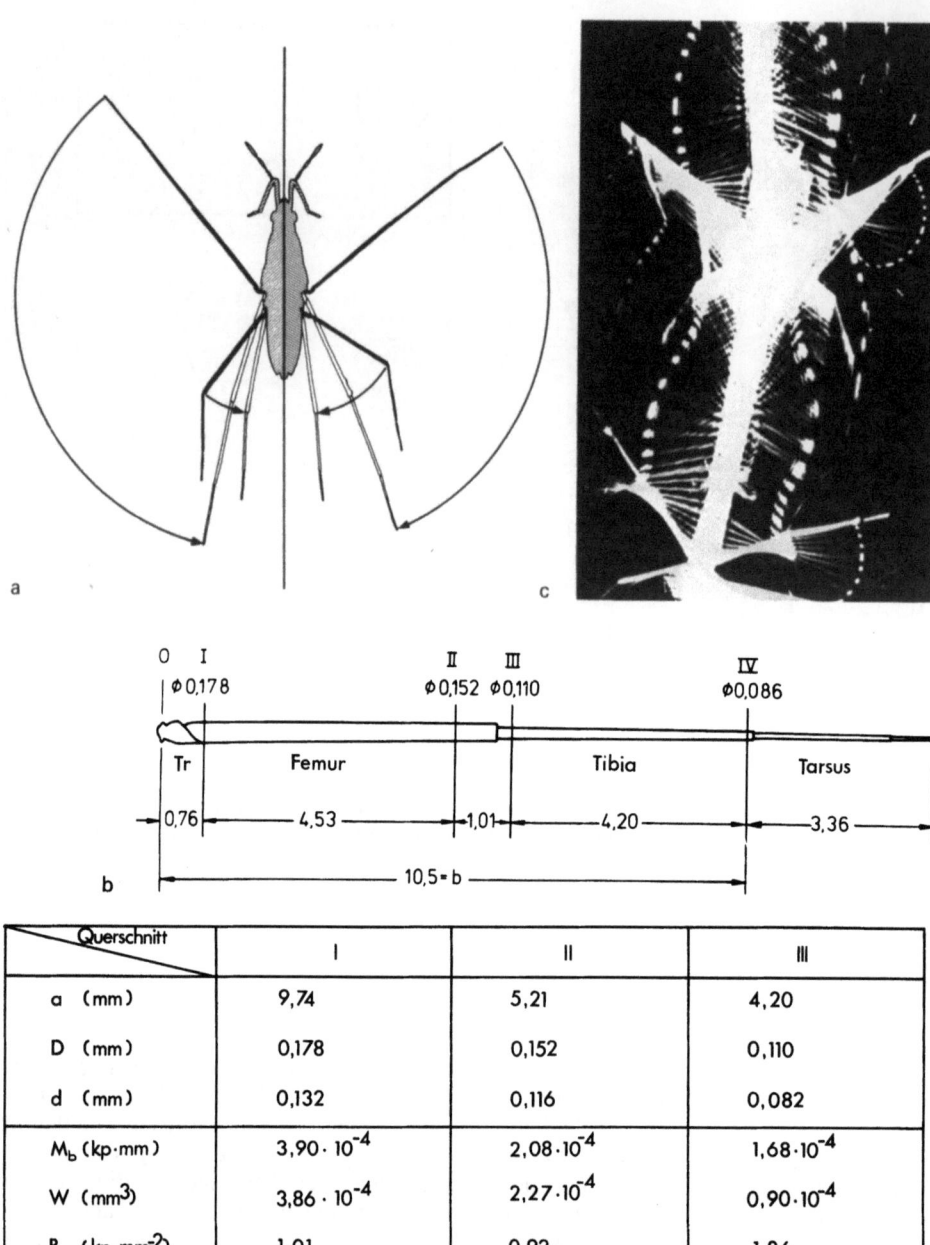

Abb. 14.19. (a) Wasserläufer *Gerris*, eine die Oberfläche von Tümpeln bewohnende Landwanze. Anfangs- und Endstellung der Mittel- und Hinterbeine eines Schlags mit großer (links) und kleiner Amplitude (rechts), dunkel und hell gezeichnet. (b) Mittelbein von *Gerris*, zur besseren Verdeutlichung doppelt so dick gezeichnet. Maße: mm. Betrachtete Querschnitte mit römischen Zahlen eingezeichnet. (c) Fortbewegung von *Gerris* auf der Wasseroberfläche, Photogramm einer stroboskopischen Aufnahme. Zwei vollständige Zyklen (Ruderschlag und Vorziehen) gezeigt. Blitzabstand 5 ms. Jeder vierte Blitz doppelt so lang. (d) Kennzeichnende statische Größen für drei betrachtete Querschnitte I, II, III des Mittelbeins von *Gerris*. *a* Abstand vom Angriffspunkt der Widerstandskraft des Wassers (bei Querschnitt IV), *D* Außendurchmesser, *d* Innendurchmesser, M_b Biegemoment, *W* Biegewiderstand, *B* Biegespannung. (Nach Darnhofer-Demar)

cher Festigkeit" konstruiert zu sein (s. 14.2.7). In Querschnitt III ist $B_{Tibia} \approx 2 B_{Femur}$. Die Tibia wird also stärker beansprucht; sie biegt sich dementsprechend beim Beinabschlag ab. Da eine Abbiegung weit entfernt vom Coxo-Trochanter-Gelenk positive Konsequenzen für die Vortriebserzeugung hat, scheint eine *B*-Verteilung wie vorgefunden ein inhärentes „Konstruktionsprinzip" des Beins zu sein.

Belastungsversuche des über zwei Kanten gelegten und zentrisch mit zunehmenden Gewichten behängten frischen Femur haben eine kritische Biegespannung, bei der das Chitin-Skelet sich bleibend zu verformen beginnt, von $B_{krit} = 16$ kpmm^{-2} ergeben. Diese Werte entsprechen der Biegefestigkeit von Knochen. Bei den raschesten Sprüngen werden Biegespannungen induziert, die bei Femur 6%, bei der Tibia höchstens 12% von B_{krit} erreichen; die Sicherheitsfaktoren der Beinkonstruktion gegen bleibende Schädigung durch Überlastung sind also mit $\frac{100}{6} \approx 16{,}6$ beziehungsweise $\frac{100}{12} \approx 8{,}3$ sehr hoch.

14.2.7. Körper gleicher Festigkeit

Wenn ein materialhomogener Körper so geformt ist, daß in jedem Querschnitt die gleichen Biegespannungen auftreten, spricht man von einem „Körper gleicher Festigkeit".

14.2.7.1. Biegespannungsdiagramm und Momentenfläche

Beim einseitig (Abb. 14.20) oder beidseitig eingespannten, zentrisch oder exzentrisch (Abb. 14.21) belasteten Balken treten in jedem Querschnitt Querkräfte und Biegemomente auf, die der Querschnitt übertragen muß. Im Verhältnis zum Biegemoment M_b, das die Biegespannung B induziert, können die Querkräfte gerade beim längeren Balken im allgemeinen vernachlässigt werden. Die Biegespannungen nehmen, von der neutralen Bezugsfaser (Bezugsebene) aus gerechnet, nach außen linear zu und erreichen ihre Maximalwerte $+B_{max}$ (Zugspannung) und $-B_{max}$ (Druckspannung) in der Randfaser bzw. Randebene (vgl. 14.14b). Weiterhin nehmen sie in jedem betrachteten Querschnitt Q unterschiedliche Werte an (Abb. 14.20, 14.21).

Beim einseitig eingespannten, am Ende mit P punktbelasteten Träger erreichen die Biegespannungen B ihren Maximalwert B_{max} im basalsten Querschnitt und nehmen von da an nach außen linear ab. Im distalsten Querschnitt, in der der Angriffspunkt von P liegt, sind sie gleich Null. Die Biegebeanspruchung B_{max} darf an keiner Stelle des belasteten Systems die zulässige Biegespannung B_{zul} überschreiten: $B_{max} < B_{zul}$.

Den Verlauf der Biegespannungen kann man in einem Diagramm nach Art der Abb. 14.20, 14.21 aufzeichnen, indem man in jedem Querschnitt Q die dort wirkenden Randspannungen B_{max} senkrecht zur Körperkontur aufträgt. Da $B = M_b W^{-1}$ und W = const. für Q = const., ist diese Auftragung im Falle des Trägers konstanter Querschnittsfläche nach $B \sim M$ (einen Umrechnungsfaktor einzubeziehen) identisch mit der Auftragung der Biegemomente Pa über den jeweiligen Querschnitt. Die eingeschlossene Fläche ist somit ein Maß für das aus der Summe der Biegespannungen in allen Querschnitten und ihren Abständen resultierende Gesamtmoment („Momentenfläche" oder „Seileckfläche"). Ihre Außenkontur („Momentenlinie") kennzeichnet den Verlauf des Biegemoments längs des gebogenen Trägers.

Die Momentfläche nimmt beim beidseitig eingespannten, zentrisch oder exzentrisch senkrecht zur Längsachse belasteten Balken die Form eines symmetrischen oder unsymmetrischen Dreiecks an (Abb. 14.21). Man kann sie auch für kompliziertere Lagerungen und (Vielfach-)belastungen konstruieren. Für die Biomechanik ist dieses Darstellungsverfahren grundlegend wichtig geworden (s. u.).

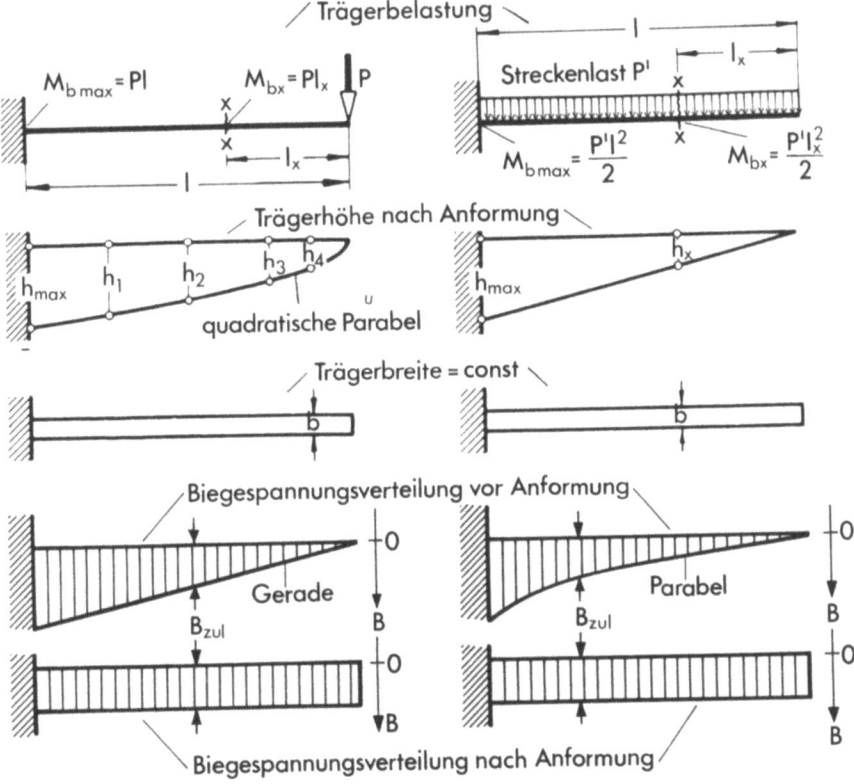

Abb. 14.20. Biegespannungsverteilung (unten) bei Trägern mit distaler Punktbelastung (links) und Streckenbelastung (rechts), vor und nach der adäquaten „Anformung". (Zusammengestellt nach Böge)

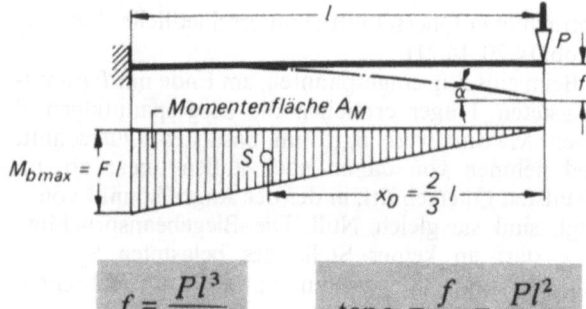

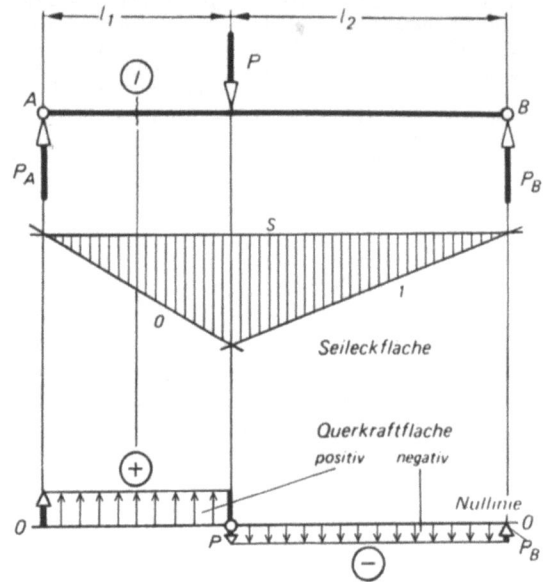

Abb. 14.21. Oben: Exzentrisch punktbelasteter Träger. P Belastung, S Schwerpunkt, l Länge, f Abbiegungsstrecke, α Abbiegungswinkel, x_0 Schwerpunktsabstand der Belastung, E Elastizitätsmodul, I Flächenträgheitsmoment. Unten: An beiden Enden abgestützter exzentrisch punktbelasteter Träger. (Nach Böge)

14.2.7.2. Technische Körper gleicher Festigkeit

Der einseitig eingespannte, am freien Ende punktbelastete Träger (Abb. 14.20, links) erreicht ein B_{max} im basalsten Querschnitt; die Biegespannung nimmt nach außen bis auf Null ab. Im Vergleich mit einer mittleren, zulässigen Biegespannung B_{zul} kann ein Träger konstanten Querschnitts basal zu dünn, distal unnötig dick sein. Zur Erreichung von $B = $ const. wird man ihn „anformen", das heißt bei gleicher Breite b nach außen zu eine immer geringere Höhe h wählen. Die ideale Anformung ist erreicht, wenn der Träger in jedem Querschnitt gerade so hoch ist, daß er B_{zul} noch aufnehmen kann, ohne zu brechen. Das bedeutet für jeden Querschnitt Q: $B_Q = B_{zul\,Q}$. Die Biegespannung ist über den Träger konstant, wenn

$$\frac{M_{bQ_1}}{W_{Q_1}} = \frac{M_{bQ_2}}{W_{Q_2}} = \frac{M_{bQ_n}}{W_{Q_n}} = \text{const.}$$

Betrachtet man den basalsten Querschnitt mit $M_{b\,max}$ und einem beliebigen anderen Querschnitt mit M_{bQ}, so gilt

$$\frac{M_{b\,max}}{W_{max}} = \frac{M_{bQ}}{W_Q}, \quad \text{und daraus} \quad \frac{M_{b\,max}}{M_{bQ}} = \frac{W_{max}}{W_Q}.$$

Durch Einsetzen ergibt sich für den Träger von rechteckigem Querschnitt

$$\frac{P \cdot a}{P \cdot a_Q} = \frac{6b \cdot h_{max}^2}{6b \cdot h_Q^2}; \quad \frac{a}{a_Q} = \left(\frac{h_{max}}{h_Q}\right)^2.$$

Aufgelöst nach h_Q ergibt sich die gesuchte „Anformungsgleichung" $h_Q(l)$ als Höhenverteilung über die Trägerlänge zu

$$h_Q = h_{max} \cdot \sqrt{\frac{a_Q}{a}}.$$

Die Höhe des außen punktbelastenden „Trägers gleicher Festigkeit" nimmt also distal in Form einer quadratischen Parabel ab (Abb. 14.20 links). Das Biegespannungsdiagramm (Abb. 14.20 links unten) läßt nun in jedem Querschnitt gleiches B erkennen.

In analoger Weise ergibt sich für den einseitig eingespannten Träger bei gleichmäßig verteilter Last („Streckenlast") mit

$$h_Q = h_{max} \cdot \frac{a_Q}{a}$$

eine lineare Höhenabnahme (Dreiecksform, Keilform; Abb. 14.20 rechts).

14.2.7.3. Die Ulna des Menschen als Körper gleicher Festigkeit

Natürliche Konstruktionen folgen aus Gründen der Substanzersparnis, bei bewegten Gliedern damit auch aus Gründen der Energieersparnis (kleineres Trägheitsmoment bei geringerem Gewicht), dem Prinzip der Körper gleicher Festigkeit. Nach Betrachtungen von Pauwels stellt die Ulna des Menschen einen solchen Körper dar. Die Argumentation geht von einer technischen Modellvorstellung aus, die sich auf die bisher diskutierten Grundphänomene stützt.

Der schwarz gezeichnete Stab der Abb. 14.22a stellt das Modell der Ulna dar, die, horizontal abgewinkelt, durch den Seilzug $mu_1 = 75{,}1$ kp (entsprechend den Oberarmmuskeln) und das Gewicht $G = 10{,}8$ kp (entsprechend einer in der Hand gehaltenen Last) biegebeansprucht wird. Die zugeordnete Momentenfläche ist dreieckig und weist ein Maximalmoment von 234,4 mkp auf (b). Die Zug- und Druckspannungen verlaufen symmetrisch, erreichen Maximalwerte von 976,5 kpcm^{-2} (c). Als Körper gleicher Festigkeit mit $B = 86{,}45$ kpcm^2 = const. müßte der Stab unförmig dick ausgebildet sein (d). Der Seilzug mu_2 (entsprechend den als Zuggurtung wirkenden zweigelenkigen Unterarmmuskeln) (e) reduziert die Momenten- und Spannungsfläche (f, g), so daß $M_{max} = 164{,}3$ mkp und $B = 643{,}4$ kpcm^{-2} beträgt. Als Körper gleicher Festigkeit mit $B = 86{,}45$ kpcm^{-2} = const. müßte der Stab aber immer noch unförmig dick ausgebildet werden (h). Eine Abknickung an der Ansatzstelle von mu_1 (i) bringt drastische Entlastung (k, l). Eine zusätzliche Verdickung in der Knickregion und Verdünnung gegen das freie Ende führt nun zu einem Körper gleicher Festigkeit (m) von $B = 86{,}45$ kpcm^{-2}, der in seinen Umrissen sehr stark dem Ulnarknochen ähnelt (n). Abweichungen, insbesondere in der Gelenkregion, finden ihre Deutung in der geringeren Belastbarkeit des Gelenkknorpels und weiter darin, daß Ansatzstellen und Drehabstände (Hebelarme)

Biostatik 523

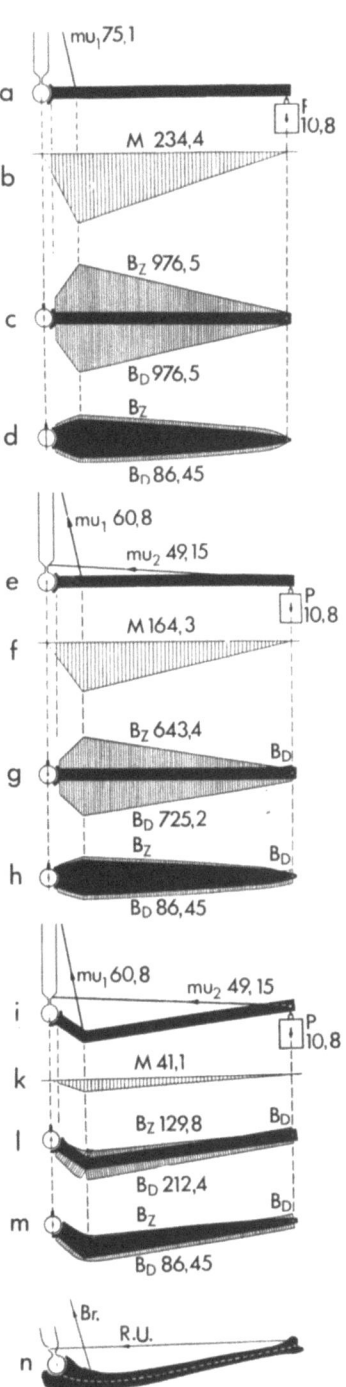

Abb. 14.22. Modellschritte zur optimalen Dimensionierung und Reduktion der Biegebeanspruchung eines horizontalen, übersimplifizierten Modells der Ulna an die endgültige Form der Ulna des Menschen. Erklärung im Text. (Neu zusammengestellt nach Pauwels)

für die Skeletmuskulatur nötig sind. Gegenüber der theoretischen Ausgangsform, dem geraden Stab gleicher Dicke (a), besitzt die Endform (n) — von den eben angeführten Abweichungen abgesehen — keine größere Masse; sie weist nur eine optimale Massen*verteilung* auf. Allein damit ergibt sich die Reduktion

der B_{max}-Werte auf kaum mehr als 10%(!) der unphysiologisch hohen Ausgangswerte.

In Prinzipbetrachtungen dieser Art oder in weitergehenden biomechanischen Analysen, wie sie im folgenden an einem abschließenden Beispiel geschildert werden, kann also bereits die konsequente Anwendung einfacher statischer Grundgesetzlichkeiten zu einer funktionsangemessenen Betrachtung biologischer Strukturen, insbesondere einer angemessenen Deutung der Form und des Feinbaus von Stütz- und Tragekonstruktionen, führen.

14.2.7.4. Statik des Primatenfußes

Die von Pauwels auf eine breite Basis gestellte biomechanische Analyse des Einzelknochens und seiner Feinbestandteile wurde insbesondere von Kummer auf das Wirbeltierskelet ausgedehnt; von seinen Schülern hat Preuschoft, auf dessen Arbeiten sich die folgende Darstellung bezieht, die Extremitätenstatik der Primaten näher untersucht.

Abgesehen von sehr kurzfristigen Stoßbelastungen kann man auch einen bewegten Organismus „quasistatisch" betrachten. Eine Bewegung läßt sich in Einzelphasen zerlegen, deren momentane Belastungsverhältnisse so sind, als wären sie nach den üblichen Gegebenheiten der Baustatik zeitlich konstant. Betrachtungen oder Belastungsexperimente mit zeitlich konstanten Kräften sind deshalb auch für bewegte Organismen relevant.

Skeletelemente sind als Konstruktion wohl genetisch programmiert; eine Feindifferenzierung (zum Beispiel Knochenbälkchen in der Spongiosa) erfolgt jedoch nach den Größen und Richtungen der wirkenden Maximalbeanspruchungen. Die Kräfte als Vektoren können im Modellexperiment vorgegeben werden, oder sie sind in situ zum Beispiel aus Größe und Richtung der Muskelkräfte (Sehnenzug) und des Körpergewichts oder einer Auflagekraft zu entnehmen. Die Grundvoraussetzung für jeden biomechanischen Ansatz liegt darin, daß bei (quasi-)stationären Zuständen an den Gelenken Kräfte- und Momentengleichgewicht herrschen muß. Im biomechanischen Vorgehen wird ein Körperteil modellmäßig abstrahiert, das Modell wird definierten Bedingungen unterworfen, und die Ergebnisse werden auf den Zustand in situ rückprojiziert; in immer feinerer Abstimmung Modell↔Original kann ein Verständnis für das So-Sein des Originals erarbeitet werden, wenn auch eine absolut sichere Aussage mit diesem — einzig gangbaren — Verfahren nicht möglich ist.

Wenn der langzehige Fuß des Schimpansen oder Gorilla während des Laufens oder Stehens nach Art der Abb. 14.23a mit den äußeren Phalangen und den distalen Enden der Metatarsalregion den Grund berührt, so ist er den Kräften P_1 und P_2 ausgesetzt, die einer resultierenden Kraft $R_{1,2}$ entsprechen. Sie tendiert dazu, die Zehenregion um das distale Metatarsalgelenk G_1 nach oben zu rotieren. Im Gleichgewichtsfall wird das durch den Zug P_{S3} der plantaren Sehnen kompensiert; Die Resultierende $R_{1+3} = R_{1,2} + P_{S3}$ verläuft durch den Gelenkmittelpunkt. Der Zug der plantaren Aponeurose P_{S4} addiert sich mit R_{1+3} geometrisch zu R_{1+4}, und diese resultierende Kraft addiert sich mit der Umlenkkraft P_{U5} der plantaren

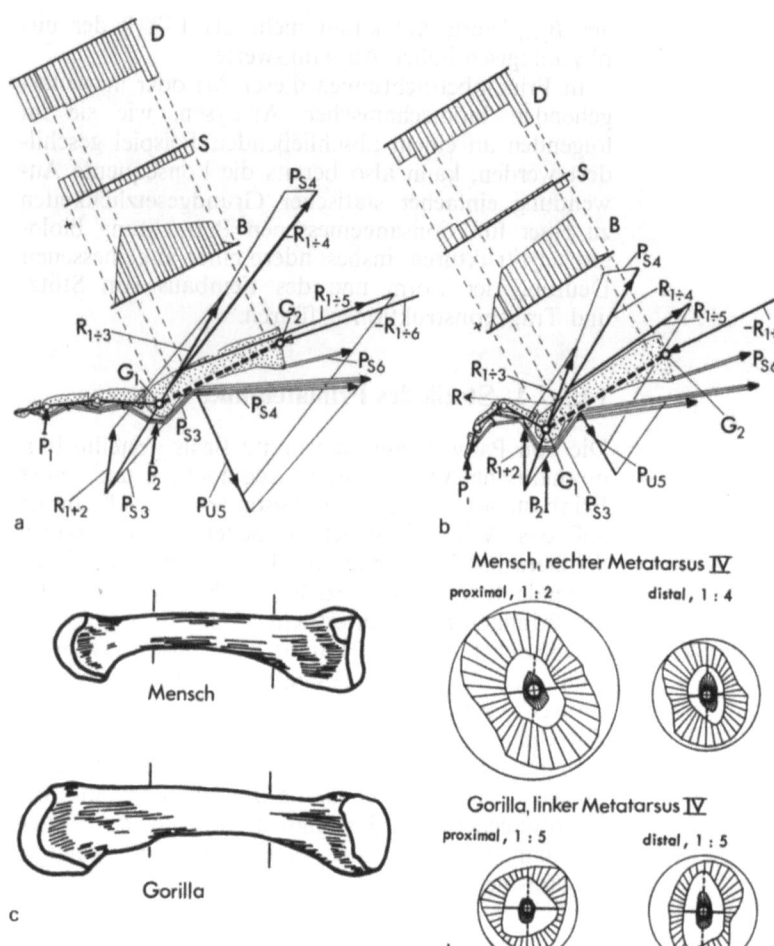

Abb. 14.23. (a) Kräfteverhältnisse und kennzeichnende Lastverteilungen (vgl. Abb. 14.15) am gestreckt-langzehigen Fuß des Gorilla. (b) Entsprechende Verhältnisse am gebogen-kurzzehigen Fuß des Menschen, (c) Skizze des Metatarsus von Mensch und Gorilla in der Draufsicht. (d) Proximaler und distaler Schnitt (Massenverteilung) durch den IV. Metatarsus von Mensch und Gorilla (weiße zentrale Fläche) und nach Art eines Polardiagramms vom Zentrum aus aufgetragene Widerstandsmomente (Radien). Unterschiedliche Maßstäbe. (Nach Preuschoft)

Sehnen zu $R_{1 \div 5}$, die über dem Tarsal-Metatarsalgelenk G_2 verläuft und deshalb dazu tendiert, den distalen Fußabschnitt nach oben zu rotieren. Diese Rotation wird kompensiert durch den Zug des plantaren Ligaments P_{S6}, so daß die Resultierende $R_{1 \div 6} = R_{1 \div 5} + P_{S6}$ durch G_2 läuft. Insgesamt resultieren, über die Verbindungslinie $G_1 G_2$ aufgetragen, im Metatarsalknochen eine ungefähr konstate Druckspannung D (allerdings mit proximaler Spitze), eine nur distal nicht vernachlässigbare Scherspannung S und eine beträchtliche, im distalen Drittel maximale, proximal abnehmende Biegespannung B.

Die analoge Konstruktion für einen kurzzehigen Fuß mit gebogenen Zehen, wie er für den Menschen typisch ist, zeigt Abb. 14.23b. Als wesentlicher Unterschied findet sich eine proximal weiter zunehmende Biegespannung mit dem Maximum an der Ansatzstelle des plantaren Ligaments, weiter eine distal von dieser Ansatzstelle verringerte Druckspannung. Weniger bedeutsam ist die geringere, zentral umgepolte Scherspannung.

Zu diesen Modellergebnissen über Größe und Verlauf der Beanspruchungen am Metatarsalknochen stimmen die folgenden morphologischen Befunde. Die langen Zehen bei Schimpanse und Gorilla bedingen eine sehr kräftige Beugemuskulatur zur Induzierung der Züge P_{S3}, P_{S4} und P_{U5}. Die kurzen und dazu noch gebogenen Zehen des Menschen beinhalten einen kurzen Hebelarm für $R_{1,2}$, so daß der Gegendrehmoment induzierte Muskelzug hier klein sein kann. Beim Menschen sind die Beugermuskel denn auch schwächer entwickelt. Die basalen Ligamente, die den Zug P_{S6} induzieren, sind dagegen viel stärker ausgebildet, verspannen sich als Zugband zur Ferse und können zusammen mit einem beim Menschenaffen meist nicht entwickelten Muskel (Musculus quadratus plantae) ein hohes gegendrehendes und den Knochen belastendes Moment induzieren. Mit seiner höheren Biegebeanspruchung ist der Menschenfuß denn auch viel starrer und derber ausgebildet und stärker mit Bändern verspannt.

Die Metatarsalknochen spiegeln die unterschiedliche Beanspruchung deutlich wider. Im insgesamt weniger biegebeanspruchten Gorillafuß sind diese Knochen zumindestens in der proximalen Gelenkregion kaum dicker, und die Gelenkflächen sind kaum größer als im Fuße des Menschen, obwohl ein Gorilla das vierfache Gewicht eines Menschen erreichen kann. Beim Menschen wird der Metarsalknochen wegen seiner proximal zunehmenden Biegemomente proximal dicker, entsprechend einem Körper gleicher Festigkeit, so daß die Biegespannung in Grenzen bleibt. Beim Gorilla wird er dagegen wegen der weit distal liegenden Momentenmaxima in analoger Weise *distal* dicker (Abb. 14.23c).

Schließlich ist die Verteilung der Knochenkompakta in verschiedenen Querschnitten eines Metatarsalknochens von Mensch und Gorilla im hier diskutierten Sinn „funktionell". Die von der Massenverteilung abhängigen Widerstandsmomente nehmen in der dorsoplantaren Ebene beim Gorilla zu, beim Menschen zur Basis hin zu (Abb. 14.23d). Damit ist dieser Röhrenknochen in arttypischer Weise auf das Abfangen der jeweils vorherrschenden Biegebeanspruchung abgestimmt.

Literaturauswahl

Böge, A.: Mechanik und Festigkeitslehre. Braunschweig: Vieweg 1974.
Darnhofer-Demar, B.: Habilitationsarbeit, Naturwiss. Fak., Universität Regensburg (1974), unpubl.
Kummer, B.: Funktioneller Bau und funktionelle Anpassung des Knochens. Anat. Anz. **111**, 261–293 (1962).
Müller, G. R.: Die Biegefestigkeit von Getreidehalm und das Ertragsgesetz. Gießen: Selbstverlag 1971.
Nachtigall, W.: Biotechnik — Statische Konstruktionen in der Natur. Heidelberg: Quelle und Meyer 1971.
Pauwels, F.: Die Bedeutung der am Ellenbogengelenk wirkenden mechanischen Faktoren für die Tragfähigkeit des gebeugten Armes. Sechster Beitrag zur funktionellen Anatomie und kausalen Morphologie des Stützapparates. Z. Anat. Entwickl.-Gesch. **118**, 35–94 (1954).
Preuschoft, H.: Statische Untersuchungen am Fuß der Primaten. I. Statik der Zehen und des Mittelfußes. Z. Anat. Entwickl.-Gesch. **129**, 285–345 (1969). II. Statik des ganzen Fußes. Z. Anat. Entwickl.-Gesch. **131**, 156–192 (1970).
Rasdorsky, W.: Über die Baumechanik der Pflanzen. Biologica Generalis **5**, 63 (1930).

14.3. Biophysik des Schwimmens

WERNER NACHTIGALL

Aktiv schwimmende Tiere erzeugen durch die Interaktion ihrer Lokomotionsorgane mit dem flüssigen Medium Vortriebskräfte V, infolge der Umströmung ihrer Rümpfe Widerstandskräfte W. Im Stationärfall, beim geradlinigen, unbeschleunigten Schwimmen, muß — über eine oder mehrere Schlagperioden gemittelt — $V = -W$ sein.

Wenn der Rumpf starr ist und keine große Interferenz zwischen Lokomotionsapparat und Rumpf auftritt (Wasserkäfer, Wasserwanzen, Seeschildkröten, Ciliaten), können Rumpf als Widerstandserzeuger und Ruderapparat als Vortriebserzeuger getrennt betrachtet werden. Im anderen Fall (Fische, insbesondere aalartig-langgestreckte Formen, Wale und Delphine, auch Robben, Pinguine, Flagellaten, Spermatozoen) ist das nicht möglich; die W- und V-Erzeugung ist biomechanisch mehr oder minder in einem System integriert.

In den meisten Fällen gilt für die Dichte $\varrho_{\text{Körper}} \approx \varrho_{\text{umgebendes Wasser}}$ (Schwimmblasen, Schulp, fetthaltiges Körpergewebe usw.), so daß der statische Auftrieb A gleich dem Gewicht G ist ($A = -G$) und somit die Auftriebserzeugung das Lokomotionssystem energetisch nicht belastet. In einigen Fällen ist $\varrho_{\text{Körper}} > \varrho_{\text{umgebendes Wasser}}$ (Haie); hier muß zur Vermeidung des Absinkens durch eine geeignete Rumpfform und/oder Flossenanordnung mit stetem Schwimmen dynamischer Auftrieb erzeugt werden, also eine vertikale Nettokraft A_N, die gleich der Differenz zwischen dem vorhandenen statischen Auftrieb A des Tierkörpers und seinem Gewicht G ist:

$$A_N = A - G = G\left(\frac{\varrho_{\text{Flüssigkeit}}}{\varrho_{\text{Körper}}} - 1\right).$$

14.3.1. Grundlegende strömungsmechanische Kenngrößen

14.3.1.1. Reynoldszahl

Von der Strömung werden Kräfte auf den umströmten Körper übertragen, die einerseits auf die Trägheit der strömenden Teilchen (Trägheitskräfte $T \sim v^2 l^2 \varrho$), andererseits auf die Zähigkeit des strömenden Mediums (Zähigkeitskräfte $Z \sim v l \mu$) zurückzuführen sind. Als Reynoldszahl Re bezeichnet man den Quotienten aus Trägheits- und Zähigkeitskräften:

$$Re = \frac{T}{Z} = \frac{v^2 l^2 \varrho}{v l \mu} = \frac{vl}{\frac{\mu}{\varrho}} = \frac{vl}{\nu}$$

(v Strömungsgeschwindigkeit, l charakteristische Länge, ϱ Dichte, μ Zähigkeit, ν kinematische Zähigkeit. Kennzeichnende Werte von ν: $\nu_{\text{Wasser 20°C}} = 1 \cdot 10^{-6}\,\text{m}^2\text{s}^{-1}$; $\nu_{\text{Luft 20°C, Meereshöhe}} = 16 \cdot 10^{-6}\,\text{m}^2\text{s}^{-1}$).

Bei gleicher Reynoldszahl sind die Strömungen um zwei geometrisch ähnliche Körper „hydromechanisch ähnlich". Gleiche Reynoldszahlen können durch gegenläufige Variation von v, l, ν eingestellt werden. Beispielsweise kann man ein- und denselben Körper ($l = \text{const.}$) statt im Wasserkanal auch bei 16fach höherer Geschwindigkeit im Windkanal untersuchen:

$$Re = v \frac{l}{\nu_{\text{Wasser}}} = 16 v \frac{l}{\nu_{\text{Luft}}} = \text{const.},$$

solange nicht Kompressibilitätseigenschaften der Luft ins Spiel kommen, etwa ab einer Mach-Zahl von $M \approx 0{,}3$.

Mit sehr hohen Reynoldszahlen schwimmen Wale ($Re \lesssim 10^8$). Hier sind Zähigkeitseinflüsse des Mediums zu vernachlässigen, und der Widerstand W ist proportional dem Quadrat der Geschwindigkeit, v^2. Mit sehr kleinen Reynoldszahlen schwimmen Flagellaten und Spermatozoen ($Re \gtrsim 10^{-5}$). Hier sind Trägheitseinflüsse des Mediums zu vernachlässigen, und der Widerstand W ist proportional der Geschwindigkeit v. Im Übergangsbereich fliegen zum Beispiel die kleinsten Insekten, etwa Mymariden (Zwerg-Schlupfwespen) ($Re \lesssim 10^1$). Hier sind Trägheits- und Zähigkeitseinflüsse zu berücksichtigen, und $W \sim v^1$ bis $W \sim v^2$.

14.3.1.2. Widerstände

Auf einen rotationssymmetrischen Körper, der keinen Auftrieb (Querkraft) erzeugt, wirken lediglich Reibungs- und Trägheitskräfte ein, deren Resultierende in Strömungsrichtung weisen. Demgemäß setzt sich

526 Biomechanik

der Gesamtwiderstand W_{ges} zusammen aus einem Reibungs- oder Oberflächenwiderstandsanteil W_R und einem Druck- oder Formwiderstandsanteil W_D; $W_{ges} = W_R + W_D$. W_R ist zurückzuführen auf die nicht vernachlässigbare Zähigkeit realer Medien, W_D auf Ablösungserscheinungen der Grenzschicht (s. 14.3.1.4.) infolge der Trägheit des strömenden Mediums. W_R wird im wesentlichen von der gesamten „benetzbaren" Oberfläche F_O bestimmt, W_D im wesentlichen von der Körperform. Beide Anteile hängen von der Größe des Körpers und von der Strömungsgeschwindigkeit v ab; für höhere Reynoldszahlen gilt für den mit hydromechanischen Waagen meßbaren Strömungswiderstand W_{ges}

$$W_{ges} \sim F \frac{\varrho}{2} v^2 \sim Fq$$

$\left(F \text{ Bezugsfläche}, \frac{\varrho}{2} v^2 = q \text{ Staudruck}\right)$.

14.3.1.3. Widerstandsbeiwerte

Der Proportionalitätsfaktor der voranstehenden Proportion wird als Widerstandsbeiwert c_w bezeichnet:

$$c_w = \frac{W_{ges}}{Fq}.$$

Als Bezugsfläche F wird bei Überwiegen von W_R üblicherweise die Körperoberfläche F_O gewählt, bei Überwiegen von W_D die „Stirnfläche" F_{St} der Körper. Die letztere ist die Fläche, in der der Körper in der Projektion auf eine Ebene senkrecht zur Anströmrichtung erscheint. Eine weitere Bezugsfläche, die zur Analyse der energetischen Transportkosten für die Einheit des bewegten Volumens von Wichtigkeit ist, stellt die „Volumenfläche" $F_V = V^{2/3}$ dar ($l^3 \sim V$; $(l^3)^{2/3} \sim V^{2/3} \sim l^2$; Dimension einer Fläche). Demzufolge unterscheidet man drei kennzeichnende Beiwerte:

Reibungswiderstandsbeiwert $c_{wR} = \dfrac{W_{ges}}{F_O \, q}$,

Druckwiderstandsbeiwert $c_{wD} = \dfrac{W_{ges}}{F_{St} \, q}$,

Volumenwiderstandsbeiwert $c_{wV} = \dfrac{W_{ges}}{F_V \, q}$.

Über die Beiwerte als dimensionslose Kennzahlen werden die strömungsmechanischen Eigenschaften unterschiedlich großer, unterschiedlich schnell bewegter Körper (wegen $c_w(Re)$ streng genommen nur bei $Re = $ const.) vergleichbar. Bei mittleren Reynoldszahlen liegen die c_{wD}-Werte zwischen $\leq 0{,}2$ (beste Strömungskörper; geringste Widerstandserzeugung)

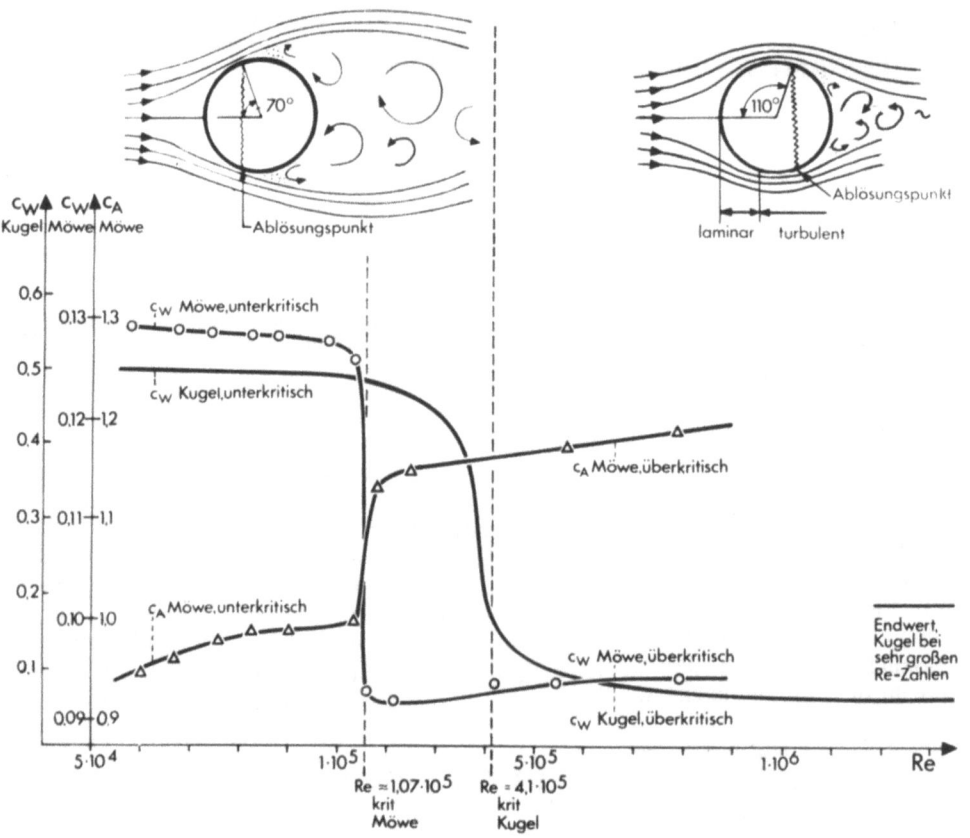

Abb. 14.24. Widerstandsbeiwerte einer Kugel und eines glatten Gipsmodells einer Möwe als Funktion der Reynoldszahl Re aufgetragen. Einschaltbilder: unterkritische (links) und überkritische (rechts) Kugelumströmung. (Zusammengestellt nach Messungen von Wieselberger u. Feldmann)

und $\geq 1,3$ (Fallschirmform, beste Bremskörper, höchste Widerstandserzeugung).

Widerstand W und Widerstandsbeiwert c_w umströmter Körper sind Funktionen der Reynoldzahl Re. Die Abhängigkeit kann gering sein („kennzahlunempfindliche Körper", wie zum Beispiel scharfkantige, senkrecht angeströmte Kreisscheiben); sie kann aber auch beträchtlich sein („kennzahlempfindliche Körper", zum Beispiel Kugeln (Abb. 14.24), langgestreckte Rotationsellipsoide oder Modelle von Tierrümpfen (Abb. 14.24, Möve)). Im Bereich körpertypischer „kritischer Reynoldszahlen" Re_{krit} können drastische Änderungen dc_w/dRe auftreten (Abb. 14.24). Im Bereich $Re < Re_{krit}$ spricht man von „unterkritischer", im Bereich $Re > Re_{krit}$ von „überkritischer" Umströmung eines Körpers. Der Druckwiderstandsbeiwert einer Kugel ist im überkritischen Bereich (turbulente Grenzschicht, s. 14.3.1.4., Abreißen hinter dem Äquator, kleiner Abreißquerschnitt, kleine Totwasserschleppe) mit $c_{w_D} \approx 0,1$ fünfmal kleiner als im unterkritischen Bereich ($c_{w_D} \approx 0,5$; laminare Grenzschicht, Abreißen nahe dem Äquator, großer Abreißquerschnitt, große Totwasserschleppe) (Abb. 14.24). Durch Turbulenzhilfen wie „Stolperdrähte" kann der Umschlag zur überkritischen Strömung in Richtung auf kleinere Reynoldzahlen verschoben werden.

14.3.1.4. Grenzschicht

Die Geschwindigkeit v von Flüssigkeiten und Gasen ist direkt an der Wand umströmter Körper gleich Null: „Haftbedingung". In Richtung senkrecht zur Körperkontur nimmt v graduell zu und erreicht asymptotisch den Wert v_∞ der freien Außenströmung (Abb. 14.25a). Den Bereich $0 < v < 0,99 \cdot v_\infty$ nennt man die Dicke δ der Grenzschicht (Abb. 14.25a). Es hat sich die Vorstellung als sehr tragfähig erwiesen, die Außenströmung als reibungsfrei zu betrachten und die widerstandsinduzierenden Reibungseinflüsse der dünnen Grenzschicht zuzuordnen, deren Dicke oft nur Millimeterbruchteile mißt.

Die Grenzschicht kann laminar oder turbulent strömen. Als laminar (Abb. 14.25b) bezeichnet man die stetige Bewegung eines Flüssigkeitsteilchens auf stetig gekrümmter Bahn. Im Turbulenzfall sind diesen Bewegungen statistische Geschwindigkeitsschwankungen in allen oder vorwiegend in bestimmten Raumrichtungen überlagert (Abb. 14.25b).

Vom Staupunkt an der ideal zugeschärften Vorderkante einer längsangeströmten glatten, ebenen Platte (Abb. 14.25c) oder kreiszylindrischen Röhrenform entwickelt sich unter konstantem Außendruck eine laminare Grenzschicht, deren Dicke δ_{lam} mit steigender Lauflänge x zwischen Staupunkt S (Abb. 14.25c) und betrachteter Stelle (dimensionslos betrachtet: mit steigender Reynoldszahl $Re = \dfrac{v_\infty \cdot x}{v}$) nach der Bedingung

$$\delta_{lam} = 5\sqrt{\frac{v \cdot x}{v_\infty}} = 5x\sqrt{\frac{1}{Re_x}}$$

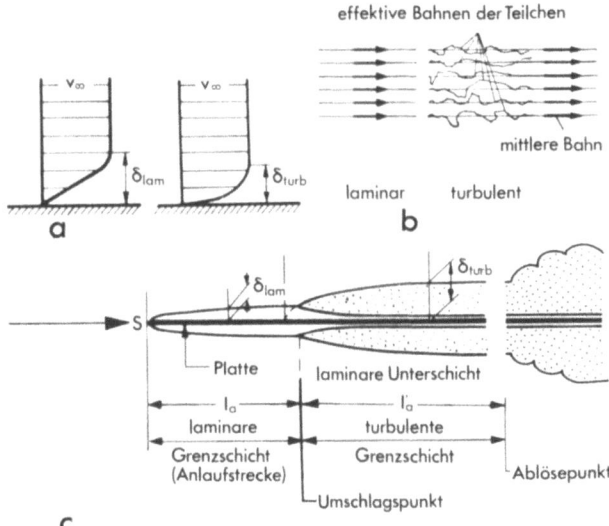

Abb. 14.25. (a) Laminares und turbulentes Grenzschichtprofil; δ Grenzschichtdicke, v_∞ Geschwindigkeit der freien Außenströmung. (b) Laminar und turbulent strömende Teilchen. (c) Grenzschichtausbildung an der unendlich dünnen, glatten, strömungsparallelen Platte. In der Praxis treten Ablöseerscheinungen auf (rechts). (Nach verschiedenen Autoren zusammengestellt)

zunimmt. Die Dicke δ_{turb} der sich anschließenden turbulenten Grenzschicht steigt — rascher — nach

$$\delta_{turb} = 0,37 x \sqrt[5]{\frac{v \cdot y^4}{v_\infty}} = 0,37 y \frac{1}{\sqrt[5]{Re_y}}.$$

Hierbei ist y die Laufstrecke zwischen dem Umschlagpunkt (Abb. 14.25c) und der betrachteten Stelle.

Dicke Grenzschichten erzeugen kleineren W_R als dünne, da bei den ersteren Oberflächenrauhigkeiten im Gebiet geringerer Strömungsgeschwindigkeit liegen; im Grenzfall sind hier rauhe Oberflächen „hydraulisch glatt".

Nach einer bestimmten Lauflänge x, die bei der genannten Platte einer kritischen Reynoldszahl $Re_{krit} = \dfrac{v \cdot x_{krit}}{v} \geq 3,2 \cdot 10^5$ entspricht, schlägt eine laminare Grenzschicht in die Turbulenz um. Bei höheren Reynoldszahlen, jedoch nicht über $Re \approx 10^7$, ist der Druckwiderstandsbeiwert c_{w_D} gerundeter, umströmter Körper bei turbulenter Grenzschicht kleiner als bei laminarer Grenzschicht. Das rührt daher, daß turbulente Grenzschichten infolge des ihnen eigenen Energietransports in Richtung zur Wand den nach dem Bernoulli-Theorem im Bereich abfallender Körperkonturen auftretenden Druckanstieg besser überwinden können. Sie reißen später, das heißt bei einem kleineren Querschnitt ab (Abb. 14.24, oben), und induzieren mit einer geringeren „Totwasserschleppe" auch geringeren W_D. Dagegen ist der Oberflächen- oder Reibungswiderstandsbeiwert c_{w_R} turbulenter Grenzschichten bei höheren Reynoldszahlen größer als der laminarer.

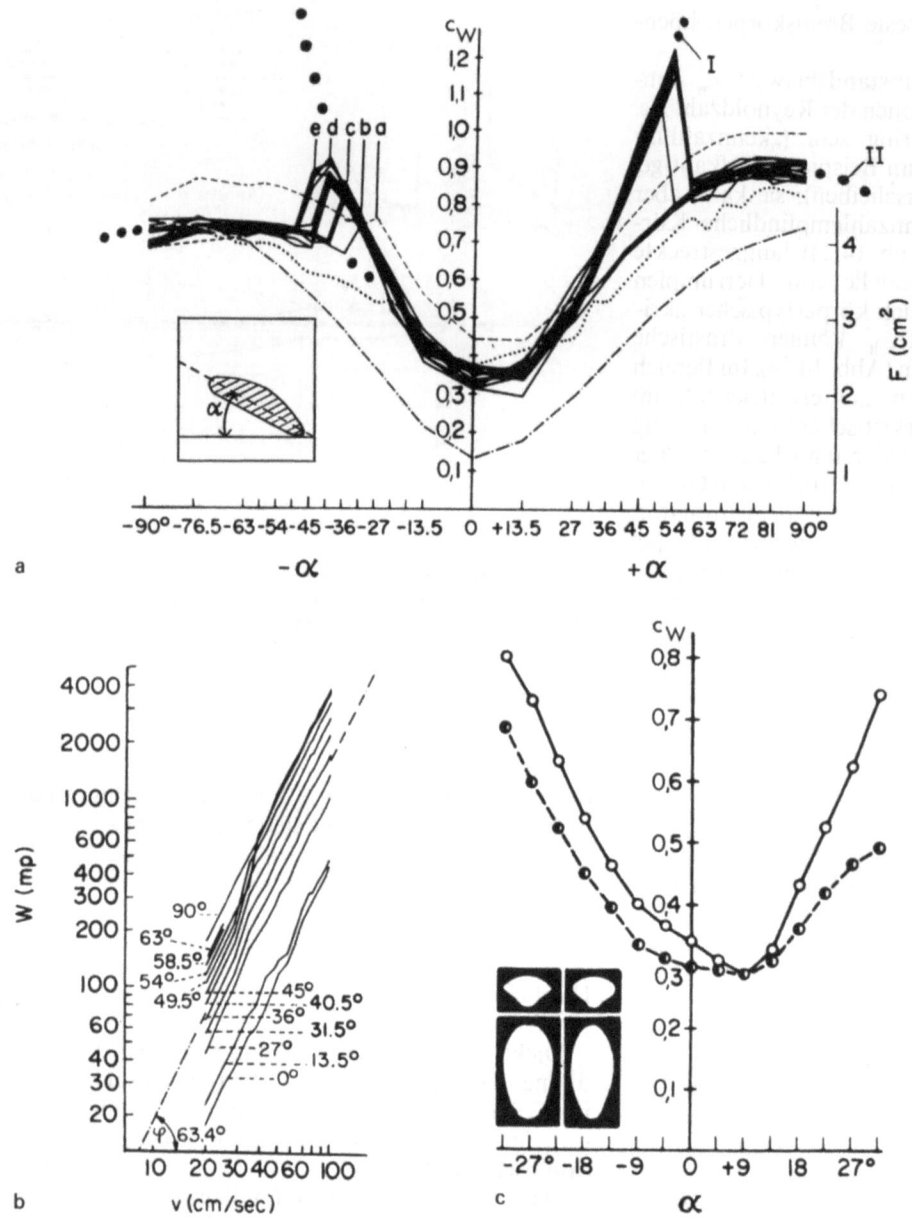

Abb. 14.26a–c. Hydromechanische Messungen an Rümpfen von *Dytiscus marginalis*. (a) Widerstandsbeiwerte als Funktion des Rumpfanstellwinkels α (Einschaltbild); strichpunktierte Kurve: Stirnfläche (rechte Ordinate). Erläuterung der übrigen Symbole im Text. (b) Widerstand als Funktion der Strömungsgeschwindigkeit doppelt logarithmisch aufgetragen. Parameter: Rumpfanstellwinkel α. (c) Einfluß der Deckflügelkanten; aufgelöste Widerstandspolare eines normalen Käferrumpfs (leere Kreise) und eines Käferrumpfs mit abgeschliffenen Prothorakal- und Deckflügelkanten (halb ausgefüllte Kreise). (Nach Nachtigall u. Bilo)

14.3.2. Strömungsanpassung von Rümpfen schwimmender Tiere

14.3.2.1. Umströmung bei kleineren Reynoldszahlen: Rumpf des Gelbrandkäfers Dytiscus

a) Widerstandsbeiwert und Rumpfstruktur

Rümpfe sollten möglichst geringe c_w-Werte aufweisen. Untersuchungen zur Strömungsanpassung des Dytiscus-Rumpfes haben folgendes ergeben (Abb. 14.26). Die Rümpfe haben Minima der Widerstandsbeiwerte um 0,3 bei Anstellwinkeln (Definition: Einschaltbild der Abb. 14.26a) von $\alpha \approx 0°$, die der normalen Schwimmhaltung entsprechen. Bei den hier vorliegenden Reynoldszahlen von $Re \approx 10^4$ für rasches Schwimmen rangieren die Widerstandsbeiwerte geometrischer Körper, wie erwähnt, etwa zwischen 0,2 und 1,3. Dytiscus ist also gut, wenn auch nicht maximal möglich, strömungsangepaßt. Widerstandserhöhend wirken insbesondere die scharfen Elytralkanten (Abb. 14.26c), die allerdings als Dämpfungs- und Leitflächen für eine günstige Quer- und Längsstabilität nötig sind. Der Dytiscus-Rumpf ist eine

Kompromißkonstruktion bezüglich möglichst geringer Widerstandserzeugung und möglichst großer Schwimmstabilität.

b) Widerstandsbeiwerte als Funktion der Reynoldszahl

Das hydrodynamische Verhalten des Dytiscus-Rumpfes ist durchaus komplex. Unterhalb einer kritischen Reynoldszahl von $Re_{krit} = 8 \cdot 10^3$, der eine Schwimmgeschwindigkeit des 3 cm langen Tieres von $v_{krit} = 29\,\mathrm{cm s^{-1}}$ entspricht, nähern sich die Funktionen $c_w(\alpha)$ bei Geschwindigkeiten zwischen 9 und 29 $\mathrm{cm s^{-1}}$ der in Abb. 14.26a mit II bezeichneten dick punktierten Vorzugskurve an. Oberhalb von Re_{krit} beziehungsweise v_{krit} nähern sie sich mit der I bezeichneten dick punktierten Vorzugskurve an. Bei experimenteller Geschwindigkeitserhöhung erfolgt der Übergang sprunghaft, und zwar mit zunehmend höheren Ausgangsgeschwindigkeiten bei zunehmend negativen Anstellwinkeln (Richtung b→e in Abb. 14.26a). Diese Sprünge äußern sich auch in den Funktionen $W(v)$ mit dem Parameter α (Abb. 14.26b). Drastische Änderungen dc_w/dRe im Bereich jeweils typischer kritischer Re-Zahlen sind von vielen geometrischen Körpern bekannt. Ob sie im vorliegenden Fall mit einer speziellen biologischen Bedeutung korreliert sind, ist ungewiß.

In Abb. 14.26b sind die ebengenannten Funktionen in doppelt logarithmischem Maßstab aufgetragen. Die exponentielle Abhängigkeit $W = pv^n$ wird in dieser Auftragung zu $\log W = \log p + n \log v$. Die Steigungen ergeben im Mittel $\varphi = 63{,}4°$; dem entspricht ein Exponent $n = \mathrm{tg}\,\varphi = \log W/\log v = 2{,}00$. Die nach der Newtonschen Widerstandsgleichung für höhere Reynoldszahlen anzunehmende Abhängigkeit $W \sim v^2$ gilt also bereits im vorliegenden Meßbereich $5 \cdot 10^3 < Re < 2{,}6 \cdot 10^4$ präzise.

14.3.2.2. Umströmung bei hohen Reynoldszahlen: Rümpfe großer Hochseeschwimmer

a) Rumpfausbildung als Laminarspindel großer Dickenrücklage

Die Rümpfe ausdauernder, großer Hochseeschwimmer, etwa von Delphin, Tümmler und Thunfisch, entsprechen häufig Laminarspindeln mit großer Dickenrücklage x/l (Abb. 14.27a). Beispielsweise fallen die Konturen der Ersatzspindeln des Thunfisches Thunnus thynnus und das Laminarprofil NACA 67021 mit seiner beträchtlichen Dickenrücklage von $x/l \approx 0{,}7$ nahezu zusammen. Bis zur größten Dicke bleibt im Bereich ansteigender Körperkrümmung ohne Störstellen die Grenzschicht laminar, und damit ist der Reibungswiderstand W_R klein. Da W_R bei solchen Formen den Löwenanteil an W_{ges} ausmacht, ist hier der Gesamtwiderstand besonders gering zu halten.

b) Vortex-Generatoren in der Schwanzregion

Laminares Grenzschichtabreißen an der breitesten Stelle erzeugt aber einen großen Druckwiderstand W_D. Manche Fische (Drückerfische, Makrelen und Schwertfische) besitzen in der Region des größten Körperquerschnitts stark gekielte Schuppen, die als Turbulenzgeber („Vortex-Generatoren") wirken könnten. Eine erst in dieser Region turbulent gemachte Grenzschicht reißt später, das heißt bei kleinerem Querschnitt ab und erzeugt somit geringeren W_D. Eine möglichst lange Laminarhaltung und anschließende „künstliche" Turbulenz der Grenzschicht kann also bei günstiger Abstimmung W_R und W_D optimal klein halten.

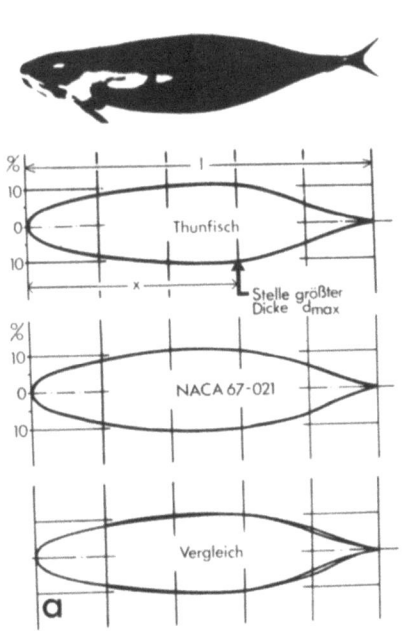
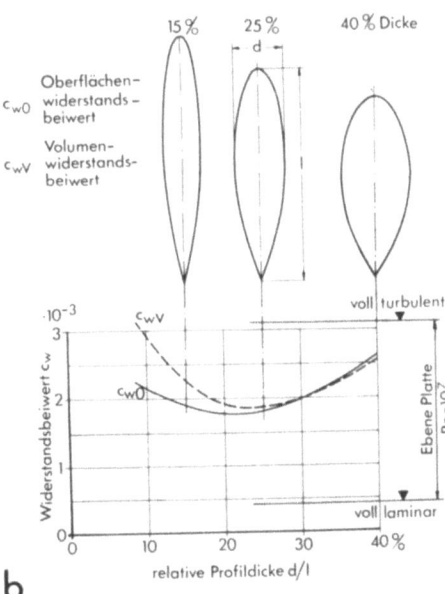

Abb. 14.27. (a) Vergleich des Thunfischrumpfs mit einem technischen Strömungsprofil; unten Übereinanderzeichnung. (b) Abhängigkeit der Widerstandsbeiwerte von der relativen Profildicke von Rotationskörpern (DVL-Laminarprofile). (Nach Hertel)

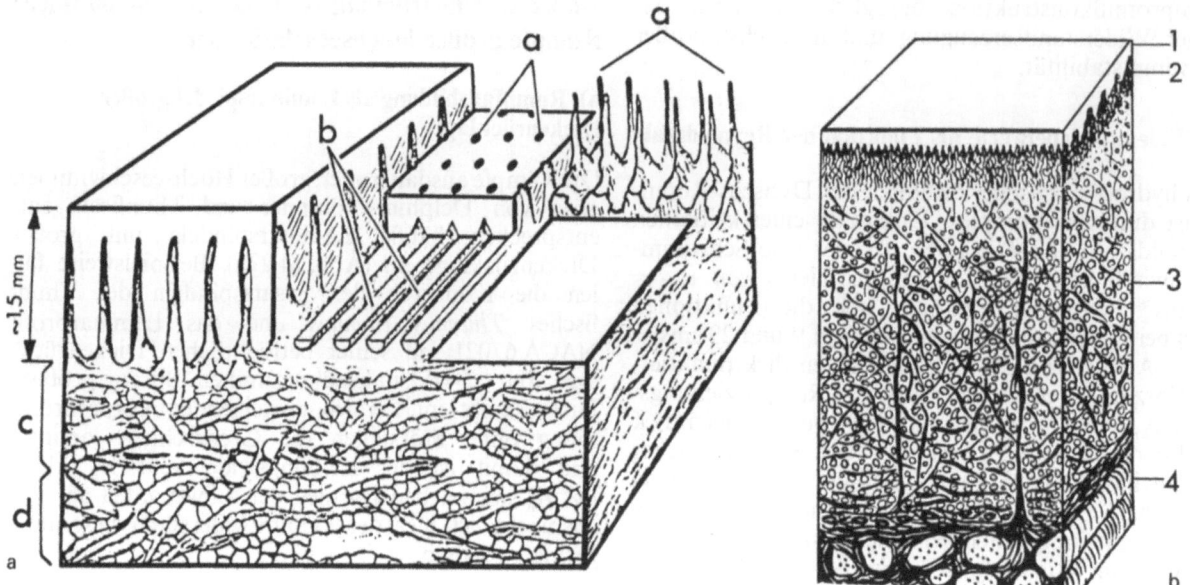

Abb. 14.28. (a) Blockdiagramm durch die Delphinhaut. *a* Coriumpapillen, *b* Coriumleisten, *c* Außenteil des Corium (Lederhaut), *d* Innenteil des Corium mit eingelagerten Fettzellen. (b) Analoges Blockdiagramm, weiter nach innen reichend. *1* Epidermis, *2* Subpapillarschicht des Corium, *3* Netzschicht des Corium, *4* Hausmuskeln. (Nach Surkina)

c) Rümpfe großer relativer Dicke

Bei großen, massiven Schwimmern dürfte das Problem besonders relevant sein, die Massen- oder Volumeneinheit „umhüllter" Körpersubstanz bei gegebener Schwimmgeschwindigkeit mit möglichst geringer Energieausgabe zu transportieren. Trägt man den Oberflächenwiderstandsbeiwert c_{w_R} und den Volumenwiderstandsbeiwert c_{w_V} technisch starrer Laminarspindeln als Funktion der relativen Profildicke d/l auf, so ergeben sich Minimumskurven mit Kleinstwerten im Bereich $20\% < d/l < 25\%$ (Abb. 14.27b). Solche relativ dicken Spindelformen erreichen also zum einen kleinste Oberflächenreibung und transportieren zum anderen die Einheit des umschlossenen Volumens mit dem geringstmöglichen Widerstandsanteil. Mit anderen Worten: Soll ein gegebenes Volumen unter geringstmöglicher Energieausgabe transportiert werden, so muß es in Form einer Laminarspindel mit hoher Dickenrücklage x/l und einer relativen Profildicke d/l von etwa 25% angeordnet werden. Diese Forderungen erfüllen die Rümpfe großer Hochseeschwimmer, nicht jedoch technische Gebilde wie etwa Flugzeugrümpfe. In Anlehnung an die Optimalformen der Natur werden deshalb neuerdings von technischer Seite Flugzeugrümpfe von dicker Spindelform gefordert (Hertel).

d) Grenzschichtdämpfung durch Hautstrukturen

Dem Umschlag laminar→turbulent gehen im Bereich von Re_{krit} oder schon bei geringeren Reynoldszahlen — hinter umströmten lokalen Oberflächenstörungen — vielfach Schwingungsvorgänge in der Grenzschicht voraus, die sich bis zum Zustand der Vollturbulenz aufzuschaukeln. Gelingt es, die sich entfachenden Schwingungen abklingen zu lassen, bevor sie kritische Werte annehmen, so läßt sich der Umschlag vermeiden. Er tritt dann erst bei höheren Re-Zahlen, also bei großer Anströmgeschwindigkeit und/oder nach längerer Laufstrecke auf; Re_{krit} wird folglich zu höheren Werten verschoben. Eine solche Grenzschichtdämpfung könnte durch elastische Hautstrukturen geeigneter Steifigkeitseigenschaften bewerkstelligt werden. Die Delphinhaut scheint eine solche grenzschichtdämpfende Struktur zu sein. Die Schichten der Körperbedeckung eines Delphins sind in der Abb. 14.28a, b dargestellt. Eine in den wesentlichsten Konstruktionsprinzipien analoge technische Dämpfungshaut, zu deren Bau das Studium der Delphinhaut Anregung gegeben hat, ist dem biologischen Gebilde in den Abb. 14.29b gegenübergestellt.

Die hydrodynamischen Eigenschaften solcher „künstlicher Delphinhäute" sind nach einer Schleppmethode untersucht worden, deren Ergebnisse in Abb. 14.29a dargestellt werden.

Die positiven Effekte — Verringerung des Reibungswiderstands beziehungsweise Verschiebung von Re_{krit} zu höheren Werten — sind je nach den elastischen Kenngrößen der technischen „Häute" unterschiedlich groß, jedoch stets stark ausgeprägt. Eine drastische Widerstandsverringerung bis um 60%(!) ist erreicht worden. Erklärt wird das durch bifunktionelle Reaktion der Haut auf zwei Störquellen: Die Dämpfungseigenschaften der zähen, dünnen Außenhaut bewirken ein Wegdämpfen kurzwelliger turbulenter Störungen, wie sie hinter Unregelmäßigkeit der Oberflächenstruktur auftreten. Die strömungsgedämpfte Verschiebung der zähen Flüssigkeitsfüllung im Raum

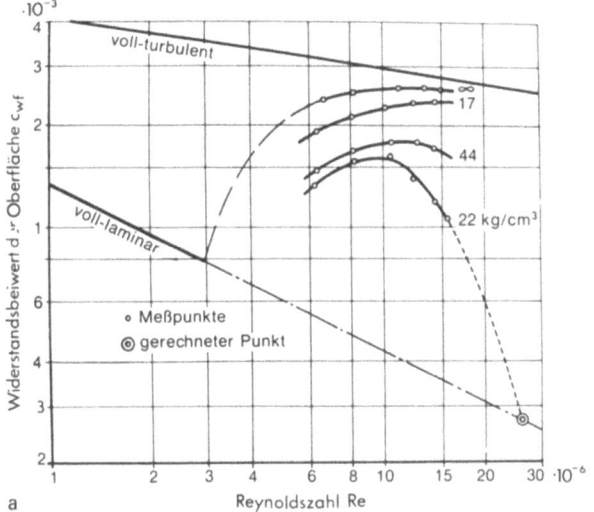

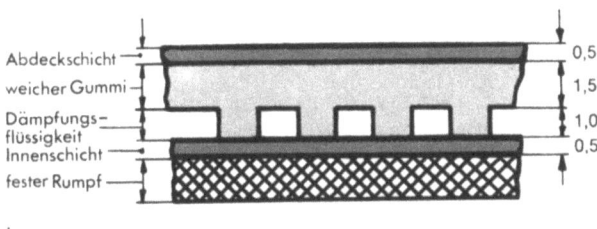

Abb. 14.29. (a) Widerstandsmessung mit „künstlichen Delphinhäuten". Parameter: Steifigkeit der Innenflüssigkeit. Gestrichelte Kurven: extrapoliert. Erläuterung im Text. (b) Schematischer Aufbau der „künstlichen Delphinhaut". [Nach Kramer, M.O.: New Scientist 7, 1118–1120 (1960)]

zwischen den Coriumpapillen beziehungsweise den Gumminoppen bewirkt ein Wegdämpfen der 10 bis 40fach längerwelligen Grenzschichtstörungen vor dem Umschlag zur Turbulenz. Im Analogieschluß wird angenommen, daß die nach gleichen Konstruktionsprinzipien gebaute Delphinhaut gleichartig widerstandsvermindernd wirkt. Auch in Gebieten, in denen die Grenzschicht normalerweise turbulent strömen würde (Bereich abfallender Körperkontur, Störstellen hinter Maul, Augen, Flossenansatzstellen, Aufwuchs (Seepocken), Hautverletzungen) dürfte demnach Laminarität erhalten bleiben beziehungsweise wiederhergestellt werden.

14.3.2.3. Hydrodynamische Wirkung von Fisch-Schleimen

Fische können Schleimsubstanzen abscheiden. Die Untersuchung von Fisch-Schleimen hat ergeben, daß sie — einer durch einem Rohr strömenden Wassermenge beigemischt — schon in Spuren die Reibungswiderstände drastisch herabzusetzen vermögen, jedoch nur bei hohen Strömungsgeschwindigkeiten. Maximal wirkt der Schleim des Barrakuda mit einer Reduktion des Reibungswiderstands von höchstens 66%. Es wird angenommen, daß die bei größeren Ge-

schwindigkeiten beginnenden Grenzschichtschwingungen die sonst schwer löslichen Schleimkomplexe lokal da zur Lösung bringen und der Grenzschicht beimischen, wo Ablösungsgefahr besteht, die Schwingungen also besonders stark sind. Beim Beutefang und Fluchtschwimmen könnte der Schleim also ein — kurzfristig benutztes und automatisch sich einstellendes — Mittel zur Erreichung extrem kleiner Widerstände, das heißt sehr hoher Schwimmgeschwindigkeiten, sein. „Künstliche Schleime" werden heute bereits dem Löschwasser der Feuerwehr beigemischt; die erzielte Reibungsverminderung erlaubt größere Spritzweiten.

14.3.3. Vortriebserzeugung bei schwimmenden Tieren

14.3.3.1. Ruderschwimmen der Wasserinsekten

Viele Wasserkäfer (Dytisciden, Gyriniden) und Wasserwanzen (Corixiden, Notonectiden) erzeugen den vorwärts treibenden Impuls durch synchrone Ruderschläge der Hinterbeine nach dem Widerstandsprinzip der Schaufelräder. Die Beinglieder sind abgeplattet und tragen automatisch sich spreizende Widerstandserzeuger in Gestalt von Schwimmhaaren und Schwimmplättchen (Abb. 14.30a).

Ein Schema der Kräfteverteilung beim Ruderschlag (Rückwärtsschlag) eines Wasserkäfers gibt die Abb. 14.30b. Die bei der Ruderbewegung — einer Rotation um das Coxo-Trochanter-Gelenk G (Abb. 14.30b) — auftretende Reaktionskraft des Wassers P zerlegt sich in Seitentriebkomponenten S und Vortriebkomponenten V, wobei $V = P \cdot \sin\alpha$ und $S = P \cdot \cos\alpha$. Während über einen Ruderschlag $\Sigma S_{\text{links, rechts}} = 0$, addieren sich die Vortriebkomponenten V zum Gesamtschub $\Sigma V = V_{\text{ges}}$. Beim Vorziehen des Beins entstehen in analoger Weise Rücktriebkomponenten R, die sich zum Gesamtrücktrieb $\Sigma R = R_{\text{ges}}$ aufaddieren. Um vorwärts zu kommen, muß das Wasserinsekt Mechanismen entwickeln, denen zufolge $\Sigma V > \Sigma R$. Wegen der Rotationsbewegung ist $v = r\omega$ (v Bewegungsgeschwindigkeit eines Beinpunkts, r Abstand des Punkts vom Coxo-Trochanter-Gelenk, ω Winkelgeschwindigkeit). Da $W \sim Fv^2$, folgt für die Winkelbewegung $W \sim F_{\text{St}} r^2 \omega^2$. Zur Erfüllung der Beziehung $\Sigma V > \Sigma R$ müssen also F_{St}, r, ω beim Ruderschlag groß, beim Vorzug klein sein. Rotationen des Beins um die Längsachse (→Änderung von F_{St}), automatisches Spreizen (Abb. 14.30a) und Zusammenklappen von Schwimmhaaren und Schwimmplättchen (→Änderung von F_{St}), beim Ruderschlag ausgestrecktes (Abb. 14.30a), beim Vorziehen „angeschmiegtes" Bein (→Änderung von r) und unterschiedlich schnelle Beingeschwindigkeiten (→Änderung von ω) spielen zusammen. Die Abb. 14.31 zeigt die Verhältnisse am Beispiel eines Hinterbeins des Taumelkäfers *Gyrinus natator*. Aus all dem ergeben sich von Zeitpunkt zu Zeitpunkt einer Schlagperiode unterschiedliche Widerstandsbeiwerte c_w für das Ruderbein.

Der Wirkungsgrad η einer solchen Ruderbewegung formuliert sich zu

$$\eta = \frac{1}{1 + [(c_{w_{\text{Rumpf}}} F_{\text{Rumpf}})/(c_{w_{\text{Ruderbein}} \atop \text{Gesamtschlag}} F_{\text{Ruderbein} \atop \text{Gesamtschlag}})]^{1/2}}.$$

Ein möglichst hoher Wirkungsgrad setzt also voraus:

1. $c_{w_{\text{Rumpf}}}, F_{\text{Rumpf}} \to$ klein

2. a) $(c_{w_{\text{Ruderbein}}}, F_{\text{Ruderbein}})$ beim Ruderschlag → groß

   b) $(c_{w_{\text{Ruderbein}}}, F_{\text{Ruderbein}})$ beim Vorziehen → klein.

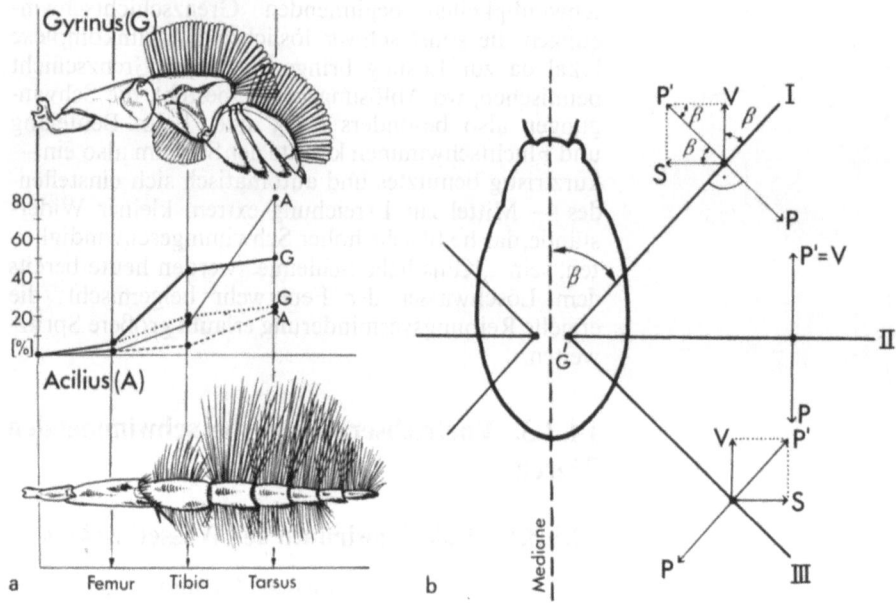

Abb. 14.30. (a) Gespreiztes Bein des Taumelkäfers *Gyrinus* mit Schwimmplättchen und des echten Schwimmkäfers *Acilius* mit Schwimmhaaren während des Ruderschlags. Angegeben sind die prozentualen Schubanteile der drei Beinglieder. (b) Schema der Kräfteverteilung beim Ruderschlag eines Wasserkäfers. I, II, III aufeinanderfolgende Schlagstellungen, V Vortrieb, S Seitentrieb, P induzierte Ruderschlagkraft; $P' = -P$. (Nach Nachtigall)

Die erste Bedingung wurde oben diskutiert, die zweite ist aus Abb. 14.31a qualitativ, aus Abb. 14.31b, c quantitativ zu entnehmen. Ein Faktor $m = c_w Fr^2$ läßt sich durch direkte Widerstandsmessungen an unterschiedlich eingestellten Beinmodellen im Strömungskanal gewinnen [Abb. 14.31, Graph $m = f(t)$]. Weiter gilt $P \sim m\omega^2$ und $V \sim m\omega^2 \sin\alpha$. Durch graphische Rechnung werden die Funktionen $P(t)$ und $V(t)$ über eine Ruderschlagperiode des Metapodiums von Gyrinus gemessen (Abb. 14.31c). Die Flächen unter den Kurven entsprechen den zeitlichen Integralen der Kräfte, also den „Kraftstößen" oder den Änderungen der (Schub- und Gegenschub)-Impulse I:

$$I_{\text{Schub}} = \int_{t_1 = 7\,\text{ms}}^{t_2 = 18\,\text{ms}} V(t)\,dt;\quad I_{\text{Gegenschub}} = \int_{t_3 = 0\,\text{ms}}^{t_1 = 7\,\text{ms}} V(t)\,dt.$$

Es wird ersichtlich, daß das Vorziehen nur etwa 1/40 des Widerstands des Ruderschlags erzeugt. Hydromechanische Teilwirkungsgrade von

$$\eta = \frac{I\text{ abgegeben}}{I\text{ zugeführt}} = \frac{I_{\text{Schub}}}{I_{\text{Schub}} + I_{\text{Gegenschub}}} = 0{,}87$$

werden erreicht (unterer Grenzwert = 0,5). Als Widerstandserzeuger übertrifft das Gyrinusbein andere technische Gebilde und erreicht die Gütegrade bester, nach dem hydrodynamisch günstigeren Querkraftprinzip (s. 14.4.4.1e) arbeitender Verstellpropeller.

14.3.3.2. Vortrieb durch Schwanzflossenschlag

Als Tragflügelflattern bezeichnet man eine nach Überschreiten einer kritischen Geschwindigkeit v_{krit} auftretende, angefachte Flügelschwingung, die sich bis zum Flügelbruch aufschaukeln kann. Der Flügel biegt sich dabei auf und ab (Biegeschwingung, Abb. 14.32a oben) und proniert/supiniert gleichzeitig um eine Längsachse (Drehschwingung, Abb. 14.32a unten). Biege- und Drehschwingung sind dabei mit bestimmten Phasenwinkeln φ gekoppelt; im Beispiel der Abb. 14.32a rechts eilt die Drehung der Biegung um $90° \triangleq \frac{\pi}{2}$ voraus. Die analoge Übertragung derartiger aeroelastischer Phänomene auf die bewegte Schwanzflosse der Fische durch den Aerodynamiker Hertel hat zu einer adäquaten Formulierung des Schwanzflossenschlags geführt.

Aus Filmaufnahmen resultiert die Abb. 14.32b. Die Flosse einer Forelle kombiniert eine Biegeschwingung ($\rightarrow a$) mit einer Drehschwingung ($\rightarrow \beta$). Sie stellt sich gegen ihre angenähert sinusförmige Bahn unter $\alpha \leq 20°$ jeweils so an, daß schräg nach vorne gerichtete Querkräfte A entstehen (Abb. 14.32c), die sich in Vortriebskomponenten V und Seitentriebskomponenten S zerlegen. Wie im Falle des Ruderschwimmens ist $\Sigma S = 0$ und $\Sigma V = V_{\text{ges}}$. Die Filmanalyse einer schnell schwimmenden Forelle hat eine Koppelschwingung der Schwanzflosse erkennen lassen, bei der Biegekomponente $a(t)$ und Drehkomponente $\beta(t)$ angenähert sinusförmig verlaufen; der oben definierte Phasenwinkel betrug $\varphi = 72°$ (Abb. 14.33a). Ähnliche Koppelschwingungen resultierten beim Stör, der zwei

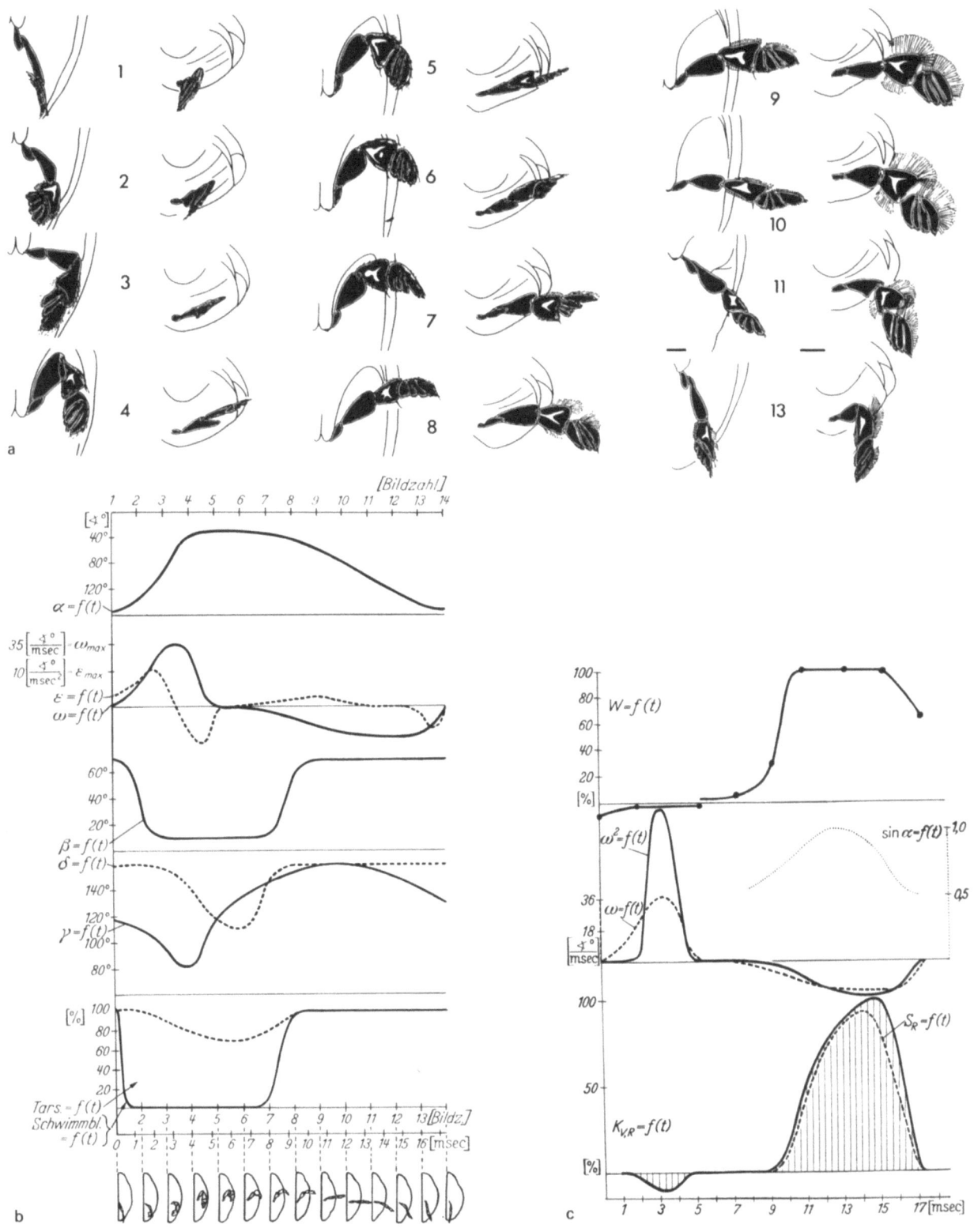

Abb. 14.31a–c. Kinematik und Dynamik der Schwimmbewegungen des Taumelkäfers *Gyrinus*. (a) aufeinanderfolgende Schlagstellungen des rechten Hinterbeins, von unten (links) und hinten (rechts) betrachtet. 1–4 Vorziehen; 4–6 Einklappen in die neue Ruderstellung, 6–13 Ruderschlag, Bildabstand: 1,25 ms. (b) Kinematische Meßwerte. α Schlagwinkel (Winkel zwischen Femur und Tierlängsachse in der Projektion auf die Frontalebene), ω Winkelgeschwindigkeit, ε Winkelbeschleunigung, β Winkel zwischen Femur- und Trochanterfläche, γ Winkel zwischen Femur und Tibia, δ Winkel zwischen Tibia und Tarsus. *Tars.* Spreizgrad des Tarsenfächers, *Schwimmbl.* Spreizgrad der Schwimmblättchen in Prozent der Maximalspreizung. (c) Dynamische Kurven. W „Widerstandsverteilungskurve" (relativer Widerstand verschiedener Beinstellung bei konstanter Anströmungsgeschwindigkeit), ω Winkelgeschwindigkeit, ω^2 quadrierte Winkelgeschwindigkeit, $K_{V,R}$ Vorzugs- bzw. Ruderschlagskraft; jeweils senkrecht zur momentanen Beinrichtung gerichtet. S Schubkraft, jeweils parallel zur Körperlängsachse gerichtet. Impulsflächen gestrichelt. Die punktierte Kurve berücksichtigt die nicht konstante Schlaggeschwindigkeit. (Nach Nachtigall)

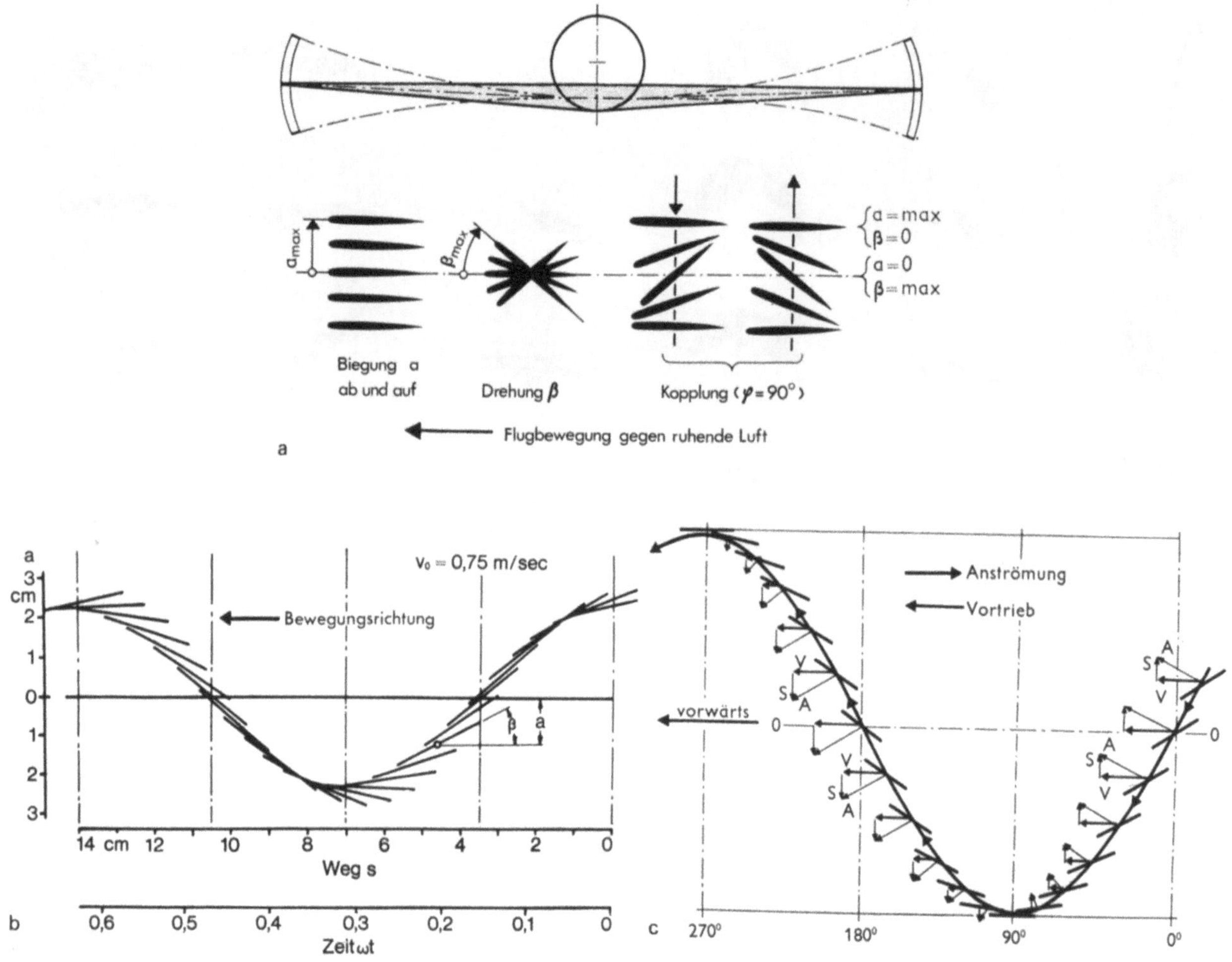

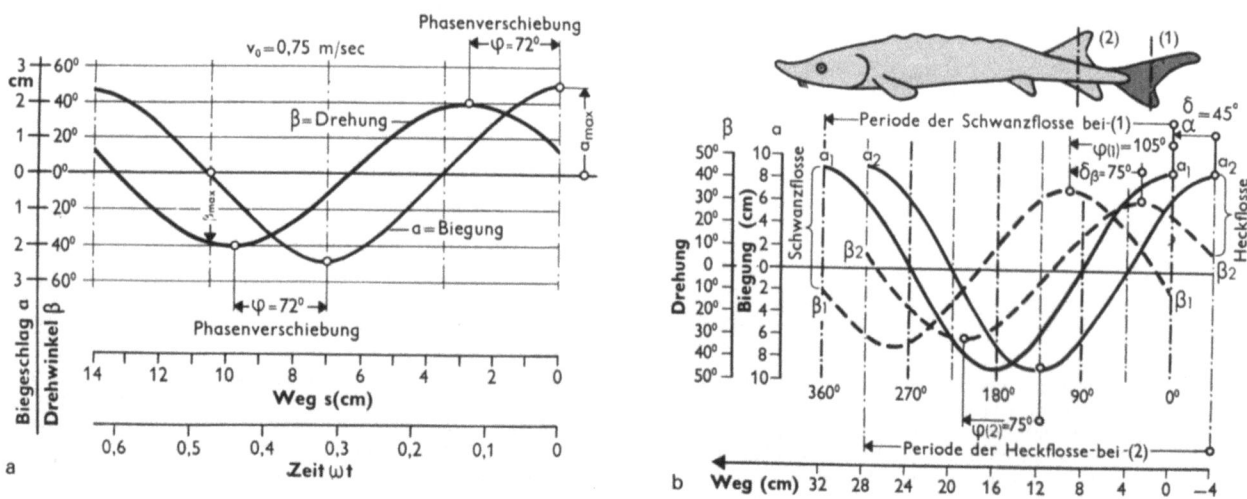

Abb. 14.32. (a) Schema des Tragflügelflatterns (Ansicht von vorne auf ein Flugzeugschema) sowie Darstellung der Biege- und Drehschwingung und der Koppelung dieser beiden Komponenten mit einem Phasenwinkel von 90°. (b) Schwanzflossenschlag der Forelle; kinematische Kennkurve. Das Tier schwimmt von rechts nach links; dargestellt sind die Winkel β zur jeweiligen Bahnrichtung und der Abstand a des Schwanzflossenmittelpunkts von der Mittellinie. (c) Kräfteschema beim Schwanzflossenschlag der Forelle. V Vortrieb, S Seitentrieb, A Auftrieb (Querkraft). Abszisse: Teil der Schlagperiode (Vollperiode 360°). (Nach Hertel)

Abb. 14.33. (a) Um einen Phasenwinkel von $\varphi = 72°$ verschobene sinusoidale Zeitfunktionen der Biege- und Drehschwingung der Schwanzflosse einer rasch schwimmenden Forelle. (b) Analog (a); geltend für den funktionell doppelflossigen Stör. (Nach Hertel) funktionelle Flossen besitzt (Abb. 14.33b). Die Phasenwinkel betragen $\varphi_1 = 105°$ (Schwanzflosse) und $\varphi_2 = 75°$ („Heck"flosse).

Je nach der Kombination von α, β, φ ergeben sich unterschiedliche Kräfteverhältnisse. Zwischen einem „aktiven Schlag" (Energie wird unter Vortriebserzeugung auf das flüssige Medium übertragen) und einem „passiven Schlag" (Energie wird zur Anfachung und Aufrechterhaltung einer passiven Schwingung der Strömung entzogen: Flattern der Fahnen!) gibt es alle Übergänge. In der Mitte steht der „neutrale Schlag", bei dem theoretisch in summa keine Energie zwischen Bewegungsapparat und Medium übertragen wird, die Rotationsenergie abgehender Wirbel nicht eingerechnet. Jedem dieser drei Grenzfälle entspricht eine typische Wirbelverteilung hinter dem schwingenden Körper. Zeigt sich im Experiment die für den neutralen Schlag typische Wirbelverteilung — bei schwimmenden Ringelnattern wurde das gemessen —, so heißt das praktisch, daß infolge eines idealen Ineinandergreifens von „Widerstandsmechanismen" und „Vortriebsmechanismen" das Schnellschwimmen mit minimalem Leistungsaufwand möglich ist. Die durch die Widerstandselemente verzögerte Strömung — und im Idealfall nur diese — wird durch die Vortriebselemente wieder beschleunigt, so daß im Endeffekt hinter dem Gesamtsystem keine Nettobeschleunigung der Flüssigkeit resultiert. Für diesen Fall ergeben sich maximale Vortriebswirkungsgrade.

Bei schlängelschwimmenden Tieren ist das am ehesten zu erwarten. Im Gegensatz etwa zu den unter 14.3.2.1 geschilderten Wasserkäfern, aber auch zu denjenigen Fischen, bei denen der Rumpf als reiner Widerstandserzeuger weitgehend unbewegt bleibt (Extremfall: Seepferdchen), ist jeder Körperabschnitt solcher Schlängler sowohl Widerstandserzeuger wie Vortriebserzeuger. Im nächsten Abschnitt werden dazu Messungen und der Versuch einer theoretischen Formulierung dieser in der belebten Welt weit benutzten Fortbewegungsart diskutiert.

14.3.3.3. Schlängelschwimmen

Langgestreckte Fische, insbesondere Aale, aber auch Ringelnattern, Insektenlarven (Ceratopogoniden; Abb. 14.34a–d), die Geißeln von Flagellaten und die Schwanzstücke von Spermien bewegen sich schlängelnd und erzeugen im periodischen Wechsel mit jedem Element des langgestreckten Körpers vorwärtstreibende Kraftkomponenten.

a) Schlängeln der Ceratopogonidenlarven

Die Phasenbilder einer schwimmenden Ceratopogonidenlarve (Abb. 14.34a) zeigen die mit zunehmender Amplitude zum Körperende laufende metachrone Körperwelle. In der Übereinanderprojektion der Bewegungsphasen (Abb. 14.34b) wird erkennbar, daß jeder Körperpunkt in einem körperfesten Bezugssystem eine senkrecht zur Bewegungsrichtung stehende, gebeugte 8-Figur beschreibt, die bei $\lambda/2$ zu einer Geraden zusammenschrumpft und ihre Bewegungsrichtung umkehrt. Jedes Körpersegment besitzt die größte Transversalgeschwindigkeit und den größten Anstellwinkel zur Schwimmrichtung, wenn es die Bewegungslängsachse kreuzt (Abb. 14.34b, Mitte). Aus der Richtung der Anstellung folgt, daß analog zur Abb. 14.32c Seitentriebkomponenten S und Vortriebkomponenten V auftreten, wobei die Gleichungen $\Sigma S = 0$ und $\Sigma V = V_{ges}$ erfüllt sein müssen. Die Übereinanderzeichnung unter Berücksichtigung der Translationsbewegung (raumfestes Bezugssystem) der Abb. 14.34b und die Kräfteskizze der Abb. 14.34c zeigen am Beispiel des Rumpfendabschnitts, daß Rumpfteile unter positiven, vorwärts treibenden Anstellwinkeln β zu ihrer aus Seitbewegung v_{seit} und Vorwärtsbewegung v_{vor} resultierenden Bahn v_{res} angestellt sind. Aus Widerstand W in Bewegungsrichtung und profilinduzierter, senkrecht dazu verlaufender Querkraft A setzt sich die Resultierende R zusammen, die sich wiederum in eine Seitentriebkomponente S und eine Vortriebkomponente V zerlegt.

Es herrschen bei den langgestreckten Schlängelschwimmern somit entsprechende Verhältnisse wie beim Schwanzflossenschlag, nur ist hier die Vortriebserzeugung nicht vorwiegend auf die Schwanzflosse beschränkt, und die hydrodynamischen Wirkungsgrade sind wegen der Ausweichströmung um die drehrunden Rümpfe geringer.

b) Theorie des Schlängelns langgestreckter Formen

Im folgenden sei aus der Fülle der theoretischen Lösungsansätze des Schlängelschwimmens eine Theorie besprochen, die Lighthill entwickelt und auf das Schlängelschwimmen von Fischen angewandt hat.

Der Fisch schwimme in einer horizontalen Ebene, deren Achse $+x$ in die mittlere Schwimmrichtung, die Achse z senkrecht dazu weisen. Die y-Achse stehe senkrecht auf der xz-Ebene. Ein Punkt P auf der als inextensibel angenommenen Wirbelsäule des Fisches wird durch seine Lagrange-Koordinate a bestimmt, die seinen Abstand vom Hinterende längs der (verwundenen) Wirbelsäule angibt (Abb. 14.35a) und Werte zwischen Null und l (Körperlänge l) annehmen kann. Die Positionskoordinaten x, z dieses Punktes in der Ebene $y=0$ sind Funktionen von a und der Zeit t; $x(a, t)$; $z(a, t)$. Der Inextensibilität der Wirbelsäule entspricht die Formulierung

$$\left(\frac{\partial x}{\partial a}\right)^2 + \left(\frac{\partial z}{\partial a}\right)^2 = 1.$$

Der horizontale Geschwindigkeitsvektor v, gleich $(\partial x/\partial t, \partial z/\partial t)$, hat eine nach vorne gerichtete Komponente u tangential zur Wirbelsäule und eine senkrecht dazu gerichtete Komponente w (Abb. 14.35b):

$$u = \frac{\partial x}{\partial t}\frac{\partial x}{\partial a} + \frac{\partial z}{\partial t}\frac{\partial z}{\partial a} \quad \text{und} \quad w = \frac{\partial z}{\partial t}\frac{\partial x}{\partial a} - \frac{\partial x}{\partial t}\frac{\partial z}{\partial a}.$$

Zwischen zwei aufeinanderfolgenden Zeitpunkten t_1, t_2 wird der Punkt P von der Position $P_1 = x(a, t_1), z(a, t_1)$ in die Position $P_2 = x(a, t_2), z(a, t_2)$ übergehen; dem entsprechen der horizontale Geschwindigkeitsvektor v beziehungsweise seine beiden Komponenten u und w (Abb. 14.35b). Nennt man $m(a, t)$ die virtuelle Masse der Längeneinheit des Fisches, so entspricht der Impuls der Längeneinheit des Fisches dem Vektor $mw(-\partial z/\partial a, \partial x/\partial a)$ (Klammerwert: Einheitsvektor in w-Richtung).

536 Biomechanik

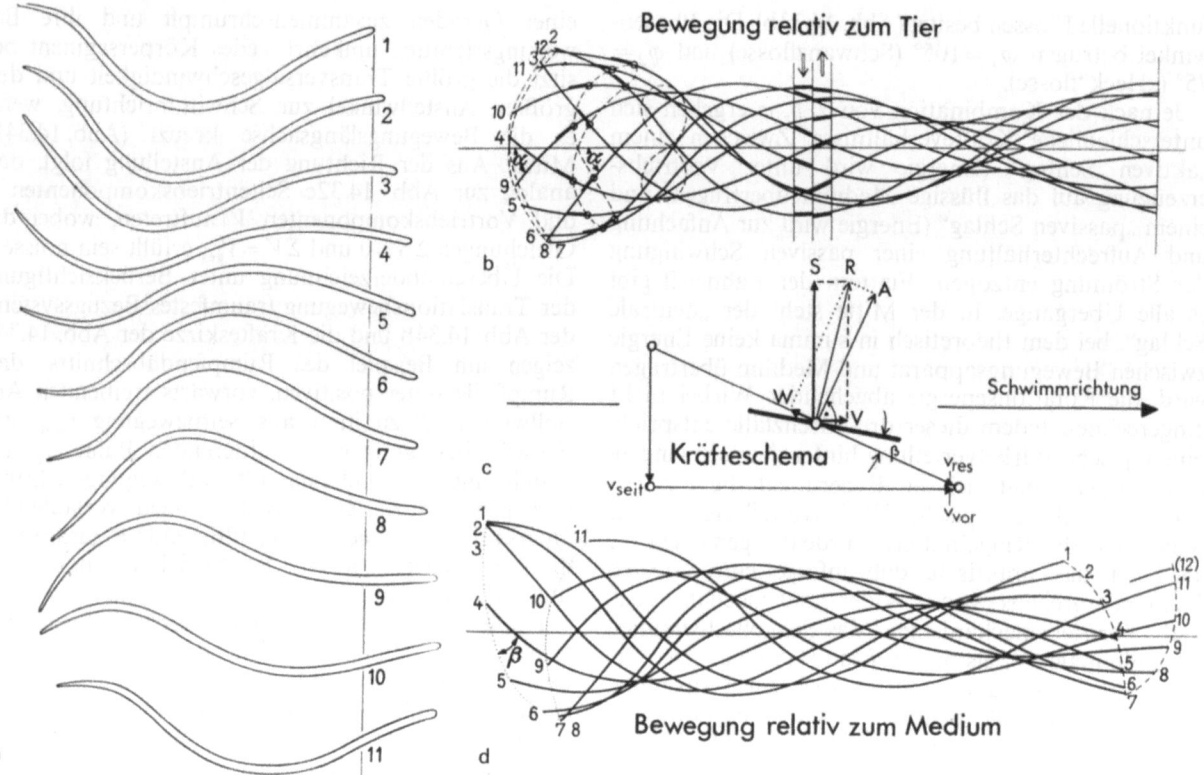

Abb. 14.34. (a) Schlängelphasen einer 10 mm langen Ceratopogonidenlarve. „Kopf" rechts. Schwanzborsten nicht abgesetzt. Bildabstand 10 ms. Schwimmen nach rechts. (b) Übereinanderzeichnung der Schlagphasen in einem tierfesten Koordinatensystem. α Anstellwinkel einer betrachteten Körpertangente zur Mittellinie. (c) Kräfteschema; Erklärung im Text. (d) Übereinanderzeichnung der Phasenbilder von a in einem raumfesten Koordinatensystem. β hydrodynamischer Anstellwinkel einer betrachteten Körpertangente (hier Tangente durch Körperendpunkt) gegen die Schwimmbahn. (Nach Nachtigall)

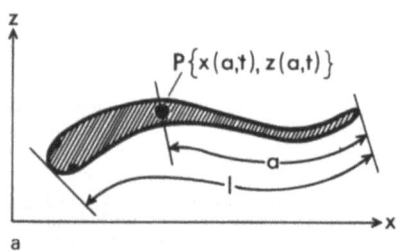 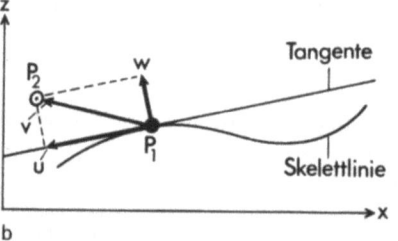

Abb. 14.35. (a) Abstand eines betrachteten Körperpunktes eines Fisches vom Schwanzende in Lagrange-Koordination. (b) Bewegungskomponenten beim schlängelnden Fisch. (Nach Lighthill)

Betrachtet wird nun ein bestimmter Teil der Flüssigkeit in der Umgebung des schwimmenden Tieres, mitgenommen von der schlagenden Schwanzflosse, aber den sich ablösenden Wirbelbereich nicht einschließend. Sein Impuls ist das Integral der letztgenannten Gleichung von 0 bis l in bezug auf a, und seine Änderung entspricht der Summe von drei Größen $o+p-q$. Dabei ist o die Änderung durch Flüssigkeitskonvektion von einer Seite zur anderen, p die Änderung durch Druckdifferenzen zwischen den beiden Seiten; q entspricht den Reaktionskräften (Vortrieb V und Querkraft Q), mit denen die Flüssigkeit auf den Fisch wirkt:

$$\frac{d}{dt}\int_0^l mw\left(-\frac{\partial z}{\partial a},\frac{\partial x}{\partial a}\right)da$$
$$=\left[-umw\left(-\frac{\partial z}{\partial a},\frac{\partial x}{\partial a}\right)+\frac{1}{2}mw^2\left(\frac{\partial x}{\partial a},\frac{\partial z}{\partial a}\right)\right]_{a=0}-(V,Q).$$

Nach Umformung ergeben sich daraus die Reaktionskräfte V, Q zu:

$$(V,Q)=\left[mw\left(\frac{\partial z}{\partial t},-\frac{\partial x}{\partial t}\right)-\frac{1}{2}mw^2\left(\frac{\partial x}{\partial a},\frac{\partial z}{\partial a}\right)\right]_{a=0}-$$
$$-\frac{d}{dt}\int_0^l mw\left(-\frac{\partial z}{\partial a},\frac{\partial x}{\partial a}\right)da.$$

Unter der Annahme einer periodischen Änderung von z und mw bei $a=0$, etwa $z=z_0\sin\omega t$ und $mw=m_0w_0\cos\omega t$ ergeben sich aus der Gleichung für (V,Q) der phasische Vortrieb zu

$$V=m_0w_0z_0\omega\cos^2\omega t+\frac{d}{dt}(-\tfrac{1}{2}m_0w_0z_0\sin\omega t\cos\omega t)=\tfrac{1}{2}m_0w_0z_0\omega$$

und die phasische Querkraft, die auf den Fisch wirkt, zu

$$-Q=\left[mw\frac{\partial x}{\partial t}+\tfrac{1}{2}mw^2\frac{\partial z}{\partial a}\right]_{a=0}+\frac{d}{dt}\int_0^l mw\frac{\partial x}{\partial a}da.$$

Die Theorie nimmt an, daß der mittlere Vortrieb auf Reaktionskräfte infolge der w-Bewegung (senkrecht zur Wirbelsäule), der — im Falle konstanter Geschwindigkeit im Mittel entgegengesetzt gleiche — mittlere Widerstand auf Reibungskräfte infolge der u-Bewegung (tangential zur Wirbelsäule) zurückzuführen ist. Ein Vergleich der Theorie mit vorliegenden kinematischen Meßdaten ergibt die zunächst erstaunliche Forderung, daß der Reibungswiderstand beim aktiven, „schlängelnden" Schwimmen (der dem reaktiven Vortrieb das Gleichgewicht hält), mehrmals — bis fünf Mal — größer sein muß als derjenige Reibungswiderstand, der beim „passiven Auslauf" ohne Körperbewegung, der sich an eine aktive Beschleunigungsphase anschließt, auftritt. In ähnlicher Weise überschreiten die Widerstände im Wasserkanal geschleppter toter Fische, die in seitlichen Richtungen schwingen können, mehrmals die Widerstände starrer Exemplare. Eine mögliche Erklärung läge darin, daß sich infolge der Schwimmbewegungen keine so großen Grenzschichtdicken aufbauen können, wie sie bei einem ungestört umströmten starren Körper bei $Re \approx 10^5$ zu erwarten sind. Eine kleinere Grenzschichtdicke bedeutet aber bei gegebener mittlerer Oberflächenrauhigkeit einen größeren Reibungswiderstand. Die großen Amplituden beim Schlängelschwingen mögen durch den Zwang erklärbar sein, durch Beschleunigung beträchtlicher Wassermassen die großen Reaktionskräfte zu erzeugen, die zur Überwindung des bei Seitbewegungen drastisch ansteigenden Reibungswiderstands nötig sind. Energetisch scheint es — analog dem „Wellenflug" der Spechte — günstiger zu sein, anstelle einer kontinuierlichen Schlängelbewegung mit mittleren Amplituden kurze Beschleunigungsphasen großer Bewegungsamplituden mit zwischengeschalteten längeren Auslaufstrecken ohne Schlängelbewegungen zu kombinieren.

Literaturauswahl

Eck, B.: Technische Strömungslehre, 7. Aufl. Berlin-Heidelberg-New York: Springer 1966
Hertel, H.: Biologie und Technik. Mainz: Krausskopf 1963.
Lighthill, J.: Large-amplitude elongated-body theory of fish locomotion. Proc. Roy. Soc. B **179**, 125–138 (1971).
Nachtigall, W.: Funktionelle Morphologie, Kinematik und Hydromechanik des Ruderapparates von Gyrinus. Z. Vergl. Physiol. **45**, 193–226 (1961).
Nachtigall, W., Bilo, D.: Die Strömungsmechanik des Dytiscus-Rumpfes. Z. Vergl. Physiol. **50**, 371–401 (1965).
Rosen, M. W., Cornford, N. E.: Fluid friction of fish slimes. Nature **234**, 49–51 (1971).

14.4. Biophysik des Fliegens

WERNER NACHTIGALL

14.4.1. Definition

Die Flugbiophysik befaßt sich mit den Mechanismen des Antriebs und der Luftkrafterzeugung von Schlagflügeln, Phänomenen der Flugsteuerung und der Bewegung im Raum, sowie der Belastung des Energiehaushalts durch die Flugvorgänge.

14.4.2. Umfang und Problematik des Fachgebiets

Zwei Drittel aller Tierarten können fliegen. Die Lokomotion durch die Luft stellt einen grundlegenden physiologisch-biophysikalischen Fragenkomplex dar. Dem passiven Flug (Treiben von Mikroorganismen, Spinnwebfäden im Luftstrom, Gleitflug, Segelflug in Thermik, Hangaufwinden, Leewellen, dynamischer Segelflug der Sturmvögel über dem Meer) steht als energetisch aufwendigstes Fortbewegungsverfahren der aktive Flug gegenüber (Streckenflug, Bogen- und Wellenflug, Schwirrflug auf der Stelle).

Im Gegensatz zu den meisten schwimmenden Tieren (etwa karpfenartigen Fischen mit Schwimmblasen) und im Gegensatz zum klassischen Flugzeug mit huberzeugenden Tragflügeln und schuberzeugenden Propellern oder Düsentriebwerken muß ein aktiv fliegendes Tier mit ein- und demselben Lokomotionsorgan, dem Schlagflügel, Hub und Schub erzeugen. Dabei belastet die erstere Komponente den Energiehaushalt weitaus am stärksten. Einen sehr großen Bereich übergreifend sind sowohl die Mechanismen des Flügelantriebs wie der Luftkrafterzeugung sehr vielfältig und nicht selten prinzipiell unterschiedlich. Zwischen den kleinsten Insekten (Gewicht $\approx 0{,}15$ mp; Flügelschlagfrequenz ≥ 1 kHz) und den größten flugfähigen Vögeln (Gewicht ≈ 15 kp; Flügelschlagfrequenz ≤ 1 Hz) spannt sich ein Gewichtsbereich von etwa $1:10^8$, ein Bereich der Flügelschlagfrequenzen von mindestens $1:10^3$.

Ein zentrales Problem der Flugbiophysik ist die Kinematik der Schlagflügelbewegung. Es ist mit der Aufnahme der Raumbahnen aller relevanten Flügelpunkte unter ausreichender Zeitauflösung und mit der Herausarbeitung der Invarianten der Schlagflügelbewegung zu lösen. Die Untersuchung des Flügelantriebs (neuromotorisch-gelenkmechanischer Komplex) und der Luftkrafterzeugung (instationäre Aerodynamik der schwingenden Flügel) muß sich auf die Kinematik beziehen, beziehungsweise von ihr ausgehen. Während der Übergang Flügelantrieb→Kinematik lösbar erscheint, gehört der Übergang Kinematik→Aerodynamik zu den schwierigsten Problemen der Strömungsmechanik und ist mangels geeigneter Theorien, technischen Grundlagenwissens und Meßmöglichkeiten an biologischen Objekten derzeit kaum durchzuführen. Im Hinblick auf den letzteren Punkt haben deshalb kinematische Analysen beim jetzigen Stand der Forschung den Charakter von Bestandsaufnahmen.

14.4.3. Kinematik der Schlagflügel

14.4.3.1. Flügelbewegung der Glanzfliege *Phormia regina*

Nachtigall ließ Glanzfliegen im Kräftegleichgewicht (s. 14.4.4.1) an einer aerodynamischen Dreikomponentenwaage (Abb. 14.36a) vor dem Windkanal fliegen

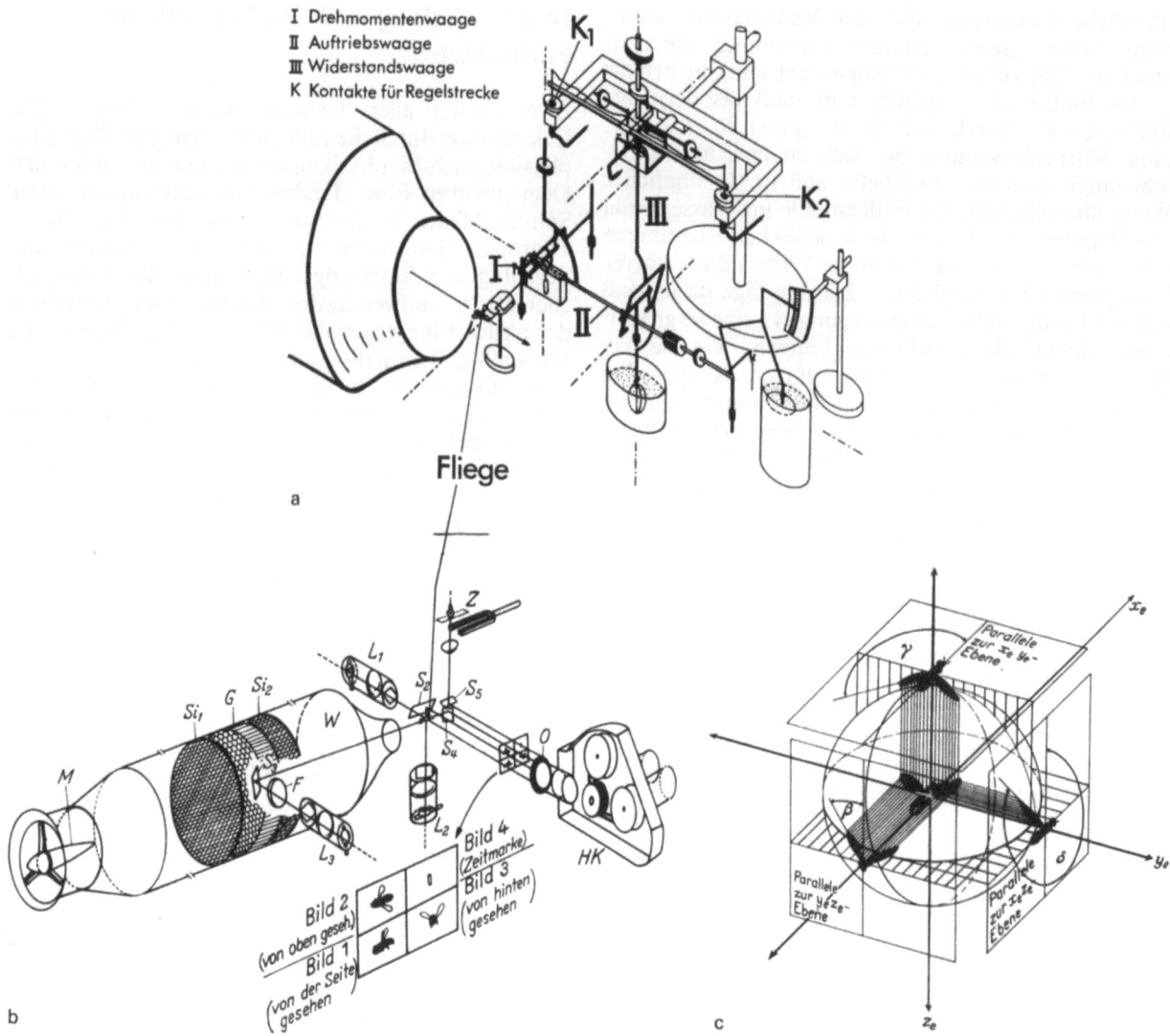

Abb. 14.36. (a) Schema des Flugs einer Fliege an einer aerodynamischen Dreikomponentenwaage vor dem Windkanal. (b) Aufnahme der Flügelbewegungen einer Fliege im Dreitafelprojektion. F Kanalfenster, G Gitter im Windkanal, HK Hochfrequenzkamera, L Niedervoltleuchten, M Gebläsemotor des Windkanals, O Objektiv, S Umlenkspiegel, W Windkanal. Z Zeitgeber (schwingende Stimmgabel). (c) Parallelprojektionen einer Fliege auf drei zueinander senkrecht stehenden Ebenen und Kennzeichen der Projektionswinkel der Flügellängsachse. [Nach Nachtigall (1966)]

und analysierte die Flügelbewegung durch synchrone Hochfrequenzaufnahmen mit 8000 Bildern pro Sekunde aus drei Raumrichtungen (Dreitafel-Projektion; Abb. 14.36b). Die Raumstellung der Flügellängsachse ist durch die drei in Abb. 14.36c eingezeichneten Projektionswinkel definiert; die Zeitfunktionen dieser Winkel werden aufgetragen. Daraus läßt sich die Bahn der Flügelspitzen auf der Oberfläche einer Kugel vom Radius der Flügellänge konstruieren und durch projektiv-geometrische Verfahren auf die Ebene abwickeln (Abb. 14.37a, rechts; nicht vollständig entzerrt). Durch Addition des Vektors der horizontalen Flugbewegung läßt sich aus der Flügelspitzenbahn die Raumbahn konstruieren (Abb. 14.37a, links; nicht vollständig entzerrt). In dieser Projektion steht die Flügellängsachse stets senkrecht zur Papierfläche.

Deshalb lassen sich geometrische Anstellwinkel α_{geom} des — in erster Näherung als unverwunden betrachteten — äußeren Flügeldrittels zur Bahn im tierfesten Koordinatensystem (Abb. 14.37a, rechts) und der aerodynamische Anstellwinkel α_{ae} zur Bahn im raumfesten Koordinatensystem (Abb. 14.37a, links) direkt einzeichnen. Die Zeitfunktion $\alpha_{ae}(t)$ ist in Abb. 14.37b gegeben. Abgesehen von sehr rasch durchlaufenen hohen Werten im Bereich der oberen und unteren Umkehrstellung nimmt α_{ae} während großer Abschnitte des Ab- und Aufschlags aerodynamisch günstige mittlere Werte von $\leq 30°$ ein. Konsequenzen der Bahnlagen und des α_{ae}-Verlaufs sind in Abschnitt 14.4.4.1e diskutiert.

Das hier geschilderte Verfahren der Dreitafel-Projektion ist für kleine Fliegen mit Schlagfrequenzen

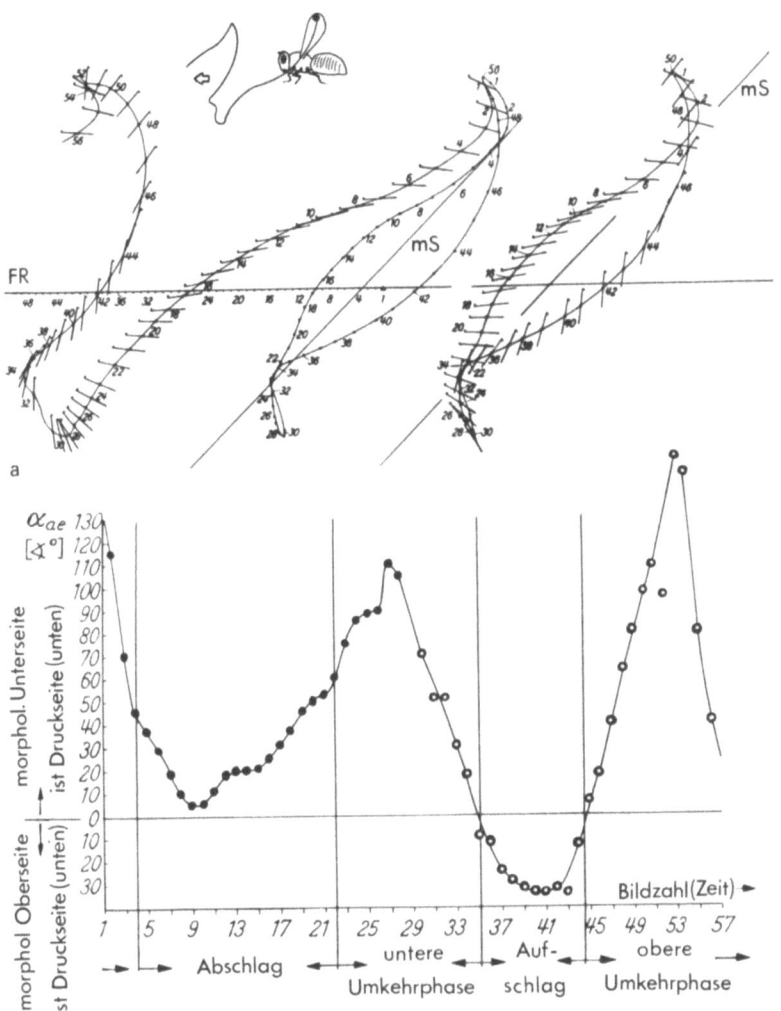

Abb. 14.37. (a) Abwicklung der Flügelbewegung im tierfesten Koordinatensystem (rechts) sowie im raumfesten Koordinatensystem (links). Eingezeichnet sind die Querschnitte des äußeren Flügeldrittels; das kleine Dreieck sitzt an der Vorderkante und kennzeichnet die Flügeloberseite. *mS* mittlere Schlagebene, *FR* Fortbewegungsrichtung. (b) Aerodynamischer Anstellwinkel, α_{ae}, analysiert nach Abb. 14.37a, über eine Flügelschlagperiode aufgetragen. Bildabstand: 1/6400 s. [Nach Nachtigall (1966)]

um 200 Hz verwendbar und führte unter mehreren vereinfachenden Annahmen zu Näherungslösungen. Ein exaktes stereophotogrammetrisches Aufnahmeverfahren wurde von Zarnack entwickelt. Es ist u. a. für langsam schlagende (20 Hz) große Heuschrecken anwendbar und wurde auf den Flug von *Locusta migratoria* angewandt. Die anschließend beschriebene kinematische Analyse der Vorderflügelbewegung basiert auf solchermaßen gewonnenen Daten und einem in den Grundzügen von Euler (1776) entwickelten Formalismus und wurde von Zarnack durchgeführt. Dabei wird der Flügel als starr angenommen.

14.4.3.2. Bewegung des Vorderflügels der Wanderheuschrecke *Locusta migratoria*

Die Heuschrecke wird an einer mit induktiven Weggebern arbeitenden Zweikomponentenwaage befestigt und fliegt vor dem Windkanal im Kräftegleichgewicht. Aufnehmbar sind die Zeitfunktionen des mittleren Auftriebs $\bar{A}(t)$, mittleren Vortriebs $\bar{V}(t)$ und einer phasischen Komponente $A(t)$. Eine Drehplattenkamera mit zwei parallelen Objektiven registriert gleichzeitig die Flügelbewegung bei stroboskopischer Beleuchtung mit 500 Bildern pro Sekunde (Einzelbelichtungszeit 1 µs) in Form zweier kreisförmiger, konzentrischer Spuren von Einzelbildern. Ein Stereo-Bildpaar ist in der Abb. 14.38 oben dargestellt. Die Raumbahnen von je 16, beziehungsweise 15 durch Aderschnittpunkte definierten Flügelmeßpunkten auf den beiden Vorder- bzw. Hinterflügeln wurden aufgenommen. In analoger Weise registrierte Bilo die Flügelbewegung vor dem Windkanal freifliegender Haussperlinge (Abb. 14.38, restliche Teilbilder).

a) Hochfrequenz-Stereo-Aufnahmeverfahren

Die Hochfrequenz-Stereokamera arbeitet im Normalfall der Stereophotogrammetrie (Abb. 14.39a). Sind a, b Kammerkonstante und Basis der Aufnahmekamera, ξ', η' die Koordinaten des orthonormierten Koordinatensystems (mitabgebildetes, kamerafestes Fadenkreuz) für das rechte Bild und $\xi = \overline{P''P'} - b$ die Parallaxe, so ergeben sich die Koordinaten x, y, z

Abb. 14.38. Beispiele für Stereoregistrierung einer an der aerodynamischen Mehrkomponentenwaage fliegenden Wanderheuschrecke (oben) und eines vor der Windkanaldüse freifliegenden Haussperlings (übrige Bilder), aufgenommen mit einer Drehplatten-Hochfrequenzanlage, deren Prinzip in Abb. 14.39a erklärt ist. Mit einem Stereobetrachter anzusehen. Der Haussperling befindet sich, von unten nach oben betrachtet, im beginnenden Abschlag, mittleren Abschlag und in der Endstellung des Abschlags. (Nach Zarnack, sowie Bilo)

des Objektpunkts in einem geoklinen, windfesten Koordinatensystem (Raum-Koordinatensystem) $\bar{K}$ $\{0; \, x, y, z\}$ (s. u) zu $x = \dfrac{\eta' \cdot b}{\zeta}$, $y = \dfrac{\xi' \cdot b}{\zeta}$, $z = z_0 - \dfrac{a \cdot b}{\zeta}$.

Da der Vorderflügel in erster Näherung als starre Platte betrachtet wird, wird seine Lage im Raum bereits durch drei nicht kollineare Punkte, die eine Ebene definieren („Flügelebene"), umkehrbar eindeutig festgelegt. Gewählt wurden die in Abb. 14.39b eingezeichneten Punkte P_1 (Flügelgelenk, bleibt sowohl in einem tierfesten wie in einem flügelfesten Koordinatensystem in Ruhe), P_2 und P_3.

b) Koordinatensysteme

Ein Koordinatensystem K mit dem Ursprung P und den richtungsbestimmenden orthogonalen Einheitsvektoren (Basisvektoren) e_1, e_2, e_3 wird definitionsgemäß K {P; e_1, e_2, e_3}, das Skalarprodukt der Vektoren $\langle x, y \rangle$, das Vektorprodukt $x \times y$ geschrieben. Ein Koordinatensystem kann gedreht werden, wobei die Basisvektoren e_1, e_2, e_3 neue Lagen $\tilde{e}_1, \tilde{e}_2, \tilde{e}_3$ einnehmen, wie sie durch eine Drehmatrix S festgelegt werden können. Die neuen Koordinaten $\{\tilde{p}_x, \tilde{p}_y, \tilde{p}_z\}$ eines Vektors $p\{p_x, p_y, p_z\}$ berechnen sich zu $\tilde{p} = Sp$.

c) Bewegungsdarstellung mit Hilfe der Komponenten des Spitzen- und Normalenvektors

Festgelegt wurde ein flügelfestes, orthonomiertes Koordinatensystem $\hat{K}_1\{P_1; q, s, n\}$ in dem s und n im Gelenk P_1 verankert sind und in der Flügellängsachse (s) beziehungsweise senkrecht zur Flügelebene (n) verlaufen (Abb. 14.39). Bezeichnet man die Flügelspitze mit P_6 und die Flügellängsachse mit $\overrightarrow{P_1P_6}$, so ergeben sich die drei Vektoren s und q zu

Spitzenvektor $s = \dfrac{\overrightarrow{P_1P_6}}{|\overrightarrow{P_1P_6}|}$ und

Normalenvektor $n = \dfrac{\overrightarrow{P_1P_3} \times \overrightarrow{P_1P_2}}{|\overrightarrow{P_1P_3} \times \overrightarrow{P_1P_2}|}$; weiter ist

$q = s \times n$.

Weiter wird zur Ausmerzung eventueller Verschiebungen der Heuschrecke relativ zum Raum-Koordinatensystem ein tierfestes geoklines Koordinatensystem $K_1\{P_1; x, y, z\}$ (Abb. 14.39d) durch Parallelverschiebung des Raum-Koordinatensystems $K\{0; x, y, z\}$ in das Flügelgelenk P_1 definiert ($x \parallel v_\infty$; $z \parallel g$; $y = z \times x$; s. Abb. 14.39d). Die Bewegungen des Flügels relativ zum Tier könnte man nun durch die Drehung des flügelfesten Systems $\hat{K}_1$ im tierfesten System K_1 um den, beiden Systemen gemeinsamen Ursprung P_1 beschreiben. Hierbei bewegen sich die (Einheits)-Vektoren $s(t)$ und $n(t)$ auf der Einheitskugel um P_1; ihre Durchstoßpunkte beschreiben auf der Kugeloberfläche schleifenförmige Bahnen (Abb. 14.39e). Die Vektoren, die von P_1 zu den „Figurenmittelpunkten" M_{sr} und M_{nr} dieser Schleifenflächen weisen, stehen nahezu senkrecht aufeinander (was keine notwendige Folge von $s \perp n$ darstellt). Es ist aber aus Gründen der Symmetrieverhältnisse und besonders einfacher Zeitfunktionen der Eulerschen Winkel (s. 14.4.3.2d) günstig, ein neues tierfestes Koordinatensystem $\mathring{K}_1\{P_1; \hat{x}, \hat{y}, \hat{z}\}$ zu definieren, dessen Achsen $\hat{y}$ und $\hat{z}$ auf M_{sr} und M_{nr} weisen, und s, n auf $\mathring{K}_1$ zu transformieren (Abb. 14.39c); $\mathring{K}_1$ folgt aus K_1 durch reine Drehung um drei Winkel. In den Durchstoßpunkten der $\hat{y}$- und $\hat{z}$-Achsen, nämlich M_{sr} und M_{nr}, wird je eine Tangentialebene, Σ_{sr} und Σ_{nr}, an die Einheitskugel gelegt, und die Bahnkurven $s(t)$ und $n(t)$ des Spitzenvektors s und des Normalenvektors n werden auf diese Ebenen zentral projiziert (Abb. 14.39e). Damit und durch die Angabe der Zeitfunktionen der jeweils drei Komponenten $\hat{s}_x, \hat{s}_y, \hat{s}_z$ und $\hat{n}_x, \hat{n}_y, \hat{n}_z$ des Spitzenvektors s und des Normalenvektors n ist die Bewegung des als starr angenommenen Vorderflügels relativ zum Tier umkehrbar eindeutig festgelegt.

Wegen $s \perp n$ und $|s| = |n| = 1$ sind aber nur drei dieser Komponenten voneinander unabhängig. Eine redundanzfreie Darstellung gelingt mit Hilfe der Eulerschen Winkel.

d) Bewegungsdarstellung mit Hilfe der Eulerschen Winkel

Die Ebene qs des flügelfesten $\mathring{K}_1$-Systems schneidet die Ebene xy des tierfesten $\hat{K}_1$-Systems in der Knotenlinie c. Die drei Eulerschen Winkel (Abb. 14.39f; bei Rechtsdrehung positiv) sind definiert als:

$\Psi = \sphericalangle (\hat{x}, c)$ (ändert sich bei Drehung des $\mathring{K}$-Systems um die Höhenachse $\hat{z}$)

$\Phi = \sphericalangle (c, q)$ (ändert sich bei Drehung des $\mathring{K}$-Systems um die Achse des Normalenvektors n)

$\Theta = \sphericalangle (\hat{z}, n)$ (ändert sich bei Drehung des $\mathring{K}$-Systems um die Knotenlinie c).

Als unabhängige Lagekoordination (bei paarweise festgehaltenen Winkeln ist der dritte unbeschränkt variierbar) legen diese drei Winkel Ψ, Φ, Θ die Flügelstellung umkehrbar eindeutig und redundanzfrei fest. Ihr Zusammenhang mit den Koordinaten einer tierfesten (x, y, z) und flügelfesten (q, s, n) orthonormierten Basis ist bei Zarnack (1972), p. 392, tabelliert.

e) Momentane Drehachse und Winkelgeschwindigkeit; Polkegel und Spurkegel

Der als starr angenommene Vorderflügel von *Locusta* erfährt relativ zum Tier nur rotatorische Lageänderungen (P_1 ist Ursprung von $\hat{K}_1$ und $\mathring{K}_1$). Die Rotation eines starren Körpers ist umkehrbar eindeutig durch die Zeitfunktion des Winkelgeschwindigkeitsvektors ω beschreibbar. Die Richtung d (Einheitsvektor) von ω gibt die Lage der momentanen Drehachse, der Betrag Ω von ω die momentane Winkelgeschwindigkeit um diese momentane Drehachse an. Die momentane Drehachse läuft stets durch den Gelenkpunkt P_1 (Abb. 14.39g); es verändert sich ihre Lage (d) und der Betrag Ω des momentanen Winkelgeschwindigkeitsvektors während einer Schlagperiode von Zeitpunkt zu Zeitpunkt.

ω ist aus den zeitlichen Ableitungen $\dot{\Psi}, \dot{\Phi}, \dot{\Theta}$ der Eulerschen Winkel berechenbar, wobei diese Ableitungen die Winkelgeschwindigkeiten um die z-, n- und c-Achse angeben. Durch Vektoraddition ergibt sich, bezogen auf $\mathring{K}_1$:

$\hat{\omega} = \dot{\Psi}\hat{z} + \dot{\Phi}\hat{n} + \dot{\Theta}\hat{c}$.

Man betrachtet nun, wie sich die momentane Drehachse d während einer Flügelschlagperiode relativ zum Flügel und relativ zum Raum von Zeitpunkt zu

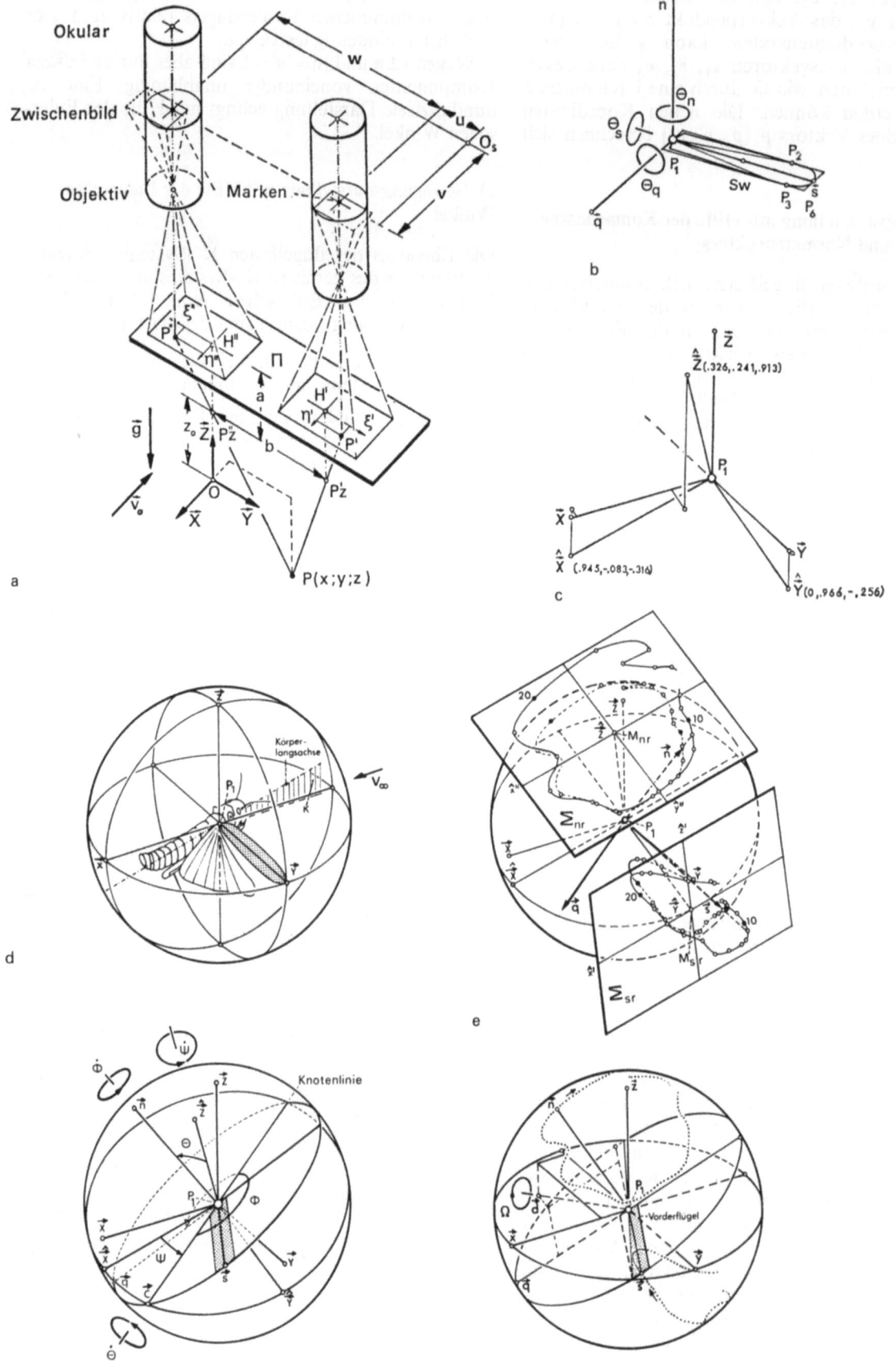

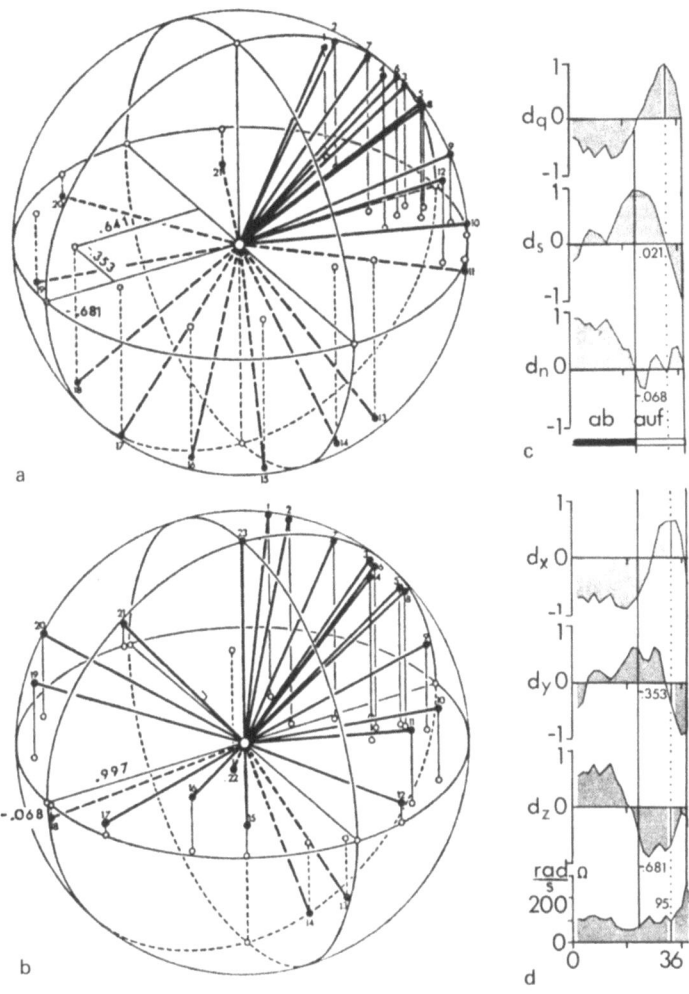

Abb. 14.40. (a) Spurkegel des rechten Vorderflügels. Die Parallelprojektionen (offene Kreise) der Vektorenendpunkte (dunkle Kreise) auf die xy-Ebene und die qs-Ebene ermöglichen eine eindeutige Komponentenzerlegung der Vektoren. Zur Zeit $t = 36$ ms ist $d = \{0{,}641; -0{,}353; -0{,}681\}$. (b) Polkegel vom rechten Vorderflügel. Als Beispiel für die Komponentenzerlegung ist eingezeichnet $d = \{0{,}977; 0{,}021; -0{,}068\}$. (c) Zeitfunktionen der Komponenten d_q, d_s, d_n des rechten Flügels, über eine Flügelschlagperiode betrachtet. (d) Zeitfunktionen der Komponenten d_x, d_y, d_z, sowie der Winkelgeschwindigkeit Ω des rechten Flügels, über eine Flügelschlagperiode betrachtet. Der Zeitpunkt $t = 36$ ms, zu dem die Teilbilder (a), (b) konstruiert worden sind, ist eingezeichnet. (Nach Zarnack)

Zeitpunkt einstellt. Zu diesem Zweck bezieht man die Zeitfunktion $d(t)$ einmal auf das flügelfeste Koordinatensystem $\mathring{K}_1$, einmal auf das raumfeste geokline Koordinatensystem K_1. Im ersteren Fall erhält man den sogenannten Polkegel $d(t)$ (Abb. 14.40a), im letzteren den sogenannten Spurkegel $d(t)$ (Abb. 14.40b) („Kegel" deshalb, weil die um P_1 rotierende Drehachse einen Kegel höherer Ordnung beschreibt; zur Berechnung s. Zarnack (1972), p. 392–393). Die Flügelbewegung läßt sich nun endgültig darstellen durch das Abrollen des flügelfesten Polkegels auf dem raumfesten Spurkegel mit der Winkelgeschwindigkeit $\Omega(t)$.

In Abb. 14.39e, g und 14.40c, d ist ein Meßbeispiel dargestellt. Es folgt daraus unter anderem, daß sich die Lage der Drehachse d und der Betrag der Winkelgeschwindigkeit Ω während einer Schlagperiode nicht einfach sinusförmig ändern. Die Interaktion des Schlagflügels mit der Luft wird also drastisch anders sein als unter der Annahme konstanter Lagen der Drehachsen und einfach-periodischer Zeitfunktionen für den Betrag der Winkelgeschwindigkeit.

◀ Abb. 14.39. (a) Prinzip des verwendeten Stereoabbildungs- und Auswerteverfahrens. g Erdbeschleunigung, v_0 translatorische Geschwindigkeit von Locusta, Pz Projektionszentren. Weitere Erläuterung im Text. (b) Das flügelfeste Koordinatensystem des rechten Flügels von Locusta $\mathring{K}_1\{P_1; q, s, n\}$. Sw Schwerpunkt, P_1 Flügelgelenk, $\Theta_q, \Theta_s, \Theta_n$ Haupttragheitsmomente um die Haupttragheitsachsen q, s, n. Ellipsen: Andeutung der Rotation um die Haupttragheitsachsen. (c) Relative Lage der tierfesten Koordinatensysteme $K_1\{P_1; x, y, z\}$ und $\mathring{K}_1\{P_1; \hat{x}, \hat{y}, \hat{z}\}$ für den rechten Flügel von Locusta. Die in Klammern stehenden Zahlen kennzeichnen die Drehmatrix, mit der $\mathring{K}_1$ aus K_1 hervorgeht. (d) Lage des tierfesten Koordinatensystems K_1 zum Tier und zur Windkanalströmung v_∞. (e) Bahnkurven des Spitzenvektors s und Normalenvektors n (gestrichelte Linien) und ihre Zentralprojektionen auf die Tangentialebenen Σ_{sr} und Σ_{nr}. Eingezeichnet ist das geokline tierfeste Koordinatensystem K_1 und das tierfeste System $\mathring{K}_1$, dessen Achsen $\hat{y}$ und $\hat{z}$ auf die „Figurenmittelpunkte" M_{sr} und M_{nr} weisen. (f) Definition der Eulerschen Winkel Ψ, Φ, Θ. Die gepfeilten Ellipsen deuten die Rotationen um die Knotenlinie c, die $\hat{z}$-Achse sowie die n-Achse an. Die Zeitableitungen $\dot{\Theta}, \dot{\Psi}, \dot{\Phi}$ bedeuten die Winkelgeschwindigkeiten der Rotationen um diese Achsen. Der rechte Vorderflügel ist durch ein punktiertes Rechteck symbolisiert. (g) Darstellung der Komponenten des Spurkegels $d_x(t), d_y(t)$ und $d_z(t)$ und des Polkegels $d_q(t), d_s(t)$ und $d_n(t)$. Die Kegel entstehen durch Bezug von d auf das geokline System K_1 beziehungsweise auf das flügelfeste System $\mathring{K}_1$. Die zu den Achsen dieser Systeme parallelen Komponenten sind dargestellt, aber nicht bezeichnet. Punktierte Linien: vgl. Abb. 14.39e. (Nach Zarnack)

Solche Annahmen sollten also auch bei vereinfachenden kinematischen und dynamischen Berechnungen am Insektenflügel nicht gemacht werden.

Damit ist das Problem der adäquaten kinematischen Beschreibung eines als starr angenommenen schwingenden Flügels gelöst. Aus ω lassen sich alle Geschwindigkeiten eines jeden Flügelpunktes und die Flügeldrehungen um beliebige Achsen berechnen. Durch die zusätzliche Bestimmung des Flügelschwerpunkts und des Trägheitstensors lassen sich der Drehimpuls, die dem Flügel eingeprägten Kräfte und Momente sowie die Translations-, Rotations- und wechselseitige kinetische Energie des Flügels ermitteln.

14.4.4. Aerodynamik

14.4.4.1. Stationäre Luftkräfte am Schlagflügel und am Tierkörper

Unter einem Anstellwinkel α zur Strömungsrichtung angestellte platten- oder flügelähnliche Körper (Abb. 14.41a) entwickeln neben Widerstandskomponenten W in Anströmrichtung auch Querkraftkomponenten Q (auch „Auftriebs"-Komponenten A genannt) senkrecht dazu. Unter günstigen Bedingungen ist $A \gg W$. Die Resultierende aus A- und W, die Luftkraft L, ist in günstigen Fällen nach vorneoben geneigt und zerlegt sich in eine Hubkomponente H und Schubkomponente V (Abb. 14.41a). Während einer Schlagperiode wird L von Zeitpunkt zu Zeitpunkt ihre Richtung und Größe wechseln; es können am gesamten Flügel und an Flügelteilen kurzfristig auch unerwünschte Abtriebskomponenten T und Rücktriebskomponenten R auftreten (Abb. 14.41b, c). Über einen oder mehrere Schlagzyklen betrachtet, muß jedoch beim unbeschleunigten Flug Kräftegleichgewicht zwischen den beiden letzteren resultierenden Komponenten und dem entgegengesetzt gleichen Gewicht G bzw. Fahrtwiderstand W_T des Tieres herrschen:

$$H_{res} = H - T = -G \quad \text{und} \quad V_{res} = V - R = -W_T.$$

Außerdem entstehen an beiden Flügeln Seitentriebskomponenten S (Abb. 14.41b), die sich beim geradlinigen Horizontalflug als entgegengesetzt gleich aufheben.

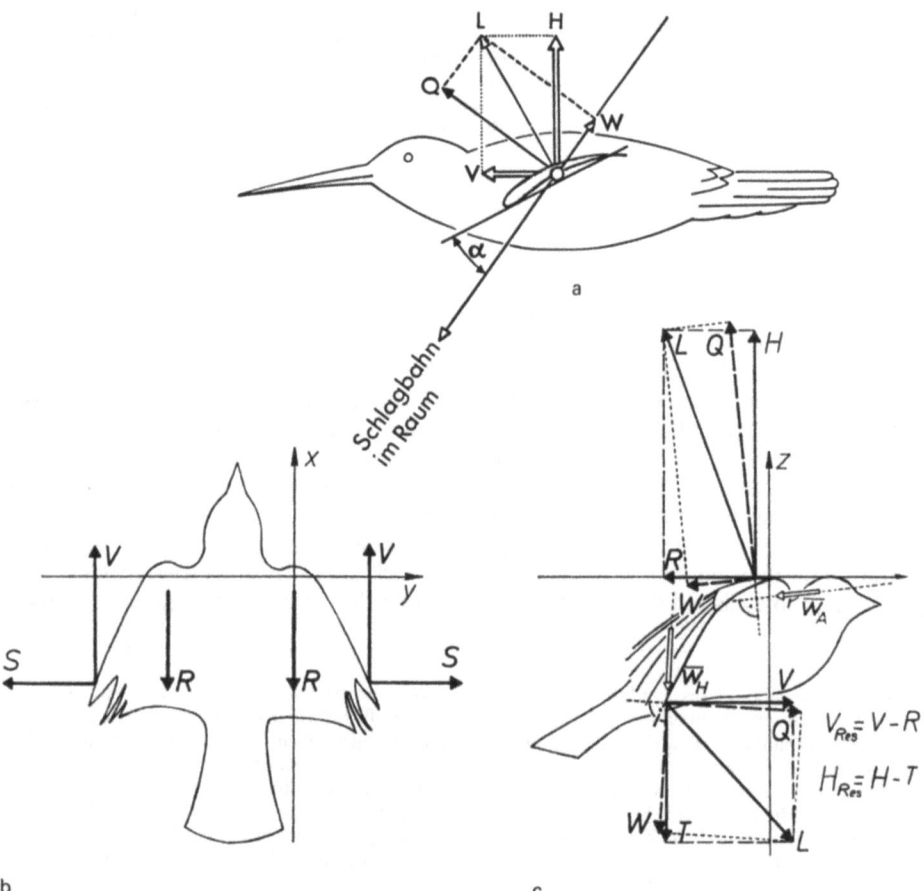

Abb. 14.41. (a) Schema der Kräftezerlegung beim Abschlag eines Vogelflügels im Moment der Stellung senkrecht zur Papierebene. Erläuterung im Text. Nach Nachtigall. (b) und (c) Schema der Kräftezerlegung beim Aufschlag eines Haussperlings in der Draufsicht und Seitansicht. Erläuterung im Text. (Nach Bilo)

a) Luftkräfte am Sperlingsflügel während des Aufschlags

Ein Kräfteschema für das Beispiel eines Haussperlingsflügels, der sich mitten im *Auf*schlag befindet, geben die Abb. 14.41 b, c. Das tierfeste Koordinatensystem K $\{0; x, y, z\}$ hat hier seinen Ursprung im Schultergelenk des Flügels. Während der Armfittich Auftrieb A und Rücktrieb R erzeugt, liefert der Handfittich Vortrieb V und Abtrieb T. Da der Vogel auch beim Flügel*auf*schlag mit gleichförmiger Geschwindigkeit vorwärtsfliegt, muß hier sein:

$$H_{res} = H_{Arm} - T_{Hand} = -G \text{ und}$$
$$V_{res} = V_{Hand} - R_{Arm} = -W_T.$$

Es herrscht also bisweilen zwischen verschiedenen Flügelteilen eine Art Arbeitsteilung, dergestalt, daß ein Teil überwiegend eine förderliche Luftkraftkomponente liefert und gleichzeitig schädliche Komponenten des anderen Teils kompensiert.

b) Beiwerte der Luftkraftkomponenten

Mit zunehmendem Anstellwinkel α (Abb. 14.41a) erzeugt ein stationär angeblasener Flügel zunehmenden Widerstand W und, bis zu einem Optimalwinkel α_{opt} zunehmend, dann wieder abnehmend, Querkraft Q (auch Auftrieb A genannt). Zur dimensionslosen, größen- und geschwindigkeitsunabhängigen Kennzeichnung der Luftkraftkomponenten kann man Beiwerte definieren:

$$\text{Auftriebswert } c_A = \frac{A}{Fq},$$
$$\text{Widerstandsbeiwert } c_w = \frac{W}{Fq}$$

(Bezugsfläche F: größte Flügelfläche (Draufsicht); q: Staudruck). Die als „aufgelöste Polaren" bezeichneten Graphen $c_A(\alpha)$ und $c_w(\alpha)$ sind für das Beispiel eines Sperlingsflügels in Abb. 14.42a dargestellt. Die Auftragung $c_A(c_w)$, Parameter α, bezeichnet man seit O. Lilienthal (1889) als „aerodynamische Polare" des Flügels (Abb. 14.42b).

c) Aerodynamische Polaren

Ein günstig geformter Flügel sollte einen möglichst großen c_A-Wert mit einem möglichst geringen c_w-Wert kombinieren. Der Winkel β_{min}, bei dem eine Gerade durch den Ursprung die Polare berührt (Abb. 14.42b), kennzeichnet den höchsten Quotienten c_A/c_w („Gleitzahl^{-1}") und damit einen besonders günstigen Anstellwinkel. Ein gleitendes Flugsystem erreicht mit dieser Einstellung die größte Gleitweite über Grund, gemessen von einer gegebenen Gleithöhe aus.

Die Form der Polaren und damit die aerodynamische Güte eines Trag- und Schlagflügels ist, außer von der Vorturbulenz der Strömung, von der Geometrie des Flügels in Aufsicht (Umriß, „Streckung") und Querschnitt („Wölbung", „Profilierung", „geometrische Verwindung") abhängig. Bei den relativ hohen Reynoldszahlen schnellfliegender großer Vögel (Taube: $Re = vl/v = 6{,}7 \cdot 10^4$ für $v = 10\ \text{ms}^{-1}$; l Flügellänge) sind Optimalflügel analog Flugzeugflügeln profiliert und gewölbt (Abb. 14.42c, d), bei den kleineren Reynoldszahlen großer und mittelgroßer Insekten (Schmeißfliege: $Re < 10^3$) sind Optimalflügel dagegen unprofilierte, schwach gewölbte oder ebene Platten (Fliegenflügel, Schmetterlingsflügel).

d) Optimalformen von Schlagflügeln und Reynoldszahl

Wie die aufgelösten Auftriebspolaren der Abb. 14.42c zeigen, sind bei kleineren Reynoldszahlen — hier $Re = 4 \cdot 10^4$ — ebene oder gewölbte dünne Platten dickeren Profilen überlegen. In diesem Re-Bereich können weiter morphologische Eigentümlichkeiten sehr positiv wirken, die die Grenzschicht turbulent machen und so zu überkritischer Umströmung führen, zum Beispiel scharfe Flügelvorderkanten, Oberflächenrauhigkeiten, Haarreihen an der Eintrittskante, im technischen Bereich Turbulenzdrähte vor und „Stolperleisten" an dem Flügelbug. Insektenflügel, die sich in diesem Re-Bereich bewegen, sind denn auch flache oder schwach gewölbte, scharfkantige, beborstete und behaarte, durch vielfache Knickung und Faltung oberflächenrauhe Platten. Vergleichsmessungen von Vogel an Drosophilaflügeln und geometrisch ähnlichen oberflächenglatten Modellen zeigen die deutliche Überlegenheit des Originalflügels (Abb. 14.43a), die demnach auf die zahlreichen Mikrostrukturen des Oberflächenreliefs zurückzuführen sein muß.

Bei den kleinsten Reynoldszahlen der kleinsten, nur knapp millimetergroßen Insekten (kleinste Schlupfwespen: $Re \leq 10$) wird wegen des zunehmenden Zähigkeitseinflusses (s. 14.3.1.1) das Querkraftprinzip — A groß gegen W — zugunsten des Widerstandsprinzips — W groß gegen A — aufgegeben. Die Flügel der kleinsten Käfer und Hymenopteren zum Beispiel bilden keulenartige, lang beborstete, konvergente Formen aus (Abb. 14.43b), die an schwimmhaarbesetzte Beine von Wasserinsekten erinnern (Abb. 14.30a, 14.43b) und analog diesen als „Luftruder" arbeiten.

e) Änderung der Luftkräfte während einer Schlagperiode

Aus der graphischen Darstellung der in die Ebene abgewickelten Flügelbewegung einer Fliege (Abb. 14.37a) läßt sich die $\alpha_{ae}(t)$-Funktion entnehmen (Abb. 14.37b). Demnach nimmt der aerodynamische Anstellwinkel während großer Teile des Ab- und Aufschlags Werte von $\alpha < 30°$ an, bei denen nach den

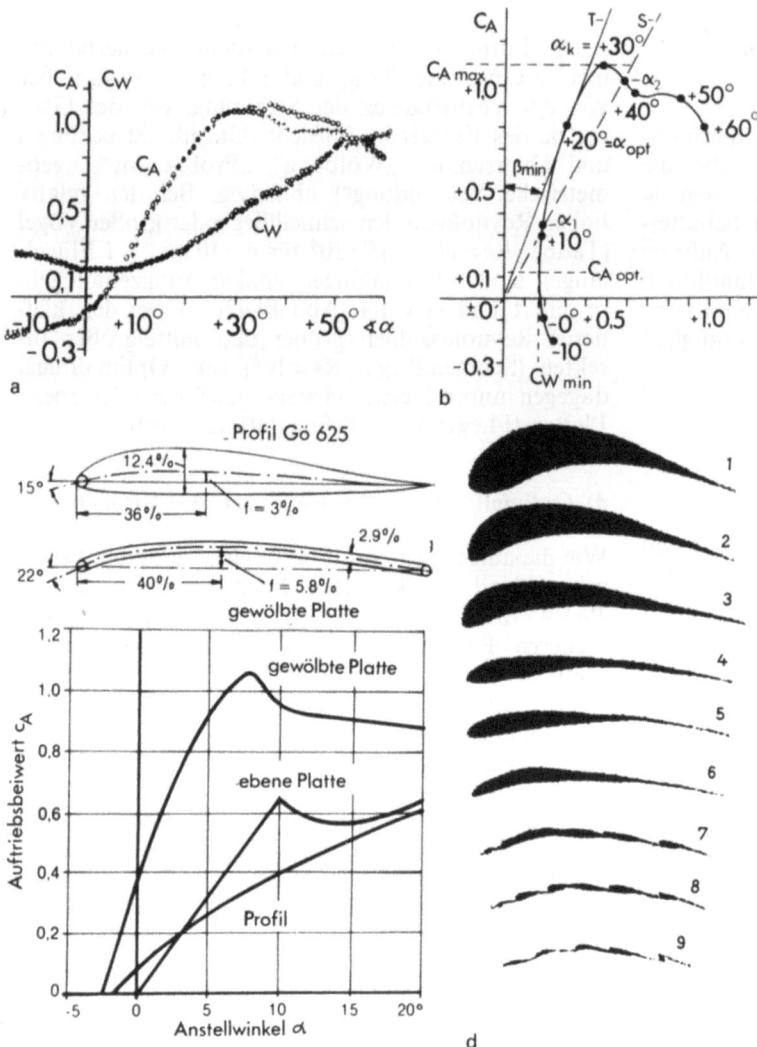

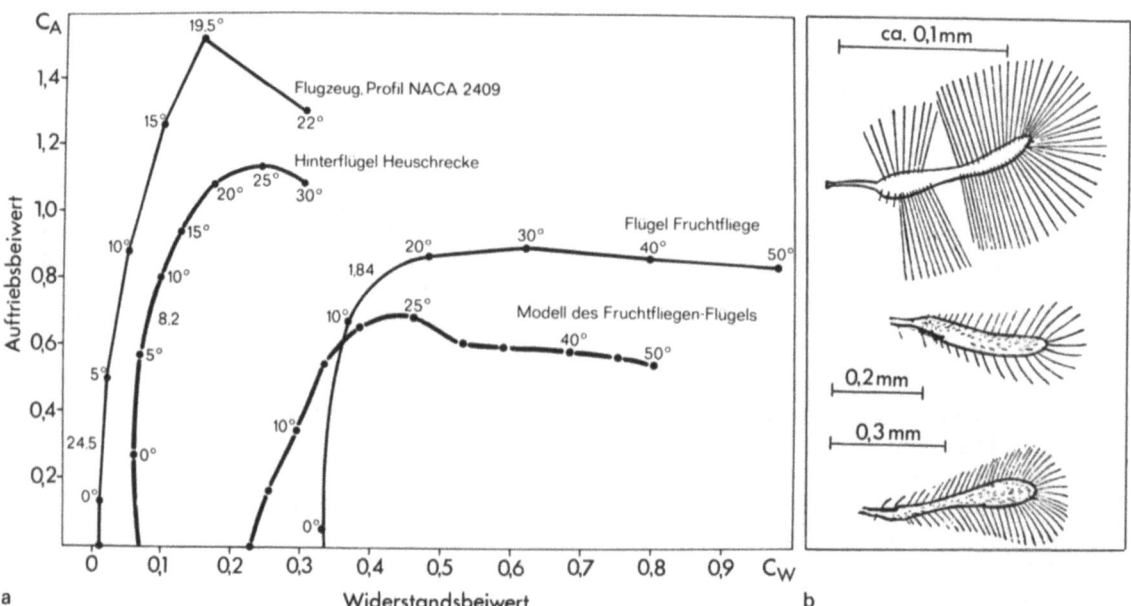

Abb. 14.42. (a) Aufgelöste Polaren $c_A(\alpha)$ und $c_w(\alpha)$ des rechten Flügels eines Haussperlings, in Gleitstellung gespreizt. Kreise: Daumenfittich abgespreizt. Kreuze: Daumenfittich angelegt. (Nach Nachtigall u. Kempf.) (b) Polare $c_A(c_w)$ aus den Daten von Abb. 14.42 a. Erläuterung im Text. (Nach Nachtigall.) (c) Aufgelöste Auftriebspolare $c_A(\alpha)$ für eine ebene Platte und die darübergezeichnete gewölbte Platte sowie das Profil Gö 625. (Nach Schmitz.) (d) Originalphotogramme der Flügelprofile einer Haustaube, in zunehmendem Abstand von der Flügelbasis aufgenommen. (Nach Nachtigall u. Wieser)

Abb. 14.43. (a) Polaren $c_A(c_w)$ verschiedener technischer und biologischer Flügel. Nach Vogel [J. exp. Biol. **46**, 431–443 (1967)]. (b) Konvergente Flügelformen verschiedener sehr kleiner Insekten. Von oben nach unten: ein Käfer, ein Fransenflügler, eine Schlupfwespe

Polaren der Abb. 14.43a α_{opt} kaum überschritten ist, die Strömung also noch nicht abreißt. Hiermit können förderliche Luftkräfte erzeugt werden. Der Flügel erzeugt bei Ab- und Aufschlag Auftrieb A und Vortrieb V; daß diese günstigen Verhältnisse auch beim *Aufschlag* zutreffen, resultiert aus der rückwärts geneigten Bahnschleife des Aufschlags (Abb. 14.37a) und aus einer vorherigen Rotation des Flügels um eine Längsachse, dergestalt, daß er beim Aufschlag gegen die morphologische Oberseite angeströmt wird.

Von Schlagmoment zu Schlagmoment stellt sich ein anderes A/V-Verhältnis ein. Beispielsweise wird in der Mitte des Abschlags der Hauptauftrieb, im ersten Drittel des Aufschlags der Hauptvortrieb erzeugt. (Das folgt aus den bekannten Anstellwinkeln, Geschwindigkeiten und Querkraft-Widerstands-Verhältnissen insektenflügelähnlicher Plättchen. Synchrone phasischer Direktmessungen der beiden Luftkraftkomponenten sind bisher nicht gelungen.) An den Umkehrpunkten sind die α_{ae}-Werte so hoch, daß bei stationärer Betrachtung die Strömung abreißen müßte und damit die Erzeugung förderlicher Luftkräfte zusammenbräche. Bei diesen sehr raschen kombinierten Schlag- und Drehschwingungen ($\Delta\alpha_{ae\,max} \approx 3 \cdot 10^4$ Grad pro Sekunde) scheint aber eine derartige „quasistationäre" Betrachtung der Luftkrafterzeugung nicht gestattet zu sein, da instationäre Strömungseffekte nicht mehr vernachlässigt werden dürfen. Bereiche kritischer Anstellwinkel könnten so rasch durchlaufen werden, daß es nicht zu — zeitbehafteten — Grenzschichtablösungen kommt. Infolgedessen könnte der instationäre Auftrieb merklich höher sein als der stationäre.

14.4.4.2. Instationäre Luftkrafterzeugung

Bennett hat den eben angesprochenen Gesichtspunkt mit Messungen an maikäferflügelähnlichen, schwingenden Flügelmodellen im angenäherten Schwirrflug näher untersucht.

Der künstliche Maikäferflügel (Abb. 14.44a) wurde über eine Riementransmission R angetrieben (einfach harmonischer Aufschlag und Abschlag um rund 110°) und gleichzeitig über ein kraftschlüssiges Nuten-Schleifer-Getriebe N in seinem Anstellwinkel α etwa so verstellt (Pronation — Supination), wie es Hochfrequenzaufnahmen des Maikäfers *Melolontha melolontha* erkennen lassen. Das gesamte System wurde von einem Windkanal angeblasen, gegen

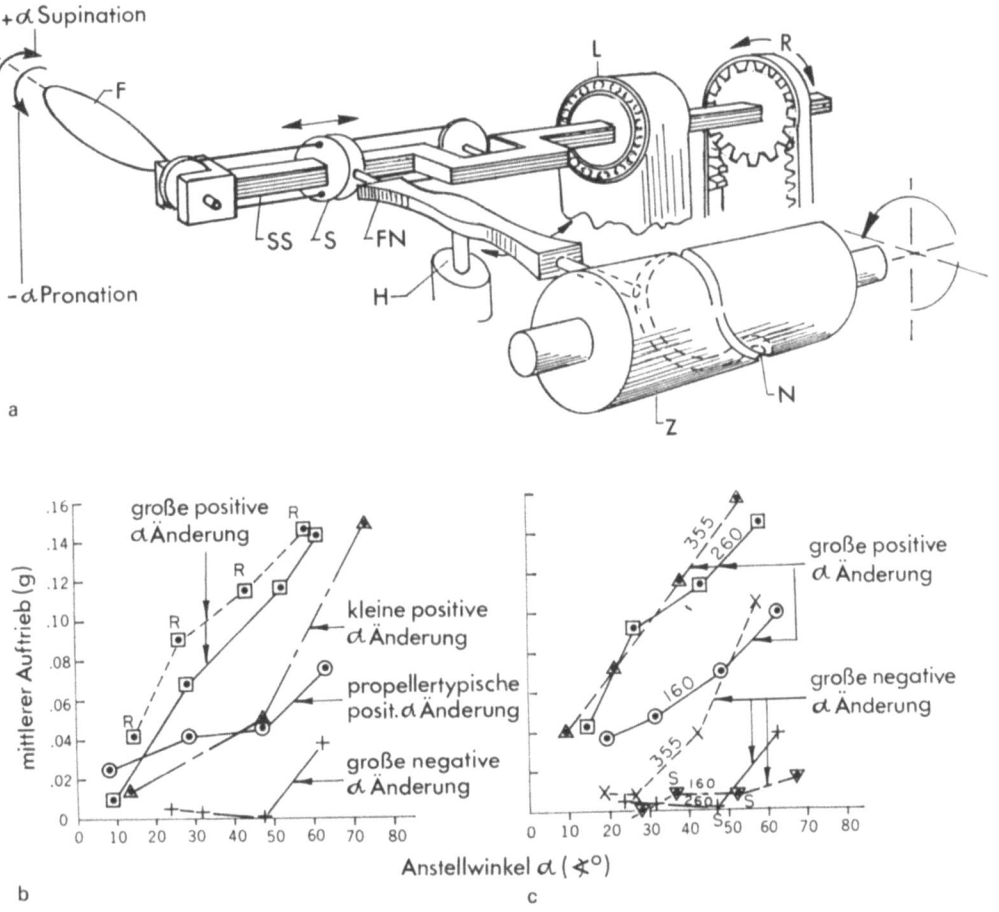

Abb. 14.44. (a) Prinzipskizze eines Mechanismus zur Kopplung von Schlag- und Rotationsschwingung insektenflügelähnlicher Blättchen. Im Lager L sitzt ein Träger, der über das Zahnband R hin- und hergedreht wird (Schlagschwingung). Die in eine synchron umlaufende Walze Z eingefräste Nut N läßt einen Überträger H hin- und herschwingen, dessen Führungsnocken FN eine Scheibe S auf einer Schleifstange SS verschiebt und dabei über ein Seilgetriebe den Anstellwinkel α des Flügels F phasisch verstellt. (b) und (c) Ergebnisse der Modellversuche. Erläuterung im Text. [Nach Bennett, L.: Science **167**, 177–179 (1970)]

den es zu Simulation des mittleren Bahnneigewinkels (Winkel der „Flügelschlagebene" zur Anströmrichtung) unter 60° geneigt werden konnte. Der Auftrieb A wurde als Produkt der durch die Schlagebene laufenden Luftmasse und der induzierten Abwärtskomponente der Strömungsgeschwindigkeit berechnet. Die letztere Komponente wurde über ein Hitzdrahtanemometer gemessen, das im Abstand $0{,}7 \cdot$ Flügellänge vom Gelenk in der medianen Frontalebene (dort ist $A \approx A_{max}$) justiert war.

Für den am Meßort momentan erreichten phasischen Anstellwinkel α_{ae} (Abb. 14.44b, Abszisse) hing der berechenbare Auftrieb (Abb. 14.44b, Ordinate) von der Größe und Richtung der aufgeprägten Anstellwinkeländerung ab. Im positiven Fall (α größer mit zunehmendem Abschlag) und bei großen Änderungen ($\Delta\alpha = 10^4$ Grad pro Sekunde) waren die größten Auftriebskräfte feststellbar; ein Strömungsabreißen trat nicht auf. Die Wiederholung des Experiments mit neuem Flügel, Hitzdraht-Sensor, Hitzdraht-Eichkurve und Getriebe führte zu einem prinzipiell gleichen Ergebnis (Abb. 14.44b, gestrichelte Kurve). Der Auftrieb sank mit abnehmendem $\Delta\alpha$. Im negativen Fall (α kleiner mit zunehmendem Abschlag) war nur sehr wenig Auftrieb meßbar, verbunden mit Strömungsabreißen. Weiter sank die Auftriebserzeugung mit abnehmender Anströmungsgeschwindigkeit (Abb. 14.44c).

Wie ersichtlich, erhöht eine α-Änderung im positiven Fall allgemein den Auftrieb (verglichen mit Stationärbedingungen) und verhindert im Bereich hoher Anstellwinkel entweder das Strömungsabreißen oder schiebt es zu höheren Anstellwinkeln hinaus. Umgekehrt führt eine α-Änderung im negativen Fall zu verstärktem Strömungsabreißen, verbessert also nicht die Bedingungen des Stationärfalls. Mit diesen Ergebnissen stimmen die $\alpha_{ae}(t)$-Funktionen für den Vorderflügel der Wüstenheuschrecke *Schistocerca gregaria* und für die Flügel der Glanzfliege *Phormia regina* überein. Aus Abb. 14.37b ist zu entnehmen, daß *Phormia* beim Abschlag durchschnittliche Anstellwinkel-Änderungen von nicht weniger als rund $2 \cdot 10^4$ Grad pro Sekunde ausführt. In solchen Fällen sehr rasch sich ändernder α_{ae}-Werte ist also eine reine quasistationäre Betrachtung (d. h. die Annahme, der Flügel erzeugte in einer bestimmten, rasch durchlaufenen Schlagstellung die gleichen Kräfte, die er in dieser Stellung „eingefroren" bei stationärer Anströmung erzeugen würde) nicht möglich. Die phasischen Auftriebswerte können ein Mehrfaches der Stationärwerte erreichen.

14.4.5. Energetik

14.4.5.1. Formationsflug

Gänse, Enten, Schwäne, Kraniche und andere Vögel fliegen insbesondere beim Zug in Keil- oder schräger Linienformation. Es ist zu vermuten, daß durch positive Interferenz das Einzeltier im Verband weniger Energie verbraucht als im gleichschnellen Einzelflug. Definierte Phasenbeziehungen der Flügelschläge sind als Voraussetzung für eine Energieeinsparung teils gefordert und festgestellt, teils nicht gefunden worden. Hummel hat durch Modellrechnung gezeigt, daß auch ohne Phasenbeziehungen eine Leistungseinsparung beim Verbandsflug möglich ist, nachdem das induzierte Abwindfeld eines schlagenden Flügels rechnerisch durch das Aufwindfeld eines starren Flügels ersetzt werden kann.

Der — einem allein fliegenden Vogel analoge — der Rechnung zugrunde gelegte Einzelflügel muß im Stationärfall sein Gewicht G durch Auftrieb A_0 kompensieren; ($|A_0| = |G|$; Abb. 14.45a, Index 0: Einzelflügel). Dabei erfährt der Flügel den Widerstand W_0 und muß zu dessen Überwindung die Leistung $N_0 = W_0 v$ (v Fluggeschwindigkeit) aufbringen. Im Verbandflug gelten zwar die gleichen Auftriebsverhältnisse $|A| = |A_0| = G$ (kein Index: Verbandflug); jeder Flügel μ fliegt nun aber in dem von allen übrigen Flügeln am Ort von μ induzierten Aufwind der Gesamtgeschwindigkeit w_{i_μ}. Dabei wird die Flügelanströmung um den Aufwindwinkel $\varphi_\mu = w_{i_\mu} v^{-1}$ gedreht (Abb. 14.45a), wobei $v \approx$ const. Damit ergibt sich infolge Mitdrehung von A_0 in die neue Lage die Widerstandsersparnis $\Delta W_\mu = A\varphi_\mu = A w_{i_\mu} v^{-1}$, und somit ist die relative Widerstandsersparnis zu $\Delta W_\mu \Delta W_0^{-1}$, die Leistungsersparnis zu ΔN_μ und die relative Leistungsersparnis zu $e_\mu = \Delta N_\mu N_0^{-1}$ berechenbar. Für die letztere gilt

$$e_\mu = \frac{\Delta N_\mu}{N_0} = \frac{\Delta W_\mu v}{W_0 v} = \frac{A_0}{W_0} \frac{w_{i_\mu}}{v}.$$

Die gesamte absolute Leistungsersparnis ΔN und die relative Leistungsersparnis E für alle n Flügel eines Verbands ergibt sich zu

$$N = \sum_{\mu=1}^{n} \Delta N_\mu \quad \text{und} \quad E = \frac{\Delta N}{n N_0} = \frac{1}{n} \sum_{\mu=1}^{n} e_\mu.$$

Die Abbildung 14.45 zeigt, daß die relative Leistungsersparnis E mit zunehmendem seitlichen Abstand $\Delta \eta = \Delta y b^{-1}$ (s. Einschaltbild) und zunehmender Zahl der Flügel n anwächst, wobei — bei konstantem n, $\Delta \eta$ — eine Verschiebung einzelner Flügel längs der Flugrichtung keine Rolle spielt. Bei gleicher Gesamtersparnis hängt die Verteilung der Leistungsersparnis auf die einzelnen Vögel allerdings von der Form des Verbandes ab. Die Abb. 14.45c, d zeigt die Verhältnisse bei einer Keilflugformation (offene Kreise und Kästchen). Die inneren Vögel weisen eine nur sehr geringe Einsparung zugunsten der weiter außen fliegenden Vögel auf. Der Verband kann so modifiziert werden (schwarze Kreise und Kästchen), daß nahezu konstante Leistungsersparnis-Verteilung resultiert. Annäherung an solche theoretisch erschlossene, aerodynamisch optimale Flugformationen ist nicht selten beobachtbar.

14.4.5.2. Flugleistungen

Die Flugleistung setzt sich aus einzelnen Komponenten zusammen, die in der Abb. 14.46a getrennt dargestellt und zu der Gesamtleistungskurve verrechnet sind.

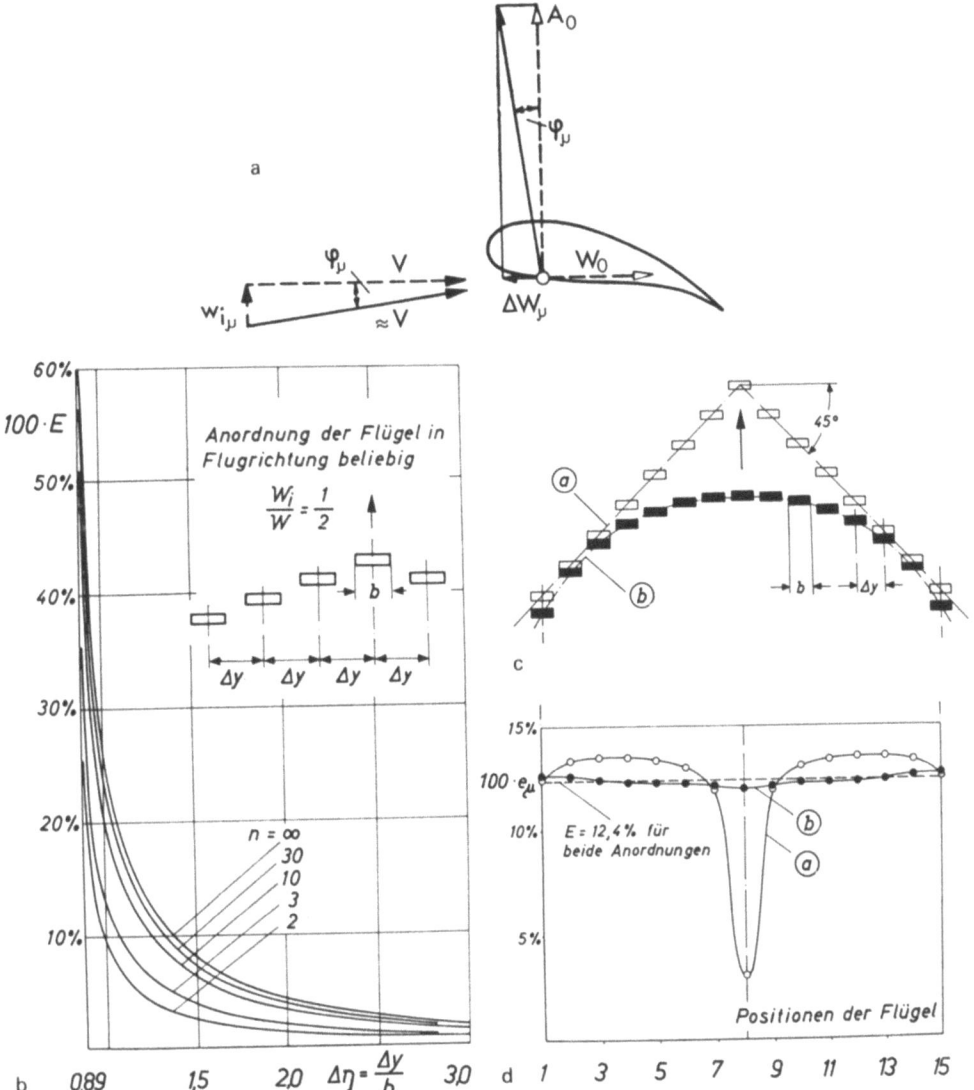

Abb. 14.45. (a) Einfluß eines induzierten Aufwinds auf die Auftriebsrichtung an einen Flügel. Erläuterung im Text. (b) Prozentuale Energieeinsparung E, abhängig vom Verhältnis aus Flügelabstand und Flügelbreite $\Delta y/b$ und der Zahl der Flügel n in einem Verband. (c) und (d) Relative Energieeinsparung verschiedener Flügel in strenger Keilformation (offene Kästchen und Kreise), sowohl in einer Anordnung, die jedem Flügel ungefähr gleiche Energieeinsparung ermöglicht (dunkle Kästchen und Kreise). [Nach Hummel, D.: J. Ornithol. 114, 259–282 (1973)]

Zur Huberzeugung muß Luft abwärts beschleunigt werden. Die dafür verbrauchte Leistung ist gleich der induzierten Leistung P_i. Sie ist beim Rüttelflug auf der Stelle ($v = 0$) am größten und sinkt mit steigender Fluggeschwindigkeit. Die schädliche Leistung P_{sch} wird zur Überwindung des Profilwiderstands des Flugkörpers gebraucht und steigt mit der dritten Potenz der Fluggeschwindigkeit v. Die Profilleistung P_P wird zur Überwindung des Profilwiderstands der Flügel eingesetzt und ändert sich mit zunehmender Fluggeschwindigkeit wenig. Eine Leistung zur Überwindung des Trägheitsmoments der Flügel wird von manchen Autoren gefordert, von anderen als Teil der induzierten Leistung betrachtet. (Zu den genannten Leistungskomponenten für den geradlinigen horizontalen Streckenflug käme beim Steigflug die sogenannte Steigleistung, die zur Gewinnung potentieller Energie eingesetzt wird.) Die Addition der genannten Leistungskomponenten gibt die Flugleistung P_F. Diese ist als Funktion der Fluggeschwindigkeit in Abb. 14.46a dargestellt. Sie ist beim Rüttelflug auf der Stelle nicht unbeträchtlich, sinkt dann auf ein breites Minimum um $v = 8$ m/s und steigt mit zunehmender Geschwindigkeit an. Die Taube muß beim Rüttelflug 11,5 W, beim Flug mit einer Geschwindigkeit von 8–9 m/s 8,7 W ausgeben. Im letzteren Fall kann sie mit einem gegebenen Nährstoffvorrat am längsten in der Luft bleiben.

Aus dem Leistungsdiagramm läßt sich eine Reihe von Grenzwerten ablesen. Die Fluggeschwindigkeit v_{ms}, bei der die größte Flugstrecke pro geleisteter Arbeit zurückgelegt werden kann, liegt unter dem

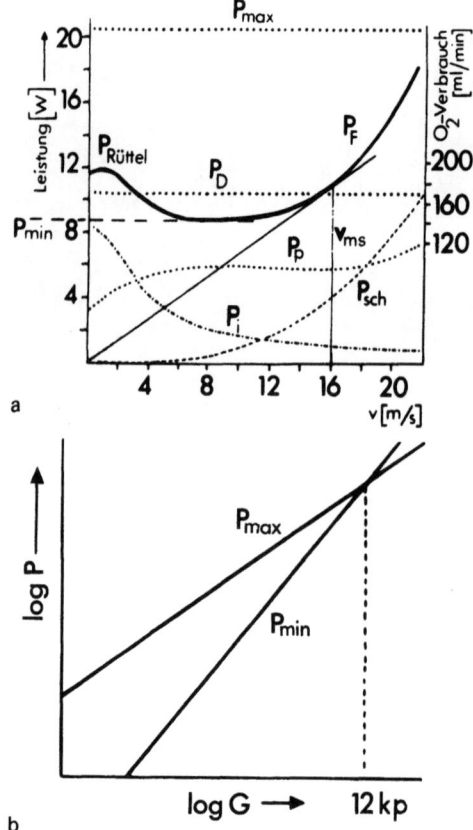

Abb. 14.46. (a) Flugleistung P_F (linke Ordinate) und Sauerstoffverbrauch (rechte Ordinate) einer Taube als Funktion der Fluggeschwindigkeit v und Zustandekommen von P_F aus den Komponenten P_i, P_{sch} und P_p. Erläuterungen im Text. (b) Abhängigkeit der zur Verfügung stehenden Muskelleistung P_{max} und der zum aktiven Horizontalflug minimal auszugebenden Leistung P_{min} verschiedener Vögel vom Gewicht G. Gewichtsgrenze für den Kraftflug bei $G \approx 12$ kp. [Nach Pennycuick, L.J.: J. exp. Biol. **49**, 527–555 (1968)]

Berührungspunkt einer durch den Ursprung gelegten Tangente an die Kurve $P_F(v)$. Bei der Taube beträgt sie $v_{ms} = 16$ m/s; das Tier gibt dabei 10,5 W aus. Bei dieser Geschwindigkeit kann der Vogel mit einem gegebenen Nährstoffvorrat die größte Flugstrecke zurücklegen. Für die Taube berechnet sich diese wie folgt: Die bei der vollständigen Oxydation von einem Gramm Fett entstehende Energie beträgt etwa $4 \cdot 10^4$ J. Der Wirkungsgrad der Flugmuskulatur beträgt etwa $\eta = 0,2$. Damit ergibt sich eine maximale Flugstrecke von 11,8 km pro Gramm Fett. Rechnet man für eine große Taube einen gesamten Fettvorrat von rund 37 g, so kann das Tier bei $v_{ms} = 16$ m/s maximal 400 km zurücklegen. Dafür braucht es 7 Flugstunden.

Diese maximale Flugstrecke, die ein Vogel mit einem gegebenen Nährstoffvorrat zurücklegen kann, hängt von der „aerodynamischen Güte" der Flugmaschine „Vogel" ab. Die aerodynamische Güte ist um so höher, je größer der Quotient mittlerer Hub $\bar{H}$ / mittlerer Widerstand $\bar{W}$ ist. Dieser Quotient $\bar{H}/\bar{W}$ ist am größten bei v_{ms}; hierbei erreicht die Taube einen Wert von rund 6, Hubschrauber erreichen Werte von 15 bis 20. Pennycuick hat für die maximale Flugstrecke s_{max} folgende Beziehung abgeleitet: $s_{max} = E/G \cdot (\bar{H}/\bar{W})_{max}$. Dabei ist E die zur Überwindung von s_{max} notwendige Flugarbeit, G das Körpergewicht. E entspricht einer bestimmten Menge an Nährstoffen, vor allem Fett. Rechnet man gleichen prozentualen Fettanteil für einen Flug, etwa 10% des Körpergewichts, so würde ein großer Kolibri etwa 0,5 g, eine hundertmal schwerere Taube 50 g verbrauchen. Mit diesen beiden Treibstoffmengen kämen die beiden so unterschiedlich großen und schweren Vögel gleich weit, wenn man gleiche aerodynamische Güte voraussetzt.

14.4.5.3. Leistungsgrenzen

Als maximale Dauerflugleistung P_D kann man die Dauermuskelleistung bezeichnen, die der Vogel abgeben kann, ohne daß er eine Sauerstoffschuld eingeht. Sie ist in Abb. 14.46a als punktierte Horizontallinie eingezeichnet. Demnach beträgt sie für die Taube etwa 10,4 W und wird gerade bei der ausgezeichneten Geschwindigkeit v_{ms} erreicht. Nach den Schnittpunkten P_f und P_D betragen die minimalen und maximalen Dauergeschwindigkeiten für die Taube etwa 3 m/s und 16 m/s. Beim senkrechten, aufsteigenden Rüttelflug kann die Taube für sehr kurze Zeit maximal 20,4 W abgeben, wie durch die abszissenparallele Linie P_{max} dargestellt ist. Hierbei geht sie eine beträchtliche Sauerstoffschuld ein. Für verschieden große Vögel verschieben sich die Lagen der Geraden P_D und P_{max} relativ zur Kurve P_F.

Große und schwere Vögel kommen bald an die Grenze einer Fähigkeit zum Kraftflug. Nach Pennycuick ist die maximal zur Verfügung stehende Muskelleistung P_{max} proportional $G^{7/6}$ (G = Gewicht), die minimal zum horizontalen Kraftflug nötige Muskelleistung P_{min} proportional $G^{2/3}$. Trägt man die beiden Kurven $P(G)$ auf (Abb. 14.46b), so findet man Gleichheit $P_{max} = P_{min}$ bei $G \approx 12$ kp. Schwerere Vögel sind also nicht mehr zum Kraftflug befähigt. Etwa so schwer werden die Riesentrappe, der Kalifornische Kondor und der Trompeterschwan.

Literaturauswahl

Bilo, D.: Flugbiophysik von Kleinvögeln. I und II: Kinematik und Aerodynamik des Flügelabschlags beim Haussperling (Passer domesticus L.). Z. Vergl. Physiol. **71**, 382–454 (1971); **76**, 426–437 (1972).

Jensen, M.: Biology and physics of locust flight. III. The aerodynamics of locust flight. Phil. Trans. B **239**, 511–552 (1956).

Nachtigall, W.: Die Kinematik der Schlagflügelbewegungen von Dipteren. Methodische und analytische Grundlagen zur Biophysik des Insektenflugs. Z. Vergl. Physiol. **52**, 155–211 (1966).

Nachtigall, W.: Biophysik des Tierflugs. Rheinisch-Westfälische Akademie der Wissenschaften, Vorträge N 236, S. 73–138. Köln-Opladen: Westdeutscher Verlag 1974.

Oehme, H.: Der Kraftflug der Vögel. Vogelwelt **89**, 20–42 (1968).

Pennycuick, C.J.: Animal flight. London: Arnold 1972.

Weis-Fogh, T., Jensen, M.: Biology and physics of locust flight. I. Basic principles in insect flight. A critical review. Phil. Trans. B **239**, 415–458 (1956).

Zarnack, W.: Flugbiophysik der Wanderheuschrecke (Locusta migratoria L.) I. Die Bewegungen der Vorderflügel. J. Comp. Physiol. **78**, 356–395 (1972).

14.5. Biomechanik des Blutkreislaufs

Rudolf Dietrich Bauer, Thomas Pasch und
Erik Wetterer

14.5.1. Vorbemerkung

Der Blutkreislauf ist ein lebenswichtiges Transportsystem. Die Transportgeschwindigkeit ist den am schnellsten zu befördernden Stoffen, den Atemgasen O_2 und CO_2, angemessen. Ferner findet Transport im Dienste der Ernährung und Ausscheidung sowie des Wasser- und Salzhaushaltes statt. Die Hormone werden als Träger der chemischen Signalübermittlung und die Immunkörper als Abwehrstoffe befördert. Schließlich dient der Kreislauf auch dem Wärmetransport.

Der Blutkreislauf ist ein in sich zurückführendes System von Leitungsröhren, die teils in Serie, teils parallel geschaltet sind. Durch zwei rhythmisch arbeitende Pumpen, die beiden Herzventrikel, wird im Zusammenwirken mit Ventilen eine gerichtete Flüssigkeitsströmung erzeugt und aufrechterhalten. Das „rechte Herz" treibt das Blut durch die Pulmonalarterie in die Lungengefäße; von den Lungenkapillaren strömt es dem „linken Herzen" zu. Von diesem wird es durch die Aorta in die sich verzweigenden Arterien des Körpergefäßsystems ausgeworfen und den zueinander parallel geschalteten Organgebieten zugeleitet. Hier finden jeweils weitere Aufzweigungen bis zu den Kapillaren statt. Aus den letzteren gelangt das Blut in kleine Venen, die in größere Venen zusammenmünden, bis schließlich die beiden großen Hohlvenen das Blut dem rechten Vorhof zuleiten, womit der Kreislauf geschlossen ist (Abb. 14.47).

14.5.2. Das Herz als Pumpe

Das Herz ist ein Hohlmuskel, der aus 4 Räumen, den beiden Vorhöfen und den beiden Ventrikeln, besteht (Abb. 14.48). Die Vorhöfe dienen im wesentlichen als Zuflußreservoire. Die Ventrikel wirken als die eigentlichen Pumpen, indem ihre muskulären Wände rhythmisch sich kontrahieren und erschlaffen. Die Atrioventrikularklappen verhindern den Rückstrom aus den Ventrikeln in die Vorhöfe, die Arterienklappen den Rückstrom aus den großen Arterien in die Ventrikel. Die Auslösung der rhythmischen Tätigkeit des Herzens hat man sich vereinfacht folgendermaßen vorzustellen. Jede mechanische Aktivität setzt einen Erregungsvorgang an der Muskelzellmembran voraus. Für die Bildung und Leitung der Erregung steht dem Herzen ein System von spezifischen Muskelzellen zur Verfügung. Derjenige Teil des Systems, der normalerweise die rhythmischen Erregungen als „Schrittmacher" spontan erzeugt, wird Sinusknoten genannt und liegt im rechten Vorhof. Die Funktion des spezifischen Systems wird

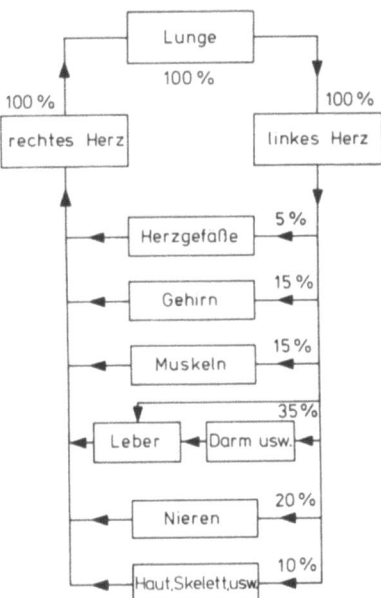

Abb. 14.47 Schematische Darstellung des Blutkreislaufs. Die Prozentzahlen geben die durch die einzelnen Organgebiete fließenden Anteile des Herzminutenvolumens an

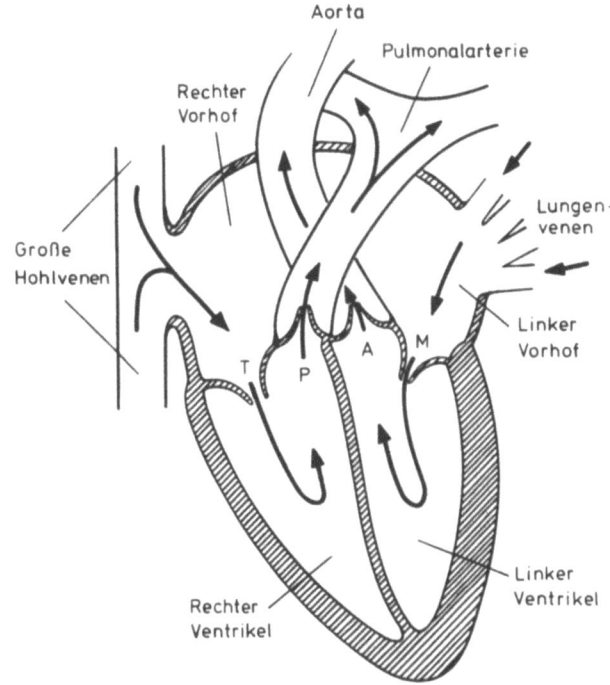

Abb. 14.48. Blutströmung durch das Herz. Atrioventrikularklappen: T Trikuspidalklappe, M Mitralklappe. Arterienklappen: P Pulmonalklappe, A Aortenklappe

durch bestimmte Hormone und durch vegetative Nerven beeinflußt.

Nachdem die Erregung auf die Ventrikel übergeleitet ist, beginnt die Kontraktion, deren mechanische Vorbedingungen und Ablauf nun im einzelnen besprochen werden sollen. In Abb. 14.49 stellt die Abszisse das Innenvolumen, die Ordinate den Innendruck des lin-

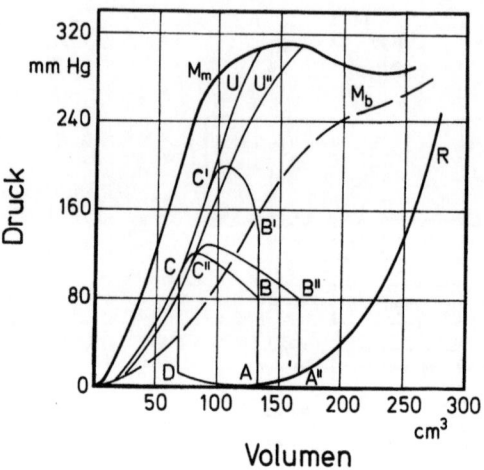

Abb. 14.49. Druck-Volumen-Diagramm des linken Ventrikels des Menschen. R Ruhedehnungskurve; M_b Kurve der isobaren Maxima; M_m Kurve der isometrischen Maxima; U und U'' Kurven der Unterstützungsmaxima. Erklärung im Text (Nach Reichel u. Bleichert: Leitfaden der Physiologie des Menschen. Stuttgart: Enke 1966)

ken Ventrikels dar. Die *Ruhedehnungskurve* (R) gibt die passive, d.h. für den nichtkontrahierten Zustand geltende Druck-Volumen-Beziehung an, deren Steilheit wegen des bei wachsender Wanddehnung ansteigenden Elastizitätsmoduls mit zunehmendem Volumen größer wird. Für einen Kontraktionsablauf ist der Ausgangspunkt auf der Ruhedehnungskurve von entscheidender Bedeutung. Würde sich der Ventrikel nach völligem Verschluß seiner Öffnungen kontrahieren, so resultierte ein isometrischer Druckanstieg ohne Volumenänderung, und im Diagramm würde derjenige Punkt auf der *Kurve der isometrischen Maxima* (M_m) erreicht, der sich senkrecht über dem Ausgangspunkt befindet. Der entgegengesetzte Fall würde vorliegen, wenn der Druck im Ventrikel während der ganzen Kontraktion auf seinem Ausgangswert verbliebe und nur eine Volumenänderung stattfände (isobare Kontraktion). Dann würde im Diagramm derjenige Punkt auf der *Kurve der isobaren Maxima* (M_b) erreicht, der denselben Ordinatenwert wie der Ausgangspunkt auf der Ruhedehnungskurve hat. Im natürlichen Betrieb des Herzens ist keiner der beiden Grenzfälle in reiner Form verwirklicht. Stellt z.B. der Punkt A in Abb. 14.49 den Ausgangspunkt zu Beginn eines Herzzyklus dar, so steigt der Druck zunächst isometrisch an, bis er den Druck in der Aorta erreicht bzw. ein wenig überschreitet (Punkt B). Dieser erste Teil der Kontraktion wird als *Anspannungsphase* bezeichnet. Im weiteren Verlauf der Kontraktion öffnet sich die Aortenklappe, und es wird Blut in die Aorta ausgeworfen, wobei der Druck zunächst noch ansteigt und dann absinkt (*Austreibungsphase*). Im Punkt C wird der intraventrikuläre Druck infolge der beginnenden Erschlaffung kleiner als der Aortendruck, so daß sich die Aortenklappe schließt, womit die Austreibungsphase beendet ist. Im weiteren Verlauf der Erschlaffung sinkt der Ventrikeldruck isometrisch auf D ab (*Entspannungsphase*). Da er nun den Druck im linken Vorhof unterschreitet, öffnet sich die Mitralklappe, und es strömt Blut aus dem Vorhof in den Ventrikel, wodurch dieser wieder bis zum Punkt A gefüllt wird (*Füllungsphase*). Mit dem Beginn des nächsten isometrischen Druckanstiegs schließt sich die Mitralklappe wieder und bleibt bis zum Beginn der nächsten Füllungsphase geschlossen. Das aus dem Ventrikel in die Aorta pro Herzschlag ausgeworfene Blutvolumen, dessen Größe den Punkten B und C entnommen werden kann, wird als *Schlagvolumen* bezeichnet. Es beträgt beim gesunden Erwachsenen 60—70 ml. Etwa ebenso groß ist das nach der Austreibung im Ventrikel verbleibende Restvolumen. Die einzelnen Phasen des Herzzyklus dauern bei Körperruhe etwa: Anspannung 80 ms, Austreibung 300 ms, Entspannung 80 ms, Füllung 400 ms, zusammen 860 ms, was einer Herzfrequenz von 70/min entspricht. Die Anspannungs- und Austreibungsphase werden als *Systole*, die Entspannungs- und Füllungsphase als *Diastole* bezeichnet.

Der gesamte Ablauf der Herzkontraktion ist weder rein isobar noch rein isometrisch. Daher liegt der Punkt C zwischen der M_m- und der M_b-Kurve, und der Punkt B wird vom Aortendruck bestimmt. Für den Punkt C ist eine Kurve maßgebend, die in Anlehnung an die Terminologie der Mechanik des Skeletmuskels als *Unterstützungskurve* (U) bezeichnet wird. Diese U-Kurve stellt die Verbindungskurve zwischen den zu dem Punkt A gehörenden Punkten der M_m- und der M_b-Kurve dar. Für jeden Punkt A existiert daher eine eigene U-Kurve. Ist der Aortendruck erhöht, so wird von A aus der Punkt B' und auf der zu A gehörenden U-Kurve der Punkt C' erreicht; das Schlagvolumen ist verkleinert. — Ist zu Anfang eines Herzzyklus die Ventrikelfüllung vergrößert (A''), so ergibt sich eine neue U-Kurve (U''), die am Ende der Austreibung im Punkt C'' erreicht wird. Das Schlagvolumen ist nun vergrößert. Die Abhängigkeit des Schlagvolumens von der Füllung wird als *Frank-Starling-Mechanismus* bezeichnet und hat weitreichende Bedeutung. Steigt, wie im obigen Beispiel, der Aortendruck und nimmt das Schlagvolumen zunächst ab, so erhöht sich von Herzschlag zu Herzschlag das Restvolumen, die Ventrikelfüllung steigt, und das Schlagvolumen nähert sich infolge des Frank-Starling-Mechanismus dem vorherigen größeren Wert.

Die für den linken Ventrikel beschriebenen Gesetzmäßigkeiten gelten auch für den rechten Ventrikel, wobei jedoch, entsprechend dem niedrigeren Druck in den Lungenarterien, die Ordinatenwerte im Druck-Volumen-Diagramm des rechten Ventrikels kleiner sind. Bezüglich des Zusammenwirkens der beiden Ventrikel gewährleistet der Frank-Starling-Mechanismus in leicht ersichtlicher Weise, daß die Schlagvolumina des rechten und des linken Ventrikels im zeitlichen Mittel einander gleich sind. Dies ist von großer Bedeutung, da nach Abb. 14.47 die beiden Ventrikel zwei in Serie geschaltete Pumpen sind und schon ein kleines Übergewicht einer Pumpe im Laufe der Zeit eine lebensbedrohliche Überfüllung des von ihr gespeisten Gefäßgebietes herbeiführen müßte.

Durch die Wirkung der sympathischen Nerven und der Hormone Adrenalin und Noradrenalin wird der Herzmuskel zu größerer Leistung befähigt (positiv *inotrope* Wirkung), was vor allem bei körperlicher Arbeit von Bedeutung ist. Die M_m-, M_b- und somit auch die U-Kurven sind dann im Diagramm so verschoben, daß bei gegebener Ventrikelfüllung und gegebenem Auswurfdruck ein vergrößertes Schlagvolumen erreicht wird.

Die von einem Ventrikel pro Herzschlag geleistete mechanische Arbeit entspricht als Druck-Volumen-Integral der Fläche ABCD in Abb. 14.49 und ergibt für beide Ventrikel zusammen etwa 1,2 J pro Herzschlag und eine mittlere Leistung von etwa 1,5 W.

14.5.3. Das Arteriensystem

Wie schon erwähnt, wird das Blut vom linken Ventrikel intermittierend in die Aorta ausgeworfen. Die sich hieraus im Arteriensystem ergebenden Vorgänge kann man im Hinblick auf die zeitlichen Mittelwerte und auf die pulsatorischen Vorgänge betrachten. Der zeitliche Mittelwert der Stromstärke des Blutes (i_m), das *Herzminutenvolumen*, ergibt sich als Produkt aus dem Schlagvolumen und der Herzfrequenz, beim gesunden Erwachsenen unter Ruhebedingungen beispielsweise als 70 ml · 70/min ≅ 5 l/min. Der mittlere Blutdruck in der Aorta beträgt etwa 100 mm Hg. Der reibungsbedingte Strömungswiderstand in den großen sowie mittleren Arterien und Venen ist gering; so stellen die "peripheren" Gefäße, d.h. die kleinsten Arterien, die Arteriolen und die Kapillaren, die Orte des hauptsächlichen Strömungswiderstandes dar, der daher als *peripherer Widerstand* (R_{per}) bezeichnet wird. Aus der Differenz der mittleren Drucke in Aorta (p_{ma}) und rechtem Vorhof ($p_{mv} \cong 5$ mm Hg) sowie dem Herzminutenvolumen erhält man nach Umrechnung in CGS-Einheiten:

$$R_{per} = \frac{p_{ma} - p_{mv}}{i_m} \cong 1500 \text{ dyn s/cm}^5. \qquad (14.1)$$

Der Innenquerschnitt der herznahen Aorta beträgt beim 30jährigen etwa 3,5 cm². Mit $i_m = 83$ ml/s ergibt sich hieraus eine mittlere Blutströmungsgeschwindigkeit (v_m) von 24 cm/s. Jede Verzweigung im Bereich der Aorta und ihrer Äste führt zu einer Zunahme des Gesamtquerschnitts der jeweils parallelgeschalteten Gefäße, so daß schließlich der Gesamtquerschnitt im Bereich der Kapillaren einen Wert von etwa 1700 cm², d. h. etwa das 50fache des Querschnitts der herznahen Aorta erreicht. Auf Grund der Kontinuitätsbedingung hat die mittlere Stromstärke in allen hintereinandergeschalteten Abschnitten des Gefäßsystems denselben Wert. Da die Strömungsgeschwindigkeit gleich dem Quotienten aus Stromstärke und jeweiligem Gesamtquerschnitt ist, ergibt sich, daß v_m von der Aorta zu den peripheren Gefäßen abnimmt und in den Kapillaren einen Wert von 24/500 ≅ 0,05 cm/s erreicht. Beim Zusammenmünden in Venen vermindert sich der Gesamtquerschnitt wieder.

Für das Lungengefäßsystem gelten grundsätzlich dieselben Beziehungen. Jedoch beträgt der mittlere Druck in den Lungenarterien nur etwa 15 mm Hg. Da der mittlere Druck in den Lungenvenen etwa 5–7 mm Hg beträgt und i_m ebenso groß ist wie im Körpergefäßsystem, erhält man für den peripheren Widerstand der Lungengefäße nur etwa 10% des in Gl. (14.1) errechneten Werts. Der Gesamtquerschnitt der Lungenkapillaren ist 100 bis 150mal so groß wie der Querschnitt der Pulmonalarterie.

Die Beschreibung der pulsatorischen Vorgänge im Arteriensystem, die durch den intermittierenden Bluteinstrom ausgelöst werden, ist wesentlich komplizierter als die der zeitlichen Mittelwerte. Es handelt sich um die Beziehungen zwischen den Pulsationen des Drucks, der Strömung und der Wand. Zur vollständigen Analyse dieser Vorgänge werden Kontinuitätsgleichung und Bewegungsgleichungen der Flüssigkeit (Navier-Stokessche Gleichungen) sowie Kontinuitätsgleichung und Bewegungsgleichungen der Wand benötigt. Dieses System von Gleichungen ist nur für Spezialfälle und auch hierbei nur unter vereinfachenden Annahmen lösbar. Eine Betrachtungsweise, die eher geeignet ist, das Arteriensystem als ganzes zu beschreiben, besteht darin, daß die elastischen Arterien als *Schlauchwellenleitungen* aufgefaßt und mathematisch analog den elektrischen Wellenleitungen behandelt werden. Jede Austreibung eines Schlagvolumens in die Aorta erzeugt eine *Pulswelle*, die sich entlang den Arterien fortpflanzt und die im Verlauf des Systems und an den peripheren Widerstandsgefäßen multiple Reflexionen erfährt. Zur Analyse dieser Vorgänge ist die Kenntnis des elastischen Verhaltens der Arterien von grundlegender Bedeutung. Blutgefäßwände gehören zu den „hochdehnbaren Stoffen", deren elastisches Verhalten nicht durch den Elastizitätsmodul in der ursprünglichen Youngschen Formulierung, sondern nur durch einen differentiell definierten *Elastizitätsmodul* (E) zu kennzeichnen ist:

$$E = \frac{dK \cdot l}{dl \cdot q} \qquad (14.2)$$

Hierin sind: K = dehnende Kraft, l = Länge und q = Querschnitt des gedehnten Körpers. Arterienwände sind elastische Körper mit anisotropem Dehnungsverhalten, bei dem jedoch nur diejenigen Dehnungen zu berücksichtigen sind, die parallel und senkrecht zur dehnenden Kraft auftreten (Orthotropie). Daher werden für die zylindrische Wand Elastizitätsmodulen in tangentialer (= zirkulärer), longitudinaler und radialer Richtung unterschieden. Von diesen kommt dem tangentialen Modul die Hauptbedeutung für die Druck-Volumen-Beziehung und die Pulswellengeschwindigkeit zu. Hinsichtlich der Längsdehnung ist zu beachten, daß die Arterien in situ normalerweise in Längsrichtung vorgedehnt und fixiert sind. Mit wachsender Wandspannung nimmt die elastische Dehnbarkeit aller Komponenten der Arterienwand ab,

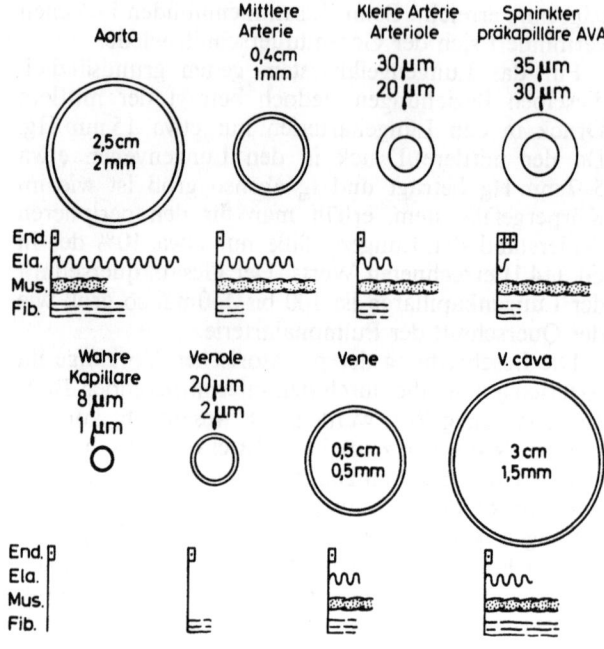

Abb. 14.50. Verschiedene Arten von Blutgefäßen und deren Wandkomponenten. Jeweils obere Zahl Innendurchmesser, untere Zahl Wanddicke. *End.* Endothel; *Ela.* elastisches Bindegewebe; *Mus.* Muskelschicht; *Fib.* kollagenes Bindegewebe. (Nach Burton, 1969)

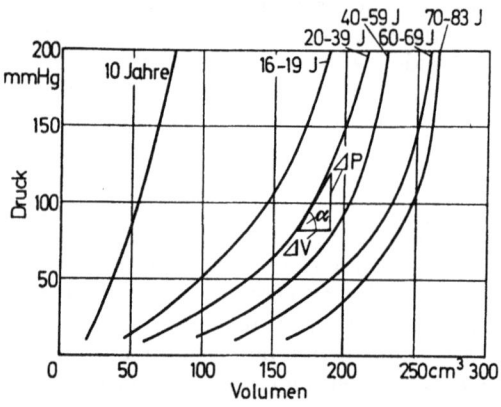

Abb. 14.51. Druck-Volumen-Kurven der isolierten menschlichen Aorta für verschiedene Altersgruppen. $E' = \mathrm{tg}\,\alpha = \Delta p/\Delta V$. (Messungen von Simon und Meyer; nach Gauer, O. H.: Kreislauf des Blutes. In: Physiologie des Menschen, Bd. 3 (Gauer, O. H., Kramer, K., Jung, R. Hrsg.) München-Berlin-Wien: Urban und Schwarzenberg 1972)

ihre Elastizitätsmoduln nehmen also zu. Für die tangentiale (=zirkuläre) Richtung ergibt sich die *Wandspannung* (σ) als:

$$\sigma = \frac{p \cdot r}{h} \qquad (14.3)$$

Hier ist p der *transmurale* Druck, d. h. die Differenz zwischen dem Innendruck und dem Druck im umgebenden Medium, r der Innenradius und h die Wanddicke. Gleichung (14.3) gilt für die mittlere Schicht der als homogen vorausgesetzten Wand. Die Länge l von Gl. (14.2) entspricht beim Blutgefäß dem Umfang $2r\pi$. Daher ist $dl/l = dr/r$. Setzt man vereinfachend $dK/q = d\sigma$ und $d\sigma = r \cdot dp/h$, so erhält man aus (14.2) für den tangentialen Elastizitätsmodul:

$$E = \frac{dp}{dr} \cdot \frac{r^2}{h} \qquad (14.4)$$

Die Wände größerer Blutgefäße (Abb. 14.50) bestehen aus verschiedenen Komponenten, die in Schichten angeordnet sind. Für das elastische Verhalten sind vor allem wichtig das elastische und das kollagene Bindegewebe sowie die glatte Muskulatur. Im Bereich kleiner Spannungen hat elastisches Gewebe einen Elastizitätsmodul von 3 bis $6 \cdot 10^6$, kollagenes Gewebe einen solchen von etwa 10^9 dyn/cm². Für die glatte Muskulatur werden Werte von 10^5 bis 10^6 angegeben. Das Dehnungsverhalten der Arterienwand im ganzen resultiert aus den Dehnungseigenschaften ihrer Komponenten, deren Anteilen am Wandaufbau und deren struktureller Anordnung. Bei niederer Spannung haben die Arterienwände einen Elastizitätsmodul von etwa 10^6 dyn/cm². Unter den Bedingungen des normalen Blutdrucks beträgt dieser Modul für die thorakale Aorta des Jugendlichen etwa 4 bis $5 \cdot 10^6$. Die kollagenen Fasern sind in diesem Blutdruckbereich auf Grund ihrer größeren Ausgangslänge noch nicht gedehnt und tragen daher noch nichts zum Elastizitätsmodul der Wand bei. Erst bei sehr hohem Innendruck wird die Arterie so stark gedehnt, daß auch die kollagenen Fasern gespannt werden und wegen ihres großen Elastizitätsmoduls als Schutz gegen Überdehnung wirken. Mit steigendem Lebensalter nehmen die Elastizitätsmoduln aller Arterien zu. Oberhalb 60 Jahren werden Werte von über $20 \cdot 10^6$ gefunden. Der Grund hierfür liegt im Altersumbau der Arterienwände.

Die Zunahme des Elastizitätsmoduls mit wachsender Spannung bzw. Dehnung zeigt sich auch in der Form der Druck-Volumen-Kurve (Abb. 14.51), deren Steilheit mit zunehmendem Volumen anwächst. Diese Steilheit wird als *Volumenelastizität* (E') bezeichnet:

$$E' = \frac{dp}{dV} \qquad (14.5)$$

Sie stellt den reziproken Wert der elastischen Weitbarkeit oder Compliance dar. Setzt man die Druckänderung nicht zur absoluten, sondern zur relativen Volumenänderung dV/V in Beziehung, so ergibt sich der *Volumenelastizitätsmodul* ($\varkappa$):

$$\varkappa = \frac{dp}{dV} V = E' V . \qquad (14.6)$$

Gemäß Abb. 14.51 steigen nach Abschluß des Körperwachstums $\varkappa$ und E', bezogen auf jeweils gleichen Druck, mit wachsendem Lebensalter systematisch an. Die größere Steilheit der Kurve der 10jährigen ist auf das kleine Aortenvolumen zurückzuführen; der Unterschied zur Kurve der 16- bis 19jährigen liegt also an E', nicht etwa an $\varkappa$.

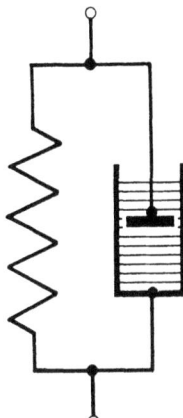

Abb. 14.52. Modell eines viskös-elastischen Körpers, sog. Voigt- oder Kelvin-Modell, bestehend aus elastischer Feder und Dämpfungsscheibe in visköser Flüssigkeit

Werden die Druck- und Volumenänderungen nicht sehr langsam, d. h. nahezu statisch, wie bei den Abb. 14.51 zugrunde liegenden Messungen, sondern rasch durchgeführt, so liegen dynamische Bedingungen vor, und die Kurve der Dehnung fällt nicht mit der Kurve der Entdehnung zusammen (Hysterese). Die Ursache ist die innere Reibung der Arterienwand, die im Zusammenwirken mit der Elastizität ein *visko-elastisches* Verhalten ergibt. Die von den Dehnungs- und Entdehnungskurve umschlossene Fläche ist ein Maß für den reibungsbedingten Energieverlust. Wird eine Arterie periodischen Volumenschwankungen unterworfen, so eilen diese den resultierenden Druckschwankungen in der Phase nach. Der Elastizitätsmodul ist also eine komplexe und somit frequenzabhängige Größe. Die viskose Komponente ist um so stärker ausgeprägt, je höher der Gehalt der Arterienwand an glatter Muskulatur ist. Das visko-elastische Verhalten läßt sich grundsätzlich durch das in Abb. 14.52 dargestellte Voigt- oder Kelvin-Modell nachahmen.

Wie erwähnt, wird durch die Austreibung des Schlagvolumens eine Pulswelle im Arteriensystem erzeugt. Dieser Wellenvorgang entsteht durch das Zusammenwirken der Massenträgheit der beschleunigten Flüssigkeit und der Speicherung und Entspeicherung von Flüssigkeit durch die elastische Wand. Dabei ist in jedem Zeitpunkt die kinetische Energie der bewegten Flüssigkeit so groß wie die potentielle Energie der gedehnten Wand. Denn die eine Energieform wird ständig in die andere umgewandelt. Der als *Wellenwiderstand* (Z) definierte Quotient aus Wellendruck (p_w) und Wellenstromstärke (i_w),

$$Z = \frac{p_w}{i_w} \quad (14.7)$$

hängt in erster Linie vom Trägheitswiderstand der Flüssigkeit und vom elastischen Widerstand der Wand ab; außer diesen beiden Größen spielen noch der Reibungswiderstand der Flüssigkeit und die innere Wandreibung für den Wellenwiderstand eine Rolle. Können die Reibungswiderstände vernachlässigt werden, so ist Z reell, und gemäß Gl. (14.7) sind dann Druck und Stromstärke von Wellen einer einzigen Laufrichtung einander proportional und zeigen denselben zeitlichen Verlauf.

Die Massenträgheit der Flüssigkeit und die Wandelastizität sind auch für die *Fortpflanzungsgeschwindigkeit* (c) der Welle von vorrangiger Bedeutung, so daß man analog der Newtonschen Formel für die Schallgeschwindigkeit zu folgender Beziehung gelangt[1]:

$$c = \sqrt{\frac{\varkappa}{\varrho}} \quad (14.8)$$

In dieser Gleichung ist ϱ die Flüssigkeitsdichte. Vermittels der für Z und c gemeinsam maßgebenden Größen ergibt sich bei Vernachlässigung der Reibung die Beziehung:

$$Z = \frac{\varrho c}{Q} \quad (14.9)$$

worin Q = Innenquerschnitt des elastischen Rohrs bedeutet. Bei Längsfixierung ist gemäß Gl. (14.6) und (14.4):

$$\varkappa = \frac{dp}{dV} V = \frac{dp}{dQ} Q = \frac{dp}{dr} \frac{r}{2} = \frac{Eh}{2r} \quad (14.10)$$

Hierbei sind folgende Beziehungen verwendet: $Q = r^2 \pi$ und $dQ = 2r\pi dr$. Setzt man den Wert von Gl. (14.10) in (14.8) ein, so erhält man die Formel für die Wellengeschwindigkeit nach Moens u. Korteweg:

$$c = \sqrt{\frac{Eh}{2r\varrho}} \quad (14.11)$$

Die innere Flüssigkeitsreibung und innere Wandreibung bewirken, daß die Amplitude der sich fortpflanzenden Welle abnimmt. Diese *Dämpfung* der Pulswelle ist frequenzabhängig; Wellenanteile höherer Frequenz werden stärker gedämpft als solche niedrigerer Frequenz. Weiterhin bewirken die Reibungswiderstände, daß auch die Pulswellengeschwindigkeit komplex und somit frequenzabhängig ist *(Dispersion)*; dasselbe gilt für den Wellenwiderstand. Bei großen und mittleren Arterien spielen die Reibungswiderstände keine sehr bedeutende Rolle. Daher stellt die Verwendung der Gln. (14.8), (14.9) und (14.11) eine gute Näherung dar.

Wie schon erwähnt, wird die Pulswelle im Verlauf des Arteriensystems und an den peripheren Widerstandsgefäßen reflektiert. Grundsätzlich treten *Wellenreflexionen* dort auf, wo sich der Wellenwiderstand von Ort zu Ort ändert (Zwischenreflexionen) oder wo eine Wellenleitung durch einen Reibungswiderstand abgeschlossen ist (Endreflexion). Im Falle der Zwischenreflexion habe der Wellenwiderstand vor der Reflexionsstelle den Wert Z_1, nach der Reflexionsstelle den Wert Z_2. Der *Reflexionsfaktor* (k), d. h. das Verhältnis der Druckamplitude der reflektierten

---

[1] Auf die mathematische Ableitung dieser und später folgender Formeln muß hier aus Raumgründen verzichtet werden. Es sei auf die ausführliche Darstellung in der Monographie von Wetterer u. Kenner (1968) verwiesen.

zu derjenigen der ankommenden Welle, errechnet sich dann folgendermaßen:

$$k = \frac{Z_2 - Z_1}{Z_2 + Z_1} \qquad (14.12)$$

Zur Beschreibung der Endreflexion sei angenommen, daß eine Wellenleitung mit dem Wellenwiderstand Z durch den Reibungswiderstand R abgeschlossen ist. Dann ergibt sich der Reflexionsfaktor als:

$$k = \frac{R - Z}{R + Z} \qquad (14.13)$$

Trifft die ankommende Welle am Reflexionsort auf einen höheren Widerstand ($Z_2 > Z_1$ bzw. $R > Z$), so tritt positive Reflexion ($k > 0$) auf, d. h. ein Berg des Drucks der ankommenden Welle ergibt einen Berg des Drucks der reflektierten Welle. Im umgekehrten Fall ($Z_2 < Z_1$ bzw. $R < Z$) ist die Reflexion negativ ($k < 0$), d. h. ein Berg des Drucks wird als Tal des Drucks reflektiert. Ändert sich der Widerstand nicht ($Z_2 = Z_1$ bzw. $R = Z$), was als angepaßter Zustand bezeichnet wird, so erfolgt keine Reflexion ($k = 0$). Die Welle läuft dann unverändert weiter bzw. läuft vollständig durch den Endwiderstand hinaus.

Am Reflexionsort tritt durch Überlagerung die Summe der Wellendrucke auf. Ist p_1 der Druck der ankommenden Welle, $p_2 (= kp_1)$ der Druck der reflektierten Welle und p_3 der Druck am Reflexionsort, gleichbedeutend mit dem Druck der weiterlaufenden Welle, so gilt:

$$p_3 = p_1 + p_2 = p_1 (1 + k) . \qquad (14.14)$$

Die Wellenstromstärke wird mit umgekehrtem Vorzeichen reflektiert wie der Wellendruck. Überlagern sich hinläufige und rückläufige Wellen, so stimmt der Verlauf des resultierenden Wellendrucks nicht mit dem der resultierenden Wellenstromstärke überein, da sich aus den Drucken die Summe, aus den Stromstärken die Differenz bildet. Die Beachtung dieses Verhaltens ist eine wichtige Voraussetzung für das Verständnis der Kurvenformen der arteriellen Druck- und Strompulse.

Abbildung 14.53 zeigt Strom- und Druckpulse der Aorta ascendens des Menschen, wenige Zentimeter distal der Aortenklappe registriert. Der Strompuls stellt den zeitlichen Ablauf der Austreibungsstromstärke des Blutes aus dem linken Ventrikel dar. Die Form ist in der Hauptsache dreieckig; die Spitze liegt vor der Mitte der Austreibungszeit. Am Ende der Austreibungszeit tritt ein kurzdauernder Rückstrom auf, der im Zusammenhang mit dem Schließen der Aortenklappe steht. Während der Diastole[2] ruht die Strömung in der Aorta ascendens. Durch Integration des Strompulses läßt sich das Schlagvolumen des linken

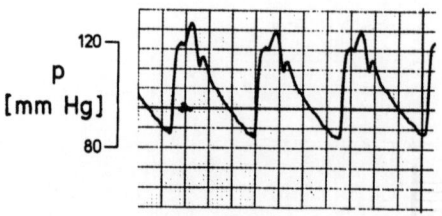
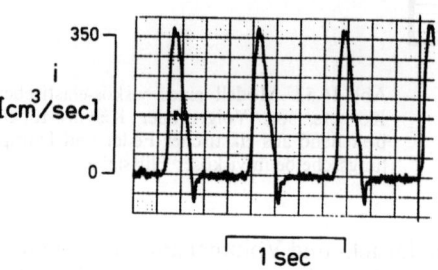
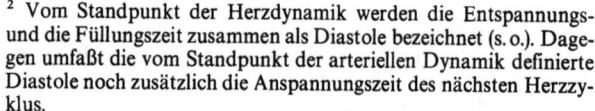

Abb. 14.53. Gleichzeitige Registrierung von Strompuls (i) und Druckpuls (p) der menschlichen Aorta ascendens. Aufnahme an einem 49 jährigen Patienten während einer Herzoperation. Strömungsregistrierung mit einem elektromagnetischen Meßgerät; Druckregistrierung mit Elektromanometer über Katheter. (Eigene Messung, zusammen mit J. von der Emde, Chirurgische Universitätsklinik Erlangen)

Ventrikels (abzüglich des in die Coronararterien strömenden Anteils) bestimmen. An demselben Ort beginnt der steile Anstieg jedes Druckpulses genau gleichzeitig mit dem des zugehörigen Strompulses. Das Ende der Austreibungszeit ist in den herznah registrierten Druckpulsen durch die Inzisur, eine kurzdauernde Drucksenkung, markiert, die durch den erwähnten Rückstrom hervorgerufen wird. Das Druckmaximum liegt nahe dem Ende der Austreibungszeit, d.h. deutlich später als das Strömungsmaximum. In der Diastole ist der Unterschied zwischen Druck- und Strompuls besonders groß. Im Gegensatz zur Strömung hat der Druck am Ende der Austreibungszeit einen höheren Wert als an deren Anfang und sinkt dann im Verlauf der Diastole weiter ab. Bei stationärem Kreislaufzustand, der in Abb. 14.53 annähernd verwirklicht ist, beginnen und endigen die Druckpulse auf gleichem Niveau. Der während der Austreibung erreichte Spitzendruck wird systolischer Blutdruck, der am Ende der Diastole erreichte Druck diastolischer Blutdruck und die Differenz zwischen beiden Blutdruckamplitude genannt.

Bei der Fortpflanzung entlang dem Arteriensystem verändern sich die Druck- und Strompulse in charakteristischer Weise (Abb. 14.54). Infolge der frequenzabhängigen Dämpfung rundet sich die Wellenform mit wachsender Entfernung vom Herzen ab. Die Inzisur geht dabei verloren. Jedoch tritt in den Pulsen der Beinarterien eine diastolische Schwingung hervor, die als dikrote Schwingung oder *Grundschwingung* bezeichnet wird. Sie kommt dadurch zustande, daß die vom linken Ventrikel erzeugte Pulswelle an den distalsten Reflexionsstellen im Bereich der Fußarterien reflektiert wird, dann zentralwärts zurückläuft, an der inzwischen geschlossenen Aortenklappe eine nochma-

---
[2] Vom Standpunkt der Herzdynamik werden die Entspannungs- und die Füllungszeit zusammen als Diastole bezeichnet (s. o.). Dagegen umfaßt die vom Standpunkt der arteriellen Dynamik definierte Diastole noch zusätzlich die Anspannungszeit des nächsten Herzzyklus.

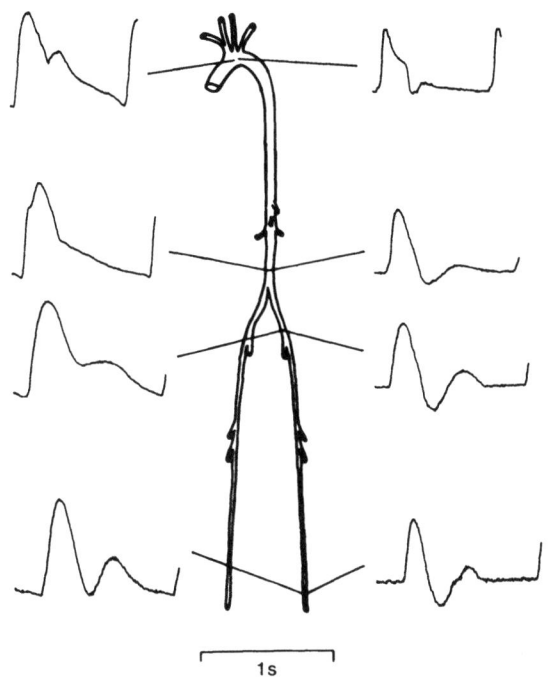

Abb. 14.54. Druckpulse (links) und Strompulse (rechts) an verschiedenen Orten des menschlichen Arteriensystems, das in der Mitte schematisch dargestellt ist. Messungen an einer männlichen Versuchsperson, 32 Jahre, 185 cm groß. Die Registrierstellen sind von oben nach unten: Aortenbogen (Druckpuls indirekt aus Pulsen der A. subclavia gewonnen); Bauchaorta in Nabelhöhe; A. femoralis am Leistenband; A. tibialis post. am medialen Knöchel. Die Druckpulse wurden als Sphygmogramme registriert. Die Strompulse wurden mittels des Ultraschall-Doppler-Verfahrens und durch elektronische Mittelung (averaging) gewonnen. Sämtliche Pulse sind ungeeicht und mit gleicher Amplitude wiedergegeben

lige Reflexion erfährt und hierauf als dikrote Druckerhebung wieder distalwärts läuft. Der Zeitabstand zwischen systolischem und dikrotem Gipfel im Puls der A. tibialis ist daher gleich der doppelten Pulswellenlaufzeit zwischen dem Herzen und den Fußarterien. Dieser Periodik im distalen Puls muß eine Periodik mit entgegengesetzter Phase im herznahen Puls entsprechen, die allerdings wegen des in Herznähe kleinen Wellenwiderstandes (s. u.) nur eine geringe Druckamplitude aufweist. In dem dazwischenliegenden Gebiet der unteren Bauchaorta tritt keine dikrote Druckerhebung auf (Knoten des Drucks). In den Strompulsen aller distalen Arterien findet sich eine Phase der Rückwärtsströmung, die hauptsächlich Ausdruck der retrograden, von der Reflexion im Gebiet der Fußarterien stammenden Welle ist. Nach ihrer Reflexion an der geschlossenen Aortenklappe ist die Welle wieder rechtläufig und erzeugt den positiven diastolischen Gipfel des Strompulses.

Für die weiteren Betrachtungen ist es von Wichtigkeit, daß die *Pulswellengeschwindigkeit* mit wachsender Entfernung vom Herzen zunimmt. Beim Jugendlichen beträgt sie in der herznahen Aorta etwa 4 m/s und hat für die ganze Aorta einen Durchschnittswert von etwa 5 m/s, um in den Arterien der Extremitäten auf 6–8 m/s und in den distalen Teilen der Beinarterien sogar auf über 10 m/s zu steigen. Diese Zunahme in distaler Richtung ist hauptsächlich auf das Anwachsen des Verhältnisses h/r zurückzuführen (Gl. 14.11). Da außerdem der Querschnitt der einzelnen Arterien mit zunehmender Zahl der Verzweigungen abnimmt, ergibt sich für diese Gefäße gemäß Gl. (14.9) ein starkes Anwachsen des Wellenwiderstandes in distaler Richtung. Dies gilt auch für das Verhalten des aus der Parallelschaltung von Ästen nach Aufzweigungen resultierenden Wellenwiderstandes.

Wegen der Zunahme des Wellenwiderstandes in distaler Richtung ist das Arteriensystem als *inhomogene Wellenleitung* zu bezeichnen. Diese Zunahme geschieht teils kontinuierlich, teils sprunghaft. Daher erfährt die vom Herzen distalwärts laufende Pulswelle innerhalb des Systems vielfache positive Reflexionen. Die zurücklaufenden und am linken Ventrikel bzw. der geschlossenen Aortenklappe positiv reflektierten Wellen sind der Grund dafür, daß das Druckmaximum während der Austreibungszeit später auftritt als das Strömungsmaximum und daß im zentralen Puls der Druck am Ende der Austreibungszeit höher als an ihrem Anfang ist. Da, wie erwähnt, die Strömung mit entgegengesetztem Vorzeichen wie der Druck reflektiert wird, heben sich in der zentralen Aorta für diese rückläufigen und wieder reflektierten Wellen die Stromstärken gegenseitig weitgehend oder vollständig auf. Die Reflexionen an peripheren Widerstandsgefäßen sind ebenfalls positiv. Die multiplen positiven Reflexionen bewirken, daß die Druckamplitude der distalwärts sich fortpflanzenden Pulswelle mit wachsender Entfernung vom Herzen zunimmt und beim Jugendlichen in den Beinarterien sogar das Doppelte des in Herznähe gemessenen Wertes erreichen kann. Im Alter steigt der Wellenwiderstand zentraler Arterien relativ mehr an als derjenige distaler Arterien, so daß die Druckamplitude schon zentral höher wird und distalwärts weniger oder gar nicht mehr ansteigt. — Der mittlere Druck nimmt distalwärts in großen und mittleren Arterien nur um wenige mm Hg ab, da die Flüssigkeitsreibung in diesen Arterien gering ist (s. o.). Die Stromstärke vermindert sich distalwärts sowohl hinsichtlich ihres Mittelwerts als auch ihrer Amplitude wegen des Blutabflusses in die abzweigenden Seitenäste.

Die positiven Reflexionen an den Endaufzweigungen der Arterien geben Anlaß zu dem funktionell sehr bedeutsamen Phänomen der Speicherung von Blut, das dazu geeignet ist, trotz des intermittierenden Einstroms in das Arteriensystem ein relativ hohes mittleres Druckniveau aufrechtzuerhalten und somit einen weitgehend gleichmäßigen peripheren Abstrom zu sichern (*„Windkesselwirkung"*). Denn die positiven Reflexionen sorgen dafür, daß ein Teil des Volumens, das der vom Herzen erzeugten Pulswelle zugehört, nicht schon beim ersten Eintreffen der Pulswelle in der Peripherie das Arteriensystem verläßt, sondern im System verbleibt und durch hin- und herlaufende Wellen in ihm verteilt wird. Dieser gespeicherte Anteil fließt erst in der darauffolgenden Diastole unter Verminderung

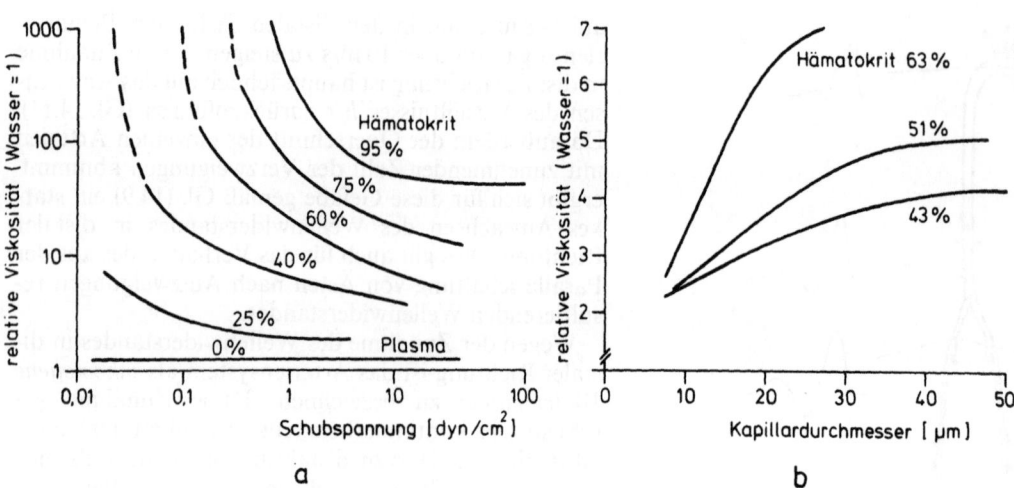

Abb. 14.55 a u. b. Abhängigkeit der Blutviskosität (bezogen auf die Viskosität des Wassers) (a) von der Schubspannung und (b) vom inneren Rohrdurchmesser bei konstantgehaltener Schubspannung. Parameter: Hämatokrit. [(a) Nach Schmid-Schönbein, aus Gauer, O. H.: Kreislauf des Blutes. In: Physiologie des Menschen, Bd. 3 (Gauer, O. H., Kramer, K., Jung, R. Hrsg.) München-Berlin-Wien: Urban und Schwarzenberg 1972; (b) Nach Braasch u. Jenett: Pflügers Arch. ges. Physiol. **302**, 245 (1968)]

des arteriellen Drucks durch die peripheren Gefäße ab. Hiermit wird erreicht, daß die relativen pulsatorischen Druckschwankungen normalerweise nur etwa ±20% des mittleren Drucks betragen (Abb. 14.53).

14.5.4. Periphere Widerstandsgefäße (Mikrozirkulation)

Aus den kleinen Arterien gehen die Arteriolen (Abb. 14.50) hervor, deren Wand besonders reich an glatter Muskulatur ist. Daher sind die Arteriolen befähigt, durch mehr oder weniger weitgehende Kontraktion ihrer Muskulatur den Strömungswiderstand zu variieren und sich sogar völlig zu verschließen. Aus den Arteriolen entspringen die ebenfalls muskelhaltigen Metarteriolen und aus diesen die Kapillaren, die auch unmittelbar aus Arteriolen hervorgehen können. Die Kapillarwand besteht aus einer dünnen Schicht von Endothelzellen mit Basalmembran, die den Austausch von Stoffen zwischen dem Blut und der die Gewebezellen umgebenden interstitiellen Flüssigkeit gestatten. Die Kapillaren münden in kleine Venen (Venolen), diese sammeln sich zu größeren Venen. Während der mittlere Druck in den kleinen Arterien noch 70–100 mm Hg beträgt, fällt er längs der Arteriolen steil ab und beträgt am Anfang der Kapillaren 30–35, an ihrem Ende 12–20 mm Hg. Pulsationen des Drucks und der Strömung sind noch in den Arteriolen und bisweilen in den Anfangsteilen der Kapillaren, jedoch nicht mehr in deren weiterem Verlauf nachweisbar.

Bei Durchströmung von Röhren mit Innendurchmessern unter 50 μm zeigt Blut als *inhomogene Flüssigkeit* besondere rheologische Eigenschaften. Die Viskosität hängt allgemein von der Konzentration der Blutkörperchen ab, die üblicherweise durch den Wert des Hämatokrit gekennzeichnet wird. Dieser stellt das Verhältnis von Blutkörperchenvolumen zu Blutvolumen dar und beträgt beim Menschen normalerweise etwa 45%. Bei gegebenem Hämatokrit nimmt die Viskosität des Blutes mit steigender Schubspannung ab (Abb. 14.55a). Ferner wird die Viskosität bei gegebenem Hämatokrit und gegebener Schubspannung mit abnehmendem innerem Rohrdurchmesser kleiner (*Fåhraeus-Lindqvist-Effekt*, Abb. 14.55b). Eine der Erklärungen für den Effekt besteht darin, daß sich bei Blutströmung durch enge Röhren die Blutkörperchen in der Umgebung der Rohrachse konzentrieren und sich gleichsam wie eine zentrale Säule fortbewegen, während sich zwischen der Säule und der Wand ein zellfreier Randsaum von Blutplasma befindet. In diesem niederviskösen Randsaum tritt die hauptsächliche Scherung auf. Mit Verkleinerung des Rohrdurchmessers nimmt der relative Anteil des Plasmasaums am Rohrquerschnitt zu, so daß die *effektive Viskosität* kleiner wird.

Der Innendurchmesser von Blutkapillaren kann kleiner als der Durchmesser der Blutkörperchen sein, so daß diese nur in deformiertem Zustand die Kapillaren passieren können. In diesen Fällen hängt die effektive Viskosität von der Deformierbarkeit der Blutkörperchen und außerdem von einer noch nicht näher erforschten Wechselwirkung zwischen Wand- und Blutkörperchenoberfläche ab, durch die die Gleitfähigkeit verbessert wird.

Untersucht man an peripheren Teilgebieten des Kreislaufs, z. B. an den Gefäßen der Leber, Niere, des Gehirns oder einer Extremität, die Beziehung zwischen Durchströmungsdruck p und Stromstärke i, so treten meist Nichtlinearitäten auf, die teilweise auf die beschriebenen rheologischen Eigenschaften des Blutes, hauptsächlich jedoch auf das Verhalten der Widerstandsgefäße zurückzuführen sind. Bleibt der Kontraktionszustand der glatten Muskulatur der Arterio-

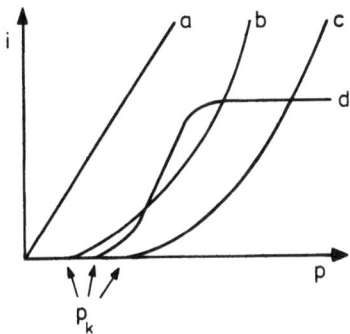

Abb. 14.56. Verschiedene Möglichkeiten von Stromstärke-Druck-Kurven (i-p-Kurven). a Proportionalität zwischen i und p (Rohr starrwandig, Viskosität der Flüssigkeit konstant, Strömung laminar); b und c abnehmender Strömungswiderstand bei steigendem p; d autoregulatorisches Verhalten. p_k kritischer Verschlußdruck

len konstant, so erweitern sich bei Steigerung von p die Arteriolen und Kapillaren. Der Strömungswiderstand nimmt also ab, und i vergrößert sich überproportional mit steigendem p (Abb. 14.56, b und c). In zahlreichen Fällen verstärkt sich die Kontraktion der glatten Muskulatur von einem bestimmten p an in der Weise, daß i trotz weiterer p-Zunahme nicht weiter steigt (Abb. 14.56, d). Dieses Verhalten, das die Gefäße der Niere und des Gehirns besonders ausgeprägt aufweisen, wird als *Autoregulation* bezeichnet. Ein anderes, ebenfalls charakteristisches Phänomen findet sich im unteren Bereich der i-p-Kurven. Senkt man p in diesem Bereich, so sistiert die Strömung bereits dann, wenn p noch größer als Null ist. Dies liegt neben anderen Ursachen hauptsächlich daran, daß nunmehr die zur Konstriktion des Gefäßes führende aktive Spannung der glatten Muskulatur die das Gefäß dehnende Wirkung des transmuralen Drucks überwiegt. So tritt bei Unterschreiten eines bestimmten *kritischen Verschlußdrucks* (p_k in Abb. 14.56) ein Kollabieren des Gefäßes ein; p_k ist um so höher, je größer die aktive Spannung der glatten Muskulatur ist.

14.5.5 Das Venensystem

Nach Durchströmung der Kapillaren fließt das Blut durch die Venen dem rechten Vorhof zu. Die Wände der Venen bestehen aus den gleichen Geweben wie diejenigen der Arterien, sind aber dünner; bei größerer Dehnbarkeit haben die Venen ebenfalls eine gekrümmte Druck-Volumen-Kurve. Bei horizontaler Körperlage ist der Druck im Venensystem allgemein niedrig; er fällt von 10–20 mm Hg in den Venolen bis auf 3–5 mm Hg im rechten Vorhof ab. In den intrathorakalen Venen und dem rechten Vorhof kann der Venendruck während der Einatmung sogar subatmosphärisch werden, wobei aber der transmurale Druck stets positiv bleibt. Bei aufrechter Körperstellung steigt im bewegungslosen Zustand der Druck in den Fußvenen aus hydrostatischen Gründen bis etwa 100 mm Hg. Beim Gehen sinkt er jedoch bedeutend ab, da nun die in der Beinmuskulatur verlaufenden Venen durch die Muskelkontraktionen rhythmisch komprimiert und hierdurch entleert werden und die Venenklappen eine Fortbewegung des Blutes nur in Richtung zum Herzen zulassen *(Muskelpumpe)*.

Der venöse Rückstrom zum Herzen wird in der Hauptsache durch den oben genannten Druckgradienten zwischen Venolen und rechtem Vorhof aufrechterhalten. Doch kommen außer der Muskelpumpe noch zwei unterstützende Mechanismen hinzu. Während der Einatmung sinkt der Druck in den intrathorakalen Venen, wodurch die Blutströmung aus den extrathorakalen in die intrathorakalen Venen gefördert und somit die Füllung des rechten Herzens vermehrt wird. Durch die Trikuspidalklappe wird dafür gesorgt, daß beim rhythmischen Wechsel von Aus- und Einatmung nicht ein Hin- und Herpendeln von Blut, sondern im Durchschnitt ein Gewinn an venösem Rückstrom entsteht.

Ein weiterer Hilfsmechanismus des venösen Rückstroms ist die rhythmische Verschiebung der sog. Ventilebene des Herzens. Die Basis der beiden Ventrikel, in der sich die 4 Klappen befinden (Abb. 14.48), wird in jeder Austreibungszeit spitzenwärts gezogen und bewegt sich in der folgenden Füllungszeit zurück. Im ersten Fall wird eine Druckerniedrigung in den Vorhöfen bewirkt, so daß Blut in diese aus den Venen einströmt. Im zweiten Fall wird bei offenen Atrioventrikularklappen eine Verkleinerung des Vorhof- und eine Vergrößerung des Ventrikelvolumens bewirkt, so daß die Ventrikelfüllung gefördert wird.

Im Venensystem ist der überwiegende Teil des Blutvolumens enthalten, da die Venen schon bei niedrigem Füllungsdruck ein großes Volumen aufweisen (*kapazitive* Gefäße). Das gesamte Blutvolumen eines gesunden Erwachsenen beträgt 5–6 l. Hiervon befinden sich etwa 55% in den extrathorakalen Venen, 10–15% in den intrathorakalen Venen und dem rechten Herzen und 15–20% in den Lungengefäßen und dem linken Herzen. Auf das Arteriensystem entfallen nur 15%.

14.5.6. Einstellung und Regelung der Kreislaufgrößen

Die in den Vorbemerkungen erwähnten verschiedenartigen Funktionen des Blutkreislaufs erfordern besondere Einstell- und Regelmechanismen. Die Organe passen großenteils selbsttätig ihre Durchblutung den wechselnden Bedürfnissen an, indem *lokale* Stoffwechselprodukte *(Metaboliten)* den Kontraktionszustand der glatten Muskulatur der Arteriolen und somit den lokalen Strömungswiderstand herabsetzen. Die hierdurch zustande kommende Mehrdurchblutung sorgt für Verminderung der Konzentration der Metaboliten, wodurch die Durchblutung wieder fällt. Diese lokalen Vorgänge tragen die Kennzeichen einer Regelung, da ein geschlossener Wirkungskreis mit Gegenkopplung vorhanden ist.

560 Biomechanik

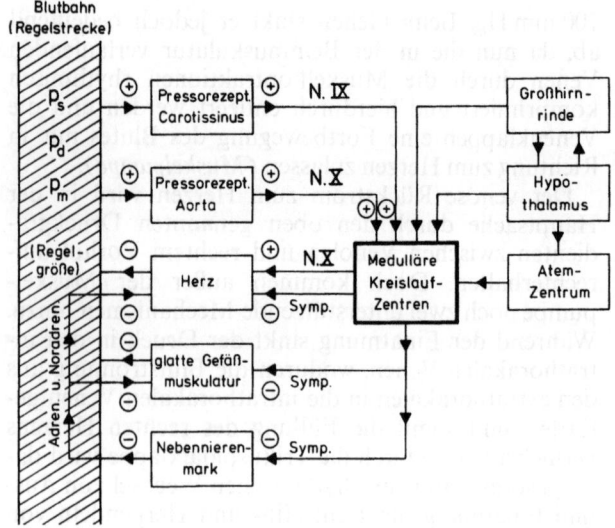

Abb. 14.57. Blockschema der Blutdruckregelung. Die Pfeile geben die Richtung des Signalflusses bzw. der mechanischen Wirkungen an. Die eingetragenen Vorzeichen gelten für den Fall, daß es sich um einen depressorischen Effekt bei zu hoch angestiegenem Blutdruck handelt. p_s systolischer, p_d diastolischer, p_m mittlerer Blutdruck. N. IX und N. X sind Äste von Gehirnnerven. (Nach Ranke u. Keidel, aus Wetterer, 1975)

Tritt in vielen Organen gleichzeitig eine verstärkte Stoffwechselaktivität und damit ein vermehrter Anfall von Metaboliten auf, so kommt es zu einer erheblichen Abnahme des peripheren Gesamtwiderstandes, der sich aus der Parallelschaltung der einzelnen Teilwiderstände ergibt. Daher muß zur Aufrechterhaltung des mittleren arteriellen Blutdrucks das Herzminutenvolumen vergrößert werden. Solche Fälle treten beispielsweise auf bei gesteigerter Verdauungstätigkeit nach Mahlzeiten und ganz besonders bei körperlicher Leistung, etwa im Sport. Bei hochgradiger Muskeltätigkeit wird schon zu Anfang, wenn noch keine durch Metaboliten ausgelöste Widerstandsverminderung aufgetreten ist, der Erregungszustand des sympathischen Nervensystems gesteigert, wodurch es zu einer Stimulierung des Herzens und zur Verengerung der Widerstandsgefäße in zahlreichen Organen kommt. Jedoch werden die Gefäße der arbeitenden Muskeln trotz Sympathikuserregung durch die Metaboliten erweitert.

Wie schon angedeutet wurde, existiert im Kreislauf eine Einrichtung zur *Regelung des arteriellen Blutdrucks*, deren Wirkungsweise durch Abb. 14.57 veranschaulicht wird. Nahe der Gabelung der Karotiden

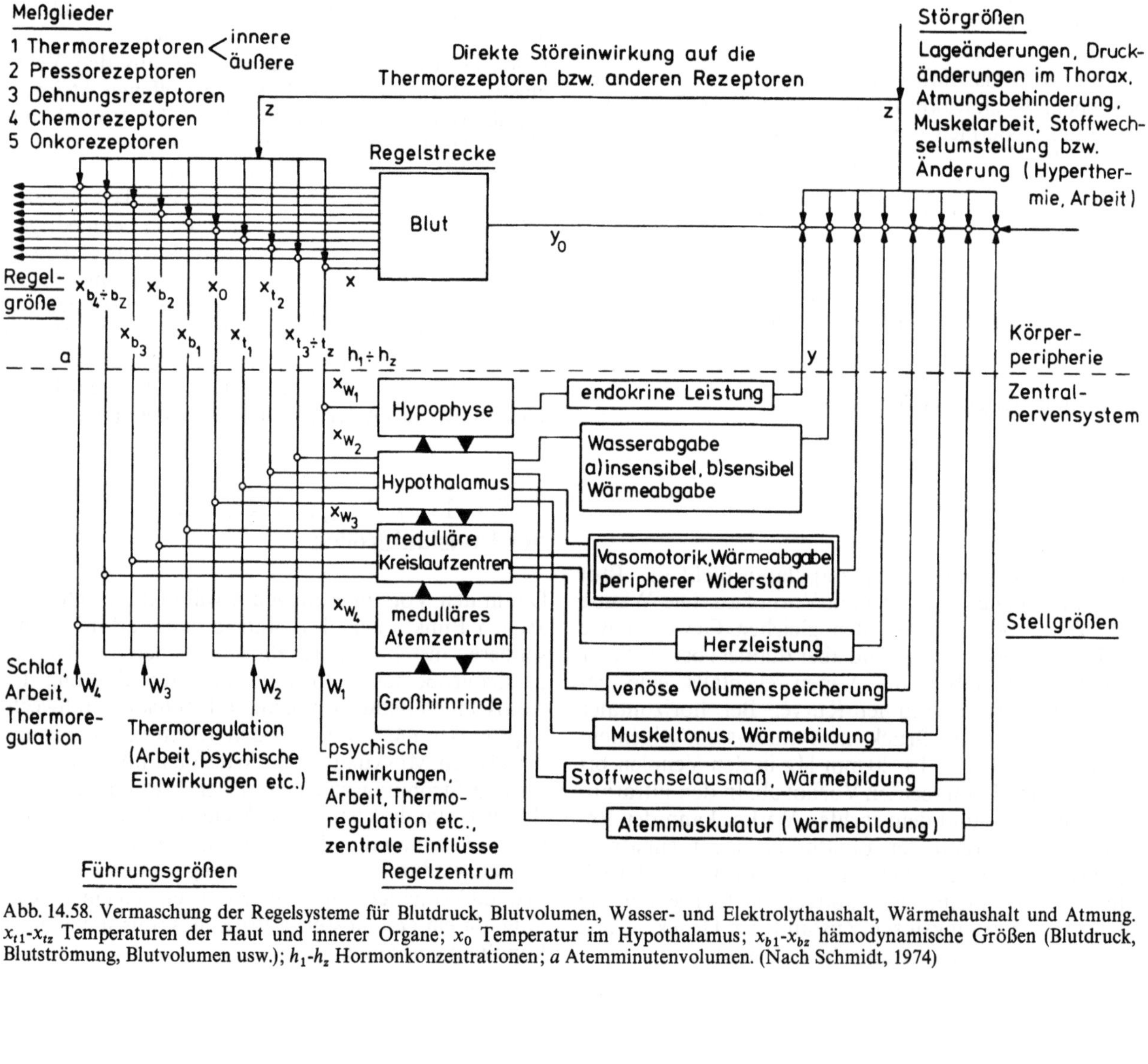

Abb. 14.58. Vermaschung der Regelsysteme für Blutdruck, Blutvolumen, Wasser- und Elektrolythaushalt, Wärmehaushalt und Atmung. x_{t1}-x_{tz} Temperaturen der Haut und innerer Organe; x_0 Temperatur im Hypothalamus; x_{b1}-x_{bz} hämodynamische Größen (Blutdruck, Blutströmung, Blutvolumen usw.); h_1-h_z Hormonkonzentrationen; a Atemminutenvolumen. (Nach Schmidt, 1974)

und am Aortenbogen finden sich in der Wand dehnungsempfindliche Nervenendigungen *(Pressorezeptoren)*, deren Erregung mit wachsendem Blutdruck steigt, was durch Nervenverbindungen den Kreislaufzentren in der Medulla oblongata übermittelt wird. Von diesen Zentren können das Herz, die glatte Gefäßmuskulatur und das Nebennierenmark beeinflußt werden. Erhöht sich der arterielle Blutdruck infolge Einwirkung einer Störgröße im Bereich der Regelstrecke, so werden durch die medullären Zentren Änderungen ausgelöst, die eine Herabsetzung des Blutdrucks zur Folge haben. Durch Erregung des parasympathischen N. vagus (N.X in Abb. 14.57) wird die Schlagfrequenz des Herzens vermindert. Ferner wird die Erregung der sympathischen Nerven herabgesetzt, wodurch deren fördernder Einfluß auf das Herz und den Kontraktionszustand der glatten Muskulatur der Widerstandsgefäße verkleinert wird. Schließlich wird auch das Nebennierenmark weniger stimuliert, wodurch die Produktion der auf Herz und glatte Gefäßmuskulatur fördernd wirkenden Hormone Adrenalin und Noradrenalin abnimmt. Im ganzen wird also der durch die Störgröße hervorgerufenen Erhöhung des Blutdrucks sowohl durch Verminderung des Herzminutenvolumens als auch durch Herabsetzung des peripheren Strömungswiderstandes entgegengewirkt. Führt im umgekehrten Fall eine Störgröße zum Sinken des Blutdrucks, so werden von den medullären Kreislaufzentren solche Wirkungen ausgelöst, die ein Ansteigen des Blutdrucks zur Folge haben.

Im Regelkreis sind Glieder vorhanden, die nicht nur P-Verhalten, sondern auch D-Verhalten zeigen. Die Erregungsgröße der Pressorezeptoren und damit die Impulsfrequenz in den von ihnen zur Medulla ziehenden Nerven ist nicht nur vom mittleren Blutdruck, sondern auch von den pulsatorischen Blutdruckschwankungen abhängig und nimmt innerhalb jedes Pulses beim systolischen Druckanstieg überschießend zu, beim diastolischen Druckabfall überschießend ab. Außerdem reagieren die medullären Zentren auf Nervenimpulse von schwankender Frequenz stärker als auch solche von konstanter Frequenz.

Die medullären Zentren können von der Großhirnrinde und vom Hypothalamus in einer Weise beeinflußt werden, die einer Sollwertverstellung entspricht. In diesem Sinne ist der Blutdruckanstieg bei bestimmten Emotionen oder bei Intendierung einer Muskelarbeit aufzufassen.

Auch an der *Regelung des Blutvolumens* sind dehnungsempfindliche Rezeptoren beteiligt. Diese befinden sich in der Wand intrathorakaler Gefäße und der Vorhöfe; ihre Dehnung nimmt mit wachsender Füllung und daher mit steigendem Blutvolumen zu. Die verstärkte Erregung der Rezeptoren löst verschiedene Mechanismen aus, die auf eine Verminderung des Blutvolumens gerichtet sind. Dies geschieht hauptsächlich durch hormonale Anregung der Wasserausscheidung durch die Nieren, die eine Abnahme des Blutplasmavolumens zur Folge hat.

Die Regelsysteme des Blutdrucks und des Blutvolumens sind miteinander und mit den Regelsystemen für den Wasser- und Elektrolythaushalt, den Wärmehaushalt und die Atmung gemäß Abb. 14.58 durch zahlreiche Vermaschungen eng verknüpft.

Literaturauswahl

Bauereisen, E. (Hrsg.): Physiologie des Kreislaufs, Bd. 1. Berlin-Heidelberg-New York: Springer 1971.
Bauereisen, E.: Herz. In: Keidel, W. D. (Hrsg.): Kurzgefaßtes Lehrbuch der Physiologie, 4. Aufl., S. 5–1 bis 5–32. Stuttgart: Thieme 1975.
Bergel, D. H. (Ed.): Cardiovascular fluid dynamics, Vol. 1 and 2. London-New York: Academic Press 1972.
Burton, A. C.: Physiologie und Biophysik des Kreislaufs. Stuttgart-New York: Schattauer 1969.
Charm, S. E., Kurland, G. S.: Blood flow and microcirculation. New York-London-Sydney-Toronto: Wiley 1974.
Dintenfass, L.: Blood microrheology — viscosity factors in blood flow, ischaemia and thrombosis. London: Butterworths 1971.
Fung, Y. C., Perrone, N., Anliker, M. (Eds.): Biomechanics. Its foundations and objectives. Englewood Cliffs: Prentice-Hall 1972.
Mirsky, I., Ghista, D. N., Sandler, H. (Eds.): Cardiac mechanics: physiological, clinical, and mathematical considerations. New York-London-Sydney-Toronto: Wiley 1974.
Noordergraaf, A.: Hemodynamics. In: Biological engineering (H. P. Schwan, ed.), pp. 391–545. New York-London: McGraw-Hill 1969.
Rushmer, R. F.: Cardiovascular dynamics, 3rd Ed. Philadelphia-London-Toronto: Saunders 1970.
Schmidt, D.: Blutvolumen. Leipzig: J. A. Barth 1974.
Wetterer, E.: Bau und Funktionen des Gefäßsystems. In: Keidel, W. D. (Hrsg.): Kurzgefaßtes Lehrbuch der Physiologie, 4. Aufl., S. 6–1 bis 6–42. Stuttgart: Thieme 1975.
Wetterer, E., Kenner, Th.: Grundlagen der Dynamik des Arterienpulses. Berlin-Heidelberg-New York: Springer 1968.

14.6. Flüssigkeitsströme in Pflanzen

Hubert Ziegler

14.6.1. Einführung

Im pflanzlichen Organismus sind je nach seiner Konstruktion (z. B. Einzeller — Vielzeller) oder seiner Lebensweise (z. B. submerse Wasserpflanze — Landpflanze) verschiedene Transportsysteme entwickelt.

Alle Pflanzen haben, wie auch alle Tiere, *Kurzstreckentransport* durchzuführen; darunter versteht man den intrazellulären Transport (z. B. von den Chloroplasten in das Zytoplasma, vom Zytoplasma in die Vakuole oder vom Zytoplasma in den Zellkern) und den Transport durch die äußere Zellmembran (Plasmalemma, vgl. S. 6). Diese Phänomene sollen hier nicht weiter behandelt werden.

Schon im Transport zwischen den verschiedenen Zellen eines Gewebes oder Organs (z. B. von der Wurzeloberfläche in das Wurzelinnere), dem sog. *Mittelstreckentransport*, unterscheiden sich die Pflanzen erheblich von den Tieren: Die einzelnen Zellen bei den vielzelligen Pflanzen sind von einer festen Zellwand

(Sakkoderm, Kap. 1) umgeben, die ein zusammenhängendes Kompartiment außerhalb der Protoplasten bildet *(Apoplast)*. In diesem Zellwandsystem laufen auch Transporte ab (Apoplastentransport). Meist handelt es sich um Diffusion in der Wasserphase, die sich zwischen den Molekülen und Molekülaggregaten der Zellwandsubstanzen befindet, oder um Wasserströme, die durch Wasserpotential-Gradienten innerhalb des Apoplasten ausgelöst werden. Diese Wasserströme können auch gelöste Stoffe mit sich führen.

Die durch die Zellwände voneinander geschiedenen Zelleiber (Protoplasten) einer vielzelligen Pflanze sind in der Regel durch Plasmabrücken (Plasmodesmen, Kap. 1) durch die Zellwände hindurch miteinander zu einem strukturellen und funktionellen Kontinuum verbunden, zum *Symplasten*. Es gibt eine große Zahl von Indizien, wenn auch wenig direkte Belege, daß die Plasmodesmen Transportfunktion haben und wesentlich an den Stoffverschiebungen innerhalb des Symplasten *(symplasmatischer Transport)* beteiligt sind.

Für den *Langstreckentransport* benutzen die Höheren Pflanzen wie die Tiere eigene Transportsysteme mit spezialisierten Zellen, die einen leistungsfähigen Transport unter möglichst geringem Aufwand von Stoffwechselenergie gestatten. In der Struktur der Bahnen, in der Art des transportierten Materials und im Transportmechanismus unterscheiden sich die Systeme des Langstreckentransportes bei den Pflanzen aber grundlegend von denen der Tiere.

Alle Pflanzen, bei denen die assimilatproduzierenden oder -mobilisierenden Zellen von denen des Verbrauches oder der Abscheidung räumlich über eine größere Strecke getrennt sind, haben *Assimilattransportsysteme (Phloem)* entwickelt. Dies gilt nicht nur für die Höheren Pflanzen, sondern schon für große Meeresalgen. Über ein leistungsfähiges *Wassertransportsystem (Xylem)* verfügen dagegen nur Pflanzen, die Teile ihres Vegetationskörpers im Luftraum mit seinen in der Regel hohen Wassersättigungsdefiziten (s. u.) entwickeln, die daher laufend Wasserdampf durch die Transpiration verlieren. Ein Xylem fehlt daher nicht nur den Algen, sondern in der Regel auch den unter Wasser lebenden Blütenpflanzen.

Soweit beide Langstreckentransportsysteme in einer Pflanze ausgebildet sind, kommen sie normalerweise stets eng benachbart vor. Bei sekundär in die Dicke gewachsenen Formen (z. B. Bäumen) sind funktionsfähiges Xylem (äußerste Lagen des Holzkörpers) und Phloem (innerste Lage der Rinde) nur durch die wenigen Zellagen des Neubildungsgewebes (Kambiums) voneinander getrennt, bei den anderen Pflanzen sind die beiden Transportgewebe zu Strängen zusammengefaßt (Leitbündel), die z. B. im Blatt als „Blattadern" besonders hervortreten können. Den Sinn dieser engen Vergesellschaftung von Wasser- und Assimilatleitbahnen werden wir später erläutern.

Während kein Zweifel darüber besteht, daß der Wassertransport im Xylem eine Strömung ist, gehen über die Art des Assimilattransportes die Meinungen noch auseinander. Allerdings nehmen die meisten Forscher hier ebenfalls eine Flüssigkeitsströmung an; auch unsere nachfolgende Betrachtung der physikalischen Aspekte der pflanzlichen Langstreckentransporte stellt diese Vorstellung in den Mittelpunkt.

14.6.2. Der Xylemtransport

14.6.2.1. Die Bahnen

Bei der phylogenetischen Entwicklung der Wasserleitungsbahnen standen die Pflanzen vor der Aufgabe, Transportsysteme zu entwickeln, die einer Flüssigkeitsströmung möglichst geringen Widerstand entgegensetzten, den auftretenden Belastungen aber gewachsen waren. Der entscheidende Schritt dabei war die Entfernung des Zytoplasmas aus den Zellen der Wasserleitungsbahnen, d. h. die Verwendung von toten Zellen für diesen Zweck: Die Wasserleitungselemente sind somit dem Apoplasten zuzurechnen. Der Zytoplasmasaum zwischen Vakuole und Zelloberfläche (einschließlich der beiden Membranen Tonoplast und Plasmalemma, S. 6) einer einzigen Zelle hat eine Wasserpermeabilität von nur etwa 10^{-5} cm s^{-1} atm^{-1}, das entspricht dem Wert für 600 m Kiefernholz in der Faserlängsrichtung (Wasserfluß 0,6 cm s^{-1} bei einem Druckgradienten von 1 atm cm^{-1}) und von 0,3 cm in der Radialrichtung ($3 \cdot 10^{-6}$ cm s^{-1}).

Das Fehlen des Protoplasmas hat den Wegfall des Turgordruckes in den Zellen der Wasserleitbahnen zur Folge. Da die Wasserleitungszellen von lebenden, turgeszenten Zellen umgeben sind, und zudem in ihrem Inneren häufig sogar negative Drucke herrschen (s. u.), würden sie von der Umgebung zusammengedrückt werden, wenn ihre Wände nicht durch Einlagerung von Lignin ausgesteift wären. Erst die „Erfindung" der Verholzung hat es den Höheren Pflanzen ermöglicht, leistungsfähige Wasserleitungsbahnen zu entwickeln und dadurch große Gestalten auf dem Lande zu bilden.

Bei den meisten Farngewächsen und Nacktsamern treten einzelne tote, verholzte Zellen *(Tracheiden)*, die mit keilförmig zugespitzten Enden aneinandergrenzen (Abb. 14.59a, 14.60), zu Strängen zusammen. Der Widerstand der Zellenden gegen einen Wasserdurchtritt wird einmal durch den verstärkten Einbau von Durchlaßventilen („Tüpfeln") an diesen Stellen und zum andern durch die Verlängerung der Einzelzellen, d. h. die Verringerung der Zahl der Querwände pro Einheit der Wegstrecke, vermindert (Tab. 14.2.).

Die Bedecktsamer, zu denen z. B. die Laubbäume gehören, sind einen Schritt weiter gegangen und verwenden statt der langgestreckten, englumigen Tracheiden Röhrensysteme *(Tracheen)*, die sich aus zahlreichen kurzen, weitlumigen Einzelelementen *(Tracheengliedern)* zusammensetzen (Abb. 14.59b, 14.61, Tab. 14.2), deren Querwände teilweise oder vollständig aufgelöst sind. Während der Durchmesser der Tracheen (wie der der Tracheiden) leicht zu bestimmen ist, ist die Ermittlung der Tracheenlänge (d. h. des Abstandes zwischen zwei erhalten gebliebenen Querwänden) viel schwieriger. So wird z. B. für den Ahorn eine Tracheenlänge von 60 cm, für die Esche von 3 m angegeben; ersterer gehört zu einer Gruppe von Pflanzen, die relativ enge Tracheen über den ganzen Querschnitt des jährlichen Holzzuwachses verstreut zeigen („Zerstreutporige"), während die Esche (wie z. B. auch die Eiche, Ulme und Robinie) zu einem Typus gezählt wird, der besonders weite Tracheen aufweist, die vor allem im Frühjahr gebildet werden („Ringporige") (Abb. 14.61).

Flüssigkeitsströme in Pflanzen 563

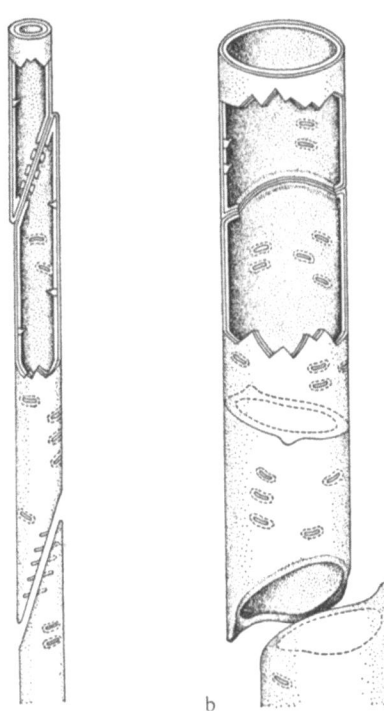

Abb. 14.59 a u. b. Schematische Darstellung der beiden Haupttypen pflanzlicher Wasserleitungsbahnen. (a) Reihe von Tracheiden (mit Tüpfeln). (b) Tracheenglieder (mit Tüpfeln), zu einer Trachee zusammengefügt. (Hinsichtlich der wahren Dimensionen der Elemente vgl. Tab. 14.2.) (Nach Mohr, H.: Pflanzenphysiologie. 2. Auflage, Berlin-Heidelberg-New York: Springer 1971)

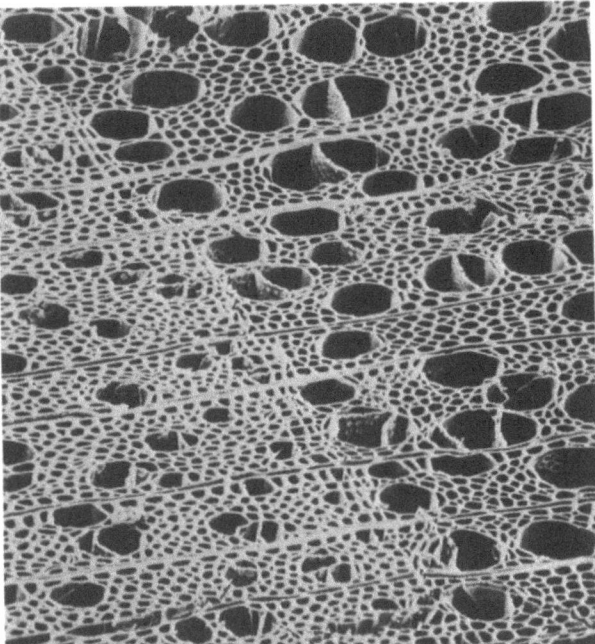

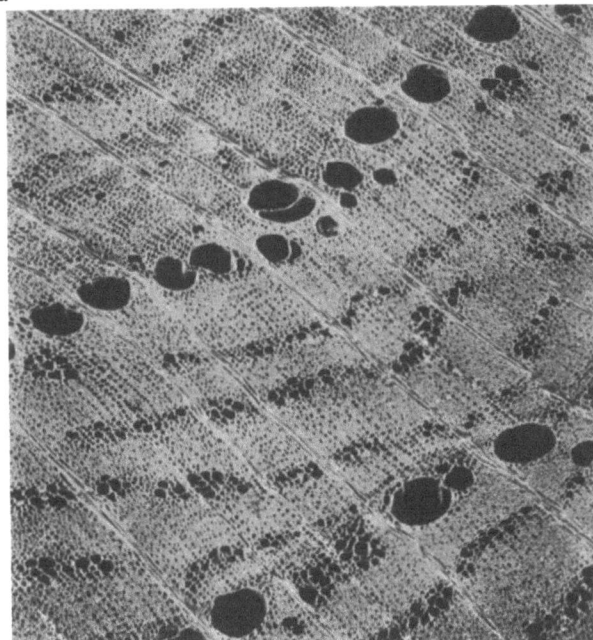

Abb. 14.61 a u. b. Rasterelektronenmikroskop-Aufnahme von Laubbaumholz. (a) „Zerstreutporiges" Holz der Pappel (× 190). (b) „Ringporiges" Holz der Ulme (× 70). Beachte die Unterschiede in der Vergrößerung! (Aus Meylan, B.A. u. Butterfield, B.G.: Three-dimensional Structure of Wood. London: Chapman and Hall 1972)

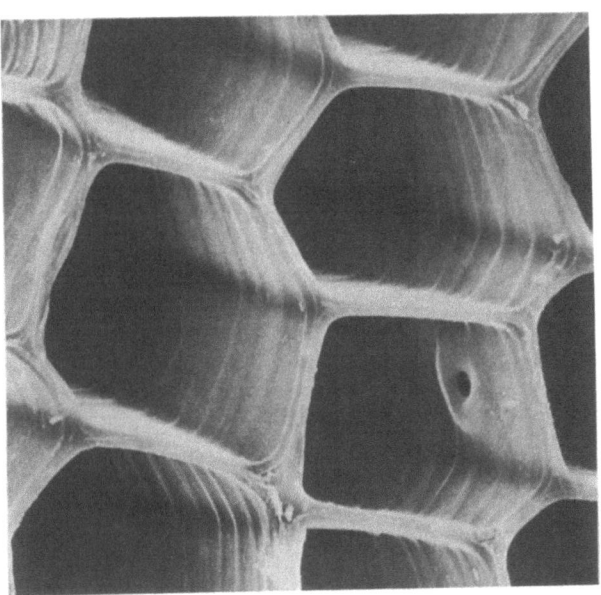

Abb. 14.60. Rasterelektronenmikroskop-Aufnahme des Holzes der Douglasie (Nadelholz). Das Holz ist aus Tracheiden zusammengesetzt, die eine schraubige Verdickung der Wände aufweisen. Rechts unten ein („Hof"-)Tüpfel sichtbar. × 1200. (Aus Meylan, B.A. u. Butterfield, B.G.: Three-dimensional Structure of Wood. London: Chapman and Hall 1972)

Die Gesamtquerschnittsfläche an wasserleitenden Elementen, die in der Achse einer Pflanze pro Gramm Frischgewicht der mit Wasser zu versorgenden Blätter entwickelt ist, hängt von der Stärke der Transpiration ab: Pflanzen feuchter Standorte haben geringere Werte als solche trockener Herkünfte (Tabelle 14.3). Auch innerhalb einer Baumkrone ist dieser Wert in

Tabelle 14.2. Übersicht über die Dimensionen der pflanzlichen Wasserleitungselemente

	Länge (µm)	Durchmesser (µm)
1. Tracheiden		
Nadelhölzer (Mittel)	2000– 5000	20–40
(Extreme)	300–11000	
2. Tracheenglieder		
Ahorn (zerstreutporig)	300	30–110
Eiche (ringporig)	100–400	10–400

Tabelle 14.3. Querschnittsflächen des Wasserleitungssystems bei verschiedenen Pflanzen (in mm² pro Gramm Blattfrischgewicht) (aus Zimmermann u. Błown)

Seerosen (Blattstiele)	0,02
Laubbäume	0,50 (0,25–0,79)
Nadelbäume	0,48 (0,3 –0,61)
Kräuter des Waldbodens	0,19 (0,01–0.80)
Wüstenpflanzen	3,40 (1,42–7.68)

Tabelle 14.4 Mittägliche Spitzengeschwindigkeiten des Transpirationsstromes verschiedener Pflanzentypen. Gemessen mit der thermoelektrischen Methode (aus Huber)

Objekt	Geschwindigkeit ($m \cdot Std^{-1}$)
Nadelhölzer, immergrün	1,2
Lärche	1,2
Mediterrane Hartlaubgewächse	0,4–1,5
Sommergrüne zerstreutporige Laubhölzer	1–6
Ringporige Laubhölzer	4–44
Krautige Pflanzen	10–60
Lianen	150

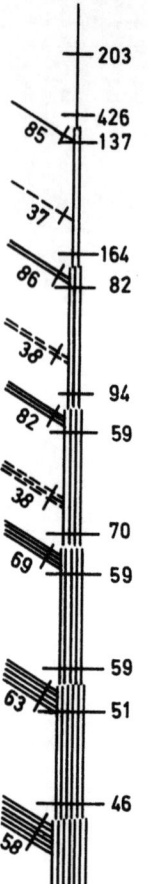

Abb. 14.62. Xylem-Querschnittsfläche im Stamm und in den Ästen einer jungen Tanne (*Abies concolor*). Die Zahlen geben mm² pro Gramm Frischgewicht der versorgten Nadeln an. (Aus Huber)

den einzelnen Ästen und Zweigen nicht konstant (Abb. 14.62); so ist z. B. der Spitzentrieb in der Versorgung eindeutig bevorzugt.

14.6.2.2. Die Geschwindigkeit des Wassertransportes

Da die im Xylem transportierten Substanzen (Wasser und darin gelöste anorganische Ionen, in geringer Konzentration auch organische Verbindungen) leicht mit der Zellwand und der Umgebung der wasserleitenden Zellen ausgetauscht werden, ist es nicht leicht, die tatsächliche Strömungsgeschwindigkeit des Xyleminhaltes zu ermitteln. Meist werden nur Mindestgeschwindigkeiten erhalten. Das gilt auch für die meist verwendete thermoelektrische Methode (Abb. 14.63 a, b). Wie Tab. 14.4 zeigt, sind die Werte für die einzelnen Arten sehr verschieden, wobei sich die drei großen Gruppen (Nacktsamer, zerstreutporige und ringporige Bedecktsamer) in ihren Höchst- und Durchschnittswerten unterscheiden.

14.6.2.3. Die Strömungswiderstände im Xylem

In einer vertikalen, unbewegten Wassersäule ist der hydrostatische Druckgradient *(dp/dl)* etwa 0,1 atm. m⁻¹. In einem wassergefüllten Baumstamm, in dessen Xylem am Grunde Atmosphärendruck (+1 atm) herrschen und in dem keine Wasserströmung erfolgen würde (z. B. vor Sonnenaufgang bei stark eingeschränkter Transpiration), wäre in 10 m Höhe der Druck gleich 0, in 100 m Höhe gleich −9 atm; derartige Höhen werden aber von bestimmten Bäumen erreicht (Mammutbäume, Eucalyptus).

Ist das Wasser in den Röhrensystemen des Xylems in Bewegung, so kommen Strömungswiderstände hinzu. Für einen Fluß durch ideale Kapillaren gilt das Hagen-Poiseuillesche Gesetz:

$$V = \frac{\pi}{8\eta} \frac{\Delta p}{l} t r^4, \quad (14.15)$$

wobei V = Volumen der Flüssigkeit, η = Viskosität der Flüssigkeit [1 centipoise = 0,01 poise ($g \cdot cm^{-1} \cdot s^{-1}$) für Wasser bei 20° C], $\Delta p/l$ = Druckgradient entlang der Kapillare, t = Zeit, r = Radius der Kapillare.
Will man aus dieser Gleichung den Druckgradienten im Xylem eines Baumstammes mit strömendem Wasser bestimmen, so muß man demnach neben den übrigen, leicht zu ermittelnden Werten das Wasser-

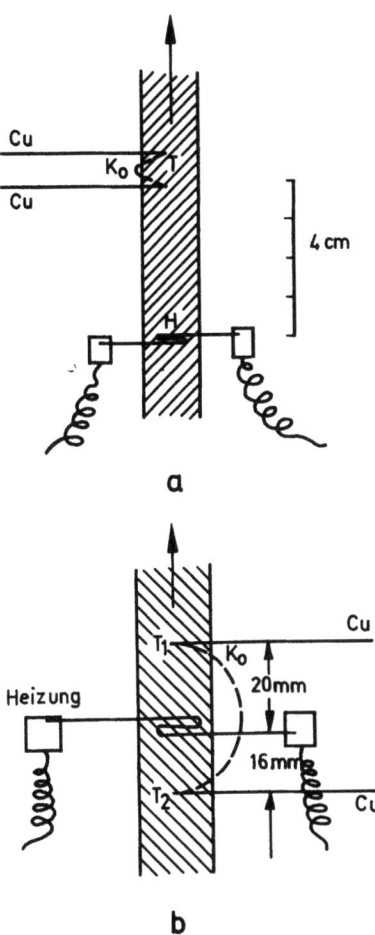

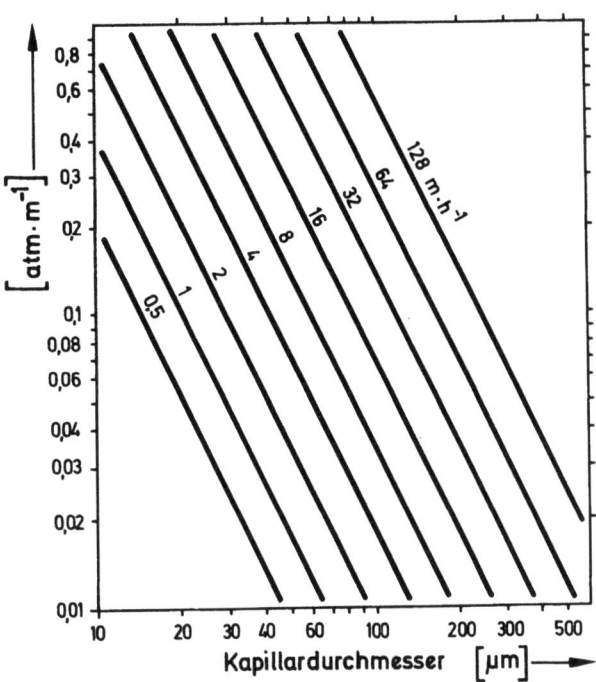

Abb. 14.64. Die Abhängigkeit der benötigten Druckgradienten von den Kapillardurchmessern bei verschiedenen Strömungsgeschwindigkeiten nach Hagen-Poiseuille. (Aus Zimmermann u. Brown)

Abb. 14.63 a u. b. Versuchsanordnungen zur thermoelektrischen Messung von Strömungsgeschwindigkeiten im Xylem. (a) Anordnung zur Bestimmung von Geschwindigkeiten >60 cm Std^{-1}. Die Heizdrahtschleife (H) wird kurz (1–3 s) elektrisch aufgeheizt und die Ankunft der Wärmewelle „stromabwärts" mit einem Thermoelement (T; Kupfer-Konstantan-Legierung) in definierter Entfernung von der Heizstelle registriert. Die strömende Front des erwärmten Saftes trifft zuerst die nähere Lötstelle und führt zu einem Galvanometerausschlag. Passiert die Wärmewelle die zweite Lötstelle, wird diese wärmer als die erste, d.h. es kommt zu einer Umkehrung des Galvanometerausschlages. Diese Umkehr ist der sichere Beweis für das Passieren einer Säule erwärmten Wassers. (b) Anordnung zur Bestimmung langsamer Strömungen („Kompensationsmethode"). In diesem Falle wird die Kontroll-Lötstelle des Thermoelements (T_2) stromaufwärts (d.h. stammabwärts) näher an die Heizung montiert als die eigentliche Meßstelle (T_1). Bei dieser Anordnung erwärmt sich zunächst die nähere Lötstelle T_2. Je schneller der Gefäßinhalt strömt, desto schneller kehrt der Galvanometerausschlag um, d.h. T_1 wird wärmer als T_2. (Aus Huber)

volumen kennen, das in einer gegebenen Zeit durch einen Stamm fließt. Dies macht aber sehr große Schwierigkeiten, weil nur ein Teil der auf einem Querschnitt ausmeßbaren Wasserleitungsbahnen tatsächlich funktioniert, andere aber durch Luftembolien (s. u.) oder Verschlußstrukturen („Thyllen") blockiert sind. Bequem zu messen sind dagegen, wie erwähnt, die Strömungsgeschwindigkeit (jedenfalls der Mindestwert). Nun läßt sich aus Gl. (14.15) ableiten, daß die Geschwindigkeit der Flüssigkeitsströmung durch eine Kapillare eine paraboloide Verteilung über den Querschnitt aufweist, d. h. die Moleküle unmittelbar an der Kapillarenwand sind stationär, die in der Mitte werden am schnellsten verfrachtet. Ein in einer Kapillare strömendes Flüssigkeitsvolumen nimmt dementsprechend eine paraboloide Form an. Setzt man das Volumen eines Paraboloids ($1/2 r^2 \pi h$, d. h. die Hälfte eines Zylinders mit derselben Höhe h) gleich dem Volumenfluß einer Einzelkapillare in Gl. (14.15), so erhält man:

$$h = \frac{\Delta p}{l} \cdot t \cdot \frac{r^2}{4\eta}. \qquad (14.16)$$

Diese Beziehung ist unabhängig vom transportierten Volumen. h/t gibt die Spitzengeschwindigkeit wieder:

$$\frac{h}{t} = \frac{\Delta p}{l} \cdot \frac{r^2}{4\eta}. \qquad (14.17)$$

Mit Hilfe der Gl. (14.17) kann man aus der Strömungsgeschwindigkeit den Druckgradienten berechnen, der notwendig ist, um die Flüssigkeit mit der jeweiligen Geschwindigkeit durch Kapillaren gegebenen Durchmessers zu drücken (Abb. 14.64).

Wie aus der Schilderung der Struktur der Wasserleitungszellen hervorgeht, entsprechen die Leitbahnen keineswegs idealen Kapillaren: Sie haben keine glatten Wände (häufig Aussteifungsstrukturen) und vor allen Dingen nur eine begrenzte Länge, die z.B. bei Tracheiden nur meist etwa 0.5–3 mm beträgt. Vergleicht man die hydraulische Leitfähigkeit von Holzstücken definierter Länge von verschiedenen Arten mit der von idealen Kapillaren gleichen Durchmessers wie die jeweiligen Wasserleitelemente, so kommt man zu der überraschenden Feststellung, daß die Leitbahnen von Lianen (mit sehr langen Tracheen!) sich praktisch wie ideale Kapillaren verhalten, während die anderen Holzpflanzen niedrigere Werte zeigen (Tabelle 14.5). Besonders unerwartet ist die hohe Leitfähigkeit des Tannenholzes, dessen Tracheiden ja nur wenige Millimeter lang sind, so daß das Wasser auch über kurze Entfernungen zahlreiche Tüpfel in den Zellwänden zu passieren hat. Der geringe Widerstand gegen den Wasserfluß in diesen Tüpfeln ist ein physikalisches Rätsel.

14.6.2.4. Theoretische und gemessene Druckgradienten im Xylem

Aus den gemessenen Wassertransport-Geschwindigkeiten im Xylem der verschiedenen Pflanzen (Tab. 14.4) und aus dem Prozentsatz der tatsächlichen hydraulischen Leitfähigkeit im Vergleich zu der idealer Kapillaren (Tab. 14.5) läßt sich mit Hilfe von Abb. 14.64 leicht der jeweils benötigte theoretische Druckgradient in den Stämmen berechnen. Allerdings liegen die benötigten beiden Meßwerte jeweils nur für verschiedene, wenn auch nahe verwandte Arten vor. Die Pappel *Populus balsamifera* weist bei einem maximalen Tracheendurchmesser von 120 µm eine Spitzengeschwindigkeit des Wasserstromes von 25 m · Std^{-1} auf; dies entspräche einem Druckgradienten von etwa 0,02 atm · m^{-1} für ideale Kapillaren. Da Holz von *Populus robusta* etwa 1/5 der Leitfähigkeit idealer Kapillaren besitzt, käme man auf einen Strömungswiderstand von etwa 0,1 atm · m^{-1}. In dieser Größenordnung von 0,05–0,1 atm · m^{-1} liegen auch die berechneten Werte für die anderen Bäume, bemerkenswerterweise auch für die Nadelbäume mit ihren Tracheiden, so daß im allgemeinen mit Druckgradienten zwischen 0,15 und 0,2 atm · m^{-1} gerechnet werden muß, um das Wasser in den Pflanzen nicht nur gegen die Schwerkraft zu heben, sondern auch mit den gemessenen Geschwindigkeiten nach oben zu bewegen. Die Arten mit geringerem Strömungswiderstand (z. B. ringporige Bäume) haben ganz einfach höhere Strömungsgeschwindigkeiten (Tab. 14.4).

Für die Wasserströmung im Xylem ist es prinzipiell gleichgültig, ob die Druckgradienten dadurch zu-

Tabelle 14.5. Hydraulische Leitfähigkeit des Xylems verschiedener Pflanzen in % des theoretischen Wertes für ideale Kapillaren des gleichen Durchmessers (aus Zimmermann u. Brown)

Art	% des theoretischen Wertes
Weinstock (Liane)	100
Eiche (Wurzelholz)	53–84
Tanne	26–43
Birke (Wurzelholz)	34,8
Pappel (Stammholz)	21,7
Verschiedene Kräuter und Sträucher	12–22

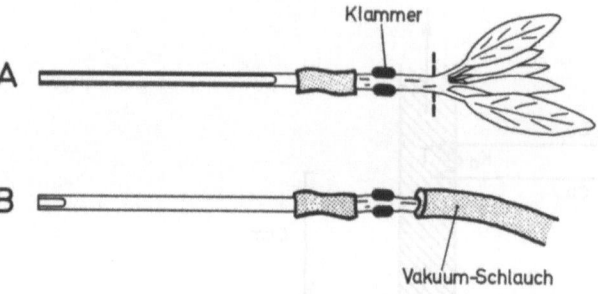

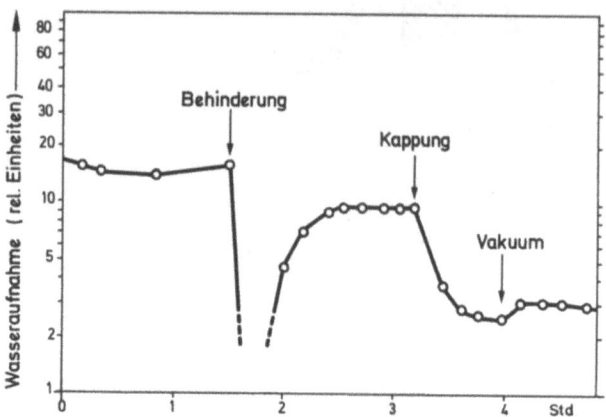

Abb. 14.65a u. b. „Renner-Versuch". Läßt man einen beblätterten Zweig durch eine graduierte Kapillare („Potometer") Wasser aufnehmen und behindert nach der Stabilisierung der Wasseraufnahme (nach 1½ Std) die Wasserleitung durch den Druck einer Klammer *(A)*, so wird die Wasseraufnahme zunächst vermindert, um dann aber fast wieder den Ausgangswert zu erreichen (nach 3 Std). Entfernt man nun die beblätterte Spitze und schließt an den Stumpf eine Vakuumpumpe an *(B)*, so erreicht die Wasseraufnahme schließlich nur einen Bruchteil der durch Transpiration bewirkten. (Nach Zimmermann u. Brown, ergänzt)

stande kommen, daß in der Wurzel ein positiver Druck erzeugt wird, der nach oben entsprechend abnimmt, oder dadurch, daß am oberen Ende der Transportstrecke ein entsprechend starker negativer Druck (Sog) entwickelt wird, so daß die kontinuierlichen Wasserfäden in den Xylembahnen nicht „geschoben", sondern „gezogen" werden.

Beide Möglichkeiten sind verwirklicht, wobei die Erzeugung positiver Drucke in der Wurzel („Wurzeldruck") meist nur temporär eine Rolle spielt („Frühjahrsblutung", z.B. bei angeschnittenen Birken, Ahorn, Weinstöcken), der Sog durch die wasserverbrauchenden Teile aber bei allen lebhaft transpirierenden Pflanzen die entscheidende ist (s. u.).

Positive Drucke sind leicht mittels spezieller Manometer im Holz zu messen; in Stämmen der Weinrebe z.B. wurde zur Blutungszeit auf diese Weise ein Druckabfall von 0,1 atm · m^{-1} von unten nach oben erhalten.

Negative Drucke im Xylem sind viel schwieriger zu bestimmen. Der erste Nachweis wurde allerdings schon 1893 von Böhm geführt, der zeigte, daß abgeschnittene, transpirierende Thujenzweige eine Queck-

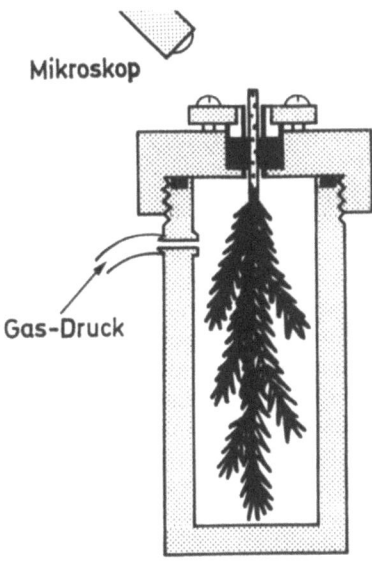

Abb. 14.66. Druckbombe zur Messung negativer Drucke im Xylem von Pflanzenteilen. (Nach Scholander u. Mitarb., aus Zimmermann u. Brown)

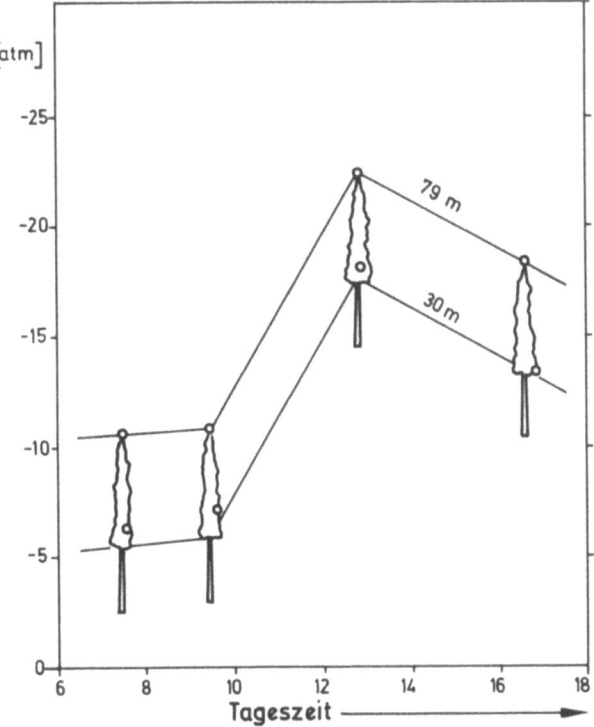

Abb. 14.67. Mit der Druckbombe ermittelte Druckgradienten im Xylem einer Douglasie zu verschiedenen Tageszeiten. Die Zweige wurden aus den angegebenen Höhen mit einem Gewehr heruntergeschossen. (Nach Scholander u. Mitarb., aus Zimmermann u. Brown)

silbersäule höher ziehen konnten als dem Atmosphärendruck entsprach. Noch eindrucksvoller ist der in Abb. 14.65 erläuterte Versuch.

Inzwischen ist es auch möglich, Gradienten negativen Drucks in Bäumen direkt zu messen. Dazu wird der Druck in einer Druckbombe gemessen, der nötig ist, um in abgeschnittenen Pflanzenteilen die Menisci der durch den herrschenden Sog in das Innere der Wasserleitungsbahnen gezogenen Wasserfäden gerade wieder an der Schnittfläche erscheinen zu lassen (Abb. 14.66). Mit Hilfe dieser Methode wurde bei hohen Nadelbäumen tatsächlich ein Druckgradient in der erwarteten Größenordnung gefunden (etwas mehr als $0{,}1$ atm $\cdot$ m^{-1}; Abb. 14.67). Die absoluten Werte zeigten zudem einen deutlichen Tagesgang mit Maxima der negativen Drucke zur Zeit der höchsten Transpiration; dies ist ein Zeichen dafür, daß der Wassernachschub nicht immer mit dem Wasserverbrauch vollständig Schritt hält.

14.6.2.5. Die Antriebskräfte für den Xylemtransport

a) „Druckpumpe" beim Wurzeldruck

Auf den „Wurzeldruck" führt man, wie erwähnt, z. B. den Vorgang der Saftabscheidung (Exsudation) verschiedener Holzpflanzen im Frühjahr, vieler Kräuter auch während der ganzen Vegetationsperiode, nach Anbohren des Holzkörpers zurück. In Fällen, in denen die Transpiration ausgeschaltet ist (z. B. in wasserdampfgesättigter Luft) sieht man bei vielen Pflanzen einen Austritt flüssigen Wassers (Guttation) an bestimmten Stellen (Hydathoden), der z. T. auf Drüsentätigkeit (aktive Hydathoden), z. T. aber auch auf den Wurzeldruck zurückgeht, der das Wasser durch Poren (passive Hydathoden) nach außen drückt. Die Guttation hat den Zweck, den auch beim Fehlen einer Transpiration für die Salzversorgung der Pflanze nötigen Xylemtransport aufrechtzuerhalten.

Der Wurzeldruck erreicht keine hohen Werte: Der gemessene Höchstwert ist $+6$ atm, meist bleibt er aber unter 1 atm.

Wenn ein Wurzelsystem in einem Medium reinen Wassers einen positiven hydrostatischen Druck in den toten Zellen des Xylems entwickelt, so könnte dies einmal darauf zurückgehen, daß die lebenden Zellen in der Umgebung der Wasserleitbahnen das Wasser gegen ein Gefälle des Wasserpotentials aus dem Symplasten in den Apoplasten und damit in das Lumen der Leitelemente pressen. Es gibt keinen Hinweis darauf, daß ein derartiger aktiver Wassertransport in diesem oder in irgendeinem anderen Fall bei Pflanzen verwirklicht ist. Vielmehr wird angenommen, daß der Wassereintritt in die Leitbahnen durch Abscheidung von osmotisch wirksamen Substanzen (anorganischen Ionen, organischen Substanzen) aus dem Symplasten verursacht wird, denen das Wasser entlang einem Wasserpotentialgradienten folgt. (Sowohl der Blutungssaft als auch die Guttationsflüssigkeit bestehen nicht aus reinem Wasser, sondern aus Lösungen.) Es ist noch nicht entschieden, ob die eigentliche Konzentrierungsarbeit der osmotisch wirksamen Substanzen gegenüber dem Außenmedium bei der Aufnahme in den Symplasten (z. B. an der Wurzeloberfläche oder in der Wurzelrinde) erfolgt und der Symplast in der Um-

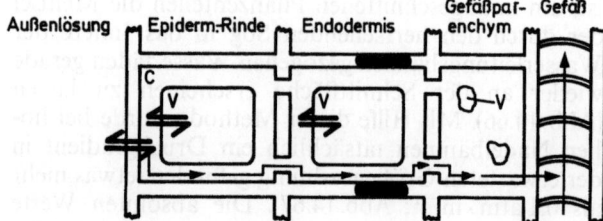

Abb. 14.68. Schema eines Wurzelquerschnittes (vereinfacht; normalerweise ist die Epidermis einschichtig und mit Ausstülpungen — Wurzelhaaren — versehen, die Rinde mehrschichtig). Pfeile Transportprozesse. C Zytoplasma, V Vakuole. Durch Einlagerung einer lipophilen Substanz (schwarz gekennzeichnet) in die Radialwand einer bestimmten Schicht („Endodermis") wird der Apoplast lokal für eine Wasserströmung blockiert. (Aus Lüttge)

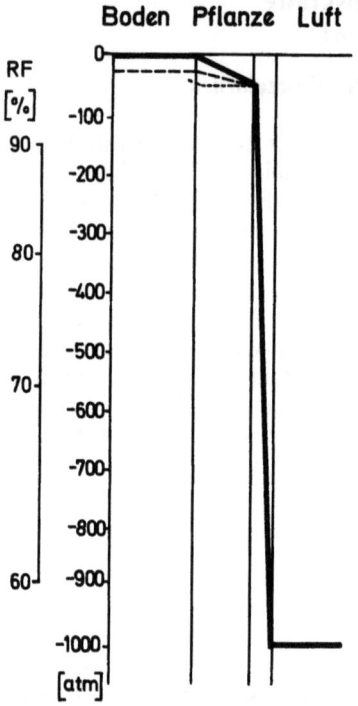

Abb. 14.69. Schema des Wasserpotential-Gefälles zwischen Luft, Pflanze und Boden. Als Maß der Wassersättigung dient die relative Feuchtigkeit (RF in Prozent) bzw. die Saugspannung in atm (Ordinate). Der größte Potentialsprung liegt nicht zwischen Boden und Pflanze, sondern zwischen Pflanze und Luft. Die gestrichelte und punktierte Kurve gilt für zunehmend trockenere Böden. (Nach Gradmann, aus Huber)

gebung der Leitbahnen nur „leckt", oder ob die Osmotika von den lebenden Zellen in der Nachbarschaft der Xylemelemente (Abb. 14.68) aktiv in diese sezerniert werden (oder ob schließlich beide Prozesse nebeneinander herlaufen). Auf jeden Fall erfordert der Wurzeldruck den Aufwand von Stoffwechselenergie; er kann daher z.B. durch Atmungsgifte oder niedere Temperaturen gehemmt werden.

Ein Druck in den Elementen des Xylems kann sich nur aufbauen, wenn die unter Druck stehende Lösung nicht durch die Wurzelrinde (z. B. durch deren Zellwände) in das Medium entweichen kann. Das wird aber dadurch verhindert, daß in die Radialwand einer bestimmten Zellage in der Wurzel eine hydrophobe Sperre eingebaut ist (Abb. 14.68).

b) Sog durch die Transpiration

Der Hauptantrieb für die Wasserströmung im Xylem und in der Regel der einzige ist aber nicht der Wurzeldruck, sondern der Transpirationssog, weshalb die Wasserbewegung im Xylem gewöhnlich auch als *Transpirationsstrom* bezeichnet wird.

Es war seit langem bekannt, daß das Wasser im Holzkörper z. B. von transpirierenden Bäumen oder Lianen auch durch Abschnitte fließen konnte, die durch Hitze oder Gifte abgetötet waren: Für den Xylemtransport transpirierender Pflanzen ist die direkte Mithilfe lebender Zellen nicht notwendig. (Sie können allerdings für die Verhinderung, evtl. auch Beseitigung von Luftembolien bedeutsam sein, s. u.) Die Pflanze wendet für den Wassertransport keine eigene Energie auf, sondern nützt das Wasserpotentialgefälle zwischen dem meist wassergesättigten Boden und der Atmosphäre mit ihrem in der Regel beträchtlichen Sättigungsdefizit aus, in das sie eingespannt ist (Abb. 14.69).

Man kann das den Wasserfluß in der Pflanze, vom Boden durch die Wurzel, das Leitbahnsystem von der Wurzel bis in die Blätter, durch das Blattgewebe und schließlich in die Atmosphäre treibende Wasserpotentialgefälle ($\Delta\psi$) in einzelne Komponenten zerlegen:

Wurzelmilieu — Atmosphäre

$\Delta\psi$ Boden — Wurzelgewebe

+ $\Delta\psi$ Wurzelgewebe — Gefäßsystem (Anfang)

+ $\Delta\psi$ Gefäßsystem (Anfang) — Gefäßsystem (Ende)

+ $\Delta\psi$ Gefäßsystem (Ende) — Blattgewebe

+ $\Delta\psi$ Blattgewebe — Gasphase im Blattinnern

+ $\Delta\psi$ Gasphase im Blattinnern — Gasphase in der Atmosphäre.

Wie Tab. 14.6 erkennen läßt, wird für den Übertritt des Wassers von der flüssigen in die Gasphase (die Transpiration) bei dieser Serie von Prozessen mit Abstand am meisten Energie verbraucht; diese Energie aber wird durch die Sonnenenergie geliefert. Die Transpiration führt zunächst zu einer Minderung der Wassersättigung der Zellwände des Blattgewebes, zu einer Entquellung, also einer Verringerung der Krümmungsradien der Wassermenisci in den Zellwandkapillaren an der Oberfläche, einem Zurückweichen der Menisci in die Kapillaren und damit einer Herabsetzung des Wasserpotentials. Da das Imbibitionswasser der Zellwände in direkter Verbindung mit der Wasserfüllung der Leitbahnen steht, setzt sich der Sog bis hierher fort und „zieht" sozusagen die Wasserfäden in den Xylembahnen nach oben, wobei der negative Druck im Xylem ausreicht, um das Wasser aus den Bodenkapillaren durch die Wurzelgewebe nach Art einer Druckfiltration in die Leitbahnen zu ziehen und bis an die äußersten Enden der Pflanzen zu transportieren. Dies gilt auch für Pflanzen, die wie die Mangroven Seewasser im Wurzelmilieu haben; einige von ihnen haben einen fast salzfreien Xyleminhalt, so daß allein die osmotische Potentialdifferenz zwischen dem

Tabelle 14.6. Glieder des Energieaustausches der Biosphäre bei der Transpiration (nach Tyree aus Zimmermann u. Brown)

Glied	Energie pro cm³ H₂O	
	Joule	Kalorien
Bindungsenergie des Wassers[a]	1,2	0,29
Energie, die zum Hub des Wassers auf 10 m Höhe (mgh) benötigt wird, wenn		
$\frac{dp}{dl} = 0{,}1$ atm/Meter	0,098	0,023
Dissipation im „porösen Medium" Xylem	0,1	0,024
Dissipation in „porösen Medium" der Blattzellwände für eine Transportstrecke von 40 μm[b]	0,05	0,012
Verdampfungsenergie	4,43 · 10³	585
Dissipation in der Gasphase vom Blattinnern (zu 99% rel. Feuchte (RF) angenommen) zur Außenluft (50% RF angenommen)	100	24

[a] Berechnet aus Kurven der Wasserdampfspannung von Boden mit 15% Wassergehalt.
[b] Berechnet für das Zuckerrübenblatt bei maximaler Transpiration ($2{,}5 \cdot 10^{-7}$ g · s^{-1} · cm^{-2}).

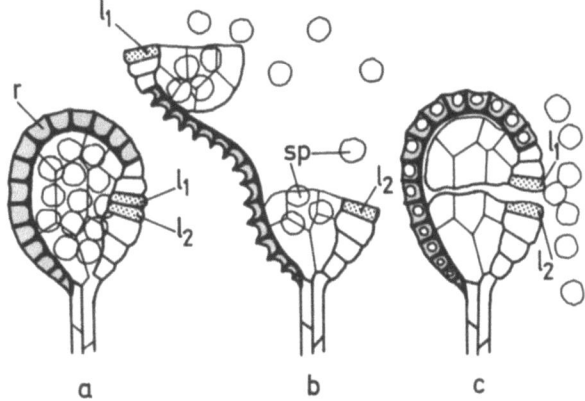

Abb. 14.70 a–c. Kohäsionsmechanismus beim Farnsporangium. (a) Noch geschlossener Sporenbehälter. (b) Aufreißen an vorgeformter Stelle durch Kohäsionszug des schwindenden Füllwassers der (toten) Ringzellen. (c) Schließen nach Überwinden der Kohäsion (Auftreten von Gasblasen). Das „Reißen" der Wasserfüllung erfolgt in den einzelnen Zellen des Anulus zu verschiedener Zeit, so daß das Schließen unter natürlichen Bedingungen sprunghaft („rüttelnd") erfolgt und auf diese Weise die Sporen ausschleudert. l_1, l_2 Lippenzellen, r Ring, sp Sporen. (Nach Stocker, O.: Grundriß der Botanik. Berlin-Göttingen-Heidelberg: Springer 1952)

Xylemwasser und dem Medium etwa -25 atm beträgt. Auch die Triebkraft für diese „umgekehrte Osmose" wird letztlich vom Transpirationssog, also von der Sonnenenergie, aufgebracht.

Um das Wasser aus dem Wurzelmilieu durch die Pflanze mit ihren verschiedenen Widerständen bis an die Orte der Transpiration zu saugen, sind somit häufig hohe negative Drucke erforderlich, die aber vom Quellungsdruck der nicht mehr wassergesättigten Zellwand ohne weiteres aufgebracht werden können. Auch im Xylem der Kronen hoher Bäume sind bei lebhafter Transpiration und damit hoher Strömungsgeschwindigkeit negative Drucke von 20 und mehr Atmosphären notwendig und auch verwirklicht (vgl. Abb. 14.67). Die Wasserfäden in den Leitungsbahnen können dieser Zugspannung nur widerstehen, wenn die Adhäsion an die Gefäßwandungen und die Kohäsion der Wassermoleküle dieser Beanspruchung standhalten. Vor allem die Kohäsion schien unter dieser Belastung so gefährdet, daß sie der kritische Punkt der geschilderten Vorstellung vom Mechanismus des Wassertransportes in der Pflanze schien; sie wird deshalb auch als Kohäsionstheorie der Wasserleitung bezeichnet.

Die Zugspannung, bei der die Kohäsion von Wassermolekülen überwunden wird, kann theoretisch berechnet oder auch experimentell bestimmt werden. Die erste derartige Bestimmung benutzte ein natürliches System, nämlich das Reißen der Wasserfüllung in den Anuluszellen eines Farnsporangiums (Abb. 14.70). Es erfolgt bei Drucken von -300 bis -500 atm. Eine rein physikalische Methode läßt wassergefüllte Kapillaren auf einer Zentrifuge rotieren (Abb. 14.71) und leitet von der Umdrehungsgeschwindigkeit, bei der der Wasserfaden reißt, den hierbei herrschenden Zug ab. Man erhielt auf diese Weise Werte von etwa -200 atm.

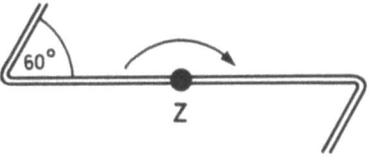

Abb. 14.71. Z-förmig gebogene, beidseitig offene Kapillare, die auf eine Zentrifugenachse (Z) montiert ist. Sie wird definierten Beschleunigungskräften ausgesetzt und das Reißen der Wasserfüllung beobachtet. [Nach Briggs, L.J.: J. appl. Physics 21, 721 (1950)]

Es besteht also keine Gefahr, daß bei den im Xylem herrschenden Unterdrucken die Kohäsion des Wassers überwunden wird. Die Gefahr für eine Unterbrechung der gespannten Wasserfäden im Xylem stark transpirierender Pflanzen besteht vielmehr darin, daß Gasembolien in den Leitbahnen auftreten, wobei bei den herrschenden Unterdrucken auch kleinste Gasblasen große Volumina einnehmen. Durch entsprechende Versuchsanordnung konnte man das sprunghafte Auftreten von Gasblasen im Xylem auch akustisch vernehmbar machen. Vor allem bei den weitlumigen Leitelementen scheint es nur eine Frage der Zeit zu sein, wann sie durch Embolien — meist irreversibel — außer Funktion gesetzt werden. Bei den ringporigen Bäumen, z.B. der Eiche, sind die großen Tracheen in der Regel nur während einer Vegetationsperiode funktionsfähig, und zu Beginn einer neuen Wachstumsperiode muß das ganze Wasserleitsystem vom Kambium neu aufgebaut werden. Dies ist einer der Gründe, warum die Eichen im Frühjahr so spät austreiben.

Tracheiden sind in dieser Hinsicht viel weniger anfällig, weswegen sich die Nadelhölzer trotz ihres „altmodischen" Holzbaues auch heute noch als konkurrenzfähig erweisen.

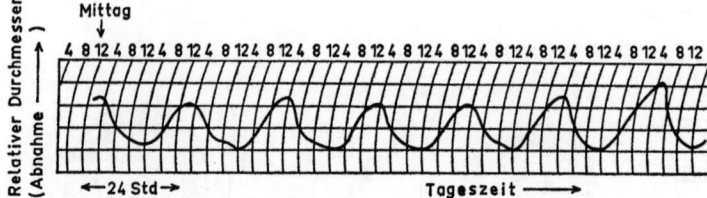

Abb. 14.72. Tägliche Schwankungen im Stammdurchmesser einer Kiefer *(Pinus radiata)* nach Messungen mit einem Dendrographen. (Aus Mohr, H.: Pflanzenphysiologie. 2. Auflage, Berlin-Heidelberg-New York: Springer 1971)

Die Zunahme der negativen Drucke im Xylem bei starker Transpirationsbeanspruchung (Abb. 14.67) zeigt, wie erwähnt, daß der Wassernachschub mit dem Wasserverbrauch bei den Pflanzen nicht immer Schritt hält. Da die Wände der Wasserleitungsbahnen nicht völlig starr sind, wird ein Baumstamm bei Zunahme des Unterdruckes im Holz (bei starker Transpiration, z.B. während der Mittagsstunden) meßbar schlanker. Dies hat man mit empfindlichen „Dendrometern" schon festgestellt (Abb. 14.72), als man vom Mechanismus des Wassertransportes praktisch noch nichts wußte.

14.6.2.6. Die Regulation des Wassertransportes

Eine Regulation des Wassertransportes liegt einmal darin, daß bei steigender Transpiration, wie erwähnt, der Transpirationssog, die Antriebskraft für den Transpirationsstrom, zunimmt und damit den Wassertransport beschleunigt. Die Pflanze hat aber auch die Möglichkeit, die Transpiration und damit die Wasserströmung im Xylem physiologisch zu regulieren. Die Transpirationsorgane der Landpflanzen (gewöhnlich die Blätter) sind von einer extrem wasserschwerdurchlässigen Haut (Kutikula) überzogen, in die regulierbare Ventile, die Stomata, eingebaut sind. Ihr Verschluß unterbricht die direkte Verbindung der internen Gasphase der Blätter (in den Zellzwischenräumen, Interzellularen) mit der Atmosphäre und setzt die Transpiration sehr stark herab (meist auf < 10% derjenigen bei geöffneten Stomata). Über den Regelkreis der Stomata wird an anderer Stelle berichtet (S. 447).

14.6.3. Der Phloemtransport

14.6.3.1. Die Bahnen

Die Leitbahnen für den Assimilattransport der Pflanzen haben mit den Wasserleitungsbahnen gemeinsam, daß in ihnen einzelne Zellen zu ununterbrochenen Reihen aneinandergefügt sind. Ein grundlegender Unterschied besteht allerdings darin, daß diese Einzelzellen im Phloem im Gegensatz zum Xylem im funktionsfähigen Zustand noch lebendig sind, wenn sie auch eine spezifische zytologische Differenzierung aufweisen.

Auch im Phloem haben wir in den einzelnen Pflanzengruppen verschiedene Grade der Spezialisierung (z.B. bei den großen Algen, den Farngewächsen und Nacktsamern und schließlich den Bedecktsamern); wir wollen hier nur die Verhältnisse bei den höchstentwickelten Formen, den Bedecktsamern, näher betrachten.

Die Einzelelemente der Assimilatleitbahnen sind hier die Siebröhrenglieder (Abb. 14.73), langgestreckte Zellen, deren Dimensionen bei den einzelnen Pflanzenarten variieren. Während ihrer Entwicklung in den funktionsfähigen Zustand verlieren sie den Zellkern und die Plasmamembran zwischen Vakuole und Zytoplasma (Tonoplast), behalten aber das randständige Zytoplasma mit dem selektiv permeablen Plasmalemma (Abb. 14.73). Besonders charakteristisch sind die Querwände zwischen den aneinandergrenzenden Zellen einer Siebröhrengliedreihe *(Siebröhre)* gestaltet: Sie weisen zahlreiche große Poren (Siebporen) auf, die aus umgestalteten Plasmodesmen entstehen und der Querwand ein siebartiges Aussehen geben (Siebplatte). Im Elektronenmikroskop zeigen die Siebröhrenglieder häufig Plasmafilamente in ihrem Lumen, die sich z.T. auch durch die Siebporen ziehen.

Die meisten Siebröhren sind nur 1–2 Vegetationsperioden funktionsfähig, sterben dann ab und werden von lebenden, turgeszenten Nachbarzellen zusammengedrückt; bei den Palmen sind die Siebröhren aber viele Jahrzehnte aktiv. Bei kernlosen Zellen ist dies nur denkbar, wenn Nachbarzellen funktionell aufs Engste mit ihnen verknüpft sind. Bei den Bedecktsamern sind dies die Geleitzellen (Abb. 14.73), Schwesterzellen der Siebröhrenglieder, die mit diesen durch zahlreiche spezifisch geformte Plasmodesmen verbunden sind. Diese Geleitzellen sind vollausgestattete Zellen mit Zellkern, dichtem Plasma und sehr zahlreichen Mitochondrien.

Wie erwähnt, sind die Phloemelemente in der Regel denen des Xylems benachbart, sei es in den Leitbündeln, sei es in Organen mit sekundärem Dickenwachstum, z.B. Baumstämmen, in denen das aktive Phloem während der Vegetationsperiode eine höchstens 0,5 mm dicke „Safthaut" bildet, die vom Holz nur durch das Kambium getrennt ist und durch die der gesamte vertikale Assimilattransport läuft.

14.6.3.2. Die transportierten Stoffe

Aus Analysen des Inhalts des Siebröhrenlumens weiß man, daß er eine wässerige Lösung mit meist etwa 10–25% Trockensubstanz, davon in der Regel der ganz überwiegende Teil Zucker, darstellt. Der verbreitetste

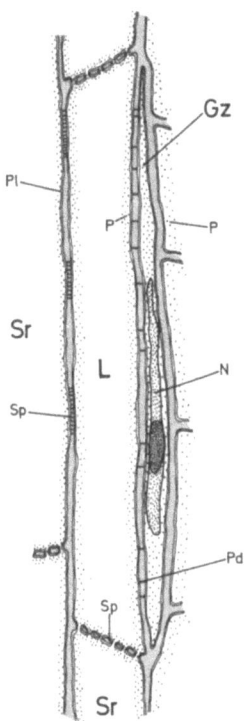

Abb. 14.73. Schema eines Längsschnittes durch ein Siebröhrenglied *(Sr)* mit Geleitzelle *(Gz)*. *Sp* Siebplatte, *L* Lumen des Siebröhrengliedes, *P* Plasma mit Plasmalemma *Pl*, *N* Zellkern, *Pd* Plasmodesmen zwischen Siebröhrenglied und Geleitzelle. Verg. etwa 300fach

Transportzucker ist der Rohrzucker. In geringer Menge werden in den Siebröhren auch zahlreiche andere organische Stoffe transportiert, außerdem auch anorganische Ionen, unter denen Phosphat- und Kaliumionen mengen- und vermutlich auch funktionsmäßig eine besondere Rolle spielen.

14.6.3.3. Die Transportgeschwindigkeit und der Massentransport

Wie in den Bahnen des Wassertransportes so ist auch in den Siebröhren keine einheitliche Transportgeschwindigkeit über deren Querschnitt anzunehmen. Man kann also entweder eine Spitzengeschwindigkeit oder eine mittlere Geschwindigkeit angeben; im Falle eines Flusses nach Hagen-Poiseuille wäre die erstere gerade doppelt so hoch wie die letztere. Mißt man, wie dies häufig geschah, die Transportgeschwindigkeit einer radioaktiv markierten Substanz über eine definierte Distanz in den Siebröhren, so muß man berücksichtigen, daß die Nachweisempfindlichkeit begrenzt ist und die Testverbindung unterwegs z.T. aus den Siebröhren austreten kann. Man ermittelt auf diese Weise also wieder „Minimal-Spitzengeschwindigkeiten". In den ausgewachsenen Blattstielen der Zuckerrübe, in denen nur ein geringfügiger seitlicher Stoffaustritt aus den Leitbahnen zu erwarten ist, wurde auf diese Weise eine Transportgeschwindigkeit von 50–135 cm · Std^{-1} bestimmt.

Eine andere Möglichkeit der Geschwindigkeitsbestimmung des Assimilattransportes besteht in der Analyse der Wandergeschwindigkeit eines Konzentrationsmaximums der Assimilate (hervorgerufen von einem Photosynthesemaximum in den Blättern) im Phloem (z.B. basalwärts in einem Baumstamm); dabei wird vorwiegend die mittlere Geschwindigkeit erfaßt. Da das Phloem aber im engsten Wasseraustausch mit dem Xylem steht (s.u.), ist hierbei die Gefahr einer Verfälschung durch temporäre Druckunterschiede im Xylem gegeben. Diese Schwierigkeit wird umgangen, wenn man statt der Konzentration einer Substanz (oder der Assimilate insgesamt) das (variable) Konzentrationsverhältnis zweier Substanzen im Phloem bestimmt (das von der absoluten Konzentration unabhängig ist) und die Geschwindigkeit der Verschiebung eines „Konzentrationsverhältnis-Gipfels" in den Siebröhren mißt. Bei der Esche wurden auf diese Weise Transportgeschwindigkeiten von etwa 0,5 m · Std^{-1} gefunden. Die meisten übrigen Angaben über die Transportgeschwindigkeit im Phloem bewegen sich in ähnlicher Größenordnung.

Eine quantitative Charakterisierung des Assimilattransportes wird oft auch durch den „Massentransport" gegeben. Man versteht darunter die Menge Trockensubstanz, die pro Zeiteinheit verfrachtet wird (g · Std^{-1}).

Im Falle einer normalen Diffusion ist der Massentransport umgekehrt proportional der Transportstrecke (Ficksches Gesetz):

$$\frac{dQ}{dt} = -DF\frac{\delta c}{\delta x}. \qquad (14.18)$$

Dabei ist dQ die Substanzmenge, die während des Zeitabschnitts dt diffundiert, F ist die Querschnittsfläche, durch welche die Diffusion erfolgt, $\delta c/\delta x$ der Konzentrationsgradient. D ist die Diffusionskonstante (der Diffusion-Koeffizient), der unter isothermen und isobaren Bedingungen von der Art des Lösungsmittels und des gelösten Stoffes abhängt. (Das Minuszeichen verdeutlicht den Abwärtstransport bei einem negativen Konzentrationsgradienten.)

Berechnet man die „Diffusionskonstante" für den Massentransport im Phloem, so erhält man einen Wert, der vieltausendfach größer ist als der für die Diffusion von Zucker in Wasser (bei der Baumwolle etwa 40000mal so groß). Mason u. Phillis (1937) nahmen deshalb eine "activated" oder "accelerated diffusion" an; sie folgerten: "...the mechanism activating diffusion consists of some special organization of the cytoplasm, maintained by metabolic energy, whereby the resistance to solute movement is so reduced that materials diffuse in the sieve-tube at rates comparable with those in a gas". Eine ähnliche, keineswegs präzisere, wenn auch gelegentlich etwas modifizierte Vorstellung wird auch heute noch von verschiedenen Forschern vertreten.

Statt des geschilderten „Massentransportes" wird heute meist der „Spezifische Massentransport" (*SMT*) angegeben, worunter man den Massentransport (Gramm) pro Zeiteinheit (Stunde) und Einheit der Querschnittsfläche (cm^2) versteht. Dabei kann entweder die (leichter zu ermittelnde) Querschnittsfläche des Gesamtphloems (SMT_{Ph}) oder (sinnvoller) nur die der Siebröhren (SMT_{Sr}) angegeben werden; letztere nehmen durchschnittlich etwa 20% der Gesamtquerschnittsfläche des Phloems ein.

Es stellte sich überraschenderweise heraus, daß die SMT-Werte für die großen Pflanzengruppen recht einheitliche Größen ergaben:

Stämme der Laubbäume:

$SMT_{Sr} = 10-25 \text{ g} \cdot \text{cm}^{-2} \cdot \text{Std}^{-1}$

Stämme der Nadelbäume:

$SMT_{Sr} = 2{,}2-2{,}5 \text{ g} \cdot \text{cm}^{-2} \cdot \text{Std}^{-1}$

(Das Phloem der Nadelbäume besteht nicht aus Siebröhren, sondern aus Strängen von Siebzellen, die etwas primitiver gebaut sind als die Siebröhrenglieder.)

Aus den SMT-Werten kann man unter der Annahme, es handele sich bei der bewegten Masse um eine strömende „Lösungssäule", bei Kenntnis der Konzentration der Lösung die Strömungsgeschwindigkeit errechnen:

$SMT_{Sr} (\text{g} \cdot \text{cm}^{-2} \text{Std}^{-1})$
$= \text{Konz.} (\text{g} \cdot \text{cm}^{-3}) \cdot \text{Geschwindigkeit} (\text{cm} \cdot \text{Std}^{-1})$.

(14.19)

Nimmt man einen SMT_{Sr}-Wert von 15 g · Std^{-1} und eine Konzentration von 15% (0,15 g · cm^{-3}) bei einem Laubbaum an, so wäre die errechnete Geschwindigkeit 100 cm · Std^{-1}. Es handelt sich bei der so errechneten Geschwindigkeit um eine Durchschnittsgeschwindigkeit. Bei einer Strömung nach Hagen-Poiseuille wäre die Spitzengeschwindigkeit doppelt so hoch anzunehmen, würde also 200 cm · Std^{-1} betragen. Diese errechnete Geschwindigkeit stimmt sehr gut mit den gemessenen überein, so daß diese Ableitungen als Stütze für die Annahme einer Lösungsströmung in den Siebröhren betrachtet werden können.

14.6.3.4. Der Mechanismus des Siebröhrentransportes

Es wird hier von der — von den meisten Forschern geteilten — Auffassung ausgegangen, daß der Stofftransport in den Siebröhren in Form einer Lösungsströmung erfolge. Es stellt sich dann die Frage nach den Antriebskräften.

Die einfachste Vorstellung geht auf Münch (1930) zurück, der die physikalischen Grundlagen seiner Hypothese in einem Modellversuch verdeutlichte (Abb. 14.74). Münch setzte das System A-R-B im Modell gleich dem gesamten Symplasten in der Pflanze, der vom Apoplasten (Zellwände + Wasserleitungsbahnen; entspricht Außenmedium W im Modell) durch selektiv permeable Membranen abgegrenzt ist. A entspräche einer Zelle, die osmotisch wirksames Material produziert, z. B. durch Photosynthese oder durch Abbau von Speicherpolysacchariden, B einer Zelle, die osmotisch wirksames Material verbraucht, z. B. durch Einbau in Makromoleküle oder durch Veratmung. Die Verbindung zwischen A und B (R im Modell) sollte nach Münch's Vorstellung

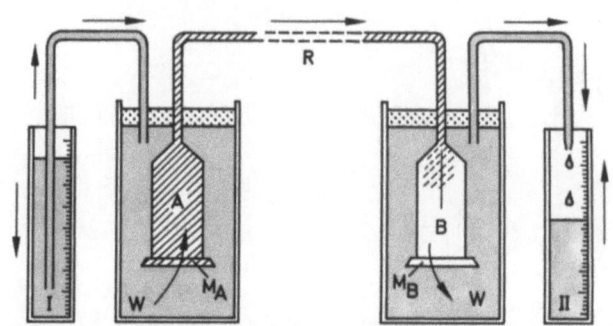

Abb. 14.74. Münchscher Modellversuch zur Demonstration einer durch einen osmotischen Gradienten getriebenen Lösungsströmung. Zelle A 10%ige Saccharoselösung, mit Kongorot angefärbt. Zelle B Wasser. R Verbindungsrohr, M semipermeable Membran. Zelle A nimmt durch die semipermeable Membran M_A Wasser aus dem Außenmedium W auf, das durch den entstehenden hydrostatischen Druck durch die Membran M_B aus Zelle B ausgedrückt wird. Zucker und Kongorot werden von A nach B transportiert. Wasser fließt von Gefäß I in Gefäß II, bis der osmotische Gradient A-B ausgeglichen ist

durch den Symplasten mit seinen Plasmodesmen, inklusive den Siebröhren mit ihren Siebporen (= modifizierte Plasmodesmen) erfolgen. Beim Transport sollte das osmotisch wirksame Material in den Assimilat-produzierenden Zellen ("source") aus dem Apoplasten osmotisch Wasser anziehen und so den Turgor steigern. In den Empfängerzellen („sink") dagegen sollte durch den Verbrauch osmotischen Materials (oder durch Dehnung der noch plastischen Zellwand) der Turgor gesenkt und das nicht mehr osmotisch festgehaltene Wasser in den Apoplasten abgegeben werden. (Dieser Wasseraustausch zwischen Phloem und Apoplast würde auch erklären, warum Phloem und Xylem immer eng benachbart sind.) Es käme somit zu einem Gradienten des osmotischen Drucks zwischen source und sink, der eine Lösungsströmung, einen „Druckstrom", zur Folge hätte.

In der ursprünglichen Form wird diese Hypothese heute nicht mehr vertreten: Eine Lösungsströmung wird nur für die Siebröhren (oder die Siebzellenreihen bei den Nadelbäumen und Farngewächsen) selber angenommen, während der Eintritt und der Austritt der Substanzen in die und aus den Siebröhren ± aktiv und selektiv erfolgt. Kompartiment A im Modell entspräche dann den Beladungsabschnitten der Siebröhre, R den Abschnitten der Siebröhre, in denen kein wesentlicher seitlicher Stoffein- und -austritt erfolgt, und B den Entladungsabschnitten der Siebröhre im source-Bereich.

Ein Druckstrom in den Siebröhren der Pflanzen *muß* aus physikalischen Gründen erfolgen, wenn folgende Voraussetzungen erfüllt sind:

(1) Die Siebröhren müssen an ihren Seitenwänden einen selektiv permeablen Plasmabelag besitzen, durch den gelöste Substanzen (z. B. Zucker) in beiden Richtungen nur unter Aufwand von Stoffwechselenergie „gepumpt" werden können.

(2) Die Siebröhren müssen in longitudinaler Richtung, durch die Siebporen hindurch, für eine strömende Lösung mit der entsprechenden Geschwindigkeit passierbar sein.

(3) Es muß ein Turgorgradient zwischen source und sink bestehen.

Die erste Voraussetzung ist unzweifelhaft verwirklicht: Siebröhrenglieder zeigen in hypertonischen Medien das Phänomen der Plasmolyse, d. h. eine Ablösung des Plasmaschlauches von der Zellwand infolge des osmotischen Austritts von Zellwasser; plasmolysiert werden können nur Zellen mit selektiv permeablen Plasmamembranen.

Auch die zweite Prämisse, die Längswegsamkeit der Siebröhren für eine relativ schnell strömende Lösung, ist durch verschiedene Befunde gut belegt. So erfolgt beim Anschneiden der Siebröhren bei vielen Arten eine druckelastische Entleerung (Exsudation), wobei der Inhalt sehr zahlreicher Siebröhren austritt. Besonders eindrucksvoll ist das Phänomen, wenn man die Saugrüssel Siebröhren-punktierender Insekten (z. B. der honigtauproduzierenden Blattläuse) kappt, deren Spitzen exakt in das Siebröhrenlumen tauchen. Es tritt dann durch diese „Mikrokanülen" Siebröhrensaft aus (getrieben durch den Turgor der Siebröhre), und zwar in solcher Ergiebigkeit, daß sich z. B. bei der Linde das durch eine Rindenlaus angezapfte Siebröhrenglied in einer Sekunde 5mal füllen und entleeren muß, wobei die Konzentration des Exsudats praktisch unverändert bleibt.

Die dritte Voraussetzung für eine Druckströmung in den Siebröhren, ein Turgorgradient in der Transportrichtung, ist am schwersten zu prüfen. Am überzeugendsten sind direkte Druckmessungen in den Siebröhren, z. B. in verschiedener Höhe intakter Baumstämme. Manometrische Bestimmungen an einer Roteiche ergaben zwischen 6,5 und 1,5 m Höhe, also in der Wanderrichtung der Assimilate, einen Abfall des Turgordrucks um 1–2 atm. Es wurden auch wieder gekappte Läuserüssel zur Ermittlung entsprechender Werte verwendet: Aus dem osmotischen Potential des Exsudates in verschiedenen Höhen eines Weidenstammes ließ sich ein Turgorgradient zwischen 0,5 und 2,7 atm·m^{-1} berechnen. Aus der Flußrate aus den gekappten Rüsseln konnte zudem ein hydrostatischer Druckgradient von 1,9–4,7 atm·m^{-1}, ebenfalls in der Transportrichtung, ermittelt werden. Allerdings sind diese Methoden noch zu unvollkommen, als daß den quantitativen Aussagen allzu großes Vertrauen geschenkt werden könnte.

Was derzeit unter den Phloemforschern vor allem diskutiert wird, ist die Frage, ob die vorhandenen osmotischen Gradienten über die Transportstrecke ausreichen, um bei den vorliegenden Strömungswiderständen den Assimilatstrom mit der gemessenen Geschwindigkeit zu befördern. Eine Reihe von Forschern zieht zusätzliche Hilfsmechanismen in Erwägung, z. B. elektroosmotische Phänomene (wobei K^{+}-Konzentrationsdifferenzen über die Siebplatten Potentiale erzeugen sollen) oder ein peristaltisches Pumpen durch die erwähnten Plasmafilamente. So ist der Mechanismus des Siebröhrentransportes immer noch eines der meistdiskutierten Probleme der Pflanzenphysiologie.

14.6.3.5. Beispiel für ein mathematisches Modell des Phloemtransportes

Als Beispiel für ein mathematisches Modell für den Phloemtransport auf der Basis der Druckstromhypothese sei ein von Christy u. Ferrier (1973) geschildertes angeführt. Es geht von der Annahme aus, daß die Transportsubstanz Rohrzucker aktiv direkt in die Siebröhre transportiert und ebenso aktiv direkt aus ihr entnommen wird (in beiden Fällen wohl durch die Geleitzellen). Weiter wird vorausgesetzt, daß die Transportbahn sich aus drei Abschnitten gleicher Länge zusammensetzt: der source-, der Transport- und der sink-Region (Abb. 14.75). Das Grundmodell besteht aus einer einzelnen Siebröhre, die durch Siebplatten in Siebröhrenglieder unterteilt ist (Abb. 14.76) und von einem Wasserspeicher mit einem Potential $\psi_0 = -3$ atm umgeben ist. Weiterhin wird folgendes vorausgesetzt: (a) Der Rohrzucker wird in der source-Region aktiv in die Siebröhre befördert und in der sink-Region aktiv aus ihr entfernt, während in der Transportregion keine Be- oder Entladung erfolgt. (b) Die Fluxe in die Siebröhre hinein und im Innern der Siebröhre können durch lineare Gleichungen beschrieben werden, die hydrostatische Gradienten und Gradienten des osmotischen Druckes beinhalten. Die Strömung des Wassers und der Lösung wird als passiv angenommen; Stoffwechselenergie soll beim aktiven Be- und Entladen investiert werden. (c) Die Siebporen sind offen (nur mit einem Plasmalemmamantel an der Peripherie ausgekleidet,

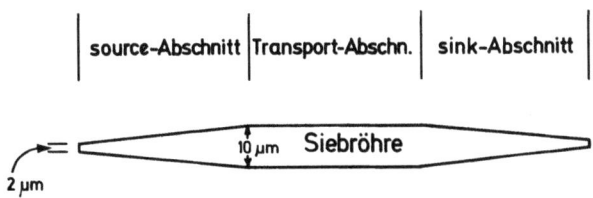

Abb. 14.75. Schema der Siebröhre im Modell. Tatsächlich ändert sich nicht der Siebröhrenradius, sondern die Siebröhrenquerschnittsfläche linear im source- und sink-Abschnitt. (Aus Christy u. Ferrier)

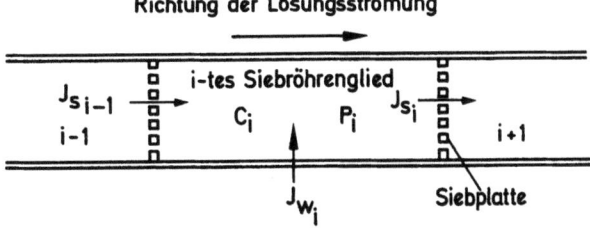

Abb. 14.76. Schema des Siebröhrengliedes mit Angabe der berechneten Variablen und der Beziehung zwischen dem i-ten und dem $i+1$- und $i-1$-tem-Siebröhrenglied. (Aus Christy u. Ferrier)

aber ohne kompakte Plasmafüllung oder durchziehende Plasmafilamente), und die Strömung in den Siebröhren und durch die Siebporen folgt dem Hagen-Poiseuilleschen Gesetz. (d) Der Reflexionskoeffizient (σ), der bei ideal semipermeablen Membranen gleich 1, bei für Lösungsmittel und gelösten Stoff gleich durchlässigen Systemen gleich 0 ist, wird für Rohrzucker bei der seitlichen Siebröhrenmembran gleich 1 und für die Siebplatte gleich 0 angenommen.

Die Gleichung der irreversiblen Thermodynamik für den Volumenflux J (in $cm^3 \cdot cm^{-2} \cdot s^{-1}$) durch eine Membran lautet:

$$J = L_p(\Delta p - \sigma \Delta \pi). \quad (14.20)$$

Dabei ist p der hydrostatische Druck in atm, π der osmotische Druck in atm, L_p die Durchlässigkeit der Membran in $cm^3 \cdot cm^{-2} \cdot s^{-1} \cdot atm^{-1}$, σ der Reflexionskoeffizient für den gelösten Stoff. Da, wie erwähnt, σ für Rohrzucker bei der seitlichen Membran gleich 1,0 angenommen wird, kann der Wasserflux vom Reservoir (=Apoplast) in das i-te Siebröhrenglied (Abb. 14.76) wiedergegeben werden durch:

$$J_{w_i} = L_p(\psi_0 - p_i + C_i RT), \quad (14.21)$$

wobei ψ_0 = Wasserpotential im Reservoir, p_i = hydrostatischer Druck und C_i = Rohrzuckerkonzentration im i-ten Siebröhrenglied, R = Gaskonstante, T = absolute Temperatur. Für den Volumenflux der Lösung in der Siebröhre, vom i-ten zum $i+1$-Glied (Abb. 14.76), gilt:

$$J_{s_i} = L_s(p_i - p_{i+1}) \quad (14.22)$$

unter der Annahme $\sigma = 0$ und L_s = Durchlässigkeit von Siebröhre und Siebplatte.

Da das Wasser erhalten bleiben muß, folgt:

$$J_{s_{i-1}}(1 - \alpha C_{i-1})A_{s_{i-1}} + J_{w_i}A_{p_i} = J_{s_i}(1 - \alpha C_i)A_{s_i}, \quad (14.23)$$

wobei αC = der vom Zucker beanspruchte Teil des Lösungsvolumens, A_{s_i} = Querschnittsfläche der Siebröhre in cm^2, A_{p_i} = Oberfläche (cm^2) der seitlichen Membran (Plasmalemma) des i-ten Siebröhrenglieds. Durch Kombination der Gln. (14.21), (14.22) und (14.23) kann der hydrostatische Druck im i-ten Siebröhrenglied berechnet werden:

Die Konzentration in derselben Zelle ist gegeben durch:

$$C_i(t + \Delta t) = C_i(t) + \frac{(r_i + J_{s_{i-1}}C_{i-1}A_{s_{i-1}} - J_{s_i}C_i A_{s_i})\Delta t}{V_i}, \quad (14.25)$$

wobei r = Beladungsrate in $\mu g \cdot s^{-1}$, t = Zeit in s und V = Volumen in cm^3.

Eine steady-state-Lösung für die Gln. (14.21), (14.22), (14.23), (14.24) u. (14.25) wurde auf iterativ-numerischem Wege im Computer gefunden. Die verwendeten Werte für L_p, L_s und r werden unten beschrieben. Ausgehend von 0 oder niedrigen Werten für die Variablen, nämlich $J_s = 0$, $J_w = 0$ und $C = 5 \cdot 10^{-4}$ µg Rohrzucker $\cdot cm^{-3}$ (5%ige Lösung) in der source-Region wurden neue Werte für C aus Gl. (14.25) errechnet. Neue Werte für P wurden aus Gl. (14.24), für J_s aus Gl. (14.22) und für J_w aus den Gl. (14.21) und (14.23) errechnet. Dieser Prozeß wurde vielfach wiederholt und führte schließlich zu einer asymptotischen Näherung der Variablen an die steady-state-Werte; nur diese, die zeitunabhängig sind, können als physiologisch bedeutsam betrachtet werden.

Die in das Modell eingesetzten Dimensionen gelten für die Zuckerrübe und sollen den Assimilattransport von einem vollentwickelten source-Blatt zu einem im Wachstum begriffenen, Assimilat-importierenden sink-Blatt simulieren. Die Querschnittsfläche nimmt von der source-Region in gleichmäßigen Schritten von 3,14 µm² bis 78,5 µm² zu, bleibt in der Transportregion konstant bei 78,5 µm² und nimmt in der sink-Region wieder gleichmäßig von 78,5 µm² auf 3,14 µm² ab (Abb. 14.75). Diese Änderungen in der Querschnittsfläche basieren auf dem Befund, daß eine lineare Beziehung zwischen der Größe der Blattfläche und der Querschnittsfläche des diese Fläche versorgenden Phloems besteht. Im Zuckerrübenblatt wird 1 cm² Fläche von 70 cm der feinsten Blattleitbündel (praktisch eine Siebröhre) versorgt. Da der Blattstiel der Zuckerrübe 350 Siebröhren enthält, würden bei einem 50 cm²-Blatt etwa 7 Siebröhren 1 cm² versorgen; auf 1 Siebröhre kämen demnach etwa 10 cm der feinsten Blattadern. In unserem Modell sind die source-, Transport- und sink-Region je 9,6 cm lang und aus je 480 Siebröhrengliedern zusammengesetzt.

Wenn 70 cm Siebröhrenlänge 1 cm² des source-Blattes versorgen, ergibt dies bei einer Länge des einzelnen Siebröhrenglieds von 200 µm 3500 derartige Elemente pro cm² source-Blatt. Da für 1 cm² Blattfläche eine Exportrate von 0,71 µg Rohrzucker $\cdot min^{-1}$ festgestellt wurde, ergibt sich daraus eine Beladungsrate von $3,4 \cdot 10^{-6}$ µg $\cdot s^{-1}$ pro Siebröhrenglied.

Weiterhin ist bei der Zuckerrübe der mittlere Durchmesser der Siebporen 0,2 µm, die Siebplattendicke 0,4 µm und die gesamte Siebporenfläche nimmt etwa 50% der Siebplattenfläche ein. Nimmt man eine 15%ige Rohrzuckerlösung als Transportlösung an (Viskosität $\eta = 1,40 \cdot 10^{-2}$ poise bei 25° C), so erhält man nach Gl. (14.15) für die Siebplatte einen L_s-Wert von $11,23$ cm $\cdot s^{-1} \cdot$ atm^{-1}. In der Transportregion ergibt sich aus einer Querschnittsfläche von 78,5 µm² (Durchmesser 10 µm) und einer Siebröhrengliedlänge von 200 µm ein L_s für das Siebröhrenelement (ohne die Siebplatte) von $112,3$ cm $\cdot s^{-1} \cdot$ atm^{-1}. Kombiniert man die L_s-Werte der Siebröhre und der Platte, so erhält man einen Gesamtwert für L_s für das Siebröhrenglied von $10,2$ cm $\cdot s^{-1} \cdot$ atm^{-1} [3].

Trägt man die im Computer auf diese Weise im steady state erhaltenen Werte für die Volumenflux-Rate der Lösung entlang der Siebröhre (J_{s_i}; A_{s_i}), für die Wasserflux-Rate in die Siebröhren (J_{w_i}; A_{p_i})

$$P_i = \frac{L_p A_{p_i}(\psi_0 + C_i RT) + L_s A_{s_{i-1}}(1 - \alpha C_{i-1})P_{i-1} + L_s A_{s_i}(1 - \alpha C_i)P_{i+1}}{L_p A_{p_i} + L_s A_{s_{i-1}}(1 - \alpha C_{i-1}) + L_s A_{s_i}(1 - \alpha C_i)}. \quad (14.24)$$

---

[3] Nach Hagen-Poiseuille (Gl. (14.15)) ist die Siebplattenleitfähigkeit in $cm^3 \cdot dyn^{-1} \cdot s^{-1}$ gegeben durch:

$$L_{s(Platte)} = F \frac{r^2}{8\eta l},$$

wobei F = die von Poren eingenommene Fläche der Siebplatte, r = Porenradius in cm, l = Plattendicke in cm, η = Viskosität in poise. Die Leitfähigkeit der Siebröhre ist gegeben durch:

$$L_{s(Röhre)} = \frac{R^2}{8\eta l},$$

wobei R = Röhrenradius, L = Länge des Siebröhrenglieds in cm. Die Gesamtleitfähigkeit eines Siebröhrenglieds entspricht:

$$L_{s(total)} = (L_s^{-1}{}_{(Röhre)} + L_s^{-1}{}_{(Platte)})^{-1}.$$

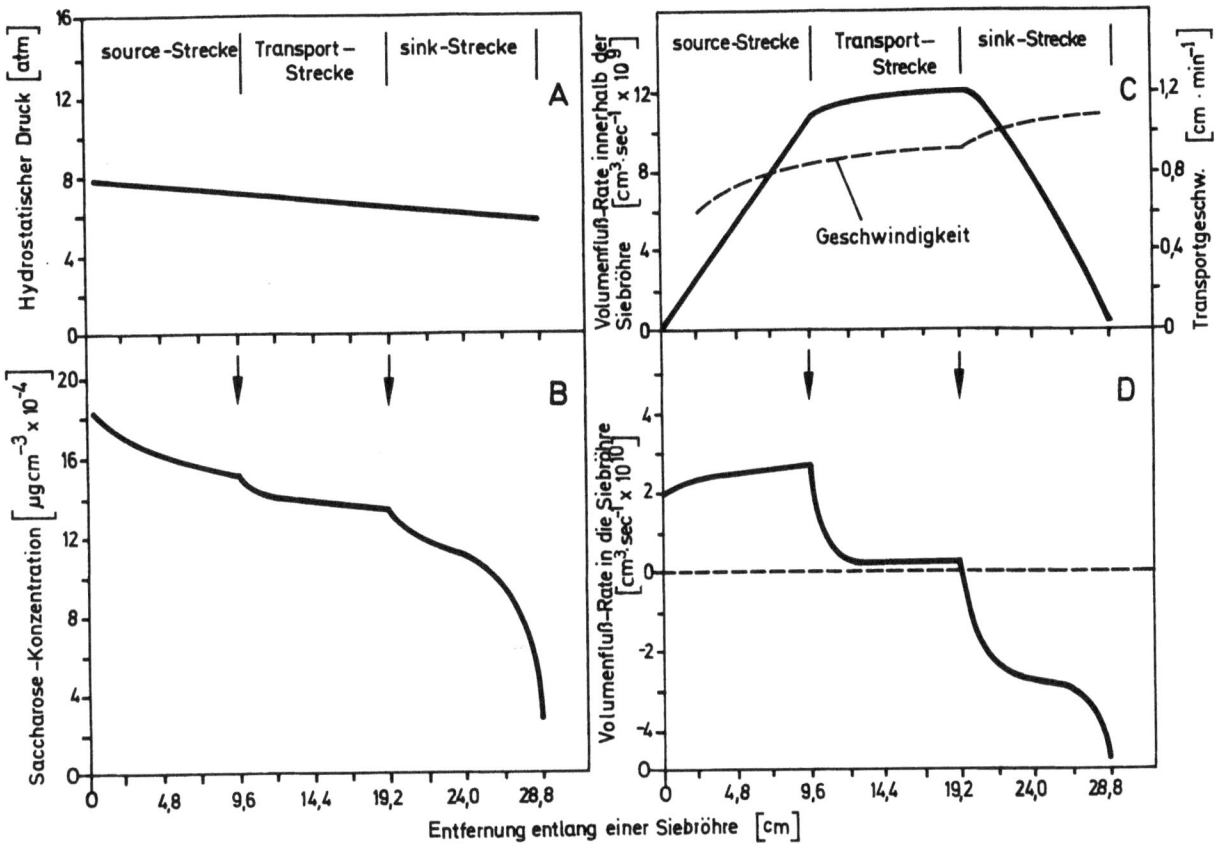

Abb. 14.77. Ergebnisse der steady-state Lösung der Modellrechnung, wobei $Lp = 5{,}0 \cdot 10^{-7}$ cm·s^{-1}·atm^{-1} und $Ls = 10{,}2$ cm·s^{-1}·atm^{-1} beträgt. (A) Hydrostatischer Druck längs der Siebröhre. (B) Saccharose-Konzentration längs der Siebröhre. (C) Volumenfluß-Rate im Innern der Siebröhre (———) und Geschwindigkeit der Strömung (– – –). (D) Volumenfluß-Rate in die Siebröhre; positive Werte zeigen Fluß in die Siebröhren hinein und negative Fluß aus den Siebröhren heraus an. (Aus Christy u. Ferrier)

sowie für P und C als Funktion der Transportstrecke an, so erhält man die Kurven in Abb. 14.77. Dabei wurde für L_p ein Wert von $5 \cdot 10^{-7}$ cm·s^{-1}·atm^{-1} und für L_s 10,2 cm·s^{-1}·atm^{-1} angenommen. Der osmotische Gradient in der Transportregion wurde zu 12,0 atm·m^{-1} (ein sehr hoher Wert!), der hydrostatische Gradient im selben Bereich zu 7,1 atm·m^{-1} und die Geschwindigkeit (= Volumenflux-Rate/A_{s_i}) in der Mitte der Strecke zu 0,9 cm·min^{-1} berechnet.

In der source-Region nimmt die Volumenflux-Rate in der Siebröhre zu, wenn mehr Zucker und Wasser in die Siebröhre gelangen (Abb. 14.77C), während in der sink-Region die Fluxrate abnimmt, wenn Wasser und Zucker die Siebröhre verlassen. Die Geschwindigkeit nimmt über die ganze Transportstrecke hin zu (Abb. 14.77C), in der sink-Region deshalb, weil die Querschnittsfläche schneller abnimmt als die Volumenflux-Rate.

An den Übergangsstellen von der Beladungs- zur Transport- und von dieser zur Entladungsregion sind starke Änderungen in der Konzentration und in den Volumenflux-Raten in die Siebröhren hinein und in diesen festzustellen. Derartige Änderungen sind sicher auch in der Pflanze selbst zu erwarten, wobei ihr Ausmaß von der Schärfe des Überganges abhängen wird.

Von den zur Charakterisierung des Modells verwendeten Konstanten ist L_p, die Durchlässigkeit der seitlichen Membran, die empirisch ungesichertste, hinsichtlich ihres Einflusses auf den Stofftransport aber eine der bedeutsamsten. Es wurden daher Lösungen für L_p-Werte von $1 \cdot 10^{-7}$ bis $5 \cdot 10^{-6}$ cm s^{-1} atm^{-1} ermittelt (Abb. 14.78). Eine Steigerung des L_p fördert den Wassereintritt in die Siebröhre und setzt dadurch die Zuckerkonzentration herab. Da unter steady-state-Bedingungen die pro Zeiteinheit transportierte Zuckermenge konstant ist, müssen kompensatorische Änderungen in der Geschwindigkeit und/oder Konzentration erfolgen. Eine Steigerung der Geschwindigkeit bei höheren L_p-Werten setzt eine Erhöhung des Gadienten im hydrostatischen Druck voraus. Wenn L_p zunimmt, verschwindet die Differenz zwischen den Gradienten des osmotischen und des hydrostatischen Druckes, da die benötigte Wasserpotentialdifferenz über die seitliche Membran vermindert wird.

Auch L_s wird von zahlreichen Variablen beeinflußt, z. B. vom Porenradius, der Zahl der Poren pro Siebplatte, der Beschaffenheit (Füllung?) der Siebporen, der Zahl der Siebplatten pro Längseinheit der Siebröhre; die empirischen Werte sind ebenfalls recht unsicher. Um diese Effekte in ihrer Wirkung auf das

Biomechanik

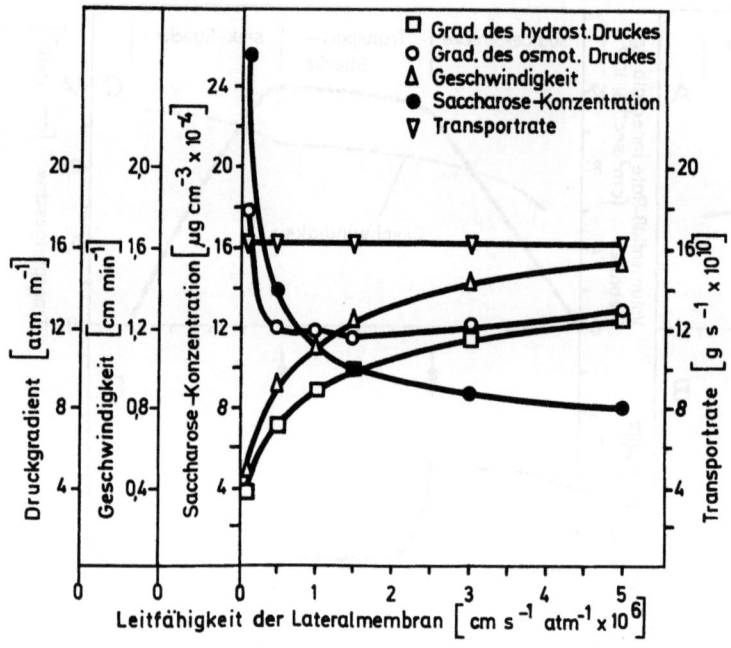

Abb. 14.78. Einige wichtige Transportparameter nach der steady-state-Lösung des Modells als eine Funktion der Leitfähigkeit der Lateralmembran. Die osmotischen und hydrostatischen Druckgradienten im Transportabschnitt, Geschwindigkeit und Konzentration in der Mitte des Transportabschnittes, sowie Transportrate · L_s = 10,2 cm·s^{-1}·atm^{-1}. (Aus Christy u. Ferrier)

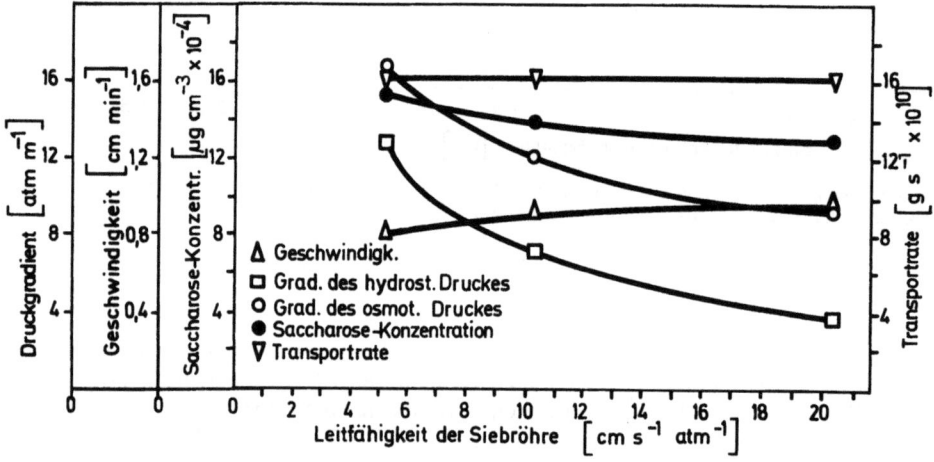

Abb. 14.79. Osmotische und hydrostatische Druckgradienten im Transportabschnitt, Geschwindigkeit und Konzentration in der Mitte des Transportabschnittes und Transportrate als eine Funktion der Leitfähigkeit der Siebröhren. Werte aus der steady-state-Lösung der Modellrechnung mit L_p = 5,0·10^{-7} cm·s^{-1}·atm^{-1}. (Aus Christy u. Ferrier)

Modell auswerten zu können, wurde L_s von 5,1 bis 20,4 cm · s^{-1} · atm^{-1} variiert (Abb. 14.79). Eine Zunahme des L_s-Wertes ermöglicht eine höhere Fluxrate in der Siebröhre, was wieder zu kompensatorischen Änderungen in der Geschwindigkeit und Konzentration führt. Bemerkenswerterweise ist die Zunahme der Geschwindigkeit in diesem Falle mit einer Abnahme der notwendigen Druckgradienten verbunden.

Tabelle 14.7. Vergleich der Daten aus dem Modell mit empirischen Daten über einen Bereich der L_p-Werte von 1,0 · 10^{-7} bis 5,0 · 10^{-6} cm · s^{-1} · atm^{-1} bei einem konstanten L_s von 10,2 cm · s^{-1} · atm^{-1}. Alle Werte des Modells wurden für die Mitte des Transportabschnittes berechnet (nach Christy u. Ferrier)

	Modell	Empirische Werte
Geschwindigkeit (cm · min^{-1})	0,48– 1,55	0,4– 1,9
Konzentration (%)	9,0 –25,6	8,8–25
Osmotischer Druck (atm)	5,7 –18,0	18,04–24
Hydrostatischer Druck (atm)	2,7 –13,5	15–20
Spezifischer Massentransport (g · Std^{-1} · cm^{-2} Siebröhre)	7,3	10–25

Wenn L_s zunimmt, L_p aber konstant bleibt, so nimmt der Gradient im hydrostatischen Druck, der für eine bestimmte Strömungsgeschwindigkeit in den Siebröhren benötigt wird, ab, während die Wasserpotentialdifferenz über die seitliche Membran, die für die Bewegung einer gegebenen Menge Wassers benötigt wird, konstant bleibt. Wenn L_s zunimmt, nehmen also sowohl der hydrostatische wie der osmotische Druckgradient ab.

Die in diesem Modell erhaltenen theoretischen Werte sind von empirisch erhaltenen nicht sehr weit entfernt (Tabelle 14.7). Damit ist vor allem erhärtet, daß der hydrostatische Druckgradient, der für eine Lösungsströmung in den Siebröhren mit der beobachteten Geschwindigkeit und mit dem gemessenen spezifischen Massentransport benötigt wird, durch die Wasserpotentialdifferenz zwischen den Siebröhren und der Umgebung erzeugt werden kann. Damit ist eine wesentliche Voraussetzung für die Druckströmung in den Siebröhren im Münchschen Sinne gegeben.

Literaturauswahl

Briggs, G. E.: Movement of water in plants. Oxford-Edinburgh: Blackwell 1967.
Christy, A. L., Ferrier, J. A.: A mathematical treatment of Münch's pressure-flow hypothesis of phloem translocation. Plant Physiol. **52**, 531–538 (1973).
Crafts, A. S., Crisp, C. E.: Phloem transport in plants. San Francisco: Freeman 1971.
Huber, B.: Die Saftströme der Pflanzen. Berlin-Göttingen-Heidelberg: Springer 1956.
Lüttge, U.: Stofftransport der Pflanzen. Berlin-Heidelberg-New York: Springer 1973.
Zimmermann, M. H., Brown, C. L.: Trees, structure and function. Berlin-Heidelberg-New York: Springer 1971.

14.7. Schallrezeption am Beispiel höherer Säugetiere und des Menschen

Eberhard Zwicker

14.7.1. Einleitung

Unter Schallrezeption wird die Wahrnehmung von Hörempfindungen verstanden, die durch physikalische Schallreize hervorgerufen werden. Häufig werden zwei grundsätzlich verschiedene Bereiche der Reizverarbeitung im Gehör unterschieden. Im einen Bereich werden Schallschwingungen unter Beibehaltung des Schwingungscharakters verarbeitet. Dieser Teil kann als Antransportorgan bezeichnet werden. Am Ende des Antransportorgans werden die vorverarbeiteten Schwingungen Sinneszellen zugeführt, welche die mechanischen Schwingungsvorgänge in elektrische Aktionspotentiale umcodieren. Hier beginnt des Gehörorgans zweiter Teil, in welchem die neuronale Verarbeitung durchgeführt wird, die letzlich zur Hörempfindung führt. Diese Zweiteilung des Sinnesorgans „Gehör" kann bei allen Tierarten sowie bei allen anderen Sinnesorganen durchgeführt werden und erleichtert das Verständnis wesentlich.

Weil das Gehör höherer Säugetiere nach allem, was bisher bekannt wurde, demjenigen des Menschen sehr ähnlich ist, können psychophysikalische Untersuchungsergebnisse (quantitative Aussagen von Versuchspersonen über Hörempfindungen) mit physiologischen Untersuchungsergebnissen (neurophysiologische Ableitungen) und morphologischen Beobachtungen an Säugetieren und Menschen verglichen und gemeinsam diskutiert werden.

Aus den zahlreichen Eigenschaften des Gehörs sollen im folgenden das Frequenzauflösungsvermögen und das Zeitauflösungsvermögen exemplarisch herausgegriffen und unter den genannten Gesichtspunkten besprochen werden. Zunächst wird jedoch der Aufbau des Gehörs beschrieben.

14.7.2. Gehörorgan

14.7.2.1. Außenohr

Was im allgemeinen Sprachgebrauch als „Ohr" bezeichnet wird, ist das Außenohr. Es ist bei verschiedenen Tieren unterschiedlich ausgebildet und kann häufig in Form und Richtung verändert werden. Dies ist sinnvoll, denn das Außenohr hat im wesentlichen die Aufgabe, möglichst viel Schallenergie und diese möglichst nur aus der interessierenden Richtung aufzufangen und über den Gehörgang zum Trommelfell weiterzuleiten. In Abb. 14.80 sind Außenohr, Gehörgang, Mittelohr und Innenohr des Menschen schematisch dargestellt. Der Gehörgang bietet einerseits Schutz vor einer Beschädigung des Trommelfells und des Mittelohres, andererseits ist er notwendig, weil das Innenohr möglichst nahe am Gehirn liegen (kurze Nervenleitung) und im Knochen der Schädelkapsel (störungsfrei) lagern muß. Der Gehörgang beeinflußt die Aufnahme von Schallschwingungen hoher Frequenzen wesentlich.

14.7.2.2. Mittelohr

Der Schall, der das Außenohr trifft, besteht aus Schwingungen der Luftteilchen. Im Innenohr befindet sich Lymphe, welche auch die Sinneszellen umgibt. Zur Anregung der Sinneszellen sind Schwingungen in der Lymphflüssigkeit nötig. Die Schwingungen in Luft (kleine Kräfte, große Auslenkungen) müssen also in Schwingungen in wasserähnlicher Lymphe (große Kräfte, kleine Auslenkungen) übergeführt werden. Weil der Schallwellenwiderstand $\varrho \cdot c$ (ϱ = Dichte des Mediums, c = Fortpflanzungsgeschwindigkeit des Schalles im Medium) in Luft mehr als 1000 mal geringer ist als in Wasser, muß eine Transformation im Mittelohr stattfinden, durch welche die Widerstände aneinander angepaßt werden. Bei elektrischen Schwingungen werden dazu Transformatoren benützt. Bei mechanischen Schwingungen (fester Körper) kann dies durch Hebelübersetzungen erfolgen. Genau dies ist die Aufgabe des Mittelohres: Die trichterförmige, sehr leichte, aber stabile Membran des Trommelfelles fängt die Luftschwingungen auf. Das Trommelfell arbeitet in einem großen Frequenzbereich als Druckempfänger; es ist mit dem „Hammerstiel" fest verbunden (Abb. 14.80). Über die aus sehr hartem Knochen bestehenden Gehörknöchelchen Hammer, Amboß und Steigbügel werden die Schwingungen des Trommelfelles auf die Steigbügelfußplatte übertragen. Diese bildet zusammen mit der sie umgebenden ringförmigen Membran des ovalen Fensters den Eingang zum Innenohr. Neben der Hebelübersetzung, welche die Gehörknöchelchen leisten, wird vom Mittelohr auch eine Transformation entsprechend dem Verhältnis der Fläche des Trommelfelles zur Fläche des ovalen Fensters durchgeführt. Beides zusammen wirkt so, daß beim Menschen im mittleren Frequenzbereich um 1 kHz das mit Gehörknöchelchen und Innenohr bela-

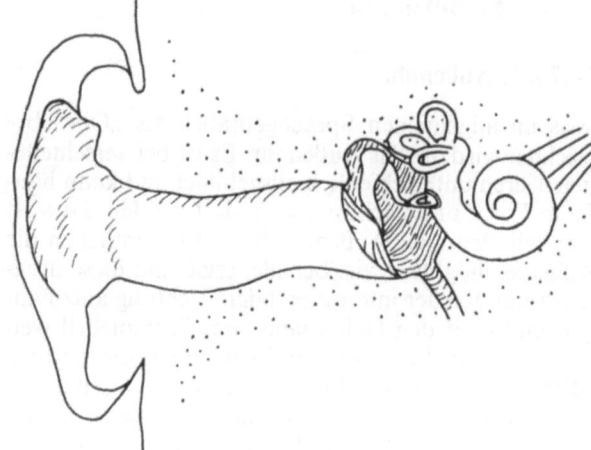

Abb. 14.80. Schematische Darstellung von Außenohr, Gehörgang, Mittelohr und Innenohr des Menschen

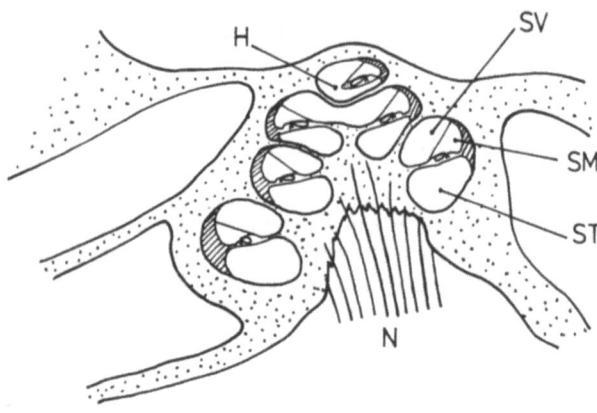

Abb. 14.81. Schnitt durch das Innenohr des Totenkopfaffen mit Scala vestibuli (*SV*), Scala media (*SM*), Scala tympani (*ST*), Helicotrema (*H*) und Hörnerv (*N*). [Nach Igarashi, M.: US Naval School, Pensacola, Florida, Monogr. **8** (1964)]

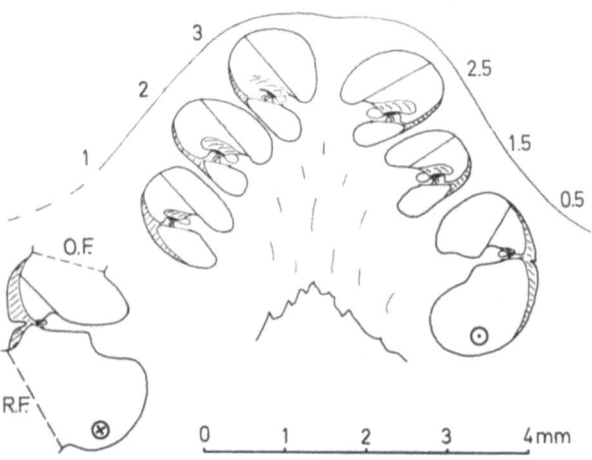

Abb. 14.82. Schnitt durch das Innenohr des Hausschweines mit 3 Windungen. Der Schneckeneingang mit ovalem Fenster (*O.F.*) und rundem Fenster (*R.F.*) ist in die Zeichenebene verschoben. [Nach Zwicker, E.: Acustica **25**, 232–239 (1971)]

stete Trommelfell genau an den akustischen Wellenwiderstand der Luft angepaßt ist.

Der Mittelohrraum ist über die Eustachische Röhre (Abb. 14.80) mit dem Rachenraum verbunden. Normalerweise ist diese Verbindung geschlossen, nur beim Schlucken öffnet sie sich kurzzeitig, so daß ein Druckausgleich stattfinden kann, wenn durch äußere Einflüsse, die Über- bzw. Unterdrucke zur Folge haben (z. B. Bergfahrten, Benützung von Aufzügen), die Ruhestellung des Trommelfelles und damit auch der nachfolgenden Gehörknöchelchenreihe verändert worden ist.

14.7.2.3. Innenohr

a) Struktur

Das Innenohr ist in sehr hartem Knochen, dem Felsenbein, eingelagert. Es hat die Form einer Schnecke und ist mit Lymphflüssigkeit gefüllt. Da sowohl die Flüssigkeit als auch der umgebende Knochen weitgehend inkompressibel sind, muß sich eine am ovalen Fenster aufgebrachte Schwingung an einer zweiten Membran, dem runden Fenster (s. Abb. 14.82), ausgleichen können. Ein Schnitt, der jedoch nicht genau durch die Schneckenachse verläuft, ist für das Innenohr des Totenkopfaffen in Abb. 14.81 gezeigt. Es besteht aus etwa 2,7 Windungen. Von der Schneckenbasis bis zur Schneckenspitze wird der Innenraum durch die knöcherne Trennwand und die daran anschließende Basilarmembran in 2 Teile geteilt, die Scala vestibuli mit Scala media, und die Scala tympani. Die Teilung reicht jedoch nicht ganz bis zur Spitze der Schnecke; vielmehr ist dort eine Verbindung, das Helicotrema, zwischen beiden Skalen vorhanden. Ein ganzes Bündel von Nervenfasern führt aus der Schneckenachse heraus ins Gehirn.

Beim Hausschwein weist die Schnecke etwas mehr als 3 Windungen auf. In Abb. 14.82 ist ein schematischer Schnitt dargestellt, wobei der Schneckeneingang (ovales und rundes Fenster) in die Schnittebene verschoben und gekippt wurde. Auffällig gegenüber der Struktur des Innenohres beim Totenkopfaffen, die derjenigen des Menschen gleicht, ist die größere Scala media, in der besonders die Deckmembran wesentlich mehr Raum einnimmt. In Abb. 14.82 ist auch ein Vergleichsmaßstab angegeben: Der Schneckenkanal hat einen Durchmesser von etwa 1 mm.

Schnitte durch die Schneckenkanäle von Totenkopfaffe und Hausschwein sind für die drei Windungen in Abb. 14.83 direkt vergleichbar. An der Unterkante der von links hereinragenden knöchernen Trennwand ist die Basilarmembran befestigt, die bis zur anderen Seite des Kanals reicht. Auf ihr liegt das wallförmige Cortische Organ, in dem links von den auffallenden Pfeilerzellen eine Reihe von inneren Sinneszellen angeordnet ist, während rechts davon 3 Reihen von äußeren Sinneszellen liegen (s. auch Abb. 14.85). Von der Oberkante der knöchernen Trennwand geht die Deckmembran aus. Sie ist ein aus

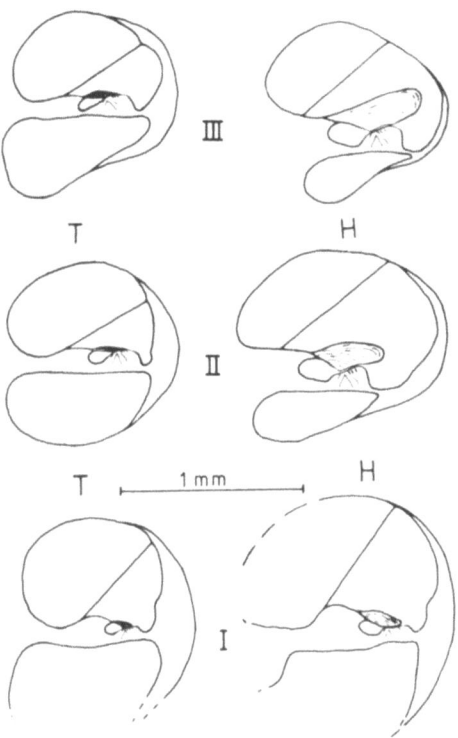

Abb. 14.83. Querschnitte durch die Schneckenkanäle des Totenkopfaffen (*T*) und des Hausschweines (*H*) in den 3 Windungen *(I, II, III)* zum Vergleich. (Nach Zwicker, E.: In: Akustik und Schwingungstechnik. Berlin: VDE Verlag 1972)

Fibrillen bestehendes schwammähnliches Gebilde, das beim Totenkopfaffen flach und schmal (nur bis zu den äußeren Sinneszellenreihen reichend), beim Hausschwein jedoch dick und breit ist (über das Cortische Organ hinausreichend). Die Deckmembran und der Wall des Cortischen Organes umschließen zusammen mit der (in Abb. 14.83 rechten) Berandung der knöchernen Trennwand einen ebenfalls mit Lymphe gefüllten Kanal, den inneren Sulcus.

Die Basilarmembran und die Deckmembran sind am Schneckeneingang (basale Windung, I) schmal, an der Schneckenspitze (apikale Windung, III) jedoch etwa 3 mal breiter. Über der Deckmembran liegt noch die Reissnersche Membran. Sie ist sehr dünn und hat offenbar nur die Funktion, die Scala media gegen die Scala vestibuli abzugrenzen. Dies ist notwendig, weil in der Flüssigkeit der Scala media, der Endolymphe, die Kalium-Ionen-Konzentration wesentlich größer ist als in der Flüssigkeit der Scala vestibuli und der Scala tympani, der Perilymphe. In der Perilymphe herrscht die Natrium-Ionen-Konzentration vor, so daß die mit Endolymphe gefüllte Scala media gegenüber der Umgebung ein um 80 mV höheres Potential besitzt.

Abgesehen von der Breite und der Dicke der Deckmembran ist die Struktur des Innenohres bei allen höheren Säugetieren und auch beim Menschen fast gleich.

b) Hydromechanik des Innenohres

Über die Schwingungsform der Basilarmembran bei Anregung des ovalen Fensters hat insbesondere der Nobelpreisträger v. Békésy viele experimentelle Untersuchungen durchgeführt. Er hat dabei die Scala media als ein im ganzen schwingendes System betrachtet. Für diese Näherung weisen die Basilarmembran und die Reissnersche Membran dieselbe Auslenkung auf, bzw. verursachen dieselben Volumenverschiebungen für übereinander liegende Ausschnitte. Unter diesen Einschränkungen reicht es aus, lediglich die Auslenkung der Basilarmembran zu beschreiben, was in diesem Abschnitt getan werden soll.

V. Békésy konnte bei seinen Untersuchungen die Vorstellung von Helmholtz bestätigen, daß tiefe Frequenzen die Basilarmembran in der Nähe des Helicotrema, hohe Frequenzen dagegen in der Nähe des ovalen Fensters in Querschwingungen versetzen. Völlig neu war jedoch die Entdeckung von Wanderwellen im Gegensatz zu den früher angenommenen stehenden Wellen. Diese Wanderwellen der Querauslenkung der Basilarmembran beginnen beim ovalen Fenster mit sehr kleiner Amplitude, wachsen langsam an, erreichen an einer bestimmten Stelle ihr Maximum und nehmen danach gegen das Helicotrema hin rasch ab. In Abb. 14.84 sind die Auslenkungen y der Basilarmembran für 3 Frequenzen über der vom Helicotrema bis zum ovalen Fenster ausgestreckten Schnecke aufgezeichnet. Für die Frequenz 300 Hz ist die Welle für denjenigen Augenblick, in dem sie ihr Maximum erreicht (durchgezogen), und für einen um eine Viertelperiode früheren Zeitpunkt (gestrichelt) dargestellt, damit der Charakter der Wanderwelle deutlich wird, die keine Knoten und Bäuche wie die stehende Welle besitzt. Aus den Umhüllenden (punktiert) wird deutlich, wie die Amplituden der Wanderwellen anwachsen und abfallen. Besonders markant ist die klare Transformation der verschiedenen erregenden Frequenzen in verschiedene Orte der Maximalauslenkung. Wenn also ein 300 Hz-Ton, ein 1,5 kHz-Ton und ein 8 kHz-Ton gleichzeitig dargeboten werden, so werden diese Töne zwar vom Trommelfell gemeinsam aufgenommen und gemeinsam zum ovalen Fenster übertragen. Im Innenohr jedoch findet eine Trennung entsprechend Abb. 14.84 statt, so daß jeder Ton einen anderen Bereich der Basilarmembran zum Schwingen bringt. Das Innenohr führt also eine Frequenz-Orts-Transformation durch, es besitzt ein Frequenzauflösungsvermögen.

Die Auslenkungen der Basilarmenbran sind sehr klein. Normale Umgangssprache erzeugt Schalldrucke von etwa 0,02 N/m^2, was einem Schallpegel von 60 dB entspricht. Die dazu gehörenden Schwingungsamplituden der Basilarmembran betragen einige Zehntel von nm, sie sind also in der Größe von Atomdurchmessern. An diesen Zahlen wird die außerordentlich große Empfindlichkeit des Gehörs deutlich. Wie sie zustande kommt, ist noch Gegenstand von Forschungen, deren Vorstellungen und erste Ergebnisse im nächsten Abschnitt diskutiert werden.

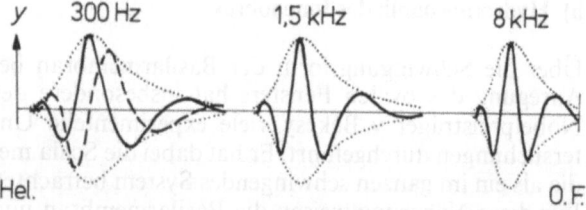

Abb. 14.84. Wanderwellen (durchgezogen und gestrichelt) der Querauslenkung y der Basilarmembran, die von Tönen mit den Frequenzen 300 Hz, 1,5 kHz und 8 kHz im ausgestreckten, vom Helicotrema (*Hel.*) bis zum ovalen Fenster (*O.F.*) reichenden Innenohr erzeugt werden. Punktiert sind die Umhüllenden der Wanderwellen eingetragen

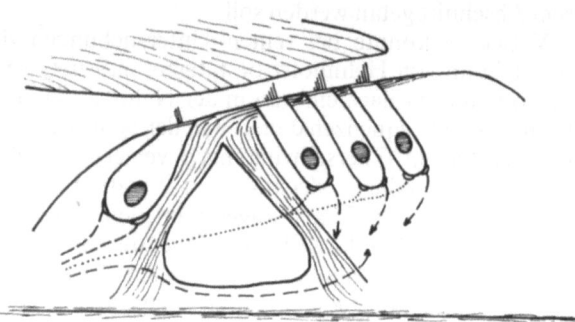

Abb. 14.85. Schematische Darstellung der Umgebung der Sinneszellen und der dazugehörenden Nerven: Unten die Basilarmembran, auf ihr sich abstützend die Pfeilerzellen, links davon die inneren Haarzellen, rechts davon die drei äußeren Haarzellen, darüber die Deckmembran

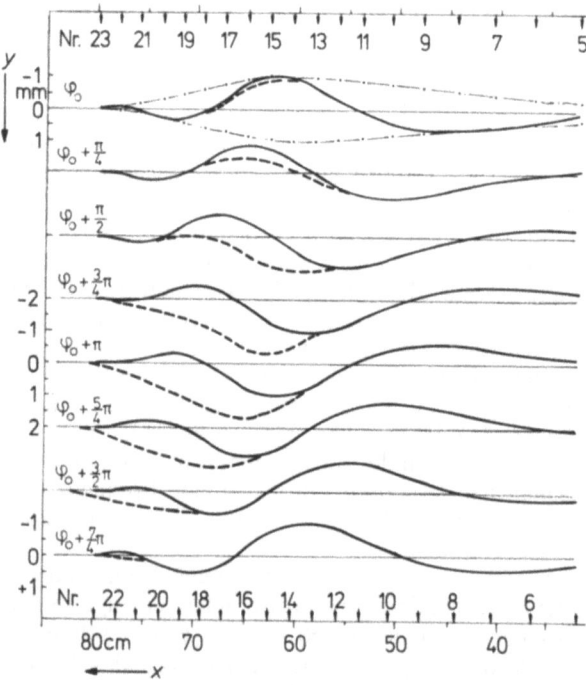

Abb. 14.86. Querauslenkung der Basilarmembran (durchgezogen) und der Deckmembran (gestrichelt) als Funktion des Ortes x in einem 200fach vergrößerten Modell des Innenohres. Parameter ist die Phasenlage während einer Periode. Im obersten Teilbild ist zusätzlich strichpunktiert die Umhüllende der im Modell eingeprägten Basilarmembran-Wanderwelle eingetragen. (Nach Zwicker, E.: In: Facts and Models in Hearing. Berlin-Heidelberg-New York: Springer 1974)

c) Hydromechanik der Scala media

Bei den obengenannten kleinen Auslenkungen der Basilarmembran ist ein direkt damit verbundener Reiz der Sinneszellen kaum denkbar. Vielmehr muß eine Transformation dergestalt stattfinden, daß durch die Auslenkung ein für die Sinneszelle möglichst großer adäquater Reiz entsteht. Bevor diskutiert wird, wie dieser Vorgang ablaufen könnte, soll die Umgebung der Sinneszellen genauer betrachtet werden (Abb. 14.85). Die Sinneszellen besitzen an ihrer Oberseite je etwa 70 haarförmige Stereozilien, die in den Spalt zwischen oberer Begrenzung des Cortischen Organs und unterer Begrenzung der Deckmembran hineinragen. Aus Untersuchungsergebnissen, die an ähnlich aufgebauten Sinneszellen der Seitenlinienorgane der Fische gewonnen wurden, ist bekannt, daß eine Verbiegung der Haare zur Aktivierung dieser Sinneszellen führt. Auf diesen Ergebnissen basierend sind für das Innenohr der Säuger zwei verschiedene Vorstellungen für das Zustandekommen dieser Verbiegungen entwickelt worden.

Die eine geht davon aus, daß die Haarspitzen mit der Deckmembran verbunden oder doch wenigstens in Vertiefungen der Deckmembran eingebettet sind. Die Auf- und Abbewegung der Basilarmembran und des zugehörigen Cortischen Organes würde demnach zu einer Scherbewegung zwischen den Sinneszellen und der Deckmembran führen. Diese Scherung würde die Haare verbiegen und damit die Sinneszellen periodisch mit der Schwingungsfrequenz aktivieren. Diese Vorstellung ist vom Vorgang her recht einsichtig. Quantitative Überlegungen über die Größe der Verbiegung führen jedoch zu Bedenken, da bei kleinen Amplituden die Verbiegungen zu klein werden, bei großen Amplituden — das Gehör nimmt Schalldruckamplituden im Verhältnis $10^6:1$ auf — aber die Verbiegungen zu groß werden und zu einer Zerstörung des Reizmechanismus der Sinneszellen führen.

Die andere Vorstellung geht davon aus, daß die Haarspitzen keine Verbindung mit der Deckmembran haben bzw. sie im Ruhezustand nur berühren. Die Verbiegung der Haare würde bei Auslenkung der Basilarmembran durch Strömungen im Spalt zwischen Cortischem Organ und Deckmembran erfolgen, in den die Haare hineinragen (Abb. 14.85). An stark vergrößerten hydromechanischen Modellen des Innenohres sind die bei wanderwellenförmiger Auslenkung der Basilarmembran entstehenden Vorgänge ausgemessen worden. Abbildung 14.86 zeigt die in einem 200fach vergrößerten Modell gemessene Auslenkung y sowohl der Basilarmembran-Wanderwelle (durchgezogen) als auch der Deckmembran-Wanderwelle (gestrichelt). Dabei ist der Schneckenkanal um 180° gedreht, die Deckmembran also unten. Da im Modell keine Haare nachgebildet sind, ist der Spalt in der Ruhelage geschlossen. Bei Auslenkung öffnet er sich (Unterschied zwischen durchgezogener und gestrichelter Kurve) abhängig von Ort und Phasenlage, d. h. Zeit. Solange der Spalt offen ist, kann durch ihn Flüssigkeit strömen. Ergebnisse am Modell haben gezeigt, daß Flüssigkeit

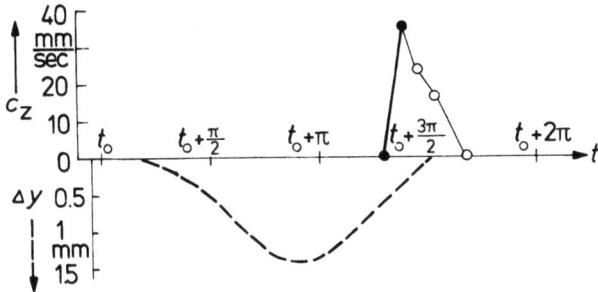

Abb. 14.87. Strömungsgeschwindigkeit c_z aus dem Spalt zwischen Deckmembran und Cortischem Organ heraus an der Stelle $x = 69$ cm im Modell (durchgezogen) und Spaltweite Δy an derselben Stelle jeweils als Funktion der Zeit t innerhalb einer Periode

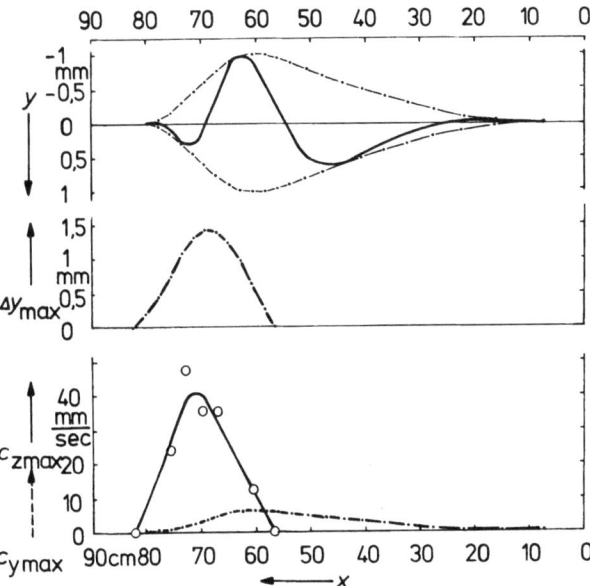

Abb. 14.88. Oben: Umhüllende (strichpunktiert) und Augenblicksauslenkung y (durchgezogen) der eingeprägten Wanderwelle. Mitte: maximale Spaltweite Δy_{max}. Unten: maximale Strömungsgeschwindigkeit $c_{z max}$ aus dem Spalt heraus (durchgezogen) und maximale Geschwindigkeit der Basilarmembranauslenkung $c_{y max}$ jeweils als Funktion des Ortes x [Nach Zwicker, E.: Acustica 31, 47–49 (1974)]

insbesondere aus dem inneren Sulcus heraus durch den Spalt in den großen Endolymphraum der Scala media strömt. Die Strömungsgeschwindigkeit c_4 im Spalt ist in Abb. 14.87 zusammen mit der Spaltöffnung Δy als Funktion der Zeit, d. h. während einer Periode dargestellt. Demnach ist die Spaltströmung impulsförmig und nur kurz vor dem Schließen des Spaltes vorhanden. In Abb. 14.88 sind in Abhängigkeit vom Ort x des Modells (die Gesamtlänge des Modells von etwa 100 cm entspricht einem Ausschnitt des Innenohres von etwa 5 mm Länge) die Auslenkung y der Basilarmembran, die Maximalwerte Δy_{max} der Spaltöffnung, sowie die Strömungsgeschwindigkeiten $c_{z max}$ im Spalt im Vergleich mit den Maximalgeschwindigkeiten $c_{y max}$ der Auslenkung der Basilarmembran aufgetragen. Die Strömung konzentriert sich demnach auf denjenigen Bereich, in welchem die Wanderwelle der Basilarmembran bereits wieder abnimmt. Die Strömungsgeschwindigkeiten im Spalt sind im Maximum etwa 10mal so groß wie die Auslenkungsgeschwindigkeiten der Basilarmembran. Dies könnte als eine Transformation der Wanderwelle zum adäquaten Reiz der Sinneszellen angesehen werden, wobei davon ausgegangen wird, daß die Strömung im Spalt die Haare verbiegt und damit die Sinneszelle aktiviert. Der Zusammenhang zwischen Basilarmembranauslenkungsamplitude und Spaltströmungsamplitude bzw. Verbiegung der Haare der Sinneszellen wird als stark nichtlinear angesehen, so daß diese Strömungen gleichzeitig eine Art Übersteuerungs- und Zerstörungsschutz für die Sinneszellen darstellen.

d) Sinneszellen

Die Anordnung der Sinneszellen in einer inneren Reihe und in drei äußeren Reihen ist in Abb. 14.85 deutlich gemacht. Die Sinneszellen haben einen Abstand von etwa 10 μm innerhalb einer Reihe. Der Abstand der Reihen ist 2–3 mal so groß. Die Haarzellen können als mechanisch gesteuerte Stromquellen angesehen werden. An ihrem basalen Zellteil befinden sich die synaptischen Kontaktstellen für die afferenten und die efferenten Nervenfasern. Zu den inneren Haarzellen führen in radialer Richtung (gestrichelt eingetragen) ausschließlich afferente (zum Gehirn führende) Nervenfasern. Der Verlauf der efferenten (aus dem Gehirn kommenden) Fasern ist noch nicht geklärt. Zu den äußeren Haarzellen kommen (punktiert eingetragen) efferente Fasern radial durch den Tunnel der Pfeilerzellen, während die afferenten Spiralfasern über der Basilarmembran bis zu etwa 1 mm den Haarzellenreihen entlang führen. Die Funktion dieser offenbar typischen Versorgung mit Nervenfasern ist noch unbekannt. Ableitungen von Aktionspotentialen in einzelnen Fasern haben jedoch eindeutig bewiesen, daß die Transformation des mechanischen Reizes so stattfindet, daß die Amplitude des Reizes in die mittlere Impulsrate umcodiert wird, während die Frequenz des Reizes im Impulsabstand zum Ausdruck kommt. Die Aktionspotentiale entstehen, wenn überhaupt, nur zu einem Zeitpunkt, der einer bestimmten Phasenlage des mechanischen Reizes entspricht. Die bisher bekannt gewordenen Befunde weisen darauf hin, daß die Haarzelle nur dann feuert, wenn ihre Haare radial nach außen umgebogen werden.

14.7.2.4. Informationsverarbeitung im Nervensystem

Etwa 35000 Neuronen sind mit den etwa 15000 Sinneszellen des Cortischen Organs verbunden. Die Zellkörper dieser bipolaren Neuronen befinden sich im Ganglion spirale, das weitgehend innerhalb der knöchernen Trennwand im Innenohr liegt. Die zentralen Fortsätze dieser Nervenzellen bündeln sich im Nervus cochlearis und führen weiter zum dorsalen und ventralen Nucleus cochlearis in der Medulla. Hier befinden sich die ersten synaptischen Verarbeitungsmöglichkeiten des Gehirns. Ein Großteil der Nervenverbindungen führt auf die dem beschallten Ohr gegenüberliegende Seite zum Trapezkörper und zur Olive. Von dort aus steigt die Hörbahn zum Mittelhirn auf, wo innerhalb des unteren Vierhügelpaares (Colliculi inferiores) eine starke Quervermaschung zwischen den vom linken und vom rechten Ohr kommenden Nervenleitungen stattfindet. Über das Geniculatum werden die Informationen zum Cortex weitergeleitet. Eine eindeutige Zuordnung der akustischen Reize zu den neuronalen Informationen in den angegebenen Verarbeitungsstufen ist bisher noch nicht gelungen. Zwar sind viele Untersuchungen im Gang, aber die Zuordnung wird offenbar mit höherem Verarbeitungspegel immer schwieriger. Aus der Vielzahl der bekanntgewordenen Ergebnisse sollen diejenigen, die Aufschluß über das Frequenzauflösungsvermögen bzw. das Zeitauflösungsvermögen geben, in den folgenden Abschnitten diskutiert werden.

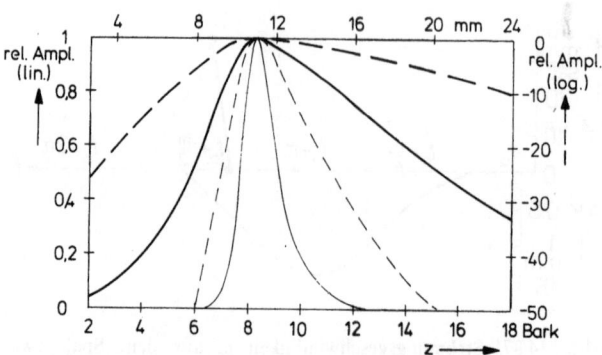

Abb. 14.89. Vergleich zwischen Ortsabhängigkeit der Querauslenkung der Basilarmembran bei Erregung mit einem 1 kHz-Ton (starke Linien) und den aus psychoakustischen Messungen bestimmten Ortsabhängigkeiten (dünne Linien). Die durchgezogenen Kurven gelten für den linken linearen Ordinatenmaßstab, die gestrichelten für den rechten logarithmischen. Abszisse ist der Ort längs der Basilarmembran, oben in mm, unten ausgedrückt in der psychoakustischen Tonheit z in Bark

14.7.3. Frequenzauflösungsvermögen

Bei der Diskussion der Wanderwelle der Basilarmembran wurde schon darauf hingewiesen, daß innerhalb der Hydromechanik des Innenohres eine Transformation verschiedener Frequenzen in verschiedene Orte stattfindet (s. Abschnitt 14.7.2.3b und Abb. 14.84). Solch fundamentale Eigenschaften wie die eines hydromechanischen Filters im Innenohr müssen sich auch in psychoakustischen Meßergebnissen wiederfinden lassen. Die Frequenz-Orts-Transformation konnte zwar psychoakustisch nachgewiesen werden, die Frequenzselektion ist nach psychoakustischen Ergebnissen jedoch etwa 5mal besser als der Querauslenkung der Basilarmembran entsprechen würde. In Abb. 14.89 sind die psychoakustischen Ergebnissen entsprechenden Amplituden durch dünne Linien, die in physiologischen Messungen bestimmte Ortsabhängigkeit der Querauslenkung der Basilarmembran durch dicke Linien dargestellt, und zwar in linearem Maßstab durchgezogen (linke Abszisse), in logarithmischem Maßstab gestrichelt (rechte Abszisse). Die angegebenen Werte gelten für einen 1 kHz-Ton, der eine größte Auslenkung bei einem Ort etwa 11 mm vom Helicotrema entfernt hervorruft. Die untere psychoakustische Skala der Tonheit z ist in Bark beziffert. Die Zuordnung 1,3 mm ≙ 1 Bark macht deutlich, daß die Frequenz-Orts-Transformation auch für die Psychoakustik die überragende Eigenschaft des Gehörs ist.

Wie ausgeprägt diese Selektivität des Gehörs allerdings ist (Vergleich gestrichelter Kurven mit durchgezogenen in Abb. 14.89), darüber ist lange diskutiert worden. Neuere Erkenntnisse deuten darauf hin, daß der Filterwirkung des Innenohres (Querauslenkung der Basilarmembran) noch ein zweites Filter nachgeschaltet ist, das entweder selektiver ist oder die selektive Wirkung des ersten verstärkt. Zunächst wurde an eine neuronale Steigerung der Selektivität durch laterale Inhibition gedacht. Das zweite Filter scheint jedoch trägheitsfrei zu arbeiten und seine Wirkung läßt sich schon in einzelnen Fasern des Nervus cochlearis ausmessen. Dazu wurden mit sehr dünnen Elektroden bei Katzen Ableitungen von Aktionspotentialen durchgeführt. Durch rechnergesteuerte Programme können die Grenzwerte der Schalldruckpegel bestimmt werden, bei denen in Abhängigkeit von der Reizfrequenz die einzelne Faser gerade eine etwas größere Aktivität als die auch ohne Reiz vorhandene Spontanaktivität erreicht. Für 3 Fasern mit verschiedenen charakteristischen Frequenzen ist dieser Schwellen-Schalldruckpegel als Funktion der Frequenz in Abb. 14.90 dargestellt. Dieses Ergebnis kann nicht direkt mit oben gezeigten Darstellungen (z. B. Abb. 14.84) verglichen werden, weil hier eine einzelne Faser, d.h. eine bestimmte Stelle festgehalten und die Frequenz geändert wird. Außerdem sind die Ergebnisse Schwellen zugeordnet und können nicht direkt mit überschwelligen Ergebnissen verglichen werden.

Psychoakustische Meßmethoden sind verhältnismäßig anpassungsfähig, so daß es möglich war, die bei Katzen (Abb. 14.90) gefundenen sogenannten "tuning curves" beim Menschen psychoakustisch nachzumessen. Die Ergebnisse sind in Abb. 14.91 aufgetragen. Auf die Beschreibung der speziellen Schwellenmeßmethode soll verzichtet werden. Die charakteristischen Frequenzen wurden entsprechend dem Verhältnis von 2:1 der Frequenzen der Hörbereiche von Katze zu Mensch gewählt. Die Übereinstimmung der Kurvenverläufe ist überraschend gut, so daß angenommen werden kann, daß die mit psychoakustischen Methoden (sehr hoher Verarbeitungsstufe) bestimmte Frequenzselektivität des Gehörs bereits in den Nervenfasern des Nervus cochlearis (sehr niedere Verarbeitungsstufe) vorhanden ist. Es ist daher wahrscheinlich, daß im hydromechanischen Filtersystem der Cochlea (Abb. 14.84) zusammen mit dem weiteren hydrome-

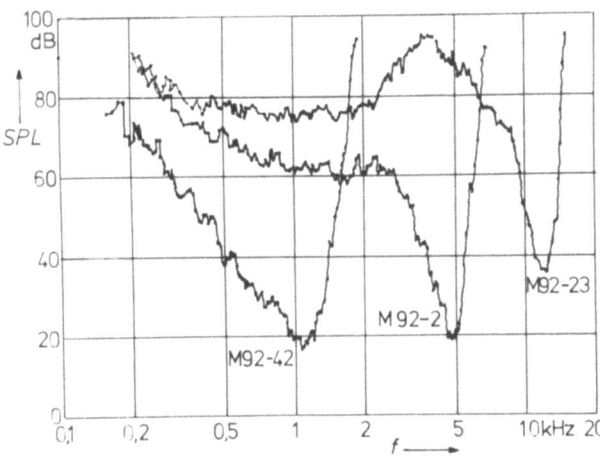

Abb. 14.90. Mit Hilfe eines Rechners gemessene neurophysiologische "tuning curves" von 3 verschiedenen einzelnen Fasern des Nervus acusticus (Katze) mit verschiedenen charakteristischen Frequenzen. Aufgetragen ist der zum Erreichen der Schwelle notwendige Schalldruckpegel SPL eines Tones als Funktion seiner Frequenz. [Nach Kiang, N.Y.S., Moxon, E.C.: J. Acoust. Soc. Amer. 55, 620–630 (1974)]

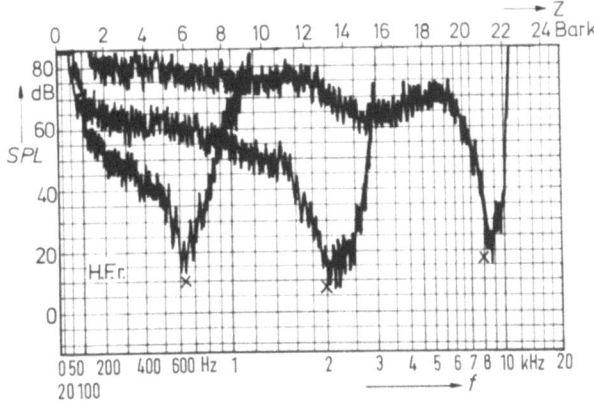

Abb. 14.91. Halbautomatisch registrierte „psychoakustische tuning curves" (Mensch) für charakteristische Frequenzen von 630 Hz, 2 kHz und 8 kHz. Der zum Erreichen des Schwellenkriteriums notwendige Schalldruckpegel SPL eines zusätzlichen Tones ist als Funktion seiner Frequenz f (untere Abszissenskala) bzw. seiner Tonheit z (obere Abszissenskala) aufgetragen. (Nach Zwicker, E.: in: Facts and Models in Hearing. Berlin-Heidelberg-New York: Springer 1974)

chanischen Filtersystem der Scala media (Abb. 14.88) das gesamte Frequenzauflösungsvermögen des Gehörs seine Grundlage hat.

14.7.4. Zeitauflösungsvermögen

Was mit diesem Begriff gemeint ist, kann durch die Beschreibung eines psychoakustischen Experimentes anschaulich gemacht werden: Ein Störschall verursacht, solange er eingeschaltet ist, eine Verschiebung der Ruhehörschwelle nach größeren Schallpegeln, d.h. er verdeckt oder maskiert einen Teil der hörbaren Töne. Wird der Störton wieder abgeschaltet, so geht die angehobene Schwelle innerhalb von etwa 100 ms wieder auf die Ruhehörschwelle zurück. Wird der

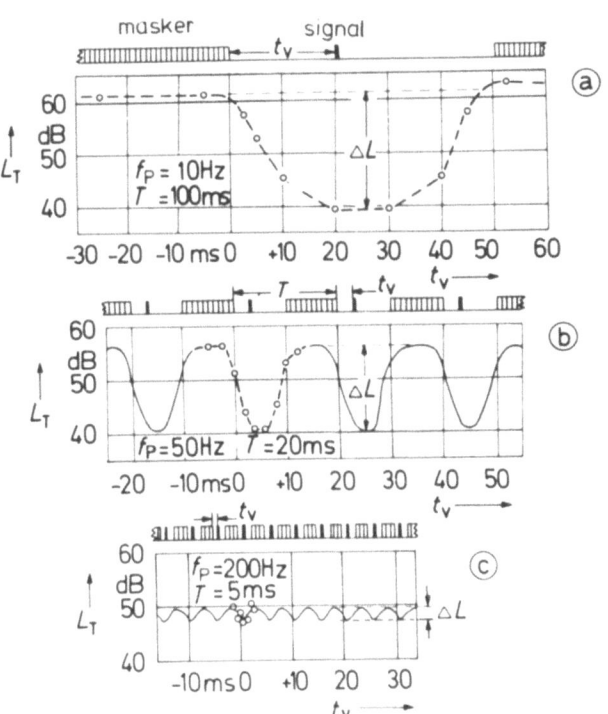

Abb. 14.92. Schwellenschalldruckpegel L_T von 0,5 ms langen Testimpulsen, die durch Störimpulse gleicher Folgefrequenz verdeckt werden, als Funktion der Verzögerungszeit t_v zwischen Störimpulsen und Testimpulsen. Die Folgefrequenz f_p ist angegeben. (Nach Zwicker, E.: In: Akustik und Schwingungstechnik, Düsseldorf: VDI Verlag 1971)

Störschall 10mal pro Sekunde meanderförmig getastet, so entsteht eine Folgefrequenz von 10 Hz, eine Periodendauer von 100 ms und eine Störimpulsdauer = Pausendauer von 50 ms. Wird die Hörschwelle mit sehr kurzen Tonimpulsen bestimmt, so kann die Schwelle zeitlich über die ganze Periodendauer verfolgt werden. Wie in Abb. 14.92a dargestellt, bleibt die Schwelle während des Störimpulses etwa konstant, fällt jedoch während der Pause, ausgehend von 62 dB um ΔL auf etwa 39 dB ab. Wird die Folgefrequenz auf 50 Hz gesteigert, so werden die Pausen nur noch 10 ms lang. Dennoch entsteht ein ΔL von etwa 16 dB (Abb. 14.92b). Wird die Folgefrequenz auf 200 Hz erhöht, so ergibt sich ein ΔL von nur noch 3 dB (Abb. 14.92c). Dies ist etwa die Grenze der Meßgenauigkeit. Bei noch höheren Folgefrequenzen schwanken die Meßpunkte nicht mehr systematisch, sondern statistisch: Das Gehör kann diesen zeitlichen Schwankungen nicht mehr folgen. Die Grenze liegt bei einer Pausendauer von etwa 2 ms. Kürzere Pausendauern können vom Gehör praktisch nicht mehr ausgewertet und auch nur in Ausnahmefällen wahrgenommen werden.

Neurophysiologische Untersuchungen über die Informationsübertragung von Amplitudenschwankungen können ebenfalls mit dem Zeitauflösungsvermögen des Gehörs in Verbindung gebracht werden. Ableitungen von Aktionspotentialen wurden bei Ratten im Nucleus cochlearis durchgeführt. Als Reiz wurden

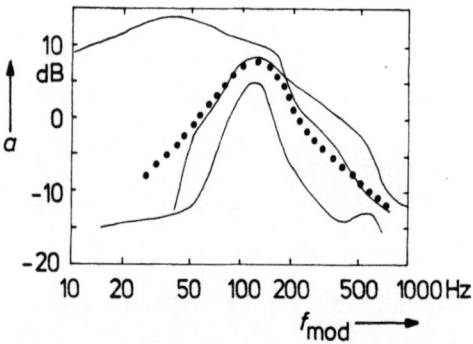

Abb. 14.93. Übertragungsmaß a zwischen der relativen Schwankung der Amplitude des anregenden Schalldruckes und der durch ihn hervorgerufenen relativen Schwankungen der mittleren Nervenimpuls-Rate bei Ableitung im Nucleus cochlearis als Funktion der Modulationsfrequenz f_{mod}. 3 verschiedene Ableitungen: dünne Linien; Mittelwert: punktiert [Nach Møller, A.R.: In: Basic Mechanisms in Hearing (Møller, A.R., ed.). New York-London: Academic Press 1973]

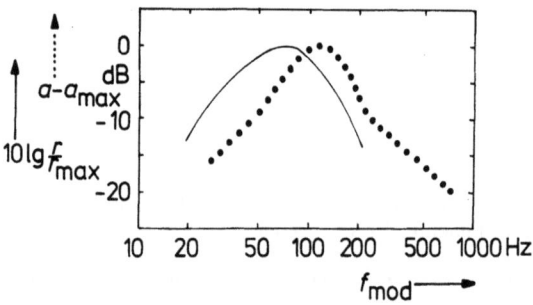

Abb. 14.94. Übertragungsmaß $a-a_{max}$ nach Abb. 14.93 (neurophysiologische Ergebnisse, Ratte) im Vergleich mit der Abhängigkeit der Rauhigkeit (psychoakustische Ergebnisse, Mensch) von der Modulationsfrequenz f_{mod} bei amplitudenmodulierten Sinustönen. Aufgetragen ist der Logarithmus der Rauhigkeit r bezogen auf den bei etwa 70 Hz erreichten Maximalwert r_{max}

amplitudenmodulierte Schalle benutzt. Gemessen wurde das Verhältnis zwischen der realtiven Amplitudenschwankung des Schalles und der relativen Amplitudenschwankung der mittleren Nervenimpuls-Rate. Dieses Verhältnis ist im logarithmischen Maß a in Abb. 14.93 als Funktion der Modulationsfrequenz f_{mod} aufgetragen. Offenbar gibt es verschiedene Fasern: die einen zeigen ein ausgeprägtes Übertragungsmaximum bei etwa 120 Hz, die anderen, weniger häufigen, eine gute Übertragung bis nach tiefen Modulationsfrequenzen. Erstaunlich ist, daß a fast immer positive Werte annimmt, d.h. daß die relativen Schwankungen der Nervenimpuls-Rate größer sind als diejenigen der Reiz-Amplitude. Der Zusammenhang (Mittelwert der 3 Kurven) zwischen a und f_{mod} ist in Abb. 14.93 punktiert eingetragen.

Der Verlauf dieser Kurve ist nach Abb. 14.94 übernommen, jedoch auf den Maximalwert bezogen, so daß das Maximum der Kurve bei 0 dB liegt. Aus psychoakustischen Meßergebnissen ist die Abhängigkeit der Empfindung „Rauhigkeit" von der Modulationsfrequenz für amplitudenmodulierte Töne abgeleitet worden. Sie ist in Abb. 14.94 als durchgezogene Linie eingetragen, wobei ebenfalls auf den hier bei etwa 70 Hz liegenden Maximalwert bezogen wurde. Die neurophysiologischen und die psychoakustischen Ergebnisse zeigen mindestens bezüglich der Abhängigkeit von der Modulationsfrequenz recht gute Übereinstimmung. Die an der Ratte gewonnenen neurophysiologischen Ergebnisse legen im Vergleich zu den am Menschen gewonnenen psychoakustischen Daten nahe, daß die Ratte ein um etwas weniger als den Faktor 2 besseres zeitliches Auflösungsvermögen besitzt als der Mensch.

14.7.5. Funktionsschemata und Funktionsmodelle

In vielen Fällen, insbesondere im Bereich der Untersuchungen über die Verarbeitung akustischer Nachrichten im Menschen, sind neurophysiologische Daten nicht zu gewinnen. Der Zusammenhang zwischen Reiz und Empfindung wird daher aus psychoakustischen Meßergebnissen abgeleitet, wobei auf eine Nachbildung der im einzelnen ablaufenden hydromechanischen und neurophysiologischen Vorgänge mit Absicht verzichtet wird. Lediglich funktionale Zusammenhänge werden nachgebildet. Sie werden meist mathematisch bzw. durch Blockschaltbilder ausgedrückt und als Funktionsschemata bezeichnet. Sie können durch elektronische Baugruppen als ganz spezielle Analogrechner realisiert werden. In dieser Art werden sie Funktionsmodelle genannt.

Ein gemeinsames Funktionsschema für Lautheit und Rauhigkeit soll hier diskutiert werden. Es ist in Abb. 14.95 dargestellt. Der Schalldruck $p(t)$ entspricht dem Schalldruckverlauf, der auf den Beobachter in einer ebenen Welle auftrifft. Die Nachbildung der selektiven Eigenschaften des Gehörs enthält die Frequenz-Orts-Transformation mit der großen Selektivität (Abb. 14.89, durchgezogen). 24 Ausgänge (anstelle der etwa 3000 Sinneszellen je Reihe) reichen für die Beschreibung der Lautheit und der Rauhigkeit aus. Die an den Stellen z_1 bis z_{24} auftretenden Ausgangsspannungen werden „Vorverarbeitungen" zugeführt. Sie enthalten zunächst Gleichrichter, Tiefpässe und Logarithmierglieder. Bis hierher entspricht das Schema einer Nachbildung des Frequenz- und des Zeitauflösungsvermögens des Gehörs. Im folgenden werden Lautheit und Rauhigkeit auf getrennten Verarbeitungswegen erzeugt.

Für die Lautheit folgt eine Multiplikation mit 0,5 und eine Delogarithmierung, was insgesamt einem Wurzelziehen entspricht. Sämtliche 24 Größen $\dot N(t)$ werden zusammenaddiert und dann zeitlich integriert, so daß die z.B. bei Sprache zeitabhängige Lautheit $N(t)$ entsteht.

Die Rauhigkeit wird vom gemeinsamen Punkt aus über je einen Bandpaß und einen Gleichrichter in jedem der 24 Kanäle weiterverarbeitet. Alle 24 Größen $r'(t)$ werden zusammenaddiert. Der Maximalwert der dann entstehenden Größe $r(t)$ ist der Rauhigkeit des Schalles mit der Zeitfunktion $p(t)$ proportional.

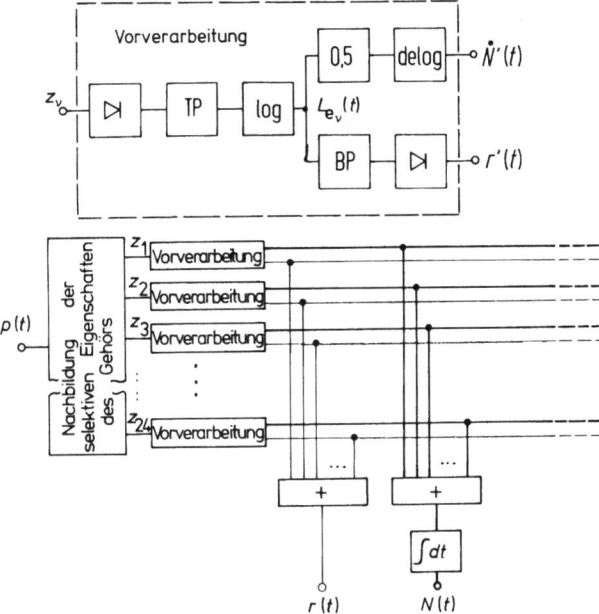

Abb. 14.95. Gemeinsames Funktionsschema zur Beschreibung des Zusammenhanges zwischen dem Schallreiz [angegeben als $p(t)$] und der Lautheit $N(t)$ sowie der Rauhigkeit $r(t)$. Der im unteren Teil als „Vorverarbeitung" bezeichnete Teil ist im oberen Teil der Abb. im einzelnen dargestellt. [Nach Vogel, A.: Biological Cybernetics **18**, 31–40 (1975)]

Die Anwendungsmöglichkeiten solcher Funktionsschemata bzw. Funktionsmodelle ist vielseitig. Hier sei lediglich erwähnt, daß ein den Zusammenhang zwischen Reiz und Empfindung nachbildendes Funktionsmodell für die Lautheit den besten zur Zeit bekannten Lautstärkemesser darstellt.

Literaturauswahl

Békésy, G. von: Experiments in Hearing, New York: McGraw-Hill, 1960.
Møller, A. R. (Ed.) Basic Mechanisms in Hearing. New York-London: Academic Press 1973.
Plomp, R., Smoorenburg, G. F. (Eds): Frequency Analysis and Periodicity Detection in Hearing. Leiden: Sijthoff 1970.
Zwicker, E., Feldtkeller, R.: Das Ohr als Nachrichtenempfänger, 2. Aufl. Stuttgart: Hirzel 1967.
Zwicker, E., Terhardt, E. (Eds.): Facts and Models in Hearing. Berlin-Heidelberg-New York: Springer 1974.

14.8. Echoortung

GERHARD NEUWEILER

14.8.1. Einleitung

Die Echoortung ist wie die Elektroortung schwach elektrischer Fische ein aktives Informationssystem. Die Trägerenergie zur Informationsgewinnung wird vom Tier selbst erzeugt und steht daher nur begrenzt zur Verfügung. Die Unabhängigkeit von anderen Nachrichtenträgern wird mit einem energetisch eingeengten zeitlichen und räumlichen Wirkungsbereich der Echoortung erkauft.

Die Echoortung hat sich im Tierreich nur bei Arten entwickelt, die
(1) über einen hochdifferenzierten Mechanismus zur Lautproduktion verfügen (Säuger und Vögel),
(2) einen relativ großen Aktivitätsbereich haben (Flieger und Schwimmer) und
(3) ihren gesamten Tagesablauf in nahezu völliger Dunkelheit verbringen.

Dies trifft auf die Fledermausarten zu, die tagsüber in Höhlen und dunklen Verstecken hängen und nachts zur Jagd ausfliegen. Die großen fruchtfressenden Fledermäuse verbringen den Tag in Kolonien auf Bäumen, ihnen fehlt die Echoortung mit einer Ausnahme: *Rousettus*, der sich tagsüber in Höhlen zurückzieht. Unter den Vögeln sind es wiederum die wenigen höhlenbewohnenden Arten, wie die Fettvögel Südamerikas oder die Salangane Hinterindiens, die Ortungslaute aussenden. Vielleicht über das wirkungsvollste Ortungssystem verfügen die Delphine und Wale, die im Meer und im schlammigen Wasser großer Flußläufe leben und nur noch zum Atemholen kurz an die Oberfläche kommen. Aufgrund der schalleitenden Eigenschaften des Wassers eignet sich die Echoortung für Wasserbewohner besonders gut: Die Schalldämpfung ist im Wasser um Größenordnungen geringer als in Luft; bei gleicher Intensität ist der Schalldruck im Wasser wegen der größeren Dichte des leitenden Mediums und der höheren Schallgeschwindigkeit 60mal größer als in Luft; schließlich ist die Schallgeschwindigkeit im Wasser 4,5mal größer als in Luft und beträgt ca. 1,5 m/ms.

Aus naheliegenden experimentellen Gründen ist die Echoortung der Fledermäuse weit besser untersucht als die der Delphine und Wale, und deshalb wird die Darstellung auf sie beschränkt.

14.8.2. Die Ortungsleistungen der Fledermäuse

Fledermäuse fliegen bei Einbruch der Dunkelheit aus ihren Verstecken, um Insekten zu jagen. In finsterer Nacht können sie in einer einzigen Minute bis zu 10 Insekten aus der Luft fangen, selbst dann, wenn das Beuteobjekt so klein ist, wie eine 0,2 mg schwere Fruchtfliege. Griffin entdeckte, daß sie dabei die Echos von Ultraschallauten zur Beuteortung verwenden.

Die *Ultraschall-* oder *Ortungslaute* im Frequenzbereich von 20 bis 140 kHz werden im Kehlkopf der Fledermäuse erzeugt und je nach Fledermausart durch das Maul oder die Nasenlöcher ausgestoßen. Der Schall wird in Flugrichtung abgestrahlt, wobei die aufgesperrte Mundhöhle bzw. die kompliziert strukturierten Nasenaufsätze die Schallkeule einengen (Abb. 14.96 und 14.97).

Freifliegende Fledermäuse senden etwa alle 100 ms einen Ortungslaut aus. Die Entdeckung eines Beute-

586 Biomechanik

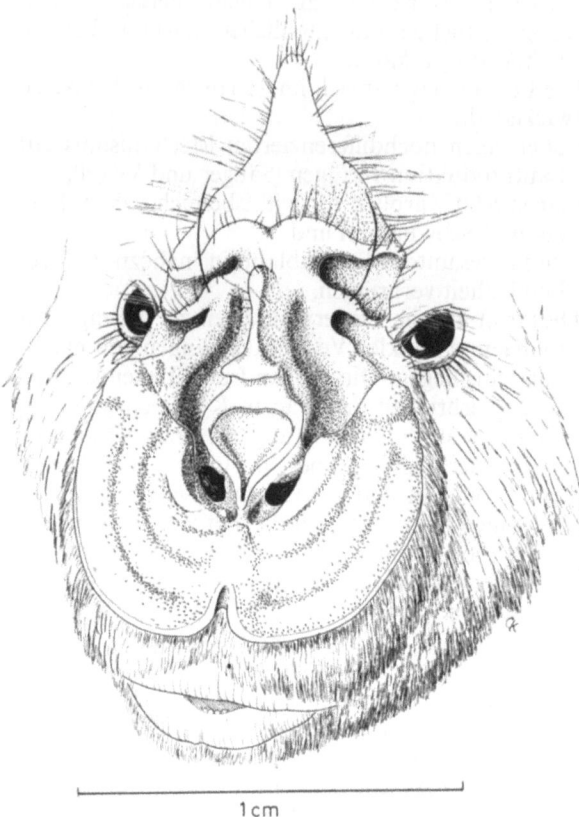

Abb. 14.96. Nasenaufsatz einer Großen Hufeisennase. Die Ortungslaute werden durch die Nasenlöcher ausgestoßen. (Zeichnung C. Kutter)

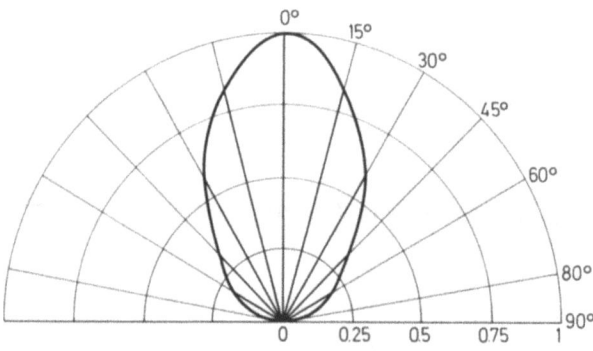

Abb. 14.97. Schallkeule in der Horizontalebene des Ortungslautes von *Megaderma lyra*. 0° = Flugrichtung, Radiuslänge 1 = maximale Lautintensität. [Aus Möhres, F.P., Neuweiler, G.: Z. vgl. Physiol. **53**, 195 (1966)]

objektes (oder eines Hindernisses) wird sofort mit einem sprungartigen Anstieg der Lautfolge beantwortet. Während der Verfolgungs- oder Annäherungsphase verkürzen sich die Pausen zwischen den Lauten kontinuierlich bis auf ca. 10 ms. Gleichzeitig verkürzt das Tier die Lautlänge so, daß das Echo stets in eine Aussendepause fällt (Abb. 14.98). Kurz vor dem Ziel sendet die Fledermaus eine Lautsalve von etwa 24 Ortungslauten in 100 ms ab. Die Wiederholrate der Signale wird also in schwierigen Ortungssituationen

oder dann, wenn das Tier präzise reagieren muß, auf das maximal Mögliche erhöht.

Die plötzliche Steigerung der Lautfolge beim Entdecken eines georteten Objektes gibt einen ungefähren Anhaltspunkt über die Reichweite der Echoortung. Beim Anflug einer Fledermaus auf ein Drahthindernis von 3 mm Durchmesser erhöht sie die Lautfolge in einem Abstand von 215 cm, bei einem Draht von 0,18 mm Durchmesser erst bei 90 cm.

14.8.2.1. Schalldämpfung in Luft

Das schalleitende Medium Luft setzt der Reichweite der Echoortung enge Grenzen. Die Lautintensität beträgt am Sender, dem Kopf der Fledermaus, 80–120 db SDP (0 db Schall-Druck-Pegel = 0,0002 dyn/cm^2). Da die Wellenfront des Ortungslautes als Kugelwelle zu betrachten ist, nimmt die Intensität mit der Entfernung quadratisch ab, um 20 db bei einer Schallaufstrecke von 9 m. Zu dieser geometrischen Abschwächung addiert sich noch eine weit stärkere atmosphärische Absorption des Ultraschalls in Luft, die von der Luftzusammensetzung, -temperatur und -feuchtigkeit abhängt und mit steigenden Schallfrequenzen anwächst. In den feuchtheißen Tropen, dem Lebensraum der meisten Fledermäuse, sinken die Lufttemperaturen auch abends nicht unter 25° C, und die Luftfeuchtigkeit erreicht oft mehr als 75%. Unter diesen Bedingungen wird von einem 100 kHz-Signal, ausgestrahlt mit einer Intensität von 86 db SDP und von einem schallharten Objekt in 5 m Entfernung reflektiert, das Ohr der Fledermaus ein Echo von nur 0 db SDP erreichen. Die geometrische und atmosphärische Gesamtabschwächung beträgt bei Schalleitung durch Tropenluft über eine Distanz von 10 m für 10 kHz 20 db und für 100 kHz schon 106 db. Durch die starke Luftdämpfung hoher Frequenzanteile wird das Frequenzspektrum des Echos gegenüber dem des ausgesandten Lauts zuungunsten der hohen Frequenzen verschoben, eine Tatsache, die bei allen Theorien zur Echoortung einzurechnen ist. Der Frequenzbereich der Ortungssignale von 20–140 kHz ist wahrscheinlich ein Kompromiß zwischen der durch Luftdämpfung beschränkten Reichweite und den Reflexionseigenschaften der Ortungslaute, die sich mit höheren Schallfrequenzen verbessern.

14.8.2.2. Das Detektionsminimum

In Laborversuchen ist die Leistungsfähigkeit der Echoortung durch Dressuren getestet worden. Der kleinste von einer echoortenden Fledermaus gerade noch bemerkbare Objektdurchmesser liegt im Bereich des menschlichen optischen Auflösungsvermögens. *Megaderma lyra* kann mühelos Drahthindernissen von 80 µm Durchmesser ausweichen, wahrscheinlich hört sie sogar noch Echos von Nylonfäden, die nur 60 µm dick sind. Die zurückgestrahlte Schallenergie ist so minimal, daß Echos von solch kleinen Hindernissen mit der derzeitigen Schalltechnik nicht registriert werden können. Diese guten Ortungsleistungen deu-

Echoortung 587

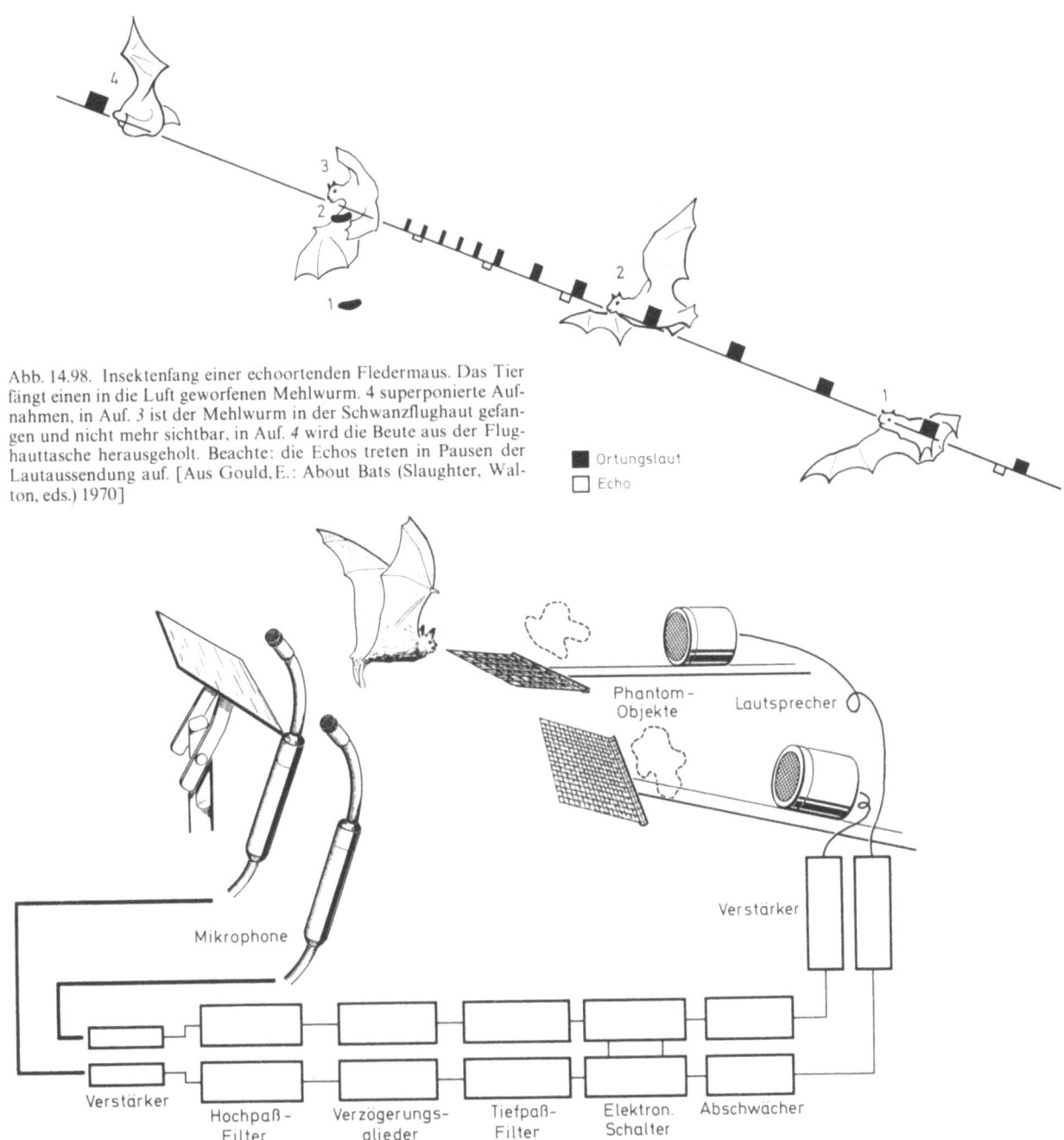

Abb. 14.98. Insektenfang einer echoortenden Fledermaus. Das Tier fängt einen in die Luft geworfenen Mehlwurm. 4 superponierte Aufnahmen, in Auf. 3 ist der Mehlwurm in der Schwanzflughaut gefangen und nicht mehr sichtbar, in Auf. 4 wird die Beute aus der Flughauttasche herausgeholt. Beachte: die Echos treten in Pausen der Lautaussendung auf. [Aus Gould, E.: About Bats (Slaughter, Walton, eds.) 1970]

Abb. 14.99. Apparatur, mit der die Echolaufzeit-Unterscheidung gemessen wurde. Die Fledermauslaute werden von den beiden Mikrophonen aufgenommen und nach geeigneter, in beiden Kanälen unterschiedlicher Zeitverzögerung über die Lautsprecher zurückgespielt. [Aus Simmons, J. A.: J. Acoust. Soc. Am. **54**, 137 1973)]

ten auf ein ausgezeichnetes Signal/Rauschverhältnis im Empfängerteil des Fledermaus-Ortungssystems hin (s. 14.8.2.5 und 14.8.3).

14.8.2.3. Lokalisation

Im Labor können die Fledermäuse nicht nur Hindernissen ausweichen, sie lernen auch angepeilte Objekte anzufliegen und zu unterscheiden. Mit einer Futterbelohnung lernten sie z. B. von einem festen Startpunkt aus die nähere von zwei Landeflächen anzufliegen. Die Tiere konnten in dieser Dressur aus 30 und 60 cm Distanz noch Entfernungsunterschiede von nur 10–12 mm erkennen. Das entspricht einem Laufzeitunterschied der beiden Echos von 70–75 µs bei einer Gesamtlaufzeit des Signals von knapp 2 bzw. 4 ms. In einem Versuch gelang es sogar, einer Fledermaus die Entfernungsdifferenz durch elektronische Zeitverzögerung eines der beiden Echos vorzutäuschen (Abb. 14.99). Die minimal unterscheidbare Zeitdiffe-

588 Biomechanik

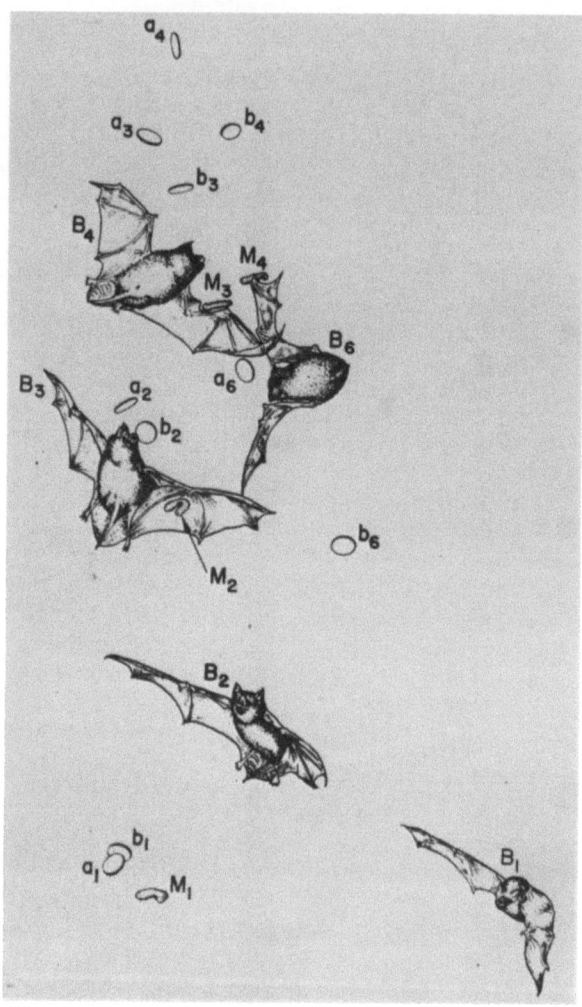

Abb. 14.100. Objektunterscheidung. Eine echoortende Fledermaus fängt aus drei in die Luft geworfenen Objekten, 2 Plastikscheiben und 1 Mehlwurm, gezielt den Mehlwurm heraus. Die zueinandergehörenden Positionen sind mit gleichen Nummern gekennzeichnet. (Aus Webster, F.A., Durlach, N.I.: Echolocation systems of the bat. MIT Lincoln Lab. Rep. No. 41-G-3)

renz lag ebenfalls im Bereich von 70 µs. Damit ist der erste Beweis für die Annahme erbracht, daß Fledermäuse die Entfernung angepeilter Objekte durch die Laufzeit des Echos messen:

$$d = \frac{c \cdot t}{2}$$

c = Schallgeschwindigkeit$_{Luft}$ = 33,4 cm/ms,
t = Echolaufzeit von Beginn der Lautaussendung (ms),
d = Entfernung Objekt — Fledermaus (cm).
(14.26)

Wer eine Fledermaus am Abendhimmel beobachtet, sieht den gewandten Zickzackflug, mit dem sie nahezu jedem plötzlichen Flugmanöver ihrer Beute folgen kann. Die Bestimmung der Echorichtung muß also recht genau sein. Bei zwei Fledermausarten wurde wiederum in Dressurversuchen festgestellt, daß in der Horizontalebene Echorichtungsunterschiede von 4° noch gut erkannt werden. Ähnliche Versuche für die Richtungsgenauigkeit der Echoortung in der Vertikalebene stehen noch aus. Die Lokalisation eines angepeilten Objektes ist mit der exakten Bestimmung der Entfernung durch die Echolaufzeit und der Richtung in Bezug zum Standort der Fledermaus durch die Echorichtung möglich.

14.8.2.4. Objektidentifizierung

Echoortende Fledermäuse identifizieren die angepeilten Objekte auch. *Myotis* lernt sehr rasch, in die Luft geworfene Mehlwürmer zu fangen, Plastikscheiben ähnlicher Größe jedoch unberührt zu Boden fallen zu lassen (Abb. 14.100). Im Labor lernen geblendete Fledermäuse von einem Startpunkt aus zum größeren von zwei formgleichen Dreiecken zu fliegen und Größenunterschiede bis zu 12% zu unterscheiden. Sie vermögen aber auch ein flächengleiches steilgiebeliges von einem flachgiebeligen Dreieck, eine Scheibe von einem Quadrat und einem Dreieck, Oberflächenstrukturen, wie Samt von Glas oder Glas von Sperrholz und Aluminium, konkave von konvexen Flächen zu unterscheiden.

Alle Versuche, eindeutig festzustellen, welche Echoparameter für diese Identifizierungsleistungen maßgeblich sind, scheiterten bisher. Beschallt man definierte Objekte mit synthetischen Ortungslauten und mißt man die spektrale Leistungsdichte der Echos aus, so ergeben sich komplexe Echospektrogramme, deren Muster sich aber bei geringsten Lageveränderungen des angepeilten Objektes so drastisch verändern, daß es schwer vorstellbar ist, wie die Fledermaus aus der spektralen Zusammensetzung des Echos bestimmte Objekteigenschaften herausfiltern soll (Abb. 14.101). Die Verhaltensversuche beweisen jedoch, daß sie zu solchen Generalisierungsleistungen in der Lage ist.

14.8.2.5. Störunempfindlichkeit

In 14.8.2.2 wurde darauf hingewiesen, daß die gute Objektdetektion mit einem günstigen Signal/Rauschverhältnis des Ortungssystems zusammenhängen könne. Dieselbe Hindernisvermeidereaktion ist ein geeignetes Meßsystem, um die Störanfälligkeit der Echoortung zu prüfen. Fledermäuse mußten in einem Laborraum durch eine Reihe von Drahthindernissen fliegen. Über 26 im Raum verteilte Lautsprecher wurde intensives Rauschen derselben Bandbreite wie die der Ortungslaute eingespielt. Die Fledermäuse orteten die Hindernisse selbst dann noch erfolgreich, wenn das Echo/Rauschleistungsdichteverhältnis −5 db betrug. Das strukturierte Echo wird also aus einem Rauschen gleicher Bandbreite selbst dann noch herausgehört, wenn es nur fast halb so laut ist wie das Rauschen. Diese hohe Störunempfindlichkeit der Echoortung läßt sich mit herkömmlichen hörphysiologischen Analysemechanismen schwer erklären.

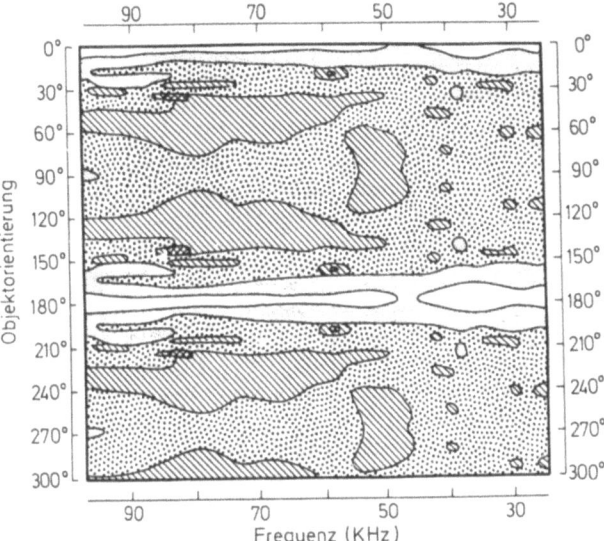

Abb. 14.101. Echospektrogramm einer 12,5 × 3,0 mm großen Scheibe, die mit einem simulierten FM-Ortungslaut beschallt wurde. Abszisse: Echofrequenz. Ordinate: Objektposition, 180° = Scheibenfläche steht senkrecht zum Mikrophon. Amplitudenintervalle des Echospektrogramms von hell nach dunkel von −20 bis −80 db in 10 db-Schritten. [Aus Griffin, D. R.: In: Animal Sonar Systems (Busnel, R. G., ed.). Jouy-en-Josas, 1966]

Andrerseits werden in der Nachrichtentechnik Ortungssysteme entwickelt, die ähnliche rauschunempfindliche Eigenschaften haben.

14.8.3. Gibt es eine Theorie der Echoortung?

Die Vergleiche zur Radartechnik drängen sich geradezu auf, und in den letzten Jahren gab es viele interessante Ansätze, Prinzipien der Radarortung auf die Echoortung der Fledermäuse zu übertragen. Die bisher umfassendste Darstellung theoretischer Überlegungen lieferte vor kurzem W. Glaser, der die Theorie optimaler Empfänger auf die Echoortung anwandte. Die Theorie beschreibt die Bedingungen, unter denen ein *bekanntes* Signal aus dem Umgebungsrauschen mit größter Treffsicherheit erkannt wird. Ein Empfänger, z. B. das Hörsystem der Fledermaus, ist dann optimal, wenn er das zu empfangende Signal schon im voraus möglichst genau kennt. Ein solches Mustersignal steht der Fledermaus durch den ausgesandten Ortungslaut zur Verfügung, entweder durch das Hören des Ortungslautes oder als Kopie des Vokalisationsbefehls im Zentralnervensystem. Die Fledermaus muß innerhalb eines bestimmten Erwartungszeitraumes zu jedem Zeitpunkt das gegenüber der Lautaussendung zeitverschobene, durch Eigenschaften des Reflektors veränderte und durch Rauschanteile überlagerte Echo mit dem vollständigen Mustersignal, dem Ortungslaut, vergleichen. Dieser über die volle Signaldauer T integrierte Vergleich ist die Kreuzkorrelation des Echos mit dem ausgesandten Laut und nimmt die Zeit der doppelten Signallänge $2\,T$ in Anspruch. *Bei der Benutzung eines Optimalempfängers wertet das Hörsystem der Fledermaus nicht die Zeitfunktion des Signals, sondern die Kreuzkorrelationsfunktion (KKF) aus.* Dies ist der wesentliche Unterschied zwischen einem Optimalempfang und der herkömmlichen Vorstellung der Echoauswertung.

Eine von vielen Realisierungsmöglichkeiten der Kreuzkorrelation ist das sogenannte "matched filter" oder Optimalfilter, das als Impulsantwort am Ausgang die umgedrehte Zeitfunktion des zu detektierenden Signals, also den vom Lautende zum -anfang gelesenen Ortungslaut, liefert. Dem Optimalfilter im Hörsystem der Fledermaus muß sich ein Schwellendiskriminator anschließen, der entscheidet, ob die maximale Amplitude der KKF einen bestimmten Schwellenwert überschreitet, und damit das gesuchte Signal als vorhanden betrachtet wird oder nicht.

Im idealen ungestörten Fall, selbst unter Vernachlässigung der unvermeidlichen atmosphärischen Abschwächung, entspräche die Echostruktur exakt der des ausgesandten Ortungslautes. Damit liefert die Autokorrelationsfunktion (AKF) des Ortungslautes eine

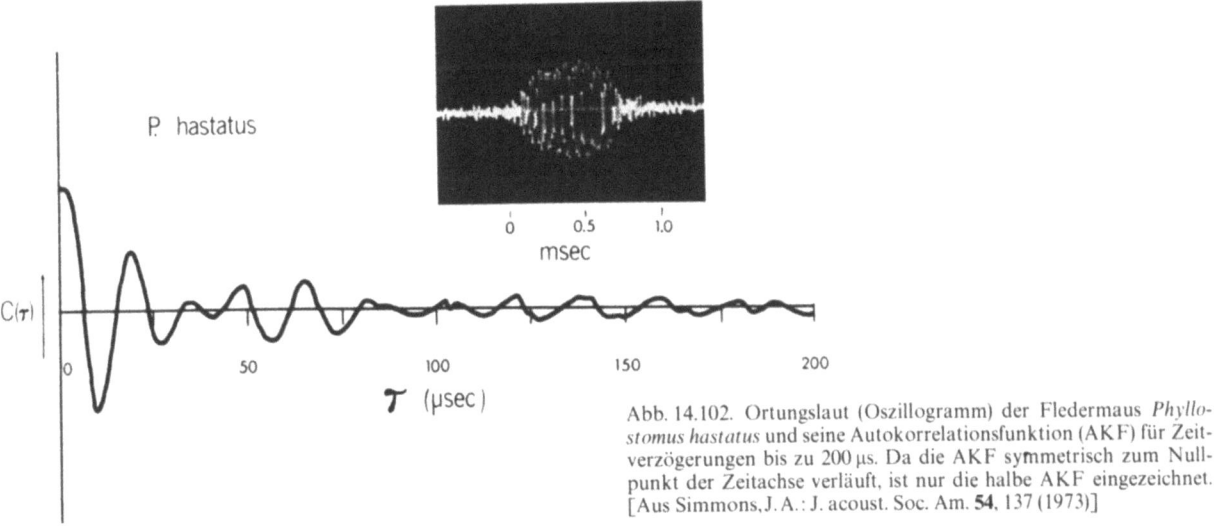

Abb. 14.102. Ortungslaut (Oszillogramm) der Fledermaus *Phyllostomus hastatus* und seine Autokorrelationsfunktion (AKF) für Zeitverzögerungen bis zu 200 μs. Da die AKF symmetrisch zum Nullpunkt der Zeitachse verläuft, ist nur die halbe AKF eingezeichnet. [Aus Simmons, J. A.: J. acoust. Soc. Am. **54**, 137 (1973)]

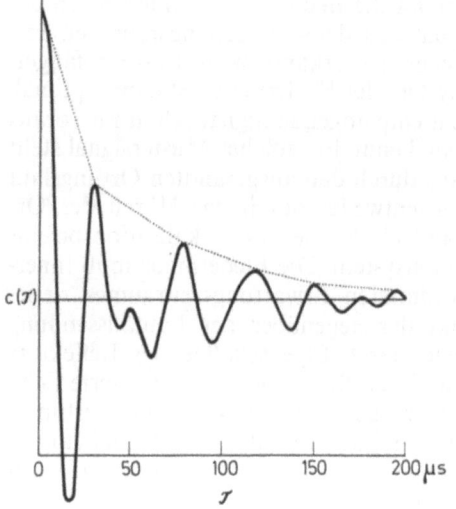

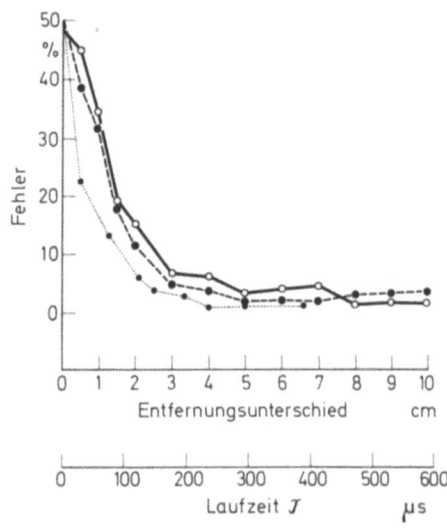

Abb. 14.103. Vergleich der tatsächlichen Ortungsleistungen von 8 *Eptesicus fuscus* bei der Entfernungsunterscheidung von zwei Dreiecken mit der bei Auswertung mit einem Optimalempfänger zu erwartenden Ortungsleistung. Oben: Halbe Autokorrelationskurve eines bei der Unterscheidung erzeugten Ortungslautes für einen Laufzeitbereich von 200 µs (durchgezogen) mit der eingezeichneten Hüllkurve (gepunktet). Unten: Unkorrigierte und entsprechend der Hüllkurve zu erwartende Fehlerkurve bei der Unterscheidung von zwei Dreiecken mit verschiedenen Entfernungs- bzw. Laufzeitunterschieden (gepunktet), korrigierte Erwartungskurve (gestrichelt) und im Experiment erreichte durchschnittliche Unterscheidungsleistung (durchgezogen). [Umgezeichnet nach Simmons, J. A., aus Schnitzler, H. U.: Fortschr. Zool. **21**, 136 (1973)]

gute Beschreibung der maximal möglichen Leistungsfähigkeit des Ortungssystems. So werden z. B. solche Ortungslaute für eine Ortung nach der Theorie optimaler Empfänger am günstigsten sein, deren AKF ein eindeutiges, möglichst schmales Amplitudenmaximum ohne Nebenmaxima aufweist. Überschwellige Nebenmaxima würden das Eintreffen mehrerer Echos vortäuschen (s. S. 589 und Abb. 14.102).

Der zeitliche Abstand des KKF-Maximums ist das direkte Maß für die Laufzeit des Ortungssignals von der Fledermaus zum angepeilten Objekt und zurück zum Fledermausohr. Die KKF-Maxima der bislang gemessenen Ortungslaute fallen innerhalb ca. 10–20 µs auf Null ab, so daß sie sich in der Tat gut zur Entfernungsmessung auf der Basis der Echolaufzeitbestimmung eignen. Die in 14.8.2.3 erwähnte Entfernungsauflösung echoortender Fledermäuse von 12 mm entspricht einer Laufzeitdifferenz von 70 µs. Diese empirisch gewonnenen Werte stimmen mit der Theorie selbst dann noch gut überein, wenn man als Meßgrundlage nicht die AKF-Maxima, sondern die Umhüllende der AKF einsetzt (Abb. 14.103).

Der entscheidende Vorteil des Optimalempfängers liegt jedoch in der enormen Verbesserung des Signal/Rauschverhältnisses. Am Ausgang des Optimalfilters wird auch für breitbandige Signale ein Signal/Rauschverhältnis erreicht, wie es sonst nur für schmalbandige Signale in eng abgestimmten Empfängern zu erzielen ist. Für den Ausgang des Optimalempfängers gilt:

$$\frac{N_{S\,aus}}{N_{R\,aus}} = \frac{N_{S\,ein}}{N_{R\,ein}} \cdot 2T\,B$$

N_S Signalleistung, T Signaldauer,

N_R Rauschleistung, B Bandbreite. (14.27)

Am Ausgang des Optimalempfängers ist das Signal/Rauschverhältnis gegenüber dem Eingang um den Faktor $2\,TB$ verbessert. Bei einer Bandbreite vieler Ortungslaute von 40 kHz und einer Lautlänge von durchschnittlich 3 ms bedeutet dies eine Verbesserung um 24 db. Das könnte erklären, wieso Fledermäuse schwache Echos aus intensivem Rauschen heraushören (s. 14.8.2.5).

Theoretisch erscheint durch das Optimalfilter auch eine Bestimmung der horizontalen Echorichtung über die KKF möglich, wenn eine Kreuzkorrelation zwischen den Echoantworten des linken und rechten Ohres gebildet wird. Die Amplitude der beidohrigen KKF wäre bei einer binauralen Zeitdifferenz von $dt = 0$, d. h. „Echo kommt aus Vorausrichtung", maximal. Für jede Abweichung von der Vorausrichtung wird die Amplitude kleiner. Bei binauralen Echolaufzeitdifferenzen von 0 bis maximal 45 µs (Ohrabstand ca. 1,5 cm) dürfte dann allerdings nicht mehr die Umhüllende der AKF, sondern der Abfall des AKF-Maximums selbst als Meßbasis herangezogen werden.

Eine weitere auffallende Übereinstimmung zwischen Theorie und Meßdaten ist die Tatsache, daß der Abstand zwischen zwei Ortungslauten bei den bislang daraufhin untersuchten Fledermäusen stets der doppelten Lautlänge $2\,T$ oder mehr entspricht. Der Minimalabstand $2\,T$ ist genau die Zeit, die die Theorie zur Bildung der KKF fordert.

Allerdings sind im Zusammenhang mit der Optimalempfängertheorie wichtige Bereiche der Echoortung noch nicht diskutiert worden: Es fehlt eine Abschätzung, welche Auswirkung die unvermeidliche Veränderung der spektralen Leistungsdichte des Echos durch die atmosphärische Abschwächung auf die Auswertbarkeit der KKF hat. Das Problem der Identifizierung eines angepeilten Objektes wurde theoretisch noch nicht diskutiert. Zur Strukturunterscheidung ist die Fledermaus vermutlich auf den spektralen Leistungsdichtevergleich zwischen Echo und Ortungslaut angewiesen. Im Rahmen der Optimalfiltertheorie müßte das Hörsystem zur Extraktion dieser Information entweder im Zeitbereich eine Feinanalyse der KKF leisten oder im Frequenzbereich mit einem Filtersatz (Basilarmembran des Innenohrs) die spektrale Leistungsdichte bestimmen. Die dritte Möglichkeit wäre die direkte Analyse des Echos ohne die Bildung einer KKF durch ein Optimalfilter.

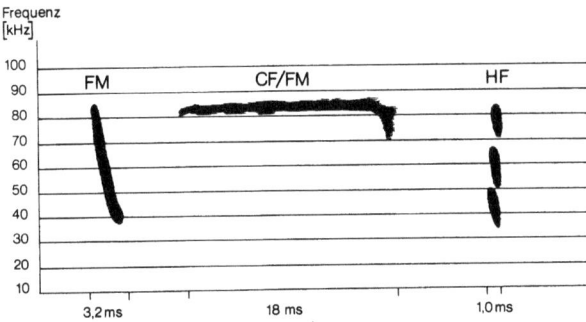

Abb. 14.104. Sonagramme der Ortungslaute einer Mausohrfledermaus (FM-Typ), einer Großen Hufeisennase (CF/FM-Typ) und einer *Megaderma lyra* (HF-Typ)

14.8.4. Die Ortungslaute der Fledermäuse

Das Lautmuster und der Frequenzbereich der Ortungslaute sind außerordentlich unterschiedlich, aber artspezifisch. Die Große Hufeisennase (*Rhinolophus ferrum-equinum*) sendet z. B. einen Ton von 83 kHz aus, die nahverwandte *Rhinolophus euryale* aber einen von ca. 104 kHz. Die bislang bekannten Ortungslaute von knapp 60 Fledermausarten lassen sich trotz aller Übergänge in drei Haupttypen einteilen (Abb. 14.104).

14.8.4.1. FM-Laute

Die meisten Fledermausarten senden einen kurzen, 1–5 ms langen Ortungslaut aus, der im typischen Fall um eine Oktave abwärtsmoduliert ist, z. B. von 80 auf 40 kHz abfällt (frequenzmodulierter oder FM-Typ). Der Frequenzbereich schwankt je nach Art zwischen 120 kHz als oberster und 12 kHz als unterster Frequenz, wobei der Modulationsumfang selten eine Oktave übersteigt. Die Theorie optimaler Empfänger verlangt zur exakten Bestimmung der Echolaufzeit möglichst kurze Halbwertbreiten der KKF-Umhüllenden. Sie wird um so kürzer, je größer die Bandbreite B und je kürzer die Dauer T des Echos ist. Die FM-Ortungslaute entsprechen dieser Forderung.

Bei der Insektenjagd der Fledermäuse treten jedoch an den Echos Dopplerverschiebungen auf, die abhängig von der relativen Fluggeschwindigkeit zwischen Fledermaus und Ziel und von der Echorichtung sind. Um Meßfehler bei der Entfernungsbestimmung zu vermeiden, sollte das Echo möglichst dopplerinvariant sein, d. h. die KKF sollte trotz Dopplerverschiebung der Echofrequenzen ein Maximum möglichst hoher Amplitude haben und keine Nebenmaxima entstehen lassen. Eine optimale Dopplerunempfindlichkeit wird erreicht, wenn der FM-Ortungslaut nicht frequenz-, sondern periodenlinear moduliert ist:

$$f(t) = \frac{1}{1/f_1 + 1/T(1/f_2 - 1/f_1) \cdot t}$$

f_1 Anfangsfrequenz
f_2 Endfrequenz des Signals
T Signaldauer. (14.28)

Die bislang untersuchten FM-Ortungslaute gehorchen dieser Formel und sind damit in der Tat periodenmoduliert.

Die Ortungslaute beginnen und enden mit relativ langsamen An- bzw. Abstiegsflanken, sie betragen etwa 1/10 der Lautlänge oder mehr. Die Umhüllende der Ortungslaute wird dadurch trapez- bis glockenförmig. Genau dies ist notwendig, um bei der KKF die Nebenmaxima möglichst klein zu halten (Abb. 14.102). Die FM-Ortungslaute entsprechen damit ziemlich genau den Forderungen, die die Theorie optimaler Empfänger zur günstigsten Auswertung der KKF von Ortungslaut und Echo stellt.

14.8.4.2. CF/FM-Laute

Einige Fledermausarten, z. B. Hufeisennasen, senden einen Ortungslaut aus, der aus einem langen Reinton (Constant Frequency, CF) von bis zu 60 ms Länge besteht und mit einem 2–5 ms langen frequenzmodulierten Teil (FM) endet. Während sich der kurze FM-Endteil zur Echolaufzeitmessung eignet, scheint der lange Reinton allen theoretischen Forderungen zu widersprechen. Doch auch dieser Typ läßt sich nach Glaser gut aus der Optimalempfängertheorie erklären. Während der FM-Typ für diskrete Einzelziele, etwa Insekten im freien Luftraum, optimiert ist, verlangt die Echodetektion von sogenannten *Dichtezielen*, strukturierten Wänden, Boden, dichtem Baumlaub, Gebüsch usf., ganz andere Optimierungsvorschriften: Bei der Dichtezielortung wird das Signal/Rauschverhältnis am Optimalempfängerausgang um so besser, je länger der Ortungslaut (Vergrößerung der ausgesandten Energie) und je kleiner seine Bandbreite ist:

$$\frac{N_{S\,aus}}{N_{R\,aus}} = k \cdot \frac{N_{S\,ein}}{N_0} \cdot \frac{T}{B}$$

N_S Echoleistung
N_R Rauschleistung
N_0 Rauschleistungsdichte
T Echodauer,
B Echobandbreite. (14.29)

Ein optimales Signal für die Dichtezielortung, der lange Reinton, löst Echolaufzeiten aufgrund der breiten KKF-Maxima schlecht auf. Dies ist vermutlich der Grund, weshalb an den langen Reintonortungslaut stets ein abwärtsmodulierter FM-Teil angehängt ist. Aus diesen theoretischen Überlegungen müßte man weiter folgern, daß CF/FM-Laute vor allem von Fledermausarten benützt werden, die ihre Beute vor dichtem Hintergrund, also um Büsche oder im Geäst von Bäumen jagen. Die bislang spärlichen Berichte über das Jagdverhalten der Hufeisennasen scheinen diese Annahme zu stützen, systematische Untersuchungen hierüber fehlen jedoch.

Der CF-Anteil des Ortungslautes ist aber nicht nur optimal für die Signalerkennung bei der Dichtezielortung geeignet. Er bietet gleichzeitig günstige Bedingungen für eine exakte Frequenzbestimmung von Dopplerverschiebungen, wie sie durch die eigene Fluggeschwindigkeit der Fledermaus im gesamten Echo und durch Bewegungen der Beutetiere im CF-Teil eines einzelnen Echos auftreten müssen. Auf das Erkennen und Verfolgen bewegter Objekte mit Hilfe von Dopplereffekten im Echo wird in 14.8.5.5. eingegangen.

14.8.4.3. HF-Laute

Der dritte Lauttyp hebt sich durch drei Merkmale von allen anderen Lauten ab: Der Laut ist aus 3–4 ungefähr gleich intensiven Harmonischen aufgebaut (z. B. 40, 60 und 80 kHz bei *Megaderma lyra*), er ist sehr kurz und erreicht selten mehr als 1 ms Länge, und er ist schließlich um 20–40 db leiser als die anderen Lauttypen.

Diese leisen HF-Laute werden auffallenderweise von solchen Fledermäusen benutzt, die Blüten besuchen oder kleinere Wirbeltiere und Insekten vom Untergrund auflesen. HF-Laute scheinen also dort als Ortungssignale eingesetzt zu werden, wo Strukturen vor einem dichten Hintergrund erkannt werden müssen. Leider gibt es zum HF-Laut noch keine theoretischen Untersuchungen, die zeigen könnten, ob dieser Laut den Forderungen optimaler Strukturierung für die spezifische Ortungssituation gehorcht.

Diese drei Lauttypen, FM-, CF/FM- und HF-Ortungslaut, stellen lediglich eine grobe Klassifizierung von artspezifischen Ortungslauten dar, da alle Übergänge zwischen den drei Typen vorkommen. In letzter Zeit mehren sich die Beobachtungen, wonach Fledermäuse ihre Ortungssignale spezifischen Ortungssituationen anpassen können.

14.8.5. Hörleistungen bei der Echoortung

14.8.5.1. Das Echohören

a) Das Ohr und die zentralnervöse Hörbahn

Das Empfangs- und Analysesystem für die Echos sind die beiden Ohren der Fledermaus und die Nervenpopulationen der Hörbahn im Gehirn.

Schon das Mittelohr, das den Luftschall auf die Flüssigkeitssäulen des Innenohrs überträgt (s. Kap. 14.7), ist auf die Aufnahme hoher Frequenzen angepaßt. Die Resonanzfrequenz dieses Impedanzwandlers ist proportional der Steifheit S und umgekehrt proportional der Masse M des Trommelfells und der Gehörknöchelchen ($\omega_0 = S/M^{0,5}$). Mit Hilfe des Mössbauereffekts läßt sich die Schwingungsgeschwindigkeit des Trommelfells bei Beschallung messen. Sie wird bei der Fledermaus *Eptesicus* für die Echpfrequenzen von 15–80 kHz am größten und fällt für höhere und niedere Frequenzen steil ab. Im Sinne dieser Anpassung an die Übertragung hoher Frequenzen ist das Trommelfell der Fledermäuse sehr dünn und klein, es erreicht nur eine Fläche von 1,2–11 mm² gegenüber 25 mm² beim Meerschweinchen. Das Innenohr, die Cochlea, hängt in einer knöchernen Kapsel über Bindegewebe nur lose an der Schädelbasis und wird durch Fetteinlagerungen in der Verbindungsschicht zusätzlich vom Schädelknochen isoliert. Dadurch wird bei der Schallaussendung die Schallübertragung durch Knochenleitung vom Kopf auf die Cochlea abgeschwächt. Das Innenohr ist in bezug zur Körpergröße riesig: der Innenohrkanal einer Hufeisennase erreicht $^2/_3$ der Länge des menschlichen bei einem Gewichtsverhältnis Fledermaus/Mensch von 20:70000! Auffallend groß ist die basale erste Windung, in der die hohen Ultraschallfrequenzen „abgebildet" werden.

Auch die akustischen Schaltzentren im Gehirn sind hypertroph (Abb. 14.105). Das eingezeichnete Schaltschema stellt eine grobe Vereinfachung dar, in Wirklichkeit sind mehr Zentren in weit komplexerer Verschaltung an der Analyse akustischer Signale beteiligt. Das wichtigste nervöse Zentrum für die Echoortung ist nicht der Gehörcortex, sondern der stammesgeschichtlich ältere und bei Fledermäusen riesige Colliculus inferior im Mittelhirn. Da die Echoinformation bei einer jagenden Fledermaus möglichst rasch zu entsprechenden Flugsteuerungsbefehlen führen muß, ist das Mittelhirn bei den Fledermäusen vermutlich das wichtigste akustische Zentrum im ZNS geblieben. Auch bei anderen Säugern spielt das Mittelhirn eine wichtige Rolle bei der Kontrolle von Bewegungen durch akustische und optische Reizeindrücke.

b) Die Erholzeiten der nervösen Hörbahn bei Doppelreizung

Das Hören eines Echos stellt das akustische ZNS einer Fledermaus vor eine schwierige Aufgabe: die Fledermaus sendet einen lauten, 80–120 db intensiven Ortungslaut aus, der vom Fledermausohr rezipiert wird. Je nach Entfernung des schallreflektierenden Objektes trifft das sehr viel leisere Echo schon 0,04 bis

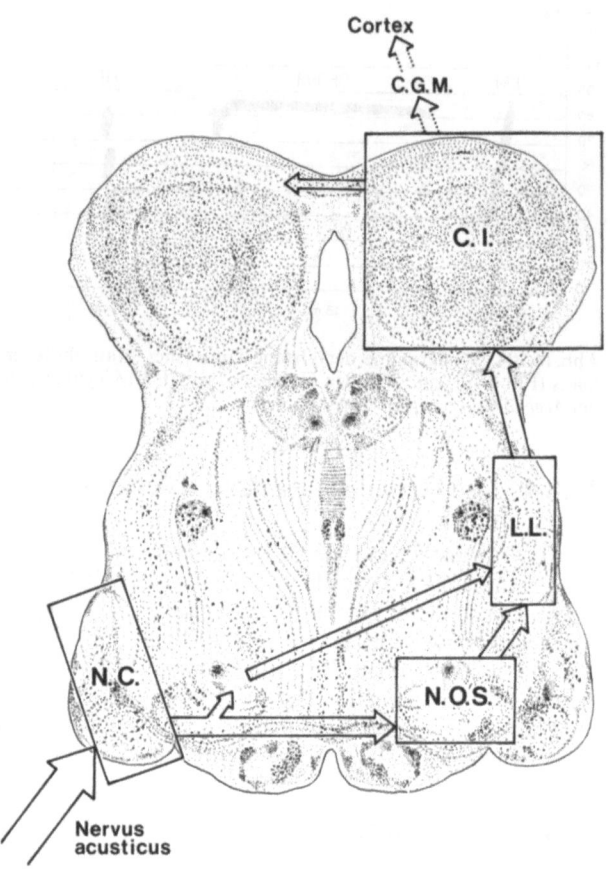

Abb. 14.105. Vereinfachtes Schema der klassischen Hörbahn in einem schrägen Querschnitt durch das Gehirn einer Großen Hufeisennase in Höhe des Mittelhirns (Präparat Schweizer, H.; Zeichnung: Kutter, C). *N.C.* Nucleus cochlearis, *N.O.S.* Nucleus olivaris superior, *L.L.* Nucleus lemnisci lateralis, *C.I.* Colliculus inferior, *C.G.M.* Corpus geniculatum mediale

40 ms nach dem intensiven Ortungslaut am Ohr ein. Das menschliche Ohr kann solche kurzen Zeitabstände zweier Signale nicht mehr auflösen. Leitet man jedoch die Summenaktivität des Colliculus inferior auf Reizung des Ohres mit einem Schallreiz, das sog. evoked potential (e. p.), ab, so zeigt sich, daß bei Doppelreizen schon ab einem Reizabstand von 0,4–0,6 ms der zweite Reiz beantwortet wird. Die Erholzeit des akustischen Nervensystems der Fledermäuse erweist sich damit um mehr als 10mal kürzer als bei anderen Säugern.

Man kann im Mittelhirn sogar sog. Echoneuronen finden, die durch einen intensiven Ortungslaut für das nachfolgende Echo gebahnt werden, d.h. die Antwort des Neurons auf das Echo wird durch das Hören des vorangehenden Ortungslautes verstärkt. Die Antwort auf den 2. Reiz kann selbst dann noch höher ausfallen als auf den 1., wenn jener um 60 db leiser ist als der vorangegangene. Allerdings verhält sich nur ein kleiner Prozentsatz der bislang untersuchten Hörneuronen so ideal angepaßt an das Echohören. Die meisten Neuronen benötigen Reizabstände von 4–20 ms, um auf den 2. Reiz eines identischen Reizpaares zu antworten.

c) Die periphere Abschwächung des Lauthörens

Durch eine Verminderung der gehörten Intensitätsdifferenz zwischen Ortungslaut und Echo könnte das Hören des Echos weiter verbessert werden. Mit zwei kleinen Muskeln im Mittelohr können die Steifheit der Gehörknöchelchenkette und die Schwingungsübertragung auf das Innenohr so verändert werden, daß die erregende Reizintensität abgeschwächt wird. Diese Muskeln kontrahieren sich kurz vor und während der Ortungslautaussendung, so daß das Hören des eigenen Lautes um etwa 15–20 db vermindert wird (Abb. 14.106). Bei nahen Zielen wird allerdings das Echo mitabgeschwächt, da die Muskeln erst 3–4 ms nach Lautende wieder vollkommen entspannt sind. Bei Lautfolgen über 50/s, wie sie bei der Insektenjagd kurz vor dem Fang vorkommen, bleiben die Muskeln tetanisch kontrahiert. Die daraus resultierende Abschwächung kann in Kauf genommen werden, da bei der kurzen Zielentfernung die Echos relativ laut sind.

d) Die zentrale Abschwächung des Lauthörens

Die Amplitude der Summenantwort aus dem Lemniscus lateralis ist bei einer eigenen Vokalisation der Fledermaus stets kleiner als bei Reizung mit einem identischen, gleich intensiven Laut, der vom Tonband abgespielt wird (Abb. 14.107). Die Antworten des Hörnervs und der oberen Olive zeigen dagegen auf beide Reizarten gleiche Amplituden. Offensichtlich wird durch die Ortungslautaussendung im Lemniscus lateralis ein zentralnervöser Abschwächungsmechanismus ausgelöst, der die Erregung auf den eigenen Ortungslaut um weitere 15 db vermindert. Periphere und neuronale Abschwächung zusammen können also die Selbstreizung um insgesamt 30–40 db herabsetzen. Es ist allerdings unklar, ob diese Anpassung auf die Eliminierung des Ortungslautes als Hörreiz abzielt oder ob nicht vielmehr die Antworten auf Laut und Echo auf dasselbe Erregungsniveau gebracht werden sollen, um eine optimale Kreuzkorrelation zwischen Laut und Echo zu erreichen.

14.8.5.2. Richtungshören

Für eine Fledermaus, die satt werden will, ist die exakte Richtung, aus der das Echo kommt, eine unerläßliche Information. Durch den relativ schmalen Schallkegel des Ortungslautes (Abb.14.97) bleibt das effektive Echo-Hörfeld auf einen Kegel von 60–80° Öffnungswinkel in Vorausrichtung beschränkt. Mißt man die Schwelle der Antwort vom Colliculus inferior in Abhängigkeit von der Reizrichtung, so ergibt sich mit steigender Schallfrequenz eine immer markanter werdende Richtungsabhängigkeit (Abb. 14.108). Diese hohe Richtungsempfindlichkeit beruht auf der Ausblendwirkung der Ohrmuscheln, die nur Schallreize aus der Richtung ungehindert ans Trommelfell lassen, zu der hin das Ohr sich öffnet. Die Richtung besten Hörens hängt damit von der Ohrstellung ab.

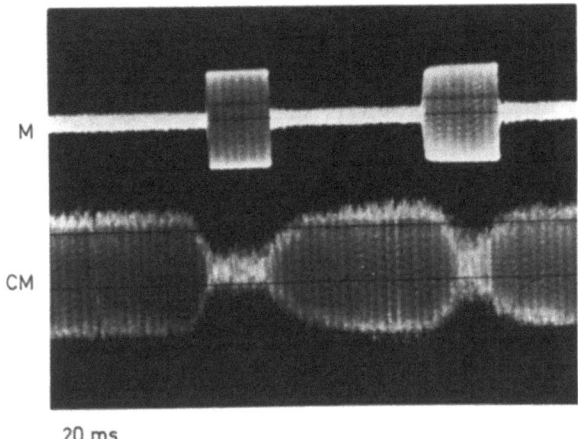

Abb. 14.106. Periphere Abschwächung der Mikrophonpotentiale (*CM*) durch Mittelohrmuskelkontraktion bei *Chilonycteris parnellii*. Unterer Strahl: Mikrophonpotentiale (*CM*), ausgelöst durch einen 55 kHz-Ton, 35 db über *CM*-Schwelle. Oberer Strahl: Ortungslaute (*M*) der Fledermaus. Während der Vokalisation ist die Amplitude der *CM*-Potentiale stark vermindert. [Aus Pollak,G., Henson,O.W.: J. Comp. Physiol. **84**, 167 (1973)]

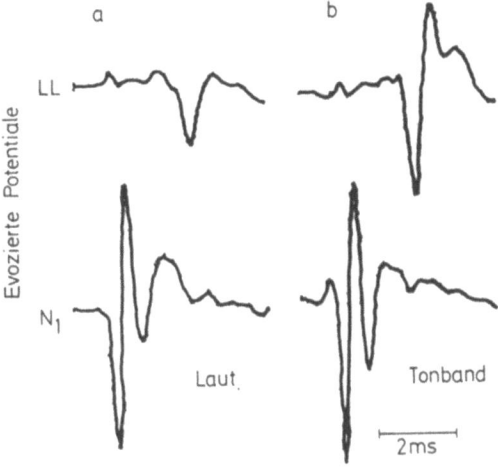

Abb. 14.107a und b. Zentrale Abschwächung der Ortungslautwahrnehmung. N_1 evoked potentials (e.p.) auf dem Niveau des Hörnervs, *LL* e.p. auf dem Niveau des Lemniscus lateralis. (a): e.p. auf den von der Fledermaus ausgestoßenen Ortungslaut. (b): e.p. auf einen gleichen Laut, der vom Tonband zurückgespielt wurde. Die Amplitude des N_1-e.p. ist gleich der von N_1 bei Vokalisation, die vom *LL*-e.p. ist jedoch um 28 db größer gegenüber der bei Vokalisation. [Aus Suga,N., Schlegel,P.: J. Acoust. Soc. Am. **54**, 137 (1973)]

Als hörphysiologische Grundlage für das Richtungshören werden entweder Laufzeit- oder Intensitätsdifferenzen des Schalls zwischen beiden Ohren angenommen. Bei dem kleinen Ohrabstand von nur 1,5–2 cm ist die binaurale Zeitdifferenz als Meßbasis für die Echorichtung unwahrscheinlich (s. S. 590). Dagegen können die binauralen Intensitätsunterschiede besonders für hohe Frequenzen erheblich sein.

Die beidohrigen Intensitätsunterschiede eines einfallenden Echos werden neuronal verstärkt. Verstopft man das kontralaterale (der Ableitseite gegenüberliegende) Ohr einer Fledermaus, so steigt die Empfind-

594 Biomechanik

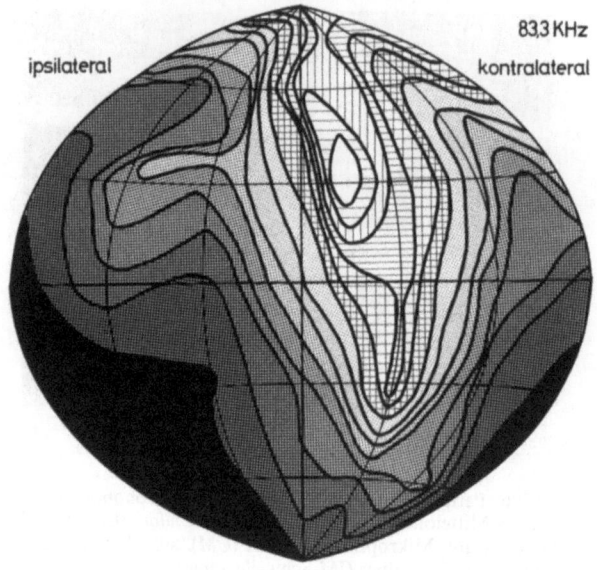

Abb. 14.108. Die Abhängigkeit der Erregungsschwellen im Colliculus von der Reizrichtung. Dargestellt ist das Hörfeld vor der Fledermaus. Der Kopf liegt im Mittelpunkt der Halbkugel. Die Längen- und Breitengrade sind in 30°-Abständen eingezeichnet. Die 0°-Horizontallinie geht durch die Ebene des Unterkiefers. Die Kreuzungspunkte zwischen Längen- und Breitengraden sind die Meßpunktstellen. Die Linien gleicher Erregungsschwellen sind in 5 dB-Schritten eingezeichnet. Zunehmende Schwärzung der Fläche entspricht höherer Erregungsschwelle. Weiß ist die Richtung bestens und schwarz die Richtung schlechtesten Hörens. [Aus Neuweiler, G.: Z. Vgl. Physiol. 67, 273 (1970)]

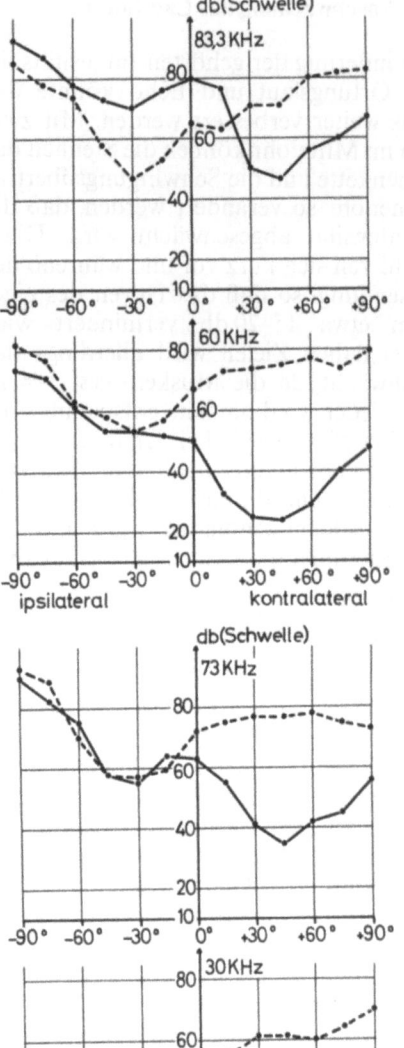

lichkeit für ipsilaterale (mit Ableitort gleichseitige) Reize um 20–30 db. Dies bedeutet, daß beim beidohrigen Hören das kontralaterale auf das ipsilaterale Ohr einen hemmenden Einfluß ausübt und somit die Erregungsdifferenzen zwichen beiden Ohren vergrößert. Bei Hufeisennasen ist dieser Effekt auf den Frequenzbereich des Tonanteils im Echo beschränkt (Abb. 14.109). Verstopft man einer Fledermaus beide Ohren so, daß sie noch etwas hören kann, so ortet sie im Labor weiterhin jedes Hindernis und weicht ihm erfolgreich aus. Verstopft man dagegen nur ein Ohr, so hat sie bei dieser Aufgabe erhebliche Schwierigkeiten. Dieses Experiment ist ein weiterer Hinweis dafür, daß die binaurale Intensitätsdifferenz für die Echorichtungsbestimmung ausschlaggebend ist. Wahrscheinlich wird diese Information mit sensorischen Rückmeldungen über die Ohrmuschelstellungen kombiniert.

14.8.5.3. Entfernungshören

Nach den in 14.8.2.3 geschilderten Ergebnissen ist gesichert, daß die Entfernung des angepeilten Objekts durch die Echolaufzeit gemessen wird. Sucht man nach einem neuronalen Korrelat für die Zeitmessung, so müssen solche Neuronen wenigstens folgenden Forderungen gehorchen:
(a) Das Neuron darf nicht spontan aktiv sein, d.h. es darf sich ohne überschwellige Reizung nicht entladen.

Abb. 14.109. Neuronale Verstärkung der binauralen Intensitätsdifferenz, aufgezeigt anhand der Erregungsschwellen für evoked potentials aus dem Colliculus inferior von Hufeisennasen. Ausgezogene Linie: Schwellenverlauf für e.p. auf Tonreize der angegebenen Frequenz in Abhängigkeit der Reizrichtung bei beidohrigem Hören. Gestrichelte Linie: dasselbe, aber kontralaterales Ohr verstopft. Bei 83,3 kHz-Reizen (Frequenz des CF-Teils im Ortungslaut) sinkt die Schwelle ipsilateral unter die für beidohriges Hören, was den Hemmeinfluß von kontralateral nach ipsilateral zeigt. [Aus Neuweiler, G.: Z. Vgl. Physiol. 67, 273 (1970)]

(b) Es darf, um Mehrdeutigkeiten zu vermeiden, Ortungslaut und Echo jeweils nur mit einem Aktionspotential beantworten.
(c) Die Latenzzeit (die Zeit von Beginn des Reizes bis zur Auslösung des Potentials) darf sich nicht in Abhängigkeit von der Reizintensität ändern, wie dies gewöhnlich auf neuronale Antworten zutrifft.

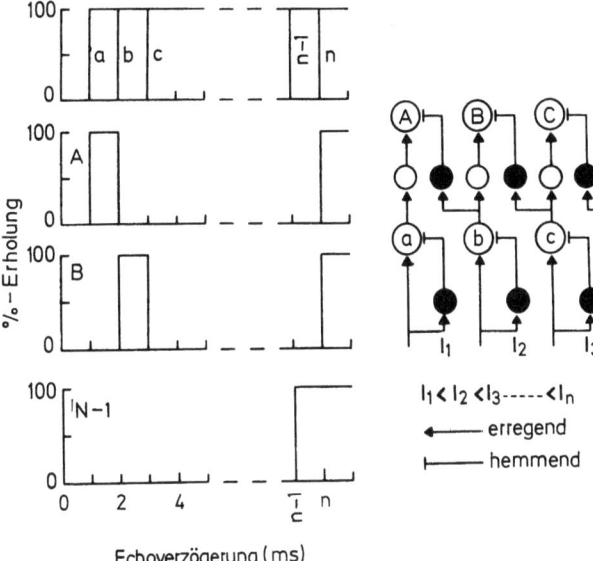

Abb. 14.110. Modellschaltung zur neuronalen Messung von Echolaufzeiten. Offene Kreise: erregende Neuronen. Ausgefüllte Kreise: Hemmneuronen. Die Hemmzeiten der unteren Hemmneuronen I_1, I_2, I_3 usf. werden zunehmend länger (z. B. 1, 2, 3 ms usw.), während die Hemmzeiten der oberen Hemmneuronen durchweg kurz sind. Die Säulen der Zeichnungen links zeigen an, zu welcher Zeit die Neuronen a, b, c... und A, B,..., N-1 auf einen 2. Reiz (Echo) antworten können. Nähere Erläuterung s. Text. [Aus Suga, N., Schlegel, P.: J. Acoust. Soc. Am. **54**, 137 (1973)]

Nur ein kleiner Prozentsatz der bislang im Hörsystem der Fledermäuse abgeleiteten Neuronen erfüllt diese Bedingungen. Selbst wenn diese Neurone tatsächlich die Zeitmarkierer wären, bleibt immer noch die Frage offen, wie die Zeitdifferenz gemessen wird. Suga, von dem die meisten neurophysiologischen Daten zur Echoortung stammen, hat einige Neuronen gefunden, die in definierten Zeitbereichen bevorzugt auf den zweiten Reiz eines Reizpaares (Ortungslaut — Echo) antworten. Er hat aus den unterschiedlich langen Erholzeiten von Neuronen ein Modell entwickelt (Abb. 14.110), das auf der Annahme beruht, daß es im Hörsystem der Fledermäuse eine Kette von Neuronen (I_1, I_2 usf.) gibt, die auf eine Erregung mit unterschiedlich langen Hemmungen antworten (z. B. I_1 mit 1 ms, I_2 mit 2 ms, I_3 mit 3 ms langen Hemmzeiten). Schaltet man solche Elemente nach dem in Abb. 14.110 gezeigten Plan zusammen, so ergibt sich folgender zeitlicher Erregungsablauf: Der Ortungslaut, der gleichzeitig an Eingang a und b eintrifft, erregt beide Eingänge. Das Neuron A antwortet jedoch nicht, da die Erregung von a durch die auf Hemmung umgeschaltete Erregung b gelöscht wird. Nach einer kurzen Verzögerung, die durch die Umschaltung auf das Hemmneuron entsteht, schließt jedoch die Ortungslauterregung die Eingänge a und b zu, und zwar a für 1 ms durch I_1 und b für 2 ms durch I_2. Trifft dann das Echo an Eingang a und b ein, so wird jedoch das Neuron A aktivieren, wenn es im Zeitbereich 1–2 ms nach dem Ortungslaut ankommt. Trifft es früher ein, so sind beide Eingänge, a und b, noch gehemmt; trifft es nach 2 ms ein, so sind a und b erregbar, die Erregung b führt jedoch bei Neuron A wieder zu einer Hemmung und löscht die durchgeleitete Erregung a aus. Neuron A kann also nur auf Echos antworten, die von Objekten aus 17–34 cm Entfernung kommen. Werden solche Schaltblöcke mit Hemmneuronen wachsender Hemmzeiten hintereinandergeschaltet, so läßt sich eine diskrete Kodierung von Laufzeitdifferenzen, d. h. von Zielentfernungen erreichen. Die Schwäche dieses Modells liegt jedoch in der Bedingung, daß die Hemmneuronen stetig wachsende Hemmzeiten haben müssen. Das Problem der Zeitmessung wird damit in neuronale Eigenschaften verlagert und nicht durch die Schaltlogik selbst gelöst.

14.8.5.4. Das Hören von Objektmerkmalen

Wie die Dressurversuche (s. 14.8.2.4) eindeutig gezeigt haben, können echoortende Fledermäuse Objektmerkmale erkennen. Die Echoparameter, die zur Kodierung solcher Merkmalsinformationen taugen, sind vor allem die spektrale Leistungsdichteverteilung und Intensitätsdifferenzen. Je nach den Materialeigenschaften des angepeilten Objekts können z. B. durch Vibrationen, die durch die Beschallung angeregt wurden, spezifische Frequenzbänder bevorzugt reflektiert werden.

Es gibt bislang noch keine hörphysiologischen Versuche bei Fledermäusen, die sich speziell mit der Objektidentifizierung beschäftigen. Die Analyse der spektralen Leistungsdichteverteilung des Echos kann vom Hörsystem der Fledermaus prinzipiell geleistet werden. Die Cochlea kann als eine Bank von feinabgestimmten Bandpaßfiltern aufgefaßt werden (s. S. 597). Die Ausgänge dieser Filter sind die Hörnervenfasern, die jeweils auf eine sog. Beste Frequenz (BF) am empfindlichsten reagieren. Der Frequenzantwortbereich dieser Neuronen kann durch neuronale laterale Inhibition von Verschaltungs- zu Verschaltungsstufe eingeengt werden, bis schließlich im Colliculus inferior sich Neuronen finden lassen, die sich wie extrem schmalbandige Filter verhalten und Flankensteilheiten von 42000 db/Oktave erreichen. Das Modell in Abb. 14.111 zeigt, wie solche schmalbandigen Filter durch neuronale Verschaltungen aufgebaut werden können. Falls die Fledermaus über einen Satz solcher Filter durch den ganzen Frequenzbereich des Echos verfügt, was aus den bisherigen experimentellen Befunden nicht sicher zu schließen ist, so wäre eine exakte Spektralanalyse vorstellbar.

Allerdings wird dieses Verfahren der Merkmalserkennung problematisch. Die spektrale Leistungsdichteverteilung des Echos, genauer deren Veränderung gegenüber der des Ortungslautes, hängt nicht nur von den Eigenschaften des Reflektors ab, sondern auch von der Richtwirkung der Schallabstrahlung vom Fledermausmaul bzw. der Nase, von der Richtcharakteristik der Ohrmuscheln und vor allem von der atmosphärischen Abschwächung. Die Fledermaus müßte diese Faktoren jedesmal neu bestimmen und als festen Parameter in ihre Analyse einbeziehen.

Die meisten bislang aus dem akustischen ZNS der Fledermäuse abgeleiteten Neuronen antworten auf Reintöne, auf- und abwärtsmodulierte Signale und auf Rauschen. Wie jedoch Abb. 14.111 zeigt, können durch den Verlauf der Erregungsgebiete der Eingangsneuronen über laterale Inhibitionsschaltungen auf der nächsthöheren Ebene Neuronen mit spezifischen Antwortmöglichkeiten erhalten werden, z. B. ein Neuron, das auf Reintöne nur in einem schmalen Frequenzband antwortet, auf aufwärtsmodulierte Reize aber gar nicht und auf abwärtsmodulierte nur, wenn sie relativ leise sind. 8% der bislang abgeleiteten Neuronen antworten nur auf Töne, 2% nur auf Frequenzmodulation und 1% nur auf Rauschen. 86% der Neuronen antworten jedoch auf alle drei Reizformen. Die FM- und auf Rauschen spezialisierten Neuronen eignen sich nicht zur Merkmalsanalyse, da die zeitliche Struktur des Echos nicht vom Reflektorobjekt, sondern von der Lautaussendung festgelegt wird. Die neurophysiologischen Grundlagen der Objektidentifizierung sind bis heute das dunkelste Gebiet dieser Forschungsrichtung geblieben. Da es bislang nicht ge-

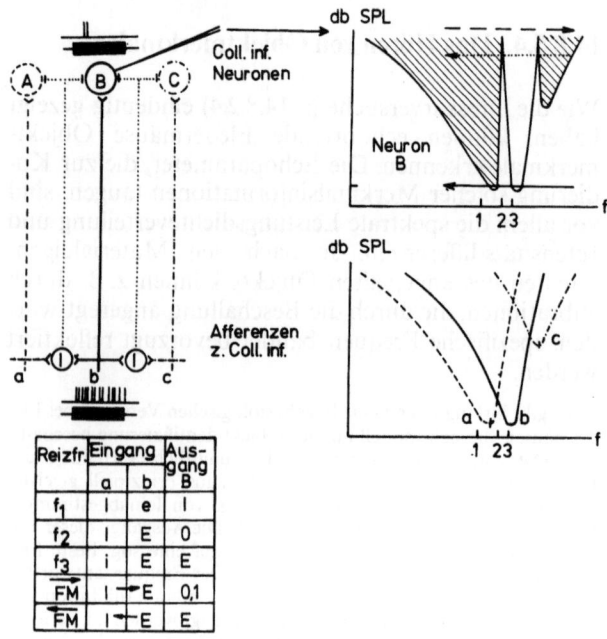

Abb. 14.111. Das Modell lateraler Inhibition im akustischen ZNS der Fledermäuse. Links oben: Betrachtet wird die Ausgangsaktivität eines Modellneurons B im Coll. inf. Die Eingänge des Neurons B sind: b exzitatorisch, und über die Hemmneurone I die Eingänge a und c inhibitorisch. Da auch Eingang b zusätzlich über die Hemmneuronen auf B geschaltet ist, antwortet B auf die tonischen Antwortmuster der Eingänge b, a und c nur noch mit einem phasischen on-Muster von 1–2 Spikes. — Rechts: Die Schwellenkurven der Eingänge a (gestrichelt), b (ausgezogen) und c (strich-punktiert) sind rechts unten schematisch dargestellt. Abszisse: Reizfrequenz, Ordinate: Schwellenintensität. Da sich die Schwellenkurven aller drei Eingänge überlappen, entsteht am Ausgang des Neurons B durch die Hemmschaltung der benachbarten Eingänge a und c eine schmalbandige Schwellenkurve (rechts oben), die oberhalb und unterhalb von Hemmfeldern umgeben ist (schraffiert). Größe und Form der Hemmfelder hängt von Größe und Form der Schwellenkurven für a und c ab (vgl. rechts unten und rechts oben). Auf aufwärts frequenzmodulierte Laute (FM, gestrichelter Pfeil rechts oben) antwortet das Neuron B bei allen Reizintensitäten nicht, da der Reiz stets zuerst durch das untere Hemmfeld führt. Auf abwärtsmodulierte Laute hoher Schallintensität (gepunkteter Pfeil) antwortet B ebenfalls nicht, da der Reiz zuerst durch das obere Hemmfeld zieht. Auf abwärtsmodulierte Laute niederer Schallintensität antwortet jedoch Neuron B (ausgezogener Pfeil), da dieser Reiz das obere Hemmgebiet nicht mehr überstreicht und daher zuerst Erregung und dann erst Hemmung auslöst. Neuron B antwortet also spezifisch auf abwärtsmodulierte Laute niederer Intensität und auf Reintöne mit Frequenzen aus dem nicht schraffierten Bereich. — Links unten: Das Schema gibt für 3 verschiedene Frequenzen f_1, f_2 und f_3 die Aktivitäten der Eingänge a, b und des Ausgangs von B an: E starke, e schwache Erregung; I starke, i schwache Hemmung; 0 kein Effekt. (Aus Neuweiler, G.: Verh. Deut. Zool. Gesellsch., 66. Jahresvers. 1973)

lang, definierte Objektmerkmale eindeutig mit Echoparametern zu korrelieren, fehlen die experimentellen Grundlagen für die hörphysiologische Analyse.

14.8.5.5 Das Bewegungshören

a) Der Dopplereffekt im Echo

Diese einschränkende Feststellung gilt allerdings für ein sehr wesentliches Merkmal aller Beuteobjekte jagenden Fledermäuse nicht, die Bewegung. Jeder sich bewegende Gegenstand, fliegende Insekten, der Flügelschlag der Insekten, auf dem Untergrund laufende Tiere, aber auch die Bewegungen von Baumblättern im Winde erzeugen im Echo eine Frequenzverschiebung zu höheren Frequenzen, wenn das Objekt sich auf die Fledermaus zubewegt, und zu niederen, wenn es sich von der Fledermaus abwendet (Dopplereffekt). Die Größe der Frequenzverschiebung hängt von der Relativgeschwindigkeit v_{rel} zwischen Objekt und Fledermaus und von der Richtung ab, da sich der Dopplereffekt für jede Echorichtung, die von der Flugrichtung abweicht, mit dem Cosinus des Abweichwinkels vermindert. Diese Zweideutigkeit der Dopplerinformation wird durch die enge, in Flugrichtung abgestrahlte Schallkeule des Ortungslautes, die Echos nur in diesem Hörfeldbereich erwarten läßt, eingeschränkt und kann beseitigt werden, wenn die Fledermaus die aus Ohrstellung und binauraler Intensitätsdifferenz ermittelte Echorichtung mit den auftretenden Dopplereffekten korreliert. Die Frequenzverschiebung durch den Dopplereffekt errechnet sich in erster Näherung für Fluggeschwindigkeiten, die sehr viel kleiner als die Schallgeschwindigkeit sind, nach folgender Gleichung:

$$\Delta f = 2 f_A \frac{v_{rel}}{c}$$

Δf Dopplerfrequenzverschiebung
f_A CF-Ortungslautfrequenz
c Schallgeschwindigkeit in Luft
v_{rel} Relativgeschwindigkeit Fledermaus-angepeiltes Objekt.

(14.30)

Unter den natürlichen Bedingungen einer echoortenden Fledermaus können Relativgeschwindigkeiten maximal 10–15 m/s erreichen und damit den Frequenzbereich des Echos um höchstens 6–7 kHz verschieben. Im Regelfall sind jedoch die zur Bewegungserkennung benutzbaren Frequenzänderungen klein, da sich die Beute relativ langsam und in einem beliebigen Winkel im Hörbereich der Fledermaus bewegt.

Der lange Reintonanteil (CF) der Ortungslaute, z. B. von Hufeisennasen, eignet sich theoretisch ausgezeichnet für eine Analyse der Dopplerfrequenzverschiebung (s. S. 591). Es müßten allerdings gerade minimale Abweichungen von der ausgesandten Frequenz erkannt werden. Das menschliche Ohr kann unter optimalen Bedingungen einen minimalen Schallfrequenzunterschied von 0,3% erkennen. Überträgt man diese Leistungsgrenze auf die Hufeisennase, so könnte sie gerade noch Frequenzabstände von 2,5 kHz auseinanderhalten. Dies würde bedeuten, daß ein hoher Prozentsatz von potentieller Beute nicht erkannt würde.

b) Das Hören von Dopplereffekten

Die Große Hufeisennase sendet einen CF-Teil von etwa 83,3 kHz und einen nachfolgenden FM-Teil aus, der bis 67 kHz abwärtsmoduliert sein kann (Abb. 14.104). Als bei diesen Tieren die Hörkurve, das sog. Audiogramm, anhand der Schwellenwerte der Antworten aus dem Colliculus inferior bestimmt wurde, gab es eine Überraschung (Abb. 14.112): In das Hörsystem dieser Fledermaus ist ein schmalbandiges Filter eingebaut, das auf die Frequenz des CF-Teils im Ortungslaut abgestimmt ist, nämlich 83,3 kHz. *Rhinolophus euryale* sendet einen CF-Teil von 103–104 kHz, *Chilonycteris rubiginosa* einen von 62–63 kHz; in beiden Fällen ist das Filter auf die entsprechende Frequenz abgestimmt. Die Flanken des Filters sind ungewöhnlich steil, besonders zu niederen Frequenzen hin. Zwischen 83,3 und 83,2 kHz steigt die Hörschwelle um 6 db, die Filterflanke besitzt eine Steilheit von 750 db/Oktave.

Das Hörsystem der Hufeisennase reagiert auf kleine, schnelle Frequenzänderungen im Bereich der absteigenden Filterflanke, und nur dort, sehr empfindlich: Im Colliculus inferior wird bei einer Änderungsrate von 50 Hz/ms eine Frequenzänderung von 82,80 nach 82,81 kHz noch klar beantwortet. Diese Werte gelten nur für Aufwärtsmodulationen. Bei Abwärtsmodulationen, was einer Bewegung des Zieles weg von der Fledermaus entspräche, müssen 10–40mal höhere Frequenzverschiebungen angewandt werden. Die Flügelschläge einer Wachsmotte erzeugen in einem CF-Echo schon dopplerbedingte Frequenzänderungen von 300 Hz, Modulationen also, die durch das Filter differenziert werden können.

Die Fledermaus könnte in Analogie zu nachrichtentechnischen Systemen den langen Reintonanteil des Echos als Trägerfrequenz benützen. Jedes sich bewegende Objekt erzeugt im reflektierten CF-Echo dopplerbedingte Frequenzveränderungen. Dies sind die biologisch interessanten Signale. Das CF-Echo wird von einem Bandpaßfilter, das genau auf die Trägerfrequenz abgestimmt ist, aufgenommen und die Modulationen vom Hörsystem analysiert. Jede kleine Frequenzänderung im Reintonanteil bzw. jede Frequenzverschiebung des gesamten Echos signalisiert ihr eine potentielle Beute und kann sie zur Verfolgung veranlassen.

Für die meisten Fledermausarten wäre das spezifische Hören von Bewegungen für den Beutefang von Vorteil. Man muß sich fragen, warum dann nur einige Fledermausarten einen solchen Filterempfänger mit fester Trägerfrequenz bei der Echoortung benutzen. Der Grund mag in den unterschiedlichen Jagdrevieren liegen. Während eine Fledermaus, die Insekten im freien Luftraum jagt, diskrete Echos ohne Störsignale zu erwarten hat, erhält eine, die dicht um Büsche und Bäume jagt, von diesem Hintergrund eine Vielzahl sich überlappender Echos zurück (Dichteziel nach der Optimalempfängertheorie, s. S. 591). Unter diesen stark gestörten Bedingungen ist ein Tonsignal nach der Theorie zur Echoerkennung geeigneter. Das auf die Trägerfrequenz des Echos abgestimmte schmale Bandpaßfilter verbessert das Signal/Rauschverhältnis, so daß sogar Echos, die unter dem Rauschpegel liegen, noch erkannt werden können.

c) Der Filtermechanismus für den CF-Teil des Echos

Die Vorstellung, das Filter könnte durch neuronale laterale Inhibition, wie in Abb. 14.111 gezeigt, in der aufsteigenden Hörbahn aufgebaut werden, hat sich als falsch erwiesen. Leitet man bei *Chilonycteris* die Mikrophonpotentiale in der Cochlea ab, so läßt sich

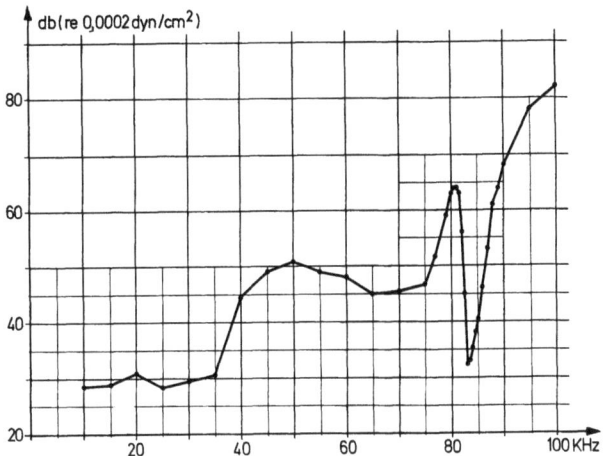

Abb. 14.112. Das Audiogramm von *Rhinolophus ferrumequinum*. Jeder Meßpunkt ist der Mittelwert aus Colliculus-Ableitungen von 10 Tieren. Ordinate: Erregungsschwelle in db. Abszisse: Reizfrequenz in kHz. [Aus Neuweiler, G.: Z. vgl. Physiol. **67**, 273 (1970)]

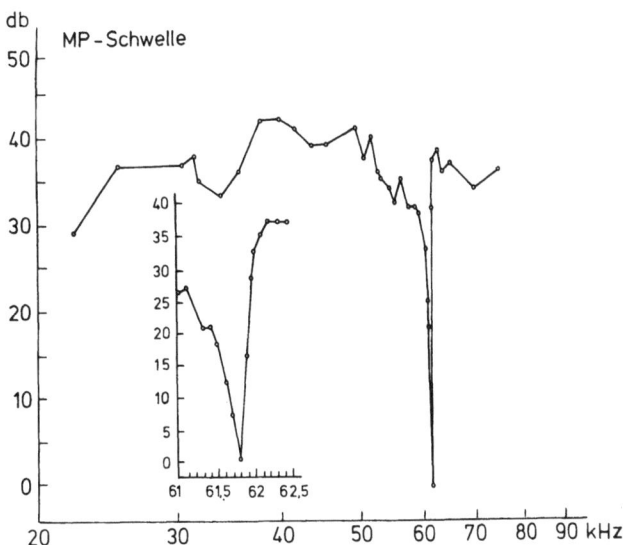

Abb. 14.113. Das Audiogramm der Mikrophonpotentiale bei einer wachen Fledermaus (*Chilonycteris parnellii parnellii*). Ordinate: Schwelle in db relativ zur Schwelle der Besten Frequenz. Abszisse: Reizfrequenz. Einlage: Vergrößerter Ausschnitt aus der Gesamtkurve. [Nach Polak, G., Henson, O.W., aus Neuweiler, G.: Verh. Deut. Zool. Ges., 66. Jahresvers., 1973]

schon dort ein ähnlich scharfes Filter nachweisen (Abb. 14.113), wie es auch auf dem Niveau des Colliculus inferior zu finden ist. Bruns hat durch längere, intensive Reintonbeschallung von Hufeisennasen in äußeren Haarzellen auf den der Reizfrequenz entsprechenden Stellen der Basilarmembran Kernschwellungen erzeugt und mit dieser Methode nachgewiesen, daß der Frequenzbereich von etwa 81–86 kHz auf einem gleichlangen Stück der Basilarmembran abgebildet wird, wie die gesamte darauffolgende Oktave von 80–40 kHz. Der Filterbereich wird also im Innenohr der Hufeisennase gespreizt abgebildet. Am Ende des gespreizten Bereichs sind auffallende, abrupte morphologische Abweichungen der Basilarmembran zu

598 Biomechanik

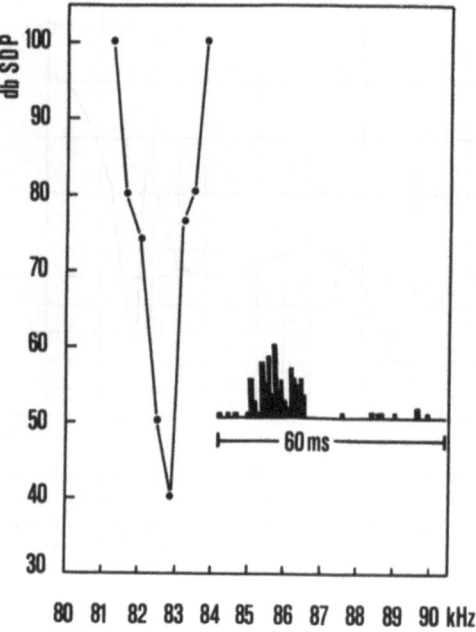

Abb. 14.114. Schwellenkurve und PST-Histogramm eines Neurons aus dem Colliculus inferior der Hufeisennase. Länge des Tonreizes: 60 ms. Ordinate: Schwelle; Abszisse: Reizfrequenz. PST-Histogramm (rechts) zeigt die Häufigkeit des Auftretens eines Nervenimpulses zu einem bestimmten Zeitpunkt nach Reizbeginn (über 50 identische Reize gemittelt)

sehen, die auf plötzliche Veränderungen der mechanischen Eigenschaften schließen lassen.

Die Analyse der im CF-Teil des Echos enthaltenen Dopplereffektinformationen erfolgt im neuronalen Hörsystem vermutlich getrennt von der Auswertung des FM-Teils. Bei Hufeisennasen findet sich im ventralen, kaudalen Teil des Colliculus inferior eine große Ansammlung von Neuronen, die nur auf Frequenzen im Filterbereich antworten und extrem schmalbandig sind. Der Frequenzantwortbereich mancher Neuronen beträgt nur 1 kHz oder nur 1,2% Abweichung von der Besten Frequenz (Abb. 14.114).

d) Der Regelkreis der Dopplereffekt-Kompensation

Das Bewegungsdetektionssystem der CF/FM-Fledermäuse müßte allerdings in seiner bisher geschilderten Form sofort zusammenbrechen, wenn die Fledermaus losfliegt. Nach Gl. (14.30) wird die Echofrequenz durch die eigene Fluggeschwindigkeit generell um bis zu 4–5 kHz gegenüber der Aussendefrequenz erhöht. Die Trägerfrequenz des Echos fiele damit aus dem Empfindlichkeitsbereich des in seiner Frequenz fixierten Filters heraus.

Die Fledermäuse haben auch auf dieses Problem eine Antwort gefunden: sobald eine Hufeisennase abfliegt, senkt sie die Aussendefrequenz ihres Ortungslautes gemäß ihrer eigenen Fluggeschwindigkeit so,

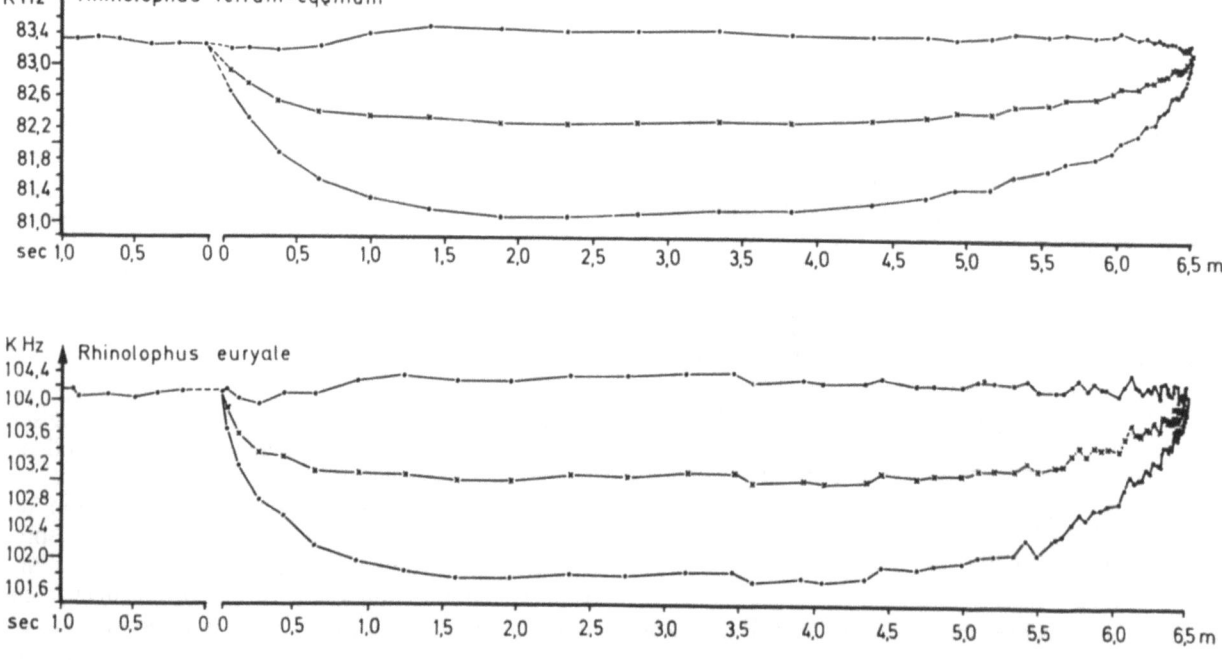

Abb. 14.115. Frequenzen der CF-Teile der Echos (obere Kurve) und der ausgesendeten Laute (untere Kurve) von *Rhinolophus ferrum-equinum* und *Rhinolophus euryale* beim Flug über eine 6,5 m lange Flugstrecke und in der letzten Sekunde vor dem Start (bei o-o). Die mittlere Kurve stellt die CF-Teil-Frequenz der mit einem Mikrofon am Ende der Flugstrecke registrierten Ortungslaute dar. Aus dieser Mikrofonfrequenz wurden durch Hinzufügen bzw. Abziehen der bei Echoempfang bzw. Lautaussendung entsprechend der Fluggeschwindigkeit entstehenden Dopplereffekte die Echo- bzw. Aussendefrequenzen berechnet. [Aus Schnitzler, H.-U.: Fortschr. Zool. 21, 136 (1973)]

Echoortung 599

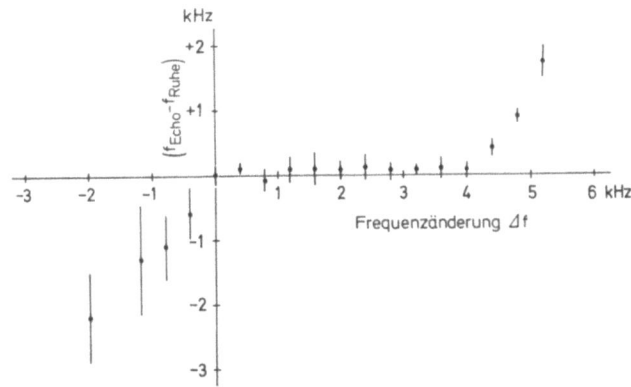

Abb. 14.116. Gegenregelung der Dopplerfrequenzverschiebungen im CF-Teil der Echos durch Absenken der Ortungslautfrequenz bei Hufeisennasen. Abszisse: Echofrequenzverschiebung Δf. Ordinate: Differenz zwischen Echofrequenz und der CF-Ortungslautfrequenz der ruhenden Fledermaus. Die eingeregelte Echofrequenz liegt stets etwas über der „Ruhefrequenz". Echofrequenzverschiebungen unter die Ruhefrequenz ($-\Delta f$) werden nicht kompensiert (abfallende Kurve im negativen Quadranten). [Aus Schuller, G., Beuter, K. u. Schnitzler, H.-U.: J. Comp. Physiol. **89**, 275 (1974)]

daß das rückkehrende Echo stets im Filterbereich von ca. 83 kHz bleibt (Abb. 14.115). Sie kompensiert damit über einen Rückkopplungskreis solche länger anhaltenden Frequenzverschiebungen des Echos und hält die Trägerfrequenz genau im Hörfilter fest.

Die Meßbasis für die Störgröße in diesem Regelkreis ist die gehörte Echofrequenz. Dies bedeutet, daß frühestens beim nächstfolgenden Ortungslaut die Aussendefrequenz um einen entsprechenden Betrag Δf gesenkt werden kann, und damit die Echofrequenz wieder einer durch das Filter festgelegten Sollfrequenz f_{ref} entspricht.

Die Kenngrößen des Kompensationsmechanismus können im aufgeschnittenen Regelkreis ausgemessen werden. Dazu wird das Tier in einem „Fledermausstuhl" so festgehalten, daß es sich noch genügend unbehindert fühlt, um Ortungslaute auszusenden. Der Laut wird durch ein Mikrofon aufgenommen, und das „Echo" über einen Lautsprecher der Fledermaus zurückgespielt, nachdem die Frequenz des Echos um einen bestimmten Betrag verändert worden ist. Das elektronische Gerät, das die Frequenzänderung erzeugt und damit eine Bewegung des Echo erzeugenden Objektes (Lautsprecher) simuliert, ist nach dem Heterodyning-Prinzip aufgebaut. Die Fledermaus ändert nun entsprechend der aufgezwungenen Frequenzänderung ihre ausgesandte Frequenz im nächstfolgenden Ortungslaut und hält diese neue Aussendefrequenz solange bei, wie die aufgezwungene Frequenzänderung nicht verändert wird. Mit diesem Bewegungssimulator läßt sich in den Regelkreis jede beliebige, definierte Regelgröße (gehörte Echofrequenz — Sollfrequenz) einführen. Die Sollfrequenz f_{ref}, auf die die Fledermaus einregelt, stimmt nicht ganz mit der im nichtfliegenden Zustand ausgesandten CF-Frequenz f_{rest} überein, sondern liegt um 50–300 Hz darüber (Abb. 14.116). Diese Abweichung entspricht auch genau der minimalen Regelgröße, auf die der Regelkreis einer Hufeisennase anspricht. Der Regelkreis ist gleichgerichtet und reagiert auf Frequenzabsenkungen unter die Sollfrequenz (negative Δf) überhaupt nicht. Solche Frequenzänderungen könnten nur von Objekten kommen, die sich von der Fledermaus schneller wegbewegen, als sie nachfolgen kann. Auf die Sollfrequenz zurückgeregelt werden dagegen Echofrequenzen, die bis zu 4400–6000 Hz darüber liegen. Innerhalb dieses Bereichs $\Delta f = +50$ bis $+6000$ Hz arbeitet der Regelkreis linear, die Sollfrequenz wird mit einer Standardabweichung von

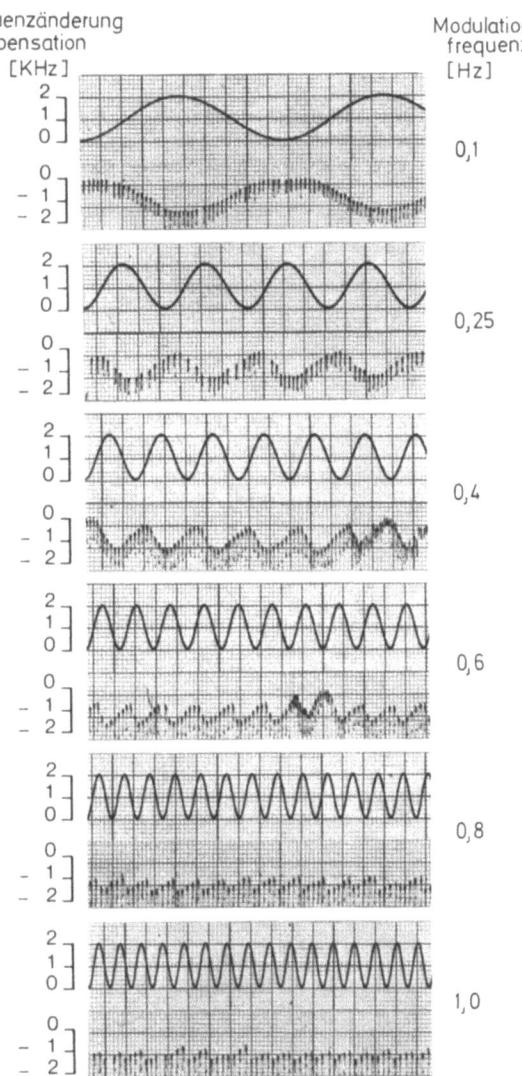

Abb. 14.117. Reaktion des Regelsystems auf verschiedene sinusförmige Modulationen der Echofrequenzanhebung bis zu 2 kHz. Die obere Kurve gibt die aufgezwungene Echofrequenz wieder, die unteren Kurvenpunkte die kompensatorische Frequenzänderung der Ortungslaute. Ab Modulationsfrequenzen von 0,6–0,8 Hz vermag das Regelsystem den rasch aufeinanderfolgenden Frequenzänderungen des Echos nicht mehr zu folgen. [Aus Schuller, G., Beuter, K. u. Rübsamen, R.: J. Comp. Physiol. **97**, 113 (1975)]

0,06–0,2% festgehalten. Bei plötzlichen Frequenzsprüngen erreicht der Regelkreis mit zunehmender Frequenzverschiebung erst nach mehreren Ortungslauten die Referenzfrequenz, er arbeitet also relativ träge. Frequenz und Phasengang des Regelkreises können Abb. 14.117 entnommen werden.

Der Regelkreis funktioniert nur, wenn Ortungslaut und Echo spätestens noch 17 ms nach Beginn der Lautaussendung überlappen. Wird das Echo so verzögert, daß es erst am Ende oder nach Abschluß des Ortungslautes am Ohr eintrifft, so können Abweichungen der Echofrequenz von der Sollfrequenz nicht mehr kompensiert werden. Damit erweist sich die Überlappung von Ortungslaut und Echo bei CF/FM-

Fledermäusen, die von anderen Fledermausarten durch entsprechende Lautverkürzung vermieden wird, als eine physiologische Notwendigkeit für die Funktion des Regelkreises und nicht als lästige Begleiterscheinung eines mit hoher Energie und damit langen Lauten arbeitenden Ortungssystems. Eigenartigerweise können die Hufeisennasen den Regelkreis nach Belieben ein- oder ausschalten. Es gibt Tiere, die bei aufgezwungener Frequenzverschiebung des Echos wie ein Uhrwerk regeln, andere, die dies nur kurzzeitig, und wieder andere, die es nur sporadisch tun.

Das Ortungssystem der CF/FM-Fledermäuse könnte sich als ein besonders eindrucksvolles Beispiel dafür erweisen, wie ein schwieriges biologisches Informationsproblem auch nach nachrichtentechnischen Gesichtspunkten optimal gelöst wurde. Für den Zoologen noch aufregender ist freilich die Möglichkeit, daß sich dieser hochspezialisierte und optimal entwikkelte Ortungsmechanismus unabhängig in zwei nur entfernt miteinander verwandten Gattungen entwikkelt hat, von der die eine nur in der Alten Welt, die andere nur in Mittel- und Südamerika vorkommt.

Literaturauswahl

Glaser, W.: Zur Hypothese des Optimalempfangs bei der Fledermausortung. J. Comp. Physiol. **94**, 227–248 (1974).

Griffin, D.R.: Listening in the Dark. New Haven: Yale University Press 1958.

Griffin, D.R.: Echolocation. In: (Ed.): Møller, A.R.: Basic Mechanisms in Hearing, p. 849–892. New York: Academic Press 1973.

Schnitzler, H.-U.: Die Echoortung der Fledermäuse und ihre hörphysiologischen Grundlagen. Fortschr. Zool. **21**, 136–186 (1973).

Suga, N.: Feature extraction in the auditory system of bats. In: (Ed.): Møller, A.R.: Basic Mechanisms in Hearing, p. 675–742. New York: Academic Press 1973.

Symposium on Animal Sonar. In: J. Acoust. Soc. Am. **54**, 137–204 (1973).

15. Elektrorezeption und Ortung im elektrischen Feld

Thomas Szabo

15.1. Einleitung

In verschiedenen Kapiteln dieses Lehrbuches wird dargelegt, inwieweit bekannte physikalische Erscheinungen unserer Umwelt Lebewesen beeinflussen können. All diese physikalischen Ereignisse stellen ein buntes Spektrum von Reizmodalitäten dar, so daß ein Organismus mit Hilfe seiner Rezeptoren ein Abbild seiner Umgebung erhält. Die den physikalischen Ereignissen entsprechenden verschiedenen Energieformen, z.B. mechanische, chemische oder Strahlenenergie, welche den Lebewesen zugeführt werden und auf sie einwirken, werden durch verschiedene Umwandlungsprozesse je nach Rezeptortyp in chemische oder elektrische Energie umgesetzt. Letztere löst dann den physiologischen Vorgang aus, der zur Entstehung einer Sinnesinformation führt, die ihrerseits eine Verhaltensreaktion von seiten des Tieres hervorrufen kann.

In diesem Abschnitt soll besprochen werden, inwiefern Lebewesen elektrische Phänomene wahrnehmen und ob sie von ihnen beeinflußt werden; oder, mehr biologisch ausgedrückt, ob elektrische Energie für sie den adäquaten Reiz einer bisher wenig bekannten Sinnesmodalität, des sog. elektrischen Sinnes, darstellt. Es ist eine uns aus dem Alltag bekannte Tatsache, daß wir elektrische Entladungen und Ströme wahrnehmen. Elektrische Felder und deren Veränderungen wirken auf das Wachstum von Pflanzen ebenso ein wie auf das Verhalten von Tieren. Jedoch stellt sich die Frage, ob die Wahrnehmung verschiedener elektrischer Reize der Außenwelt den Organismen nutzbare und „organisierte" Informationen zuzuführen vermag, so wie dies zum Beispiel durch Licht- oder Schallreize geschieht. Um diese Frage zu beantworten, sollten wir zuerst die Herkunft von vorhandenen elektrischen Reizen unserer Umwelt betrachten, denen ein Lebewesen in seinem natürlichen Milieu ausgesetzt ist.

15.2. Natürliche Quellen für eine bioelektrische Reizmodalität

Die in Frage kommenden biologisch relevanten Quellen sind entweder physikalischer (15.2.1) oder biologischer (15.2.2) Herkunft. Da Elektrorezeption, im „spezifischen" Sinne des Wortes, nur bei im Wasser lebenden Tieren nachgewiesen wurde, besprechen wir hier hauptsächlich die in diesem Milieu auftretenden elektrischen Phänomene.

15.2.1. Quellen physikalischer Herkunft

15.2.1.1. Elektrische Felder durch Wasserströmung im Erdmagnetfeld

Unter den physikalischen Quellen sind die vom Magnetfeld der Erde induzierten elektrischen Ströme am bedeutendsten. Durch Induktion entstehen elektrische Ströme ebenso im Erdinneren, das einen ausgezeichneten Leiter darstellt, wie an der Erdoberfläche (Ionosphäre). Elektrische Felder entstehen ebenfalls in den an der Erdoberfläche vorhandenen Wasserkörpern, wenn sie durch das Magnetfeld der Erde fließen. Geschieht diese Strömung in einem „stilliegenden" Ozean, so wird bei einer gegebenen Strömungsgeschwindigkeit ein bestimmtes Spannungsgefälle induziert.

Bewegt sich die Strömung in geographischen Gebieten mit vorherrschend vertikalen Komponenten des geomagnetischen Feldes (Abb. 15.1), so wird in ihr ein bedeutender horizontaler Spannungsgradient induziert. Dagegen erzeugen Strömungen im Bereich mit vorwiegend horizontalen Komponenten des Magnetfeldes der Erde nur relativ geringe Spannungsgradienten, weshalb sich die Möglichkeit zur Wahrnehmung der induzierten elektrischen Ströme gegen den magnetischen Äquator, wo die Magnetfeldlinien der Erde horizontal verlaufen, vermindert. Daraus geht hervor, daß die Elektroorientierung mit Hilfe von elektrischen Feldern, die in Ozeanströmen vorkommen, hauptsächlich in nichtäquatorialen Gewässern möglich ist.

Solche Ohmschen Spannungsgradienten, die im Atlantischen Ozean mit schwimmenden Elektroden gemessen wurden, variieren zwischen 0,05 und 0,5 μV/cm. Beispielsweise, die Ebbe-Flut Ströme im englischen Kanal induzieren während ihrer maximalen Geschwindigkeit Potentialgradienten mit einem auf 0,25 μV/cm geschätzten Wert.

Wenn man denkt, daß sich der Herzschlagrhythmus von Haien und Rochen durch ein künstlich angelegtes, homogenes elektrisches Feld bei einem Spannungsgefälle von 0,01 μV/cm verändern läßt, so darf eine Elektroorientierung in diesem natürlichen Gradienten in Betracht gezogen werden. Die ähnlich hohe elektrische Empfindlichkeit (0,06 μV/cm) der Aale ist von größtem biologischen Interesse in Anbetracht ihrer Durchquerung des Atlantischen Ozeans bei ihren Wanderungen. Man könnte sich tatsächlich vorstellen, daß die Richtung des Zuges von der europäischen Westküste bis zum Golf von Mexiko und zurück mit Hilfe einer Elektroorientierung bestimmt wird.

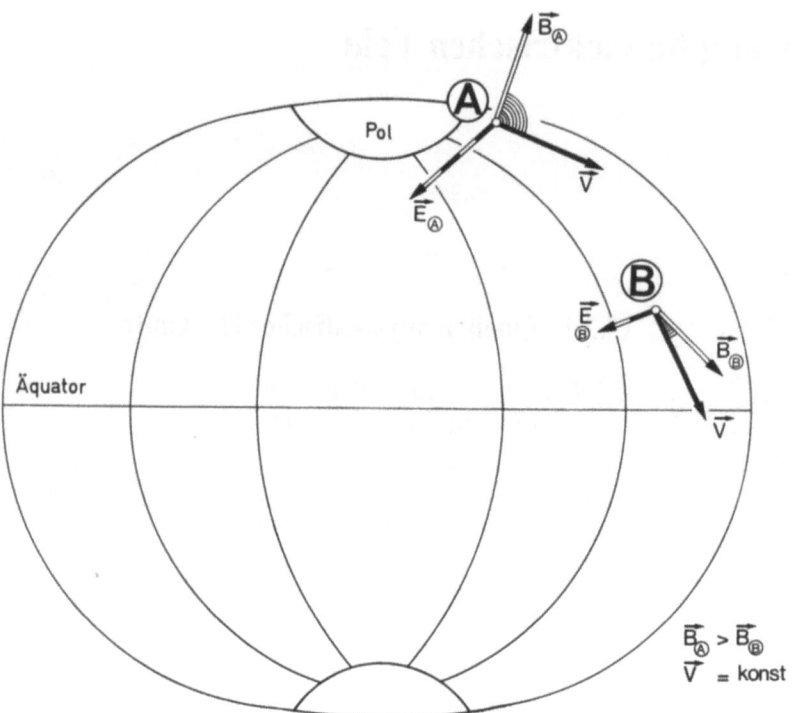

Abb. 15.1. Vektorbild des Induktionsvorgangs für den Potentialgradienten **E** im erdmagnetischen Feld **B** infolge von Wasserströmungen **V** gleicher Größe und Richtung an zwei geographisch verschiedenen Punkten A und B der Erdoberfläche: $E = V \times B$. Die Pfeillängen entsprechen der relativen Größenordnung der verschiedenen Werte. Zu beachten ist die Richtung des Magnetfeldes gegenüber der Erdoberfläche. Bei A vertikal, bei B nahezu horizontal

15.2.1.2. Elektrische Felder durch schwimmende Lebewesen im Erdmagnetfeld

Jedoch soll man nicht außer acht lassen, daß ein Fisch, der ja selbst einen leitenden Gegenstand darstellt, sich zumeist nicht passiv von Wasserströmen tragen läßt, sondern sich aktiv im Wasser fortbewegt.

Ein Fisch, der ähnlich einem relativ kleinen Wasserstrom von Westen nach Osten schwimmt, induziert in seinem Körper einen ventro-dorsal gerichteten Potentialgradienten; er könnte diesen mit seinen mitschwimmenden Meßelektroden (Elektrorezeptoren) auswerten. Durch die Interaktion mit der horizontalen Komponente des geomagnetischen Feldes — die bei einem aktiv sich bewegenden leitenden Gegenstand die Hauptrolle spielt — werden namentlich Elektrorezeptoren an der Rückenseite und Bauchseite des Fisches verschieden polarisiert. Dagegen entstehen in diesen Rezeptoren keine Potentialdifferenzen, wenn der Fisch sich nach Norden oder Süden bewegt, d.h. wenn er parallel zu den magnetischen Feldlinien schwimmt. Im letzteren Fall könnten aber diese Information eine Kompaßorientierung nach dem Erdmagnetfeld ermöglichen.

Obwohl keine experimentellen Belege für diese theoretischen Überlegungen vorliegen, könnten wohl Rochen und Haie tatsächlich die in ihrem Körper in dieser Weise induzierten Felder für ihre Orientierung benützen. Bei einem Hai nämlich, der mit einer Geschwindigkeit von 100 cm/s von Westen nach Osten schwimmt, kann die vertikale Komponente des induzierten Potentialgradienten einen Wert von 0,4 µV/cm erreichen. Die Empfindlichkeit der Elektrorezeptoren, die der Hai besitzt, würde, wie schon oben erwähnt, für eine derartige Elektroortung ausreichen.

Für einen sich aktiv bewegenden Fisch ist, wie erwähnt, die horizontale Komponente des geomagnetischen Feldes am bedeutendsten; daher ist ein schwimmender Fisch in äquatorialen Gewässern den stärksten so entstandenen elektrischen Reizen ausgesetzt. Dieser Mechanismus hat einen Vorteil gegenüber dem Orten von elektrischen Feldern, die durch Wasserströme entstehen (15.2.1.1), bei dem sich der Fisch in einer „passiven" Situation befindet: das von einem schwimmenden Fisch erzeugte Feld könnte durch die Richtung und Geschwindigkeit des Schwimmers selbst gesteuert und so eine größere Genauigkeit der Information erzielt werden.

15.2.1.3. Tellurische Ströme

Nicht nur *räumliche*, sondern auch *zeitliche* Variationen des geomagnetischen Feldes induzieren elektrische Felder in der Erdkruste und in den Ozeanen. Sie sind als tellurische Ströme bekannt und zeigen eine Tagesperiodik, da sie von der Sonnenbestrahlung abhängig sind (s. Kapitel 16). Solche Felder, die von Ort zu Ort an der Erdoberfläche stark variieren, erreichen an magnetisch ruhigen Tagen (nur schwache magnetische Stürme) einen Wert von 1 bis 10 mV/km (= 0,01–0,1 µV/cm). In den Ozeanen kommt es zur Konzentration von tellurischen Strömen in den Küstengewässern. Tellurische Potentialgradienten, ganz besonders an Tagen mit starken magnetischen Stürmen, scheinen genügend stark zu sein, um auch Süßwasserfische zu erregen, die weniger empfindlich für elektrische Felder sind als Seewasserfische; ihre 24stündige Periodizität könnte Anlaß dazu geben, sie als Zeitgeber für Verhaltensrhythmen dieser Fische verantwortlich zu machen.

15.2.1.4. Andere geophysikalische Phänomene

Als Quellen elektrischer Felder könnten außer tellurischen Strömen auch elektromagnetische Phänomene (Blitz) oder tektonische Vorgänge für eine Elektroortung in Betracht gezogen werden. Sie erreichen z. B. im Süßwasser von Guyana Spitzenwerte von 20 µV/cm; die dort vorkommenden elektrischen Fische vermeiden dann eine Interferenz ihrer elektrischen Entladungen mit solchen elektrischen Phänomenen, wahrscheinlich, damit die Rezeption der Eigenentladungen nicht gestört wird.

Andererseits zeigen elektrosensitive Welse vor einem Erdbeben ein sehr merkwürdiges Verhalten.

15.2.2. Quellen biologischer Herkunft

15.2.2.1. Elektrische Felder von nicht spezifischen Organen

Bioelektrische Felder wurden bei vielen sehr verschiedenen wasserlebenden Tieren beobachtet: In unmittelbarer Nähe von Libellenlarven, Süßwasserschnecken, Kaulquappen, Salamandereiern und -larven kann eine konstante elektrische Spannung entlang ihrer Körperlängsachse festgestellt werden, deren Wert je nach der Art zwischen 50 und 300 µV/cm variiert. Bei einem Seewasserknochenfisch von 15 cm Länge kann das im Abstand von 0,5 cm über der Kopfregion gemessene Gleichstrompotential von 200 µV/cm in einer Entfernung von 10 cm noch einen Wert von 0,2 µV/cm erreichen. Vom ökologischen Standpunkt aus ist es von Bedeutung zu wissen, daß sich bei verletzten Schalentieren — und nur bei solchen — ein ständiges Potential von 1000 µV und mehr nachweisen läßt.

Diese bioelektrischen Felder werden meistens durch die relative Bewegung der verschiedenen Körperteile moduliert. Unter ihnen sind die periodischen Atmungsbewegungen besonders wichtig; sie erzeugen nicht selten eine Potentialvariation von 500 µV.

Für die Erklärung des Entstehens solcher Potentiale muß man die elektrochemische Verschiedenheit des Innen- und Außenmilieus der Wassertiere in Betracht ziehen. Demgemäß ist eine Potentialdifferenz quer durch die Haut, die die Grenze zwischen beiden Milieus darstellt, zu erwarten. Jedoch sind die Verhältnisse durch den aktiven beidseitigen Ionentransport durch diese Trennschicht und die dabei entstehende zusätzliche elektromotorische Kraft noch komplizierter.

Außer konstanten bioelektrischen Feldern erzeugen Wassertiere auch kurzdauernde „Spitzenpotentiale", die durch gleichzeitige Konzentration bestimmter Muskelgruppen entstehen (Muskelaktionspotentiale) und bedeutende Amplituden zwischen 20–200 mV erreichen können.

15.2.2.2. Elektrische Felder von spezifischen Organen

Die bisher geschilderten Felder von physikalischer, chemischer und biologischer Herkunft sind gleichsam „Nebeneffekte" anderer Phänomene. Jedoch gibt es eine besondere Kategorie bioelektrischer Felder, die von Organen hervorgerufen werden, deren *spezifische* und *einzige* Funktion ist, elektrische Entladungen bzw. elektrische Felder zu erzeugen. Solche Organe sind kennzeichnend für eine besondere, zoologisch-systematisch jedoch nicht homogene, Gruppe von Fischen, die sogenannten *elektrischen Fische*, die teils in Flüssen von Afrika und Südamerika (Süßwasserfische), teils in den Ozeanen (Seewasserfische) beheimatet sind. Die paarigen und symmetrisch angelegten elektrischen Organe sind in der Muskelmasse des Körpers oder Kopfes so gelagert, daß eine oder beide Enden (Pole) des Organs direkt unter der Haut zu liegen kommen. Jedes Organ ist aus einer großen Anzahl einzelner Elemente (Elektroplatten) aufgebaut (Abb. 15.2 A). Jede Elektroplatte, die eine Grundeinheit jedes Organs darstellt, ist eine Membraneinheit (Zelle) und hat im allgemeinen die Form einer flachen Scheibe; zu einer ihrer Oberflächen führt die motorische (efferente) Innervierung. Alle Elektroplatten sind in Reihe und/oder parallel zur Längs- oder Querachse des Fisches angeordnet.

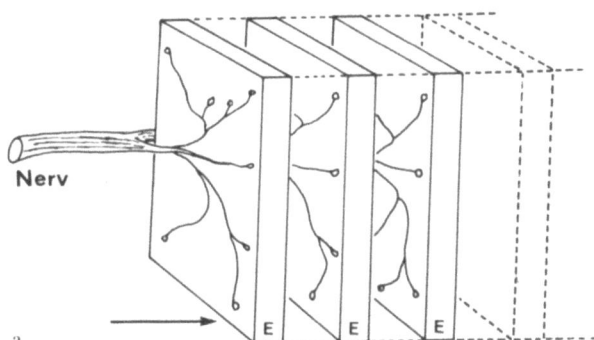

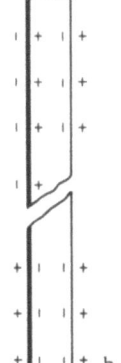

Abb. 15.2. (a) Struktur und Innervierung eines elektrischen Organs, schematisch dargestellt. E Elektroplatte; Pfeil: Längsachse des Fisches. (b) Schematische Darstellung zur Entladungsweise der Zelle eines elektrischen Organs. [Nach Fessard, A.: In: Grassé, P.-P. (Ed.): Traité de Zoologie, Vol. 13(2), 1143–1238. Paris: Masson (1958) verändert.] Unten: Ruhestadium, Innenseite der Zelle gegenüber der Außenseite negativ geladen. Oben: Ladungsverteilung zum Zeitpunkt der Depolarisation. Innervierte Membranoberfläche stärker konturiert. Beachte den unveränderten Polarisationszustand der nichtinnervierten Membranseite

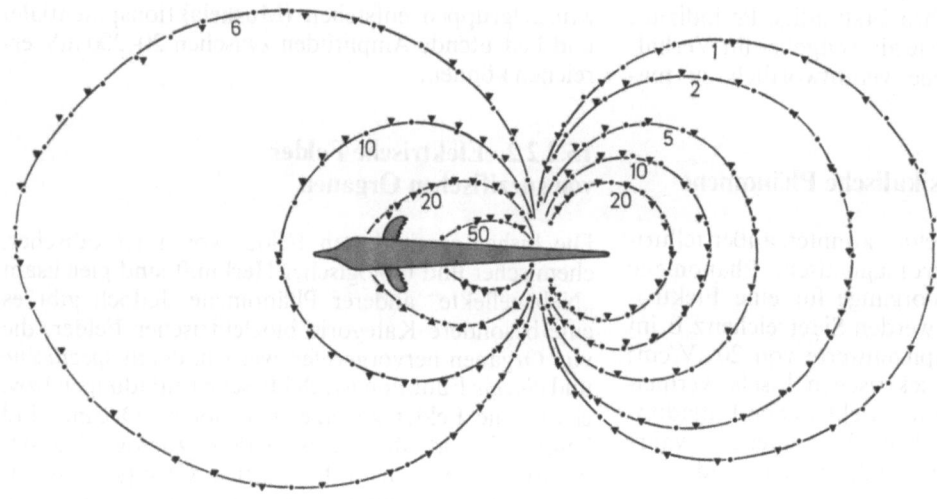

Abb. 15.3. Dreidimensionale Darstellung der Äquipotentiallinien um einen elektrischen Fisch. Punkte und Dreiecke entsprechen einem horizontalem bzw. vertikalen Schnitt. [Nach Boudinot, M.: Thèse du Conservatoire National des Arts et Métiers, Paris (1972)]

Ähnlich den Muskelfasern sind die Elektroplatten geladenen Batterien zu vergleichen, deren Innenseite gegenüber der Außenseite negativ geladen ist und die durch einen Nervenimpuls zum plötzlichen Entladen gebracht werden (Abb. 15.2B); d.h. die innervierte Zellmembran wird unter dem Einfluß des Nervenimpulses depolarisiert, während die gegenüberliegende, nicht innervierte Membranseite unverändert bleibt. Die Spannungsamplitude der impulsartigen Entladung von 0,1–2 msec Dauer beträgt 100 mV. Der Mechanismus ist also mit den üblichen bioelektrischen Vorgängen an erregbaren Elementen identisch und hat auch eine für Muskel- und Nervenzellen bekannte Amplitude.

Die außergewöhnlich hohe Spannung, die bei der Entladung eines elektrischen Fisches entstehen kann, ist nur dem morphologischen Aufbau und den funktionellen Eigenschaften des elektrischen Organs, nicht aber einer Eigentümlichkeit des Depolarisationsvorgangs dieser Zellmembran zuzuschreiben. Der morphologischen Anordnung entsprechend sind nämlich die Elektroplatten „in Reihe geschaltet". Da sie alle durch einen Mechanismus des Zentralnervensystems *synchron* depolarisiert werden, hängt die Spannung der Entladung von der Gesamtzahl der in Reihe geschalteten Elektroplatten ab. Ähnlich ist die Stärke des Stromes proportional der Anzahl der „parallelgeschalteten" Elemente. Da die elektrischen Organe meistens aus mehreren Hunderten, mitunter sogar Tausenden in Reihe geschalteter Elemente aufgebaut sind, sind die von den elektrischen Fischen erzeugten elektrischen Felder weit bedeutender als alle anderen bisher besprochenen Quellen elektrischer Felder. Beispielsweise erzeugen ein Zitterrochen bzw. Zitteraal Spannungen von 45 bzw. 600 V zwischen den Polen ihrer Organe, den ventralen und dorsalen Hautoberflächen bzw. Kopf und Schwanz, wenn man die Spannungen außerhalb des Wassers, also bei unendlichem Lastwiderstand, mißt. Andere, die sogenannten schwachelektrischen Fische (Mormyriden und Gymnotiden), erzeugen nur relativ schwache Spannungen zwischen einigen Zehntel Volt und 20 V.

Aus der Bau- und Funktionsweise des elektrischen Organs geht hervor, daß die Elektroplatten eines Tieres eine einzige Batterie darstellen, deren negativer Pol während der Entladung jenem Ende des Organs entspricht, dem die innervierten Elektroplattenseiten zugekehrt sind; d.h. im Moment der Depolarisierung wird die innervierte Plattenoberfläche gegenüber der nicht innervierten negativ geladen (Pacinische Regel). Je nach Ausrichtung der Platten wird z.B. bei Mormyriden und Gymnotiden die Schwanzregion gegenüber der des Kopfes, beim Zitterrochen die Bauchoberfläche gegenüber der des Rückens negativ. Aus den vorliegenden Tatsachen geht hervor, daß die Konfiguration des elektrischen Feldes, das bei der Entladung um den Fisch herum entsteht, einem Dipol entspricht. Die dreidimensionale Konfiguration der Äquipotentiallinien ist für jeden Pol symmetrisch (Abb. 15.3). Dagegen ist das elektrische Feld des gesamten Dipols asymmetrisch, was durch die asymmetrische Lage des elektrischen Organs gegenüber dem Körper des Fisches zu erklären ist. Der „Kopfteil" des Feldes ist auf Grund des niedrigeren Widerstandes des Fischkörpers gegenüber dem des Wassers etwas in die Länge gezogen.

Die Entladungen aller elektrischen Fische haben zwei wichtige Merkmale (Abb. 15.4): Sie bestehen erstens aus einer Serie von Einzelimpulsen, deren Dauer zweitens maximal 1–2 msec beträgt. Die nicht spontan aktiven starkelektrischen Fische, z.B. Zitterrochen, antworten nur auf einen exogenen Reiz mit einer reflexartigen Entladungssalve. Dagegen senden die schwachelektrischen Fische, z.B. Mormyriden oder Gymnotiden, spontan unregelmäßig oder regelmäßig. Die Frequenz der rhythmischen Impulse ist je nach

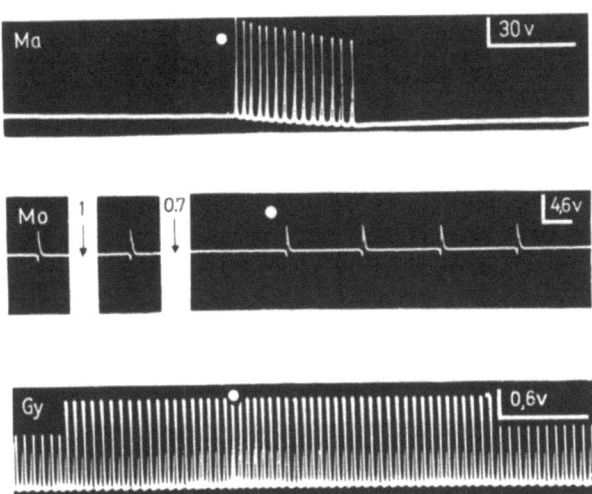

Abb. 15.4. Entladungsmuster des starkelektrischen Zitterwelses (Ma) und der schwachelektrischen Fische *Mormyrus hasselquisti* (Mo) und *Gymnarchus niloticus* (Gy). Rechts oben: Amplitude in Volt Zeitbasis 0,05 s. Weißer Punkt: taktiler Reiz. [Nach Szabo, T.: Verh. Rheinisch Westfälischen Akad. Wiss., **205**, Westdeutscher Verlag, Düsseldorf (1970)]

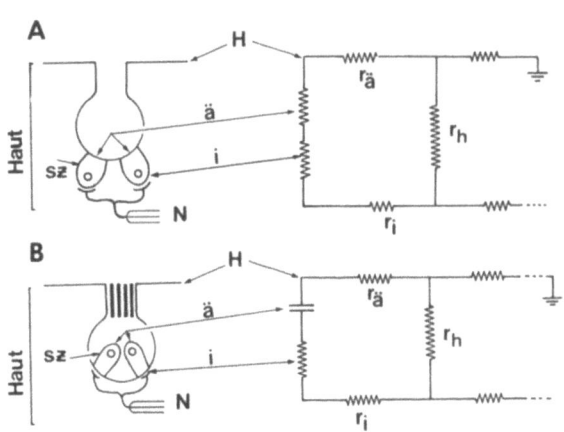

Abb. 15.5. A und B. Schemazeichnung des anatomischen Baus (links) der zwei Typen von Elektrorezeptoren. (A) tonisches ampulläres Organ; (B) phasisches Knollenorgan und die äquivalenten elektrischen Ersatzschaltbilder (rechts). (Nach Bennett, M.V.L.: Ann. Rev. Physiol. **32**, 471–528 (1970) verändert.) *H* Hautoberfläche; *SZ* Sinneszelle; *ä* äußere und *i* innere Membranfläche der Sinneszellen. *N* afferente Nervenfaser. Beachte, daß die äußere Membran der Sinneszelle im Knollenorgan einer Kapazität, im ampullären Organ einem Widerstand entspricht. r_a und r_i: Widerstand des äußeren und inneren Mediums; r_h: Hautwiderstand

Fischart verschieden und variiert zwischen 1 und 1600 Hz unter natürlichen Temperaturbedingungen (20–30° C).

Für die rhythmische Tätigkeit ist ein spezifisches Gehirnzentrum, ein Schrittmacher, verantwortlich, wobei für jede elektrische Entladung ein Schrittmacher-Impuls nötig ist. Der Rhythmus des Schrittmachers kann von dem Fisch selbst oder durch exogene Reize moduliert werden.

Diese kurze Zusammenfassung über die Entladungstätigkeit elektrischer Fische soll zeigen, wie stark differenziert der elektrogene Mechanismus spezifischer Organe ist, der zur Erzeugung von bioelektrischen Feldern dient. Ihm gegenüber stehen die elektrischen Phänomene physikalischer Natur; obwohl anscheinend ohne direkte biologische Bedeutung, kann ihr Einfluß auf Lebewesen nicht ausgeschlossen werden. Letztere könnten durchaus Informationen aus solchen Phänomenen entnehmen.

15.3. Elektrorezeptoren und Elektrorezeption

Nachdem im letzten Jahrhundert die Entladungen von Fischen als elektrische Phänomene erkannt wurden und später ihre Bedeutung für eine Elektroortung gezeigt wurde, stellte sich den Biologen die Frage, inwiefern *alle* in unserem Lebensraum vorkommenden elektrischen Quellen für eine Elektroortung dienen könnten.

Verhaltensversuche haben gezeigt, daß recht viele auch nichtelektrische Fische auf elektrische Reize verschiedener Herkunft im Wasser ansprechen, wenn diese mindestens einen Potentialgradienten von ungefähr 0,01 µV/cm besitzen. Ist ihre Empfindlichkeit bei ihnen vorhandenen *spezifischen* Elektrorezeptoren zuzuschreiben?

Nach unseren heutigen Kenntnissen kann man diese Frage eigentlich nicht bejahen, da z.B. die Aale, die keine Elektrorezeptoren besitzen, ebenso elektroempfindlich sind, wie Welse mit solchen Rezeptoren. Auch Orientierungsreaktionen im elektrischen Feld (Galvanotaxis) bei Invertebraten oder Amphibien hat man ohne spezifische Organe zu erklären.

Die morphologisch identifizierten spezifischen Rezeptoren, die nur bei einer bestimmten Gruppe von Fischen vorkommen und deren elektrische Empfindlichkeit experimentell bewiesen wurde, sind in zwei Hauptkategorien einzuteilen: (1) die morphologisch als „ampulläre Organe" bezeichneten Sinnesorgane mit tonischer Rezeptionscharakteristik, die auf langdauernde Reize ansprechen und für *niedrige Frequenzen* empfindlich sind, und (2) die „Knollenorgane" genannten Sinnesorgane mit phasischem Antwortverhalten, die auf kurzdauernde Reize ansprechen und für *hohe Frequenzen* empfindlich sind.

Die ampullären Organe eignen sich zur Wahrnehmung von Gleichstromfeldern und ihrer Schwankungen; für sie sind die obenerwähnten elektrischen Felder physikalischer Herkunft und bioelektrische Gleichstromreize der adäquate Reiz. Sie funktionieren sehr wahrscheinlich als Voltmeter; darauf läßt ihre relativ hohe Eingangsimpedanz gegenüber der Ausgangsimpedanz des elektrischen Feldes im Ozean schließen. Diese Organe könnten die Spannungsdifferenz zwischen Außen- und Innenseite der Haut über dem Widerstand, den das Sinnesepithelium darstellt, messen (Abb. 15.5 A).

Für die Elektrorezeptoren mit phasischer Empfindlichkeitscharakteristik kommen ausschließlich kurzdauernde elektrische Reize von spezifischen Organen in Frage, da die Antwort des Rezeptors auf das Ein- und Ausschalten eines Rechteckreizes während der Dauer dieses Reizes nicht aufrechterhalten bleibt. Daraus geht hervor, daß der Rezeptor den elektrischen Reiz differenziert. Da angenommen wird, daß die Außenmembran der Rezeptorzelle als Serienkapazität wirkt (Abb. 15.5B), wird durch sie der andauernde Effekt eines langdauernden Reizes unterdrückt.

Wie wir in der Folge sehen werden, bilden die besonders kurzen Entladungspulse (0,1–1 msec) der schwachelektrischen Fische den natürlichen Reiz dieser Rezeptoren; es ist deswegen nicht unerwartet, daß wir nur bei den schwachelektrischen Fischen solche *phasischen* Elektrorezeptoren finden.

15.4. Ortungsmechanismen und ihre neuronalen Grundlagen

Unter Elektroortung (und Elektroorientierung) versteht man (1) ein Sich-Orientieren durch das Erkennen einer elektrischen Stromrichtung; (2) die Lokalisierung einer elektrischen Quelle; (3) die Lokalisierung eines elektrisch passiven Gegenstandes mit Hilfe eines selbsterzeugten elektrischen Feldes.

Für die erste Leistung kommen Quellen physikalischer Herkunft, für die zweite Quellen biologischer Herkunft von spezifischen und nichtspezifischen Organen in Frage. Für die dritte Möglichkeit werden nur elektrische Felder benützt, die von eigenen spezifischen Organen erzeugt werden.

Bei allen drei Formen der Elektroortung unterscheidet man zweierlei Mechanismen: (1) die *passive Elektroortung*, bei der das elektrosensorische System eine dem Organismus exogene Energie zu orten hat, und (2) die *aktive Elektroortung*, bei der der Organismus seinem elektrosensorischen System die nötige Energie liefert.

Bei passiver Elektroortung werden Quellen biologischer *und* physikalischer Herkunft benützt, ausgenommen die vom schwimmenden Fisch induzierten elektrischen Felder; das letztere sowie das von *spezifischen Organen erzeugte Feld* werden dagegen für aktive Elektroortung verwendet.

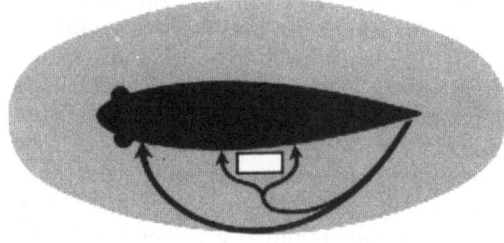

Abb. 15.6. Schematische Darstellung des „aktiven" Ortungsmechanismus bei schwachelektrischen Fischen. Dicke Pfeile: Eigenreizung (Autostimulation) und ihre Modifizierung durch eine Plastikplatte (weißes Rechteck). Feinpunktiert: räumliche Grenzen der „aktiven" Elektroortung

Es folgt daraus, daß für beide Ortungsmechanismen beide Rezeptortypen (tonische = ampulläre und phasische = Knollenorgane) in Anspruch genommen werden. Es muß hervorgehoben werden, daß den Knollenorganen schwachelektrischer Fische eine doppelte Funktion zukommt: Sie sind an der *aktiven* (Abb. 15.6) wie an der *passiven* (Abb. 15.7) Elektroortung dieser Fische beteiligt.

15.4.1. Elektroortung mittels tonischer Elektrorezeptoren

Eine mögliche aber vorläufig nicht nachgewiesene *passive* Elektroortung durch Felder physikalischer Herkunft wurde unter 15.2.1 erörtert.

Für den Beweis einer passiven Elektroortung bioelektrischer Felder liegen dagegen experimentelle Daten vor. Verhaltensversuche haben z.B. gezeigt, daß ein gewöhnlicher Rochen mit großer Genauigkeit das bioelektrische Feld seiner Beute lokalisiert, wenn seine chemischen und visuellen Ortungsmöglichkeiten ausgeschaltet werden. Doch fehlen leider noch eindeutige Beweise, daß diese Elektroortung sich mit Hilfe der ampullären Organe vollzieht, denn das Vorhandensein dieser elektrisch hochempfindlichen Organe heißt nicht unbedingt, daß diese an der Ortung beteiligt sind.

Durch Muskelpotentiale aufgebaute elektrische Felder einer schnellschwimmenden Beute scheinen für den Zitterrochen während des Beutefangs keine Rolle zu spielen.

Auch die *aktive* Elektroortung mit Hilfe der durch Induktion im Fischkörper entstandenen elektrischen Felder kann vorläufig nur als eine theoretische Möglichkeit betrachtet werden.

15.4.2. Elektroortung mittels phasischer Elektrorezeptoren

Aktive Elektroortung mit kurzdauernden Reizen ist spezifisch für schwachelektrische Fische, die mit jedem ihrer Entladungsimpulse ein momentanes Feld um sich herum aufbauen[1]. Jeder elektrische Impuls kann alle erregbaren Elemente reizen, die sich in Reichweite des selbst erzeugten elektrischen Feldes befinden. So reizt der Fisch ebenfalls sich selbst und damit auch die spezifischen phasischen Rezeptoren, mit denen seine Haut ausgestattet ist, und die für die kurzdauernden Entladungspulse empfindlich sind. Mit anderen Worten, es liegt *Autostimulation* vor, wobei das Zentralnervensystem in kodierter Form über den Strom (oder über den Spannungsgradienten), der bei jeder Entladung durch diese Rezeptoren fließt, oder über ihnen liegt, benachrichtigt wird (Abb. 15.6).

---

[1] Stark elektrische Fische benützen nach bisherigen Forschungsergebnissen ihre Entladungen ausschließlich zur Abwehr und zur Lähmung der Beute bei der Futterjagd.

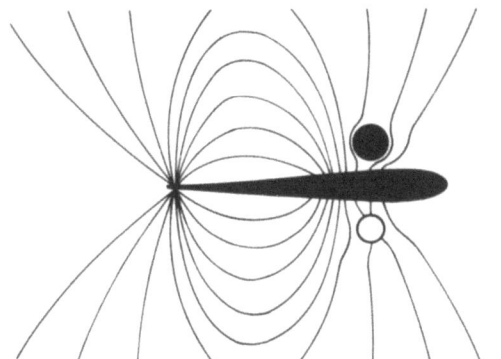

Abb. 15.7. Stromlinien des elektrischen Feldes bei einem schwachelektrischen Fisch, mit Feldverzerrung durch einen leitenden (Kreis) und nicht leitenden (Punkt) Gegenstand

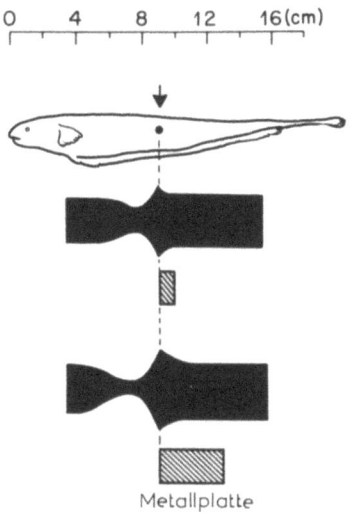

Abb. 15.9. Zeitlicher Verlauf der lokalen Spannungsänderung (vertikalen Breite des schwarzen Bandes), gemessen an einer Rezeptorzelle (schwarzer Punkt und Pfeil) während eine Metallplatte längsseits des Fisches bewegt wird. Beachte, daß die vordere Plattenkante die Spannung erhöht, während die Plattenoberfläche sie erniedrigt

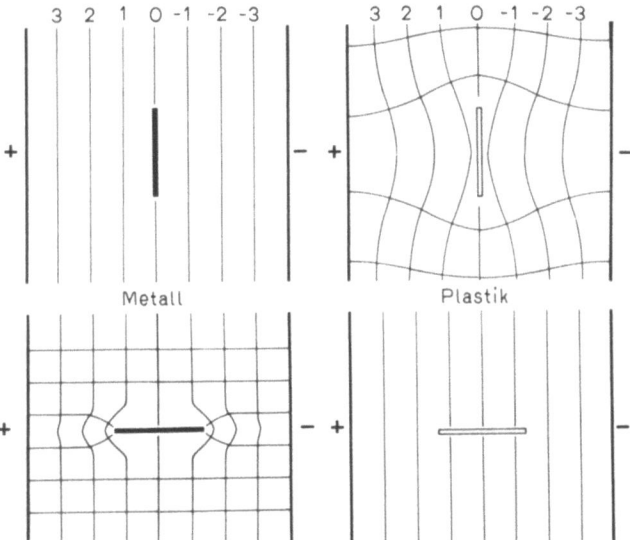

Abb. 15.8. Verzerrung der Konfiguration der Isopotentiallinien eines homogenen elektrischen Feldes durch eine dünne Metall- (links) und Plastikplatte (rechts). Beachte den Effekt je nach der relativen Lage der Platte im elektrischen Feld. Links unten und rechts oben sind außer den Isopotentiallinien auch die Feldlinien angegeben [Nach Schlegel, P.: Biol. Cybernetics **20**, 197–212 (1975)]

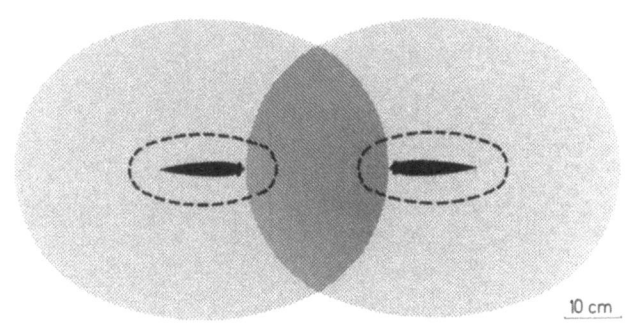

Abb. 15.10. Schematische Darstellung der „passiven" Elektroortung zweier schwachelektrischer Fische. Punktiert und gestrichelt: Grenzen der passiven bzw. aktiven Elektroortung. Beachte, daß sich die Bereiche der aktiven Elektroortung während der passiven Elektroortung (Kommunikation) nicht überschneiden

Wird nun ein Gegenstand, dessen Leitfähigkeit von derjenigen des Wassers abweicht, in das erzeugte Feld gebracht, so entsteht eine Verzerrung der Feldlinienkonfiguration, die ihrerseits eine Änderung der Nachfeldvektorintensität bewirkt (Abb. 15.7). Die Verzerrung des Feldes ist eine Funktion der Leitfähigkeit des Gegenstandes und dessen relativer Lage in bezug auf die Feldlinien (bzw. Äquipotentiallinien Abb. 15.8).

Da die Rezeptoraktivität das jeweilige Intensitätsniveau des Nachfeldvektors widerspiegelt, wird die relative Lage oder Bewegung eines Gegenstandes im elektrischen Feld durch die betroffenen Rezeptoren dem Fisch gemeldet (Abb. 15.9).

Das aktive Elektroortungssystem der schwachelektrischen Fische ist daher einem Radarsystem nur ähnlich, nicht mit ihm identisch. Es wird nämlich der selbsterzeugte Reiz, der das spezifische Sinnessystem durch das Medium (Wasser) mit Lichtgeschwindigkeit erreicht, nicht vom wahrzunehmenden Objekt reflektiert, sondern einfach modifiziert.

Die Feldvektorintensität wird durch die verschiedenen Parameter (Anzahl, Latenz und Auftrittswahrscheinlichkeit) der Nervenimpulse kodiert und wird dann im Zentralnervensystem auf verschiedene Weise integriert. Daß solche Sinnesinformationen vom Fisch tatsächlich benützt werden, wurde durch Verhaltens- und Dressurversuche schon mehrmals bewiesen.

Nicht die Gesamtheit der phasischen Rezeptoren wird für die aktive Elektroortung benützt. Obwohl hochfrequenzempfindlich, besitzt doch eine besondere Gruppe der phasischen Elektrorezeptoren (Knollenorgan Typ 1) nicht die funktionellen Eigenschaften, die ihnen das Kodieren der Feldvektorintensität erlaubt. Diese liefern im für sie überschwelligen Intensitätsbereich, unbeeinflußt von der Reizintensitätvariation, nur einen Einzelimpuls, ein binäres Signal, das den verschiedenen Stufen des Zentralnervensystems zugeleitet wird. Sie besitzen im Vergleich zu den Organen, welche die Reizintensität kodieren, eine relativ niedrige Reizschwelle und sind deshalb zur Wahrnehmung von elektrischen Signalen entfernter Quellen geeignet, etwa von einem in weiterer Entfernung verbleibenden Artgenossen.

Da diese Knollenorgane vom Typ I mit schnell leitenden Nervenbahnen verbunden sind, kann der Fisch mit diesem spezifischen Sinnessystem über den genauen Zeitpunkt eines Fremdimpulses oder aber über die Sendefrequenz eines Artgenossen benachrichtigt werden. Wie Verhaltensversuche gezeigt haben, spielt der Zeitpunkt jedes einzelnen Entladungsimpulses ebenso wie die jeweilige Sendefrequenz im Sozialverhalten eine bedeutende Rolle.

Diese phasischen Elektrorezeptoren sind also an einer *passiven* Elektroortung beteiligt und ermöglichen eine inter- und intraspezifische Kommunikation zwischen Individuen mittels ihrer elektrischen Entladungen (Abb. 15.10).

Literaturauswahl

Bennett, M. V. L.: Comparative physiology: Electric organs. Ann. Rev. Physiol. **32**, 471–528 (1970).

Bennett, M. V. L.: Electroreception. In: Hoar, W. S., Randall, D. S. (Eds.): Fish physiology. New York: Academic Press 1971.

Fessard, A.: Les organes électriques. In: Grassé, P.-P. (Ed.): Traité de Zoologie, Tome 13 (2), pp. 1143–1238. Paris: Masson 1958.

Kalmijn, A. J.: The detection of electric fields from inanimate and animate sources other than electric organs. In: Hb. Sens. Physiol., vol. III/3, Chap. 5, pp. 147–200. Berlin-Heidelberg-New York: Springer 1974.

Murray, R. W.: The ampullae of Lorenzini. In: Hb. Sens. Physiol. vol. III/3, Chap. 4, pp. 125–146. Berlin-Heidelberg-New York: Springer 1974.

Scheich, H., Bullock, T. H.: The detection of electric fields from electric organs. In: Hb. Sens. Physiol., vol. III/3, Chap. 6, pp. 201–256. Berlin-Heidelberg-New York: Springer 1974.

Szabo, T.: Orientierungsmechanismus der elektrischen Fische. Fortschr. Zool. **21**, 190–210 (1973).

Szabo, T.: Anatomy of the specialised lateral line organs of electroreception. In: Hb. Sens. Physiol., vol. III/3, Chapt. 2, pp. 13–58. Berlin-Heidelberg-New York: Springer 1974.

Szabo, T., Fessard, A.: Physiology of electroreceptors. In: Hb. Sens. Physiol. vol. III/3, Chap. 3, pp. 59–124. Berlin-Heidelberg-New York: Springer 1974.

16. Geo-Biophysik: Schwerefeld, Magnetfeld und Organismen

Hubert Markl

16.1. Einleitung

Das Leben steht unter dem ständigen Einfluß von Krafteinwirkungen, die durch die physikalischen Eigenschaften unseres Planeten bedingt sind. Sie geben gleichsam den Hintergrund der Umwelt ab, an den es im Lauf der Evolution angepaßt bleiben mußte.

Einige dieser Kraftwirkungen sind uns geläufig und ständig bewußt, andere nur durch besondere Meßinstrumente erfaßbar, ihre Wirkungen auf Organismen nur indirekt erschließbar und sogar oft zweifelhaft.

Die wichtigsten dieser geophysikalischen Energiebedingungen sind: (1) *Elektromagnetische Strahlung*, deren Hauptquelle die Sonne ist; (2) Das *Erdmagnetfeld*; (3) *Elektrische Felder der Atmosphäre*; (4) Das *Gravitationsfeld* der Erde (u. U. in Wechselwirkung mit den Gravitationsfeldern des Mondes und der Sonne); (5) *Druckkräfte*, die das umgebende Medium, Wasser oder Luft, auf Organismen ausüben. Manche dieser Kräfte sind für den annähernd stationär lebenden Organismus in Richtung und Intensität in organismischen Meßgrenzen konstant (Schwerkraft), andere unterliegen relativ geringfügigen periodischen oder aperiodischen Schwankungen (Magnetfeld, Mediendruck), wieder andere verändern sich vor allem tages- und jahreszyklisch sehr stark, wobei der genaue Verlauf dieser Variationen vom geographischen Ort abhängt (z.B. Strahlung und in engem Zusammenhang mit ihr zahlreiche meteorologische Elemente).

Weitere Kräfte wirken auf Organismen, wenn diese sich auf der Erde bewegen, wobei die Einwirkungen von Richtung und Geschwindigkeit der Bewegung abhängen: z.B. *Corioliskraft, elektromagnetische Induktionswirkungen*.

Damit haben wir die möglichen geobiophysikalischen Wirkungen keineswegs erschöpfend aufgelistet, doch ergeben sich bereits einige grundsätzliche Fragen:

Welche Effekte haben „starke" geophysikalische Einwirkungen (z.B. Schwerkraft, Mediendruck, Sonnenstrahlung, elektrisches Feld der Atmosphäre) auf Organismen? Wie sind diese daran angepaßt? Welche der „schwachen" Einwirkungen (z.B. Magnetfeld) beeinflussen Lebensvorgänge? Welche von ihnen werden von Sinnesnervensystemen wahrgenommen? Welche Eigenschaften und Funktionen haben diese organismischen Meßsysteme? Dabei ist vor allem die Unterschiedsempfindlichkeit für einwirkende Reize von Bedeutung, bestimmt sie doch u.a. auch die Richtempfindlichkeit sowie die Empfindlichkeit für periodische Oszillationen eines Reizes: Haben diese Einfluß auf die biologische Aktivitätsrhythmik?

Untersucht man die Wirkung eines geophysikalischen Faktors auf Organismen, so gehört dazu also die zweifache Quantifizierung: die der physikalischen Einwirkung und der physiologischen Reaktionscharakteristik.

Über einige der hier angeschnittenen Fragen wissen wir bereits gut Bescheid, etwa über die Wirkung elektromagnetischer Strahlung, über die zahlreiche Kapitel dieses Buches Auskunft geben. Der Aufklärung von Zusammenhängen zwischen Biorhythmik und Umweltperiodizitäten ist ebenfalls ein Kapitel gewidmet. Dagegen wissen wir über Wahrnehmung und Wirkung anderer Faktoren wenig, oft genug nicht einmal sicher, ob solche Wirkungen auf Organismen überhaupt existieren. Dies ist leider oft genug der Grund, warum sich hier pseudowissenschaftliche Scharlatanerie tummelt („PSI", „ESP"); doch wäre dogmatische Blickverengung als Folge der erforderlichen Abgrenzung von solch abergläubischer Naturmystik unangemessen. Sie darf nicht an die Stelle der Bereitschaft zu wissenschaftlicher Erforschung unerschlossener Gebiete treten.

Im folgenden seien exemplarisch für zwei geophysikalische Faktoren geobiophysikalische Problemstellungen aufgezeigt, nämlich an der Wirkung der Geogravitation und des Geomagnetismus auf Organismen. (Zu dem dritten, ebenfalls wichtigen Komplex von Mediendruckwirkungen s. Symp. Soc. exp. Biol. **26**, 1972.)

16.2. Die Wirkung der Schwerkraft auf Organismen

Die Gravitationskraft K zwischen der Erde mit der Masse M und einem Gegenstand mit der Masse m, deren Zentren sich im Abstand r von einander befinden, beträgt nach Newton $K = GMm/r^2$ (G = Gravitationskonstante: $6{,}67 \cdot 10^{-11}$ m^3 kg^{-1} s^{-2}). Wir nennen $K = mg$ das Gewicht des Gegenstandes ($g = GM/r^2$: Erdbeschleunigung). Abhängig von der Entfernung vom Erdmittelpunkt, von lokal unterschiedlicher Verteilung verschieden dichter Massen in der Erde, von der Erdrotation und geringfügig auch von Gezeitenkräften von Sonne und Mond[1] variiert g je nach dem

---

[1] Der Gezeiteneinfluß auf die Erdbeschleunigung beträgt etwa 0,08 (Mond) bzw. 0,04 $^0/_{00}$ des Durchschnittswertes der Erdbeschleunigung. Die lunarbedingte Schwankung der Lotrichtung beträgt 0,017 Bogensekunden.

geographischen Ort zwischen 9,77 und 9,83 ms^{-2}, doch ist die Gravitationskraft der Erde insofern unter allen auf Organismen einwirkenden Kräften einzig, als sie an gegebenem Ort in organismischen Meßgrenzen — soweit diese bekannt sind — ununterbrochen in konstanter Intensität und Richtung einwirkt. Da diese Richtung stets senkrecht auf der Erdoberfläche steht, so wie sie annähernd durch die Oberflächenebene eines unbewegten freien Wasserkörpers an gegebenem Ort der Erde definiert ist (Äquipotentialfläche des Geoids), ist die Erdschwerkraft das ideale Bezugssystem für die Definition einer Oben-Unten-Richtung und somit für eine Ausrichtung, die für alle Organismen lebenswichtig ist, da ihr Überleben nur in einem ganz engen Bereich nahe der Erdoberfläche möglich ist. Besonders wichtig ist diese Referenzrichtung für Lebewesen, die sich frei im dreidimensionalen Raum — etwa im Wasser — bewegen. Für viele auf der Erdoberfläche existierende Lebewesen ist sie nicht weniger bedeutungsvoll, um ihren Körper in einem festen Winkelbezug zu ihr zu halten. Dies ist vor allem auch deshalb — z.B. für Pflanzen — wesentlich, da der Lichteinfall sein durchschnittliches Maximum etwa in der Schwerkraftrichtung hat.

Folgende Wirkungen der Schwerkraft auf Organismen lassen sich grob unterscheiden:

16.2.1. Morphogenetische Wirkungen (Gravimorphismus)

16.2.1.1. Kein Richtungsbezug der Reaktion zur Schwerkraftrichtung

Mit zunehmenden Körperdimensionen und damit zunehmendem Gewicht entstehen für die Aufrechterhaltung der Gestalt eines festen Körpers besonders bei landlebenden Organismen und — durch auftretende Trägheitskräfte — in besonderem Maß bei deren Bewegung biomechanische Probleme, von denen einige in Kapitel 14.2 behandelt werden. Wie sehr besonders größere Lebewesen an diese dauernd einwirkenden mechanischen Kräfte angepaßt sind, erweist sich an der Wirkung der Schwerelosigkeit (oder besser durch Fliehkraft kompensierter Erdschwerkraft) in Satelliten auf Organe, die auf der Erde lebenslang Arbeit gegen die Wirkung der Schwerkraft zu leisten haben. Durch die ständige Betätigung von Haltereflexen unterliegen Muskeln, die den Körper oder seine Teile gegen die Schwerkraftwirkung in bestimmten Lagen und Stellungen erhalten, einer tonischen Dauerbeanspruchung, die eine entsprechende Ausbildung ihres kontraktilen Apparates zur Folge hat. Bei Wegfall des einseitigen Schwereeinflusses unterbleibt diese Anregung zum Teil und es kommt zu Veränderungen. Nicht anders verhält es sich z.B. für die Kreislaufmuskulatur, die gegen die Schwerkraft Blutpumparbeit leisten muß. Schließlich steht auch der Bau eines Stützknochenskeletes unter Schwereeinfluß, da dessen innere biomechanische Struktur exakt an die mechanische Beanspruchung unter normaler Gravitationskraft angepaßt ist. Alle diese Schwerkraftanpassungen beruhen natürlich auf einer entsprechenden „Passung" aller Stoffwechselabläufe, so daß unter „Schwerelosigkeit" deren Zusammenspiel verändert wird, was besonders das Homöostasesystem betrifft.

Solche Ergebnisse bedeuten, daß vor allem bei Landlebewesen mit ausreichend großen Körperdimensionen die Funktionsstruktur des gesamten Körpers vom Schwereeinfluß geprägt ist, wobei sich im Lauf der Evolution genetische Dispositionen zur kompensatorischen Reaktion auf die mechanische Schwerebeanspruchung entwickelt haben.

16.2.1.2. Richtungsbezug der Reaktion zur Schwerkraftrichtung

Vor allem bei festsitzenden Lebewesen kann die Morphogenese so beeinflußt werden, daß sich der Körper und/oder seine Teile in festem Richtungsbezug zur Schwerkraftrichtung entwickeln, etwa wenn ein Stamm exakt entgegen, eine Wurzel exakt in Schwerkraftrichtung wachsen. Es könnte ein grundlegender Einfluß der Schwerkraft auf viele Lebewesen sein, daß schon die im Ei festgelegte Polarität der Körpergestalt auf diese Kraftrichtung bezogen wird. Geotrope Wachstumsreaktionen bestimmen die Raumgestalt zahlloser Pflanzen und somit die Raumverteilung eines erheblichen Teils der Biomasse dieser Erde, was die große Bedeutung dieser Richtwirkung unterstreicht.

Die Schwellenempfindlichkeit für Linearbeschleunigung wurde bei Pflanzen mit 10^{-4} bis 10^{-3} g bestimmt. Der zugrundeliegende Perzeptionsmechanismus konnte in einigen Fällen durch Bestätigung einer alten Hypothese aufgeklärt werden; er ist biophysikalisch von besonderem Interesse, da er intrazellulär angreift.

Die Rhizoiden[2] der Alge *Chara* wachsen stets genau senkrecht nach unten; legt man sie horizontal, so biegen sie sich nach ca. 10 min (Abb. 16.1a, b). Ursache dafür ist die Verlagerung einer Masse von 40–70 membranumhüllten, 1–2 μm messenden Statolithenkörnern in der Zelle, die aus dem Endoplasmatischen Retikulum (ER) (s. Kap. 1) hervorgehen und mit einem Material (Bariumsulfat) gefüllt sind, das spezifisch schwerer als das Plasma ist. Diese Masse behindert dadurch an der Unterseite den Transport von Zellwandmaterial liefernden Golgi-Vesikeln zur an der Zellspitze gelegenen Wachstumszone. Diese werden daher überwiegend an der oberen Zellregion eingebaut, was zur Abwärtskrümmung der Zellspitze führt.

In den Wurzeln höherer Pflanzen scheinen in bestimmten Zellen gelegene, stärkehaltige Amyloplasten mit ca. 5 μm Durchmesser und ca. 1,5 g cm^{-3} Dichte (gegen 1,0 g cm^{-3} des Cytoplasmas), die einen Druck von etwa 0,4 Pa auf ihre Unterlage ausüben, die die Schwerkraftrichtung anzeigenden Organelle zu sein.

---

[2] Einzellige Haare, die den Vegetationskörper im Untergrund verankern.

Die Wirkung der Schwerkraft auf Organismen

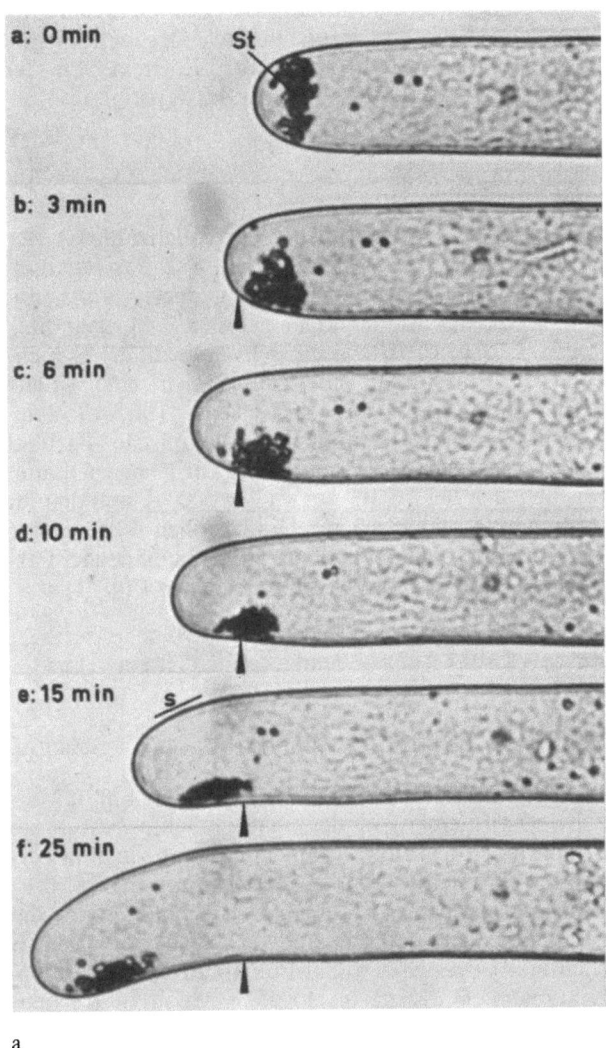

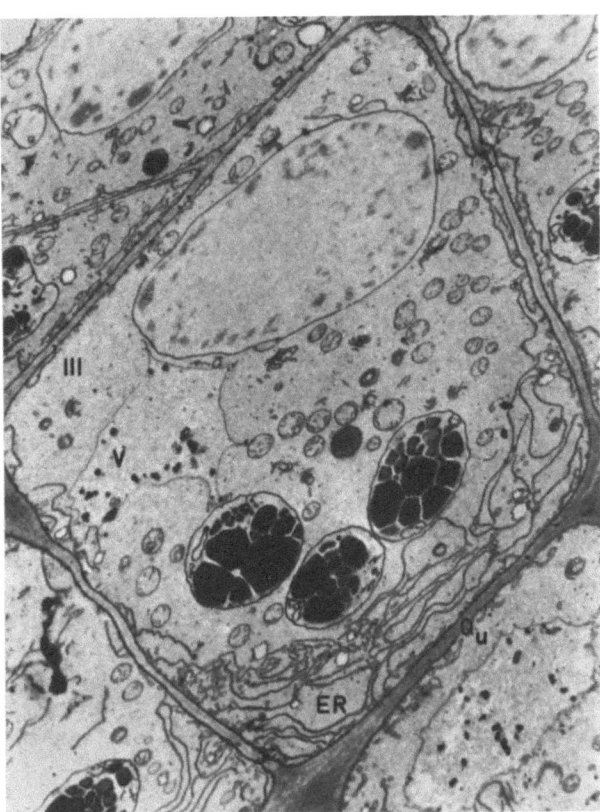

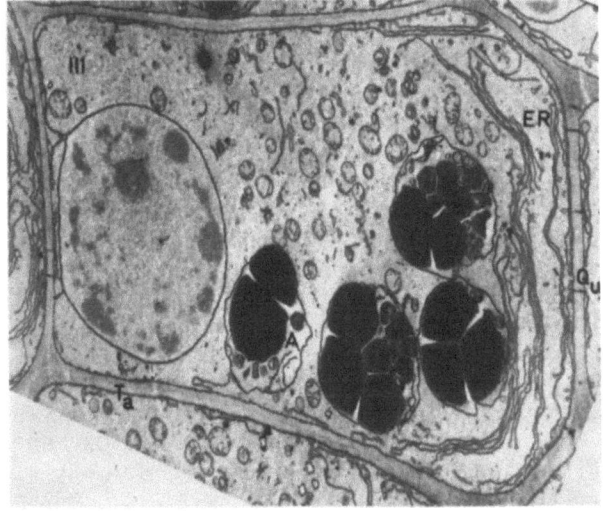

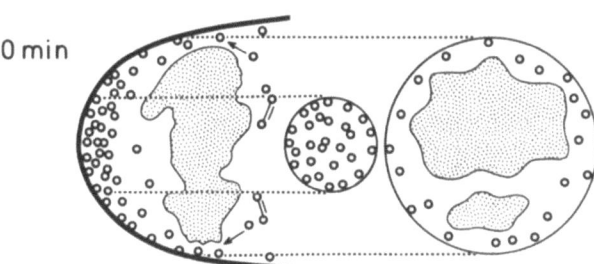

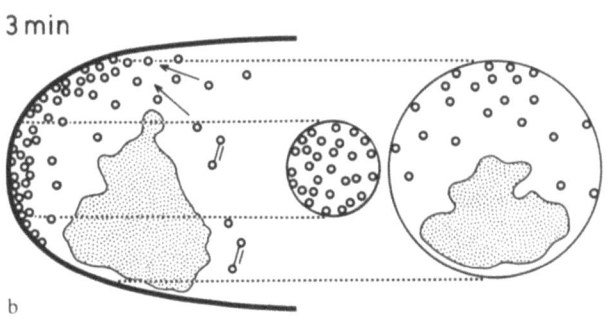

Abb. 16.1. (a) Zeitverlauf der Abwärtskrümmung eines Rhizoids der Alge *Chara* nach Horizontallegung. Die Krümmung erfolgt durch Zuwachs an der Zellspitze; die Pfeile weisen auf identische Punkte der Zellwand hin. *St* Statolithen. (b) Schema der Umordnung der Statolithen (gepunktet) und der Golgi-Vesikel (Kreise) bei Beginn der Abwärtskrümmung des *Chara*-Rhizoids, nach elektronenoptischen Aufnahmen. [(a) und (b) nach Sievers, A., Schröter, K.: Planta **96**, 339–353 (1971)]. (c) und (d) Wurzelzelle der Gartenkresse *Lepidium* bei vertikaler Wurzel (1c) bzw. nach 20 min Horizontallage (1d). *A* Amyloplast; *ER* Endoplasmatisches Retikulum; Q_u morphologisch untere Querwand; T_a physikalisch untere, morphologisch äußere Zellwand; *V* Vakuole. [Nach Sievers, A., Volkmann, D.: Planta **102**, 160–172 (1972)]

Dabei ist wohl nicht so sehr ihre Verlagerung bei Schrägstellung der Wurzel der wirksame Reiz für die geotrope Reaktion, sondern die Richtungsänderung ihrer Druckwirkung auf zellwandnahe Zisternen des ER (Abb. 16.1c, d), da für eine differentielle Wachstumsreaktion eine nur Sekundenbruchteile dauernde Querlage der Wurzel ausreicht, während eine Verlagerung der Körner erst nach Minuten meßbar ist. Auslenkungen von knapp unter 2° werden bereits beantwortet.

Diese Beispiele sind deshalb bemerkenswert, weil damit erstens gezeigt ist, daß Pflanzen wie Tiere die Schwerkraftrichtung aus der Richtung mechanischer Kraftwirkung beweglicher — hier intrazellulärer — Partikel auf sensible Strukturen erschließen, und zweitens, weil die vorliegenden, überwiegend feinstrukturellen Befunde den Zugang zu einer molekularphysiologischen Aufklärung des Rezeptionsmechanismus öffnen könnten („Transduktion" s. Kapitel 12.1).

Es lohnt zu überlegen, ob es bei einem solchen Mechanismus eine untere Größengrenze für Organismen gibt, die sich seiner bedienen können: Bei welchen Partikeldimensionen überwiegt die ungerichtete Summe von Stößen der Brownschen Molekularbewegung, mit anderen Worten, überwiegt Diffusion den gleichgerichteten Effekt der Schwerkraft auf die Partikel? Für die thermische Molekularbewegung gilt

$$\tfrac{1}{2}mv^2 = \tfrac{3}{2}kT$$

(m Masse, v Geschwindigkeit eines Partikels, k Boltzmann-Konstante $= 1{,}4 \cdot 10^{-16}$ erg $°K^{-1}$; T absolute Temperatur). Setzt man bei einer Plasmakugel mit Radius r und der Dichte $\varrho = 1{,}5$ g cm^{-3} für die Masse $m = \tfrac{4}{3}\pi r^3 \varrho$, so ergibt sich bei $T = 300$ °K für $r = 10^{-6}$ cm $v = 140$ cm/s; $r = 10^{-5}$ cm $v = 4{,}5$ cm/s; $r = 10^{-4}$ cm $v = 0{,}14$ cm/s; $r = 10^{-3}$ cm $v = 4{,}5 \cdot 10^{-3}$ cm/s; $r = 10^{-2}$ cm $v = 1{,}4 \cdot 10^{-4}$ cm/s. Das heißt, daß sich ein Partikel von der Größe eines Ribosoms und der Dichte 1,5 g cm^{-3} thermisch mit ca. 1 m/s Geschwindigkeit bewegt, ein Mitochondrion mit ca. 1 cm/s, ein Zellkern mit ca. 10 µm/s und eine freischwebende Protistenzelle mit etwa 1 µm/s. Vergleichen wir damit die durch die Erdbeschleunigung erteilte Bewegungsgeschwindigkeit, der in Flüssigkeit die viskose Reibung entgegensteht, so gilt nach dem Stokesschen Gesetz für eine Dichtedifferenz zwischen Partikel und Plasma von $\varrho - 1 = 0{,}5$ g cm^{-3}:

$$\tfrac{4}{3}\pi r^3 (\varrho - 1) g = 6\pi \eta r v$$

(η Viskosität, für Wasser bei 20° C 0,01 Poise, für Blut bei 37° C 0,03 Poise). Es ergibt sich für: $r = 10^{-6}$ cm $v = 10^{-8}$ cm/s; $r = 10^{-5}$ cm; $v = 10^{-6}$ cm/s; ...$r = 10^{-2}$ cm $v = 1$ cm/s.

Für ein Partikel, das etwa um 50 % dichter ist als das Medium, in dem es schwebt, beginnt die schwerebedingte Bewegung somit die Diffusionsbewegung erst zu überwiegen, wenn sein Durchmesser etwa 10 µm erreicht oder überschreitet. Schwerere Einschlußkörper (z. B. $CaCO_3$, $\varrho = 2{,}7$ g cm^{-3}) reduzieren die Grenzdimension um maximal zwei Drittel.

Ob sich unter dem Einfluß der Erdbeschleunigung eine Schichtung von intrazellulären Organellen nach ihrer Dichte einstellt, wird nach Einstein von der Boltzmann-Verteilung unter Schwereeinfluß bestimmt:

$$n/n_0 = e^{-\frac{V(\varrho - 1) gh}{kT}}$$

wobei n/n_0 das Verhältnis der Partikelanzahlen in der Verteilung bei der Höhendifferenz h, V das Partikelvolumen ist. Wenn der Exponent gegen Null geht, d. h. wenn der Zähler klein gegen kT ist, geht n/n_0 gegen 1, d. h. es tritt keine schwerebedingte Schichtung (Entmischung) ein. Damit sich eine solche Schichtung ergibt, muß also $V(\varrho - 1) gh > kT$ sein. Da für in Frage kommende, biologische Partikel $(\varrho - 1)$ zwischen ca. 0,1 und 1,7 g cm^{-3} liegen kann, ergeben sich bei $g = 10^3$ cm/s^2, $T = 300$ °K und den im Zellinnern realistischen Dimensionen $10^{-4} \leq h \leq 10^{-3}$ cm für der Einfachheit halber sphärische Partikel folgende Grenzwerte für r, bei denen $V(\varrho - 1) gh = kT$ wird:

für $\varrho - 1 = 0{,}1$ g cm^{-3} und $h = 10^{-4}$ cm $r = 1$ µm,

für $\varrho - 1 = 0{,}1$ g cm^{-3} und $h = 10^{-3}$ cm $r = 0{,}5$ µm,

für $\varrho - 1 = 1{,}7$ g cm^{-3} und $h = 10^{-4}$ cm $r = 0{,}4$ µm.

Also kann sich in einer Zelle unter dem Einfluß der Schwerkraft eine von der Partikeldichte bestimmte Schichtung für infrage kommende Organelle oder Mineralkonkremente von größenordnungsmäßig 0,1–1 µm Durchmesser einstellen. Dies schließt somit die Möglichkeit ein, daß sich stoffwechselphysiologisch so wichtige Organelle wie Mitochondrien, Plastiden, Diktyosomen, Kerne (ja sogar Nucleoli in Kernen) schwerkraftbestimmt, also der physikalisch unteren Zellwand näher als der oberen, lagern. Sie könnten somit bevorzugt auf untere Membranbezirke (z. B. auch auf physikalisch schwache Membranen des ER) physikalische (Druck) oder biochemische Wirkungen ausüben. Diese Betrachtung ist überschlägig stark vereinfacht und zieht wichtige zusätzliche Gegebenheiten nicht in Betracht (z. B. kompartimentierte Gerüststruktur der Zelle, erhöhte Plasmaviskosität, aktive Plasmabewegung, elektrostatische Wechselwirkungen usw.). Sie zeigt jedoch den Rahmen für intrazelluläre Schwerkraftwirkungen.

16.2.2. Orientierungswirkung der Schwerkraft auf frei bewegliche Organismen

Beweglichen, größeren Organismen, die in instabilem Gleichgewicht laufen, fliegen oder schwimmen, kann der Bezug zur Schwerkraft einerseits zur Aufrechterhaltung einer definierten Körperstellung im Raum dienen, andererseits zum Einhalten eines Kurses auf einer Bewegungsebene, die nicht — innerhalb der Meßgrenzen — senkrecht auf der Schwerkraftrichtung steht. Beide Kontrollsysteme beruhen — wo immer sie

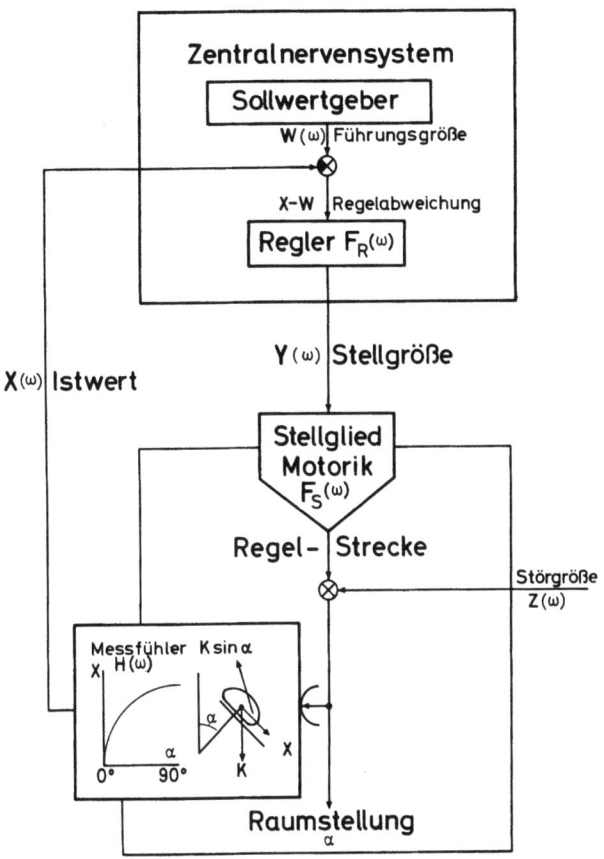

Abb. 16.2. Schema eines Regelsystems mit verstellbarer Führungsgröße zur Orientierung des Körpers nach der Schwerkraft. *K* Gewicht des Statolithen. Kreis mit schwarzem Quadranten: Subtraktionsstelle; mit vier gleichen Quadranten: Additionsstelle

bei Tieren untersucht wurden — auf Regelkreisen, deren Sollwerte meist durch intern vorgegebene Führungsgrößen verstellt werden können und deren Meßfühler die Schwerkraftrichtung bestimmen (Abb. 16.2). Diese Fühler arbeiten bei fast allen Tieren und dem Menschen nach dem Prinzip, daß die Richtung, in der bewegliche Partikel oder sogar ganze Körperteile, die dichter als das umgebende Medium sind, auf die Unterlage drücken, von mechanisch empfindlichen Sinnesstrukturen (oft umgewandelte Zilien, s. Kapitel 12.1) registriert wird. (Als Sonderfall kann bei wenigen Wassertieren auch die Auftriebsrichtung einer spezifisch leichteren Gasblase bestimmt werden.) Da typischerweise die parallel zur Unterlage wirkende Scherungskomponente der Schwerkraft den wirksamen Reizparameter darstellt und diese sich in Abhängigkeit vom Neigungswinkel der Unterlage zur Vertikalen je nach der Ruhestellung der Rezeptorebene zu ihr nach einer Sinus- oder Cosinusfunktion ändert (Abb. 16.3), zeigen die Meßfühler meist nicht unmittelbar die Schwerkraftrichtung an, sondern eine mechanische Reizintensität, die einer Winkeltransformation des Neigungswinkels zur Schwerkraftrichtung proportional ist.

Die Verrechnung von Führungsgrößen mit winkeltransformierten Kontrollvariablen unter Aufrechterhaltung eines für alle möglichen Sollrichtungen zur Schwerkraft gleich verläßlich funktionierenden Regelsystems wirft Probleme auf, für die in Abb. 16.3 Lösungsvorschläge gezeigt sind.

Die beste, mit solchen Systemen erreichbare Meß- und Einstellgenauigkeit liegt etwa bei oder knapp unter 1°, d.h. die Schwellenempfindlichkeit für die Scherungskomponente der Schwerkraftbeschleunigung liegt bei sinusförmiger Rezeptorcharakteristik in der Größenordnung von $10^{-2}\,g$.

16.2.3. Die Schwerkraftrichtung als Referenz zur Beurteilung von Richtungen mit anderen Sinnessystemen

Bei vielen Tieren mit hochentwickeltem Sehvermögen bildet die durch die Schwerkraftrichtung definierte Lotrechte die Bezugsrichtung für die Beurteilung der Lage von Objekten im visuellen Raum und bestimmt somit maßgeblich die Hauptachse des perzipierten Raumes unabhängig von anderen Hilfen (also z.B. auch im Dunkeln). Das Zusammenwirken von optischen und schwererezeptorischen Meldungen bei dieser Raumbeurteilung kann dabei bei näherer Analyse, die vor allem in psychophysischen Versuchen am Menschen durchgeführt wurde, ein verwickeltes Verarbeitungssystem ergeben, dessen systemanalytische Charakterisierung Abb. 16.4 wiedergibt.

16.3. Die Wirkung des Erdmagnetfeldes auf Organismen

Das Magnetfeld der Erde stellt ein außerordentlich „informationsreiches" physikalisches Kraftfeld dar. Organismen, die die Dichte, Polarität und Richtung seiner Feldlinien und deren zeitliche Variationen ausreichend genau wahrnehmen, könnten allein aus ihm bei Tag und Nacht nicht nur den geographischen Ort ihres Aufenthaltes und den Azimut jeder beliebigen Richtung auf der Erdoberfläche entnehmen, sie könnten aus dem weiten Spektrum der Amplituden- und Richtungsschwankungen des Feldes auch tages-, lunar- und jahresperiodische Steuersignale — um nur die Hauptrhythmen zu nennen — für ihre Aktivitätsperiodik erhalten. Trotz dieser besonders für die Raumorientierung so günstig erscheinenden Eigenschaften des geomagnetischen Feldes sind unsere Kenntnisse über seine Wirkungen auf Lebewesen leider äußerst gering. Wohl gemerkt sei hier nicht von Effekten künstlich erzeugter, gegenüber dem schwachen Erdmagnetfeld (Feldstärke < 1 Oe) extrem verstärkter Magnetfelder (bis 10^5 Oe) die Rede: Ihr Einfluß auf Stoffwechsel- und Zellteilungsaktivität, Wachstum, Mutationsraten, ja sogar neurophysiologische Phänomene (z.B. EEG) ist dokumentiert und

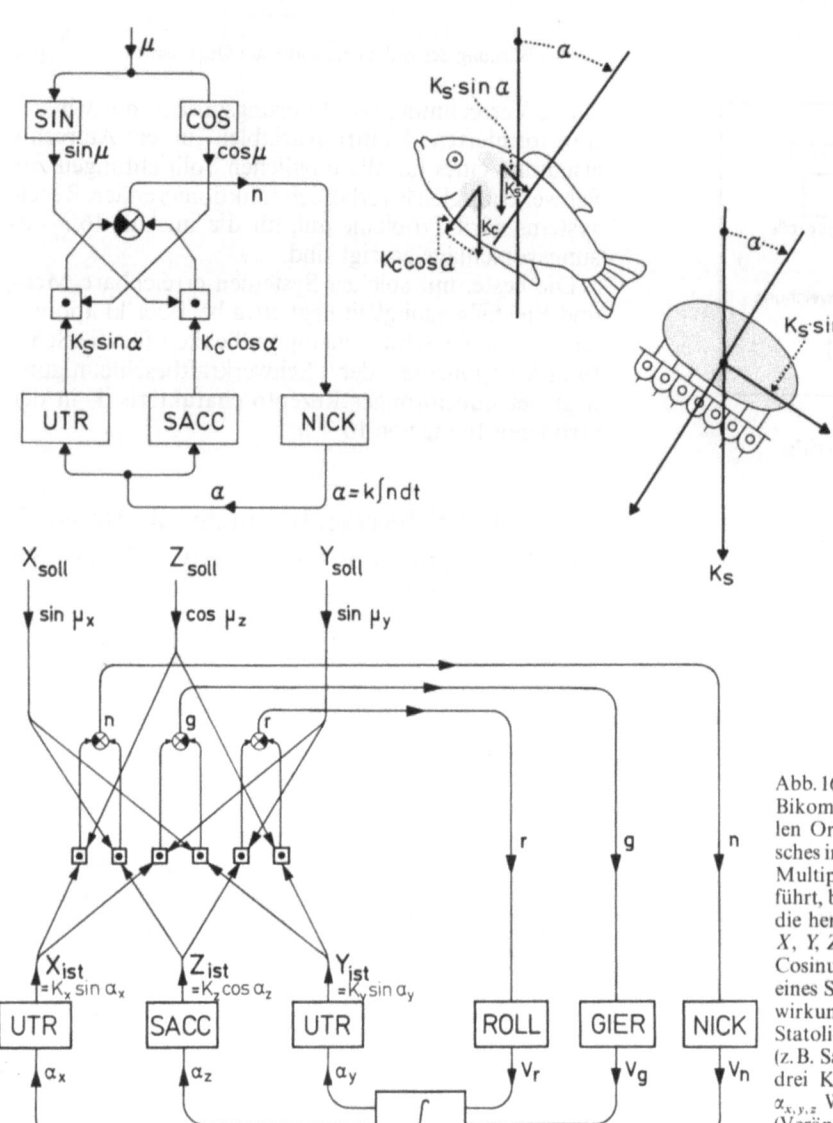

Abb. 16.3. Blockdiagramm des Wirkungsgefüges der Bikomponenten-Hypothese zur Erklärung der stabilen Orientierung aller drei Körperachsen eines Fisches in bezug zur Schwerkraft. Quadrant mit Punkt: Multiplikationsstelle; der Pfeil, der aus ihr herausführt, bedeutet das Produkt der Variablen, die durch die herangeführten Pfeile dargestellt werden. μ bzw. X, Y, Z_{soll} Führungsgrößen; SIN, COS Sinus- bzw. Cosinusmodulator der Führungsgröße; K_s Gewicht eines Statolithen, der eine von $\sin \alpha$ abhängige Reizwirkung hat (Utriculus UTR); K_c Gewicht eines Statolithen mit von $\cos \alpha$ abhängiger Reizwirkung (z. B. Sacculus SACC); r, g, n Drehtendenzen um die drei Körperachsen (ROLLen, GIERen, NICKen); $\alpha_{x,y,z}$ Winkel der drei Körperachsen zur Vertikalen. (Verändert aus Mittelstaedt, H.: Verh. Dtsch. Zool. Ges. 1971, p. 185–200. Stuttgart: G. Fischer 1972)

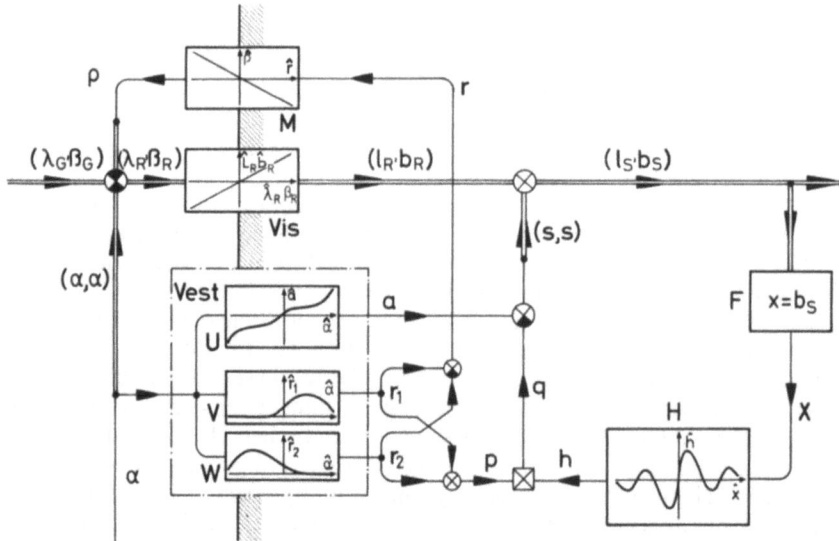

Abb. 16.4. Modell zur Erklärung der optisch-vestibulären Interaktion bei der Wahrnehmung der Vertikalen durch den Menschen. M okulomotorisches System, überträgt das Kommando r zur Augenrollung linear, jedoch mit Vorzeichenumkehr auf die Augenrollung ϱ: Vis Visuelles System, überträgt den Reizkomplex (λ_R, β_R Neigungswinkel visueller Muster) auf einen Erregungskomplex (l_R, b_R afferente, optische Meldungen); $Vest$ Vestibuläres System, zerfällt in drei Teilsysteme U, V, W. U liefert eine Größe, die den Pegel der Meßkurven für die subjektive Vertikale bestimmt; die Differenz der Ausgänge von V und W bestimmt die Augenrollung, deren Summe die mittlere Schwingungsbreite der Meßkurven. F Filter; H System, in dem optische Vorzugsrichtungen nach Maßgabe ihrer Schräglage gewichtet werden; l_s, b_s repräsentieren die wahrgenommene Schräglage visueller Muster. [Aus Bischof, N., Scheerer, E.: Psychol. Forsch. **34**, 99–181 (1970)]

Die Wirkung des Erdmagnetfeldes auf Organismen 615

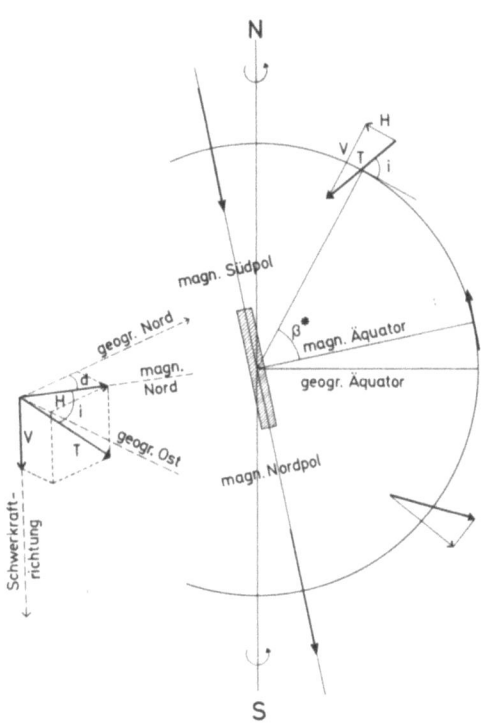

Abb. 16.5. Die wichtigsten Kennzeichen und Meßgrößen des geomagnetischen Feldes. d Deklination; i Inklination; T Totalintensität; H Horizontalintensität; V Vertikalintensität

nicht unerwartet, da ja Moleküle magnetische Dipoleigenschaften haben können und somit in ausreichend starken Magnetfeldern von diesen beeinflußt werden müssen. Es soll hier vielmehr um die Wirkungen des Erdmagnetfeldes oder ähnlich schwacher, künstlicher Felder gehen. Sie dürfen heute zumindest in einigen Modellfällen als nachgewiesen gelten und werfen gerade aufgrund der unzureichenden Aufklärung zugrunde liegender Mechanismen eine Fülle von Fragen für die biophysikalische Forschung auf.

Abbildung 16.5 gibt wichtige Kennzeichen und Meßgrößen des geomagnetischen Feldes wieder, wie es auf der Erdoberfläche auf Organismen wirkt. Seine Eigenschaften werden überwiegend durch das Dipol-Innenfeld der Erde bestimmt, dessen Südpol im geographischen Norden liegt und dessen Achse nicht genau mit der Rotationsachse der Erde zusammenfällt. Diese Achsabweichung — zur Zeit ca. 11,4° — führt zur Deklination der Richtung der örtlichen Horizontalkomponente des Feldes von geographisch Nord-Süd. Alle magnetischen Elemente (Abb. 16.5) unterliegen langsamen Veränderungen, die bei der Intensität zur Zeit pro Jahrhundert größenordnungsmäßig (aber lokal durchaus verschieden) einige Prozent, bei der Inklination etwa 1° und der Deklination etwa 10° betragen. Die Polarisationsrichtung des Erdinnenfeldes hat im Lauf der Erdgeschichte häufig gewechselt, in der jüngsten Epoche im Abstand von $<10^5$ bis ca. 10^6 Jahren.

Zur Zeit variieren auf der Erde — wenn man von lokalen Anomalien absieht, die durch den Magnetis-

mus von Krustengestein bedingt sind — die Komponenten der Feldstärke des erdmagnetischen Vektorfeldes breitenabhängig zwischen folgenden Werten (Abkürzungen s. Abb. 16.5)[3]:

Gesamtintensität T: ca. 0,3 (Magn. Äquator) bis
  0,7 Oe (Magnetpol);
Horizontalintensität $H = T \cos i = 0,31 \cos \beta^*$:
  0 (Magnetpol) bis
  0,3 Oe (Magn. Äquator);
Vertikalintensität $V = T \sin i = 0,62 \sin \beta^*$:
  0 (Magn. Äquator) bis
  0,7 Oe (Magnetpol).

In Mitteleuropa ($\beta^* = 50°$; $i = +67°$) betragen $T(H, V)$ zur Zeit etwa 0,52 (0,20, 0,48) Oe und ändern sich mit der Höhe über der Erde um $-2,47$ ($-0,96$, $-2,27$) γ/100 m und mit der geographischen Breite nach Norden um 4,40 ($-3,79$, 6,35) γ/km. Das heißt: für den kurzzeitigen Aktionsraum von Organismen ist das Erdmagnetfeld nahezu homogen.

Kurzzeitige Schwankungen des Magnetfeldes ändern seine Intensität meist nur unter oder bis zu 100γ, seltener bis zu etwa 1% („Magnetsturm"), und die Deklination um wenige, selten bis zu 30′. Sie haben ihre Ursachen im erdmagnetischen Außenfeld, das vor allem durch solare Energieeinwirkungen auf die Ionosphäre beeinflußt wird. Solare Wellenstrahlung führt vor allem durch Photoionisation zu Leitfähigkeitsänderungen in der Ionosphäre; die entstehenden starken Kreisströme modifizieren das Magnetfeld an der Erdoberfläche. Die tagesperiodischen Schwankungen sind vom Sonnenstand und vom geographischen Ort (Breite) abhängig und unterliegen zudem noch einem Jahresrhythmus. Gezeitenstromwirbel in der ionisierten Hochatmosphäre sind nicht nur von der Stellung der Sonne, sondern auch von der des Mondes abhängig, so daß neben solaren auch lunare Periodizitäten im Erdmagnetfeld auftreten. Nichttagesperiodisch variiert das Erdfeld vor allem durch solare Korpuskularstrahlung, die u.a. in der Rhythmik der Sonnenrotation (27 Tage) und der Sonnenfleckenperiode (ca. 11 jährig) schwankt. Aperiodische Eruptionen solaren Windes führen zu Magnetstürmen (und Polarlichtern). Der Strom geladener Teilchen von der Sonne wird im Erdmagnetfeld in eine Ringbahn gezwungen; durch Ladungstrennung entstehen elektrische Felder, in denen Ströme fließen, die das Erdfeld deformieren.

Wirkungen des Erdmagnetfeldes oder seiner Nullkompensation bzw. ähnlich schwacher künstlicher Felder wurden vor allem im letzten Jahrzehnt für Le-

---

[3] Maßsysteme: Einheit der magnetischen Induktion (Kraftflußdichte) B, die einem Material mit der Permeabilität μ von der Feldstärke F erteilt wird ($B = \mu F$): 1 Gauss $= 10^5 \gamma = 10^{-4}$ Tesla $=$

$10^{-4} \dfrac{\text{Weber}}{\text{m}^2} = 10^{-4} \dfrac{\text{V s}}{\text{m}^2}$.

Einheit der Feldstärke F: 1 Oersted (Oe) $= 10^5 \gamma = \dfrac{10^3}{4\pi} \dfrac{\text{A}}{\text{m}} = 79,6 \dfrac{\text{A}}{\text{m}}$.

Da die Permeabilität μ (V s/A m) im Vacuum 1, in Luft bei 20° C und Atmosphärendruck 1,000024 beträgt, entspricht die häufige — falsche — Angabe der Feldstärke in Gauss zumindest numerisch der richtigen Angabe in Oersted.

bewesen aus allen Organisationsstufen berichtet (Bakterien, ein- und mehrzellige Algen, Höhere Pflanzen, Protozoen, Plattwürmer, Insekten, Mollusken, Wirbeltiere), wobei die dafür angeführten Befunde keineswegs alle gleich überzeugend sind. Besonders bemerkenswert war der Nachweis, daß natürliche und künstliche elektromagnetische Wechselfelder mit 10 Hz Frequenz auf die circadiane Periodik menschlicher Körperfunktionen einwirken (Wever).

Es waren jedoch vor allem Untersuchungen an *Vögeln* und an *Honigbienen*, die nachwiesen, daß Organismen das Erdmagnetfeld wahrnehmen und zur Orientierung benützen können, und die in den Mechanismus dieser Wahrnehmung erste Einblicke ermöglichten.

16.3.1. Orientierung von Vögeln im Magnetfeld

Es ist — u. a. aus Radarbeobachtungen nachts in dichten Wolken ziehender Zugvögel — bekannt, daß Vögel ohne die Hilfe optischer Himmelsmarken — nach denen sie sich ebenfalls orientieren können — große Strecken gerichtet zurücklegen können. Merkel und Wiltschko bewiesen an zugwilligen Singvögeln, deren Orientierungstendenz sie in Käfigen automatisch registrierten, daß sich diese Vögel erstens im völlig geschlossenen Raum jahreszeitgerecht in der natürlichen Zugrichtung freilebender Artgenossen (Herbst: S; Frühjahr: N) orientieren, solange das Magnetfeld der Erde in dem Raum weitgehend ungestört ist; zweitens daß sie sich, wenn man anstelle des natürlichen ein künstliches Magnetfeld gleicher Stärke, aber z. B. um 90° verdrehter Feldrichtung bietet, wiederum jahreszeitgerecht auf die neue, künstliche Magnet-N-S-Richtung ausrichten; drittens, daß sie sich nur nach einem Magnetfeld orientieren können, dessen Totalintensität nicht kleiner als ca. 0,3 Oe bzw. nicht größer als ca. 0,7 Oe ist (Normalintensität im Versuch: 0,46 Oe). (Nach einigen Tagen Eingewöhnung konnte der Arbeitsbereich jedoch nach unten bis 0,14 Oe und nach oben bis 0,81 Oe erweitert werden, nicht aber darüber hinaus.) Die Änderung der Intensität der Horizontal- bzw. Vertikalkomponenten ist in weiten Grenzen ohne Einfluß auf die Orientierung, da man z. B. bei gleicher Totalintensität die Inklination zwischen $+12°$ und $+66°$ variieren kann, ohne die Orientierung zu beeinträchtigen [4].

Von größtem Interesse ist das Ergebnis von Versuchen in künstlichen Feldern mit veränderter Polarität von H, V, oder T, bzw. im horizontalen Magnetfeld ($i=0°$; $V=0$) (Abb. 16.6): Polt man nur H oder nur V um, so kehren die Vögel ihre Zugrichtung gegenüber der Kontrolle (=Normalfeld) um 180° um. Polt man dagegen T (d. h. H und V zusammen) um, so ändern sie ihre Zugrichtung gegenüber der im Normalfeld nicht!

---

[4] Das braucht jedoch nicht zu bedeuten, daß die Vögel die Inklination nicht wahrnehmen können; sie könnte ihnen z. B. Aufschluß über die geographische Breite ihres Aufenthaltortes geben.

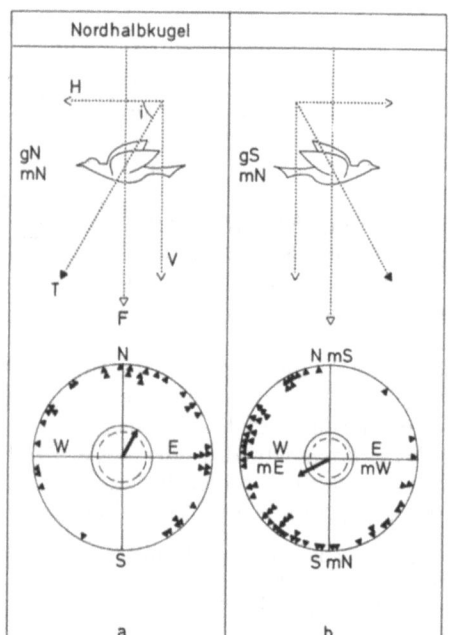
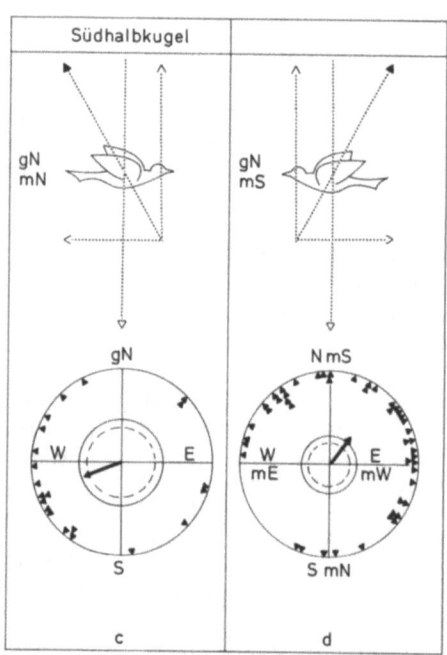
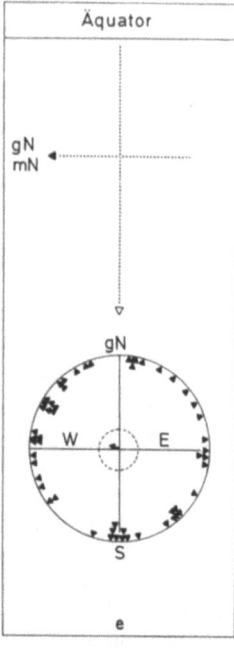

Abb. 16.6 a–e. Zugrichtung von Rotkehlchen im Frühling bei bestimmten Stellungen der Komponenten H, V, T des Erdmagnetfeldes zur Schwerkraftrichtung F, wie sie den Verhältnissen auf der Nord (a)- bzw. Südhalbkugel (c) oder am magnetischen Äquator (e) entsprechen, bzw. durch künstliche Umpolung der Horizontalkomponente (b) bzw. der Horizontal- und Vertikalkomponenten (d) zustandekommen. *gN*, *gS* geographisch Nord, Süd; *mN*, *mS* magnetisch Nord, Süd. Die Kreisverteilungen zeigen wirklich gemessene Verteilungen der mittleren Zugrichtungen in einzelnen Nächten; der dicke Pfeil gibt den resultierenden Vektor aller dieser Zugrichtungen an; der innere, gebrochene Kreis bezeichnet die 5%-, der geschlossene die 1%-Signifikanzgrenze für die Ablehnung einer zufälligen Verteilung der Zugrichtungen. [Nach Wiltschko, W. und R.: Science **176**, 62–64 (1972); verändert]

Im horizontalen Feld verwechseln sie Norden und Süden, sie sind desorientiert.

Daraus geht hervor: Die Vögel nehmen nur die Richtung wahr, in der die Magnetfeldlinien verlaufen — diese legt für sie die N-S-Achse fest —, nicht jedoch die Polarität des Feldes: Sie können am Magnetfeld allein den Süd- nicht vom Nordpol unterscheiden. Sie treffen dennoch eine korrekte Richtungswahl, da sie — formal — ihre Körperlängsachse in bezug auf Magnetfeld *und* Schwerefeld, dessen Richtung sie mit ihren Schweresinnesorganen wahrnehmen können, in eindeutiger Weise ausrichten: Sie fliegen nämlich senkrecht zur Schwerkraftrichtung so, daß die Magnetfeldlinien sie in der Sagittalebene des Körpers von oben hinten nach unten vorne (Frühjahr) bzw. von oben vorne nach unten hinten (Herbst) durchdringen. Anders ausgedrückt: Sie suchen im Frühjahr auf der Nordhalbkugel mit ihrer Körperlängsachse den größten Winkel zwischen Magnetfeldlinien und Schwerkraftrichtung auf, der kleiner als 90° ist. Diese zunächst überraschende Unabhängigkeit von der Polarität des Magnetfeldes — die Vögel benutzen also keinen reinen Magnet-„kompaß"! — ist im Zusammenhang damit zu sehen, daß diese Orientierung somit von den im Lauf der letzten Jahrmillionen mehrfach erfolgten Umpolungen des Erdfeldes unabhängig ist. Der Arbeitsbereich des Systems zwischen höchstens ca. ±25% (nach längerer Anpassung ca. ±50%) der Totalintensität verwundert bei einem lediglich der Richtungsfindung dienenden Rezeptionssystem nicht zu sehr; das schmale Energiefenster umfaßt zudem alle kurz- und längerfristig — bezogen auf die Lebenszeit der Vögel — auftretenden Intensitätsschwankungen des Erdfeldes.

Dieses Magnetorientierungssystem schafft jedoch eine Anzahl weiterer Probleme: Es ist am Magnetäquator unbrauchbar ($V=0$); Vögel der Nordhalbkugel, die über den Äquator zur Südhalbkugel weiterziehen, müssen überdies, wenn sie die Richtung beibehalten wollen, bei jedem Zug über den Äquator die Richtungsbeziehung zu Magnet- und Schwerefeld umkehren.

Auch das Heimfindevermögen von Brieftauben wird durch das Magnetfeld der Erde orientierend — durch künstliche Störfelder desorientierend — beeinflußt, wobei dies vor allem bei unerfahrenen Tieren und bei Ausfall der Orientierungsmöglichkeit nach dem Stand der Sonne Bedeutung erlangen kann. Die Tauben sprechen dabei bereits auf natürliche Intensitätsschwankungen des Erdfeldes von weniger als 100γ durch verändertes Orientierungsverhalten an.

16.3.2. Orientierung von Bienen im Magnetfeld

Experimente an richtungsweisend „tanzenden" Honigbienen haben weitere Einzelheiten, vor allem über das zeitliche und das Intensitätsauflösungsvermögen organismischer Magnetrezeption, ans Licht gebracht.

Bienen, die von einer mehr als 100 m vom Stock entfernten, ergiebigen Futterquelle zum Stock heimkehren, zeigen im Dunklen auf senkrechter Wabe durch einen „Schwänzeltanz" (s. Abb. 16.7) in Polarkoordinaten die auf den Sonnenazimut bezogene Flugrichtung durch einen entsprechenden Tanzwinkel in bezug zur Schwerkraft an (Tanz nach oben = Flug in Sonnenrichtung) (von Frisch). Dabei machen die Bienen bei der Übersetzung von Sonnenwinkel in Schwerewinkel außer zufälligen systematische Fehler (Mißweisung), die sich in Abhängigkeit vom Tageslauf gesetzmäßig zwischen 0 und ±15° ändern und zwar erstaunlicherweise in verschiedener Weise, je nachdem, in welcher Himmelsrichtung die Tanzwabenfläche steht (Abb. 16.7). Lindauer und Martin haben bewiesen, daß dieser Mißweisung der Einfluß einer Magnetfeldorientierung auf die Schwerkraftorientierung zugrunde liegt, denn wenn sie das Erdmagnetfeld durch Helmholtz-Spulen auf ≤5% der Normalintensität kompensierten, so verschwand sie vollständig (Abb. 16.7). Die Nullstellen der Mißweisung im normalen Feld ergeben sich, wenn die schwerkraftbezogene Sollrichtung des Tanzes parallel zu einer der Komponenten des Magnetfeldes verläuft (bei O-W-Richtung der Wabe bei 0° und 180°; bei N-S-Stellung, wenn die Sollrichtung in der Inklinationsebene liegt).

Aus den Untersuchungen an den Bienen ergaben sich weiter folgende wichtigen Ergebnisse. Die Feldlinienrichtung wird schon bei einer absoluten Totalintensität von 3000 bis 4000γ wahrgenommen; Intensitätsänderungen von ca. $10-30\gamma$ beeinflussen bereits die Mißweisung, d.h. die Bienen können den Tagesgang der Magnetfeldvariationen wahrnehmen. Bei einer Nullkompensation des Feldes dauert es 30 bis 60 min, bis die Mißweisung auf Null zurückgeht, bei einer Rückkehr zum Normalfeld 10–15 min, bis sie wieder voll auftritt (Abb. 16.7).

16.3.3. Mögliche Wirkungen des Erdmagnetfeldes auf Organismen

Weder bei Vögeln noch bei Bienen ist der Rezeptionsmechanismus für das Magnetfeld bisher bekannt; da das Feld den ganzen Körper durchdringt, gibt es auch keine primär bevorzugten Orte für eine anatomische Lokalisation von Rezeptorstrukturen, wenn es sich überhaupt um spezialisierte Strukturen solcher Art handelt und nicht das Nervensystem als Ganzes oder in bestimmten Teilen den Rezeptionsmechanismus abgibt. Um die biophysikalischen Möglichkeiten für diesen Mechanismus abschätzen zu können, seien kurz noch einige Wirkungen betrachtet, welche ein Magnetfeld mäßiger Intensität auf Organismen und deren Strukturen haben könnte.

a) Magnetoelektrische Effekte

(a) Induktionseffekte: Wird ein Leiter in einem Magnetfeld bewegt, so entstehen in ihm Polarisations-

618 Geo-Biophysik: Schwerefeld, Magnetfeld und Organismen

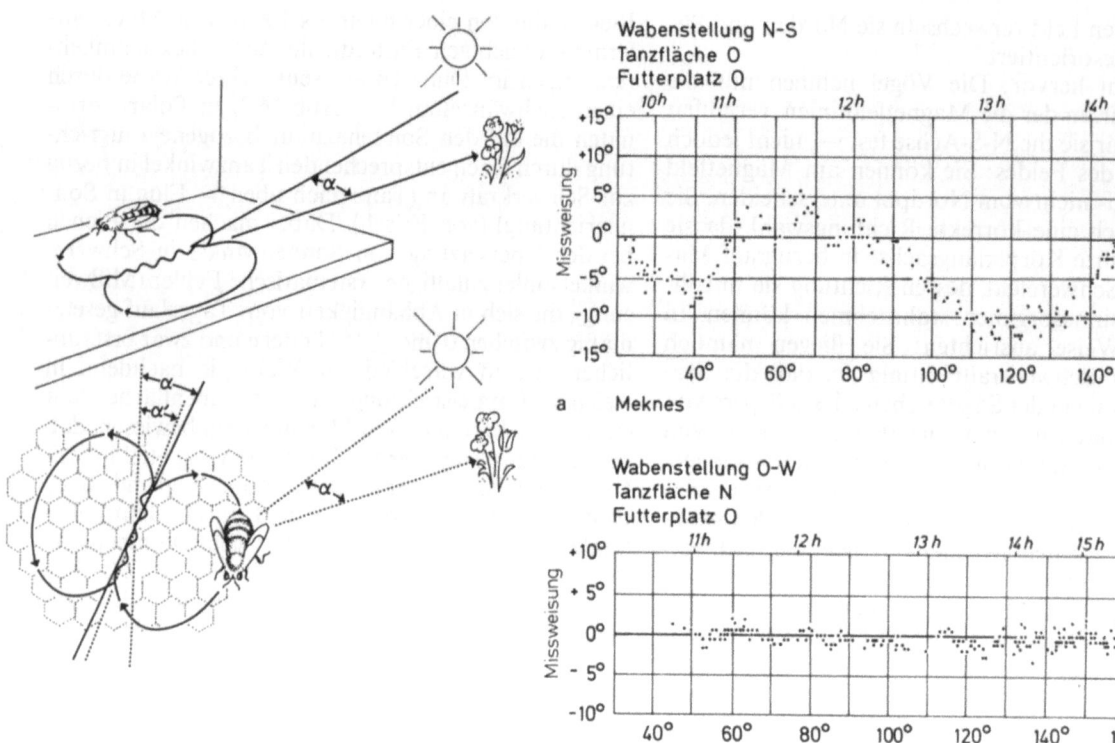

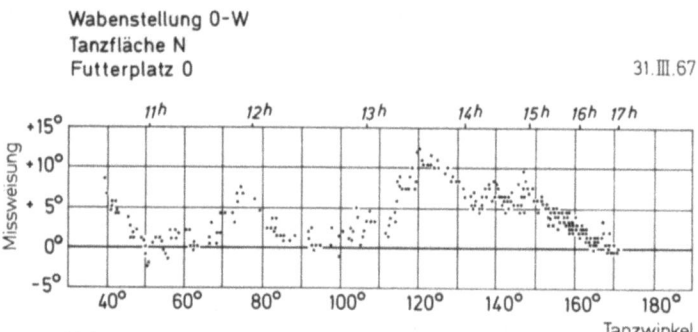

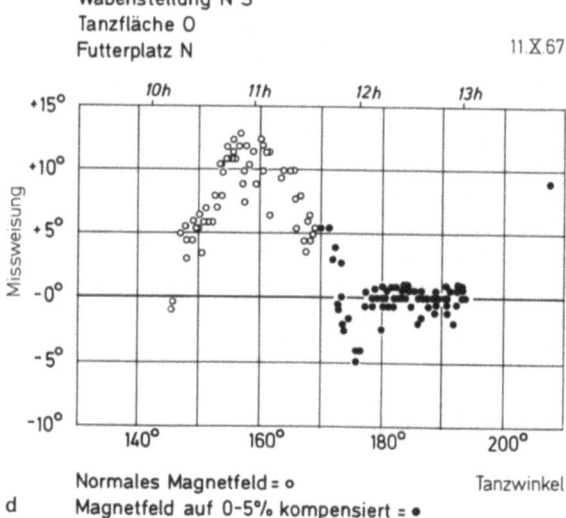

Abb. 16.7a–d. Mißweisung $(\alpha-\alpha')$ = Abweichung der Tanzrichtung α' von der dem Winkel zwischen Futterplatz und Sonnenazimut entsprechenden Solltanzrichtung α von Honigbienen in bezug zur Lotrechten (s. Einschaltbild) bei normalem Erdmagnetfeld (a) bzw. bei kompensiertem Magnetfeld (b). In (c) wurde die Wabenstellung verändert: beachte die Veränderung der Mißweisungskurve gegenüber (a). In (d) wurde die Mißweisung zunächst bei normalem Magnetfeld gemessen (offene Zeichen) und dann kompensiert (gefüllte Zeichen): die Mißweisung verschwindet bei Kompensation nicht sofort, sondern erst nach mehr als halbstündiger Übergangszeit. [Aus Lindauer, M., Martin, H.: Z. vgl. Physiol. **60**, 219–243 (1968)]

spannungen, die von der Stärke des Feldes, sowie der Geschwindigkeit und Richtung der Bewegung zum Feld abhängen. Jede Richtungsänderung führt daher zu Strömen im Leiter. Bei den hier in Frage kommenden Geschwindigkeiten können dabei elektrische Felder mit 0,1–1 µV/cm entstehen. Es ist bemerkenswert, daß von Fischen Elektrorezeptoren bekannt sind, die auf Spannungsgradienten in diesem Bereich ansprechen (s. Kapitel 15).

(b) Elektrodynamische Effekte: Fließt ein Gleich- oder Wechselstrom in einem Magnetfeld, so wirken auf die Ladungsträger Kräfte, die ihre Bewegung beeinflussen können. Schnelle Ladungsträger erfahren z. B. eine Bahnbeeinflussung, die zu elektrisch meßbaren Potentialen führen kann (Hall-Effekt). Bewegte Ladungsträger treten im Organismus an vielen Stellen auf, die Magnetfeldeffekte auf sie sind jedoch im schwachen Erdfeld sicher sehr gering.

In stromdurchflossenen Leitern — etwa in Nervenfasern — können außerdem durch Ladungsverschiebungen unter Magnetfeldwirkung abhängig vom Feldlinienverlauf mechanische Beanspruchungen auftreten; es wäre denkbar, daß sie an Mechanorezeptoren reizwirksam werden könnten.

(c) Magnetfeldeffekt auf organische Supraleiterschichten: Über zwei Schichten eines supraleitenden Materials, die durch eine dünne, dielektrische Schicht getrennt sind, fließt ein Strom (Josephson-Strom), dessen Stärke durch sehr schwache Magnetfelder bis 10^{-10} Gauß erheblich beeinflußt wird; der Effekt ist unabhängig von der Polarität des Feldes. Allerdings fehlt bisher jeder Beweis für supraleitende Materialien in Organismen.

b) Magnetomechanische Effekte

Magnetkräfte können an molekularen magnetischen Dipolen Translation und Rotation bewirken, bzw. Strukturänderungen, Änderungen in enzymatischen Aktivitäten usw. zur Folge haben. Allerdings sind solche Effekte wegen der Kleinheit der magnetischen Momente im molekularen Bereich im schwachen Erdfeld sicherlich äußerst gering.

Nur weitere Forschung wird Aufklärung in diese bemerkenswerten biophysikalischen Leistungen von Lebewesen bringen können. Dabei wird es von größtem Interesse sein, festzustellen, welche physiologischen Prozesse es gegebenenfalls auch beim Menschen gibt, die durch das uns ständig durchdringende Magnetfeld der Erde beeinflußt werden.

Gerade dies letzte Beispiel geo-biophysikalischer Forschung macht auch deutlich, daß es mit Sicherheit auf dem Gebiet der Wirkung geophysikalischer Faktoren auf lebendige Organismen noch Vieles zu entdecken gibt.

Literaturauswahl

Barnothy, M.F. (Ed.): Biological effects of magnetic fields, Vol. I, 1964; Vol. II, 1969. New York: Plenum Press 1964–1969.

Bischof, N., Scheerer, E.: Systemanalyse der optisch-vestibulären Interaktion bei der Wahrnehmung der Vertikalen. Psychol. Forsch. **34**, 99–181 (1970).

Gordon, S.A., Cohen, M.J. (Eds.): Gravity and the organism. Chicago-London: University of Chicago Press 1971.

Keeton, W.T.: The mystery of pigeon homing. Sci. Amer. **231**, 96–107 (1974).

Martin, H., Lindauer, M.: Orientierung im Erdmagnetfeld. Fortschr. Zool. **21**, 211–228 (1973).

Mittelstaedt, H.: Kybernetik der Schwereorientierung, Verh. Dtsch. Zool. Ges. 1971, p. 185–200. Stuttgart: G. Fischer 1972.

The Effects of Pressure on Organisms. Symp. Soc. Exp. Biol. XXVI. Cambridge: Cambridge University Press 1972.

Wiltschko, W., Wiltschko, R.: Magnetic compass of european robins. Science **176**, 62–64 (1972).

17. Kybernetik

17.1. Methoden der Kybernetik (Kommunikationstheorie, Systemtheorie homogener Schichten und Mustererkennung)*

HANS MARKO

17.1.1. Einleitung

Kybernetik ist eine wissenschaftliche Methodik zur quantitativen Beschreibung komplexer Systeme unabhängig von ihrer speziellen Realisierung. Solche komplexe Systeme können sowohl technische Mechanismen und Automaten als auch Organismen, Teile von Organismen oder Gruppen von Organismen sein. Die Nachrichtentechnik und die Regelungstechnik haben eine große Zahl von Theorien und Methoden für die Beschreibung solcher komplexen Strukturen entwickelt. Diese Methoden werden in zunehmendem Maße in der Biologie angewendet. Zur Zeit weniger praktiziert, in Zukunft jedoch sicher zu erwarten ist ihre Anwendung auf anderen Wissensgebieten, wie z. B. der Soziologie. Die Methoden der Kybernetik stellen somit eine Verbindung zwischen den verschiedensten Wissensgebieten her, wobei die Methoden der Nachrichtentheorie im weitesten Sinne eine zentrale Bedeutung haben. Im folgenden wird die Anwendung nachrichtentheoretischer Methoden in der Biologie besprochen. Hierbei zeigt sich, daß eine Erweiterung dieser Methoden und eine Anpassung an die Struktur organischer Systeme notwendig ist. Es wird im folgenden über solche Erweiterungen der Informationstheorie und der Systemtheorie berichtet. Zunächst sei aber die typische Arbeitsweise der Biokybernetik an Hand von Abb. 17.1 schematisch dargestellt. Der einzelne wissenschaftliche Erkenntnisschritt besteht in der Überführung einer Hypothese in eine wohlbegründete und durch Experimente bestätigte Theorie. Die Hypothese entspringt der Phantasie des Forschers auf Grund seiner bisherigen Kenntnisse. Diese entstammen aus dem Wissensbereich der Biologie wie der Nachrichtentechnik, sofern es sich um ein biokybernetisches Problem handelt. Zur Stützung der Hypothese werden Experimente durchgeführt.

Zum Beispiel werden zur Erklärung des Mechanismus der Bewegungswahrnehmung neuronale Messungen im visuellen System des Frosches vorgenommen. Diese im biologischen Bereich sich abspielende Wechselwirkung zwischen dem Experiment und der entstehenden Theorie kann man als analytische Kybernetik bezeichnen. Dem gegenüber steht die synthetische Kybernetik, die die Fundierung der Theorie mit Hilfe eines Funktionsmodells beabsichtigt und sich im Bereich der Nachrichtentechnik bewegt. Ein solches Funktionsmodell kann durch ein Rechenprogramm realisiert sein oder durch eine elektronische Schaltung. Besonders bei sehr komplizierten Systemen ist die Bestätigung der Theorie, vor allem im quantitativen Sinne, durch ein Funktionsmodell oft notwendig. Da die Parameter des Funktionsmodells relativ leicht variiert werden können, ist es geeignet, die Grenzen der Gültigkeit der Theorie abzustecken oder sie zu erweitern. Das Funktionsmodell kann je nach Absicht des Forschers mehr oder weniger genau der Funktion des Tierexperimentes entsprechen. In unserem Beispiel könnte es einmal der Funktion der Netzhaut des Frosches entsprechen, zum anderen aber allgemeinere Strukturen für die Wahrnehmung von Bewegungen nachbilden. Analytische und synthetische Kybernetik wirken somit zusammen, um unsere Kenntnis über die Wirkung komplexer Systeme zu erweitern. Die gewonnene Erkenntnis kann dann für den Aufbau verbesserter technischer Systeme Anlaß geben, beispielsweise für den Bau eines Geschwindigkeitsdetektors. Die so entstehende Wechselwirkung wird oft als Bionik bezeichnet.

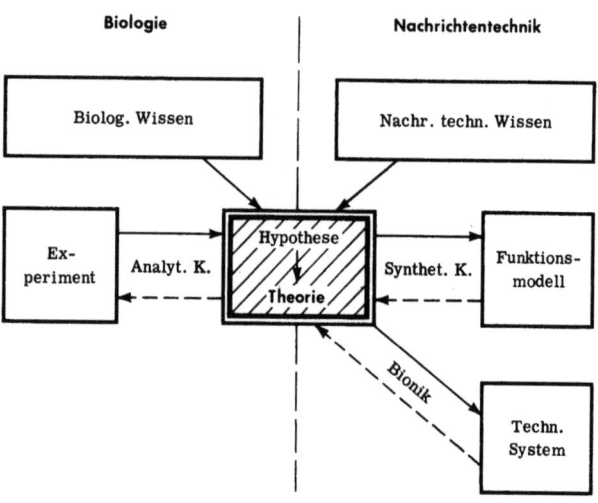

Abb. 17.1. Arbeitsweise der Biokybernetik

---
* Mit freundlicher Genehmigung des Oldenbourg-Verlags (Berichtswerk über den Kongreß der Deutschen Gesellschaft für Kybernetik in München vom 23.–26. 4. 1968. München: Oldenbourg 1968).

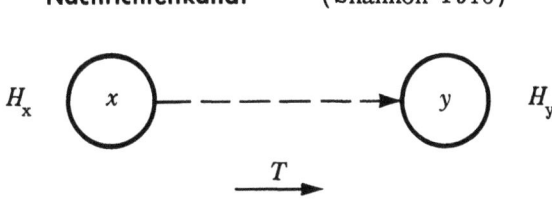

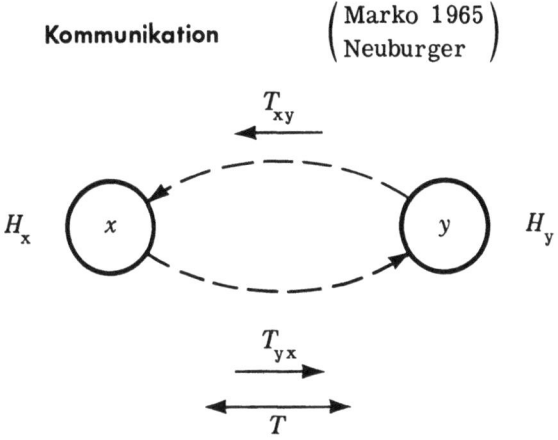

Abb. 17.2. Informationstheorie und Kommunikationstheorie

Im folgenden wird über zwei in den letzten Jahren entwickelte Theorien berichtet, die ihr Entstehen sowohl den Ergebnissen der analytischen wie der synthetischen Kybernetik verdanken: Es handelt sich um die Kommunikationstheorie, die als Erweiterung der klassischen Informationstheorie aufgefaßt werden kann, sowie um die sogenannte Systemtheorie homogener Schichten, eine Erweiterung der klassischen Systemtheorie der Nachrichtentechnik.

17.1.2. Die Kommunikationstheorie

Abbildung 17.2 zeigt im oberen Teil den Nachrichtenkanal nach Shannon, der seiner Informationstheorie zugrunde liegt. Er besteht aus einer Nachrichtenquelle x, die eine stochastische Folge von Symbolen aussendet, und einem Nachrichtenempfänger y, in dem ebenfalls eine stochastische Symbolfolge entsteht, die mit dem Sender in statistischer Weise gekoppelt ist. Dies ist im Bild durch den gestrichelten Richtungspfeil angedeutet.

Da der Nachrichtenkanal im allgemeinen gestört ist, ist die Kopplung zwischen Sender und Empfänger nicht deterministisch, sondern stochastisch, das heißt, daß die empfangenen Symbole nicht unbedingt, sondern nur nach Wahrscheinlichkeiten mit den gesendeten Symbolen korrelieren. Somit sind Sender wie Empfänger Nachrichtenquellen, die miteinander ge-

koppelt sind, wobei hier die Kopplung nur in einer Richtung verläuft. Die mittlere Information je Symbol der sendeseitigen Nachrichtenquelle wird durch die Entropie H_x, die der empfangsseitigen Nachrichtenquelle durch die Entropie H_y angegeben. Dabei ist die Entropie ein logarithmisches Maß für die mittlere Unsicherheit eines Symbols. Die Kopplung zwischen beiden Quellen wird durch die Transinformation je Symbol T gemessen. Diese Größe gibt an, wieviel Information in einem solchen Nachrichtenkanal vom Sender auf den Empfänger übertragen wird.

Diese Struktur des Nachrichtenkanals nach Shannon ist für viele biologische Probleme nicht ausreichend. So tritt z. B. bei der Kommunikation zwischen Menschen eine stochastische Kopplung in beiden Richtungen auf, sofern es sich um einen „Dialog" handelt, wobei natürlich neben den akustischen auch die optischen und eventuell andere Informationen zu berücksichtigen sind. Dies führt zum Schema der Kommunikation nach dem unteren Teil von Abb. 17.2. Wegen der Existenz der Kopplungen in beiden Richtungen können nun zwei gerichtete Transinformationsgrößen T_{xy} und T_{yx} definiert werden. Für ihre Definition muß das zeitliche Kausalitätsgesetz beachtet werden. Es muß also festgestellt werden, welche Nachrichtenquelle die Ursache und welche die Wirkung für den betreffenden Vorgang ist. Dies ist dadurch erreicht, daß für die Bestimmung der Wahrscheinlichkeit eines Symbols die ganze Vergangenheit, nicht aber die Zukunft herangezogen wird. Dabei wird von der Hypothese ausgegangen, daß aus physikalischen Gründen die Vergangenheit die Gegenwart beeinflußt, ein solcher Einfluß von der Zukunft her jedoch ausgeschlossen ist.

Abbildung 17.3 zeigt die statistische Verkoppelung der beiden stochastischen Prozesse und die Bestimmung der zugehörigen Informationsgrößen. Das gegenwärtige Symbol in Abb. 17.3 ist durch einen Kreis gekennzeichnet und wird durch die Vergangenheit des eigenen Prozesses, wie auch des fremden Prozesses teilweise bestimmt. Die Entropie sinkt deshalb ab, je mehr von dieser Vergangenheit bekannt ist.

Dies ist im unteren Teil von Abb. 17.3 für den ersten der beiden Prozesse veranschaulicht. Vergrößert man die Anzahl n_x der bekannten eigenen vergangenen Symbole x_n, die in Abb. 17.3 durch ein Rechteck umrahmt sind, so sinkt die Entropie ab und erreicht für große Werte von n_x den Wert H_x. H_x ist die Entropie des Prozesses x, wobei seine eigene Vergangenheit berücksichtigt ist. Berücksichtigt man nun zusätzlich eine Anzahl n_y von vergangenen Symbolen des fremden Prozesses y_n, so sinkt die Entropie mit zunehmendem n_y weiter ab und erreicht im Grenzfall den Wert F_x, der die sogenannte freie Entropie des Prozesses x darstellt. Die Differenz zwischen H_x und F_x ist die bidirektionale Transinformation T_{xy}, d.h. diejenige Information, die vom Prozeß y auf den Prozeß x übertragen wird und seine Statistik beeinflußt. T_{xy} ist somit ein Maß für die statistische Bindung, die durch den Prozeß y auf den Prozeß x ausgeübt wird. F_x stellt die freie Stochastik des Prozesses dar bei Berücksichti-

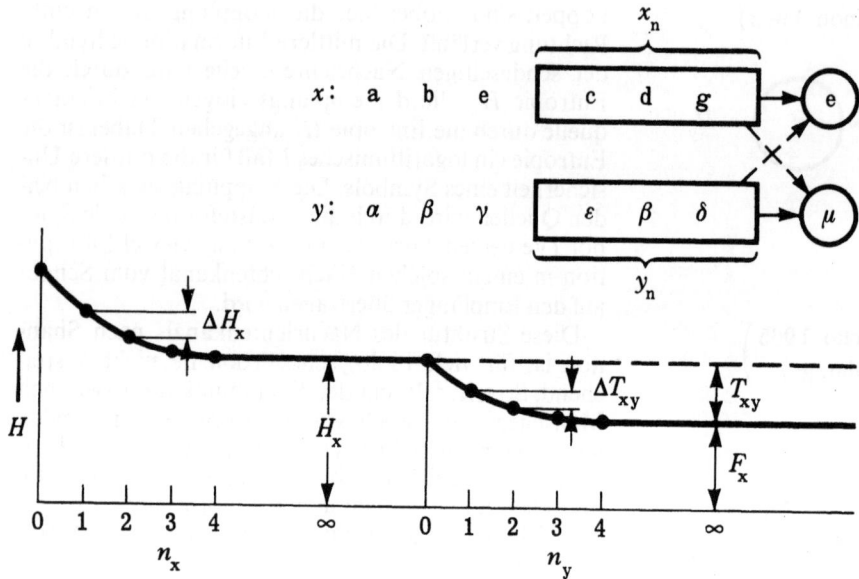

Abb. 17.3. Die statistische Bindung der Kommunikation

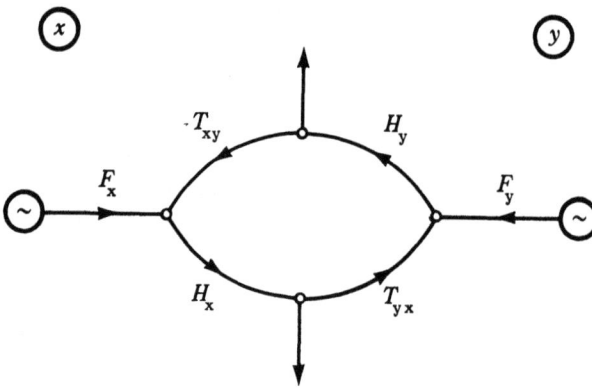

Abb. 17.4. Das Informationsflußdiagramm der Kommunikation

gung aller statistischen Bindungen, d.h. der gesamten Vergangenheit beider Prozesse. Der Zusammenhang

$$H_x = F_x + T_{xy}$$

und entsprechend für den zweiten Prozeß

$$H_y = F_y + T_{yx}$$

wird durch das Flußdiagramm von Abb. 17.4 veranschaulicht. Die beiden freien Entropien F_x und F_y sind hier als Ausgangsgrößen zweier stochastischer Generatoren mit inneren Bindungen dargestellt. Interpretiert man die beiden stochastischen Prozesse x und y als Assoziationsketten zweier sich im Dialog befindlicher Menschen, so wäre die freie Entropie als informationstheoretisches Maß für die „Phantasie" zu interpretieren. Die Entropie beider Prozesse H_x und H_y ergibt sich durch Addition der vom anderen Prozeß herrührenden empfangenen Transinformation. Von der Entropie muß ein Teil abfließen und nur ein geringer Anteil erreicht als bidirektionale Transinformation den Partner. Es gilt nun das wichtige Gesetz:

$$T_{xy} + T_{yx} = T.$$

Dies besagt, daß die Summe der beiden gerichteten Transinformationsgrößen gleich der Shannonschen Transinformation ist. Diese letzte ist also ein Maß für die gesamte Verkopplung beider Prozesse ohne Rücksicht auf deren Richtung. Nur in dem Fall der einseitig gerichteten Verbindung (des Monologs) stimmt sie mit der gerichteten Transinformation überein. Da die gerichtete Transinformation ein Maß für die gegenseitige statistische Kopplung beider Prozesse ist, ist es sinnvoll, statistische Kopplungsgrade wie folgt zu definieren:

$$\sigma_x = \frac{T_{xy}}{H_x} \quad \text{und} \quad \sigma_y = \frac{T_{yx}}{H_y}.$$

Für die Kopplungsgrade gilt das Gesetz

$$\sigma_x + \sigma_y \leq 1.$$

Gilt das Gleichheitszeichen, so sind die beiden Prozesse maximal miteinander gekoppelt. Ein Grenzfall davon wiederum ist der Fall, z.B. $\sigma_x = 1$ und $\sigma_y = 0$. Dies bedeutet, daß der Prozeß x vollständig vom Prozeß y bestimmt wird. Im Fall der Kommunikation zwischen zwei Menschen würde dies einer „Suggestion" entsprechen. Normalerweise werden aber die statistischen Kopplungsgrade σ_x und σ_y viel kleiner sein, als der maximalen Kopplung entspricht.

Die bidirektionale Kommunikationstheorie liefert zwar grundsätzliche Erkenntnisse über den informationstheoretischen Aspekt der Kommunikation zwischen Menschen. Ihre praktische Anwendung auf diesen Fall ist aber wegen der ungeheuren Zahl der zu berücksichtigenden Symbole schwierig. In der Verhaltensforschung erscheint jedoch eine praktische Anwendung aussichtsreicher, wenn man das Repertoire der Verhaltensweisen auf wenige, besonders wichtige beschränkt. In Zusammenarbeit mit Ploog und Mayer wurde deshalb das Gruppenverhalten von Totenkopfaffen untersucht und mit den Mitteln der Theorie behandelt. Abb. 17.5 zeigt das Ergebnis. Es wurde das

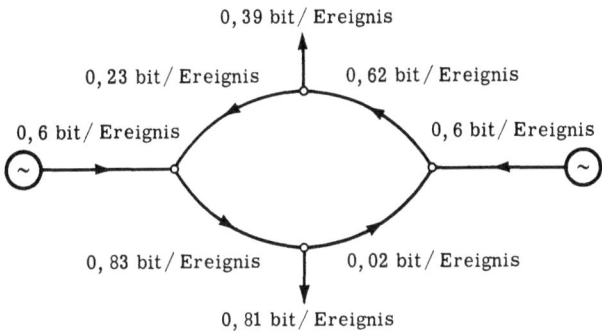

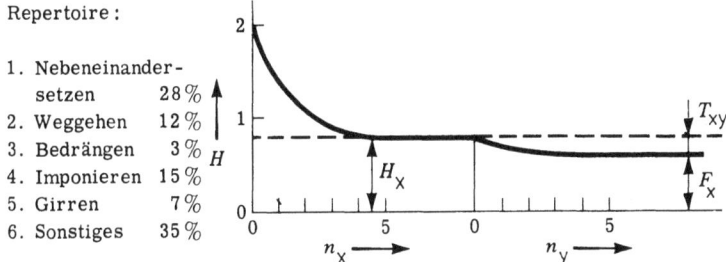

Abb. 17.5. Gruppenverhalten zweier Totenkopfaffen bei Vereinigung nach Isolierung

Gruppenverhalten zweier Totenkopfaffen beobachtet, die nach längerer Isolierung in einem Käfig vereinigt wurden. Während der ersten zehn Minuten nach der Vereinigung wurden die für das Gruppenverhalten wichtigsten Verhaltensweisen registriert. Dabei wurden 5 Gruppen von Verhaltensweisen unterschieden. Eine 6. Gruppe ist der Ruhezeit zugeordnet und umfaßt ebenfalls die weiteren weniger wichtigen Verhaltensaktionen. Mit diesem Repertoire wurden die Kommunikationsgrößen berechnet und das Flußdiagramm aufgestellt. Abb. 17.5 zeigt als Beispiel die Abnahme der Entropie des Prozesses der Verhaltensfolgen für das dominante Tier bei Berücksichtigung der eigenen Vergangenheit. Man sieht, daß die Entropie bei Berücksichtigung von ca. 5 vergangenen Ereignissen ihren Endwert $H_x = 0{,}83$ bit/Ereignis erreicht. Es handelt sich also um einen Markoff-Prozeß ca. 5. Ordnung. Bei zusätzlicher Berücksichtigung der vergangenen Verhaltensweisen des subdominanten Tieres sinkt die Entropie weiterhin bis auf den Wert $F_x = 0{,}6$ bit/Ereignis ab. Die Differenz ist die empfangene Transinformation T_{xy}. Sie ergibt sich zu 0,23 bit/Ereignis für die Richtung vom subdominanten Tier zum dominanten Tier, während für die Gegenrichtung nur der geringe Betrag von 0,02 bit/Ereignis beobachtet wurde. Die beiden freien Entropien sind etwa gleich groß, so daß die Gesamtentropie des dominanten Tieres mit 0,83 bit/Ereignis größer ist als die des subdominanten Tieres mit 0,62 bit/Ereignis. In dieser Phase des Gruppenverhaltens bei Vereinigung nach Isolierung beobachtet offenbar das dominante Tier das subdominante Tier viel besser als dies in umgekehrter Richtung der Fall ist und richtet sein Verhalten danach ein. Dieses Ergebnis erscheint zunächst überraschend, denn im stationären Endzustand der Gruppe, d.h. bei Vereinigung über längere Zeit, sollte man erwarten, daß mehr Information vom dominanten Tier zum subdominanten Tier fließt als umgekehrt. Offenbar sind die vorgefundenen Verhältnisse aber typisch für die erste Phase des Zusammentreffens nach einer Isolierung. Die Ergebnisse sind reproduzierbar und werden nach Wiederholung der Versuche immer wieder bestätigt. Auch beim Auswechseln der Tiere wurde qualitativ das gleiche Ergebnis beobachtet. Diese Versuche wurden auch auf andere Phasen des Gruppenverhaltens ausgedehnt.

Die Kommunikationstheorie erweist sich somit als ein Mittel zur Beschreibung der statistischen Verkopplung stochastischer Prozesse, wie sie z.B. Verhaltensweisen darstellen. Ihre Ausdehnung auf eine Gruppe von mehr als zwei Individuen wurde ebenfalls vorgenommen. Es besteht die Hoffnung, daß eine so erweiterte Kommunikationstheorie auch auf das Gruppenverhalten von Menschen anwendbar ist und wo nicht spezielle, so doch allgemeine Erkenntnisse zu geben imstande ist.

17.1.3. Die Systemtheorie homogener Schichten

Die Systemtheorie homogener Schichten ist eine Erweiterung der klassischen Systemtheorie der Nachrichtentechnik. Sie beschreibt die Signalübertragung in neuronalen Schichtstrukturen in ihrem linearen Bereich. Außer der „Linearität" wird noch „Homogenität" angenommen, was besagt, daß die Verkopplung zwischen zwei Neuronen nur von der Ortsdifferenz, nicht aber vom Ort selbst, abhängig ist. Beide Voraus-

624 Kybernetik

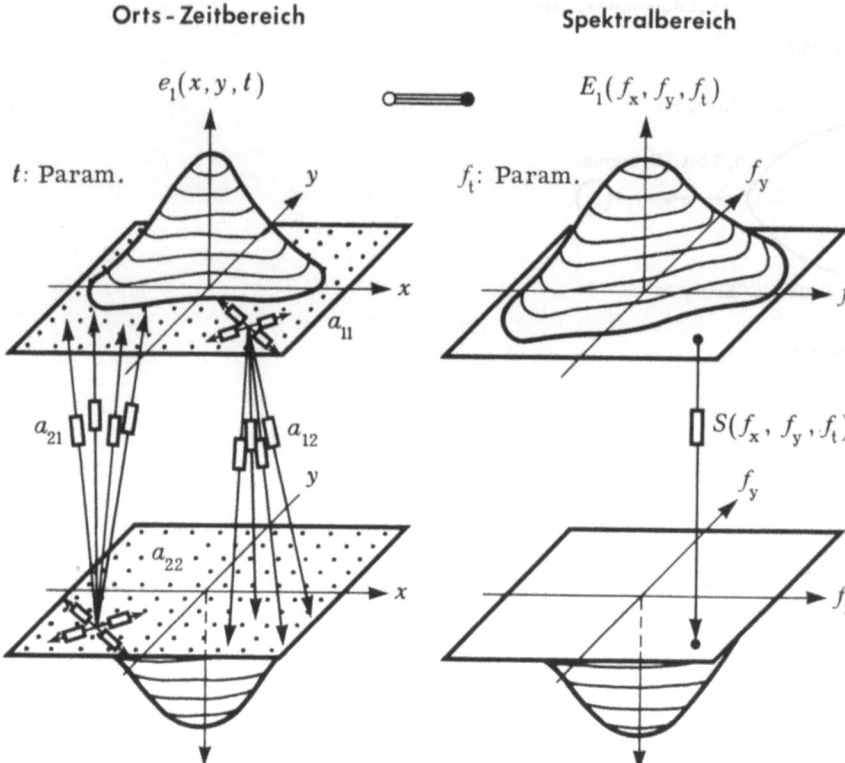

Abb. 17.6. Orts—Zeitfunktion und totales Spektrum

setzungen, die der Linearität und Homogenität, können in einer Erweiterung der Theorie wenigstens teilweise wieder aufgegeben werden. Die Theorie erscheint besonders geeignet, um die Signalübertragung im optischen System von den Schichten der Retina bis zum Cortex hinauf zu beschreiben. Die Theorie beruht auf einer dreifachen Anwendung der Fourier-Transformation auf die beiden Ortskoordinaten der Neuronenschichten und auf die Zeit. Abb. 17.6 veranschaulicht dies. Im linken Teil sind zwei Neuronenschichten und die auf ihnen befindlichen Erregungen $e_1(x,y,t)$ und $e_2(x,y,t)$ dargestellt.

Diese sind Funktionen von x und y, was als Gebirge über der Fläche darstellbar ist. Außerdem sind sie von der Zeit abhängig, d.h. das Erregungsgebirge ändert sich mit der Zeit t und ist im Bild für einen bestimmten Zeitpunkt dargestellt. Beide Neuronenschichten sind in verschiedener Weise miteinander verkoppelt. Einmal finden wir Zwischenkopplungen a_{12} und a_{21}, die von Schicht zu Schicht verlaufen und eine gewisse Streuung besitzen. Diese Kopplungen verbinden die Neuronen der ersten Schicht mit der der zweiten, wobei ihre Stärke nur vom Abstand der beiden Neuronen abhängt und nicht von der Stelle des Neurons auf der Schicht. Sie ist also gleichartig für alle Neuronen der Schicht (Homogenität). Weiterhin haben wir Querkopplungen a_{11} und a_{22} innerhalb der Schicht, die die Neuronen der gleichen Schicht miteinander verkoppeln. Auf Grund dieser Kopplungen kann beispielsweise eine laterale Hemmwirkung zustande kommen.

Um nun die Wirkung $e_2(x,y,t)$ auf Grund der Ursache $e_1(x,y,t)$ auszurechnen, müssen die Wirkungen über alle Kopplungswege aufsummiert werden. Dies resultiert in einer komplizierten Faltungsoperation für die beiden Ortskoordinaten x und y und gegebenenfalls auch für die Zeit t. Statt dessen ist es sehr viel einfacher, mit den Fourierspektren der Erregungen zu rechnen. Führt man eine dreifache Fourier-Transformation nach den beiden Ortskoordinaten und der Zeit durch, so erhält man das totale Spektrum $E_1(f_x,f_y,f_t)$, das ebenfalls als Gebirge über einer $f_x f_y$-Ebene mit f_t als Parameter aufgetragen gedacht werden kann. Dies ist im rechten Teil der Abb. 17.6 dargestellt. f_x und f_y sind dabei die Ortsfrequenzkoordinaten. (Es wurde der Vorschlag gemacht, sie als Spatienzen zu bezeichnen.) Nun ergibt sich das Spektrum der Wirkung $E_2(f_x,f_y,f_t)$ aus dem der Ursache $E_1(f_x,f_y,f_t)$ durch eine einfache Multiplikation mit dem sogenannten Übertragungsfaktor $S(f_x,f_y,f_t)$. In Abb. 6 ist dies durch eine einfache Verkopplung ohne Streuung zweier zugehöriger Punkte angedeutet. (Die Schichten der Fourierebene sind nun nicht mehr homogen, da Übertragungsfaktor $S(f_x,f_y,f_t)$. In Abb. 17.6 ist dies zen abhängt.) Damit empfiehlt sich folgender Weg für die Berechnung der Wirkungsfunktion aus der Ursachenfunktion:

1. Fourier-Transformation

$E_1(f_x,f_y,f_t) \hspace{1em}\circ\!\!=\!\!\circ\hspace{1em} e_1(x,y,t)$.

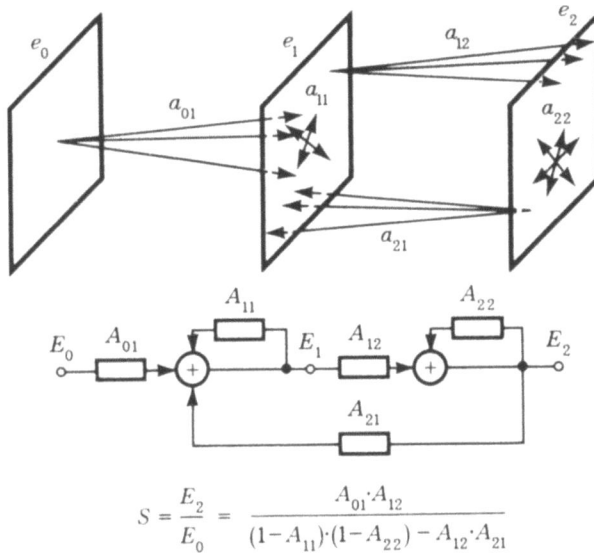

Abb. 17.7. Berechnung des Übertragungsfaktors der Serienschaltung dreier Schichten

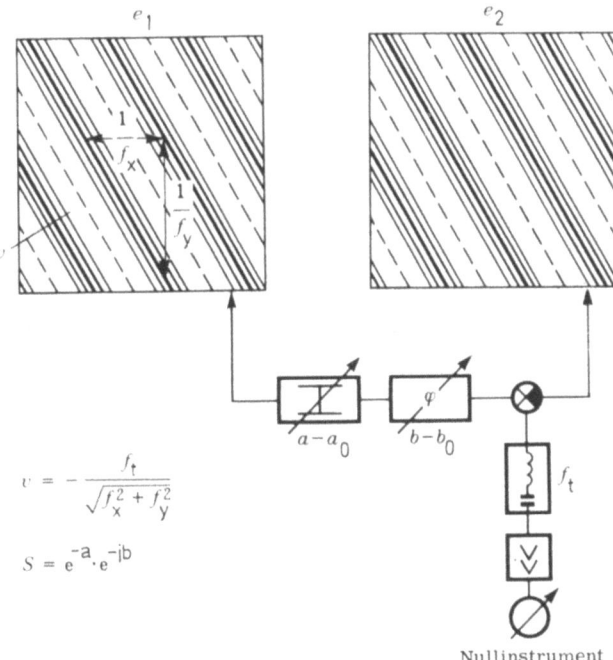

Abb. 17.8. Direkte Messung des Übertragungsfaktors

2. Multiplikation

$$E_2(f_x, f_y, f_t) = E_1(f_x, f_y, f_t) \cdot S(f_x, f_y, f_t).$$

3. Fourier-Transformation

$$e_2(x, y, t) \circ\!\!-\!\!\bullet E_2(f_x, f_y, f_t).$$

Der hierbei benötigte Übertragungsfaktor S läßt sich besonders einfach bei gegebener Schichtstruktur berechnen.

Ein Beispiel dafür zeigt Abb. 17.7, die die Serienschaltung dreier Schichten darstellt. Aus den Kopplungskoeffizienten (a) muß man zunächst die entsprechenden dreifach fourier-transformierten Spektren (A) bilden. Dann läßt sich das Ersatzschaltbild im unteren Teil von Abb. 17.7 zeichnen. Dabei wirken die Kopplungen innerhalb der Schicht als Rückführungen. Ebenso stellt der Koeffizient a_{21} eine Rückführung von Schicht zu Schicht dar. Der Gesamtübertragungsfaktor $S = E_2/E_0$ läßt sich nun leicht mit den bekannten Methoden der Schaltungstheorie berechnen und ist im Bild angegeben. Er ist im allgemeinen durch den Quotienten zweier Polynome der fourier-transformierten Kopplungen darstellbar.

Ebenso leicht läßt sich der Übertragungsfaktor auch messen. Eine entsprechende Meßanordnung zeigt Abb. 17.8. Ein Signal mit festen Ortsfrequenzen f_x und f_y entspricht einem sinusförmigen Bildmuster, das sich mit einer der Zeitfrequenz f_t proportionalen Geschwindigkeit v über das Bildfeld bewegt. Durch zwei Meßfühler an zwei beliebigen Punkten der ersten und zweiten Schicht wird das sinusförmig schwankende Signal abgenommen und einer Kompensationsschaltung zugeführt. Mit einer Eichleitung und einem Phasenschieber wird Dämpfung und Phase in beiden Zweigen gleich gemacht, was über ein Nullinstrument angezeigt wird. Die Anzeige kann über ein scharfes Filter mit der Durchlaßfrequenz f_t von Störungen befreit und stark verstärkt werden, da es sich um eine Nullmethode handelt. Durch eine Variation der Werte f_x, f_y und f_t kann der Übertragungsfaktor S bis auf eine Dämpfungskonstante a_0 und Phasenkonstante b_0 gemessen werden. Diese Konstanten können durch weitere Überlegungen (Extrapolation zur Frequenz 0) bestimmt werden. Auf diese Weise kann der Übertragungsfaktor sehr genau und störungsfrei gemessen werden. Es können dabei kleine Amplituden verwendet werden, damit das System im linearen Bereich ausgesteuert wird.

Abbildung 17.9 zeigt eine Gegenüberstellung der klassischen Systemtheorie mit der Systemtheorie homogener Schichten. In der klassischen Systemtheorie haben wir einen Vierpol mit nur einem Eingangstor und Ausgangstor, wobei eine Zeitfunktion $u_1(t)$ am Eingang und $u_2(t)$ am Ausgang betrachtet wird. Die letztere ergibt sich durch Faltung der Eingangszeitfunktion mit der sogenannten Impulsfunktion $s(t)$. Diese wiederum ist die Antwort des Systems auf den Einheitsimpuls an seinem Eingang, wie dies in Abb. 17.9 gezeigt ist. Die Impulsfunktion ist weiterhin die Fourier-Transformierte des Übertragungsfaktors. Das Ausgangsspektrum erhält man aus dem Eingangsspektrum durch Multiplikation mit dem Übertragungsfaktor. Hierbei ist zur Bildung der Spektren nur eine einfache Fourier-Transformation nach der Zeit notwendig. Darunter sind in Analogie dazu die Verhältnisse bei der Systemtheorie der homogenen Schichten dargestellt, wo es sich um ein System mit sehr vielen Eingängen und Ausgängen handelt, die längs einer Fläche kontinuierlich verteilt gedacht werden. Die Ausgangszeitfunktion $e_2(x, y, t)$ ergibt sich aus der Eingangszeitfunktion $e_1(x, y, t)$ durch dreifache Faltung mit der Impulsfunktion $s(x, y, t)$. Wie-

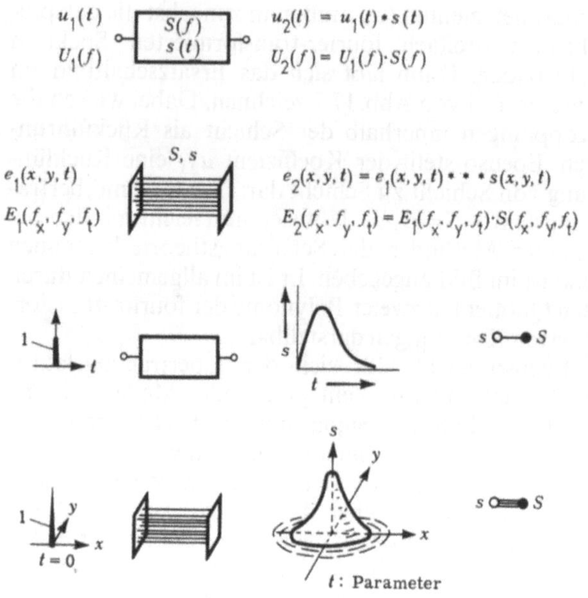

Abb. 17.9. Vergleich der klassischen Systemtheorie mit der Systemtheorie homogener Schichten

derum ist die Impulsfunktion die Antwort auf einen Dirac-Impuls vom Stoßintegral 1, der im Zeitpunkt $t=0$ und im Ortsnullpunkt $x=0$, $y=0$, aufgebracht wird. Die Impulsfunktion $s(x,y,t)$ entspricht dem rezeptiven Feld in der Neurophysiologie. Sie ist die Fourier-Transformierte des Übertragungsfaktors, wobei hier eine dreifache Fourier-Transformation nach den Ortskoordinaten und der Zeit notwendig ist. Das Ausgangsspektrum erhält man aus dem Eingangsspektrum durch Multiplikation mit dem Übertragungsfaktor.

Auf Grund der Analogie der klassischen Systemtheorie mit der Systemtheorie homogener Schichten können nahezu sämtliche Ergebnisse der ersteren auf die letztere übertragen werden. Für die Anwendung der in der Nachrichtentechnik bekannten Verfahren der Entzerrung und der Filterung auf die Systemtheorie homogener Schichten sollen im folgenden Beispiele gegeben werden. Als ein typisches Beispiel für eine Entzerrung eines Übertragungskanals soll das rezeptive Feld (Impulsfunktion) und der Übertragungsfaktor der Retina betrachtet werden. Abb. 17.10 zeigt das rezeptive Feld $s(r)$ in einer einfachen Approximation mit Gaußschen Fehlerfunktionen und typischen bei der Katze und beim Menschen gemessenen Werten. Die verschiedenen Zeitkonstanten der Erregungswirkung (1. Glied) und Hemmwirkung (2. Glied) sind hier berücksichtigt. Das Feld ist rotationssymmetrisch, weshalb es über dem Radius r, bzw. der Übertragungsfaktor $S(f_r)$ über der Radialfrequenz f_r aufgetragen ist. Als typisches Merkmal finden wir die sogenannte laterale Inhibition, d.h. eine Hemmwirkung in einigem Abstand vom Erregungszentrum und also ein Überschwingen der Impulsfunktion. Dieser Verlauf führt zu einem Übertragungsfaktor, der nach hohen Frequenzen zu ansteigt, bevor er dann wegen der Frequenzbandbegrenzung endgültig abfällt. Ein solcher Übertragungsfaktor bringt durch die Verstärkung der höheren Ortsfrequenzen eine Kontrastverschärfung und ist auch maßgebend für das sog. Machsche Phä-

$$s(r) = e^{-\pi\left(\frac{r}{\Delta r_1}\right)^2} \cdot e^{-\frac{t}{T_1}} - c \cdot e^{-\pi\left(\frac{r}{\Delta r_2}\right)^2} \cdot e^{-\frac{t}{T_2}}$$

$(r^2 = x^2 + y^2)$

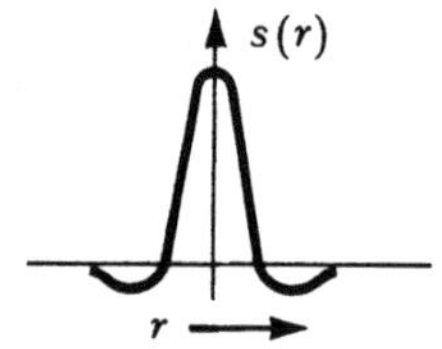

$$S(f_r) = \frac{e^{-\pi\left(\frac{f_r}{\Delta f_1}\right)^2}}{1+j\frac{f_t}{f_1}} - c \cdot \frac{e^{-\pi\left(\frac{f_r}{\Delta f_2}\right)^2}}{1+j\frac{f_t}{f_2}}$$

$(f_r^2 = f_x^2 + f_y^2)$

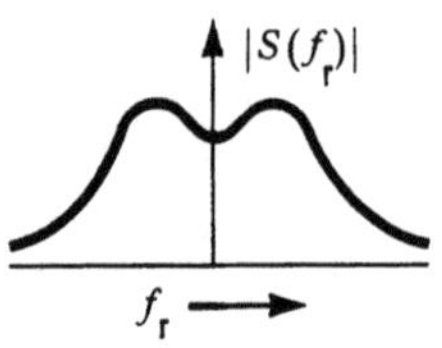

System	Δr_1	Δr_2	c	T_1 (msec)	T_2 (msec)
Katze : zentral	0,2°	1,4°	0,015	25	80
Katze : peripher	0,88°	2,5°	0,1	25	80
Mensch : zentral	1'	4'	0,1	30	100

Abb. 17.10. Rezeptives Feld und Übertragungsfaktor der Retina

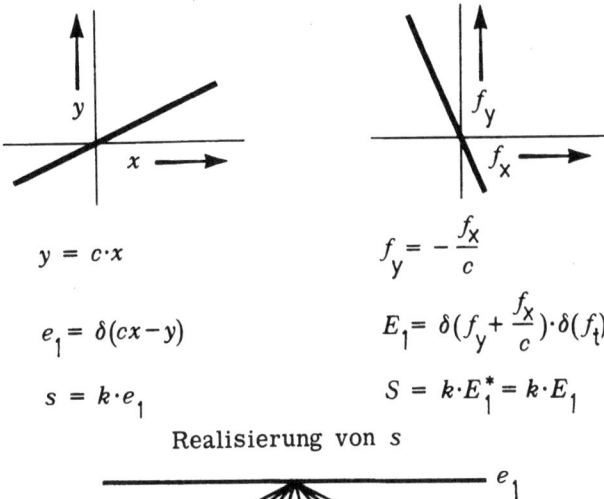

Abb. 17.11. Musterfilter: Liniendetektor

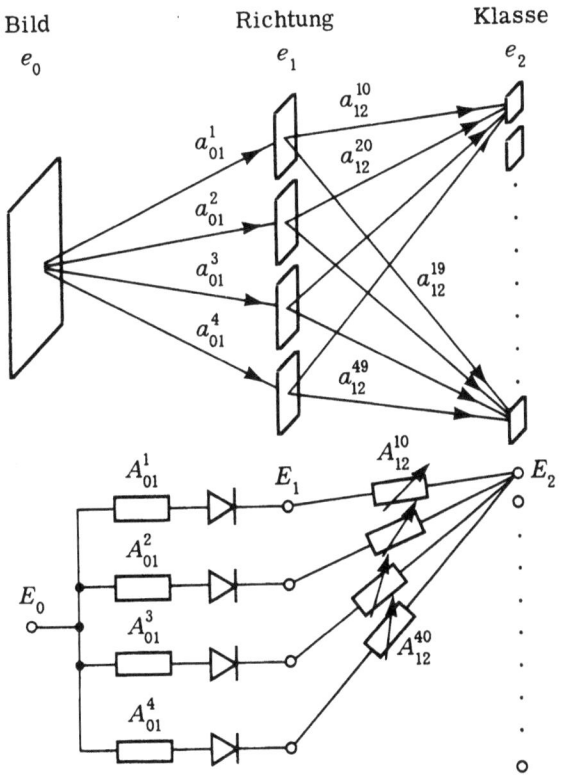

Abb. 17.12. Mustererkennung mittels homogener Schichten

nomen (Überschwingen bei Schwarz-Weiß-Übergängen).

Diese neuronale Verschaltung dient vermutlich der Korrektur des optischen Übertragungskanals und kann somit als eine Entzerrung aufgefaßt werden.

Abbildung 17.11 soll das Beispiel einer Filterung zeigen. Eine Linie als Bildmuster besitzt ein Spektrum, das ebenfalls eine Linienstruktur aufweist und in der Fourierebene orthogonal zur Bildebene verläuft. Die Theorie der optimalen Musterfilter lehrt, daß der Übertragungsfaktor des Filters bis auf eine Konstante gleich dem konjugiert komplexen Eingangsspektrum gewählt werden muß. Bei reellem Spektrum ist er also gleich dem Eingangsspektrum. Das rezeptive Feld muß demnach dem Originalbild entsprechen. Es kann durch eine lineare konstante Kopplung in Richtung der Geraden realisiert werden. Die Wirkungsweise eines solchen Liniendetektors ist leicht verständlich: Bei Linien längs der Kopplungsrichtung summieren sich die Wirkungen auf. Bei im Winkel dazu liegenden Linien wird nur ein einziger Punkt erregt, was zu einer vernachlässigbar kleinen Wirkung führt.

Mit Hilfe ähnlich aufgebauter Linienfilter wurde ein System homogener Schichten zur Mustererkennung handgeschriebener Ziffern entworfen und auf dem Digitalrechner IBM 1130 simuliert.

Abbildung 17.12 zeigt die Anordnung. Mit Hilfe eines Lichtgriffels (light pen) wurde die Ziffer auf einen Oszillographenschirm aufgeschrieben und damit dem Rechner zugeführt (Bildebene e_0). Dann folgen vier parallele Richtungsfilter für die senkrechte, waagrechte und die beiden diagonalen Richtungen (Schicht e_1). Diese werden wieder an die Klassenschichten für die Ziffern 0 ... 9 angekoppelt (Schicht e_2). Für die Wirkungsweise der Anordnung zur Mustererkennung müssen Schwellelemente an der Schicht e_1 vorgesehen werden, die im Ersatzschaltbild von Abb. 17.12 durch Dioden gekennzeichnet sind. Bei den Neuronenschichten wird diese Funktion von der neuronalen Erregungsschwelle übernommen. Die Kopplungen zu den Klassenschichten wurden auf Grund eines Lernvorgangs optimal eingestellt. Dabei wurden — wenn das angebotene Muster nicht richtig erkannt wurde — die Kopplungskoeffizienten bei den den Schwellwert überschreitenden Erregungen verstärkt für die dem dargebotenen Bild entsprechende Musterschicht und geschwächt für die anderen Musterschichten.

Nach einigen 100 Lernschritten konvergierte das Verfahren. Die Anordnung erkannte dann die von der Lehrperson geschriebenen Zeichen ohne jeden Fehler, wobei die Schreibweise variieren konnte. Auch von anderen Personen handgeschriebene Zeichen wurden mit einer sehr geringen Fehlerquote richtig erkannt. In Anbetracht der Einfachheit der Anordnung überraschte ihre Leistungsfähigkeit. Sie kann durch Hinzufügen weiterer Eigenschaftsfilter, wie z.B. Krümmungsdetektoren, noch weiter verbessert werden. Es ist sehr wahrscheinlich, daß die Mustererkennung beim menschlichen Auge in ähnlicher Weise vor sich geht, da bereits Neuronenstrukturen entdeckt wurden, die auf Mustereigenschaften wie Richtung und Krümmung ansprechen.

Ein weiteres Beispiel eines Musterfilters ist der Geschwindigkeitsdetektor von Abb. 17.13. Hier bestehe die Aufgabe, ein bestimmtes Ortsmuster, das durch die Funktion $g(x, y)$ gegeben ist, und das sich mit der Geschwindigkeit v in x-Richtung bewegt, optimal zu erkennen. In Abb. 17.13 ist das Spektrum eines solchen

628   Kybernetik

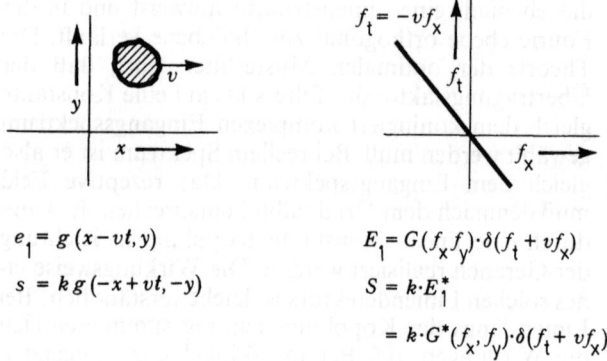

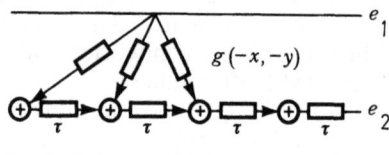

Abb. 17.13. Musterfilter: Geschwindigkeitsdetektor

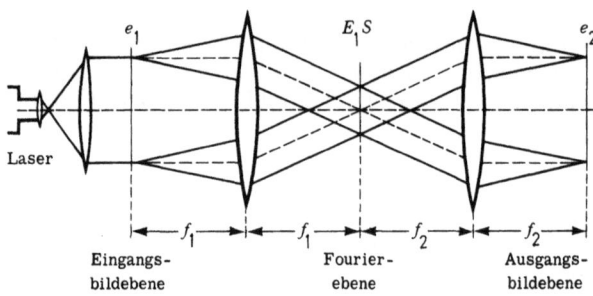

Abb. 17.14. Simulation der Übertragung homogener Schichten mittels kohärenter Optik

Musters angegeben, das aus dem Musterspektrum $G(f_x, f_y)$ besteht, das aber nur längs der Geraden $f_t = -vf_x$ zur Wirkung kommt (Multiplikation mit Diracstoß) und andernfalls verschwindet. Das optimale Musterfilter ist wiederum durch das konjugiert komplexe Eingangsspektrum gegeben. Die Impulsfunktion (rezeptives Feld) kann durch eine laufzeitbehaftete Querkopplung in der zweiten Schicht realisiert werden. Dabei ist die Laufzeit zwischen zwei Punkten im Abstand Δx durch $\tau = \Delta x/v$ gegeben. Soll das Filter nur für die Vorwärtsrichtung wirken, so muß auch die Laufzeitkopplung nur in einer Richtung wirksam sein, andernfalls auch in der Rückrichtung. Als Zwischenschichtkopplung muß die Funktion $g(-x, -y)$ realisiert werden, was der Bildung des konjugiert komplexen Wertes für das Spektrum entspricht. Die Wirkung des Geschwindigkeitsdetektors ist leicht zu verstehen, wenn man bedenkt, daß ein auf der ersten Schicht bewegtes Muster in der zweiten Schicht eine Wirkung erzeugt, die mit gleicher Geschwindigkeit fortläuft, sich also immer unter dem bewegten Muster befindet. Während des Bewegungsvorgangs wird über die Zwischenschichtkopplung ständig in die zweite Schicht Energie eingespeist, wodurch sich die Wirkung aufsummiert. Der Vorgang ist ganz entsprechend dem akustischen Effekt beim Fliegen eines Düsenflugzeugs mit Schallgeschwindigkeit. Die Netzhaut des Frosches wirkt als Geschwindigkeitsdetektor für Ziele bestimmter Größe und Geschwindigkeit. Sie ist vermutlich nach obigem Prinzip verschaltet, wobei die Laufzeit näherungsweise auch durch ein einfaches Netzwerk mit Zeitkonstanten realisiert sein kann.

Es wurde an Hand einiger Beispiele gezeigt, wie die Systemtheorie homogener Schichten sich auf Probleme der neuronalen Signalübertragung und Signalverarbeitung anwenden läßt. Unser Nervensystem läßt sich vermutlich in erster Näherung durch solche Schichtstrukturen beschreiben. Von den rezeptiven Schichten gelangen die Signale über Zwischenschichten schließlich zu den zentralen Schichten des Cortex. Dabei dürften abwechselnd lineare Transformationen im Sinne der Systemtheorie homogener Schichten und nichtlineare Operationen, realisiert durch die Erregungsschwellen der Neurone, durchgeführt werden. Daß solche Systeme eine Mustererkennung, allgemein also eine Abstraktionsleistung, durchführen können, wurde gezeigt. Nach den höheren Zentren zu dürften die Schichten zunehmend inhomogen werden und nur noch in kleinen Teilbereichen homogen sein. Unter Beibehaltung der Linearität kann die vorgeschlagene Systemtheorie auch in eine Systemtheorie inhomogener Schichten erweitert werden, die dann der Theorie der zeitvarianten Systeme analog ist.

Abbildung 17.14 zeigt abschließend, wie ein System homogener Schichten mittels eines Funktionsmodells mit kohärentem Licht nachgebildet werden kann. Die Anordnung beruht darauf, daß eine mit kohärentem Licht (Laserlicht) beleuchtete Sammellinse zwischen ihrem vorderen und rückwärtigen Brennpunkt eine örtliche Fourier-Transformation durchführt. Man erkennt dies daran, daß die von zwei symmetrisch zur Achse liegenden Punkten der Eingangsbildebene ausgehenden Lichtbündel sich in der Fourierebene unter einem konstanten Winkel schneiden. Dadurch interferieren sie und ergeben in der Fourierebene eine sinusförmige Lichtverteilung, deren Ortsfrequenz um so größer ist, je weiter die beiden Lichtpunkte auseinander liegen. Damit ist die Fourier-Transformation einer Cosinusfunktion durchgeführt, die bekanntlich zwei symmetrisch zu Null liegende Dirac-Stöße (Spektrallinien) ergibt. Da das Überlagerungsgesetz gilt, bildet das System die örtliche Fourier-Transformation für beliebige Lichtverteilungen. Bringt man nun das Eingangsmuster als Film in die Eingangsbildebene ein, so entsteht in der Fourierebene dessen Ortsspektrum. Ein System homogener Schichten kann nun dadurch simuliert werden, daß man in der Fourierebene einen Film einbringt, dessen Schwärzungsverteilung dem Übertragungsfaktor entspricht. Dann entsteht in der Ausgangsbildebene das dem Produkt zwischen Eingangsspektrum und Übertragungsfaktor entsprechende Muster. Dieses Funktionsmodell homogener Schichten ist natürlich wesentlich einfacher als ein entsprechendes elektronisches Funktionsmodell, wo die Verkopplung vieler tausend Neuronenelemente durchzuführen wäre. Versuche mit einer solchen Anordnung zur Erkennung optischer Muster sind recht erfolgreich verlaufen. Überhaupt bietet die noch recht neue Technik der analogen Datenverarbeitung mit kohärentem Licht erfolgversprechende Möglichkeiten für die Verarbeitung sehr großer Informationsmengen, wie sie gerade bei vielen biologischen Problemen anfallen. Es muß noch erwähnt werden, daß die beschriebene Anordnung zunächst nur den Betrag und nicht die Phase des Übertragungsfaktors berücksichtigt. Durch Hinzunahme eines Referenzstrahles kann jedoch auch die Phase berücksichtigt werden. Diese Anordnung benutzt dann das Verfahren der Holographie und muß mit großer Präzision (mechanische Toleranzen in der Größenordnung der Lichtwellenlänge) aufgebaut werden. Weiterhin muß noch erwähnt werden, daß zeitabhängige Funktionen schwer realisiert werden können. Vor allem fehlt noch ein optischer oder elektrischer Lichtmodulator für eine Bildfläche. Solche Elemente wie auch optische Schwellwertelemente müßten noch gefunden und entwickelt werden.

Literaturauswahl

Flechtner, H.-J.: Grundbegriffe der Kybernetik. Stuttgart: Hirzel 1972.
Marko, H.: Die Theorie der bidirektionalen Kommunikation und ihre Anwendung auf die Informationsübermittlung zwischen Menschen (subjektive Information). Kybernetik **3**, 128–136 (1966).
Marko, H.: Die Systemtheorie der homogenen Schichten. I. Mathematische Grundlagen. Kybernetik **5**, 221–240 (1969).
Marko, H.: Bionik oder die Nutzung biologischer Kenntnisse für den technischen Fortschritt. ETZ-A **93**, 697–702 (1972).
Marko, H.: Methodenlehre der Kybernetik. Berichtswerk über den 5. Kongreß der Deutschen Gesellschaft für Kybernetik in Nürnberg vom 28.–30. 3. 73. München: Oldenbourg 1974.
Marko, H.: A biological approach to pattern recognition. IEEE Transactions on systems, man and Cybernetics, **SMC-4**, 3–39 (1974).
Marko, H.: Ein Funktionsmodell für die Aufnahme, Speicherung und Erzeugung von Information im Nervensystem. Bewußtsein, Hrsg. H. W. Klement. Baden-Baden: agis-Verlag 1975.
Marko, H., Giebel, H.: Recognition of handwritten characters with a system of homogeneous layers. NTZ **23**, 455–459 (1970).
Mayer, W.: Gruppenverhalten von Totenkopfaffen unter besonderer Berücksichtigung der Kommunikationstheorie. Kybernetik **8**, 59–68 (1970).
Neuburger, E.: Kommunikation der Gruppe (Ein Beitrag zur Informationstheorie). München: Oldenbourg 1970.
Oppelt, W.: Kleines Handbuch technischer Regelvorgänge, 5. Aufl. Weinheim: Verlag Chemie 1972.
Oehler, J.: Informationstheoretische Analyse akustischer Kommunikation bei Vögeln. Nova Acta Leopoldina **208**, 241–247 (1973).
Peters, J.: Einführung in die Allgemeine Informationstheorie. Berlin-Heidelberg-New York: Springer 1967.
Platzer, H.: Der Laser in der kybernetischen Forschung. Laser **4**, 26–30 (1971).
Platzer, H., Etschberger, K.: Fouriertransformation zweidimensionaler Signale. Laser und Elektro-Optik **1/2**, (1972).
Shannon, C. E.: A mathematical theory of communication. Bell Syst. Tech. J. **27**, 379–423, 623–652 (1948).

17.2. Informationsübertragung und -verarbeitung im Nervensystem

dargestellt am Beispiel der neurophysiologischen Grundlagen des Sehens

Otto D. Creutzfeldt

17.2.1. Einleitung

Biologische Organismen zerlegen das sie umgebende und für sie bedeutsame, physikalisch kontinuierliche Reizfeld in ein Raster, dessen einzelne Punkte sowohl durch einen Ortswert als auch durch eine Qualität definiert sind. Der Ortswert ist durch die anatomische Lokalisation des Rezeptors auf der Körperoberfläche oder im Körper definiert. Der Qualitätswert ist durch die biophysikalischen Eigenschaften des Rezeptors (z.B. Empfindlichkeit auf chemische, thermische, photische oder mechanische Reize) bzw. seiner Verbindung mit reizaufnehmenden Strukturen (z.B. Mechanorezeptoren in der Haut oder im Innenohr) bestimmt. Die Erregungszustände einzelner Rezeptoren oder Rezeptorengruppen werden auf definierten Leitungsbahnen je einzeln auf neuronale Netzwerke in höheren Ebenen des Zentralnervensystems (ZNS) übertragen, wo die Erregungen aus den einzelnen Punkten in charakteristischer Weise miteinander verrechnet werden. Diese Netzwerkverschaltung in höheren Ebenen des ZNS führt dazu, daß bestimmte zeitlich-örtliche Erregungskombinationen von benachbarten Rezeptorpunkten das Netzwerk stärker erregen können, während andere Erregungskombinationen es kaum oder gar nicht erregen, so daß sie nachgeschalteten Strukturen des ZNS kaum oder gar nicht mitgeteilt werden. Somit kommt diesen Netzwerken die Funktion mehrdimensionaler Filter zu. Die Aufgabe dieser Filter ist es, Information aus der Umwelt in Erregungsmuster zu transformieren, die schließlich — in der letzten Station — räumlich-zeitliche Erregungsmuster in den Effektorstrukturen, z.B. im motorischen System, erzeugen, das dem Organismus sinnvolles Agieren (oder Verhalten) in der Umwelt ermöglicht. Das visuelle System eignet sich in mancher Hinsicht besonders gut für die Exemplifizierung einiger Prinzipien dieser Transformation des physikalisch definierten Reizfeldes in neuronale Erregungsmuster.

17.2.2. Die Netzhaut (Retina)

17.2.2.1. Anatomische Organisation der Retina
(Abb. 17.15–17.17)

In der Retina wird in der Rezeptorenschicht Lichtenergie verschiedener Wellenlängen in elektrische Aktivität umgewandelt (s. Kapitel 13.5). Die Rezeptorzellen sind beim Menschen etwa 3–4 µm im Durchmesser und bilden eine dichte Schicht (Abb. 17.15 C). Je ein-

630   Kybernetik

(A)
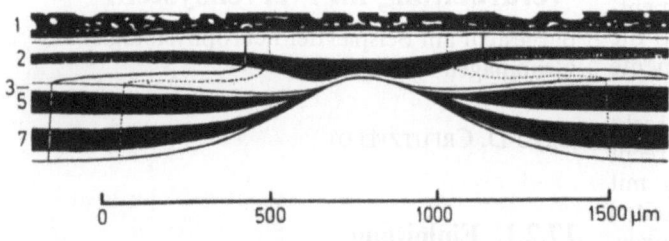

(B)
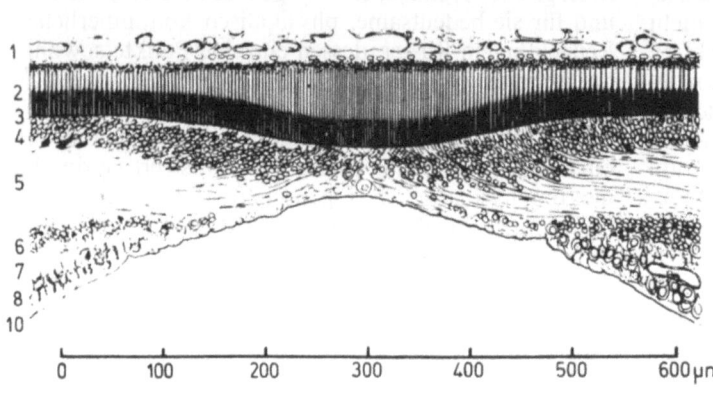

(C)
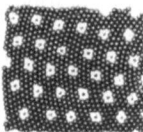
Parafovea   Peripherie

(D)
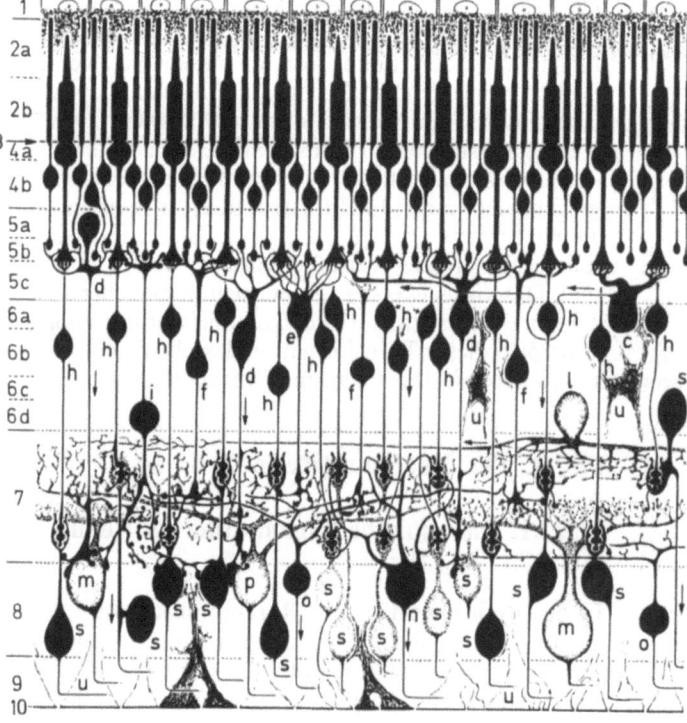

Abb. 17.15 A–D. Halbschematische Darstellung der Struktur der Retina. (A) und (B) Schichtenaufbau der Retina. Das Licht fällt von unten auf die Retina, durchdringt die neuronalen Schichten 9–4 und trifft auf die dicht beieinanderliegenden äußeren Rezeptorglieder. In diesen findet die Umwandlung von Licht in elektrochemische Energie statt. Die Anordnung der Rezeptoren in der Schicht 2 ist in (C) gezeigt (Aufsicht auf die Rezeptorschicht). Im fovealen und parafovealen Bereich wiegen Zäpfchen vor, die als kleine Punkte mit weißem Hof erkennbar sind, in der Peripherie wiegen Stäbchen vor. Die Verbindung zwischen den Rezeptoren und den nachgeschalteten neuronalen Elementen findet in der 5. Schicht statt. Im Bereich des schärfsten Sehens, der Fovea centralis (bei Primaten), weichen die neuronalen Elemente zur Seite, so daß das Licht hier direkt auf die Rezeptorschicht einwirken kann. Deshalb verlaufen die inneren Rezeptorglieder seitwärts, um im parafovealen Bereich Kontakte mit den zugeordneten Nervenzellen machen zu können (A). In (B) sind die verschiedenen zellulären Elemente, wie sie sich in einem Querschnitt der Retina darstellen, skizziert, und die Zeichnung gibt eine Andeutung der Zelldichte. (D) Schematische und repräsentative Darstellung der verschiedenen Zellelemente der Retina. In der Rezeptorschicht sind die Stäbchen und Zapfen als längliche bzw. mehr gedrungene Elemente erkennbar. Sie machen in der 5. Schicht (5b) synaptische Kontakte mit den nachgeschalteten Bipolarzellen, deren Zellkerne in der Schicht 6 liegen. Eine Reihe von Bipolarzellen (h) werden jeweils nur von einem einzelnen Zapfen erregt und erregen auch in der Schicht 7 jeweils nur eine einzelne Ganglienzelle (s). Ein anderer Typ von Bipolarzellen (d, e) wird dagegen von zahlreichen Rezeptoren, Zäpfchen sowie Stäbchen erregt und steht in der Schicht 7 mit Ganglienzellen in Verbindung, die einen größeren Dendritenbaum haben (m, n, o, p). In der Schicht 5c ist rechts eine Horizontalzelle (c) dargestellt, die mit verschiedenen Rezeptoren in Kontakt steht und deren Funktion offenbar die Verstellung der Übertragungsfunktion zwischen Rezeptor und Bipolarzelle ist. In Schicht 6d ist eine amacrine Zelle (l) dargestellt, die die Kontakte zwischen Bipolar- und Ganglienzellen beeinflussen kann. In Schicht 7 und 8 sind verschiedene Typen von Ganglienzellen dargestellt, deren Axone in Schicht 9 die Retina verlassen und sich zur Austrittsstelle des Nervus opticus hin sammeln. Die nur schwach angedeuteten Gliazellen u (Müller-Zellen) durchziehen die ganze Retina in vertikaler Richtung und haben offenbar metabolische und Regulationsfunktionen im Rahmen des Ionenhaushaltes der Retina. Die in diesem klassischen Schema dargestellten Verbindungen zwischen Rezeptoren und Ganglienzellen in der Retina gelten im Prinzip auch heute noch, obwohl im Detail wohl einzelne Veränderungen angebracht erscheinen. So sind die axosomatischen Synapsen zwischen dem Bipolarzelltyp i und d mit Ganglienzellen wohl nicht richtig; möglicherweise handelt es sich hier um amacrine Zellen, die nicht in direktem Kontakt mit Rezeptoren stehen, sondern über Bipolarzellen erregt werden. [Abb. (A), (B), (D) aus Polyak, S.: The vertebrate visual system, 1957; (C) nach Schultze, M.: Zur Anatomie und Physiologie der Retina, Bonn: Cohen und Sohn 1866]

zelne Rezeptoren sind über charakteristische Kontaktstellen (Synapsen) mit einer zweiten Schicht von Zellen verbunden, den Bipolarzellen, und diese wiederum mit den Ganglienzellen der Retina, welche ihre Fortsätze (Axone) in das Zentralnervensystem senden.

Die vertikale Verschaltung in der Retina wird ergänzt durch eine horizontale Organisation, die jeweils in den Kontaktbereichen der verschiedenen Schichten lokalisiert ist, also im Bereich der äußeren und inneren plexiformen Schichten (Schicht 5 und 7 in Abb. 17.15D). Sie ist einmal bedingt durch verschiedene anatomische Divergenz- und Konvergenzschaltungen der vertikalen Übertragungskanäle, andererseits durch laterale Interaktion spezifischer horizontaler Zellverbände im Bereich der Synapsen.

Das Licht trifft erst nach Passieren einer ca. 300 μm dicken Gewebeschicht, in der sich die neuronalen Elemente und Verschaltungen befinden, auf die Lichtrezeptoren. Im Gebiet des schärfsten Sehens und in Verlängerung der Sehachse des Auges (Fovea) ist diese Gewebeschicht zur Seite gedrängt, so daß das Licht in einem Sehwinkel von 2–3° einen unmittelbaren Zutritt zu den Rezeptoren hat (Abb. 17.15A, B). Andererseits gibt es keine Rezeptoren im Bereich des Sehnervenaustritts (blinder Fleck). Eine Fovea in diesem Sinne gibt es nur bei Primaten und Menschen, während die übrigen Säugetiere nur ein mehr oder weniger ausgedehntes Gebiet größerer Rezeptor- und Ganglienzelldichte im Gebiet des schärfsten Sehens haben (Area centralis oder visueller Streifen, engl. visual streak) (Abb. 17.17A–C). Dessen Form weist übrigens interessante artspezifische Unterschiede auf, möglicherweise eine Adaptation an die jeweilige visuelle Umwelt: Bei Tieren in horizont-bestimmter Umwelt (z.B. Steppentiere) ist er mehr horizontal, bei Tieren in einer Umwelt mit vertikalen Landmarken (z.B. bei der Bergziege) mehr vertikal gestreckt.

Die vertikalen Verschaltungsprinzipien in der Retina vom Rezeptor zur Ganglienzelle sind am besten an Imprägnationsbildern von einzelnen Zellen darzustellen, wie sie die Golgimethode bietet (Abb. 17.15C). Hier sind nur einzelne Zellen aus dem gesamten Verband erkennbar, dafür aber mit all ihren Fortsätzen. Man sieht in jeder Schicht verschiedene Zelltypen: Stäbchen und Zäpfchen in Schicht 2–4, große und Zwergbipolarzellen in Schicht 6, sowie Ganglienzellen verschiedener Form in Schicht 7 und 8. Bei verschiedenen Wirbeltierarten zeigt die Anatomie der Retina bei im Prinzip gleichem Bauplan Unterschiede im Detail, besonders in der Verteilung verschiedener Zelltypen. Bereits in der Rezeptorschicht finden sich solche Unterschiede: überwiegend Stäbchen bei den meisten Säugetieren, besonders den nacht-aktiven (z.B. Katzen), und überwiegend Zäpfchen bei Vögeln und im fovealen sowie perifovealen Bereich einiger Säugetiere wie den Erdhörnchen und Primaten. Entsprechend sind die meisten Säugetiere mehr oder weniger farbenblind, während Vögel und Primaten Farben gut erkennen können.

Die Verbindung zwischen einzelnen Rezeptoren und den nachgeschalteten Rezeptor- und Ganglienzellen kann in der Weise erfolgen, daß ein Rezeptor (ein Zäpfchen) nur mit einer Bipolarzelle und einer Ganglienzelle in Verbindung steht [Zwergbipolar- und Zwergganglienzellen (s. die Verbindungen zwischen Zapfen, Bipolarzellen h und Ganglienzellen s in Abb. 17.15C]. Diese Verschaltung findet sich besonders im Bereich der Area centralis und Fovea von höheren Säugetieren und Primaten. Oder es besteht eine größere Divergenz- und Konvergenzverschaltung: von einem Rezeptor auf mehrere Bipolarzellen, die wiederum von je zahlreichen Rezeptoren erregt werden; und in der nächsten Schicht Divergenz von einer Bipolarzelle auf mehrere Ganglienzellen, die je von zahlreichen Bipolarzellen erregende Kontakte erhalten (Bipolarzellen d und e, Ganglionzellen m und p in Abb. 17.15C). Somit wird das Feld, von dem aus eine Ganglienzelle erregt werden kann, das sog. rezeptive Feld, im wesentlichen von der Geometrie der rezeptiven Fortsätze der entsprechenden Strukturen, d.h. dem Dendritenfeld der Ganglionzellen und der Endverzweigung der Bipolarzellfortsätze bestimmt. Da die Verzweigung der Bipolarfortsätze (Divergenz) klein ist gegenüber der Ausdehnung der Dendritenbäume der Ganglienzellen, sind letztere der im wesentlichen determinierende Faktor des erregenden rezeptiven Feldes (ERF) von retinalen Ganglienzellen.

Abbildung 17.16 zeigt einige Ganglienzellen der Katzenretina in Aufsicht. Es lassen sich 3 verschiedene morphologische Typen unterscheiden: solche mit weitverzweigten einzelnen Dendriten (Abb. 17.16C, Typ γ), solche mit kleinen dichten Dendritenbäumen (Abb. 17.16B, Typ β) und solche mit einem dichten, aber weitverzweigten Dendritenbaum (Abb. 17.16D, Typ α). Diesen morphologischen Zelltypen können mit einiger Sicherheit auch funktionelle Kriterien zugeordnet werden (s.u.): Die α-Zellen den transient oder y-Zellen, die β-Zellen den tonischen sustained oder x-Zellen, und die γ-Zellen den w-Zellen.

Die Durchmesser der Dendritenbäume der α- und β-Zellen nehmen vom Gebiet des schärfsten Sehens (Area centralis, Fovea bei Primaten) bis zur Peripherie hin systematisch zu (Abb. 17.17D), während die Dendritenbäume der γ-Zellen über die ganze Retina hin etwa gleich groß sind.

Der Abstand zwischen einzelnen Ganglienzellen ist wesentlich kleiner als die Größe der Dendritenfelder. Auf diese Weise überlappen sich die rezeptiven Felder von jeweils etwa 30 Ganglienzellen. Der Abstand zwischen benachbarten Ganglienzellen nimmt systematisch zur Peripherie hin zu. Wenn man Ganglienzellenreihen mit gleichen Zellabständen verbindet, ergeben sich Isodistanz- oder Dichtelinien um die Area centralis bzw. Fovea. Diese sind bei verschiedenen Tierarten verzerrt (s. Abb. 17.17A–C), sind jedoch bei Primaten etwa circular. Im gleichen Maß verändert sich auch die mittlere Größe der rezeptiven Felder, so daß der Überlappungsfaktor über den gesamten Bereich der Retina — vielleicht mit Ausnahme der Fovea — im wesentlichen konstant bleibt (Abb. 17.17E).

Die Konsequenz einer solchen nichtlinearen räumlichen Verteilung von Ganglienzellen über die Retina

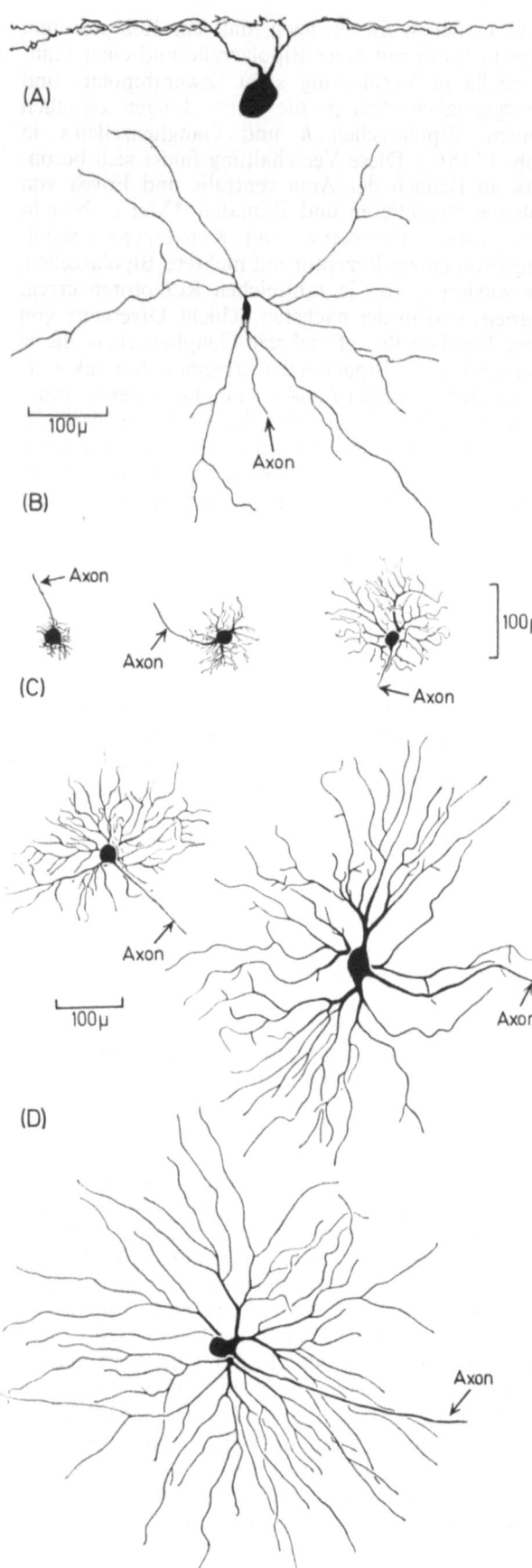

ist, daß im zentralen bzw. fovealen Bereich das Raster zur Auflösung der auf die Retina projizierten Bilder feiner ist. Denn hier stehen mehr Ganglienzellen zur Reizaufnahme in einer gegebenen Flächeneinheit des Gesichtsfeldes zur Verfügung und die rezeptiven Felder sind kleiner als in der Peripherie.

Bei niederen Tieren, z. B. Fröschen und Fischen, finden sich außer den beschriebenen Ganglienzellen auch solche mit ganz unsymmetrischen und teilweise bizarren Dendritenbäumen, die die Funktion dieser Ganglienzellen insbesondere determinieren (s. u.).

17.2.2.2. Erregungsübertragung vom Rezeptor zur Ganglienzelle (Abb. 17.18)

Die photochemischen Prozesse bei der Absorption von Lichtquanten durch Rhodopsin und die danach folgenden — wahrscheinlich durch bei der Umwandlung von Rhodopsin in Metarhodopsin freiwerdende Ca-Ionen vermittelten — Veränderungen der Na-Permeabilität der äußeren Rezeptorsegmente führen zu einer Hyperpolarisation des Membranpotentials der Rezeptoren bei Lichteinfall (s. Abb. 17.18 Br), übrigens das einzige bisher bekannte Beispiel in der Neurobiologie, bei dem Erregung als Hyperpolarisation in Erscheinung tritt. Hierdurch kommt es zu einer Freisetzung einer chemischen Übertragersubstanz in der Rezeptor-Bipolarzellsynapse und damit zu einer Erregung, d.h. Depolarisation der Bipolarzellen (Abb. 17.18 Bb). Diese breitet sich über die ganze Bipolarzelle aus und führt an der nächsten Synapse mit der Ganglienzelle wiederum zur Freisetzung einer Übertragersubstanz.

Wenn die Depolarisation der Ganglienzelle eine kritische Schwelle erreicht hat, entsteht am Initialsegment ein Aktionspotential, das über das Axon in das ZNS fortgeleitet wird (Abb. 17.18 Bg, 1, 2). Die Folgefrequenz von Aktionspotentialen in den Axonen retinaler Ganglienzellen ist in einem begrenzten Erregungsbereich, wie in allen Nervenzellen, proportional der Depolarisation, d. h. dem synaptischen Stromfluß.

◄ Abb. 17.16 A–D: Morphologische Typen von Ganglienzellen in der Retina. (A) Seitlicher Blick auf eine Ganglienzelle der Primatenretina (nach Polyak, S.). Hier ist unten das Zellsoma erkennbar und die horizontale Auffächerung des Dendritenbaumes oben. (B)–(D) Aufsicht auf die Dendritenbäume von verschiedenen Ganglienzelltypen der Katzenretina [aus Boycott, B. B. und Wässle, H.: J. Physiol. **240**, 397–419 (1974)]. (B) γ-Typ-Ganglienzellen. Diese Zellen sind durch den kleinen Zellkörper und die sich weit erstreckenden, aber spärlichen Dendritenverästelungen gekennzeichnet. Sie entsprechen möglicherweise den w-Zellen. (C) β-Typ-Ganglienzellen. Das Zellsoma ist von mittlerer Größe, die Ausbreitung des Dendritenbaumes relativ klein, jedoch stark verästelt. Im Bereich der Area centralis ist der Dendritenbaum wesentlich kleiner (links) als in der Peripherie (rechts). Diese Zellen entsprechen wahrscheinlich den x-Zellen. (D) α-Typ Ganglienzellen mit großem Zellkörper und weit ausgedehntem, reich verzweigtem Dendritenbaum. Auch hier ist der Dendritenbaum bei Zellen im Bereich der Area centralis (links oben) kleiner als in der Peripherie (unten). Der Maßstab in (B)–(D) gibt 100 μm

Informationsübertragung und -verarbeitung im Nervensystem 633

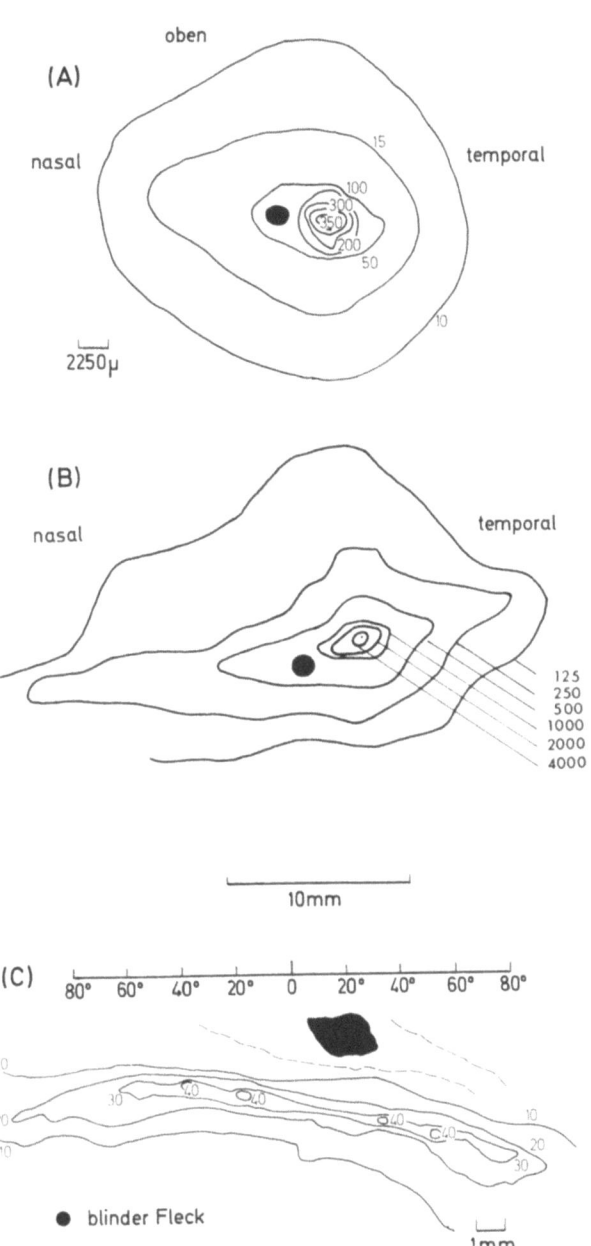

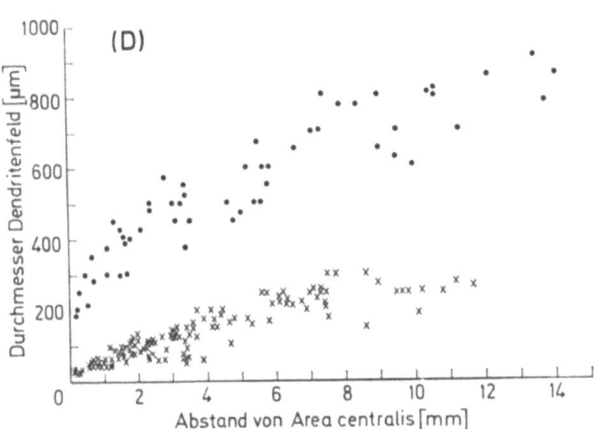

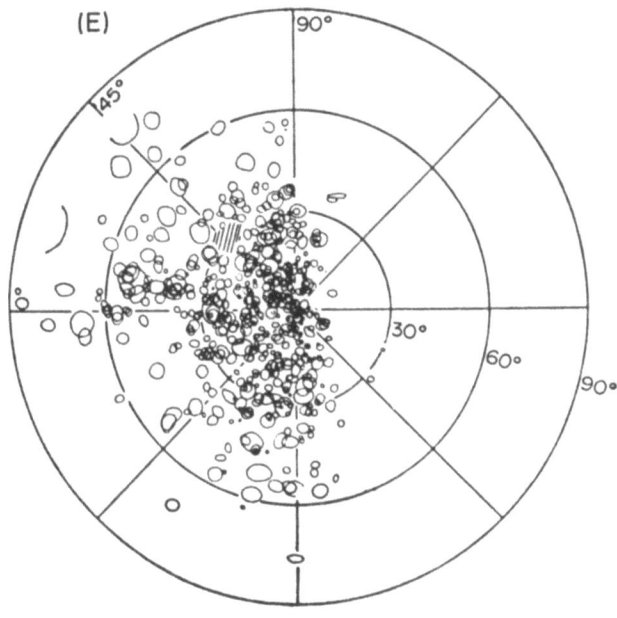

Abb. 17.17 A–E: Gradienten der Zelldichte von Ganglienzellen in der Retina verschiedener Tierarten (A–C), der Größe der Dendritenfelder (D) und der Größe der rezeptiven Felder (E). (A)–(C) Isokonturlinien von Ganglienzelldichten in der Retina des Primaten (Pavian, die Zahlen ergeben Ganglienzelldichten pro 5000 µm², nach Whitteridge, D. in Handbook of Sensory Physiology, Bd. VII/3/B). (B) Katzenretina, Zelldichten pro mm² [nach Stone, J.: J. Comp. Neurol. **124**, 337–352 (1965)]. (C) Kaninchenretina, Zelldichten pro 3000 µm² (aus Whitteridge, D., a.a.O.). Im Bereich des schwarzen Fleckes, der dem Austritt des Nervus opticus aus der Retina entspricht, sind keine Ganglienzellen und übrigens auch keine Rezeptoren vorhanden (blinder Fleck). Beachte die annähernd runden Isokonturlinien beim Primaten mit der größten Zelldichte im Bereich neben der Fovea und die mehr horizontal ausgezogenen Konturlinien bei der Katze und dem Kaninchen. (D) Zunahme der Durchmesser der Dendritenfelder (Ordinate) von α- (Punkte) und β-Ganglionzellen (Kreuze) der Retina der Katze in Abhängigkeit von der Exzentrizität (Abszisse: Abstand der Messung von der Area centralis = 0). (Aus Boycott, B. B. u. Wässle, H., a.a.O.). (E) Größe von rezeptiven Feldern von Ganglienzellen der Katzenretina in verschiedenen Bereichen des Gesichtsfeldes. Die rezeptiven Felder von insgesamt 534 Ganglienzellen sind hier eingezeichnet. Es ist deutlich die Zunahme der rezeptiven Feldgrößen von der Area centralis bis in die Peripherie erkennbar, jedoch auch das Vorhandensein von mindestens 2 Klassen, sowohl zentral als auch peripher, die den α- und β-Ganglienzellen in D entsprechen könnten, d.h. y- und x-Zellen. [Aus Fischer, B.: Vision Res. **13**, 2113–2120 (1973)]

17.2.2.3. Das rezeptive Feld retinaler Ganglienzellen (Abb. 17.19 und 17.20)

Aus den anatomischen Gegebenheiten geht bereits hervor, daß das „rezeptive" Feld einer retinalen Ganglienzelle, d.h. das Gebiet von dem aus eine Ganglienzelle durch Licht erregt werden kann, nur im Bereich des schärfsten Sehens, d.h. im fovealen Bereich der Primatenretina annähernd punktförmig sein kann. Hier entspricht es etwa der Größe eines Rezeptors. Alle Ganglienzellen mit größerer Konvergenz werden von einem entsprechend größeren Gebiet aus erregt, welches das „rezeptive Feldzentrum" (RFC) genannt wird. Es entspricht in etwa dem Ausbreitungsgebiet der Dendriten der retinalen Ganglienzellen. Das RFC

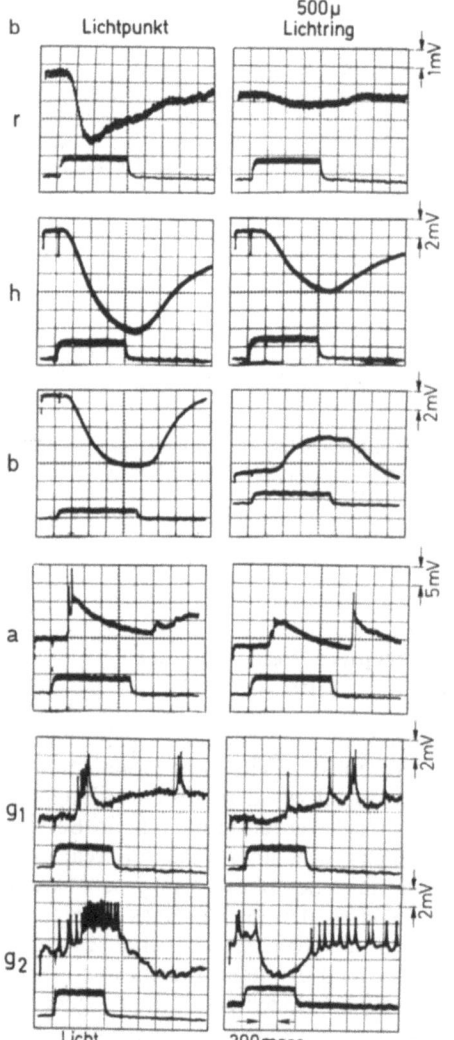

wird von einem Gebiet umgeben, dem Umfeld des rezeptiven Feldes (engl. surround, RFS), dessen Beleuchtung zum gegenteiligen Effekt als Beleuchtung des Zentrums führt (Abb. 17.19 A–E). Ganglienzellen, bei denen Beleuchtung des RFC zu einer Erregung (und Beleuchtung des RFS zu einer Hemmung) der Aktivität führen, werden als on-Zentrum-Neurone bezeichnet. Diejenigen, bei denen Beleuchtung des RFC zu einer Hemmung (und Beleuchtung des RFS zu einer Erregung) führt, werden off-Zentrum-Neurone genannt. Denn bei diesen führt das Ausschalten des Lichtes (light off) zu einer Erregung. Ebenso führt ein bewegter Reiz zur Erregung, wenn er in die Erregungszone ein- oder aus der Hemmzone austritt (Abb. 17.20 A–E).

Es ist noch nicht ganz sicher, ob die Hemmung der off-Zentrum-Neurone bei Belichtung des RFC bereits im Bereich der Bipolarzellen stattfindet, wie einige Untersuchungen an Retinae niederer Tiere nahelegen, oder ob diese Spezialisierung erst eine Eigenschaft der Ganglienzellen ist. In der Katzenretina reagieren z. B. einige Ganglienzellen auf Acetylcholin mit Erregung, andere mit Hemmung, und umgekehrt für andere chemische Übertragersubstanzen (wie Noradrenalin).

Die anatomische Grundlage und die synaptischen Mechanismen für die Umfeldhemmung sind ebenfalls noch nicht im Detail bekannt. Doch sprechen einige experimentelle Befunde dafür, daß die horizontalen Zellelemente in der äußeren und inneren plexiformen Schicht, also die Horizontal- und die amakrinen Zellen, dafür verantwortlich sind. Beide Zelltypen machen synaptische Kontakte mit den prä- und post-synaptischen Elementen des Rezeptor-Bipolarzellen- bzw. des Bipolar-Ganglienzellüberganges. Die hemmende Wirkung der Horizontalzellen wird meist als multiplikativ, die der Amakrinenzellen als multiplikativ und additiv angenommen.

Außer den beschriebenen, im wesentlichen radiärsymmetrischen on- und off-Zentrumzellen gibt es bei Primaten noch farbkodierende Ganglienzellen. Diese sind im wesentlichen vom x-Typ, haben kleine RFC's, die nur auf einen Farbbereich reagieren (rot, grün,

◀ Abb. 17.18A und B: Elektrische Reaktionen in den verschiedenen retinalen Elementen bei Lichtreizung. Retina der Molchlarve (Necturus maculosus). (A) Schematisches Diagramm der Verschaltung in der Necturus-Retina. C und R sind die Endfüße der Stäbchen (rods, R) und Zäpfchen (cones, C), die mit den Bipolarzellen (B) synaptische Kontakte machen, an denen sich die Horizontalzellen (H) beteiligen. Ähnlich wie die Horizontalzellen im Bereich der Rezeptorbipolaren-Synapse angeordnet sind, sind die amakrinen Zellen (A) im Bereich der Synapse zwischen bipolaren und Ganglienzellen ($G 1, 2$) angeordnet. [Aus Dowling, J. E., Werblin, F. S.: J. Neurophysiol. 32, 315–338 (1969)]. (B) Intrazelluläre Ableitung aus den verschiedenen Zellelementen. Depolarisation ist nach oben gezeichnet, Hyperpolarisation nach unten. Unter jeder Registrierung ist der Lichtreiz als Sprungfunktion aufgezeichnet. Links: Reizung mit einem kleinen Lichtpunkt im rezeptiven Feldzentrum, rechts: Reizung mit einem Lichtring, der das rezeptive Umfeld beleuchtet. In den Rezeptor (r), den Horizontal- (h) und den Bipolarzellen (b) bewirkt der Lichtreiz im rezeptiven Feldzentrum eine Hyperpolarisation, in den amakrinen (a) und den Ganglienzellen ($g 1, 2$) eine Depolarisation, die nur bei den Ganglienzellen zu einer längeren Folge von Aktionspotentialen führt. Beleuchtung des rezeptiven Umfeldes führt in der Ganglienzelle $g 2$ zu einer deutlichen Hyperpolarisation, in der Ganglienzelle $g 1$ nur zu einem Ausfall von Exzitation während der Lichtreizung, während in den vorgeschalteten Zellen späte Hyper- oder Depolarisationen auftreten. Der Rezeptor zeigt nur eine kleine Reaktion auf den Lichtring, da er nicht direkt beleuchtet wird. Die Reaktionen der übrigen Zellelemente müssen daher von anderen Rezeptoren herkommen. [Aus Werblin, F. S., Dowling, J. E.: J. Neurophysiol. 32, 339–355 (1969)]

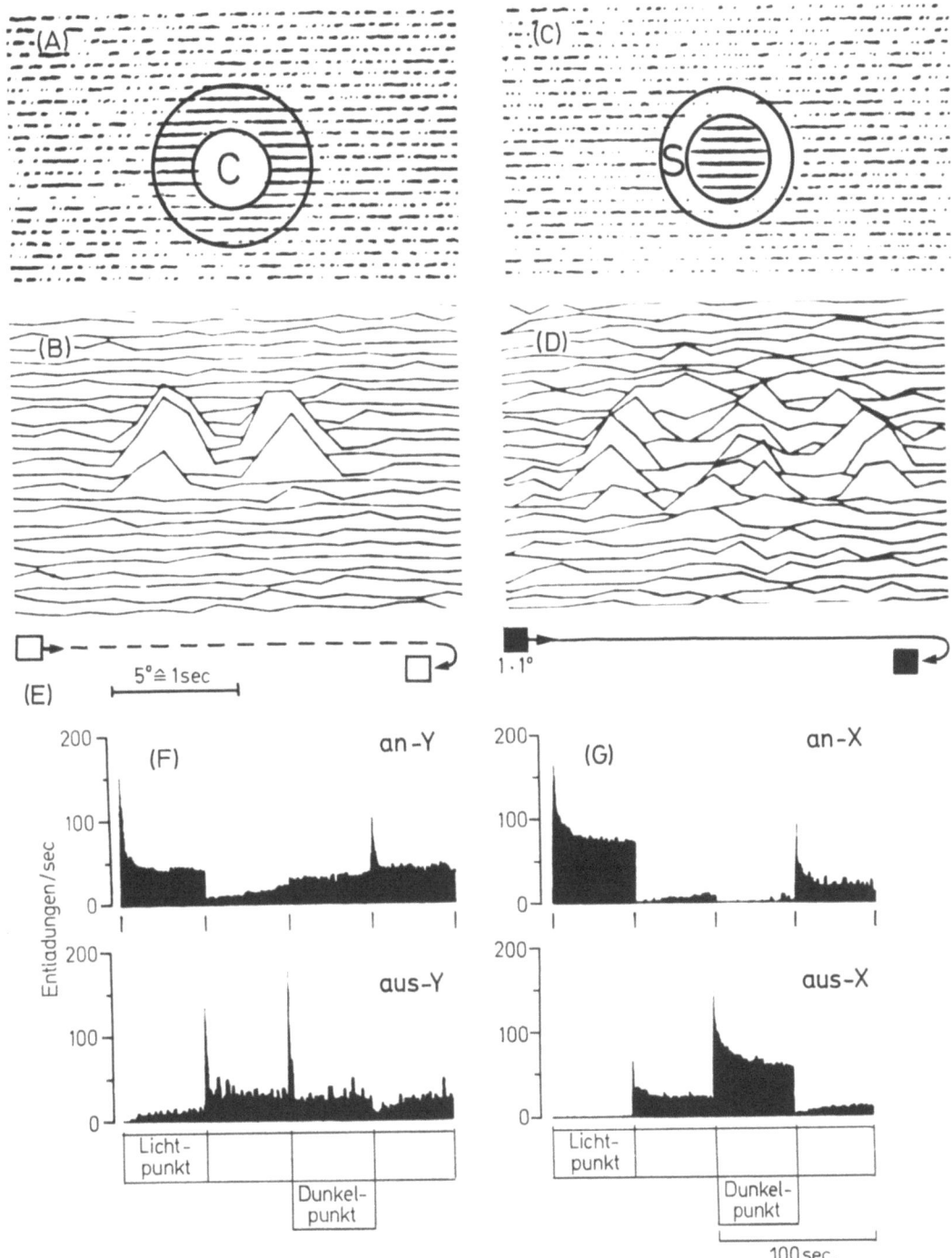

Abb. 17.19 A–G. Organisation des rezeptiven Feldes und verschiedene Reaktionstypen von Ganglienzellen der Katzenretina. (A)–(E) Über das Gesichtsfeld wird ein heller (A, B) oder dunkler Reizpunkt (C, D) mit einer Geschwindigkeit von 5° pro Sekunde bewegt (s. Schema E). Mit dem Reizpunkt bewegt sich der Elektronenstrahl des Oszillographen in (A) und (C) und leuchtet auf, wenn ein Aktionspotential auftritt. Hier wird die elektrische Aktivität von einem off-Zentrum-Neuron abgeleitet. Wenn der helle Lichtpunkt durch das rezeptive Feldzentrum c [in (A)] wandert, entlädt die Zelle überhaupt nicht. Dagegen entlädt sie stärker, wenn der Lichtreiz das rezeptive Feldzentrum verläßt und durch das Umfeld wandert. Umgekehrt kommt es bei Eintritt des dunklen Reizes in das Feldzentrum in (C) zu einer erhöhten Entladungsrate, jedoch zu verminderter Entladung, wenn sich der Reiz durch das rezeptive Umfeld (S = surround) bewegt. In (B) und (D) sind auch die Stärke der Aktivitätserhöhung dargestellt. Man erkennt, daß die Erregung immer dann am größten ist, wenn der Reiz einen Hemmbereich verläßt [in (B) bei Austritt des hellen Reizes aus dem rezeptiven Feldzentrum und in (D) bei Austritt des dunklen Reizes aus dem rezeptiven Umfeld] sowie bei Eintritt in einen Erregungsbereich [in (D) Eintritt des dunklen Reizes in das rezeptive Feldzentrum] (Registrierung von Dr. K. Behrend). Diese Art der Darstellung zeigt, daß die Reaktionen von retinalen Ganglienzellen auf bewegte Reize durchaus nicht ortsinvariant sind, sondern Ortsvariationen in Abhängigkeit von der Bewegungsrichtung zeigen. (F) und (G) Reaktionen von retinalen Ganglienzellen des phasischen (transienten, y-) (F) und des phasisch-tonischen (sustained, x-) Typs (G) auf Beleuchtung des rezeptiven Feldzentrums mit einem Licht- und Dunkelpunkt. Oben ist jeweils die Reaktion von einer on-Zentrum-, unten von einer off-Zentrum-Zelle des jeweiligen Types dargestellt. Die y-Zellen zeigen vorwiegend nur eine starke initiale Reaktion während der ersten Sekunden des Reizes, um sich dann wieder auf eine mittlere Entladungsrate einzustellen (Modell: Differentialregler), während die x-Zellen eine länger dauernde Veränderung in der Entladungsrate entsprechend der Reizsituation zeigen (Modell: Proportional/Differentialregler). Abszisse: Reizdauer des hellen und des dunklen Reizpunktes (s. 100 s-Eichung), Ordinate: Mittlere Entladungsrate pro Sekunde. (Aus Rodieck, R. W.: The vertebrate retina. San Francisco: W. H. Freeman 1973)

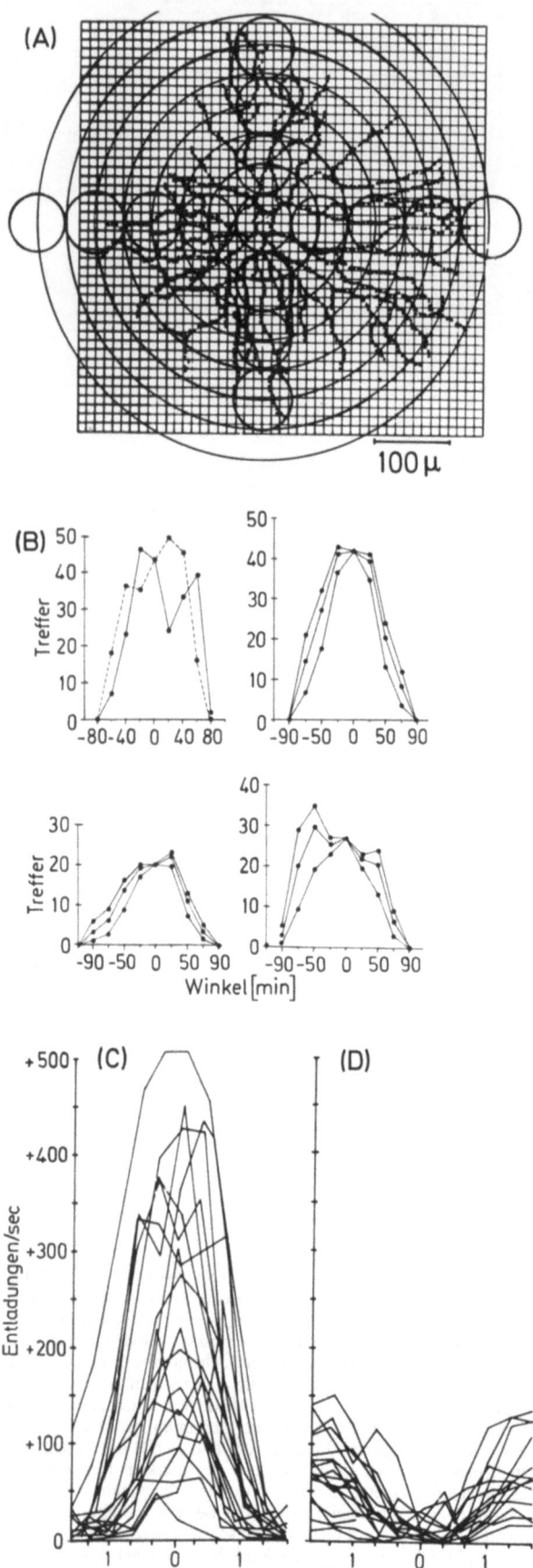
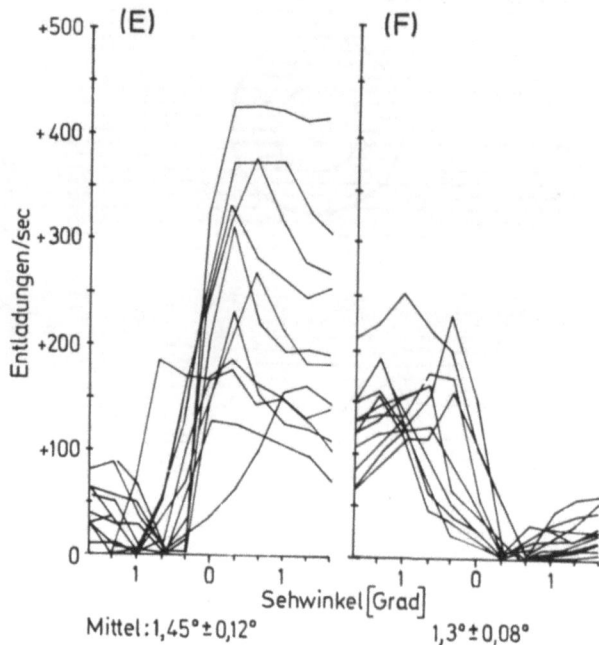

Abb. 17.20 A–F. Ableitung der Sensitivitätsverteilung im rezeptiven Feldzentrum einer retinalen Ganglienzelle von der Dendritendichte. (A) Aufsicht auf eine retinale Ganglienzelle vom α-Typ und Projektion von kleinen „Lichtpunkten" auf verschiedene Teile des Dendritenfeldes. Die Dendritendichte wird als Trefferhäufigkeit im Bereich des jeweiligen Lichtpunktes gemessen, d.h. durch die Zahl der Schnitte einzelner Dendritenäste durch ein kleines Quadrat. (B) Verteilung von Trefferhäufigkeiten entlang einem Durchmesser durch das Dendritenfeld bei verschiedenen Ganglienzellen. Die jeweils oberen Kurven sind die Zahl der „Treffer", die unteren, mehr glockenförmigen Kurven ergeben sich dann, wenn angenommen wird, daß die Erregungsstärke zur Peripherie des Dendriten hin entsprechend einer Kabelfunktion abnimmt. (C) Empfindlichkeitsverteilung in rezeptiven Feldern von retinalen Ganglienzellen. Hier wurde die Reaktion von retinalen Ganglienzellen auf kleine Lichtpunktreize gemessen, die in verschiedene Teile des rezeptiven Feldes geleuchtet wurden. Im Zentrum des RFC ist die Reaktion am stärksten und nimmt nach beiden Seiten entlang eines Durchmessers ab (Messungen an einer Ganglienzelle jeweils durch eine Linie repräsentiert). Auf diese Weise läßt sich der Durchmesser des rezeptiven Feldes messen, der bei dieser Population einen Mittelwert von 2,6° hatte. (D) Entsprechende Messung an off-Zentrum Ganglienzellen. Hier ist die Hemmung der Entladung am stärksten in der Mitte des rezeptiven Feldzentrums. (E) Messungen an der gleichen Population von Ganglienzellen. Als Reiz diente jetzt jedoch nicht ein einzelner Reizpunkt, sondern ein schwarz-weiß Kontrast, dessen Grenze jeweils in verschiedene Bereiche des rezeptiven Feldes fiel. Die ortsabhängige Reaktionskurve ist jetzt viel steiler und die Umfeldhemmung tritt jetzt deutlicher in Erscheinung. (F) Gleiche Reizanordnung wie in E bei off-Zentrum-Ganglienzellen [Aus Creutzfeldt, O.D. et al.: J. Neurophysiol. 33, 654–671 (1970)]

blau). Der RFS kann von gleicher oder anderer Farbempfindlichkeit sein. Bei niederen Wirbeltieren andererseits finden sich stärkere Asymmetrien im rezeptiven Feldaufbau. So bei Kaninchen RFCs von elliptoider Form und Ganglienzellen, die auf bewegte Reize nur in einer Richtung antworten. In der Retina von Fröschen finden sich Ganglienzellen, die nur auf bewegte Reize in einer bestimmten Richtung, nur auf konkave oder konvexe Reize, und solche, die bevorzugt auf diffuse Lichtreize antworten. Es ist naheliegend, solchen Ganglienzellen die Eigenschaften von Musterfiltern oder gar Musterdetektoren (feature detectors) zuzuschreiben. In der Tat scheint es so zu sein, daß derartige Musterfilter in der Retina besonders bei niederen Tieren gefunden werden, während bei höheren Tieren wie den Primaten die Retina zumindest im zentralen (fovealen) Bereich ein möglichst vollständiges Bild der Umwelt mit feiner räumlicher Auflösung an das Gehirn weiterleitet.

17.2.2.4. Phasische und phasisch-tonische Reaktion von Ganglienzellen (x-, y- und w-Zellen)

Die Reaktion von Rezeptoren und retinalen Ganglienzellen sind nicht nur orts-, sondern auch zeit- und intensitätsabhängig. Nach einer initialen Entladungsspitze als erste Antwort auf einen Reiz klingt die Reaktion rasch auf ein niederes Niveau ab, das für längere oder kürzere Zeit aufrecht erhalten wird. Die initiale, phasische Reaktion entspricht dem Verhalten eines Differential- oder AC-Reglers ($R = a \times f(I, t)$) mit einer Zeitkonstanten von etwa 100 ms, während der zweite, tonische Teil in etwa der Reaktion eines Proportional- oder DC-Reglers ($R = a \times f(I)$) entspricht. Um die Aktivität einer Ganglienzelle zu beschreiben, muß man daher nicht nur die örtlichen, sondern auch die zeitlichen Parameter des Reizes und der Reaktion berücksichtigen. Da $f(t)$ von einer Reihe von im einzelnen schwer formalisierbaren Mechanismen abhängt, beschränkt man sich bei quantitativen Untersuchungen von Ganglienzellreaktionen in der Regel auf einen definierten Zeitpunkt nach Ein- oder Ausschalten des Lichtreizes.

Abbildungen 17.19 F, G zeigen Reaktionen von on-Zentrum- und off-Zentrum-Ganglienzellen verschiedener Reaktionsklassen auf länger dauernde Belichtung des RFC. Die Reaktionen von on- und off-Zentrumzellen der beiden Klassen sind im wesentlichen komplementär. Ganglienzellen vom x-Typ zeigen eine stärkere und länger anhaltende tonische Reaktion (phasisch-tonische Zellen, sustained cells) (Abb.17.19 G), die vom y-Typ eine rasche Rückkehr zur Grundaktivität nach Ein- oder Ausschalten des Reizes (phasische Zellen, transient cells) (Abb. 17.19 F).

Die relative Häufigkeit und Dichte von x-Zellen ist im fovealen und parafovealen Bereich der Retina größer als in der Peripherie, während die relative Häufigkeit von y-Zellen zur Peripherie des Gesichtsfeldes hin zunimmt. Die Reaktionseigenschaften der beiden Zelltypen lassen vermuten, daß die y-Zellen vorwiegend für die Registrierung von bewegten Reizen, die x-Zellen mit ihren kleineren rezeptiven Feldern und tonischen Reaktionen vorwiegend für Detailanalyse ausgerüstet sind. Dies entspricht dem psychophysischen Befund, daß Detailsehen im zentralen/fovealen Bereich der Retina am besten ist, während das periphere Gesichtsfeld vorwiegend Bewegungen in der Umwelt registriert. w-Zellen, die etwa gleichmäßig über die Retina verteilt sind, sind ebenfalls ausgesprochen bewegungsempfindlich.

Phasisch-tonische (sustained, x), phasische (transient, y) und w-Zellen unterscheiden sich funktionell nicht nur durch die mehr oder weniger tonische Reaktion auf Beleuchtung des RFC, sondern oft auch durch die Leitungsgeschwindigkeit ihrer Axone. Zellgröße, Durchmesser D des Nervenzellfortsatzes (Axon) und Leitungsgeschwindigkeit V sind miteinander positiv korreliert, entsprechend etwa der Beziehung $V = 6 \cdot 10^6 D \cdot s^{-1}$. Die Leitungsgeschwindigkeit der Axone von y-Zellen ist am größten, die von w-Zellen am geringsten.

Da sowohl x- als auch y-Zellen zum Zentrum der Retina hin kleiner werden, ist jedoch auch die Leitungsgeschwindigkeit ihrer Axone abhängig von der Lokalisation in der Retina bzw. im Gesichtsfeld. In der Retina selbst sind die Axone nicht mehr von einer Myelinscheide wie im N. opticus umgeben, und entsprechend ist ihre Leitungsgeschwindigkeit im Auge wesentlich langsamer als nach Eintritt in den N. opticus.

Es muß betont werden, daß die Klassifizierung von Zellen nach morphologischen ($\alpha - \gamma$), elektrophysiologischen (Leitungsgeschwindigkeit: w, x, y) und funktionellen Gesichtspunkten (sustained/transient) jeweils verschiedene Kriterien benützt. Die Zuordnung y = transient = α-Zelle, x = sustained = β-Zelle und w = γ-Zelle ist nur in begrenztem Maß korrekt und z. T. noch umstritten.

17.2.2.5. Spontanaktivität retinaler Ganglienzellen

Im Dunkeln haben retinale Ganglienzellen von Warmblütern eine dauernde Spontanaktivität von etwa 15–35/s.

Die Entladungen sind, sowohl spontan wie auch nach Reizen, unregelmäßig verteilt. Diese Verteilungen können durch eine Poissonverteilung oder eine Gammaverteilung zweiter bis dritter Ordnung mit kurzer initialer Totzeit entsprechend der Refraktärzeit von 3–10 ms beschrieben werden. Der mittlere Wert wie auch die Intervallverteilung dieser Daueraktivität sind von der Beleuchtungsintensität abhängig, wobei wieder verschiedene Neuronentypen eine verschieden starke positive oder negative Korrelation mit der Beleuchtungsstärke zeigen. Relativ kurzzeitige Änderungen der Beleuchtungsstärke (transiente Reize) führen zu einer Modulation der Entladungsrate um die der mittleren Leuchtdichte entsprechende Daueraktivität. An sich wäre deshalb eine Analyse der retinalen Übertragung mit Sinusreizen eine adäquate „Systemanalyse". Die nicht-lineare Summation, Überlagerung von Erregungs- und Hemmungsvorgängen sowie die nicht-linearen zeitlichen Filtereigenschaften führen jedoch dazu, daß sinusförmige Intensitätsänderungen nur in einem begrenzten Frequenz- und Intensitätsbereich auch zu entsprechenden sinusförmigen Modulationen der Entladungsfrequenz führen, daß dagegen bei höheren Modulationsamplituden und bei Frequenzen über 5/s stark nicht-lineare Übertragungseigenschaften mit diskontinuierlichen Entladungsgruppen zu Tage treten.

Die Informationsübertragung von Ganglienzellen als Impulsintervallmodulation bei Intervallverteilungen entsprechend einer Poissonverteilung erlaubt eine Berechnung des Transinformationsflusses. Er beträgt optimal etwa 30–100 bit/s pro Ganglienzelle. Auf Grund der Nicht-Linearitäten der Übertragung und der Abhängigkeit der Reaktionen einer Nervenzelle von zahlreichen Bedingungen wie Adaptation, Reizform, Reizdauer, Reizbewegung usw. ist jedoch eine allgemeine Beschreibung der Leistung des Auges als Informationskapazität in binären Begriffen der Informationstheorie nicht sinnvoll. Die technische Informationstheorie mag jedoch bei der Analyse bestimmter Funktionen unter klar definierten Bedingungen als experimentelles Hilfsmittel nützlich sein.

17.2.2.6. Modulationsübertragungsfunktion retinaler Ganglienzellen (Abb. 17.20, 17.22 B)

Im RFC einer Ganglienzelle ist die Empfindlichkeit auf punktförmige Lichtreize nicht gleich. Sie ist am größten in der Mitte und nimmt zur Peripherie hin ab (Abb. 17.20 C, D). Dies entspricht einer abnehmenden Dendritendichte von der Mitte zu den peripheren Verzweigungen hin (Abb. 17.20 A, B). Die Empfindlichkeitsverteilung im Bereich des RFC entlang eines Durchmessers kann vereinfacht durch eine Gausskurve dargestellt werden (Abb. 17.22 B). Dies erklärt, weshalb retinale Ganglienzellen auf sinusförmige räumliche Veränderungen der Lichtintensität entsprechend der Größe des RFC, d.h. auf bestimmte spatiale Frequenzen eines Lichtreizes besonders empfindlich reagieren. Hieraus und aus entsprechenden psychophysischen Versuchen wurde die Hypothese abgeleitet, daß das visuelle System eine spatiale Fourieranalyse eines Bildes durchführe. Dies ist jedoch nur eine formale Analogie und kann in dieser vereinfachten Form nicht verallgemeinert werden.

Man kann annehmen — und es gibt eine Reihe von experimentellen Hinweisen darauf —, daß die Hemmung des RFS nicht nur auf das Umfeld beschränkt ist, sondern sich ebenfalls entsprechend einer Gaussschen Verteilung über das Feldzentrum erstreckt (Abb. 17.22 B). Im Bereich des RFC überlagern sich beide Effekte. Wenn man annimmt, daß sich erregende und hemmende Einflüsse in der postsynaptischen Membran der Ganglienzelle linear summieren — was im Schwellenbereich der Fall ist, jedoch nicht bei überschwelligen Erregungen (s.u.) —, läßt sich die Reaktion einer retinalen Ganglienzelle auf einen Lichtreiz beliebiger Form, d.h. die spatiale Modulationsübertragungsfunktion der Retina, folgendermaßen berechnen:

Die flächenförmige Lichtverteilung, die ein visueller Reiz auf der Retina bewirkt, sei durch

$L(x, y)$

gegeben. Das rezeptive Feld einer Ganglienzelle ist durch

$g(x, y)$

beschrieben. Die Erregung einer Ganglienzelle ($R(x', y')$) läßt sich dann durch das Faltungsintegral

$$R(x', y') = \int_{-\infty}^{+\infty} \int_{-\infty}^{+\infty} g(x-x', y-y') \cdot L(x, y)\, dx\, dy$$

darstellen, wobei x', y' die relative Position zwischen Reizmittelpunkt $L(x_0 = 0, y_0 = 0)$ und RFC-Mittelpunkt ($H(\bar{x}_0 = 0, \bar{y}_0 = 0)$) angeben. Stimmen die beiden Mittelpunkte überein, wird $x'_0 = 0$; $y'_0 = 0$.

Das rezeptive Feld der Ganglienzelle läßt sich durch zwei konzentrische Gaussverteilungen beschreiben:

$$g(r) = E_0 \exp(-(r^2/R_1^2)) - I_0 \exp(-(r^2/R_2^2)).$$

Hierin ist
E_0 = Amplitude der Erregungsempfindlichkeit,
I_0 = Amplitude der Hemmungsempfindlichkeit,
R_1 = Radius des RFC,
R_2 = Radius des RFS,
$r^2 = x^2 + y^2$ entsprechend den oben gegebenen Definitionen.

Die tatsächliche Berechnung der Reaktion muß den Zeitfaktor berücksichtigen, da die Erregung einer Ganglienzelle immer phasisch-tonisch ist. Prinzipiell ist also $R = f(x, y, \tau)$. Nur im stationären Fall und wenn L in der Zeit nicht verändert wird, gilt $R = f(L(x, y))$.

Berücksichtigt man nur das Zeitverhalten der Zelle bei stationärem L, wird $R = f(t, L(x, y))$. Dies läßt sich formal beschreiben durch:

$$R(t) = [1 + a \exp((t_0 - t)/\tau)] R^*,$$

wobei R^* die Zellantwort ohne Zeiteinfluß, also im stationären Zustand ist. t_0 entspricht dem Beginn der Reaktion nach dem Ein- bzw. Ausschalten des Reizes; τ ist die Zeit innerhalb derer der phasische Teil der Reizantwort auf $1/e$ vom Anfangswert abgesunken ist:

$$R(t_0 + \tau) = R^* + \frac{a}{e} R^*.$$

a ist eine empirische Konstante, die die Anfangshöhe des phasischen Anteils (aR^*) angibt. Der Ausdruck für $R(t)$ ist allerdings nur von akademischem Wert und läßt sich in der Praxis nur für jeweils klar definierte Reizbedingungen und bei Kenntnis aller dynamischen Eigenschaften einer einzelnen Ganglienzelle anwenden, da τ von der Reizintensität, vom Adaptationszustand der Retina, und vom Ganglienzelltyp (w-, x-, y-Zellen) abhängt. Bei höheren Leuchtdichten und im Helladaptationsbereich ist τ überhaupt nicht durch eine exponentielle Funktion zu beschreiben, sondern der phasisch-tonische Übergang ist durch nichtharmonische Oscillationen bestimmt.

Informationsübertragung und -verarbeitung im Nervensystem 639

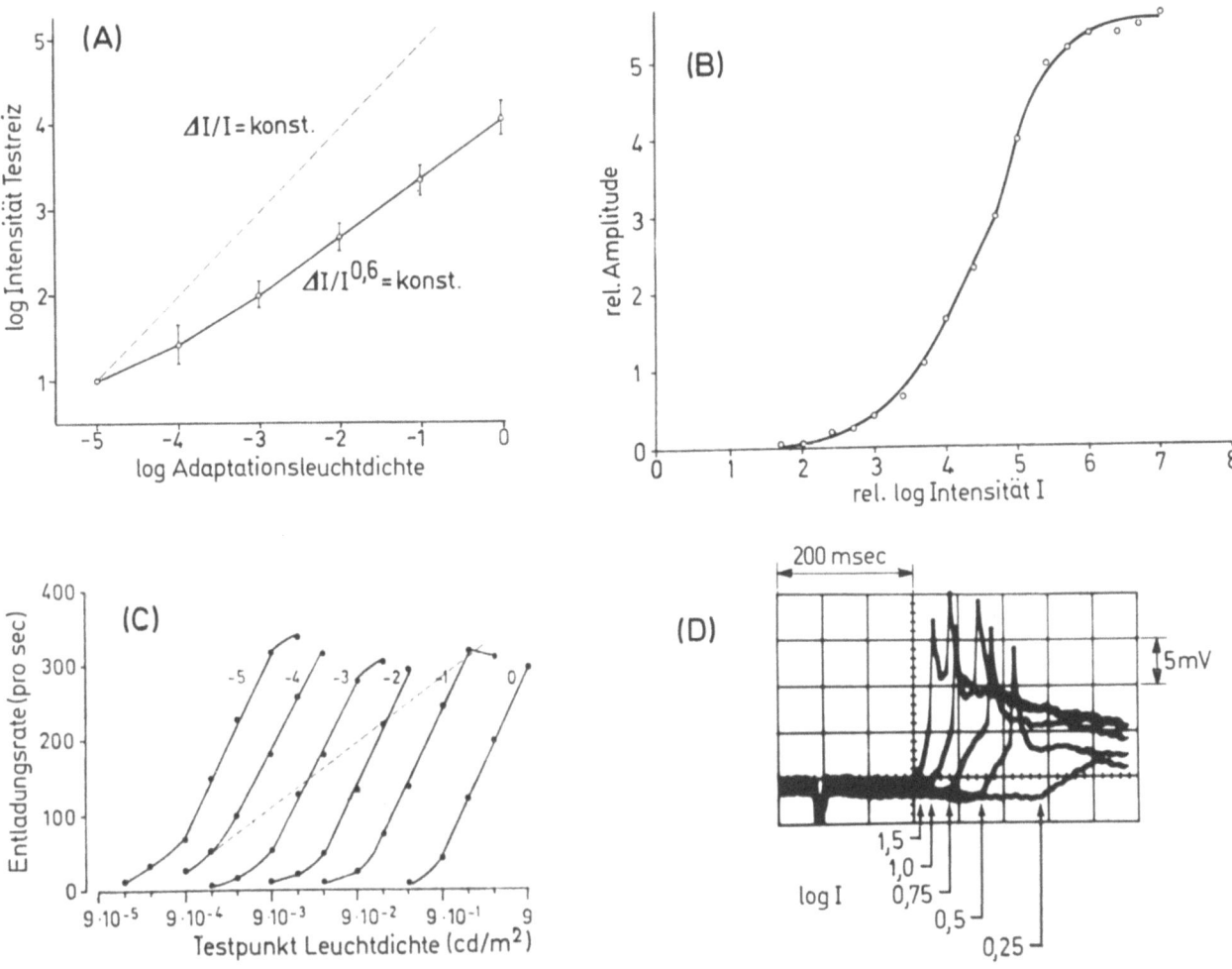

Abb. 17.21 A–D: Dynamische Reaktionen von retinalen Ganglienzellen. (A) Adaptation der Retina. Auf der Abszisse ist die Adaptationsleuchtdichte (cd/m²) in logarithmischen Einheiten aufgetragen, auf der Ordinate die Stärke eines Testreizes, der zu einer konstanten, gerade überschwelligen Reaktion führt. Wenn die Adaptation vollständig wäre (ΔI = const.) würde eine 45°-Gerade resultieren (gebrochene Linie). Tatsächlich findet sich eine Gerade entsprechend $\Delta I/I^{0,6}$ = const. entsprechend einer zunehmenden Empfindlichkeit in der Retina bei höheren Adaptationsleuchtdichten. (B) Dynamischer Bereich des Rezeptorpotentiales bei gleicher Adaptationsleuchtdichte. Die Amplitude des Potentials (Ordinate) ändert sich über einen Bereich von 4–5 log-Einheiten der Reizintensität (Abszisse) entsprechend einer S-förmigen Kurve. (C) Dynamische Kennlinien einer retinalen Ganglienzelle bei verschiedenen Adaptationsleuchtdichten. Bei jeder Adaptationsleuchtdichte besteht ein dynamischer Bereich von 1–2 log-Einheiten (also wesentlich kleiner als bei den Rezeptoren). Infolge der Adaptation der Rezeptoren werden die dynamischen Kennlinien parallel verschoben. Die Adaptationsleuchtdichte ist jeweils an die einzelnen Kennlinien geschrieben (log-Einheiten). Reaktionen bei gleichem $I_A + \Delta I$ (ΔI = 1,3 log-Einheiten) sind durch eine gestrichelte Kurve miteinander verbunden. Wenn das Weber-Fechnersche Gesetz ($\Delta I/I$ = const.) gelten würde, müßte die Linie parallel zur Abszisse verlaufen. Ordinate: Reaktionsstärke (Entladungen pro Sek. während der ersten 200 ms der Reaktion). (A–C aus Creutzfeldt, O. D., a.a.O., 1972, Untersuchungen mit B. Sakmann). (D) Abhängigkeit der Reaktionslatenz von der Lichtintensität. Ableitung von einer amakrinen Zelle der Retina der Molchlarve. Bei ansteigender Reizintensität nimmt die Reaktionslatenz ab. Diese Latenzabnahme ist durch einen rascheren Anstieg des Rezeptorpotentiales bei stärkerem Quanteneinfall bedingt. (Aus Werblin, F. S. und Dowling, J. E., a.a.O.)

17.2.2.7. Übertragungseigenschaften der Retina
(Abb. 17.21 und 17.22)

Das Auge ist über einen Intensitätsbereich von etwa 10 log-Einheiten, d. h. von einer Beleuchtung entsprechend klarem Sternenhimmel bis zu hellem Sonnenschein funktionsfähig, wenngleich sein räumliches Auflösungsvermögen in den unteren (zu wenig Lichtquanten) und oberen (Blendung) Grenzbereichen nur gering ist. Diesen weiten dynamischen Bereich verdankt es der Fähigkeit seiner Rezeptoren, auf einen mittleren Beleuchtungswert zu adaptieren. Diese Fähigkeit zur Adaptation ist, zumindest im photopischen Bereich (d. h. bei Lichtintensitäten über 1 cd/m²) vorwiegend auf photochemische Prozesse im Rezeptor selbst zurückzuführen, da mit zunehmendem Quanteneinfall die Menge des für photochemische Reaktionen ständig zur Verfügung stehenden Rhodopsins abnimmt (Bleichung). Im mesopischen und skotopischen Bereich (unter 1 cd/m²) kommen auch neurale Mechanismen ins Spiel, die insgesamt als neurale Adaptation bezeichnet werden, aber im Detail noch nicht ganz verstanden sind. Einer dieser neuralen Mechanismen ist eine Änderung des Übertragungsfaktors vom Re-

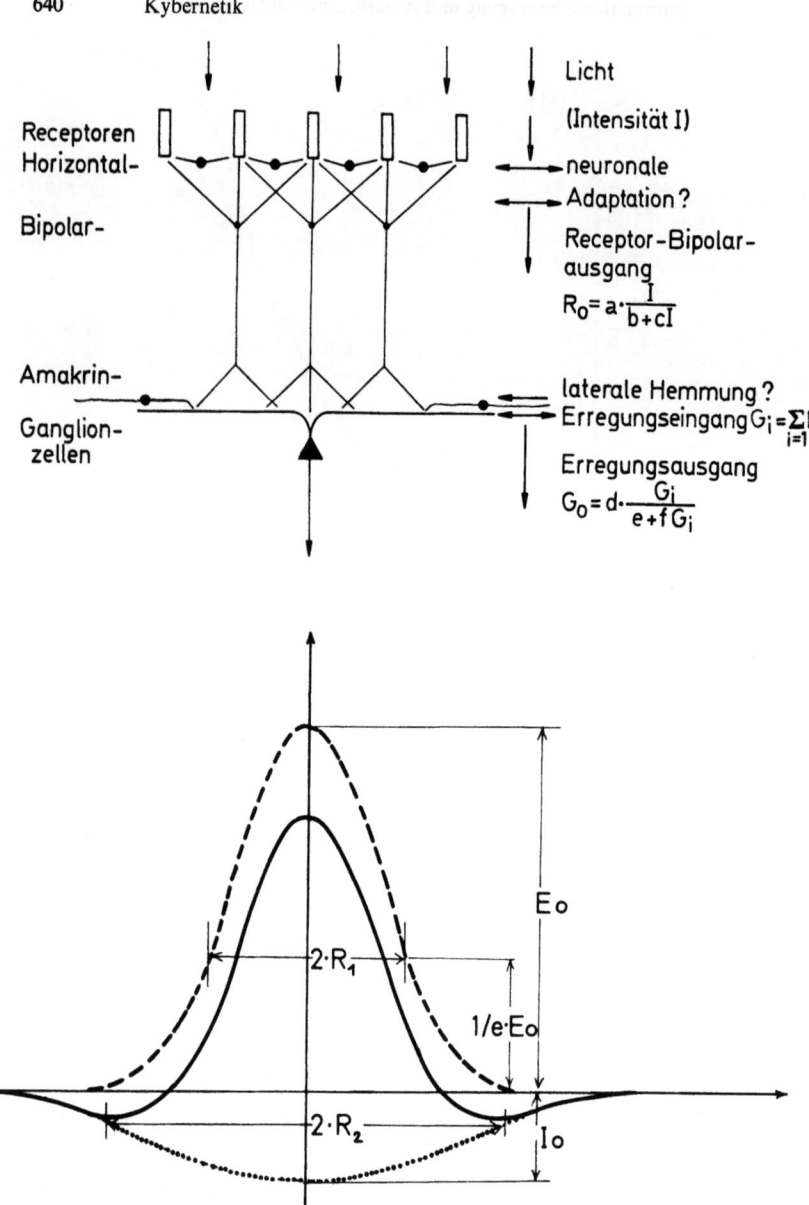

Abb. 17.22 A und B. Modellhafte Darstellung der funktionellen Organisation der Retina. (A) Vertikale Organisation: Lichtenergie wird in den Rezeptoren in chemisch-physikalische Energie umgewandelt und als Erregung an die Bipolarzellen weitergegeben. Die Rezeptor-Bipolarzellübertragung kann durch die Horizontalzellen moduliert werden (gain control), wahrscheinlich ein Mechanismus der neuronalen Adaptation an Lichtintensität. Der Erregungsausgang aus den Bipolarzellen hängt von der Lichtintensität in der durch die Gleichung angegebenen Weise zusammen (nicht-lineare Summation unter Vernachlässigung von Adaptionsvorgängen). Die Ganglienzellen summieren die Erregung aus mehreren Bipolarzellen, ebenfalls nicht linear. [Aus Creutzfeldt, O. D.: Electroencephal. Clin. Neurophysiol. Suppl. **31**, 159–169 (1972)]. (B) Modell des rezeptiven Feldes von retinalen Ganglienzellen: Die Erregungsverteilung im rezeptiven Feldzentrum wird als Gauß-Kurve beschrieben (obere gestrichelte Kurve), diejenige des konzentrisch überlagerten inhibitorischen Feldes ebenfalls als Gauß-Kurve, aber flacher, mit umgekehrtem Vorzeichen und größerem Streubereich, bzw. größerer Ausdehnung (untere gepunktete Kurve). Durch Subtraktion der beiden Kurven ergibt sich die tatsächliche Empfindlichkeitsverteilung im rezeptiven Feld mit inhibitorischem Umfeld und exzitatorischem Zentrum (durchgezogene Linie). Mit Hilfe dieses Modells läßt sich die Modulationsübertragungsfunktion von einzelnen retinalen Ganglienzellen berechnen. Diese Berechnung wird vereinfacht, wenn die Durchmesser des RFC und RFS auf den einfachen Varianzbereich (σ) der angenommenen Gauß-Kurve beschränkt werden. [Aus Wässle, H., Creutzfeldt, O. D.: J. Neurophysiol. **36**, 13–27 (1973)]

zeptor zur Bipolarzelle durch verstärkte Erregung der Horizontalzellen entsprechend einer Kurzschlußhemmung (shunting inhibition).

Beide, die photochemischen wie die neuralen Mechanismen führen jedoch zu einem ähnlichen Formalismus. Die photochemische Adaptation folgt im wesentlichen dem Massenwirkungsgesetz. Im Falle der neuronalen Adaptation, also einer Kurzschlußhemmung im Übergang zwischen Rezeptoren und Bipolarzellen, ergibt sich formal die gleiche Beziehung $R = a \dfrac{I}{b+cI}$ (R = Reaktion, I = Lichtintensität, a, b, c = Konstanten). Hieraus ergeben sich die seit 100 Jahren bekannten psychophysischen Beziehungen eines Ansteigens der Wahrnehmungsschwelle bzw. -größe (ΔI) proportional zur Adaptationsleuchtdichte (I), d.h. $\Delta I/I$ = const. (Weber-Fechner-Beziehung). Diese Beziehung läßt sich direkt aus dem Massenwirkungsgesetz und der erwähnten Gleichung ableiten. Im skotopisch-mesopischen Bereich (Dämmerungs- und Dunkelsehen bis zu einer Leuchtdichte von etwa $10^{-1}\,\text{cd/m}^2$) war jedoch andererseits schon seit langem aus psychophysischen Versuchen bekannt, daß die Sensitivität der Retina mit zunehmender Adaptationsleuchtdichte (ΔI) zunimmt. Neurophysiologische Messungen an einzelnen retinalen Ganglienzellen haben ergeben, daß diese Zunahme der Beziehung $\Delta I/I^n$ = const. entspricht, wobei n zwischen 0,45 und 0,75 variiert (im Mittel 0,6) (Abb. 17.21 A). Im photopischen Bereich, d.h. bei Adaptationsleuchtdichten über $1\,\text{cd/m}^2$, ist die Adaptation fast ausschließlich durch photochemische Prozesse in den Rezeptoren bestimmt und entsprechend gilt hier das Weber-Fechnersche Gesetz $\Delta I/I$ = const. mit größerer Annäherung.

Die dynamischen Kennlinien sowohl der Rezeptoren als auch der Ganglienzellen sind, bei Auftragen der Reaktion gegen log I, immer S-förmig, d.h. sie haben einen initialen linearen, einen mittleren logarithmischen und einen oberen Sättigungsbereich. In jedem Adaptationsbereich haben die Rezeptoren einen dynamischen Bereich von 3–4 log-Einheiten (Abb. 17.21 B), während die Ganglienzellen nur über einen Bereich von 1–2 log-Einheiten eine dynamische Beziehung zwischen Lichtintensität und Reaktionsstärke aufweisen (Abb. 17.21 C). Die Reizstärke-Reaktionsbeziehungen lassen sich durch die allgemeine Formel $R = a \frac{I}{b+cI}$ vollständig beschreiben, während die üblichen Formulierungen $R = a \log I$ (logarithmische oder Weber-Fechner-Beziehungen) bzw. $R = aI^n$ (Potenzfunktion oder Stevens-Beziehung) nur einen begrenzten Bereich beschreiben. Dynamische Kennlinien einer retinalen Ganglienzelle bei verschiedenen Adaptationszuständen sind in Abb. 17.21 C gezeigt. Die Kennlinien sind infolge der Adaptation im Rezeptorbereich in der logarithmischen Darstellung parallel gegeneinander verschoben. Doch ist der Abstand zwischen den parallelverschobenen Kennlinien kleiner als die Veränderung der Adaptationsleuchtdichte. Entsprechend nehmen die Reaktionen bei konstantem $\Delta I / I$ [oder konstantem $\log(\Delta I) + \log(I$ Adapt.) [gestrichelte Linie in Abb. 17.21 C)] zu. Dies bedeutet, daß nicht nur die Schwellenempfindlichkeit (Abb. 17.21 A), sondern auch die relative Empfindlichkeit der Retina im photopischen größer als im mesopischen und skotopischen Bereich ist. Die Tatsache, daß größere Ganglienzellen von vielen Rezeptor-Bipolarkanälen erregt werden, führt dazu, daß die einzelne Ganglienzelle nicht zwischen einer starken Erregung über einen einzelnen Rezeptor-Bipolarkanal und einer gleich großen Erregungssumme, die aus einer schwächeren Erregung vieler Rezeptor-Bipolarzellkanäle zusammengesetzt ist, unterscheiden kann. Im Schwellenbereich sind Reizgröße und -intensität völlig äquivalent und es gilt hier die Beziehung $AI = $ const., wobei A die Größe des Lichtreizes und I seine Intensität bedeuten (Ricco's Gesetz). Im überschwelligen Bereich gilt dagegen Ricco's Gesetz wegen der nicht-linearen Summationseigenschaften der Ganglienzellen nicht mehr.

17.2.2.8. Räumliche und zeitliche Kontrastphänomene. Laterale Hemmung

Die besondere Organisation der rezeptiven Felder führt dazu, daß räumliche und zeitliche Kontraste in der Retina verstärkt werden. Werden durch einen diffusen Lichtreiz sowohl das RFC als auch das RFS gleichzeitig erregt, ist die Reaktion der Ganglienzelle schwächer als wenn nur das Zentrum beleuchtet würde. Ganglienzellen, die entlang einer Kontrastlinie liegen, und bei denen somit ein Teil des hemmenden Umfeldes nicht beleuchtet wird, reagieren stärker als von der Kontrastgrenze entfernt liegende Zellen, bei denen das RFZ und das RFS ganz ausgeleuchtet werden. Dies führt psychophysisch zu den bekannten Kontrastwahrnehmungen, die u.a. als räumlicher oder Simultankontrast sowie als Machbänder bekannt sind: Am Rande eines dunklen Feldes auf hellem Grund erscheint die Helligkeit oder Dunkelheit unmittelbar neben dem Helligkeitssprung stärker ausgeprägt als weiter entfernt davon, wie man sich dies in einem einfachen Versuch am Schreibtisch selbst demonstrieren kann. Die stärkere Helligkeit ist Ausdruck der stärkeren Erregung der on-Zentrumzellen, die stärkere Dunkelheit Ausdruck überhöhter Aktivität der off-Zentrumzellen im Kontrastbereich, infolge eines teilweisen Wegfalles der lateralen Umfeldhemmung.

Die laterale Hemmung aus dem RFS ist z.T., wenn nicht vorwiegend, multiplikativ. Sie wird also um so stärker in Erscheinung treten, je stärker die Erregung des Zentrums ist. Kontrastphänomene werden entsprechend deutlicher in Erscheinung treten, je größer der Kontrast ist und treten im Schwellenbereich (und im Bereich des Dunkelsehens) nicht auf. Vergleichbare Kontrastphänomene wie beim Schwarz-Weiß-Kontrast finden sich auch bei Farbkontrasten, wo die Umfeldhemmung komplementäre Farbempfindlichkeit zum Zentrum hat (einfach zu demonstrieren, wenn man eine grüne oder blaue Scheibe auf roten Hintergrund legt).

Die verschiedenen Zeitkonstanten von Erregung und Hemmung führen zu komplexen, nicht-harmonischen Erregungsoszillationen der einzelnen Ganglienzellen nach einem optischen Reizsprung. Erregungsmaxima der on-Zentrum-Neurone fallen mit Minima der off-Zentrum-Neurone zusammen und entsprechen den sog. positiven Nachbildern unmittelbar nach Ein- oder Ausschalten eines Lichtreizes bzw. nach einem kurzen Lichtblitz, während Hemmungsphasen der on-Zentrum- und gleichzeitige Erregungsphasen der off-Zentrum-Neurone mit negativen Nachbildern zeitlich korrelieren. Diese unmittelbaren Beziehungen zwischen Erregungsveränderungen retinaler Ganglienzellen und psychophysischen Erscheinungen sind interessante Beispiele für die Korrelation von Wahrnehmungsphänomenen und neuronalen Vorgängen. Sie haben R. Jung zu der Vorstellung geführt, daß on-Zentrum-Neurone Helligkeit (Belichtung, B-System) und off-Zentrum-Neurone Dunkelheit (D-System) an das Zentralnervensystem melden. Von den kurzzeitigen Nachbildern im Bereich von 0,1–1 s nach dem Reizsprung sind jedoch die langzeitigen Nachbilder zu unterscheiden, die auf Bleichung von Rhodopsin in den Rezeptoren zurückzuführen sind.

17.2.2.9. Zusammenfassung (Abb. 17.22)

Das vom optischen Apparat auf die Rezeptorschicht der Retina geworfene Bild der Umwelt wird in Rasterpunkte aufgelöst, deren Größe durch die rezeptiven Felder der retinalen Ganglienzellen gegeben ist. Das Rasterkorn ist im zentralen (fovealen) Bereich der Retina feiner als im peripheren. Proportional zur Feldgröße nimmt die Dichte der Ganglienzellen zur Peripherie hin ab. Die „Punkte" des Rasters, also die Ganglienzellen, registrieren und übermitteln mittlere Leuchtdichten im Bereich ihrer rezeptiven Felder. Die rezeptiven Felder von benachbarten Ganglienzellen überlappen sich. Kontraste werden stärker hervorgehoben als gleichmäßig ausgeleuchtete Flächen. Durch besondere, im einzelnen noch nicht bekannte Verschaltungsmechanismen können Ganglienzellen durch Licht erregt, andere gehemmt werden (on- und off-Zentrumneurone). Für verschiedene Spektralbereiche des Lichtes existieren verschiedene „Kanäle", da — besonders im fovealen Bereich — einzelne Ganglienzellen mit einzelnen Rezeptoren verschiedener Spektralempfindlichkeit verschaltet sind.

Durch Adaptation im Rezeptorbereich kann die Retina sich auf verschiedene Helligkeiten einstellen über einen Gesamtbereich von etwa 10 log-Einheiten. In jedem Helligkeitsbereich ist der dynamische Bereich der Rezeptoren 3–4 log-Einheiten, der der Ganglienzellen 1–2 log-Einheiten. Die Intensitätsübertragung ist nicht-linear und wird durch die Gleichung $R = a \frac{I}{b+cI}$ beschrieben. In begrenzten Bereichen (ca. 1 log-Einheit) kann sie durch $R = a \log I$ oder $R = a I^n$ beschrieben werden. Vom skotopischen bis zum photopischen Bereich nimmt die Empfindlichkeit der Retina entsprechend $\Delta I / I^{0.6} = $ const. zu, während sie im photopischen Bereich etwa gleich bleibt ($\Delta I / I = $ const.).

17.2.3. Die Fortleitung der Information von der Retina in das Gehirn

17.2.3.1. Der Nervus opticus und seine Verbindungen mit dem Zentralnervensystem
(Abb. 17.23 A, C)

Die Erregung der einzelnen Ganglienzellen wird über die Nervenfortsätze (Axone) im N. opticus in das Zentralnervensystem (ZNS) fortgeleitet, wobei jede Ganglienzelle nur ein Axon aussendet. Der N. opticus der Katze hat etwa 10^5 bis $2 \cdot 10^5$ Axone, der des Menschen ca. 10^6. Damit ist der Informationskanal des visuellen Systems, gemessen an der Zahl der afferenten Fasern, größer als alle anderen sensorischen Kanäle (Hören, Riechen, Schmecken, Somatosensorik) zusammengenommen. Bei Säugetieren sind die meisten, wenn nicht alle Axone myelinisiert, doch finden sich verschiedene Axondiameter, entsprechend der Größe der retinalen Ursprungszellen (w-, x- und y-Zellen, s.o.).

Die Position der Opticusfasern relativ zueinander entspricht der Anordnung der zugehörigen Ganglienzellen in der Retina. Bei niederen Tieren mit seitlich stehenden Augen (unterhalb der Säugetiere) kreuzen die optischen Nerven vollständig, d.h. vom rechten Auge auf die linke Hirnhälfte und umgekehrt, während bei den Säugetieren mit zunehmender Wanderung der Augen von seitlicher zu frontaler Stellung die lateralen (temporalen) Anteile der Retina ungekreuzt nach oben projiziert werden und nur die medialen (nasalen) Anteile kreuzen. Dies bedeutet, daß das rechte Gesichtsfeld auf die linke Hirnhälfte und das linke Gesichtsfeld auf die rechte Hirnhälfte projiziert werden, entsprechend der Kreuzung aller lateralisierten Hirnfunktionen. Die Information von den korrespondierenden Netzhauthälften der beiden Augen wird im Zentralnervensystem zusammengeführt. Die Parallaxverschiebung der Projektion verschiedener Punkte der Umwelt auf den jeweiligen korrespondierenden Retinahälften infolge des Augenabstandes kann vom ZNS gemessen werden und ist einer der Grundmechanismen des stereoskopischen Sehens.

Die Fasern des N. opticus und damit die Information aus der Retina werden in verschiedene Teile des ZNS projiziert. Bei Fischen, Amphibien und Reptilien erfolgt nur eine Projektion in das Mittelhirn (Tectum opticum und Praetectum, tectale Projektion), während bei höheren Tieren vom Vogel an aufwärts zusätzlich eine z.T. mehrfache Projektion über das Corpus geniculatum laterale in die Hirnrinde erfolgt. Diese geniculo-corticale Projektion nimmt an Ausdehnung und funktioneller Bedeutung in der phylogenetischen Entwicklung zu. Außerdem findet sich bei den meisten bisher untersuchten Wirbeltieren eine Abzweigung von Fasern in den Hypothalamus, d.h. in die vegetativen Zentren, von denen aus Hormonhaushalt und circadiane Periodik gesteuert werden. Die Projektion in das Praetectum dient vorwiegend einfachen Regelmechanismen wie Einstellung der Pupillenweite (Pupillomotorik) und einfachen Augenstellreflexen. Die tectale Projektion nimmt mit zunehmender Entwicklung des geniculo-corticalen Systems bei höheren Tieren an funktioneller Bedeutung für die visuelle Orientierung und Wahrnehmung ab. So können sich z.B. Mäuse, Ratten und sogar Katzen nach Zerstörung der visuellen Hirnrinde unmittelbar nach der Geburt noch gut im visuellen Raum verhalten und Ausfälle sind oft erst in komplexen Situationen nachweisbar. Wird die visuelle Hirnrinde bei ausgewachsenen Tieren zerstört, resultiert jedoch eine „corticale Blindheit", d.h. eine Unfähigkeit zur visuellen Erkennung von Details (Formen), die je nach phylogenetischer Stellung des Tieres in verschiedenem Ausmaß das „visuelle Verhalten" beeinträchtigt. Beim Menschen sind nach umschriebener Läsion in der primären Hirnrinde (Area 17) zwar noch einige visuell ausgelöste Reaktionen, aber keine visuelle Wahrnehmung und kein visuell gesteuertes Verhalten mehr möglich. Affen lernen, wenn überhaupt, erst nach langjährigem Training das verbleibende tectale System visuell in begrenztem Ausmaß zu nutzen.

Das retino-tectale und das retino-geniculo-corticale System, die auch als zweites und erstes visuelles System bezeichnet werden, stehen über Informationsschleifen miteinander in Verbindung. So finden sich Projektionen aus den visuellen Hirnrindenanteilen in das Tectum opticum, und von diesem zurück in die Hirnrinde. Hirnrindenteile, die aus dieser Schleife Information erhalten, erhalten zusätzlich direkte Verbindungen aus der primären visuellen Rindenprojektion (Area 17), so daß

Informationsübertragung und -verarbeitung im Nervensystem 643

in diesen nachgeschalteten Rindengebieten mehrfach, aber offenbar verschieden vorverarbeitete Information zusammenläuft. Bei Primaten ist das Gesichtsfeld auf diese Weise in der Hirnrinde mehrfach über teils kaskadenartig, teils sequentiell miteinander verbundene Felder bis zu fünf- oder sogar noch mehrfach repräsentiert, doch treten offenbar in jeder dieser Repräsentationen jeweils verschiedene Bildbestandteile stärker hervor (s. u.).

17.2.3.2. Details der retino-corticalen Projektion (Abb. 17.23 B, 17.24)

Ein wesentliches Prinzip bei der Projektion von der Retina in das ZNS ist die Tatsache, daß in praktisch allen visuellen Gebieten die „Retinotopie" erhalten bleibt (Abb. 17.23 B). Dabei ist im Groben das Prinzip einer affinen, d. h. ortsgetreuen Abbildung des retinalen Ganglienzellmosaiks gewahrt. Dies bedeutet jedoch nicht eine affine Abbildung der Umwelt im Zentralnervensystem, da in der Retina die Ganglienzelldichte im zentralen (fovealen) Bereich größer als im peripheren Bereich ist (s. o.). In Area 17 ist das Hirnvolumen, das für eine Einheitsmenge retinaler Ganglienzellen zur Verfügung steht, über das ganze Gesichtsfeld konstant. Entsprechend ist der Vergrößerungsfaktor, d. h. die Menge Hirnvolumen, die pro Grad Sehwinkel in der Hirnrinde zur Verfügung steht, im zentralen (fovealen) Bereich größer als im parafovealen und peripheren Gesichtsfeld. Bei der Katze ist der reziproke Wert des corticalen Vergrößerungsfaktors im Bereich der Area centralis etwa 0.5°/mm, im periphe-

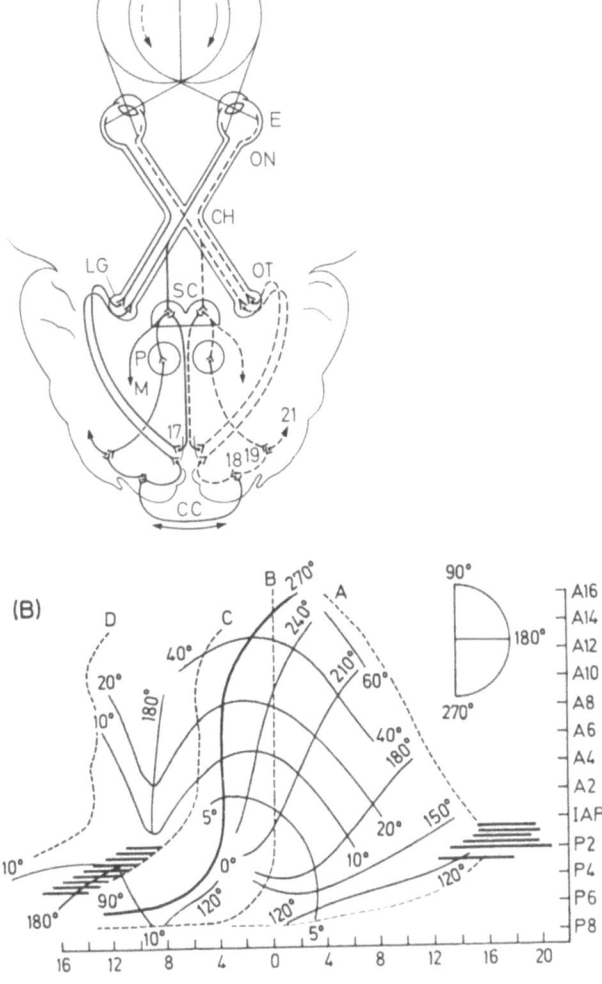

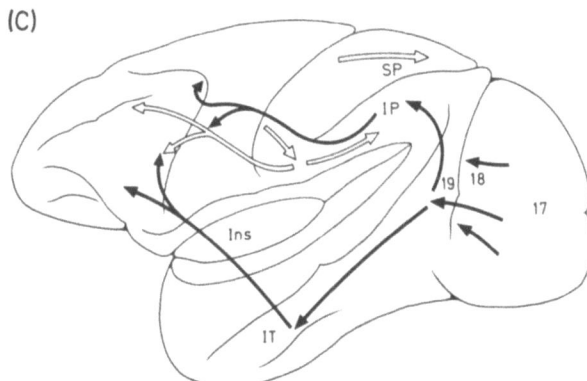

(ON) und den Tractus opticus (OT) erreicht ein Teil der Nervenfortsätze der retinalen Ganglienzellen das geniculo-corticale Projektionssystem, ein anderer Teil das sogenannte zweite visuelle System über das Tectum opticum (SC). Die geniculo-corticale Projektion wird im Corpus geniculatum laterale (LG) umgeschaltet und dann in die corticale Area 17 (17) projiziert. Neurone aus der Area 17 senden ihre Axone entweder in weitere corticale Felder (18, 19, 21 etc.) oder wiederum in das zweite visuelle System mit Umschaltung im Tectum opticum (SC). Die in das Tectum opticum einstrahlenden Fasern werden in den vorderen vier Hügeln (superior colliculus, SC) oder davorliegende Strukturen (Praetectum) fortgeleitet und dort auf weitere Neurone umgeschaltet, die entweder über das hintere Kerngebiet des Thalamus (Nucleus posterior, Pulvinar, P) wieder in die corticalen Gebiete eingespeist werden, oder gleich an motorische Reflexzentren (M) weitergeleitet werden, um hier zur Kontrolle der Augen- und Kopfbewegungen sowie Pupillomotorik verwertet zu werden. CC Verbindung der beiden corticalen Gesichtsfeldrepräsentationen in Area 17 und 18 im Bereich des vertikalen O-Meridians über den „Balken" (Corpus callosum). (B) Repräsentationen des Gesichtsfeldes in der Area 17 der Katze: Der zentrale Bereich des Gesichtsfeldes (0–5°) nimmt relativ mehr Platz ein als die entsprechenden peripheren Teile des Gesichtsfeldes (z. B. 40–60°). Der obere Teil des Gesichtsfeldes (90°) ist hinten im Gehirn repräsentiert, der untere Teil (270°) vorne. Die dicke Linie 90–270° entspricht dem vertikalen Meridian des Gesichtsfeldes, rechts davon die Projektion des Gesichtsfeldes in Area 17, links davon spiegelbildlich die Projektion in Area 18. [Aus Bilge, M. et al.: J. Physiol. (London) **191**, 116 P (1967), s. Whitteridge, D. a. a. O.]. (C) Projektion der Aktivität aus Area 17 in weitere corticale Felder: 18, 19, 21 (Gyrus temporalis inferior, IT) 7 (Area parietalis inferior, IT) und in den frontalen Cortex (links). Diese Fasersysteme werden insgesamt als Assoziationsfasern zusammengefaßt. (Aus Jung, R. In: Handbook of Sensory Physiology, Vol. VII/3, A, nach Nauta)

Abb. 17.23 A–C. Repräsentation der Retina im Gehirn. (A) Das Gesichtsfeld (F) hat einen zentralen überlappenden Bereich, der von beiden Augen gesehen wird, und einen peripheren seitlichen Bereich, der nur monocular vorhanden ist. Das rechte Gesichtsfeld (durchgezogener Pfeil) wird in die linke Hirnhälfte projiziert, das linke Gesichtsfeld (durchbrochener Pfeil) in die rechte Hirnhälfte. Entsprechend kreuzen die nasalen Bereiche der Gesichtsfelder der beiden Augen im Chiasma opticum (CH). Über den Nervus opticus

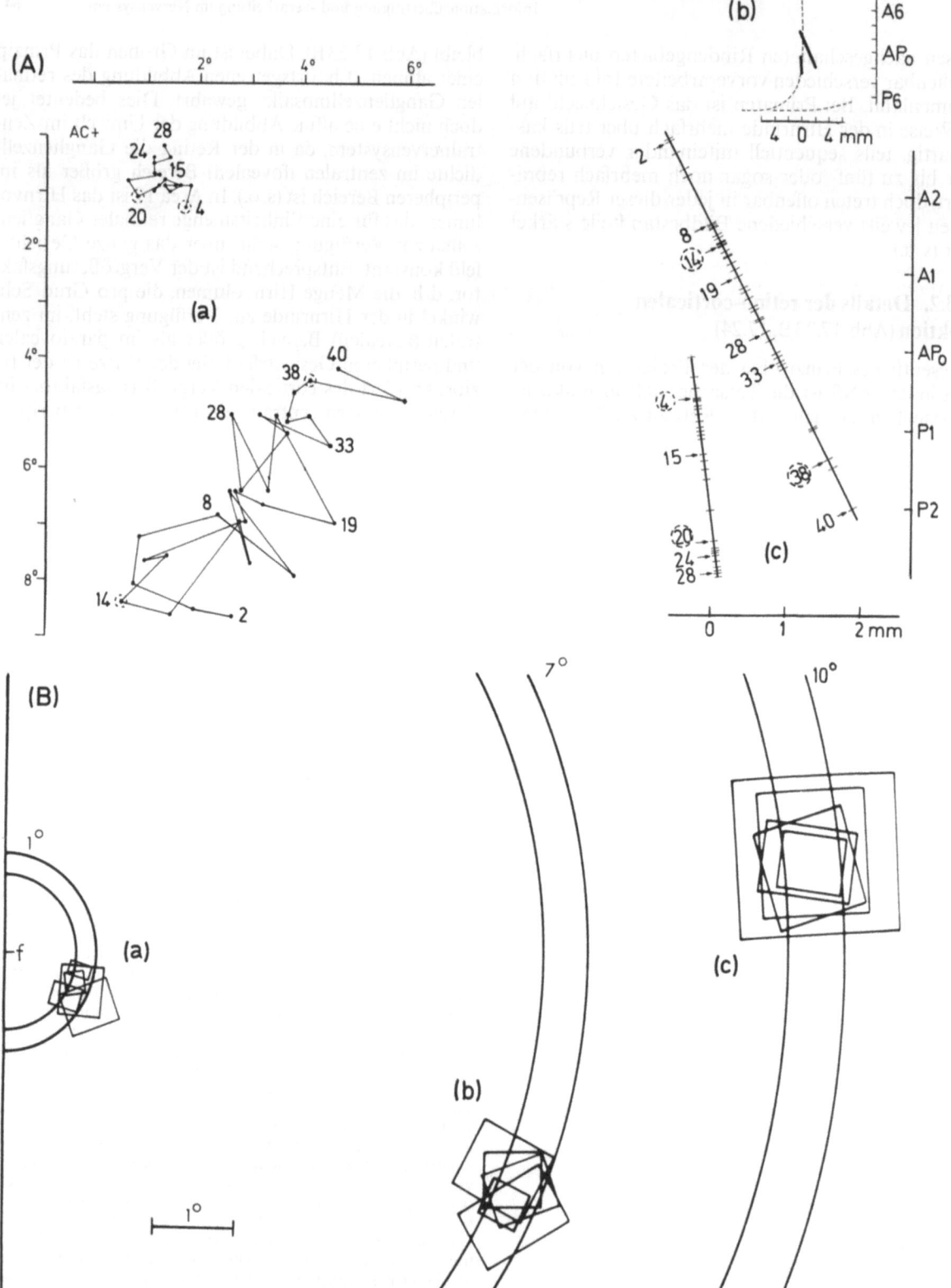

Abb. 17.24 A und B. Ungenauigkeit der Projektion des Gesichtsfeldes in den visuellen Cortex. (A) In *a* sind die rezeptiven Feldlokalisationen von corticalen Neuronen dargestellt, die sukzessive in einer geradlinigen Penetration einer Mikroelektrode durch den visuellen Cortex abgeleitet wurden. Jeweils nebeneinanderliegende Neurone sind durch eine Linie verbunden. Es zeigt sich, daß die rezeptiven Felder der nebeneinanderliegenden Neurone nicht systematisch im Gesichtsfeld fortschreiten, sondern mehr nach Art des random walk. Die einzelnen Schritte dieses random walk bzw. die Ungenauigkeit der Projektion ist größer im peripheren Gesichtsfeld (unten) als im Bereich der Area centralis (*AC*, oben). Ordinate und Abszisse geben Abstände der rezeptiven Felder von der Area centralis in Winkelgraden an. (B) und (C) Schematische Darstellung der Penetrationen mit Angabe der Koordinatenwerte im stereotaktischen Hirnatlas der Katze. Auf den Linien in C sind die registrierten Neurone an entsprechenden Stellen mit einem Querstrich gekennzeichnet, die Nummern der abgeleiteten Neurone entsprechen Nummern in den rezeptiven Felddarstellungen in *a*. [Aus Albus, K.: Exp. Brain Res. **24**, 159–180 (1975)]. (B) Überlappung von rezeptiven Feldern von corticalen Neuronen in verschiedenen Teilen des Gesichtsfeldes bei Primaten (Macacus rhesus). Der foveale Bereich ist links repräsentiert (*f*). Nahe der Fovea (*a*) sind die rezeptiven Felder kleiner, weiter davon entfernt (7°, *b* und 10°, *c*) sind die Felder größer, doch ist der Überlappungsbereich in etwa gleich. [Aus Hubel, D. H., Wiesel, T. N.: J. Comp. Neurol. **158**, 295–306 (1974)]

ren Bereich 2°/mm (Abb. 17.23 B). Bei Primaten ist er in der Fovea 0.1°/mm, in der Peripherie 0,50°/mm. Dies führt zu einer verzerrten (anamorphotischen) Abbildung der Umwelt in der Hirnrinde. Da andererseits die Zelldichte in der Hirnrinde homogen ist, bedeutet dies gleichzeitig, daß im fovealen Bereich in der Hirnrinde wie in der Retina mehr Zellen (mit kleineren, d.h. genaueren rezeptiven Feldern) zur Analyse eines Einheitsfeldes zur Verfügung stehen als im parafovealen Bereich.

Ein weiteres wichtiges Prinzip der Projektion aus der Peripherie, in unserem Fall aus der Retina in das Zentralnervensystem ist die *Divergenz*: Jede Faser des N. opticus teilt sich im Corpus geniculatum laterale mehrfach auf und erregt etwa 5 Relaiszellen. Die Fasern dieser Zellen teilen sich im Cortex wiederum auf und erregen jeweils wiederum 10–20 Ganglienzellen der „ersten Generation". Die Relaiszellen im Geniculatum und die Zellen der „ersten Generation" im Cortex (etwa 20–30%) erhalten ihre Haupterregung von nur je einer Faserart, von ihnen viele oder sogar alle (wie der Autor dieses Artikels nicht unumstritten annimmt) von nur einer retinalen Ganglienzelle. Auf diese Weise kommt es zu einer Mehrfachrepräsentation jeder retinalen Ganglienzelle in dem corticalen Projektionsfeld mit einem Multiplikationsfaktor von etwa 100–1000. Die Verzweigungen einer einzelnen Faser in der Hirnrinde reichen über einen Bereich von etwa 2,0–3,0 mm und ihre Endigungen sind über diesen Bereich gestreut. Da in einem corticalen Gebiet von 2–3 mm Durchmesser je nach Exzentrität ein größerer retinaler Bereich repräsentiert ist, ergibt sich eine Ungenauigkeit der Projektion mit einer statistischen Streuung der Ortswerte (Abb. 17.24). Der Streubereich in Grad Gesichtswinkel ist gegeben durch $(x°/mm) \cdot 2,5$ mm, d.h. durch den reziproken Wert des Vergrößerungsfaktors multipliziert mit der corticalen Ungenauigkeit der Projektion. In diesem Detailbereich liegt also keine affine Abbildung vor, sondern eine statistische Vermischung von Gesichtsfeld- und damit Bildpunkten.

Die Projektion des Gesichtsfeldes in den primären visuellen Cortex ist doppelt insofern, als sie vom rechten und linken Auge her getrennt kommt (Abb. 17.25). Morphologisch und physiologisch finden sich in Area 17 Streifen von etwa 500 μm Breite, in denen entweder die Afferenzen des einen oder des anderen Auges vorwiegen (sog. Ocularitätsstreifen) (Abb. 17.24 C). Jedoch werden Zellen in einem Ocularitätsstreifen auch vom nicht-dominanten Auge erregt, wenn auch weniger stark. Auf diese Weise werden bei der Katze die meisten (70–80%) aller corticalen Neurone von beiden Augen her erregt. Jedoch kommen die erregenden Fasern nicht immer von Ganglienzellen mit rezeptiven Feldern genau korrespondierender Netzhautpunkte der beiden Augen, sondern zeigen eine Variabilität entsprechend der Ungenauigkeit retino-corticaler Projektion. Diese wechselnden „Disparitäten" der excitatorischen Eingänge an binocular erregten corticalen Neuronen werden von einigen Autoren als Grundlage des Tiefensehens angesehen. Je nach Disparität der Eingangskanäle können, entsprechend dieser Hypothese, einzelne Neurone Objekte vor oder hinter der Fixationsebene scharf sehen.

Ein weiterer Schritt der Verarbeitung ist durch „Konvergenz" *von Erregung* gekennzeichnet. Außer den 20–30% der Neurone der „ersten Generation" im primären visuellen Cortex, die im wesentlichen monosynaptisch von einer afferenten Faser erregt werden, ist der Rest entweder von mehreren afferenten Fasern oder von mehreren corticalen Zellen erregt. Infolge der lokalen Streuung der afferenten Fasern sind die rezeptiven Felder dieser mehrfach innervierten Zellen entsprechend größer. Zur Zeit liegen noch keine ausreichenden Zahlen darüber vor, wie hoch der Anteil von sekundär, d.h. durch corticale Zellen der „ersten Generation" erregten Zellen, und wie hoch derjenige von Zellen der ersten Generation mit größerer Konvergenz ist.

Ein wesentliches Prinzip intracorticaler Verbindungen über kurze Distanzen ist jedoch die *inhibitorische Interaktion* zwischen nahe beieinanderliegenden corticalen Zellen. Intracorticale Inhibition kann über einen Bereich von etwa 1 mm nachgewiesen werden, während excitatorische Interaktionen zwischen corticalen Zellen auf Grund morphologischer und funktioneller Kriterien zwar zu fordern sind, bisher aber neurophysiologisch noch nicht eindeutig nachgewiesen werden konnten. Das corticale Volumen, in dem Neurone inhibitorisch miteinander in Verbindung stehen, ist ein Grundbaustein der corticalen Netzwerkorganisation, ein Modul. Aus diesen Daten läßt sich das in Abb. 17.26 gezeigte Modell der Organisation der retino-corticalen Projektion zusammenstellen, das in der Abbildungslegende erklärt ist.

17.2.3.3. Funktionelle Transformationen im visuellen Cortex (Abb. 17.27)

Die Funktion einer derartigen kontinuierlichen Repräsentation der Umwelt in einem ebenfalls kontinuierlichen corticalen Netzwerk ist eine komplexe Transformation des — bereits in der Retina — verzerrten Bildes. Eine komplette Beschreibung dieser topographischen und funktionellen Transformation ist bisher noch nicht möglich.

Der Neurophysiologe, der die Reaktion von einzelnen Neuronen auf Lichtreize verschiedener Form ableitet, kann jedoch wesentliche Reaktionsunterschiede zwischen retinalen, geniculären und corticalen Neuronen als Folge dieser komplexen Verschaltungen feststellen. So nimmt die Spontanaktivität einzelner Neurone im Dunkeln von der Retina (30–50/s), über das Corpus geniculatum (10–20/s) bis zum Cortex (0–10/s) deutlich ab. Bei Beleuchtung des rezeptiven Feldzentrums mit einem Lichtpunkt (on-Zentrum Neurone) oder einem Dunkelpunkt (off-Zentrum Neurone) reagieren retinale Ganglienzellen mit einer langanhaltenden, mehr oder weniger ausgeprägten phasisch-tonischen Erregung, während corticale Neurone, wenn überhaupt, nur mit einer kurzen initialen, phasischen

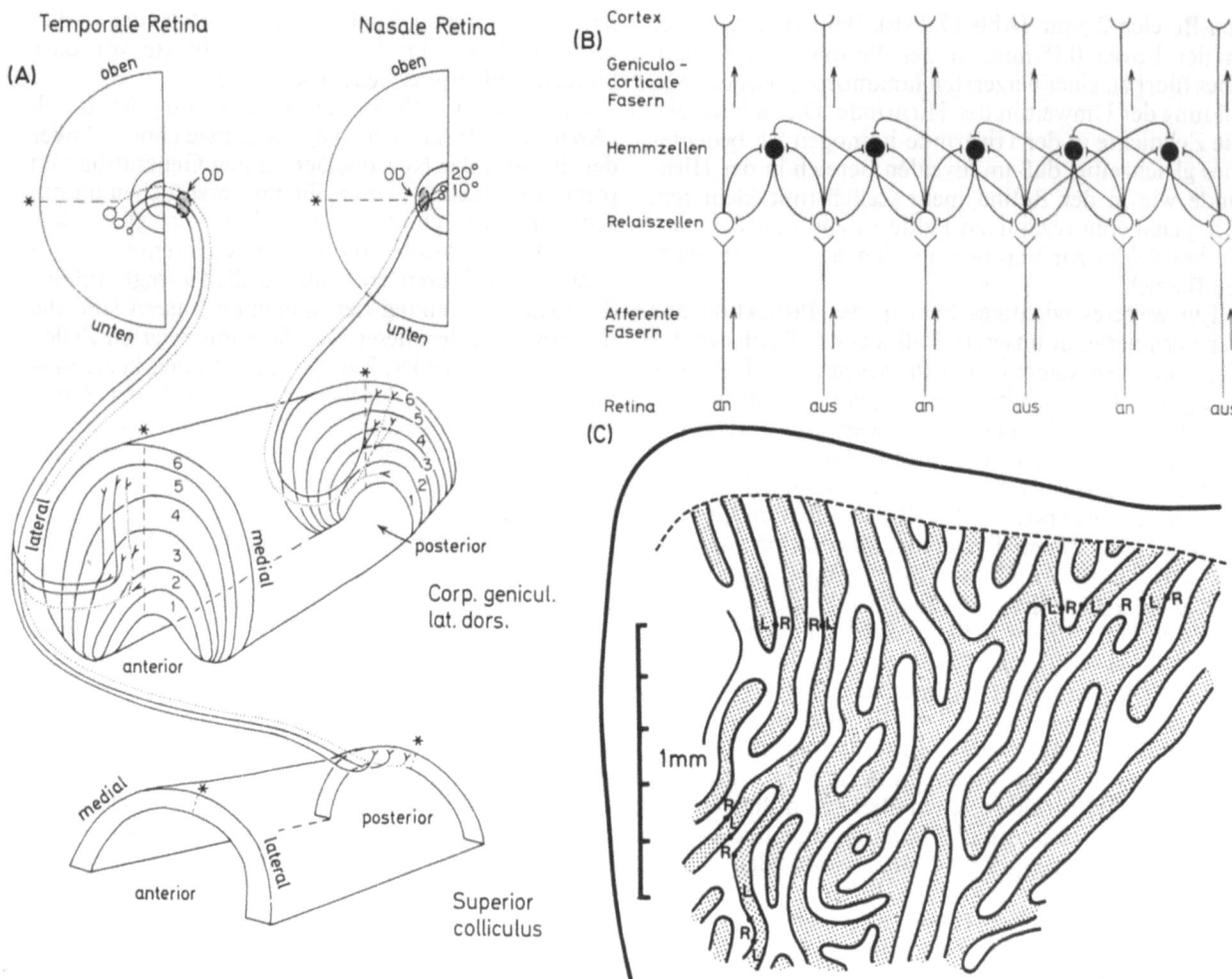

Abb. 17.25 A–C. Projektion des rechten Gesichtsfeldes über das Corpus geniculatum laterale in den visuellen Cortex und den Colliculus superior. (A) Vom rechten Auge (nasale Retina) ist die ungekreuzte Projektion aus dem fovealen Gebiet gezeigt, aus dem linken Auge die ungekreuzte Projektion aus parafovealen Gebieten. Der laterale Kniehöcker (Corpus geniculatum laterale) zeigt verschiedene Schichten. Das contralaterale Auge projiziert in die Schichten 1, 4 und 6, das homolaterale in die Schichten 2, 3. Die zentralen Anteile der Retina werden in den hinteren Teil, die mehr peripheren Anteile in den vorderen Teil des Kniehöckers projiziert. Die Projektionen vom lateralen Kniehöcker zur Area 17 des visuellen Cortex bleiben weiterhin getrennt, so daß in der Area 17 (C) die Projektionsgebiete aus dem linken (L) und dem rechten Auge (R) jeweils als getrennte Streifen in Erscheinung treten. Erst innerhalb des visuellen Cortex kommt es zu einer Zusammenschaltung korrespondierender Punkte der beiden Netzhäute. Vor Eintritt in das Corpus geniculatum laterale werden Fasern aus dem Nervus opticus in den Colliculus superior fortgeleitet. Dabei ist das foveale Gebiet kaum repräsentiert, sondern nur das parafoveale und periphere Gesichtsfeld. Ganglienzellen aller Typen (angedeutet durch die verschieden großen Kreise der aussendenden retinalen Zellen) projizieren in das Geniculatum und die Colliculi sup. [(A) aus Lund, A.H. et al.: J. Comp. Neurol. 164, 265–286 (1975), (C) aus Le Vay, S. et al.: J. Comp. Neurol. 159, 559–576 (1975)]. (B) Schema der lateralen Inhibition, gezeigt am Beispiel der Verschaltung im Corpus geniculatum laterale. Es wird angenommen, daß jeweils eine Relaiszelle im Corpus geniculatum laterale von einer einzelnen retinalen Ganglienzelle erregt wird. Die Erregung der Relaiszelle im Geniculatum wird über die geniculocorticalen Fasern in die Hirnrinde (Cortex) weitergeleitet, gleichzeitig jedoch wieder über rekurrierende Collateralen auf Hemmzellen im Kniehöcker rückgekoppelt. Diese Hemmzellen wirken auf benachbarte Relaiszellen und hemmen diese. Wenn die Retina diffus beleuchtet wird (Erregung der on-Zentrum-Zellen, on), kommt es zu einer zusätzlichen Hemmung von off-Zentrum-Zellen im Kniehöcker und damit zur Verstärkung der Lichtreaktion (Sukzessiv-Kontrast). Bei längerer Beleuchtung kommt es jedoch zu einer gegenseitigen Rückkoppelungshemmung der erregten Elemente und damit zur Verminderung der Ausgangssignale (Differentialregler). Bei Beleuchtung nur eines Teiles der on-Zentrum-Zellen (z. B. nur der rechten) kommt es außerdem zu einer Hemmung der benachbarten on-Zentrum-Zellen und damit zu einer Verstärkung der räumlichen Reizstärkedifferenz (räumlicher oder Simultankontrast)

Entladungsfolge reagieren. Bei An- oder Ausschalten einer gleichmäßigen Ausleuchtung des Gesichtsfeldes reagieren retinale Ganglienzellen mit einer starken phasischen und einer mehr (x-Zellen) oder weniger (y-Zellen) ausgeprägten tonischen Reaktion, während geniculäre Neurone vorwiegend phasisch und corticale Neurone entweder gar nicht oder nur mit einzelnen Aktionspotentialen antworten.

Dagegen zeigen corticale Neurone eine lebhaftere Reaktion auf bewegte Reize, vor allem bewegte geradlinige Kontraste, Licht- oder Schattenlinien. Die Orientierung dieser Kontrastlinien ist kritisch und jedes Neuron reagiert nur auf Linien in einem bestimmten Orientierungsbereich von etwa ±10–40° um ein Optimum (Abb. 17.27A). Die bevorzugte Bewegungsrichtung ist in der Regel normal zur optimalen Orientie-

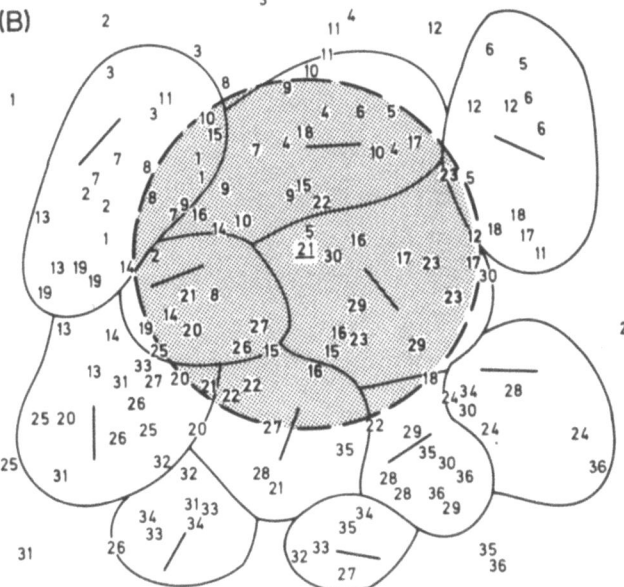

Abb. 17.26 A und B. Schematische Darstellung der Projektion in der retinalen Ganglienzellenmatrix auf den visuellen Cortex und funktionelle intracorticale Verschaltung. (A) Eine Matrix von nebeneinanderliegenden Ganglienzellen in der Retina. Es wird angenommen, daß jede Retinazelle jeweils 9 corticale Ganglienzellen erregen kann (Vergrößerungsfaktor). (B) Die Repräsentation der einzelnen retinalen Ganglienzellen im Cortex entspricht einem retinotopen Gradienten, jedoch keiner exakten Projektion. Jede corticale Nervenzelle wird aus einem Bereich, der durch den schattierten Kreis angedeutet ist, gehemmt. In diesem Fall wird angenommen, daß Zelle 21 Zentrum eines Hemmbereiches ist. Diese Zelle wird also von verschiedenen Gesichtsfeldorten entsprechend den Nummern in der corticalen Matrix gehemmt. Die corticalen Zellen repräsentieren jedoch nicht nur den Ort der Erregung im Gesichtsfeld, sondern auch bestimmte Gestaltelemente, hier als Orientierung von Linien angedeutet. Auf diese Weise beschränkt sich die laterale Hemmung im Cortex nicht nur auf den Ortsbereich, sondern auch auf die Gestalt eines Reizes, also den Qualitätsbereich. Ein entsprechender Hemmkreis existiert um jedes beliebige Neuron in der corticalen Matrix. [Aus Creutzfeldt, O.D. et al.: Exp. Brain Res. 21, 251–274 (1974)]

Neurone eine mehr oder weniger regelmäßige Progression der optimalen Orientierung (Abb. 17.27 B, C). Im Mittel ist diese Progression etwa 10° pro 50 µ, so daß ein gesamter Orientierungszyklus in etwa 1 mm durchschritten ist (sog. Hyperkolumne). Die Vorzugsrichtungen (Vorwärts-Rückwärts) wechseln dabei unsystematisch, und die Regelmäßigkeit der sog. Hyperzyklen ist wesentlich geringer als gegenwärtig vielfach angenommen wird.

17.2.3.4. Funktionelle Anatomie des corticalen Netzwerkes (Abb. 17.28)

Die Hirnrinde ist 1,5–2 mm dick. Bei Primaten mit Einschluß des Menschen läßt sie sich klar in 6 verschiedene Schichten einteilen, die durch verschiedene Zellgröße, -dichte, -form und Faserreichtum gekennzeichnet sind. Bei niederen Tieren lassen sich entsprechende Schichten unterscheiden, die jedoch meist nicht so deutlich gegeneinander abgegrenzt sind. Ein vertikaler Zylinder von 1 mm Durchmesser enthält bei der Katze etwa 80000 Zellen, bei Primaten mehr. Aus der subcorticalen weißen Substanz treten in einen solchen Zylinder etwa 20000 afferente Fasern ein und es verlassen ihn etwa 80000 Fasern. Afferente Fasern aus der Retina über das Corpus geniculatum laterale (sog. spezifische Afferenzen) enden vorwiegend in der Mitte der Hirnrinde, d.h. in der 3. und 4. Schicht, doch scheinen auch Neurone in der 2. Schicht direkte monosynaptische Erregung zu erhalten.

Neurone, die in einer vertikalen Linie übereinander liegen, werden zwar von verschiedenen afferenten Fasern erregt, zeigen jedoch im Mittel ähnliche Orientierungspräferenzen, die in etwa normal mit ±15–20° um einen Mittelwert verteilt sind. Andere Eigenschaften dieser Neurone wie Empfindlichkeit auf Vorwärts- oder Rückwärtsbewegung, on-off-Zentrum- oder Farbeigenschaften scheinen dagegen unsystematisch vermischt zu sein.

Angeregt durch Beobachtungen in der somato-sensorischen Hirnrinde mit ihrer somato-topen Organisation schlug Mountcastle (1957) die Hypothese vor, daß die Hirnrinde in vertikale „Säulen" („Kolumnen") aufgeteilt sei. Neurone einer Kolumne haben danach ähnliche funktionelle Eigenschaften, während verschiedene Kolumnen je andere Eigenschaften aufweisen. Die Ähnlichkeit der Orientierungspräferenz von Neuronen in einer vertikalen Penetration durch die Area 17 führte dann zu der Annahme, daß auch die Orientierungspräferenz in Kolumnen angeordnet sei.

Es handelt sich bei diesem bereits klassischen Säulen-Modell jedoch um eine mißverständliche Idealisierung der tatsächlichen Verhältnisse, die vor allem die kontinuierliche Repräsentation von Ort und Funktion in der Hirnrinde vernachlässigt. Grundsätzlich ist zwischen der afferenten und der inneren Organisation der Hirnrinde zu unterscheiden. Die Verteilung der afferenten Fasern bestimmt die Ortswerte und die Ocularität der einzelnen Neurone, während die funktionellen Eigenschaften vor allem auf Grund interner Ver-

rung eines Reizes, doch reagieren verschiedene corticale Neurone auf die Hin- und Rückbewegung des Reizes, andere nur auf die Hin- und wieder andere nur auf die Rückbewegung. Corticale Neurone sind also empfindlich auf bestimmte Gestaltelemente wie Orientierung eines elongierten Kontrastes, Bewegungsrichtung, Geschwindigkeit usw.

Benachbarte corticale Neurone unterscheiden sich hinsichtlich ihrer Empfindlichkeit auf Richtung und Orientierung. Wenn man z.B. eine Elektrode parallel zur Cortexoberfläche vorwärts bewegt, zeigen die

648 Kybernetik

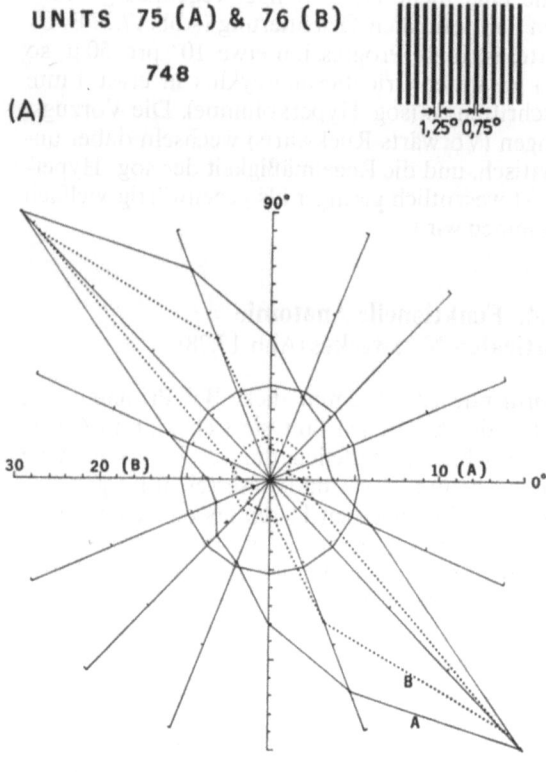
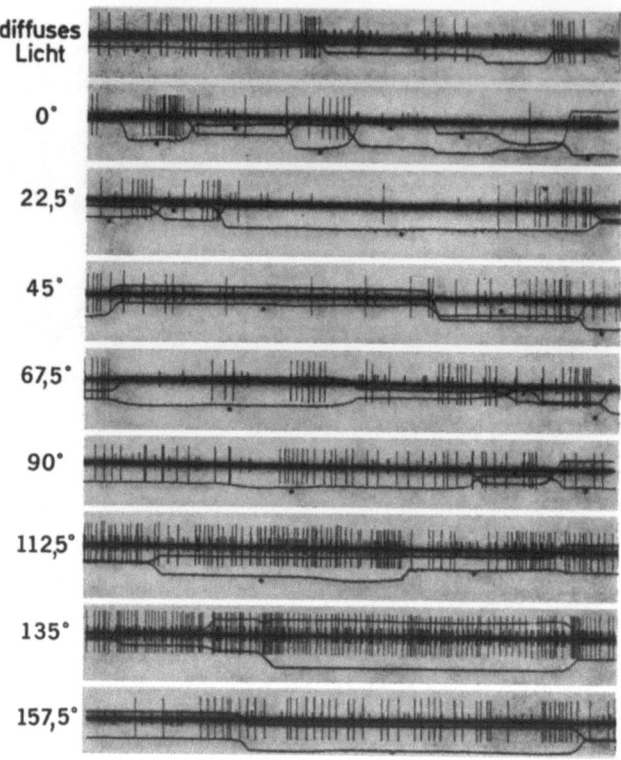
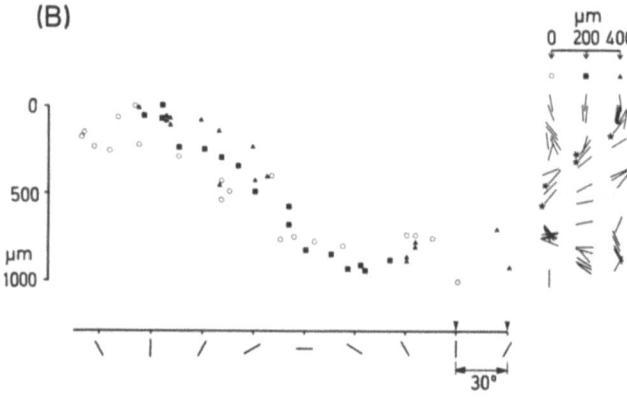
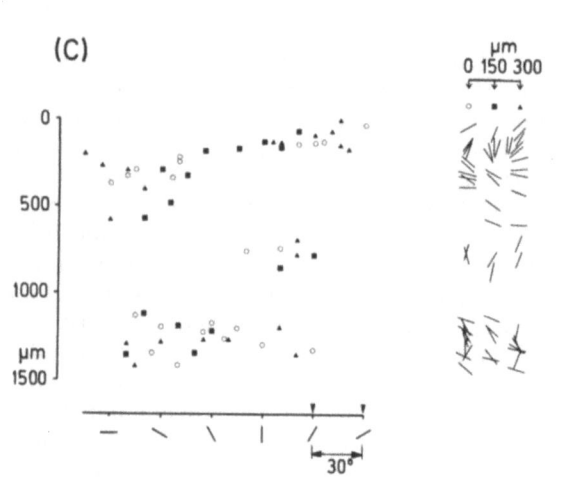

Abb. 17.27 A–C. Orientierungsempfindlichkeit corticaler Zellen und räumliche Repräsentation von Orientierungen in der Hirnrinde. (A) Orientierungsempfindlichkeit von 2 corticalen Zellen. Die Aktivität der Zellen wurde an einer wachen Katze abgeleitet, die frei herumblicken und sich bewegen konnte. Ausschnitte aus den Originalregistrierungen sind rechts gezeigt. Die Aktivitäten der beiden gleichzeitig abgeleiteten Zellen sind durch verschieden große Amplituden der Aktionspotentiale unterscheidbar. Unter der Registrierung der Aktionspotentiale sind die Augenbewegungen registriert, jeweils ein Strahl für Bewegungen im vertikalen, ein anderer im horizontalen Bereich. Man sieht ständige Blickbewegungen (Potentialänderungen) und kurzzeitige Fixierungen (horizontaler Verlauf der Augenpositionspotentiale). Das Tier schaut auf ein Gitter mit schwarzen und weißen Linien entsprechend der Skizze oben. Im Polarordinatendiagramm ist die Aktivität der beiden Neurone (großes Aktionspotential durchgezogene Linie, kleines Aktionspotential gepunktete Linie) auf den Radien abgetragen, die Orientierung der Gitterlinien ist durch die Richtung der Polarstrahlen angedeutet. Beide Neurone sind bei einer Gitterorientierung entsprechend 135° am stärksten aktiv und bei einer Gitterrichtung von 45° gehemmt. Die Spontanaktivität bei diffuser Beleuchtung ist durch entsprechende Kreise angedeutet. [Aus Noda, H. et al.: Exp. Brain Res. **12**, 389–405 (1971)]. (B) und (C) Repräsentation von Orientierungen entlang von je drei parallelen, geraden Penetrationsachsen durch den visuellen Cortex, annähernd parallel zur Oberfläche. Die Lokalisation der einzelnen abgeleiteten Neurone in den Penetrationskanälen entspricht den Werten der Ordinate (links). Die Orientierung, die die stärkste Reaktion des jeweiligen Neurons hervorruft, ist durch die Orientierung der Striche entlang der Penetrationsachsen angegeben (Skizzen jeweils rechts). Die Abhängigkeit der Bestorientierung von der Lokalisation eines Neurons entlang der corticalen Oberfläche ist in den Diagrammen dargestellt. (B) Annähernd regelmäßige Progression der Bestorientierung überlagert von einer gewissen Streuung. Ein gesamter Orientierungszyklus wird in etwa 1–1½ mm durchlaufen (sog. Hyperzyklus). (C) Relativ abrupte Veränderung bevorzugter Orientierungen und unsystematische Orientierungsrepräsentation. Ableitung aus der Area 17 der Katze. [Aus Albus, K.: Exp. Brain Res. **24**, 181–202 (1975)]

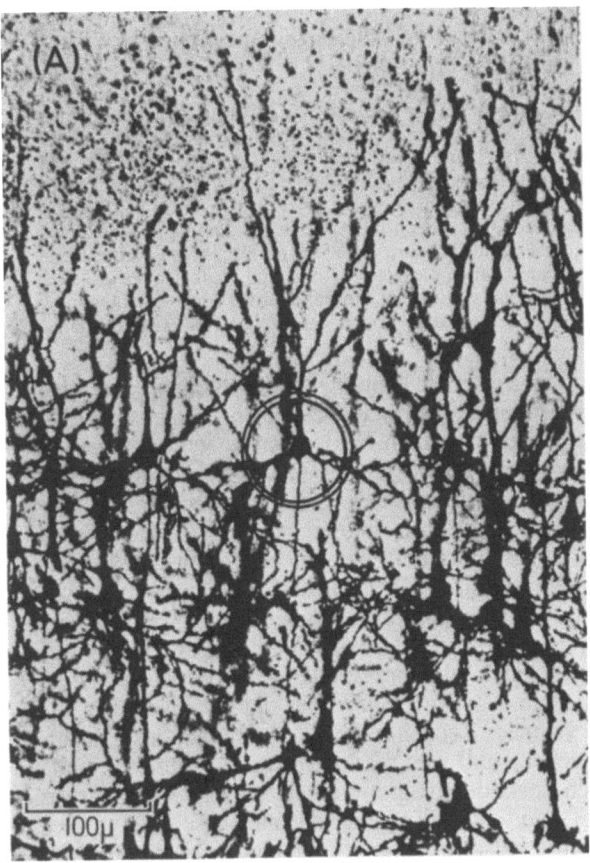
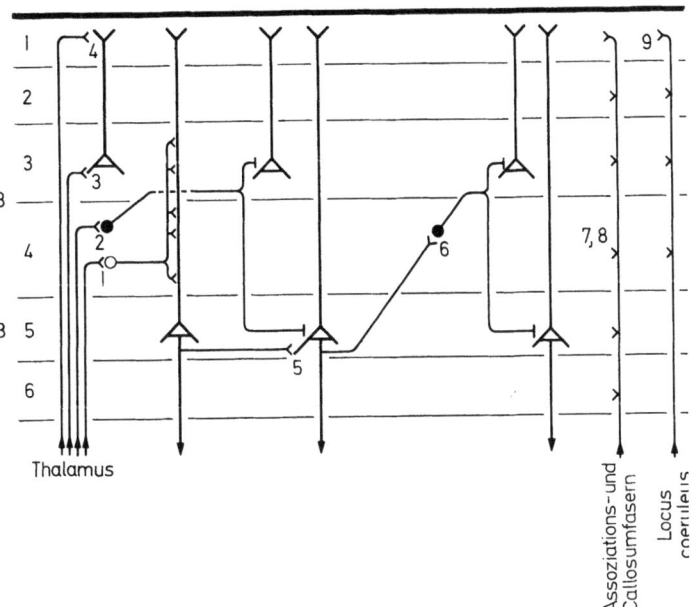
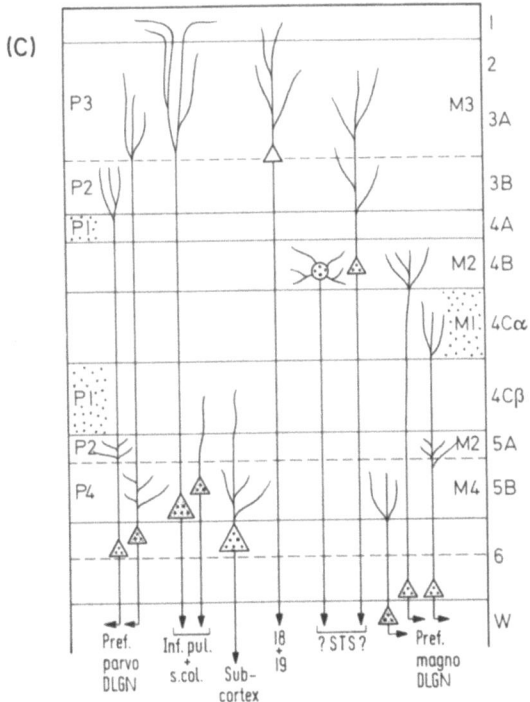

Abb. 17.28A–C. Funktionelle Anatomie der visuellen Hirnrinde. (A) Golgi-Imprägnation einzelner Pyramidenzellen in der Area striata der Katze. Die nach oben strebenden, apikalen Dendriten sind gut erkennbar, desgleichen die Zellkörper von einzelnen Pyramidenzellen sowie Axone, die geradlinig nach unten aus dem Cortex hinauslaufen (z.B. das durch einen Kreis gekennzeichnete Neuron). (Aus Scholl, D.A.: The organisation of the cerebral cortex. New York-London: Hafner Publ. Company, 1967). (B) Erregung der verschiedenen corticalen Zellelemente durch afferente Fasern. Fasern aus den spezifischen Projektionskernen, im visuellen System aus dem Kniehöcker, endigen vorwiegend in der Schicht 4 (Kontakte 1 und 2), doch finden sich einzelne Endigungen auch in oberen Schichten (3, 4). Die afferenten Fasern enden nur zum geringsten Teil direkt an Pyramidenzellen, sondern in der Regel erst unter Zwischenschaltung eines weiteren Neurons, das entweder zu einer Erregung der nachgeschalteten Pyramidenzelle (1) oder zu einer Hemmung (2) führt. Desgleichen wird angenommen, daß sich Pyramidenzellen gegenseitig erregen (5) oder hemmen können (6). Außer den spezifischen Afferenzen aus dem Corpus geniculatum laterale (links) treten in den Cortex noch zahlreiche andere afferente Fasern aus anderen corticalen Gebieten (Assoziations- und kommissurale Bahnen) sowie aus subcorticalen Gebieten ein (z.B. Locus coeruleus), die die durch spezifische Afferenzen verursachte Aktivität offenbar modulieren können. [Aus Garey, L.J., Powell, T.P.S.: Proc. Roy. Soc. B **169**, 107–126 (1967)]. (C) Projektion der verschiedenen Pyramidenzelltypen der Area 17 in verschiedene andere corticale oder subcorticale Gebiete. Die meisten efferenten Zellen sind in den tiefen Schichten des Cortex (5 und 6) lokalisiert, doch reichen ihre Dendriten auch in die oberen Schichten der Hirnrinde, so daß sie von dorther Signale empfangen können. P1–4 und M1–4 charakterisieren Eingänge in den visuellen Cortex aus kleinzelligen (parvozellulären, P) und großzelligen (magnozellulären, M) Schichten des Corpus geniculatum laterale. Zellen aus der 5. und 6. Cortexschicht projizieren entweder zurück in den lateralen Kniehöcker (DLGN), in das sogenannte zweite visuelle System (Tectum und Pulvinar: Inf. Pul. und S. Col.) sowie in andere subcorticale Strukturen. Corticale Assoziationsfasern (Zielorte 18 und 19) kommen offenbar vorwiegend aus oberflächlichen Schichten der Hirnrinde (Schicht 3). [Aus Lund, J.S. et al.: J. Comp. Neurol. **164**, 287–304 (1975)]

bindungen bzw. je verschiedener Konvergenzschaltungen zustande kommen. Wo immer man den Cortex vertikal penetriert, findet man Orts- und Funktionswerte der einzelnen Neurone um einen Mittelwert verteilt. Diese Mittelwerte zeigen eine kontinuierliche Progression, und jede beliebige vertikale Penetration ist Zentrum einer „Kolumne", d.h. eines Gebietes mit gleichen funktionellen Eigenschaften wie sie innerhalb dieser Penetration gefunden werden. Mehr oder weniger abrupte Übergänge gibt es nur dort, wo Faserbündel verschiedener Herkunft nebeneinander, d.h. unvermischt in den Cortex projiziert werden, z.B. im Falle der Herkunft der Fasern aus den beiden Augen (Ocularitätsstreifen s. o.).

Berücksichtigt man in diesem Zusammenhang die intracorticale modulare Organisation mit vorwiegend inhibitorischer Interaktion zwischen Neuronen über einen Abstand von 500–700 μm, so wird unmittelbar klar, daß das Prinzip der „lateralen Inhibition" (s. Abb. 17.25 B), das überall im Zentralnervensystem angewandt wird, Neuronenpopulationen mit verschiedenen Orts- und Qualitätseigenschaften in eine kontinuierliche funktionelle Verbindung bringt (Abb. 17.26). Dabei ist bisher noch offen, inwieweit die funktionellen Eigenschaften corticaler Neurone (z.B. Orientierungsempfindlichkeit) vorwiegend oder ausschließlich durch besondere Kombinationen von konvergenten afferenten Verbindungen oder durch die intracorticalen hemmenden Verschaltungen bedingt sind. (Der Autor dieses Artikels neigt zu der letzteren Auffassung.) In jedem Fall ist der Effekt einer solchen Verschaltung, daß bestimmte Ortscharakteristika wie auch bestimmte Signale eines komplexen Reizangebotes stärker kontrastiert werden oder sich gegenseitig ausschließen.

Das retinale Bild der Umwelt wird auf diese Weise bis zur Hirnrinde komplexen Filterprozessen unterworfen, unter Hervorhebung bestimmter Gestaltaspekte und Verwerfung einer Reihe von Bildbestandteilen. Ohne daß wir bereits eine allgemeine Beschreibung dieser Transformation geben können, läßt sich doch auf Grund der funktionellen Eigenschaften einzelner Neurone vermuten, daß diese Transformation vor allem Konturen und Bewegungen des Umweltbildes hervorhebt. Darüber hinaus ist das Bild der Umwelt gleichzeitig mehrfach im Volumen der Area 17 repräsentiert, allerdings jeweils mit verschiedenen Aspekten, aber hinsichtlich seiner Ordinaten nicht wesentlich versetzt.

17.2.3.5. Weitere Repräsentation der Sehwelt im Gehirn

Aus Area 17, der primären Sehrinde, erfolgen Projektionen in weitere, nachgeschaltete Hirnrindenfelder, die sog. sekundäre, tertiäre usw. Sehrinde (Abb. 17.23A, C). Bisher sind 5 derartige benachbarte „Sehrinden" bekannt. Es handelt sich hierbei jedoch nicht einfach um eine serielle Verschaltung, indem die primäre auf die sekundäre, die sekundäre auf die tertiäre etc. Sehrinde projiziert. Vielmehr scheint jede visuelle Cortexstruktur Afferenzen aus mehreren visuellen Gebieten zu erhalten.

So z.B. Area 18 bei der Katze aus dem Corpus geniculatum laterale und aus Area 17; die sog. Clare-Bishop-Area im Gyrus suprasylvius der Katze aus Area 17, 18, dem Corpus geniculatum und dem Pulvinar (einer thalamischen Struktur, die zum sog. 2. visuellen System gehört und vom Ausgang der vorderen Vierhügel gespeist wird). Bei Primaten scheint die Afferenz aus dem Corpus geniculatum laterale auf die primäre visuelle Area, also Area 17, beschränkt zu sein, doch erhalten die tertiäre Rinde und die folgenden visuellen Gebiete ebenfalls afferente Impulse aus dem Pulvinar, aus Area 17, 18 oder sogar mehreren der nachgeschalteten Rindengebiete.

In allen visuellen Rindengebieten bleibt die retinotope Karte erhalten, doch wird sie ungenauer und gröber, und die rezeptiven Felder der einzelnen Neurone werden größer, als Folge der Zusammenschaltung der Ausgänge von Neuronen der verschiedenen vorgeschalteten Strukturen. Dabei scheinen in verschiedenen nachgeschalteten Gebieten bestimmte Bilddetails besonders signalisiert zu werden: in Area 18 (oder peristriata) bei Primaten die binoculare Disparität verschiedener Objekte, also die Bildebene, und in der supratemporalen, vierten visuellen Area die Farbe.

Aus dem, was wir bisher über die Organisation höherer visueller Zentren wissen, scheint sich als Prinzip zu ergeben, daß die Verarbeitung von Reizen nicht einfach kaskadenartig von einer Station zur nächsten erfolgt, sondern daß in jeder der nachgeschalteten Gebiete eine Zusammenschaltung von mehreren Transformationen der visuellen Umwelt durchgeführt wird. Diese jeweils anderen Kombinationen von verschiedenen Transformationen werden wiederum entsprechend den allgemeinen Eigenschaften corticaler Netzwerke analysiert bzw. gefiltert.

Von Hubel und Wiesel wurde vorgeschlagen, daß Neurone des visuellen Systems in der Weise hintereinandergeschaltet sind, daß in der jeweils höheren Verschaltungsebene bestimmte Eigenschaften generalisiert werden: „simple" Zellen in der ersten corticalen Station analysieren Orientierung und Richtung eines Reizes in einem umschriebenen Teil des Gesichtsfeldes (kleines rezeptives Feld), complexe Zellen generalisieren für Richtung und Orientierung durch Zusammenschaltung verschiedener simpler Zellen, hyperkomplexe Zellen sind spezialisiert für die Länge eines Reizes, andere für die Kombination verschiedener Orientierungen (z.B. Winkel) usw. Dies führte zu der Hypothese einer hierarchischen Analysestruktur durch systematische Verschaltung von einzelnen Neuronen mit bestimmten funktionellen Eigenschaften, d.h. von gleichartigen Signalträgern. Die Konsequenz einer solchen hierarchischen Organisation wäre als Karikatur die Existenz von Neuronen, die spezifisch auf extrem komplexe Reizmuster antworten („Bananen-", „Großmutterneurone" usw.). Diese Hypothese ist in dieser Form nicht aufrecht zu erhalten. Gerade in sogenannten höheren Ebenen, wie z.B. dem infero-temporalen Cortex, dessen Intaktheit für die Leistungen des visuellen Gedächtnisses entscheidende Bedeutung hat, finden sich zwar Neurone mit großen rezeptiven

Feldern, deren spezifische Erregungseigenschaften aber eher ungenauer und nicht nachweisbar „spezifischer" als in den primären visuellen Rindenstrukturen sind. Sicher besteht eine gewisse Hierarchie der Analysestruktur im Zentralnervensystem, doch läßt sich weder die Hypothese einer hierarchisch-sequentiellen Verschaltung von simplen, komplexen und hyperkomplexen Zellen in der Area 17 noch die Hypothese von Identifikationsneuronen für bestimmte Gestaltelemente experimentell oder logisch begründen.

Die zentralen, corticalen Stationen des visuellen Systems haben nicht nur die Aufgabe, das Bild der Umwelt in hirn-, d.h. verhaltensgerechte räumlich-zeitliche Erregungsmuster umzukodieren, sondern auch die Bilder beider Augen zu einem Bild zusammenzubringen und die rechte und linke Bildhälfte, die ja jeweils gekreuzt zur gegenüberliegenden Hemisphäre projiziert werden, funktionell wieder zu einem kontinuierlichen Bild „zusammenzufügen". Die erstere Aufgabe wird dadurch gelöst, daß die meisten corticalen Neurone von beiden Augen her innerviert werden. Sie empfangen dabei Fasern aus mehr oder weniger exakt korrespondierenden Netzhaut-, also Gesichtsfeldpunkten der beiden Augen (über die Bedeutung dieser binoculären Disparitäten für das stereoskopische Sehen s.o.).

Das „Zusammenfügen" der beiden Gesichtsfeldhälften erfolgt auf die Weise, daß die Hirnrindengebiete, die den vertikalen 0-Meridian des Gesichtsfeldes repräsentieren, über ein Fasersystem, den sog. Balken (Corpus callosum), miteinander verbunden sind (s. Abb. 17.23A, CC). In „höheren" Analysestationen, wie den parastriären, parietalen und frontalen visuellen Gebieten, sind dann auch beide Gesichtsfelder mehr oder weniger vollständig repräsentiert, wobei offenbar mehrere Commissurenbahnen im Corpus callosum und der Commissura anterior benutzt werden. Die Tatsache der bilateralen Repräsentation der beiden Gesichtsfelder in den sogenannten höheren corticalen Stationen des visuellen Cortex weist bereits darauf hin, daß die Zusammenschaltung der beiden Hirnhälften durch das Corpus callosum außerordentlich komplexe Funktionen der beiden Hirnhälften miteinander verbindet, und daß das „Zusammennähen" der Repräsentation der beiden Körperhälften nur eine relativ periphere Aufgabe ist.

17.2.4. Kurze Schlußbemerkung über Wahrnehmung

Trotz guter Kenntnisse über die anatomische und funktionelle Verschaltung von Neuronen im visuellen System sind wir dennoch weit von einer allgemeinen neuronalen Theorie des Sehens entfernt. Bei allen diesbezüglichen Überlegungen muß berücksichtigt werden, daß das Sehen ein aktiver Vorgang ist: Es wird kein statisches Bild in die Hirnrinde projiziert, sondern die Augen schauen stets auf andere Punkte eines Objektes. Wenn man künstlich durch eine Spiegeloptik ein Bild auf der Retina fixiert (stabilisiertes Netzhautbild), entzieht es sich, infolge der raschen und mehr oder weniger vollständigen neuronalen Differentiationsmechanismen in allen Stationen des visuellen Systems, der Wahrnehmung. Möglicherweise führt eine Abnahme der Erregung corticaler und subcorticaler Strukturen bei längerdauernder Fixation zu einer Entkopplung der Augenbewegungskontrolle im Hirnstamm, dadurch zu einer Augenbewegung und somit zur Projektion eines in seinen Koordinaten verschobenen Bildes. Beide und alle nachfolgenden Bilder werden, obwohl verschiedene Bildteile von den gleichen Strukturen aufgenommen werden, zu einem kohärenten Gesamtbild zusammengesetzt. Wie dies geschieht und welche Strategien hierbei vom Nervensystem angewandt werden, ist bisher völlig unklar.

Doch sollte man sich bei allen Überlegungen in dieser Richtung stets vor Augen halten, daß „Wahrnehmung" des Menschen ein Vorgang ist, der — aus erkenntnistheoretischen Gründen — nicht mit neuronalen Kategorien beschrieben werden kann. Man sollte sich vielmehr darauf beschränken, die Funktion des visuellen Systems in adäquaten Kategorien, d.h. Verhaltenskategorien, zu beschreiben. Derartige Verhaltenskategorien sind z.B. motorische Verhaltensmuster als Reaktion auf visuelle Reize, Augenbewegungen oder auch komplexe vegetative Regulationsumstellungen (wie Blutdruckanstieg, Pulsbeschleunigung) als Reaktion auf einen visuellen Reiz.

Zwei Beobachtungen sind in diesem Zusammenhang bemerkenswert und sollen an den Schluß dieses Kapitels gestellt werden: Wenn man einer jungen Katze die gesamten visuellen Hirnrindenstrukturen fortnimmt, lassen sich nach einiger Zeit im Einzelverhalten keine offensichtlichen Störungen beobachten. Möglicherweise würden sich Störungen hier erst im sozialen Gruppenverhalten und in extremeren Daseinssituationen bemerkbar machen. Für den „täglichen" Gebrauch visuo-motorischer Reaktionen und den schlichten Beobachter reichen, nach einer gewissen Umgewöhnungszeit, bei Katzen und niederen Säugetieren offenbar Mittelhirnstrukturen, d.h. das sog. zweite visuelle System aus, obwohl durch detaillierte Testung besonders im Bereich des Mustererkennens erhebliche Defizite nachgewiesen werden können. Die Ausfälle sind deutlicher, wenn die Abtragung der visuellen Hirnrinde im späteren Lebensalter erfolgt. Bei Katzen und Primaten finden sich dann ausgeprägte Störungen (corticale Blindheit), obwohl auch hier einige Jahre nach visueller Decortication visuelles Verhalten in begrenztem Maß wieder möglich wird.

Selbst bei Menschen können in Gesichtsfeldbereichen, deren corticale Projektion in Area 17 zerstört ist, noch visuo-motorische Reaktionen (Blick- und Zeigebewegungen) ausgelöst werden. Doch nehmen Patienten mit derartigen Ausfällen die Reize nicht wahr, sie erreichen also nicht das „Bewußtsein".

Ein anderes Beispiel zum Nachdenken ist das von Patienten, bei denen zur Behandlung von epileptischen Anfallsleiden die Verbindung zwischen den beiden Hirnhälften, d.h. das Corpus callosum, durchtrennt wurde. Sprache und damit verbunden höhere

Erkenntnisfunktion sind beim Menschen in nur einer, der dominanten Hemisphäre möglich, in der Regel in der linken. Doch sind alle visuellen Strukturen offenbar in beiden Hemisphären gleichermaßen vertreten und, soweit man mit anatomischen und elektroencephalographischen Methoden nachweisen kann, nicht unterschieden. Bei Patienten mit einem solchen „gespaltenen" Gehirn hat also die rechte Hemisphäre, d. h. die Information, die vom linken Gesichtsfeld in das Gehirn projiziert wird, keinen Zugang zu den Wahrnehmungs- und Sprachstrukturen der linken Hemisphäre. Gegenstände können von diesen Patienten nur dann benannt und identifiziert werden, wenn sie im rechten Gesichtsfeld gesehen werden. Dennoch ist das visuelle Verhalten, wenn sie nur mit dem linken Gesichtsfeld sehen, erstaunlich komplett. Nur „wissen" sie nicht, was sie gesehen haben und können es nicht mitteilen. Diese Beobachtungen zeigen, daß bewußtes Wahrnehmen in der Tat sprachliche Ausdrucksstrukturen zur Voraussetzung hat. Andererseits ist aber bewußtes Wahrnehmen nicht die Voraussetzung für visuelles Verhalten.

Literaturauswahl

Cleland, B. G., Dubin, M. W., Levick, W. R.: Sustained and transient neurones in the cat's retina and lateral geniculate nucleus. J. Physiol. (Lond.) **217**, 473–496 (1971).
Cornsweet, T. N.: Visual perception. New York-London: Academic Press 1970.
Creutzfeldt, O. D.: Transfer function of the retina. In: Cordian, J.-P., Gloor, P. (Eds.): EEG Clin. Neurophysiol., Suppl. 31: Recent contributions to neurophysiology, pp. 159–169. Amsterdam: Elsevier Publ. Comp. 1972.
Creutzfeldt, O. D., Sakmann, B.: Neurophysiology of vision. Ann. Rev. Physiol. **31**, 499–544 (1969).
Ditchburn, R. W.: Eye movements and visual perception. Oxford: Clarendon Press 1973.
Fukuda, Y., Stone, J.: Retinal distribution and central projections of y-, x- and w-cells of the cat's retina. J. Neurophysiol. **37**, 749–772 (1974).
Gazzaniga, M. S.: The bisected brain. 172 pp. New York: Appleton Century-Crofts 1970.
Hubel, D. H., Wiesel, T. N.: Receptive fields and functional architecture of monkey's striate cortex. J. Physiol. (Lond.) **195**, 215–243 (1968).
Hubel, D., Wiesel, T.: Sequence, regularity and geometry of orientation columns in the monkey striate cortex. J. Comp. Neurol. **158**, 267–294 (1974).
Humphrey, N. K., Weiskrantz, L.: Vision in monkeys after removal of the striate cortex. Nature **215**, 595–597 (1967).
Jung, R. (Ed.): Central Visual Information. Handbook of Sensory Physiology Vol. VII, Teil 3 (A und B). Berlin-Heidelberg-New York: Springer 1973.
Polyak, St.: The vertebrate visual system. Chicago: University of Chicago Press 1957.
Ratliff, F.: Mach Bands: Quantitative studies on neural networks in the retina. San Francisco-London-Amsterdam: Holden-Day 1965.
Rodieck, R. W.: The vertebrate retina. Principles of structure and function. San Francisco: W. H. Freeman 1973.
Rushton, W. A. H.: Visual adaptation. The Ferrier lecture, 1962. Proc. Roy. Soc. B **162**, 20–46 (1962).
Sakmann, B., Creutzfeldt, O.: Scotopic and mesopic light adaptation in the cat's retina. Pflügers Arch. Ges. Physiol. **313**, 168–185 (1969).
Sperry, R. W.: Hemisphere disconnection and unity of conscious awareness. Am. Psychologist **23**, 723–733 (1968).
Yarbus, A.: Eye movements and vision. New York: Plenum Press 1967.

17.3. Systemanalytische Verhaltensforschung am Beispiel der Fliege

Werner Reichardt

17.3.1. Einleitung

In der systemanalytischen Verhaltensforschung geht man davon aus, reproduzierbare Verhaltensweisen unter systematisch kontrollierten und variierten Versuchsbedingungen quantitativ zu erfassen. Ziel des Vorgehens ist es, durch eine Analyse der gemessenen Verhaltensweisen Minimalbedingungen für Funktion und Organisation der ihnen zugrundeliegenden physiologischen Vorgänge im Innern des Organismus abzuleiten.

Eine Systemanalyse des Verhaltens läßt sich auf zwei verschiedenen Ebenen durchführen. Vergleichsweise dem Vorgehen in der Thermodynamik werden unter kontrollierten Umweltbedingungen zunächst die Eigenschaften des „Makrosystems" (Organismus) untersucht, ohne daß dabei auf Organisation und Funktion der beteiligten reizaufnehmenden Organe explizit eingegangen wird. Die Ergebnisse dieser Analyse werden in einer phänomenologischen Theorie zusammengefaßt, die das Verhalten des Makrosystems für einen möglichst vollständigen Satz von Umweltbedingungen beschreibt. Auf der zweiten Ebene der Analyse wird sodann die Frage behandelt: Welches sind die charakteristischen Eigenschaften der „Mikrosysteme", die das Makrosystem verwirklichen? Da die Struktur der Theorie des Makrosystems gleichbedeutend mit der Aufstellung von Bedingungen ist, die von den Mikrosystemen erfüllt werden müssen, ist deren Mannigfaltigkeit dadurch eingeschränkt. Auf dieser Ebene der Analyse stehen die Bestimmung von Minimaleigenschaften der Funktionen der beteiligten physiologischen Elementarbausteine, ihrer Wechselwirkung untereinander, sowie die Frage nach ihrer topologischen Organisation im Vordergrund. Gelingt es, die Ergebnisse der auf dieser Ebene vorgenommenen Verhaltensuntersuchungen in Form einer phänomenologischen Theorie abzubilden, so enthält diese notwendig die den Mikrosystemen eigenen funktionellen Prinzipien, deren Zusammenwirken die Verhaltensweisen des Makrosystems ergeben.

Diese Art des Vorgehens hat sich in den Bereichen der Biologie als fruchtbar erwiesen, die sich mit der Aufklärung komplexer integrativer Funktionen des Zentralnervensystems und der ihr zugeordneten Strukturen befassen. Hierfür lassen sich eine Reihe von Gründen anführen.

Die reine Strukturanalyse kann zwar wichtige Aufschlüsse über Zahl und Typen beteiligter Neuronen sowie über deren Verbindungen untereinander geben; es gelingt aber nur in seltenen, einfachen Fällen —

allein aufgrund der Strukturkenntnis — Klassen von Funktionseigenschaften auszuschließen und damit die Mannigfaltigkeit der Funktionen des strukturell analysierten Systems einzuschränken. Eine weitere Schwierigkeit ergibt sich aus einer operativen Unterteilung der Gesamtstruktur in zwei Teilstrukturen, wobei die eine unmittelbar verantwortlich ist für die „Logistik", nach der die Verarbeitung nervöser Daten erfolgt, während die andere mittelbar die „technologischen" Voraussetzungen hierfür liefert.

Bekanntlich lassen sich Elementarfunktionen des Nervensystems mittels intra- und extrazellulärer Ableitungen von einzelnen Neuronen gewinnen, so daß eine Reihe von Fragen, die naturgemäß bei der reinen Strukturanalyse offen bleiben müssen, mit Hilfe dieser Methode beantwortet werden können. Jedoch sind hier, bedingt durch die heute verfügbare Technologie, Grenzen gesetzt, da es bisher nahezu unmöglich ist, von vielen Neuronen gleichzeitig abzuleiten. Der Aussagekraft dieser Methode sind zumindest dort Grenzen gesetzt, wo man es mit komplexen Wechselwirkungen zwischen vielen Neuronen zu tun hat. Denn aus der Funktion eines einzelnen Neurons lassen sich noch keine Schlüsse auf die Funktionszustände eines Neuronen-Ensembles ziehen, da diese im allgemeinen erst die Folge eines kooperativen Geschehens sind. Eine Ausnahme bilden nur solche Systeme, die in ihrer Struktur und Funktion homogen sind, weil sich in diesem Fall die gleichzeitige Ableitung von vielen Neuronen — also das örtliche Nebeneinander — durch das zeitliche Nacheinander der Ableitungen von einem Neuron ersetzen läßt.

Die systemanalytische Verhaltensforschung kann einen wichtigen Beitrag zur Funktions- und Struktur-Aufklärung leisten, wenn es ihr gelingt, die für die Bestimmung von Elementar-Funktion und Struktur adäquaten Fragestellungen scharf einzugrenzen. Im Prinzip ist dies immer dann möglich, wenn das Verhalten des Makrosystems auf eine begrenzte Zahl räumlich verteilter und in ihrer Funktion beschreibbarer Mikrosysteme zurückgeführt werden kann.

Im folgenden Beitrag sollen diese allgemeinen Überlegungen durch ein Beispiel konkretisiert und verdeutlicht werden. Die Studie befaßt sich mit einer Analyse des musterinduzierten, spontanen Orientierungs-Verhaltens fliegender Insekten. Dieses Thema wurde gewählt, weil das visuelle System der Insekten — zumindest was den verhaltensanalytischen Aspekt anbelangt — als ein geeignetes Modell angesehen werden kann. Die Analyse des Systems erfordert die Anwendung linearer und nichtlinearer Methoden.

17.3.2. Systemanalyse der musterinduzierten Flugorientierung von Insekten

Das Flugverhalten von Insekten wird in hohem Maße durch die optische Umwelt beeinflußt. Aus der Anordnung von Kontrastelementen entstehen Muster, die zu erkennen und zu unterscheiden Abstraktionsprozesse im Zentralnervensystem voraussetzen. Eine Systemanalyse der musterinduzierten Flugorientierung von Insekten kann daher zu Aussagen über die Prinzipien führen, auf denen Abstraktionsleistungen des Zentralnervensystems beruhen.

17.3.2.1. Experimentelle Konzeption und Methodik

Ein frei fliegendes Insekt verfügt über sechs dynamische Freiheitsgrade der Bewegung: drei der Translation und drei der Rotation. Die bisher vorgenommenen Untersuchungen beschränken sich auf je einen dieser Freiheitsgrade. Dabei finden schnelle Meßwandler Verwendung, die Flug-Kräfte bzw. -Drehmomente proportional wandeln und einen raumfesten Flug der Versuchstiere kompensatorisch ermöglichen. Wird eine kontrastierte Versuchsumwelt gegenüber dem fixiert fliegenden Tier bewegt und die durch diesen Reiz induzierte Reaktion gemessen, so spricht man von "open loop" Bedingungen; wird dagegen das Meßwandlersignal dazu verwendet, die Versuchsumwelt durch das Tier selbst bewegen zu lassen, so liegen "closed loop" Bedingungen vor.

Die experimentellen und theoretischen Ergebnisse, von denen hier berichtet wird, beschränken sich auf einen Rotationsfreiheitsgrad: der Drehung eines Insekts im freien Flug um seine Hochachse, die durch ein Flugdrehmoment bewirkt wird. Alle Ergebnisse, die in diesem Zusammenhang gefunden wurden, konnten entsprechend bei einem Translationsfreiheitsgrad, der Höhenorientierung, bestätigt werden. Als Versuchstiere dienten Stubenfliegen, *Musca domestica*. Einige der hier mitgeteilten Ergebnisse beziehen sich auf Untersuchungen an der Fruchtfliege *Drosophila melanogaster* und am Rüsselkäfer *Chlorophanus viridis*.

17.3.2.2. Flugdynamik

Zahlreiche mit Drehmomenten-Kompensations-Einrichtungen durchgeführte Versuche und ihr Vergleich mit Beobachtungen an frei fliegenden Insekten haben zu dem Ergebnis geführt, daß die Aerodynamik des Fluges bei Drehung um die Hochachse in guter Näherung durch folgende Differentialgleichung beschrieben werden kann:

$$\Theta \ddot{\psi}(t) + k \dot{\psi}(t) = -F(t). \tag{17.1}$$

Darin bedeuten: Θ das Trägheitsmoment um die Hochachse der Fliege; k ein Koeffizient, durch den die Reibung der Luftströmung bei Rotation Berücksichtigung findet; F das Flugdrehmoment um die Hochachse der Fliege und ψ ein Winkelaufpunkt in einer zylindrischen Umwelt, deren Achse mit der Hochachse der Versuchsfliege übereinstimmt.

Zur Herstellung von Versuchsbedingungen, die denen des freien Fluges weitgehend entsprechen, wird beim raumfesten Flug unter closed loop Bedingungen die linke Seite von Gl. (17.1) elektronisch simuliert.

17.3.2.3. Eigenverhalten

Unter „Eigen"-Verhalten sei dasjenige Flugverhalten verstanden, das sich einstellt, wenn ein Versuchstier in einer optischen Umwelt fliegt, die homogen illuminiert ist und keinen Kontrast enthält. Unter diesen Bedingungen erzeugen Versuchsfliegen ein Flugdrehmoment $F = N(t)$, das in erster Näherung stationär ist, dessen Amplituden gaußisch verteilt sind und dessen Autokorrelations-Funktion $S(\tau) = A e^{-\gamma(\tau)}$ exponentiell abnehmend verläuft. Als stationäre Lösung von Gl. (17.1) erhält man, daß die Wahrscheinlichkeit $p(\psi)$ für die Flugrichtung ψ konstant ist, d. h. nicht von ψ abhängt.

17.3.2.4. Orientierungsverhalten gegenüber einer elementaren Umwelt

Induzierte Flug-Drehmomentenreaktionen werden beobachtet, wenn sich eine kontrastierte Umwelt relativ zu den Komplexaugen der Fliege bewegt. Stationäre retinale Bilder lösen keine Reaktionen aus. Das sogenannte Eigenverhalten tritt also auch unter diesen Versuchsbedingungen auf.

Elementares induziertes Verhalten wird unter closed loop Bedingungen beobachtet, wenn sich in der optischen Umwelt ein schwarzer, vertikal orientierter Streifen oder ein Streifensegment vor weißem Hintergrund befindet. Wird das am Drehmomenten-Kompensator hängende Versuchstier an diese Umwelt gekoppelt, so wird sie — unabhängig von der Streifen-Ausgangsposition — von ihm solange gedreht, bis der Streifen die Flugrichtung erreicht hat. Um diese stabile Fixations-Position fluktuiert das Objekt mit etwa gaußischer Winkelverteilung, was in Abb. 17.29 in Form eines Positionshistogramms gezeigt wird. Gegenüber der Ein-Streifen-Umwelt ist dies die einzige stabile Position, die die Fliege einnehmen kann.

Das Fixationsergebnis besagt, daß die Versuchsfliegen über Positionsinformation verfügen, die aus der Relativbewegung zwischen der Umwelt und den Fliegenaugen gewonnen wird, da stabilisierte retinale Bilder keinen Beitrag zur Reaktion liefern.

Bezeichnet man die unter open loop-Bedingungen gemessene, induzierte Drehmomenten-Reaktion mit $R(\psi, \dot\psi)$ und hängt R — abgesehen von einer Zeitverzögerung — nicht wesentlich von der Vergangenheit ab, so läßt sich die Reaktion in zwei Anteile aufspalten:

$$R(\psi, \dot\psi) = T(\psi, \dot\psi) + \varrho(\psi, \dot\psi), \quad (17.2)$$

worin T eine in bezug auf $\dot\psi$ gerade und ϱ eine in bezug auf $\dot\psi$ ungerade Funktion ist. Damit hat man eine Darstellung von R nach den Eigenfunktionen des Operators „Richtungsumkehr der Bewegung" gewählt. Für relativ kleine Fluktuations-Amplituden von $\dot\psi$, die durch die numerischen Werte von Θ und k gewährleistet sind, lassen sich T und ϱ in Taylorreihen entwickeln, die nach der ersten Ordnung von

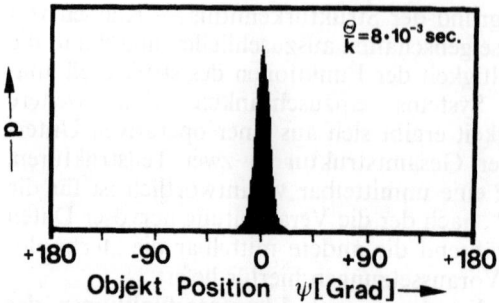

Abb. 17.29. Positions-Wahrscheinlichkeit p eines vertikal orientierten, 5° breiten schwarzen Streifens (Objekt) auf weißem Hintergrund als Funktion der Streifenposition ψ während der stationären Fixationsphase. Die Position $\psi = 0°$ ist durch die Flugrichtung der Versuchsfliege ausgezeichnet. Durch das Verhältnis $\frac{\Theta}{k} = 8 \cdot 10^{-3}$ s mit $\Theta = 1{,}5 \cdot 10^{-3}$ g cm^2 ist die Ankoppelung der Versuchsfliege an das Panorama unter closed-loop-Bedingungen definiert

$\dot\psi$ abgebrochen werden können. Führt man die Entwicklung durch — in geraden Potenzen von $\dot\psi$ für T und in ungeraden Potenzen von $\dot\psi$ für ϱ — so ergibt sich:

$$R(\psi, \dot\psi) \approx + D(\psi) + r(\psi) \dot\psi, \quad (17.3)$$

worin $D(\psi)$ und $r(\psi)$ ψ-abhängige Entwicklungs-Koeffizienten sind. $D(\psi)$, das positionsabhängige Flugdrehmoment, läßt sich aus einem Potential $U(\psi)$ ableiten, so daß Gl. (17.3) auch in der Form

$$R(\psi, \dot\psi) \approx - \frac{\partial}{\partial \psi} U(\psi) + r(\psi) \dot\psi, \quad (17.4)$$

geschrieben werden kann. In Abb. 17.30 ist der experimentell bestimmte Verlauf von $D(\psi)$ und entsprechend von $U(\psi)$ für eine Ein-Streifen-Umwelt wiedergegeben. $D(\psi)$ ist eine ungerade Funktion mit Nulldurchgängen bei $\psi = 0$ und $\psi = \pm 180°$. Eine entsprechende Bestimmung von $r(\psi)$ führt zu $r(\psi) = r_0 =$ const.; bei der Ein-Streifen-Umwelt hängt r also nicht von ψ ab. Fixationsgleichgewicht liegt bei $\psi = 0$ vor, entsprechend dem dort vorhandenen Potentialminimum. In der Umgebung des Gleichgewichts ist $D(\psi) \approx + \alpha \psi$, so daß Gl. (17.3) die lineare Form

$$R(\psi, \dot\psi) \approx + \alpha \psi + r_0 \dot\psi \quad (17.5)$$

annimmt.

Kehren wir nun zur Bewegungsgleichung (17.1) zurück und betrachten das Orientierungsverhalten unter closed loop-Bedingungen, so ist der einfachste Ansatz gegeben durch

$$\Theta \ddot\psi(t) + k \dot\psi(t) = N(t) - R(\psi, \dot\psi). \quad (17.6)$$

Bei diesem Ansatz geht man von der Annahme aus, daß die nervösen Korrelate von N und R im Zentralnervensystem addiert werden. Diese Annahme läßt

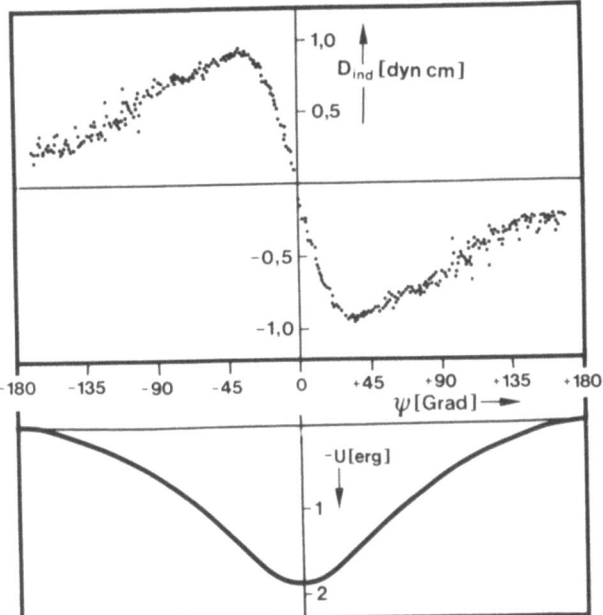

Abb. 17.30. Das von einem 5° breiten, vertikal orientierten schwarzen Streifen auf weißem Hintergrund induzierte, richtungsinsensitive Drehmoment D als Funktion der Streifenposition ψ (obere Teilabbildung) und das zu D korrespondierende Potential $U(\psi)$ (untere Teilabbildung). Die Verläufe geben das Mittel aus 111 Einzelmessungen wieder

sich leicht in der Umgebung des Fixationsgleichgewichts prüfen, indem ein von $N(t)$ unabhängiger Zufallsprozeß $nM(t)$ gleicher spektraler Zusammensetzung und mit gaußischer Amplitudenverteilung von außen eingespeist wird. Dann ergibt sich als Bewegungsgleichung der Ausdruck

$$\Theta\ddot{\psi}(t)+\dot{\psi}(t)=N(t)+nM(t)-\alpha\psi-r_0\dot{\psi}, \quad (17.7)$$

worin n ein Skalierungsfaktor ist. Da Gl. (17.7) linear ist und N und M gaußische Zufallsprozesse sind, muß auch $\psi(t)$ ein gaußischer Zufallsprozeß sein. Daher ist die stationäre Wahrscheinlichkeitsverteilung $p(\psi)$ der Streifenposition ψ durch den Ausdruck

$$p(\psi)=\sqrt{\frac{1}{2\pi\sigma^2}}\,e^{-\frac{\psi^2}{2\sigma^2}} \quad (17.8)$$

gegeben. Beträgt die Halbwertsbreite der Verteilung $\sigma=\sigma_N$, wenn $n=0$, dann muß — wegen der statistischen Unabhängigkeit von N und M — für $n>0$ der Zusammenhang

$$\sigma^2=\sigma_N^2+n^2\sigma_M^2 \quad \text{oder} \quad \sqrt{\sigma^2-\sigma_N^2}=n\sigma_M \quad (17.9)$$

gelten. Eine experimentelle Überprüfung hat ergeben, daß Gl. (17.9) sehr genau erfüllt ist; damit ist aber der Ansatz entsprechend Gl. (17.6) berechtigt.

17.3.2.5. Lineare Systemtheorie der Ein-Streifen-Fixation

Wie schon gezeigt wurde, gilt in der Umgebung des Fixationsgleichgewichts die linearisierte Bewegungsgleichung

$$\Theta\ddot{\psi}(t)+k\dot{\psi}(t)=N(t)-\alpha\psi(t)-r_0\dot{\psi}(t). \quad (17.10)$$

Dabei vernachlässigt man die Verzögerung zwischen Reiz und Reaktion, was sich experimentell begründen läßt. Die stationäre Lösung von Gl. (17.10) ist durch die Positionswahrscheinlichkeit des Streifens $p(\psi)$ nach Gl. (17.8) gegeben. Die Halbwertsbreite σ in $p(\psi)$ muß von Θ, k, α, r_0 und den Parametern A und γ, der Autokorrelation von N abhängen. Da σ^2 durch die Autokorrelation $S_{\psi,\psi}(\tau)$ von ψ an der Stelle $\tau=0$ gegeben ist, bestimmt man zunächst das Leistungsspektrum von ψ aus Gl. (17.10) und durch Fourierrücktransformation $S_{\psi,\psi}$. Es ergibt sich

$$S_{\psi,\psi}(0)=\sigma^2=\frac{A}{\Theta^2\cdot a\cdot b}\cdot\frac{b+\gamma}{(a+b\gamma+\gamma^2)} \quad (17.11)$$

mit den Abkürzungen $a=\dfrac{\alpha}{\Theta}$ und $b=\dfrac{k}{\Theta}+\dfrac{r_0}{\Theta}$. σ^2 hängt besonders empfindlich von A, a und b ab. Es ist proportional zu A, der mittleren Fluktuationsleistung von N, und umgekehrt proportional zur Steigung α der $D(\psi)$-Charakteristik in der Umgebung von $\psi=0$, sowie zu b, das sich additiv aus den beiden Friktionsparametern k und r_0 zusammensetzt. In diesem Zusammenhang ist die Rolle von r_0, dem Entwicklungskoeffizienten des richtungssensitiven Beitrages der induzierten Reaktion $r_0\dot{\psi}$, besonders interessant. Wenn r_0, bei unverändertem α, große Werte annimmt, so sollte man wegen der dadurch bewirkten Abnahme von σ^2 eine Verbesserung in der Qualität der Objektfixation beobachten. Diese Voraussage, sowie die Abhängigkeit von A, a und γ wurden experimentell überprüft und bestätigt.

17.3.2.6. Stationäre „Verfolgung" eines einzelnen Objektes

Eine interessante Anwendung von Bewegungsgleichung (17.10) liegt dann vor, wenn sich das Objekt (schwarzer Streifen) mit konstanter Winkelgeschwindigkeit ω gegenüber der Fliege bewegt. Dem wird dadurch Rechnung getragen, daß man der rechten Seite von Gl. (17.10) $\pm k\omega$ hinzufügt. Löst man Gl. (17.10) unter dieser Bedingung, so ändert sich σ in $p(\psi)$ nicht, jedoch verschiebt sich der Schwerpunkt der Verteilung nach

$$\psi_{\mathrm{tr}}=\pm\frac{k}{\alpha}\omega. \quad (17.12)$$

Das heißt, die Fliege verfolgt den Streifen mit gleicher Winkelgeschwindigkeit ω, jedoch stellt sich zwischen ihrer Flugrichtung und dem Streifen ein Winkel ψ_{tr} ein, der proportional zu ω ist. Diese Beziehung wurde sowohl an am Kompensator fliegenden als auch an frei fliegenden Fliegen überprüft und bestätigt. Allerdings gilt diese Beziehung natürlich nicht für beliebig große ω. Ihr Gültigkeitsbereich ist durch den linearen Bereich der $D(\psi)$-Charakteristik in der Umgebung von $\psi=0$ eingeschränkt. Wird dieser Bereich durch zu große ω-Werte überschritten, so verliert die Versuchsfliege das Objekt.

17.3.3. Orientierungsverhalten gegenüber einer komplexen Umwelt

Wird die Komplexität der Umwelt erhöht, indem zum Beispiel zwei oder mehrere vertikal orientierte Streifen in ihr angebracht werden, so beobachtet man ein Orientierungsverhalten, das sich nicht additiv aus dem Verhalten gegenüber einem einzelnen Streifen in den entsprechenden Positionen ableiten läßt. In diesem Sinn kann der einzelne Streifen auch nicht als „Muster-Merkmal" angesehen werden, da sein Beitrag zum induzierten Verhalten nicht frei vom Kontext ist. Die Frage, ob komplexes Verhalten als Summe elementaren Verhaltens verstanden werden kann, läßt sich jedoch in anderer Weise stellen: Kann die zu einer Mehr-Streifen-Umwelt korrespondierende $D(\psi)$-Verteilung durch Superposition von Ein-Streifen $D(\psi)$-Verteilungen gewonnen werden, die um die Winkel der Streifenseparationen gegeneinander versetzt sind? Diese Frage wurde insbesondere an Zwei-Streifen-Umwelten experimentell geprüft und hat zu folgendem Ergebnis geführt: Bei Streifenseparationen im Bereich von $0° \leq \Delta\psi \leq 40°$ beobachtet man — wie bei einer Ein-Streifen-Umwelt — nur *eine* stabile Orientierungslage, die durch die Winkelhalbierende zwischen beiden Streifen ausgezeichnet ist. Dieses Ergebnis ist nicht trivial, da das mittlere Auflösungsvermögen der Facettenaugen von *Musca* 2° beträgt. Bei größeren Separationswinkeln, also im Bereich $40° < \Delta\psi < 180°$, stellen sich *zwei* stabile Lagen ein, die in unmittelbarer Nähe der beiden Streifen liegen und gleich wahrscheinlich auftreten. Bezeichnet man mit $\Delta\psi^*$ den Winkelabstand der stabilen Lagen, so ist $\Delta\psi^* \leq \Delta\psi$ für $\Delta\psi > 40°$; das Gleichheitszeichen gilt im Fall $\Delta\psi = 180°$. In Abb. 17.31 sind für Zwei-Streifen-Umwelten mit den Separationswinkeln $\Delta\psi = 20°$ und $80°$ die gemessenen Positionswahrscheinlichkeiten $p(\psi)$ und die korrespondierenden $U(\psi)$-Verläufe wiedergegeben. Entsprechend der Zahl der Maxima in $p(\psi)$ und der damit gekennzeichneten stabilen Lagen beobachtet man in den korrespondierenden $U(\psi)$-Verläufen bei $\Delta\psi = 20°$ und $80°$ eine entsprechende Zahl von Minima. Es läßt sich zeigen, daß $U(\psi)$ für $\Delta\psi = 80°$ durch Superposition zweier in Abb. 17.30 dargestellten Ein-Streifen-$U(\psi)$-Verläufe,

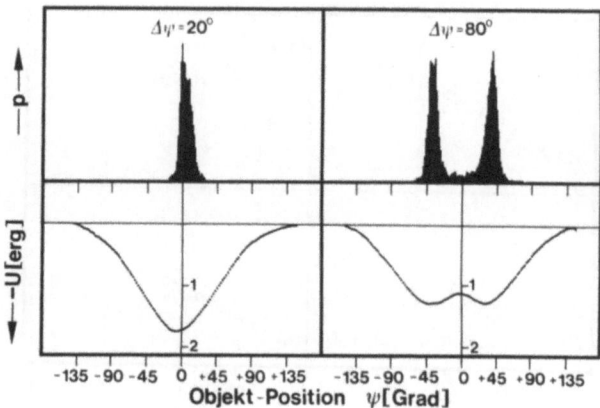

Abb. 17.31. Positions-Wahrscheinlichkeit p von Zwei-Streifen-Mustern, die aus 5° breiten, schwarzen Streifen auf weißem Hintergrund bestehen, als Funktion der Winkelposition ψ. Die Streifen befinden sich in den Positionen $\psi \pm \dfrac{\Delta\psi}{2}$; der Streifenabstand beträgt $\Delta\psi = 20°$ und $\Delta\psi = 80°$. Im unteren Teil der Abbildung sind die von diesen Streifenmustern induzierten Potentialverteilungen $U(\psi)$ wiedergegeben

die gegeneinander um 80° verschoben sind, errechnet werden kann. Entsprechend läßt sich bei Separationswinkeln $\Delta\psi > 80°$ verfahren. Anders liegen die Dinge im Separationsbereich $0 < \Delta\psi < 80°$, was am Beispiel von $\Delta\psi = 20°$ aus dem gemessenen $U(\psi)$-Verlauf in Abb. 17.31 zu ersehen ist. Vergleicht man dessen Potentialtiefe mit der des Ein-Streifen-Potentials in Abb. 17.30, so fällt auf, daß das in Abb. 17.31 abgebildete, keineswegs annähernd doppelt so tief ist, wie das in Abb. 17.30 wiedergegebene. Diese Beobachtung wird im gesamten Bereich $0 < \Delta\psi < 80°$ gemacht, allerdings nimmt der Unterschied mit zunehmenden $\Delta\psi$ ab. Das Superpositionsprinzip gilt in diesem Bereich nur qualitativ, aber nicht quantitativ. Offensichtlich tritt eine wechselseitige Inhibition zwischen den von den einzelnen Streifen induzierten Wirkungen auf, die nur bei Separationswinkeln von $\Delta\psi > 80°$ vernachlässigt werden kann.

Daher läßt sich feststellen: Nur teilweise kann komplexes Orientierungsverhalten aus elementarem Orientierungsverhalten zusammengesetzt werden. Dort, wo dies möglich ist, gilt das Superpositionsprinzip, das die Transitivitätsregel nach sich ziehen sollte. Wenn Objekt A attraktiver ist als Objekt B und dieses attraktiver ist als Objekt C, dann ist auch A attraktiver als C. Es ist nicht anzunehmen, daß im Gültigkeitsbereich dieser Regel eine Musterperzeption möglich ist, da diese die Wechselwirkung zwischen den Einzelwirkungen der Streifen voraussetzt. Gerade diese Voraussetzung ist aber im Separationsbereich $0 < \Delta\psi < 80°$ erfüllt.

Der Übergang von einer in zwei stabile Orientierungslagen in der Umgebung von $\Delta\psi = 40°$ ist ein typisches Phasenumwandlungsphänomen, das sich aus den Symmetrieveränderungen von $p(\psi)$ und $U(\psi)$ in Abb. 17.31 ablesen läßt.

17.3.4. Nichtlineare Systemtheorie der musterinduzierten Flugorientierung

Bei der stationären Lösung von Bewegungsgleichung 17.6 haben wir uns bisher auf Gleichgewichtszustände beschränkt, in deren Nähe eine lineare Näherung zulässig ist. Diese Einschränkung soll nun aufgehoben werden; $D(\psi)$ bzw. $U(\psi)$ seien beliebig vorgegeben; damit ist die Lösung von Gl. (17.6) ein nichtlineares Problem.

Zur Ermittlung einer allgemeinen Lösung empfiehlt es sich, Gl. (17.6) im Phasenraum (ψ, w) zu formulieren. Man erhält

$$\frac{d\psi}{dt} = w$$
$$\frac{dw}{dt} = \frac{N(t)}{\Theta} - \frac{k}{\Theta}w - \frac{R(\psi, w)}{\Theta}, \quad (17.13)$$

wobei $R(\psi, w) \approx -\frac{\partial}{\partial \psi} U(\psi) + r_0 w$.

Das Lösungsverfahren vereinfacht sich wesentlich, wenn der gaußische Fluktuationsprozeß N durch „weißes" Rauschen der Leistungsdichte ζ ersetzt wird; eine Approximation, die wegen der numerischen Werte von Θ, k in den meisten Fällen zulässig ist. Die Lösung von Gl. (17.13) erfolgt unter dieser Annahme mittels der Fokker-Planck-Gleichung, die durch nachstehenden Ausdruck gegeben ist

$$\frac{\partial p}{\partial t} = -\frac{\partial}{\partial \psi}[A_1(\psi, w) \cdot p] - \frac{\partial}{\partial w}[A_2(\psi, w) \cdot p] \quad (17.14)$$
$$+ \frac{1}{2}\left[2\frac{\partial^2}{\partial w \partial \psi}(B_{12} \cdot p) + \frac{\partial^2}{\partial w^2}B_{22}p + \frac{\partial^2}{\partial \psi^2}B_{11} \cdot p\right].$$

Die Werte der Koeffizienten A_1, A_2, B_{11}, B_{12}, B_{22} lassen sich aus Gl. (17.13) ermitteln. Mit ihrer Bestimmung erhält man schließlich den Ausdruck:

$$-\frac{\partial}{\partial \psi}(w \cdot p) + \frac{\partial}{\partial w}\left\{\left[b \cdot w - \frac{1}{\Theta}\frac{\partial}{\partial \psi}U(\psi)\right]p\right\}$$
$$+ \zeta \frac{\partial^2 p}{\partial w^2} = \frac{\partial p}{\partial t}. \quad (17.15)$$

Gesucht ist die stationäre Positionswahrscheinlichkeit $p(\psi)$, die nach theoretisch unendlicher Beobachtungsdauer dadurch gesichert ist, daß ψ eine zyklische Koordinate ist. Stationarität erfordert $\frac{\partial p}{\partial t} = 0$. Damit erhält man aus Gl. (17.15)

$$p(\psi) = C\sqrt{\frac{\zeta \cdot \pi}{b}} e^{-\frac{U(\psi) \cdot b}{\Theta \cdot \zeta}}, \quad (17.16)$$

worin C ein Normierungsfaktor ist. Aus Gl. (17.16) ersieht man, daß die Beziehung zwischen dem Potentialverlauf $U(\psi)$ und der Orientierungswahrscheinlichkeit $p(\psi)$ zwar von der Korrespondenz eins zu eins, jedoch nichtlinear ist. Der Friktionsparameter b kann sich „verstärkend", die Leistungsdichte ζ der Fluktuation N dagegen „abschwächend" auf $U(\psi)$ auswirken. Nur wenn $\frac{U(\psi) \cdot b}{\Theta \cdot \zeta} \ll 1$ (für alle ψ), sind $U(\psi)$ und $p(\psi)$ proportional aufeinander bezogen.

Während Gl. (17.16) den Zusammenhang zwischen einem beliebigen Potentialverlauf $U(\psi)$ und der stationären Orientierungswahrscheinlichkeit $p(\psi)$ angibt, lassen sich in ähnlicher Weise die Wahrscheinlichkeiten des Orientierungsübergangs von einem in einen anderen Gleichgewichtszustand — bei Kenntnis von $U(\psi)$ — ermitteln.

Als Ergebnis dieses Abschnitts halten wir fest: Sind die zu einem Umweltmuster korrespondierenden $D(\psi)$- bzw. $U(\psi)$-Verteilungen bekannt, so läßt sich die stationäre Orientierungswahrscheinlichkeit $p(\psi)$ gegenüber dieser Umwelt berechnen. Eine Überprüfung dieses von Gl. (17.16) gegebenen Zusammenhangs — insbesondere mit Zwei-Streifen-Umwelten — hat ergeben, daß gute Übereinstimmung zwischen Theorie und Experiment besteht. Abweichungen wurden nur in der Nähe des Phasenumwandlungspunktes, also bei Streifenseparationswinkeln von ca. $\Delta\psi = 40°$, beobachtet. Ihre Berücksichtigung erfordert im Rahmen der Theorie eine Lösung von Gl. (17.6) unter Beachtung der Spektralverteilung des von den Fliegen generierten Drehmomentrauschens $N(t)$, worauf hier nicht weiter eingegangen sei.

17.3.5. Von der makroskopischen zur mikroskopischen Beschreibung

Die in den vorangehenden Kapiteln skizzierte makroskopische Systemanalyse der musterinduzierten Flugorientierung hat zu Ergebnissen geführt, die die mikroskopischen Realisierungen dieser Verhaltensleistung einschränken. Die Ergebnisse enthalten jedoch keine direkten Aussagen über die für das Orientierungsverhalten im visuellen System der Fliege verantwortlichen Wechselwirkungsprozesse, da sich die phänomenologischen Größen ψ und $\dot{\psi}$ nur mittelbar auf die Rezeptororganisation und die Wechselwirkungsprozesse im Zentralnervensystem beziehen. Eine Systemanalyse, die auf der mikroskopischen Ebene vorgenommen wird, muß diese Organisation schon im Ansatz berücksichtigen. Daher sollen im folgenden Kapitel die Eigenschaften von Systemen mit n parallelen Eingängen (Rezeptoren) und einem Ausgang (Reaktion) untersucht und mit den Ergebnissen der makroskopischen Analyse verglichen werden. Bei diesem Vergleich kann man sich auf die unter open loop-Bedingungen gewonnene Reaktion $R(\psi, \dot{\psi})$ beschränken, da sich bisher stets gezeigt hat, daß das closed loop-Verhalten aus der Kenntnis des open loop-Verhaltens abgeleitet werden kann.

17.3.5.1. Volterra-Beschreibung eines Systems von n Eingängen und einem Ausgang

Bezeichnet man mit $x_1(t), x_2(t)\ldots x_n(t)$ die n Eingangsgrößen und mit $y(t)$ die Ausgangsgröße, so folgt aus einer Erweiterung der von Volterra angegebenen Entwicklung auf ein System von n Eingängen und einem Ausgang:

$$\begin{aligned}y(t)&=g_0+\sum_{j=1}^{\infty}\sum_{i_1,\ldots,i_j}^{n}\int_{-\infty}^{+\infty}\ldots\int_{-\infty}^{+\infty}d\tau_1,\ldots,d\tau_j\\&\quad\cdot\prod_{r=1}^{j}x_{i_r}(t-\tau_r)\,g_{i_1,\ldots,i_j}(\tau_1\ldots\tau_j)\\&=g_0+\sum_{i=1}^{n}\int_{-\infty}^{+\infty}d\tau_1\,x_i(t-\tau_1)\,g_i(\tau_1)\\&\quad+\sum_{i,j}^{n}\int_{-\infty}^{+\infty}\int_{-\infty}^{+\infty}d\tau_1\,d\tau_2\,x_i(t-\tau_1)\,x_j(t-\tau_2)\\&\quad\cdot g_{ij}(\tau_1,\tau_2)+\ldots.\end{aligned}\qquad(17.17)$$

In dieser Gleichung charakterisieren die Kerne erster Ordnung die Impulsantworten linearer Systeme, während die Kerne höherer Ordnung den nichtlinearen Eigenschaften — darunter auch den Wechselwirkungen — Rechnung tragen. Systeme, die sich mit Gl. (17.17) beschreiben lassen, sind zeitinvariant. Sie besitzen ein begrenztes „Erinnerungsvermögen" und ihre Eingangs- und Ausgangsgrößen $x_i(t)$ und $y(t)$ müssen beschränkt sein.

Gleichung (17.17) stellt eine unendliche Reihe dar, deren Komplexität mit j — dem Grad der Nichtlinearität — und n — der Zahl der Eingänge — stark anwächst. Dem wirkt jedoch entgegen, daß man ein System von n Eingängen mit dem Nichtlinearitätsgrad j konzeptuell in die Summe von $\binom{n}{j}$ j-Eingangssystemen zerlegen kann. Da bei biologischen Systemen vielfach die Berücksichtigung des Nichtlinearitätsgrades „zwei" für eine adäquate Beschreibung ausreicht, würde in diesem speziellen Fall die Zerlegung aus einer Summe von $\binom{n}{2}$ 2-Eingangssystemen bestehen.

17.3.5.2. Anwendung des Volterra-Formalismus auf das Orientierungsverhalten

Das musterinduzierte Orientierungsverhalten beruht auf dem Bewegungssehen. Es ist nachgewiesen, daß die Bewegungsreizung von zwei Rezeptoren des Auges notwendig ist und hinreichend sein kann für die Auslösung einer richtungsabhängigen Elementar-Reaktion. Die Abhängigkeit dieser Reaktion vom Kontrast, der Struktur und der Geschwindigkeit des bewegten Musters läßt darauf schließen, daß die hierfür verantwortlichen Wechselwirkungsprozesse im Zentralnervensystem vom Nichtlinearitätsgrad „zwei" sind. Deshalb ist es zunächst gerechtfertigt, die in Gl. (17.17) allgemein formulierte Entwicklung nach der Ordnung „zwei" abzubrechen und vom entsprechenden Zerlegungstheorem Gebrauch zu machen.

Für das weitere Vorgehen ist es nützlich, Gl. (17.17) auch im Fourierbereich darzustellen.

$$\begin{aligned}Y(\omega)&=g_0\delta(\omega)+\sum_{i=1}^{n}X_i(\omega)G_i(\omega)\\&\quad+\sum_{i,j}^{n}\int_{-\infty}^{+\infty}d\omega_1\,X_i(\omega_1)X_j(\omega-\omega_1)\\&\quad\cdot G_{i,j}(\omega_1,\omega-\omega_1)+\ldots.\end{aligned}\qquad(17.18)$$

In Gl. (17.18) bezeichnen: $X_i(\omega)$ die Fourier-Transformierten der Eingangsgrößen, $Y(\omega)$ die der Ausgangsgröße und die G's die n-fachen Fourier-Transformierten der Kerne g.

Eine im stationären open loop-Experiment besonders leicht zu ermittelnde Größe ist das zeitliche Mittel der Reaktion. Sie ergibt sich zu

$$\overline{y(t)}^T=F^{-1}\{Y(f)\cdot\mathrm{sinc}(T\cdot f)\}\qquad(17.19)$$

worin T die Mittelungszeit und $f=\dfrac{\omega}{2\pi}$ die Frequenz bezeichnet. Für $T\to\infty$ erhält man

$$\overline{y(t)}=Y(0).\qquad(17.20)$$

Beschränkt man die Entwicklung nach Gl. (17.18) auf Wechselwirkungsprozesse „zweiter" Ordnung und berechnet $\overline{y(t)}$, so ergibt sich

$$\begin{aligned}\overline{y(t)}&=g_0+G_1(0)X_1(0)+G_2(0)X_2(0)\\&\quad+\int_{-\infty}^{+\infty}G_{11}(\omega_1,-\omega_1)S_{11}(\omega_1)d\omega_1\\&\quad+\int_{-\infty}^{+\infty}G_{22}(\omega_1,-\omega_1)S_{22}(\omega_1)d\omega_1\\&\quad+\int_{-\infty}^{+\infty}G_{12}^*(\omega_1,-\omega_1)S_{12}(\omega_1)d\omega_1,\end{aligned}\qquad(17.21)$$

und zwar für jedes der Eingangspaare, in die das System zerlegt werden kann. G_{12}^* in Gl. (17.21) ist eine Abkürzung für die Fourier-Transformierte von $g_{12}^*(\tau_1,\tau_2)=[g_{12}(\tau_1,\tau_2)+g_{21}(\tau_2,\tau_1)]$ und $S_{\nu\mu}(\omega)=X_\nu(\omega)X_\mu(\omega)$. Eine entsprechende Darstellung, die die Eingangssignale $x_1(t), x_2(t)$ und deren Autokorrelationen ϕ_{11}, ϕ_{22} und ϕ_{12} enthält, lautet

$$\begin{aligned}\overline{y(t)}&=g_0+\overline{g_1}\,\overline{x_1}+\overline{g_2}\,\overline{x_2}+\int_{-\infty}^{+\infty}w_{11}(\tau)\phi_{11}(\tau)d\tau\\&\quad+\int_{-\infty}^{+\infty}w_{22}(\tau)\phi_{22}(\tau)d\tau+\int_{-\infty}^{+\infty}w_{12}(\tau)\phi_{12}(\tau)d\tau+\ldots\end{aligned}$$
(17.22)

mit

$$w_{11}(\tau)=F^{-1}\{G_{11}(\omega_1-\omega)\}=\int d\tau_2 g_{11}(\tau_2+\tau_1,\tau_2)$$

und

$$\begin{aligned}\phi_{11}(\tau)&=F^{-1}\{X_1(\omega)X_1(-\omega)\}\\&=\lim_{T\to\infty}\frac{1}{2T}\int_{-T}^{+T}x_1(t)x_1(t+\tau)dt.\end{aligned}$$

Entsprechende Ausdrücke ergeben sich für w_{22} und ϕ_{12}. ϕ_{11} und ϕ_{22} sind gerade Funktionen von τ, da sie Autokorrelationen von x_1 und x_2 bezeichnen. Die Kreuzkorrelierte ϕ_{12} ist dagegen im allgemeinen weder gerade noch ungerade. Entsprechendes gilt für die Kerne w_{11}, w_{22} und w_{12}.

Aus der makroskopischen Analyse des Orientierungsverhaltens folgte, daß die von einem Kontrastmuster induzierte Reaktion $R(\psi,\dot{\psi})$ in die beiden Anteile $T(\psi,\dot{\psi})$ und $\varrho(\psi,\dot{\psi})$ entsprechend Gl. (17.2) zerlegt werden kann. Diese Zerlegung ist stets möglich und sie ist vollständig. $T(\psi,\dot{\psi})$ bezeichnet den Reaktionsanteil, der bei Umkehr der Bewegungsrichtung sein Vorzeichen nicht ändert. Er ist richtungsinsensitiv, da $T(\psi,\dot{\psi})$ eine gerade Funktion in $\dot{\psi}$ ist, so daß $T(\psi,+\dot{\psi})=T(\psi,-\dot{\psi})$. $\varrho(\psi,\dot{\psi})$ dagegen ist eine ungerade Funktion in $\dot{\psi}$. Dieser Reaktionsanteil ist wegen $\varrho(\psi,+\dot{\psi})=-\varrho(\psi,-\dot{\psi})$ richtungssensitiv und liefert daher „echte" Bewegungsinformation.

Eine entsprechende Zerlegung in richtungsinsensitive und richtungssensitive Komponenten läßt sich auch auf der mikroskopischen Ebene vornehmen, indem die geraden Teile der Kerne in Gl. (17.21) und Gl. (17.22) von den ungeraden Teilen separiert werden. Terme nullter Ordnung, lineare Terme und Selbstterme (diese entstehen aus dem Produkt gerader Funktionen) sind wie die geraden Anteile der Kreuzterme richtungsinsensitiv. Richtungssensitiv sind dagegen ausschließlich die ungeraden Anteile der Kreuzterme. Damit ergibt sich für $\dot{\psi}=$ const folgende Beziehung zwischen den Zeitmitteln der makroskopischen und der mikroskopischen Reaktionsanteile:

$$\frac{\overline{R(\psi,+\dot{\psi})}_{\dot{\psi}=\text{const}}+\overline{R(\psi,-\dot{\psi})}_{\dot{\psi}=\text{const}}}{2}=\overline{T(\psi,\dot{\psi})}_{\dot{\psi}=\text{const}}$$

$$=g_0+G_1(0)X_1(0)G_2(0)X_2(0)+\int_{-\infty}^{+\infty}G_{11}(\omega_1,-\omega_1)$$
$$\cdot S_{11}(\omega_1)d\omega_1+\int_{-\infty}^{+\infty}G_{22}(\omega_1,-\omega_1)$$
$$\cdot S_{22}(\omega_1)d\omega_1+\int_{-\infty}^{+\infty}G_{12}^{*(\text{ge})}(\omega_1)S_{12}^{(\text{ge})}(\omega_1)d\omega_1$$
$$=g_0+\overline{g_1}\overline{x_1}+\overline{g_2}\overline{x_2}+\int_{-\infty}^{+\infty}w_{11}(\tau)d\tau$$
$$+\int_{-\infty}^{+\infty}w_{22}(\tau)\phi_{22}(\tau)d\tau+\int_{-\infty}^{+\infty}w_{12}^{(\text{ge})}(\tau)\phi_{12}^{(\text{ge})}(\tau)d\tau \quad (17.23)$$

und

$$\frac{\overline{R(\psi_1,+\dot{\psi})}_{\dot{\psi}=\text{const}}-\overline{R(\psi,-\dot{\psi})}_{\dot{\psi}=\text{const}}}{2}=\overline{\varrho(\psi,\dot{\psi})}_{\dot{\psi}=\text{const}}$$
$$=\int_{-\infty}^{+\infty}G_{12}^{*(\text{un})}(\omega_1)S_{12}^{(\text{un})}(\omega_1)d\omega_1=\int_{-\infty}^{+\infty}w_{12}^{(\text{un})}(\tau)$$
$$\cdot\phi_{12}^{(\text{un})}(\tau)d\tau, \quad (17.24)$$

wobei die Indizierungen (ge) die geraden und (un) die ungeraden Funktionsanteile bezeichnen.

Diskutieren wir zunächst den Zusammenhang nach Gl. (17.24), der die „klassische" optomotorische Reaktion beschreibt. Optomotorische Reaktionen von Insekten wurden schon vor Jahren experimentell und theoretisch eingehend studiert. Die experimentellen Ergebnisse führten zur Aufstellung eines Zwei-Rezeptor-Korrelationsmodells. Aus dem in Gl. (17.24) wiedergegebenen Zusammenhang ersieht man, daß die Annahme von Wechselwirkungsprozessen bis zur Ordnung „zwei" zwingend auf die Korrelation der von zwei Rezeptoren aufgenommenen sensorischen Daten führt. Damit ist nachgewiesen, daß das Korrelationsmodell die allgemeinste Repräsentation dieses Auswertemechanismus für das Bewegungssehen ist, wenn das zeitliche Mittel der Reaktion betrachtet wird. Der experimentelle Nachweis beruht wesentlich auf der Eigenschaft der Phaseninvarianz, d. h. die zeitlich gemittelte Reaktion hängt nicht von den relativen Phasenlagen der räumlichen Fourierkomponenten ab, in die ein Muster zerlegt werden kann, das sich vor den Komplexaugen mit konstanter Geschwindigkeit bewegt. Diese Eigenschaft besitzen notwendig alle mit dem Volterra-Formalismus beschreibbaren Systeme, deren Nichtlinearitätsgrad die Ordnung „zwei" nicht überschreiten. Für Systeme, in denen Nichtlinearitäten von höherer Ordnung auftreten, ist die Eigenschaft der Phaseninvarianz durch Bedingungen eingeschränkt. Daher stellt die Eigenschaft der Phaseninvarianz, wenn sie von allen möglichen Mustern erfüllt wird, die notwendige und hinreichende Bedingung für die Forderung dar, daß das System Nichtlinearitäten enthält, die die Ordnung „zwei" nicht überschreiten. — Die experimentelle Bestimmung von $\overline{\varrho(\psi,\dot{\psi})}_{\dot{\psi}=\text{const}}$ mit einer Ein-Streifen-Umwelt hat zu dem Ergebnis geführt, daß $\overline{\varrho}$ nicht von der Position ψ abhängt. Die für diesen Reaktionsanteil verantwortlichen Verrechnungsstrukturen sind daher vermutlich in ψ-Richtung homogen über beide Komplexaugen verteilt. Die zweidimensionale Topologie dieser Interaktionen ist bisher nur zum Teil aufgeklärt. Sie erstreckt sich nicht nur auf benachbarte Rezeptoren.

Wesentlich schwieriger und keineswegs abgeschlossen ist die Interpretation von Gl. (17.23), die den Zusammenhang zwischen dem richtungsinsensitiven Reaktionsanteil $\overline{T(\psi,\dot{\psi})}_{\dot{\psi}=\text{const}}$ und den korrespondierenden Größen des Volterra-Formalismus herstellt. Aus der Beobachtung, daß stationäre retinale Bilder keinen Einfluß auf die Reaktion ausüben, folgt, daß in Gl. (17.23) die Terme nullter und erster Ordnung keine Beiträge liefern; sie sind null zu setzen. Die Abhängigkeit des Reaktionsanteils $T(\psi,\dot{\psi})$ von der Position ψ beruht daher im Prinzip — unter der Voraussetzung eines Systems vom Nichtlinearitätsgrad „zwei" — auf den Beiträgen der Selbstterme und der geraden Funktionsteile der Kreuzterme. Wir erinnern uns, daß $D(\psi)$, der nullte Entwicklungskoeffizient von $T(\psi,\dot{\psi})$ mit einer bewegten Ein-Streifen Umwelt, experimentell bestimmt wurde; sein Verlauf ist in Abb. 17.30 wiedergegeben. Man erhält diesen Verlauf auch, wenn der Streifen nicht bewegt wird, sondern seine Leuchtdichte sich periodisch ändert (Flickerlicht) und die Reaktion in Abhängigkeit von der Position ψ bestimmt wird. Da der richtungssensitive Reaktionsanteil $\varrho(\psi,\dot{\psi})$ auf Flickerlicht keinen Beitrag liefern kann, ist unter diesen Bedingungen für die beobachtete Reaktion ausschließlich der Anteil $T(\psi,\dot{\psi})$ verantwortlich. Flickerlicht, das von einem ruhenden Streifen ausgeht, löst aber nur dann eine positionsabhängige Reaktion aus, wenn der Streifen (in ψ-Richtung) schmal ist. Die Reaktion verschwindet bei breiten Streifen und auch dann, wenn ein periodisches Muster in ψ-Richtung oszilliert wird. Diese Befunde sind in qualitativer Übereinstimmung mit der Hypothese, daß die Positionsinformationen schmäler Objekte von den Selbsttermen in Gl. (17.23) geliefert werden, während der inhibitorische Einfluß der Kreuzterme erst bei größeren Rezeptorabständen wirksam wird. In diesem Zusammenhang müssen auch die Ergebnisse der Zwei-Streifen Experimente gesehen werden, die auf eine inhibitorische Wechselwirkung bei nicht zu großen Streifenabständen schließen lassen. Aufgrund neuerer Experimente sind in letzter Zeit jedoch gravierende Zweifel daran aufgekommen, daß die wechselseitige Inhibition dem Einfluß der Kreuzterme in Gl. (17.23) zugeschrieben werden kann: Bewegt man ein Kontrastelement periodisch (in ψ-Richtung) vor einem mit gleicher Frequenz und gleicher Amplitude periodisch bewegten Hintergrund, der aus statistisch verteilten Kontrastelementen besteht, so wird unter open-loop Bedingungen eine maximale positionsabhängige Reaktion auf die Bewegung des Kontrastelements gemessen, wenn zwischen Vorder- und Hintergrund eine Phasenverschiebung von 90° oder 270° vorliegt. Bei Inphase- und bei Gegenphase-Bewegungen, also bei den Phasenwinkeln 0° und 180°, ist der positionsabhängige Reaktionsbeitrag null. Entsprechende Beobachtungen wurden unter äquivalenten Versuchsbedingungen zum Teil auch im closed-loop-Verfahren gemacht. Und noch ein weiterer wesentlicher Befund: Verwendet man zwei benachbarte Streifen, deren Leuchtdichten sich mit gleicher Frequenz bei gleichem Modulationsgrad ändern und deren relative Phasenlagen eingestellt werden können, so beobachtet man unter open loop-Bedingungen eine gleich starke inhibitorische Wechselwirkung bei 0° und bei 180°. Diese Wechselwirkung ist zumindest aufgehoben, wenn sich die Frequenzen, mit der die Leuchtdichten der beiden Streifen moduliert werden, unterscheiden, so daß die relative Phase jeden beliebigen Wert annimmt. Diese Befunde widersprechen dem von den Kreuztermen in Gl. (17.23) zu erwartenden Einfluß, der, wenn er inhibitorisch beim Phasenwinkel 0 ist, excitatorisch beim Phasenwinkel 180° sein muß. Die Existenz der Kreuzterme in Gl. (17.23) muß aufgrund dieser Ergebnisse daher in Frage gestellt werden. Eine adäquate theoretische Interpretation der experimentellen Befunde erfordert die Einbeziehung höherer Wechselwirkungsprozesse und zwar mindestens von der Ordnung „vier", da die Reaktionen als Funktion des Phasenwinkels die Periodizität π aufweist. Eine mögliche theoretische Deutung sowohl der Ergebnisse des Vordergrund-Hintergrund- als auch des Zwei-Streifen Flicker-Experiments wäre die Annahme, daß die zeitlich nicht gemittelten Ergebnisse der Selbstkorrelation [Selbstterme in Gl. (17.23)] von sensorischen Daten, die von einzelnen Rezeptoren aufgenommen werden, miteinander in Kreuzkorrelation (Ordnung „zwei") treten und das Ergebnis dieser Kreuzkorrelation linear inhibitorisch wirkt. Eine andere mögliche theoretische Deutung besteht darin, daß die zeitlich nicht gemittelten Ergebnisse von je zwei Beiträgen der Kreuzterme miteinander in eine Kreuzinteraktion der Ordnung „zwei" treten, die auch linear inhibitorisch wirkt. Während im ersten Fall der Elementarprozeß der Wechselwirkung an je zwei Rezeptoren gebunden wäre, bedarf es im zweiten Fall der Eingänge von vier Rezeptoren. Weitere Untersuchungen sind notwendig, um dieses Problem abschließend zu klären, dessen Lösung eine mögliche Antwort auf die Frage nach den für die Vordergrund-Hintergrund Unterscheidung verantwortlichen Funktionsprinzipien geben könnte.

17.3.6. Résumé und Ausblick

Das in diesem Beitrag skizzierte Beispiel einer Systemanalyse der musterinduzierten Flugorientierung sollte verdeutlichen, wie sich aus quantitativen Messungen des Verhaltens Minimalbedingungen für Funktion und Organisation des untersuchten Systems ableiten lassen. Aus den wechselseitigen Beziehungen zwischen der makroskopischen und der mikroskopischen Analyse ergeben sich Aussagen über des Zusammenwirken der Teilsysteme zur Gesamtfunktion. Im Hinblick auf das bewegungs- und positionsabhängige Reaktionsgeschehen ist das visuelle System der Insekten — soweit mit diesen Methoden untersucht — parallel organisiert. Die Komplexität der beobachteten Verhaltensleistungen, auch wenn sie sich aus einzelnen Verhaltensbeiträgen additiv zusammensetzt, ist eine Folge der nichtlinearen Positionsabhängigkeit. Durch diese Art der Parametrisierung eines parallel organisierten Auswertesystems können kooperative Phasenumwandlungs-Phänomene auftreten, die eine der wesentlichen Ursachen für die Musterunterscheidung bilden dürften. Für die Auswertung der Musterdetails sind vermutlich die Wechselwirkungsprozesse verantwortlich zu machen, die nach dem gegenwärtigen Stand unserer Kenntnisse mindestens vom Nichtlinearitätsgrad „vier" sind. Diese Mechanismen sind es auch, die eine Fliege dazu befähigen, ein bewegtes Objekt von seinem Hintergrund zu unterscheiden. — Die bisher vorgenommenen Untersuchungen beschränken sich auf den Musterauswerte- und Unterscheidungsprozeß, die eigentliche Erkennungsphase bleibt dabei bisher noch unberücksichtigt. Die vorliegende Analyse ist zunächst auch dadurch eingeschränkt, daß die Untersuchungen an fliegenden Insekten sich auf je einen dynamischen Freiheitsgrad der Rotation und der Translation beschränken. Ein weiterer Schritt in Richtung auf eine Vervollständigung der Aufklärung des Systems wird darin bestehen, verschiedene dynamische Freiheitsgrade gleichzeitig zu studieren.

Aus der Systemanalyse der Flugorientierung ergeben sich eine Reihe von Aussagen, die als Minimalbedingungen für die zu fordernde Zahl der beteiligten Neuronen, ihrer Verknüpfungsstruktur und ihrer im elektrophysiologischen Zugriff zu verifizierenden Elementarfunktionen anzusehen sind. Eine nähere Behandlung dieses Problemkreises würde jedoch über den Rahmen dieses Beitrages zur systemanalytischen Behandlung des Verhaltens hinausführen.

Literaturauswahl

Braitenberg, V., Strausfeld, N. J.: Principles of the mosaic organization in the visual system's neuropil of *Musca domestica* L. In: Handbook of Sensory Physiology, Bd. II: Central Processing of Visual Information. Berlin-Heidelberg-New York: Springer 1973.

Götz, K. G.: Principles of optomotor reactions in insects. In: Bibliotheca Ophthalmologica, Bd. 82, S. 251—259. Basel: Karger 1972.

Hassenstein, B., Reichardt, W.: Systemtheoretische Analyse der Zeit-, Reihenfolgen- und Vorzeichenauswertung bei der Bewegungsperzeption des Rüsselkäfers Chlorophanus. Z. Naturforsch. **11b**, 513—524 (1956).

Kirschfeld, K.: Das neurale Superpositionsauge. In: Fortschritte der Zoologie, Bd. 21, S. 229—257. Stuttgart: Gustav Fischer 1973.

Land, M. F., Collett, T. S.: Chasing behaviour of houseflies. J. comp. Physiol. **89**, 331—357 (1974).

Marmarelis, P. Z., McCann, G. D.: Development and application of white-noise modeling techniques for studies of insect visual nervous system. Kybernetik **12**, 74—90 (1973).

Pick, B.: Das Stationäre Orientierungsverhalten der Fliege *Musca*. Dissertation, Fachbereich Biologie, Universität Tübingen (1974).

Poggio, T.: Processing of visual information in insects: outline of a theoretical characterization. In: Drischel, H. (Ed.): Biocybernetics. Leipzig: Fischer 1975.

Poggio, T., Reichardt, W.: A theory of the pattern induced flight orientation of the fly *Musca domestica*. Kybernetik **12**, 185—203 (1973).

Poggio, T., Reichardt, W.: Considerations on models of movement detection. Kybernetik **13**, 223—227 (1973).

Poggio, T., Reichardt, W.: Visual control of orientation behaviour in the fly. II. Towards the underlying neural interactions. Quart. Rev. Biophysics **9**, 377–438 (1976).

Reichardt, W.: Autocorrelation, a principle for the evaluation of sensory information by the central nervous system. In: Rosenblith, W. A. (Ed.): Sensory Communication, pp. 303—317. Cambridge Mass.: MIT Press 1961.

Reichardt, W.: Movement perception in insects. In: Rendiconti della Scuola Internazionale di Fisica „Enrico Fermi", Corso XL III, pp. 465—493. New York-London: Academic Press 1969.

Reichardt, W.: Musterinduzierte Flugorientierung. Naturwissenschaften **60**, 122—138 (1973).

Reichardt, W., Poggio, T.: A theory of the pattern induced flight orientation of the fly *Musca domestica* II. Biol. Cybernetics **18**, 69—80 (1975).

Reichardt, W., Poggio, T.: Visual control of orientation behaviour in the fly. I. A quantitative analysis. Quart. Rev. Biophysics **9**, 311-375 (1976).

18. Evolution

18.1. Modell der Selbstorganisation und präbiotischen Evolution

Hans Kuhn

18.1.1. Einführung

Die Frage, wie lebende Systeme entstanden sein konnten, läßt sich klar eingrenzen: Der grundlegende Mechanismus ist bekannt, auf dem die Lebensprozesse beruhen, und es ist bekannt, daß bei Simulation der Verhältnisse auf der Urerde gerade Bausteine des genetischen Apparates bevorzugt gewonnen werden.

Wir wollen von der Annahme ausgehen, daß die Gesetze der physikalischen Chemie ausreichen, um den Prozeß zu verstehen, daß die Selbstorganisation der Materie also kein grundsätzliches physikalisches Problem sei. Wenn die Behauptung richtig ist, daß es sich hier um ein eigentlich triviales Problem handelt, muß es möglich sein, einen Modellweg auszudenken, der aus einzelnen physikalisch-chemischen Schritten besteht und der von den Bausteinen zum genetischen Apparat führt. Man wird sich also bei dieser Ausgangsposition nach einem solchen Weg umsehen und die Antwort nicht in einem tiefgründigen theoretischen Konzept suchen. So betrachtet, ist das Problem nicht das Aufstellen einer allgemeinen Theorie — die ist durch die Gesetze der Physik schon gegeben —, sondern das Auffinden eines vernünftigen Einstiegs und eines sinnvollen Wegs.

Wir wollen versuchen, Schritte zu finden, die im Prinzip so trivial und übersichtlich sind, daß man sie auch ohne eingehende mathematische Analyse überblicken kann. Die gedankliche Arbeit konzentriert sich dann, wie bei einem Puzzlespiel, auf das sinnvolle Konzipieren und sorgfältige Ineinanderpassen der Modellschritte zu einem Ganzen.

Man muß nach Möglichkeiten suchen, wie Moleküle miteinander in Beziehung treten und wie sich immer komplexer organisierte Systeme bilden können. Wir müssen durchsichtig zu machen versuchen, wie die grundsätzlichen Veränderungen in den Organisationssystemen zustande kommen und welche Antriebsmechanismen für die Entstehung immer komplexerer Organisationsstrukturen maßgebend sind.

Wir wollen mit einem speziellen Modell beginnen und anschließend daran allgemeinere Gesichtspunkte über die Entstehung biologischer Information herausarbeiten. Das spezielle Modell soll Denkmöglichkeiten darstellen und das Wesentliche an übersichtlichen Fällen illustrieren. Es soll an konkret durchdachten Situationen die Bildung von Organisationsstrukturen erläutern und erhebt nicht den Anspruch präbiotische und biochemische Verhältnisse genau zu repräsentieren.

Man möchte herausarbeiten, wie sich die umfassenden Organisationsstrukturen entwickeln, und darf sich dabei nicht in chemischen Detailfragen verlieren, andererseits darf man aber auch nicht wichtige chemische Aspekte unbeachtet lassen.

Mit diesem Vorgehen möchte man nicht nur zu einem besseren Verständnis für die biochemische Evolution gelangen, sondern auch Hinweise finden für zukünftige Versuche zur Herstellung vielleicht ganz anderer selbstorganisierender molekularer Funktionssysteme, die man auf ähnlichem Wege aufbauen könnte.

Im Suchen nach einem Verständnis für den Ursprung belebter Systeme ergeben sich als Hauptschwierigkeiten die Fragen:

a) Wie kann man sich das Entstehen erster selbstreproduzierender Formen vorstellen, und durch welchen Antrieb könnte eine stete Erhöhung der Komplexität solcher Formen eintreten?

b) Wie kann es zur Ausbildung eines Übersetzungsapparates für die genetische Information kommen? Das Funktionieren eines solchen Apparates für die Synthese von Enzymen kann man sich nicht ohne das Eingreifen von Enzymen vorstellen, die aber erst vorhanden sein können, nachdem der Apparat gebildet ist.

c) Welcher Antriebsmechanismus ist denkbar, der zur Auftrennung des genetischen Apparates in ein Replikations- und ein Enzymsynthesesystem führt?

Zur Überwindung der Schwierigkeit a) ist die Annahme einer periodisch fluktuierenden Umgebung entscheidend. Dadurch werden Makromoleküle zu einem laufenden Wechsel getrieben zwischen Phasen, in denen sie sich vervielfältigen, und Phasen, in denen sie Träger einer Funktion sind, die ihr Überleben sichert. Die am besten überlebenden und sich vermehrenden Formen reichern sich an und verdrängen dadurch die anderen. Zur Auslösung dieses Mechanismus, der das konzertierte Ineinandergreifen verschiedener Reaktionsschritte erfordert, muß die periodische Fluktuation nach einem spezifischen Programm verlaufen. Man kann sich leicht vorstellen, daß ein solches Programm durch den Tag- und Nacht-Zyklus in räumlich engen Bereichen auf der präbiotischen Erde stets gegeben war, etwa durch das ganz spezielle Licht- und Schattenspiel von Objekten, die den Bereich umgeben.

Nach diesem Mechanismus findet eine gewisse Evolution innerhalb des Bereiches statt, solange, bis die Systeme dem Bereich optimal angepaßt sind. Sie bleiben dann zunächst in der entsprechenden Evolutionsstufe gefangen. Gelegentlich kann ein Replikationsfehler zufällig zu einer Form mit einer neuen Funktionsmöglichkeit führen, die bewirkt, daß das entsprechende Individuum in einem Nachbarbereich ebenfalls überleben und sich vermehren kann. In diesem neuerschlossenen Bereich fehlt die Konkurrenz durch Individuen der bisherigen Form. Der für diese geringfügig höher organisierte Form verfügbare Bereich wird ebenfalls bald besetzt, so daß eine weitere, zufällig auftretende Änderung, die einen weiteren Nachbarbereich zu erschließen gestattet, der Form wiederum wesentliche Vermehrungsvorteile bringt. Durch diesen immer wieder erfolgenden Prozeß der Loslösung aus einer übersetzten Region durch eine zusätzliche kleine Erfindung ist eine zu immer höher organisierten Formen gerichtete Evolution gegeben.

In dem hier vorgeschlagenen Modell ist also eine ganz spezifische, zeitlich periodische und räumlich abwechslungsreiche Umgebungsstruktur an der Erdoberfläche Auslösemechanismus zur Selbstorganisation und Antrieb zur stets weiterschreitenden Evolution. Legt man dagegen ein homogenes System in einem stationären Zustand zugrunde, so schaltet man damit gerade diese beiden Antriebskräfte aus.

Der speziellen Modellbetrachtung liegt die Vorstellung zugrunde, daß in einem aus vielen Einzelschritten bestehenden Prozeß Nukleinsäuren auf Grund ihrer besonderen Faltungsstrukturen ausselektionieren, Assoziate bilden und daß spezielle Formen dieser Assoziate, die allmählich entstehen, als Katalysatoren zur Synthese von Polypeptiden wirken. Die Polypeptide besitzen die Eigenschaft, zu Vesikeln zu aggregieren. Diese Vesikel umschließen die Nukleinsäure-Assoziate als lose Hüllen. Diese Hüllen verhindern das auseinanderdiffundieren der Nukleinsäuren auch während der Replikationsphase, in der die Assoziate in Einzelmoleküle zerfallen sind. Die weitere Evolution dieser hüllenproduzierenden Molekülgesellschaften bringt den genetischen Code als Nebeneffekt, der dann durch die Entstehung spezifischer Enzyme zu einer grundsätzlichen Wende führt.

Dadurch wird die Schwierigkeit b) umgangen, die in bisherigen Betrachtungen auftritt, wo in der Entstehung von Enzymen der primäre Anlaß zur Evolution eines solchen Apparates gesehen wird. Ebenso ist die Schwierigkeit c) zu überwinden: Die Trennung von Replikations- und Proteinsyntheseapparat wird als Nebeneffekt betrachtet, der dann zu einer völligen Umstrukturierung des genetischen Apparates führt.

Es wird eine Funktion beschrieben (Kenntnis K), die ein Wertmaß für die genetische Information darstellt und die im Evolutionsprozeß unter gewissen Einschränkungen zunimmt. Die Evolution führt wiederholt an Schranken, die dadurch bedingt sind, daß die Informationsmenge, die von einer Generation auf die folgende übertragen wird, vom evolvierenden System nicht zu überschreiten ist, da die Fehlerrate bei der Replikation zu groß ist. Jede dieser Schranken wird durch eine Umstellung im Organisationssystem schließlich doch überwunden, und dieser Prozeß ist unvermeidbar, wie die Evolution des genetischen Codes, die Trennung von Replikations- und Übersetzungsapparat, die Evolution der Sexualität, die Überwindung der Grenze, die durch die maximale Kapazität des genetischen Apparates bedingt ist.

Die gerichtete Evolution, die nach dem vorgeschlagenen Modell zu einer fortlaufenden Erweiterung des Lebensraumes führt, ist also unter geeigneten Umgebungsbedingungen eine Notwendigkeit. Zufällige Ereignisse sind auslösendes Moment, bestimmen aber nicht die generellen Linien der Evolution.

18.1.2. Allgemeines über Denkmodelle

Zwischen der Evolution von Denkschemata und der Evolution selbstorganisierender Systeme besteht eine enge Analogie. Es sei daher eine kurze allgemeine Betrachtung über Denkmodelle vorangestellt: Von einer Summe von Tatsachen macht man sich ein logisches Bild (Denkschema). Bei neuhinzutretenden Tatsachen findet man im allgemeinen, daß sie sich auf das Denkschema nicht mehr zurückführen lassen. Man stellt neue Denkschemata auf, die durch geringfügige Variation am bisherigen Schema erhalten werden (Vervielfältigungsphase) und eliminiert ungeeignete Denkschemata (Absterbephase). Dieser Prozeß der Anpassung des Denkschemas an die Tatsachen wird vielfach wiederholt: Die Erfahrung nimmt zu (Abb. 18.1). Bei Betrachten eines größeren Zeitraumes in der Entwicklung des Individuums oder der Population ist zu erkennen, daß das Denkschema, das für einen Tatsachenbereich entwickelt wurde, für einen anderen unbrauchbar sein kann. Durch geringfügige, aber an geeigneter Stelle erfolgende Änderung der begrifflichen Struktur kann auf einmal ein Umschwung und Durchbruch zu dem neuen Tatsachenbereich erfolgen, und wiederum wird das Denkschema dem neuen Tatsachenbereich immer besser angepaßt. Für verschiedene Tatsachenbereiche entwickeln sich so verschiedene Denkschemata. Ein neues Denkschema kann auch auf einen durch ein altes Denkschema erreichten Tatsachenbereich zurückgreifen und dieses ersetzen.

Im Fall der Chemie nimmt man an, daß der Tatsachenbereich durch das Denkschema der Quantentheorie zu erfassen sei, doch ist man gezwungen, um unübersehbare Komplikationen zu vermeiden, in jedem Teilbereich spezielle Denkschemata (Modelle) zu verwenden. Mit einem Modell will man das Grundsätzliche einer Erscheinung erfassen: Man legt drastisch vereinfachende Annahmen zugrunde (Modellvorstellungen), von denen man weiß, daß sie nicht

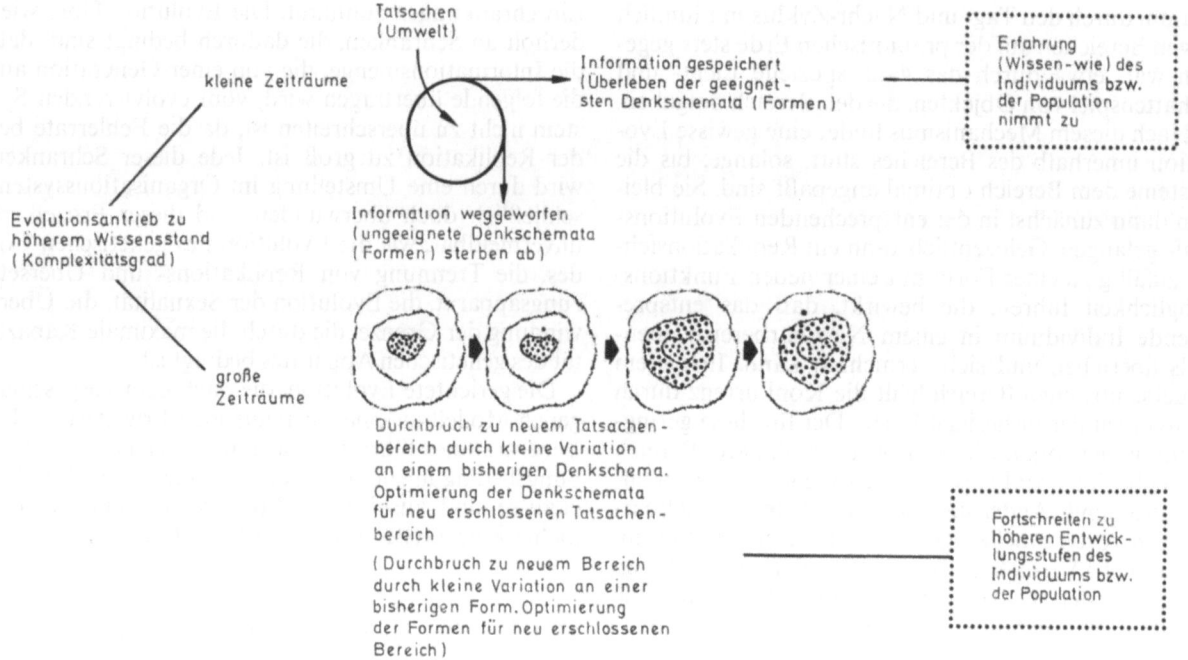

Abb. 18.1. Denkprozeß und Prozeß der Selbstorganisation der Materie

stimmen, hofft aber, daß das Ergebnis durch die Vereinfachung nicht wesentlich beeinflußt wird. Beispielsweise nimmt man in der kinetischen Gastheorie meistens an, daß die Moleküle Kugeln seien, die sich alle mit der gleichen Geschwindigkeit (je zu $1/3$ in der x-, y- und z-Richtung) bewegen und nicht zusammenstoßen, obgleich man weiß, daß alle diese Annahmen falsch sind. In ein einfaches Modell, das einen Tatsachenbereich annähernd beschreibt, hat man ein gewisses Vertrauen, und dieses Vertrauen wächst, wenn eine Verfeinerung des Modells eine verbesserte Beschreibung eines größeren Tatsachenbereiches liefert. Entsprechend sucht man nun das Prinzipielle bei der Entstehung organisierter Systeme und die Evolution des genetischen Apparats modellmäßig zu erfassen.

18.1.3. Prinzip des Modellansatzes

18.1.3.1. Umgebungsstruktur, Auslösung und Antrieb der Evolution

Die bekannten Betrachtungen zur Selbstorganisation gehen in ihrer Idealisierung von einer räumlich-zeitlich strukturlosen Umgebung aus, in der sich dissipative Strukturen ausbilden. Der Antrieb zur Selbstorganisation wird also im System der Makromoleküle, die von energiereichen Monomeren umgeben sind, gesehen. Die Integration zu Systemen höherer Komplexität erfolgt durch hyperzyklische Kopplung von Reaktionen, wobei jedes Glied im Hyperzyklus seine eigene Absterberate hat (vgl. 18.2).

Im folgenden wird umgekehrt davon ausgegangen, daß der entscheidende Antrieb zur Bildung selbstreproduzierender Systeme von Makromolekülen in einer spezifischen Umgebungsstruktur gegeben sei. Der Anlaß zur Bildung immer komplexerer Strukturen wird in einer von außen diktierten zeitlichen Periodizität und in einer räumlich abwechslungsreichen Umgebung gesehen, die nur durch zunehmende Komplexität der evolvierenden Systeme allmählich als Lebensraum verfügbar wird. Die Integration zu übergeordneten Organisationsstrukturen erfolgt durch Bildung von Molekülverbänden, die in bestimmten Bereichen nur als Ganzes überleben können. Die Absterberaten der kooperativen Gesamtsysteme sind für den Selektionsprozeß maßgebend.

18.1.3.2. Untersuchung eines lückenlosen Modellweges aus vielen kleinen Schritten

Ein Denkmodell wird betrachtet, das aus vielen kleinen physikalisch-chemischen Schritten besteht. Jeder Schritt folgt aus dem vorangehenden, indem man die Frage stellt: Welches Verhalten des Systems erscheint das naheliegendste? Man erfindet mögliche Wege, schätzt die notwendigen Zeiten ab und wählt die schnellste Möglichkeit als den jeweils nächstliegenden Schritt. Auf diese Weise versucht man, sich durch spielerische Variationen zu sinnvoll erscheinenden, möglichst durchsichtigen Modellwegen vorzutasten. Ein solcher Modellweg muß eine lückenlose Kausalkette darstellen, aber selbst wenn eine solche Kette gefunden ist, darf man nicht erwarten, den erdgeschichtlichen Weg gefunden zu haben. Durch Aufzeigen solcher Folgen kausal zusammenhängender hypothetischer Schritte möchte man vielmehr im Prinzip zeigen, daß die Entstehung biologischer Organismen auf physikalisch-chemischer Grundlage gedeutet werden kann. Man erwartet, daß das Vorgehen einen gewissen Spielraum für mögliche Wege der Evolution abzustecken gestattet.

Die Problematik besteht im Entwerfen und Ineinanderpassen möglichst einfacher Denkansätze, die den entscheidenden Antrieb zur Bildung selbstreproduzierender Systeme unmittelbar erkennen lassen und durchsichtig machen, wie es zu einem so komplexen System wie dem genetischen Apparat kommen konnte.

18.1.4. Periodizität in der Umgebungsstruktur
Auslösung eines Vervielfältigungs-Mutations-Selektionszyklus

Zunächst soll ein Bereich eines kompartimentierten (porösen) Materials betrachtet werden, dessen Hohlräume von einer wäßrigen Lösung erfüllt sind (Abb. 18.2). In diesem Bereich befinde sich ein geeignetes Kettenmolekül aus N Monomeren, von denen es j Sorten gibt, die in zufälliger Sequenz angeordnet sind. Der Bereich sei von einer Lösung mit energiereichen Monomeren umspült, die durch Diffusion in den Bereich gelangen. Der Zustand im Bereich (Temperatur und Zusammensetzung der Lösung) ändert sich in einer ganz bestimmten Weise periodisch so, daß wiederholt eine Replikation ausgelöst wird, indem sich die Monomeren am Matrizenstrang zum Komplementärstrang verknüpfen. Die gebildeten Doppelstränge fallen danach wieder zu Einfachsträngen auseinander, die erneut Matrizen für die Replikation darstellen. Für die Monomeren sind die Poren leicht durch Eindiffundieren aus der Umgebung erreichbar. Dagegen werden die Makromoleküle bei genügend feiner Porosität bevorzugt darin zurückgehalten. Die Vervielfältigungsphasen, in denen eine gewisse Reproduktionsfehlerrate zur gelegentlichen Entstehung von Strängen mit veränderter Sequenz führt, sind von „Absterbe"-phasen gefolgt. In diesen Phasen sind die äußeren Bedingungen so, daß Einzelstränge existent sind, die allmählich abdiffundieren und dadurch den interessierenden Bereich verlassen. Jede Kette, die durch Zufall Abschnitte mit komplementärer Sequenz enthält, bildet in den Absterbephasen eine spezifische Faltungsform. Faltungsformen werden während der Absterbephase im Bereich besser zurückgehalten als andere, indem sie beispielsweise ineinander passen und dadurch miteinander Assoziate bilden. Im Assoziat eingebaut, sind die Moleküle davon bewahrt, auseinanderzudiffundieren und dadurch den Bereich zu verlassen. In der nächsten Vermehrungsphase zerfällt das Assoziat in Einzelmoleküle, die sich vervielfältigen, und der Prozeß wiederholt sich. Dadurch tritt allmählich eine Anhäufung der miteinander Assoziate bildenden Molekülsorten auf. Die der Umgebung am besten angepaßten Varianten selektionieren also aus, während ungeeignete Formen eliminiert werden (Abb. 18.1, oben).

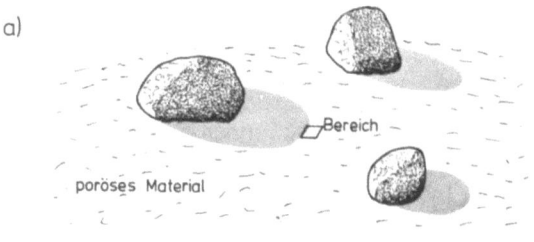

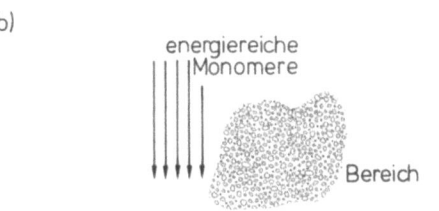

Abb. 18.2a–c. (a) Periodisch sich verändernde und abwechslungsreiche Umgebung. (b) Bereich in porösem Material umspült von Monomeren. Der Bereich soll sich beispielsweise über 1 mm erstrecken. Die Monomeren können dann aus der Lösung, die den Bereich umspült, genügend rasch eindiffundieren, und andererseits erlaubt diese Größe des Bereichs die Unterbringung einer Population, deren Größe für einen wirksamen Selektionsprozeß ausreicht. (c) Einzelpore im Bereich von (a) und (b): Strang dient als Matrize für Replikation

Den periodischen Wechsel im Zustand der Umgebung, durch den dieser ganze Komplex ineinandergreifender Vorgänge in stetiger Wiederholung ausgelöst wird, kann man sich auf einer präbiotischen Erde etwa in der folgenden Weise realisiert denken. Das poröse Material, in dem sich der interessierende Bereich befindet (Abb. 18.2a), wird von der Sonne beschienen und steht bald danach wieder im Schatten des einen oder anderen benachbarten Steins. Die Temperatur ändert sich daher nach einem bestimmten, durch die zufällige Anordnung der umliegenden Gegenstände festgelegten, periodischen Programm, das schon in einem eng benachbarten Bereich (wo das Schattenspiel durch die umliegenden Gegenstände anders verläuft) deutlich verschieden ist. Bereits in einer kleinen Region ist schon eine immense Zahl verschiedenartiger Programme realisiert. Aus statistischen Gründen führt das eine oder das andere dieser vielen verschiedenen Programme zu der erwähnten ganz spezifischen Reaktionsfolge. Im Vorhandensein dieses in ganz bestimmter Weise erfolgenden periodischen Programmes unter einer enormen Vielzahl als Angebot vorliegender Programme, die durch Zufälligkeiten bestimmt sind, wird ein erster entscheidender Antrieb der Evolution gesehen.

Da die kleine Stelle, an der die Selbstorganisation ausgelöst wird, extrem ausgezeichnet sein kann, darf man annehmen, daß die Lösung, die den Bereich umspült, energiereiche Mononucleotide in höheren Konzentrationen enthält. Durch die Besonderheit der Umgebungsstruktur kann man sich eine sehr spezifische Anreicherung bestimmter Stoffe mühelos vorstellen. Die Mononucleotide können in einer reduzierenden Uratmosphäre entstanden sein, aber auch beispielsweise von einem Meteoriten weggelöst sein. Die Modellbetrachtung überwindet damit eine grundsätzliche Schwierigkeit, die der Vorstellung eines Ozeans aus Ursuppe als Ausgangspunkt der Evolution zugrundeliegt: in extrem unwahrscheinlicher Weise periodisch fluktuierende Umgebungsbedingungen lange Zeit an einer Stelle realisiert zu finden.

18.1.5. Reichtum in Umgebungsbedingungen als Antrieb in Richtung höherer Organisation

Verlassen des überfüllten Bereichs durch geeignete Systeme führt zur Erweiterung des Lebensraumes

Da die betrachtete Anfangssituation allein in einem ganz bestimmten kleinen Bereich gegeben ist, wird dieser Bereich von den sich selbst reproduzierenden Systemen bald angefüllt. Durch zufälligen Einbau eines nicht genau passenden Bausteines bei der Reproduktion eines Systems kann eine geringfügige Änderung auftreten (das Molekül hat z.B. etwas andere Faltungsform). In der großen Mehrzahl der Fälle hat die Änderung nachteilige Folgen. Beispielsweise baut sich das Molekül nicht mehr oder schlechter in das Assoziat ein, da nur ganz bestimmte Faltungsformen ausreichend ineinanderpassen. Die Form hat dann Selektionsnachteile und verschwindet. Die Änderung kann zufälligerweise einmal so geartet sein, daß sie zu einem kleinen Vorteil oder gelegentlich sogar zu einer neuen Eigenschaft führt, die bewirkt, daß das System auch in einem benachbarten Bereich vermehrungs- und überlebensfähig ist, in dem die Bedingungen nicht mehr so genau wie im ursprünglichen Bereich eingehalten sind: Ein geeigneter geringfügiger Zuwachs in der Komplexität bewirkt also, daß die veränderte Form sich in einem neuen Bereich anhäuft, in dem sie sich rasch vervielfältigt, da die Konkurrenz der anderen Systeme fehlt. Durch weitere Veränderungen paßt sich die Form an den neuen Bereich immer besser an. Beispielsweise wirkt sich die Veränderung so aus, daß das Assoziat sich aus mehr Molekülen als vorher aufbaut, also einen höheren Komplexitätsgrad als vorher besitzt. Durch seine vergrößerte Sperrigkeit kann es dann auch in einem gröber porigen Bereich als vorher bleiben. Der Bereich wird von den verbesserten Systemen bald wieder angefüllt.

In dieser Weise werden nach und nach immer weitere Bereiche besetzt. Jedesmal ist der auslösende Prozeß das zufällige Auftreten einer Form mit geringfügig erhöhter Komplexität. Dadurch ist eine stete Evolutionstendenz in Richtung immer höherer Organisation gegeben: Ohne höhere Organisation ist der neue Bereich als „Lebens"-raum nicht verfügbar. In diesem Mechanismus, der zur Bildung zweckmäßiger Formen von immer größerer Komplexität führt, wird der zweite entscheidende Evolutionsantrieb gesehen (Abb. 18.1, unten).

Nach dem Vorangehenden erfolgt die Evolution in Schüben. Man kann von einem vielfach wiederholten Wechsel zwischen divergenten und konvergenten Phasen der Evolution sprechen. Divergente Phase: Sobald sich die Systeme einem Bereich angepaßt haben, besitzen viele Formen, die sich allmählich durch Mutationen gebildet haben, ähnliche Überlebenswahrscheinlichkeiten, und daher erscheint eine große Vielfalt in der Population. Eine nur geringfügige Verbesserung bestehender Mechanismen findet statt. Die Systeme sind in der bestehenden Evolutionsstufe gefangen.

Konvergente Phase: Unter diesen vielfältigen koexistierenden Varianten hat die eine oder andere zufälligerweise einmal eine neue Funktion, die sie dazu befähigt, in einem neuen Bereich zu überleben und sich zu vermehren oder im vorhandenen Bereich eine neue Möglichkeit auszuschöpfen. Damit tritt ein Wendepunkt ein, der nach der Modellbetrachtung vorauszusehen ist: Die Evolution erfolgt jetzt streng selektiv und die Selektion ist klar gerichtet: Diejenigen Zufallsmutationen überleben, die dem neuen Zweck am besten dienen. So wird der neue Lebensraum zunehmend weiter erschlossen. Damit findet allmählich wieder ein Übergang in eine divergente Phase statt. Es können Formen erreicht werden, die auch in alten Bereichen Vorteile haben und die alten Formen verdrängen.

18.1.6. Zufall und zweckgerichtetes Verhalten

Nach der Darwinschen Idee beruht die biologische Evolution einerseits darauf, daß sich Individuen periodisch vermehren und im anschließenden Selektionsprozeß ein Überleben der tüchtigsten Nachkommen stattfindet. Andererseits beruht die Zunahme der Komplexität auf einer immer besseren Anpassung an immer weitere ökologische Nischen. Der Grundgedanke des hier betrachteten Modells liegt in der Vorstellung, daß schon die ersten Stufen einer gerichteten chemischen Evolution durch zeitliche Periodizitäten und räumlichen Abwechslungsreichtum im Zustand der Umgebung ausgelöst und angetrieben werden. Die zeitlich periodische und räumlich abwechslungsreiche Umgebung ist auf einer präbiotischen Erdoberfläche durch die Erdrotation und die Vielgestaltigkeit der Erdoberfläche gegeben, die wiederum direkte Folgen der Disproportionierungsvorgänge sind, die durch den Zusammensturz infolge der Gravitationsinstabilität ausgelöst wurden. Die biologische Evolution steht nach dieser Vorstellung in einem erkennbaren Zusammenhang zur kosmischen Evolution.

Die auslösenden Ereignisse, die jeweils eine neue Stufe im Prozeß der Selbstorganisation einleiten, sind als Einzelprozesse sehr unwahrscheinlich. Bei Vorhandensein eines ausreichenden Spielraumes, also einer großen Zahl von Individuen und einer großen Variationsbreite in den Umgebungsbedingungen, tritt ein Ereignis, das zu einem betrachteten Evolutionsabschnitt führt, trotzdem mit an Sicherheit grenzender Wahrscheinlichkeit auf. Die Evolution erfolgt daher in ihrer großen Linie gesetzmäßig. Die Reproduktionsfehler sind auslösendes Moment, das Zufällige im Einzelereignis bestimmt aber nicht die generellen Linien der Selbstorganisation.

Am Beispiel von Abb. 18.2 kann man sich die Rolle des Zufalls im Prozeß der Evolution klar machen. Durch das zufällige Schattenspiel, die zufällige Lage der umgebenden Steine und durch zufällige Kontakte zwischen Molekülen wird der entscheidende Schritt ausgelöst. Wie es zu der entscheidenden Zufallssituation kommen kann, ließe sich kausal weiterverfolgen. Das würde aber keine neue Einsicht bringen, und man wird daher eine statistische Betrachtung bevorzugen, also nach der Wahrscheinlichkeit für das Auftreten einer Situation fragen, durch die eine Selbstorganisation ausgelöst wird. Das Zufällige liegt in der Vielzahl unbestimmter Parameter. Die Frage nach der Rolle des Zufalls umschreibt also ein praktisches Problem und nicht, wie in der Quantenphysik, ein fundamentales Problem.

In jedem Evolutionsschritt wird durch geringe Variation eine Form erreicht, welche gerade die Funktion trägt, die in der vorhandenen Situation weiterführt. Das ist auf vielfache Weise möglich. Betrachtet man etwa den Schritt, in dem sich Moleküle zu einem Assoziat zusammenbauen und so vom Auseinanderdiffundieren geschützt sind. Viele ineinanderpassende und dadurch Assoziate bildende Molekülformen sind denkbar, die mit ähnlichen a priori Wahrscheinlichkeiten auftreten. Das in zahlreichen Schritten sich allmählich aufbauende Funktionsgefüge hat also viele Realisierungsmöglichkeiten: Man trifft eine ähnliche Situation an wie in der Thermodynamik, wo Makrozustände durch eine Vielzahl von Mikrozuständen realisiert sein können, und es ist daher naheliegend, bei evolvierenden Systemen nach einer vergleichbaren Beschreibung zu suchen.

18.1.7. Kenntnis K als Wertmaß eines durch Selbstorganisation von Materie entstandenen Systems

Nach dem Vorangehenden beruht die Evolution in der betrachteten Stufe darauf, daß das System der replikationsfähigen Moleküle durch Einwirkung von außen zwischen zwei Zuständen hin und her getrieben wird, ähnlich wie im Fall der Carnot-Maschine ein zyklischer Prozeß durch äußeren Eingriff gesteuert wird. Anders als der Carnot-Prozeß ist der hier betrachtete Vorgang mit einer Energiedissipation verknüpft, die auch im Grenzfall auftritt, in dem der Verlust durch nicht völlige reversible Reaktionen zu vernachlässigen ist: Es wird Information weggeworfen, was einer Entropieproduktion entspricht.

Es soll eine Population von Z Individuen betrachtet werden, von denen jedes aus N Monomeren besteht, und es sollen beispielsweise $j=4$ verschiedene Sorten von Monomeren (z.B. A, U, C, G) vorliegen, die alle mit derselben a priori Wahrscheinlichkeit auftreten. Die Population werde in jeder Periode in der Vervielfältigungsphase verdoppelt und in der Absterbephase auf die ursprüngliche Zahl reduziert. Die betrachteten Z Makromoleküle diffundieren aus dem Bereich (Konzentration C_i) in die Umgebung (Konzentration C_a). Sie sollen wieder in monomere Nucleotide zerlegt werden, die später wieder in den Bereich eindiffundieren und zum Aufbau eines Stranges benutzt werden. Auf ein Molekül bezogen ist die Entropieproduktion in diesem Kreisprozeß mindestens $k\ln C_i/C_a$ (Anteil von der Diffusion) plus $k\ln P$ (Anteil vom Verlust der Ordnung, die durch die festgelegten Sequenzen der Bausteine in den Molekülketten gegeben ist), P ist die Zahl der möglichen Sequenzen eines Moleküls ($P=j^N$) und k die Boltzmannsche Konstante. Der erste Anteil ist gegenüber dem zweiten praktisch zu vernachlässigen. Betrachtet man etwa den Fall $C_a/C_i=10^{-10}$, $N=100$ und $j=4$, so ist $k\ln C_i/C_a = 10\,k\ln 10$ und $k\ln P=kN\ln j=100\,k\ln 4$. Die Energiedissipation, bezogen auf einen Monomerenrest, ist also gleich $kT\ln j$. Sie hat also nur die Größenordnung von kT.

18.1.7.1. Computer und Selbstorganisationsprozeß

Die Ergebnisse sind im Zusammenhang mit der Theorie der Informationsverarbeitung von Interesse. Landauer untersuchte die minimale Energiedissipation beim Rechenprozeß. Er betrachtete ein Teilchen in einem bistabilen Potentialtopf. Durch periodische Modulation findet ein wiederholter Übergang von einem Doppelminimumpotential in ein Einfachminimumpotential statt. Nach v. Neumann lassen sich aus solchen Elementen Prozeßrechner aufbauen. Landauer ließ den Vorgang im Gedankenexperiment so langsam ablaufen, daß er thermodynamisch reversibel erfolgt. Die Entropieproduktion ist dann auf den Schritt beschränkt, in dem Information weggeworfen wird, d.h. auf den Übergang vom Doppelminimumpotential zum Einfachminimumpotential, und es ergibt sich eine minimale irreversible Wärmeproduktion von $kT\ln 2$ pro logischem Schritt. Die Übereinstimmung von Computermodell und Evolutionsmodell bezüglich minimaler Energiedissipation und Periodizität ist bemerkenswert.

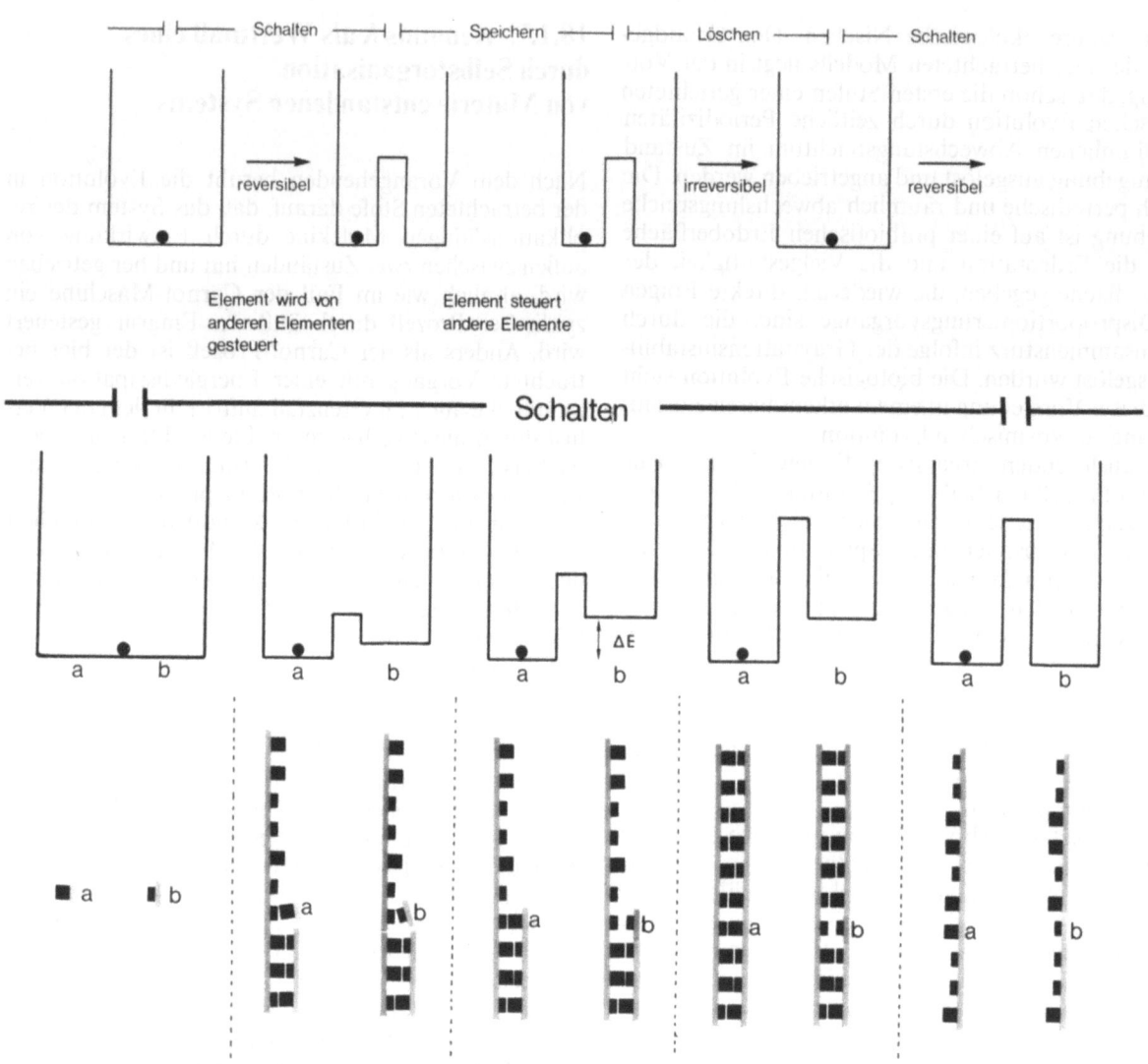

Abb. 18.3. Modell für Computer und für evolvierendes System. Im Computer muß W (Wahrscheinlichkeit dafür, daß der Schalter falsch gestellt wird) vernachlässigbar klein sein, im evolvierenden System besitzt W (Wahrscheinlichkeit dafür, daß der falsche Baustein eingebaut wird) einen Optimalwert, der vom evolvierenden System immer wieder angestrebt wird. Es ist $W = e^{-\Delta E/kT}/(1 + e^{-\Delta E/kT})$

Im folgenden beschreiben wir das von Neumann-Landauersche Computermodell in vereinfachter Form, um daran die Beziehung zum Evolutionsprozeß deutlich illustrieren zu können.

Ein Teilchen befindet sich in einem Potentialtopf, der seine Form periodisch ändert. Er durchläuft drei Phasen (Abb. 18.3).

1. Schaltphase, 2. Speicherphase, 3. Löschphase.

In der Schaltphase baut sich eine Potentialbarriere ΔE auf, während das Teilchen unter der dirigierenden Wirkung der Felder steht, die von benachbarten Elementen ausgehen, die sich in der Speicherphase befinden. Dadurch erhöht sich, je nach der Richtung der Resultante dieser Felder, die eine oder andere Hälfte des Potentialtopfes, während die Barriere zwischen den Töpfen ansteigt. Die Potentialbarriere erhöht sich dann so weit, daß ein Austausch im maßgebenden Zeitintervall nicht mehr stattfinden kann: Das Teilchen bleibt in dem hier herausgegriffenen Fall im Potentialtopf a gefangen, auch nachdem die Felder der benachbarten Elemente verschwunden sind. Im Schaltprozeß gelangt also das Teilchen in den tieferen Potentialtopf und die dabei freiwerdende Energie geht ins Temperaturbad über. Erfolgt der Prozeß so langsam, daß sich immer wieder das Gleichgewicht einstellen kann, bis ΔE groß gegen kT ist, so ist die mittlere Energieabgabe in diesem thermodynamisch reversiblen Prozeß, wie man leicht zeigen kann, $kT \ln 2$.

Nach der Schaltphase gelangt das Element in die Speicherphase, in der es andere, in der Schaltphase sich befindende Elemente beeinflußt und dadurch den Rechenprozeß steuert. In der Löschphase verschwindet schließlich die Potentialbarriere, und das Element befindet sich damit wieder im Ausgangszustand.

Beim Löschprozeß findet kein Wärmeaustausch mit der Umgebung statt. Die in der Schaltphase an das

Temperaturbad abgegebene Wärme wird also vom System nicht zurückgeholt. Es findet daher eine Entropieproduktion $k \ln 2$ statt, genau wie im Fall eines idealen Gases, das sich zunächst in gleichgroßen Kammern befindet, deren Trennwand danach weggenommen wird.

Der Prozeß in der Schaltphase entspricht dem Vorgang bei der reversiblen Kompression eines Gases auf das halbe Volumen, bei dem die Energie der aufgewandten Arbeit als Wärmeenergie in das umgebende Temperaturbad fließt.

Bei dieser vereinfachten Darstellung des Computermodells entsprechen die Vorgänge im einzelnen den Vorgängen im Evolutionsprozeß, falls wir vereinfachend von nur zwei zueinander komplementären Basen a und b ausgehen (Abb. 18.3, unten). Der dirigierenden Wirkung, die von Elementen ausgehen, die sich in der Speicherphase befinden, entspricht die Wirkung des Matrizenstranges, der an der maßgebenden Stelle die zu a komplementäre Base tragen soll. Bringen wir das Monomere a an diese Stelle, so ist die potentielle Energie tiefer als bei Heranführen des Monomeren b. Je besser sich das Monomere in die Bindungsposition einpaßt, um so größer wird die Energiedifferenz ΔE und um so größer die Energiebarriere für den Austausch der Monomeren. Mit dem weiteren Verlauf der Polymerisation steigt die Barriere weiterhin stark an.

Nach Abtrennen vom Matrizenstrang ist die Speicherphase erreicht, in der der Strang an der Steuerung des „Rechenprozesses" beiträgt. Anders als im von Neumann-Landauerschen Computermodell besteht der „Rechenprozeß" im Eignungstest der Faltungsform (Selektion geeigneter und Ausscheiden ungeeigneter Formen) und in der Verwendung des Molekülstranges als Matrize für weitere Replikationen, falls der Eignungstest bestanden ist. Wird der Eignungstest nicht oder nicht mehr bestanden (diffundiert also das Molekül weg), erfolgt der Übergang in die Löschphase, also das Auflösen des Stranges unter Rückbildung der Monomeren.

Ein grundsätzlicher Unterschied des von Neumann-Landauerschen gegenüber dem betrachteten Evolutions-Computer besteht also im folgenden: Im von Neumann-Landauerschen Computer ist der Rechenprozeß deterministisch. Die Genauigkeit des Schaltprozesses muß daher so groß, $W = e^{-\Delta E / kT}/(1+e^{-\Delta E/kT})$ also so klein sein, daß die Wahrscheinlichkeit noch klein ist, in irgendeinem Schritt während des gesamten Rechenprozesses einen Fehler zu machen: Die Wahrscheinlichkeit, die gesamte Rechnung fehlerfrei durchzuführen, muß groß sein. Demgegenüber arbeitet das Evolutions-Computermodell indeterministisch. Die Größe $W = e^{-\Delta E/kT}/(1+e^{-\Delta E/kT})$ darf nicht wie im von Neumann-Landauerschen Computermodell beliebig klein sein, sonst kann kein Evolutionsprozeß stattfinden. Vielmehr besitzt W einen Optimalwert, der sich im Evolutionsverlauf durch den Selektionsprozeß immer wieder einstellt.

Einerseits muß nämlich die Wahrscheinlichkeit, daß bei der Replikation des Moleküls kein Fehler gemacht wird, ausreichend groß sein. Es muß ein ausreichender Anteil an fehlerfreien Nachkommen vorhanden sein. Andererseits sollten möglichst viele Mutanten auftreten, damit die Wahrscheinlichkeit, darunter eine vorteilhafte Form zu finden, möglichst groß ist (Näheres siehe Abschnitt 18.1.9.2 c).

18.1.7.2. Informationsverlust und Kenntnisgewinn bei der Selbstorganisation

Im von Neumann-Landauerschen Computer kann man nach dem Minimum der Information fragen, die zur Durchführung einer vorgegebenen Rechenaufgabe fortgeworfen werden muß. Ähnlich kann man im Evolutionsprozeß nach dem Minimum der Information fragen, die fortgeworfen werden muß, um eine bestimmte Evolutionsstufe zu erreichen. Man interessiert sich also beispielsweise für die Information, die in vielen Selektionsschritten insgesamt fortgeworfen werden muß, um ein reproduktionsfähiges assoziatbildendes System zu erreichen.

Nun müssen wir aber berücksichtigen, daß die Vorgänge bei der Evolution, anders als im Falle der Computerrechnung, probabilistisch zu betrachten sind. Bei Wiederholung der gleichen Zustandsänderungen wird bei der Evolution praktisch nie die gleiche Form erreicht, dagegen eine Form, die im vorhandenen Bereich mehr oder weniger die gleiche Funktion ausübt und manchmal etwas früher, manchmal etwas später erscheint.

Wir denken uns nun einen solchen hypothetischen Weg aus einzelnen Selektionsschritten, die vom denkbar einfachsten replikationsfähigen Molekül zu einer in Betracht stehenden Form führen oder zu irgendeiner Form mit anderem Mikroaufbau, die aber in der Umgebung, an die sie sich angepaßt hat, grundsätzlich dieselben Funktionen ausübt, also grundsätzlich das gleiche Verhalten zeigt. Man berechnet die, im statistischen Mittel, wegzuwerfende Information für die Baupläne der Formen, die im Selektionsprozeß nach und nach ausgeschieden werden, also die Information, die in der Zeit fortgeworfen wird, die im Mittel abgewartet werden muß, bis die günstige Mutante auftritt und sich durchsetzen kann. Sie stellt irgend einen Vertreter aus der Gesamtheit möglicher Formen dar, welche zu der im Modellschritt konzipierten neuen Funktion befähigt sind.

Von allen Wegen dieser Art erreicht bei einem Weg die fortgeworfene Information den Minimalwert K. Wir bezeichnen K die Kenntnis der Form.

K ist also die in den Löschphasen insgesamt auftretende minimale Entropieproduktion. Die Entropieproduktion im Eignungstest zählt nicht mit. Dieser Anteil würde kein Maß für den Kenntniszuwachs darstellen, da in gewissen Evolutionsschritten energiesparende, in anderen energieverschwendende Systeme die größte Überlebenschance besitzen.

Im betrachteten Fall gleicher a priori Wahrscheinlichkeit aller P Realisierungsmöglichkeiten, die durch Vertauschen der Monomeren in der Molekülkette er-

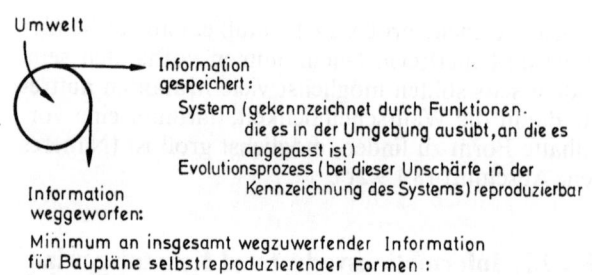

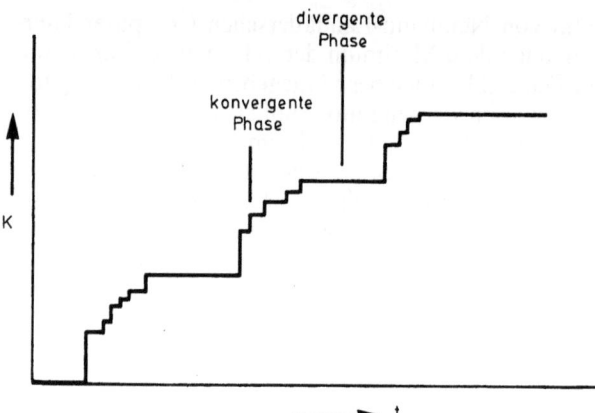

Abb. 18.4. Kenntnis K in Abhängigkeit von der Evolutionszeit t

halten werden, ist die Shannonsche Information oder Entropie durch die Beziehung $H = \text{ld}\, P$ gegeben. P gibt die Zahl der Sequenzen an, die das Molekül besitzen konnte, solange die tatsächliche Sequenz noch nicht festlag und stellt damit ein Maß für die Information dar, die man durch Bekanntwerden der Sequenz gewinnt. Im betrachteten Fall $P = j^N$ ist also $H = N\,\text{ld}\,j$. In einer Periode wird im betrachteten Fall die Information HZ weggeworfen.

Den verschiedenen Realisierungsmöglichkeiten der Form, die also gleiches Verhalten zeigen, ist innerhalb statistischer Schwankungen derselbe K-Wert zuzuschreiben. K hängt nur von der betrachteten Form und von der Umgebung ab, an die sie sich angepaßt hat, nicht aber vom Weg, auf dem sie tatsächlich entstand und welcher nicht dem Minimum an weggeworfener Information entsprechen mußte [1].

Die Größe K bleibt innerhalb statistischer Schwankungen unverändert, falls eine Form in derselben Umgebung bleibt und ihre Funktion nicht ändert, also in ihrer Evolutionsstufe gefangen ist. Je vielfältiger der Lebensbereich ist, je komplizierter also die zur Anpassung an den Bereich nötigen Faktoren sind, um so größer ist K. K ist also ein Maß dafür, wie weit sich eine Form mit der Umgebung in Beziehung setzt, also ein Maß für das Wissen über die Umwelt. Die Shannonsche Information ist kein Maß für ihren semantischen Wert, ein solches Maß wird aber dargestellt durch die Größe K, also durch die Gesamtheit der Shannonschen Informationen, die durchschnittlich mindestens fortgeworfen werden müssen, wenn eine semantisch gleichwertige Information in der betrachteten Weise entstehen soll, also durch Vervielfältigung, Mutation und Selektion. Mit der Größe K sucht man das Verhalten evolvierender Systeme durch unscharfe Kennzeichnung summarisch zu beschreiben, ähnlich wie in der statistischen Thermodynamik das Verhalten einer Vielzahl von Teilchen durch Größen wie die Entropie global erfaßt wird.

Während K einem Grenzwert zustrebt, wenn die Organismen in einer Evolutionsstufe gefangen sind, steigt K beim Durchbruch zu einer neuen Stufe plötzlich stark an: Nachdem die Formen an einen Bereich angepaßt sind, K also kaum mehr ansteigt, muß im allgemeinen lange gewartet werden, bis unter den Nachkommen ein Individuum entsteht, das den Durchbruch in einen neuen Bereich auslöst. Die in dieser Zeit wegzuwerfende Information ist entsprechend groß, die Entstehung dieses Individuums ist mit einem großen Kenntniszuwachs verknüpft. Mit zunehmender Anpassung an den neuen Bereich strebt dann K allmählich wieder einem Grenzwert zu (Abb. 18.4). So wird der sprungweise Verlauf der Evolution zwischen divergenten und konvergenten Phasen mit der Funktion K durch ein sinnvolles Maß beschrieben.

Dieser sprungweise Anstieg von K beim Eintritt in einen neuen Lebensraum ist vergleichbar mit der bei Temperaturerhöhung erfolgenden sprungweisen Zunahme der Entropie eines Systems bei einer Phasenumwandlung. Ähnlich der Entropie im abgeschlossenen System ist K eine Größe, die bei unveränderter Umgebungsstruktur nicht abnimmt. Wie im Fall des zweiten Hauptsatzes hat auch diese Aussage statistischen Charakter. Ein Überschreiten ist möglich, aber unwahrscheinlich. Bei Veränderung der Umgebungsstruktur (z.B. bei Abnahme des Zuflusses an freier Energie oder bei Störung durch andere evolvierende Populationen) kann K abnehmen.

Anders als im Fall der Entropie läßt sich die Kenntnis K eines Gesamtsystems nicht additiv aus Beiträgen von Teilsystemen zusammensetzen. Beispielsweise ist die Kenntnis des Gesamtsystems aus gleichen Einzelindividuen und deren Artefakte durch die Kenntnis für das Einzelindividuum und den Kenntniszuwachs im Zusammenwirken solcher Einzelindividuen bis zur Entstehung der Artefakte gegeben.

Die Zunahme der Kenntnis ist mit einer Zunahme der genetisch übertragenen Informationsmenge $H = N_{\text{total}}\,\text{ld}\,j$ verknüpft (N_{total} Gesamtzahl der informationstragenden Monomeren, deren Sequenz die Herstellungsvorschrift für das Individuum darstellt), und das ist im allgemeinen nur durch eine Abnahme der Fehlerwahrscheinlichkeit W der Basenübertragung im Replikationsprozeß zu erreichen. Man stößt im Evolutionsprozeß immer wieder an Schranken, sobald die erreichte Übertragungsgenauigkeit nicht mehr genügt (Abb. 18.5). Die Schranken können durch Umorganisation des Systems überschritten werden, wie in den folgenden Abschnitten näher untersucht wird. An je-

---

[1] Dieser limitierende Modellweg ist mit dem reversiblen Weg bei thermodynamischen Betrachtungen zu vergleichen. Die auf dem Weg weggeworfene Information kann in einfachen Fällen durch Computer-Simulation abgeschätzt werden.

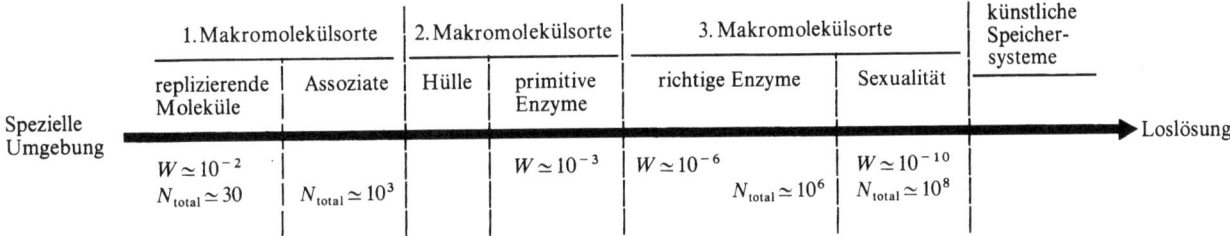

Abb. 18.5. Evolution (Pfeil): Loslösung von speziellen Umgebungsbedingungen. Zunahme von K durch Zunahme von N_{total}, Abnahme von W. Schranken (gestrichelt): Begrenzung in der genetisch zu übertragenden Informationsmenge wegen zu hoher Replikationsfehlerrate. Überwindung durch Umorganisation

der dieser Schranken geschieht im Prinzip immer wieder dasselbe wie an der im Abschnitt 18.1.4 betrachteten Schranke:

Es entwickeln sich Elemente, die zunächst (wegen des zu großen Wertes von W) genetisch nicht fixiert sind (im betrachteten Fall Faltungsstrukturen, die sich wegen zu häufiger Replikationsfehler so schnell verändern, daß eine vorteilhafte Form nicht ausselektieren kann). Durch einen Nebeneffekt werden bestimmte Formen genetisch fixiert, können ausselektieren, und damit ist ein grundsätzlicher Umorganisationsprozeß eingeleitet. (Im betrachteten Fall selektionieren Assoziate ineinanderpassender Faltungsformen aus.) Es können sich nur praktisch korrekt reproduzierte Faltungsformen zum Assoziat zusammenbauen, fehlerhafte Formen diffundieren weg und sind damit ausgeschaltet. Durch diesen Trick ist eine fehlerarme Reproduktion der Assoziate gegeben, trotz häufiger Reproduktionsfehler bei den Einzelmolekülen Abb. 18.6). Mit dem Schritt steigt N_{total} schlagartig an (die genetische Einheit ist nicht mehr das Einzelmolekül, sondern das Assoziat), und nimmt mit wachsender Größe der daraus allmählich evolvierenden Assoziate weiterhin zu.

18.1.8. Hauptaspekte des speziellen Modells.
Zunahme des Organisationsgrades durch Loslösung von eng umgrenzten Umgebungsbedingungen (Feinporosität, Milieuspezifität, zeitliche Periodizität)

In den Abschnitten 18.1.4 und 18.1.5 wurden replizierende Kettenmoleküle in einem feinporösen Bereich betrachtet und die Möglichkeit diskutiert, daß sich Assoziate aus Molekülen mit ineinanderpassenden Faltungsstrukturen bilden, die auch von Bereichen mit größeren Poren ausreichend zurückgehalten werden, um sich dort vermehren zu können. Es erfolgt also die Besetzung immer gröber poriger Bereiche mit zunehmend größeren Assoziaten. Diese Entwicklung führt zu einer Grenze, sobald bei zu großen Poren der Verlust an Molekülen während der Vervielfältigungsphase zu sehr ins Gewicht fällt. (In dieser Phase müssen die Assoziate in Einzelmoleküle zerfallen, um replizieren zu können.) Die Grenze kann überwunden

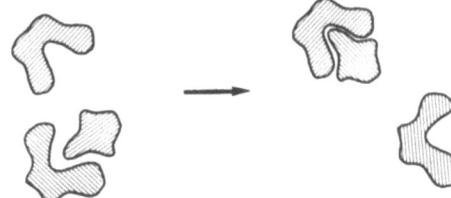

Abb. 18.6. Molekülformen, die zufällig ineinanderpassen, bilden Assoziate. Fehlerhaft reproduziertes Molekül kann sich nicht einpassen und wird durch fehlerfrei reproduziertes ersetzt

werden, indem sich die Assoziate zu Katalysatoren für die Synthese von Makromolekülen entwickeln, die nun die Eigenschaft haben, die Poren zu verstopfen. Es entsteht also eine zweite Molekülart, die eine Funktion ausübt, die von der ersten Molekülart nicht übernommen werden kann: Sie verhindert ein Auseinanderdiffundieren der Moleküle der ersten Sorte. Damit ist ein Rückkopplungs-Mechanismus gegeben, der nun zu einer klar gerichteten weiteren Evolution zu immer komplexeren Formen von Molekülgesellschaften führt.

Die anschließende vielstufige Entwicklung dieses katalytischen Apparates zu einem mit immer raffinierterer Strategie arbeitenden System ist eine Notwendigkeit, da jedes System, das die porenverstopfenden Moleküle etwas schneller produziert, Selektionsvorteile hat.

Die replikationsfähigen Moleküle können durch Nucleinsäuren und die porenverstopfenden Moleküle durch Polypeptide mit unspezifischer Sequenz verwirklicht sein.

Die Entwicklung des katalytischen Apparates führt zu einer Verbesserung der Eigenschaften der porenverstopfenden Moleküle und das wiederum ermöglicht eine fortschreitende Loslösung von der Bindung an den eng porösen Bereich. Die porenverstopfenden Moleküle können sich zu losen Hüllen zusammenlagern, die die Poren ganz ersetzen (Urform der Zellmembran). Nach jeder Vermehrungsphase wird sich eine Mehrzahl von Assoziaten innerhalb der losen Hüllen bilden, und an jedem Assoziat erfolgt erneut die Synthese von Makromolekülen, die sich aggregieren und mit Teilen der alten Hülle zu neuen Hüllen zusammenschließen. So findet ein allmähliches Auseinandertrennen von Gruppen hüllenbildender Asso-

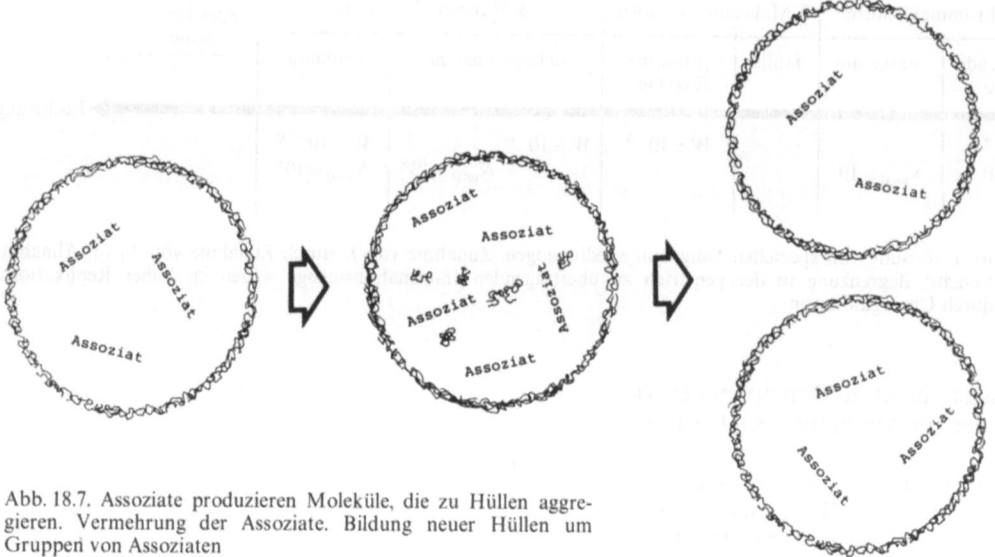

Abb. 18.7. Assoziate produzieren Moleküle, die zu Hüllen aggregieren. Vermehrung der Assoziate. Bildung neuer Hüllen um Gruppen von Assoziaten

ziate statt. Damit ist eine erste Vorstufe der späteren Zellteilung erreicht (Abb. 18.7).

Ein genetischer Code entsteht als Nebenprodukt bei der Verfeinerung des betrachteten Katalysemechanismus. Der Wendepunkt, der zur Entwicklung eines primitiven Codes führt, ist mit der Entstehung eines primitiven Enzyms E verbunden, das die Fehlerrate der Replikation auf einen Wert herabsetzt, der die Speicherung der Information zur Herstellung dieses Enzyms ermöglicht. Es können dann primitivste codierte Enzyme hergestellt werden. So kommt man über die Schwierigkeit hinweg, Enzyme für einen Mechanismus zu benötigen, der sie erst herstellt. Der Vorteil durch leistungsfähigere Enzyme bildet den Antrieb zur weiteren Verfeinerung des Enzymsyntheseapparats. Es bilden sich zunehmend weitere Enzyme. Die genetische Einheit ist nun nicht mehr das Assoziat, sondern die Gesamtheit der Assoziate in der gemeinsamen Hülle, und N_{total} (Abb. 18.5) hat sich entsprechend vervielfacht.

Die allmähliche Loslösung von den vorgegebenen Kompartimenten erscheint für jede höhere Entwicklung notwendig. Dazu müssen Moleküle hergestellt werden, die die Funktion der Kompartimentwände übernehmen. Die Evolution eines genetischen Codes ist die natürliche Konsequenz der Selektion von Systemen mit zunehmend genauer arbeitendem Apparat zur Herstellung der Hülle. Die hüllenproduzierende und zur Ausbildung eines genetischen Codes getriebene Molekülgesellschaft erscheint als unvermeidbares Glied in der Kette von Evolutionsschritten.

Damit sind die Systeme in der Lage, sich allmählich von dem Bereich zu befreien, in dem sich Temperatur und Zusammensetzung nach einem spezifischen Programm periodisch verändern. Die wachsende Zahl Enzyme bringt jedoch Schwierigkeiten in das Funktionssystem, die zu einer Umorganisation führen müssen, wobei eine dritte Makromolekülsorte für den Systemumbau notwendig wird, wie in Abschnitt 18.1.9.4. näher untersucht wird. Als weitere Konsequenz ergibt sich die Vereinigung des Konstruktionsplanes für den Organismus in einen einzigen Strang dieser dritten Molekülsorte und die Trennung von Replikationssystem und Enzymsyntheseapparat. Das Prinzip erscheint in der Natur durch die DNA verwirklicht, deren Eingreifen so in einfacher Weise gedeutet werden kann. Damit ist ein Apparat zur Herstellung richtiger Enzyme gegeben.

18.1.8.1. Modell und Eigenschaften von Biopolymeren

Sinnvolle Modellannahmen müssen den bekannten Eigenschaften der Biopolymeren und den Bedingungen auf einer Urerde entsprechen. Das betrachtete Modell versucht, diesen Gegebenheiten Rechnung zu tragen.

a) Konformationsänderungen von Nucleinsäuren

Der Wechsel zwischen offener Nucleinsäurekette und Doppelhelix erfolgt knapp oberhalb Zimmertemperatur, und mit solchen Temperaturen hat man auf einer präbiotischen Erde zu rechnen. Die Vorstellung, daß Nucleinsäuren spezifische Faltungsstrukturen bilden, ist experimentell belegt. Im Falle der t-RNA sind solche Faltungsstrukturen aus röntgenographischen Messungen bekannt, und durch Untersuchung der hochauflösenden Protonenresonanzen konnte das Aufschmelzen der einzelnen Bereiche bei Temperaturerhöhung, also der allmähliche Übergang der Faltungsstruktur in den offenkettigen Strang, und die fehlerfreie Rückbildung der ursprünglichen Faltungsstruktur beim Abkühlen nachgewiesen werden.

b) Polypeptide aus adenylsäuregebundenen Aminosäuren

Polypeptide entstehen durch Kondensation von Aminosäuren, die als Aminoacyladenylate gebunden sind, wobei eine bestimmte Sorte von Montmorillonit als Katalysator vorhanden sein muß (Katchalsky). Im betrachteten Modell ist dagegen angenommen worden, daß bei der Assoziation von Nucleinsäuren, die mit Aminosäuren beladen sind, deren Kondensation auch ohne Grenzflächenkatalysator erfolgt: Die Nucleinsäuren passen ineinander, und das ersetzt die ordnende Wirkung der Montmorillonitoberfläche. Das Versuchsergebnis von Katchalsky spricht für die Modellvorstellung.

c) Zusammenlagern von Polypeptiden zu Vesikeln

Aus Polypeptiden, die durch trockenes Erhitzen von Aminosäuren erhalten wurden, entstehen im Wasser Membranen, die sich zu Vesikeln zusammenschließen (Fox). Es ist also gut denkbar, daß Polypeptide, die aus Nucleinsäureassoziaten gebildet wurden, eine Anzahl solcher Assoziate als lose Hüllen umgeben.

18.1.8.2. Verschiedenartige Einzelzusammenhänge in gleicher übergeordneter Funktionsverknüpfung

Mit der Modellbetrachtung möchte man die für den Mechanismus der Selbstorganisation wichtigen Zusammenhänge auffinden. In Wirklichkeit können die prinzipiell gleichen funktionellen Verknüpfungen in viel komplizierteren Einzelzusammenhängen gestanden haben. Die folgenden Beispiele sollen veranschaulichen, wie verschiedene Annahmen über Einzelzusammenhänge in denselben Gesamtzusammenhang gestellt werden können, also zu grundsätzlich gleichen Evolutionslinien führen. Sie sollen deutlich machen, daß die Modellbetrachtungen das Prinzip an einfachen Fällen demonstrieren, daß man sich aber kompliziertere Möglichkeiten vorstellen kann, die für eine experimentelle Realisation geeigneter sein können.

a) Replikation, Alternativmodell: Porenwand als primärer Katalysator

Es ist denkbar, daß eine nicht enzymatische Replikation von Nucleinsäuren an einer spezifischen Mineraloberfläche als Grenzflächenkatalysator besonders leicht erfolgt und als auslösender Prozeß der Evolution zu betrachten ist. Im untersuchten Modell ist dann der Porenwand eine zweite Funktion, katalytische Aktivität, zuzuschreiben. Durch diese Alternativannahme wird der Anfangsschritt vielleicht erleichtert, ein späterer Evolutionsschritt aber entsprechend erschwert: Die Loslösung vom porösen Bereich ist erst möglich, wenn die von den replikationsfähigen Molekülen hergestellte Hülle beide Funktionen der Porenwand, Diffusionshemmung und katalytische Wirkung, übernehmen kann.

Es ist denkbar, daß die unspezifischen Polypeptidmoleküle, aus denen die Hülle zusammengesetzt ist, katalytisch ausreichend wirksam sind, um auch die zweite Funktion der Porenwand zu übernehmen. Der Weg für die Evolution der Hülle ist dann frei. Man kann sich aber auch vorstellen, daß nur Polypeptide mit festgelegter Sequenz katalytisch ausreichend wirksam sind, um die Porenwand zu ersetzen. In diesem Fall kann der poröse Bereich erst verlassen werden, nachdem die porenverstopfenden Moleküle zu Polypeptiden geworden sind, deren Sequenzen durch einen primitiven genetischen Code festgelegt sind.

Derselbe Antriebsmechanismus wie im zuerst betrachteten Modell führt zur Evolution des gleichen Funktionsgefüges:

Verbesserungen im Herstellungsprozeß der Moleküle, die die Abgrenzung der replizierenden Molekülgesellschaft nach außen bilden (porenverstopfende bzw. hüllenbildende Moleküle) bringen Selektionsvorteile und führen so zur Bildung eines primitiven Codes als Nebeneffekt.

Die Tatsache, daß bei Bakterien die Replikation an der Zellwand erfolgt, könnte auf eine ursprüngliche Bindung dieses Prozesses an die Hülle zurückzuführen sein.

b) Proteinsynthese, Alternativmodell: Porenwand als Primärkatalysator

Im Vorangehenden wurde angenommen, daß die Sperrigkeit von Assoziaten ineinanderpassender Nucleinsäuren primärer Anlaß für die Selektion spezifischer Faltungsstrukturen ist und die Evolution eines Syntheseapparates für unspezifische Polypeptide anschließend erfolge. Die Modellvorstellung kann ohne Änderung der prinzipiellen Funktionsverknüpfungen ersetzt werden. Man kann sich etwa die Möglichkeit vorstellen, daß bestimmte Faltungsstrukturen an der Porenwand adsorbiert werden, was eine andere Möglichkeit wäre, das Auseinanderdiffundieren der Moleküle zu erschweren. Solche Systeme würden zu Aggregaten von zunehmender Komplexität evolvieren, also in derselben Richtung wie die oben betrachteten Assoziate. Durch Einbau von Aminosäuren könnten sich, ähnlich wie im Experiment von Katchalsky, Polypeptide bilden. Die Polypeptide sollen als porenverstopfende Moleküle wirken. Damit ist ein Antrieb zur Selektion von Nucleinsäuren mit spezifischen, zunehmend besser ineinanderpassenden Faltungsstrukturen gegeben: Der katalytische Apparat zur Herstellung der porenverstopfenden Moleküle wird zunehmend verbessert. Die Polypeptidsynthese kann allmählich ohne Grenzflächen-Katalysator erfolgen. Notwendigerweise lösen sich also die evolvierenden Systeme allmählich von ihrer Abhängigkeit von der Mineraloberfläche. Man kommt grundsätzlich zum gleichen Evolutionsmechanismus wie in dem zuerst betrachteten Modell. In beiden Fällen liegt der Evolutionsantrieb in der Erweiterung des Lebensraumes durch Loslösung vom feinporigen Bereich. Der Selektionsgewinn durch Verbesserungen in der Hüllenfabrikation führt zur Evolution von Nucleinsäuren mit immer besser ineinanderpassenden Faltungsstrukturen und damit zu einem Code als Nebeneffekt.

c) Hüllenbildung: Phospholipoide als Komponenten der Hülle

Man kann sich denken, daß in der Entwicklung der Hülle und ihrer Evolution zur Zellmembran frühzeitig Lipide mit eingebaut wurden. Lipide werden bei Simulation präbiotischer Bedingungen leicht erhalten, und sie können mit der von der Molekülgesellschaft fabrizierten Polypeptidhülle eine Vorstufe einer Lipoproteinmembran gebildet haben. Da dadurch kein Rückkopplungs-Mechanismus hinzukommt, bleiben die prinzipiellen funktionellen Verknüpfungen unverändert.
Solange die Hülle die Aufgabe hat, assoziatbildende Makromoleküle vorwiegend zurückzuhalten und Makromoleküle durchzulassen, die sich nicht in die Assoziate einbauen, sollte der Lipideinbau keine Selektionsvorteile bringen. Erst nach Eingliederung der dritten Makromolekülsorte (Abb. 18.5) besteht die Aufgabe der Hülle darin, Makromoleküle zurückzuhalten und kleinere Moleküle durchzulassen. In dieser Evolutionsphase kann der Lipideinbau in die Hülle vorteilhaft sein. Der mögliche Selektionsvorteil durch den Lipideinbau muß in späteren Evolutionsstufen eine Erschwerung bringen: Die evolvierenden Systeme sind von einer Umgebung mit spontan entstandenen Lipiden solange abhängig, bis sie einen Organisationsgrad erreicht haben, der die Entwicklung eines Biosyntheseapparates für Lipide zuläßt. Erst damit (also nach Vorhandensein eines wirksamen Enzymsyntheseapparates) ist ein Rückkopplungs-Mechanismus und als Folge davon ein Evolutionsdruck zur Entwicklung von Systemen mit immer raffinierteren Membraneigenschaften gegeben.

Spontan entstandene Hüllen aus Lipiden oder proteinähnlichen Stoffen (Koazervate, Mikrokugeln, Lipidvesikel), also Systeme, die durch Selbstorganisation entstanden sind, wurden als Vorstufen lebender Systeme oft diskutiert (Oparin, Fox, Goldacre, Bangham). Solche Hüllen können die Funktion nicht übernehmen, die im vorangehenden einem porösen Mineral zugeschrieben wurde, eine spezifische Umgebungsstruktur bereitzustellen. Man kann sich denken, daß aggregierende Moleküle dieser Art zur Verstopfung von Poren dienen. Die Evolution könnte dann auch in einem weniger fein porösen Mineral eingeleitet werden. Der spätere Schritt, in dem die vorgegebenen hüllenverstopfenden Moleküle durch selbst fabrizierte ersetzt werden, könnte jedoch erst in Bereichen stattfinden, in denen solche Moleküle fehlen. Es würde sich also prinzipiell das gleiche Funktionsgefüge ergeben wie im zuerst betrachteten Modell.

18.1.9. Diskussion wichtiger Teilschritte

Die verschiedenen Denkmöglichkeiten führen an denselben Punkten auf Schwierigkeiten. Die Frage, wie diese Schwierigkeiten einzeln im Evolutionsprozeß überwunden werden können, stellt sich also unabhängig vom genauen Modellweg. Diese kritischen Schritte werden im folgenden an Modellfällen näher betrachtet.

18.1.9.1. Bildung replikationsfähiger Moleküle und Ursprung der Chiralität

a) Entstehung kurzer Ketten

Es wird davon ausgegangen, daß sich aus Nucleinbasen, Zucker und Phosphorsäuren durch Wasserabspaltung ein Polymerengemisch gebildet hat. Eine Polymerenbildung bei Simulation präbiotischer Bedingungen ist bekannt. Eine Kette, die zufälligerweise eine Matrize für die Bildung einer Doppelhelix darstellt, soll in der Modellumgebung (Abb. 18.2) replikationsfähig sein, im Gegensatz zu allen anderen Polymeren, die wegen der fehlenden Kooperativität nicht replikationsfähig sind, da im allgemeinen schon durch den Einbau eines einzigen unpassenden Bausteines die Matrizen-gesteuerte Polymerisation zur Doppelhelix gestört ist (Abb. 18.2c). Kondensationen von Oligomeren an Nucleinsäurematrizen sind bekannt. Da der betrachtete Bereich extrem ausgezeichnet sein kann, wird man mit ähnlichen Gesamtkonzentrationen an energiereichen Mononucleotiden rechnen können wie im Bakterieninnern (10^{-2} molar). Mindestens 1% der Mononucleotide, die in der Lösung anfänglich vorhanden sind, stellen richtige Bausteine dar. Sie tragen den passenden Zucker (D-Ribose, an den passenden Stellen durch Phosphorsäure und Nucleinbase substituiert. Bei der Abschätzung dieser Wahrscheinlichkeit ist zu bedenken, daß unter präbiotischen Bedingungen die verschiedenen C_4-, C_5- und C_6-Zucker (mit einer Bevorzugung der C_5-Zucker Ribose und Arabinose) gebildet werden. Eine Replikation ist unter diesen Bedingungen thermodynamisch möglich. Der Prozeß wird aber spezielle Bedingungen erfordern.

Es soll der Modellfall betrachtet werden, daß die Kette aus den 4 Nucleotiden mit den Basen A, U, C, G aufgebaut ist und daß an jedem Ende zwei stark H-brückenbildende Basen stehen (etwa C und G). Dazwischen soll die Kette vorwiegend aus schwach H-brückenbildenden Basen (U, A) bestehen, wobei an keiner Stelle zwei oder mehr stark H-brückenbildende Basen nebeneinander vorkommen.

Die Temperatur im porösen Bereich soll zunächst so hoch sein, daß Einzelstränge vorliegen, danach soll sie soweit sinken, daß sich an die beiden Basen (C, G) an jedem Ende des Matrizenstranges die Mononucleotide mit den beiden komplementären Basen anlagern und sich miteinander verknüpfen. Es soll dann die Temperatur bis knapp unterhalb des Schmelzpunktes einer A,U-Doppelhelix (auf beispielsweise 40° C) sinken, und es müßte nun vom Nukleationszentrum, das sich am 3'-Ende des Matrizenstranges gebildet hat, die Polymerisation voranschreiten, ohne daß an anderen Stellen des Matrizenstranges die Polymerisation starten würde. Danach soll die Temperatur zum Schmelzpunkt einer G,C-Doppelhelix steigen, damit sich wieder Einfachstränge bilden, die in der nächsten Periode als Matrizen für die Replikation zur Verfügung stehen. Da die beiden Stränge in der Doppelhelix gegenläufig sind, ist davon ausgegangen worden, daß jedes Ende des Matrizenstranges ein G,C-Paar trägt. Dadurch erhält der neu synthetisierte Strang am 3′-Ende ein G,C-Paar und kann damit ebenfalls wie der ursprüngliche Strang als Matrize für die Replikation dienen.

Versuche zur experimentellen Realisation dieser Vorgänge wären von Interesse. Methoden zur Synthese der betrachteten Nucleinsäurestränge sind bekannt, und Versuche mit solchen Strängen könnten dazu dienen, ein periodisches Programm für die Umgebungsbedingungen herauszufinden, das zur Auslösung der Replikation führt. Man wird vielleicht nach geeigneten Katalysatoren für den Prozeß suchen müssen, und als solche kommen spontan entstandene Polypeptide, die mit den Nucleinsäuren in Wechselwirkung treten, in Frage, die bei Simulation präbiotischer Verhältnisse leicht gewonnen werden. Sobald dieses Programm bekannt wäre, könnte es auf eine Polymerenmischung angewendet werden, die man durch Kondensation der Monomeren erhalten hat. Es müßte zum Ausselektionieren replikationsfähiger Stränge führen, wobei optische Aktivität entstehen müßte, deren Vorzeichen durch das auslösende Zerfallsereignis bestimmt wäre.

Man kann sich natürlich in diesem Evolutionsstadium andere Basenpaare und eine größere Ungenauigkeit in den molekularen Bausteinen denken. Wir rechnen hier mit den bei der Evolution des genetischen Apparates am Schluß vorliegenden Komponenten, weil ihre Eigenschaften bekannt sind und ihr Verhalten unter den Modellbedingungen daher am besten abschätzbar ist. Man darf dabei nicht die Mannigfaltigkeit der Realisierungsmöglichkeiten in diesen frühen Evolutionsstadien vergessen.

Nach dieser Überlegung erscheint das Vorhandensein von zwei verschiedenen Basenpaaren nötig und mehr Paare eine überflüssige Komplikation.

Geht man wieder davon aus, daß in der Lösung mindestens 1% der Mononucleotide richtige Bausteine darstellen, so ist die Wahrscheinlichkeit, in einer primär durch Kondensation von Mononucleotiden gebildeten Kette mit $N=9$ Gliedern alle richtig eingebaut zu finden, mindestens $(1/100)^9 = 10^{-18}$. Rechnen wir mit einer Gesamtkonzentration von 10^{-4} M, so müssen im Liter $10^{-18} \cdot 10^{-4} \cdot 6 \cdot 10^{23}$, also etwa 10^2 solche Stränge sein, die sich vervielfältigen können, sobald sie in den betrachteten Bereich gelangen.

b) Evolution längerer Ketten

Man erreicht den Zustand, in dem, auf eine Periode bezogen, die Zahl der durch Replikation neu gebildeten Ketten gleich der Zahl der Ketten ist, die den Bereich durch Diffusion verlassen. Die wegdiffundierenden Stränge werden ab und zu miteinander zu längeren Ketten kondensieren, die wegen ihrer größeren Raumbeanspruchung auch in weniger feinporösen Bereichen ausreichend zurückbleiben, um sich dort vermehren zu können. Es findet also allmählich eine Bevölkerung bisher nicht besetzter Bereiche durch längere Stränge statt. Mit zunehmender Kettenlänge wächst die Wahrscheinlichkeit des Einbaues einer Fehlerstelle in den neu entstehenden Strang, die bewirkt, daß dieser Strang nicht replikationsfähig ist. Dadurch ist die Entwicklung zunehmend längerer Stränge bald begrenzt.

N sei die Zahl der Monomeren in der Molekülkette und w die Wahrscheinlichkeit, daß ein herausgegriffenes Kettenglied einen Fehler trägt, der die Replikationsfähigkeit der Kette blockiert. Die Wahrscheinlichkeit p, daß die Polymerisation am Matrizenstrang zu einem replikationsfähigen Molekül führt, ist dann

$$p = (1-w)^N. \qquad (18.1)$$

Die Größe w muß unterschieden werden von der Wahrscheinlichkeit W, daß in einem replikationsfähigen Strang an einer herausgegriffenen Stelle die falsche Base eingebaut ist, also eine Base, die nicht komplementär ist zur Base auf dem Matrizenstrang, an dem die Bildung dieses Stranges erfolgte. W und w sollten ähnliche Werte besitzen. Nach Abschätzungen von Eigen kann für AU Stränge unter vorteilhaften Bedingungen mit $W \simeq 10^{-2}$ gerechnet werden. Im hier betrachteten Fall haben wir bei der Vielzahl unterschiedlicher Nucleotide in der Lösung mit einer größeren Wahrscheinlichkeit für den Einbau eines falschen Bausteines zu rechnen, obgleich durch die Kooperativität in der Doppelhelix eine ähnlich hohe Selektivität gegeben ist, wie beim Wachstum eines Kristalls aus einer Lösung vieler verschiedener Substanzen. Wird die Replikationsfähigkeit von etwa jedem 20sten der angebauten Monomeren blockiert, so ist $w = 5 \cdot 10^{-2}$ und bei $N=50$ wird $p=0,1$. In diesem Fall kann die Form im Bereich nur überleben, wenn pro Periode nicht mehr als etwa 10% der Ketten den Bereich durch Diffusion verlassen, wenn noch eine Vervielfältigung stattfinden soll. Die obere Grenze von N ist etwa hier erreicht.

c) Notwendigkeit der Annahme kleiner Evolutionsschritte

Man kann sich fragen, warum solche Ketten mit $N=50$ in einem Evolutionsprozeß aus kurzen Ketten entstehen und nicht direkt gebildet werden. Das beruht darauf, daß die Wahrscheinlichkeit, das erste Matrizenmolekül durch spontane Kondensation von 50 Monomeren zu erhalten, unter den oben betrachteten Bedingungen $(1/100)^{50} = 10^{-100}$ ist.

Wie man sich leicht überlegen kann, ist das Ereignis so unwahrscheinlich, daß es selbst dann mit verschwindender Wahrscheinlichkeit irgendwo auftreten würde, wenn man sich das ganze Weltall mit solchen spontan entstandenen Strängen mit $N=50$ aufgefüllt dächte.

Das Beispiel zeigt, wie ein Prozeß aus vielen aufeinanderfolgenden Evolutionsschritten als gesetzmäßiger Vorgang zu betrachten ist, also als Vorgang der mit einer an Sicherheit grenzenden Wahrscheinlichkeit erfolgt, während die Wahrscheinlichkeit, dasselbe Ereignis auf einmal zu erreichen, praktisch null ist. Dieser Punkt ist in den verschiedenen Versuchen, auf Grund von Wahrscheinlichkeitsbetrachtungen nachzuweisen, daß die Entstehung lebender Organismen durch Selbstorganisation der Materie beliebig unwahrscheinlich sei, nicht beachtet worden.

d) Ursprung der Chiralität durch Zufallsereignis

Ein Baustein der Nucleotide, die Ribose, ist chiral: Da bei der Polymerisation nur dann ein replikationsfähiger Strang entsteht, wenn der Matrizenstrang mit dem neusynthetisierten Strang eine praktisch fehlerfreie Doppelhelix bilden kann, muß in allen monomeren Bausteinen die gleiche chirale Form eingebaut sein (entweder überall D- oder überall L-Ribose). Andere Polymermoleküle wären wegen der fehlenden Kooperativität nicht replikationsfähig. Die Tatsache, daß in den heute bekannten Nucleinsäuren nur die D-Form der Ribose vorkommt, beruht nach dem Modell auf dem Zufall, daß sich zuerst ein reproduktionsfähiges System aus D-Ribose durchsetzen konnte. Das Problem des Ursprungs der optischen Aktivität erscheint, so betrachtet, recht einfach.

Eine Unterdrückung der einen chiralen Form durch die entgegengesetzte, zufälligerweise etwas vorangeschrittenere, kann schon sehr bald erfolgen (falls Mangel an einem gemeinsamen Baustein besteht). Es sind aber auch Verhältnisse denkbar, in denen die beiden Formen lange koexistieren, bevor die eine Form im Konkurrenzkampf um einen gemeinsamen Baustein eliminiert wird. Früher oder später (spätestens sobald die Formen Enzyme herstellen können, welche die entgegengesetzte chirale Form angreifen) tritt dieser Fall notwendigerweise auf, da sich ein Wirt-Gast-Verhältnis zwischen Systemen mit entgegengesetzter Chiralität nur vorübergehend halten kann, wie aus dem Folgenden hervorgeht.

Man muß sich fragen, was sich zuträgt, falls an einer Stelle der Erdoberfläche L-Systeme, an einer anderen D-Systeme evolvieren und die D-Systeme in den Bereich der L-Systeme einwandern. Die D-Systeme sind in diesem Fall höher organisiert als die L-Systeme: Der Organisationsgrad wächst mit der immer weiter voranschreitenden Loslösung von dem bis dahin besetzten Lebensbereich, und die Fähigkeit der D-Systeme, ihren ursprünglichen Bereich soweit zu verlassen, daß sie den Bereich der L-Systeme erreichen, setzt einen entscheidend höheren Organisationsgrad der D-Systeme voraus. Falls die neu hinzutretenden D-Systeme an die Rohstoffquellen in diesem speziellen Bereich der L-Systeme direkt herankommen können, werden sie die L-Systeme verdrängen. Es ist aber auch denkbar, daß sich die L-Systeme besser ihrem speziellen Bereich angepaßt haben, also die Rohstoffe besser ausnützen können als die hinzutretenden D-Systeme, so daß sich ein Wirt-Gastverhältnis zwischen D- und L-Systemen einstellt, die L-Systeme also von den D-Systemen nicht ausgerottet werden. Da im betrachteten Fall die D-Systeme einen entscheidend höheren Organisationsgrad haben als die L-Systeme, ist dieses Wirt-Gastverhältnis nicht stabil. Es werden sich Formen von D-Systemen mit einem enzymatischen Apparat entwickeln, der sie besser an die Rohstoffe im Bereich der L-Systeme heranführt als es über die Vermittlung durch die L-Systeme in dem Wirt-Gast-Verhältnis, das sich zunächst eingestellt hatte, zu erreichen war. Damit werden die L-Systeme von den D-Systemen nicht mehr benötigt. Sie unterliegen und verschwinden. Es ist auch denkbar, daß im Wirt-Gast-Verhältnis die Bauteile, die der Wirt für den Rohstoffaufbereitungsapparat benötigt, allmählich durch Bauteile ersetzt werden, die der Gast liefert, der sie durch seine höhere Organisation rationeller herstellen kann. Der Wirt degeneriert zunehmend und wird schließlich unnötig. Auch dieser Prozeß führt also zum Verschwinden der L-Systeme.

Über den Ursprung der optischen Aktivität sind verschiedene Vorstellungen entwickelt worden. Vorschläge von Frank und Wald beruhen wie die vorliegende Betrachtung auf der Vorstellung, daß sich die optische Aktivität im Verlauf der Evolution durch Selektion ausgebildet hat. Eine Vorstellung, die auf van t'Hoff zurückgeht, beruht darauf, daß durch die elliptische Polarisation der Sonnenstrahlung eine bevorzugte Bildung des einen Antipoden einer geeigneten Substanz auftritt. Nach einer anderen Vorstellung ist für den Effekt die Tatsache verantwortlich, daß bestimmte autokatalytische Systeme in stationären Zuständen weit weg vom Gleichgewicht bistabil sind. Eine geringe Fluktuation führt zur Bildung des einen Antipoden in fast reiner Form. Demgegenüber sind nach dem hier betrachteten Bild die besonderen Verhältnisse, unter denen eine solche Bistabilität auftritt, für die Entstehung der optischen Aktivität nicht erforderlich. Da der Prozeß des Verschwindens der einen chiralen Form im Bereich wechselwirkender Systeme gegebenenfalls in einer relativ späten Evolutionsphase eintritt, erschiene das Suchen nach Überresten entgegengesetzter gegenüber der bekannten Chiralität in präkambrischen Sedimenten nicht hoffnungslos.

18.1.9.2. Selektion von Molekülen mit bestimmten Faltungsstrukturen

a) Evolution von Faltungsstrukturen

Bei einer Replikation der betrachteten Stränge kann ab und zu an einer Stelle eine Base eingebaut werden, die nicht komplementär ist zur entsprechenden Base im Matrizenstrang. Der Strang ist dann immer noch replikationsfähig. Da die genaue Basensequenz für die Vermehrungs- und Überlebensfähigkeit noch keine Rolle spielt, wird man nach kurzer Zeit Stränge mit verschiedensten Basensequenzen besitzen.

Durch Zufall werden in dieser Weise auch Stränge entstehen, die längere Abschnitte mit komplementärer Basensequenz im selben Strang besitzen. Solche Stränge bilden unter geeigneten äußeren Bedingungen Faltungsstrukturen.

Ein solcher Strang gelange nun in einen Bereich, in dem in periodischer Wiederholung Vervielfältigungsphasen von Phasen gefolgt sind, in denen die Molekülketten Faltungsstrukturen annehmen und einem Selektionsprozeß ausgesetzt sind (Absterbephasen). In den Vervielfältigungsphasen muß die Temperatur nach Abschnitt 18.1.9.1 längere Zeit im Schmelzbereich der Doppelhelix bleiben, um eine störungsfreie Bildung der neuen Stränge an den Matrizensträngen zu gewährleisten. Die Faltungsstrukturen entstehen bei genügend schnellem Abkühlen unterhalb dieses Schmelzbereichs oder beim Unterbrechen der Zufuhr an energiereichen Monomeren. Diese Zustandsänderungen kann man sich gemäß Abb. 18.2a auf einer präbiotischen Erde mühelos realisiert denken.

b) Selektion einer Mutante bei Vernachlässigung der Störung durch andere Mutanten

Es können sich in einem solchen Bereich Moleküle mit verschiedensten Faltungsformen bilden, und es fragt sich, unter welchen Bedingungen bestimmte Formen ausselektionieren. Man geht davon aus, daß sich eine Molekülform auf Grund ihrer Faltungsform ausselektioniert hat. Diese Form (Normalform) liege in vielen Exemplaren vor. Die Zahl der Exemplare am Ende jeder Absterbephase (Z) bleibt praktisch konstant (der Vervielfältigungsfaktor der Normalform ist 1) (Abb. 18.8). Ab und zu entsteht durch Einbau einer nicht komplementären Base im Replikationsprozeß eine Mutante mit veränderter Faltungsform. Die meisten Mutanten sind benachteiligt und verschwinden. In seltenen Fällen entsteht eine vorteilhafte Form, d.h. der Vervielfältigungsfaktor der Form, r, ist größer

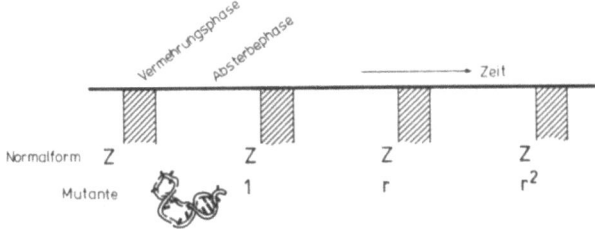

Abb. 18.8. Vermehrungsphase (Replikation) und Absterbephase (benachteiligte Faltungsformen verlassen bevorzugt den Bereich). Mutante mit geeigneter Faltungsform bleibt zurück (Vervielfältigungsfaktor pro Periode r). Normalform (Z Exemplare) wird nach n Perioden durch Mutante ersetzt

als 1. Nach einer Periode sind dann im Durchschnitt r Moleküle der Mutante vorhanden, nach einer weiteren Periode r^2 Moleküle usw. Nach n Perioden soll die Mutante die bisherige Form verdrängt haben, d.h., es ist

$$r^n \simeq Z. \qquad (18.2)$$

Nach dieser Beziehung kann n abgeschätzt werden.

Die Beziehung gilt unter der Voraussetzung, daß in den n Perioden keine anderen Mutanten entstehen, die ausreichend vorteilhaft sind, um die betrachtete Mutante zu verdrängen.

Ferner ist noch zu beachten, daß mit einer gewissen Wahrscheinlichkeit alle Nachkommen der Mutante den Bereich verlassen oder zerstört werden. Die Mutante stirbt dann aus, bevor sich eine so große Zahl Nachkommen gebildet hat, daß mit einem Aussterben der Population nicht mehr zu rechnen ist. Durch diesen Effekt setzt sich, wie man sich auf Grund der Betrachtung in 18.2 leicht überlegen kann, eine Mutante nur mit der Wahrscheinlichkeit $(r-1)/(\varrho-1)$ durch (ϱ = Vervielfältigungsfaktor in der Vermehrungsphase, r = Vervielfältigungsfaktor pro Periode). Die Population (Zahl Z) muß also entweder so groß gewählt werden, daß darin etwa $(\varrho-1)/(r-1)$ spontan entstandene Mutanten zu finden sind, die mindestens den Vervielfältigungsfaktor r besitzen, oder es muß bei kleineren Populationen entsprechend lange gewartet werden, bis die Mutante spontan erscheint und sich durchsetzt.

c) **Selektionsbedingung**

Man geht davon aus, daß die Mutante so günstige Eigenschaften hat, daß sie in den n Perioden nicht durch andere Mutanten, die im Verlauf dieser Zeit aus der Normalform entstehen, verdrängt wird. Mutanten, die dieser Bedingung nicht genügen, spielen für die Evolution keine Rolle: sie verschwinden, bevor sie sich durchsetzen und werden daher nicht weiter betrachtet.

Genügt eine Mutante der Bedingung, so sind verschiedene Fälle möglich:

α) Fall 1: Nachteilig veränderte Nachkommen der Mutante stören nicht
Die Mutante hat sehr spezifische Überlebensvorteile, die mit praktisch jedem Replikationsfehler verschwinden. Fehlerhafte Nachkommen der Mutante werden also sofort ausgemerzt. Es genügt dann für eine Selektion, daß $r>1$ ist.

Es werden Molekülketten mit N Monomeren-Resten betrachtet und angenommen, daß in der Vermehrungsphase durch ein geeignetes Zeitprogramm im Zustand der Umgebung (Abb. 18.2) s Replikationen aufeinanderfolgen. W sei die Wahrscheinlichkeit, daß im Replikationsprozeß an einer herausgegriffenen Stelle eine falsche Base übertragen wird. qN Stellen sollen für die bestimmte Faltungsstruktur entscheidend sein, d.h. jeder Fehler an einer dieser Stellen soll zum Verschwinden der Form führen. Veränderungen an den restlichen $(1-q)N$ Stellen sollen unwirksam sein. Die Bedingung $r>1$ ist dann erfüllt, wenn W nicht größer ist als gemäß Gl. (18.3) (näheres s. S. 679):

$$WsNq = 1. \qquad (18.3)$$

WsN ist die mittlere Zahl der pro Molekülkette in einer Periode falsch übertragenen Basen, $WsNq$ also die mittlere Zahl der Fehler pro Molekül, die den Selektionsprozeß beeinflussen. Ist diese Zahl nicht größer als etwa 1, so kann man mit einem Anteil an fehlerfreien Nachkommen rechnen, der ausreichend groß ist, um eine Vervielfältigung der Form zu ermöglichen, also der Bedingung $r>1$ zu genügen.

β) Fall 2: Nachteilig veränderte Nachkommen der Mutante stören in ihrer Gesamtheit
Fehlerhafte Nachkommen der Mutante vermehren sich und können in ihrer Gesamtheit die Mutante verdrängen, bevor sie wesentlich zur Population beiträgt.

Ein fehlerhafter Nachkomme der Mutante kann sich durchsetzen, falls er einen größeren r-Wert besitzt als die ursprüngliche Mutante, doch spielt diese Möglichkeit keine Rolle, weil das Entstehen einer genügend vorteilhaften Mutante so unwahrscheinlich ist, daß sie im allgemeinen erst viel später als nach n Perioden auftritt; nachdem also die Form, aus der sie hervorgeht, in vielen Exemplaren vorliegt, sich also bereits durchgesetzt hat.

Es ist aber auch möglich, daß fehlerhafte Nachkommen der ursprünglichen Mutante, die kleinere r-Werte als diese besitzen, in ihrer Gesamtheit die ursprüngliche Mutante verdrängen. Diese Formen vermehren sich, und zudem entstehen aus der ursprünglichen Mutante immer wieder neue störende Fehlerexemplare. Die ursprüngliche Mutante tritt also nicht genügend hervor, ihre Selektion findet nicht statt.

Es wird angenommen, daß ein Basenaustausch an einer der Nq Stellen den Vermehrungsfaktor vom Wert r der ursprünglichen Mutante auf den kleineren Wert r_F bringt. Veränderungen an den restlichen $(1-q)N$ Stellen sollen wie im Fall 1 unwirksam sein.

Man kann die Verhältnisse am besten überblicken, wenn man annimmt, daß sich die Mutante gegenüber der ursprünglichen Normalform bereits durchgesetzt hat und nun nach den Bedingungen fragt, unter welchen sie durch die aus ihr hervorgehenden Fehlerexemplare nicht wieder verdrängt wird. Der Mutante, die jetzt die neue Normalform darstellt, die in Z Exemplaren vorliegt, ist dann der Vervielfältigungsfaktor 1 zuzuschreiben. Z_F Fehlerexemplare besitzen dann den Vervielfältigungsfaktor r_F/r. In einer Periode verschwinden also $(1-r_F/r)Z_F$ Fehlerexemplare, andererseits werden ungefähr $ZWsNqr_F/r$ Fehlerexemplare aus der ursprünglichen Mutante neu gebildet (es ist $WsNq \ll 1$). Es stellt sich ein Zustand ein, für den gilt

$$(1-r_F/r)Z_F = ZWsNqr_F/r \qquad (18.4)$$

oder $Z_F = Z\alpha$ mit

$$\alpha = WsNq\frac{r_F}{r-r_F}. \qquad (18.5)$$

Schreibt man den Nachkommen, die durch weitere Fehler aus diesen Fehlerexemplaren entstehen, denselben Vermehrungsfaktor zu, so gelten entsprechende Beziehungen, und man sieht sofort, daß die Gesamtzahl der Fehlerexemplare durch

$$Z_{F,\text{total}} = Z(\alpha + \alpha^2 + \alpha^3 + \ldots)$$

dargestellt wird. Diese Annahme ist unrealistisch. Sinnvoller ist anzunehmen, daß der Unterschied zwischen dem Vermehrungsfaktor der ursprünglichen Mutante und dem Vermehrungsfaktor eines Fehlerexemplares mit k Fehlern proportional zu k ansteigt, also gleich $(r-r_F)k$ ist. Es folgt dann

$$Z_{F,\text{total}} = Z\left(\alpha + \alpha\frac{\alpha}{2} + \alpha\frac{\alpha}{2}\frac{\alpha}{3} + \ldots\right) = Z(e^\alpha - 1). \qquad (18.6)$$

Der Anteil $Z/(Z_{F,\text{total}}+Z)$ an korrekten Exemplaren der Mutante in der Gesamtpopulation ist also gleich $e^{-\alpha}$. Bei großen Werten von α ist dieser Anteil klein, die Mutante kann nicht ausselektionieren. Trotzdem kann die Form im Verlauf der weiteren Perioden durch vorteilhafte Fehler weiter verbessert werden, also eine allmähliche Evolution erfahren. Die Wahrscheinlichkeit, daß in der Population eine solche vorteilhafte neue Mutante auftritt, ist proportional der Häufigkeit von Mutationen [also proportional $WsNq = \alpha(r-r_F)/r_F$] und proportional der Zahl korrekter Exemplare (also proportional Z). Es wird angenommen, daß die Gesamtpopulation $Z+Z_{F,\text{total}}$ (durch Begrenzung in der Zufuhr an Aufbaustoffen) konstant sei. Es ist dann $Z \sim e^{-\alpha}$, die betrachtete Wahrscheinlichkeit somit proportional $\frac{r-r_F}{r_F} \cdot \alpha e^{-\alpha}$. Das Maximum dieser Funktion liegt bei $\alpha = 1$, falls $(r-r_F)/r_F$ als konstant betrachtet wird. Im Fall $\alpha = 1$ ist also die Geschwindigkeit der weiteren Evolution am größten. Bei Werten $\alpha > 1$ ist sie geringer wegen der zu kleinen Zahl korrekter Exemplare, die die Chance haben, den vorteilhaften Fehler zu erleiden; bei Werten $\alpha < 1$ treten Mutationen zu selten auf.

Es werden sich also stets Systeme durchsetzen, für die die Bedingung $\alpha = 1$, also

$$WsNq\frac{r_F}{r-r_F} = 1 \qquad (18.7)$$

näherungsweise erfüllt ist, falls dies in der vorhandenen Evolutionsstufe erreichbar ist.

Denn solche Systeme verdrängen die anderen, da sie schneller evolvieren. Die Replikationsfehlerwahrscheinlichkeit W wird also im Verlauf der Evolution immer wieder einem Wert zustreben, für den die Bedingung $\alpha = 1$ erfüllt ist. Ist die Bedingung $\alpha = 1$ in einer betrachteten Evolutionsstufe nicht erreichbar, so wird die weitere Evolution da stattfinden, wo System und Umgebung die Verwirklichung von Fall 1 ($r_F = 0$) zulassen.

Die Gln. (18.3) und (18.7) stellen also die grundsätzlichen Kriterien zur Abschätzung von Evolutionsmöglichkeiten dar: Gl. (18.7) gibt den optimalen W-Wert an, falls dieser Wert kleiner ist als der W-Wert gemäß Gl. (18.3). Anderenfalls gibt Gl. (18.3) den ungefähren Optimalwert von W an.

Gleichung (18.6) läßt sich leicht verallgemeinern auf den Fall, daß sich die Nq maßgebenden Stellen bei Veränderung der Base unterschiedlich auswirken. An Nq_i Stellen soll der Austausch der Base den Vervielfältigungsfaktor r auf den Wert r_{Fi} bringen. Es gilt dann anstelle von Gl. (18.5)

$$\alpha = WsN \sum_i q_i \frac{r_{Fi}}{r-r_{Fi}}$$

und anstelle von Gl. (18.7) folgt

$$WsN \sum_i q_i \frac{r_{Fi}}{r-r_{Fi}} = 1. \qquad (18.8)$$

Führt eine Mutation zu einer wichtigen neuen Funktion, so ergibt eine nachträgliche Änderung an einer der q maßgebenden Stellen im allgemeinen eine Form, die sich gegenüber der Normalform nicht mehr auszeichnet. Es ist also $r_F = 1$ und nach Gl. (18.7)

$$WsNq\frac{1}{r-1} = 1. \qquad (18.9)$$

Die Verhältnisse lassen sich am Computer leicht simulieren. Man geht davon aus, daß zu Beginn Z gleiche Stränge (N Kettenglieder) mit einer zufälligen Anfangssequenz vorliegen. Man läßt die Stränge replizieren (Fehlerwahrscheinlichkeit W, Fehlerstellen durch ein Zufallsprogramm festgelegt), und anschließend läßt man einen Teil der Stränge absterben. Durch ein Zufallsprogramm wird bestimmt, welche Individuen ausscheiden, wobei allen Sequenzen, die einer gewissen Zielsequenz nahestehen, kleinere Absterbewahrscheinlichkeiten (größere r-Werte) zugeschrieben werden als anderen Sequenzen. Der Absterbeprozeß wird solange fortgesetzt, bis die Zahl der Individuen den ursprünglichen Wert Z erreicht hat. Der Vorgang wird vielfach wiederholt. Es zeigt sich, wie die Sequenzen in der Population der Zielsequenz immer näher rücken. Bei Werten von W, die merklich kleiner sind als gemäß Gl. (18.7), benötigt die selektive Anpassung wesentlich mehr als n Generationen und ist dann vollständig. Bei größeren W-Werten erfolgt rasch eine hohe Annäherung der Sequenz an die Zielsequenz, eine bessere Anpassung ist aber auch in vielen Generationen nicht zu erreichen. Bei W-Werten gemäß Gl. (18.7) ist nach ungefähr n Generationen eine praktisch vollständige Anpassung an die Zielsequenz in minimaler Zeit festzustellen.

γ) Ermittlung der Werte von r und ϱ; Präzisierung der Selektionsbedingung

Der Vervielfältigungsfaktor r hängt davon ab, wie groß die Zahl der fehlerfreien Exemplare ist, die sich aus einem Exemplar in der Vermehrungsphase bilden, und von der Wahrscheinlichkeit η, daß ein solches Molekül den Bereich in einer Periode verläßt oder zerstört wird:

$$r = \varrho \cdot (1-\eta). \quad (18.10)$$

Die Form soll in der Vermehrungsphase s Replikationsschritte erleiden, und es wird nach dem Erwartungswert für die Zahl korrekter, d.h. an den maßgebenden qN Stellen mit dem Original übereinstimmender Moleküle (v_s) und für die Zahl korrekter komplementärer Moleküle (v'_s) gefragt. Nach einem Replikationsschritt ist

$$v_1 = 1,$$
$$v'_1 = pP = (1-w)^N (1-W)^{qN} = e^{-(w+qW)N},$$

wobei p [Gl. (18.1)] die Wahrscheinlichkeit ist, daß das am Matrizenstrang gebildete Molekül replikationsfähig ist und P entsprechend die Wahrscheinlichkeit, daß ein replikationsfähiges Molekül an den maßgebenden qN Stellen komplementär zum Matrizenstrang ist.

In einer zweiten Replikationsphase liefert die Replikation am ursprünglichen Strang pP komplementäre Stränge und die Replikation an den pP komplementären Strängen $(pP)^2$ Originalkopien[2]. Es sind also insgesamt $1+(pP)^2$ Originalkopien und $pP+pP$ Komplementärstränge vorhanden. Somit ist

$$v_2 = 1 + (pP)^2,$$
$$v'_2 = 2pP.$$

Entsprechend folgt

$$v_3 = 1 + (pP)^2 + 2pP \cdot pP = 1 + 3(pP)^2$$
$$v'_3 = 2pP + (1+(pP)^2)pP = 3pP + (pP)^3$$

und allgemein ist

$$v_s + v'_s = (1+pP)^s. \quad (18.11)$$

Nimmt man an, daß Original und Komplementärstrang in gleicher Weise selektionsfähige Faltungsstrukturen bilden, so ist $\varrho = v_s + v'_s$, im anderen Fall $\varrho = v_s$.

---

[2] Die Möglichkeit, daß durch wiederholten Einbau nicht komplementärer Basen zufälligerweise wieder die Originalsequenz erreicht werden kann, ist vernachlässigt.

Zur Abschätzung der etwa zu erreichenden Werte von ϱ und r wird wieder der Wert $W=10^{-2}$ zugrunde gelegt und $w=5\cdot 10^{-2}$ bzw. $w=10^{-2}$ eingesetzt. Damit ergeben sich für $q=1$ (bzw. 2/3) die Werte von v_s und $v_s + v'_s$ in Tab. 18.1:

Tabelle 18.1

	s	v_s	$v_s + v'_s$	f_s	F_s
$w=5\cdot 10^{-2}$	1	1 (1)	1,17 (1,18)	0,8 (0,8)	0,06 (0,04)
$W=10^{-2}$	2	1,03 (1,03)	1,36 (1,40)	1,7 (1,7)	0,14 (0,10)
$N=30$	3	1,08 (1,10)	1,58 (1,65)	2,9 (2,9)	0,25 (0,18)
$q=1(2/3)$	4	1,16 (1,20)	1,84 (1,96)	4,3 (4,3)	0,4 (0,28)
	5	1,28 (1,34)	2,15 (2,31)	6,0 (6,0)	0,6 (0,42)
$w=10^{-2}$	1	1 (1)	1,5 (1,6)	0,3 (0,3)	0,2 (0,1)
$W=10^{-2}$	2	1,3 (1,4)	2,4 (2,6)	0,7 (0,7)	0,6 (0,4)
$N=30$	3	1,9 (2,1)	3,7 (4,1)	1,5 (1,5)	1,6 (1,1)
$q=1(2/3)$					
$w=10^{-2}$	1	1 (1)	1,3 (1,4)	0,5 (0,5)	0,2 (0,2)
$W=10^{-2}$	2	1,09 (1,14)	1,7 (1,9)	1,2 (1,2)	0,7 (0,5)
$N=60$	3	1,27 (1.41)	2,2 (2,6)	2,2 (2,2)	1,5 (1,2)
$q=1(2/3)$					
$w=10^{-2}$	1	1 (1)	1,14 (1,19)	0,6 (0,6)	0,2 (0,2)
$W=10^{-2}$	2	1,02 (1,04)	1,29 (1,41)	1,5 (1,5)	0,6 (0,5)
$N=100$	3	1,05 (1,11)	1,46 (1,68)	2,7 (2,7)	1,1 (0,9)
$q=1(2/3)$					

Durch Wahl eines großen s-Wertes ließe sich ϱ vergrößern. Mit zunehmendem s wächst aber in verstärktem Maße die Zahl f_s der aus dem Original allmählich entstehenden, nicht replikationsfähigen Kopien sowie die Zahl F_s der Kopien, die replikationsfähig, aber vom Original in der Sequenz verschieden sind. Es steigt also gleichzeitig der störende Einfluß durch fehlerhafte Nachkommen der Mutante.

Die Gesamtzahl replikationsfähiger Exemplare ist durch $(1+p)^s$ gegeben. Damit wird

$$F_s = (1+p)^s - (1+pP)^s. \quad (18.12)$$

$1-p$ ist die Wahrscheinlichkeit, im Replikationsprozeß ein nicht replikationsfähiges Molekül zu erhalten. Ferner ist $(1+p)^i$ der Erwartungswert für die Zahl replikationsfähiger Moleküle nach i Schritten. Es ist daher

$$f_s = (1-p) \sum_{i=0}^{s-1} (1+p)^i = \frac{1-p}{p}((1+p)^s - 1). \quad (18.13)$$

Nach Tab. 18.1 ist z.B. für $N=30$, $w=W=10^{-2}$, $s=3$, $q=2/3$, falls der Komplementärstrang keine brauchbare Faltungsform bildet, $\varrho=2,1$. In diesem Fall ist $F_s/v_s = 0,5$; $f_s/v_s = 0,7$.

Es bildet sich also ein Überschuß an fehlerhaften Exemplaren. Es wird angenommen, daß sie aus dem Bereich weitgehend wegdiffundieren, während die interessierende Mutante darin noch soweit zurückgehalten wird, daß sie sich vervielfacht. Die Porosität ist also, um beidem zu genügen, nach oben und unten begrenzt: Rechnet man mit einer Porosität, die bewirkt, daß pro Periode 40% der Stränge der interessierenden Mutante den Bereich verlassen ($\eta=0,4$), ergibt sich nach Gl. (18.10) der Wert $r=1,3$.

Geht man wie auf S. 678 davon aus, daß die Mutante zur Normalform geworden ist, so ergibt sich anstelle von Gl. (18.4)

$$(1 - r_F/r) Z_F = Z \cdot (F_s/v_s) r_F/r \,. \qquad (18.14)$$

Es steht also in Gl. (18.4) F_s/v_s anstelle von $WsNq$ (im betrachteten Fall 0,5 anstelle von $\frac{1}{100} \cdot 3 \cdot 30 \cdot \frac{2}{3} = 0,6$). Das bestätigt die vereinfachte Betrachtung von S. 677.

d) Selektionsbedingung für spezifische Faltungsstrukturen

Es interessiert nun, ob Nucleinsäuren mit spezifischen Faltungsstrukturen ausselektionieren können. Die Anzahl N der monomeren Bausteine muß mindestens etwa so groß sein, daß zwei helikale Bereiche gebildet werden können, um einen genügenden Reichtum an Faltungsstrukturen zu haben. Da ein helikaler Bereich etwa vier bis fünf Basenpaare umfassen muß und mit einem nicht helikalen Zwischenstück zu rechnen ist, sollte N mindestens etwa 30 sein (Abb. 18.8). Gemäß Abschnitt 18.1.9.1 soll davon ausgegangen werden, daß sich im betrachteten Bereich nur Ketten vermehren können, die an den Enden stark H-brückenbildende Basen besitzen und dazwischen schwach H-brückenbildende. Es wird daher von Molekülen mit statistischer Verteilung der Sequenzen von zwei Basen ausgegangen.

Die Selektion soll in zwei Stufen erfolgen. Zuerst soll ein Molekül mit einem ersten helikalen Bereich von vier Basenpaaren ausselektionieren. Veränderungen der Basensequenz im nicht helikalen Teil sollen sich nicht auswirken, und es stellt sich dann allmählich eine statische Verteilung der Basensequenzen ein. Aus der Gesamtheit soll sich in einer zweiten Selektionsstufe ein Molekül durchsetzen, das zufälligerweise einen zweiten helikalen Bereich zu vier Basenpaaren besitzt.

In beiden Stufen soll die Mutante gegenüber der jeweils vorhandenen Normalform eine um 20% erhöhte Überlebenschance besitzen ($r = 1,20$). Nach Abschnitt 18.1.9.2c ist ein solcher Wert und der Wert $\varrho = 2$ unter den Modellbedingungen für $s = 3$ leicht erreichbar. Für beide Stufen ist die Wahrscheinlichkeit, ein Molekül mit dem gewünschten helikalen Bereich herauszugreifen, $(1/2)^4$ (an 4 bestimmten Stellen muß die zu einer bestimmten anderen Stelle passende Base sitzen). Somit ist $Z = 2^4 (\varrho - 1)/(r - 1) = 80$, also nach Gl. (18.2) $n = 24$.

Ein Basenübertragungsfehler im helikalen Bereich soll die Helixstruktur in dem Bereich zum Verschwinden bringen. Es entsteht also ein Molekül, das sich gegenüber der Normalform nicht auszeichnet ($r_F = 1$; in der ersten Selektionsstufe ein Molekül ohne helikalen Bereich, in der zweiten Stufe ein Molekül mit einem helikalen Bereich).

Erste Stufe: $r = 1,20$; $r_F = 1$ für $q = 8/30$ (da 1 helikaler Bereich mit 8 Basen vorliegt). Nach Gl. (18.9) folgt $W = 1/120$.

Zweite Stufe: $r = 1,20$; $r_F = 1$ für $q = 16/30$ (da zwei helikale Bereiche mit je 8 Basen vorliegen). Nach Gl. (18.9) folgt $W = 1/240$.

Es wird angenommen, daß im Anschluß an diese Schritte eine Feinanpassung an die Funktion der Faltungsform erfolgt. An beiden helikalen Bereichen soll ein weiteres Basenpaar beitragen. Jedes dieser Basenpaare soll einen anteiligen Beitrag zum Vervielfältigungsfaktor liefern.

Durch einen Fehler an einem der Enden der helikalen Bereiche (an einer von $q_1 N = 8$ Stellen) entsteht ein Individuum mit einem helikalen Bereich aus 4 und einem aus 5 Basenpaaren, dem man demnach einen um $0,2/4 = 0,05$ verminderten Vervielfältigungsfaktor zuschreiben kann. Ein Fehler an einer der übrigen Stellen im helikalen Teil (einer von $q_2 N = 12$ Stellen) soll zur Auflösung des helikalen Bereichs führen, also den Vervielfältigungsfaktor um 0,20 vermindern. Es wird der letzte Selektionsschritt betrachtet, in dem die Form mit einem helikalen Bereich aus 4 und einem aus 5 Basenpaaren die Normalform, die Form mit zwei helikalen Bereichen aus je 5 Basenpaaren die ausselektionierende Mutante ist. Es ist dann $r = 1,05$, $r_{F_1} = 1$ für $q_1 = 8/30$, $r_{F_2} = 0,85$ für $q_2 = 12/30$ und somit nach Gl. (18.8) $W = 1/633$.

Wie in Abschnitt 9.1. erwähnt wurde, ist nach Untersuchungen von Eigen im Fall der enzymfreien Replikation mit einem Wert von mindestens etwa $W = 1/100$ zu rechnen. Es erscheint also im Fall 2 von Abschnitt 18.1.9.2c nicht möglich, Moleküle mit einer spezifischen Faltungsstruktur auszuselektionieren, da schon die Rohanpassung einen wesentlich kleineren W-Wert erfordert. Wenn es gelänge, Fall 1 zu realisieren, müßte die Fehlerwahrscheinlichkeit $W = 1/100$ ausreichen: nach Gl. (18.3) wird dann mit $q = 16/30$, $s = 3$, $N = 30$: $W = 1/48$.

e) Realisation von Fall 1: Moleküle mit ineinanderpassenden Faltungsstrukturen

Moleküle mit ineinanderpassenden Faltungsstrukturen bilden spezifische Assoziate.

Erleidet ein Molekül bei der Replikation einen Basenübertragungsfehler, so kann es sich im allgemeinen in das Assoziat nicht mehr einpassen. Es wird wegdiffundieren und durch ein fehlerfreies Molekül ersetzt werden. Die für Fall 1 geforderte hohe Selektivität ($r_F = 0$) ist gegeben: Die im Assoziat eingebauten Moleküle bleiben zurück, die anderen verlassen den Bereich. Damit dieser Selektionsmechanismus erfolgen kann, muß gewährleistet sein, daß sich die Moleküle nach der Vervielfältigungsphase in einer Zeit zusammenfinden, die kurz ist gegen die Absterbephase. Sonst verlassen die Einzelmoleküle durch Diffusion zu häufig den Bereich, bevor sie durch Einbau im Assoziat immobilisiert sind. Sie müssen sich also in einem Bereich aus genügend kleinen Poren befinden, damit es nicht zu lange dauert, bis die Moleküle auf Grund der thermischen Bewegung zufällig passend zusammenkommen. Auch jetzt ist also das Vorhandensein eines porösen Materials als Voraussetzung für die Weiterentwicklung zu fordern. Eine Abschätzung zeigt, daß die Hohlräume unter den bisherigen Modellbedingungen nicht größer als etwa 10^{-13} cm^3 sein dürfen, was vergleichsweise etwa dem Volumen eines Bakteriums entspricht.

18.1.9.3. Schwierigkeit bei der Stabilisierung eines primitiven genetischen Codes

Man kann sich fragen, wie die Assoziate beschaffen sein werden, die unter den Modellbedingungen, also bei Annahme einer periodisch in ganz bestimmter Weise sich verändernden Umgebung ausselektieren müßten. Solche Assoziate müssen bei Eintritt in die Vermehrungsphase besonders schnell in Einzelmoleküle auseinanderfallen, und nach Abschluß dieser Phase müssen neue Einzelmoleküle besonders schnell zu den Assoziaten zusammendiffundieren. Diese Eigenschaft haben einerseits kleine isometrische Assoziate, andererseits lineare Assoziate, die aus einem Nukleationsmolekül und, daran gelagert, aus vielen gleichen Anbaumolekülen bestehen (Abb. 18.9a). Es muß eine zunehmende Kooperation der Moleküle und Assoziate stattfinden, da stets die Systeme mit dem funktionstüchtigsten Hüllbildungsapparat ausselektionieren. Man kann sich überlegen, daß sich an ein Nukleationsmolekül, das ein freies Kettenende (Sammlerstrang) trägt, die Anbaumoleküle besonders schnell aneinanderfügen und dadurch Selektionsvorteile bringen (Abb. 18.9b). Ein solches Nukleationsmolekül kann daher zur Ur-Messenger-RNA, die Anbaumoleküle zu den Ur-Transfer-RNA und das isometrische Assoziat zum Ur-Ribosom werden. Nach Abschnitt 18.1.9.2. müssen die Anbaumoleküle etwa 30–60 monomere Reste enthalten. Es ist von Interesse, daß die Transfer-RNA die entsprechende Größe haben.

Es ist gut denkbar, daß in dieser Weise ein System evolviert, bei dem die Anbaumoleküle Basentripletts enthalten, die mit je drei aufeinanderfolgenden Basen auf dem Sammlerstrang zusammenpassen.

Nach dem betrachteten Modell sind an den Enden der Nucleinsäureketten je zwei starke H-Brücken bildende Basen. In den Zwischenstücken aus vorwiegend schwach H-brückenbildenden Basen sind an keiner Stelle stark H-brückenbildende Basen direkt benachbart. Man kann sich nun denken, daß Assoziate ausselektieren, die auf dem Sammlerstrang an jenen Stellen stark H-brückenbildende Basen tragen, die den ersten Positionen der Basentripletts der Anbaumoleküle entsprechen. In diesem Fall kann das Zusammenpassen zum Assoziat besonders leicht erfolgen.

Man kann an zwei Möglichkeiten denken, die beide zur Evolution eines Übersetzungsapparates führen.

α) Fall 1:
Es soll modellmäßig angenommen werden, daß das Einpassen allmählich so präzise erfolgt, daß jede Base in der ersten Position der Tripletts komplementär ist zur entsprechenden Base am Matrizenstrang. Es müs-

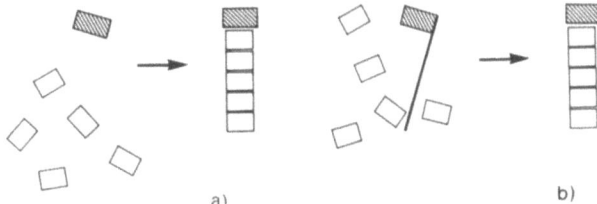

Abb. 18.9a und b. Nukleationsmolekül und gleiche Anbaumoleküle bilden Assoziat (a). Beschleunigte Assoziatbildung durch Sammlerstrang an Nukleationsmolekül (b)

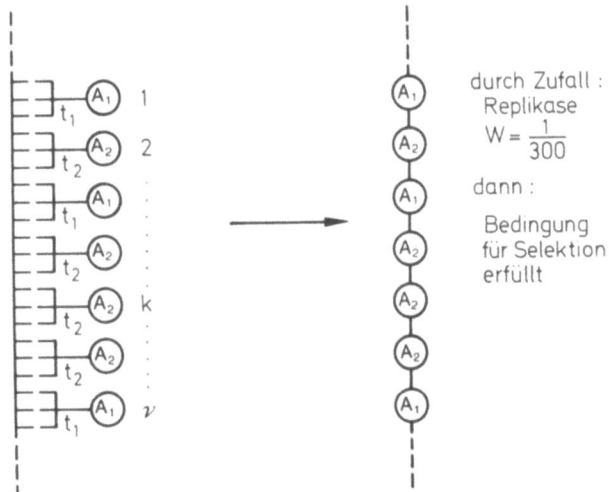

Abb. 18.10. Fixierung eines primitiven Codes durch Bildung eines Polypeptids mit Replikaseaktivität

sen dann zwei Sorten Transfer-RNA t_1 und t_2 vorhanden sein, die sich aus einer Sorte entwickelt haben. In diesem Evolutionsprozeß ist jede Sorte durch Replikationsfehler geringfügig verändert in den Molekülteilen, die für das Ineinanderpassen der Gruppen zum katalytischen Apparat nicht wichtig sind, und dadurch ergeben sich zufällige Unterschiede in den Bindungseigenschaften für Aminosäuren. Es sei angenommen, daß zwei Klassen von Aminosäuren (A_1 und A_2) zu unterscheiden sind (z. B. hydrophobe und hydrophile), A_1 soll bevorzugt an t_1 gebunden sein (Abb. 18.10). Der Unterschied in der Bindungsenergie gegenüber A_2 sei jedoch nur 1,5 kcal/mol. Für die Bindungskonstante von A_1 an t_1 (K_{11}) und A_2 an t_1 (K_{21}) folgt dann $\Delta G^0_{11} - \Delta G^0_{21} = 1{,}5$ kcal/mol $= RT \ln K_{11}/K_{21}$. Damit wird $K_{11}/K_{21} = 12$ für $T = 300$ K.

Bei gleicher Konzentration von A_1 und A_2 ist die Wahrscheinlichkeit P_{11} für die Bindung von A_1 an t_1

$$P_{11} = \frac{K_{11}}{K_{11} + K_{21}} = \frac{12}{12 + 1} = 0{,}9 \,.$$

Entsprechend ist $P_{22} = 0{,}9$. Solche Individuen werden Polypeptide mit bevorzugten Sequenzen produzieren. Durch Zufall kann ein Polypeptid gewisse enzymatische Aktivität infolge seiner besonderen Sequenz besitzen, das dem Individuum Selektionsvorteile bringt. Die Form könnte aber nicht ausselektieren, da sich die Sequenz in der dazu notwendigen Zahl Generationen durch Replikationsfehler am Sammlerstrang ändern und die vorteilhaften Eigenschaften wieder verschwinden würden. Die Fehlerwahrscheinlichkeit $W=1/100$ ist zu groß, um die Selektionsbedingung für eine solche enzymproduzierende Form zu erfüllen. Dazu müßte W höchstens etwa $1/300$ sein, wie unten noch gezeigt wird. Es ergibt sich also die Schwierigkeit, den als Nebeneffekt bei der Selektion hüllenproduzierender Systeme entstandenen primitiven genetischen Code zu fixieren.

Die Schwierigkeit könnte durch ein Polypeptid mit Eigenschaften einer Replikase überwunden werden. Es interessiert daher die Wahrscheinlichkeit, in einer größeren Population der betrachteten Individuen, die Polypeptide mit beliebigen Sequenzen produzieren, ein Individuum zu finden, das ein Polypeptid herstellt, welches als Replikase wirkt und W von $1/100$ auf $1/300$ bringt.

Diesem Polypeptid wird man eine gewisse Spezifität zuschreiben müssen. Man kann sich etwa vorstellen, daß ein Endstück des kurzen Polypeptidstranges in eine Rille der Doppelhelix paßt und der Rest sich nicht einpassen kann, so daß sich das Polypeptid an der Wachstumsstelle des zweiten Stranges einbaut und dort immer wieder nachrutscht. Es stabilisiert die Doppelhelix an der Bildungsstelle und erhöht dadurch die Spezifität für das Einpassen und Ankondensieren des energiereichen Mononucleotids.

Wegen der schlechten Spezifität der Adaptoren t_1 und t_2 wird die Replikase mit nur geringer Ausbeute produziert. Es soll überlegt werden, ob die Ausbeute ausreichend erscheint. Alle $v=10$ interessierenden Stellen auf dem Sammlerstrang müssen den richtigen Adapter tragen und jeder Adapter die richtige Aminosäure. Da die Spezifität der Bindung des Adapters an den Sammlerstrang sehr hoch ist, ergibt sich für die Ausbeute P

$$P = \prod_{k=1}^{v} P_{ii}(k) = (0,9)^{10} = 0,3,$$

wobei $P_{ii}(k)=0,9$ die Wahrscheinlichkeit ist, an der Stelle k die richtige Aminosäure (A_i) an ihrem Adapter (t_i) zu finden. Somit ist etwa jedes dritte Polypeptid, das vom untersuchten Assoziat synthetisiert wird, eine Replikase. Der Anteil an aktiven Molekülen ist ausreichend.

Die Frage muß noch beantwortet werden, ob die betrachtete vorteilhafte Form tatsächlich auch selektioniert werden kann. Sie wird sich durch das Vorhandensein der Replikase etwas besser vervielfältigen als die übrigen Formen. Rechnet man mit den Werten $r=1,1$, $\varrho=2$, $v=10$, $u=10$, so muß nach Abschnitt 18.1.9.2b von einer Population aus $Z=(2^v/u)(\varrho-1)/(r-1)=10^3$ Individuen ausgegangen werden, damit wenigstens ein Individuum der betrachteten Sorte vorhanden ist und sich durchsetzt, und das erfordert nach Gl. (18.2) $n=80$ Perioden.

Es wird angenommen, daß jeder Basenübertragungsfehler an einer der v Stellen zum Verschwinden der Replikaseaktivität führt, also zu einer Form, die sich gegenüber der Normalform nicht auszeichnet ($r_F=1$). Nach Gl. (18.9) folgt, falls für den jetzt vorliegenden Fall $v=Nq$ gesetzt wird (Fehler an allen anderen Stellen sind nicht maßgebend, da entweder die entsprechenden Moleküle nicht in das Assoziat eingebaut werden oder die Veränderung keinen Einfluß auf die Funktion hat):

$$W = \frac{r-1}{sNq} = \frac{0,1}{3\cdot 10} = \frac{1}{300}.$$

Mit dem anfänglich angenommenen Wert $W=1/300$ ist die Bedingung für die Selektion replikaseproduzierender Systeme erfüllt.

Nach der Selektion dieser Form ist der Code für die Aminosäureklassen A_1 und A_2 festgelegt: Jedes Individuum, das an einer der v maßgebenden Stellen auf dem Sammlerstrang eine falsche Base trägt, hat in der erreichten Evolutionsphase keine Überlebenschance und spielt daher für die weitere Evolution keine Rolle.

β) Fall 2:

Man kann sich denken, daß Polypeptide mit zwei Aminosäuresorten (hydrophil und hydrophob), die zunächst in statistischer Sequenz vorliegen, als Hüllenbausteine vorteilhaft sind. Es werden dann Anbaumoleküle mit Erkennungsregionen für die Aminosäuresorten A_1 bzw. A_2 evolvieren, die das Ineinanderpassen der reagierenden Gruppen bei der Polypeptidbildung gewährleisten. Es sei wiederum modellmäßig angenommen, daß nach der weiteren Evolution jede Base in der ersten Position des Triplets komplementär ist zur entsprechenden Base (G oder C) am Sammlerstrang. Es sind dann die vier Sorten Transfer RNA's zu unterscheiden: G-A_1, C-A_1, G-A_2, C-A_2.

Eine bestimmte Aminosäuresequenz kann sich nur dann vererben, wenn zufälligerweise in einem Individuum nur die beiden Sorten C-A_1 und G-A_2 oder C-A_2 und G-A_1 eingebaut sind (das geschieht mit der Wahrscheinlichkeit $(1/2)^{v-1}$), und wenn gleichzeitig die ganz bestimmte Sequenz vorliegt, die einer Replikase zugeschrieben wird, die (wie im Fall 1) die Fehlerrate W herabsetzt und r vergrößert (Wahrscheinlichkeit $(1/2)^v$). Das Ereignis tritt also mit der Wahrscheinlichkeit $2(1/4)^v$ auf. Sobald ein solches Individuum zufällig auftritt, setzt es sich mit großer Wahrscheinlichkeit durch, und der Code ist damit wie im Fall 1 fixiert. Der auftretende Code ist hier zufällig. Man kann die Entstehung eines Übersetzungsapparates nach diesem Mechanismus im Computer leicht simulieren. Im Fall 2 ist die Erkennungsregion für A_1 bzw. A_2 spezifischer, die Ausbeute P also wesentlich größer als im Fall 1, dafür muß das betrachtete seltene Zufallsereignis abgewartet werden.

γ) Weiterer Evolutionsverlauf:

Jedes zusätzliche Polypeptid, das zu einer Verbesserung des Enzymsyntheseapparates beiträgt, hat einen Selektionsvorteil, insbesondere jedes Polypeptid, das die Spezifität einer Aminosäure zu ihrem Adapter steigert. Ein solches Polypeptid muß Erkennungsregionen für Aminosäure und Adapter besitzen. Dazu soll es an v' Stellen bestimmte Aminosäuren tragen, wobei $v'=10$ sein könnte. Die Bedingung für die Selektion ist entsprechend wie im Fall der Replikase. Diese Bedingung ist jetzt ohne Schwierigkeit zu erreichen.

Entsprechend wird danach ein Polypeptid nach dem anderen angepaßt.

Sie ergänzen sich zunehmend in ihren Eigenschaften, und das Funktionieren des Ganzen wird mehr und mehr vom Vorhandensein aller Polypeptide abhängig, die ein Wirkungsgefüge bilden. Aus dem System einiger polypeptidsynthetisierender Assoziate entsteht damit ein primitiver Organismus.

W darf jetzt nicht mehr größer als etwa gemäß Gl. (18.15) sein,

$$W s N_{\text{total}} q_{\text{total}} = 1 ; \qquad (18.15)$$

Gl. (18.15) ist analog zu Gl. (18.3). $N_{\text{total}} q_{\text{total}}$ ist die Gesamtzahl der informationstragenden Monomeren. Rechnen wir mit $q_{\text{total}} = 1$ und $s = 1$, so ist mit $N_{\text{total}} = 10^3$, $W = 10^{-3}$.

Mit Auftreten des Replikationsenzyms E wird auch die Wahrscheinlichkeit w stark absinken. Der Anteil an Fehlerexemplaren $1 - (1 - w)^N$ wird daher jetzt zu vernachlässigen sein. Damit braucht die Hülle für Makromoleküle nicht mehr beschränkt durchlässig zu sein, dagegen für die zudiffundierenden energiereichen Mononucleide und Aminosäuren. Es muß also eine allmähliche Evolution der Peptidhülle zu einem feinermaschigen Netz stattfinden.

18.1.9.4. Störungen durch Komplementärstränge
Auslösung der Trennung von Replikations- und Enzymsyntheseapparat

Es muß im betrachteten Prozeß bald eine Schwierigkeit auftreten, die eine weitere Evolution verhindert: In der Vermehrungsphase entstehen neben den Nucleinsäuresträngen, die zum Polypeptidsyntheseapparat zusammengebaut werden, die komplementären Stränge. Sie sind als Replikationsmatrizen brauchbar, aber für den Polypeptidsyntheseapparat nutzlos und verursachen mit zunehmender Kompliziertheit der Systeme immer größere Störungen. Es kann daher von einem Individuum nur eine geringe Zahl verschiedener Enzyme hergestellt werden. Die Systeme sind in ihrer Evolutionsstufe gefangen.

Man kann an die Möglichkeit denken, daß ein Enzym entsteht, das die Stränge, die nicht im Enzymsyntheseapparat eingebaut sind, aufspaltet. Ein solches Enzym würde aber auch die richtigen Stränge (insbesondere die Sammlerstränge) angreifen, da seine Spezifität auf dieser Evolutionsstufe noch sehr gering sein müßte. Diese Möglichkeit, die Störung durch Komplementärstränge zu beheben, wird man also ausschließen.

In der betrachteten Evolutionsstufe ist das Individuum eine Anzahl Assoziate, die gemeinsam von einer losen Hülle umgrenzt sind. Mehrere Assoziate stellen die Replikase (Enzym E) her. Andere Assoziate produzieren einige weitere primitive Enzyme. Durch zufällige Basenübertragungsfehler muß sich E geringfügig ändern.

Es müssen allmählich Replikasen mit etwas unterschiedlichen Eigenschaften entstehen. Enzym E_1 soll beispielsweise im neusynthetisierenden Strang etwas leichter Mononucleotide mit Desoxyribose statt Ribose einbauen und E_2 einen desoxyribosereichen Strang leichter als Matrize verwenden und einen ribosereichen Strang synthetisieren. E_2 sei zufälligerweise

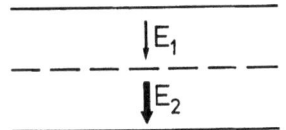

Abb. 18.11. Komplementärstrang aus veränderten Komponenten. E_2 wirksamer als E_1. Störende Überproduktion von Komplementärsträngen dadurch vermieden

geringfügig wirksamer als E_1 (Abb. 18.11). Damit ist ein Mechanismus gegeben, durch den der Anteil an Strängen, die für den Enzymsyntheseapparat unbrauchbar sind, reduziert wird. Der Umschwung aus einer divergenten in eine konvergente Evolutionsphase hat stattgefunden: Jede kleine Änderung, die diesen Mechanismus verbessert, bringt Selektionsvorteile.

Zur Überwindung der Schwierigkeiten durch die Anhäufung von Abfallprodukten erscheint also das Eingreifen einer dritten Molekülsorte als notwendige Systemveränderung. Der Vorgang löst eine gerichtete Evolution zu einem genetischen Apparat aus, in dem Replikations- und Enzymsynthesemechanismus getrennt sind, ähnlich wie durch die porenverstopfenden Moleküle die Evolution des genetischen Codes eingeleitet wurde.

Zunächst erlaubt das Team der Enzyme E_1 und E_2 die Vergrößerung des Funktionsgefüges durch Eingliederung weiterer Enzyme. Mit zunehmender Komplexität der Molekülgesellschaft entstehen neue organisatorische Schwierigkeiten. Sie lassen sich zunächst dadurch überwinden, daß die gesamte Information über den Bauplan des Organismus, die zunächst in allen Komplementärsträngen verteilt ist, in einen einzigen Strang vereinigt wird. Tritt durch eine weitere Abwandlung eines dieser Enzyme ein Enzym E_3 auf, das die Replikation ermöglicht, ist eine schnellere Vervielfältigung der Systeme möglich. Das bringt einen Selektionsgewinn und führt zu einer Evolution eines immer genauer arbeitenden Replikationsapparates. Nach diesem Mechanismus kann die DNA zum Träger der genetischen Information werden. E_1 degeneriert, und E_2 evolviert zur Transkriptase. (Die inverse Transkriptase besitzt die Funktion von E_1, und es ist daher denkbar, daß sie sich aus einer solchen Vorstufe herleitet.) Damit sind alle wesentlichen Elemente des genetischen Apparats, wie man ihn aus der Molekularbiologie kennt, vorhanden. Die weitere Evolution zu diesem Apparat erscheint als notwendige Konsequenz.

Ursprünglich mußte der Katalysator zum besseren Einpassen der Anbaumoleküle an den Sammlerstrang aus Nucleinsäuren als einzigem Träger spezifischer Funktionen bestehen. Durch Einbeziehung immer weiterer Enzyme konnte er sich zum Ribosom entwickeln. Es ist also einleuchtend, daß das Ribosom Nucleinsäuren als einen wesentlichen Bestandteil besitzt im Gegensatz zu allen anderen Enzymsystemen, wie etwa den Enzymsystemen für den Replikations- und Transkriptionsprozeß. Ebenso ist einleuchtend, daß die Transfer-RNAs die ungefähr kettengleiche Zahl besitzen, die den Anbaumolekülen zuzuschreiben ist.

Mit der Evolution immer weiterer Enzyme werden die Systeme vom Zustrom energiereicher Nucleotide und Aminosäuren unabhängig. Als Nebeneffekt dieser Entwicklung verliert die Hülle ihre Funktion als Netz, das solche Moleküle durchläßt. Damit ist der Weg für die Evolution einer Zellmembran offen, die für diese Moleküle undurchlässig ist, und es muß eine gerichtete Evolution einer Membran mit gezielten Semipermeabilitäten einsetzen. Damit werden Phospholipide als Membranbestandteile wichtig, die die Maschen des Polypeptidnetzes ausfüllen.

18.1.9.5. Replikationsfehlerrate bei Systemen, die richtige Proteine produzieren

Damit Moleküle vom Komplexitätsgrad der Proteine mit 20 kodierten Aminosäuren ausselektieren können, muß W etwa den Wert 10^{-6} erreichen. Das ergibt sich aus der folgenden Überlegung:

Wir betrachten eine Form, die viele Proteine produziert, die ein Funktionsgefüge bilden. Die DNA-Kette soll sich ab und zu bei einer Replikation um ein kleines Stück (N Nucleotide) verlängern, das zunächst Zufallssequenz besitzt und die Information für ein weiteres Protein liefert. Fehler, die im DNA-Abschnitt für die fertig instruierten Proteine auftreten, wirken sich im allgemeinen nicht aus: Diese Proteine sind in ihren Funktionen so optimiert, daß der Austausch einer Aminosäure durch eine andere meist derart Nachteile bringt, daß die veränderten Formen ausgemerzt werden und die weitere Evolution daher nicht mehr beeinflussen. Der Austausch bestimmter anderer Aminosäuren bringt keine Änderung in den Funktionen des Proteins. Entsprechende Fehler auf der DNA wirken sich also auf die weitere Evolution auch nicht aus. Wirkt sich zufälligerweise eine Basenveränderung irgendwo in diesem DNA-Abschnitt doch noch selektionsfördernd aus, so setzt sich die entsprechende Mutante bald durch. Es findet also dauernd eine Nachoptimierung statt, die für die jetzige Betrachtung jedoch keine Rolle spielt.

In der Population unterscheiden sich also die Individuen praktisch nur in der Sequenz des neuen Proteins, die zunächst statistisch ist. Es wird angenommen, daß ein Individuum, bei dem das neue Protein an v Stellen durch bestimmte Aminosäuren besetzt ist, merkliche Selektionsvorteile hat (diese Aminosäuren können z.B. für ein aktives Zentrum wichtig sein). Es müssen dann $3v$ Codonstellen durch Zufall richtig liegen (einfachheitshalber ist hier die Degeneration des genetischen Codes vernachlässigt). Die Wahrscheinlichkeit, an $3v$ Stellen eine bestimmte Base anzutreffen, ist $(1/4)^{3v}$. Für die Zahl n der Perioden zur Selektion der Form gilt Gl. 18.2) mit

$$Z = 4^{3v} \cdot (\varrho-1)/(r-1).$$

Der optimale W-Wert, der sich im Verlauf der Evolution dieser Systeme einstellen muß, wird so klein sein, daß auch eine Feinanpassung der Sequenz an die Funktion des Proteins noch stattfindet. Es wird angenommen, daß eine Selektion gerade noch auftritt, wenn mit $v=5$ eine um 1% erhöhte Überlebenschance erreicht wird ($r=1,01$).

Der Wert $r=1,01$ für $v=5$ ergibt sich aus folgender Abschätzung: Man kann davon ausgehen, daß die Selektionsvorteile eines zusätzlichen, vollinstruierten Proteins bei einem einfachen oder komplizierten Organismus unmittelbar in Erscheinung treten, d.h., man darf annehmen, daß jedes zusätzliche Protein für den Organismus eine wesentliche Verbesserung darstellt, die Überlebenschance also um beispielsweise 20% erhöht ($r=1,2$). Der Wert von r muß sehr stark mit der Zahl v der durch vorteilhafte Aminosäuren besetzten Plätze zunehmen. Es erscheint daher sinnvoll anzunehmen, daß der r-Wert exponentiell mit v ansteigt:

$$r = e^{v/a}$$

und für $v=100$ (ungefähre Zahl derjenigen Aminosäuren in einem größeren Protein, deren Sequenz wichtig ist) den Wert $r=1,2$ erreicht. Damit folgt $a=500$ und mit $v=5$ wird $r=1,01$.

In der Vermehrungsphase soll eine einfache Duplikation stattfinden. Es ist dann $\varrho=2$ und $s=1$. Damit wird $Z=10^{11}$ und $n=10^3$.

Zur Ermittlung von W geht man davon aus, daß in den entscheidenden Fällen alle $N/3$ Aminosäuren für die Funktion des fertig instruierten Proteins wichtig sind. Im allgemeinen ist die Sequenz nur für einen Bruchteil q der Aminosäuren eines Proteins wichtig, aber der Wert von W wird durch die entscheidenden Proteine mit $q=1$ bestimmt.

Man denkt sich analog wie in Abschnitt 18.1.9.2d vereinfachend angenommen, daß in $N/3v$ aufeinanderfolgenden Schritten je v Aminosäuren angepaßt werden und daß nach jedem Schritt die statistische Verteilung der noch nicht instruierten Aminosäuren abgewartet wird.

Ähnlich wie in Abschnitt 18.1.9.2d wird zunächst angenommen, daß ein Basenübertragungsfehler in einem angepaßten Bereich aus v Aminosäuren den Selektionsvorteil durch diesen Bereich wieder zum Verschwinden bringt. Die fehlerhafte Form zeichnet sich also gegenüber der Normalform in der betrachteten Stufe nicht aus: In der i-ten Selektionsstufe besitzt die intakte Mutante i Bereiche mit je v angepaßten Aminosäuren, die Normalform und diese fehlerhafte Form $i-1$ solcher Bereiche.

Es ist also $r_F = 1$ für $Nq = i \cdot 3v$ Plätze und somit nach Gl. (18.9)

$$W s i 3v \frac{1}{r-1} = 1.$$

Für die letzte Selektionsstufe $i=N/3v$ ergibt sich der kleinste und daher entscheidende Wert von W:

$$W = \frac{r-1}{sN}$$

und damit ($r=1,01$, $N=10^3$, $s=1$): $W=10^{-5}$.

In Abschnitt 18.1.9.2c wurde angenommen, daß der Unterschied zwischen dem Vermehrungsfaktor der ursprünglichen Mutante und dem Vermehrungsfaktor eines Fehlerexemplars mit k Fehlern proportional zu k ansteigt. Diese Annahme trifft hier zu, falls man davon ausgeht, daß der Vermehrungsfaktor mit jedem verschwindenden Bereich aus $3v$ Plätzen um denselben Betrag abnimmt: $N/3v$ ist eine sehr große Zahl, und praktisch jeder zusätzliche Fehler trifft daher einen anderen der $N/3v$ Bereiche.

Wie in Abschnitt 18.1.9.2d wird man davon ausgehen, daß Systeme ausselektieren, die auch eine Feinanpassung des Proteins erlauben. Es wird daher ein System betrachtet, das ein Protein mit $N/3v$ kooperativen Bereichen aus je $v-1$ Aminosäuren herstellt, und angenommen, daß zu jedem kooperativen Bereich eine weitere Aminosäure, wenn sie richtig gewählt ist, einen anteiligen Beitrag zum Vervielfältigungsfaktor liefert. Durch einen Fehler an einem der Enden eines Bereiches aus v kooperierenden Aminosäuren soll sich also der Vermehrungsfaktor um $r-r_{E_1}=(r-1)/3v$ vermindern. Ein Fehler an einer der übrigen Stellen im kooperativen Teil soll wieder zur Auflösung der Kooperativität führen. Man betrachtet den letzten Selektionsschritt, in dem die Form mit $(N/3v)-1$ Bereichen zu v und einem Bereich zu $v-1$ kooperierenden Aminosäuren die Normalform ist, die Form mit $N/3v$ Bereichen mit v kooperierenden Aminosäuren die Mutante. Es ist dann mit $v=5; r=1+\frac{0,01}{15}; r_{F_1}=1$ für $q_1=\frac{2}{5}; r_{F_2}=1+\frac{0,01}{15}-0,01$ für $q_2=\frac{3}{5}$ und somit nach Gl.(18.8) $W=10^{-6}$ (der Wert von r_{F_2} ergibt sich dadurch, daß der Verlust der Kooperativität in einem Bereich den Vervielfältigkeitsfaktor um 0,01 herabsetzt).

18.1.9.6. Zeitbedarf für die Evolution einfachster Organismen

Eine Abschätzung zeigt, daß der Zeitbedarf für alle Schritte bis zur Entstehung des genetischen Apparates klein ist gegen die Zeit, die nötig ist, um danach die etwa 1000 Proteine eines Bakteriums zu instruieren. Diese Zeit sei daher abgeschätzt. Man nimmt an, daß sich ein Protein nach dem anderen in das Funktionsgefüge der jeweils bestehenden Form eingliedert, indem sich der DNA-Strang mit jedem neuen Protein um je $N=10^3$ Nucleotide verlängert.

Die Sequenz auf dem Zusatzstrang ändert sich durch zufällige Basenübertragungsfehler, und so findet eine Anpassung des Proteins an seinen funktionellen Platz statt. Man kann vereinfachend damit rechnen, daß jedes Protein in etwa 100 Optimierungsschritten instruiert wird und zwischen jedem dieser Schritte abgewartet werden muß, bis in der Population eine statistische Verteilung in der Besetzung der noch nicht instruierten Plätze von Aminosäuren vorliegt: also $1/W=10^6$ Generationen, und insgesamt somit $10^6 \cdot 10^2 = 10^8$ Generationen. Danach soll sich der DNA-Strang wiederum um ein Stück aus N Nucleotiden verlängern, und der Prozeß soll sich wiederholen.

Die 10^3 Proteine eines Bakteriums erfordern also zur Instruktion ungefähr 10^{11} Generationen. Wird mit einem Tag je Generation gerechnet, so entspricht das 10^8 Jahren. Diese Zeit ist klein gegen die erdgeschichtlich für den Prozeß verfügbare Zeit von etwa $2 \cdot 10^9$ Jahren.

Eine solche Abschätzung soll keineswegs genaue Angaben über die Zeit für die Evolution eines Bakteriums machen, aber sie soll die häufig geäußerte Auffassung widerlegen, daß die erdgeschichtlich verfügbare Zeit für die Evolution solcher Systeme viel zu kurz sei.

Neben der Möglichkeit, durch Entstehung zufälliger Sequenzen und ihrer allmählichen Abwandlung immer weitere Enzyme zu gewinnen, wird man die Duplikation der Information für vorhandene Enzyme und ihre allmähliche Abwandlung als Möglichkeit zur Gewinnung neuer Enzyme zu betrachten haben. Der Zeitbedarf für die Evolution wird dadurch noch herabgesetzt.

Die Kenntnis K eines solchen Organismus mit 1000 Enzymen ist nach dem Gesagten etwa $(N_{\text{total}} \ln j)$ $Z\frac{1}{W}100 \cdot 1000$ mit $N_{\text{total}}=10^6$, $Z=10^{11}$ (Abschnitt 18.1.9.5), $j=4$, $W=10^{-6}$ und somit $K=10^{28}$.

Das entspricht einer Energiedissipation von $10^{28}\,kT$, und das wiederum der Energiedissipation bei der Abkühlung von nur etwa 100 Liter Wasser von $100°$ auf $0°$.

Die Vorstellung, daß die Systeme gerade nach je 10^8 Generationen die DNA-Kette um 10^3 Nucleotide verlängern, ist natürlich eine modellmäßige Vereinfachung. Man wird davon ausgehen, daß eine Verlängerung um ein gewisses Kettenstück ab und zu bei Replikationen eintritt. Erscheint das zusätzliche Kettenstück zu früh, solange das vorangehende Protein noch nicht weitgehend instruiert ist, wird es im allgemeinen dem Individuum Selektionsnachteile bringen, da es einen Ballast darstellt und daher für die weitere Evolution keine Rolle spielen. Vor kurzem konnte Sumper zeigen, daß unter geeigneten Bedingungen eine $Q\beta$ Replikase ohne Matrizenstrang Nucleinsäurestücke synthetisiert.

18.1.9.7. Die Frage nach der Grenze zwischen Unbelebtem und Belebtem

Die Frage wird oft gestellt, wo der Übergang von unbelebten zu belebten Systemen stattfindet. Die Frage, ob ein Gegenstand unserer Sinneswelt unbelebt oder belebt sei, stellt sich bei der Klassifizierung der beobachtbaren Erscheinungen unserer Alltagserfahrung. Die leblosen Systeme werden so beschrieben, als ob sie ein kausal-deterministisches Verhalten zeigen würden. Das Verhalten belebter Systeme beschreibt man im Alltag durch ein teleologisch-indeterministisches Denkschema: Die beobachtbaren Erscheinungen werden auf zweckgerichtete Vorgänge zurückgeführt. Die Systeme werden so beschrieben, als ob sie zweckorientiert (teleologisch), aber mit einem gewissen freien Willen ausgestattet (indeterministisch) wären. Die beiden Denkschemata sind als ordnende Prinzipien für die beobachtbaren Phänomene unserer Alltagserfahrung nützlich.

Das kausal-deterministische Denkschema der klassischen Mechanik führt zwar zur praktisch korrekten Beschreibung phänomenologischer Prozesse, ist aber grundsätzlich falsch wegen der Quantennatur der Materie, die ein kausal-indeterministisches Verhalten vorschreibt (strenge Kausalität bei großen Gesamtheiten von Ereignissen, Unschärfe bei Einzelereignissen).

Entsprechendes gilt für das teleologisch-indeterministische Denkschema, wie die betrachteten Modelle illustrieren: Sie ergaben sich unter Zugrundelegung der Gesetze der Physik, zeigen aber doch ein zweckorientiertes Verhalten, das bis zu einem gewissen Grad auch eigenwillig erscheint. Diese scheinbare Eigenwilligkeit beruht darauf, daß die Vorgänge wegen der großen Zahl nichtfestgelegter Parameter im Modellansatz in den Einzelheiten nicht voraussagbar sind. Das Verhalten dieser Modellsysteme wurde daher im vorangehenden wiederholt durch Begriffe umschrieben, die dem teleologisch-indeterministischen Denkschema des Alltags entnommen sind.

Die betrachtete Frage nach der Grenze zwischen Unbelebtem und Belebtem ist also nicht sinnvoll. Das kausaldeterministische und das teleologisch-indeterministische Denkschema stellen in der Betrachtungsweise von Niels Bohr zueinander komplementäre Bilder dar. Jedes der Bilder hat einen beschränkten Anwendungsbereich. Gemeinsam beschreiben sie zwei grundsätzlich verschiedene Aspekte desselben Geschehens.

18.1.9.8. Überwindung weiterer Schranken im Evolutionsprozeß

Sobald die Anzahl $N_{total} q_{total}$ der informationstragenden Monomere den Wert 10^6 erreicht, ergibt sich eine Schranke in der Informationskapazität des Organismus: In diesem Fall $N_{total} q_{total} \simeq 10^6$ entsteht in der Übertragung der Information auf die nachfolgende Generation durchschnittlich etwa ein Fehler, da $W = 10^{-6}$ ist. Die Form hat dadurch Selektionsnachteile, da praktisch jeder Fehler sich ungünstig auswirkt: Es muß die Grenzbedingung [Gl. (18.15)] gelten, wobei $s = 1$ ist. Eine Verkleinerung von W, die eine Vergrößerung von $N_{total} q_{total}$ ermöglichen würde, könnte ebenfalls nicht eintreten. Die veränderte Form würde sich gegenüber Formen mit dem optimalen Wert $W = 10^{-6}$ nicht durchsetzen. Daher erscheint diese Schranke unüberwindbar, eine höhere Organisation also nicht möglich. Diese systembedingte Grenze ergibt sich unter der Voraussetzung, daß die Erhaltung der Anpassungsfähigkeit des evolvierenden Systems an die sich verändernde Umgebung (größtmögliches W) für die Selektion wichtiger ist als der Gewinn durch zusätzliche Proteine. Man kann sich Fälle denken, in denen diese Voraussetzung nicht erfüllt ist.

Die Schranke bei $N_{total} q_{total} \simeq 10^6$ kann durch Austausch von genetischem Material, also sexuelle Prozesse, doch überwunden werden. Um das einzusehen, betrachtet man eine Form mit $N_{total} q_{total} = 10^6$, bei der hin und wieder ein Austausch von genetischem Material zwischen Individuen stattfindet. Ein Nachkomme kann so durch Rekombination vorteilhaftes genetisches Material erhalten. Eine solche Form verdrängt in den nachfolgenden Generationen die übrigen Nachkommen, allerdings nur, falls nach dem Austausch von genetischem Material in den darauffolgenden Zellteilungen so selten Replikationsfehler auftreten, daß eine ausreichende Vervielfältigung der Rekombinante eintritt. Anderenfalls bringt der Austausch keine Vorteile, und der Vorgang stellt eine Komplikation dar, die sich nachteilig auswirkt. Eine Verkleinerung von W durch zufällige Verbesserung des Replikationsapparates bringt also jetzt Selektionsvorteile, falls der Gewinn durch die Rekombination den Verlust durch die Verkleinerung der Mutationsrate überwiegt. Die Verbesserung des Rekombinationsapparates, die Verkleinerung von W und die Vergrößerung von N_{total} bedingen sich gegenseitig.

Die Sexualität hat also nach dieser Modellbetrachtung eine fundamentale Bedeutung bei Erreichen eines ganz bestimmten Komplexitätsgrades des evolvierenden Systems, als Lösung des Rätsels, wie die betrachtete Grenze in der Menge der genetischen Information durchbrochen werden könnte.

Dieses Evolutionsstadium müßte etwa dem der Bakterien entsprechen, für die N_{total} zwischen $3 \cdot 10^6$ und $6 \cdot 10^6$ liegt. Der informationstragende Anteil der DNA ist bei Bakterien wahrscheinlich recht groß, so daß mit $N_{total} q_{total} \simeq 10^6$ gerechnet werden kann. Im Fall von E. coli ist $W \simeq 10^{-8}$, und entsprechend liegt bereits sexuelles Verhalten in sehr primitiver Form vor. Durch den Austausch von genetischem Material wird das Ansammeln genetisch getragener Information stark beschleunigt. Die Entwicklung der sexuellen Prozesse bestimmt daher die Richtung der weiteren Evolution.

An der betrachteten Stelle muß eine Aufspaltung in einfach bleibende und viel komplexer werdende Organismen eintreten: In gewissen ökologischen Nischen bringt Einfachheit des Organisationssystems (Verzicht auf einen sexuellen Apparat oder Beschränkung auf sehr einfachen sexuellen Apparat) Selektionsvorteile (die Organismen bleiben auf der Stufe der Prokaryonten stehen). Andere ökologische Nischen können nur durch Erhöhung der Komplikation, also Zunahme von N_{total} und Abnahme von W, erschlossen werden, und das ist nicht ohne entscheidende Verbesserung des Sexualapparates möglich, was seinerseits eine Erhöhung der Komplexität voraussetzt. Die Komplikation bringt Probleme, die nur durch Untergliederung des Zellraumes zu lösen sind, um den Verkehr im Molekülgeschehen besser zu steuern: Es resultieren Zellorganellbildung und zunehmend komplexer werdende Zellarchitektur (Übergang zu Eucaryoten). Wo die

Beschaffung von Nährstoffen die allmähliche Entwicklung zunehmend komplizierterer Mechanismen nötig macht, hilft nur noch die weitere Strukturierung durch Vielzelligkeit, um in neue Lebensräume auszuweichen.

Es muß erwähnt werden, daß genetische Rekombinationsprozesse auch schon bei Bakteriophagen auftreten. Dies spricht aber nicht gegen die hier gegebene modellmäßige Deutung der Sexualität als der Systemveränderung, die zur Überschreitung der Grenze der genetischen Information bei $N_{total} = 10^6$ notwendig ist: Nach dem Modell ist zu erwarten, daß sich bei Bakteriophagen der Wert $W \simeq 10^{-6}$ einstellt, da mit diesem Wert die optimale Evolutionsbedingung für Proteine erreicht ist. Aus der Mutationshäufigkeit bei Bakteriophagen scheinen sich tatsächlich Werte dieser Größenordnung zu ergeben. Da N_{total} bei Bakteriophagen viel kleiner ist als bei Bakterien, tritt mit dem Wert $W = 10^{-6}$ die Schwierigkeit des Informationsverlustes durch die Replikationen zwischen den Rekombinationsphasen nicht auf [die Grenzbedingung (Gl. 18.15) ist nicht erreicht]. Ein Austausch von genetischem Material sollte also hier trotz des großen W-Wertes Selektionsvorteile bringen.

Die genetische Informationskapazität ist bei einem höheren Organismus wiederum dadurch limitiert, daß je Generation höchstens etwa ein Basenübertragungsfehler auftreten darf. Entsprechend Gl. (18.3) muß als Grenzbedingung gelten

$$W s_{total} N_{total} q_{total} = 1 , \qquad (18.16)$$

wobei s_{total} die Gesamtzahl aufeinanderfolgender Replikationen (also Zellteilungen) pro Generation ist. s_{total} und N_{total} können also im weiteren Evolutionsverlauf anwachsen und W entsprechend abnehmen, bis eine Grenze erreicht wird, die durch den nicht mehr zu unterschreitenden Informationsverlust durch thermische Stöße gegeben ist und die bei etwa $W = 3 \cdot 10^{-11}$ zu liegen und zum Wert $N_{total} q_{total} = 3 \cdot 10^7$ als ungefähre Grenze der Informationskapazität eines höheren Organismus zu führen scheint. An dieser Grenze muß eine global divergente Phase einsetzen (als solche ist die Evolution der höheren Organismen zu betrachten). Sie muß dann in eine konvergente Phase umschlagen, wenn ein Apparat vorhanden ist, der eine größere Information als der genetische Apparat über Generationen hin konserviert und damit die Evolution von Funktionsgefügen ermöglicht, die eine Informationskapazität erfordern, die diejenige des genetischen Apparats übersteigt. Ein solcher Apparat ist durch Sprache, Schrift und Computer gegeben.

In der Anfangsphase der Evolution ist der Erfahrungszuwachs der Population dadurch gegeben, daß sich Faltungsstrukturen durchsetzen, die der Umgebung angepaßt sind. Die Kenntnis K der Population ist in der Gesamtheit evolvierender Faltungsstrukturen lokalisiert. Später findet auf dieser untersten Ebene kein Kenntniszuwachs mehr statt: Der Konstruktionsplan für den genetischen Apparat bleibt praktisch unverändert. Der Erfahrungszuwachs liegt auf der Ebene der Gene. Die Kenntnis wächst, indem das Funktionsgefüge der Proteine komplexer wird. Mit der zivilisierten menschlichen Gesellschaft erfolgt der Kenntniszuwachs auf der Ebene der überlieferten Ideen, d. h., in den Informationsspeichern der menschlichen Gesellschaft (Gedächtnis, Schrift, Computer). Die Vorschriften zur Herstellung von Artefakten werden über Individuen und Generationen hinweg übertragen, wobei Inhalte zum Teil durch neue, die sich verbreiten und dadurch einen Selektionsprozeß durchlaufen haben, ergänzt oder ersetzt werden. Die Information über den Bauplan der Form, die zuvor durch $N_{total} q_{total}$ oder durch die Shannonsche Information $H = N_{total} q_{total} \mathrm{ld} j$ gegeben war, ist jetzt, wo die menschliche Gesellschaft die Form darstellt, über diese Speicher verteilt, und es ist $H \gg N_{total} q_{total} \mathrm{ld} j$. (Abb. 18.1a).

Das Wechselspiel von zufließenden Ideen und menschlichem Verhalten bestimmt die Evolution. Ideen setzen sich durch, indem sie verwendet werden. Die Ideen, die zum technologischen Know-how und zur Regulation und Beeinflussung des menschlichen Verhaltens beitragen, formen die menschliche Gesellschaft. Wiederum ist der Kenntniszuwachs auf die oberste Ebene beschränkt: Anders als noch in primitiven Gesellschaften (wo Fähigkeiten des Individuums die Zahl seiner Nachkommen entscheidend beeinflussen) findet jetzt eine auf zunehmende Komplexität gerichtete Selektion auf der Ebene der Gene nicht mehr statt.

Dieser Umschwung ist vergleichbar mit dem Umschwung bei der Trennung von Replikations- und Protein-Syntheseapparat, wo die DNA zum Speicher der genetischen Information wird. Wie dort, führt ein Wechsel im System der Informationsüberlieferung zu einer Vervielfachung der Information, die von einer Generation auf die nächste übertragen werden kann.

Nach dem betrachteten Modell findet die Evolution des genetischen Apparates schubweise in einem Wechsel zwischen divergenten und konvergenten Phasen statt. In den divergenten Phasen haben viele Formen ähnliche Überlebenschancen, und es finden keine entscheidenden Veränderungen statt, bis ein Mechanismus plötzlich einem neuen Zweck dient. Dieser Wendepunkt bringt den Eintritt in eine konvergente Phase. Sie ist streng selektiv und die Selektion gerichtet: Diejenigen Zufallsmutationen überleben, die dem neuen Zweck am besten dienen.

Auf einem Planeten, auf dem dieselben allgemeinen Bedingungen wie auf der Urerde herrschen, müßten also ebenfalls Formen des Lebens entstehen und die unausweichlichen Sprünge zu höheren Evolutionsstufen auftreten. Es würden andere Wege gefunden zur Lösung der gleichen molekularen Organisationsprobleme, soweit diese auf verschiedenen Wegen gelöst werden können, doch würde die Kenntnis über die Umwelt in gleicher Weise ansteigen. In einer Umwelt, in der apriori keine Bevorzugung für die eine Spiegelbildform gegenüber der anderen besteht, wäre beispielsweise nicht vorauszusehen, ob sich D- oder L-Formen durchsetzen. Vom Ausgang dieser Entscheidung würde aber die in der anschließenden Evolution zu erreichende Kenntnis nicht betroffen. In beiden Fällen wären die sich weiter evolvierenden Systeme zu denselben Funktionen befähigt, ähnlich wie der Straßenverkehr genau so gut geregelt werden könnte, wenn Grün statt Rot „stop" und Rot statt Grün „gehen" bedeuten würde.

Die zufälligen Veränderungen sind auslösendes Moment der Evolution. Sie bestimmen Einzelheiten im Aufbau der Systeme, aber nicht die grundsätzlichen funktionellen Verknüpfungen, die sich in den konvergenten Phasen ausbilden. Die Evolution lebender Strukturen erscheint also als ein gesetzmäßiger, unter geeigneten äußeren Bedingungen notwendigerweise eintretender Vorgang.

Literaturauswahl

Calvin, M.: Chemical Evolution. Oxford: Clarendon Press 1969.
Dose, K., Rauchfuss, H.: Chemische Evolution und der Ursprung lebender Systeme. Stuttgart: S. Hirzel 1975.
Eigen, M.: Naturwissenschaften **58**, 465 (1971), Nova Acta Leopoldina **37**, 171 (1972).
Eigen, M., Winkler, R.: Mannheimer Forum 73/74, p. 53. Das Spiel, München: Piper 1975.
Fox, S. W.: Naturwissenschaften **56**, 1 (1969).
Katchalsky, A.: Neurosciences Res. Prog. Bull **9**, 397 (1972).
Kuhn, H.: Angew. Chem. **84**, 838 (1972), „Forschung 74". Frankfurt: Fischer 1973. Synergetics (H. Haken, Ed.), p. 157. Stuttgart: Teubner 1973. Naturwissenschaften **63**, 68 (1976); Ber. Bunsenges. f. physik. Chemie **80**, 1209 (1976).
Landauer, R., Woo, J. W.: J. Appl. Phys. **42**, 2301 (1971). Synergetics (H. Haken, Ed.), p. 97. Stuttgart: Teubner 1973.
Monod, J.: Zufall und Notwendigkeit. München: Piper 1971.
Orgel, L., Lohrmann, R.: Accounts Chem. Res. **7**, 368 (1974).
Paecht-Horowitz, M., Berger, J., Katchalsky, A.: Nature **228**, 636 (1970).
Paecht-Horowitz, M.: Angew. Chem. **85**, 422 (1973).
Seelig, F. F.: J. Theor. Biol. **31**, 355 (1971), **32**, 93 (1971).
Sumper, M., Luce, R.: Proc. Nat. Acad. Sci. USA **72**, 162 (1975).
Unsöld, A.: Der neue Kosmos. Berlin, Heidelberg, New York: Springer 1974.

18.2. Vom Makromolekül zur primitiven Zelle — die Entstehung biologischer Funktion*

Peter Schuster

Vor etwa 120 Jahren erkannte Charles Darwin die Selektion als Grundprinzip für die Entwicklung der belebten Natur. Das Zusammenwirken von (nahezu) invarianter Reproduktion und gerichteter Selektion geringfügiger Schwankungen (Mutationen) gilt heute allgemein als Triebkraft der Evolution (s. Monod, 1971). Das Bewertungsprinzip, welches dem „gerichteten" Vorgang zugrunde liegt, lautet bei Darwin "Survival of the Fittest"[3].

Naturgemäß macht die physikalische Interpretation einer solchen Wertung, die in dem Wort "fittest" zum Ausdruck kommt, große Schwierigkeiten. Eine Reihe von Physikern versuchte, die Lebensvorgänge auf statistischer Basis zu beschreiben. Sie kamen alle zu dem Schluß, daß wegen der ungeheuren strukturellen Vielfalt der biologischen Makromoleküle die zufällige Ausbildung einer sich selbst reproduzierenden Einheit und damit auch die Entstehung des Lebens beliebig unwahrscheinlich ist (z. B. Jordan, 1970). In der Tat ist auch die Zahl der verschiedenen Anordnungsmöglichkeiten (Sequenzen) von Bausteinen in Biopolymeren von astronomischer Größe. Ein Protein mit einem Molgewicht von 12000 enthält etwa 100 Aminosäurereste und ist im Vergleich zu den meisten biologisch wichtigen Proteinen noch klein. Wenn wir aus den 20 natürlichen Aminosäuren beliebige Sequenzen von 100 Einheiten bilden, so ergeben sich für das genannte Protein $20^{100} \approx 10^{130}$ verschiedene Aminosäuresequenzen. Diese Zahl ist so unvorstellbar groß, daß wir sie auch mit den Dimensionen des gesamten Universums nicht anschaulich machen können: Das gesamte Weltall kann dicht angefüllt „nur" 10^{103} Proteinmoleküle aufnehmen; seit der Entstehung der Erde sind „erst" 10^{17} Sekunden vergangen.

Das scheinbare Fehlen eines physikalischen Kriteriums für die Selektion führt die Theorie in ein Dilemma: Da "fittest" nur durch die Tatsache der Selektion begründet werden kann, schien von dem Darwinschen Prinzip nur die triviale Tautologie "Survival of the Survivor" übrig zu bleiben.

Jede Theorie, welche die Entstehung des Lebens auf physikalischer Basis erklären will, muß von statistischen Schwankungen — Fluktuationen — ausgehen. Gleichzeitig mit den Fluktuationen muß jedoch von Anfang an eine durch die Umwelt vorgegebene Selektion ablaufen, welche von Beginn an die „günstigen" Fluktuationen verstärkt und die „ungünstigen" aussterben läßt. Im folgenden wird eine von Manfred Eigen, 1971, entwickelte Theorie der Evolution beschrieben, die von den oben genannten Überlegungen ausgeht, das Selektionsprinzip mathematisch formuliert und auf die Gesetzmäßigkeiten der Thermodynamik irreversibler Prozesse und der statistischen Physik zurückführt. Seine Überlegungen schaffen die mathematisch-physikalischen Grundlagen der Darwinschen Theorie. Durch die Einführung einer „Wertfunktion", welche im Prinzip aus den dynamischen physikalischen Eigenschaften der Moleküle im biologischen System und ihren Wechselwirkungen berechnet werden kann, wird der Darwinismus neu interpretiert.

---

* Als Einführung in die Eigensche Evolutionstheorie wurde ein etwas erweiterter und modifizierter Artikel von P. Schuster in Chemie in unserer Zeit **6**, 1–16 (1972) übernommen, der sich durch eine didaktisch besonders klare Darstellung der grundsätzlichen Zusammenhänge auszeichnet. Die Herausgeber.

[3] Dieses geflügelte Wort stammt übrigens — ebenso wie das vom „Kampf ums Dasein" — nicht von Darwin selbst, sondern von H. Spencer. Es taucht erst in der 5. Auflage der „Entstehung der Arten" auf.

18.2.1. Was ist Evolution?

Der Begriff Evolution wird in der modernen Naturwissenschaft für alle Vorgänge verwendet, die zur Entwicklung des derzeitigen Lebens führten. Für unsere Zwecke teilen wir den Gesamtprozeß am besten in drei Stufen ein, die in bestimmten Phasen der Entwicklung durchaus auch nebeneinander abgelaufen sein könnten (Abb. 18.12):

1. Als „chemische Evolution" bezeichnen wir jenen Abschnitt, in dem aus den kleinen Molekülen — H_2, H_2O, NH_3, N_2, CH_4, CO, CO_2, HCN usw. — ein gewisser Vorrat an Bausteinen für die einfachsten lebenden Einheiten, die Vorläufer der heutigen Zellen, entstand. Bis auf wenige Einzelheiten können wir heute verstehen, wie Aminosäuren, Purin- und Pyrimidinbasen und die anderen kleinen Struktureinheiten durch Einwirkung von Licht, thermischer und elektrischer Energie (Blitz) entstanden und unter den auf der Erdoberfläche gegebenen Bedingungen zu Makromolekülen polymerisierten. In dieser Phase der Evolution läuft die Polymerisation natürlich noch ohne Steuerung durch die funktionellen Eigenschaften schon vorhandener Makromoleküle ab; die Reihenfolge der einzelnen Monomeren wird daher weitgehend durch den Zufall bestimmt (s. Miller und Orgel, 1974).

2. Der zweite Abschnitt umfaßt die Selbstorganisation eines Gemisches von Makromolekülen und die Entstehung von sich selbst reproduzierenden Einheiten aus Proteinen und Nucleinsäuren, die den Vorläufern der heutigen primitiven Einzeller entsprechen. Dieser Abschnitt kann auch als die Entwicklung des Lebens schlechthin betrachtet werden, da vorher ein Gemisch von Makromolekülen vorlag, das man heute mit Sicherheit als unbelebt bezeichnen wird, und da die Einzeller am Ende dieses Entwicklungsabschnittes alle wesentlichen Merkmale eines primitiven Lebewesens hatten. Auf diesen Abschnitt der Evolution — Eigen nennt sie „Selbstorganisation der biologischen Makromoleküle" — läßt sich ein Evolutionsmodell besonders gut anwenden, denn die wichtigsten physikalisch-chemischen Konstanten von Proteinen und Nucleinsäuren sowie ihre Wechselwirkungen sind bekannt oder zumindest im Prinzip meßbar, und die Theorie kann auch in quantitativer Hinsicht getestet werden. In diesen Abschnitt fallen auch die „ein für allemal" getroffenen Entscheidungen zwischen gleichwertigen oder nahezu gleichwertigen Möglichkeiten, wie unter anderem die Entscheidung zugunsten der L-α-Aminosäuren zum Aufbau der Proteine und damit das Auftreten der optischen Aktivität im biologischen Material oder die Entstehung des genetischen Codes, die man zusammenfassend als Universalität der Starteigenschaften bezeichnen kann. Wenn es solche Entscheidungen gegeben hat, muß diese Universalität für alle Lebewesen zutreffen, die einmal miteinander in Kontakt standen und deren „Urformen" gleichzeitig entstanden sind — wie z.B. das gesamte Leben auf der Erde. In den folgenden Abschnitten werden wir uns fast ausschließlich auf diesen Teil der Entwicklung der Biosphäre beziehen.

3. Als dritten Abschnitt fassen wir die Entwicklung der heutigen Lebewesen aus den primitiven Einzellern zusammen. Für die konkrete und detaillierte Behandlung wird man zweckmäßig noch mehrere Teilabschnitte definieren. Die nach außen hin zu erkennenden Gesamtvorgänge sind durch die Überlagerung einer ungeheuren Zahl von auf molekularer Basis mitunter sehr komplizierten Einzelprozessen charakterisiert. Durch die Differenzierung im Vielzellerorganismus werden Kontroll- und Regulationsvorgänge von hoher Komplexität unumgänglich notwendig. Eine neue Dimension eröffnet die Entwicklung eines Zentralnervensystems und die damit verbundene Möglichkeit der Speicherung von Wahrnehmungen, welche zu Lernprozessen und schließlich zu intelligenten Handlungsweisen der Individuen führt. Die Grundgedanken von Eigens Theorie lassen sich auf diesen Entwicklungsabschnitt genauso anwenden, doch kön-

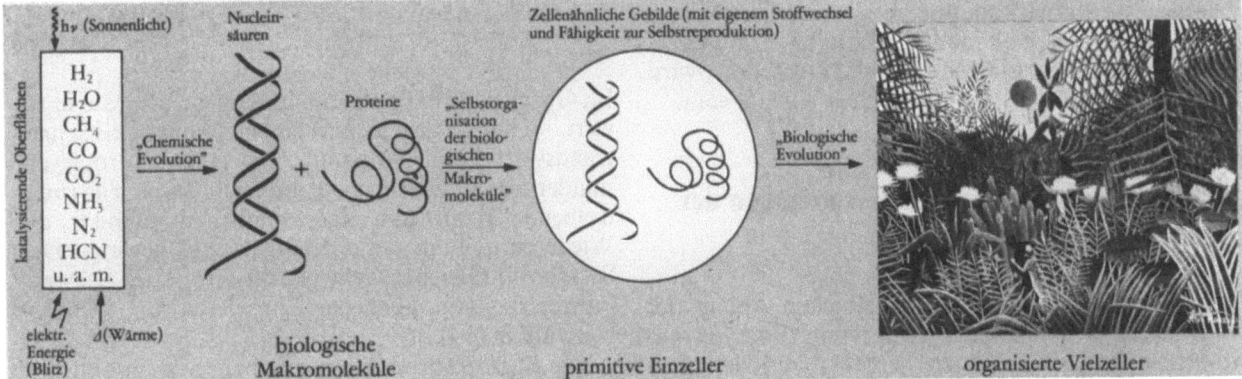

Abb. 18.12. Der Evolutionsprozeß läßt sich in drei Stufen einteilen: 1. Die „chemische Evolution", während der aus kleinen Molekülen die Makromoleküle — Proteine und Nucleinsäuren — entstanden, die als Bausteine für die einfachsten lebenden Einheiten dienten. 2. Die Phase der „Selbstorganisation der biologischen Makromoleküle", während der sich das Gemisch dieser Polymeren zu selbstreproduzierenden Einheiten ordnete. 3. Die Phase der „biologischen Evolution", in der aus den primitiven Einzellern unsere heutigen Lebewesen entstanden [Abdruck des Ausschnitts aus Henry Rousseaus Gemälde „Urwaldlandschaft mit untergehender Sonne" mit freundlicher Genehmigung des Kunstmuseums Basel. Photo: Hinz, Basel]

nen wegen der komplizierten Überlagerung von Einzelphänomenen zum gegenwärtigen Zeitpunkt keine quantitativen und damit unmittelbar prüfbaren Aussagen erwartet werden.

In der Regel können beobachtbare Vorgänge auf verschiedene Arten beschrieben werden. Am Beispiel chemischer Reaktionen werden wir im folgenden zwei solche unterschiedlichen Betrachtungen kennenlernen: die stochastische Beschreibung, welche auf einzelne Elementarakte eingeht und daher nur ganzzahlige Werte der Populationsvariablen zuläßt, und die deterministische Beschreibung, bei der die bereits groß vorausgesetzten Teilchenzahlen kontinuierliche Variable darstellen. Naturgemäß ist die deterministische Beschreibung einfacher und im allgemeinen für chemische Prozesse wesentlich ökonomischer. Die stochastische Betrachtung enthält jedoch mehr Information, da sie vom einzelnen Molekül ausgeht und daher Aussagen über die statistischen Schwankungen der einzelnen Populationsvariablen gestattet. Zumeist wird die stochastische Beschreibung bei etwas komplizierteren chemischen Prozessen zu umfangreich und daher zu unökonomisch, so daß von ihr abgesehen werden muß. Es gibt aber nun auch Fälle (wir werden einen an Hand des sogenannten „linearen Birth and Death-Prozesses" kennenlernen), bei denen die Beschreibung auf der einfacheren (höheren) Ebene zusammenbricht und zu falschen Aussagen führt. Die Biologie erstreckt sich über Bereiche äußerst unterschiedlicher Komplexität, welche sehr viel weiter auseinanderliegen als die stochastische und deterministische Kinetik. Es ist unerläßlich, verschiedene Komplexitätsebenen mit sehr unterschiedlichen Beschreibungsweisen einzuführen. Beispiele dafür sind die chemische Beschreibungsweise auf der Ebene der Molekularbiologie, die physiologische Beschreibungsweise auf der Ebene der Zellen oder die populationsgenetische Beschreibungsweise, in der der Gesamtorganismus als eine Art Einheit betrachtet wird. Mit fortschreitender Höherentwicklung gewinnt die Natur immer neue Komplexitätsebenen hinzu und im allgemeinen lassen sich Evolutionsprozesse daher nur für eine gewisse Entwicklungsphase in einer bestimmten Beschreibungsweise ökonomisch sinnvoll formulieren. Für den hier interessierenden zweiten Abschnitt wird dies der Formalismus der chemischen Kinetik sein.

18.2.2. Thermodynamische Grundlagen der Evolutionstheorie

Die Evolution beschreibt den zeitlichen Ablauf der Entwicklung biologischer Strukturen. Eine Evolutionstheorie wird daher zweckmäßig von den zeitabhängigen Prozessen in der Chemie ausgehen, und wir werden die Basis für die Theorie in der chemischen Reaktionskinetik suchen müssen. Selektion kann nur eintreten, wenn bestimmte Strukturen wesentlich effektvoller — d.h. mit größerer Reaktionsgeschwindigkeit — arbeiten als andere. Die Steigerung der Geschwindigkeit einer Reaktion ist mit dem Begriff der Katalyse eng verbunden.

Eine notwendige, wenn auch nicht hinreichende Bedingung für lebende Systeme ist die Fähigkeit zur Selbstreproduktion oder Vermehrung. In der Sprache der Reaktionskinetiker bezeichnet man Vorgänge dieser Art als autokatalytische Prozesse. Ein einfaches Beispiel wird durch die folgende Gleichung eines irreversiblen Reaktionsschritts beschrieben:

$$A+B \to 2A; \quad \frac{d[A]}{dt} = k \cdot [A] \cdot [B].$$

Die Geschwindigkeit, mit der die Konzentration an A zunimmt, ist also proportional der Konzentration an A. Effektvolles, autokatalytisches Wachstum kann nur bei Systemen auftreten, die vom thermodynamischen Gleichgewicht weit entfernt sind und in denen deshalb, wie oben bereits vorweggenommen, die Reaktionen irreversibel — d.h. nur in eine Richtung — ablaufen. In der Nähe des Gleichgewichts dagegen laufen Hin- und Rückreaktion in vergleichbarem Ausmaß nebeneinander ab. Jeder Katalysator hat definitionsgemäß auf die Lage des Gleichgewichts keinen Einfluß und beschleunigt deshalb Hin- und Rückreaktion in gleicher Weise. Er kann deshalb in Gleichgewichtsnähe nicht jene drastischen Konzentrationsverschiebungen hervorrufen, wie wir sie für Selektionsvorgänge benötigen. Um einen Zustand mit zeitunabhängigen Konzentrationen der Reaktionspartner — einen sogenannten stationären Zustand — aufrechterhalten zu können, benötigen wir einen ständigen Fluß von Energie durch unser System. Eine bestimmte Entropieproduktion dS/dt (S = Entropie) ist ursächlich mit dem Energiefluß im stationären Zustand verknüpft. Die Entropieproduktion teilt man in zwei Teile: Ein Beitrag wird durch die Flüsse von außen in das System und aus dem System heraus verursacht — $d_e S/dt$ —; der zweite Beitrag beschreibt die innere Entropieproduktion — $d_i S/dt$ — und soll hier mit σ abgekürzt werden.

$$\frac{dS}{dt} = \frac{d_e S}{dt} + \frac{d_i S}{dt}; \quad \sigma = \frac{d_i S}{dt}. \tag{18.17}$$

Im Gleichgewicht besitzt die Entropie einen Maximalwert. Schwankungen um einen stabilen Gleichgewichtswert können deshalb nur einer Entropieverminderung entsprechen, die ihrerseits durch eine rücktreibende Kraft mit einer endlichen Affinität die Wiedereinstellung des Gleichgewichts bewirkt. Das System im Gleichgewicht gleicht selbsttätig Schwankungen aus (vgl. auch das Ehrenfestsche Urnenproblem auf S. 694).

Die Entropieproduktion in einem System und ihre zeitliche Änderung sind im allgemeinen komplizierte Funktionen aller beteiligten Konzentrationen und der äußeren Variablen. Thermodynamische Größen lassen sich viel einfacher formulieren und bestimmen, wenn bestimmte, durch Eingriff von außen wählbare Variable — Druck p, Volumen V, Temperatur T

oder andere — konstant gehalten werden. Man denke zum Beispiel an die Molwärme bei konstantem Druck oder Volumen — c_p bzw. c_v. In der irreversiblen Thermodynamik übernehmen Flüsse und Kräfte die Rolle der vorhin erwähnten Systemvariablen[4]. Die Flüsse beschreiben Transporte jeglicher Art durch das System. Bei chemischen Reaktionen übernehmen die Affinitäten A_i die Rolle der Kräfte X_i.

$$X_i = A_i = RT \ln \frac{a_i}{a_i^0} \approx RT \ln \frac{c_i}{c_i^0}. \quad (18.18)$$

a_i^0 [5] und c_i^0 stellen die Aktivität bzw. Konzentration bei eingestelltem Gleichgewicht dar. A_i können wir uns leicht als rücktreibende Kraft zum Gleichgewicht vorstellen.

Prigogine u. Glansdorff konnten nun zeigen, daß die Entropieproduktion (σ) in einem stabilen stationären Zustand ein Minimum anstrebt. Für ihre Ableitung war eine Einschränkung erforderlich; sie gilt nur hinsichtlich einer Variation der Kräfte, also bei konstanten Flüssen (vgl. 18.2.3). Im stabilen stationären Zustand treten also nur positive Schwankungen der Entropieproduktion auf. Wird die Entropieproduktion einmal durch eine Schwankung geringer — *negative Schwankung* —, so ist damit der stabile stationäre Zustand zerstört, und das System verändert so lange seine Zusammensetzung, bis es einen neuen, stabilen stationären Zustand erreicht hat. Eigen konnte nun zeigen, daß gerade das Auftreten von leistungsfähigeren Mutanten bei autokatalytischen Reaktionen in biologischen Systemen zu solchen negativen Schwankungen der Entropieproduktion führt.

18.2.3. Einige Grundbegriffe

18.2.3.1. Positive und negative Fluktuationen der Entropieproduktion in stationären Zuständen

Gleichgewichtszustände in abgeschlossenen Systemen sind dadurch charakterisiert, daß die Entropie einen Maximalwert besitzt. Bei Fluktuationen, das sind Schwankungen, die ihre Ursache letztlich in der quantenmechanischen Unschärfe haben, kann die Entropie daher nur abnehmen.

Gleichgewicht: $S = S_{max} = $ konst.; $\delta S \leq 0$.

Unter bestimmten Voraussetzungen läßt sich ein ähnliches Extremalprinzip auch für stationäre Zustände in offenen Systemen weitab vom Gleichgewicht

formulieren. Die innere Entropieproduktion (σ), d.h. jene Entropiemenge, welche im System pro Zeiteinheit erzeugt wird, erreicht in stationären Zuständen einen Minimalwert. Sie läßt sich im Rahmen der Thermodynamik irreversibler Prozesse als Summe von Produkten verallgemeinerter Flüsse (J_n) und Kräfte (X_n) darstellen.

Stationärer Zustand: $\dfrac{d_i S}{dt} = \sigma$;

$$\sigma = \sum_n J_n \cdot X_n = \sigma_{min} = \text{konst.}$$

Entsprechend diesen Produkten können wir jede Schwankung der inneren Entropieproduktion ($\delta \sigma$) aus einer Schwankung der Flüsse bei konstanten Kräften ($d_j \sigma$) und einer Schwankung der Kräfte bei konstanten Flüssen ($\delta_x \sigma$) aufbauen.

$$\delta \sigma = \delta_j \sigma + \delta_x \sigma.$$

Prigogine u. Glansdorff konnten nun zeigen, daß nur positive Schwankungen der Entropieproduktion bei konstanten Flüssen mit einem stationären Zustand vereinbar sind. Für diesen Fall gibt es analog dem Gleichgewichtszustand eine Restriktion für die Fluktuationen:

$$\delta_x \sigma \geq 0.$$

Zum Unterschied vom Gleichgewicht sind stationäre Zustände jedoch nur metastabil. Tritt eine negative Schwankung der inneren Entropieproduktion auf, so ist dies gleichbedeutend mit einer Instabilität.

Jede negative Schwankung der inneren Entropieproduktion (σ) zerstört den vorliegenden stationären Zustand (Z_1). Nach einer instabilen Übergangsphase bildet sich ein neuer stationärer Zustand (Z_2) aus. Die Änderung der inneren Entropie ist stets negativ ($\delta S_i < 0$), d.h. der neue stationäre Zustand Z_2 hat geringere Entropie und daher einen höheren Ordnungsgrad als Z_1.

18.2.3.2. Informationstheorie

Der zentrale Begriff der Informationstheorie ist die Informationskapazität $N_{\lambda v} = \lambda^v$ (s. Shannon und Weaver, 1949). v ist die Zahl der Einheiten ("digits") eines Informationsträgers und entspricht daher z.B. der Zahl der Buchstaben in einem Wort. λ wird als „Basis" des verwendeten Codes bezeichnet und gibt die Zahl der verschiedenen Einheiten, d.h. die Zahl der zur Verfügung stehenden Buchstaben, an. In Biopolymeren stellt v die Zahl der Einheiten — Aminosäurereste, Nucleotide — in einer bestimmten Sequenz dar. Für Proteine nimmt λ den Wert 20 (20 verschiedene Aminosäuren), für Nucleinsäuren den Wert 4 (4 verschiedene Nucleotide) an.

---

[4] Eine nicht allzu schwierige Einführung in die Thermodynamik irreversibler Prozesse findet man z.B. in Glansdorff, P., Prigogine, I.: Thermodynamic Theory of Structure, Stability and Fluctuations. London: Wiley Interscience 1971.
[5] Mit a_i drücken wir die Aktivität einer Substanz „i" aus, welche in verdünnten Lösungen mit der Konzentration c_i identisch wird.

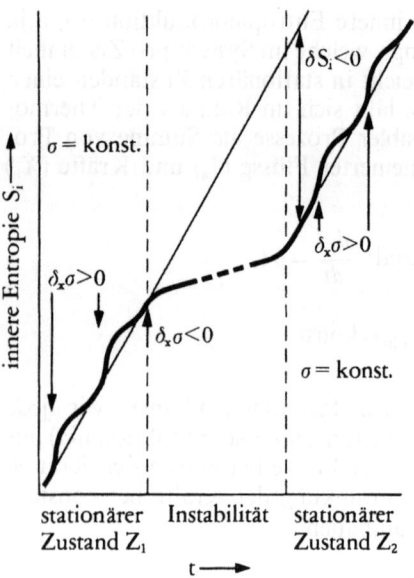

Abb. 18.13. Zeitabhängigkeit der inneren Entropie

Eine weitere wichtige Größe ist der Informationsgehalt I.

$$I = \frac{1}{\ln 2} \ln N_{\lambda\nu} = \frac{1}{\ln 2} \nu \ln \lambda \text{ (bits)}.$$

Als Einheit des Informationsgehalts wird das „bit" ("binary digit") verwendet.

18.2.4. Information und Funktion

Alle bekannten Lebewesen vom Einzeller bis zum Menschen enthalten die zu ihrem Aufbau notwendige genetische Information als fadenförmiges Makromolekül — Desoxyribonucleinsäure (DNA) — gespeichert. Mit Hilfe eines universellen Codes werden Teile der DNA übersetzt und Proteine aufgebaut, welche für den Ablauf der Lebensvorgänge sorgen. Die Information kann sozusagen auf Abruf in Funktion umgewandelt werden. Auf der Suche nach einem für die Selektion entscheidenden Maß für die Fähigkeit zu überleben, beginnen wir deshalb mit dem Begriff der Information, welche z. B. der „Informationstheorie" von Shannon zugrunde liegt (vgl. 18.2.3.2).

Die Informationstheorie geht von der bereits fertigen, vorgegebenen Information aus. Selbstorganisation bedeutet aber, daß Information erst allmählich entsteht. Der Prozeß der Erzeugung von Information aus dem ungeordneten Zustand, der uns in der Evolutionstheorie interessiert, liegt außerhalb der konventionellen Informationstheorie. In der Biologie wird die Information durch Selektionsprozesse gebildet; der „Wert" einer bestimmten Information entscheidet sich erst durch die Konkurrenz zwischen den einzelnen Informationsträgern. An die Stelle der „Alles oder Nichts"-Entscheidung — richtig oder falsch — tritt hier eine graduelle Abstufung. Die Zahl der möglichen unterschiedlichen Sequenzen ist bei allen Biopolymeren unvorstellbar groß; im Gesamtbereich der Natur kann daher nur ein verschwindender Teil der strukturellen Kapazität ausgenützt werden.

In der Biologie erhält die Information ihren Wert durch Selektionsprozesse. Evolution kann daher überhaupt erst beginnen, wenn sich Information in Funktion verwandeln läßt. Dies ist im Prinzip auf verschiedene Arten denkbar: Die einfachste Möglichkeit besteht darin, daß die einzelnen Sequenzen selbst die Funktion übernehmen, z.B. indem sie sich direkt in der Fähigkeit zur Selbstreproduktion unterscheiden. Eine andere Möglichkeit besteht darin, daß die einzelnen Sequenzen einen Code für die tatsächlichen Katalysatoren der Reproduktion darstellen. Die Information muß „übersetzt" werden, bevor sie als Funktion wirksam werden kann. Wie wir später sehen werden, ist in der Natur nur der zweite Fall realisiert, der gegenüber dem ersten eine ganze Reihe entscheidender Vorteile hat (Seite 701).

18.2.5. Die statistische Phase der Evolution

18.2.5.1. Der „deterministische" Ansatz

Zur Illustration der Evolutionstheorie stellen wir uns als Modellsystem einen Kasten mit $N \approx 10^{20}$ durch statistische Polymerisation gebildeten Informationsträgern (DNA-Sequenzen) vor (Abb. 18.14). Wenn die Zahl der Einheiten etwa 40 oder größer ist ($\nu \geq 40$), können wir wegen der ungeheuren Vielfalt von Möglichkeiten zum Aufbau verschiedener Sequenzen ($4^\nu \geq 10^{24}$) mit Sicherheit annehmen, daß vor Einsetzen eines autokatalytischen Wachstums alle Sequenzen verschieden sind. Auf der einen Seite des Kastens lassen wir eine Lösung von energiereichen Bausteinen — ATP, GTP, TTP oder UTP[6] und CTP — einfließen, während auf der anderen Seite die energiearmen Monophosphate (AMP, GMP, TMP und CMP) entfernt werden. Der Monomerenstrom durch den Kasten erhält einen Energiefluß aufrecht und verhindert dadurch, daß unser System das Gleichgewicht erreicht. Im Gedankenexperiment können wir den Fluß stets so einstellen, daß die Konzentrationen aller energiereichen Monomeren im Kasten konstant sind (stationärer Zustand):

$$c_{ATP} = c^0_{ATP}; \quad c_{GTP} = c^0_{GTP};$$
$$c_{TTP} = c^0_{TTP} \quad \text{und} \quad c_{CTP} = c^0_{CTP}.$$

Alle Sequenzen, so wollen wir hier annehmen, besitzen die Fähigkeit zur selbstinduzierenden Reduplikation, d.h. sie können als Matrize (Vorlage) zur Ausbildung einer neuen Sequenz S_i dienen, welche mit der Matrize identisch ist. Die etwas kompliziertere selbst-

---

[6] Je nach Art der Nucleinsäure — Desoxyribonucleinsäure (DNA) oder Ribonucleinsäure (RNA) — finden wir heute Thymin oder Uracil als komplementäre Base zu Adenin.

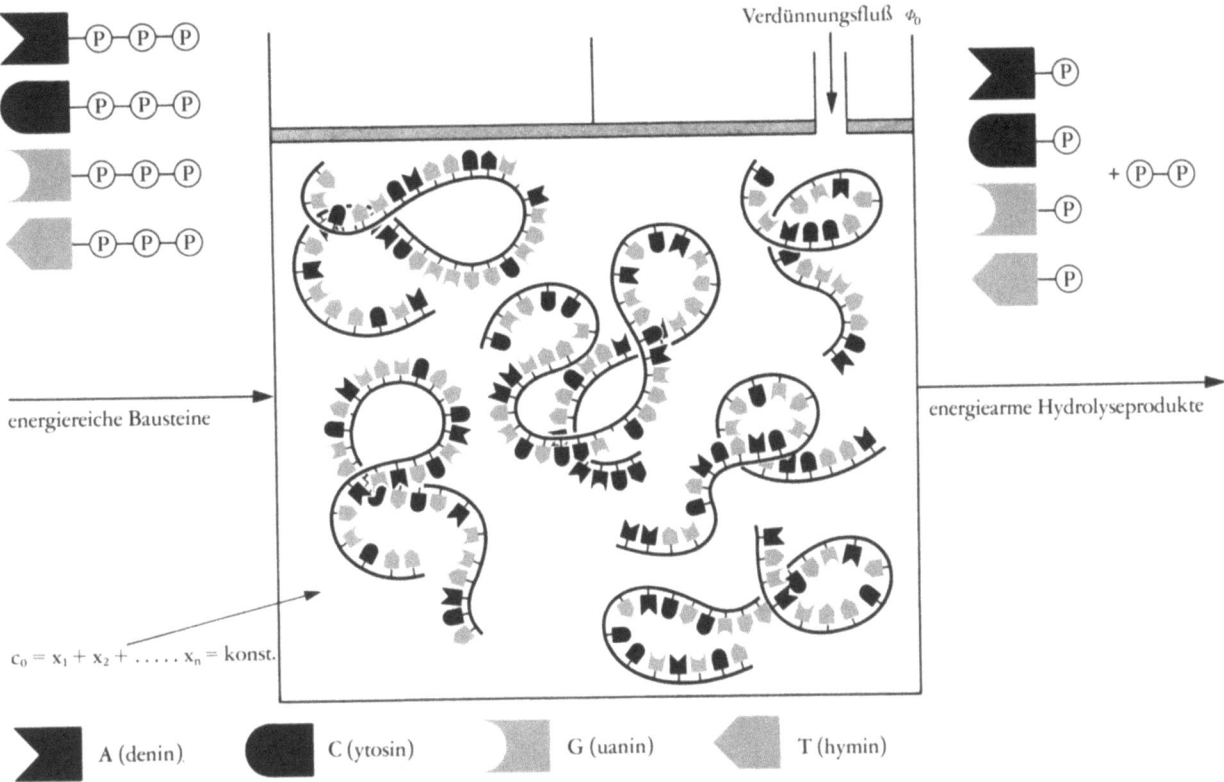

Abb. 18.14. Modellsystem für die Selbstorganisation biologischer Makromoleküle. In dem Kasten befinden sich $N = 10^{20}$ Informationsträger (DNA-Sequenzen) mit 40 oder mehr Bausteinen. Da die Zahl der Kombinationsmöglichkeiten der vier Bausteintypen sehr groß ist (nämlich $4^{40} > 10^{24}$), können wir annehmen, daß vor Einsetzen des autokatalytischen Wachstums alle Sequenzen verschieden sind. Auf der einen Seite des Kastens werden laufend die energiereichen Bausteine — Adenosin-, Guanosin-, Thymidin- und Cytidintriphosphat — zugeführt, auf der anderen Seite die energiearmen Bausteine — Adenosin-, Guanosin-, Thymidin- und Cytidinmonophosphat — entfernt. Der Monomerenstrom verhindert, daß unser System das Gleichgewicht erreicht. Er soll so eingestellt sein, daß die Konzentrationen aller energiereichen Monomeren konstant bleiben. x_1, x_2, x_3 usw. sind die Konzentrationen der Sequenzen S_1, S_2, S_3 usw.

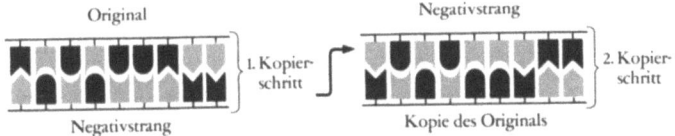

Abb. 18.15. Die selbstinduzierte Replikation einer Nucleinsäure läuft über einen zwischengeschalteten Negativstrang ab: Aus dem Original entsteht ein komplementärer Negativstrang, bei dessen Replikation erst die Kopie des Originals entsteht (unterer rechter Strang)

induzierende Reduplikation in zwei Stufen über einen dazwischengeschalteten Negativstrang (Abb. 18.15), wie sie in der Natur vorkommt, führt im wesentlichen zu gleichen Ergebnissen. Wegen der stationären Konzentration der energiereichen Monomeren hängt die Bildungsgeschwindigkeit einer Sequenz S_i in einem bestimmten System nur von der Konzentration der Matrize — $[S_i] = x_i$ — ab. Jeder Informationsträger S_i soll mit konstanter Hydrolysegeschwindigkeit d_i in energiearme Monomere, die Monophosphate, zerfallen. Für die Konzentrationsbilanz der Sequenz S_i können wir eine kinetische Gleichung anschreiben, welche allgemein als phänomenologische Gleichung bezeichnet wird, da sie auf die Natur der einzelnen Elementarakte der chemischen Reaktionen nicht eingeht (f_i = Bildungsgeschwindigkeit der Sequenz S_i):

$$\frac{dx_i}{dt} = f_i(c^0_{ATP}, c^0_{GTP}, c^0_{TTP}, c^0_{CTP}) \cdot x_i - d_i \cdot x_i. \quad (18.19)$$

Der Ansatz der konventionellen Kinetik wird als deterministisch bezeichnet, denn er berücksichtigt keine Fluktuationen, das sind statistische Schwankungen der Konzentrationen, die letzten Endes aus der quantenmechanischen Unschärfe resultieren.

18.2.5.2. Der „stochastische" Ansatz

Die phänomenologischen Gleichungen sind nur gültig, wenn wir es mit sehr vielen gleichen Teilchen zu tun haben. Unser Kasten enthält zwar viele Sequenzen — N ist eine sehr große Zahl —, aber alle Sequenzen sind voneinander verschieden. Wir müssen dementsprechend zur Beschreibung unseres Modellsystems eine andere Theorie der chemischen Reaktion verwenden, die auch Fluktuationen berücksichtigt (s. McQuarrie, 1967). Wahrscheinlichkeitstheoretische, sogenannte stochastische Methoden wurden bereits mehrfach auf reaktionskinetische Probleme angewendet.

Bevor wir auf die Ergebnisse der stochastischen Theorie eingehen, wollen wir an zwei Beispielen den unterschiedlichen Einfluß von Fluktuationen auf Zustände in der Nähe bzw. weit entfernt vom Gleichgewicht kennenlernen. Das erste Beispiel ist als Ehrenfestsches Urnenmodell bekannt. Durch ein einfaches Spiel werden Schwankungen in der Nähe eines Gleichgewichtszustandes simuliert:

Wir gehen von $2N$ Kugeln aus, die mit Nummern von 1 bis $2N$ gekennzeichnet sind, und verteilen sie in beliebiger Art auf zwei Urnen. Nun ziehen wir mit einer Lotteriemaschine, die gleiche Chancen für alle Zahlen gewährleisten soll, Lose mit den gleichen Nummern 1 bis $2N$. Jedesmal, wenn die Nummer einer Kugel gezogen wird, bringen wir diese von der einen Urne in die andere. Wurde N groß genug gewählt, so erhalten wir nach einiger Zeit Gleichverteilung der Kugeln auf beide Urnen. Gleichzeitig schwanken die Verteilungszahlen, wobei die mittlere Abweichung etwa $\sqrt{N}$ beträgt. Der stabile Zustand wird dadurch erreicht, daß sich die Schwankungen von selbst wieder ausgleichen, denn wenn in einer Urne Kugelüberschuß herrscht, dann ist die Chance entsprechend größer, daß durch das Los eine Kugel aus dieser Urne gezogen wird; der folgende Kugeltransfer gleicht die Schwankung aus.

Das zweite Beispiel soll uns ein System weitab vom Gleichgewicht simulieren, in dem alle Vorgänge irreversibel ablaufen. Wir betrachten eine Schar von Lebewesen, von denen für jedes einzelne die Chance besteht, sich innerhalb eines bestimmten Zeitraumes (Δt) durch Teilung zu vermehren (zu verdoppeln) oder auszusterben. Bartholomay, 1958, hat dieses System als "Linear Birth and Death"-Prozeß erstmals explizit durchgerechnet. Seine Ergebnisse können wir besser verstehen, wenn wir ein aus dem Alltag gegriffenes, mathematisch ganz analoges Problem betrachten: Wir stellen uns einen Spieler und eine Bank vor, welche mit vollkommen gleichem Einsatz und gleichen Gewinnchancen spielen. Die einzige Restriktion für den Spieler besteht darin, daß er nicht aufhören darf zu spielen und keinen Kredit bekommt. Wer wird gewinnen? Mit Sicherheit die Bank, wie folgende Überlegung zeigt. Bei gleichen Chancen wird der Spieler bald gewinnen, bald verlieren. Zunächst werden sich wegen der gleichen Chancen Gewinn und Verlust des Spielers die Waage halten. Mit der Zeit akkumulieren jedoch die Schwankungen immer mehr, und einmal wird die Abweichung vom Mittelwert die Höhe seines Kapitals erreichen. Dann hat er sein ganzes Kapital verloren und scheidet aus, da er nicht mehr weiterspielen kann. Die Bank hingegen wird infolge ihres „unendlichen" Geldreservoirs jeden Verlust überstehen. Kehren wir nun wieder zu unserem Problem zurück. Das laufende Kapital des Spielers ersetzen wir durch die Zahl der vorhandenen Lebewesen oder Makromoleküle, die sich — wie vorausgesetzt — mit gleicher Wahrscheinlichkeit verdoppeln oder zerfallen. Die Bank stellt das „Jenseits" dar; sie gibt aus ihrem unendlichen Reservoir die neuen Systeme aus

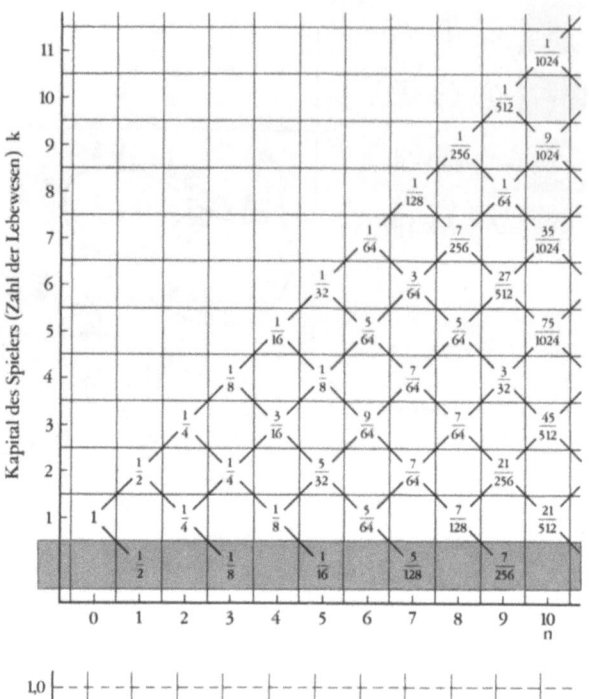

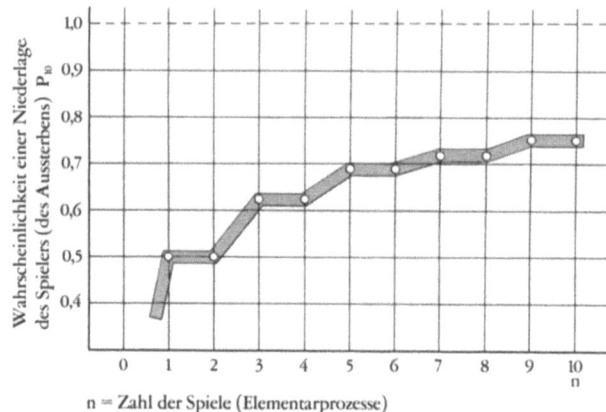

Abb. 18.16. Wahrscheinlichkeitsverteilung beim "Linear Birth and Death"-Prozeß. Die Zahlen im oberen Diagramm geben die Wahrscheinlichkeit der angegebenen Ereignisse an. Im unteren Diagramm sind die Wahrscheinlichkeiten für die Niederlage (bzw. das Aussterben) in Abhängigkeit von der Zahl der Spiele (bzw. der Elementarprozesse) aufgetragen

und nimmt die ausgeschiedenen — hydrolysierte Makromoleküle oder gestorbene Lebewesen — auf. Die Wahrscheinlichkeiten für das Erreichen der einzelnen Zustände sind in Abb. 18.16 zusammengestellt. So wie der Spieler mit Sicherheit gegen die Bank verliert, werden die Lebewesen oder Makromoleküle mit Sicherheit einmal aussterben.

18.2.5.3. Das Schicksal der Teilchen im „deterministischen" Modell

Am Beispiel der Informationsträger im Kasten wollen wir nochmals den Unterschied zwischen den Ergebnissen des deterministischen und des stochastischen Ansatzes betrachten. Zu Beginn der Evolution haben die einzelnen Informationsträger noch weitestgehend gleiche Eigenschaften, da wir noch keine Übersetzung der Information in katalytische Funktion voraussetzen können. Wir werden daher nicht sehr falsch gehen, wenn wir bei gleichen stationären Konzentrationen aller vier Triphosphate

$$c^0_{ATP} = c^0_{GTP} = c^0_{TTP} = c^0_{CTP} = c^0$$

die Bildungs- und Zersetzungsgeschwindigkeiten f_i und d_i aller Sequenzen etwa gleich groß ansetzen

$$f_1(c^0) = f_2(c^0) = \ldots = f_i(c^0) = \ldots = f_N(c^0) = \bar{f}(c^0)$$
$$d_1 = d_2 = \ldots = d_i = \ldots = d_N = \bar{d}.$$

Außerdem nehmen wir fürs erste noch an, daß Bildung und Zerfall gleich rasch vor sich gehen, was wir jederzeit durch geeignete Wahl von $c^0 = c^0_e$ erreichen können.

$$\bar{f}_e = \bar{f}(c^0_e) = \bar{d}.$$

Durch diese Annahme wird unser Problem dem vorhin beschriebenen "Linear Birth and Death"-Prozeß ganz analog.
Die Lösung der phänomenologischen Gleichungen (18.19) ergibt in diesem besonders einfachen Fall, daß die Konzentrationen der einzelnen Sequenzen für alle Zeit konstant bleiben:

$$\frac{dx_i}{dt} = (\bar{f}(c^0_e) - \bar{d}) \cdot x_i = 0 \quad x_i = x^0_i = \text{konst.} \quad (18.20)$$

Wäre es sinnvoll über einzelne Moleküle im Rahmen der deterministischen Kinetik Aussagen zu machen, so müßten wir schließen, daß die Zusammensetzung unseres Kastens unverändert bleibt.

18.2.5.4. Das Schicksal der Teilchen im „stochastischen" Modell

Die genaue stochastische Analyse unserer Aufgabe ist mathematisch etwas aufwendig, weshalb wir hier nur auf den Ansatz und die Ergebnisse eingehen können. Die Entwicklung des aus l Teilchen bestehenden Systems wird als sogenannter Markoffscher Prozeß angesetzt (s. Dynkin, 1961). Unter einem Markoffschen Prozeß versteht man einen Vorgang, bei dem zu jedem Zeitpunkt eine Gleichung für die Weiterentwicklung formuliert werden kann, die nicht von der Vorgeschichte des Systems abhängt. Die Konzentrationen der deterministischen Kinetik werden im stochastischen Ansatz durch Wahrscheinlichkeiten $P_{lk}(t)$ ersetzt; $P_{lk}(t)$ gibt die Wahrscheinlichkeit an, mit der aus l Teilchen zum Zeitpunkt $t=0$ k Teilchen zur Zeit $t=t$ gebildet werden[7]. Die zeitliche Änderung der Wahrscheinlichkeiten $P_{lk}(t)$ wird mit Hilfe von Differentialgleichungen beschrieben:

$$\frac{dP_{lk}}{dt} = (k-1) \cdot f \cdot P_{l,k-1}(t) + (k+1) \cdot f \cdot P_{l,k+1}(t) - 2k \cdot f \cdot P_{lk}(t). \quad (18.21)$$

Die Größe f besitzt die Dimension einer reziproken Zeit und gibt an, wie oft in der Zeiteinheit eine Reduplikation oder ein Zerfall eintreten. Sie entspricht der deterministischen Geschwindigkeitskonstante $\bar{f}_e$. Der obige Ansatz ist leicht zu verstehen: k Teilchen entstehen aus $k-1$ Teilchen durch eine Reduplikation oder aus $k+1$ durch einen Zerfall; andererseits wird die Wahrscheinlichkeit k Teilchen anzutreffen sowohl durch Zerfall als auch durch Reduplikation im k Teilchen enthaltenden System verringert.

Vorerst interessieren wir uns für die Wahrscheinlichkeit des Aussterbens ($k=0$) oder Überlebens des Gesamtsystems von $l=N$ Teilchen. Durch Lösen der obigen Differentialgleichung und Einsetzen erhalten wir:

$$P_{l0}(t) = \left\{ \frac{1}{1 + \frac{1}{ft}} \right\}^l. \quad (18.22)$$

Die Rechnung bestätigt unsere Überlegungen von vorhin und zeigt deutlich die Nichtanwendbarkeit der deterministischen Theorie: Für $t \to \infty$ wird $P_{l0}(t) = 1$, d.h. unser System stirbt mit Sicherheit aus, unabhängig davon, wieviel Teilchen zur Zeit $t=0$ vorhanden waren.

Auf die Frage, wann unser System von N Teilchen ($N \approx 10^{20}$) ausstirbt, erhalten wir eine Wahrscheinlichkeitsaussage. Nach einem Zeitraum $t = N \cdot f^{-1}$ stellen wir fest, daß unsere Teilchen mit einer Wahrscheinlichkeit von etwa 37% ausgestorben sind.

$$P_{N0}(t = N \cdot f^{-1}) = \left\{ \frac{1}{1 + \frac{1}{N}} \right\}^N \approx \frac{1}{e} \quad (18.23)$$

(e = Basis des natürlichen Logarithmus).

Zum Zeitpunkt $t = N^2 \cdot f^{-1}$ ist die Wahrscheinlichkeit bereits so klein geworden, daß wir kein einziges Teilchen mehr erwarten können:

$$P_{N0}(t = N^2 \cdot f^{-1}) = \left\{ \frac{1}{1 + \frac{1}{N^2}} \right\}^N \approx 1 - \frac{1}{N};$$
$$1 - P_{N0} = \frac{1}{N}. \quad (18.24)$$

Im Mittel müssen wir daher erwarten, daß unser System zwischen den Zeitpunkten $t = N \cdot f^{-1}$ und $t = N^2 \cdot f^{-1}$ aussterben wird.

Für große Teilchenzahlen müssen die Aussagen der stochastischen und der deterministischen Kinetik übereinstimmen, da die relativen Schwankungen verschwindend klein werden. Unter der Annahme vernünftiger Konstanten — aus Experimenten wissen wir, daß die Geschwindigkeitskonstanten eine bestimmte

---

[7] Alle Informationsträger besitzen, wie angenommen, die gleichen kinetischen Eigenschaften: In der Zeiteinheit werden sich alle f-mal mit gleicher Wahrscheinlichkeit verdoppeln oder aussterben. Da noch keine Wechselwirkung zwischen den einzelnen Informationsträgern stattfindet, entwickeln sie sich unabhängig voneinander. Die einzelnen Informationsträger sind kinetisch „entartet", d.h. dieselbe Gleichung beschreibt die Entwicklung der einzelnen Sequenzen ($l = x_i \cdot V$, V = Volumen des Kastens) oder die Entwicklung des Gesamtsystems ($l = N$).

Größe nicht überschreiten können, z.B. $f < 10^8 \text{ s}^{-1}$ für unimolekulare Reaktionsschritte — erreichen die Zeiträume bis zum wahrscheinlichen Aussterben von Teilchenzahlen im molaren Bereich ($l \approx 10^{-5} \cdot N_L \approx 6 \cdot 10^{18}$; $N_L = $ Loschmidtsche Zahl $= 6{,}02 \cdot 10^{23}$) ein Vielfaches des Alters der Erde, und wir können mit Sicherheit schließen, daß in den für unsere Beobachtungen zugänglichen Zeitbereichen die Teilchenzahlen konstant bleiben, wie die deterministische Theorie es fordert.

18.2.5.4. Welche Sequenzen überleben?

Viel wichtiger als der Zeitpunkt des Aussterbens erscheint uns jedoch die Verteilung der N Teilchen auf die verschiedenen Sequenzen. Wir gingen ursprünglich davon aus, daß alle Sequenzen in unserem Kasten verschieden seien. Nun fragen wir nach der Verteilung der Teilchen auf die einzelnen Sequenzen zu verschiedenen Zeitpunkten. Dazu setzen wir Gl. (18.21) für die Entwicklung einer einzelnen Sequenz an, welche zum Zeitpunkt $t=0$ als einziges Exemplar vorliegt ($l=1$). Die Wahrscheinlichkeitsverteilung der Teilchen auf die verschiedenen, $k$fach vertretenen Sequenzen ist durch folgende Funktion gegeben:

$$k \cdot P_{1k}(t) = \frac{k}{(ft)^2} \cdot e^{-(k+1)/ft} \quad \text{für} \quad ft \gg 1. \qquad (18.25)$$

Diese Verteilung ist in Abb. 18.17 für $t = N \cdot f^{-1}$ gezeigt. Sie besitzt ein Maximum bei

$$k_{max} = ft; \quad (k \cdot P_{1k})_{max} = \frac{1}{ft} \cdot e^{-\left(1+\frac{1}{ft}\right)} \approx \frac{1}{e} \cdot \frac{1}{ft}. \qquad (18.26)$$

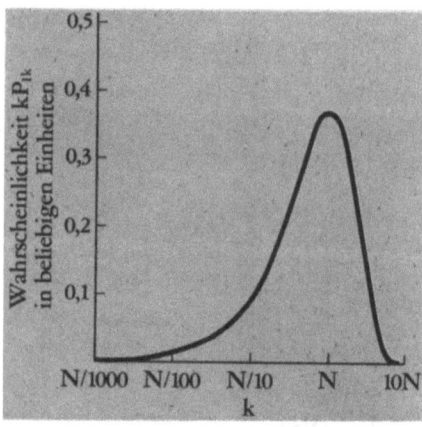

Abb. 18.17. Verteilungsfunktion der Makromoleküle auf einzelne Sequenzen zum Zeitpunkt $t = N \cdot f^{-1}$. P_{1k} gibt an, mit welcher Wahrscheinlichkeit aus einem einzigen Exemplar zu Beginn der Reduplikationsphase ($t=0$) k Kopien zum Zeitpunkt $t = N \cdot f^{-1}$ gebildet werden. Die Wahrscheinlichkeit, daß ein beliebig herausgegriffenes Makromolekül im Kasten $k$fach vorhanden ist, läßt sich mit kP_{1k} ausdrücken. Zum Zeitpunkt $t = N \cdot f^{-1}$ weist die Wahrscheinlichkeitsverteilung ein Maximum bei $k = N$ auf, d.h. es ist am wahrscheinlichsten, daß ein beliebiges Makromolekül zu einer Nfach vertretenen Sequenz gehört. Da jedoch zu diesem Zeitpunkt im Mittel nur mehr $0{,}63 \, N$ Teilchen vorhanden sind, finden wir mit hoher Wahrscheinlichkeit nur mehr eine einzige Sequenz im Kasten, die in allen vorhandenen Makromolekülen auftritt

Wir erkennen, daß aus den ursprünglich N Sequenzen, die in je einem Exemplar vorlagen ($l=1$), mit der Zeit immer weniger Sequenzen werden, die aber vielfach vertreten sind, d.h. auf Kosten der vielen in der Anfangsphase ausgestorbenen Sequenzen treten nach längeren Zeiträumen einige wenige in großen Zahlen von Kopien auf. Für $t = N \cdot f^{-1}$ liegt das Maximum der Wahrscheinlichkeit bei $k = N$; zu diesem Zeitpunkt sind aber im Mittel nur mehr $N(1 - 1/e)$ übrig. Es gibt daher mit großer Wahrscheinlichkeit nur mehr eine einzige Sequenz, welche in allen vorhandenen Kopien vorliegt.

Nun betrachten wir ein System, bei dem sich Bildungs- und Zerfallsrate unterscheiden; d.h. für jede Sequenz gilt $f_i \neq d_i$. Die Lösung der phänomenologischen Gleichung läßt sich sofort anschreiben:

$$\frac{dx_i}{dt} = (f_i - d_i) \cdot x_i; \quad x_i = x_i^0 \cdot e^{(f_i - d_i)t}. \qquad (18.27)$$

Wenn die Bildungsrate größer als die Zerfallsrate ist — $f_i > d_i$ — erhalten wir mit der deterministischen Methode unbeschränktes Wachstum. Das Ergebnis des stochastischen Ansatzes ergibt jedoch, daß auch für $f_i > d_i$ eine Sequenz S_i nur eine bestimmte endliche Überlebenschance hat. Wenn wir von k Exemplaren ausgehen, so berechnet man für die Wahrscheinlichkeit des Aussterbens:

$$\lim_{t \to \infty} P_{k0}(t) = \left(\frac{d_i}{f_i}\right)^k; \quad \text{daraus ergibt sich:}$$

$$\text{Überlebenswahrscheinlichkeit} = 1 - \left(\frac{d_i}{f_i}\right)^k. \qquad (18.28)$$

Für jede neue Sequenz — Mutante — ist das Durchlaufen einer Phase der „Ungewißheit" bis zu einer bestimmten Zahl von Exemplaren unbedingt erforderlich, bevor sie verstärkt wird und makroskopisch in Erscheinung treten kann. Zur Illustration sind in Tabelle 18.2 jene Zahlen von Kopien angegeben, die erreicht werden müssen, um die Wahrscheinlichkeit des Überlebens auf $100 \cdot (1 - 1/e) \approx 63\%$ anwachsen zu lassen. Wir sehen, daß eine nur wenig bessere Mutante kaum eine Chance hat, bis zur makroskopischen Verstärkung anzuwachsen.

Tabelle 18.2. Überlebenschancen günstiger Mutanten

f_i/d_i	Überlebenschance einer Kopie	Zahl der Kopien mit einer Überlebenschance $\left(1 - \frac{1}{e}\right)$
1,0001	10^{-4}	10^4
1,001	10^{-3}	10^3
1,01	10^{-2}	100
1,1	0,09	10,5
1,3	0,23	3,8
1,5	0,33	2,5
2	0,5	1,4
5	0,8	< 1
10	0,9	< 1

Aus den Ergebnissen der stochastischen Kinetik ziehen wir zwei wichtige Schlüsse: Eine Mischung von Informationsträgern, welche durch statistische Polymerisation entstanden ist, wird sich bloß aufgrund der Fähigkeit zur selbstinduzierten Reduplikation auf einige wenige Informationsträger einengen. Da dabei — abgesehen von der Reihenfolge der Monomeren — die physikalisch-chemischen Eigenschaften der Polymeren gleich sind, kann das Ergebnis in keiner Weise vorhergesagt werden. Dieses Modellsystem liefert ein ganz typisches Beispiel für die Verstärkung einer unbestimmten Schwankung, ein Beispiel für "Survival of the Survivor". Wir sehen ganz klar die indeterministische Natur der Evolution, da Fluktuationen, die letztlich auf die quantenmechanische Unschärfe zurückgeführt werden können und damit einer Vorausberechnung prinzipiell nicht zugänglich sind, nach entsprechender Verstärkung schließlich makroskopisch in Erscheinung treten.

18.2.6. Die phänomenologischen Gleichungen der Evolution

Alle Informationsträger S_i, welche die Phase der statistischen Schwankungen überwunden haben, sind in genügender Zahl vorhanden, um makroskopisch in Erscheinung zu treten. Für das gesamte biologische System mit den konkurrierenden Informationsträgern können wir eine Reihe von simultanen Differentialgleichungen ansetzen, welche die weitere Entwicklung möglichst allgemein beschreiben. Für jede Sequenz erhalten wir eine phänomenologische Gleichung:

$$\frac{dx_i}{dt} = (F_i - R_i) \cdot x_i + \sum_{l \neq i} \varepsilon_{il} \cdot x_l. \quad (18.29)$$

Mit x_i bezeichnen wir wie vorhin die Konzentration der Sequenz S_i; F_i und R_i sind phänomenologische Parameter, welche Zuwachs und Abnahme der Konzentration x_i beschreiben; sie können auch sehr komplizierte Funktionen aller Konzentrationen des Gesamtsystems sein. Der letzte Term der obigen Gleichung stellt die Bildung von S_i aufgrund einer fehlerhaften Reproduktion einer anderen Sequenz S_l dar, worauf wir später noch näher eingehen werden.

Die beiden Parameter F_i und R_i teilen wir zweckmäßig noch in einzelne Beträge auf:

$$F_i = A_i \cdot Q_i, \quad (18.30)$$

$$R_i = D_i + \Phi_i. \quad (18.31)$$

A_i beschreibt die Gesamtzahl aller Sequenzen, die pro Zeiteinheit an der Matrize S_i gebildet werden. Die Reduplikation wird nicht immer fehlerlos gelingen. Diesen Fehlern — im biologischen Bereich nennen sie Mutanten — trägt Q_i Rechnung. Der Betrag von Q_i ist dementsprechend immer kleiner als 1. D_i stellt die Zerfallsrate der Sequenz S_i dar; außerdem kann die Konzentration x_i auch noch durch einen Ver-

dünnungsfluß Φ_i abnehmen, wie in der obigen Gleichung angedeutet wurde.

Gleichzeitig mit den Informationsträgern S_i werden auch Mutanten an der Matrize S_i produziert. Ihre Gesamtzahl beträgt $A_i(1-Q_i)$ pro Zeiteinheit. Die einzelnen Bildungswahrscheinlichkeiten bezeichnen wir mit ε_{li} — Wahrscheinlichkeit für die Bildung von S_l an der Matrize S_i. Zu Beginn der Evolution liegen nur die durch statistische Schwankungen vervielfachten Sequenzen S_i vor, die sich in der Reihenfolge der einzelnen Monomeren sehr stark unterscheiden werden. Die Mutanten hingegen unterscheiden sich nur in ein, zwei oder mehreren, aber sehr wenigen Einheiten von der Stammsequenz S_i und kommen deshalb mit großer Wahrscheinlichkeit im Kasten noch gar nicht vor. Nach dem Einsetzen der Selektion finden wir jedoch eine andere Situation vor, da unser Kasten dann im wesentlichen nur mehr eine Stammsequenz S_i und ihre Mutanten enthalten wird.

Im folgenden betrachten wir die fehlerhafte Reproduktion einer Sequenz etwas detaillierter. Als einfachste Näherung nehmen wir an, daß die Wahrscheinlichkeit für den korrekten Einbau einer monomeren Einheit an allen Positionen gleich q ist.

Für einen Informationsträger S_i mit v Einheiten ergibt sich:

$$Q_i = q^v.$$

Um längere Sequenzen mit einiger Wahrscheinlichkeit reproduzieren zu können, muß q sehr nahe an 1 liegen; für $q = 0{,}99$ und 100 monomere Einheiten erhält man nur mehr

$$Q_i = (0{,}99)^{100} \approx 0{,}4.$$

Bei jeder Steigerung des Informationsgehaltes — Verlängerung des Polymerenstranges entsprechend einer Vergrößerung von v — wird eine Verbesserung des „Reduplikationsapparates" — also ein größeres q — notwendig, damit die Reproduktion genügend sicher wird.

Das gewählte Modellsystem besitzt bereits wesentliche Eigenschaften eines lebenden Systems:

1. Sein Stoffwechsel besteht darin, daß energiereiche Triphosphate aufgenommen und als energiearme Monophosphate „ausgeschieden" werden.

2. Die selbstinduzierte Reduplikation der Sequenzen entspricht ganz der Vermehrung von Lebewesen.

3. Die Einbeziehung von Fehlern (Q_i) bei der Ablesung der Polymersequenzen gibt die Variabilität im biologischen Bereich wieder, welche sich durch das Auftreten von Mutanten äußert.

18.2.6.1. Selektion unter idealisierten Bedingungen

In einem System mit natürlicher Umgebung sind A_i und D_i sehr komplizierte Funktionen, in die auch die Veränderungen der äußeren Parameter, wie Energiefluß, Druck, Temperatur etc., eingehen. Die Grundprinzipien von Selektion und Evolution können wir deshalb einfacher und besser unter idealisierten Grenzbedingungen studieren. Zwei Grenzfälle bieten sich zu diesem Zweck an; der eine entspricht konstanten „Kräften" — bei chemischen Reaktionen sind dies konstante Affinitäten der Reaktionspartner —, der zweite beschreibt die Entwicklung bei konstanten Flüssen. Um die Notwendigkeit solcher Grenzbetrachtungen zu verdeutlichen, sei ein ganz analoges Beispiel aus der Thermodynamik erwähnt. Es gibt, wie jedem vertraut ist, eine Fülle von Kraftmaschinen, welche Wärme in Arbeit verwandeln. Keine von ihnen hat je unter den Bedingungen des Carnotschen Kreisprozesses gearbeitet, und doch stellt dieser idealisierte Ablauf die Verbindung zur übergeordneten Theorie, der Thermodynamik, her.

Um Selektion und Evolution zu erzielen, müssen wir von außen her auf das System einen „Selektionsdruck" ausüben. Dies kann z.B. dadurch geschehen, daß wir den Zufluß an energiereichen Bausteinen verringern. Um einem idealisierten Zustand des Systems — Entwicklung bei konstanten Kräften oder konstanten Flüssen — möglichst nahe zu kommen, müssen wir die Drosselung der „Nahrungszufuhr" gezielt vornehmen. Da dies wesentlich einfacher formuliert und berechnet werden kann, wenn die Kräfte oder Affinitäten konstant gehalten werden, wollen wir uns hier auf diesen Fall beschränken.

Die Affinitäten werden durch die Konzentrationen bestimmt (vgl. S. 691). Konstante Affinitäten entsprechen daher konstanten Konzentrationen. Die Bausteinkonzentrationen $(c_1, c_2, \ldots, c_\lambda)$ halten wir durch geeignete Adjustierung der Flüsse gleich groß und konstant. Die Konzentrationen der Informationsträger hingegen müssen variabel bleiben, da sonst keine Selektion möglich ist. Um den Anschluß an die Thermodynamik zu finden, betrachten wir ein idealisiertes System, in welchem alle Gleichgewichtskonstanten K für die Bildung der einzelnen Sequenzen gleich groß sind (B = Baustein = Nucleosidtriphosphat).

$$v_1 B_1 + v_2 B_2 + \ldots + v_\lambda B_\lambda \rightleftarrows S_i,$$

$$v = v_1 + v_2 + \ldots + v_\lambda,$$

$$K_1 = K_2 = \ldots = K_i = \ldots = K.$$

In diesem Fall „entarten" die Informationsträger in energetischer Hinsicht, und wir können sie im Rahmen der Thermodynamik als eine einzige Spezies betrachten. Nun läßt sich eine konstante Gesamtaffinität A leicht mit der Selektion im System vereinbaren, indem wir nur die Gesamtzahl der Makromoleküle konstant halten (zur Bedeutung von λ vgl. 18.2.3.4).

$$A = RT \left(\ln K - \ln c_0 + \ln \sum_{i=1}^{\lambda} v_\lambda c_\lambda \right) \quad (18.32)$$

$$c_0 = \sum_i x_i = \text{konst.}; \quad \sum_i \frac{dx_i}{dt} = 0.$$

Im Gedankenexperiment erfüllen wir die obige Bedingung durch Einrichten eines Verdünnungsflusses Φ_0, welcher die jeweilige Zuwachsrate an Makromolekülen gerade kompensiert.

Die Beschränkung auf eine konstante Gesamtzahl von Informationsträgern erweist sich auch bei ungleichen K_i-Werten der einzelnen Sequenzen als zweckmäßiger Selektionsdruck. Da wir annehmen können, daß die Kettenlänge einen entscheidenden Beitrag zur Gleichgewichtskonstante liefert, sind die Affinitäten oder Kräfte bei gleich langen Nucleotidsträngen noch näherungsweise konstant. Die Erzeugung von Information durch Selektion ist ein Prozeß, der auf die Struktur der Moleküle Bezug nimmt und daher über eine thermodynamische Beschreibung hinausgeht. Nachdem wir durch unser idealisiertes System die Beziehung zur Thermodynamik gefunden haben, können wir uns zur Untersuchung der Selektionsvorgänge auf einfache Randbedingungen beschränken und das thermodynamisch einfache, aber schwer zu realisierende System mit konstanten Kräften verlassen. Für einen stationären Zustand mit einer konstanten Zahl von Informationsträgern verwenden wir den Ausdruck „konstante" Organisation.

18.2.6.2. Die Wertfunktion

Zur einfacheren Beschreibung definieren wir drei neue Größen — die Überschußproduktion E_i der Sequenz S_i, die mittlere Produktion $\bar{E}$ aller Sequenzen und die für die Selektion entscheidende Wertfunktion W_i der Sequenz S_i — durch folgende Gleichungen

$$E_i = A_i - D_i, \quad (18.33)$$

$$\bar{E} = \frac{\sum_i x_i E_i}{\sum_i x_i} = \frac{1}{c_0} \sum_i x_i E_i, \quad (18.34)$$

$$W_i = A_i Q_i - D_i. \quad (18.35)$$

Da stets $Q_i \leq 1$ gilt, muß E_i immer größer oder gleich W_i sein. Durch Einsetzen in die ursprünglichen phänomenologischen Gleichungen erhalten wir jetzt ohne Berücksichtigung der fehlerhaften Kopien, welche bei $Q_i \approx 1$ zweifellos keine sehr große Rolle spielen, folgende simultanen Differentialgleichungen.

$$\frac{dx_i}{dt} = (W_i - \bar{E}) \cdot x_i; \quad i = 1, 2, 3, \ldots. \quad (18.36)$$

Die Gestalt der Lösungen können wir uns in qualitativer Hinsicht leicht klar machen. Wir teilen die einzelnen Informationsträger in zwei Gruppen ein, je nachdem ob ihre Wertfunktion W_i größer oder kleiner als die mittlere Produktion $\bar{E}$ ist. Alle Sequenzen der ersten Gruppe, deren W_i- und damit auch E_i-Werte ($W_i \leq E_i$) die Größe von $\bar{E}$ übersteigen, werden exponentiell anwachsen, alle Sequenzen, deren W_i-Werte unter dem Mittel liegen, exponentiell abnehmen. Die

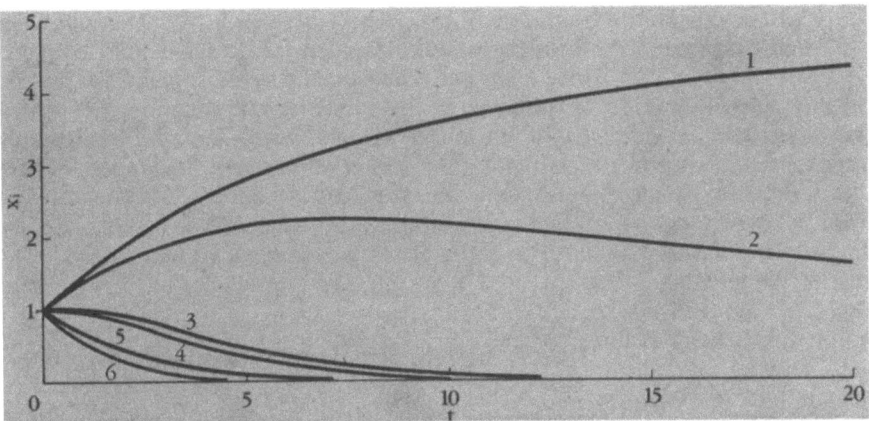

Abb. 18.18. Selektion in einem System von sechs konkurrierenden Informationsträgern. Die dargestellten sechs Funktionen — $x_i(t)$, $i = 1, 2, \ldots, 6$ — beschreiben die zeitliche Entwicklung der einzelnen Konzentrationen. Sie sind Lösungen der sechs simultanen Differentialgleichungen

$$\frac{dx_i}{dt} = \left\{ f_i - \frac{1}{c_0} \sum_{j=1}^{6} f_j \cdot x_j \right\} x_i \, ; \quad i = 1, 2, \ldots, 6$$

mit den Zahlenwerten $f_1 = 1{,}0$, $f_2 = 0{,}95$, $f_3 = 0{,}65$, $f_4 = 0{,}60$, $f_5 = 0{,}30$, $f_6 = 0{,}10\,\mu/\tau$ und $c_0 = 6\,\mu$ für die Konstanten. μ stellt eine beliebige Konzentrationseinheit — z.B. mmol/l, Teilchen/cm^3 usw. —, τ eine beliebige Zeiteinheit — z.B. s, min, h, usw. — dar. Den Anschluß an die phänomenologische Gl. (18.36) finden wir durch Einsetzen der vereinfachenden Annahmen $Q_i = 1$, $D_i = 0$. Es ergeben sich daraus zwangslos die Beziehungen:

$$f_i = A_i = W_i \quad \text{und} \quad \bar{E} = \frac{1}{c_0} \sum_{j=1}^{6} f_j x_j \, .$$

Sequenzen mit größerer Überschußproduktion nehmen also auf Kosten der weniger effizienten zu. Die Zusammensetzung des Kastens ändert sich, und der Wert von $\bar{E}$ nimmt zu. Dadurch fallen die E_i- und damit auch die W_i-Werte weiterer Sequenzen unter den kritischen Wert von $\bar{E}$. Diese Sequenzen beginnen nun ihrerseits abzunehmen und sterben schließlich aus. Dies geht so lange fort, bis am Ende des Selektionsprozesses nur mehr die Sequenz (S_m) mit dem größten W-Wert (W_m) übrigbleibt. Im stationären Zustand treten schließlich nur mehr diese eine Sequenz S_m und die aus ihr gebildeten Mutanten auf. Das Differentialgleichungssystem (18.36) kann unter der Annahme, daß A_i, D_i und Q_i konstant sind, gelöst werden. In Abb. 18.18 ist als Beispiel die zeitliche Entwicklung der Konzentrationen von sechs miteinander konkurrierenden Sequenzen gezeigt.

Wie geht nun die Evolution weiter? Aus der selektierten Sequenz entstehen infolge der fehlerhaften Reproduktion eine Reihe von Mutanten. Mutanten mit größeren W-Werten als die selektierte Sequenz ($W_i > W_m$) werden, wenn sie die statistische Phase überlebt haben, nun ihrerseits anzuwachsen beginnen und schließlich die Stammsequenz S_m verdrängen. Dieser Optimierungsprozeß geht allmählich weiter. Es können aber stets nur jene Sequenzen durchprobiert werden, die sich von der Stammsequenz S_m nur in wenigen monomeren Einheiten unterscheiden. Wegen der unvorstellbar großen Zahl von verschiedenen Sequenzen bleibt es daher durchaus ungewiß, ob das absolute Maximum von W, $W_{\max}$, unter den vorgegebenen Bedingungen in endlichen Zeiträumen erreicht werden kann.

Um den Unterschied zwischen Optimum und absolutem Maximum deutlich hervorzuheben, betrachten wir ein Bild aus unserer makroskopischen Welt. Das evolvierende System vergleichen wir mit einem Menschen, der nicht schwimmen kann und auf einer Insel wohnt, wo das Meeresniveau in der Art einer Sintflut ständig steigt. Um den Fluten zu entgehen, muß er immer bergauf gehen. Zusätzlich nehmen wir noch an, daß das Ansteigen des Wassers mit seiner Aufwärtsbewegung koordiniert ist. Das Meer bleibt ihm immer auf den Fersen, so daß er keinen Schritt zurück (bergab) machen kann. Die absolute Höhe gegenüber einem Fixpunkt, auf der sich unser Wanderer befindet, interpretieren wir als Größe der Wertfunktion. Ist die Insel sehr klein, was einer geringen strukturellen Kapazität des evolvierenden Systems entspricht, so wird der Wanderer von Beginn an den höchsten Punkt, das absolute Maximum der Wertfunktion, sehen können. Er wird daher auf diesen Gipfel zustreben und ihn schließlich erreichen. Unsere biologischen Strukturen besitzen aber eine so ungeheuer große Kapazität, daß nur ein verschwindender Bruchteil der möglichen Informationsträger je realisiert werden kann. Für unser Beispiel bedeutet das, daß sich der Wanderer auf einer riesigen Insel — etwa einem ganzen Kontinent — befindet. Durch sein stetiges Bergaufsteigen erreicht er schließlich irgendeinen Gipfel — ein

Optimum. Die Chance, daß er dabei das absolute Maximum, den höchsten Berg erklimmt, ist jedoch verschwindend gering.

Eine interessante Rolle spielt der Q_i-Wert. Für die Selektion ist die größte mögliche Sicherheit bei der Reduplikation ($Q_i = 1$) am günstigsten, da sie zur höchsten Wertfunktion führt. Bei dieser Sequenz bleibt aber anschließend die Evolution stehen, da sie keine Mutanten bildet und sich nicht mehr verbessern kann. Für eine möglichst rasche Weiterentwicklung ist der kleinste Q_i-Wert ($Q_i > Q_{min}$) am günstigsten, der gerade noch zur Selektion führt, denn bei kleinem Q werden viele Mutanten gebildet, und die Chance, daß eine neue Sequenz mit höherer Wertfunktion auftritt, ist dementsprechend größer.

Tatsächlich führt zu geringe Genauigkeit der Reduplikation ($Q_i < Q_{min}$) zu einer „Fehlerkatastrophe". Die Gesamtpopulation wird immer uneinheitlicher und es kann keine Selektion mehr stattfinden. Der Zahlenwert von Q_{min} hängt in erster Linie von der Genauigkeit des Einbaus eines Monomeren in eine wachsende Polynucleotidkette (q) ab. Eine Erhöhung des Wertes von q bedeutet aber, daß der Mechanismus für den Einbau der korrekten, komplementären Base verbessert werden muß. Eine Vergrößerung des Informationsgehaltes auf der Ebene eines einzelnen Nucleinsäurestranges ist daher von der fortschreitenden Perfektionierung des Baseneinbaus abhängig. Die günstigste Entwicklung wird daher so aussehen, daß mit einem relativ ungenauen Reduplikationsmechanismus begonnen wird, welcher sich mit fortschreitender Evolution immer mehr verbessert. Dies ist nur eines der zahlreichen Beispiele von Optimierungsprozessen in der Biologie, die zeigen, daß günstigste Kompromisse zwischen gegenläufigen Effekten angestrebt werden müssen.

In biologischen Systemen kommt der Wertfunktion eine ähnliche Bedeutung zu wie z.B. der Entropie in abgeschlossenen oder der freien Enthalpie in isothermen und isobaren Systemen. Alle von selbst ablaufenden Prozesse führen zu einem Extremwert der betreffenden charakteristischen Funktion — Optimum der Wertfunktion, Maximum der Entropie, Minimum der freien Enthalpie. Wenn dieser Zustand einmal erreicht ist, lassen sich nach außen hin keine Veränderungen mehr beobachten. Unser spezielles System ist dadurch charakterisiert, daß Energie in ausreichendem Maße zur Verfügung steht. Die energetischen Aspekte — z.B. die Frage, welches Lebewesen als Dampfmaschine betrachtet einen höheren Wirkungsgrad erreicht — treten daher in den Hintergrund. Ihre Rolle wird von der Information übernommen, die in mehr oder minder effektvolle Katalysatoren für die eigene Reproduktion übersetzt werden kann.

Wie vorhin erwähnt, können auch für beliebige andere Bedingungen die phänomenologischen Gleichungen angesetzt werden. Von besonderem Interesse ist die Entwicklung des Systems bei konstanten Flüssen. In diesem Fall kann nämlich gezeigt werden, daß jede Mutation, die zu einer Zunahme der Wertfunktion führt, einer negativen Schwankung der Entropieproduktion entspricht. Nach dem Prinzip von Prigogine und Glansdorff ist eine solche Fluktuation in stationären Zuständen nicht möglich; der bestehende stationäre Zustand wird durch die Fluktuation zerstört und ein neuer stationärer Zustand stellt sich ein, indem die Konzentration der Mutante mit der höheren Wertfunktion so lange anwächst, bis letztlich fast nur mehr diese eine Sequenz vorhanden ist.

18.2.7. Ergebnisse der Evolutionstheorie

Konkrete Ergebnisse der geschilderten Theorie erhalten wir, wenn wir die phänomenologischen Gleichungen für einzelne kinetische Systeme lösen und die Eigenschaften der Lösungen näher untersuchen.

Informationsträger, die voneinander unabhängig sind, konkurrieren miteinander, und stets wird die Sequenz mit der größten Wertfunktion (W) selektiert. Alle weniger effizienten Sequenzen sterben aus.

Ein Vergleich der Langzeitentwicklung in Systemen aus konkurrierenden Sequenzen mit verschiedenen Wachstumseigenschaften erweist sich in diesem Zusammenhang als besonders aufschlußreich. In nicht selbst-replikativen ($f_i = k_i/x_i$), d.h. nicht zur Autokatalyse befähigten Systemen mit konstanten Wachstumsraten der einzelnen Sequenzen tritt keine Selektion ein. Nach langen Zeitspannen stellt sich eine Mischung von verschiedenen Sequenzen im Verhältnis der k_i-Werte ein. Wachsen die einzelnen Sequenzen exponentiell ($f_i = k_i$), so tritt Selektion der am besten angepaßten Spezies im Darwinschen Sinne ein, und zwar bleibt jene Sequenz, welche den größten k_i-Wert besitzt, schließlich übrig. Bildet sich später eine Mutante mit höherem k_i-Wert, so wird diese nach Überdauern der stochastischen Phase die vorher selektierte Spezies verdrängen. Systeme mit Wachstumseigenschaften, die höheren Potenzen in den Populationsvariablen x_i entsprechen (z.B. $f_i = k_i x_i$), zeigen eine andere interessante Abweichung vom Darwinschen Selektionsverhalten. Es wird eine Sequenz selektiert, aber nicht notwendigerweise jene mit dem höchsten k_i-Wert. Das Ergebnis des Selektionsprozesses hängt auch von den Anfangskonzentrationen ab — die Wertfunktion wird nur in einem lokalen Bereich optimiert. Darüber hinaus kann in einem solchen nichtlinearen System eine einmal selektierte Spezies durch Mutanten mit höheren k_i-Werten nicht mehr eliminiert werden. Es erfolgt also eine „Ein-für-alle-Mal"-Selektion ("once for ever" selection). Eine neue Situation entsteht, wenn einzelne Informationsträger in die Bildung anderer Sequenzen eingreifen, d.h. die Reproduktion katalysieren können. Eine solche Katalyse ist auf verschiedene Arten denkbar: Proteine können zumindest im Prinzip andere Proteine synthetisieren. Fritz Lipmann, 1965, 1971, konnte an Hand der Biosynthese des Antibioticums Gramicidin S zeigen, daß ein Protein Aminosäuren zu kurzen Peptidketten verknüpfen kann. Die dabei entstehenden Peptide enthalten sowohl l- als auch d-Aminosäuren. Wie dieses Beispiel zeigt, gilt die Stereospezifität nur für den allgemeinen Proteinsynthesemechanismus an den Ribosomen der Zelle. Weitere Proteine bewerkstelligen die Verknüpfung der kurzen Peptidstücke zum Gramicidin S-Molekül.

18.2.7.1. Die Vorteile katalytischer Kreise

Im einfachsten, wenn auch echt unwahrscheinlichen Fall katalysiert ein einziges Protein die Synthese bestimmter anderer Proteine. Neue Wachstumseigenschaften erhält das Gesamtsystem, wenn sich die einzelnen Proteine zu einem katalytischen Kreis zusammenfinden, in welchem die Bildung jedes Kreisgliedes durch seinen „Vorgänger" katalysiert wird. Ein Kreis dieser Art wächst als Ganzes, d. h. die Wachstumsfunktionen aller Kreisglieder sind miteinander gekoppelt. Es erscheint besonders wichtig darauf hinzuweisen, daß eine bloße Kette von Proteinen nicht zur Selbstreproduktion befähigt ist. Erst der Ringschluß der katalytischen Wechselwirkung verleiht dem Gesamtsystem autokatalytische Eigenschaften.

Diese Eigenschaft der katalytischen Kreise führt dazu, daß im Konkurrenzkampf einzelne Informationsträger durch Kreise verdrängt werden. Wenn ein Kreis durch zufällige Kopplungen entsteht, so wird er sehr viel Glieder umfassen, da die zufällige Rückkopplung auf ein Glied des Kreises erst bei sehr großer Gliederzahl nennenswerte Wahrscheinlichkeit besitzt. Ein Protein kann die Synthese mehrerer anderer Proteine katalysieren, und der Kreis kann sich deshalb sehr oft verzweigen. Bei einem Kreis, der nur aus Proteinen besteht, hängen die Bildungsgeschwindigkeiten der Proteine linear von der Konzentration eines anderen Moleküls ab. Solche Kreise können weder die Zahl ihrer Glieder selbsttätig verkleinern noch „parasitäre Verzweigungen"[8], welche zum Wachstum des Kreises nichts beitragen, eliminieren. Nucleinsäuren erkennen einander infolge der Komplementarität der Bausteine (Basen) an ihrer Primärsequenz. Jede durch eine fehlerhafte Ablesung entstandene Mutante wird mit Hilfe des vorhandenen Syntheseapparates weiter kopiert. Proteine treten hingegen nur über ihre Tertiärstruktur in Wechselwirkung. Eine durch falschen Einbau einer Aminosäure entstandene Mutante kann durch das alte System nicht wieder produziert werden. Es muß vielmehr ein vollständig neuer Kreis gebildet werden, welcher die in seinem Vorgänger gespeicherte Information nicht oder nur zu einem geringen Teil nützen kann. In einem katalytischen Kreis, der nur aus Proteinen besteht, kann daher keine effektvolle Evolution stattfinden.

Nucleinsäuren allein können andererseits wegen der geringen Variabilität ihrer Struktur keine effektvollen Katalysatoren entwickeln; der unkatalysierte Anbau von Nucleotiden an einen vorgegebenen Strang ist zu wenig genau, als daß längere Polynucleotide mit einer tragbaren Zahl von Fehlern reproduziert werden könnten (vgl. Erklärung der katalytischen Kreise im Anhang 18.2.9).

18.2.7.2. Die Vorteile kombinierter Kreise aus Informationsträgern und Funktionsträgern

Eine ganz neue Situation entsteht jedoch, wenn die Nucleotidsequenzen mit den Proteinen durch einen wenn auch primitiven Übersetzungsmechanismus korreliert werden. Diese Einheiten von Nucleinsäure S_i und zugeordnetem Protein E_i können nun untereinander Beziehungen ausbilden und sich ebenfalls zu katalytischen Kreisen zusammenschließen (vgl. Anhang 18.2.9, insbesondere die Erläuterungen zu Abb. 18.21). Für eine zufällige Ausbildung dieser Kreise gilt dasselbe wie für reine „Proteinkreise": Sie werden zunächst sehr viele Glieder umfassen und viele parasitäre Verzweigungen aufweisen. Zum Unterschied von den „linearen Kreisen" enthalten diese kombinierten Kreise jedoch quadratische Konzentrationsterme in den kinetischen Gleichungen. Die Lösungen dieser Differentialgleichungen besitzen eine Reihe interessanter Eigenschaften: Unter günstigen Bedingungen können die Konzentrationen viel rascher anwachsen als in „linearen" Systemen; die Selektion zwischen konkurrierenden Strukturen ist schon bei endlichen Zeiten vollkommen; die Konzentrationen der Glieder katalytischer Kreise zeigen Oszillationen. Für unser Beispiel eines kombinierten Kreises aus Nucleinsäure und Proteinen ergeben sich daraus einige wichtige Konsequenzen: Verzweigungen werden eliminiert (Selektion gegen Parasiten), und der kürzeste Kreis wird als effektvollster selektiert. Bereits in dieser ersten Wachstumsphase wird der statistisch gebildete ungeheuer große Kreis durch sukzessive Verringerung der Zahl seiner Glieder eine optimale Größe erreichen.

Die Lösungen der Differentialgleichungen für nicht lineare Systeme zeigen, daß es nach der Selektion eines bestimmten Systems einer nur wenig günstigeren Mutante praktisch nicht mehr möglich sein wird, gegen das vorhandene System anzuwachsen, es sei denn, die Mutante erschließt völlig verschiedene Energiequellen, so daß sie sich unabhängig entwickeln kann. Auf diese Weise läßt sich die ausschließliche Verwendung von α-L-Aminosäuren im Syntheseapparat der Zelle oder die Universalität des genetischen Codes verstehen.

Der Wirklichkeitsgehalt des beschriebenen Modellsystems hängt vor allem von einer Erklärung für die Ausbildung einer ersten Beziehung zwischen Aminosäuren und Nucleotidsequenzen ab. Geht man davon aus, daß ursprünglich nur zwei Basen (A und U) zur Verfügung standen, wofür es einige Anhaltspunkte gibt, so läßt sich die Entstehung eines Codes auf statistischer Basis plausibel machen. Die beiden Basen G und C wären dementsprechend erst zu einem späteren Zeitpunkt in die Nucleinsäuren aufgenommen

---

[8] Darunter verstehen wir außerhalb des Kreises liegende Teile eines katalytischen Systems, deren Bildung vom Restsystem katalysiert wird, die aber selbst nicht zum Wachstum der Kreisglieder beitragen.

worden. Nach der Entstehung eines Vorläufers des heutigen genetischen Codes wird ein neuer Schritt entscheidend. Jedes System, das sich nach außen hin abschließen kann, erwirbt einen entscheidenden Vorteil: Es kann alle Selektionsvorteile, die durch seine Mutationen entstanden sind, allein nützen und ist nicht mehr durch nachteilige Mutationen anderer Systeme gefährdet. Ein solcher Nachteil könnte z.B. darin bestehen, daß in einem anderen System durch Mutation eine besonders leistungsfähige Nuclease[9] entsteht, die alle frei zugänglichen Informationsträger zerstört. Der Selektionsdruck wirkt hier in Richtung auf das zufällige Auffinden von Schutzhüllen bzw. die Produktion besonders resistenter Stoffe wie Hüllproteine, welche Schutzfunktionen übernehmen können. So enden wir schließlich bei einer Struktur, welche schon weitgehend einer primitiven Vorstufe der Zelle entspricht.

18.2.7.3. Prüfbarkeit des Modells: Spiegelmans Experimente

Eine äußerst wichtige Frage betrifft die Überprüfbarkeit eines Evolutionsmodelles. Wie können wir die Vorhersagen einer Evolutionstheorie testen? Sol Spiegelman zeigte 1965 einen Weg, auf dem man geeignete Evolutionsexperimente auf molekularer Basis im Testglas ausführen kann (s. Spiegelmann, 1970). Er versorgte $Q\beta$-Phagen[10] mit allem, was zu ihrer Reduplikation notwendig ist — Polymerase[11] und energiereiche Monomere (Triphosphate) in geeigneter Pufferlösung — und ließ die Primärsequenzen eine bestimmte Zeit lang reduplizieren. Dann wurde ein Teil in ein neues Nährmedium überführt und dieselbe Prozedur noch einige Male wiederholt. Nach einer bestimmten Anzahl von Schritten stellte sich heraus, daß sich die einzelnen Sequenzen wesentlich schneller vermehrten als zu Beginn des Versuchs, aber ihre ursprüngliche infektiöse Wirkung verloren hatten (Abb. 18.19). Unter den gegebenen Bedingungen wurde nach dem raschesten Wachstum — „Nahrung" stets im Überschuß — selektiert. Stellen wir uns diesen Versuch ohne Überimpfen, aber mit kontinuierlicher Verdünnung vor, dann haben wir bereits ein System, das dem Ansatz konstanter Organisation weitgehend entspricht. Das Spiegelmansche Evolutionsexperiment stellt zweifellos erst den Anfang einer geeigneten Versuchsserie dar, mit der sich Evolutionstheorien überprüfen lassen und an Realsystemen die Zahlenwerte für die einzelnen noch unbekannten Größen bestimmt werden können.

Weitere Untersuchungen an den Systemen $Q\beta$-Replicase zeigten, daß dieses Enzym auch andere katalytische Eigenschaften besitzt. Ohne Zugabe von Nucleinsäure synthetisiert hochgereinigte $Q\beta$-Repli-

---

[9] Nucleasen sind Enzyme, die Nucleinsäuren spalten.
[10] Beim $Q\beta$-Phagen ist die Erbinformation in RNA niedergelegt.
[11] Eine Polymerase ist ein Enzym, das die Verknüpfung von Nucleosidtriphosphaten katalysiert. Ein anderer oft verwendeter Ausdruck für ein Enzym, welches Polynucleotide redupliziert, ist „Replicase".

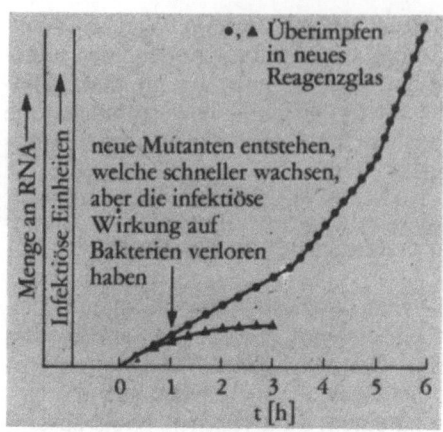

Abb. 18.19. Evolutionsexperiment mit $Q\beta$-Phagen [D.R.Mills, R.L.Peterson und S.Spiegelman: Proc. nat. Acad. Sci. (Wash.) **58**, 217 (1967)]. Die RNA des $Q\beta$-Phagen vermehrt sich in einem Medium, das Polymerase und Nucleinsäuretriphosphate in geeigneter Pufferlösung enthält. Nach einer bestimmten Zeit wird ein wenig der RNA in ein neues Nährmedium überführt und diese Prozedur wird nach jeweils gleichen Zeitabschnitten vielfach wiederholt. Man stellt fest, daß die Geschwindigkeit, mit der sich die RNA vermehrt, zunimmt (-●-●-), während die infektiöse Eigenschaft nicht entsprechend der Menge der RNA ansteigt (-▲-▲-). Es entstehen also neue Mutanten, die schneller wachsen, aber ihre infektiöse Wirkung auf Bakterien verloren haben

case[11] neue Oligonucleotidstücke aus den energiereichen Phosphaten (Sumper und Luce, 1975). In Hinblick auf die „chemische" Phase der präbiotischen Evolution scheint der Nachweis der prinzipiellen Möglichkeit von Synthesen von Polynucleotiden durch Proteine als enzymatische Katalysatoren von besonderer Bedeutung.

18.2.8. Schlußfolgerungen

Die beschriebene Evolutionstheorie zeigt, wie sich Makromoleküle mit bestimmten Eigenschaften, die weitgehend denen der heutigen Nucleinsäuren und Proteine entsprechen, selbst organisieren können. Als erstes Ergebnis dieser Selbstorganisation entstehen Gebilde, die alle wichtigen Eigenschaften der primitiven Einzeller haben.

Auf Grund von allgemeinen dynamischen Ansätzen, welche sich aus dem Formalismus der chemischen Kinetik herleiten, lassen sich zahlreiche Mechanismen für den entscheidenden Schritt der biochemischen Evolution, welcher die funktionelle Vielfalt der Polypeptide mit der Information speichernden Fähigkeit der Polynucleotide vereint, ausschließen. Der beschriebene katalytische Hyperzyklus wird als das einfachste mögliche System erkannt, welches die notwendigen Kriterien für diese Phase der Entwicklung erfüllen kann.

Das wichtigste Ergebnis jeder Evolutionstheorie ist zweifellos die Antwort auf die Frage nach der Entstehung des Lebens. Wegen der Komplexität der Lebensvorgänge und der äußerst beschränkten Information, die über die „präbiotischen" Bedingungen

(Temperatur, Druck, Zusammensetzung der Atmosphäre etc.) zur Verfügung stehen, erscheint eine lückenlose Beschreibung der einzelnen Vorgänge, wie sie etwa in der Stammesgeschichte der Pflanzen- oder Tierarten angestrebt wird, unmöglich. Wir wollen aber hier nur die vielfach geäußerte Behauptung entkräften, die gegenwärtige Physik wäre nicht in der Lage, die Grundlage für die Beschreibung der biologischen Vorgänge zu geben. Zu diesem Zweck genügt es, ein einziges System zu finden, das mit physikalischen Methoden — Quantenmechanik, statistische Mechanik, Thermodynamik — vollständig beschreibbar ist und durch selbständige Entwicklung aus dem Chaos einer Mischung von statistisch entstandenen Makromolekülen zu geordneten Strukturen führt, die alle wichtigen Eigenschaften unserer heute bekannten Zellen besitzen. Genau das ist Manfred Eigen mit seiner Evolutionstheorie gelungen.

Darüber hinaus können wir aus Eigens Evolutionstheorie weitere wichtige Ergebnisse folgern: Evolution tritt in offenen Systemen auf, welche zu Mutation und Selektion befähigt sind. Mutationen, die einen Selektionsvorteil haben, stellen Instabilitäten dar, die mit Hilfe des Prinzips von Prigogine und Glansdorff im Rahmen der Thermodynamik irreversible Prozesse erklärt werden können. Da durch die Selektionsvorgänge Fluktuationen verstärkt werden, ist die genaue molekulare Struktur des schließlich enstehenden Systems unbestimmt. Das Auftreten von Evolutionsprozessen erfolgt nichtsdestoweniger zwangsläufig, d.h. es lassen sich genaue Bedingungen angeben, unter denen Evolution stattfindet.

Evolution stellt einen Optimierungsprozeß dar, der zu jedem Zeitpunkt von den momentanen Gegebenheiten ausgeht und von dieser Basis aus Verbesserungen anstrebt. Der Weg, längs dessen das System dem Optimum zustrebt, ist ebenso wie die Fluktuation nicht determiniert.

Die vorliegende Theorie erklärt zumindest im Prinzip, wie die Vorstufen von primitiven Lebewesen durch unzählige kleine und schrittweise Verbesserungen aus ungeordneten Gemischen biologischer Makromoleküle entstehen können. Der „Ursprung des Lebens" ist ein ebenso „quasikontinuierlicher" Vorgang wie die Entstehung der Arten.

18.2.9. Anhang: Katalytische Kreise

Im Rahmen der Evolutionstheorie betrachten wir zwei Typen von katalytischen Kreisen (s. Eigen und Schuster, 1977). Kreise der ersten Art enthalten nur Proteine, welche die Eigenschaften besitzen, daß sie die Synthese bestimmter anderer Proteine katalysieren können. Diesen Prozeß beschreiben wir durch folgende (vereinfachte) Reaktionsgleichung

$$E_{i-1} + \sum_k v_k A_k \xrightarrow{f_i} E_i + E_{i-1}. \qquad (18.37)$$

Mit A_k bezeichnen wir die energiereichen Bausteine der Proteine, die aktivierten Aminosäuren. Ein ganzes

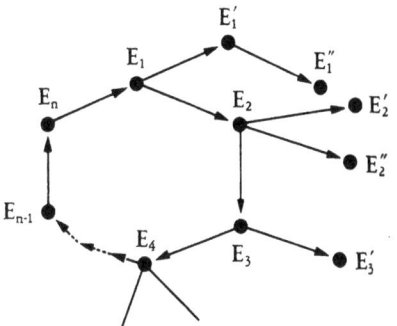

Abb. 18.20. Linearer katalytischer Kreis aus Proteinen

katalytisches System von Proteinen können wir leicht graphisch darstellen, wenn wir jede (irreversible) Reaktion von Typ (18.37) durch einen Pfeil symbolisieren.

Dem gesamten System entspricht ein Netzwerk, wie es in Abb. 18.20 gezeigt ist.

Unter den im vorhergehenden Abschnitt diskutierten vereinfachten Annahmen:
— gepufferte Bausteinkonzentrationen: $[A_k] =$ konst.
— konstante Organisation: $\sum_i y_i = c_0 =$ konst.

können wir das simultane Differentialgleichungssystem, welches die Entwicklung des Proteinkreises beschreibt, sofort angeben [$y_i = [E_i] =$ Konzentration der Proteine]:

$$\frac{dy_i}{dt} = f_i y_{i-1} - \bar{E} y_i; \quad i = 1, 2, \ldots, n, 1', 1'', \ldots, 2', 2'' \ldots$$

$$\bar{E} = \frac{1}{c_0} \sum_i f_i y_{i-1}.$$

Im Wachstumsterm ($f_i y_{i-1}$) treten die Konzentrationen der Makromoleküle nur in der ersten Potenz auf. Wir bezeichnen daher einen solchen Kreis aus Proteinen als „linearen" katalytischen Kreis.

Verzweigungen wie z.B. E'_1, E''_1, E'_2..., welche nicht im katalytischen Kreis E_1, E_2, E_3, ..., E_n enthalten sind, tragen zum Wachstum des Kreises nichts bei. Wir bezeichnen sie deshalb als „Parasiten". Ein entscheidender Nachteil eines solchen Proteinkreises besteht darin, daß infolge der Linearität der Differentialgleichungen alle Glieder des katalytischen Systems gleichförmig wachsen, unabhängig davon, ob sie zum Kreis gehören oder Parasiten darstellen. Ein linearer katalytischer Kreis kann seine Parasiten nicht eliminieren.

Das zweite System, das wir betrachten wollen, enthält einen Kreis von Proteinen und einen Kreis von Nucleinsäuren, deren Glieder in einer 1:1-Relation einander zugeordnet sind. Die Proteine (E_i) werden durch Übersetzung der in den Nucleinsäuren (S_i) codierten Information gebildet:

$$S_i + \sum_k v_k A_k \xrightarrow{k_i} S_i + E_i.$$

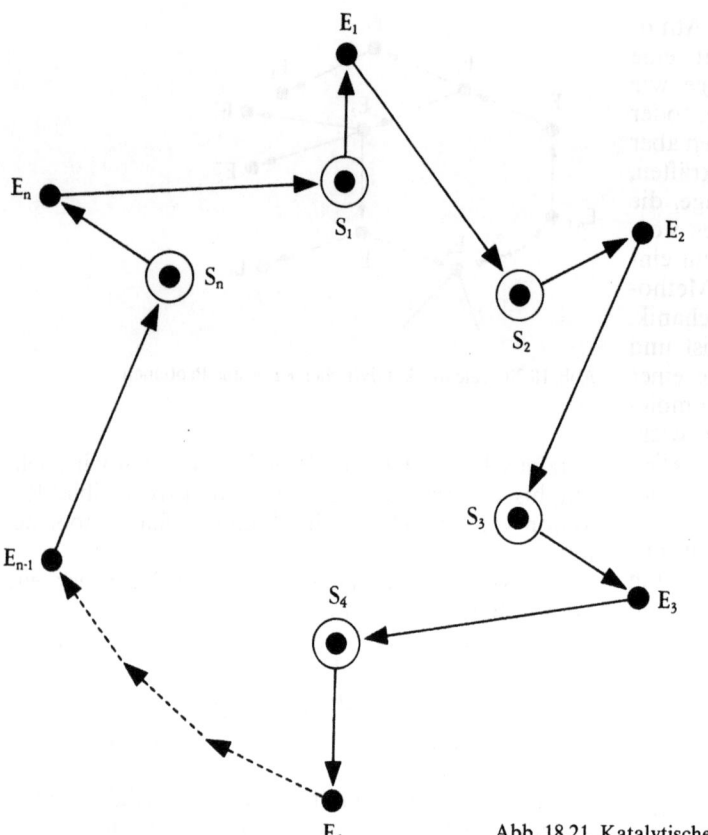

Abb. 18.21. Katalytischer Kreis aus Proteinen und Nucleinsäuren

Die Nucleinsäuren (S_i) werden unter Katalyse des vom Vorgänger codierten Proteins (E_{i-1}) redupliziert. In einem raschen Vorgleichgewicht wird ein Komplex aus Protein und Nucleinsäure ($E_{i-1} \cdot S_i$) gebildet, der die Reduplikation einleitet.

$$E_{i-1} + S_i \underset{}{\overset{k_i}{\rightleftarrows}} E_{i-1} \cdot S_i + \sum_k v_k B_k \overset{f_i}{\longrightarrow} 2S_i + E_{i-1}.$$

B_k sind die energiereichen Bausteine der Nucleinsäuren, die Nucleosidtriphosphate. Die Konzentrationen der Makromoleküle kürzen wir zweckmäßig durch Buchstaben ab:

$$[E_i] = y_i; \quad [S_i] = x_i; \quad [E_{i-1} \cdot S_i] = z_i.$$

Auch diese Kreise lassen sich leicht graphisch darstellen (vgl. Abb. 18.21). Die selbstinduzierte Reduplikation der Nucleinsäuren deuten wir durch einen kleinen Kreis an.

Mit den gleichen vereinfachten Randbedingungen wie bei den Proteinkreisen

— Bausteinkonzentrationen gepuffert:
$[A_k] = $ konst., $[B_k] = $ konst.
— konstante Organisation: $\sum_i y_i = c_0^P = $ konst.,
$\sum_i x_i = c_0^N = $ konst.

erhält man das folgende System von simultanen Differentialgleichungen:

$$\frac{dy_i}{dt} = (k_i x_i - \bar{E}_P y_i); \quad i = 1, 2, \ldots, n,$$

$$\frac{dx_i}{dt} = (f_i z_i - \bar{E}_N x_i); \quad i = 1, 2, \ldots, n.$$

$\bar{E}_P$ und $\bar{E}_N$ stellen die mittleren Protein- und Nucleinsäureproduktionen dar:

$$\bar{E}_P = \frac{1}{c_0^P} \sum_{i=1}^n k_i x_i; \quad \bar{E}_N = \frac{1}{c_0^N} \sum_{i=1}^n f_i z_i.$$

z_i enthält einen quadratischen Konzentrationsterm von der Form $x_i \cdot y_{i-1}$. Aus diesem Grund zeigen gekoppelte Kreise aus Proteinen und Nucleinsäuren eine Reihe interessanter Wachstumseigenschaften: Diese Systeme können scharf gegen Parasiten selektieren, d. h. sie verlieren von selbst alle Verzweigungen, und nur jene Glieder, welche dem Kreis angehören und unmittelbar zum Wachstum des Systems beitragen, bleiben erhalten. Nach einer Phase der „inneren" Organisation sind gekoppelte Kreise aus Proteinen und Nucleinsäuren daher den reinen Proteinkreisen weit überlegen. Darüber hinaus können „quadratische" Kreise unter günstigen Bedingungen viel rascher anwachsen als „lineare". Diese Vorteile beziehen sich nur auf das Wachstum. Infolge der selbstinduzierten Reduplikation der Nucleinsäuren werden einmal entstandene Fehler (Mutationen) immer wieder kopiert. In reinen Proteinkreisen hingegen bleiben einzelne Mutationen einmalige Ereignisse, welche nicht weiter vervielfältigt werden. Es könnte nur durch ein sehr unwahrscheinliches Ereignis der gesamte Proteinkreis erneuert werden. Erst die gekoppelten Systeme von Proteinen und Nucleinsäuren besitzen also die notwendigen Voraussetzungen für das Einsetzen zielstrebiger Evolutionsvorgänge.

18.2.10. Zusammenstellung der Symbole

$[X]$ = Konzentration — oder genauer Aktivität — des Stoffes X in mol/l;
a_i = Aktivität der Substanz i = wirksame Konzentration bei endlicher Verdünnung;
c_i = Konzentration der Substanz i;
v = Zahl der Einheiten ("digits") eines Informationsträgers;
λ = „Basis", Zahl der „Buchstaben" für die Codierung der Information;
N = Gesamtzahl der Teilchen im Modellsystem;
S_i = Sequenz i
x_i = $[S_i]$ = Konzentration der Sequenz i;
f_i = Bildungsgeschwindigkeit der Sequenz S_i;
d_i = Hydrolysegeschwindigkeit der Sequenz i;
f = Zahl der Reduplikationsschritte (= Zahl der Zerfälle) in der Zeiteinheit (wird für den stochastischen Ansatz verwendet);
$P_{lk}(t)$ = Wahrscheinlichkeit mit der aus l Teilchen zum Zeitpunkt $t=0$ k Teilchen zur Zeit $t=t$ gebildet werden (k, l...Teilchenzahlen);
F_i = Zuwachsrate der Sequenz S_i;
R_i = Abnahmerate der Sequenz S_i;
A_i = Zahl der Sequenzen, welche pro Zeiteinheit an der Matrize S_i produziert werden;
Q_i = Wahrscheinlichkeit für die korrekte Reproduktion der gesamten Sequenz S_i; Mutationsrate = $1 - Q_i$;
q = Wahrscheinlichkeit für den richtigen Einbau eines Bausteins bei der Reproduktion eines Informationsträgers;
D_i = Zerfallsrate der Sequenz S_i;
Φ_i = Verdünnungsfluß, der zur Abnahme der Konzentration von S_i führt;
Φ_0 = allgemeiner Verdünnungsfluß, welcher zur gleichzeitigen Abnahme aller im Kasten vorhandenen Sequenzen führt;
ε_{ii} = Wahrscheinlichkeit für die Bildung von S_l an der Matrize S_i;
E_i = Überschußproduktion der Sequenz S_i;
E = mittlere Produktion aller Sequenzen;
W_i = Wertfunktion der Sequenz S_i.

f_i entspricht F_i, d_i entspricht D_i. Durch die Wahl der Kleinbuchstaben deuten wir jedoch an, daß die entsprechenden Größen unabhängig von den Konzentrationen x_i sind. F_i, R_i, A_i, D_i usw. können auch komplizierte Funktionen aller x_i sein.

Literaturauswahl

Bartholomay, A. F.: Bull. Math. Phys. **20**, 97 (1958); **20**, 175 (1958).
Dynkin, E. B.: Die Grundlagen der Theorie der Markoffschen Prozesse. Berlin-Göttingen-Heidelberg: Springer 1961.
Eigen, M.: Selforganization of matter and the evolution of biological macromolecules. Naturwissenschaften **58**, 465 (1971).
Eigen, M., Schuster, P.: Hypercycles as an essential functional unit in biochemical evolution. Naturwissenschaften **64**, im Druck (1977).
Glansdorff, P., Prigogine, I.: Thermodynamic theory of structure, stability and fluctuations. London: Wiley Interscience 1971.
Jordan, P.: Schöpfung und Geheimnis. Oldenburg und Hamburg: G. Stalling 1970.
Lipmann, F.: The origin of prebiological systems and of the molecular matrices. p. 259. New York: Academic Press 1965.
Lipmann, F.: Science **173**, 875 (1971).
McQuarrie, D. A.: Stochastical approach to chemical kinetics. London: Methuen 1967.
Monod, J.: Zufall und Notwendigkeit. München: Piper 1971.
Miller, S., Orgel, L.: Origins of life on earth. New Jersey: Prentice Hall 1974.
Shannon, C. E., Weaver, W.: The mathematical theory of communication. Urbana: Univ. of Illinois Press 1949.
Spiegelman, S.: In: The Neurosciences. 2. Study Program (F. O. Schmitt, Ed.). New York: The Rockefeller Univ. Press 1970.
Sumper, M., Luce, R.: Proc. nat. Acad. Sci. (Wash.) **72**, 162 (1975).

Sachverzeichnis

Abbildung, dreidimensionale 78
ab initio-Rechnung 169
Abklingdauer 181
Ablesegenauigkeit 27
Abschirmung 160
Abschirmungskonstante 135
Abschwächung, periphere 593
  zentrale 593
Absorberrohr 268
Absorption, dichroitische 474, 477
  kontinuierliche 105
  spektrale 478
Absorptionsänderung 272, 432
  elektrochrome 431, 432
  feldanzeigende 431
Absorptionsfilter 200
Absorptionskoeffizient 224, 476
  molarer dekadischer 208, 453
  molarer natürlicher 208, 453
Absorptionsmaß, spektrales, dekadisches 453
Absorptionsmodulus 210
  spektraler 207
Absorptionsprozeß 417
Absorptions-Spektral-Analyse, quantitative 181
Absorptionsspektrum 175, 209, 487, 489
  typisches 210
Absorptionswirkungsquerschnitt, spektraler molarer 199
Abstand, kritischer 185
Acetabularia 7
Acetylcholin 371, 406, 408
Acetylcholinesterase 408
Acetylcholinrezeptor 406, 309
Acidität, Änderung der 182
Actin 13, 291, 502, 508
Actinfilament 504, 508
α-Actinin 503
Actomyosin 291, 507
Adaptation 410, 498, 639
Adaptationsprozeß 418
Adaptationszustand 410
Adaptor 289, 297
Adaptormolekül 298
Adenin 24
Adenosin-3'-Phosphat 25
Adenylcyclase 407
Adenylsäuresystem 437
ADP 502
Adrenalin 371
ADRY-Substanz 428
Adsorptionsisotherme 409
Äquationsteilung 12
Äquatorialplatte 10, 11
Äthanolamin 41,
Aerodynamik 544
Aerosol 233
Affinität 691, 698
Airy disc 475
Akanthosom 16
Aktionsdichroismus 456
Aktionspotential 306, 361, 363, 367, 372
  Fortleitung des 368, 369
Aktionsspektrometrie 197

Aktionsspektrum, logarithmisches 209, 210
Aktivierungsanalyse 242
Aktivierungsenergie 263, 279
Aktivität 171, 255
  mittlere 256
  optische 676
Aktivitätskoeffizient 171, 256
Aktivitätsperiodik 613
Akzeptor 167
Akzeptormolekül 396
Akzessorpigment 418, 420
Alamethicin 306
Aldehyde, ungesättigte 166
Allomone 402
Alternativmerkmal 451
Alveole 378
α-Amanitin 297
amber 298
Amid-Banden 95
Amid A-Bande 107
Amin B-Bande 107
Amid I-Schwingung 107
Amid II-Schwingung 107
Aminoacyladenylat 298
Aminoacyl-tRNA-Synthetase 298
γ-Amino-Buttersäure 371
Aminogruppe 30
Aminosäure 23, 231
AMP 502
cAMP 406, 407
cAMP-Bindungsprotein 301
Ampholyt 33
Amplitudenobjekt 53
Amylose 23
Analog-Digitalwandler 277
Analogrechner 380
Analysator 267
Anaphase 10
Anformung 521, 522
Anformungsgleichung 522
Anker, hydrophober 312
Annullierungseffekt 463, 469
Anregung 223, 225, 228
  periodische 266
Anregungsenergieverteilung 420
Anspannungsphase 552
Anstellwinkel 545, 547
  aerodynamischer 538, 539
  geometrischer 538
  hydrodynamischer 535
Antennenchlorophyll 422
Antennenpigmentsystem 418, 420, 421
Anticodon 298
Antigen 406
Antikörper 243, 313, 315, 406, 408
  fluoreszierender 314
Antikörperrezeptor 309
Antikörpertyp 411
Antipoden, optische 30
Antistokeslinie 93
Anulus 10
Anziehungszone 445
Aorta 553
Appositionswachstum 20

Arabinose-Operon 302
Area 17, 643, 650
  centralis 631
Arrhenius-Diagramm 327
Artefakt 68, 73, 74
Arterienklappe 551
Arteriensystem 553
Arteriolen 558
Arthropoden-Sehzelle 491, 492
Assimilattransport, Geschwindigkeit des 571
Assimilattransportsystem 562
Assoziation 40
  über Wasserstoffbrückenbindung 104
Assoziations-Dissoziations-Mechanismen 93
Asymmetrieparameter 119
Atemgastransport 378, 381
Atemzeitvolumen 384
Atomformfaktor 54
Atomprozent-Überschuß 235
ATP 415, 502, 511
ATP-Hydrolyse 510, 511
  exergonische 415
ATP-Synthese, Energetik der 437
ATP-ase 14, 437, 439
  K^+Na^+-aktivierbare 6
ATP-ase Enzymsystem 438
Atrioventrikularklappe 551
attenuation 296,
Attenuator 302
Audiogram 596
Aufheizzeit 267
Auflösung 55, 59, 68, 69, 80
Auftrieb 525, 534, 539, 544, 545, 548
  instationärer 547
Auftriebspolare 546
Auftriebswert 545
Aufwind, induzierter 548, 549
AUG 298
Augenfleck 18
Augentypen 470
Auger-Elektronen 238
Ausscheidungsphänomen 324
Außenohr 577
Außensegment 489
  der Sinneszelle 395
Austauschterm 184
Austauschwechselwirkung 129
Austreibungsphase 552
Autokorrelationsfunktion 589
Autolysosom 16
Autoregulation 559
Autostimulation 606
autotroph 2
A/V-Verhältnis 547

Bahnspurzählung 240
Bahnung, präsynaptische 374
  synaptische 374
Bakterien 2, 3
Bakterienchromosom 29
Bakteriochlorophyll 425
Bakteriochlorophyll-Komplexe 425

Bakteriophäophytin 425
Bakteriophagen 1, 21
Bakteriorhodopsin 309, 439, 487
Bandbreite 199, 273
Bandenaufspaltung, kopplungsbedingte 106
Barba-Kicksches Gesetz 514
Bark 582
Barr-Körper 7
Basalkörper 14
Basenäquivalenz 26
Basenpaarung 26, 104
Basilarmembran 579, 580, 597
Basisvektor 540
Basizität, Änderung der 182
Bathochromie 99
Belastung 517
Beleuchtung, inkohärente 70, 79
Beleuchtungsstärke 203, 205
Bernoulli Theorem 527
Beschattungsfaktor, mittlerer 209
  räumlich spektraler 208
Bestrahlung, fraktionierte 233
  interne 233
Bestrahlungsraum 201
Bestrahlungsstärke 205
Bethe-Formel 224
Betrieb, made-locking 271
Beugung 53, 474
Beugungsscheibe 475, 480
Beweglichkeitsänderung 274
Bewegungshören 596
Biegebeanspruchung 515, 516, 517, 521
Biegebelastung 517
Biegeentlastung 515
Biegefestigkeit 515, 516
Biegemoment 516, 519
Biegeschwingung 531, 534
Biegespannung 519, 524
Biegespannungsdiagramm 521, 522
Biegewiderstand 519
Biegung 515
Bildfilterung 78
Bildrekonstruktion 78, 80, 82, 84
Bildungs-Enthalpie 253
Bildungsraten, lokale photochemische 208
Bindung 112, 295
  chemische 144
  energiereiche 436
  ionische 23
Bindungskonkurrenz, Natrium/Calcium 497
Biokybernetik 620
Biomembran 6
  Asymmetrie der 307
Biostatik 514
Biosynthese 244
Bipolarzelle 630
Birth and Death-Prozess, linearer 690, 694, 695
Blaualge 2, 3
Blauverschiebung 99
Blindheit, corticale 642
Blitzdauer 276
Blitzgruppe 276
Blut, arterielles 381
Blutdruck, arterieller 560
  diastolischer 556
  systolischer 556
Blutdruckamplitude 556
Blutdruckregelung 560
Blutgruppenantigene 19
Blutkörperchen, rotes 7
Blutkreislauf 551
Blutvolumen 559
  Regelung des 561
Bohrsches Magneton 127
Boltzmann-Statistik 47, 124

Boltzmann-Verteilung 127, 612
Bombykol 413
Born-Oppenheimer-Separation 179
Bose-Einstein-Statistik 258
Bragg-Reflex 117
Brechungsgesetz 474
Brechungsindex 469, 479
  effektiver 482
Bremsstrahlung 224
Brennpunkt 474
5-Brom-Uracil 231
Brownsche Bewegung 44
Bruchfläche 313
Brückenwechselspannung 274
Bumps 492
Bunsen-Roscoe-Reziprozitätsgesetz 211
Bunsenscher Löslichkeitskoeffizient 379

Ca^{2+}-ATPase 314
Ca^{2+}-Ionen 498, 500, 509
Ca^{2+}-Konzentration 372
Calcium 496
Cairns-Modell 292
CAP 301
Carboxylation 105
Carboxylgruppe 30, 105
α-Carotin 420
β-Carotin 420
Carotinoid 17, 18, 420, 421
Carotinschutzsystem 421
Carrier 308
Carriertransport 339, 347–349, 352–353
CAT-Verfahren 137
Cellulose 10, 20, 23
Centriol 4
Čerenkov-Zähler 238
CF_0 440
CF_1 440
CF/FM-Laute 591
Charge-Transfer-Bänder 167
Charge-Transfer-Komplex 166
  Anregungsenergie des 167
  Dipolmoment des 168
  Energieniveau des 167
  übertragene Ladung im 168
  Wellenfunktion eines 166
Charge-Transfer-Übergang 169
Charge-Transfer-Wechselwirkung 166
Chemorezeptor 396, 397
Chemotaxis 414
Chiasmata 12
Chiralität 247, 674
Chitin 19, 23
Chlorophyll 17, 18, 100, 420
  a_I 424, 436
  a_{II} 425, 436
Chlorophyll-Triplettzustand 421
Chlorophylsynthese 212
Chloroplast 17, 18, 309, 415
Chloroplastendrehung 457
Chloroplastenfraktionierung 424
Chloroplastenmembran 232
Cholesterin 314
Cholesterinbiosynthese 244
Cholesterol 41
Cholin 41
Chondroitinsulfat 15
Chloroplasten-Thylakoid 310
Christiansenfilter 200
Chromatic transients 424
Chromatid 9
Chromatidbrüche 233
Chromatidentetrade 12
Chromatin 3, 4, 5, 7, 8, 291
Chromonemata 7, 10

Chromophore 99, 110
  chirale 110
  der Seitengruppen 111
  Wechselwirkung von 112
Chromoplasten 17, 18
Chromosom 7, 10, 11, 290, 291
  homologes 8
  Zahl der 9
Chromosomenbewegung 10
Chromosomenbrüche 333
Chromosomenverdopplung 9
Chromozentren 7, 10
Cilié 4
Circulardichroismus (CD) 110
cis-trans-Isomerisierung 186
Cistron 9
Citratlyase 72
Clausius-Mosotti-Gleichung 88
Cluster 125, 173
Cluster-Orbital 172
CO-Hemmung 217
CO_2 415
CO_2-Fixierungsmechanismus 416
CO_2-Partialdrücke im Alveolarraum 384
Coated vesicles 16
Cochlea 399, 400, 592
Code, genetischer 298, 681, 689
  universeller 692, 701
Codon 246, 298
Coferment 35, 39
Colchicin 13, 15
Collagen 23
Compliance 554
Comptoneffekt 224
Continuous Wave (CW)-Prinzip 137
Corepressor 301
Corioliskraft 609
Corpus geniculatum 643
Corpus geniculatum laterale 642
Cortex, visueller 644, 645, 647
Cotton-Effekt 110
Coulombterm 184
Cristae 5, 16
Cristae-Membran 438
Cross-coil 136
Crossing over 12
C-Terminus 32
Curie (Ci) 237
Cuticula 20
Cutin 20
Cyanophycee 2, 3
Cysteamin 230
Cystein 35, 230
Cytochrom 16, 17, 312, 427
Cytochromoxidase 217
Cytosin 24, 104

Dämpfungshaut 530
Danielli-Modell 6, 17
Danielli-Davson-Robertson-Modell 304, 309
Darwinismus 688
Dauerflugleistung, maximale 550
Debye-Hückel-Gleichung 172
Debye-Hückel-Theorie 170, 256
Debye-Temperatur 115
Debye-Waller-Faktor 115
Deckmembran 579
Deetiolierung 450
Defokussierung 79
Deformationsschwingung 104
  der Donargruppe 104
Deklination 615
Denaturierung 29, 116
Densimetrie 237

Depolarisation 363
  präsynaptische 373
Derivat-Verdünnungsanalyse 243
Desaktivierungsmechanismus 408
Desmosom 4, 13, 20
2-Desoxy-D-Ribose 24
Desoxyribonukleinsäure 23, 289
Destabilisierung 279
Detektionsminimum 586
Detergentien 42
Diakinese 12
diamagnetisch 127
Diastole 552
Diatomeen 19
Dichroismus 108, 480, 488
Dichte 525
Dichtegradientenmethode 47
Dichtezielordnung 591
Dielektrikfilter 200
Dielektrizitätskonstante 28
Differenzfouriersynthese 60
Differenzierungsprozeß 302
Differenzspektrum 272
Diffraktometer 58, 76, 77
Diffusiometer 45
Diffusion 344f, 379, 403, 404, 612
  erleichterte 347f,
  laterale 313, 324
  molekulare Beschreibung 43
  transverse 308
Diffusionsaustausch 378, 379
Diffusionsbarriere 6
Diffusionsgeschwindigkeit 45
Diffusionsgesetze nach Fick 45
Diffusionskapazität 384, 385
Diffusionskoeffizient 45, 379
  lateraler 313, 314
Diffusionskonstante 92
Diffusionsleitfähigkeit 379
Diffusionspotential 439
Diffusionspotentialbildung 433
Dihydrosphingosin 41
Diktyosom 4, 5, 8, 15, 612
Dimere 230, 232
Dinoflagelaten 19
diploid 8
Diplosom 14
Diplotän 12
Dipol-Dipol-Kopplung 184
Dipol-Dipol-Wechselwirkung 28
Dipolabsorber 480, 481
Dipolmoment 28
Dipolorientierung 481
Dipoloszillator 188
Dipolstärke 96
Dirac-Stöße 628
Disk 481
Diskmembran 470, 481, 485, 488, 489
Dispersion, anormale 479
  dielektrische 46
Dispersionskräfte 161
Dispersionsverfahren 266
Dispersionswechselwirkung 101
Dissipation 261
Dissoziationsgrad 106, 273
  wahrer 105
Dissoziationskonstante 41, 406, 407, 413
Dissymmetriefaktor 46
Distribution 384
Disulfidbrücke 35
Divergenz-Schaltung 645
DNA 104, 105, 106, 231, 233, 289
  Energiebänder der 166
  mitochondriale 17
DNA-Doppel-Helix 9, 294
DNA-Ligase 293,

DNA-Molekül 2
DNA, plastidäre 18
DNA-Polymerase I, II, III 293
DNA-Replikation 289
Donator 167
  semikonservative 247
Donnarpotentialbildung 433
Dopamin 371
Doppelbrechung 477, 480, 481
  intrinsische 481
  optische 50
Doppelhelix 27, 290
Doppelschicht 42
Doppelschicht-Modell 303, 304, 305
Dopplereffekt 116
  in der Echoortung 591
Dopplereffektkompensation 598
Dopplerfrequenzverschiebung 596
Dopplerverbreiterung 114
Dosimeter 226
  chemisches 226
Dosimetrie, kalorimetrische 226
Dosis 225, 226
Dosis-Antwort-Kurve 409, 410
Dosis-Effekt-Kurve 227, 228, 231, 232, 233
Dosis-Effekt-Kurve, zweiphasige 227
Dosisleistung 226, 231
Dosismessung 226
Dosis-Wirkungskurven 375
Drehachse, momentane 541
Drehimpuls 544
Drehmatrix 541
Drehplattenkamera 539
Drehpunkt 292
Drehschwingung 532, 534, 547
Drehung, molare 109
  optische 108
  reduzierte molare 109
  spezifische 109
Dreikomponentenwaage 538
Dreitafel-Projektion 538
Driftgeschwindigkeit 46
Drosophila 11, 233
Drosophila pseudoobscura 443, 444
Druck 515
  transmuraler 554
Druckbeanspruchung 516
Druckbelastung 517
Druckbombe 567
Druckentspannungs-Apparat 269
Druckerhebung, dikrote 557
Druckgradient im Xylem 566
Druckkräfte 609
Druckpuls 556
Druckspannung 524
Druckstoß 266, 267
Druckstrom, im Phloem 572
Druck-Volumen-Kurve 554
Druckwiderstandsbeiwert 526, 527
Dublett 175
Ducoxanthin 420
Duftsubstanz 411
Dunkeladaptation 498
Dunkelkanal 494
Dunkelkeimer, spektrale Empfindlichkeit
  von 452
Dunkelpotential 491, 496
Dunkelreaktion 174
Dunkelreversion, von Phytochromen 455
Durchdringungsfähigkeit 238
Dynein 14

Echo 587
Echolaufzeit 588
Echoneuronen 592
Echoortung 588

Echorichtung 589
Echospektrogramm 588, 589
Edman, Verfahren nach 34
Effekte, magnetomechanische 619
Effektor 279, 297, 301
Ehrenfestsches Urnenproblem 690, 694
Eigenverhalten 654
Einbaurate 244
  spezifische 244
Einelektronenbahnfunktion 176
Einfangquerschnitt 419, 420
Einfluß-Methode 381
„Ein-für-alle-Mal"-Selektion 700
Einheit, photosynthetische 418, 421
Einheits-Membran 305, 309, 310
Einschnürung, sekundäre 8
Einstein 199
Einstrang-Hypothese 9
Eintrefferprozeß 231
Einzugsbereich, geometrischer 474
Elastin 23
Elastizitätsmodul 553
ELDOR 129
Elektroantennogramm 410
Elektrochromieeffekt 431
Elektrodenmessung 274
Elektrodenwiderstand 275
Elektrokommunikation 608
Elektrolyt 256
  amphoterer 33
  starker 172
π-Elektron 36, 481
Elektron, hydratisiertes 230, 231
  solvatisiertes 271
Elektronenakzeptor 424, 426
Elektronenbeugung 77, 85
Elektronenblitzlampe 271
Elektronendichte 55, 119
Elektronendonator 425
Elektroneneinfang (electron capture) 298
Elektronenenergie 174, 271
Elektronengastheorie 160
Elektronenmikroskopie 68, 69, 312, 315
Elektronenpaar, „einsames" 177
Elektronenpaar, Einfang von 158
Elektronensonde 73
Elektronenspinresonanz (ESR) 127
Elektronenstrahl 271
Elektronentransferprozeß 427, 429
Elektronentransportsystem, nichtlineares
  429
  zyklisches 429
Elektronenvolt 223
Elektron-Positron-Paar 224
Elektroordnung 601
Elektroorientierung 606
Elektroortung 606
  passive 606, 607
Elektrophorese 46, 312
Elektrophorus electricus 406
Elektroplatten 603
Elektroretinogramm 275
Elektrorezeption 605
Elektrorezeptor 601, 605, 619
  phasischer 606
  tonischer 606
Elektrotonus 368
Elementarfibrillen 20
Elementarmembran 6
Elementarpartikel 16
Elementarzelle 56
Elliptizität, molare 110
Elongation 294, 296, 297
Elongationsfaktor 6, 300
  Tu 300

Emissionsspektrum 175
Empfindlichkeit, räumliche 202, 203, 205, 475
  spektrale 202, 205, 479
  spektrale photometrische 203
Endolymphe 579
Endomitose 10
Endopeptidase 33
ENDOR 129
Endosymbiose 21
Endozytose 7, 360
Endplatte, motorische 403, 408
Endreflexion 556
Energide 20
Energie, freie 253
  innere 251
Energieausbeute 229
Energiebilanz 421
Energiedosis 226
  Einheit der 226
Energiefluß 690
Energieleitung 417, 418
Energieniveau 103, 257
Energietransfer-Mechanismus 421
Energietransformation 510
  chemomechanische 502
Energieübertragung 187
Energieübertragungsprozeß 228
Energieverstärkung 483
Energiewanderung 183
Energiewerte 257
„enhancement"-Effekt 424, 463, 464
Entartung von Schwingungen 105
Entfernungshören 594
Enthalpie 251
  freie 252
Enthalpie, freie; Minimum der 700
Entkoppler 357
Entkopplung, „off resonance"- 139
Entropie 28, 252, 621
  Maximum der 700
Entropiegewinn 24
Entropieproduktion 261, 690, 691
Entspannungsphase 552
Entwindungsprotein 293
Enzym 23, 231, 232
  Aminosäure-aktivierendes 298
  Funktion vom 278
  proteolytisches 33
  Struktur vom 278
Enzymreaktion 413
Enzym-Spezifität 33
Enzymsystem, wasserspaltendes 428, 436
Episom 290
Epithelmembran 328, 358
Epithel-Sinneszelle 396, 397
EPSP 373
Erdmagnetfeld 601, 609, 613
Ergastoplasma 15
ER, glattes 15
  rauhes 13, 15
Erregbarkeit 364
Erregung 363, 354, 391
Erregungsübertragung, kapazitive 378
Ersatz, isomorpher 60
  multipler, isomorpher 117
Erwartungswert von Observablen
Erythrozyt 246, 309, 312, 313, 383
Erythrozyten-Glycophoren 311
Erythrozytenmembran 307, 312, 314
Escherichia coli- 246
Etiolement 450
Etioplasten 19
E-Typ Mechanismus 185
Euchromatin 7, 291
Euglena 19

Eukaryonten 2, 3, 14
Euryt 2, 3, 4, 20, 21
Eustachische Röhre 577
Evolution 20, 248
  biologische 689
  chemische 689
Evolutionsexperiment 702
Ewaldsche Ausbreitungskugel 55, 57, 76, 77, 82
Excimer 178
Exciplex 178
Exocytose 4, 7, 15, 360
Exoenzym 1
Exonukleaseaktivität 293
Exopeptidase 34
Exponentielle „Ein-Treffer-Kurve" 227
Extinktion 96, 175
Extinktions-Koeffizient 175
  molarer 96
Exzitonen 226, 418, 427
  „delokalisierte" 419
  „lokalisierte" 419
Exzitonendissoziation 423
  „chemische" 423, 425
Exzitonenfalle 421, 423
Exzitonentransfer 418

Fahraeus-Lindqvist-Effekt 558
Faktor, präexponentieller 263
  statistischer 265
Faltblatt 282
β-Faltblatt 38
Faltblattstruktur 63
Faltmolekülmethode 62
Faltung 281, 625
Farbensehen 480, 482
Farbfilter 478
Farbfiltereffekt, lateraler 478
Farbkurve, typische 210
Farblöschung 240
Farbstofflaser 271
Farbdoppelbrechung 481
Faserprotein 39
F_1-ATP-ase 16
Fehler einer Zählrate 239
Fehlerkatastrophe 700
Fehlerquote 298
Feinstruktur 127, 129
Feld, geomagnetisches 613, 615
  kristallelektrisches 120
  rezeptives 626, 633, 635
Felder, bioelektrische 603
  elektrische 601, 609
Feldemissionskathode 73, 80
Feldgradient elektrischer 119
  Temperaturverlauf 124
Feldstärke, magnetische 615
Feldstoß 266, 267
Fenn-Effekt 503
Fenster, optisches 198
Fermi-Dirac-Statistik 258
Fermi-Resonanz 104, 106, 107
Ferredoxin 125
Ferritin 313, 315
Festigungszylinder 517
Festkörperlaser 271
FE-Theorie 100
Fettsäure 41
Fettsäuresynthetase 72, 82, 84
f-Faktor 115
Fibrillarstruktur 63
Fick'sches Gesetz 571
  erstes 45, 379
  zweites 45
Field sweep 137

Filamente, dicke 503
  dünne 503
Filmdosimeter 226
Filter, geschichtete 477
  laterale 477, 478
Filtermechanismus 597
Fische, elektrische 603, 604
  schwachelektrische 605
  starkelektrische 605
Fischschleim 531
Fixierung 279
Flächenträgheitsmoment 514, 516
  axiales 517, 518
  polares 517, 518, 519
Flagellin 23
Flavoprotein 16
Flavoprotein-Aktionsspektren 221
Fleck, blinder 631
Fließgleichgewicht 245, 248, 260
flip-flop 308
Flügelebene 540
Flügelprofil 546
Flügelschwerpunkt 544
Fluenz-Effekt-Kurve 211, 216
Fluenz-Effekt-Kurve, hyperbolische 215
„Flüssiges Mosaik"-Modell 306, 311
Flüssigkeit, inhomogene 558
Flüssig-Szintillations-Messung 239
Flug, aktiver 537
  passiver 537
Flugbiophysik 537
Flugdynamik 653
Flugleistung 548, 550
Flugmuskulatur, Wirkungsgrad der 550
Flugorientierung, musterinduzierte 653
Flugstrecke, maximale 550
Fluktuation 688, 691, 693, 694, 696, 700, 703
Fluor-Resonanz 140
Fluoreszenz 175, 188, 193
  Depolarisation 49
  Lebensdauer 49
  Polarisation 49
  verzögerte 185, 427
Fluoreszenzlöschung 183
  nichtphotochemische 422
Fluoreszenzlücke 180
Fluß 199
Flußkopplung 351 f
FMIR Technik 108
FM-Laute 591
Focksches Gleichungssystem 150
Fockoperator 150
Förster-Mechanismus 184, 419
Förstercher Energieübergang 193
Fokker-Planck-Gleichung 657
Form, tautomere 104
Formationsflug 548
Formfaktoren 49
Formylmethionyl-tRNA 300
Fortleitung, saltatorische 370
Fortpflanzungsgeschwindigkeit 535
Fourierraum 55
Fourierspektrometer 103
Fourier-Transformation 137, 624, 628
Fouriertransformierte 55
Fouriertransformiertenholographie 61
Fovea 480, 631
Fovea centralis 630
Franck-Condon-Faktor 180
Franck-Condon-Prinzip 98, 179
Franck-Condon-Zustand 180
Frank-Starling-Mechanismus 552
free induction decay 137
Freiheitsgrad 257
Fremdlicht 199
Frequency Sweep 137

Frequenzauflösungsvermögen 582
Frequenzdomäne 137
Frequenzfaktor, universeller 264
Frequenzgang 266
Frequenzmodulation 391
Frequenz-Orts-Transformation 579, 582
Frequenzselektivität 582
Fresnelsche Reflexionsgesetze 475
Fricke-Dosimeter 226, 230
Füllungsphase 552
Fumarase-Reaktion 248
Funktionen, thermodynamische 259
Funktionseinheit 418
  molekulare 197
Funktionsmodelle 584, 620
Funktionsschemata 584

Galaktoridpermease 6
Ganglienzelle 630, 631, 632
  Erregung einer 638
  retinale 637
gap 293
gap junctions 309
Gauss 615
Gefäße, kapazitive 559
Gefrierätzung 73, 313
Gefrierbruch 314
Gefrierbruch-Methode 305, 306
Gefrierbruch-Technik 305, 310
Gegendrehmoment 524
Gehörorgan 577
Geiger-Müller-Zählrohr 238
Geißel 3, 14
Geißelwurzel 14
Gelenkdrehpunkt 517
Gendosis 290
Gene 233
Generator, van de Graff 271
Genexpression 289, 294
Geogravitation 609
Geomagnetismus 609
Gerüst-Schwingungen 104
Gerüstsubstanz 19
Gesamtmembranstrom 367
Gesamtspinquantenzahl 175
Gesamtwiderstand 526
Geschlechtschromosom 7
Geschlechtszelle 9
Geschmacksqualität 412
Geschmacksrezeptor 408
Geschwindigkeitsdetektor 627, 628
Geschwindigkeitsgradient 50
Geschwindigkeitskonstante 265, 510
Geschwindigkeitsquadrat, mittleres 257
Gewebekapillare 379
Gewebeäquivalenz 226
Gewebebildung 19
g-Faktor 127, 129
Gitterschwingung 114
Gittervektor 56
Glaskapillare 275
Gleichgewicht 252
  tautomeres 104
Gleichgewichtsbestimmung 182
Gleichgewichts-Isotopeneffekt 241
Gleichgewichtskonstante 254
Gleichgewichtsstörung 267
Gleichgewichtsthermodynamik 250
Gleichgewichtsverschiebung 266
Gleichstromreize 605
Gleithöhe 545
Gleitmechanismus 10
Gleitwerte 545
Gleitzahl 545
Glucoseoxidation 415
Glukose-6-Phosphatase 15

Glutamat 371
Glycerol 41
Glycin 371
Glykocalyse 3, 19
Glykogen 5, 23
Glykolipid 403
Glycophorin 310, 314, 315
Glykoproteide 15
Glykoprotein 312, 315, 403
Goldmann-Gleichung 362
Golgi-Apparat 4, 8, 15
Golgi-Vesikel 4, 8
Gonen 12
Goniometer 77
pH-Gradient 435
Gramicidin 306
Grana 17, 416
Gravimorphismus 610
Gravitationsfeld 609
Gravitationskraft 609
Grenzflächenpotential 435
Grenzschicht 526, 527
  laminare 527
  turbulente 527
Grenzschichtdämpfung 530
Grenzschichtdicke 527, 536
Grenzschichtprofil 527
Grenzstrahlen 475
Grenzversorgungsradius, kritischer 387
Grenzzyklus 443
Größen, thermodynamische 251
Grotthus-Leitfähigkeit 105
Grundplasma 2, 3
Grundreaktionsarbeit 253
Grundschwingung 556
Gruppe, chromophore 481
Gruppenübertragungspotential 262
g-Tensor 130
Guanin 24
Guanosinpentaphosphat 302
Guanosintetraphosphat 302
Güte, aerodynamische 550
G-Wert 130
Gyrationsradius 91

Haarzelle 581
H^+/ATP-Verhältnis 439
H^+-Transport, aktiver 356
Hämatokrit 558
Hämgruppe 39
Hämin 100, 246
Hämingruppe 122
Hämoglobin 23, 40, 131, 246, 381
Häufigkeit, natürliche 235
Haftbedingung 527
hair pins 290
Halbleiterdetektor 238
Halbwertsbreite 116, 181, 199
Halbwertszeit 234, 238
Haldane-Effekt 383
Hall-Effekt 619
Halobacterium halobium 309
Halobakterien 439
Hamburger-Shift 383
Hamilton-Operator 127, 319
haploid 9
Hauptauftrieb 547
Hauptsatz, erster 251
  dritter 259
Hauptträgheitsachse 543
Hauptvortrieb 547
Heavy Meromyosin 506
Helicotrema 582, 578
Helix 27, 37, 282
α-Helix 63, 107
Helixbildung 106

Helixgehalt 111
Helix-Knäuel-Übergang 29
Hellempfindlichkeitsgrad, spektraler 203
Hemicellulose 19
Hemmung, laterale 641
  synaptische 373, 374
Henry-Daltonsches Gesetz 379
Herz 551
  Ventilebene des 559
Herzminutenvolumen 553
Herzmuskelgewebe, Sauerstoffversorgung
  des 389
Herzventrikel 551
Herzzyklus 552
Heß, Satz von 252
Heterochromatin 7, 291
Heterokaryon 313
heterotroph 2,
Hf-Aufspaltungsparameter 128
HF-Laute 591
HOMO 166
Hormon 315
Hormonrezeptor 309
High-Spin-Zustand 132
Hill-Plot 216
Hillsche Gleichung 503
Hirnrinde 645, 647
  visuelle 649
Histidin 33, 230
Histidin-Operon 301
Histon 7, 29, 291
Hitzdrahtanemometer 548
HMM 506
Hochbaukonstruktion 515
Hochfrequenzaufnahme 538
Hochfrequenz, gepulste 137
Hochfrequenz-Stereo-Aufnahmeverfahren
  539
Hochintensitätsphänomene 461
Hodgkin-Huxley-Gleichung 367
Hodgkin-Huxley-Theorie 365
Höhenstrahlung 233
Hörbahn 592
Hörfilter 597
Hörschwelle 583
Holographie 629
Horizontalzelle 634
HR-DR-Revertierbarkeit
Hubkomponente 544
Hubschraube 550
„Hundsche Regel" 144
Hyaloplasma 2, 3, 12
Hybridisierung 145
Hydratisierung 147, 155
Hydratisierungsenthalpie 147
Hydrolase 16
Hyperchromie 29, 99
Hyperfeinaufspaltung 319
  magnetische 118
Hyperfeinspektrum, magnetisches 121
Hyperfeinstruktur 129
Hyperfein-Wechselstruktur, anisotrope 319
Hyperfeinwechselwirkung 118
Hyperkonjugation 158
Hyperzyklus, katalytischer 702
Hypothalamus 642
Hypothese, „chemische" 437
  chemiosmotische 438
Hypoxanthin 24
Hypsochromie 99

Identitätsperiode 28
α-Iminosäure 39
Immunglobulin 72, 73
Immunprotein 278, 406
Impuls-Diskriminierung 240

Impulserhaltung 114
Impulsfunktion 625
Impulsphotolyse 229, 267, 271
Impulsradiolyse 229
Inaktivierung, des Natriumsystems 366
   Quantenausbeute der 213
Inaktivierungsquerschnitt 213
Induktion, magnetische 615
Induktionswirkung, elektromagnetische 609
Induktor 301
Influenza-Viren 21
Information 621
   genetische 24, 290
Informationsfluß 622
Informationsgehalt 277, 692
Informationskapazität 691
Informationssystem, aktives 585
Informationstheorie 621, 691, 692
Informationsübertragung 371, 637
Informationsverarbeitung 581
Infrarotspektroskopie 94, 103
Inhibition, laterale 626
Initiation 291, 295, 296, 297
Initiationscodon 299
Initiationscodon AUG 298
Initiationsfaktor 295, 299
Inklination 615
Inkrustation 19
Innenohr 395
   Hydromechanik des 579
Innenröhre 578
Innensegment 484
Inositol 41
Insulin 243
Insulinrezeptor 406
Intensitätsabhängigkeit 217
Intensitätskennlinien 409, 410
Interferenz 200, 476
Interkombination 99
Interkombinationsverbot 98
Intermolekulare Wechselwirkung 138
Internal Conversion 178
Interphase 7
Interphasechromosomenvolumen 231
Interphasetod 232
Intersystem Crossing 178
invariant 35
Ionenaktivität 256
Ionenbeweglichkeit 46, 274
Ionenkanal 406
Ionenkonzentration 170
Ionenkonzentrationen der Muskelzelle 362
Ionenpumpe 309, 495, 497
   elektrogene 495
Ionenstärke 170, 256
Ionenstrom 364, 365, 368, 497
Ionenströme, lichtbedingte 494
Ionentransport, aktiver 495
Ionentransport-Mechanismen 393
Ionenwolke, geladene 170
   Radius der 171
Ionisation 223, 225, 228, 229
Ionisationskammer 226, 238
Ionisierungsenergie 223
Ionisierungsgrenze 174
Ionophore 432
Ionosphäre 615
i-p-Kurven 559
IPSP 373
IR-Spektrophotometer 108
IR-Spektrum 105
isobar 251
isochor 251
Isoklinenkreuz 51
Isomerieverschiebung 118, 119
isotherm 251

Isotop 225
Isotope, radioaktive 248
   stabile 248
Isotopeneffekt, intramolekularer 241
   kinetischer 241
   primärer 241

Jablonski-Diagramm 97, 175
Josephson-Strom 619

Kabelmodell 368
Käfigeffekt 263
Kairomone 402
Kaliumgleichgewichtspotential 362, 363
Kaliumionen, Ausstrom von 494
Kalium-Leitfähigkeit 365
Kapazität, elektrische 304, 306
Kapazitätsstrom 368
Kapillararchitektur 387
Kapillaren 558
Kappenbildung 314
Kapsid 21
Karyogamie 11
Karyolymphe 7
Karyoplasma 3
Katalase 16
Katalysator 278
π-Kationradikal 424
Keilflugformation 548
Keilformation 548, 549
Kelvin-Modell 555
Kennlinie 493
   dynamische 639, 641
Kenntnis 667
Keratin 23, 39
Kerne 612
   isochrone 135
   magnetisch äquivalente 135
Kernemulsion 240
Kernhülle 3, 4, 5, 8, 9, 10
Kerninduktion 136
Kernmagneton 111
Kernpore 9
Kernprotein 7
Kernresonanz 136
Kernspin 134
Keto-Enol-Tautomerie 25
Ketone, ungesättigte 166
Kettenbrüche 231
Kettenkonformation 32, 36
Kinetik, deterministische 690, 695
   stochastische 690, 696
Kinetochor 8, 10
Kinetosom 14
Kipp-Schwingung 443
Kleinwinkelstreuung 67
Knäuel 107
Knochen 19
Knollenorgan 605
Knotenlinie 541
Körper, gleicher Festigkeit 515, 519, 521, 523, 524
   kennzahlempfindliche 527
   kennzahlunempfindliche 527
   tubulärer 396
v-Körper 291
Körperbedingungen 384
Körperwelle, metachrone 535
Körperzelle 8
Kohäsionsmechanismus 569
Kohlendioxidbindung 383
Kohlenhydrat 315
Kohlenstoff-Resonanz 139
Kohlenwasserstoff 315
Kollagen 19
Kollagen-Tripelhelix 38

Kollagenstruktur 63
Kolumnen 647
Kombinations-Schwingungen 104
Kommunikation 622
Kommunikationstheorie 621
   bidirektionale 622
Kompartiment 2, 14
Kompartimentierung 3
Kompaßorientierung 601
Kompensations-Einheitsrichtung 653
Komplementaritätsprinzip 294, 298
Komplex, synaptonematischer 12
Komplexauge 469
Konduktometer 273
Konfiguration 30, 177, 264
Konfiguration-trans 36
Konfigurations-Integral 259
Konfigurationswirkung 177
Konformation 106
Konformationsänderung 50, 375, 672
   allosterische 41
„Konformations"-Hypothese 437, 438
Konformationsuntersuchungen 106, 111
Kontaktzeit 385
Kontraktion 509
   isometrische 503
   isotonische 503
Kontrastphänomen 641
Kontrolle, negative 301
   positive 302
Kontrollprozeß 301
Kontrollvorgang 289
Konvektion 404
Konvergenz-Schaltung 645
Konversions-Aktionsspektrum 209, 210
Konversionselektron 114, 238
Konversionskoeffizient 238
Konversionsspektrum 209, 211
Konversionswirkungsquerschnitt; scheinbarer, molarer 208, 209
   spektraler 459
   spektraler, molarer 208
Konzentrationen, maximal zulässige 234
Konzentrationsänderung 274
Koordinatensystem, geoklines 541
   raumfestes 538, 539
   tierfestes 538, 539, 543, 545
Kooperation 41
   statistische 428
Kopfgruppe 41
Koppelschwingung 532
Kopplung 135
   chemiosmotische 437
   elektrotonische 378
   optische 474, 477
   schwache 185
   sehr schwache 185
   starke 185
Kopplungsfaktor 440
Kopplungskonstante 135
Kopplungsmembran 438, 439
Kopplungsstelle 437
Kork 20
Korrelationsmodell 658
Kräfte 515
   thermodynamische 261
Kräftezerlegung 544
Kraftflug 550
Kraftkonstante 240
Kreis, katalytischer 701, 703, 704
   katalytischer, linearer 703
   „linearer" 704
   „quadratischer" 704
Kreislauf 551
Kreislaufgröße, Regelung der 559
Kreislaufzentren 561

Kreisprozeß 252
Kreuzkorrelationsfunktion 589
Kristallinität 481
Kroghscher Diffusionskoeffizient 379
Kroghscher Zylinder 380, 387
Kronig-Kramer-Relation 110
K^+ Transport 399
Kugelumströmung 526
i-p-Kurven 559
Kurzschluß-Blut 385
Kurzschlußhemmung 640
Kurzstreckentransport 561
Kybernetik 620

Labyrinth, basales 4, 6
lac-Operon 301
Lactoglobulin 107
Ladungsakkumulation, sequentielle 428
Ladungsdichte in Lösung 170
Ladungsseparierung 419
Ladungstransport, vektorieller 431
Ladungsverstärkung 485
Lagrange-Koordinate 535, 536
Laktamform 25
Laktimform 25
Lambert-Beersches Gesetz 96
Lamellen-Methode 381
Laminarspindel 529
Lampenbürstenchromosom 9
Langstreckentransport 562
Laser 87
Latenz, des Rezeptorpotentials 394
Lautheit 584, 585
Lautstärkemesser 584
LCAO-MO 168, 176
Leben, Entstehung des 688, 703
Lebensdauer, mittlere 49
  mittlere strahlende 181
  natürliche 174
Leberzelle 5
Lectin 313, 315
Leistung, induzierte 549
Leistung, schädliche 549
Leistungsdichteverteilung, spektrale 595
Leistungsgrenze 550
Leitfähigkeit 336, 409
  hydraulische 566
  Steuerung der 495, 497
Leitfähigkeitsänderung, lichtbedingte 493, 495
Leitfähigkeitszelle 274
Leitungsgeschwindigkeit 370
Leptotän 12
LET 224, 226, 230, 231
Leukoplasten 17
LHP-Komplex 420, 421
Licht, Beugung des 475
Licht, Eigenschaften des 198
  kohärentes 628
  polarisiertes 30, 468
  Streuung des 87, 475
Lichtdiffraktogramm 75, 76
Lichtenergie, absorbierte 476
Lichtflußadaption 499
Lichtkanal 494
Lichtkeimer, spektrale Empfindlichkeit von 452
Lichtleiter 469, 474, 475
Lichtmikroskop 68, 69
Lichtperception 446
Lichtquant, Absorption von 468
Lichtreiz, Intensität des 492
Lichtsinneszelle 483
Lichtstreuapparatur 89
Lichtstreuung, elastische 87
  inelastische 93
  quasielastische 92

Lichtwellenleiter 469
Ligandenkonfiguration 146
light harvesting pigment protein 420
Light Meromyosin 506
Lignin 19, 23, 562
Linearbeschleuniger 271, 610
Linienbreite Γ 113
Liniendetektor 627
Linienformation 548
Linsenauge 469
Linsenfehler 79
Linsenparameter 475, 480
Linsen-Photorezeptorsystem 474
Linsensystem 479
Lipid 41
Lipidabstand, lateraler 323
Lipiddoppelschicht 304, 305, 316
Lipiddynamik 307
Lipidfilmfläche 303
Lipid-Phasenumwandlung 321
Lipidverteilung, Asymmetrie der 307, 308
Lipidvesikel 307
Lipoidtropfen 4, 12
LMM 506
Löscher (Quencher) 183
Löschprozeß, bimolekularer 183
Löschung 239
  chemische 240
Lohmann-Reaktion 502
Loops 290
Lorentzfunktion 113
Lorentzkurve 116
Lowest Empty Molecular Orbital (LEMO) 166
Low-spin-Zustand 132
LSD 413
Lücke 293
Luftdämpfung 586
Luftkräfte, stationäre 544
Luftkrafterzeugung, instationäre 547
Luftkraftkomponente 545
Luftruder 545
Lungengefäßsystem 553
Lungenkapillarblut 378
Lungenperfusion 385
Lutein 420
Lyosom 4, 7, 16
Lysergsäurediäthylamid 413
Lysosom 4, 232
Lysozym 95

Machbänder 641
Machsches Phänomen 626
made-locking-Betrieb 271
Magnesiumion 26
Magnetfeld 613
  Rezeptionsmechanismus für 617
Magnetlinsen 68
Magnetron 268
Makromolekül, optisch-anisotropes 50
Malatdehydrogenase 17
Manganoproteinenzymsystem 429
Markentriangulationsmethode 67
Masse, reduzierte 240
Massenbremsvermögen 223
Massentransport, spezifischer 571
Massenwirkungsgesetz 409
matched filter 589
Matrix 294
  mitochondriale 17
  nukleozytoplasmatische 3, 4
  Plastiden- 17, 18
  Zellwand der 19
  zytoplasmatische 3
Matrixelement 176
Matrize 295

Maxwell-Boltzmann-Verteilung 257
MCF-Methode 173
Mechanorezeptor 392, 396, 397
Medium, dielektrisches 475
Mehrquantenabsorption 176
Mehrtrefferkurven 214
Mehrtreffer-Prozesse 214
Meiose 11
Melanin 132
Membran 6, 41, 231, 232, 324
  intrazytoplasmatische 310
  Kristallinität der 481
  Permeabilität der 362
  Z 503
Membranadaptation 499, 500
Membran-Bohr-Effekt 435
Membranbruchfläche 310
Membrandifferenzierung 309
Membrandiffusionspotential 336
Membrandoppelbrechung 481
Membranfluß 15
Membrankapazität 368
Membrankontakt 395, 398
Membranlängskonstante 368
Membranleitfähigkeit 365, 374
  Abnahme der 496
Membranlipoide 15
Membranpotential 325, 336, 361, 491, 492
Membranprotein 15, 23, 310, 311
Membranprotein, Beweglichkeit des 314
  integrales 311, 312, 314, 315
  peripheres 311
Membranrauschen 368
Membranrezeptor 375
Membranstrom 361
Membranstromkomponente 369
Membranstruktur 6
Membranwiderstand 368
Membranzeitkonstante 368
Meromyosin 506
Mesophase 305
Mesosom 2
Meßbrücke 274
messenger 289
Messenger-Ribonukleinsäure 246
Meßlicht, polarisiertes 273
Messung, extrazelluläre 275
  intrazelluläre 275
Metaphase 10, 11
Metarhodopsin 478, 489, 490
Methode, stochastische 693
5-Methylcytosin 24
Methylierung 297
Methylierungsmuster 297
Mg^{2+}-Ionen 510
Michaelis-Henri-Interaktion 215
Microbodies 4, 16
midpoint potential 426
Mie-Gleichungen 92
Mikroautoradiogramm 240
Mikroelektrode 361, 387
Mikrofibrillen 4, 7
Mikrofilament 3, 13, 314
Mikromanipulator 275
Mikroorganismen, deuterierte 67
Mikrophonpotential 593
Mikrosom 15, 327
Mikrosonden 275
Mikrospektralfluorimeter 273
Mikrotom 70
Mikrotubulus 3, 10, 13, 314
Mikrovilli 4, 7, 13, 469, 470ff., 478, 481
Mikrovilliorientierung 478
Mikrowellenabsorption 268
Mikrowellenimpulse 268
Mikrozirkulation 558

Millerindizes 117
Minimalenzym 295
Minimalzelle 2
Mitchell-Hypothese 437
Mitochondrium 4, 5, 8, 11, 16, 18, 232, 291, 309, 310, 395, 396, 400, 437, 438, 612
Mitochondrienmembran, Transportfunktion 356–358
Mitose 10, 11
Mittellamelle 20
Mittelohr 577
Mittelstreckentransport 561
Mittelwertrechner 275
Mizellen 42
M-Linie 503
MO-Methode 168
MO-Modell 150
MO-Näherung 176
MO-Termschema 176
Modellmembran 305
  planare 306
Modell, stochastisches 695
Modell-System 176, 306
Moden 476, 479
Modeneffekt 476, 478, 480
Modenenergie 476, 479, 480
Modifikation 302
Modulationsübertragungsfunktion 638
Mößbauereffekt 115
Mößbauerisotope 115
Mößbauer-Kernresonanzstreuung 117
Mößbauer-Quelle 62
Mößbauerspektroskopie 116
Mößbauerspektrum 116
Moffit-Gleichung 110
Mol 251
Molekül, amphiphatisches 42
Molekülbeweglichkeit, anisotrope 321
Molekülform, idealisierte 43
Molekülkomplexe 138
Molekülorbital-Modell 176
Molekülschwingung 93, 103
Molekülschwingungen, Kopplung von 104
Molekülzustandssumme 257
Molekularbewegung, Brownsche 481, 612
  thermische 612
Molekulargewicht 43, 91
Molekular-Orbital-Diagramm 97
Molekularstatistik 257
Molwärme 252
Momente 515
Momentenfläche 521, 523
Momentengleichgewicht 523
Momentenlinie 521
Monazit 233
Mongolismus 9
Monochromatbänder, Polarisationsgrad von 201
Monochromatoren 199
  Anordnung der 201
Monosaccharide 23
Monosom 13
Morphogenese 610
Mosaikkristall 61
Mosaik-Membran-Modell 440
Mougeotia-Zelle 456
Mucopolysaccharide 19
Multiplizität 174
Multipol 118
Murein 23
Muskelactin 23
Muskeldehnungsrezeptor 370
Muskelendplatte 406
Muskelenergetik 503
Muskelmechanik 503
Muskelmyosin 23

Muskelpumpe 559
Muskelzug 516
Mustererkennung 627
Musterfilter 627, 628
Musterunterscheidung 660
Mutante 696, 697, 699, 700, 701
Mutation 39, 233, 290, 702, 703, 704
Mutationsrate 233
Mycoplasma 2
  laidlawii-Membran 306
Myelin-Modell 305
Myelinscheide 6
Myofibrillen 503
Myofilamente 13, 504, 507
Myoglobin 39, 107, 131
Myosin 13, 502, 506, 507, 510
Myosin-ATPase 512
Myosinfilament 504, 507
Myosinmolekül 507

Na^+-K^+-Transport 393, 401
Nachbilder 641
Nachrichtenkanal 621
$NADP^+$ 436
NADP-Reduktion 417
$NADP^+$-Reduktion 427
NADPH 415
Näherung, adiabatische 179
Natriumkanal 367
Natriumionen, Einstrom von 494
Natrium-Kalium-Pumpe 309
Natriumleitfähigkeit 366
Natriumpumpe 363
Navier-Stokessche Gleichung 553
Negativfärbung 71, 74, 76
Nernstsche Gleichung 362
Nervenfasern, myelinisierte 370
Nervus opticus 642
Nesselzelle 396
Netzhaut 629
Netzhautbild, stabilisiertes 651
Netzmittel 311, 312
Netzwerk, corticales 647
Neutralfilter 201
Neutronen 225
  thermische 225
Neutroneneinfang 225
N-glykosidisch 24
Nichthistonprotein 291
nick 290
Nitroxyl-Radikale 132
NMR-Spektroskopie 134
Nonactin 306
Noradrenalin 371
N-Terminus 32
Nuclear-Overhauser-Effekt 139
Nuklease 702
Nukleinsäure 130, 231, 289, 672
Nukleinsäurebasen 100
Nukleinsäurekette 63
Nukleoid 2, 3, 23, 24
Nukleolus 4, 8, 9, 10, 11, 13, 291, 612
Nukleoplasma 3
Nukleoprotein 231
Nukleosid 24, 94
Nukleosom 291
Nukleotid-Triplett 298
Nulleffekt 238
Nutzarbeit 253
  maximale 252

Oberflächenantigen 313
Oberflächenladung 46, 435
Oberflächenrezeptor 313
Oberflächenwiderstandsbeiwert 530
O_2-Bindungskurve 381

Objektidentifizierung 588
Objektiv 69
Objektiv, dreidimensional abbildendes 78
Objektkammer, feuchte 85
ochre 298
Ocularitätsstreifen 645
Öffnungsfehler 79
Öffnungswinkel 68, 475, 480
Öltropfenmodell 39
OER 230
Oersted 615
off-Zentrum-Neuron 634
Ogstom-Hypothese 247
$2'OH$-Gruppe 106
Ohr 592
Okazaki-Stücke 291
Oligosaccharidkette 311, 315
Ommatidium 469, 470
Oncorna-Viren 294
Onsager 261
on-Zentrum-Neuron 634
Operator 301
Opsin 487
Optik, geometrische 474
Optimalempfängertheorie 589, 591
Optimalfilter 589
Optimalkonstruktion 515
Optimierungsprozeß 699, 700, 703
optische Dichte 96
optische Übergänge, Klassifizierung der 177
Orbital 142
3d-Orbital 123
Orbital, lokalisiertes 155
  molekulares 97
Orbitaldarstellung 142
Orbitalsymmetrie 185
ORD 111
Ordnungsgrad 322
Organ, ampulläres 605
  cortisches 579, 580, 581
  elektrisches 603
Organellen 4
Organisation, konstante 698, 702
Organisationsprinzip 6
Organisator, nukleolarer 291
Organismus 22
  polyenergider 20
Orientierung 614
Orientierungsgrad 48
Orientierungsverhalten 654
Orientierungsverteilung 48
Ortsfrequenz 625
Ortsraum 55
Ortungslaute 585, 586, 589, 591
Ortungsleistung 585, 590
Ortungsmechanismus, aktiver 606
O_2-Sättigung 381
Osmometer 303
Oszillator, biologischer 448
  harmonischer 103
  Polscher 441
Oszillatorstärke 96, 169, 181
Ouabain 495
Ovalbumin 95
Overtwist 290
Oxidation, von H_2O 428
Oxigenation 381
Oxigenierung, photosensibilisierte 187
Oxihämoglobin 381

P 700 424
Paarbildungsprozeß 224
Pachytän 12
Palindrom 297
Pankreaszelle, exokrine 8
paramagnetisch 127

Parasit 701, 703, 704
Partialleitfähigkeit 336
Pauli-Prinzip 98, 101, 143, 149, 177
Pectin 19
Pellicula 19
Pendel 442
Peptidbindung 32, 100
Peptidchromophor 111
Peptideinheit 157, 281
Peptidgruppe 111
Peptidkette 63
Peptidyltransferase 300
Perfusion 384
Perilymphe 579
Periodik, circadiane 616
Permeabilität 333, 345
   magnetische 615
   selektive 6
Permeabilitätssteuerung 393
Permease 6
Peroxyradikal 231
Perrin-Gerade 50
Personendosisüberwachung 226
Pflanzen, „C-3" 416
   „C-4" 416
Pflanzenzelle 3
Phagozytose 7
Phase, photophile 467
   skotophile 467
Phasenbestimmung 118
Phasendiagramm 324
Phasenebene 442
Phasengang 266
Phasengleichgewicht 256
Phaseninvarianz 658
Phasenkontrast 80
Phasenkurve 442
Phasenobjekt 53, 77
Phasenproblem 60, 117
Phasenregel 256
Phasen-Response-Kurve 443, 444
Phasentrennung, laterale 308, 314, 324
Phasenübergang 306, 314
Phasenumwandlung 657
Phasenwinkel 532
Pheromone 402
Phonon 114
Phosphoreszenz 175
Phloem 562
Phloemtransport 570
   mathematisches Modell des 573
Phosphat, energiereiches 105
Phosphatgruppe 26, 106
Phosphatrestebindung 231
Phosphatübertragungspotential 262
Phosphatase, saure 16
Phosphoglycerid 41
Phospholipide 39, 402
Phosphor-Resonanz 140
Phosphorylierung 232, 417, 436, 500
   oxidative 232, 437
   respirative 437
Phosphorylierungsmechanismus 439
Photoaddition 186
Photochromkatalyse 219
Photodetektorsystem, Eichen von 205
Photodetektortyp 203
Photodifferenzierung 451
Photodissoziation 186
Photoeffekt 224
   innerer 238
Photoinaktivierung 213
Photokatalyse 214
Photoleitfähigkeit 418
Photolyse 186
Photometrie 203

Photomodulation 451
Photomorphogenese 449
Photomorphose 449, 450
   Empfindlichkeit der 451
   Latenzzeit einer 451
   bei niederen Pflanzen 450
   qualitative 451
   quantitative 451
Photomultiplier 231
Photonen-Impulshöhen-Spektrum 239
Photonenausbeute 208
Photonenbedarf 208
Photonenbestrahlung 199
Photonenbestrahlungsstärke 199
Photonendosis 199, 217
Photonenempfindlichkeit, spektrale 203
Photonenfluenz 199
Photonenfluß 205
   cosinusgetreuer 204
   Konstanz von 201
   monochromatischer 199, 202
   normaler 204
   polychromatischer 202
   spektraler 202
   Veränderung von 201
Photonenflußgradient, innerer 207
Photonenstrom 199
Photonenstromdichte 199
Photonentreffbereich 198
Photonenwirksamkeit 215
   relative 209, 212, 220
photophysikalisch 174
Photophosphorylierung 437
Photopigment 468, 479
Photoperiodismus 467
Photoproduktbildung 211
Photoreaktivierung 214
Photoreduktion 186
Photoregulation, der Gene 451
Photorezeptor 392, 396, 397, 473
   Empfindlichkeit von 468
   -Optik 468
Photorezeptorraster 480
Photoselektion 49
Photospannung 275
Photosynthese 17, 132, 217, 232, 271
   Primärprozesse der 416
Photosyntheseapparat, Zweiteilung des 415
Photosystem, I bzw. II 18
Phototropismus 222
Photoumlagerung 186
Phragmoplast 20
pH-Wert 32
Phycobilin 420
Phycocyanin 420
Phycoerythrin 420
Phytochrom 220, 451, 452, 453
   Charakterisierung des 458
   dunkelrot-absorbierendes 453
   Eigenschaften des 454
   Entdeckung des 452
   funktionelles 456
   hellrotabsorbierendes 453
   Lokalisation des 456
   Molekularmasse des 460
   Photenenausbeute des 460
   Photenenausbeuteverhältnis des 458
Phytochromchromophor 460
Phytochromdifferenzspektrum 454
Phytochromkonzentration 454
Pigmentadaptation 500
Pigmentparameter 208
Pinozytose 7
pK-Wert-Bestimmung 139
pK'-Wert 33
Plasmalemma 1, 2, 3, 6, 13, 14, 15, 19, 20

Plasmamembran 305
Plasmid 21, 290, 291
Plasmodesma 4, 11
Plastid 4, 5, 17, 291, 612
Plastidenmutanten 19
Plastidenzentren 19
Plastochinon 436
Plastochinonspeicher 427
Plastocyanin 427
Plastoglobuli 6, 18
p.m.f. 435
Poisson-Gleichung 171
Polare 547
   aerodynamische 545
   aufgelöste 545, 546
Polarisation 160
Polarisationsempfindlichkeit 477, 478, 481
Polarisationsfilter 477, 478
Polarisationsgrad 49
Polarisationsmuster 481
Polarisationszustand 49
Polarisierbarkeit 87, 101
Polarotropismus 456
Polkappen 10
Polkegel 543
Polyacrylamid-Gel (PAGE) 312
Polyaminosäure 111
polycistronisch 290
Polyelektrolyt 26
Polykondensation 23
Poly-L-Histidin 105
Poly-Lysin 111
Polymerase 702
Polynukleotid 105, 106
Polypeptid 111, 231
polyploid 10
Poly-Prolin I 112
Polyprolin-Heliol 38
Polysaccharide 15
Polysom 13
polytän 9, 10
Pore 308
Porphyrin 18
Porphyropsin 487
Positionsinformation 660
Positionskoordinaten 535
Positivfärbung 71, 74
ξ-Potential 47
Potential, chemisches 147, 255
   erregendes postsynaptisches 373
   hemmendes postsynaptisches 373
   postsynaptisches 371
   synaptisches 361
Potentialdifferenz 398
Potentialfluktuation 492
Potentialgefälle, elektrisches 46
Potentialgradient, elektrischer 431
Potentialhyperfläche 264
Potentialkurve 103
Potentialkurvenschema 179
Potenzfunktion 641
ppGpp 302
pppGpp 302
Präinitiationskomplex 295
Praetectum 642
Precursor 244
Pressorezeptor 561
Primärelektronendonator 424
Primärprozeß 223, 417
Primärreaktion, photochemische 174
Primärstruktur 23, 289
Primärwand 20
Produkt-Terminus 295
Produktion, mittlere 698
Profilierung 545
Profilleistung 549

Programmierung 289
Programmierungsprozeß 301
Projektion, retino-corticale 643
Projektionswinkel 538
Projektiv 69
Prokaryonten 2, 3, 290
Prolamellarkörper 19
Prolun 30
Promitochondrien 17
Promoter 294, 301
Promotor 294, 295, 297
Prophase 10, 12
Proplastid 17
Proportional-Regler 637
Proportional-Zählrohr 238
Protamin 7
Protein 94, 106, 278
Protein-Nukleinsäure-Wechselwirkung 299
   peripheres 311
Proteinbeweglichkeit 313
Proteinbindungsanalyse, kompetitive 243
Proteinbiosynthese 289
Proteinkristalle 59
Proteinrückgrat 107
Proteinstruktur 280
Proteinsynthese 13, 231, 232
Protochlorophyll 19
Protocyte 2
Proton, Übergang des 105, 165
Protonenakzeptor 26
Protonendonator 26
Protonenfluß, passiver 105
Protonengradient 435
Protonenresonanz 137
Protoneme 456
proton motive force 438
Protoplast 1
Protozyt 2, 3, 21
Prozeß, autokatalytischer 690, 691
   biphotonischer 99, 176
   irreversibler 260
   Markoffscher 695
   optischer 175
   programmierter 289
   stochastischer 621
Prozessierung 297
Pseudopodien 6
Psittakosis-Organismen 2
P-Typ, Mechanismus 185
Puff 11
Puls-Fourier-Transformations-Methode (PFT) 137
Pulsradiolyse 267
Pulswelle 553, 555
   Dämpfung der 555
Pulswellengeschwindigkeit 555, 557
Pumpen, elektrogene 363
Punkt isosbestischer 102, 182
   isoelektrischer 46
Purin 24
Purpurmembran 309, 489, 501
Pyrimidin 24

Quadrupolaufspaltung 118
γ-Quant 225
Quantenausbeute 175, 208, 421, 423, 489
   maximale photochemische 422
   mittlere photochemische 421
Quantenbedarf 208, 418
Quantenstrom 175
Quantenzahl 142, 178
Quartärstruktur 32, 39, 69, 72, 289
Quencher (=Löscher) 183
Querbrücke 504, 506
Querbrückenzyklus 511, 512

Querkraft 534, 535, 536, 544
   phasische 536
Querkraftprinzip 545

rad 226
Radikal 230, 231
   freies 127, 130
Radikalfänger 230, 231
Radikalsonde 319
Radio-Immuno-Assay 243
Radiolyseprodukt 272
Radionuklid 233
   inkorporiertes 223
Ramachandran-Diagramm 36
Ramanstreuung 93
Rapid-Flow-Methode 381
Rasterelektronenmikroskop 73
Rauhigkeit 584, 585
Raum, reziproker 55, 76
Raumbestimmung 243
Raumphotonenfluß 204
   funktioneller 207
   mittlerer spektraler 207
   monochromatischer, funktioneller 199
Raumverbot 98
Rauschbreite 273
Rauschen 392, 588
   synaptisches 376, 377
Rauschentkopplung 139
Rayleigh-Streuung 87, 117
Rayleigh-Verhältnis 89
Reabsorption 183
Reaktion, autokatalytische 691
   diffusionskontrollierte 263
   endotherme 251
   exotherme 251
   geotrope 612
   Kinetik von 111
   phasische 637
   phasisch-tonische 637
   photochemische 174, 417
   reaktionskontrollierte 263
   reversible 252
Reaktionsanregung 265
Reaktionsfolge, photosensibilisierte 417
Reaktionsgeschwindigkeit 229, 263
Reaktionsgeschwindigkeitskonstante 208, 229
Reaktionskräfte 536
Reaktionsspektrum 402
Reaktionswärme 251
Reaktionszeit 265
Reaktionszentrum 418, 421, 423
   des Systems II 425
"red drop" 423
Redoxpotential 424
Redoxreaktion 132
Reduktion, von CO_2 416
Reduktionsteilung 12
redundant 9
Reduplikation 26
   selbstinduzierte 692, 704
   semikonservative der DNA 9
Reflexionsfaktor 555
Reflexionsgesetz 474
Reflexionsgrad 210
Reflexionskoeffizient 335, 351
Refraktärzeit 367
Regelkreis 598, 613
Regelsystem 613
Regulation 289
   allosterische 279
   kompetitive 279
Regulationselement, kinetisches 428
Regulationsprozeß 301
Regulationsvorgang 289

Reibungsdrehmoment 48
Reibungsfaktor 44
Reibungsmodell 45
Reibungswiderstandsbeiwert 526
Reiz 391
Reiz-Erregungsumsetzung 391
Reiz-Mengen-Gesetz 211
   -Modalität 393, 396
Reiz-Modalität, bioelektrische 601
Reiz-Qualität 393
Rekombination 292
Rekonstitution 289
Relaxation 48
   chemische 265
   longitudinale 136
   paramagnetische 122
   transversale 136
Relaxationseffekt 47
Relaxationsmechanismus 127
Relaxationssignal 266
Relaxationsverfahren 417
Relaxationsvorgang 273
Relaxationszeit 136, 266
rem 226
Renaturierung 289
Renner-Versuch 566
Reparaturenzym 293
Reparaturprozesse 230, 232, 233
Repititionsfrequenz 277
Replikatechnik 73
Replikase 291
Replikation 291, 294
Replikationsauge 292
Replikationsgabel 291, 294
Replikationsterminationsorte 291
Replikationsursprung 291, 292
Replikon 291
Repolarisation 363
Repression 301
Repressor 301
Resonanz, induktive 419
Resonanzabsorption 113, 114
Resonanzenergie 36
Resonanzfluoreszenz 113
Resonanzintegral 183
γ-Resonanzstrahlung 62
Resonanzstruktur 25
Resonanztransfer 418
Restriktion 298
Retikulum, endoplasmatisches 4, 8, 11, 14, 610
   sarkoplasmatisches 15, 308, 309, 312, 314, 509
Retina 468, 629, 630, 632
   Übertragungseigenschaften der 639
Retinal 487
Retinotopie 643
Retinualzelle 492
Reynoldszahl 525, 526, 527, 545
   kritische 529
Rezeptor 314, 374
   muscarinischer 414
   nicotinischer 414
   Spezifität des 410
Rezeptormolekül 315, 371, 396, 402
Rezeptorpotential 361, 370, 371, 391, 400, 405, 407, 412, 485, 492, 496
Rezeptorprotein 406, 407, 408
Rezeptorstrom 391, 394
Rezeptorstromkreis 400, 401
Rezeptorzelle 392
Reziprozitätsbeziehung 261
Rhabdom 469, 478, 484, 486
   fusioniertes 470ff., 477
   offenes 470
Rhodopsin 310, 311, 313, 486, 488, 489
   Regeneration des 491

Rhodopsinmolekül 469, 481
Rhytmen, circadiane 442
Ribonukleinsäure 23, 289
Ribonukleosidtriphosphat 294
Ribo(poly)-nukleotide -Rückgrat der 106
D-Ribose 24
Riboserest 106
Ribosom 2, 3, 11, 12, 17, 19, 22, 72, 73, 290, 299, 683
Ribulosediphosphatcarboxylase 19
Riccos Gesetz 641
Richtempfindlichkeit 480
Richtungshören 592
Rickettsien 2
Riechorgan 404
Riechzelle 406, 407, 408, 410, 411
Riesenchromosom 10
Riesenimpulsbetrieb 271
Rifamycin 296, 297
Rigor-Zustand 512
Rinder-Serumalbumin 95
Ringporige 562
RNA 106, 231, 289
hn-RNA 297
mRNA 289
rRNA 289
S-RNA 290
tRNA 289, 298
t-RNA-Moleküle 29
tRNA-Synthetase, plastidäre 19
RNAase H 294
RNA-Polymerase 294, 295
  A, B, C 297
RNA-ribosomale 9, 13
RNA-Synthese 233, 294
Röhrenknochen 516
Röntgen 226
Röntgenbeugung 306
Röntgenbeugungsuntersuchung 305
Röntgenkleinwinkelbeugung 489
Röntgenmikroskop 68
Röntgenstrahlbeugung 509
Röntgenstrahlen 224, 226, 230, 233
Rohr-Effekt 381
rolling-circle 292, 293, 294
Rotation, Freiheitsgrade der 36
Rotationsbewegung 308, 313
Rotationsdiffusion 47, 313
Rotationsdiffusionskonstante 48, 93
Rotationsdispersion, optische (ORD) 108
Rotationsenergie 174
Rotationskörper 515
Rotationsrelaxationszeit 48
Rotationsschwingung 547
Rotverschiebung 99
Ruderbewegung 531
Ruderschlag 532
Ruderschwimmen 531
Rüttelflug 549
Rückkopplungssystem 445
Rückstoßenergie 115, 223
Rückstoßimpuls 114
Rückstoßproton 225
Rückstrom, venöser 559
Rücktrieb 545
Rückwärtsstreuung 90
Ruhedehnungskurve 552
Ruhepotential 361, 362, 363
Rumpfanstellwinkel 528

Sacculi 16
Sacculus-Sinnesepithel 395
Sättigungsniveau, wellenlängenabhängiges 220
Säure-Basen-Eigenschaft 25, 32
Salzbrücke 29

Salzdrüse 6
Same, photoblastischer 452
Sarkomer 503, 504
Sauerstoff 230
Sauerstoffausbeute 275
Sauerstoffbindung 381
Sauerstoffeffekt 230
Sauerstoffmangelzustände 388
Sauerstoffproduktion 275
Sauerstoff-Resonanz 140
  -Sättigungskurve, sigmoide 41
Scala media 578, 580
  tympani 578
  vestibuli 578
SCF-LCAO-MO-Rechnung 172
Schallanregung 270
Schalldämpfung 586
Schallreiz 577
Scherspannung 524
Scherzerscher Fokus 79
Schicht, homogene 623
  monomolekulare 191
Schichtsystem, kooperatives 197
Schlag, aktiver 535
  neutraler 535
  passiver 535
Schlagflügel, Kinematik der 537
  Optimalformen von 545
Schlagschwingung 547
Schlagvolumen 552
Schlängeln 535
schlängelschwimmen 535
Schlankheitsgrad 514
Schlauchwellenleitungen 553
Schlüpfrhythmik
Schlußleistenkomplex 398
Schmelzen 29
Schockwelle 269
Schockwellenverfahren 269
Schrägbelastung 515
Schrägbeschattung 72
Schrittmacher 551
Schrödingergleichung 176
Schub 515
Schubanteil, prozentualer 533
Schubbelastung 517
Schubkomponente 544
Schubspannung 516, 558
Schulterkurve 227
Schutzfunktion 421
Schutzsystem 421
Schwankung 260, 694
Schwanzflossenschlag 532
Schwefelradikal 130
Schwelle 363
Schwellendosis 234
Schwellenpotential 364
Schwellenwertfunktion 214
Schwellenwertregulation 464
Schwerelosigkeit 610
Schwerkraft 609, 614
Schwerkraftrichtung 616
Schwimmbewegung, Dynamik der 533
  Kinematik der 533
Schwimmdichte 290
Schwimmhaar 531, 532
Schwimmplättchen 531, 532
Schwingung 107
  charakteristische 103
  entartete 104
  harmonische 441
  kritische 264
Schwingungsenergie 174, 446
Schwingungsphänomen 441
Schwirrflug 532
SDS-PAGE 312

Sedimentationsgleichgewicht 47
Sedimentationskoeffizient 46
Sedimentationsgeschwindigkeit 46
Sehbereich, skotopischer 480
Sehen, stereoskopisches 642, 651
Sehfarbstoff 468, 490
Sehnenzug 523
Sehrinde, primäre 650
Sehvorgang 271, 421
Sehzelle 275, 483, 485
Sehzellenmembran 492, 493, 494, 495
  Ersatzschaltbild 494
Seide 23, 39
Seileckfläche 521
Seilzug 523
Seitentrieb 532, 534
Seitentriebskomponente 532, 535
Sekretvesikel 15
Sekundär-Elektronen-Vervielfacher 239
Sekundärprozesse, der Photosynthese 416
Sekundärreaktion 229
Sekundärstruktur 23, 106, 164, 289
Sekundärstrukturelement 281
Sekundärwand 20
Selbstabschirmung 474, 477, 478
Selbstbeschattung 207
Selbstorganisation 689, 692
Selbstreproduktion 692
Selektion 677, 688, 689, 697, 698, 700, 701
Selektionsdruck 698, 702
Selektionsverhalten, Darwinsches 700
Selektivität der Na^+-Kanäle 367
  der K^+-Kanäle 367
  für Ionen 351
self assembly 13, 21
"Self-Beating"-Spektroskopie 93
Semikonservativ 291
Semipermeabilität 684
Sensibilisator 230
Sensibilisierung 230
Sensillum, der Insekten 399
Sensor-Mechanismen 392, 394, 396
Serin 41
  -Peptidpeptidyl-hydrolase 33
Serinprotease 278
Serotonin 371, 413
SH-Gruppe 230
Shannon-Theorem 277
Sialoglykoprotein 315
Sicherheitsfaktor 515, 521
Siebröhre 570
Siebröhrentransport, Mechanismus des 572
Siebzelle 7
Signal, bioelektrisches 274
Signalamplitude 276
Signal-Rausch-Verhältnis 273, 590
Signalstoff 402
Signalübermittlung 309
Signalübertragung 277
Silberkornzählung 240
Simultankontrast 641
Singularitätspunkt 444
Singulett 175
Singulett-Singulett-Energietransfer 419
Singulett-Sauerstoff 187
Singulett-Zustände 97
Sinnesepithel 395, 398, 401
Sinneszellen 581
Sinusknoten 551
Skelettmuskel 502, 504
Skelett-Schwingung 104
Sklerenchymstränge 517
Snell, Gesetz von 475
Sonde, spektroskopische 316
Spaltöffnung 447
Spannung, transepitheliale 398

Spannungsklammer 491, 492, 493
Spannungsklemme 361, 364
Species-Spezifität 35
Speicher 276
Spektralfluorimeter 273
Spektralphotometer, kinetisches 272
γ-Spektrum 239
Spezifitätstasche 33
Sphärosomen 12
S-Phase 7, 291
Sphingosin 41
Sphygmogramm 557
Spiegelbildisomere 110
Spiegelsymmetrie 180
spillover 420
Spin-Austauschwechselwirkung 319
Spin-Bahn-Kopplung 99, 175
Spin-Entkopplung 137
Spin-Gitter-Relaxationszeit 136
Spin-Label 316, 319
Spin-Methode 132
Spin-Technik 326
Spin-Quantenzahl, magnetische 127
Spin-Sonden 327
Spin-Spin-Relaxationszeit 136
Spin-Wechselwirkung 124, 129
Spindel 10
Spinverbot 175
Spingomyeline 41
Spitzenvektor 541, 543
Spontanaktivität 637, 645
Sporulation 302
Sprungfunktion 214
Spur 223
Spurenanalyse 242
Spurenelemente 242
Spurkegel 541, 543
"squiggle"-Verbindung 438
Stacking-Effekt 139
Stäbchen 469, 470, 483, 497, 630, 631
Stäbchenaußenglieder 313
Stäbchenaußensegment 483
Standardionendosisleistung 226
Stark-Einsteinsches-Äquivalenzgesetz 464
Statolithen 610, 611
Staudruck 545
steady state 244
Steigleistung 549
stems 290
Stereo-Bildpaar 539
Stereoisomere 30, 410
Stereoisomerisierung 489
Stereophotogrammetrie 539
Stereoregistrierung 540
Stereozillien 580
Stern-Volmer-Beziehung 183
Steroidhormon 243
Steuerungsvorgang 391
Stevens-Beziehung 641
Stickstoff-Resonanz 140
Stickstoffbase, heterozyklische 24
sticky ends 298
Stiles-Crawford-Effekt 480
Stimulationskurven 227
Stimulator 267
Stör 532
Störunempfindlichkeit 588
Störungsverfahren 266
Stokes-Ramanlinie 93
Stokessches Gesetz 612
Stokessche Reibung 46
Stopped-Flow-Methode 381
Stoßwellenrohr 269
Strahlenbelastung 233
  natürliche 233, 234
  terrestrische 233
  zivilisatorische 233

Strahlenchemie des Wassers 229
Strahlendosis 69
Strahleneffekt, molekularer 229
Strahlenempfindlichkeit 231
Strahlengefährdung 233
Strahlenschäden, subletale 232
Strahlenschädigung 58, 68, 69, 70, 78, 223
Strahlenschutz 129, 233, 234
Strahlenschutzstoffe 228, 231
Strahlenschutzverordnung, erste 234
Strahlensensibilisierung 130
Strahlenstimulation 233
Strahlenwirkung, auf Biomoleküle 231
  auf Membrane 232
  auf Proteine 232
  direkte 228, 230, 231
  genetische 234
  indirekte 228, 229, 231
Strahler, harte 238
  weiche 238
β^+-Strahlung 238
β^--Strahlung 238
γ-Strahlung 224, 226, 230, 238, 239
Strahlung, elektromagnetische 609
  ionisierende 223, 226
  monochromatische 199
  terrestrische 233
Strahlungsabsorption 268
Strahlungsmessung 202
Strang, komplementärer 26
Strangbruch 290
Streckenflug 537
Streptolydigin 296, 297
Streuamplitude 54, 56, 58, 117
Streuung 53
  anomale 62
  elastische 70, 225
  unelastische 70, 225
Streuungsmodulus, spektraler 207
Streulicht 102
Stria vascularis 399, 400
Ströme, erregende postsynaptische 372
  tellurische 602
  laminare 527
Strömung, turbulente 527
Strömungsabreißer 548
Strömungsanpassung 528
Strömungsdoppelbrechung 50
Strömungsmechanik 525
Strömungspotential 336
Strömungsprofil 529
Strömungswiderstand in Xylem 564
Stroma 17
Stromabereich 415
Strompuls 556
Strom-Spannungskurve 491
Stromstärke-Druck-Kurve 559
Stromstoß-Aufheizung 267
β-Struktur 107
Struktur, amphiphile 311
Strukturanalyse 117
Strukturbildungen am Rückgrat 106
Strukturelement 158
Strukturfaktor 57, 77, 79
Strukturprotein 17
Strukturprozeß, dynamischer 440
Strukturvorhersage 283
suA-Gen 296
Suberin 20
Substanz, cholinomimetische 414
  optisch aktive 108
Substrat 278
Substratbindung 39
Summation, räumliche 374
  synaptische 374
  zeitliche 374

Superhelix 29
Supermolekülberechnung 169
Supraleiter 619
Swedberg-Einheit 46
Swivel 292
Symbiose 21
Symmetrieorbitale 150
Symmetrieverbot 98
Synapse 309, 371
System I 424
System II 424
System, fluides 42
  statisches 514
  thermodynamisches 250
Systemanalyse 652
Systemtheorie, homogener Schichten 623, 626
  lineare 655
  nichtlineare 657
Systemzustandssumme 258
Systole 552
Szintillator 239

Tabakmosaikvirus 21, 65, 76, 82, 95
Tagesrhythmik, splitting 449
Target 227
tautomere Umlagerung 186
Tectum, opticum 642, 643
Telophase 10
Temperaturabhängigkeit 124
Temperatursprung 267
Temperatursprunganregung 266
Termination 294, 295, 296, 297
Terminationscodon UAG 298
Terminationsfaktor 302
ϱ 296
Terminationsfaktoren RF 1, RF 2, RF 3 301
Terminator 294, 295
Termschema 51, 174
Tertiärstruktur 23, 289
Tetraäthylammonium 364
Tetrodotoxin 364, 367
Theorie, deterministische 696
Thermodynamik irreversibler Prozesse 688, 691, 703
thermoelektrische Messung 565
Thermolumineszenzdosimetrie 226
Thermorezeptor 393
Thioätherbrücke 35
Thorium 233
Thylakoid 2, 4, 6, 17, 415, 418, 438
Thylakoidmembran 440
Thylakoidmembranbereich 416
Thymin 24
Thymus 232
Tierzellen 3
Tintenfisch-Axon 275
Titrationskurve 33
T_m-Wert 29, 290
Tonofibrillen 13
Torstrom der Na^+-Kanäle 367
Totalabsorption 477
Totalintensität 615
Totalreflexion 474
Totalreflexionswinkel 474, 475
Tracerpermeabilität 334, 335
Tracheen 562
Tracheiden 562
Träger gleicher Festigkeit 522
Trägerquerschnitt 519
Trägheitskräfte 525
Trägheitsmoment 523
Trägheitssensor 544
Tragflügelflattern 532, 534
Transcriptase 295
  reverse 294

Transcription 294, 295
Transcriptionskontrolle 301
Transcriptionszyklus 295
Transduktion 391, 393, 407, 412, 485
Transduktor 370
Transfer-Ribonukleinsäure 246, 298
Transferzelle 7
Transformation 294, 370
Transinformation 621
  Shannonsche 622
Transitivität 656
Translation 289, 294, 298
Translations-Beweglichkeit 308, 313
Translationsbewegung 308, 535
Translationsdiffusionskonstante 93
Translokation 294, 295
Transmembran-Austausch 308
Transmission 96
Transmissionsgrad 210
Transmissionskoeffizient 265
Transmutation 223
Transpirationssog 568
Transport, aktiver 340f., 353f.
  -ATPasen 355, 356
  konvektiver 378
  primär aktiver 341, 354
  sekundär aktiver 341, 358
  spezifischer 6
  symplasmatischer 562
Transportmodelle 342–344
Transportprotein 6
Treffbereich 213
  Variabilität des 214
Treffertheorie 227, 228
Trefferzahl 214
Triplett 26, 246
  künstliches 246
Triplettbildung 424, 425
Triplett-Triplett-Energietransfer 419
  -Zustand 98, 175
Trisomie 9
Trommelfell 577, 592
Tropomyosin 507, 508
  -Troponin-Komplex 510
Troponin 507
Troponinkomplex 508
Trypsin-Inhibitor 39
Tryptophan-Fluoreszenz 510
Tubuli 16
Tubulin 13, 291
Tumorgewebe 132
tuning-curves 582, 583
Tunnelprotein 6
Turbulenzdraht 545
Turbulenzgeber 529
β-turn 283
turnover time 246

UAA 298
UAG 298
Ubichinon 16
Überdrehung 290
Überführungszahl 336
Übergang, vertikaler 180
Übergangsdipolmoment 49
Übergangsmetallion 127, 130
Übergangsmoment 179
  elektrisches 96
Übergangsmomentvektor 169
Übergangstyp 179
Übergangszustand 279
Überlappungsverbot 98
Überlebenswahrscheinlichkeit 696
Überschußproduktion 698, 699
Überstruktur 29
Überträgerstoff 371, 372, 374, 375
  Freisetzung des 372

Überträgerstoffe, synaptische 372
Überträgerstoffquanten 372
Überträgerstoff-Rezeptor-Reaktion 375
Übertragung, elektrisch synaptische 377
  chemisch synaptische 371
Übertragungsfaktor 624, 625
Übertragungspotential 262
Ultraschall 270
Ultraschallaute 585
Ultrazentrifuge 46
umber 298
Umfeldhemmung 635
Umkehrpotential 492, 493
Umklappdichroismus 457
Umsatzzeit 245
Untereinheits-Modelle 304
Untereinheit-50 φ-ribosomale 290
Unterstützungskurve 552
unit-membrane 6
Uracil 24
Uricase 16
Uridin-5'-Phosphat 25
UV-Absorption 25
UV-Bestrahlung 232

Vakuole 4, 16, 18
Valenzbindungsmethode 166
Valenzschwingung 104
  der Akzeptorgruppe 104
  der Donorgruppe 104
Valinomycin 306
van de Graaff Generator 271
van der Waals-Abstand 159
van der Waals-Kraft 23, 139
Variabilität, biologische 214
Variationsprinzip 149
Vektor, elektrischer 478
  reziproker 57
Venensystem 559
Ventilation, alveoläre 384
Verdünnungsanalyse 242
Verdünnungseffekt 46
Verdünnungsfluß 697, 698
Vergeilung 450
Verhältnis, gyromagnetisches 134
Verhalten, viskoelastisches 555
  zweckgerichtetes 666
Verhaltensforschung 652
Vernichtungsstrahlung 225
Verteilung, binominale 372
  wahrscheinlichste 257
Verteilungsinhomogenität 385
Verteilungskoeffizient 345
Vertikalintensität 615
Verschaltungsprinzipien, retinale 631
Verschiebung, chemische 135
Verschiebungsquadrat, mittleres 44
Verschlußdruck, kritischer 559
Verwindung, geometrische 545
Verzweigung, parasitäre 701
Vesikel 316
  pinozytotische 396
  synaptische 371
Vielkanalanalysator 239
Vielzellbildung 20
Violaxanthin 420
Virialkoeffizient, zweiter 89
Virus 2, 21, 64
  helikaler 65
  ikosaedrischer 65
Viruskristallstrukturanalyse 65
Virusrezeptor 19
Viskosität 29, 558
  effektive 558
visual streak 631
Voigt-Modell 555

Volterra-Beschreibung 658
Voltmeter, inneres 431
  molekulares 431, 433
Volumen, partielles spezifisches 46
Volumenarbeit 251
Volumenbestimmung 243
Volumenelastizität 554
Volumenelastizitätsmodul 554
Volumenfläche 526
Volumenwiderstandsbeiwert 526, 530
Vorläufer-Produkt-Beziehung 245
Vortex-Generatoren 529
Vortrieb 532, 536, 539, 545
  phasischer 536
Vortriebserzeugung 531
Vortriebskomponente 532, 535

Wachstumskrümmung 446
Wärmeschwingung 28
Wahrnehmung 652
Wahrscheinlichkeitsnetz 214
Wahrscheinlichkeitsverteilung 696
Wanderwellen 579, 580, 581
Wandlabyrinth 4
Wandspannung 554
Watson-Crick-Paarung 105
Wasser 164
Wasserleitung, Kohäsionstheorie der 569
Wasserleitungsbahnen bei Pflanzen 562
Wasserlöslichkeit 26
Wasserpermeabilität 562
Wasserpotentialgefälle 568
Wasserresorption, isotone 359
Wasserspaltung 429
Wasserstoff-Abstraktion 186
Wasserstoffbrücke 23, 37, 106, 107, 231
Wasserstoff-Brücke, polarisierbare 105
Wasserstoffbrückenbildung 138, 283, 290
Wassertransport, Geschwindigkeit des 564
  in Pflanzen, Regulation des 570
Weber-Fechner-Beziehung 640, 641
Wechselfelder, magnetische 616
Wechselwirkung 406
  elektrostatische 283
  hydrophobe 23, 283
  schwache 23
Wechselwirkungsenergie 135
Wechselwirkungsenergie-Terme 167
Wechselwirkungsoperator 183
Welle, ebene 475
Wellenaberration 79
Wellendruck 556
Wellenfläche 79
Wellenflug 536
Wellenfunktion, eines Charge-Transfer-
  Komplexes 166
Wellenleiter 469, 476, 479
  Parameter der 476, 477, 480, 482
Wellenleitermoden 476
Wellenleitung, inhomogene 557
Wellen-Partikel-Dualität 196
Wellenreflexion 555
Wellenstromstärke 556
Wellenwiderstand 555
Wert, kritischer 387
Wertfunktion 688, 698, 700
  Optimum der 700
Widerstand 525
  peripherer 553
  spezifisch elektrischer 306
Widerstandsbeiwert 526, 528, 545
Widerstandsgefäße, periphere 558
Widerstandskraft 525
Widerstandsmoment 5, 6, 518, 519, 524
Widerstandsprinzip 545

Sachverzeichnis

Widerstandsverringerung 530
Windkanal 537, 538
Windkesselwirkung 557
Winkel, dihedraler 36
  Eulerscher 541, 543
Winkelgeschwindigkeit 541
Winkelgeschwindigkeitsvektor 541
Wirbeltierstäbchen 496
  Kennlinien eines 498
Wirksamkeit, relativ biologische (RBW) 226
Wirkung, inotrope 553
Wirkungsgrad 531
Wobble 298
Woodward-Hoffmann-Regeln 185
Wurzeldruck 567

X 320 427, 436
X-Chromosom 7
Xanthin 24

Zähigkeitskräfte 525
Zählausbeute 238
Zählrohr 239
Zäpfchen 630, 631
Zapfen 469, 470

Zeemanaufspaltung 121
Zeitauflösung 273
Zeitauflösungsvermögen 583
Zeitdomäne 137
Zeitmessung 594
Zelle, amakrine 634
Zelle, kernlose 7
  tormogene 399
Zellkern 4, 7, 8
Zellmembran 294, 328–330, 409, 671
Zellorganelle 303
Zellplatte 20
Zellteilung 20
Zelltheorie 1
Zellwand 1, 3, 4, 18, 315
Zellzyklus 291
Zentralnervensystem 232
Zentren, aktive 122
Zentriolen 10, 14
Zerfallsrate 238, 264
Zerfallsreihe, radioaktive 233
Zerstreutporige 562
Zilien 3, 14
  modifizierte 395
  motorische 394
  sensorische 394
Zimm-Diagramm 91

Zisterne des ER 9
Z-Membran 503
Zonula adhaerens 20
  occludens 20
Zuckerphosphatkette 166
Zuckerrezeptor 406
Zündfunkenstrecke 270
Zugband 524
Zugbeanspruchung 517
Zuggurtung 515, 516
Zustand, stationärer 174, 692
  vikronischer 179
Zustandsfunktion 250
Zustandsgleichung 250
Zustandssumme 257
Zustandsvariable 250
Zwei-Kompartiment-Lunge 386
Zweikomponentenwaage 539
Zwei-Pigment-Hypothese 461
Zweitrefferprozeß 231
Zwei-Wellenlängen-Bestrahlung 212, 217
Zwitterion 33
Zygotän 12
Zymogengranulum 8
Zytokinese 20
Zytoplasma 3
Zytosol 12

E. Batschelet
Introduction to Mathematics for Life Scientists
Springer Study Edition
2nd edition. 227 figures XV, 643 pages. 1975.
DM 38,—; US $ 16.80
ISBN 3-540-07350-7

Biologie
Ein Lehrbuch für Studenten der Biologie
Hrsg.: G. Czihak, H. Langer, H. Ziegler
957 Abbildungen, 2 Falttafeln. XXIII,
837 Seiten. 1976.
Gebunden DM 69,—; US $ 30.40
ISBN 3-540-05727-7

J. Brachet
Introduction to Molecular Embryology
(Heidelberg Science Library, Vol. 19).
67 figures XI, 176 pages. 1974.
DM 15,80; US $ 7.00
ISBN 3-540-90077-2

C. Bresch, R. Hausmann
Klassische und Molekulare Genetik
3., erweiterte Auflage. Zahlreiche Abbildungen,
32 Tafeln. XI, 415 Seiten. 1972.
DM 42,—; US $ 18.50
ISBN 3-540-05802-8

V. Braitenberg
Gehirngespinste
Neuroanatomie für kybernetisch Interessierte
27 Abbildungen IV, 137 Seiten. 1973.
DM 18,—; US $ 8.00
ISBN 3-540-06055-3

H. Mohr
Lehrbuch der Pflanzenphysiologie
2. Nachdruck der 2. Auflage. 397 Abbildungen.
XVI, 408 Seiten. 1976.
DM 58,—; US $ 25.60
ISBN 3-540-04654-2

F. Kaudewitz
Molekular- und Mikroben-Genetik
(Heidelberger Taschenbücher, Band 115).
301 Abbildungen, 20 Tabellen XIV, 426 Seiten. 1973.
DM 19,80; US $ 8.80
ISBN 3-540-06024-3

H. Kindl, G. Wöber
Biochemie der Pflanzen
Ein Lehrbuch
271 Abbildungen. X, 364 Seiten. 1975.
Gebunden DM 78,—; US $ 34.40
ISBN 3-540-06880-5

P. von Sengbusch
Einführung in die Allgemeine Biologie
Hochschultext. 221 Abbildungen, 64 Schemata.
VI, 475 Seiten. 1974.
DM 29,80; US $ 13.20
ISBN 3-540-06810-4

E. O. Wilson, W. H. Bossert
Einführung in die Populationsbiologie
Übersetzt von K. de Sousa Ferreira
Bearbeitet von U. Jacobs
(Heidelberger Taschenbücher, Band 133).
42 Abbildungen, 13 Tabellen. VIII, 168 Seiten. 1973.
DM 16,80; US $ 7.40
ISBN 3-540-06328-5

U. Lüttge
Stofftransport der Pflanzen
(Heidelberger Taschenbücher, Band 125).
97 Abbildungen. XII, 280 Seiten. 1973.
DM 19,80; US $ 8.80
ISBN 3-540-06230-0

Preisänderungen vorbehalten

Springer-Verlag
Berlin Heidelberg New York

Biophysics of Structure and Mechanism

Editors
L. Brand, Baltimore, H. Eisenberg, Rehovot, F. Sauer, Frankfurt a. M.
G. Schwarz, Basel, H. Stieve, Jülich (Managing Editor)

Advisory Editors
Th. Ackermann, Freiburg i. Br., S. R. Caplan, Rehovot, R. A. Dwek, Oxford,
U. Fringeli, Zurich, K. G. Götz, Tübingen, H. Grundfest, New York, N. Y.,
R. Huber, Martinsried (München), R. Jaenicke, Regensburg,
W. Kreutz, Freiburg i. Br., A. Kropf, Amherst, Mass., H. Kuhn, Göttingen,
S. Lifson, Rehovot, P. A. Loach, Evanston, Ill, V. Luzzati, Gif-sur-Yvette,
D. Mauzerall, New York, N. Y., E. Neumann, Göttingen,
W. D. Phillips, Bucks, England, R. Rigler, Stockholm, B. Rumberg, Berlin,
K. Sauer, Berkeley, Cal., P. Schuster, Vienna, I. Z. Steinberg, Rehovot,
H. Träuble, Göttingen†, M. V. Volkenstein, Moscow,
T. P. Williams, Tallahassee, Fla., K. Wüthrich, Zurich, J. Yguerabide, La Jolla, Cal.

Biological Cybernetics

Communication and Control in Organisms and Automata
Nachrichtenübertragung, Nachrichtenverarbeitung, Steuerung und Regelung in Organismen und in Automaten

Editors
H. B. Barlow, Cambridge/Cambs., J. D. Cowan, Chicago/Ill.
O. Creutzfeldt, Göttingen, B. Hassenstein, Freiburg i. Br., W. D. Keidel, Erlangen,
K. Küpfmüller, Darmstadt, D. M. MacKay, Keele/Staffs.,
H. Mittelstaedt, Seewiesen/Obb., W. Reichardt, Tübingen (Editor-in-Chief),
W. A. Rosenblith, Cambridge/Mass., J. F. Schouten, Eindhoven, D. Varjú, Tübingen

Radiation and Environmental Biophysics

Editors
V. P. Bond, Upton, NY, F. Dunn, Urbana, IL, H. Fritz-Niggli, Zürich,
A. S. Garay, College Station, TX, H. Glubrecht, Wien, A. W. Guy, Seattle, WA,
U. Hagen, Karlsruhe, O. Hug, Neuherberg (München), A. Kellerer, Würzburg,
K. R. Knoerr, Durham, NC, H. Lieth, Chapel Hill, NC,
S. M. Michaelson, Rochester, NY, H. Muth, Homburg, Saar, (Managing Editor),
P. Oftedal, Blindern, H. Pauly, Erlangen, H. J. Schaefer, Pensacola, FL,
H. P. Schwan, Philadelphia, PA, C. A. Tobias, Berkeley, CA, K. Wagener, Jülich

Springer-Verlag
Berlin Heidelberg New York

If you have any concerns about our products,
you can contact us on
ProductSafety@springernature.com

In case Publisher is established outside the EU,
the EU authorized representative is:
**Springer Nature Customer Service Center GmbH
Europaplatz 3, 69115 Heidelberg, Germany**

Printed by Libri Plureos GmbH
in Hamburg, Germany